S0-BWX-210

handbook of thermal insulation design economics for pipes and equipment

handbook of thermal insulation design economics for pipes and equipment

by William C. Turner, E.E., M.E., P.E.
and John F. Malloy, M.E., P.E.

ROBERT E. KRIEGER PUBLISHING COMPANY • McGRAW-HILL BOOK COMPANY • NEW YORK • 1980

Original edition 1980

Printed and Published by
ROBERT E. KRIEGER PUBLISHING COMPANY, INC.
645 New York Avenue
Huntington, New York 11743

Joint edition with
McGRAW-HILL BOOK COMPANY

Printed in the United States of America.

Library of Congress Cataloging in Publication Data

Turner, William C., 1913-
Handbook of thermal insulation design economics for pipes and equipment.

Includes index.
1. Insulation (Heat)—Handbooks, manuals, etc.
2. Energy conservation—Handbooks, manuals, etc.
I. Malloy, John F., 1901- joint author. II. Title.
TH1715.T87 1980 693.8'32 77-10997
ISBN 0-88275-837-3 (Krieger Publishing Company)
ISBN 0-07-065510-3 (McGraw-Hill Book Company)

handbook
of thermal insulation
design economics
for pipes
and
equipment

Contents

manual

Introduction

All life depends upon matter and energy. Our existence depends upon many sources and types of energy—one form being heat. Due to necessity, one of man's first inventions was the use of thermal insulation (named clothes) to cover his body to retard the loss of body heat. Another of his early discoveries was the process of transforming the stored energy in wood into heat energy. This process is named "fire".

Energy is complex. It may be in potential or transient state. Energy may be in many forms, such as atomic energy, chemical energy, mechanical energy, heat energy, or electrical energy. It has numerous units of measurement, such as: Btu's, calories, ergs, dynes, foot-lbs, and watts. With all these different measurement units and the fact that energy is invisible, it is no wonder that comprehension of the concept of energy is difficult.

To further complicate the concept of energy, in most instances, the available energy is usually not in the form, or location, that man wishes to use it. For this reason it may be converted one or many times before final use. The unit used for determining the availability, accessibility and required form of energy is named "money". Money is the unit by which we measure the products of energy. These products are food, shelter, raiment, conveniences, and transportation.

This manual is a guide for the efficient use of one product of energy (thermal insulation) to conserve energy in the form of heat. It is based on the unit "money". The manual is limited to the determination of economics concerning the use of Thermal Insulation to retard the loss of energy from pipes or equipment.

In industry the first use of insulating materials on hot vessels and steam boilers and pipes was to protect workers from burns. As the cost of fuel to produce heat energy increased and people began to be concerned about energy cost, the value of thermal insulation in conserving and keeping down the cost of energy became recognized.

Basic laws and mathematical equations governing heat loss and insulation were published by Peclet in 1853. The equations for determination of economic thickness were published in a paper by Mr. J. B. McMillan in 1926. Thus the basic knowledge has been available for many years. Unfortunately, because people cannot see heat loss and the calculations to determine proper use of thermal insulation for conservation are complex, little attention was given to this most important subject.

Economic thickness is defined as the minimum annual value of the sum (in dollars) of the cost of heat loss plus the cost of insulation; or, in more general terms, as the thickness of a given insulation that will save the greatest cost of energy while paying for itself within an assigned period of time.

As the formulae for calculation of economic thickness are complex, separate calculations for individual pipe runs or equipment are time-consuming. For this reason it was feasible to precalculate economic thicknesses in tabular form for fast determination of proper insulation thickness.

With the assistance of the College of Engineering of West Virginia University, Union Carbide Corporation developed the first economic thickness of insulation manual for their own use in 1959. This project was under the direction of J. F. Malloy, M. E. Staff Associate, Union Carbide, W. C. Turner, Staff Engineer and W. J. Hollenbeck. The contributions of West Virginia University, were made by Dean C. A. Arents, H. M. Cather, and E. C. Dubbe. In 1961 the National Insulation Manufacturers Association was given permission to publish an edition of this study.

In the early 1970's the cost of energy became sufficiently high that the cost variables went beyond the tables prepared in 1959. For this reason the Thermal Insulation Manufactures Association had the York Research Corporation prepare another presentation, named ECON-1. This was published in 1973.

This publication, *"Economics of Thermal Insulation Design for Pipes and Equipment Operating Above Ambient Temperature"* was prepared for two reasons: (one) to update the cost factors and (two) to establish the use of Economic Thickness in the Metric System. Although all the derivations of the economic thicknesses are in English Units the basic answers remain unchanged. Proper conversions from English Units are provided in the Text. It should be remembered that dollar units are based on U. S. currency. However, any dollar values can be used as long as the proper relationships to cost of energy, material, and labor are maintained.

I

Economic Thickness of Insulation

One factor which should be established prior to getting into discussion of economic thickness is that in almost all conditions where pipe or equipment contain heat it is not a question whether to insulate or not, but rather how thick should the insulation be. Even vessles or pipe being heated to very moderate temperatures require insulation because of the economics of the cost of producing and the supplying of heat. To illustrate this point take the following example: A 2"NPS pipe operating at only 212°F (100°C), and based on cost of capital investment in equipment to produce one pound of steam per hour at $25.00. If not insulated it would require a capital investment of $4.65 to supply the steam loss of each lin ft of bare pipe. If insulated with a suitable insulation one inch thick, only $0.40 capital investment would be required for each foot of pipe. At present, the cost of labor and materials for one inch thick insulation is approximately $3.25 per foot. Thus the total investment for insulated pipe will be $0.40 + $3.25, or $3.65 or $1.00 less than leaving the pipe bare. In addition, the insulation will save $4.20 a year in steam cost, based upon a cost of $3.00 per thousand pounds of steam. As the insulation cost was a negative investment cost, it is impossible to calculate the return on investment if savings in heat production equipment is subtracted from insulation cost. Even if the savings in the cost of heat producing equipment is ignored, the yearly savings in steam production cost is astounding. The investment of $3.65 in insulation will save $4.20 a year on steam cost or 128% return per year.

The problem then becomes how can one determine the correct thickness of thermal insulation to obtain maximum economic advantage of its savings of energy.

The solution of the problem of economic thickness of insulation would be relatively simple if the monetary value of heat energy did not vary over so wide a range, and for so many reasons. One type of fuel costs more than another, and the same fuel varies in cost according to time and place. Heat is transmitted by manufacturing process reactions, by steam, by chemical fluid, by hot gas, by electricity, or in other ways. Each of the methods of heat transfer from point to point influence the dollar value of heat energy at the place of use. Cost of heat energy are also affected by conditions of transmissions, pipe, operating and ambient temperatures, windage, insulation thickness, conductivity of insulation, shape of containment and position of containment. The availability of energy and its location determine cost (dollar value).

The higher the cost of heat energy, the greater the thickness of insulation that is warranted to conserve it. Therefore, there may be a different economic thickness of insulation for various increments of heat cost. Similarly the total applied cost of insulation varies with the type of insulation used, complexity of the installation, labor cost, efficiency of labor, conditions at installation location, maintenance required, and depreciation period.

Prior to the development of the economic thickness tables, the major criteria for insulation thickness was to obtain that thickness which would provide a thermal resistance so that the insulation surface temperature did not exceed a particular level under stated ambient conditions. Surface temperatures are absolutely not a reliable indication of heat loss. For energy conservation and to obtain minimum yearly cost the insulation thicknesses selected should be based on "Economic Thickness of Insulation".

In some instances selection of insulation and its thickness may be dictated by conditions which take precedence over economic thickness requirements. For example (1) where for safety of personnel, a maximum surface temperature dictates insulation thickness; (2) where it is necessary to maintain product temperatures at a given level (3) where limited amounts of heat are available and therefore extra insulation is specified; (4) where time lag is a major factor; (5) where possible fire exposure dictated insulation thickness.

In its simplest terms the problem of economic thickness may be described as follows: if insulation thickness is thin then the cost of insulation is low, but the cost of energy used is high. Greater insulation thickness necessitates greater expenditures for insulation, but reduces energy loss and energy demand. This lowers both capital investment in energy production equipment and cost of energy used. At some insulation thickness the sum of the cost of insulation and the cost of lost heat will be a minimum. This is indicated on the curves shown in Figure 1. Also shown on Figure 1 are cost factors which are used in the plotting of these curves.

In theory, the most economical thickness of insulation might be fractional, such as 3.37, 4.68, 5.18 etc., in decimals to the second place. Insulation for pipes is sold in nominal 1/2" thickness increments and 1/2" thickness increments for flat surfaces. For this reason, the savings are considered in respect to the increase of insulation thickness to the last nominal 1/2". As shown in Figure 2, the savings of the first 1 1/2" insulation may be (and in most cases is) several thousand percent return on investment. This study was set up to obtain not less than 20% on investment for the *last 1/2"* in thickness.

Mathematical Evaluation of Economic Thickness of Insulation

Economic thickness of insulation is that thickness of insulation, which when applied to a heated surface will provide the minimum total dollar cost per year of the combined insulation cost and energy cost. The economic thickness of insulation is most important when thermal insulation is used to keep dollar cost to a minimum. Although thermal insulation may be required for other reasons than minimum cost requirements, this manual is directed specifically to the solution of the problem of selecting insulation thickness to provide the lowest total dollar cost per year under stated conditions.

Other factors may well affect total costs not presented in this manual. For example, insulation of a mimimum thickness may be necessary to provide sufficiently low temperatures to protect personnel from burns. Another factor may also be that energy control may be required for a particular process. The thermal insulation, in addition to its use for energy (or money) conservation, may also be used for fire protection of buildings, pipe or equipment. All of these other uses may be assigned dollar values, but because of the complexity such additional savings are not considered in the following solution of economic thickness of thermal insulation.

The selection of economic thickness of thermal insulation would be relatively simple if heat energy had a single monetary value and insulation cost was also a single value. Unfortunately the values of energy and insulation costs vary over a wide range. The higher the energy costs, the greater the need for thicker thermal insulation, with resultant higher insulation cost. The thickness which can be justified by the specific cost of each is the economic thickness. Although this is true for building insulation as well as piping and equipment insulation, this study is restricted to thermal insulation to conserve heat energy in pipes, vessels and equipment.

Fundamentals for Determination of Economic Thickness

Thermal insulation retards the transfer of heat from a body at a higher temperature to a body at a lower temperature. No insulation is able to completely stop the flow of energy from higher to lower temperature bodies. It can reduce this energy transfer, thus limit the wasteful dissipation of heat.

Thermal insulation makes the economical transportation of heat possible. It can be compared to a leaky wall of pipe which is transporting water. All the water which is lost through the leaks is subtracted from the amount put in and the difference is the amount available at the delivery end. Heat flow in an insulated line is similar; all heat wasted is subtracted from the usable amount. In many instances the losses are made up by adding heat outside of the pipe or vessels. This external make-up of energy losses is named "tracer systems", and their use makes the solution of correct economic thickness more complex. This will be presented separately from the basic economic thickness discussion.

Monetary values can be placed on heat energy even though energy is of much more basic importance than money. The monetary value of energy is influenced by many factors, such as form, location and use. Likewise the cost of installed insulation varies with materials used, location, labor rates, and other factors. The statement that "the greater the thickness of insulation, the smaller the heat loss" may be restated "the greater the cost of insulation the smaller the cost of heat loss". Depending upon the cost of insulation installed and the total cost of heat energy, a certain definite thickness of insulation will provide the lowest total cost per year.

This basic truth has been recognized for years. At a meeting of the American Society of Mechanical Engineers in New York, N.Y., on December 6, 1926, Mr. L. B. McMillan presented a paper "Heat Transfer Through Insulation". In this paper the formulas for calculating the economic thickness of thermal insulation were presented. These formulas are the basis of this study. Because of the number of variables involved, the formulas for calculating the economic thickness of insulation for pipes and vessels (which above a certain diameter are considered flat), are complicated. However, the physical laws upon which the formulas are based are quite simple and easily understood from graphs.

Figure 1 shows heat loss on the vertical scale and insulation thickness on the horizontal scale. As insulation thickness increases, heat loss decreases, and the heat cost decreases as shown on the curve. On the scale shown, heat loss (or cost) of bare (or uninsulated) surfaces runs completely off the top of the chart. Also, after first incremental thickness of insulation is installed it becomes necessary to approximately double the insulation thickness to cut the remaining heat loss in half.

In Figure 2 the vertical scale has been changed to cost per year, instead of heat loss. By selection of proper units of cost in the vertical scale, the heat loss curve remains unchanged.

The total cost of heat per year is influenced by many factors. The factors are:

1. Fuel cost
2. Capital investment in heat producing equipment and distribution system to point of use
3. Cost of money for capital investment for equipment
4. Interest on investment for equipment
5. Depreciation period
6. Maintenance cost (yearly)
7. Number of hours of operation per year

As the vertical scale is in dollars per year, the insulation cost per year can be plotted on the same chart. Although shown as a straight line on Figure 2 (and 3), the insulation cost curve is not a regular line, as it is influenced by the number of layers of application, and also variations in nominal thickness in respect to pipe size. The cost factors that apply to the cost of installed insulation are:

1. Capital investment of insulation thickness as installed
2. Cost of money for capital investment for insulation
3. Interest on investment for insulation
4. Depreciation period
5. Maintenance cost (yearly)

The total cost per year then becomes the cost of lost heat energy per year added to the thermal insulation cost per year. As shown on Figure 2, the minimum cost per year obtainable is when the cost of insulation and cost of heat per year adds to the minimum dollar cost per year. The total cost per year is quite high when insufficient insulation thickness is used; it drops to a minimum when optimum thickness is used; then rises again when uneconomical thickness of insulation are used. The low point of the combined curve is the economic thickness of insulation which can be determined by Mr. McMillan's equation.

In Figure 3, the insulation cost is divided into 1/2" increments, as insulation cost is only obtainable in nominal 1/2" increments in thickness. The fact that insulation is only available in approximate 1/2" increments means that selection must be based upon the return on investment from the *last increment added.* In calculation, a minimum return on investment obtainable by this last 1/2" increment must be determined. In this presentation, the calculations were based upon the *last 1/2" thickness added* providing a minimum return on investment of *at least 20%.* These increments and additional savings are shown on Figure 3. However, the total insulation system, as compared to no insulation, gives an extremely high order of savings, ranging from several hundred to several thousand percent return on insulation investment.

The preceding figure, although typical, is only one of a family of curves. Its vertical

FIGURE 1 & FIGURE 2

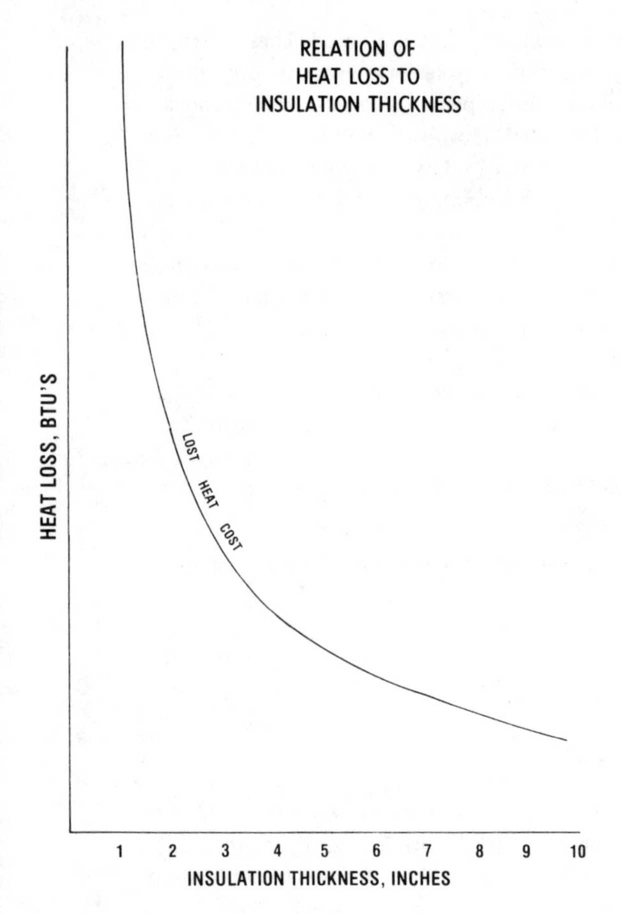

FIGURE 1

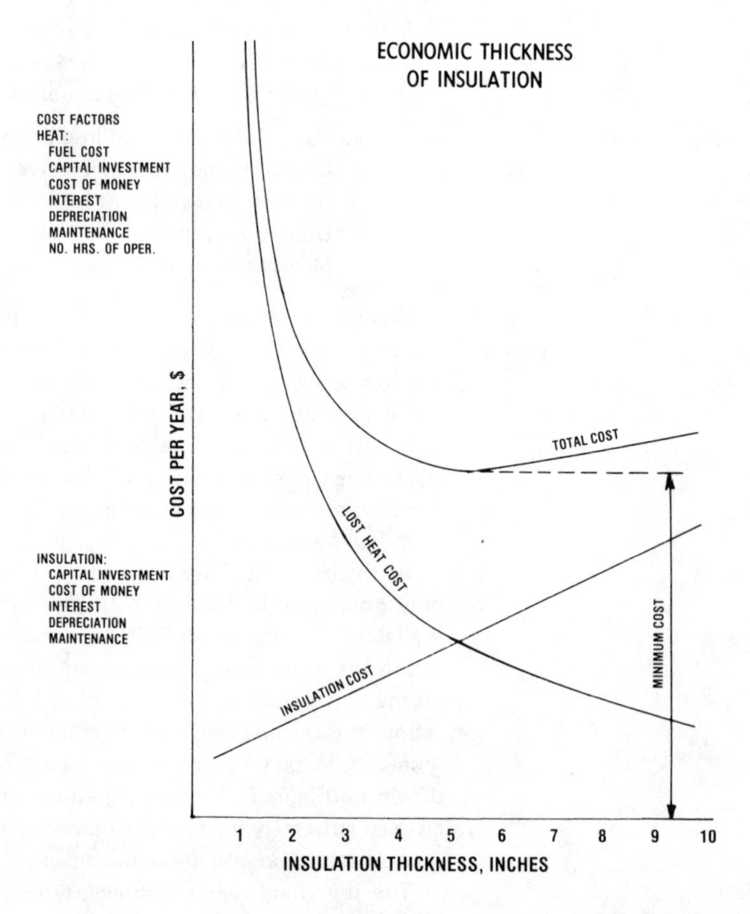

FIGURE 2

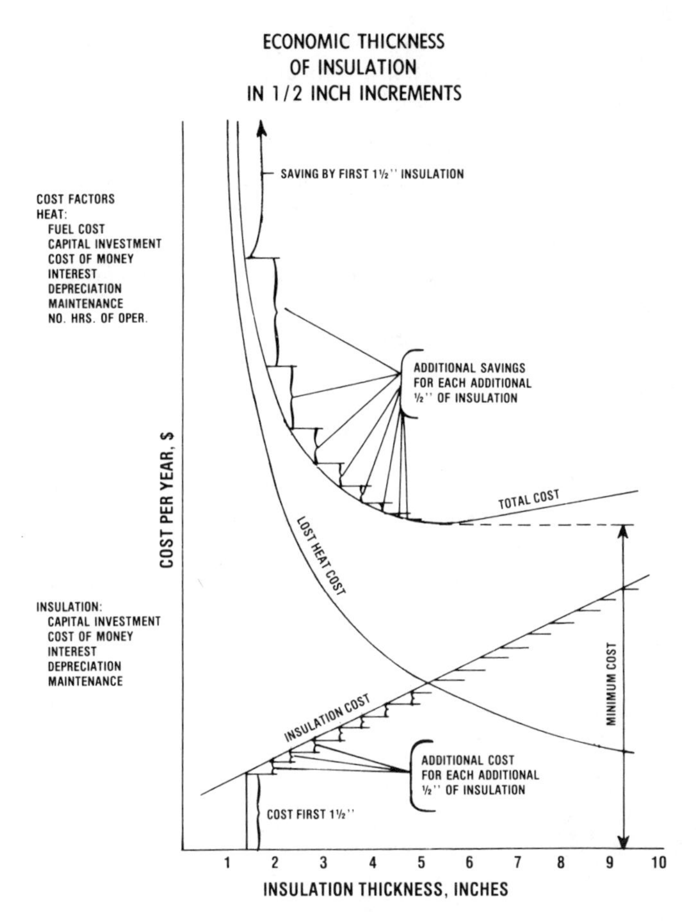

FIGURE 3

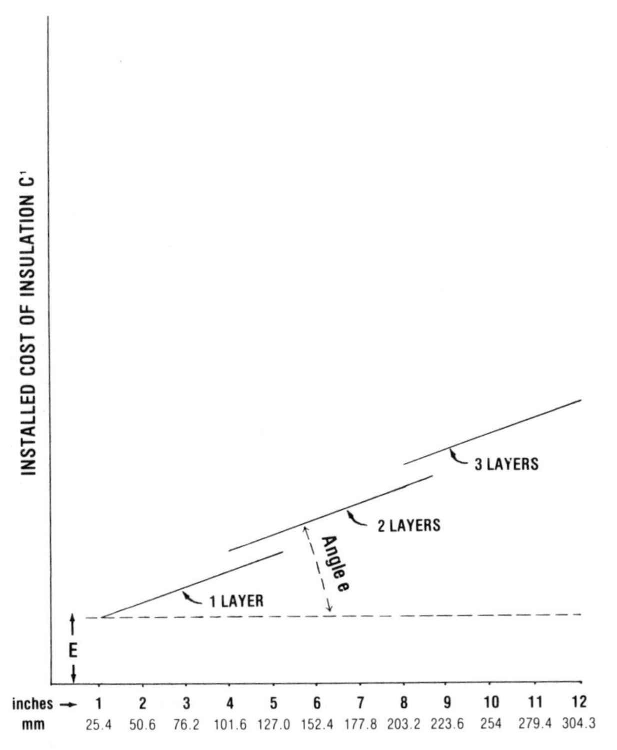

FIGURE 4

scale of cost, its curve of heat costs, and insulation costs differ for each combination of values. In addition to the cost factors, the following physical factors must enter into the final determination of the curves.

1. Temperature difference
2. Thermal conductance of insulation, which is influenced by
    a. Mean temperature
    b. Moisture content
    c. Temperature of the higher and lower temperature surfaces
3. Shape
    a. Flat
    b. Curved
        (1) Inside radius
        (2) Outside radius

The basic heat transfer and cost factors are presented to establish the influence of each in obtaining the economic thickness of insulation.

Symbols and Abbreviations Used in Equation Derivations

The fundamentals as established by graphs must be set up in mathematical formulas so as to obtain arithmetical results. Because of the complexity and number of factors, it is necessary to establish a list of symbols and abbreviations which will be used both in the text and the derivation of the equations. This list of symbols and abbreviations follows:

A insulated surface area of pipe per foot of pipe length in $\frac{\text{sq ft}}{\text{lin ft}}$ (used in derivation only)

A_o outside area of pipe insulation per foot length in $\frac{\text{sq ft}}{\text{lin ft}}$

A_1 area of flat surface insulation in sq ft

a cost of heat per year in $\frac{\text{hr}}{\text{yr}} \; \frac{\$}{\text{million Btu}} \; \Delta t$

B in Table 1 "B" is either "B_p" or "B_s"

B_p insulation cost factor for pipes in $\frac{\$}{\text{(ft pipe)(yr)(in.)}}$

B_{pm} insulation cost factor for pipes in $\frac{\$}{\text{(m pipe)(yr)(25.4mm)}}$

B_s insulation cost factor for flat surfaces in $\frac{\$}{\text{(sq ft surface)(yr)(in.)}}$

B_{sm} insulation cost factor for flat surfaces in $\frac{\$}{\text{(sq m surface)(yr)(25.4mm)}}$

C installed cost of insulation in $\frac{\$}{\text{(sq ft)(in.)}}$ or $\frac{\$}{\text{(linear ft)(in.)}}$

C_m installed cost of insulation in $\frac{\$}{\text{(square metre)(25.4mm)}}$ or $\frac{\$}{\text{(linear metre)(25.4mm)}}$

C' installed cost of pipe insulation in $\frac{\$}{\text{(linear foot)}}$ (used in derivation only)

C'' installed cost of flat surface insulation in $\frac{\$}{\text{sq ft}}$ (used in derivation only)

C_h capital recovery factor for heat in $\frac{\$ \text{ per year}}{\$}$

C_n capital recovery factor for insulation in $\frac{\$ \text{ per year}}{\$}$

°C temperature, degrees Celsius

D in Figures 4 to 9 "D" is either "D_p" or "D_s"

D_p total cost factor for pipes in $\frac{\text{(hr)(lin ft)(in.)}}{\text{million Btu}}$

D_s total cost factor for flat surface in $\frac{\text{(hr)(sq ft)(in.)}}{\text{million Btu}}$

E a constant in $\frac{\$}{\text{sq ft}}$ or $\frac{\$}{\text{ft}}$

e angle that curve "Installed Cost of Insulation" makes with the horizontal.

e' value of "e" used as reference in deriving "B" (used in derivation only)

F capital investment in heat producing plant in $\frac{\$}{\text{lbs steam per hr}}$ or $\frac{\$}{\text{million Btu per hr}}$

°F temperature, degrees Fahrenheit

h enthalpy in $\frac{\text{Btu}}{\text{lb steam}}$

i rate of maintenance of insulation in $\frac{\$ \text{ per year}}{\$}$

°K temperature degrees Kelvin

k thermal conductivity in $\frac{\text{(Btu)(in.)}}{\text{(hr)(sq ft) (deg F)}}$

k_m thermal conductivity in W/mK

L length of path of heat flow in feet

M total cost of heat in $\frac{\$}{\text{million Btu}}$

m metre

m_p	cost of heat lost in $\frac{\$}{(ft)(yr)}$
m_s	cost of heat lost in $\frac{\$}{(sq\ ft)(yr)}$
N_h	depreciation period in years for heat producing plant
N_n	depreciation period in years for insulation
n_p	cost of insulation in $\frac{\$}{(ft)(yr)}$
n_s	cost of insulation in $\frac{\$}{(sq\ ft)(yr)}$
q_o	heat flow (used in derivation only)
Q	heat transfer in Btu/sq ft, hr
R	pipe insulation radius in feet (used in derivation only)
R_s	outside surface resistance in $\frac{(deg\ F)(hr)(sq\ ft)}{Btu}$
R_1	inside radius of pipe insulation in feet
R_2	outside radius of pipe insulation in feet
r_1	inside radius of pipe insulation in inches
r_2	outside radius of pipe insulation in inches
S	total production cost of steam in $\frac{\$}{1000\ lbs\ steam}$ or $\frac{\$}{million\ Btu}$
S′	total production cost, less working capital, in $\frac{\$}{1000\ lbs\ steam}$ or $\frac{\$}{million\ Btu}$
t	temperature °F (used in derivation only)
t_a	ambient air temperature
t_{av}	average yearly ambient air temperature in °F
t_m	mean temperature in °F $\frac{(t_o + t_{av})}{2}$
t_o	operating temperature in °F

t_1 temperature at radius r_1 (or R_1) in °F (In practical applications t_1 is assumed to equal t_o)

t_2 temperature at radius r_2 (or R_2) in °F

Δt temperature difference $(t_1 - t_{av})$ between inside surface of pipe insulation and average outside air temperature in °F

U heat flow in $\frac{(\text{Btu})}{(\text{hr})(\text{ft})}$ (used in derivation only)

U_2 heat flow per unit area of pipe in $\frac{\text{Btu}}{(\text{hr})(\text{sq ft})(\text{ft})}$ (used in derivation only)

U_3 heat flow per unit area flat surface in $\frac{\text{Btu}}{(\text{hr})(\text{sq ft})}$ (used in derivation only)

w length of path of heat flow in inches

Y number of hours of operation per year, in $\frac{\text{hr}}{\text{yr}}$

$y_p = m_p + n_p$, total cost per year for pipes, in $\frac{\$}{(\text{ft})(\text{yr})}$

$y_s = m_s + n_s$, total cost per year for flat surfaces, in $\frac{\$}{(\text{sq ft})(\text{yr})}$

z ratio of installed insulation costs (used in derivation only)

$O = C_n + i$, a factor that adjusts cost of money, maintenance and depreciation in $\frac{\$ \text{ per year}}{\$}$

II

Economic Thickness Formulas for Cylindrical and Flat Surfaces

The complete derivation of the economic thickness equations for cylindrical and flat surfaces are presented separately in section "Derivations of Equations".

The units used in the derivation of economic thickness formulas were the English Units. The English Units of measurement will also be used in the following discussion. Metric units will not be presented, as the fundamentals are not changed by units of measurement. All tables and charts for solution of problems are presented in English and Metric Units so that problems in either system can be solved.

The fundamental equation for determining the most economical thickness of insulation for cylindrical surfaces—one material—is as follows:

$$\left(r_2 \log_e \frac{r_2}{r_1} + R_s k\right) \sqrt{\frac{2r_2 - r_1}{r_2 - R_s k}} = \sqrt{\frac{\frac{Y(t_o - t_q)M}{1000000}}{b}}$$

The economic thickness is determined by solving the equation for r_2. Unfortunately this equation is very difficult to solve for r_2, as a change of r_2 affects values on both sides of the equation. Calculation by assignment of constants for variables was considered, but to obtain all answers for the possible combinations of sizes, cost, conductivity, temperature difference, proved that possible answers numbered 107,575,760,000. Tabulation at this number of precalulated answers is impractical. Solution by nom-o-graph charts also proved to be cumbersome.

The particular device which broke the impasse was the separation of cost factors from the thermal constants. Mr. William Hollenbeck discovered that the cost factors could be resolved into a single variable which could place the cost curves in proper relationship to the thermal curves.

Due to this method of solution it is desirable that the user of this manual be familiar with the component parts of the fundamental equation, as they affect the solution of the problem.

A. Economic Thickness of Cylindrical Insulation (pipe & tube)

1. Cost of heat per linear foot, per year (m_p)

$$mp = \left(\frac{\pi k \Delta t\, r_2}{6(r_2 \log_e \frac{r_2}{n}) + R_s k}\right) (YM \times 10^{-6})$$

(Equation 17 in Derivation)

The plotted values of $YM \times 10^{-6}$ for various costs is on Figure 7.

2. Cost of thermal insulation per linear foot, per year (n_p).
The cost of the thermal insulation becomes greater as the thickness increases. For a given pipe size and insulation thickness, for the same number of layers, it was found that the curve of installed cost of insulation per linear foot versus the relatively straight line for each nominal size. From this it is possible to establish the slope of these straight line curves for individual radii of pipe or tube. Calling the slope of these straight lines tan e, the installed cost per linear foot can be expressed as:

$$C' = r_2 \tan e + E$$

This is shown on Figure 4.
Multiplying C' by θ, a factor that adjusts the cost factor to include maintenance, cost of money and depreciation, the cost of insulation per year, per unit of length, "n_p" is:

$$n_p = \theta\, r_2 \tan e + E\theta \text{ dollars per linear foot, per year}$$

(Equation 19 in Derivation)

3. Total cost in dollars per linear foot, per year, "Y_p".
If the total heat cost, per linear foot, per year, "m_p", is added to the total insulation cost per linear foot, per year, "n_p", the total cost per linear foot per year "Y_p" is obtained:

$$y_p = m_p + n_p \text{ dollars per linear foot, per year}$$

(Equation 20 in Derivation)

As insulation thickness is increased, the amount of heat lost, and cost of heat "m_p" is decreased, but the cost of the insulation "n_p" is increased. Thus the total cost ($m_p + n_p$) will have a minimum at some particular thickness.
For cylindrical insulated surfaces this lowest cost at a particular thickness can be obtained by determining the value of r_2 (the outer radius of insulation) for which Y_p is a minimum. This is done by taking the derivative of Y_p with respect to r_2 and equating this to zero. The results of the calculations offer substituting current factors for M_p and N_p is:

$$-YM \times 10^{-6}\, \Delta tk \frac{(r_2 - R_s k)}{(r_2 \log_e \frac{r_2}{r_1} + R_s k)^2} + \frac{6C}{\pi(1.38)}\, \theta \tan e' = 0.$$

(Equation 26 in Derivation)

Letting

$$B_p = \frac{6C}{\pi(1.38)} \theta \tan e'$$

and

$$D_p = \frac{YM \times 10^{-6}}{B_p}$$ the equation becomes

$$D_p \Delta tk \frac{(r_2 - R_s k)}{(r_2 \log_e \frac{r_2}{r_1} + R_s k)^2} - 1 = 0$$

(Equation 28 in Derivation)

The values of B as a function of pipe sizes, and installed cost per linear foot (and per linear metre), for various depreciation periods, are tabulated in Tables 1 and 1a.

The values of D as a function of steam cost, capital investment, depreciation period, which is $YM \times 10^{-6}$ and B can be determined from Figure 8.

The economic thickness of insulation $(r_2 - r_1)$ for a given pipe size, and known values of D, Δt, and k can be determined from Table 2.

B. Economic Thickness of Flat Surface Insulation

1. Cost of Heat Loss

The cost of heat loss, in dollars per year, per square foot of surface is:

$$m_s = \frac{YM\Delta t \times 10^{-6}}{\frac{w}{k} + R_s}$$ in dollars per year, per sq ft

(Equation 36 in Derivation)

2. Cost of Insulation:

The cost of insulation installed on a flat surface increases as the insulation thickness increases. The curve of installed cost versus insulation thickness was found to be a straight line. Following the same line of reasoning as applied to cylindrical insulation the resulting equation for the cost of insulation is:

$$n_s = \theta w \tan e' + \theta E$$ in dollars, per sq ft per year

(Equation 38 in Derivation)

3. Total Cost

The total cost of y_s is the sum of m_s (the cost of heat) plus n_s (the cost of insulation).

$$y_s = m_s + n_s$$ in dollars per square foot, per year

(Equation 39 in Derivation)

4. General Equation for Economic Thickness of Flat Surface Insulation. Substitution in Equation 39 for m_s and n_s and differentiating with respect to w, and equating this to zero, the results are:

$$\frac{ak}{(w + R_s k)^2} + \theta \frac{C}{1.38} \tan e' = O$$

(Equation 46 in Derivation)

Letting

$$B_s = \theta \frac{C}{1.38} \tan e'$$

and

$$D_s = \frac{YM \times 10^{-6}}{B_s} \quad \text{the equation becomes}$$

(Equation 47 in Derivation)

the equation becomes

$$\frac{D_s \Delta t k}{(w + R_s k)^2} - 1 = O$$

(Equation 49 in Derivation)

For convenience B is tabulated in Table 1 and also Table 1a.
Values of D may be determined from Figure 8.
For known values of D, Δt, and k the value of w which satisfies Equation 49 is the economic insulation thickness. For specific values of D, Δt, and k, this economic thickness can be selected from Table 3.

Derivation of Economic Thickness Equations

The general equation for the rate of heat transmission through a pipe having a homogeneous insulation material can be derived by starting with Fourier's law as:

$$q_o = -KA\frac{dt}{dL} \quad \frac{Btu}{(hr)(ft)} \tag{1}$$

$$q_o = -K(2\pi R \cdot 1)\frac{dt}{dR} \tag{2}$$

where $dL = dR$ for pipe insulation
A = area of pipe insulation per foot of pipe length in square feet

$$\frac{q_o}{R} = -2\pi K\frac{dt}{dR} \tag{3}$$

$$q_o\frac{dR}{R} = -2\pi K dt \tag{4}$$

integrating

$$q_o\int_{R_1}^{R_2}\frac{dR}{R} = -2\pi K\int_{t_1}^{t_2} dt \tag{5}$$

$$q_o \log_e\frac{R_2}{R_1} = -2\pi K(t_2 - t_1) = 2\pi K(t_1 - t_2) \tag{6}$$

$$q_o = \frac{2\pi K(t_1 - t_2)}{\log_e\frac{R_2}{R_1}} \tag{7}$$

heat transfer per square foot of outside insulation surface can be expressed as:

$$\frac{q_o}{A_o} = \frac{2\pi K(t_1 - t_2)}{A_o \log_e\frac{R_2}{R_1}} \quad \frac{Btu}{(hr)(ft^2)(ft)} \tag{8}$$

where $A_o = 2\pi R_2 \cdot 1$

$$\frac{q_o}{A_o} = \frac{K\,(t_1 - t_2)}{R_2 \log_e \dfrac{R_2}{R_1}} \tag{9}$$

$$\frac{q_o}{A_o} = \frac{(t_1 - t_2)}{\dfrac{R_2}{K} \log_e \dfrac{R_2}{R_1}} \tag{10}$$

Converting this equation to describe a system in which R_1 and R_2 are measured in inches (r_1 and r_2) results in:

$$\frac{q_o}{A_o} = \frac{(t_1 - t_2)}{\dfrac{r_2}{k} \log_e \dfrac{r_2}{r_1}} \tag{11}$$

where $k = \dfrac{(\text{Btu})(\text{in.})}{(\text{hr})(\text{ft}^2)(\text{ft})}$

Since this derivation is concerned with the heat flow between the inside surface of the pipe insulation and the outside air, an additional resistance term must be added in the denominator for the outside surface resistance, R_s.

$$\frac{q_o}{A_o} = U_2 = \frac{\Delta t}{\dfrac{r_2}{k} \log_e \dfrac{r_2}{r_1} + R_s} \tag{12}$$

where $\Delta t = t_1 - t_{av}$

$$U_2 = \frac{k\Delta t}{r_2 \log_e \dfrac{r_2}{r_1} + R_s k} \qquad \frac{\text{Btu}}{(\text{hr})(\text{ft}^2)(\text{ft})} \tag{13}$$

Since the area per foot length of cylindrical surface is $\dfrac{2\pi r \cdot 1}{12} \quad \dfrac{\text{ft}^2}{\text{ft}}$

$$U = \frac{2\pi r_2}{12} \cdot 1 \; \frac{k\Delta t}{r_2 \log_e \dfrac{r_2}{r_1} + R_s k} \qquad \frac{\text{Btu}}{(\text{hr})(\text{ft})} \tag{14}$$

where U = Btu per hour per linear foot

$$U = \frac{\pi k \Delta t\, r_2}{6(r_2 \log_e \dfrac{r_2}{r_1} + R_s k)} \tag{15}$$

Considering the cost of heat

let Y = number of hours of operation per year

M = cost of heat in dollars per million Btu

then,

$$m_p = UYM \times 10^{-6} \quad \frac{\$}{(yr)(ft)} \tag{16}$$

which is cost of heat lost, in dollars per year per linear foot of pipe

then,

$$m_p = \frac{\pi k \Delta t\, r_2}{6(r_2 \log_e \frac{r_2}{r_1} + R_s k)} \quad YM \times 10^{-6} \tag{17}$$

$$\text{where } M = C_h \frac{(1{,}000{,}000F)}{h \times 8760} + \frac{S \times 10^3}{h}$$

$$= C_h \frac{(114.15F)}{h} + \frac{S \times 10^3}{h}$$

Note: C_h is the cost recovery factor based on the cost of money at 10% for various periods of time.
$S = 1.012\, S'$ — this corrects the total production cost figure to include a return on the working capital (10% of 12% production cost).

Let $a = Y \Delta t\, M \times 10^{-6}$ (cost of heat per year factory)

then,

$$m_p = \frac{\pi a k\, r_2}{6(r_2 \log_e \frac{r_2}{r_1} + R_s k)} \tag{18}$$

In evaluating "n_p", the installed cost of insulation in dollars per year per linear foot, it was found that the curve of installed cost of insulation per linear foot *vs* the outside radius of the insulation in inches was a straight line for each nominal pipe size. Calling the slope of this curve tan e, the installed cost per linear foot can be expressed as $C' = r_2 \tan e + E$. This is illustrated below:

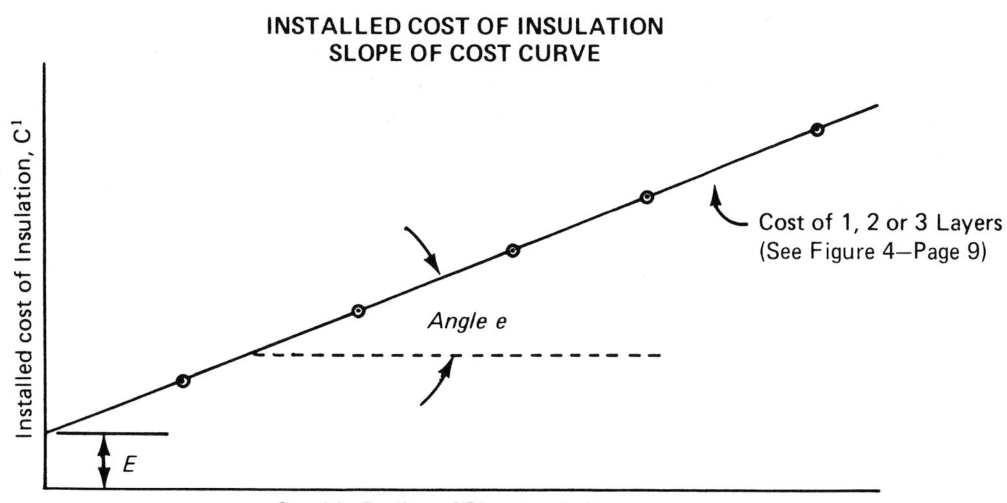

FIGURE 4a

Multiplying C' by θ, a factor that adjusts maintenance, cost of money and depreciation, one can arrive at the value of n_p

$$\text{thus:} \quad n_p = \theta r_2 \tan e + E\theta \tag{19}$$

It is obvious that the cost of heat loss (m_p) will decrease as the insulation thickness increases, and the cost of insulation (n_p) will increase as the thickness increases. Thus, the total cost ($m_p + n_p$) will have a minimum value at some value of thickness. This is the economic thickness of insulation.

$$\text{Let } y_p = m_p + n_p \text{ total cost per year } \frac{\$}{(\text{ft})(\text{yr})} \tag{20}$$

Then for a particular value of r_1 the economic thickness value can be obtained by determining the value of r_2 for which y_p is a minimum. This is done by taking the derivative of y_p with respect to r_2 and determining the value of r_2 for which $\frac{dy_p}{dr_2} = 0$.

Substituting

$$y_p = m_p + n_p$$

$$= \frac{\pi a k r_2}{6(r_2 \log_e \frac{r_2}{r_1} + R_s k)} + \theta r_2 \tan e + E\theta \tag{21}$$

Differentiating

$$\frac{dy_p}{dr_2} = \frac{\pi a k}{6} \left[r_2 \frac{d}{dr_2} (r_2 \log_e \frac{r_2}{r_1} + R_s k)^{-1} + (r_2 \log_e \frac{r_2}{r_1} + R_s k)^{-1} \frac{dr_2}{dr_2} \right] + \theta \tan e \frac{dr_2}{dr_2} = \frac{dE\theta}{dr_2} \tag{22}$$

$$= -\frac{\pi a k}{6} \; \frac{r_2 + r_2 \log_e \frac{r_2}{r_1} - r_2 \log_e \frac{r_2}{r_1} - R_s k}{(r_2 \log_e \frac{r_2}{r_1} + R_s k)^2} + \theta \tan e \tag{23}$$

To find the minimum point of the value of y_p, this derivative of y_p must be equated to zero. The value of r_2 that solves the resulting equation is the most economical r_2 for a given r_1.

$$\frac{dy_p}{dr_2} = \frac{\pi a k}{6} \; \frac{r_2 - R_s k}{(r_2 \log_e \frac{r_2}{r_1} + R_s k)^2} + \theta \tan e = 0 \tag{24}$$

$$\text{Since } a = YM \times 10^{-6} \, \Delta t$$

$$\frac{dy_p}{dr_2} = - YM \times 10^{-6} \, \Delta t \, k \frac{(r_2 - R_s k)}{(r_2 \log_e \frac{r_2}{r_1} + R_s k)^2} + \frac{6}{\pi} \theta \tan e = 0 \tag{25}$$

As previously stated tan e is the slope of the curve, installed cost of insulation (C') *vs* outside radius of insulation (r_2). This slope will vary from time to time for each nominal pipe size depending on the cost of raw materials and labor, but the percentage rise or fall has been found to be a constant. For example, considering today's installed cost as tan e' $= \dfrac{(C'_2 - C'_1)}{(r_2)_2 - (r_2)_1}$ with future installed costs which may be $z\,C'_2 - z\,C'_1$ then tan e $= \dfrac{z(C'_2 - C'_1)}{(r_2)_2 - (r_2)_1}$ or z tan e' where z is the ratio of the future installed cost of insulation divided by the present installed cost of insulation. This ratio (z) will be referred to a one-inch nominal diameter pipe with one inch of insulation.
The future installed cost will be C.

$$\text{Therefore, } z = \frac{C}{1.38}$$

$$\text{Thus, } \theta \tan e = \theta \frac{C}{1.38} \tan e'$$

Equation (24) becomes;

$$\frac{dy_p}{dr_2} = -\,YM \times 10^{-6}\,\Delta t\,k \frac{(r_2 - R_s k)}{\left(r_2 \log_e \frac{r_2}{r_1} + R_s k\right)^2} + \frac{6}{\pi}\frac{C}{1.38}\,\theta \tan e' = 0 \qquad (26)$$

Letting $B_p = \dfrac{6}{\pi}\dfrac{C}{1.38}\,\theta \tan e'$ and dividing by $-B_p$

$$\frac{dy_p}{dr_2} = +\frac{YM \times 10^{-6}\,\Delta t\,k}{B_p} - \frac{(r_2 - R_s k)}{\left(r_2 \log_e \frac{r_2}{r_1} + R_s k\right)^2} - 1 = 0 \qquad (27)$$

$$\text{Finally letting } D_p = \frac{YM \times 10^{-6}}{B_p}$$

$$\frac{dy_p}{dr_2} = D_p\,\Delta t\,k \frac{(r_2 - R_s k)}{\left(r_2 \log_e \frac{r_2}{r_1} + R_s k\right)^2} - 1 = 0 \qquad (28)$$

Equation (28) will be used in calculating the most economic thickness of insulation for pipes.

Development of General Equation for Economic Thickness of Insulation for Flat Surfaces

The general equation for the rate of heat transmission through a flat plate of homogeneous material can be derived by starting with Fourier's law as:

$$q_o = -kA_1 \frac{dt}{dw} \qquad (29)$$

$$q_o dw = -kA_1\, dt \tag{30}$$

$$q_o \int_{w_1}^{w_2} dw = -kA_1 \int_{t_1}^{t_2} dt \tag{31}$$

$$q_p\,(w_2 - w_1) = -kA_1\,(t_2 - t_1) \tag{32}$$

$$\frac{q_o}{A_1} = \frac{-k\,(t_2 - t_1)}{w_2 - w_1} = -\frac{t_2 - t_1}{\dfrac{w_2 - w_1}{k}} \quad \frac{\text{Btu}}{(\text{hr})(\text{ft}^2)} \tag{33}$$

$w_2 - w_1$ = "w" the thickness of insulation in inches

$$\frac{q_o}{A_1} = -\frac{t_2 - t^1}{\dfrac{w}{k}} \tag{34}$$

Since this equation is concerned with the heat flow from the inside surface to the outside air, a resistance term must be added in the denominator for the outside surface resistance, R_s.

$$\frac{q_o}{A_1} = U_3 = \frac{\Delta t}{\dfrac{w}{k} + R_s} \quad \frac{\text{Btu}}{(\text{hr})(\text{ft}^2)} \tag{35}$$

where $\Delta t = t_1 - t_a$

Considering the cost of heat

let Y = number of hours of operation per year

M = total cost of heat in $\dfrac{\$}{\text{million Btu}}$

then,

$$m_s = U_3\, YM \times 10^{-6} = \frac{YM\,\Delta t \times 10^{-6}}{\dfrac{w}{k} + R_s} = \frac{a}{\dfrac{w}{k} + R_s} \quad \frac{\$}{(\text{yr})(\text{ft}^2)} \tag{36}$$

which is cost of heat lost in dollars per year per square foot of surface. In evaluating "n_s", the cost of insulation in dollars per square foot per year, it found that the curve of installed cost of insulation per square foot *vs* the thickness of insulation was a straight line. Calling the slope of this curve tan e, the installed cost of insulation per square foot can be expressed as:

$$C'' = w \tan e + E \tag{37}$$

Multiplying C" by θ, a factor that adjusts maintenance, cost of money and depreciation, one can arrive at the value of n_s

thus

$$n_s = C''\theta = \theta\, w \tan e + E\theta \tag{38}$$

Again, similar to the pipe insulation, the total cost ($m_s + n_s$) will have a minimum value of some value of thickness. This is the economic insulation thickness.

let

$$y_s = m_s + n_s \text{ total cost per year } \frac{\$}{(ft^2)(yr)} \tag{39}$$

Then the economic thickness value can be obtained by determining the value of w for which y_s is a minimum.

Substituting:

$$y_s = m_s + n_s \tag{40}$$

$$= \frac{a}{\frac{w}{k} + R_s} + \theta \, w \tan e + \theta E \tag{41}$$

$$= \frac{ak}{w + R_s k} + \theta \, w \tan e + \theta E \tag{42}$$

Differentiating

$$\frac{dy_s}{dw} = -ak\,(w + R_s k)^{-2} + \theta \tan e \tag{43}$$

$$= -ak\,(w + R_s k)^{-2} + \theta \tan e = 0 \tag{44}$$

Referring to the derivation of the general equation for pipes, it was found that

$$\theta \tan e = \theta \frac{C}{1.38} \tan e'$$

It was found from actual cost data that the constant 1.38 is the same for one square foot of flat insulation one inch thick as it is for one linear foot of pipe insulation one inch thick on a one-inch pipe.

Therefore, for a flat surface

$$\theta \tan e = \theta \frac{C}{1.38} \tan e' \tag{45}$$

$$\frac{dy_2}{dw} = -\frac{ak}{(w + R_s k)^2} + \theta \frac{C}{1.38} \tan e' = 0 \tag{46}$$

letting $B_s = \theta \dfrac{C}{1.38} \tan e'$

$$\frac{dy_2}{dw} = \frac{YM \times 10^{-6}\, \Delta t\, k}{(w + R_s k)^2} - B_s = 0 \tag{47}$$

$$\frac{dy_2}{dw} = \frac{YM \times 10^{-6}\ \Delta t\ k}{B_s\ (w + R_s k)^2} - 1 = 0 \qquad (48)$$

finally letting $D_s = \dfrac{YM \times 10^{-6}}{B_s}$

$$\frac{dy_2}{dw} = \frac{D_s\ \Delta t\ k}{(w + R_s k)^2} - 1 = 0 \qquad (49)$$

Equation 49 will be used in calculating the most economic thickness of insulation for flat surfaces.

III

Use of Economic Thickness of Insulation Formulas

The equations that have been mathematically established can be used in several ways to solve for the economic thickness of thermal insulation for specific individual conditions. These methods are as follows:

1. Solve manually
2. Set up in computer program
3. Plot on nomographs to obtain answers from intersecting lines
4. Precalculate by computer; then tabulate and graph for reference

This manual is based on this last method.

Arrange the cost factors into a single factor "D". Once this factor has been established, the economic thickness can be looked up in a precalculated Table 2.

In most instances, the variations in costs do not change rapidly. The cost factors are established for design for all new plants and in existing plants generally reviewed once a year. Thus the "D" value, as set up in this manual need not be established each time a vessel or pipe is added into the design or into the plant structure.

The cost factors and thermal factors are so arranged as to be able to obtain answers in both Metric and English systems. However as all thermal insulation for NPS pipe is based on nominal inch thickness the answers must be in nominal inch dimensions which are in accordance with ASTM C-585-76 "Inner and Outer Diameters of Rigid Thermal Insulation for Nominal Sizes of Pipe and Tubing (NPS System)". Table A-1 is provided to convert nominal inch thicknesses to approximate mm thicknesses.

Schematic flow charts for determination of economic thickness of insulation in English units and Metric units are provided. Basically the systems are identical with the exception that all the answers are given in Table 2 in nominal thickness of insulation for NPS pipe. By simple multiplication by 25.4 the answers can be converted to nominal thickness in millimeters. However, it must be remembered that thicknesses obtained are nominal thicknesses for NPS pipe, based on actual dimensions in accordance with ASTM C-585-76 Standard "Inner and Outer Diameters of Rigid Thermal Insulation for Nominal Sizes of Pipe and Tubing (NPS System)". Use Table A-4 for determining the actual thickness in inches or mm for a particular pipe size and nominal thickness.

Diameters of vessels or equipment over 36" are considered as flat surfaces, thus the economic thickness given for flat surfaces are actual thickness of insulation to be installed.

As indicated on schematic flow charts the first requirement is to establish costs. Using proper accounting practices and cost determination the following must be established.

1. The total cost of labor and material to install the insulation system ("C") required for the particular conditions involved. Although many pipe sizes and thicknesses may be required, these may be determined by using the cost of 1"

nominal thickness of insulation installed on 1" NPS pipe. However, this thickness and pipe size must be truly representative of all thicknesses and sizes for the system.

2. The depreciation period of insulation. This is the expected life of the insulation system without excessive maintenance. This life factor "N_n" is on Table 1 in terms of 5, 10, 15, 20 and 30 year periods.
3. The depreciation period of the plant, unit, or building onto which the insulation is being installed. This factor "N_h" selects the proper graph of Figure 7. These graphs are for N_h = 5, 10, 15, 20, or 30 years.
4. Cost of energy. This is the cost of energy at the pipe or vessel. It is not the cost of fuel alone. This cost presents the cost of that energy at the point of use. To illustrate, cost of fuel may be $0.50 MM Btu but by the time fuel is converted, only 20% of its potential energy may appear as steam energy in a pipe. Thus, energy cost of steam would be $2.50 MM Btu. These costs are used in Figure 7.
5. The cost of capital investment in equipment used for production of energy from fuel. This cost "F" is plotted on Figure 7 and are in the terms $ per million Btu per hour, $ per pound of steam per hour and $ per million watt-hours.
6. The hours of operation per year.

All of these cost factors can be resolved into a single factor "D" for each pipe size. This factor is constant as related to cost; it does not change with change of temperature involved, or thermal conductivity of material. Thus, once established, these "D" factors can be used to determine the proper table of economic thickness until such time as there is change of one or more of the cost factors listed above.

How to Determine the Cost Factor "D":

Following the schematic chart, Figure 5 or 6 (English or Metric Units)

Step 1. Determine "B" from established cost of installed insulation. Use either Table 1 (pipe insulation) or 1a (flat-cost based on 1" insulation per sq ft).

At the intersection of a horizontal line from the given pipe size with a vertical line from the given value of "C" (cost of 1" of insulation on 1" NPS pipe) and its column for the established depreciation period (or expected efficient life of insulation system) is the printed value of "B".

Note: It may be desirable to record all the values of "B" for each pipe size so as to be able to establish the "D" values for the complete range of piping under consideration.

Step 2. Select the proper graph for the established plant depreciation "N_h" in number of years.

Enter the graph at the value of Total Production Cost of Steam (or Energy) and follow vertically to the proper line of Capital Investment in Steam or Energy producing equipment. From this intersection proceed horizontally to determine value of $YM \times 10^{-6}$.

The value of $YM \times 10^{-6}$ as established is based upon full time operation (8760 hrs per year). If the operation of the plant or unit is less than 8760 hrs per year the value of $YM \times 10^{-6}$ should be modified for the hours of operation per year as follows:

$$YM \times 10^{-6} \text{ (modified)} = YM \times 10^{-6} \text{ (graph value)} \times \frac{\text{hours per year operation}}{8760}$$

Schematic Chart for Use of Manual

(English Units)

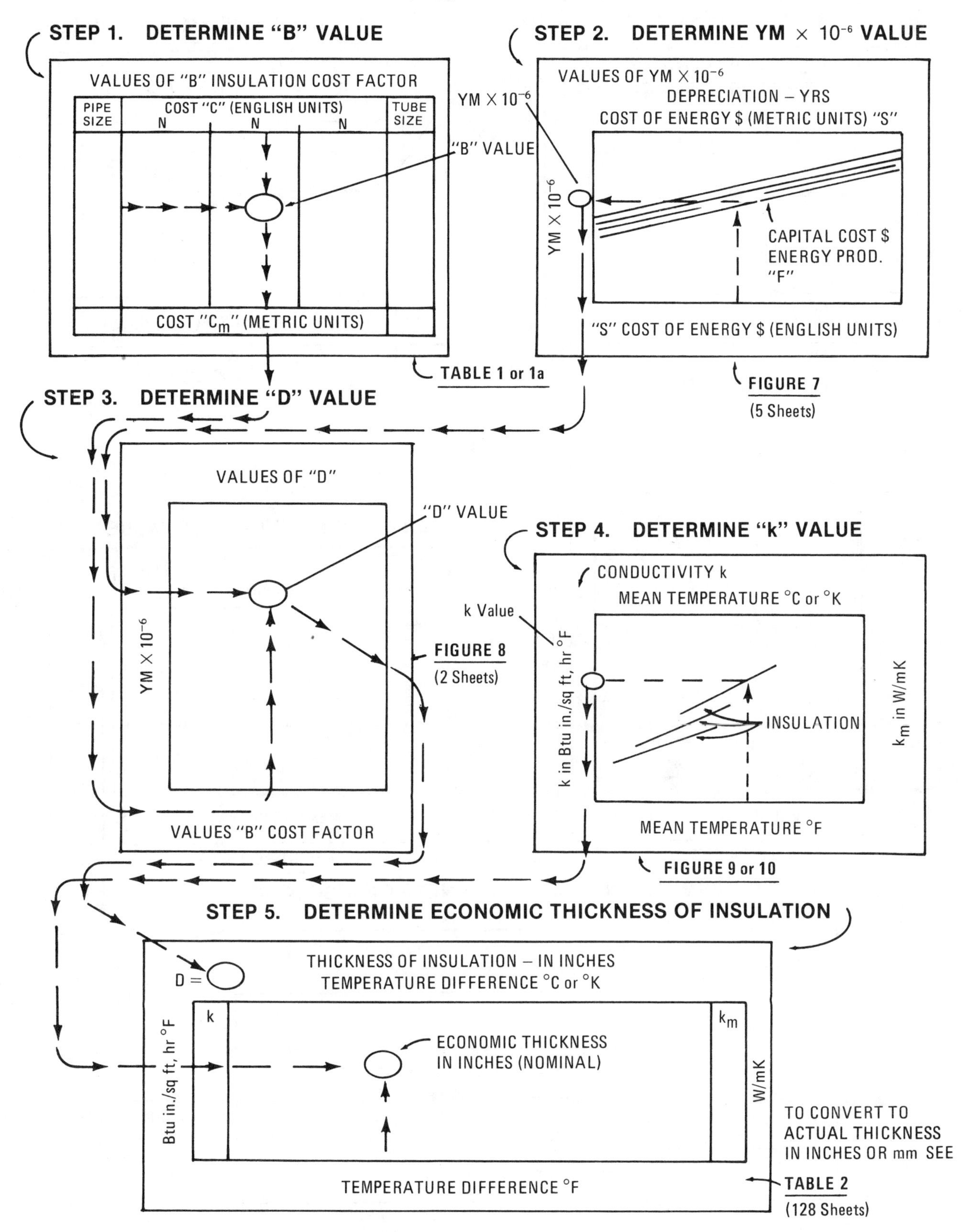

STEP 1. DETERMINE "B" VALUE
VALUES OF "B" INSULATION COST FACTOR
PIPE SIZE
COST "C" (ENGLISH UNITS)
N
N
N
TUBE SIZE
COST "Cm" (METRIC UNITS)
"B" VALUE
TABLE 1 or 1a
STEP 2. DETERMINE YM × 10⁻⁶ VALUE
YM X 10⁻⁶
VALUES OF YM X 10⁻⁶
DEPRECIATION – YRS
COST OF ENERGY $ (METRIC UNITS) "S"
YM X 10⁻⁶
CAPITAL COST $
ENERGY PROD.
"F"
"S" COST OF ENERGY $ (ENGLISH UNITS)
FIGURE 7
(5 Sheets)
STEP 3. DETERMINE "D" VALUE
VALUES OF "D"
"D" VALUE
YM X 10⁻⁶
VALUES "B" COST FACTOR
FIGURE 8
(2 Sheets)
STEP 4. DETERMINE "k" VALUE
CONDUCTIVITY k
MEAN TEMPERATURE °C or °K
k Value
k in Btu in./sq ft, hr °F
INSULATION
km in W/mK
MEAN TEMPERATURE °F
FIGURE 9 or 10
STEP 5. DETERMINE ECONOMIC THICKNESS OF INSULATION
THICKNESS OF INSULATION – IN INCHES
TEMPERATURE DIFFERENCE °C or °K
D =
k
km
Btu in./sq ft, hr °F
ECONOMIC THICKNESS
IN INCHES (NOMINAL)
W/mK
TEMPERATURE DIFFERENCE °F
TO CONVERT TO
ACTUAL THICKNESS
IN INCHES OR mm SEE
TABLE 2
(128 Sheets)

FIGURE 5

FIGURE 6

Schematic Chart for Use of Manual
(Metric Units)

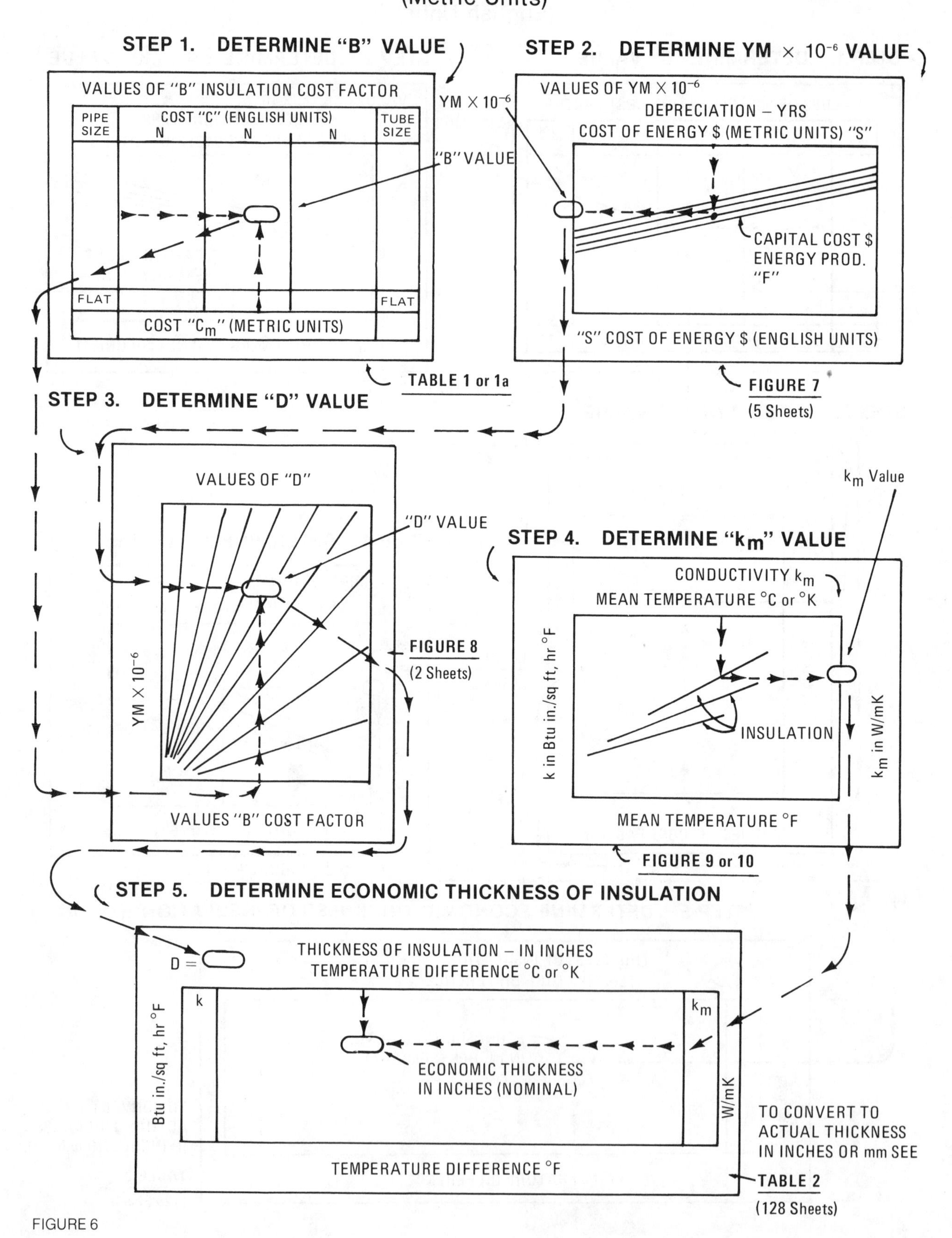

FIGURE 6

Step 3. Determination of "D" value, (or values) is based on the established "B" value (or values) and the value of $YMX10^{-6}$. Knowing these values, "D" can be established by direct reading from chart, or by simply dividing $YMX10^{-6}$ by value (by values) of B.

Selecting the proper chart, Figure 8 (Sheet 1 or 2), enter at the "B" value (or values) on the chart and proceed vertically. At the value of $YMX10^{-6}$ proceed horizontally. The point of the intersection of these two lines determines the "D" values as referenced from the straight line curves on the chart.

Another way to determine the "D" values is to divide $YMX10^{-6}$ by the "B" values established on Table 1 (pipe insulation) or Table 1a (flat and based on cost of 1" insulation installed on 1 sq ft).

$$\frac{YMX10^{-6}}{B} = D$$

These "D" values for the individual pipe sizes will remain the same until there is some change in cost. It is suggested that the engineering group make arrangements with the accounting group to be advised of significant cost changes. The "D" values may have been determined either by the English or Metric system of measurements. Using proper units in either, or both systems, makes no change in the "D" values. Once established, by either system, the "D" values can be used to determine the economic thickness of thermal insulation in inches or millimeters.

Using "D" and Thermal Factors—To Find Economic Thickness

Step 4. Determine the thermal conductivity of the insulation to be used to retard the heat loss from the pipe or equipment. The mean temperature should be determined by adding the operating temperature of the pipe (or vessel) to the expected average ambient temperature and dividing by 2.

$$t_m \text{ (mean temperature)} = \frac{t_o \text{ (operating temperature)} + t_{av} \text{ (ave. ambient temperature)}}{2}$$

Enter Figure 9 or 10 at the value of t_m arrived at above and proceed vertically to where it intersects the line representing the selected insulation material. Then read horizontally to the conductivity for that mean temperature.

Step 5. The temperature differential t is the operating temperature t_o minus the average ambient temperature

$$\Delta t = t_o - t_{av}$$

The economic thickness may now be determined.

The proper sheet of Table 2, based on "D" for the individual pipe size (or flat surface), is selected. Should the "D" value be different from that at the top of each table then the sheet of the next higher "D" value should be used.

For the correct pipe size and "D" value table the answer is determined by entering the table at the k value determined in Step 4 and go horizontally to the column with the

Δt value determined in Step 5. If the value of Δt determined in Step 5 is not tabulated interpolate. For differences equal to half or greater, use the larger tabulated values; less than half, the smaller. The value printed at this place is the economic thickness—in inches (nominal for NPS pipe).

Normally to convert to mm, simply multiply nominal thickness in inches by 25.4.

Nominal Thickness

Inches – Millimeters

in.	mm	in.	mm	in.	mm	in.	mm	in.	mm	in.	mm
1/2	12.7	2 1/2	63.5	4 1/2	114.3	6 1/2	165.1	8 1/2	215.9	10 1/2	266.7
1	25.4	3	76.2	5	127.0	7	177.8	9	228.6	11	279.4
1 1/2	38.1	3 1/2	88.9	5 1/2	139.7	7 1/2	190.5	9 1/2	241.3	11 1/2	292.1
2	50.8	4	101.6	6	152.4	8	203.2	10	254.0	12	204.8

For approximate wall thicknesses of nominal thickness insulation for NPS pipe and tube, in both inches and mm, see Table A-8, and for flat surfaces use Table 3, in a similar manner as Table 2 was used, to determine economic thickness for pipe. In this case, the answer is in actual inches.

CALCULATED TABLES AND FIGURES FOR SOLUTION OF ECONOMIC THICKNESSES OF PIPE INSULATION AND FLAT SURFACE INSULATION

TABLE 1

VALUES OF "B" — INSULATION COST FACTOR

"C" is cost of labor and material to insulate 1 inch NPS pipe with 1" nom. thick insulation, 1 linear foot.
"N_n" is depreciation period of insulation system, in years.

NPS PIPE SIZE (in.)	DIA. inch	DIA. cm	C = \$0.50, N_n — years: 5	10	15	20	30	C = \$0.60, N_n — years: 5	10	15	20	30	C = \$0.70, N_n — years: 5	10	15	20	30	TUBE SIZE (in.)
1/2	0.840	2.133	0.26	0.17	0.15	0.13	0.12	0.31	0.21	0.18	0.16	0.15	0.36	0.24	0.21	0.18	0.17	1/4-3/4
3/4	1.030	2.616	0.27	0.18	0.16	0.14	0.13	0.32	0.22	0.19	0.16	0.15	0.38	0.26	0.22	0.19	0.18	1
1	1.315	3.340	0.30	0.20	0.17	0.15	0.14	0.36	0.24	0.21	0.18	0.17	0.42	0.28	0.24	0.21	0.20	1-1/4
1-1/4	1.660	4.216	0.34	0.23	0.20	0.18	0.17	0.41	0.28	0.24	0.21	0.20	0.48	0.33	0.28	0.25	0.24	1-1/2
1-1/2	1.900	4.826	0.28	0.19	0.16	0.14	0.13	0.34	0.23	0.20	0.17	0.16	0.39	0.27	0.23	0.20	0.19	2
2	2.375	6.033	0.39	0.26	0.22	0.20	0.18	0.46	0.31	0.27	0.24	0.23	0.54	0.37	0.31	0.28	0.27	2-1/2
2-1/2	2.875	7.303	0.46	0.31	0.27	0.24	0.22	0.56	0.38	0.32	0.28	0.27	0.65	0.44	0.37	0.33	0.32	3
3	3.500	8.890	0.43	0.29	0.25	0.22	0.20	0.51	0.35	0.30	0.26	0.25	0.60	0.41	0.35	0.31	0.30	
3-1/2	4.000	10.160	0.44	0.30	0.25	0.22	0.20	0.53	0.36	0.31	0.27	0.26	0.62	0.42	0.36	0.32	0.31	4
4	4.500	11.430	0.46	0.31	0.26	0.23	0.21	0.55	0.37	0.32	0.28	0.27	0.64	0.43	0.37	0.33	0.32	
6	6.625	16.827	0.51	0.34	0.29	0.26	0.24	0.61	0.41	0.35	0.31	0.30	0.71	0.48	0.41	0.36	0.35	6
8	8.625	21.908	0.57	0.38	0.33	0.29	0.27	0.68	0.46	0.39	0.35	0.34	0.79	0.54	0.46	0.40	0.39	
10	10.75	27.305	0.63	0.43	0.36	0.32	0.30	0.75	0.51	0.44	0.38	0.37	0.88	0.59	0.51	0.45	0.43	10
12	12.75	32.385	0.68	0.46	0.40	0.35	0.33	0.82	0.56	0.47	0.42	0.40	0.96	0.65	0.55	0.49	0.47	12
14	14.00	35.560	0.69	0.47	0.40	0.35	0.33	0.83	0.56	0.48	0.42	0.40	0.97	0.65	0.56	0.49	0.47	14
16	16.00	40.640	0.74	0.50	0.43	0.38	0.35	0.88	0.60	0.51	0.45	0.43	1.03	0.70	0.60	0.53	0.51	16
18	18.00	45.720	0.78	0.53	0.45	0.40	0.37	0.94	0.64	0.54	0.48	0.46	1.09	0.74	0.63	0.56	0.54	18
20	20.00	50.800	0.85	0.57	0.49	0.43	0.40	1.01	0.69	0.59	0.52	0.50	1.18	0.80	0.68	0.60	0.57	20
24	24.00	60.050	0.95	0.64	0.55	0.48	0.45	1.14	0.77	0.66	0.58	0.55	1.33	0.90	0.77	0.68	0.64	24
30	30.00	76.200	1.08	0.73	0.62	0.55	0.51	1.29	0.88	0.75	0.66	0.62	1.51	1.02	0.87	0.77	0.72	
36	36.00	91.440	1.28	0.87	0.74	0.65	0.60	1.54	1.04	0.89	0.78	0.72	1.79	1.22	1.04	0.92	0.84	
FLAT	over 36	over 91 ↑ × 10 for mm	**0.06**	**0.04**	**0.03**	**0.03**	**0.03**	**0.07**	**0.05**	**0.04**	**0.04**	**0.03**	**0.08**	**0.05**	**0.05**	**0.04**	**0.03**	FLAT
			C_m = \$1.64					C_m = \$1.97					C_m = \$2.30					

NPS PIPE SIZE (in.)	DIA. inch	DIA. cm	C = \$0.80, N_n — years: 5	10	15	20	30	C = \$0.90, N_n — years: 5	10	15	20	30	C = \$1.00, N_n — years: 5	10	15	20	30	TUBE SIZE (in.)
1/2	0.840	2.133	0.41	0.28	0.24	0.21	0.20	0.46	0.31	0.27	0.24	0.23	0.51	0.35	0.30	0.26	0.25	1/4-3/4
3/4	1.030	2.616	0.43	0.29	0.25	0.22	0.21	0.48	0.33	0.28	0.25	0.24	0.54	0.36	0.31	0.27	0.26	1
1	1.315	3.340	0.48	0.32	0.28	0.24	0.23	0.54	0.37	0.31	0.28	0.27	0.60	0.41	0.35	0.31	0.30	1-1/4
1-1/4	1.660	4.216	0.55	0.37	0.32	0.28	0.27	0.62	0.42	0.36	0.32	0.31	0.69	0.47	0.40	0.35	0.34	1-1/2
1-1/2	1.900	4.826	0.50	0.30	0.26	0.30	0.29	0.51	0.34	0.29	0.26	0.25	0.56	0.38	0.32	0.29	0.28	2
2	2.375	6.033	0.62	0.42	0.36	0.32	0.31	0.70	0.47	0.40	0.36	0.35	0.77	0.52	0.45	0.40	0.39	2-1/2
2-1/2	2.875	7.303	0.74	0.50	0.43	0.38	0.37	0.83	0.57	0.49	0.43	0.42	0.93	0.63	0.54	0.47	0.46	3
3	3.500	8.890	0.68	0.46	0.39	0.35	0.34	0.77	0.52	0.44	0.39	0.38	0.85	0.58	0.49	0.44	0.42	
3-1/2	4.000	10.160	0.70	0.48	0.41	0.36	0.35	0.79	0.54	0.46	0.40	0.39	0.88	0.60	0.51	0.45	0.43	4
4	4.500	11.430	0.73	0.49	0.42	0.37	0.36	0.82	0.56	0.47	0.42	0.41	0.91	0.62	0.53	0.46	0.44	
6	6.625	16.827	0.81	0.55	0.47	0.42	0.41	0.91	0.62	0.53	0.47	0.46	1.02	0.69	0.59	0.52	0.50	6
8	8.625	21.908	0.90	0.61	0.52	0.46	0.45	1.02	0.69	0.59	0.52	0.50	1.13	0.77	0.65	0.58	0.56	
10	10.75	27.305	1.00	0.68	0.58	0.51	0.49	1.13	0.77	0.65	0.58	0.56	1.25	0.85	0.73	0.64	0.62	10
12	12.75	32.385	1.01	0.74	0.63	0.56	0.54	1.23	0.83	0.71	0.63	0.61	1.37	0.93	0.79	0.70	0.68	12
14	14.00	35.560	1.10	0.75	0.64	0.56	0.54	1.24	0.84	0.72	0.63	0.61	1.38	0.93	0.80	0.70	0.68	14
16	16.00	40.640	1.18	0.80	0.68	0.60	0.58	1.33	0.90	0.77	0.68	0.65	1.47	1.00	0.85	0.75	0.72	16
18	18.00	45.720	1.25	0.85	0.72	0.64	0.61	1.40	0.95	0.81	0.72	0.68	1.56	1.06	0.90	0.80	0.76	18
20	20.00	50.800	1.35	0.92	0.78	0.69	0.66	1.52	1.03	0.88	0.78	0.74	1.69	1.15	0.98	0.86	0.82	20
24	24.00	60.050	1.52	1.03	0.88	0.78	0.74	1.71	1.16	0.99	0.87	0.82	1.90	1.29	1.10	0.97	0.92	24
30	30.00	76.200	1.73	1.17	1.00	0.88	0.82	1.94	1.32	1.12	0.99	0.92	2.16	1.46	1.25	1.10	1.02	
36	36.00	91.440	2,05	1.39	1.19	1.05	0.96	2.31	1.56	1.33	1.18	1.08	2.56	1.74	1.48	1.31	1.20	
FLAT	over 36	over 91 ↑ × 10 for mm	**0.09**	**0.06**	**0.05**	**0.05**	**0.04**	**0.10**	**0.07**	**0.06**	**0.05**	**0.05**	**0.11**	**0.08**	**0.07**	**0.06**	**0.05**	FLAT
			C_m = \$2.62					C_m = \$2.95					C_m = \$3.28					

"C_m" is cost of labor and material to insulate 1 metre length of 3.34 cm dia. pipe with 25 mm thick insulation.

TABLE 1 (Sheet 1 of 6)

TABLE 1 (Continued)

VALUES OF "B" — INSULATION COST FACTOR

"C" is cost of labor and material to insulate 1 inch NPS pipe with 1" nom. thick insulation, 1 linear foot.

"N_n" is depreciation period of insulation system, in years.

NPS PIPE SIZE (in.)	DIA. inch	DIA. cm	C = $1.10, N_n — years: 5	10	15	20	30	C = $1.20, N_n — years: 5	10	15	20	30	C = $1.30, N_n — years: 5	10	15	20	30	TUBE SIZE (in.)
1/2	0.840	2.133	0.57	0.38	0.33	0.29	0.28	0.62	0.42	0.36	0.32	0.31	0.67	0.45	0.39	0.34	0.32	1/4-3/4
3/4	1.030	2.616	0.59	0.40	0.34	0.30	0.29	0.64	0.44	0.37	0.33	0.32	0.70	0.47	0.40	0.36	0.34	1
1	1.315	3.340	0.66	0.45	0.38	0.34	0.33	0.72	0.49	0.42	0.37	0.36	0.78	0.53	0.45	0.40	0.38	1-1/4
1-1/4	1.660	4.216	0.76	0.51	0.44	0.39	0.38	0.83	0.56	0.48	0.42	0.40	0.90	0.61	0.52	0.46	0.44	1-1/2
1-1/2	1.900	4.826	0.62	0.42	0.36	0.32	0.31	0.73	0.46	0.39	0.43	0.41	0.73	0.49	0.42	0.37	0.35	2
2	2.375	6.033	0.85	0.58	0.49	0.43	0.41	0.93	0.63	0.54	0.47	0.45	1.01	0.68	0.58	0.51	0.49	2-1/2
2-1/2	2.875	7.303	1.02	0.69	0.59	0.52	0.50	1.11	0.75	0.64	0.57	0.55	1.20	0.82	0.70	0.62	0.60	3
3	3.500	8.890	0.94	0.64	0.54	0.48	0.46	1.02	0.69	0.59	0.52	0.50	1.11	0.75	0.64	0.57	0.55	
3-1/2	4.000	10.160	0.97	0.66	0.56	0.49	0.47	1.06	0.72	0.61	0.54	0.52	1.14	0.78	0.66	0.59	0.57	4
4	4.500	11.430	1.00	0.68	0.58	0.51	0.49	1.09	0.74	0.63	0.56	0.54	1.18	0.80	0.68	0.60	0.58	
6	6.625	16.827	1.12	0.76	0.65	0.57	0.55	1.22	0.83	0.70	0.62	0.60	1.32	0.89	0.76	0.67	0.65	6
8	8.625	21.908	1.24	0.84	0.72	0.63	0.61	1.36	0.92	0.78	0.70	0.68	1.47	1.00	0.85	0.75	0.73	
10	10.75	27.305	1.38	0.93	0.80	0.70	0.68	1.50	1.02	0.87	0.77	0.74	1.63	1.10	0.94	0.83	0.80	10
12	12.75	32.385	1.50	1.02	0.87	0.77	0.74	1.64	1.11	0.95	0.84	0.81	1.77	1.20	1.03	0.91	0.88	12
14	14.00	35.560	1.52	1.03	0.88	0.77	0.74	1.65	1.12	0.96	0.84	0.81	1.79	1.21	1.04	0.92	0.89	14
16	16.00	40.640	1.62	1.10	0.94	0.83	0.79	1.77	1.20	1.02	0.90	0.86	1.91	1.30	1.11	1.00	0.96	16
18	18.00	45.720	1.72	1.16	0.99	0.88	0.84	1.87	1.30	1.08	0.96	0.92	2.03	1.38	1.17	1.04	1.00	18
20	20.00	50.800	1.86	1.26	1.08	0.95	0.90	2.03	1.37	1.17	1.04	0.99	2.20	1.49	1.27	1.12	1.07	20
24	24.00	60.050	2.09	1.41	1.21	1.07	1.01	2.28	1.54	1.32	1.61	1.55	2.47	1.67	1.43	1.26	1.19	24
30	30.00	76.200	2.37	1.61	1.37	1.21	1.13	2.59	1.75	1.50	1.32	1.23	2.80	1.90	1.62	1.43	1.33	
36	36.00	91.440	2.82	1.91	1.63	1.44	1.32	3.08	2.09	1.78	1.57	1.44	3.33	2.56	1.93	1.70	1.56	
FLAT	over 36	over 91 (↑ × 10 for mm)	0.12	0.09	0.07	0.07	0.06	0.14	0.09	0.08	0.07	0.06	0.15	0.10	0.09	0.08	0.07	FLAT
			C_m = $3.61					C_m = $3.94					C_m = $4.27					

NPS PIPE SIZE (in.)	DIA. inch	DIA. cm	C = $1.40, N_n — years: 5	10	15	20	30	C = $1.50, N_n — years: 5	10	15	20	30	C = $1.60, N_n — years: 5	10	15	20	30	TUBE SIZE (in.)
1/2	0.840	2.133	0.72	0.49	0.42	0.37	0.35	0.77	0.52	0.45	0.39	0.37	0.82	0.56	0.48	0.42	0.40	1/4-3/4
3/4	1.030	2.616	0.75	0.51	0.43	0.38	0.36	0.81	0.55	0.47	0.41	0.39	0.86	0.58	0.50	0.44	0.42	1
1	1.315	3.340	0.84	0.57	0.48	0.43	0.41	0.90	0.61	0.52	0.46	0.44	0.96	0.65	0.55	0.49	0.47	1-1/4
1-1/4	1.660	4.216	0.96	0.65	0.56	0.49	0.47	1.03	0.70	0.60	0.53	0.51	1.10	0.75	0.64	0.56	0.54	1-1/2
1-1/2	1.900	4.826	0.79	0.53	0.45	0.40	0.38	0.84	0.57	0.49	0.43	0.41	0.90	0.61	0.52	0.46	0.44	2
2	2.375	6.033	1.08	0.73	0.63	0.55	0.53	1.16	0.79	0.67	0.59	0.57	1.24	0.84	0.72	0.63	0.61	2-1/2
2-1/2	2.875	7.303	1.30	0.88	0.75	0.66	0.64	1.39	0.94	0.80	0.71	0.69	1.48	1.00	0.86	0.76	0.74	3
3	3.500	8.890	1.19	0.81	0.69	0.61	0.59	1.28	0.87	0.74	0.65	0.63	1.36	0.93	0.79	0.70	0.68	
3-1/2	4.000	10.160	1.23	0.84	0.71	0.63	0.61	1.32	0.90	0.76	0.67	0.65	1.41	0.96	0.82	0.72	0.70	4
4	4.500	11.430	1.27	0.86	0.74	0.65	0.63	1.36	0.93	0.79	0.70	0.68	1.46	0.99	0.84	0.74	0.71	
6	6.625	16.827	1.42	0.96	0.82	0.73	0.71	1.52	1.03	0.88	0.77	0.74	1.62	1.10	0.94	0.83	0.80	6
8	8.625	21.908	1.58	1.07	0.91	0.81	0.78	1.69	1.15	0.98	0.87	0.84	1.81	1.23	1.05	0.92	0.89	
10	10.75	27.305	1.75	1.19	1.01	0.90	0.87	1.88	1.28	1.09	0.96	0.96	2.01	1.36	1.16	1.02	0.98	10
12	12.75	32.385	1.91	1.30	1.11	0.98	0.94	2.05	1.39	1.19	1.05	1.01	2.19	1.48	1.26	1.12	1.08	12
14	14.00	35.560	1.93	1.31	1.12	0.99	0.95	2.07	1.40	1.20	1.06	1.02	2.21	1.50	1.28	1.13	1.09	14
16	16.00	40.640	2.06	1.40	1.19	1.05	1.00	2.21	1.50	1.28	1.13	1.08	2.36	1.60	1.36	1.20	1.15	16
18	18.00	45.720	2.18	1.48	1.26	1.12	1.07	2.34	1.59	1.35	1.20	1.15	2.50	1.69	1.44	1.27	1.21	18
20	20.00	50.800	2.37	1.60	1.37	1.21	1.15	2.53	1.72	1.47	1.29	1.23	2.70	1.83	1.56	1.38	1.31	20
24	24.00	60.050	2.65	1.80	1.54	1.36	1.29	2.84	1.93	1.65	1.45	1.37	3.03	2.06	1.75	1.55	1.47	24
30	30.00	76.200	3.02	2.05	1.75	1.54	1.43	3.23	2.19	1.87	1.65	1.57	3.45	2.34	1.99	1.76	1.64	
36	36.00	91.440	3.59	2.43	2.07	1.83	1.68	3.84	2.61	2.22	1.96	1.81	4.10	2.78	2.37	2.09	1.91	
FLAT	over 36	over 91 (↑ × 10 for mm)	0.16	0.11	0.09	0.08	0.07	0.17	0.12	0.10	0.09	0.08	0.18	0.12	0.10	0.10	0.09	FLAT
			C_m = $4.59					C_m = $4.92					C_m = $5.25					

"C_m" is cost of labor and material to insulate 1 metre length of 3.34 cm dia. pipe with 25 mm thick insulation.

TABLE 1 (Sheet 2 of 6)

TABLE 1 (Continued)

VALUES OF "B" — INSULATION COST FACTOR

"C" is cost of labor and material to insulate 1 inch NPS pipe with 1" nom. thick insulation, 1 linear foot.

"N_n" is depreciation period of insulation system, in years.

NPS PIPE SIZE (in.)	DIA. inch	DIA. cm	C = $1.70, N_n — years: 5	10	15	20	30	C = $1.80, N_n — years: 5	10	15	20	30	C = $1.90, N_n — years: 5	10	15	20	30	TUBE SIZE (in.)
1/2	0.840	2.133	0.87	0.59	0.51	0.45	0.43	0.92	0.63	0.53	0.47	0.45	0.98	0.66	0.56	0.50	0.48	1/4-3/4
3/4	1.030	2.616	0.91	0.62	0.53	0.47	0.45	0.97	0.65	0.56	0.49	0.47	1.02	0.69	0.59	0.52	0.50	1
1	1.315	3.340	1.02	0.69	0.59	0.52	0.50	1.08	0.73	0.62	0.55	0.53	1.14	0.77	0.66	0.58	0.56	1-1/4
1-1/4	1.660	4.216	1.17	0.79	0.68	0.60	0.58	1.24	0.84	0.72	0.63	0.61	1.31	0.89	0.76	0.67	0.65	1-1/2
1-1/2	1.900	4.826	0.95	0.65	0.55	0.49	0.47	1.01	0.68	0.58	0.52	0.50	1.07	0.72	0.62	0.54	0.52	2
2	2.375	6.033	1.31	0.89	0.76	0.67	0.65	1.39	0.94	0.80	0.71	0.69	1.47	1.00	0.85	0.75	0.73	2-1/2
2-1/2	2.875	7.303	1.57	1.07	0.91	0.80	0.78	1.67	1.13	0.96	0.85	0.83	1.76	1.19	1.02	0.90	0.87	3
3	3.500	8.890	1.45	0.98	0.84	0.74	0.72	1.53	1.04	0.89	0.78	0.75	1.62	1.10	0.94	0.83	0.80	
3-1/2	4.000	10.160	1.50	1.01	0.87	0.76	0.73	1.58	1.07	0.92	0.81	0.78	1.67	1.13	0.97	0.85	0.82	4
4	4.500	11.430	1.55	1.05	0.90	0.79	0.76	1.64	1.11	0.95	0.84	0.82	1.73	1.17	1.00	0.88	0.85	
6	6.625	16.827	1.73	1.17	1.00	0.88	0.85	1.83	1.24	1.06	0.93	0.90	1.93	1.31	1.12	0.99	0.96	6
8	8.625	21.908	1.92	1.30	1.11	0.98	0.95	2.03	1.88	1.76	1.04	1.01	2.15	1.45	1.24	1.10	1.06	
10	10.75	27.305	2.13	1.44	1.23	1.09	1.05	2.26	1.53	1.30	1.15	1.11	2.38	1.61	1.38	1.22	1.18	10
12	12.75	32.385	2.32	1.57	1.34	1.18	1.14	2.46	1.67	1.42	1.26	1.22	2.60	1.76	1.50	1.32	1.27	12
14	14.00	35.560	2.34	1.59	1.36	1.20	1.15	2.48	1.68	1.43	1.27	1.23	2.62	1.78	1.51	1.34	1.29	14
16	16.00	40.640	2.50	1.70	1.45	1.28	1.23	2.65	1.80	1.53	1.35	1.29	2.80	1.90	1.62	1.43	1.37	16
18	18.00	45.720	2.65	1.80	1.53	1.35	1.29	2.81	1.90	1.62	1.43	1.37	2.96	2.01	1.72	1.51	1.44	18
20	20.00	50.800	2.87	1.95	1.66	1.47	1.40	3.04	2.06	1.76	1.55	1.48	3.21	2.18	1.86	1.69	1.61	20
24	24.00	60.050	3.22	2.19	1.86	1.65	1.56	3.41	2.31	1.97	1.74	1.65	3.60	2.44	2.08	1.84	1.74	24
30	30.00	76.200	3.67	2.49	2.12	1.87	1.74	3.88	2.63	2.24	1.98	1.84	4.10	2.78	2.37	2.09	1.94	
36	36.00	91.440	4.36	2.95	2.52	2.22	2.03	4.61	3.13	2.67	2.36	2.16	4.87	3.30	2.82	2.49	2.28	
FLAT	over 36	over 91 ↑ × 10 for mm	0.19	0.13	0.11	0.10	0.09	0.20	0.14	0.12	0.11	0.10	0.22	0.15	0.12	0.11	0.10	FLAT
			C_m = $5.58					C_m = $5.90					C_m = $6.23					

NPS PIPE SIZE (in.)	DIA. inch	DIA. cm	C = $2.00, N_n — years: 5	10	15	20	30	C = $2.20, N_n — years: 5	10	15	20	30	C = $2.40, N_n — years: 5	10	15	20	30	TUBE SIZE (in.)
1/2	0.840	2.133	1.02	0.70	0.60	0.53	0.50	1.13	0.77	0.65	0.58	0.56	1.23	0.84	0.71	0.63	0.61	1/4-3/4
3/4	1.030	2.616	1.08	0.72	0.62	0.55	0.53	1.18	0.80	0.68	0.60	0.58	1.29	0.87	0.75	0.66	0.64	1
1	1.315	3.340	1.20	0.82	0.69	0.61	0.60	1.31	0.89	0.76	0.67	0.65	1.43	0.97	0.83	0.73	0.71	1-1/4
1-1/4	1.660	4.216	1.38	0.94	0.80	0.70	0.68	1.51	1.03	0.88	0.77	0.75	1.65	1.12	0.95	0.84	0.82	1-1/2
1-1/2	1.900	4.826	1.12	0,76	0.65	0.57	0.55	1.23	0.84	0.71	0.63	0.61	1.35	0.91	0.78	0.69	0.65	2
2	2.375	6.033	1.54	1.04	0.89	0.79	0.77	1.70	1.15	0.98	0.87	0.83	1.85	1.26	1.07	0.85	0.81	2-1/2
2-1/2	2.875	7.303	1.86	1.26	1.07	0.95	0.93	2.04	1.38	1.18	1.04	1.00	2.22	1.51	1.29	1.14	1.10	3
3	3.500	8.890	1.70	1.16	0.99	0.87	0.85	1.88	1.27	1.09	0.96	0.92	2.05	1.39	1.18	1.05	1.01	
3-1/2	4.000	10.160	1.76	1.20	1.02	0.90	0.88	1.94	1.31	1.12	0.99	0.95	2.11	1.43	1.22	1.08	1.04	4
4	4.500	11.430	1.82	1.24	1.05	0.93	0.91	2.00	1.36	1.16	1.02	0.98	2.18	1.48	1.26	1.12	1.08	
6	6.625	16.827	2.04	1.38	1.74	1.04	1.00	2.23	1.51	1.29	1.14	1.10	2.44	1.65	1.41	1.24	1.20	6
8	8.625	21.908	2.26	1.54	1.31	1.15	1.11	2.48	1.68	1.44	1.27	1.23	2.71	1.84	1.57	1.38	1.34	
10	10.75	27.305	2.50	1.70	1.45	1.28	1.24	2.76	1.87	1.59	1.41	1.38	3.01	2.04	1.74	1.54	1.48	10
12	12.75	32.385	2.74	1.86	1.59	1.40	1.36	3.00	2.04	1.74	1.54	1.48	3.28	2.22	1.90	1.67	1.61	12
14	14.00	35.560	2.76	1.86	1.59	1.41	1.37	3.03	2.06	1.75	1.55	1.49	3.31	2.24	1.91	1.69	1.62	14
16	16.00	40.640	2.94	2.00	1.70	1.50	1.44	3.24	2.20	1.87	1.65	1.57	3.53	2.40	2.04	1.80	1.72	16
18	18.00	45.720	3.12	2.12	1.80	1.59	1.51	3.43	2.33	1.99	1.75	1.67	3.74	2.54	2.17	1.91	1.83	18
20	20.00	50.800	3.38	2.30	1.95	1.72	1.64	3.72	2.52	2.15	1.90	1.80	4.05	2.75	2.35	2.07	1.97	20
24	24.00	60.050	3.80	2.58	2.19	1.94	1.84	4.17	2.78	2.41	2.13	2.01	4.55	3.09	2.63	2.32	2.20	24
30	30.00	76.200	4.32	2.92	2.49	2.20	2.04	4.74	3.22	2.74	2.42	2.24	5.17	3.51	2.99	2.64	2.46	
36	36.00	91.440	5.12	3.58	2.96	2.62	2.40	5.64	3.82	3.26	2.88	2.64	6.15	4.17	3.56	3.14	2.88	
FLAT	over 36	over 91 ↑ × 10 for mm	0.23	0.15	0.13	0.12	0.11	0.25	0.17	0.14	0.13	0.12	0.27	0.19	0.16	0.14	0.13	FLAT
			C_m = $6.56					C_m = $7.22					C_m = $7.87					

"C_m" is cost of labor and material to insulate 1 metre length of 3.34 cm dia. pipe with 25 mm thick insulation.

TABLE 1 (Sheet 3 of 6)

TABLE 1 (Continued)

VALUES OF "B" — INSULATION COST FACTOR

"C" is cost of labor and material to insulate 1 inch NPS pipe with 1" nom. thick insulation, 1 linear foot.

"N_n" is depreciation period of insulation system, in years.

NPS PIPE SIZE (in.)	DIA. inch	DIA. cm	C = $2.60, N_n — years: 5	10	15	20	30	C = $2.80, N_n — years: 5	10	15	20	30	C = $3.00, N_n — years: 5	10	15	20	30	TUBE SIZE (in.)
1/2	0.840	2.133	1.34	0.90	0.78	0.68	0.64	1.44	0.98	0.84	0.74	0.70	1.54	1.04	0.90	0.78	0.74	1/4-3/4
3/4	1.030	2.616	1.40	0.94	0.80	0.72	0.68	1.50	1.02	0.86	0.76	0.72	1.62	1.10	0.94	0.81	0.78	1
1	1.315	3.340	1.56	1.06	0.90	0.80	0.76	1.68	1.14	0.96	0.86	0.82	1.80	1.22	1.04	0.92	0.88	1-1/4
1-1/4	1.660	4.216	1.80	1.22	1.04	0.92	0.88	1.92	1.30	1.12	0.98	0.94	2.06	1.40	1.20	1.06	1.01	1-1/2
1-1/2	1.900	4.826	1.46	0.98	0.84	0.74	0.70	1.58	1.06	0.90	0.80	0.76	1.68	1.14	0.98	0.86	0.82	2
2	2.375	6.033	2.02	1.36	1.16	1.02	0.98	2.16	1.46	1.26	1.10	1.06	2.32	1.58	1.24	1.18	1.14	2-1/2
2-1/2	2.875	7.303	2.40	1.64	1.40	1.24	1.20	2.60	1.76	1.50	1.32	1.28	2.78	1.84	1.60	1.42	1.38	3
3	3.500	8.890	2.22	1.50	1.28	1.14	1.10	2.38	1.62	1.38	1.22	1.18	2.56	1.74	1.48	1.30	1.26	
3-1/2	4.000	10.160	2.28	1.56	1.32	1.18	1.14	2.46	1.68	1.42	1.26	1.22	2.64	1.80	1.52	1.34	1.30	4
4	4.500	11.430	2.36	1.60	1.36	1.20	1.16	2.54	1.72	1.48	1.30	1.26	2.72	1.86	1.58	1.40	1.36	
6	6.625	16.827	2.64	1.78	1.52	1.34	1.30	2.84	1.92	1.64	1.46	1.42	3.04	2.06	1.76	1.54	1.48	6
8	8.625	21.908	2.94	2.00	1.70	1.50	1.46	3.16	2.14	1.82	1.62	1.56	3.38	2.30	1.96	1.74	1.68	
10	10.75	27.305	3.26	2.20	1.88	1.66	1.60	3.50	2.38	2.02	1.80	1.74	3.76	2.56	2.18	1.92	1.92	10
12	12.75	32.385	3.54	2.40	2.06	1.82	1.76	3.82	2.60	2.22	1.96	1.88	4.10	2.78	2.38	2.10	2.02	12
14	14.00	35.560	3.58	2.42	2.08	1.84	1.78	3.86	2.62	2.24	1.98	1.90	4.14	2.80	2.40	2.12	2.04	14
16	16.00	40.640	3.82	2.60	2.22	2.00	1.92	4.12	2.80	2.38	2.10	2.00	4.42	3.00	2.56	2.26	2.16	16
18	18.00	45.720	4.06	2.76	2.34	2.08	2.00	4.36	2.96	2.52	2.24	2.14	4.68	3.18	2.70	2.40	2.30	18
20	20.00	50.800	4.40	2.98	2.54	2.24	2.14	4.74	3.20	2.74	2.42	2.30	5.06	3.44	2.94	2.58	2.43	20
24	24.00	60.050	4.94	3.34	2.86	2.52	2.38	5.30	3.60	3.08	2.72	2.58	5.68	3.86	3.30	2.90	2.74	24
30	30.00	76.200	5.60	3.80	3.24	2.86	2.66	6.04	4.10	3.50	3.08	2.86	6.46	4.38	3.74	3.30	3.14	
36	36.00	91.440	6.66	5.12	3.86	3.40	3.12	7.18	4.86	4.14	3.66	3.36	7.68	5.22	4.44	3.92	3.62	
FLAT	over 36	over 91	0.30	0.20	0.18	0.16	0.14	0.32	0.22	0.18	0.16	0.14	0.34	0.24	0.20	0.18	0.16	FLAT
		↑ × 10 for mm	C_m = $8.53					C_m = $9.18					C_m = $9.84					

NPS PIPE SIZE (in.)	DIA. inch	DIA. cm	C = $3.20, N_n — years: 5	10	15	20	30	C = $3.40, N_n — years: 5	10	15	20	30	C = $3.60, N_n — years: 5	10	15	20	30	TUBE SIZE (in.)
1/2	0.840	2.133	1.64	1.12	0.96	0.84	0.80	1.74	1.18	1.02	0.90	0.86	1.84	1.26	1.06	0.94	0.90	1/4-3/4
3/4	1.030	2.616	1.72	1.16	1.00	0.88	0.84	1.82	1.24	1.06	0.94	0.90	1.94	1.30	1.12	0.98	0.94	1
1	1.315	3.340	1.92	1.30	1.10	0.98	0.94	2.04	1.38	1.18	1.04	1.00	2.16	1.46	1.24	1.10	1.06	1-1/4
1-1/4	1.660	4.216	2.20	1.50	1.28	1.12	1.08	2.34	1.58	1.36	1.20	1.16	2.48	1.68	1.44	1.26	1.22	1-1/2
1-1/2	1.900	4.826	1.80	1.22	1.04	0.92	0.88	1.90	1.30	1.10	0.98	0.94	2.02	1.36	1.16	1.04	1.00	2
2	2.375	6.033	2.48	1.68	1.44	1.26	1.22	2.62	1.78	1.52	1.34	1.30	2.78	1.84	1.60	1.42	1.38	2-1/2
2-1/2	2.875	7.303	2.96	2.00	1.72	1.52	1.48	3.14	2.14	1.82	1.60	1.56	3.34	2.26	1.92	1.70	1.66	3
3	3.500	8.890	2.72	1.86	1.58	1.40	1.36	2.90	1.96	1.68	1.48	1.44	3.06	2.08	1.78	1.56	1.50	
3-1/2	4.000	10.160	2.82	1.92	1.64	1.44	1.40	3.00	2.02	1.74	1.52	1.46	3.16	2.14	1.84	1.62	1.56	4
4	4.500	11.430	2.92	1.98	1.68	1.48	1.42	3.10	2.10	1.80	1.58	1.52	3.28	2.22	1.90	1.68	1.64	
6	6.625	16.827	3.24	2.20	1.88	1.66	1.60	3.46	2.34	2.00	1.76	1.70	3.66	2.48	2.12	1.86	1.80	6
8	8.625	21.908	3.62	2.46	2.10	1.84	1.78	3.84	2.60	2.22	1.96	1.90	4.06	2.76	2.52	2.08	2.02	
10	10.75	27.305	4.02	2.72	2.32	2.04	1.96	4.26	2.88	2.46	2.18	2.10	4.52	3.06	2.60	2.30	2.22	10
12	12.75	32.385	4.38	2.96	2.52	2.24	2.16	4.64	3.14	2.68	2.36	2.28	4.92	3.34	2.84	2.52	2.44	12
14	14.00	35.560	4.42	3.00	2.56	2.26	2.18	4.68	3.18	2.72	2.40	2.30	4.98	3.36	2.86	2.54	2.46	14
16	16.00	40.640	4.72	3.20	2.72	2.40	2.30	5.00	3.40	2.90	2.56	2.46	5.30	3.60	3.06	2.70	2.58	16
18	18.00	45.720	5.00	3.38	2.88	2.54	2.42	5.30	3.60	3.06	2.70	2.58	5.62	3.80	3.24	2.86	2.74	18
20	20.00	50.800	5.40	3.66	3.12	2.76	2.62	5.74	3.90	3.32	2.94	2.40	6.08	4.12	3.52	3.10	2.96	20
24	24.00	60.050	6.06	4.12	3.50	3.10	2.94	6.44	4.38	3.72	3.30	3.12	6.82	4.62	3.94	3.48	3.30	24
30	30.00	76.200	6.90	4.68	3.98	3.52	3.28	7.34	4.98	4.24	3.74	3.44	7.76	5.26	4.48	3.96	3.68	
36	36.00	91.440	8.20	5.56	4.74	4.18	3.82	8.72	5.90	5.04	4.44	4.06	9.27	6.26	5.34	4.72	4.32	
FLAT	over 36	over 91	0.36	0.24	0.20	0.19	0.18	0.38	0.26	0.22	0.20	0.18	0.40	0.28	0.24	0.22	0.20	FLAT
		↑ × 10 for mm	C_m = $10.50					C_m = $11.15					C_m = $11.81					

"C_m" is cost of labor and material to insulate 1 metre length of 3.34 cm dia. pipe with 25 mm thick insulation.

TABLE 1 (Sheet 4 of 6)

TABLE 1 (Continued)

VALUES OF "B" — INSULATION COST FACTOR

"C" is cost of labor and material to insulate 1 inch NPS pipe with 1" nom. thick insulation, 1 linear foot.
"N_n" is depreciation period of insulation system, in years.

NPS PIPE SIZE (in.)	DIA. inch	DIA. cm	C = $3.80, N_n — years: 5	10	15	20	30	C = $4.00, N_n — years: 5	10	15	20	30	C = $4.40, N_n — years: 5	10	15	20	30	TUBE SIZE (in.)
1/2	0.840	2.133	1.96	1.32	1.12	1.00	0.98	2.04	1.40	1.20	1.06	1.00	2.26	1.54	1.30	1.16	1.12	1/4-3/4
3/4	1.030	2.616	2.04	1.38	1.18	1.04	1.00	2.16	1.44	1.24	1.10	1.03	2.36	1.60	1.36	1.20	1.16	1
1	1.315	3.340	2.28	1.54	1.32	1.16	1.12	2.40	1.64	1.38	1.22	1.20	2.62	1.79	1.52	1.34	1.30	1-1/4
1-1/4	1.660	4.216	2.62	1.78	1.52	1.34	1.30	2.76	1.88	1.60	1.40	1.36	3.02	2.06	1.76	1.54	1.50	1-1/2
1-1/2	1.900	4.826	2.14	1.44	1.24	1.08	1.04	2.24	1.52	1.30	1.14	1.10	2.46	1.68	1.42	1.26	1.22	2
2	2.375	6.033	2.94	2.00	1.90	1.50	1.46	3.08	2.08	1.78	1.58	1.54	3.40	2.30	1.96	1.74	1.66	2-1/2
2-1/2	2.875	7.303	3.52	2.38	2.04	1.80	1.74	3.72	2.52	2.14	1.90	1.86	4.08	2.76	2.36	2.08	2.00	3
3	3.500	8.890	3.24	2.20	1.88	1.66	1.60	3.40	2.32	1.98	1.74	1.70	3.76	2.54	2.18	1.92	1.84	
3-1/2	4.000	10.160	3.34	2.26	1.94	1.70	1.64	3.52	2.40	2.04	1.80	1.76	3.88	2.62	2.24	1.98	1.90	4
4	4.500	11.430	3.46	2.34	2.00	1.76	1.70	3.64	2.48	2.10	1.86	1.82	4.00	2.72	2.32	2.04	1.96	
6	6.625	16.827	3.86	2.62	2.24	1.98	1.92	4.08	2.76	2.48	2.08	2.00	4.46	3.02	2.58	2.28	2.20	6
8	8.625	21.908	4.30	2.90	2.48	2.20	2.12	4.52	3.08	2.62	2.30	2.22	4.96	3.36	2.88	2.54	2.46	
10	10.75	27.305	4.76	3.22	2.76	2.44	2.36	5.00	3.40	2.90	2.46	2.48	5.52	3.74	3.18	2.82	2.76	10
12	12.75	32.385	5.20	3.52	3.00	2.64	2.54	5.48	3.72	3.18	2.80	2.72	6.00	4.08	3.48	3.08	2.96	12
14	14.00	35.560	5.24	3.56	3.02	2.68	2.58	5.52	3.72	3.18	2.82	2.74	6.06	4.12	3.50	3.10	2.98	14
16	16.00	40.640	5.60	3.80	3.22	2.86	2.74	5.88	4.00	3.40	3.00	2.88	6.48	4.40	3.74	3.30	3.14	16
18	18.00	45.720	5.92	4.02	3.44	3.02	2.88	6.24	4.24	3.60	3.18	3.02	6.86	4.66	3.98	3.50	3.34	18
20	20.00	50.800	6.42	4.36	3.72	3.38	3.22	6.76	4.60	3.90	3.42	3.28	7.44	5.04	4.30	3.80	3.60	20
24	24.00	60.050	7.20	4.88	4.16	3.68	3.48	7.60	5.16	4.38	3.88	3.68	8.34	5.56	4.82	4.26	4.02	24
30	30.00	76.200	8.20	5.56	4.74	4.18	3.88	8.64	5.84	4.98	4.40	4.08	9.48	6.44	5.48	4.84	4.48	
36	36.00	91.440	9.74	6.60	5.64	4.98	4.56	10.24	7.16	5.92	5.24	4.80	11.28	7.64	6.52	5.76	5.36	
FLAT	over 36	over 91 ↑ × 10 for mm	0.44	0.30	0.24	0.22	0.20	0.46	0.30	0.26	0.24	0.22	0.50	0.34	0.28	0.26	0.24	FLAT
			C_m = $12.46					C_m = $13.12					C_m = $14.44					

NPS PIPE SIZE (in.)	DIA. inch	DIA. cm	C = $4.80, N_n — years: 5	10	15	20	30	C = $5.20, N_n — years: 5	10	15	20	30	C = $5.60, N_n — years: 5	10	15	20	30	TUBE SIZE (in.)
1/2	0.840	2.133	2.46	1.68	1.42	1.26	1.22	2.68	1.80	1.56	1.36	1.28	2.88	1.96	1.68	1.48	1.40	1/4-3/4
3/4	1.030	2.616	2.58	1.74	1.54	1.32	1.28	2.80	1.88	1.60	1.44	1.36	3.00	2.04	1.72	1.52	1.42	1
1	1.315	3.340	2.86	1.94	1.66	1.46	1.42	3.12	2.12	1.80	1.60	1.52	3.36	2.28	1.92	1.72	1.64	1-1/4
1-1/4	1.660	4.216	3.30	2.24	1.90	1.68	1.64	3.60	2.44	2.08	1.84	1.76	3.84	2.60	2.24	1.96	1.88	1-1/2
1-1/2	1.900	4.826	2.70	1.82	1.56	1.38	1.30	2.92	1.96	1.64	1.48	1.40	3.16	2.12	1.80	1.60	1.52	2
2	2.375	6.033	3.70	2.52	2.14	1.70	1.62	4.04	2.72	2.32	2.04	1.96	4.32	2.92	2.52	2.20	2.12	2-1/2
2-1/2	2.875	7.303	4.44	3.02	2.58	2.28	2.20	4.80	3.28	2.80	2.48	2.40	5.20	3.52	3.00	2.64	2.56	3
3	3.500	8.890	4.10	2.78	2.36	2.10	2.02	4.44	3.00	2.56	2.28	2.20	4.76	3.24	2.76	2.44	2.36	
3-1/2	4.000	10.160	4.22	2.86	2.44	2.16	2.08	4.56	3.12	2.64	2.36	2.24	4.92	3.36	2.84	2.52	2.44	4
4	4.500	11.430	4.36	2.96	2.52	2.24	2.16	4.72	3.20	2.72	2.40	2.32	5.08	3.44	2.96	2.60	2.52	
6	6.625	16.827	4.88	3.30	2.82	2.48	2.40	5.28	3.56	3.04	2.68	2.60	5.68	3.84	3.28	2.92	2.84	6
8	8.625	21.908	5.42	3.68	3.14	2.76	2.68	5.88	4.00	3.40	3.00	2.92	6.32	4.28	3.64	3.24	3.12	
10	10.75	27.305	6.02	4.08	3.48	3.08	2.96	6.52	4.40	3.76	3.32	3.20	7.00	4.76	4.04	3.60	3.48	10
12	12.75	32.385	6.56	4.44	3.80	3.34	3.22	7.08	4.80	4.12	3.64	3.52	7.68	5.20	4.44	3.92	3.76	12
14	14.00	35.560	6.62	4.48	3.82	3.38	3.24	7.16	4.84	4.16	3.68	3.56	7.72	5.24	4.48	3.96	3.80	14
16	16.00	40.640	7.03	4.80	4.08	3.60	3.44	7.64	5.20	4.44	4.00	3.84	8.24	5.60	4.76	4.20	4.00	16
18	18.00	45.720	7.48	5.08	4.34	3.82	3.66	8.12	5.52	4.68	4.16	4.00	8.72	5.92	5.08	4.48	4.28	18
20	20.00	50.800	8.10	5.50	4.70	4.14	3.94	8.80	5.96	5.08	4.48	4.28	9.48	6.40	5.48	4.84	4.60	20
24	24.00	60.050	9.10	6.18	5.26	4.64	4.40	9.88	6.68	5.72	5.04	4.76	10.60	7.20	6.16	5.44	5.16	24
30	30.00	76.200	11.34	7.02	5.98	5.28	4.92	11.20	7.60	6.48	5.72	5.32	12.08	8.20	7.00	6.16	5.77	
36	36.00	91.440	12.30	8.34	7.12	6.28	5.76	13.32	10.24	7.72	6.80	6.24	14.36	9.72	8.28	7.32	6.72	
FLAT	over 36	over 91 ↑ × 10 for mm	0.54	0.38	0.32	0.28	0.26	0.60	0.40	0.36	0.32	0.28	0.64	0.44	0.36	0.32	0.28	FLAT
			C_m = $15.74					C_m = $17.06					C_m = $18.37					

"C_m" is cost of labor and material to insulate 1 metre length of 3.34 cm dia. pipe with 25 mm thick insulation.

TABLE 1 (Sheet 5 of 6)

TABLE 1 (Continued)

VALUES OF "B" — INSULATION COST FACTOR

"C" is cost of labor and material to insulate 1 inch NPS pipe with 1" nom. thick insulation, 1 linear foot.
"N_n" is depreciation period of insulation system, in years.

NPS PIPE SIZE (in.)	DIA. inch	DIA. cm	C = \$6.00 N_n — years 5	10	15	20	30	C = \$7.00 N_n — years 5	10	15	20	30	C = \$8.00 N_n — years 5	10	15	20	30	TUBE SIZE (in.)
1/2	0.840	2.133	3.08	2.08	1.80	1.56	1.44	3.59	2.43	2.07	1.83	1.74	4.11	2.79	2.38	2.10	2.00	1/4-3/4
3/4	1.030	2.616	3.24	2.20	1.84	1.62	1.56	3.76	2.55	2.18	1.92	1.83	4.29	2.91	2.48	2.19	2.09	1
1	1.315	3.340	3.60	2.44	2.08	1.84	1.76	4.18	2.83	2.41	2.13	2.04	4.78	3.24	2.76	2.44	2.34	1-1/4
1-1/4	1.660	4.216	4.12	2.80	2.40	2.12	2.02	4.82	3.27	2.79	2.46	2.36	5.51	3.74	3.19	2.82	2.72	1-1/2
1-1/2	1.900	4.826	3.36	3.28	1.96	1.72	1.64	3.93	2.66	2.27	2.00	1.91	4.49	3.04	2.59	2.99	2.88	2
2	2.375	6.033	4.68	3.16	2.48	2.36	2.28	5.41	3.67	3.13	2.76	2.66	6.18	4.19	3.57	3.15	3.04	2-1/2
2-1/2	2.875	7.303	5.56	3.68	3.20	2.84	2.76	6.48	4.39	3.74	3.30	3.20	7.40	5.02	4.28	3.78	3.67	3
3	3.500	8.890	5.12	3.48	2.96	2.60	2.52	5.97	4.05	3.45	3.05	2.95	6.82	4.62	3.94	3.48	3.37	
3-1/2	4.00	10.160	5.28	3.60	3.04	2.68	2.60	6.16	4.18	3.57	3.15	3.05	7.04	4.77	4.07	3.59	3.48	4
4	4.500	11.430	5.44	3.72	3.16	2.80	2.72	6.37	4.32	3.68	3.25	3.14	7.28	4.94	4.21	3.72	3.60	
6	6.625	16.827	6.08	4.12	3.52	3.08	2.96	7.10	4.81	4.10	3.62	3.50	8.12	5.51	4.70	4.15	4.01	6
8	8.625	21.908	6.76	4.60	3.92	3.48	3.36	7.90	5.36	4.57	4.04	3.90	9.03	6.12	5.22	4.61	4.45	
10	10.75	27.305	7.52	5.12	4.36	3.84	3.84	8.77	5.95	5.08	4.49	4.33	10.02	6.79	5.79	5.11	4.93	10
12	12.75	32.385	8.20	5.56	4.76	4.20	4.04	9.56	6.48	5.53	4.48	4.31	10.92	7.40	6.31	5.57	5.37	12
14	14.00	35.560	8.28	5.60	4.80	4.24	4.08	9.65	6.54	5.58	4.93	4.73	11.02	7.47	6.37	5.62	5.39	14
16	16.00	40.640	8.84	6.00	5.12	4.52	4.32	10.31	6.99	5.96	5.26	5.03	11.78	7.99	6.82	6.02	5.86	16
18	18.00	45.720	9.36	6.36	5.40	4.80	4.60	10.92	7.40	6.31	5.57	5.32	12.48	8.46	7.22	6.38	6.09	18
20	20.00	50.800	10.12	6.44	5.88	5.16	4.86	11.82	8.01	6.83	6.03	5.84	13.51	9.16	7.81	6.90	6.57	20
24	24.00	60.050	11.36	7.72	6.60	5.80	5.48	13.27	9.00	7.68	6.78	6.40	15.17	10.29	8.78	7.75	7.43	24
30	30.00	76.200	12.92	8.76	7.48	6.60	6.28	15.09	10.23	8.73	7.71	7.17	17.25	11.70	9.98	9.98	9.36	
36	36.00	91.440	15.36	10.44	8.88	7.84	7.24	17.94	12.16	10.37	9.16	8.37	20.50	13.90	11.86	11.77	10.78	
FLAT	over 36	over 91 (↑ × 10 for mm)	0.68	0.48	0.40	0.36	0.32	0.79	0.54	0.46	0.42	0.39	0.90	0.62	0.52	0.48	0.45	FLAT
			C_m = \$19.68					C_m = \$22.96					C_m = \$26.24					

NPS PIPE SIZE (in.)	DIA. inch	DIA. cm	C = \$9.00 N_n — years 5	10	15	20	30	C = \$10.00 N_n — years 5	10	15	20	30	C = \$ N_n — years 5	10	15	20	30	TUBE SIZE (in.)
1/2	0.840	2.133	4.62	3.13	2.67	2.36	2.25	5.13	3.48	2.97	2.62	2.50						1/4-3/4
3/4	1.030	2.616	4.83	3.27	2.79	2.46	2.35	5.36	3.63	3.10	2.74	2.62						1
1	1.315	3.340	5.38	3.65	3.11	2.75	2.64	5.97	4.05	3.45	3.05	2.93						1-1/4
1-1/4	1.660	4.216	6.20	4.20	3.58	3.16	3.04	6.88	4.66	3.97	3.51	3.39						1-1/2
1-1/2	1.900	4.826	5.05	3.42	2.92	2.58	2.46	5.61	3.80	3.24	2.86	2.73						2
2	2.375	6.033	6.95	4.71	4.02	3.55	3.43	7.73	5.24	4.47	3.95	3.82						2-1/2
2-1/2	2.875	7.303	8.33	5.65	4..82	4.26	4.14	9.25	6.27	5.35	4.72	4.58						3
3	3.500	8.890	7.67	5.20	4.44	3.92	3.80	8.53	5.78	4.93	4.35	4.20						
3-1/2	4.000	10.160	7.92	5.37	4.58	4.04	3.90	8.80	5.97	5.09	4.49	4.34						4
4	4.500	11.430	8.19	5.55	4.73	4.18	4.04	9.10	6.17	5.26	4.64	4.49						
6	6.625	16.827	9.13	6.19	5.28	4.66	4.50	10.15	6.88	5.87	5.18	5.01						6
8	8.625	21.908	10.16	6.89	5.88	5.19	5.01	11.29	7.65	6.53	5.77	5.58						
10	10.75	27.305	11.28	7.65	6.53	5.77	5.57	12.53	8.50	7.25	6.40	6.18						10
12	12.75	32.385	12.29	8.33	7.11	6.28	6.05	13.65	9.25	7.89	6.97	6.72						12
14	14.00	35.560	12.40	8.41	7.17	6.33	6.08	13.78	9.34	7.97	7.04	6.76						14
16	16.00	40.640	13.25	8.98	7.66	6.76	6.47	14.72	9.98	8.51	7.51	7.19						16
18	18.00	45.720	14.04	9.52	8.12	7.17	6.92	15.60	10.58	9.02	7.96	7.60						18
20	20.00	50.800	15.20	10.32	8.79	7.76	7.47	16.89	11.45	9.77	8.63	8.22						20
24	24.00	60.050	17.06	11.57	9.87	8.72	8.34	18.96	12.85	10.96	9.68	9.13						24
30	30.00	76.200	19.40	13.15	11.22	9.91	9.37	21.56	14.62	12.47	11.01	10.24						
36	36.00	91.440	23.06	15.63	13.33	11.77	10.98	25.62	17.37	14.82	13.09	11.96						
FLAT	over 36	over 91 (↑ × 10 for mm)	1.02	0.69	0.59	0.54	0.48	1.13	0.77	0.65	0.60	0.56						FLAT
			C_m = \$29.53					C_m = \$32.81					C_m =					

"C_m" is cost of labor and material to insulate 1 metre length of 3.34 cm dia. pipe with 25 mm thick insulation.

TABLE 1 (Sheet 6 of 6)

VALUES OF "B" INSULATION COST FACTOR
FLAT, AND CURVED SURFACES OVER 36" OR 9.5m DIAMETER

$ Cost "C" 1" thk/sq ft	**"Nn" Depreciation Period In Years 5**	**10**	**15**	**20**	**30**	**$ Cost "Cm" 25.4 mm thk/m²**
$1.00	0.031	0.029	0.027	0.025	0.023	**$10.76**
1.20	0.038	0.036	0.033	0.031	0.027	**12.92**
1.40	0.041	0.039	0.037	0.035	0.033	**15.07**
1.60	0.053	0.046	0.039	0.039	0.036	**17.22**
1.80	0.061	0.059	0.049	0.041	0.041	**19.38**
2.00	0.064	0.061	0.055	0.046	0.045	**21.53**
2.20	0.079	0.073	0.057	0.051	0.049	**23.68**
2.40	0.088	0.078	0.064	0.054	0.052	**25.85**
2.60	0.094	0.081	0.068	0.057	0.056	**27.99**
2.80	0.098	0.085	0.072	0.062	0.059	**30.14**
3.00	0.104	0.093	0.077	0.067	0.063	**32.29**
3.20	0.109	0.102	0.082	0.072	0.066	**34.45**
3.40	0.117	0.111	0.087	0.077	0.069	**36.60**
3.60	0.131	0.119	0.093	0.080	0.074	**38.75**
3.80	0.133	0.123	0.098	0.085	0.079	**40.90**
4.00	0.143	0.126	0.104	0.091	0.082	**43.06**
4.20	0.151	0.133	0.108	0.095	0.086	**45.21**
4.40	0.162	0.139	0.114	0.099	0.088	**47.37**
4.60	0.171	0.147	0.119	0.103	0.092	**49.52**
4.80	0.178	0.153	0.123	0.108	0.095	**51.87**
5.00	0.183	0.158	0.127	0.114	0.097	**53.82**
5.20	0.187	0.164	0.134	0.119	0.103	**55.98**
5.40	0.192	0.171	0.138	0.121	0.107	**58.13**
5.60	0.197	0.177	0.144	0.126	0.111	**60.28**
5.80	0.202	0.182	0.149	0.129	0.115	**62.44**
6.00	0.208	0.190	0.153	0.133	0.119	**64.59**
6.20	0.213	0.197	0.158	0.138	0.122	**66.74**
6.40	0.216	0.203	0.162	0.144	0.125	**68.90**
6.60	0.219	0.206	0.166	0.149	0.128	**71.05**
6.80	0.232	0.211	0.171	0.151	0.131	**73.20**
7.00	0.240	0.220	0.177	0.156	0.134	**75.35**
7.20	0.250	0.225	0.181	0.159	0.137	**77.51**
7.40	0.261	0.231	0.188	0.163	0.141	**79.66**
7.60	0.272	0.242	0.193	0.167	0.145	**81.81**
7.80	0.283	0.246	0.197	0.173	0.149	**83.97**
8.00	**0.294**	**0.249**	**0.202**	**0.177**	**0.153**	**86.12**

FIGURE 7

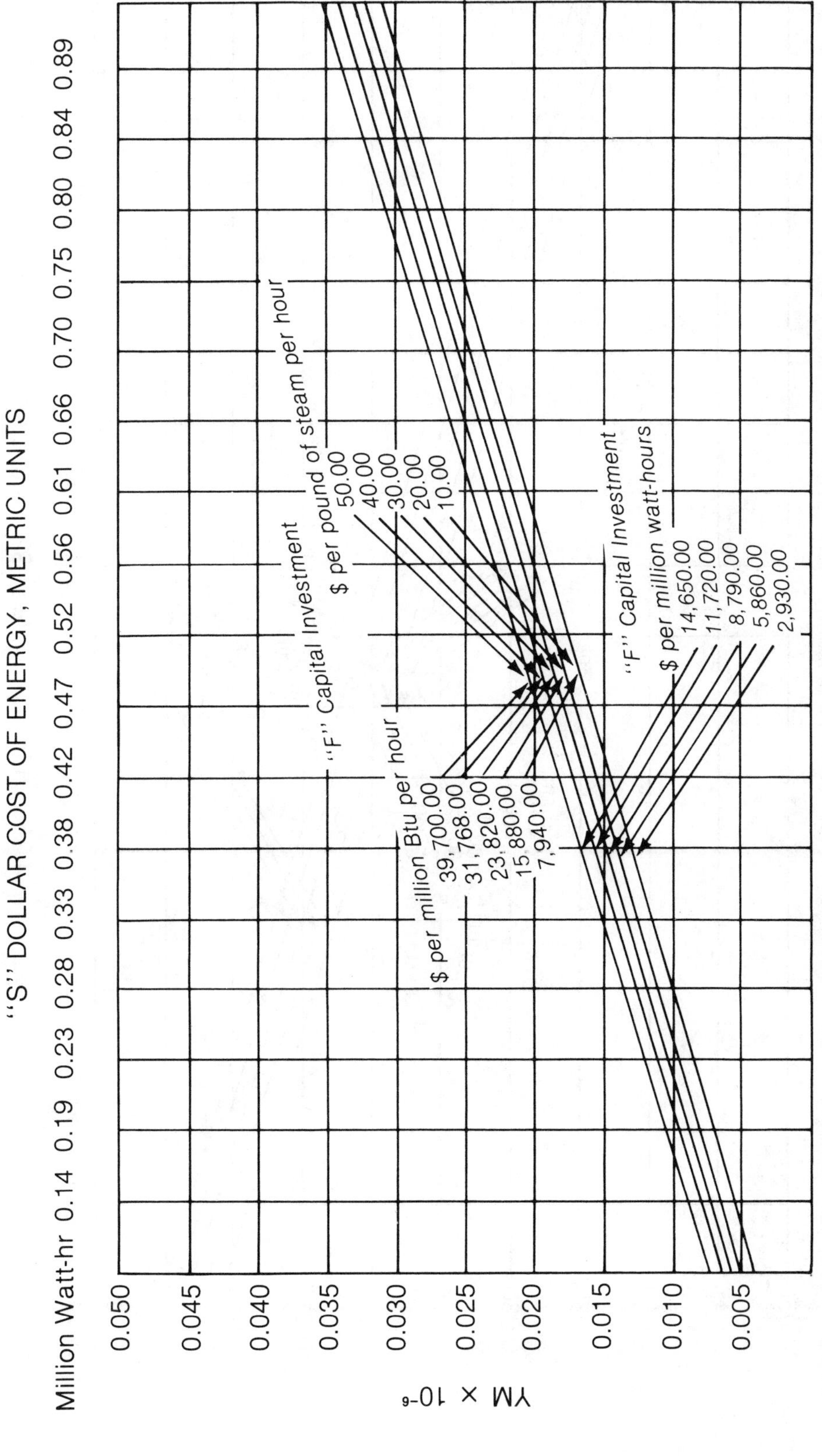

FIGURE 7 (Sheet 1 of 5)

FIGURE 7 (Continued)

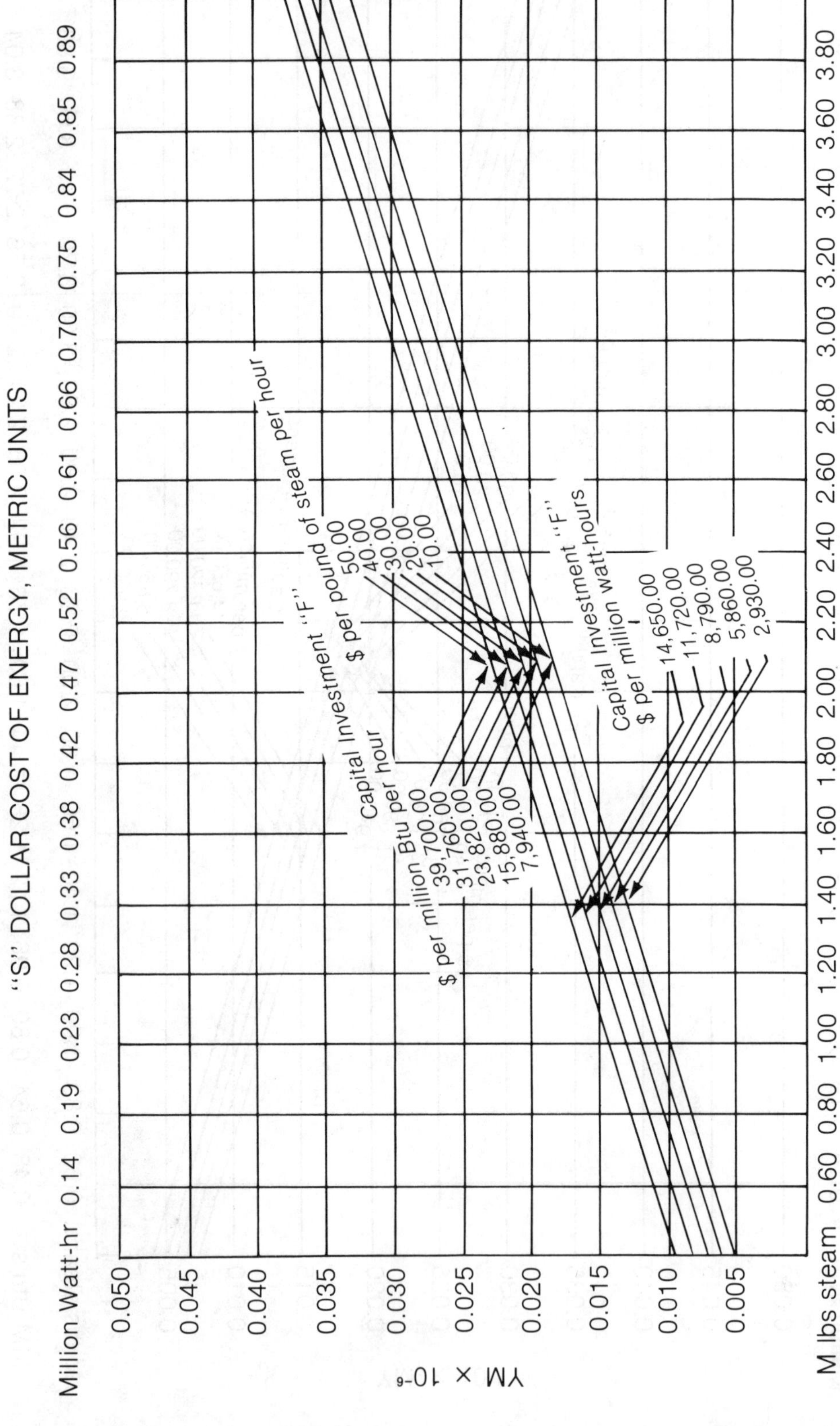

FIGURE 7 (Sheet 2 of 5)

FIGURE 7 (Continued)

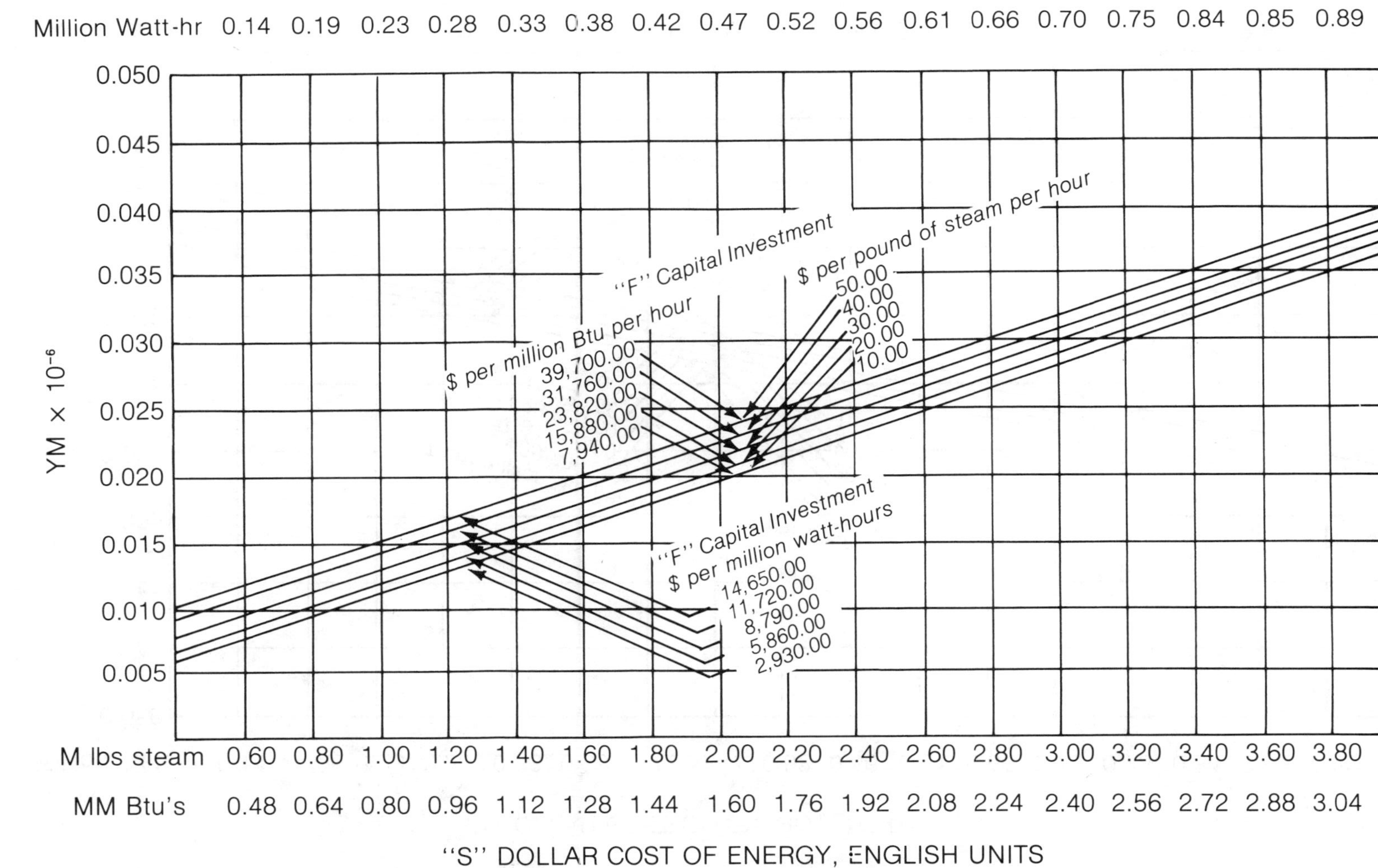

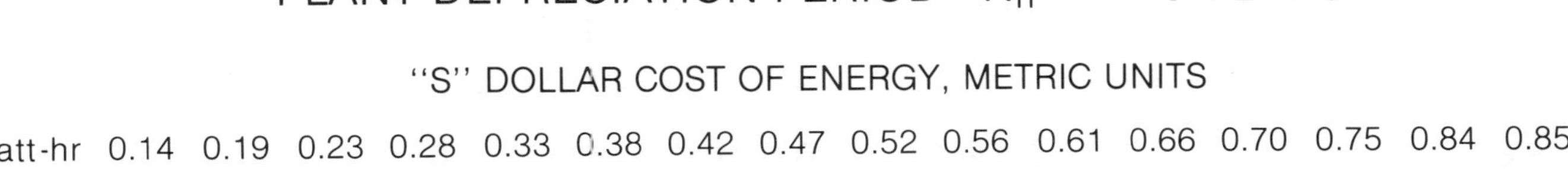

FIGURE 7 (Sheet 3 of 5)

FIGURE 7 (Continued)

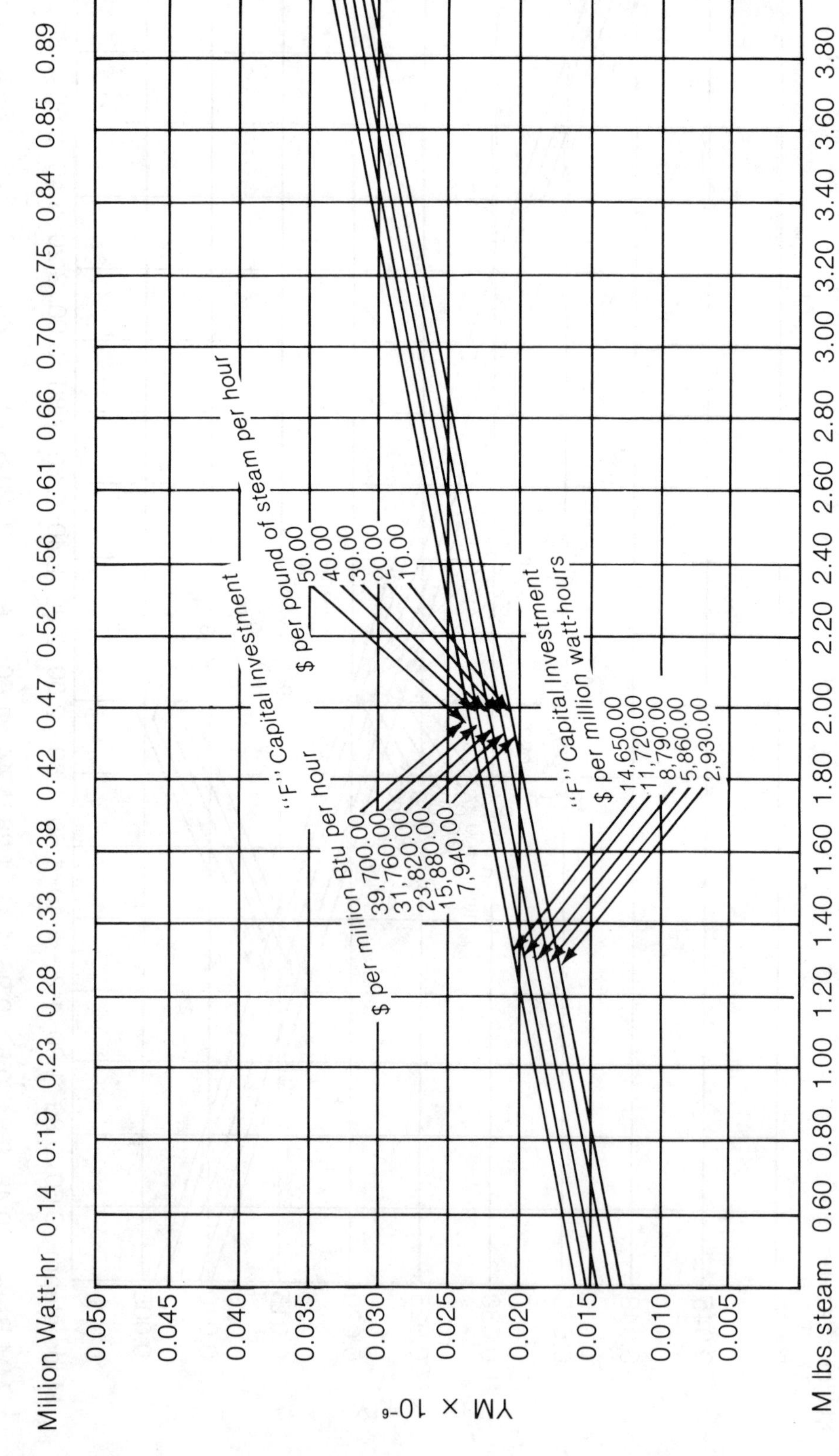

FIGURE 7 (Sheet 4 of 5)

FIGURE 7 (Continued)

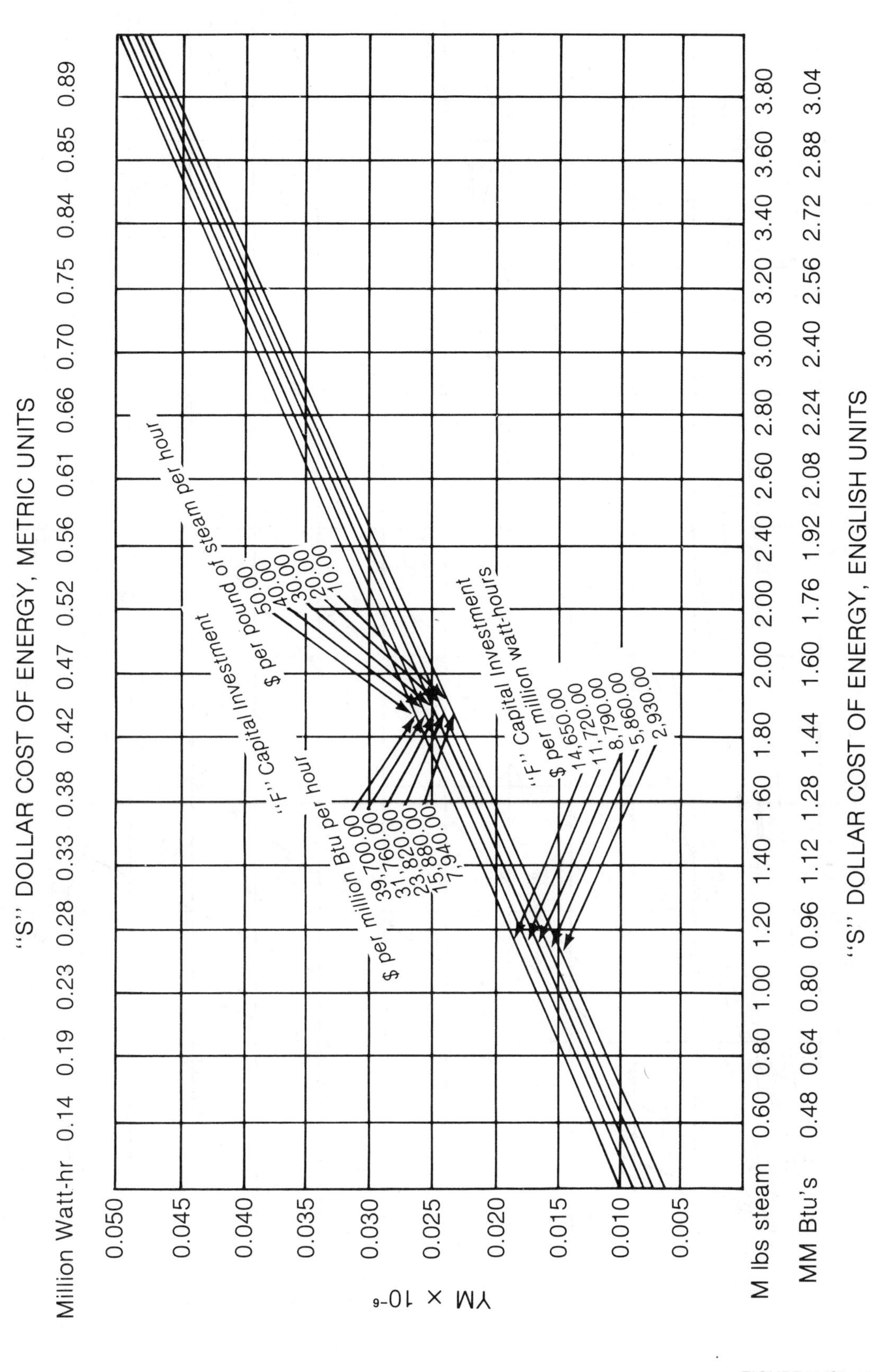

FIGURE 7 (Sheet 5 of 5)

FIGURE 8

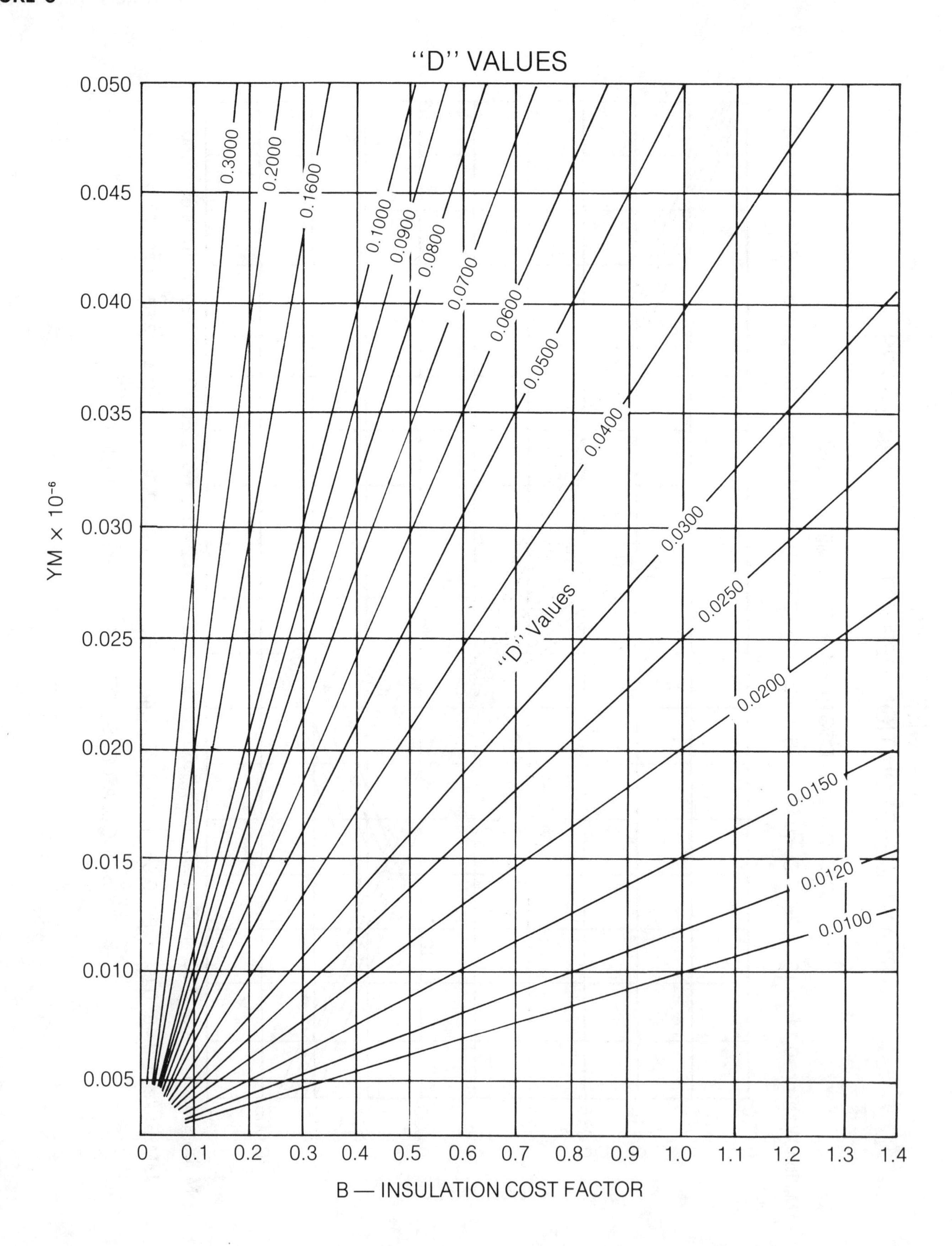

FIGURE 8 (Sheet 1 of 2)

FIGURE 8 (Continued)

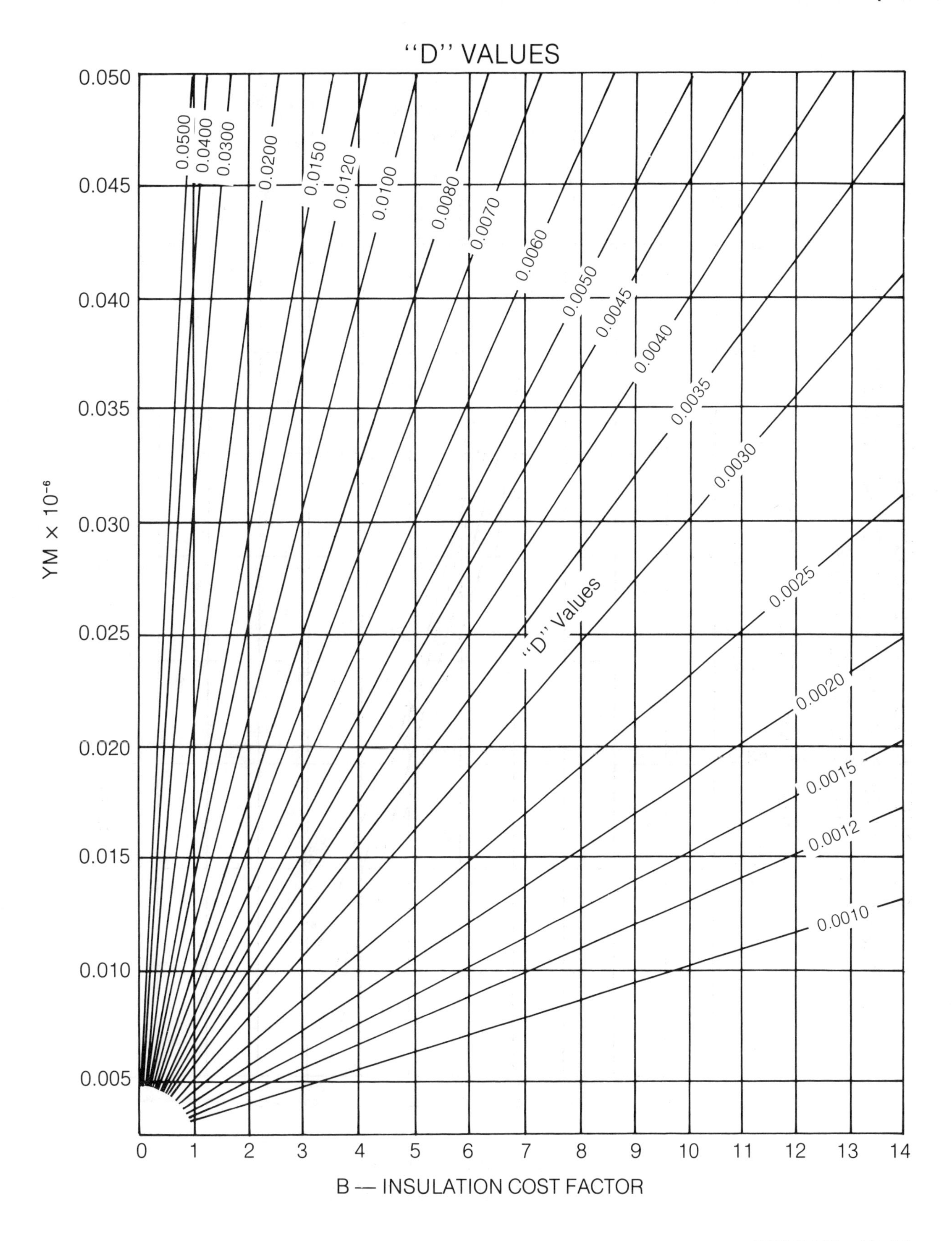

FIGURE 8 (Sheet 2 of 2)

FIGURE 9

CONDUCTIVITY k or k_m, DESIGN VALUES
RIGID INSULATION: BLOCKS, BOARDS AND PREFORMED PIPE &
TUBE INSULATION

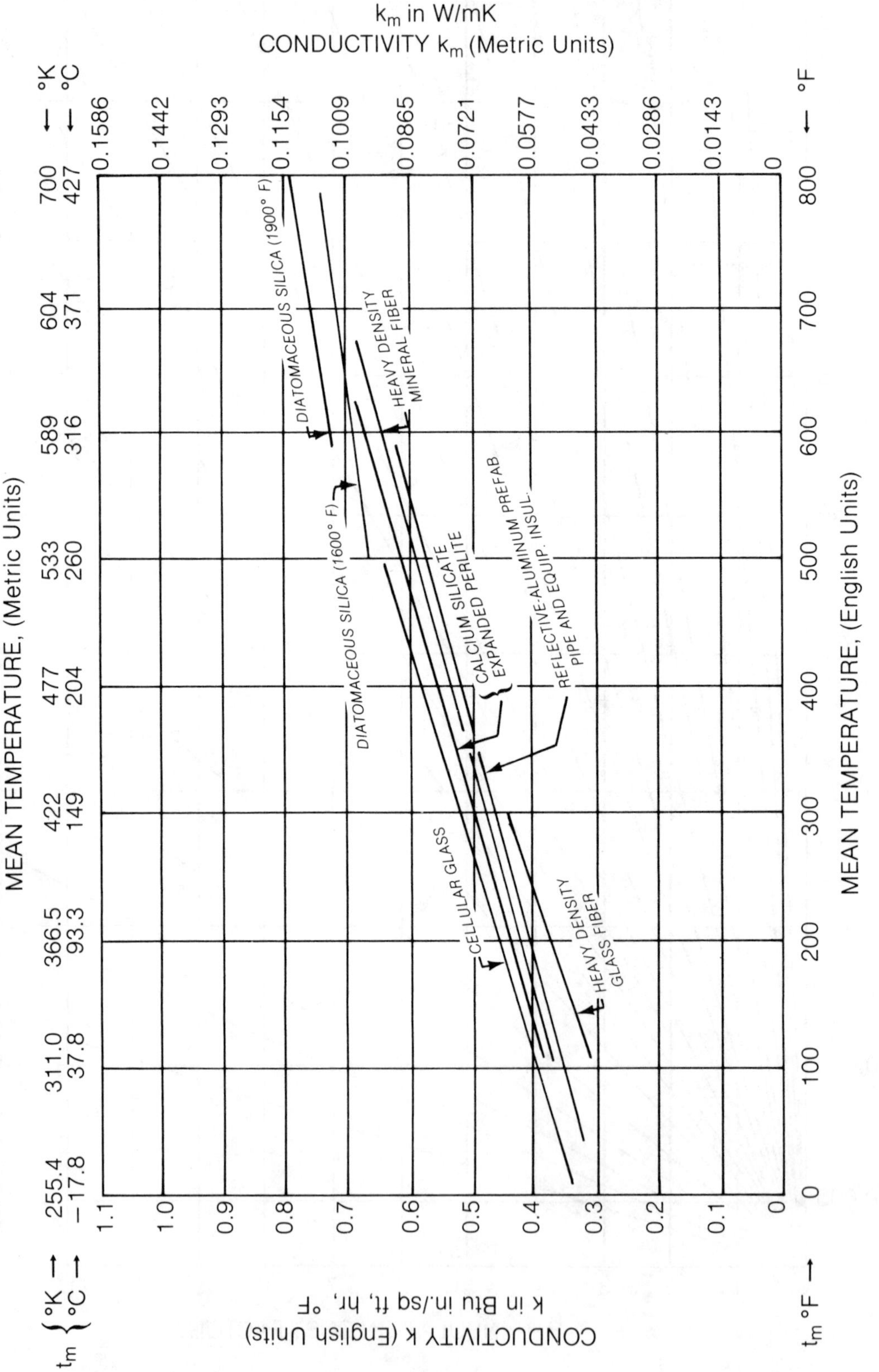

MEAN TEMPERATURE, (Metric Units)

t_m °K → 255.4 311.0 366.5 422 477 533 589 604 700 ← °K
t_m °C → −17.8 37.8 93.3 149 204 260 316 371 427 ← °C

CONDUCTIVITY k (English Units)
k in Btu in./sq ft, hr, °F
1.1 1.0 0.9 0.8 0.7 0.6 0.5 0.4 0.3 0.2 0.1 0

k_m in W/mK
CONDUCTIVITY k_m (Metric Units)
0.1586 0.1442 0.1293 0.1154 0.1009 0.0865 0.0721 0.0577 0.0433 0.0286 0.0143 0

DIATOMACEOUS SILICA (1900° F)
DIATOMACEOUS SILICA (1600° F)
HEAVY DENSITY MINERAL FIBER
CELLULAR GLASS
CALCIUM SILICATE
EXPANDED PERLITE
REFLECTIVE-ALUMINUM PREFAB PIPE AND EQUIP. INSUL.
HEAVY DENSITY GLASS FIBER

t_m °F → 0 100 200 300 400 500 600 700 800 ← °F

MEAN TEMPERATURE, (English Units)

FIGURE 9

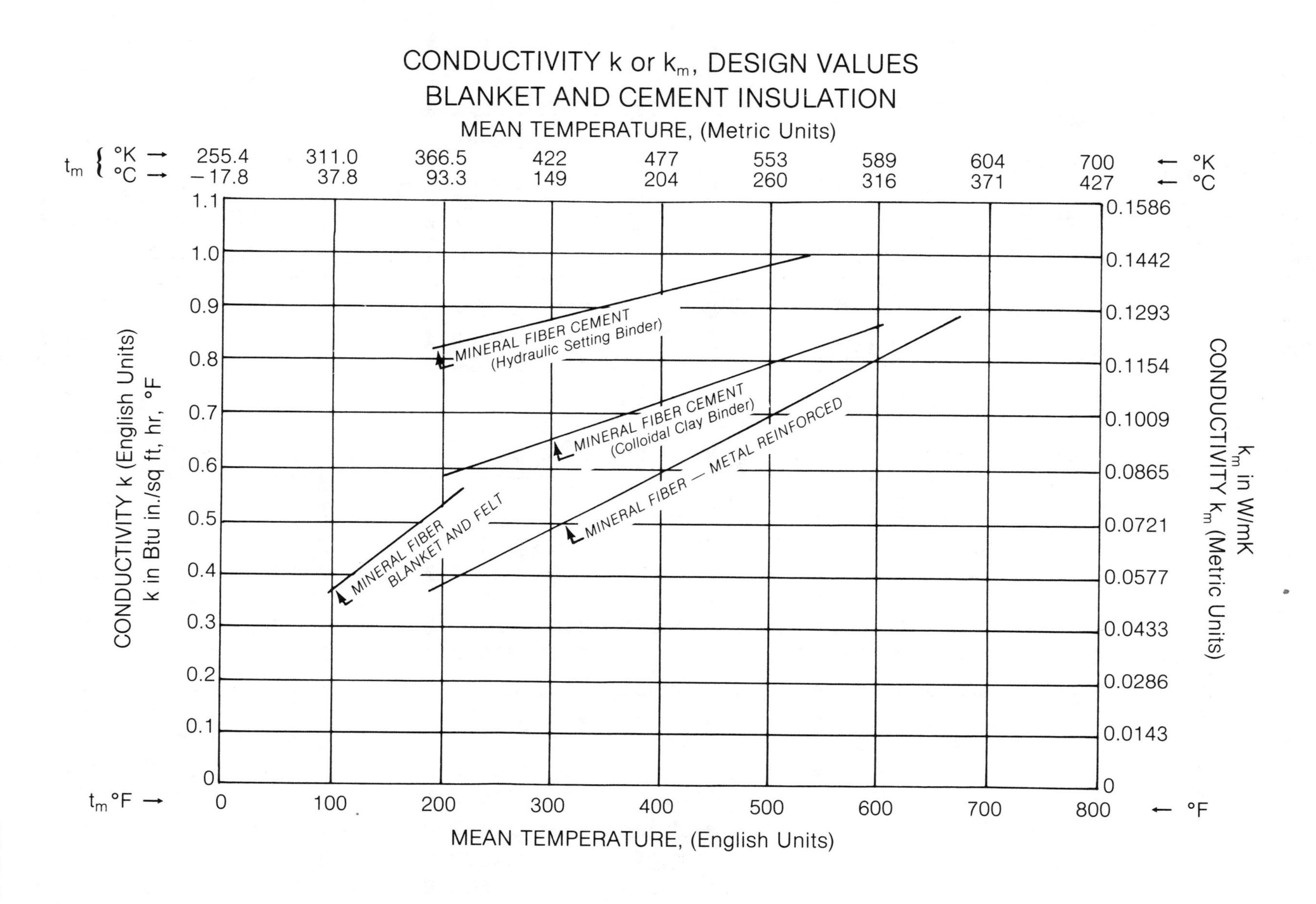
CONDUCTIVITY k or k_m, DESIGN VALUES
BLANKET AND CEMENT INSULATION
MEAN TEMPERATURE, (Metric Units)
t_m °K → 255.4 311.0 366.5 422 477 553 589 604 700 ← °K
°C → −17.8 37.8 93.3 149 204 260 316 371 427 ← °C
CONDUCTIVITY k (English Units)
k in Btu in./sq ft, hr, °F
1.1 1.0 0.9 0.8 0.7 0.6 0.5 0.4 0.3 0.2 0.1 0
k_m in W/mK
CONDUCTIVITY k_m (Metric Units)
0.1586 0.1442 0.1293 0.1154 0.1009 0.0865 0.0721 0.0577 0.0433 0.0286 0.0143 0
MINERAL FIBER CEMENT (Hydraulic Setting Binder)
MINERAL FIBER CEMENT (Colloidal Clay Binder)
MINERAL FIBER — METAL REINFORCED
MINERAL FIBER BLANKET AND FELT
t_m °F → 0 100 200 300 400 500 600 700 800 ← °F
MEAN TEMPERATURE, (English Units)

FIGURE 10

TABLE 2

ECONOMICAL INSULATION THICKNESS TABLE

IN INCHES
(nominal)

PIPE SIZE: 1/2'' NPS (Tube Size 1/4'' to 3/4'' OD)
21.33 mm

At the intersection of the ''Δt'' column with the ''k'' row read the economical thickness.
(•—*exceeds 12'' thickness*)

D = 0.0045

Δt Celsius °C or Kelvin °K

CONDUCTIVITY k: Btu, in./sq ft, hr °F; km: W/mK

k	50	70	90	110	130	150	170	190	210	230	250	270	290	310	330	350	370	390	410	430	450	470	490	510	530	550	570	590	610	630	650	670	690	710	730	km
0.1	0.5	0.5	0.5	0.5	0.5	0.5	0.5	0.5	0.5	0.5	0.5	0.5	0.5	0.5	0.5	0.5	0.5	0.5	0.5	0.5	0.5	0.5	0.5	0.5	0.5	0.5	0.5	0.5	0.5	0.5	0.5	0.5	0.5	0.5	0.5	.0144
0.2	0.5	0.5	0.5	0.5	0.5	0.5	0.5	0.5	0.5	0.5	0.5	0.5	0.5	0.5	0.5	0.5	0.5	0.5	0.5	0.5	0.5	0.5	1.0	1.0	1.0	1.0	1.0	1.0	1.0	1.0	1.0	1.0	1.0	1.0	1.0	.0288
0.3	0.5	0.5	0.5	0.5	0.5	0.5	0.5	0.5	0.5	0.5	0.5	0.5	0.5	0.5	0.5	0.5	0.5	0.5	0.5	0.5	0.5	0.5	1.0	1.0	1.0	1.0	1.0	1.0	1.0	1.0	1.0	1.0	1.0	1.0	1.0	.0433
0.4	0.5	0.5	0.5	0.5	0.5	0.5	0.5	0.5	0.5	0.5	0.5	0.5	0.5	0.5	0.5	1.0	1.0	1.0	1.0	1.0	1.0	1.0	1.0	1.0	1.0	1.0	1.0	1.0	1.0	1.0	1.0	1.0	1.0	1.0	1.0	.0577
0.5	0.5	0.5	0.5	0.5	0.5	0.5	0.5	0.5	0.5	0.5	0.5	0.5	0.5	0.5	0.5	1.0	1.0	1.0	1.0	1.0	1.0	1.0	1.0	1.0	1.0	1.0	1.0	1.0	1.0	1.0	1.0	1.0	1.0	1.0	1.0	.0721
0.6	0.5	0.5	0.5	0.5	0.5	0.5	0.5	0.5	0.5	0.5	0.5	0.5	0.5	0.5	0.5	1.0	1.0	1.0	1.0	1.0	1.0	1.0	1.0	1.0	1.0	1.0	1.0	1.0	1.0	1.0	1.0	1.0	1.0	1.0	1.0	.0865
0.7	0.5	0.5	0.5	0.5	0.5	0.5	0.5	0.5	0.5	0.5	0.5	0.5	0.5	0.5	0.5	1.0	1.0	1.0	1.0	1.0	1.0	1.0	1.0	1.0	1.0	1.0	1.0	1.0	1.0	1.0	1.0	1.0	1.0	1.5	1.5	.1009
0.8	0.5	0.5	0.5	0.5	0.5	0.5	0.5	0.5	0.5	0.5	0.5	0.5	0.5	0.5	0.5	0.5	1.0	1.0	1.0	1.0	1.0	1.0	1.0	1.0	1.0	1.0	1.0	1.0	1.0	1.0	1.0	1.0	1.5	1.5	1.5	.1154
0.9	0.5	0.5	0.5	0.5	0.5	0.5	0.5	0.5	0.5	0.5	0.5	0.5	0.5	0.5	0.5	0.5	0.5	1.0	1.0	1.0	1.0	1.0	1.0	1.0	1.0	1.0	1.0	1.0	1.0	1.0	1.0	1.5	1.5	1.5	1.5	.1298
1.0	0.5	0.5	0.5	0.5	0.5	0.5	0.5	0.5	0.5	0.5	0.5	0.5	0.5	0.5	0.5	0.5	0.5	0.5	1.0	1.0	1.0	1.0	1.0	1.0	1.0	1.0	1.0	1.0	1.0	1.0	1.0	1.5	1.5	1.5	1.5	.1442
1.1	0.5	0.5	0.5	0.5	0.5	0.5	0.5	0.5	0.5	0.5	0.5	0.5	0.5	0.5	0.5	0.5	0.5	0.5	0.5	0.5	0.5	1.0	1.0	1.0	1.0	1.0	1.0	1.0	1.0	1.0	1.0	1.5	1.5	1.5	1.5	.1586
1.2	0.5	0.5	0.5	0.5	0.5	0.5	0.5	0.5	0.5	0.5	0.5	0.5	0.5	0.5	0.5	0.5	0.5	0.5	0.5	0.5	0.5	0.5	0.5	0.5	1.0	1.0	1.0	1.0	1.0	1.0	1.0	1.5	1.5	1.5	1.5	.1730
1.3	0.5	0.5	0.5	0.5	0.5	0.5	0.5	0.5	0.5	0.5	0.5	0.5	0.5	0.5	0.5	0.5	0.5	0.5	0.5	0.5	0.5	0.5	0.5	0.5	0.5	0.5	0.5	0.5	1.0	1.0	1.0	1.0	1.5	1.5	1.5	.1875
1.4	0.5	0.5	0.5	0.5	0.5	0.5	0.5	0.5	0.5	0.5	0.5	0.5	0.5	0.5	0.5	0.5	0.5	0.5	0.5	0.5	0.5	0.5	0.5	0.5	0.5	0.5	0.5	0.5	0.5	0.5	0.5	0.5	0.5	0.5	1.5	.2019
1.5	0.5	0.5	0.5	0.5	0.5	0.5	0.5	0.5	0.5	0.5	0.5	0.5	0.5	0.5	0.5	0.5	0.5	0.5	0.5	0.5	0.5	0.5	0.5	0.5	0.5	0.5	0.5	0.5	0.5	0.5	0.5	0.5	0.5	0.5	0.5	.2163
k	90	126	162	198	234	270	306	342	378	414	450	486	522	558	594	630	666	702	738	774	810	846	882	918	954	990	1026	1062	1098	1134	1170	1206	1242	1278	1314	km

Δt Fahrenheit

D = 0.0050

Δt Celsius °C or Kelvin °K

CONDUCTIVITY k: Btu, in./sq ft, hr °F; km: W/mK

k	50	70	90	110	130	150	170	190	210	230	250	270	290	310	330	350	370	390	410	430	450	470	490	510	530	550	570	590	610	630	650	670	690	710	730	km
0.1	0.5	0.5	0.5	0.5	0.5	0.5	0.5	0.5	0.5	0.5	0.5	0.5	0.5	0.5	0.5	0.5	0.5	0.5	0.5	0.5	0.5	0.5	0.5	0.5	0.5	0.5	0.5	0.5	0.5	0.5	0.5	0.5	0.5	0.5	0.5	.0144
0.2	0.5	0.5	0.5	0.5	0.5	0.5	0.5	0.5	0.5	0.5	0.5	0.5	0.5	0.5	0.5	0.5	0.5	0.5	0.5	0.5	1.0	1.0	1.0	1.0	1.0	1.0	1.0	1.0	1.0	1.0	1.0	1.0	1.0	1.0	1.0	.0288
0.3	0.5	0.5	0.5	0.5	0.5	0.5	0.5	0.5	0.5	0.5	0.5	0.5	0.5	0.5	0.5	0.5	1.0	1.0	1.0	1.0	1.0	1.0	1.0	1.0	1.0	1.0	1.0	1.0	1.0	1.0	1.0	1.0	1.0	1.0	1.0	.0433
0.4	0.5	0.5	0.5	0.5	0.5	0.5	0.5	0.5	0.5	0.5	0.5	0.5	0.5	0.5	1.0	1.0	1.0	1.0	1.0	1.0	1.0	1.0	1.0	1.0	1.0	1.0	1.0	1.0	1.0	1.0	1.0	1.0	1.0	1.0	1.0	.0577
0.5	0.5	0.5	0.5	0.5	0.5	0.5	0.5	0.5	0.5	0.5	0.5	0.5	0.5	1.0	1.0	1.0	1.0	1.0	1.0	1.0	1.0	1.0	1.0	1.0	1.0	1.0	1.0	1.0	1.0	1.0	1.0	1.0	1.0	1.0	1.0	.0721
0.6	0.5	0.5	0.5	0.5	0.5	0.5	0.5	0.5	0.5	0.5	0.5	0.5	0.5	1.0	1.0	1.0	1.0	1.0	1.0	1.0	1.0	1.0	1.0	1.0	1.0	1.0	1.0	1.0	1.0	1.0	1.0	1.5	1.5	1.5	1.5	.0865
0.7	0.5	0.5	0.5	0.5	0.5	0.5	0.5	0.5	0.5	0.5	0.5	0.5	0.5	1.0	1.0	1.0	1.0	1.0	1.0	1.0	1.0	1.0	1.0	1.0	1.0	1.0	1.0	1.0	1.0	1.5	1.5	1.5	1.5	1.5	1.5	.1009
0.8	0.5	0.5	0.5	0.5	0.5	0.5	0.5	0.5	0.5	0.5	0.5	0.5	0.5	0.5	1.0	1.0	1.0	1.0	1.0	1.0	1.0	1.0	1.0	1.0	1.0	1.0	1.0	1.0	1.5	1.5	1.5	1.5	1.5	1.5	1.5	.1154
0.9	0.5	0.5	0.5	0.5	0.5	0.5	0.5	0.5	0.5	0.5	0.5	0.5	0.5	0.5	0.5	1.0	1.0	1.0	1.0	1.0	1.0	1.0	1.0	1.0	1.0	1.0	1.0	1.0	1.5	1.5	1.5	1.5	1.5	1.5	1.5	.1298
1.0	0.5	0.5	0.5	0.5	0.5	0.5	0.5	0.5	0.5	0.5	0.5	0.5	0.5	0.5	0.5	0.5	1.0	1.0	1.0	1.0	1.0	1.0	1.0	1.0	1.0	1.0	1.0	1.5	1.5	1.5	1.5	1.5	1.5	1.5	1.5	.1442
1.1	0.5	0.5	0.5	0.5	0.5	0.5	0.5	0.5	0.5	0.5	0.5	0.5	0.5	0.5	0.5	0.5	0.5	0.5	1.0	1.0	1.0	1.0	1.0	1.0	1.0	1.0	1.0	1.0	1.5	1.5	1.5	1.5	1.5	1.5	1.5	.1586
1.2	0.5	0.5	0.5	0.5	0.5	0.5	0.5	0.5	0.5	0.5	0.5	0.5	0.5	0.5	0.5	0.5	0.5	0.5	0.5	0.5	0.5	1.0	1.0	1.0	1.0	1.0	1.0	1.0	1.5	1.5	1.5	1.5	1.5	1.5	1.5	.1730
1.3	0.5	0.5	0.5	0.5	0.5	0.5	0.5	0.5	0.5	0.5	0.5	0.5	0.5	0.5	0.5	0.5	0.5	0.5	0.5	0.5	0.5	0.5	0.5	0.5	0.5	1.0	1.0	1.0	1.0	1.5	1.5	1.5	1.5	1.5	1.5	.1875
1.4	0.5	0.5	0.5	0.5	0.5	0.5	0.5	0.5	0.5	0.5	0.5	0.5	0.5	0.5	0.5	0.5	0.5	0.5	0.5	0.5	0.5	0.5	0.5	0.5	0.5	0.5	0.5	0.5	0.5	0.5	1.5	1.5	1.5	1.5	1.5	.2019
1.5	0.5	0.5	0.5	0.5	0.5	0.5	0.5	0.5	0.5	0.5	0.5	0.5	0.5	0.5	0.5	0.5	0.5	0.5	0.5	0.5	0.5	0.5	0.5	0.5	0.5	0.5	0.5	0.5	0.5	0.5	0.5	0.5	0.5	0.5	0.5	.2163
k	90	126	162	198	234	270	306	342	378	414	450	486	522	558	594	630	666	702	738	774	810	846	882	918	954	990	1026	1062	1098	1134	1170	1206	1242	1278	1314	km

Δt Fahrenheit

D = 0.0060

Δt Celsius °C or Kelvin °K

CONDUCTIVITY k: Btu, in./sq ft, hr °F; km: W/mK

k	50	70	90	110	130	150	170	190	210	230	250	270	290	310	330	350	370	390	410	430	450	470	490	510	530	550	570	590	610	630	650	670	690	710	730	km
0.1	0.5	0.5	0.5	0.5	0.5	0.5	0.5	0.5	0.5	0.5	0.5	0.5	0.5	0.5	0.5	0.5	0.5	0.5	0.5	0.5	0.5	0.5	0.5	0.5	0.5	0.5	0.5	0.5	1.0	1.0	1.0	1.0	1.0	1.0	1.0	.0144
0.2	0.5	0.5	0.5	0.5	0.5	0.5	0.5	0.5	0.5	0.5	0.5	0.5	0.5	0.5	0.5	0.5	1.0	1.0	1.0	1.0	1.0	1.0	1.0	1.0	1.0	1.0	1.0	1.0	1.0	1.0	1.0	1.0	1.0	1.0	1.0	.0288
0.3	0.5	0.5	0.5	0.5	0.5	0.5	0.5	0.5	0.5	0.5	0.5	0.5	0.5	1.0	1.0	1.0	1.0	1.0	1.0	1.0	1.0	1.0	1.0	1.0	1.0	1.0	1.0	1.0	1.0	1.0	1.0	1.0	1.0	1.0	1.0	.0433
0.4	0.5	0.5	0.5	0.5	0.5	0.5	0.5	0.5	0.5	0.5	0.5	1.0	1.0	1.0	1.0	1.0	1.0	1.0	1.0	1.0	1.0	1.0	1.0	1.0	1.0	1.0	1.0	1.0	1.0	1.0	1.0	1.0	1.0	1.5	1.5	.0577
0.5	0.5	0.5	0.5	0.5	0.5	0.5	0.5	0.5	0.5	0.5	1.0	1.0	1.0	1.0	1.0	1.0	1.0	1.0	1.0	1.0	1.0	1.0	1.0	1.0	1.0	1.0	1.0	1.0	1.0	1.5	1.5	1.5	1.5	1.5	1.5	.0721
0.6	0.5	0.5	0.5	0.5	0.5	0.5	0.5	0.5	0.5	0.5	1.0	1.0	1.0	1.0	1.0	1.0	1.0	1.0	1.0	1.0	1.0	1.0	1.0	1.0	1.0	1.0	1.5	1.5	1.5	1.5	1.5	1.5	1.5	1.5	1.5	.0865
0.7	0.5	0.5	0.5	0.5	0.5	0.5	0.5	0.5	0.5	0.5	0.5	1.0	1.0	1.0	1.0	1.0	1.0	1.0	1.0	1.0	1.0	1.0	1.0	1.0	1.5	1.5	1.5	1.5	1.5	1.5	1.5	1.5	1.5	1.5	1.5	.1009
0.8	0.5	0.5	0.5	0.5	0.5	0.5	0.5	0.5	0.5	0.5	0.5	1.0	1.0	1.0	1.0	1.0	1.0	1.0	1.0	1.0	1.0	1.0	1.0	1.5	1.5	1.5	1.5	1.5	1.5	1.5	1.5	1.5	1.5	1.5	1.5	.1154
0.9	0.5	0.5	0.5	0.5	0.5	0.5	0.5	0.5	0.5	0.5	0.5	0.5	1.0	1.0	1.0	1.0	1.0	1.0	1.0	1.0	1.0	1.0	1.0	1.5	1.5	1.5	1.5	1.5	1.5	1.5	1.5	1.5	1.5	1.5	1.5	.1298
1.0	0.5	0.5	0.5	0.5	0.5	0.5	0.5	0.5	0.5	0.5	0.5	0.5	0.5	1.0	1.0	1.0	1.0	1.0	1.0	1.0	1.0	1.0	1.0	1.5	1.5	1.5	1.5	1.5	1.5	1.5	1.5	1.5	1.5	1.5	2.0	.1442
1.1	0.5	0.5	0.5	0.5	0.5	0.5	0.5	0.5	0.5	0.5	0.5	0.5	0.5	0.5	0.5	1.0	1.0	1.0	1.0	1.0	1.0	1.0	1.0	1.5	1.5	1.5	1.5	1.5	1.5	1.5	1.5	1.5	1.5	2.0	2.0	.1586
1.2	0.5	0.5	0.5	0.5	0.5	0.5	0.5	0.5	0.5	0.5	0.5	0.5	0.5	0.5	0.5	0.5	0.5	1.0	1.0	1.0	1.0	1.0	1.0	1.5	1.5	1.5	1.5	1.5	1.5	1.5	1.5	1.5	2.0	2.0	2.0	.1730
1.3	0.5	0.5	0.5	0.5	0.5	0.5	0.5	0.5	0.5	0.5	0.5	0.5	0.5	0.5	0.5	0.5	0.5	0.5	0.5	0.5	1.0	1.0	1.0	1.0	1.5	1.5	1.5	1.5	1.5	1.5	1.5	1.5	2.0	2.0	2.0	.1875
1.4	0.5	0.5	0.5	0.5	0.5	0.5	0.5	0.5	0.5	0.5	0.5	0.5	0.5	0.5	0.5	0.5	0.5	0.5	0.5	0.5	0.5	0.5	0.5	0.5	0.5	1.5	1.5	1.5	1.5	1.5	1.5	2.0	2.0	2.0	2.0	.2019
1.5	0.5	0.5	0.5	0.5	0.5	0.5	0.5	0.5	0.5	0.5	0.5	0.5	0.5	0.5	0.5	0.5	0.5	0.5	0.5	0.5	0.5	0.5	0.5	0.5	0.5	0.5	0.5	0.5	0.5	0.5	0.5	2.0	2.0	2.0	2.0	.2163
k	90	126	162	198	234	270	306	342	378	414	450	486	522	558	594	630	666	702	738	774	810	846	882	918	954	990	1026	1062	1098	1134	1170	1206	1242	1278	1314	km

Δt Fahrenheit

TABLE 2 (Sheet 1 of 128)

TEMPERATURE DIFFERENCE

TABLE 2 (Continued)

ECONOMICAL INSULATION THICKNESS TABLE
IN INCHES
(nominal)

PIPE SIZE: 1/2'' NPS (Tube Size 1/4'' to 3/4'' OD)
21.33 mm

At the intersection of the ''Δt'' column with the ''k'' row read the economical thickness.
(•—*exceeds 12'' thickness*)

CONDUCTIVITY

D = 0.0070

Δt Celsius °C or Kelvin °K

k: Btu, in./sq ft, hr °F; km: W/mK

k	50	70	90	110	130	150	170	190	210	230	250	270	290	310	330	350	370	390	410	430	450	470	490	510	530	550	570	590	610	630	650	670	690	710	730	km
0.1	0.5	0.5	0.5	0.5	0.5	0.5	0.5	0.5	0.5	0.5	0.5	0.5	0.5	0.5	0.5	0.5	0.5	0.5	0.5	0.5	0.5	0.5	0.5	0.5	1.0	1.0	1.0	1.0	1.0	1.0	1.0	1.0	1.0	1.0	1.0	.0144
0.2	0.5	0.5	0.5	0.5	0.5	0.5	0.5	0.5	0.5	0.5	0.5	0.5	0.5	0.5	1.0	1.0	1.0	1.0	1.0	1.0	1.0	1.0	1.0	1.0	1.0	1.0	1.0	1.0	1.0	1.0	1.0	1.0	1.0	1.0	1.0	.0288
0.3	0.5	0.5	0.5	0.5	0.5	0.5	0.5	0.5	0.5	0.5	0.5	1.0	1.0	1.0	1.0	1.0	1.0	1.0	1.0	1.0	1.0	1.0	1.0	1.0	1.0	1.0	1.0	1.0	1.0	1.0	1.0	1.0	1.0	1.0	1.5	.0433
0.4	0.5	0.5	0.5	0.5	0.5	0.5	0.5	0.5	0.5	1.0	1.0	1.0	1.0	1.0	1.0	1.0	1.0	1.0	1.0	1.0	1.0	1.0	1.0	1.0	1.0	1.0	1.0	1.0	1.5	1.5	1.5	1.5	1.5	1.5	1.5	.0577
0.5	0.5	0.5	0.5	0.5	0.5	0.5	0.5	0.5	0.5	1.0	1.0	1.0	1.0	1.0	1.0	1.0	1.0	1.0	1.0	1.0	1.0	1.0	1.0	1.0	1.5	1.5	1.5	1.5	1.5	1.5	1.5	1.5	1.5	1.5	1.5	.0721
0.6	0.5	0.5	0.5	0.5	0.5	0.5	0.5	0.5	0.5	1.0	1.0	1.0	1.0	1.0	1.0	1.0	1.0	1.0	1.0	1.0	1.0	1.0	1.5	1.5	1.5	1.5	1.5	1.5	1.5	1.5	1.5	1.5	1.5	1.5	1.5	.0865
0.7	0.5	0.5	0.5	0.5	0.5	0.5	0.5	0.5	0.5	1.0	1.0	1.0	1.0	1.0	1.0	1.0	1.0	1.0	1.0	1.0	1.5	1.5	1.5	1.5	1.5	1.5	1.5	1.5	1.5	1.5	1.5	1.5	1.5	1.5	1.5	.1009
0.8	0.5	0.5	0.5	0.5	0.5	0.5	0.5	0.5	0.5	1.0	1.0	1.0	1.0	1.0	1.0	1.0	1.0	1.0	1.0	1.0	1.5	1.5	1.5	1.5	1.5	1.5	1.5	1.5	1.5	1.5	1.5	1.5	2.0	2.0	2.0	.1154
0.9	0.5	0.5	0.5	0.5	0.5	0.5	0.5	0.5	0.5	0.5	1.0	1.0	1.0	1.0	1.0	1.0	1.0	1.0	1.0	1.5	1.5	1.5	1.5	1.5	1.5	1.5	1.5	1.5	1.5	1.5	2.0	2.0	2.0	2.0	2.0	.1298
1.0	0.5	0.5	0.5	0.5	0.5	0.5	0.5	0.5	0.5	0.5	0.5	1.0	1.0	1.0	1.0	1.0	1.0	1.0	1.0	1.5	1.5	1.5	1.5	1.5	1.5	1.5	1.5	1.5	1.5	2.0	2.0	2.0	2.0	2.0	2.0	.1442
1.1	0.5	0.5	0.5	0.5	0.5	0.5	0.5	0.5	0.5	0.5	0.5	0.5	0.5	1.0	1.0	1.0	1.0	1.0	1.0	1.5	1.5	1.5	1.5	1.5	1.5	1.5	1.5	1.5	2.0	2.0	2.0	2.0	2.0	2.0	2.	.1586
1.2	0.5	0.5	0.5	0.5	0.5	0.5	0.5	0.5	0.5	0.5	0.5	0.5	0.5	0.5	1.0	1.0	1.0	1.0	1.0	1.5	1.5	1.5	1.5	1.5	1.5	1.5	1.5	2.0	2.0	2.0	2.0	2.0	2.0	2.0	2.0	.1730
1.3	0.5	0.5	0.5	0.5	0.5	0.5	0.5	0.5	0.5	0.5	0.5	0.5	0.5	0.5	0.5	0.5	0.5	1.0	1.0	1.0	1.5	1.5	1.5	1.5	1.5	1.5	1.5	2.0	2.0	2.0	2.0	2.0	2.0	2.0	2.0	.1875
1.4	0.5	0.5	0.5	0.5	0.5	0.5	0.5	0.5	0.5	0.5	0.5	0.5	0.5	0.5	0.5	0.5	0.5	0.5	0.5	0.5	0.5	1.5	1.5	1.5	1.5	1.5	1.5	2.0	2.0	2.0	2.0	2.0	2.0	2.0	2.0	.2019
1.5	0.5	0.5	0.5	0.5	0.5	0.5	0.5	0.5	0.5	0.5	0.5	0.5	0.5	0.5	0.5	0.5	0.5	0.5	0.5	0.5	0.5	0.5	0.5	0.5	0.5	0.5	0.5	2.0	2.0	2.0	2.0	2.0	2.0	2.0	2.0	.2163
k	90	126	162	198	234	270	306	342	378	414	450	486	522	558	594	630	666	702	738	774	810	846	882	918	954	990	1026	1062	1098	1134	1170	1206	1242	1278	1314	km

Δt Fahrenheit

D = 0.0080

Δt Celsius °C or Kelvin °K

k: Btu, in./sq ft, hr °F; km: W/mK

k	50	70	90	110	130	150	170	190	210	230	250	270	290	310	330	350	370	390	410	430	450	470	490	510	530	550	570	590	610	630	650	670	690	710	730	km
0.1	0.5	0.5	0.5	0.5	0.5	0.5	0.5	0.5	0.5	0.5	0.5	0.5	0.5	0.5	0.5	0.5	0.5	0.5	0.5	0.5	0.5	1.0	1.0	1.0	1.0	1.0	1.0	1.0	1.0	1.0	1.0	1.0	1.0	1.0	1.0	.0144
0.2	0.5	0.5	0.5	0.5	0.5	0.5	0.5	0.5	0.5	0.5	0.5	0.5	1.0	1.0	1.0	1.0	1.0	1.0	1.0	1.0	1.0	1.0	1.0	1.0	1.0	1.0	1.0	1.0	1.0	1.0	1.0	1.0	1.0	1.0	1.0	.0288
0.3	0.5	0.5	0.5	0.5	0.5	0.5	0.5	0.5	0.5	1.0	1.0	1.0	1.0	1.0	1.0	1.0	1.0	1.0	1.0	1.0	1.0	1.0	1.0	1.0	1.0	1.0	1.0	1.0	1.0	1.0	1.5	1.5	1.5	1.5	1.5	.0433
0.4	0.5	0.5	0.5	0.5	0.5	0.5	0.5	0.5	1.0	1.0	1.0	1.0	1.0	1.0	1.0	1.0	1.0	1.0	1.0	1.0	1.0	1.0	1.0	1.0	1.5	1.5	1.5	1.5	1.5	1.5	1.5	1.5	1.5	1.5	1.5	.0577
0.5	0.5	0.5	0.5	0.5	0.5	0.5	0.5	1.0	1.0	1.0	1.0	1.0	1.0	1.0	1.0	1.0	1.0	1.0	1.0	1.0	1.0	1.5	1.5	1.5	1.5	1.5	1.5	1.5	1.5	1.5	1.5	1.5	1.5	1.5	1.5	.0721
0.6	0.5	0.5	0.5	0.5	0.5	0.5	0.5	1.0	1.0	1.0	1.0	1.0	1.0	1.0	1.0	1.0	1.0	1.0	1.0	1.5	1.5	1.5	1.5	1.5	1.5	1.5	1.5	1.5	1.5	1.5	1.5	1.5	1.5	1.5	1.5	.0865
0.7	0.5	0.5	0.5	0.5	0.5	0.5	0.5	1.0	1.0	1.0	1.0	1.0	1.0	1.0	1.0	1.0	1.0	1.0	1.0	1.5	1.5	1.5	1.5	1.5	1.5	1.5	1.5	1.5	1.5	1.5	1.5	1.5	1.5	2.0	2.0	.1009
0.8	0.5	0.5	0.5	0.5	0.5	0.5	0.5	0.5	1.0	1.0	1.0	1.0	1.0	1.0	1.0	1.0	1.0	1.5	1.5	1.5	1.5	1.5	1.5	1.5	1.5	1.5	1.5	1.5	2.0	2.0	2.0	2.0	2.0	2.0	2.0	.1154
0.9	0.5	0.5	0.5	0.5	0.5	0.5	0.5	0.5	0.5	1.0	1.0	1.0	1.0	1.0	1.0	1.0	1.0	1.5	1.5	1.5	1.5	1.5	1.5	1.5	1.5	1.5	2.0	2.0	2.0	2.0	2.0	2.0	2.0	2.0	2.0	.1298
1.0	0.5	0.5	0.5	0.5	0.5	0.5	0.5	0.5	0.5	1.0	1.0	1.0	1.0	1.0	1.0	1.0	1.5	1.5	1.5	1.5	1.5	1.5	1.5	1.5	1.5	2.0	2.0	2.0	2.0	2.0	2.0	2.0	2.0	2.0	2.0	.1442
1.1	0.5	0.5	0.5	0.5	0.5	0.5	0.5	0.5	0.5	0.5	0.5	1.0	1.0	1.0	1.0	1.0	1.5	1.5	1.5	1.5	1.5	1.5	1.5	1.5	2.0	2.0	2.0	2.0	2.0	2.0	2.0	2.0	2.0	2.0	2.0	.1586
1.2	0.5	0.5	0.5	0.5	0.5	0.5	0.5	0.5	0.5	0.5	0.5	0.5	1.0	1.0	1.0	1.0	1.0	1.5	1.5	1.5	1.5	1.5	1.5	1.5	2.0	2.0	2.0	2.0	2.0	2.0	2.0	2.0	2.0	2.5	2.5	.1730
1.3	0.5	0.5	0.5	0.5	0.5	0.5	0.5	0.5	0.5	0.5	0.5	0.5	0.5	0.5	0.5	1.0	1.0	1.5	1.5	1.5	1.5	1.5	1.5	2.0	2.0	2.0	2.0	2.0	2.0	2.0	2.0	2.0	2.5	2.5	2.5	.1875
1.4	0.5	0.5	0.5	0.5	0.5	0.5	0.5	0.5	0.5	0.5	0.5	0.5	0.5	0.5	0.5	0.5	0.5	0.5	1.5	1.5	1.5	1.5	1.5	2.0	2.0	2.0	2.0	2.0	2.0	2.0	2.0	2.5	2.5	2.5	2.5	.2019
1.5	0.5	0.5	0.5	0.5	0.5	0.5	0.5	0.5	0.5	0.5	0.5	0.5	0.5	0.5	0.5	0.5	0.5	0.5	0.5	0.5	0.5	0.5	0.5	2.0	2.0	2.0	2.0	2.0	2.0	2.0	2.0	2.5	2.5	2.5	2.5	.2163
k	90	126	162	198	234	270	306	342	378	414	450	486	522	558	594	630	666	702	738	774	810	846	882	918	954	990	1026	1062	1098	1134	1170	1206	1242	1278	1314	km

Δt Fahrenheit

D = 0.0100

Δt Celsius °C or Kelvin °K

k: Btu, in./sq ft, hr °F; km: W/mK

k	50	70	90	110	130	150	170	190	210	230	250	270	290	310	330	350	370	390	410	430	450	470	490	510	530	550	570	590	610	630	650	670	690	710	730	km
0.1	0.5	0.5	0.5	0.5	0.5	0.5	0.5	0.5	0.5	0.5	0.5	0.5	0.5	0.5	0.5	0.5	1.0	1.0	1.0	1.0	1.0	1.0	1.0	1.0	1.0	1.0	1.0	1.0	1.0	1.0	1.0	1.0	1.0	1.0	1.0	.0144
0.2	0.5	0.5	0.5	0.5	0.5	0.5	0.5	0.5	0.5	1.0	1.0	1.0	1.0	1.0	1.0	1.0	1.0	1.0	1.0	1.0	1.0	1.0	1.0	1.0	1.0	1.0	1.0	1.0	1.0	1.0	1.0	1.0	1.0	1.5	1.5	.0288
0.3	0.5	0.5	0.5	0.5	0.5	0.5	0.5	1.0	1.0	1.0	1.0	1.0	1.0	1.0	1.0	1.0	1.0	1.0	1.0	1.0	1.0	1.0	1.0	1.5	1.5	1.5	1.5	1.5	1.5	1.5	1.5	1.5	1.5	1.5	1.5	.0433
0.4	0.5	0.5	0.5	0.5	0.5	0.5	1.0	1.0	1.0	1.0	1.0	1.0	1.0	1.0	1.0	1.0	1.0	1.0	1.0	1.5	1.5	1.5	1.5	1.5	1.5	1.5	1.5	1.5	1.5	1.5	1.5	1.5	1.5	1.5	1.5	.0577
0.5	0.5	0.5	0.5	0.5	0.5	1.0	1.0	1.0	1.0	1.0	1.0	1.0	1.0	1.0	1.0	1.0	1.5	1.5	1.5	1.5	1.5	1.5	1.5	1.5	1.5	1.5	1.5	1.5	1.5	1.5	2.0	2.0	2.0	2.0	2.0	.0721
0.6	0.5	0.5	0.5	0.5	0.5	1.0	1.0	1.0	1.0	1.0	1.0	1.0	1.0	1.0	1.0	1.5	1.5	1.5	1.5	1.5	1.5	1.5	1.5	1.5	1.5	1.5	2.0	2.0	2.0	2.0	2.0	2.0	2.0	2.0	2.0	.0865
0.7	0.5	0.5	0.5	0.5	?0.5	0.5	1.0	1.0	1.0	1.0	1.0	1.0	1.0	1.0	1.5	1.5	1.5	1.5	1.5	1.5	1.5	1.5	1.5	1.5	2.0	2.0	2.0	2.0	2.0	2.0	2.0	2.0	2.0	2.0	2.0	.1009
0.8	0.5	0.5	0.5	0.5	0.5	0.5	1.0	1.0	1.0	1.0	1.0	1.0	1.5	1.5	1.5	1.5	1.5	1.5	1.5	1.5	1.5	1.5	2.0	2.0	2.0	2.0	2.0	2.0	2.0	2.0	2.0	2.0	2.0	2.5	2.5	.1154
0.9	0.5	0.5	0.5	0.5	0.5	0.5	1.0	1.0	1.0	1.0	1.0	1.0	1.0	1.5	1.5	1.5	1.5	1.5	1.5	1.5	1.5	2.0	2.0	2.0	2.0	2.0	2.0	2.0	2.0	2.0	2.0	2.5	2.5	2.5	2.5	.1298
1.0	0.5	0.5	0.5	0.5	0.5	0.5	0.5	1.0	1.0	1.0	1.0	1.0	1.0	1.5	1.5	1.5	1.5	1.5	1.5	1.5	2.0	2.0	2.0	2.0	2.0	2.0	2.0	2.0	2.0	2.5	2.5	2.5	2.5	2.5	2.5	.1442
1.1	0.5	0.5	0.5	0.5	0.5	0.5	0.5	0.5	1.0	1.0	1.0	1.0	1.0	1.5	1.5	1.5	1.5	1.5	1.5	2.0	2.0	2.0	2.0	2.0	2.0	2.0	2.0	2.5	2.5	2.5	2.5	2.5	2.5	3.0	3.0	.1586
1.2	0.5	0.5	0.5	0.5	0.5	0.5	0.5	0.5	0.5	0.5	1.0	1.0	1.0	1.5	1.5	1.5	1.5	1.5	2.0	2.0	2.0	2.0	2.0	2.0	2.0	2.0	2.5	2.5	2.5	2.5	2.5	3.0	3.0	3.0	3.0	.1730
1.3	0.5	0.5	0.5	0.5	0.5	0.5	0.5	0.5	0.5	0.5	0.5	1.0	1.0	1.5	1.5	1.5	1.5	1.5	2.0	2.0	2.0	2.0	2.0	2.0	2.0	2.5	2.5	2.5	2.5	2.5	3.0	3.0	3.0	3.0	3.0	.1875
1.4	0.5	0.5	0.5	0.5	0.5	0.5	0.5	0.5	0.5	0.5	0.5	0.5	0.5	0.5	1.5	1.5	1.5	1.5	2.0	2.0	2.0	2.0	2.0	2.0	2.0	2.5	2.5	2.5	2.5	3.0	3.0	3.0	3.0	3.0	3.0	.2019
1.5	0.5	0.5	0.5	0.5	0.5	0.5	0.5	0.5	0.5	0.5	0.5	0.5	0.5	0.5	0.5	0.5	0.5	0.5	2.0	2.0	2.0	2.0	2.0	2.0	2.5	2.5	2.5	3.0	3.0	3.0	3.0	3.0	3.0	3.0	3.0	.2163
k	90	126	162	198	234	270	306	342	378	414	450	486	522	558	594	630	666	702	738	774	810	846	882	918	954	990	1026	1062	1098	1134	1170	1206	1242	1278	1314	km

Δt Fahrenheit

TEMPERATURE DIFFERENCE

TABLE 2 (Sheet 2 of 128)

TABLE 2 (Continued)

ECONOMICAL INSULATION THICKNESS TABLE

IN INCHES
(nominal)

PIPE SIZE: 1/2'' NPS (Tube Size 1/4'' to 3/4'' OD)
21.33 mm

At the intersection of the ''Δt'' column with the ''k'' row read the economical thickness.
(•—*exceeds 12'' thickness*)

D = 0.0120

Δt Celsius °C or Kelvin °K

CONDUCTIVITY k: Btu, in./sq ft, hr °F; km: W/mK

k	50	70	90	110	130	150	170	190	210	230	250	270	290	310	330	350	370	390	410	430	450	470	490	510	530	550	570	590	610	630	650	670	690	710	730	km
0.1	0.5	0.5	0.5	0.5	0.5	0.5	0.5	0.5	0.5	0.5	0.5	0.5	0.5	1.0	1.0	1.0	1.0	1.0	1.0	1.0	1.0	1.0	1.0	1.0	1.0	1.0	1.0	1.0	1.0	1.0	1.0	1.0	1.0	1.0	1.0	.0144
0.2	0.5	0.5	0.5	0.5	0.5	0.5	0.5	1.0	1.0	1.0	1.0	1.0	1.0	1.0	1.0	1.0	1.0	1.0	1.0	1.0	1.0	1.0	1.0	1.0	1.0	1.0	1.0	1.5	1.5	1.5	1.5	1.5	1.5	1.5	1.5	.0288
0.3	0.5	0.5	0.5	0.5	0.5	1.0	1.0	1.0	1.0	1.0	1.0	1.0	1.0	1.0	1.0	1.0	1.0	1.0	1.0	1.5	1.5	1.5	1.5	1.5	1.5	1.5	1.5	1.5	1.5	1.5	1.5	1.5	1.5	1.5	1.5	.0433
0.4	0.5	0.5	0.5	0.5	0.5	1.0	1.0	1.0	1.0	1.0	1.0	1.0	1.0	1.0	1.0	1.5	1.5	1.5	1.5	1.5	1.5	1.5	1.5	1.5	1.5	1.5	1.5	1.5	1.5	2.0	2.0	2.0	2.0	2.0	2.0	.0577
0.5	0.5	0.5	0.5	0.5	1.0	1.0	1.0	1.0	1.0	1.0	1.0	1.0	1.0	1.5	1.5	1.5	1.5	1.5	1.5	1.5	1.5	1.5	1.5	1.5	1.5	2.0	2.0	2.0	2.0	2.0	2.0	2.0	2.0	2.0	2.0	.0721
0.6	0.5	0.5	0.5	0.5	1.0	1.0	1.0	1.0	1.0	1.0	1.0	1.0	1.5	1.5	1.5	1.5	1.5	1.5	1.5	1.5	1.5	1.5	2.0	2.0	2.0	2.0	2.0	2.0	2.0	2.0	2.0	2.0	2.0	2.0	2.5	.0865
0.7	0.5	0.5	0.5	0.5	1.0	1.0	1.0	1.0	1.0	1.0	1.0	1.5	1.5	1.5	1.5	1.5	1.5	1.5	1.5	2.0	2.0	2.0	2.0	2.0	2.0	2.0	2.0	2.0	2.0	2.0	2.5	2.5	2.5	2.5	2.5	.1009
0.8	0.5	0.5	0.5	0.5	0.5	1.0	1.0	1.0	1.0	1.0	1.0	1.5	1.5	1.5	1.5	1.5	1.5	1.5	2.0	2.0	2.0	2.0	2.0	2.0	2.0	2.0	2.0	2.5	2.5	2.5	2.5	2.5	2.5	2.5	3.0	.1154
0.9	0.5	0.5	0.5	0.5	0.5	1.0	1.0	1.0	1.0	1.0	1.5	1.5	1.5	1.5	1.5	1.5	1.5	2.0	2.0	2.0	2.0	2.0	2.0	2.0	2.0	2.5	2.5	2.5	2.5	2.5	2.5	3.0	3.0	3.0	3.0	.1298
1.0	0.5	0.5	0.5	0.5	0.5	0.5	1.0	1.0	1.0	1.0	1.5	1.5	1.5	1.5	1.5	1.5	2.0	2.0	2.0	2.0	2.0	2.0	2.0	2.0	2.5	2.5	2.5	2.5	2.5	3.0	3.0	3.0	3.0	3.0	3.0	.1442
1.1	0.5	0.5	0.5	0.5	0.5	0.5	1.0	1.0	1.0	1.0	1.5	1.5	1.5	1.5	1.5	2.0	2.0	2.0	2.0	2.0	2.0	2.0	2.0	2.5	2.5	2.5	2.5	3.0	3.0	3.0	3.0	3.0	3.0	3.0	3.0	.1586
1.2	0.5	0.5	0.5	0.5	0.5	0.5	0.5	0.5	1.0	1.0	1.5	1.5	1.5	1.5	1.5	2.0	2.0	2.0	2.0	2.0	2.0	2.0	2.5	2.5	2.5	2.5	3.0	3.0	3.0	3.0	3.0	3.0	3.0	3.0	3.5	.1730
1.3	0.5	0.5	0.5	0.5	0.5	0.5	0.5	0.5	0.5	1.0	1.0	1.5	1.5	1.5	1.5	2.0	2.0	2.0	2.0	2.0	2.0	2.5	2.5	2.5	3.0	3.0	3.0	3.0	3.0	3.0	3.0	3.0	3.5	3.5	3.5	.1875
1.4	0.5	0.5	0.5	0.5	0.5	0.5	0.5	0.5	0.5	0.5	0.5	1.5	1.5	1.5	1.5	2.0	2.0	2.0	2.0	2.0	2.5	2.5	2.5	3.0	3.0	3.0	3.0	3.0	3.0	3.0	3.0	3.5	3.5	3.5	3.5	.2019
1.5	0.5	0.5	0.5	0.5	0.5	0.5	0.5	0.5	0.5	0.5	0.5	0.5	0.5	0.5	0.5	2.0	2.0	2.0	2.0	2.0	2.5	2.5	2.5	3.0	3.0	3.0	3.0	3.0	3.0	3.0	3.5	3.5	3.5	3.5	3.5	.2163
k	90	126	162	198	234	270	306	342	378	414	450	486	522	558	594	630	666	702	738	774	810	846	882	918	954	990	1026	1062	1098	1134	1170	1206	1242	1278	1314	km

Δt Fahrenheit

D = 0.0150

Δt Celsius °C or Kelvin °K

CONDUCTIVITY k: Btu, in./sq ft, hr °F; km: W/mK

k	50	70	90	110	130	150	170	190	210	230	250	270	290	310	330	350	370	390	410	430	450	470	490	510	530	550	570	590	610	630	650	670	690	710	730	km
0.1	0.5	0.5	0.5	0.5	0.5	0.5	0.5	0.5	0.5	0.5	1.0	1.0	1.0	1.0	1.0	1.0	1.0	1.0	1.0	1.0	1.0	1.0	1.0	1.0	1.0	1.0	1.0	1.0	1.0	1.0	1.0	1.0	1.0	1.0	1.0	.0144
0.2	0.5	0.5	0.5	0.5	0.5	1.0	1.0	1.0	1.0	1.0	1.0	1.0	1.0	1.0	1.0	1.0	1.0	1.0	1.0	1.0	1.0	1.5	1.5	1.5	1.5	1.5	1.5	1.5	1.5	1.5	1.5	1.5	1.5	1.5	1.5	.0288
0.3	0.5	0.5	0.5	0.5	1.0	1.0	1.0	1.0	1.0	1.0	1.0	1.0	1.0	1.0	1.0	1.5	1.5	1.5	1.5	1.5	1.5	1.5	1.5	1.5	1.5	1.5	1.5	1.5	1.5	2.0	2.0	2.0	2.0	2.0	2.0	.0433
0.4	0.5	0.5	0.5	1.0	1.0	1.0	1.0	1.0	1.0	1.0	1.0	1.0	1.5	1.5	1.5	1.5	1.5	1.5	1.5	1.5	1.5	1.5	1.5	1.5	2.0	2.0	2.0	2.0	2.0	2.0	2.0	2.0	2.0	2.0	2.0	.0577
0.5	0.5	0.5	0.5	1.0	1.0	1.0	1.0	1.0	1.0	1.0	1.5	1.5	1.5	1.5	1.5	1.5	1.5	1.5	1.5	2.0	2.0	2.0	2.0	2.0	2.0	2.0	2.0	2.0	2.0	2.0	2.0	2.5	2.5	2.5	2.5	.0721
0.6	0.5	0.5	0.5	1.0	1.0	1.0	1.0	1.0	1.0	1.5	1.5	1.5	1.5	1.5	1.5	1.5	1.5	2.0	2.0	2.0	2.0	2.0	2.0	2.0	2.0	2.0	2.0	2.5	2.5	2.5	2.5	2.5	2.5	2.5	3.0	.0865
0.7	0.5	0.5	0.5	1.0	1.0	1.0	1.0	1.0	1.5	1.5	1.5	1.5	1.5	1.5	1.5	2.0	2.0	2.0	2.0	2.0	2.0	2.0	2.0	2.0	2.5	2.5	2.5	2.5	2.5	2.5	3.0	3.0	3.0	3.0	3.0	.1009
0.8	0.5	0.5	0.5	1.0	1.0	1.0	1.0	1.0	1.5	1.5	1.5	1.5	1.5	1.5	2.0	2.0	2.0	2.0	2.0	2.0	2.0	2.0	2.5	2.5	2.5	2.5	2.5	3.0	3.0	3.0	3.0	3.0	3.0	3.0	3.0	.1154
0.9	0.5	0.5	0.5	0.5	1.0	1.0	1.0	1.0	1.5	1.5	1.5	1.5	1.5	2.0	2.0	2.0	2.0	2.0	2.0	2.0	2.5	2.5	2.5	2.5	2.5	3.0	3.0	3.0	3.0	3.0	3.0	3.0	3.0	3.5	3.5	.1298
1.0	0.5	0.5	0.5	0.5	1.0	1.0	1.0	1.0	1.5	1.5	1.5	1.5	2.0	2.0	2.0	2.0	2.0	2.0	2.0	2.5	2.5	2.5	2.5	3.0	3.0	3.0	3.0	3.0	3.0	3.0	3.0	3.5	3.5	3.5	3.5	.1442
1.1	0.5	0.5	0.5	0.5	0.5	1.0	1.0	1.0	1.5	1.5	1.5	1.5	2.0	2.0	2.0	2.0	2.0	2.0	2.5	2.5	2.5	3.0	3.0	3.0	3.0	3.0	3.0	3.0	3.0	3.5	3.5	3.5	3.5	3.5	3.5	.1596
1.2	0.5	0.5	0.5	0.5	0.5	0.5	1.0	1.0	1.5	1.5	1.5	1.5	2.0	2.0	2.0	2.0	2.0	2.5	2.5	2.5	3.0	3.0	3.0	3.0	3.0	3.0	3.0	3.5	3.5	3.5	3.5	3.5	3.5	3.5	4.0	.1730
1.3	0.5	0.5	0.5	0.5	0.5	0.5	0.5	1.0	1.5	1.5	1.5	2.0	2.0	2.0	2.0	2.0	2.5	2.5	2.5	3.0	3.0	3.0	3.0	3.0	3.0	3.5	3.5	3.5	3.5	3.5	3.5	3.5	4.0	4.0	4.0	.1875
1.4	0.5	0.5	0.5	0.5	0.5	0.5	0.5	0.5	0.5	1.5	1.5	2.0	2.0	2.0	2.0	2.0	2.5	2.5	3.0	3.0	3.0	3.0	3.0	3.0	3.5	3.5	3.5	3.5	3.5	3.5	4.0	4.0	4.0	4.0	4.0	.2019
1.5	0.5	0.5	0.5	0.5	0.5	0.5	0.5	0.5	0.5	0.5	0.5	2.0	2.0	2.0	2.0	2.5	2.5	2.5	3.0	3.0	3.0	3.0	3.0	3.5	3.5	3.5	3.5	3.5	3.5	4.0	4.0	4.0	4.0	4.0	4.0	.2163
k	90	126	162	198	234	270	306	342	378	414	450	486	522	558	594	630	666	702	738	774	810	846	882	918	954	990	1026	1062	1098	1134	1170	1206	1242	1278	1314	km

Δt Fahrenheit

D = 0.0200

Δt Celsius °C or Kelvin °K

CONDUCTIVITY k: Btu, in./sq ft, hr °F; km: W/mK

k	50	70	90	110	130	150	170	190	210	230	250	270	290	310	330	350	370	390	410	430	450	470	490	510	530	550	570	590	610	630	650	670	690	710	730	km
0.1	0.5	0.5	0.5	0.5	0.5	0.5	0.5	1.0	1.0	1.0	1.0	1.0	1.0	1.0	1.0	1.0	1.0	1.0	1.0	1.0	1.0	1.0	1.0	1.0	1.0	1.0	1.0	1.0	1.0	1.0	1.5	1.5	1.5	1.5	1.5	.0144
0.2	0.5	0.5	0.5	1.0	1.0	1.0	1.0	1.0	1.0	1.0	1.0	1.0	1.0	1.0	1.0	1.5	1.5	1.5	1.5	1.5	1.5	1.5	1.5	1.5	1.5	1.5	1.5	1.5	1.5	1.5	1.5	2.0	2.0	2.0	2.0	.0288
0.3	0.5	0.5	1.0	1.0	1.0	1.0	1.0	1.0	1.0	1.0	1.0	1.5	1.5	1.5	1.5	1.5	1.5	1.5	1.5	1.5	1.5	1.5	2.0	2.0	2.0	2.0	2.0	2.0	2.0	2.0	2.0	2.0	2.0	2.0	2.0	.0433
0.4	0.5	0.5	1.0	1.0	1.0	1.0	1.0	1.0	1.5	1.5	1.5	1.5	1.5	1.5	1.5	1.5	1.5	2.0	2.0	2.0	2.0	2.0	2.0	2.0	2.0	2.0	2.0	2.5	2.5	2.5	2.5	2.5	2.5	2.5	2.5	.0577
0.5	0.5	0.5	1.0	1.0	1.0	1.0	1.0	1.5	1.5	1.5	1.5	1.5	1.5	1.5	2.0	2.0	2.0	2.0	2.0	2.0	2.0	2.0	2.0	2.5	2.5	2.5	2.5	2.5	2.5	2.5	3.0	3.0	3.0	3.0	3.0	.0721
0.6	0.5	0.5	1.0	1.0	1.0	1.0	1.5	1.5	1.5	1.5	1.5	1.5	2.0	2.0	2.0	2.0	2.0	2.0	2.0	2.5	2.5	2.5	2.5	2.5	2.5	3.0	3.0	3.0	3.0	3.0	3.0	3.0	3.0	3.0	3.0	.0865
0.7	0.5	0.5	1.0	1.0	1.0	1.0	1.5	1.5	1.5	1.5	1.5	2.0	2.0	2.0	2.0	2.0	2.0	2.5	2.5	2.5	2.5	2.5	3.0	3.0	3.0	3.0	3.0	3.0	3.0	3.0	3.5	3.5	3.5	3.5	3.5	.1009
0.8	0.5	0.5	1.0	1.0	1.0	1.0	1.5	1.5	1.5	1.5	2.0	2.0	2.0	2.0	2.0	2.0	2.5	2.5	2.5	2.5	3.0	3.0	3.0	3.0	3.0	3.0	3.0	3.5	3.5	3.5	3.5	3.5	3.5	3.5	3.5	.1154
0.9	0.5	0.5	1.0	1.0	1.0	1.5	1.5	1.5	1.5	2.0	2.0	2.0	2.0	2.0	2.5	2.5	2.5	2.5	3.0	3.0	3.0	3.0	3.0	3.0	3.0	3.5	3.5	3.5	3.5	3.5	3.5	3.5	4.0	4.0	4.0	.1298
1.0	0.5	0.5	0.5	1.0	1.0	1.5	1.5	1.5	1.5	2.0	2.0	2.0	2.0	2.5	2.5	2.5	2.5	3.0	3.0	3.0	3.0	3.0	3.0	3.5	3.5	3.5	3.5	3.5	3.5	4.0	4.0	4.0	4.0	4.0	4.0	.1442
1.1	0.5	0.5	0.5	1.0	1.0	1.5	1.5	1.5	2.0	2.0	2.0	2.0	2.0	2.5	2.5	2.5	3.0	3.0	3.0	3.0	3.0	3.5	3.5	3.5	3.5	3.5	3.5	4.0	4.0	4.0	4.0	4.0	4.0	4.5	4.5	.1596
1.2	0.5	0.5	0.5	0.5	1.0	1.5	1.5	2.0	2.0	2.0	2.0	2.0	2.5	2.5	2.5	3.0	3.0	3.0	3.0	3.0	3.5	3.5	3.5	3.5	3.5	4.0	4.0	4.0	4.0	4.0	4.0	4.5	4.5	4.5	4.5	.1730
1.3	0.5	0.5	0.5	0.5	0.5	1.0	1.5	1.5	2.0	2.0	2.0	2.0	2.5	2.5	3.0	3.0	3.0	3.0	3.0	3.5	3.5	3.5	3.5	3.5	4.0	4.0	4.0	4.0	4.0	4.5	4.5	4.5	4.5	4.5	4.5	.1875
1.4	0.5	0.5	0.5	0.5	0.5	0.5	1.5	1.5	2.0	2.0	2.0	2.5	2.5	3.0	3.0	3.0	3.0	3.0	3.5	3.5	3.5	3.5	4.0	4.0	4.0	4.0	4.0	4.0	4.5	4.5	4.5	4.5	4.5	5.0	5.0	.2019
1.5	0.5	0.5	0.5	0.5	0.5	0.5	0.5	0.5	2.0	2.0	2.0	2.5	2.5	3.0	3.0	3,0	3.0	3.5	3.5	3.5	3.5	4.0	4.0	4.0	4.0	4.0	4.5	4.5	4.5	4.5	4.5	5.0	5.0	5.0	5.0	.2163
k	90	126	162	198	234	270	306	342	378	414	450	486	522	558	594	630	666	702	738	774	810	846	882	918	954	990	1026	1062	1098	1134	1170	1206	1242	1278	1314	km

Δt Fahrenheit

TABLE 2 (Sheet 3 of 128)

TEMPERATURE DIFFERENCE

TABLE 2 (Continued)

ECONOMICAL INSULATION THICKNESS TABLE

IN INCHES
(nominal)

PIPE SIZE: 1/2'' NPS (Tube Size 1/4'' to 3/4'' OD)
21.33 mm

At the intersection of the ''Δt'' column with the ''k'' row read the economical thickness.
(•—*exceeds 12'' thickness*)

CONDUCTIVITY k: Btu, in./sq ft, hr °F; km: W/mK

D = 0.0300

Δt Celsius °C or Kelvin °K

k	50	70	90	110	130	150	170	190	210	230	250	270	290	310	330	350	370	390	410	430	450	470	490	510	530	550	570	590	610	630	650	670	690	710	730	km
0.1	0.5	0.5	0.5	0.5	1.0	1.0	1.0	1.0	1.0	1.0	1.0	1.0	1.0	1.0	1.0	1.0	1.0	1.0	1.0	1.5	1.5	1.5	1.5	1.5	1.5	1.5	1.5	1.5	1.5	1.5	1.5	1.5	1.5	1.5	1.5	**.0144**
0.2	0.5	0.5	1.0	1.0	1.0	1.0	1.0	1.0	1.0	1.0	1.5	1.5	1.5	1.5	1.5	1.5	1.5	1.5	1.5	1.5	2.0	2.0	2.0	2.0	2.0	2.0	2.0	2.0	2.0	2.0	2.0	2.0	2.0	2.0	2.5	**.0288**
0.3	0.5	1.0	1.0	1.0	1.0	1.0	1.5	1.5	1.5	1.5	1.5	1.5	1.5	1.5	2.0	2.0	2.0	2.0	2.0	2.0	2.0	2.0	2.0	2.5	2.5	2.5	2.5	2.5	2.5	2.5	2.5	3.0	3.0	3.0	3.0	**.0433**
0.4	0.5	1.0	1.0	1.0	1.0	1.5	1.5	1.5	1.5	1.5	1.5	2.0	2.0	2.0	2.0	2.0	2.0	2.0	2.5	2.5	2.5	2.5	2.5	3.0	3.0	3.0	3.0	3.0	3.0	3.0	3.0	3.0	3.0	3.5	3.5	**.0577**
0.5	1.0	1.0	1.0	1.0	1.5	1.5	1.5	1.5	1.5	2.0	2.0	2.0	2.0	2.0	2.5	2.5	2.5	2.5	2.5	3.0	3.0	3.0	3.0	3.0	3.0	3.0	3.0	3.5	3.5	3.5	3.5	3.5	3.5	3.5	3.5	**.0721**
0.6	1.0	1.0	1.0	1.0	1.5	1.5	1.5	2.0	2.0	2.0	2.0	2.0	2.5	2.5	2.5	2.5	3.0	3.0	3.0	3.0	3.0	3.0	3.5	3.5	3.5	3.5	3.5	3.5	3.5	4.0	4.0	4.0	4.0	4.0	4.0	**.0865**
0.7	0.5	1.0	1.0	1.5	1.5	1.5	1.5	2.0	2.0	2.0	2.0	2.5	2.5	2.5	3.0	3.0	3.0	3.0	3.0	3.0	3.5	3.5	3.5	3.5	3.5	4.0	4.0	4.0	4.0	4.0	4.0	4.0	4.5	4.5	4.5	**.1009**
0.8	0.5	1.0	1.0	1.5	1.5	1.5	2.0	2.0	2.0	2.0	2.5	2.5	2.5	3.0	3.0	3.0	3.0	3.5	3.5	3.5	3.5	3.5	3.5	4.0	4.0	4.0	4.0	4.0	4.5	4.5	4.5	4.5	4.5	4.5	5.0	**.1154**
0.9	0.5	1.0	1.0	1.5	1.5	1.5	2.0	2.0	2.0	2.5	2.5	3.0	3.0	3.0	3.0	3.0	3.5	3.5	3.5	3.5	4.0	4.0	4.0	4.0	4.0	4.0	4.5	4.5	4.5	4.5	4.5	5.0	5.0	5.0	5.0	**.1298**
1.0	0.5	1.0	1.0	1.5	1.5	2.0	2.0	2.0	2.5	2.5	3.0	3.0	3.0	3.0	3.5	3.5	3.5	3.5	3.5	4.0	4.0	4.0	4.0	4.5	4.5	4.5	4.5	4.5	5.0	5.0	5.0	5.0	5.0	5.5	5.5	**.1442**
1.1	0.5	1.0	1.0	1.5	1.5	2.0	2.0	2.0	2.5	2.5	3.0	3.0	3.0	3.5	3.5	3.5	3.5	4.0	4.0	4.0	4.0	4.0	4.5	4.5	4.5	4.5	5.0	5.0	5.0	5.0	5.5	5.5	5.5	5.5	5.5	**.1586**
1.2	0.5	0.5	1.0	1.5	1.5	2.0	2.0	2.5	2.5	3.0	3.0	3.0	3.5	3.5	3.5	3.5	4.0	4.0	4.0	4.0	4.5	4.5	4.5	4.5	5.0	5.0	5.0	5.0	5.5	5.5	5.5	5.5	5.5	6.0	6.0	**.1730**
1.3	0.5	0.5	1.0	1.5	1.5	2.0	2.0	2.5	2.5	3.0	3.0	3.0	3.5	3.5	3.5	4.0	4.0	4.0	4.0	4.5	4.5	4.5	5.0	5.0	5.0	5.0	5.5	5.5	5.5	5.5	5.5	6.0	6.0	6.0	6.0	**.1875**
1.4	0.5	0.5	0.5	1.5	1.5	2.0	2.0	2.5	3.0	3.0	3.0	3.5	3.5	3.5	4.0	4.0	4.0	4.0	4.5	4.5	4.5	5.0	5.0	5.0	5.0	5.5	5.5	5.5	5.5	6.0	6.0	6.0	6.0	6.5	6.5	**.2019**
1.5	0.5	0.5	0.5	0.5	0.5	2.0	2.0	2.5	3.0	3.0	3.0	3.5	3.5	3.5	4.0	4.0	4.0	4.5	4.5	4.5	5.0	5.0	5.0	5.5	5.5	5.5	5.5	5.5	6.0	6.0	6.0	6.5	6.5	6.5	6.5	**.2163**
k	**90**	**126**	**162**	**198**	**234**	**270**	**306**	**342**	**378**	**414**	**450**	**486**	**522**	**558**	**594**	**630**	**666**	**702**	**738**	**774**	**810**	**846**	**882**	**918**	**954**	**990**	**1026**	**1062**	**1098**	**1134**	**1170**	**1206**	**1242**	**1278**	**1314**	**km**

Δt Fahrenheit

D = 0.0400

Δt Celsius °C or Kelvin °K

k	50	70	90	110	130	150	170	190	210	230	250	270	290	310	330	350	370	390	410	430	450	470	490	510	530	550	570	590	610	630	650	670	690	710	730	km
0.1	0.5	0.5	0.5	1.0	1.0	1.0	1.0	1.0	1.0	1.0	1.0	1.0	1.0	1.0	1.5	1.5	1.5	1.5	1.5	1.5	1.5	1.5	1.5	1.5	1.5	1.5	1.5	1.5	1.5	2.0	2.0	2.0	2.0	2.0	2.0	**.0144**
0.2	0.5	1.0	1.0	1.0	1.0	1.0	1.0	1.5	1.5	1.5	1.5	1.5	1.5	1.5	1.5	2.0	2.0	2.0	2.0	2.0	2.0	2.0	2.0	2.0	2.0	2.5	2.5	2.5	2.5	2.5	2.5	2.5	2.5	2.5	3.0	**.0288**
0.3	1.0	1.0	1.0	1.0	1.5	1.5	1.5	1.5	1.5	1.5	2.0	2.0	2.0	2.0	2.0	2.0	2.0	2.5	2.5	2.5	2.5	2.5	2.5	3.0	3.0	3.0	3.0	3.0	3.0	3.0	3.0	3.0	3.5	3.5	3.5	**.0433**
0.4	1.0	1.0	1.0	1.5	1.5	1.5	1.5	2.0	2.0	2.0	2.0	2.0	2.0	2.5	2.5	2.5	2.5	3.0	3.0	3.0	3.0	3.0	3.0	3.0	3.5	3.5	3.5	3.5	3.5	3.5	3.5	3.5	4.0	4.0	4.0	**.0577**
0.5	1.0	1.0	1.0	1.5	1.5	1.5	2.0	2.0	2.0	2.0	2.5	2.5	2.5	2.5	3.0	3.0	3.0	3.0	3.0	3.5	3.5	3.5	3.5	3.5	3.5	3.5	4.0	4.0	4.0	4.0	4.0	4.0	4.5	4.5	4.5	**.0721**
0.6	1.0	1.0	1.5	1.5	1.5	2.0	2.0	2.0	2.0	2.5	2.5	2.5	3.0	3.0	3.0	3.0	3.5	3.5	3.5	3.5	3.5	4.0	4.0	4.0	4.0	4.0	4.0	4.5	4.5	4.5	4.5	4.5	4.5	5.0	5.0	**.0865**
0.7	1.0	1.0	1.5	1.5	2.0	2.0	2.0	2.0	2.5	2.5	3.0	3.0	3.0	3.0	3.5	3.5	3.5	3.5	3.5	4.0	4.0	4.0	4.0	4.0	4.5	4.5	4.5	4.5	5.0	5.0	5.0	5.0	5.0	5.0	5.5	**.1009**
0.8	1.0	1.0	1.5	1.5	2.0	2.0	2.0	2.5	2.5	3.0	3.0	3.0	3.0	3.5	3.5	3.5	4.0	4.0	4.0	4.0	4.0	4.5	4.5	4.5	4.5	5.0	5.0	5.0	5.0	5.0	5.5	5.5	5.5	5.5	5.5	**.1154**
0.9	1.0	1.0	1.5	1.5	2.0	2.0	2.5	2.5	3.0	3.0	3.0	3.5	3.5	3.5	3.5	4.0	4.0	4.0	4.0	4.5	4.5	4.5	4.5	5.0	5.0	5.0	5.0	5.5	5.5	5.5	5.5	5.5	6.0	6.0	6.0	**.1298**
1.0	1.0	1.0	1.5	2.0	2.0	2.0	2.5	3.0	3.0	3.0	3.5	3.5	3.5	4.0	4.0	4.0	4.0	4.5	4.5	4.5	5.0	5.0	5.0	5.0	5.5	5.5	5.5	5.5	5.5	6.0	6.0	6.0	6.0	6.5	6.5	**.1442**
1.1	0.5	1.0	1.5	2.0	2.0	2.5	2.5	3.0	3.0	3.5	3.5	3.5	4.0	4.0	4.0	4.0	4.5	4.5	4.5	5.0	5.0	5.0	5.5	5.5	5.5	5.5	6.0	6.0	6.0	6.0	6.5	6.5	6.5	6.5	7.0	**.1586**
1.2	0.5	1.0	1.5	2.0	2.0	2.5	3.0	3.0	3.0	3.5	3.5	3.5	4.0	4.0	4.0	4.5	4.5	5.0	5.0	5.0	5.0	5.5	5.5	5.5	6.0	6.0	6.0	6.0	6.5	6.5	6.5	7.0	7.0	7.0	7.0	**.1730**
1.3	0.5	1.0	1.5	2.0	2.0	2.5	3.0	3.0	3.5	3.5	3.5	4.0	4.0	4.0	4.5	4.5	5.0	5.0	5.0	5.5	5.5	5.5	5.5	6.0	6.0	6.0	6.5	6.5	6.5	7.0	7.0	7.0	7.0	7.5	7.5	**.1875**
1.4	0.5	0.5	1.5	2.0	2.0	2.5	3.0	3.0	3.5	3.5	4.0	4.0	4.0	4.5	4.5	5.0	5.0	5.0	5.5	5.5	5.5	6.0	6.0	6.0	6.5	6.5	6.5	7.0	7.0	7.0	7.0	7.5	7.5	7.5	8.0	**.2019**
1.5	0.5	0.5	0.5	2.0	2.0	3.0	3.0	3.5	3.5	3.5	4.0	4.0	4.5	4.5	5.0	5.0	5.0	5.5	5.5	5.5	6.0	6.0	6.0	6.5	6.5	6.5	7.0	7.0	7.0	7.5	7.5	7.5	8.0	8.0	8.0	**.2163**
k	**90**	**126**	**162**	**198**	**234**	**270**	**306**	**342**	**378**	**414**	**450**	**486**	**522**	**558**	**594**	**630**	**666**	**702**	**738**	**774**	**810**	**846**	**882**	**918**	**954**	**990**	**1026**	**1062**	**1098**	**1134**	**1170**	**1206**	**1242**	**1278**	**1314**	**km**

Δt Fahrenheit

D = 0.0500

Δt Celsius °C or Kelvin °K

k	50	70	90	110	130	150	170	190	210	230	250	270	290	310	330	350	370	390	410	430	450	470	490	510	530	550	570	590	610	630	650	670	690	710	730	km
0.1	0.5	0.5	1.0	1.0	1.0	1.0	1.0	1.0	1.0	1.0	1.0	1.5	1.5	1.5	1.5	1.5	1.5	1.5	1.5	1.5	1.5	1.5	1.5	2.0	2.0	2.0	2.0	2.0	2.0	2.0	2.0	2.0	2.0	2.0	2.0	**.0144**
0.2	1.0	1.0	1.0	1.0	1.0	1.5	1.5	1.5	1.5	1.5	1.5	2.0	2.0	2.0	2.0	2.0	2.0	2.0	2.0	2.0	2.5	2.5	2.5	2.5	2.5	2.5	2.5	3.0	3.0	3.0	3.0	3.0	3.0	3.0	3.0	**.0288**
0.3	1.0	1.0	1.0	1.5	1.5	1.5	1.5	2.0	2.0	2.0	2.0	2.0	2.0	2.5	2.5	2.5	2.5	2.5	3.0	3.0	3.0	3.0	3.0	3.0	3.0	3.5	3.5	3.5	3.5	3.5	3.5	3.5	3.5	4.0	4.0	**.0433**
0.4	1.0	1.0	1.5	1.5	1.5	1.5	2.0	2.0	2.0	2.0	2.5	2.5	2.5	3.0	3.0	3.0	3.0	3.0	3.0	3.5	3.5	3.5	3.5	3.5	3.5	4.0	4.0	4.0	4.0	4.0	4.0	4.0	4.5	4.5	4.5	**.0577**
0.5	1.0	1.0	1.5	1.5	2.0	2.0	2.0	2.0	2.5	2.5	2.5	3.0	3.0	3.0	3.0	3.5	3.5	3.5	3.5	3.5	4.0	4.0	4.0	4.0	4.0	4.5	4.5	4.5	4.5	4.5	4.5	5.0	5.0	5.0	5.0	**.0721**
0.6	1.0	1.5	1.5	1.5	2.0	2.0	2.0	2.5	2.5	3.0	3.0	3.0	3.0	3.5	3.5	3.5	3.5	4.0	4.0	4.0	4.0	4.5	4.5	4.5	4.5	4.5	5.0	5.0	5.0	5.0	5.0	5.5	5.5	5.5	5.5	**.0865**
0.7	1.0	1.5	1.5	2.0	2.0	2.0	2.5	2.5	3.0	3.0	3.0	3.5	3.5	3.5	4.0	4.0	4.0	4.0	4.5	4.5	4.5	4.5	5.0	5.0	5.0	5.0	5.0	5.5	5.5	5.5	5.5	5.5	6.0	6.0	6.0	**.1009**
0.8	1.0	1.5	1.5	2.0	2.0	2.5	2.5	3.0	3.0	3.0	3.5	3.5	3.5	4.0	4.0	4.0	4.5	4.5	4.5	4.5	5.0	5.0	5.0	5.0	5.5	5.5	5.5	5.5	6.0	6.0	6.0	6.0	6.5	6.5	6.5	**.1154**
0.9	1.0	1.5	1.5	2.0	2.0	2.5	3.0	3.0	3.0	3.5	3.5	4.0	4.0	4.0	4.0	4.5	4.5	4.5	5.0	5.0	5.0	5.5	5.5	5.5	5.5	6.0	6.0	6.0	6.5	6.5	6.5	6.5	7.0	7.0	7.0	**.1298**
1.0	1.0	1.5	2.0	2.0	2.5	3.0	3.0	3.0	3.5	3.5	4.0	4.0	4.0	4.5	4.5	4.5	5.0	5.0	5.0	5.5	5.5	5.5	5.5	6.0	6.0	6.0	6.5	6.5	6.5	7.0	7.0	7.0	7.0	7.5	7.5	**.1442**
1.1	1.0	1.5	2.0	2.0	2.5	3.0	3.0	3.5	3.5	3.5	4.0	4.0	4.5	4.5	4.5	5.0	5.0	5.5	5.5	5.5	5.5	6.0	6.0	6.0	6.5	6.5	6.5	7.0	7.0	7.0	7.5	7.5	7.5	7.5	8.0	**.1586**
1.2	1.0	1.5	2.0	2.0	2.5	3.0	3.0	3.5	3.5	4.0	4.0	4.5	4.5	4.5	5.0	5.0	5.5	5.5	5.5	6.0	6.0	6.0	6.5	6.5	6.5	7.0	7.0	7.0	7.5	7.5	7.5	8.0	8.0	8.0	8.0	**.1730**
1.3	0.5	1.5	2.0	2.5	3.0	3.0	3.5	3.5	4.0	4.0	4.5	4.5	4.5	5.0	5.0	5.5	5.5	5.5	6.0	6.0	6.5	6.5	6.5	7.0	7.0	7.0	7.5	7.5	7.5	8.0	8.0	8.0	8.5	8.5	8.5	**.1875**
1.4	0.5	1.5	2.0	2.5	3.0	3.0	3.5	3.5	4.0	4.0	4.5	4.5	5.0	5.0	5.5	5.5	5.5	6.0	6.0	6.5	6.5	7.0	7.0	7.0	7.5	7.5	7.5	8.0	8.0	8.0	8.5	8.5	8.5	9.0	9.0	**.2019**
1.5	0.5	0.5	2.0	2.5	3.0	3.0	3.5	4.0	4.0	4.5	4.5	5.0	5.0	5.5	5.5	5.5	6.0	6.0	6.5	6.5	7.0	7.0	7.0	7.5	7.5	7.5	8.0	8.0	8.5	8.5	8.5	9.0	9.0	9.0	9.5	**.2163**
k	**90**	**126**	**162**	**198**	**234**	**270**	**306**	**342**	**378**	**414**	**450**	**486**	**522**	**558**	**594**	**630**	**666**	**702**	**738**	**774**	**810**	**846**	**882**	**918**	**954**	**990**	**1026**	**1062**	**1098**	**1134**	**1170**	**1206**	**1242**	**1278**	**1314**	**km**

Δt Fahrenheit

TEMPERATURE DIFFERENCE

TABLE 2 (Sheet 4 of 128)

TABLE 2 (Continued)

ECONOMICAL INSULATION THICKNESS TABLE

IN INCHES
(nominal)

PIPE SIZE: 1/2'' NPS (Tube Size 1/4'' to 3/4'' OD)
21.33 mm

At the intersection of the ''Δt'' column with the ''k'' row read the economical thickness.
(•—*exceeds 12'' thickness*)

CONDUCTIVITY — k: Btu, in./sq ft, hr °F; km: W/mK

D = 0.1000

Δt Celsius °C or Kelvin °K

k	50	70	90	110	130	150	170	190	210	230	250	270	290	310	330	350	370	390	410	430	450	470	490	510	530	550	570	590	610	630	650	670	690	710	730	km
0.1	1.0	1.0	1.0	1.0	1.5	1.5	1.5	1.5	1.5	1.5	1.5	2.0	2.0	2.0	2.0	2.0	2.0	2.0	2.0	2.5	2.5	2.5	2.5	2.5	2.5	2.5	3.0	3.0	3.0	3.0	3.0	3.0	3.0	3.0	3.0	.0144
0.2	1.0	1.5	1.5	1.5	1.5	2.0	2.0	2.0	2.0	2.5	2.5	2.5	3.0	3.0	3.0	3.0	3.0	3.0	3.5	3.5	3.5	3.5	3.5	3.5	4.0	4.0	4.0	4.0	4.0	4.0	4.5	4.5	4.5	4.5	4.5	.0288
0.3	1.0	1.5	1.5	2.0	2.0	2.0	2.5	2.5	3.0	3.0	3.0	3.0	3.5	3.5	3.5	3.5	4.0	4.0	4.0	4.0	4.5	4.5	4.5	4.5	5.0	5.0	5.0	5.0	5.0	5.5	5.5	5.5	5.5	5.5	5.5	.0433
0.4	1.5	1.5	2.0	2.0	2.5	2.5	3.0	3.0	3.5	3.5	3.5	4.0	4.0	4.0	4.0	4.5	4.5	4.5	5.0	5.0	5.0	5.0	5.5	5.5	5.5	5.5	6.0	6.0	6.0	6.0	6.5	6.5	6.5	6.5	7.0	.0577
0.5	1.5	2.0	2.0	2.5	3.0	3.0	3.0	3.5	3.5	4.0	4.0	4.0	4.5	4.5	5.0	5.0	5.0	5.5	5.5	5.5	5.5	6.0	6.0	6.0	6.5	6.5	6.5	7.0	7.0	7.0	7.0	7.5	7.5	7.5	7.5	.0721
0.6	1.5	2.0	2.5	3.0	3.0	3.5	3.5	4.0	4.0	4.0	4.5	4.5	5.0	5.0	5.5	5.5	5.5	6.0	6.0	6.0	6.5	6.5	6.5	7.0	7.0	7.0	7.5	7.5	7.5	8.0	8.0	8.0	8.0	8.5	8.5	.0865
0.7	1.5	2.0	2.5	3.0	3.5	3.5	4.0	4.0	4.5	4.5	5.0	5.0	5.5	5.5	5.5	6.0	6.0	6.5	6.5	6.5	7.0	7.0	7.5	7.5	7.5	8.0	8.0	8.0	8.5	8.5	8.5	9.0	9.0	9.0	9.5	.1009
0.8	2.0	2.0	3.0	3.0	3.5	4.0	4.0	4.5	4.5	5.0	5.0	5.5	5.5	6.0	6.0	6.5	6.5	7.0	7.0	7.5	7.5	7.5	8.0	8.0	8.0	8.5	8.5	9.0	9.0	9.0	9.5	9.5	9.5	10.0	10.0	.1154
0.9	2.0	2.5	3.0	3.5	3.5	4.0	4.5	4.5	5.0	5.0	5.5	5.5	6.0	6.5	6.5	7.0	7.0	7.5	7.5	7.5	8.0	8.0	8.5	8.5	9.0	9.0	9.0	9.5	9.5	10.0	10.0	10.0	10.0	10.5	10.5	.1298
1.0	2.0	2.5	3.0	3.5	4.0	4.0	4.5	5.0	5.0	5.5	6.0	6.0	6.5	6.5	7.0	7.0	7.5	7.5	8.0	8.0	8.5	8.5	9.0	9.0	9.5	9.5	10.0	10.0	10.0	10.0	10.5	10.5	10.5	11.0	11.0	.1442
1.1	2.0	2.5	3.0	3.5	4.0	4.5	5.0	5.0	5.5	6.0	6.0	6.5	7.0	7.0	7.5	7.5	8.0	8.0	8.5	8.5	9.0	9.0	9.5	9.5	10.0	10.0	10.0	10.5	10.5	11.0	11.0	11.0	11.5	11.5	12.0	.1586
1.2	2.0	3.0	3.5	4.0	4.0	4.5	5.0	5.5	5.5	6.0	6.5	7.0	7.0	7.5	7.5	8.0	8.5	8.5	9.0	9.0	9.5	9.5	10.0	10.0	10.0	10.5	10.5	11.0	11.0	11.5	11.5	12.0	12.0	•	•	.1730
1.3	2.0	3.0	3.5	4.0	4.5	5.0	5.0	5.5	6.0	6.5	7.0	7.0	7.5	7.5	8.0	8.5	8.5	9.0	9.5	9.5	10.0	10.0	10.5	10.5	11.0	11.0	11.0	11.5	11.5	12.0	12.0	•	•	•	•	.1875
1.4	2.0	3.0	3.5	4.0	4.5	5.0	5.5	6.0	6.5	6.5	7.0	7.5	7.5	8.0	8.5	8.5	9.0	9.5	9.5	10.0	10.0	10.0	10.5	11.0	11.0	11.5	11.5	12.0	12.0	12.0	•	•	•	•	•	.2019
1.5	2.0	3.0	3.5	4.0	4.5	5.0	5.5	6.0	6.5	7.0	7.5	7.5	8.0	8.5	8.5	9.0	9.5	9.5	10.0	10.0	10.0	10.5	10.5	11.0	11.0	11.5	12.0	12.0	12.0	•	•	•	•	•	•	.2163
k	90	126	162	198	234	270	306	342	378	414	450	486	522	558	594	630	666	702	738	774	810	846	882	918	954	990	1026	1062	1098	1134	1170	1206	1242	1278	1314	km

Δt Fahrenheit

D = 0.1400

Δt Celsius °C or Kelvin °K

k	50	70	90	110	130	150	170	190	210	230	250	270	290	310	330	350	370	390	410	430	450	470	490	510	530	550	570	590	610	630	650	670	690	710	730	km
0.1	1.0	1.0	1.0	1.5	1.5	1.5	1.5	2.0	2.0	2.0	2.0	2.5	2.5	2.5	2.5	3.0	3.0	3.0	3.0	3.0	3.5	3.5	3.5	3.5	3.5	3.5	4.0	4.0	4.0	4.5	4.5	4.5	4.5	4.5	5.0	.0144
0.2	1.0	1.5	1.5	1.5	1.5	2.0	2.0	2.0	2.5	2.5	2.5	2.5	2.5	3.0	3.0	3.0	3.0	3.5	4.0	4.0	4.0	4.0	4.0	4.0	4.0	4.0	4.5	4.5	4.5	4.5	4.5	5.0	5.0	5.0	5.5	.0288
0.3	1.5	1.5	1.5	2.0	2.0	2.5	2.5	2.5	3.0	3.0	3.0	3.5	3.5	3.5	4.0	4.0	4.0	4.0	4.5	4.5	4.5	5.0	5.0	5.0	5.0	5.5	5.5	5.5	5.5	6.0	6.0	6.0	6.0	6.0	6.5	.0433
0.4	1.5	2.0	2.0	2.0	2.0	2.5	3.0	3.0	3.0	3.5	4.0	4.0	4.0	4.5	4.5	4.5	5.0	5.0	5.0	5.5	5.5	5.5	5.5	6.0	6.0	6.5	6.5	6.5	6.5	7.0	7.0	7.0	7.0	7.5	7.5	.0577
0.5	1.5	2.0	2.0	2.5	2.5	3.0	3.5	3.5	3.5	4.0	4.5	4.5	4.5	5.0	5.0	5.5	5.5	5.5	6.0	6.0	6.5	6.5	6.5	7.0	7.0	7.0	7.5	7.5	7.5	8.0	8.0	8.5	8.5	8.5	9.0	.0721
0.6	1.5	2.0	2.0	2.5	3.0	3.5	4.0	4.0	4.0	4.5	5.0	5.0	5.0	5.5	5.5	6.0	6.5	6.5	6.5	7.0	7.0	7.5	7.5	7.5	8.0	8.0	8.5	8.5	8.5	9.0	9.0	9.5	9.5	9.5	10.0	.0865
0.7	2.0	2.5	2.5	3.0	3.5	3.5	4.0	4.0	4.5	5.0	5.0	5.5	5.5	6.0	6.0	6.5	7.0	7.0	7.5	7.5	8.0	8.0	8.0	8.5	8.5	9.0	9.0	9.0	9.5	9.5	10.0	10.0	10.0	10.5	10.5	.1009
0.8	2.0	2.5	2.5	3.0	3.5	4.0	4.5	4.5	5.0	5.0	5.5	6.0	6.0	6.5	6.5	7.0	7.5	7.5	8.0	8.0	8.5	8.5	8.5	9.0	9.5	9.5	10.0	10.0	10.0	10.5	11.0	11.0	11.0	11.5	11.5	.1154
0.9	2.0	2.5	2.5	3.0	3.5	4.0	4.5	4.5	5.0	5.5	6.0	6.5	6.5	7.0	7.0	7.5	8.0	8.0	8.5	8.5	9.0	9.5	9.5	9.5	10.0	10.5	10.5	10.5	11.0	11.5	11.5	12.0	12.0	12.0	12.0	.1298
1.0	2.0	2.5	3.0	3.5	4.0	4.5	5.0	5.5	6.0	6.0	6.5	7.0	7.0	7.5	7.5	8.0	8.5	8.5	9.0	9.5	9.5	10.0	10.5	10.5	10.5	11.0	11.5	12.0	12.0	12.0	•	•	•	•	•	.1442
1.1	2.5	3.0	3.5	4.0	4.5	5.0	5.5	6.0	6.5	6.5	7.0	7.5	7.5	8.0	8.0	8.5	9.0	9.0	9.5	10.0	10.5	11.0	11.0	11.5	12.0	12.0	12.0	•	•	•	•	•	•	•	•	.1586
1.2	2.5	3.5	4.0	4.5	4.5	5.5	6.0	6.5	7.0	7.5	7.5	8.0	8.0	8.5	9.0	9.0	9.5	10.0	10.5	11.0	11.5	11.5	12.0	12.0	12.0	•	•	•	•	•	•	•	•	•	•	.1730
1.3	2.5	3.5	4.0	4.5	5.0	5.5	6.0	6.5	7.0	7.5	8.0	8.5	9.0	9.5	10.0	10.5	10.5	11.0	11.0	11.5	11.5	12.0	12.0	•	•	•	•	•	•	•	•	•	•	•	•	.1875
1.4	3.0	3.5	4.5	5.0	5.0	6.0	6.5	7.0	7.5	8.0	8.5	9.0	9.5	9.5	10.0	10.5	11.0	11.0	11.5	11.5	12.0	12.0	•	•	•	•	•	•	•	•	•	•	•	•	•	.2019
1.5	3.0	3.5	4.5	5.0	5.5	6.0	6.5	7.0	7.5	8.0	8.5	9.0	9.5	10.0	10.5	11.0	11.5	11.5	12.0	12.0	12.0	•	•	•	•	•	•	•	•	•	•	•	•	•	•	.2163
k	90	126	162	198	234	270	306	342	378	414	450	486	522	558	594	630	666	702	738	774	810	846	882	918	954	990	1026	1062	1098	1134	1170	1206	1242	1278	1314	km

Δt Fahrenheit

D = 0.2000

Δt Celsius °C or Kelvin °K

k	50	70	90	110	130	150	170	190	210	230	250	270	290	310	330	350	370	390	410	430	450	470	490	510	530	550	570	590	610	630	650	670	690	710	730	km
0.1	1.5	1.5	1.5	2.0	2.0	2.0	2.0	2.5	2.5	2.5	2.5	2.5	3.0	3.0	3.0	3.0	3.5	3.5	3.5	3.5	3.5	4.0	4.0	4.0	4.0	4.5	4.5	4.5	4.5	5.0	5.0	5.0	5.0	5.0	5.5	.0144
0.2	1.5	1.5	1.5	2.0	2.0	2.5	2.5	2.5	3.0	3.0	3.0	3.5	3.5	3.5	4.0	4.0	4.0	4.0	4.5	4.5	4.5	5.0	5.0	5.0	5.0	5.0	5.5	5.5	5.5	5.5	6.0	6.0	6.0	6.0	6.5	.0288
0.3	1.5	2.0	2.0	2.5	2.5	3.0	3.0	3.0	3.5	4.0	4.0	4.5	4.5	4.5	5.0	5.0	5.0	5.0	5.5	5.5	6.0	6.0	6.0	6.5	6.5	6.5	7.0	7.0	7.0	7.0	7.5	7.5	8.0	8.0	8.5	.0433
0.4	1.5	2.0	2.0	2.5	3.0	3.5	4.0	4.0	4.0	4.5	5.0	5.0	5.0	5.5	5.5	6.0	6.0	6.0	6.5	6.5	7.0	7.0	7.0	7.5	7.5	8.0	8.0	8.0	8.5	8.5	9.0	9.0	9.0	9.5	9.5	.0577
0.5	2.0	2.5	2.5	3.0	3.5	4.0	4.5	4.5	4.5	5.0	5.5	5.5	6.0	6.0	6.5	7.0	7.0	7.0	7.5	7.5	8.0	8.5	8.5	8.5	9.0	9.0	9.5	9.5	9.5	10.0	10.0	10.5	10.5	10.5	11.0	.0721
0.6	2.0	2.5	3.0	3.5	4.0	4.5	5.0	5.0	5.5	5.5	6.0	6.5	7.0	7.0	7.5	7.5	8.0	8.0	8.5	8.5	9.0	9.5	9.5	9.5	10.0	10.5	10.5	10.5	11.0	11.0	11.5	12.0	12.0	•	•	.0865
0.7	2.0	3.0	3.5	3.5	4.0	4.5	5.0	5.0	5.5	6.0	6.5	7.0	7.0	7.5	8.0	8.5	8.5	8.5	9.0	9.5	10.0	10.0	10.0	10.5	11.0	11.5	11.5	12.0	12.0	12.0	•	•	•	•	•	.1009
0.8	2.5	3.0	3.5	4.0	4.5	5.0	5.5	5.5	6.0	6.5	7.0	7.5	7.5	8.0	8.5	9.0	9.0	9.5	10.0	10.5	10.5	11.0	11.0	11.5	12.0	12.0	•	•	•	•	•	•	•	•	•	.1154
0.9	2.5	3.5	3.5	4.0	5.0	5.5	6.0	6.0	6.5	7.0	7.5	8.0	8.0	8.5	9.0	9.5	10.0	10.0	10.5	11.0	11.5	12.0	12.0	•	•	•	•	•	•	•	•	•	•	•	•	.1298
1.0	2.5	3.5	4.0	4.5	5.0	5.5	6.5	6.5	7.0	7.5	8.0	8.5	9.0	9.5	10.0	10.5	11.0	11.0	11.5	12.0	12.0	•	•	•	•	•	•	•	•	•	•	•	•	•	•	.1442
1.1	3.0	3.5	4.0	4.5	5.5	6.0	6.5	7.0	7.5	8.0	8.5	9.0	9.5	10.0	10.5	11.0	11.0	11.5	12.0	•	•	•	•	•	•	•	•	•	•	•	•	•	•	•	•	.1586
1.2	3.0	3.5	4.5	5.0	5.5	6.0	7.0	7.0	7.5	8.0	8.5	9.0	9.5	10.0	10.5	11.0	11.5	12.0	•	•	•	•	•	•	•	•	•	•	•	•	•	•	•	•	•	.1730
1.3	3.5	4.0	4.5	5.5	6.0	6.5	7.0	7.5	8.0	8.5	9.0	9.5	10.0	10.5	11.0	11.5	12.0	•	•	•	•	•	•	•	•	•	•	•	•	•	•	•	•	•	•	.1875
1.4	3.5	4.0	5.0	5.5	6.0	6.5	7.0	7.5	8.0	9.0	9.0	9.5	10.0	10.5	11.0	12.0	•	•	•	•	•	•	•	•	•	•	•	•	•	•	•	•	•	•	•	.2019
1.5	4.0	5.0	5.5	6.0	6.5	7.0	7.5	8.0	8.5	9.0	9.5	10.0	10.5	11.0	11.5	12.0	•	•	•	•	•	•	•	•	•	•	•	•	•	•	•	•	•	•	•	.2163
k	90	126	162	198	234	270	306	342	378	414	450	486	522	558	594	630	666	702	738	774	810	846	882	918	954	990	1026	1062	1098	1134	1170	1206	1242	1278	1314	km

Δt Fahrenheit

TABLE 2 (Sheet 5 of 128)

TEMPERATURE DIFFERENCE

TABLE 2 (Continued)

ECONOMICAL INSULATION THICKNESS TABLE

IN INCHES
(nominal)

PIPE SIZE: 3/4" NPS (Tube Size 1" to 1-1/8" OD)
26.16 mm

At the intersection of the "Δt" column with the "k" row read the economical thickness.
(•—*exceeds 12" thickness*)

D = 0.0045

Δt Celsius °C or Kelvin °K

k	50	70	90	110	130	150	170	190	210	230	250	270	290	310	330	350	370	390	410	430	450	470	490	510	530	550	570	590	610	630	650	670	690	710	730	km
0.1	0.5	0.5	0.5	0.5	0.5	0.5	0.5	0.5	0.5	0.5	0.5	0.5	0.5	0.5	0.5	0.5	0.5	0.5	0.5	0.5	0.5	0.5	0.5	0.5	0.5	0.5	0.5	0.5	0.5	0.5	0.5	0.5	0.5	0.5	0.5	.0144
0.2	0.5	0.5	0.5	0.5	0.5	0.5	0.5	0.5	0.5	0.5	0.5	0.5	0.5	0.5	0.5	0.5	0.5	0.5	0.5	0.5	0.5	1.0	1.0	1.0	1.0	1.0	1.0	1.0	1.0	1.0	1.0	1.0	1.0	1.0	1.0	.0288
0.3	0.5	0.5	0.5	0.5	0.5	0.5	0.5	0.5	0.5	0.5	0.5	0.5	0.5	0.5	0.5	0.5	1.0	1.0	1.0	1.0	1.0	1.0	1.0	1.0	1.0	1.0	1.0	1.0	1.0	1.0	1.0	1.0	1.0	1.0	1.0	.0433
0.4	0.5	0.5	0.5	0.5	0.5	0.5	0.5	0.5	0.5	0.5	0.5	0.5	0.5	0.5	1.0	1.0	1.0	1.0	1.0	1.0	1.0	1.0	1.0	1.0	1.0	1.0	1.0	1.0	1.0	1.0	1.0	1.0	1.0	1.0	1.0	.0577
0.5	0.5	0.5	0.5	0.5	0.5	0.5	0.5	0.5	0.5	0.5	0.5	0.5	0.5	0.5	1.0	1.0	1.0	1.0	1.0	1.0	1.0	1.0	1.0	1.0	1.0	1.0	1.0	1.0	1.0	1.0	1.0	1.0	1.0	1.0	1.0	.0721
0.6	0.5	0.5	0.5	0.5	0.5	0.5	0.5	0.5	0.5	0.5	0.5	0.5	0.5	0.5	0.5	1.0	1.0	1.0	1.0	1.0	1.0	1.0	1.0	1.0	1.0	1.0	1.0	1.0	1.0	1.0	1.0	1.0	1.5	1.5	1.5	.0865
0.7	0.5	0.5	0.5	0.5	0.5	0.5	0.5	0.5	0.5	0.5	0.5	0.5	0.5	0.5	1.0	1.0	1.0	1.0	1.0	1.0	1.0	1.0	1.0	1.0	1.0	1.0	1.0	1.0	1.0	1.0	1.5	1.5	1.5	1.5	1.5	.1009
0.8	0.5	0.5	0.5	0.5	0.5	0.5	0.5	0.5	0.5	0.5	0.5	0.5	0.5	0.5	0.5	1.0	1.0	1.0	1.0	1.0	1.0	1.0	1.0	1.0	1.0	1.0	1.0	1.0	1.0	1.5	1.5	1.5	1.5	1.5	1.5	.1154
0.9	0.5	0.5	0.5	0.5	0.5	0.5	0.5	0.5	0.5	0.5	0.5	0.5	0.5	0.5	0.5	0.5	1.0	1.0	1.0	1.0	1.0	1.0	1.0	1.0	1.0	1.0	1.0	1.0	1.5	1.5	1.5	1.5	1.5	1.5	1.5	.1298
1.0	0.5	0.5	0.5	0.5	0.5	0.5	0.5	0.5	0.5	0.5	0.5	0.5	0.5	0.5	0.5	0.5	0.5	1.0	1.0	1.0	1.0	1.0	1.0	1.0	1.0	1.0	1.0	1.0	1.5	1.5	1.5	1.5	1.5	1.5	1.5	.1442
1.1	0.5	0.5	0.5	0.5	0.5	0.5	0.5	0.5	0.5	0.5	0.5	0.5	0.5	0.5	0.5	0.5	0.5	0.5	0.5	0.5	1.0	1.0	1.0	1.0	1.0	1.0	1.0	1.0	1.5	1.5	1.5	1.5	1.5	1.5	1.5	.1586
1.2	0.5	0.5	0.5	0.5	0.5	0.5	0.5	0.5	0.5	0.5	0.5	0.5	0.5	0.5	0.5	0.5	0.5	0.5	0.5	0.5	0.5	0.5	1.0	1.0	1.0	1.0	1.0	1.0	1.5	1.5	1.5	1.5	1.5	1.5	1.5	.1730
1.3	0.5	0.5	0.5	0.5	0.5	0.5	0.5	0.5	0.5	0.5	0.5	0.5	0.5	0.5	0.5	0.5	0.5	0.5	0.5	0.5	0.5	0.5	0.5	0.5	0.5	0.5	1.0	1.0	1.0	1.5	1.5	1.5	1.5	1.5	1.5	.1875
1.4	0.5	0.5	0.5	0.5	0.5	0.5	0.5	0.5	0.5	0.5	0.5	0.5	0.5	0.5	0.5	0.5	0.5	0.5	0.5	0.5	0.5	0.5	0.5	0.5	0.5	0.5	0.5	0.5	0.5	0.5	0.5	0.5	1.5	1.5	1.5	.2019
1.5	0.5	0.5	0.5	0.5	0.5	0.5	0.5	0.5	0.5	0.5	0.5	0.5	0.5	0.5	0.5	0.5	0.5	0.5	0.5	0.5	0.5	0.5	0.5	0.5	0.5	0.5	0.5	0.5	0.5	0.5	0.5	0.5	0.5	0.5	0.5	.2163
k	90	126	162	198	234	270	306	342	378	414	450	486	522	558	594	630	666	702	738	774	810	846	882	918	954	990	1026	1062	1098	1134	1170	1206	1242	1278	1314	km

Δt Fahrenheit

D = 0.0050

Δt Celsius °C or Kelvin °K

k	50	70	90	110	130	150	170	190	210	230	250	270	290	310	330	350	370	390	410	430	450	470	490	510	530	550	570	590	610	630	650	670	690	710	730	km
0.1	0.5	0.5	0.5	0.5	0.5	0.5	0.5	0.5	0.5	0.5	0.5	0.5	0.5	0.5	0.5	0.5	0.5	0.5	0.5	0.5	0.5	0.5	0.5	0.5	0.5	0.5	0.5	0.5	0.5	0.5	0.5	0.5	1.0	1.0	1.0	.0144
0.2	0.5	0.5	0.5	0.5	0.5	0.5	0.5	0.5	0.5	0.5	0.5	0.5	0.5	0.5	0.5	0.5	0.5	0.5	1.0	1.0	1.0	1.0	1.0	1.0	1.0	1.0	1.0	1.0	1.0	1.0	1.0	1.0	1.0	1.0	1.0	.0288
0.3	0.5	0.5	0.5	0.5	0.5	0.5	0.5	0.5	0.5	0.5	0.5	0.5	0.5	0.5	1.0	1.0	1.0	1.0	1.0	1.0	1.0	1.0	1.0	1.0	1.0	1.0	1.0	1.0	1.0	1.0	1.0	1.0	1.0	1.0	1.0	.0433
0.4	0.5	0.5	0.5	0.5	0.5	0.5	0.5	0.5	0.5	0.5	0.5	0.5	0.5	1.0	1.0	1.0	1.0	1.0	1.0	1.0	1.0	1.0	1.0	1.0	1.0	1.0	1.0	1.0	1.0	1.0	1.0	1.0	1.0	1.0	1.0	.0577
0.5	0.5	0.5	0.5	0.5	0.5	0.5	0.5	0.5	0.5	0.5	0.5	0.5	1.0	1.0	1.0	1.0	1.0	1.0	1.0	1.0	1.0	1.0	1.0	1.0	1.0	1.0	1.0	1.0	1.0	1.0	1.0	1.5	1.5	1.5	1.5	.0721
0.6	0.5	0.5	0.5	0.5	0.5	0.5	0.5	0.5	0.5	0.5	0.5	0.5	1.0	1.0	1.0	1.0	1.0	1.0	1.0	1.0	1.0	1.0	1.0	1.0	1.0	1.0	1.0	1.0	1.5	1.5	1.5	1.5	1.5	1.5	1.5	.0865
0.7	0.5	0.5	0.5	0.5	0.5	0.5	0.5	0.5	0.5	0.5	0.5	0.5	1.0	1.0	1.0	1.0	1.0	1.0	1.0	1.0	1.0	1.0	1.0	1.0	1.0	1.0	1.0	1.5	1.5	1.5	1.5	1.5	1.5	1.5	1.5	.1009
0.8	0.5	0.5	0.5	0.5	0.5	0.5	0.5	0.5	0.5	0.5	0.5	0.5	0.5	1.0	1.0	1.0	1.0	1.0	1.0	1.0	1.0	1.0	1.0	1.0	1.0	1.0	1.5	1.5	1.5	1.5	1.5	1.5	1.5	1.5	1.5	.1154
0.9	0.5	0.5	0.5	0.5	0.5	0.5	0.5	0.5	0.5	0.5	0.5	0.5	0.5	0.5	1.0	1.0	1.0	1.0	1.0	1.0	1.0	1.0	1.0	1.0	1.0	1.5	1.5	1.5	1.5	1.5	1.5	1.5	1.5	1.5	1.5	.1298
1.0	0.5	0.5	0.5	0.5	0.5	0.5	0.5	0.5	0.5	0.5	0.5	0.5	0.5	0.5	0.5	1.0	1.0	1.0	1.0	1.0	1.0	1.0	1.0	1.0	1.0	1.5	1.5	1.5	1.5	1.5	1.5	1.5	1.5	1.5	1.5	.1442
1.1	0.5	0.5	0.5	0.5	0.5	0.5	0.5	0.5	0.5	0.5	0.5	0.5	0.5	0.5	0.5	0.5	0.5	1.0	1.0	1.0	1.0	1.0	1.0	1.0	1.0	1.5	1.5	1.5	1.5	1.5	1.5	1.5	1.5	1.5	1.5	.1586
1.2	0.5	0.5	0.5	0.5	0.5	0.5	0.5	0.5	0.5	0.5	0.5	0.5	0.5	0.5	0.5	0.5	0.5	0.5	0.5	0.5	1.0	1.0	1.0	1.0	1.0	1.5	1.5	1.5	1.5	1.5	1.5	1.5	1.5	1.5	1.5	.1730
1.3	0.5	0.5	0.5	0.5	0.5	0.5	0.5	0.5	0.5	0.5	0.5	0.5	0.5	0.5	0.5	0.5	0.5	0.5	0.5	0.5	0.5	0.5	0.5	0.5	1.0	1.0	1.5	1.5	1.5	1.5	1.5	1.5	1.5	1.5	2.0	.1875
1.4	0.5	0.5	0.5	0.5	0.5	0.5	0.5	0.5	0.5	0.5	0.5	0.5	0.5	0.5	0.5	0.5	0.5	0.5	0.5	0.5	0.5	0.5	0.5	0.5	0.5	0.5	0.5	0.5	0.5	1.5	1.5	1.5	1.5	1.5	1.5	.2019
1.5	0.5	0.5	0.5	0.5	0.5	0.5	0.5	0.5	0.5	0.5	0.5	0.5	0.5	0.5	0.5	0.5	0.5	0.5	0.5	0.5	0.5	0.5	0.5	0.5	0.5	0.5	0.5	0.5	0.5	0.5	0.5	0.5	0.5	0.5	0.5	.2163
k	90	126	162	198	234	270	306	342	378	414	450	486	522	558	594	630	666	702	738	774	810	846	882	918	954	990	1026	1062	1098	1134	1170	1206	1242	1278	1314	km

Δt Fahrenheit

D = 0.0060

Δt Celsius °C or Kelvin °K

k	50	70	90	110	130	150	170	190	210	230	250	270	290	310	330	350	370	390	410	430	450	470	490	510	530	550	570	590	610	630	650	670	690	710	730	km
0.1	0.5	0.5	0.5	0.5	0.5	0.5	0.5	0.5	0.5	0.5	0.5	0.5	0.5	0.5	0.5	0.5	0.5	0.5	0.5	0.5	0.5	0.5	0.5	0.5	0.5	0.5	1.0	1.0	1.0	1.0	1.0	1.0	1.0	1.0	1.0	.0144
0.2	0.5	0.5	0.5	0.5	0.5	0.5	0.5	0.5	0.5	0.5	0.5	0.5	0.5	0.5	0.5	1.0	1.0	1.0	1.0	1.0	1.0	1.0	1.0	1.0	1.0	1.0	1.0	1.0	1.0	1.0	1.0	1.0	1.0	1.0	1.0	.0283
0.3	0.5	0.5	0.5	0.5	0.5	0.5	0.5	0.5	0.5	0.5	0.5	0.5	1.0	1.0	1.0	1.0	1.0	1.0	1.0	1.0	1.0	1.0	1.0	1.0	1.0	1.0	1.0	1.0	1.0	1.0	1.0	1.0	1.0	1.0	1.0	.0433
0.4	0.5	0.5	0.5	0.5	0.5	0.5	0.5	0.5	0.5	0.5	1.0	1.0	1.0	1.0	1.0	1.0	1.0	1.0	1.0	1.0	1.0	1.0	1.0	1.0	1.0	1.0	1.0	1.0	1.0	1.5	1.5	1.5	1.5	1.5	1.5	.0577
0.5	0.5	0.5	0.5	0.5	0.5	0.5	0.5	0.5	0.5	0.5	1.0	1.0	1.0	1.0	1.0	1.0	1.0	1.0	1.0	1.0	1.0	1.0	1.0	1.0	1.0	1.0	1.5	1.5	1.5	1.5	1.5	1.5	1.5	1.5	1.5	.0721
0.6	0.5	0.5	0.5	0.5	0.5	0.5	0.5	0.5	0.5	0.5	1.0	1.0	1.0	1.0	1.0	1.0	1.0	1.0	1.0	1.0	1.0	1.0	1.0	1.5	1.5	1.5	1.5	1.5	1.5	1.5	1.5	1.5	1.5	1.5	1.5	.0865
0.7	0.5	0.5	0.5	0.5	0.5	0.5	0.5	0.5	0.5	0.5	1.0	1.0	1.0	1.0	1.0	1.0	1.0	1.0	1.0	1.0	1.0	1.0	1.5	1.5	1.5	1.5	1.5	1.5	1.5	1.5	1.5	1.5	1.5	1.5	1.5	.1009
0.8	0.5	0.5	0.5	0.5	0.5	0.5	0.5	0.5	0.5	0.5	0.5	1.0	1.0	1.0	1.0	1.0	1.0	1.0	1.0	1.0	1.0	1.5	1.5	1.5	1.5	1.5	1.5	1.5	1.5	1.5	1.5	1.5	1.5	2.0	2.0	.1154
0.9	0.5	0.5	0.5	0.5	0.5	0.5	0.5	0.5	0.5	0.5	0.5	1.0	1.0	1.0	1.0	1.0	1.0	1.0	1.0	1.0	1.0	1.5	1.5	1.5	1.5	1.5	1.5	1.5	1.5	1.5	1.5	1.5	2.0	2.0	2.0	.1298
1.0	0.5	0.5	0.5	0.5	0.5	0.5	0.5	0.5	0.5	0.5	0.5	0.5	0.5	1.0	1.0	1.0	1.0	1.0	1.0	1.0	1.5	1.5	1.5	1.5	1.5	1.5	1.5	1.5	1.5	1.5	2.0	2.0	2.0	2.0	2.0	.1442
1.1	0.5	0.5	0.5	0.5	0.5	0.5	0.5	0.5	0.5	0.5	0.5	0.5	0.5	0.5	1.0	1.0	1.0	1.0	1.0	1.0	1.5	1.5	1.5	1.5	1.5	1.5	1.5	1.5	1.5	2.0	2.0	2.0	2.0	2.0	2.0	.1586
1.2	0.5	0.5	0.5	0.5	0.5	0.5	0.5	0.5	0.5	0.5	0.5	0.5	0.5	0.5	0.5	0.5	1.0	1.0	1.0	1.0	1.0	1.5	1.5	1.5	1.5	1.5	1.5	1.5	1.5	2.0	2.0	2.0	2.0	2.0	2.0	.1730
1.3	0.5	0.5	0.5	0.5	0.5	0.5	0.5	0.5	0.5	0.5	0.5	0.5	0.5	0.5	0.5	0.5	0.5	0.5	0.5	1.0	1.0	1.5	1.5	1.5	1.5	1.5	1.5	1.5	2.0	2.0	2.0	2.0	2.0	2.0	2.0	.1875
1.4	0.5	0.5	0.5	0.5	0.5	0.5	0.5	0.5	0.5	0.5	0.5	0.5	0.5	0.5	0.5	0.5	0.5	0.5	0.5	0.5	0.5	0.5	0.5	0.5	1.5	1.5	1.5	1.5	2.0	2.0	2.0	2.0	2.0	2.0	2.0	.2019
1.5	0.5	0.5	0.5	0.5	0.5	0.5	0.5	0.5	0.5	0.5	0.5	0.5	0.5	0.5	0.5	0.5	0.5	0.5	0.5	0.5	0.5	0.5	0.5	0.5	0.5	0.5	0.5	0.5	0.5	0.5	2.0	2.0	2.0	2.0	2.0	.2163
k	90	126	162	198	234	270	306	342	378	414	450	486	522	558	594	630	666	702	738	774	810	846	882	918	954	990	1026	1062	1098	1134	1170	1206	1242	1278	1314	km

Δt Fahrenheit

CONDUCTIVITY Btu, in./sq ft, hr °F — W/mK

TEMPERATURE DIFFERENCE

TABLE 2 (Sheet 6 of 128)

TABLE 2 (Continued)

ECONOMICAL INSULATION THICKNESS TABLE

IN INCHES
(nominal)

PIPE SIZE: 3/4'' NPS (Tube Size 1'' to 1-1/8'' OD)
26.16 mm

At the intersection of the ''Δt'' column with the ''k'' row read the economical thickness.
(•—*exceeds 12'' thickness*)

CONDUCTIVITY — k: Btu, in./sq ft, hr °F; km: W/mK

D = 0.0070

Δt Celsius °C or Kelvin °K

k	50	70	90	110	130	150	170	190	210	230	250	270	290	310	330	350	370	390	410	430	450	470	490	510	530	550	570	590	610	630	650	670	690	710	730	km
0.1	0.5	0.5	0.5	0.5	0.5	0.5	0.5	0.5	0.5	0.5	0.5	0.5	0.5	0.5	0.5	0.5	0.5	0.5	0.5	0.5	0.5	0.5	1.0	1.0	1.0	1.0	1.0	1.0	1.0	1.0	1.0	1.0	1.0	1.0	1.0	.0144
0.2	0.5	0.5	0.5	0.5	0.5	0.5	0.5	0.5	0.5	0.5	0.5	0.5	0.5	1.0	1.0	1.0	1.0	1.0	1.0	1.0	1.0	1.0	1.0	1.0	1.0	1.0	1.0	1.0	1.0	1.0	1.0	1.0	1.0	1.0	1.0	.0288
0.3	0.5	0.5	0.5	0.5	0.5	0.5	0.5	0.5	0.5	0.5	1.0	1.0	1.0	1.0	1.0	1.0	1.0	1.0	1.0	1.0	1.0	1.0	1.0	1.0	1.0	1.0	1.0	1.0	1.0	1.0	1.5	1.5	1.5	1.5	1.5	.0433
0.4	0.5	0.5	0.5	0.5	0.5	0.5	0.5	0.5	1.0	1.0	1.0	1.0	1.0	1.0	1.0	1.0	1.0	1.0	1.0	1.0	1.0	1.0	1.0	1.0	1.0	1.5	1.5	1.5	1.5	1.5	1.5	1.5	1.5	1.5	1.5	.0577
0.5	0.5	0.5	0.5	0.5	0.5	0.5	0.5	0.5	1.0	1.0	1.0	1.0	1.0	1.0	1.0	1.0	1.0	1.0	1.0	1.0	1.0	1.0	1.5	1.5	1.5	1.5	1.5	1.5	1.5	1.5	1.5	1.5	1.5	1.5	1.5	.0721
0.6	0.5	0.5	0.5	0.5	0.5	0.5	0.5	0.5	1.0	1.0	1.0	1.0	1.0	1.0	1.0	1.0	1.0	1.0	1.0	1.0	1.5	1.5	1.5	1.5	1.5	1.5	1.5	1.5	1.5	1.5	1.5	1.5	1.5	1.5	2.0	.0865
0.7	0.5	0.5	0.5	0.5	0.5	0.5	0.5	0.5	1.0	1.0	1.0	1.0	1.0	1.0	1.0	1.0	1.0	1.0	1.5	1.5	1.5	1.5	1.5	1.5	1.5	1.5	1.5	1.5	1.5	1.5	1.5	2.0	2.0	2.0	2.0	.1009
0.8	0.5	0.5	0.5	0.5	0.5	0.5	0.5	0.5	0.5	1.0	1.0	1.0	1.0	1.0	1.0	1.0	1.0	1.0	1.5	1.5	1.5	1.5	1.5	1.5	1.5	1.5	1.5	1.5	2.0	2.0	2.0	2.0	2.0	2.0	2.0	.1154
0.9	0.5	0.5	0.5	0.5	0.5	0.5	0.5	0.5	0.5	1.0	1.0	1.0	1.0	1.0	1.0	1.0	1.0	1.5	1.5	1.5	1.5	1.5	1.5	1.5	1.5	1.5	1.5	2.0	2.0	2.0	2.0	2.0	2.0	2.0	2.0	.1298
1.0	0.5	0.5	0.5	0.5	0.5	0.5	0.5	0.5	0.5	0.5	1.0	1.0	1.0	1.0	1.0	1.0	1.0	1.5	1.5	1.5	1.5	1.5	1.5	1.5	1.5	1.5	2.0	2.0	2.0	2.0	2.0	2.0	2.0	2.0	2.0	.1442
1.1	0.5	0.5	0.5	0.5	0.5	0.5	0.5	0.5	0.5	0.5	0.5	0.5	1.0	1.0	1.0	1.0	1.0	1.5	1.5	1.5	1.5	1.5	1.5	1.5	1.5	2.0	2.0	2.0	2.0	2.0	2.0	2.0	2.0	2.0	2.0	.1586
1.2	0.5	0.5	0.5	0.5	0.5	0.5	0.5	0.5	0.5	0.5	0.5	0.5	0.5	0.5	1.0	1.0	1.0	1.0	1.5	1.5	1.5	1.5	1.5	1.5	2.0	2.0	2.0	2.0	2.0	2.0	2.0	2.0	2.0	2.0	2.5	.1730
1.3	0.5	0.5	0.5	0.5	0.5	0.5	0.5	0.5	0.5	0.5	0.5	0.5	0.5	0.5	0.5	0.5	1.0	1.0	1.5	1.5	1.5	1.5	1.5	1.5	2.0	2.0	2.0	2.0	2.0	2.0	2.0	2.0	2.0	2.5	2.5	.1875
1.4	0.5	0.5	0.5	0.5	0.5	0.5	0.5	0.5	0.5	0.5	0.5	0.5	0.5	0.5	0.5	0.5	0.5	0.5	0.5	0.5	1.5	1.5	1.5	1.5	2.0	2.0	2.0	2.0	2.0	2.0	2.0	2.0	2.5	2.5	2.5	.2019
1.5	0.5	0.5	0.5	0.5	0.5	0.5	0.5	0.5	0.5	0.5	0.5	0.5	0.5	0.5	0.5	0.5	0.5	0.5	0.5	0.5	0.5	0.5	0.5	0.5	0.5	2.0	2.0	2.0	2.0	2.0	2.0	2.5	2.5	2.5	2.5	.2163
k	90	126	162	198	234	270	306	342	378	414	450	486	522	558	594	630	666	702	738	774	810	846	882	918	954	990	1026	1062	1098	1134	1170	1206	1242	1278	1314	km

Δt Fahrenheit

D = 0.0080

Δt Celsius °C or Kelvin °K

k	50	70	90	110	130	150	170	190	210	230	250	270	290	310	330	350	370	390	410	430	450	470	490	510	530	550	570	590	610	630	650	670	690	710	730	km
0.1	0.5	0.5	0.5	0.5	0.5	0.5	0.5	0.5	0.5	0.5	0.5	0.5	0.5	0.5	0.5	0.5	0.5	0.5	0.5	1.0	1.0	1.0	1.0	1.0	1.0	1.0	1.0	1.0	1.0	1.0	1.0	1.0	1.0	1.0	1.0	.0144
0.2	0.5	0.5	0.5	0.5	0.5	0.5	0.5	0.5	0.5	0.5	0.5	1.0	1.0	1.0	1.0	1.0	1.0	1.0	1.0	1.0	1.0	1.0	1.0	1.0	1.0	1.0	1.0	1.0	1.0	1.0	1.0	1.0	1.0	1.0	1.0	.0288
0.3	0.5	0.5	0.5	0.5	0.5	0.5	0.5	0.5	1.0	1.0	1.0	1.0	1.0	1.0	1.0	1.0	1.0	1.0	1.0	1.0	1.0	1.0	1.0	1.0	1.0	1.0	1.5	1.5	1.5	1.5	1.5	1.5	1.5	1.5	1.5	.0433
0.4	0.5	0.5	0.5	0.5	0.5	0.5	0.5	1.0	1.0	1.0	1.0	1.0	1.0	1.0	1.0	1.0	1.0	1.0	1.0	1.0	1.0	1.5	1.5	1.5	1.5	1.5	1.5	1.5	1.5	1.5	1.5	1.5	1.5	1.5	1.5	.0577
0.5	0.5	0.5	0.5	0.5	0.5	0.5	0.5	1.0	1.0	1.0	1.0	1.0	1.0	1.0	1.0	1.0	1.0	1.0	1.0	1.5	1.5	1.5	1.5	1.5	1.5	1.5	1.5	1.5	1.5	1.5	1.5	1.5	1.5	2.0	2.0	.0721
0.6	0.5	0.5	0.5	0.5	0.5	0.5	0.5	1.0	1.0	1.0	1.0	1.0	1.0	1.0	1.0	1.0	1.0	1.5	1.5	1.5	1.5	1.5	1.5	1.5	1.5	1.5	1.5	1.5	1.5	2.0	2.0	2.0	2.0	2.0	2.0	.0865
0.7	0.5	0.5	0.5	0.5	0.5	0.5	0.5	1.0	1.0	1.0	1.0	1.0	1.0	1.0	1.0	1.0	1.5	1.5	1.5	1.5	1.5	1.5	1.5	1.5	1.5	1.5	2.0	2.0	2.0	2.0	2.0	2.0	2.0	2.0	2.0	.1009
0.8	0.5	0.5	0.5	0.5	0.5	0.5	0.5	1.0	1.0	1.0	1.0	1.0	1.0	1.0	1.0	1.5	1.5	1.5	1.5	1.5	1.5	1.5	1.5	1.5	1.5	2.0	2.0	2.0	2.0	2.0	2.0	2.0	2.0	2.0	2.0	.1154
0.9	0.5	0.5	0.5	0.5	0.5	0.5	0.5	0.5	1.0	1.0	1.0	1.0	1.0	1.0	1.0	1.5	1.5	1.5	1.5	1.5	1.5	1.5	1.5	2.0	2.0	2.0	2.0	2.0	2.0	2.0	2.0	2.0	2.0	2.0	2.5	.1298
1.0	0.5	0.5	0.5	0.5	0.5	0.5	0.5	0.5	0.5	1.0	1.0	1.0	1.0	1.0	1.0	1.5	1.5	1.5	1.5	1.5	1.5	1.5	2.0	2.0	2.0	2.0	2.0	2.0	2.0	2.0	2.0	2.0	2.5	2.5	2.5	.1442
1.1	0.5	0.5	0.5	0.5	0.5	0.5	0.5	0.5	0.5	0.5	1.0	1.0	1.0	1.0	1.0	1.5	1.5	1.5	1.5	1.5	1.5	2.0	2.0	2.0	2.0	2.0	2.0	2.0	2.0	2.0	2.0	2.5	2.5	2.5	2.5	.1586
1.2	0.5	0.5	0.5	0.5	0.5	0.5	0.5	0.5	0.5	0.5	0.5	0.5	1.0	1.0	1.0	1.5	1.5	1.5	1.5	1.5	1.5	2.0	2.0	2.0	2.0	2.0	2.0	2.0	2.0	2.5	2.5	2.5	2.5	2.5	2.5	.1730
1.3	0.5	0.5	0.5	0.5	0.5	0.5	0.5	0.5	0.5	0.5	0.5	0.5	0.5	0.5	1.0	1.0	1.5	1.5	1.5	1.5	1.5	2.0	2.0	2.0	2.0	2.0	2.0	2.0	2.0	2.5	2.5	2.5	2.5	3.0	3.0	.1875
1.4	0.5	0.5	0.5	0.5	0.5	0.5	0.5	0.5	0.5	0.5	0.5	0.5	0.5	0.5	0.5	0.5	0.5	1.5	1.5	1.5	2.0	2.0	2.0	2.0	2.0	2.0	2.0	2.0	2.5	2.5	2.5	2.5	3.0	3.0	3.0	.2019
1.5	0.5	0.5	0.5	0.5	0.5	0.5	0.5	0.5	0.5	0.5	0.5	0.5	0.5	0.5	0.5	0.5	0.5	0.5	0.5	0.5	0.5	0.5	2.0	2.0	2.0	2.0	2.0	2.5	2.5	2.5	2.5	3.0	3.0	3.0	3.0	.2163
k	90	126	162	198	234	270	306	342	378	414	450	486	522	558	594	630	666	702	738	774	810	846	882	918	954	990	1026	1062	1098	1134	1170	1206	1242	1278	1314	km

Δt Fahrenheit

D = 0.0100

Δt Celsius °C or Kelvin °K

k	50	70	90	110	130	150	170	190	210	230	250	270	290	310	330	350	370	390	410	430	450	470	490	510	530	550	570	590	610	630	650	670	690	710	730	km
0.1	0.5	0.5	0.5	0.5	0.5	0.5	0.5	0.5	0.5	0.5	0.5	0.5	0.5	0.5	0.5	1.0	1.0	1.0	1.0	1.0	1.0	1.0	1.0	1.0	1.0	1.0	1.0	1.0	1.0	1.0	1.0	1.0	1.0	1.0	1.0	.0144
0.2	0.5	0.5	0.5	0.5	0.5	0.5	0.5	0.5	1.0	1.0	1.0	1.0	1.0	1.0	1.0	1.0	1.0	1.0	1.0	1.0	1.0	1.0	1.0	1.0	1.0	1.0	1.0	1.0	1.0	1.5	1.5	1.5	1.5	1.5	1.5	.0288
0.3	0.5	0.5	0.5	0.5	0.5	0.5	1.0	1.0	1.0	1.0	1.0	1.0	1.0	1.0	1.0	1.0	1.0	1.0	1.0	1.0	1.0	1.5	1.5	1.5	1.5	1.5	1.5	1.5	1.5	1.5	1.5	1.5	1.5	1.5	1.5	.0433
0.4	0.5	0.5	0.5	0.5	0.5	1.0	1.0	1.0	1.0	1.0	1.0	1.0	1.0	1.0	1.0	1.0	1.0	1.5	1.5	1.5	1.5	1.5	1.5	1.5	1.5	1.5	1.5	1.5	1.5	1.5	1.5	2.0	2.0	2.0	2.0	.0577
0.5	0.5	0.5	0.5	0.5	0.5	1.0	1.0	1.0	1.0	1.0	1.0	1.0	1.0	1.0	1.0	1.5	1.5	1.5	1.5	1.5	1.5	1.5	1.5	1.5	1.5	1.5	2.0	2.0	2.0	2.0	2.0	2.0	2.0	2.0	2.0	.0721
0.6	0.5	0.5	0.5	0.5	0.5	1.0	1.0	1.0	1.0	1.0	1.0	1.0	1.0	1.5	1.5	1.5	1.5	1.5	1.5	1.5	1.5	1.5	1.5	2.0	2.0	2.0	2.0	2.0	2.0	2.0	2.0	2.0	2.0	2.0	2.0	.0865
0.7	0.5	0.5	0.5	0.5	0.5	1.0	1.0	1.0	1.0	1.0	1.0	1.0	1.5	1.5	1.5	1.5	1.5	1.5	1.5	1.5	1.5	2.0	2.0	2.0	2.0	2.0	2.0	2.0	2.0	2.0	2.0	2.0	2.5	2.5	2.5	.1009
0.8	0.5	0.5	0.5	0.5	0.5	0.5	1.0	1.0	1.0	1.0	1.0	1.0	1.5	1.5	1.5	1.5	1.5	1.5	1.5	2.0	2.0	2.0	2.0	2.0	2.0	2.0	2.0	2.0	2.0	2.5	2.5	2.5	2.5	2.5	2.5	.1154
0.9	0.5	0.5	0.5	0.5	0.5	0.5	1.0	1.0	1.0	1.0	1.0	1.0	1.5	1.5	1.5	1.5	1.5	1.5	2.0	2.0	2.0	2.0	2.0	2.0	2.0	2.0	2.0	2.5	2.5	2.5	2.5	2.5	2.5	3.0	3.0	.1298
1.0	0.5	0.5	0.5	0.5	0.5	0.5	0.5	1.0	1.0	1.0	1.0	1.5	1.5	1.5	1.5	1.5	1.5	2.0	2.0	2.0	2.0	2.0	2.0	2.0	2.0	2.5	2.5	2.5	2.5	2.5	2.5	3.0	3.0	3.0	3.0	.1442
1.1	0.5	0.5	0.5	0.5	0.5	0.5	0.5	0.5	1.0	1.0	1.0	1.5	1.5	1.5	1.5	1.5	1.5	2.0	2.0	2.0	2.0	2.0	2.0	2.0	2.5	2.5	2.5	2.5	2.5	3.0	3.0	3.0	3.0	3.0	3.0	.1586
1.2	0.5	0.5	0.5	0.5	0.5	0.5	0.5	0.5	0.5	1.0	1.0	1.0	1.5	1.5	1.5	1.5	2.0	2.0	2.0	2.0	2.0	2.0	2.0	2.5	2.5	2.5	2.5	3.0	3.0	3.0	3.0	3.0	3.0	3.0	3.0	.1730
1.3	0.5	0.5	0.5	0.5	0.5	0.5	0.5	0.5	0.5	0.5	0.5	1.0	1.5	1.5	1.5	1.5	2.0	2.0	2.0	2.0	2.0	2.0	2.5	2.5	2.5	2.5	3.0	3.0	3.0	3.0	3.0	3.0	3.0	3.0	3.0	.1875
1.4	0.5	0.5	0.5	0.5	0.5	0.5	0.5	0.5	0.5	0.5	0.5	0.5	0.5	1.5	1.5	1.5	2.0	2.0	2.0	2.0	2.0	2.0	2.5	2.5	2.5	3.0	3.0	3.0	3.0	3.0	3.0	3.0	3.0	3.5	3.5	.2019
1.5	0.5	0.5	0.5	0.5	0.5	0.5	0.5	0.5	0.5	0.5	0.5	0.5	0.5	0.5	0.5	0.5	0.5	2.0	2.0	2.0	2.0	2.5	2.5	2.5	3.0	3.0	3.0	3.0	3.0	3.0	3.0	3.0	3.5	3.5	3.5	.2163
k	90	126	162	198	234	270	306	342	378	414	450	486	522	558	594	630	666	702	738	774	810	846	882	918	954	990	1026	1062	1098	1134	1170	1206	1242	1278	1314	km

Δt Fahrenheit

TABLE 2 (Sheet 7 of 128)

TEMPERATURE DIFFERENCE

ECONOMICAL INSULATION THICKNESS TABLE
IN INCHES
(nominal)

PIPE SIZE: 3/4" NPS (Tube Size 1" to 1-1/8" OD)
26.16 mm

At the intersection of the "Δt" column with the "k" row read the economical thickness.
(•—*exceeds 12" thickness*)

D = 0.0120

Δt Celsius °C or Kelvin °K

CONDUCTIVITY k: Btu, in./sq ft, hr °F; km: W/mK

k	50	70	90	110	130	150	170	190	210	230	250	270	290	310	330	350	370	390	410	430	450	470	490	510	530	550	570	590	610	630	650	670	690	710	730	km
0.1	0.5	0.5	0.5	0.5	0.5	0.5	0.5	0.5	0.5	0.5	0.5	0.5	1.0	1.0	1.0	1.0	1.0	1.0	1.0	1.0	1.0	1.0	1.0	1.0	1.0	1.0	1.0	1.0	1.0	1.0	1.0	1.0	1.0	1.0	1.0	.0144
0.2	0.5	0.5	0.5	0.5	0.5	0.5	1.0	1.0	1.0	1.0	1.0	1.0	1.0	1.0	1.0	1.0	1.0	1.0	1.0	1.0	1.0	1.0	1.0	1.0	1.5	1.5	1.5	1.5	1.5	1.5	1.5	1.5	1.5	1.5	1.5	.0288
0.3	0.5	0.5	0.5	0.5	0.5	1.0	1.0	1.0	1.0	1.0	1.0	1.0	1.0	1.0	1.0	1.0	1.0	1.5	1.5	1.5	1.5	1.5	1.5	1.5	1.5	1.5	1.5	1.5	1.5	1.5	1.5	1.5	1.5	2.0	2.0	.0433
0.4	0.5	0.5	0.5	0.5	1.0	1.0	1.0	1.0	1.0	1.0	1.0	1.0	1.0	1.0	1.5	1.5	1.5	1.5	1.5	1.5	1.5	1.5	1.5	1.5	1.5	1.5	2.0	2.0	2.0	2.0	2.0	2.0	2.0	2.0	2.0	.0577
0.5	0.5	0.5	0.5	0.5	1.0	1.0	1.0	1.0	1.0	1.0	1.0	1.0	1.5	1.5	1.5	1.5	1.5	1.5	1.5	1.5	1.5	2.0	2.0	2.0	2.0	2.0	2.0	2.0	2.0	2.0	2.0	2.0	2.0	2.0	2.0	.0721
0.6	0.5	0.5	0.5	0.5	1.0	1.0	1.0	1.0	1.0	1.0	1.0	1.5	1.5	1.5	1.5	1.5	1.5	1.5	1.5	2.0	2.0	2.0	2.0	2.0	2.0	2.0	2.0	2.0	2.0	2.0	2.5	2.5	2.5	2.5	2.5	.0865
0.7	0.5	0.5	0.5	0.5	1.0	1.0	1.0	1.0	1.0	1.0	1.5	1.5	1.5	1.5	1.5	1.5	1.5	2.0	2.0	2.0	2.0	2.0	2.0	2.0	2.0	2.0	2.5	2.5	2.5	2.5	2.5	2.5	2.5	3.0	3.0	.1008
0.8	0.5	0.5	0.5	0.5	1.0	1.0	1.0	1.0	1.0	1.5	1.5	1.5	1.5	1.5	1.5	1.5	2.0	2.0	2.0	2.0	2.0	2.0	2.0	2.0	2.5	2.5	2.5	2.5	2.5	2.5	3.0	3.0	3.0	3.0	3.0	.1154
0.9	0.5	0.5	0.5	0.5	0.5	1.0	1.0	1.0	1.0	1.5	1.5	1.5	1.5	1.5	1.5	2.0	2.0	2.0	2.0	2.0	2.0	2.0	2.5	2.5	2.5	2.5	2.5	3.0	3.0	3.0	3.0	3.0	3.0	3.0	3.0	.1298
1.0	0.5	0.5	0.5	0.5	0.5	1.0	1.0	1.0	1.0	1.5	1.5	1.5	1.5	1.5	2.0	2.0	2.0	2.0	2.0	2.0	2.0	2.5	2.5	2.5	2.5	3.0	3.0	3.0	3.0	3.0	3.0	3.0	3.0	3.0	3.5	.1442
1.1	0.5	0.5	0.5	0.5	0.5	0.5	1.0	1.0	1.0	1.5	1.5	1.5	1.5	1.5	2.0	2.0	2.0	2.0	2.0	2.0	2.5	2.5	2.5	2.5	3.0	3.0	3.0	3.0	3.0	3.0	3.0	3.0	3.5	3.5	3.5	.1586
1.2	0.5	0.5	0.5	0.5	0.5	0.5	0.5	1.0	1.0	1.5	1.5	1.5	1.5	2.0	2.0	2.0	2.0	2.0	2.0	2.5	2.5	2.5	2.5	3.0	3.0	3.0	3.0	3.0	3.0	3.0	3.5	3.5	3.5	3.5	3.5	.1730
1.3	0.5	0.5	0.5	0.5	0.5	0.5	0.5	0.5	0.5	1.0	1.5	1.5	1.5	2.0	2.0	2.0	2.0	2.0	2.5	2.5	2.5	3.0	3.0	3.0	3.0	3.0	3.0	3.0	3.5	3.5	3.5	3.5	3.5	3.5	3.5	.1875
1.4	0.5	0.5	0.5	0.5	0.5	0.5	0.5	0.5	0.5	0.5	0.5	1.5	1.5	2.0	2.0	2.0	2.0	2.0	2.5	2.5	2.5	3.0	3.0	3.0	3.0	3.0	3.0	3.5	3.5	3.5	3.5	3.5	3.5	3.5	4.0	.2019
1.5	0.5	0.5	0.5	0.5	0.5	0.5	0.5	0.5	0.5	0.5	0.5	0.5	0.5	0.5	2.0	2.0	2.0	2.5	2.5	2.5	3.0	3.0	3.0	3.0	3.0	3.0	3.5	3.5	3.5	3.5	3.5	3.5	3.5	4.0	4.0	.2163
k	90	126	162	198	234	270	306	342	378	414	450	486	522	558	594	630	666	702	738	774	810	846	882	918	954	990	1026	1062	1098	1134	1170	1206	1242	1278	1314	km

Δt Fahrenheit

D = 0.0150

Δt Celsius °C or Kelvin °K

CONDUCTIVITY k: Btu, in./sq ft, hr °F; km: W/mK

k	50	70	90	110	130	150	170	190	210	230	250	270	290	310	330	350	370	390	410	430	450	470	490	510	530	550	570	590	610	630	650	670	690	710	730	km
0.1	0.5	0.5	0.5	0.5	0.5	0.5	0.5	0.5	0.5	1.0	1.0	1.0	1.0	1.0	1.0	1.0	1.0	1.0	1.0	1.0	1.0	1.0	1.0	1.0	1.0	1.0	1.0	1.0	1.0	1.0	1.0	1.0	1.0	1.0	1.0	.0144
0.2	0.5	0.5	0.5	0.5	0.5	1.0	1.0	1.0	1.0	1.0	1.0	1.0	1.0	1.0	1.0	1.0	1.0	1.0	1.0	1.5	1.5	1.5	1.5	1.5	1.5	1.5	1.5	1.5	1.5	1.5	1.5	1.5	1.5	1.5	1.5	.0288
0.3	0.5	0.5	0.5	1.0	1.0	1.0	1.0	1.0	1.0	1.0	1.0	1.0	1.0	1.5	1.5	1.5	1.5	1.5	1.5	1.5	1.5	1.5	1.5	1.5	1.5	1.5	2.0	2.0	2.0	2.0	2.0	2.0	2.0	2.0	2.0	.0433
0.4	0.5	0.5	0.5	1.0	1.0	1.0	1.0	1.0	1.0	1.0	1.0	1.5	1.5	1.5	1.5	1.5	1.5	1.5	1.5	1.5	2.0	2.0	2.0	2.0	2.0	2.0	2.0	2.0	2.0	2.0	2.0	2.0	2.0	2.5	2.5	.0577
0.5	0.5	0.5	0.5	1.0	1.0	1.0	1.0	1.0	1.0	1.5	1.5	1.5	1.5	1.5	1.5	1.5	1.5	2.0	2.0	2.0	2.0	2.0	2.0	2.0	2.0	2.0	2.0	2.5	2.5	2.5	2.5	2.5	2.5	2.5	2.5	.0721
0.6	0.5	0.5	0.5	1.0	1.0	1.0	1.0	1.0	1.5	1.5	1.5	1.5	1.5	1.5	1.5	2.0	2.0	2.0	2.0	2.0	2.0	2.0	2.0	2.5	2.5	2.5	2.5	2.5	2.5	2.5	3.0	3.0	3.0	3.0	3.0	.0865
0.7	0.5	0.5	0.5	1.0	1.0	1.0	1.0	1.0	1.5	1.5	1.5	1.5	1.5	2.0	2.0	2.0	2.0	2.0	2.0	2.0	2.0	2.5	2.5	2.5	2.5	2.5	3.0	3.0	3.0	3.0	3.0	3.0	3.0	3.0	3.0	.1009
0.8	0.5	0.5	0.5	1.0	1.0	1.0	1.0	1.5	1.5	1.5	1.5	1.5	2.0	2.0	2.0	2.0	2.0	2.0	2.0	2.5	2.5	2.5	2.5	2.5	3.0	3.0	3.0	3.0	3.0	3.0	3.0	3.0	3.5	3.5	3.5	.1154
0.9	0.5	0.5	0.5	1.0	1.0	1.0	1.0	1.5	1.5	1.5	1.5	2.0	2.0	2.0	2.0	2.0	2.0	2.5	2.5	2.5	2.5	2.5	3.0	3.0	3.0	3.0	3.0	3.0	3.0	3.5	3.5	3.5	3.5	3.5	3.5	.1298
1.0	0.5	0.5	0.5	0.5	1.0	1.0	1.0	1.5	1.5	1.5	1.5	2.0	2.0	2.0	2.0	2.0	2.5	2.5	2.5	2.5	3.0	3.0	3.0	3.0	3.0	3.0	3.0	3.5	3.5	3.5	3.5	3.5	3.5	3.5	3.5	.1442
1.1	0.5	0.5	0.5	0.5	1.0	1.0	1.0	1.5	1.5	1.5	2.0	2.0	2.0	2.0	2.0	2.5	2.5	2.5	2.5	3.0	3.0	3.0	3.0	3.0	3.0	3.5	3.5	3.5	3.5	3.5	3.5	3.5	4.0	4.0	4.0	.1586
1.2	0.5	0.5	0.5	0.5	0.5	1.0	1.0	1.5	1.5	1.5	2.0	2.0	2.0	2.0	2.0	2.5	2.5	2.5	3.0	3.0	3.0	3.0	3.0	3.0	3.5	3.5	3.5	3.5	3.5	3.5	4.0	4.0	4.0	4.0	4.0	.1730
1.3	0.5	0.5	0.5	0.5	0.5	0.5	0.5	1.5	1.5	1.5	2.0	2.0	2.0	2.0	2.5	2.5	2.5	3.0	3.0	3.0	3.0	3.0	3.5	3.5	3.5	3.5	3.5	3.5	4.0	4.0	4.0	4.0	4.0	4.0	4.0	.1875
1.4	0.5	0.5	0.5	0.5	0.5	0.5	0.5	0.5	1.5	1.5	2.0	2.0	2.0	2.0	2.5	2.5	3.0	3.0	3.0	3.0	3.0	3.5	3.5	3.5	3.5	3.5	3.5	4.0	4.0	4.0	4.0	4.0	4.0	4.5	4.5	.2019
1.5	0.5	0.5	0.5	0.5	0.5	0.5	0.5	0.5	0.5	0.5	0.5	2.0	2.0	2.0	2.5	3.0	3.0	3.0	3.0	3.0	3.5	3.5	3.5	3.5	3.5	3.5	4.0	4.0	4.0	4.0	4.0	4.5	4.5	4.5	4.5	.2163
k	90	126	162	198	234	270	306	342	378	414	450	486	522	558	594	630	666	702	738	774	810	846	882	918	954	990	1026	1062	1098	1134	1170	1206	1242	1278	1314	km

Δt Fahrenheit

D = 0.0200

Δt Celsius °C or Kelvin °K

CONDUCTIVITY k: Btu, in./sq ft, hr °F; km: W/mK

k	50	70	90	110	130	150	170	190	210	230	250	270	290	310	330	350	370	390	410	430	450	470	490	510	530	550	570	590	610	630	650	670	690	710	730	km
0.1	0.5	0.5	0.5	0.5	0.5	0.5	1.0	1.0	1.0	1.0	1.0	1.0	1.0	1.0	1.0	1.0	1.0	1.0	1.0	1.0	1.0	1.0	1.0	1.0	1.0	1.0	1.5	1.5	1.5	1.5	1.5	1.5	1.5	1.5	1.5	.0144
0.2	0.5	0.5	0.5	1.0	1.0	1.0	1.0	1.0	1.0	1.0	1.0	1.0	1.0	1.0	1.5	1.5	1.5	1.5	1.5	1.5	1.5	1.5	1.5	1.5	1.5	1.5	1.5	2.0	2.0	2.0	2.0	2.0	2.0	2.0	2.0	.0288
0.3	0.5	0.5	1.0	1.0	1.0	1.0	1.0	1.0	1.0	1.5	1.5	1.5	1.5	1.5	1.5	1.5	1.5	1.5	1.5	2.0	2.0	2.0	2.0	2.0	2.0	2.0	2.0	2.0	2.0	2.0	2.0	2.5	2.5	2.5	2.5	.0433
0.4	0.5	0.5	1.0	1.0	1.0	1.0	1.0	1.5	1.5	1.5	1.5	1.5	1.5	1.5	1.5	2.0	2.0	2.0	2.0	2.0	2.0	2.0	2.0	2.0	2.5	2.5	2.5	2.5	2.5	2.5	2.5	3.0	3.0	3.0	3.0	.0577
0.5	0.5	0.5	1.0	1.0	1.0	1.0	1.5	1.5	1.5	1.5	1.5	1.5	2.0	2.0	2.0	2.0	2.0	2.0	2.0	2.0	2.5	2.5	2.5	2.5	2.5	2.5	3.0	3.0	3.0	3.0	3.0	3.0	3.0	3.0	3.0	.0721
0.6	0.5	1.0	1.0	1.0	1.0	1.0	1.5	1.5	1.5	1.5	1.5	2.0	2.0	2.0	2.0	2.0	2.0	2.5	2.5	2.5	2.5	2.5	3.0	3.0	3.0	3.0	3.0	3.0	3.0	3.0	3.5	3.5	3.5	3.5	3.5	.0865
0.7	0.5	0.5	1.0	1.0	1.0	1.5	1.5	1.5	1.5	2.0	2.0	2.0	2.0	2.0	2.0	2.5	2.5	2.5	2.5	3.0	3.0	3.0	3.0	3.0	3.0	3.0	3.0	3.5	3.5	3.5	3.5	3.5	3.5	3.5	3.5	.1009
0.8	0.5	0.5	1.0	1.0	1.0	1.5	1.5	1.5	1.5	2.0	2.0	2.0	2.0	2.0	2.5	2.5	2.5	3.0	3.0	3.0	3.0	3.0	3.0	3.0	3.5	3.5	3.5	3.5	3.5	3.5	3.5	4.0	4.0	4.0	4.0	.1154
0.9	0.5	0.5	1.0	1.0	1.0	1.5	1.5	1.5	2.0	2.0	2.0	2.0	2.0	2.5	2.5	2.5	3.0	3.0	3.0	3.0	3.0	3.0	3.5	3.5	3.5	3.5	3.5	3.5	4.0	4.0	4.0	4.0	4.0	4.0	4.0	.1298
1.0	0.5	0.5	1.0	1.0	1.0	1.5	1.5	1.5	2.0	2.0	2.0	2.0	2.5	2.5	3.0	3.0	3.0	3.0	3.0	3.0	3.5	3.5	3.5	3.5	3.5	3.5	4.0	4.0	4.0	4.0	4.0	4.0	4.5	4.5	4.5	.1442
1.1	0.5	0.5	0.5	1.0	1.0	1.5	1.5	2.0	2.0	2.0	2.0	2.5	2.5	3.0	3.0	3.0	3.0	3.0	3.5	3.5	3.5	3.5	3.5	3.5	4.0	4.0	4.0	4.0	4.0	4.5	4.5	4.5	4.5	4.5	4.5	.1586
1.2	0.5	0.5	0.5	0.5	1.0	1.5	1.5	2.0	2.0	2.0	2.0	2.5	2.5	3.0	3.0	3.0	3.0	3.5	3.5	3.5	3.5	3.5	4.0	4.0	4.0	4.0	4.0	4.5	4.5	4.5	4.5	4.5	5.0	5.0	5.0	.1730
1.3	0.5	0.5	0.5	0.5	1.0	1.5	1.5	2.0	2.0	2.0	2.5	2.5	3.0	3.0	3.0	3.0	3.5	3.5	3.5	3.5	3.5	4.0	4.0	4.0	4.0	4.0	4.5	4.5	4.5	4.5	5.0	5.0	5.0	5.0	5.0	.1875
1.4	0.5	0.5	0.5	0.5	0.5	0.5	1.5	2.0	2.0	2.0	2.5	2.5	3.0	3.0	3.0	3.5	3.5	3.5	3.5	3.5	4.0	4.0	4.0	4.0	4.5	4.5	4.5	4.5	4.5	5.0	5.0	5.0	5.0	5.0	5.5	.2019
1.5	0.5	0.5	0.5	0.5	0.5	0.5	0.5	0.5	2.0	2.0	2.5	3.0	3.0	3.0	3.0	3.5	3.5	3.5	3.5	4.0	4.0	4.0	4.0	4.5	4.5	4.5	4.5	5.0	5.0	5.0	5.0	5.0	5.5	5.5	5.5	.2163
k	90	126	162	198	234	270	306	342	378	414	450	486	522	558	594	630	666	702	738	774	810	846	882	918	954	990	1026	1062	1098	1134	1170	1206	1242	1278	1314	km

Δt Fahrenheit

TEMPERATURE DIFFERENCE

TABLE 2 (Sheet 8 of 128)

TABLE 2 (Continued)

ECONOMICAL INSULATION THICKNESS TABLE

IN INCHES
(nominal)

PIPE SIZE: 3/4'' NPS (Tube Size 1'' to 1-1/8'' OD)
26.16 mm

At the intersection of the ''Δt'' column with the ''k'' row read the economical thickness.
(•—*exceeds 12'' thickness*)

D = 0.0300

Δt Celsius °C or Kelvin °K

k: Btu, in./sq ft, hr °F; km: W/mK

k	50	70	90	110	130	150	170	190	210	230	250	270	290	310	330	350	370	390	410	430	450	470	490	510	530	550	570	590	610	630	650	670	690	710	730	km
0.1	0.5	0.5	0.5	0.5	1.0	1.0	1.0	1.0	1.0	1.0	1.0	1.0	1.0	1.0	1.0	1.0	1.0	1.5	1.5	1.5	1.5	1.5	1.5	1.5	1.5	1.5	1.5	1.5	1.5	1.5	1.5	1.5	1.5	1.5	1.5	**.0144**
0.2	0.5	1.0	1.0	1.0	1.0	1.0	1.0	1.0	1.5	1.5	1.5	1.5	1.5	1.5	1.5	1.5	1.5	1.5	2.0	2.0	2.0	2.0	2.0	2.0	2.0	2.0	2.0	2.0	2.0	2.0	2.5	2.5	2.5	2.5	2.5	**.0283**
0.3	0.5	1.0	1.0	1.0	1.0	1.0	1.5	1.5	1.5	1.5	1.5	1.5	2.0	2.0	2.0	2.0	2.0	2.0	2.0	2.0	2.5	2.5	2.5	2.5	2.5	2.5	2.5	3.0	3.0	3.0	3.0	3.0	3.0	3.0	3.0	**.0433**
0.4	1.0	1.0	1.0	1.0	1.5	1.5	1.5	1.5	1.5	2.0	2.0	2.0	2.0	2.0	2.0	2.5	2.5	2.5	2.5	2.5	3.0	3.0	3.0	3.0	3.0	3.0	3.0	3.0	3.0	3.5	3.5	3.5	3.5	3.5	3.5	**.0577**
0.5	1.0	1.0	1.0	1.0	1.5	1.5	1.5	2.0	2.0	2.0	2.0	2.0	2.0	2.5	2.5	2.5	3.0	3.0	3.0	3.0	3.0	3.0	3.0	3.5	3.5	3.5	3.5	3.5	3.5	3.5	4.0	4.0	4.0	4.0	4.0	**.0721**
0.6	1.0	1.0	1.0	1.5	1.5	1.5	2.0	2.0	2.0	2.0	2.0	2.5	2.5	2.5	3.0	3.0	3.0	3.0	3.0	3.0	3.5	3.5	3.5	3.5	3.5	3.5	4.0	4.0	4.0	4.0	4.0	4.0	4.5	4.5	4.5	**.0865**
0.7	1.0	1.0	1.0	1.5	1.5	1.5	2.0	2.0	2.0	2.5	2.5	2.5	3.0	3.0	3.0	3.0	3.0	3.5	3.5	3.5	3.5	3.5	4.0	4.0	4.0	4.0	4.0	4.0	4.5	4.5	4.5	4.5	4.5	4.5	5.0	**.1009**
0.8	0.5	1.0	1.0	1.5	1.5	2.0	2.0	2.0	2.5	2.5	2.5	3.0	3.0	3.0	3.0	3.5	3.5	3.5	3.5	3.5	4.0	4.0	4.0	4.0	4.0	4.5	4.5	4.5	4.5	4.5	5.0	5.0	5.0	5.0	5.0	**.1154**
0.9	0.5	1.0	1.0	1.5	1.5	2.0	2.0	2.0	2.5	2.5	3.0	3.0	3.0	3.0	3.5	3.5	3.5	3.5	4.0	4.0	4.0	4.0	4.5	4.5	4.5	4.5	4.5	5.0	5.0	5.0	5.0	5.0	5.5	5.5	5.5	**.1298**
1.0	0.5	1.0	1.5	1.5	2.0	2.0	2.0	2.5	2.5	3.0	3.0	3.0	3.0	3.5	3.5	3.5	4.0	4.0	4.0	4.0	4.5	4.5	4.5	4.5	4.5	5.0	5.0	5.0	5.0	5.5	5.5	5.5	5.5	5.5	6.0	**.1442**
1.1	0.5	1.0	1.5	1.5	2.0	2.0	2.0	2.5	3.0	3.0	3.0	3.0	3.5	3.5	3.5	4.0	4.0	4.0	4.0	4.5	4.5	4.5	4.5	5.0	5.0	5.0	5.0	5.5	5.5	5.5	5.5	6.0	6.0	6.0	6.0	**.1586**
1.2	0.5	0.5	1.0	1.5	2.0	2.0	2.5	2.5	3.0	3.0	3.0	3.5	3.5	3.5	4.0	4.0	4.0	4.5	4.5	4.5	4.5	5.0	5.0	5.0	5.0	5.5	5.5	5.5	5.5	6.0	6.0	6.0	6.0	6.5	6.5	**.1730**
1.3	0.5	0.5	1.0	1.5	2.0	2.0	2.5	3.0	3.0	3.0	3.5	3.5	3.5	4.0	4.0	4.0	4.5	4.5	4.5	4.5	5.0	5.0	5.0	5.5	5.5	5.5	5.5	6.0	6.0	6.0	6.0	6.5	6.5	6.5	6.5	**.1875**
1.4	0.5	0.5	0.5	1.5	2.0	2.0	2.5	3.0	3.0	3.0	3.5	3.5	4.0	4.0	4.0	4.5	4.5	4.5	5.0	5.0	5.0	5.0	5.5	5.5	5.5	6.0	6.0	6.0	6.0	6.5	6.5	6.5	6.5	7.0	7.0	**.2019**
1.5	0.5	0.5	0.5	0.5	2.0	2.0	2.5	3.0	3.0	3.5	3.5	3.5	4.0	4.0	4.0	4.5	4.5	5.0	5.0	5.0	5.0	5.5	5.5	5.5	6.0	6.0	6.0	6.5	6.5	6.5	6.5	7.0	7.0	7.0	7.0	**.2163**
k	**90**	**126**	**162**	**198**	**234**	**270**	**306**	**342**	**378**	**414**	**450**	**486**	**522**	**558**	**594**	**630**	**666**	**702**	**738**	**774**	**810**	**846**	**882**	**918**	**954**	**990**	**1026**	**1062**	**1098**	**1134**	**1170**	**1206**	**1242**	**1278**	**1314**	**km**

Δt Fahrenheit

D = 0.0400

Δt Celsius °C or Kelvin °K

CONDUCTIVITY — k: Btu, in./sq ft, hr °F; km: W/mK

k	50	70	90	110	130	150	170	190	210	230	250	270	290	310	330	350	370	390	410	430	450	470	490	510	530	550	570	590	610	630	650	670	690	710	730	km
0.1	0.5	0.5	1.0	1.0	1.0	1.0	1.0	1.0	1.0	1.0	1.0	1.0	1.5	1.5	1.5	1.5	1.5	1.5	1.5	1.5	1.5	1.5	1.5	1.5	1.5	1.5	2.0	2.0	2.0	2.0	2.0	2.0	2.0	2.0	2.0	**.0144**
0.2	0.5	1.0	1.0	1.0	1.0	1.0	1.5	1.5	1.5	1.5	1.5	1.5	1.5	2.0	2.0	2.0	2.0	2.0	2.0	2.0	2.0	2.0	2.5	2.5	2.5	2.5	2.5	2.5	2.5	3.0	3.0	3.0	3.0	3.0	3.0	**.0288**
0.3	1.0	1.0	1.0	1.0	1.5	1.5	1.5	1.5	2.0	2.0	2.0	2.0	2.0	2.0	2.0	2.5	2.5	2.5	2.5	2.5	3.0	3.0	3.0	3.0	3.0	3.0	3.0	3.0	3.5	3.5	3.5	3.5	3.5	3.5	3.5	**.0433**
0.4	1.0	1.0	1.0	1.5	1.5	1.5	2.0	2.0	2.0	2.0	2.0	2.5	2.5	2.5	2.5	3.0	3.0	3.0	3.0	3.0	3.0	3.5	3.5	3.5	3.5	3.5	3.5	3.5	4.0	4.0	4.0	4.0	4.0	4.0	4.0	**.0577**
0.5	1.0	1.0	1.5	1.5	1.5	2.0	2.0	2.0	2.0	2.5	2.5	2.5	3.0	3.0	3.0	3.0	3.0	3.5	3.5	3.5	3.5	3.5	4.0	4.0	4.0	4.0	4.0	4.0	4.5	4.5	4.5	4.5	4.5	4.5	5.0	**.0721**
0.6	1.0	1.0	1.5	1.5	2.0	2.0	2.0	2.0	2.5	2.5	3.0	3.0	3.0	3.0	3.5	3.5	3.5	3.5	3.5	4.0	4.0	4.0	4.0	4.0	4.5	4.5	4.5	4.5	4.5	5.0	5.0	5.0	5.0	5.0	5.5	**.0865**
0.7	1.0	1.0	1.5	1.5	2.0	2.0	2.0	2.5	2.5	3.0	3.0	3.0	3.5	3.5	3.5	3.5	4.0	4.0	4.0	4.0	4.5	4.5	4.5	4.5	4.5	5.0	5.0	5.0	5.0	5.0	5.5	5.5	5.5	5.5	5.5	**.1009**
0.8	1.0	1.5	1.5	2.0	2.0	2.0	2.5	2.5	3.0	3.0	3.0	3.5	3.5	3.5	4.0	4.0	4.0	4.0	4.5	4.5	4.5	4.5	5.0	5.0	5.0	5.0	5.5	5.5	5.5	5.5	5.5	6.0	6.0	6.0	6.0	**.1554**
0.9	1.0	1.5	1.5	2.0	2.0	2.5	2.5	3.0	3.0	3.0	3.5	3.5	3.5	4.0	4.0	4.0	4.5	4.5	4.5	4.5	5.0	5.0	5.0	5.0	5.5	5.5	5.5	5.5	6.0	6.0	6.0	6.0	6.5	6.5	6.5	**.1298**
1.0	1.0	1.5	1.5	2.0	2.0	2.5	3.0	3.0	3.0	3.5	3.5	3.5	4.0	4.0	4.0	4.5	4.5	4.5	5.0	5.0	5.0	5.5	5.5	5.5	5.5	6.0	6.0	6.0	6.0	6.5	6.5	6.5	6.5	7.0	7.0	**.1442**
1.1	1.0	1.5	1.5	2.0	2.0	2.5	3.0	3.0	3.5	3.5	3.5	4.0	4.0	4.0	4.5	4.5	5.0	5.0	5.0	5.0	5.5	5.5	5.5	6.0	6.0	6.0	6.5	6.5	6.5	6.5	7.0	7.0	7.0	7.0	7.5	**.1586**
1.2	0.5	1.5	1.5	2.0	2.5	3.0	3.0	3.0	3.5	3.5	4.0	4.0	4.0	4.5	4.5	5.0	5.0	5.0	5.5	5.5	5.5	6.0	6.0	6.0	6.5	6.5	6.5	6.5	7.0	7.0	7.0	7.5	7.5	7.5	7.5	**.1730**
1.3	0.5	1.0	1.5	2.0	2.5	3.0	3.0	3.5	3.5	4.0	4.0	4.0	4.5	4.5	5.0	5.0	5.0	5.5	5.5	5.5	6.0	6.0	6.5	6.5	6.5	6.5	7.0	7.0	7.0	7.5	7.5	7.5	7.5	8.0	8.0	**.1875**
1.4	0.5	0.5	2.0	2.0	2.5	3.0	3.0	3.5	3.5	4.0	4.0	4.5	4.5	5.0	5.0	5.0	5.5	5.5	6.0	6.0	6.0	6.5	6.5	6.5	7.0	7.0	7.0	7.5	7.5	7.5	8.0	8.0	8.0	8.0	8.5	**.2019**
1.5	0.5	0.5	0.5	2.0	2.5	3.0	3.5	3.5	4.0	4.0	4.5	4.5	4.5	5.0	5.0	5.5	5.5	6.0	6.0	6.0	6.5	6.5	6.5	7.0	7.0	7.5	7.5	7.5	7.5	8.0	8.0	8.0	8.5	8.5	8.5	**.2163**
k	**90**	**126**	**162**	**198**	**234**	**270**	**306**	**342**	**378**	**414**	**450**	**486**	**522**	**558**	**594**	**630**	**666**	**702**	**738**	**774**	**810**	**846**	**882**	**918**	**954**	**990**	**1026**	**1062**	**1098**	**1134**	**1170**	**1206**	**1242**	**1278**	**1314**	**km**

Δt Fahrenheit

D = 0.0500

Δt Celsius °C or Kelvin °K

k: Btu, in./sq ft, hr °F; km: W/mK

k	50	70	90	110	130	150	170	190	210	230	250	270	290	310	330	350	370	390	410	430	450	470	490	510	530	550	570	590	610	630	650	670	690	710	730	km
0.1	0.5	1.0	1.0	1.0	1.0	1.0	1.0	1.0	1.0	1.5	1.5	1.5	1.5	1.5	1.5	1.5	1.5	1.5	1.5	1.5	2.0	2.0	2.0	2.0	2.0	2.0	2.0	2.0	2.0	2.0	2.0	2.0	2.0	2.0	2.5	**.0144**
0.2	1.0	1.0	1.0	1.0	1.5	1.5	1.5	1.5	1.5	1.5	2.0	2.0	2.0	2.0	2.0	2.0	2.0	2.5	2.5	2.5	2.5	2.5	2.5	3.0	3.0	3.0	3.0	3.0	3.0	3.0	3.0	3.0	3.0	3.5	3.5	**.0288**
0.3	1.0	1.0	1.0	1.5	1.5	1.5	2.0	2.0	2.0	2.0	2.0	2.5	2.5	2.5	2.5	3.0	3.0	3.0	3.0	3.0	3.0	3.0	3.5	3.5	3.5	3.5	3.5	3.5	3.5	4.0	4.0	4.0	4.0	4.0	4.0	**.0433**
0.4	1.0	1.0	1.5	1.5	1.5	2.0	2.0	2.0	2.5	2.5	2.5	3.0	3.0	3.0	3.0	3.0	3.5	3.5	3.5	3.5	3.5	3.5	4.0	4.0	4.0	4.0	4.0	4.0	4.5	4.5	4.5	4.5	4.5	4.5	5.0	**.0577**
0.5	1.0	1.5	1.5	1.5	2.0	2.0	2.0	2.5	2.5	3.0	3.0	3.0	3.0	3.5	3.5	3.5	3.5	4.0	4.0	4.0	4.0	4.0	4.5	4.5	4.5	4.5	4.5	5.0	5.0	5.0	5.0	5.0	5.5	5.5	5.5	**.0271**
0.6	1.0	1.5	1.5	2.0	2.0	2.0	2.5	2.5	3.0	3.0	3.0	3.5	3.5	3.5	3.5	4.0	4.0	4.0	4.0	4.5	4.5	4.5	4.5	5.0	5.0	5.0	5.0	5.5	5.5	5.5	5.5	5.5	6.0	6.0	6.0	**.0865**
0.7	1.0	1.5	1.5	2.0	2.0	2.5	3.0	3.0	3.0	3.5	3.5	3.5	3.5	4.0	4.0	4.0	4.5	4.5	4.5	4.5	5.0	5.0	5.0	5.5	5.5	5.5	5.5	6.0	6.0	6.0	6.0	6.0	6.5	6.5	6.5	**.1009**
0.8	1.0	1.5	2.0	2.0	2.5	2.5	3.0	3.0	3.5	3.5	3.5	4.0	4.0	4.0	4.5	4.5	4.5	5.0	5.0	5.0	5.0	5.5	5.5	5.5	6.0	6.0	6.0	6.0	6.5	6.5	6.5	6.5	7.0	7.0	7.0	**.1154**
0.9	1.0	1.5	2.0	2.0	2.5	3.0	3.0	3.5	3.5	3.5	4.0	4.0	4.0	4.5	4.5	5.0	5.0	5.0	5.5	5.5	5.5	5.5	6.0	6.0	6.0	6.5	6.5	6.5	7.0	7.0	7.0	7.0	7.5	7.5	7.5	**.1298**
1.0	1.0	1.5	2.0	2.5	2.5	3.0	3.0	3.5	3.5	4.0	4.0	4.5	4.5	4.5	5.0	5.0	5.0	5.5	5.5	5.5	6.0	6.0	6.5	6.5	6.5	6.5	7.0	7.0	7.0	7.5	7.5	7.5	7.5	8.0	8.0	**.1442**
1.1	1.0	1.5	2.0	2.5	3.0	3.0	3.5	3.5	4.0	4.0	4.5	4.5	4.5	5.0	5.0	5.5	5.5	5.5	6.0	6.0	6.0	6.5	6.5	7.0	7.0	7.0	7.0	7.5	7.5	7.5	8.0	8.0	8.0	8.5	8.5	**.1586**
1.2	1.0	1.5	2.0	2.5	3.0	3.0	3.5	3.5	4.0	4.0	4.5	4.5	5.0	5.0	5.5	5.5	5.5	6.0	6.0	6.5	6.5	6.5	7.0	7.0	7.0	7.5	7.5	7.5	8.0	8.0	8.0	8.5	8.5	8.5	9.0	**.1730**
1.3	0.5	1.5	2.0	2.5	3.0	3.5	3.5	4.0	4.0	4.5	4.5	5.0	5.0	5.5	5.5	6.0	6.0	6.0	6.5	6.5	7.0	7.0	7.0	7.5	7.5	7.5	8.0	8.0	8.5	8.5	8,5	9.0	9.0	9.0	9.5	**.1875**
1.4	0.5	1.5	2.0	3.0	3.0	3.5	3.5	4.0	4.5	4.5	5.0	5.0	5.5	5.5	6.0	6.0	6.5	6.5	6.5	7.0	7.0	7.5	7.5	7.5	8.0	8.0	8.0	8.5	8.5	9.0	9.0	9.0	9.5	9.5	9.5	**.2019**
1.5	0.5	0.5	2.0	3.0	3.0	3.5	4.0	4.0	4.5	4.5	5.0	5.0	5.5	5.5	6.0	6.5	6.5	6.5	7.0	7.0	7.5	7.5	8.0	8.0	8.0	8.5	8.5	9.0	9.0	9.0	9.5	9.5	9.5	10.0	10.0	**.2163**
k	**90**	**126**	**162**	**198**	**234**	**270**	**306**	**342**	**378**	**414**	**450**	**486**	**522**	**558**	**594**	**630**	**666**	**702**	**738**	**774**	**810**	**846**	**882**	**918**	**954**	**990**	**1026**	**1062**	**1098**	**1134**	**1170**	**1206**	**1242**	**1278**	**1314**	**km**

Δt Fahrenheit

TABLE 2 (Sheet 9 of 128)

TEMPERENCE DIFFERENCE

ECONOMICAL INSULATION THICKNESS TABLE

IN INCHES
(nominal)

PIPE SIZE: 3/4" NPS (Tube Size 1" to 1-1/8" OD)
26.16 mm

At the intersection of the "Δt" column with the "k" row read the economical thickness.
(•—*exceeds 12" thickness*)

D = 0.1000

Δt Celsius °C or Kelvin °K

CONDUCTIVITY k: Btu, in./sq ft, hr °F (left); km: W/mK (right)

k	50	70	90	110	130	150	170	190	210	230	250	270	290	310	330	350	370	390	410	430	450	470	490	510	530	550	570	590	610	630	650	670	690	710	730	km
0.1	1.0	1.0	1.0	1.0	1.5	1.5	1.5	1.5	1.5	2.0	2.0	2.0	2.0	2.0	2.0	2.0	2.5	2.5	2.5	2.5	2.5	2.5	3.0	3.0	3.0	3.0	3.0	3.0	3.0	3.0	3.0	3.0	3.5	3.5	3.5	.0144
0.2	1.0	1.5	1.5	1.5	2.0	2.0	2.0	2.5	2.5	2.5	3.0	3.0	3.0	3.0	3.0	3.5	3.5	3.5	3.5	3.5	3.5	4.0	4.0	4.0	4.0	4.0	4.5	4.5	4.5	4.5	4.5	4.5	5.0	5.0	5.0	.0288
0.3	1.5	1.5	2.0	2.0	2.0	2.5	2.5	3.0	3.0	3.0	3.5	3.5	3.5	4.0	4.0	4.0	4.0	4.5	4.5	4.5	4.5	5.0	5.0	5.0	5.0	5.0	5.5	5.5	5.5	5.5	6.0	6.0	6.0	6.0	6.0	.0433
0.4	1.5	2.0	2.0	2.5	2.5	3.0	3.0	3.5	3.5	3.5	4.0	4.0	4.0	4.5	4.5	4.5	5.0	5.0	5.0	5.5	5.5	5.5	5.5	6.0	6.0	6.0	6.5	6.5	6.5	6.5	7.0	7.0	7.0	7.0	7.5	.0577
0.5	1.5	2.0	2.5	2.5	3.0	3.0	3.5	3.5	4.0	4.0	4.5	4.5	4.5	5.0	5.0	5.5	5.5	5.5	6.0	6.0	6.0	6.5	6.5	6.5	7.0	7.0	7.0	7.5	7.5	7.5	7.5	8.0	8.0	8.0	8.0	.0721
0.6	1.5	2.0	2.5	3.0	3.5	3.5	4.0	4.0	4.5	4.5	5.0	5.0	5.0	5.5	5.5	6.0	6.0	6.5	6.5	6.5	7.0	7.0	7.0	7.5	7.5	7.5	8.0	8.0	8.0	8.5	8.5	8.5	9.0	9.0	9.0	.0865
0.7	2.0	2.5	3.0	3.0	3.5	4.0	4.0	4.5	4.5	5.0	5.0	5.5	5.5	6.0	6.0	6.5	6.5	7.0	7.0	7.5	7.5	7.5	8.0	8.0	8.0	8.5	8.5	9.0	9.0	9.0	9.5	9.5	9.5	10.0	10.0	.1009
0.8	2.0	2.5	3.0	3.5	3.5	4.0	4.5	4.5	5.0	5.5	5.5	6.0	6.0	6.5	6.5	7.0	7.0	7.5	7.5	8.0	8.0	8.0	8.5	8.5	9.0	9.0	9.5	9.5	9.5	10.0	10.0	10.0	10.0	10.0	10.5	.1154
0.9	2.0	2.5	3.0	3.5	4.0	4.5	4.5	5.0	5.5	5.5	6.0	6.5	6.5	7.0	7.0	7.5	7.5	8.0	8.0	8.5	8.5	9.0	9.0	9.5	9.5	9.5	10.0	10.0	10.0	10.0	10.0	10.5	10.5	10.5	11.0	.1298
1.0	2.0	3.0	3.5	3.5	4.0	4.5	5.0	5.5	5.5	6.0	6.5	6.5	7.0	7.0	7.5	8.0	8.0	8.5	8.5	9.0	9.0	9.5	9.5	10.0	10.0	10.0	10.0	10.0	10.0	10.5	10.5	11.0	11.0	11.5	11.5	.1442
1.1	2.0	3.0	3.5	4.0	4.5	5.0	5.0	5.5	6.0	6.5	6.5	7.0	7.5	7.5	8.0	8.0	8.5	9.0	9.0	9.5	9.5	10.0	10.0	10.0	10.0	10.5	10.5	10.5	10.5	11.0	11.0	11.5	11.5	12.0	12.0	.1586
1.2	2.0	3.0	3.5	4.0	4.5	5.0	5.5	6.0	6.5	6.5	7.0	7.5	7.5	8.0	8.5	8.5	9.0	9.0	9.5	10.0	10.0	10.0	10.0	10.5	10.5	11.0	11.0	11.5	11.5	11.5	11.5	12.0	12.0	•	•	.1730
1.3	2.5	3.0	3.5	4.0	5.0	5.0	5.5	6.0	6.5	7.0	7.5	7.5	8.0	8.5	8.5	9.0	9.5	9.5	10.0	10.0	10.0	10.5	10.5	11.0	11.0	11.5	11.5	11.5	12.0	12.0	•	•	•	•	•	.1875
1.4	2.5	3.5	4.0	4.5	5.0	5.5	6.0	6.5	7.0	7.0	7.5	8.0	8.5	8.5	9.0	9.5	9.5	10.0	10.0	10.0	10.5	10.5	11.0	11.0	11.5	12.0	12.0	12.0	•	•	•	•	•	•	•	.2019
1.5	2.5	3.5	4.0	4.5	5.0	5.5	6.0	6.5	7.0	7.5	8.0	8.5	8.5	9.0	9.5	10.0	10.0	10.0	10.0	10.5	10.5	11.0	11.0	11.5	11.5	12.0	•	•	•	•	•	•	•	•	•	.2163
k	90	126	162	198	234	270	306	342	378	414	450	486	522	558	594	630	666	702	738	774	810	846	882	918	954	990	1026	1062	1098	1134	1170	1206	1242	1278	1314	km

Δt Fahrenheit

D = 0.1400

Δt Celsius °C or Kelvin °K

CONDUCTIVITY k: Btu, in./sq ft, hr °F (left); km: W/mK (right)

k	50	70	90	110	130	150	170	190	210	230	250	270	290	310	330	350	370	390	410	430	450	470	490	510	530	550	570	590	610	630	650	670	690	710	730	km
0.1	1.0	1.0	1.0	1.5	1.5	1.5	1.5	2.0	2.0	2.0	2.5	2.5	2.5	2.5	2.5	3.0	3.0	3.0	3.0	3.0	3.5	3.5	3.5	3.5	3.5	3.5	4.0	4.0	4.0	4.0	4.0	4.0	4.5	4.5	4.5	.0144
0.2	1.0	1.0	1.0	1.5	1.5	2.0	2.0	2.0	2.5	2.5	3.0	3.0	3.0	3.0	3.5	3.5	3.5	3.5	4.0	4.0	4.0	4.0	4.0	4.5	4.5	4.5	4.5	4.5	5.0	5.0	5.0	5.0	5.0	5.5	5.5	.0288
0.3	1.5	1.5	1.5	2.0	2.5	2.5	3.0	3.0	3.0	3.5	3.5	4.0	4.0	4.0	4.0	4.5	4.5	4.5	5.0	5.0	5.0	5.5	5.5	5.5	5.5	6.0	6.0	6.0	6.0	6.0	6.5	6.5	6.5	6.5	7.0	.0433
0.4	1.5	2.0	2.0	2.5	2.5	3.0	3.5	3.5	3.5	4.0	4.0	4.5	4.5	4.5	5.0	5.0	5.0	5.0	5.5	6.0	6.0	6.5	6.5	6.5	6.5	7.0	7.0	7.0	7.0	7.5	7.5	8.0	8.0	8.0	8.5	.0577
0.5	1.5	2.0	2.0	2.5	3.0	3.5	4.0	4.0	4.0	4.5	4.5	5.0	5.0	5.5	5.5	6.0	6.0	6.0	6.5	6.5	7.0	7.0	7.0	7.5	7.5	8.0	8.0	8.0	8.5	8.5	9.0	9.0	9.0	9.0	9.5	.0721
0.6	2.0	2.5	2.5	3.0	3.5	4.0	4.0	4.0	4.5	5.0	5.5	5.5	5.5	6.0	6.0	6.5	7.0	7.0	7.0	7.5	7.5	8.0	8.0	8.5	8.5	9.0	9.0	9.0	9.5	9.5	10.0	10.0	10.0	10.5	10.5	.0365
0.7	2.0	2.5	2.5	3.0	3.5	4.0	4.5	4.5	5.0	5.5	5.5	6.0	6.0	6.5	7.0	7.0	7.5	7.5	8.0	8.5	8.5	9.0	9.0	9.0	9.5	9.5	10.0	10.0	10.5	10.5	11.0	11.0	11.0	11.5	11.5	.1009
0.8	2.0	2.5	3.0	3.5	4.0	4.5	5.0	5.0	5.5	6.0	6.0	6.5	6.5	7.0	7.5	8.0	8.0	8.0	8.5	9.0	9.0	9.5	9.5	10.0	10.0	10.5	11.0	11.0	11.0	11.5	11.5	12.0	12.0	•	•	.1154
0.9	2.0	3.0	3.5	4.0	4.5	5.0	5.5	5.5	5.5	6.0	6.5	7.0	7.0	7.5	8.0	8.5	8.5	8.5	9.0	9.5	10.0	10.0	10.0	10.5	11.0	11.5	11.5	12.0	12.0	•	•	•	•	•	•	.1298
1.0	2.0	3.0	3.5	4.0	4.5	5.0	5.5	5.5	6.0	6.5	7.0	7.5	8.0	8.0	8.5	9.0	9.5	9.5	9.5	10.0	10.5	11.0	11.0	11.5	11.5	12.0	12.0	•	•	•	•	•	•	•	•	.1442
1.1	2.0	3.0	3.5	4.0	4.5	5.5	6.0	6.5	7.0	7.5	8.0	8.5	9.0	9.5	9.5	9.5	10.0	10.0	10.0	10.5	11.0	11.0	11.5	12.0	12.0	•	•	•	•	•	•	•	•	•	•	.1586
1.2	2.5	3.0	3.5	4.5	5.0	5.5	6.0	6.5	7.0	7.5	8.0	8.5	9.0	9.5	9.5	10.0	10.5	10.5	10.5	11.5	12.0	12.0	12.0	•	•	•	•	•	•	•	•	•	•	•	•	.1730
1.3	2.5	3.5	3.5	4.5	5.0	5.5	6.0	6.5	7.0	7.5	8.0	8.5	9.0	9.5	10.0	10.0	10.5	11.0	11.5	12.0	12.0	•	•	•	•	•	•	•	•	•	•	•	•	•	•	.1875
1.4	3.0	3.5	4.0	4.5	5.0	5.5	6.0	6.5	7.0	7.5	8.0	8.5	9.0	9.5	10.0	10.5	11.0	11.5	12.0	12.0	•	•	•	•	•	•	•	•	•	•	•	•	•	•	•	.2019
1.5	3.0	3.5	4.0	4.5	5.0	5.5	6.0	6.5	7.0	7.5	8.0	8.5	9.0	9.5	10.0	10.5	11.0	11.5	12.0	•	•	•	•	•	•	•	•	•	•	•	•	•	•	•	•	.2163
k	90	126	162	198	234	270	306	342	378	414	450	486	522	558	594	630	666	702	738	774	810	846	882	918	954	990	1026	1062	1098	1134	1170	1206	1242	1278	1314	km

Δt Fahrenheit

D = 0.2000

Δt Celsius °C or Kelvin °K

CONDUCTIVITY k: Btu, in./sq ft, hr °F (left); km: W/mK (right)

k	50	70	90	110	130	150	170	190	210	230	250	270	290	310	330	350	370	390	410	430	450	470	490	510	530	550	570	590	610	630	650	670	690	710	730	km
0.1	1.5	1.5	1.5	1.5	2.0	2.0	2.0	2.5	2.5	3.0	3.0	3.0	3.0	3.5	3.5	3.5	3.5	4.0	4.0	4.0	4.5	4.5	4.5	5.0	5.0	5.0	5.0	5.0	5.0	5.5	5.5	5.5	6.0	6.0	6.0	.0144
0.2	1.5	2.0	2.0	2.0	2.5	2.5	3.0	3.0	3.0	3.5	3.5	3.5	3.5	4.0	4.0	4.5	4.5	4.5	4.5	5.0	5.0	5.0	5.0	5.5	5.5	5.5	6.0	6.0	6.0	6.0	6.5	6.5	6.5	6.5	7.0	.0288
0.3	1.5	2.0	2.0	2.5	3.0	3.5	3.5	3.5	4.0	4.0	4.5	4.5	4.5	5.0	5.0	5.5	5.5	5.5	6.0	6.0	6.5	6.5	6.5	7.0	7.0	7.5	7.5	7.5	7.5	8.0	8.0	8.0	8.5	8.5	8.5	.0433
0.4	2.0	2.5	2.5	3.0	3.5	4.0	4.0	4.0	4.5	5.0	5.0	5.5	5.5	6.0	6.0	6.5	7.0	7.0	7.0	7.5	7.5	8.0	8.0	8.0	8.5	8.5	9.0	9.0	9.0	9.5	9.5	10.0	10.0	10.0	10.5	.0577
0.5	2.0	3.0	3.0	3.5	4.0	4.5	4.5	4.5	5.0	5.5	6.0	6.5	6.5	7.0	7.0	7.5	8.0	8.0	8.5	8.5	8.5	9.0	9.0	9.5	9.5	10.0	10.0	10.0	10.5	11.0	11.0	11.5	11.5	12.0	12.0	.0721
0.6	2.5	3.0	3.5	4.0	4.5	5.0	5.5	5.5	5.5	6.0	6.5	7.0	7.0	7.5	8.0	8.5	8.5	8.5	9.0	9.5	10.0	10.0	10.5	10.5	11.0	11.0	11.5	11.5	12.0	12.0	•	•	•	•	•	.0865
0.7	2.5	3.0	3.5	4.0	4.5	5.0	5.5	6.0	6.5	7.0	7.5	7.5	7.5	8.0	8.5	9.0	9.5	9.5	10.0	10.5	10.5	11.0	11.0	11.5	12.0	12.0	•	•	•	•	•	•	•	•	•	.1009
0.8	2.5	3.0	3.5	4.5	5.0	5.5	6.0	6.5	7.0	7.5	8.0	8.5	9.0	9.0	9.5	10.0	10.5	10.5	11.0	11.0	11.5	12.0	12.0	•	•	•	•	•	•	•	•	•	•	•	•	.1154
0.9	2.5	3.5	4.0	4.5	5.5	6.0	6.5	7.0	7.5	8.0	8.5	9.0	9.5	9.5	10.0	10.5	11.0	11.0	11.5	12.0	12.0	•	•	•	•	•	•	•	•	•	•	•	•	•	•	.1298
1.0	3.0	4.0	4.5	5.0	5.5	6.5	7.0	7.0	7.5	8.5	9.0	9.5	9.5	10.0	10.5	11.5	12.0	12.0	•	•	•	•	•	•	•	•	•	•	•	•	•	•	•	•	•	.1442
1.1	3.5	4.0	4.5	5.0	5.5	6.5	7.0	7.5	8.0	8.5	9.5	10.0	10.5	11.0	11.5	12.0	•	•	•	•	•	•	•	•	•	•	•	•	•	•	•	•	•	•	•	.1586
1.2	3.5	4.5	4.5	5.5	6.0	6.5	7.5	8.0	9.0	9.5	10.5	11.0	12.0	•	•	•	•	•	•	•	•	•	•	•	•	•	•	•	•	•	•	•	•	•	•	.1730
1.3	3.5	4.5	5.0	5.5	6.5	7.0	8.0	9.0	10.0	10.5	12.0	•	•	•	•	•	•	•	•	•	•	•	•	•	•	•	•	•	•	•	•	•	•	•	•	.1875
1.4	4.0	5.0	5.0	6.0	7.0	7.5	8.0	9.5	10.5	12.0	•	•	•	•	•	•	•	•	•	•	•	•	•	•	•	•	•	•	•	•	•	•	•	•	•	.2019
1.5	4.0	5.0	5.5	6.0	7.0	8.0	9.0	10.0	11.0	12.0	•	•	•	•	•	•	•	•	•	•	•	•	•	•	•	•	•	•	•	•	•	•	•	•	•	.2163
k	90	126	162	198	234	270	306	342	378	414	450	486	522	558	594	630	666	702	738	774	810	846	882	918	954	990	1026	1062	1098	1134	1170	1206	1242	1278	1314	km

Δt Fahrenheit

TEMPERATURE DIFFERENCE

TABLE 2 (Sheet 10 of 128)

TABLE 2 (Continued)

ECONOMICAL INSULATION THICKNESS TABLE

IN INCHES
(nominal)

PIPE SIZE: 1'' NPS (Tube Size 1-1/4'' OD)
33.4 mm

At the intersection of the ''Δt'' column with the ''k'' row read the economical thickness.
(•—*exceeds 12'' thickness*)

D = 0.0040

Δt Celsius °C or Kelvin °K

CONDUCTIVITY Btu, in./sq ft, hr °F (k) — W/mK (km)

k	50	70	90	110	130	150	170	190	210	230	250	270	290	310	330	350	370	390	410	430	450	470	490	510	530	550	570	590	610	630	650	670	690	710	730	km
0.1	0.5	0.5	0.5	0.5	0.5	0.5	0.5	0.5	0.5	0.5	0.5	0.5	0.5	0.5	0.5	0.5	0.5	0.5	0.5	0.5	0.5	0.5	0.5	0.5	0.5	0.5	0.5	0.5	1.0	1.0	1.0	1.0	1.0	1.0	1.0	.0144
0.2	0.5	0.5	0.5	0.5	0.5	0.5	0.5	0.5	0.5	0.5	0.5	0.5	0.5	0.5	0.5	0.5	1.0	1.0	1.0	1.0	1.0	1.0	1.0	1.0	1.0	1.0	1.0	1.0	1.0	1.0	1.0	1.0	1.0	1.0	1.0	.0288
0.3	0.5	0.5	0.5	0.5	0.5	0.5	0.5	0.5	0.5	0.5	0.5	0.5	1.0	1.0	1.0	1.0	1.0	1.0	1.0	1.0	1.0	1.0	1.0	1.0	1.0	1.0	1.0	1.0	1.0	1.0	1.0	1.0	1.0	1.0	1.0	.0433
0.4	0.5	0.5	0.5	0.5	0.5	0.5	0.5	0.5	0.5	0.5	0.5	1.0	1.0	1.0	1.0	1.0	1.0	1.0	1.0	1.0	1.0	1.0	1.0	1.0	1.0	1.0	1.0	1.0	1.0	1.0	1.0	1.5	1.5	1.5	1.5	.0577
0.5	0.5	0.5	0.5	0.5	0.5	0.5	0.5	0.5	0.5	0.5	1.0	1.0	1.0	1.0	1.0	1.0	1.0	1.0	1.0	1.0	1.0	1.0	1.0	1.0	1.0	1.0	1.0	1.5	1.5	1.5	1.5	1.5	1.5	1.5	1.5	.0721
0.6	0.5	0.5	0.5	0.5	0.5	0.5	0.5	0.5	0.5	0.5	1.0	1.0	1.0	1.0	1.0	1.0	1.0	1.0	1.0	1.0	1.0	1.0	1.0	1.0	1.5	1.5	1.5	1.5	1.5	1.5	1.5	1.5	1.5	1.5	1.5	.0865
0.7	0.5	0.5	0.5	0.5	0.5	0.5	0.5	0.5	0.5	0.5	1.0	1.0	1.0	1.0	1.0	1.0	1.0	1.0	1.0	1.0	1.0	1.0	1.0	1.5	1.5	1.5	1.5	1.5	1.5	1.5	1.5	1.5	1.5	1.5	1.5	.1009
0.8	0.5	0.5	0.5	0.5	0.5	0.5	0.5	0.5	0.5	0.5	1.0	1.0	1.0	1.0	1.0	1.0	1.0	1.0	1.0	1.0	1.0	1.0	1.5	1.5	1.5	1.5	1.5	1.5	1.5	1.5	1.5	1.5	1.5	1.5	1.5	.1154
0.9	0.5	0.5	0.5	0.5	0.5	0.5	0.5	0.5	0.5	0.5	0.5	1.0	1.0	1.0	1.0	1.0	1.0	1.0	1.0	1.0	1.0	1.5	1.5	1.5	1.5	1.5	1.5	1.5	1.5	1.5	1.5	1.5	1.5	1.5	1.5	.1298
1.0	0.5	0.5	0.5	0.5	0.5	0.5	0.5	0.5	0.5	0.5	0.5	1.0	1.0	1.0	1.0	1.0	1.0	1.0	1.0	1.0	1.5	1.5	1.5	1.5	1.5	1.5	1.5	1.5	1.5	1.5	1.5	1.5	1.5	1.5	1.5	.1442
1.1	0.5	0.5	0.5	0.5	0.5	0.5	0.5	0.5	0.5	0.5	0.5	0.5	1.0	1.0	1.0	1.0	1.0	1.0	1.0	1.0	1.5	1.5	1.5	1.5	1.5	1.5	1.5	1.5	1.5	1.5	1.5	1.5	1.5	1.5	2.0	.1586
1.2	0.5	0.5	0.5	0.5	0.5	0.5	0.5	0.5	0.5	0.5	0.5	0.5	0.5	1.0	1.0	1.0	1.0	1.0	1.0	1.0	1.5	1.5	1.5	1.5	1.5	1.5	1.5	1.5	1.5	1.5	1.5	1.5	1.5	2.0	2.0	.1730
1.3	0.5	0.5	0.5	0.5	0.5	0.5	0.5	0.5	0.5	0.5	0.5	0.5	0.5	0.5	0.5	1.0	1.0	1.0	1.0	1.0	1.0	1.5	1.5	1.5	1.5	1.5	1.5	1.5	1.5	1.5	1.5	1.5	1.5	2.0	2.0	.1875
1.4	0.5	0.5	0.5	0.5	0.5	0.5	0.5	0.5	0.5	0.5	0.5	0.5	0.5	0.5	0.5	0.5	1.0	1.0	1.0	1.0	1.0	1.5	1.5	1.5	1.5	1.5	1.5	1.5	1.5	1.5	1.5	1.5	2.0	2.0	2.0	.2019
1.5	0.5	0.5	0.5	0.5	0.5	0.5	0.5	0.5	0.5	0.5	0.5	0.5	0.5	0.5	0.5	0.5	0.5	0.5	1.0	1.0	1.0	1.0	1.5	1.5	1.5	1.5	1.5	1.5	1.5	1.5	1.5	1.5	2.0	2.0	2.0	.2163
k	90	126	162	198	234	270	306	342	378	414	450	486	522	558	594	630	666	702	738	774	810	846	882	918	954	990	1026	1062	1098	1134	1170	1206	1242	1278	1314	km

Δt Fahrenheit

D = 0.0045

Δt Celsius °C or Kelvin °K

CONDUCTIVITY Btu, in./sq ft, hr °F (k) — W/mK (km)

k	50	70	90	110	130	150	170	190	210	230	250	270	290	310	330	350	370	390	410	430	450	470	490	510	530	550	570	590	610	630	650	670	690	710	730	km
0.1	0.5	0.5	0.5	0.5	0.5	0.5	0.5	0.5	0.5	0.5	0.5	0.5	0.5	0.5	0.5	0.5	0.5	0.5	0.5	0.5	0.5	0.5	0.5	0.5	0.5	1.0	1.0	1.0	1.0	1.0	1.0	1.0	1.0	1.0	1.0	.0144
0.2	0.5	0.5	0.5	0.5	0.5	0.5	0.5	0.5	0.5	0.5	0.5	0.5	0.5	0.5	1.0	1.0	1.0	1.0	1.0	1.0	1.0	1.0	1.0	1.0	1.0	1.0	1.0	1.0	1.0	1.0	1.0	1.0	1.0	1.0	1.0	.0288
0.3	0.5	0.5	0.5	0.5	0.5	0.5	0.5	0.5	0.5	0.5	0.5	1.0	1.0	1.0	1.0	1.0	1.0	1.0	1.0	1.0	1.0	1.0	1.0	1.0	1.0	1.0	1.0	1.0	1.0	1.0	1.0	1.0	1.0	1.0	1.5	.0433
0.4	0.5	0.5	0.5	0.5	0.5	0.5	0.5	0.5	0.5	1.0	1.0	1.0	1.0	1.0	1.0	1.0	1.0	1.0	1.0	1.0	1.0	1.0	1.0	1.0	1.0	1.0	1.0	1.5	1.5	1.5	1.5	1.5	1.5	1.5	1.5	.0577
0.5	0.5	0.5	0.5	0.5	0.5	0.5	0.5	0.5	0.5	1.0	1.0	1.0	1.0	1.0	1.0	1.0	1.0	1.0	1.0	1.0	1.0	1.0	1.0	1.0	1.5	1.5	1.5	1.5	1.5	1.5	1.5	1.5	1.5	1.5	1.5	.0721
0.6	0.5	0.5	0.5	0.5	0.5	0.5	0.5	0.5	0.5	1.0	1.0	1.0	1.0	1.0	1.0	1.0	1.0	1.0	1.0	1.0	1.0	1.5	1.5	1.5	1.5	1.5	1.5	1.5	1.5	1.5	1.5	1.5	1.5	1.5	1.5	.0865
0.7	0.5	0.5	0.5	0.5	0.5	0.5	0.5	0.5	0.5	1.0	1.0	1.0	1.0	1.0	1.0	1.0	1.0	1.0	1.0	1.0	1.5	1.5	1.5	1.5	1.5	1.5	1.5	1.5	1.5	1.5	1.5	1.5	1.5	1.5	1.5	.1009
0.8	0.5	0.5	0.5	0.5	0.5	0.5	0.5	0.5	0.5	1.0	1.0	1.0	1.0	1.0	1.0	1.0	1.0	1.0	1.0	1.5	1.5	1.5	1.5	1.5	1.5	1.5	1.5	1.5	1.5	1.5	1.5	1.5	1.5	1.5	1.5	.1154
0.9	0.5	0.5	0.5	0.5	0.5	0.5	0.5	0.5	0.5	1.0	1.0	1.0	1.0	1.0	1.0	1.0	1.0	1.0	1.5	1.5	1.5	1.5	1.5	1.5	1.5	1.5	1.5	1.5	1.5	1.5	1.5	1.5	1.5	2.0	2.0	.1298
1.0	0.5	0.5	0.5	0.5	0.5	0.5	0.5	0.5	0.5	0.5	1.0	1.0	1.0	1.0	1.0	1.0	1.0	1.0	1.5	1.5	1.5	1.5	1.5	1.5	1.5	1.5	1.5	1.5	1.5	1.5	1.5	2.0	2.0	2.0	2.0	.1442
1.1	0.5	0.5	0.5	0.5	0.5	0.5	0.5	0.5	0.5	0.5	0.5	1.0	1.0	1.0	1.0	1.0	1.0	1.0	1.5	1.5	1.5	1.5	1.5	1.5	1.5	1.5	1.5	1.5	1.5	1.5	2.0	2.0	2.0	2.0	2.0	.1586
1.2	0.5	0.5	0.5	0.5	0.5	0.5	0.5	0.5	0.5	0.5	0.5	0.5	1.0	1.0	1.0	1.0	1.0	1.0	1.5	1.5	1.5	1.5	1.5	1.5	1.5	1.5	1.5	1.5	1.5	2.0	2.0	2.0	2.0	2.0	2.0	.1730
1.3	0.5	0.5	0.5	0.5	0.5	0.5	0.5	0.5	0.5	0.5	0.5	0.5	0.5	1.0	1.0	1.0	1.0	1.0	1.5	1.5	1.5	1.5	1.5	1.5	1.5	1.5	1.5	1.5	1.5	2.0	2.0	2.0	2.0	2.0	2.0	.1875
1.4	0.5	0.5	0.5	0.5	0.5	0.5	0.5	0.5	0.5	0.5	0.5	0.5	0.5	0.5	1.0	1.0	1.0	1.0	1.5	1.5	1.5	1.5	1.5	1.5	1.5	1.5	1.5	1.5	2.0	2.0	2.0	2.0	2.0	2.0	2.0	.2019
1.5	0.5	0.5	0.5	0.5	0.5	0.5	0.5	0.5	0.5	0.5	0.5	0.5	0.5	0.5	0.5	0.5	1.0	1.0	1.0	1.5	1.5	1.5	1.5	1.5	1.5	1.5	1.5	1.5	2.0	2.0	2.0	2.0	2.0	2.0	2.0	.2163
k	90	126	162	198	234	270	306	342	378	414	450	486	522	558	594	630	666	702	738	774	810	846	882	918	954	990	1026	1062	1098	1134	1170	1206	1242	1278	1314	km

Δt Fahrenheit

D = 0.0050

Δt Celsius °C or Kelvin °K

CONDUCTIVITY Btu, in./sq ft, hr °F (k) — W/mK (km)

k	50	70	90	110	130	150	170	190	210	230	250	270	290	310	330	350	370	390	410	430	450	470	490	510	530	550	570	590	610	630	650	670	690	710	730	km
0.1	0.5	0.5	0.5	0.5	0.5	0.5	0.5	0.5	0.5	0.5	0.5	0.5	0.5	0.5	0.5	0.5	0.5	0.5	0.5	0.5	0.5	0.5	1.0	1.0	1.0	1.0	1.0	1.0	1.0	1.0	1.0	1.0	1.0	1.0	1.0	.0144
0.2	0.5	0.5	0.5	0.5	0.5	0.5	0.5	0.5	0.5	0.5	0.5	0.5	0.5	1.0	1.0	1.0	1.0	1.0	1.0	1.0	1.0	1.0	1.0	1.0	1.0	1.0	1.0	1.0	1.0	1.0	1.0	1.0	1.0	1.0	1.0	.0288
0.3	0.5	0.5	0.5	0.5	0.5	0.5	0.5	0.5	0.5	0.5	1.0	1.0	1.0	1.0	1.0	1.0	1.0	1.0	1.0	1.0	1.0	1.0	1.0	1.0	1.0	1.0	1.0	1.0	1.0	1.0	1.5	1.5	1.5	1.5	1.5	.0433
0.4	0.5	0.5	0.5	0.5	0.5	0.5	0.5	0.5	1.0	1.0	1.0	1.0	1.0	1.0	1.0	1.0	1.0	1.0	1.0	1.0	1.0	1.0	1.0	1.0	1.0	1.5	1.5	1.5	1.5	1.5	1.5	1.5	1.5	1.5	1.5	.0577
0.5	0.5	0.5	0.5	0.5	0.5	0.5	0.5	0.5	1.0	1.0	1.0	1.0	1.0	1.0	1.0	1.0	1.0	1.0	1.0	1.0	1.5	1.5	1.5	1.5	1.5	1.5	1.5	1.5	1.5	1.5	1.5	1.5	1.5	1.5	1.5	.0721
0.6	0.5	0.5	0.5	0.5	0.5	0.5	0.5	1.0	1.0	1.0	1.0	1.0	1.0	1.0	1.0	1.0	1.0	1.0	1.0	1.5	1.5	1.5	1.5	1.5	1.5	1.5	1.5	1.5	1.5	1.5	1.5	1.5	1.5	1.5	1.5	.0865
0.7	0.5	0.5	0.5	0.5	0.5	0.5	0.5	0.5	1.0	1.0	1.0	1.0	1.0	1.0	1.0	1.0	1.0	1.0	1.5	1.5	1.5	1.5	1.5	1.5	1.5	1.5	1.5	1.5	1.5	1.5	1.5	1.5	1.5	1.5	1.5	.1009
0.8	0.5	0.5	0.5	0.5	0.5	0.5	0.5	0.5	1.0	1.0	1.0	1.0	1.0	1.0	1.0	1.0	1.0	1.5	1.5	1.5	1.5	1.5	1.5	1.5	1.5	1.5	1.5	1.5	1.5	1.5	1.5	2.0	2.0	2.0	2.0	.1154
0.9	0.5	0.5	0.5	0.5	0.5	0.5	0.5	0.5	1.0	1.0	1.0	1.0	1.0	1.0	1.0	1.0	1.5	1.5	1.5	1.5	1.5	1.5	1.5	1.5	1.5	1.5	1.5	1.5	1.5	2.0	2.0	2.0	2.0	2.0	2.0	.1298
1.0	0.5	0.5	0.5	0.5	0.5	0.5	0.5	0.5	0.5	1.0	1.0	1.0	1.0	1.0	1.0	1.0	1.5	1.5	1.5	1.5	1.5	1.5	1.5	1.5	1.5	1.5	1.5	1.5	2.0	2.0	2.0	2.0	2.0	2.0	2.0	.1442
1.1	0.5	0.5	0.5	0.5	0.5	0.5	0.5	0.5	0.5	1.0	1.0	1.0	1.0	1.0	1.0	1.0	1.5	1.5	1.5	1.5	1.5	1.5	1.5	1.5	1.5	1.5	1.5	2.0	2.0	2.0	2.0	2.0	2.0	2.0	2.0	.1586
1.2	0.5	0.5	0.5	0.5	0.5	0.5	0.5	0.5	0.5	0.5	1.0	1.0	1.0	1.0	1.0	1.0	1.5	1.5	1.5	1.5	1.5	1.5	1.5	1.5	1.5	1.5	2.0	2.0	2.0	2.0	2.0	2.0	2.0	2.0	2.0	.1730
1.3	0.5	0.5	0.5	0.5	0.5	0.5	0.5	0.5	0.5	0.5	0.5	1.0	1.0	1.0	1.0	1.0	1.5	1.5	1.5	1.5	1.5	1.5	1.5	1.5	1.5	1.5	2.0	2.0	2.0	2.0	2.0	2.0	2.0	2.0	2.0	.1875
1.4	0.5	0.5	0.5	0.5	0.5	0.5	0.5	0.5	0.5	0.5	0.5	0.5	0.5	1.0	1.0	1.0	1.5	1.5	1.5	1.5	1.5	1.5	1.5	1.5	1.5	2.0	2.0	2.0	2.0	2.0	2.0	2.0	2.0	2.0	2.0	.2019
1.5	0.5	0.5	0.5	0.5	0.5	0.5	0.5	0.5	0.5	0.5	0.5	0.5	0.5	0.5	1.0	1.0	1.0	1.5	1.5	1.5	1.5	1.5	1.5	1.5	1.5	2.0	2.0	2.0	2.0	2.0	2.0	2.0	2.0	2.0	2.0	.2163
k	90	126	162	198	234	270	306	342	378	414	450	486	522	558	594	630	666	702	738	774	810	846	882	918	954	990	1026	1062	1098	1134	1170	1206	1242	1278	1314	km

Δt Fahrenheit

TABLE 2 (Sheet 11 of 128)

TEMPERATURE DIFFERENCE

TABLE 2 (Continued)

ECONOMICAL INSULATION THICKNESS TABLE

IN INCHES
(nominal)

PIPE SIZE: 1'' NPS (Tube Size 1-1/4'' OD)
33.4 mm

At the intersection of the ''Δt'' column with the ''k'' row read the economical thickness.
(•—*exceeds 12'' thickness*)

D = 0.0060

Δt Celsius °C or Kelvin °K

k	50	70	90	110	130	150	170	190	210	230	250	270	290	310	330	350	370	390	410	430	450	470	490	510	530	550	570	590	610	630	650	670	690	710	730	km
0.1	0.5	0.5	0.5	0.5	0.5	0.5	0.5	0.5	0.5	0.5	0.5	0.5	0.5	0.5	0.5	0.5	0.5	0.5	1.0	1.0	1.0	1.0	1.0	1.0	1.0	1.0	1.0	1.0	1.0	1.0	1.0	1.0	1.0	1.0	1.0	.0144
0.2	0.5	0.5	0.5	0.5	0.5	0.5	0.5	0.5	0.5	0.5	1.0	1.0	1.0	1.0	1.0	1.0	1.0	1.0	1.0	1.0	1.0	1.0	1.0	1.0	1.0	1.0	1.0	1.0	1.0	1.0	1.0	1.0	1.0	1.0	1.0	.0288
0.3	0.5	0.5	0.5	0.5	0.5	0.5	0.5	0.5	1.0	1.0	1.0	1.0	1.0	1.0	1.0	1.0	1.0	1.0	1.0	1.0	1.0	1.0	1.0	1.0	1.0	1.5	1.5	1.5	1.5	1.5	1.5	1.5	1.5	1.5	1.5	.0433
0.4	0.5	0.5	0.5	0.5	0.5	0.5	0.5	1.0	1.0	1.0	1.0	1.0	1.0	1.0	1.0	1.0	1.0	1.0	1.0	1.0	1.5	1.5	1.5	1.5	1.5	1.5	1.5	1.5	1.5	1.5	1.5	1.5	1.5	1.5	1.5	.0577
0.5	0.5	0.5	0.5	0.5	0.5	0.5	1.0	1.0	1.0	1.0	1.0	1.0	1.0	1.0	1.0	1.0	1.0	1.5	1.5	1.5	1.5	1.5	1.5	1.5	1.5	1.5	1.5	1.5	1.5	1.5	1.5	1.5	1.5	1.5	1.5	.0721
0.6	0.5	0.5	0.5	0.5	0.5	0.5	1.0	1.0	1.0	1.0	1.0	1.0	1.0	1.0	1.0	1.5	1.5	1.5	1.5	1.5	1.5	1.5	1.5	1.5	1.5	1.5	1.5	1.5	1.5	1.5	1.5	2.0	2.0	2.0	2.0	.0865
0.7	0.5	0.5	0.5	0.5	0.5	0.5	1.0	1.0	1.0	1.0	1.0	1.0	1.0	1.0	1.5	1.5	1.5	1.5	1.5	1.5	1.5	1.5	1.5	1.5	1.5	1.5	1.5	1.5	2.0	2.0	2.0	2.0	2.0	2.0	2.0	.1009
0.8	0.5	0.5	0.5	0.5	0.5	0.5	1.0	1.0	1.0	1.0	1.0	1.0	1.0	1.0	1.5	1.5	1.5	1.5	1.5	1.5	1.5	1.5	1.5	1.5	1.5	1.5	2.0	2.0	2.0	2.0	2.0	2.0	2.0	2.0	2.0	.1154
0.9	0.5	0.5	0.5	0.5	0.5	0.5	1.0	1.0	1.0	1.0	1.0	1.0	1.0	1.5	1.5	1.5	1.5	1.5	1.5	1.5	1.5	1.5	1.5	1.5	2.0	2.0	2.0	2.0	2.0	2.0	2.0	2.0	2.0	2.0	2.0	.1298
1.0	0.5	0.5	0.5	0.5	0.5	0.5	0.5	1.0	1.0	1.0	1.0	1.0	1.0	1.5	1.5	1.5	1.5	1.5	1.5	1.5	1.5	1.5	1.5	2.0	2.0	2.0	2.0	2.0	2.0	2.0	2.0	2.0	2.0	2.0	2.0	.1442
1.1	0.5	0.5	0.5	0.5	0.5	0.5	0.5	1.0	1.0	1.0	1.0	1.0	1.0	1.5	1.5	1.5	1.5	1.5	1.5	1.5	1.5	1.5	2.0	2.0	2.0	2.0	2.0	2.0	2.0	2.0	2.0	2.0	2.0	2.5	2.5	.1586
1.2	0.5	0.5	0.5	0.5	0.5	0.5	0.5	0.5	1.0	1.0	1.0	1.0	1.0	1.5	1.5	1.5	1.5	1.5	1.5	1.5	1.5	1.5	2.0	2.0	2.0	2.0	2.0	2.0	2.0	2.0	2.0	2.0	2.5	2.5	2.5	.1730
1.3	0.5	0.5	0.5	0.5	0.5	0.5	0.5	0.5	0.5	1.0	1.0	1.0	1.0	1.5	1.5	1.5	1.5	1.5	1.5	1.5	1.5	2.0	2.0	2.0	2.0	2.0	2.0	2.0	2.0	2.0	2.0	2.5	2.5	2.5	2.5	.1875
1.4	0.5	0.5	0.5	0.5	0.5	0.5	0.5	0.5	0.5	0.5	1.0	1.0	1.0	1.5	1.5	1.5	1.5	1.5	1.5	1.5	1.5	2.0	2.0	2.0	2.0	2.0	2.0	2.0	2.0	2.0	2.5	2.5	2.5	2.5	2.5	.2019
1.5	0.5	0.5	0.5	0.5	0.5	0.5	0.5	0.5	0.5	0.5	0.5	0.5	1.0	1.0	1.5	1.5	1.5	1.5	1.5	1.5	1.5	2.0	2.0	2.0	2.0	2.0	2.0	2.0	2.0	2.5	2.5	2.5	2.5	2.5	2.5	.2163
k	90	126	162	198	234	270	306	342	378	414	450	486	522	558	594	630	666	702	738	774	810	846	882	918	954	990	1026	1062	1098	1134	1170	1206	1242	1278	1314	km

Δt Fahrenheit

D = 0.0070

Δt Celsius °C or Kelvin °K

k	50	70	90	110	130	150	170	190	210	230	250	270	290	310	330	350	370	390	410	430	450	470	490	510	530	550	570	590	610	630	650	670	690	710	730	km
0.1	0.5	0.5	0.5	0.5	0.5	0.5	0.5	0.5	0.5	0.5	0.5	0.5	0.5	0.5	0.5	1.0	1.0	1.0	1.0	1.0	1.0	1.0	1.0	1.0	1.0	1.0	1.0	1.0	1.0	1.0	1.0	1.0	1.0	1.0	1.0	.0144
0.2	0.5	0.5	0.5	0.5	0.5	0.5	0.5	0.5	1.0	1.0	1.0	1.0	1.0	1.0	1.0	1.0	1.0	1.0	1.0	1.0	1.0	1.0	1.0	1.0	1.0	1.0	1.0	1.0	1.0	1.5	1.5	1.5	1.5	1.5	1.5	.0288
0.3	0.5	0.5	0.5	0.5	0.5	0.5	1.0	1.0	1.0	1.0	1.0	1.0	1.0	1.0	1.0	1.0	1.0	1.0	1.0	1.0	1.0	1.5	1.5	1.5	1.5	1.5	1.5	1.5	1.5	1.5	1.5	1.5	1.5	1.5	1.5	.0433
0.4	0.5	0.5	0.5	0.5	0.5	1.0	1.0	1.0	1.0	1.0	1.0	1.0	1.0	1.0	1.0	1.0	1.0	1.5	1.5	1.5	1.5	1.5	1.5	1.5	1.5	1.5	1.5	1.5	1.5	1.5	1.5	1.5	1.5	1.5	1.5	.0577
0.5	0.5	0.5	0.5	0.5	0.5	1.0	1.0	1.0	1.0	1.0	1.0	1.0	1.0	1.0	1.5	1.5	1.5	1.5	1.5	1.5	1.5	1.5	1.5	1.5	1.5	1.5	1.5	1.5	1.5	1.5	2.0	2.0	2.0	2.0	2.0	.0721
0.6	0.5	0.5	0.5	0.5	0.5	1.0	1.0	1.0	1.0	1.0	1.0	1.0	1.0	1.5	1.5	1.5	1.5	1.5	1.5	1.5	1.5	1.5	1.5	1.5	1.5	1.5	2.0	2.0	2.0	2.0	2.0	2.0	2.0	2.0	2.0	.0865
0.7	0.5	0.5	0.5	0.5	0.5	1.0	1.0	1.0	1.0	1.0	1.0	1.0	1.5	1.5	1.5	1.5	1.5	1.5	1.5	1.5	1.5	1.5	1.5	2.0	2.0	2.0	2.0	2.0	2.0	2.0	2.0	2.0	2.0	2.0	2.0	.1009
0.8	0.5	0.5	0.5	0.5	0.5	1.0	1.0	1.0	1.0	1.0	1.0	1.5	1.5	1.5	1.5	1.5	1.5	1.5	1.5	1.5	1.5	1.5	2.0	2.0	2.0	2.0	2.0	2.0	2.0	2.0	2.0	2.0	2.0	2.0	2.5	.1154
0.9	0.5	0.5	0.5	0.5	0.5	1.0	1.0	1.0	1.0	1.0	1.0	1.5	1.5	1.5	1.5	1.5	1.5	1.5	1.5	1.5	2.0	2.0	2.0	2.0	2.0	2.0	2.0	2.0	2.0	2.0	2.0	2.5	2.5	2.5	2.5	.1298
1.0	0.5	0.5	0.5	0.5	0.5	0.5	1.0	1.0	1.0	1.0	1.0	1.5	1.5	1.5	1.5	1.5	1.5	1.5	1.5	2.0	2.0	2.0	2.0	2.0	2.0	2.0	2.0	2.0	2.0	2.0	2.5	2.5	2.5	2.5	2.5	.1442
1.1	0.5	0.5	0.5	0.5	0.5	0.5	1.0	1.0	1.0	1.0	1.0	1.5	1.5	1.5	1.5	1.5	1.5	1.5	1.5	2.0	2.0	2.0	2.0	2.0	2.0	2.0	2.0	2.0	2.5	2.5	2.5	2.5	2.5	2.5	2.5	.1586
1.2	0.5	0.5	0.5	0.5	0.5	0.5	0.5	1.0	1.0	1.0	1.0	1.5	1.5	1.5	1.5	1.5	1.5	1.5	2.0	2.0	2.0	2.0	2.0	2.0	2.0	2.0	2.0	2.5	2.5	2.5	2.5	2.5	2.5	2.5	2.5	.1730
1.3	0.5	0.5	0.5	0.5	0.5	0.5	0.5	0.5	1.0	1.0	1.0	1.5	1.5	1.5	1.5	1.5	1.5	1.5	2.0	2.0	2.0	2.0	2.0	2.0	2.0	2.0	2.5	2.5	2.5	2.5	2.5	2.5	2.5	2.5	3.0	.1875
1.4	0.5	0.5	0.5	0.5	0.5	0.5	0.5	0.5	1.0	1.0	1.0	1.5	1.5	1.5	1.5	1.5	1.5	1.5	2.0	2.0	2.0	2.0	2.0	2.0	2.0	2.5	2.5	2.5	2.5	2.5	2.5	2.5	2.5	3.0	3.0	.2019
1.5	0.5	0.5	0.5	0.5	0.5	0.5	0.5	0.5	0.5	0.5	1.0	1.0	1.5	1.5	1.5	1.5	1.5	2.0	2.0	2.0	2.0	2.0	2.0	2.0	2.0	2.5	2.5	2.5	2.5	2.5	2.5	3.0	3.0	3.0	3.0	.2163
k	90	126	162	198	234	270	306	342	378	414	450	486	522	558	594	630	666	702	738	774	810	846	882	918	954	990	1026	1062	1098	1134	1170	1206	1242	1278	1314	km

Δt Fahrenheit

D = 0.0080

Δt Celsius °C or Kelvin °K

k	50	70	90	110	130	150	170	190	210	230	250	270	290	310	330	350	370	390	410	430	450	470	490	510	530	550	570	590	610	630	650	670	690	710	730	km
0.1	0.5	0.5	0.5	0.5	0.5	0.5	0.5	0.5	0.5	0.5	0.5	0.5	0.5	1.0	1.0	1.0	1.0	1.0	1.0	1.0	1.0	1.0	1.0	1.0	1.0	1.0	1.0	1.0	1.0	1.0	1.0	1.0	1.0	1.0	1.0	.0144
0.2	0.5	0.5	0.5	0.5	0.5	0.5	0.5	1.0	1.0	1.0	1.0	1.0	1.0	1.0	1.0	1.0	1.0	1.0	1.0	1.0	1.0	1.0	1.0	1.0	1.0	1.0	1.5	1.5	1.5	1.5	1.5	1.5	1.5	1.5	1.5	.0288
0.3	0.5	0.5	0.5	0.5	0.5	1.0	1.0	1.0	1.0	1.0	1.0	1.0	1.0	1.0	1.0	1.0	1.0	1.0	1.5	1.5	1.5	1.5	1.5	1.5	1.5	1.5	1.5	1.5	1.5	1.5	1.5	1.5	1.5	1.5	1.5	.0433
0.4	0.5	0.5	0.5	0.5	1.0	1.0	1.0	1.0	1.0	1.0	1.0	1.0	1.0	1.0	1.5	1.5	1.5	1.5	1.5	1.5	1.5	1.5	1.5	1.5	1.5	1.5	1.5	1.5	1.5	1.5	1.5	2.0	2.0	2.0	2.0	.0577
0.5	0.5	0.5	0.5	0.5	1.0	1.0	1.0	1.0	1.0	1.0	1.0	1.0	1.5	1.5	1.5	1.5	1.5	1.5	1.5	1.5	1.5	1.5	1.5	1.5	1.5	1.5	2.0	2.0	2.0	2.0	2.0	2.0	2.0	2.0	2.0	.0721
0.6	0.5	0.5	0.5	0.5	1.0	1.0	1.0	1.0	1.0	1.0	1.0	1.5	1.5	1.5	1.5	1.5	1.5	1.5	1.5	1.5	1.5	1.5	2.0	2.0	2.0	2.0	2.0	2.0	2.0	2.0	2.0	2.0	2.0	2.0	2.0	.0865
0.7	0.5	0.5	0.5	0.5	1.0	1.0	1.0	1.0	1.0	1.0	1.5	1.5	1.5	1.5	1.5	1.5	1.5	1.5	1.5	1.5	2.0	2.0	2.0	2.0	2.0	2.0	2.0	2.0	2.0	2.0	2.0	2.0	2.5	2.5	2.5	.1009
0.8	0.5	0.5	0.5	0.5	1.0	1.0	1.0	1.0	1.0	1.0	1.5	1.5	1.5	1.5	1.5	1.5	1.5	1.5	1.5	2.0	2.0	2.0	2.0	2.0	2.0	2.0	2.0	2.0	2.0	2.5	2.5	2.5	2.5	2.5	2.5	.1154
0.9	0.5	0.5	0.5	0.5	1.0	1.0	1.0	1.0	1.0	1.5	1.5	1.5	1.5	1.5	1.5	1.5	1.5	1.5	2.0	2.0	2.0	2.0	2.0	2.0	2.0	2.0	2.0	2.5	2.5	2.5	2.5	2.5	2.5	2.5	2.5	.1298
1.0	0.5	0.5	0.5	0.5	0.5	1.0	1.0	1.0	1.0	1.5	1.5	1.5	1.5	1.5	1.5	1.5	1.5	2.0	2.0	2.0	2.0	2.0	2.0	2.0	2.0	2.0	2.5	2.5	2.5	2.5	2.5	2.5	2.5	2.5	2.5	.1442
1.1	0.5	0.5	0.5	0.5	0.5	1.0	1.0	1.0	1.0	1.5	1.5	1.5	1.5	1.5	1.5	1.5	2.0	2.0	2.0	2.0	2.0	2.0	2.0	2.0	2.5	2.5	2.5	2.5	2.5	2.5	2.5	2.5	3.0	3.0	3.0	.1586
1.2	0.5	0.5	0.5	0.5	0.5	0.5	1.0	1.0	1.0	1.5	1.5	1.5	1.5	1.5	1.5	1.5	2.0	2.0	2.0	2.0	2.0	2.0	2.0	2.5	2.5	2.5	2.5	2.5	2.5	2.5	2.5	3.0	3.0	3.0	3.0	.1730
1.3	0.5	0.5	0.5	0.5	0.5	0.5	1.0	1.0	1.0	1.5	1.5	1.5	1.5	1.5	1.5	2.0	2.0	2.0	2.0	2.0	2.0	2.0	2.5	2.5	2.5	2.5	2.5	2.5	2.5	3.0	3.0	3.0	3.0	3.0	3.0	.1875
1.4	0.5	0.5	0.5	0.5	0.5	0.5	0.5	1.0	1.0	1.0	1.5	1.5	1.5	1.5	1.5	2.0	2.0	2.0	2.0	2.0	2.0	2.0	2.5	2.5	2.5	2.5	2.5	2.5	3.0	3.0	3.0	3.0	3.0	3.0	3.0	.2019
1.5	0.5	0.5	0.5	0.5	0.5	0.5	0.5	0.5	1.0	1.0	1.5	1.5	1.5	1.5	1.5	2.0	2.0	2.0	2.0	2.0	2.0	2.5	2.5	2.5	2.5	2.5	2.5	3.0	3.0	3.0	3.0	3.0	3.0	3.0	3.0	.2163
k	90	126	162	198	234	270	306	342	378	414	450	486	522	558	594	630	666	702	738	774	810	846	882	918	954	990	1026	1062	1098	1134	1170	1206	1242	1278	1314	km

Δt Fahrenheit

CONDUCTIVITY Btu, in./sq ft, hr °F — W/mK

TEMPERATURE DIFFERENCE

TABLE 2 (Sheet 12 of 128)

TABLE 2 (Continued)

ECONOMICAL INSULATION THICKNESS TABLE

IN INCHES
(nominal)

PIPE SIZE: 1'' NPS (Tube Size 1-1/4'' OD)
33.4 mm

At the intersection of the ''Δt'' column with the ''k'' row read the economical thickness.
(•—*exceeds 12'' thickness*)

D = 0.0100

Δt Celsius °C or Kelvin °K

CONDUCTIVITY k: Btu, in./sq ft, hr °F; km: W/mK

k	50	70	90	110	130	150	170	190	210	230	250	270	290	310	330	350	370	390	410	430	450	470	490	510	530	550	570	590	610	630	650	670	690	710	730	km
0.1	0.5	0.5	0.5	0.5	0.5	0.5	0.5	0.5	0.5	0.5	1.0	1.0	1.0	1.0	1.0	1.0	1.0	1.0	1.0	1.0	1.0	1.0	1.0	1.0	1.0	1.0	1.0	1.0	1.0	1.0	1.0	1.0	1.0	1.0	1.0	.0144
0.2	0.5	0.5	0.5	0.5	0.5	1.0	1.0	1.0	1.0	1.0	1.0	1.0	1.0	1.0	1.0	1.0	1.0	1.0	1.0	1.0	1.5	1.5	1.5	1.5	1.5	1.5	1.5	1.5	1.5	1.5	1.5	1.5	1.5	1.5	1.5	.0288
0.3	0.5	0.5	0.5	0.5	1.0	1.0	1.0	1.0	1.0	1.0	1.0	1.0	1.0	1.0	1.5	1.5	1.5	1.5	1.5	1.5	1.5	1.5	1.5	1.5	1.5	1.5	1.5	1.5	1.5	1.5	1.5	2.0	2.0	2.0	2.0	.0433
0.4	0.5	0.5	0.5	1.0	1.0	1.0	1.0	1.0	1.0	1.0	1.0	1.5	1.5	1.5	1.5	1.5	1.5	1.5	1.5	1.5	1.5	1.5	1.5	1.5	2.0	2.0	2.0	2.0	2.0	2.0	2.0	2.0	2.0	2.0	2.0	.0577
0.5	0.5	0.5	0.5	1.0	1.0	1.0	1.0	1.0	1.0	1.0	1.5	1.5	1.5	1.5	1.5	1.5	1.5	1.5	1.5	1.5	2.0	2.0	2.0	2.0	2.0	2.0	2.0	2.0	2.0	2.0	2.0	2.0	2.0	2.5	2.5	.0721
0.6	0.5	0.5	0.5	1.0	1.0	1.0	1.0	1.0	1.5	1.5	1.5	1.5	1.5	1.5	1.5	1.5	1.5	1.5	2.0	2.0	2.0	2.0	2.0	2.0	2.0	2.0	2.0	2.0	2.0	2.5	2.5	2.5	2.5	2.5	2.5	.0865
0.7	0.5	0.5	0.5	1.0	1.0	1.0	1.0	1.0	1.5	1.5	1.5	1.5	1.5	1.5	1.5	1.5	2.0	2.0	2.0	2.0	2.0	2.0	2.0	2.0	2.0	2.0	2.5	2.5	2.5	2.5	2.5	2.5	2.5	2.5	2.5	.1009
0.8	0.5	0.5	0.5	1.0	1.0	1.0	1.0	1.5	1.5	1.5	1.5	1.5	1.5	1.5	1.5	2.0	2.0	2.0	2.0	2.0	2.0	2.0	2.0	2.5	2.5	2.5	2.5	2.5	2.5	2.5	2.5	2.5	3.0	3.0	3.0	.1154
0.9	0.5	0.5	0.5	1.0	1.0	1.0	1.0	1.5	1.5	1.5	1.5	1.5	1.5	1.5	2.0	2.0	2.0	2.0	2.0	2.0	2.0	2.5	2.5	2.5	2.5	2.5	2.5	2.5	2.5	3.0	3.0	3.0	3.0	3.0	3.0	.1298
1.0	0.5	0.5	0.5	1.0	1.0	1.0	1.0	1.5	1.5	1.5	1.5	1.5	1.5	2.0	2.0	2.0	2.0	2.0	2.0	2.0	2.5	2.5	2.5	2.5	2.5	2.5	2.5	3.0	3.0	3.0	3.0	3.0	3.0	3.0	3.0	.1442
1.1	0.5	0.5	0.5	0.5	1.0	1.0	1.0	1.5	1.5	1.5	1.5	1.5	2.0	2.0	2.0	2.0	2.0	2.0	2.0	2.5	2.5	2.5	2.5	2.5	2.5	2.5	3.0	3.0	3.0	3.0	3.0	3.0	3.0	3.0	3.5	.1586
1.2	0.5	0.5	0.5	0.5	1.0	1.0	1.0	1.5	1.5	1.5	1.5	1.5	2.0	2.0	2.0	2.0	2.0	2.0	2.5	2.5	2.5	2.5	2.5	2.5	3.0	3.0	3.0	3.0	3.0	3.0	3.0	3.0	3.5	3.5	3.5	.1730
1.3	0.5	0.5	0.5	0.5	0.5	1.0	1.0	1.5	1.5	1.5	1.5	1.5	2.0	2.0	2.0	2.0	2.0	2.0	2.5	2.5	2.5	2.5	2.5	3.0	3.0	3.0	3.0	3.0	3.0	3.0	3.5	3.5	3.5	3.5	3.5	.1875
1.4	0.5	0.5	0.5	0.5	0.5	1.0	1.0	1.5	1.5	1.5	1.5	1.5	2.0	2.0	2.0	2.0	2.0	2.5	2.5	2.5	2.5	2.5	3.0	3.0	3.0	3.0	3.0	3.0	3.0	3.5	3.5	3.5	3.5	3.5	3.5	.2019
1.5	0.5	0.5	0.5	0.5	0.5	0.5	1.0	1.5	1.5	1.5	1.5	1.5	2.0	2.0	2.0	2.0	2.0	2.5	2.5	2.5	2.5	3.0	3.0	3.0	3.0	3.0	3.0	3.0	3.5	3.5	3.5	3.5	3.5	3.5	4.0	.2163
k	90	126	162	198	234	270	306	342	378	414	450	486	522	558	594	630	666	702	738	774	810	846	882	918	954	990	1026	1062	1098	1134	1170	1206	1242	1278	1314	km

Δt Fahrenheit

D = 0.0120

Δt Celsius °C or Kelvin °K

k	50	70	90	110	130	150	170	190	210	230	250	270	290	310	330	350	370	390	410	430	450	470	490	510	530	550	570	590	610	630	650	670	690	710	730	km
0.1	0.5	0.5	0.5	0.5	0.5	0.5	0.5	0.5	1.0	1.0	1.0	1.0	1.0	1.0	1.0	1.0	1.0	1.0	1.0	1.0	1.0	1.0	1.0	1.0	1.0	1.0	1.0	1.0	1.0	1.0	1.0	1.5	1.5	1.5	1.5	.0144
0.2	0.5	0.5	0.5	0.5	1.0	1.0	1.0	1.0	1.0	1.0	1.0	1.0	1.0	1.0	1.0	1.0	1.5	1.5	1.5	1.5	1.5	1.5	1.5	1.5	1.5	1.5	1.5	1.5	1.5	1.5	1.5	1.5	1.5	1.5	1.5	.0288
0.3	0.5	0.5	0.5	1.0	1.0	1.0	1.0	1.0	1.0	1.0	1.0	1.5	1.5	1.5	1.5	1.5	1.5	1.5	1.5	1.5	1.5	1.5	1.5	1.5	1.5	2.0	2.0	2.0	2.0	2.0	2.0	2.0	2.0	2.0	2.0	.0433
0.4	0.5	0.5	1.0	1.0	1.0	1.0	1.0	1.0	1.0	1.5	1.5	1.5	1.5	1.5	1.5	1.5	1.5	1.5	1.5	1.5	2.0	2.0	2.0	2.0	2.0	2.0	2.0	2.0	2.0	2.0	2.0	2.0	2.0	2.5	2.5	.0577
0.5	0.5	0.5	1.0	1.0	1.0	1.0	1.0	1.0	1.5	1.5	1.5	1.5	1.5	1.5	1.5	1.5	2.0	2.0	2.0	2.0	2.0	2.0	2.0	2.0	2.0	2.0	2.0	2.5	2.5	2.5	2.5	2.5	2.5	2.5	2.5	.0721
0.6	0.5	0.5	1.0	1.0	1.0	1.0	1.0	1.5	1.5	1.5	1.5	1.5	1.5	1.5	2.0	2.0	2.0	2.0	2.0	2.0	2.0	2.0	2.0	2.0	2.5	2.5	2.5	2.5	2.5	2.5	2.5	2.5	2.5	3.0	3.0	.0865
0.7	0.5	0.5	1.0	1.0	1.0	1.0	1.5	1.5	1.5	1.5	1.5	1.5	1.5	2.0	2.0	2.0	2.0	2.0	2.0	2.0	2.0	2.5	2.5	2.5	2.5	2.5	2.5	2.5	2.5	3.0	3.0	3.0	3.0	3.0	3.0	.1009
0.8	0.5	0.5	1.0	1.0	1.0	1.0	1.5	1.5	1.5	1.5	1.5	1.5	2.0	2.0	2.0	2.0	2.0	2.0	2.0	2.5	2.5	2.5	2.5	2.5	2.5	2.5	3.0	3.0	3.0	3.0	3.0	3.0	3.0	3.0	3.0	.1154
0.9	0.5	0.5	1.0	1.0	1.0	1.0	1.5	1.5	1.5	1.5	1.5	2.0	2.0	2.0	2.0	2.0	2.0	2.0	2.5	2.5	2.5	2.5	2.5	2.5	3.0	3.0	3.0	3.0	3.0	3.0	3.0	3.0	3.0	3.5	3.5	.1298
1.0	0.5	0.5	1.0	1.0	1.0	1.5	1.5	1.5	1.5	1.5	2.0	2.0	2.0	2.0	2.0	2.0	2.5	2.5	2.5	2.5	2.5	2.5	3.0	3.0	3.0	3.0	3.0	3.0	3.0	3.0	3.5	3.5	3.5	3.5	3.5	.1442
1.1	0.5	0.5	0.5	1.0	1.0	1.5	1.5	1.5	1.5	1.5	2.0	2.0	2.0	2.0	2.0	2.0	2.5	2.5	2.5	2.5	2.5	3.0	3.0	3.0	3.0	3.0	3.0	3.0	3.5	3.5	3.5	3.5	3.5	3.5	3.5	.1586
1.2	0.5	0.5	0.5	1.0	1.0	1.5	1.5	1.5	1.5	1.5	2.0	2.0	2.0	2.0	2.0	2.5	2.5	2.5	2.5	2.5	3.0	3.0	3.0	3.0	3.0	3.0	3.5	3.5	3.5	3.5	3.5	3.5	3.5	4.0	4.0	.1730
1.3	0.5	0.5	0.5	0.5	1.0	1.0	1.5	1.5	1.5	1.5	2.0	2.0	2.0	2.0	2.5	2.5	2.5	2.5	2.5	3.0	3.0	3.0	3.0	3.0	3.0	3.5	3.5	3.5	3.5	3.5	3.5	4.0	4.0	4.0	4.0	.1875
1.4	0.5	0.5	0.5	0.5	1.0	1.0	1.5	1.5	1.5	2.0	2.0	2.0	2.0	2.0	2.5	2.5	2.5	2.5	3.0	3.0	3.0	3.0	3.0	3.0	3.5	3.5	3.5	3.5	3.5	3.5	4.0	4.0	4.0	4.0	4.0	.2019
1.5	0.5	0.5	0.5	0.5	0.5	1.0	1.5	1.5	1.5	2.0	2.0	2.0	2.0	2.0	2.5	2.5	2.5	3.0	3.0	3.0	3.0	3.0	3.0	3.5	3.5	3.5	3.5	3.5	4.0	4.0	4.0	4.0	4.0	4.0	4.0	.2163
k	90	126	162	198	234	270	306	342	378	414	450	486	522	558	594	630	666	702	738	774	810	846	882	918	954	990	1026	1062	1098	1134	1170	1206	1242	1278	1314	km

Δt Fahrenheit

D = 0.0150

Δt Celsius °C or Kelvin °K

k	50	70	90	110	130	150	170	190	210	230	250	270	290	310	330	350	370	390	410	430	450	470	490	510	530	550	570	590	610	630	650	670	690	710	730	km
0.1	0.5	0.5	0.5	0.5	0.5	0.5	1.0	1.0	1.0	1.0	1.0	1.0	1.0	1.0	1.0	1.0	1.0	1.0	1.0	1.0	1.0	1.0	1.0	1.0	1.0	1.5	1.5	1.5	1.5	1.5	1.5	1.5	1.5	1.5	1.5	.0144
0.2	0.5	0.5	0.5	1.0	1.0	1.0	1.0	1.0	1.0	1.0	1.0	1.0	1.0	1.5	1.5	1.5	1.5	1.5	1.5	1.5	1.5	1.5	1.5	1.5	1.5	1.5	1.5	1.5	1.5	2.0	2.0	2.0	2.0	2.0	2.0	.0288
0.3	0.5	0.5	1.0	1.0	1.0	1.0	1.0	1.0	1.0	1.5	1.5	1.5	1.5	1.5	1.5	1.5	1.5	1.5	1.5	1.5	2.0	2.0	2.0	2.0	2.0	2.0	2.0	2.0	2.0	2.0	2.0	2.0	2.0	2.0	2.5	.0433
0.4	0.5	1.0	1.0	1.0	1.0	1.0	1.0	1.5	1.5	1.5	1.5	1.5	1.5	1.5	1.5	2.0	2.0	2.0	2.0	2.0	2.0	2.0	2.0	2.0	2.0	2.0	2.5	2.5	2.5	2.5	2.5	2.5	2.5	2.5	2.5	.0577
0.5	0.5	1.0	1.0	1.0	1.0	1.0	1.0	1.5	1.5	1.5	1.5	1.5	1.5	1.5	2.0	2.0	2.0	2.0	2.0	2.0	2.0	2.0	2.5	2.5	2.5	2.5	2.5	2.5	2.5	2.5	2.5	3.0	3.0	3.0	3.0	.0721
0.6	0.5	1.0	1.0	1.0	1.0	1.5	1.5	1.5	1.5	1.5	1.5	2.0	2.0	2.0	2.0	2.0	2.0	2.0	2.5	2.5	2.5	2.5	2.5	2.5	2.5	2.5	3.0	3.0	3.0	3.0	3.0	3.0	3.0	3.0	3.0	.0865
0.7	0.5	1.0	1.0	1.0	1.0	1.5	1.5	1.5	1.5	1.5	2.0	2.0	2.0	2.0	2.0	2.0	2.5	2.5	2.5	2.5	2.5	2.5	2.5	3.0	3.0	3.0	3.0	3.0	3.0	3.0	3.0	3.0	3.5	3.5	3.5	.1009
0.8	0.5	1.0	1.0	1.0	1.5	1.5	1.5	1.5	1.5	2.0	2.0	2.0	2.0	2.0	2.0	2.5	2.5	2.5	2.5	2.5	2.5	3.0	3.0	3.0	3.0	3.0	3.0	3.0	3.5	3.5	3.5	3.5	3.5	3.5	3.5	.1154
0.9	0.5	1.0	1.0	1.0	1.5	1.5	1.5	1.5	2.0	2.0	2.0	2.0	2.0	2.0	2.5	2.5	2.5	2.5	2.5	3.0	3.0	3.0	3.0	3.0	3.0	3.0	3.5	3.5	3.5	3.5	3.5	3.5	3.5	4.0	4.0	.1298
1.0	0.5	0.5	1.0	1.0	1.5	1.5	1.5	1.5	2.0	2.0	2.0	2.0	2.0	2.5	2.5	2.5	2.5	2.5	3.0	3.0	3.0	3.0	3.0	3.0	3.5	3.5	3.5	3.5	3.5	3.5	4.0	4.0	4.0	4.0	4.0	.1442
1.1	0.5	0.5	1.0	1.0	1.5	1.5	1.5	1.5	2.0	2.0	2.0	2.0	2.5	2.5	2.5	2.5	3.0	3.0	3.0	3.0	3.0	3.0	3.5	3.5	3.5	3.5	3.5	3.5	4.0	4.0	4.0	4.0	4.0	4.0	4.0	.1586
1.2	0.5	0.5	1.0	1.0	1.5	1.5	1.5	2.0	2.0	2.0	2.0	2.5	2.5	2.5	2.5	3.0	3.0	3.0	3.0	3.0	3.0	3.5	3.5	3.5	3.5	3.5	4.0	4.0	4.0	4.0	4.0	4.0	4.5	4.5	4.5	.1730
1.3	0.5	0.5	1.0	1.0	1.5	1.5	1.5	2.0	2.0	2.0	2.0	2.5	2.5	2.5	2.5	3.0	3.0	3.0	3.0	3.0	3.5	3.5	3.5	3.5	3.5	4.0	4.0	4.0	4.0	4.0	4.0	4.5	4.5	4.5	4.5	.1875
1.4	0.5	0.5	0.5	1.0	1.5	1.5	1.5	2.0	2.0	2.0	2.0	2.5	2.5	2.5	3.0	3.0	3.0	3.0	3.0	3.5	3.5	3.5	3.5	4.0	4.0	4.0	4.0	4.0	4.0	4.5	4.5	4.5	4.5	4.5	5.0	.2019
1.5	0.5	0.5	0.5	1.0	1.5	1.5	1.5	2.0	2.0	2.0	2.5	2.5	2.5	2.5	3.0	3.0	3.0	3.0	3.5	3.5	3.5	3.5	4.0	4.0	4.0	4.0	4.0	4.5	4.5	4.5	4.5	4.5	5.0	5.0	5.0	.2163
k	90	126	162	198	234	270	306	342	378	414	450	486	522	558	594	630	666	702	738	774	810	846	882	918	954	990	1026	1062	1098	1134	1170	1206	1242	1278	1314	km

Δt Fahrenheit

TABLE 2 (Sheet 13 of 128)

TEMPERATURE DIFFERENCE

TABLE 2 (Continued)

ECONOMICAL INSULATION THICKNESS TABLE

IN INCHES
(nominal)

PIPE SIZE: 1" NPS (Tube Size 1-1/4" OD)
33.4 mm

At the intersection of the "Δt" column with the "k" row read the economical thickness.
(•—*exceeds 12" thickness*)

CONDUCTIVITY Btu, in./sq ft, hr °F — W/mK

D = 0.0200

Δt Celsius °C or Kelvin °K

k	50	70	90	110	130	150	170	190	210	230	250	270	290	310	330	350	370	390	410	430	450	470	490	510	530	550	570	590	610	630	650	670	690	710	730	km
0.1	0.5	0.5	0.5	0.5	1.0	1.0	1.0	1.0	1.0	1.0	1.0	1.0	1.0	1.0	1.0	1.0	1.0	1.0	1.5	1.5	1.5	1.5	1.5	1.5	1.5	1.5	1.5	1.5	1.5	1.5	1.5	1.5	1.5	1.5	1.5	.0144
0.2	0.5	0.5	1.0	1.0	1.0	1.0	1.0	1.0	1.0	1.5	1.5	1.5	1.5	1.5	1.5	1.5	1.5	1.5	1.5	1.5	1.5	2.0	2.0	2.0	2.0	2.0	2.0	2.0	2.0	2.0	2.0	2.0	2.0	2.0	2.0	.0288
0.3	0.5	1.0	1.0	1.0	1.0	1.0	1.5	1.5	1.5	1.5	1.5	1.5	1.5	1.5	2.0	2.0	2.0	2.0	2.0	2.0	2.0	2.0	2.0	2.0	2.0	2.5	2.5	2.5	2.5	2.5	2.5	2.5	2.5	2.5	2.5	.0433
0.4	0.5	1.0	1.0	1.0	1.0	1.5	1.5	1.5	1.5	1.5	1.5	2.0	2.0	2.0	2.0	2.0	2.0	2.0	2.0	2.5	2.5	2.5	2.5	2.5	2.5	2.5	2.5	2.5	3.0	3.0	3.0	3.0	3.0	3.0	3.0	.0577
0.5	1.0	1.0	1.0	1.0	1.5	1.5	1.5	1.5	1.5	2.0	2.0	2.0	2.0	2.0	2.0	2.0	2.5	2.5	2.5	2.5	2.5	2.5	3.0	3.0	3.0	3.0	3.0	3.0	3.0	3.0	3.0	3.5	3.5	3.5	3.5	.0721
0.6	1.0	1.0	1.0	1.5	1.5	1.5	1.5	1.5	2.0	2.0	2.0	2.0	2.0	2.5	2.5	2.5	2.5	2.5	2.5	3.0	3.0	3.0	3.0	3.0	3.0	3.0	3.5	3.5	3.5	3.5	3.5	3.5	3.5	3.5	4.0	.0865
0.7	1.0	1.0	1.0	1.5	1.5	1.5	1.5	2.0	2.0	2.0	2.0	2.0	2.5	2.5	2.5	2.5	2.5	3.0	3.0	3.0	3.0	3.0	3.0	3.5	3.5	3.5	3.5	3.5	3.5	3.5	4.0	4.0	4.0	4.0	4.0	.1009
0.8	1.0	1.0	1.0	1.5	1.5	1.5	2.0	2.0	2.0	2.0	2.0	2.5	2.5	2.5	2.5	3.0	3.0	3.0	3.0	3.0	3.0	3.5	3.5	3.5	3.5	3.5	3.5	4.0	4.0	4.0	4.0	4.0	4.0	4.0	4.5	.1154
0.9	0.5	1.0	1.0	1.5	1.5	1.5	2.0	2.0	2.0	2.0	2.5	2.5	2.5	2.5	3.0	3.0	3.0	3.0	3.0	3.5	3.5	3.5	3.5	3.5	4.0	4.0	4.0	4.0	4.0	4.0	4.5	4.5	4.5	4.5	4.5	.1298
1.0	0.5	1.0	1.5	1.5	1.5	2.0	2.0	2.0	2.0	2.5	2.5	2.5	2.5	3.0	3.0	3.0	3.0	3.5	3.5	3.5	3.5	3.5	4.0	4.0	4.0	4.0	4.0	4.0	4.5	4.5	4.5	4.5	4.5	5.0	5.0	.1442
1.1	0.5	1.0	1.5	1.5	1.5	2.0	2.0	2.0	2.0	2.5	2.5	2.5	3.0	3.0	3.0	3.0	3.5	3.5	3.5	3.5	4.0	4.0	4.0	4.0	4.0	4.0	4.5	4.5	4.5	4.5	5.0	5.0	5.0	5.0	5.0	.1586
1.2	0.5	1.0	1.5	1.5	1.5	2.0	2.0	2.0	2.5	2.5	2.5	3.0	3.0	3.0	3.0	3.5	3.5	3.5	3.5	4.0	4.0	4.0	4.0	4.0	4.5	4.5	4.5	4.5	5.0	5.0	5.0	5.0	5.0	5.0	5.5	.1730
1.3	0.5	1.0	1.0	1.5	1.5	2.0	2.0	2.0	2.5	2.5	2.5	3.0	3.0	3.0	3.5	3.5	3.5	3.5	4.0	4.0	4.0	4.0	4.5	4.5	4.5	4.5	4.5	5.0	5.0	5.0	5.0	5.5	5.5	5.5	5.5	.1875
1.4	0.5	0.5	1.0	1.5	1.5	2.0	2.0	2.5	2.5	2.5	3.0	3.0	3.0	3.5	3.5	3.5	3.5	4.0	4.0	4.0	4.0	4.5	4.5	4.5	4.5	5.0	5.0	5.0	5.0	5.0	5.5	5.5	5.5	5.5	5.5	.2019
1.5	0.5	0.5	1.0	1.5	1.5	2.0	2.0	2.5	2.5	2.5	3.0	3.0	3.0	3.5	3.5	3.5	4.0	4.0	4.0	4.0	4.5	4.5	4.5	4.5	5.0	5.0	5.0	5.0	5.5	5.5	5.5	5.5	5.5	6.0	6.0	.2163
k	90	126	162	198	234	270	306	342	378	414	450	486	522	558	594	630	666	702	738	774	810	846	882	918	954	990	1026	1062	1098	1134	1170	1206	1242	1278	1314	km

Δt Fahrenheit

D = 0.0300

Δt Celsius °C or Kelvin °K

k	50	70	90	110	130	150	170	190	210	230	250	270	290	310	330	350	370	390	410	430	450	470	490	510	530	550	570	590	610	630	650	670	690	710	730	km
0.1	0.5	0.5	1.0	1.0	1.0	1.0	1.0	1.0	1.0	1.0	1.0	1.5	1.5	1.5	1.5	1.5	1.5	1.5	1.5	1.5	1.5	1.5	1.5	1.5	1.5	1.5	1.5	2.0	2.0	2.0	2.0	2.0	2.0	2.0	2.0	.0144
0.2	1.0	1.0	1.0	1.0	1.0	1.5	1.5	1.5	1.5	1.5	1.5	1.5	1.5	2.0	2.0	2.0	2.0	2.0	2.0	2.0	2.0	2.0	2.0	2.0	2.5	2.5	2.5	2.5	2.5	2.5	2.5	2.5	2.5	2.5	2.5	.0288
0.3	1.0	1.0	1.0	1.5	1.5	1.5	1.5	1.5	1.5	2.0	2.0	2.0	2.0	2.0	2.0	2.0	2.5	2.5	2.5	2.5	2.5	2.5	2.5	3.0	3.0	3.0	3.0	3.0	3.0	3.0	3.0	3.0	3.0	3.5	3.5	.0433
0.4	1.0	1.0	1.5	1.5	1.5	1.5	1.5	2.0	2.0	2.0	2.0	2.0	2.5	2.5	2.5	2.5	2.5	2.5	3.0	3.0	3.0	3.0	3.0	3.0	3.0	3.5	3.5	3.5	3.5	3.5	3.5	3.5	3.5	4.0	4.0	.0577
0.5	1.0	1.0	1.5	1.5	1.5	2.0	2.0	2.0	2.0	2.0	2.5	2.5	2.5	2.5	3.0	3.0	3.0	3.0	3.0	3.0	3.5	3.5	3.5	3.5	3.5	3.5	4.0	4.0	4.0	4.0	4.0	4.0	4.0	4.5	4.5	.0721
0.6	1.0	1.5	1.5	1.5	1.5	2.0	2.0	2.0	2.5	2.5	2.5	2.5	3.0	3.0	3.0	3.0	3.0	3.5	3.5	3.5	3.5	3.5	4.0	4.0	4.0	4.0	4.0	4.0	4.5	4.5	4.5	4.5	4.5	4.5	5.0	.0865
0.7	1.0	1.5	1.5	1.5	2.0	2.0	2.0	2.5	2.5	2.5	2.5	3.0	3.0	3.0	3.0	3.5	3.5	3.5	3.5	4.0	4.0	4.0	4.0	4.0	4.5	4.5	4.5	4.5	4.5	4.5	5.0	5.0	5.0	5.0	5.0	.1009
0.8	1.0	1.5	1.5	1.5	2.0	2.0	2.5	2.5	2.5	3.0	3.0	3.0	3.0	3.5	3.5	3.5	3.5	4.0	4.0	4.0	4.0	4.0	4.5	4.5	4.5	4.5	5.0	5.0	5.0	5.0	5.0	5.5	5.5	5.5	5.5	.1154
0.9	1.0	1.5	1.5	2.0	2.0	2.0	2.5	2.5	3.0	3.0	3.0	3.0	3.5	3.5	3.5	4.0	4.0	4.0	4.0	4.0	4.5	4.5	4.5	5.0	5.0	5.0	5.0	5.0	5.5	5.5	5.5	5.5	5.5	6.0	6.0	.1298
1.0	1.0	1.5	1.5	2.0	2.0	2.5	2.5	2.5	3.0	3.0	3.0	3.5	3.5	3.5	4.0	4.0	4.0	4.0	4.5	4.5	4.5	5.0	5.0	5.0	5.0	5.5	5.5	5.5	5.5	5.5	6.0	6.0	6.0	6.0	6.5	.1442
1.1	1.0	1.5	1.5	2.0	2.0	2.5	2.5	3.0	3.0	3.0	3.5	3.5	3.5	4.0	4.0	4.0	4.5	4.5	4.5	4.5	5.0	5.0	5.0	5.5	5.5	5.5	5.5	5.5	6.0	6.0	6.0	6.5	6.5	6.5	6.5	.1586
1.2	1.0	1.5	1.5	2.0	2.0	2.5	2.5	3.0	3.0	3.5	3.5	3.5	4.0	4.0	4.0	4.5	4.5	4.5	5.0	5.0	5.0	5.0	5.5	5.5	5.5	5.5	6.0	6.0	6.0	6.5	6.5	6.5	6.5	7.0	7.0	.1730
1.3	1.0	1.5	1.5	2.0	2.0	2.5	3.0	3.0	3.0	3.5	3.5	4.0	4.0	4.0	4.5	4.5	4.5	5.0	5.0	5.0	5.5	5.5	5.5	5.5	6.0	6.0	6.0	6.5	6.5	6.5	6.5	7.0	7.0	7.0	7.5	.1875
1.4	1.0	1.5	1.5	2.0	2.5	2.5	3.0	3.0	3.5	3.5	3.5	4.0	4.0	4.5	4.5	4.5	5.0	5.0	5.0	5.5	5.5	5.5	6.0	6.0	6.0	6.5	6.5	6.5	6.5	7.0	7.0	7.0	7.5	7.5	7.5	.2019
1.5	0.5	1.5	1.5	2.0	2.5	2.5	3.0	3.0	3.5	3.5	4.0	4.0	4.0	4.5	4.5	5.0	5.0	5.0	5.5	5.5	5.5	6.0	6.0	6.0	6.5	6.5	6.5	7.0	7.0	7.0	7.5	7.5	7.5	7.5	8.0	.2163
k	90	126	162	198	234	270	306	342	378	414	450	486	522	558	594	630	666	702	738	774	810	846	882	918	954	990	1026	1062	1098	1134	1170	1206	1242	1278	1314	km

Δt Fahrenheit

D = 0.0400

Δt Celsius °C or Kelvin °K

k	50	70	90	110	130	150	170	190	210	230	250	270	290	310	330	350	370	390	410	430	450	470	490	510	530	550	570	590	610	630	650	670	690	710	730	km
0.1	0.5	1.0	1.0	1.0	1.0	1.0	1.0	1.0	1.5	1.5	1.5	1.5	1.5	1.5	1.5	1.5	1.5	1.5	1.5	1.5	2.0	2.0	2.0	2.0	2.0	2.0	2.0	2.0	2.0	2.0	2.0	2.0	2.0	2.0	2.0	.0144
0.2	1.0	1.0	1.0	1.0	1.5	1.5	1.5	1.5	1.5	1.5	2.0	2.0	2.0	2.0	2.0	2.0	2.0	2.5	2.5	2.5	2.5	2.5	2.5	2.5	2.5	2.5	3.0	3.0	3.0	3.0	3.0	3.0	3.0	3.0	3.0	.0288
0.3	1.0	1.0	1.5	1.5	1.5	1.5	2.0	2.0	2.0	2.0	2.0	2.5	2.5	2.5	2.5	2.5	2.5	3.0	3.0	3.0	3.0	3.0	3.0	3.0	3.5	3.5	3.5	3.5	3.5	3.5	3.5	3.5	4.0	4.0	4.0	.0433
0.4	1.0	1.5	1.5	1.5	1.5	2.0	2.0	2.0	2.5	2.5	2.5	2.5	2.5	3.0	3.0	3.0	3.0	3.0	3.5	3.5	3.5	3.5	3.5	3.5	4.0	4.0	4.0	4.0	4.0	4.0	4.0	4.5	4.5	4.5	4.5	.0577
0.5	1.0	1.5	1.5	1.5	2.0	2.0	2.0	2.5	2.5	2.5	3.0	3.0	3.0	3.0	3.0	3.5	3.5	3.5	3.5	4.0	4.0	4.0	4.0	4.0	4.0	4.5	4.5	4.5	4.5	4.5	5.0	5.0	5.0	5.0	5.0	.0721
0.6	1.0	1.5	1.5	2.0	2.0	2.0	2.5	2.5	2.5	3.0	3.0	3.0	3.5	3.5	3.5	3.5	4.0	4.0	4.0	4.0	4.0	4.5	4.5	4.5	4.5	5.0	5.0	5.0	5.0	5.0	5.5	5.5	5.5	5.5	5.5	.0865
0.7	1.5	1.5	2.0	2.0	2.0	2.5	2.5	3.0	3.0	3.0	3.0	3.5	3.5	3.5	4.0	4.0	4.0	4.0	4.5	4.5	4.5	4.5	5.0	5.0	5.0	5.0	5.5	5.5	5.5	5.5	5.5	6.0	6.0	6.0	6.0	.1009
0.8	1.5	1.5	2.0	2.0	2.5	2.5	2.5	3.0	3.0	3.5	3.5	3.5	4.0	4.0	4.0	4.0	4.5	4.5	4.5	5.0	5.0	5.0	5.0	5.5	5.5	5.5	5.5	6.0	6.0	6.0	6.0	6.5	6.5	6.5	6.5	.1154
0.9	1.5	1.5	2.0	2.0	2.5	2.5	3.0	3.0	3.5	3.5	3.5	4.0	4.0	4.0	4.5	4.5	4.5	5.0	5.0	5.0	5.0	5.5	5.5	5.5	6.0	6.0	6.0	6.0	6.5	6.5	6.5	6.5	7.0	7.0	7.0	.1298
1.0	1.5	1.5	2.0	2.0	2.5	3.0	3.0	3.0	3.5	3.5	4.0	4.0	4.0	4.5	4.5	4.5	5.0	5.0	5.0	5.5	5.5	5.5	6.0	6.0	6.0	6.5	6.5	6.5	6.5	7.0	7.0	7.0	7.5	7.5	7.5	.1442
1.1	1.5	1.5	2.0	2.5	2.5	3.0	3.0	3.5	3.5	4.0	4.0	4.0	4.5	4.5	5.0	5.0	5.0	5.5	5.5	5.5	6.0	6.0	6.0	6.5	6.5	6.5	7.0	7.0	7.0	7.0	7.5	7.5	7.5	8.0	8.0	.1586
1.2	1.5	1.5	2.0	2.5	2.5	3.0	3.0	3.5	3.5	4.0	4.0	4.5	4.5	5.0	5.0	5.0	5.5	5.5	5.5	6.0	6.0	6.5	6.5	6.5	7.0	7.0	7.0	7.5	7.5	7.5	7.5	8.0	8.0	8.0	8.5	.1730
1.3	1.5	2.0	2.0	2.5	3.0	3.0	3.5	3.5	4.0	4.0	4.5	4.5	5.0	5.0	5.0	5.5	5.5	6.0	6.0	6.0	6.5	6.5	6.5	7.0	7.0	7.5	7.5	7.5	7.5	8.0	8.0	8.0	8.5	8.5	8.5	.1875
1.4	1.5	2.0	2.0	2.5	3.0	3.0	3.5	3.5	4.0	4.0	4.5	4.5	5.0	5.0	5.5	5.5	6.0	6.0	6.5	6.5	6.5	7.0	7.0	7.0	7.5	7.5	7.5	8.0	8.0	8.0	8.5	8.5	8.5	9.0	9.0	.2019
1.5	1.5	2.0	2.0	2.5	3.0	3.5	3.5	4.0	4.0	4.5	4.5	5.0	5.0	5.5	5.5	6.0	6.0	6.5	6.5	6.5	7.0	7.0	7.5	7.5	7.5	8.0	8.0	8.0	8.5	8.5	8.5	9.0	9.0	9.0	9.5	.2163
k	90	126	162	198	234	270	306	342	378	414	450	486	522	558	594	630	666	702	738	774	810	846	882	918	954	990	1026	1062	1098	1134	1170	1206	1242	1278	1314	km

Δt Fahrenheit

TEMPERATURE DIFFERENCE

TABLE 2 (Sheet 14 of 128)

TABLE 2 (Continued)

ECONOMICAL INSULATION THICKNESS TABLE

IN INCHES
(nominal)

PIPE SIZE: 1" NPS (Tube Size 1-1/4" OD)
33.4 mm

At the intersection of the "Δt" column with the "k" row read the economical thickness.
(*•—exceeds 12" thickness*)

D = 0.0500

Δt Celsius °C or Kelvin °K

Conductivity k: Btu, in./sq ft, hr °F; km: W/mK

k	50	70	90	110	130	150	170	190	210	230	250	270	290	310	330	350	370	390	410	430	450	470	490	510	530	550	570	590	610	630	650	670	690	710	730	km
0.1	1.0	1.0	1.0	1.0	1.0	1.0	1.5	1.5	1.5	1.5	1.5	1.5	1.5	1.5	1.5	2.0	2.0	2.0	2.0	2.0	2.0	2.0	2.0	2.0	2.0	2.0	2.0	2.5	2.5	2.5	2.5	2.5	2.5	2.5	2.5	.0144
0.2	1.0	1.0	1.5	1.5	1.5	1.5	1.5	2.0	2.0	2.0	2.0	2.0	2.0	2.5	2.5	2.5	2.5	2.5	2.5	2.5	3.0	3.0	3.0	3.0	3.0	3.0	3.0	3.0	3.5	3.5	3.5	3.5	3.5	3.5	3.5	.0288
0.3	1.0	1.5	1.5	1.5	1.5	2.0	2.0	2.0	2.0	2.5	2.5	2.5	2.5	3.0	3.0	3.0	3.0	3.0	3.0	3.5	3.5	3.5	3.5	3.5	3.5	4.0	4.0	4.0	4.0	4.0	4.0	4.0	4.5	4.5	4.5	.0433
0.4	1.0	1.5	1.5	2.0	2.0	2.0	2.5	2.5	2.5	2.5	3.0	3.0	3.0	3.0	3.5	3.5	3.5	3.5	3.5	4.0	4.0	4.0	4.0	4.0	4.5	4.5	4.5	4.5	4.5	5.0	5.0	5.0	5.0	5.0	5.0	.0577
0.5	1.5	1.5	2.0	2.0	2.0	2.5	2.5	2.5	3.0	3.0	3.0	3.5	3.5	3.5	3.5	4.0	4.0	4.0	4.0	4.5	4.5	4.5	4.5	5.0	5.0	5.0	5.0	5.0	5.5	5.5	5.5	5.5	5.5	5.5	6.0	.0721
0.6	1.5	1.5	2.0	2.0	2.5	2.5	3.0	3.0	3.0	3.5	3.5	3.5	3.5	4.0	4.0	4.0	4.5	4.5	4.5	4.5	5.0	5.0	5.0	5.0	5.5	5.5	5.5	5.5	6.0	6.0	6.0	6.0	6.5	6.5	6.5	.0865
0.7	1.5	1.5	2.0	2.0	2.5	2.5	3.0	3.0	3.5	3.5	3.5	4.0	4.0	4.0	4.5	4.5	4.5	5.0	5.0	5.0	5.5	5.5	5.5	5.5	6.0	6.0	6.0	6.0	6.5	6.5	6.5	6.5	7.0	7.0	7.0	.1009
0.8	1.5	2.0	2.0	2.5	2.5	3.0	3.0	3.5	3.5	4.0	4.0	4.0	4.5	4.5	4.5	5.0	5.0	5.0	5.5	5.5	5.5	6.0	6.0	6.0	6.5	6.5	6.5	6.5	7.0	7.0	7.0	7.5	7.5	7.5	7.5	.1154
0.9	1.5	2.0	2.0	2.5	3.0	3.0	3.5	3.5	4.0	4.0	4.0	4.5	4.5	5.0	5.0	5.0	5.5	5.5	5.5	6.0	6.0	6.0	6.5	6.5	6.5	7.0	7.0	7.0	7.5	7.5	7.5	7.5	8.0	8.0	8.0	.1298
1.0	1.5	2.0	2.5	2.5	3.0	3.0	3.5	3.5	4.0	4.0	4.5	4.5	5.0	5.0	5.5	5.5	5.5	6.0	6.0	6.0	6.5	6.5	6.5	7.0	7.0	7.5	7.5	7.5	7.5	8.0	8.0	8.0	8.5	8.5	8.5	.1442
1.1	1.5	2.0	2.5	2.5	3.0	3.5	3.5	4.0	4.0	4.5	4.5	5.0	5.0	5.5	5.5	5.5	6.0	6.0	6.5	6.5	6.5	7.0	7.0	7.5	7.5	7.5	8.0	8.0	8.0	8.5	8.5	8.5	9.0	9.0	9.0	.1586
1.2	1.5	2.0	2.5	3.0	3.0	3.5	4.0	4.0	4.5	4.5	5.0	5.0	5.5	5.5	5.5	6.0	6.0	6.5	6.5	7.0	7.0	7.5	7.5	7.5	8.0	8.0	8.0	8.5	8.5	8.5	9.0	9.0	9.0	9.5	9.5	.1730
1.3	1.5	2.0	2.5	3.0	3.5	3.5	4.0	4.0	4.5	5.0	5.0	5.5	5.5	6.0	6.0	6.5	6.5	6.5	7.0	7.0	7.5	7.5	8.0	8.0	8.0	8.5	8.5	9.0	9.0	9.0	9.5	9.5	9.5	9.5	9.5	.1875
1.4	1.5	2.0	2.5	3.0	3.5	3.5	4.0	4.5	4.5	5.0	5.0	5.5	5.5	6.0	6.5	6.5	7.0	7.0	7.0	7.5	7.5	8.0	8.0	8.5	8.5	8.5	9.0	9.0	9.5	9.5	9.5	9.5	9.5	10.0	10.0	.2019
1.5	1.5	2.0	2.5	3.0	3.5	4.0	4.0	4.5	5.0	5.0	5.5	5.5	6.0	6.5	6.5	7.0	7.0	7.5	7.5	7.5	8.0	8.0	8.5	8.5	9.0	9.0	9.0	9.5	9.5	9.5	9.5	10.0	10.0	10.5	10.5	.2163
k	90	126	162	198	234	270	306	342	378	414	450	486	522	558	594	630	666	702	738	774	810	846	882	918	954	990	1026	1062	1098	1134	1170	1206	1242	1278	1314	km

Δt Fahrenheit

D = 0.1000

Δt Celsius °C or Kelvin °K

CONDUCTIVITY k: Btu, in./sq ft, hr °F; km: W/mK

k	50	70	90	110	130	150	170	190	210	230	250	270	290	310	330	350	370	390	410	430	450	470	490	510	530	550	570	590	610	630	650	670	690	710	730	km
0.1	1.0	1.0	1.0	1.0	1.0	1.5	1.5	1.5	1.5	1.5	2.0	2.0	2.0	2.0	2.0	2.5	2.5	2.5	2.5	2.5	2.5	2.5	3.0	3.0	3.0	3.0	3.0	3.5	3.5	3.5	3.5	3.5	3.5	3.5	4.0	.0144
0.2	1.0	1.5	1.5	1.5	2.0	2.0	2.0	2.0	2.5	2.5	2.5	3.0	3.0	3.0	3.0	3.0	3.5	3.5	3.5	3.5	3.5	4.0	4.0	4.0	4.0	4.0	4.0	4.0	4.5	4.5	4.5	4.5	4.5	5.0	5.0	.0288
0.3	1.0	1.5	2.0	2.0	2.0	2.5	2.5	2.5	3.0	3.0	3.0	3.5	3.5	3.5	4.0	4.0	4.0	4.0	4.5	4.5	4.5	4.5	4.5	5.0	5.0	5.0	5.5	5.5	5.5	5.5	5.5	6.0	6.0	6.0	6.0	.0433
0.4	1.5	2.0	2.0	2.0	2.5	2.5	3.0	3.0	3.5	3.5	4.0	4.0	4.0	4.0	4.5	4.5	5.0	5.0	5.0	5.0	5.5	5.5	5.5	6.0	6.0	6.0	6.5	6.5	6.5	6.5	7.0	7.0	7.0	7.0	7.5	.0577
0.5	1.5	2.0	2.5	2.5	2.5	3.0	3.5	3.5	3.5	4.0	4.0	4.5	4.5	4.5	5.0	5.0	5.5	5.5	5.5	6.0	6.0	6.5	6.5	6.5	7.0	7.0	7.0	7.0	7.5	7.5	7.5	8.0	8.0	8.0	8.5	.0721
0.6	1.5	2.0	2.5	2.5	3.0	3.5	3.5	4.0	4.0	4.5	4.5	5.0	5.0	5.5	5.5	6.0	6.0	6.0	6.5	6.5	7.0	7.0	7.0	7.5	7.5	7.5	8.0	8.0	8.0	8.5	8.5	9.0	9.0	9.0	9.5	.0865
0.7	1.5	2.5	2.5	3.0	3.0	3.5	4.0	4.0	4.5	4.5	5.0	5.5	5.5	5.5	6.0	6.5	6.5	6.5	7.0	7.0	7.5	7.5	7.5	8.0	8.0	8.5	8.5	8.5	9.0	9.0	9.5	9.5	9.5	10.0	10.0	.1009
0.8	2.0	2.5	3.0	3.0	3.5	4.0	4.5	4.5	4.5	5.0	5.5	6.0	6.0	6.0	6.5	7.0	7.0	7.0	7.5	7.5	8.0	8.5	8.5	8.5	9.0	9.0	9.5	9.5	9.5	10.0	10.0	10.5	10.5	11.0	11.0	.1154
0.9	2.0	2.5	3.0	3.5	3.5	4.0	4.5	4.5	5.0	5.5	6.0	6.0	6.0	6.5	7.0	7.5	7.5	7.5	8.0	8.5	8.5	9.0	9.0	9.0	9.5	10.0	10.0	10.0	10.5	10.5	11.0	11.5	11.5	11.5	12.0	.1298
1.0	2.0	2.5	3.0	3.5	4.0	4.5	5.0	5.0	5.5	5.5	6.0	6.5	6.5	7.0	7.5	7.5	8.0	8.0	8.5	9.0	9.0	9.5	9.5	10.0	10.0	10.5	11.0	11.0	11.0	11.5	11.5	12.0	12.0	•	•	.1442
1.1	2.0	2.5	3.0	3.5	4.0	4.5	5.0	5.5	6.0	6.0	6.5	6.5	7.0	7.5	8.0	8.0	8.5	8.5	9.0	9.0	9.5	10.0	10.0	10.5	11.0	11.0	11.5	11.5	11.5	12.0	12.0	•	•	•	•	.1586
1.2	2.5	3.0	3.5	4.0	4.5	5.0	5.5	6.0	6.0	6.5	6.5	7.0	7.5	8.0	8.0	8.5	9.0	9.0	9.5	9.5	10.0	10.0	10.5	11.0	11.0	11.0	11.5	12.0	12.0	•	•	•	•	•	•	.1730
1.3	2.5	3.0	3.5	4.0	4.5	5.0	5.5	6.0	6.5	6.5	6.5	7.0	7.5	8.0	8.5	9.0	9.0	9.5	9.5	10.0	10.0	10.5	11.0	11.0	11.5	12.0	12.0	•	•	•	•	•	•	•	•	.1875
1.4	2.5	3.0	3.5	4.0	4.5	5.5	6.0	6.5	6.5	7.0	7.0	7.5	8.0	8.5	9.0	9.0	9.5	9.5	10.0	10.5	10.5	11.0	11.5	11.5	11.5	12.0	•	•	•	•	•	•	•	•	•	.2019
1.5	3.0	3.5	4.0	4.5	5.0	5.5	6.0	6.5	7.0	7.5	7.5	8.0	8.5	9.0	9.0	9.5	9.5	10.0	10.5	10.5	11.0	11.5	11.5	12.0	12.0	•	•	•	•	•	•	•	•	•	•	.2163
k	90	126	162	198	234	270	306	342	378	414	450	486	522	558	594	630	666	702	738	774	810	846	882	918	954	990	1026	1062	1098	1134	1170	1206	1242	1278	1314	km

Δt Fahrenheit

D = 0.1400

Δt Celsius °C or Kelvin °K

Conductivity k: Btu, in./sq ft, hr °F; km: W/mK

k	50	70	90	110	130	150	170	190	210	230	250	270	290	310	330	350	370	390	410	430	450	470	490	510	530	550	570	590	610	630	650	670	690	710	730	km
0.1	1.0	1.0	1.0	1.5	1.5	2.0	2.0	2.0	2.0	2.5	2.5	2.5	2.5	2.5	2.5	3.0	3.0	3.0	3.0	3.5	3.5	3.5	3.5	3.5	4.0	4.0	4.0	4.0	4.5	4.5	4.5	4.5	5.0	5.0	5.0	.0144
0.2	1.5	1.5	1.5	2.0	2.0	2.5	2.5	2.5	3.0	3.0	3.0	3.5	3.5	3.5	3.5	4.0	4.0	4.0	4.0	4.5	4.5	4.5	4.5	5.0	5.0	5.0	5.0	5.0	5.5	5.5	5.5	5.5	5.5	6.0	6.0	.0288
0.3	1.5	2.0	2.0	2.5	2.5	3.0	3.0	3.0	3.5	3.5	4.0	4.0	4.0	4.5	4.5	5.0	5.0	5.0	5.0	5.5	5.5	6.0	6.0	6.0	6.0	6.5	6.5	6.5	6.5	7.0	7.0	7.0	7.0	7.5	7.5	.0433
0.4	1.5	2.0	2.0	2.5	3.0	3.5	3.5	3.5	4.0	4.5	4.5	5.0	5.0	5.0	5.5	5.5	6.0	6.0	6.0	6.5	6.5	7.0	7.0	7.0	7.5	7.5	8.0	8.0	8.0	8.0	8.5	8.5	8.5	8.5	8.5	.0577
0.5	2.0	2.5	2.5	3.0	3.5	4.0	4.0	4.0	4.5	5.0	5.0	5.5	5.5	6.0	6.0	6.5	7.0	7.0	7.0	7.5	7.5	8.0	8.0	8.0	8.5	8.5	9.0	9.0	9.0	9.5	9.5	9.5	10.0	10.0	10.5	.0721
0.6	2.0	2.5	3.0	3.0	3.5	4.0	4.5	4.5	5.0	5.5	6.0	6.0	6.0	6.5	7.0	7.0	7.5	7.5	8.0	8.0	8.5	9.0	9.0	9.0	9.5	9.5	10.0	10.0	10.0	10.5	10.5	11.0	11.0	11.5	11.5	.0865
0.7	2.0	2.5	3.0	3.5	4.0	4.5	5.0	5.0	5.5	6.0	6.5	6.5	7.0	7.0	7.5	8.0	8.0	8.0	8.5	9.0	9.5	9.5	10.0	10.0	10.0	10.5	11.0	11.0	11.5	11.5	12.0	12.0	•	•	•	.1009
0.8	2.5	3.0	3.5	4.0	4.5	5.0	5.5	5.5	6.0	6.5	7.0	7.5	7.5	7.5	8.0	8.5	9.0	9.0	9.5	9.5	10.0	10.5	11.0	11.0	11.0	11.5	12.0	12.0	12.0	•	•	•	•	•	•	.1154
0.9	2.5	3.0	3.5	4.0	4.5	5.0	5.5	6.0	6.5	7.0	7.5	8.0	8.0	8.0	8.5	9.0	10.0	10.0	10.5	11.0	11.0	11.0	11.5	11.5	12.0	12.0	•	•	•	•	•	•	•	•	•	.1298
1.0	2.5	3.5	4.0	4.5	5.0	5.5	6.0	6.0	6.5	7.0	7.5	8.0	8.5	9.0	9.0	9.5	10.0	10.0	10.5	11.0	11.5	12.0	12.0	•	•	•	•	•	•	•	•	•	•	•	•	.1442
1.1	3.0	3.5	4.0	4.5	5.0	5.5	6.0	6.5	7.0	7.5	8.0	8.5	9.0	9.5	10.0	10.0	10.5	11.0	11.5	12.0	12.0	•	•	•	•	•	•	•	•	•	•	•	•	•	•	.1586
1.2	3.0	3.5	4.0	4.5	5.0	6.0	6.0	6.5	7.0	8.0	8.5	8.5	9.5	10.0	10.5	11.5	11.5	12.0	12.0	•	•	•	•	•	•	•	•	•	•	•	•	•	•	•	•	.1730
1.3	3.0	3.5	4.0	4.5	5.0	6.5	6.5	7.0	7.5	8.5	9.0	9.0	10.0	10.5	11.5	12.0	12.0	•	•	•	•	•	•	•	•	•	•	•	•	•	•	•	•	•	•	.1875
1.4	3.5	4.0	4.5	5.0	5.5	6.0	6.5	7.0	8.0	8.5	9.5	10.0	10.5	11.0	12.0	12.0	•	•	•	•	•	•	•	•	•	•	•	•	•	•	•	•	•	•	•	.2019
1.5	3.5	4.5	5.0	5.5	6.0	7.0	7.5	8.0	8.5	9.5	10.0	10.5	11.0	11.5	12.0	•	•	•	•	•	•	•	•	•	•	•	•	•	•	•	•	•	•	•	•	.2163
k	90	126	162	198	234	270	306	342	378	414	450	486	522	558	594	630	666	702	738	774	810	846	882	918	954	990	1026	1062	1098	1134	1170	1206	1242	1278	1314	km

Δt Fahrenheit

TABLE 2 (Sheet 15 of 128)

TEMPERATURE DIFFERENCE

ECONOMICAL INSULATION THICKNESS TABLE

IN INCHES
(nominal)

PIPE SIZE: 1-1/4" NPS (Tube Size 1-1/2" OD)
42.16 mm

At the intersection of the "Δt" column with the "k" row read the economical thickness.
(•—*exceeds 12" thickness*)

D = 0.0035

Δt Celsius °C or Kelvin °K

k	50	70	90	110	130	150	170	190	210	230	250	270	290	310	330	350	370	390	410	430	450	470	490	510	530	550	570	590	610	630	650	670	690	710	730	km
0.1	0.5	0.5	0.5	0.5	0.5	0.5	0.5	0.5	0.5	0.5	0.5	0.5	0.5	0.5	0.5	0.5	0.5	0.5	0.5	0.5	0.5	0.5	0.5	0.5	1.0	1.0	1.0	1.0	1.0	1.0	1.0	1.0	1.0	1.0	1.0	.0144
0.2	0.5	0.5	0.5	0.5	0.5	0.5	0.5	0.5	0.5	0.5	0.5	0.5	0.5	0.5	1.0	1.0	1.0	1.0	1.0	1.0	1.0	1.0	1.0	1.0	1.0	1.0	1.0	1.0	1.0	1.0	1.0	1.0	1.0	1.0	1.0	.0288
0.3	0.5	0.5	0.5	0.5	0.5	0.5	0.5	0.5	0.5	0.5	1.0	1.0	1.0	1.0	1.0	1.0	1.0	1.0	1.0	1.0	1.0	1.0	1.0	1.0	1.0	1.0	1.0	1.0	1.0	1.0	1.0	1.0	1.0	1.0	1.0	.0433
0.4	0.5	0.5	0.5	0.5	0.5	0.5	0.5	0.5	0.5	1.0	1.0	1.0	1.0	1.0	1.0	1.0	1.0	1.0	1.0	1.0	1.0	1.0	1.0	1.0	1.0	1.0	1.0	1.0	1.0	1.0	1.0	1.0	1.0	1.5	1.5	.0577
0.5	0.5	0.5	0.5	0.5	0.5	0.5	0.5	0.5	1.0	1.0	1.0	1.0	1.0	1.0	1.0	1.0	1.0	1.0	1.0	1.0	1.0	1.0	1.0	1.0	1.0	1.0	1.0	1.0	1.5	1.5	1.5	1.5	1.5	1.5	1.5	.0721
0.6	0.5	0.5	0.5	0.5	0.5	0.5	0.5	0.5	1.0	1.0	1.0	1.0	1.0	1.0	1.0	1.0	1.0	1.0	1.0	1.0	1.0	1.0	1.0	1.0	1.0	1.0	1.5	1.5	1.5	1.5	1.5	1.5	1.5	1.5	1.5	.0865
0.7	0.5	0.5	0.5	0.5	0.5	0.5	0.5	0.5	1.0	1.0	1.0	1.0	1.0	1.0	1.0	1.0	1.0	1.0	1.0	1.0	1.0	1.0	1.0	1.0	1.5	1.5	1.5	1.5	1.5	1.5	1.5	1.5	1.5	1.5	1.5	.1009
0.8	0.5	0.5	0.5	0.5	0.5	0.5	0.5	0.5	1.0	1.0	1.0	1.0	1.0	1.0	1.0	1.0	1.0	1.0	1.0	1.0	1.0	1.0	1.0	1.5	1.5	1.5	1.5	1.5	1.5	1.5	1.5	1.5	1.5	1.5	1.5	.1154
0.9	0.5	0.5	0.5	0.5	0.5	0.5	0.5	0.5	1.0	1.0	1.0	1.0	1.0	1.0	1.0	1.0	1.0	1.0	1.0	1.0	1.0	1.0	1.5	1.5	1.5	1.5	1.5	1.5	1.5	1.5	1.5	1.5	1.5	2.0	2.0	.1298
1.0	0.5	0.5	0.5	0.5	0.5	0.5	0.5	0.5	0.5	1.0	1.0	1.0	1.0	1.0	1.0	1.0	1.0	1.0	1.0	1.0	1.0	1.0	1.5	1.5	1.5	1.5	1.5	1.5	1.5	1.5	1.5	2.0	2.0	2.0	2.0	.1442
1.1	0.5	0.5	0.5	0.5	0.5	0.5	0.5	0.5	0.5	1.0	1.0	1.0	1.0	1.0	1.0	1.0	1.0	1.0	1.0	1.0	1.0	1.0	1.5	1.5	1.5	1.5	1.5	1.5	1.5	1.5	2.0	2.0	2.0	2.0	2.0	.1586
1.2	0.5	0.5	0.5	0.5	0.5	0.5	0.5	0.5	0.5	0.5	1.0	1.0	1.0	1.0	1.0	1.0	1.0	1.0	1.0	1.0	1.0	1.0	1.5	1.5	1.5	1.5	1.5	1.5	1.5	2.0	2.0	2.0	2.0	2.0	2.0	.1730
1.3	0.5	0.5	0.5	0.5	0.5	0.5	0.5	0.5	0.5	0.5	0.5	1.0	1.0	1.0	1.0	1.0	1.0	1.0	1.0	1.0	1.0	1.0	1.5	1.5	1.5	1.5	1.5	1.5	1.5	2.0	2.0	2.0	2.0	2.0	2.0	.1875
1.4	0.5	0.5	0.5	0.5	0.5	0.5	0.5	0.5	0.5	0.5	0.5	0.5	1.0	1.0	1.0	1.0	1.0	1.0	1.0	1.0	1.0	1.0	1.0	1.5	1.5	1.5	1.5	1.5	2.0	2.0	2.0	2.0	2.0	2.0	2.0	.2019
1.5	0.5	0.5	0.5	0.5	0.5	0.5	0.5	0.5	0.5	0.5	0.5	0.5	0.5	1.0	1.0	1.0	1.0	1.0	1.0	1.0	1.0	1.0	1.0	1.5	1.5	1.5	1.5	1.5	2.0	2.0	2.0	2.0	2.0	2.0	2.0	.2163
k	90	126	162	198	234	270	306	342	378	414	450	486	522	558	594	630	666	702	738	774	810	846	882	918	954	990	1026	1062	1098	1134	1170	1206	1242	1278	1314	km

Δt Fahrenheit

D = 0.0040

Δt Celsius °C or Kelvin °K

k	50	70	90	110	130	150	170	190	210	230	250	270	290	310	330	350	370	390	410	430	450	470	490	510	530	550	570	590	610	630	650	670	690	710	730	km
0.1	0.5	0.5	0.5	0.5	0.5	0.5	0.5	0.5	0.5	0.5	0.5	0.5	0.5	0.5	0.5	0.5	0.5	0.5	0.5	0.5	0.5	1.0	1.0	1.0	1.0	1.0	1.0	1.0	1.0	1.0	1.0	1.0	1.0	1.0	1.0	.0144
0.2	0.5	0.5	0.5	0.5	0.5	0.5	0.5	0.5	0.5	0.5	0.5	0.5	1.0	1.0	1.0	1.0	1.0	1.0	1.0	1.0	1.0	1.0	1.0	1.0	1.0	1.0	1.0	1.0	1.0	1.0	1.0	1.0	1.0	1.0	1.0	.0288
0.3	0.5	0.5	0.5	0.5	0.5	0.5	0.5	0.5	0.5	1.0	1.0	1.0	1.0	1.0	1.0	1.0	1.0	1.0	1.0	1.0	1.0	1.0	1.0	1.0	1.0	1.0	1.0	1.0	1.0	1.0	1.0	1.0	1.0	1.0	1.0	.0433
0.4	0.5	0.5	0.5	0.5	0.5	0.5	0.5	0.5	1.0	1.0	1.0	1.0	1.0	1.0	1.0	1.0	1.0	1.0	1.0	1.0	1.0	1.0	1.0	1.0	1.0	1.0	1.0	1.0	1.5	1.5	1.5	1.5	1.5	1.5	1.5	.0577
0.5	0.5	0.5	0.5	0.5	0.5	0.5	0.5	1.0	1.0	1.0	1.0	1.0	1.0	1.0	1.0	1.0	1.0	1.0	1.0	1.0	1.0	1.0	1.0	1.0	1.0	1.5	1.5	1.5	1.5	1.5	1.5	1.5	1.5	1.5	1.5	.0721
0.6	0.5	0.5	0.5	0.5	0.5	0.5	0.5	1.0	1.0	1.0	1.0	1.0	1.0	1.0	1.0	1.0	1.0	1.0	1.0	1.0	1.0	1.0	1.5	1.5	1.5	1.5	1.5	1.5	1.5	1.5	1.5	1.5	1.5	1.5	1.5	.0865
0.7	0.5	0.5	0.5	0.5	0.5	0.5	0.5	1.0	1.0	1.0	1.0	1.0	1.0	1.0	1.0	1.0	1.0	1.0	1.0	1.0	1.0	1.5	1.5	1.5	1.5	1.5	1.5	1.5	1.5	1.5	1.5	1.5	1.5	2.0	2.0	.1009
0.8	0.5	0.5	0.5	0.5	0.5	0.5	0.5	1.0	1.0	1.0	1.0	1.0	1.0	1.0	1.0	1.0	1.0	1.0	1.0	1.0	1.5	1.5	1.5	1.5	1.5	1.5	1.5	1.5	1.5	1.5	2.0	2.0	2.0	2.0	2.0	.1154
0.9	0.5	0.5	0.5	0.5	0.5	0.5	0.5	1.0	1.0	1.0	1.0	1.0	1.0	1.0	1.0	1.0	1.0	1.0	1.0	1.5	1.5	1.5	1.5	1.5	1.5	1.5	1.5	1.5	2.0	2.0	2.0	2.0	2.0	2.0	2.0	.1298
1.0	0.5	0.5	0.5	0.5	0.5	0.5	0.5	1.0	1.0	1.0	1.0	1.0	1.0	1.0	1.0	1.0	1.0	1.0	1.0	1.5	1.5	1.5	1.5	1.5	1.5	1.5	1.5	2.0	2.0	2.0	2.0	2.0	2.0	2.0	2.0	.1442
1.1	0.5	0.5	0.5	0.5	0.5	0.5	0.5	0.5	1.0	1.0	1.0	1.0	1.0	1.0	1.0	1.0	1.0	1.0	1.0	1.5	1.5	1.5	1.5	1.5	1.5	1.5	2.0	2.0	2.0	2.0	2.0	2.0	2.0	2.0	2.0	.1586
1.2	0.5	0.5	0.5	0.5	0.5	0.5	0.5	0.5	1.0	1.0	1.0	1.0	1.0	1.0	1.0	1.0	1.0	1.0	1.0	1.5	1.5	1.5	1.5	1.5	1.5	2.0	2.0	2.0	2.0	2.0	2.0	2.0	2.0	2.0	2.0	.1730
1.3	0.5	0.5	0.5	0.5	0.5	0.5	0.5	0.5	0.5	1.0	1.0	1.0	1.0	1.0	1.0	1.0	1.0	1.0	1.0	1.5	1.5	1.5	1.5	1.5	1.5	2.0	2.0	2.0	2.0	2.0	2.0	2.0	2.0	2.0	2.0	.1875
1.4	0.5	0.5	0.5	0.5	0.5	0.5	0.5	0.5	0.5	0.5	1.0	1.0	1.0	1.0	1.0	1.0	1.0	1.0	1.0	1.0	1.5	1.5	1.5	1.5	2.0	2.0	2.0	2.0	2.0	2.0	2.0	2.0	2.0	2.0	2.0	.2019
1.5	0.5	0.5	0.5	0.5	0.5	0.5	0.5	0.5	0.5	0.5	0.5	1.0	1.0	1.0	1.0	1.0	1.0	1.0	1.0	1.0	1.5	1.5	1.5	1.5	2.0	2.0	2.0	2.0	2.0	2.0	2.0	2.0	2.0	2.0	2.0	.2163
k	90	126	162	198	234	270	306	342	378	414	450	486	522	558	594	630	666	702	738	774	810	846	882	918	954	990	1026	1062	1098	1134	1170	1206	1242	1278	1314	km

Δt Fahrenheit

CONDUCTIVITY
Btu, in./sq ft, hr °F

W/mK

D = 0.0045

Δt Celsius °C or Kelvin °K

k	50	70	90	110	130	150	170	190	210	230	250	270	290	310	330	350	370	390	410	430	450	470	490	510	530	550	570	590	610	630	650	670	690	710	730	km
0.1	0.5	0.5	0.5	0.5	0.5	0.5	0.5	0.5	0.5	0.5	0.5	0.5	0.5	0.5	0.5	0.5	0.5	0.5	0.5	1.0	1.0	1.0	1.0	1.0	1.0	1.0	1.0	1.0	1.0	1.0	1.0	1.0	1.0	1.0	1.0	.0144
0.2	0.5	0.5	0.5	0.5	0.5	0.5	0.5	0.5	0.5	0.5	1.0	1.0	1.0	1.0	1.0	1.0	1.0	1.0	1.0	1.0	1.0	1.0	1.0	1.0	1.0	1.0	1.0	1.0	1.0	1.0	1.0	1.0	1.0	1.0	1.0	.0288
0.3	0.5	0.5	0.5	0.5	0.5	0.5	0.5	0.5	1.0	1.0	1.0	1.0	1.0	1.0	1.0	1.0	1.0	1.0	1.0	1.0	1.0	1.0	1.0	1.0	1.0	1.0	1.0	1.0	1.0	1.0	1.0	1.5	1.5	1.5	1.5	.0433
0.4	0.5	0.5	0.5	0.5	0.5	0.5	0.5	1.0	1.0	1.0	1.0	1.0	1.0	1.0	1.0	1.0	1.0	1.0	1.0	1.0	1.0	1.0	1.0	1.0	1.0	1.5	1.5	1.5	1.5	1.5	1.5	1.5	1.5	1.5	1.5	.0577
0.5	0.5	0.5	0.5	0.5	0.5	0.5	1.0	1.0	1.0	1.0	1.0	1.0	1.0	1.0	1.0	1.0	1.0	1.0	1.0	1.0	1.0	1.0	1.5	1.5	1.5	1.5	1.5	1.5	1.5	1.5	1.5	1.5	1.5	1.5	1.5	.0721
0.6	0.5	0.5	0.5	0.5	0.5	0.5	1.0	1.0	1.0	1.0	1.0	1.0	1.0	1.0	1.0	1.0	1.0	1.0	1.0	1.0	1.5	1.5	1.5	1.5	1.5	1.5	1.5	1.5	1.5	1.5	1.5	1.5	2.0	2.0	2.0	.0865
0.7	0.5	0.5	0.5	0.5	0.5	0.5	1.0	1.0	1.0	1.0	1.0	1.0	1.0	1.0	1.0	1.0	1.0	1.0	1.5	1.5	1.5	1.5	1.5	1.5	1.5	1.5	1.5	1.5	1.5	2.0	2.0	2.0	2.0	2.0	2.0	.1009
0.8	0.5	0.5	0.5	0.5	0.5	0.5	1.0	1.0	1.0	1.0	1.0	1.0	1.0	1.0	1.0	1.0	1.0	1.5	1.5	1.5	1.5	1.5	1.5	1.5	1.5	1.5	1.5	2.0	2.0	2.0	2.0	2.0	2.0	2.0	2.0	.1154
0.9	0.5	0.5	0.5	0.5	0.5	0.5	1.0	1.0	1.0	1.0	1.0	1.0	1.0	1.0	1.0	1.0	1.0	1.5	1.5	1.5	1.5	1.5	1.5	1.5	1.5	2.0	2.0	2.0	2.0	2.0	2.0	2.0	2.0	2.0	2.0	.1298
1.0	0.5	0.5	0.5	0.5	0.5	0.5	1.0	1.0	1.0	1.0	1.0	1.0	1.0	1.0	1.0	1.0	1.0	1.5	1.5	1.5	1.5	1.5	1.5	1.5	2.0	2.0	2.0	2.0	2.0	2.0	2.0	2.0	2.0	2.0	2.0	.1442
1.1	0.5	0.5	0.5	0.5	0.5	0.5	0.5	1.0	1.0	1.0	1.0	1.0	1.0	1.0	1.0	1.0	1.0	1.5	1.5	1.5	1.5	1.5	1.5	2.0	2.0	2.0	2.0	2.0	2.0	2.0	2.0	2.0	2.0	2.0	2.0	.1586
1.2	0.5	0.5	0.5	0.5	0.5	0.5	0.5	1.0	1.0	1.0	1.0	1.0	1.0	1.0	1.0	1.0	1.0	1.5	1.5	1.5	1.5	1.5	2.0	2.0	2.0	2.0	2.0	2.0	2.0	2.0	2.0	2.0	2.0	2.0	2.0	.1730
1.3	0.5	0.5	0.5	0.5	0.5	0.5	0.5	0.5	1.0	1.0	1.0	1.0	1.0	1.0	1.0	1.0	1.0	1.5	1.5	1.5	1.5	1.5	2.0	2.0	2.0	2.0	2.0	2.0	2.0	2.0	2.0	2.0	2.0	2.0	2.0	.1875
1.4	0.5	0.5	0.5	0.5	0.5	0.5	0.5	0.5	0.5	1.0	1.0	1.0	1.0	1.0	1.0	1.0	1.0	1.5	1.5	1.5	1.5	2.0	2.0	2.0	2.0	2.0	2.0	2.0	2.0	2.0	2.0	2.0	2.0	2.0	2.0	.2019
1.5	0.5	0.5	0.5	0.5	0.5	0.5	0.5	0.5	0.5	1.0	1.0	1.0	1.0	1.0	1.0	1.0	1.0	1.0	1.5	1.5	1.5	2.0	2.0	2.0	2.0	2.0	2.0	2.0	2.0	2.0	2.0	2.0	2.0	2.0	2.5	.2163
k	90	126	162	198	234	270	306	342	378	414	450	486	522	558	594	630	666	702	738	774	810	846	882	918	954	990	1026	1062	1098	1134	1170	1206	1242	1278	1314	km

Δt Fahrenheit

Btu, in./sq ft, hr °F

W/mK

TEMPERATURE DIFFERENCE

TABLE 2 (Sheet 16 of 128)

TABLE 2 (Continued)

ECONOMICAL INSULATION THICKNESS TABLE

IN INCHES
(nominal)

PIPE SIZE: 1-1/4" NPS (Tube Size 1-1/2" OD)
42.16 mm

At the intersection of the "Δt" column with the "k" row read the economical thickness.
(•—*exceeds 12" thickness*)

CONDUCTIVITY k: Btu, in./sq ft, hr °F; km: W/mK

D = 0.0050

k	50	70	90	110	130	150	170	190	210	230	250	270	290	310	330	350	370	390	410	430	450	470	490	510	530	550	570	590	610	630	650	670	690	710	730	km
0.1	0.5	0.5	0.5	0.5	0.5	0.5	0.5	0.5	0.5	0.5	0.5	0.5	0.5	0.5	0.5	0.5	1.0	1.0	1.0	1.0	1.0	1.0	1.0	1.0	1.0	1.0	1.0	1.0	1.0	1.0	1.0	1.0	1.0	1.0	1.0	.0144
0.2	0.5	0.5	0.5	0.5	0.5	0.5	0.5	0.5	0.5	1.0	1.0	1.0	1.0	1.0	1.0	1.0	1.0	1.0	1.0	1.0	1.0	1.0	1.0	1.0	1.0	1.0	1.0	1.0	1.0	1.0	1.0	1.0	1.0	1.0	1.0	.0288
0.3	0.5	0.5	0.5	0.5	0.5	0.5	0.5	1.0	1.0	1.0	1.0	1.0	1.0	1.0	1.0	1.0	1.0	1.0	1.0	1.0	1.0	1.0	1.0	1.0	1.0	1.0	1.0	1.0	1.5	1.5	1.5	1.5	1.5	1.5	1.5	.0433
0.4	0.5	0.5	0.5	0.5	0.5	0.5	1.0	1.0	1.0	1.0	1.0	1.0	1.0	1.0	1.0	1.0	1.0	1.0	1.0	1.0	1.0	1.0	1.5	1.5	1.5	1.5	1.5	1.5	1.5	1.5	1.5	1.5	1.5	1.5	1.5	.0577
0.5	0.5	0.5	0.5	0.5	0.5	1.0	1.0	1.0	1.0	1.0	1.0	1.0	1.0	1.0	1.0	1.0	1.0	1.0	1.0	1.5	1.5	1.5	1.5	1.5	1.5	1.5	1.5	1.5	1.5	1.5	1.5	1.5	2.0	2.0	2.0	.0721
0.6	0.5	0.5	0.5	0.5	0.5	1.0	1.0	1.0	1.0	1.0	1.0	1.0	1.0	1.0	1.0	1.0	1.0	1.5	1.5	1.5	1.5	1.5	1.5	1.5	1.5	1.5	1.5	1.5	1.5	2.0	2.0	2.0	2.0	2.0	2.0	.0865
0.7	0.5	0.5	0.5	0.5	0.5	1.0	1.0	1.0	1.0	1.0	1.0	1.0	1.0	1.0	1.0	1.0	1.5	1.5	1.5	1.5	1.5	1.5	1.5	1.5	1.5	1.5	2.0	2.0	2.0	2.0	2.0	2.0	2.0	2.0	2.0	.1009
0.8	0.5	0.5	0.5	0.5	0.5	1.0	1.0	1.0	1.0	1.0	1.0	1.0	1.0	1.0	1.0	1.5	1.5	1.5	1.5	1.5	1.5	1.5	1.5	1.5	2.0	2.0	2.0	2.0	2.0	2.0	2.0	2.0	2.0	2.0	2.0	.1154
0.9	0.5	0.5	0.5	0.5	0.5	1.0	1.0	1.0	1.0	1.0	1.0	1.0	1.0	1.0	1.0	1.5	1.5	1.5	1.5	1.5	1.5	1.5	2.0	2.0	2.0	2.0	2.0	2.0	2.0	2.0	2.0	2.0	2.0	2.0	2.0	.1298
1.0	0.5	0.5	0.5	0.5	0.5	0.5	1.0	1.0	1.0	1.0	1.0	1.0	1.0	1.0	1.0	1.5	1.5	1.5	1.5	1.5	1.5	2.0	2.0	2.0	2.0	2.0	2.0	2.0	2.0	2.0	2.0	2.0	2.0	2.0	2.0	.1442
1.1	0.5	0.5	0.5	0.5	0.5	0.5	1.0	1.0	1.0	1.0	1.0	1.0	1.0	1.0	1.0	1.5	1.5	1.5	1.5	1.5	2.0	2.0	2.0	2.0	2.0	2.0	2.0	2.0	2.0	2.0	2.0	2.0	2.0	2.0	2.0	.1586
1.2	0.5	0.5	0.5	0.5	0.5	0.5	1.0	1.0	1.0	1.0	1.0	1.0	1.0	1.0	1.0	1.5	1.5	1.5	1.5	1.5	2.0	2.0	2.0	2.0	2.0	2.0	2.0	2.0	2.0	2.0	2.0	2.0	2.0	2.5	2.5	.1730
1.3	0.5	0.5	0.5	0.5	0.5	0.5	0.5	1.0	1.0	1.0	1.0	1.0	1.0	1.0	1.0	1.5	1.5	1.5	1.5	2.0	2.0	2.0	2.0	2.0	2.0	2.0	2.0	2.0	2.0	2.0	2.0	2.0	2.5	2.5	2.5	.1875
1.4	0.5	0.5	0.5	0.5	0.5	0.5	0.5	0.5	1.0	1.0	1.0	1.0	1.0	1.0	1.0	1.5	1.5	1.5	1.5	2.0	2.0	2.0	2.0	2.0	2.0	2.0	2.0	2.0	2.0	2.0	2.0	2.0	2.5	2.5	2.5	.2019
1.5	0.5	0.5	0.5	0.5	0.5	0.5	0.5	0.5	1.0	1.0	1.0	1.0	1.0	1.0	1.0	1.0	1.5	1.5	1.5	2.0	2.0	2.0	2.0	2.0	2.0	2.0	2.0	2.0	2.0	2.0	2.0	2.5	2.5	2.5	2.5	.2163
k	90	126	162	198	234	270	306	342	378	414	450	486	522	558	594	630	666	702	738	774	810	846	882	918	954	990	1026	1062	1098	1134	1170	1206	1242	1278	1314	km

Top header: Δt Celsius °C or Kelvin °K; bottom row: Δt Fahrenheit

D = 0.0060

k	50	70	90	110	130	150	170	190	210	230	250	270	290	310	330	350	370	390	410	430	450	470	490	510	530	550	570	590	610	630	650	670	690	710	730	km
0.1	0.5	0.5	0.5	0.5	0.5	0.5	0.5	0.5	0.5	0.5	0.5	0.5	0.5	1.0	1.0	1.0	1.0	1.0	1.0	1.0	1.0	1.0	1.0	1.0	1.0	1.0	1.0	1.0	1.0	1.0	1.0	1.0	1.0	1.0	1.0	.0144
0.2	0.5	0.5	0.5	0.5	0.5	0.5	0.5	1.0	1.0	1.0	1.0	1.0	1.0	1.0	1.0	1.0	1.0	1.0	1.0	1.0	1.0	1.0	1.0	1.0	1.0	1.0	1.0	1.0	1.0	1.0	1.0	1.5	1.5	1.5	1.5	.0288
0.3	0.5	0.5	0.5	0.5	0.5	1.0	1.0	1.0	1.0	1.0	1.0	1.0	1.0	1.0	1.0	1.0	1.0	1.0	1.0	1.0	1.0	1.0	1.0	1.5	1.5	1.5	1.5	1.5	1.5	1.5	1.5	1.5	1.5	1.5	1.5	.0433
0.4	0.5	0.5	0.5	0.5	1.0	1.0	1.0	1.0	1.0	1.0	1.0	1.0	1.0	1.0	1.0	1.0	1.0	1.0	1.5	1.5	1.5	1.5	1.5	1.5	1.5	1.5	1.5	1.5	1.5	1.5	1.5	1.5	2.0	2.0	2.0	.0577
0.5	0.5	0.5	0.5	0.5	1.0	1.0	1.0	1.0	1.0	1.0	1.0	1.0	1.0	1.0	1.0	1.0	1.5	1.5	1.5	1.5	1.5	1.5	1.5	1.5	1.5	1.5	1.5	2.0	2.0	2.0	2.0	2.0	2.0	2.0	2.0	.0721
0.6	0.5	0.5	0.5	0.5	1.0	1.0	1.0	1.0	1.0	1.0	1.0	1.0	1.0	1.0	1.5	1.5	1.5	1.5	1.5	1.5	1.5	1.5	1.5	2.0	2.0	2.0	2.0	2.0	2.0	2.0	2.0	2.0	2.0	2.0	2.0	.0865
0.7	0.5	0.5	0.5	0.5	1.0	1.0	1.0	1.0	1.0	1.0	1.0	1.0	1.0	1.5	1.5	1.5	1.5	1.5	1.5	1.5	1.5	2.0	2.0	2.0	2.0	2.0	2.0	2.0	2.0	2.0	2.0	2.0	2.0	2.0	2.0	.1009
0.8	0.5	0.5	0.5	0.5	1.0	1.0	1.0	1.0	1.0	1.0	1.0	1.0	1.0	1.5	1.5	1.5	1.5	1.5	1.5	2.0	2.0	2.0	2.0	2.0	2.0	2.0	2.0	2.0	2.0	2.0	2.0	2.0	2.0	2.0	2.0	.1154
0.9	0.5	0.5	0.5	0.5	1.0	1.0	1.0	1.0	1.0	1.0	1.0	1.0	1.5	1.5	1.5	1.5	1.5	1.5	2.0	2.0	2.0	2.0	2.0	2.0	2.0	2.0	2.0	2.0	2.0	2.0	2.0	2.0	2.5	2.5	2.5	.1298
1.0	0.5	0.5	0.5	0.5	1.0	1.0	1.0	1.0	1.0	1.0	1.0	1.0	1.5	1.5	1.5	1.5	1.5	2.0	2.0	2.0	2.0	2.0	2.0	2.0	2.0	2.0	2.0	2.0	2.0	2.0	2.5	2.5	2.5	2.5	2.5	.1442
1.1	0.5	0.5	0.5	0.5	0.5	1.0	1.0	1.0	1.0	1.0	1.0	1.0	1.5	1.5	1.5	1.5	1.5	2.0	2.0	2.0	2.0	2.0	2.0	2.0	2.0	2.0	2.0	2.0	2.0	2.5	2.5	2.5	2.5	2.5	2.5	.1586
1.2	0.5	0.5	0.5	0.5	0.5	1.0	1.0	1.0	1.0	1.0	1.0	1.0	1.5	1.5	1.5	1.5	2.0	2.0	2.0	2.0	2.0	2.0	2.0	2.0	2.0	2.0	2.0	2.0	2.5	2.5	2.5	2.5	2.5	2.5	2.5	.1730
1.3	0.5	0.5	0.5	0.5	0.5	1.0	1.0	1.0	1.0	1.0	1.0	1.0	1.5	1.5	1.5	1.5	2.0	2.0	2.0	2.0	2.0	2.0	2.0	2.0	2.0	2.0	2.0	2.5	2.5	2.5	2.5	2.5	2.5	2.5	2.5	.1875
1.4	0.5	0.5	0.5	0.5	0.5	0.5	1.0	1.0	1.0	1.0	1.0	1.0	1.5	1.5	1.5	1.5	2.0	2.0	2.0	2.0	2.0	2.0	2.0	2.0	2.0	2.0	2.5	2.5	2.5	2.5	2.5	2.5	2.5	2.5	3.0	.2019
1.5	0.5	0.5	0.5	0.5	0.5	0.5	0.5	1.0	1.0	1.0	1.0	1.0	1.0	1.5	1.5	2.0	2.0	2.0	2.0	2.0	2.0	2.0	2.0	2.0	2.0	2.5	2.5	2.5	2.5	2.5	2.5	2.5	2.5	3.0	3.0	.2163
k	90	126	162	198	234	270	306	342	378	414	450	486	522	558	594	630	666	702	738	774	810	846	882	918	954	990	1026	1062	1098	1134	1170	1206	1242	1278	1314	km

Top header: Δt Celsius °C or Kelvin °K; bottom row: Δt Fahrenheit

D = 0.0070

k	50	70	90	110	130	150	170	190	210	230	250	270	290	310	330	350	370	390	410	430	450	470	490	510	530	550	570	590	610	630	650	670	690	710	730	km
0.1	0.5	0.5	0.5	0.5	0.5	0.5	0.5	0.5	0.5	0.5	0.5	1.0	1.0	1.0	1.0	1.0	1.0	1.0	1.0	1.0	1.0	1.0	1.0	1.0	1.0	1.0	1.0	1.0	1.0	1.0	1.0	1.0	1.0	1.0	1.0	.0144
0.2	0.5	0.5	0.5	0.5	0.5	0.5	1.0	1.0	1.0	1.0	1.0	1.0	1.0	1.0	1.0	1.0	1.0	1.0	1.0	1.0	1.0	1.0	1.0	1.0	1.0	1.0	1.0	1.5	1.5	1.5	1.5	1.5	1.5	1.5	1.5	.0288
0.3	0.5	0.5	0.5	0.5	1.0	1.0	1.0	1.0	1.0	1.0	1.0	1.0	1.0	1.0	1.0	1.0	1.0	1.0	1.0	1.5	1.5	1.5	1.5	1.5	1.5	1.5	1.5	1.5	1.5	1.5	1.5	1.5	1.5	1.5	2.0	.0433
0.4	0.5	0.5	0.5	0.5	1.0	1.0	1.0	1.0	1.0	1.0	1.0	1.0	1.0	1.0	1.0	1.5	1.5	1.5	1.5	1.5	1.5	1.5	1.5	1.5	1.5	1.5	1.5	2.0	2.0	2.0	2.0	2.0	2.0	2.0	2.0	.0577
0.5	0.5	0.5	0.5	1.0	1.0	1.0	1.0	1.0	1.0	1.0	1.0	1.0	1.0	1.5	1.5	1.5	1.5	1.5	1.5	1.5	1.5	1.5	1.5	2.0	2.0	2.0	2.0	2.0	2.0	2.0	2.0	2.0	2.0	2.0	2.0	.0721
0.6	0.5	0.5	0.5	1.0	1.0	1.0	1.0	1.0	1.0	1.0	1.0	1.0	1.5	1.5	1.5	1.5	1.5	1.5	1.5	1.5	2.0	2.0	2.0	2.0	2.0	2.0	2.0	2.0	2.0	2.0	2.0	2.0	2.0	2.0	2.0	.0865
0.7	0.5	0.5	0.5	1.0	1.0	1.0	1.0	1.0	1.0	1.0	1.0	1.5	1.5	1.5	1.5	1.5	1.5	1.5	2.0	2.0	2.0	2.0	2.0	2.0	2.0	2.0	2.0	2.0	2.0	2.0	2.0	2.0	2.5	2.5	2.5	.1009
0.8	0.5	0.5	0.5	1.0	1.0	1.0	1.0	1.0	1.0	1.0	1.5	1.5	1.5	1.5	1.5	1.5	2.0	2.0	2.0	2.0	2.0	2.0	2.0	2.0	2.0	2.0	2.0	2.0	2.0	2.5	2.5	2.5	2.5	2.5	2.5	.1154
0.9	0.5	0.5	0.5	1.0	1.0	1.0	1.0	1.0	1.0	1.0	1.5	1.5	1.5	1.5	1.5	2.0	2.0	2.0	2.0	2.0	2.0	2.0	2.0	2.0	2.0	2.0	2.0	2.5	2.5	2.5	2.5	2.5	2.5	2.5	2.5	.1298
1.0	0.5	0.5	0.5	1.0	1.0	1.0	1.0	1.0	1.0	1.0	1.5	1.5	1.5	1.5	1.5	2.0	2.0	2.0	2.0	2.0	2.0	2.0	2.0	2.0	2.0	2.0	2.5	2.5	2.5	2.5	2.5	2.5	2.5	2.5	2.5	.1442
1.1	0.5	0.5	0.5	0.5	1.0	1.0	1.0	1.0	1.0	1.0	1.5	1.5	1.5	1.5	2.0	2.0	2.0	2.0	2.0	2.0	2.0	2.0	2.0	2.0	2.5	2.5	2.5	2.5	2.5	2.5	2.5	2.5	2.5	3.0	3.0	.1586
1.2	0.5	0.5	0.5	0.5	1.0	1.0	1.0	1.0	1.0	1.0	1.5	1.5	1.5	1.5	2.0	2.0	2.0	2.0	2.0	2.0	2.0	2.0	2.0	2.5	2.5	2.5	2.5	2.5	2.5	2.5	2.5	3.0	3.0	3.0	3.0	.1730
1.3	0.5	0.5	0.5	0.5	1.0	1.0	1.0	1.0	1.0	1.0	1.5	1.5	1.5	2.0	2.0	2.0	2.0	2.0	2.0	2.0	2.0	2.0	2.0	2.5	2.5	2.5	2.5	2.5	2.5	2.5	3.0	3.0	3.0	3.0	3.0	.1875
1.4	0.5	0.5	0.5	0.5	0.5	1.0	1.0	1.0	1.0	1.0	1.5	1.5	1.5	2.0	2.0	2.0	2.0	2.0	2.0	2.0	2.0	2.0	2.5	2.5	2.5	2.5	2.5	2.5	2.5	3.0	3.0	3.0	3.0	3.0	3.0	.2019
1.5	0.5	0.5	0.5	0.5	0.5	1.0	1.0	1.0	1.0	1.0	1.0	1.5	1.5	2.0	2.0	2.0	2.0	2.0	2.0	2.0	2.0	2.5	2.5	2.5	2.5	2.5	2.5	2.5	3.0	3.0	3.0	3.0	3.0	3.0	3.0	.2163
k	90	126	162	198	234	270	306	342	378	414	450	486	522	558	594	630	666	702	738	774	810	846	882	918	954	990	1026	1062	1098	1134	1170	1206	1242	1278	1314	km

Top header: Δt Celsius °C or Kelvin °K; bottom row: Δt Fahrenheit

TABLE 2 (Sheet 17 of 128)

TEMPERATURE DIFFERENCE

TABLE 2 (Continued)

ECONOMICAL INSULATION THICKNESS TABLE
IN INCHES
(nominal)

PIPE SIZE: 1-1/4'' NPS (Tube Size 1-1/2 OD)
42.16 mm

At the intersection of the ''Δt'' column with the ''k'' row read the economical thickness.
(•—*exceeds 12'' thickness*)

D = 0.0080

Δt Celsius °C or Kelvin °K

CONDUCTIVITY: k in Btu, in./sq ft, hr °F; km in W/mK

k	50	70	90	110	130	150	170	190	210	230	250	270	290	310	330	350	370	390	410	430	450	470	490	510	530	550	570	590	610	630	650	670	690	710	730	km
0.1	0.5	0.5	0.5	0.5	0.5	0.5	0.5	0.5	0.5	0.5	1.0	1.0	1.0	1.0	1.0	1.0	1.0	1.0	1.0	1.0	1.0	1.0	1.0	1.0	1.0	1.0	1.0	1.0	1.0	1.0	1.0	1.0	1.0	1.0	1.0	.0144
0.2	0.5	0.5	0.5	0.5	0.5	1.0	1.0	1.0	1.0	1.0	1.0	1.0	1.0	1.0	1.0	1.0	1.0	1.0	1.0	1.0	1.0	1.0	1.0	1.5	1.5	1.5	1.5	1.5	1.5	1.5	1.5	1.5	1.5	1.5	1.5	.0288
0.3	0.5	0.5	0.5	1.0	1.0	1.0	1.0	1.0	1.0	1.0	1.0	1.0	1.0	1.0	1.0	1.0	1.5	1.5	1.5	1.5	1.5	1.5	1.5	1.5	1.5	1.5	1.5	1.5	1.5	1.5	2.0	2.0	2.0	2.0	2.0	.0433
0.4	0.5	0.5	0.5	1.0	1.0	1.0	1.0	1.0	1.0	1.0	1.0	1.0	1.0	1.5	1.5	1.5	1.5	1.5	1.5	1.5	1.5	1.5	1.5	2.0	2.0	2.0	2.0	2.0	2.0	2.0	2.0	2.0	2.0	2.0	2.0	.0577
0.5	0.5	0.5	0.5	1.0	1.0	1.0	1.0	1.0	1.0	1.0	1.0	1.5	1.5	1.5	1.5	1.5	1.5	1.5	1.5	1.5	2.0	2.0	2.0	2.0	2.0	2.0	2.0	2.0	2.0	2.0	2.0	2.0	2.0	2.0	2.0	.0721
0.6	0.5	0.5	1.0	1.0	1.0	1.0	1.0	1.0	1.0	1.0	1.5	1.5	1.5	1.5	1.5	1.5	1.5	2.0	2.0	2.0	2.0	2.0	2.0	2.0	2.0	2.0	2.0	2.0	2.0	2.0	2.0	2.5	2.5	2.5	2.5	.0865
0.7	0.5	0.5	1.0	1.0	1.0	1.0	1.0	1.0	1.0	1.5	1.5	1.5	1.5	1.5	1.5	2.0	2.0	2.0	2.0	2.0	2.0	2.0	2.0	2.0	2.0	2.0	2.0	2.0	2.5	2.5	2.5	2.5	2.5	2.5	2.5	.1009
0.8	0.5	0.5	1.0	1.0	1.0	1.0	1.0	1.0	1.0	1.5	1.5	1.5	1.5	1.5	2.0	2.0	2.0	2.0	2.0	2.0	2.0	2.0	2.0	2.0	2.0	2.5	2.5	2.5	2.5	2.5	2.5	2.5	2.5	2.5	2.5	.1154
0.9	0.5	0.5	0.5	1.0	1.0	1.0	1.0	1.0	1.0	1.5	1.5	1.5	1.5	2.0	2.0	2.0	2.0	2.0	2.0	2.0	2.0	2.0	2.0	2.0	2.5	2.5	2.5	2.5	2.5	2.5	2.5	2.5	2.5	3.0	3.0	.1298
1.0	0.5	0.5	0.5	1.0	1.0	1.0	1.0	1.0	1.5	1.5	1.5	1.5	1.5	2.0	2.0	2.0	2.0	2.0	2.0	2.0	2.0	2.0	2.5	2.5	2.5	2.5	2.5	2.5	2.5	2.5	3.0	3.0	3.0	3.0	3.0	.1442
1.1	0.5	0.5	0.5	1.0	1.0	1.0	1.0	1.0	1.5	1.5	1.5	1.5	2.0	2.0	2.0	2.0	2.0	2.0	2.0	2.0	2.0	2.5	2.5	2.5	2.5	2.5	2.5	2.5	3.0	3.0	3.0	3.0	3.0	3.0	3.0	.1586
1.2	0.5	0.5	0.5	1.0	1.0	1.0	1.0	1.0	1.5	1.5	1.5	1.5	2.0	2.0	2.0	2.0	2.0	2.0	2.0	2.0	2.5	2.5	2.5	2.5	2.5	2.5	2.5	3.0	3.0	3.0	3.0	3.0	3.0	3.0	3.0	.1730
1.3	0.5	0.5	0.5	0.5	1.0	1.0	1.0	1.0	1.0	1.5	1.5	2.0	2.0	2.0	2.0	2.0	2.0	2.0	2.0	2.5	2.5	2.5	2.5	2.5	2.5	2.5	3.0	3.0	3.0	3.0	3.0	3.0	3.0	3.0	3.5	.1875
1.4	0.5	0.5	0.5	0.5	1.0	1.0	1.0	1.0	1.0	1.5	1.5	2.0	2.0	2.0	2.0	2.0	2.0	2.0	2.0	2.5	2.5	2.5	2.5	2.5	2.5	3.0	3.0	3.0	3.0	3.0	3.0	3.0	3.5	3.5	3.5	.2019
1.5	0.5	0.5	0.5	0.5	1.0	1.0	1.0	1.0	1.0	1.5	1.5	2.0	2.0	2.0	2.0	2.0	2.0	2.0	2.0	2.5	2.5	2.5	2.5	2.5	3.0	3.0	3.0	3.0	3.0	3.0	3.0	3.5	3.5	3.5	3.5	.2163
k	90	126	162	198	234	270	306	342	378	414	450	486	522	558	594	630	666	702	738	774	810	846	882	918	954	990	1026	1062	1098	1134	1170	1206	1242	1278	1314	km

Δt Fahrenheit

D = 0.0100

Δt Celsius °C or Kelvin °K

CONDUCTIVITY: k in Btu, in./sq ft, hr °F; km in W/mK

k	50	70	90	110	130	150	170	190	210	230	250	270	290	310	330	350	370	390	410	430	450	470	490	510	530	550	570	590	610	630	650	670	690	710	730	km
0.1	0.5	0.5	0.5	0.5	0.5	0.5	0.5	1.0	1.0	1.0	1.0	1.0	1.0	1.0	1.0	1.0	1.0	1.0	1.0	10	1.0	1.0	1.0	1.0	1.0	1.0	1.0	1.0	1.0	1.0	1.0	1.0	1.0	1.0	1.0	.0144
0.2	0.5	0.5	0.5	0.5	1.0	1.0	1.0	1.0	1.0	1.0	1.0	1.0	1.0	1.0	1.0	1.0	1.0	1.0	1.5	1.5	1.5	1.5	1.5	1.5	1.5	1.5	1.5	1.5	1.5	1.5	1.5	1.5	1.5	1.5	2.0	.0288
0.3	0.5	0.5	1.0	1.0	1.0	1.0	1.0	1.0	1.0	1.0	1.0	1.0	1.0	1.5	1.5	1.5	1.5	1.5	1.5	1.5	1.5	1.5	1.5	1.5	2.0	2.0	2.0	2.0	2.0	2.0	2.0	2.0	2.0	2.0	2.0	.0433
0.4	0.5	0.5	1.0	1.0	1.0	1.0	1.0	1.0	1.0	1.0	1.5	1.5	1.5	1.5	1.5	1.5	1.5	1.5	2.0	2.0	2.0	2.0	2.0	2.0	2.0	2.0	2.0	2.0	2.0	2.0	2.0	2.0	2.0	2.0	2.5	.0577
0.5	0.5	0.5	1.0	1.0	1.0	1.0	1.0	1.0	1.0	1.5	1.5	1.5	1.5	1.5	1.5	2.0	2.0	2.0	2.0	2.0	2.0	2.0	2.0	2.0	2.0	2.0	2.0	2.0	2.0	2.5	2.5	2.5	2.5	2.5	2.5	.0721
0.6	0.5	0.5	1.0	1.0	1.0	1.0	1.0	1.0	1.5	1.5	1.5	1.5	1.5	2.0	2.0	2.0	2.0	2.0	2.0	2.0	2.0	2.0	2.0	2.0	2.0	2.5	2.5	2.5	2.5	2.5	2.5	2.5	2.5	2.5	2.5	.0865
0.7	0.5	1.0	1.0	1.0	1.0	1.0	1.0	1.5	1.5	1.5	1.5	1.5	2.0	2.0	2.0	2.0	2.0	2.0	2.0	2.0	2.0	2.0	2.5	2.5	2.5	2.5	2.5	2.5	2.5	2.5	2.5	3.0	3.0	3.0	3.0	.1009
0.8	0.5	0.5	1.0	1.0	1.0	1.0	1.0	1.5	1.5	1.5	1.5	2.0	2.0	2.0	2.0	2.0	2.0	2.0	2.0	2.0	2.5	2.5	2.5	2.5	2.5	2.5	2.5	2.5	3.0	3.0	3.0	3.0	3.0	3.0	3.0	.1154
0.9	0.5	0.5	1.0	1.0	1.0	1.0	1.0	1.5	1.5	1.5	2.0	2.0	2.0	2.0	2.0	2.0	2.0	2.0	2.0	2.5	2.5	2.5	2.5	2.5	2.5	2.5	3.0	3.0	3.0	3.0	3.0	3.0	3.0	3.0	3.5	.1298
1.0	0.5	0.5	1.0	1.0	1.0	1.0	1.5	1.5	1.5	1.5	2.0	2.0	2.0	2.0	2.0	2.0	2.0	2.5	2.5	2.5	2.5	2.5	2.5	2.5	3.0	3.0	3.0	3.0	3.0	3.0	3.0	3.0	3.5	3.5	3.5	.1442
1.1	0.5	0.5	1.0	1.0	1.0	1.0	1.5	1.5	1.5	2.0	2.0	2.0	2.0	2.0	2.0	2.0	2.5	2.5	2.5	2.5	2.5	2.5	3.0	3.0	3.0	3.0	3.0	3.0	3.0	3.0	3.5	3.5	3.5	3.5	3.5	.1586
1.2	0.5	0.5	1.0	1.0	1.0	1.0	1.5	1.5	1.5	2.0	2.0	2.0	2.0	2.0	2.0	2.0	2.5	2.5	2.5	2.5	2.5	3.0	3.0	3.0	3.0	3.0	3.0	3.0	3.5	3.5	3.5	3.5	3.5	3.5	3.5	.1730
1.3	0.5	0.5	1.0	1.0	1.0	1.0	1.5	1.5	1.5	2.0	2.0	2.0	2.0	2.0	2.0	2.5	2.5	2.5	2.5	2.5	3.0	3.0	3.0	3.0	3.0	3.0	3.5	3.5	3.5	3.5	3.5	3.5	3.5	4.0	4.0	.1875
1.4	0.5	0.5	0.5	1.0	1.0	1.0	1.0	1.5	1.5	2.0	2.0	2.0	2.0	2.0	2.0	2.5	2.5	2.5	2.5	3.0	3.0	3.0	3.0	3.0	3.0	3.5	3.5	3.5	3.5	3.5	3.5	3.5	4.0	4.0	4.0	.2019
1.5	0.5	0.5	0.5	1.0	1.0	1.0	1.0	1.5	2.0	2.0	2.0	2.0	2.0	2.0	2.5	2.5	2.5	2.5	2.5	3.0	3.0	3.0	3.0	3.0	3.5	3.5	3.5	3.5	3.5	3.5	4.0	4.0	4.0	4.0	4.0	.2163
k	90	126	162	198	234	270	306	342	378	414	450	486	522	558	594	630	666	702	738	774	810	846	882	918	954	990	1026	1062	1098	1134	1170	1206	1242	1278	1314	km

Δt Fahrenheit

D = 0.0120

Δt Celsius °C or Kelvin °K

CONDUCTIVITY: k in Btu, in./sq ft, hr °F; km in W/mK

k	50	70	90	110	130	150	170	190	210	230	250	270	290	310	330	350	370	390	410	430	450	470	490	510	530	550	570	590	610	630	650	670	690	710	730	km
0.1	0.5	0.5	0.5	0.5	0.5	0.5	1.0	1.0	1.0	1.0	1.0	1.0	1.0	1.0	1.0	1.0	1.0	1.0	1.0	1.0	1.0	1.0	1.0	1.0	1.0	1.0	1.0	1.0	1.5	1.5	1.5	1.5	1.5	1.5	1.5	.0144
0.2	0.5	0.5	0.5	1.0	1.0	1.0	1.0	1.0	1.0	1.0	1.0	1.0	1.0	1.0	1.0	1.5	1.5	1.5	1.5	1.5	1.5	1.5	1.5	1.5	1.5	1.5	1.5	1.5	2.0	2.0	2.0	2.0	2.0	2.0	2.0	.0288
0.3	0.5	0.5	1.0	1.0	1.0	1.0	1.0	1.0	1.0	1.0	1.5	1.5	1.5	1.5	1.5	1.5	1.5	1.5	1.5	2.0	2.0	2.0	2.0	2.0	2.0	2.0	2.0	2.0	2.0	2.0	2.0	2.0	2.0	2.0	2.0	.0433
0.4	0.5	1.0	1.0	1.0	1.0	1.0	1.0	1.0	1.5	1.5	1.5	1.5	1.5	1.5	1.5	2.0	2.0	2.0	2.0	2.0	2.0	2.0	2.0	2.0	2.0	2.0	2.0	2.0	2.5	2.5	2.5	2.5	2.5	2.5	2.5	.0577
0.5	0.5	1.0	1.0	1.0	1.0	1.0	1.0	1.5	1.5	1.5	1.5	1.5	2.0	2.0	2.0	2.0	2.0	2.0	2.0	2.0	2.0	2.0	2.0	2.5	2.5	2.5	2.5	2.5	2.5	2.5	2.5	2.5	2.5	2.5	3.0	.0721
0.6	0.5	1.0	1.0	1.0	1.0	1.0	1.5	1.5	1.5	1.5	1.5	2.0	2.0	2.0	2.0	2.0	2.0	2.0	2.0	2.0	2.5	2.5	2.5	2.5	2.5	2.5	2.5	2.5	2.5	3.0	3.0	3.0	3.0	3.0	3.0	.0865
0.7	0.5	1.0	1.0	1.0	1.0	1.0	1.5	1.5	1.5	1.5	2.0	2.0	2.0	2.0	2.0	2.0	2.0	2.0	2.5	2.5	2.5	2.5	2.5	2.5	2.5	2.5	3.0	3.0	3.0	3.0	3.0	3.0	3.0	3.0	3.0	.1009
0.8	0.5	1.0	1.0	1.0	1.0	1.5	1.5	1.5	1.5	2.0	2.0	2.0	2.0	2.0	2.0	2.0	2.5	2.5	2.5	2.5	2.5	2.5	2.5	3.0	3.0	3.0	3.0	3.0	3.0	3.0	3.0	3.5	3.5	3.5	3.5	.1154
0.9	0.5	1.0	1.0	1.0	1.0	1.5	1.5	1.5	2.0	2.0	2.0	2.0	2.0	2.0	2.0	2.5	2.5	2.5	2.5	2.5	2.5	3.0	3.0	3.0	3.0	3.0	3.0	3.0	3.5	3.5	3.5	3.5	3.5	3.5	3.5	.1298
1.0	0.5	1.0	1.0	1.0	1.0	1.5	1.5	1.5	2.0	2.0	2.0	2.0	2.0	2.0	2.5	2.5	2.5	2.5	2.5	2.5	3.0	3.0	3.0	3.0	3.0	3.0	3.5	3.5	3.5	3.5	3.5	3.5	3.5	4.0	4.0	.1442
1.1	0.5	1.0	1.0	1.0	1.0	1.5	1.5	2.0	2.0	2.0	2.0	2.0	2.0	2.5	2.5	2.5	2.5	2.5	3.0	3.0	3.0	3.0	3.0	3.0	3.5	3.5	3.5	3.5	3.5	3.5	3.5	4.0	4.0	4.0	4.0	.1586
1.2	0.5	1.0	1.0	1.0	1.0	1.5	1.5	2.0	2.0	2.0	2.0	2.0	2.0	2.5	2.5	2.5	2.5	3.0	3.0	3.0	3.0	3.0	3.0	3.5	3.5	3.5	3.5	3.5	3.5	4.0	4.0	4.0	4.0	4.0	4.0	.1730
1.3	0.5	0.5	1.0	1.0	1.0	1.5	1.5	2.0	2.0	2.0	2.0	2.0	2.5	2.5	2.5	2.5	2.5	3.0	3.0	3.0	3.0	3.0	3.5	3.5	3.5	3.5	3.5	4.0	4.0	4.0	4.0	4.0	4.0	4.0	4.5	.1875
1.4	0.5	0.5	1.0	1.0	1.0	1.5	1.5	2.0	2.0	2.0	2.0	2.0	2.5	2.5	2.5	2.5	3.0	3.0	3.0	3.0	3.0	3.5	3.5	3.5	3.5	3.5	4.0	4.0	4.0	4.0	4.0	4.0	4.5	4.5	4.5	.2019
1.5	0.5	0.5	1.0	1.0	1.0	1.5	1.5	2.0	2.0	2.0	2.0	2.0	2.5	2.5	2.5	3.0	3.0	3.0	3.0	3.0	3.5	3.5	3.5	3.5	3.5	4.0	4.0	4.0	4.0	4.0	4.5	4.5	4.5	4.5	4.5	.2163
k	90	126	162	198	234	270	306	342	378	414	450	486	522	558	594	630	666	702	738	774	810	846	882	918	954	990	1026	1062	1098	1134	1170	1206	1242	1278	1314	km

Δt Fahrenheit

TEMPERATURE DIFFERENCE

TABLE 2 (Sheet 18 of 128)

TABLE 2 (Continued)

ECONOMICAL INSULATION THICKNESS TABLE
IN INCHES
(nominal)

PIPE SIZE: 1-1/4" NPS (Tube Size 1-1/2" OD)
42.16 mm

At the intersection of the "Δt" column with the "k" row read the economical thickness.
(•—*exceeds 12" thickness*)

CONDUCTIVITY k: Btu, in./sq ft, hr °F — km: W/mK

D = 0.0150

Δt Celsius °C or Kelvin °K

k	50	70	90	110	130	150	170	190	210	230	250	270	290	310	330	350	370	390	410	430	450	470	490	510	530	550	570	590	610	630	650	670	690	710	730	km
0.1	0.5	0.5	0.5	0.5	1.0	1.0	1.0	1.0	1.0	1.0	1.0	1.0	1.0	1.0	1.0	1.0	1.0	1.0	1.0	1.0	1.0	1.0	1.5	1.5	1.5	1.5	1.5	1.5	1.5	1.5	1.5	1.5	1.5	1.5	1.5	.0144
0.2	0.5	0.5	1.0	1.0	1.0	1.0	1.0	1.0	1.0	1.0	1.0	1.5	1.5	1.5	1.5	1.5	1.5	1.5	1.5	1.5	1.5	1.5	2.0	2.0	2.0	2.0	2.0	2.0	2.0	2.0	2.0	2.0	2.0	2.0	2.0	.0288
0.3	0.5	1.0	1.0	1.0	1.0	1.0	1.0	1.0	1.5	1.5	1.5	1.5	1.5	1.5	1.5	2.0	2.0	2.0	2.0	2.0	2.0	2.0	2.0	2.0	2.0	2.0	2.0	2.0	2.0	2.5	2.5	2.5	2.5	2.5	2.5	.0433
0.4	0.5	1.0	1.0	1.0	1.0	1.0	1.5	1.5	1.5	1.5	1.5	1.5	2.0	2.0	2.0	2.0	2.0	2.0	2.0	2.0	2.0	2.0	2.5	2.5	2.5	2.5	2.5	2.5	2.5	2.5	2.5	2.5	2.5	3.0	3.0	.0577
0.5	1.0	1.0	1.0	1.0	1.0	1.5	1.5	1.5	1.5	2.0	2.0	2.0	2.0	2.0	2.0	2.0	2.0	2.0	2.5	2.5	2.5	2.5	2.5	2.5	2.5	2.5	2.5	3.0	3.0	3.0	3.0	3.0	3.0	3.0	3.0	.0721
0.6	1.0	1.0	1.0	1.0	1.5	1.5	1.5	1.5	2.0	2.0	2.0	2.0	2.0	2.0	2.0	2.0	2.5	2.5	2.5	2.5	2.5	2.5	2.5	3.0	3.0	3.0	3.0	3.0	3.0	3.0	3.0	3.5	3.5	3.5	3.5	.0865
0.7	1.0	1.0	1.0	1.0	1.5	1.5	1.5	2.0	2.0	2.0	2.0	2.0	2.0	2.0	2.5	2.5	2.5	2.5	2.5	2.5	3.0	3.0	3.0	3.0	3.0	3.0	3.0	3.5	3.5	3.5	3.5	3.5	3.5	3.5	3.5	.1009
0.8	1.0	1.0	1.0	1.0	1.5	1.5	1.5	2.0	2.0	2.0	2.0	2.0	2.0	2.5	2.5	2.5	2.5	2.5	3.0	3.0	3.0	3.0	3.0	3.0	3.5	3.5	3.5	3.5	3.5	3.5	3.5	4.0	4.0	4.0	4.0	.1154
0.9	1.0	1.0	1.0	1.0	1.5	1.5	2.0	2.0	2.0	2.0	2.0	2.0	2.5	2.5	2.5	2.5	3.0	3.0	3.0	3.0	3.0	3.0	3.5	3.5	3.5	3.5	3.5	3.5	3.5	4.0	4.0	4.0	4.0	4.0	4.0	.1298
1.0	0.5	1.0	1.0	1.0	1.5	1.5	2.0	2.0	2.0	2.0	2.0	2.5	2.5	2.5	2.5	3.0	3.0	3.0	3.0	3.0	3.5	3.5	3.5	3.5	3.5	3.5	4.0	4.0	4.0	4.0	4.0	4.0	4.0	4.5	4.5	.1442
1.1	0.5	1.0	1.0	1.0	1.5	2.0	2.0	2.0	2.0	2.0	2.5	2.5	2.5	2.5	3.0	3.0	3.0	3.0	3.0	3.5	3.5	3.5	3.5	3.5	4.0	4.0	4.0	4.0	4.0	4.0	4.5	4.5	4.5	4.5	4.5	.1586
1.2	0.5	1.0	1.0	1.0	1.5	2.0	2.0	2.0	2.0	2.0	2.5	2.5	2.5	3.0	3.0	3.0	3.0	3.0	3.5	3.5	3.5	3.5	3.5	4.0	4.0	4.0	4.0	4.0	4.5	4.5	4.5	4.5	4.5	4.5	5.0	.1730
1.3	0.5	1.0	1.0	1.0	1.5	2.0	2.0	2.0	2.0	2.5	2.5	2.5	2.5	3.0	3.0	3.0	3.0	3.5	3.5	3.5	3.5	4.0	4.0	4.0	4.0	4.0	4.0	4.5	4.5	4.5	4.5	5.0	5.0	5.0	5.0	.1875
1.4	0.5	1.0	1.0	1.0	1.5	2.0	2.0	2.0	2.0	2.5	2.5	2.5	3.0	3.0	3.0	3.0	3.5	3.5	3.5	3.5	4.0	4.0	4.0	4.0	4.0	4.5	4.5	4.5	4.5	4.5	5.0	5.0	5.0	5.0	5.0	.2019
1.5	0.5	1.0	1.0	1.0	1.5	2.0	2.0	2.0	2.0	2.5	2.5	2.5	3.0	3.0	3.0	3.0	3.5	3.5	3.5	4.0	4.0	4.0	4.0	4.0	4.5	4.5	4.5	4.5	5.0	5.0	5.0	5.0	5.0	5.5	5.5	.2163
k	90	126	162	198	234	270	306	342	378	414	450	486	522	558	594	630	666	702	738	774	810	846	882	918	954	990	1026	1062	1098	1134	1170	1206	1242	1278	1314	km

Δt Fahrenheit

D = 0.0200

Δt Celsius °C or Kelvin °K

k	50	70	90	110	130	150	170	190	210	230	250	270	290	310	330	350	370	390	410	430	450	470	490	510	530	550	570	590	610	630	650	670	690	710	730	km
0.1	0.5	0.5	0.5	1.0	1.0	1.0	1.0	1.0	1.0	1.0	1.0	1.0	1.0	1.0	1.0	1.0	1.5	1.5	1.5	1.5	1.5	1.5	1.5	1.5	1.5	1.5	1.5	1.5	1.5	1.5	1.5	1.5	2.0	2.0	2.0	.0144
0.2	0.5	1.0	1.0	1.0	1.0	1.0	1.0	1.0	1.5	1.5	1.5	1.5	1.5	1.5	1.5	1.5	2.0	2.0	2.0	2.0	2.0	2.0	2.0	2.0	2.0	2.0	2.0	2.0	2.0	2.0	2.0	2.5	2.5	2.5	2.5	.0288
0.3	1.0	1.0	1.0	1.0	1.0	1.5	1.5	1.5	1.5	1.5	1.5	2.0	2.0	2.0	2.0	2.0	2.0	2.0	2.0	2.0	2.0	2.5	2.5	2.5	2.5	2.5	2.5	2.5	2.5	2.5	2.5	3.0	3.0	3.0	3.0	.0433
0.4	1.0	1.0	1.0	1.0	1.5	1.5	1.5	1.5	2.0	2.0	2.0	2.0	2.0	2.0	2.0	2.0	2.5	2.5	2.5	2.5	2.5	2.5	2.5	2.5	3.0	3.0	3.0	3.0	3.0	3.0	3.0	3.0	3.0	3.5	3.5	.0577
0.5	1.0	1.0	1.0	1.0	1.5	1.5	1.5	2.0	2.0	2.0	2.0	2.0	2.0	2.5	2.5	2.5	2.5	2.5	2.5	3.0	3.0	3.0	3.0	3.0	3.0	3.0	3.0	3.5	3.5	3.5	3.5	3.5	3.5	3.5	3.5	.0721
0.6	1.0	1.0	1.0	1.5	1.5	1.5	2.0	2.0	2.0	2.0	2.0	2.5	2.5	2.5	2.5	2.5	2.5	3.0	3.0	3.0	3.0	3.0	3.0	3.5	3.5	3.5	3.5	3.5	3.5	3.5	4.0	4.0	4.0	4.0	4.0	.0865
0.7	1.0	1.0	1.0	1.5	1.5	1.5	2.0	2.0	2.0	2.0	2.0	2.5	2.5	2.5	2.5	2.5	2.5	3.0	3.0	3.0	3.5	3.5	3.5	3.5	3.5	3.5	4.0	4.0	4.0	4.0	4.0	4.0	4.0	4.5	4.5	.1009
0.8	1.0	1.0	1.5	1.5	2.0	2.0	2.0	2.0	2.0	2.5	2.5	2.5	2.5	3.0	3.0	3.0	3.0	3.0	3.5	3.5	3.5	3.5	3.5	4.0	4.0	4.0	4.0	4.0	4.0	4.5	4.5	4.5	4.5	4.5	4.5	.1154
0.9	1.0	1.0	1.5	1.5	2.0	2.0	2.0	2.0	2.5	2.5	2.5	2.5	3.0	3.0	3.0	3.0	3.5	3.5	3.5	3.5	3.5	4.0	4.0	4.0	4.0	4.0	4.5	4.5	4.5	4.5	4.5	5.0	5.0	5.0	5.0	.1298
1.0	1.0	1.0	1.5	1.5	2.0	2.0	2.0	2.0	2.5	2.5	2.5	3.0	3.0	3.0	3.0	3.5	3.5	3.5	3.5	4.0	4.0	4.0	4.0	4.0	4.5	4.5	4.5	4.5	4.5	5.0	5.0	5.0	5.0	5.0	5.5	.1442
1.1	1.0	1.0	1.5	1.5	2.0	2.0	2.0	2.5	2.5	2.5	3.0	3.0	3.0	3.0	3.5	3.5	3.5	3.5	4.0	4.0	4.0	4.0	4.5	4.5	4.5	4.5	5.0	5.0	5.0	5.0	5.0	5.0	5.5	5.5	5.5	.1586
1.2	1.0	1.0	1.5	2.0	2.0	2.0	2.0	2.5	2.5	2.5	3.0	3.0	3.0	3.5	3.5	3.5	3.5	4.0	4.0	4.0	4.0	4.5	4.5	4.5	4.5	5.0	5.0	5.0	5.0	5.5	5.5	5.5	5.5	5.5	6.0	.1730
1.3	1.0	1.0	1.5	2.0	2.0	2.0	2.0	2.5	2.5	3.0	3.0	3.0	3.5	3.5	3.5	3.5	4.0	4.0	4.0	4.5	4.5	4.5	4.5	5.0	5.0	5.0	5.0	5.5	5.5	5.5	5.5	5.5	6.0	6.0	6.0	.1875
1.4	1.0	1.0	1.5	2.0	2.0	2.0	2.5	2.5	2.5	3.0	3.0	3.0	3.5	3.5	3.5	4.0	4.0	4.0	4.5	4.5	4.5	4.5	5.0	5.0	5.0	5.0	5.5	5.5	5.5	5.5	6.0	6.0	6.0	6.0	6.5	.2019
1.5	0.5	1.0	1.5	2.0	2.0	2.0	2.5	2.5	3.0	3.0	3.0	3.5	3.5	3.5	4.0	4.0	4.0	4.5	4.5	4.5	4.5	5.0	5.0	5.0	5.5	5.5	5.5	5.5	6.0	6.0	6.0	6.0	6.5	6.5	6.5	.2163
k	90	126	162	198	234	270	306	342	378	414	450	486	522	558	594	630	666	702	738	774	810	846	882	918	954	990	1026	1062	1098	1134	1170	1206	1242	1278	1314	km

Δt Fahrenheit

D = 0.0300

Δt Celsius °C or Kelvin °K

k	50	70	90	110	130	150	170	190	210	230	250	270	290	310	330	350	370	390	410	430	450	470	490	510	530	550	570	590	610	630	650	670	690	710	730	km
0.1	0.5	1.0	1.0	1.0	1.0	1.0	1.0	1.0	1.0	1.0	1.5	1.5	1.5	1.5	1.5	1.5	1.5	1.5	1.5	1.5	1.5	2.0	2.0	2.0	2.0	2.0	2.0	2.0	2.0	2.0	2.0	2.0	2.0	2.0	2.0	.0144
0.2	1.0	1.0	1.0	1.0	1.0	1.5	1.5	1.5	1.5	1.5	2.0	2.0	2.0	2.0	2.0	2.0	2.0	2.0	2.0	2.0	2.5	2.5	2.5	2.5	2.5	2.5	2.5	2.5	2.5	2.5	3.0	3.0	3.0	3.0	3.0	.0288
0.3	1.0	1.0	1.5	1.5	1.5	1.5	1.5	2.0	2.0	2.0	2.0	2.0	2.0	2.5	2.5	2.5	2.5	2.5	2.5	2.5	3.0	3.0	3.0	3.0	3.0	3.0	3.0	3.0	3.5	3.5	3.5	3.5	3.5	3.5	3.5	.0433
0.4	1.0	1.0	1.5	1.5	1.5	2.0	2.0	2.0	2.0	2.0	2.5	2.5	2.5	2.5	2.5	3.0	3.0	3.0	3.0	3.0	3.0	3.5	3.5	3.5	3.5	3.5	3.5	3.5	4.0	4.0	4.0	4.0	4.0	4.0	4.0	.0577
0.5	1.0	1.0	1.5	1.5	2.0	2.0	2.0	2.0	2.5	2.5	2.5	2.5	3.0	3.0	3.0	3.0	3.0	3.5	3.5	3.5	3.5	3.5	3.5	4.0	4.0	4.0	4.0	4.0	4.0	4.5	4.5	4.5	4.5	4.5	4.5	.0721
0.6	1.0	1.5	1.5	2.0	2.0	2.0	2.0	2.5	2.5	2.5	3.0	3.0	3.0	3.0	3.0	3.5	3.5	3.5	3.5	4.0	4.0	4.0	4.0	4.0	4.5	4.5	4.5	4.5	4.5	4.5	5.0	5.0	5.0	5.0	5.0	.0865
0.7	1.0	1.5	1.5	2.0	2.0	2.0	2.5	2.5	2.5	3.0	3.0	3.0	3.0	3.5	3.5	3.5	3.5	4.0	4.0	4.0	4.0	4.5	4.5	4.5	4.5	4.5	5.0	5.0	5.0	5.0	5.0	5.5	5.5	5.5	5.5	.1009
0.8	1.0	1.5	2.0	2.0	2.0	2.5	2.5	2.5	3.0	3.0	3.0	3.5	3.5	3.5	3.5	4.0	4.0	4.0	4.0	4.5	4.5	4.5	4.5	5.0	5.0	5.0	5.0	5.5	5.5	5.5	5.5	5.5	6.0	6.0	6.0	.1154
0.9	1.0	1.5	2.0	2.0	2.0	2.5	2.5	3.0	3.0	3.0	3.5	3.5	3.5	4.0	4.0	4.0	4.0	4.5	4.5	4.5	5.0	5.0	5.0	5.0	5.5	5.5	5.5	5.5	5.5	6.0	6.0	6.0	6.0	6.5	6.5	.1298
1.0	1.0	1.5	2.0	2.0	2.5	2.5	2.5	3.0	3.0	3.5	3.5	3.5	4.0	4.0	4.0	4.5	4.5	4.5	5.0	5.0	5.0	5.0	5.5	5.5	5.5	5.5	6.0	6.0	6.0	6.0	6.5	6.5	6.5	7.0	7.0	.1442
1.1	1.0	1.5	2.0	2.0	2.5	2.5	3.0	3.0	3.0	3.5	3.5	4.0	4.0	4.0	4.5	4.5	4.5	5.0	5.0	5.0	5.5	5.5	5.5	5.5	6.0	6.0	6.0	6.5	6.5	6.5	6.5	7.0	7.0	7.0	7.0	.1586
1.2	1.0	1.5	2.0	2.0	2.5	2.5	3.0	3.0	3.5	3.5	4.0	4.0	4.0	4.5	4.5	4.5	5.0	5.0	5.0	5.5	5.5	5.5	6.0	6.0	6.0	6.5	6.5	6.5	7.0	7.0	7.0	7.0	7.5	7.5	7.5	.1730
1.3	1.0	1.5	2.0	2.0	2.5	3.0	3.0	3.5	3.5	3.5	4.0	4.0	4.5	4.5	4.5	5.0	5.0	5.0	5.5	5.5	5.5	6.0	6.0	6.5	6.5	6.5	7.0	7.0	7.0	7.0	7.5	7.5	7.5	7.5	8.0	.1875
1.4	1.0	1.5	2.0	2.0	2.5	3.0	3.0	3.5	3.5	4.0	4.0	4.0	4.5	4.5	5.0	5.0	5.0	5.5	5.5	6.0	6.0	6.0	6.5	6.5	6.5	7.0	7.0	7.0	7.5	7.5	7.5	7.5	8.0	8.0	8.0	.2019
1.5	1.0	2.0	2.0	2.5	2.5	3.0	3.0	3.5	3.5	4.0	4.0	4.5	4.5	5.0	5.0	5.0	5.5	5.5	6.0	6.0	6.0	6.5	6.5	7.0	7.0	7.0	7.5	7.5	7.5	7.5	8.0	8.0	8.0	8.5	8.5	.2163
k	90	126	162	198	234	270	306	342	378	414	450	486	522	558	594	630	666	702	738	774	810	846	882	918	954	990	1026	1062	1098	1134	1170	1206	1242	1278	1314	km

Δt Fahrenheit

TABLE 2 (Sheet 19 of 128)

TEMPERATURE DIFFERENCE

ECONOMICAL INSULATION THICKNESS TABLE

IN INCHES
(nominal)

PIPE SIZE: 1-1/4" NPS (Tube Size 1-1/2" OD)
42.16 mm

At the intersection of the "Δt" column with the "k" row read the economical thickness.
(•—*exceeds 12" thickness*)

CONDUCTIVITY k: Btu, in./sq ft, hr °F (rows); km: W/mK

D = 0.0400

Δt Celsius °C or Kelvin °K

k	50	70	90	110	130	150	170	190	210	230	250	270	290	310	330	350	370	390	410	430	450	470	490	510	530	550	570	590	610	630	650	670	690	710	730	km
0.1	1.0	1.0	1.0	1.0	1.0	1.0	1.0	1.5	1.5	1.5	1.5	1.5	1.5	1.5	1.5	2.0	2.0	2.0	2.0	2.0	2.0	2.0	2.0	2.0	2.0	2.0	2.0	2.0	2.0	2.0	2.5	2.5	2.5	2.5	2.5	.0144
0.2	1.0	1.0	1.0	1.5	1.5	1.5	1.5	2.0	2.0	2.0	2.0	2.0	2.0	2.0	2.0	2.5	2.5	2.5	2.5	2.5	2.5	2.5	3.0	3.0	3.0	3.0	3.0	3.0	3.0	3.0	3.0	3.5	3.5	3.5	3.5	.0288
0.3	1.0	1.0	1.5	1.5	2.0	2.0	2.0	2.0	2.0	2.0	2.5	2.5	2.5	2.5	2.5	3.0	3.0	3.0	3.0	3.0	3.0	3.5	3.5	3.5	3.5	3.5	3.5	4.0	4.0	4.0	4.0	4.0	4.0	4.0	4.0	.0433
0.4	1.0	1.5	1.5	2.0	2.0	2.0	2.0	2.5	2.5	2.5	2.5	3.0	3.0	3.0	3.0	3.0	3.5	3.5	3.5	3.5	3.5	4.0	4.0	4.0	4.0	4.0	4.5	4.5	4.5	4.5	4.5	4.5	5.0	5.0	5.0	.0577
0.5	1.0	1.5	2.0	2.0	2.0	2.0	2.5	2.5	2.5	3.0	3.0	3.0	3.5	3.5	3.5	3.5	3.5	4.0	4.0	4.0	4.0	4.5	4.5	4.5	4.5	4.5	5.0	5.0	5.0	5.0	5.0	5.5	5.5	5.5	5.5	.0721
0.6	1.5	1.5	2.0	2.0	2.0	2.5	2.5	3.0	3.0	3.0	3.5	3.5	3.5	3.5	4.0	4.0	4.0	4.0	4.5	4.5	4.5	4.5	5.0	5.0	5.0	5.0	5.5	5.5	5.5	5.5	5.5	6.0	6.0	6.0	6.0	.0865
0.7	1.5	2.0	2.0	2.0	2.5	2.5	3.0	3.0	3.0	3.5	3.5	3.5	4.0	4.0	4.0	4.5	4.5	4.5	4.5	5.0	5.0	5.0	5.0	5.5	5.5	5.5	5.5	6.0	6.0	6.0	6.5	6.5	6.5	6.5	6.5	.1009
0.8	1.5	2.0	2.0	2.5	2.5	3.0	3.0	3.0	3.5	3.5	3.5	4.0	4.0	4.0	4.5	4.5	5.0	5.0	5.0	5.0	5.5	5.5	5.5	6.0	6.0	6.0	6.0	6.5	6.5	6.5	7.0	7.0	7.0	7.0	7.0	.1154
0.9	1.5	2.0	2.0	2.5	2.5	3.0	3.0	3.5	3.5	4.0	4.0	4.0	4.5	4.5	4.5	5.0	5.0	5.0	5.5	5.5	5.5	6.0	6.0	6.0	6.5	6.5	6.5	7.0	7.0	7.0	7.0	7.5	7.5	7.5	7.5	.1298
1.0	1.5	2.0	2.0	2.5	3.0	3.0	3.5	3.5	3.5	4.0	4.0	4.5	4.5	5.0	5.0	5.0	5.5	5.5	5.5	6.0	6.0	6.0	6.5	6.5	6.5	7.0	7.0	7.0	7.5	7.5	7.5	7.5	8.0	8.0	8.0	.1442
1.1	1.5	2.0	2.0	2.5	3.0	3.0	3.5	3.5	4.0	4.0	4.5	4.5	5.0	5.0	5.0	5.5	5.5	6.0	6.0	6.0	6.5	6.5	6.5	7.0	7.0	7.5	7.5	7.5	7.5	8.0	8.0	8.0	8.5	8.5	8.5	.1586
1.2	1.5	2.0	2.5	2.5	3.0	3.5	3.5	4.0	4.0	4.5	4.5	5.0	5.0	5.0	5.5	5.5	6.0	6.0	6.5	6.5	6.5	7.0	7.0	7.0	7.5	7.5	7.5	8.0	8.0	8.0	8.5	8.5	8.5	9.0	9.0	.1730
1.3	1.5	2.0	2.5	2.5	3.0	3.5	3.5	4.0	4.0	4.5	4.5	5.0	5.0	5.5	5.5	6.0	6.0	6.5	6.5	7.0	7.0	7.0	7.5	7.5	7.5	8.0	8.0	8.0	8.5	8.5	9.0	9.0	9.0	9.5	9.5	.1875
1.4	1.5	2.0	2.5	3.0	3.0	3.5	4.0	4.0	4.5	4.5	5.0	5.0	5.5	5.5	6.0	6.0	6.5	6.5	7.0	7.0	7.0	7.5	7.5	8.0	8.0	8.0	8.5	8.5	9.0	9.0	9.0	9.5	9.5	9.5	10.0	.2019
1.5	1.5	2.0	2.5	3.0	3.0	3.5	4.0	4.0	4.5	5.0	5.0	5.5	5.5	6.0	6.0	6.5	6.5	7.0	7.0	7.5	7.5	7.5	8.0	8.0	8.5	8.5	8.5	9.0	9.0	9.5	9.5	9.5	10.0	10.0	10.0	.2163
k	90	126	162	198	234	270	306	342	378	414	450	486	522	558	594	630	666	702	738	774	810	846	882	918	954	990	1026	1062	1098	1134	1170	1206	1242	1278	1314	km

Δt Fahrenheit

D = 0.0500

Δt Celsius °C or Kelvin °K

k	50	70	90	110	130	150	170	190	210	230	250	270	290	310	330	350	370	390	410	430	450	470	490	510	530	550	570	590	610	630	650	670	690	710	730	km
0.1	1.0	1.0	1.0	1.0	1.0	1.5	1.5	1.5	1.5	1.5	1.5	1.5	2.0	2.0	2.0	2.0	2.0	2.0	2.0	2.0	2.0	2.0	2.0	2.5	2.5	2.5	2.5	2.5	2.5	2.5	2.5	2.5	2.5	2.5	2.5	.0144
0.2	1.0	1.0	1.5	1.5	1.5	2.0	2.0	2.0	2.0	2.0	2.0	2.5	2.5	2.5	2.5	2.5	2.5	3.0	3.0	3.0	3.0	3.0	3.0	3.0	3.5	3.5	3.5	3.5	3.5	3.5	3.5	3.5	4.0	4.0	4.0	.0288
0.3	1.0	1.5	1.5	2.0	2.0	2.0	2.0	2.5	2.5	2.5	2.5	3.0	3.0	3.0	3.0	3.0	3.5	3.5	3.5	3.5	3.5	3.5	4.0	4.0	4.0	4.0	4.0	4.0	4.5	4.5	4.5	4.5	4.5	4.5	5.0	.0433
0.4	1.5	1.5	2.0	2.0	2.0	2.5	2.5	2.5	3.0	3.0	3.0	3.0	3.5	3.5	3.5	3.5	4.0	4.0	4.0	4.0	4.0	4.5	4.5	4.5	4.5	5.0	5.0	5.0	5.0	5.0	5.0	5.5	5.5	5.5	5.5	.0577
0.5	1.5	2.0	2.0	2.0	2.5	2.5	2.5	3.0	3.0	3.0	3.5	3.5	3.5	4.0	4.0	4.0	4.0	4.5	4.5	4.5	5.0	5.0	5.0	5.0	5.0	5.5	5.5	5.5	5.5	6.0	6.0	6.0	6.0	6.5	6.5	.0721
0.6	1.5	2.0	2.0	2.5	2.5	3.0	3.0	3.0	3.5	3.5	3.5	4.0	4.0	4.0	4.5	4.5	4.5	5.0	5.0	5.0	5.0	5.5	5.5	5.5	6.0	6.0	6.0	6.0	6.5	6.5	6.5	6.5	7.0	7.0	7.0	.0865
0.7	1.5	2.0	2.0	2.5	2.5	3.0	3.0	3.5	3.5	4.0	4.0	4.0	4.5	4.5	4.5	5.0	5.0	5.0	5.5	5.5	5.5	6.0	6.0	6.0	6.5	6.5	6.5	7.0	7.0	7.0	7.0	7.5	7.5	7.5	7.5	.1009
0.8	1.5	2.0	2.5	2.5	3.0	3.0	3.5	3.5	4.0	4.0	4.5	4.5	4.5	5.0	5.0	5.5	5.5	5.5	6.0	6.0	6.0	6.5	6.5	6.5	7.0	7.0	7.0	7.5	7.5	7.5	7.5	8.0	8.0	8.0	8.0	.1154
0.9	2.0	2.0	2.5	2.5	3.0	3.5	3.5	4.0	4.0	4.5	4.5	5.0	5.0	5.0	5.5	5.5	6.0	6.0	6.0	6.5	6.5	7.0	7.0	7.0	7.5	7.5	7.5	7.5	8.0	8.0	8.0	8.5	8.5	8.5	9.0	.1298
1.0	2.0	2.0	2.5	3.0	3.0	3.5	4.0	4.0	4.5	4.5	5.0	5.0	5.5	5.5	5.5	6.0	6.0	6.5	6.5	7.0	7.0	7.0	7.5	7.5	7.5	8.0	8.0	8.0	8.5	8.5	8.5	9.0	9.0	9.0	9.5	.1442
1.1	2.0	2.0	2.5	3.0	3.5	3.5	4.0	4.0	4.5	5.0	5.0	5.5	5.5	5.5	6.0	6.5	6.5	6.5	7.0	7.0	7.5	7.5	7.5	8.0	8.0	8.0	8.5	8.5	9.0	9.0	9.0	9.5	9.5	9.5	10.0	.1586
1.2	2.0	2.0	2.5	3.0	3.5	4.0	4.0	4.5	4.5	5.0	5.0	5.5	6.0	6.0	6.5	6.5	7.0	7.0	7.0	7.5	7.5	8.0	8.0	8.5	8.5	8.5	9.0	9.0	9.5	9.5	9.5	10.0	10.0	10.0	10.5	.1730
1.3	2.0	2.5	3.0	3.0	3.5	4.0	4.0	4.5	5.0	5.0	5.5	5.5	6.0	6.5	6.5	7.0	7.0	7.5	7.5	8.0	8.0	8.0	8.5	8.5	9.0	9.0	9.5	9.5	9.5	10.0	10.0	10.5	10.5	10.5	11.0	.1875
1.4	2.0	2.5	3.0	3.5	3.5	4.0	4.5	4.5	5.0	5.5	5.5	6.0	6.5	6.5	7.0	7.0	7.5	7.5	8.0	8.0	8.5	8.5	9.0	9.0	9.0	9.5	9.5	10.0	10.0	10.5	10.5	10.5	11.0	11.0	11.5	.2019
1.5	2.0	2.5	3.0	3.5	4.0	4.0	4.5	5.0	5.0	5.5	6.0	6.0	6.5	7.0	7.0	7.5	7.5	8.0	8.0	8.5	8.5	9.0	9.0	9.5	9.5	10.0	10.0	10.0	10.5	10.5	11.0	11.0	11.5	11.5	12.0	.2163
k	90	126	162	198	234	270	306	342	378	414	450	486	522	558	594	630	666	702	738	774	810	846	882	918	954	990	1026	1062	1098	1134	1170	1206	1242	1278	1314	km

Δt Fahrenheit

D = 0.1000

Δt Celsius °C or Kelvin °K

k	50	70	90	110	130	150	170	190	210	230	250	270	290	310	330	350	370	390	410	430	450	470	490	510	530	550	570	590	610	630	650	670	690	710	730	km
0.1	1.0	1.5	1.5	1.5	1.5	1.5	1.5	1.5	2.0	2.0	2.0	2.0	2.0	2.5	2.5	2.5	2.5	2.5	3.0	3.0	3.0	3.0	3.5	3.5	3.5	3.5	4.0	4.0	4.0	4.0	4.5	4.5	4.5	4.5	5.0	.0144
0.2	1.0	1.5	1.5	1.5	2.0	2.0	2.0	2.0	2.5	2.5	3.0	3.0	3.0	3.0	3.5	3.5	3.5	3.5	4.0	4.0	4.0	4.0	4.0	4.5	4.5	4.5	4.5	4.5	5.0	5.0	5.0	5.0	5.0	5.5	5.5	.0288
0.3	1.5	2.0	2.0	2.0	2.5	2.5	3.0	3.0	3.0	3.5	3.5	4.0	4.0	4.0	4.0	4.5	4.5	4.5	4.5	5.0	5.0	5.0	5.0	5.5	5.5	5.5	6.0	6.0	6.0	6.0	6.5	6.5	6.5	6.5	7.0	.0433
0.4	1.5	2.0	2.5	2.5	3.0	3.5	3.5	3.5	4.0	4.0	4.5	4.5	4.5	5.0	5.0	5.5	5.5	5.5	6.0	6.0	6.5	6.5	6.5	6.5	7.0	7.0	7.5	7.5	7.5	7.5	8.0	8.0	8.0	8.5	8.5	.0577
0.5	2.0	2.5	2.5	3.0	3.5	3.5	4.0	4.0	4.5	4.5	5.0	5.5	5.5	5.5	6.0	6.0	6.5	6.5	6.5	7.0	7.0	7.5	7.5	7.5	8.0	8.0	8.5	8.5	8.5	9.0	9.0	9.0	9.0	9.5	9.5	.0721
0.6	2.0	2.5	2.5	3.0	3.5	3.5	4.0	4.0	4.5	5.0	5.0	5.5	5.5	6.0	6.0	6.5	6.5	6.5	7.0	7.0	7.5	8.0	8.0	8.0	8.5	8.5	9.0	9.0	9.5	9.5	9.5	10.0	10.0	10.0	10.5	.0865
0.7	2.0	2.5	3.0	3.0	3.5	4.0	4.5	4.5	5.0	5.5	5.5	6.0	6.0	6.5	6.5	7.0	7.5	7.5	7.5	8.0	8.0	8.5	8.5	9.0	9.0	9.5	9.5	9.5	10.0	10.0	10.5	10.5	10.5	11.0	11.0	.1009
0.8	2.0	2.5	3.0	3.5	4.0	4.5	5.0	5.0	5.5	5.5	6.0	6.5	7.0	7.0	7.0	7.5	8.0	8.0	8.0	8.5	9.0	9.0	9.5	10.0	10.0	10.0	10.5	10.5	10.5	11.0	11.0	11.5	11.5	11.5	12.0	.1154
0.9	2.0	3.0	3.5	3.5	4.0	4.5	5.0	5.0	5.5	6.0	6.5	7.0	7.0	7.5	7.5	8.0	8.5	8.5	9.0	9.0	9.5	10.0	10.0	10.5	10.5	11.0	11.0	11.5	11.5	12.0	12.0	•	•	•	•	.1298
1.0	2.0	3.0	3.5	4.0	4.5	5.0	5.5	5.5	6.0	6.5	7.0	7.5	7.5	8.0	8.0	8.5	9.0	9.0	9.5	9.5	10.0	10.5	10.5	11.0	11.0	11.5	12.0	12.0	12.0	•	•	•	•	•	•	.1442
1.1	2.5	3.0	3.5	4.0	4.5	5.0	5.5	6.0	6.0	7.0	7.5	7.5	8.0	8.0	8.5	9.0	9.5	9.5	10.0	10.0	10.5	11.0	11.0	11.5	11.5	12.0	12.0	•	•	•	•	•	•	•	•	.1586
1.2	2.5	3.0	3.5	4.0	4.5	5.5	5.5	6.0	6.0	7.0	7.5	8.0	8.5	9.0	9.5	9.5	10.0	10.0	10.5	10.5	11.0	11.5	11.5	12.0	12.0	•	•	•	•	•	•	•	•	•	•	.1730
1.3	2.5	3.0	3.5	4.0	5.0	5.0	6.0	6.0	6.5	7.5	7.5	8.0	8.5	9.0	9.5	10.0	10.0	10.5	11.0	11.5	11.5	12.0	12.0	•	•	•	•	•	•	•	•	•	•	•	•	.1875
1.4	2.5	3.0	3.5	4.0	5.0	5.5	6.0	6.5	6.5	7.5	8.0	8.5	9.0	9.0	9.5	10.0	10.5	11.0	11.5	12.0	12.0	•	•	•	•	•	•	•	•	•	•	•	•	•	•	.2019
1.5	3.0	3.5	4.0	4.5	5.0	5.5	6.0	6.5	6.5	7.5	8.0	8.5	9.0	9.5	10.0	10.5	11.0	11.0	11.5	12.0	•	•	•	•	•	•	•	•	•	•	•	•	•	•	•	.2163
k	90	126	162	198	234	270	306	342	378	414	450	486	522	558	594	630	666	702	738	774	810	846	882	918	954	990	1026	1062	1098	1134	1170	1206	1242	1278	1314	km

Δt Fahrenheit

TEMPERATURE DIFFERENCE

TABLE 2 (Sheet 20 of 128)

TABLE 2 (Continued)

ECONOMICAL INSULATION THICKNESS TABLE

IN INCHES
(nominal)

PIPE SIZE: 1-1/2'' NPS (Tube Size 2'' OD)
48.26 mm

At the intersection of the ''Δt'' column with the ''k'' row read the economical thickness.
(•—*exceeds 12'' thickness*)

CONDUCTIVITY k: Btu, in./sq ft, hr °F — km: W/mK

D = 0.0040

Δt Celsius °C or Kelvin °K

k	50	70	90	110	130	150	170	190	210	230	250	270	290	310	330	350	370	390	410	430	450	470	490	510	530	550	570	590	610	630	650	670	690	710	730	km
0.1	0.5	0.5	0.5	0.5	0.5	0.5	0.5	0.5	0.5	0.5	0.5	0.5	0.5	0.5	0.5	0.5	0.5	0.5	0.5	0.5	1.0	1.0	1.0	1.0	1.0	1.0	1.0	1.0	1.0	1.0	1.0	1.0	1.0	1.0	1.0	.0144
0.2	0.5	0.5	0.5	0.5	0.5	0.5	0.5	0.5	0.5	0.5	0.5	1.0	1.0	1.0	1.0	1.0	1.0	1.0	1.0	1.0	1.0	1.0	1.0	1.0	1.0	1.0	1.0	1.0	1.0	1.0	1.0	1.0	1.0	1.0	1.0	.0288
0.3	0.5	0.5	0.5	0.5	0.5	0.5	0.5	0.5	0.5	1.0	1.0	1.0	1.0	1.0	1.0	1.0	1.0	1.0	1.0	1.0	1.0	1.0	1.0	1.0	1.0	1.0	1.0	1.0	1.5	1.5	1.5	1.5	1.5	1.5	1.5	.0433
0.4	0.5	0.5	0.5	0.5	0.5	0.5	0.5	1.0	1.0	1.0	1.0	1.0	1.0	1.0	1.0	1.0	1.0	1.0	1.0	1.0	1.0	1.0	1.0	1.5	1.5	1.5	1.5	1.5	1.5	1.5	1.5	1.5	1.5	1.5	1.5	.0577
0.5	0.5	0.5	0.5	0.5	0.5	0.5	0.5	1.0	1.0	1.0	1.0	1.0	1.0	1.0	1.0	1.0	1.0	1.0	1.0	1.0	1.5	1.5	1.5	1.5	1.5	1.5	1.5	1.5	1.5	1.5	1.5	1.5	1.5	1.5	1.5	.0721
0.6	0.5	0.5	0.5	0.5	0.5	0.5	0.5	1.0	1.0	1.0	1.0	1.0	1.0	1.0	1.0	1.0	1.0	1.0	1.5	1.5	1.5	1.5	1.5	1.5	1.5	1.5	1.5	1.5	1.5	1.5	1.5	1.5	1.5	2.0	2.0	.0865
0.7	0.5	0.5	0.5	0.5	0.5	0.5	0.5	1.0	1.0	1.0	1.0	1.0	1.0	1.0	1.0	1.0	1.5	1.5	1.5	1.5	1.5	1.5	1.5	1.5	1.5	1.5	1.5	1.5	1.5	1.5	2.0	2.0	2.0	2.0	2.0	.1009
0.8	0.5	0.5	0.5	0.5	0.5	0.5	0.5	1.0	1.0	1.0	1.0	1.0	1.0	1.0	1.0	1.0	1.5	1.5	1.5	1.5	1.5	1.5	1.5	1.5	1.5	1.5	1.5	1.5	2.0	2.0	2.0	2.0	2.0	2.0	2.0	.1154
0.9	0.5	0.5	0.5	0.5	0.5	0.5	0.5	1.0	1.0	1.0	1.0	1.0	1.0	1.0	1.0	1.5	1.5	1.5	1.5	1.5	1.5	1.5	1.5	1.5	1.5	1.5	2.0	2.0	2.0	2.0	2.0	2.0	2.0	2.0	2.0	.1298
1.0	0.5	0.5	0.5	0.5	0.5	0.5	0.5	1.0	1.0	1.0	1.0	1.0	1.0	1.0	1.0	1.5	1.5	1.5	1.5	1.5	1.5	1.5	1.5	1.5	1.5	2.0	2.0	2.0	2.0	2.0	2.0	2.0	2.0	2.0	2.5	.1442
1.1	0.5	0.5	0.5	0.5	0.5	0.5	0.5	0.5	1.0	1.0	1.0	1.0	1.0	1.0	1.0	1.5	1.5	1.5	1.5	1.5	1.5	1.5	1.5	1.5	2.0	2.0	2.0	2.0	2.0	2.0	2.0	2.0	2.5	2.5	2.5	.1586
1.2	0.5	0.5	0.5	0.5	0.5	0.5	0.5	0.5	1.0	1.0	1.0	1.0	1.0	1.0	1.0	1.5	1.5	1.5	1.5	1.5	1.5	1.5	1.5	2.0	2.0	2.0	2.0	2.0	2.0	2.0	2.0	2.5	2.5	2.5	2.5	.1730
1.3	0.5	0.5	0.5	0.5	0.5	0.5	0.5	0.5	0.5	1.0	1.0	1.0	1.0	1.0	1.0	1.5	1.5	1.5	1.5	1.5	1.5	1.5	1.5	2.0	2.0	2.0	2.0	2.0	2.0	2.0	2.5	2.5	2.5	2.5	2.5	.1875
1.4	0.5	0.5	0.5	0.5	0.5	0.5	0.5	0.5	0.5	0.5	1.0	1.0	1.0	1.0	1.0	1.5	1.5	1.5	1.5	1.5	1.5	1.5	1.5	2.0	2.0	2.0	2.0	2.0	2.0	2.5	2.5	2.5	2.5	2.5	2.5	.2019
1.5	0.5	0.5	0.5	0.5	0.5	0.5	0.5	0.5	0.5	0.5	0.5	1.0	1.0	1.0	1.0	1.5	1.5	1.5	1.5	1.5	1.5	1.5	2.0	2.0	2.0	2.0	2.0	2.0	2.5	2.5	2.5	2.5	2.5	2.5	2.5	.2163
k	90	126	162	198	234	270	306	342	378	414	450	486	522	558	594	630	666	702	738	774	810	846	882	918	954	990	1026	1062	1098	1134	1170	1206	1242	1278	1314	km

Δt Fahrenheit

D = 0.0045

Δt Celsius °C or Kelvin °K

k	50	70	90	110	130	150	170	190	210	230	250	270	290	310	330	350	370	390	410	430	450	470	490	510	530	550	570	590	610	630	650	670	690	710	730	km
0.1	0.5	0.5	0.5	0.5	0.5	0.5	0.5	0.5	0.5	0.5	0.5	0.5	0.5	0.5	0.5	0.5	0.5	0.5	1.0	1.0	1.0	1.0	1.0	1.0	1.0	1.0	1.0	1.0	1.0	1.0	1.0	1.0	1.0	1.0	1.0	.0144
0.2	0.5	0.5	0.5	0.5	0.5	0.5	0.5	0.5	0.5	0.5	1.0	1.0	1.0	1.0	1.0	1.0	1.0	1.0	1.0	1.0	1.0	1.0	1.0	1.0	1.0	1.0	1.0	1.0	1.0	1.0	1.0	1.0	1.0	1.0	1.0	.0288
0.3	0.5	0.5	0.5	0.5	0.5	0.5	0.5	1.0	1.0	1.0	1.0	1.0	1.0	1.0	1.0	1.0	1.0	1.0	1.0	1.0	1.0	1.0	1.0	1.0	1.0	1.5	1.5	1.5	1.5	1.5	1.5	1.5	1.5	1.5	1.5	.0433
0.4	0.5	0.5	0.5	0.5	0.5	0.5	1.0	1.0	1.0	1.0	1.0	1.0	1.0	1.0	1.0	1.0	1.0	1.0	1.0	1.0	1.5	1.5	1.5	1.5	1.5	1.5	1.5	1.5	1.5	1.5	1.5	1.5	1.5	1.5	1.5	.0577
0.5	0.5	0.5	0.5	0.5	0.5	0.5	1.0	1.0	1.0	1.0	1.0	1.0	1.0	1.0	1.0	1.0	1.0	1.5	1.5	1.5	1.5	1.5	1.5	1.5	1.5	1.5	1.5	1.5	1.5	1.5	1.5	1.5	1.5	2.0	2.0	.0721
0.6	0.5	0.5	0.5	0.5	0.5	0.5	1.0	1.0	1.0	1.0	1.0	1.0	1.0	1.0	1.0	1.5	1.5	1.5	1.5	1.5	1.5	1.5	1.5	1.5	1.5	1.5	1.5	1.5	1.5	2.0	2.0	2.0	2.0	2.0	2.0	.0865
0.7	0.5	0.5	0.5	0.5	0.5	0.5	1.0	1.0	1.0	1.0	1.0	1.0	1.0	1.0	1.5	1.5	1.5	1.5	1.5	1.5	1.5	1.5	1.5	1.5	1.5	1.5	1.5	2.0	2.0	2.0	2.0	2.0	2.0	2.0	2.0	.1009
0.8	0.5	0.5	0.5	0.5	0.5	0.5	1.0	1.0	1.0	1.0	1.0	1.0	1.0	1.0	1.5	1.5	1.5	1.5	1.5	1.5	1.5	1.5	1.5	1.5	1.5	2.0	2.0	2.0	2.0	2.0	2.0	2.0	2.0	2.0	2.0	.1154
0.9	0.5	0.5	0.5	0.5	0.5	0.5	1.0	1.0	1.0	1.0	1.0	1.0	1.0	1.5	1.5	1.5	1.5	1.5	1.5	1.5	1.5	1.5	1.5	2.0	2.0	2.0	2.0	2.0	2.0	2.0	2.0	2.0	2.5	2.5	2.5	.1298
1.0	0.5	0.5	0.5	0.5	0.5	0.5	1.0	1.0	1.0	1.0	1.0	1.0	1.0	1.0	1.5	1.5	1.5	1.5	1.5	1.5	1.5	1.5	2.0	2.0	2.0	2.0	2.0	2.0	2.0	2.0	2.5	2.5	2.5	2.5	2.5	.1442
1.1	0.5	0.5	0.5	0.5	0.5	0.5	0.5	1.0	1.0	1.0	1.0	1.0	1.0	1.5	1.5	1.5	1.5	1.5	1.5	1.5	1.5	2.0	2.0	2.0	2.0	2.0	2.0	2.0	2.5	2.5	2.5	2.5	2.5	2.5	2.5	.1586
1.2	0.5	0.5	0.5	0.5	0.5	0.5	0.5	1.0	1.0	1.0	1.0	1.0	1.0	1.5	1.5	1.5	1.5	1.5	1.5	1.5	1.5	2.0	2.0	2.0	2.0	2.0	2.0	2.5	2.5	2.5	2.5	2.5	2.5	2.5	2.5	.1730
1.3	0.5	0.5	0.5	0.5	0.5	0.5	0.5	1.0	1.0	1.0	1.0	1.0	1.0	1.5	1.5	1.5	1.5	1.5	1.5	1.5	2.0	2.0	2.0	2.0	2.0	2.0	2.5	2.5	2.5	2.5	2.5	2.5	2.5	2.5	2.5	.1875
1.4	0.5	0.5	0.5	0.5	0.5	0.5	0.5	1.0	1.0	1.0	1.0	1.0	1.0	1.0	1.5	1.5	1.5	1.5	1.5	1.5	2.0	2.0	2.0	2.0	2.0	2.5	2.5	2.5	2.5	2.5	2.5	2.5	2.5	2.5	2.5	.2019
1.5	0.5	0.5	0.5	0.5	0.5	0.5	0.5	0.5	0.5	1.0	1.0	1.0	1.0	1.5	1.5	1.5	1.5	1.5	1.5	1.5	2.0	2.0	2.0	2.0	2.0	2.5	2.5	2.5	2.5	2.5	2.5	2.5	2.5	2.5	3.0	.2163
k	90	126	162	198	234	270	306	342	378	414	450	486	522	558	594	630	666	702	738	774	810	846	882	918	954	990	1026	1062	1098	1134	1170	1206	1242	1278	1314	km

Δt Fahrenheit

D = 0.0050

Δt Celsius °C or Kelvin °K

k	50	70	90	110	130	150	170	190	210	230	250	270	290	310	330	350	370	390	410	430	450	470	490	510	530	550	570	590	610	630	650	670	690	710	730	km
0.1	0.5	0.5	0.5	0.5	0.5	0.5	0.5	0.5	0.5	0.5	0.5	0.5	0.5	0.5	0.5	0.5	1.0	1.0	1.0	1.0	1.0	1.0	1.0	1.0	1.0	1.0	1.0	1.0	1.0	1.0	1.0	1.0	1.0	1.0	1.0	.0144
0.2	0.5	0.5	0.5	0.5	0.5	0.5	0.5	0.5	0.5	1.0	1.0	1.0	1.0	1.0	1.0	1.0	1.0	1.0	1.0	1.0	1.0	1.0	1.0	1.0	1.0	1.0	1.0	1.0	1.0	1.0	1.0	1.5	1.5	1.5	1.5	.0288
0.3	0.5	0.5	0.5	0.5	0.5	0.5	0.5	1.0	1.0	1.0	1.0	1.0	1.0	1.0	1.0	1.0	1.0	1.0	1.0	1.0	1.0	1.0	1.5	1.5	1.5	1.5	1.5	1.5	1.5	1.5	1.5	1.5	1.5	1.5	1.5	.0433
0.4	0.5	0.5	0.5	0.5	0.5	0.5	1.0	1.0	1.0	1.0	1.0	1.0	1.0	1.0	1.0	1.0	1.0	1.0	1.5	1.5	1.5	1.5	1.5	1.5	1.5	1.5	1.5	1.5	1.5	1.5	1.5	1.5	1.5	1.5	1.5	.0577
0.5	0.5	0.5	0.5	0.5	0.5	1.0	1.0	1.0	1.0	1.0	1.0	1.0	1.0	1.0	1.0	1.5	1.5	1.5	1.5	1.5	1.5	1.5	1.5	1.5	1.5	1.5	1.5	1.5	1.5	1.5	2.0	2.0	2.0	2.0	2.0	.0721
0.6	0.5	0.5	0.5	0.5	0.5	1.0	1.0	1.0	1.0	1.0	1.0	1.0	1.0	1.0	1.5	1.5	1.5	1.5	1.5	1.5	1.5	1.5	1.5	1.5	1.5	1.5	2.0	2.0	2.0	2.0	2.0	2.0	2.0	2.0	2.0	.0865
0.7	0.5	0.5	0.5	0.5	0.5	1.0	1.0	1.0	1.0	1.0	1.0	1.0	1.0	1.5	1.5	1.5	1.5	1.5	1.5	1.5	1.5	1.5	1.5	1.5	2.0	2.0	2.0	2.0	2.0	2.0	2.0	2.0	2.0	2.0	2.5	.1009
0.8	0.5	0.5	0.5	0.5	0.5	1.0	1.0	1.0	1.0	1.0	1.0	1.0	1.5	1.5	1.5	1.5	1.5	1.5	1.5	1.5	1.5	1.5	2.0	2.0	2.0	2.0	2.0	2.0	2.0	2.0	2.0	2.5	2.5	2.5	2.5	.1154
0.9	0.5	0.5	0.5	0.5	0.5	1.0	1.0	1.0	1.0	1.0	1.0	1.0	1.5	1.5	1.5	1.5	1.5	1.5	1.5	1.5	1.5	2.0	2.0	2.0	2.0	2.0	2.0	2.0	2.0	2.5	2.5	2.5	2.5	2.5	2.5	.1298
1.0	0.5	0.5	0.5	0.5	0.5	1.0	1.0	1.0	1.0	1.0	1.0	1.5	1.5	1.5	1.5	1.5	1.5	1.5	1.5	1.5	2.0	2.0	2.0	2.0	2.0	2.0	2.0	2.5	2.5	2.5	2.5	2.5	2.5	2.5	2.5	.1442
1.1	0.5	0.5	0.5	0.5	0.5	0.5	1.0	1.0	1.0	1.0	1.0	1.5	1.5	1.5	1.5	1.5	1.5	1.5	1.5	2.0	2.0	2.0	2.0	2.0	2.0	2.5	2.5	2.5	2.5	2.5	2.5	2.5	2.5	2.5	2.5	.1586
1.2	0.5	0.5	0.5	0.5	0.5	0.5	1.0	1.0	1.0	1.0	1.0	1.5	1.5	1.5	1.5	1.5	1.5	1.5	2.0	2.0	2.0	2.0	2.0	2.0	2.5	2.5	2.5	2.5	2.5	2.5	2.5	2.5	2.5	2.5	2.5	.1730
1.3	0.5	0.5	0.5	0.5	0.5	0.5	0.5	1.0	1.0	1.0	1.0	1.5	1.5	1.5	1.5	1.5	1.5	1.5	2.0	2.0	2.0	2.0	2.0	2.5	2.5	2.5	2.5	2.5	2.5	2.5	2.5	2.5	2.5	3.0	3.0	.1875
1.4	0.5	0.5	0.5	0.5	0.5	0.5	0.5	1.0	1.0	1.0	1.0	1.5	1.5	1.5	1.5	1.5	1.5	1.5	2.0	2.0	2.0	2.0	2.0	2.5	2.5	2.5	2.5	2.5	2.5	2.5	2.5	2.5	3.0	3.0	3.0	.2019
1.5	0.5	0.5	0.5	0.5	0.5	0.5	0.5	0.5	1.0	1.0	1.0	1.0	1.5	1.5	1.5	1.5	1.5	1.5	2.0	2.0	2.0	2.0	2.5	2.5	2.5	2.5	2.5	2.5	2.5	2.5	3.0	3.0	3.0	3.0	3.0	.2163
k	90	126	162	198	234	270	306	342	378	414	450	486	522	558	594	630	666	702	738	774	810	846	882	918	954	990	1026	1062	1098	1134	1170	1206	1242	1278	1314	km

Δt Fahrenheit

TABLE 2 (Sheet 21 of 128)

TEMPERATURE DIFFERENCE

TABLE 2 (Continued)

ECONOMICAL INSULATION THICKNESS TABLE

IN INCHES
(nominal)

PIPE SIZE: 1-1/2'' NPS (Tube Size 2'' OD)
48.26 mm

At the intersection of the ''Δt'' column with the ''k'' row read the economical thickness.
(•—*exceeds 12'' thickness*)

D = 0.0060

Δt Celsius °C or Kelvin °K

CONDUCTIVITY Btu, in./sq ft, hr °F (k); W/mK (km)

k	50	70	90	110	130	150	170	190	210	230	250	270	290	310	330	350	370	390	410	430	450	470	490	510	530	550	570	590	610	630	650	670	690	710	730	km
0.1	0.5	0.5	0.5	0.5	0.5	0.5	0.5	0.5	0.5	0.5	0.5	0.5	0.5	1.0	1.0	1.0	1.0	1.0	1.0	1.0	1.0	1.0	1.0	1.0	1.0	1.0	1.0	1.0	1.0	1.0	1.0	1.0	1.0	1.0	1.0	.0144
0.2	0.5	0.5	0.5	0.5	0.5	0.5	0.5	1.0	1.0	1.0	1.0	1.0	1.0	1.0	1.0	1.0	1.0	1.0	1.0	1.0	1.0	1.0	1.0	1.0	1.0	1.5	1.5	1.5	1.5	1.5	1.5	1.5	1.5	1.5	1.5	.0288
0.3	0.5	0.5	0.5	0.5	0.5	1.0	1.0	1.0	1.0	1.0	1.0	1.0	1.0	1.0	1.0	1.0	1.0	1.0	1.5	1.5	1.5	1.5	1.5	1.5	1.5	1.5	1.5	1.5	1.5	1.5	1.5	1.5	1.5	1.5	1.5	.0433
0.4	0.5	0.5	0.5	0.5	1.0	1.0	1.0	1.0	1.0	1.0	1.0	1.0	1.0	1.0	1.5	1.5	1.5	1.5	1.5	1.5	1.5	1.5	1.5	1.5	1.5	1.5	1.5	1.5	1.5	2.0	2.0	2.0	2.0	2.0	2.0	.0577
0.5	0.5	0.5	0.5	0.5	1.0	1.0	1.0	1.0	1.0	1.0	1.0	1.0	1.5	1.5	1.5	1.5	1.5	1.5	1.5	1.5	1.5	1.5	1.5	1.5	1.5	2.0	2.0	2.0	2.0	2.0	2.0	2.0	2.0	2.0	2.0	.0721
0.6	0.5	0.5	0.5	0.5	1.0	1.0	1.0	1.0	1.0	1.0	1.0	1.5	1.5	1.5	1.5	1.5	1.5	1.5	1.5	1.5	1.5	1.5	2.0	2.0	2.0	2.0	2.0	2.0	2.0	2.0	2.0	2.0	2.5	2.5	2.5	.0865
0.7	0.5	0.5	0.5	0.5	1.0	1.0	1.0	1.0	1.0	1.0	1.5	1.5	1.5	1.5	1.5	1.5	1.5	1.5	1.5	1.5	2.0	2.0	2.0	2.0	2.0	2.0	2.0	2.0	2.5	2.5	2.5	2.5	2.5	2.5	2.5	.1009
0.8	0.5	0.5	0.5	0.5	1.0	1.0	1.0	1.0	1.0	1.0	1.5	1.5	1.5	1.5	1.5	1.5	1.5	1.5	2.0	2.0	2.0	2.0	2.0	2.0	2.0	2.5	2.5	2.5	2.5	2.5	2.5	2.5	2.5	2.5	2.5	.1154
0.9	0.5	0.5	0.5	0.5	1.0	1.0	1.0	1.0	1.0	1.5	1.5	1.5	1.5	1.5	1.5	1.5	1.5	2.0	2.0	2.0	2.0	2.0	2.0	2.0	2.5	2.5	2.5	2.5	2.5	2.5	2.5	2.5	2.5	2.5	2.5	.1298
1.0	0.5	0.5	0.5	0.5	1.0	1.0	1.0	1.0	1.0	1.5	1.5	1.5	1.5	1.5	1.5	1.5	2.0	2.0	2.0	2.0	2.0	2.0	2.5	2.5	2.5	2.5	2.5	2.5	2.5	2.5	2.5	2.5	3.0	3.0	3.0	.1442
1.1	0.5	0.5	0.5	0.5	1.0	1.0	1.0	1.0	1.0	1.5	1.5	1.5	1.5	1.5	1.5	2.0	2.0	2.0	2.0	2.0	2.0	2.5	2.5	2.5	2.5	2.5	2.5	2.5	2.5	2.5	3.0	3.0	3.0	3.0	3.0	.1586
1.2	0.5	0.5	0.5	0.5	0.5	1.0	1.0	1.0	1.0	1.5	1.5	1.5	1.5	1.5	1.5	2.0	2.0	2.0	2.0	2.0	2.5	2.5	2.5	2.5	2.5	2.5	2.5	2.5	3.0	3.0	3.0	3.0	3.0	3.0	3.0	.1730
1.3	0.5	0.5	0.5	0.5	0.5	1.0	1.0	1.0	1.0	1.5	1.5	1.5	1.5	1.5	1.5	2.0	2.0	2.0	2.0	2.5	2.5	2.5	2.5	2.5	2.5	2.5	2.5	3.0	3.0	3.0	3.0	3.0	3.0	3.0	3.0	.1875
1.4	0.5	0.5	0.5	0.5	0.5	0.5	1.0	1.0	1.0	1.5	1.5	1.5	1.5	1.5	2.0	2.0	2.0	2.0	2.5	2.5	2.5	2.5	2.5	2.5	2.5	2.5	3.0	3.0	3.0	3.0	3.0	3.0	3.0	3.0	3.0	.2019
1.5	0.5	0.5	0.5	0.5	0.5	0.5	1.0	1.0	1.0	1.5	1.5	1.5	1.5	1.5	2.0	2.0	2.0	2.0	2.5	2.5	2.5	2.5	2.5	2.5	2.5	3.0	3.0	3.0	3.0	3.0	3.0	3.0	3.0	3.5	3.5	.2163
k	90	126	162	198	234	270	306	342	378	414	450	486	522	558	594	630	666	702	738	774	810	846	882	918	954	990	1026	1062	1098	1134	1170	1206	1242	1278	1314	km

Δt Fahrenheit

D = 0.0070

Δt Celsius °C or Kelvin °K

CONDUCTIVITY Btu, in./sq ft, hr °F (k); W/mK (km)

k	50	70	90	110	130	150	170	190	210	230	250	270	290	310	330	350	370	390	410	430	450	470	490	510	530	550	570	590	610	630	650	670	690	710	730	km
0.1	0.5	0.5	0.5	0.5	0.5	0.5	0.5	0.5	0.5	0.5	0.5	1.0	1.0	1.0	1.0	1.0	1.0	1.0	1.0	1.0	1.0	1.0	1.0	1.0	1.0	1.0	1.0	1.0	1.0	1.0	1.0	1.0	1.0	1.0	1.0	.0144
0.2	0.5	0.5	0.5	0.5	0.5	0.5	1.0	1.0	1.0	1.0	1.0	1.0	1.0	1.0	1.0	1.0	1.0	1.0	1.0	1.0	1.0	1.0	1.5	1.5	1.5	1.5	1.5	1.5	1.5	1.5	1.5	1.5	1.5	1.5	1.5	.0288
0.3	0.5	0.5	0.5	0.5	1.0	1.0	1.0	1.0	1.0	1.0	1.0	1.0	1.0	1.0	1.0	1.5	1.5	1.5	1.5	1.5	1.5	1.5	1.5	1.5	1.5	1.5	1.5	1.5	1.5	1.5	1.5	1.5	2.0	2.0	2.0	.0433
0.4	0.5	0.5	0.5	1.0	1.0	1.0	1.0	1.0	1.0	1.0	1.0	1.0	1.5	1.5	1.5	1.5	1.5	1.5	1.5	1.5	1.5	1.5	1.5	1.5	1.5	2.0	2.0	2.0	2.0	2.0	2.0	2.0	2.0	2.0	2.0	.0577
0.5	0.5	0.5	0.5	1.0	1.0	1.0	1.0	1.0	1.0	1.0	1.5	1.5	1.5	1.5	1.5	1.5	1.5	1.5	1.5	1.5	1.5	2.0	2.0	2.0	2.0	2.0	2.0	2.0	2.0	2.0	2.0	2.5	2.5	2.5	2.5	.0721
0.6	0.5	0.5	0.5	1.0	1.0	1.0	1.0	1.0	1.0	1.5	1.5	1.5	1.5	1.5	1.5	1.5	1.5	1.5	2.0	2.0	2.0	2.0	2.0	2.0	2.0	2.0	2.0	2.5	2.5	2.5	2.5	2.5	2.5	2.5	2.5	.0865
0.7	0.5	0.5	0.5	1.0	1.0	1.0	1.0	1.0	1.0	1.5	1.5	1.5	1.5	1.5	1.5	1.5	2.0	2.0	2.0	2.0	2.0	2.0	2.0	2.0	2.5	2.5	2.5	2.5	2.5	2.5	2.5	2.5	2.5	2.5	2.5	.1009
0.8	0.5	0.5	0.5	1.0	1.0	1.0	1.0	1.0	1.5	1.5	1.5	1.5	1.5	1.5	1.5	2.0	2.0	2.0	2.0	2.0	2.0	2.0	2.5	2.5	2.5	2.5	2.5	2.5	2.5	2.5	2.5	2.5	3.0	3.0	3.0	.1154
0.9	0.5	0.5	0.5	1.0	1.0	1.0	1.0	1.0	1.5	1.5	1.5	1.5	1.5	1.5	2.0	2.0	2.0	2.0	2.0	2.0	2.5	2.5	2.5	2.5	2.5	2.5	2.5	2.5	2.5	3.0	3.0	3.0	3.0	3.0	3.0	.1298
1.0	0.5	0.5	0.5	1.0	1.0	1.0	1.0	1.0	1.5	1.5	1.5	1.5	1.5	2.0	2.0	2.0	2.0	2.0	2.0	2.5	2.5	2.5	2.5	2.5	2.5	2.5	2.5	3.0	3.0	3.0	3.0	3.0	3.0	3.0	3.0	.1442
1.1	0.5	0.5	0.5	0.5	1.0	1.0	1.0	1.5	1.5	1.5	1.5	1.5	1.5	2.0	2.0	2.0	2.0	2.0	2.5	2.5	2.5	2.5	2.5	2.5	2.5	2.5	3.0	3.0	3.0	3.0	3.0	3.0	3.0	3.0	3.0	.1586
1.2	0.5	0.5	0.5	0.5	1.0	1.0	1.0	1.5	1.5	1.5	1.5	1.5	1.5	2.0	2.0	2.0	2.0	2.5	2.5	2.5	2.5	2.5	2.5	2.5	3.0	3.0	3.0	3.0	3.0	3.0	3.0	3.0	3.0	3.5	3.5	.1730
1.3	0.5	0.5	0.5	0.5	1.0	1.0	1.0	1.0	1.5	1.5	1.5	1.5	2.0	2.0	2.0	2.0	2.5	2.5	2.5	2.5	2.5	2.5	2.5	3.0	3.0	3.0	3.0	3.0	3.0	3.0	3.0	3.5	3.5	3.5	3.5	.1875
1.4	0.5	0.5	0.5	0.5	0.5	1.0	1.0	1.0	1.5	1.5	1.5	1.5	2.0	2.0	2.0	2.0	2.5	2.5	2.5	2.5	2.5	2.5	3.0	3.0	3.0	3.0	3.0	3.0	3.0	3.5	3.5	3.5	3.5	3.5	3.5	.2019
1.5	0.5	0.5	0.5	0.5	0.5	1.0	1.0	1.0	1.5	1.5	1.5	1.5	2.0	2.0	2.0	2.5	2.5	2.5	2.5	2.5	2.5	3.0	3.0	3.0	3.0	3.0	3.0	3.0	3.5	3.5	3.5	3.5	3.5	3.5	3.5	.2163
k	90	126	162	198	234	270	306	342	378	414	450	486	522	558	594	630	666	702	738	774	810	846	882	918	954	990	1026	1062	1098	1134	1170	1206	1242	1278	1314	km

Δt Fahrenheit

D = 0.0080

Δt Celsius °C or Kelvin °K

CONDUCTIVITY Btu, in./sq ft, hr °F (k); W/mK (km)

k	50	70	90	110	130	150	170	190	210	230	250	270	290	310	330	350	370	390	410	430	450	470	490	510	530	550	570	590	610	630	650	670	690	710	730	km
0.1	0.5	0.5	0.5	0.5	0.5	0.5	0.5	0.5	0.5	1.0	1.0	1.0	1.0	1.0	1.0	1.0	1.0	1.0	1.0	1.0	1.0	1.0	1.0	1.0	1.0	1.0	1.0	1.0	1.0	1.0	1.0	1.0	1.0	1.0	1.0	.0144
0.2	0.5	0.5	0.5	0.5	0.5	1.0	1.0	1.0	1.0	1.0	1.0	1.0	1.0	1.0	1.0	1.0	1.0	1.0	1.0	1.5	1.5	1.5	1.5	1.5	1.5	1.5	1.5	1.5	1.5	1.5	1.5	1.5	1.5	1.5	1.5	.0288
0.3	0.5	0.5	0.5	1.0	1.0	1.0	1.0	1.0	1.0	1.0	1.0	1.0	1.0	1.5	1.5	1.5	1.5	1.5	1.5	1.5	1.5	1.5	1.5	1.5	1.5	1.5	1.5	2.0	2.0	2.0	2.0	2.0	2.0	2.0	2.0	.0433
0.4	0.5	0.5	0.5	1.0	1.0	1.0	1.0	1.0	1.0	1.0	1.5	1.5	1.5	1.5	1.5	1.5	1.5	1.5	1.5	1.5	1.5	2.0	2.0	2.0	2.0	2.0	2.0	2.0	2.0	2.0	2.0	2.0	2.0	2.5	2.5	.0577
0.5	0.5	0.5	1.0	1.0	1.0	1.0	1.0	1.0	1.0	1.5	1.5	1.5	1.5	1.5	1.5	1.5	1.5	1.5	2.0	2.0	2.0	2.0	2.0	2.0	2.0	2.0	2.0	2.5	2.5	2.5	2.5	2.5	2.5	2.5	2.5	.0721
0.6	0.5	0.5	1.0	1.0	1.0	1.0	1.0	1.0	1.5	1.5	1.5	1.5	1.5	1.5	1.5	1.5	2.0	2.0	2.0	2.0	2.0	2.0	2.0	2.5	2.5	2.5	2.5	2.5	2.5	2.5	2.5	2.5	2.5	2.5	2.5	.0865
0.7	0.5	0.5	1.0	1.0	1.0	1.0	1.0	1.5	1.5	1.5	1.5	1.5	1.5	1.5	2.0	2.0	2.0	2.0	2.0	2.0	2.0	2.5	2.5	2.5	2.5	2.5	2.5	2.5	2.5	2.5	2.5	3.0	3.0	3.0	3.0	.1009
0.8	0.5	0.5	1.0	1.0	1.0	1.0	1.0	1.5	1.5	1.5	1.5	1.5	1.5	2.0	2.0	2.0	2.0	2.0	2.0	2.5	2.5	2.5	2.5	2.5	2.5	2.5	2.5	2.5	3.0	3.0	3.0	3.0	3.0	3.0	3.0	.1154
0.9	0.5	0.5	1.0	1.0	1.0	1.0	1.0	1.5	1.5	1.5	1.5	1.5	2.0	2.0	2.0	2.0	2.0	2.5	2.5	2.5	2.5	2.5	2.5	2.5	2.5	3.0	3.0	3.0	3.0	3.0	3.0	3.0	3.0	3.0	3.0	.1298
1.0	0.5	0.5	0.5	1.0	1.0	1.0	1.5	1.5	1.5	1.5	1.5	1.5	2.0	2.0	2.0	2.0	2.5	2.5	2.5	2.5	2.5	2.5	2.5	2.5	3.0	3.0	3.0	3.0	3.0	3.0	3.0	3.0	3.5	3.5	3.5	.1442
1.1	0.5	0.5	0.5	1.0	1.0	1.0	1.5	1.5	1.5	1.5	1.5	2.0	2.0	2.0	2.0	2.5	2.5	2.5	2.5	2.5	2.5	2.5	3.0	3.0	3.0	3.0	3.0	3.0	3.0	3.0	3.5	3.5	3.5	3.5	3.5	.1586
1.2	0.5	0.5	0.5	1.0	1.0	1.0	1.5	1.5	1.5	1.5	1.5	2.0	2.0	2.0	2.5	2.5	2.5	2.5	2.5	2.5	2.5	3.0	3.0	3.0	3.0	3.0	3.0	3.0	3.5	3.5	3.5	3.5	3.5	3.5	3.5	.1730
1.3	0.5	0.5	0.5	1.0	1.0	1.0	1.5	1.5	1.5	1.5	2.0	2.0	2.0	2.0	2.5	2.5	2.5	2.5	2.5	2.5	3.0	3.0	3.0	3.0	3.0	3.0	3.0	3.5	3.5	3.5	3.5	3.5	3.5	3.5	4.0	.1875
1.4	0.5	0.5	0.5	0.5	1.0	1.0	1.5	1.5	1.5	1.5	2.0	2.0	2.0	2.5	2.5	2.5	2.5	2.5	2.5	3.0	3.0	3.0	3.0	3.0	3.0	3.0	3.5	3.5	3.5	3.5	3.5	3.5	4.0	4.0	4.0	.2019
1.5	0.5	0.5	0.5	0.5	1.0	1.0	1.0	1.5	1.5	1.5	2.0	2.0	2.0	2.5	2.5	2.5	2.5	2.5	3.0	3.0	3.0	3.0	3.0	3.0	3.5	3.5	3.5	3.5	3.5	3.5	3.5	4.0	4.0	4.0	4.0	.2163
k	90	126	162	198	234	270	306	342	378	414	450	486	522	558	594	630	666	702	738	774	810	846	882	918	954	990	1026	1062	1098	1134	1170	1206	1242	1278	1314	km

Δt Fahrenheit

TEMPERATURE DIFFERENCE

TABLE 2 (Sheet 22 of 128)

TABLE 2 (Continued)

ECONOMICAL INSULATION THICKNESS TABLE

IN INCHES
(nominal)

PIPE SIZE: 1-1/2'' NPS (Tube Size 2'' OD)
48.26 mm

At the intersection of the ''Δt'' column with the ''k'' row read the economical thickness.
(•—*exceeds 12'' thickness*)

D = 0.0100

Δt Celsius °C or Kelvin °K

CONDUCTIVITY k: Btu, in./sq ft, hr °F; km: W/mK

k	50	70	90	110	130	150	170	190	210	230	250	270	290	310	330	350	370	390	410	430	450	470	490	510	530	550	570	590	610	630	650	670	690	710	730	km
0.1	0.5	0.5	0.5	0.5	0.5	0.5	0.5	1.0	1.0	1.0	1.0	1.0	1.0	1.0	1.0	1.0	1.0	1.0	1.0	1.0	1.0	1.0	1.0	1.0	1.0	1.0	1.0	1.0	1.5	1.5	1.5	1.5	1.5	1.5	1.5	.0144
0.2	0.5	0.5	0.5	1.0	1.0	1.0	1.0	1.0	1.0	1.0	1.0	1.0	1.0	1.0	1.5	1.5	1.5	1.5	1.5	1.5	1.5	1.5	1.5	1.5	1.5	1.5	1.5	1.5	1.5	1.5	1.5	2.0	2.0	2.0	2.0	.0288
0.3	0.5	0.5	1.0	1.0	1.0	1.0	1.0	1.0	1.0	1.0	1.5	1.5	1.5	1.5	1.5	1.5	1.5	1.5	1.5	1.5	1.5	1.5	2.0	2.0	2.0	2.0	2.0	2.0	2.0	2.0	2.0	2.0	2.0	2.5	2.5	.0433
0.4	0.5	0.5	1.0	1.0	1.0	1.0	1.0	1.0	1.5	1.5	1.5	1.5	1.5	1.5	1.5	1.5	1.5	2.0	2.0	2.0	2.0	2.0	2.0	2.0	2.0	2.0	2.5	2.5	2.5	2.5	2.5	2.5	2.5	2.5	2.5	.0577
0.5	0.5	0.5	1.0	1.0	1.0	1.0	1.0	1.5	1.5	1.5	1.5	1.5	1.5	1.5	2.0	2.0	2.0	2.0	2.0	2.0	2.0	2.5	2.5	2.5	2.5	2.5	2.5	2.5	2.5	2.5	2.5	2.5	3.0	3.0	3.0	.0721
0.6	0.5	1.0	1.0	1.0	1.0	1.0	1.5	1.5	1.5	1.5	1.5	1.5	2.0	2.0	2.0	2.0	2.0	2.0	2.5	2.5	2.5	2.5	2.5	2.5	2.5	2.5	2.5	2.5	3.0	3.0	3.0	3.0	3.0	3.0	3.0	.0865
0.7	0.5	1.0	1.0	1.0	1.0	1.5	1.5	1.5	1.5	1.5	1.5	2.0	2.0	2.0	2.0	2.0	2.5	2.5	2.5	2.5	2.5	2.5	2.5	2.5	3.0	3.0	3.0	3.0	3.0	3.0	3.0	3.0	3.0	3.0	3.5	.1009
0.8	0.5	1.0	1.0	1.0	1.0	1.5	1.5	1.5	1.5	1.5	2.0	2.0	2.0	2.0	2.5	2.5	2.5	2.5	2.5	2.5	2.5	2.5	3.0	3.0	3.0	3.0	3.0	3.0	3.0	3.0	3.5	3.5	3.5	3.5	3.5	.1154
0.9	0.5	1.0	1.0	1.0	1.0	1.5	1.5	1.5	1.5	2.0	2.0	2.0	2.0	2.5	2.5	2.5	2.5	2.5	2.5	2.5	3.0	3.0	3.0	3.0	3.0	3.0	3.0	3.0	3.5	3.5	3.5	3.5	3.5	3.5	3.5	.1298
1.0	0.5	0.5	1.0	1.0	1.0	1.5	1.5	1.5	1.5	2.0	2.0	2.0	2.5	2.5	2.5	2.5	2.5	2.5	3.0	3.0	3.0	3.0	3.0	3.0	3.0	3.5	3.5	3.5	3.5	3.5	3.5	3.5	3.5	4.0	4.0	.1442
1.1	0.5	0.5	1.0	1.0	1.0	1.5	1.5	1.5	2.0	2.0	2.0	2.0	2.5	2.5	2.5	2.5	2.5	3.0	3.0	3.0	3.0	3.0	3.0	3.0	3.5	3.5	3.5	3.5	3.5	3.5	4.0	4.0	4.0	4.0	4.0	.1586
1.2	0.5	0.5	1.0	1.0	1.0	1.5	1.5	1.5	2.0	2.0	2.0	2.5	2.5	2.5	2.5	2.5	3.0	3.0	3.0	3.0	3.0	3.0	3.5	3.5	3.5	3.5	3.5	3.5	4.0	4.0	4.0	4.0	4.0	4.0	4.0	.1730
1.3	0.5	0.5	1.0	1.0	1.0	1.5	1.5	1.5	2.0	2.0	2.0	2.5	2.5	2.5	2.5	3.0	3.0	3.0	3.0	3.0	3.0	3.5	3.5	3.5	3.5	3.5	3.5	4.0	4.0	4.0	4.0	4.0	4.0	4.5	4.5	.1875
1.4	0.5	0.5	0.5	1.0	1.0	1.5	1.5	1.5	2.0	2.0	2.5	2.5	2.5	2.5	2.5	3.0	3.0	3.0	3.0	3.0	3.5	3.5	3.5	3.5	3.5	4.0	4.0	4.0	4.0	4.0	4.0	4.5	4.5	4.5	4.5	.2019
1.5	0.5	0.5	0.5	1.0	1.0	1.5	1.5	1.5	2.0	2.0	2.5	2.5	2.5	2.5	3.0	3.0	3.0	3.0	3.0	3.5	3.5	3.5	3.5	3.5	4.0	4.0	4.0	4.0	4.0	4.0	4.5	4.5	4.5	4.5	4.5	.2163
k	90	126	162	198	234	270	306	342	378	414	450	486	522	558	594	630	666	702	738	774	810	846	882	918	954	990	1026	1062	1098	1134	1170	1206	1242	1278	1314	km

Δt Fahrenheit

D = 0.0120

Δt Celsius °C or Kelvin °K

CONDUCTIVITY k: Btu, in./sq ft, hr °F; km: W/mK

k	50	70	90	110	130	150	170	190	210	230	250	270	290	310	330	350	370	390	410	430	450	470	490	510	530	550	570	590	610	630	650	670	690	710	730	km
0.1	0.5	0.5	0.5	0.5	0.5	1.0	1.0	1.0	1.0	1.0	1.0	1.0	1.0	1.0	1.0	1.0	1.0	1.0	1.0	1.0	1.0	1.0	1.0	1.5	1.5	1.5	1.5	1.5	1.5	1.5	1.5	1.5	1.5	1.5	1.5	.0144
0.2	0.5	0.5	1.0	1.0	1.0	1.0	1.0	1.0	1.0	1.0	1.0	1.0	1.5	1.5	1.5	1.5	1.5	1.5	1.5	1.5	1.5	1.5	1.5	1.5	1.5	1.5	2.0	2.0	2.0	2.0	2.0	2.0	2.0	2.0	2.0	.0288
0.3	0.5	0.5	1.0	1.0	1.0	1.0	1.0	1.0	1.5	1.5	1.5	1.5	1.5	1.5	1.5	1.5	1.5	1.5	2.0	2.0	2.0	2.0	2.0	2.0	2.0	2.0	2.0	2.5	2.5	2.5	2.5	2.5	2.5	2.5	2.5	.0433
0.4	0.5	1.0	1.0	1.0	1.0	1.0	1.5	1.5	1.5	1.5	1.5	1.5	1.5	1.5	2.0	2.0	2.0	2.0	2.0	2.0	2.0	2.5	2.5	2.5	2.5	2.5	2.5	2.5	2.5	2.5	2.5	2.5	3.0	3.0	3.0	.0577
0.5	0.5	1.0	1.0	1.0	1.0	1.5	1.5	1.5	1.5	1.5	1.5	2.0	2.0	2.0	2.0	2.0	2.0	2.5	2.5	2.5	2.5	2.5	2.5	2.5	2.5	2.5	2.5	3.0	3.0	3.0	3.0	3.0	3.0	3.0	3.0	.0721
0.6	0.5	1.0	1.0	1.0	1.0	1.5	1.5	1.5	1.5	1.5	2.0	2.0	2.0	2.0	2.0	2.5	2.5	2.5	2.5	2.5	2.5	2.5	2.5	3.0	3.0	3.0	3.0	3.0	3.0	3.0	3.0	3.0	3.5	3.5	3.5	.0865
0.7	0.5	1.0	1.0	1.0	1.5	1.5	1.5	1.5	1.5	2.0	2.0	2.0	2.0	2.5	2.5	2.5	2.5	2.5	2.5	2.5	3.0	3.0	3.0	3.0	3.0	3.0	3.0	3.0	3.5	3.5	3.5	3.5	3.5	3.5	3.5	.1009
0.8	0.5	1.0	1.0	1.0	1.5	1.5	1.5	1.5	2.0	2.0	2.0	2.0	2.5	2.5	2.5	2.5	2.5	2.5	3.0	3.0	3.0	3.0	3.0	3.0	3.0	3.5	3.5	3.5	3.5	3.5	3.5	3.5	4.0	4.0	4.0	.1154
0.9	0.5	1.0	1.0	1.0	1.5	1.5	1.5	2.0	2.0	2.0	2.0	2.5	2.5	2.5	2.5	2.5	3.0	3.0	3.0	3.0	3.0	3.0	3.0	3.5	3.5	3.5	3.5	3.5	3.5	4.0	4.0	4.0	4.0	4.0	4.0	.1298
1.0	0.5	1.0	1.0	1.0	1.5	1.5	1.5	2.0	2.0	2.0	2.5	2.5	2.5	2.5	2.5	3.0	3.0	3.0	3.0	3.0	3.0	3.5	3.5	3.5	3.5	3.5	3.5	4.0	4.0	4.0	4.0	4.0	4.0	4.0	4.5	.1442
1.1	0.5	1.0	1.0	1.0	1.5	1.5	1.5	2.0	2.0	2.5	2.5	2.5	2.5	2.5	3.0	3.0	3.0	3.0	3.0	3.5	3.5	3.5	3.5	3.5	3.5	4.0	4.0	4.0	4.0	4.0	4.0	4.5	4.5	4.5	4.5	.1586
1.2	0.5	1.0	1.0	1.0	1.5	1.5	2.0	2.0	2.0	2.5	2.5	2.5	2.5	3.0	3.0	3.0	3.0	3.0	3.5	3.5	3.5	3.5	3.5	4.0	4.0	4.0	4.0	4.0	4.0	4.5	4.5	4.5	4.5	4.5	4.5	.1730
1.3	0.5	0.5	1.0	1.0	1.5	1.5	2.0	2.0	2.0	2.5	2.5	2.5	2.5	3.0	3.0	3.0	3.0	3.5	3.5	3.5	3.5	3.5	4.0	4.0	4.0	4.0	4.0	4.5	4.5	4.5	4.5	4.5	4.5	5.0	5.0	.1875
1.4	0.5	0.5	1.0	1.0	1.5	1.5	2.0	2.0	2.5	2.5	2.5	2.5	3.0	3.0	3.0	3.0	3.5	3.5	3.5	3.5	3.5	4.0	4.0	4.0	4.0	4.0	4.5	4.5	4.5	4.5	4.5	5.0	5.0	5.0	5.0	.2019
1.5	0.5	0.5	1.0	1.0	1.5	1.5	2.0	2.0	2.5	2.5	2.5	2.5	3.0	3.0	3.0	3.0	3.5	3.5	3.5	3.5	4.0	4.0	4.0	4.0	4.5	4.5	4.5	4.5	4.5	4.5	5.0	5.0	5.0	5.0	5.0	.2163
k	90	126	162	198	234	270	306	342	378	414	450	486	522	558	594	630	666	702	738	774	810	846	882	918	954	990	1026	1062	1098	1134	1170	1206	1242	1278	1314	km

Δt Fahrenheit

D = 0.0150

Δt Celsius °C or Kelvin °K

CONDUCTIVITY k: Btu, in./sq ft, hr °F; km: W/mK

k	50	70	90	110	130	150	170	190	210	230	250	270	290	310	330	350	370	390	410	430	450	470	490	510	530	550	570	590	610	630	650	670	690	710	730	km
0.1	0.5	0.5	0.5	0.5	1.0	1.0	1.0	1.0	1.0	1.0	1.0	1.0	1.0	1.0	1.0	1.0	1.0	1.0	1.5	1.5	1.5	1.5	1.5	1.5	1.5	1.5	1.5	1.5	1.5	1.5	1.5	1.5	1.5	1.5	1.5	.0144
0.2	0.5	0.5	1.0	1.0	1.0	1.0	1.0	1.0	1.0	1.5	1.5	1.5	1.5	1.5	1.5	1.5	1.5	1.5	1.5	1.5	2.0	2.0	2.0	2.0	2.0	2.0	2.0	2.0	2.0	2.0	2.0	2.0	2.5	2.5	2.5	.0288
0.3	0.5	1.0	1.0	1.0	1.0	1.0	1.5	1.5	1.5	1.5	1.5	1.5	1.5	1.5	2.0	2.0	2.0	2.0	2.0	2.0	2.0	2.5	2.5	2.5	2.5	2.5	2.5	2.5	2.5	2.5	2.5	2.5	2.5	3.0	3.0	.0433
0.4	0.5	1.0	1.0	1.0	1.0	1.5	1.5	1.5	1.5	1.5	1.5	2.0	2.0	2.0	2.0	2.0	2.5	2.5	2.5	2.5	2.5	2.5	2.5	2.5	2.5	2.5	3.0	3.0	3.0	3.0	3.0	3.0	3.0	3.0	3.0	.0577
0.5	1.0	1.0	1.0	1.0	1.5	1.5	1.5	1.5	1.5	2.0	2.0	2.0	2.0	2.5	2.5	2.5	2.5	2.5	2.5	2.5	2.5	3.0	3.0	3.0	3.0	3.0	3.0	3.0	3.0	3.0	3.5	3.5	3.5	3.5	3.5	.0721
0.6	1.0	1.0	1.0	1.5	1.5	1.5	1.5	2.0	2.0	2.0	2.0	2.5	2.5	2.5	2.5	2.5	2.5	2.5	3.0	3.0	3.0	3.0	3.0	3.0	3.0	3.5	3.5	3.5	3.5	3.5	3.5	3.5	3.5	4.0	4.0	.0865
0.7	1.0	1.0	1.0	1.5	1.5	1.5	1.5	2.0	2.0	2.0	2.5	2.5	2.5	2.5	2.5	2.5	3.0	3.0	3.0	3.0	3.0	3.0	3.5	3.5	3.5	3.5	3.5	3.5	3.5	4.0	4.0	4.0	4.0	4.0	4.0	.1009
0.8	1.0	1.0	1.0	1.5	1.5	1.5	2.0	2.0	2.0	2.5	2.5	2.5	2.5	2.5	3.0	3.0	3.0	3.0	3.0	3.0	3.5	3.5	3.5	3.5	3.5	4.0	4.0	4.0	4.0	4.0	4.0	4.0	4.5	4.5	4.5	.1154
0.9	1.0	1.0	1.0	1.5	1.5	1.5	2.0	2.0	2.5	2.5	2.5	2.5	2.5	3.0	3.0	3.0	3.0	3.0	3.5	3.5	3.5	3.5	3.5	4.0	4.0	4.0	4.0	4.0	4.0	4.5	4.5	4.5	4.5	4.5	4.5	.1298
1.0	1.0	1.0	1.5	1.5	1.5	2.0	2.0	2.0	2.5	2.5	2.5	2.5	3.0	3.0	3.0	3.0	3.5	3.5	3.5	3.5	3.5	4.0	4.0	4.0	4.0	4.0	4.5	4.5	4.5	4.5	4.5	4.5	4.5	5.0	5.0	.1442
1.1	0.5	1.0	1.5	1.5	1.5	2.0	2.0	2.5	2.5	2.5	2.5	3.0	3.0	3.0	3.0	3.5	3.5	3.5	3.5	3.5	4.0	4.0	4.0	4.0	4.5	4.5	4.5	4.5	4.5	4.5	5.0	5.0	5.0	5.0	5.0	.1586
1.2	0.5	1.0	1.5	1.5	1.5	2.0	2.0	2.5	2.5	2.5	3.0	3.0	3.0	3.0	3.5	3.5	3.5	3.5	4.0	4.0	4.0	4.0	4.0	4.5	4.5	4.5	4.5	4.5	5.0	5.0	5.0	5.0	5.0	5.5	5.5	.1730
1.3	0.5	1.0	1.5	1.5	1.5	2.0	2.5	2.5	2.5	2.5	3.0	3.0	3.0	3.5	3.5	3.5	3.5	4.0	4.0	4.0	4.0	4.5	4.5	4.5	4.5	4.5	5.0	5.0	5.0	5.0	5.0	5.5	5.5	5.5	5.5	.1875
1.4	0.5	1.0	1.5	1.5	1.5	2.0	2.5	2.5	2.5	3.0	3.0	3.0	3.0	3.5	3.5	3.5	4.0	4.0	4.0	4.0	4.5	4.5	4.5	4.5	4.5	5.0	5.0	5.0	5.0	5.5	5.5	5.5	5.5	5.5	6.0	.2019
1.5	0.5	1.0	1.0	1.5	1.5	2.0	2.5	2.5	2.5	3.0	3.0	3.0	3.5	3.5	3.5	4.0	4.0	4.0	4.0	4.5	4.5	4.5	4.5	5.0	5.0	5.0	5.0	5.0	5.5	5.5	5.5	5.5	6.0	6.0	6.0	.2163
k	90	126	162	198	234	270	306	342	378	414	450	486	522	558	594	630	666	702	738	774	810	846	882	918	954	990	1026	1062	1098	1134	1170	1206	1242	1278	1314	km

Δt Fahrenheit

TABLE 2 (Sheet 23 of 128)

TEMPERATURE DIFFERENCE

ECONOMICAL INSULATION THICKNESS TABLE

IN INCHES
(nominal)

PIPE SIZE: 1-1/2'' NPS (Tube Size 2'' OD)
48.26 mm

At the intersection of the ''Δt'' column with the ''k'' row read the economical thickness.
(•—*exceeds 12'' thickness*)

CONDUCTIVITY — Btu, in./sq ft, hr °F (k) / W/mK (km)

D = 0.0200

Δt Celsius °C or Kelvin °K

k	50	70	90	110	130	150	170	190	210	230	250	270	290	310	330	350	370	390	410	430	450	470	490	510	530	550	570	590	610	630	650	670	690	710	730	km
0.1	0.5	0.5	1.0	1.0	1.0	1.0	1.0	1.0	1.0	1.0	1.0	1.0	1.0	1.5	1.5	1.5	1.5	1.5	1.5	1.5	1.5	1.5	1.5	1.5	1.5	1.5	1.5	1.5	1.5	2.0	2.0	2.0	2.0	2.0	2.0	.0144
0.2	0.5	1.0	1.0	1.0	1.0	1.0	1.5	1.5	1.5	1.5	1.5	1.5	1.5	1.5	1.5	2.0	2.0	2.0	2.0	2.0	2.0	2.0	2.0	2.5	2.5	2.5	2.5	2.5	2.5	2.5	2.5	2.5	2.5	2.5	2.5	.0288
0.3	1.0	1.0	1.0	1.0	1.5	1.5	1.5	1.5	1.5	1.5	2.0	2.0	2.0	2.0	2.0	2.0	2.5	2.5	2.5	2.5	2.5	2.5	2.5	2.5	2.5	3.0	3.0	3.0	3.0	3.0	3.0	3.0	3.0	3.0	3.0	.0433
0.4	1.0	1.0	1.0	1.5	1.5	1.5	1.5	2.0	2.0	2.0	2.0	2.0	2.5	2.5	2.5	2.5	2.5	2.5	2.5	3.0	3.0	3.0	3.0	3.0	3.0	3.0	3.0	3.5	3.5	3.5	3.5	3.5	3.5	3.5	3.5	.0577
0.5	1.0	1.0	1.5	1.5	1.5	1.5	2.0	2.0	2.0	2.0	2.5	2.5	2.5	2.5	2.5	3.0	3.0	3.0	3.0	3.0	3.0	3.5	3.5	3.5	3.5	3.5	3.5	3.5	3.5	4.0	4.0	4.0	4.0	4.0	4.0	.0721
0.6	1.0	1.0	1.5	1.5	1.5	2.0	2.0	2.0	2.5	2.5	2.5	2.5	2.5	3.0	3.0	3.0	3.0	3.0	3.5	3.5	3.5	3.5	3.5	3.5	4.0	4.0	4.0	4.0	4.0	4.0	4.0	4.5	4.5	4.5	4.5	.0865
0.7	1.0	1.0	1.5	1.5	2.0	2.0	2.0	2.5	2.5	2.5	2.5	3.0	3.0	3.0	3.0	3.0	3.5	3.5	3.5	3.5	3.5	4.0	4.0	4.0	4.0	4.0	4.0	4.5	4.5	4.5	4.5	4.5	4.5	5.0	5.0	.1009
0.8	1.0	1.0	1.5	1.5	2.0	2.0	2.5	2.5	2.5	2.5	3.0	3.0	3.0	3.0	3.5	3.5	3.5	3.5	3.5	4.0	4.0	4.0	4.0	4.5	4.5	4.5	4.5	4.5	4.5	5.0	5.0	5.0	5.0	5.0	5.0	.1154
0.9	1.0	1.5	1.5	1.5	2.0	2.0	2.5	2.5	2.5	3.0	3.0	3.0	3.0	3.5	3.5	3.5	3.5	4.0	4.0	4.0	4.0	4.5	4.5	4.5	4.5	4.5	5.0	5.0	5.0	5.0	5.0	5.5	5.5	5.5	5.5	.1298
1.0	1.0	1.5	1.5	2.0	2.0	2.5	2.5	2.5	3.0	3.0	3.0	3.0	3.5	3.5	3.5	4.0	4.0	4.0	4.0	4.5	4.5	4.5	4.5	4.5	5.0	5.0	5.0	5.0	5.0	5.5	5.5	5.5	5.5	6.0	6.0	.1442
1.1	1.0	1.5	1.5	2.0	2.0	2.5	2.5	2.5	3.0	3.0	3.0	3.5	3.5	3.5	4.0	4.0	4.0	4.0	4.5	4.5	4.5	4.5	5.0	5.0	5.0	5.0	5.5	5.5	5.5	5.5	5.5	6.0	6.0	6.0	6.0	.1586
1.2	1.0	1.5	1.5	2.0	2.0	2.5	2.5	3.0	3.0	3.0	3.5	3.5	3.5	4.0	4.0	4.0	4.0	4.5	4.5	4.5	5.0	5.0	5.0	5.0	5.5	5.5	5.5	5.5	6.0	6.0	6.0	6.0	6.0	6.5	6.5	.1730
1.3	1.0	1.5	1.5	2.0	2.5	2.5	2.5	3.0	3.0	3.0	3.5	3.5	4.0	4.0	4.0	4.5	4.5	4.5	4.5	5.0	5.0	5.0	5.0	5.5	5.5	5.5	6.0	6.0	6.0	6.0	6.0	6.5	6.5	6.5	6.5	.1875
1.4	1.0	1.5	1.5	2.0	2.5	2.5	3.0	3.0	3.0	3.5	3.5	3.5	4.0	4.0	4.0	4.5	4.5	4.5	5.0	5.0	5.0	5.5	5.5	5.5	5.5	6.0	6.0	6.0	6.0	6.5	6.5	6.5	6.5	7.0	7.0	.2019
1.5	0.5	1.5	1.5	2.0	2.5	2.5	3.0	3.0	3.0	3.5	3.5	4.0	4.0	4.0	4.5	4.5	4.5	5.0	5.0	5.0	5.5	5.5	5.5	6.0	6.0	6.0	6.0	6.5	6.5	6.5	6.5	7.0	7.0	7.0	7.0	.2163
k	90	126	162	198	234	270	306	342	378	414	450	486	522	558	594	630	666	702	738	774	810	846	882	918	954	990	1026	1062	1098	1134	1170	1206	1242	1278	1314	km

Δt Fahrenheit

D = 0.0300

Δt Celsius °C or Kelvin °K

k	50	70	90	110	130	150	170	190	210	230	250	270	290	310	330	350	370	390	410	430	450	470	490	510	530	550	570	590	610	630	650	670	690	710	730	km
0.1	0.5	1.0	1.0	1.0	1.0	1.0	1.0	1.0	1.5	1.5	1.5	1.5	1.5	1.5	1.5	1.5	1.5	1.5	1.5	2.0	2.0	2.0	2.0	2.0	2.0	2.0	2.0	2.0	2.0	2.0	2.5	2.5	2.5	2.5	2.5	.0144
0.2	1.0	1.0	1.0	1.5	1.5	1.5	1.5	1.5	1.5	2.0	2.0	2.0	2.0	2.0	2.0	2.5	2.5	2.5	2.5	2.5	2.5	2.5	2.5	2.5	3.0	3.0	3.0	3.0	3.0	3.0	3.0	3.0	3.0	3.0	3.5	.0288
0.3	1.0	1.0	1.5	1.5	1.5	1.5	2.0	2.0	2.0	2.0	2.5	2.5	2.5	2.5	2.5	2.5	3.0	3.0	3.0	3.0	3.0	3.0	3.0	3.5	3.5	3.5	3.5	3.5	3.5	3.5	4.0	4.0	4.0	4.0	4.0	.0433
0.4	1.0	1.5	1.5	1.5	2.0	2.0	2.0	2.5	2.5	2.5	2.5	2.5	3.0	3.0	3.0	3.0	3.0	3.5	3.5	3.5	3.5	3.5	3.5	4.0	4.0	4.0	4.0	4.0	4.0	4.5	4.5	4.5	4.5	4.5	4.5	.0577
0.5	1.0	1.5	1.5	2.0	2.0	2.0	2.5	2.5	2.5	3.0	3.0	3.0	3.0	3.0	3.5	3.5	3.5	3.5	4.0	4.0	4.0	4.0	4.0	4.5	4.5	4.5	4.5	4.5	4.5	5.0	5.0	5.0	5.0	5.0	5.0	.0721
0.6	1.0	1.5	1.5	2.0	2.0	2.5	2.5	2.5	3.0	3.0	3.0	3.0	3.5	3.5	3.5	4.0	4.0	4.0	4.0	4.0	4.5	4.5	4.5	4.5	4.5	5.0	5.0	5.0	5.0	5.0	5.5	5.5	5.5	5.5	5.5	.0865
0.7	1.5	1.5	2.0	2.0	2.5	2.5	2.5	3.0	3.0	3.0	3.5	3.5	3.5	4.0	4.0	4.0	4.0	4.5	4.5	4.5	4.5	5.0	5.0	5.0	5.0	5.0	5.5	5.5	5.5	5.5	6.0	6.0	6.0	6.0	6.0	.1009
0.8	1.5	1.5	2.0	2.5	2.5	2.5	3.0	3.0	3.0	3.5	3.5	3.5	4.0	4.0	4.0	4.5	4.5	4.5	4.5	5.0	5.0	5.0	5.0	5.5	5.5	5.5	5.5	6.0	6.0	6.0	6.0	6.5	6.5	6.5	6.5	.1154
0.9	1.5	1.5	2.0	2.5	.2.5	3.0	3.0	3.0	3.5	3.5	3.5	4.0	4.0	4.5	4.5	4.5	4.5	5.0	5.0	5.0	5.5	5.5	5.5	5.5	6.0	6.0	6.0	6.0	6.5	6.5	6.5	6.5	7.0	7.0	7.0	.1298
1.0	1.5	1.5	2.0	2.5	2.5	3.0	3.0	3.5	3.5	3.5	4.0	4.0	4.5	4.5	4.5	5.0	5.0	5.0	5.5	5.5	5.5	5.5	6.0	6.0	6.0	6.5	6.5	6.5	6.5	7.0	7.0	7.0	7.0	7.5	7.5	.1442
1.1	1.5	2.0	2.0	2.5	3.0	3.0	3.0	3.5	3.5	4.0	4.0	4.5	4.5	4.5	5.0	5.0	5.0	5.5	5.5	5.5	6.0	6.0	6.0	6.5	6.5	6.5	7.0	7.0	7.0	7.0	7.5	7.5	7.5	7.5	8.0	.1586
1.2	1.5	2.0	2.5	2.5	3.0	3.0	3.5	3.5	4.0	4.0	4.5	4.5	4.5	5.0	5.0	5.0	5.5	5.5	6.0	6.0	6.0	6.5	6.5	6.5	7.0	7.0	7.0	7.0	7.5	7.5	7.5	8.0	8.0	8.0	8.0	.1730
1.3	1.5	2.0	2.5	2.5	3.0	3.0	3.5	3.5	4.0	4.0	4.5	4.5	5.0	5.0	5.5	5.5	5.5	6.0	6.0	6.0	6.5	6.5	6.5	7.0	7.0	7.0	7.5	7.5	7.5	8.0	8.0	8.0	8.5	8.5	8.5	.1875
1.4	1.5	2.0	2.5	2.5	3.0	3.5	3.5	4.0	4.0	4.5	4.5	5.0	5.0	5.0	5.5	5.5	6.0	6.0	6.5	6.5	6.5	7.0	7.0	7.0	7.5	7.5	7.5	8.0	8.0	8.0	8.5	8.5	8.5	8.5	9.0	.2019
1.5	1.5	2.0	2.5	3.0	3.0	3.5	3.5	4.0	4.0	4.5	4.5	5.0	5.0	5.5	5.5	6.0	6.0	6.5	6.5	6.5	7.0	7.0	7.0	7.5	7.5	8.0	8.0	8.0	8.5	8.5	8.5	8.5	9.0	9.0	9.0	.2163
k	90	126	162	198	234	270	306	342	378	414	450	486	522	558	594	630	666	702	738	774	810	846	882	918	954	990	1026	1062	1098	1134	1170	1206	1242	1278	1314	km

Δt Fahrenheit

D = 0.0400

Δt Celsius °C or Kelvin °K

k	50	70	90	110	130	150	170	190	210	230	250	270	290	310	330	350	370	390	410	430	450	470	490	510	530	550	570	590	610	630	650	670	690	710	730	km
0.1	1.0	1.0	1.0	1.0	1.0	1.5	1.5	1.5	1.5	1.5	1.5	1.5	1.5	1.5	2.0	2.0	2.0	2.0	2.0	2.0	2.0	2.0	2.5	2.5	2.5	2.5	2.5	2.5	2.5	2.5	2.5	2.5	2.5	2.5	2.5	.0144
0.2	1.0	1.0	1.5	1.5	1.5	1.5	2.0	2.0	2.0	2.0	2.0	2.5	2.5	2.5	2.5	2.5	2.5	3.0	3.0	3.0	3.0	3.0	3.0	3.0	3.0	3.5	3.5	3.5	3.5	3.5	3.5	3.5	3.5	4.0	4.0	.0288
0.3	1.0	1.5	1.5	1.5	2.0	2.0	2.0	2.5	2.5	2.5	2.5	3.0	3.0	3.0	3.0	3.0	3.0	3.5	3.5	3.5	3.5	3.5	4.0	4.0	4.0	4.0	4.0	4.0	4.0	4.5	4.5	4.5	4.5	4.5	4.5	.0433
0.4	1.5	1.5	1.5	2.0	2.0	2.5	2.5	2.5	3.0	3.0	3.0	3.0	3.5	3.5	3.5	3.5	3.5	4.0	4.0	4.0	4.0	4.5	4.5	4.5	4.5	4.5	4.5	5.0	5.0	5.0	5.0	5.0	5.5	5.5	5.5	.0577
0.5	1.5	1.5	2.0	2.0	2.5	2.5	2.5	3.0	3.0	3.0	3.5	3.5	3.5	4.0	4.0	4.0	4.0	4.5	4.5	4.5	4.5	4.5	5.0	5.0	5.0	5.0	5.5	5.5	5.5	5.5	5.5	6.0	6.0	6.0	6.0	.0721
0.6	1.5	1.5	2.0	2.5	2.5	3.0	3.0	3.0	3.5	3.5	3.5	4.0	4.0	4.0	4.5	4.5	4.5	4.5	5.0	5.0	5.0	5.0	5.5	5.5	5.5	5.5	6.0	6.0	6.0	6.0	6.5	6.5	6.5	6.5	6.5	.0865
0.7	1.5	2.0	2.0	2.5	2.5	3.0	3.0	3.5	3.5	4.0	4.0	4.0	4.5	4.5	4.5	5.0	5.0	5.0	5.0	5.5	5.5	5.5	6.0	6.0	6.0	6.0	6.5	6.5	6.5	6.5	7.0	7.0	7.0	7.0	7.5	.1009
0.8	1.5	2.0	2.5	2.5	3.0	3.0	3.5	3.5	4.0	4.0	4.0	4.5	4.5	4.5	5.0	5.0	5.5	5.5	5.5	6.0	6.0	6.0	6.0	6.5	6.5	6.5	7.0	7.0	7.0	7.0	7.5	7.5	7.5	7.5	8.0	.1154
0.9	1.5	2.0	2.5	3.0	3.0	3.5	3.5	4.0	4.0	4.0	4.5	4.5	5.0	5.0	5.0	5.5	5.5	6.0	6.0	6.0	6.5	6.5	6.5	7.0	7.0	7.0	7.0	7.5	7.5	7.5	8.0	8.0	8.0	8.0	8.5	.1298
1.0	1.5	2.0	2.5	3.0	3.0	3.5	3.5	4.0	4.0	4.5	4.5	5.0	5.0	5.5	5.5	5.5	6.0	6.0	6.5	6.5	6.5	7.0	7.0	7.0	7.5	7.5	7.5	8.0	8.0	8.0	8.0	8.5	8.5	8.5	9.0	.1442
1.1	1.5	2.5	2.5	3.0	3.5	3.5	4.0	4.0	4.5	4.5	5.0	5.0	5.5	5.5	6.0	6.0	6.0	6.5	6.5	7.0	7.0	7.0	7.5	7.5	7.5	8.0	8.0	8.0	8.5	8.5	8.5	9.0	9.0	9.0	9.5	.1586
1.2	1.5	2.5	2.5	3.0	3.5	3.5	4.0	4.5	4.5	5.0	5.0	5.5	5.5	6.0	6.0	6.5	6.5	6.5	7.0	7.0	7.5	7.5	7.5	8.0	8.0	8.0	8.5	8.5	8.5	9.0	9.0	9.0	9.5	9.5	9.5	.1730
1.3	2.0	2.5	3.0	3.0	3.5	4.0	4.0	4.5	4.5	5.0	5.5	5.5	6.0	6.0	6.5	6.5	6.5	7.0	7.0	7.5	7.5	8.0	8.0	8.0	8.5	8.5	8.5	9.0	9.0	9.5	9.5	9.5	10.0	10.0	10.0	.1875
1.4	2.0	2.5	3.0	3.0	3.5	4.0	4.5	4.5	5.0	5.0	5.5	6.0	6.0	6.5	6.5	7.0	7.0	7.0	7.5	7.5	8.0	8.0	8.5	8.5	8.5	9.0	9.0	9.5	9.5	9.5	10.0	10.0	10.0	10.5	10.5	.2019
1.5	2.0	2.5	3.0	3.5	3.5	4.0	4.5	4.5	5.0	5.5	5.5	6.0	6.0	6.5	6.5	7.0	7.5	7.5	7.5	8.0	8.0	8.5	8.5	9.0	9.0	9.0	9.5	9.5	10.0	10.0	10.0	10.5	10.5	11.0	11.0	.2163
k	90	126	162	198	234	270	306	342	378	414	450	486	522	558	594	630	666	702	738	774	810	846	882	918	954	990	1026	1062	1098	1134	1170	1206	1242	1278	1314	km

Δt Fahrenheit

TEMPERATURE DIFFERENCE

TABLE 2 (Continued)

ECONOMICAL INSULATION THICKNESS TABLE

IN INCHES
(nominal)

PIPE SIZE: 1-1/2" NPS (Tube Size 2" OD)
48.26 mm

At the intersection of the "Δt" column with the "k" row read the economical thickness.
(*•—exceeds 12" thickness*)

D = 0.0500

Δt Celsius °C or Kelvin °K

CONDUCTIVITY k: Btu, in./sq ft, hr °F; km: W/mK

k	50	70	90	110	130	150	170	190	210	230	250	270	290	310	330	350	370	390	410	430	450	470	490	510	530	550	570	590	610	630	650	670	690	710	730	km
0.1	1.0	1.0	1.0	1.0	1.5	1.5	1.5	1.5	1.5	1.5	2.0	2.0	2.0	2.0	2.0	2.0	2.0	2.5	2.5	2.5	2.5	2.5	2.5	2.5	2.5	2.5	2.5	2.5	3.0	3.0	3.0	3.0	3.0	3.0	3.0	.0144
0.2	1.0	1.5	1.5	1.5	1.5	2.0	2.0	2.0	2.5	2.5	2.5	2.5	2.5	3.0	3.0	3.0	3.0	3.0	3.0	3.0	3.5	3.5	3.5	3.5	3.5	3.5	4.0	4.0	4.0	4.0	4.0	4.0	4.0	4.0	4.5	.0288
0.3	1.5	1.5	1.5	2.0	2.0	2.5	2.5	2.5	2.5	3.0	3.0	3.0	3.0	3.5	3.5	3.5	3.5	4.0	4.0	4.0	4.0	4.0	4.5	4.5	4.5	4.5	4.5	4.5	5.0	5.0	5.0	5.0	5.0	5.0	5.5	.0433
0.4	1.5	1.5	2.0	2.0	2.5	2.5	3.0	3.0	3.0	3.0	3.5	3.5	3.5	4.0	4.0	4.0	4.0	4.5	4.5	4.5	4.5	5.0	5.0	5.0	5.0	5.0	5.5	5.5	5.5	5.5	6.0	6.0	6.0	6.0	6.0	.0577
0.5	1.5	2.0	2.0	2.5	2.5	3.0	3.0	3.5	3.5	3.5	4.0	4.0	4.0	4.5	4.5	4.5	4.5	5.0	5.0	5.0	5.5	5.5	5.5	5.5	6.0	6.0	6.0	6.0	6.5	6.5	6.5	6.5	6.5	7.0	7.0	.0721
0.6	1.5	2.0	2.5	2.5	3.0	3.0	3.5	3.5	4.0	4.0	4.0	4.5	4.5	4.5	5.0	5.0	5.0	5.5	5.5	5.5	6.0	6.0	6.0	6.0	6.5	6.5	6.5	7.0	7.0	7.0	7.0	7.5	7.5	7.5	7.5	.0865
0.7	1.5	2.0	2.5	3.0	3.0	3.5	3.5	4.0	4.0	4.5	4.5	4.5	5.0	5.0	5.0	5.5	5.5	6.0	6.0	6.0	6.5	6.5	6.5	6.5	7.0	7.0	7.0	7.5	7.5	7.5	8.0	8.0	8.0	8.0	8.5	.1009
0.8	2.0	2.5	2.5	3.0	3.5	3.5	4.0	4.0	4.5	4.5	5.0	5.0	5.0	5.5	5.5	6.0	6.0	6.0	6.5	6.5	6.5	7.0	7.0	7.5	7.5	7.5	7.5	8.0	8.0	8.0	8.5	8.5	8.5	9.0	9.0	.1154
0.9	2.0	2.5	3.0	3.0	3.5	3.5	4.0	4.5	4.5	5.0	5.0	5.5	5.5	6.0	6.0	6.0	6.5	6.5	7.0	7.0	7.0	7.5	7.5	7.5	8.0	8.0	8.0	8.5	8.5	8.5	9.0	9.0	9.0	9.5	9.5	.1298
1.0	2.0	2.5	3.0	3.5	3.5	4.0	4.0	4.5	5.0	5.0	5.5	5.5	6.0	6.0	6.5	6.5	6.5	7.0	7.0	7.5	7.5	8.0	8.0	8.0	8.5	8.5	8.5	9.0	9.0	9.0	9.5	9.5	9.5	10.0	10.0	.1442
1.1	2.0	2.5	3.0	3.5	4.0	4.0	4.5	4.5	5.0	5.5	5.5	6.0	6.0	6.5	6.5	7.0	7.0	7.5	7.5	8.0	8.0	8.0	8.5	8.5	9.0	9.0	9.0	9.5	9.5	9.5	10.0	10.0	10.0	10.5	10.5	.1586
1.2	2.0	2.5	3.0	3.5	4.0	4.5	4.5	5.0	5.0	5.5	6.0	6.0	6.5	6.5	7.0	7.0	7.5	7.5	8.0	8.0	8.5	8.5	8.5	9.0	9.0	9.5	9.5	10.0	10.0	10.0	10.5	10.5	10.5	11.0	11.0	.1730
1.3	2.0	3.0	3.0	3.5	4.0	4.5	5.0	5.0	5.5	6.0	6.0	6.5	6.5	7.0	7.0	7.5	7.5	8.0	8.0	8.5	8.5	9.0	9.0	9.5	9.5	10.0	10.0	10.0	10.5	10.5	10.5	11.0	11.0	11.0	11.5	.1875
1.4	2.5	3.0	3.5	4.0	4.0	4.5	5.0	5.5	5.5	6.0	6.5	6.5	7.0	7.0	7.5	8.0	8.0	8.5	8.5	9.0	9.0	9.5	9.5	9.5	10.0	10.0	10.0	10.5	10.5	10.5	11.0	11.0	11.0	11.5	11.5	.2019
1.5	2.5	3.0	3.5	4.0	4.5	4.5	5.0	5.5	6.0	6.0	6.5	7.0	7.0	7.5	8.0	8.0	8.5	8.5	9.0	9.0	9.5	9.5	10.0	10.0	10.0	10.5	10.5	10.5	11.0	11.0	11.0	11.5	11.5	11.5	12.0	.2163
k	90	126	162	198	234	270	306	342	378	414	450	486	522	558	594	630	666	702	738	774	810	846	882	918	954	990	1026	1062	1098	1134	1170	1206	1242	1278	1314	km

Δt Fahrenheit

D = 0.1000

Δt Celsius °C or Kelvin °K

CONDUCTIVITY k: Btu, in./sq ft, hr °F; km: W/mK

k	50	70	90	110	130	150	170	190	210	230	250	270	290	310	330	350	370	390	410	430	450	470	490	510	530	550	570	590	610	630	650	670	690	710	730	km
0.1	1.5	1.5	1.5	1.5	1.5	1.5	1.5	1.5	2.0	2.0	2.0	2.0	2.0	2.5	2.5	2.5	2.5	3.0	3.0	3.0	3.0	3.0	3.0	3.5	3.5	3.5	3.5	3.5	4.0	4.0	4.0	4.0	4.0	4.0	4.0	.0144
0.2	1.5	1.5	1.5	2.0	2.0	2.5	2.5	2.5	2.5	3.0	3.0	3.5	3.5	3.5	3.5	3.5	4.0	4.0	4.0	4.0	4.5	4.5	4.5	4.5	4.5	5.0	5.0	5.0	5.0	5.0	5.5	5.5	5.5	5.5	5.5	.0288
0.3	1.5	2.0	2.0	2.0	2.5	3.0	3.0	3.0	3.5	3.5	4.0	4.0	4.0	4.0	4.5	4.5	5.0	5.0	5.0	5.0	5.5	5.5	5.5	5.5	6.0	6.0	6.0	6.0	6.5	6.5	6.5	7.0	7.0	7.0	7.0	.0433
0.4	1.5	2.0	2.0	2.5	3.0	3.5	3.5	3.5	4.0	4.0	4.5	4.5	4.5	5.0	5.0	5.5	5.5	5.5	6.0	6.0	6.5	6.5	6.5	6.5	7.0	7.0	7.5	7.5	7.5	7.5	8.0	8.0	8.0	8.0	8.5	.0577
0.5	2.0	2.5	2.5	3.0	3.5	3.5	4.0	4.0	4.5	4.5	5.0	5.5	5.5	5.5	6.0	6.0	6.5	6.5	6.5	7.0	7.0	7.5	7.5	7.5	8.0	8.0	8.5	8.5	8.5	9.0	9.0	9.0	9.0	9.5	9.5	.0721
0.6	2.0	2.5	2.5	3.0	3.5	4.0	4.5	4.5	5.0	5.0	5.5	6.0	6.0	6.5	6.5	7.0	7.0	7.0	7.5	7.5	8.0	8.0	8.0	8.5	9.0	9.0	9.5	9.5	9.5	10.0	10.0	10.0	10.0	10.5	10.5	.0865
0.7	2.0	3.0	3.0	3.5	4.0	4.5	5.0	5.0	5.0	5.5	6.0	6.5	6.5	6.5	7.0	7.5	7.5	7.5	8.0	8.5	8.5	9.0	9.0	9.5	9.5	10.0	10.0	10.0	10.5	10.5	11.0	11.0	11.0	11.5	12.0	.1009
0.8	2.0	3.0	3.0	3.5	4.0	4.5	5.0	5.0	5.5	6.0	6.5	7.0	7.0	7.0	7.5	8.0	8.5	8.5	8.5	9.0	9.5	9.5	9.5	10.0	10.5	10.5	11.0	11.0	11.5	11.5	12.0	12.0	12.0	•	•	.1154
0.9	2.5	3.0	3.5	4.0	4.5	5.0	5.5	5.5	6.0	6.5	7.0	7.5	7.5	7.5	8.0	8.5	9.0	9.0	9.5	9.5	10.0	10.5	10.5	10.5	11.0	11.5	12.0	12.0	12.0	•	•	•	•	•	•	.1298
1.0	2.5	3.0	3.5	4.0	4.5	5.0	6.0	6.0	6.5	7.0	7.5	7.5	7.5	8.0	8.5	9.0	9.5	9.5	10.0	10.5	10.5	11.0	11.0	11.5	12.0	12.0	•	•	•	•	•	•	•	•	•	.1442
1.1	2.5	3.0	3.5	4.0	4.5	5.0	6.0	6.0	6.5	7.0	7.5	7.5	8.0	8.0	8.5	9.0	9.5	10.0	10.5	11.0	11.0	11.5	12.0	12.0	•	•	•	•	•	•	•	•	•	•	•	.1586
1.2	2.5	3.0	3.5	4.0	4.5	5.0	6.0	6.0	6.5	7.0	7.5	8.0	8.0	8.5	9.0	9.5	10.0	10.5	11.0	11.5	12.0	12.0	•	•	•	•	•	•	•	•	•	•	•	•	•	.1730
1.3	3.0	3.0	3.5	4.0	5.0	5.5	6.0	6.0	6.5	7.0	7.5	8.0	8.5	8.5	9.0	9.5	10.0	11.0	11.5	12.0	•	•	•	•	•	•	•	•	•	•	•	•	•	•	•	.1875
1.4	3.0	3.5	4.0	4.5	5.0	5.5	6.0	6.5	7.0	7.5	8.0	8.5	8.5	9.0	9.5	10.0	11.0	11.5	12.0	•	•	•	•	•	•	•	•	•	•	•	•	•	•	•	•	.2019
1.5	3.0	3.5	4.0	4.5	5.0	5.5	6.0	6.5	7.0	7.5	8.0	8.5	9.0	9.5	10.0	10.5	11.0	12.0	•	•	•	•	•	•	•	•	•	•	•	•	•	•	•	•	•	.2163
k	90	126	162	198	234	270	306	342	378	414	450	486	522	558	594	630	666	702	738	774	810	846	882	918	954	990	1026	1062	1098	1134	1170	1206	1242	1278	1314	km

Δt Fahrenheit

D = 0.1400

Δt Celsius °C or Kelvin °K

CONDUCTIVITY k: Btu, in./sq ft, hr °F; km: W/mK

k	50	70	90	110	130	150	170	190	210	230	250	270	290	310	330	350	370	390	410	430	450	470	490	510	530	550	570	590	610	630	650	670	690	710	730	km
0.1	1.5	1.5	1.5	1.5	1.5	2.0	2.0	2.0	2.5	2.5	2.5	2.5	3.0	3.0	3.0	3.0	3.0	3.5	3.5	3.5	3.5	4.0	4.0	4.0	4.0	4.5	4.5	4.5	5.0	5.0	5.0	5.0	5.5	5.5	5.5	.0144
0.2	1.5	2.0	2.0	2.0	2.5	3.0	3.0	3.0	3.5	3.5	3.5	4.0	4.0	4.0	4.5	4.5	4.5	4.5	5.0	5.0	5.0	5.5	5.5	5.5	5.5	6.0	6.0	6.0	6.0	6.5	6.5	6.5	6.5	7.0	7.0	.0288
0.3	2.0	2.5	2.5	2.5	3.0	3.5	4.0	4.0	4.0	4.5	4.5	5.0	5.0	5.0	5.5	5.5	6.0	6.0	6.0	6.5	6.5	7.0	7.0	7.0	7.0	7.5	7.5	7.5	8.0	8.0	8.0	8.5	8.5	8.5	9.0	.0433
0.4	2.0	2.5	2.5	3.0	3.5	4.0	4.5	4.5	5.0	5.0	5.5	6.0	6.0	6.0	6.5	6.5	7.0	7.0	7.0	7.5	8.0	8.0	8.0	8.5	8.5	9.0	9.0	9.5	9.5	9.5	9.5	10.0	10.0	10.0	10.5	.0577
0.5	2.5	3.0	3.0	3.5	4.0	4.5	5.0	5.0	5.5	6.0	6.0	6.5	6.5	7.0	7.0	7.5	8.0	8.0	8.0	8.5	9.0	9.0	9.0	9.5	9.5	10.0	10.5	10.5	10.5	11.0	11.0	11.5	11.5	11.5	12.0	.0721
0.6	2.5	3.0	3.5	4.0	4.5	5.0	5.5	5.5	6.0	6.5	7.0	7.0	7.0	7.5	8.0	8.5	9.0	9.0	9.0	9.5	10.0	10.0	10:0	10.5	11.0	11.0	11.5	11.5	12.0	12.0	•	•	•	•	•	.0865
0.7	2.5	3.0	3.5	4.0	4.5	5.0	6.0	6.0	6.5	7.0	7.5	8.0	8.0	8.5	9.0	9.0	9.5	9.5	10.0	10.5	11.0	11.0	11.0	11.5	12.0	12.0	•	•	•	•	•	•	•	•	•	.1009
0.8	3.0	3.5	4.0	4.5	5.0	6.0	6.5	6.5	7.0	7.5	8.0	8.0	8.5	9.0	9.5	10.0	10.5	10.5	11.0	11.0	11.5	12.0	12.0	•	•	•	•	•	•	•	•	•	•	•	•	.1154
0.9	3.0	4.0	4.0	4.5	5.5	6.0	7.0	7.0	7.5	8.0	8.5	9.0	9.0	9.5	10.0	10.5	11.0	11.5	11.5	12.0	12.0	•	•	•	•	•	•	•	•	•	•	•	•	•	•	.1298
1.0	3.0	4.0	4.0	5.0	6.0	6.5	7.0	8.0	8.5	8.5	9.0	9.5	10.0	10.5	11.0	11.5	12.0	12.0	•	•	•	•	•	•	•	•	•	•	•	•	•	•	•	•	•	.1442
1.1	3.5	4.0	4.5	5.5	6.5	7.0	7.5	9.0	9.5	9.5	10.0	10.5	11.0	11.5	12.0	12.0	•	•	•	•	•	•	•	•	•	•	•	•	•	•	•	•	•	•	•	.1586
1.2	3.5	4.5	5.5	6.5	7.0	7.5	8.0	9.0	9.5	10.0	10.5	11.0	11.5	12.0	•	•	•	•	•	•	•	•	•	•	•	•	•	•	•	•	•	•	•	•	•	.1730
1.3	4.0	4.5	5.5	6.5	7.5	8.0	8.5	9.5	10.0	10.5	11.0	11.5	12.0	•	•	•	•	•	•	•	•	•	•	•	•	•	•	•	•	•	•	•	•	•	•	.1875
1.4	4.0	5.0	5.5	6.5	8.0	8.5	9.0	9.5	10.0	10.5	11.5	12.0	•	•	•	•	•	•	•	•	•	•	•	•	•	•	•	•	•	•	•	•	•	•	•	.2019
1.5	4.5	5.0	5.5	6.5	8.5	9.0	9.5	10.0	10.5	11.0	12.0	12.0	•	•	•	•	•	•	•	•	•	•	•	•	•	•	•	•	•	•	•	•	•	•	•	.2163
k	90	126	162	198	234	270	306	342	378	414	450	486	522	558	594	630	666	702	738	774	810	846	882	918	954	990	1026	1062	1098	1134	1170	1206	1242	1278	1314	km

Δt Fahrenheit

TABLE 2 (Sheet 25 of 128)

TEMPERATURE DIFFERENCE

TABLE 2 (Continued)

ECONOMICAL INSULATION THICKNESS TABLE

IN INCHES
(nominal)

PIPE SIZE: 2'' NPS (Tube Size 2-1/2'' OD)
60.33 mm

At the intersection of the ''Δt'' column with the ''k'' row read the economical thickness.
(•—*exceeds 12'' thickness*)

D = 0.0030

Δt Celsius °C or Kelvin °K (columns); CONDUCTIVITY k, Btu, in./sq ft, hr °F (rows); km, W/mK

k	50	70	90	110	130	150	170	190	210	230	250	270	290	310	330	350	370	390	410	430	450	470	490	510	530	550	570	590	610	630	650	670	690	710	730	km
0.1	0.5	0.5	0.5	0.5	0.5	0.5	0.5	0.5	0.5	0.5	0.5	0.5	0.5	0.5	0.5	0.5	0.5	0.5	0.5	0.5	1.0	1.0	1.0	1.0	1.0	1.0	1.0	1.0	1.0	1.0	1.0	1.0	1.0	1.0	1.0	.0144
0.2	0.5	0.5	0.5	0.5	0.5	0.5	0.5	0.5	0.5	0.5	0.5	1.0	1.0	1.0	1.0	1.0	1.0	1.0	1.0	1.0	1.0	1.0	1.0	1.0	1.0	1.0	1.0	1.0	1.0	1.0	1.0	1.0	1.0	1.0	1.0	.0288
0.3	0.5	0.5	0.5	0.5	0.5	0.5	0.5	0.5	1.0	1.0	1.0	1.0	1.0	1.0	1.0	1.0	1.0	1.0	1.0	1.0	1.0	1.0	1.0	1.0	1.0	1.0	1.0	1.0	1.0	1.0	1.5	1.5	1.5	1.5	1.5	.0433
0.4	0.5	0.5	0.5	0.5	0.5	0.5	0.5	1.0	1.0	1.0	1.0	1.0	1.0	1.0	1.0	1.0	1.0	1.0	1.0	1.0	1.0	1.0	1.0	1.0	1.0	1.5	1.5	1.5	1.5	1.5	1.5	1.5	1.5	1.5	1.5	.0577
0.5	0.5	0.5	0.5	0.5	0.5	0.5	0.5	1.0	1.0	1.0	1.0	1.0	1.0	1.0	1.0	1.0	1.0	1.0	1.0	1.0	1.0	1.5	1.5	1.5	1.5	1.5	1.5	1.5	1.5	1.5	1.5	1.5	1.5	1.5	1.5	.0721
0.6	0.5	0.5	0.5	0.5	0.5	0.5	1.0	1.0	1.0	1.0	1.0	1.0	1.0	1.0	1.0	1.0	1.0	1.0	1.0	1.5	1.5	1.5	1.5	1.5	1.5	1.5	1.5	1.5	1.5	1.5	1.5	1.5	1.5	1.5	1.5	.0865
0.7	0.5	0.5	0.5	0.5	0.5	0.5	1.0	1.0	1.0	1.0	1.0	1.0	1.0	1.0	1.0	1.0	1.0	1.0	1.5	1.5	1.5	1.5	1.5	1.5	1.5	1.5	1.5	1.5	1.5	1.5	1.5	1.5	1.5	1.5	2.0	.1009
0.8	0.5	0.5	0.5	0.5	0.5	0.5	1.0	1.0	1.0	1.0	1.0	1.0	1.0	1.0	1.0	1.0	1.0	1.5	1.5	1.5	1.5	1.5	1.5	1.5	1.5	1.5	1.5	1.5	1.5	1.5	1.5	2.0	2.0	2.0	2.0	.1154
0.9	0.5	0.5	0.5	0.5	0.5	0.5	1.0	1.0	1.0	1.0	1.0	1.0	1.0	1.0	1.0	1.0	1.5	1.5	1.5	1.5	1.5	1.5	1.5	1.5	1.5	1.5	1.5	1.5	1.5	2.0	2.0	2.0	2.0	2.0	2.0	.1298
1.0	0.5	0.5	0.5	0.5	0.5	0.5	0.5	1.0	1.0	1.0	1.0	1.0	1.0	1.0	1.0	1.0	1.5	1.5	1.5	1.5	1.5	1.5	1.5	1.5	1.5	1.5	1.5	1.5	2.0	2.0	2.0	2.0	2.0	2.0	2.0	.1442
1.1	0.5	0.5	0.5	0.5	0.5	0.5	0.5	1.0	1.0	1.0	1.0	1.0	1.0	1.0	1.0	1.5	1.5	1.5	1.5	1.5	1.5	1.5	1.5	1.5	1.5	1.5	1.5	2.0	2.0	2.0	2.0	2.0	2.0	2.0	2.0	.1586
1.2	0.5	0.5	0.5	0.5	0.5	0.5	0.5	1.0	1.0	1.0	1.0	1.0	1.0	1.0	1.0	1.5	1.5	1.5	1.5	1.5	1.5	1.5	1.5	1.5	1.5	1.5	2.0	2.0	2.0	2.0	2.0	2.0	2.0	2.0	2.0	.1730
1.3	0.5	0.5	0.5	0.5	0.5	0.5	0.5	0.5	1.0	1.0	1.0	1.0	1.0	1.0	1.0	1.5	1.5	1.5	1.5	1.5	1.5	1.5	1.5	1.5	1.5	2.0	2.0	2.0	2.0	2.0	2.0	2.0	2.0	2.0	2.0	.1875
1.4	0.5	0.5	0.5	0.5	0.5	0.5	0.5	0.5	1.0	1.0	1.0	1.0	1.0	1.0	1.0	1.0	1.5	1.5	1.5	1.5	1.5	1.5	1.5	1.5	1.5	2.0	2.0	2.0	2.0	2.0	2.0	2.0	2.0	2.0	2.0	.2019
1.5	0.5	0.5	0.5	0.5	0.5	0.5	0.5	0.5	0.5	1.0	1.0	1.0	1.0	1.0	1.0	1.0	1.5	1.5	1.5	1.5	1.5	1.5	1.5	1.5	1.5	2.0	2.0	2.0	2.0	2.0	2.0	2.0	2.0	2.0	2.0	.2163
k	90	126	162	198	234	270	306	342	378	414	450	486	522	558	594	630	666	702	738	774	810	846	882	918	954	990	1026	1062	1098	1134	1170	1206	1242	1278	1314	km

Δt Fahrenheit

D = 0.0035

Δt Celsius °C or Kelvin °K (columns); CONDUCTIVITY k, Btu, in./sq ft, hr °F (rows); km, W/mK

k	50	70	90	110	130	150	170	190	210	230	250	270	290	310	330	350	370	390	410	430	450	470	490	510	530	550	570	590	610	630	650	670	690	710	730	km
0.1	0.5	0.5	0.5	0.5	0.5	0.5	0.5	0.5	0.5	0.5	0.5	0.5	0.5	0.5	0.5	0.5	0.5	1.0	1.0	1.0	1.0	1.0	1.0	1.0	1.0	1.0	1.0	1.0	1.0	1.0	1.0	1.0	1.0	1.0	1.0	.0144
0.2	0.5	0.5	0.5	0.5	0.5	0.5	0.5	0.5	0.5	1.0	1.0	1.0	1.0	1.0	1.0	1.0	1.0	1.0	1.0	1.0	1.0	1.0	1.0	1.0	1.0	1.0	1.0	1.0	1.0	1.0	1.0	1.0	1.0	1.0	1.0	.0288
0.3	0.5	0.5	0.5	0.5	0.5	0.5	0.5	1.0	1.0	1.0	1.0	1.0	1.0	1.0	1.0	1.0	1.0	1.0	1.0	1.0	1.0	1.0	1.0	1.0	1.0	1.0	1.5	1.5	1.5	1.5	1.5	1.5	1.5	1.5	1.5	.0433
0.4	0.5	0.5	0.5	0.5	0.5	0.5	1.0	1.0	1.0	1.0	1.0	1.0	1.0	1.0	1.0	1.0	1.0	1.0	1.0	1.0	1.0	1.5	1.5	1.5	1.5	1.5	1.5	1.5	1.5	1.5	1.5	1.5	1.5	1.5	1.5	.0577
0.5	0.5	0.5	0.5	0.5	0.5	1.0	1.0	1.0	1.0	1.0	1.0	1.0	1.0	1.0	1.0	1.0	1.0	1.0	1.5	1.5	1.5	1.5	1.5	1.5	1.5	1.5	1.5	1.5	1.5	1.5	1.5	1.5	1.5	1.5	1.5	.0721
0.6	0.5	0.5	0.5	0.5	0.5	1.0	1.0	1.0	1.0	1.0	1.0	1.0	1.0	1.0	1.0	1.0	1.5	1.5	1.5	1.5	1.5	1.5	1.5	1.5	1.5	1.5	1.5	1.5	1.5	1.5	1.5	1.5	2.0	2.0	2.0	.0865
0.7	0.5	0.5	0.5	0.5	0.5	1.0	1.0	1.0	1.0	1.0	1.0	1.0	1.0	1.0	1.0	1.5	1.5	1.5	1.5	1.5	1.5	1.5	1.5	1.5	1.5	1.5	1.5	1.5	2.0	2.0	2.0	2.0	2.0	2.0	2.0	.1009
0.8	0.5	0.5	0.5	0.5	0.5	1.0	1.0	1.0	1.0	1.0	1.0	1.0	1.0	1.0	1.5	1.5	1.5	1.5	1.5	1.5	1.5	1.5	1.5	1.5	1.5	1.5	2.0	2.0	2.0	2.0	2.0	2.0	2.0	2.0	2.0	.1154
0.9	0.5	0.5	0.5	0.5	0.5	1.0	1.0	1.0	1.0	1.0	1.0	1.0	1.0	1.0	1.5	1.5	1.5	1.5	1.5	1.5	1.5	1.5	1.5	1.5	1.5	2.0	2.0	2.0	2.0	2.0	2.0	2.0	2.0	2.0	2.0	.1298
1.0	0.5	0.5	0.5	0.5	0.5	1.0	1.0	1.0	1.0	1.0	1.0	1.0	1.0	1.5	1.5	1.5	1.5	1.5	1.5	1.5	1.5	1.5	1.5	2.0	2.0	2.0	2.0	2.0	2.0	2.0	2.0	2.0	2.0	2.0	2.0	.1442
1.1	0.5	0.5	0.5	0.5	0.5	0.5	1.0	1.0	1.0	1.0	1.0	1.0	1.0	1.5	1.5	1.5	1.5	1.5	1.5	1.5	1.5	1.5	1.5	2.0	2.0	2.0	2.0	2.0	2.0	2.0	2.0	2.0	2.0	2.0	2.5	.1586
1.2	0.5	0.5	0.5	0.5	0.5	0.5	1.0	1.0	1.0	1.0	1.0	1.0	1.0	1.5	1.5	1.5	1.5	1.5	1.5	1.5	1.5	1.5	2.0	2.0	2.0	2.0	2.0	2.0	2.0	2.0	2.0	2.0	2.5	2.5	2.5	.1730
1.3	0.5	0.5	0.5	0.5	0.5	0.5	1.0	1.0	1.0	1.0	1.0	1.0	1.0	1.5	1.5	1.5	1.5	1.5	1.5	1.5	1.5	2.0	2.0	2.0	2.0	2.0	2.0	2.0	2.0	2.0	2.0	2.5	2.5	2.5	2.5	.1875
1.4	0.5	0.5	0.5	0.5	0.5	0.5	0.5	1.0	1.0	1.0	1.0	1.0	1.0	1.5	1.5	1.5	1.5	1.5	1.5	1.5	1.5	2.0	2.0	2.0	2.0	2.0	2.0	2.0	2.0	2.0	2.5	2.5	2.5	2.5	2.5	.2019
1.5	0.5	0.5	0.5	0.5	0.5	0.5	0.5	1.0	1.0	1.0	1.0	1.0	1.0	1.5	1.5	1.5	1.5	1.5	1.5	1.5	1.5	2.0	2.0	2.0	2.0	2.0	2.0	2.0	2.0	2.5	2.5	2.5	2.5	2.5	2.5	.2163
k	90	126	162	198	234	270	306	342	378	414	450	486	522	558	594	630	666	702	738	774	810	846	882	918	954	990	1026	1062	1098	1134	1170	1206	1242	1278	1314	km

Δt Fahrenheit

D = 0.0040

Δt Celsius °C or Kelvin °K (columns); CONDUCTIVITY k, Btu, in./sq ft, hr °F (rows); km, W/mK

k	50	70	90	110	130	150	170	190	210	230	250	270	290	310	330	350	370	390	410	430	450	470	490	510	530	550	570	590	610	630	650	670	690	710	730	km
0.1	0.5	0.5	0.5	0.5	0.5	0.5	0.5	0.5	0.5	0.5	0.5	0.5	0.5	0.5	0.5	1.0	1.0	1.0	1.0	1.0	1.0	1.0	1.0	1.0	1.0	1.0	1.0	1.0	1.0	1.0	1.0	1.0	1.0	1.0	1.0	.0144
0.2	0.5	0.5	0.5	0.5	0.5	0.5	0.5	0.5	1.0	1.0	1.0	1.0	1.0	1.0	1.0	1.0	1.0	1.0	1.0	1.0	1.0	1.0	1.0	1.0	1.0	1.0	1.0	1.0	1.0	1.0	1.0	1.5	1.5	1.5	1.5	.0288
0.3	0.5	0.5	0.5	0.5	0.5	0.5	1.0	1.0	1.0	1.0	1.0	1.0	1.0	1.0	1.0	1.0	1.0	1.0	1.0	1.0	1.0	1.0	1.5	1.5	1.5	1.5	1.5	1.5	1.5	1.5	1.5	1.5	1.5	1.5	1.5	.0433
0.4	0.5	0.5	0.5	0.5	0.5	1.0	1.0	1.0	1.0	1.0	1.0	1.0	1.0	1.0	1.0	1.0	1.0	1.0	1.5	1.5	1.5	1.5	1.5	1.5	1.5	1.5	1.5	1.5	1.5	1.5	1.5	1.5	1.5	1.5	1.5	.0577
0.5	0.5	0.5	0.5	0.5	1.0	1.0	1.0	1.0	1.0	1.0	1.0	1.0	1.0	1.0	1.0	1.5	1.5	1.5	1.5	1.5	1.5	1.5	1.5	1.5	1.5	1.5	1.5	1.5	1.5	1.5	1.5	2.0	2.0	2.0	2.0	.0721
0.6	0.5	0.5	0.5	0.5	1.0	1.0	1.0	1.0	1.0	1.0	1.0	1.0	1.0	1.0	1.5	1.5	1.5	1.5	1.5	1.5	1.5	1.5	1.5	1.5	1.5	1.5	1.5	2.0	2.0	2.0	2.0	2.0	2.0	2.0	2.0	.0865
0.7	0.5	0.5	0.5	0.5	1.0	1.0	1.0	1.0	1.0	1.0	1.0	1.0	1.0	1.5	1.5	1.5	1.5	1.5	1.5	1.5	1.5	1.5	1.5	1.5	1.5	2.0	2.0	2.0	2.0	2.0	2.0	2.0	2.0	2.0	2.0	.1009
0.8	0.5	0.5	0.5	0.5	1.0	1.0	1.0	1.0	1.0	1.0	1.0	1.0	1.5	1.5	1.5	1.5	1.5	1.5	1.5	1.5	1.5	1.5	1.5	2.0	2.0	2.0	2.0	2.0	2.0	2.0	2.0	2.0	2.0	2.0	2.0	.1154
0.9	0.5	0.5	0.5	0.5	1.0	1.0	1.0	1.0	1.0	1.0	1.0	1.0	1.5	1.5	1.5	1.5	1.5	1.5	1.5	1.5	1.5	2.0	2.0	2.0	2.0	2.0	2.0	2.0	2.0	2.0	2.0	2.0	2.0	2.5	2.5	.1298
1.0	0.5	0.5	0.5	0.5	0.5	1.0	1.0	1.0	1.0	1.0	1.0	1.5	1.5	1.5	1.5	1.5	1.5	1.5	1.5	1.5	2.0	2.0	2.0	2.0	2.0	2.0	2.0	2.0	2.0	2.0	2.0	2.5	2.5	2.5	2.5	.1442
1.1	0.5	0.5	0.5	0.5	0.5	1.0	1.0	1.0	1.0	1.0	1.0	1.5	1.5	1.5	1.5	1.5	1.5	1.5	1.5	2.0	2.0	2.0	2.0	2.0	2.0	2.0	2.0	2.0	2.0	2.5	2.5	2.5	2.5	2.5	2.5	.1586
1.2	0.5	0.5	0.5	0.5	0.5	1.0	1.0	1.0	1.0	1.0	1.0	1.5	1.5	1.5	1.5	1.5	1.5	1.5	1.5	2.0	2.0	2.0	2.0	2.0	2.0	2.0	2.0	2.0	2.5	2.5	2.5	2.5	2.5	2.5	2.5	.1730
1.3	0.5	0.5	0.5	0.5	0.5	1.0	1.0	1.0	1.0	1.0	1.0	1.5	1.5	1.5	1.5	1.5	1.5	1.5	2.0	2.0	2.0	2.0	2.0	2.0	2.0	2.0	2.0	2.5	2.5	2.5	2.5	2.5	2.5	2.5	2.5	.1875
1.4	0.5	0.5	0.5	0.5	0.5	0.5	1.0	1.0	1.0	1.0	1.0	1.5	1.5	1.5	1.5	1.5	1.5	1.5	2.0	2.0	2.0	2.0	2.0	2.0	2.0	2.0	2.5	2.5	2.5	2.5	2.5	2.5	2.5	2.5	2.5	.2019
1.5	0.5	0.5	0.5	0.5	0.5	0.5	1.0	1.0	1.0	1.0	1.0	1.5	1.5	1.5	1.5	1.5	1.5	1.5	2.0	2.0	2.0	2.0	2.0	2.0	2.0	2.5	2.5	2.5	2.5	2.5	2.5	2.5	2.5	2.5	3.0	.2163
k	90	126	162	198	234	270	306	342	378	414	450	486	522	558	594	630	666	702	738	774	810	846	882	918	954	990	1026	1062	1098	1134	1170	1206	1242	1278	1314	km

Δt Fahrenheit

TEMPERATURE DIFFERENCE

TABLE 2 (Sheet 26 of 128)

ECONOMICAL INSULATION THICKNESS TABLE

IN INCHES
(nominal)

PIPE SIZE: 2'' NPS (Tube Size 2-1/2'' OD)
60.33 mm

At the intersection of the ''Δt'' column with the ''k'' row read the economical thickness.
(•—*exceeds 12'' thickness*)

CONDUCTIVITY: k in Btu, in./sq ft, hr °F; km in W/mK

D = 0.0045

Δt Celsius °C or Kelvin °K

k	50	70	90	110	130	150	170	190	210	230	250	270	290	310	330	350	370	390	410	430	450	470	490	510	530	550	570	590	610	630	650	670	690	710	730	km
0.1	0.5	0.5	0.5	0.5	0.5	0.5	0.5	0.5	0.5	0.5	0.5	0.5	0.5	1.0	1.0	1.0	1.0	1.0	1.0	1.0	1.0	1.0	1.0	1.0	1.0	1.0	1.0	1.0	1.0	1.0	1.0	1.0	1.0	1.0	1.0	.0144
0.2	0.5	0.5	0.5	0.5	0.5	0.5	0.5	1.0	1.0	1.0	1.0	1.0	1.0	1.0	1.0	1.0	1.0	1.0	1.0	1.0	1.0	1.0	1.0	1.0	1.0	1.0	1.0	1.5	1.5	1.5	1.5	1.5	1.5	1.5	1.5	.0288
0.3	0.5	0.5	0.5	0.5	0.5	1.0	1.0	1.0	1.0	1.0	1.0	1.0	1.0	1.0	1.0	1.0	1.0	1.0	1.0	1.0	1.5	1.5	1.5	1.5	1.5	1.5	1.5	1.5	1.5	1.5	1.5	1.5	1.5	1.5	1.5	.0433
0.4	0.5	0.5	0.5	0.5	1.0	1.0	1.0	1.0	1.0	1.0	1.0	1.0	1.0	1.0	1.0	1.0	1.5	1.5	1.5	1.5	1.5	1.5	1.5	1.5	1.5	1.5	1.5	1.5	1.5	1.5	1.5	1.5	1.5	2.0	2.0	.0577
0.5	0.5	0.5	0.5	0.5	1.0	1.0	1.0	1.0	1.0	1.0	1.0	1.0	1.0	1.5	1.5	1.5	1.5	1.5	1.5	1.5	1.5	1.5	1.5	1.5	1.5	1.5	1.5	2.0	2.0	2.0	2.0	2.0	2.0	2.0	2.0	.0721
0.6	0.5	0.5	0.5	0.5	1.0	1.0	1.0	1.0	1.0	1.0	1.0	1.0	1.5	1.5	1.5	1.5	1.5	1.5	1.5	1.5	1.5	1.5	1.5	1.5	2.0	2.0	2.0	2.0	2.0	2.0	2.0	2.0	2.0	2.0	2.0	.0865
0.7	0.5	0.5	0.5	0.5	1.0	1.0	1.0	1.0	1.0	1.0	1.0	1.5	1.5	1.5	1.5	1.5	1.5	1.5	1.5	1.5	1.5	1.5	2.0	2.0	2.0	2.0	2.0	2.0	2.0	2.0	2.0	2.0	2.0	2.0	2.5	.1009
0.8	0.5	0.5	0.5	0.5	1.0	1.0	1.0	1.0	1.0	1.0	1.5	1.5	1.5	1.5	1.5	1.5	1.5	1.5	1.5	1.5	2.0	2.0	2.0	2.0	2.0	2.0	2.0	2.0	2.0	2.0	2.0	2.5	2.5	2.5	2.5	.1154
0.9	0.5	0.5	0.5	0.5	1.0	1.0	1.0	1.0	1.0	1.0	1.5	1.5	1.5	1.5	1.5	1.5	1.5	1.5	1.5	2.0	2.0	2.0	2.0	2.0	2.0	2.0	2.0	2.0	2.0	2.5	2.5	2.5	2.5	2.5	2.5	.1298
1.0	0.5	0.5	0.5	0.5	1.0	1.0	1.0	1.0	1.0	1.0	1.5	1.5	1.5	1.5	1.5	1.5	1.5	1.5	2.0	2.0	2.0	2.0	2.0	2.0	2.0	2.0	2.0	2.5	2.5	2.5	2.5	2.5	2.5	2.5	2.5	.1442
1.1	0.5	0.5	0.5	0.5	1.0	1.0	1.0	1.0	1.0	1.0	1.5	1.5	1.5	1.5	1.5	1.5	1.5	2.0	2.0	2.0	2.0	2.0	2.0	2.0	2.0	2.0	2.5	2.5	2.5	2.5	2.5	2.5	2.5	2.5	2.5	.1586
1.2	0.5	0.5	0.5	0.5	1.0	1.0	1.0	1.0	1.0	1.0	1.5	1.5	1.5	1.5	1.5	1.5	1.5	2.0	2.0	2.0	2.0	2.0	2.0	2.0	2.0	2.5	2.5	2.5	2.5	2.5	2.5	2.5	2.5	2.5	3.0	.1730
1.3	0.5	0.5	0.5	0.5	0.5	1.0	1.0	1.0	1.0	1.0	1.5	1.5	1.5	1.5	1.5	1.5	2.0	2.0	2.0	2.0	2.0	2.0	2.0	2.0	2.0	2.5	2.5	2.5	2.5	2.5	2.5	2.5	2.5	3.0	3.0	.1875
1.4	0.5	0.5	0.5	0.5	0.5	1.0	1.0	1.0	1.0	1.0	1.5	1.5	1.5	1.5	1.5	1.5	2.0	2.0	2.0	2.0	2.0	2.0	2.0	2.5	2.5	2.5	2.5	2.5	2.5	2.5	2.5	3.0	3.0	3.0	3.0	.2019
1.5	0.5	0.5	0.5	0.5	0.5	1.0	1.0	1.0	1.0	1.0	1.5	1.5	1.5	1.5	1.5	1.5	2.0	2.0	2.0	2.0	2.0	2.0	2.5	2.5	2.5	2.5	2.5	2.5	2.5	2.5	3.0	3.0	3.0	3.0	3.0	.2163
k	90	126	162	198	234	270	306	342	378	414	450	486	522	558	594	630	666	702	738	774	810	846	882	918	954	990	1026	1062	1098	1134	1170	1206	1242	1278	1314	km

Δt Fahrenheit

D = 0.0050

Δt Celsius °C or Kelvin °K

k	50	70	90	110	130	150	170	190	210	230	250	270	290	310	330	350	370	390	410	430	450	470	490	510	530	550	570	590	610	630	650	670	690	710	730	km
0.1	0.5	0.5	0.5	0.5	0.5	0.5	0.5	0.5	0.5	0.5	0.5	1.0	1.0	1.0	1.0	1.0	1.0	1.0	1.0	1.0	1.0	1.0	1.0	1.0	1.0	1.0	1.0	1.0	1.0	1.0	1.0	1.0	1.0	1.0	1.0	.0144
0.2	0.5	0.5	0.5	0.5	0.5	0.5	1.0	1.0	1.0	1.0	1.0	1.0	1.0	1.0	1.0	1.0	1.0	1.0	1.0	1.0	1.0	1.0	1.0	1.0	1.5	1.5	1.5	1.5	1.5	1.5	1.5	1.5	1.5	1.5	1.5	.0288
0.3	0.5	0.5	0.5	0.5	1.0	1.0	1.0	1.0	1.0	1.0	1.0	1.0	1.0	1.0	1.0	1.0	1.0	1.5	1.5	1.5	1.5	1.5	1.5	1.5	1.5	1.5	1.5	1.5	1.5	1.5	1.5	1.5	1.5	1.5	1.5	.0433
0.4	0.5	0.5	0.5	0.5	1.0	1.0	1.0	1.0	1.0	1.0	1.0	1.0	1.0	1.0	1.5	1.5	1.5	1.5	1.5	1.5	1.5	1.5	1.5	1.5	1.5	1.5	1.5	1.5	1.5	2.0	2.0	2.0	2.0	2.0	2.0	.0577
0.5	0.5	0.5	0.5	1.0	1.0	1.0	1.0	1.0	1.0	1.0	1.0	1.0	1.5	1.5	1.5	1.5	1.5	1.5	1.5	1.5	1.5	1.5	1.5	1.5	2.0	2.0	2.0	2.0	2.0	2.0	2.0	2.0	2.0	2.0	2.0	.0721
0.6	0.5	0.5	0.5	1.0	1.0	1.0	1.0	1.0	1.0	1.0	1.0	1.5	1.5	1.5	1.5	1.5	1.5	1.5	1.5	1.5	1.5	2.0	2.0	2.0	2.0	2.0	2.0	2.0	2.0	2.0	2.0	2.0	2.0	2.0	2.0	.0865
0.7	0.5	0.5	0.5	1.0	1.0	1.0	1.0	1.0	1.0	1.0	1.5	1.5	1.5	1.5	1.5	1.5	1.5	1.5	1.5	2.0	2.0	2.0	2.0	2.0	2.0	2.0	2.0	2.0	2.0	2.0	2.0	2.5	2.5	2.5	2.5	.1009
0.8	0.5	0.5	0.5	1.0	1.0	1.0	1.0	1.0	1.0	1.5	1.5	1.5	1.5	1.5	1.5	1.5	1.5	1.5	2.0	2.0	2.0	2.0	2.0	2.0	2.0	2.0	2.0	2.0	2.5	2.5	2.5	2.5	2.5	2.5	2.5	.1154
0.9	0.5	0.5	0.5	1.0	1.0	1.0	1.0	1.0	1.0	1.5	1.5	1.5	1.5	1.5	1.5	1.5	1.5	2.0	2.0	2.0	2.0	2.0	2.0	2.0	2.0	2.0	2.5	2.5	2.5	2.5	2.5	2.5	2.5	2.5	2.5	.1298
1.0	0.5	0.5	0.5	1.0	1.0	1.0	1.0	1.0	1.0	1.5	1.5	1.5	1.5	1.5	1.5	1.5	2.0	2.0	2.0	2.0	2.0	2.0	2.0	2.0	2.5	2.5	2.5	2.5	2.5	2.5	2.5	2.5	2.5	2.5	3.0	.1442
1.1	0.5	0.5	0.5	1.0	1.0	1.0	1.0	1.0	1.5	1.5	1.5	1.5	1.5	1.5	1.5	2.0	2.0	2.0	2.0	2.0	2.0	2.0	2.0	2.5	2.5	2.5	2.5	2.5	2.5	2.5	2.5	2.5	3.0	3.0	3.0	.1586
1.2	0.5	0.5	0.5	0.5	1.0	1.0	1.0	1.0	1.5	1.5	1.5	1.5	1.5	1.5	1.5	2.0	2.0	2.0	2.0	2.0	2.0	2.0	2.5	2.5	2.5	2.5	2.5	2.5	2.5	2.5	2.5	3.0	3.0	3.0	3.0	.1730
1.3	0.5	0.5	0.5	0.5	1.0	1.0	1.0	1.0	1.5	1.5	1.5	1.5	1.5	1.5	2.0	2.0	2.0	2.0	2.0	2.0	2.0	2.5	2.5	2.5	2.5	2.5	2.5	2.5	2.5	3.0	3.0	3.0	3.0	3.0	3.0	.1875
1.4	0.5	0.5	0.5	0.5	1.0	1.0	1.0	1.0	1.0	1.5	1.5	1.5	1.5	1.5	2.0	2.0	2.0	2.0	2.0	2.0	2.5	2.5	2.5	2.5	2.5	2.5	2.5	2.5	3.0	3.0	3.0	3.0	3.0	3.0	3.0	.2019
1.5	0.5	0.5	0.5	0.5	0.5	1.0	1.0	1.0	1.0	1.5	1.5	1.5	1.5	1.5	2.0	2.0	2.0	2.0	2.0	2.0	2.5	2.5	2.5	2.5	2.5	2.5	2.5	3.0	3.0	3.0	3.0	3.0	3.0	3.0	3.0	.2163
k	90	126	162	198	234	270	306	342	378	414	450	486	522	558	594	630	666	702	738	774	810	846	882	918	954	990	1026	1062	1098	1134	1170	1206	1242	1278	1314	km

Δt Fahrenheit

D = 0.0060

Δt Celsius °C or Kelvin °K

k	50	70	90	110	130	150	170	190	210	230	250	270	290	310	330	350	370	390	410	430	450	470	490	510	530	550	570	590	610	630	650	670	690	710	730	km
0.1	0.5	0.5	0.5	0.5	0.5	0.5	0.5	0.5	0.5	1.0	1.0	1.0	1.0	1.0	1.0	1.0	1.0	1.0	1.0	1.0	1.0	1.0	1.0	1.0	1.0	1.0	1.0	1.0	1.0	1.0	1.0	1.0	1.0	1.0	1.0	.0144
0.2	0.5	0.5	0.5	0.5	0.5	1.0	1.0	1.0	1.0	1.0	1.0	1.0	1.0	1.0	1.0	1.0	1.0	1.0	1.0	1.0	1.5	1.5	1.5	1.5	1.5	1.5	1.5	1.5	1.5	1.5	1.5	1.5	1.5	1.5	1.5	.0288
0.3	0.5	0.5	0.5	1.0	1.0	1.0	1.0	1.0	1.0	1.0	1.0	1.0	1.0	1.0	1.0	1.5	1.5	1.5	1.5	1.5	1.5	1.5	1.5	1.5	1.5	1.5	1.5	1.5	1.5	1.5	2.0	2.0	2.0	2.0	2.0	.0433
0.4	0.5	0.5	0.5	1.0	1.0	1.0	1.0	1.0	1.0	1.0	1.0	1.5	1.5	1.5	1.5	1.5	1.5	1.5	1.5	1.5	1.5	1.5	1.5	1.5	2.0	2.0	2.0	2.0	2.0	2.0	2.0	2.0	2.0	2.0	2.0	.0577
0.5	0.5	0.5	1.0	1.0	1.0	1.0	1.0	1.0	1.0	1.0	1.5	1.5	1.5	1.5	1.5	1.5	1.5	1.5	1.5	1.5	2.0	2.0	2.0	2.0	2.0	2.0	2.0	2.0	2.0	2.0	2.0	2.0	2.0	2.5	2.5	.0721
0.6	0.5	0.5	1.0	1.0	1.0	1.0	1.0	1.0	1.0	1.5	1.5	1.5	1.5	1.5	1.5	1.5	1.5	1.5	2.0	2.0	2.0	2.0	2.0	2.0	2.0	2.0	2.0	2.0	2.0	2.5	2.5	2.5	2.5	2.5	2.5	.0865
0.7	0.5	0.5	1.0	1.0	1.0	1.0	1.0	1.0	1.5	1.5	1.5	1.5	1.5	1.5	1.5	1.5	2.0	2.0	2.0	2.0	2.0	2.0	2.0	2.0	2.0	2.5	2.5	2.5	2.5	2.5	2.5	2.5	2.5	2.5	2.5	.1009
0.8	0.5	0.5	1.0	1.0	1.0	1.0	1.0	1.5	1.5	1.5	1.5	1.5	1.5	1.5	1.5	2.0	2.0	2.0	2.0	2.0	2.0	2.0	2.0	2.5	2.5	2.5	2.5	2.5	2.5	2.5	2.5	2.5	2.5	3.0	3.0	.1154
0.9	0.5	0.5	1.0	1.0	1.0	1.0	1.0	1.5	1.5	1.5	1.5	1.5	1.5	1.5	2.0	2.0	2.0	2.0	2.0	2.0	2.0	2.5	2.5	2.5	2.5	2.5	2.5	2.5	2.5	2.5	3.0	3.0	3.0	3.0	3.0	.1298
1.0	0.5	0.5	1.0	1.0	1.0	1.0	1.0	1.5	1.5	1.5	1.5	1.5	1.5	2.0	2.0	2.0	2.0	2.0	2.0	2.0	2.5	2.5	2.5	2.5	2.5	2.5	2.5	2.5	3.0	3.0	3.0	3.0	3.0	3.0	3.0	.1442
1.1	0.5	0.5	0.5	1.0	1.0	1.0	1.0	1.5	1.5	1.5	1.5	1.5	2.0	2.0	2.0	2.0	2.0	2.0	2.0	2.5	2.5	2.5	2.5	2.5	2.5	2.5	2.5	3.0	3.0	3.0	3.0	3.0	3.0	3.0	3.0	.1586
1.2	0.5	0.5	0.5	1.0	1.0	1.0	1.0	1.5	1.5	1.5	1.5	1.5	2.0	2.0	2.0	2.0	2.0	2.0	2.5	2.5	2.5	2.5	2.5	2.5	2.5	3.0	3.0	3.0	3.0	3.0	3.0	3.0	3.0	3.0	3.5	.1730
1.3	0.5	0.5	0.5	1.0	1.0	1.0	1.0	1.5	1.5	1.5	1.5	1.5	2.0	2.0	2.0	2.0	2.0	2.5	2.5	2.5	2.5	2.5	2.5	2.5	3.0	3.0	3.0	3.0	3.0	3.0	3.0	3.0	3.5	3.5	3.5	.1875
1.4	0.5	0.5	0.5	1.0	1.0	1.0	1.0	1.5	1.5	1.5	1.5	2.0	2.0	2.0	2.0	2.0	2.0	2.5	2.5	2.5	2.5	2.5	2.5	3.0	3.0	3.0	3.0	3.0	3.0	3.0	3.0	3.5	3.5	3.5	3.5	.2019
1.5	0.5	0.5	0.5	1.0	1.0	1.0	1.0	1.5	1.5	1.5	1.5	2.0	2.0	2.0	2.0	2.0	2.5	2.5	2.5	2.5	2.5	2.5	3.0	3.0	3.0	3.0	3.0	3.0	3.0	3.5	3.5	3.5	3.5	3.5	3.5	.2163
k	90	126	162	198	234	270	306	342	378	414	450	486	522	558	594	630	666	702	738	774	810	846	882	918	954	990	1026	1062	1098	1134	1170	1206	1242	1278	1314	km

Δt Fahrenheit

TABLE 2 (Sheet 27 of 128)

TEMPERATURE DIFFERENCE

ECONOMICAL INSULATION THICKNESS TABLE

IN INCHES
(nominal)

PIPE SIZE: 2" NPS (Tube Size 2-1/2" OD)
60.33 mm

At the intersection of the "Δt" column with the "k" row read the economical thickness.
(*•—exceeds 12" thickness*)

CONDUCTIVITY Btu, in./sq ft, hr °F — W/mK

D = 0.0070

Δt Celsius °C or Kelvin °K

k	50	70	90	110	130	150	170	190	210	230	250	270	290	310	330	350	370	390	410	430	450	470	490	510	530	550	570	590	610	630	650	670	690	710	730	km
0.1	0.5	0.5	0.5	0.5	0.5	0.5	0.5	0.5	1.0	1.0	1.0	1.0	1.0	1.0	1.0	1.0	1.0	1.0	1.0	1.0	1.0	1.0	1.0	1.0	1.0	1.0	1.0	1.0	1.0	1.0	1.0	1.0	1.5	1.5	1.5	.0144
0.2	0.5	0.5	0.5	0.5	1.0	1.0	1.0	1.0	1.0	1.0	1.0	1.0	1.0	1.0	1.0	1.0	1.0	1.5	1.5	1.5	1.5	1.5	1.5	1.5	1.5	1.5	1.5	1.5	1.5	1.5	1.5	1.5	1.5	1.5	1.5	.0288
0.3	0.5	0.5	1.0	1.0	1.0	1.0	1.0	1.0	1.0	1.0	1.0	1.0	1.5	1.5	1.5	1.5	1.5	1.5	1.5	1.5	1.5	1.5	1.5	1.5	1.5	1.5	2.0	2.0	2.0	2.0	2.0	2.0	2.0	2.0	2.0	.0433
0.4	0.5	0.5	1.0	1.0	1.0	1.0	1.0	1.0	1.0	1.5	1.5	1.5	1.5	1.5	1.5	1.5	1.5	1.5	1.5	1.5	2.0	2.0	2.0	2.0	2.0	2.0	2.0	2.0	2.0	2.0	2.0	2.0	2.0	2.0	2.5	.0577
0.5	0.5	0.5	1.0	1.0	1.0	1.0	1.0	1.0	1.5	1.5	1.5	1.5	1.5	1.5	1.5	1.5	1.5	2.0	2.0	2.0	2.0	2.0	2.0	2.0	2.0	2.0	2.0	2.0	2.5	2.5	2.5	2.5	2.5	2.5	2.5	.0721
0.6	0.5	0.5	1.0	1.0	1.0	1.0	1.0	1.5	1.5	1.5	1.5	1.5	1.5	1.5	1.5	2.0	2.0	2.0	2.0	2.0	2.0	2.0	2.0	2.0	2.5	2.5	2.5	2.5	2.5	2.5	2.5	2.5	2.5	2.5	2.5	.0865
0.7	0.5	0.5	1.0	1.0	1.0	1.0	1.5	1.5	1.5	1.5	1.5	1.5	1.5	2.0	2.0	2.0	2.0	2.0	2.0	2.0	2.0	2.5	2.5	2.5	2.5	2.5	2.5	2.5	2.5	2.5	2.5	3.0	3.0	3.0	3.0	.1009
0.8	0.5	0.5	1.0	1.0	1.0	1.0	1.5	1.5	1.5	1.5	1.5	1.5	2.0	2.0	2.0	2.0	2.0	2.0	2.0	2.5	2.5	2.5	2.5	2.5	2.5	2.5	2.5	2.5	3.0	3.0	3.0	3.0	3.0	3.0	3.0	.1154
0.9	0.5	0.5	1.0	1.0	1.0	1.0	1.5	1.5	1.5	1.5	1.5	2.0	2.0	2.0	2.0	2.0	2.0	2.0	2.5	2.5	2.5	2.5	2.5	2.5	2.5	2.5	3.0	3.0	3.0	3.0	3.0	3.0	3.0	3.0	3.0	.1298
1.0	0.5	0.5	1.0	1.0	1.0	1.0	1.5	1.5	1.5	1.5	1.5	2.0	2.0	2.0	2.0	2.0	2.0	2.5	2.5	2.5	2.5	2.5	2.5	2.5	3.0	3.0	3.0	3.0	3.0	3.0	3.0	3.0	3.0	3.5	3.5	.1442
1.1	0.5	0.5	1.0	1.0	1.0	1.5	1.5	1.5	1.5	1.5	2.0	2.0	2.0	2.0	2.0	2.0	2.5	2.5	2.5	2.5	2.5	2.5	2.5	3.0	3.0	3.0	3.0	3.0	3.0	3.0	3.5	3.5	3.5	3.5	3.5	.1586
1.2	0.5	0.5	1.0	1.0	1.0	1.5	1.5	1.5	1.5	1.5	2.0	2.0	2.0	2.0	2.0	2.5	2.5	2.5	2.5	2.5	2.5	3.0	3.0	3.0	3.0	3.0	3.0	3.0	3.0	3.5	3.5	3.5	3.5	3.5	3.5	.1730
1.3	0.5	0.5	1.0	1.0	1.0	1.5	1.5	1.5	1.5	1.5	2.0	2.0	2.0	2.0	2.0	2.5	2.5	2.5	2.5	2.5	3.0	3.0	3.0	3.0	3.0	3.0	3.0	3.5	3.5	3.5	3.5	3.5	3.5	3.5	3.5	.1875
1.4	0.5	0.5	1.0	1.0	1.0	1.0	1.5	1.5	1.5	2.0	2.0	2.0	2.0	2.0	2.5	2.5	2.5	2.5	2.5	3.0	3.0	3.0	3.0	3.0	3.0	3.0	3.5	3.5	3.5	3.5	3.5	3.5	3.5	4.0	4.0	.2019
1.5	0.5	0.5	0.5	1.0	1.0	1.0	1.5	1.5	1.5	2.0	2.0	2.0	2.0	2.0	2.5	2.5	2.5	2.5	2.5	3.0	3.0	3.0	3.0	3.0	3.0	3.5	3.5	3.5	3.5	3.5	3.5	3.5	4.0	4.0	4.0	.2163
k	90	126	162	198	234	270	305	342	378	414	450	486	522	558	594	630	666	702	738	774	810	846	882	918	954	990	1026	1062	1098	1134	1170	1206	1242	1278	1314	km

Δt Fahrenheit

D = 0.0080

Δt Celsius °C or Kelvin °K

k	50	70	90	110	130	150	170	190	210	230	250	270	290	310	330	350	370	390	410	430	450	470	490	510	530	550	570	590	610	630	650	670	690	710	730	km
0.1	0.5	0.5	0.5	0.5	0.5	0.5	1.0	1.0	1.0	1.0	1.0	1.0	1.0	1.0	1.0	1.0	1.0	1.0	1.0	1.0	1.0	1.0	1.0	1.0	1.0	1.0	1.0	1.0	1.5	1.5	1.5	1.5	1.5	1.5	1.5	.0144
0.2	0.5	0.5	0.5	1.0	1.0	1.0	1.0	1.0	1.0	1.0	1.0	1.0	1.0	1.0	1.0	1.5	1.5	1.5	1.5	1.5	1.5	1.5	1.5	1.5	1.5	1.5	1.5	1.5	1.5	1.5	1.5	1.5	2.0	2.0	2.0	.0288
0.3	0.5	0.5	1.0	1.0	1.0	1.0	1.0	1.0	1.0	1.0	1.5	1.5	1.5	1.5	1.5	1.5	1.5	1.5	1.5	1.5	1.5	1.5	2.0	2.0	2.0	2.0	2.0	2.0	2.0	2.0	2.0	2.0	2.0	2.0	2.0	.0433
0.4	0.5	1.0	1.0	1.0	1.0	1.0	1.0	1.0	1.5	1.5	1.5	1.5	1.5	1.5	1.5	1.5	1.5	2.0	2.0	2.0	2.0	2.0	2.0	2.0	2.0	2.0	2.0	2.0	2.0	2.5	2.5	2.5	2.5	2.5	2.5	.0577
0.5	0.5	1.0	1.0	1.0	1.0	1.0	1.0	1.5	1.5	1.5	1.5	1.5	1.5	1.5	1.5	2.0	2.0	2.0	2.0	2.0	2.0	2.0	2.0	2.0	2.5	2.5	2.5	2.5	2.5	2.5	2.5	2.5	2.5	2.5	2.5	.0721
0.6	0.5	1.0	1.0	1.0	1.0	1.0	1.5	1.5	1.5	1.5	1.5	1.5	1.5	2.0	2.0	2.0	2.0	2.0	2.0	2.0	2.0	2.5	2.5	2.5	2.5	2.5	2.5	2.5	2.5	2.5	2.5	3.0	3.0	3.0	3.0	.0865
0.7	0.5	1.0	1.0	1.0	1.0	1.5	1.5	1.5	1.5	1.5	1.5	2.0	2.0	2.0	2.0	2.0	2.0	2.0	2.0	2.5	2.5	2.5	2.5	2.5	2.5	2.5	2.5	3.0	3.0	3.0	3.0	3.0	3.0	3.0	3.0	.1009
0.8	0.5	1.0	1.0	1.0	1.0	1.5	1.5	1.5	1.5	1.5	2.0	2.0	2.0	2.0	2.0	2.0	2.0	2.5	2.5	2.5	2.5	2.5	2.5	2.5	3.0	3.0	3.0	3.0	3.0	3.0	3.0	3.0	3.0	3.0	3.5	.1154
0.9	0.5	1.0	1.0	1.0	1.0	1.5	1.5	1.5	1.5	1.5	2.0	2.0	2.0	2.0	2.0	2.5	2.5	2.5	2.5	2.5	2.5	2.5	3.0	3.0	3.0	3.0	3.0	3.0	3.0	3.0	3.0	3.5	3.5	3.5	3.5	.1298
1.0	0.5	1.0	1.0	1.0	1.0	1.5	1.5	1.5	1.5	2.0	2.0	2.0	2.0	2.0	2.5	2.5	2.5	2.5	2.5	2.5	2.5	3.0	3.0	3.0	3.0	3.0	3.0	3.0	3.5	3.5	3.5	3.5	3.5	3.5	3.5	.1442
1.1	0.5	1.0	1.0	1.0	1.0	1.5	1.5	1.5	1.5	2.0	2.0	2.0	2.0	2.0	2.5	2.5	2.5	2.5	2.5	3.0	3.0	3.0	3.0	3.0	3.0	3.0	3.5	3.5	3.5	3.5	3.5	3.5	3.5	3.5	4.0	.1586
1.2	0.5	0.5	1.0	1.0	1.0	1.5	1.5	1.5	2.0	2.0	2.0	2.0	2.0	2.5	2.5	2.5	2.5	2.5	3.0	3.0	3.0	3.0	3.0	3.0	3.0	3.5	3.5	3.5	3.5	3.5	3.5	3.5	4.0	4.0	4.0	.1730
1.3	0.5	0.5	1.0	1.0	1.0	1.5	1.5	1.5	2.0	2.0	2.0	2.0	2.5	2.5	2.5	2.5	2.5	2.5	3.0	3.0	3.0	3.0	3.0	3.0	3.5	3.5	3.5	3.5	3.5	3.5	4.0	4.0	4.0	4.0	4.0	.1875
1.4	0.5	0.5	1.0	1.0	1.0	1.5	1.5	1.5	2.0	2.0	2.0	2.0	2.5	2.5	2.5	2.5	2.5	3.0	3.0	3.0	3.0	3.0	3.5	3.5	3.5	3.5	3.5	3.5	3.5	4.0	4.0	4.0	4.0	4.0	4.0	.2019
1.5	0.5	0.5	1.0	1.0	1.0	1.5	1.5	1.5	2.0	2.0	2.0	2.0	2.5	2.5	2.5	2.5	3.0	3.0	3.0	3.0	3.0	3.0	3.5	3.5	3.5	3.5	3.5	3.5	4.0	4.0	4.0	4.0	4.0	4.5	4.5	.2163
k	90	126	162	198	234	270	306	342	378	414	450	486	522	558	594	630	666	702	738	774	810	846	882	918	954	990	1026	1062	1098	1134	1170	1206	1242	1278	1314	km

Δt Fahrenheit

D = 0.0100

Δt Celsius °C or Kelvin °K

k	50	70	90	110	130	150	170	190	210	230	250	270	290	310	330	350	370	390	410	430	450	470	490	510	530	550	570	590	610	630	650	670	690	710	730	km
0.1	0.5	0.5	0.5	0.5	0.5	1.0	1.0	1.0	1.0	1.0	1.0	1.0	1.0	1.0	1.0	1.0	1.0	1.0	1.0	1.0	1.0	1.0	1.5	1.5	1.5	1.5	1.5	1.5	1.5	1.5	1.5	1.5	1.5	1.5	1.5	.0144
0.2	0.5	0.5	1.0	1.0	1.0	1.0	1.0	1.0	1.0	1.0	1.0	1.5	1.5	1.5	1.5	1.5	1.5	1.5	1.5	1.5	1.5	1.5	1.5	1.5	1.5	1.5	2.0	2.0	2.0	2.0	2.0	2.0	2.0	2.0	2.0	.0288
0.3	0.5	1.0	1.0	1.0	1.0	1.0	1.0	1.0	1.5	1.5	1.5	1.5	1.5	1.5	1.5	1.5	1.5	2.0	2.0	2.0	2.0	2.0	2.0	2.0	2.0	2.0	2.0	2.0	2.0	2.0	2.5	2.5	2.5	2.5	2.5	.0433
0.4	0.5	1.0	1.0	1.0	1.0	1.0	1.5	1.5	1.5	1.5	1.5	1.5	1.5	1.5	2.0	2.0	2.0	2.0	2.0	2.0	2.0	2.0	2.0	2.5	2.5	2.5	2.5	2.5	2.5	2.5	2.5	2.5	2.5	2.5	2.5	.0577
0.5	0.5	1.0	1.0	1.0	1.0	1.5	1.5	1.5	1.5	1.5	1.5	2.0	2.0	2.0	2.0	2.0	2.0	2.0	2.0	2.5	2.5	2.5	2.5	2.5	2.5	2.5	2.5	2.5	3.0	3.0	3.0	3.0	3.0	3.0	3.0	.0721
0.6	0.5	1.0	1.0	1.0	1.5	1.5	1.5	1.5	1.5	1.5	2.0	2.0	2.0	2.0	2.0	2.0	2.5	2.5	2.5	2.5	2.5	2.5	2.5	2.5	3.0	3.0	3.0	3.0	3.0	3.0	3.0	3.0	3.0	3.0	3.5	.0865
0.7	1.0	1.0	1.0	1.0	1.5	1.5	1.5	1.5	1.5	2.0	2.0	2.0	2.0	2.0	2.5	2.5	2.5	2.5	2.5	2.5	2.5	3.0	3.0	3.0	3.0	3.0	3.0	3.0	3.0	3.0	3.5	3.5	3.5	3.5	3.5	.1009
0.8	0.5	1.0	1.0	1.0	1.5	1.5	1.5	1.5	2.0	2.0	2.0	2.0	2.0	2.5	2.5	2.5	2.5	2.5	2.5	3.0	3.0	3.0	3.0	3.0	3.0	3.0	3.5	3.5	3.5	3.5	3.5	3.5	3.5	3.5	3.5	.1154
0.9	0.5	1.0	1.0	1.5	1.5	1.5	1.5	2.0	2.0	2.0	2.0	2.0	2.5	2.5	2.5	2.5	2.5	3.0	3.0	3.0	3.0	3.0	3.0	3.0	3.5	3.5	3.5	3.5	3.5	3.5	3.5	3.5	4.0	4.0	4.0	.1298
1.0	0.5	1.0	1.0	1.5	1.5	1.5	1.5	2.0	2.0	2.0	2.0	2.5	2.5	2.5	2.5	2.5	3.0	3.0	3.0	3.0	3.0	3.0	3.5	3.5	3.5	3.5	3.5	3.5	3.5	4.0	4.0	4.0	4.0	4.0	4.0	.1442
1.1	0.5	1.0	1.0	1.5	1.5	1.5	1.5	2.0	2.0	2.0	2.0	2.5	2.5	2.5	2.5	3.0	3.0	3.0	3.0	3.0	3.0	3.5	3.5	3.5	3.5	3.5	3.5	4.0	4.0	4.0	4.0	4.0	4.0	4.5	4.5	.1586
1.2	0.5	1.0	1.0	1.5	1.5	1.5	2.0	2.0	2.0	2.0	2.5	2.5	2.5	2.5	3.0	3.0	3.0	3.0	3.0	3.5	3.5	3.5	3.5	3.5	3.5	4.0	4.0	4.0	4.0	4.0	4.0	4.5	4.5	4.5	4.5	.1730
1.3	0.5	1.0	1.0	1.5	1.5	1.5	2.0	2.0	2.0	2.0	2.5	2.5	2.5	2.5	3.0	3.0	3.0	3.0	3.5	3.5	3.5	3.5	3.5	3.5	4.0	4.0	4.0	4.0	4.0	4.5	4.5	4.5	4.5	4.5	4.5	.1875
1.4	0.5	1.0	1.0	1.5	1.5	1.5	2.0	2.0	2.0	2.5	2.5	2.5	2.5	3.0	3.0	3.0	3.0	3.0	3.5	3.5	3.5	3.5	3.5	4.0	4.0	4.0	4.0	4.5	4.5	4.5	4.5	4.5	4.5	5.0	5.0	.2019
1.5	0.5	1.0	1.0	1.5	1.5	1.5	2.0	2.0	2.0	2.5	2.5	2.5	2.5	3.0	3.0	3.0	3.0	3.5	3.5	3.5	3.5	3.5	4.0	4.0	4.0	4.0	4.5	4.5	4.5	4.5	4.5	5.0	5.0	5.0	5.0	.2163
k	90	126	162	198	234	270	306	342	378	414	450	486	522	558	594	630	666	702	738	774	810	846	882	918	954	990	1026	1062	1098	1134	1170	1206	1242	1278	1314	km

Δt Fahrenheit

TEMPERATURE DIFFERENCE

TABLE 2 (Sheet 28 of 128)

TABLE 2 (Continued)

ECONOMICAL INSULATION THICKNESS TABLE

IN INCHES
(nominal)

PIPE SIZE: 2'' NPS (Tube Size 2-1/2'' OD)
60.33 mm

At the intersection of the ''Δt'' column with the ''k'' row read the economical thickness.
(•—*exceeds 12'' thickness*)

D = 0.0120

Δt Celsius °C or Kelvin °K

CONDUCTIVITY Btu, in./sq ft, hr °F — W/mK

k	50	70	90	110	130	150	170	190	210	230	250	270	290	310	330	350	370	390	410	430	450	470	490	510	530	550	570	590	610	630	650	670	690	710	730	km
0.1	0.5	0.5	0.5	0.5	1.0	1.0	1.0	1.0	1.0	1.0	1.0	1.0	1.0	1.0	1.0	1.0	1.0	1.0	1.5	1.5	1.5	1.5	1.5	1.5	1.5	1.5	1.5	1.5	1.5	1.5	1.5	1.5	1.5	1.5	1.5	.0144
0.2	0.5	1.0	1.0	1.0	1.0	1.0	1.0	1.0	1.0	1.5	1.5	1.5	1.5	1.5	1.5	1.5	1.5	1.5	1.5	1.5	1.5	2.0	2.0	2.0	2.0	2.0	2.0	2.0	2.0	2.0	2.0	2.0	2.0	2.0	2.0	.0288
0.3	0.5	1.0	1.0	1.0	1.0	1.0	1.5	1.5	1.5	1.5	1.5	1.5	1.5	1.5	2.0	2.0	2.0	2.0	2.0	2.0	2.0	2.0	2.0	2.0	2.0	2.5	2.5	2.5	2.5	2.5	2.5	2.5	2.5	2.5	2.5	.0433
0.4	1.0	1.0	1.0	1.0	1.0	1.5	1.5	1.5	1.5	1.5	1.5	2.0	2.0	2.0	2.0	2.0	2.0	2.0	2.0	2.5	2.5	2.5	2.5	2.5	2.5	2.5	2.5	2.5	3.0	3.0	3.0	3.0	3.0	3.0	3.0	.0577
0.5	1.0	1.0	1.0	1.0	1.5	1.5	1.5	1.5	1.5	2.0	2.0	2.0	2.0	2.0	2.0	2.5	2.5	2.5	2.5	2.5	2.5	2.5	2.5	3.0	3.0	3.0	3.0	3.0	3.0	3.0	3.0	3.0	3.0	3.5	3.5	.0721
0.6	1.0	1.0	1.0	1.5	1.5	1.5	1.5	1.5	2.0	2.0	2.0	2.0	2.0	2.5	2.5	2.5	2.5	2.5	2.5	2.5	3.0	3.0	3.0	3.0	3.0	3.0	3.0	3.0	3.5	3.5	3.5	3.5	3.5	3.5	3.5	.0865
0.7	1.0	1.0	1.0	1.5	1.5	1.5	1.5	2.0	2.0	2.0	2.0	2.0	2.5	2.5	2.5	2.5	2.5	3.0	3.0	3.0	3.0	3.0	3.0	3.0	3.5	3.5	3.5	3.5	3.5	3.5	3.5	3.5	4.0	4.0	4.0	.1009
0.8	1.0	1.0	1.0	1.5	1.5	1.5	2.0	2.0	2.0	2.0	2.0	2.5	2.5	2.5	2.5	2.5	3.0	3.0	3.0	3.0	3.0	3.0	3.5	3.5	3.5	3.5	3.5	3.5	3.5	4.0	4.0	4.0	4.0	4.0	4.0	.1154
0.9	1.0	1.0	1.0	1.5	1.5	1.5	2.0	2.0	2.0	2.0	2.5	2.5	2.5	2.5	3.0	3.0	3.0	3.0	3.0	3.0	3.5	3.5	3.5	3.5	3.5	3.5	4.0	4.0	4.0	4.0	4.0	4.0	4.5	4.5	4.5	.1298
1.0	1.0	1.0	1.5	1.5	1.5	2.0	2.0	2.0	2.0	2.5	2.5	2.5	2.5	3.0	3.0	3.0	3.0	3.0	3.5	3.5	3.5	3.5	3.5	3.5	4.0	4.0	4.0	4.0	4.0	4.5	4.5	4.5	4.5	4.5	4.5	.1442
1.1	1.0	1.0	1.5	1.5	1.5	2.0	2.0	2.0	2.5	2.5	2.5	2.5	3.0	3.0	3.0	3.0	3.0	3.5	3.5	3.5	3.5	3.5	4.0	4.0	4.0	4.0	4.0	4.5	4.5	4.5	4.5	4.5	4.5	5.0	5.0	.1586
1.2	1.0	1.0	1.5	1.5	1.5	2.0	2.0	2.0	2.5	2.5	2.5	2.5	3.0	3.0	3.0	3.0	3.5	3.5	3.5	3.5	3.5	4.0	4.0	4.0	4.0	4.5	4.5	4.5	4.5	4.5	4.5	5.0	5.0	5.0	5.0	.1730
1.3	1.0	1.0	1.5	1.5	1.5	2.0	2.0	2.0	2.5	2.5	2.5	3.0	3.0	3.0	3.0	3.5	3.5	3.5	3.5	3.5	4.0	4.0	4.0	4.0	4.5	4.5	4.5	4.5	4.5	5.0	5.0	5.0	5.0	5.0	5.0	.1875
1.4	0.5	1.0	1.5	1.5	1.5	2.0	2.0	2.5	2.5	2.5	2.5	3.0	3.0	3.0	3.5	3.5	3.5	3.5	3.5	4.0	4.0	4.0	4.5	4.5	4.5	4.5	4.5	5.0	5.0	5.0	5.0	5.0	5.0	5.5	5.5	.2019
1.5	0.5	1.0	1.5	1.5	1.5	2.0	2.0	2.5	2.5	2.5	3.0	3.0	3.0	3.0	3.5	3.5	3.5	3.5	4.0	4.0	4.0	4.5	4.5	4.5	4.5	4.5	5.0	5.0	5.0	5.0	5.0	5.5	5.5	5.5	5.5	.2163
k	90	126	162	198	234	270	306	342	378	414	450	486	522	558	594	630	666	702	738	774	810	846	882	918	954	990	1026	1062	1098	1134	1170	1206	1242	1278	1314	km

Δt Fahrenheit

D = 0.0150

Δt Celsius °C or Kelvin °K

CONDUCTIVITY Btu, in./sq ft, hr °F — W/mK

k	50	70	90	110	130	150	170	190	210	230	250	270	290	310	330	350	370	390	410	430	450	470	490	510	530	550	570	590	610	630	650	670	690	710	730	km
0.1	0.5	0.5	1.0	1.0	1.0	1.0	1.0	1.0	1.0	1.0	1.0	1.0	1.0	1.0	1.5	1.5	1.5	1.5	1.5	1.5	1.5	1.5	1.5	1.5	1.5	1.5	1.5	1.5	1.5	1.5	1.5	1.5	1.5	2.0	2.0	.0144
0.2	0.5	1.0	1.0	1.0	1.0	1.0	1.0	1.5	1.5	1.5	1.5	1.5	1.5	1.5	1.5	1.5	2.0	2.0	2.0	2.0	2.0	2.0	2.0	2.0	2.0	2.0	2.0	2.0	2.0	2.5	2.5	2.5	2.5	2.5	2.5	.0288
0.3	1.0	1.0	1.0	1.0	1.5	1.5	1.5	1.5	1.5	1.5	1.5	2.0	2.0	2.0	2.0	2.0	2.0	2.0	2.0	2.5	2.5	2.5	2.5	2.5	2.5	2.5	2.5	2.5	2.5	3.0	3.0	3.0	3.0	3.0	3.0	.0433
0.4	1.0	1.0	1.0	1.5	1.5	1.5	1.5	1.5	2.0	2.0	2.0	2.0	2.0	2.0	2.0	2.5	2.5	2.5	2.5	2.5	2.5	2.5	3.0	3.0	3.0	3.0	3.0	3.0	3.0	3.0	3.0	3.0	3.5	3.5	3.5	.0577
0.5	1.0	1.0	1.0	1.5	1.5	1.5	1.5	2.0	2.0	2.0	2.0	2.0	2.5	2.5	2.5	2.5	2.5	2.5	3.0	3.0	3.0	3.0	3.0	3.0	3.0	3.0	3.5	3.5	3.5	3.5	3.5	3.5	3.5	3.5	4.0	.0721
0.6	1.0	1.0	1.5	1.5	1.5	1.5	2.0	2.0	2.0	2.0	2.5	2.5	2.5	2.5	2.5	3.0	3.0	3.0	3.0	3.0	3.0	3.0	3.5	3.5	3.5	3.5	3.5	3.5	3.5	4.0	4.0	4.0	4.0	4.0	4.0	.0865
0.7	1.0	1.0	1.5	1.5	1.5	2.0	2.0	2.0	2.0	2.5	2.5	2.5	2.5	2.5	3.0	3.0	3.0	3.0	3.0	3.5	3.5	3.5	3.5	3.5	3.5	4.0	4.0	4.0	4.0	4.0	4.0	4.5	4.5	4.5	4.5	.1009
0.8	1.0	1.0	1.5	1.5	1.5	2.0	2.0	2.0	2.5	2.5	2.5	2.5	3.0	3.0	3.0	3.0	3.0	3.5	3.5	3.5	3.5	3.5	3.5	4.0	4.0	4.0	4.0	4.0	4.5	4.5	4.5	4.5	4.5	4.5	5.0	.1154
0.9	1.0	1.0	1.5	1.5	2.0	2.0	2.0	2.5	2.5	2.5	2.5	3.0	3.0	3.0	3.0	3.5	3.5	3.5	3.5	3.5	4.0	4.0	4.0	4.0	4.0	4.5	4.5	4.5	4.5	4.5	4.5	5.0	5.0	5.0	5.0	.1298
1.0	1.0	1.0	1.5	1.5	2.0	2.0	2.0	2.5	2.5	2.5	3.0	3.0	3.0	3.0	3.5	3.5	3.5	3.5	3.5	4.0	4.0	4.0	4.0	4.5	4.5	4.5	4.5	4.5	5.0	5.0	5.0	5.0	5.0	5.0	5.5	.1442
1.1	1.0	1.5	1.5	1.5	2.0	2.0	2.5	2.5	2.5	3.0	3.0	3.0	3.0	3.5	3.5	3.5	3.5	4.0	4.0	4.0	4.0	4.5	4.5	4.5	4.5	4.5	5.0	5.0	5.0	5.0	5.0	5.5	5.5	5.5	5.5	.1586
1.2	1.0	1.5	1.5	1.5	2.0	2.0	2.5	2.5	2.5	3.0	3.0	3.0	3.5	3.5	3.5	3.5	4.0	4.0	4.0	4.0	4.5	4.5	4.5	4.5	5.0	5.0	5.0	5.0	5.0	5.5	5.5	5.5	5.5	6.0	6.0	.1730
1.3	1.0	1.5	1.5	2.0	2.0	2.0	2.5	2.5	3.0	3.0	3.0	3.0	3.5	3.5	3.5	4.0	4.0	4.0	4.0	4.5	4.5	4.5	4.5	5.0	5.0	5.0	5.0	5.5	5.5	5.5	5.5	6.0	6.0	6.0	6.0	.1875
1.4	1.0	1.0	1.5	2.0	2.0	2.5	2.5	2.5	3.0	3.0	3.0	3.5	3.5	3.5	4.0	4.0	4.0	4.5	4.5	4.5	4.5	5.0	5.0	5.0	5.0	5.0	5.5	5.5	5.5	6.0	6.0	6.0	6.0	6.0	6.5	.2019
1.5	1.0	1.0	1.5	2.0	2.0	2.5	2.5	2.5	3.0	3.0	3.0	3.5	3.5	3.5	4.0	4.0	4.0	4.5	4.5	4.5	5.0	5.0	5.0	5.0	5.5	5.5	5.5	5.5	6.0	6.0	6.0	6.0	6.5	6.5	6.5	.2163
k	90	126	162	198	234	270	306	342	378	414	450	486	522	558	594	630	666	702	738	774	810	846	882	918	954	990	1026	1062	1098	1134	1170	1206	1242	1278	1314	km

Δt Fahrenheit

D = 0.0200

Δt Celsius °C or Kelvin °K

CONDUCTIVITY Btu, in./sq ft, hr °F — W/mK

k	50	70	90	110	130	150	170	190	210	230	250	270	290	310	330	350	370	390	410	430	450	470	490	510	530	550	570	590	610	630	650	670	690	710	730	km
0.1	0.5	1.0	1.0	1.0	1.0	1.0	1.0	1.0	1.0	1.0	1.5	1.5	1.5	1.5	1.5	1.5	1.5	1.5	1.5	1.5	1.5	1.5	1.5	1.5	2.0	2.0	2.0	2.0	2.0	2.0	2.0	2.0	2.0	2.0	2.0	.0144
0.2	1.0	1.0	1.0	1.0	1.0	1.5	1.5	1.5	1.5	1.5	1.5	1.5	2.0	2.0	2.0	2.0	2.0	2.0	2.0	2.0	2.0	2.5	2.5	2.5	2.5	2.5	2.5	2.5	2.5	2.5	2.5	2.5	3.0	3.0	3.0	.0288
0.3	1.0	1.0	1.0	1.5	1.5	1.5	1.5	1.5	2.0	2.0	2.0	2.0	2.0	2.0	2.5	2.5	2.5	2.5	2.5	2.5	2.5	3.0	3.0	3.0	3.0	3.0	3.0	3.0	3.0	3.0	3.0	3.5	3.5	3.5	3.5	.0433
0.4	1.0	1.0	1.5	1.5	1.5	1.5	2.0	2.0	2.0	2.0	2.0	2.5	2.5	2.5	2.5	2.5	3.0	3.0	3.0	3.0	3.0	3.0	3.0	3.5	3.5	3.5	3.5	3.5	3.5	3.5	3.5	4.0	4.0	4.0	4.0	.0577
0.5	1.0	1.5	1.5	1.5	1.5	2.0	2.0	2.0	2.5	2.5	2.5	2.5	2.5	3.0	3.0	3.0	3.0	3.0	3.0	3.5	3.5	3.5	3.5	3.5	3.5	4.0	4.0	4.0	4.0	4.0	4.0	4.5	4.5	4.5	4.5	.0721
0.6	1.0	1.5	1.5	1.5	2.0	2.0	2.0	2.5	2.5	2.5	2.5	3.0	3.0	3.0	3.0	3.0	3.5	3.5	3.5	3.5	3.5	4.0	4.0	4.0	4.0	4.0	4.5	4.5	4.5	4.5	4.5	4.5	4.5	5.0	5.0	.0865
0.7	1.0	1.5	1.5	2.0	2.0	2.0	2.5	2.5	2.5	2.5	3.0	3.0	3.0	3.0	3.5	3.5	3.5	3.5	3.5	4.0	4.0	4.0	4.0	4.5	4.5	4.5	4.5	4.5	5.0	5.0	5.0	5.0	5.0	5.0	5.0	.1009
0.8	1.0	1.5	1.5	2.0	2.0	2.0	2.5	2.5	2.5	3.0	3.0	3.0	3.5	3.5	3.5	3.5	4.0	4.0	4.0	4.0	4.5	4.5	4.5	4.5	4.5	5.0	5.0	5.0	5.0	5.0	5.0	5.5	5.5	5.5	5.5	.1154
0.9	1.0	1.5	1.5	2.0	2.0	2.5	2.5	2.5	3.0	3.0	3.0	3.5	3.5	3.5	3.5	4.0	4.0	4.0	4.5	4.5	4.5	4.5	4.5	5.0	5.0	5.0	5.0	5.5	5.5	5.5	5.5	5.5	6.0	6.0	6.0	.1298
1.0	1.0	1.5	2.0	2.0	2.0	2.5	2.5	3.0	3.0	3.0	3.5	3.5	3.5	3.5	4.0	4.0	4.0	4.5	4.5	4.5	4.5	5.0	5.0	5.0	5.0	5.5	5.5	5.5	5.5	6.0	6.0	6.0	6.0	6.0	6.5	.1442
1.1	1.0	1.5	2.0	2.0	2.5	2.5	2.5	3.0	3.0	3.5	3.5	3.5	3.5	4.0	4.0	4.5	4.5	4.5	4.5	5.0	5.0	5.0	5.0	5.5	5.5	5.5	6.0	6.0	6.0	6.0	6.0	6.5	6.5	6.5	6.5	.1586
1.2	1.0	1.5	2.0	2.0	2.5	2.5	3.0	3.0	3.0	3.5	3.5	3.5	4.0	4.0	4.5	4.5	4.5	4.5	5.0	5.0	5.0	5.5	5.5	5.5	6.0	6.0	6.0	6.0	6.0	6.5	6.5	6.5	6.5	7.0	7.0	.1730
1.3	1.0	1.5	2.0	2.0	2.5	2.5	3.0	3.0	3.5	3.5	3.5	4.0	4.0	4.5	4.5	4.5	5.0	5.0	5.0	5.0	5.5	5.5	5.5	6.0	6.0	6.0	6.0	6.5	6.5	6.5	6.5	7.0	7.0	7.0	7.0	.1875
1.4	1.0	1.5	2.0	2.0	2.5	2.5	3.0	3.0	3.5	3.5	4.0	4.0	4.0	4.5	4.5	4.5	5.0	5.0	5.0	5.5	5.5	6.0	6.0	6.0	6.0	6.5	6.5	6.5	6.5	7.0	7.0	7.0	7.0	7.5	7.5	.2019
1.5	1.0	1.5	2.0	2.5	2.5	3.0	3.0	3.5	3.5	3.5	4.0	4.0	4.5	4.5	4.5	5.0	5.0	5.0	5.5	5.5	6.0	6.0	6.0	6.0	6.5	6.5	6.5	7.0	7.0	7.0	7.0	7.5	7.5	7.5	8.0	.2163
k	90	126	162	198	234	270	306	342	378	414	450	486	522	558	594	630	666	702	738	774	810	846	882	918	954	990	1026	1062	1098	1134	1170	1206	1242	1278	1314	km

Δt Fahrenheit

TABLE 2 (Sheet 29 of 128)

TEMPERATURE DIFFERENCE

ECONOMICAL INSULATION THICKNESS TABLE

IN INCHES
(nominal)

PIPE SIZE: 2" NPS (Tube Size 2-1/2" OD)
60.33 mm

At the intersection of the "Δt" column with the "k" row read the economical thickness.
(•—*exceeds 12" thickness*)

D = 0.0300

Δt Celsius °C or Kelvin °K

k (CONDUCTIVITY Btu, in./sq ft, hr °F)	50	70	90	110	130	150	170	190	210	230	250	270	290	310	330	350	370	390	410	430	450	470	490	510	530	550	570	590	610	630	650	670	690	710	730	km (W/mK)
0.1	1.0	1.0	1.0	1.0	1.0	1.0	1.5	1.5	1.5	1.5	1.5	1.5	1.5	1.5	1.5	2.0	2.0	2.0	2.0	2.0	2.0	2.0	2.0	2.0	2.0	2.0	2.0	2.5	2.5	2.5	2.5	2.5	2.5	2.5	2.5	.0144
0.2	1.0	1.0	1.5	1.5	1.5	1.5	1.5	2.0	2.0	2.0	2.0	2.0	2.0	2.5	2.5	2.5	2.5	2.5	2.5	2.5	2.5	3.0	3.0	3.0	3.0	3.0	3.0	3.0	3.0	3.0	3.5	3.5	3.5	3.5	3.5	.0288
0.3	1.0	1.5	1.5	1.5	2.0	2.0	2.0	2.0	2.0	2.5	2.5	2.5	2.5	2.5	3.0	3.0	3.0	3.0	3.0	3.0	3.5	3.5	3.5	3.5	3.5	3.5	3.5	4.0	4.0	4.0	4.0	4.0	4.0	4.5	4.5	.0433
0.4	1.0	1.5	1.5	2.0	2.0	2.0	2.5	2.5	2.5	2.5	3.0	3.0	3.0	3.0	3.0	3.5	3.5	3.5	3.5	3.5	4.0	4.0	4.0	4.0	4.0	4.5	4.5	4.5	4.5	4.5	4.5	5.0	5.0	5.0	5.0	.0577
0.5	1.5	1.5	2.0	2.0	2.0	2.5	2.5	2.5	3.0	3.0	3.0	3.0	3.5	3.5	3.5	3.5	4.0	4.0	4.0	4.0	4.5	4.5	4.5	4.5	4.5	5.0	5.0	5.0	5.0	5.0	5.0	5.5	5.5	5.5	5.5	.0721
0.6	1.5	1.5	2.0	2.0	2.5	2.5	2.5	3.0	3.0	3.0	3.5	3.5	3.5	3.5	4.0	4.0	4.0	4.5	4.5	4.5	4.5	5.0	5.0	5.0	5.0	5.0	5.5	5.5	5.5	5.5	6.0	6.0	6.0	6.0	6.0	.0865
0.7	1.5	1.5	2.0	2.5	2.5	2.5	3.0	3.0	3.0	3.5	3.5	3.5	4.0	4.0	4.0	4.5	4.5	4.5	5.0	5.0	5.0	5.0	5.5	5.5	5.5	5.5	6.0	6.0	6.0	6.0	6.0	6.5	6.5	6.5	6.5	.1009
0.8	1.5	2.0	2.0	2.5	2.5	3.0	3.0	3.5	3.5	3.5	4.0	4.0	4.0	4.5	4.5	4.5	5.0	5.0	5.0	5.0	5.5	5.5	5.5	6.0	6.0	6.0	6.0	6.5	6.5	6.5	6.5	7.0	7.0	7.0	7.0	.1154
0.9	1.5	2.0	2.0	2.5	3.0	3.0	3.0	3.5	3.5	4.0	4.0	4.0	4.5	4.5	5.0	5.0	5.0	5.0	5.5	5.5	6.0	6.0	6.0	6.0	6.5	6.5	6.5	6.5	7.0	7.0	7.0	7.0	7.5	7.5	7.5	.1298
1.0	1.5	2.0	2.5	2.5	3.0	3.0	3.5	3.5	4.0	4.0	4.5	4.5	4.5	5.0	5.0	5.0	5.5	5.5	6.0	6.0	6.0	6.0	6.5	6.5	6.5	7.0	7.0	7.0	7.0	7.5	7.5	7.5	8.0	8.0	8.0	.1442
1.1	1.5	2.0	2.5	2.5	3.0	3.0	3.5	3.5	4.0	4.0	4.5	4.5	5.0	5.0	5.0	5.5	5.5	6.0	6.0	6.0	6.5	6.5	6.5	7.0	7.0	7.0	7.5	7.5	7.5	8.0	8.0	8.0	8.0	8.5	8.5	.1586
1.2	1.5	2.0	2.5	3.0	3.0	3.5	3.5	4.0	4.0	4.5	4.5	5.0	5.0	5.0	5.5	5.5	6.0	6.0	6.5	6.5	6.5	7.0	7.0	7.0	7.5	7.5	7.5	8.0	8.0	8.0	8.0	8.5	8.5	8.5	9.0	.1730
1.3	1.5	2.0	2.5	3.0	3.0	3.5	3.5	4.0	4.5	4.5	5.0	5.0	5.0	5.5	5.5	6.0	6.0	6.5	6.5	6.5	7.0	7.0	7.5	7.5	7.5	8.0	8.0	8.0	8.5	8.5	8.5	9.0	9.0	9.0	9.0	.1875
1.4	1.5	2.0	2.5	3.0	3.0	3.5	4.0	4.0	4.5	4.5	5.0	5.0	5.5	5.5	6.0	6.0	6.5	6.5	6.5	7.0	7.0	7.5	7.5	7.5	8.0	8.0	8.0	8.5	8.5	9.0	9.0	9.0	9.5	9.5	9.5	.2019
1.5	1.5	2.0	2.5	3.0	3.5	3.5	4.0	4.5	4.5	5.0	5.0	5.5	5.5	6.0	6.0	6.5	6.5	7.0	7.0	7.0	7.5	7.5	8.0	8.0	8.0	8.5	8.5	8.5	9.0	9.0	9.5	9.5	9.5	10.0	10.0	.2163
k	90	126	162	198	234	270	306	342	378	414	450	486	522	558	594	630	666	702	738	774	810	846	882	918	954	990	1026	1062	1098	1134	1170	1206	1242	1278	1314	km

Δt Fahrenheit

D = 0.0400

Δt Celsius °C or Kelvin °K

k (CONDUCTIVITY Btu, in./sq ft, hr °F)	50	70	90	110	130	150	170	190	210	230	250	270	290	310	330	350	370	390	410	430	450	470	490	510	530	550	570	590	610	630	650	670	690	710	730	km (W/mK)
0.1	1.0	1.0	1.0	1.0	1.5	1.5	1.5	1.5	1.5	1.5	1.5	2.0	2.0	2.0	2.0	2.0	2.0	2.0	2.0	2.0	2.5	2.5	2.5	2.5	2.5	2.5	2.5	2.5	2.5	2.5	2.5	3.0	3.0	3.0	3.0	.0144
0.2	1.0	1.5	1.5	1.5	1.5	2.0	2.0	2.0	2.0	2.5	2.5	2.5	2.5	2.5	2.5	3.0	3.0	3.0	3.0	3.0	3.0	3.0	3.5	3.5	3.5	3.5	3.5	3.5	3.5	3.5	4.0	4.0	4.0	4.0	4.0	.0288
0.3	1.5	1.5	1.5	2.0	2.0	2.0	2.5	2.5	2.5	2.5	3.0	3.0	3.0	3.0	3.5	3.5	3.5	3.5	3.5	3.5	4.0	4.0	4.0	4.0	4.0	4.5	4.5	4.5	4.5	4.5	4.5	5.0	5.0	5.0	5.0	.0433
0.4	1.5	1.5	2.0	2.0	2.5	2.5	2.5	3.0	3.0	3.0	3.0	3.5	3.5	3.5	3.5	4.0	4.0	4.0	4.5	4.5	4.5	4.5	4.5	5.0	5.0	5.0	5.0	5.0	5.5	5.5	5.5	5.5	5.5	6.0	6.0	.0577
0.5	1.5	2.0	2.0	2.5	2.5	2.5	3.0	3.0	3.5	3.5	3.5	3.5	4.0	4.0	4.0	4.5	4.5	4.5	5.0	5.0	5.0	5.0	5.0	5.5	5.5	5.5	6.0	6.0	6.0	6.0	6.0	6.5	6.5	6.5	6.5	.0721
0.6	1.5	2.0	2.0	2.5	2.5	3.0	3.0	3.5	3.5	3.5	4.0	4.0	4.5	4.5	4.5	5.0	5.0	5.0	5.0	5.5	5.5	5.5	6.0	6.0	6.0	6.0	6.5	6.5	6.5	6.5	7.0	7.0	7.0	7.0	7.5	.0865
0.7	1.5	2.0	2.5	2.5	3.0	3.0	3.5	3.5	4.0	4.0	4.5	4.5	4.5	5.0	5.0	5.0	5.5	5.5	5.5	6.0	6.0	6.0	6.5	6.5	6.5	6.5	7.0	7.0	7.0	7.0	7.5	7.5	7.5	8.0	8.0	.1009
0.8	2.0	2.0	2.5	3.0	3.0	3.5	3.5	4.0	4.0	4.5	4.5	4.5	5.0	5.0	5.5	5.5	5.5	6.0	6.0	6.0	6.5	6.5	6.5	7.0	7.0	7.0	7.5	7.5	7.5	8.0	8.0	8.0	8.0	8.5	8.5	.1154
0.9	2.0	2.5	2.5	3.0	3.0	3.5	4.0	4.0	4.5	4.5	5.0	5.0	5.0	5.5	5.5	6.0	6.0	6.0	6.5	6.5	7.0	7.0	7.0	7.5	7.5	7.5	8.0	8.0	8.0	8.0	8.5	8.5	8.5	9.0	9.0	.1298
1.0	2.0	2.5	2.5	3.0	3.5	3.5	4.0	4.5	4.5	5.0	5.0	5.0	5.5	6.0	6.0	6.0	6.5	6.5	7.0	7.0	7.0	7.5	7.5	7.5	8.0	8.0	8.0	8.5	8.5	8.5	9.0	9.0	9.0	9.5	9.5	.1442
1.1	2.0	2.5	3.0	3.0	3.5	4.0	4.0	4.5	5.0	5.0	5.5	5.5	6.0	6.0	6.5	6.5	6.5	7.0	7.0	7.5	7.5	7.5	8.0	8.0	8.5	8.5	8.5	9.0	9.0	9.0	9.5	9.5	9.5	10.0	10.0	.1586
1.2	2.0	2.5	3.0	3.5	3.5	4.0	4.5	4.5	5.0	5.0	5.5	6.0	6.0	6.5	6.5	6.5	7.0	7.0	7.5	7.5	8.0	8.0	8.5	8.5	8.5	9.0	9.0	9.0	9.5	9.5	10.0	10.0	10.5	10.5	10.5	.1730
1.3	2.0	2.5	3.0	3.5	4.0	4.0	4.5	5.0	5.0	5.5	6.0	6.0	6.5	6.5	7.0	7.0	7.5	7.5	8.0	8.0	8.0	8.5	8.5	9.0	9.0	9.0	9.5	9.5	10.0	10.0	10.5	10.5	11.0	11.0	11.5	.1875
1.4	2.0	2.5	3.0	3.5	4.0	4.5	4.5	5.0	5.5	5.5	6.0	6.0	6.5	7.0	7.0	7.5	7.5	8.0	8.0	8.5	8.5	8.5	9.0	9.0	9.5	9.5	10.0	10.0	10.5	10.5	11.0	11.0	11.5	11.5	12.0	.2019
1.5	2.0	2.5	3.0	3.5	4.0	4.5	5.0	5.0	5.5	6.0	6.0	6.5	6.5	7.0	7.5	7.5	8.0	8.0	8.5	8.5	9.0	9.0	9.5	9.5	9.5	10.0	10.0	10.5	10.5	11.0	11.0	11.5	12.0	12.0	•	.2163
k	90	126	162	198	234	270	306	342	378	414	450	486	522	558	594	630	666	702	738	774	810	846	882	918	954	990	1026	1062	1098	1134	1170	1206	1242	1278	1314	km

Δt Fahrenheit

D = 0.0500

Δt Celsius °C or Kelvin °K

k (Btu, in./sq ft, hr °F)	50	70	90	110	130	150	170	190	210	230	250	270	290	310	330	350	370	390	410	430	450	470	490	510	530	550	570	590	610	630	650	670	690	710	730	km (W/mK)
0.1	1.0	1.0	1.0	1.5	1.5	1.5	1.5	1.5	2.0	2.0	2.0	2.0	2.0	2.0	2.0	2.5	2.5	2.5	2.5	2.5	2.5	2.5	2.5	2.5	3.0	3.0	3.0	3.0	3.0	3.0	3.0	3.0	3.0	3.0	3.0	.0144
0.2	1.0	1.5	1.5	1.5	2.0	2.0	2.0	2.5	2.5	2.5	2.5	2.5	3.0	3.0	3.0	3.0	3.0	3.5	3.5	3.5	3.5	3.5	3.5	4.0	4.0	4.0	4.0	4.0	4.0	4.5	4.5	4.5	4.5	4.5	4.5	.0288
0.3	1.5	1.5	2.0	2.0	2.5	2.5	2.5	3.0	3.0	3.0	3.0	3.5	3.5	3.5	3.5	4.0	4.0	4.0	4.0	4.5	4.5	4.5	4.5	4.5	5.0	5.0	5.0	5.0	5.0	5.0	5.5	5.5	5.5	5.5	5.5	.0433
0.4	1.5	2.0	2.0	2.5	2.5	3.0	3.0	3.0	3.5	3.5	3.5	4.0	4.0	4.0	4.5	4.5	4.5	4.5	5.0	5.0	5.0	5.0	5.5	5.5	5.5	5.5	6.0	6.0	6.0	6.0	6.0	6.5	6.5	6.5	6.5	.0577
0.5	1.5	2.0	2.5	2.5	3.0	3.0	3.5	3.5	3.5	4.0	4.0	4.5	4.5	4.5	5.0	5.0	5.0	5.0	5.5	5.5	5.5	6.0	6.0	6.0	6.0	6.5	6.5	6.5	6.5	7.0	7.0	7.0	7.0	7.5	7.5	.0721
0.6	2.0	2.0	2.5	3.0	3.0	3.5	3.5	4.0	4.0	4.5	4.5	4.5	5.0	5.0	5.0	5.5	5.5	6.0	6.0	6.0	6.5	6.5	6.5	6.5	7.0	7.0	7.0	7.5	7.5	7.5	7.5	8.0	8.0	8.0	8.0	.0865
0.7	2.0	2.5	2.5	3.0	3.5	3.5	4.0	4.0	4.5	4.5	5.0	5.0	5.0	5.5	5.5	6.0	6.0	6.0	6.5	6.5	7.0	7.0	7.0	7.5	7.5	7.5	8.0	8.0	8.0	8.0	8.5	8.5	8.5	9.0	9.0	.1009
0.8	2.0	2.5	3.0	3.0	3.5	4.0	4.0	4.5	4.5	5.0	5.0	5.5	5.5	6.0	6.0	6.5	6.5	6.5	7.0	7.0	7.5	7.5	7.5	8.0	8.0	8.0	8.5	8.5	8.5	9.0	9.0	9.0	9.5	9.5	9.5	.1154
0.9	2.0	2.5	3.0	3.5	3.5	4.0	4.5	4.5	5.0	5.0	5.5	6.0	6.0	6.0	6.5	6.5	7.0	7.0	7.5	7.5	7.5	8.0	8.0	8.5	8.5	8.5	9.0	9.0	9.0	9.5	9.5	9.5	10.0	10.0	10.5	.1298
1.0	2.0	2.5	3.0	3.5	4.0	4.5	4.5	5.0	5.0	5.5	6.0	6.0	6.5	6.5	7.0	7.0	7.5	7.5	7.5	8.0	8.0	8.5	8.5	9.0	9.0	9.0	9.5	9.5	10.0	10.0	10.0	10.5	10.5	10.5	11.0	.1442
1.1	2.0	3.0	3.0	3.5	4.0	4.5	5.0	5.0	5.5	6.0	6.0	6.5	6.5	7.0	7.0	7.5	7.5	8.0	8.0	8.5	8.5	9.0	9.0	9.0	9.5	9.5	10.0	10.0	10.0	10.5	10.5	10.5	11.0	11.0	11.5	.1586
1.2	2.5	3.0	3.5	4.0	4.0	4.5	5.0	5.5	5.5	6.0	6.5	6.5	7.0	7.0	7.5	8.0	8.0	8.0	8.5	8.5	9.0	9.0	9.5	9.5	10.0	10.0	10.0	10.5	10.5	11.0	11.0	11.5	11.5	11.5	12.0	.1730
1.3	2.5	3.0	3.5	4.0	4.5	5.0	5.0	5.5	6.0	6.5	6.5	7.0	7.0	7.5	8.0	8.0	8.5	8.5	9.0	9.0	9.5	9.5	10.0	10.0	10.0	10.5	10.5	10.5	11.0	11.0	11.5	11.5	12.0	12.0	•	.1875
1.4	2.5	3.0	3.5	4.0	4.5	5.0	5.5	6.0	6.0	6.5	7.0	7.0	7.5	8.0	8.0	8.5	8.5	9.0	9.0	9.5	9.5	10.0	10.0	10.0	10.5	10.5	11.0	11.0	11.5	11.5	12.0	12.0	•	•	•	.2019
1.5	2.5	3.0	3.5	4.0	4.5	5.0	5.5	6.0	6.5	6.5	7.0	7.5	8.0	8.0	8.5	8.5	9.0	9.5	9.5	10.0	10.0	10.5	10.5	10.5	11.0	11.0	11.5	11.5	12.0	12.0	•	•	•	•	•	.2163
k	90	126	162	198	234	270	306	342	378	414	450	486	522	558	594	630	666	702	738	774	810	846	882	918	954	990	1026	1062	1098	1134	1170	1206	1242	1278	1314	km

Δt Fahrenheit

TEMPERATURE DIFFERENCE

TABLE 2 (Sheet 30 of 128)

TABLE 2 (Continued)

ECONOMICAL INSULATION THICKNESS TABLE

IN INCHES
(nominal)

PIPE SIZE: 2" NPS (Tube Size 2-1/2" OD)
60.33 mm

At the intersection of the "Δt" column with the "k" row read the economical thickness.
(•—*exceeds 12" thickness*)

CONDUCTIVITY k: Btu, in./sq ft, hr °F; km: W/mK

D = 0.0700

Δt Celsius °C or Kelvin °K (bottom row: Δt Fahrenheit)

k	50	70	90	110	130	150	170	190	210	230	250	270	290	310	330	350	370	390	410	430	450	470	490	510	530	550	570	590	610	630	650	670	690	710	730	km
0.1	1.0	1.0	1.0	1.0	1.0	1.5	1.5	1.5	2.0	2.0	2.0	2.0	2.5	2.5	2.5	2.5	3.0	3.0	3.0	3.0	3.0	3.5	3.5	3.5	3.5	4.0	4.0	4.0	4.0	4.0	4.5	4.5	4.5	4.5	4.5	.0144
0.2	1.0	1.5	1.5	1.5	2.0	2.0	2.5	2.5	2.5	2.5	3.0	3.0	3.0	3.0	3.0	3.0	3.5	3.5	3.5	4.0	4.0	4.0	4.0	4.0	4.5	4.5	4.5	4.5	4.5	4.5	5.0	5.0	5.0	5.0	5.0	.0288
0.3	1.5	1.5	1.5	2.0	2.5	2.5	3.0	3.0	3.0	3.0	3.5	3.5	3.5	4.0	4.0	4.0	4.5	4.5	4.5	4.5	5.0	5.0	5.0	5.0	5.5	5.5	5.5	5.5	5.5	6.0	6.0	6.0	6.0	6.5	6.5	.0433
0.4	1.5	2.0	2.0	2.0	2.5	3.0	3.0	3.0	3.5	4.0	4.0	4.0	4.0	4.5	4.5	5.0	5.0	5.0	5.5	5.5	5.5	6.0	6.0	6.0	6.0	6.5	6.5	6.5	6.5	7.0	7.0	7.0	7.0	7.5	7.5	.0577
0.5	1.5	2.0	2.0	2.5	3.0	3.5	3.5	4.0	4.0	4.0	4.5	4.5	4.5	5.0	5.0	5.5	5.5	5.5	6.0	6.0	6.5	6.5	6.5	7.0	7.0	7.0	7.5	7.5	7.5	8.0	8.0	8.0	8.0	8.5	8.5	.0721
0.6	2.0	2.5	2.5	3.0	3.0	3.5	4.0	4.0	4.5	4.5	5.0	5.0	5.5	5.5	6.0	6.0	6.5	6.5	7.0	7.0	7.0	7.5	7.5	7.5	7.5	8.0	8.0	8.0	8.5	8.5	9.0	9.0	9.0	9.0	9.5	.0865
0.7	2.0	2.5	2.5	3.0	3.5	4.0	4.5	4.5	5.0	5.0	5.5	5.5	6.0	6.0	6.5	6.5	7.0	7.0	7.0	7.5	7.5	8.0	8.0	8.0	8.5	8.5	9.0	9.0	9.0	9.5	9.5	10.0	10.0	10.0	10.5	.1009
0.8	2.0	2.5	2.5	3.0	3.5	4.0	4.5	4.5	5.0	5.5	5.5	6.0	6.0	6.5	6.5	7.0	7.5	7.5	8.0	8.0	8.5	8.5	8.5	9.0	9.0	9.5	9.5	9.5	10.0	10.0	10.5	10.5	10.5	11.0	11.0	.1154
0.9	2.0	3.0	3.0	3.5	4.0	4.5	5.0	5.0	5.5	5.5	6.0	6.5	6.5	7.0	7.0	7.5	8.0	8.0	8.5	8.5	9.0	9.0	9.0	9.5	9.5	10.0	10.5	10.5	10.5	11.0	11.0	11.5	11.5	11.5	12.0	.1298
1.0	2.0	3.0	3.5	3.5	4.0	4.5	5.0	5.5	5.5	6.0	6.5	7.0	7.0	7.0	7.5	8.0	8.5	8.5	8.5	9.0	9.5	9.5	9.5	10.0	10.5	10.5	11.0	11.0	11.0	11.5	12.0	12.0	•	•	•	.1442
1.1	2.5	3.0	3.5	3.5	4.0	4.5	5.0	5.5	6.0	6.5	7.0	7.0	7.5	7.5	7.5	8.0	8.5	9.0	9.0	9.5	9.5	10.0	10.5	10.5	11.0	11.0	11.5	11.5	12.0	12.0	•	•	•	•	•	.1586
1.2	2.5	3.0	3.5	3.5	4.0	4.5	5.0	5.5	6.0	6.5	7.0	7.5	7.5	7.5	8.0	8.5	9.0	9.5	10.0	10.5	10.5	11.0	11.0	11.5	11.5	12.0	12.0	•	•	•	•	•	•	•	•	.1730
1.3	2.5	3.0	3.5	3.5	4.0	4.5	5.0	5.5	6.0	6.5	7.0	7.5	7.5	8.0	8.5	9.0	9.5	10.0	10.5	11.0	11.0	11.5	11.5	12.0	12.0	•	•	•	•	•	•	•	•	•	•	.1875
1.4	2.5	3.0	4.0	4.0	4.5	5.0	5.5	6.0	6.5	7.0	7.5	8.0	8.0	8.5	9.0	9.5	10.0	10.5	11.0	11.5	11.5	12.0	12.0	•	•	•	•	•	•	•	•	•	•	•	•	.2019
1.5	3.0	3.5	4.0	4.5	5.0	5.5	6.0	6.5	7.0	7.5	7.5	8.0	8.5	9.0	9.5	10.0	10.5	11.0	11.0	11.5	11.5	12.0	•	•	•	•	•	•	•	•	•	•	•	•	•	.2163
k	90	126	162	198	234	270	306	342	378	414	450	486	522	558	594	630	666	702	738	774	810	846	882	918	954	990	1026	1062	1098	1134	1170	1206	1242	1278	1314	km

D = 0.1000

Δt Celsius °C or Kelvin °K (bottom row: Δt Fahrenheit)

k	50	70	90	110	130	150	170	190	210	230	250	270	290	310	330	350	370	390	410	430	450	470	490	510	530	550	570	590	610	630	650	670	690	710	730	km
0.1	1.5	1.5	1.5	1.5	2.0	2.0	2.0	2.0	2.0	2.5	2.5	2.5	2.5	3.0	3.0	3.0	3.5	3.5	3.5	3.5	4.0	4.0	4.0	4.0	4.0	4.5	4.5	4.5	4.5	5.0	5.0	5.0	5.0	5.0	5.0	.0144
0.2	1.5	2.0	2.0	2.0	2.5	2.5	3.0	3.0	3.0	3.0	3.5	3.5	3.5	3.5	4.0	4.0	4.5	4.5	4.5	4.5	5.0	5.0	5.0	5.0	5.0	5.5	5.5	5.5	5.5	6.0	6.0	6.0	6.0	6.0	6.5	.0288
0.3	1.5	2.0	2.0	2.5	3.0	3.0	3.5	3.5	3.5	4.0	4.0	4.5	4.5	4.5	5.0	5.0	5.5	5.5	5.5	6.0	6.0	6.0	6.0	6.5	6.5	6.5	7.0	7.0	7.0	7.0	7.5	7.5	7.5	7.5	8.0	.0433
0.4	2.0	2.0	2.5	3.0	3.5	3.5	4.0	4.0	4.5	4.5	5.0	5.0	5.0	5.5	6.0	6.0	6.5	6.5	6.5	6.5	7.0	7.0	7.0	7.5	7.5	8.0	8.0	8.0	8.5	8.5	8.5	9.0	9.0	9.0	9.5	.0577
0.5	2.0	2.5	2.5	3.0	3.5	4.0	4.5	4.5	5.0	5.0	5.5	6.0	6.0	6.0	6.5	7.0	7.0	7.0	7.5	7.5	8.0	8.0	8.0	8.5	8.5	9.0	9.0	9.5	9.5	9.5	10.0	10.0	10.0	10.5	10.5	.0721
0.6	2.5	3.0	3.0	3.5	4.0	4.5	5.0	5.0	5.5	5.5	6.0	6.5	6.5	7.0	7.0	7.5	8.0	8.0	8.5	8.5	9.0	9.0	9.0	9.5	9.5	10.0	10.0	10.0	10.5	10.5	11.0	11.5	11.5	11.5	12.0	.0865
0.7	2.5	3.0	3.5	4.0	4.5	5.0	5.5	5.5	6.0	6.0	6.5	7.0	7.0	7.5	8.0	8.0	8.5	8.5	9.0	9.0	9.5	10.0	10.0	10.0	10.5	11.0	11.0	11.5	11.5	11.5	12.0	12.0	•	•	•	.1009
0.8	2.5	3.5	3.5	4.0	4.5	5.0	5.5	5.5	6.0	6.5	7.0	7.5	7.5	8.0	8.5	9.0	9.0	9.0	9.5	10.0	10.5	10.5	11.0	11.0	11.5	11.5	12.0	12.0	•	•	•	•	•	•	•	.1154
0.9	2.5	3.5	3.5	4.0	5.0	5.5	6.0	6.0	6.5	7.0	7.5	8.0	8.0	8.5	9.0	9.5	10.0	10.0	10.0	10.5	11.0	11.5	11.5	12.0	12.0	•	•	•	•	•	•	•	•	•	•	.1298
1.0	3.0	3.5	4.0	4.5	5.0	6.0	6.5	7.0	7.0	7.5	8.0	8.5	8.5	9.0	9.5	10.0	10.5	10.5	11.0	11.5	11.5	12.0	12.0	•	•	•	•	•	•	•	•	•	•	•	•	.1442
1.1	3.0	3.5	4.0	4.5	5.0	6.0	6.5	7.0	7.5	8.0	8.5	9.0	9.0	9.5	10.0	10.5	11.0	11.5	12.0	12.0	•	•	•	•	•	•	•	•	•	•	•	•	•	•	•	.1586
1.2	3.0	3.5	4.0	4.5	5.0	6.0	6.5	7.0	7.5	8.0	9.0	9.5	9.5	10.0	10.5	11.0	12.0	12.0	•	•	•	•	•	•	•	•	•	•	•	•	•	•	•	•	•	.1730
1.3	3.5	4.0	4.5	5.0	5.5	6.0	6.5	7.0	7.5	8.5	9.0	9.5	10.0	10.5	11.0	12.0	•	•	•	•	•	•	•	•	•	•	•	•	•	•	•	•	•	•	•	.1875
1.4	3.5	4.0	4.5	5.0	5.5	6.5	7.0	7.5	8.0	8.5	9.0	10.0	10.5	11.0	12.0	•	•	•	•	•	•	•	•	•	•	•	•	•	•	•	•	•	•	•	•	.2019
1.5	3.5	4.0	4.5	5.0	5.5	6.5	7.0	7.5	8.0	8.5	9.0	10.0	11.0	12.0	•	•	•	•	•	•	•	•	•	•	•	•	•	•	•	•	•	•	•	•	•	.2163
k	90	126	162	198	234	270	306	342	378	414	450	486	522	558	594	630	666	702	738	774	810	846	882	918	954	990	1026	1062	1098	1134	1170	1206	1242	1278	1314	km

D = 0.1400

Δt Celsius °C or Kelvin °K (bottom row: Δt Fahrenheit)

k	50	70	90	110	130	150	170	190	210	230	250	270	290	310	330	350	370	390	410	430	450	470	490	510	530	550	570	590	610	630	650	670	690	710	730	km
0.1	1.5	1.5	2.0	2.0	2.5	2.5	3.0	3.0	3.0	3.0	3.5	3.5	3.5	3.5	4.0	4.0	4.5	4.5	4.5	4.5	4.5	4.5	5.0	5.0	5.0	5.0	5.0	5.5	5.5	5.5	5.5	5.5	6.0	6.0	6.0	.0144
0.2	1.5	2.0	2.0	2.5	3.0	3.0	3.5	3.5	4.0	4.0	4.0	4.5	4.5	5.0	5.0	5.0	5.0	5.5	5.5	5.5	6.0	6.0	6.0	6.5	6.5	6.5	6.5	6.5	7.0	7.0	7.0	7.0	7.0	7.0	7.0	.0288
0.3	2.0	2.5	2.5	3.0	3.5	4.0	4.0	4.5	4.5	5.0	5.0	5.5	5.5	6.0	6.0	6.5	6.5	6.5	7.0	7.0	7.5	7.5	7.5	7.5	8.0	8.0	8.5	8.5	8.5	9.0	9.0	9.0	9.0	9.5	9.5	.0433
0.4	2.5	3.0	3.0	3.5	4.0	4.5	5.0	5.0	5.5	5.5	6.0	6.5	6.5	6.5	7.0	7.5	7.5	7.5	8.0	8.5	8.5	9.0	9.0	9.0	9.5	9.5	10.0	10.0	10.0	10.5	10.5	11.0	11.0	11.0	11.5	.0577
0.5	2.5	3.5	4.0	4.0	4.5	5.0	5.5	5.5	6.0	6.5	7.0	7.0	7.0	7.5	8.0	8.5	8.5	9.0	9.0	9.5	9.5	10.0	10.0	10.0	10.5	11.0	11.5	11.5	11.5	12.0	12.0	•	•	•	•	.0721
0.6	3.0	3.5	4.0	4.5	5.0	5.5	6.0	6.0	6.5	7.0	7.5	8.0	8.0	8.5	9.0	9.0	9.5	9.5	10.0	10.5	11.0	11.0	11.5	11.5	12.0	12.0	•	•	•	•	•	•	•	•	•	.0865
0.7	3.0	4.0	4.0	4.5	5.5	6.0	6.5	6.5	7.0	7.5	8.0	8.5	8.5	9.0	9.5	10.0	10.5	10.5	11.0	11.5	12.0	12.0	12.0	•	•	•	•	•	•	•	•	•	•	•	•	.1009
0.8	3.0	4.0	4.5	5.0	5.5	6.5	7.0	7.0	7.5	8.5	9.0	9.5	10.0	10.0	10.5	11.0	11.5	12.0	12.0	•	•	•	•	•	•	•	•	•	•	•	•	•	•	•	•	.1154
0.9	3.5	4.5	5.0	5.5	6.0	7.0	7.5	8.0	8.5	9.0	9.5	10.0	10.5	10.5	11.0	11.5	12.0	•	•	•	•	•	•	•	•	•	•	•	•	•	•	•	•	•	•	.1298
1.0	3.5	4.5	5.0	5.5	6.5	7.0	8.0	8.0	8.5	9.5	10.0	10.5	10.5	11.0	12.0	•	•	•	•	•	•	•	•	•	•	•	•	•	•	•	•	•	•	•	•	.1442
1.1	4.0	5.0	5.5	6.0	7.0	7.5	8.0	8.5	9.0	10.0	10.5	11.0	11.5	12.0	•	•	•	•	•	•	•	•	•	•	•	•	•	•	•	•	•	•	•	•	•	.1586
1.2	4.0	5.5	5.5	6.5	7.5	8.0	8.5	9.0	9.5	10.5	11.0	11.5	12.0	•	•	•	•	•	•	•	•	•	•	•	•	•	•	•	•	•	•	•	•	•	•	.1730
1.3	4.5	5.5	6.0	7.0	8.0	8.5	9.0	9.5	10.0	11.0	11.5	12.0	•	•	•	•	•	•	•	•	•	•	•	•	•	•	•	•	•	•	•	•	•	•	•	.1875
1.4	4.5	6.0	6.5	7.5	8.5	9.0	9.5	10.0	10.5	11.5	12.0	•	•	•	•	•	•	•	•	•	•	•	•	•	•	•	•	•	•	•	•	•	•	•	•	.2019
1.5	5.0	6.0	7.0	8.0	9.0	9.5	10.0	10.5	11.0	12.0	•	•	•	•	•	•	•	•	•	•	•	•	•	•	•	•	•	•	•	•	•	•	•	•	•	.2163
k	90	126	162	198	234	270	306	342	378	414	450	486	522	558	594	630	666	702	738	774	810	846	882	918	954	990	1026	1062	1098	1134	1170	1206	1242	1278	1314	km

TEMPERATURE DIFFERENCE

ECONOMICAL INSULATION THICKNESS TABLE

IN INCHES
(nominal)

PIPE SIZE: 2-1/2" NPS (Tube Size 3" OD)
73 mm

At the intersection of the "Δt" column with the "k" row read the economical thickness.
(•—*exceeds 12" thickness*)

D = 0.0025

Δt Celsius °C or Kelvin °K

CONDUCTIVITY — k: Btu, in./sq ft, hr °F; km: W/mK

k	50	70	90	110	130	150	170	190	210	230	250	270	290	310	330	350	370	390	410	430	450	470	490	510	530	550	570	590	610	630	650	670	690	710	730	km
0.1	0.5	0.5	0.5	0.5	0.5	0.5	0.5	0.5	0.5	0.5	0.5	0.5	0.5	0.5	0.5	0.5	0.5	0.5	0.5	0.5	0.5	1.0	1.0	1.0	1.0	1.0	1.0	1.0	1.0	1.0	1.0	1.0	1.0	1.0	1.0	.0144
0.2	0.5	0.5	0.5	0.5	0.5	0.5	0.5	0.5	0.5	0.5	0.5	0.5	1.0	1.0	1.0	1.0	1.0	1.0	1.0	1.0	1.0	1.0	1.0	1.0	1.0	1.0	1.0	1.0	1.0	1.0	1.0	1.0	1.0	1.0	1.0	.0288
0.3	0.5	0.5	0.5	0.5	0.5	0.5	0.5	0.5	0.5	1.0	1.0	1.0	1.0	1.0	1.0	1.0	1.0	1.0	1.0	1.0	1.0	1.0	1.0	1.0	1.0	1.0	1.0	1.0	1.0	1.0	1.5	1.5	1.5	1.5	1.5	.0433
0.4	0.5	0.5	0.5	0.5	0.5	0.5	0.5	1.0	1.0	1.0	1.0	1.0	1.0	1.0	1.0	1.0	1.0	1.0	1.0	1.0	1.0	1.0	1.0	1.0	1.5	1.5	1.5	1.5	1.5	1.5	1.5	1.5	1.5	1.5	1.5	.0577
0.5	0.5	0.5	0.5	0.5	0.5	0.5	0.5	1.0	1.0	1.0	1.0	1.0	1.0	1.0	1.0	1.0	1.0	1.0	1.0	1.0	1.0	1.5	1.5	1.5	1.5	1.5	1.5	1.5	1.5	1.5	1.5	1.5	1.5	1.5	1.5	.0721
0.6	0.5	0.5	0.5	0.5	0.5	0.5	1.0	1.0	1.0	1.0	1.0	1.0	1.0	1.0	1.0	1.0	1.0	1.0	1.0	1.5	1.5	1.5	1.5	1.5	1.5	1.5	1.5	1.5	1.5	1.5	1.5	1.5	1.5	2.0	2.0	.0865
0.7	0.5	0.5	0.5	0.5	0.5	0.5	1.0	1.0	1.0	1.0	1.0	1.0	1.0	1.0	1.0	1.0	1.0	1.5	1.5	1.5	1.5	1.5	1.5	1.5	1.5	1.5	1.5	1.5	1.5	1.5	2.0	2.0	2.0	2.0	2.0	.1009
0.8	0.5	0.5	0.5	0.5	0.5	0.5	1.0	1.0	1.0	1.0	1.0	1.0	1.0	1.0	1.0	1.0	1.5	1.5	1.5	1.5	1.5	1.5	1.5	1.5	1.5	1.5	1.5	2.0	2.0	2.0	2.0	2.0	2.0	2.0	2.0	.1154
0.9	0.5	0.5	0.5	0.5	0.5	0.5	1.0	1.0	1.0	1.0	1.0	1.0	1.0	1.0	1.0	1.0	1.5	1.5	1.5	1.5	1.5	1.5	1.5	1.5	1.5	1.5	2.0	2.0	2.0	2.0	2.0	2.0	2.0	2.0	2.0	.1298
1.0	0.5	0.5	0.5	0.5	0.5	0.5	0.5	1.0	1.0	1.0	1.0	1.0	1.0	1.0	1.0	1.5	1.5	1.5	1.5	1.5	1.5	1.5	1.5	1.5	2.0	2.0	2.0	2.0	2.0	2.0	2.0	2.0	2.0	2.0	2.0	.1442
1.1	0.5	0.5	0.5	0.5	0.5	0.5	0.5	1.0	1.0	1.0	1.0	1.0	1.0	1.0	1.0	1.5	1.5	1.5	1.5	1.5	1.5	1.5	1.5	2.0	2.0	2.0	2.0	2.0	2.0	2.0	2.0	2.0	2.0	2.0	2.0	.1586
1.2	0.5	0.5	0.5	0.5	0.5	0.5	0.5	1.0	1.0	1.0	1.0	1.0	1.0	1.0	1.0	1.5	1.5	1.5	1.5	1.5	1.5	1.5	1.5	2.0	2.0	2.0	2.0	2.0	2.0	2.0	2.0	2.0	2.0	2.0	2.0	.1730
1.3	0.5	0.5	0.5	0.5	0.5	0.5	0.5	0.5	1.0	1.0	1.0	1.0	1.0	1.0	1.0	1.5	1.5	1.5	1.5	1.5	1.5	1.5	2.0	2.0	2.0	2.0	2.0	2.0	2.0	2.0	2.0	2.0	2.0	2.0	2.5	.1875
1.4	0.5	0.5	0.5	0.5	0.5	0.5	0.5	0.5	1.0	1.0	1.0	1.0	1.0	1.0	1.0	1.5	1.5	1.5	1.5	1.5	1.5	2.0	2.0	2.0	2.0	2.0	2.0	2.0	2.0	2.0	2.0	2.0	2.0	2.5	2.5	.2019
1.5	0.5	0.5	0.5	0.5	0.5	0.5	0.5	0.5	1.0	1.0	1.0	1.0	1.0	1.0	1.0	1.5	1.5	1.5	1.5	1.5	1.5	2.0	2.0	2.0	2.0	2.0	2.0	2.0	2.0	2.0	2.0	2.0	2.5	2.5	2.5	.2163
k	90	126	162	198	234	270	306	342	378	414	450	486	522	558	594	630	666	702	738	774	810	846	882	918	954	990	1026	1062	1098	1134	1170	1206	1242	1278	1314	km

Δt Fahrenheit

D = 0.0030

Δt Celsius °C or Kelvin °K

CONDUCTIVITY — k: Btu, in./sq ft, hr °F; km: W/mK

k	50	70	90	110	130	150	170	190	210	230	250	270	290	310	330	350	370	390	410	430	450	470	490	510	530	550	570	590	610	630	650	670	690	710	730	km
0.1	0.5	0.5	0.5	0.5	0.5	0.5	0.5	0.5	0.5	0.5	0.5	0.5	0.5	0.5	0.5	0.5	0.5	1.0	1.0	1.0	1.0	1.0	1.0	1.0	1.0	1.0	1.0	1.0	1.0	1.0	1.0	1.0	1.0	1.0	1.0	.0144
0.2	0.5	0.5	0.5	0.5	0.5	0.5	0.5	0.5	0.5	1.0	1.0	1.0	1.0	1.0	1.0	1.0	1.0	1.0	1.0	1.0	1.0	1.0	1.0	1.0	1.0	1.0	1.0	1.0	1.0	1.0	1.0	1.0	1.0	1.0	1.5	.0288
0.3	0.5	0.5	0.5	0.5	0.5	0.5	0.5	1.0	1.0	1.0	1.0	1.0	1.0	1.0	1.0	1.0	1.0	1.0	1.0	1.0	1.0	1.0	1.0	1.0	1.5	1.5	1.5	1.5	1.5	1.5	1.5	1.5	1.5	1.5	1.5	.0433
0.4	0.5	0.5	0.5	0.5	0.5	0.5	1.0	1.0	1.0	1.0	1.0	1.0	1.0	1.0	1.0	1.0	1.0	1.0	1.0	1.0	1.5	1.5	1.5	1.5	1.5	1.5	1.5	1.5	1.5	1.5	1.5	1.5	1.5	1.5	1.5	.0577
0.5	0.5	0.5	0.5	0.5	0.5	1.0	1.0	1.0	1.0	1.0	1.0	1.0	1.0	1.0	1.0	1.0	1.0	1.5	1.5	1.5	1.5	1.5	1.5	1.5	1.5	1.5	1.5	1.5	1.5	1.5	1.5	2.0	2.0	2.0	2.0	.0721
0.6	0.5	0.5	0.5	0.5	0.5	1.0	1.0	1.0	1.0	1.0	1.0	1.0	1.0	1.0	1.0	1.5	1.5	1.5	1.5	1.5	1.5	1.5	1.5	1.5	1.5	1.5	1.5	2.0	2.0	2.0	2.0	2.0	2.0	2.0	2.0	.0865
0.7	0.5	0.5	0.5	0.5	0.5	1.0	1.0	1.0	1.0	1.0	1.0	1.0	1.0	1.0	1.5	1.5	1.5	1.5	1.5	1.5	1.5	1.5	1.5	1.5	2.0	2.0	2.0	2.0	2.0	2.0	2.0	2.0	2.0	2.0	2.0	.1009
0.8	0.5	0.5	0.5	0.5	0.5	1.0	1.0	1.0	1.0	1.0	1.0	1.0	1.0	1.5	1.5	1.5	1.5	1.5	1.5	1.5	1.5	1.5	2.0	2.0	2.0	2.0	2.0	2.0	2.0	2.0	2.0	2.0	2.0	2.0	2.0	.1154
0.9	0.5	0.5	0.5	0.5	0.5	1.0	1.0	1.0	1.0	1.0	1.0	1.0	1.0	1.5	1.5	1.5	1.5	1.5	1.5	1.5	1.5	2.0	2.0	2.0	2.0	2.0	2.0	2.0	2.0	2.0	2.0	2.0	2.0	2.0	2.5	.1298
1.0	0.5	0.5	0.5	0.5	0.5	1.0	1.0	1.0	1.0	1.0	1.0	1.0	1.5	1.5	1.5	1.5	1.5	1.5	1.5	1.5	2.0	2.0	2.0	2.0	2.0	2.0	2.0	2.0	2.0	2.0	2.0	2.0	2.5	2.5	2.5	.1442
1.1	0.5	0.5	0.5	0.5	0.5	1.0	1.0	1.0	1.0	1.0	1.0	1.0	1.5	1.5	1.5	1.5	1.5	1.5	1.5	2.0	2.0	2.0	2.0	2.0	2.0	2.0	2.0	2.0	2.0	2.0	2.5	2.5	2.5	2.5	2.5	.1586
1.2	0.5	0.5	0.5	0.5	0.5	0.5	1.0	1.0	1.0	1.0	1.0	1.0	1.5	1.5	1.5	1.5	1.5	1.5	2.0	2.0	2.0	2.0	2.0	2.0	2.0	2.0	2.0	2.0	2.0	2.5	2.5	2.5	2.5	2.5	2.5	.1730
1.3	0.5	0.5	0.5	0.5	0.5	0.5	1.0	1.0	1.0	1.0	1.0	1.0	1.5	1.5	1.5	1.5	1.5	1.5	2.0	2.0	2.0	2.0	2.0	2.0	2.0	2.0	2.0	2.0	2.5	2.5	2.5	2.5	2.5	2.5	2.5	.1875
1.4	0.5	0.5	0.5	0.5	0.5	0.5	1.0	1.0	1.0	1.0	1.0	1.0	1.5	1.5	1.5	1.5	1.5	1.5	2.0	2.0	2.0	2.0	2.0	2.0	2.0	2.0	2.0	2.5	2.5	2.5	2.5	2.5	2.5	2.5	2.5	.2019
1.5	0.5	0.5	0.5	0.5	0.5	0.5	0.5	1.0	1.0	1.0	1.0	1.0	1.5	1.5	1.5	1.5	1.5	2.0	2.0	2.0	2.0	2.0	2.0	2.0	2.0	2.0	2.5	2.5	2.5	2.5	2.5	2.5	2.5	2.5	2.5	.2163
k	90	126	162	198	234	270	306	342	378	414	450	486	522	558	594	630	666	702	738	774	810	846	882	918	954	990	1026	1062	1098	1134	1170	1206	1242	1278	1314	km

Δt Fahrenheit

D = 0.0035

Δt Celsius °C or Kelvin °K

CONDUCTIVITY — k: Btu, in./sq ft, hr °F; km: W/mK

k	50	70	90	110	130	150	170	190	210	230	250	270	290	310	330	350	370	390	410	430	450	470	490	510	530	550	570	590	610	630	650	670	690	710	730	km
0.1	0.5	0.5	0.5	0.5	0.5	0.5	0.5	0.5	0.5	0.5	0.5	0.5	0.5	0.5	1.0	1.0	1.0	1.0	1.0	1.0	1.0	1.0	1.0	1.0	1.0	1.0	1.0	1.0	1.0	1.0	1.0	1.0	1.0	1.0	1.0	.0144
0.2	0.5	0.5	0.5	0.5	0.5	0.5	0.5	0.5	1.0	1.0	1.0	1.0	1.0	1.0	1.0	1.0	1.0	1.0	1.0	1.0	1.0	1.0	1.0	1.0	1.0	1.0	1.0	1.0	1.0	1.5	1.5	1.5	1.5	1.5	1.5	.0288
0.3	0.5	0.5	0.5	0.5	0.5	0.5	1.0	1.0	1.0	1.0	1.0	1.0	1.0	1.0	1.0	1.0	1.0	1.0	1.0	1.0	1.0	1.5	1.5	1.5	1.5	1.5	1.5	1.5	1.5	1.5	1.5	1.5	1.5	1.5	1.5	.0433
0.4	0.5	0.5	0.5	0.5	0.5	1.0	1.0	1.0	1.0	1.0	1.0	1.0	1.0	1.0	1.0	1.0	1.0	1.5	1.5	1.5	1.5	1.5	1.5	1.5	1.5	1.5	1.5	1.5	1.5	1.5	1.5	2.0	2.0	2.0	2.0	.0577
0.5	0.5	0.5	0.5	0.5	1.0	1.0	1.0	1.0	1.0	1.0	1.0	1.0	1.0	1.0	1.5	1.5	1.5	1.5	1.5	1.5	1.5	1.5	1.5	1.5	1.5	1.5	2.0	2.0	2.0	2.0	2.0	2.0	2.0	2.0	2.0	.0721
0.6	0.5	0.5	0.5	0.5	1.0	1.0	1.0	1.0	1.0	1.0	1.0	1.0	1.0	1.5	1.5	1.5	1.5	1.5	1.5	1.5	1.5	1.5	1.5	2.0	2.0	2.0	2.0	2.0	2.0	2.0	2.0	2.0	2.0	2.0	2.0	.0865
0.7	0.5	0.5	0.5	0.5	1.0	1.0	1.0	1.0	1.0	1.0	1.0	1.0	1.5	1.5	1.5	1.5	1.5	1.5	1.5	1.5	1.5	2.0	2.0	2.0	2.0	2.0	2.0	2.0	2.0	2.0	2.0	2.0	2.0	2.0	2.5	.1009
0.8	0.5	0.5	0.5	0.5	1.0	1.0	1.0	1.0	1.0	1.0	1.0	1.5	1.5	1.5	1.5	1.5	1.5	1.5	1.5	2.0	2.0	2.0	2.0	2.0	2.0	2.0	2.0	2.0	2.0	2.0	2.0	2.5	2.5	2.5	2.5	.1154
0.9	0.5	0.5	0.5	0.5	1.0	1.0	1.0	1.0	1.0	1.0	1.0	1.5	1.5	1.5	1.5	1.5	1.5	1.5	2.0	2.0	2.0	2.0	2.0	2.0	2.0	2.0	2.0	2.0	2.0	2.5	2.5	2.5	2.5	2.5	2.5	.1298
1.0	0.5	0.5	0.5	0.5	1.0	1.0	1.0	1.0	1.0	1.0	1.5	1.5	1.5	1.5	1.5	1.5	1.5	2.0	2.0	2.0	2.0	2.0	2.0	2.0	2.0	2.0	2.0	2.5	2.5	2.5	2.5	2.5	2.5	2.5	2.5	.1442
1.1	0.5	0.5	0.5	0.5	1.0	1.0	1.0	1.0	1.0	1.0	1.5	1.5	1.5	1.5	1.5	1.5	2.0	2.0	2.0	2.0	2.0	2.0	2.0	2.0	2.0	2.0	2.5	2.5	2.5	2.5	2.5	2.5	2.5	2.5	2.5	.1586
1.2	0.5	0.5	0.5	0.5	0.5	1.0	1.0	1.0	1.0	1.0	1.5	1.5	1.5	1.5	1.5	1.5	2.0	2.0	2.0	2.0	2.0	2.0	2.0	2.0	2.5	2.5	2.5	2.5	2.5	2.5	2.5	2.5	2.5	2.5	2.5	.1730
1.3	0.5	0.5	0.5	0.5	0.5	1.0	1.0	1.0	1.0	1.0	1.5	1.5	1.5	1.5	1.5	2.0	2.0	2.0	2.0	2.0	2.0	2.0	2.0	2.5	2.5	2.5	2.5	2.5	2.5	2.5	2.5	2.5	2.5	3.0	3.0	.1875
1.4	0.5	0.5	0.5	0.5	0.5	1.0	1.0	1.0	1.0	1.0	1.5	1.5	1.5	1.5	1.5	2.0	2.0	2.0	2.0	2.0	2.5	2.5	2.5	2.5	2.5	2.5	2.5	2.5	2.5	2.5	2.5	2.5	3.0	3.0	3.0	.2019
1.5	0.5	0.5	0.5	0.5	0.5	1.0	1.0	1.0	1.0	1.0	1.5	1.5	1.5	1.5	1.5	2.0	2.0	2.0	2.0	2.0	2.0	2.0	2.5	2.5	2.5	2.5	2.5	2.5	2.5	2.5	2.5	3.0	3.0	3.0	3.0	.2163
k	90	126	162	198	234	270	306	342	378	414	450	486	522	558	594	630	666	702	738	774	810	846	882	918	954	990	1026	1062	1098	1134	1170	1206	1242	1278	1314	km

Δt Fahrenheit

TEMPERATURE DIFFERENCE

TABLE 2 (Sheet 32 of 128)

TABLE 2 (Continued)

ECONOMICAL INSULATION THICKNESS TABLE

IN INCHES
(nominal)

PIPE SIZE: 2-1/2" NPS (Tube Size 3" OD)
73 mm

At the intersection of the "Δt" column with the "k" row read the economical thickness.
(•—*exceeds 12" thickness*)

D = 0.0040

Δt Celsius °C or Kelvin °K

Btu, in./sq ft, hr °F — W/mK

k	50	70	90	110	130	150	170	190	210	230	250	270	290	310	330	350	370	390	410	430	450	470	490	510	530	550	570	590	610	630	650	670	690	710	730	km
0.1	0.5	0.5	0.5	0.5	0.5	0.5	0.5	0.5	0.5	0.5	0.5	0.5	1.0	1.0	1.0	1.0	1.0	1.0	1.0	1.0	1.0	1.0	1.0	1.0	1.0	1.0	1.0	1.0	1.0	1.0	1.0	1.0	1.0	1.0	1.0	.0144
0.2	0.5	0.5	0.5	0.5	0.5	0.5	1.0	1.0	1.0	1.0	1.0	1.0	1.0	1.0	1.0	1.0	1.0	1.0	1.0	1.0	1.0	1.0	1.0	1.0	1.0	1.5	1.5	1.5	1.5	1.5	1.5	1.5	1.5	1.5	1.0	.0288
0.3	0.5	0.5	0.5	0.5	0.5	1.0	1.0	1.0	1.0	1.0	1.0	1.0	1.0	1.0	1.0	1.0	1.0	1.0	1.5	1.5	1.5	1.5	1.5	1.5	1.5	1.5	1.5	1.5	1.5	1.5	1.5	1.5	1.5	1.5	2.0	.0433
0.4	0.5	0.5	0.5	0.5	1.0	1.0	1.0	1.0	1.0	1.0	1.0	1.0	1.0	1.0	1.5	1.5	1.5	1.5	1.5	1.5	1.5	1.5	1.5	1.5	1.5	1.5	1.5	2.0	2.0	2.0	2.0	2.0	2.0	2.0	2.0	.0577
0.5	0.5	0.5	0.5	1.0	1.0	1.0	1.0	1.0	1.0	1.0	1.0	1.0	1.5	1.5	1.5	1.5	1.5	1.5	1.5	1.5	1.5	1.5	1.5	2.0	2.0	2.0	2.0	2.0	2.0	2.0	2.0	2.0	2.0	2.0	2.0	.0721
0.6	0.5	0.5	0.5	1.0	1.0	1.0	1.0	1.0	1.0	1.0	1.0	1.5	1.5	1.5	1.5	1.5	1.5	1.5	1.5	1.5	1.5	2.0	2.0	2.0	2.0	2.0	2.0	2.0	2.0	2.0	2.0	2.0	2.0	2.5	2.5	.0865
0.7	0.5	0.5	0.5	1.0	1.0	1.0	1.0	1.0	1.0	1.0	1.5	1.5	1.5	1.5	1.5	1.5	1.5	1.5	2.0	2.0	2.0	2.0	2.0	2.0	2.0	2.0	2.0	2.0	2.0	2.0	2.5	2.5	2.5	2.5	2.5	.1009
0.8	0.5	0.5	0.5	1.0	1.0	1.0	1.0	1.0	1.0	1.0	1.5	1.5	1.5	1.5	1.5	1.5	2.0	2.0	2.0	2.0	2.0	2.0	2.0	2.0	2.0	2.0	2.0	2.5	2.5	2.5	2.5	2.5	2.5	2.5	2.5	.1154
0.9	0.5	0.5	0.5	1.0	1.0	1.0	1.0	1.0	1.0	1.5	1.5	1.5	1.5	1.5	1.5	2.0	2.0	2.0	2.0	2.0	2.0	2.0	2.0	2.0	2.0	2.5	2.5	2.5	2.5	2.5	2.5	2.5	2.5	2.5	2.5	.1298
1.0	0.5	0.5	0.5	1.0	1.0	1.0	1.0	1.0	1.0	1.5	1.5	1.5	1.5	1.5	2.0	2.0	2.0	2.0	2.0	2.0	2.0	2.0	2.0	2.5	2.5	2.5	2.5	2.5	2.5	2.5	2.5	2.5	2.5	2.5	3.0	.1442
1.1	0.5	0.5	0.5	0.5	1.0	1.0	1.0	1.0	1.0	1.5	1.5	1.5	1.5	1.5	2.0	2.0	2.0	2.0	2.0	2.0	2.0	2.0	2.5	2.5	2.5	2.5	2.5	2.5	2.5	2.5	2.5	2.5	3.0	3.0	3.0	.1586
1.2	0.5	0.5	0.5	0.5	1.0	1.0	1.0	1.0	1.0	1.5	1.5	1.5	1.5	2.0	2.0	2.0	2.0	2.0	2.0	2.0	2.0	2.5	2.5	2.5	2.5	2.5	2.5	2.5	2.5	2.5	3.0	3.0	3.0	3.0	3.0	.1730
1.3	0.5	0.5	0.5	0.5	1.0	1.0	1.0	1.0	1.0	1.5	1.5	1.5	1.5	2.0	2.0	2.0	2.0	2.0	2.0	2.0	2.5	2.5	2.5	2.5	2.5	2.5	2.5	2.5	2.5	3.0	3.0	3.0	3.0	3.0	3.0	.1875
1.4	0.5	0.5	0.5	0.5	1.0	1.0	1.0	1.0	1.0	1.5	1.5	1.5	1.5	2.0	2.0	2.0	2.0	2.0	2.0	2.0	2.5	2.5	2.5	2.5	2.5	2.5	2.5	2.5	3.0	3.0	3.0	3.0	3.0	3.0	3.0	.2019
1.5	0.5	0.5	0.5	0.5	0.5	1.0	1.0	1.0	1.0	1.5	1.5	1.5	2.0	2.0	2.0	2.0	2.0	2.0	2.0	2.5	2.5	2.5	2.5	2.5	2.5	2.5	2.5	3.0	3.0	3.0	3.0	3.0	3.0	3.0	3.0	.2163
k	90	126	162	198	234	270	306	342	378	414	450	486	522	558	594	630	666	702	738	774	810	846	882	918	954	990	1026	1062	1098	1134	1170	1206	1242	1278	1314	km

Δt Fahrenheit

D = 0.0045

Δt Celsius °C or Kelvin °K

CONDUCTIVITY Btu, in./sq ft, hr °F — W/mK

k	50	70	90	110	130	150	170	190	210	230	250	270	290	310	330	350	370	390	410	430	450	470	490	510	530	550	570	590	610	630	650	670	690	710	730	km
0.1	0.5	0.5	0.5	0.5	0.5	0.5	0.5	0.5	0.5	0.5	0.5	1.0	1.0	1.0	1.0	1.0	1.0	1.0	1.0	1.0	1.0	1.0	1.0	1.0	1.0	1.0	1.0	1.0	1.0	1.0	1.0	1.0	1.0	1.0	1.0	.0144
0.2	0.5	0.5	0.5	0.5	0.5	0.5	1.0	1.0	1.0	1.0	1.0	1.0	1.0	1.0	1.0	1.0	1.0	1.0	1.0	1.0	1.0	1.0	1.5	1.5	1.5	1.5	1.5	1.5	1.5	1.5	1.5	1.5	1.5	1.5	1.5	.0288
0.3	0.5	0.5	0.5	0.5	1.0	1.0	1.0	1.0	1.0	1.0	1.0	1.0	1.0	1.0	1.0	1.0	1.5	1.5	1.5	1.5	1.5	1.5	1.5	1.5	1.5	1.5	1.5	1.5	1.5	1.5	2.0	2.0	2.0	2.0	2.0	.0433
0.4	0.5	0.5	0.5	1.0	1.0	1.0	1.0	1.0	1.0	1.0	1.0	1.0	1.5	1.5	1.5	1.5	1.5	1.5	1.5	1.5	1.5	1.5	1.5	1.5	2.0	2.0	2.0	2.0	2.0	2.0	2.0	2.0	2.0	2.0	2.0	.0577
0.5	0.5	0.5	0.5	1.0	1.0	1.0	1.0	1.0	1.0	1.0	1.0	1.5	1.5	1.5	1.5	1.5	1.5	1.5	1.5	1.5	2.0	2.0	2.0	2.0	2.0	2.0	2.0	2.0	2.0	2.0	2.0	2.0	2.0	2.0	2.0	.0721
0.6	0.5	0.5	0.5	1.0	1.0	1.0	1.0	1.0	1.0	1.5	1.5	1.5	1.5	1.5	1.5	1.5	1.5	2.0	2.0	2.0	2.0	2.0	2.0	2.0	2.0	2.0	2.0	2.0	2.0	2.0	2.5	2.5	2.5	2.5	2.5	.0865
0.7	0.5	0.5	0.5	1.0	1.0	1.0	1.0	1.0	1.0	1.5	1.5	1.5	1.5	1.5	1.5	1.5	2.0	2.0	2.0	2.0	2.0	2.0	2.0	2.0	2.0	2.0	2.5	2.5	2.5	2.5	2.5	2.5	2.5	2.5	2.5	.1009
0.8	0.5	0.5	0.5	1.0	1.0	1.0	1.0	1.0	1.5	1.5	1.5	1.5	1.5	1.5	2.0	2.0	2.0	2.0	2.0	2.0	2.0	2.0	2.0	2.0	2.5	2.5	2.5	2.5	2.5	2.5	2.5	2.5	2.5	2.5	2.5	.1154
0.9	0.5	0.5	0.5	1.0	1.0	1.0	1.0	1.0	1.5	1.5	1.5	1.5	1.5	2.0	2.0	2.0	2.0	2.0	2.0	2.0	2.0	2.0	2.5	2.5	2.5	2.5	2.5	2.5	2.5	2.5	2.5	2.5	3.0	3.0	3.0	.1298
1.0	0.5	0.5	0.5	1.0	1.0	1.0	1.0	1.0	1.5	1.5	1.5	1.5	1.5	2.0	2.0	2.0	2.0	2.0	2.0	2.0	2.0	2.5	2.5	2.5	2.5	2.5	2.5	2.5	2.5	2.5	3.0	3.0	3.0	3.0	3.0	.1442
1.1	0.5	0.5	0.5	1.0	1.0	1.0	1.0	1.5	1.5	1.5	1.5	1.5	2.0	2.0	2.0	2.0	2.0	2.0	2.0	2.5	2.5	2.5	2.5	2.5	2.5	2.5	2.5	2.5	3.0	3.0	3.0	3.0	3.0	3.0	3.0	.1586
1.2	0.5	0.5	0.5	1.0	1.0	1.0	1.0	1.5	1.5	1.5	1.5	1.5	2.0	2.0	2.0	2.0	2.0	2.0	2.0	2.5	2.5	2.5	2.5	2.5	2.5	2.5	2.5	3.0	3.0	3.0	3.0	3.0	3.0	3.0	3.0	.1730
1.3	0.5	0.5	0.5	1.0	1.0	1.0	1.0	1.5	1.5	1.5	1.5	2.0	2.0	2.0	2.0	2.0	2.0	2.0	2.5	2.5	2.5	2.5	2.5	2.5	2.5	3.0	3.0	3.0	3.0	3.0	3.0	3.0	3.0	3.0	3.5	.1875
1.4	0.5	0.5	0.5	0.5	1.0	1.0	1.0	1.5	1.5	1.5	1.5	2.0	2.0	2.0	2.0	2.0	2.0	2.5	2.5	2.5	2.5	2.5	2.5	2.5	3.0	3.0	3.0	3.0	3.0	3.0	3.0	3.0	3.5	3.5	3.5	.2019
1.5	0.5	0.5	0.5	0.5	1.0	1.0	1.0	1.0	1.5	1.5	1.5	2.0	2.0	2.0	2.0	2.0	2.0	2.5	2.5	2.5	2.5	2.5	2.5	3.0	3.0	3.0	3.0	3.0	3.0	3.0	3.0	3.5	3.5	3.5	3.5	.2163
k	90	126	162	198	234	270	306	342	378	414	450	486	522	558	594	630	666	702	738	774	810	846	882	918	954	990	1026	1062	1098	1134	1170	1206	1242	1278	1314	km

Δt Fahrenheit

D = 0.0050

Δt Celsius °C or Kelvin °K

Btu, in./sq ft, hr °F — W/mK

k	50	70	90	110	130	150	170	190	210	230	250	270	290	310	330	350	370	390	410	430	450	470	490	510	530	550	570	590	610	630	650	670	690	710	730	km
0.1	0.5	0.5	0.5	0.5	0.5	0.5	0.5	0.5	0.5	1.0	1.0	1.0	1.0	1.0	1.0	1.0	1.0	1.0	1.0	1.0	1.0	1.0	1.0	1.0	1.0	1.0	1.0	1.0	1.0	1.0	1.0	1.0	1.0	1.0	1.0	.0144
0.2	0.5	0.5	0.5	0.5	0.5	1.0	1.0	1.0	1.0	1.0	1.0	1.0	1.0	1.0	1.0	1.0	1.0	1.0	1.0	1.0	1.5	1.5	1.5	1.5	1.5	1.5	1.5	1.5	1.5	1.5	1.5	1.5	1.5	1.5	1.5	.0288
0.3	0.5	0.5	0.5	1.0	1.0	1.0	1.0	1.0	1.0	1.0	1.0	1.0	1.0	1.0	1.5	1.5	1.5	1.5	1.5	1.5	1.5	1.5	1.5	1.5	1.5	1.5	1.5	2.0	2.0	2.0	2.0	2.0	2.0	2.0	2.0	.0433
0.4	0.5	0.5	0.5	1.0	1.0	1.0	1.0	1.0	1.0	1.0	1.0	1.5	1.5	1.5	1.5	1.5	1.5	1.5	1.5	1.5	1.5	2.0	2.0	2.0	2.0	2.0	2.0	2.0	2.0	2.0	2.0	2.0	2.0	2.0	2.0	.0577
0.5	0.5	0.5	1.0	1.0	1.0	1.0	1.0	1.0	1.0	1.5	1.5	1.5	1.5	1.5	1.5	1.5	1.5	1.5	2.0	2.0	2.0	2.0	2.0	2.0	2.0	2.0	2.0	2.0	2.0	2.0	2.0	2.5	2.5	2.5	2.5	.0721
0.6	0.5	0.5	1.0	1.0	1.0	1.0	1.0	1.0	1.5	1.5	1.5	1.5	1.5	1.5	1.5	2.0	2.0	2.0	2.0	2.0	2.0	2.0	2.0	2.0	2.0	2.0	2.5	2.5	2.5	2.5	2.5	2.5	2.5	2.5	2.5	.0865
0.7	0.5	0.5	1.0	1.0	1.0	1.0	1.0	1.0	1.5	1.5	1.5	1.5	1.5	1.5	2.0	2.0	2.0	2.0	2.0	2.0	2.0	2.0	2.0	2.5	2.5	2.5	2.5	2.5	2.5	2.5	2.5	2.5	2.5	2.5	2.5	.1009
0.8	0.5	0.5	1.0	1.0	1.0	1.0	1.0	1.5	1.5	1.5	1.5	1.5	1.5	2.0	2.0	2.0	2.0	2.0	2.0	2.0	2.0	2.5	2.5	2.5	2.5	2.5	2.5	2.5	2.5	2.5	2.5	3.0	3.0	3.0	3.0	.1154
0.9	0.5	0.5	1.0	1.0	1.0	1.0	1.0	1.5	1.5	1.5	1.5	1.5	2.0	2.0	2.0	2.0	2.0	2.0	2.0	2.0	2.5	2.5	2.5	2.5	2.5	2.5	2.5	2.5	2.5	3.0	3.0	3.0	3.0	3.0	3.0	.1298
1.0	0.5	0.5	1.0	1.0	1.0	1.0	1.0	1.5	1.5	1.5	1.5	2.0	2.0	2.0	2.0	2.0	2.0	2.0	2.5	2.5	2.5	2.5	2.5	2.5	2.5	2.5	2.5	3.0	3.0	3.0	3.0	3.0	3.0	3.0	3.0	.1442
1.1	0.5	0.5	1.0	1.0	1.0	1.0	1.0	1.5	1.5	1.5	1.5	2.0	2.0	2.0	2.0	2.0	2.0	2.5	2.5	2.5	2.5	2.5	2.5	2.5	2.5	3.0	3.0	3.0	3.0	3.0	3.0	3.0	3.0	3.0	3.0	.1586
1.2	0.5	0.5	0.5	1.0	1.0	1.0	1.5	1.5	1.5	1.5	2.0	2.0	2.0	2.0	2.0	2.0	2.5	2.5	2.5	2.5	2.5	2.5	2.5	2.5	3.0	3.0	3.0	3.0	3.0	3.0	3.0	3.0	3.5	3.5	3.5	.1730
1.3	0.5	0.5	0.5	1.0	1.0	1.0	1.5	1.5	1.5	1.5	2.0	2.0	2.0	2.0	2.0	2.0	2.5	2.5	2.5	2.5	2.5	2.5	2.5	3.0	3.0	3.0	3.0	3.0	3.0	3.0	3.5	3.5	3.5	3.5	3.5	.1875
1.4	0.5	0.5	0.5	1.0	1.0	1.0	1.0	1.5	1.5	1.5	2.0	2.0	2.0	2.0	2.0	2.5	2.5	2.5	2.5	2.5	2.5	2.5	3.0	3.0	3.0	3.0	3.0	3.0	3.0	3.5	3.5	3.5	3.5	3.5	3.5	.2019
1.5	0.5	0.5	0.5	1.0	1.0	1.0	1.0	1.5	1.5	1.5	2.0	2.0	2.0	2.0	2.0	2.5	2.5	2.5	2.5	2.5	2.5	3.0	3.0	3.0	3.0	3.0	3.0	3.0	3.5	3.5	3.5	3.5	3.5	3.5	3.5	.2163
k	90	126	162	198	234	270	306	342	378	414	450	486	522	558	594	630	666	702	738	774	810	846	882	918	954	990	1026	1062	1098	1134	1170	1206	1242	1278	1314	km

Δt Fahrenheit

TABLE 2 (Sheet 33 of 128)

TEMPERATURE DIFFERENCE

ECONOMICAL INSULATION THICKNESS TABLE

IN INCHES
(nominal)

PIPE SIZE: 2-1/2'' NPS (Tube Size 3'' OD)
.73 mm

At the intersection of the ''Δt'' column with the ''k'' row read the economical thickness.
(•—*exceeds 12'' thickness*)

D = 0.0060

Δt Celsius °C or Kelvin °K

CONDUCTIVITY Btu, in./sq ft, hr °F — W/mK

k	50	70	90	110	130	150	170	190	210	230	250	270	290	310	330	350	370	390	410	430	450	470	490	510	530	550	570	590	610	630	650	670	690	710	730	km
0.1	0.5	0.5	0.5	0.5	0.5	0.5	0.5	1.0	1.0	1.0	1.0	1.0	1.0	1.0	1.0	1.0	1.0	1.0	1.0	1.0	1.0	1.0	1.0	1.0	1.0	1.0	1.0	1.0	1.0	1.0	1.0	1.5	1.5	1.5	1.5	.0144
0.2	0.5	0.5	0.5	0.5	1.0	1.0	1.0	1.0	1.0	1.0	1.0	1.0	1.0	1.0	1.0	1.0	1.5	1.5	1.5	1.5	1.5	1.5	1.5	1.5	1.5	1.5	1.5	1.5	1.5	1.5	1.5	1.5	2.0	2.0	2.0	.0288
0.3	0.5	0.5	1.0	1.0	1.0	1.0	1.0	1.0	1.0	1.0	1.0	1.5	1.5	1.5	1.5	1.5	1.5	1.5	1.5	1.5	1.5	1.5	2.0	2.0	2.0	2.0	2.0	2.0	2.0	2.0	2.0	2.0	2.0	2.0	2.0	.0433
0.4	0.5	0.5	1.0	1.0	1.0	1.0	1.0	1.0	1.0	1.5	1.5	1.5	1.5	1.5	1.5	1.5	1.5	2.0	2.0	2.0	2.0	2.0	2.0	2.0	2.0	2.0	2.0	2.0	2.0	2.0	2.5	2.5	2.5	2.5	2.5	.0577
0.5	0.5	0.5	1.0	1.0	1.0	1.0	1.0	1.5	1.5	1.5	1.5	1.5	1.5	1.5	2.0	2.0	2.0	2.0	2.0	2.0	2.0	2.0	2.0	2.0	2.0	2.5	2.5	2.5	2.5	2.5	2.5	2.5	2.5	2.5	2.5	.0721
0.6	0.5	0.5	1.0	1.0	1.0	1.0	1.0	1.5	1.5	1.5	1.5	1.5	1.5	2.0	2.0	2.0	2.0	2.0	2.0	2.0	2.0	2.0	2.5	2.5	2.5	2.5	2.5	2.5	2.5	2.5	2.5	2.5	2.5	3.0	3.0	.0865
0.7	0.5	1.0	1.0	1.0	1.0	1.0	1.5	1.5	1.5	1.5	1.5	2.0	2.0	2.0	2.0	2.0	2.0	2.0	2.0	2.5	2.5	2.5	2.5	2.5	2.5	2.5	2.5	2.5	2.5	3.0	3.0	3.0	3.0	3.0	3.0	.1009
0.8	0.5	1.0	1.0	1.0	1.0	1.0	1.5	1.5	1.5	1.5	2.0	2.0	2.0	2.0	2.0	2.0	2.0	2.5	2.5	2.5	2.5	2.5	2.5	2.5	2.5	2.5	3.0	3.0	3.0	3.0	3.0	3.0	3.0	3.0	3.0	.1154
0.9	0.5	0.5	1.0	1.0	1.0	1.5	1.5	1.5	1.5	1.5	2.0	2.0	2.0	2.0	2.0	2.0	2.5	2.5	2.5	2.5	2.5	2.5	2.5	2.5	3.0	3.0	3.0	3.0	3.0	3.0	3.0	3.0	3.0	3.5	3.5	.1298
1.0	0.5	0.5	1.0	1.0	1.0	1.5	1.5	1.5	1.5	2.0	2.0	2.0	2.0	2.0	2.0	2.5	2.5	2.5	2.5	2.5	2.5	2.5	3.0	3.0	3.0	3.0	3.0	3.0	3.0	3.0	3.5	3.5	3.5	3.5	3.5	.1442
1.1	0.5	0.5	1.0	1.0	1.0	1.5	1.5	1.5	1.5	2.0	2.0	2.0	2.0	2.0	2.5	2.5	2.5	2.5	2.5	2.5	2.5	3.0	3.0	3.0	3.0	3.0	3.0	3.0	3.5	3.5	3.5	3.5	3.5	3.5	3.5	.1586
1.2	0.5	0.5	1.0	1.0	1.0	1.5	1.5	1.5	2.0	2.0	2.0	2.0	2.0	2.5	2.5	2.5	2.5	2.5	2.5	3.0	3.0	3.0	3.0	3.0	3.0	3.0	3.5	3.5	3.5	3.5	3.5	3.5	3.5	3.5	4.0	.1730
1.3	0.5	0.5	1.0	1.0	1.0	1.5	1.5	1.5	2.0	2.0	2.0	2.0	2.0	2.5	2.5	2.5	2.5	2.5	3.0	3.0	3.0	3.0	3.0	3.0	3.0	3.5	3.5	3.5	3.5	3.5	3.5	3.5	4.0	4.0	4.0	.1875
1.4	0.5	0.5	1.0	1.0	1.0	1.5	1.5	1.5	2.0	2.0	2.0	2.0	2.5	2.5	2.5	2.5	2.5	2.5	3.0	3.0	3.0	3.0	3.0	3.0	3.5	3.5	3.5	3.5	3.5	3.5	4.0	4.0	4.0	4.0	4.0	.2019
1.5	0.5	0.5	1.0	1.0	1.0	1.5	1.5	1.5	2.0	2.0	2.0	2.0	2.5	2.5	2.5	2.5	2.5	3.0	3.0	3.0	3.0	3.0	3.0	3.5	3.5	3.5	3.5	3.5	3.5	4.0	4.0	4.0	4.0	4.0	4.0	.2163
k	90	126	162	198	234	270	306	342	378	414	450	486	522	558	594	630	666	702	738	774	810	846	882	918	954	990	1026	1062	1098	1134	1170	1206	1242	1278	1314	km

Δt Fahrenheit

D = 0.0070

Δt Celsius °C or Kelvin °K

CONDUCTIVITY Btu, in./sq ft, hr °F — W/mK

k	50	70	90	110	130	150	170	190	210	230	250	270	290	310	330	350	370	390	410	430	450	470	490	510	530	550	570	590	610	630	650	670	690	710	730	km
0.1	0.5	0.5	0.5	0.5	0.5	0.5	1.0	1.0	1.0	1.0	1.0	1.0	1.0	1.0	1.0	1.0	1.0	1.0	1.0	1.0	1.0	1.0	1.0	1.0	1.0	1.0	1.5	1.5	1.5	1.5	1.5	1.5	1.5	1.5	1.5	.0144
0.2	0.5	0.5	1.0	1.0	1.0	1.0	1.0	1.0	1.0	1.0	1.0	1.0	1.0	1.5	1.5	1.5	1.5	1.5	1.5	1.5	1.5	1.5	1.5	1.5	1.5	1.5	1.5	2.0	2.0	2.0	2.0	2.0	2.0	2.0	2.0	.0288
0.3	0.5	0.5	1.0	1.0	1.0	1.0	1.0	1.0	1.0	1.5	1.5	1.5	1.5	1.5	1.5	1.5	1.5	1.5	1.5	2.0	2.0	2.0	2.0	2.0	2.0	2.0	2.0	2.0	2.0	2.0	2.0	2.0	2.0	2.5	2.5	.0433
0.4	0.5	1.0	1.0	1.0	1.0	1.0	1.0	1.5	1.5	1.5	1.5	1.5	1.5	1.5	1.5	2.0	2.0	2.0	2.0	2.0	2.0	2.0	2.0	2.0	2.0	2.0	2.5	2.5	2.5	2.5	2.5	2.5	2.5	2.5	2.5	.0577
0.5	0.5	1.0	1.0	1.0	1.0	1.0	1.5	1.5	1.5	1.5	1.5	1.5	2.0	2.0	2.0	2.0	2.0	2.0	2.0	2.0	2.0	2.5	2.5	2.5	2.5	2.5	2.5	2.5	2.5	2.5	2.5	2.5	3.0	3.0	3.0	.0721
0.6	0.5	1.0	1.0	1.0	1.0	1.5	1.5	1.5	1.5	1.5	2.0	2.0	2.0	2.0	2.0	2.0	2.0	2.0	2.5	2.5	2.5	2.5	2.5	2.5	2.5	2.5	2.5	2.5	3.0	3.0	3.0	3.0	3.0	3.0	3.0	.0865
0.7	0.5	1.0	1.0	1.0	1.0	1.5	1.5	1.5	1.5	2.0	2.0	2.0	2.0	2.0	2.0	2.0	2.5	2.5	2.5	2.5	2.5	2.5	2.5	2.5	3.0	3.0	3.0	3.0	3.0	3.0	3.0	3.0	3.0	3.0	3.5	.1009
0.8	0.5	1.0	1.0	1.0	1.0	1.5	1.5	1.5	2.0	2.0	2.0	2.0	2.0	2.0	2.0	2.5	2.5	2.5	2.5	2.5	2.5	2.5	3.0	3.0	3.0	3.0	3.0	3.0	3.0	3.0	3.5	3.5	3.5	3.5	3.5	.1154
0.9	0.5	1.0	1.0	1.0	1.5	1.5	1.5	1.5	2.0	2.0	2.0	2.0	2.0	2.5	2.5	2.5	2.5	2.5	2.5	2.5	3.0	3.0	3.0	3.0	3.0	3.0	3.0	3.0	3.5	3.5	3.5	3.5	3.5	3.5	3.5	.1298
1.0	0.5	1.0	1.0	1.0	1.5	1.5	1.5	2.0	2.0	2.0	2.0	2.0	2.0	2.5	2.5	2.5	2.5	2.5	2.5	3.0	3.0	3.0	3.0	3.0	3.0	3.0	3.5	3.5	3.5	3.5	3.5	3.5	3.5	4.0	4.0	.1442
1.1	0.5	1.0	1.0	1.0	1.5	1.5	1.5	2.0	2.0	2.0	2.0	2.0	2.5	2.5	2.5	2.5	2.5	3.0	3.0	3.0	3.0	3.0	3.0	3.0	3.5	3.5	3.5	3.5	3.5	3.5	3.5	4.0	4.0	4.0	4.0	.1586
1.2	0.5	1.0	1.0	1.0	1.5	1.5	1.5	2.0	2.0	2.0	2.0	2.5	2.5	2.5	2.5	2.5	3.0	3.0	3.0	3.0	3.0	3.0	3.5	3.5	3.5	3.5	3.5	3.5	3.5	4.0	4.0	4.0	4.0	4.0	4.0	.1730
1.3	0.5	1.0	1.0	1.0	1.5	1.5	1.5	2.0	2.0	2.0	2.0	2.5	2.5	2.5	2.5	2.5	3.0	3.0	3.0	3.0	3.0	3.5	3.5	3.5	3.5	3.5	3.5	4.0	4.0	4.0	4.0	4.0	4.0	4.0	4.0	.1875
1.4	0.5	0.5	1.0	1.0	1.5	1.5	2.0	2.0	2.0	2.0	2.5	2.5	2.5	2.5	2.5	3.0	3.0	3.0	3.0	3.0	3.5	3.5	3.5	3.5	3.5	3.5	4.0	4.0	4.0	4.0	4.0	4.0	4.0	4.0	4.0	.2019
1.5	0.5	0.5	1.0	1.0	1.5	1.5	2.0	2.0	2.0	2.0	2.5	2.5	2.5	2.5	3.0	3.0	3.0	3.0	3.0	3.5	3.5	3.5	3.5	3.5	4.0	4.0	4.0	4.0	4.0	4.0	4.0	4.0	4.0	4.0	4.5	.2163
k	90	126	162	198	234	270	306	342	378	414	450	486	522	558	594	630	666	702	738	774	810	846	882	918	954	990	1026	1062	1098	1134	1170	1206	1242	1278	1314	km

Δt Fahrenheit

D = 0.0080

Δt Celsius °C or Kelvin °K

CONDUCTIVITY Btu, in./sq ft, hr °F — W/mK

k	50	70	90	110	130	150	170	190	210	230	250	270	290	310	330	350	370	390	410	430	450	470	490	510	530	550	570	590	610	630	650	670	690	710	730	km
0.1	0.5	0.5	0.5	0.5	0.5	1.0	1.0	1.0	1.0	1.0	1.0	1.0	1.0	1.0	1.0	1.0	1.0	1.0	1.0	1.0	1.0	1.0	1.0	1.5	1.5	1.5	1.5	1.5	1.5	1.5	1.5	1.5	1.5	1.5	1.5	.0144
0.2	0.5	0.5	1.0	1.0	1.0	1.0	1.0	1.0	1.0	1.0	1.0	1.0	1.5	1.5	1.5	1.5	1.5	1.5	1.5	1.5	1.5	1.5	1.5	1.5	2.0	2.0	2.0	2.0	2.0	2.0	2.0	2.0	2.0	2.0	2.0	.0288
0.3	0.5	1.0	1.0	1.0	1.0	1.0	1.0	1.0	1.5	1.5	1.5	1.5	1.5	1.5	1.5	1.5	2.0	2.0	2.0	2.0	2.0	2.0	2.0	2.0	2.0	2.0	2.0	2.0	2.0	2.5	2.5	2.5	2.5	2.5	2.5	.0433
0.4	0.5	1.0	1.0	1.0	1.0	1.0	1.5	1.5	1.5	1.5	1.5	1.5	1.5	2.0	2.0	2.0	2.0	2.0	2.0	2.0	2.0	2.0	2.5	2.5	2.5	2.5	2.5	2.5	2.5	2.5	2.5	2.5	2.5	2.5	3.0	.0577
0.5	0.5	1.0	1.0	1.0	1.0	1.5	1.5	1.5	1.5	1.5	2.0	2.0	2.0	2.0	2.0	2.0	2.0	2.0	2.5	2.5	2.5	2.5	2.5	2.5	2.5	2.5	2.5	2.5	3.0	3.0	3.0	3.0	3.0	3.0	3.0	.0721
0.6	0.5	1.0	1.0	1.0	1.5	1.5	1.5	1.5	1.5	2.0	2.0	2.0	2.0	2.0	2.0	2.0	2.5	2.5	2.5	2.5	2.5	2.5	2.5	2.5	3.0	3.0	3.0	3.0	3.0	3.0	3.0	3.0	3.0	3.0	3.5	.0865
0.7	0.5	1.0	1.0	1.0	1.5	1.5	1.5	1.5	2.0	2.0	2.0	2.0	2.0	2.0	2.5	2.5	2.5	2.5	2.5	2.5	2.5	3.0	3.0	3.0	3.0	3.0	3.0	3.0	3.0	3.5	3.5	3.5	3.5	3.5	3.5	.1009
0.8	0.5	1.0	1.0	1.0	1.5	1.5	1.5	2.0	2.0	2.0	2.0	2.0	2.0	2.5	2.5	2.5	2.5	2.5	2.5	3.0	3.0	3.0	3.0	3.0	3.0	3.0	3.5	3.5	3.5	3.5	3.5	3.5	3.5	3.5	4.0	.1154
0.9	0.5	1.0	1.0	1.0	1.5	1.5	1.5	2.0	2.0	2.0	2.0	2.0	2.5	2.5	2.5	2.5	2.5	3.0	3.0	3.0	3.0	3.0	3.0	3.0	3.5	3.5	3.5	3.5	3.5	3.5	3.5	4.0	4.0	4.0	4.0	.1298
1.0	0.5	1.0	1.0	1.5	1.5	1.5	2.0	2.0	2.0	2.0	2.0	2.5	2.5	2.5	2.5	2.5	3.0	3.0	3.0	3.0	3.0	3.0	3.5	3.5	3.5	3.5	3.5	3.5	3.5	4.0	4.0	4.0	4.0	4.0	4.0	.1442
1.1	0.5	1.0	1.0	1.5	1.5	1.5	2.0	2.0	2.0	2.0	2.5	2.5	2.5	2.5	2.5	3.0	3.0	3.0	3.0	3.0	3.0	3.5	3.5	3.5	3.5	3.5	3.5	4.0	4.0	4.0	4.0	4.0	4.0	4.0	4.0	.1586
1.2	0.5	1.0	1.0	1.5	1.5	1.5	2.0	2.0	2.0	2.0	2.5	2.5	2.5	2.5	3.0	3.0	3.0	3.0	3.0	3.5	3.5	3.5	3.5	3.5	3.5	4.0	4.0	4.0	4.0	4.0	4.0	4.0	4.0	4.0	4.0	.1730
1.3	0.5	1.0	1.0	1.5	1.5	2.0	2.0	2.0	2.0	2.5	2.5	2.5	2.5	3.0	3.0	3.0	3.0	3.0	3.5	3.5	3.5	3.5	3.5	4.0	4.0	4.0	4.0	4.0	4.0	4.0	4.0	4.0	4.0	4.5	4.5	.1875
1.4	0.5	1.0	1.0	1.5	1.5	2.0	2.0	2.0	2.0	2.5	2.5	2.5	2.5	3.0	3.0	3.0	3.0	3.5	3.5	3.5	3.5	3.5	4.0	4.0	4.0	4.0	4.0	4.0	4.0	4.0	4.0	4.5	4.5	4.5	4.5	.2019
1.5	0.5	1.0	1.0	1.5	1.5	2.0	2.0	2.0	2.0	2.5	2.5	2.5	3.0	3.0	3.0	3.0	3.0	3.5	3.5	3.5	3.5	4.0	4.0	4.0	4.0	4.0	4.0	4.0	4.0	4.0	4.5	4.5	4.5	4.5	4.5	.2163
k	90	126	162	198	234	270	306	342	378	414	450	486	522	558	594	630	666	702	738	774	810	846	882	918	954	990	1026	1062	1098	1134	1170	1206	1242	1278	1314	km

Δt Fahrenheit

TEMPERATURE DIFFERENCE

TABLE 2 (Continued)

ECONOMICAL INSULATION THICKNESS TABLE

IN INCHES
(nominal)

PIPE SIZE: 2-1/2" NPS (Tube Size 3" OD)
73 mm

At the intersection of the "Δt" column with the "k" row read the economical thickness.
(•—*exceeds 12" thickness*)

CONDUCTIVITY — k: Btu, in./sq ft, hr °F; km: W/mK

D = 0.0100

Δt Celsius °C or Kelvin °K

k	50	70	90	110	130	150	170	190	210	230	250	270	290	310	330	350	370	390	410	430	450	470	490	510	530	550	570	590	610	630	650	670	690	710	730	km
0.1	0.5	0.5	0.5	0.5	1.0	1.0	1.0	1.0	1.0	1.0	1.0	1.0	1.0	1.0	1.0	1.0	1.0	1.0	1.5	1.5	1.5	1.5	1.5	1.5	1.5	1.5	1.5	1.5	1.5	1.5	1.5	1.5	1.5	1.5	1.5	.0144
0.2	0.5	1.0	1.0	1.0	1.0	1.0	1.0	1.0	1.0	1.5	1.5	1.5	1.5	1.5	1.5	1.5	1.5	1.5	1.5	2.0	2.0	2.0	2.0	2.0	2.0	2.0	2.0	2.0	2.0	2.0	2.0	2.0	2.0	2.5	2.5	.0288
0.3	0.5	1.0	1.0	1.0	1.0	1.0	1.5	1.5	1.5	1.5	1.5	1.5	1.5	2.0	2.0	2.0	2.0	2.0	2.0	2.0	2.0	2.0	2.0	2.5	2.5	2.5	2.5	2.5	2.5	2.5	2.5	2.5	2.5	2.5	2.5	.0433
0.4	1.0	1.0	1.0	1.0	1.5	1.5	1.5	1.5	1.5	1.5	2.0	2.0	2.0	2.0	2.0	2.0	2.0	2.5	2.5	2.5	2.5	2.5	2.5	2.5	2.5	2.5	2.5	3.0	3.0	3.0	3.0	3.0	3.0	3.0	3.0	.0577
0.5	1.0	1.0	1.0	1.0	1.5	1.5	1.5	1.5	2.0	2.0	2.0	2.0	2.0	2.0	2.5	2.5	2.5	2.5	2.5	2.5	2.5	2.5	3.0	3.0	3.0	3.0	3.0	3.0	3.0	3.0	3.0	3.5	3.5	3.5	3.5	.0721
0.6	1.0	1.0	1.0	1.5	1.5	1.5	1.5	2.0	2.0	2.0	2.0	2.0	2.5	2.5	2.5	2.5	2.5	2.5	2.5	3.0	3.0	3.0	3.0	3.0	3.0	3.0	3.5	3.5	3.5	3.5	3.5	3.5	3.5	3.5	3.5	.0865
0.7	1.0	1.0	1.0	1.5	1.5	1.5	2.0	2.0	2.0	2.0	2.0	2.5	2.5	2.5	2.5	2.5	3.0	3.0	3.0	3.0	3.0	3.0	3.0	3.5	3.5	3.5	3.5	3.5	3.5	3.5	4.0	4.0	4.0	4.0	4.0	.1009
0.8	1.0	1.0	1.0	1.5	1.5	2.0	2.0	2.0	2.0	2.0	2.5	2.5	2.5	2.5	2.5	3.0	3.0	3.0	3.0	3.0	3.0	3.5	3.5	3.5	3.5	3.5	3.5	4.0	4.0	4.0	4.0	4.0	4.0	4.0	4.0	.1154
0.9	1.0	1.0	1.5	1.5	1.5	2.0	2.0	2.0	2.0	2.5	2.5	2.5	2.5	3.0	3.0	3.0	3.0	3.0	3.0	3.5	3.5	3.5	3.5	3.5	4.0	4.0	4.0	4.0	4.0	4.0	4.0	4.0	4.0	4.0	4.0	.1298
1.0	1.0	1.0	1.5	1.5	1.5	2.0	2.0	2.0	2.5	2.5	2.5	2.5	3.0	3.0	3.0	3.0	3.0	3.5	3.5	3.5	3.5	3.5	4.0	4.0	4.0	4.0	4.0	4.0	4.0	4.0	4.0	4.0	4.5	4.5	4.5	.1442
1.1	1.0	1.0	1.5	1.5	2.0	2.0	2.0	2.0	2.5	2.5	2.5	2.5	3.0	3.0	3.0	3.0	3.5	3.5	3.5	3.5	3.5	4.0	4.0	4.0	4.0	4.0	4.0	4.0	4.0	4.0	4.5	4.5	4.5	4.5	4.5	.1586
1.2	1.0	1.0	1.5	1.5	2.0	2.0	2.0	2.5	2.5	2.5	2.5	3.0	3.0	3.0	3.0	3.5	3.5	3.5	3.5	4.0	4.0	4.0	4.0	4.0	4.0	4.0	4.0	4.0	4.5	4.5	4.5	4.5	4.5	4.5	5.0	.1730
1.3	1.0	1.0	1.5	1.5	2.0	2.0	2.0	2.5	2.5	2.5	3.0	3.0	3.0	3.0	3.5	3.5	3.5	3.5	4.0	4.0	4.0	4.0	4.0	4.0	4.0	4.0	4.5	4.5	4.5	4.5	4.5	5.0	5.0	5.0	5.0	.1875
1.4	0.5	1.0	1.5	1.5	2.0	2.0	2.0	2.5	2.5	2.5	3.0	3.0	3.0	3.0	3.5	3.5	3.5	4.0	4.0	4.0	4.0	4.0	4.0	4.0	4.0	4.5	4.5	4.5	4.5	4.5	5.0	5.0	5.0	5.0	5.0	.2019
1.5	0.5	1.0	1.5	1.5	2.0	2.0	2.5	2.5	2.5	3.0	3.0	3.0	3.0	3.5	3.5	3.5	3.5	4.0	4.0	4.0	4.0	4.0	4.0	4.5	4.5	4.5	4.5	4.5	5.0	5.0	5.0	5.0	5.0	5.0	5.5	.2163
k	90	126	162	198	234	270	306	342	378	414	450	486	522	558	594	630	666	702	738	774	810	846	882	918	954	990	1026	1062	1098	1134	1170	1206	1242	1278	1314	km

Δt Fahrenheit

D = 0.0120

Δt Celsius °C or Kelvin °K

k	50	70	90	110	130	150	170	190	210	230	250	270	290	310	330	350	370	390	410	430	450	470	490	510	530	550	570	590	610	630	650	670	690	710	730	km
0.1	0.5	0.5	0.5	1.0	1.0	1.0	1.0	1.0	1.0	1.0	1.0	1.0	1.0	1.0	1.5	1.5	1.5	1.5	1.5	1.5	1.5	1.5	1.5	1.5	1.5	1.5	1.5	1.5	1.5	1.5	2.0	2.0	2.0	2.0	2.0	.0144
0.2	0.5	1.0	1.0	1.0	1.0	1.0	1.0	1.5	1.5	1.5	1.5	1.5	1.5	1.5	1.5	2.0	2.0	2.0	2.0	2.0	2.0	2.0	2.0	2.0	2.0	2.0	2.0	2.0	2.5	2.5	2.5	2.5	2.5	2.5	2.5	.0288
0.3	1.0	1.0	1.0	1.0	1.0	1.5	1.5	1.5	1.5	1.5	2.0	2.0	2.0	2.0	2.0	2.0	2.0	2.0	2.0	2.5	2.5	2.5	2.5	2.5	2.5	2.5	2.5	2.5	2.5	3.0	3.0	3.0	3.0	3.0	3.0	.0433
0.4	1.0	1.0	1.0	1.5	1.5	1.5	1.5	1.5	2.0	2.0	2.0	2.0	2.0	2.0	2.5	2.5	2.5	2.5	2.5	2.5	2.5	2.5	3.0	3.0	3.0	3.0	3.0	3.0	3.0	3.0	3.0	3.0	3.5	3.5	3.5	.0577
0.5	1.0	1.0	1.0	1.5	1.5	1.5	2.0	2.0	2.0	2.0	2.0	2.0	2.5	2.5	2.5	2.5	2.5	2.5	3.0	3.0	3.0	3.0	3.0	3.0	3.0	3.0	3.5	3.5	3.5	3.5	3.5	3.5	3.5	3.5	4.0	.0721
0.6	1.0	1.0	1.5	1.5	1.5	2.0	2.0	2.0	2.0	2.0	2.5	2.5	2.5	2.5	2.5	3.0	3.0	3.0	3.0	3.0	3.0	3.0	3.5	3.5	3.5	3.5	3.5	3.5	3.5	4.0	4.0	4.0	4.0	4.0	4.0	.0865
0.7	1.0	1.0	1.5	1.5	1.5	2.0	2.0	2.0	2.0	2.5	2.5	2.5	2.5	3.0	3.0	3.0	3.0	3.0	3.0	3.5	3.5	3.5	3.5	3.5	3.5	4.0	4.0	4.0	4.0	4.0	4.0	4.0	4.0	4.0	4.0	.1009
0.8	1.0	1.0	1.5	1.5	2.0	2.0	2.0	2.0	2.5	2.5	2.5	2.5	3.0	3.0	3.0	3.0	3.0	3.5	3.5	3.5	3.5	3.5	4.0	4.0	4.0	4.0	4.0	4.0	4.0	4.0	4.0	4.0	4.5	4.5	4.5	.1154
0.9	1.0	1.0	1.5	1.5	2.0	2.0	2.0	2.5	2.5	2.5	2.5	3.0	3.0	3.0	3.0	3.5	3.5	3.5	3.5	3.5	4.0	4.0	4.0	4.0	4.0	4.0	4.0	4.0	4.0	4.5	4.5	4.5	4.5	4.5	4.5	.1298
1.0	1.0	1.0	1.5	2.0	2.0	2.0	2.5	2.5	2.5	2.5	3.0	3.0	3.0	3.0	3.5	3.5	3.5	3.5	4.0	4.0	4.0	4.0	4.0	4.0	4.0	4.0	4.5	4.5	4.5	4.5	4.5	4.5	5.0	5.0	5.0	.1442
1.1	1.0	1.0	1.5	2.0	2.0	2.0	2.5	2.5	2.5	3.0	3.0	3.0	3.0	3.5	3.5	3.5	3.5	4.0	4.0	4.0	4.0	4.0	4.0	4.0	4.5	4.5	4.5	4.5	4.5	4.5	5.0	5.0	5.0	5.0	5.0	.1586
1.2	1.0	1.0	1.5	2.0	2.0	2.0	2.5	2.5	2.5	3.0	3.0	3.0	3.5	3.5	3.5	3.5	4.0	4.0	4.0	4.0	4.0	4.0	4.0	4.5	4.5	4.5	4.5	4.5	5.0	5.0	5.0	5.0	5.0	5.5	5.5	.1730
1.3	1.0	1.0	1.5	2.0	2.0	2.5	2.5	2.5	3.0	3.0	3.0	3.0	3.5	3.5	3.5	4.0	4.0	4.0	4.0	4.0	4.0	4.5	4.5	4.5	4.5	4.5	5.0	5.0	5.0	5.0	5.0	5.5	5.5	5.5	5.5	.1875
1.4	1.0	1.0	1.5	2.0	2.0	2.5	2.5	2.5	3.0	3.0	3.0	3.5	3.5	3.5	4.0	4.0	4.0	4.0	4.0	4.0	4.5	4.5	4.5	4.5	5.0	5.0	5.0	5.0	5.0	5.5	5.5	5.5	5.5	5.5	6.0	.2019
1.5	1.0	1.0	1.5	2.0	2.0	2.5	2.5	2.5	3.0	3.0	3.5	3.5	3.5	4.0	4.0	4.0	4.0	4.0	4.0	4.5	4.5	4.5	4.5	5.0	5.0	5.0	5.0	5.0	5.5	5.5	5.5	5.5	6.0	6.0	6.0	.2163
k	90	126	162	198	234	270	306	342	378	414	450	486	522	558	594	630	666	702	738	774	810	846	882	918	954	990	1026	1062	1098	1134	1170	1206	1242	1278	1314	km

Δt Fahrenheit

D = 0.0150

Δt Celsius °C or Kelvin °K

k	50	70	90	110	130	150	170	190	210	230	250	270	290	310	330	350	370	390	410	430	450	470	490	510	530	550	570	590	610	630	650	670	690	710	730	km
0.1	0.5	0.5	1.0	1.0	1.0	1.0	1.0	1.0	1.0	1.0	1.0	1.5	1.5	1.5	1.5	1.5	1.5	1.5	1.5	1.5	1.5	1.5	1.5	1.5	2.0	2.0	2.0	2.0	2.0	2.0	2.0	2.0	2.0	2.0	2.0	.0144
0.2	1.0	1.0	1.0	1.0	1.0	1.5	1.5	1.5	1.5	1.5	1.5	1.5	2.0	2.0	2.0	2.0	2.0	2.0	2.0	2.0	2.0	2.0	2.5	2.5	2.5	2.5	2.5	2.5	2.5	2.5	2.5	2.5	2.5	2.5	3.0	.0288
0.3	1.0	1.0	1.0	1.5	1.5	1.5	1.5	1.5	2.0	2.0	2.0	2.0	2.0	2.0	2.0	2.5	2.5	2.5	2.5	2.5	2.5	2.5	2.5	3.0	3.0	3.0	3.0	3.0	3.0	3.0	3.0	3.0	3.0	3.5	3.5	.0433
0.4	1.0	1.0	1.5	1.5	1.5	1.5	2.0	2.0	2.0	2.0	2.0	2.5	2.5	2.5	2.5	2.5	2.5	3.0	3.0	3.0	3.0	3.0	3.0	3.0	3.0	3.5	3.5	3.5	3.5	3.5	3.5	3.5	3.5	4.0	4.0	.0577
0.5	1.0	1.0	1.5	1.5	1.5	2.0	2.0	2.0	2.0	2.5	2.5	2.5	2.5	2.5	3.0	3.0	3.0	3.0	3.0	3.0	3.5	3.5	3.5	3.5	3.5	3.5	3.5	4.0	4.0	4.0	4.0	4.0	4.0	4.0	4.0	.0721
0.6	1.0	1.5	1.5	1.5	2.0	2.0	2.0	2.5	2.5	2.5	2.5	2.5	3.0	3.0	3.0	3.0	3.0	3.5	3.5	3.5	3.5	3.5	3.5	4.0	4.0	4.0	4.0	4.0	4.0	4.0	4.0	4.0	4.5	4.5	4.5	.0865
0.7	1.0	1.5	1.5	2.0	2.0	2.0	2.5	2.5	2.5	2.5	3.0	3.0	3.0	3.0	3.0	3.5	3.5	3.5	3.5	3.5	4.0	4.0	4.0	4.0	4.0	4.0	4.0	4.0	4.5	4.5	4.5	4.5	4.5	4.5	4.5	.1009
0.8	1.0	1.5	1.5	2.0	2.0	2.0	2.5	2.5	2.5	3.0	3.0	3.0	3.0	3.5	3.5	3.5	3.5	4.0	4.0	4.0	4.0	4.0	4.0	4.0	4.0	4.5	4.5	4.5	4.5	4.5	4.5	5.0	5.0	5.0	5.0	.1154
0.9	1.0	1.5	1.5	2.0	2.0	2.5	2.5	2.5	3.0	3.0	3.0	3.0	3.5	3.5	3.5	3.5	4.0	4.0	4.0	4.0	4.0	4.0	4.0	4.5	4.5	4.5	4.5	4.5	5.0	5.0	5.0	5.0	5.0	5.5	5.5	.1298
1.0	1.0	1.5	2.0	2.0	2.0	2.5	2.5	2.5	3.0	3.0	3.0	3.5	3.5	3.5	4.0	4.0	4.0	4.0	4.0	4.0	4.0	4.5	4.5	4.5	4.5	5.0	5.0	5.0	5.0	5.0	5.5	5.5	5.5	5.5	5.5	.1442
1.1	1.0	1.5	2.0	2.0	2.5	2.5	2.5	3.0	3.0	3.0	3.5	3.5	3.5	4.0	4.0	4.0	4.0	4.0	4.0	4.5	4.5	4.5	4.5	5.0	5.0	5.0	5.0	5.0	5.5	5.5	5.5	5.5	6.0	6.0	6.0	.1586
1.2	1.0	1.5	2.0	2.0	2.5	2.5	2.5	3.0	3.0	3.5	3.5	3.5	4.0	4.0	4.0	4.0	4.0	4.0	4.5	4.5	4.5	4.5	5.0	5.0	5.0	5.0	5.5	5.5	5.5	5.5	6.0	6.0	6.0	6.0	6.0	.1730
1.3	1.0	1.5	2.0	2.0	2.5	2.5	3.0	3.0	3.0	3.5	3.5	3.5	4.0	4.0	4.0	4.0	4.0	4.5	4.5	4.5	5.0	5.0	5.0	5.0	5.5	5.5	5.5	5.5	6.0	6.0	6.0	6.0	6.5	6.5	6.5	.1875
1.4	1.0	1.5	2.0	2.0	2.5	2.5	3.0	3.0	3.5	3.5	3.5	4.0	4.0	4.0	4.0	4.0	4.5	4.5	4.5	5.0	5.0	5.0	5.0	5.5	5.5	5.5	6.0	6.0	6.0	6.0	6.5	6.5	6.5	6.5	6.5	.2019
1.5	1.0	1.5	2.0	2.0	2.5	2.5	3.0	3.0	3.5	3.5	4.0	4.0	4.0	4.0	4.0	4.5	4.5	4.5	5.0	5.0	5.0	5.0	5.5	5.5	5.5	6.0	6.0	6.0	6.0	6.5	6.5	6.5	6.5	7.0	7.0	.2163
k	90	126	162	198	234	270	306	342	378	414	450	486	522	558	594	630	666	702	738	774	810	846	882	918	954	990	1026	1062	1098	1134	1170	1206	1242	1278	1314	km

Δt Fahrenheit

TABLE 2 (Sheet 35 of 128)

TEMPERATURE DIFFERENCE

TABLE 2 (Continued)

ECONOMICAL INSULATION THICKNESS TABLE

IN INCHES
(nominal)

PIPE SIZE: 2-1/2'' NPS (Tube Size 3'' OD)
73 mm

At the intersection of the ''Δt'' column with the ''k'' row read the economical thickness.
(•—*exceeds 12'' thickness*)

D = 0.0200

Δt Celsius °C or Kelvin °K

k: Btu, in./sq ft, hr °F; km: W/mK

k	50	70	90	110	130	150	170	190	210	230	250	270	290	310	330	350	370	390	410	430	450	470	490	510	530	550	570	590	610	630	650	670	690	710	730	km
0.1	0.5	1.0	1.0	1.0	1.0	1.0	1.0	1.0	1.5	1.5	1.5	1.5	1.5	1.5	1.5	1.5	1.5	2.0	2.0	2.0	2.0	2.0	2.0	2.0	2.0	2.0	2.0	2.0	2.0	2.0	2.0	2.0	2.5	2.5	2.5	.0144
0.2	1.0	1.0	1.0	1.5	1.5	1.5	1.5	1.5	2.0	2.0	2.0	2.0	2.0	2.0	2.0	2.0	2.5	2.5	2.5	2.5	2.5	2.5	2.5	2.5	2.5	3.0	3.0	3.0	3.0	3.0	3.0	3.0	3.0	3.0	3.0	.0288
0.3	1.0	1.0	1.5	1.5	1.5	2.0	2.0	2.0	2.0	2.0	2.5	2.5	2.5	2.5	2.5	2.5	2.5	3.0	3.0	3.0	3.0	3.0	3.0	3.0	3.5	3.5	3.5	3.5	3.5	3.5	3.5	3.5	4.0	4.0	4.0	.0433
0.4	1.0	1.5	1.5	1.5	2.0	2.0	2.0	2.0	2.5	2.5	2.5	2.5	3.0	3.0	3.0	3.0	3.0	3.0	3.5	3.5	3.5	3.5	3.5	3.5	4.0	4.0	4.0	4.0	4.0	4.0	4.0	4.0	4.0	4.0	4.0	.0577
0.5	1.0	1.5	1.5	2.0	2.0	2.0	2.5	2.5	2.5	2.5	3.0	3.0	3.0	3.0	3.0	3.5	3.5	3.5	3.5	3.5	4.0	4.0	4.0	4.0	4.0	4.0	4.0	4.0	4.5	4.5	4.5	4.5	4.5	4.5	4.5	.0721
0.6	1.0	1.5	2.0	2.0	2.0	2.5	2.5	2.5	3.0	3.0	3.0	3.0	3.5	3.5	3.5	3.5	4.0	4.0	4.0	4.0	4.0	4.0	4.0	4.0	4.5	4.5	4.5	4.5	4.5	5.0	5.0	5.0	5.0	5.0	5.0	.0865
0.7	1.5	1.5	2.0	2.0	2.5	2.5	2.5	3.0	3.0	3.0	3.0	3.5	3.5	3.5	4.0	4.0	4.0	4.0	4.0	4.0	4.0	4.5	4.5	4.5	4.5	5.0	5.0	5.0	5.0	5.0	5.0	5.5	5.5	5.5	5.5	.1009
0.8	1.5	1.5	2.0	2.0	2.5	2.5	3.0	3.0	3.0	3.5	3.5	3.5	3.5	4.0	4.0	4.0	4.0	4.0	4.5	4.5	4.5	4.5	4.5	5.0	5.0	5.0	5.0	5.5	5.5	5.5	5.5	5.5	6.0	6.0	6.0	.1154
0.9	1.5	2.0	2.0	2.5	2.5	2.5	3.0	3.0	3.5	3.5	3.5	4.0	4.0	4.0	4.0	4.0	4.5	4.5	4.5	4.5	5.0	5.0	5.0	5.0	5.0	5.5	5.5	5.5	5.5	6.0	6.0	6.0	6.0	6.5	6.5	.1298
1.0	1.5	2.0	2.0	2.5	2.5	3.0	3.0	3.0	3.5	3.5	4.0	4.0	4.0	4.0	4.0	4.5	4.5	4.5	5.0	5.0	5.0	5.0	5.5	5.5	5.5	5.5	6.0	6.0	6.0	6.0	6.5	6.5	6.5	6.5	6.5	.1442
1.1	1.5	2.0	2.0	2.5	2.5	3.0	3.0	3.5	3.5	4.0	4.0	4.0	4.0	4.0	4.5	4.5	4.5	5.0	5.0	5.0	5.5	5.5	5.5	5.5	6.0	6.0	6.0	6.5	6.5	6.5	6.5	6.5	7.0	7.0	7.0	.1586
1.2	1.5	2.0	2.0	2.5	3.0	3.0	3.0	3.5	3.5	4.0	4.0	4.0	4.0	4.5	4.5	4.5	5.0	5.0	5.0	5.5	5.5	5.5	6.0	6.0	6.0	6.5	6.5	6.5	6.5	7.0	7.0	7.0	7.0	7.5	7.5	.1730
1.3	1.5	2.0	2.5	2.5	3.0	3.0	3.5	3.5	4.0	4.0	4.0	4.0	4.5	4.5	4.5	5.0	5.0	5.5	5.5	5.5	5.5	6.0	6.0	6.0	6.5	6.5	6.5	7.0	7.0	7.0	7.0	7.5	7.5	7.5	7.5	.1875
1.4	1.5	2.0	2.5	3.0	3.0	3.0	3.5	3.5	4.0	4.0	4.0	4.5	4.5	4.5	5.0	5.0	5.0	5.5	5.5	6.0	6.0	6.0	6.5	6.5	6.5	6.5	7.0	7.0	7.0	7.5	7.5	7.5	7.5	8.0	8.0	.2019
1.5	1.5	2.0	2.5	2.5	3.0	3.5	3.5	4.0	4.0	4.0	4.0	4.5	4.5	5.0	5.0	5.0	5.5	5.5	6.0	6.0	6.0	6.5	6.5	6.5	7.0	7.0	7.0	7.5	7.5	7.5	7.5	8.0	8.0	8.0	8.5	.2163
k	90	126	162	198	234	270	306	342	378	414	450	486	522	558	594	630	666	702	738	774	810	846	882	918	954	990	1026	1062	1098	1134	1170	1206	1242	1278	1314	km

Δt Fahrenheit

D = 0.0300

Δt Celsius °C or Kelvin °K

k: CONDUCTIVITY Btu, in./sq ft, hr °F; km: W/mK

k	50	70	90	110	130	150	170	190	210	230	250	270	290	310	330	350	370	390	410	430	450	470	490	510	530	550	570	590	610	630	650	670	690	710	730	km
0.1	1.0	1.0	1.0	1.0	1.0	1.5	1.5	1.5	1.5	1.5	1.5	2.0	2.0	2.0	2.0	2.0	2.0	2.0	2.0	2.0	2.0	2.5	2.5	2.5	2.5	2.5	2.5	2.5	2.5	2.5	2.5	2.5	2.5	3.0	3.0	.0144
0.2	1.0	1.0	1.5	1.5	1.5	2.0	2.0	2.0	2.0	2.0	2.5	2.5	2.5	2.5	2.5	2.5	3.0	3.0	3.0	3.0	3.0	3.0	3.0	3.5	3.5	3.5	3.5	3.5	3.5	3.5	3.5	4.0	4.0	4.0	4.0	.0288
0.3	1.0	1.5	1.5	2.0	2.0	2.0	2.5	2.5	2.5	2.5	3.0	3.0	3.0	3.0	3.0	3.5	3.5	3.5	3.5	3.5	3.5	4.0	4.0	4.0	4.0	4.0	4.0	4.0	4.0	4.0	4.5	4.5	4.5	4.5	4.5	.0433
0.4	1.5	1.5	2.0	2.0	2.5	2.5	2.5	2.5	3.0	3.0	3.0	3.5	3.5	3.5	3.5	3.5	4.0	4.0	4.0	4.0	4.0	4.0	4.0	4.5	4.5	4.5	4.5	4.5	5.0	5.0	5.0	5.0	5.0	5.0	5.5	.0577
0.5	1.5	2.0	2.0	2.5	2.5	2.5	3.0	3.0	3.0	3.5	3.5	3.5	4.0	4.0	4.0	4.0	4.0	4.0	4.5	4.5	4.5	4.5	4.5	5.0	5.0	5.0	5.0	5.0	5.5	5.5	5.5	5.5	6.0	6.0	6.0	.0721
0.6	1.5	2.0	2.0	2.5	2.5	3.0	3.0	3.5	3.5	3.5	4.0	4.0	4.0	4.0	4.0	4.5	4.5	4.5	4.5	5.0	5.0	5.0	5.0	5.5	5.5	5.5	5.5	6.0	6.0	6.0	6.0	6.5	6.5	6.5	6.5	.0865
0.7	1.5	2.0	2.5	2.5	3.0	3.0	3.5	3.5	3.5	4.0	4.0	4.0	4.0	4.5	4.5	4.5	5.0	5.0	5.0	5.0	5.5	5.5	5.5	6.0	6.0	6.0	6.0	6.5	6.5	6.5	6.5	7.0	7.0	7.0	7.0	.1009
0.8	2.0	2.0	2.5	2.5	3.0	3.0	3.5	3.5	4.0	4.0	4.0	4.5	4.5	4.5	5.0	5.0	5.0	5.0	5.5	5.5	5.5	6.0	6.0	6.0	6.5	6.5	6.5	6.5	7.0	7.0	7.0	7.0	7.5	7.5	7.5	.1154
0.9	2.0	2.0	2.5	3.0	3.0	3.5	3.5	4.0	4.0	4.0	4.5	4.5	4.5	5.0	5.0	5.0	5.5	5.5	6.0	6.0	6.0	6.5	6.5	6.5	6.5	7.0	7.0	7.0	7.5	7.5	7.5	7.5	8.0	8.0	8.0	.1298
1.0	2.0	2.5	2.5	3.0	3.5	3.5	4.0	4.0	4.0	4.5	4.5	4.5	5.0	5.0	5.5	5.5	5.5	6.0	6.0	6.5	6.5	6.5	7.0	7.0	7.0	7.5	7.5	7.5	7.5	8.0	8.0	8.0	8.5	8.5	8.5	.1442
1.1	2.0	2.5	2.5	3.0	3.5	3.5	4.0	4.0	4.0	4.5	4.5	5.0	5.0	5.5	5.5	6.0	6.0	6.0	6.5	6.5	7.0	7.0	7.0	7.5	7.5	7.5	8.0	8.0	8.0	8.5	8.5	8.5	8.5	9.0	9.0	.1586
1.2	2.0	2.5	3.0	3.0	3.5	4.0	4.0	4.0	4.5	4.5	5.0	5.0	5.5	5.5	6.0	6.0	6.5	6.5	6.5	7.0	7.0	7.5	7.5	7.5	8.0	8.0	8.0	8.5	8.5	8.5	9.0	9.0	9.0	9.5	9.5	.1730
1.3	2.0	2.5	3.0	3.5	3.5	4.0	4.0	4.5	4.5	5.0	5.0	5.5	5.5	6.0	6.0	6.5	6.5	6.5	7.0	7.0	7.5	7.5	7.5	8.0	8.0	8.5	8.5	8.5	9.0	9.0	9.0	9.5	9.5	9.5	10.0	.1875
1.4	2.0	2.5	3.0	3.5	4.0	4.0	4.0	4.5	4.5	5.0	5.5	5.5	6.0	6.0	6.5	6.5	7.0	7.0	7.0	7.5	7.5	8.0	8.0	8.5	8.5	8.5	9.0	9.0	9.0	9.5	9.5	9.5	10.0	10.0	10.5	.2019
1.5	2.0	2.5	3.0	3.5	4.0	4.0	4.5	4.5	5.0	5.0	5.5	6.0	6.0	6.5	6.5	7.0	7.0	7.0	7.5	7.5	8.0	8.0	8.5	8.5	9.0	9.0	9.0	9.5	9.5	9.5	10.0	10.0	10.5	10.5	11.0	.2163
k	90	126	162	198	234	270	306	342	378	414	450	486	522	558	594	630	666	702	738	774	810	846	882	918	954	990	1026	1062	1098	1134	1170	1206	1242	1278	1314	km

Δt Fahrenheit

D = 0.0400

Δt Celsius °C or Kelvin °K

k: Btu, in./sq ft, hr °F; km: W/mK

k	50	70	90	110	130	150	170	190	210	230	250	270	290	310	330	350	370	390	410	430	450	470	490	510	530	550	570	590	610	630	650	670	690	710	730	km
0.1	1.0	1.0	1.0	1.5	1.5	1.5	1.5	1.5	2.0	2.0	2.0	2.0	2.0	2.0	2.0	2.5	2.5	2.5	2.5	2.5	2.5	2.5	2.5	2.5	3.0	3.0	3.0	3.0	3.0	3.0	3.0	3.0	3.0	3.0	3.0	.0144
0.2	1.0	1.5	1.5	2.0	2.0	2.0	2.0	2.5	2.5	2.5	2.5	3.0	3.0	3.0	3.0	3.0	3.0	3.5	3.5	3.5	3.5	3.5	3.5	4.0	4.0	4.0	4.0	4.0	4.0	4.0	4.0	4.0	4.0	4.5	4.5	.0288
0.3	1.5	1.5	2.0	2.0	2.5	2.5	2.5	3.0	3.0	3.0	3.0	3.5	3.5	3.5	3.5	4.0	4.0	4.0	4.0	4.0	4.0	4.0	4.5	4.5	4.5	4.5	4.5	4.5	5.0	5.0	5.0	5.0	5.0	5.0	5.5	.0433
0.4	1.5	2.0	2.0	2.5	2.5	3.0	3.0	3.0	3.5	3.5	3.5	4.0	4.0	4.0	4.0	4.0	4.5	4.5	4.5	4.5	4.5	5.0	5.0	5.0	5.0	5.5	5.5	5.5	5.5	5.5	6.0	6.0	6.0	6.0	6.5	.0577
0.5	2.0	2.0	2.5	2.5	3.0	3.0	3.5	3.5	3.5	4.0	4.0	4.0	4.0	4.5	4.5	4.5	5.0	5.0	5.0	5.0	5.5	5.5	5.5	5.5	6.0	6.0	6.0	6.0	6.5	6.5	6.5	6.5	7.0	7.0	7.0	.0721
0.6	2.0	2.0	2.5	3.0	3.0	3.5	3.5	4.0	4.0	4.0	4.0	4.5	4.5	4.5	5.0	5.0	5.0	5.5	5.5	5.5	6.0	6.0	6.0	6.5	6.5	6.5	6.5	7.0	7.0	7.0	7.0	7.5	7.5	7.5	7.5	.0865
0.7	2.0	2.5	2.5	3.0	3.5	3.5	4.0	4.0	4.0	4.5	4.5	4.5	5.0	5.0	5.5	5.5	5.5	6.0	6.0	6.0	6.5	6.5	6.5	7.0	7.0	7.0	7.5	7.5	7.5	7.5	8.0	8.0	8.0	8.5	8.5	.1009
0.8	2.0	2.5	3.0	3.0	3.5	4.0	4.0	4.0	4.5	4.5	5.0	5.0	5.0	5.5	5.5	6.0	6.0	6.5	6.5	6.5	7.0	7.0	7.0	7.5	7.5	7.5	8.0	8.0	8.0	8.5	8.5	8.5	8.5	9.0	9.0	.1154
0.9	2.0	2.5	3.0	3.5	3.5	4.0	4.0	4.5	4.5	5.0	5.0	5.5	5.5	6.0	6.0	6.5	6.5	6.5	7.0	7.0	7.0	7.5	7.5	8.0	8.0	8.0	8.5	8.5	8.5	9.0	9.0	9.0	9.5	9.5	9.5	.1298
1.0	2.0	2.5	3.0	3.5	4.0	4.0	4.5	4.5	5.0	5.0	5.5	5.5	6.0	6.0	6.5	6.5	7.0	7.0	7.0	7.5	7.5	8.0	8.0	8.0	8.5	8.5	9.0	9.0	9.0	9.5	9.5	9.5	10.0	10.0	10.0	.1442
1.1	2.5	3.0	3.0	3.5	4.0	4.0	4.5	5.0	5.0	5.5	5.5	6.0	6.0	6.5	6.5	7.0	7.0	7.5	7.5	8.0	8.0	8.0	8.5	8.5	9.0	9.0	9.5	9.5	9.5	10.0	10.0	10.0	10.5	10.5	10.5	.1586
1.2	2.5	3.0	3.5	4.0	4.0	4.5	4.5	5.0	5.0	5.5	6.0	6.0	6.5	6.5	7.0	7.0	7.5	7.5	8.0	8.0	8.5	8.5	9.0	9.0	9.5	9.5	9.5	10.0	10.0	10.0	10.5	10.5	11.0	11.0	11.5	.1730
1.3	2.5	3.0	3.5	4.0	4.0	4.5	5.0	5.0	5.5	6.0	6.0	6.5	6.5	7.0	7.5	7.5	8.0	8.0	8.5	8.5	9.0	9.0	9.0	9.5	9.5	10.0	10.0	10.0	10.5	10.5	11.0	11.0	11.5	11.5	12.0	.1875
1.4	2.5	3.0	3.5	4.0	4.0	4.5	5.0	5.5	5.5	6.0	6.5	6.5	7.0	7.5	7.5	8.0	8.0	8.5	8.5	9.0	9.0	9.5	9.5	10.0	10.0	10.0	10.5	10.5	11.0	11.0	11.5	11.5	12.0	12.0	•	.2019
1.5	2.5	3.0	3.5	4.0	4.5	4.5	5.0	5.5	6.0	6.5	6.5	7.0	7.0	7.5	8.0	8.0	8.5	8.5	9.0	9.0	9.5	9.5	10.0	10.0	10.0	10.5	10.5	11.0	11.0	11.5	11.5	12.0	12.0	•	•	.2163
k	90	126	162	198	234	270	306	342	378	414	450	486	522	558	594	630	666	702	738	774	810	846	882	918	954	990	1026	1062	1098	1134	1170	1206	1242	1278	1314	km

Δt Fahrenheit

TEMPERATURE DIFFERENCE

TABLE 2 (Sheet 36 of 128)

TABLE 2 (Continued)

ECONOMICAL INSULATION THICKNESS TABLE

IN INCHES
(nominal)

PIPE SIZE: 2-1/2'' NPS (Tube Size 3'' OD)
73 mm

At the intersection of the ''Δt'' column with the ''k'' row read the economical thickness.
(*•—exceeds 12'' thickness*)

CONDUCTIVITY Btu, in./sq ft, hr °F — W/mK

D = 0.0500

Δt Celsius °C or Kelvin °K

k	50	70	90	110	130	150	170	190	210	230	250	270	290	310	330	350	370	390	410	430	450	470	490	510	530	550	570	590	610	630	650	670	690	710	730	km
0.1	1.0	1.0	1.5	1.5	1.5	1.5	2.0	2.0	2.0	2.0	2.0	2.0	2.5	2.5	2.5	2.5	2.5	2.5	2.5	3.0	3.0	3.0	3.0	3.0	3.0	3.0	3.0	3.5	3.5	3.5	3.5	3.5	3.5	3.5	3.5	.0144
0.2	1.5	1.5	2.0	2.0	2.0	2.5	2.5	2.5	2.5	3.0	3.0	3.0	3.0	3.5	3.5	3.5	3.5	3.5	4.0	4.0	4.0	4.0	4.0	4.0	4.0	4.0	4.5	4.5	4.5	4.5	4.5	4.5	4.5	5.0	5.0	.0288
0.3	1.5	2.0	2.0	2.5	2.5	3.0	3.0	3.0	3.5	3.5	3.5	3.5	4.0	4.0	4.0	4.0	4.0	4.5	4.5	4.5	4.5	4.5	5.0	5.0	5.0	5.0	5.0	5.5	5.5	5.5	5.5	6.0	6.0	6.0	6.0	.0433
0.4	2.0	2.0	2.5	2.5	3.0	3.0	3.5	3.5	3.5	4.0	4.0	4.0	4.0	4.5	4.5	4.5	5.0	5.0	5.0	5.0	5.5	5.5	5.5	6.0	6.0	6.0	6.0	6.5	6.5	6.5	6.5	6.5	7.0	7.0	7.0	.0577
0.5	2.0	2.5	2.5	3.0	3.0	3.5	3.5	4.0	4.0	4.0	4.5	4.5	4.5	5.0	5.0	5.0	5.5	5.5	5.5	6.0	6.0	6.0	6.5	6.5	6.5	7.0	7.0	7.0	7.0	7.5	7.5	7.5	7.5	8.0	8.0	.0721
0.6	2.0	2.5	3.0	3.0	3.5	4.0	4.0	4.0	4.5	4.5	4.5	5.0	5.0	5.5	5.5	6.0	6.0	6.0	6.5	6.5	6.5	7.0	7.0	7.0	7.5	7.5	7.5	8.0	8.0	8.0	8.0	8.5	8.5	8.5	9.0	.0865
0.7	2.0	2.5	3.0	3.5	4.0	4.0	4.0	4.5	4.5	5.0	5.0	5.5	5.5	6.0	6.0	6.5	6.5	6.5	7.0	7.0	7.0	7.5	7.5	7.5	8.0	8.0	8.5	8.5	8.5	9.0	9.0	9.0	9.5	9.5	9.5	.1009
0.8	2.5	3.0	3.0	3.5	4.0	4.0	4.5	4.5	5.0	5.0	5.5	5.5	6.0	6.5	6.5	6.5	7.0	7.0	7.5	7.5	7.5	8.0	8.0	8.5	8.5	8.5	9.0	9.0	9.5	9.5	9.5	10.0	10.0	10.0	10.5	.1154
0.9	2.5	3.0	3.5	4.0	4.0	4.5	4.5	5.0	5.0	5.5	6.0	6.0	6.5	6.5	7.0	7.0	7.5	7.5	8.0	8.0	8.0	8.5	8.5	9.0	9.0	9.5	9.5	9.5	10.0	10.0	10.0	10.5	10.5	10.5	11.0	.1298
1.0	2.5	3.0	3.5	4.0	4.0	4.5	5.0	5.0	5.5	6.0	6.0	6.5	6.5	7.0	7.5	7.5	7.5	8.0	8.5	8.5	8.5	9.0	9.0	9.5	9.5	10.0	10.0	10.0	10.5	10.5	10.5	11.0	11.0	11.0	11.5	.1442
1.1	2.5	3.0	3.5	4.0	4.5	4.5	5.0	5.5	6.0	6.0	6.5	7.0	7.0	7.5	7.5	8.0	8.0	8.5	8.5	9.0	9.0	9.5	9.5	10.0	10.0	10.0	10.5	10.5	11.0	11.0	11.0	11.5	11.5	11.5	12.0	.1586
1.2	2.5	3.5	4.0	4.0	4.5	5.0	5.5	5.5	6.0	6.5	6.5	7.0	7.5	7.5	8.0	8.5	8.5	9.0	9.0	9.5	9.5	10.0	10.0	10.5	10.5	10.5	11.0	11.0	11.5	11.5	11.5	12.0	12.0	12.0	•	.1730
1.3	3.0	3.5	4.0	4.0	4.5	5.0	5.5	6.0	6.5	6.5	7.0	7.5	7.5	8.0	8.5	8.5	9.0	9.0	9.5	9.5	10.0	10.0	10.5	10.5	11.0	11.0	11.5	11.5	12.0	12.0	12.0	•	•	•	•	.1875
1.4	3.0	3.5	4.0	4.5	5.0	5.5	5.5	6.0	6.5	7.0	7.5	7.5	8.0	8.5	8.5	9.0	9.5	9.5	10.0	10.0	10.0	10.5	10.5	11.0	11.0	11.5	11.5	12.0	12.0	•	•	•	•	•	•	.2019
1.5	3.0	3.5	4.0	4.5	5.0	5.5	6.0	6.5	7.0	7.0	7.5	8.0	8.5	8.5	9.0	9.5	9.5	10.0	10.0	10.5	10.5	11.0	11.0	11.5	11.5	12.0	12.0	•	•	•	•	•	•	•	•	.2163
k	90	126	162	198	234	270	306	342	378	414	450	486	522	558	594	630	666	702	738	774	810	846	882	918	954	990	1026	1062	1098	1134	1170	1206	1242	1278	1314	km

Δt Fahrenheit

D = 0.0700

Δt Celsius °C or Kelvin °K

k	50	70	90	110	130	150	170	190	210	230	250	270	290	310	330	350	370	390	410	430	450	470	490	510	530	550	570	590	610	630	650	670	690	710	730	km
0.1	1.0	1.5	1.5	1.5	2.0	2.0	2.0	2.0	2.0	2.5	2.5	2.5	2.5	3.0	3.0	3.0	3.5	3.5	3.5	3.5	4.0	4.0	4.0	4.0	4.0	4.5	4.5	4.5	4.5	4.5	4.5	4.5	4.5	4.5	4.5	.0144
0.2	1.5	1.5	1.5	2.0	2.0	2.5	2.5	2.5	2.5	3.0	3.0	3.0	3.0	3.5	3.5	3.5	4.0	4.0	4.0	4.0	4.5	4.5	4.5	4.5	4.5	5.0	5.0	5.0	5.0	5.0	5.0	5.5	5.5	5.5	5.5	.0288
0.3	1.5	2.0	2.0	2.0	2.5	3.0	3.0	3.5	3.5	3.5	4.0	4.0	4.0	4.0	4.5	4.5	5.0	5.0	5.0	5.0	5.5	5.5	5.5	5.5	6.0	6.0	6.0	6.0	6.0	6.5	6.5	6.5	6.5	6.5	7.0	.0433
0.4	1.5	2.0	2.0	2.5	3.0	3.5	3.5	3.5	4.0	4.0	4.5	4.5	4.5	5.0	5.0	5.5	5.5	5.5	5.5	6.0	6.0	6.5	6.5	6.5	6.5	7.0	7.0	7.0	7.5	7.5	7.5	8.0	8.0	8.0	8.0	.0577
0.5	2.0	2.5	2.5	3.0	3.5	3.5	4.0	4.0	4.5	4.5	5.0	5.0	5.0	5.5	5.5	6.0	6.0	6.0	6.5	6.5	6.5	7.0	7.0	7.5	7.5	8.0	8.0	8.0	8.0	8.5	8.5	9.0	9.0	9.0	9.0	.0721
0.6	2.0	2.5	2.5	3.0	3.5	4.0	4.5	4.5	5.0	5.0	5.5	5.5	5.5	6.0	6.5	6.5	7.0	7.0	7.0	7.5	7.5	8.0	8.0	8.0	8.5	8.5	9.0	9.0	9.0	9.5	9.5	10.0	10.0	10.0	10.0	.0865
0.7	2.0	3.0	3.5	3.5	4.0	4.5	4.5	4.5	5.0	5.5	6.0	6.0	6.0	6.5	7.0	7.0	7.5	7.5	8.0	8.0	8.5	8.5	9.0	9.0	9.0	9.5	9.5	9.5	10.0	10.0	10.5	10.5	11.0	11.0	11.0	.1009
0.8	2.5	3.0	3.5	3.5	4.0	4.5	5.0	5.0	5.5	6.0	6.5	6.5	6.5	7.0	7.5	7.5	8.0	8.0	8.5	8.5	9.0	9.5	9.5	9.5	10.0	10.0	10.5	10.5	10.5	11.0	11.5	11.5	11.5	12.0	12.0	.1154
0.9	2.5	3.0	3.5	4.0	4.5	5.0	5.5	5.5	6.0	6.0	6.5	7.0	7.0	7.5	8.0	8.0	8.5	8.5	9.0	9.5	9.5	10.0	10.0	10.0	10.5	11.0	11.0	11.0	11.5	12.0	12.0	•	•	•	•	.1298
1.0	2.5	3.0	3.5	4.0	4.5	5.0	5.5	5.5	6.0	6.5	7.0	7.5	8.0	8.0	8.5	8.5	9.0	9.0	9.5	10.0	10.0	10.5	10.5	11.0	11.0	11.5	12.0	12.0	12.0	•	•	•	•	•	•	.1442
1.1	3.0	3.5	4.0	4.5	5.0	5.5	6.0	6.0	6.5	7.0	7.5	8.0	8.5	8.5	9.0	9.0	9.5	9.5	10.5	10.5	10.5	11.0	11.0	11.5	12.0	12.0	•	•	•	•	•	•	•	•	•	.1586
1.2	3.0	3.5	4.0	4.5	5.0	5.5	6.0	6.0	6.5	7.0	7.5	8.0	8.5	9.0	9.5	9.5	10.0	10.0	11.0	11.0	11.5	11.5	12.0	12.0	•	•	•	•	•	•	•	•	•	•	•	.1730
1.3	3.5	4.0	4.5	5.0	5.5	6.0	6.5	6.5	7.0	7.5	8.0	8.5	9.0	9.5	10.0	10.0	10.5	10.5	11.5	11.5	12.0	12.0	•	•	•	•	•	•	•	•	•	•	•	•	•	.1875
1.4	3.5	4.0	4.5	5.0	5.5	6.0	6.5	7.0	7.5	8.0	8.5	9.0	9.5	10.0	10.0	10.5	11.0	11.0	12.0	12.0	•	•	•	•	•	•	•	•	•	•	•	•	•	•	•	.2019
1.5	4.0	4.5	5.0	5.5	6.0	6.5	7.0	7.5	8.0	8.5	9.0	9.5	10.0	10.5	11.0	11.5	11.5	12.0	12.0	•	•	•	•	•	•	•	•	•	•	•	•	•	•	•	•	.2163
k	90	126	162	198	234	270	306	342	378	414	450	486	522	558	594	630	666	702	738	774	810	846	882	918	954	990	1026	1062	1098	1134	1170	1206	1242	1278	1314	km

Δt Fahrenheit

D = 0.1000

Δt Celsius °C or Kelvin °K

k	50	70	90	110	130	150	170	190	210	230	250	270	290	310	330	350	370	390	410	430	450	470	490	510	530	550	570	590	610	630	650	670	690	710	730	km
0.1	1.5	2.0	2.0	2.0	2.0	2.5	2.5	2.5	2.5	3.0	3.0	3.0	3.0	3.5	3.5	3.5	4.0	4.0	4.0	4.0	4.5	4.5	4.5	4.5	4.5	5.0	5.0	5.0	5.0	5.0	5.0	5.5	5.5	5.5	5.5	.0144
0.2	1.5	2.0	2.0	2.5	2.5	3.0	3.0	3.0	3.5	3.5	3.5	4.0	4.0	4.0	4.5	4.5	4.5	4.5	5.0	5.0	5.0	5.5	5.5	5.5	5.5	6.0	6.0	6.0	6.0	6.5	6.5	6.5	6.5	6.5	7.0	.0288
0.3	2.0	2.5	2.5	3.0	3.0	3.5	4.0	4.0	4.0	4.5	4.5	5.0	5.0	5.0	5.5	5.5	6.0	6.0	6.0	6.5	6.5	6.5	6.5	7.0	7.0	7.5	7.5	7.5	7.5	8.0	8.0	8.0	8.0	8.5	8.5	.0433
0.4	2.0	2.5	2.5	3.0	3.5	4.0	4.5	4.5	4.5	5.0	5.5	5.5	5.5	6.0	6.5	6.5	7.0	7.0	7.0	7.5	7.5	8.0	8.0	8.0	8.5	8.5	9.0	9.0	9.0	9.0	9.5	9.5	9.5	10.0	10.0	.0577
0.5	2.5	3.0	3.0	3.5	4.0	4.5	5.0	5.0	5.5	5.5	6.0	6.5	6.5	6.5	7.0	7.5	7.5	7.5	8.0	8.5	8.5	9.0	9.0	9.0	9.5	9.5	10.0	10.0	10.0	10.5	10.5	11.0	11.0	11.0	11.5	.0721
0.6	2.5	3.0	3.5	4.0	4.5	5.0	5.5	5.5	6.0	6.5	6.5	7.0	7.0	7.5	8.0	8.0	8.5	8.5	9.0	9.0	9.5	10.0	10.0	10.0	10.5	11.0	11.0	11.0	11.5	11.5	12.0	12.0	•	•	•	.0865
0.7	2.5	3.0	3.5	4.0	5.0	5.5	6.0	6.0	6.5	7.0	7.5	7.5	7.5	8.0	8.5	9.0	9.5	9.5	9.5	10.0	10.5	10.5	11.0	11.0	11.5	12.0	12.0	12.0	•	•	•	•	•	•	•	.1009
0.8	3.0	3.5	4.0	4.5	5.0	5.5	6.5	7.0	7.0	7.5	8.0	8.5	8.5	9.0	9.0	9.5	10.0	10.0	10.5	11.0	11.0	11.5	11.5	12.0	12.0	•	•	•	•	•	•	•	•	•	•	.1154
0.9	3.0	3.5	4.0	4.5	5.5	6.0	6.5	7.0	7.5	8.0	8.5	9.0	9.5	9.5	10.0	10.0	10.5	10.5	11.0	11.5	12.0	12.0	•	•	•	•	•	•	•	•	•	•	•	•	•	.1298
1.0	3.0	4.0	4.5	5.0	5.5	6.5	7.0	7.5	7.5	8.0	9.0	9.5	10.0	10.0	10.5	11.0	11.5	11.5	12.0	12.0	•	•	•	•	•	•	•	•	•	•	•	•	•	•	•	.1442
1.1	3.5	4.5	5.0	5.5	6.0	6.0	7.5	8.0	8.0	8.5	9.0	9.5	10.0	11.0	11.5	11.5	12.0	12.0	•	•	•	•	•	•	•	•	•	•	•	•	•	•	•	•	•	.1586
1.2	3.5	4.5	5.5	5.5	6.5	7.0	8.0	8.5	8.5	9.0	9.5	10.0	11.0	11.5	12.0	12.0	•	•	•	•	•	•	•	•	•	•	•	•	•	•	•	•	•	•	•	.1730
1.3	4.0	4.5	5.5	6.0	6.5	7.0	8.5	8.5	9.0	10.0	10.5	11.5	12.0	12.0	•	•	•	•	•	•	•	•	•	•	•	•	•	•	•	•	•	•	•	•	•	.1875
1.4	4.0	5.0	5.5	6.0	6.5	7.5	8.5	9.0	9.5	10.5	11.0	11.5	12.0	•	•	•	•	•	•	•	•	•	•	•	•	•	•	•	•	•	•	•	•	•	•	.2019
1.5	4.5	5.5	6.0	6.5	7.0	7.5	8.5	9.5	10.0	11.0	11.5	12.0	•	•	•	•	•	•	•	•	•	•	•	•	•	•	•	•	•	•	•	•	•	•	•	.2163
k	90	126	162	198	234	270	306	342	378	414	450	486	522	558	594	630	666	702	738	774	810	846	882	918	954	990	1026	1062	1098	1134	1170	1206	1242	1278	1314	km

Δt Fahrenheit

TABLE 2 (Sheet 37 of 128)

TEMPERATURE DIFFERENCE

TABLE 2 (Continued)

ECONOMICAL INSULATION THICKNESS TABLE

IN INCHES
(nominal)

PIPE SIZE: 3'' NPS (Tube Size 3-1/2'' OD)
88.9 mm

At the intersection of the ''Δt'' column with the ''k'' row read the economical thickness.
(•—*exceeds 12'' thickness*)

D = 0.0025

Δt Celsius °C or Kelvin °K

k: Btu, in./sq ft, hr °F; km: W/mK

k	50	70	90	110	130	150	170	190	210	230	250	270	290	310	330	350	370	390	410	430	450	470	490	510	530	550	570	590	610	630	650	670	690	710	730	km
0.1	0.5	0.5	0.5	0.5	0.5	0.5	0.5	0.5	0.5	0.5	0.5	0.5	0.5	0.5	0.5	0.5	0.5	1.0	1.0	1.0	1.0	1.0	1.0	1.0	1.0	1.0	1.0	1.0	1.0	1.0	1.0	1.0	1.0	1.0	1.0	.0144
0.2	0.5	0.5	0.5	0.5	0.5	0.5	0.5	0.5	0.5	1.0	1.0	1.0	1.0	1.0	1.0	1.0	1.0	1.0	1.0	1.0	1.0	1.0	1.0	1.0	1.0	1.0	1.0	1.0	1.0	1.0	1.0	1.0	1.0	1.0	1.0	.0288
0.3	0.5	0.5	0.5	0.5	0.5	0.5	0.5	1.0	1.0	1.0	1.0	1.0	1.0	1.0	1.0	1.0	1.0	1.0	1.0	1.0	1.0	1.0	1.0	1.0	1.0	1.5	1.5	1.5	1.5	1.5	1.5	1.5	1.5	1.5	1.5	.0433
0.4	0.5	0.5	0.5	0.5	0.5	0.5	1.0	1.0	1.0	1.0	1.0	1.0	1.0	1.0	1.0	1.0	1.0	1.0	1.0	1.0	1.5	1.5	1.5	1.5	1.5	1.5	1.5	1.5	1.5	1.5	1.5	1.5	1.5	1.5	1.5	.0577
0.5	0.5	0.5	0.5	0.5	0.5	1.0	1.0	1.0	1.0	1.0	1.0	1.0	1.0	1.0	1.0	1.0	1.0	1.5	1.5	1.5	1.5	1.5	1.5	1.5	1.5	1.5	1.5	1.5	1.5	1.5	1.5	1.5	1.5	1.5	1.5	.0721
0.6	0.5	0.5	0.5	0.5	0.5	1.0	1.0	1.0	1.0	1.0	1.0	1.0	1.0	1.0	1.0	1.0	1.5	1.5	1.5	1.5	1.5	1.5	1.5	1.5	1.5	1.5	1.5	1.5	1.5	1.5	1.5	2.0	2.0	2.0	2.0	.0865
0.7	0.5	0.5	0.5	0.5	0.5	1.0	1.0	1.0	1.0	1.0	1.0	1.0	1.0	1.0	1.5	1.5	1.5	1.5	1.5	1.5	1.5	1.5	1.5	1.5	1.5	1.5	1.5	1.5	2.0	2.0	2.0	2.0	2.0	2.0	2.0	.1009
0.8	0.5	0.5	0.5	0.5	0.5	1.0	1.0	1.0	1.0	1.0	1.0	1.0	1.0	1.0	1.5	1.5	1.5	1.5	1.5	1.5	1.5	1.5	1.5	1.5	1.5	1.5	2.0	2.0	2.0	2.0	2.0	2.0	2.0	2.0	2.0	.1154
0.9	0.5	0.5	0.5	0.5	0.5	1.0	1.0	1.0	1.0	1.0	1.0	1.0	1.0	1.0	1.5	1.5	1.5	1.5	1.5	1.5	1.5	1.5	1.5	1.5	2.0	2.0	2.0	2.0	2.0	2.0	2.0	2.0	2.0	2.0	2.0	.1298
1.0	0.5	0.5	0.5	0.5	0.5	1.0	1.0	1.0	1.0	1.0	1.0	1.0	1.0	1.5	1.5	1.5	1.5	1.5	1.5	1.5	1.5	1.5	1.5	2.0	2.0	2.0	2.0	2.0	2.0	2.0	2.0	2.0	2.0	2.0	2.0	.1442
1.1	0.5	0.5	0.5	0.5	0.5	1.0	1.0	1.0	1.0	1.0	1.0	1.0	1.5	1.5	1.5	1.5	1.5	1.5	1.5	1.5	1.5	1.5	2.0	2.0	2.0	2.0	2.0	2.0	2.0	2.0	2.0	2.0	2.0	2.0	2.0	.1586
1.2	0.5	0.5	0.5	0.5	0.5	0.5	1.0	1.0	1.0	1.0	1.0	1.0	1.5	1.5	1.5	1.5	1.5	1.5	1.5	1.5	1.5	2.0	2.0	2.0	2.0	2.0	2.0	2.0	2.0	2.0	2.0	2.0	2.5	2.5	2.5	.1730
1.3	0.5	0.5	0.5	0.5	0.5	0.5	1.0	1.0	1.0	1.0	1.0	1.0	1.5	1.5	1.5	1.5	1.5	1.5	1.5	1.5	1.5	2.0	2.0	2.0	2.0	2.0	2.0	2.0	2.0	2.0	2.0	2.5	2.5	2.5	2.5	.1875
1.4	0.5	0.5	0.5	0.5	0.5	0.5	1.0	1.0	1.0	1.0	1.0	1.0	1.5	1.5	1.5	1.5	1.5	1.5	1.5	1.5	2.0	2.0	2.0	2.0	2.0	2.0	2.0	2.0	2.0	2.0	2.5	2.5	2.5	2.5	2.5	.2019
1.5	0.5	0.5	0.5	0.5	0.5	0.5	1.0	1.0	1.0	1.0	1.0	1.0	1.5	1.5	1.5	1.5	1.5	1.5	1.5	1.5	2.0	2.0	2.0	2.0	2.0	2.0	2.0	2.0	2.0	2.5	2.5	2.5	2.5	2.5	2.5	.2163
k	90	126	162	198	234	270	306	342	378	414	450	486	522	558	594	630	666	702	738	774	810	846	882	918	954	990	1026	1062	1098	1134	1170	1206	1242	1278	1314	km

Δt Fahrenheit

D = 0.0030

Δt Celsius °C or Kelvin °K

CONDUCTIVITY — k: Btu, in./sq ft, hr °F; km: W/mK

k	50	70	90	110	130	150	170	190	210	230	250	270	290	310	330	350	370	390	410	430	450	470	490	510	530	550	570	590	610	630	650	670	690	710	730	km
0.1	0.5	0.5	0.5	0.5	0.5	0.5	0.5	0.5	0.5	0.5	0.5	0.5	0.5	0.5	1.0	1.0	1.0	1.0	1.0	1.0	1.0	1.0	1.0	1.0	1.0	1.0	1.0	1.0	1.0	1.0	1.0	1.0	1.0	1.0	1.0	.0144
0.2	0.5	0.5	0.5	0.5	0.5	0.5	0.5	1.0	1.0	1.0	1.0	1.0	1.0	1.0	1.0	1.0	1.0	1.0	1.0	1.0	1.0	1.0	1.0	1.0	1.0	1.0	1.0	1.0	1.0	1.5	1.5	1.5	1.5	1.5	1.5	.0288
0.3	0.5	0.5	0.5	0.5	0.5	1.0	1.0	1.0	1.0	1.0	1.0	1.0	1.0	1.0	1.0	1.0	1.0	1.0	1.0	1.0	1.0	1.5	1.5	1.5	1.5	1.5	1.5	1.5	1.5	1.5	1.5	1.5	1.5	1.5	1.5	.0433
0.4	0.5	0.5	0.5	0.5	0.5	1.0	1.0	1.0	1.0	1.0	1.0	1.0	1.0	1.0	1.0	1.0	1.0	1.5	1.5	1.5	1.5	1.5	1.5	1.5	1.5	1.5	1.5	1.5	1.5	1.5	1.5	1.5	1.5	1.5	2.0	.0577
0.5	0.5	0.5	0.5	0.5	1.0	1.0	1.0	1.0	1.0	1.0	1.0	1.0	1.0	1.0	1.5	1.5	1.5	1.5	1.5	1.5	1.5	1.5	1.5	1.5	1.5	1.5	1.5	1.5	1.5	2.0	2.0	2.0	2.0	2.0	2.0	.0721
0.6	0.5	0.5	0.5	0.5	1.0	1.0	1.0	1.0	1.0	1.0	1.0	1.0	1.0	1.5	1.5	1.5	1.5	1.5	1.5	1.5	1.5	1.5	1.5	1.5	1.5	2.0	2.0	2.0	2.0	2.0	2.0	2.0	2.0	2.0	2.0	.0865
0.7	0.5	0.5	0.5	0.5	1.0	1.0	1.0	1.0	1.0	1.0	1.0	1.0	1.5	1.5	1.5	1.5	1.5	1.5	1.5	1.5	1.5	1.5	1.5	2.0	2.0	2.0	2.0	2.0	2.0	2.0	2.0	2.0	2.0	2.0	2.0	.1009
0.8	0.5	0.5	0.5	0.5	1.0	1.0	1.0	1.0	1.0	1.0	1.0	1.5	1.5	1.5	1.5	1.5	1.5	1.5	1.5	1.5	1.5	2.0	2.0	2.0	2.0	2.0	2.0	2.0	2.0	2.0	2.0	2.0	2.0	2.0	2.5	.1154
0.9	0.5	0.5	0.5	0.5	1.0	1.0	1.0	1.0	1.0	1.0	1.0	1.5	1.5	1.5	1.5	1.5	1.5	1.5	1.5	1.5	2.0	2.0	2.0	2.0	2.0	2.0	2.0	2.0	2.0	2.0	2.0	2.5	2.5	2.5	2.5	.1298
1.0	0.5	0.5	0.5	0.5	1.0	1.0	1.0	1.0	1.0	1.0	1.5	1.5	1.5	1.5	1.5	1.5	1.5	1.5	1.5	2.0	2.0	2.0	2.0	2.0	2.0	2.0	2.0	2.0	2.0	2.5	2.5	2.5	2.5	2.5	2.5	.1442
1.1	0.5	0.5	0.5	0.5	1.0	1.0	1.0	1.0	1.0	1.0	1.5	1.5	1.5	1.5	1.5	1.5	1.5	1.5	2.0	2.0	2.0	2.0	2.0	2.0	2.0	2.0	2.0	2.0	2.5	2.5	2.5	2.5	2.5	2.5	2.5	.1586
1.2	0.5	0.5	0.5	0.5	1.0	1.0	1.0	1.0	1.0	1.0	1.5	1.5	1.5	1.5	1.5	1.5	1.5	2.0	2.0	2.0	2.0	2.0	2.0	2.0	2.0	2.0	2.5	2.5	2.5	2.5	2.5	2.5	2.5	2.5	2.5	.1730
1.3	0.5	0.5	0.5	0.5	0.5	1.0	1.0	1.0	1.0	1.0	1.5	1.5	1.5	1.5	1.5	1.5	1.5	2.0	2.0	2.0	2.0	2.0	2.0	2.0	2.0	2.5	2.5	2.5	2.5	2.5	2.5	2.5	2.5	2.5	2.5	.1875
1.4	0.5	0.5	0.5	0.5	0.5	1.0	1.0	1.0	1.0	1.0	1.5	1.5	1.5	1.5	1.5	1.5	1.5	2.0	2.0	2.0	2.0	2.0	2.0	2.0	2.0	2.5	2.5	2.5	2.5	2.5	2.5	2.5	2.5	2.5	2.5	.2019
1.5	0.5	0.5	0.5	0.5	0.5	1.0	1.0	1.0	1.0	1.0	1.5	1.5	1.5	1.5	1.5	1.5	2.0	2.0	2.0	2.0	2.0	2.0	2.0	2.0	2.5	2.5	2.5	2.5	2.5	2.5	2.5	2.5	2.5	3.0	3.0	.2163
k	90	126	162	198	234	270	306	342	378	414	450	486	522	558	594	630	666	702	738	774	810	846	882	918	954	990	1026	1062	1098	1134	1170	1206	1242	1278	1314	km

Δt Fahrenheit

D = 0.0035

Δt Celsius °C or Kelvin °K

k: Btu, in./sq ft, hr °F; km: W/mK

k	50	70	90	110	130	150	170	190	210	230	250	270	290	310	330	350	370	390	410	430	450	470	490	510	530	550	570	590	610	630	650	670	690	710	730	km
0.1	0.5	0.5	0.5	0.5	0.5	0.5	0.5	0.5	0.5	0.5	0.5	1.0	1.0	1.0	1.0	1.0	1.0	1.0	1.0	1.0	1.0	1.0	1.0	1.0	1.0	1.0	1.0	1.0	1.0	1.0	1.0	1.0	1.0	1.0	1.0	.0144
0.2	0.5	0.5	0.5	0.5	0.5	0.5	1.0	1.0	1.0	1.0	1.0	1.0	1.0	1.0	1.0	1.0	1.0	1.0	1.0	1.0	1.0	1.0	1.0	1.0	1.5	1.5	1.5	1.5	1.5	1.5	1.5	1.5	1.5	1.5	1.5	.0288
0.3	0.5	0.5	0.5	0.5	1.0	1.0	1.0	1.0	1.0	1.0	1.0	1.0	1.0	1.0	1.0	1.0	1.0	1.5	1.5	1.5	1.5	1.5	1.5	1.5	1.5	1.5	1.5	1.5	1.5	1.5	1.5	1.5	1.5	1.5	1.5	.0433
0.4	0.5	0.5	0.5	0.5	1.0	1.0	1.0	1.0	1.0	1.0	1.0	1.0	1.0	1.0	1.5	1.5	1.5	1.5	1.5	1.5	1.5	1.5	1.5	1.5	1.5	1.5	1.5	1.5	1.5	2.0	2.0	2.0	2.0	2.0	2.0	.0577
0.5	0.5	0.5	0.5	1.0	1.0	1.0	1.0	1.0	1.0	1.0	1.0	1.0	1.5	1.5	1.5	1.5	1.5	1.5	1.5	1.5	1.5	1.5	1.5	1.5	1.5	2.0	2.0	2.0	2.0	2.0	2.0	2.0	2.0	2.0	2.0	.0721
0.6	0.5	0.5	0.5	1.0	1.0	1.0	1.0	1.0	1.0	1.0	1.0	1.5	1.5	1.5	1.5	1.5	1.5	1.5	1.5	1.5	1.5	2.0	2.0	2.0	2.0	2.0	2.0	2.0	2.0	2.0	2.0	2.0	2.0	2.0	2.0	.0865
0.7	0.5	0.5	0.5	1.0	1.0	1.0	1.0	1.0	1.0	1.0	1.5	1.5	1.5	1.5	1.5	1.5	1.5	1.5	1.5	2.0	2.0	2.0	2.0	2.0	2.0	2.0	2.0	2.0	2.0	2.0	2.0	2.5	2.5	2.5	2.5	.1009
0.8	0.5	0.5	0.5	1.0	1.0	1.0	1.0	1.0	1.0	1.5	1.5	1.5	1.5	1.5	1.5	1.5	1.5	1.5	2.0	2.0	2.0	2.0	2.0	2.0	2.0	2.0	2.0	2.0	2.0	2.5	2.5	2.5	2.5	2.5	2.5	.1154
0.9	0.5	0.5	0.5	1.0	1.0	1.0	1.0	1.0	1.0	1.5	1.5	1.5	1.5	1.5	1.5	1.5	1.5	2.0	2.0	2.0	2.0	2.0	2.0	2.0	2.0	2.0	2.5	2.5	2.5	2.5	2.5	2.5	2.5	2.5	2.5	.1298
1.0	0.5	0.5	0.5	1.0	1.0	1.0	1.0	1.0	1.0	1.5	1.5	1.5	1.5	1.5	1.5	1.5	2.0	2.0	2.0	2.0	2.0	2.0	2.0	2.0	2.0	2.5	2.5	2.5	2.5	2.5	2.5	2.5	2.5	2.5	2.5	.1442
1.1	0.5	0.5	0.5	1.0	1.0	1.0	1.0	1.0	1.5	1.5	1.5	1.5	1.5	1.5	1.5	2.0	2.0	2.0	2.0	2.0	2.0	2.0	2.0	2.5	2.5	2.5	2.5	2.5	2.5	2.5	2.5	2.5	2.5	2.5	3.0	.1586
1.2	0.5	0.5	0.5	1.0	1.0	1.0	1.0	1.0	1.5	1.5	1.5	1.5	1.5	1.5	1.5	2.0	2.0	2.0	2.0	2.0	2.0	2.0	2.5	2.5	2.5	2.5	2.5	2.5	2.5	2.5	2.5	2.5	3.0	3.0	3.0	.1730
1.3	0.5	0.5	0.5	0.5	1.0	1.0	1.0	1.0	1.5	1.5	1.5	1.5	1.5	1.5	2.0	2.0	2.0	2.0	2.0	2.0	2.0	2.0	2.5	2.5	2.5	2.5	2.5	2.5	2.5	2.5	2.5	3.0	3.0	3.0	3.0	.1875
1.4	0.5	0.5	0.5	0.5	1.0	1.0	1.0	1.0	1.5	1.5	1.5	1.5	1.5	1.5	2.0	2.0	2.0	2.0	2.0	2.0	2.0	2.5	2.5	2.5	2.5	2.5	2.5	2.5	2.5	3.0	3.0	3.0	3.0	3.0	3.0	.2019
1.5	0.5	0.5	0.5	0.5	1.0	1.0	1.0	1.0	1.5	1.5	1.5	1.5	1.5	1.5	2.0	2.0	2.0	2.0	2.0	2.0	2.5	2.5	2.5	2.5	2.5	2.5	2.5	2.5	3.0	3.0	3.0	3.0	3.0	3.0	3.0	.2163
k	90	126	162	198	234	270	306	342	378	414	450	486	522	558	594	630	666	702	738	774	810	846	882	918	954	990	1026	1062	1098	1134	1170	1206	1242	1278	1314	km

Δt Fahrenheit

TEMPERATURE DIFFERENCE

TABLE 2 (Sheet 38 of 128)

TABLE 2 (Continued)

ECONOMICAL INSULATION THICKNESS TABLE

IN INCHES
(nominal)

PIPE SIZE: 3'' NPS (Tube Size 3-1/2'' OD)
88.9 mm

At the intersection of the ''Δt'' column with the ''k'' row read the economical thickness.
(•—*exceeds 12'' thickness*)

D = 0.0040

Δt Celsius °C or Kelvin °K

k: CONDUCTIVITY, Btu, in./sq ft, hr °F; km: W/mK

k	50	70	90	110	130	150	170	190	210	230	250	270	290	310	330	350	370	390	410	430	450	470	490	510	530	550	570	590	610	630	650	670	690	710	730	km
0.1	0.5	0.5	0.5	0.5	0.5	0.5	0.5	0.5	0.5	0.5	1.0	1.0	1.0	1.0	1.0	1.0	1.0	1.0	1.0	1.0	1.0	1.0	1.0	1.0	1.0	1.0	1.0	1.0	1.0	1.0	1.0	1.0	1.0	1.0	1.0	.0144
0.2	0.5	0.5	0.5	0.5	0.5	1.0	1.0	1.0	1.0	1.0	1.0	1.0	1.0	1.0	1.0	1.0	1.0	1.0	1.0	1.0	1.0	1.5	1.5	1.5	1.5	1.5	1.5	1.5	1.5	1.5	1.5	1.5	1.5	1.5	1.5	.0288
0.3	0.5	0.5	0.5	0.5	1.0	1.0	1.0	1.0	1.0	1.0	1.0	1.0	1.0	1.0	1.0	1.5	1.5	1.5	1.5	1.5	1.5	1.5	1.5	1.5	1.5	1.5	1.5	1.5	1.5	1.5	1.5	1.5	2.0	2.0	2.0	.0433
0.4	0.5	0.5	0.5	1.0	1.0	1.0	1.0	1.0	1.0	1.0	1.0	1.0	1.5	1.5	1.5	1.5	1.5	1.5	1.5	1.5	1.5	1.5	1.5	1.5	1.5	2.0	2.0	2.0	2.0	2.0	2.0	2.0	2.0	2.0	2.0	.0577
0.5	0.5	0.5	0.5	1.0	1.0	1.0	1.0	1.0	1.0	1.0	1.5	1.5	1.5	1.5	1.5	1.5	1.5	1.5	1.5	1.5	1.5	2.0	2.0	2.0	2.0	2.0	2.0	2.0	2.0	2.0	2.0	2.0	2.0	2.0	2.0	.0721
0.6	0.5	0.5	1.0	1.0	1.0	1.0	1.0	1.0	1.0	1.5	1.5	1.5	1.5	1.5	1.5	1.5	1.5	1.5	1.5	2.0	2.0	2.0	2.0	2.0	2.0	2.0	2.0	2.0	2.0	2.0	2.0	2.5	2.5	2.5	2.5	.0865
0.7	0.5	0.5	1.0	1.0	1.0	1.0	1.0	1.0	1.5	1.5	1.5	1.5	1.5	1.5	1.5	1.5	1.5	2.0	2.0	2.0	2.0	2.0	2.0	2.0	2.0	2.0	2.0	2.5	2.5	2.5	2.5	2.5	2.5	2.5	2.5	.1009
0.8	0.5	0.5	1.0	1.0	1.0	1.0	1.0	1.0	1.5	1.5	1.5	1.5	1.5	1.5	1.5	2.0	2.0	2.0	2.0	2.0	2.0	2.0	2.0	2.0	2.0	2.5	2.5	2.5	2.5	2.5	2.5	2.5	2.5	2.5	2.5	.1154
0.9	0.5	0.5	1.0	1.0	1.0	1.0	1.0	1.5	1.5	1.5	1.5	1.5	1.5	1.5	2.0	2.0	2.0	2.0	2.0	2.0	2.0	2.0	2.0	2.5	2.5	2.5	2.5	2.5	2.5	2.5	2.5	2.5	2.5	2.5	3.0	.1298
1.0	0.5	0.5	1.0	1.0	1.0	1.0	1.0	1.5	1.5	1.5	1.5	1.5	1.5	1.5	2.0	2.0	2.0	2.0	2.0	2.0	2.0	2.5	2.5	2.5	2.5	2.5	2.5	2.5	2.5	2.5	2.5	3.0	3.0	3.0	3.0	.1442
1.1	0.5	0.5	0.5	1.0	1.0	1.0	1.0	1.5	1.5	1.5	1.5	1.5	1.5	2.0	2.0	2.0	2.0	2.0	2.0	2.0	2.5	2.5	2.5	2.5	2.5	2.5	2.5	2.5	2.5	3.0	3.0	3.0	3.0	3.0	3.0	.1586
1.2	0.5	0.5	0.5	1.0	1.0	1.0	1.0	1.5	1.5	1.5	1.5	1.5	1.5	2.0	2.0	2.0	2.0	2.0	2.0	2.5	2.5	2.5	2.5	2.5	2.5	2.5	2.5	2.5	3.0	3.0	3.0	3.0	3.0	3.0	3.0	.1730
1.3	0.5	0.5	0.5	1.0	1.0	1.0	1.0	1.5	1.5	1.5	1.5	1.5	2.0	2.0	2.0	2.0	2.0	2.0	2.0	2.5	2.5	2.5	2.5	2.5	2.5	2.5	3.0	3.0	3.0	3.0	3.0	3.0	3.0	3.0	3.0	.1875
1.4	0.5	0.5	0.5	1.0	1.0	1.0	1.0	1.5	1.5	1.5	1.5	1.5	2.0	2.0	2.0	2.0	2.0	2.0	2.5	2.5	2.5	2.5	2.5	2.5	2.5	3.0	3.0	3.0	3.0	3.0	3.0	3.0	3.0	3.0	3.5	.2019
1.5	0.5	0.5	0.5	1.0	1.0	1.0	1.0	1.5	1.5	1.5	1.5	1.5	2.0	2.0	2.0	2.0	2.0	2.5	2.5	2.5	2.5	2.5	2.5	2.5	2.5	3.0	3.0	3.0	3.0	3.0	3.0	3.0	3.5	3.5	3.5	.2163
k	90	126	162	198	234	270	306	342	378	414	450	486	522	558	594	630	666	702	738	774	810	846	882	918	954	990	1026	1062	1098	1134	1170	1206	1242	1278	1314	km

Δt Fahrenheit

D = 0.0045

Δt Celsius °C or Kelvin °K

k: CONDUCTIVITY, Btu, in./sq ft, hr °F; km: W/mK

k	50	70	90	110	130	150	170	190	210	230	250	270	290	310	330	350	370	390	410	430	450	470	490	510	530	550	570	590	610	630	650	670	690	710	730	km
0.1	0.5	0.5	0.5	0.5	0.5	0.5	0.5	0.5	1.0	1.0	1.0	1.0	1.0	1.0	1.0	1.0	1.0	1.0	1.0	1.0	1.0	1.0	1.0	1.0	1.0	1.0	1.0	1.0	1.0	1.0	1.0	1.0	1.0	1.0	1.0	.0144
0.2	0.5	0.5	0.5	0.5	1.0	1.0	1.0	1.0	1.0	1.0	1.0	1.0	1.0	1.0	1.0	1.0	1.0	1.0	1.0	1.5	1.5	1.5	1.5	1.5	1.5	1.5	1.5	1.5	1.5	1.5	1.5	1.5	1.5	1.5	1.5	.0288
0.3	0.5	0.5	0.5	1.0	1.0	1.0	1.0	1.0	1.0	1.0	1.0	1.0	1.0	1.5	1.5	1.5	1.5	1.5	1.5	1.5	1.5	1.5	1.5	1.5	1.5	1.5	1.5	1.5	1.5	2.0	2.0	2.0	2.0	2.0	2.0	.0433
0.4	0.5	0.5	1.0	1.0	1.0	1.0	1.0	1.0	1.0	1.0	1.5	1.5	1.5	1.5	1.5	1.5	1.5	1.5	1.5	1.5	1.5	1.5	2.0	2.0	2.0	2.0	2.0	2.0	2.0	2.0	2.0	2.0	2.0	2.0	2.0	.0577
0.5	0.5	0.5	1.0	1.0	1.0	1.0	1.0	1.0	1.0	1.5	1.5	1.5	1.5	1.5	1.5	1.5	1.5	1.5	1.5	2.0	2.0	2.0	2.0	2.0	2.0	2.0	2.0	2.0	2.0	2.0	2.0	2.5	2.5	2.5	2.5	.0721
0.6	0.5	0.5	1.0	1.0	1.0	1.0	1.0	1.0	1.5	1.5	1.5	1.5	1.5	1.5	1.5	1.5	2.0	2.0	2.0	2.0	2.0	2.0	2.0	2.0	2.0	2.0	2.0	2.5	2.5	2.5	2.5	2.5	2.5	2.5	2.5	.0865
0.7	0.5	0.5	1.0	1.0	1.0	1.0	1.0	1.5	1.5	1.5	1.5	1.5	1.5	1.5	1.5	2.0	2.0	2.0	2.0	2.0	2.0	2.0	2.0	2.0	2.5	2.5	2.5	2.5	2.5	2.5	2.5	2.5	2.5	2.5	2.5	.1009
0.8	0.5	0.5	1.0	1.0	1.0	1.0	1.0	1.5	1.5	1.5	1.5	1.5	1.5	2.0	2.0	2.0	2.0	2.0	2.0	2.0	2.0	2.0	2.5	2.5	2.5	2.5	2.5	2.5	2.5	2.5	2.5	2.5	3.0	3.0	3.0	.1154
0.9	0.5	0.5	1.0	1.0	1.0	1.0	1.5	1.5	1.5	1.5	1.5	1.5	1.5	2.0	2.0	2.0	2.0	2.0	2.0	2.0	2.5	2.5	2.5	2.5	2.5	2.5	2.5	2.5	2.5	2.5	3.0	3.0	3.0	3.0	3.0	.1298
1.0	0.5	0.5	1.0	1.0	1.0	1.0	1.5	1.5	1.5	1.5	1.5	1.5	2.0	2.0	2.0	2.0	2.0	2.0	2.0	2.5	2.5	2.5	2.5	2.5	2.5	2.5	2.5	2.5	3.0	3.0	3.0	3.0	3.0	3.0	3.0	.1442
1.1	0.5	0.5	1.0	1.0	1.0	1.0	1.5	1.5	1.5	1.5	1.5	2.0	2.0	2.0	2.0	2.0	2.0	2.0	2.5	2.5	2.5	2.5	2.5	2.5	2.5	2.5	3.0	3.0	3.0	3.0	3.0	3.0	3.0	3.0	3.0	.1586
1.2	0.5	0.5	1.0	1.0	1.0	1.0	1.5	1.5	1.5	1.5	1.5	2.0	2.0	2.0	2.0	2.0	2.0	2.5	2.5	2.5	2.5	2.5	2.5	2.5	3.0	3.0	3.0	3.0	3.0	3.0	3.0	3.0	3.0	3.5	3.5	.1730
1.3	0.5	0.5	1.0	1.0	1.0	1.0	1.5	1.5	1.5	1.5	1.5	2.0	2.0	2.0	2.0	2.0	2.5	2.5	2.5	2.5	2.5	2.5	2.5	3.0	3.0	3.0	3.0	3.0	3.0	3.0	3.0	3.5	3.5	3.5	3.5	.1875
1.4	0.5	0.5	0.5	1.0	1.0	1.0	1.5	1.5	1.5	1.5	2.0	2.0	2.0	2.0	2.0	2.0	2.5	2.5	2.5	2.5	2.5	2.5	3.0	3.0	3.0	3.0	3.0	3.0	3.0	3.0	3.5	3.5	3.5	3.5	3.5	.2109
1.5	0.5	0.5	0.5	1.0	1.0	1.0	1.5	1.5	1.5	1.5	2.0	2.0	2.0	2.0	2.0	2.5	2.5	2.5	2.5	2.5	2.5	2.5	3.0	3.0	3.0	3.0	3.0	3.0	3.0	3.5	3.5	3.5	3.5	3.5	3.5	.2163
k	90	126	162	198	234	270	306	342	378	414	450	486	522	558	594	630	666	702	738	774	810	846	882	918	954	990	1026	1062	1098	1134	1170	1206	1242	1278	1314	km

Δt Fahrenheit

D = 0.0050

Δt Celsius °C or Kelvin °K

k: CONDUCTIVITY, Btu, in./sq ft, hr °F; km: W/mK

k	50	70	90	110	130	150	170	190	210	230	250	270	290	310	330	350	370	390	410	430	450	470	490	510	530	550	570	590	610	630	650	670	690	710	730	km
0.1	0.5	0.5	0.5	0.5	0.5	0.5	0.5	1.0	1.0	1.0	1.0	1.0	1.0	1.0	1.0	1.0	1.0	1.0	1.0	1.0	1.0	1.0	1.0	1.0	1.0	1.0	1.0	1.0	1.0	1.0	1.0	1.0	1.5	1.5	1.5	.0144
0.2	0.5	0.5	0.5	0.5	1.0	1.0	1.0	1.0	1.0	1.0	1.0	1.0	1.0	1.0	1.0	1.0	1.0	1.5	1.5	1.5	1.5	1.5	1.5	1.5	1.5	1.5	1.5	1.5	1.5	1.5	1.5	1.5	1.5	1.5	1.5	.0288
0.3	0.5	0.5	1.0	1.0	1.0	1.0	1.0	1.0	1.0	1.0	1.0	1.0	1.5	1.5	1.5	1.5	1.5	1.5	1.5	1.5	1.5	1.5	1.5	1.5	1.5	2.0	2.0	2.0	2.0	2.0	2.0	2.0	2.0	2.0	2.0	.0433
0.4	0.5	0.5	1.0	1.0	1.0	1.0	1.0	1.0	1.0	1.5	1.5	1.5	1.5	1.5	1.5	1.5	1.5	1.5	1.5	1.5	2.0	2.0	2.0	2.0	2.0	2.0	2.0	2.0	2.0	2.0	2.0	2.0	2.0	2.0	2.5	.0577
0.5	0.5	0.5	1.0	1.0	1.0	1.0	1.0	1.0	1.5	1.5	1.5	1.5	1.5	1.5	1.5	1.5	1.5	2.0	2.0	2.0	2.0	2.0	2.0	2.0	2.0	2.0	2.0	2.0	2.5	2.5	2.5	2.5	2.5	2.5	2.5	.0721
0.6	0.5	0.5	1.0	1.0	1.0	1.0	1.0	1.5	1.5	1.5	1.5	1.5	1.5	1.5	2.0	2.0	2.0	2.0	2.0	2.0	2.0	2.0	2.0	2.0	2.5	2.5	2.5	2.5	2.5	2.5	2.5	2.5	2.5	2.5	2.5	.0865
0.7	0.5	1.0	1.0	1.0	1.0	1.0	1.5	1.5	1.5	1.5	1.5	1.5	1.5	2.0	2.0	2.0	2.0	2.0	2.0	2.0	2.0	2.5	2.5	2.5	2.5	2.5	2.5	2.5	2.5	2.5	2.5	2.5	3.0	3.0	3.0	.1009
0.8	0.5	1.0	1.0	1.0	1.0	1.0	1.5	1.5	1.5	1.5	1.5	1.5	2.0	2.0	2.0	2.0	2.0	2.0	2.0	2.5	2.5	2.5	2.5	2.5	2.5	2.5	2.5	2.5	2.5	3.0	3.0	3.0	3.0	3.0	3.0	.1154
0.9	0.5	1.0	1.0	1.0	1.0	1.0	1.5	1.5	1.5	1.5	1.5	2.0	2.0	2.0	2.0	2.0	2.0	2.0	2.5	2.5	2.5	2.5	2.5	2.5	2.5	2.5	3.0	3.0	3.0	3.0	3.0	3.0	3.0	3.0	3.0	.1298
1.0	0.5	0.5	1.0	1.0	1.0	1.5	1.5	1.5	1.5	1.5	2.0	2.0	2.0	2.0	2.0	2.0	2.0	2.5	2.5	2.5	2.5	2.5	2.5	2.5	2.5	3.0	3.0	3.0	3.0	3.0	3.0	3.0	3.0	3.5	3.5	.1442
1.1	0.5	0.5	1.0	1.0	1.0	1.5	1.5	1.5	1.5	1.5	2.0	2.0	2.0	2.0	2.0	2.0	2.5	2.5	2.5	2.5	2.5	2.5	2.5	3.0	3.0	3.0	3.0	3.0	3.0	3.0	3.0	3.5	3.5	3.5	3.5	.1586
1.2	0.5	0.5	1.0	1.0	1.0	1.5	1.5	1.5	1.5	1.5	2.0	2.0	2.0	2.0	2.0	2.5	2.5	2.5	2.5	2.5	2.5	2.5	3.0	3.0	3.0	3.0	3.0	3.0	3.0	3.5	3.5	3.5	3.5	3.5	3.5	.1730
1.3	0.5	0.5	1.0	1.0	1.0	1.5	1.5	1.5	1.5	2.0	2.0	2.0	2.0	2.0	2.5	2.5	2.5	2.5	2.5	2.5	2.5	3.0	3.0	3.0	3.0	3.0	3.0	3.0	3.5	3.5	3.5	3.5	3.5	3.5	3.5	.1875
1.4	0.5	0.5	1.0	1.0	1.0	1.5	1.5	1.5	1.5	2.0	2.0	2.0	2.0	2.0	2.5	2.5	2.5	2.5	2.5	2.5	3.0	3.0	3.0	3.0	3.0	3.0	3.0	3.5	3.5	3.5	3.5	3.5	3.5	4.0	4.0	.2019
1.5	0.5	0.5	1.0	1.0	1.0	1.5	1.5	1.5	1.5	2.0	2.0	2.0	2.0	2.0	2.5	2.5	2.5	2.5	2.5	3.0	3.0	3.0	3.0	3.0	3.0	3.5	3.5	3.5	3.5	3.5	3.5	3.5	4.0	4.0	4.0	.2163
k	90	126	162	198	234	270	306	342	378	414	450	486	522	558	594	630	666	702	738	774	810	846	882	918	954	990	1026	1062	1098	1134	1170	1206	1242	1278	1314	km

Δt Fahrenheit

TABLE 2 (Sheet 39 of 128)

TEMPERATURE DIFFERENCE

TABLE 2 (Continued)

ECONOMICAL INSULATION THICKNESS TABLE
IN INCHES
(nominal)

PIPE SIZE: 3'' NPS (Tube Size 3-1/2'' OD)
88.9 mm

At the intersection of the ''Δt'' column with the ''k'' row read the economical thickness.
(•—*exceeds 12'' thickness*)

D = 0.0060

Δt Celsius °C or Kelvin °K

k: Btu, in./sq ft, hr °F; km: W/mK

k	50	70	90	110	130	150	170	190	210	230	250	270	290	310	330	350	370	390	410	430	450	470	490	510	530	550	570	590	610	630	650	670	690	710	730	km
0.1	0.5	0.5	0.5	0.5	0.5	0.5	1.0	1.0	1.0	1.0	1.0	1.0	1.0	1.0	1.0	1.0	1.0	1.0	1.0	1.0	1.0	1.0	1.0	1.0	1.0	1.0	1.5	1.5	1.5	1.5	1.5	1.5	1.5	1.5	1.5	.0144
0.2	0.5	0.5	0.5	1.0	1.0	1.0	1.0	1.0	1.0	1.0	1.0	1.0	1.0	1.0	1.5	1.5	1.5	1.5	1.5	1.5	1.5	1.5	1.5	1.5	1.5	1.5	1.5	1.5	1.5	1.5	2.0	2.0	2.0	2.0	2.0	.0288
0.3	0.5	0.5	1.0	1.0	1.0	1.0	1.0	1.0	1.0	1.5	1.5	1.5	1.5	1.5	1.5	1.5	1.5	1.5	1.5	1.5	1.5	2.0	2.0	2.0	2.0	2.0	2.0	2.0	2.0	2.0	2.0	2.0	2.0	2.0	2.0	.0433
0.4	0.5	1.0	1.0	1.0	1.0	1.0	1.0	1.5	1.5	1.5	1.5	1.5	1.5	1.5	1.5	1.5	2.0	2.0	2.0	2.0	2.0	2.0	2.0	2.0	2.0	2.0	2.0	2.0	2.5	2.5	2.5	2.5	2.5	2.5	2.5	.0577
0.5	0.5	1.0	1.0	1.0	1.0	1.0	1.5	1.5	1.5	1.5	1.5	1.5	1.5	1.5	2.0	2.0	2.0	2.0	2.0	2.0	2.0	2.0	2.0	2.5	2.5	2.5	2.5	2.5	2.5	2.5	2.5	2.5	2.5	2.5	2.5	.0721
0.6	0.5	1.0	1.0	1.0	1.0	1.5	1.5	1.5	1.5	1.5	1.5	1.5	2.0	2.0	2.0	2.0	2.0	2.0	2.0	2.0	2.5	2.5	2.5	2.5	2.5	2.5	2.5	2.5	2.5	2.5	3.0	3.0	3.0	3.0	3.0	.0865
0.7	0.5	1.0	1.0	1.0	1.0	1.5	1.5	1.5	1.5	1.5	2.0	2.0	2.0	2.0	2.0	2.0	2.0	2.5	2.5	2.5	2.5	2.5	2.5	2.5	2.5	2.5	3.0	3.0	3.0	3.0	3.0	3.0	3.0	3.0	3.0	.1009
0.8	0.5	1.0	1.0	1.0	1.0	1.5	1.5	1.5	1.5	1.5	2.0	2.0	2.0	2.0	2.0	2.0	2.5	2.5	2.5	2.5	2.5	2.5	2.5	2.5	3.0	3.0	3.0	3.0	3.0	3.0	3.0	3.0	3.0	3.5	3.5	.1154
0.9	0.5	1.0	1.0	1.0	1.5	1.5	1.5	1.5	1.5	2.0	2.0	2.0	2.0	2.0	2.0	2.5	2.5	2.5	2.5	2.5	2.5	2.5	3.0	3.0	3.0	3.0	3.0	3.0	3.0	3.0	3.5	3.5	3.5	3.5	3.5	.1298
1.0	0.5	1.0	1.0	1.0	1.5	1.5	1.5	1.5	2.0	2.0	2.0	2.0	2.0	2.0	2.5	2.5	2.5	2.5	2.5	2.5	3.0	3.0	3.0	3.0	3.0	3.0	3.0	3.5	3.5	3.5	3.5	3.5	3.5	3.5	3.5	.1442
1.1	0.5	1.0	1.0	1.0	1.5	1.5	1.5	1.5	2.0	2.0	2.0	2.0	2.0	2.5	2.5	2.5	2.5	2.5	2.5	3.0	3.0	3.0	3.0	3.0	3.0	3.0	3.5	3.5	3.5	3.5	3.5	3.5	3.5	4.0	4.0	.1586
1.2	0.5	1.0	1.0	1.0	1.5	1.5	1.5	1.5	2.0	2.0	2.0	2.0	2.5	2.5	2.5	2.5	2.5	2.5	3.0	3.0	3.0	3.0	3.0	3.0	3.5	3.5	3.5	3.5	3.5	3.5	3.5	4.0	4.0	4.0	4.0	.1730
1.3	0.5	1.0	1.0	1.0	1.5	1.5	1.5	2.0	2.0	2.0	2.0	2.0	2.5	2.5	2.5	2.5	2.5	3.0	3.0	3.0	3.0	3.0	3.0	3.5	3.5	3.5	3.5	3.5	3.5	4.0	4.0	4.0	4.0	4.0	4.0	.1875
1.4	0.5	1.0	1.0	1.0	1.5	1.5	1.5	2.0	2.0	2.0	2.0	2.5	2.5	2.5	2.5	2.5	3.0	3.0	3.0	3.0	3.0	3.0	3.5	3.5	3.5	3.5	3.5	3.5	4.0	4.0	4.0	4.0	4.0	4.0	4.5	.2019
1.5	0.5	0.5	1.0	1.0	1.5	1.5	1.5	2.0	2.0	2.0	2.0	2.5	2.5	2.5	2.5	2.5	3.0	3.0	3.0	3.0	3.0	3.5	3.5	3.5	3.5	3.5	4.0	4.0	4.0	4.0	4.0	4.0	4.0	4.5	4.5	.2163
k	90	126	162	198	234	270	306	342	378	414	450	486	522	558	594	630	666	702	738	774	810	846	882	918	954	990	1026	1062	1098	1134	1170	1206	1242	1278	1314	km

Δt Fahrenheit

D = 0.0070

Δt Celsius °C or Kelvin °K

k: Btu, in./sq ft, hr °F; km: W/mK

k	50	70	90	110	130	150	170	190	210	230	250	270	290	310	330	350	370	390	410	430	450	470	490	510	530	550	570	590	610	630	650	670	690	710	730	km
0.1	0.5	0.5	0.5	0.5	0.5	1.0	1.0	1.0	1.0	1.0	1.0	1.0	1.0	1.0	1.0	1.0	1.0	1.0	1.0	1.0	1.0	1.0	1.5	1.5	1.5	1.5	1.5	1.5	1.5	1.5	1.5	1.5	1.5	1.5	1.5	.0144
0.2	0.5	0.5	1.0	1.0	1.0	1.0	1.0	1.0	1.0	1.0	1.0	1.5	1.5	1.5	1.5	1.5	1.5	1.5	1.5	1.5	1.5	1.5	1.5	1.5	1.5	1.5	2.0	2.0	2.0	2.0	2.0	2.0	2.0	2.0	2.0	.0288
0.3	0.5	1.0	1.0	1.0	1.0	1.0	1.0	1.0	1.5	1.5	1.5	1.5	1.5	1.5	1.5	1.5	1.5	1.5	2.0	2.0	2.0	2.0	2.0	2.0	2.0	2.0	2.0	2.0	2.0	2.0	2.5	2.5	2.5	2.5	2.5	.0433
0.4	0.5	1.0	1.0	1.0	1.0	1.0	1.5	1.5	1.5	1.5	1.5	1.5	1.5	1.5	2.0	2.0	2.0	2.0	2.0	2.0	2.0	2.0	2.0	2.5	2.5	2.5	2.5	2.5	2.5	2.5	2.5	2.5	2.5	2.5	2.5	.0577
0.5	0.5	1.0	1.0	1.0	1.0	1.5	1.5	1.5	1.5	1.5	1.5	2.0	2.0	2.0	2.0	2.0	2.0	2.0	2.0	2.5	2.5	2.5	2.5	2.5	2.5	2.5	2.5	2.5	2.5	2.5	3.0	3.0	3.0	3.0	3.0	.0721
0.6	0.5	1.0	1.0	1.0	1.5	1.5	1.5	1.5	1.5	1.5	2.0	2.0	2.0	2.0	2.0	2.0	2.0	2.5	2.5	2.5	2.5	2.5	2.5	2.5	2.5	3.0	3.0	3.0	3.0	3.0	3.0	3.0	3.0	3.0	3.0	.0865
0.7	1.0	1.0	1.0	1.0	1.5	1.5	1.5	1.5	1.5	2.0	2.0	2.0	2.0	2.0	2.0	2.5	2.5	2.5	2.5	2.5	2.5	2.5	3.0	3.0	3.0	3.0	3.0	3.0	3.0	3.0	3.0	3.5	3.5	3.5	3.5	.1009
0.8	1.0	1.0	1.0	1.0	1.5	1.5	1.5	1.5	2.0	2.0	2.0	2.0	2.0	2.5	2.5	2.5	2.5	2.5	2.5	2.5	3.0	3.0	3.0	3.0	3.0	3.0	3.0	3.0	3.5	3.5	3.5	3.5	3.5	3.5	3.5	.1154
0.9	1.0	1.0	1.0	1.5	1.5	1.5	1.5	2.0	2.0	2.0	2.0	2.0	2.5	2.5	2.5	2.5	2.5	2.5	3.0	3.0	3.0	3.0	3.0	3.0	3.0	3.5	3.5	3.5	3.5	3.5	3.5	3.5	3.5	4.0	4.0	.1298
1.0	0.5	1.0	1.0	1.5	1.5	1.5	1.5	2.0	2.0	2.0	2.0	2.5	2.5	2.5	2.5	2.5	2.5	3.0	3.0	3.0	3.0	3.0	3.0	3.5	3.5	3.5	3.5	3.5	3.5	3.5	4.0	4.0	4.0	4.0	4.0	.1442
1.1	0.5	1.0	1.0	1.5	1.5	1.5	1.5	2.0	2.0	2.0	2.0	2.5	2.5	2.5	2.5	2.5	3.0	3.0	3.0	3.0	3.0	3.0	3.5	3.5	3.5	3.5	3.5	3.5	4.0	4.0	4.0	4.0	4.0	4.0	4.0	.1586
1.2	0.5	1.0	1.0	1.5	1.5	1.5	2.0	2.0	2.0	2.0	2.5	2.5	2.5	2.5	2.5	3.0	3.0	3.0	3.0	3.0	3.5	3.5	3.5	3.5	3.5	3.5	4.0	4.0	4.0	4.0	4.0	4.0	4.0	4.5	4.5	.1730
1.3	0.5	1.0	1.0	1.5	1.5	1.5	2.0	2.0	2.0	2.0	2.5	2.5	2.5	2.5	3.0	3.0	3.0	3.0	3.0	3.5	3.5	3.5	3.5	3.5	3.5	4.0	4.0	4.0	4.0	4.0	4.0	4.5	4.5	4.5	4.5	.1875
1.4	0.5	1.0	1.0	1.5	1.5	1.5	2.0	2.0	2.0	2.5	2.5	2.5	2.5	2.5	3.0	3.0	3.0	3.0	3.5	3.5	3.5	3.5	3.5	4.0	4.0	4.0	4.0	4.0	4.0	4.5	4.5	4.5	4.5	4.5	4.5	.2019
1.5	0.5	1.0	1.0	1.5	1.5	1.5	2.0	2.0	2.0	2.5	2.5	2.5	2.5	3.0	3.0	3.0	3.0	3.0	3.5	3.5	3.5	3.5	4.0	4.0	4.0	4.0	4.0	4.0	4.5	4.5	4.5	4.5	4.5	5.0	5.0	.2163
k	90	126	162	198	234	270	306	342	378	414	450	486	522	558	594	630	666	702	738	774	810	846	882	918	954	990	1026	1062	1098	1134	1170	1206	1242	1278	1314	km

Δt Fahrenheit

D = 0.0080

Δt Celsius °C or Kelvin °K

k: Btu, in./sq ft, hr °F; km: W/mK

k	50	70	90	110	130	150	170	190	210	230	250	270	290	310	330	350	370	390	410	430	450	470	490	510	530	550	570	590	610	630	650	670	690	710	730	km
0.1	0.5	0.5	0.5	0.5	1.0	1.0	1.0	1.0	1.0	1.0	1.0	1.0	1.0	1.0	1.0	1.0	1.0	1.0	1.0	1.5	1.5	1.5	1.5	1.5	1.5	1.5	1.5	1.5	1.5	1.5	1.5	1.5	1.5	1.5	1.5	.0144
0.2	0.5	0.5	1.0	1.0	1.0	1.0	1.0	1.0	1.0	1.0	1.5	1.5	1.5	1.5	1.5	1.5	1.5	1.5	1.5	1.5	1.5	1.5	2.0	2.0	2.0	2.0	2.0	2.0	2.0	2.0	2.0	2.0	2.0	2.0	2.0	.0288
0.3	0.5	1.0	1.0	1.0	1.0	1.0	1.5	1.5	1.5	1.5	1.5	1.5	1.5	1.5	1.5	2.0	2.0	2.0	2.0	2.0	2.0	2.0	2.0	2.0	2.0	2.0	2.5	2.5	2.5	2.5	2.5	2.5	2.5	2.5	2.5	.0433
0.4	1.0	1.0	1.0	1.0	1.0	1.5	1.5	1.5	1.5	1.5	1.5	1.5	2.0	2.0	2.0	2.0	2.0	2.0	2.0	2.0	2.5	2.5	2.5	2.5	2.5	2.5	2.5	2.5	2.5	2.5	2.5	3.0	3.0	3.0	3.0	.0577
0.5	1.0	1.0	1.0	1.0	1.5	1.5	1.5	1.5	1.5	1.5	2.0	2.0	2.0	2.0	2.0	2.0	2.0	2.5	2.5	2.5	2.5	2.5	2.5	2.5	2.5	2.5	3.0	3.0	3.0	3.0	3.0	3.0	3.0	3.0	3.0	.0721
0.6	1.0	1.0	1.0	1.0	1.5	1.5	1.5	1.5	2.0	2.0	2.0	2.0	2.0	2.0	2.5	2.5	2.5	2.5	2.5	2.5	2.5	2.5	3.0	3.0	3.0	3.0	3.0	3.0	3.0	3.0	3.0	3.5	3.5	3.5	3.5	.0865
0.7	1.0	1.0	1.0	1.5	1.5	1.5	1.5	2.0	2.0	2.0	2.0	2.0	2.0	2.5	2.5	2.5	2.5	2.5	2.5	3.0	3.0	3.0	3.0	3.0	3.0	3.0	3.0	3.5	3.5	3.5	3.5	3.5	3.5	3.5	3.5	.1009
0.8	1.0	1.0	1.0	1.5	1.5	1.5	1.5	2.0	2.0	2.0	2.0	2.5	2.5	2.5	2.5	2.5	2.5	2.5	3.0	3.0	3.0	3.0	3.0	3.0	3.5	3.5	3.5	3.5	3.5	3.5	3.5	4.0	4.0	4.0	4.0	.1154
0.9	1.0	1.0	1.0	1.5	1.5	1.5	2.0	2.0	2.0	2.0	2.5	2.5	2.5	2.5	2.5	2.5	3.0	3.0	3.0	3.0	3.0	3.0	3.5	3.5	3.5	3.5	3.5	3.5	4.0	4.0	4.0	4.0	4.0	4.0	4.0	.1298
1.0	1.0	1.0	1.0	1.5	1.5	1.5	2.0	2.0	2.0	2.0	2.5	2.5	2.5	2.5	2.5	3.0	3.0	3.0	3.0	3.0	3.5	3.5	3.5	3.5	3.5	3.5	4.0	4.0	4.0	4.0	4.0	4.0	4.0	4.5	4.5	.1442
1.1	1.0	1.0	1.0	1.5	1.5	2.0	2.0	2.0	2.0	2.5	2.5	2.5	2.5	2.5	3.0	3.0	3.0	3.0	3.0	3.5	3.5	3.5	3.5	3.5	4.0	4.0	4.0	4.0	4.0	4.0	4.5	4.5	4.5	4.5	4.5	.1586
1.2	1.0	1.0	1.5	1.5	1.5	2.0	2.0	2.0	2.0	2.5	2.5	2.5	2.5	3.0	3.0	3.0	3.0	3.0	3.5	3.5	3.5	3.5	3.5	4.0	4.0	4.0	4.0	4.0	4.5	4.5	4.5	4.5	4.5	4.5	5.0	.1730
1.3	1.0	1.0	1.5	1.5	1.5	2.0	2.0	2.0	2.5	2.5	2.5	2.5	3.0	3.0	3.0	3.0	3.0	3.5	3.5	3.5	3.5	4.0	4.0	4.0	4.0	4.0	4.0	4.5	4.5	4.5	4.5	4.5	5.0	5.0	5.0	.1875
1.4	0.5	1.0	1.5	1.5	1.5	2.0	2.0	2.0	2.5	2.5	2.5	2.5	3.0	3.0	3.0	3.0	3.5	3.5	3.5	3.5	4.0	4.0	4.0	4.0	4.0	4.5	4.5	4.5	4.5	4.5	5.0	5.0	5.0	5.0	5.0	.2019
1.5	0.5	1.0	1.0	1.5	1.5	2.0	2.0	2.0	2.5	2.5	2.5	3.0	3.0	3.0	3.0	3.5	3.5	3.5	3.5	4.0	4.0	4.0	4.0	4.0	4.5	4.5	4.5	4.5	4.5	5.0	5.0	5.0	5.0	5.0	5.5	.2163
k	90	126	162	198	234	270	306	342	378	414	450	486	522	558	594	630	666	702	738	774	810	846	882	918	954	990	1026	1062	1098	1134	1170	1206	1242	1278	1314	km

Δt Fahrenheit

TEMPERATURE DIFFERENCE

TABLE 2 (Sheet 40 of 128)

TABLE 2 (Continued)

ECONOMICAL INSULATION THICKNESS TABLE

IN INCHES
(nominal)

PIPE SIZE: 3'' NPS (Tube Size 3-1/2'' OD)
88.9 mm

At the intersection of the ''Δt'' column with the ''k'' row read the economical thickness.
(•—*exceeds 12'' thickness*)

D = 0.0100

CONDUCTIVITY k, Btu, in./sq ft, hr °F; km, W/mK

k	Δt Celsius °C or Kelvin °K																														km
k	50	70	90	110	130	150	170	190	210	230	250	270	290	310	330	350	370	390	410	430	450	470	490	510	530	550	570	590	610	630	650	670	690	710	730	km
0.1	0.5	0.5	0.5	1.0	1.0	1.0	1.0	1.0	1.0	1.0	1.0	1.0	1.0	1.0	1.0	1.5	1.5	1.5	1.5	1.5	1.5	1.5	1.5	1.5	1.5	1.5	1.5	1.5	1.5	1.5	1.5	1.5	1.5	1.5	2.0	.0144
0.2	0.5	1.0	1.0	1.0	1.0	1.0	1.0	1.5	1.5	1.5	1.5	1.5	1.5	1.5	1.5	1.5	1.5	2.0	2.0	2.0	2.0	2.0	2.0	2.0	2.0	2.0	2.0	2.0	2.0	2.0	2.5	2.5	2.5	2.5	2.5	.0288
0.3	1.0	1.0	1.0	1.0	1.0	1.5	1.5	1.5	1.5	1.5	1.5	1.5	2.0	2.0	2.0	2.0	2.0	2.0	2.0	2.0	2.0	2.5	2.5	2.5	2.5	2.5	2.5	2.5	2.5	2.5	2.5	2.5	3.0	3.0	3.0	.0433
0.4	1.0	1.0	1.0	1.0	1.5	1.5	1.5	1.5	1.5	2.0	2.0	2.0	2.0	2.0	2.0	2.0	2.5	2.5	2.5	2.5	2.5	2.5	2.5	2.5	2.5	3.0	3.0	3.0	3.0	3.0	3.0	3.0	3.0	3.0	3.0	.0577
0.5	1.0	1.0	1.0	1.5	1.5	1.5	1.5	2.0	2.0	2.0	2.0	2.0	2.0	2.5	2.5	2.5	2.5	2.5	2.5	2.5	3.0	3.0	3.0	3.0	3.0	3.0	3.0	3.0	3.5	3.5	3.5	3.5	3.5	3.5	3.5	.0721
0.6	1.0	1.0	1.5	1.5	1.5	1.5	2.0	2.0	2.0	2.0	2.0	2.5	2.5	2.5	2.5	2.5	2.5	3.0	3.0	3.0	3.0	3.0	3.0	3.0	3.5	3.5	3.5	3.5	3.5	3.5	3.5	3.5	4.0	4.0	4.0	.0865
0.7	1.0	1.0	1.5	1.5	1.5	2.0	2.0	2.0	2.0	2.0	2.5	2.5	2.5	2.5	2.5	3.0	3.0	3.0	3.0	3.0	3.0	3.5	3.5	3.5	3.5	3.5	3.5	3.5	4.0	4.0	4.0	4.0	4.0	4.0	4.0	.1009
0.8	1.0	1.0	1.5	1.5	1.5	2.0	2.0	2.0	2.0	2.5	2.5	2.5	2.5	3.0	3.0	3.0	3.0	3.0	3.0	3.5	3.5	3.5	3.5	3.5	3.5	4.0	4.0	4.0	4.0	4.0	4.0	4.5	4.5	4.5	4.5	.1154
0.9	1.0	1.0	1.5	1.5	1.5	2.0	2.0	2.0	2.5	2.5	2.5	2.5	3.0	3.0	3.0	3.0	3.0	3.5	3.5	3.5	3.5	3.5	4.0	4.0	4.0	4.0	4.0	4.0	4.5	4.5	4.5	4.5	4.5	4.5	4.5	.1298
1.0	1.0	1.0	1.5	1.5	2.0	2.0	2.0	2.5	2.5	2.5	2.5	3.0	3.0	3.0	3.0	3.0	3.5	3.5	3.5	3.5	4.0	4.0	4.0	4.0	4.0	4.0	4.5	4.5	4.5	4.5	4.5	4.5	5.0	5.0	5.0	.1442
1.1	1.0	1.0	1.5	1.5	2.0	2.0	2.0	2.5	2.5	2.5	2.5	3.0	3.0	3.0	3.0	3.5	3.5	3.5	3.5	4.0	4.0	4.0	4.0	4.0	4.5	4.5	4.5	4.5	4.5	5.0	5.0	5.0	5.0	5.0	5.5	.1586
1.2	1.0	1.0	1.5	1.5	2.0	2.0	2.0	2.5	2.5	2.5	3.0	3.0	3.0	3.0	3.5	3.5	3.5	3.5	4.0	4.0	4.0	4.0	4.5	4.5	4.5	4.5	4.5	5.0	5.0	5.0	5.0	5.0	5.5	5.5	5.5	.1730
1.3	1.0	1.0	1.5	1.5	2.0	2.0	2.5	2.5	2.5	3.0	3.0	3.0	3.0	3.5	3.5	3.5	3.5	4.0	4.0	4.0	4.0	4.5	4.5	4.5	4.5	5.0	5.0	5.0	5.0	5.0	5.5	5.5	5.5	5.5	5.5	.1875
1.4	1.0	1.0	1.5	1.5	2.0	2.0	2.5	2.5	2.5	3.0	3.0	3.0	3.5	3.5	3.5	3.5	4.0	4.0	4.0	4.0	4.5	4.5	4.5	4.5	5.0	5.0	5.0	5.0	5.5	5.5	5.5	5.5	5.5	6.0	6.0	.2019
1.5	1.0	1.0	1.5	1.5	2.0	2.0	2.5	2.5	2.5	3.0	3.0	3.0	3.5	3.5	3.5	4.0	4.0	4.0	4.0	4.5	4.5	4.5	4.5	5.0	5.0	5.0	5.0	5.5	5.5	5.5	5.5	6.0	6.0	6.0	6.0	.2163
k	90	126	162	198	234	270	306	342	378	414	450	486	522	558	594	630	666	702	738	774	810	846	882	918	954	990	1026	1062	1098	1134	1170	1206	1242	1278	1314	km
	Δt Fahrenheit																																			

D = 0.0120

k	Δt Celsius °C or Kelvin °K																																			km
k	50	70	90	110	130	150	170	190	210	230	250	270	290	310	330	350	370	390	410	430	450	470	490	510	530	550	570	590	610	630	650	670	690	710	730	km
0.1	0.5	0.5	1.0	1.0	1.0	1.0	1.0	1.0	1.0	1.0	1.0	1.0	1.5	1.5	1.5	1.5	1.5	1.5	1.5	1.5	1.5	1.5	1.5	1.5	1.5	1.5	1.5	1.5	2.0	2.0	2.0	2.0	2.0	2.0	2.0	.0144
0.2	1.0	1.0	1.0	1.0	1.0	1.0	1.5	1.5	1.5	1.5	1.5	1.5	1.5	1.5	2.0	2.0	2.0	2.0	2.0	2.0	2.0	2.0	2.0	2.0	2.0	2.5	2.5	2.5	2.5	2.5	2.5	2.5	2.5	2.5	2.5	.0288
0.3	1.0	1.0	1.0	1.0	1.5	1.5	1.5	1.5	1.5	2.0	2.0	2.0	2.0	2.0	2.0	2.0	2.0	2.5	2.5	2.5	2.5	2.5	2.5	2.5	2.5	2.5	2.5	3.0	3.0	3.0	3.0	3.0	3.0	3.0	3.0	.0433
0.4	1.0	1.0	1.0	1.5	1.5	1.5	1.5	2.0	2.0	2.0	2.0	2.0	2.0	2.5	2.5	2.5	2.5	2.5	2.5	2.5	3.0	3.0	3.0	3.0	3.0	3.0	3.0	3.0	3.0	3.5	3.5	3.5	3.5	3.5	3.5	.0577
0.5	1.0	1.0	1.5	1.5	1.5	1.5	2.0	2.0	2.0	2.0	2.5	2.5	2.5	2.5	2.5	2.5	3.0	3.0	3.0	3.0	3.0	3.0	3.0	3.5	3.5	3.5	3.5	3.5	3.5	3.5	3.5	4.0	4.0	4.0	4.0	.0721
0.6	1.0	1.0	1.5	1.5	1.5	2.0	2.0	2.0	2.0	2.5	2.5	2.5	2.5	2.5	3.0	3.0	3.0	3.0	3.0	3.0	3.5	3.5	3.5	3.5	3.5	3.5	4.0	4.0	4.0	4.0	4.0	4.0	4.0	4.5	4.5	.0865
0.7	1.0	1.5	1.5	1.5	2.0	2.0	2.0	2.0	2.5	2.5	2.5	2.5	3.0	3.0	3.0	3.0	3.0	3.5	3.5	3.5	3.5	3.5	3.5	4.0	4.0	4.0	4.0	4.0	4.0	4.5	4.5	4.5	4.5	4.5	4.5	.1009
0.8	1.0	1.5	1.5	1.5	2.0	2.0	2.0	2.5	2.5	2.5	2.5	3.0	3.0	3.0	3.0	3.5	3.5	3.5	3.5	3.5	4.0	4.0	4.0	4.0	4.0	4.0	4.5	4.5	4.5	4.5	4.5	4.5	5.0	5.0	5.0	.1154
0.9	1.0	1.5	1.5	2.0	2.0	2.0	2.5	2.5	2.5	2.5	3.0	3.0	3.0	3.0	3.5	3.5	3.5	3.5	4.0	4.0	4.0	4.0	4.0	4.5	4.5	4.5	4.5	4.5	5.0	5.0	5.0	5.0	5.0	5.0	5.5	.1298
1.0	1.0	1.5	1.5	2.0	2.0	2.0	2.5	2.5	2.5	3.0	3.0	3.0	3.0	3.5	3.5	3.5	3.5	4.0	4.0	4.0	4.0	4.5	4.5	4.5	4.5	4.5	5.0	5.0	5.0	5.0	5.0	5.5	5.5	5.5	5.5	.1442
1.1	1.0	1.5	1.5	2.0	2.0	2.5	2.5	2.5	3.0	3.0	3.0	3.0	3.5	3.5	3.5	4.0	4.0	4.0	4.0	4.5	4.5	4.5	4.5	4.5	5.0	5.0	5.0	5.0	5.5	5.5	5.5	5.5	5.5	5.5	6.0	.1586
1.2	1.0	1.5	1.5	2.0	2.0	2.5	2.5	2.5	3.0	3.0	3.0	3.5	3.5	3.5	4.0	4.0	4.0	4.0	4.5	4.5	4.5	4.5	5.0	5.0	5.0	5.0	5.5	5.5	5.5	5.5	5.5	6.0	6.0	6.0	6.0	.1730
1.3	1.0	1.5	1.5	2.0	2.0	2.5	2.5	3.0	3.0	3.0	3.5	3.5	3.5	3.5	4.0	4.0	4.0	4.5	4.5	4.5	4.5	5.0	5.0	5.0	5.0	5.5	5.5	5.5	5.5	6.0	6.0	6.0	6.0	6.0	6.5	.1875
1.4	1.0	1.5	1.5	2.0	2.0	2.5	2.5	3.0	3.0	3.0	3.5	3.5	3.5	4.0	4.0	4.0	4.5	4.5	4.5	4.5	5.0	5.0	5.0	5.5	5.5	5.5	6.0	6.0	6.0	6.0	6.0	6.0	6.5	6.5	6.5	.2019
1.5	1.0	1.5	1.5	2.0	2.5	2.5	2.5	3.0	3.0	3.5	3.5	3.5	4.0	4.0	4.0	4.5	4.5	4.5	4.5	5.0	5.0	5.0	5.5	5.5	5.5	5.5	6.0	6.0	6.0	6.0	6.5	6.5	6.5	6.5	7.0	.2163
k	90	126	162	198	234	270	306	342	378	414	450	486	522	558	594	630	666	702	738	774	810	846	882	918	954	990	1026	1062	1098	1134	1170	1206	1242	1278	1314	km
	Δt Fahrenheit																																			

D = 0.0150

k	Δt Celsius °C or Kelvin °K																																			km
k	50	70	90	110	130	150	170	190	210	230	250	270	290	310	330	350	370	390	410	430	450	470	490	510	530	550	570	590	610	630	650	670	690	710	730	km
0.1	0.5	1.0	1.0	1.0	1.0	1.0	1.0	1.0	1.0	1.5	1.5	1.5	1.5	1.5	1.5	1.5	1.5	1.5	1.5	1.5	1.5	1.5	2.0	2.0	2.0	2.0	2.0	2.0	2.0	2.0	2.0	2.0	2.0	2.0	2.0	.0144
0.2	1.0	1.0	1.0	1.0	1.5	1.5	1.5	1.5	1.5	1.5	1.5	2.0	2.0	2.0	2.0	2.0	2.0	2.0	2.0	2.0	2.5	2.5	2.5	2.5	2.5	2.5	2.5	2.5	2.5	2.5	2.5	3.0	3.0	3.0	3.0	.0288
0.3	1.0	1.0	1.0	1.5	1.5	1.5	1.5	2.0	2.0	2.0	2.0	2.0	2.0	2.5	2.5	2.5	2.5	2.5	2.5	2.5	2.5	3.0	3.0	3.0	3.0	3.0	3.0	3.0	3.0	3.0	3.5	3.5	3.5	3.5	3.5	.0433
0.4	1.0	1.0	1.5	1.5	1.5	2.0	2.0	2.0	2.0	2.0	2.5	2.5	2.5	2.5	2.5	2.5	3.0	3.0	3.0	3.0	3.0	3.0	3.0	3.5	3.5	3.5	3.5	3.5	3.5	3.5	4.0	4.0	4.0	4.0	4.0	.0577
0.5	1.0	1.5	1.5	1.5	2.0	2.0	2.0	2.0	2.5	2.5	2.5	2.5	2.5	3.0	3.0	3.0	3.0	3.0	3.5	3.5	3.5	3.5	3.5	3.5	4.0	4.0	4.0	4.0	4.0	4.0	4.0	4.5	4.5	4.5	4.5	.0721
0.6	1.0	1.5	1.5	2.0	2.0	2.0	2.0	2.5	2.5	2.5	2.5	3.0	3.0	3.0	3.0	3.5	3.5	3.5	3.5	3.5	4.0	4.0	4.0	4.0	4.0	4.0	4.5	4.5	4.5	4.5	4.5	4.5	5.0	5.0	5.0	.0865
0.7	1.0	1.5	1.5	2.0	2.0	2.0	2.5	2.5	2.5	3.0	3.0	3.0	3.0	3.5	3.5	3.5	3.5	3.5	4.0	4.0	4.0	4.0	4.0	4.5	4.5	4.5	4.5	4.5	5.0	5.0	5.0	5.0	5.0	5.5	5.5	.1009
0.8	1.0	1.5	1.5	2.0	2.0	2.5	2.5	2.5	3.0	3.0	3.0	3.0	3.5	3.5	3.5	3.5	4.0	4.0	4.0	4.0	4.5	4.5	4.5	4.5	4.5	5.0	5.0	5.0	5.0	5.0	5.5	5.5	5.5	5.5	5.5	.1154
0.9	1.0	1.5	2.0	2.0	2.0	2.5	2.5	3.0	3.0	3.0	3.0	3.5	3.5	3.5	4.0	4.0	4.0	4.0	4.5	4.5	4.5	4.5	5.0	5.0	5.0	5.0	5.0	5.5	5.5	5.5	5.5	5.5	6.0	6.0	6.0	.1298
1.0	1.5	1.5	2.0	2.0	2.5	2.5	2.5	3.0	3.0	3.0	3.5	3.5	3.5	4.0	4.0	4.0	4.5	4.5	4.5	4.5	5.0	5.0	5.0	5.0	5.5	5.5	5.5	5.5	5.5	6.0	6.0	6.0	6.0	6.0	6.5	.1442
1.1	1.5	1.5	2.0	2.0	2.5	2.5	3.0	3.0	3.0	3.5	3.5	3.5	4.0	4.0	4.0	4.5	4.5	4.5	4.5	5.0	5.0	5.0	5.5	5.5	5.5	5.5	6.0	6.0	6.0	6.0	6.0	6.5	6.5	6.5	6.5	.1586
1.2	1.5	1.5	2.0	2.0	2.5	2.5	3.0	3.0	3.5	3.5	3.5	4.0	4.0	4.0	4.5	4.5	4.5	5.0	5.0	5.0	5.0	5.5	5.5	5.5	6.0	6.0	6.0	6.0	6.0	6.5	6.5	6.5	6.5	7.0	7.0	.1730
1.3	1.5	1.5	2.0	2.5	2.5	2.5	3.0	3.0	3.5	3.5	4.0	4.0	4.0	4.5	4.5	4.5	5.0	5.0	5.0	5.5	5.5	5.5	5.5	6.0	6.0	6.0	6.0	6.5	6.5	6.5	6.5	7.0	7.0	7.0	7.0	.1875
1.4	1.5	1.5	2.0	2.5	2.5	3.0	3.0	3.0	3.5	3.5	4.0	4.0	4.5	4.5	4.5	5.0	5.0	5.0	5.5	5.5	5.5	6.0	6.0	6.0	6.0	6.5	6.5	6.5	6.5	7.0	7.0	7.0	7.0	7.5	7.5	.2019
1.5	1.5	1.5	2.0	2.5	2.5	3.0	3.0	3.5	3.5	4.0	4.0	4.0	4.5	4.5	5.0	5.0	5.0	5.5	5.5	5.5	6.0	6.0	6.0	6.0	6.5	6.5	6.5	7.0	7.0	7.0	7.0	7.5	7.5	7.5	7.5	.2163
k	90	126	162	198	234	270	306	342	378	414	450	486	522	558	594	630	666	702	738	774	810	846	882	918	954	990	1026	1062	1098	1134	1170	1206	1242	1278	1314	km
	Δt Fahrenheit																																			

TABLE 2 (Sheet 41 of 128)

TEMPERATURE DIFFERENCE

ECONOMICAL INSULATION THICKNESS TABLE

IN INCHES
(nominal)

PIPE SIZE: 3'' NPS (Tube Size 3-1/2'' OD)
88.9 mm

At the intersection of the ''Δt'' column with the ''k'' row read the economical thickness.
(•—*exceeds 12'' thickness*)

D = 0.0200

Δt Celsius °C or Kelvin °K

k	50	70	90	110	130	150	170	190	210	230	250	270	290	310	330	350	370	390	410	430	450	470	490	510	530	550	570	590	610	630	650	670	690	710	730	km
0.1	1.0	1.0	1.0	1.0	1.0	1.0	1.5	1.5	1.5	1.5	1.5	1.5	1.5	1.5	1.5	1.5	2.0	2.0	2.0	2.0	2.0	2.0	2.0	2.0	2.0	2.0	2.0	2.0	2.0	2.5	2.5	2.5	2.5	2.5	2.5	.0144
0.2	1.0	1.0	1.0	1.5	1.5	1.5	1.5	1.5	2.0	2.0	2.0	2.0	2.0	2.0	2.5	2.5	2.5	2.5	2.5	2.5	2.5	2.5	2.5	3.0	3.0	3.0	3.0	3.0	3.0	3.0	3.0	3.0	3.0	3.5	3.5	.0288
0.3	1.0	1.5	1.5	1.5	1.5	2.0	2.0	2.0	2.0	2.5	2.5	2.5	2.5	2.5	2.5	3.0	3.0	3.0	3.0	3.0	3.0	3.0	3.5	3.5	3.5	3.5	3.5	3.5	3.5	4.0	4.0	4.0	4.0	4.0	4.0	.0433
0.4	1.0	1.5	1.5	2.0	2.0	2.0	2.0	2.5	2.5	2.5	2.5	3.0	3.0	3.0	3.0	3.0	3.5	3.5	3.5	3.5	3.5	3.5	4.0	4.0	4.0	4.0	4.0	4.0	4.5	4.5	4.5	4.5	4.5	4.5	4.5	.0577
0.5	1.5	1.5	1.5	2.0	2.0	2.5	2.5	2.5	2.5	3.0	3.0	3.0	3.0	3.5	3.5	3.5	3.5	3.5	4.0	4.0	4.0	4.0	4.0	4.5	4.5	4.5	4.5	4.5	5.0	5.0	5.0	5.0	5.0	5.0	5.5	.0721
0.6	1.5	1.5	2.0	2.0	2.0	2.5	2.5	2.5	3.0	3.0	3.0	3.5	3.5	3.5	3.5	4.0	4.0	4.0	4.0	4.5	4.5	4.5	4.5	4.5	5.0	5.0	5.0	5.0	5.5	5.5	5.5	5.5	5.5	5.5	6.0	.0865
0.7	1.5	1.5	2.0	2.0	2.5	2.5	2.5	3.0	3.0	3.0	3.5	3.5	3.5	4.0	4.0	4.0	4.5	4.5	4.5	4.5	4.5	5.0	5.0	5.0	5.0	5.5	5.5	5.5	5.5	6.0	6.0	6.0	6.0	6.0	6.0	.1009
0.8	1.5	2.0	2.0	2.5	2.5	2.5	3.0	3.0	3.5	3.5	3.5	4.0	4.0	4.0	4.0	4.5	4.5	4.5	5.0	5.0	5.0	5.0	5.5	5.5	5.5	5.5	6.0	6.0	6.0	6.0	6.5	6.5	6.5	6.5	6.5	.1154
0.9	1.5	2.0	2.0	2.5	2.5	3.0	3.0	3.0	3.5	3.5	4.0	4.0	4.0	4.5	4.5	4.5	5.0	5.0	5.0	5.5	5.5	5.5	5.5	6.0	6.0	6.0	6.0	6.5	6.5	6.5	6.5	6.5	7.0	7.0	7.0	.1298
1.0	1.5	2.0	2.0	2.5	2.5	3.0	3.0	3.5	3.5	4.0	4.0	4.0	4.5	4.5	4.5	5.0	5.0	5.0	5.5	5.5	5.5	6.0	6.0	6.0	6.0	6.5	6.5	6.5	6.5	7.0	7.0	7.0	7.0	7.5	7.5	.1442
1.1	1.5	2.0	2.5	2.5	3.0	3.0	3.5	3.5	4.0	4.0	4.0	4.5	4.5	4.5	5.0	5.0	5.5	5.5	5.5	6.0	6.0	6.0	6.0	6.5	6.5	6.5	7.0	7.0	7.0	7.0	7.5	7.5	7.5	7.5	8.0	.1586
1.2	1.5	2.0	2.5	2.5	3.0	3.0	3.5	3.5	4.0	4.0	4.5	4.5	4.5	5.0	5.0	5.5	5.5	5.5	6.0	6.0	6.0	6.5	6.5	6.5	7.0	7.0	7.0	7.0	7.5	7.5	7.5	8.0	8.0	8.0	8.0	.1730
1.3	1.5	2.0	2.5	2.5	3.0	3.5	3.5	4.0	4.0	4.5	4.5	4.5	5.0	5.0	5.5	5.5	5.5	6.0	6.0	6.0	6.5	6.5	6.5	7.0	7.0	7.0	7.5	7.5	7.5	8.0	8.0	8.0	8.0	8.5	8.5	.1875
1.4	1.5	2.0	2.5	3.0	3.0	3.5	3.5	4.0	4.0	4.5	4.5	5.0	5.0	5.5	5.5	5.5	6.0	6.0	6.5	6.5	6.5	7.0	7.0	7.0	7.5	7.5	7.5	8.0	8.0	8.0	8.5	8.5	8.5	8.5	9.0	.2019
1.5	1.5	2.0	2.5	3.0	3.0	3.5	4.0	4.0	4.5	4.5	5.0	5.0	5.5	5.5	5.5	6.0	6.0	6.5	6.5	6.5	7.0	7.0	7.0	7.5	7.5	8.0	8.0	8.0	8.0	8.5	8.5	8.5	9.0	9.0	9.0	.2163
k	90	126	162	198	234	270	306	342	378	414	450	486	522	558	594	630	666	702	738	774	810	846	882	918	954	990	1026	1062	1098	1134	1170	1206	1242	1278	1314	km

Δt Fahrenheit

Btu, in./sq ft, hr °F — W/mK

D = 0.0300

Δt Celsius °C or Kelvin °K

k	50	70	90	110	130	150	170	190	210	230	250	270	290	310	330	350	370	390	410	430	450	470	490	510	530	550	570	590	610	630	650	670	690	710	730	km
0.1	1.0	1.0	1.0	1.0	1.5	1.5	1.5	1.5	1.5	1.5	2.0	2.0	2.0	2.0	2.0	2.0	2.0	2.0	2.0	2.5	2.5	2.5	2.5	2.5	2.5	2.5	2.5	2.5	2.5	2.5	3.0	3.0	3.0	3.0	3.0	.0144
0.2	1.0	1.5	1.5	1.5	2.0	2.0	2.0	2.0	2.0	2.5	2.5	2.5	2.5	2.5	3.0	3.0	3.0	3.0	3.0	3.0	3.0	3.5	3.5	3.5	3.5	3.5	3.5	3.5	4.0	4.0	4.0	4.0	4.0	4.0	4.0	.0288
0.3	1.5	1.5	1.5	2.0	2.0	2.0	2.5	2.5	2.5	3.0	3.0	3.0	3.0	3.0	3.5	3.5	3.5	3.5	3.5	4.0	4.0	4.0	4.0	4.0	4.5	4.5	4.5	4.5	4.5	4.5	5.0	5.0	5.0	5.0	5.0	.0433
0.4	1.5	1.5	2.0	2.0	2.5	2.5	2.5	3.0	3.0	3.0	3.5	3.5	3.5	3.5	4.0	4.0	4.0	4.0	4.5	4.5	4.5	4.5	4.5	5.0	5.0	5.0	5.0	5.5	5.5	5.5	5.5	5.5	5.5	6.0	6.0	.0577
0.5	1.5	2.0	2.0	2.5	2.5	3.0	3.0	3.0	3.5	3.5	3.5	4.0	4.0	4.0	4.5	4.5	4.5	4.5	5.0	5.0	5.0	5.0	5.5	5.5	5.5	5.5	6.0	6.0	6.0	6.0	6.0	6.5	6.5	6.5	6.5	.0721
0.6	1.5	2.0	2.5	2.5	3.0	3.0	3.0	3.5	3.5	4.0	4.0	4.0	4.5	4.5	4.5	5.0	5.0	5.0	5.5	5.5	5.5	5.5	6.0	6.0	6.0	6.0	6.5	6.5	6.5	6.5	7.0	7.0	7.0	7.0	7.0	.0865
0.7	2.0	2.0	2.5	2.5	3.0	3.0	3.5	3.5	4.0	4.0	4.5	4.5	4.5	5.0	5.0	5.0	5.5	5.5	5.5	6.0	6.0	6.0	6.5	6.5	6.5	6.5	7.0	7.0	7.0	7.0	7.5	7.5	7.5	7.5	8.0	.1009
0.8	2.0	2.0	2.5	3.0	3.0	3.5	3.5	4.0	4.0	4.5	4.5	5.0	5.0	5.0	5.5	5.5	5.5	6.0	6.0	6.0	6.5	6.5	6.5	7.0	7.0	7.0	7.5	7.5	7.5	7.5	8.0	8.0	8.0	8.5	8.5	.1154
0.9	2.0	2.5	2.5	3.0	3.5	3.5	4.0	4.0	4.5	4.5	5.0	5.0	5.5	5.5	5.5	6.0	6.0	6.0	6.5	6.5	7.0	7.0	7.0	7.5	7.5	7.5	8.0	8.0	8.0	8.0	8.5	8.5	8.5	9.0	9.0	.1298
1.0	2.0	2.5	3.0	3.0	3.5	4.0	4.0	4.5	4.5	5.0	5.0	5.5	5.5	6.0	6.0	6.0	6.5	6.5	7.0	7.0	7.0	7.5	7.5	7.5	8.0	8.0	8.0	8.5	8.5	8.5	9.0	9.0	9.0	9.5	9.5	.1442
1.1	2.0	2.5	3.0	3.0	3.5	4.0	4.0	4.5	5.0	5.0	5.5	5.5	6.0	6.0	6.5	6.5	6.5	7.0	7.0	7.5	7.5	7.5	8.0	8.0	8.0	8.5	8.5	9.0	9.0	9.0	9.5	9.5	9.5	10.0	10.0	.1586
1.2	2.0	2.5	3.0	3.5	3.5	4.0	4.5	4.5	5.0	5.5	5.5	6.0	6.0	6.5	6.5	7.0	7.0	7.0	7.5	7.5	8.0	8.0	8.0	8.5	8.5	9.0	9.0	9.0	9.5	9.5	9.5	10.0	10.0	10.0	10.5	.1730
1.3	2.0	2.5	3.0	3.5	4.0	4.0	4.5	5.0	5.0	5.5	6.0	6.0	6.5	6.5	7.0	7.0	7.5	7.5	7.5	8.0	8.0	8.5	8.5	9.0	9.0	9.0	9.5	9.5	9.5	10.0	10.0	10.5	10.5	10.5	11.0	.1875
1.4	2.0	2.5	3.0	3.5	4.0	4.5	4.5	5.0	5.5	5.5	6.0	6.0	6.5	7.0	7.0	7.5	7.5	8.0	8.0	8.0	8.5	8.5	9.0	9.0	9.5	9.5	9.5	10.0	10.0	10.5	10.5	11.0	11.0	11.0	11.5	.2019
1.5	2.0	2.5	3.0	3.5	4.0	4.5	5.0	5.0	5.5	6.0	6.0	6.5	6.5	7.0	7.5	7.5	8.0	8.0	8.5	8.5	8.5	9.0	9.0	9.5	9.5	10.0	10.0	10.5	10.5	11.0	11.0	11.5	11.5	11.5	12.0	.2163
k	90	126	162	198	234	270	306	342	378	414	450	486	522	558	594	630	666	702	738	774	810	846	882	918	954	990	1026	1062	1098	1134	1170	1206	1242	1278	1314	km

Δt Fahrenheit

CONDUCTIVITY Btu, in./sq ft, hr °F — W/mK

D = 0.0400

Δt Celsius °C or Kelvin °K

k	50	70	90	110	130	150	170	190	210	230	250	270	290	310	330	350	370	390	410	430	450	470	490	510	530	550	570	590	610	630	650	670	690	710	730	km
0.1	1.0	1.0	1.5	1.5	1.5	1.5	1.5	2.0	2.0	2.0	2.0	2.0	2.0	2.5	2.5	2.5	2.5	2.5	2.5	2.5	2.5	2.5	3.0	3.0	3.0	3.0	3.0	3.0	3.0	3.0	3.0	3.0	3.5	3.5	3.5	.0144
0.2	1.5	1.5	1.5	2.0	2.0	2.0	2.5	2.5	2.5	2.5	3.0	3.0	3.0	3.0	3.0	3.5	3.5	3.5	3.5	3.5	3.5	4.0	4.0	4.0	4.0	4.0	4.0	4.5	4.5	4.5	4.5	4.5	4.5	4.5	5.0	.0288
0.3	1.5	2.0	2.0	2.0	2.5	2.5	2.5	3.0	3.0	3.0	3.5	3.5	3.5	4.0	4.0	4.0	4.0	4.0	4.5	4.5	4.5	4.5	5.0	5.0	5.0	5.0	5.0	5.5	5.5	5.5	5.5	5.5	6.0	6.0	6.0	.0433
0.4	1.5	2.0	2.5	2.5	2.5	3.0	3.0	3.5	3.5	3.5	4.0	4.0	4.0	4.5	4.5	4.5	4.5	5.0	5.0	5.0	5.5	5.5	5.5	5.5	6.0	6.0	6.0	6.0	6.0	6.5	6.5	6.5	6.5	6.5	7.0	.0577
0.5	2.0	2.0	2.5	2.5	3.0	3.0	3.5	3.5	4.0	4.0	4.5	4.5	4.5	5.0	5.0	5.0	5.5	5.5	5.5	6.0	6.0	6.0	6.0	6.5	6.5	6.5	6.5	7.0	7.0	7.0	7.0	7.5	7.5	7.5	7.5	.0721
0.6	2.0	2.5	2.5	3.0	3.0	3.5	4.0	4.0	4.0	4.5	4.5	5.0	5.0	5.5	5.5	5.5	6.0	6.0	6.0	6.5	6.5	6.5	7.0	7.0	7.0	7.5	7.5	7.5	7.5	8.0	8.0	8.0	8.0	8.5	8.5	.0865
0.7	2.0	2.5	3.0	3.0	3.5	4.0	4.0	4.5	4.5	5.0	5.0	5.5	5.5	5.5	6.0	6.0	6.5	6.5	6.5	7.0	7.0	7.0	7.5	7.5	7.5	8.0	8.0	8.0	8.5	8.5	8.5	9.0	9.0	9.0	9.5	.1009
0.8	2.0	2.5	3.0	3.5	3.5	4.0	4.5	4.5	5.0	5.0	5.5	5.5	6.0	6.0	6.5	6.5	6.5	7.0	7.0	7.5	7.5	7.5	8.0	8.0	8.0	8.5	8.5	9.0	9.0	9.0	9.5	9.5	9.5	9.5	10.0	.1154
0.9	2.5	2.5	3.0	3.5	4.0	4.0	4.5	5.0	5.0	5.5	5.5	6.0	6.0	6.5	6.5	7.0	7.0	7.5	7.5	8.0	8.0	8.0	8.5	8.5	9.0	9.0	9.0	9.5	9.5	9.5	10.0	10.0	10.0	10.5	10.5	.1298
1.0	2.5	3.0	3.5	3.5	4.0	4.5	5.0	5.0	5.5	5.5	6.0	6.5	6.5	7.0	7.0	7.5	7.5	8.0	8.0	8.0	8.5	8.5	9.0	9.0	9.5	9.5	9.5	10.0	10.0	10.5	10.5	10.5	11.0	11.0	11.0	.1442
1.1	2.5	3.0	3.5	4.0	4.5	4.5	5.0	5.5	5.5	6.0	6.5	6.5	7.0	7.0	7.5	7.5	8.0	8.0	8.5	8.5	9.0	9.0	9.5	9.5	9.5	10.0	10.0	10.5	10.5	11.0	11.0	11.0	11.5	11.5	11.5	.1586
1.2	2.5	3.0	3.5	4.0	4.5	5.0	5.5	5.5	6.0	6.5	6.5	7.0	7.0	7.5	7.5	8.0	8.0	8.5	9.0	9.0	9.5	9.5	9.5	10.0	10.0	10.5	10.5	11.0	11.0	11.5	11.5	11.5	12.0	12.0	12.0	.1730
1.3	2.5	3.0	3.5	4.0	4.5	5.0	5.5	6.0	6.0	6.5	7.0	7.0	7.5	8.0	8.0	8.5	8.5	9.0	9.0	9.5	9.5	10.0	10.0	10.5	10.5	11.0	11.0	11.5	11.5	12.0	12.0	12.0	•	•	•	.1875
1.4	2.5	3.0	4.0	4.5	5.0	5.0	5.5	6.0	6.5	6.5	7.0	7.5	7.5	8.0	8.5	8.5	9.0	9.0	9.5	10.0	10.0	10.5	10.5	11.0	11.0	11.5	11.5	12.0	12.0	•	•	•	•	•	•	.2019
1.5	2.5	3.5	4.0	4.5	5.0	5.5	6.0	6.0	6.5	7.0	7.5	7.5	8.0	8.5	8.5	9.0	9.5	9.5	10.0	10.0	10.5	10.5	11.0	11.0	11.5	11.5	12.0	12.0	•	•	•	•	•	•	•	.2163
k	90	126	162	198	234	270	306	342	378	414	450	486	522	558	594	630	666	702	738	774	810	846	882	918	954	990	1026	1062	1098	1134	1170	1206	1242	1278	1314	km

Δt Fahrenheit

Btu, in./sq ft, hr °F — W/mK

TEMPERATURE DIFFERENCE

TABLE 2 (Sheet 42 of 128)

TABLE 2 (Continued)

ECONOMICAL INSULATION THICKNESS TABLE

IN INCHES
(nominal)

PIPE SIZE: 3'' NPS (Tube Size 3-1/2'' OD)
88.9 mm

At the intersection of the ''Δt'' column with the ''k'' row read the economical thickness.
(*•—exceeds 12'' thickness*)

CONDUCTIVITY — k: Btu, in./sq ft, hr °F; km: W/mK

D = 0.0500

Δt Celsius °C or Kelvin °K

k	50	70	90	110	130	150	170	190	210	230	250	270	290	310	330	350	370	390	410	430	450	470	490	510	530	550	570	590	610	630	650	670	690	710	730	km
0.1	1.0	1.5	1.5	1.5	1.5	2.0	2.0	2.0	2.0	2.0	2.5	2.5	2.5	2.5	2.5	2.5	2.5	3.0	3.0	3.0	3.0	3.0	3.0	3.0	3.0	3.5	3.5	3.5	3.5	3.5	3.5	3.5	3.5	4.0	4.0	.0144
0.2	1.5	1.5	2.0	2.0	2.5	2.5	2.5	2.5	3.0	3.0	3.0	3.0	3.5	3.5	3.5	3.5	4.0	4.0	4.0	4.0	4.0	4.5	4.5	4.5	4.5	4.5	4.5	5.0	5.0	5.0	5.0	5.0	5.5	5.5	5.5	.0288
0.3	1.5	2.0	2.0	2.5	2.5	3.0	3.0	3.0	3.5	3.5	4.0	4.0	4.0	4.0	4.5	4.5	4.5	5.0	5.0	5.0	5.0	5.5	5.5	5.5	5.5	6.0	6.0	6.0	6.0	6.0	6.5	6.5	6.5	6.5	6.5	.0433
0.4	2.0	2.0	2.5	3.0	3.0	3.5	3.5	3.5	4.0	4.0	4.5	4.5	4.5	5.0	5.0	5.0	5.5	5.5	5.5	6.0	6.0	6.0	6.5	6.5	6.5	6.5	7.0	7.0	7.0	7.0	7.5	7.5	7.5	7.5	8.0	.0577
0.5	2.0	2.5	3.0	3.0	3.5	3.5	4.0	4.0	4.5	4.5	5.0	5.0	5.5	5.5	5.5	6.0	6.0	6.0	6.5	6.5	6.5	7.0	7.0	7.0	7.5	7.5	7.5	8.0	8.0	8.0	8.0	8.5	8.5	8.5	8.5	.0721
0.6	2.0	2.5	3.0	3.5	3.5	4.0	4.5	4.5	5.0	5.0	5.5	5.5	6.0	6.0	6.0	6.5	6.5	7.0	7.0	7.0	7.5	7.5	7.5	8.0	8.0	8.0	8.5	8.5	8.5	9.0	9.0	9.0	9.5	9.5	9.5	.0865
0.7	2.5	3.0	3.0	3.5	4.0	4.5	4.5	5.0	5.0	5.5	5.5	6.0	6.0	6.5	6.5	7.0	7.0	7.5	7.5	8.0	8.0	8.0	8.5	8.5	8.5	9.0	9.0	9.5	9.5	9.5	10.0	10.0	10.0	10.5	10.5	.1009
0.8	2.5	3.0	3.5	4.0	4.0	4.5	5.0	5.5	5.5	6.0	6.0	6.5	6.5	7.0	7.0	7.5	7.5	8.0	8.0	8.5	8.5	8.5	9.0	9.0	9.5	9.5	10.0	10.0	10.0	10.0	10.5	10.5	10.5	11.0	11.0	.1154
0.9	2.5	3.0	3.5	4.0	4.5	5.0	5.0	5.5	6.0	6.0	6.5	7.0	7.0	7.5	7.5	8.0	8.0	8.5	8.5	9.0	9.0	9.5	9.5	10.0	10.0	10.0	10.5	10.5	10.5	10.5	11.0	11.0	11.0	11.5	11.5	.1298
1.0	2.5	3.0	4.0	4.0	4.5	5.0	5.5	6.0	6.0	6.5	7.0	7.0	7.5	8.0	8.0	8.5	8.5	9.0	9.0	9.5	9.5	10.0	10.0	10.5	10.5	10.5	11.0	11.0	11.0	11.0	11.5	11.5	11.5	12.0	12.0	.1442
1.1	2.5	3.5	4.0	4.5	5.0	5.5	5.5	6.0	6.5	7.0	7.0	7.5	8.0	8.0	8.5	8.5	9.0	9.5	9.5	10.0	10.0	10.0	10.5	11.0	11.0	11.0	11.5	11.5	11.5	11.5	12.0	12.0	12.0	•	•	.1586
1.2	3.0	3.5	4.0	4.5	5.0	5.5	6.0	6.5	7.0	7.0	7.5	8.0	8.0	8.5	9.0	9.0	9.5	9.5	10.0	10.0	10.5	10.5	11.0	11.0	11.5	11.5	12.0	12.0	12.0	12.0	•	•	•	•	•	.1730
1.3	3.0	3.5	4.0	5.0	5.5	6.0	6.0	6.5	7.0	7.5	8.0	8.0	8.5	9.0	9.0	9.5	10.0	10.0	10.5	10.5	11.0	11.0	11.5	11.5	12.0	12.0	•	•	•	•	•	•	•	•	•	.1875
1.4	3.0	3.5	4.5	5.0	5.5	6.0	6.5	7.0	7.5	7.5	8.0	8.5	9.0	9.0	9.5	10.0	10.0	10.5	10.5	11.0	11.5	11.5	12.0	12.0	•	•	•	•	•	•	•	•	•	•	•	.2019
1.5	3.0	4.0	4.5	5.0	5.5	6.0	6.5	7.0	7.5	8.0	8.5	8.5	9.0	9.5	10.0	10.0	10.5	11.0	11.0	11.5	12.0	12.0	12.0	•	•	•	•	•	•	•	•	•	•	•	•	.2163
k	90	126	162	198	234	270	306	342	378	414	450	486	522	558	594	630	666	702	738	774	810	846	882	918	954	990	1026	1062	1098	1134	1170	1206	1242	1278	1314	km

Δt Fahrenheit

D = 0.0700

Δt Celsius °C or Kelvin °K

k	50	70	90	110	130	150	170	190	210	230	250	270	290	310	330	350	370	390	410	430	450	470	490	510	530	550	570	590	610	630	650	670	690	710	730	km
0.1	1.5	2.0	2.0	2.0	2.0	2.5	2.5	2.5	2.5	2.5	3.0	3.0	3.0	3.0	3.0	3.0	3.5	3.5	3.5	3.5	3.5	3.5	3.5	4.0	4.0	4.0	4.0	4.0	4.0	4.0	4.5	4.5	4.5	4.5	4.5	.0144
0.2	1.5	2.0	2.0	2.0	2.5	2.5	3.0	3.0	3.0	3.0	3.5	3.5	3.5	3.5	4.0	4.0	4.0	4.0	4.5	4.5	4.5	5.0	5.0	5.0	5.0	5.0	5.5	5.5	5.5	5.5	5.5	6.0	6.0	6.0	6.0	.0288
0.3	1.5	2.0	2.5	2.5	3.0	3.0	3.5	3.5	3.5	4.0	4.0	4.5	4.5	4.5	5.0	5.0	5.0	5.0	5.5	5.5	6.0	6.0	6.0	6.0	6.5	6.5	6.5	6.5	7.0	7.0	7.0	7.5	7.5	7.5	7.5	.0433
0.4	2.0	2.5	2.5	2.5	3.0	3.5	4.0	4.0	4.0	4.5	5.0	5.0	5.0	5.5	5.5	6.0	6.0	6.0	6:5	6.5	6.5	7.0	7.0	7.0	7.5	7.5	8.0	8.0	8.0	8.0	8.5	8.5	8.5	8.5	9.0	.0577
0.5	2.0	2.5	2.5	3.0	3.5	4.0	4.5	4.5	4.5	5.0	5.5	5.5	5.5	6.0	6.5	6.5	7.0	7.0	7.0	7.5	7.5	8.0	8.0	8.0	8.5	8.5	9.0	9.0	9.0	9.0	9.5	9.5	9.5	10.0	10.0	.0721
0.6	2.5	3.0	3.0	3.5	4.0	4.5	5.0	5.0	5.0	5.5	6.0	6.5	6.5	6.5	7.0	7.0	7.5	7.5	8.0	8.0	8.5	8.5	8.5	9.0	9.0	9.5	9.5	10.0	10.0	10.0	10.5	10.5	10.5	11.0	11.0	.0865
0.7	2.5	3.0	3.0	3.5	4.0	4.5	5.0	5.0	5.5	6.0	6.5	7.0	7.0	7.0	7.5	8.0	8.0	8.0	8.5	9.0	9.0	9.5	9.5	9.5	10.0	10.5	10.5	11.0	11.0	11.0	11.5	11.5	11.5	12.0	12.0	.1009
0.8	2.5	3.0	3.5	4.0	4.5	5.0	5.5	5.5	6.0	6.5	7.0	7.5	7.5	7.5	8.0	8.5	9.0	9.0	9.0	9.5	10.0	10.0	10.0	10.5	11.0	11.0	11.5	11.0	11.5	12.0	12.0	•	•	•	•	.1154
0.9	2.5	3.0	3.5	4.0	5.0	5.5	6.0	6.0	6.5	7.0	7.5	7.5	7.5	8.0	8.5	9.0	9.5	9.5	9.5	10.0	10.5	11.0	11.0	11.0	11.5	12.0	12.0	12.0	•	•	•	•	•	•	•	.1298
1.0	3.0	3.5	4.0	4.5	5.0	5.5	6.0	6.0	6.5	7.0	7.5	8.0	8.0	8.5	9.0	9.5	10.0	10.5	10.5	10.5	11.0	11.5	12.0	12.0	12.0	•	•	•	•	•	•	•	•	•	•	.1442
1.1	3.0	3.5	4.0	4.5	5.0	5.5	6.0	6.5	7.0	7.0	7.5	8.0	8.5	9.0	9.5	10.0	10.5	11.0	11.5	11.5	12.0	12.0	•	•	•	•	•	•	•	•	•	•	•	•	•	.1586
1.2	3.0	3.5	4.0	4.5	5.0	5.5	6.0	6.5	7.0	7.5	8.0	8.5	9.0	9.5	10.0	10.5	11.0	11.5	12.0	12.0	•	•	•	•	•	•	•	•	•	•	•	•	•	•	•	.1730
1.3	3.5	4.0	4.5	5.0	5.5	6.0	6.5	7.0	7.5	8.0	8.5	9.0	9.5	10.0	10.5	11.0	12.0	12.0	•	•	•	•	•	•	•	•	•	•	•	•	•	•	•	•	•	.1875
1.4	3.5	4.0	4.5	5.0	5.5	6.0	6.5	7.5	8.0	8.5	9.0	9.5	10.0	10.5	11.0	12.0	•	•	•	•	•	•	•	•	•	•	•	•	•	•	•	•	•	•	•	.2019
1.5	4.0	4.5	5.5	6.0	6.5	7.0	7.5	8.0	8.5	9.0	9.5	10.0	10.5	11.0	12.0	•	•	•	•	•	•	•	•	•	•	•	•	•	•	•	•	•	•	•	•	.2163
k	90	126	162	198	234	270	306	342	378	414	450	486	522	558	594	630	666	702	738	774	810	846	882	918	954	990	1026	1062	1098	1134	1170	1206	1242	1278	1314	km

Δt Fahrenheit

D = 0.0900

Δt Celsius °C or Kelvin °K

k	50	70	90	110	130	150	170	190	210	230	250	270	290	310	330	350	370	390	410	430	450	470	490	510	530	550	570	590	610	630	650	670	690	710	730	km
0.1	1.5	2.0	2.0	2.0	2.0	2.5	2.5	2.5	3.0	3.0	3.0	3.0	3.0	3.5	3.5	3.5	4.0	4.0	4.0	4.0	4.0	4.5	4.5	4.5	4.5	4.5	4.5	4.5	5.0	5.0	5.0	5.0	5.0	5.5	5.5	.0144
0.2	1.5	2.0	2.5	2.5	2.5	3.0	3.0	3.5	3.5	3.5	4.0	4.0	4.0	4.5	4.5	4.5	5.0	5.0	5.0	5.0	5.5	5.5	5.5	5.5	6.0	6.0	6.0	6.0	6.5	6.5	6.5	6.5	6.5	7.0	7.0	.0288
0.3	2.0	2.5	3.0	3.0	3.0	3.5	4.0	4.0	4.0	4.5	5.0	5.0	5.0	5.5	5.5	6.0	6.0	6.0	6.0	6.5	6.5	7.0	7.0	7.0	7.5	7.5	7.5	7.5	8.0	8.0	8.0	8.5	8.5	8.5	9.0	.0433
0.4	2.0	3.0	3.0	3.5	3.5	4.0	4.5	4.5	5.0	5.0	5.5	6.0	6.0	6.0	6.5	6.5	7.0	7.0	7.5	7.5	8.0	8.0	8.0	8.5	8.5	9.0	9.0	9.0	9.0	9.5	9.5	10.0	10.0	10.0	10.5	.0577
0.5	2.5	3.0	3.0	3.5	4.0	4.5	5.0	5.0	5.5	6.0	6.0	6.5	6.5	7.0	7.5	7.5	8.0	8.5	8.5	8.5	9.0	9.0	9.0	9.5	9.5	10.0	10.0	10.0	10.5	10.5	11.0	11.0	11.5	11.5	11.5	.0721
0.6	2.5	3.5	3.5	4.0	4.5	5.0	5.5	5.5	6.0	6.5	7.0	7.5	7.5	7.5	8.0	8.5	8.5	9.0	9.0	9.5	9.5	10.0	10.0	10.5	10.5	11.0	11.0	11.0	11.5	12.0	12.0	•	•	•	•	.0865
0.7	3.0	3.5	3.5	4.5	5.0	5.5	6.0	6.0	6.5	7.0	7.5	8.0	8.0	8.5	8.5	9.0	9.5	9.5	10.0	10.5	10.5	11.0	11.0	11.5	11.5	12.0	12.0	•	•	•	•	•	•	•	•	.1009
0.8	3.0	3.5	4.0	4.5	5.5	6.0	6.5	6.5	7.0	7.5	8.0	8.5	8.5	9.0	9.5	10.0	10.0	10.5	10.5	11.0	11.5	12.0	12.0	12.0	•	•	•	•	•	•	•	•	•	•	•	.1154
0.9	3.0	3.5	4.0	5.0	5.5	6.0	7.0	7.0	7.5	8.0	8.5	9.0	9.0	9.5	10.0	10.5	11.0	11.0	11.5	12.0	12.0	•	•	•	•	•	•	•	•	•	•	•	•	•	•	.1298
1.0	3.5	4.0	4.5	5.0	6.0	6.5	7.0	7.5	8.0	8.5	9.0	9.5	10.0	10.0	10.5	11.0	11.5	11.5	12.0	12.0	•	•	•	•	•	•	•	•	•	•	•	•	•	•	•	.1442
1.1	3.5	4.0	4.5	5.0	6.0	6.5	7.0	7.5	8.0	8.5	9.0	9.5	10.0	10.5	11.0	11.0	11.5	12.0	•	•	•	•	•	•	•	•	•	•	•	•	•	•	•	•	•	.1586
1.2	3.5	4.0	4.5	5.0	6.0	6.5	7.0	7.5	8.0	8.5	9.0	9.5	10.0	10.5	11.0	11.5	12.0	•	•	•	•	•	•	•	•	•	•	•	•	•	•	•	•	•	•	.1730
1.3	4.0	4.5	5.0	5.5	6.5	7.0	7.5	8.0	8.5	9.0	9.5	10.0	10.5	11.0	11.5	12.0	•	•	•	•	•	•	•	•	•	•	•	•	•	•	•	•	•	•	•	.1875
1.4	4.0	4.5	5.5	6.0	7.0	7.5	8.0	8.5	9.0	9.5	10.0	10.5	11.0	11.5	12.0	•	•	•	•	•	•	•	•	•	•	•	•	•	•	•	•	•	•	•	•	.2019
1.5	4.5	5.0	5.5	6.5	7.0	7.5	8.0	8.5	9.0	9.5	10.0	10.5	11.0	11.5	12.0	•	•	•	•	•	•	•	•	•	•	•	•	•	•	•	•	•	•	•	•	.2163
k	90	126	162	198	234	270	306	342	378	414	450	486	522	558	594	630	666	702	738	774	810	846	882	919	954	990	1026	1062	1098	1134	1170	1206	1242	1278	1314	km

Δt Fahrenheit

TABLE 2 (Sheet 43 of 128)

TEMPERATURE DIFFERENCE

ECONOMICAL INSULATION THICKNESS TABLE

IN INCHES
(nominal)

PIPE SIZE: 3-1/2'' NPS (Tube Size 4'' OD)
101.6 mm

At the intersection of the ''Δt'' column with the ''k'' row read the economical thickness.
(•—*exceeds 12'' thickness*)

D = 0.0025

Δt Celsius °C or Kelvin °K

k: Btu, in./sq ft, hr °F; km: W/mK

k	50	70	90	110	130	150	170	190	210	230	250	270	290	310	330	350	370	390	410	430	450	470	490	510	530	550	570	590	610	630	650	670	690	710	730	km
0.1	0.5	0.5	0.5	0.5	0.5	0.5	0.5	0.5	0.5	0.5	0.5	0.5	0.5	1.0	1.0	1.0	1.0	1.0	1.0	1.0	1.0	1.0	1.0	1.0	1.0	1.0	1.0	1.0	1.0	1.0	1.0	1.0	1.0	1.0	1.0	.0144
0.2	0.5	0.5	0.5	0.5	0.5	0.5	0.5	1.0	1.0	1.0	1.0	1.0	1.0	1.0	1.0	1.0	1.0	1.0	1.0	1.0	1.0	1.0	1.0	1.0	1.0	1.0	1.0	1.0	1.5	1.5	1.5	1.5	1.5	1.5	1.5	.0288
0.3	0.5	0.5	0.5	0.5	0.5	1.0	1.0	1.0	1.0	1.0	1.0	1.0	1.0	1.0	1.0	1.0	1.0	1.0	1.0	1.0	1.5	1.5	1.5	1.5	1.5	1.5	1.5	1.5	1.5	1.5	1.5	1.5	1.5	1.5	1.5	.0433
0.4	0.5	0.5	0.5	0.5	1.0	1.0	1.0	1.0	1.0	1.0	1.0	1.0	1.0	1.0	1.0	1.0	1.5	1.5	1.5	1.5	1.5	1.5	1.5	1.5	1.5	1.5	1.5	1.5	1.5	1.5	1.5	1.5	1.5	1.5	2.0	.0577
0.5	0.5	0.5	0.5	0.5	1.0	1.0	1.0	1.0	1.0	1.0	1.0	1.0	1.0	1.0	1.5	1.5	1.5	1.5	1.5	1.5	1.5	1.5	1.5	1.5	1.5	1.5	1.5	1.5	2.0	2.0	2.0	2.0	2.0	2.0	2.0	.0721
0.6	0.5	0.5	0.5	0.5	1.0	1.0	1.0	1.0	1.0	1.0	1.0	1.0	1.5	1.5	1.5	1.5	1.5	1.5	1.5	1.5	1.5	1.5	1.5	1.5	1.5	2.0	2.0	2.0	2.0	2.0	2.0	2.0	2.0	2.0	2.0	.0865
0.7	0.5	0.5	0.5	0.5	1.0	1.0	1.0	1.0	1.0	1.0	1.0	1.5	1.5	1.5	1.5	1.5	1.5	1.5	1.5	1.5	1.5	1.5	2.0	2.0	2.0	2.0	2.0	2.0	2.0	2.0	2.0	2.0	2.0	2.0	2.0	.1009
0.8	0.5	0.5	0.5	0.5	1.0	1.0	1.0	1.0	1.0	1.0	1.5	1.5	1.5	1.5	1.5	1.5	1.5	1.5	1.5	1.5	1.5	2.0	2.0	2.0	2.0	2.0	2.0	2.0	2.0	2.0	2.0	2.0	2.0	2.5	2.5	.1154
0.9	0.5	0.5	0.5	0.5	1.0	1.0	1.0	1.0	1.0	1.0	1.5	1.5	1.5	1.5	1.5	1.5	1.5	1.5	1.5	2.0	2.0	2.0	2.0	2.0	2.0	2.0	2.0	2.0	2.0	2.0	2.0	2.5	2.5	2.5	2.5	.1298
1.0	0.5	0.5	0.5	0.5	1.0	1.0	1.0	1.0	1.0	1.0	1.5	1.5	1.5	1.5	1.5	1.5	1.5	1.5	2.0	2.0	2.0	2.0	2.0	2.0	2.0	2.0	2.0	2.0	2.0	2.5	2.5	2.5	2.5	2.5	2.5	.1442
1.1	0.5	0.5	0.5	0.5	1.0	1.0	1.0	1.0	1.0	1.5	1.5	1.5	1.5	1.5	1.5	1.5	1.5	2.0	2.0	2.0	2.0	2.0	2.0	2.0	2.0	2.0	2.0	2.5	2.5	2.5	2.5	2.5	2.5	2.5	2.5	.1586
1.2	0.5	0.5	0.5	0.5	1.0	1.0	1.0	1.0	1.0	1.5	1.5	1.5	1.5	1.5	1.5	1.5	1.5	2.0	2.0	2.0	2.0	2.0	2.0	2.0	2.0	2.0	2.5	2.5	2.5	2.5	2.5	2.5	2.5	2.5	2.5	.1730
1.3	0.5	0.5	0.5	0.5	1.0	1.0	1.0	1.0	1.0	1.5	1.5	1.5	1.5	1.5	1.5	1.5	2.0	2.0	2.0	2.0	2.0	2.0	2.0	2.0	2.0	2.5	2.5	2.5	2.5	2.5	2.5	2.5	2.5	2.5	2.5	.1875
1.4	0.5	0.5	0.5	0.5	0.5	1.0	1.0	1.0	1.0	1.5	1.5	1.5	1.5	1.5	1.5	1.5	2.0	2.0	2.0	2.0	2.0	2.0	2.0	2.0	2.5	2.5	2.5	2.5	2.5	2.5	2.5	2.5	2.5	2.5	3.0	.2019
1.5	0.5	0.5	0.5	0.5	0.5	1.0	1.0	1.0	1.0	1.5	1.5	1.5	1.5	1.5	1.5	1.5	2.0	2.0	2.0	2.0	2.0	2.0	2.0	2.0	2.5	2.5	2.5	2.5	2.5	2.5	2.5	2.5	2.5	3.0	3.0	.2163
k	90	126	162	198	234	270	306	342	378	414	450	486	522	558	594	630	666	702	738	774	810	846	882	918	954	990	1026	1062	1098	1134	1170	1206	1242	1278	1314	km

Δt Fahrenheit

D = 0.0030

Δt Celsius °C or Kelvin °K

CONDUCTIVITY — k: Btu, in./sq ft, hr °F; km: W/mK

k	50	70	90	110	130	150	170	190	210	230	250	270	290	310	330	350	370	390	410	430	450	470	490	510	530	550	570	590	610	630	650	670	690	710	730	km
0.1	0.5	0.5	0.5	0.5	0.5	0.5	0.5	0.5	0.5	0.5	0.5	1.0	1.0	1.0	1.0	1.0	1.0	1.0	1.0	1.0	1.0	1.0	1.0	1.0	1.0	1.0	1.0	1.0	1.0	1.0	1.0	1.0	1.0	1.0	1.0	.0144
0.2	0.5	0.5	0.5	0.5	0.5	0.5	1.0	1.0	1.0	1.0	1.0	1.0	1.0	1.0	1.0	1.0	1.0	1.0	1.0	1.0	1.0	1.0	1.0	1.5	1.5	1.5	1.5	1.5	1.5	1.5	1.5	1.5	1.5	1.5	1.5	.0288
0.3	0.5	0.5	0.5	0.5	1.0	1.0	1.0	1.0	1.0	1.0	1.0	1.0	1.0	1.0	1.0	1.0	1.5	1.5	1.5	1.5	1.5	1.5	1.5	1.5	1.5	1.5	1.5	1.5	1.5	1.5	1.5	1.5	1.5	1.5	1.5	.0433
0.4	0.5	0.5	0.5	1.0	1.0	1.0	1.0	1.0	1.0	1.0	1.0	1.0	1.0	1.5	1.5	1.5	1.5	1.5	1.5	1.5	1.5	1.5	1.5	1.5	1.5	1.5	1.5	1.5	2.0	2.0	2.0	2.0	2.0	2.0	2.0	.0577
0.5	0.5	0.5	0.5	1.0	1.0	1.0	1.0	1.0	1.0	1.0	1.0	1.5	1.5	1.5	1.5	1.5	1.5	1.5	1.5	1.5	1.5	1.5	1.5	2.0	2.0	2.0	2.0	2.0	2.0	2.0	2.0	2.0	2.0	2.0	2.0	.0721
0.6	0.5	0.5	0.5	1.0	1.0	1.0	1.0	1.0	1.0	1.0	1.5	1.5	1.5	1.5	1.5	1.5	1.5	1.5	1.5	1.5	2.0	2.0	2.0	2.0	2.0	2.0	2.0	2.0	2.0	2.0	2.0	2.0	2.0	2.0	2.5	.0865
0.7	0.5	0.5	0.5	1.0	1.0	1.0	1.0	1.0	1.0	1.5	1.5	1.5	1.5	1.5	1.5	1.5	1.5	1.5	2.0	2.0	2.0	2.0	2.0	2.0	2.0	2.0	2.0	2.0	2.0	2.0	2.5	2.5	2.5	2.5	2.5	.1009
0.8	0.5	0.5	0.5	1.0	1.0	1.0	1.0	1.0	1.5	1.5	1.5	1.5	1.5	1.5	1.5	1.5	1.5	2.0	2.0	2.0	2.0	2.0	2.0	2.0	2.0	2.0	2.0	2.5	2.5	2.5	2.5	2.5	2.5	2.5	2.5	.1154
0.9	0.5	0.5	0.5	1.0	1.0	1.0	1.0	1.0	1.5	1.5	1.5	1.5	1.5	1.5	1.5	1.5	2.0	2.0	2.0	2.0	2.0	2.0	2.0	2.0	2.0	2.5	2.5	2.5	2.5	2.5	2.5	2.5	2.5	2.5	2.5	.1298
1.0	0.5	0.5	0.5	1.0	1.0	1.0	1.0	1.0	1.5	1.5	1.5	1.5	1.5	1.5	1.5	2.0	2.0	2.0	2.0	2.0	2.0	2.0	2.0	2.0	2.5	2.5	2.5	2.5	2.5	2.5	2.5	2.5	2.5	2.5	2.5	.1442
1.1	0.5	0.5	0.5	1.0	1.0	1.0	1.0	1.5	1.5	1.5	1.5	1.5	1.5	1.5	2.0	2.0	2.0	2.0	2.0	2.0	2.0	2.0	2.5	2.5	2.5	2.5	2.5	2.5	2.5	2.5	2.5	2.5	2.5	3.0	3.0	.1586
1.2	0.5	0.5	0.5	1.0	1.0	1.0	1.0	1.5	1.5	1.5	1.5	1.5	1.5	1.5	2.0	2.0	2.0	2.0	2.0	2.0	2.0	2.5	2.5	2.5	2.5	2.5	2.5	2.5	2.5	2.5	2.5	3.0	3.0	3.0	3.0	.1730
1.3	0.5	0.5	0.5	1.0	1.0	1.0	1.0	1.5	1.5	1.5	1.5	1.5	1.5	2.0	2.0	2.0	2.0	2.0	2.0	2.0	2.5	2.5	2.5	2.5	2.5	2.5	2.5	2.5	2.5	3.0	3.0	3.0	3.0	3.0	3.0	.1875
1.4	0.5	0.5	0.5	0.5	1.0	1.0	1.0	1.5	1.5	1.5	1.5	1.5	1.5	2.0	2.0	2.0	2.0	2.0	2.0	2.0	2.5	2.5	2.5	2.5	2.5	2.5	2.5	2.5	3.0	3.0	3.0	3.0	3.0	3.0	3.0	.2019
1.5	0.5	0.5	0.5	0.5	1.0	1.0	1.0	1.5	1.5	1.5	1.5	1.5	1.5	2.0	2.0	2.0	2.0	2.0	2.0	2.5	2.5	2.5	2.5	2.5	2.5	2.5	2.5	3.0	3.0	3.0	3.0	3.0	3.0	3.0	3.0	.2163
k	90	126	162	198	234	270	306	342	378	414	450	486	522	558	594	630	666	702	738	774	810	846	882	918	954	990	1026	1062	1098	1134	1170	1206	1242	1278	1314	km

Δt Fahrenheit

D = 0.0035

Δt Celsius °C or Kelvin °K

k: Btu, in./sq ft, hr °F; km: W/mK

k	50	70	90	110	130	150	170	190	210	230	250	270	290	310	330	350	370	390	410	430	450	470	490	510	530	550	570	590	610	630	650	670	690	710	730	km
0.1	0.5	0.5	0.5	0.5	0.5	0.5	0.5	0.5	0.5	1.0	1.0	1.0	1.0	1.0	1.0	1.0	1.0	1.0	1.0	1.0	1.0	1.0	1.0	1.0	1.0	1.0	1.0	1.0	1.0	1.0	1.0	1.0	1.0	1.0	1.0	.0144
0.2	0.5	0.5	0.5	0.5	0.5	1.0	1.0	1.0	1.0	1.0	1.0	1.0	1.0	1.0	1.0	1.0	1.0	1.0	1.0	1.5	1.5	1.5	1.5	1.5	1.5	1.5	1.5	1.5	1.5	1.5	1.5	1.5	1.5	1.5	1.5	.0288
0.3	0.5	0.5	0.5	1.0	1.0	1.0	1.0	1.0	1.0	1.0	1.0	1.0	1.0	1.0	1.5	1.5	1.5	1.5	1.5	1.5	1.5	1.5	1.5	1.5	1.5	1.5	1.5	1.5	1.5	1.5	2.0	2.0	2.0	2.0	2.0	.0433
0.4	0.5	0.5	0.5	1.0	1.0	1.0	1.0	1.0	1.0	1.0	1.0	1.5	1.5	1.5	1.5	1.5	1.5	1.5	1.5	1.5	1.5	1.5	1.5	2.0	2.0	2.0	2.0	2.0	2.0	2.0	2.0	2.0	2.0	2.0	2.0	.0577
0.5	0.5	0.5	1.0	1.0	1.0	1.0	1.0	1.0	1.0	1.5	1.5	1.5	1.5	1.5	1.5	1.5	1.5	1.5	1.5	1.5	2.0	2.0	2.0	2.0	2.0	2.0	2.0	2.0	2.0	2.0	2.0	2.0	2.0	2.5	2.5	.0721
0.6	0.5	0.5	1.0	1.0	1.0	1.0	1.0	1.0	1.5	1.5	1.5	1.5	1.5	1.5	1.5	1.5	1.5	2.0	2.0	2.0	2.0	2.0	2.0	2.0	2.0	2.0	2.0	2.0	2.0	2.5	2.5	2.5	2.5	2.5	2.5	.0865
0.7	0.5	0.5	1.0	1.0	1.0	1.0	1.0	1.5	1.5	1.5	1.5	1.5	1.5	1.5	1.5	2.0	2.0	2.0	2.0	2.0	2.0	2.0	2.0	2.0	2.0	2.0	2.5	2.5	2.5	2.5	2.5	2.5	2.5	2.5	2.5	.1009
0.8	0.5	0.5	1.0	1.0	1.0	1.0	1.0	1.5	1.5	1.5	1.5	1.5	1.5	1.5	2.0	2.0	2.0	2.0	2.0	2.0	2.0	2.0	2.0	2.5	2.5	2.5	2.5	2.5	2.5	2.5	2.5	2.5	2.5	2.5	2.5	.1554
0.9	0.5	0.5	1.0	1.0	1.0	1.0	1.0	1.5	1.5	1.5	1.5	1.5	1.5	2.0	2.0	2.0	2.0	2.0	2.0	2.0	2.0	2.5	2.5	2.5	2.5	2.5	2.5	2.5	2.5	2.5	2.5	2.5	3.0	3.0	3.0	.1298
1.0	0.5	0.5	1.0	1.0	1.0	1.0	1.5	1.5	1.5	1.5	1.5	1.5	2.0	2.0	2.0	2.0	2.0	2.0	2.0	2.0	2.5	2.5	2.5	2.5	2.5	2.5	2.5	2.5	2.5	3.0	3.0	3.0	3.0	3.0	3.0	.1442
1.1	0.5	0.5	1.0	1.0	1.0	1.0	1.5	1.5	1.5	1.5	1.5	1.5	2.0	2.0	2.0	2.0	2.0	2.0	2.0	2.5	2.5	2.5	2.5	2.5	2.5	2.5	2.5	2.5	3.0	3.0	3.0	3.0	3.0	3.0	3.0	.1586
1.2	0.5	0.5	1.0	1.0	1.0	1.0	1.5	1.5	1.5	1.5	1.5	2.0	2.0	2.0	2.0	2.0	2.0	2.0	2.5	2.5	2.5	2.5	2.5	2.5	2.5	2.5	3.0	3.0	3.0	3.0	3.0	3.0	3.0	3.0	3.0	.1730
1.3	0.5	0.5	0.5	1.0	1.0	1.0	1.5	1.5	1.5	1.5	1.5	2.0	2.0	2.0	2.0	2.0	2.0	2.5	2.5	2.5	2.5	2.5	2.5	2.5	2.5	3.0	3.0	3.0	3.0	3.0	3.0	3.0	3.0	3.5	3.5	.1875
1.4	0.5	0.5	0.5	1.0	1.0	1.0	1.5	1.5	1.5	1.5	1.5	2.0	2.0	2.0	2.0	2.0	2.0	2.5	2.5	2.5	2.5	2.5	2.5	2.5	3.0	3.0	3.0	3.0	3.0	3.0	3.0	3.0	3.5	3.5	3.5	.2019
1.5	0.5	0.5	0.5	1.0	1.0	1.0	1.5	1.5	1.5	1.5	1.5	2.0	2.0	2.0	2.0	2.0	2.5	2.5	2.5	2.5	2.5	2.5	2.5	3.0	3.0	3.0	3.0	3.0	3.0	3.0	3.0	3.5	3.5	3.5	3.5	.2163
k	90	126	162	198	234	270	306	342	378	414	450	486	522	558	594	630	666	702	738	774	810	846	882	918	954	990	1026	1062	1098	1134	1170	1206	1242	1278	1314	km

Δt Fahrenheit

TEMPERATURE DIFFERENCE

TABLE 2 (Sheet 44 of 128)

TABLE 2 (Continued)

ECONOMICAL INSULATION THICKNESS TABLE

IN INCHES
(nominal)

PIPE SIZE: 3-1/2'' NPS (Tube Size 4'' OD)
101.6 mm

At the intersection of the ''Δt'' column with the ''k'' row read the economical thickness.
(•—*exceeds 12'' thickness*)

D = 0.0040

Δt Celsius °C or Kelvin °K

Btu, in./sq ft, hr °F

k	50	70	90	110	130	150	170	190	210	230	250	270	290	310	330	350	370	390	410	430	450	470	490	510	530	550	570	590	610	630	650	670	690	710	730	km
0.1	0.5	0.5	0.5	0.5	0.5	0.5	0.5	1.0	1.0	1.0	1.0	1.0	1.0	1.0	1.0	1.0	1.0	1.0	1.0	1.0	1.0	1.0	1.0	1.0	1.0	1.0	1.0	1.0	1.0	1.0	1.0	1.0	1.5	1.5	1.5	.0144
0.2	0.5	0.5	0.5	0.5	1.0	1.0	1.0	1.0	1.0	1.0	1.0	1.0	1.0	1.0	1.0	1.0	1.0	1.5	1.5	1.5	1.5	1.5	1.5	1.5	1.5	1.5	1.5	1.5	1.5	1.5	1.5	1.5	1.5	1.5	1.5	.0288
0.3	0.5	0.5	0.5	1.0	1.0	1.0	1.0	1.0	1.0	1.0	1.0	1.0	1.5	1.5	1.5	1.5	1.5	1.5	1.5	1.5	1.5	1.5	1.5	1.5	1.5	1.5	2.0	2.0	2.0	2.0	2.0	2.0	2.0	2.0	2.0	.0433
0.4	0.5	0.5	1.0	1.0	1.0	1.0	1.0	1.0	1.0	1.5	1.5	1.5	1.5	1.5	1.5	1.5	1.5	1.5	1.5	1.5	2.0	2.0	2.0	2.0	2.0	2.0	2.0	2.0	2.0	2.0	2.0	2.0	2.0	2.0	2.0	.0577
0.5	0.5	0.5	1.0	1.0	1.0	1.0	1.0	1.0	1.5	1.5	1.5	1.5	1.5	1.5	1.5	1.5	1.5	2.0	2.0	2.0	2.0	2.0	2.0	2.0	2.0	2.0	2.0	2.0	2.0	2.5	2.5	2.5	2.5	2.5	2.5	.0721
0.6	0.5	0.5	1.0	1.0	1.0	1.0	1.0	1.5	1.5	1.5	1.5	1.5	1.5	1.5	1.5	2.0	2.0	2.0	2.0	2.0	2.0	2.0	2.0	2.0	2.0	2.5	2.5	2.5	2.5	2.5	2.5	2.5	2.5	2.5	2.5	.0865
0.7	0.5	0.5	1.0	1.0	1.0	1.0	1.5	1.5	1.5	1.5	1.5	1.5	1.5	2.0	2.0	2.0	2.0	2.0	2.0	2.0	2.0	2.0	2.5	2.5	2.5	2.5	2.5	2.5	2.5	2.5	2.5	2.5	2.5	3.0	3.0	.1009
0.8	0.5	0.5	1.0	1.0	1.0	1.0	1.5	1.5	1.5	1.5	1.5	1.5	2.0	2.0	2.0	2.0	2.0	2.0	2.0	2.0	2.5	2.5	2.5	2.5	2.5	2.5	2.5	2.5	2.5	2.5	3.0	3.0	3.0	3.0	3.0	.1154
0.9	0.5	0.5	1.0	1.0	1.0	1.5	1.5	1.5	1.5	1.5	1.5	2.0	2.0	2.0	2.0	2.0	2.0	2.0	2.5	2.5	2.5	2.5	2.5	2.5	2.5	2.5	2.5	3.0	3.0	3.0	3.0	3.0	3.0	3.0	3.0	.1298
1.0	0.5	0.5	1.0	1.0	1.0	1.5	1.5	1.5	1.5	1.5	1.5	2.0	2.0	2.0	2.0	2.0	2.0	2.5	2.5	2.5	2.5	2.5	2.5	2.5	2.5	3.0	3.0	3.0	3.0	3.0	3.0	3.0	3.0	3.0	3.0	.1442
1.1	0.5	0.5	1.0	1.0	1.0	1.5	1.5	1.5	1.5	1.5	2.0	2.0	2.0	2.0	2.0	2.0	2.5	2.5	2.5	2.5	2.5	2.5	2.5	2.5	3.0	3.0	3.0	3.0	3.0	3.0	3.0	3.0	3.0	3.5	3.5	.1586
1.2	0.5	0.5	1.0	1.0	1.0	1.5	1.5	1.5	1.5	1.5	2.0	2.0	2.0	2.0	2.0	2.0	2.5	2.5	2.5	2.5	2.5	2.5	2.5	3.0	3.0	3.0	3.0	3.0	3.0	3.0	3.0	3.5	3.5	3.5	3.5	.1730
1.3	0.5	0.5	1.0	1.0	1.0	1.5	1.5	1.5	1.5	2.0	2.0	2.0	2.0	2.0	2.0	2.5	2.5	2.5	2.5	2.5	2.5	2.5	3.0	3.0	3.0	3.0	3.0	3.0	3.0	3.5	3.5	3.5	3.5	3.5	3.5	.1875
1.4	0.5	0.5	1.0	1.0	1.0	1.5	1.5	1.5	1.5	2.0	2.0	2.0	2.0	2.0	2.5	2.5	2.5	2.5	2.5	2.5	2.5	3.0	3.0	3.0	3.0	3.0	3.0	3.0	3.5	3.5	3.5	3.5	3.5	3.5	3.5	.2019
1.5	0.5	0.5	1.0	1.0	1.0	1.5	1.5	1.5	1.5	2.0	2.0	2.0	2.0	2.0	2.5	2.5	2.5	2.5	2.5	2.5	3.0	3.0	3.0	3.0	3.0	3.0	3.5	3.5	3.5	3.5	3.5	3.5	3.5	3.5	4.0	.2163
k	90	126	162	198	234	270	306	342	378	414	450	486	522	558	594	630	666	702	738	774	810	846	882	918	954	990	1026	1062	1098	1134	1170	1206	1242	1278	1314	km

Δt Fahrenheit

W/mK

D = 0.0045

Δt Celsius °C or Kelvin °K

CONDUCTIVITY
Btu, in./sq ft, hr °F

k	50	70	90	110	130	150	170	190	210	230	250	270	290	310	330	350	370	390	410	430	450	470	490	510	530	550	570	590	610	630	650	670	690	710	730	km
0.1	0.5	0.5	0.5	0.5	0.5	0.5	1.0	1.0	1.0	1.0	1.0	1.0	1.0	1.0	1.0	1.0	1.0	1.0	1.0	1.0	1.0	1.0	1.0	1.0	1.0	1.0	1.0	1.0	1.5	1.5	1.5	1.5	1.5	1.5	1.5	.0144
0.2	0.5	0.5	0.5	1.0	1.0	1.0	1.0	1.0	1.0	1.0	1.0	1.0	1.0	1.0	1.0	1.5	1.5	1.5	1.5	1.5	1.5	1.5	1.5	1.5	1.5	1.5	1.5	1.5	1.5	1.5	1.5	1.5	1.5	2.0	2.0	.0288
0.3	0.5	0.5	1.0	1.0	1.0	1.0	1.0	1.0	1.0	1.0	1.5	1.5	1.5	1.5	1.5	1.5	1.5	1.5	1.5	1.5	1.5	1.5	1.5	2.0	2.0	2.0	2.0	2.0	2.0	2.0	2.0	2.0	2.0	2.0	2.0	.0433
0.4	0.5	0.5	1.0	1.0	1.0	1.0	1.0	1.0	1.5	1.5	1.5	1.5	1.5	1.5	1.5	1.5	1.5	1.5	2.0	2.0	2.0	2.0	2.0	2.0	2.0	2.0	2.0	2.0	2.0	2.0	2.0	2.5	2.5	2.5	2.5	.0577
0.5	0.5	1.0	1.0	1.0	1.0	1.0	1.0	1.5	1.5	1.5	1.5	1.5	1.5	1.5	1.5	2.0	2.0	2.0	2.0	2.0	2.0	2.0	2.0	2.0	2.0	2.5	2.5	2.5	2.5	2.5	2.5	2.5	2.5	2.5	2.5	.0721
0.6	0.5	1.0	1.0	1.0	1.0	1.0	1.5	1.5	1.5	1.5	1.5	1.5	1.5	2.0	2.0	2.0	2.0	2.0	2.0	2.0	2.0	2.0	2.5	2.5	2.5	2.5	2.5	2.5	2.5	2.5	2.5	2.5	2.5	3.0	3.0	.0865
0.7	0.5	1.0	1.0	1.0	1.0	1.5	1.5	1.5	1.5	1.5	1.5	1.5	2.0	2.0	2.0	2.0	2.0	2.0	2.0	2.5	2.5	2.5	2.5	2.5	2.5	2.5	2.5	2.5	2.5	3.0	3.0	3.0	3.0	3.0	3.0	.1009
0.8	0.5	1.0	1.0	1.0	1.0	1.5	1.5	1.5	1.5	1.5	1.5	2.0	2.0	2.0	2.0	2.0	2.0	2.0	2.5	2.5	2.5	2.5	2.5	2.5	2.5	2.5	3.0	3.0	3.0	3.0	3.0	3.0	3.0	3.0	3.0	.1154
0.9	0.5	1.0	1.0	1.0	1.0	1.5	1.5	1.5	1.5	1.5	2.0	2.0	2.0	2.0	2.0	2.0	2.5	2.5	2.5	2.5	2.5	2.5	2.5	2.5	3.0	3.0	3.0	3.0	3.0	3.0	3.0	3.0	3.0	3.5	3.5	.1298
1.0	0.5	1.0	1.0	1.0	1.5	1.5	1.5	1.5	1.5	2.0	2.0	2.0	2.0	2.0	2.0	2.5	2.5	2.5	2.5	2.5	2.5	2.5	3.0	3.0	3.0	3.0	3.0	3.0	3.0	3.0	3.0	3.5	3.5	3.5	3.5	.1442
1.1	0.5	1.0	1.0	1.0	1.5	1.5	1.5	1.5	1.5	2.0	2.0	2.0	2.0	2.0	2.5	2.5	2.5	2.5	2.5	2.5	2.5	3.0	3.0	3.0	3.0	3.0	3.0	3.0	3.0	3.5	3.5	3.5	3.5	3.5	3.5	.1586
1.2	0.5	1.0	1.0	1.0	1.5	1.5	1.5	1.5	2.0	2.0	2.0	2.0	2.0	2.0	2.5	2.5	2.5	2.5	2.5	2.5	3.0	3.0	3.0	3.0	3.0	3.0	3.0	3.5	3.5	3.5	3.5	3.5	3.5	3.5	3.5	.1730
1.3	0.5	0.5	1.0	1.0	1.5	1.5	1.5	1.5	2.0	2.0	2.0	2.0	2.0	2.5	2.5	2.5	2.5	2.5	2.5	3.0	3.0	3.0	3.0	3.0	3.0	3.0	3.5	3.5	3.5	3.5	3.5	3.5	3.5	4.0	4.0	.1875
1.4	0.5	0.5	1.0	1.0	1.5	1.5	1.5	1.5	2.0	2.0	2.0	2.0	2.0	2.5	2.5	2.5	2.5	2.5	3.0	3.0	3.0	3.0	3.0	3.0	3.5	3.5	3.5	3.5	3.5	3.5	3.5	4.0	4.0	4.0	4.0	.2019
1.5	0.5	0.5	1.0	1.0	1.5	1.5	1.5	1.5	2.0	2.0	2.0	2.0	2.5	2.5	2.5	2.5	2.5	3.0	3.0	3.0	3.0	3.0	3.0	3.5	3.5	3.5	3.5	3.5	3.5	3.5	4.0	4.0	4.0	4.0	4.0	.2163
k	90	126	162	198	234	270	306	342	378	414	450	486	522	558	594	630	666	702	738	774	810	846	882	918	954	990	1026	1062	1098	1134	1170	1206	1242	1278	1314	km

Δt Fahrenheit

W/mK

D = 0.0050

Δt Celsius °C or Kelvin °K

Btu, in./sq ft, hr °F

k	50	70	90	110	130	150	170	190	210	230	250	270	290	310	330	350	370	390	410	430	450	470	490	510	530	550	570	590	610	630	650	670	690	710	730	km
0.1	0.5	0.5	0.5	0.5	0.5	0.5	1.0	1.0	1.0	1.0	1.0	1.0	1.0	1.0	1.0	1.0	1.0	1.0	1.0	1.0	1.0	1.0	1.0	1.0	1.0	1.5	1.5	1.5	1.5	1.5	1.5	1.5	1.5	1.5	1.5	.0144
0.2	0.5	0.5	0.5	1.0	1.0	1.0	1.0	1.0	1.0	1.0	1.0	1.0	1.0	1.5	1.5	1.5	1.5	1.5	1.5	1.5	1.5	1.5	1.5	1.5	1.5	1.5	1.5	1.5	1.5	1.5	2.0	2.0	2.0	2.0	2.0	.0288
0.3	0.5	0.5	1.0	1.0	1.0	1.0	1.0	1.0	1.0	1.5	1.5	1.5	1.5	1.5	1.5	1.5	1.5	1.5	1.5	1.5	2.0	2.0	2.0	2.0	2.0	2.0	2.0	2.0	2.0	2.0	2.0	2.0	2.0	2.0	2.0	.0433
0.4	0.5	1.0	1.0	1.0	1.0	1.0	1.0	1.5	1.5	1.5	1.5	1.5	1.5	1.5	1.5	1.5	2.0	2.0	2.0	2.0	2.0	2.0	2.0	2.0	2.0	2.0	2.0	2.0	2.5	2.5	2.5	2.5	2.5	2.5	2.5	.0577
0.5	0.5	1.0	1.0	1.0	1.0	1.0	1.5	1.5	1.5	1.5	1.5	1.5	1.5	2.0	2.0	2.0	2.0	2.0	2.0	2.0	2.0	2.0	2.0	2.5	2.5	2.5	2.5	2.5	2.5	2.5	2.5	2.5	2.5	2.5	2.5	.0721
0.6	0.5	1.0	1.0	1.0	1.0	1.5	1.5	1.5	1.5	1.5	1.5	2.0	2.0	2.0	2.0	2.0	2.0	2.0	2.0	2.0	2.5	2.5	2.5	2.5	2.5	2.5	2.5	2.5	2.5	2.5	3.0	3.0	3.0	3.0	3.0	.0865
0.7	0.5	1.0	1.0	1.0	1.0	1.5	1.5	1.5	1.5	1.5	2.0	2.0	2.0	2.0	2.0	2.0	2.0	2.5	2.5	2.5	2.5	2.5	2.5	2.5	2.5	2.5	3.0	3.0	3.0	3.0	3.0	3.0	3.0	3.0	3.0	.1009
0.8	0.5	1.0	1.0	1.0	1.5	1.5	1.5	1.5	1.5	2.0	2.0	2.0	2.0	2.0	2.0	2.0	2.5	2.5	2.5	2.5	2.5	2.5	2.5	2.5	3.0	3.0	3.0	3.0	3.0	3.0	3.0	3.0	3.0	3.5	3.5	.1154
0.9	0.5	1.0	1.0	1.0	1.5	1.5	1.5	1.5	1.5	2.0	2.0	2.0	2.0	2.0	2.5	2.5	2.5	2.5	2.5	2.5	2.5	2.5	3.0	3.0	3.0	3.0	3.0	3.0	3.0	3.0	3.5	3.5	3.5	3.5	3.5	.1298
1.0	0.5	1.0	1.0	1.0	1.5	1.5	1.5	1.5	2.0	2.0	2.0	2.0	2.0	2.5	2.5	2.5	2.5	2.5	2.5	2.5	3.0	3.0	3.0	3.0	3.0	3.0	3.0	3.5	3.5	3.5	3.5	3.5	3.5	3.5	3.5	.1442
1.1	0.5	1.0	1.0	1.0	1.5	1.5	1.5	1.5	2.0	2.0	2.0	2.0	2.0	2.5	2.5	2.5	2.5	2.5	2.5	3.0	3.0	3.0	3.0	3.0	3.0	3.0	3.5	3.5	3.5	3.5	3.5	3.5	3.5	4.0	4.0	.1586
1.2	0.5	1.0	1.0	1.0	1.5	1.5	1.5	2.0	2.0	2.0	2.0	2.0	2.5	2.5	2.5	2.5	2.5	2.5	3.0	3.0	3.0	3.0	3.0	3.0	3.5	3.5	3.5	3.5	3.5	3.5	3.5	4.0	4.0	4.0	4.0	.1730
1.3	0.5	1.0	1.0	1.0	1.5	1.5	1.5	2.0	2.0	2.0	2.0	2.5	2.5	2.5	2.5	2.5	2.5	3.0	3.0	3.0	3.0	3.0	3.0	3.5	3.5	3.5	3.5	3.5	3.5	4.0	4.0	4.0	4.0	4.0	4.0	.1875
1.4	0.5	1.0	1.0	1.0	1.5	1.5	1.5	2.0	2.0	2.0	2.0	2.5	2.5	2.5	2.5	2.5	3.0	3.0	3.0	3.0	3.0	3.0	3.5	3.5	3.5	3.5	3.5	3.5	4.0	4.0	4.0	4.0	4.0	4.0	4.0	.2019
1.5	0.5	1.0	1.0	1.0	1.5	1.5	1.5	2.0	2.0	2.0	2.0	2.5	2.5	2.5	2.5	3.0	3.0	3.0	3.0	3.0	3.0	3.5	3.5	3.5	3.5	3.5	3.5	4.0	4.0	4.0	4.0	4.0	4.0	4.5	4.5	.2163
k	90	126	162	198	234	270	306	342	378	414	450	486	522	558	594	630	666	702	738	774	810	846	882	918	954	990	1026	1062	1098	1134	1170	1206	1242	1278	1314	km

Δt Fahrenheit

W/mK

TABLE 2 (Sheet 45 of 128)

TEMPERATURE DIFFERENCE

ECONOMICAL INSULATION THICKNESS TABLE

IN INCHES
(nominal)

PIPE SIZE: 3-1/2" NPS (Tube Size 4" OD)
101.6 mm

At the intersection of the "Δt" column with the "k" row read the economical thickness.
(•—*exceeds 12" thickness*)

D = 0.0060

Δt Celsius °C or Kelvin °K

k (CONDUCTIVITY Btu, in./sq ft, hr °F)	50	70	90	110	130	150	170	190	210	230	250	270	290	310	330	350	370	390	410	430	450	470	490	510	530	550	570	590	610	630	650	670	690	710	730	km (W/mK)
0.1	0.5	0.5	0.5	0.5	1.0	1.0	1.0	1.0	1.0	1.0	1.0	1.0	1.0	1.0	1.0	1.0	1.0	1.0	1.0	1.0	1.0	1.5	1.5	1.5	1.5	1.5	1.5	1.5	1.5	1.5	1.5	1.5	1.5	1.5	1.5	.0144
0.2	0.5	0.5	1.0	1.0	1.0	1.0	1.0	1.0	1.0	1.0	1.5	1.5	1.5	1.5	1.5	1.5	1.5	1.5	1.5	1.5	1.5	1.5	1.5	1.5	2.0	2.0	2.0	2.0	2.0	2.0	2.0	2.0	2.0	2.0	2.0	.0288
0.3	0.5	1.0	1.0	1.0	1.0	1.0	1.0	1.5	1.5	1.5	1.5	1.5	1.5	1.5	1.5	1.5	1.5	2.0	2.0	2.0	2.0	2.0	2.0	2.0	2.0	2.0	2.0	2.0	2.0	2.5	2.5	2.5	2.5	2.5	2.5	.0433
0.4	0.5	1.0	1.0	1.0	1.0	1.5	1.5	1.5	1.5	1.5	1.5	1.5	1.5	2.0	2.0	2.0	2.0	2.0	2.0	2.0	2.0	2.0	2.0	2.5	2.5	2.5	2.5	2.5	2.5	2.5	2.5	2.5	2.5	2.5	2.5	.0577
0.5	1.0	1.0	1.0	1.0	1.5	1.5	1.5	1.5	1.5	1.5	1.5	2.0	2.0	2.0	2.0	2.0	2.0	2.0	2.0	2.5	2.5	2.5	2.5	2.5	2.5	2.5	2.5	2.5	2.5	3.0	3.0	3.0	3.0	3.0	3.0	.0721
0.6	1.0	1.0	1.0	1.0	1.5	1.5	1.5	1.5	1.5	2.0	2.0	2.0	2.0	2.0	2.0	2.0	2.5	2.5	2.5	2.5	2.5	2.5	2.5	2.5	3.0	3.0	3.0	3.0	3.0	3.0	3.0	3.0	3.0	3.0	3.5	.0865
0.7	1.0	1.0	1.0	1.5	1.5	1.5	1.5	1.5	2.0	2.0	2.0	2.0	2.0	2.0	2.5	2.5	2.5	2.5	2.5	2.5	2.5	2.5	3.0	3.0	3.0	3.0	3.0	3.0	3.0	3.0	3.5	3.5	3.5	3.5	3.5	.1009
0.8	1.0	1.0	1.0	1.5	1.5	1.5	1.5	2.0	2.0	2.0	2.0	2.0	2.0	2.5	2.5	2.5	2.5	2.5	2.5	3.0	3.0	3.0	3.0	3.0	3.0	3.0	3.0	3.5	3.5	3.5	3.5	3.5	3.5	3.5	3.5	.1154
0.9	1.0	1.0	1.0	1.5	1.5	1.5	1.5	2.0	2.0	2.0	2.0	2.0	2.5	2.5	2.5	2.5	2.5	2.5	3.0	3.0	3.0	3.0	3.0	3.0	3.0	3.5	3.5	3.5	3.5	3.5	3.5	3.5	4.0	4.0	4.0	.1298
1.0	1.0	1.0	1.0	1.5	1.5	1.5	2.0	2.0	2.0	2.0	2.0	2.5	2.5	2.5	2.5	2.5	3.0	3.0	3.0	3.0	3.0	3.0	3.0	3.5	3.5	3.5	3.5	3.5	3.5	3.5	4.0	4.0	4.0	4.0	4.0	.1442
1.1	0.5	1.0	1.0	1.5	1.5	1.5	2.0	2.0	2.0	2.0	2.5	2.5	2.5	2.5	2.5	3.0	3.0	3.0	3.0	3.0	3.0	3.5	3.5	3.5	3.5	3.5	3.5	4.0	4.0	4.0	4.0	4.0	4.0	4.0	4.0	.1586
1.2	0.5	1.0	1.0	1.5	1.5	1.5	2.0	2.0	2.0	2.0	2.5	2.5	2.5	2.5	3.0	3.0	3.0	3.0	3.0	3.0	3.5	3.5	3.5	3.5	3.5	3.5	4.0	4.0	4.0	4.0	4.0	4.0	4.5	4.5	4.5	.1730
1.3	0.5	1.0	1.0	1.5	1.5	1.5	2.0	2.0	2.0	2.5	2.5	2.5	2.5	2.5	3.0	3.0	3.0	3.0	3.0	3.5	3.5	3.5	3.5	3.5	4.0	4.0	4.0	4.0	4.0	4.0	4.0	4.5	4.5	4.5	4.5	.1875
1.4	0.5	1.0	1.0	1.5	1.5	2.0	2.0	2.0	2.0	2.5	2.5	2.5	2.5	3.0	3.0	3.0	3.0	3.0	3.5	3.5	3.5	3.5	3.5	4.0	4.0	4.0	4.0	4.0	4.0	4.5	4.5	4.5	4.5	4.5	4.5	.2019
1.5	0.5	1.0	1.0	1.5	1.5	2.0	2.0	2.0	2.0	2.5	2.5	2.5	2.5	3.0	3.0	3.0	3.0	3.5	3.5	3.5	3.5	3.5	4.0	4.0	4.0	4.0	4.0	4.0	4.5	4.5	4.5	4.5	4.5	5.0	5.0	.2163
k	90	126	162	198	234	270	306	342	378	414	450	486	522	558	594	630	666	702	738	774	810	846	882	918	954	990	1026	1062	1098	1134	1170	1206	1242	1278	1314	km

Δt Fahrenheit

D = 0.0070

Δt Celsius °C or Kelvin °K

k (CONDUCTIVITY Btu, in./sq ft, hr °F)	50	70	90	110	130	150	170	190	210	230	250	270	290	310	330	350	370	390	410	430	450	470	490	510	530	550	570	590	610	630	650	670	690	710	730	km (W/mK)
0.1	0.5	0.5	0.5	1.0	1.0	1.0	1.0	1.0	1.0	1.0	1.0	1.0	1.0	1.0	1.0	1.0	1.0	1.0	1.5	1.5	1.5	1.5	1.5	1.5	1.5	1.5	1.5	1.5	1.5	1.5	1.5	1.5	1.5	1.5	1.5	.0144
0.2	0.5	1.0	1.0	1.0	1.0	1.0	1.0	1.0	1.0	1.5	1.5	1.5	1.5	1.5	1.5	1.5	1.5	1.5	1.5	1.5	1.5	2.0	2.0	2.0	2.0	2.0	2.0	2.0	2.0	2.0	2.0	2.0	2.0	2.0	2.0	.0288
0.3	0.5	1.0	1.0	1.0	1.0	1.0	1.5	1.5	1.5	1.5	1.5	1.5	1.5	1.5	2.0	2.0	2.0	2.0	2.0	2.0	2.0	2.0	2.0	2.0	2.0	2.5	2.5	2.5	2.5	2.5	2.5	2.5	2.5	2.5	2.5	.0433
0.4	1.0	1.0	1.0	1.0	1.5	1.5	1.5	1.5	1.5	1.5	1.5	2.0	2.0	2.0	2.0	2.0	2.0	2.0	2.0	2.5	2.5	2.5	2.5	2.5	2.5	2.5	2.5	2.5	2.5	2.5	3.0	3.0	3.0	3.0	3.0	.0577
0.5	1.0	1.0	1.0	1.0	1.5	1.5	1.5	1.5	1.5	2.0	2.0	2.0	2.0	2.0	2.0	2.0	2.5	2.5	2.5	2.5	2.5	2.5	2.5	2.5	3.0	3.0	3.0	3.0	3.0	3.0	3.0	3.0	3.0	3.0	3.5	.0721
0.6	1.0	1.0	1.0	1.5	1.5	1.5	1.5	1.5	2.0	2.0	2.0	2.0	2.0	2.5	2.5	2.5	2.5	2.5	2.5	2.5	2.5	3.0	3.0	3.0	3.0	3.0	3.0	3.0	3.0	3.5	3.5	3.5	3.5	3.5	3.5	.0865
0.7	1.0	1.0	1.0	1.5	1.5	1.5	1.5	2.0	2.0	2.0	2.0	2.0	2.5	2.5	2.5	2.5	2.5	2.5	3.0	3.0	3.0	3.0	3.0	3.0	3.0	3.0	3.5	3.5	3.5	3.5	3.5	3.5	3.5	3.5	4.0	.1009
0.8	1.0	1.0	1.5	1.5	1.5	1.5	2.0	2.0	2.0	2.0	2.0	2.5	2.5	2.5	2.5	2.5	3.0	3.0	3.0	3.0	3.0	3.0	3.0	3.5	3.5	3.5	3.5	3.5	3.5	3.5	4.0	4.0	4.0	4.0	4.0	.1154
0.9	1.0	1.0	1.5	1.5	1.5	1.5	2.0	2.0	2.0	2.0	2.5	2.5	2.5	2.5	2.5	3.0	3.0	3.0	3.0	3.0	3.0	3.5	3.5	3.5	3.5	3.5	3.5	4.0	4.0	4.0	4.0	4.0	4.0	4.0	4.0	.1298
1.0	1.0	1.0	1.5	1.5	1.5	2.0	2.0	2.0	2.0	2.5	2.5	2.5	2.5	2.5	3.0	3.0	3.0	3.0	3.0	3.5	3.5	3.5	3.5	3.5	3.5	4.0	4.0	4.0	4.0	4.0	4.0	4.0	4.5	4.5	4.5	.1442
1.1	1.0	1.0	1.5	1.5	1.5	2.0	2.0	2.0	2.5	2.5	2.5	2.5	2.5	3.0	3.0	3.0	3.0	3.0	3.5	3.5	3.5	3.5	3.5	4.0	4.0	4.0	4.0	4.0	4.0	4.0	4.5	4.5	4.5	4.5	4.5	.1586
1.2	1.0	1.0	1.5	1.5	1.5	2.0	2.0	2.0	2.5	2.5	2.5	2.5	3.0	3.0	3.0	3.0	3.0	3.5	3.5	3.5	3.5	3.5	4.0	4.0	4.0	4.0	4.0	4.0	4.5	4.5	4.5	4.5	4.5	5.0	5.0	.1730
1.3	1.0	1.0	1.5	1.5	1.5	2.0	2.0	2.0	2.5	2.5	2.5	3.0	3.0	3.0	3.0	3.0	3.5	3.5	3.5	3.5	4.0	4.0	4.0	4.0	4.0	4.0	4.5	4.5	4.5	4.5	4.5	5.0	5.0	5.0	5.0	.1875
1.4	1.0	1.0	1.5	1.5	2.0	2.0	2.0	2.5	2.5	2.5	2.5	3.0	3.0	3.0	3.0	3.5	3.5	3.5	3.5	4.0	4.0	4.0	4.0	4.0	4.5	4.5	4.5	4.5	4.5	5.0	5.0	5.0	5.0	5.0	5.0	.2019
1.5	1.0	1.0	1.5	1.5	2.0	2.0	2.0	2.5	2.5	2.5	3.0	3.0	3.0	3.0	3.5	3.5	3.5	3.5	4.0	4.0	4.0	4.0	4.0	4.5	4.5	4.5	4.5	4.5	5.0	5.0	5.0	5.0	5.0	5.5	5.5	.2163
k	90	126	162	198	234	270	306	342	378	414	450	486	522	558	594	630	666	702	738	774	810	846	882	918	954	990	1026	1062	1098	1134	1170	1206	1242	1278	1314	km

Δt Fahrenheit

D = 0.0080

Δt Celsius °C or Kelvin °K

k (CONDUCTIVITY Btu, in./sq ft, hr °F)	50	70	90	110	130	150	170	190	210	230	250	270	290	310	330	350	370	390	410	430	450	470	490	510	530	550	570	590	610	630	650	670	690	710	730	km (W/mK)
0.1	0.5	0.5	0.5	1.0	1.0	1.0	1.0	1.0	1.0	1.0	1.0	1.0	1.0	1.0	1.0	1.5	1.5	1.5	1.5	1.5	1.5	1.5	1.5	1.5	1.5	1.5	1.5	1.5	1.5	1.5	1.5	1.5	1.5	1.5	1.5	.0144
0.2	0.5	1.0	1.0	1.0	1.0	1.0	1.0	1.5	1.5	1.5	1.5	1.5	1.5	1.5	1.5	1.5	1.5	1.5	2.0	2.0	2.0	2.0	2.0	2.0	2.0	2.0	2.0	2.0	2.0	2.0	2.0	2.0	2.5	2.5	2.5	.0288
0.3	1.0	1.0	1.0	1.0	1.0	1.5	1.5	1.5	1.5	1.5	1.5	1.5	2.0	2.0	2.0	2.0	2.0	2.0	2.0	2.0	2.0	2.5	2.5	2.5	2.5	2.5	2.5	2.5	2.5	2.5	2.5	2.5	2.5	3.0	3.0	.0433
0.4	1.0	1.0	1.0	1.0	1.5	1.5	1.5	1.5	1.5	2.0	2.0	2.0	2.0	2.0	2.0	2.0	2.5	2.5	2.5	2.5	2.5	2.5	2.5	2.5	2.5	2.5	3.0	3.0	3.0	3.0	3.0	3.0	3.0	3.0	3.0	.0577
0.5	1.0	1.0	1.0	1.5	1.5	1.5	1.5	2.0	2.0	2.0	2.0	2.0	2.0	2.5	2.5	2.5	2.5	2.5	2.5	2.5	2.5	3.0	3.0	3.0	3.0	3.0	3.0	3.0	3.0	3.0	3.5	3.5	3.5	3.5	3.5	.0721
0.6	1.0	1.0	1.5	1.5	1.5	1.5	2.0	2.0	2.0	2.0	2.0	2.5	2.5	2.5	2.5	2.5	2.5	2.5	3.0	3.0	3.0	3.0	3.0	3.0	3.0	3.5	3.5	3.5	3.5	3.5	3.5	3.5	3.5	3.5	4.0	.0865
0.7	1.0	1.0	1.5	1.5	1.5	1.5	2.0	2.0	2.0	2.0	2.5	2.5	2.5	2.5	2.5	2.5	3.0	3.0	3.0	3.0	3.0	3.0	3.5	3.5	3.5	3.5	3.5	3.5	3.5	4.0	4.0	4.0	4.0	4.0	4.0	.1009
0.8	1.0	1.0	1.5	1.5	1.5	2.0	2.0	2.0	2.0	2.5	2.5	2.5	2.5	2.5	3.0	3.0	3.0	3.0	3.0	3.0	3.5	3.5	3.5	3.5	3.5	3.5	4.0	4.0	4.0	4.0	4.0	4.0	4.0	4.5	4.5	.1154
0.9	1.0	1.0	1.5	1.5	1.5	2.0	2.0	2.0	2.5	2.5	2.5	2.5	2.5	3.0	3.0	3.0	3.0	3.0	3.5	3.5	3.5	3.5	3.5	3.5	4.0	4.0	4.0	4.0	4.0	4.0	4.5	4.5	4.5	4.5	4.5	.1298
1.0	1.0	1.0	1.5	1.5	2.0	2.0	2.0	2.0	2.5	2.5	2.5	2.5	3.0	3.0	3.0	3.0	3.5	3.5	3.5	3.5	3.5	3.5	4.0	4.0	4.0	4.0	4.0	4.0	4.5	4.5	4.5	4.5	4.5	4.5	5.0	.1442
1.1	1.0	1.0	1.5	1.5	2.0	2.0	2.0	2.5	2.5	2.5	2.5	3.0	3.0	3.0	3.0	3.5	3.5	3.5	3.5	3.5	4.0	4.0	4.0	4.0	4.0	4.0	4.5	4.5	4.5	4.5	4.5	5.0	5.0	5.0	5.0	.1586
1.2	1.0	1.0	1.5	1.5	2.0	2.0	2.0	2.5	2.5	2.5	3.0	3.0	3.0	3.0	3.5	3.5	3.5	3.5	3.5	4.0	4.0	4.0	4.0	4.0	4.5	4.5	4.5	4.5	4.5	5.0	5.0	5.0	5.0	5.0	5.0	.1730
1.3	1.0	1.5	1.5	1.5	2.0	2.0	2.5	2.5	2.5	2.5	3.0	3.0	3.0	3.0	3.5	3.5	3.5	3.5	4.0	4.0	4.0	4.0	4.5	4.5	4.5	4.5	4.5	5.0	5.0	5.0	5.0	5.0	5.5	5.5	5.5	.1875
1.4	1.0	1.5	1.5	1.5	2.0	2.0	2.5	2.5	2.5	3.0	3.0	3.0	3.0	3.5	3.5	3.5	3.5	4.0	4.0	4.0	4.0	4.5	4.5	4.5	4.5	5.0	5.0	5.0	5.0	5.0	5.5	5.5	5.5	5.5	5.5	.2019
1.5	1.0	1.5	1.5	1.5	2.0	2.0	2.5	2.5	2.5	3.0	3.0	3.0	3.5	3.5	3.5	3.5	4.0	4.0	4.0	4.0	4.5	4.5	4.5	4.5	5.0	5.0	5.0	5.0	5.0	5.5	5.5	5.5	5.5	5.5	6.0	.2163
k	90	126	162	198	234	270	306	342	378	414	450	486	522	558	594	630	666	702	738	774	810	846	882	918	954	990	1026	1062	1098	1134	1170	1206	1242	1278	1314	km

Δt Fahrenheit

TEMPERATURE DIFFERENCE

TABLE 2 (Sheet 46 of 128)

TABLE 2 (Continued)

ECONOMICAL INSULATION THICKNESS TABLE

IN INCHES
(nominal)

PIPE SIZE: 3-1/2" NPS (Tube Size 4" OD)
101.6 mm

At the intersection of the "Δt" column with the "k" row read the economical thickness.
(•—*exceeds 12" thickness*)

D = 0.0100

Δt Celsius °C or Kelvin °K

CONDUCTIVITY Btu, in./sq ft, hr °F (k) — W/mK (km)

k	50	70	90	110	130	150	170	190	210	230	250	270	290	310	330	350	370	390	410	430	450	470	490	510	530	550	570	590	610	630	650	670	690	710	730	km
0.1	0.5	0.5	1.0	1.0	1.0	1.0	1.0	1.0	1.0	1.0	1.0	1.0	1.5	1.5	1.5	1.5	1.5	1.5	1.5	1.5	1.5	1.5	1.5	1.5	1.5	1.5	1.5	1.5	2.0	2.0	2.0	2.0	2.0	2.0	2.0	.0144
0.2	1.0	1.0	1.0	1.0	1.0	1.5	1.5	1.5	1.5	1.5	1.5	1.5	1.5	1.5	2.0	2.0	2.0	2.0	2.0	2.0	2.0	2.0	2.0	2.0	2.0	2.5	2.5	2.5	2.5	2.5	2.5	2.5	2.5	2.5	2.5	.0288
0.3	1.0	1.0	1.0	1.5	1.5	1.5	1.5	1.5	1.5	2.0	2.0	2.0	2.0	2.0	2.0	2.0	2.0	2.5	2.5	2.5	2.5	2.5	2.5	2.5	2.5	2.5	3.0	3.0	3.0	3.0	3.0	3.0	3.0	3.0	3.0	.0433
0.4	1.0	1.0	1.5	1.5	1.5	1.5	1.5	2.0	2.0	2.0	2.0	2.0	2.0	2.5	2.5	2.5	2.5	2.5	2.5	2.5	3.0	3.0	3.0	3.0	3.0	3.0	3.0	3.0	3.0	3.5	3.5	3.5	3.5	3.5	3.5	.0577
0.5	1.0	1.0	1.5	1.5	1.5	1.5	2.0	2.0	2.0	2.0	2.5	2.5	2.5	2.5	2.5	2.5	3.0	3.0	3.0	3.0	3.0	3.0	3.0	3.5	3.5	3.5	3.5	3.5	3.5	3.5	3.5	4.0	4.0	4.0	4.0	.0721
0.6	1.0	1.0	1.5	1.5	1.5	2.0	2.0	2.0	2.0	2.5	2.5	2.5	2.5	2.5	3.0	3.0	3.0	3.0	3.0	3.0	3.5	3.5	3.5	3.5	3.5	3.5	4.0	4.0	4.0	4.0	4.0	4.0	4.0	4.0	4.5	.0865
0.7	1.0	1.5	1.5	1.5	2.0	2.0	2.0	2.0	2.5	2.5	2.5	2.5	3.0	3.0	3.0	3.0	3.0	3.5	3.5	3.5	3.5	3.5	3.5	4.0	4.0	4.0	4.0	4.0	4.0	4.0	4.5	4.5	4.5	4.5	4.5	.1009
0.8	1.0	1.5	1.5	1.5	2.0	2.0	2.0	2.5	2.5	2.5	2.5	3.0	3.0	3.0	3.0	3.5	3.5	3.5	3.5	3.5	4.0	4.0	4.0	4.0	4.0	4.0	4.5	4.5	4.5	4.5	4.5	4.5	5.0	5.0	5.0	.1154
0.9	1.0	1.5	1.5	2.0	2.0	2.0	2.5	2.5	2.5	2.5	3.0	3.0	3.0	3.0	3.5	3.5	3.5	3.5	4.0	4.0	4.0	4.0	4.0	4.0	4.5	4.5	4.5	4.5	4.5	5.0	5.0	5.0	5.0	5.0	5.0	.1298
1.0	1.0	1.5	1.5	2.0	2.0	2.0	2.5	2.5	2.5	3.0	3.0	3.0	3.0	3.5	3.5	3.5	3.5	4.0	4.0	4.0	4.0	4.0	4.5	4.5	4.5	4.5	5.0	5.0	5.0	5.0	5.0	5.0	5.5	5.5	5.5	.1442
1.1	1.0	1.5	1.5	2.0	2.0	2.5	2.5	2.5	3.0	3.0	3.0	3.0	3.5	3.5	3.5	3.5	4.0	4.0	4.0	4.0	4.5	4.5	4.5	4.5	5.0	5.0	5.0	5.0	5.0	5.5	5.5	5.5	5.5	5.5	5.5	.1586
1.2	1.0	1.5	1.5	2.0	2.0	2.5	2.5	2.5	3.0	3.0	3.0	3.5	3.5	3.5	3.5	4.0	4.0	4.0	4.0	4.5	4.5	4.5	4.5	5.0	5.0	5.0	5.0	5.5	5.5	5.5	5.5	5.5	6.0	6.0	6.0	.1730
1.3	1.0	1.5	1.5	2.0	2.0	2.5	2.5	3.0	3.0	3.0	3.5	3.5	3.5	3.5	4.0	4.0	4.0	4.0	4.5	4.5	4.5	5.0	5.0	5.0	5.0	5.5	5.5	5.5	5.5	5.5	6.0	6.0	6.0	6.0	6.0	.1875
1.4	1.0	1.5	2.0	2.0	2.0	2.5	2.5	3.0	3.0	3.0	3.5	3.5	3.5	4.0	4.0	4.0	4.0	4.5	4.5	4.5	5.0	5.0	5.0	5.0	5.5	5.5	5.5	5.5	6.0	6.0	6.0	6.0	6.0	6.5	6.5	.2019
1.5	1.0	1.5	2.0	2.0	2.5	2.5	2.5	3.0	3.0	3.5	3.5	3.5	4.0	4.0	4.0	4.0	4.5	4.5	4.5	5.0	5.0	5.0	5.0	5.5	5.5	5.5	5.5	6.0	6.0	6.0	6.0	6.0	6.5	6.5	6.5	.2163
k	90	126	162	198	234	270	306	342	378	414	450	486	522	558	594	630	666	702	738	774	810	846	882	918	954	990	1026	1062	1098	1134	1170	1206	1242	1278	1314	km

Δt Fahrenheit

D = 0.0120

Δt Celsius °C or Kelvin °K

CONDUCTIVITY Btu, in./sq ft, hr °F (k) — W/mK (km)

k	50	70	90	110	130	150	170	190	210	230	250	270	290	310	330	350	370	390	410	430	450	470	490	510	530	550	570	590	610	630	650	670	690	710	730	km
0.1	0.5	1.0	1.0	1.0	1.0	1.0	1.0	1.0	1.0	1.5	1.5	1.5	1.5	1.5	1.5	1.5	1.5	1.5	1.5	1.5	1.5	1.5	1.5	2.0	2.0	2.0	2.0	2.0	2.0	2.0	2.0	2.0	2.0	2.0	2.0	.0144
0.2	1.0	1.0	1.0	1.0	1.5	1.5	1.5	1.5	1.5	1.5	1.5	2.0	2.0	2.0	2.0	2.0	2.0	2.0	2.0	2.0	2.5	2.5	2.5	2.5	2.5	2.5	2.5	2.5	2.5	2.5	2.5	2.5	3.0	3.0	3.0	.0288
0.3	1.0	1.0	1.0	1.5	1.5	1.5	1.5	2.0	2.0	2.0	2.0	2.0	2.0	2.0	2.5	2.5	2.5	2.5	2.5	2.5	2.5	2.5	3.0	3.0	3.0	3.0	3.0	3.0	3.0	3.0	3.0	3.5	3.5	3.5	3.5	.0433
0.4	1.0	1.0	1.5	1.5	1.5	2.0	2.0	2.0	2.0	2.0	2.5	2.5	2.5	2.5	2.5	2.5	3.0	3.0	3.0	3.0	3.0	3.0	3.0	3.0	3.5	3.5	3.5	3.5	3.5	3.5	3.5	3.5	4.0	4.0	4.0	.0577
0.5	1.0	1.5	1.5	1.5	2.0	2.0	2.0	2.0	2.5	2.5	2.5	2.5	2.5	3.0	3.0	3.0	3.0	3.0	3.0	3.5	3.5	3.5	3.5	3.5	3.5	3.5	4.0	4.0	4.0	4.0	4.0	4.0	4.0	4.5	4.5	.0721
0.6	1.0	1.5	1.5	1.5	2.0	2.0	2.0	2.5	2.5	2.5	2.5	3.0	3.0	3.0	3.0	3.0	3.5	3.5	3.5	3.5	3.5	3.5	4.0	4.0	4.0	4.0	4.0	4.0	4.5	4.5	4.5	4.5	4.5	4.5	5.0	.0865
0.7	1.0	1.5	1.5	2.0	2.0	2.0	2.5	2.5	2.5	2.5	3.0	3.0	3.0	3.0	3.5	3.5	3.5	3.5	3.5	4.0	4.0	4.0	4.0	4.0	4.5	4.5	4.5	4.5	4.5	4.5	5.0	5.0	5.0	5.0	5.0	.1009
0.8	1.0	1.5	1.5	2.0	2.0	2.5	2.5	2.5	2.5	3.0	3.0	3.0	3.5	3.5	3.5	3.5	3.5	4.0	4.0	4.0	4.0	4.0	4.5	4.5	4.5	4.5	5.0	5.0	5.0	5.0	5.0	5.0	5.5	5.5	5.5	.1154
0.9	1.5	1.5	2.0	2.0	2.0	2.5	2.5	2.5	3.0	3.0	3.0	3.5	3.5	3.5	3.5	4.0	4.0	4.0	4.0	4.5	4.5	4.5	4.5	4.5	5.0	5.0	5.0	5.0	5.0	5.5	5.5	5.5	5.5	5.5	6.0	.1298
1.0	1.5	1.5	2.0	2.0	2.5	2.5	2.5	3.0	3.0	3.0	3.5	3.5	3.5	3.5	4.0	4.0	4.0	4.0	4.5	4.5	4.5	4.5	5.0	5.0	5.0	5.0	5.5	5.5	5.5	5.5	5.5	6.0	6.0	6.0	6.0	.1442
1.1	1.5	1.5	2.0	2.0	2.5	2.5	2.5	3.0	3.0	3.0	3.5	3.5	3.5	4.0	4.0	4.0	4.5	4.5	4.5	4.5	5.0	5.0	5.0	5.0	5.5	5.5	5.5	5.5	5.5	6.0	6.0	6.0	6.0	6.0	6.5	.1586
1.2	1.5	1.5	2.0	2.0	2.5	2.5	3.0	3.0	3.0	3.5	3.5	3.5	4.0	4.0	4.0	4.5	4.5	4.5	4.5	5.0	5.0	5.0	5.5	5.5	5.5	5.5	5.5	6.0	6.0	6.0	6.0	6.5	6.5	6.5	6.5	.1730
1.3	1.5	1.5	2.0	2.0	2.5	2.5	3.0	3.0	3.5	3.5	3.5	4.0	4.0	4.0	4.5	4.5	4.5	5.0	5.0	5.0	5.0	5.5	5.5	5.5	5.5	6.0	6.0	6.0	6.0	6.5	6.5	6.5	6.5	6.5	7.0	.1875
1.4	1.5	1.5	2.0	2.5	2.5	2.5	3.0	3.0	3.5	3.5	4.0	4.0	4.0	4.5	4.5	4.5	5.0	5.0	5.0	5.0	5.5	5.5	5.5	6.0	6.0	6.0	6.0	6.0	6.5	6.5	6.5	6.5	7.0	7.0	7.0	.2019
1.5	1.5	1.5	2.0	2.5	2.5	3.0	3.0	3.5	3.5	3.5	4.0	4.0	4.0	4.5	4.5	5.0	5.0	5.0	5.0	5.5	5.5	5.5	6.0	6.0	6.0	6.0	6.5	6.5	6.5	6.5	7.0	7.0	7.0	7.0	7.5	.2163
k	90	126	162	198	234	270	306	342	378	414	450	486	522	558	594	630	666	702	738	774	810	846	882	918	954	990	1026	1062	1098	1134	1170	1206	1242	1278	1314	km

Δt Fahrenheit

D = 0.0150

Δt Celsius °C or Kelvin °K

CONDUCTIVITY Btu, in./sq ft, hr °F (k) — W/mK (km)

k	50	70	90	110	130	150	170	190	210	230	250	270	290	310	330	350	370	390	410	430	450	470	490	510	530	550	570	590	610	630	650	670	690	710	730	km
0.1	0.5	1.0	1.0	1.0	1.0	1.0	1.0	1.5	1.5	1.5	1.5	1.5	1.5	1.5	1.5	1.5	1.5	1.5	2.0	2.0	2.0	2.0	2.0	2.0	2.0	2.0	2.0	2.0	2.0	2.0	2.0	2.0	2.5	2.5	2.5	.0144
0.2	1.0	1.0	1.0	1.5	1.5	1.5	1.5	1.5	1.5	2.0	2.0	2.0	2.0	2.0	2.0	2.0	2.5	2.5	2.5	2.5	2.5	2.5	2.5	2.5	2.5	3.0	3.0	3.0	3.0	3.0	3.0	3.0	3.0	3.0	3.0	.0288
0.3	1.0	1.0	1.5	1.5	1.5	2.0	2.0	2.0	2.0	2.0	2.5	2.5	2.5	2.5	2.5	2.5	2.5	3.0	3.0	3.0	3.0	3.0	3.0	3.0	3.0	3.5	3.5	3.5	3.5	3.5	3.5	3.5	3.5	4.0	4.0	.0433
0.4	1.0	1.5	1.5	1.5	2.0	2.0	2.0	2.0	2.5	2.5	2.5	2.5	2.5	3.0	3.0	3.0	3.0	3.0	3.0	3.5	3.5	3.5	3.5	3.5	3.5	4.0	4.0	4.0	4.0	4.0	4.0	4.0	4.0	4.5	4.5	.0577
0.5	1.0	1.5	1.5	2.0	2.0	2.0	2.5	2.5	2.5	2.5	3.0	3.0	3.0	3.0	3.0	3.5	3.5	3.5	3.5	3.5	4.0	4.0	4.0	4.0	4.0	4.0	4.5	4.5	4.5	4.5	4.5	4.5	5.0	5.0	5.0	.0721
0.6	1.5	1.5	2.0	2.0	2.0	2.5	2.5	2.5	2.5	3.0	3.0	3.0	3.0	3.5	3.5	3.5	3.5	4.0	4.0	4.0	4.0	4.0	4.5	4.5	4.5	4.5	4.5	5.0	5.0	5.0	5.0	5.0	5.0	5.5	5.5	.0865
0.7	1.5	1.5	2.0	2.0	2.5	2.5	2.5	3.0	3.0	3.0	3.0	3.5	3.5	3.5	3.5	4.0	4.0	4.0	4.0	4.5	4.5	4.5	4.5	4.5	5.0	5.0	5.0	5.0	5.0	5.5	5.5	5.5	5.5	5.5	6.0	.1009
0.8	1.5	1.5	2.0	2.0	2.5	2.5	2.5	3.0	3.0	3.0	3.5	3.5	3.5	4.0	4.0	4.0	4.0	4.5	4.5	4.5	4.5	5.0	5.0	5.0	5.0	5.5	5.5	5.5	5.5	5.5	6.0	6.0	6.0	6.0	6.0	.1154
0.9	1.5	1.5	2.0	2.5	2.5	2.5	3.0	3.0	3.0	3.5	3.5	3.5	4.0	4.0	4.0	4.5	4.5	4.5	4.5	5.0	5.0	5.0	5.0	5.5	5.5	5.5	5.5	6.0	6.0	6.0	6.0	6.0	6.5	6.5	6.5	.1298
1.0	1.5	2.0	2.0	2.5	2.5	3.0	3.0	3.0	3.5	3.5	3.5	4.0	4.0	4.0	4.5	4.5	4.5	5.0	5.0	5.0	5.0	5.5	5.5	5.5	5.5	6.0	6.0	6.0	6.0	6.5	6.5	6.5	6.5	6.5	7.0	.1442
1.1	1.5	2.0	2.0	2.5	2.5	3.0	3.0	3.5	3.5	3.5	4.0	4.0	4.0	4.5	4.5	4.5	5.0	5.0	5.0	5.5	5.5	5.5	5.5	6.0	6.0	6.0	6.0	6.5	6.5	6.5	6.5	7.0	7.0	7.0	7.0	.1586
1.2	1.5	2.0	2.0	2.5	2.5	3.0	3.0	3.5	3.5	4.0	4.0	4.0	4.5	4.5	5.0	5.0	5.0	5.5	5.5	5.5	5.5	6.0	6.0	6.0	6.0	6.5	6.5	6.5	6.5	7.0	7.0	7.0	7.5	7.5	7.5	.1730
1.3	1.5	2.0	2.5	2.5	3.0	3.0	3.5	3.5	4.0	4.0	4.0	4.5	4.5	5.0	5.0	5.0	5.5	5.5	5.5	5.5	6.0	6.0	6.0	6.5	6.5	6.5	6.5	7.0	7.0	7.0	7.5	7.5	7.5	7.5	8.0	.1875
1.4	1.5	2.0	2.5	2.5	3.0	3.0	3.5	3.5	4.0	4.0	4.5	4.5	4.5	5.0	5.0	5.5	5.5	5.5	6.0	6.0	6.0	6.0	6.5	6.5	6.5	7.0	7.0	7.0	7.5	7.5	7.5	7.5	8.0	8.0	8.0	.2019
1.5	1.5	2.0	2.5	2.5	3.0	3.0	3.5	3.5	4.0	4.0	4.5	4.5	5.0	5.0	5.5	5.5	5.5	6.0	6.0	6.0	6.5	6.5	6.5	7.0	7.0	7.0	7.0	7.5	7.5	7.5	8.0	8.0	8.0	8.0	8.5	.2163
k	90	126	162	198	234	270	306	342	378	414	450	486	522	558	594	630	666	702	738	774	810	846	882	918	954	990	1026	1062	1098	1134	1170	1206	1242	1278	1314	km

Δt Fahrenheit

TABLE 2 (Sheet 47 of 128)

TEMPERATURE DIFFERENCE

ECONOMICAL INSULATION THICKNESS TABLE

IN INCHES
(nominal)

PIPE SIZE: 3-1/2'' NPS (Tube Size 4'' OD)
101.6 mm

At the intersection of the ''Δt'' column with the ''k'' row read the economical thickness.
(•—*exceeds 12'' thickness*)

CONDUCTIVITY k: Btu, in./sq ft, hr °F; km: W/mK

D = 0.0200

Δt Celsius °C or Kelvin °K

k	50	70	90	110	130	150	170	190	210	230	250	270	290	310	330	350	370	390	410	430	450	470	490	510	530	550	570	590	610	630	650	670	690	710	730	km
0.1	1.0	1.0	1.0	1.0	1.0	1.5	1.5	1.5	1.5	1.5	1.5	1.5	1.5	2.0	2.0	2.0	2.0	2.0	2.0	2.0	2.0	2.0	2.0	2.0	2.5	2.5	2.5	2.5	2.5	2.5	2.5	2.5	2.5	2.5	2.5	.0144
0.2	1.0	1.0	1.5	1.5	1.5	1.5	2.0	2.0	2.0	2.0	2.0	2.5	2.5	2.5	2.5	2.5	2.5	2.5	2.5	3.0	3.0	3.0	3.0	3.0	3.0	3.0	3.0	3.5	3.5	3.5	3.5	3.5	3.5	3.5	3.5	.0288
0.3	1.0	1.5	1.5	1.5	2.0	2.0	2.0	2.5	2.5	2.5	2.5	2.5	3.0	3.0	3.0	3.0	3.0	3.0	3.5	3.5	3.5	3.5	3.5	3.5	4.0	4.0	4.0	4.0	4.0	4.0	4.0	4.0	4.5	4.5	4.5	.0433
0.4	1.5	1.5	2.0	2.0	2.0	2.5	2.5	2.5	2.5	3.0	3.0	3.0	3.0	3.5	9.5	3.5	3.5	3.5	4.0	4.0	4.0	4.0	4.0	4.0	4.5	4.5	4.5	4.5	4.5	4.5	5.0	5.0	5.0	5.0	5.0	.0577
0.5	1.5	1.5	2.0	2.0	2.5	2.5	2.5	3.0	3.0	3.0	3.0	3.5	3.5	3.5	3.5	4.0	4.0	4.0	4.0	4.5	4.5	4.5	4.5	4.5	5.0	5.0	5.0	5.0	5.0	5.5	5.5	5.5	5.5	5.5	5.5	.0721
0.6	1.5	2.0	2.0	2.5	2.5	2.5	3.0	3.0	3.0	3.5	3.5	3.5	4.0	4.0	4.0	4.0	4.5	4.5	4.5	4.5	5.0	5.0	5.0	5.0	5.5	5.5	5.5	5.5	5.5	6.0	6.0	6.0	6.0	6.0	6.0	.0865
0.7	1.5	2.0	2.0	2.5	2.5	3.0	3.0	3.0	3.5	3.5	4.0	4.0	4.0	4.0	4.5	4.5	4.5	5.0	5.0	5.0	5.0	5.5	5.5	5.5	5.5	6.0	6.0	6.0	6.0	6.0	6.5	6.5	6.5	6.5	6.5	.1009
0.8	1.5	2.0	2.5	2.5	3.0	3.0	3.0	3.5	3.5	4.0	4.0	4.0	4.5	4.5	4.5	5.0	5.0	5.0	5.5	5.5	5.5	5.5	6.0	6.0	6.0	6.0	6.5	6.5	6.5	6.5	6.5	7.0	7.0	7.0	7.0	.1154
0.9	1.5	2.0	2.5	2.5	3.0	3.0	3.5	3.5	4.0	4.0	4.0	4.5	4.5	5.0	5.0	5.0	5.5	5.5	5.5	5.5	6.0	6.0	6.0	6.0	6.5	6.5	6.5	7.0	7.0	7.0	7.0	7.5	7.5	7.5	7.5	.1298
1.0	1.5	2.0	2.5	3.0	3.0	3.5	3.5	4.0	4.0	4.0	4.5	4.5	5.0	5.0	5.0	5.5	5.5	5.5	6.0	6.0	6.0	6.5	6.5	6.5	6.5	7.0	7.0	7.0	7.5	7.5	7.5	7.5	8.0	8.0	8.0	.1442
1.1	2.0	2.0	2.5	3.0	3.0	3.5	3.5	4.0	4.0	4.5	4.5	5.0	5.0	5.0	5.5	5.5	6.0	6.0	6.0	6.0	6.5	6.5	6.5	7.0	7.0	7.0	7.5	7.5	7.5	8.0	8.0	8.0	8.0	8.5	8.5	.1586
1.2	2.0	2.0	2.5	3.0	3.0	3.5	4.0	4.0	4.5	4.5	5.0	5.0	5.0	5.5	5.5	6.0	6.0	6.0	6.5	6.5	6.5	7.0	7.0	7.0	7.5	7.5	7.5	8.0	8.0	8.0	8.0	8.5	8.5	8.5	9.0	.1730
1.3	2.0	2.5	2.5	3.0	3.5	3.5	4.0	4.0	4.5	4.5	5.0	5.0	5.5	5.5	6.0	6.0	6.0	6.5	6.5	7.0	7.0	7.0	7.5	7.5	7.5	8.0	8.0	8.0	8.5	8.5	8.5	8.5	9.0	9.0	9.0	.1875
1.4	2.0	2.5	2.5	3.0	3.5	4.0	4.0	4.5	4.5	5.0	5.0	5.5	5.5	6.0	6.0	6.0	6.5	6.5	7.0	7.0	7.0	7.5	7.5	7.5	8.0	8.0	8.0	8.5	8.5	8.5	9.0	9.0	9.0	9.5	9.5	.2019
1.5	2.0	2.5	3.0	3.0	3.5	4.0	4.0	4.5	5.0	5.0	5.5	5.5	6.0	6.0	6.0	6.5	6.5	7.0	7.0	7.5	7.5	7.5	8.0	8.0	8.0	8.5	8.5	8.5	9.0	9.0	9.0	9.5	9.5	9.5	10.0	.2163
k	90	126	162	198	234	270	306	342	378	414	450	486	522	558	594	630	666	702	738	774	810	846	882	918	954	990	1026	1062	1098	1134	1170	1206	1242	1278	1314	km

Δt Fahrenheit

D = 0.0300

Δt Celsius °C or Kelvin °K

k	50	70	90	110	130	150	170	190	210	230	250	270	290	310	330	350	370	390	410	430	450	470	490	510	530	550	570	590	610	630	650	670	690	710	730	km
0.1	1.0	1.0	1.0	1.5	1.5	1.5	1.5	1.5	2.0	2.0	2.0	2.0	2.0	2.0	2.0	2.5	2.5	2.5	2.5	2.5	2.5	2.5	2.5	2.5	3.0	3.0	3.0	3.0	3.0	3.0	3.0	3.0	3.0	3.0	3.0	.0144
0.2	1.5	1.5	1.5	2.0	2.0	2.0	2.0	2.5	2.5	2.5	2.5	2.5	3.0	3.0	3.0	3.0	3.0	3.5	3.5	3.5	3.5	3.5	3.5	3.5	4.0	4.0	4.0	4.0	4.0	4.0	4.0	4.5	4.5	4.5	4.5	.0288
0.3	1.5	1.5	2.0	2.0	2.5	2.5	2.5	3.0	3.0	3.0	3.0	3.5	3.5	3.5	3.5	3.5	4.0	4.0	4.0	4.0	4.5	4.5	4.5	4.5	4.5	5.0	5.0	5.0	5.0	5.0	5.0	5.5	5.5	5.5	5.5	.0433
0.4	1.5	2.0	2.0	2.5	2.5	3.0	3.0	3.0	3.5	3.5	3.5	4.0	4.0	4.0	4.0	4.5	4.5	4.5	4.5	5.0	5.0	5.0	5.0	5.5	5.5	5.5	5.5	5.5	6.0	6.0	6.0	6.0	6.0	6.0	6.5	.0577
0.5	1.5	2.0	2.5	2.5	3.0	3.0	3.5	3.5	3.5	4.0	4.0	4.0	4.5	4.5	4.5	5.0	5.0	5.0	5.0	5.5	5.5	5.5	5.5	6.0	6.0	6.0	6.0	6.5	6.5	6.5	6.5	7.0	7.0	7.0	7.0	.0721
0.6	2.0	2.0	2.5	3.0	3.0	3.5	3.5	4.0	4.0	4.0	4.5	4.5	4.5	5.0	5.0	5.0	5.5	5.5	5.5	6.0	6.0	6.0	6.5	6.5	6.5	6.5	7.0	7.0	7.0	7.0	7.5	7.5	7.5	7.5	8.0	.0865
0.7	2.0	2.5	2.5	3.0	3.5	3.5	4.0	4.0	4.0	4.5	4.5	5.0	5.0	5.5	5.5	5.5	6.0	6.0	6.0	6.5	6.5	6.5	7.0	7.0	7.0	7.0	7.5	7.5	7.5	8.0	8.0	8.0	8.0	8.5	8.5	.1009
0.8	2.0	2.5	3.0	3.0	3.5	4.0	4.0	4.5	4.5	5.0	5.0	5.0	5.5	5.5	6.0	6.0	6.0	6.5	6.5	6.5	7.0	7.0	7.0	7.5	7.5	7.5	8.0	8.0	8.0	8.5	8.5	8.5	8.5	9.0	9.0	.1154
0.9	2.0	2.5	3.0	3.5	3.5	4.0	4.0	4.5	5.0	5.0	5.5	5.5	5.5	6.0	6.0	6.5	6.5	6.5	7.0	7.0	7.5	7.5	7.5	8.0	8.0	8.0	8.5	8.5	8.5	9.0	9.0	9.0	9.5	9.5	9.5	.1298
1.0	2.0	2.5	3.0	3.5	4.0	4.0	4.5	5.0	5.0	5.5	5.5	6.0	6.0	6.0	6.5	6.5	7.0	7.0	7.5	7.5	7.5	8.0	8.0	8.5	8.5	8.5	9.0	9.0	9.0	9.5	9.5	9.5	10.0	10.0	10.0	.1442
1.1	2.5	3.0	3.0	3.5	4.0	4.5	4.5	5.0	5.5	5.5	6.0	6.0	6.5	6.5	7.0	7.0	7.0	7.5	7.5	8.0	8.0	8.5	8.5	8.5	9.0	9.0	9.5	9.5	9.5	10.0	10.0	10.0	10.5	10.5	10.5	.1586
1.2	2.5	3.0	3.5	3.5	4.0	4.5	5.0	5.0	5.5	6.0	6.0	6.5	6.5	7.0	7.0	7.5	7.5	8.0	8.0	8.0	8.5	8.5	9.0	9.0	9.5	9.5	9.5	10.0	10.0	10.0	10.5	10.5	10.5	11.0	11.0	.1730
1.3	2.5	3.0	3.5	4.0	4.0	4.5	5.0	5.5	5.5	6.0	6.0	6.5	7.0	7.0	7.5	7.5	8.0	8.0	8.5	8.5	9.0	9.0	9.0	9.5	9.5	10.0	10.0	10.5	10.5	10.5	11.0	11.0	11.0	11.5	11.5	.1875
1.4	2.5	3.0	3.5	4.0	4.5	5.0	5.0	5.5	6.0	6.0	6.5	7.0	7.0	7.5	7.5	8.0	8.0	8.5	8.5	9.0	9.0	9.5	9.5	10.0	10.0	10.0	10.5	10.5	10.5	11.0	11.0	11.5	11.5	11.5	12.0	.2019
1.5	2.5	3.0	3.5	4.0	4.5	5.0	5.5	5.5	6.0	6.5	6.5	7.0	7.5	7.5	8.0	8.0	8.5	8.5	9.0	9.0	9.5	9.5	10.0	10.0	10.5	10.5	10.5	11.0	11.0	11.5	11.5	12.0	12.0	12.0	•	.2163
k	90	126	162	198	234	270	306	342	378	414	450	486	522	558	594	630	666	702	738	774	810	846	882	918	954	990	1026	1062	1098	1134	1170	1206	1242	1278	1314	km

Δt Fahrenheit

D = 0.0400

Δt Celsius °C or Kelvin °K

k	50	70	90	110	130	150	170	190	210	230	250	270	290	310	330	350	370	390	410	430	450	470	490	510	530	550	570	590	610	630	650	670	690	710	730	km
0.1	1.0	1.5	1.5	1.5	1.5	2.0	2.0	2.0	2.0	2.0	2.0	2.5	2.5	2.5	2.5	2.5	2.5	2.5	3.0	3.0	3.0	3.0	3.0	3.0	3.0	3.0	3.5	3.5	3.5	3.5	3.5	3.5	3.5	3.5	3.5	.0144
0.2	1.5	1.5	2.0	2.0	2.0	2.5	2.5	2.5	3.0	3.0	3.0	3.0	3.5	3.5	3.5	3.5	3.5	4.0	4.0	4.0	4.0	4.0	4.0	4.5	4.5	4.5	4.5	4.5	5.0	5.0	5.0	5.0	5.0	5.0	5.0	.0288
0.3	1.5	2.0	2.0	2.5	2.5	3.0	3.0	3.0	3.5	3.5	3.5	4.0	4.0	4.0	4.0	4.5	4.5	4.5	4.5	5.0	5.0	5.0	5.0	5.5	5.5	5.5	5.5	5.5	6.0	6.0	6.0	6.0	6.0	6.5	6.5	.0433
0.4	2.0	2.0	2.5	2.5	3.0	3.0	3.5	3.5	4.0	4.0	4.0	4.5	4.5	4.5	5.0	5.0	5.0	5.5	5.5	5.5	5.5	6.0	6.0	6.0	6.0	6.5	6.5	6.5	6.5	7.0	7.0	7.0	7.0	7.5	7.5	.0577
0.5	2.0	2.5	2.5	3.0	3.5	3.5	4.0	4.0	4.0	4.5	4.5	5.0	5.0	5.5	5.5	5.5	6.0	6.0	6.0	6.0	6.5	6.5	6.5	7.0	7.0	7.0	7.5	7.5	7.5	7.5	8.0	8.0	8.0	8.0	8.5	.0721
0.6	2.0	2.5	3.0	3.5	3.5	4.0	4.0	4.5	4.5	5.0	5.0	5.5	5.5	5.5	6.0	6.0	6.5	6.5	6.5	7.0	7.0	7.0	7.5	7.5	7.5	8.0	8.0	8.0	8.5	8.5	8.5	8.5	9.0	9.0	9.0	.0865
0.7	2.5	2.5	3.0	3.5	4.0	4.0	4.5	4.5	5.0	5.5	5.5	5.5	6.0	6.0	6.5	6.5	7.0	7.0	7.0	7.5	7.5	7.5	8.0	8.0	8.5	8.5	8.5	9.0	9.0	9.0	9.5	9.5	9.5	9.5	10.0	.1009
0.8	2.5	3.0	3.5	3.5	4.0	4.5	4.5	5.0	5.5	5.5	6.0	6.0	6.5	6.5	7.0	7.0	7.5	7.5	7.5	8.0	8.0	8.5	8.5	8.5	9.0	9.0	9.5	9.5	9.5	9.5	10.0	10.0	10.5	10.5	10.5	.1154
0.9	2.5	3.0	3.5	4.0	4.5	4.5	5.0	5.5	5.5	6.0	6.0	6.5	6.5	7.0	7.0	7.5	7.5	8.0	8.0	8.5	8.5	9.0	9.0	9.0	9.5	9.5	10.0	10.0	10.5	10.5	10.5	10.5	11.0	11.0	11.0	.1298
1.0	2.5	3.0	3.5	4.0	4.5	5.0	5.5	5.5	6.0	6.0	6.5	7.0	7.0	7.5	7.5	8.0	8.0	8.5	8.5	9.0	9.0	9.5	9.5	9.5	10.0	10.0	10.5	10.5	10.5	11.0	11.0	11.0	11.5	11.5	11.5	.1442
1.1	2.5	3.5	4.0	4.0	4.5	5.0	5.5	6.0	6.0	6.5	7.0	7.0	7.5	7.5	8.0	8.0	8.5	9.0	9.0	9.5	9.5	9.5	10.0	10.0	10.0	10.5	10.5	11.0	11.0	11.5	11.5	11.5	12.0	12.0	12.0	.1586
1.2	3.0	3.5	4.0	4.5	5.0	5.5	5.5	6.0	6.5	7.0	7.0	7.5	7.5	8.0	8.5	8.5	9.0	9.0	9.5	9.5	10.0	10.0	10.5	10.5	10.5	11.0	11.0	11.5	11.5	12.0	12.0	12.0	•	•	•	.1730
1.3	3.0	3.5	4.0	4.5	5.0	5.5	6.0	6.5	6.5	7.0	7.5	7.5	8.0	8.5	8.5	9.0	9.5	9.5	10.0	10.0	10.5	10.5	11.0	11.0	11.0	11.5	11.5	12.0	12.0	•	•	•	•	•	•	.1875
1.4	3.0	3.5	4.0	5.0	5.5	5.5	6.0	6.5	7.0	7.5	7.5	8.0	8.5	8.5	9.0	9.5	9.5	10.0	10.0	10.5	11.0	11.0	11.5	11.5	11.5	12.0	12.0	•	•	•	•	•	•	•	•	.2019
1.5	3.0	3.5	4.5	5.0	5.5	6.0	6.5	6.5	7.0	7.5	8.0	8.5	8.5	9.0	9.5	9.5	10.0	10.5	10.5	11.0	11.5	11.5	12.0	12.0	12.0	•	•	•	•	•	•	•	•	•	•	.2163
k	90	126	162	198	234	270	306	342	378	414	450	486	522	558	594	630	666	702	738	774	810	846	882	918	954	990	1026	1062	1098	1134	1170	1206	1242	1278	1314	km

Δt Fahrenheit

TEMPERATURE DIFFERENCE

TABLE 2 (Sheet 48 of 128)

TABLE 2 (Continued)

ECONOMICAL INSULATION THICKNESS TABLE

IN INCHES
(nominal)

PIPE SIZE: 3-1/2" NPS (Tube Size 4" OD)
101.6 mm

At the intersection of the "Δt" column with the "k" row read the economical thickness.
(•—*exceeds 12" thickness*)

D = 0.0500

Δt Celsius °C or Kelvin °K

CONDUCTIVITY: k = Btu, in./sq ft, hr °F; km = W/mK

k	50	70	90	110	130	150	170	190	210	230	250	270	290	310	330	350	370	390	410	430	450	470	490	510	530	550	570	590	610	630	650	670	690	710	730	km
0.1	1.0	1.5	1.5	1.5	2.0	2.0	2.0	2.0	2.5	2.5	2.5	2.5	2.5	2.5	3.0	3.0	3.0	3.0	3.0	3.0	3.5	3.5	3.5	3.5	3.5	3.5	3.5	3.5	4.0	4.0	4.0	4.0	4.0	4.0	4.0	.0144
0.2	1.5	2.0	2.0	2.5	2.5	2.5	3.0	3.0	3.0	3.0	3.5	3.5	3.5	4.0	4.0	4.0	4.0	4.0	4.5	4.5	4.5	4.5	5.0	5.0	5.0	5.0	5.0	5.5	5.5	5.5	5.5	5.5	5.5	6.0	6.0	.0288
0.3	2.0	2.0	2.5	2.5	3.0	3.0	3.5	3.5	3.5	4.0	4.0	4.5	4.5	4.5	5.0	5.0	5.0	5.0	5.5	5.5	5.5	5.5	6.0	6.0	6.0	6.0	6.5	6.5	6.5	6.5	7.0	7.0	7.0	7.0	7.0	.0433
0.4	2.0	2.5	3.0	3.0	3.5	3.5	4.0	4.0	4.5	4.5	4.5	5.0	5.0	5.5	5.5	5.5	6.0	6.0	6.0	6.5	6.5	6.5	6.5	7.0	7.0	7.0	7.5	7.5	7.5	7.5	8.0	8.0	8.0	8.0	8.5	.0577
0.5	2.5	2.5	3.0	3.5	3.5	4.0	4.5	4.5	5.0	5.0	5.5	5.5	5.5	6.0	6.0	6.5	6.5	6.5	7.0	7.0	7.0	7.5	7.5	7.5	8.0	8.0	8.0	8.5	8.5	8.5	9.0	9.0	9.0	9.5	9.5	.0721
0.6	2.5	3.0	3.5	3.5	4.0	4.5	4.5	5.0	5.0	5.5	6.0	6.0	6.0	6.5	6.5	7.0	7.0	7.5	7.5	7.5	8.0	8.0	8.5	8.5	8.5	9.0	9.0	9.0	9.5	9.5	9.5	10.0	10.0	10.0	10.5	.0865
0.7	2.5	3.0	3.5	4.0	4.5	4.5	5.0	5.5	5.5	6.0	6.0	6.5	6.5	7.0	7.0	7.5	7.5	8.0	8.0	8.5	8.5	8.5	9.0	9.0	9.5	9.5	9.5	10.0	10.0	10.5	10.5	10.5	10.5	11.0	11.0	.1009
0.8	2.5	3.5	4.0	4.0	4.5	5.0	5.5	5.5	6.0	6.5	6.5	7.0	7.0	7.5	7.5	8.0	8.0	8.5	8.5	9.0	9.0	9.5	9.5	10.0	10.0	10.0	10.0	10.5	10.5	11.0	11.0	11.0	11.0	11.5	11.5	.1154
0.9	3.0	3.5	4.0	4.5	5.0	5.5	5.5	6.0	6.5	6.5	7.0	7.5	7.5	8.0	8.0	8.5	8.5	9.0	9.5	9.5	9.5	10.0	10.0	10.5	10.5	10.5	10.5	11.0	11.0	11.5	11.5	11.5	11.5	12.0	12.0	.1298
1.0	3.0	3.5	4.0	4.5	5.0	5.5	6.0	6.5	6.5	7.0	7.5	7.5	8.0	8.5	8.5	9.0	9.0	9.5	9.5	10.0	10.0	10.5	10.5	11.0	11.0	11.0	11.5	11.5	11.5	12.0	12.0	12.0	•	•	•	.1442
1.1	3.0	3.5	4.5	5.0	5.5	6.0	6.0	6.5	7.0	7.5	7.5	8.0	8.5	8.5	9.0	9.5	9.5	10.0	10.0	10.5	10.5	11.0	11.0	11.5	11.5	11.5	12.0	12.0	12.0	•	•	•	•	•	•	.1586
1.2	3.0	4.0	4.5	5.0	5.5	6.0	6.5	7.0	7.5	7.5	8.0	8.5	9.0	9.0	9.5	10.0	10.0	10.5	10.5	11.0	11.0	11.5	11.5	12.0	12.0	12.0	•	•	•	•	•	•	•	•	•	.1730
1.3	3.5	4.0	4.5	5.5	6.0	6.0	6.5	7.0	7.5	8.0	8.5	9.0	9.0	9.5	10.0	10.0	10.5	11.0	11.0	11.5	11.5	12.0	12.0	•	•	•	•	•	•	•	•	•	•	•	•	.1875
1.4	3.5	4.0	5.0	5.5	6.0	6.5	7.0	7.5	8.0	8.5	8.5	9.0	9.5	10.0	10.0	10.5	11.0	11.5	11.5	12.0	12.0	•	•	•	•	•	•	•	•	•	•	•	•	•	•	.2019
1.5	3.5	4.0	5.0	5.5	6.0	6.5	7.0	7.5	8.0	8.5	9.0	9.5	10.0	10.0	10.5	11.0	11.5	12.0	12.0	•	•	•	•	•	•	•	•	•	•	•	•	•	•	•	•	.2163
k	90	126	162	198	234	270	306	342	378	414	450	486	522	558	594	630	666	702	738	774	810	846	882	918	954	990	1026	1062	1098	1134	1170	1206	1242	1278	1314	km

Δt Fahrenheit

D = 0.0700

Δt Celsius °C or Kelvin °K

CONDUCTIVITY: k = Btu, in./sq ft, hr °F; km = W/mK

k	50	70	90	110	130	150	170	190	210	230	250	270	290	310	330	350	370	390	410	430	450	470	490	510	530	550	570	590	610	630	650	670	690	710	730	km
0.1	1.5	1.5	2.0	2.0	2.0	2.0	2.5	2.5	2.5	3.0	3.0	3.0	3.0	3.0	3.5	3.5	3.5	3.5	3.5	3.5	4.0	4.0	4.0	4.0	4.0	4.0	4.0	4.0	4.5	4.5	4.5	4.5	4.5	4.5	4.5	.0144
0.2	1.5	2.0	2.0	2.0	2.5	2.5	3.0	3.0	3.0	3.5	3.5	4.0	4.0	4.0	4.0	4.5	4.5	4.5	4.5	5.0	5.0	5.0	5.0	5.5	5.5	5.5	5.5	5.5	6.0	6.0	6.0	6.0	6.0	6.5	6.5	.0288
0.3	2.0	2.5	2.5	2.5	3.0	3.5	3.5	3.5	4.0	4.0	4.5	4.5	4.5	4.5	5.0	5.5	5.5	5.5	6.0	6.0	6.0	6.5	6.5	6.5	6.5	7.0	7.0	7.0	7.0	7.5	7.5	7.5	7.5	8.0	8.0	.0433
0.4	2.0	2.5	3.0	3.0	3.5	4.0	4.0	4.0	4.5	5.0	5.0	5.5	5.5	5.5	6.0	6.0	6.5	6.5	6.5	7.0	7.0	7.5	7.5	7.5	8.0	8.0	8.5	8.5	8.5	8.5	9.0	9.0	9.0	9.0	9.5	.0577
0.5	2.5	3.0	3.0	3.5	4.0	4.5	4.5	4.5	5.0	5.5	5.5	6.0	6.0	6.5	6.5	7.0	7.5	7.5	7.5	8.0	8.0	8.5	8.5	8.5	9.0	9.0	9.5	9.5	9.5	10.0	10.0	10.0	10.0	10.5	10.5	.0721
0.6	2.5	3.0	3.5	3.5	4.0	4.5	5.0	5.0	5.5	6.0	6.5	6.5	6.5	7.0	7.5	7.5	8.0	8.0	8.5	8.5	9.0	9.0	9.0	9.5	10.0	10.0	10.5	10.5	10.5	11.0	11.0	11.5	11.5	11.5	12.0	.0865
0.7	2.5	3.5	3.5	4.0	4.5	5.0	5.5	5.5	6.0	6.5	7.0	7.0	7.0	7.5	8.0	8.5	8.5	8.5	9.0	9.5	9.5	10.0	10.0	10.5	10.5	11.0	11.0	11.0	11.5	12.0	12.0	•	•	•	•	.1009
0.8	2.5	3.5	4.0	4.5	5.0	5.5	6.0	6.0	6.5	7.0	7.5	8.0	8.0	8.5	8.5	9.0	9.5	9.5	10.0	10.0	10.5	11.0	11.0	11.0	11.5	12.0	12.0	12.0	•	•	•	•	•	•	•	.1154
0.9	3.0	3.5	4.0	4.5	5.0	5.5	6.5	6.5	7.0	7.5	8.0	8.0	8.5	8.5	9.0	9.5	10.0	10.0	10.5	11.0	11.0	11.5	11.5	12.0	12.0	•	•	•	•	•	•	•	•	•	•	.1298
1.0	3.0	4.0	4.5	5.0	5.5	6.0	6.5	6.5	7.0	7.5	8.0	8.5	8.5	9.0	9.5	10.0	10.5	10.5	11.0	11.5	12.0	12.0	•	•	•	•	•	•	•	•	•	•	•	•	•	.1442
1.1	3.5	4.0	4.5	5.0	6.0	6.0	7.0	7.0	7.5	8.0	8.5	9.0	9.5	10.0	10.5	11.0	11.5	11.5	12.0	12.0	•	•	•	•	•	•	•	•	•	•	•	•	•	•	•	.1586
1.2	3.5	4.0	4.5	5.0	6.0	6.5	7.0	7.5	8.0	8.5	9.0	9.5	10.0	10.5	11.0	11.5	12.0	12.0	•	•	•	•	•	•	•	•	•	•	•	•	•	•	•	•	•	.1730
1.3	4.0	4.5	5.0	5.5	6.5	6.5	7.0	7.5	8.0	8.5	9.0	9.5	10.5	11.0	11.5	12.0	•	•	•	•	•	•	•	•	•	•	•	•	•	•	•	•	•	•	•	.1875
1.4	4.0	4.5	5.0	5.5	6.5	7.0	7.5	8.0	8.5	9.0	9.5	9.5	10.5	11.5	12.0	•	•	•	•	•	•	•	•	•	•	•	•	•	•	•	•	•	•	•	•	.2019
1.5	4.5	5.0	5.5	6.0	6.5	7.0	7.5	8.0	8.5	9.0	9.5	10.0	11.0	12.0	•	•	•	•	•	•	•	•	•	•	•	•	•	•	•	•	•	•	•	•	•	.2163
k	90	126	162	198	234	270	306	342	378	414	450	486	522	558	594	630	666	702	738	774	810	846	882	918	954	990	1026	1062	1098	1134	1170	1206	1242	1278	1314	km

Δt Fahrenheit

D = 0.0900

Δt Celsius °C or Kelvin °K

CONDUCTIVITY: k = Btu, in./sq ft, hr °F; km = W/mK

k	50	70	90	110	130	150	170	190	210	230	250	270	290	310	330	350	370	390	410	430	450	470	490	510	530	550	570	590	610	630	650	670	690	710	730	km
0.1	1.5	1.5	2.0	2.0	2.0	2.5	2.5	2.5	3.0	3.0	3.0	3.0	3.5	3.5	3.5	3.5	3.5	4.0	4.0	4.0	4.0	4.5	4.5	4.5	4.5	5.0	5.0	5.0	5.0	5.5	5.5	5.5	5.5	5.5	6.0	.0144
0.2	1.5	2.0	2.5	2.5	3.0	3.0	3.5	3.5	3.5	4.0	4.0	4.5	4.5	4.5	5.0	5.0	5.0	5.0	5.5	5.5	5.5	6.0	6.0	6.0	6.0	6.5	6.5	6.5	6.5	7.0	7.0	7.0	7.0	7.0	7.5	.0288
0.3	2.0	2.5	3.0	3.0	3.5	4.0	4.0	4.0	4.5	5.0	5.0	5.5	5.5	5.5	6.0	6.0	6.5	6.5	6.5	7.0	7.0	7.5	7.5	7.5	7.5	8.0	8.0	8.0	8.5	8.5	8.5	9.0	9.0	9.0	9.5	.0433
0.4	2.5	3.0	3.0	3.5	4.0	4.5	5.0	5.0	5.0	5.5	6.0	6.0	6.0	6.5	7.0	7.0	7.5	7.5	7.5	8.0	8.5	8.5	9.0	9.0	9.0	9.5	9.5	9.5	10.0	10.0	10.5	10.5	10.5	10.5	11.0	.0577
0.5	2.5	3.0	3.5	4.0	4.5	5.0	5.5	5.5	6.0	6.0	6.5	7.0	7.5	7.5	7.5	8.0	8.5	8.5	8.5	9.0	9.5	9.5	9.5	10.0	10.0	10.5	11.0	11.0	11.5	11.5	11.5	12.0	12.0	12.0	•	.0721
0.6	3.0	3.5	4.0	4.5	5.0	5.5	6.0	6.5	6.5	7.0	7.5	7.5	8.0	8.0	8.5	9.0	9.5	9.5	9.5	10.0	10.5	10.5	10.5	11.0	11.5	11.5	12.0	12.0	•	•	•	•	•	•	•	.0865
0.7	3.0	4.0	4.0	5.0	5.5	6.0	6.5	7.0	7.0	7.5	8.0	8.0	8.5	8.5	9.0	9.5	10.0	10.0	10.5	11.0	11.0	11.5	11.5	12.0	12.0	•	•	•	•	•	•	•	•	•	•	.1009
0.8	3.0	4.0	4.0	5.0	5.5	6.5	7.0	7.0	7.5	8.0	8.5	9.0	9.0	9.5	10.0	10.5	11.0	11.5	11.5	12.0	12.0	•	•	•	•	•	•	•	•	•	•	•	•	•	•	.1154
0.9	3.5	4.5	4.5	5.0	6.0	6.5	7.5	7.5	8.0	8.5	9.0	9.5	9.5	10.0	10.5	11.0	11.5	12.0	12.0	•	•	•	•	•	•	•	•	•	•	•	•	•	•	•	•	.1298
1.0	3.5	4.5	4.5	5.5	6.5	7.0	7.5	8.0	8.5	9.0	9.5	10.0	10.5	11.0	11.5	12.0	•	•	•	•	•	•	•	•	•	•	•	•	•	•	•	•	•	•	•	.1442
1.1	4.0	4.5	5.0	6.0	6.5	7.5	8.0	8.5	9.0	10.5	10.5	11.0	11.5	12.0	•	•	•	•	•	•	•	•	•	•	•	•	•	•	•	•	•	•	•	•	•	.1586
1.2	4.0	4.5	5.5	6.5	7.5	8.0	8.5	9.0	10.0	11.0	11.5	12.0	•	•	•	•	•	•	•	•	•	•	•	•	•	•	•	•	•	•	•	•	•	•	•	.1730
1.3	4.5	5.0	6.0	7.0	8.0	8.5	9.0	10.0	10.5	11.0	12.0	•	•	•	•	•	•	•	•	•	•	•	•	•	•	•	•	•	•	•	•	•	•	•	•	.1875
1.4	4.5	5.5	6.5	7.5	8.5	9.0	9.5	10.5	11.0	12.0	•	•	•	•	•	•	•	•	•	•	•	•	•	•	•	•	•	•	•	•	•	•	•	•	•	.2019
1.5	5.0	6.0	7.0	8.0	9.0	9.5	10.0	11.0	12.0	•	•	•	•	•	•	•	•	•	•	•	•	•	•	•	•	•	•	•	•	•	•	•	•	•	•	.2163
k	90	126	162	198	234	270	306	342	378	414	450	486	522	558	594	630	666	702	738	774	810	846	882	918	954	990	1026	1062	1098	1134	1170	1206	1242	1278	1314	km

Δt Fahrenheit

TABLE 2 (Sheet 49 of 128)

TEMPERATURE DIFFERENCE

ECONOMICAL INSULATION THICKNESS TABLE

IN INCHES
(nominal)

PIPE SIZE: 4" NPS (Tube Size 4-1/2" OD)
114.3 mm

At the intersection of the "Δt" column with the "k" row read the economical thickness.
(•—*exceeds 12" thickness*)

D = 0.0025

Δt Celsius °C or Kelvin °K

CONDUCTIVITY (k): Btu, in./sq ft, hr °F (km: W/mK)

k	50	70	90	110	130	150	170	190	210	230	250	270	290	310	330	350	370	390	410	430	450	470	490	510	530	550	570	590	610	630	650	670	690	710	730	km
0.1	0.5	0.5	0.5	0.5	0.5	0.5	0.5	0.5	0.5	0.5	0.5	0.5	1.0	1.0	1.0	1.0	1.0	1.0	1.0	1.0	1.0	1.0	1.0	1.0	1.0	1.0	1.0	1.0	1.0	1.0	1.0	1.0	1.0	1.0	1.0	.0144
0.2	0.5	0.5	0.5	0.5	0.5	0.5	1.0	1.0	1.0	1.0	1.0	1.0	1.0	1.0	1.0	1.0	1.0	1.0	1.0	1.0	1.0	1.0	1.0	1.0	1.0	1.0	1.0	1.5	1.5	1.5	1.5	1.5	1.5	1.5	1.5	.0288
0.3	0.5	0.5	0.5	0.5	1.0	1.0	1.0	1.0	1.0	1.0	1.0	1.0	1.0	1.0	1.0	1.0	1.0	1.0	1.0	1.5	1.5	1.5	1.5	1.5	1.5	1.5	1.5	1.5	1.5	1.5	1.5	1.5	1.5	1.5	1.5	.0433
0.4	0.5	0.5	0.5	0.5	1.0	1.0	1.0	1.0	1.0	1.0	1.0	1.0	1.0	1.0	1.0	1.5	1.5	1.5	1.5	1.5	1.5	1.5	1.5	1.5	1.5	1.5	1.5	1.5	1.5	1.5	1.5	1.5	2.0	2.0	2.0	.0577
0.5	0.5	0.5	0.5	1.0	1.0	1.0	1.0	1.0	1.0	1.0	1.0	1.0	1.0	1.5	1.5	1.5	1.5	1.5	1.5	1.5	1.5	1.5	1.5	1.5	1.5	1.5	1.5	2.0	2.0	2.0	2.0	2.0	2.0	2.0	2.0	.0721
0.6	0.5	0.5	0.5	1.0	1.0	1.0	1.0	1.0	1.0	1.0	1.0	1.0	1.5	1.5	1.5	1.5	1.5	1.5	1.5	1.5	1.5	1.5	1.5	1.5	2.0	2.0	2.0	2.0	2.0	2.0	2.0	2.0	2.0	2.0	2.0	.0865
0.7	0.5	0.5	0.5	1.0	1.0	1.0	1.0	1.0	1.0	1.0	1.0	1.5	1.5	1.5	1.5	1.5	1.5	1.5	1.5	1.5	1.5	2.0	2.0	2.0	2.0	2.0	2.0	2.0	2.0	2.0	2.0	2.0	2.0	2.0	2.0	.1009
0.8	0.5	0.5	0.5	1.0	1.0	1.0	1.0	1.0	1.0	1.0	1.5	1.5	1.5	1.5	1.5	1.5	1.5	1.5	1.5	1.5	2.0	2.0	2.0	2.0	2.0	2.0	2.0	2.0	2.0	2.0	2.0	2.0	2.5	2.5	2.5	.1154
0.9	0.5	0.5	0.5	1.0	1.0	1.0	1.0	1.0	1.0	1.0	1.5	1.5	1.5	1.5	1.5	1.5	1.5	1.5	2.0	2.0	2.0	2.0	2.0	2.0	2.0	2.0	2.0	2.0	2.0	2.0	2.5	2.5	2.5	2.5	2.5	.1298
1.0	0.5	0.5	0.5	1.0	1.0	1.0	1.0	1.0	1.0	1.5	1.5	1.5	1.5	1.5	1.5	1.5	1.5	2.0	2.0	2.0	2.0	2.0	2.0	2.0	2.0	2.0	2.0	2.0	2.5	2.5	2.5	2.5	2.5	2.5	2.5	.1442
1.1	0.5	0.5	0.5	1.0	1.0	1.0	1.0	1.0	1.0	1.5	1.5	1.5	1.5	1.5	1.5	1.5	1.5	2.0	2.0	2.0	2.0	2.0	2.0	2.0	2.0	2.0	2.5	2.5	2.5	2.5	2.5	2.5	2.5	2.5	2.5	.1586
1.2	0.5	0.5	0.5	1.0	1.0	1.0	1.0	1.0	1.0	1.5	1.5	1.5	1.5	1.5	1.5	1.5	2.0	2.0	2.0	2.0	2.0	2.0	2.0	2.0	2.0	2.5	2.5	2.5	2.5	2.5	2.5	2.5	2.5	2.5	2.5	.1730
1.3	0.5	0.5	0.5	0.5	1.0	1.0	1.0	1.0	1.0	1.5	1.5	1.5	1.5	1.5	1.5	1.5	2.0	2.0	2.0	2.0	2.0	2.0	2.0	2.0	2.5	2.5	2.5	2.5	2.5	2.5	2.5	2.5	2.5	2.5	3.0	.1875
1.4	0.5	0.5	0.5	0.5	1.0	1.0	1.0	1.0	1.0	1.5	1.5	1.5	1.5	1.5	1.5	2.0	2.0	2.0	2.0	2.0	2.0	2.0	2.0	2.5	2.5	2.5	2.5	2.5	2.5	2.5	2.5	2.5	2.5	3.0	3.0	.2019
1.5	0.5	0.5	0.5	0.5	1.0	1.0	1.0	1.0	1.0	1.5	1.5	1.5	1.5	1.5	1.5	2.0	2.0	2.0	2.0	2.0	2.0	2.0	2.0	2.5	2.5	2.5	2.5	2.5	2.5	2.5	2.5	2.5	3.0	3.0	3.0	.2163
k	90	126	162	198	234	270	306	342	378	414	450	486	522	558	594	630	666	702	738	774	810	846	882	918	954	990	1026	1062	1098	1134	1170	1206	1242	1278	1314	km

Δt Fahrenheit

D = 0.0030

Δt Celsius °C or Kelvin °K

CONDUCTIVITY (k): Btu, in./sq ft, hr °F (km: W/mK)

k	50	70	90	110	130	150	170	190	210	230	250	270	290	310	330	350	370	390	410	430	450	470	490	510	530	550	570	590	610	630	650	670	690	710	730	km
0.1	0.5	0.5	0.5	0.5	0.5	0.5	0.5	0.5	0.5	1.0	1.0	1.0	1.0	1.0	1.0	1.0	1.0	1.0	1.0	1.0	1.0	1.0	1.0	1.0	1.0	1.0	1.0	1.0	1.0	1.0	1.0	1.0	1.0	1.0	1.0	.0144
0.2	0.5	0.5	0.5	0.5	0.5	1.0	1.0	1.0	1.0	1.0	1.0	1.0	1.0	1.0	1.0	1.0	1.0	1.0	1.0	1.0	1.0	1.0	1.5	1.5	1.5	1.5	1.5	1.5	1.5	1.5	1.5	1.5	1.5	1.5	1.5	.0288
0.3	0.5	0.5	0.5	1.0	1.0	1.0	1.0	1.0	1.0	1.0	1.0	1.0	1.0	1.0	1.0	1.5	1.5	1.5	1.5	1.5	1.5	1.5	1.5	1.5	1.5	1.5	1.5	1.5	1.5	1.5	1.5	1.5	1.5	1.5	2.0	.0433
0.4	0.5	0.5	0.5	1.0	1.0	1.0	1.0	1.0	1.0	1.0	1.0	1.0	1.5	1.5	1.5	1.5	1.5	1.5	1.5	1.5	1.5	1.5	1.5	1.5	1.5	1.5	2.0	2.0	2.0	2.0	2.0	2.0	2.0	2.0	2.0	.0577
0.5	0.5	0.5	1.0	1.0	1.0	1.0	1.0	1.0	1.0	1.0	1.5	1.5	1.5	1.5	1.5	1.5	1.5	1.5	1.5	1.5	1.5	1.5	2.0	2.0	2.0	2.0	2.0	2.0	2.0	2.0	2.0	2.0	2.0	2.0	2.0	.0721
0.6	0.5	0.5	1.0	1.0	1.0	1.0	1.0	1.0	1.0	1.5	1.5	1.5	1.5	1.5	1.5	1.5	1.5	1.5	1.5	2.0	2.0	2.0	2.0	2.0	2.0	2.0	2.0	2.0	2.0	2.0	2.0	2.0	2.0	2.5	2.5	.0865
0.7	0.5	0.5	1.0	1.0	1.0	1.0	1.0	1.0	1.0	1.5	1.5	1.5	1.5	1.5	1.5	1.5	1.5	2.0	2.0	2.0	2.0	2.0	2.0	2.0	2.0	2.0	2.0	2.0	2.0	2.5	2.5	2.5	2.5	2.5	2.5	.1009
0.8	0.5	0.5	1.0	1.0	1.0	1.0	1.0	1.0	1.5	1.5	1.5	1.5	1.5	1.5	1.5	1.5	2.0	2.0	2.0	2.0	2.0	2.0	2.0	2.0	2.0	2.0	2.0	2.5	2.5	2.5	2.5	2.5	2.5	2.5	2.5	.1154
0.9	0.5	0.5	1.0	1.0	1.0	1.0	1.0	1.0	1.5	1.5	1.5	1.5	1.5	1.5	1.5	2.0	2.0	2.0	2.0	2.0	2.0	2.0	2.0	2.0	2.5	2.5	2.5	2.5	2.5	2.5	2.5	2.5	2.5	2.5	2.5	.1298
1.0	0.5	0.5	1.0	1.0	1.0	1.0	1.0	1.5	1.5	1.5	1.5	1.5	1.5	1.5	2.0	2.0	2.0	2.0	2.0	2.0	2.0	2.0	2.0	2.5	2.5	2.5	2.5	2.5	2.5	2.5	2.5	2.5	2.5	3.0	3.0	.1442
1.1	0.5	0.5	1.0	1.0	1.0	1.0	1.0	1.5	1.5	1.5	1.5	1.5	1.5	1.5	2.0	2.0	2.0	2.0	2.0	2.0	2.0	2.0	2.5	2.5	2.5	2.5	2.5	2.5	2.5	2.5	2.5	3.0	3.0	3.0	3.0	.1586
1.2	0.5	0.5	1.0	1.0	1.0	1.0	1.0	1.5	1.5	1.5	1.5	1.5	1.5	2.0	2.0	2.0	2.0	2.0	2.0	2.0	2.0	2.5	2.5	2.5	2.5	2.5	2.5	2.5	2.5	2.5	3.0	3.0	3.0	3.0	3.0	.1730
1.3	0.5	0.5	0.5	1.0	1.0	1.0	1.0	1.5	1.5	1.5	1.5	1.5	1.5	2.0	2.0	2.0	2.0	2.0	2.0	2.0	2.5	2.5	2.5	2.5	2.5	2.5	2.5	2.5	3.0	3.0	3.0	3.0	3.0	3.0	3.0	.1875
1.4	0.5	0.5	0.5	1.0	1.0	1.0	1.0	1.5	1.5	1.5	1.5	1.5	2.0	2.0	2.0	2.0	2.0	2.0	2.0	2.5	2.5	2.5	2.5	2.5	2.5	2.5	2.5	3.0	3.0	3.0	3.0	3.0	3.0	3.0	3.0	.2019
1.5	0.5	0.5	0.5	1.0	1.0	1.0	1.0	1.5	1.5	1.5	1.5	1.5	2.0	2.0	2.0	2.0	2.0	2.0	2.0	2.5	2.5	2.5	2.5	2.5	2.5	2.5	3.0	3.0	3.0	3.0	3.0	3.0	3.0	3.0	3.5	.2163
k	90	126	162	198	234	270	306	342	378	414	450	486	522	558	594	630	666	702	738	774	810	846	882	918	954	990	1026	1062	1098	1134	1170	1206	1242	1278	1314	km

Δt Fahrenheit

D = 0.0035

Δt Celsius °C or Kelvin °K

CONDUCTIVITY (k): Btu, in./sq ft, hr °F (km: W/mK)

k	50	70	90	110	130	150	170	190	210	230	250	270	290	310	330	350	370	390	410	430	450	470	490	510	530	550	570	590	610	630	650	670	690	710	730	km
0.1	0.5	0.5	0.5	0.5	0.5	0.5	0.5	0.5	1.0	1.0	1.0	1.0	1.0	1.0	1.0	1.0	1.0	1.0	1.0	1.0	1.0	1.0	1.0	1.0	1.0	1.0	1.0	1.0	1.0	1.0	1.0	1.0	1.0	1.0	1.0	.0144
0.2	0.5	0.5	0.5	0.5	1.0	1.0	1.0	1.0	1.0	1.0	1.0	1.0	1.0	1.0	1.0	1.0	1.0	1.0	1.5	1.5	1.5	1.5	1.5	1.5	1.5	1.5	1.5	1.5	1.5	1.5	1.5	1.5	1.5	1.5	1.5	.0288
0.3	0.5	0.5	0.5	1.0	1.0	1.0	1.0	1.0	1.0	1.0	1.0	1.0	1.0	1.5	1.5	1.5	1.5	1.5	1.5	1.5	1.5	1.5	1.5	1.5	1.5	1.5	1.5	1.5	2.0	2.0	2.0	2.0	2.0	2.0	2.0	.0433
0.4	0.5	0.5	1.0	1.0	1.0	1.0	1.0	1.0	1.0	1.0	1.5	1.5	1.5	1.5	1.5	1.5	1.5	1.5	1.5	1.5	1.5	1.5	2.0	2.0	2.0	2.0	2.0	2.0	2.0	2.0	2.0	2.0	2.0	2.0	2.0	.0577
0.5	0.5	0.5	1.0	1.0	1.0	1.0	1.0	1.0	1.0	1.5	1.5	1.5	1.5	1.5	1.5	1.5	1.5	1.5	1.5	2.0	2.0	2.0	2.0	2.0	2.0	2.0	2.0	2.0	2.0	2.0	2.0	2.0	2.5	2.5	2.5	.0721
0.6	0.5	0.5	1.0	1.0	1.0	1.0	1.0	1.0	1.5	1.5	1.5	1.5	1.5	1.5	1.5	1.5	2.0	2.0	2.0	2.0	2.0	2.0	2.0	2.0	2.0	2.0	2.0	2.0	2.5	2.5	2.5	2.5	2.5	2.5	2.5	.0865
0.7	0.5	0.5	1.0	1.0	1.0	1.0	1.0	1.5	1.5	1.5	1.5	1.5	1.5	1.5	1.5	2.0	2.0	2.0	2.0	2.0	2.0	2.0	2.0	2.0	2.0	2.5	2.5	2.5	2.5	2.5	2.5	2.5	2.5	2.5	2.5	.1009
0.8	0.5	0.5	1.0	1.0	1.0	1.0	1.0	1.5	1.5	1.5	1.5	1.5	1.5	2.0	2.0	2.0	2.0	2.0	2.0	2.0	2.0	2.0	2.5	2.5	2.5	2.5	2.5	2.5	2.5	2.5	2.5	2.5	2.5	3.0	3.0	.1154
0.9	0.5	0.5	1.0	1.0	1.0	1.0	1.5	1.5	1.5	1.5	1.5	1.5	1.5	2.0	2.0	2.0	2.0	2.0	2.0	2.0	2.0	2.5	2.5	2.5	2.5	2.5	2.5	2.5	2.5	2.5	3.0	3.0	3.0	3.0	3.0	.1298
1.0	0.5	0.5	1.0	1.0	1.0	1.0	1.5	1.5	1.5	1.5	1.5	1.5	2.0	2.0	2.0	2.0	2.0	2.0	2.0	2.5	2.5	2.5	2.5	2.5	2.5	2.5	2.5	2.5	3.0	3.0	3.0	3.0	3.0	3.0	3.0	.1442
1.1	0.5	0.5	1.0	1.0	1.0	1.0	1.5	1.5	1.5	1.5	1.5	2.0	2.0	2.0	2.0	2.0	2.0	2.0	2.5	2.5	2.5	2.5	2.5	2.5	2.5	2.5	3.0	3.0	3.0	3.0	3.0	3.0	3.0	3.0	3.0	.1586
1.2	0.5	0.5	1.0	1.0	1.0	1.0	1.5	1.5	1.5	1.5	1.5	2.0	2.0	2.0	2.0	2.0	2.0	2.5	2.5	2.5	2.5	2.5	2.5	2.5	2.5	3.0	3.0	3.0	3.0	3.0	3.0	3.0	3.0	3.5	3.5	.1730
1.3	0.5	0.5	1.0	1.0	1.0	1.0	1.5	1.5	1.5	1.5	1.5	2.0	2.0	2.0	2.0	2.0	2.0	2.5	2.5	2.5	2.5	2.5	2.5	2.5	3.0	3.0	3.0	3.0	3.0	3.0	3.0	3.0	3.5	3.5	3.5	.1875
1.4	0.5	0.5	1.0	1.0	1.0	1.0	1.5	1.5	1.5	1.5	2.0	2.0	2.0	2.0	2.0	2.0	2.5	2.5	2.5	2.5	2.5	2.5	2.5	3.0	3.0	3.0	3.0	3.0	3.0	3.0	3.5	3.5	3.5	3.5	3.5	.2019
1.5	0.5	0.5	1.0	1.0	1.0	1.0	1.5	1.5	1.5	1.5	2.0	2.0	2.0	2.0	2.0	2.0	2.5	2.5	2.5	2.5	2.5	2.5	3.0	3.0	3.0	3.0	3.0	3.0	3.0	3.5	3.5	3.5	3.5	3.5	3.5	.2163
k	90	126	162	198	234	270	306	342	378	414	450	486	522	558	594	630	666	702	738	774	810	846	882	918	954	990	1026	1062	1098	1134	1170	1206	1242	1278	1314	km

Δt Fahrenheit

TEMPERATURE DIFFERENCE

TABLE 2 (Sheet 50 of 128)

TABLE 2 (Continued)

ECONOMICAL INSULATION THICKNESS TABLE

IN INCHES
(nominal)

PIPE SIZE: 4'' NPS (Tube Size 4-1/2'' OD)
114.3 mm

At the intersection of the ''Δt'' column with the ''k'' row read the economical thickness.
(•—*exceeds 12'' thickness*)

D = 0.0040

Δt Celsius °C or Kelvin °K

k	50	70	90	110	130	150	170	190	210	230	250	270	290	310	330	350	370	390	410	430	450	470	490	510	530	550	570	590	610	630	650	670	690	710	730	km
0.1	0.5	0.5	0.5	0.5	0.5	0.5	0.5	1.0	1.0	1.0	1.0	1.0	1.0	1.0	1.0	1.0	1.0	1.0	1.0	1.0	1.0	1.0	1.0	1.0	1.0	1.0	1.0	1.0	1.0	1.0	1.0	1.5	1.5	1.5	1.5	.0144
0.2	0.5	0.5	0.5	1.0	1.0	1.0	1.0	1.0	1.0	1.0	1.0	1.0	1.0	1.0	1.0	1.0	1.5	1.5	1.5	1.5	1.5	1.5	1.5	1.5	1.5	1.5	1.5	1.5	1.5	1.5	1.5	1.5	1.5	1.5	1.5	.0288
0.3	0.5	0.5	1.0	1.0	1.0	1.0	1.0	1.0	1.0	1.0	1.0	1.5	1.5	1.5	1.5	1.5	1.5	1.5	1.5	1.5	1.5	1.5	1.5	1.5	1.5	2.0	2.0	2.0	2.0	2.0	2.0	2.0	2.0	2.0	2.0	.0433
0.4	0.5	0.5	1.0	1.0	1.0	1.0	1.0	1.0	1.0	1.5	1.5	1.5	1.5	1.5	1.5	1.5	1.5	1.5	1.5	2.0	2.0	2.0	2.0	2.0	2.0	2.0	2.0	2.0	2.0	2.0	2.0	2.0	2.0	2.0	2.5	.0577
0.5	0.5	1.0	1.0	1.0	1.0	1.0	1.0	1.5	1.5	1.5	1.5	1.5	1.5	1.5	1.5	1.5	2.0	2.0	2.0	2.0	2.0	2.0	2.0	2.0	2.0	2.0	2.0	2.0	2.5	2.5	2.5	2.5	2.5	2.5	2.5	.0721
0.6	0.5	1.0	1.0	1.0	1.0	1.0	1.5	1.5	1.5	1.5	1.5	1.5	1.5	1.5	2.0	2.0	2.0	2.0	2.0	2.0	2.0	2.0	2.0	2.0	2.5	2.5	2.5	2.5	2.5	2.5	2.5	2.5	2.5	2.5	2.5	.0865
0.7	0.5	1.0	1.0	1.0	1.0	1.0	1.5	1.5	1.5	1.5	1.5	1.5	1.5	2.0	2.0	2.0	2.0	2.0	2.0	2.0	2.0	2.5	2.5	2.5	2.5	2.5	2.5	2.5	2.5	2.5	2.5	2.5	3.0	3.0	3.0	.1009
0.8	0.5	1.0	1.0	1.0	1.0	1.5	1.5	1.5	1.5	1.5	1.5	2.0	2.0	2.0	2.0	2.0	2.0	2.0	2.0	2.5	2.5	2.5	2.5	2.5	2.5	2.5	2.5	2.5	2.5	3.0	3.0	3.0	3.0	3.0	3.0	.1154
0.9	0.5	1.0	1.0	1.0	1.0	1.5	1.5	1.5	1.5	1.5	1.5	2.0	2.0	2.0	2.0	2.0	2.0	2.0	2.5	2.5	2.5	2.5	2.5	2.5	2.5	2.5	3.0	3.0	3.0	3.0	3.0	3.0	3.0	3.0	3.0	.1298
1.0	0.5	1.0	1.0	1.0	1.0	1.5	1.5	1.5	1.5	1.5	2.0	2.0	2.0	2.0	2.0	2.0	2.0	2.5	2.5	2.5	2.5	2.5	2.5	2.5	3.0	3.0	3.0	3.0	3.0	3.0	3.0	3.0	3.0	3.5	3.5	.1442
1.1	0.5	1.0	1.0	1.0	1.0	1.5	1.5	1.5	1.5	1.5	2.0	2.0	2.0	2.0	2.0	2.0	2.5	2.5	2.5	2.5	2.5	2.5	2.5	3.0	3.0	3.0	3.0	3.0	3.0	3.0	3.0	3.5	3.5	3.5	3.5	.1586
1.2	0.5	1.0	1.0	1.0	1.0	1.5	1.5	1.5	1.5	2.0	2.0	2.0	2.0	2.0	2.0	2.5	2.5	2.5	2.5	2.5	2.5	2.5	3.0	3.0	3.0	3.0	3.0	3.0	3.0	3.5	3.5	3.5	3.5	3.5	3.5	.1730
1.3	0.5	1.0	1.0	1.0	1.0	1.5	1.5	1.5	1.5	2.0	2.0	2.0	2.0	2.0	2.5	2.5	2.5	2.5	2.5	2.5	2.5	3.0	3.0	3.0	3.0	3.0	3.0	3.5	3.5	3.5	3.5	3.5	3.5	3.5	3.5	.1875
1.4	0.5	0.5	1.0	1.0	1.0	1.5	1.5	1.5	1.5	2.0	2.0	2.0	2.0	2.0	2.5	2.5	2.5	2.5	2.5	2.5	3.0	3.0	3.0	3.0	3.0	3.0	3.5	3.5	3.5	3.5	3.5	3.5	3.5	3.5	4.0	.2019
1.5	0.5	0.5	1.0	1.0	1.0	1.5	1.5	1.5	1.5	2.0	2.0	2.0	2.0	2.5	2.5	2.5	2.5	2.5	2.5	3.0	3.0	3.0	3.0	3.0	3.0	3.5	3.5	3.5	3.5	3.5	3.5	3.5	4.0	4.0	4.0	.2163
k	90	126	162	198	234	270	306	342	378	414	450	486	522	558	594	630	666	702	738	774	810	846	882	918	954	990	1026	1062	1098	1134	1170	1206	1242	1278	1314	km

Δt Fahrenheit

Btu, in./sq ft, hr °F — W/mK

D = 0.0045

Δt Celsius °C or Kelvin °K

k	50	70	90	110	130	150	170	190	210	230	250	270	290	310	330	350	370	390	410	430	450	470	490	510	530	550	570	590	610	630	650	670	690	710	730	km
0.1	0.5	0.5	0.5	0.5	0.5	0.5	1.0	1.0	1.0	1.0	1.0	1.0	1.0	1.0	1.0	1.0	1.0	1.0	1.0	1.0	1.0	1.0	1.0	1.0	1.0	1.0	1.0	1.5	1.5	1.5	1.5	1.5	1.5	1.5	1.5	.0144
0.2	0.5	0.5	0.5	1.0	1.0	1.0	1.0	1.0	1.0	1.0	1.0	1.0	1.0	1.0	1.5	1.5	1.5	1.5	1.5	1.5	1.5	1.5	1.5	1.5	1.5	1.5	1.5	1.5	1.5	1.5	1.5	2.0	2.0	2.0	2.0	.0288
0.3	0.5	0.5	1.0	1.0	1.0	1.0	1.0	1.0	1.0	1.0	1.5	1.5	1.5	1.5	1.5	1.5	1.5	1.5	1.5	1.5	1.5	1.5	2.0	2.0	2.0	2.0	2.0	2.0	2.0	2.0	2.0	2.0	2.0	2.0	2.0	.0433
0.4	0.5	1.0	1.0	1.0	1.0	1.0	1.0	1.0	1.5	1.5	1.5	1.5	1.5	1.5	1.5	1.5	1.5	2.0	2.0	2.0	2.0	2.0	2.0	2.0	2.0	2.0	2.0	2.0	2.0	2.0	2.5	2.5	2.5	2.5	2.5	.0577
0.5	0.5	1.0	1.0	1.0	1.0	1.0	1.5	1.5	1.5	1.5	1.5	1.5	1.5	1.5	2.0	2.0	2.0	2.0	2.0	2.0	2.0	2.0	2.0	2.0	2.5	2.5	2.5	2.5	2.5	2.5	2.5	2.5	2.5	2.5	2.5	.0721
0.6	0.5	1.0	1.0	1.0	1.0	1.0	1.5	1.5	1.5	1.5	1.5	1.5	2.0	2.0	2.0	2.0	2.0	2.0	2.0	2.0	2.0	2.5	2.5	2.5	2.5	2.5	2.5	2.5	2.5	2.5	2.5	2.5	3.0	3.0	3.0	.0865
0.7	0.5	1.0	1.0	1.0	1.0	1.5	1.5	1.5	1.5	1.5	1.5	2.0	2.0	2.0	2.0	2.0	2.0	2.0	2.0	2.5	2.5	2.5	2.5	2.5	2.5	2.5	2.5	2.5	3.0	3.0	3.0	3.0	3.0	3.0	3.0	.1009
0.8	0.5	1.0	1.0	1.0	1.0	1.5	1.5	1.5	1.5	1.5	2.0	2.0	2.0	2.0	2.0	2.0	2.0	2.5	2.5	2.5	2.5	2.5	2.5	2.5	2.5	3.0	3.0	3.0	3.0	3.0	3.0	3.0	3.0	3.0	3.5	.1154
0.9	0.5	1.0	1.0	1.0	1.5	1.5	1.5	1.5	1.5	2.0	2.0	2.0	2.0	2.0	2.0	2.0	2.5	2.5	2.5	2.5	2.5	2.5	2.5	3.0	3.0	3.0	3.0	3.0	3.0	3.0	3.0	3.5	3.5	3.5	3.5	.1298
1.0	0.5	1.0	1.0	1.0	1.5	1.5	1.5	1.5	1.5	2.0	2.0	2.0	2.0	2.0	2.0	2.5	2.5	2.5	2.5	2.5	2.5	3.0	3.0	3.0	3.0	3.0	3.0	3.0	3.0	3.5	3.5	3.5	3.5	3.5	3.5	.1442
1.1	0.5	1.0	1.0	1.0	1.5	1.5	1.5	1.5	2.0	2.0	2.0	2.0	2.0	2.0	2.5	2.5	2.5	2.5	2.5	2.5	3.0	3.0	3.0	3.0	3.0	3.0	3.0	3.5	3.5	3.5	3.5	3.5	3.5	3.5	3.5	.1586
1.2	0.5	1.0	1.0	1.0	1.5	1.5	1.5	1.5	2.0	2.0	2.0	2.0	2.0	2.5	2.5	2.5	2.5	2.5	2.5	3.0	3.0	3.0	3.0	3.0	3.0	3.5	3.5	3.5	3.5	3.5	3.5	3.5	3.5	4.0	4.0	.1730
1.3	0.5	1.0	1.0	1.0	1.5	1.5	1.5	1.5	2.0	2.0	2.0	2.0	2.0	2.5	2.5	2.5	2.5	2.5	3.0	3.0	3.0	3.0	3.0	3.0	3.5	3.5	3.5	3.5	3.5	3.5	3.5	4.0	4.0	4.0	4.0	.1875
1.4	0.5	1.0	1.0	1.0	1.5	1.5	1.5	1.5	2.0	2.0	2.0	2.0	2.5	2.5	2.5	2.5	2.5	3.0	3.0	3.0	3.0	3.0	3.0	3.5	3.5	3.5	3.5	3.5	3.5	3.5	4.0	4.0	4.0	4.0	4.0	.2019
1.5	0.5	1.0	1.0	1.0	1.5	1.5	1.5	2.0	2.0	2.0	2.0	2.0	2.5	2.5	2.5	2.5	2.5	3.0	3.0	3.0	3.0	3.0	3.5	3.5	3.5	3.5	3.5	3.5	4.0	4.0	4.0	4.0	4.0	4.0	4.0	.2163
k	90	126	162	198	234	270	306	342	378	414	450	486	522	558	594	630	666	702	738	774	810	846	882	918	954	990	1026	1062	1098	1134	1170	1206	1242	1278	1314	km

Δt Fahrenheit

CONDUCTIVITY Btu, in./sq ft, hr °F — W/mK

D = 0.0050

Δt Celsius °C or Kelvin °K

k	50	70	90	110	130	150	170	190	210	230	250	270	290	310	330	350	370	390	410	430	450	470	490	510	530	550	570	590	610	630	650	670	690	710	730	km
0.1	0.5	0.5	0.5	0.5	0.5	1.0	1.0	1.0	1.0	1.0	1.0	1.0	1.0	1.0	1.0	1.0	1.0	1.0	1.0	1.0	1.0	1.0	1.0	1.0	1.5	1.5	1.5	1.5	1.5	1.5	1.5	1.5	1.5	1.5	1.5	.0144
0.2	0.5	0.5	1.0	1.0	1.0	1.0	1.0	1.0	1.0	1.0	1.0	1.0	1.5	1.5	1.5	1.5	1.5	1.5	1.5	1.5	1.5	1.5	1.5	1.5	1.5	1.5	1.5	1.5	1.5	2.0	2.0	2.0	2.0	2.0	2.0	.0288
0.3	0.5	1.0	1.0	1.0	1.0	1.0	1.0	1.0	1.5	1.5	1.5	1.5	1.5	1.5	1.5	1.5	1.5	1.5	1.5	2.0	2.0	2.0	2.0	2.0	2.0	2.0	2.0	2.0	2.0	2.0	2.0	2.0	2.0	2.0	2.5	.0433
0.4	0.5	1.0	1.0	1.0	1.0	1.0	1.0	1.5	1.5	1.5	1.5	1.5	1.5	1.5	1.5	2.0	2.0	2.0	2.0	2.0	2.0	2.0	2.0	2.0	2.0	2.0	2.0	2.5	2.5	2.5	2.5	2.5	2.5	2.5	2.5	.0577
0.5	0.5	1.0	1.0	1.0	1.0	1.5	1.5	1.5	1.5	1.5	1.5	1.5	2.0	2.0	2.0	2.0	2.0	2.0	2.0	2.0	2.0	2.0	2.5	2.5	2.5	2.5	2.5	2.5	2.5	2.5	2.5	2.5	2.5	3.0	3.0	.0721
0.6	0.5	1.0	1.0	1.0	1.0	1.5	1.5	1.5	1.5	1.5	1.5	2.0	2.0	2.0	2.0	2.0	2.0	2.0	2.0	2.5	2.5	2.5	2.5	2.5	2.5	2.5	2.5	2.5	3.0	3.0	3.0	3.0	3.0	3.0	3.0	.0865
0.7	0.5	1.0	1.0	1.0	1.5	1.5	1.5	1.5	1.5	1.5	2.0	2.0	2.0	2.0	2.0	2.0	2.0	2.5	2.5	2.5	2.5	2.5	2.5	2.5	2.5	3.0	3.0	3.0	3.0	3.0	3.0	3.0	3.0	3.0	3.0	.1009
0.8	0.5	1.0	1.0	1.0	1.5	1.5	1.5	1.5	1.5	2.0	2.0	2.0	2.0	2.0	2.0	2.5	2.5	2.5	2.5	2.5	2.5	2.5	2.5	3.0	3.0	3.0	3.0	3.0	3.0	3.0	3.0	3.5	3.5	3.5	3.5	.1154
0.9	0.5	1.0	1.0	1.0	1.5	1.5	1.5	1.5	2.0	2.0	2.0	2.0	2.0	2.0	2.5	2.5	2.5	2.5	2.5	2.5	2.5	3.0	3.0	3.0	3.0	3.0	3.0	3.0	3.5	3.5	3.5	3.5	3.5	3.5	3.5	.1298
1.0	0.5	1.0	1.0	1.0	1.5	1.5	1.5	1.5	2.0	2.0	2.0	2.0	2.0	2.5	2.5	2.5	2.5	2.5	2.5	3.0	3.0	3.0	3.0	3.0	3.0	3.0	3.5	3.5	3.5	3.5	3.5	3.5	3.5	3.5	4.0	.1442
1.1	0.5	1.0	1.0	1.5	1.5	1.5	1.5	2.0	2.0	2.0	2.0	2.0	2.5	2.5	2.5	2.5	2.5	2.5	3.0	3.0	3.0	3.0	3.0	3.0	3.5	3.5	3.5	3.5	3.5	3.5	3.5	3.5	4.0	4.0	4.0	.1586
1.2	0.5	1.0	1.0	1.5	1.5	1.5	1.5	2.0	2.0	2.0	2.0	2.0	2.5	2.5	2.5	2.5	2.5	3.0	3.0	3.0	3.0	3.0	3.0	3.5	3.5	3.5	3.5	3.5	3.5	3.5	4.0	4.0	4.0	4.0	4.0	.1730
1.3	0.5	1.0	1.0	1.5	1.5	1.5	1.5	2.0	2.0	2.0	2.0	2.5	2.5	2.5	2.5	2.5	3.0	3.0	3.0	3.0	3.0	3.5	3.5	3.5	3.5	3.5	3.5	3.5	4.0	4.0	4.0	4.0	4.0	4.0	4.0	.1875
1.4	0.5	1.0	1.0	1.5	1.5	1.5	1.5	2.0	2.0	2.0	2.0	2.5	2.5	2.5	2.5	3.0	3.0	3.0	3.0	3.0	3.5	3.5	3.5	3.5	3.5	3.5	4.0	4.0	4.0	4.0	4.0	4.0	4.0	4.5	4.5	.2019
1.5	0.5	1.0	1.0	1.5	1.5	1.5	2.0	2.0	2.0	2.0	2.5	2.5	2.5	2.5	2.5	3.0	3.0	3.0	3.0	3.0	3.5	3.5	3.5	3.5	3.5	4.0	4.0	4.0	4.0	4.0	4.0	4.5	4.5	4.5	4.5	.2163
k	90	126	162	198	234	270	306	342	378	414	450	486	522	558	594	630	666	702	738	774	810	846	882	918	954	990	1026	1062	1098	1134	1170	1206	1242	1278	1314	km

Δt Fahrenheit

Btu, in./sq ft, hr °F — W/mK

TABLE 2 (Sheet 51 of 128)

TEMPERATURE DIFFERENCE

ECONOMICAL INSULATION THICKNESS TABLE

IN INCHES
(nominal)

PIPE SIZE: 4'' NPS (Tube Size 4-1/2'' OD)
114.3 mm

At the intersection of the ''Δt'' column with the ''k'' row read the economical thickness.
(•—*exceeds 12'' thickness*)

CONDUCTIVITY k: Btu, in./sq ft, hr °F; km: W/mK

D = 0.0060

Δt Celsius °C or Kelvin °K

k	50	70	90	110	130	150	170	190	210	230	250	270	290	310	330	350	370	390	410	430	450	470	490	510	530	550	570	590	610	630	650	670	690	710	730	km
0.1	0.5	0.5	0.5	0.5	1.0	1.0	1.0	1.0	1.0	1.0	1.0	1.0	1.0	1.0	1.0	1.0	1.0	1.0	1.0	1.0	1.5	1.5	1.5	1.5	1.5	1.5	1.5	1.5	1.5	1.5	1.5	1.5	1.5	1.5	1.5	**.0144**
0.2	0.5	1.0	1.0	1.0	1.0	1.0	1.0	1.0	1.0	1.0	1.5	1.5	1.5	1.5	1.5	1.5	1.5	1.5	1.5	1.5	1.5	1.5	1.5	2.0	2.0	2.0	2.0	2.0	2.0	2.0	2.0	2.0	2.0	2.0	2.0	**.0288**
0.3	0.5	1.0	1.0	1.0	1.0	1.0	1.0	1.5	1.5	1.5	1.5	1.5	1.5	1.5	1.5	1.5	2.0	2.0	2.0	2.0	2.0	2.0	2.0	2.0	2.0	2.0	2.0	2.0	2.5	2.5	2.5	2.5	2.5	2.5	2.5	**.0433**
0.4	1.0	1.0	1.0	1.0	1.0	1.5	1.5	1.5	1.5	1.5	1.5	1.5	2.0	2.0	2.0	2.0	2.0	2.0	2.0	2.0	2.0	2.0	2.5	2.5	2.5	2.5	2.5	2.5	2.5	2.5	2.5	2.5	2.5	3.0	3.0	**.0577**
0.5	1.0	1.0	1.0	1.0	1.5	1.5	1.5	1.5	1.5	1.5	2.0	2.0	2.0	2.0	2.0	2.0	2.0	2.0	2.5	2.5	2.5	2.5	2.5	2.5	2.5	2.5	2.5	3.0	3.0	3.0	3.0	3.0	3.0	3.0	3.0	**.0721**
0.6	1.0	1.0	1.0	1.0	1.5	1.5	1.5	1.5	1.5	2.0	2.0	2.0	2.0	2.0	2.0	2.5	2.5	2.5	2.5	2.5	2.5	2.5	2.5	3.0	3.0	3.0	3.0	3.0	3.0	3.0	3.0	3.0	3.5	3.5	3.5	**.0865**
0.7	1.0	1.0	1.0	1.5	1.5	1.5	1.5	1.5	2.0	2.0	2.0	2.0	2.0	2.0	2.5	2.5	2.5	2.5	2.5	2.5	2.5	3.0	3.0	3.0	3.0	3.0	3.0	3.0	3.5	3.5	3.5	3.5	3.5	3.5	3.5	**.1009**
0.8	1.0	1.0	1.0	1.5	1.5	1.5	1.5	2.0	2.0	2.0	2.0	2.0	2.5	2.5	2.5	2.5	2.5	2.5	3.0	3.0	3.0	3.0	3.0	3.0	3.0	3.5	3.5	3.5	3.5	3.5	3.5	3.5	3.5	3.5	4.0	**.1154**
0.9	1.0	1.0	1.0	1.5	1.5	1.5	2.0	2.0	2.0	2.0	2.0	2.5	2.5	2.5	2.5	2.5	2.5	3.0	3.0	3.0	3.0	3.0	3.0	3.5	3.5	3.5	3.5	3.5	3.5	3.5	4.0	4.0	4.0	4.0	4.0	**.1298**
1.0	1.0	1.0	1.0	1.5	1.5	1.5	2.0	2.0	2.0	2.0	2.5	2.5	2.5	2.5	2.5	2.5	3.0	3.0	3.0	3.0	3.0	3.5	3.5	3.5	3.5	3.5	3.5	3.5	4.0	4.0	4.0	4.0	4.0	4.0	4.0	**.1442**
1.1	1.0	1.0	1.0	1.5	1.5	1.5	2.0	2.0	2.0	2.0	2.5	2.5	2.5	2.5	2.5	3.0	3.0	3.0	3.0	3.0	3.5	3.5	3.5	3.5	3.5	3.5	4.0	4.0	4.0	4.0	4.0	4.0	4.0	4.5	4.5	**.1586**
1.2	1.0	1.0	1.0	1.5	1.5	1.5	2.0	2.0	2.0	2.5	2.5	2.5	2.5	2.5	3.0	3.0	3.0	3.0	3.0	3.5	3.5	3.5	3.5	3.5	4.0	4.0	4.0	4.0	4.0	4.0	4.5	4.5	4.5	4.5	4.5	**.1730**
1.3	1.0	1.0	1.0	1.5	1.5	2.0	2.0	2.0	2.0	2.5	2.5	2.5	2.5	3.0	3.0	3.0	3.0	3.0	3.5	3.5	3.5	3.5	3.5	4.0	4.0	4.0	4.0	4.0	4.0	4.5	4.5	4.5	4.5	4.5	5.0	**.1875**
1.4	1.0	1.0	1.5	1.5	1.5	2.0	2.0	2.0	2.0	2.5	2.5	2.5	2.5	3.0	3.0	3.0	3.0	3.5	3.5	3.5	3.5	3.5	4.0	4.0	4.0	4.0	4.0	4.5	4.5	4.5	4.5	4.5	4.5	5.0	5.0	**.2019**
1.5	1.0	1.0	1.5	1.5	1.5	2.0	2.0	2.0	2.5	2.5	2.5	2.5	3.0	3.0	3.0	3.0	3.5	3.5	3.5	3.5	3.5	4.0	4.0	4.0	4.0	4.0	4.5	4.5	4.5	4.5	4.5	5.0	5.0	5.0	5.0	**.2163**
k	**90**	**126**	**162**	**198**	**234**	**270**	**306**	**342**	**378**	**414**	**450**	**486**	**522**	**558**	**594**	**630**	**666**	**702**	**738**	**774**	**810**	**846**	**882**	**918**	**954**	**990**	**1026**	**1062**	**1098**	**1134**	**1170**	**1206**	**1242**	**1278**	**1314**	**km**

Δt Fahrenheit

D = 0.0070

Δt Celsius °C or Kelvin °K

k	50	70	90	110	130	150	170	190	210	230	250	270	290	310	330	350	370	390	410	430	450	470	490	510	530	550	570	590	610	630	650	670	690	710	730	km
0.1	0.5	0.5	0.5	1.0	1.0	1.0	1.0	1.0	1.0	1.0	1.0	1.0	1.0	1.0	1.0	1.0	1.0	1.5	1.5	1.5	1.5	1.5	1.5	1.5	1.5	1.5	1.5	1.5	1.5	1.5	1.5	1.5	1.5	1.5	1.5	**.0144**
0.2	0.5	1.0	1.0	1.0	1.0	1.0	1.0	1.0	1.5	1.5	1.5	1.5	1.5	1.5	1.5	1.5	1.5	1.5	1.5	1.5	2.0	2.0	2.0	2.0	2.0	2.0	2.0	2.0	2.0	2.0	2.0	2.0	2.0	2.0	2.0	**.0288**
0.3	1.0	1.0	1.0	1.0	1.0	1.5	1.5	1.5	1.5	1.5	1.5	1.5	1.5	2.0	2.0	2.0	2.0	2.0	2.0	2.0	2.0	2.0	2.0	2.0	2.5	2.5	2.5	2.5	2.5	2.5	2.5	2.5	2.5	2.5	2.5	**.0433**
0.4	1.0	1.0	1.0	1.0	1.5	1.5	1.5	1.5	1.5	1.5	2.0	2.0	2.0	2.0	2.0	2.0	2.0	2.0	2.5	2.5	2.5	2.5	2.5	2.5	2.5	2.5	2.5	2.5	3.0	3.0	3.0	3.0	3.0	3.0	3.0	**.0577**
0.5	1.0	1.0	1.0	1.5	1.5	1.5	1.5	1.5	2.0	2.0	2.0	2.0	2.0	2.0	2.0	2.5	2.5	2.5	2.5	2.5	2.5	2.5	2.5	3.0	3.0	3.0	3.0	3.0	3.0	3.0	3.0	3.0	3.5	3.5	3.5	**.0721**
0.6	1.0	1.0	1.0	1.5	1.5	1.5	1.5	2.0	2.0	2.0	2.0	2.0	2.0	2.5	2.5	2.5	2.5	2.5	2.5	2.5	3.0	3.0	3.0	3.0	3.0	3.0	3.0	3.5	3.5	3.5	3.5	3.5	3.5	3.5	3.5	**.0865**
0.7	1.0	1.0	1.0	1.5	1.5	1.5	2.0	2.0	2.0	2.0	2.0	2.5	2.5	2.5	2.5	2.5	2.5	3.0	3.0	3.0	3.0	3.0	3.0	3.0	3.0	3.5	3.5	3.5	3.5	3.5	3.5	3.5	4.0	4.0	4.0	**.1009**
0.8	1.0	1.0	1.5	1.5	1.5	1.5	2.0	2.0	2.0	2.0	2.5	2.5	2.5	2.5	2.5	2.5	3.0	3.0	3.0	3.0	3.0	3.5	3.5	3.5	3.5	3.5	3.5	3.5	4.0	4.0	4.0	4.0	4.0	4.0	4.0	**.1154**
0.9	1.0	1.0	1.5	1.5	1.5	2.0	2.0	2.0	2.0	2.5	2.5	2.5	2.5	2.5	3.0	3.0	3.0	3.0	3.0	3.5	3.5	3.5	3.5	3.5	3.5	3.5	4.0	4.0	4.0	4.0	4.0	4.0	4.0	4.5	4.5	**.1298**
1.0	1.0	1.0	1.5	1.5	1.5	2.0	2.0	2.0	2.0	2.5	2.5	2.5	2.5	3.0	3.0	3.0	3.0	3.0	3.5	3.5	3.5	3.5	3.5	3.5	4.0	4.0	4.0	4.0	4.0	4.0	4.5	4.5	4.5	4.5	4.5	**.1442**
1.1	1.0	1.0	1.5	1.5	1.5	2.0	2.0	2.0	2.5	2.5	2.5	2.5	3.0	3.0	3.0	3.0	3.0	3.5	3.5	3.5	3.5	3.5	4.0	4.0	4.0	4.0	4.0	4.0	4.5	4.5	4.5	4.5	4.5	5.0	5.0	**.1586**
1.2	1.0	1.0	1.5	1.5	2.0	2.0	2.0	2.0	2.5	2.5	2.5	2.5	3.0	3.0	3.0	3.0	3.5	3.5	3.5	3.5	3.5	4.0	4.0	4.0	4.0	4.0	4.5	4.5	4.5	4.5	4.5	5.0	5.0	5.0	5.0	**.1730**
1.3	1.0	1.0	1.5	1.5	2.0	2.0	2.0	2.5	2.5	2.5	2.5	3.0	3.0	3.0	3.0	3.5	3.5	3.5	3.5	4.0	4.0	4.0	4.0	4.0	4.5	4.5	4.5	4.5	4.5	5.0	5.0	5.0	5.0	5.0	5.0	**.1875**
1.4	1.0	1.0	1.5	1.5	2.0	2.0	2.0	2.5	2.5	2.5	3.0	3.0	3.0	3.0	3.5	3.5	3.5	3.5	4.0	4.0	4.0	4.0	4.0	4.5	4.5	4.5	4.5	4.5	5.0	5.0	5.0	5.0	5.0	5.5	5.5	**.2019**
1.5	1.0	1.0	1.5	1.5	2.0	2.0	2.0	2.5	2.5	2.5	3.0	3.0	3.0	3.5	3.5	3.5	3.5	4.0	4.0	4.0	4.0	4.0	4.5	4.5	4.5	4.5	5.0	5.0	5.0	5.0	5.0	5.5	5.5	5.5	5.5	**.2163**
k	**90**	**126**	**162**	**198**	**234**	**270**	**306**	**342**	**378**	**414**	**450**	**486**	**522**	**558**	**594**	**630**	**666**	**702**	**738**	**774**	**810**	**846**	**882**	**918**	**954**	**990**	**1026**	**1062**	**1098**	**1134**	**1170**	**1206**	**1242**	**1278**	**1314**	**km**

Δt Fahrenheit

D = 0.0080

Δt Celsius °C or Kelvin °K

k	50	70	90	110	130	150	170	190	210	230	250	270	290	310	330	350	370	390	410	430	450	470	490	510	530	550	570	590	610	630	650	670	690	710	730	km
0.1	0.5	0.5	1.0	1.0	1.0	1.0	1.0	1.0	1.0	1.0	1.0	1.0	1.0	1.0	1.5	1.5	1.5	1.5	1.5	1.5	1.5	1.5	1.5	1.5	1.5	1.5	1.5	1.5	1.5	1.5	1.5	1.5	1.5	2.0	2.0	**.0144**
0.2	0.5	1.0	1.0	1.0	1.0	1.0	1.0	1.5	1.5	1.5	1.5	1.5	1.5	1.5	1.5	1.5	1.5	2.0	2.0	2.0	2.0	2.0	2.0	2.0	2.0	2.0	2.0	2.0	2.0	2.0	2.5	2.5	2.5	2.5	2.5	**.0288**
0.3	1.0	1.0	1.0	1.0	1.0	1.5	1.5	1.5	1.5	1.5	1.5	2.0	2.0	2.0	2.0	2.0	2.0	2.0	2.0	2.0	2.0	2.5	2.5	2.5	2.5	2.5	2.5	2.5	2.5	2.5	2.5	2.5	3.0	3.0	3.0	**.0433**
0.4	1.0	1.0	1.0	1.5	1.5	1.5	1.5	1.5	1.5	2.0	2.0	2.0	2.0	2.0	2.0	2.0	2.5	2.5	2.5	2.5	2.5	2.5	2.5	2.5	2.5	3.0	3.0	3.0	3.0	3.0	3.0	3.0	3.0	3.0	3.5	**.0577**
0.5	1.0	1.0	1.0	1.5	1.5	1.5	1.5	2.0	2.0	2.0	2.0	2.0	2.0	2.5	2.5	2.5	2.5	2.5	2.5	2.5	3.0	3.0	3.0	3.0	3.0	3.0	3.0	3.0	3.5	3.5	3.5	3.5	3.5	3.5	3.5	**.0721**
0.6	1.0	1.0	1.5	1.5	1.5	1.5	2.0	2.0	2.0	2.0	2.0	2.5	2.5	2.5	2.5	2.5	2.5	3.0	3.0	3.0	3.0	3.0	3.0	3.0	3.5	3.5	3.5	3.5	3.5	3.5	3.5	3.5	4.0	4.0	4.0	**.0865**
0.7	1.0	1.0	1.5	1.5	1.5	2.0	2.0	2.0	2.0	2.0	2.5	2.5	2.5	2.5	2.5	3.0	3.0	3.0	3.0	3.0	3.0	3.5	3.5	3.5	3.5	3.5	3.5	3.5	4.0	4.0	4.0	4.0	4.0	4.0	4.0	**.1009**
0.8	1.0	1.0	1.5	1.5	1.5	2.0	2.0	2.0	2.0	2.5	2.5	2.5	2.5	3.0	3.0	3.0	3.0	3.0	3.0	3.5	3.5	3.5	3.5	3.5	3.5	4.0	4.0	4.0	4.0	4.0	4.0	4.5	4.5	4.5	4.5	**.1154**
0.9	1.0	1.0	1.5	1.5	2.0	2.0	2.0	2.0	2.5	2.5	2.5	2.5	3.0	3.0	3.0	3.0	3.0	3.5	3.5	3.5	3.5	3.5	4.0	4.0	4.0	4.0	4.0	4.0	4.5	4.5	4.5	4.5	4.5	4.5	5.0	**.1298**
1.0	1.0	1.5	1.5	1.5	2.0	2.0	2.0	2.5	2.5	2.5	2.5	3.0	3.0	3.0	3.0	3.5	3.5	3.5	3.5	3.5	4.0	4.0	4.0	4.0	4.0	4.0	4.5	4.5	4.5	4.5	4.5	5.0	5.0	5.0	5.0	**.1442**
1.1	1.0	1.5	1.5	1.5	2.0	2.0	2.0	2.5	2.5	2.5	3.0	3.0	3.0	3.0	3.5	3.5	3.5	3.5	3.5	4.0	4.0	4.0	4.0	4.0	4.5	4.5	4.5	4.5	4.5	5.0	5.0	5.0	5.0	5.0	5.0	**.1586**
1.2	1.0	1.5	1.5	1.5	2.0	2.0	2.5	2.5	2.5	2.5	3.0	3.0	3.0	3.5	3.5	3.5	3.5	3.5	4.0	4.0	4.0	4.0	4.5	4.5	4.5	4.5	4.5	5.0	5.0	5.0	5.0	5.0	5.5	5.5	5.5	**.1730**
1.3	1.0	1.5	1.5	1.5	2.0	2.0	2.5	2.5	2.5	3.0	3.0	3.0	3.0	3.5	3.5	3.5	3.5	4.0	4.0	4.0	4.0	4.5	4.5	4.5	4.5	5.0	5.0	5.0	5.0	5.0	5.5	5.5	5.5	5.5	5.5	**.1875**
1.4	1.0	1.5	1.5	2.0	2.0	2.0	2.5	2.5	2.5	3.0	3.0	3.0	3.5	3.5	3.5	3.5	4.0	4.0	4.0	4.0	4.5	4.5	4.5	4.5	5.0	5.0	5.0	5.0	5.0	5.5	5.5	5.5	5.5	5.5	6.0	**.2019**
1.5	1.0	1.5	1.5	2.0	2.0	2.0	2.5	2.5	2.5	3.0	3.0	3.0	3.5	3.5	3.5	4.0	4.0	4.0	4.0	4.5	4.5	4.5	4.5	5.0	5.0	5.0	5.0	5.5	5.5	5.5	5.5	5.5	6.0	6.0	6.0	**.2163**
k	**90**	**126**	**162**	**198**	**234**	**270**	**306**	**342**	**378**	**414**	**450**	**486**	**522**	**558**	**594**	**630**	**666**	**702**	**738**	**774**	**810**	**846**	**882**	**918**	**954**	**990**	**1026**	**1062**	**1098**	**1134**	**1170**	**1206**	**1242**	**1278**	**1314**	**km**

Δt Fahrenheit

TEMPERATURE DIFFERENCE

TABLE 2 (Sheet 52 of 128)

TABLE 2 (Continued)

ECONOMICAL INSULATION THICKNESS TABLE

IN INCHES
(nominal)

PIPE SIZE: 4'' NPS (Tube Size 4-1/2'' OD)
114.3 mm

At the intersection of the ''Δt'' column with the ''k'' row read the economical thickness.
(•—*exceeds 12'' thickness*)

D = 0.0100

Δt Celsius °C or Kelvin °K

k (Btu, in./sq ft, hr °F)	50	70	90	110	130	150	170	190	210	230	250	270	290	310	330	350	370	390	410	430	450	470	490	510	530	550	570	590	610	630	650	670	690	710	730	km (W/mK)
0.1	0.5	1.0	1.0	1.0	1.0	1.0	1.0	1.0	1.0	1.0	1.0	1.5	1.5	1.5	1.5	1.5	1.5	1.5	1.5	1.5	1.5	1.5	1.5	1.5	1.5	1.5	2.0	2.0	2.0	2.0	2.0	2.0	2.0	2.0	2.0	.0144
0.2	1.0	1.0	1.0	1.0	1.0	1.5	1.5	1.5	1.5	1.5	1.5	1.5	1.5	2.0	2.0	2.0	2.0	2.0	2.0	2.0	2.0	2.0	2.0	2.0	2.5	2.5	2.5	2.5	2.5	2.5	2.5	2.5	2.5	2.5	2.5	.0288
0.3	1.0	1.0	1.0	1.5	1.5	1.5	1.5	1.5	1.5	2.0	2.0	2.0	2.0	2.0	2.0	2.0	2.5	2.5	2.5	2.5	2.5	2.5	2.5	2.5	2.5	3.0	3.0	3.0	3.0	3.0	3.0	3.0	3.0	3.0	3.0	.0433
0.4	1.0	1.0	1.5	1.5	1.5	1.5	1.5	2.0	2.0	2.0	2.0	2.0	2.5	2.5	2.5	2.5	2.5	2.5	2.5	3.0	3.0	3.0	3.0	3.0	3.0	3.0	3.0	3.5	3.5	3.5	3.5	3.5	3.5	3.5	3.5	.0577
0.5	1.0	1.0	1.5	1.5	1.5	2.0	2.0	2.0	2.0	2.0	2.5	2.5	2.5	2.5	2.5	2.5	3.0	3.0	3.0	3.0	3.0	3.0	3.5	3.5	3.5	3.5	3.5	3.5	3.5	3.5	4.0	4.0	4.0	4.0	4.0	.0721
0.6	1.0	1.5	1.5	1.5	2.0	2.0	2.0	2.0	2.5	2.5	2.5	2.5	2.5	3.0	3.0	3.0	3.0	3.0	3.0	3.5	3.5	3.5	3.5	3.5	3.5	4.0	4.0	4.0	4.0	4.0	4.0	4.0	4.5	4.5	4.5	.0865
0.7	1.0	1.5	1.5	1.5	2.0	2.0	2.0	2.5	2.5	2.5	2.5	2.5	3.0	3.0	3.0	3.0	3.5	3.5	3.5	3.5	3.5	3.5	4.0	4.0	4.0	4.0	4.0	4.0	4.5	4.5	4.5	4.5	4.5	4.5	5.0	.1009
0.8	1.0	1.5	1.5	2.0	2.0	2.0	2.0	2.5	2.5	2.5	3.0	3.0	3.0	3.0	3.5	3.5	3.5	3.5	3.5	4.0	4.0	4.0	4.0	4.0	4.0	4.5	4.5	4.5	4.5	4.5	5.0	5.0	5.0	5.0	5.0	.1154
0.9	1.0	1.5	1.5	2.0	2.0	2.0	2.5	2.5	2.5	3.0	3.0	3.0	3.0	3.5	3.5	3.5	3.5	4.0	4.0	4.0	4.0	4.0	4.5	4.5	4.5	4.5	4.5	5.0	5.0	5.0	5.0	5.0	5.0	5.5	5.5	.1298
1.0	1.0	1.5	1.5	2.0	2.0	2.5	2.5	2.5	2.5	3.0	3.0	3.0	3.5	3.5	3.5	3.5	4.0	4.0	4.0	4.0	4.5	4.5	4.5	4.5	4.5	5.0	5.0	5.0	5.0	5.0	5.5	5.5	5.5	5.5	5.5	.1442
1.1	1.0	1.5	1.5	2.0	2.0	2.5	2.5	2.5	3.0	3.0	3.0	3.5	3.5	3.5	3.5	4.0	4.0	4.0	4.0	4.5	4.5	4.5	4.5	5.0	5.0	5.0	5.0	5.5	5.5	5.5	5.5	5.5	5.5	6.0	6.0	.1586
1.2	1.0	1.5	1.5	2.0	2.0	2.5	2.5	3.0	3.0	3.0	3.5	3.5	3.5	3.5	4.0	4.0	4.0	4.5	4.5	4.5	4.5	5.0	5.0	5.0	5.0	5.0	5.5	5.5	5.5	5.5	5.5	6.0	6.0	6.0	6.0	.1730
1.3	1.0	1.5	2.0	2.0	2.0	2.5	2.5	3.0	3.0	3.0	3.5	3.5	3.5	4.0	4.0	4.0	4.5	4.5	4.5	4.5	5.0	5.0	5.0	5.0	5.5	5.5	5.5	5.5	5.5	6.0	6.0	6.0	6.0	6.5	6.5	.1875
1.4	1.0	1.5	2.0	2.0	2.5	2.5	2.5	3.0	3.0	3.5	3.5	3.5	4.0	4.0	4.0	4.5	4.5	4.5	4.5	5.0	5.0	5.0	5.5	5.5	5.5	5.5	5.5	6.0	6.0	6.0	6.0	6.5	6.5	6.5	6.5	.2019
1.5	1.0	1.5	2.0	2.0	2.5	2.5	2.5	3.0	3.0	3.0	3.5	3.5	3.5	4.0	4.0	4.0	4.5	4.5	4.5	5.0	5.0	5.0	5.5	5.5	5.5	6.0	6.0	6.0	6.0	6.5	6.5	6.5	6.5	6.5	7.0	.2163
k	90	126	162	198	234	270	306	342	378	414	450	486	522	558	594	630	666	702	738	774	810	846	882	918	954	990	1026	1062	1098	1134	1170	1206	1242	1278	1314	km

Δt Fahrenheit

D = 0.0120

Δt Celsius °C or Kelvin °K

k (CONDUCTIVITY Btu, in./sq ft, hr °F)	50	70	90	110	130	150	170	190	210	230	250	270	290	310	330	350	370	390	410	430	450	470	490	510	530	550	570	590	610	630	650	670	690	710	730	km (W/mK)
0.1	0.5	1.0	1.0	1.0	1.0	1.0	1.0	1.0	1.0	1.5	1.5	1.5	1.5	1.5	1.5	1.5	1.5	1.5	1.5	1.5	1.5	2.0	2.0	2.0	2.0	2.0	2.0	2.0	2.0	2.0	2.0	2.0	2.0	2.0	2.0	.0144
0.2	1.0	1.0	1.0	1.0	1.5	1.5	1.5	1.5	1.5	1.5	1.5	2.0	2.0	2.0	2.0	2.0	2.0	2.0	2.0	2.0	2.5	2.5	2.5	2.5	2.5	2.5	2.5	2.5	2.5	2.5	2.5	3.0	3.0	3.0	3.0	.0288
0.3	1.0	1.0	1.5	1.5	1.5	1.5	1.5	2.0	2.0	2.0	2.0	2.0	2.0	2.5	2.5	2.5	2.5	2.5	2.5	2.5	2.5	3.0	3.0	3.0	3.0	3.0	3.0	3.0	3.0	3.5	3.5	3.5	3.5	3.5	3.5	.0433
0.4	1.0	1.0	1.5	1.5	1.5	2.0	2.0	2.0	2.0	2.0	2.5	2.5	2.5	2.5	2.5	2.5	3.0	3.0	3.0	3.0	3.0	3.0	3.5	3.5	3.5	3.5	3.5	3.5	3.5	3.5	4.0	4.0	4.0	4.0	4.0	.0577
0.5	1.0	1.5	1.5	1.5	2.0	2.0	2.0	2.0	2.5	2.5	2.5	2.5	2.5	3.0	3.0	3.0	3.0	3.0	3.5	3.5	3.5	3.5	3.5	3.5	4.0	4.0	4.0	4.0	4.0	4.0	4.0	4.5	4.5	4.5	4.5	.0721
0.6	1.0	1.5	1.5	2.0	2.0	2.0	2.0	2.5	2.5	2.5	2.5	3.0	3.0	3.0	3.0	3.5	3.5	3.5	3.5	3.5	4.0	4.0	4.0	4.0	4.0	4.0	4.5	4.5	4.5	4.5	4.5	4.5	5.0	5.0	5.0	.0865
0.7	1.0	1.5	1.5	2.0	2.0	2.0	2.5	2.5	2.5	3.0	3.0	3.0	3.0	3.5	3.5	3.5	3.5	3.5	4.0	4.0	4.0	4.0	4.0	4.5	4.5	4.5	4.5	4.5	5.0	5.0	5.0	5.0	5.0	5.0	5.5	.1009
0.8	1.5	1.5	2.0	2.0	2.0	2.5	2.5	2.5	3.0	3.0	3.0	3.0	3.0	3.5	3.5	3.5	4.0	4.0	4.0	4.0	4.5	4.5	4.5	4.5	4.5	5.0	5.0	5.0	5.0	5.0	5.5	5.5	5.5	5.5	5.5	.1154
0.9	1.5	1.5	2.0	2.0	2.0	2.5	2.5	3.0	3.0	3.0	3.0	3.5	3.5	3.5	4.0	4.0	4.0	4.0	4.5	4.5	4.5	4.5	5.0	5.0	5.0	5.0	5.0	5.5	5.5	5.5	5.5	5.5	6.0	6.0	6.0	.1298
1.0	1.5	1.5	2.0	2.0	2.5	2.5	2.5	3.0	3.0	3.0	3.5	3.5	3.5	4.0	4.0	4.0	4.0	4.5	4.5	4.5	5.0	5.0	5.0	5.0	5.0	5.5	5.5	5.5	5.5	6.0	6.0	6.0	6.0	6.0	6.5	.1442
1.1	1.5	1.5	2.0	2.0	2.5	2.5	3.0	3.0	3.0	3.5	3.5	3.5	4.0	4.0	4.0	4.5	4.5	4.5	4.5	5.0	5.0	5.0	5.0	5.5	5.5	5.5	5.5	6.0	6.0	6.0	6.0	6.0	6.5	6.5	6.5	.1586
1.2	1.5	1.5	2.0	2.0	2.5	2.5	3.0	3.0	3.5	3.5	3.5	4.0	4.0	4.0	4.5	4.5	4.5	5.0	5.0	5.0	5.0	5.5	5.5	5.5	5.5	6.0	6.0	6.0	6.0	6.5	6.5	6.5	6.5	6.5	7.0	.1730
1.3	1.5	1.5	2.0	2.5	2.5	2.5	3.0	3.0	3.5	3.5	4.0	4.0	4.0	4.5	4.5	4.5	5.0	5.0	5.0	5.0	5.5	5.5	5.5	6.0	6.0	6.0	6.0	6.5	6.5	6.5	6.5	6.5	7.0	7.0	7.0	.1875
1.4	1.5	1.5	2.0	2.5	2.5	3.0	3.0	3.5	3.5	3.5	4.0	4.0	4.0	4.5	4.5	5.0	5.0	5.0	5.5	5.5	5.5	5.5	6.0	6.0	6.0	6.0	6.5	6.5	6.5	6.5	7.0	7.0	7.0	7.5	7.5	.2019
1.5	1.5	1.5	2.0	2.5	2.5	3.0	3.0	3.5	3.5	4.0	4.0	4.0	4.5	4.5	5.0	5.0	5.0	5.5	5.5	5.5	5.5	6.0	6.0	6.0	6.5	6.5	6.5	6.5	7.0	7.0	7.0	7.5	7.5	7.5	7.5	.2163
k	90	126	162	198	234	270	306	342	378	414	450	486	522	558	594	630	666	702	738	774	810	846	882	918	954	990	1026	1062	1098	1134	1170	1206	1242	1278	1314	km

Δt Fahrenheit

D = 0.0150

Δt Celsius °C or Kelvin °K

k (Btu, in./sq ft, hr °F)	50	70	90	110	130	150	170	190	210	230	250	270	290	310	330	350	370	390	410	430	450	470	490	510	530	550	570	590	610	630	650	670	690	710	730	km (W/mK)
0.1	1.0	1.0	1.0	1.0	1.0	1.0	1.0	1.5	1.5	1.5	1.5	1.5	1.5	1.5	1.5	1.5	1.5	2.0	2.0	2.0	2.0	2.0	2.0	2.0	2.0	2.0	2.0	2.0	2.0	2.0	2.0	2.5	2.5	2.5	2.5	.0144
0.2	1.0	1.0	1.0	1.5	1.5	1.5	1.5	1.5	2.0	2.0	2.0	2.0	2.0	2.0	2.0	2.5	2.5	2.5	2.5	2.5	2.5	2.5	2.5	2.5	3.0	3.0	3.0	3.0	3.0	3.0	3.0	3.0	3.0	3.0	3.5	.0288
0.3	1.0	1.5	1.5	1.5	1.5	2.0	2.0	2.0	2.0	2.0	2.5	2.5	2.5	2.5	2.5	2.5	3.0	3.0	3.0	3.0	3.0	3.0	3.0	3.5	3.5	3.5	3.5	3.5	3.5	3.5	3.5	4.0	4.0	4.0	4.0	.0433
0.4	1.0	1.5	1.5	1.5	2.0	2.0	2.0	2.0	2.5	2.5	2.5	2.5	3.0	3.0	3.0	3.0	3.0	3.5	3.5	3.5	3.5	3.5	3.5	3.5	4.0	4.0	4.0	4.0	4.0	4.0	4.5	4.5	4.5	4.5	4.5	.0577
0.5	1.5	1.5	1.5	2.0	2.0	2.0	2.5	2.5	2.5	2.5	3.0	3.0	3.0	3.0	3.5	3.5	3.5	3.5	3.5	4.0	4.0	4.0	4.0	4.0	4.5	4.5	4.5	4.5	4.5	4.5	5.0	5.0	5.0	5.0	5.0	.0721
0.6	1.5	1.5	2.0	2.0	2.0	2.5	2.5	2.5	3.0	3.0	3.0	3.0	3.5	3.5	3.5	3.5	4.0	4.0	4.0	4.0	4.0	4.5	4.5	4.5	4.5	5.0	5.0	5.0	5.0	5.0	5.0	5.5	5.5	5.5	5.5	.0865
0.7	1.5	1.5	2.0	2.0	2.5	2.5	2.5	3.0	3.0	3.0	3.5	3.5	3.5	3.5	4.0	4.0	4.0	4.0	4.5	4.5	4.5	4.5	5.0	5.0	5.0	5.0	5.0	5.5	5.5	5.5	5.5	5.5	6.0	6.0	6.0	.1009
0.8	1.5	1.5	2.0	2.0	2.5	2.5	3.0	3.0	3.0	3.5	3.5	3.5	4.0	4.0	4.0	4.0	4.5	4.5	4.5	5.0	5.0	5.0	5.0	5.0	5.5	5.5	5.5	5.5	6.0	6.0	6.0	6.0	6.0	6.5	6.5	.1154
0.9	1.5	2.0	2.0	2.5	2.5	2.5	3.0	3.0	3.5	3.5	3.5	4.0	4.0	4.0	4.5	4.5	4.5	5.0	5.0	5.0	5.0	5.5	5.5	5.5	5.5	6.0	6.0	6.0	6.0	6.0	6.5	6.5	6.5	6.5	6.5	.1298
1.0	1.5	2.0	2.0	2.5	2.5	3.0	3.0	3.5	3.5	3.5	4.0	4.0	4.0	4.5	4.5	4.5	5.0	5.0	5.0	5.5	5.5	5.5	5.5	6.0	6.0	6.0	6.0	6.5	6.5	6.5	6.5	7.0	7.0	7.0	7.0	.1442
1.1	1.5	2.0	2.0	2.5	2.5	3.0	3.0	3.5	3.5	4.0	4.0	4.0	4.5	4.5	4.5	5.0	5.0	5.0	5.5	5.5	5.5	6.0	6.0	6.0	6.0	6.5	6.5	6.5	6.5	7.0	7.0	7.0	7.0	7.5	7.5	.1586
1.2	1.5	2.0	2.0	2.5	3.0	3.0	3.5	3.5	3.5	4.0	4.0	4.5	4.5	5.0	5.0	5.0	5.5	5.5	5.5	5.5	6.0	6.0	6.0	6.5	6.5	6.5	6.5	7.0	7.0	7.0	7.5	7.5	7.5	7.5	7.5	.1730
1.3	1.5	2.0	2.5	2.5	3.0	3.0	3.5	3.5	4.0	4.0	4.5	4.5	4.5	5.0	5.0	5.5	5.5	5.5	6.0	6.0	6.0	6.5	6.5	6.5	6.5	7.0	7.0	7.0	7.5	7.5	7.5	7.5	7.5	8.0	8.0	.1875
1.4	1.5	2.0	2.5	2.5	3.0	3.5	3.5	4.0	4.0	4.0	4.5	4.5	5.0	5.0	5.5	5.5	5.5	6.0	6.0	6.0	6.5	6.5	6.5	7.0	7.0	7.0	7.5	7.5	7.5	7.5	7.5	8.0	8.0	8.0	8.5	.2019
1.5	1.5	2.0	2.5	2.5	3.0	3.5	3.5	4.0	4.0	4.5	4.5	5.0	5.0	5.5	5.5	5.5	6.0	6.0	6.0	6.5	6.5	6.5	7.0	7.0	7.0	7.5	7.5	7.5	7.5	8.0	8.0	8.0	8.5	8.5	8.5	.2163
k	90	126	162	198	234	270	306	342	378	414	450	486	522	558	594	630	666	702	738	774	810	846	882	918	954	990	1026	1062	1098	1134	1170	1206	1242	1278	1314	km

Δt Fahrenheit

TABLE 2 (Sheet 53 of 128)

TEMPERATURE DIFFERENCE

TABLE 2 (Continued)

ECONOMICAL INSULATION THICKNESS TABLE

IN INCHES
(nominal)

PIPE SIZE: 4'' NPS (Tube Size 4-1/2'' OD)
114.3 mm

At the intersection of the ''Δt'' column with the ''k'' row read the economical thickness.
(•—*exceeds 12'' thickness*)

CONDUCTIVITY: k in Btu, in./sq ft, hr °F; km in W/mK

D = 0.0200

Δt Celsius °C or Kelvin °K

k	50	70	90	110	130	150	170	190	210	230	250	270	290	310	330	350	370	390	410	430	450	470	490	510	530	550	570	590	610	630	650	670	690	710	730	km
0.1	1.0	1.0	1.0	1.0	1.0	1.5	1.5	1.5	1.5	1.5	1.5	1.5	2.0	2.0	2.0	2.0	2.0	2.0	2.0	2.0	2.0	2.0	2.0	2.5	2.5	2.5	2.5	2.5	2.5	2.5	2.5	2.5	2.5	2.5	2.5	**.0144**
0.2	1.0	1.0	1.5	1.5	1.5	1.5	2.0	2.0	2.0	2.0	2.0	2.5	2.5	2.5	2.5	2.5	2.5	2.5	3.0	3.0	3.0	3.0	3.0	3.0	3.0	3.5	3.5	3.5	3.5	3.5	3.5	3.5	3.5	3.5	4.0	**.0288**
0.3	1.0	1.5	1.5	2.0	2.0	2.0	2.0	2.5	2.5	2.5	2.5	2.5	3.0	3.0	3.0	3.0	3.0	3.5	3.5	3.5	3.5	3.5	3.5	4.0	4.0	4.0	4.0	4.0	4.0	4.0	4.5	4.5	4.5	4.5	4.5	**.0433**
0.4	1.5	1.5	2.0	2.0	2.0	2.5	2.5	2.5	2.5	3.0	3.0	3.0	3.5	3.5	3.5	3.5	3.5	4.0	4.0	4.0	4.0	4.0	4.5	4.5	4.5	4.5	4.5	4.5	5.0	5.0	5.0	5.0	5.0	5.0	5.5	**.0577**
0.5	1.5	1.5	2.0	2.0	2.5	2.5	2.5	3.0	3.0	3.0	3.5	3.5	3.5	3.5	4.0	4.0	4.0	4.0	4.5	4.5	4.5	4.5	5.0	5.0	5.0	5.0	5.0	5.5	5.5	5.5	5.5	5.5	5.5	6.0	6.0	**.0721**
0.6	1.5	2.0	2.0	2.5	2.5	2.5	3.0	3.0	3.5	3.5	3.5	4.0	4.0	4.0	4.0	4.5	4.5	4.5	4.5	5.0	5.0	5.0	5.0	5.5	5.5	5.5	5.5	6.0	6.0	6.0	6.0	6.0	6.5	6.5	6.5	**.0865**
0.7	1.5	2.0	2.0	2.5	2.5	3.0	3.0	3.5	3.5	3.5	4.0	4.0	4.0	4.5	4.5	4.5	5.0	5.0	5.0	5.0	5.5	5.5	5.5	5.5	6.0	6.0	6.0	6.0	6.5	6.5	6.5	6.5	7.0	7.0	7.0	**.1009**
0.8	1.5	2.0	2.5	2.5	3.0	3.0	3.5	3.5	3.5	4.0	4.0	4.5	4.5	4.5	5.0	5.0	5.0	5.5	5.5	5.5	5.5	6.0	6.0	6.0	6.5	6.5	6.5	6.5	7.0	7.0	7.0	7.0	7.5	7.5	7.5	**.1154**
0.9	1.5	2.0	2.5	2.5	3.0	3.0	3.5	3.5	4.0	4.0	4.5	4.5	4.5	5.0	5.0	5.5	5.5	5.5	5.5	6.0	6.0	6.0	6.5	6.5	6.5	7.0	7.0	7.0	7.0	7.5	7.5	7.5	7.5	7.5	8.0	**.1298**
1.0	2.0	2.0	2.5	3.0	3.0	3.5	3.5	4.0	4.0	4.5	4.5	5.0	5.0	5.0	5.5	5.5	5.5	6.0	6.0	6.0	6.5	6.5	6.5	7.0	7.0	7.0	7.5	7.5	7.5	7.5	7.5	8.0	8.0	8.0	8.5	**.1442**
1.1	2.0	2.0	2.5	3.0	3.0	3.5	4.0	4.0	4.5	4.5	5.0	5.0	5.0	5.5	5.5	6.0	6.0	6.0	6.5	6.5	6.5	7.0	7.0	7.0	7.5	7.5	7.5	7.5	8.0	8.0	8.0	8.5	8.5	8.5	9.0	**.1586**
1.2	2.0	2.5	2.5	3.0	3.5	3.5	4.0	4.0	4.5	4.5	5.0	5.0	5.5	5.5	6.0	6.0	6.0	6.5	6.5	7.0	7.0	7.0	7.5	7.5	7.5	7.5	8.0	8.0	8.0	8.5	8.5	8.5	9.0	9.0	9.0	**.1730**
1.3	2.0	2.5	2.5	3.0	3.5	4.0	4.0	4.5	4.5	5.0	5.0	5.5	5.5	6.0	6.0	6.0	6.5	6.5	7.0	7.0	7.0	7.5	7.5	7.5	8.0	8.0	8.0	8.5	8.5	9.0	9.0	9.0	9.0	9.5	9.5	**.1875**
1.4	2.0	2.5	3.0	3.0	3.5	4.0	4.0	4.5	5.0	5.0	5.5	5.5	6.0	6.0	6.0	6.5	6.5	7.0	7.0	7.5	7.5	7.5	7.5	8.0	8.0	8.5	8.5	9.0	9.0	9.0	9.5	9.5	9.5	10.0	10.0	**.2019**
1.5	2.0	2.5	3.0	3.5	3.5	4.0	4.5	4.5	5.0	5.0	5.5	5.5	6.0	6.0	6.5	6.5	7.0	7.0	7.5	7.5	7.5	8.0	8.0	8.5	8.5	8.5	9.0	9.0	9.0	9.5	9.5	10.0	10.0	10.0	10.5	**.2163**
k	**90**	**126**	**162**	**198**	**234**	**270**	**306**	**342**	**378**	**414**	**450**	**486**	**522**	**558**	**594**	**630**	**666**	**702**	**738**	**774**	**810**	**846**	**882**	**918**	**954**	**990**	**1026**	**1062**	**1098**	**1134**	**1170**	**1206**	**1242**	**1278**	**1314**	**km**

Δt Fahrenheit

D = 0.0300

Δt Celsius °C or Kelvin °K

k	50	70	90	110	130	150	170	190	210	230	250	270	290	310	330	350	370	390	410	430	450	470	490	510	530	550	570	590	610	630	650	670	690	710	730	km
0.1	1.0	1.0	1.5	1.5	1.5	1.5	1.5	2.0	2.0	2.0	2.0	2.0	2.0	2.0	2.5	2.5	2.5	2.5	2.5	2.5	2.5	2.5	2.5	3.0	3.0	3.0	3.0	3.0	3.0	3.0	3.0	3.0	3.0	3.5	3.5	**.0144**
0.2	1.5	1.5	1.5	2.0	2.0	2.0	2.0	2.5	2.5	2.5	2.5	3.0	3.0	3.0	3.0	3.0	3.5	3.5	3.5	3.5	3.5	3.5	4.0	4.0	4.0	4.0	4.0	4.0	4.0	4.5	4.5	4.5	4.5	4.5	4.5	**.0288**
0.3	1.5	1.5	2.0	2.0	2.5	2.5	2.5	3.0	3.0	3.0	3.5	3.5	3.5	3.5	3.5	4.0	4.0	4.0	4.0	4.5	4.5	4.5	4.5	4.5	5.0	5.0	5.0	5.0	5.0	5.5	5.5	5.5	5.5	5.5	5.5	**.0433**
0.4	1.5	2.0	2.0	2.5	2.5	3.0	3.0	3.0	3.5	3.5	3.5	4.0	4.0	4.0	4.5	4.5	4.5	4.5	5.0	5.0	5.0	5.0	5.5	5.5	5.5	5.5	6.0	6.0	6.0	6.0	6.0	6.5	6.5	6.5	6.5	**.0577**
0.5	2.0	2.0	2.5	2.5	3.0	3.0	3.5	3.5	3.5	4.0	4.0	4.5	4.5	4.5	5.0	5.0	5.0	5.5	5.5	5.5	5.5	6.0	6.0	6.0	6.0	6.5	6.5	6.5	6.5	7.0	7.0	7.0	7.0	7.5	7.5	**.0721**
0.6	2.0	2.5	2.5	3.0	3.0	3.5	3.5	4.0	4.0	4.5	4.5	4.5	5.0	5.0	5.5	5.5	5.5	5.5	6.0	6.0	6.0	6.5	6.5	6.5	7.0	7.0	7.0	7.0	7.5	7.5	7.5	7.5	7.5	8.0	8.0	**.0865**
0.7	2.0	2.5	2.5	3.0	3.5	3.5	4.0	4.0	4.5	4.5	5.0	5.0	5.5	5.5	5.5	6.0	6.0	6.0	6.5	6.5	6.5	7.0	7.0	7.0	7.5	7.5	7.5	7.5	8.0	8.0	8.0	8.5	8.5	8.5	9.0	**.1009**
0.8	2.0	2.5	3.0	3.5	3.5	4.0	4.0	4.5	4.5	5.0	5.0	5.5	5.5	6.0	6.0	6.0	6.5	6.5	7.0	7.0	7.0	7.5	7.5	7.5	7.5	8.0	8.0	8.5	8.5	8.5	9.0	9.0	9.0	9.0	9.5	**.1154**
0.9	2.0	2.5	3.0	3.5	4.0	4.0	4.5	4.5	5.0	5.0	5.5	5.5	6.0	6.0	6.5	6.5	7.0	7.0	7.0	7.5	7.5	7.5	8.0	8.0	8.5	8.5	8.5	9.0	9.0	9.0	9.5	9.5	9.5	10.0	10.0	**.1298**
1.0	2.5	2.5	3.0	3.5	4.0	4.5	4.5	5.0	5.0	5.5	5.5	6.0	6.0	6.5	6.5	7.0	7.0	7.5	7.5	7.5	8.0	8.0	8.5	8.5	9.0	9.0	9.0	9.5	9.5	9.5	10.0	10.0	10.0	10.5	10.5	**.1442**
1.1	2.5	3.0	3.5	3.5	4.0	4.5	5.0	5.0	5.5	5.5	6.0	6.5	6.5	7.0	7.0	7.5	7.5	7.5	8.0	8.0	8.5	8.5	9.0	9.0	9.0	9.5	9.5	10.0	10.0	10.0	10.5	10.5	10.5	11.0	11.0	**.1586**
1.2	2.5	3.0	3.5	4.0	4.5	4.5	5.0	5.5	5.5	6.0	6.0	6.5	7.0	7.0	7.5	7.5	7.5	8.0	8.5	8.5	9.0	9.0	9.0	9.5	9.5	10.0	10.0	10.5	10.5	10.5	11.0	11.0	11.0	11.5	11.5	**.1730**
1.3	2.5	3.0	3.5	4.0	4.5	5.0	5.0	5.5	6.0	6.0	6.5	7.0	7.0	7.5	7.5	7.5	8.0	8.5	8.5	9.0	9.0	9.5	9.5	10.0	10.0	10.5	10.5	11.0	11.0	11.0	11.5	11.5	11.5	12.0	12.0	**.1875**
1.4	2.5	3.0	3.5	4.0	4.5	5.0	5.5	5.5	6.0	6.5	6.5	7.0	7.5	7.5	8.0	8.0	8.5	8.5	9.0	9.0	9.5	9.5	10.0	10.0	10.5	11.0	11.0	11.5	11.5	11.5	12.0	12.0	12.0	•	•	**.2019**
1.5	2.5	3.0	3.5	4.0	4.5	5.0	5.5	6.0	6.5	6.5	7.0	7.5	7.5	7.5	8.0	8.5	9.0	9.0	9.5	9.5	10.0	10.0	10.5	10.5	11.0	11.5	11.5	12.0	12.0	12.0	•	•	•	•	•	**.2163**
k	**90**	**126**	**162**	**198**	**234**	**270**	**306**	**342**	**378**	**414**	**450**	**486**	**522**	**558**	**594**	**630**	**666**	**702**	**738**	**774**	**810**	**846**	**882**	**918**	**954**	**990**	**1026**	**1062**	**1098**	**1134**	**1170**	**1206**	**1242**	**1278**	**1314**	**km**

Δt Fahrenheit

D = 0.0500

Δt Celsius °C or Kelvin °K

k	50	70	90	110	130	150	170	190	210	230	250	270	290	310	330	350	370	390	410	430	450	470	490	510	530	550	570	590	610	630	650	670	690	710	730	km
0.1	1.5	1.5	1.5	1.5	1.5	2.0	2.0	2.0	2.0	2.0	2.0	2.5	2.5	2.5	2.5	3.0	3.0	3.0	3.0	3.0	3.5	3.5	3.5	3.5	3.5	4.0	4.0	4.0	4.0	4.0	4.5	4.5	4.5	4.5	4.5	**.0144**
0.2	1.5	1.5	1.5	2.0	2.0	2.5	2.5	2.5	3.0	3.0	3.0	3.5	3.5	3.5	3.5	4.0	4.0	4.0	4.0	4.0	4.5	4.5	4.5	4.5	5.0	5.0	5.0	5.0	5.0	5.0	5.5	5.5	5.5	5.5	5.5	**.0288**
0.3	1.5	2.0	2.0	2.5	2.5	3.0	3.0	3.0	3.5	3.5	4.0	4.0	4.0	4.5	4.5	4.5	5.0	5.0	5.0	5.0	5.5	5.5	5.5	5.5	6.0	6.0	6.0	6.0	6.5	6.5	6.5	7.0	7.0	7.0	7.0	**.0433**
0.4	2.0	2.5	2.5	2.5	3.0	3.5	3.5	3.5	4.0	4.0	4.5	4.5	4.5	5.0	5.0	5.5	5.5	5.5	6.0	6.0	6.0	6.5	6.5	6.5	7.0	7.0	7.0	7.0	7.5	7.5	7.5	7.5	8.0	8.0	8.0	**.0577**
0.5	2.0	2.5	2.5	3.0	3.5	3.5	4.0	4.0	4.5	4.5	5.0	5.5	5.5	5.5	6.0	6.0	6.5	6.5	6.5	7.0	7.0	7.0	7.0	7.5	7.5	8.0	8.0	8.0	8.5	8.5	8.5	9.0	9.0	9.0	9.0	**.0721**
0.6	2.0	2.5	2.5	3.0	3.5	4.0	4.5	4.5	5.0	5.0	5.5	6.0	6.0	6.0	6.5	6.5	7.0	7.0	7.0	7.5	7.5	8.0	8.0	8.0	8.5	8.5	9.0	9.0	9.0	9.5	9.5	9.5	9.5	10.0	10.0	**.0865**
0.7	2.5	2.5	3.0	3.5	4.0	4.5	5.0	5.0	5.0	5.5	6.0	6.5	6.5	6.5	7.0	7.0	7.5	7.5	8.0	8.0	8.5	8.5	8.5	9.0	9.0	9.5	9.5	9.5	10.0	10.0	10.5	10.5	10.5	11.0	11.0	**.1009**
0.8	2.5	3.0	3.5	3.5	4.0	4.5	5.0	5.0	5.5	6.0	6.5	6.5	7.0	7.0	7.5	7.5	8.0	8.0	8.5	8.5	9.0	9.5	9.5	9.5	10.0	10.0	10.5	10.5	10.5	11.0	11.0	11.5	11.5	11.5	12.0	**.1154**
0.9	2.5	3.0	3.5	4.0	4.5	5.0	5.5	5.5	6.0	6.5	6.5	7.0	7.0	7.5	8.0	8.0	8.5	8.5	9.0	9.5	9.5	10.0	10.0	10.0	10.5	11.0	11.0	11.0	11.5	11.5	12.0	12.0	12.0	•	•	**.1298**
1.0	2.5	3.0	3.5	4.0	4.5	5.0	5.5	6.0	6.0	6.5	7.0	7.5	7.5	8.0	8.5	8.5	9.0	9.0	9.5	10.0	10.0	10.5	10.5	11.0	11.5	11.5	11.5	12.0	12.0	12.0	•	•	•	•	•	**.1442**
1.1	3.0	3.5	4.0	4.5	4.5	5.0	5.5	6.0	6.5	7.0	7.5	8.0	8.0	8.5	9.0	9.0	9.5	9.5	10.0	11.0	11.5	11.5	11.5	11.5	12.0	12.0	12.0	•	•	•	•	•	•	•	•	**.1586**
1.2	3.0	3.5	4.0	4.5	5.0	5.5	6.0	6.5	7.0	7.5	7.5	8.0	8.5	9.0	9.5	10.0	10.0	10.5	11.0	11.5	11.5	12.0	12.0	12.0	•	•	•	•	•	•	•	•	•	•	•	**.1730**
1.3	3.0	3.5	4.5	5.0	5.5	6.0	6.5	6.5	7.0	7.5	8.0	8.5	9.0	9.5	10.0	10.5	10.5	11.0	11.5	12.0	12.0	•	•	•	•	•	•	•	•	•	•	•	•	•	•	**.1875**
1.4	3.5	4.0	4.5	5.0	5.5	6.0	6.5	6.5	7.0	7.5	8.0	8.5	9.0	9.5	10.0	10.5	11.0	11.5	12.0	•	•	•	•	•	•	•	•	•	•	•	•	•	•	•	•	**.2019**
1.5	3.5	4.0	4.5	5.0	5.5	6.0	6.5	7.0	7.5	8.0	8.5	9.0	9.5	10.0	10.5	11.0	11.5	12.0	•	•	•	•	•	•	•	•	•	•	•	•	•	•	•	•	•	**.2163**
k	**90**	**126**	**162**	**198**	**234**	**270**	**306**	**342**	**378**	**414**	**450**	**486**	**522**	**558**	**594**	**630**	**666**	**702**	**738**	**774**	**810**	**846**	**882**	**918**	**954**	**990**	**1026**	**1062**	**1098**	**1134**	**1170**	**1206**	**1242**	**1278**	**1314**	**km**

Δt Fahrenheit

TEMPERATURE DIFFERENCE

TABLE 2 (Continued)

ECONOMICAL INSULATION THICKNESS TABLE

IN INCHES
(nominal)

PIPE SIZE: 4" NPS (Tube Size 4-1/2" OD)
114.3 mm

At the intersection of the "Δt" column with the "k" row read the economical thickness.
(*•—exceeds 12" thickness*)

CONDUCTIVITY — k: Btu, in./sq ft, hr °F; km: W/mK

D = 0.0700

Δt Celsius °C or Kelvin °K

k	50	70	90	110	130	150	170	190	210	230	250	270	290	310	330	350	370	390	410	430	450	470	490	510	530	550	570	590	610	630	650	670	690	710	730	km
0.1	1.5	1.5	1.5	2.0	2.0	2.5	2.5	2.5	2.5	2.5	3.0	3.0	3.0	3.0	3.5	3.5	3.5	3.5	3.5	4.0	4.0	4.0	4.0	4.0	4.5	4.5	4.5	4.5	4.5	5.0	5.0	5.0	5.0	5.0	5.0	.0144
0.2	1.5	2.0	2.0	2.5	2.5	3.0	3.0	3.0	3.5	3.5	4.0	4.0	4.0	4.0	4.5	4.5	5.0	5.0	5.0	5.0	5.0	5.5	5.5	5.5	5.5	6.0	6.0	6.0	6.0	6.5	6.5	6.5	6.5	6.5	6.5	.0288
0.3	2.0	2.5	2.5	3.0	3.0	3.5	4.0	4.0	4.0	4.5	4.5	5.0	5.0	5.0	5.5	5.5	6.0	6.0	6.0	6.5	6.5	6.5	6.5	7.0	7.0	7.5	7.5	7.5	7.5	8.0	8.0	8.0	8.0	8.5	8.5	.0433
0.4	2.0	2.5	3.0	3.5	4.0	4.5	4.5	4.5	5.0	5.0	5.5	5.5	5.5	6.0	6.5	6.5	7.0	7.0	7.0	7.5	7.5	8.0	8.0	8.0	8.5	8.5	8.5	8.5	9.0	9.0	9.5	9.5	9.5	9.5	10.0	.0577
0.5	2.5	3.0	3.0	3.5	4.0	4.5	5.0	5.0	5.5	5.5	6.0	6.5	6.5	6.5	7.0	7.5	7.5	8.0	8.0	8.0	8.5	9.0	9.0	9.0	9.5	9.5	10.0	10.0	10.0	10.5	10.5	11.0	11.0	11.0	11.5	.0721
0.6	2.5	3.0	3.5	4.0	4.5	5.0	5.5	6.0	6.0	6.5	6.5	7.0	7.0	7.5	8.0	8.0	8.5	8.5	9.0	9.0	9.5	9.5	10.0	10.0	10.5	10.5	11.0	11.0	11.0	11.5	11.5	12.0	12.0	12.0	•	.0865
0.7	3.0	3.5	4.0	4.5	5.0	5.5	6.0	6.0	6.5	7.0	7.0	7.5	7.5	8.0	8.5	9.0	9.0	9.0	9.5	10.0	10.0	10.5	10.5	11.0	11.0	11.5	12.0	12.0	12.0	•	•	•	•	•	•	.1009
0.8	3.0	3.5	4.0	4.5	5.0	5.5	6.5	7.0	7.0	7.5	7.5	8.0	8.0	8.5	9.0	9.5	10.0	10.0	10.0	10.5	11.0	11.5	11.5	11.5	12.0	12.0	•	•	•	•	•	•	•	•	•	.1154
0.9	3.0	4.0	4.5	5.0	5.5	6.0	6.5	7.0	7.0	7.5	8.0	8.5	8.5	9.0	9.5	10.0	10.5	10.5	11.0	11.5	11.5	12.0	12.0	12.0	•	•	•	•	•	•	•	•	•	•	•	.1298
1.0	3.0	4.0	4.5	5.0	5.5	6.5	7.0	7.5	7.5	8.0	8.5	9.0	9.5	9.5	10.0	10.5	11.0	11.0	11.5	12.0	12.0	•	•	•	•	•	•	•	•	•	•	•	•	•	•	.1442
1.1	3.5	4.0	4.5	5.0	5.5	6.5	7.0	7.5	8.0	8.5	9.0	9.5	10.0	10.5	11.0	11.5	12.0	12.0	12.0	•	•	•	•	•	•	•	•	•	•	•	•	•	•	•	•	.1586
1.2	3.5	4.0	4.5	5.0	6.0	7.0	7.5	8.0	8.5	9.0	9.5	10.0	10.5	11.0	11.5	12.0	12.0	•	•	•	•	•	•	•	•	•	•	•	•	•	•	•	•	•	•	.1730
1.3	3.5	4.0	4.5	5.0	6.0	7.0	7.5	8.0	9.0	9.5	9.5	10.0	11.0	11.5	12.0	•	•	•	•	•	•	•	•	•	•	•	•	•	•	•	•	•	•	•	•	.1875
1.4	4.0	4.5	5.0	6.0	6.5	7.5	8.0	8.5	9.5	10.0	10.0	10.5	11.5	12.0	•	•	•	•	•	•	•	•	•	•	•	•	•	•	•	•	•	•	•	•	•	.2019
1.5	4.0	5.0	5.5	6.5	7.0	8.0	8.5	9.0	9.5	10.0	10.5	11.0	12.0	•	•	•	•	•	•	•	•	•	•	•	•	•	•	•	•	•	•	•	•	•	•	.2163
k	90	126	162	198	234	270	306	342	378	414	450	486	522	558	594	630	666	702	738	774	810	846	882	918	954	990	1026	1062	1098	1134	1170	1206	1242	1278	1314	km

Δt Fahrenheit

D = 0.0900

Δt Celsius °C or Kelvin °K

k	50	70	90	110	130	150	170	190	210	230	250	270	290	310	330	350	370	390	410	430	450	470	490	510	530	550	570	590	610	630	650	670	690	710	730	km
0.1	1.5	2.0	2.0	2.0	2.5	2.5	2.5	2.5	3.0	3.0	3.5	3.5	3.5	3.5	4.0	4.0	4.0	4.0	4.0	4.5	4.5	4.5	4.5	5.0	5.0	5.0	5.5	5.5	5.5	5.5	6.0	6.0	6.0	6.0	6.5	.0144
0.2	2.0	2.5	2.5	2.5	3.0	3.5	3.5	3.5	4.0	4.0	4.5	4.5	4.5	5.0	5.0	5.0	5.5	5.5	5.5	6.0	6.0	6.0	6.0	6.5	6.5	6.5	7.0	7.0	7.0	7.0	7.5	7.5	7.5	7.5	8.0	.0288
0.3	2.0	3.0	3.0	3.0	3.5	4.0	4.5	4.5	5.0	5.0	5.5	5.5	5.5	6.0	6.0	6.5	7.0	7.0	7.0	7.0	7.5	7.5	7.5	8.0	8.0	8.5	8.5	8.5	9.0	9.0	9.0	9.5	9.5	9.5	10.0	.0433
0.4	2.5	3.0	3.0	3.5	4.0	4.5	5.0	5.0	5.5	6.0	6.0	6.5	6.5	7.0	7.5	7.5	8.0	8.0	8.0	8.5	8.5	9.0	9.0	9.5	9.5	10.0	10.0	10.0	10.5	10.5	11.0	11.0	11.0	11.5	11.5	.0577
0.5	3.0	3.5	3.5	4.0	4.5	5.0	5.5	6.0	6.0	6.5	7.0	7.5	7.5	8.0	8.0	8.5	9.0	9.0	9.0	9.5	10.0	10.0	10.0	10.5	11.0	11.0	11.5	11.5	11.5	12.0	12.0	12.0	•	•	•	.0721
0.6	3.0	4.0	4.0	4.5	5.0	5.5	6.5	6.5	7.0	7.5	7.5	8.0	8.0	8.5	9.0	9.5	10.0	10.0	10.5	10.5	11.0	11.5	11.5	11.5	12.0	12.0	12.0	12.0	•	•	•	•	•	•	•	.0865
0.7	3.0	4.0	4.5	5.0	5.5	6.0	7.0	7.0	7.5	8.0	8.5	9.0	9.0	9.5	10.0	10.0	10.5	10.5	11.0	11.5	12.0	12.0	12.0	•	•	•	•	•	•	•	•	•	•	•	•	.1009
0.8	3.5	4.5	4.5	5.0	6.0	6.5	7.5	7.5	8.0	8.5	9.0	9.5	9.5	10.0	10.5	11.0	11.5	11.5	12.0	12.0	•	•	•	•	•	•	•	•	•	•	•	•	•	•	•	.1154
0.9	3.5	4.5	5.0	5.5	6.5	7.0	7.5	8.0	8.5	9.0	9.5	10.0	10.0	10.5	11.0	11.5	12.0	12.0	•	•	•	•	•	•	•	•	•	•	•	•	•	•	•	•	•	.1298
1.0	4.0	5.0	5.5	6.0	6.5	7.5	8.0	8.5	9.0	9.5	10.0	10.5	11.0	11.5	12.0	12.0	•	•	•	•	•	•	•	•	•	•	•	•	•	•	•	•	•	•	•	.1442
1.1	4.0	5.5	6.0	6.5	7.0	8.0	8.5	9.0	9.5	10.0	10.5	11.0	12.0	12.0	•	•	•	•	•	•	•	•	•	•	•	•	•	•	•	•	•	•	•	•	•	.1586
1.2	4.5	5.5	6.0	6.5	7.0	8.5	9.0	9.5	10.0	10.5	11.0	12.0	•	•	•	•	•	•	•	•	•	•	•	•	•	•	•	•	•	•	•	•	•	•	•	.1730
1.3	4.5	5.5	6.5	7.0	7.5	8.5	9.5	10.0	10.5	11.0	12.0	•	•	•	•	•	•	•	•	•	•	•	•	•	•	•	•	•	•	•	•	•	•	•	•	.1875
1.4	5.0	6.0	6.5	7.0	8.0	8.5	9.5	10.0	11.5	12.0	•	•	•	•	•	•	•	•	•	•	•	•	•	•	•	•	•	•	•	•	•	•	•	•	•	.2019
1.5	5.5	6.5	7.0	7.5	8.5	9.0	9.5	10.0	11.0	12.0	•	•	•	•	•	•	•	•	•	•	•	•	•	•	•	•	•	•	•	•	•	•	•	•	•	.2163
k	90	126	162	198	234	270	306	342	378	414	450	486	522	558	594	630	666	702	738	774	810	846	882	918	954	990	1026	1062	1098	1134	1170	1206	1242	1278	1314	km

Δt Fahrenheit

TABLE 2 (Sheet 55 of 128)

TEMPERATURE DIFFERENCE

TABLE 2 (Continued)

ECONOMICAL INSULATION THICKNESS TABLE

IN INCHES
(nominal)

PIPE SIZE: 6'' NPS (Tube Size 6-1/2'' OD)
168.3 mm

At the intersection of the ''Δt'' column with the ''k'' row read the economical thickness.
(•—*exceeds 12'' thickness*)

D = 0.0020

Δt Celsius °C or Kelvin °K

k = CONDUCTIVITY, Btu, in./sq ft, hr °F; km = W/mK

k	50	70	90	110	130	150	170	190	210	230	250	270	290	310	330	350	370	390	410	430	450	470	490	510	530	550	570	590	610	630	650	670	690	710	730	km
0.1	0.5	0.5	0.5	0.5	0.5	0.5	0.5	0.5	0.5	0.5	1.0	1.0	1.0	1.0	1.0	1.0	1.0	1.0	1.0	1.0	1.0	1.0	1.0	1.0	1.0	1.0	1.0	1.0	1.0	1.0	1.0	1.0	1.0	1.0	1.0	.0144
0.2	0.5	0.5	0.5	0.5	0.5	1.0	1.0	1.0	1.0	1.0	1.0	1.0	1.0	1.0	1.0	1.0	1.0	1.0	1.0	1.0	1.0	1.0	1.0	1.5	1.5	1.5	1.5	1.5	1.5	1.5	1.5	1.5	1.5	1.5	1.5	.0288
0.3	0.5	0.5	0.5	0.5	1.0	1.0	1.0	1.0	1.0	1.0	1.0	1.0	1.0	1.0	1.0	1.0	1.5	1.5	1.5	1.5	1.5	1.5	1.5	1.5	1.5	1.5	1.5	1.5	1.5	1.5	1.5	1.5	1.5	1.5	1.5	.0433
0.4	0.5	0.5	0.5	1.0	1.0	1.0	1.0	1.0	1.0	1.0	1.0	1.0	1.0	1.5	1.5	1.5	1.5	1.5	1.5	1.5	1.5	1.5	1.5	1.5	1.5	1.5	1.5	2.0	2.0	2.0	2.0	2.0	2.0	2.0	2.0	.0577
0.5	0.5	0.5	0.5	1.0	1.0	1.0	1.0	1.0	1.0	1.0	1.0	1.5	1.5	1.5	1.5	1.5	1.5	1.5	1.5	1.5	1.5	1.5	1.5	2.0	2.0	2.0	2.0	2.0	2.0	2.0	2.0	2.0	2.0	2.0	2.0	.0721
0.6	0.5	0.5	0.5	1.0	1.0	1.0	1.0	1.0	1.0	1.0	1.5	1.5	1.5	1.5	1.5	1.5	1.5	1.5	1.5	1.5	2.0	2.0	2.0	2.0	2.0	2.0	2.0	2.0	2.0	2.0	2.0	2.0	2.0	2.0	2.0	.0865
0.7	0.5	0.5	1.0	1.0	1.0	1.0	1.0	1.0	1.0	1.5	1.5	1.5	1.5	1.5	1.5	1.5	1.5	1.5	2.0	2.0	2.0	2.0	2.0	2.0	2.0	2.0	2.0	2.0	2.0	2.0	2.5	2.5	2.5	2.5	2.5	.1009
0.8	0.5	0.5	1.0	1.0	1.0	1.0	1.0	1.0	1.5	1.5	1.5	1.5	1.5	1.5	1.5	1.5	1.5	2.0	2.0	2.0	2.0	2.0	2.0	2.0	2.0	2.0	2.0	2.5	2.5	2.5	2.5	2.5	2.5	2.5	2.5	.1154
0.9	0.5	0.5	1.0	1.0	1.0	1.0	1.0	1.0	1.5	1.5	1.5	1.5	1.5	1.5	1.5	1.5	2.0	2.0	2.0	2.0	2.0	2.0	2.0	2.0	2.0	2.5	2.5	2.5	2.5	2.5	2.5	2.5	2.5	2.5	2.5	.1298
1.0	0.5	0.5	1.0	1.0	1.0	1.0	1.0	1.0	1.5	1.5	1.5	1.5	1.5	1.5	1.5	2.0	2.0	2.0	2.0	2.0	2.0	2.0	2.0	2.5	2.5	2.5	2.5	2.5	2.5	2.5	2.5	2.5	2.5	2.5	3.0	.1442
1.1	0.5	0.5	1.0	1.0	1.0	1.0	1.0	1.5	1.5	1.5	1.5	1.5	1.5	1.5	2.0	2.0	2.0	2.0	2.0	2.0	2.0	2.0	2.5	2.5	2.5	2.5	2.5	2.5	2.5	2.5	2.5	2.5	3.0	3.0	3.0	.1586
1.2	0.5	0.5	0.5	1.0	1.0	1.0	1.0	1.5	1.5	1.5	1.5	1.5	1.5	2.0	2.0	2.0	2.0	2.0	2.0	2.0	2.0	2.5	2.5	2.5	2.5	2.5	2.5	2.5	2.5	2.5	3.0	3.0	3.0	3.0	3.0	.1730
1.3	0.5	0.5	0.5	1.0	1.0	1.0	1.0	1.5	1.5	1.5	1.5	1.5	1.5	2.0	2.0	2.0	2.0	2.0	2.0	2.0	2.5	2.5	2.5	2.5	2.5	2.5	2.5	2.5	2.5	3.0	3.0	3.0	3.0	3.0	3.0	.1875
1.4	0.5	0.5	0.5	1.0	1.0	1.0	1.0	1.5	1.5	1.5	1.5	1.5	1.5	2.0	2.0	2.0	2.0	2.0	2.0	2.0	2.5	2.5	2.5	2.5	2.5	2.5	2.5	2.5	3.0	3.0	3.0	3.0	3.0	3.0	3.0	.2019
1.5	0.5	0.5	0.5	1.0	1.0	1.0	1.0	1.5	1.5	1.5	1.5	1.5	2.0	2.0	2.0	2.0	2.0	2.0	2.0	2.5	2.5	2.5	2.5	2.5	2.5	2.5	2.5	3.0	3.0	3.0	3.0	3.0	3.0	3.0	3.0	.2163
k	90	126	162	198	234	270	306	342	378	414	450	486	522	558	594	630	666	702	738	774	810	846	882	918	954	990	1026	1062	1098	1134	1170	1206	1242	1278	1314	km

Δt Fahrenheit

D = 0.0022

Δt Celsius °C or Kelvin °K

k = CONDUCTIVITY, Btu, in./sq ft, hr °F; km = W/mK

k	50	70	90	110	130	150	170	190	210	230	250	270	290	310	330	350	370	390	410	430	450	470	490	510	530	550	570	590	610	630	650	670	690	710	730	km
0.1	0.5	0.5	0.5	0.5	0.5	0.5	0.5	0.5	0.5	1.0	1.0	1.0	1.0	1.0	1.0	1.0	1.0	1.0	1.0	1.0	1.0	1.0	1.0	1.0	1.0	1.0	1.0	1.0	1.0	1.0	1.0	1.0	1.0	1.0	1.0	.0144
0.2	0.5	0.5	0.5	0.5	0.5	1.0	1.0	1.0	1.0	1.0	1.0	1.0	1.0	1.0	1.0	1.0	1.0	1.0	1.0	1.0	1.0	1.5	1.5	1.5	1.5	1.5	1.5	1.5	1.5	1.5	1.5	1.5	1.5	1.5	1.5	.0288
0.3	0.5	0.5	0.5	1.0	1.0	1.0	1.0	1.0	1.0	1.0	1.0	1.0	1.0	1.0	1.5	1.5	1.5	1.5	1.5	1.5	1.5	1.5	1.5	1.5	1.5	1.5	1.5	1.5	1.5	1.5	1.5	2.0	2.0	2.0	2.0	.0433
0.4	0.5	0.5	0.5	1.0	1.0	1.0	1.0	1.0	1.0	1.0	1.0	1.0	1.5	1.5	1.5	1.5	1.5	1.5	1.5	1.5	1.5	1.5	1.5	1.5	1.5	2.0	2.0	2.0	2.0	2.0	2.0	2.0	2.0	2.0	2.0	.0577
0.5	0.5	0.5	1.0	1.0	1.0	1.0	1.0	1.0	1.0	1.0	1.5	1.5	1.5	1.5	1.5	1.5	1.5	1.5	1.5	1.5	1.5	2.0	2.0	2.0	2.0	2.0	2.0	2.0	2.0	2.0	2.0	2.0	2.0	2.0	2.0	.0721
0.6	0.5	0.5	1.0	1.0	1.0	1.0	1.0	1.0	1.0	1.5	1.5	1.5	1.5	1.5	1.5	1.5	1.5	1.5	2.0	2.0	2.0	2.0	2.0	2.0	2.0	2.0	2.0	2.0	2.0	2.0	2.5	2.5	2.5	2.5	2.5	.0865
0.7	0.5	0.5	1.0	1.0	1.0	1.0	1.0	1.0	1.5	1.5	1.5	1.5	1.5	1.5	1.5	1.5	2.0	2.0	2.0	2.0	2.0	2.0	2.0	2.0	2.0	2.0	2.0	2.5	2.5	2.5	2.5	2.5	2.5	2.5	2.5	.1009
0.8	0.5	0.5	1.0	1.0	1.0	1.0	1.0	1.5	1.5	1.5	1.5	1.5	1.5	1.5	1.5	2.0	2.0	2.0	2.0	2.0	2.0	2.0	2.0	2.0	2.0	2.5	2.5	2.5	2.5	2.5	2.5	2.5	2.5	2.5	2.5	.1154
0.9	0.5	0.5	1.0	1.0	1.0	1.0	1.0	1.5	1.5	1.5	1.5	1.5	1.5	1.5	2.0	2.0	2.0	2.0	2.0	2.0	2.0	2.0	2.0	2.5	2.5	2.5	2.5	2.5	2.5	2.5	2.5	2.5	2.5	3.0	3.0	.1298
1.0	0.5	0.5	1.0	1.0	1.0	1.0	1.0	1.5	1.5	1.5	1.5	1.5	1.5	2.0	2.0	2.0	2.0	2.0	2.0	2.0	2.0	2.5	2.5	2.5	2.5	2.5	2.5	2.5	2.5	2.5	2.5	3.0	3.0	3.0	3.0	.1442
1.1	0.5	0.5	1.0	1.0	1.0	1.0	1.0	1.5	1.5	1.5	1.5	1.5	1.5	2.0	2.0	2.0	2.0	2.0	2.0	2.0	2.5	2.5	2.5	2.5	2.5	2.5	2.5	2.5	2.5	3.0	3.0	3.0	3.0	3.0	3.0	.1586
1.2	0.5	0.5	1.0	1.0	1.0	1.0	1.5	1.5	1.5	1.5	1.5	1.5	2.0	2.0	2.0	2.0	2.0	2.0	2.0	2.5	2.5	2.5	2.5	2.5	2.5	2.5	2.5	3.0	3.0	3.0	3.0	3.0	3.0	3.0	3.0	.1730
1.3	0.5	0.5	1.0	1.0	1.0	1.0	1.5	1.5	1.5	1.5	1.5	1.5	2.0	2.0	2.0	2.0	2.0	2.0	2.5	2.5	2.5	2.5	2.5	2.5	2.5	2.5	3.0	3.0	3.0	3.0	3.0	3.0	3.0	3.0	3.0	.1875
1.4	0.5	0.5	1.0	1.0	1.0	1.0	1.5	1.5	1.5	1.5	1.5	2.0	2.0	2.0	2.0	2.0	2.0	2.0	2.5	2.5	2.5	2.5	2.5	2.5	2.5	3.0	3.0	3.0	3.0	3.0	3.0	3.0	3.0	3.0	3.5	.2019
1.5	0.5	0.5	1.0	1.0	1.0	1.0	1.5	1.5	1.5	1.5	1.5	2.0	2.0	2.0	2.0	2.0	2.0	2.5	2.5	2.5	2.5	2.5	2.5	2.5	3.0	3.0	3.0	3.0	3.0	3.0	3.0	3.0	3.0	3.5	3.5	.2163
k	90	126	162	198	234	270	306	342	378	414	450	486	522	558	594	630	666	702	738	774	810	846	882	918	954	990	1026	1062	1098	1134	1170	1206	1242	1278	1314	km

Δt Fahrenheit

D = 0.0025

Δt Celsius °C or Kelvin °K

k = CONDUCTIVITY, Btu, in./sq ft, hr °F; km = W/mK

k	50	70	90	110	130	150	170	190	210	230	250	270	290	310	330	350	370	390	410	430	450	470	490	510	530	550	570	590	610	630	650	670	690	710	730	km
0.1	0.5	0.5	0.5	0.5	0.5	0.5	0.5	0.5	1.0	1.0	1.0	1.0	1.0	1.0	1.0	1.0	1.0	1.0	1.0	1.0	1.0	1.0	1.0	1.0	1.0	1.0	1.0	1.0	1.0	1.0	1.0	1.0	1.0	1.0	1.5	.0144
0.2	0.5	0.5	0.5	0.5	1.0	1.0	1.0	1.0	1.0	1.0	1.0	1.0	1.0	1.0	1.0	1.0	1.0	1.0	1.5	1.5	1.5	1.5	1.5	1.5	1.5	1.5	1.5	1.5	1.5	1.5	1.5	1.5	1.5	1.5	1.5	.0288
0.3	0.5	0.5	0.5	1.0	1.0	1.0	1.0	1.0	1.0	1.0	1.0	1.0	1.0	1.5	1.5	1.5	1.5	1.5	1.5	1.5	1.5	1.5	1.5	1.5	1.5	1.5	1.5	2.0	2.0	2.0	2.0	2.0	2.0	2.0	2.0	.0433
0.4	0.5	0.5	1.0	1.0	1.0	1.0	1.0	1.0	1.0	1.0	1.5	1.5	1.5	1.5	1.5	1.5	1.5	1.5	1.5	1.5	1.5	1.5	2.0	2.0	2.0	2.0	2.0	2.0	2.0	2.0	2.0	2.0	2.0	2.0	2.0	.0577
0.5	0.5	0.5	1.0	1.0	1.0	1.0	1.0	1.0	1.5	1.5	1.5	1.5	1.5	1.5	1.5	1.5	1.5	1.5	2.0	2.0	2.0	2.0	2.0	2.0	2.0	2.0	2.0	2.0	2.0	2.0	2.0	2.5	2.5	2.5	2.5	.0721
0.6	0.5	0.5	1.0	1.0	1.0	1.0	1.0	1.5	1.5	1.5	1.5	1.5	1.5	1.5	1.5	1.5	2.0	2.0	2.0	2.0	2.0	2.0	2.0	2.0	2.0	2.0	2.5	2.5	2.5	2.5	2.5	2.5	2.5	2.5	2.5	.0865
0.7	0.5	0.5	1.0	1.0	1.0	1.0	1.0	1.5	1.5	1.5	1.5	1.5	1.5	1.5	2.0	2.0	2.0	2.0	2.0	2.0	2.0	2.0	2.0	2.5	2.5	2.5	2.5	2.5	2.5	2.5	2.5	2.5	2.5	2.5	2.5	.1009
0.8	0.5	0.5	1.0	1.0	1.0	1.0	1.5	1.5	1.5	1.5	1.5	1.5	1.5	2.0	2.0	2.0	2.0	2.0	2.0	2.0	2.0	2.5	2.5	2.5	2.5	2.5	2.5	2.5	2.5	2.5	2.5	2.5	3.0	3.0	3.0	.1154
0.9	0.5	0.5	1.0	1.0	1.0	1.0	1.5	1.5	1.5	1.5	1.5	1.5	2.0	2.0	2.0	2.0	2.0	2.0	2.0	2.0	2.5	2.5	2.5	2.5	2.5	2.5	2.5	2.5	2.5	3.0	3.0	3.0	3.0	3.0	3.0	.1298
1.0	0.5	0.5	1.0	1.0	1.0	1.0	1.5	1.5	1.5	1.5	1.5	2.0	2.0	2.0	2.0	2.0	2.0	2.0	2.5	2.5	2.5	2.5	2.5	2.5	2.5	2.5	2.5	3.0	3.0	3.0	3.0	3.0	3.0	3.0	3.0	.1442
1.1	0.5	0.5	1.0	1.0	1.0	1.0	1.5	1.5	1.5	1.5	1.5	2.0	2.0	2.0	2.0	2.0	2.0	2.5	2.5	2.5	2.5	2.5	2.5	2.5	2.5	3.0	3.0	3.0	3.0	3.0	3.0	3.0	3.0	3.0	3.0	.1586
1.2	0.5	0.5	1.0	1.0	1.0	1.5	1.5	1.5	1.5	1.5	2.0	2.0	2.0	2.0	2.0	2.0	2.0	2.5	2.5	2.5	2.5	2.5	2.5	2.5	3.0	3.0	3.0	3.0	3.0	3.0	3.0	3.0	3.0	3.5	3.5	.1730
1.3	0.5	0.5	1.0	1.0	1.0	1.5	1.5	1.5	1.5	1.5	2.0	2.0	2.0	2.0	2.0	2.0	2.5	2.5	2.5	2.5	2.5	2.5	2.5	3.0	3.0	3.0	3.0	3.0	3.0	3.0	3.0	3.0	3.5	3.5	3.5	.1875
1.4	0.5	0.5	1.0	1.0	1.0	1.5	1.5	1.5	1.5	1.5	2.0	2.0	2.0	2.0	2.0	2.5	2.5	2.5	2.5	2.5	2.5	2.5	3.0	3.0	3.0	3.0	3.0	3.0	3.0	3.0	3.5	3.5	3.5	3.5	3.5	.2019
1.5	0.5	0.5	1.0	1.0	1.0	1.5	1.5	1.5	1.5	1.5	2.0	2.0	2.0	2.0	2.0	2.5	2.5	2.5	2.5	2.5	2.5	3.0	3.0	3.0	3.0	3.0	3.0	3.0	3.0	3.5	3.5	3.5	3.5	3.5	3.5	.2163
k	90	126	162	198	234	270	306	342	378	414	450	486	522	558	594	630	666	702	738	774	810	846	882	918	954	990	1026	1062	1098	1134	1170	1206	1242	1278	1314	km

Δt Fahrenheit

TEMPERATURE DIFFERENCE

TABLE 2 (Sheet 56 of 128)

TABLE 2 (Continued)

ECONOMICAL INSULATION THICKNESS TABLE

IN INCHES
(nominal)

PIPE SIZE: 6'' NPS (Tube Size 6-1/2'' OD)
168.3 mm

At the intersection of the ''Δt'' column with the ''k'' row read the economical thickness.
(•—*exceeds 12'' thickness*)

D = 0.0030

Δt Celsius °C or Kelvin °K

k	50	70	90	110	130	150	170	190	210	230	250	270	290	310	330	350	370	390	410	430	450	470	490	510	530	550	570	590	610	630	650	670	690	710	730	km
0.1	0.5	0.5	0.5	0.5	0.5	0.5	1.0	1.0	1.0	1.0	1.0	1.0	1.0	1.0	1.0	1.0	1.0	1.0	1.0	1.0	1.0	1.0	1.0	1.0	1.0	1.0	1.0	1.5	1.5	1.5	1.5	1.5	1.5	1.5	1.5	.0144
0.2	0.5	0.5	0.5	1.0	1.0	1.0	1.0	1.0	1.0	1.0	1.0	1.0	1.0	1.0	1.0	1.5	1.5	1.5	1.5	1.5	1.5	1.5	1.5	1.5	1.5	1.5	1.5	1.5	1.5	1.5	1.5	1.5	1.5	2.0	2.0	.0288
0.3	0.5	0.5	1.0	1.0	1.0	1.0	1.0	1.0	1.0	1.0	1.5	1.5	1.5	1.5	1.5	1.5	1.5	1.5	1.5	1.5	1.5	1.5	1.5	2.0	2.0	2.0	2.0	2.0	2.0	2.0	2.0	2.0	2.0	2.0	2.0	.0433
0.4	0.5	1.0	1.0	1.0	1.0	1.0	1.0	1.0	1.5	1.5	1.5	1.5	1.5	1.5	1.5	1.5	1.5	1.5	2.0	2.0	2.0	2.0	2.0	2.0	2.0	2.0	2.0	2.0	2.0	2.0	2.0	2.5	2.5	2.5	2.5	.0577
0.5	0.5	1.0	1.0	1.0	1.0	1.0	1.0	1.5	1.5	1.5	1.5	1.5	1.5	1.5	1.5	2.0	2.0	2.0	2.0	2.0	2.0	2.0	2.0	2.0	2.0	2.5	2.5	2.5	2.5	2.5	2.5	2.5	2.5	2.5	2.5	.0721
0.6	0.5	1.0	1.0	1.0	1.0	1.0	1.5	1.5	1.5	1.5	1.5	1.5	1.5	2.0	2.0	2.0	2.0	2.0	2.0	2.0	2.0	2.0	2.5	2.5	2.5	2.5	2.5	2.5	2.5	2.5	2.5	2.5	2.5	3.0	3.0	.0865
0.7	0.5	1.0	1.0	1.0	1.0	1.5	1.5	1.5	1.5	1.5	1.5	2.0	2.0	2.0	2.0	2.0	2.0	2.0	2.0	2.5	2.5	2.5	2.5	2.5	2.5	2.5	2.5	2.5	2.5	3.0	3.0	3.0	3.0	3.0	3.0	.1009
0.8	0.5	1.0	1.0	1.0	1.0	1.5	1.5	1.5	1.5	1.5	2.0	2.0	2.0	2.0	2.0	2.0	2.0	2.0	2.5	2.5	2.5	2.5	2.5	2.5	2.5	2.5	3.0	3.0	3.0	3.0	3.0	3.0	3.0	3.0	3.0	.1154
0.9	0.5	1.0	1.0	1.0	1.0	1.5	1.5	1.5	1.5	1.5	2.0	2.0	2.0	2.0	2.0	2.0	2.5	2.5	2.5	2.5	2.5	2.5	2.5	2.5	3.0	3.0	3.0	3.0	3.0	3.0	3.0	3.0	3.0	3.0	3.5	.1298
1.0	0.5	1.0	1.0	1.0	1.5	1.5	1.5	1.5	1.5	2.0	2.0	2.0	2.0	2.0	2.0	2.5	2.5	2.5	2.5	2.5	2.5	2.5	3.0	3.0	3.0	3.0	3.0	3.0	3.0	3.0	3.0	3.5	3.5	3.5	3.5	.1442
1.1	0.5	1.0	1.0	1.0	1.5	1.5	1.5	1.5	1.5	2.0	2.0	2.0	2.0	2.0	2.5	2.5	2.5	2.5	2.5	2.5	2.5	3.0	3.0	3.0	3.0	3.0	3.0	3.0	3.0	3.5	3.5	3.5	3.5	3.5	3.5	.1586
1.2	0.5	1.0	1.0	1.0	1.5	1.5	1.5	1.5	2.0	2.0	2.0	2.0	2.0	2.5	2.5	2.5	2.5	2.5	2.5	2.5	3.0	3.0	3.0	3.0	3.0	3.0	3.0	3.5	3.5	3.5	3.5	3.5	3.5	3.5	4.0	.1730
1.3	0.5	1.0	1.0	1.0	1.5	1.5	1.5	1.5	2.0	2.0	2.0	2.0	2.0	2.5	2.5	2.5	2.5	2.5	2.5	3.0	3.0	3.0	3.0	3.0	3.0	3.0	3.5	3.5	3.5	3.5	3.5	3.5	3.5	4.0	4.0	.1875
1.4	0.5	1.0	1.0	1.0	1.5	1.5	1.5	1.5	2.0	2.0	2.0	2.0	2.5	2.5	2.5	2.5	2.5	2.5	3.0	3.0	3.0	3.0	3.0	3.0	3.0	3.5	3.5	3.5	3.5	3.5	3.5	4.0	4.0	4.0	4.0	.2019
1.5	0.5	1.0	1.0	1.0	1.5	1.5	1.5	1.5	2.0	2.0	2.0	2.0	2.5	2.5	2.5	2.5	2.5	3.0	3.0	3.0	3.0	3.0	3.0	3.0	3.5	3.5	3.5	3.5	3.5	3.5	4.0	4.0	4.0	4.0	4.0	.2163
k	90	126	162	198	234	270	306	342	378	414	450	486	522	558	594	630	666	702	738	774	810	846	882	918	954	990	1026	1062	1098	1134	1170	1206	1242	1278	1314	km

Δt Fahrenheit

CONDUCTIVITY Btu, in./sq ft, hr °F — W/mK

D = 0.0035

Δt Celsius °C or Kelvin °K

k	50	70	90	110	130	150	170	190	210	230	250	270	290	310	330	350	370	390	410	430	450	470	490	510	530	550	570	590	610	630	650	670	690	710	730	km
0.1	0.5	0.5	0.5	0.5	0.5	1.0	1.0	1.0	1.0	1.0	1.0	1.0	1.0	1.0	1.0	1.0	1.0	1.0	1.0	1.0	1.0	1.0	1.0	1.0	1.5	1.5	1.5	1.5	1.5	1.5	1.5	1.5	1.5	1.5	1.5	.0144
0.2	0.5	0.5	1.0	1.0	1.0	1.0	1.0	1.0	1.0	1.0	1.0	1.0	1.5	1.5	1.5	1.5	1.5	1.5	1.5	1.5	1.5	1.5	1.5	1.5	1.5	1.5	1.5	1.5	2.0	2.0	2.0	2.0	2.0	2.0	2.0	.0288
0.3	0.5	1.0	1.0	1.0	1.0	1.0	1.0	1.0	1.5	1.5	1.5	1.5	1.5	1.5	1.5	1.5	1.5	1.5	1.5	2.0	2.0	2.0	2.0	2.0	2.0	2.0	2.0	2.0	2.0	2.0	2.0	2.0	2.0	2.5	2.5	.0433
0.4	0.5	1.0	1.0	1.0	1.0	1.0	1.5	1.5	1.5	1.5	1.5	1.5	1.5	1.5	1.5	2.0	2.0	2.0	2.0	2.0	2.0	2.0	2.0	2.0	2.0	2.0	2.5	2.5	2.5	2.5	2.5	2.5	2.5	2.5	2.5	.0577
0.5	0.5	1.0	1.0	1.0	1.0	1.5	1.5	1.5	1.5	1.5	1.5	1.5	2.0	2.0	2.0	2.0	2.0	2.0	2.0	2.0	2.0	2.5	2.5	2.5	2.5	2.5	2.5	2.5	2.5	2.5	2.5	2.5	3.0	3.0	3.0	.0721
0.6	0.5	1.0	1.0	1.0	1.0	1.5	1.5	1.5	1.5	1.5	1.5	2.0	2.0	2.0	2.0	2.0	2.0	2.0	2.5	2.5	2.5	2.5	2.5	2.5	2.5	2.5	2.5	2.5	3.0	3.0	3.0	3.0	3.0	3.0	3.0	.0865
0.7	0.5	1.0	1.0	1.0	1.5	1.5	1.5	1.5	1.5	1.5	2.0	2.0	2.0	2.0	2.0	2.0	2.5	2.5	2.5	2.5	2.5	2.5	2.5	2.5	3.0	3.0	3.0	3.0	3.0	3.0	3.0	3.0	3.0	3.0	3.0	.1009
0.8	0.5	1.0	1.0	1.0	1.5	1.5	1.5	1.5	1.5	2.0	2.0	2.0	2.0	2.0	2.0	2.5	2.5	2.5	2.5	2.5	2.5	2.5	3.0	3.0	3.0	3.0	3.0	3.0	3.0	3.0	3.0	3.5	3.5	3.5	3.5	.1154
0.9	0.5	1.0	1.0	1.0	1.5	1.5	1.5	1.5	2.0	2.0	2.0	2.0	2.0	2.5	2.5	2.5	2.5	2.5	2.5	2.5	3.0	3.0	3.0	3.0	3.0	3.0	3.0	3.0	3.0	3.5	3.5	3.5	3.5	3.5	3.5	.1298
1.0	0.5	1.0	1.0	1.0	1.5	1.5	1.5	1.5	2.0	2.0	2.0	2.0	2.0	2.5	2.5	2.5	2.5	2.5	2.5	3.0	3.0	3.0	3.0	3.0	3.0	3.0	3.5	3.5	3.5	3.5	3.5	3.5	3.5	3.5	4.0	.1442
1.1	0.5	1.0	1.0	1.5	1.5	1.5	1.5	2.0	2.0	2.0	2.0	2.0	2.5	2.5	2.5	2.5	2.5	3.0	3.0	3.0	3.0	3.0	3.0	3.0	3.0	3.5	3.5	3.5	3.5	3.5	3.5	4.0	4.0	4.0	4.0	.1586
1.2	0.5	1.0	1.0	1.5	1.5	1.5	1.5	2.0	2.0	2.0	2.0	2.5	2.5	2.5	2.5	2.5	3.0	3.0	3.0	3.0	3.0	3.0	3.0	3.5	3.5	3.5	3.5	3.5	3.5	4.0	4.0	4.0	4.0	4.0	4.0	.1730
1.3	0.5	1.0	1.0	1.5	1.5	1.5	1.5	2.0	2.0	2.0	2.0	2.5	2.5	2.5	2.5	2.5	3.0	3.0	3.0	3.0	3.0	3.0	3.5	3.5	3.5	3.5	3.5	3.5	4.0	4.0	4.0	4.0	4.0	4.0	4.0	.1875
1.4	0.5	1.0	1.0	1.5	1.5	1.5	2.0	2.0	2.0	2.0	2.5	2.5	2.5	2.5	2.5	3.0	3.0	3.0	3.0	3.0	3.0	3.5	3.5	3.5	3.5	3.5	4.0	4.0	4.0	4.0	4.0	4.0	4.0	4.5	4.5	.2019
1.5	0.5	1.0	1.0	1.5	1.5	1.5	2.0	2.0	2.0	2.0	2.5	2.5	2.5	2.5	3.0	3.0	3.0	3.0	3.0	3.0	3.5	3.5	3.5	3.5	3.5	4.0	4.0	4.0	4.0	4.0	4.0	4.5	4.5	4.5	4.5	.2163
k	90	126	162	198	234	270	306	342	378	414	450	486	522	558	594	630	666	702	738	774	810	846	882	918	954	990	1026	1062	1098	1134	1170	1206	1242	1278	1314	km

Δt Fahrenheit

D = 0.0040

Δt Celsius °C or Kelvin °K

k	50	70	90	110	130	150	170	190	210	230	250	270	290	310	330	350	370	390	410	430	450	470	490	510	530	550	570	590	610	630	650	670	690	710	730	km
0.1	0.5	0.5	0.5	0.5	1.0	1.0	1.0	1.0	1.0	1.0	1.0	1.0	1.0	1.0	1.0	1.0	1.0	1.0	1.0	1.0	1.0	1.5	1.5	1.5	1.5	1.5	1.5	1.5	1.5	1.5	1.5	1.5	1.5	1.5	1.5	.0144
0.2	0.5	0.5	1.0	1.0	1.0	1.0	1.0	1.0	1.0	1.0	1.5	1.5	1.5	1.5	1.5	1.5	1.5	1.5	1.5	1.5	1.5	1.5	1.5	1.5	2.0	2.0	2.0	2.0	2.0	2.0	2.0	2.0	2.0	2.0	2.0	.0288
0.3	0.5	1.0	1.0	1.0	1.0	1.0	1.0	1.5	1.5	1.5	1.5	1.5	1.5	1.5	1.5	1.5	2.0	2.0	2.0	2.0	2.0	2.0	2.0	2.0	2.0	2.0	2.0	2.0	2.0	2.5	2.5	2.5	2.5	2.5	2.5	.0433
0.4	0.5	1.0	1.0	1.0	1.0	1.5	1.5	1.5	1.5	1.5	1.5	1.5	1.5	2.0	2.0	2.0	2.0	2.0	2.0	2.0	2.0	2.0	2.5	2.5	2.5	2.5	2.5	2.5	2.5	2.5	2.5	2.5	2.5	2.5	3.0	.0577
0.5	1.0	1.0	1.0	1.0	1.5	1.5	1.5	1.5	1.5	1.5	2.0	2.0	2.0	2.0	2.0	2.0	2.0	2.0	2.5	2.5	2.5	2.5	2.5	2.5	2.5	2.5	2.5	2.5	3.0	3.0	3.0	3.0	3.0	3.0	3.0	.0721
0.6	1.0	1.0	1.0	1.0	1.5	1.5	1.5	1.5	1.5	2.0	2.0	2.0	2.0	2.0	2.0	2.0	2.5	2.5	2.5	2.5	2.5	2.5	2.5	2.5	3.0	3.0	3.0	3.0	3.0	3.0	3.0	3.0	3.0	3.0	3.0	.0865
0.7	1.0	1.0	1.0	1.5	1.5	1.5	1.5	1.5	2.0	2.0	2.0	2.0	2.0	2.0	2.5	2.5	2.5	2.5	2.5	2.5	2.5	3.0	3.0	3.0	3.0	3.0	3.0	3.0	3.0	3.0	3.5	3.5	3.5	3.5	3.5	.1009
0.8	1.0	1.0	1.0	1.5	1.5	1.5	1.5	2.0	2.0	2.0	2.0	2.0	2.0	2.5	2.5	2.5	2.5	2.5	2.5	3.0	3.0	3.0	3.0	3.0	3.0	3.0	3.0	3.5	3.5	3.5	3.5	3.5	3.5	3.5	3.5	.1154
0.9	1.0	1.0	1.0	1.5	1.5	1.5	1.5	2.0	2.0	2.0	2.0	2.0	2.5	2.5	2.5	2.5	2.5	3.0	3.0	3.0	3.0	3.0	3.0	3.0	3.0	3.5	3.5	3.5	3.5	3.5	3.5	3.5	4.0	4.0	4.0	.1298
1.0	1.0	1.0	1.0	1.5	1.5	1.5	2.0	2.0	2.0	2.0	2.0	2.5	2.5	2.5	2.5	2.5	3.0	3.0	3.0	3.0	3.0	3.0	3.0	3.5	3.5	3.5	3.5	3.5	3.5	4.0	4.0	4.0	4.0	4.0	4.0	.1442
1.1	1.0	1.0	1.0	1.5	1.5	1.5	2.0	2.0	2.0	2.0	2.5	2.5	2.5	2.5	2.5	3.0	3.0	3.0	3.0	3.0	3.0	3.5	3.5	3.5	3.5	3.5	3.5	4.0	4.0	4.0	4.0	4.0	4.0	4.0	4.5	.1586
1.2	1.0	1.0	1.0	1.5	1.5	1.5	2.0	2.0	2.0	2.0	2.5	2.5	2.5	2.5	3.0	3.0	3.0	3.0	3.0	3.0	3.5	3.5	3.5	3.5	3.5	4.0	4.0	4.0	4.0	4.0	4.0	4.0	4.5	4.5	4.5	.1730
1.3	1.0	1.0	1.0	1.5	1.5	1.5	2.0	2.0	2.0	2.5	2.5	2.5	2.5	3.0	3.0	3.0	3.0	3.0	3.0	3.5	3.5	3.5	3.5	3.5	4.0	4.0	4.0	4.0	4.0	4.0	4.5	4.5	4.5	4.5	4.5	.1875
1.4	1.0	1.0	1.0	1.5	1.5	2.0	2.0	2.0	2.0	2.5	2.5	2.5	2.5	3.0	3.0	3.0	3.0	3.0	3.5	3.5	3.5	3.5	3.5	4.0	4.0	4.0	4.0	4.0	4.0	4.5	4.5	4.5	4.5	4.5	4.5	.2019
1.5	1.0	1.0	1.0	1.5	1.5	2.0	2.0	2.0	2.0	2.5	2.5	2.5	3.0	3.0	3.0	3.0	3.0	3.5	3.5	3.5	3.5	3.5	4.0	4.0	4.0	4.0	4.0	4.5	4.5	4.5	4.5	4.5	4.5	4.5	5.0	.2163
k	90	126	162	198	234	270	306	342	378	414	450	486	522	558	594	630	666	702	738	774	810	846	882	918	954	990	1026	1062	1098	1134	1170	1206	1242	1278	1314	km

Δt Fahrenheit

TABLE 2 (Sheet 57 of 128)

TEMPERATURE DIFFERENCE

TABLE 2 (Continued)

ECONOMICAL INSULATION THICKNESS TABLE

IN INCHES
(nominal)

PIPE SIZE: 6'' NPS (Tube Size 6-1/2'' OD)
168.3 mm

At the intersection of the ''Δt'' column with the ''k'' row read the economical thickness.
(•—*exceeds 12'' thickness*)

CONDUCTIVITY: Btu, in./sq ft, hr °F (k) — W/mK (km)

D = 0.0045

k	50	70	90	110	130	150	170	190	210	230	250	270	290	310	330	350	370	390	410	430	450	470	490	510	530	550	570	590	610	630	650	670	690	710	730	km
0.1	0.5	0.5	0.5	1.0	1.0	1.0	1.0	1.0	1.0	1.0	1.0	1.0	1.0	1.0	1.0	1.0	1.0	1.0	1.5	1.5	1.5	1.5	1.5	1.5	1.5	1.5	1.5	1.5	1.5	1.5	1.5	1.5	1.5	1.5	1.5	.0144
0.2	0.5	1.0	1.0	1.0	1.0	1.0	1.0	1.0	1.0	1.5	1.5	1.5	1.5	1.5	1.5	1.5	1.5	1.5	1.5	1.5	1.5	2.0	2.0	2.0	2.0	2.0	2.0	2.0	2.0	2.0	2.0	2.0	2.0	2.0	2.0	.0288
0.3	0.5	1.0	1.0	1.0	1.0	1.0	1.5	1.5	1.5	1.5	1.5	1.5	1.5	1.5	2.0	2.0	2.0	2.0	2.0	2.0	2.0	2.0	2.0	2.0	2.0	2.5	2.5	2.5	2.5	2.5	2.5	2.5	2.5	2.5	2.5	.0433
0.4	1.0	1.0	1.0	1.0	1.0	1.5	1.5	1.5	1.5	1.5	1.5	2.0	2.0	2.0	2.0	2.0	2.0	2.0	2.0	2.0	2.5	2.5	2.5	2.5	2.5	2.5	2.5	2.5	2.5	2.5	3.0	3.0	3.0	3.0	3.0	.0577
0.5	1.0	1.0	1.0	1.0	1.5	1.5	1.5	1.5	1.5	2.0	2.0	2.0	2.0	2.0	2.0	2.0	2.5	2.5	2.5	2.5	2.5	2.5	2.5	2.5	2.5	3.0	3.0	3.0	3.0	3.0	3.0	3.0	3.0	3.0	3.0	.0721
0.6	1.0	1.0	1.0	1.5	1.5	1.5	1.5	1.5	2.0	2.0	2.0	2.0	2.0	2.0	2.5	2.5	2.5	2.5	2.5	2.5	2.5	3.0	3.0	3.0	3.0	3.0	3.0	3.0	3.0	3.0	3.0	3.5	3.5	3.5	3.5	.0865
0.7	1.0	1.0	1.0	1.5	1.5	1.5	1.5	2.0	2.0	2.0	2.0	2.0	2.5	2.5	2.5	2.5	2.5	2.5	2.5	3.0	3.0	3.0	3.0	3.0	3.0	3.0	3.0	3.5	3.5	3.5	3.5	3.5	3.5	3.5	3.5	.1009
0.8	1.0	1.0	1.0	1.5	1.5	1.5	2.0	2.0	2.0	2.0	2.0	2.5	2.5	2.5	2.5	2.5	2.5	3.0	3.0	3.0	3.0	3.0	3.0	3.0	3.5	3.5	3.5	3.5	3.5	3.5	3.5	4.0	4.0	4.0	4.0	.1154
0.9	1.0	1.0	1.5	1.5	1.5	1.5	2.0	2.0	2.0	2.0	2.5	2.5	2.5	2.5	2.5	3.0	3.0	3.0	3.0	3.0	3.0	3.0	3.5	3.5	3.5	3.5	3.5	3.5	4.0	4.0	4.0	4.0	4.0	4.0	4.0	.1298
1.0	1.0	1.0	1.5	1.5	1.5	2.0	2.0	2.0	2.0	2.5	2.5	2.5	2.5	2.5	3.0	3.0	3.0	3.0	3.0	3.0	3.5	3.5	3.5	3.5	3.5	3.5	4.0	4.0	4.0	4.0	4.0	4.0	4.0	4.5	4.5	.1442
1.1	1.0	1.0	1.5	1.5	1.5	2.0	2.0	2.0	2.0	2.5	2.5	2.5	2.5	3.0	3.0	3.0	3.0	3.0	3.0	3.5	3.5	3.5	3.5	3.5	4.0	4.0	4.0	4.0	4.0	4.0	4.5	4.5	4.5	4.5	4.5	.1586
1.2	1.0	1.0	1.5	1.5	1.5	2.0	2.0	2.0	2.5	2.5	2.5	2.5	3.0	3.0	3.0	3.0	3.0	3.0	3.5	3.5	3.5	3.5	4.0	4.0	4.0	4.0	4.0	4.0	4.5	4.5	4.5	4.5	4.5	4.5	4.5	.1730
1.3	1.0	1.0	1.5	1.5	1.5	2.0	2.0	2.0	2.5	2.5	2.5	2.5	3.0	3.0	3.0	3.0	3.0	3.5	3.5	3.5	3.5	4.0	4.0	4.0	4.0	4.0	4.0	4.5	4.5	4.5	4.5	4.5	4.5	5.0	5.0	.1875
1.4	1.0	1.0	1.5	1.5	1.5	2.0	2.0	2.0	2.5	2.5	2.5	3.0	3.0	3.0	3.0	3.0	3.5	3.5	3.5	3.5	4.0	4.0	4.0	4.0	4.0	4.5	4.5	4.5	4.5	4.5	4.5	5.0	5.0	5.0	5.0	.2019
1.5	1.0	1.0	1.5	1.5	2.0	2.0	2.0	2.5	2.5	2.5	2.5	3.0	3.0	3.0	3.0	3.5	3.5	3.5	3.5	4.0	4.0	4.0	4.0	4.0	4.5	4.5	4.5	4.5	4.5	4.5	5.0	5.0	5.0	5.0	5.0	.2163
k	90	126	162	198	234	270	306	342	378	414	450	486	522	558	594	630	666	702	738	774	810	846	882	918	954	990	1026	1062	1098	1134	1170	1206	1242	1278	1314	km

Top row: Δt Celsius °C or Kelvin °K; bottom row: Δt Fahrenheit

D = 0.0050

k	50	70	90	110	130	150	170	190	210	230	250	270	290	310	330	350	370	390	410	430	450	470	490	510	530	550	570	590	610	630	650	670	690	710	730	km
0.1	0.5	0.5	0.5	1.0	1.0	1.0	1.0	1.0	1.0	1.0	1.0	1.0	1.0	1.0	1.0	1.0	1.5	1.5	1.5	1.5	1.5	1.5	1.5	1.5	1.5	1.5	1.5	1.5	1.5	1.5	1.5	1.5	1.5	1.5	1.5	.0144
0.2	0.5	1.0	1.0	1.0	1.0	1.0	1.0	1.0	1.5	1.5	1.5	1.5	1.5	1.5	1.5	1.5	1.5	1.5	1.5	2.0	2.0	2.0	2.0	2.0	2.0	2.0	2.0	2.0	2.0	2.0	2.0	2.0	2.0	2.5	2.5	.0288
0.3	1.0	1.0	1.0	1.0	1.0	1.5	1.5	1.5	1.5	1.5	1.5	1.5	1.5	2.0	2.0	2.0	2.0	2.0	2.0	2.0	2.0	2.0	2.0	2.5	2.5	2.5	2.5	2.5	2.5	2.5	2.5	2.5	2.5	2.5	2.5	.0433
0.4	1.0	1.0	1.0	1.0	1.5	1.5	1.5	1.5	1.5	1.5	2.0	2.0	2.0	2.0	2.0	2.0	2.0	2.0	2.5	2.5	2.5	2.5	2.5	2.5	2.5	2.5	2.5	3.0	3.0	3.0	3.0	3.0	3.0	3.0	3.0	.0577
0.5	1.0	1.0	1.0	1.5	1.5	1.5	1.5	1.5	2.0	2.0	2.0	2.0	2.0	2.0	2.5	2.5	2.5	2.5	2.5	2.5	2.5	2.5	3.0	3.0	3.0	3.0	3.0	3.0	3.0	3.0	3.0	3.0	3.5	3.5	3.5	.0721
0.6	1.0	1.0	1.0	1.5	1.5	1.5	1.5	2.0	2.0	2.0	2.0	2.0	2.5	2.5	2.5	2.5	2.5	2.5	2.5	3.0	3.0	3.0	3.0	3.0	3.0	3.0	3.0	3.5	3.5	3.5	3.5	3.5	3.5	3.5	3.5	.0865
0.7	1.0	1.0	1.5	1.5	1.5	1.5	2.0	2.0	2.0	2.0	2.0	2.5	2.5	2.5	2.5	2.5	2.5	3.0	3.0	3.0	3.0	3.0	3.0	3.0	3.5	3.5	3.5	3.5	3.5	3.5	3.5	4.0	4.0	4.0	4.0	.1009
0.8	1.0	1.0	1.5	1.5	1.5	2.0	2.0	2.0	2.0	2.0	2.5	2.5	2.5	2.5	2.5	3.0	3.0	3.0	3.0	3.0	3.0	3.5	3.5	3.5	3.5	3.5	3.5	3.5	4.0	4.0	4.0	4.0	4.0	4.0	4.0	.1154
0.9	1.0	1.0	1.5	1.5	1.5	2.0	2.0	2.0	2.0	2.5	2.5	2.5	2.5	2.5	3.0	3.0	3.0	3.0	3.0	3.5	3.5	3.5	3.5	3.5	3.5	4.0	4.0	4.0	4.0	4.0	4.0	4.0	4.5	4.5	4.5	.1298
1.0	1.0	1.0	1.5	1.5	1.5	2.0	2.0	2.0	2.5	2.5	2.5	2.5	3.0	3.0	3.0	3.0	3.0	3.0	3.5	3.5	3.5	3.5	3.5	4.0	4.0	4.0	4.0	4.0	4.0	4.5	4.5	4.5	4.5	4.5	4.5	.1442
1.1	1.0	1.0	1.5	1.5	2.0	2.0	2.0	2.0	2.5	2.5	2.5	2.5	3.0	3.0	3.0	3.0	3.0	3.5	3.5	3.5	3.5	4.0	4.0	4.0	4.0	4.0	4.0	4.5	4.5	4.5	4.5	4.5	4.5	4.5	5.0	.1586
1.2	1.0	1.0	1.5	1.5	2.0	2.0	2.0	2.5	2.5	2.5	2.5	3.0	3.0	3.0	3.0	3.0	3.5	3.5	3.5	3.5	4.0	4.0	4.0	4.0	4.0	4.5	4.5	4.5	4.5	4.5	4.5	5.0	5.0	5.0	5.0	.1730
1.3	1.0	1.0	1.5	1.5	2.0	2.0	2.0	2.5	2.5	2.5	3.0	3.0	3.0	3.0	3.0	3.5	3.5	3.5	3.5	4.0	4.0	4.0	4.0	4.0	4.5	4.5	4.5	4.5	4.5	5.0	5.0	5.0	5.0	5.0	5.0	.1875
1.4	1.0	1.0	1.5	1.5	2.0	2.0	2.0	2.5	2.5	2.5	3.0	3.0	3.0	3.0	3.5	3.5	3.5	3.5	4.0	4.0	4.0	4.0	4.5	4.5	4.5	4.5	4.5	4.5	5.0	5.0	5.0	5.0	5.0	5.5	5.5	.2019
1.5	1.0	1.0	1.5	1.5	2.0	2.0	2.5	2.5	2.5	3.0	3.0	3.0	3.0	3.5	3.5	3.5	3.5	4.0	4.0	4.0	4.0	4.5	4.5	4.5	4.5	4.5	5.0	5.0	5.0	5.0	5.0	5.0	5.5	5.5	5.5	.2163
k	90	126	162	198	234	270	306	342	378	414	450	486	522	558	594	630	666	702	738	774	810	846	882	918	954	990	1026	1062	1098	1134	1170	1206	1242	1278	1314	km

Top row: Δt Celsius °C or Kelvin °K; bottom row: Δt Fahrenheit

D = 0.0060

k	50	70	90	110	130	150	170	190	210	230	250	270	290	310	330	350	370	390	410	430	450	470	490	510	530	550	570	590	610	630	650	670	690	710	730	km
0.1	0.5	0.5	1.0	1.0	1.0	1.0	1.0	1.0	1.0	1.0	1.0	1.0	1.0	1.5	1.5	1.5	1.5	1.5	1.5	1.5	1.5	1.5	1.5	1.5	1.5	1.5	1.5	1.5	1.5	1.5	2.0	2.0	2.0	2.0	2.0	.0144
0.2	1.0	1.0	1.0	1.0	1.0	1.0	1.5	1.5	1.5	1.5	1.5	1.5	1.5	1.5	1.5	2.0	2.0	2.0	2.0	2.0	2.0	2.0	2.0	2.0	2.0	2.0	2.0	2.0	2.5	2.5	2.5	2.5	2.5	2.5	2.5	.0288
0.3	1.0	1.0	1.0	1.0	1.5	1.5	1.5	1.5	1.5	1.5	2.0	2.0	2.0	2.0	2.0	2.0	2.0	2.0	2.0	2.5	2.5	2.5	2.5	2.5	2.5	2.5	2.5	2.5	2.5	3.0	3.0	3.0	3.0	3.0	3.0	.0433
0.4	1.0	1.0	1.0	1.5	1.5	1.5	1.5	1.5	2.0	2.0	2.0	2.0	2.0	2.0	2.5	2.5	2.5	2.5	2.5	2.5	2.5	2.5	3.0	3.0	3.0	3.0	3.0	3.0	3.0	3.0	3.0	3.0	3.0	3.5	3.5	.0577
0.5	1.0	1.0	1.5	1.5	1.5	1.5	2.0	2.0	2.0	2.0	2.0	2.0	2.5	2.5	2.5	2.5	2.5	2.5	3.0	3.0	3.0	3.0	3.0	3.0	3.0	3.0	3.5	3.5	3.5	3.5	3.5	3.5	3.5	3.5	4.0	.0721
0.6	1.0	1.0	1.5	1.5	1.5	2.0	2.0	2.0	2.0	2.0	2.5	2.5	2.5	2.5	2.5	3.0	3.0	3.0	3.0	3.0	3.0	3.0	3.5	3.5	3.5	3.5	3.5	3.5	3.5	4.0	4.0	4.0	4.0	4.0	4.0	.0865
0.7	1.0	1.0	1.5	1.5	1.5	2.0	2.0	2.0	2.0	2.5	2.5	2.5	2.5	3.0	3.0	3.0	3.0	3.0	3.0	3.0	3.5	3.5	3.5	3.5	3.5	4.0	4.0	4.0	4.0	4.0	4.0	4.0	4.0	4.5	4.5	.1009
0.8	1.0	1.5	1.5	1.5	2.0	2.0	2.0	2.0	2.5	2.5	2.5	2.5	3.0	3.0	3.0	3.0	3.0	3.0	3.5	3.5	3.5	3.5	3.5	4.0	4.0	4.0	4.0	4.0	4.0	4.5	4.5	4.5	4.5	4.5	4.5	.1154
0.9	1.0	1.5	1.5	1.5	2.0	2.0	2.0	2.5	2.5	2.5	2.5	3.0	3.0	3.0	3.0	3.0	3.5	3.5	3.5	3.5	3.5	4.0	4.0	4.0	4.0	4.0	4.5	4.5	4.5	4.5	4.5	4.5	4.5	5.0	5.0	.1298
1.0	1.0	1.5	1.5	1.5	2.0	2.0	2.5	2.5	2.5	2.5	3.0	3.0	3.0	3.0	3.0	3.5	3.5	3.5	3.5	4.0	4.0	4.0	4.0	4.0	4.5	4.5	4.5	4.5	4.5	4.5	5.0	5.0	5.0	5.0	5.0	.1442
1.1	1.0	1.5	1.5	2.0	2.0	2.0	2.5	2.5	2.5	3.0	3.0	3.0	3.0	3.0	3.5	3.5	3.5	4.0	4.0	4.0	4.0	4.0	4.5	4.5	4.5	4.5	4.5	4.5	5.0	5.0	5.0	5.0	5.0	5.0	5.5	.1586
1.2	1.0	1.5	1.5	2.0	2.0	2.0	2.5	2.5	2.5	3.0	3.0	3.0	3.0	3.5	3.5	3.5	4.0	4.0	4.0	4.0	4.0	4.5	4.5	4.5	4.5	4.5	5.0	5.0	5.0	5.0	5.0	5.5	5.5	5.5	5.5	.1730
1.3	1.0	1.5	1.5	2.0	2.0	2.5	2.5	2.5	3.0	3.0	3.0	3.0	3.5	3.5	3.5	4.0	4.0	4.0	4.0	4.5	4.5	4.5	4.5	4.5	5.0	5.0	5.0	5.0	5.0	5.5	5.5	5.5	5.5	5.5	5.5	.1875
1.4	1.0	1.5	1.5	2.0	2.0	2.5	2.5	2.5	3.0	3.0	3.0	3.5	3.5	3.5	4.0	4.0	4.0	4.0	4.5	4.5	4.5	4.5	4.5	5.0	5.0	5.0	5.0	5.5	5.5	5.5	5.5	5.5	5.5	6.0	6.0	.2019
1.5	1.0	1.5	1.5	2.0	2.0	2.5	2.5	2.5	3.0	3.0	3.0	3.5	3.5	3.5	4.0	4.0	4.0	4.5	4.5	4.5	4.5	4.5	5.0	5.0	5.0	5.0	5.5	5.5	5.5	5.5	5.5	6.0	6.0	6.0	6.0	.2163
k	90	126	162	198	234	270	306	342	378	414	450	486	522	558	594	630	666	702	738	774	810	846	882	918	954	990	1026	1062	1098	1134	1170	1206	1242	1278	1314	km

Top row: Δt Celsius °C or Kelvin °K; bottom row: Δt Fahrenheit

TEMPERATURE DIFFERENCE

TABLE 2 (Sheet 58 of 128)

TABLE 2 (Continued)

ECONOMICAL INSULATION THICKNESS TABLE

IN INCHES
(nominal)

PIPE SIZE: 6'' NPS (Tube Size 6-1/2'' OD)
168.3 mm

At the intersection of the ''Δt'' column with the ''k'' row read the economical thickness.
(•—*exceeds 12'' thickness*)

D = 0.0070

Δt Celsius °C or Kelvin °K; CONDUCTIVITY k: Btu, in./sq ft, hr °F; km: W/mK

k	50	70	90	110	130	150	170	190	210	230	250	270	290	310	330	350	370	390	410	430	450	470	490	510	530	550	570	590	610	630	650	670	690	710	730	km
0.1	0.5	0.5	1.0	1.0	1.0	1.0	1.0	1.0	1.0	1.0	1.0	1.5	1.5	1.5	1.5	1.5	1.5	1.5	1.5	1.5	1.5	1.5	1.5	1.5	1.5	1.5	2.0	2.0	2.0	2.0	2.0	2.0	2.0	2.0	2.0	.0144
0.2	1.0	1.0	1.0	1.0	1.0	1.5	1.5	1.5	1.5	1.5	1.5	1.5	1.5	2.0	2.0	2.0	2.0	2.0	2.0	2.0	2.0	2.0	2.0	2.5	2.5	2.5	2.5	2.5	2.5	2.5	2.5	2.5	2.5	2.5	2.5	.0288
0.3	1.0	1.0	1.0	1.5	1.5	1.5	1.5	1.5	1.5	2.0	2.0	2.0	2.0	2.0	2.0	2.0	2.5	2.5	2.5	2.5	2.5	2.5	2.5	2.5	2.5	3.0	3.0	3.0	3.0	3.0	3.0	3.0	3.0	3.0	3.0	.0433
0.4	1.0	1.0	1.5	1.5	1.5	1.5	2.0	2.0	2.0	2.0	2.0	2.0	2.5	2.5	2.5	2.5	2.5	2.5	2.5	3.0	3.0	3.0	3.0	3.0	3.0	3.0	3.0	3.0	3.5	3.5	3.5	3.5	3.5	3.5	3.5	.0577
0.5	1.0	1.0	1.5	1.5	1.5	2.0	2.0	2.0	2.0	2.0	2.5	2.5	2.5	2.5	2.5	3.0	3.0	3.0	3.0	3.0	3.0	3.0	3.5	3.5	3.5	3.5	3.5	3.5	3.5	4.0	4.0	4.0	4.0	4.0	4.0	.0721
0.6	1.0	1.5	1.5	1.5	2.0	2.0	2.0	2.0	2.5	2.5	2.5	2.5	2.5	3.0	3.0	3.0	3.0	3.0	3.0	3.5	3.5	3.5	3.5	3.5	3.5	4.0	4.0	4.0	4.0	4.0	4.0	4.0	4.5	4.5	4.5	.0865
0.7	1.0	1.5	1.5	1.5	2.0	2.0	2.0	2.5	2.5	2.5	2.5	3.0	3.0	3.0	3.0	3.0	3.0	3.5	3.5	3.5	3.5	4.0	4.0	4.0	4.0	4.0	4.0	4.0	4.5	4.5	4.5	4.5	4.5	4.5	4.5	.1009
0.8	1.0	1.5	1.5	2.0	2.0	2.0	2.5	2.5	2.5	2.5	3.0	3.0	3.0	3.0	3.0	3.5	3.5	3.5	3.5	4.0	4.0	4.0	4.0	4.0	4.0	4.5	4.5	4.5	4.5	4.5	4.5	5.0	5.0	5.0	5.0	.1154
0.9	1.0	1.5	1.5	2.0	2.0	2.0	2.5	2.5	2.5	3.0	3.0	3.0	3.0	3.5	3.5	3.5	3.5	4.0	4.0	4.0	4.0	4.0	4.5	4.5	4.5	4.5	4.5	4.5	5.0	5.0	5.0	5.0	5.0	5.0	5.5	.1298
1.0	1.0	1.5	1.5	2.0	2.0	2.5	2.5	2.5	3.0	3.0	3.0	3.0	3.5	3.5	3.5	3.5	4.0	4.0	4.0	4.0	4.5	4.5	4.5	4.5	4.5	4.5	5.0	5.0	5.0	5.0	5.0	5.5	5.5	5.5	5.5	.1442
1.1	1.0	1.5	1.5	2.0	2.0	2.5	2.5	2.5	3.0	3.0	3.0	3.5	3.5	3.5	3.5	4.0	4.0	4.0	4.0	4.5	4.5	4.5	4.5	4.5	5.0	5.0	5.0	5.0	5.5	5.5	5.5	5.5	5.5	5.5	6.0	.1586
1.2	1.0	1.5	2.0	2.0	2.0	2.5	2.5	3.0	3.0	3.0	3.0	3.5	3.5	3.5	4.0	4.0	4.0	4.5	4.5	4.5	4.5	4.5	5.0	5.0	5.0	5.0	5.5	5.5	5.5	5.5	5.5	5.5	6.0	6.0	6.0	.1730
1.3	1.0	1.5	2.0	2.0	2.5	2.5	2.5	3.0	3.0	3.0	3.5	3.5	3.5	4.0	4.0	4.0	4.5	4.5	4.5	4.5	5.0	5.0	5.0	5.0	5.0	5.5	5.5	5.5	5.5	6.0	6.0	6.0	6.0	6.0	6.5	.1875
1.4	1.0	1.5	2.0	2.0	2.5	2.5	2.5	3.0	3.0	3.5	3.5	3.5	4.0	4.0	4.0	4.5	4.5	4.5	4.5	5.0	5.0	5.0	5.0	5.5	5.5	5.5	5.5	5.5	6.0	6.0	6.0	6.0	6.5	6.5	6.5	.2019
1.5	1.0	1.5	2.0	2.0	2.5	2.5	3.0	3.0	3.0	3.5	3.5	3.5	4.0	4.0	4.0	4.5	4.5	4.5	5.0	5.0	5.0	5.0	5.5	5.5	5.5	5.5	6.0	6.0	6.0	6.0	6.5	6.5	6.5	6.5	6.5	.2163
k	90	126	162	198	234	270	306	342	378	414	450	486	522	558	594	630	666	702	738	774	810	846	882	918	954	990	1026	1062	1098	1134	1170	1206	1242	1278	1314	km

Δt Fahrenheit

D = 0.0080

Δt Celsius °C or Kelvin °K; CONDUCTIVITY Btu, in./sq ft, hr °F; km: W/mK

k	50	70	90	110	130	150	170	190	210	230	250	270	290	310	330	350	370	390	410	430	450	470	490	510	530	550	570	590	610	630	650	670	690	710	730	km
0.1	0.5	1.0	1.0	1.0	1.0	1.0	1.0	1.0	1.0	1.5	1.5	1.5	1.5	1.5	1.5	1.5	1.5	1.5	1.5	1.5	1.5	1.5	2.0	2.0	2.0	2.0	2.0	2.0	2.0	2.0	2.0	2.0	2.0	2.0	2.0	.0144
0.2	1.0	1.0	1.0	1.0	1.5	1.5	1.5	1.5	1.5	1.5	1.5	2.0	2.0	2.0	2.0	2.0	2.0	2.0	2.0	2.0	2.5	2.5	2.5	2.5	2.5	2.5	2.5	2.5	2.5	2.5	2.5	2.5	3.0	3.0	3.0	.0288
0.3	1.0	1.0	1.0	1.5	1.5	1.5	1.5	2.0	2.0	2.0	2.0	2.0	2.0	2.5	2.5	2.5	2.5	2.5	2.5	2.5	2.5	3.0	3.0	3.0	3.0	3.0	3.0	3.0	3.0	3.0	3.0	3.5	3.5	3.5	3.5	.0433
0.4	1.0	1.0	1.5	1.5	1.5	2.0	2.0	2.0	2.0	2.0	2.5	2.5	2.5	2.5	2.5	2.5	3.0	3.0	3.0	3.0	3.0	3.0	3.0	3.0	3.5	3.5	3.5	3.5	3.5	3.5	3.5	4.0	4.0	4.0	4.0	.0577
0.5	1.0	1.5	1.5	1.5	2.0	2.0	2.0	2.0	2.5	2.5	2.5	2.5	2.5	3.0	3.0	3.0	3.0	3.0	3.0	3.5	3.5	3.5	3.5	3.5	3.5	4.0	4.0	4.0	4.0	4.0	4.0	4.0	4.0	4.5	4.5	.0721
0.6	1.0	1.5	1.5	1.5	2.0	2.0	2.0	2.5	2.5	2.5	2.5	3.0	3.0	3.0	3.0	3.0	3.5	3.5	3.5	3.5	3.5	4.0	4.0	4.0	4.0	4.0	4.0	4.0	4.5	4.5	4.5	4.5	4.5	4.5	4.5	.0865
0.7	1.0	1.5	1.5	2.0	2.0	2.0	2.5	2.5	2.5	2.5	3.0	3.0	3.0	3.0	3.5	3.5	3.5	3.5	3.5	4.0	4.0	4.0	4.0	4.0	4.5	4.5	4.5	4.5	4.5	4.5	5.0	5.0	5.0	5.0	5.0	.1009
0.8	1.0	1.5	1.5	2.0	2.0	2.5	2.5	2.5	2.5	3.0	3.0	3.0	3.0	3.5	3.5	3.5	4.0	4.0	4.0	4.0	4.0	4.5	4.5	4.5	4.5	4.5	4.5	5.0	5.0	5.0	5.0	5.0	5.0	5.5	5.5	.1154
0.9	1.5	1.5	2.0	2.0	2.0	2.5	2.5	2.5	3.0	3.0	3.0	3.5	3.5	3.5	3.5	4.0	4.0	4.0	4.0	4.5	4.5	4.5	4.5	4.5	5.0	5.0	5.0	5.0	5.0	5.5	5.5	5.5	5.5	5.5	5.5	.1298
1.0	1.5	1.5	2.0	2.0	2.5	2.5	2.5	3.0	3.0	3.0	3.5	3.5	3.5	3.5	4.0	4.0	4.0	4.5	4.5	4.5	4.5	4.5	5.0	5.0	5.0	5.0	5.0	5.5	5.5	5.5	5.5	5.5	6.0	6.0	6.0	.1442
1.1	1.5	1.5	2.0	2.0	2.5	2.5	2.5	3.0	3.0	3.0	3.5	3.5	3.5	4.0	4.0	4.0	4.5	4.5	4.5	4.5	5.0	5.0	5.0	5.0	5.0	5.5	5.5	5.5	5.5	6.0	6.0	6.0	6.0	6.0	6.5	.1586
1.2	1.5	1.5	2.0	2.0	2.5	2.5	3.0	3.0	3.0	3.5	3.5	3.5	4.0	4.0	4.0	4.5	4.5	4.5	4.5	5.0	5.0	5.0	5.0	5.5	5.5	5.5	5.5	6.0	6.0	6.0	6.0	6.0	6.5	6.5	6.5	.1730
1.3	1.5	1.5	2.0	2.0	2.5	2.5	3.0	3.0	3.5	3.5	3.5	4.0	4.0	4.0	4.5	4.5	4.5	4.5	5.0	5.0	5.0	5.5	5.5	5.5	5.5	5.5	6.0	6.0	6.0	6.0	6.5	6.5	6.5	6.5	6.5	.1875
1.4	1.5	1.5	2.0	2.5	2.5	3.0	3.0	3.0	3.5	3.5	4.0	4.0	4.0	4.5	4.5	4.5	4.5	5.0	5.0	5.0	5.5	5.5	5.5	5.5	6.0	6.0	6.0	6.0	6.5	6.5	6.5	6.5	6.5	7.0	7.0	.2019
1.5	1.5	1.5	2.0	2.5	2.5	3.0	3.0	3.0	3.5	3.5	4.0	4.0	4.0	4.5	4.5	4.5	5.0	5.0	5.0	5.5	5.5	5.5	5.5	6.0	6.0	6.0	6.5	6.5	6.5	6.5	6.5	7.0	7.0	7.0	7.5	.2163
k	90	126	162	198	234	270	306	342	378	414	450	486	522	558	594	630	666	702	738	774	810	846	882	918	954	990	1026	1062	1098	1134	1170	1206	1242	1278	1314	km

Δt Fahrenheit

D = 0.0100

Δt Celsius °C or Kelvin °K; CONDUCTIVITY k: Btu, in./sq ft, hr °F; km: W/mK

k	50	70	90	110	130	150	170	190	210	230	250	270	290	310	330	350	370	390	410	430	450	470	490	510	530	550	570	590	610	630	650	670	690	710	730	km
0.1	1.0	1.0	1.0	1.0	1.0	1.0	1.0	1.5	1.5	1.5	1.5	1.5	1.5	1.5	1.5	1.5	1.5	2.0	2.0	2.0	2.0	2.0	2.0	2.0	2.0	2.0	2.0	2.0	2.0	2.0	2.0	2.0	2.5	2.5	2.5	.0144
0.2	1.0	1.0	1.0	1.5	1.5	1.5	1.5	1.5	2.0	2.0	2.0	2.0	2.0	2.0	2.0	2.0	2.5	2.5	2.5	2.5	2.5	2.5	2.5	2.5	2.5	3.0	3.0	3.0	3.0	3.0	3.0	3.0	3.0	3.0	3.0	.0288
0.3	1.0	1.0	1.5	1.5	1.5	2.0	2.0	2.0	2.0	2.0	2.5	2.5	2.5	2.5	2.5	2.5	2.5	3.0	3.0	3.0	3.0	3.0	3.0	3.0	3.0	3.5	3.5	3.5	3.5	3.5	3.5	3.5	4.0	4.0	4.0	.0433
0.4	1.0	1.5	1.5	1.5	2.0	2.0	2.0	2.0	2.5	2.5	2.5	2.5	3.0	3.0	3.0	3.0	3.0	3.0	3.0	3.5	3.5	3.5	3.5	3.5	3.5	4.0	4.0	4.0	4.0	4.0	4.0	4.0	4.5	4.5	4.5	.0577
0.5	1.0	1.5	1.5	2.0	2.0	2.0	2.5	2.5	2.5	2.5	3.0	3.0	3.0	3.0	3.0	3.5	3.5	3.5	3.5	3.5	4.0	4.0	4.0	4.0	4.0	4.0	4.5	4.5	4.5	4.5	4.5	4.5	4.5	5.0	5.0	.0721
0.6	1.5	1.5	2.0	2.0	2.0	2.5	2.5	2.5	3.0	3.0	3.0	3.0	3.0	3.5	3.5	3.5	3.5	4.0	4.0	4.0	4.0	4.0	4.5	4.5	4.5	4.5	4.5	4.5	5.0	5.0	5.0	5.0	5.0	5.0	5.5	.0865
0.7	1.5	1.5	2.0	2.0	2.5	2.5	2.5	3.0	3.0	3.0	3.0	3.5	3.5	3.5	4.0	4.0	4.0	4.0	4.0	4.5	4.5	4.5	4.5	4.5	5.0	5.0	5.0	5.0	5.0	5.5	5.5	5.5	5.5	5.5	5.5	.1009
0.8	1.5	1.5	2.0	2.0	2.5	2.5	3.0	3.0	3.0	3.0	3.5	3.5	3.5	4.0	4.0	4.0	4.0	4.5	4.5	4.5	4.5	5.0	5.0	5.0	5.0	5.0	5.5	5.5	5.5	5.5	5.5	6.0	6.0	6.0	6.0	.1154
0.9	1.5	1.5	2.0	2.5	2.5	2.5	3.0	3.0	3.0	3.5	3.5	3.5	4.0	4.0	4.0	4.5	4.5	4.5	4.5	5.0	5.0	5.0	5.0	5.5	5.5	5.5	5.5	5.5	6.0	6.0	6.0	6.0	6.5	6.5	6.5	.1298
1.0	1.5	2.0	2.0	2.5	2.5	3.0	3.0	3.0	3.5	3.5	4.0	4.0	4.0	4.0	4.5	4.5	4.5	5.0	5.0	5.0	5.0	5.5	5.5	5.5	5.5	6.0	6.0	6.0	6.0	6.5	6.5	6.5	6.5	6.5	6.5	.1442
1.1	1.5	2.0	2.0	2.5	2.5	3.0	3.0	3.5	3.5	3.5	4.0	4.0	4.0	4.5	4.5	4.5	5.0	5.0	5.0	5.5	5.5	5.5	5.5	6.0	6.0	6.0	6.0	6.5	6.5	6.5	6.5	6.5	7.0	7.0	7.0	.1586
1.2	1.5	2.0	2.0	2.5	3.0	3.0	3.0	3.5	3.5	4.0	4.0	4.0	4.5	4.5	4.5	5.0	5.0	5.0	5.5	5.5	5.5	6.0	6.0	6.0	6.0	6.5	6.5	6.5	6.5	7.0	7.0	7.0	7.0	7.5	7.5	.1730
1.3	1.5	2.0	2.5	2.5	3.0	3.0	3.5	3.5	4.0	4.0	4.0	4.5	4.5	4.5	5.0	5.0	5.0	5.5	5.5	5.5	6.0	6.0	6.0	6.5	6.5	6.5	6.5	7.0	7.0	7.0	7.0	7.5	7.5	7.5	7.5	.1875
1.4	1.5	2.0	2.5	2.5	3.0	3.0	3.5	3.5	4.0	4.0	4.5	4.5	4.5	5.0	5.0	5.0	5.5	5.5	5.5	6.0	6.0	6.0	6.5	6.5	6.5	6.5	7.0	7.0	7.0	7.5	7.5	7.5	7.5	8.0	8.0	.2019
1.5	1.5	2.0	2.5	2.5	3.0	3.0	3.5	4.0	4.0	4.0	4.5	4.5	5.0	5.0	5.0	5.5	5.5	5.5	6.0	6.0	6.0	6.5	6.5	6.5	7.0	7.0	7.0	7.5	7.5	7.5	7.5	8.0	8.0	8.0	8.0	.2163
k	90	126	162	198	234	270	306	342	378	414	450	486	522	558	594	630	666	702	738	774	810	846	882	918	954	990	1026	1062	1098	1134	1170	1206	1242	1278	1314	km

Δt Fahrenheit

TABLE 2 (Sheet 59 of 128)

TEMPERATURE DIFFERENCE

ECONOMICAL INSULATION THICKNESS TABLE

IN INCHES
(nominal)

PIPE SIZE: 6" NPS (Tube Size 6-1/2" OD)
168.3 mm

At the intersection of the "Δt" column with the "k" row read the economical thickness.
(•—*exceeds 12" thickness*)

CONDUCTIVITY k: Btu, in./sq ft, hr °F; km: W/mK

D = 0.0120

k	50	70	90	110	130	150	170	190	210	230	250	270	290	310	330	350	370	390	410	430	450	470	490	510	530	550	570	590	610	630	650	670	690	710	730	km
0.1	1.0	1.0	1.0	1.0	1.0	1.0	1.5	1.5	1.5	1.5	1.5	1.5	1.5	1.5	2.0	2.0	2.0	2.0	2.0	2.0	2.0	2.0	2.0	2.0	2.0	2.0	2.5	2.5	2.5	2.5	2.5	2.5	2.5	2.5	2.5	.0144
0.2	1.0	1.0	1.5	1.5	1.5	1.5	1.5	2.0	2.0	2.0	2.0	2.0	2.0	2.5	2.5	2.5	2.5	2.5	2.5	2.5	3.0	3.0	3.0	3.0	3.0	3.0	3.0	3.0	3.0	3.0	3.5	3.5	3.5	3.5	3.5	.0288
0.3	1.0	1.5	1.5	1.5	2.0	2.0	2.0	2.0	2.5	2.5	2.5	2.5	2.5	2.5	3.0	3.0	3.0	3.0	3.0	3.0	3.5	3.5	3.5	3.5	3.5	3.5	3.5	4.0	4.0	4.0	4.0	4.0	4.0	4.0	4.0	.0433
0.4	1.5	1.5	1.5	2.0	2.0	2.0	2.5	2.5	2.5	2.5	3.0	3.0	3.0	3.0	3.0	3.5	3.5	3.5	3.5	3.5	4.0	4.0	4.0	4.0	4.0	4.0	4.5	4.5	4.5	4.5	4.5	4.5	4.5	5.0	5.0	.0577
0.5	1.5	1.5	2.0	2.0	2.0	2.5	2.5	2.5	3.0	3.0	3.0	3.0	3.5	3.5	3.5	3.5	4.0	4.0	4.0	4.0	4.0	4.5	4.5	4.5	4.5	4.5	4.5	5.0	5.0	5.0	5.0	5.0	5.0	5.5	5.5	.0721
0.6	1.5	1.5	2.0	2.0	2.5	2.5	2.5	3.0	3.0	3.0	3.5	3.5	3.5	3.5	4.0	4.0	4.0	4.0	4.5	4.5	4.5	4.5	4.5	5.0	5.0	5.0	5.0	5.0	5.5	5.5	5.5	5.5	5.5	6.0	6.0	.0865
0.7	1.5	2.0	2.0	2.5	2.5	2.5	3.0	3.0	3.0	3.5	3.5	3.5	4.0	4.0	4.0	4.5	4.5	4.5	4.5	4.5	5.0	5.0	5.0	5.0	5.5	5.5	5.5	5.5	5.5	6.0	6.0	6.0	6.0	6.0	6.5	.1009
0.8	1.5	2.0	2.0	2.5	2.5	3.0	3.0	3.0	3.5	3.5	4.0	4.0	4.0	4.0	4.5	4.5	4.5	5.0	5.0	5.0	5.0	5.5	5.5	5.5	5.5	6.0	6.0	6.0	6.0	6.0	6.5	6.5	6.5	6.5	6.5	.1154
0.9	1.5	2.0	2.0	2.5	3.0	3.0	3.0	3.5	3.5	4.0	4.0	4.0	4.5	4.5	4.5	5.0	5.0	5.0	5.0	5.5	5.5	5.5	5.5	6.0	6.0	6.0	6.0	6.5	6.5	6.5	6.5	7.0	7.0	7.0	7.0	.1298
1.0	1.5	2.0	2.5	2.5	3.0	3.0	3.5	3.5	4.0	4.0	4.0	4.5	4.5	4.5	5.0	5.0	5.0	5.5	5.5	5.5	5.5	6.0	6.0	6.0	6.5	6.5	6.5	6.5	7.0	7.0	7.0	7.0	7.5	7.5	7.5	.1442
1.1	1.5	2.0	2.5	2.5	3.0	3.0	3.5	3.5	4.0	4.0	4.5	4.5	4.5	5.0	5.0	5.0	5.5	5.5	5.5	6.0	6.0	6.0	6.5	6.5	6.5	6.5	7.0	7.0	7.0	7.5	7.5	7.5	7.5	7.5	8.0	.1586
1.2	1.5	2.0	2.5	3.0	3.0	3.5	3.5	4.0	4.0	4.5	4.5	4.5	5.0	5.0	5.0	5.5	5.5	5.5	6.0	6.0	6.5	6.5	6.5	6.5	7.0	7.0	7.0	7.5	7.5	7.5	7.5	8.0	8.0	8.0	8.0	.1730
1.3	1.5	2.0	2.5	3.0	3.0	3.5	3.5	4.0	4.0	4.5	4.5	5.0	5.0	5.0	5.5	5.5	6.0	6.0	6.0	6.5	6.5	6.5	7.0	7.0	7.0	7.5	7.5	7.5	7.5	8.0	8.0	8.0	8.0	8.5	8.5	.1875
1.4	2.0	2.0	2.5	3.0	3.0	3.5	4.0	4.0	4.5	4.5	5.0	5.0	5.0	5.5	5.5	6.0	6.0	6.0	6.5	6.5	6.5	7.0	7.0	7.0	7.5	7.5	7.5	8.0	8.0	8.0	8.0	8.5	8.5	8.5	9.0	.2019
1.5	2.0	2.0	2.5	3.0	3.5	3.5	4.0	4.0	4.5	4.5	5.0	5.0	5.5	5.5	6.0	6.0	6.0	6.5	6.5	6.5	7.0	7.0	7.5	7.5	7.5	8.0	8.0	8.0	8.0	8.5	8.5	8.5	9.0	9.0	9.0	.2163
k	90	126	162	198	234	270	306	342	378	414	450	486	522	558	594	630	666	702	738	774	810	846	882	918	954	990	1026	1062	1098	1134	1170	1206	1242	1278	1314	km

Header columns: Δt Celsius °C or Kelvin °K; bottom row: Δt Fahrenheit

D = 0.0150

k	50	70	90	110	130	150	170	190	210	230	250	270	290	310	330	350	370	390	410	430	450	470	490	510	530	550	570	590	610	630	650	670	690	710	730	km
0.1	1.0	1.0	1.0	1.0	1.5	1.5	1.5	1.5	1.5	1.5	1.5	2.0	2.0	2.0	2.0	2.0	2.0	2.0	2.0	2.0	2.5	2.5	2.5	2.5	2.5	2.5	2.5	2.5	2.5	2.5	2.5	2.5	2.5	3.0	3.0	.0144
0.2	1.0	1.5	1.5	1.5	1.5	2.0	2.0	2.0	2.0	2.0	2.5	2.5	2.5	2.5	2.5	2.5	3.0	3.0	3.0	3.0	3.0	3.0	3.0	3.0	3.5	3.5	3.5	3.5	3.5	3.5	3.5	3.5	4.0	4.0	4.0	.0288
0.3	1.5	1.5	1.5	2.0	2.0	2.0	2.5	2.5	2.5	2.5	3.0	3.0	3.0	3.0	3.0	3.0	3.5	3.5	3.5	3.5	3.5	4.0	4.0	4.0	4.0	4.0	4.0	4.5	4.5	4.5	4.5	4.5	4.5	4.5	4.5	.0433
0.4	1.5	1.5	2.0	2.0	2.0	2.5	2.5	2.5	3.0	3.0	3.0	3.0	3.5	3.5	3.5	3.5	4.0	4.0	4.0	4.0	4.0	4.5	4.5	4.5	4.5	4.5	5.0	5.0	5.0	5.0	5.0	5.0	5.5	5.5	5.5	.0577
0.5	1.5	2.0	2.0	2.5	2.5	2.5	3.0	3.0	3.0	3.5	3.5	3.5	3.5	4.0	4.0	4.0	4.0	4.5	4.5	4.5	4.5	5.0	5.0	5.0	5.0	5.0	5.5	5.5	5.5	5.5	5.5	6.0	6.0	6.0	6.0	.0721
0.6	1.5	2.0	2.0	2.5	2.5	3.0	3.0	3.0	3.5	3.5	4.0	4.0	4.0	4.0	4.5	4.5	4.5	4.5	5.0	5.0	5.0	5.0	5.5	5.5	5.5	5.5	6.0	6.0	6.0	6.0	6.0	6.5	6.5	6.5	6.5	.0865
0.7	1.5	2.0	2.5	2.5	3.0	3.0	3.0	3.5	3.5	4.0	4.0	4.0	4.5	4.5	4.5	5.0	5.0	5.0	5.0	5.5	5.5	5.5	5.5	6.0	6.0	6.0	6.0	6.5	6.5	6.5	6.5	7.0	7.0	7.0	7.0	.1009
0.8	2.0	2.0	2.5	2.5	3.0	3.0	3.5	3.5	4.0	4.0	4.5	4.5	4.5	5.0	5.0	5.0	5.5	5.5	5.5	5.5	6.0	6.0	6.0	6.5	6.5	6.5	6.5	6.5	7.0	7.0	7.0	7.5	7.5	7.5	7.5	.1154
0.9	2.0	2.0	2.5	3.0	3.0	3.5	3.5	4.0	4.0	4.5	4.5	4.5	5.0	5.0	5.0	5.5	5.5	5.5	6.0	6.0	6.0	6.5	6.5	6.5	6.5	7.0	7.0	7.0	7.5	7.5	7.5	7.5	8.0	8.0	8.0	.1298
1.0	2.0	2.5	2.5	3.0	3.0	3.5	4.0	4.0	4.5	4.5	4.5	5.0	5.0	5.5	5.5	5.5	6.0	6.0	6.0	6.5	6.5	6.5	7.0	7.0	7.0	7.5	7.5	7.5	7.5	8.0	8.0	8.0	8.0	8.5	8.5	.1442
1.1	2.0	2.5	2.5	3.0	3.5	3.5	4.0	4.0	4.5	4.5	5.0	5.0	5.5	5.5	5.5	6.0	6.0	6.5	6.5	6.5	7.0	7.0	7.0	7.5	7.5	7.5	8.0	8.0	8.0	8.0	8.5	8.5	8.5	9.0	9.0	.1586
1.2	2.0	2.5	3.0	3.0	3.5	4.0	4.0	4.5	4.5	5.0	5.0	5.5	5.5	5.5	6.0	6.0	6.5	6.5	6.5	7.0	7.0	7.5	7.5	7.5	8.0	8.0	8.0	8.0	8.5	8.5	8.5	9.0	9.0	9.0	9.5	.1730
1.3	2.0	2.5	3.0	3.0	3.5	4.0	4.0	4.5	5.0	5.0	5.5	5.5	5.5	6.0	6.0	6.5	6.5	6.5	7.0	7.0	7.5	7.5	7.5	8.0	8.0	8.0	8.5	8.5	8.5	9.0	9.0	9.0	9.5	9.5	9.5	.1875
1.4	2.0	2.5	3.0	3.5	3.5	4.0	4.5	4.5	5.0	5.0	5.5	5.5	6.0	6.0	6.5	6.5	7.0	7.0	7.0	7.5	7.5	8.0	8.0	8.0	8.5	8.5	8.5	9.0	9.0	9.0	9.5	9.5	9.5	10.0	10.0	.2019
1.5	2.0	2.5	3.0	3.5	4.0	4.0	4.5	5.0	5.0	5.5	5.5	6.0	6.0	6.5	6.5	7.0	7.0	7.5	7.5	7.5	8.0	8.0	8.0	8.5	8.5	9.0	9.0	9.0	9.5	9.5	9.5	10.0	10.0	10.0	10.5	.2163
k	90	126	162	198	234	270	306	342	378	414	450	486	522	558	594	630	666	702	738	774	810	846	882	918	954	990	1026	1062	1098	1134	1170	1206	1242	1278	1314	km

Header columns: Δt Celsius °C or Kelvin °K; bottom row: Δt Fahrenheit

D = 0.0200

k	50	70	90	110	130	150	170	190	210	230	250	270	290	310	330	350	370	390	410	430	450	470	490	510	530	550	570	590	610	630	650	670	690	710	730	km
0.1	1.0	1.0	1.0	1.5	1.5	1.5	1.5	1.5	2.0	2.0	2.0	2.0	2.0	2.0	2.0	2.5	2.5	2.5	2.5	2.5	2.5	2.5	2.5	2.5	3.0	3.0	3.0	3.0	3.0	3.0	3.0	3.0	3.0	3.0	3.0	.0144
0.2	1.5	1.5	1.5	2.0	2.0	2.0	2.0	2.5	2.5	2.5	2.5	3.0	3.0	3.0	3.0	3.0	3.0	3.5	3.5	3.5	3.5	3.5	3.5	4.0	4.0	4.0	4.0	4.0	4.0	4.0	4.5	4.5	4.5	4.5	4.5	.0288
0.3	1.5	1.5	2.0	2.0	2.5	2.5	2.5	3.0	3.0	3.0	3.0	3.5	3.5	3.5	3.5	4.0	4.0	4.0	4.0	4.0	4.5	4.5	4.5	4.5	4.5	4.5	5.0	5.0	5.0	5.0	5.0	5.0	5.5	5.5	5.5	.0433
0.4	1.5	2.0	2.0	2.5	2.5	3.0	3.0	3.0	3.5	3.5	3.5	4.0	4.0	4.0	4.0	4.5	4.5	4.5	4.5	5.0	5.0	5.0	5.0	5.0	5.5	5.5	5.5	5.5	5.5	6.0	6.0	6.0	6.0	6.0	6.5	.0577
0.5	2.0	2.0	2.5	2.5	3.0	3.0	3.0	3.5	3.5	4.0	4.0	4.0	4.5	4.5	4.5	5.0	5.0	5.0	5.0	5.5	5.5	5.5	5.5	6.0	6.0	6.0	6.0	6.5	6.5	6.5	6.5	6.5	7.0	7.0	7.0	.0721
0.6	2.0	2.0	2.5	3.0	3.0	3.5	3.5	4.0	4.0	4.0	4.5	4.5	4.5	5.0	5.0	5.0	5.5	5.5	5.5	6.0	6.0	6.0	6.0	6.5	6.5	6.5	6.5	7.0	7.0	7.0	7.5	7.5	7.5	7.5	7.5	.0865
0.7	2.0	2.5	2.5	3.0	3.5	3.5	4.0	4.0	4.5	4.5	4.5	5.0	5.0	5.0	5.5	5.5	5.5	6.0	6.0	6.5	6.5	6.5	6.5	7.0	7.0	7.0	7.5	7.5	7.5	7.5	8.0	8.0	8.0	8.0	8.5	.1009
0.8	2.0	2.5	3.0	3.0	3.5	4.0	4.0	4.5	4.5	4.5	5.0	5.0	5.5	5.5	6.0	6.0	6.0	6.5	6.5	6.5	7.0	7.0	7.0	7.5	7.5	7.5	8.0	8.0	8.0	8.0	8.5	8.5	8.5	9.0	9.0	.1154
0.9	2.0	2.5	3.0	3.5	3.5	4.0	4.5	4.5	5.0	5.0	5.0	5.5	5.5	6.0	6.0	6.5	6.5	6.5	7.0	7.0	7.5	7.5	7.5	8.0	8.0	8.0	8.0	8.5	8.5	8.5	9.0	9.0	9.0	9.5	9.5	.1298
1.0	2.0	2.5	3.0	3.5	4.0	4.0	4.5	4.5	5.0	5.0	5.5	5.5	6.0	6.0	6.5	6.5	7.0	7.0	7.5	7.5	7.5	8.0	8.0	8.0	8.5	8.5	8.5	9.0	9.0	9.0	9.5	9.5	9.5	10.0	10.0	.1442
1.1	2.5	3.0	3.0	3.5	4.0	4.5	4.5	5.0	5.0	5.5	5.5	6.0	6.5	6.5	6.5	7.0	7.0	7.5	7.5	8.0	8.0	8.0	8.5	8.5	8.5	9.0	9.0	9.5	9.5	9.5	10.0	10.0	10.5	10.5	10.5	.1586
1.2	2.5	3.0	3.5	4.0	4.0	4.5	5.0	5.0	5.5	5.5	6.0	6.5	6.5	6.5	7.0	7.0	7.5	7.5	8.0	8.0	8.5	8.5	8.5	9.0	9.0	9.5	9.5	9.5	10.0	10.0	10.0	10.5	10.5	11.0	11.0	.1730
1.3	2.5	3.0	3.5	4.0	4.5	4.5	5.0	5.5	5.5	6.0	6.0	6.5	6.5	7.0	7.5	7.5	7.5	8.0	8.0	8.5	8.5	9.0	9.0	9.5	9.5	9.5	10.0	10.0	10.5	10.5	10.5	11.0	11.0	11.5	11.5	.1875
1.4	2.5	3.0	3.5	4.0	4.5	5.0	5.0	5.5	6.0	6.0	6.5	6.5	7.0	7.5	7.5	8.0	8.0	8.0	8.5	8.5	9.0	9.0	9.5	9.5	10.0	10.0	10.5	10.5	11.0	11.0	11.0	11.5	11.5	12.0	12.0	.2019
1.5	2.5	3.0	3.5	4.0	4.5	5.0	5.5	5.5	6.0	6.5	6.5	7.0	7.0	7.5	8.0	8.0	8.5	8.5	9.0	9.0	9.5	9.5	9.5	10.0	10.0	10.5	10.5	11.0	11.5	11.5	11.5	12.0	12.0	•	•	.2163
k	90	126	162	198	234	270	306	342	378	414	450	486	522	558	594	630	666	702	738	774	810	846	882	918	954	990	1026	1062	1098	1134	1170	1206	1242	1278	1314	km

Header columns: Δt Celsius °C or Kelvin °K; bottom row: Δt Fahrenheit

TEMPERATURE DIFFERENCE

TABLE 2 (Sheet 60 of 128)

TABLE 2 (Continued)

ECONOMICAL INSULATION THICKNESS TABLE

IN INCHES
(nominal)

PIPE SIZE: 6" NPS (Tube Size 6-1/2" OD)
168.3 mm

At the intersection of the "Δt" column with the "k" row read the economical thickness.
(•—*exceeds 12" thickness*)

CONDUCTIVITY: k in Btu, in./sq ft, hr °F; km in W/mK

D = 0.0300

Δt Celsius °C or Kelvin °K

k	50	70	90	110	130	150	170	190	210	230	250	270	290	310	330	350	370	390	410	430	450	470	490	510	530	550	570	590	610	630	650	670	690	710	730	km
0.1	1.0	1.5	1.5	1.5	2.0	2.0	2.0	2.0	2.0	2.5	2.5	2.5	2.5	2.5	2.5	3.0	3.0	3.0	3.0	3.0	3.0	3.0	3.0	3.5	3.5	3.5	3.5	3.5	3.5	3.5	3.5	4.0	4.0	4.0	4.0	.0144
0.2	1.5	2.0	2.0	2.0	2.5	2.5	2.5	3.0	3.0	3.0	3.0	3.5	3.5	3.5	3.5	4.0	4.0	4.0	4.0	4.0	4.5	4.5	4.5	4.5	4.5	5.0	5.0	5.0	5.0	5.0	5.0	5.5	5.5	5.5	5.5	.0288
0.3	2.0	2.0	2.5	2.5	3.0	3.0	3.0	3.5	3.5	4.0	4.0	4.0	4.0	4.5	4.5	4.5	4.5	5.0	5.0	5.0	5.5	5.5	5.5	5.5	5.5	6.0	6.0	6.0	6.0	6.5	6.5	6.5	6.5	6.5	6.5	.0433
0.4	2.0	2.5	2.5	3.0	3.0	3.5	3.5	4.0	4.0	4.5	4.5	4.5	5.0	5.0	5.0	5.5	5.5	5.5	5.5	6.0	6.0	6.0	6.5	6.5	6.5	6.5	7.0	7.0	7.0	7.5	7.5	7.5	7.5	7.5	8.0	.0577
0.5	2.0	2.5	3.0	3.0	3.5	4.0	4.0	4.5	4.5	4.5	5.0	5.0	5.5	5.5	5.5	6.0	6.0	6.5	6.5	6.5	6.5	7.0	7.0	7.0	7.5	7.5	7.5	8.0	8.0	8.0	8.0	8.5	8.5	8.5	8.5	.0721
0.6	2.5	3.0	3.0	3.5	4.0	4.0	4.5	4.5	5.0	5.0	5.5	5.5	6.0	6.0	6.5	6.5	6.5	7.0	7.0	7.0	7.5	7.5	7.5	8.0	8.0	8.0	8.5	8.5	8.5	9.0	9.0	9.0	9.5	9.5	9.5	.0865
0.7	2.5	3.0	3.5	4.0	4.0	4.5	4.5	5.0	5.5	5.5	6.0	6.0	6.5	6.5	6.5	7.0	7.0	7.5	7.5	8.0	8.0	8.0	8.5	8.5	8.5	9.0	9.0	9.5	9.5	9.5	9.5	10.0	10.0	10.0	10.5	.1009
0.8	2.5	3.0	3.5	4.0	4.5	4.5	5.0	5.5	5.5	6.0	6.0	6.5	6.5	7.0	7.0	7.5	7.5	8.0	8.0	8.5	8.5	8.5	9.0	9.0	9.5	9.5	9.5	10.0	10.0	10.0	10.5	10.5	10.5	10.5	11.0	.1154
0.9	2.5	3.0	3.5	4.0	4.5	5.0	5.5	5.5	6.0	6.5	6.5	7.0	7.0	7.5	7.5	8.0	8.0	8.5	8.5	9.0	9.0	9.5	9.5	9.5	10.0	10.0	10.5	10.5	10.5	10.5	11.0	11.0	11.0	11.0	11.5	.1298
1.0	3.0	3.5	4.0	4.5	5.0	5.0	5.5	6.0	6.5	6.5	7.0	7.0	7.5	8.0	8.0	8.5	8.5	9.0	9.0	9.5	9.5	10.0	10.0	10.0	10.5	10.5	11.0	11.0	11.0	11.0	11.5	11.5	11.5	11.5	12.0	.1442
1.1	3.0	3.5	4.0	4.5	5.0	5.5	6.0	6.0	6.5	7.0	7.0	7.5	8.0	8.0	8.5	8.5	9.0	9.0	9.5	9.5	10.0	10.0	10.5	10.5	11.0	11.0	11.5	11.5	11.5	11.5	12.0	12.0	12.0	12.0	•	.1586
1.2	3.0	3.5	4.0	4.5	5.0	5.5	6.0	6.5	7.0	7.0	7.5	8.0	8.0	8.5	9.0	9.0	9.5	9.5	10.0	10.0	10.5	10.5	11.0	11.0	11.5	11.5	12.0	12.0	12.0	12.0	•	•	•	•	•	.1730
1.3	3.0	4.0	4.5	5.0	5.5	6.0	6.5	6.5	7.0	7.5	8.0	8.0	8.5	9.0	9.0	9.5	9.5	10.0	10.5	10.5	11.0	11.0	11.5	11.5	12.0	12.0	•	•	•	•	•	•	•	•	•	.1875
1.4	3.0	4.0	4.5	5.0	5.5	6.0	6.5	7.0	7.5	7.5	8.0	8.5	9.0	9.0	9.5	10.0	10.0	10.5	11.0	11.0	11.5	11.5	12.0	12.0	•	•	•	•	•	•	•	•	•	•	•	.2019
1.5	3.0	4.0	4.5	5.0	5.5	6.0	6.5	7.0	7.5	8.0	8.5	8.5	9.0	9.5	10.0	10.0	10.5	11.0	11.5	11.5	12.0	12.0	•	•	•	•	•	•	•	•	•	•	•	•	•	.2163
k	90	126	162	198	234	270	306	342	378	414	450	486	522	558	594	630	666	702	738	774	810	846	882	918	954	990	1026	1062	1098	1134	1170	1206	1242	1278	1314	km

Δt Fahrenheit

D = 0.0500

Δt Celsius °C or Kelvin °K

k	50	70	90	110	130	150	170	190	210	230	250	270	290	310	330	350	370	390	410	430	450	470	490	510	530	550	570	590	610	630	650	670	690	710	730	km
0.1	1.5	2.0	2.0	2.0	2.5	2.5	2.5	2.5	2.5	3.0	3.0	3.0	3.0	3.0	3.5	3.5	3.5	3.5	3.5	3.5	4.0	4.0	4.0	4.0	4.0	4.5	4.5	4.5	4.5	4.5	4.5	5.0	5.0	5.0	5.0	.0144
0.2	1.5	2.0	2.0	2.5	2.5	3.0	3.0	3.0	3.5	3.5	4.0	4.0	4.0	4.0	4.5	4.5	5.0	5.0	5.0	5.0	5.5	5.5	5.5	5.5	5.5	6.0	6.0	6.0	6.0	6.5	6.5	6.5	6.5	6.5	7.0	.0288
0.3	2.0	2.5	2.5	3.0	3.0	3.5	4.0	4.0	4.0	4.5	4.5	5.0	5.0	5.0	5.5	5.5	6.0	6.0	6.0	6.5	6.5	6.5	6.5	7.0	7.0	7.0	7.5	7.5	7.5	8.0	8.0	8.0	8.0	8.5	8.5	.0433
0.4	2.0	3.0	3.0	3.5	3.5	4.0	4.5	4.5	5.0	5.0	5.5	5.5	6.0	6.0	6.5	6.5	7.0	7.0	7.0	7.5	7.5	7.5	7.5	8.0	8.0	8.5	8.5	8.5	9.0	9.0	9.0	9.5	9.5	9.5	10.0	.0577
0.5	2.5	3.0	3.0	3.5	4.0	4.5	5.0	5.0	5.5	5.5	6.0	6.5	6.5	6.5	7.0	7.5	7.5	7.5	8.0	8.0	8.5	8.5	8.5	9.0	9.0	9.5	9.5	9.5	10.0	10.0	10.5	10.5	10.5	11.0	11.0	.0721
0.6	2.5	3.5	3.5	4.0	4.5	5.0	5.5	5.5	6.0	6.5	6.5	7.0	7.0	7.5	7.5	8.0	8.5	8.5	8.5	9.0	9.5	9.5	9.5	10.0	10.0	10.5	10.5	10.5	11.0	11.0	11.5	11.5	11.5	11.5	12.0	.0865
0.7	3.0	3.5	3.5	4.0	4.5	5.0	5.5	6.0	6.5	7.0	7.0	7.5	7.5	8.0	8.5	8.5	9.0	9.0	9.5	9.5	10.0	10.5	10.5	10.5	11.0	11.5	11.5	11.5	12.0	12.0	12.0	12.0	•	•	•	.1009
0.8	3.0	4.0	4.0	4.5	5.0	5.5	6.0	6.5	7.0	7.0	7.5	8.0	8.0	8.5	9.0	9.5	9.5	9.5	10.0	10.5	11.0	11.0	11.0	11.5	12.0	12.0	12.0	12.0	•	•	•	•	•	•	•	.1154
0.9	3.0	4.0	4.5	5.0	5.5	6.0	6.5	7.0	7.0	7.5	8.0	8.5	8.5	9.0	9.5	10.0	10.5	10.5	11.0	11.0	11.5	11.5	12.0	12.0	•	•	•	•	•	•	•	•	•	•	•	.1298
1.0	3.5	4.0	4.5	5.0	5.5	6.5	7.0	7.5	7.5	8.0	8.5	9.0	9.0	9.5	10.0	10.5	11.0	11.0	11.5	11.5	12.0	12.0	•	•	•	•	•	•	•	•	•	•	•	•	•	.1442
1.1	3.5	4.0	4.5	5.5	5.5	6.5	7.0	7.5	7.5	8.0	8.5	9.0	9.5	10.0	10.5	11.0	11.5	11.5	12.0	12.0	•	•	•	•	•	•	•	•	•	•	•	•	•	•	•	.1586
1.2	4.0	4.5	5.0	6.0	6.5	7.0	7.5	8.0	8.5	9.0	9.5	10.0	10.0	10.5	11.0	11.5	11.5	12.0	•	•	•	•	•	•	•	•	•	•	•	•	•	•	•	•	•	.1730
1.3	4.0	4.5	5.0	6.0	6.5	7.0	7.5	8.0	8.5	9.0	9.5	10.0	10.5	11.0	11.5	11.5	12.0	•	•	•	•	•	•	•	•	•	•	•	•	•	•	•	•	•	•	.1875
1.4	4.5	5.0	5.5	6.5	7.0	7.5	8.0	8.5	9.0	9.5	10.0	10.5	11.0	11.5	11.5	12.0	•	•	•	•	•	•	•	•	•	•	•	•	•	•	•	•	•	•	•	.2019
1.5	5.0	5.5	6.0	7.0	7.5	8.0	8.5	9.0	9.5	10.0	10.5	11.0	11.5	11.5	12.0	•	•	•	•	•	•	•	•	•	•	•	•	•	•	•	•	•	•	•	•	.2163
k	90	126	162	198	234	270	306	342	378	414	450	486	522	558	594	630	666	702	738	774	810	846	882	918	954	990	1026	1062	1098	1134	1170	1206	1242	1278	1314	km

Δt Fahrenheit

D = 0.0700

Δt Celsius °C or Kelvin °K

k	50	70	90	110	130	150	170	190	210	230	250	270	290	310	330	350	370	390	410	430	450	470	490	510	530	550	570	590	610	630	650	670	690	710	730	km
0.1	2.0	2.0	2.0	2.5	2.5	2.5	3.0	3.0	3.0	3.5	3.5	3.5	4.0	4.0	4.5	4.5	4.5	4.5	4.5	5.0	5.0	5.0	5.0	5.0	5.5	5.5	5.5	5.5	6.0	6.0	6.0	6.5	6.5	6.5	6.5	.0144
0.2	2.0	2.5	3.0	3.0	3.0	3.5	4.0	4.0	4.0	4.5	4.5	5.0	5.0	5.0	5.5	5.5	5.5	5.5	6.0	6.0	6.5	6.5	6.5	6.5	7.0	7.0	7.0	7.0	7.5	7.5	7.5	8.0	8.0	8.0	8.0	.0288
0.3	2.5	3.0	3.5	3.5	4.0	4.5	4.5	4.5	5.0	5.5	5.5	6.0	6.0	6.5	6.5	7.0	7.0	7.0	7.5	7.5	8.0	8.0	8.0	8.5	8.5	8.5	9.0	9.0	9.0	9.5	9.5	10.0	10.0	10.0	10.0	.0433
0.4	2.5	3.5	3.5	4.0	4.5	5.0	5.5	5.5	6.0	6.0	6.5	6.5	6.5	7.0	7.5	8.0	8.0	8.0	8.5	9.0	9.0	9.5	9.5	9.5	10.0	10.0	10.5	10.5	10.5	11.0	11.0	11.5	11.5	11.5	12.0	.0577
0.5	3.0	3.5	4.0	4.5	5.0	5.5	6.0	6.5	6.5	7.0	7.5	7.5	8.0	8.0	8.5	9.0	9.0	9.0	9.5	10.0	10.0	10.5	10.5	11.0	11.0	11.5	11.5	11.5	12.0	12.0	12.0	12.0	•	•	•	.0721
0.6	3.0	4.0	4.5	5.0	5.5	6.0	6.5	6.5	7.0	7.5	8.0	8.5	8.5	9.0	9.5	9.5	10.0	10.0	10.5	11.0	11.0	11.5	11.5	12.0	12.0	•	•	•	•	•	•	•	•	•	•	.0865
0.7	3.5	4.0	5.0	5.5	6.0	6.5	7.0	7.0	7.5	8.0	8.5	9.0	9.0	9.5	10.0	10.5	11.0	11.0	11.5	12.0	12.0	12.0	•	•	•	•	•	•	•	•	•	•	•	•	•	.1009
0.8	3.5	4.5	5.0	5.5	6.0	7.0	7.5	8.0	8.5	9.0	9.5	10.0	10.5	10.5	11.0	11.5	12.0	12.0	12.0	•	•	•	•	•	•	•	•	•	•	•	•	•	•	•	•	.1154
0.9	4.0	5.0	5.5	6.0	6.5	7.5	8.0	8.5	9.0	9.5	10.0	10.5	10.5	11.0	11.5	12.0	•	•	•	•	•	•	•	•	•	•	•	•	•	•	•	•	•	•	•	.1298
1.0	4.0	5.0	5.5	6.0	7.0	8.0	8.5	9.0	9.5	10.0	10.5	11.0	11.5	11.5	12.0	•	•	•	•	•	•	•	•	•	•	•	•	•	•	•	•	•	•	•	•	.1442
1.1	4.5	5.5	6.0	6.5	7.5	8.5	9.0	9.5	10.0	10.5	11.0	11.5	12.0	12.0	•	•	•	•	•	•	•	•	•	•	•	•	•	•	•	•	•	•	•	•	•	.1586
1.2	4.5	5.5	6.0	6.5	7.5	8.5	9.0	9.5	10.0	10.5	11.0	11.5	12.0	•	•	•	•	•	•	•	•	•	•	•	•	•	•	•	•	•	•	•	•	•	•	.1730
1.3	5.0	6.0	6.5	7.0	8.0	9.0	9.5	10.0	10.5	11.0	11.5	12.0	•	•	•	•	•	•	•	•	•	•	•	•	•	•	•	•	•	•	•	•	•	•	•	.1875
1.4	5.0	6.0	6.5	7.0	8.0	9.0	9.5	10.0	10.5	11.5	12.0	•	•	•	•	•	•	•	•	•	•	•	•	•	•	•	•	•	•	•	•	•	•	•	•	.2019
1.5	5.5	6.5	7.0	7.5	8.0	9.0	9.5	10.0	10.5	11.5	12.0	•	•	•	•	•	•	•	•	•	•	•	•	•	•	•	•	•	•	•	•	•	•	•	•	.2163
k	90	126	162	198	234	270	306	342	378	414	450	486	522	558	594	630	666	702	738	774	810	846	882	918	954	990	1026	1062	1098	1134	1170	1206	1242	1278	1314	km

Δt Fahrenheit

TABLE 2 (Sheet 61 of 128)

TEMPERATURE DIFFERENCE

ECONOMICAL INSULATION THICKNESS TABLE

IN INCHES
(nominal)

PIPE SIZE: 8'' NPS (Tube Size 8-1/2'' OD)
219.1 mm

At the intersection of the ''Δt'' column with the ''k'' row read the economical thickness.
(•—*exceeds 12'' thickness*)

D = 0.0020

Δt Celsius °C or Kelvin °K

CONDUCTIVITY Btu, in./sq ft, hr °F — W/mK

k	50	70	90	110	130	150	170	190	210	230	250	270	290	310	330	350	370	390	410	430	450	470	490	510	530	550	570	590	610	630	650	670	690	710	730	km
0.1	0.5	0.5	0.5	0.5	0.5	0.5	0.5	0.5	1.0	1.0	1.0	1.0	1.0	1.0	1.0	1.0	1.0	1.0	1.0	1.0	1.0	1.0	1.0	1.0	1.0	1.0	1.0	1.0	1.0	1.0	1.0	1.0	1.0	1.5	1.5	.0144
0.2	0.5	0.5	0.5	0.5	1.0	1.0	1.0	1.0	1.0	1.0	1.0	1.0	1.0	1.0	1.0	1.0	1.0	1.5	1.5	1.5	1.5	1.5	1.5	1.5	1.5	1.5	1.5	1.5	1.5	1.5	1.5	1.5	1.5	1.5	1.5	.0288
0.3	0.5	0.5	0.5	1.0	1.0	1.0	1.0	1.0	1.0	1.0	1.0	1.0	1.5	1.5	1.5	1.5	1.5	1.5	1.5	1.5	1.5	1.5	1.5	1.5	1.5	1.5	1.5	2.0	2.0	2.0	2.0	2.0	2.0	2.0	2.0	.0433
0.4	0.5	0.5	1.0	1.0	1.0	1.0	1.0	1.0	1.0	1.5	1.5	1.5	1.5	1.5	1.5	1.5	1.5	1.5	1.5	1.5	1.5	2.0	2.0	2.0	2.0	2.0	2.0	2.0	2.0	2.0	2.0	2.0	2.0	2.0	2.0	.0577
0.5	0.5	0.5	1.0	1.0	1.0	1.0	1.0	1.0	1.5	1.5	1.5	1.5	1.5	1.5	1.5	1.5	1.5	2.0	2.0	2.0	2.0	2.0	2.0	2.0	2.0	2.0	2.0	2.0	2.0	2.0	2.5	2.5	2.5	2.5	2.5	.0721
0.6	0.5	0.5	1.0	1.0	1.0	1.0	1.0	1.5	1.5	1.5	1.5	1.5	1.5	1.5	1.5	2.0	2.0	2.0	2.0	2.0	2.0	2.0	2.0	2.0	2.0	2.0	2.5	2.5	2.5	2.5	2.5	2.5	2.5	2.5	2.5	.0865
0.7	0.5	1.0	1.0	1.0	1.0	1.0	1.5	1.5	1.5	1.5	1.5	1.5	1.5	1.5	2.0	2.0	2.0	2.0	2.0	2.0	2.0	2.0	2.0	2.5	2.5	2.5	2.5	2.5	2.5	2.5	2.5	2.5	2.5	2.5	3.0	.1009
0.8	0.5	1.0	1.0	1.0	1.0	1.0	1.5	1.5	1.5	1.5	1.5	1.5	2.0	2.0	2.0	2.0	2.0	2.0	2.0	2.0	2.0	2.5	2.5	2.5	2.5	2.5	2.5	2.5	2.5	2.5	2.5	3.0	3.0	3.0	3.0	.1154
0.9	0.5	1.0	1.0	1.0	1.0	1.0	1.5	1.5	1.5	1.5	1.5	1.5	2.0	2.0	2.0	2.0	2.0	2.0	2.0	2.5	2.5	2.5	2.5	2.5	2.5	2.5	2.5	2.5	3.0	3.0	3.0	3.0	3.0	3.0	3.0	.1298
1.0	0.5	1.0	1.0	1.0	1.0	1.5	1.5	1.5	1.5	1.5	1.5	2.0	2.0	2.0	2.0	2.0	2.0	2.0	2.5	2.5	2.5	2.5	2.5	2.5	2.5	2.5	3.0	3.0	3.0	3.0	3.0	3.0	3.0	3.5	3.5	.1442
1.1	0.5	1.0	1.0	1.0	1.0	1.5	1.5	1.5	1.5	1.5	2.0	2.0	2.0	2.0	2.0	2.0	2.0	2.5	2.5	2.5	2.5	2.5	2.5	2.5	3.0	3.0	3.0	3.0	3.0	3.0	3.5	3.5	3.5	3.5	3.5	.1586
1.2	0.5	1.0	1.0	1.0	1.0	1.5	1.5	1.5	1.5	1.5	2.0	2.0	2.0	2.0	2.0	2.0	2.5	2.5	2.5	2.5	2.5	2.5	2.5	3.0	3.0	3.0	3.0	3.0	3.0	3.5	3.5	3.5	3.5	3.5	3.5	.1730
1.3	0.5	0.5	1.0	1.0	1.0	1.5	1.5	1.5	1.5	1.5	2.0	2.0	2.0	2.0	2.0	2.5	2.5	2.5	2.5	2.5	2.5	2.5	3.0	3.0	3.0	3.0	3.0	3.5	3.5	3.5	3.5	3.5	3.5	3.5	3.5	.1875
1.4	0.5	0.5	1.0	1.0	1.0	1.5	1.5	1.5	1.5	2.0	2.0	2.0	2.0	2.0	2.0	2.5	2.5	2.5	2.5	2.5	2.5	3.0	3.0	3.0	3.0	3.0	3.5	3.5	3.5	3.5	3.5	3.5	3.5	3.5	3.5	.2019
1.5	0.5	0.5	1.0	1.0	1.0	1.5	1.5	1.5	1.5	2.0	2.0	2.0	2.0	2.0	2.5	2.5	2.5	2.5	2.5	2.5	3.0	3.0	3.0	3.0	3.0	3.5	3.5	3.5	3.5	3.5	3.5	3.5	3.5	3.5	3.5	.2163
k	90	126	162	198	234	270	306	342	378	414	450	486	522	558	594	630	666	702	738	774	810	846	882	918	954	990	1026	1062	1098	1134	1170	1206	1242	1278	1314	km

Δt Fahrenheit

D = 0.0022

Δt Celsius °C or Kelvin °K

CONDUCTIVITY Btu, in./sq ft, hr °F — W/mK

k	50	70	90	110	130	150	170	190	210	230	250	270	290	310	330	350	370	390	410	430	450	470	490	510	530	550	570	590	610	630	650	670	690	710	730	km
0.1	0.5	0.5	0.5	0.5	0.5	0.5	0.5	1.0	1.0	1.0	1.0	1.0	1.0	1.0	1.0	1.0	1.0	1.0	1.0	1.0	1.0	1.0	1.0	1.0	1.0	1.0	1.0	1.0	1.0	1.0	1.5	1.5	1.5	1.5	1.5	.0144
0.2	0.5	0.5	0.5	1.0	1.0	1.0	1.0	1.0	1.0	1.0	1.0	1.0	1.0	1.0	1.0	1.5	1.5	1.5	1.5	1.5	1.5	1.5	1.5	1.5	1.5	1.5	1.5	1.5	1.5	1.5	1.5	1.5	1.5	1.5	1.5	.0288
0.3	0.5	0.5	1.0	1.0	1.0	1.0	1.0	1.0	1.0	1.0	1.0	1.5	1.5	1.5	1.5	1.5	1.5	1.5	1.5	1.5	1.5	1.5	1.5	1.5	2.0	2.0	2.0	2.0	2.0	2.0	2.0	2.0	2.0	2.0	2.0	.0433
0.4	0.5	0.5	1.0	1.0	1.0	1.0	1.0	1.0	1.5	1.5	1.5	1.5	1.5	1.5	1.5	1.5	1.5	1.5	1.5	2.0	2.0	2.0	2.0	2.0	2.0	2.0	2.0	2.0	2.0	2.0	2.0	2.0	2.0	2.5	2.5	.0577
0.5	0.5	1.0	1.0	1.0	1.0	1.0	1.0	1.5	1.5	1.5	1.5	1.5	1.5	1.5	1.5	1.5	2.0	2.0	2.0	2.0	2.0	2.0	2.0	2.0	2.0	2.0	2.0	2.5	2.5	2.5	2.5	2.5	2.5	2.5	2.5	.0721
0.6	0.5	1.0	1.0	1.0	1.0	1.0	1.5	1.5	1.5	1.5	1.5	1.5	1.5	1.5	2.0	2.0	2.0	2.0	2.0	2.0	2.0	2.0	2.0	2.5	2.5	2.5	2.5	2.5	2.5	2.5	2.5	2.5	2.5	2.5	2.5	.0865
0.7	0.5	1.0	1.0	1.0	1.0	1.0	1.5	1.5	1.5	1.5	1.5	1.5	2.0	2.0	2.0	2.0	2.0	2.0	2.0	2.0	2.5	2.5	2.5	2.5	2.5	2.5	2.5	2.5	2.5	2.5	2.5	3.0	3.0	3.0	3.0	.1009
0.8	0.5	1.0	1.0	1.0	1.0	1.5	1.5	1.5	1.5	1.5	1.5	2.0	2.0	2.0	2.0	2.0	2.0	2.0	2.0	2.5	2.5	2.5	2.5	2.5	2.5	2.5	2.5	2.5	3.0	3.0	3.0	3.0	3.0	3.0	3.0	.1154
0.9	0.5	1.0	1.0	1.0	1.0	1.5	1.5	1.5	1.5	1.5	2.0	2.0	2.0	2.0	2.0	2.0	2.0	2.5	2.5	2.5	2.5	2.5	2.5	2.5	2.5	3.0	3.0	3.0	3.0	3.0	3.0	3.0	3.5	3.5	3.5	.1298
1.0	0.5	1.0	1.0	1.0	1.0	1.5	1.5	1.5	1.5	1.5	2.0	2.0	2.0	2.0	2.0	2.0	2.5	2.5	2.5	2.5	2.5	2.5	2.5	2.5	3.0	3.0	3.0	3.0	3.0	3.5	3.5	3.5	3.5	3.5	3.5	.1442
1.1	0.5	1.0	1.0	1.0	1.0	1.5	1.5	1.5	1.5	2.0	2.0	2.0	2.0	2.0	2.0	2.5	2.5	2.5	2.5	2.5	2.5	2.5	3.0	3.0	3.0	3.0	3.0	3.5	3.5	3.5	3.5	3.5	3.5	3.5	3.5	.1586
1.2	0.5	1.0	1.0	1.0	1.5	1.5	1.5	1.5	1.5	2.0	2.0	2.0	2.0	2.0	2.5	2.5	2.5	2.5	2.5	2.5	2.5	3.0	3.0	3.0	3.0	3.0	3.5	3.5	3.5	3.5	3.5	3.5	3.5	3.5	3.5	.1730
1.3	0.5	1.0	1.0	1.0	1.5	1.5	1.5	1.5	1.5	2.0	2.0	2.0	2.0	2.0	2.5	2.5	2.5	2.5	2.5	2.5	3.0	3.0	3.0	3.0	3.5	3.5	3.5	3.5	3.5	3.5	3.5	3.5	3.5	3.5	4.0	.1875
1.4	0.5	1.0	1.0	1.0	1.5	1.5	1.5	1.5	2.0	2.0	2.0	2.0	2.0	2.5	2.5	2.5	2.5	2.5	2.5	3.0	3.0	3.0	3.0	3.5	3.5	3.5	3.5	3.5	3.5	3.5	3.5	3.5	3.5	4.0	4.0	.2019
1.5	0.5	1.0	1.0	1.0	1.5	1.5	1.5	1.5	2.0	2.0	2.0	2.0	2.0	2.5	2.5	2.5	2.5	2.5	3.0	3.0	3.0	3.0	3.5	3.5	3.5	3.5	3.5	3.5	3.5	3.5	3.5	4.0	4.0	4.0	4.0	.2163
k	90	126	162	198	234	270	306	342	378	414	450	486	522	558	594	630	666	702	738	774	810	846	882	918	954	990	1026	1062	1098	1134	1170	1206	1242	1278	1314	km

Δt Fahrenheit

D = 0.0025

Δt Celsius °C or Kelvin °K

CONDUCTIVITY Btu, in./sq ft, hr °F — W/mK

k	50	70	90	110	130	150	170	190	210	230	250	270	290	310	330	350	370	390	410	430	450	470	490	510	530	550	570	590	610	630	650	670	690	710	730	km
0.1	0.5	0.5	0.5	0.5	0.5	0.5	1.0	1.0	1.0	1.0	1.0	1.0	1.0	1.0	1.0	1.0	1.0	1.0	1.0	1.0	1.0	1.0	1.0	1.0	1.0	1.0	1.5	1.5	1.5	1.5	1.5	1.5	1.5	1.5	1.5	.0144
0.2	0.5	0.5	0.5	1.0	1.0	1.0	1.0	1.0	1.0	1.0	1.0	1.0	1.0	1.5	1.5	1.5	1.5	1.5	1.5	1.5	1.5	1.5	1.5	1.5	1.5	1.5	1.5	1.5	1.5	1.5	2.0	2.0	2.0	2.0	2.0	.0288
0.3	0.5	0.5	1.0	1.0	1.0	1.0	1.0	1.0	1.0	1.5	1.5	1.5	1.5	1.5	1.5	1.5	1.5	1.5	1.5	1.5	1.5	2.0	2.0	2.0	2.0	2.0	2.0	2.0	2.0	2.0	2.0	2.0	2.0	2.0	2.0	.0433
0.4	0.5	1.0	1.0	1.0	1.0	1.0	1.0	1.5	1.5	1.5	1.5	1.5	1.5	1.5	1.5	1.5	2.0	2.0	2.0	2.0	2.0	2.0	2.0	2.0	2.0	2.0	2.0	2.0	2.5	2.5	2.5	2.5	2.5	2.5	2.5	.0577
0.5	0.5	1.0	1.0	1.0	1.0	1.0	1.5	1.5	1.5	1.5	1.5	1.5	1.5	1.5	2.0	2.0	2.0	2.0	2.0	2.0	2.0	2.0	2.0	2.5	2.5	2.5	2.5	2.5	2.5	2.5	2.5	2.5	2.5	2.5	2.5	.0721
0.6	0.5	1.0	1.0	1.0	1.0	1.5	1.5	1.5	1.5	1.5	1.5	1.5	2.0	2.0	2.0	2.0	2.0	2.0	2.0	2.0	2.5	2.5	2.5	2.5	2.5	2.5	2.5	2.5	2.5	2.5	3.0	3.0	3.0	3.0	3.0	.0865
0.7	0.5	1.0	1.0	1.0	1.0	1.5	1.5	1.5	1.5	1.5	2.0	2.0	2.0	2.0	2.0	2.0	2.0	2.0	2.5	2.5	2.5	2.5	2.5	2.5	2.5	2.5	2.5	3.0	3.0	3.0	3.0	3.0	3.0	3.0	3.5	.1009
0.8	0.5	1.0	1.0	1.0	1.5	1.5	1.5	1.5	1.5	1.5	2.0	2.0	2.0	2.0	2.0	2.0	2.5	2.5	2.5	2.5	2.5	2.5	2.5	2.5	3.0	3.0	3.0	3.0	3.0	3.0	3.5	3.5	3.5	3.5	3.5	.1154
0.9	0.5	1.0	1.0	1.0	1.5	1.5	1.5	1.5	1.5	2.0	2.0	2.0	2.0	2.0	2.0	2.5	2.5	2.5	2.5	2.5	2.5	2.5	3.0	3.0	3.0	3.0	3.0	3.0	3.5	3.5	3.5	3.5	3.5	3.5	3.5	.1298
1.0	0.5	1.0	1.0	1.0	1.5	1.5	1.5	1.5	2.0	2.0	2.0	2.0	2.0	2.0	2.5	2.5	2.5	2.5	2.5	2.5	3.0	3.0	3.0	3.0	3.0	3.0	3.5	3.5	3.5	3.5	3.5	3.5	3.5	3.5	3.5	.1442
1.1	0.5	1.0	1.0	1.0	1.5	1.5	1.5	1.5	2.0	2.0	2.0	2.0	2.0	2.5	2.5	2.5	2.5	2.5	2.5	3.0	3.0	3.0	3.0	3.0	3.5	3.5	3.5	3.5	3.5	3.5	3.5	3.5	3.5	3.5	4.0	.1586
1.2	0.5	1.0	1.0	1.0	1.5	1.5	1.5	1.5	2.0	2.0	2.0	2.0	2.5	2.5	2.5	2.5	2.5	2.5	3.0	3.0	3.0	3.0	3.5	3.5	3.5	3.5	3.5	3.5	3.5	3.5	3.5	3.5	4.0	4.0	4.0	.1730
1.3	0.5	1.0	1.0	1.0	1.5	1.5	1.5	2.0	2.0	2.0	2.0	2.0	2.5	2.5	2.5	2.5	2.5	3.0	3.0	3.0	3.0	3.5	3.5	3.5	3.5	3.5	3.5	3.5	3.5	3.5	4.0	4.0	4.0	4.0	4.0	.1875
1.4	0.5	1.0	1.0	1.0	1.5	1.5	1.5	2.0	2.0	2.0	2.0	2.5	2.5	2.5	2.5	2.5	3.0	3.0	3.0	3.0	3.5	3.5	3.5	3.5	3.5	3.5	3.5	3.5	3.5	4.0	4.0	4.0	4.0	4.0	4.0	.2019
1.5	0.5	1.0	1.0	1.0	1.5	1.5	1.5	2.0	2.0	2.0	2.0	2.5	2.5	2.5	2.5	2.5	3.0	3.0	3.0	3.5	3.5	3.5	3.5	3.5	3.5	3.5	3.5	4.0	4.0	4.0	4.0	4.0	4.0	4.0	4.0	.2163
k	90	126	162	198	234	270	306	342	378	414	450	486	522	558	594	630	666	702	738	774	810	846	882	918	954	990	1026	1062	1098	1134	1170	1206	1242	1278	1314	km

Δt Fahrenheit

TEMPERATURE DIFFERENCE

TABLE 2 (Sheet 62 of 128)

TABLE 2 (Continued)

ECONOMICAL INSULATION THICKNESS TABLE

IN INCHES
(nominal)

PIPE SIZE: 8'' NPS (Tube Size 8-1/2'' OD)
219.1 mm

At the intersection of the ''Δt'' column with the ''k'' row read the economical thickness.
(*•—exceeds 12'' thickness*)

CONDUCTIVITY Btu, in./sq ft, hr °F — W/mK

D = 0.0030

Δt Celsius °C or Kelvin °K

k	50	70	90	110	130	150	170	190	210	230	250	270	290	310	330	350	370	390	410	430	450	470	490	510	530	550	570	590	610	630	650	670	690	710	730	km
0.1	0.5	0.5	0.5	0.5	0.5	1.0	1.0	1.0	1.0	1.0	1.0	1.0	1.0	1.0	1.0	1.0	1.0	1.0	1.0	1.0	1.0	1.5	1.5	1.5	1.5	1.5	1.5	1.5	1.5	1.5	1.5	1.5	1.5	1.5	1.5	.0144
0.2	0.5	0.5	1.0	1.0	1.0	1.0	1.0	1.0	1.0	1.0	1.0	1.5	1.5	1.5	1.5	1.5	1.5	1.5	1.5	1.5	1.5	1.5	1.5	1.5	1.5	2.0	2.0	2.0	2.0	2.0	2.0	2.0	2.0	2.0	2.0	.0288
0.3	0.5	1.0	1.0	1.0	1.0	1.0	1.0	1.5	1.5	1.5	1.5	1.5	1.5	1.5	1.5	1.5	1.5	2.0	2.0	2.0	2.0	2.0	2.0	2.0	2.0	2.0	2.0	2.0	2.0	2.0	2.5	2.5	2.5	2.5	2.5	.0433
0.4	0.5	1.0	1.0	1.0	1.0	1.0	1.5	1.5	1.5	1.5	1.5	1.5	1.5	2.0	2.0	2.0	2.0	2.0	2.0	2.0	2.0	2.0	2.0	2.5	2.5	2.5	2.5	2.5	2.5	2.5	2.5	2.5	2.5	2.5	2.5	.0577
0.5	1.0	1.0	1.0	1.0	1.0	1.5	1.5	1.5	1.5	1.5	1.5	2.0	2.0	2.0	2.0	2.0	2.0	2.0	2.0	2.5	2.5	2.5	2.5	2.5	2.5	2.5	2.5	2.5	2.5	3.0	3.0	3.0	3.0	3.0	3.0	.0721
0.6	1.0	1.0	1.0	1.0	1.5	1.5	1.5	1.5	1.5	2.0	2.0	2.0	2.0	2.0	2.0	2.0	2.5	2.5	2.5	2.5	2.5	2.5	2.5	2.5	2.5	3.0	3.0	3.0	3.0	3.0	3.0	3.0	3.5	3.5	3.5	.0865
0.7	1.0	1.0	1.0	1.0	1.5	1.5	1.5	1.5	2.0	2.0	2.0	2.0	2.0	2.0	2.5	2.5	2.5	2.5	2.5	2.5	2.5	2.5	3.0	3.0	3.0	3.0	3.0	3.0	3.5	3.5	3.5	3.5	3.5	3.5	3.5	.1009
0.8	1.0	1.0	1.0	1.0	1.5	1.5	1.5	1.5	2.0	2.0	2.0	2.0	2.0	2.5	2.5	2.5	2.5	2.5	2.5	2.5	3.0	3.0	3.0	3.0	3.0	3.5	3.5	3.5	3.5	3.5	3.5	3.5	3.5	3.5	3.5	.1154
0.9	1.0	1.0	1.0	1.5	1.5	1.5	1.5	2.0	2.0	2.0	2.0	2.0	2.5	2.5	2.5	2.5	2.5	2.5	3.0	3.0	3.0	3.0	3.0	3.5	3.5	3.5	3.5	3.5	3.5	3.5	3.5	3.5	3.5	4.0	4.0	.1298
1.0	1.0	1.0	1.0	1.5	1.5	1.5	1.5	2.0	2.0	2.0	2.0	2.5	2.5	2.5	2.5	2.5	2.5	3.0	3.0	3.0	3.0	3.5	3.5	3.5	3.5	3.5	3.5	3.5	3.5	3.5	4.0	4.0	4.0	4.0	4.0	.1442
1.1	1.0	1.0	1.0	1.5	1.5	1.5	2.0	2.0	2.0	2.0	2.5	2.5	2.5	2.5	2.5	2.5	3.0	3.0	3.0	3.0	3.5	3.5	3.5	3.5	3.5	3.5	3.5	3.5	4.0	4.0	4.0	4.0	4.0	4.0	4.0	.1586
1.2	1.0	1.0	1.0	1.5	1.5	1.5	2.0	2.0	2.0	2.0	2.5	2.5	2.5	2.5	2.5	3.0	3.0	3.0	3.5	3.5	3.5	3.5	3.5	3.5	3.5	3.5	4.0	4.0	4.0	4.0	4.0	4.0	4.0	4.0	4.5	.1730
1.3	1.0	1.0	1.0	1.5	1.5	1.5	2.0	2.0	2.0	2.0	2.5	2.5	2.5	2.5	3.0	3.0	3.0	3.5	3.5	3.5	3.5	3.5	3.5	3.5	3.5	4.0	4.0	4.0	4.0	4.0	4.0	4.0	4.5	4.5	4.5	.1875
1.4	1.0	1.0	1.0	1.5	1.5	1.5	2.0	2.0	2.0	2.5	2.5	2.5	2.5	3.0	3.0	3.0	3.0	3.5	3.5	3.5	3.5	3.5	3.5	4.0	4.0	4.0	4.0	4.0	4.0	4.0	4.5	4.5	4.5	4.5	4.5	.2019
1.5	1.0	1.0	1.0	1.5	1.5	2.0	2.0	2.0	2.0	2.5	2.5	2.5	2.5	3.0	3.0	3.0	3.5	3.5	3.5	3.5	3.5	3.5	4.0	4.0	4.0	4.0	4.0	4.0	4.0	4.5	4.5	4.5	4.5	4.5	4.5	.2163
k	90	126	162	198	234	270	306	342	378	414	450	486	522	558	594	630	666	702	738	774	810	846	882	918	954	990	1026	1062	1098	1134	1170	1206	1242	1278	1314	km

Δt Fahrenheit

D = 0.0035

Δt Celsius °C or Kelvin °K

k	50	70	90	110	130	150	170	190	210	230	250	270	290	310	330	350	370	390	410	430	450	470	490	510	530	550	570	590	610	630	650	670	690	710	730	km
0.1	0.5	0.5	0.5	0.5	1.0	1.0	1.0	1.0	1.0	1.0	1.0	1.0	1.0	1.0	1.0	1.0	1.0	1.0	1.5	1.5	1.5	1.5	1.5	1.5	1.5	1.5	1.5	1.5	1.5	1.5	1.5	1.5	1.5	1.5	1.5	.0144
0.2	0.5	1.0	1.0	1.0	1.0	1.0	1.0	1.0	1.0	1.5	1.5	1.5	1.5	1.5	1.5	1.5	1.5	1.5	1.5	1.5	1.5	2.0	2.0	2.0	2.0	2.0	2.0	2.0	2.0	2.0	2.0	2.0	2.0	2.0	2.0	.0288
0.3	0.5	1.0	1.0	1.0	1.0	1.0	1.5	1.5	1.5	1.5	1.5	1.5	1.5	1.5	2.0	2.0	2.0	2.0	2.0	2.0	2.0	2.0	2.0	2.0	2.0	2.0	2.5	2.5	2.5	2.5	2.5	2.5	2.5	2.5	2.5	.0433
0.4	1.0	1.0	1.0	1.0	1.0	1.5	1.5	1.5	1.5	1.5	1.5	2.0	2.0	2.0	2.0	2.0	2.0	2.0	2.0	2.0	2.5	2.5	2.5	2.5	2.5	2.5	2.5	2.5	2.5	2.5	3.0	3.0	3.0	3.0	3.0	.0577
0.5	1.0	1.0	1.0	1.0	1.5	1.5	1.5	1.5	1.5	2.0	2.0	2.0	2.0	2.0	2.0	2.0	2.5	2.5	2.5	2.5	2.5	2.5	2.5	2.5	2.5	3.0	3.0	3.0	3.0	3.0	3.0	3.0	3.5	3.5	3.5	.0721
0.6	1.0	1.0	1.0	1.5	1.5	1.5	1.5	1.5	2.0	2.0	2.0	2.0	2.0	2.0	2.5	2.5	2.5	2.5	2.5	2.5	2.5	3.0	3.0	3.0	3.0	3.0	3.0	3.5	3.5	3.5	3.5	3.5	3.5	3.5	3.5	.0865
0.7	1.0	1.0	1.0	1.5	1.5	1.5	1.5	2.0	2.0	2.0	2.0	2.0	2.5	2.5	2.5	2.5	2.5	2.5	2.5	3.0	3.0	3.0	3.0	3.0	3.5	3.5	3.5	3.5	3.5	3.5	3.5	3.5	3.5	3.5	4.0	.1009
0.8	1.0	1.0	1.0	1.5	1.5	1.5	2.0	2.0	2.0	2.0	2.0	2.5	2.5	2.5	2.5	2.5	2.5	3.0	3.0	3.0	3.0	3.5	3.5	3.5	3.5	3.5	3.5	3.5	3.5	3.5	3.5	4.0	4.0	4.0	4.0	.1154
0.9	1.0	1.0	1.5	1.5	1.5	1.5	2.0	2.0	2.0	2.0	2.5	2.5	2.5	2.5	2.5	3.0	3.0	3.0	3.0	3.5	3.5	3.5	3.5	3.5	3.5	3.5	3.5	3.5	4.0	4.0	4.0	4.0	4.0	4.0	4.0	.1298
1.0	1.0	1.0	1.5	1.5	1.5	2.0	2.0	2.0	2.0	2.5	2.5	2.5	2.5	2.5	3.0	3.0	3.0	3.0	3.5	3.5	3.5	3.5	3.5	3.5	3.5	3.5	4.0	4.0	4.0	4.0	4.0	4.0	4.0	4.0	4.5	.1442
1.1	1.0	1.0	1.5	1.5	1.5	2.0	2.0	2.0	2.0	2.5	2.5	2.5	2.5	3.0	3.0	3.0	3.0	3.5	3.5	3.5	3.5	3.5	3.5	3.5	4.0	4.0	4.0	4.0	4.0	4.0	4.0	4.5	4.5	4.5	4.5	.1586
1.2	1.0	1.0	1.5	1.5	1.5	2.0	2.0	2.0	2.5	2.5	2.5	2.5	3.0	3.0	3.0	3.5	3.5	3.5	3.5	3.5	3.5	3.5	4.0	4.0	4.0	4.0	4.0	4.0	4.0	4.5	4.5	4.5	4.5	4.5	4.5	.1730
1.3	1.0	1.0	1.5	1.5	1.5	2.0	2.0	2.0	2.5	2.5	2.5	2.5	3.0	3.0	3.0	3.5	3.5	3.5	3.5	3.5	3.5	4.0	4.0	4.0	4.0	4.0	4.0	4.5	4.5	4.5	4.5	4.5	4.5	5.0	5.0	.1875
1.4	1.0	1.0	1.5	1.5	2.0	2.0	2.0	2.0	2.5	2.5	2.5	3.0	3.0	3.0	3.5	3.5	3.5	3.5	3.5	3.5	4.0	4.0	4.0	4.0	4.0	4.0	4.5	4.5	4.5	4.5	4.5	5.0	5.0	5.0	5.0	.2019
1.5	1.0	1.0	1.5	1.5	2.0	2.0	2.0	2.5	2.5	2.5	2.5	3.0	3.0	3.5	3.5	3.5	3.5	3.5	3.5	4.0	4.0	4.0	4.0	4.0	4.0	4.5	4.5	4.5	4.5	5.0	5.0	5.0	5.0	5.0	5.0	.2163
k	90	126	162	198	234	270	306	342	378	414	450	486	522	558	594	630	666	702	738	774	810	846	882	918	954	990	1026	1062	1098	1134	1170	1206	1242	1278	1314	km

Δt Fahrenheit

D = 0.0040

Δt Celsius °C or Kelvin °K

k	50	70	90	110	130	150	170	190	210	230	250	270	290	310	330	350	370	390	410	430	450	470	490	510	530	550	570	590	610	630	650	670	690	710	730	km
0.1	0.5	0.5	0.5	1.0	1.0	1.0	1.0	1.0	1.0	1.0	1.0	1.0	1.0	1.0	1.0	1.5	1.5	1.5	1.5	1.5	1.5	1.5	1.5	1.5	1.5	1.5	1.5	1.5	1.5	1.5	1.5	1.5	1.5	1.5	1.5	.0144
0.2	0.5	1.0	1.0	1.0	1.0	1.0	1.0	1.0	1.5	1.5	1.5	1.5	1.5	1.5	1.5	1.5	1.5	1.5	2.0	2.0	2.0	2.0	2.0	2.0	2.0	2.0	2.0	2.0	2.0	2.0	2.0	2.0	2.5	2.5	2.5	.0288
0.3	1.0	1.0	1.0	1.0	1.0	1.5	1.5	1.5	1.5	1.5	1.5	1.5	2.0	2.0	2.0	2.0	2.0	2.0	2.0	2.0	2.0	2.0	2.5	2.5	2.5	2.5	2.5	2.5	2.5	2.5	2.5	2.5	2.5	2.5	3.0	.0433
0.4	1.0	1.0	1.0	1.0	1.5	1.5	1.5	1.5	1.5	2.0	2.0	2.0	2.0	2.0	2.0	2.0	2.0	2.5	2.5	2.5	2.5	2.5	2.5	2.5	2.5	2.5	3.0	3.0	3.0	3.0	3.0	3.0	3.0	3.0	3.5	.0577
0.5	1.0	1.0	1.0	1.5	1.5	1.5	1.5	1.5	2.0	2.0	2.0	2.0	2.0	2.0	2.5	2.5	2.5	2.5	2.5	2.5	2.5	3.0	3.0	3.0	3.0	3.0	3.0	3.0	3.5	3.5	3.5	3.5	3.5	3.5	3.5	.0721
0.6	1.0	1.0	1.0	1.5	1.5	1.5	1.5	2.0	2.0	2.0	2.0	2.0	2.5	2.5	2.5	2.5	2.5	2.5	3.0	3.0	3.0	3.0	3.0	3.5	3.5	3.5	3.5	3.5	3.5	3.5	3.5	3.5	3.5	3.5	4.0	.0865
0.7	1.0	1.0	1.5	1.5	1.5	1.5	2.0	2.0	2.0	2.0	2.5	2.5	2.5	2.5	2.5	2.5	3.0	3.0	3.0	3.0	3.5	3.5	3.5	3.5	3.5	3.5	3.5	3.5	3.5	3.5	4.0	4.0	4.0	4.0	4.0	.1009
0.8	1.0	1.0	1.5	1.5	1.5	2.0	2.0	2.0	2.0	2.5	2.5	2.5	2.5	2.5	3.0	3.0	3.0	3.0	3.5	3.5	3.5	3.5	3.5	3.5	3.5	3.5	3.5	4.0	4.0	4.0	4.0	4.0	4.0	4.0	4.0	.1154
0.9	1.0	1.0	1.5	1.5	1.5	2.0	2.0	2.0	2.0	2.5	2.5	2.5	2.5	3.0	3.0	3.0	3.0	3.5	3.5	3.5	3.5	3.5	3.5	3.5	4.0	4.0	4.0	4.0	4.0	4.0	4.0	4.0	4.5	4.5	4.5	.1298
1.0	1.0	1.0	1.5	1.5	2.0	2.0	2.0	2.0	2.5	2.5	2.5	2.5	3.0	3.0	3.0	3.5	3.5	3.5	3.5	3.5	3.5	3.5	4.0	4.0	4.0	4.0	4.0	4.0	4.0	4.5	4.5	4.5	4.5	4.5	4.5	.1442
1.1	1.0	1.0	1.5	1.5	2.0	2.0	2.0	2.5	2.5	2.5	2.5	3.0	3.0	3.0	3.5	3.5	3.5	3.5	3.5	3.5	3.5	4.0	4.0	4.0	4.0	4.0	4.0	4.5	4.5	4.5	4.5	4.5	4.5	5.0	5.0	.1586
1.2	1.0	1.0	1.5	1.5	2.0	2.0	2.0	2.5	2.5	2.5	2.5	3.0	3.0	3.5	3.5	3.5	3.5	3.5	3.5	4.0	4.0	4.0	4.0	4.0	4.0	4.5	4.5	4.5	4.5	4.5	5.0	5.0	5.0	5.0	5.0	.1730
1.3	1.0	1.5	1.5	1.5	2.0	2.0	2.0	2.5	2.5	2.5	3.0	3.0	3.0	3.5	3.5	3.5	3.5	3.5	4.0	4.0	4.0	4.0	4.0	4.0	4.5	4.5	4.5	4.5	4.5	5.0	5.0	5.0	5.0	5.0	5.0	.1875
1.4	1.0	1.5	1.5	1.5	2.0	2.0	2.5	2.5	2.5	2.5	3.0	3.0	3.5	3.5	3.5	3.5	3.5	4.0	4.0	4.0	4.0	4.0	4.5	4.5	4.5	4.5	4.5	5.0	5.0	5.0	5.0	5.0	5.0	5.5	5.5	.2019
1.5	1.0	1.5	1.5	1.5	2.0	2.0	2.5	2.5	2.5	3.0	3.0	3.5	3.5	3.5	3.5	3.5	4.0	4.0	4.0	4.0	4.0	4.5	4.5	4.5	4.5	4.5	5.0	5.0	5.0	5.0	5.0	5.5	5.5	5.5	5.5	.2163
k	90	126	162	198	234	270	306	342	378	414	450	486	522	558	594	630	666	702	738	774	810	846	882	918	954	990	1026	1062	1098	1134	1170	1206	1242	1278	1314	km

Δt Fahrenheit

TABLE 2 (Sheet 63 of 128) TEMPERATURE DIFFERENCE

ECONOMICAL INSULATION THICKNESS TABLE
IN INCHES
(nominal)

PIPE SIZE: 8'' NPS (Tube Size 8-1/2'' OD)
219.1 mm

At the intersection of the ''Δt'' column with the ''k'' row read the economical thickness.
(•—*exceeds 12'' thickness*)

CONDUCTIVITY
k: Btu, in./sq ft, hr °F — km: W/mK

D = 0.0045

Δt Celsius °C or Kelvin °K

k	50	70	90	110	130	150	170	190	210	230	250	270	290	310	330	350	370	390	410	430	450	470	490	510	530	550	570	590	610	630	650	670	690	710	730	km
0.1	0.5	0.5	1.0	1.0	1.0	1.0	1.0	1.0	1.0	1.0	1.0	1.0	1.0	1.0	1.5	1.5	1.5	1.5	1.5	1.5	1.5	1.5	1.5	1.5	1.5	1.5	1.5	1.5	1.5	1.5	1.5	1.5	2.0	2.0	2.0	**.0144**
0.2	0.5	1.0	1.0	1.0	1.0	1.0	1.0	1.5	1.5	1.5	1.5	1.5	1.5	1.5	1.5	1.5	2.0	2.0	2.0	2.0	2.0	2.0	2.0	2.0	2.0	2.0	2.0	2.5	2.5	2.5	2.5	2.5	2.5	2.5	2.5	**.0288**
0.3	1.0	1.0	1.0	1.0	1.5	1.5	1.5	1.5	1.5	1.5	1.5	2.0	2.0	2.0	2.0	2.0	2.0	2.0	2.0	2.0	2.5	2.5	2.5	2.5	2.5	2.5	2.5	2.5	2.5	3.0	3.0	3.0	3.0	3.0	3.0	**.0433**
0.4	1.0	1.0	1.0	1.5	1.5	1.5	1.5	1.5	2.0	2.0	2.0	2.0	2.0	2.0	2.0	2.5	2.5	2.5	2.5	2.5	2.5	2.5	2.5	3.0	3.0	3.0	3.0	3.0	3.0	3.0	3.5	3.5	3.5	3.5	3.5	**.0577**
0.5	1.0	1.0	1.5	1.5	1.5	1.5	1.5	2.0	2.0	2.0	2.0	2.0	2.5	2.5	2.5	2.5	2.5	2.5	2.5	3.0	3.0	3.0	3.0	3.0	3.5	3.5	3.5	3.5	3.5	3.5	3.5	3.5	3.5	3.5	3.5	**.0721**
0.6	1.0	1.0	1.5	1.5	1.5	1.5	2.0	2.0	2.0	2.0	2.5	2.5	2.5	2.5	2.5	2.5	3.0	3.0	3.0	3.0	3.0	3.5	3.5	3.5	3.5	3.5	3.5	3.5	3.5	3.5	4.0	4.0	4.0	4.0	4.0	**.0865**
0.7	1.0	1.0	1.5	1.5	1.5	2.0	2.0	2.0	2.0	2.5	2.5	2.5	2.5	2.5	3.0	3.0	3.0	3.0	3.5	3.5	3.5	3.5	3.5	3.5	3.5	3.5	4.0	4.0	4.0	4.0	4.0	4.0	4.0	4.0	4.0	**.1009**
0.8	1.0	1.0	1.5	1.5	2.0	2.0	2.0	2.0	2.5	2.5	2.5	2.5	2.5	3.0	3.0	3.0	3.5	3.5	3.5	3.5	3.5	3.5	3.5	4.0	4.0	4.0	4.0	4.0	4.0	4.0	4.0	4.5	4.5	4.5	4.5	**.1154**
0.9	1.0	1.5	1.5	1.5	2.0	2.0	2.0	2.5	2.5	2.5	2.5	3.0	3.0	3.0	3.0	3.5	3.5	3.5	3.5	3.5	3.5	4.0	4.0	4.0	4.0	4.0	4.0	4.0	4.5	4.5	4.5	4.5	4.5	4.5	5.0	**.1298**
1.0	1.0	1.5	1.5	1.5	2.0	2.0	2.0	2.5	2.5	2.5	3.0	3.0	3.0	3.5	3.5	3.5	3.5	3.5	3.5	4.0	4.0	4.0	4.0	4.0	4.0	4.0	4.5	4.5	4.5	4.5	4.5	5.0	5.0	5.0	5.0	**.1442**
1.1	1.0	1.5	1.5	1.5	2.0	2.0	2.5	2.5	2.5	2.5	3.0	3.0	3.5	3.5	3.5	3.5	3.5	3.5	4.0	4.0	4.0	4.0	4.0	4.0	4.5	4.5	4.5	4.5	4.5	5.0	5.0	5.0	5.0	5.0	5.0	**.1586**
1.2	1.0	1.5	1.5	2.0	2.0	2.0	2.5	2.5	2.5	3.0	3.0	3.0	3.5	3.5	3.5	3.5	3.5	4.0	4.0	4.0	4.0	4.0	4.5	4.5	4.5	4.5	4.5	5.0	5.0	5.0	5.0	5.0	5.0	5.5	5.5	**.1730**
1.3	1.0	1.5	1.5	2.0	2.0	2.0	2.5	2.5	2.5	3.0	3.0	3.5	3.5	3.5	3.5	3.5	4.0	4.0	4.0	4.0	4.0	4.5	4.5	4.5	4.5	5.0	5.0	5.0	5.0	5.0	5.0	5.5	5.5	5.5	5.5	**.1875**
1.4	1.0	1.5	1.5	2.0	2.0	2.5	2.5	2.5	3.0	3.0	3.5	3.5	3.5	3.5	3.5	4.0	4.0	4.0	4.0	4.0	4.5	4.5	4.5	4.5	5.0	5.0	5.0	5.0	5.0	5.5	5.5	5.5	5.5	5.5	6.0	**.2019**
1.5	1.0	1.5	1.5	2.0	2.0	2.5	2.5	2.5	3.0	3.0	3.5	3.5	3.5	3.5	4.0	4.0	4.0	4.0	4.0	4.5	4.5	4.5	5.0	5.0	5.0	5.0	5.0	5.5	5.5	5.5	5.5	5.5	6.0	6.0	6.0	**.2163**
k	**90**	**126**	**162**	**198**	**234**	**270**	**306**	**342**	**378**	**414**	**450**	**486**	**522**	**558**	**594**	**630**	**666**	**702**	**738**	**774**	**810**	**846**	**882**	**918**	**954**	**990**	**1026**	**1062**	**1098**	**1134**	**1170**	**1206**	**1242**	**1278**	**1314**	**km**

Δt Fahrenheit

D = 0.0050

Δt Celsius °C or Kelvin °K

k	50	70	90	110	130	150	170	190	210	230	250	270	290	310	330	350	370	390	410	430	450	470	490	510	530	550	570	590	610	630	650	670	690	710	730	km
0.1	0.5	0.5	1.0	1.0	1.0	1.0	1.0	1.0	1.0	1.0	1.0	1.0	1.5	1.5	1.5	1.5	1.5	1.5	1.5	1.5	1.5	1.5	1.5	1.5	1.5	1.5	1.5	1.5	2.0	2.0	2.0	2.0	2.0	2.0	2.0	**.0144**
0.2	1.0	1.0	1.0	1.0	1.0	1.0	1.5	1.5	1.5	1.5	1.5	1.5	1.5	1.5	2.0	2.0	2.0	2.0	2.0	2.0	2.0	2.0	2.0	2.0	2.0	2.0	2.5	2.5	2.5	2.5	2.5	2.5	2.5	2.5	2.5	**.0288**
0.3	1.0	1.0	1.0	1.0	1.5	1.5	1.5	1.5	1.5	1.5	2.0	2.0	2.0	2.0	2.0	2.0	2.0	2.5	2.5	2.5	2.5	2.5	2.5	2.5	2.5	2.5	2.5	3.0	3.0	3.0	3.0	3.0	3.0	3.0	3.0	**.0433**
0.4	1.0	1.0	1.0	1.5	1.5	1.5	1.5	2.0	2.0	2.0	2.0	2.0	2.0	2.5	2.5	2.5	2.5	2.5	2.5	2.5	2.5	3.0	3.0	3.0	3.0	3.0	3.0	3.5	3.5	3.5	3.5	3.5	3.5	3.5	3.5	**.0577**
0.5	1.0	1.0	1.5	1.5	1.5	1.5	2.0	2.0	2.0	2.0	2.0	2.5	2.5	2.5	2.5	2.5	2.5	3.0	3.0	3.0	3.0	3.0	3.5	3.5	3.5	3.5	3.5	3.5	3.5	3.5	3.5	3.5	4.0	4.0	4.0	**.0721**
0.6	1.0	1.0	1.5	1.5	1.5	2.0	2.0	2.0	2.0	2.5	2.5	2.5	2.5	2.5	3.0	3.0	3.0	3.0	3.5	3.5	3.5	3.5	3.5	3.5	3.5	3.5	3.5	4.0	4.0	4.0	4.0	4.0	4.0	4.0	4.0	**.0865**
0.7	1.0	1.5	1.5	1.5	2.0	2.0	2.0	2.0	2.5	2.5	2.5	2.5	3.0	3.0	3.0	3.0	3.5	3.5	3.5	3.5	3.5	3.5	3.5	4.0	4.0	4.0	4.0	4.0	4.0	4.0	4.0	4.5	4.5	4.5	4.5	**.1009**
0.8	1.0	1.5	1.5	1.5	2.0	2.0	2.0	2.5	2.5	2.5	2.5	2.5	3.0	3.0	3.5	3.5	3.5	3.5	3.5	3.5	3.5	4.0	4.0	4.0	4.0	4.0	4.0	4.0	4.5	4.5	4.5	4.5	4.5	4.5	5.0	**.1154**
0.9	1.0	1.5	1.5	2.0	2.0	2.0	2.5	2.5	2.5	2.5	3.0	3.0	3.0	3.5	3.5	3.5	3.5	3.5	3.5	4.0	4.0	4.0	4.0	4.0	4.0	4.5	4.5	4.5	4.5	4.5	5.0	5.0	5.0	5.0	5.0	**.1298**
1.0	1.0	1.5	1.5	2.0	2.0	2.0	2.5	2.5	2.5	3.0	3.0	3.0	3.5	3.5	3.5	3.5	3.5	4.0	4.0	4.0	4.0	4.0	4.0	4.5	4.5	4.5	4.5	4.5	5.0	5.0	5.0	5.0	5.0	5.0	5.5	**.1442**
1.1	1.0	1.5	1.5	2.0	2.0	2.5	2.5	2.5	2.5	3.0	3.0	3.5	3.5	3.5	3.5	3.5	4.0	4.0	4.0	4.0	4.0	4.5	4.5	4.5	4.5	4.5	5.0	5.0	5.0	5.0	5.0	5.0	5.5	5.5	5.5	**.1586**
1.2	1.0	1.5	1.5	2.0	2.0	2.5	2.5	2.5	3.0	3.0	3.5	3.5	3.5	3.5	3.5	4.0	4.0	4.0	4.0	4.0	4.5	4.5	4.5	4.5	5.0	5.0	5.0	5.0	5.0	5.5	5.5	5.5	5.5	5.5	5.5	**.1730**
1.3	1.0	1.5	1.5	2.0	2.0	2.5	2.5	2.5	3.0	3.0	3.5	3.5	3.5	3.5	4.0	4.0	4.0	4.0	4.5	4.5	4.5	4.5	5.0	5.0	5.0	5.0	5.0	5.5	5.5	5.5	5.5	5.5	5.5	6.0	6.0	**.1875**
1.4	1.0	1.5	1.5	2.0	2.0	2.5	2.5	3.0	3.0	3.5	3.5	3.5	3.5	4.0	4.0	4.0	4.0	4.5	4.5	4.5	4.5	5.0	5.0	5.0	5.0	5.0	5.5	5.5	5.5	5.5	5.5	6.0	6.0	6.0	6.0	**.2019**
1.5	1.0	1.5	2.0	2.0	2.5	2.5	2.5	3.0	3.0	3.5	3.5	3.5	3.5	4.0	4.0	4.0	4.0	4.5	4.5	4.5	5.0	5.0	5.0	5.0	5.5	5.5	5.5	5.5	5.5	6.0	6.0	6.0	6.0	6.0	6.5	**.2163**
k	**90**	**126**	**162**	**198**	**234**	**270**	**306**	**342**	**378**	**414**	**450**	**486**	**522**	**558**	**594**	**630**	**666**	**702**	**738**	**774**	**810**	**846**	**882**	**918**	**954**	**990**	**1026**	**1062**	**1098**	**1134**	**1170**	**1206**	**1242**	**1278**	**1314**	**km**

Δt Fahrenheit

D = 0.0060

Δt Celsius °C or Kelvin °K

k	50	70	90	110	130	150	170	190	210	230	250	270	290	310	330	350	370	390	410	430	450	470	490	510	530	550	570	590	610	630	650	670	690	710	730	km
0.1	0.5	1.0	1.0	1.0	1.0	1.0	1.0	1.0	1.0	1.0	1.5	1.5	1.5	1.5	1.5	1.5	1.5	1.5	1.5	1.5	1.5	1.5	1.5	2.0	2.0	2.0	2.0	2.0	2.0	2.0	2.0	2.0	2.0	2.0	2.0	**.0144**
0.2	1.0	1.0	1.0	1.0	1.5	1.5	1.5	1.5	1.5	1.5	1.5	1.5	2.0	2.0	2.0	2.0	2.0	2.0	2.0	2.0	2.0	2.5	2.5	2.5	2.5	2.5	2.5	2.5	2.5	2.5	2.5	2.5	2.5	3.0	3.0	**.0288**
0.3	1.0	1.0	1.0	1.5	1.5	1.5	1.5	1.5	2.0	2.0	2.0	2.0	2.0	2.0	2.5	2.5	2.5	2.5	2.5	2.5	2.5	2.5	3.0	3.0	3.0	3.0	3.0	3.0	3.0	3.5	3.5	3.5	3.5	3.5	3.5	**.0433**
0.4	1.0	1.0	1.5	1.5	1.5	1.5	2.0	2.0	2.0	2.0	2.0	2.5	2.5	2.5	2.5	2.5	2.5	3.0	3.0	3.0	3.0	3.0	3.5	3.5	3.5	3.5	3.5	3.5	3.5	3.5	3.5	3.5	4.0	4.0	4.0	**.0577**
0.5	1.0	1.5	1.5	1.5	2.0	2.0	2.0	2.0	2.0	2.5	2.5	2.5	2.5	2.5	3.0	3.0	3.0	3.0	3.5	3.5	3.5	3.5	3.5	3.5	3.5	3.5	4.0	4.0	4.0	4.0	4.0	4.0	4.0	4.0	4.0	**.0721**
0.6	1.0	1.5	1.5	1.5	2.0	2.0	2.0	2.5	2.5	2.5	2.5	2.5	3.0	3.0	3.0	3.5	3.5	3.5	3.5	3.5	3.5	3.5	4.0	4.0	4.0	4.0	4.0	4.0	4.0	4.5	4.5	4.5	4.5	4.5	4.5	**.0865**
0.7	1.0	1.5	1.5	2.0	2.0	2.0	2.5	2.5	2.5	2.5	3.0	3.0	3.0	3.5	3.5	3.5	3.5	3.5	3.5	4.0	4.0	4.0	4.0	4.0	4.0	4.0	4.5	4.5	4.5	4.5	4.5	5.0	5.0	5.0	5.0	**.1009**
0.8	1.0	1.5	1.5	2.0	2.0	2.0	2.5	2.5	2.5	3.0	3.0	3.0	3.5	3.5	3.5	3.5	3.5	4.0	4.0	4.0	4.0	4.0	4.0	4.5	4.5	4.5	4.5	4.5	5.0	5.0	5.0	5.0	5.0	5.0	5.5	**.1154**
0.9	1.0	1.5	1.5	2.0	2.0	2.5	2.5	2.5	3.0	3.0	3.5	3.5	3.5	3.5	3.5	4.0	4.0	4.0	4.0	4.0	4.0	4.5	4.5	4.5	4.5	5.0	5.0	5.0	5.0	5.0	5.0	5.5	5.5	5.5	5.5	**.1298**
1.0	1.5	1.5	2.0	2.0	2.0	2.5	2.5	3.0	3.0	3.0	3.5	3.5	3.5	3.5	4.0	4.0	4.0	4.0	4.0	4.5	4.5	4.5	4.5	5.0	5.0	5.0	5.0	5.0	5.5	5.5	5.5	5.5	5.5	5.5	6.0	**.1442**
1.1	1.5	1.5	2.0	2.0	2.5	2.5	2.5	3.0	3.0	3.5	3.5	3.5	3.5	4.0	4.0	4.0	4.0	4.5	4.5	4.5	4.5	5.0	5.0	5.0	5.0	5.0	5.5	5.5	5.5	5.5	5.5	6.0	6.0	6.0	6.0	**.1586**
1.2	1.5	1.5	2.0	2.0	2.5	2.5	3.0	3.0	3.5	3.5	3.5	3.5	4.0	4.0	4.0	4.0	4.5	4.5	4.5	4.5	5.0	5.0	5.0	5.0	5.5	5.5	5.5	5.5	5.5	6.0	6.0	6.0	6.0	6.0	6.5	**.1730**
1.3	1.5	1.5	2.0	2.0	2.5	2.5	3.0	3.0	3.5	3.5	3.5	4.0	4.0	4.0	4.0	4.5	4.5	4.5	5.0	5.0	5.0	5.0	5.0	5.5	5.5	5.5	5.5	6.0	6.0	6.0	6.0	6.5	6.5	6.5	6.5	**.1875**
1.4	1.5	1.5	2.0	2.0	2.5	2.5	3.0	3.5	3.5	3.5	3.5	4.0	4.0	4.0	4.5	4.5	4.5	5.0	5.0	5.0	5.0	5.5	5.5	5.5	5.5	6.0	6.0	6.0	6.0	6.5	6.5	6.5	6.5	6.5	7.0	**.2019**
1.5	1.5	1.5	2.0	2.5	2.5	3.0	3.0	3.5	3.5	3.5	4.0	4.0	4.0	4.5	4.5	4.5	5.0	5.0	5.0	5.0	5.5	5.5	5.5	5.5	6.0	6.0	6.0	6.0	6.5	6.5	6.5	6.5	7.0	7.0	7.0	**.2163**
k	**90**	**126**	**162**	**198**	**234**	**270**	**306**	**342**	**378**	**414**	**450**	**486**	**522**	**558**	**594**	**630**	**666**	**702**	**738**	**774**	**810**	**846**	**882**	**918**	**954**	**990**	**1026**	**1062**	**1098**	**1134**	**1170**	**1206**	**1242**	**1278**	**1314**	**km**

Δt Fahrenheit

TEMPERATURE DIFFERENCE

TABLE 2 (Continued)

ECONOMICAL INSULATION THICKNESS TABLE

IN INCHES
(nominal)

PIPE SIZE: 8'' NPS (Tube Size 8-1/2'' OD)
219.1 mm

At the intersection of the ''Δt'' column with the ''k'' row read the economical thickness.
(•—*exceeds 12'' thickness*)

D = 0.0070

Δt Celsius °C or Kelvin °K

CONDUCTIVITY: k in Btu, in./sq ft, hr °F; km in W/mK

k	50	70	90	110	130	150	170	190	210	230	250	270	290	310	330	350	370	390	410	430	450	470	490	510	530	550	570	590	610	630	650	670	690	710	730	km
0.1	0.5	1.0	1.0	1.0	1.0	1.0	1.0	1.0	1.5	1.5	1.5	1.5	1.5	1.5	1.5	1.5	1.5	1.5	1.5	1.5	2.0	2.0	2.0	2.0	2.0	2.0	2.0	2.0	2.0	2.0	2.0	2.0	2.0	2.0	2.0	.0144
0.2	1.0	1.0	1.0	1.5	1.5	1.5	1.5	1.5	1.5	1.5	2.0	2.0	2.0	2.0	2.0	2.0	2.0	2.0	2.0	2.5	2.5	2.5	2.5	2.5	2.5	2.5	2.5	2.5	3.0	3.0	3.0	3.0	3.0	3.0	3.0	.0288
0.3	1.0	1.0	1.5	1.5	1.5	1.5	2.0	2.0	2.0	2.0	2.0	2.0	2.5	2.5	2.5	2.5	2.5	2.5	2.5	3.0	3.0	3.0	3.0	3.0	3.5	3.5	3.5	3.5	3.5	3.5	3.5	3.5	3.5	3.5	3.5	.0433
0.4	1.0	1.5	1.5	1.5	1.5	2.0	2.0	2.0	2.0	2.5	2.5	2.5	2.5	2.5	3.0	3.0	3.0	3.0	3.5	3.5	3.5	3.5	3.5	3.5	3.5	3.5	3.5	4.0	4.0	4.0	4.0	4.0	4.0	4.0	4.0	.0577
0.5	1.0	1.5	1.5	1.5	2.0	2.0	2.0	2.5	2.5	2.5	2.5	3.0	3.0	3.0	3.0	3.5	3.5	3.5	3.5	3.5	3.5	3.5	4.0	4.0	4.0	4.0	4.0	4.0	4.0	4.0	4.5	4.5	4.5	4.5	4.5	.0721
0.6	1.0	1.5	1.5	2.0	2.0	2.0	2.5	2.5	2.5	2.5	3.0	3.0	3.0	3.5	3.5	3.5	3.5	3.5	3.5	4.0	4.0	4.0	4.0	4.0	4.0	4.5	4.5	4.5	4.5	4.5	4.5	5.0	5.0	5.0	5.0	.0865
0.7	1.5	1.5	2.0	2.0	2.0	2.5	2.5	2.5	3.0	3.0	3.0	3.5	3.5	3.5	3.5	3.5	4.0	4.0	4.0	4.0	4.0	4.0	4.5	4.5	4.5	4.5	4.5	5.0	5.0	5.0	5.0	5.0	5.0	5.5	5.5	.1009
0.8	1.5	1.5	2.0	2.0	2.5	2.5	2.5	3.0	3.0	3.0	3.5	3.5	3.5	3.5	4.0	4.0	4.0	4.0	4.0	4.5	4.5	4.5	4.5	4.5	5.0	5.0	5.0	5.0	5.0	5.5	5.5	5.5	5.5	5.5	5.5	.1154
0.9	1.5	1.5	2.0	2.0	2.5	2.5	2.5	3.0	3.0	3.5	3.5	3.5	3.5	4.0	4.0	4.0	4.0	4.5	4.5	4.5	4.5	5.0	5.0	5.0	5.0	5.0	5.5	5.5	5.5	5.5	5.5	6.0	6.0	6.0	6.0	.1298
1.0	1.5	1.5	2.0	2.0	2.5	2.5	3.0	3.0	3.5	3.5	3.5	3.5	4.0	4.0	4.0	4.0	4.5	4.5	4.5	5.0	5.0	5.0	5.0	5.0	5.5	5.5	5.5	5.5	6.0	6.0	6.0	6.0	6.0	6.0	6.5	.1442
1.1	1.5	1.5	2.0	2.5	2.5	2.5	3.0	3.5	3.5	3.5	3.5	4.0	4.0	4.0	4.0	4.5	4.5	4.5	5.0	5.0	5.0	5.0	5.5	5.5	5.5	5.5	6.0	6.0	6.0	6.0	6.0	6.5	6.5	6.5	6.5	.1586
1.2	1.5	2.0	2.0	2.5	2.5	3.0	3.0	3.5	3.5	3.5	4.0	4.0	4.0	4.5	4.5	4.5	5.0	5.0	5.0	5.0	5.5	5.5	5.5	5.5	6.0	6.0	6.0	6.0	6.0	6.5	6.5	6.5	6.5	7.0	7.0	.1730
1.3	1.5	2.0	2.0	2.5	2.5	3.0	3.5	3.5	3.5	4.0	4.0	4.0	4.0	4.5	4.5	5.0	5.0	5.0	5.0	5.5	5.5	5.5	5.5	6.0	6.0	6.0	6.0	6.5	6.5	6.5	6.5	7.0	7.0	7.0	7.0	.1875
1.4	1.5	2.0	2.0	2.5	2.5	3.0	3.5	3.5	3.5	4.0	4.0	4.0	4.5	4.5	4.5	5.0	5.0	5.0	5.5	5.5	5.5	6.0	6.0	6.0	6.0	6.5	6.5	6.5	6.5	7.0	7.0	7.0	7.0	7.5	7.5	.2019
1.5	1.5	2.0	2.0	2.5	3.0	3.0	3.5	3.5	4.0	4.0	4.0	4.5	4.5	4.5	5.0	5.0	5.0	5.5	5.5	5.5	6.0	6.0	6.0	6.0	6.5	6.5	6.5	7.0	7.0	7.0	7.0	7.5	7.5	7.5	7.5	.2163
k	90	126	162	198	234	270	306	342	378	414	450	486	522	558	594	630	666	702	738	774	810	846	882	918	954	990	1026	1062	1098	1134	1170	1206	1242	1278	1314	km

Δt Fahrenheit

D = 0.0080

Δt Celsius °C or Kelvin °K

CONDUCTIVITY: k in Btu, in./sq ft, hr °F; km in W/mK

k	50	70	90	110	130	150	170	190	210	230	250	270	290	310	330	350	370	390	410	430	450	470	490	510	530	550	570	590	610	630	650	670	690	710	730	km
0.1	1.0	1.0	1.0	1.0	1.0	1.0	1.0	1.5	1.5	1.5	1.5	1.5	1.5	1.5	1.5	1.5	1.5	2.0	2.0	2.0	2.0	2.0	2.0	2.0	2.0	2.0	2.0	2.0	2.0	2.0	2.0	2.5	2.5	2.5	2.5	.0144
0.2	1.0	1.0	1.0	1.5	1.5	1.5	1.5	1.5	2.0	2.0	2.0	2.0	2.0	2.0	2.0	2.5	2.5	2.5	2.5	2.5	2.5	2.5	2.5	2.5	3.0	3.0	3.0	3.0	3.0	3.0	3.0	3.5	3.5	3.5	3.5	.0288
0.3	1.0	1.5	1.5	1.5	1.5	2.0	2.0	2.0	2.0	2.0	2.5	2.5	2.5	2.5	2.5	2.5	3.0	3.0	3.0	3.0	3.0	3.5	3.5	3.5	3.5	3.5	3.5	3.5	3.5	3.5	3.5	4.0	4.0	4.0	4.0	.0433
0.4	1.0	1.5	1.5	1.5	2.0	2.0	2.0	2.0	2.5	2.5	2.5	2.5	3.0	3.0	3.0	3.0	3.5	3.5	3.5	3.5	3.5	3.5	3.5	3.5	4.0	4.0	4.0	4.0	4.0	4.0	4.0	4.0	4.5	4.5	4.5	.0577
0.5	1.5	1.5	1.5	2.0	2.0	2.0	2.5	2.5	2.5	2.5	3.0	3.0	3.0	3.5	3.5	3.5	3.5	3.5	3.5	4.0	4.0	4.0	4.0	4.0	4.0	4.0	4.5	4.5	4.5	4.5	4.5	4.5	5.0	5.0	5.0	.0721
0.6	1.5	1.5	2.0	2.0	2.0	2.5	2.5	2.5	3.0	3.0	3.0	3.5	3.5	3.5	3.5	3.5	4.0	4.0	4.0	4.0	4.0	4.0	4.5	4.5	4.5	4.5	4.5	5.0	5.0	5.0	5.0	5.0	5.0	5.5	5.5	.0865
0.7	1.5	1.5	2.0	2.0	2.5	2.5	2.5	3.0	3.0	3.5	3.5	3.5	3.5	3.5	4.0	4.0	4.0	4.0	4.0	4.5	4.5	4.5	4.5	5.0	5.0	5.0	5.0	5.0	5.0	5.5	5.5	5.5	5.5	5.5	6.0	.1009
0.8	1.5	1.5	2.0	2.0	2.5	2.5	3.0	3.0	3.5	3.5	3.5	3.5	4.0	4.0	4.0	4.0	4.0	4.5	4.5	4.5	5.0	5.0	5.0	5.0	5.0	5.5	5.5	5.5	5.5	5.5	6.0	6.0	6.0	6.0	6.0	.1154
0.9	1.5	2.0	2.0	2.5	2.5	2.5	3.0	3.5	3.5	3.5	3.5	4.0	4.0	4.0	4.0	4.5	4.5	4.5	5.0	5.0	5.0	5.0	5.0	5.5	5.5	5.5	5.5	6.0	6.0	6.0	6.0	6.0	6.5	6.5	6.5	.1298
1.0	1.5	2.0	2.0	2.5	2.5	3.0	3.0	3.5	3.5	3.5	4.0	4.0	4.0	4.0	4.5	4.5	4.5	5.0	5.0	5.0	5.0	5.5	5.5	5.5	5.5	6.0	6.0	6.0	6.0	6.5	6.5	6.5	6.5	6.5	7.0	.1442
1.1	1.5	2.0	2.0	2.5	2.5	3.0	3.5	3.5	3.5	4.0	4.0	4.0	4.5	4.5	4.5	5.0	5.0	5.0	5.0	5.5	5.5	5.5	5.5	6.0	6.0	6.0	6.0	6.5	6.5	6.5	6.5	7.0	7.0	7.0	7.0	.1586
1.2	1.5	2.0	2.5	2.5	3.0	3.0	3.5	3.5	3.5	4.0	4.0	4.0	4.5	4.5	5.0	5.0	5.0	5.0	5.5	5.5	5.5	6.0	6.0	6.0	6.0	6.5	6.5	6.5	6.5	7.0	7.0	7.0	7.0	7.5	7.5	.1730
1.3	1.5	2.0	2.5	2.5	3.0	3.5	3.5	3.5	4.0	4.0	4.0	4.5	4.5	5.0	5.0	5.0	5.5	5.5	5.5	5.5	6.0	6.0	6.0	6.5	6.5	6.5	6.5	7.0	7.0	7.0	7.0	7.5	7.5	7.5	7.5	.1875
1.4	1.5	2.0	2.5	2.5	3.0	3.5	3.5	3.5	4.0	4.0	4.5	4.5	5.0	5.0	5.0	5.5	5.5	5.5	6.0	6.0	6.0	6.0	6.5	6.5	6.5	7.0	7.0	7.0	7.0	7.5	7.5	7.5	7.5	8.0	8.0	.2019
1.5	1.5	2.0	2.5	2.5	3.0	3.5	3.5	4.0	4.0	4.0	4.5	4.5	5.0	5.0	5.0	5.5	5.5	6.0	6.0	6.0	6.5	6.5	6.5	6.5	7.0	7.0	7.0	7.5	7.5	7.5	7.5	8.0	8.0	8.0	8.0	.2163
k	90	126	162	198	234	270	306	342	378	414	450	486	522	558	594	630	666	702	738	774	810	846	882	918	954	990	1026	1062	1098	1134	1170	1206	1242	1278	1314	km

Δt Fahrenheit

D = 0.0100

Δt Celsius °C or Kelvin °K

CONDUCTIVITY: k in Btu, in./sq ft, hr °F; km in W/mK

k	50	70	90	110	130	150	170	190	210	230	250	270	290	310	330	350	370	390	410	430	450	470	490	510	530	550	570	590	610	630	650	670	690	710	730	km
0.1	1.0	1.0	1.0	1.0	1.0	1.5	1.5	1.5	1.5	1.5	1.5	1.5	1.5	2.0	2.0	2.0	2.0	2.0	2.0	2.0	2.0	2.0	2.0	2.0	2.5	2.5	2.5	2.5	2.5	2.5	2.5	2.5	2.5	2.5	2.5	.0144
0.2	1.0	1.0	1.5	1.5	1.5	1.5	2.0	2.0	2.0	2.0	2.0	2.0	2.5	2.5	2.5	2.5	2.5	2.5	2.5	3.0	3.0	3.0	3.0	3.0	3.0	3.5	3.5	3.5	3.5	3.5	3.5	3.5	3.5	3.5	3.5	.0288
0.3	1.0	1.5	1.5	1.5	2.0	2.0	2.0	2.0	2.5	2.5	2.5	2.5	3.0	3.0	3.0	3.0	3.5	3.5	3.5	3.5	3.5	3.5	3.5	3.5	3.5	4.0	4.0	4.0	4.0	4.0	4.0	4.0	4.0	4.5	4.5	.0433
0.4	1.5	1.5	1.5	2.0	2.0	2.0	2.5	2.5	2.5	3.0	3.0	3.0	3.5	3.5	3.5	3.5	3.5	3.5	3.5	4.0	4.0	4.0	4.0	4.0	4.0	4.5	4.5	4.5	4.5	4.5	4.5	5.0	5.0	5.0	5.0	.0577
0.5	1.5	1.5	2.0	2.0	2.5	2.5	2.5	3.0	3.0	3.0	3.5	3.5	3.5	3.5	3.5	4.0	4.0	4.0	4.0	4.0	4.5	4.5	4.5	4.5	4.5	5.0	5.0	5.0	5.0	5.0	5.0	5.5	5.5	5.5	5.5	.0721
0.6	1.5	2.0	2.0	2.0	2.5	2.5	3.0	3.0	3.5	3.5	3.5	3.5	4.0	4.0	4.0	4.0	4.0	4.5	4.5	4.5	4.5	5.0	5.0	5.0	5.0	5.0	5.5	5.5	5.5	5.5	5.5	6.0	6.0	6.0	6.0	.0865
0.7	1.5	2.0	2.0	2.5	2.5	3.0	3.0	3.5	3.5	3.5	3.5	4.0	4.0	4.0	4.0	4.5	4.5	4.5	5.0	5.0	5.0	5.0	5.5	5.5	5.5	5.5	5.5	6.0	6.0	6.0	6.0	6.0	6.5	6.5	6.5	.1009
0.8	1.5	2.0	2.0	2.5	2.5	3.0	3.5	3.5	3.5	4.0	4.0	4.0	4.0	4.5	4.5	4.5	5.0	5.0	5.0	5.0	5.5	5.5	5.5	5.5	6.0	6.0	6.0	6.0	6.5	6.5	6.5	6.5	6.5	7.0	7.0	.1154
0.9	1.5	2.0	2.5	2.5	3.0	3.5	3.5	3.5	4.0	4.0	4.0	4.0	4.5	4.5	5.0	5.0	5.0	5.0	5.5	5.5	5.5	6.0	6.0	6.0	6.0	6.5	6.5	6.5	6.5	6.5	7.0	7.0	7.0	7.0	7.5	.1298
1.0	1.5	2.0	2.5	2.5	3.0	3.5	3.5	3.5	4.0	4.0	4.5	4.5	4.5	5.0	5.0	5.0	5.5	5.5	5.5	6.0	6.0	6.0	6.0	6.5	6.5	6.5	6.5	7.0	7.0	7.0	7.0	7.5	7.5	7.5	7.5	.1442
1.1	2.0	2.0	2.5	3.0	3.5	3.5	3.5	4.0	4.0	4.0	4.5	4.5	5.0	5.0	5.0	5.5	5.5	5.5	6.0	6.0	6.0	6.5	6.5	6.5	6.5	7.0	7.0	7.0	7.5	7.5	7.5	7.5	8.0	8.0	8.0	.1586
1.2	2.0	2.0	2.5	3.0	3.5	3.5	4.0	4.0	4.0	4.5	4.5	5.0	5.0	5.0	5.5	5.5	6.0	6.0	6.0	6.5	6.5	6.5	6.5	7.0	7.0	7.0	7.5	7.5	7.5	7.5	8.0	8.0	8.0	8.0	8.5	.1730
1.3	2.0	2.5	2.5	3.0	3.5	3.5	4.0	4.0	4.5	4.5	5.0	5.0	5.0	5.5	5.5	6.0	6.0	6.0	6.5	6.5	6.5	7.0	7.0	7.0	7.5	7.5	7.5	7.5	8.0	8.0	8.0	8.5	8.5	8.5	8.5	.1875
1.4	2.0	2.5	2.5	3.0	3.5	3.5	4.0	4.0	4.5	4.5	5.0	5.0	5.5	5.5	6.0	6.0	6.0	6.5	6.5	6.5	7.0	7.0	7.0	7.5	7.5	7.5	8.0	8.0	8.0	8.5	8.5	8.5	8.5	9.0	9.0	.2019
1.5	2.0	2.5	3.0	3.5	3.5	4.0	4.0	4.5	4.5	5.0	5.0	5.5	5.5	6.0	6.0	6.0	6.5	6.5	6.5	7.0	7.0	7.5	7.5	7.5	8.0	8.0	8.0	8.5	8.5	8.5	8.5	9.0	9.0	9.0	9.5	.2163
k	90	126	162	198	234	270	306	342	378	414	450	486	522	558	594	630	666	702	738	774	810	846	882	918	954	990	1026	1062	1098	1134	1170	1206	1242	1278	1314	km

Δt Fahrenheit

TABLE 2 (Sheet 65 of 128)

TEMPERATURE DIFFERENCE

TABLE 2 (Continued)

ECONOMICAL INSULATION THICKNESS TABLE

IN INCHES
(nominal)

PIPE SIZE: 8'' NPS (Tube Size 8-1/2'' OD)
219.1 mm

At the intersection of the ''Δt'' column with the ''k'' row read the economical thickness.
(•—*exceeds 12'' thickness*)

CONDUCTIVITY k: Btu, in./sq ft, hr °F; km: W/mK

D = 0.0120

Δt Celsius °C or Kelvin °K

k	50	70	90	110	130	150	170	190	210	230	250	270	290	310	330	350	370	390	410	430	450	470	490	510	530	550	570	590	610	630	650	670	690	710	730	km
0.1	1.0	1.0	1.0	1.0	1.5	1.5	1.5	1.5	1.5	1.5	1.5	2.0	2.0	2.0	2.0	2.0	2.0	2.0	2.0	2.0	2.5	2.5	2.5	2.5	2.5	2.5	2.5	2.5	2.5	2.5	2.5	2.5	3.0	3.0	3.0	.0144
0.2	1.0	1.5	1.5	1.5	1.5	2.0	2.0	2.0	2.0	2.5	2.5	2.5	2.5	2.5	2.5	3.0	3.0	3.0	3.0	3.0	3.5	3.5	3.5	3.5	3.5	3.5	3.5	3.5	3.5	3.5	4.0	4.0	4.0	4.0	4.0	.0288
0.3	1.5	1.5	1.5	2.0	2.0	2.0	2.5	2.5	2.5	2.5	3.0	3.0	3.0	3.5	3.5	3.5	3.5	3.5	3.5	3.5	4.0	4.0	4.0	4.0	4.0	4.0	4.0	4.5	4.5	4.5	4.5	4.5	4.5	4.5	5.0	.0433
0.4	1.5	1.5	2.0	2.0	2.5	2.5	2.5	3.0	3.0	3.0	3.5	3.5	3.5	3.5	3.5	4.0	4.0	4.0	4.0	4.0	4.0	4.5	4.5	4.5	4.5	5.0	5.0	5.0	5.0	5.0	5.0	5.0	5.5	5.5	5.5	.0577
0.5	1.5	2.0	2.0	2.5	2.5	2.5	3.0	3.0	3.5	3.5	3.5	3.5	4.0	4.0	4.0	4.0	4.5	4.5	4.5	4.5	5.0	5.0	5.0	5.0	5.0	5.5	5.5	5.5	5.5	5.5	5.5	6.0	6.0	6.0	6.0	.0721
0.6	1.5	2.0	2.0	2.5	2.5	3.0	3.5	3.5	3.5	3.5	4.0	4.0	4.0	4.0	4.5	4.5	4.5	5.0	5.0	5.0	5.0	5.5	5.5	5.5	5.5	5.5	6.0	6.0	6.0	6.0	6.5	6.5	6.5	6.5	6.5	.0865
0.7	1.5	2.0	2.5	2.5	3.0	3.5	3.5	3.5	3.5	4.0	4.0	4.0	4.5	4.5	4.5	5.0	5.0	5.0	5.5	5.5	5.5	5.5	6.0	6.0	6.0	6.0	6.5	6.5	6.5	6.5	6.5	7.0	7.0	7.0	7.0	.1009
0.8	2.0	2.0	2.5	3.0	3.0	3.5	3.5	3.5	4.0	4.0	4.5	4.5	4.5	5.0	5.0	5.0	5.5	5.5	5.5	6.0	6.0	6.0	6.0	6.5	6.5	6.5	6.5	7.0	7.0	7.0	7.0	7.5	7.5	7.5	7.5	.1154
0.9	2.0	2.0	2.5	3.0	3.5	3.5	3.5	4.0	4.0	4.5	4.5	4.5	5.0	5.0	5.5	5.5	5.5	6.0	6.0	6.0	6.0	6.5	6.5	6.5	7.0	7.0	7.0	7.0	7.5	7.5	7.5	7.5	8.0	8.0	8.0	.1298
1.0	2.0	2.5	2.5	3.0	3.5	3.5	4.0	4.0	4.5	4.5	5.0	5.0	5.0	5.5	5.5	5.5	6.0	6.0	6.0	6.5	6.5	6.5	7.0	7.0	7.0	7.5	7.5	7.5	7.5	8.0	8.0	8.0	8.0	8.5	8.5	.1442
1.1	2.0	2.5	3.0	3.5	3.5	3.5	4.0	4.0	4.5	4.5	5.0	5.0	5.5	5.5	6.0	6.0	6.0	6.5	6.5	6.5	7.0	7.0	7.0	7.5	7.5	7.5	7.5	8.0	8.0	8.0	8.5	8.5	8.5	8.5	9.0	.1586
1.2	2.0	2.5	3.0	3.5	3.5	4.0	4.0	4.5	4.5	5.0	5.0	5.5	5.5	6.0	6.0	6.0	6.5	6.5	6.5	7.0	7.0	7.5	7.5	7.5	7.5	8.0	8.0	8.0	8.5	8.5	8.5	9.0	9.0	9.0	9.0	.1730
1.3	2.0	2.5	3.0	3.5	3.5	4.0	4.0	4.5	5.0	5.0	5.5	5.5	6.0	6.0	6.0	6.5	6.5	7.0	7.0	7.0	7.5	7.5	7.5	8.0	8.0	8.0	8.5	8.5	8.5	9.0	9.0	9.0	9.5	9.5	9.5	.1875
1.4	2.0	2.5	3.0	3.5	4.0	4.0	4.5	4.5	5.0	5.0	5.5	5.5	6.0	6.0	6.5	6.5	7.0	7.0	7.5	7.5	7.5	8.0	8.0	8.0	8.5	8.5	8.5	9.0	9.0	9.0	9.5	9.5	9.5	10.0	10.0	.2019
1.5	2.0	2.5	3.5	3.5	4.0	4.0	4.5	5.0	5.0	5.5	5.5	6.0	6.0	6.5	6.5	7.0	7.0	7.5	7.5	7.5	8.0	8.0	8.0	8.5	8.5	9.0	9.0	9.0	9.5	9.5	9.5	10.0	10.0	10.0	10.5	.2163
k	90	126	162	198	234	270	306	342	378	414	450	486	522	558	594	630	666	702	738	774	810	846	882	918	954	990	1026	1062	1098	1134	1170	1206	1242	1278	1314	km

Δt Fahrenheit

D = 0.0150

Δt Celsius °C or Kelvin °K

k	50	70	90	110	130	150	170	190	210	230	250	270	290	310	330	350	370	390	410	430	450	470	490	510	530	550	570	590	610	630	650	670	690	710	730	km
0.1	1.0	1.0	1.0	1.5	1.5	1.5	1.5	1.5	2.0	2.0	2.0	2.0	2.0	2.0	2.0	2.0	2.5	2.5	2.5	2.5	2.5	2.5	2.5	2.5	2.5	3.0	3.0	3.0	3.0	3.0	3.0	3.0	3.0	3.5	3.5	.0144
0.2	1.0	1.5	1.5	2.0	2.0	2.0	2.0	2.5	2.5	2.5	2.5	2.5	3.0	3.0	3.0	3.0	3.5	3.5	3.5	3.5	3.5	3.5	3.5	3.5	4.0	4.0	4.0	4.0	4.0	4.0	4.0	4.0	4.5	4.5	4.5	.0288
0.3	1.5	1.5	2.0	2.0	2.5	2.5	2.5	2.5	3.0	3.0	3.5	3.5	3.5	3.5	3.5	3.5	4.0	4.0	4.0	4.0	4.0	4.5	4.5	4.5	4.5	4.5	4.5	5.0	5.0	5.0	5.0	5.0	5.0	5.5	5.5	.0433
0.4	1.5	2.0	2.0	2.5	2.5	2.5	3.0	3.0	3.5	3.5	3.5	3.5	4.0	4.0	4.0	4.0	4.5	4.5	4.5	4.5	5.0	5.0	5.0	5.0	5.0	5.5	5.5	5.5	5.5	5.5	6.0	6.0	6.0	6.0	6.0	.0577
0.5	1.5	2.0	2.5	2.5	3.0	3.0	3.5	3.5	3.5	4.0	4.0	4.0	4.0	4.5	4.5	4.5	5.0	5.0	5.0	5.0	5.5	5.5	5.5	5.5	6.0	6.0	6.0	6.0	6.0	6.5	6.5	6.5	6.5	6.5	7.0	.0721
0.6	2.0	2.0	2.5	3.0	3.0	3.5	3.5	3.5	4.0	4.0	4.0	4.5	4.5	5.0	5.0	5.0	5.0	5.5	5.5	5.5	6.0	6.0	6.0	6.0	6.5	6.5	6.5	6.5	7.0	7.0	7.0	7.0	7.5	7.5	7.5	.0865
0.7	2.0	2.5	2.5	3.0	3.5	3.5	4.0	4.0	4.0	4.5	4.5	5.0	5.0	5.0	5.5	5.5	5.5	6.0	6.0	6.0	6.0	6.5	6.5	6.5	7.0	7.0	7.0	7.0	7.5	7.5	7.5	7.5	8.0	8.0	8.0	.1009
0.8	2.0	2.5	3.0	3.5	3.5	3.5	4.0	4.0	4.5	4.5	5.0	5.0	5.0	5.5	5.5	6.0	6.0	6.0	6.5	6.5	6.5	7.0	7.0	7.0	7.5	7.5	7.5	7.5	8.0	8.0	8.0	8.0	8.5	8.5	8.5	.1154
0.9	2.0	2.5	3.0	3.5	3.5	4.0	4.0	4.5	4.5	5.0	5.0	5.5	5.5	5.5	6.0	6.0	6.5	6.5	6.5	7.0	7.0	7.0	7.5	7.5	7.5	8.0	8.0	8.0	8.0	8.5	8.5	8.5	9.0	9.0	9.0	.1298
1.0	2.0	2.5	3.0	3.5	4.0	4.0	4.5	4.5	5.0	5.0	5.5	5.5	6.0	6.0	6.0	6.5	6.5	7.0	7.0	7.0	7.5	7.5	7.5	8.0	8.0	8.0	8.5	8.5	8.5	9.0	9.0	9.0	9.5	9.5	9.5	.1442
1.1	2.5	2.5	3.5	3.5	4.0	4.0	4.5	5.0	5.0	5.5	5.5	6.0	6.0	6.5	6.5	6.5	7.0	7.0	7.5	7.5	7.5	8.0	8.0	8.0	8.5	8.5	9.0	9.0	9.0	9.0	9.5	9.5	9.5	10.0	10.0	.1586
1.2	2.5	3.0	3.5	3.5	4.0	4.5	4.5	5.0	5.5	5.5	6.0	6.0	6.5	6.5	7.0	7.0	7.0	7.5	7.5	8.0	8.0	8.0	8.5	8.5	9.0	9.0	9.0	9.5	9.5	9.5	10.0	10.0	10.0	10.5	10.5	.1730
1.3	2.5	3.0	3.5	4.0	4.0	4.5	5.0	5.0	5.5	5.5	6.0	6.5	6.5	7.0	7.0	7.5	7.5	7.5	8.0	8.0	8.5	8.5	8.5	9.0	9.0	9.5	9.5	9.5	10.0	10.0	10.5	10.5	10.5	11.0	11.0	.1875
1.4	2.5	3.0	3.5	4.0	4.5	4.5	5.0	5.5	5.5	6.0	6.0	6.5	6.5	7.0	7.5	7.5	7.5	8.0	8.0	8.5	8.5	9.0	9.0	9.0	9.5	9.5	10.0	10.0	10.0	10.5	10.5	11.0	11.0	11.5	11.5	.2019
1.5	2.5	3.0	3.5	4.0	4.5	5.0	5.0	5.5	6.0	6.0	6.5	6.5	7.0	7.5	7.5	7.5	8.0	8.0	8.5	8.5	9.0	9.0	9.5	9.5	10.0	10.0	10.0	10.5	10.5	11.0	11.0	11.5	11.5	12.0	12.0	.2163
k	90	126	162	198	234	270	306	342	378	414	450	486	522	558	594	630	666	702	738	774	810	846	882	918	954	990	1026	1062	1098	1134	1170	1206	1242	1278	1314	km

Δt Fahrenheit

D = 0.0200

Δt Celsius °C or Kelvin °K

k	50	70	90	110	130	150	170	190	210	230	250	270	290	310	330	350	370	390	410	430	450	470	490	510	530	550	570	590	610	630	650	670	690	710	730	km
0.1	1.0	1.5	1.5	1.5	1.5	1.5	2.0	2.0	2.0	2.0	2.0	2.5	2.5	2.5	2.5	2.5	2.5	2.5	3.0	3.0	3.0	3.0	3.0	3.0	3.5	3.5	3.5	3.5	3.5	3.5	3.5	3.5	3.5	3.5	3.5	.0144
0.2	1.5	1.5	2.0	2.0	2.0	2.5	2.5	2.5	3.0	3.0	3.0	3.5	3.5	3.5	3.5	3.5	3.5	4.0	4.0	4.0	4.0	4.0	4.0	4.0	4.5	4.5	4.5	4.5	4.5	5.0	5.0	5.0	5.0	5.0	5.0	.0288
0.3	1.5	2.0	2.0	2.5	2.5	3.0	3.0	3.5	3.5	3.5	3.5	4.0	4.0	4.0	4.0	4.0	4.5	4.5	4.5	5.0	5.0	5.0	5.0	5.0	5.5	5.5	5.5	5.5	5.5	5.5	6.0	6.0	6.0	6.0	6.0	.0433
0.4	2.0	2.0	2.5	2.5	3.0	3.5	3.5	3.5	4.0	4.0	4.0	4.0	4.5	4.5	5.0	5.0	5.0	5.0	5.5	5.5	5.5	5.5	6.0	6.0	6.0	6.0	6.5	6.5	6.5	6.5	6.5	7.0	7.0	7.0	7.0	.0577
0.5	2.0	2.5	2.5	3.0	3.5	3.5	4.0	4.0	4.0	4.5	4.5	5.0	5.0	5.0	5.5	5.5	5.5	5.5	6.0	6.0	6.0	6.5	6.5	6.5	6.5	7.0	7.0	7.0	7.5	7.5	7.5	7.5	7.5	8.0	8.0	.0721
0.6	2.0	2.5	3.0	3.5	3.5	4.0	4.0	4.5	4.5	5.0	5.0	5.0	5.5	5.5	5.5	6.0	6.0	6.5	6.5	6.5	6.5	7.0	7.0	7.0	7.5	7.5	7.5	7.5	8.0	8.0	8.0	8.5	8.5	8.5	8.5	.0865
0.7	2.5	2.5	3.5	3.5	4.0	4.0	4.5	4.5	5.0	5.0	5.5	5.5	6.0	6.0	6.0	6.5	6.5	6.5	7.0	7.0	7.5	7.5	7.5	7.5	8.0	8.0	8.0	8.5	8.5	8.5	9.0	9.0	9.0	9.0	9.5	.1009
0.8	2.5	3.0	3.5	3.5	4.0	4.5	4.5	5.0	5.0	5.5	5.5	6.0	6.0	6.5	6.5	6.5	7.0	7.0	7.5	7.5	7.5	8.0	8.0	8.5	8.5	8.5	9.0	9.0	9.0	9.0	9.5	9.5	10.0	10.0	10.0	.1154
0.9	2.5	3.0	3.5	4.0	4.0	4.5	5.0	5.0	5.5	5.5	6.0	6.0	6.5	6.5	7.0	7.0	7.5	7.5	8.0	8.0	8.0	8.5	8.5	8.5	9.0	9.0	9.5	9.5	9.5	10.0	10.0	10.0	10.5	10.5	10.5	.1298
1.0	2.5	3.5	3.5	4.0	4.5	5.0	5.0	5.5	5.5	6.0	6.5	6.5	7.0	7.0	7.5	7.5	7.5	8.0	8.0	8.5	8.5	9.0	9.0	9.0	9.5	9.5	10.0	10.0	10.0	10.5	10.5	10.5	11.0	11.0	11.0	.1442
1.1	2.5	3.5	3.5	4.0	4.5	5.0	5.5	5.5	6.0	6.5	6.5	7.0	7.0	7.5	7.5	8.0	8.0	8.5	8.5	9.0	9.0	9.0	9.5	9.5	10.0	10.0	10.5	10.5	10.5	11.0	11.0	11.0	11.5	11.5	11.5	.1586
1.2	2.5	3.5	4.0	4.5	5.0	5.0	5.5	6.0	6.0	6.5	7.0	7.0	7.5	7.5	8.0	8.0	8.5	8.5	9.0	9.0	9.5	9.5	10.0	10.0	10.5	10.5	11.0	11.0	11.0	11.5	11.5	11.5	12.0	12.0	12.0	.1730
1.3	3.0	3.5	4.0	4.5	5.0	5.5	5.5	6.0	6.5	6.5	7.0	7.5	7.5	8.0	8.0	8.5	9.0	9.0	9.5	9.5	10.0	10.0	10.5	10.5	11.0	11.0	11.5	11.5	11.5	12.0	12.0	12.0	•	•	•	.1875
1.4	3.0	3.5	4.0	4.5	5.0	5.5	6.0	6.5	6.5	7.0	7.5	7.5	8.0	8.0	8.5	9.0	9.0	9.5	9.5	10.0	10.0	10.5	11.0	11.0	11.5	11.5	12.0	12.0	12.0	•	•	•	•	•	•	.2019
1.5	3.0	3.5	4.0	4.5	5.0	5.5	6.0	6.5	7.0	7.0	7.5	8.0	8.0	8.5	9.0	9.0	9.5	9.5	10.0	10.0	10.5	11.0	11.5	11.5	12.0	12.0	12.0	•	•	•	•	•	•	•	•	.2163
k	90	126	162	198	234	270	306	342	378	414	450	486	522	558	594	630	666	702	738	774	810	846	882	918	954	990	1026	1062	1098	1134	1170	1206	1242	1278	1314	km

Δt Fahrenheit

TEMPERATURE DIFFERENCE

TABLE 2 (Sheet 66 of 128)

TABLE 2 (Continued)

ECONOMICAL INSULATION THICKNESS TABLE

IN INCHES
(nominal)

PIPE SIZE: 8'' NPS (Tube Size 8-1/2'' OD)
219.1 mm

At the intersection of the ''Δt'' column with the ''k'' row read the economical thickness.
(•—*exceeds 12'' thickness*)

CONDUCTIVITY k: Btu, in./sq ft, hr °F; km: W/mK

D = 0.0300

Δt Celsius °C or Kelvin °K

k	50	70	90	110	130	150	170	190	210	230	250	270	290	310	330	350	370	390	410	430	450	470	490	510	530	550	570	590	610	630	650	670	690	710	730	km
0.1	1.5	1.5	1.5	2.0	2.0	2.0	2.0	2.5	2.5	2.5	2.5	3.0	3.0	3.0	3.0	3.5	3.5	3.5	3.5	3.5	3.5	3.5	3.5	4.0	4.0	4.0	4.0	4.0	4.0	4.0	4.0	4.0	4.5	4.5	4.5	.0144
0.2	1.5	2.0	2.0	2.5	2.5	3.0	3.0	3.5	3.5	3.5	3.5	4.0	4.0	4.0	4.0	4.5	4.5	4.5	4.5	5.0	5.0	5.0	5.0	5.0	5.5	5.5	5.5	5.5	5.5	6.0	6.0	6.0	6.0	6.0	6.0	.0288
0.3	2.0	2.5	2.5	3.0	3.5	3.5	3.5	4.0	4.0	4.0	4.5	4.5	5.0	5.0	5.0	5.0	5.5	5.5	5.5	6.0	6.0	6.0	6.0	6.5	6.5	6.5	6.5	7.0	7.0	7.0	7.0	7.5	7.5	7.5	7.5	.0433
0.4	2.0	2.5	3.0	3.5	3.5	4.0	4.0	4.5	4.5	5.0	5.0	5.5	5.5	5.5	6.0	6.0	6.0	6.5	6.5	6.5	7.0	7.0	7.0	7.5	7.5	7.5	7.5	8.0	8.0	8.0	8.5	8.5	8.5	8.5	9.0	.0577
0.5	2.5	3.0	3.5	3.5	4.0	4.5	4.5	5.0	5.0	5.5	5.5	6.0	6.0	6.5	6.5	6.5	7.0	7.0	7.5	7.5	7.5	8.0	8.0	8.0	8.5	8.5	8.5	9.0	9.0	9.0	9.0	9.5	9.5	9.5	10.0	.0721
0.6	2.5	3.5	3.5	4.0	4.5	4.5	5.0	5.5	5.5	6.0	6.0	6.5	6.5	7.0	7.0	7.5	7.5	7.5	8.0	8.0	8.5	8.5	8.5	9.0	9.0	9.5	9.5	9.5	10.0	10.0	10.0	10.5	10.5	10.5	11.0	.0865
0.7	3.0	3.5	4.0	4.0	4.5	5.0	5.5	5.5	6.0	6.5	6.5	7.0	7.0	7.5	7.5	8.0	8.0	8.5	8.5	9.0	9.0	9.0	9.5	9.5	10.0	10.0	10.0	10.5	10.5	10.5	11.0	11.0	11.0	11.0	11.5	.1009
0.8	3.0	3.5	4.0	4.5	5.0	5.5	5.5	6.0	6.5	6.5	7.0	7.5	7.5	8.0	8.0	8.5	8.5	9.0	9.0	9.5	9.5	10.0	10.0	10.5	10.5	10.5	10.5	11.0	11.0	11.0	11.5	11.5	11.5	11.5	12.0	.1154
0.9	3.5	4.0	4.0	5.0	5.0	5.5	6.0	6.5	6.5	7.0	7.5	7.5	8.0	8.5	8.5	9.0	9.0	9.5	9.5	10.0	10.0	10.0	10.5	11.0	11.0	11.0	11.0	11.5	11.5	11.5	11.5	12.0	12.0	12.0	•	.1298
1.0	3.5	4.0	4.5	5.0	5.5	6.0	6.5	6.5	7.0	7.5	8.0	8.0	8.5	9.0	9.0	9.5	9.5	10.0	10.0	10.5	10.5	11.0	11.0	11.5	11.5	11.5	12.0	12.0	12.0	•	•	•	•	•	•	.1442
1.1	3.5	4.0	4.5	5.0	5.5	6.0	6.5	7.0	7.5	8.0	8.0	8.5	9.0	9.0	9.5	10.0	10.0	10.5	10.5	11.0	11.0	11.5	11.5	12.0	12.0	12.0	•	•	•	•	•	•	•	•	•	.1586
1.2	3.5	4.0	5.0	5.5	6.0	6.5	7.0	7.5	7.5	8.0	8.5	9.0	9.0	9.5	10.0	10.0	10.5	11.0	11.0	11.5	11.5	12.0	12.0	•	•	•	•	•	•	•	•	•	•	•	•	.1730
1.3	3.5	4.5	5.0	5.5	6.0	6.5	7.0	7.5	8.0	8.5	9.0	9.0	9.5	10.0	10.5	10.5	11.0	11.5	11.5	12.0	12.0	•	•	•	•	•	•	•	•	•	•	•	•	•	•	.1875
1.4	3.5	4.5	5.0	6.0	6.5	7.0	7.5	8.0	8.5	8.5	9.0	9.5	10.0	10.5	10.5	11.0	11.5	12.0	12.0	•	•	•	•	•	•	•	•	•	•	•	•	•	•	•	•	.2019
1.5	4.0	4.5	5.5	6.0	6.5	7.0	7.5	8.0	8.5	9.0	9.5	10.0	10.5	11.0	11.0	11.5	12.0	•	•	•	•	•	•	•	•	•	•	•	•	•	•	•	•	•	•	.2163
k	90	126	162	198	234	270	306	342	378	414	450	486	522	558	594	630	666	702	738	774	810	846	882	918	954	990	1026	1062	1098	1134	1170	1206	1242	1278	1314	km

Δt Fahrenheit

D = 0.0500

Δt Celsius °C or Kelvin °K

k	50	70	90	110	130	150	170	190	210	230	250	270	290	310	330	350	370	390	410	430	450	470	490	510	530	550	570	590	610	630	650	670	690	710	730	km
0.1	1.5	2.0	2.0	2.0	2.5	2.5	2.5	3.0	3.0	3.0	3.0	3.5	3.5	3.5	3.5	4.0	4.0	4.0	4.0	4.0	4.0	4.0	4.0	4.5	4.5	4.5	4.5	4.5	4.5	4.5	5.0	5.0	5.0	5.0	5.0	.0144
0.2	2.0	2.5	2.5	2.5	3.0	3.5	3.5	3.5	4.0	4.0	4.5	4.5	4.5	5.0	5.0	5.0	5.5	5.5	5.5	6.0	6.0	6.0	6.0	6.5	6.5	6.5	7.0	7.0	7.0	7.0	7.5	7.5	7.5	7.5	7.5	.0288
0.3	2.5	3.0	3.0	3.5	3.5	4.0	4.5	4.5	5.0	5.5	5.5	5.5	5.5	6.0	6.0	6.5	6.5	6.5	7.0	7.0	7.5	7.5	7.5	8.0	8.0	8.0	8.5	8.5	8.5	9.0	9.0	9.0	9.0	9.5	9.5	.0433
0.4	2.5	3.0	3.5	4.0	4.5	5.0	5.5	5.5	6.0	6.0	6.5	7.0	7.0	7.5	7.5	8.0	8.0	8.5	8.5	9.0	9.0	9.5	9.5	9.5	10.0	10.0	10.5	10.5	10.5	11.0	11.0	11.5	11.5	11.5	12.0	.0577
0.5	3.0	3.5	4.0	4.0	4.5	5.0	5.5	5.5	6.0	6.5	7.0	7.5	7.5	8.0	8.0	8.5	8.5	9.0	9.0	9.5	9.5	10.0	10.0	10.0	10.5	10.5	11.0	11.0	11.0	11.5	11.5	12.0	12.0	12.0	•	.0721
0.6	3.0	4.0	4.0	4.5	5.0	5.5	6.0	6.0	6.5	7.0	7.5	8.0	8.0	8.5	9.0	9.0	9.5	9.5	10.0	10.0	10.5	11.0	11.0	11.0	11.5	12.0	12.0	12.0	12.0	•	•	•	•	•	•	.0865
0.7	3.5	4.0	4.5	5.0	5.5	6.0	6.5	6.5	7.0	7.5	8.0	8.5	9.0	9.0	9.5	10.0	10.5	10.5	11.0	11.0	11.5	12.0	12.0	12.0	•	•	•	•	•	•	•	•	•	•	•	.1009
0.8	3.5	4.5	4.5	5.0	6.0	6.5	7.0	7.0	7.5	8.0	8.5	9.0	9.5	9.5	10.0	10.5	11.0	11.0	11.5	12.0	12.0	•	•	•	•	•	•	•	•	•	•	•	•	•	•	.1154
0.9	3.5	4.5	5.0	5.5	6.0	7.0	7.5	8.0	8.5	9.0	9.5	10.0	10.0	10.5	11.0	11.5	11.5	12.0	12.0	•	•	•	•	•	•	•	•	•	•	•	•	•	•	•	•	.1298
1.0	4.0	5.0	5.5	6.0	6.5	7.5	8.0	8.5	9.0	9.5	10.0	10.5	10.5	11.0	11.5	12.0	12.0	•	•	•	•	•	•	•	•	•	•	•	•	•	•	•	•	•	•	.1442
1.1	4.0	5.0	5.5	6.0	6.5	7.5	8.0	8.5	9.0	9.5	10.0	10.5	11.0	11.0	11.5	12.0	•	•	•	•	•	•	•	•	•	•	•	•	•	•	•	•	•	•	•	.1586
1.2	4.5	5.5	6.0	6.5	7.0	8.0	8.5	9.0	9.5	10.0	10.5	11.0	11.5	11.5	12.0	•	•	•	•	•	•	•	•	•	•	•	•	•	•	•	•	•	•	•	•	.1730
1.3	4.5	5.5	6.0	6.5	7.0	8.0	8.5	9.0	9.5	10.0	10.5	11.0	11.5	12.0	•	•	•	•	•	•	•	•	•	•	•	•	•	•	•	•	•	•	•	•	•	.1875
1.4	5.0	6.0	6.5	7.0	7.5	8.5	9.0	9.5	10.0	10.5	11.0	11.5	12.0	•	•	•	•	•	•	•	•	•	•	•	•	•	•	•	•	•	•	•	•	•	•	.2019
1.5	5.0	6.0	6.5	7.5	8.0	8.5	9.5	10.0	10.5	11.0	11.5	12.0	12.0	•	•	•	•	•	•	•	•	•	•	•	•	•	•	•	•	•	•	•	•	•	•	.2163
k	90	126	162	198	234	270	306	342	378	414	450	486	522	558	594	630	666	702	738	774	810	846	882	918	954	990	1026	1062	1098	1134	1170	1206	1242	1278	1314	km

Δt Fahrenheit

D = 0.0700

Δt Celsius °C or Kelvin °K

k	50	70	90	110	130	150	170	190	210	230	250	270	290	310	330	350	370	390	410	430	450	470	490	510	530	550	570	590	610	630	650	670	690	710	730	km
0.1	2.0	2.5	2.5	2.5	3.0	3.0	3.0	3.5	3.5	3.5	4.0	4.0	4.5	4.5	4.5	5.0	5.0	5.0	5.0	5.5	5.5	5.5	5.5	5.5	6.0	6.0	6.0	6.5	6.5	6.5	6.5	6.5	6.5	6.5	6.5	.0144
0.2	2.5	3.0	3.0	3.0	3.5	4.0	4.5	4.5	4.5	5.0	5.0	5.5	5.5	6.0	6.0	6.5	6.5	6.5	6.5	7.0	7.0	7.5	7.5	7.5	8.0	8.0	8.0	8.5	8.5	8.5	8.5	9.0	9.0	9.0	9.5	.0288
0.3	2.5	3.5	4.0	4.0	4.5	5.0	5.5	5.5	5.5	6.0	6.5	7.0	7.0	7.5	7.5	7.5	8.0	8.0	8.5	8.5	9.0	9.0	9.0	9.5	9.5	10.0	10.0	10.0	10.5	10.5	11.0	11.0	11.0	11.0	11.5	.0433
0.4	3.0	4.0	4.0	4.5	5.0	5.5	6.0	6.0	6.5	7.0	7.5	8.0	8.0	8.5	8.5	9.0	9.5	9.5	9.5	10.0	10.5	10.5	10.5	11.0	11.0	11.5	12.0	12.0	12.0	•	•	•	•	•	•	.0577
0.5	3.5	4.5	4.5	5.0	5.5	6.5	7.0	7.5	7.5	8.0	8.5	9.0	9.0	9.5	9.5	10.0	10.5	10.5	11.0	11.0	11.5	12.0	12.0	12.0	•	•	•	•	•	•	•	•	•	•	•	.0721
0.6	3.5	4.5	5.0	5.5	6.0	7.0	7.5	7.5	8.0	8.5	9.0	9.5	10.0	10.5	10.5	11.0	11.5	11.5	12.0	12.0	12.0	•	•	•	•	•	•	•	•	•	•	•	•	•	•	.0865
0.7	4.0	5.0	5.5	6.0	6.5	7.5	8.0	8.5	9.0	9.5	10.0	10.5	10.5	11.0	11.5	12.0	12.0	•	•	•	•	•	•	•	•	•	•	•	•	•	•	•	•	•	•	.1009
0.8	4.0	5.5	6.0	6.5	7.0	8.0	8.5	9.0	9.5	10.0	10.5	11.0	11.5	12.0	•	•	•	•	•	•	•	•	•	•	•	•	•	•	•	•	•	•	•	•	•	.1154
0.9	4.5	5.5	6.0	6.5	7.5	8.5	9.0	9.5	10.0	10.5	11.0	11.5	12.0	•	•	•	•	•	•	•	•	•	•	•	•	•	•	•	•	•	•	•	•	•	•	.1298
1.0	4.5	6.0	6.5	7.0	8.0	9.0	9.5	10.0	10.5	11.0	12.0	•	•	•	•	•	•	•	•	•	•	•	•	•	•	•	•	•	•	•	•	•	•	•	•	.1442
1.1	5.0	6.0	7.0	7.5	8.5	9.5	10.0	11.0	11.5	12.0	•	•	•	•	•	•	•	•	•	•	•	•	•	•	•	•	•	•	•	•	•	•	•	•	•	.1586
1.2	5.0	6.0	7.0	8.0	8.5	9.5	10.0	11.0	12.0	•	•	•	•	•	•	•	•	•	•	•	•	•	•	•	•	•	•	•	•	•	•	•	•	•	•	.1730
1.3	5.5	6.5	7.5	8.0	9.0	10.0	11.0	12.0	•	•	•	•	•	•	•	•	•	•	•	•	•	•	•	•	•	•	•	•	•	•	•	•	•	•	•	.1875
1.4	5.5	6.5	7.5	8.5	9.0	11.0	12.0	•	•	•	•	•	•	•	•	•	•	•	•	•	•	•	•	•	•	•	•	•	•	•	•	•	•	•	•	.2019
1.5	6.0	7.0	8.0	9.0	9.5	10.5	12.0	•	•	•	•	•	•	•	•	•	•	•	•	•	•	•	•	•	•	•	•	•	•	•	•	•	•	•	•	.2163
k	90	126	162	198	234	270	306	342	378	414	450	486	522	558	594	630	666	702	738	774	810	846	882	918	954	990	1026	1062	1098	1134	1170	1206	1242	1278	1314	km

Δt Fahrenheit

TABLE 2 (Sheet 67 of 128)

TEMPERATURE DIFFERENCE

TABLE 2 (Continued)

ECONOMICAL INSULATION THICKNESS TABLE

IN INCHES
(nominal)

PIPE SIZE: 10'' NPS (Tube Size 10-1/2'' OD)
273 mm

At the intersection of the ''Δt'' column with the ''k'' row read the economical thickness.
(•—*exceeds 12'' thickness*)

D = 0.0017

Δt Celsius °C or Kelvin °K (top row); Δt Fahrenheit (second row). k: Btu, in./sq ft, hr °F; km: W/mK

k	50	70	90	110	130	150	170	190	210	230	250	270	290	310	330	350	370	390	410	430	450	470	490	510	530	550	570	590	610	630	650	670	690	710	730	km
k	90	126	162	198	234	270	306	342	378	414	450	486	522	558	594	630	666	702	738	774	810	846	882	918	954	990	1026	1062	1098	1134	1170	1206	1242	1278	1314	km
0.1	0.5	0.5	0.5	0.5	0.5	0.5	0.5	1.0	1.0	1.0	1.0	1.0	1.0	1.0	1.0	1.0	1.0	1.0	1.0	1.0	1.0	1.0	1.0	1.0	1.0	1.0	1.0	1.0	1.0	1.0	1.0	1.5	1.5	1.5	1.5	.0144
0.2	0.5	0.5	0.5	1.0	1.0	1.0	1.0	1.0	1.0	1.0	1.0	1.0	1.0	1.0	1.0	1.0	1.5	1.5	1.5	1.5	1.5	1.5	1.5	1.5	1.5	1.5	1.5	1.5	1.5	1.5	1.5	1.5	1.5	1.5	1.5	.0288
0.3	0.5	0.5	1.0	1.0	1.0	1.0	1.0	1.0	1.0	1.0	1.0	1.5	1.5	1.5	1.5	1.5	1.5	1.5	1.5	1.5	1.5	1.5	1.5	1.5	1.5	2.0	2.0	2.0	2.0	2.0	2.0	2.0	2.0	2.0	2.0	.0433
0.4	0.5	0.5	1.0	1.0	1.0	1.0	1.0	1.0	1.0	1.5	1.5	1.5	1.5	1.5	1.5	1.5	1.5	1.5	1.5	2.0	2.0	2.0	2.0	2.0	2.0	2.0	2.0	2.0	2.0	2.0	2.0	2.0	2.0	2.0	2.5	.0577
0.5	0.5	1.0	1.0	1.0	1.0	1.0	1.0	1.0	1.5	1.5	1.5	1.5	1.5	1.5	1.5	1.5	2.0	2.0	2.0	2.0	2.0	2.0	2.0	2.0	2.0	2.0	2.0	2.0	2.5	2.5	2.5	2.5	2.5	2.5	2.5	.0721
0.6	0.5	1.0	1.0	1.0	1.0	1.0	1.0	1.5	1.5	1.5	1.5	1.5	1.5	1.5	2.0	2.0	2.0	2.0	2.0	2.0	2.0	2.0	2.0	2.0	2.5	2.5	2.5	2.5	2.5	2.5	2.5	2.5	2.5	2.5	2.5	.0865
0.7	0.5	1.0	1.0	1.0	1.0	1.0	1.5	1.5	1.5	1.5	1.5	1.5	1.5	2.0	2.0	2.0	2.0	2.0	2.0	2.0	2.0	2.5	2.5	2.5	2.5	2.5	2.5	2.5	2.5	2.5	2.5	2.5	2.5	3.0	3.0	.1009
0.8	0.5	1.0	1.0	1.0	1.0	1.0	1.5	1.5	1.5	1.5	1.5	2.0	2.0	2.0	2.0	2.0	2.0	2.0	2.0	2.0	2.5	2.5	2.5	2.5	2.5	2.5	2.5	2.5	2.5	2.5	3.0	3.0	3.0	3.0	3.0	.1154
0.9	0.5	1.0	1.0	1.0	1.0	1.5	1.5	1.5	1.5	1.5	1.5	2.0	2.0	2.0	2.0	2.0	2.0	2.0	2.5	2.5	2.5	2.5	2.5	2.5	2.5	2.5	2.5	3.0	3.0	3.0	3.0	3.0	3.0	3.0	3.0	.1298
1.0	0.5	1.0	1.0	1.0	1.0	1.5	1.5	1.5	1.5	1.5	2.0	2.0	2.0	2.0	2.0	2.0	2.0	2.5	2.5	2.5	2.5	2.5	2.5	2.5	2.5	3.0	3.0	3.0	3.0	3.0	3.0	3.0	3.0	3.5	3.5	.1442
1.1	0.5	1.0	1.0	1.0	1.0	1.5	1.5	1.5	1.5	1.5	2.0	2.0	2.0	2.0	2.0	2.0	2.5	2.5	2.5	2.5	2.5	2.5	2.5	2.5	3.0	3.0	3.0	3.0	3.0	3.0	3.0	3.5	3.5	3.5	3.5	.1586
1.2	0.5	1.0	1.0	1.0	1.0	1.5	1.5	1.5	1.5	2.0	2.0	2.0	2.0	2.0	2.0	2.5	2.5	2.5	2.5	2.5	2.5	2.5	3.0	3.0	3.0	3.0	3.0	3.0	3.0	3.5	3.5	3.5	3.5	3.5	3.5	.1730
1.3	0.5	1.0	1.0	1.0	1.0	1.5	1.5	1.5	1.5	2.0	2.0	2.0	2.0	2.0	2.5	2.5	2.5	2.5	2.5	2.5	2.5	3.0	3.0	3.0	3.0	3.0	3.0	3.0	3.5	3.5	3.5	3.5	3.5	3.5	3.5	.1875
1.4	0.5	1.0	1.0	1.0	1.0	1.5	1.5	1.5	1.5	2.0	2.0	2.0	2.0	2.0	2.5	2.5	2.5	2.5	2.5	2.5	3.0	3.0	3.0	3.0	3.0	3.0	3.5	3.5	3.5	3.5	3.5	3.5	3.5	3.5	3.5	.2019
1.5	0.5	1.0	1.0	1.0	1.0	1.5	1.5	1.5	2.0	2.0	2.0	2.0	2.0	2.5	2.5	2.5	2.5	2.5	2.5	2.5	3.0	3.0	3.0	3.0	3.0	3.5	3.5	3.5	3.5	3.5	3.5	3.5	3.5	3.5	4.0	.2163

D = 0.0020

Δt Celsius °C or Kelvin °K (top row); Δt Fahrenheit (second row). k: Btu, in./sq ft, hr °F; km: W/mK

k	50	70	90	110	130	150	170	190	210	230	250	270	290	310	330	350	370	390	410	430	450	470	490	510	530	550	570	590	610	630	650	670	690	710	730	km
k	90	126	162	198	234	270	306	342	378	414	450	486	522	558	594	630	666	702	738	774	810	846	882	918	954	990	1026	1062	1098	1134	1170	1206	1242	1278	1314	km
0.1	0.5	0.5	0.5	0.5	0.5	0.5	1.0	1.0	1.0	1.0	1.0	1.0	1.0	1.0	1.0	1.0	1.0	1.0	1.0	1.0	1.0	1.0	1.0	1.0	1.0	1.0	1.5	1.5	1.5	1.5	1.5	1.5	1.5	1.5	1.5	.0144
0.2	0.5	0.5	0.5	1.0	1.0	1.0	1.0	1.0	1.0	1.0	1.0	1.0	1.0	1.0	1.5	1.5	1.5	1.5	1.5	1.5	1.5	1.5	1.5	1.5	1.5	1.5	1.5	1.5	1.5	1.5	2.0	2.0	2.0	2.0	2.0	.0288
0.3	0.5	0.5	1.0	1.0	1.0	1.0	1.0	1.0	1.0	1.5	1.5	1.5	1.5	1.5	1.5	1.5	1.5	1.5	1.5	1.5	1.5	2.0	2.0	2.0	2.0	2.0	2.0	2.0	2.0	2.0	2.0	2.0	2.0	2.0	2.0	.0433
0.4	0.5	1.0	1.0	1.0	1.0	1.0	1.0	1.5	1.5	1.5	1.5	1.5	1.5	1.5	1.5	1.5	2.0	2.0	2.0	2.0	2.0	2.0	2.0	2.0	2.0	2.0	2.0	2.0	2.5	2.5	2.5	2.5	2.5	2.5	2.5	.0577
0.5	0.5	1.0	1.0	1.0	1.0	1.0	1.5	1.5	1.5	1.5	1.5	1.5	1.5	2.0	2.0	2.0	2.0	2.0	2.0	2.0	2.0	2.0	2.0	2.0	2.5	2.5	2.5	2.5	2.5	2.5	2.5	2.5	2.5	2.5	2.5	.0721
0.6	0.5	1.0	1.0	1.0	1.0	1.5	1.5	1.5	1.5	1.5	1.5	1.5	2.0	2.0	2.0	2.0	2.0	2.0	2.0	2.0	2.0	2.5	2.5	2.5	2.5	2.5	2.5	2.5	2.5	2.5	2.5	2.5	3.0	3.0	3.0	.0865
0.7	0.5	1.0	1.0	1.0	1.0	1.5	1.5	1.5	1.5	1.5	2.0	2.0	2.0	2.0	2.0	2.0	2.0	2.0	2.5	2.5	2.5	2.5	2.5	2.5	2.5	2.5	2.5	2.5	3.0	3.0	3.0	3.0	3.0	3.0	3.0	.1009
0.8	0.5	1.0	1.0	1.0	1.5	1.5	1.5	1.5	1.5	2.0	2.0	2.0	2.0	2.0	2.0	2.0	2.5	2.5	2.5	2.5	2.5	2.5	2.5	2.5	2.5	3.0	3.0	3.0	3.0	3.0	3.0	3.0	3.0	3.5	3.5	.1154
0.9	0.5	1.0	1.0	1.0	1.5	1.5	1.5	1.5	1.5	2.0	2.0	2.0	2.0	2.0	2.0	2.5	2.5	2.5	2.5	2.5	2.5	2.5	2.5	3.0	3.0	3.0	3.0	3.0	3.0	3.0	3.5	3.5	3.5	3.5	3.5	.1298
1.0	0.5	1.0	1.0	1.0	1.5	1.5	1.5	1.5	2.0	2.0	2.0	2.0	2.0	2.0	2.5	2.5	2.5	2.5	2.5	2.5	2.5	3.0	3.0	3.0	3.0	3.0	3.0	3.0	3.5	3.5	3.5	3.5	3.5	3.5	3.5	.1442
1.1	0.5	1.0	1.0	1.0	1.5	1.5	1.5	1.5	2.0	2.0	2.0	2.0	2.0	2.5	2.5	2.5	2.5	2.5	2.5	2.5	3.0	3.0	3.0	3.0	3.0	3.0	3.5	3.5	3.5	3.5	3.5	3.5	3.5	3.5	3.5	.1586
1.2	0.5	1.0	1.0	1.0	1.5	1.5	1.5	2.0	2.0	2.0	2.0	2.0	2.5	2.5	2.5	2.5	2.5	2.5	2.5	3.0	3.0	3.0	3.0	3.0	3.0	3.5	3.5	3.5	3.5	3.5	3.5	3.5	3.5	3.5	4.0	.1730
1.3	0.5	1.0	1.0	1.0	1.5	1.5	1.5	2.0	2.0	2.0	2.0	2.0	2.5	2.5	2.5	2.5	2.5	2.5	3.0	3.0	3.0	3.0	3.0	3.5	3.5	3.5	3.5	3.5	3.5	3.5	3.5	3.5	4.0	4.0	4.0	.1875
1.4	0.5	1.0	1.0	1.0	1.5	1.5	1.5	2.0	2.0	2.0	2.0	2.5	2.5	2.5	2.5	2.5	2.5	3.0	3.0	3.0	3.0	3.0	3.5	3.5	3.5	3.5	3.5	3.5	3.5	3.5	4.0	4.0	4.0	4.0	4.0	.2019
1.5	0.5	1.0	1.0	1.0	1.5	1.5	1.5	2.0	2.0	2.0	2.0	2.5	2.5	2.5	2.5	2.5	3.0	3.0	3.0	3.0	3.0	3.5	3.5	3.5	3.5	3.5	3.5	3.5	3.5	4.0	4.0	4.0	4.0	4.0	4.0	.2163

D = 0.0022

Δt Celsius °C or Kelvin °K (top row); Δt Fahrenheit (second row). k: Btu, in./sq ft, hr °F; km: W/mK

k	50	70	90	110	130	150	170	190	210	230	250	270	290	310	330	350	370	390	410	430	450	470	490	510	530	550	570	590	610	630	650	670	690	710	730	km
k	90	126	162	198	234	270	306	342	378	414	450	486	522	558	594	630	666	702	738	774	810	846	882	918	954	990	1026	1062	1098	1134	1170	1206	1242	1278	1314	km
0.1	0.5	0.5	0.5	0.5	0.5	1.0	1.0	1.0	1.0	1.0	1.0	1.0	1.0	1.0	1.0	1.0	1.0	1.0	1.0	1.0	1.0	1.0	1.0	1.0	1.5	1.5	1.5	1.5	1.5	1.5	1.5	1.5	1.5	1.5	1.5	.0144
0.2	0.5	0.5	1.0	1.0	1.0	1.0	1.0	1.0	1.0	1.0	1.0	1.0	1.5	1.5	1.5	1.5	1.5	1.5	1.5	1.5	1.5	1.5	1.5	1.5	1.5	1.5	1.5	2.0	2.0	2.0	2.0	2.0	2.0	2.0	2.0	.0288
0.3	0.5	1.0	1.0	1.0	1.0	1.0	1.0	1.5	1.5	1.5	1.5	1.5	1.5	1.5	1.5	1.5	1.5	1.5	1.5	2.0	2.0	2.0	2.0	2.0	2.0	2.0	2.0	2.0	2.0	2.0	2.0	2.0	2.0	2.5	2.5	.0433
0.4	0.5	1.0	1.0	1.0	1.0	1.0	1.5	1.5	1.5	1.5	1.5	1.5	1.5	1.5	1.5	2.0	2.0	2.0	2.0	2.0	2.0	2.0	2.0	2.0	2.0	2.0	2.5	2.5	2.5	2.5	2.5	2.5	2.5	2.5	2.5	.0577
0.5	0.5	1.0	1.0	1.0	1.0	1.5	1.5	1.5	1.5	1.5	1.5	1.5	2.0	2.0	2.0	2.0	2.0	2.0	2.0	2.0	2.0	2.5	2.5	2.5	2.5	2.5	2.5	2.5	2.5	2.5	2.5	2.5	2.5	3.0	3.0	.0721
0.6	0.5	1.0	1.0	1.0	1.0	1.5	1.5	1.5	1.5	1.5	2.0	2.0	2.0	2.0	2.0	2.0	2.0	2.0	2.5	2.5	2.5	2.5	2.5	2.5	2.5	2.5	2.5	2.5	2.5	3.0	3.0	3.0	3.0	3.0	3.0	.0865
0.7	1.0	1.0	1.0	1.0	1.5	1.5	1.5	1.5	1.5	2.0	2.0	2.0	2.0	2.0	2.0	2.0	2.5	2.5	2.5	2.5	2.5	2.5	2.5	2.5	2.5	3.0	3.0	3.0	3.0	3.0	3.0	3.0	3.0	3.5	3.5	.1009
0.8	1.0	1.0	1.0	1.0	1.5	1.5	1.5	1.5	2.0	2.0	2.0	2.0	2.0	2.0	2.0	2.5	2.5	2.5	2.5	2.5	2.5	2.5	2.5	3.0	3.0	3.0	3.0	3.0	3.0	3.0	3.5	3.5	3.5	3.5	3.5	.1154
0.9	1.0	1.0	1.0	1.0	1.5	1.5	1.5	1.5	2.0	2.0	2.0	2.0	2.0	2.0	2.5	2.5	2.5	2.5	2.5	2.5	2.5	3.0	3.0	3.0	3.0	3.0	3.0	3.5	3.5	3.5	3.5	3.5	3.5	3.5	3.5	.1298
1.0	1.0	1.0	1.0	1.5	1.5	1.5	1.5	2.0	2.0	2.0	2.0	2.0	2.5	2.5	2.5	2.5	2.5	2.5	2.5	3.0	3.0	3.0	3.0	3.0	3.0	3.5	3.5	3.5	3.5	3.5	3.5	3.5	3.5	3.5	3.5	.1442
1.1	1.0	1.0	1.0	1.5	1.5	1.5	1.5	2.0	2.0	2.0	2.0	2.0	2.5	2.5	2.5	2.5	2.5	2.5	3.0	3.0	3.0	3.0	3.0	3.0	3.5	3.5	3.5	3.5	3.5	3.5	3.5	3.5	3.5	4.0	4.0	.1586
1.2	1.0	1.0	1.0	1.5	1.5	1.5	1.5	2.0	2.0	2.0	2.0	2.5	2.5	2.5	2.5	2.5	2.5	3.0	3.0	3.0	3.0	3.0	3.5	3.5	3.5	3.5	3.5	3.5	3.5	3.5	4.0	4.0	4.0	4.0	4.0	.1730
1.3	0.5	1.0	1.0	1.5	1.5	1.5	2.0	2.0	2.0	2.0	2.0	2.5	2.5	2.5	2.5	2.5	3.0	3.0	3.0	3.0	3.0	3.5	3.5	3.5	3.5	3.5	3.5	3.5	3.5	4.0	4.0	4.0	4.0	4.0	4.0	.1875
1.4	0.5	1.0	1.0	1.5	1.5	1.5	2.0	2.0	2.0	2.0	2.5	2.5	2.5	2.5	2.5	3.0	3.0	3.0	3.0	3.0	3.5	3.5	3.5	3.5	3.5	3.5	3.5	4.0	4.0	4.0	4.0	4.0	4.0	4.0	4.0	.2019
1.5	0.5	1.0	1.0	1.5	1.5	1.5	2.0	2.0	2.0	2.0	2.5	2.5	2.5	2.5	2.5	3.0	3.0	3.0	3.0	3.5	3.5	3.5	3.5	3.5	3.5	3.5	4.0	4.0	4.0	4.0	4.0	4.0	4.5	4.5	4.5	.2163

TEMPERATURE DIFFERENCE

TABLE 2 (Sheet 68 of 128)

TABLE 2 (Continued)

ECONOMICAL INSULATION THICKNESS TABLE

IN INCHES
(nominal)

PIPE SIZE: 10'' NPS (Tube Size 10-1/2'' OD)
273 mm

At the intersection of the ''Δt'' column with the ''k'' row read the economical thickness.
(•—*exceeds 12'' thickness*)

CONDUCTIVITY k: Btu, in./sq ft, hr °F; km: W/mK

D = 0.0025

Δt Celsius °C or Kelvin °K

k	50	70	90	110	130	150	170	190	210	230	250	270	290	310	330	350	370	390	410	430	450	470	490	510	530	550	570	590	610	630	650	670	690	710	730	km
0.1	0.5	0.5	0.5	0.5	1.0	1.0	1.0	1.0	1.0	1.0	1.0	1.0	1.0	1.0	1.0	1.0	1.0	1.0	1.0	1.0	1.0	1.5	1.5	1.5	1.5	1.5	1.5	1.5	1.5	1.5	1.5	1.5	1.5	1.5	1.5	.0144
0.2	0.5	0.5	1.0	1.0	1.0	1.0	1.0	1.0	1.0	1.0	1.5	1.5	1.5	1.5	1.5	1.5	1.5	1.5	1.5	1.5	1.5	1.5	1.5	1.5	2.0	2.0	2.0	2.0	2.0	2.0	2.0	2.0	2.0	2.0	2.0	.0288
0.3	0.5	1.0	1.0	1.0	1.0	1.0	1.0	1.5	1.5	1.5	1.5	1.5	1.5	1.5	1.5	1.5	2.0	2.0	2.0	2.0	2.0	2.0	2.0	2.0	2.0	2.0	2.0	2.0	2.0	2.5	2.5	2.5	2.5	2.5	2.5	.0433
0.4	0.5	1.0	1.0	1.0	1.0	1.5	1.5	1.5	1.5	1.5	1.5	1.5	1.5	2.0	2.0	2.0	2.0	2.0	2.0	2.0	2.0	2.0	2.5	2.5	2.5	2.5	2.5	2.5	2.5	2.5	2.5	2.5	2.5	2.5	2.5	.0577
0.5	1.0	1.0	1.0	1.0	1.5	1.5	1.5	1.5	1.5	1.5	2.0	2.0	2.0	2.0	2.0	2.0	2.0	2.0	2.0	2.5	2.5	2.5	2.5	2.5	2.5	2.5	2.5	2.5	2.5	3.0	3.0	3.0	3.0	3.0	3.0	.0721
0.6	1.0	1.0	1.0	1.0	1.5	1.5	1.5	1.5	1.5	2.0	2.0	2.0	2.0	2.0	2.0	2.0	2.5	2.5	2.5	2.5	2.5	2.5	2.5	2.5	2.5	3.0	3.0	3.0	3.0	3.0	3.0	3.0	3.0	3.5	3.5	.0865
0.7	1.0	1.0	1.0	1.5	1.5	1.5	1.5	1.5	2.0	2.0	2.0	2.0	2.0	2.0	2.5	2.5	2.5	2.5	2.5	2.5	2.5	2.5	3.0	3.0	3.0	3.0	3.0	3.0	3.0	3.5	3.5	3.5	3.5	3.5	3.5	.1009
0.8	1.0	1.0	1.0	1.5	1.5	1.5	1.5	2.0	2.0	2.0	2.0	2.0	2.0	2.5	2.5	2.5	2.5	2.5	2.5	2.5	3.0	3.0	3.0	3.0	3.0	3.0	3.5	3.5	3.5	3.5	3.5	3.5	3.5	3.5	3.5	.1154
0.9	1.0	1.0	1.0	1.5	1.5	1.5	1.5	2.0	2.0	2.0	2.0	2.0	2.5	2.5	2.5	2.5	2.5	2.5	3.0	3.0	3.0	3.0	3.0	3.0	3.5	3.5	3.5	3.5	3.5	3.5	3.5	3.5	3.5	4.0	4.0	.1298
1.0	1.0	1.0	1.0	1.5	1.5	1.5	2.0	2.0	2.0	2.0	2.0	2.5	2.5	2.5	2.5	2.5	2.5	3.0	3.0	3.0	3.0	3.0	3.5	3.5	3.5	3.5	3.5	3.5	3.5	3.5	3.5	4.0	4.0	4.0	4.0	.1442
1.1	1.0	1.0	1.0	1.5	1.5	1.5	2.0	2.0	2.0	2.0	2.5	2.5	2.5	2.5	2.5	2.5	3.0	3.0	3.0	3.0	3.5	3.5	3.5	3.5	3.5	3.5	3.5	3.5	4.0	4.0	4.0	4.0	4.0	4.0	4.0	.1586
1.2	1.0	1.0	1.0	1.5	1.5	1.5	2.0	2.0	2.0	2.0	2.5	2.5	2.5	2.5	2.5	3.0	3.0	3.0	3.0	3.5	3.5	3.5	3.5	3.5	3.5	3.5	3.5	4.0	4.0	4.0	4.0	4.0	4.0	4.5	4.5	.1730
1.3	1.0	1.0	1.0	1.5	1.5	2.0	2.0	2.0	2.0	2.5	2.5	2.5	2.5	2.5	3.0	3.0	3.0	3.0	3.5	3.5	3.5	3.5	3.5	3.5	3.5	4.0	4.0	4.0	4.0	4.0	4.0	4.5	4.5	4.5	4.5	.1875
1.4	1.0	1.0	1.5	1.5	1.5	2.0	2.0	2.0	2.0	2.5	2.5	2.5	2.5	3.0	3.0	3.0	3.0	3.5	3.5	3.5	3.5	3.5	3.5	3.5	4.0	4.0	4.0	4.0	4.0	4.0	4.5	4.5	4.5	4.5	4.5	.2019
1.5	1.0	1.0	1.5	1.5	1.5	2.0	2.0	2.0	2.5	2.5	2.5	2.5	2.5	3.0	3.0	3.0	3.0	3.5	3.5	3.5	3.5	3.5	3.5	4.0	4.0	4.0	4.0	4.0	4.5	4.5	4.5	4.5	4.5	4.5	4.5	.2163
k	90	126	162	198	234	270	306	342	378	414	450	486	522	558	594	630	666	702	738	774	810	846	882	918	954	990	1026	1062	1098	1134	1170	1206	1242	1278	1314	km

Δt Fahrenheit

D = 0.0030

Δt Celsius °C or Kelvin °K

k	50	70	90	110	130	150	170	190	210	230	250	270	290	310	330	350	370	390	410	430	450	470	490	510	530	550	570	590	610	630	650	670	690	710	730	km
0.1	0.5	0.5	0.5	1.0	1.0	1.0	1.0	1.0	1.0	1.0	1.0	1.0	1.0	1.0	1.0	1.0	1.0	1.5	1.5	1.5	1.5	1.5	1.5	1.5	1.5	1.5	1.5	1.5	1.5	1.5	1.5	1.5	1.5	1.5	1.5	.0144
0.2	0.5	1.0	1.0	1.0	1.0	1.0	1.0	1.0	1.5	1.5	1.5	1.5	1.5	1.5	1.5	1.5	1.5	1.5	1.5	2.0	2.0	2.0	2.0	2.0	2.0	2.0	2.0	2.0	2.0	2.0	2.0	2.0	2.0	2.0	2.0	.0288
0.3	1.0	1.0	1.0	1.0	1.0	1.0	1.5	1.5	1.5	1.5	1.5	1.5	1.5	2.0	2.0	2.0	2.0	2.0	2.0	2.0	2.0	2.0	2.0	2.0	2.5	2.5	2.5	2.5	2.5	2.5	2.5	2.5	2.5	2.5	2.5	.0433
0.4	1.0	1.0	1.0	1.0	1.5	1.5	1.5	1.5	1.5	1.5	2.0	2.0	2.0	2.0	2.0	2.0	2.0	2.0	2.5	2.5	2.5	2.5	2.5	2.5	2.5	2.5	2.5	2.5	2.5	3.0	3.0	3.0	3.0	3.0	3.0	.0577
0.5	1.0	1.0	1.0	1.5	1.5	1.5	1.5	1.5	2.0	2.0	2.0	2.0	2.0	2.0	2.0	2.5	2.5	2.5	2.5	2.5	2.5	2.5	2.5	2.5	3.0	3.0	3.0	3.0	3.0	3.0	3.0	3.0	3.5	3.5	3.5	.0721
0.6	1.0	1.0	1.0	1.5	1.5	1.5	1.5	2.0	2.0	2.0	2.0	2.0	2.0	2.5	2.5	2.5	2.5	2.5	2.5	2.5	3.0	3.0	3.0	3.0	3.0	3.0	3.0	3.5	3.5	3.5	3.5	3.5	3.5	3.5	3.5	.0865
0.7	1.0	1.0	1.0	1.5	1.5	1.5	2.0	2.0	2.0	2.0	2.0	2.5	2.5	2.5	2.5	2.5	2.5	2.5	3.0	3.0	3.0	3.0	3.0	3.0	3.5	3.5	3.5	3.5	3.5	3.5	3.5	3.5	3.5	3.5	4.0	.1009
0.8	1.0	1.0	1.5	1.5	1.5	1.5	2.0	2.0	2.0	2.0	2.5	2.5	2.5	2.5	2.5	2.5	3.0	3.0	3.0	3.0	3.0	3.5	3.5	3.5	3.5	3.5	3.5	3.5	3.5	3.5	4.0	4.0	4.0	4.0	4.0	.1154
0.9	1.0	1.0	1.5	1.5	1.5	2.0	2.0	2.0	2.0	2.5	2.5	2.5	2.5	2.5	2.5	3.0	3.0	3.0	3.0	3.0	3.5	3.5	3.5	3.5	3.5	3.5	3.5	4.0	4.0	4.0	4.0	4.0	4.0	4.0	4.5	.1298
1.0	1.0	1.0	1.5	1.5	1.5	2.0	2.0	2.0	2.0	2.5	2.5	2.5	2.5	2.5	3.0	3.0	3.0	3.0	3.5	3.5	3.5	3.5	3.5	3.5	3.5	4.0	4.0	4.0	4.0	4.0	4.0	4.0	4.5	4.5	4.5	.1442
1.1	1.0	1.0	1.5	1.5	1.5	2.0	2.0	2.0	2.5	2.5	2.5	2.5	2.5	3.0	3.0	3.0	3.0	3.5	3.5	3.5	3.5	3.5	3.5	4.0	4.0	4.0	4.0	4.0	4.0	4.5	4.5	4.5	4.5	4.5	4.5	.1586
1.2	1.0	1.0	1.5	1.5	2.0	2.0	2.0	2.0	2.5	2.5	2.5	2.5	3.0	3.0	3.0	3.0	3.5	3.5	3.5	3.5	3.5	3.5	4.0	4.0	4.0	4.0	4.0	4.5	4.5	4.5	4.5	4.5	4.5	4.5	4.5	.1730
1.3	1.0	1.0	1.5	1.5	2.0	2.0	2.0	2.5	2.5	2.5	2.5	3.0	3.0	3.0	3.0	3.5	3.5	3.5	3.5	3.5	3.5	4.0	4.0	4.0	4.0	4.0	4.5	4.5	4.5	4.5	4.5	4.5	4.5	5.0	5.0	.1875
1.4	1.0	1.0	1.5	1.5	2.0	2.0	2.0	2.5	2.5	2.5	2.5	3.0	3.0	3.0	3.5	3.5	3.5	3.5	3.5	3.5	4.0	4.0	4.0	4.0	4.5	4.5	4.5	4.5	4.5	4.5	4.5	5.0	5.0	5.0	5.0	.2019
1.5	1.0	1.0	1.5	1.5	2.0	2.0	2.0	2.5	2.5	2.5	3.0	3.0	3.0	3.5	3.5	3.5	3.5	3.5	3.5	4.0	4.0	4.0	4.0	4.5	4.5	4.5	4.5	4.5	4.5	5.0	5.0	5.0	5.0	5.0	5.5	.2163
k	90	126	162	198	234	270	306	342	378	414	450	486	522	558	594	630	666	702	738	774	810	846	882	918	954	990	1026	1062	1098	1134	1170	1206	1242	1278	1314	km

Δt Fahrenheit

D = 0.0035

Δt Celsius °C or Kelvin °K

k	50	70	90	110	130	150	170	190	210	230	250	270	290	310	330	350	370	390	410	430	450	470	490	510	530	550	570	590	610	630	650	670	690	710	730	km
0.1	0.5	0.5	1.0	1.0	1.0	1.0	1.0	1.0	1.0	1.0	1.0	1.0	1.0	1.0	1.5	1.5	1.5	1.5	1.5	1.5	1.5	1.5	1.5	1.5	1.5	1.5	1.5	1.5	1.5	1.5	1.5	1.5	2.0	2.0	2.0	.0144
0.2	0.5	1.0	1.0	1.0	1.0	1.0	1.0	1.5	1.5	1.5	1.5	1.5	1.5	1.5	1.5	1.5	2.0	2.0	2.0	2.0	2.0	2.0	2.0	2.0	2.0	2.0	2.0	2.0	2.0	2.0	2.5	2.5	2.5	2.5	2.5	.0288
0.3	1.0	1.0	1.0	1.0	1.0	1.5	1.5	1.5	1.5	1.5	1.5	2.0	2.0	2.0	2.0	2.0	2.0	2.0	2.0	2.0	2.5	2.5	2.5	2.5	2.5	2.5	2.5	2.5	2.5	2.5	2.5	2.5	2.5	3.0	3.0	.0433
0.4	1.0	1.0	1.0	1.5	1.5	1.5	1.5	1.5	2.0	2.0	2.0	2.0	2.0	2.0	2.0	2.5	2.5	2.5	2.5	2.5	2.5	2.5	2.5	2.5	2.5	3.0	3.0	3.0	3.0	3.0	3.0	3.0	3.0	3.0	3.5	.0577
0.5	1.0	1.0	1.0	1.5	1.5	1.5	1.5	2.0	2.0	2.0	2.0	2.0	2.0	2.5	2.5	2.5	2.5	2.5	2.5	2.5	3.0	3.0	3.0	3.0	3.0	3.0	3.0	3.5	3.5	3.5	3.5	3.5	3.5	3.5	3.5	.0721
0.6	1.0	1.0	1.5	1.5	1.5	1.5	2.0	2.0	2.0	2.0	2.0	2.5	2.5	2.5	2.5	2.5	2.5	3.0	3.0	3.0	3.0	3.0	3.0	3.5	3.5	3.5	3.5	3.5	3.5	3.5	3.5	3.5	3.5	4.0	4.0	.0865
0.7	1.0	1.0	1.5	1.5	1.5	2.0	2.0	2.0	2.0	2.5	2.5	2.5	2.5	2.5	2.5	3.0	3.0	3.0	3.0	3.0	3.5	3.5	3.5	3.5	3.5	3.5	3.5	3.5	3.5	4.0	4.0	4.0	4.0	4.0	4.0	.1009
0.8	1.0	1.0	1.5	1.5	1.5	2.0	2.0	2.0	2.5	2.5	2.5	2.5	2.5	2.5	3.0	3.0	3.0	3.0	3.5	3.5	3.5	3.5	3.5	3.5	3.5	3.5	4.0	4.0	4.0	4.0	4.0	4.0	4.5	4.5	4.5	.1154
0.9	1.0	1.0	1.5	1.5	2.0	2.0	2.0	2.0	2.5	2.5	2.5	2.5	3.0	3.0	3.0	3.0	3.5	3.5	3.5	3.5	3.5	3.5	3.5	4.0	4.0	4.0	4.0	4.0	4.0	4.5	4.5	4.5	4.5	4.5	4.5	.1298
1.0	1.0	1.5	1.5	1.5	2.0	2.0	2.0	2.5	2.5	2.5	2.5	3.0	3.0	3.0	3.0	3.5	3.5	3.5	3.5	3.5	3.5	4.0	4.0	4.0	4.0	4.0	4.0	4.5	4.5	4.5	4.5	4.5	4.5	4.5	5.0	.1442
1.1	1.0	1.5	1.5	1.5	2.0	2.0	2.0	2.5	2.5	2.5	2.5	3.0	3.0	3.0	3.5	3.5	3.5	3.5	3.5	3.5	4.0	4.0	4.0	4.0	4.0	4.5	4.5	4.5	4.5	4.5	4.5	4.5	5.0	5.0	5.0	.1586
1.2	1.0	1.5	1.5	2.0	2.0	2.0	2.5	2.5	2.5	2.5	3.0	3.0	3.0	3.5	3.5	3.5	3.5	3.5	4.0	4.0	4.0	4.0	4.0	4.5	4.5	4.5	4.5	4.5	4.5	5.0	5.0	5.0	5.0	5.0	5.0	.1730
1.3	1.0	1.5	1.5	2.0	2.0	2.0	2.5	2.5	2.5	3.0	3.0	3.0	3.5	3.5	3.5	3.5	3.5	4.0	4.0	4.0	4.0	4.0	4.5	4.5	4.5	4.5	4.5	4.5	5.0	5.0	5.0	5.0	5.5	5.5	5.5	.1875
1.4	1.0	1.5	1.5	2.0	2.0	2.0	2.5	2.5	2.5	3.0	3.0	3.0	3.5	3.5	3.5	3.5	4.0	4.0	4.0	4.0	4.0	4.5	4.5	4.5	4.5	4.5	5.0	5.0	5.0	5.0	5.0	5.5	5.5	5.5	5.5	.2019
1.5	1.0	1.5	1.5	2.0	2.0	2.5	2.5	2.5	2.5	3.0	3.0	3.5	3.5	3.5	3.5	3.5	4.0	4.0	4.0	4.0	4.5	4.5	4.5	4.5	4.5	5.0	5.0	5.0	5.0	5.5	5.5	5.5	5.5	5.5	5.5	.2163
k	90	126	162	198	234	270	306	342	378	414	450	486	522	558	594	630	666	702	738	774	810	846	882	918	954	990	1026	1062	1098	1134	1170	1206	1242	1278	1314	km

Δt Fahrenheit

TABLE 2 (Sheet 69 of 128)

TEMPERATURE DIFFERENCE

ECONOMICAL INSULATION THICKNESS TABLE

IN INCHES
(nominal)

PIPE SIZE: 10'' NPS (Tube Size 10-1/2'' OD)
273 mm

At the intersection of the ''Δt'' column with the ''k'' row read the economical thickness.
(•—*exceeds 12'' thickness*)

D = 0.0040

Δt Celsius °C or Kelvin °K

k	50	70	90	110	130	150	170	190	210	230	250	270	290	310	330	350	370	390	410	430	450	470	490	510	530	550	570	590	610	630	650	670	690	710	730	km
0.1	0.5	0.5	1.0	1.0	1.0	1.0	1.0	1.0	1.0	1.0	1.0	1.0	1.5	1.5	1.5	1.5	1.5	1.5	1.5	1.5	1.5	1.5	1.5	1.5	1.5	1.5	1.5	1.5	2.0	2.0	2.0	2.0	2.0	2.0	2.0	**.0144**
0.2	1.0	1.0	1.0	1.0	1.0	1.0	1.5	1.5	1.5	1.5	1.5	1.5	1.5	1.5	2.0	2.0	2.0	2.0	2.0	2.0	2.0	2.0	2.0	2.0	2.0	2.0	2.5	2.5	2.5	2.5	2.5	2.5	2.5	2.5	2.5	**.0288**
0.3	1.0	1.0	1.0	1.0	1.5	1.5	1.5	1.5	1.5	2.0	2.0	2.0	2.0	2.0	2.0	2.0	2.0	2.5	2.5	2.5	2.5	2.5	2.5	2.5	2.5	2.5	2.5	2.5	3.0	3.0	3.0	3.0	3.0	3.0	3.0	**.0433**
0.4	1.0	1.0	1.0	1.5	1.5	1.5	1.5	2.0	2.0	2.0	2.0	2.0	2.0	2.5	2.5	2.5	2.5	2.5	2.5	2.5	2.5	2.5	3.0	3.0	3.0	3.0	3.0	3.0	3.0	3.5	3.5	3.5	3.5	3.5	3.5	**.0577**
0.5	1.0	1.0	1.5	1.5	1.5	1.5	2.0	2.0	2.0	2.0	2.0	2.5	2.5	2.5	2.5	2.5	2.5	2.5	3.0	3.0	3.0	3.0	3.0	3.0	3.5	3.5	3.5	3.5	3.5	3.5	3.5	3.5	3.5	3.5	4.0	**.0721**
0.6	1.0	1.0	1.5	1.5	1.5	2.0	2.0	2.0	2.0	2.5	2.5	2.5	2.5	2.5	2.5	3.0	3.0	3.0	3.0	3.0	3.5	3.5	3.5	3.5	3.5	3.5	3.5	3.5	3.5	4.0	4.0	4.0	4.0	4.0	4.0	**.0865**
0.7	1.0	1.5	1.5	1.5	2.0	2.0	2.0	2.5	2.5	2.5	2.5	2.5	3.0	3.0	3.0	3.0	3.5	3.5	3.5	3.5	3.5	3.5	4.0	4.0	4.0	4.0	4.0	4.0	4.5	4.5	4.5	4.5	4.5	4.5	4.5	**.1009**
0.8	1.0	1.5	1.5	1.5	2.0	2.0	2.0	2.5	2.5	2.5	2.5	2.5	3.0	3.0	3.0	3.0	3.5	3.5	3.5	3.5	3.5	3.5	4.0	4.0	4.0	4.0	4.0	4.0	4.5	4.5	4.5	4.5	4.5	4.5	4.5	**.1154**
0.9	1.0	1.5	1.5	2.0	2.0	2.0	2.0	2.5	2.5	2.5	3.0	3.0	3.0	3.0	3.5	3.5	3.5	3.5	3.5	3.5	4.0	4.0	4.0	4.0	4.0	4.5	4.5	4.5	4.5	4.5	4.5	4.5	5.0	5.0	5.0	**.1298**
1.0	1.0	1.5	1.5	2.0	2.0	2.0	2.5	2.5	2.5	2.5	3.0	3.0	3.0	3.5	3.5	3.5	3.5	3.5	4.0	4.0	4.0	4.0	4.0	4.5	4.5	4.5	4.5	4.5	4.5	4.5	5.0	5.0	5.0	5.0	5.0	**.1442**
1.1	1.0	1.5	1.5	2.0	2.0	2.0	2.5	2.5	2.5	3.0	3.0	3.0	3.5	3.5	3.5	3.5	3.5	4.0	4.0	4.0	4.0	4.5	4.5	4.5	4.5	4.5	4.5	5.0	5.0	5.0	5.0	5.0	5.5	5.5	5.5	**.1586**
1.2	1.0	1.5	1.5	2.0	2.0	2.5	2.5	2.5	3.0	3.0	3.0	3.5	3.5	3.5	3.5	3.5	4.0	4.0	4.0	4.0	4.5	4.5	4.5	4.5	4.5	4.5	5.0	5.0	5.0	5.0	5.5	5.5	5.5	5.5	5.5	**.1730**
1.3	1.0	1.5	1.5	2.0	2.0	2.5	2.5	2.5	3.0	3.0	3.0	3.5	3.5	3.5	3.5	4.0	4.0	4.0	4.0	4.5	4.5	4.5	4.5	4.5	5.0	5.0	5.0	5.0	5.5	5.5	5.5	5.5	5.5	5.5	6.0	**.1875**
1.4	1.0	1.5	2.0	2.0	2.0	2.5	2.5	2.5	3.0	3.0	3.5	3.5	3.5	3.5	4.0	4.0	4.0	4.0	4.5	4.5	4.5	4.5	4.5	5.0	5.0	5.0	5.5	5.5	5.5	5.5	5.5	5.5	6.0	6.0	6.0	**.2019**
1.5	1.0	1.5	2.0	2.0	2.0	2.5	2.5	3.0	3.0	3.0	3.5	3.5	3.5	4.0	4.0	4.0	4.0	4.5	4.5	4.5	4.5	5.0	5.0	5.0	5.0	5.5	5.5	5.5	5.5	5.5	6.0	6.0	6.0	6.0	6.0	**.2163**
k	**90**	**126**	**162**	**198**	**234**	**270**	**306**	**342**	**378**	**414**	**450**	**486**	**522**	**558**	**594**	**630**	**666**	**702**	**738**	**774**	**810**	**846**	**882**	**918**	**954**	**990**	**1026**	**1062**	**1098**	**1134**	**1170**	**1206**	**1242**	**1278**	**1314**	**km**

Δt Fahrenheit

Btu, in./sq ft, hr °F — W/mK

D = 0.0045

Δt Celsius °C or Kelvin °K

k	50	70	90	110	130	150	170	190	210	230	250	270	290	310	330	350	370	390	410	430	450	470	490	510	530	550	570	590	610	630	650	670	690	710	730	km
0.1	0.5	1.0	1.0	1.0	1.0	1.0	1.0	1.0	1.0	1.0	1.0	1.5	1.5	1.5	1.5	1.5	1.5	1.5	1.5	1.5	1.5	1.5	1.5	1.5	1.5	2.0	2.0	2.0	2.0	2.0	2.0	2.0	2.0	2.0	2.0	**.0144**
0.2	1.0	1.0	1.0	1.0	1.0	1.5	1.5	1.5	1.5	1.5	1.5	1.5	2.0	2.0	2.0	2.0	2.0	2.0	2.0	2.0	2.0	2.0	2.0	2.5	2.5	2.5	2.5	2.5	2.5	2.5	2.5	2.5	2.5	2.5	2.5	**.0288**
0.3	1.0	1.0	1.0	1.5	1.5	1.5	1.5	1.5	2.0	2.0	2.0	2.0	2.0	2.0	2.0	2.5	2.5	2.5	2.5	2.5	2.5	2.5	2.5	2.5	2.5	3.0	3.0	3.0	3.0	3.0	3.0	3.0	3.0	3.0	3.5	**.0433**
0.4	1.0	1.0	1.5	1.5	1.5	1.5	2.0	2.0	2.0	2.0	2.0	2.0	2.5	2.5	2.5	2.5	2.5	2.5	2.5	3.0	3.0	3.0	3.0	3.0	3.0	3.0	3.5	3.5	3.5	3.5	3.5	3.5	3.5	3.5	3.5	**.0577**
0.5	1.0	1.0	1.5	1.5	1.5	2.0	2.0	2.0	2.0	2.5	2.5	2.5	2.5	2.5	2.5	3.0	3.0	3.0	3.0	3.0	3.0	3.5	3.5	3.5	3.5	3.5	3.5	3.5	3.5	3.5	4.0	4.0	4.0	4.0	4.0	**.0721**
0.6	1.0	1.5	1.5	1.5	2.0	2.0	2.0	2.0	2.5	2.5	2.5	2.5	2.5	3.0	3.0	3.0	3.0	3.0	3.5	3.5	3.5	3.5	3.5	3.5	3.5	4.0	4.0	4.0	4.0	4.0	4.0	4.0	4.5	4.5	4.5	**.0865**
0.7	1.0	1.5	1.5	1.5	2.0	2.0	2.0	2.5	2.5	2.5	2.5	3.0	3.0	3.0	3.0	3.5	3.5	3.5	3.5	3.5	3.5	3.5	4.0	4.0	4.0	4.0	4.0	4.0	4.5	4.5	4.5	4.5	4.5	4.5	4.5	**.1009**
0.8	1.0	1.5	1.5	2.0	2.0	2.0	2.5	2.5	2.5	2.5	3.0	3.0	3.0	3.0	3.5	3.5	3.5	3.5	3.5	4.0	4.0	4.0	4.0	4.0	4.0	4.5	4.5	4.5	4.5	4.5	4.5	4.5	5.0	5.0	5.0	**.1154**
0.9	1.0	1.5	1.5	2.0	2.0	2.0	2.5	2.5	2.5	3.0	3.0	3.0	3.5	3.5	3.5	3.5	3.5	3.5	4.0	4.0	4.0	4.0	4.5	4.5	4.5	4.5	4.5	4.5	4.5	5.0	5.0	5.0	5.0	5.0	5.5	**.1298**
1.0	1.0	1.5	1.5	2.0	2.0	2.5	2.5	2.5	3.0	3.0	3.0	3.5	3.5	3.5	3.5	3.5	4.0	4.0	4.0	4.0	4.5	4.5	4.5	4.5	4.5	4.5	5.0	5.0	5.0	5.0	5.0	5.5	5.5	5.5	5.5	**.1442**
1.1	1.0	1.5	2.0	2.0	2.0	2.5	2.5	2.5	3.0	3.0	3.5	3.5	3.5	3.5	3.5	4.0	4.0	4.0	4.0	4.5	4.5	4.5	4.5	4.5	5.0	5.0	5.0	5.0	5.5	5.5	5.5	5.5	5.5	5.5	6.0	**.1586**
1.2	1.0	1.5	2.0	2.0	2.5	2.5	2.5	3.0	3.0	3.0	3.5	3.5	3.5	3.5	4.0	4.0	4.0	4.0	4.5	4.5	4.5	4.5	5.0	5.0	5.0	5.0	5.5	5.5	5.5	5.5	5.5	5.5	6.0	6.0	6.0	**.1730**
1.3	1.0	1.5	2.0	2.0	2.5	2.5	2.5	3.0	3.0	3.5	3.5	3.5	3.5	4.0	4.0	4.0	4.5	4.5	4.5	4.5	4.5	5.0	5.0	5.0	5.0	5.5	5.5	5.5	5.5	5.5	6.0	6.0	6.0	6.0	6.0	**.1875**
1.4	1.5	1.5	2.0	2.0	2.5	2.5	3.0	3.0	3.0	3.5	3.5	3.5	4.0	4.0	4.0	4.0	4.5	4.5	4.5	4.5	5.0	5.0	5.0	5.5	5.5	5.5	5.5	5.5	6.0	6.0	6.0	6.0	6.0	6.5	6.5	**.2019**
1.5	1.5	1.5	2.0	2.0	2.5	2.5	3.0	3.0	3.5	3.5	3.5	3.5	4.0	4.0	4.0	4.5	4.5	4.5	4.5	5.0	5.0	5.0	5.5	5.5	5.5	5.5	5.5	6.0	6.0	6.0	6.0	6.5	6.5	6.5	7.0	**.2163**
k	**90**	**126**	**162**	**198**	**234**	**270**	**306**	**342**	**378**	**414**	**450**	**486**	**522**	**558**	**594**	**630**	**666**	**702**	**738**	**774**	**810**	**846**	**882**	**918**	**954**	**990**	**1026**	**1062**	**1098**	**1134**	**1170**	**1206**	**1242**	**1278**	**1314**	**km**

Δt Fahrenheit

CONDUCTIVITY Btu, in./sq ft, hr °F — W/mK

D = 0.0050

Δt Celsius °C or Kelvin °K

k	50	70	90	110	130	150	170	190	210	230	250	270	290	310	330	350	370	390	410	430	450	470	490	510	530	550	570	590	610	630	650	670	690	710	730	km
0.1	0.5	1.0	1.0	1.0	1.0	1.0	1.0	1.0	1.0	1.5	1.5	1.5	1.5	1.5	1.5	1.5	1.5	1.5	1.5	1.5	1.5	1.5	2.0	2.0	2.0	2.0	2.0	2.0	2.0	2.0	2.0	2.0	2.0	2.0	2.0	**.0144**
0.2	1.0	1.0	1.0	1.0	1.5	1.5	1.5	1.5	1.5	1.5	1.5	2.0	2.0	2.0	2.0	2.0	2.0	2.0	2.0	2.0	2.5	2.5	2.5	2.5	2.5	2.5	2.5	2.5	2.5	2.5	2.5	2.5	2.5	3.0	3.0	**.0288**
0.3	1.0	1.0	1.0	1.5	1.5	1.5	1.5	2.0	2.0	2.0	2.0	2.0	2.0	2.0	2.5	2.5	2.5	2.5	2.5	2.5	2.5	2.5	3.0	3.0	3.0	3.0	3.0	3.0	3.0	3.0	3.5	3.5	3.5	3.5	3.5	**.0433**
0.4	1.0	1.0	1.5	1.5	1.5	2.0	2.0	2.0	2.0	2.0	2.5	2.5	2.5	2.5	2.5	2.5	2.5	3.0	3.0	3.0	3.0	3.0	3.0	3.5	3.5	3.5	3.5	3.5	3.5	3.5	3.5	3.5	3.5	4.0	4.0	**.0577**
0.5	1.0	1.5	1.5	1.5	2.0	2.0	2.0	2.0	2.5	2.5	2.5	2.5	2.5	2.5	3.0	3.0	3.0	3.0	3.5	3.5	3.5	3.5	3.5	3.5	3.5	3.5	3.5	4.0	4.0	4.0	4.0	4.0	4.0	4.0	4.5	**.0721**
0.6	1.0	1.5	1.5	2.0	2.0	2.0	2.0	2.5	2.5	2.5	2.5	3.0	3.0	3.0	3.0	3.0	3.5	3.5	3.5	3.5	3.5	3.5	4.0	4.0	4.0	4.0	4.0	4.0	4.0	4.5	4.5	4.5	4.5	4.5	4.5	**.0865**
0.7	1.0	1.5	1.5	2.0	2.0	2.0	2.5	2.5	2.5	2.5	3.0	3.0	3.0	3.0	3.5	3.5	3.5	3.5	3.5	3.5	4.0	4.0	4.0	4.0	4.0	4.5	4.5	4.5	4.5	4.5	4.5	4.5	5.0	5.0	5.0	**.1009**
0.8	1.0	1.5	1.5	2.0	2.0	2.5	2.5	2.5	2.5	3.0	3.0	3.0	3.5	3.5	3.5	3.5	3.5	4.0	4.0	4.0	4.0	4.0	4.5	4.5	4.5	4.5	4.5	4.5	5.0	5.0	5.0	5.0	5.0	5.0	5.5	**.1154**
0.9	1.5	1.5	2.0	2.0	2.0	2.5	2.5	2.5	3.0	3.0	3.0	3.5	3.5	3.5	3.5	3.5	4.0	4.0	4.0	4.0	4.5	4.5	4.5	4.5	4.5	4.5	5.0	5.0	5.0	5.0	5.5	5.5	5.5	5.5	5.5	**.1298**
1.0	1.5	1.5	2.0	2.0	2.5	2.5	2.5	3.0	3.0	3.0	3.5	3.5	3.5	3.5	4.0	4.0	4.0	4.0	4.5	4.5	4.5	4.5	4.5	5.0	5.0	5.0	5.0	5.0	5.5	5.5	5.5	5.5	5.5	6.0	6.0	**.1442**
1.1	1.5	1.5	2.0	2.0	2.5	2.5	2.5	3.0	3.0	3.5	3.5	3.5	3.5	4.0	4.0	4.0	4.0	4.5	4.5	4.5	4.5	4.5	5.0	5.0	5.0	5.5	5.5	5.5	5.5	5.5	5.5	6.0	6.0	6.0	6.0	**.1586**
1.2	1.5	1.5	2.0	2.0	2.5	2.5	3.0	3.0	3.0	3.5	3.5	3.5	4.0	4.0	4.0	4.0	4.5	4.5	4.5	4.5	5.0	5.0	5.0	5.0	5.5	5.5	5.5	5.5	5.5	6.0	6.0	6.0	6.0	6.0	6.5	**.1730**
1.3	1.5	1.5	2.0	2.0	2.5	2.5	3.0	3.0	3.5	3.5	3.5	3.5	4.0	4.0	4.0	4.5	4.5	4.5	4.5	5.0	5.0	5.0	5.5	5.5	5.5	5.5	5.5	6.0	6.0	6.0	6.0	6.0	6.5	6.5	6.5	**.1875**
1.4	1.5	1.5	2.0	2.5	2.5	2.5	3.0	3.0	3.5	3.5	3.5	4.0	4.0	4.0	4.5	4.5	4.5	4.5	5.0	5.0	5.0	5.5	5.5	5.5	5.5	6.0	6.0	6.0	6.0	6.0	6.5	6.5	6.5	7.0	7.0	**.2019**
1.5	1.5	1.5	2.0	2.5	2.5	3.0	3.0	3.5	3.5	3.5	4.0	4.0	4.0	4.5	4.5	4.5	4.5	5.0	5.0	5.0	5.5	5.5	5.5	5.5	6.0	6.0	6.0	6.0	6.5	6.5	6.5	7.0	7.0	7.0	7.0	**.2163**
k	**90**	**126**	**162**	**198**	**234**	**270**	**306**	**342**	**378**	**414**	**450**	**486**	**522**	**558**	**594**	**630**	**666**	**702**	**738**	**774**	**810**	**846**	**882**	**918**	**954**	**990**	**1026**	**1062**	**1098**	**1134**	**1170**	**1206**	**1242**	**1278**	**1314**	**km**

Δt Fahrenheit

Btu, in./sq ft, hr °F — W/mK

TEMPERATURE DIFFERENCE

TABLE 2 (Continued)

ECONOMICAL INSULATION THICKNESS TABLE

IN INCHES
(nominal)

PIPE SIZE: 10'' NPS (Tube Size 10-1/2'' OD)
273 mm

At the intersection of the ''Δt'' column with the ''k'' row read the economical thickness.
(•—*exceeds 12'' thickness*)

CONDUCTIVITY — k: Btu, in./sq ft, hr °F; km: W/mK

D = 0.0060

Δt Celsius °C or Kelvin °K

k	50	70	90	110	130	150	170	190	210	230	250	270	290	310	330	350	370	390	410	430	450	470	490	510	530	550	570	590	610	630	650	670	690	710	730	km
0.1	0.5	1.0	1.0	1.0	1.0	1.0	1.0	1.5	1.5	1.5	1.5	1.5	1.5	1.5	1.5	1.5	1.5	1.5	2.0	2.0	2.0	2.0	2.0	2.0	2.0	2.0	2.0	2.0	2.0	2.0	2.0	2.0	2.0	2.5	2.5	.0144
0.2	1.0	1.0	1.0	1.5	1.5	1.5	1.5	1.5	1.5	2.0	2.0	2.0	2.0	2.0	2.0	2.0	2.0	2.5	2.5	2.5	2.5	2.5	2.5	2.5	2.5	2.5	2.5	3.0	3.0	3.0	3.0	3.0	3.0	3.0	3.0	.0288
0.3	1.0	1.0	1.5	1.5	1.5	1.5	2.0	2.0	2.0	2.0	2.0	2.5	2.5	2.5	2.5	2.5	2.5	2.5	3.0	3.0	3.0	3.0	3.0	3.0	3.0	3.5	3.5	3.5	3.5	3.5	3.5	3.5	3.5	3.5	3.5	.0433
0.4	1.0	1.5	1.5	1.5	2.0	2.0	2.0	2.0	2.5	2.5	2.5	2.5	2.5	2.5	3.0	3.0	3.0	3.0	3.0	3.5	3.5	3.5	3.5	3.5	3.5	3.5	3.5	4.0	4.0	4.0	4.0	4.0	4.0	4.0	4.0	.0577
0.5	1.0	1.5	1.5	2.0	2.0	2.0	2.0	2.5	2.5	2.5	2.5	3.0	3.0	3.0	3.0	3.5	3.5	3.5	3.5	3.5	3.5	3.5	4.0	4.0	4.0	4.0	4.0	4.0	4.5	4.5	4.5	4.5	4.5	4.5	4.5	.0721
0.6	1.5	1.5	1.5	2.0	2.0	2.5	2.5	2.5	2.5	3.0	3.0	3.0	3.0	3.5	3.5	3.5	3.5	3.5	4.0	4.0	4.0	4.0	4.0	4.0	4.5	4.5	4.5	4.5	4.5	4.5	5.0	5.0	5.0	5.0	5.0	.0865
0.7	1.5	1.5	2.0	2.0	2.0	2.5	2.5	2.5	3.0	3.0	3.0	3.5	3.5	3.5	3.5	3.5	4.0	4.0	4.0	4.0	4.5	4.5	4.5	4.5	4.5	4.5	5.0	5.0	5.0	5.0	5.0	5.5	5.5	5.5	5.5	.1009
0.8	1.5	1.5	2.0	2.0	2.5	2.5	2.5	3.0	3.0	3.0	3.5	3.5	3.5	3.5	4.0	4.0	4.0	4.0	4.5	4.5	4.5	4.5	4.5	5.0	5.0	5.0	5.0	5.0	5.5	5.5	5.5	5.5	5.5	5.5	6.0	.1154
0.9	1.5	1.5	2.0	2.0	2.5	2.5	3.0	3.0	3.0	3.5	3.5	3.5	3.5	4.0	4.0	4.0	4.5	4.5	4.5	4.5	4.5	5.0	5.0	5.0	5.0	5.5	5.5	5.5	5.5	5.5	6.0	6.0	6.0	6.0	6.0	.1298
1.0	1.5	2.0	2.0	2.5	2.5	2.5	3.0	3.0	3.5	3.5	3.5	3.5	4.0	4.0	4.0	4.5	4.5	4.5	4.5	5.0	5.0	5.0	5.0	5.5	5.5	5.5	5.5	5.5	6.0	6.0	6.0	6.0	6.0	6.5	6.5	.1442
1.1	1.5	2.0	2.0	2.5	2.5	3.0	3.0	3.5	3.5	3.5	3.5	4.0	4.0	4.0	4.5	4.5	4.5	4.5	5.0	5.0	5.0	5.5	5.5	5.5	5.5	6.0	6.0	6.0	6.0	6.0	6.5	6.5	6.5	7.0	7.0	.1586
1.2	1.5	2.0	2.0	2.5	2.5	3.0	3.0	3.5	3.5	3.5	4.0	4.0	4.0	4.5	4.5	4.5	5.0	5.0	5.0	5.5	5.5	5.5	5.5	6.0	6.0	6.0	6.0	6.0	6.5	6.5	6.5	7.0	7.0	7.0	7.0	.1730
1.3	1.5	2.0	2.0	2.5	2.5	3.0	3.5	3.5	3.5	4.0	4.0	4.0	4.5	4.5	4.5	5.0	5.0	5.0	5.5	5.5	5.5	5.5	6.0	6.0	6.0	6.0	6.5	6.5	6.5	7.0	7.0	7.0	7.0	7.0	7.5	.1875
1.4	1.5	2.0	2.5	2.5	3.0	3.0	3.5	3.5	3.5	4.0	4.0	4.5	4.5	4.5	5.0	5.0	5.0	5.5	5.5	5.5	5.5	6.0	6.0	6.0	6.0	6.5	6.5	7.0	7.0	7.0	7.0	7.0	7.5	7.5	7.5	.2019
1.5	1.5	2.0	2.5	2.5	3.0	3.0	3.5	3.5	4.0	4.0	4.0	4.5	4.5	4.5	5.0	5.0	5.5	5.5	5.5	6.0	6.0	6.0	6.0	6.5	6.5	7.0	7.0	7.0	7.0	7.0	7.5	7.5	7.5	7.5	8.0	.2163
k	90	126	162	198	234	270	306	342	378	414	450	486	522	558	594	630	666	702	738	774	810	846	882	918	954	990	1026	1062	1098	1134	1170	1206	1242	1278	1314	km

Δt Fahrenheit

D = 0.0070

Δt Celsius °C or Kelvin °K

k	50	70	90	110	130	150	170	190	210	230	250	270	290	310	330	350	370	390	410	430	450	470	490	510	530	550	570	590	610	630	650	670	690	710	730	km
0.1	1.0	1.0	1.0	1.0	1.0	1.0	1.5	1.5	1.5	1.5	1.5	1.5	1.5	1.5	1.5	2.0	2.0	2.0	2.0	2.0	2.0	2.0	2.0	2.0	2.0	2.0	2.0	2.0	2.5	2.5	2.5	2.5	2.5	2.5	2.5	.0144
0.2	1.0	1.0	1.5	1.5	1.5	1.5	1.5	2.0	2.0	2.0	2.0	2.0	2.0	2.0	2.5	2.5	2.5	2.5	2.5	2.5	2.5	2.5	2.5	3.0	3.0	3.0	3.0	3.0	3.0	3.0	3.0	3.5	3.5	3.5	3.5	.0288
0.3	1.0	1.5	1.5	1.5	1.5	2.0	2.0	2.0	2.0	2.5	2.5	2.5	2.5	2.5	2.5	3.0	3.0	3.0	3.0	3.0	3.0	3.5	3.5	3.5	3.5	3.5	3.5	3.5	3.5	3.5	4.0	4.0	4.0	4.0	4.0	.0433
0.4	1.0	1.5	1.5	2.0	2.0	2.0	2.0	2.5	2.5	2.5	2.5	3.0	3.0	3.0	3.0	3.0	3.5	3.5	3.5	3.5	3.5	3.5	3.5	4.0	4.0	4.0	4.0	4.0	4.0	4.5	4.5	4.5	4.5	4.5	4.5	.0577
0.5	1.5	1.5	2.0	2.0	2.0	2.5	2.5	2.5	2.5	3.0	3.0	3.0	3.0	3.5	3.5	3.5	3.5	3.5	4.0	4.0	4.0	4.0	4.0	4.0	4.5	4.5	4.5	4.5	4.5	4.5	4.5	5.0	5.0	5.0	5.0	.0721
0.6	1.5	1.5	2.0	2.0	2.5	2.5	2.5	2.5	3.0	3.0	3.0	3.5	3.5	3.5	3.5	4.0	4.0	4.0	4.0	4.0	4.5	4.5	4.5	4.5	4.5	4.5	5.0	5.0	5.0	5.0	5.0	5.5	5.5	5.5	5.5	.0865
0.7	1.5	1.5	2.0	2.0	2.5	2.5	2.5	3.0	3.0	3.5	3.5	3.5	3.5	4.0	4.0	4.0	4.0	4.5	4.5	4.5	4.5	4.5	5.0	5.0	5.0	5.0	5.0	5.5	5.5	5.5	5.5	5.5	6.0	6.0	6.0	.1009
0.8	1.5	2.0	2.0	2.5	2.5	2.5	3.0	3.0	3.5	3.5	3.5	3.5	4.0	4.0	4.0	4.5	4.5	4.5	4.5	4.5	5.0	5.0	5.0	5.5	5.5	5.5	5.5	5.5	5.5	6.0	6.0	6.0	6.0	6.0	6.5	.1154
0.9	1.5	2.0	2.0	2.5	2.5	3.0	3.0	3.5	3.5	3.5	3.5	4.0	4.0	4.0	4.5	4.5	4.5	4.5	5.0	5.0	5.0	5.5	5.5	5.5	5.5	5.5	6.0	6.0	6.0	6.0	6.0	6.5	6.5	6.5	7.0	.1298
1.0	1.5	2.0	2.0	2.5	2.5	3.0	3.0	3.5	3.5	3.5	4.0	4.0	4.5	4.5	4.5	4.5	5.0	5.0	5.0	5.5	5.5	5.5	5.5	6.0	6.0	6.0	6.0	6.0	6.5	6.5	6.5	7.0	7.0	7.0	7.0	.1442
1.1	1.5	2.0	2.5	2.5	3.0	3.0	3.5	3.5	3.5	4.0	4.0	4.5	4.5	4.5	4.5	5.0	5.0	5.0	5.5	5.5	5.5	6.0	6.0	6.0	6.0	6.0	6.5	6.5	7.0	7.0	7.0	7.0	7.0	7.0	7.5	.1586
1.2	1.5	2.0	2.5	2.5	3.0	3.0	3.5	3.5	4.0	4.0	4.0	4.5	4.5	4.5	5.0	5.0	5.5	5.5	5.5	5.5	6.0	6.0	6.0	6.0	6.5	6.5	7.0	7.0	7.0	7.0	7.0	7.5	7.5	7.5	7.5	.1730
1.3	1.5	2.0	2.5	2.5	3.0	3.5	3.5	3.5	4.0	4.0	4.5	4.5	4.5	5.0	5.0	5.5	5.5	5.5	6.0	6.0	6.0	6.0	6.5	6.5	7.0	7.0	7.0	7.0	7.0	7.5	7.5	7.5	7.5	8.0	8.0	.1875
1.4	1.5	2.0	2.5	3.0	3.0	3.5	3.5	4.0	4.0	4.5	4.5	4.5	5.0	5.0	5.5	5.5	5.5	6.0	6.0	6.0	6.0	6.5	6.5	7.0	7.0	7.0	7.0	7.5	7.5	7.5	7.5	8.0	8.0	8.0	8.0	.2019
1.5	1.5	2.0	2.5	3.0	3.0	3.5	3.5	4.0	4.0	4.5	4.5	5.0	5.0	5.5	5.5	5.5	6.0	6.0	6.0	6.0	6.5	7.0	7.0	7.0	7.0	7.0	7.5	7.5	7.5	8.0	8.0	8.0	8.0	8.5	8.5	.2163
k	90	126	162	198	234	270	306	342	378	414	450	486	522	558	594	630	666	702	738	774	810	846	882	918	954	990	1026	1062	1098	1134	1170	1206	1242	1278	1314	km

Δt Fahrenheit

D = 0.0080

Δt Celsius °C or Kelvin °K

k	50	70	90	110	130	150	170	190	210	230	250	270	290	310	330	350	370	390	410	430	450	470	490	510	530	550	570	590	610	630	650	670	690	710	730	km
0.1	1.0	1.0	1.0	1.0	1.0	1.5	1.5	1.5	1.5	1.5	1.5	1.5	1.5	2.0	2.0	2.0	2.0	2.0	2.0	2.0	2.0	2.0	2.0	2.0	2.0	2.5	2.5	2.5	2.5	2.5	2.5	2.5	2.5	2.5	2.5	.0144
0.2	1.0	1.0	1.5	1.5	1.5	1.5	2.0	2.0	2.0	2.0	2.0	2.0	2.5	2.5	2.5	2.5	2.5	2.5	2.5	2.5	3.0	3.0	3.0	3.0	3.0	3.0	3.0	3.5	3.5	3.5	3.5	3.5	3.5	3.5	3.5	.0288
0.3	1.0	1.5	1.5	1.5	2.0	2.0	2.0	2.0	2.5	2.5	2.5	2.5	2.5	3.0	3.0	3.0	3.0	3.0	3.5	3.5	3.5	3.5	3.5	3.5	3.5	3.5	4.0	4.0	4.0	4.0	4.0	4.0	4.0	4.0	4.5	.0433
0.4	1.5	1.5	1.5	2.0	2.0	2.0	2.5	2.5	2.5	2.5	3.0	3.0	3.0	3.0	3.5	3.5	3.5	3.5	3.5	3.5	4.0	4.0	4.0	4.0	4.0	4.5	4.5	4.5	4.5	4.5	4.5	4.5	4.5	5.0	5.0	.0577
0.5	1.5	1.5	2.0	2.0	2.5	2.5	2.5	2.5	3.0	3.0	3.0	3.5	3.5	3.5	3.5	3.5	4.0	4.0	4.0	4.0	4.5	4.5	4.5	4.5	4.5	4.5	4.5	5.0	5.0	5.0	5.0	5.0	5.5	5.5	5.5	.0721
0.6	1.5	2.0	2.0	2.0	2.5	2.5	3.0	3.0	3.0	3.5	3.5	3.5	3.5	4.0	4.0	4.0	4.0	4.5	4.5	4.5	4.5	4.5	5.0	5.0	5.0	5.0	5.0	5.5	5.5	5.5	5.5	5.5	6.0	6.0	6.0	.0865
0.7	1.5	2.0	2.0	2.5	2.5	3.0	3.0	3.0	3.5	3.5	3.5	4.0	4.0	4.0	4.0	4.5	4.5	4.5	4.5	5.0	5.0	5.0	5.0	5.5	5.5	5.5	5.5	5.5	6.0	6.0	6.0	6.0	6.0	6.0	6.5	.1009
0.8	1.5	2.0	2.0	2.5	2.5	3.0	3.0	3.5	3.5	3.5	4.0	4.0	4.0	4.5	4.5	4.5	4.5	5.0	5.0	5.0	5.5	5.5	5.5	5.5	5.5	6.0	6.0	6.0	6.0	6.0	6.5	6.5	6.5	7.0	7.0	.1154
0.9	1.5	2.0	2.5	2.5	3.0	3.0	3.5	3.5	3.5	4.0	4.0	4.0	4.5	4.5	4.5	5.0	5.0	5.0	5.5	5.5	5.5	5.5	6.0	6.0	6.0	6.0	6.0	6.5	6.5	7.0	7.0	7.0	7.0	7.0	7.0	.1298
1.0	1.5	2.0	2.5	2.5	3.0	3.5	3.5	3.5	4.0	4.0	4.0	4.5	4.5	4.5	5.0	5.0	5.0	5.5	5.5	5.5	6.0	6.0	6.0	6.0	6.5	6.5	7.0	7.0	7.0	7.0	7.0	7.0	7.5	7.5	7.5	.1442
1.1	2.0	2.0	2.5	3.0	3.0	3.5	3.5	3.5	4.0	4.0	4.5	4.5	4.5	5.0	5.0	5.5	5.5	5.5	6.0	6.0	6.0	6.0	6.5	6.5	7.0	7.0	7.0	7.0	7.0	7.5	7.5	7.5	7.5	8.0	8.0	.1586
1.2	2.0	2.0	2.5	3.0	3.0	3.5	3.5	4.0	4.0	4.5	4.5	4.5	5.0	5.0	5.5	5.5	5.5	6.0	6.0	6.0	6.5	6.5	7.0	7.0	7.0	7.0	7.0	7.5	7.5	7.5	7.5	8.0	8.0	8.0	8.0	.1730
1.3	2.0	2.5	2.5	3.0	3.5	3.5	4.0	4.0	4.5	4.5	4.5	5.0	5.0	5.5	5.5	5.5	6.0	6.0	6.0	6.5	6.5	7.0	7.0	7.0	7.0	7.5	7.5	7.5	7.5	8.0	8.0	8.0	8.0	8.5	8.5	.1875
1.4	2.0	2.5	2.5	3.0	3.5	3.5	4.0	4.0	4.5	4.5	5.0	5.0	5.5	5.5	5.5	6.0	6.0	6.0	6.5	6.5	7.0	7.0	7.0	7.0	7.5	7.5	7.5	8.0	8.0	8.0	8.5	8.5	8.5	8.5	9.0	.2019
1.5	2.0	2.5	2.5	3.0	3.5	3.5	4.0	4.5	4.5	4.5	5.0	5.0	5.5	5.5	6.0	6.0	6.0	6.5	7.0	7.0	7.0	7.0	7.5	7.5	7.5	8.0	8.0	8.0	8.0	8.5	8.5	8.5	9.0	9.0	9.0	.2163
k	90	126	162	198	234	270	306	342	378	414	450	486	522	558	594	630	666	702	738	774	810	846	882	918	954	990	1026	1062	1098	1134	1170	1206	1242	1278	1314	km

Δt Fahrenheit

TABLE 2 (Sheet 71 of 128)

TEMPERATURE DIFFERENCE

TABLE 2 (Continued)

ECONOMICAL INSULATION THICKNESS TABLE

IN INCHES
(nominal)

PIPE SIZE: 10'' NPS (Tube Size 10-1/2'' OD)
273 mm

At the intersection of the ''Δt'' column with the ''k'' row read the economical thickness.
(•—*exceeds 12'' thickness*)

CONDUCTIVITY k: Btu, in./sq ft, hr °F; km: W/mK

D = 0.0100

Δt Celsius °C or Kelvin °K

k	50	70	90	110	130	150	170	190	210	230	250	270	290	310	330	350	370	390	410	430	450	470	490	510	530	550	570	590	610	630	650	670	690	710	730	km
0.1	1.0	1.0	1.0	1.0	1.5	1.5	1.5	1.5	1.5	1.5	2.0	2.0	2.0	2.0	2.0	2.0	2.0	2.0	2.0	2.5	2.5	2.5	2.5	2.5	2.5	2.5	2.5	2.5	2.5	2.5	2.5	3.0	3.0	3.0	3.0	.0144
0.2	1.0	1.5	1.5	1.5	2.0	2.0	2.0	2.0	2.0	2.5	2.5	2.5	2.5	2.5	2.5	3.0	3.0	3.0	3.0	3.0	3.0	3.5	3.5	3.5	3.5	3.5	3.5	3.5	3.5	3.5	3.5	4.0	4.0	4.0	4.0	.0288
0.3	1.5	1.5	1.5	2.0	2.0	2.0	2.5	2.5	2.5	2.5	3.0	3.0	3.0	3.0	3.5	3.5	3.5	3.5	3.5	3.5	3.5	4.0	4.0	4.0	4.0	4.0	4.5	4.5	4.5	4.5	4.5	4.5	4.5	4.5	4.5	.0433
0.4	1.5	1.5	2.0	2.0	2.5	2.5	2.5	3.0	3.0	3.0	3.5	3.5	3.5	3.5	3.5	4.0	4.0	4.0	4.0	4.0	4.5	4.5	4.5	4.5	4.5	4.5	5.0	5.0	5.0	5.0	5.0	5.5	5.5	5.5	5.5	.0577
0.5	1.5	2.0	2.0	2.5	2.5	2.5	3.0	3.0	3.5	3.5	3.5	3.5	4.0	4.0	4.0	4.0	4.5	4.5	4.5	4.5	4.5	5.0	5.0	5.0	5.0	5.5	5.5	5.5	5.5	5.5	5.5	6.0	6.0	6.0	6.0	.0721
0.6	1.5	2.0	2.5	2.5	2.5	3.0	3.0	3.5	3.5	3.5	4.0	4.0	4.0	4.5	4.5	4.5	4.5	5.0	5.0	5.0	5.0	5.5	5.5	5.5	5.5	5.5	6.0	6.0	6.0	6.0	6.0	6.5	6.5	6.5	7.0	.0865
0.7	2.0	2.0	2.5	2.5	3.0	3.0	3.5	3.5	3.5	4.0	4.0	4.5	4.5	4.5	4.5	5.0	5.0	5.0	5.5	5.5	5.5	5.5	6.0	6.0	6.0	6.0	6.0	6.5	6.5	7.0	7.0	7.0	7.0	7.0	7.0	.1009
0.8	2.0	2.0	2.5	3.0	3.0	3.5	3.5	3.5	4.0	4.0	4.5	4.5	4.5	5.0	5.0	5.0	5.5	5.5	5.5	6.0	6.0	6.0	6.0	6.5	6.5	6.5	7.0	7.0	7.0	7.0	7.0	7.5	7.5	7.5	7.5	.1154
0.9	2.0	2.5	2.5	3.0	3.5	3.5	3.5	4.0	4.0	4.5	4.5	4.5	5.0	5.0	5.5	5.5	5.5	6.0	6.0	6.0	6.0	6.5	6.5	7.0	7.0	7.0	7.0	7.0	7.5	7.5	7.5	7.5	8.0	8.0	8.0	.1298
1.0	2.0	2.5	2.5	3.0	3.5	3.5	4.0	4.0	4.5	4.5	4.5	5.0	5.0	5.5	5.5	5.5	6.0	6.0	6.0	6.5	6.5	7.0	7.0	7.0	7.0	7.5	7.5	7.5	7.5	8.0	8.0	8.0	8.0	8.5	8.5	.1442
1.1	2.0	2.5	3.0	3.0	3.5	3.5	4.0	4.5	4.5	4.5	5.0	5.0	5.5	5.5	6.0	6.0	6.0	6.5	6.5	7.0	7.0	7.0	7.0	7.5	7.5	7.5	8.0	8.0	8.0	8.0	8.5	8.5	8.5	9.0	9.0	.1586
1.2	2.0	2.5	3.0	3.5	3.5	4.0	4.0	4.5	4.5	5.0	5.0	5.5	5.5	6.0	6.0	6.0	6.5	6.5	7.0	7.0	7.0	7.5	7.5	7.5	8.0	8.0	8.0	8.0	8.5	8.5	8.5	9.0	9.0	9.0	9.0	.1730
1.3	2.0	2.5	3.0	3.5	3.5	4.0	4.5	4.5	5.0	5.0	5.5	5.5	6.0	6.0	6.0	6.5	7.0	7.0	7.0	7.0	7.5	7.5	7.5	8.0	8.0	8.0	8.5	8.5	9.0	9.0	9.0	9.0	9.5	9.5	9.5	.1875
1.4	2.0	2.5	3.0	3.5	4.0	4.0	4.5	4.5	5.0	5.5	5.5	5.5	6.0	6.0	6.5	7.0	7.0	7.0	7.0	7.5	7.5	8.0	8.0	8.0	8.5	8.5	9.0	9.0	9.0	9.0	9.5	9.5	9.5	10.0	10.0	.2019
1.5	2.0	2.5	3.0	3.5	4.0	4.0	4.5	5.0	5.0	5.5	5.5	6.0	6.0	6.5	7.0	7.0	7.0	7.5	7.5	7.5	8.0	8.0	8.0	8.5	8.5	9.0	9.0	9.0	9.5	9.5	9.5	10.0	10.0	10.0	10.5	.2163
k	90	126	162	198	234	270	306	342	378	414	450	486	522	558	594	630	666	702	738	774	810	846	882	918	954	990	1026	1062	1098	1134	1170	1206	1242	1278	1314	km

Δt Fahrenheit

D = 0.0120

Δt Celsius °C or Kelvin °K

k	50	70	90	110	130	150	170	190	210	230	250	270	290	310	330	350	370	390	410	430	450	470	490	510	530	550	570	590	610	630	650	670	690	710	730	km
0.1	1.0	1.0	1.0	1.5	1.5	1.5	1.5	1.5	2.0	2.0	2.0	2.0	2.0	2.0	2.0	2.0	2.5	2.5	2.5	2.5	2.5	2.5	2.5	2.5	2.5	2.5	3.0	3.0	3.0	3.0	3.0	3.0	3.0	3.0	3.0	.0144
0.2	1.0	1.5	1.5	2.0	2.0	2.0	2.0	2.5	2.5	2.5	2.5	2.5	2.5	3.0	3.0	3.0	3.0	3.5	3.5	3.5	3.5	3.5	3.5	3.5	3.5	4.0	4.0	4.0	4.0	4.0	4.0	4.0	4.0	4.5	4.5	.0288
0.3	1.5	1.5	2.0	2.0	2.5	2.5	2.5	2.5	3.0	3.0	3.0	3.5	3.5	3.5	3.5	3.5	3.5	4.0	4.0	4.0	4.0	4.0	4.5	4.5	4.5	4.5	4.5	4.5	5.0	5.0	5.0	5.0	5.0	5.0	5.5	.0433
0.4	1.5	2.0	2.0	2.5	2.5	2.5	3.0	3.0	3.5	3.5	3.5	3.5	4.0	4.0	4.0	4.0	4.5	4.5	4.5	4.5	4.5	5.0	5.0	5.0	5.0	5.0	5.5	5.5	5.5	5.5	5.5	6.0	6.0	6.0	6.0	.0577
0.5	1.5	2.0	2.5	2.5	2.5	3.0	3.0	3.5	3.5	3.5	4.0	4.0	4.0	4.5	4.5	4.5	4.5	5.0	5.0	5.0	5.5	5.5	5.5	5.5	5.5	6.0	6.0	6.0	6.0	6.0	6.5	6.5	6.5	7.0	7.0	.0721
0.6	2.0	2.0	2.5	2.5	3.0	3.5	3.5	3.5	4.0	4.0	4.0	4.5	4.5	4.5	5.0	5.0	5.0	5.5	5.5	5.5	5.5	6.0	6.0	6.0	6.0	6.5	6.5	6.5	7.0	7.0	7.0	7.0	7.0	7.0	7.5	.0865
0.7	2.0	2.5	2.5	3.0	3.5	3.5	3.5	4.0	4.0	4.5	4.5	4.5	5.0	5.0	5.0	5.5	5.5	5.5	6.0	6.0	6.0	6.0	6.5	6.5	7.0	7.0	7.0	7.0	7.0	7.5	7.5	7.5	7.5	8.0	8.0	.1009
0.8	2.0	2.5	2.5	3.0	3.5	3.5	4.0	4.0	4.5	4.5	4.5	5.0	5.0	5.5	5.5	5.5	6.0	6.0	6.0	6.5	6.5	7.0	7.0	7.0	7.0	7.0	7.5	7.5	7.5	8.0	8.0	8.0	8.0	8.5	8.5	.1154
0.9	2.0	2.5	3.0	3.5	3.5	4.0	4.0	4.5	4.5	5.0	5.0	5.5	5.5	5.5	6.0	6.0	6.0	6.5	6.5	7.0	7.0	7.0	7.0	7.5	7.5	7.5	8.0	8.0	8.0	8.0	8.5	8.5	8.5	9.0	9.0	.1298
1.0	2.0	2.5	3.0	3.5	3.5	4.0	4.5	4.5	4.5	5.0	5.5	5.5	5.5	6.0	6.0	6.5	6.5	7.0	7.0	7.0	7.0	7.5	7.5	7.5	8.0	8.0	8.0	8.5	8.5	8.5	9.0	9.0	9.0	9.0	9.5	.1442
1.1	2.0	2.5	3.0	3.5	4.0	4.0	4.5	4.5	5.0	5.5	5.5	5.5	6.0	6.0	6.5	6.5	7.0	7.0	7.0	7.5	7.5	7.5	8.0	8.0	8.0	8.5	8.5	9.0	9.0	9.0	9.0	9.5	9.5	9.5	10.0	.1586
1.2	2.5	3.0	3.5	3.5	4.0	4.5	4.5	5.0	5.0	5.5	5.5	6.0	6.0	6.5	7.0	7.0	7.0	7.5	7.5	7.5	8.0	8.0	8.0	8.5	8.5	9.0	9.0	9.0	9.5	9.5	9.5	10.0	10.0	10.0	10.0	.1730
1.3	2.5	3.0	3.5	3.5	4.0	4.5	4.5	5.0	5.5	5.5	6.0	6.0	6.5	7.0	7.0	7.0	7.5	7.5	8.0	8.0	8.0	8.5	8.5	9.0	9.0	9.0	9.5	9.5	9.5	10.0	10.0	10.0	10.5	10.5	10.5	.1875
1.4	2.5	3.0	3.5	4.0	4.0	4.5	5.0	5.5	5.5	6.0	6.0	6.5	7.0	7.0	7.0	7.5	7.5	8.0	8.0	8.0	8.5	8.5	9.0	9.0	9.5	9.5	9.5	10.0	10.0	10.0	10.5	10.5	11.0	11.0	11.0	.2019
1.5	2.5	3.0	3.5	4.0	4.5	4.5	5.0	5.5	5.5	6.0	6.0	6.5	7.0	7.0	7.5	7.5	8.0	8.0	8.5	8.5	9.0	9.0	9.0	9.5	9.5	10.0	10.0	10.0	10.5	10.5	11.0	11.0	11.5	11.5	11.5	.2163
k	90	126	162	198	234	270	306	342	378	414	450	486	522	558	594	630	666	702	738	774	810	846	882	918	954	990	1026	1062	1098	1134	1170	1206	1242	1278	1314	km

Δt Fahrenheit

D = 0.0150

Δt Celsius °C or Kelvin °K

k	50	70	90	110	130	150	170	190	210	230	250	270	290	310	330	350	370	390	410	430	450	470	490	510	530	550	570	590	610	630	650	670	690	710	730	km
0.1	1.0	1.0	1.5	1.5	1.5	1.5	2.0	2.0	2.0	2.0	2.0	2.0	2.5	2.5	2.5	2.5	2.5	2.5	2.5	2.5	3.0	3.0	3.0	3.0	3.0	3.0	3.0	3.0	3.5	3.5	3.5	3.5	3.5	3.5	3.5	.0144
0.2	1.5	1.5	2.0	2.0	2.0	2.5	2.5	2.5	2.5	2.5	3.0	3.0	3.0	3.0	3.5	3.5	3.5	3.5	3.5	3.5	4.0	4.0	4.0	4.0	4.0	4.0	4.5	4.5	4.5	4.5	4.5	4.5	4.5	4.5	5.0	.0288
0.3	1.5	2.0	2.0	2.5	2.5	2.5	3.0	3.0	3.0	3.5	3.5	3.5	3.5	4.0	4.0	4.0	4.0	4.5	4.5	4.5	4.5	4.5	5.0	5.0	5.0	5.0	5.0	5.5	5.5	5.5	5.5	5.5	5.5	6.0	6.0	.0433
0.4	2.0	2.0	2.5	2.5	3.0	3.0	3.5	3.5	3.5	3.5	4.0	4.0	4.0	4.5	4.5	4.5	4.5	5.0	5.0	5.0	5.5	5.5	5.5	5.5	5.5	6.0	6.0	6.0	6.0	6.0	6.5	6.5	6.5	7.0	7.0	.0577
0.5	2.0	2.5	2.5	3.0	3.0	3.5	3.5	3.5	4.0	4.0	4.5	4.5	4.5	5.0	5.0	5.0	5.5	5.5	5.5	5.5	6.0	6.0	6.0	6.0	6.5	6.5	7.0	7.0	7.0	7.0	7.0	7.0	7.5	7.5	7.5	.0721
0.6	2.0	2.5	3.0	3.0	3.5	3.5	4.0	4.0	4.5	4.5	4.5	5.0	5.0	5.5	5.5	5.5	6.0	6.0	6.0	6.0	6.5	6.5	7.0	7.0	7.0	7.0	7.0	7.5	7.5	7.5	7.5	8.0	8.0	8.0	8.0	.0865
0.7	2.0	2.5	3.0	3.5	3.5	4.0	4.0	4.5	4.5	5.0	5.0	5.5	5.5	5.5	6.0	6.0	6.0	6.5	6.5	7.0	7.0	7.0	7.0	7.5	7.5	7.5	8.0	8.0	8.0	8.0	8.5	8.5	8.5	9.0	9.0	.1009
0.8	2.5	2.5	3.0	3.5	4.0	4.0	4.5	4.5	5.0	5.0	5.5	5.5	6.0	6.0	6.0	6.5	7.0	7.0	7.0	7.0	7.5	7.5	7.5	8.0	8.0	8.0	8.5	8.5	8.5	9.0	9.0	9.0	9.0	9.5	9.5	.1154
0.9	2.5	3.0	3.5	3.5	4.0	4.5	4.5	5.0	5.0	5.5	5.5	6.0	6.0	6.5	6.5	7.0	7.0	7.0	7.5	7.5	7.5	8.0	8.0	8.0	8.5	8.5	9.0	9.0	9.0	9.5	9.5	9.5	10.0	10.0	10.0	.1298
1.0	2.5	3.0	3.5	4.0	4.0	4.5	5.0	5.0	5.5	5.5	6.0	6.0	6.5	7.0	7.0	7.0	7.5	7.5	7.5	8.0	8.0	8.5	8.5	9.0	9.0	9.0	9.5	9.5	9.5	10.0	10.0	10.0	10.0	10.5	10.5	.1442
1.1	2.5	3.0	3.5	4.0	4.5	4.5	5.0	5.5	5.5	6.0	6.0	6.5	7.0	7.0	7.0	7.5	7.5	8.0	8.0	8.5	8.5	9.0	9.0	9.0	9.5	9.5	9.5	10.0	10.0	10.0	10.5	10.5	10.5	11.0	11.0	.1586
1.2	2.5	3.0	3.5	4.0	4.5	5.0	5.0	5.5	6.0	6.0	6.5	7.0	7.0	7.0	7.5	7.5	8.0	8.0	8.5	8.5	9.0	9.0	9.5	9.5	10.0	10.0	10.0	10.5	10.5	10.5	11.0	11.0	11.0	11.5	11.5	.1730
1.3	2.5	3.5	3.5	4.0	4.5	5.0	5.5	5.5	6.0	6.5	7.0	7.0	7.0	7.5	8.0	8.0	8.5	8.5	9.0	9.0	9.0	9.5	9.5	10.0	10.0	10.5	10.5	11.0	11.0	11.0	11.5	11.5	11.5	12.0	12.0	.1875
1.4	2.5	3.5	4.0	4.5	4.5	5.0	5.5	6.0	6.0	6.5	7.0	7.0	7.5	8.0	8.0	8.5	8.5	9.0	9.0	9.5	9.5	10.0	10.0	10.0	10.5	11.0	11.0	11.5	11.5	11.5	12.0	12.0	12.0	•	•	.2019
1.5	3.0	3.5	4.0	4.5	5.0	5.5	5.5	6.0	6.5	7.0	7.0	7.5	7.5	8.0	8.5	8.5	9.0	9.0	9.5	9.5	10.0	10.0	10.5	10.5	11.0	11.5	11.5	12.0	12.0	12.0	•	•	•	•	•	.2163
k	90	126	162	198	234	270	306	342	378	414	450	486	522	558	594	630	666	702	738	774	810	846	882	918	954	990	1026	1062	1098	1134	1170	1206	1242	1278	1314	km

Δt Fahrenheit

TEMPERATURE DIFFERENCE

TABLE 2 (Sheet 72 of 128)

TABLE 2 (Continued)

ECONOMICAL INSULATION THICKNESS TABLE

IN INCHES
(nominal)

PIPE SIZE: 10'' NPS (Tube Size 10-1/2'' OD)
273 mm

At the intersection of the ''Δt'' column with the ''k'' row read the economical thickness.
(•—*exceeds 12'' thickness*)

D = 0.0200

Δt Celsius °C or Kelvin °K

k: Btu, in./sq ft, hr °F; km: W/mK

k	50	70	90	110	130	150	170	190	210	230	250	270	290	310	330	350	370	390	410	430	450	470	490	510	530	550	570	590	610	630	650	670	690	710	730	km
0.1	1.0	1.5	1.5	1.5	2.0	2.0	2.0	2.0	2.0	2.5	2.5	2.5	2.5	2.5	2.5	3.0	3.0	3.0	3.0	3.0	3.0	3.5	3.5	3.5	3.5	3.5	3.5	3.5	3.5	3.5	4.0	4.0	4.0	4.0	4.0	.0144
0.2	1.5	2.0	2.0	2.0	2.5	2.5	2.5	3.0	3.0	3.0	3.5	3.5	3.5	3.5	4.0	4.0	4.0	4.0	4.0	4.5	4.5	4.5	4.5	4.5	4.5	5.0	5.0	5.0	5.0	5.0	5.5	5.5	5.5	5.5	5.5	.0288
0.3	2.0	2.0	2.5	2.5	3.0	3.0	3.5	3.5	3.5	4.0	4.0	4.0	4.5	4.5	4.5	4.5	5.0	5.0	5.0	5.0	5.5	5.5	5.5	5.5	6.0	6.0	6.0	6.0	6.0	6.5	6.5	6.5	7.0	7.0	7.0	.0433
0.4	2.0	2.5	2.5	3.0	3.5	3.5	3.5	4.0	4.0	4.5	4.5	4.5	5.0	5.0	5.0	5.5	5.5	5.5	6.0	6.0	6.0	6.0	6.5	6.5	7.0	7.0	7.0	7.0	7.0	7.5	7.5	7.5	7.5	7.5	8.0	.0577
0.5	2.0	2.5	3.0	3.5	3.5	4.0	4.0	4.5	4.5	5.0	5.0	5.5	5.5	5.5	6.0	6.0	6.0	6.5	6.5	7.0	7.0	7.0	7.0	7.5	7.5	7.5	7.5	8.0	8.0	8.0	8.0	8.5	8.5	8.5	9.0	.0721
0.6	2.5	3.0	3.5	3.5	4.0	4.0	4.5	4.5	5.0	5.5	5.5	5.5	6.0	6.0	6.5	6.5	7.0	7.0	7.0	7.5	7.5	7.5	8.0	8.0	8.0	8.0	8.5	8.5	9.0	9.0	9.0	9.0	9.5	9.5	9.5	.0865
0.7	2.5	3.0	3.5	4.0	4.0	4.5	4.5	5.0	5.5	5.5	6.0	6.0	6.5	6.5	7.0	7.0	7.0	7.5	7.5	8.0	8.0	8.0	8.5	8.5	9.0	9.0	9.0	9.0	9.5	9.5	10.0	10.0	10.0	10.0	10.5	.1009
0.8	2.5	3.0	3.5	4.0	4.5	4.5	5.0	5.5	5.5	6.0	6.0	6.5	7.0	7.0	7.0	7.5	.75	8.0	8.0	8.5	8.5	9.0	9.0	9.0	9.5	9.5	9.5	10.0	10.0	10.0	10.5	10.5	10.5	10.5	11.0	.1154
0.9	3.0	3.5	4.0	4.5	4.5	5.0	5.5	5.5	6.0	6.5	7.0	7.0	7.0	7.5	7.5	8.0	8.0	8.5	8.5	9.0	9.0	9.5	9.5	9.5	10.0	10.0	10.0	10.5	10.5	10.5	11.0	11.0	11.0	11.0	11.5	.1298
1.0	3.0	3.5	4.0	4.5	5.0	5.5	5.5	6.0	6.5	7.0	7.0	7.0	7.5	8.0	8.0	8.5	8.5	9.0	9.0	9.5	9.5	10.0	10.0	10.0	10.5	10.5	10.5	11.0	11.0	11.0	11.5	11.5	11.5	11.5	12.0	.1442
1.1	3.0	3.5	4.0	4.5	5.0	5.5	6.0	6.0	6.5	7.0	7.0	7.5	8.0	8.0	8.5	8.5	9.0	9.0	9.5	10.0	10.0	10.0	10.5	10.5	11.0	11.0	11.0	11.5	11.5	11.5	12.0	12.0	12.0	12.0	•	.1586
1.2	3.0	3.5	4.5	4.5	5.5	5.5	6.0	6.5	7.0	7.0	7.5	8.0	8.0	8.5	9.0	9.0	9.5	9.5	10.0	10.0	10.5	10.5	11.0	11.0	11.5	11.5	11.5	12.0	12.0	12.0	•	•	•	•	•	.1730
1.3	3.0	4.0	4.5	5.0	5.5	6.0	6.5	7.0	7.0	7.5	8.0	8.0	8.5	9.0	9.0	9.5	10.0	10.0	10.5	10.5	11.0	11.0	11.5	11.5	12.0	12.0	12.0	•	•	•	•	•	•	•	•	.1875
1.4	3.5	4.0	4.5	5.0	5.5	6.0	6.5	7.0	7.5	7.5	8.0	8.5	9.0	9.0	9.5	10.0	10.0	10.5	11.0	11.0	11.5	11.5	12.0	12.0	•	•	•	•	•	•	•	•	•	•	•	.2019
1.5	3.5	4.0	4.5	5.5	6.0	6.0	7.0	7.0	7.5	8.0	8.5	9.0	9.0	9.5	10.0	10.0	10.5	11.0	11.5	11.5	12.0	12.0	•	•	•	•	•	•	•	•	•	•	•	•	•	.2163
k	90	126	162	198	234	270	306	342	378	414	450	486	522	558	594	630	666	702	738	774	810	846	882	918	954	990	1026	1062	1098	1134	1170	1206	1242	1278	1314	km

Δt Fahrenheit

D = 0.0300

Δt Celsius °C or Kelvin °K

CONDUCTIVITY — k: Btu, in./sq ft, hr °F; km: W/mK

k	50	70	90	110	130	150	170	190	210	230	250	270	290	310	330	350	370	390	410	430	450	470	490	510	530	550	570	590	610	630	650	670	690	710	730	km
0.1	1.5	1.5	2.0	2.0	2.0	2.5	2.5	2.5	2.5	3.0	3.0	3.0	3.0	3.5	3.5	3.5	3.5	3.5	3.5	4.0	4.0	4.0	4.0	4.0	4.0	4.5	4.5	4.5	4.5	4.5	4.5	4.5	4.5	5.0	5.0	.0144
0.2	2.0	2.0	2.5	2.5	3.0	3.0	3.5	3.5	3.5	4.0	4.0	4.0	4.5	4.5	4.5	4.5	5.0	5.0	5.0	5.5	5.5	5.5	5.5	5.5	6.0	6.0	6.0	6.0	6.0	6.5	6.5	6.5	7.0	7.0	7.0	.0288
0.3	2.0	2.5	3.0	3.5	3.5	3.5	4.0	4.5	4.5	4.5	5.0	5.0	5.5	5.5	5.5	6.0	6.0	6.0	6.0	6.5	6.5	7.0	7.0	7.0	7.0	7.0	7.5	7.5	7.5	8.0	8.0	8.0	8.0	8.0	8.5	.0433
0.4	2.5	3.0	3.5	3.5	4.0	4.5	4.5	5.0	5.0	5.5	5.5	6.0	6.0	6.0	6.5	7.0	7.0	7.0	7.0	7.5	7.5	7.5	8.0	8.0	8.0	8.5	8.5	8.5	9.0	9.0	9.0	9.5	9.5	9.5	9.5	.0577
0.5	2.5	3.5	3.5	4.0	4.5	4.5	5.0	5.5	5.5	6.0	6.0	6.5	7.0	7.0	7.0	7.5	7.5	8.0	8.0	8.0	8.5	8.5	9.0	9.0	9.0	9.5	9.5	9.5	10.0	10.0	10.0	10.5	10.5	10.5	11.0	.0721
0.6	3.0	3.5	4.0	4.5	5.0	5.0	5.5	6.0	6.0	6.5	7.0	7.0	7.5	7.5	8.0	8.0	8.5	8.5	9.0	9.0	9.0	9.5	9.5	10.0	10.0	10.0	10.5	10.5	10.5	11.0	11.0	11.0	11.5	11.5	11.5	.0865
0.7	3.0	3.5	4.5	4.5	5.0	5.5	6.0	6.0	7.0	7.0	7.5	7.5	8.0	8.0	8.5	8.5	9.0	9.0	9.5	9.5	10.0	10.0	10.5	10.5	10.5	10.5	11.0	11.0	11.0	11.5	11.5	11.5	12.0	12.0	12.0	.1009
0.8	3.5	4.0	4.5	5.0	5.5	6.0	6.5	7.0	7.0	7.5	7.5	8.0	8.5	8.5	9.0	9.5	9.5	10.0	10.0	10.5	10.5	10.5	11.0	11.0	11.0	11.0	11.5	11.5	11.5	12.0	12.0	12.0	•	•	•	.1154
0.9	3.5	4.0	4.5	5.5	6.0	6.0	7.0	7.0	7.5	8.0	8.0	8.5	9.0	9.0	9.5	10.0	10.0	10.5	10.5	11.0	11.0	11.0	11.5	11.5	11.5	11.5	12.0	12.0	12.0	•	•	•	•	•	•	.1298
1.0	3.5	4.5	5.0	5.5	6.0	6.5	7.0	7.5	8.0	8.0	8.5	9.0	9.5	9.5	10.0	10.5	10.5	11.0	11.0	11.5	11.5	11.5	12.0	12.0	12.0	12.0	•	•	•	•	•	•	•	•	•	.1442
1.1	3.5	4.5	5.0	6.0	6.5	7.0	7.5	8.0	8.0	8.5	9.0	9.5	10.0	10.0	10.5	11.0	11.0	11.5	11.5	12.0	12.0	12.0	12.0	•	•	•	•	•	•	•	•	•	•	•	•	.1586
1.2	4.0	4.5	5.5	6.0	6.5	7.0	7.5	8.0	8.5	9.0	9.5	10.0	10.0	10.5	11.0	11.5	11.5	12.0	12.0	•	•	•	•	•	•	•	•	•	•	•	•	•	•	•	•	.1730
1.3	4.0	5.0	5.5	6.0	7.0	7.5	8.0	8.5	9.0	9.5	10.0	10.0	10.5	11.0	11.5	12.0	•	•	•	•	•	•	•	•	•	•	•	•	•	•	•	•	•	•	•	.1875
1.4	4.0	5.0	5.5	6.5	7.0	7.5	8.0	9.0	9.0	9.5	10.0	10.5	11.0	11.5	12.0	•	•	•	•	•	•	•	•	•	•	•	•	•	•	•	•	•	•	•	•	.2019
1.5	4.0	5.0	6.0	7.0	7.5	8.0	8.5	9.0	9.5	10.0	10.5	11.0	11.5	12.0	•	•	•	•	•	•	•	•	•	•	•	•	•	•	•	•	•	•	•	•	•	.2163
k	90	126	162	198	234	270	306	342	378	414	450	486	522	558	594	630	666	702	738	774	810	846	882	918	954	990	1026	1062	1098	1134	1170	1206	1242	1278	1314	km

Δt Fahrenheit

D = 0.0500

Δt Celsius °C or Kelvin °K

k: Btu, in./sq ft, hr °F; km: W/mK

k	50	70	90	110	130	150	170	190	210	230	250	270	290	310	330	350	370	390	410	430	450	470	490	510	530	550	570	590	610	630	650	670	690	710	730	km
0.1	2.0	2.0	2.0	2.5	2.5	2.5	3.0	3.0	3.0	3.5	3.5	3.5	3.5	4.0	4.0	4.0	4.5	4.5	4.5	5.0	5.0	5.0	5.0	5.0	5.5	5.5	5.5	5.5	5.5	6.0	6.0	6.0	6.0	6.5	6.5	.0144
0.2	2.0	2.5	2.5	3.0	3.5	3.5	4.0	4.0	4.5	4.5	5.0	5.0	5.0	5.5	5.5	6.0	6.0	6.0	6.5	6.5	6.5	7.0	7.0	7.0	7.0	7.5	7.5	7.5	8.0	8.0	8.0	8.0	8.0	8.5	8.5	.0288
0.3	2.5	3.0	3.0	3.5	4.0	4.5	5.0	5.0	5.5	5.5	6.0	6.5	6.5	6.5	7.0	7.0	7.5	7.5	7.5	8.0	8.0	8.5	8.5	8.5	9.0	9.0	9.5	9.5	9.5	10.0	10.0	10.0	10.0	10.5	10.5	.0433
0.4	3.0	3.5	3.5	4.0	5.0	5.0	5.5	5.5	6.0	6.5	7.0	7.5	7.5	7.5	8.0	8.5	8.5	8.5	9.0	9.0	9.5	10.0	10.0	10.0	10.5	10.5	11.0	11.0	11.0	11.5	11.5	12.0	12.0	12.0	•	.0577
0.5	3.0	4.0	4.5	5.0	5.5	6.0	6.5	7.0	7.5	7.5	7.5	8.0	8.0	8.5	9.0	9.5	10.0	10.0	10.0	10.5	10.5	11.0	11.0	11.5	11.5	12.0	12.0	12.0	•	•	•	•	•	•	•	.0721
0.6	3.5	4.5	4.5	5.0	6.0	6.5	7.0	7.0	7.5	8.0	8.5	9.0	9.0	9.5	10.0	10.0	10.5	10.5	11.0	11.5	11.5	12.0	12.0	•	•	•	•	•	•	•	•	•	•	•	•	.0865
0.7	3.5	4.5	5.0	5.5	6.0	7.0	7.5	7.5	8.0	8.5	9.0	9.5	9.5	10.0	10.5	11.0	11.5	11.5	12.0	•	•	•	•	•	•	•	•	•	•	•	•	•	•	•	•	.1009
0.8	4.0	5.0	5.5	6.0	6.5	7.5	8.0	8.5	8.5	9.0	10.0	10.5	11.0	11.0	11.5	12.0	•	•	•	•	•	•	•	•	•	•	•	•	•	•	•	•	•	•	•	.1154
0.9	4.0	5.0	5.5	6.0	7.0	8.0	8.0	8.5	9.0	10.0	10.5	11.0	11.0	11.5	12.0	•	•	•	•	•	•	•	•	•	•	•	•	•	•	•	•	•	•	•	•	.1298
1.0	4.5	5.5	6.0	6.5	7.5	8.0	9.0	9.5	9.5	10.5	11.0	11.5	12.0	•	•	•	•	•	•	•	•	•	•	•	•	•	•	•	•	•	•	•	•	•	•	.1442
1.1	5.0	5.5	6.5	7.0	7.5	8.5	9.5	10.0	10.5	11.0	11.5	12.0	•	•	•	•	•	•	•	•	•	•	•	•	•	•	•	•	•	•	•	•	•	•	•	.1586
1.2	5.0	6.0	7.0	7.5	8.0	9.0	10.0	10.5	11.0	11.5	12.0	•	•	•	•	•	•	•	•	•	•	•	•	•	•	•	•	•	•	•	•	•	•	•	•	.1730
1.3	5.5	6.0	7.0	8.0	8.5	9.5	10.5	11.0	11.5	12.0	•	•	•	•	•	•	•	•	•	•	•	•	•	•	•	•	•	•	•	•	•	•	•	•	•	.1875
1.4	6.0	6.5	7.5	8.5	9.0	10.0	11.0	11.5	12.0	•	•	•	•	•	•	•	•	•	•	•	•	•	•	•	•	•	•	•	•	•	•	•	•	•	•	.2019
1.5	6.0	6.5	7.5	8.5	9.5	10.5	11.0	12.0	•	•	•	•	•	•	•	•	•	•	•	•	•	•	•	•	•	•	•	•	•	•	•	•	•	•	•	.2163
k	90	126	162	198	234	270	306	342	378	414	450	486	522	558	594	630	666	702	738	774	810	846	882	918	954	990	1026	1062	1098	1134	1170	1206	1242	1278	1314	km

Δt Fahrenheit

TABLE 2 (Sheet 73 of 128)

TEMPERATURE DIFFERENCE

ECONOMICAL INSULATION THICKNESS TABLE

IN INCHES
(nominal)

PIPE SIZE: 12'' NPS (Tube Size 12-1/2'' OD)
323.8 mm

At the intersection of the ''Δt'' column with the ''k'' row read the economical thickness.
(•—*exceeds 12'' thickness*)

D = 0.0017

CONDUCTIVITY k: Btu, in./sq ft, hr °F (km: W/mK)

Δt Celsius °C or Kelvin °K

k	50	70	90	110	130	150	170	190	210	230	250	270	290	310	330	350	370	390	410	430	450	470	490	510	530	550	570	590	610	630	650	670	690	710	730	km
0.1	0.5	0.5	0.5	0.5	0.5	0.5	1.0	1.0	1.0	1.0	1.0	1.0	1.0	1.0	1.0	1.0	1.0	1.0	1.0	1.0	1.0	1.0	1.0	1.0	1.0	1.0	1.5	1.5	1.5	1.5	1.5	1.5	1.5	1.5	1.5	**.0144**
0.2	0.5	0.5	0.5	1.0	1.0	1.0	1.0	1.0	1.0	1.0	1.0	1.0	1.0	1.5	1.5	1.5	1.5	1.5	1.5	1.5	1.5	1.5	1.5	1.5	1.5	1.5	1.5	1.5	1.5	1.5	1.5	2.0	2.0	2.0	2.0	**.0288**
0.3	0.5	0.5	1.0	1.0	1.0	1.0	1.0	1.0	1.0	1.5	1.5	1.5	1.5	1.5	1.5	1.5	1.5	1.5	1.5	1.5	1.5	2.0	2.0	2.0	2.0	2.0	2.0	2.0	2.0	2.0	2.0	2.0	2.0	2.0	2.0	**.0433**
0.4	0.5	1.0	1.0	1.0	1.0	1.0	1.0	1.5	1.5	1.5	1.5	1.5	1.5	1.5	1.5	1.5	2.0	2.0	2.0	2.0	2.0	2.0	2.0	2.0	2.0	2.0	2.0	2.0	2.0	2.5	2.5	2.5	2.5	2.5	2.5	**.0577**
0.5	0.5	1.0	1.0	1.0	1.0	1.0	1.5	1.5	1.5	1.5	1.5	1.5	1.5	1.5	2.0	2.0	2.0	2.0	2.0	2.0	2.0	2.0	2.0	2.0	2.5	2.5	2.5	2.5	2.5	2.5	2.5	2.5	2.5	2.5	2.5	**.0721**
0.6	0.5	1.0	1.0	1.0	1.0	1.5	1.5	1.5	1.5	1.5	1.5	1.5	2.0	2.0	2.0	2.0	2.0	2.0	2.0	2.0	2.0	2.5	2.5	2.5	2.5	2.5	2.5	2.5	2.5	2.5	2.5	2.5	3.0	3.0	3.0	**.0865**
0.7	0.5	1.0	1.0	1.0	1.0	1.5	1.5	1.5	1.5	1.5	1.5	2.0	2.0	2.0	2.0	2.0	2.0	2.0	2.0	2.5	2.5	2.5	2.5	2.5	2.5	2.5	2.5	2.5	3.0	3.0	3.0	3.0	3.0	3.0	3.0	**.1009**
0.8	0.5	1.0	1.0	1.0	1.5	1.5	1.5	1.5	1.5	1.5	2.0	2.0	2.0	2.0	2.0	2.0	2.0	2.5	2.5	2.5	2.5	2.5	2.5	2.5	2.5	3.0	3.0	3.0	3.0	3.0	3.0	3.0	3.0	3.0	3.5	**.1154**
0.9	0.5	1.0	1.0	1.0	1.5	1.5	1.5	1.5	1.5	2.0	2.0	2.0	2.0	2.0	2.0	2.5	2.5	2.5	2.5	2.5	2.5	2.5	2.5	3.0	3.0	3.0	3.0	3.0	3.0	3.0	3.0	3.5	3.5	3.5	3.5	**.1298**
1.0	0.5	1.0	1.0	1.0	1.5	1.5	1.5	1.5	2.0	2.0	2.0	2.0	2.0	2.0	2.5	2.5	2.5	2.5	2.5	2.5	2.5	3.0	3.0	3.0	3.0	3.0	3.0	3.0	3.0	3.5	3.5	3.5	3.5	3.5	3.5	**.1442**
1.1	0.5	1.0	1.0	1.0	1.5	1.5	1.5	1.5	2.0	2.0	2.0	2.0	2.0	2.0	2.5	2.5	2.5	2.5	2.5	2.5	3.0	3.0	3.0	3.0	3.0	3.0	3.0	3.5	3.5	3.5	3.5	3.5	3.5	3.5	3.5	**.1586**
1.2	0.5	1.0	1.0	1.0	1.5	1.5	1.5	1.5	2.0	2.0	2.0	2.0	2.0	2.5	2.5	2.5	2.5	2.5	2.5	3.0	3.0	3.0	3.0	3.0	3.0	3.5	3.5	3.5	3.5	3.5	3.5	3.5	3.5	4.0	4.0	**.1730**
1.3	0.5	1.0	1.0	1.5	1.5	1.5	1.5	2.0	2.0	2.0	2.0	2.0	2.5	2.5	2.5	2.5	2.5	2.5	3.0	3.0	3.0	3.0	3.0	3.0	3.5	3.5	3.5	3.5	3.5	3.5	3.5	4.0	4.0	4.0	4.0	**.1875**
1.4	0.5	1.0	1.0	1.5	1.5	1.5	1.5	2.0	2.0	2.0	2.0	2.0	2.5	2.5	2.5	2.5	2.5	3.0	3.0	3.0	3.0	3.0	3.0	3.5	3.5	3.5	3.5	3.5	3.5	3.5	4.0	4.0	4.0	4.0	4.0	**.2019**
1.5	0.5	1.0	1.0	1.5	1.5	1.5	1.5	2.0	2.0	2.0	2.0	2.5	2.5	2.5	2.5	2.5	2.5	3.0	3.0	3.0	3.0	3.0	3.5	3.5	3.5	3.5	3.5	3.5	4.0	4.0	4.0	4.0	4.0	4.0	4.0	**.2163**
k	**90**	**126**	**162**	**198**	**234**	**270**	**306**	**342**	**378**	**414**	**450**	**486**	**522**	**558**	**594**	**630**	**666**	**702**	**738**	**774**	**810**	**846**	**882**	**918**	**954**	**990**	**1026**	**1062**	**1098**	**1134**	**1170**	**1206**	**1242**	**1278**	**1314**	**km**

Δt Fahrenheit

D = 0.0020

CONDUCTIVITY k: Btu, in./sq ft, hr °F (km: W/mK)

Δt Celsius °C or Kelvin °K

k	50	70	90	110	130	150	170	190	210	230	250	270	290	310	330	350	370	390	410	430	450	470	490	510	530	550	570	590	610	630	650	670	690	710	730	km
0.1	0.5	0.5	0.5	0.5	1.0	1.0	1.0	1.0	1.0	1.0	1.0	1.0	1.0	1.0	1.0	1.0	1.0	1.0	1.0	1.0	1.0	1.0	1.5	1.5	1.5	1.5	1.5	1.5	1.5	1.5	1.5	1.5	1.5	1.5	1.5	**.0144**
0.2	0.5	0.5	1.0	1.0	1.0	1.0	1.0	1.0	1.0	1.0	1.0	1.5	1.5	1.5	1.5	1.5	1.5	1.5	1.5	1.5	1.5	1.5	1.5	1.5	1.5	1.5	2.0	2.0	2.0	2.0	2.0	2.0	2.0	2.0	2.0	**.0288**
0.3	0.5	1.0	1.0	1.0	1.0	1.0	1.0	1.0	1.5	1.5	1.5	1.5	1.5	1.5	1.5	1.5	1.5	1.5	2.0	2.0	2.0	2.0	2.0	2.0	2.0	2.0	2.0	2.0	2.0	2.0	2.0	2.0	2.5	2.5	2.5	**.0433**
0.4	0.5	1.0	1.0	1.0	1.0	1.0	1.5	1.5	1.5	1.5	1.5	1.5	1.5	1.5	2.0	2.0	2.0	2.0	2.0	2.0	2.0	2.0	2.0	2.0	2.0	2.5	2.5	2.5	2.5	2.5	2.5	2.5	2.5	2.5	2.5	**.0577**
0.5	1.0	1.0	1.0	1.0	1.0	1.5	1.5	1.5	1.5	1.5	1.5	2.0	2.0	2.0	2.0	2.0	2.0	2.0	2.0	2.0	2.5	2.5	2.5	2.5	2.5	2.5	2.5	2.5	2.5	2.5	2.5	3.0	3.0	3.0	3.0	**.0721**
0.6	1.0	1.0	1.0	1.0	1.5	1.5	1.5	1.5	1.5	1.5	2.0	2.0	2.0	2.0	2.0	2.0	2.0	2.5	2.5	2.5	2.5	2.5	2.5	2.5	2.5	2.5	2.5	3.0	3.0	3.0	3.0	3.0	3.0	3.0	3.0	**.0865**
0.7	1.0	1.0	1.0	1.0	1.5	1.5	1.5	1.5	1.5	2.0	2.0	2.0	2.0	2.0	2.0	2.5	2.5	2.5	2.5	2.5	2.5	2.5	2.5	2.5	3.0	3.0	3.0	3.0	3.0	3.0	3.0	3.0	3.5	3.5	3.5	**.1009**
0.8	1.0	1.0	1.0	1.5	1.5	1.5	1.5	1.5	2.0	2.0	2.0	2.0	2.0	2.0	2.5	2.5	2.5	2.5	2.5	2.5	2.5	3.0	3.0	3.0	3.0	3.0	3.0	3.0	3.0	3.5	3.5	3.5	3.5	3.5	3.5	**.1154**
0.9	1.0	1.0	1.0	1.5	1.5	1.5	1.5	2.0	2.0	2.0	2.0	2.0	2.0	2.5	2.5	2.5	2.5	2.5	2.5	3.0	3.0	3.0	3.0	3.0	3.0	3.0	3.5	3.5	3.5	3.5	3.5	3.5	3.5	3.5	3.5	**.1298**
1.0	1.0	1.0	1.0	1.5	1.5	1.5	1.5	2.0	2.0	2.0	2.0	2.0	2.5	2.5	2.5	2.5	2.5	2.5	3.0	3.0	3.0	3.0	3.0	3.0	3.5	3.5	3.5	3.5	3.5	3.5	3.5	3.5	4.0	4.0	4.0	**.1442**
1.1	1.0	1.0	1.0	1.5	1.5	1.5	2.0	2.0	2.0	2.0	2.0	2.5	2.5	2.5	2.5	2.5	2.5	3.0	3.0	3.0	3.0	3.0	3.0	3.5	3.5	3.5	3.5	3.5	3.5	3.5	4.0	4.0	4:0	4.0	4.0	**.1586**
1.2	1.0	1.0	1.0	1.5	1.5	1.5	2.0	2.0	2.0	2.0	2.0	2.5	2.5	2.5	2.5	2.5	3.0	3.0	3.0	3.0	3.0	3.5	3.5	3.5	3.5	3.5	3.5	3.5	4.0	4.0	4.0	4.0	4.0	4.0	4.0	**.1730**
1.3	1.0	1.0	1.0	1.5	1.5	1.5	2.0	2.0	2.0	2.0	2.5	2.5	2.5	2.5	2.5	3.0	3.0	3.0	3.0	3.0	3.5	3.5	3.5	3.5	3.5	3.5	4.0	4.0	4.0	4.0	4.0	4.0	4.0	4.5	4.5	**.1875**
1.4	1.0	1.0	1.0	1.5	1.5	1.5	2.0	2.0	2.0	2.0	2.5	2.5	2.5	2.5	3.0	3.0	3.0	3.0	3.0	3.5	3.5	3.5	3.5	3.5	3.5	4.0	4.0	4.0	4.0	4.0	4.0	4.5	4.5	4.5	4.5	**.2019**
1.5	1.0	1.0	1.0	1.5	1.5	1.5	2.0	2.0	2.0	2.5	2.5	2.5	2.5	2.5	3.0	3.0	3.0	3.0	3.5	3.5	3.5	3.5	3.5	3.5	4.0	4.0	4.0	4.0	4.0	4.0	4.5	4.5	4.5	4.5	4.5	**.2163**
k	**90**	**126**	**162**	**198**	**234**	**270**	**306**	**342**	**378**	**414**	**450**	**486**	**522**	**558**	**594**	**630**	**666**	**702**	**738**	**774**	**810**	**846**	**882**	**918**	**954**	**990**	**1026**	**1062**	**1098**	**1134**	**1170**	**1206**	**1242**	**1278**	**1314**	**km**

Δt Fahrenheit

D = 0.0022

CONDUCTIVITY k: Btu, in./sq ft, hr °F (km: W/mK)

Δt Celsius °C or Kelvin °K

k	50	70	90	110	130	150	170	190	210	230	250	270	290	310	330	350	370	390	410	430	450	470	490	510	530	550	570	590	610	630	650	670	690	710	730	km
0.1	0.5	0.5	0.5	0.5	1.0	1.0	1.0	1.0	1.0	1.0	1.0	1.0	1.0	1.0	1.0	1.0	1.0	1.0	1.0	1.0	1.5	1.5	1.5	1.5	1.5	1.5	1.5	1.5	1.5	1.5	1.5	1.5	1.5	1.5	1.5	**.0144**
0.2	0.5	0.5	1.0	1.0	1.0	1.0	1.0	1.0	1.0	1.0	1.5	1.5	1.5	1.5	1.5	1.5	1.5	1.5	1.5	1.5	1.5	1.5	1.5	2.0	2.0	2.0	2.0	2.0	2.0	2.0	2.0	2.0	2.0	2.0	2.0	**.0288**
0.3	0.5	1.0	1.0	1.0	1.0	1.0	1.0	1.5	1.5	1.5	1.5	1.5	1.5	1.5	1.5	1.5	2.0	2.0	2.0	2.0	2.0	2.0	2.0	2.0	2.0	2.0	2.0	2.0	2.0	2.5	2.5	2.5	2.5	2.5	2.5	**.0433**
0.4	1.0	1.0	1.0	1.0	1.0	1.5	1.5	1.5	1.5	1.5	1.5	2.0	2.0	2.0	2.0	2.0	2.0	2.0	2.0	2.0	2.0	2.5	2.5	2.5	2.5	2.5	2.5	2.5	2.5	2.5	2.5	2.5	2.5	2.5	2.5	**.0577**
0.5	1.0	1.0	1.0	1.0	1.5	1.5	1.5	1.5	1.5	1.5	2.0	2.0	2.0	2.0	2.0	2.0	2.0	2.0	2.5	2.5	2.5	2.5	2.5	2.5	2.5	2.5	2.5	2.5	3.0	3.0	3.0	3.0	3.0	3.0	3.0	**.0721**
0.6	1.0	1.0	1.0	1.0	1.5	1.5	1.5	1.5	1.5	2.0	2.0	2.0	2.0	2.0	2.0	2.0	2.5	2.5	2.5	2.5	2.5	2.5	2.5	2.5	3.0	3.0	3.0	3.0	3.0	3.0	3.0	3.0	3.0	3.5	3.5	**.0865**
0.7	1.0	1.0	1.0	1.5	1.5	1.5	1.5	1.5	2.0	2.0	2.0	2.0	2.0	2.0	2.5	2.5	2.5	2.5	2.5	2.5	2.5	3.0	3.0	3.0	3.0	3.0	3.0	3.0	3.0	3.5	3.5	3.5	3.5	3.5	3.5	**.1009**
0.8	1.0	1.0	1.0	1.5	1.5	1.5	1.5	2.0	2.0	2.0	2.0	2.0	2.5	2.5	2.5	2.5	2.5	2.5	2.5	3.0	3.0	3.0	3.0	3.0	3.0	3.0	3.5	3.5	3.5	3.5	3.5	3.5	3.5	3.5	3.5	**.1154**
0.9	1.0	1.0	1.0	1.5	1.5	1.5	2.0	2.0	2.0	2.0	2.0	2.5	2.5	2.5	2.5	2.5	2.5	3.0	3.0	3.0	3.0	3.0	3.0	3.0	3.5	3.5	3.5	3.5	3.5	3.5	3.5	4.0	4.0	4.0	4.0	**.1298**
1.0	1.0	1.0	1.5	1.5	1.5	1.5	2.0	2.0	2.0	2.0	2.0	2.5	2.5	2.5	2.5	2.5	3.0	3.0	3.0	3.0	3.0	3.0	3.5	3.5	3.5	3.5	3.5	3.5	3.5	4.0	4.0	4.0	4.0	4.0	4.0	**.1442**
1.1	1.0	1.0	1.5	1.5	1.5	1.5	2.0	2.0	2.0	2.0	2.5	2.5	2.5	2.5	2.5	3.0	3.0	3.0	3.0	3.0	3.5	3.5	3.5	3.5	3.5	3.5	3.5	4.0	4.0	4.0	4.0	4.0	4.0	4.0	4.5	**.1586**
1.2	1.0	1.0	1.5	1.5	1.5	2.0	2.0	2.0	2.0	2.5	2.5	2.5	2.5	2.5	3.0	3.0	3.0	3.0	3.0	3.5	3.5	3.5	3.5	3.5	3.5	4.0	4.0	4.0	4.0	4.0	4.0	4.0	4.5	4.5	4.5	**.1730**
1.3	1.0	1.0	1.5	1.5	1.5	2.0	2.0	2.0	2.0	2.5	2.5	2.5	2.5	3.0	3.0	3.0	3.0	3.0	3.5	3.5	3.5	3.5	3.5	3.5	4.0	4.0	4.0	4.0	4.0	4.0	4.5	4.5	4.5	4.5	4.5	**.1875**
1.4	1.0	1.0	1.5	1.5	1.5	2.0	2.0	2.0	2.0	2.5	2.5	2.5	2.5	3.0	3.0	3.0	3.0	3.5	3.5	3.5	3.5	3.5	4.0	4.0	4.0	4.0	4.0	4.0	4.5	4.5	4.5	4.5	4.5	4.5	4.5	**.2019**
1.5	1.0	1.0	1.5	1.5	1.5	2.0	2.0	2.0	2.5	2.5	2.5	2.5	3.0	3.0	3.0	3.0	3.5	3.5	3.5	3.5	3.5	4.0	4.0	4.0	4.0	4.0	4.0	4.5	4.5	4.5	4.5	4.5	4.5	4.5	5.0	**.2163**
k	**90**	**126**	**162**	**198**	**234**	**270**	**306**	**342**	**378**	**414**	**450**	**486**	**522**	**558**	**594**	**630**	**666**	**702**	**738**	**774**	**810**	**846**	**882**	**918**	**954**	**990**	**1026**	**1062**	**1098**	**1134**	**1170**	**1206**	**1242**	**1278**	**1314**	**km**

Δt Fahrenheit

TEMPERATURE DIFFERENCE

TABLE 2 (Sheet 74 of 128)

TABLE 2 (Continued)

ECONOMICAL INSULATION THICKNESS TABLE

IN INCHES
(nominal)

PIPE SIZE: 12'' NPS (Tube Size 12-1/2'' OD)
323.8 mm

At the intersection of the ''Δt'' column with the ''k'' row read the economical thickness.
(•—*exceeds 12'' thickness*)

CONDUCTIVITY Btu, in./sq ft, hr °F (k) — W/mK (km)

D = 0.0025

Δt Celsius °C or Kelvin °K

k	50	70	90	110	130	150	170	190	210	230	250	270	290	310	330	350	370	390	410	430	450	470	490	510	530	550	570	590	610	630	650	670	690	710	730	km
0.1	0.5	0.5	0.5	1.0	1.0	1.0	1.0	1.0	1.0	1.0	1.0	1.0	1.0	1.0	1.0	1.0	1.0	1.5	1.5	1.5	1.5	1.5	1.5	1.5	1.5	1.5	1.5	1.5	1.5	1.5	1.5	1.5	1.5	1.5	1.5	.0144
0.2	0.5	1.0	1.0	1.0	1.0	1.0	1.0	1.0	1.5	1.5	1.5	1.5	1.5	1.5	1.5	1.5	1.5	1.5	1.5	1.5	2.0	2.0	2.0	2.0	2.0	2.0	2.0	2.0	2.0	2.0	2.0	2.0	2.0	2.0	2.0	.0288
0.3	1.0	1.0	1.0	1.0	1.0	1.0	1.5	1.5	1.5	1.5	1.5	1.5	1.5	1.5	2.0	2.0	2.0	2.0	2.0	2.0	2.0	2.0	2.0	2.0	2.0	2.5	2.5	2.5	2.5	2.5	2.5	2.5	2.5	2.5	2.5	.0433
0.4	1.0	1.0	1.0	1.0	1.5	1.5	1.5	1.5	1.5	1.5	1.5	2.0	2.0	2.0	2.0	2.0	2.0	2.0	2.0	2.5	2.5	2.5	2.5	2.5	2.5	2.5	2.5	2.5	2.5	2.5	3.0	3.0	3.0	3.0	3.0	.0577
0.5	1.0	1.0	1.0	1.5	1.5	1.5	1.5	1.5	1.5	2.0	2.0	2.0	2.0	2.0	2.0	2.0	2.5	2.5	2.5	2.5	2.5	2.5	2.5	2.5	2.5	3.0	3.0	3.0	3.0	3.0	3.0	3.0	3.0	3.0	3.5	.0721
0.6	1.0	1.0	1.0	1.5	1.5	1.5	1.5	2.0	2.0	2.0	2.0	2.0	2.0	2.0	2.5	2.5	2.5	2.5	2.5	2.5	2.5	3.0	3.0	3.0	3.0	3.0	3.0	3.0	3.0	3.5	3.5	3.5	3.5	3.5	3.5	.0865
0.7	1.0	1.0	1.0	1.5	1.5	1.5	1.5	2.0	2.0	2.0	2.0	2.0	2.5	2.5	2.5	2.5	2.5	2.5	2.5	3.0	3.0	3.0	3.0	3.0	3.0	3.5	3.5	3.5	3.5	3.5	3.5	3.5	3.5	3.5	4.0	.1009
0.8	1.0	1.0	1.5	1.5	1.5	1.5	2.0	2.0	2.0	2.0	2.0	2.5	2.5	2.5	2.5	2.5	2.5	3.0	3.0	3.0	3.0	3.0	3.0	3.5	3.5	3.5	3.5	3.5	3.5	3.5	4.0	4.0	4.0	4.0	4.0	.1154
0.9	1.0	1.0	1.5	1.5	1.5	2.0	2.0	2.0	2.0	2.0	2.5	2.5	2.5	2.5	2.5	3.0	3.0	3.0	3.0	3.0	3.0	3.5	3.5	3.5	3.5	3.5	3.5	4.0	4.0	4.0	4.0	4.0	4.0	4.0	4.0	.1298
1.0	1.0	1.0	1.5	1.5	1.5	2.0	2.0	2.0	2.0	2.5	2.5	2.5	2.5	2.5	3.0	3.0	3.0	3.0	3.0	3.5	3.5	3.5	3.5	3.5	3.5	4.0	4.0	4.0	4.0	4.0	4.0	4.0	4.5	4.5	4.5	.1442
1.1	1.0	1.0	1.5	1.5	1.5	2.0	2.0	2.0	2.0	2.5	2.5	2.5	2.5	3.0	3.0	3.0	3.0	3.0	3.5	3.5	3.5	3.5	3.5	4.0	4.0	4.0	4.0	4.0	4.0	4.0	4.5	4.5	4.5	4.5	4.5	.1586
1.2	1.0	1.0	1.5	1.5	2.0	2.0	2.0	2.0	2.5	2.5	2.5	2.5	3.0	3.0	3.0	3.0	3.0	3.5	3.5	3.5	3.5	3.5	4.0	4.0	4.0	4.0	4.0	4.0	4.5	4.5	4.5	4.5	4.5	4.5	4.5	.1730
1.3	1.0	1.0	1.5	1.5	2.0	2.0	2.0	2.0	2.5	2.5	2.5	2.5	3.0	3.0	3.0	3.0	3.5	3.5	3.5	3.5	3.5	4.0	4.0	4.0	4.0	4.0	4.5	4.5	4.5	4.5	4.5	4.5	4.5	5.0	5.0	.1875
1.4	1.0	1.0	1.5	1.5	2.0	2.0	2.0	2.5	2.5	2.5	2.5	3.0	3.0	3.0	3.0	3.5	3.5	3.5	3.5	4.0	4.0	4.0	4.0	4.0	4.0	4.5	4.5	4.5	4.5	4.5	4.5	5.0	5.0	5.0	5.0	.2019
1.5	1.0	1.0	1.5	1.5	2.0	2.0	2.0	2.5	2.5	2.5	2.5	3.0	3.0	3.0	3.5	3.5	3.5	3.5	3.5	4.0	4.0	4.0	4.0	4.0	4.5	4.5	4.5	4.5	4.5	5.0	5.0	5.0	5.0	5.0	5.0	.2163
k	90	126	162	198	234	270	306	342	378	414	450	486	522	558	594	630	666	702	738	774	810	846	882	918	954	990	1026	1062	1098	1134	1170	1206	1242	1278	1314	km

Δt Fahrenheit

D = 0.0030

Δt Celsius °C or Kelvin °K

k	50	70	90	110	130	150	170	190	210	230	250	270	290	310	330	350	370	390	410	430	450	470	490	510	530	550	570	590	610	630	650	670	690	710	730	km
0.1	0.5	0.5	1.0	1.0	1.0	1.0	1.0	1.0	1.0	1.0	1.0	1.0	1.0	1.0	1.5	1.5	1.5	1.5	1.5	1.5	1.5	1.5	1.5	1.5	1.5	1.5	1.5	1.5	1.5	1.5	1.5	1.5	1.5	2.0	2.0	.0144
0.2	0.5	1.0	1.0	1.0	1.0	1.0	1.0	1.5	1.5	1.5	1.5	1.5	1.5	1.5	1.5	1.5	1.5	2.0	2.0	2.0	2.0	2.0	2.0	2.0	2.0	2.0	2.0	2.0	2.0	2.0	2.5	2.5	2.5	2.5	2.5	.0288
0.3	1.0	1.0	1.0	1.0	1.5	1.5	1.5	1.5	1.5	1.5	1.5	2.0	2.0	2.0	2.0	2.0	2.0	2.0	2.0	2.0	2.0	2.5	2.5	2.5	2.5	2.5	2.5	2.5	2.5	2.5	2.5	2.5	3.0	3.0	3.0	.0433
0.4	1.0	1.0	1.0	1.5	1.5	1.5	1.5	1.5	2.0	2.0	2.0	2.0	2.0	2.0	2.0	2.0	2.5	2.5	2.5	2.5	2.5	2.5	2.5	2.5	2.5	3.0	3.0	3.0	3.0	3.0	3.0	3.0	3.0	3.0	3.5	.0577
0.5	1.0	1.0	1.0	1.5	1.5	1.5	1.5	2.0	2.0	2.0	2.0	2.0	2.0	2.5	2.5	2.5	2.5	2.5	2.5	2.5	3.0	3.0	3.0	3.0	3.0	3.0	3.0	3.0	3.5	3.5	3.5	3.5	3.5	3.5	3.5	.0721
0.6	1.0	1.0	1.5	1.5	1.5	1.5	2.0	2.0	2.0	2.0	2.0	2.5	2.5	2.5	2.5	2.5	2.5	3.0	3.0	3.0	3.0	3.0	3.0	3.0	3.5	3.5	3.5	3.5	3.5	3.5	3.5	3.5	4.0	4.0	4.0	.0865
0.7	1.0	1.0	1.5	1.5	1.5	2.0	2.0	2.0	2.0	2.0	2.5	2.5	2.5	2.5	2.5	3.0	3.0	3.0	3.0	3.0	3.0	3.5	3.5	3.5	3.5	3.5	3.5	3.5	4.0	4.0	4.0	4.0	4.0	4.0	4.0	.1009
0.8	1.0	1.0	1.5	1.5	1.5	2.0	2.0	2.0	2.0	2.5	2.5	2.5	2.5	2.5	3.0	3.0	3.0	3.0	3.0	3.5	3.5	3.5	3.5	3.5	3.5	4.0	4.0	4.0	4.0	4.0	4.0	4.0	4.5	4.5	4.5	.1154
0.9	1.0	1.5	1.5	1.5	2.0	2.0	2.0	2.0	2.5	2.5	2.5	2.5	3.0	3.0	3.0	3.0	3.0	3.5	3.5	3.5	3.5	3.5	4.0	4.0	4.0	4.0	4.0	4.0	4.0	4.5	4.5	4.5	4.5	4.5	4.5	.1298
1.0	1.0	1.5	1.5	1.5	2.0	2.0	2.0	2.5	2.5	2.5	2.5	3.0	3.0	3.0	3.0	3.0	3.5	3.5	3.5	3.5	3.5	4.0	4.0	4.0	4.0	4.0	4.0	4.5	4.5	4.5	4.5	4.5	4.5	4.5	5.0	.1442
1.1	1.0	1.5	1.5	1.5	2.0	2.0	2.0	2.5	2.5	2.5	3.0	3.0	3.0	3.0	3.5	3.5	3.5	3.5	3.5	4.0	4.0	4.0	4.0	4.0	4.0	4.5	4.5	4.5	4.5	4.5	4.5	5.0	5.0	5.0	5.0	.1586
1.2	1.0	1.5	1.5	2.0	2.0	2.0	2.5	2.5	2.5	2.5	3.0	3.0	3.0	3.5	3.5	3.5	3.5	3.5	4.0	4.0	4.0	4.0	4.0	4.5	4.5	4.5	4.5	4.5	4.5	5.0	5.0	5.0	5.0	5.0	5.5	.1730
1.3	1.0	1.5	1.5	2.0	2.0	2.0	2.5	2.5	2.5	3.0	3.0	3.0	3.0	3.5	3.5	3.5	3.5	4.0	4.0	4.0	4.0	4.0	4.5	4.5	4.5	4.5	4.5	5.0	5.0	5.0	5.0	5.0	5.5	5.5	5.5	.1875
1.4	1.0	1.5	1.5	2.0	2.0	2.0	2.5	2.5	2.5	3.0	3.0	3.0	3.5	3.5	3.5	3.5	4.0	4.0	4.0	4.0	4.5	4.5	4.5	4.5	4.5	5.0	5.0	5.0	5.0	5.0	5.5	5.5	5.5	5.5	5.5	.2019
1.5	1.0	1.5	1.5	2.0	2.0	2.0	2.5	2.5	2.5	3.0	3.0	3.5	3.5	3.5	3.5	4.0	4.0	4.0	4.0	4.5	4.5	4.5	4.5	4.5	5.0	5.0	5.0	5.0	5.0	5.5	5.5	5.5	5.5	5.5	5.5	.2163
k	90	126	162	198	234	270	306	342	378	414	450	486	522	558	594	630	666	702	738	774	810	846	882	918	954	990	1026	1062	1098	1134	1170	1206	1242	1278	1314	km

Δt Fahrenheit

D = 0.0035

Δt Celsius °C or Kelvin °K

k	50	70	90	110	130	150	170	190	210	230	250	270	290	310	330	350	370	390	410	430	450	470	490	510	530	550	570	590	610	630	650	670	690	710	730	km
0.1	0.5	0.5	1.0	1.0	1.0	1.0	1.0	1.0	1.0	1.0	1.0	1.0	1.5	1.5	1.5	1.5	1.5	1.5	1.5	1.5	1.5	1.5	1.5	1.5	1.5	1.5	1.5	1.5	2.0	2.0	2.0	2.0	2.0	2.0	2.0	.0144
0.2	1.0	1.0	1.0	1.0	1.0	1.5	1.5	1.5	1.5	1.5	1.5	1.5	1.5	1.5	2.0	2.0	2.0	2.0	2.0	2.0	2.0	2.0	2.0	2.0	2.0	2.0	2.5	2.5	2.5	2.5	2.5	2.5	2.5	2.5	2.5	.0288
0.3	1.0	1.0	1.0	1.5	1.5	1.5	1.5	1.5	1.5	2.0	2.0	2.0	2.0	2.0	2.0	2.0	2.0	2.5	2.5	2.5	2.5	2.5	2.5	2.5	2.5	2.5	2.5	3.0	3.0	3.0	3.0	3.0	3.0	3.0	3.0	.0433
0.4	1.0	1.0	1.5	1.5	1.5	1.5	1.5	2.0	2.0	2.0	2.0	2.0	2.0	2.5	2.5	2.5	2.5	2.5	2.5	2.5	2.5	3.0	3.0	3.0	3.0	3.0	3.0	3.0	3.0	3.5	3.5	3.5	3.5	3.5	3.5	.0577
0.5	1.0	1.0	1.5	1.5	1.5	1.5	2.0	2.0	2.0	2.0	2.0	2.5	2.5	2.5	2.5	2.5	2.5	3.0	3.0	3.0	3.0	3.0	3.0	3.0	3.5	3.5	3.5	3.5	3.5	3.5	3.5	3.5	4.0	4.0	4.0	.0721
0.6	1.0	1.5	1.5	1.5	1.5	2.0	2.0	2.0	2.0	2.5	2.5	2.5	2.5	2.5	3.0	3.0	3.0	3.0	3.0	3.0	3.5	3.5	3.5	3.5	3.5	3.5	3.5	4.0	4.0	4.0	4.0	4.0	4.0	4.0	4.0	.0865
0.7	1.0	1.5	1.5	1.5	2.0	2.0	2.0	2.0	2.5	2.5	2.5	2.5	2.5	3.0	3.0	3.0	3.0	3.0	3.5	3.5	3.5	3.5	3.5	3.5	4.0	4.0	4.0	4.0	4.0	4.0	4.0	4.5	4.5	4.5	4.5	.1009
0.8	1.0	1.5	1.5	1.5	2.0	2.0	2.0	2.5	2.5	2.5	2.5	3.0	3.0	3.0	3.0	3.0	3.5	3.5	3.5	3.5	3.5	4.0	4.0	4.0	4.0	4.0	4.0	4.5	4.5	4.5	4.5	4.5	4.5	4.5	5.0	.1154
0.9	1.0	1.5	1.5	2.0	2.0	2.0	2.5	2.5	2.5	2.5	3.0	3.0	3.0	3.0	3.5	3.5	3.5	3.5	3.5	4.0	4.0	4.0	4.0	4.0	4.0	4.5	4.5	4.5	4.5	4.5	4.5	5.0	5.0	5.0	5.0	.1298
1.0	1.0	1.5	1.5	2.0	2.0	2.0	2.5	2.5	2.5	3.0	3.0	3.0	3.0	3.5	3.5	3.5	3.5	4.0	4.0	4.0	4.0	4.0	4.5	4.5	4.5	4.5	4.5	4.5	5.0	5.0	5.0	5.0	5.0	5.0	5.5	.1442
1.1	1.0	1.5	1.5	2.0	2.0	2.0	2.5	2.5	2.5	3.0	3.0	3.0	3.5	3.5	3.5	3.5	4.0	4.0	4.0	4.0	4.0	4.5	4.5	4.5	4.5	4.5	5.0	5.0	5.0	5.0	5.0	5.5	5.5	5.5	5.5	.1586
1.2	1.0	1.5	1.5	2.0	2.0	2.5	2.5	2.5	3.0	3.0	3.0	3.5	3.5	3.5	3.5	4.0	4.0	4.0	4.0	4.5	4.5	4.5	4.5	4.5	5.0	5.0	5.0	5.0	5.0	5.5	5.5	5.5	5.5	5.5	5.5	.1730
1.3	1.0	1.5	2.0	2.0	2.0	2.5	2.5	2.5	3.0	3.0	3.0	3.5	3.5	3.5	4.0	4.0	4.0	4.0	4.5	4.5	4.5	4.5	4.5	5.0	5.0	5.0	5.0	5.5	5.5	5.5	5.5	5.5	5.5	5.5	6.0	.1875
1.4	1.0	1.5	2.0	2.0	2.0	2.5	2.5	3.0	3.0	3.0	3.5	3.5	3.5	4.0	4.0	4.0	4.0	4.5	4.5	4.5	4.5	4.5	5.0	5.0	5.0	5.0	5.5	5.5	5.5	5.5	5.5	5.5	6.0	6.0	6.0	.2019
1.5	1.0	1.5	2.0	2.0	2.5	2.5	2.5	3.0	3.0	3.0	3.5	3.5	3.5	4.0	4.0	4.0	4.5	4.5	4.5	4.5	5.0	5.0	5.0	5.0	5.5	5.5	5.5	5.5	5.5	5.5	6.0	6.0	6.0	6.0	6.0	.2163
k	90	126	162	198	234	270	306	342	378	414	450	486	522	558	594	630	666	702	738	774	810	846	882	918	954	990	1026	1062	1098	1134	1170	1206	1242	1278	1314	km

Δt Fahrenheit

TABLE 2 (Sheet 75 of 128)

TEMPERATURE DIFFERENCE

ECONOMICAL INSULATION THICKNESS TABLE

IN INCHES
(nominal)

PIPE SIZE: 12'' NPS (Tube Size 12-1/2'' OD)
323.8 mm

At the intersection of the ''Δt'' column with the ''k'' row read the economical thickness.
(•—*exceeds 12'' thickness*)

D = 0.0040

Δt Celsius °C or Kelvin °K

k (Btu, in./sq ft, hr °F)	50	70	90	110	130	150	170	190	210	230	250	270	290	310	330	350	370	390	410	430	450	470	490	510	530	550	570	590	610	630	650	670	690	710	730	km (W/mK)
0.1	0.5	1.0	1.0	1.0	1.0	1.0	1.0	1.0	1.0	1.0	1.5	1.5	1.5	1.5	1.5	1.5	1.5	1.5	1.5	1.5	1.5	1.5	1.5	1.5	2.0	2.0	2.0	2.0	2.0	2.0	2.0	2.0	2.0	2.0	2.0	**.0144**
0.2	1.0	1.0	1.0	1.0	1.0	1.5	1.5	1.5	1.5	1.5	1.5	1.5	2.0	2.0	2.0	2.0	2.0	2.0	2.0	2.0	2.0	2.0	2.5	2.5	2.5	2.5	2.5	2.5	2.5	2.5	2.5	2.5	2.5	2.5	2.5	**.0288**
0.3	1.0	1.0	1.0	1.5	1.5	1.5	1.5	1.5	2.0	2.0	2.0	2.0	2.0	2.0	2.0	2.5	2.5	2.5	2.5	2.5	2.5	2.5	2.5	2.5	3.0	3.0	3.0	3.0	3.0	3.0	3.0	3.0	3.0	3.5	3.5	**.0433**
0.4	1.0	1.0	1.5	1.5	1.5	1.5	2.0	2.0	2.0	2.0	2.0	2.5	2.5	2.5	2.5	2.5	2.5	2.5	3.0	3.0	3.0	3.0	3.0	3.0	3.0	3.5	3.5	3.5	3.5	3.5	3.5	3.5	3.5	3.5	4.0	**.0577**
0.5	1.0	1.5	1.5	1.5	1.5	2.0	2.0	2.0	2.0	2.5	2.5	2.5	2.5	2.5	2.5	3.0	3.0	3.0	3.0	3.0	3.0	3.5	3.5	3.5	3.5	3.5	3.5	4.0	4.0	4.0	4.0	4.0	4.0	4.0	4.0	**.0721**
0.6	1.0	1.5	1.5	1.5	2.0	2.0	2.0	2.0	2.5	2.5	2.5	2.5	3.0	3.0	3.0	3.0	3.0	3.5	3.5	3.5	3.5	3.5	3.5	4.0	4.0	4.0	4.0	4.0	4.0	4.0	4.0	4.5	4.5	4.5	4.5	**.0865**
0.7	1.0	1.5	1.5	2.0	2.0	2.0	2.0	2.5	2.5	2.5	2.5	3.0	3.0	3.0	3.0	3.5	3.5	3.5	3.5	3.5	4.0	4.0	4.0	4.0	4.0	4.0	4.0	4.5	4.5	4.5	4.5	4.5	4.5	4.5	5.0	**.1009**
0.8	1.0	1.5	1.5	2.0	2.0	2.0	2.5	2.5	2.5	2.5	3.0	3.0	3.0	3.5	3.5	3.5	3.5	3.5	4.0	4.0	4.0	4.0	4.0	4.0	4.5	4.5	4.5	4.5	4.5	4.5	5.0	5.0	5.0	5.0	5.0	**.1154**
0.9	1.0	1.5	1.5	2.0	2.0	2.5	2.5	2.5	2.5	3.0	3.0	3.0	3.5	3.5	3.5	3.5	4.0	4.0	4.0	4.0	4.0	4.5	4.5	4.5	4.5	4.5	4.5	5.0	5.0	5.0	5.0	5.0	5.5	5.5	5.5	**.1298**
1.0	1.5	1.5	2.0	2.0	2.0	2.5	2.5	2.5	3.0	3.0	3.0	3.5	3.5	3.5	3.5	4.0	4.0	4.0	4.0	4.5	4.5	4.5	4.5	4.5	4.5	5.0	5.0	5.0	5.0	5.5	5.5	5.5	5.5	5.5	5.5	**.1442**
1.1	1.5	1.5	2.0	2.0	2.0	2.5	2.5	3.0	3.0	3.0	3.5	3.5	3.5	3.5	4.0	4.0	4.0	4.0	4.5	4.5	4.5	4.5	4.5	5.0	5.0	5.0	5.0	5.5	5.5	5.5	5.5	5.5	5.5	5.5	6.0	**.1586**
1.2	1.5	1.5	2.0	2.0	2.5	2.5	2.5	3.0	3.0	3.0	3.5	3.5	3.5	4.0	4.0	4.0	4.0	4.5	4.5	4.5	4.5	5.0	5.0	5.0	5.0	5.5	5.5	5.5	5.5	5.5	5.5	6.0	6.0	6.0	6.0	**.1730**
1.3	1.5	1.5	2.0	2.0	2.5	2.5	2.5	3.0	3.0	3.5	3.5	3.5	4.0	4.0	4.0	4.0	4.5	4.5	4.5	4.5	5.0	5.0	5.0	5.0	5.5	5.5	5.5	5.5	5.5	6.0	6.0	6.0	6.0	6.0	6.5	**.1875**
1.4	1.5	1.5	2.0	2.0	2.5	2.5	3.0	3.0	3.0	3.5	3.5	4.0	4.0	4.0	4.0	4.5	4.5	4.5	4.5	5.0	5.0	5.0	5.5	5.5	5.5	5.5	5.5	6.0	6.0	6.0	6.0	6.0	6.5	6.5	6.5	**.2019**
1.5	1.5	1.5	2.0	2.0	2.5	2.5	3.0	3.0	3.5	3.5	3.5	4.0	4.0	4.0	4.5	4.5	4.5	4.5	5.0	5.0	5.0	5.5	5.5	5.5	5.5	5.5	6.0	6.0	6.0	6.0	6.5	6.5	6.5	6.5	7.0	**.2163**
k	**90**	**126**	**162**	**198**	**234**	**270**	**306**	**342**	**378**	**414**	**450**	**486**	**522**	**558**	**594**	**630**	**666**	**702**	**738**	**774**	**810**	**846**	**882**	**918**	**954**	**990**	**1026**	**1062**	**1098**	**1134**	**1170**	**1206**	**1242**	**1278**	**1314**	**km**

Δt Fahrenheit

D = 0.0045

Δt Celsius °C or Kelvin °K

k (Btu, in./sq ft, hr °F)	50	70	90	110	130	150	170	190	210	230	250	270	290	310	330	350	370	390	410	430	450	470	490	510	530	550	570	590	610	630	650	670	690	710	730	km (W/mK)
0.1	0.5	1.0	1.0	1.0	1.0	1.0	1.0	1.0	1.0	1.5	1.5	1.5	1.5	1.5	1.5	1.5	1.5	1.5	1.5	1.5	1.5	2.0	2.0	2.0	2.0	2.0	2.0	2.0	2.0	2.0	2.0	2.0	2.0	2.0	2.0	**.0144**
0.2	1.0	1.0	1.0	1.0	1.5	1.5	1.5	1.5	1.5	1.5	2.0	2.0	2.0	2.0	2.0	2.0	2.0	2.0	2.0	2.0	2.5	2.5	2.5	2.5	2.5	2.5	2.5	2.5	2.5	2.5	2.5	3.0	3.0	3.0	3.0	**.0288**
0.3	1.0	1.0	1.5	1.5	1.5	1.5	1.5	2.0	2.0	2.0	2.0	2.0	2.0	2.5	2.5	2.5	2.5	2.5	2.5	2.5	2.5	3.0	3.0	3.0	3.0	3.0	3.0	3.0	3.0	3.5	3.5	3.5	3.5	3.5	3.5	**.0433**
0.4	1.0	1.5	1.5	1.5	1.5	2.0	2.0	2.0	2.0	2.0	2.5	2.5	2.5	2.5	2.5	2.5	3.0	3.0	3.0	3.0	3.0	3.0	3.5	3.5	3.5	3.5	3.5	3.5	3.5	3.5	4.0	4.0	4.0	4.0	4.0	**.0577**
0.5	1.0	1.5	1.5	1.5	2.0	2.0	2.0	2.0	2.5	2.5	2.5	2.5	2.5	3.0	3.0	3.0	3.0	3.0	3.5	3.5	3.5	3.5	3.5	3.5	4.0	4.0	4.0	4.0	4.0	4.0	4.0	4.0	4.5	4.5	4.5	**.0721**
0.6	1.0	1.5	1.5	2.0	2.0	2.0	2.0	2.5	2.5	2.5	2.5	3.0	3.0	3.0	3.0	3.5	3.5	3.5	3.5	3.5	3.5	4.0	4.0	4.0	4.0	4.0	4.0	4.5	4.5	4.5	4.5	4.5	4.5	4.5	5.0	**.0865**
0.7	1.0	1.5	1.5	2.0	2.0	2.0	2.5	2.5	2.5	3.0	3.0	3.0	3.0	3.5	3.5	3.5	3.5	3.5	4.0	4.0	4.0	4.0	4.0	4.5	4.5	4.5	4.5	4.5	4.5	4.5	5.0	5.0	5.0	5.0	5.0	**.1009**
0.8	1.5	1.5	2.0	2.0	2.0	2.5	2.5	2.5	3.0	3.0	3.0	3.0	3.5	3.5	3.5	3.5	4.0	4.0	4.0	4.0	4.0	4.5	4.5	4.5	4.5	4.5	5.0	5.0	5.0	5.0	5.0	5.0	5.5	5.5	5.5	**.1154**
0.9	1.5	1.5	2.0	2.0	2.0	2.5	2.5	3.0	3.0	3.0	3.0	3.5	3.5	3.5	4.0	4.0	4.0	4.0	4.0	4.5	4.5	4.5	4.5	4.5	5.0	5.0	5.0	5.0	5.0	5.5	5.5	5.5	5.5	5.5	5.5	**.1298**
1.0	1.5	1.5	2.0•	2.0	2.5	2.5	2.5	3.0	3.0	3.0	3.5	3.5	3.5	4.0	4.0	4.0	4.0	4.5	4.5	4.5	4.5	4.5	5.0	5.0	5.0	5.0	5.5	5.5	5.5	5.5	5.5	5.5	6.0	6.0	6.0	**.1442**
1.1	1.5	1.5	2.0	2.0	2.5	2.5	3.0	3.0	3.0	3.5	3.5	3.5	4.0	4.0	4.0	4.0	4.5	4.5	4.5	4.5	5.0	5.0	5.0	5.0	5.5	5.5	5.5	5.5	5.5	5.5	6.0	6.0	6.0	6.0	6.5	**.1586**
1.2	1.5	1.5	2.0	2.0	2.5	2.5	3.0	3.0	3.5	3.5	3.5	4.0	4.0	4.0	4.0	4.5	4.5	4.5	4.5	5.0	5.0	5.0	5.5	5.5	5.5	5.5	5.5	5.5	6.0	6.0	6.0	6.0	6.5	6.5	6.5	**.1730**
1.3	1.5	2.0	2.0	2.5	2.5	2.5	3.0	3.0	3.5	3.5	3.5	4.0	4.0	4.0	4.5	4.5	4.5	5.0	5.0	5.0	5.0	5.5	5.5	5.5	5.5	5.5	6.0	6.0	6.0	6.0	6.5	6.5	6.5	6.5	7.0	**.1875**
1.4	1.5	2.0	2.0	2.5	2.5	3.0	3.0	3.5	3.5	3.5	4.0	4.0	4.0	4.5	4.5	4.5	5.0	5.0	5.0	5.0	5.5	5.5	5.5	5.5	6.0	6.0	6.0	6.0	6.5	6.5	6.5	6.5	7.0	7.0	7.0	**.2019**
1.5	1.5	2.0	2.0	2.5	2.5	3.0	3.0	3.5	3.5	4.0	4.0	4.0	4.5	4.5	4.5	5.0	5.0	5.0	5.5	5.5	5.5	5.5	5.5	6.0	6.0	6.0	6.5	6.5	6.5	6.5	7.0	7.0	7.0	7.0	7.0	**.2163**
k	**90**	**126**	**162**	**198**	**234**	**270**	**306**	**342**	**378**	**414**	**450**	**486**	**522**	**558**	**594**	**630**	**666**	**702**	**738**	**774**	**810**	**846**	**882**	**918**	**954**	**990**	**1026**	**1062**	**1098**	**1134**	**1170**	**1206**	**1242**	**1278**	**1314**	**km**

Δt Fahrenheit

D = 0.0050

Δt Celsius °C or Kelvin °K

k (Btu, in./sq ft, hr °F)	50	70	90	110	130	150	170	190	210	230	250	270	290	310	330	350	370	390	410	430	450	470	490	510	530	550	570	590	610	630	650	670	690	710	730	km (W/mK)
0.1	0.5	1.0	1.0	1.0	1.0	1.0	1.0	1.5	1.5	1.5	1.5	1.5	1.5	1.5	1.5	1.5	1.5	1.5	1.5	2.0	2.0	2.0	2.0	2.0	2.0	2.0	2.0	2.0	2.0	2.0	2.0	2.0	2.0	2.0	2.0	**.0144**
0.2	1.0	1.0	1.0	1.5	1.5	1.5	1.5	1.5	1.5	2.0	2.0	2.0	2.0	2.0	2.0	2.0	2.0	2.5	2.5	2.5	2.5	2.5	2.5	2.5	2.5	2.5	2.5	2.5	3.0	3.0	3.0	3.0	3.0	3.0	3.0	**.0288**
0.3	1.0	1.0	1.5	1.5	1.5	1.5	2.0	2.0	2.0	2.0	2.0	2.0	2.5	2.5	2.5	2.5	2.5	2.5	2.5	3.0	3.0	3.0	3.0	3.0	3.0	3.0	3.5	3.5	3.5	3.5	3.5	3.5	3.5	3.5	3.5	**.0433**
0.4	1.0	1.5	1.5	1.5	2.0	2.0	2.0	2.0	2.0	2.5	2.5	2.5	2.5	2.5	3.0	3.0	3.0	3.0	3.0	3.0	3.5	3.5	3.5	3.5	3.5	3.5	3.5	4.0	4.0	4.0	4.0	4.0	4.0	4.0	4.0	**.0577**
0.5	1.0	1.5	1.5	2.0	2.0	2.0	2.0	2.5	2.5	2.5	2.5	3.0	3.0	3.0	3.0	3.0	3.5	3.5	3.5	3.5	3.5	3.5	4.0	4.0	4.0	4.0	4.0	4.0	4.5	4.5	4.5	4.5	4.5	4.5	4.5	**.0721**
0.6	1.5	1.5	1.5	2.0	2.0	2.0	2.5	2.5	2.5	2.5	3.0	3.0	3.0	3.0	3.5	3.5	3.5	3.5	4.0	4.0	4.0	4.0	4.0	4.0	4.5	4.5	4.5	4.5	4.5	4.5	4.5	5.0	5.0	5.0	5.0	**.0865**
0.7	1.5	1.5	2.0	2.0	2.0	2.5	2.5	2.5	3.0	3.0	3.0	3.0	3.5	3.5	3.5	3.5	4.0	4.0	4.0	4.0	4.0	4.5	4.5	4.5	4.5	4.5	4.5	5.0	5.0	5.0	5.0	5.0	5.5	5.5	5.5	**.1009**
0.8	1.5	1.5	2.0	2.0	2.5	2.5	2.5	3.0	3.0	3.0	3.5	3.5	3.5	3.5	4.0	4.0	4.0	4.0	4.5	4.5	4.5	4.5	4.5	4.5	5.0	5.0	5.0	5.0	5.5	5.5	5.5	5.5	5.5	5.5	5.5	**.1154**
0.9	1.5	1.5	2.0	2.0	2.5	2.5	2.5	3.0	3.0	3.5	3.5	3.5	3.5	4.0	4.0	4.0	4.0	4.5	4.5	4.5	4.5	5.0	5.0	5.0	5.0	5.5	5.5	5.5	5.5	5.5	5.5	5.5	6.0	6.0	6.0	**.1298**
1.0	1.5	1.5	2.0	2.0	2.5	2.5	3.0	3.0	3.0	3.5	3.5	3.5	4.0	4.0	4.0	4.5	4.5	4.5	4.5	5.0	5.0	5.0	5.0	5.5	5.5	5.5	5.5	5.5	6.0	6.0	6.0	6.0	6.0	6.5	6.5	**.1442**
1.1	1.5	2.0	2.0	2.5	2.5	3.0	3.0	3.0	3.5	3.5	3.5	4.0	4.0	4.0	4.5	4.5	4.5	4.5	5.0	5.0	5.0	5.5	5.5	5.5	5.5	5.5	5.5	6.0	6.0	6.0	6.0	6.5	6.5	6.5	6.5	**.1586**
1.2	1.5	2.0	2.0	2.5	2.5	3.0	3.0	3.5	3.5	3.5	4.0	4.0	4.0	4.5	4.5	4.5	5.0	5.0	5.0	5.0	5.5	5.5	5.5	5.5	5.5	6.0	6.0	6.0	6.5	6.5	6.5	6.5	7.0	7.0	7.0	**.1730**
1.3	1.5	2.0	2.0	2.5	2.5	3.0	3.0	3.5	3.5	4.0	4.0	4.0	4.5	4.5	4.5	5.0	5.0	5.0	5.5	5.5	5.5	5.5	5.5	6.0	6.0	6.0	6.0	6.5	6.5	6.5	7.0	7.0	7.0	7.0	7.0	**.1875**
1.4	1.5	2.0	2.0	2.5	2.5	3.0	3.5	3.5	3.5	4.0	4.0	4.5	4.5	4.5	5.0	5.0	5.0	5.5	5.5	5.5	5.5	5.5	6.0	6.0	6.0	6.5	6.5	6.5	7.0	7.0	7.0	7.0	7.0	7.5	7.5	**.2019**
1.5	1.5	2.0	2.0	2.5	3.0	3.0	3.5	3.5	4.0	4.0	4.0	4.5	4.5	4.5	5.0	5.0	5.5	5.5	5.5	5.5	6.0	6.0	6.0	6.0	6.5	6.5	6.5	7.0	7.0	7.0	7.0	7.5	7.5	7.5	7.5	**.2163**
k	**90**	**126**	**162**	**198**	**234**	**270**	**306**	**342**	**378**	**414**	**450**	**486**	**522**	**558**	**594**	**630**	**666**	**702**	**738**	**774**	**810**	**846**	**882**	**918**	**954**	**990**	**1026**	**1062**	**1098**	**1134**	**1170**	**1206**	**1242**	**1278**	**1314**	**km**

Δt Fahrenheit

TEMPERATURE DIFFERENCE

TABLE 2 (Sheet 76 of 128)

TABLE 2 (Continued)

ECONOMICAL INSULATION THICKNESS TABLE

IN INCHES
(nominal)

PIPE SIZE: 12'' NPS (Tube Size 12-1/2'' OD)
323.8 mm

At the intersection of the ''Δt'' column with the ''k'' row read the economical thickness.
(•—*exceeds 12'' thickness*)

CONDUCTIVITY — k: Btu, in./sq ft, hr °F; km: W/mK

D = 0.0060

Δt Celsius °C or Kelvin °K

k	50	70	90	110	130	150	170	190	210	230	250	270	290	310	330	350	370	390	410	430	450	470	490	510	530	550	570	590	610	630	650	670	690	710	730	km
0.1	1.0	1.0	1.0	1.0	1.0	1.0	1.5	1.5	1.5	1.5	1.5	1.5	1.5	1.5	1.5	2.0	2.0	2.0	2.0	2.0	2.0	2.0	2.0	2.0	2.0	2.0	2.0	2.0	2.0	2.5	2.5	2.5	2.5	2.5	2.5	.0144
0.2	1.0	1.0	1.5	1.5	1.5	1.5	1.5	2.0	2.0	2.0	2.0	2.0	2.0	2.0	2.5	2.5	2.5	2.5	2.5	2.5	2.5	2.5	2.5	3.0	3.0	3.0	3.0	3.0	3.0	3.0	3.0	3.0	3.5	3.5	3.5	.0288
0.3	1.0	1.5	1.5	1.5	1.5	2.0	2.0	2.0	2.0	2.5	2.5	2.5	2.5	2.5	2.5	3.0	3.0	3.0	3.0	3.0	3.0	3.0	3.5	3.5	3.5	3.5	3.5	3.5	3.5	4.0	4.0	4.0	4.0	4.0	4.0	.0433
0.4	1.0	1.5	1.5	2.0	2.0	2.0	2.0	2.5	2.5	2.5	2.5	3.0	3.0	3.0	3.0	3.0	3.5	3.5	3.5	3.5	3.5	3.5	4.0	4.0	4.0	4.0	4.0	4.0	4.0	4.5	4.5	4.5	4.5	4.5	4.5	.0577
0.5	1.5	1.5	2.0	2.0	2.0	2.5	2.5	2.5	2.5	3.0	3.0	3.0	3.0	3.5	3.5	3.5	3.5	3.5	4.0	4.0	4.0	4.0	4.0	4.5	4.5	4.5	4.5	4.5	4.5	4.5	5.0	5.0	5.0	5.0	5.0	.0721
0.6	1.5	1.5	2.0	2.0	2.5	2.5	2.5	2.5	3.0	3.0	3.0	3.5	3.5	3.5	3.5	4.0	4.0	4.0	4.0	4.0	4.5	4.5	4.5	4.5	4.5	5.0	5.0	5.0	5.0	5.0	5.5	5.5	5.5	5.5	5.5	.0865
0.7	1.5	1.5	2.0	2.0	2.5	2.5	2.5	3.0	3.0	3.5	3.5	3.5	3.5	4.0	4.0	4.0	4.0	4.5	4.5	4.5	4.5	4.5	5.0	5.0	5.0	5.0	5.5	5.5	5.5	5.5	5.5	5.5	5.5	6.0	6.0	.1009
0.8	1.5	2.0	2.0	2.5	2.5	2.5	3.0	3.0	3.5	3.5	3.5	4.0	4.0	4.0	4.0	4.5	4.5	4.5	4.5	5.0	5.0	5.0	5.0	5.5	5.5	5.5	5.5	5.5	5.5	6.0	6.0	6.0	6.0	6.0	6.5	.1154
0.9	1.5	2.0	2.0	2.5	2.5	3.0	3.0	3.5	3.5	3.5	4.0	4.0	4.0	4.0	4.5	4.5	4.5	5.0	5.0	5.0	5.0	5.5	5.5	5.5	5.5	5.5	6.0	6.0	6.0	6.0	6.5	6.5	6.5	6.5	7.0	.1298
1.0	1.5	2.0	2.0	2.5	2.5	3.0	3.0	3.5	3.5	4.0	4.0	4.0	4.5	4.5	4.5	4.5	5.0	5.0	5.0	5.5	5.5	5.5	5.5	5.5	6.0	6.0	6.0	6.0	6.5	6.5	6.5	7.0	7.0	7.0	7.0	.1442
1.1	1.5	2.0	2.5	2.5	3.0	3.0	3.5	3.5	3.5	4.0	4.0	4.5	4.5	4.5	5.0	5.0	5.0	5.5	5.5	5.5	5.5	5.5	6.0	6.0	6.0	6.5	6.5	6.5	6.5	7.0	7.0	7.0	7.0	7.0	7.5	.1586
1.2	1.5	2.0	2.5	2.5	3.0	3.0	3.5	3.5	4.0	4.0	4.5	4.5	4.5	5.0	5.0	5.0	5.5	5.5	5.5	5.5	6.0	6.0	6.0	6.5	6.5	6.5	7.0	7.0	7.0	7.0	7.0	7.0	7.5	7.5	7.5	.1730
1.3	1.5	2.0	2.5	2.5	3.0	3.5	3.5	4.0	4.0	4.0	4.5	4.5	4.5	5.0	5.0	5.5	5.5	5.5	5.5	6.0	6.0	6.0	6.5	6.5	6.5	7.0	7.0	7.0	7.0	7.5	7.5	7.5	7.5	8.0	8.0	.1875
1.4	1.5	2.0	2.5	3.0	3.0	3.5	3.5	4.0	4.0	4.5	4.5	4.5	5.0	5.0	5.5	5.5	5.5	5.5	6.0	6.0	6.5	6.5	6.5	7.0	7.0	7.0	7.0	7.0	7.5	7.5	7.5	8.0	8.0	8.0	8.0	.2019
1.5	1.5	2.0	2.5	3.0	3.0	3.5	3.5	4.0	4.0	4.5	4.5	5.0	5.0	5.5	5.5	5.5	5.5	6.0	6.0	6.5	6.5	6.5	7.0	7.0	7.0	7.0	7.5	7.5	7.5	8.0	8.0	8.0	8.0	8.5	8.5	.2163
k	90	126	162	198	234	270	306	342	378	414	450	486	522	558	594	630	666	702	738	774	810	846	882	918	954	990	1026	1062	1098	1134	1170	1206	1242	1278	1314	km

Δt Fahrenheit

D = 0.0070

Δt Celsius °C or Kelvin °K

k	50	70	90	110	130	150	170	190	210	230	250	270	290	310	330	350	370	390	410	430	450	470	490	510	530	550	570	590	610	630	650	670	690	710	730	km
0.1	1.0	1.0	1.0	1.0	1.0	1.5	1.5	1.5	1.5	1.5	1.5	1.5	1.5	2.0	2.0	2.0	2.0	2.0	2.0	2.0	2.0	2.0	2.0	2.0	2.0	2.5	2.5	2.5	2.5	2.5	2.5	2.5	2.5	2.5	2.5	.0144
0.2	1.0	1.0	1.5	1.5	1.5	1.5	2.0	2.0	2.0	2.0	2.0	2.0	2.5	2.5	2.5	2.5	2.5	2.5	2.5	3.0	3.0	3.0	3.0	3.0	3.0	3.0	3.0	3.5	3.5	3.5	3.5	3.5	3.5	3.5	3.5	.0288
0.3	1.0	1.5	1.5	1.5	2.0	2.0	2.0	2.0	2.5	2.5	2.5	2.5	2.5	3.0	3.0	3.0	3.0	3.0	3.5	3.5	3.5	3.5	3.5	3.5	3.5	4.0	4.0	4.0	4.0	4.0	4.0	4.0	4.0	4.5	4.5	.0433
0.4	1.5	1.5	2.0	2.0	2.0	2.0	2.5	2.5	2.5	2.5	3.0	3.0	3.0	3.0	3.5	3.5	3.5	3.5	3.5	4.0	4.0	4.0	4.0	4.0	4.0	4.5	4.5	4.5	4.5	4.5	4.5	4.5	5.0	5.0	5.0	.0577
0.5	1.5	1.5	2.0	2.0	2.5	2.5	2.5	2.5	3.0	3.0	3.0	3.5	3.5	3.5	3.5	4.0	4.0	4.0	4.0	4.0	4.5	4.5	4.5	4.5	4.5	5.0	5.0	5.0	5.0	5.0	5.0	5.5	5.5	5.5	5.5	.0721
0.6	1.5	2.0	2.0	2.0	2.5	2.5	3.0	3.0	3.0	3.5	3.5	3.5	3.5	4.0	4.0	4.0	4.0	4.5	4.5	4.5	4.5	5.0	5.0	5.0	5.0	5.0	5.5	5.5	5.5	5.5	5.5	5.5	6.0	6.0	6.0	.0865
0.7	1.5	2.0	2.0	2.5	2.5	3.0	3.0	3.0	3.5	3.5	3.5	4.0	4.0	4.0	4.5	4.5	4.5	4.5	5.0	5.0	5.0	5.0	5.5	5.5	5.5	5.5	5.5	5.5	6.0	6.0	6.0	6.0	6.0	6.5	6.5	.1009
0.8	1.5	2.0	2.0	2.5	2.5	3.0	3.0	3.5	3.5	4.0	4.0	4.0	4.0	4.5	4.5	4.5	5.0	5.0	5.0	5.0	5.5	5.5	5.5	5.5	5.5	6.0	6.0	6.0	6.0	6.5	6.5	6.5	6.5	7.0	7.0	.1154
0.9	1.5	2.0	2.5	2.5	3.0	3.0	3.5	3.5	4.0	4.0	4.0	4.5	4.5	4.5	4.5	5.0	5.0	5.0	5.5	5.5	5.5	5.5	6.0	6.0	6.0	6.0	6.5	6.5	6.5	7.0	7.0	7.0	7.0	7.0	7.0	.1298
1.0	1.5	2.0	2.5	2.5	3.0	3.0	3.5	3.5	4.0	4.0	4.5	4.5	4.5	5.0	5.0	5.0	5.5	5.5	5.5	5.5	6.0	6.0	6.0	6.5	6.5	6.5	7.0	7.0	7.0	7.0	7.0	7.0	7.5	7.5	7.5	.1442
1.1	2.0	2.0	2.5	3.0	3.0	3.5	3.5	4.0	4.0	4.5	4.5	4.5	5.0	5.0	5.0	5.5	5.5	5.5	6.0	6.0	6.0	6.5	6.5	6.5	7.0	7.0	7.0	7.0	7.0	7.5	7.5	7.5	8.0	8.0	8.0	.1586
1.2	2.0	2.0	2.5	3.0	3.0	3.5	4.0	4.0	4.0	4.5	4.5	5.0	5.0	5.0	5.5	5.5	5.5	6.0	6.0	6.0	6.5	6.5	7.0	7.0	7.0	7.0	7.0	7.5	7.5	7.5	8.0	8.0	8.0	8.0	8.5	.1730
1.3	2.0	2.5	2.5	3.0	3.5	3.5	4.0	4.0	4.5	4.5	5.0	5.0	5.0	5.5	5.5	5.5	6.0	6.0	6.5	6.5	6.5	7.0	7.0	7.0	7.0	7.5	7.5	7.5	8.0	8.0	8.0	8.0	8.5	8.5	8.5	.1875
1.4	2.0	2.5	2.5	3.0	3.5	3.5	4.0	4.0	4.5	4.5	5.0	5.0	5.5	5.5	5.5	6.0	6.0	6.5	6.5	6.5	7.0	7.0	7.0	7.5	7.5	7.5	8.0	8.0	8.0	8.0	8.5	8.5	8.5	9.0	9.0	.2019
1.5	2.0	2.5	2.5	3.0	3.5	4.0	4.0	4.5	4.5	5.0	5.0	5.5	5.5	5.5	6.0	6.0	6.5	6.5	7.0	7.0	7.0	7.0	7.5	7.5	8.0	8.0	8.0	8.0	8.5	8.5	8.5	9.0	9.0	9.0	9.5	.2163
k	90	126	162	198	234	270	306	342	378	414	450	466	522	558	594	630	666	702	738	774	810	846	882	918	954	990	1026	1062	1098	1134	1170	1206	1242	1278	1314	km

Δt Fahrenheit

D = 0.0080

Δt Celsius °C or Kelvin °K

k	50	70	90	110	130	150	170	190	210	230	250	270	290	310	330	350	370	390	410	430	450	470	490	510	530	550	570	590	610	630	650	670	690	710	730	km
0.1	1.0	1.0	1.0	1.0	1.5	1.5	1.5	1.5	1.5	1.5	1.5	2.0	2.0	2.0	2.0	2.0	2.0	2.0	2.0	2.0	2.0	2.5	2.5	2.5	2.5	2.5	2.5	2.5	2.5	2.5	2.5	2.5	2.5	2.5	3.0	.0144
0.2	1.0	1.5	1.5	1.5	1.5	2.0	2.0	2.0	2.0	2.0	2.5	2.5	2.5	2.5	2.5	2.5	2.5	3.0	3.0	3.0	3.0	3.0	3.0	3.0	3.5	3.5	3.5	3.5	3.5	3.5	3.5	3.5	4.0	4.0	4.0	.0288
0.3	1.5	1.5	1.5	2.0	2.0	2.0	2.0	2.5	2.5	2.5	2.5	3.0	3.0	3.0	3.0	3.0	3.5	3.5	3.5	3.5	3.5	4.0	4.0	4.0	4.0	4.0	4.0	4.0	4.5	4.5	4.5	4.5	4.5	4.5	4.5	.0433
0.4	1.5	1.5	2.0	2.0	2.0	2.5	2.5	2.5	3.0	3.0	3.0	3.0	3.5	3.5	3.5	3.5	4.0	4.0	4.0	4.0	4.0	4.5	4.5	4.5	4.5	4.5	4.5	5.0	5.0	5.0	5.0	5.0	5.0	5.5	5.5	.0577
0.5	1.5	2.0	2.0	2.0	2.5	2.5	3.0	3.0	3.0	3.5	3.5	3.5	3.5	4.0	4.0	4.0	4.0	4.5	4.5	4.5	4.5	4.5	5.0	5.0	5.0	5.0	5.0	5.5	5.5	5.5	5.5	5.5	5.5	6.0	6.0	.0721
0.6	1.5	2.0	2.0	2.5	2.5	3.0	3.0	3.0	3.5	3.5	3.5	4.0	4.0	4.0	4.5	4.5	4.5	4.5	5.0	5.0	5.0	5.0	5.5	5.5	5.5	5.5	5.5	5.5	6.0	6.0	6.0	6.0	6.0	6.5	6.5	.0865
0.7	1.5	2.0	2.0	2.5	3.0	3.0	3.0	3.5	3.5	4.0	4.0	4.0	4.5	4.5	4.5	4.5	5.0	5.0	5.0	5.5	5.5	5.5	5.5	5.5	6.0	6.0	6.0	6.0	6.5	6.5	6.5	6.5	7.0	7.0	7.0	.1009
0.8	2.0	2.0	2.5	2.5	3.0	3.0	3.5	3.5	4.0	4.0	4.0	4.5	4.5	4.5	5.0	5.0	5.0	5.5	5.5	5.5	5.5	6.0	6.0	6.0	6.0	6.5	6.5	6.5	7.0	7.0	7.0	7.0	7.0	7.0	7.5	.1154
0.9	2.0	2.0	2.5	3.0	3.0	3.5	3.5	4.0	4.0	4.0	4.5	4.5	5.0	5.0	5.0	5.5	5.5	5.5	5.5	6.0	6.0	6.0	6.5	6.5	6.5	7.0	7.0	7.0	7.0	7.0	7.5	7.5	7.5	7.5	8.0	.1298
1.0	2.0	2.5	2.5	3.0	3.0	3.5	4.0	4.0	4.0	4.5	4.5	5.0	5.0	5.0	5.5	5.5	5.5	6.0	6.0	6.0	6.5	6.5	6.5	7.0	7.0	7.0	7.0	7.5	7.5	7.5	7.5	8.0	8.0	8.0	8.0	.1442
1.1	2.0	2.5	2.5	3.0	3.5	3.5	4.0	4.0	4.5	4.5	5.0	5.0	5.0	5.5	5.5	5.5	6.0	6.0	6.5	6.5	6.5	7.0	7.0	7.0	7.0	7.5	7.5	7.5	8.0	8.0	8.0	8.0	8.5	8.5	8.5	.1586
1.2	2.0	2.5	3.0	3.0	3.5	4.0	4.0	4.5	4.5	4.5	5.0	5.0	5.5	5.5	5.5	6.0	6.0	6.5	6.5	7.0	7.0	7.0	7.0	7.5	7.5	7.5	8.0	8.0	8.0	8.0	8.5	8.5	8.5	9.0	9.0	.1730
1.3	2.0	2.5	3.0	3.0	3.5	4.0	4.0	4.5	4.5	5.0	5.0	5.5	5.5	5.5	6.0	6.0	6.5	6.5	7.0	7.0	7.0	7.0	7.5	7.5	8.0	8.0	8.0	8.0	8.5	8.5	8.5	9.0	9.0	9.0	9.5	.1875
1.4	2.0	2.5	3.0	3.5	3.5	4.0	4.5	4.5	5.0	5.0	5.5	5.5	5.5	6.0	6.0	6.5	6.5	7.0	7.0	7.0	7.5	7.5	7.5	8.0	8.0	8.0	8.5	8.5	8.5	9.0	9.0	9.0	9.5	9.5	9.5	.2019
1.5	2.0	2.5	3.0	3.5	4.0	4.0	4.5	4.5	5.0	5.0	5.5	5.5	6.0	6.0	6.5	6.5	7.0	7.0	7.0	7.5	7.5	8.0	8.0	8.0	8.5	8.5	8.5	9.0	9.0	9.0	9.5	9.5	9.5	9.5	10.0	.2163
k	90	126	162	198	234	270	306	342	378	414	450	486	522	558	594	630	666	702	738	774	810	846	882	918	954	990	1026	1062	1098	1134	1170	1206	1242	1278	1314	km

Δt Fahrenheit

TABLE 2 (Sheet 77 of 128)

TEMPERATURE DIFFERENCE

ECONOMICAL INSULATION THICKNESS TABLE

IN INCHES
(nominal)

PIPE SIZE: 12'' NPS (Tube Size 12-1/2'' OD)
323.8 mm

At the intersection of the ''Δt'' column with the ''k'' row read the economical thickness.
(•—*exceeds 12'' thickness*)

D = 0.0100

CONDUCTIVITY k: Btu, in./sq ft, hr °F; km: W/mK

k	50	70	90	110	130	150	170	190	210	230	250	270	290	310	330	350	370	390	410	430	450	470	490	510	530	550	570	590	610	630	650	670	690	710	730	km
	Δt Celsius °C or Kelvin °K																																			
0.1	1.0	1.0	1.0	1.5	1.5	1.5	1.5	1.5	2.0	2.0	2.0	2.0	2.0	2.0	2.0	2.0	2.0	2.5	2.5	2.5	2.5	2.5	2.5	2.5	2.5	2.5	2.5	3.0	3.0	3.0	3.0	3.0	3.0	3.0	3.0	.0144
0.2	1.0	1.5	1.5	1.5	2.0	2.0	2.0	2.0	2.5	2.5	2.5	2.5	2.5	3.0	3.0	3.0	3.0	3.0	3.5	3.5	3.5	3.5	3.5	3.5	3.5	4.0	4.0	4.0	4.0	4.0	4.0	4.0	4.0	4.5	4.5	.0288
0.3	1.5	1.5	2.0	2.0	2.0	2.5	2.5	2.5	3.0	3.0	3.0	3.0	3.5	3.5	3.5	3.5	3.5	4.0	4.0	4.0	4.0	4.0	4.5	4.5	4.5	4.5	4.5	4.5	4.5	5.0	5.0	5.0	5.0	5.0	5.0	.0433
0.4	1.5	2.0	2.0	2.5	2.5	2.5	3.0	3.0	3.0	3.5	3.5	3.5	4.0	4.0	4.0	4.0	4.0	4.5	4.5	4.5	4.5	4.5	5.0	5.0	5.0	5.0	5.5	5.5	5.5	5.5	5.5	5.5	5.5	6.0	6.0	.0577
0.5	1.5	2.0	2.5	2.5	2.5	3.0	3.0	3.5	3.5	3.5	4.0	4.0	4.0	4.5	4.5	4.5	4.5	5.0	5.0	5.0	5.0	5.5	5.5	5.5	5.5	5.5	6.0	6.0	6.0	6.0	6.0	6.5	6.5	6.5	6.5	.0721
0.6	2.0	2.0	2.5	2.5	3.0	3.0	3.5	3.5	4.0	4.0	4.0	4.5	4.5	4.5	5.0	5.0	5.0	5.5	5.5	5.5	5.5	5.5	6.0	6.0	6.0	6.0	6.5	6.5	6.5	7.0	7.0	7.0	7.0	7.0	7.0	.0865
0.7	2.0	2.5	2.5	3.0	3.0	3.5	3.5	4.0	4.0	4.5	4.5	4.5	5.0	5.0	5.0	5.5	5.5	5.5	5.5	6.0	6.0	6.0	6.5	6.5	6.5	7.0	7.0	7.0	7.0	7.0	7.5	7.5	7.5	7.5	8.0	.1009
0.8	2.0	2.5	2.5	3.0	3.5	3.5	4.0	4.0	4.5	4.5	4.5	5.0	5.0	5.5	5.5	5.5	5.5	6.0	6.0	6.5	6.5	6.5	7.0	7.0	7.0	7.0	7.0	7.5	7.5	7.5	8.0	8.0	8.0	8.0	8.5	.1154
0.9	2.0	2.5	3.0	3.0	3.5	4.0	4.0	4.5	4.5	4.5	5.0	5.0	5.5	5.5	5.5	6.0	6.0	6.5	6.5	6.5	7.0	7.0	7.0	7.0	7.5	7.5	7.5	8.0	8.0	8.0	8.0	8.5	8.5	8.5	9.0	.1298
1.0	2.0	2.5	3.0	3.5	3.5	4.0	4.0	4.5	4.5	5.0	5.0	5.5	5.5	6.0	6.0	6.0	6.5	6.5	7.0	7.0	7.0	7.0	7.5	7.5	8.0	8.0	8.0	8.0	8.5	8.5	8.5	9.0	9.0	9.0	9.5	.1442
1.1	2.0	2.5	3.0	3.5	4.0	4.0	4.5	4.5	5.0	5.0	5.5	5.5	6.0	6.0	6.5	6.5	7.0	7.0	7.0	7.0	7.5	7.5	8.0	8.0	8.0	8.5	8.5	8.5	9.0	9.0	9.0	9.5	9.5	9.5	9.5	.1586
1.2	2.0	2.5	3.0	3.5	4.0	4.5	4.5	5.0	5.0	5.5	5.5	6.0	6.0	6.5	6.5	7.0	7.0	7.0	7.5	7.5	8.0	8.0	8.0	8.5	8.5	8.5	9.0	9.0	9.0	9.5	9.5	9.5	9.5	10.0	10.0	.1730
1.3	2.5	3.0	3.5	3.5	4.0	4.5	4.5	5.0	5.5	5.5	6.0	6.0	6.5	6.5	7.0	7.0	7.0	7.5	7.5	8.0	8.0	8.0	8.5	8.5	9.0	9.0	9.0	9.5	9.5	9.5	10.0	10.0	10.0	10.5	10.5	.1875
1.4	2.5	3.0	3.5	4.0	4.0	4.5	5.0	5.0	5.5	5.5	6.0	6.5	6.5	7.0	7.0	7.0	7.5	7.5	8.0	8.0	8.5	8.5	8.5	9.0	9.0	9.5	9.5	9.5	10.0	10.0	10.0	10.5	10.5	11.0	11.0	.2019
1.5	2.5	3.0	3.5	4.0	4.5	4.5	5.0	5.5	5.5	6.0	6.0	6.5	7.0	7.0	7.0	7.5	7.5	8.0	8.0	8.5	8.5	9.0	9.0	9.5	9.5	9.5	10.0	10.0	10.0	10.5	10.5	11.0	11.0	11.5	11.5	.2163
k	90	126	162	198	234	270	306	342	378	414	450	486	522	558	594	630	666	702	738	774	810	846	882	918	954	990	1026	1062	1098	1134	1170	1206	1242	1278	1314	km
	Δt Fahrenheit																																			

D = 0.0120

k	50	70	90	110	130	150	170	190	210	230	250	270	290	310	330	350	370	390	410	430	450	470	490	510	530	550	570	590	610	630	650	670	690	710	730	km
	Δt Celsius °C or Kelvin °K																																			
0.1	1.0	1.0	1.5	1.5	1.5	1.5	1.5	2.0	2.0	2.0	2.0	2.0	2.0	2.5	2.5	2.5	2.5	2.5	2.5	2.5	2.5	2.5	3.0	3.0	3.0	3.0	3.0	3.0	3.0	3.0	3.0	3.5	3.5	3.5	3.5	.0144
0.2	1.5	1.5	1.5	2.0	2.0	2.0	2.5	2.5	2.5	2.5	3.0	3.0	3.0	3.0	3.0	3.5	3.5	3.5	3.5	3.5	3.5	4.0	4.0	4.0	4.0	4.0	4.0	4.0	4.5	4.5	4.5	4.5	4.5	4.5	4.5	.0288
0.3	1.5	2.0	2.0	2.0	2.5	2.5	2.5	3.0	3.0	3.0	3.5	3.5	3.5	3.5	4.0	4.0	4.0	4.0	4.5	4.5	4.5	4.5	4.5	4.5	5.0	5.0	5.0	5.0	5.0	5.5	5.5	5.5	5.5	5.5	5.5	.0433
0.4	1.5	2.0	2.5	2.5	2.5	3.0	3.0	3.5	3.5	3.5	4.0	4.0	4.0	4.0	4.5	4.5	4.5	4.5	5.0	5.0	5.0	5.5	5.5	5.5	5.5	5.5	5.5	6.0	6.0	6.0	6.0	6.0	6.5	6.5	6.5	.0577
0.5	2.0	2.0	2.5	2.5	3.0	3.0	3.5	3.5	4.0	4.0	4.0	4.5	4.5	4.5	5.0	5.0	5.0	5.5	5.5	5.5	5.5	5.5	6.0	6.0	6.0	6.5	6.5	6.5	6.5	7.0	7.0	7.0	7.0	7.0	7.0	.0721
0.6	2.0	2.5	2.5	3.0	3.5	3.5	4.0	4.0	4.0	4.5	4.5	4.5	5.0	5.0	5.5	5.5	5.5	5.5	6.0	6.0	6.0	6.5	6.5	6.5	7.0	7.0	7.0	7.0	7.0	7.5	7.5	7.5	7.5	8.0	8.0	.0865
0.7	2.0	2.5	3.0	3.0	3.5	4.0	4.0	4.0	4.5	4.5	5.0	5.0	5.5	5.5	5.5	6.0	6.0	6.0	6.5	6.5	6.5	7.0	7.0	7.0	7.0	7.5	7.5	7.5	8.0	8.0	8.0	8.0	8.5	8.5	8.5	.1009
0.8	2.0	2.5	3.0	3.5	3.5	4.0	4.0	4.5	4.5	5.0	5.0	5.5	5.5	5.5	6.0	6.0	6.5	6.5	7.0	7.0	7.0	7.0	7.5	7.5	7.5	8.0	8.0	8.0	8.5	8.5	8.5	9.0	9.0	9.0	9.0	.1154
0.9	2.5	2.5	3.0	3.5	4.0	4.0	4.5	4.5	5.0	5.5	5.5	5.5	6.0	6.0	6.5	6.5	7.0	7.0	7.0	7.5	7.5	7.5	8.0	8.0	8.0	8.5	8.5	8.5	9.0	9.0	9.0	9.5	9.5	9.5	9.5	.1298
1.0	2.5	3.0	3.5	3.5	4.0	4.5	4.5	5.0	5.5	5.5	5.5	6.0	6.0	6.5	6.5	7.0	7.0	7.0	7.5	7.5	8.0	8.0	8.0	8.5	8.5	9.0	9.0	9.0	9.5	9.5	9.5	9.5	10.0	10.0	10.0	.1442
1.1	2.5	3.0	3.5	4.0	4.0	4.5	5.0	5.0	5.5	5.5	6.0	6.0	6.5	7.0	7.0	7.0	7.5	7.5	8.0	8.0	8.0	8.5	8.5	9.0	9.0	9.0	9.5	9.5	9.5	10.0	10.0	10.0	10.5	10.5	10.5	.1586
1.2	2.5	3.0	3.5	4.0	4.5	4.5	5.0	5.5	5.5	6.0	6.0	6.5	7.0	7.0	7.0	7.5	7.5	8.0	8.0	8.5	8.5	9.0	9.0	9.0	9.5	9.5	9.5	10.0	10.0	10.5	10.5	10.5	11.0	11.0	11.0	.1730
1.3	2.5	3.0	3.5	4.0	4.5	5.0	5.0	5.5	6.0	6.0	6.5	7.0	7.0	7.0	7.5	8.0	8.0	8.0	8.5	8.5	9.0	9.0	9.5	9.5	9.5	10.0	10.0	10.5	10.5	11.0	11.0	11.0	11.5	11.5	11.5	.1875
1.4	2.5	3.0	4.0	4.0	4.5	5.0	5.5	5.5	6.0	6.5	6.5	7.0	7.0	7.5	8.0	8.0	8.0	8.5	9.0	9.0	9.5	9.5	9.5	10.0	10.0	10.5	10.5	11.0	11.0	11.5	11.5	11.5	12.0	12.0	12.0	.2019
1.5	2.5	3.5	4.0	4.5	4.5	5.0	5.5	6.0	6.0	6.5	7.0	7.0	7.5	8.0	8.0	8.0	8.5	9.0	9.0	9.5	9.5	9.5	10.0	10.0	10.5	11.0	11.0	11.5	11.5	12.0	12.0	12.0	•	•	•	.2163
k	90	126	162	198	234	270	306	342	378	414	450	486	522	558	594	630	666	702	738	774	810	846	882	918	954	990	1026	1062	1098	1134	1170	1206	1242	1278	1314	km
	Δt Fahrenheit																																			

D = 0.0150

k	50	70	90	110	130	150	170	190	210	230	250	270	290	310	330	350	370	390	410	430	450	470	490	510	530	550	570	590	610	630	650	670	690	710	730	km
	Δt Celsius °C or Kelvin °K																																			
0.1	1.0	1.5	1.5	1.5	1.5	2.0	2.0	2.0	2.0	2.0	2.5	2.5	2.5	2.5	2.5	2.5	2.5	3.0	3.0	3.0	3.0	3.0	3.0	3.0	3.0	3.5	3.5	3.5	3.5	3.5	3.5	3.5	3.5	4.0	4.0	.0144
0.2	1.5	1.5	2.0	2.0	2.5	2.5	2.5	2.5	3.0	3.0	3.0	3.0	3.5	3.5	3.5	3.5	4.0	4.0	4.0	4.0	4.0	4.0	4.5	4.5	4.5	4.5	4.5	4.5	5.0	5.0	5.0	5.0	5.0	5.0	5.5	.0288
0.3	1.5	2.0	2.0	2.5	2.5	3.0	3.0	3.5	3.5	3.5	4.0	4.0	4.0	4.0	4.5	4.5	4.5	4.5	5.0	5.0	5.0	5.0	5.0	5.5	5.5	5.5	5.5	5.5	6.0	6.0	6.0	6.0	6.0	6.5	6.5	.0433
0.4	2.0	2.0	2.5	3.0	3.0	3.5	3.5	3.5	4.0	4.0	4.5	4.5	4.5	4.5	5.0	5.0	5.0	5.5	5.5	5.5	5.5	6.0	6.0	6.0	6.0	6.5	6.5	6.5	7.0	7.0	7.0	7.0	7.0	7.0	7.5	.0577
0.5	2.0	2.5	3.0	3.0	3.5	3.5	4.0	4.0	4.5	4.5	4.5	5.0	5.0	5.5	5.5	5.5	5.5	6.0	6.0	6.0	6.5	6.5	6.5	7.0	7.0	7.0	7.0	7.5	7.5	7.5	7.5	8.0	8.0	8.0	8.0	.0721
0.6	2.0	2.5	3.0	3.5	3.5	4.0	4.0	4.5	4.5	5.0	5.0	5.5	5.5	5.5	6.0	6.0	6.0	6.5	6.5	7.0	7.0	7.0	7.0	7.5	7.5	7.5	8.0	8.0	8.0	8.0	8.5	8.5	8.5	9.0	9.0	.0865
0.7	2.5	3.0	3.0	3.5	4.0	4.0	4.5	4.5	5.0	5.5	5.5	5.5	6.0	6.0	6.5	6.5	7.0	7.0	7.0	7.0	7.5	7.5	8.0	8.0	8.0	8.5	8.5	8.5	9.0	9.0	9.0	9.5	9.5	9.5	9.5	.1009
0.8	2.5	3.0	3.5	4.0	4.0	4.5	4.5	5.0	5.5	5.5	6.0	6.0	6.5	6.5	7.0	7.0	7.0	7.5	7.5	8.0	8.0	8.0	8.5	8.5	8.5	9.0	9.0	9.0	9.5	9.5	9.5	10.0	10.0	10.0	10.5	.1154
0.9	2.5	3.0	3.5	4.0	4.5	4.5	5.0	5.5	5.5	6.0	6.0	6.5	6.5	7.0	7.0	7.5	7.5	8.0	8.0	8.0	8.5	8.5	9.0	9.0	9.0	9.5	9.5	9.5	10.0	10.0	10.0	10.5	10.5	10.5	11.0	.1298
1.0	2.5	3.0	3.5	4.0	4.5	5.0	5.5	5.5	6.0	6.0	6.5	7.0	7.0	7.0	7.5	8.0	8.0	8.0	8.5	8.5	9.0	9.0	9.5	9.5	9.5	10.0	10.0	10.0	10.5	10.5	10.5	11.0	11.0	11.0	11.5	.1442
1.1	3.0	3.5	4.0	4.5	4.5	5.0	5.5	5.5	6.0	6.5	7.0	7.0	7.5	7.5	8.0	8.0	8.5	8.5	9.0	9.0	9.5	9.5	9.5	10.0	10.0	10.5	10.5	10.5	11.0	11.0	11.0	11.0	11.5	11.5	12.0	.1586
1.2	3.0	3.5	4.0	4.5	5.0	5.5	5.5	6.0	6.5	7.0	7.0	7.5	7.5	8.0	8.0	8.5	8.5	9.0	9.0	9.5	9.5	10.0	10.0	10.5	10.5	11.0	11.0	11.0	11.5	11.5	11.5	11.5	12.0	12.0	•	.1730
1.3	3.0	3.5	4.0	4.5	5.0	5.5	6.0	6.0	6.5	7.0	7.0	7.5	8.0	8.0	8.5	9.0	9.0	9.5	9.5	10.0	10.0	10.5	10.5	11.0	11.0	11.5	11.5	11.5	12.0	12.0	12.0	•	•	•	•	.1875
1.4	3.0	3.5	4.5	5.0	5.5	5.5	6.0	6.5	7.0	7.0	7.5	8.0	8.0	8.5	9.0	9.0	9.5	9.5	10.0	10.0	10.5	11.0	11.0	11.5	11.5	12.0	12.0	12.0	•	•	•	•	•	•	•	.2019
1.5	3.0	4.0	4.5	5.0	5.5	6.0	6.0	6.5	7.0	7.5	8.0	8.0	8.5	9.0	9.0	9.5	9.5	10.0	10.0	10.5	11.0	11.5	11.5	12.0	12.0	•	•	•	•	•	•	•	•	•	•	.2163
k	90	126	162	198	234	270	306	342	378	414	450	486	522	558	594	630	666	702	738	774	810	846	882	918	954	990	1026	1062	1098	1134	1170	1206	1242	1278	1314	km
	Δt Fahrenheit																																			

TEMPERATURE DIFFERENCE

TABLE 2 (Continued)

ECONOMICAL INSULATION THICKNESS TABLE

IN INCHES
(nominal)

PIPE SIZE: 12'' NPS (Tube Size 12-1/2'' OD)
323.8 mm

At the intersection of the ''Δt'' column with the ''k'' row read the economical thickness.
(•—*exceeds 12'' thickness*)

CONDUCTIVITY — k: Btu, in./sq ft, hr °F; km: W/mK

D = 0.0200

Δt Celsius °C or Kelvin °K

k	50	70	90	110	130	150	170	190	210	230	250	270	290	310	330	350	370	390	410	430	450	470	490	510	530	550	570	590	610	630	650	670	690	710	730	km
0.1	1.5	1.5	1.5	2.0	2.0	2.0	2.0	2.5	2.5	2.5	2.5	2.5	3.0	3.0	3.0	3.0	3.0	3.0	3.5	3.5	3.5	3.5	3.5	3.5	3.5	4.0	4.0	4.0	4.0	4.0	4.0	4.0	4.0	4.5	4.5	.0144
0.2	1.5	2.0	2.0	2.5	2.5	3.0	3.0	3.0	3.5	3.5	3.5	3.5	4.0	4.0	4.0	4.0	4.5	4.5	4.5	4.5	4.5	5.0	5.0	5.0	5.0	5.5	5.5	5.5	5.5	5.5	5.5	5.5	6.0	6.0	6.0	.0288
0.3	2.0	2.5	2.5	3.0	3.0	3.5	3.5	4.0	4.0	4.0	4.5	4.5	4.5	5.0	5.0	5.0	5.5	5.5	5.5	5.5	5.5	6.0	6.0	6.0	6.5	6.5	6.5	6.5	7.0	7.0	7.0	7.0	7.0	7.0	7.5	.0433
0.4	2.0	2.5	3.0	3.5	3.5	4.0	4.0	4.5	4.5	4.5	5.0	5.0	5.5	5.5	5.5	6.0	6.0	6.0	6.5	6.5	6.5	7.0	7.0	7.0	7.0	7.5	7.5	7.5	8.0	8.0	8.0	8.0	8.0	8.5	8.5	.0577
0.5	2.5	3.0	3.0	3.5	4.0	4.0	4.5	4.5	5.0	5.5	5.5	5.5	6.0	6.0	6.5	6.5	6.5	7.0	7.0	7.0	7.5	7.5	7.5	8.0	8.0	8.0	8.5	8.5	8.5	9.0	9.0	9.0	9.5	9.5	9.5	.0721
0.6	2.5	3.0	3.5	4.0	4.0	4.5	5.0	5.0	5.5	5.5	6.0	6.0	6.5	6.5	7.0	7.0	7.0	7.5	7.5	8.0	8.0	8.0	8.5	8.5	9.0	9.0	9.0	9.5	9.5	9.5	9.5	10.0	10.0	10.0	10.5	.0865
0.7	2.5	3.5	4.0	4.0	4.5	5.0	5.0	5.5	6.0	6.0	6.5	6.5	7.0	7.0	7.5	7.5	8.0	8.0	8.0	8.5	8.5	9.0	9.0	9.5	9.5	9.5	10.0	10.0	10.0	10.5	10.5	10.5	10.5	11.0	11.0	.1009
0.8	3.0	3.5	4.0	4.5	5.0	5.0	5.5	6.0	6.0	6.5	7.0	7.0	7.5	7.5	8.0	8.0	8.5	8.5	9.0	9.0	9.5	9.5	9.5	10.0	10.0	10.5	10.5	10.5	11.0	11.0	11.0	11.0	11.5	11.5	11.5	.1154
0.9	3.0	3.5	4.0	4.5	5.0	5.5	6.0	6.0	6.5	7.0	7.0	7.5	8.0	8.0	8.5	8.5	9.0	9.0	9.5	9.5	10.0	10.0	10.5	10.5	10.5	11.0	11.0	11.0	11.5	11.5	11.5	12.0	12.0	12.0	12.0	.1298
1.0	3.0	4.0	4.5	5.0	5.5	5.5	6.0	6.5	7.0	7.0	7.5	8.0	8.0	8.5	9.0	9.0	9.5	9.5	10.0	10.0	10.5	10.5	11.0	11.0	11.0	11.5	11.5	11.5	12.0	12.0	12.0	•	•	•	•	.1442
1.1	3.5	4.0	4.5	5.0	5.5	6.0	6.5	7.0	7.0	7.5	8.0	8.0	8.5	9.0	9.0	9.5	9.5	10.0	10.5	10.5	11.0	11.0	11.5	11.5	11.5	12.0	12.0	12.0	•	•	•	•	•	•	•	.1586
1.2	3.5	4.0	4.5	5.5	5.5	6.0	6.5	7.0	7.5	8.0	8.0	8.5	9.0	9.5	9.5	10.0	10.0	10.5	11.0	11.0	11.5	11.5	12.0	12.0	12.0	•	•	•	•	•	•	•	•	•	•	.1730
1.3	3.5	4.0	5.0	5.5	6.0	6.5	7.0	7.5	8.0	8.0	8.5	9.0	9.5	9.5	10.0	10.0	10.5	11.0	11.5	11.5	12.0	12.0	•	•	•	•	•	•	•	•	•	•	•	•	•	.1875
1.4	3.5	4.5	5.0	5.5	6.0	6.5	7.0	7.5	8.0	8.5	9.0	9.5	9.5	10.0	10.5	10.5	11.0	11.5	12.0	12.0	•	•	•	•	•	•	•	•	•	•	•	•	•	•	•	.2019
1.5	3.5	4.5	5.0	5.5	6.5	7.0	7.5	8.0	8.0	8.5	9.0	9.5	10.0	10.0	11.0	11.0	11.5	12.0	•	•	•	•	•	•	•	•	•	•	•	•	•	•	•	•	•	.2163
k	90	126	162	198	234	270	306	342	378	414	450	486	522	558	594	630	666	702	738	774	810	846	882	918	954	990	1026	1062	1098	1134	1170	1206	1242	1278	1314	km

Δt Fahrenheit

D = 0.0300

Δt Celsius °C or Kelvin °K

k	50	70	90	110	130	150	170	190	210	230	250	270	290	310	330	350	370	390	410	430	450	470	490	510	530	550	570	590	610	630	650	670	690	710	730	km
0.1	2.0	2.0	2.0	2.5	2.5	2.5	2.5	3.0	3.0	3.0	3.0	3.5	3.5	3.5	3.5	4.0	4.0	4.0	4.0	4.0	4.0	4.0	4.5	4.5	4.5	5.0	5.0	5.0	5.0	5.5	5.5	5.5	5.5	6.0	6.0	.0144
0.2	2.0	2.0	2.0	2.5	3.0	3.0	3.5	3.5	4.0	4.0	4.0	4.5	4.5	4.5	4.5	5.0	5.0	5.0	5.0	5.5	5.5	5.5	5.5	6.0	6.0	6.0	6.5	6.5	6.5	7.0	7.0	7.0	7.0	7.5	7.5	.0288
0.3	2.0	2.5	2.5	3.0	3.5	4.0	4.0	4.0	4.5	4.5	5.0	5.0	5.0	5.5	5.5	6.0	6.0	6.0	6.5	6.5	7.0	7.0	7.0	7.0	7.5	7.5	7.5	7.5	8.0	8.0	8.0	8.5	8.5	8.5	8.5	.0433
0.4	2.5	3.0	3.0	3.5	4.0	4.5	4.5	5.0	5.0	5.5	5.5	6.0	6.0	6.5	6.5	7.0	7.0	7.0	7.5	7.5	8.0	8.0	8.0	8.5	8.5	8.5	9.0	9.0	9.0	9.5	9.5	9.5	9.5	10.0	10.0	.0577
0.5	2.5	3.5	3.5	4.0	4.5	5.0	5.5	5.5	5.5	6.0	6.5	6.5	6.5	7.0	7.5	7.5	8.0	8.0	8.0	8.5	9.0	9.0	9.0	9.5	9.5	10.0	10.0	10.0	10.0	10.5	10.5	11.0	11.0	11.0	11.5	.0721
0.6	3.0	3.5	3.5	4.0	4.5	5.5	5.5	6.0	6.0	6.5	7.0	7.5	7.5	7.5	8.0	8.5	8.5	8.5	9.0	9.5	9.5	10.0	10.0	10.0	10.5	10.5	11.0	11.0	11.0	11.5	11.5	12.0	12.0	12.0	•	.0865
0.7	3.0	4.0	4.0	4.5	5.0	5.5	6.0	6.5	6.5	7.0	7.5	8.0	8.0	8.5	9.0	9.0	9.5	9.5	9.5	10.0	10.5	10.5	11.0	11.0	11.5	11.5	12.0	12.0	12.0	•	•	•	•	•	•	.1009
0.8	3.0	4.0	4.5	5.0	5.5	6.0	6.5	7.0	7.0	7.5	8.0	8.5	9.0	9.0	9.5	9.5	10.0	10.0	10.5	10.5	11.0	11.5	11.5	12.0	12.0	•	•	•	•	•	•	•	•	•	•	.0433
0.9	3.5	4.5	4.5	5.0	5.5	6.5	7.0	7.0	7.5	8.0	8.5	9.0	9.0	9.5	10.0	10.0	10.5	10.5	11.0	11.5	12.0	12.0	•	•	•	•	•	•	•	•	•	•	•	•	•	.0577
1.0	3.5	4.5	5.0	5.5	6.0	6.5	7.5	7.5	8.0	8.5	9.0	9.5	9.5	10.0	10.5	11.0	11.0	11.5	11.5	12.0	•	•	•	•	•	•	•	•	•	•	•	•	•	•	•	.1442
1.1	4.0	5.0	5.5	6.0	6.5	7.0	7.5	8.0	8.5	9.0	9.5	10.0	10.0	10.5	10.5	11.0	11.5	11.5	12.0	•	•	•	•	•	•	•	•	•	•	•	•	•	•	•	•	.1586
1.2	4.0	5.0	5.5	6.0	6.5	7.0	7.5	8.0	8.5	9.0	9.5	10.0	10.5	10.5	11.0	11.0	11.5	12.0	•	•	•	•	•	•	•	•	•	•	•	•	•	•	•	•	•	.1730
1.3	4.5	5.5	6.0	6.5	7.0	7.5	8.0	8.5	9.0	9.5	10.0	10.5	11.0	11.0	11.5	12.0	12.0	•	•	•	•	•	•	•	•	•	•	•	•	•	•	•	•	•	•	.1875
1.4	4.5	5.5	6.0	6.5	7.0	7.5	8.0	8.5	9.0	9.5	10.0	10.5	11.0	11.5	12.0	12.0	•	•	•	•	•	•	•	•	•	•	•	•	•	•	•	•	•	•	•	.2019
1.5	5.0	6.0	6.5	7.0	7.5	8.0	8.5	8.5	9.0	9.5	10.0	10.5	11.5	12.0	12.0	•	•	•	•	•	•	•	•	•	•	•	•	•	•	•	•	•	•	•	•	.2163
k	90	126	162	198	234	270	306	342	378	414	450	486	522	558	594	630	666	702	738	774	810	846	882	918	954	990	1026	1062	1098	1134	1170	1206	1242	1278	1314	km

Δt Fahrenheit

D = 0.0500

Δt Celsius °C or Kelvin °K

k	50	70	90	110	130	150	170	190	210	230	250	270	290	310	330	350	370	390	410	430	450	470	490	510	530	550	570	590	610	630	650	670	690	710	730	km
0.1	2.0	2.5	2.5	2.5	3.0	3.0	3.0	3.5	3.5	3.5	4.0	4.0	4.0	4.5	4.5	5.0	5.0	5.0	5.5	5.5	5.5	6.0	6.0	6.0	6.5	6.5	6.5	6.5	7.0	7.0	7.5	7.5	7.5	7.5	7.5	.0144
0.2	2.5	3.5	3.5	3.5	3.5	4.0	4.5	4.5	4.5	5.0	5.5	5.5	5.5	6.0	6.0	6.5	6.5	6.5	7.0	7.0	7.0	7.5	7.5	7.5	8.0	8.0	8.0	8.0	8.5	8.5	9.0	9.0	9.0	9.0	9.5	.0288
0.3	3.0	3.5	3.5	4.0	4.5	5.0	5.5	6.0	6.0	6.5	6.5	7.0	7.0	7.0	7.5	8.0	8.0	8.0	8.5	8.5	9.0	9.0	9.0	9.5	9.5	10.0	10.0	10.0	10.5	10.5	11.0	11.0	11.0	11.5	11.5	.0433
0.4	3.0	4.0	4.0	4.5	5.0	5.5	6.0	6.0	6.5	7.0	7.5	8.0	8.0	8.5	8.5	9.0	9.5	9.5	9.5	10.0	10.5	10.5	10.5	11.0	11.0	11.5	12.0	12.0	12.0	12.0	•	•	•	•	•	.0577
0.5	3.5	4.5	4.5	5.0	6.0	6.5	7.0	7.5	8.0	8.0	8.5	9.0	9.0	9.5	9.5	10.0	10.5	10.5	11.0	11.0	11.5	12.0	12.0	12.0	•	•	•	•	•	•	•	•	•	•	•	.0721
0.6	4.0	5.0	5.0	5.5	6.5	7.0	7.5	8.0	8.0	8.5	9.0	9.5	9.5	10.0	10.5	11.0	11.5	12.0	12.0	•	•	•	•	•	•	•	•	•	•	•	•	•	•	•	•	.0865
0.7	4.0	5.0	5.5	6.0	7.0	7.5	8.0	8.5	9.0	9.5	10.0	10.5	11.0	11.0	11.5	12.0	12.0	•	•	•	•	•	•	•	•	•	•	•	•	•	•	•	•	•	•	.1009
0.8	4.5	5.5	6.0	6.5	7.5	8.5	9.0	9.5	10.0	10.5	11.5	11.5	12.0	12.0	•	•	•	•	•	•	•	•	•	•	•	•	•	•	•	•	•	•	•	•	•	.1154
0.9	4.5	5.5	6.0	6.5	7.0	8.5	9.0	10.0	10.5	11.0	11.5	12.0	12.0	•	•	•	•	•	•	•	•	•	•	•	•	•	•	•	•	•	•	•	•	•	•	.1298
1.0	5.0	6.0	6.5	7.0	8.0	9.0	9.5	10.0	10.5	11.0	12.0	•	•	•	•	•	•	•	•	•	•	•	•	•	•	•	•	•	•	•	•	•	•	•	•	.1442
1.1	5.0	6.0	6.5	7.0	8.0	9.0	9.5	10.0	11.0	12.0	•	•	•	•	•	•	•	•	•	•	•	•	•	•	•	•	•	•	•	•	•	•	•	•	•	.1586
1.2	5.5	6.5	7.0	7.5	8.5	9.5	10.0	11.0	12.0	•	•	•	•	•	•	•	•	•	•	•	•	•	•	•	•	•	•	•	•	•	•	•	•	•	•	.1730
1.3	5.5	7.0	7.5	8.5	9.5	10.0	11.0	12.0	•	•	•	•	•	•	•	•	•	•	•	•	•	•	•	•	•	•	•	•	•	•	•	•	•	•	•	.1875
1.4	6.0	7.0	8.0	9.0	10.0	11.0	12.0	•	•	•	•	•	•	•	•	•	•	•	•	•	•	•	•	•	•	•	•	•	•	•	•	•	•	•	•	.2019
1.5	6.0	7.0	8.0	9.0	10.0	11.0	12.0	•	•	•	•	•	•	•	•	•	•	•	•	•	•	•	•	•	•	•	•	•	•	•	•	•	•	•	•	.2163
k	90	126	162	198	234	270	306	342	378	414	450	486	522	558	594	630	666	702	738	774	810	846	882	918	954	990	1026	1062	1098	1134	1170	1206	1242	1278	1314	km

Δt Fahrenheit

TABLE 2 (Sheet 79 of 128)

TEMPERATURE DIFFERENCE

TABLE 2 (Continued)

ECONOMICAL INSULATION THICKNESS TABLE

IN INCHES
(nominal)

PIPE SIZE: 14'' NPS (Tube Size 14-1/2'' OD)
355.6 mm

At the intersection of the ''Δt'' column with the ''k'' row read the economical thickness.
(•—*exceeds 12'' thickness*)

D = 0.0017

CONDUCTIVITY k: Btu, in./sq ft, hr °F; km: W/mK. Δt Celsius °C or Kelvin °K (top row); Δt Fahrenheit (bottom row)

k	50	70	90	110	130	150	170	190	210	230	250	270	290	310	330	350	370	390	410	430	450	470	490	510	530	550	570	590	610	630	650	670	690	710	730	km
0.1	1.5	1.5	1.5	1.5	1.5	1.5	1.5	1.5	1.5	1.5	1.5	1.5	1.5	1.5	1.5	1.5	1.5	1.5	1.5	1.5	1.5	1.5	1.5	1.5	1.5	1.5	1.5	1.5	1.5	1.5	1.5	1.5	1.5	1.5	1.5	.0144
0.2	1.5	1.5	1.5	1.5	1.5	1.5	1.5	1.5	1.5	1.5	1.5	1.5	1.5	1.5	1.5	1.5	1.5	1.5	1.5	1.5	1.5	1.5	1.5	1.5	1.5	1.5	1.5	1.5	2.0	2.0	2.0	2.0	2.0	2.0	2.0	.0288
0.3	1.5	1.5	1.5	1.5	1.5	1.5	1.5	1.5	1.5	1.5	1.5	1.5	1.5	1.5	1.5	1.5	1.5	1.5	1.5	2.0	2.0	2.0	2.0	2.0	2.0	2.0	2.0	2.0	2.0	2.0	2.0	2.0	2.0	2.0	2.5	.0433
0.4	1.5	1.5	1.5	1.5	1.5	1.5	1.5	1.5	1.5	1.5	1.5	1.5	1.5	1.5	1.5	2.0	2.0	2.0	2.0	2.0	2.0	2.0	2.0	2.0	2.0	2.0	2.5	2.5	2.5	2.5	2.5	2.5	2.5	2.5	2.5	.0577
0.5	1.5	1.5	1.5	1.5	1.5	1.5	1.5	1.5	1.5	1.5	1.5	1.5	2.0	2.0	2.0	2.0	2.0	2.0	2.0	2.0	2.0	2.5	2.5	2.5	2.5	2.5	2.5	2.5	2.5	2.5	2.5	2.5	2.5	3.0	3.0	.0721
0.6	1.5	1.5	1.5	1.5	1.5	1.5	1.5	1.5	1.5	1.5	1.5	2.0	2.0	2.0	2.0	2.0	2.0	2.0	2.5	2.5	2.5	2.5	2.5	2.5	2.5	2.5	2.5	2.5	3.0	3.0	3.0	3.0	3.0	3.0	3.0	.0865
0.7	1.5	1.5	1.5	1.5	1.5	1.5	1.5	1.5	1.5	2.0	2.0	2.0	2.0	2.0	2.0	2.0	2.5	2.5	2.5	2.5	2.5	2.5	2.5	2.5	2.5	3.0	3.0	3.0	3.0	3.0	3.0	3.0	3.0	3.0	3.0	.1009
0.8	1.5	1.5	1.5	1.5	1.5	1.5	1.5	1.5	1.5	2.0	2.0	2.0	2.0	2.0	2.0	2.5	2.5	2.5	2.5	2.5	2.5	2.5	3.0	3.0	3.0	3.0	3.0	3.0	3.0	3.0	3.0	3.5	3.5	3.5	3.5	.1154
0.9	1.5	1.5	1.5	1.5	1.5	1.5	1.5	1.5	2.0	2.0	2.0	2.0	2.0	2.0	2.5	2.5	2.5	2.5	2.5	2.5	3.0	3.0	3.0	3.0	3.0	3.0	3.0	3.0	3.0	3.5	3.5	3.5	3.5	3.5	3.5	.1298
1.0	1.5	1.5	1.5	1.5	1.5	1.5	1.5	2.0	2.0	2.0	2.0	2.0	2.0	2.5	2.5	2.5	2.5	2.5	2.5	3.0	3.0	3.0	3.0	3.0	3.0	3.0	3.5	3.5	3.5	3.5	3.5	3.5	3.5	3.5	3.5	.1442
1.1	1.5	1.5	1.5	1.5	1.5	1.5	1.5	2.0	2.0	2.0	2.0	2.0	2.5	2.5	2.5	2.5	2.5	2.5	3.0	3.0	3.0	3.0	3.0	3.0	3.0	3.5	3.5	3.5	3.5	3.5	3.5	3.5	3.5	4.0	4.0	.1586
1.2	1.5	1.5	1.5	1.5	1.5	1.5	1.5	2.0	2.0	2.0	2.0	2.5	2.5	2.5	2.5	2.5	2.5	3.0	3.0	3.0	3.0	3.0	3.0	3.5	3.5	3.5	3.5	3.5	3.5	3.5	4.0	4.0	4.0	4.0	4.0	.1730
1.3	1.5	1.5	1.5	1.5	1.5	1.5	2.0	2.0	2.0	2.0	2.0	2.5	2.5	2.5	2.5	2.5	3.0	3.0	3.0	3.0	3.0	3.0	3.5	3.5	3.5	3.5	3.5	3.5	3.5	4.0	4.0	4.0	4.0	4.0	4.0	.1875
1.4	1.5	1.5	1.5	1.5	1.5	1.5	2.0	2.0	2.0	2.0	2.5	2.5	2.5	2.5	2.5	3.0	3.0	3.0	3.0	3.0	3.0	3.5	3.5	3.5	3.5	3.5	3.5	4.0	4.0	4.0	4.0	4.0	4.0	4.0	4.5	.2019
1.5	1.5	1.5	1.5	1.5	1.5	1.5	2.0	2.0	2.0	2.0	2.5	2.5	2.5	2.5	2.5	3.0	3.0	3.0	3.0	3.0	3.5	3.5	3.5	3.5	3.5	3.5	4.0	4.0	4.0	4.0	4.0	4.0	4.0	4.5	4.5	.2163
k	90	126	162	198	234	270	306	342	378	414	450	486	522	558	594	630	666	702	738	774	810	846	882	918	954	990	1026	1062	1098	1134	1170	1206	1242	1278	1314	km

Δt Fahrenheit

D = 0.0020

k	50	70	90	110	130	150	170	190	210	230	250	270	290	310	330	350	370	390	410	430	450	470	490	510	530	550	570	590	610	630	650	670	690	710	730	km
0.1	1.5	1.5	1.5	1.5	1.5	1.5	1.5	1.5	1.5	1.5	1.5	1.5	1.5	1.5	1.5	1.5	1.5	1.5	1.5	1.5	1.5	1.5	1.5	1.5	1.5	1.5	1.5	1.5	1.5	1.5	1.5	1.5	1.5	1.5	1.5	.0144
0.2	1.5	1.5	1.5	1.5	1.5	1.5	1.5	1.5	1.5	1.5	1.5	1.5	1.5	1.5	1.5	1.5	1.5	1.5	1.5	1.5	1.5	1.5	1.5	2.0	2.0	2.0	2.0	2.0	2.0	2.0	2.0	2.0	2.0	2.0	2.0	.0288
0.3	1.5	1.5	1.5	1.5	1.5	1.5	1.5	1.5	1.5	1.5	1.5	1.5	1.5	1.5	1.5	1.5	2.0	2.0	2.0	2.0	2.0	2.0	2.0	2.0	2.0	2.0	2.0	2.0	2.5	2.5	2.5	2.5	2.5	2.5	2.5	.0433
0.4	1.5	1.5	1.5	1.5	1.5	1.5	1.5	1.5	1.5	1.5	1.5	1.5	2.0	2.0	2.0	2.0	2.0	2.0	2.0	2.0	2.0	2.0	2.5	2.5	2.5	2.5	2.5	2.5	2.5	2.5	2.5	2.5	2.5	2.5	3.0	.0577
0.5	1.5	1.5	1.5	1.5	1.5	1.5	1.5	1.5	1.5	1.5	2.0	2.0	2.0	2.0	2.0	2.0	2.0	2.0	2.5	2.5	2.5	2.5	2.5	2.5	2.5	2.5	2.5	2.5	3.0	3.0	3.0	3.0	3.0	3.0	3.0	.0721
0.6	1.5	1.5	1.5	1.5	1.5	1.5	1.5	1.5	1.5	2.0	2.0	2.0	2.0	2.0	2.0	2.5	2.5	2.5	2.5	2.5	2.5	2.5	2.5	2.5	3.0	3.0	3.0	3.0	3.0	3.0	3.0	3.0	3.0	3.0	3.5	.0865
0.7	1.5	1.5	1.5	1.5	1.5	1.5	1.5	1.5	2.0	2.0	2.0	2.0	2.0	2.0	2.5	2.5	2.5	2.5	2.5	2.5	2.5	3.0	3.0	3.0	3.0	3.0	3.0	3.0	3.0	3.5	3.5	3.5	3.5	3.5	3.5	.1009
0.8	1.5	1.5	1.5	1.5	1.5	1.5	1.5	2.0	2.0	2.0	2.0	2.0	2.5	2.5	2.5	2.5	2.5	2.5	2.5	3.0	3.0	3.0	3.0	3.0	3.0	3.0	3.5	3.5	3.5	3.5	3.5	3.5	3.5	3.5	3.5	.1154
0.9	1.5	1.5	1.5	1.5	1.5	1.5	2.0	2.0	2.0	2.0	2.0	2.5	2.5	2.5	2.5	2.5	2.5	3.0	3.0	3.0	3.0	3.0	3.0	3.0	3.5	3.5	3.5	3.5	3.5	3.5	3.5	3.5	4.0	4.0	4.0	.1298
1.0	1.5	1.5	1.5	1.5	1.5	1.5	2.0	2.0	2.0	2.0	2.5	2.5	2.5	2.5	2.5	2.5	3.0	3.0	3.0	3.0	3.0	3.0	3.5	3.5	3.5	3.5	3.5	3.5	3.5	4.0	4.0	4.0	4.0	4.0	4.0	.1442
1.1	1.5	1.5	1.5	1.5	1.5	1.5	2.0	2.0	2.0	2.0	2.5	2.5	2.5	2.5	2.5	3.0	3.0	3.0	3.0	3.0	3.0	3.5	3.5	3.5	3.5	3.5	3.5	4.0	4.0	4.0	4.0	4.0	4.0	4.0	4.0	.1586
1.2	1.5	1.5	1.5	1.5	1.5	2.0	2.0	2.0	2.0	2.5	2.5	2.5	2.5	2.5	3.0	3.0	3.0	3.0	3.0	3.5	3.5	3.5	3.5	3.5	3.5	3.5	4.0	4.0	4.0	4.0	4.0	4.0	4.5	4.5	4.5	.1730
1.3	1.5	1.5	1.5	1.5	1.5	2.0	2.0	2.0	2.0	2.5	2.5	2.5	2.5	3.0	3.0	3.0	3.0	3.0	3.5	3.5	3.5	3.5	3.5	3.5	4.0	4.0	4.0	4.0	4.0	4.0	4.0	4.5	4.5	4.5	4.5	.1875
1.4	1.5	1.5	1.5	1.5	1.5	2.0	2.0	2.0	2.5	2.5	2.5	2.5	2.5	3.0	3.0	3.0	3.0	3.5	3.5	3.5	3.5	3.5	3.5	4.0	4.0	4.0	4.0	4.0	4.0	4.5	4.5	4.5	4.5	4.5	4.5	.2019
1.5	1.5	1.5	1.5	1.5	1.5	2.0	2.0	2.0	2.5	2.5	2.5	2.5	3.0	3.0	3.0	3.0	3.0	3.5	3.5	3.5	3.5	3.5	4.0	4.0	4.0	4.0	4.0	4.5	4.5	4.5	4.5	4.5	4.5	4.5	5.0	.2163
k	90	126	162	198	234	270	306	342	378	414	450	486	522	558	594	630	666	702	738	774	810	846	882	918	954	990	1026	1062	1098	1134	1170	1206	1242	1278	1314	km

Δt Fahrenheit

D = 0.0022

k	50	70	90	110	130	150	170	190	210	230	250	270	290	310	330	350	370	390	410	430	450	470	490	510	530	550	570	590	610	630	650	670	690	710	730	km
0.1	1.5	1.5	1.5	1.5	1.5	1.5	1.5	1.5	1.5	1.5	1.5	1.5	1.5	1.5	1.5	1.5	1.5	1.5	1.5	1.5	1.5	1.5	1.5	1.5	1.5	1.5	1.5	1.5	1.5	1.5	1.5	1.5	1.5	1.5	1.5	.0144
0.2	1.5	1.5	1.5	1.5	1.5	1.5	1.5	1.5	1.5	1.5	1.5	1.5	1.5	1.5	1.5	1.5	1.5	1.5	1.5	1.5	1.5	2.0	2.0	2.0	2.0	2.0	2.0	2.0	2.0	2.0	2.0	2.0	2.0	2.0	2.0	.0288
0.3	1.5	1.5	1.5	1.5	1.5	1.5	1.5	1.5	1.5	1.5	1.5	1.5	1.5	1.5	2.0	2.0	2.0	2.0	2.0	2.0	2.0	2.0	2.0	2.0	2.0	2.0	2.5	2.5	2.5	2.5	2.5	2.5	2.5	2.5	2.5	.0433
0.4	1.5	1.5	1.5	1.5	1.5	1.5	1.5	1.5	1.5	1.5	1.5	2.0	2.0	2.0	2.0	2.0	2.0	2.0	2.0	2.0	2.0	2.5	2.5	2.5	2.5	2.5	2.5	2.5	2.5	2.5	2.5	3.0	3.0	3.0	3.0	.0577
0.5	1.5	1.5	1.5	1.5	1.5	1.5	1.5	1.5	1.5	2.0	2.0	2.0	2.0	2.0	2.0	2.0	2.5	2.5	2.5	2.5	2.5	2.5	2.5	2.5	2.5	3.0	3.0	3.0	3.0	3.0	3.0	3.0	3.0	3.0	3.0	.0721
0.6	1.5	1.5	1.5	1.5	1.5	1.5	1.5	1.5	2.0	2.0	2.0	2.0	2.0	2.0	2.5	2.5	2.5	2.5	2.5	2.5	2.5	3.0	3.0	3.0	3.0	3.0	3.0	3.0	3.0	3.0	3.5	3.5	3.5	3.5	3.5	.0865
0.7	1.5	1.5	1.5	1.5	1.5	1.5	1.5	2.0	2.0	2.0	2.0	2.0	2.5	2.5	2.5	2.5	2.5	2.5	2.5	3.0	3.0	3.0	3.0	3.0	3.0	3.0	3.0	3.5	3.5	3.5	3.5	3.5	3.5	3.5	3.5	.1009
0.8	1.5	1.5	1.5	1.5	1.5	1.5	2.0	2.0	2.0	2.0	2.0	2.5	2.5	2.5	2.5	2.5	2.5	3.0	3.0	3.0	3.0	3.0	3.0	3.0	3.5	3.5	3.5	3.5	3.5	3.5	3.5	3.5	4.0	4.0	4.0	.1154
0.9	1.5	1.5	1.5	1.5	1.5	1.5	2.0	2.0	2.0	2.0	2.5	2.5	2.5	2.5	2.5	3.0	3.0	3.0	3.0	3.0	3.0	3.0	3.5	3.5	3.5	3.5	3.5	3.5	3.5	4.0	4.0	4.0	4.0	4.0	4.0	.1298
1.0	1.5	1.5	1.5	1.5	1.5	2.0	2.0	2.0	2.0	2.5	2.5	2.5	2.5	2.5	3.0	3.0	3.0	3.0	3.0	3.0	3.5	3.5	3.5	3.5	3.5	3.5	3.5	4.0	4.0	4.0	4.0	4.0	4.0	4.0	4.5	.1442
1.1	1.5	1.5	1.5	1.5	1.5	2.0	2.0	2.0	2.0	2.5	2.5	2.5	2.5	3.0	3.0	3.0	3.0	3.0	3.5	3.5	3.5	3.5	3.5	3.5	3.5	4.0	4.0	4.0	4.0	4.0	4.0	4.5	4.5	4.5	4.5	.1586
1.2	1.5	1.5	1.5	1.5	1.5	2.0	2.0	2.0	2.5	2.5	2.5	2.5	3.0	3.0	3.0	3.0	3.0	3.5	3.5	3.5	3.5	3.5	3.5	4.0	4.0	4.0	4.0	4.0	4.0	4.5	4.5	4.5	4.5	4.5	4.5	.1730
1.3	1.5	1.5	1.5	1.5	1.5	2.0	2.0	2.0	2.5	2.5	2.5	2.5	3.0	3.0	3.0	3.0	3.5	3.5	3.5	3.5	3.5	3.5	4.0	4.0	4.0	4.0	4.0	4.0	4.5	4.5	4.5	4.5	4.5	4.5	5.0	.1875
1.4	1.5	1.5	1.5	1.5	2.0	2.0	2.0	2.0	2.5	2.5	2.5	3.0	3.0	3.0	3.0	3.0	3.5	3.5	3.5	3.5	3.5	4.0	4.0	4.0	4.0	4.0	4.5	4.5	4.5	4.5	4.5	4.5	5.0	5.0	5.0	.2019
1.5	1.5	1.5	1.5	1.5	2.0	2.0	2.0	2.5	2.5	2.5	2.5	3.0	3.0	3.0	3.0	3.5	3.5	3.5	3.5	3.5	4.0	4.0	4.0	4.0	4.0	4.5	4.5	4.5	4.5	4.5	4.5	5.0	5.0	5.0	5.0	.2163
k	90	126	162	198	234	270	306	342	378	414	450	486	522	558	594	630	666	702	738	774	810	846	882	918	954	990	1026	1062	1098	1134	1170	1206	1242	1278	1314	km

Δt Fahrenheit

TEMPERATURE DIFFERENCE

TABLE 2 (Continued)

ECONOMICAL INSULATION THICKNESS TABLE

IN INCHES
(nominal)

PIPE SIZE: 14'' NPS (Tube Size 14-1/2'' OD)
355.6 mm

At the intersection of the ''Δt'' column with the ''k'' row read the economical thickness.
(•—*exceeds 12'' thickness*)

CONDUCTIVITY — k in Btu, in./sq ft, hr °F; km in W/mK

D = 0.0025

Δt Celsius °C or Kelvin °K

k	50	70	90	110	130	150	170	190	210	230	250	270	290	310	330	350	370	390	410	430	450	470	490	510	530	550	570	590	610	630	650	670	690	710	730	km
0.1	1.5	1.5	1.5	1.5	1.5	1.5	1.5	1.5	1.5	1.5	1.5	1.5	1.5	1.5	1.5	1.5	1.5	1.5	1.5	1.5	1.5	1.5	1.5	1.5	1.5	1.5	1.5	1.5	1.5	1.5	1.5	1.5	1.5	1.5	1.5	.0144
0.2	1.5	1.5	1.5	1.5	1.5	1.5	1.5	1.5	1.5	1.5	1.5	1.5	1.5	1.5	1.5	1.5	1.5	1.5	2.0	2.0	2.0	2.0	2.0	2.0	2.0	2.0	2.0	2.0	2.0	2.0	2.0	2.0	2.0	2.5	2.5	.0288
0.3	1.5	1.5	1.5	1.5	1.5	1.5	1.5	1.5	1.5	1.5	1.5	1.5	2.0	2.0	2.0	2.0	2.0	2.0	2.0	2.0	2.0	2.0	2.5	2.5	2.5	2.5	2.5	2.5	2.5	2.5	2.5	2.5	2.5	2.5	2.5	.0433
0.4	1.5	1.5	1.5	1.5	1.5	1.5	1.5	1.5	1.5	2.0	2.0	2.0	2.0	2.0	2.0	2.0	2.0	2.5	2.5	2.5	2.5	2.5	2.5	2.5	2.5	2.5	2.5	3.0	3.0	3.0	3.0	3.0	3.0	3.0	3.0	.0577
0.5	1.5	1.5	1.5	1.5	1.5	1.5	1.5	1.5	2.0	2.0	2.0	2.0	2.0	2.0	2.5	2.5	2.5	2.5	2.5	2.5	2.5	2.5	3.0	3.0	3.0	3.0	3.0	3.0	3.0	3.0	3.0	3.5	3.5	3.5	3.5	.0721
0.6	1.5	1.5	1.5	1.5	1.5	1.5	1.5	2.0	2.0	2.0	2.0	2.0	2.5	2.5	2.5	2.5	2.5	2.5	2.5	3.0	3.0	3.0	3.0	3.0	3.0	3.0	3.5	3.5	3.5	3.5	3.5	3.5	3.5	3.5	3.5	.0865
0.7	1.5	1.5	1.5	1.5	1.5	1.5	2.0	2.0	2.0	2.0	2.5	2.5	2.5	2.5	2.5	2.5	3.0	3.0	3.0	3.0	3.0	3.0	3.0	3.5	3.5	3.5	3.5	3.5	3.5	3.5	3.5	4.0	4.0	4.0	4.0	.1009
0.8	1.5	1.5	1.5	1.5	1.5	2.0	2.0	2.0	2.0	2.5	2.5	2.5	2.5	2.5	2.5	3.0	3.0	3.0	3.0	3.0	3.0	3.5	3.5	3.5	3.5	3.5	3.5	3.5	4.0	4.0	4.0	4.0	4.0	4.0	4.0	.1154
0.9	1.5	1.5	1.5	1.5	1.5	2.0	2.0	2.0	2.0	2.5	2.5	2.5	2.5	3.0	3.0	3.0	3.0	3.0	3.0	3.5	3.5	3.5	3.5	3.5	3.5	4.0	4.0	4.0	4.0	4.0	4.0	4.0	4.5	4.5	4.5	.1298
1.0	1.5	1.5	1.5	1.5	2.0	2.0	2.0	2.0	2.5	2.5	2.5	2.5	3.0	3.0	3.0	3.0	3.0	3.5	3.5	3.5	3.5	3.5	3.5	4.0	4.0	4.0	4.0	4.0	4.0	4.0	4.5	4.5	4.5	4.5	4.5	.1442
1.1	1.5	1.5	1.5	1.5	2.0	2.0	2.0	2.5	2.5	2.5	2.5	3.0	3.0	3.0	3.0	3.0	3.5	3.5	3.5	3.5	3.5	4.0	4.0	4.0	4.0	4.0	4.0	4.5	4.5	4.5	4.5	4.5	4.5	4.5	5.0	.1586
1.2	1.5	1.5	1.5	1.5	2.0	2.0	2.0	2.5	2.5	2.5	2.5	3.0	3.0	3.0	3.0	3.5	3.5	3.5	3.5	3.5	4.0	4.0	4.0	4.0	4.0	4.0	4.5	4.5	4.5	4.5	4.5	4.5	5.0	5.0	5.0	.1730
1.3	1.5	1.5	1.5	1.5	2.0	2.0	2.0	2.5	2.5	2.5	3.0	3.0	3.0	3.0	3.5	3.5	3.5	3.5	3.5	4.0	4.0	4.0	4.0	4.0	4.5	4.5	4.5	4.5	4.5	4.5	5.0	5.0	5.0	5.0	5.0	.1875
1.4	1.5	1.5	1.5	1.5	2.0	2.0	2.5	2.5	2.5	2.5	3.0	3.0	3.0	3.5	3.5	3.5	3.5	3.5	4.0	4.0	4.0	4.0	4.0	4.5	4.5	4.5	4.5	4.5	5.0	5.0	5.0	5.0	5.0	5.0	5.5	.2019
1.5	1.5	1.5	1.5	2.0	2.0	2.0	2.5	2.5	2.5	3.0	3.0	3.0	3.0	3.5	3.5	3.5	3.5	4.0	4.0	4.0	4.0	4.0	4.5	4.5	4.5	4.5	4.5	5.0	5.0	5.0	5.0	5.0	5.5	5.5	5.5	.2163
k	90	126	162	198	234	270	306	342	378	414	450	486	522	558	594	630	666	702	738	774	810	846	882	918	954	990	1026	1062	1098	1134	1170	1206	1242	1278	1314	km

Δt Fahrenheit

D = 0.0030

Δt Celsius °C or Kelvin °K

k	50	70	90	110	130	150	170	190	210	230	250	270	290	310	330	350	370	390	410	430	450	470	490	510	530	550	570	590	610	630	650	670	690	710	730	km
0.1	1.5	1.5	1.5	1.5	1.5	1.5	1.5	1.5	1.5	1.5	1.5	1.5	1.5	1.5	1.5	1.5	1.5	1.5	1.5	1.5	1.5	1.5	1.5	1.5	1.5	1.5	1.5	1.5	1.5	1.5	2.0	2.0	2.0	2.0	2.0	.0144
0.2	1.5	1.5	1.5	1.5	1.5	1.5	1.5	1.5	1.5	1.5	1.5	1.5	1.5	1.5	1.5	2.0	2.0	2.0	2.0	2.0	2.0	2.0	2.0	2.0	2.0	2.0	2.0	2.5	2.5	2.5	2.5	2.5	2.5	2.5	2.5	.0288
0.3	1.5	1.5	1.5	1.5	1.5	1.5	1.5	1.5	1.5	1.5	2.0	2.0	2.0	2.0	2.0	2.0	2.0	2.0	2.5	2.5	2.5	2.5	2.5	2.5	2.5	2.5	2.5	2.5	2.5	3.0	3.0	3.0	3.0	3.0	3.0	.0433
0.4	1.5	1.5	1.5	1.5	1.5	1.5	1.5	1.5	2.0	2.0	2.0	2.0	2.0	2.0	2.5	2.5	2.5	2.5	2.5	2.5	2.5	2.5	3.0	3.0	3.0	3.0	3.0	3.0	3.0	3.0	3.0	3.5	3.5	3.5	3.5	.0577
0.5	1.5	1.5	1.5	1.5	1.5	1.5	2.0	2.0	2.0	2.0	2.0	2.5	2.5	2.5	2.5	2.5	2.5	2.5	3.0	3.0	3.0	3.0	3.0	3.0	3.0	3.5	3.5	3.5	3.5	3.5	3.5	3.5	3.5	3.5	3.5	.0721
0.6	1.5	1.5	1.5	1.5	1.5	2.0	2.0	2.0	2.0	2.0	2.5	2.5	2.5	2.5	2.5	3.0	3.0	3.0	3.0	3.0	3.0	3.0	3.5	3.5	3.5	3.5	3.5	3.5	3.5	4.0	4.0	4.0	4.0	4.0	4.0	.0865
0.7	1.5	1.5	1.5	1.5	2.0	2.0	2.0	2.0	2.5	2.5	2.5	2.5	2.5	3.0	3.0	3.0	3.0	3.0	3.0	3.5	3.5	3.5	3.5	3.5	3.5	3.5	4.0	4.0	4.0	4.0	4.0	4.0	4.0	4.5	4.5	.1009
0.8	1.5	1.5	1.5	1.5	2.0	2.0	2.0	2.0	2.5	2.5	2.5	2.5	3.0	3.0	3.0	3.0	3.0	3.5	3.5	3.5	3.5	3.5	3.5	4.0	4.0	4.0	4.0	4.0	4.0	4.5	4.5	4.5	4.5	4.5	4.5	.1154
0.9	1.5	1.5	1.5	1.5	2.0	2.0	2.0	2.5	2.5	2.5	2.5	3.0	3.0	3.0	3.0	3.5	3.5	3.5	3.5	3.5	3.5	4.0	4.0	4.0	4.0	4.0	4.0	4.5	4.5	4.5	4.5	4.5	4.5	5.0	5.0	.1298
1.0	1.5	1.5	1.5	2.0	2.0	2.0	2.5	2.5	2.5	2.5	3.0	3.0	3.0	3.0	3.5	3.5	3.5	3.5	3.5	4.0	4.0	4.0	4.0	4.0	4.5	4.5	4.5	4.5	4.5	4.5	5.0	5.0	5.0	5.0	5.0	.1442
1.1	1.5	1.5	1.5	2.0	2.0	2.0	2.5	2.5	2.5	3.0	3.0	3.0	3.0	3.5	3.5	3.5	3.5	3.5	4.0	4.0	4.0	4.0	4.0	4.5	4.5	4.5	4.5	4.5	5.0	5.0	5.0	5.0	5.0	5.0	5.5	.1586
1.2	1.5	1.5	1.5	2.0	2.0	2.5	2.5	2.5	2.5	3.0	3.0	3.0	3.5	3.5	3.5	3.5	4.0	4.0	4.0	4.0	4.0	4.5	4.5	4.5	4.5	4.5	5.0	5.0	5.0	5.0	5.0	5.0	5.5	5.5	5.5	.1730
1.3	1.5	1.5	1.5	2.0	2.0	2.5	2.5	2.5	3.0	3.0	3.0	3.5	3.5	3.5	3.5	4.0	4.0	4.0	4.0	4.0	4.5	4.5	4.5	4.5	4.5	5.0	5.0	5.0	5.0	5.0	5.5	5.5	5.5	5.5	5.5	.1875
1.4	1.5	1.5	1.5	2.0	2.0	2.5	2.5	2.5	3.0	3.0	3.0	3.5	3.5	3.5	3.5	4.0	4.0	4.0	4.0	4.5	4.5	4.5	4.5	5.0	5.0	5.0	5.0	5.0	5.5	5.5	5.5	5.5	5.5	6.0	6.0	.2019
1.5	1.5	1.5	1.5	2.0	2.0	2.5	2.5	3.0	3.0	3.0	3.5	3.5	3.5	3.5	4.0	4.0	4.0	4.0	4.5	4.5	4.5	4.5	5.0	5.0	5.0	5.0	5.0	5.5	5.5	5.5	5.5	5.5	6.0	6.0	6.0	.2163
k	90	126	162	198	234	270	306	342	378	414	450	486	522	558	594	630	666	702	738	774	810	846	882	918	954	990	1026	1062	1098	1134	1170	1206	1242	1278	1314	km

Δt Fahrenheit

D = 0.0035

Δt Celsius °C or Kelvin °K

k	50	70	90	110	130	150	170	190	210	230	250	270	290	310	330	350	370	390	410	430	450	470	490	510	530	550	570	590	610	630	650	670	690	710	730	km
0.1	1.5	1.5	1.5	1.5	1.5	1.5	1.5	1.5	1.5	1.5	1.5	1.5	1.5	1.5	1.5	1.5	1.5	1.5	1.5	1.5	1.5	1.5	1.5	1.5	1.5	2.0	2.0	2.0	2.0	2.0	2.0	2.0	2.0	2.0	2.0	.0144
0.2	1.5	1.5	1.5	1.5	1.5	1.5	1.5	1.5	1.5	1.5	1.5	1.5	2.0	2.0	2.0	2.0	2.0	2.0	2.0	2.0	2.0	2.0	2.0	2.5	2.5	2.5	2.5	2.5	2.5	2.5	2.5	2.5	2.5	2.5	2.5	.0288
0.3	1.5	1.5	1.5	1.5	1.5	1.5	1.5	1.5	2.0	2.0	2.0	2.0	2.0	2.0	2.0	2.5	2.5	2.5	2.5	2.5	2.5	2.5	2.5	2.5	3.0	3.0	3.0	3.0	3.0	3.0	3.0	3.0	3.0	3.0	3.0	.0433
0.4	1.5	1.5	1.5	1.5	1.5	1.5	2.0	2.0	2.0	2.0	2.0	2.0	2.5	2.5	2.5	2.5	2.5	2.5	2.5	3.0	3.0	3.0	3.0	3.0	3.0	3.0	3.5	3.5	3.5	3.5	3.5	3.5	3.5	3.5	3.5	.0577
0.5	1.5	1.5	1.5	1.5	1.5	2.0	2.0	2.0	2.0	2.5	2.5	2.5	2.5	2.5	2.5	3.0	3.0	3.0	3.0	3.0	3.0	3.0	3.5	3.5	3.5	3.5	3.5	3.5	3.5	3.5	4.0	4.0	4.0	4.0	4.0	.0721
0.6	1.5	1.5	1.5	1.5	2.0	2.0	2.0	2.0	2.5	2.5	2.5	2.5	2.5	3.0	3.0	3.0	3.0	3.0	3.5	3.5	3.5	3.5	3.5	3.5	3.5	4.0	4.0	4.0	4.0	4.0	4.0	4.0	4.5	4.5	4.5	.0865
0.7	1.5	1.5	1.5	1.5	2.0	2.0	2.0	2.5	2.5	2.5	2.5	3.0	3.0	3.0	3.0	3.0	3.5	3.5	3.5	3.5	3.5	3.5	4.0	4.0	4.0	4.0	4.0	4.0	4.5	4.5	4.5	4.5	4.5	4.5	4.5	.1009
0.8	1.5	1.5	1.5	2.0	2.0	2.0	2.5	2.5	2.5	2.5	3.0	3.0	3.0	3.0	3.5	3.5	3.5	3.5	3.5	4.0	4.0	4.0	4.0	4.0	4.0	4.5	4.5	4.5	4.5	4.5	4.5	5.0	5.0	5.0	5.0	.1154
0.9	1.5	1.5	1.5	2.0	2.0	2.0	2.5	2.5	2.5	3.0	3.0	3.0	3.0	3.5	3.5	3.5	3.5	4.0	4.0	4.0	4.0	4.0	4.5	4.5	4.5	4.5	4.5	4.5	5.0	5.0	5.0	5.0	5.0	5.0	5.5	.1298
1.0	1.5	1.5	1.5	2.0	2.0	2.5	2.5	2.5	3.0	3.0	3.0	3.0	3.5	3.5	3.5	3.5	4.0	4.0	4.0	4.0	4.0	4.5	4.5	4.5	4.5	4.5	5.0	5.0	5.0	5.0	5.0	5.5	5.5	5.5	5.5	.1442
1.1	1.5	1.5	2.0	2.0	2.0	2.5	2.5	2.5	3.0	3.0	3.0	3.5	3.5	3.5	3.5	4.0	4.0	4.0	4.0	4.5	4.5	4.5	4.5	4.5	5.0	5.0	5.0	5.0	5.0	5.5	5.5	5.5	5.5	5.5	5.5	.1586
1.2	1.5	1.5	2.0	2.0	2.5	2.5	2.5	3.0	3.0	3.0	3.5	3.5	3.5	3.5	4.0	4.0	4.0	4.0	4.5	4.5	4.5	4.5	5.0	5.0	5.0	5.0	5.0	5.5	5.5	5.5	5.5	5.5	6.0	6.0	6.0	.1730
1.3	1.5	1.5	2.0	2.0	2.5	2.5	2.5	3.0	3.0	3.0	3.5	3.5	3.5	4.0	4.0	4.0	4.0	4.5	4.5	4.5	4.5	5.0	5.0	5.0	5.0	5.5	5.5	5.5	5.5	5.5	6.0	6.0	6.0	6.0	6.0	.1875
1.4	1.5	1.5	2.0	2.0	2.5	2.5	3.0	3.0	3.0	3.5	3.5	3.5	4.0	4.0	4.0	4.0	4.5	4.5	4.5	4.5	5.0	5.0	5.0	5.0	5.5	5.5	5.5	5.5	6.0	6.0	6.0	6.0	6.0	6.5	6.5	.2019
1.5	1.5	1.5	2.0	2.0	2.5	2.5	3.0	3.0	3.0	3.5	3.5	3.5	4.0	4.0	4.0	4.5	4.5	4.5	4.5	5.0	5.0	5.0	5.5	5.5	5.5	5.5	5.5	6.0	6.0	6.0	6.0	6.5	6.5	6.5	6.5	.2163
k	90	126	162	198	234	270	306	342	378	414	450	486	522	558	594	630	666	702	738	774	810	846	882	918	954	990	1026	1062	1098	1134	1170	1206	1242	1278	1314	km

Δt Fahrenheit

TABLE 2 (Sheet 81 of 128)

TEMPERATURE DIFFERENCE

ECONOMICAL INSULATION THICKNESS TABLE

IN INCHES
(nominal)

PIPE SIZE: 14'' NPS (Tube Size 14-1/2'' OD)
355.6 mm

At the intersection of the ''Δt'' column with the ''k'' row read the economical thickness.
(•—*exceeds 12'' thickness*)

CONDUCTIVITY — k: Btu, in./sq ft, hr °F; km: W/mK

D = 0.0040

Δt Celsius °C or Kelvin °K

k	50	70	90	110	130	150	170	190	210	230	250	270	290	310	330	350	370	390	410	430	450	470	490	510	530	550	570	590	610	630	650	670	690	710	730	km
0.1	1.5	1.5	1.5	1.5	1.5	1.5	1.5	1.5	1.5	1.5	1.5	1.5	1.5	1.5	1.5	1.5	1.5	1.5	1.5	1.5	1.5	1.5	2.0	2.0	2.0	2.0	2.0	2.0	2.0	2.0	2.0	2.0	2.0	2.0	2.0	.0144
0.2	1.5	1.5	1.5	1.5	1.5	1.5	1.5	1.5	1.5	1.5	1.5	2.0	2.0	2.0	2.0	2.0	2.0	2.0	2.0	2.0	2.0	2.5	2.5	2.5	2.5	2.5	2.5	2.5	2.5	2.5	2.5	3.0	3.0	3.0	3.0	.0288
0.3	1.5	1.5	1.5	1.5	1.5	1.5	1.5	2.0	2.0	2.0	2.0	2.0	2.0	2.5	2.5	2.5	2.5	2.5	2.5	2.5	2.5	3.0	3.0	3.0	3.0	3.0	3.0	3.0	3.0	3.0	3.5	3.5	3.5	3.5	3.5	.0433
0.4	1.5	1.5	1.5	1.5	1.5	2.0	2.0	2.0	2.0	2.0	2.5	2.5	2.5	2.5	2.5	2.5	3.0	3.0	3.0	3.0	3.0	3.0	3.0	3.5	3.5	3.5	3.5	3.5	3.5	3.5	3.5	4.0	4.0	4.0	4.0	.0577
0.5	1.5	1.5	1.5	1.5	2.0	2.0	2.0	2.0	2.5	2.5	2.5	2.5	2.5	3.0	3.0	3.0	3.0	3.0	3.0	3.5	3.5	3.5	3.5	3.5	3.5	3.5	4.0	4.0	4.0	4.0	4.0	4.0	4.0	4.5	4.5	.0721
0.6	1.5	1.5	1.5	2.0	2.0	2.0	2.0	2.5	2.5	2.5	2.5	3.0	3.0	3.0	3.0	3.0	3.5	3.5	3.5	3.5	3.5	3.5	4.0	4.0	4.0	4.0	4.0	4.0	4.5	4.5	4.5	4.5	4.5	4.5	4.5	.0865
0.7	1.5	1.5	1.5	2.0	2.0	2.0	2.5	2.5	2.5	3.0	3.0	3.0	3.0	3.0	3.5	3.5	3.5	3.5	3.5	4.0	4.0	4.0	4.0	4.0	4.5	4.5	4.5	4.5	4.5	4.5	4.5	5.0	5.0	5.0	5.0	.1009
0.8	1.5	1.5	2.0	2.0	2.0	2.5	2.5	2.5	3.0	3.0	3.0	3.0	3.5	3.5	3.5	3.5	3.5	4.0	4.0	4.0	4.0	4.0	4.5	4.5	4.5	4.5	4.5	5.0	5.0	5.0	5.0	5.0	5.0	5.5	5.5	.1154
0.9	1.5	1.5	2.0	2.0	2.0	2.5	2.5	2.5	3.0	3.0	3.0	3.5	3.5	3.5	3.5	4.0	4.0	4.0	4.0	4.5	4.5	4.5	4.5	4.5	5.0	5.0	5.0	5.0	5.0	5.0	5.5	5.5	5.5	5.5	5.5	.1298
1.0	1.5	1.5	2.0	2.0	2.5	2.5	2.5	3.0	3.0	3.0	3.5	3.5	3.5	3.5	4.0	4.0	4.0	4.0	4.5	4.5	4.5	4.5	5.0	5.0	5.0	5.0	5.0	5.5	5.5	5.5	5.5	5.5	5.5	6.0	6.0	.1442
1.1	1.5	1.5	2.0	2.0	2.5	2.5	3.0	3.0	3.0	3.5	3.5	3.5	3.5	4.0	4.0	4.0	4.5	4.5	4.5	4.5	4.5	5.0	5.0	5.0	5.0	5.5	5.5	5.5	5.5	5.5	6.0	6.0	6.0	6.0	6.0	.1586
1.2	1.5	1.5	2.0	2.0	2.5	2.5	3.0	3.0	3.0	3.5	3.5	3.5	4.0	4.0	4.0	4.5	4.5	4.5	4.5	5.0	5.0	5.0	5.0	5.5	5.5	5.5	5.5	5.5	6.0	6.0	6.0	6.0	6.0	6.5	6.5	.1730
1.3	1.5	1.5	2.0	2.5	2.5	2.5	3.0	3.0	3.5	3.5	3.5	4.0	4.0	4.0	4.5	4.5	4.5	4.5	5.0	5.0	5.0	5.0	5.5	5.5	5.5	5.5	6.0	6.0	6.0	6.0	6.0	6.5	6.5	6.5	6.5	.1875
1.4	1.5	1.5	2.0	2.5	2.5	3.0	3.0	3.0	3.5	3.5	4.0	4.0	4.0	4.5	4.5	4.5	4.5	5.0	5.0	5.0	5.0	5.5	5.5	5.5	5.5	6.0	6.0	6.0	6.0	6.5	6.5	6.5	6.5	7.0	7.0	.2019
1.5	1.5	2.0	2.0	2.5	2.5	3.0	3.0	3.5	3.5	3.5	4.0	4.0	4.0	4.5	4.5	4.5	5.0	5.0	5.0	5.5	5.5	5.5	5.5	6.0	6.0	6.0	6.0	6.5	6.5	6.5	6.5	7.0	7.0	7.0	7.0	.2163
k	90	126	162	198	234	270	306	342	378	414	450	486	522	558	594	630	666	702	738	774	810	846	882	918	954	990	1026	1062	1098	1134	1170	1206	1242	1278	1314	km

Δt Fahrenheit

D = 0.0045

Δt Celsius °C or Kelvin °K

k	50	70	90	110	130	150	170	190	210	230	250	270	290	310	330	350	370	390	410	430	450	470	490	510	530	550	570	590	610	630	650	670	690	710	730	km
0.1	1.5	1.5	1.5	1.5	1.5	1.5	1.5	1.5	1.5	1.5	1.5	1.5	1.5	1.5	1.5	1.5	1.5	1.5	1.5	2.0	2.0	2.0	2.0	2.0	2.0	2.0	2.0	2.0	2.0	2.0	2.0	2.0	2.0	2.0	2.0	.0144
0.2	1.5	1.5	1.5	1.5	1.5	1.5	1.5	1.5	1.5	2.0	2.0	2.0	2.0	2.0	2.0	2.0	2.0	2.5	2.5	2.5	2.5	2.5	2.5	2.5	2.5	2.5	2.5	3.0	3.0	3.0	3.0	3.0	3.0	3.0	3.0	.0288
0.3	1.5	1.5	1.5	1.5	1.5	1.5	2.0	2.0	2.0	2.0	2.0	2.5	2.5	2.5	2.5	2.5	2.5	2.5	3.0	3.0	3.0	3.0	3.0	3.0	3.0	3.0	3.0	3.5	3.5	3.5	3.5	3.5	3.5	3.5	3.5	.0433
0.4	1.5	1.5	1.5	1.5	2.0	2.0	2.0	2.0	2.0	2.5	2.5	2.5	2.5	2.5	3.0	3.0	3.0	3.0	3.0	3.0	3.5	3.5	3.5	3.5	3.5	3.5	3.5	3.5	4.0	4.0	4.0	4.0	4.0	4.0	4.0	.0577
0.5	1.5	1.5	1.5	2.0	2.0	2.0	2.0	2.5	2.5	2.5	2.5	3.0	3.0	3.0	3.0	3.0	3.5	3.5	3.5	3.5	3.5	3.5	3.5	4.0	4.0	4.0	4.0	4.0	4.0	4.5	4.5	4.5	4.5	4.5	4.5	.0721
0.6	1.5	1.5	1.5	2.0	2.0	2.0	2.5	2.5	2.5	3.0	3.0	3.0	3.0	3.0	3.5	3.5	3.5	3.5	3.5	4.0	4.0	4.0	4.0	4.0	4.0	4.5	4.5	4.5	4.5	4.5	4.5	5.0	5.0	5.0	5.0	.0865
0.7	1.5	1.5	2.0	2.0	2.0	2.5	2.5	2.5	3.0	3.0	3.0	3.0	3.5	3.5	3.5	3.5	4.0	4.0	4.0	4.0	4.0	4.5	4.5	4.5	4.5	4.5	4.5	5.0	5.0	5.0	5.0	5.0	5.0	5.5	5.5	.1009
0.8	1.5	1.5	2.0	2.0	2.5	2.5	2.5	3.0	3.0	3.0	3.0	3.5	3.5	3.5	3.5	4.0	4.0	4.0	4.0	4.5	4.5	4.5	4.5	4.5	5.0	5.0	5.0	5.0	5.0	5.5	5.5	5.5	5.5	5.5	5.5	.1154
0.9	1.5	1.5	2.0	2.0	2.5	2.5	3.0	3.0	3.0	3.0	3.5	3.5	3.5	4.0	4.0	4.0	4.0	4.5	4.5	4.5	4.5	5.0	5.0	5.0	5.0	5.0	5.5	5.5	5.5	5.5	5.5	5.5	6.0	6.0	6.0	.1298
1.0	1.5	1.5	2.0	2.0	2.5	2.5	3.0	3.0	3.0	3.5	3.5	3.5	4.0	4.0	4.0	4.0	4.5	4.5	4.5	4.5	5.0	5.0	5.0	5.0	5.5	5.5	5.5	5.5	5.5	6.0	6.0	6.0	6.0	6.0	6.5	.1442
1.1	1.5	2.0	2.0	2.5	2.5	3.0	3.0	3.0	3.5	3.5	3.5	4.0	4.0	4.0	4.5	4.5	4.5	4.5	5.0	5.0	5.0	5.0	5.5	5.5	5.5	5.5	5.5	6.0	6.0	6.0	6.0	6.5	6.5	6.5	6.5	.1586
1.2	1.5	2.0	2.0	2.5	2.5	3.0	3.0	3.5	3.5	3.5	4.0	4.0	4.0	4.5	4.5	4.5	4.5	5.0	5.0	5.0	5.0	5.5	5.5	5.5	5.5	6.0	6.0	6.0	6.0	6.5	6.5	6.5	6.5	6.5	7.0	.1730
1.3	1.5	2.0	2.0	2.5	2.5	3.0	3.0	3.5	3.5	3.5	4.0	4.0	4.5	4.5	4.5	4.5	5.0	5.0	5.0	5.5	5.5	5.5	5.5	6.0	6.0	6.0	6.0	6.5	6.5	6.5	6.5	7.0	7.0	7.0	7.0	.1875
1.4	1.5	2.0	2.0	2.5	3.0	3.0	3.0	3.5	3.5	4.0	4.0	4.0	4.5	4.5	4.5	5.0	5.0	5.0	5.5	5.5	5.5	5.5	6.0	6.0	6.0	6.5	6.5	6.5	6.5	7.0	7.0	7.0	7.0	7.0	7.5	.2019
1.5	1.5	2.0	2.0	2.5	3.0	3.0	3.5	3.5	3.5	4.0	4.0	4.5	4.5	4.5	5.0	5.0	5.0	5.5	5.5	5.5	6.0	6.0	6.0	6.0	6.5	6.5	6.5	6.5	7.0	7.0	7.0	7.0	7.5	7.5	7.5	.2163
k	90	126	162	198	234	270	306	342	378	414	450	486	522	558	594	630	666	702	738	774	810	846	882	918	954	990	1026	1062	1098	1134	1170	1206	1242	1278	1314	km

Δt Fahrenheit

D = 0.0050

Δt Celsius °C or Kelvin °K

k	50	70	90	110	130	150	170	190	210	230	250	270	290	310	330	350	370	390	410	430	450	470	490	510	530	550	570	590	610	630	650	670	690	710	730	km
0.1	1.5	1.5	1.5	1.5	1.5	1.5	1.5	1.5	1.5	1.5	1.5	1.5	1.5	1.5	1.5	1.5	1.5	2.0	2.0	2.0	2.0	2.0	2.0	2.0	2.0	2.0	2.0	2.0	2.0	2.0	2.0	2.5	2.5	2.5	2.5	.0144
0.2	1.5	1.5	1.5	1.5	1.5	1.5	1.5	1.5	2.0	2.0	2.0	2.0	2.0	2.0	2.0	2.5	2.5	2.5	2.5	2.5	2.5	2.5	2.5	2.5	2.5	3.0	3.0	3.0	3.0	3.0	3.0	3.0	3.0	3.0	3.0	.0288
0.3	1.5	1.5	1.5	1.5	1.5	2.0	2.0	2.0	2.0	2.0	2.5	2.5	2.5	2.5	2.5	2.5	3.0	3.0	3.0	3.0	3.0	3.0	3.0	3.0	3.5	3.5	3.5	3.5	3.5	3.5	3.5	3.5	3.5	4.0	4.0	.0433
0.4	1.5	1.5	1.5	1.5	2.0	2.0	2.0	2.0	2.5	2.5	2.5	2.5	3.0	3.0	3.0	3.0	3.0	3.0	3.5	3.5	3.5	3.5	3.5	3.5	3.5	4.0	4.0	4.0	4.0	4.0	4.0	4.0	4.5	4.5	4.5	.0577
0.5	1.5	1.5	1.5	2.0	2.0	2.0	2.5	2.5	2.5	2.5	3.0	3.0	3.0	3.0	3.5	3.5	3.5	3.5	3.5	3.5	4.0	4.0	4.0	4.0	4.0	4.0	4.5	4.5	4.5	4.5	4.5	4.5	4.5	5.0	5.0	.0721
0.6	1.5	1.5	2.0	2.0	2.0	2.5	2.5	2.5	3.0	3.0	3.0	3.0	3.5	3.5	3.5	3.5	3.5	4.0	4.0	4.0	4.0	4.0	4.5	4.5	4.5	4.5	4.5	4.5	5.0	5.0	5.0	5.0	5.0	5.0	5.5	.0865
0.7	1.5	1.5	2.0	2.0	2.5	2.5	2.5	3.0	3.0	3.0	3.0	3.5	3.5	3.5	3.5	4.0	4.0	4.0	4.0	4.5	4.5	4.5	4.5	4.5	5.0	5.0	5.0	5.0	5.0	5.0	5.5	5.5	5.5	5.5	5.5	.1009
0.8	1.5	1.5	2.0	2.0	2.5	2.5	3.0	3.0	3.0	3.5	3.5	3.5	3.5	4.0	4.0	4.0	4.0	4.5	4.5	4.5	4.5	5.0	5.0	5.0	5.0	5.0	5.5	5.5	5.5	5.5	5.5	5.5	6.0	6.0	6.0	.1154
0.9	1.5	2.0	2.0	2.5	2.5	2.5	3.0	3.0	3.5	3.5	3.5	3.5	4.0	4.0	4.0	4.5	4.5	4.5	4.5	5.0	5.0	5.0	5.0	5.0	5.5	5.5	5.5	5.5	6.0	6.0	6.0	6.0	6.0	6.5	6.5	.1298
1.0	1.5	2.0	2.0	2.5	2.5	3.0	3.0	3.0	3.5	3.5	3.5	4.0	4.0	4.0	4.5	4.5	4.5	5.0	5.0	5.0	5.0	5.5	5.5	5.5	5.5	5.5	6.0	6.0	6.0	6.0	6.5	6.5	6.5	6.5	6.5	.1442
1.1	1.5	2.0	2.0	2.5	2.5	3.0	3.0	3.5	3.5	3.5	4.0	4.0	4.0	4.5	4.5	4.5	5.0	5.0	5.0	5.0	5.5	5.5	5.5	5.5	6.0	6.0	6.0	6.0	6.5	6.5	6.5	6.5	7.0	7.0	7.0	.1586
1.2	1.5	2.0	2.5	2.5	3.0	3.0	3.5	3.5	3.5	4.0	4.0	4.0	4.5	4.5	4.5	5.0	5.0	5.0	5.5	5.5	5.5	5.5	6.0	6.0	6.0	6.0	6.5	6.5	6.5	6.5	7.0	7.0	7.0	7.0	7.0	.1730
1.3	1.5	2.0	2.5	2.5	3.0	3.0	3.5	3.5	4.0	4.0	4.0	4.5	4.5	4.5	5.0	5.0	5.0	5.5	5.5	5.5	6.0	6.0	6.0	6.0	6.5	6.5	6.5	6.5	7.0	7.0	7.0	7.0	7.5	7.5	7.5	.1875
1.4	1.5	2.0	2.5	2.5	3.0	3.0	3.5	3.5	4.0	4.0	4.5	4.5	4.5	5.0	5.0	5.0	5.5	5.5	5.5	6.0	6.0	6.0	6.0	6.5	6.5	6.5	7.0	7.0	7.0	7.0	7.5	7.5	7.5	8.0	8.0	.2019
1.5	1.5	2.0	2.5	2.5	3.0	3.5	3.5	4.0	4.0	4.0	4.5	4.5	5.0	5.0	5.0	5.5	5.5	5.5	6.0	6.0	6.0	6.5	6.5	6.5	6.5	7.0	7.0	7.0	7.5	7.5	7.5	8.0	8.0	8.0	8.0	.2163
k	90	126	162	198	234	270	306	342	378	414	450	486	522	558	594	630	666	702	738	774	810	846	882	918	954	990	1026	1062	1098	1134	1170	1206	1242	1278	1314	km

Δt Fahrenheit

TEMPERATURE DIFFERENCE

TABLE 2 (Sheet 82 of 128)

TABLE 2 (Continued)

ECONOMICAL INSULATION THICKNESS TABLE
IN INCHES
(nominal)

PIPE SIZE: 14'' NPS (Tube Size 14-1/2'' OD)
355.6 mm

At the intersection of the ''Δt'' column with the ''k'' row read the economical thickness.
(•—*exceeds 12'' thickness*)

CONDUCTIVITY: k in Btu, in./sq ft, hr °F; km in W/mK

D = 0.0060

Δt Celsius °C or Kelvin °K

k	50	70	90	110	130	150	170	190	210	230	250	270	290	310	330	350	370	390	410	430	450	470	490	510	530	550	570	590	610	630	650	670	690	710	730	km
0.1	1.5	1.5	1.5	1.5	1.5	1.5	1.5	1.5	1.5	1.5	1.5	1.5	1.5	1.5	2.0	2.0	2.0	2.0	2.0	2.0	2.0	2.0	2.0	2.0	2.0	2.0	2.5	2.5	2.5	2.5	2.5	2.5	2.5	2.5	2.5	.0144
0.2	1.5	1.5	1.5	1.5	1.5	1.5	2.0	2.0	2.0	2.0	2.0	2.0	2.5	2.5	2.5	2.5	2.5	2.5	2.5	2.5	3.0	3.0	3.0	3.0	3.0	3.0	3.0	3.0	3.0	3.5	3.5	3.5	3.5	3.5	3.5	.0288
0.3	1.5	1.5	1.5	1.5	2.0	2.0	2.0	2.0	2.5	2.5	2.5	2.5	2.5	3.0	3.0	3.0	3.0	3.0	3.0	3.0	3.5	3.5	3.5	3.5	3.5	3.5	3.5	4.0	4.0	4.0	4.0	4.0	4.0	4.0	4.0	.0433
0.4	1.5	1.5	1.5	2.0	2.0	2.0	2.5	2.5	2.5	2.5	3.0	3.0	3.0	3.0	3.0	3.5	3.5	3.5	3.5	3.5	4.0	4.0	4.0	4.0	4.0	4.0	4.0	4.5	4.5	4.5	4.5	4.5	4.5	4.5	5.0	.0577
0.5	1.5	1.5	2.0	2.0	2.0	2.5	2.5	2.5	3.0	3.0	3.0	3.0	3.5	3.5	3.5	3.5	4.0	4.0	4.0	4.0	4.0	4.5	4.5	4.5	4.5	4.5	4.5	5.0	5.0	5.0	5.0	5.0	5.0	5.0	5.5	.0721
0.6	1.5	1.5	2.0	2.0	2.5	2.5	2.5	3.0	3.0	3.0	3.5	3.5	3.5	3.5	4.0	4.0	4.0	4.0	4.5	4.5	4.5	4.5	4.5	5.0	5.0	5.0	5.0	5.0	5.5	5.5	5.5	5.5	5.5	5.5	6.0	.0865
0.7	1.5	2.0	2.0	2.5	2.5	2.5	3.0	3.0	3.5	3.5	3.5	3.5	4.0	4.0	4.0	4.0	4.5	4.5	4.5	4.5	5.0	5.0	5.0	5.0	5.5	5.5	5.5	5.5	5.5	6.0	6.0	6.0	6.0	6.0	6.0	.1009
0.8	1.5	2.0	2.0	2.5	2.5	3.0	3.0	3.5	3.5	3.5	4.0	4.0	4.0	4.0	4.5	4.5	4.5	5.0	5.0	5.0	5.0	5.0	5.5	5.5	5.5	5.5	6.0	6.0	6.0	6.0	6.0	6.5	6.5	6.5	6.5	.1154
0.9	1.5	2.0	2.5	2.5	3.0	3.0	3.0	3.5	3.5	4.0	4.0	4.0	4.5	4.5	4.5	4.5	5.0	5.0	5.0	5.5	5.5	5.5	5.5	6.0	6.0	6.0	6.0	6.0	6.5	6.5	6.5	6.5	7.0	7.0	7.0	.1298
1.0	1.5	2.0	2.5	2.5	3.0	3.0	3.5	3.5	4.0	4.0	4.0	4.5	4.5	4.5	5.0	5.0	5.0	5.0	5.5	5.5	5.5	6.0	6.0	6.0	6.0	6.5	6.5	6.5	6.5	7.0	7.0	7.0	7.0	7.0	7.5	.1442
1.1	1.5	2.0	2.5	2.5	3.0	3.0	3.5	3.5	4.0	4.0	4.5	4.5	4.5	5.0	5.0	5.0	5.5	5.5	5.5	6.0	6.0	6.0	6.0	6.5	6.5	6.5	6.5	7.0	7.0	7.0	7.0	7.5	7.5	8.0	8.0	.1586
1.2	2.0	2.0	2.5	3.0	3.0	3.5	3.5	4.0	4.0	4.5	4.5	4.5	5.0	5.0	5.0	5.5	5.5	5.5	6.0	6.0	6.0	6.5	6.5	6.5	6.5	7.0	7.0	7.0	7.5	7.5	7.5	8.0	8.0	8.0	8.0	.1730
1.3	2.0	2.0	2.5	3.0	3.0	3.5	3.5	4.0	4.0	4.5	4.5	5.0	5.0	5.0	5.5	5.5	5.5	6.0	6.0	6.0	6.5	6.5	6.5	7.0	7.0	7.0	7.0	7.5	7.5	8.0	8.0	8.0	8.0	8.0	8.5	.1875
1.4	2.0	2.5	2.5	3.0	3.5	3.5	4.0	4.0	4.5	4.5	4.5	5.0	5.0	5.5	5.5	5.5	6.0	6.0	6.0	6.5	6.5	6.5	7.0	7.0	7.0	7.5	7.5	8.0	8.0	8.0	8.0	8.0	8.5	8.5	8.5	.2019
1.5	2.0	2.5	2.5	3.0	3.5	3.5	4.0	4.0	4.5	4.5	5.0	5.0	5.5	5.5	5.5	6.0	6.0	6.5	6.5	6.5	7.0	7.0	7.0	7.5	7.5	8.0	8.0	8.0	8.0	8.0	8.5	8.5	8.5	9.0	9.0	.2163
k	90	126	162	198	234	270	306	342	378	414	450	486	522	558	594	630	666	702	738	774	810	846	882	918	954	990	1026	1062	1098	1134	1170	1206	1242	1278	1314	km

Δt Fahrenheit

D = 0.0070

Δt Celsius °C or Kelvin °K

k	50	70	90	110	130	150	170	190	210	230	250	270	290	310	330	350	370	390	410	430	450	470	490	510	530	550	570	590	610	630	650	670	690	710	730	km
0.1	1.5	1.5	1.5	1.5	1.5	1.5	1.5	1.5	1.5	1.5	1.5	1.5	2.0	2.0	2.0	2.0	2.0	2.0	2.0	2.0	2.0	2.0	2.5	2.5	2.5	2.5	2.5	2.5	2.5	2.5	2.5	2.5	2.5	2.5	3.0	.0144
0.2	1.5	1.5	1.5	1.5	1.5	2.0	2.0	2.0	2.0	2.0	2.5	2.5	2.5	2.5	2.5	2.5	2.5	3.0	3.0	3.0	3.0	3.0	3.0	3.0	3.0	3.5	3.5	3.5	3.5	3.5	3.5	3.5	3.5	3.5	4.0	.0288
0.3	1.5	1.5	1.5	2.0	2.0	2.0	2.0	2.5	2.5	2.5	2.5	3.0	3.0	3.0	3.0	3.0	3.5	3.5	3.5	3.5	3.5	3.5	3.5	4.0	4.0	4.0	4.0	4.0	4.0	4.0	4.5	4.5	4.5	4.5	4.5	.0433
0.4	1.5	1.5	2.0	2.0	2.0	2.5	2.5	2.5	3.0	3.0	3.0	3.0	3.5	3.5	3.5	3.5	3.5	4.0	4.0	4.0	4.0	4.0	4.0	4.5	4.5	4.5	4.5	4.5	4.5	5.0	5.0	5.0	5.0	5.0	5.0	.0577
0.5	1.5	2.0	2.0	2.0	2.5	2.5	2.5	3.0	3.0	3.0	3.5	3.5	3.5	3.5	4.0	4.0	4.0	4.0	4.5	4.5	4.5	4.5	4.5	5.0	5.0	5.0	5.0	5.0	5.5	5.5	5.5	5.5	5.5	5.5	6.0	.0721
0.6	1.5	2.0	2.0	2.5	2.5	3.0	3.0	3.0	3.5	3.5	3.5	4.0	4.0	4.0	4.0	4.5	4.5	4.5	4.5	5.0	5.0	5.0	5.0	5.0	5.5	5.5	5.5	5.5	5.5	6.0	6.0	6.0	6.0	6.0	6.5	.0865
0.7	1.5	2.0	2.5	2.5	2.5	3.0	3.0	3.5	3.5	3.5	4.0	4.0	4.0	4.5	4.5	4.5	4.5	5.0	5.0	5.0	5.0	5.5	5.5	5.5	5.5	6.0	6.0	6.0	6.0	6.0	6.5	6.5	6.5	6.5	6.5	.1009
0.8	1.5	2.0	2.5	2.5	3.0	3.0	3.5	3.5	3.5	4.0	4.0	4.5	4.5	4.5	4.5	5.0	5.0	5.0	5.5	5.5	5.5	5.5	6.0	6.0	6.0	6.0	6.5	6.5	6.5	6.5	7.0	7.0	7.0	7.0	7.0	.1154
0.9	2.0	2.0	2.5	3.0	3.0	3.5	3.5	3.5	4.0	4.0	4.5	4.5	4.5	5.0	5.0	5.0	5.5	5.5	5.5	5.5	6.0	6.0	6.0	6.5	6.5	6.5	6.5	7.0	7.0	7.0	7.0	7.5	7.5	7.5	8.0	.1298
1.0	2.0	2.0	2.5	3.0	3.0	3.5	3.5	4.0	4.0	4.5	4.5	4.5	5.0	5.0	5.0	5.5	5.5	5.5	6.0	6.0	6.0	6.5	6.5	6.5	6.5	7.0	7.0	7.0	7.0	7.5	7.5	8.0	8.0	8.0	8.0	.1442
1.1	2.0	2.5	2.5	3.0	3.5	3.5	4.0	4.0	4.0	4.5	4.5	5.0	5.0	5.5	5.5	5.5	6.0	6.0	6.0	6.5	6.5	6.5	6.5	7.0	7.0	7.0	7.5	7.5	8.0	8.0	8.0	8.0	8.0	8.0	8.5	.1586
1.2	2.0	2.5	2.5	3.0	3.5	3.5	4.0	4.0	4.5	4.5	5.0	5.0	5.5	5.5	5.5	6.0	6.0	6.0	6.5	6.5	6.5	7.0	7.0	7.0	7.5	7.5	8.0	8.0	8.0	8.0	8.0	8.5	8.5	8.5	8.5	.1730
1.3	2.0	2.5	3.0	3.0	3.5	4.0	4.0	4.5	4.5	5.0	5.0	5.0	5.5	5.5	6.0	6.0	6.0	6.5	6.5	7.0	7.0	7.0	7.5	7.5	8.0	8.0	8.0	8.0	8.0	8.5	8.5	8.5	9.0	9.0	9.0	.1875
1.4	2.0	2.5	3.0	3.0	3.5	4.0	4.0	4.5	4.5	5.0	5.0	5.5	5.5	6.0	6.0	6.0	6.5	6.5	7.0	7.0	7.0	7.5	7.5	8.0	8.0	8.0	8.0	8.5	8.5	8.5	9.0	9.0	9.0	9.0	9.5	.2019
1.5	2.0	2.5	3.0	3.5	3.5	4.0	4.5	4.5	5.0	5.0	5.5	5.5	6.0	6.0	6.0	6.5	6.5	7.0	7.0	7.0	7.5	8.0	8.0	8.0	8.0	8.5	8.5	8.5	9.0	9.0	9.0	9.0	9.5	9.5	9.5	.2163
k	90	126	162	198	234	270	306	342	378	414	450	486	522	558	594	630	666	702	738	774	810	846	882	918	954	990	1026	1062	1098	1134	1170	1206	1242	1278	1314	km

Δt Fahrenheit

D = 0.0080

Δt Celsius °C or Kelvin °K

k	50	70	90	110	130	150	170	190	210	230	250	270	290	310	330	350	370	390	410	430	450	470	490	510	530	550	570	590	610	630	650	670	690	710	730	km
0.1	1.5	1.5	1.5	1.5	1.5	1.5	1.5	1.5	1.5	1.5	2.0	2.0	2.0	2.0	2.0	2.0	2.0	2.0	2.0	2.5	2.5	2.5	2.5	2.5	2.5	2.5	2.5	2.5	2.5	2.5	3.0	3.0	3.0	3.0	3.0	.0144
0.2	1.5	1.5	1.5	1.5	2.0	2.0	2.0	2.0	2.0	2.5	2.5	2.5	2.5	2.5	2.5	3.0	3.0	3.0	3.0	3.0	3.0	3.0	3.5	3.5	3.5	3.5	3.5	3.5	3.5	3.5	4.0	4.0	4.0	4.0	4.0	.0288
0.3	1.5	1.5	2.0	2.0	2.0	2.0	2.5	2.5	2.5	3.0	3.0	3.0	3.0	3.0	3.5	3.5	3.5	3.5	3.5	3.5	4.0	4.0	4.0	4.0	4.0	4.0	4.5	4.5	4.5	4.5	4.5	4.5	4.5	5.0	5.0	.0433
0.4	1.5	1.5	2.0	2.0	2.5	2.5	2.5	3.0	3.0	3.0	3.5	3.5	3.5	3.5	3.5	4.0	4.0	4.0	4.0	4.5	4.5	4.5	4.5	4.5	4.5	5.0	5.0	5.0	5.0	5.0	5.0	5.5	5.5	5.5	5.5	.0577
0.5	1.5	2.0	2.0	2.5	2.5	3.0	3.0	3.0	3.5	3.5	3.5	3.5	4.0	4.0	4.0	4.0	4.5	4.5	4.5	4.5	5.0	5.0	5.0	5.0	5.0	5.5	5.5	5.5	5.5	5.5	6.0	6.0	6.0	6.0	6.0	.0721
0.6	1.5	2.0	2.5	2.5	3.0	3.0	3.0	3.5	3.5	3.5	4.0	4.0	4.0	4.5	4.5	4.5	4.5	5.0	5.0	5.0	5.0	5.5	5.5	5.5	5.5	6.0	6.0	6.0	6.0	6.0	6.5	6.5	6.5	6.5	6.5	.0865
0.7	2.0	2.0	2.5	2.5	3.0	3.0	3.5	3.5	4.0	4.0	4.0	4.5	4.5	4.5	5.0	5.0	5.0	5.0	5.5	5.5	5.5	5.5	6.0	6.0	6.0	6.0	6.5	6.5	6.5	6.5	7.0	7.0	7.0	7.0	7.0	.1009
0.8	2.0	2.0	2.5	3.0	3.0	3.5	3.5	4.0	4.0	4.0	4.5	4.5	4.5	5.0	5.0	5.0	5.5	5.5	5.5	6.0	6.0	6.0	6.0	6.5	6.5	6.5	7.0	7.0	7.0	7.0	7.5	7.5	7.5	8.0	8.0	.1154
0.9	2.0	2.5	2.5	3.0	3.0	3.5	3.5	4.0	4.0	4.5	4.5	5.0	5.0	5.0	5.5	5.5	5.5	6.0	6.0	6.0	6.5	6.5	6.5	6.5	7.0	7.0	7.0	7.5	7.5	7.5	8.0	8.0	8.0	8.0	8.0	.1298
1.0	2.0	2.5	3.0	3.0	3.5	3.5	4.0	4.0	4.5	4.5	5.0	5.0	5.0	5.5	5.5	6.0	6.0	6.0	6.5	6.5	6.5	7.0	7.0	7.0	7.0	7.5	7.5	8.0	8.0	8.0	8.0	8.0	8.5	8.5	8.5	.1442
1.1	2.0	2.5	3.0	3.0	3.5	4.0	4.0	4.5	4.5	5.0	5.0	5.0	5.5	5.5	6.0	6.0	6.0	6.5	6.5	6.5	7.0	7.0	7.0	7.5	7.5	8.0	8.0	8.0	8.0	8.5	8.5	8.5	8.5	9.0	9.0	.1586
1.2	2.0	2.5	3.0	3.5	3.5	4.0	4.0	4.5	4.5	5.0	5.0	5.5	5.5	6.0	6.0	6.5	6.5	6.5	7.0	7.0	7.0	7.5	7.5	8.0	8.0	8.0	8.0	8.5	8.5	8.5	9.0	9.0	9.0	9.0	9.5	.1730
1.3	2.0	2.5	3.0	3.5	3.5	4.0	4.5	4.5	5.0	5.0	5.5	5.5	6.0	6.0	6.5	6.5	6.5	7.0	7.0	7.5	7.5	8.0	8.0	8.0	8.0	8.5	8.5	8.5	9.0	9.0	9.0	9.5	9.5	9.5	9.5	.1875
1.4	2.0	2.5	3.0	3.5	4.0	4.0	4.5	5.0	5.0	5.5	5.5	6.0	6.0	6.5	6.5	6.5	7.0	7.0	7.5	7.5	8.0	8.0	8.0	8.5	8.5	8.5	9.0	9.0	9.0	9.5	9.5	9.5	9.5	10.0	10.0	.2019
1.5	2.0	2.5	3.0	3.5	4.0	4.5	4.5	5.0	5.0	5.5	5.5	6.0	6.0	6.5	6.5	7.0	7.0	7.5	7.5	8.0	8.0	8.0	8.5	8.5	9.0	9.0	9.0	9.0	9.5	9.5	9.5	10.0	10.0	10.0	10.5	.2163
k	90	126	162	198	234	270	306	342	378	414	450	486	522	558	594	630	666	702	738	774	810	846	882	918	954	990	1026	1062	1098	1134	1170	1206	1242	1278	1314	km

Δt Fahrenheit

TABLE 2 (Sheet 83 of 128)

TEMPERATURE DIFFERENCE

TABLE 2 (Continued)

ECONOMICAL INSULATION THICKNESS TABLE

IN INCHES
(nominal)

PIPE SIZE: 14" NPS (Tube Size 14-1/2" OD)
355.6 mm

At the intersection of the "Δt" column with the "k" row read the economical thickness.
(•—*exceeds 12" thickness*)

D = 0.0100

Δt Celsius °C or Kelvin °K

CONDUCTIVITY Btu, in./sq ft, hr °F — W/mK

k	50	70	90	110	130	150	170	190	210	230	250	270	290	310	330	350	370	390	410	430	450	470	490	510	530	550	570	590	610	630	650	670	690	710	730	km
0.1	1.5	1.5	1.5	1.5	1.5	1.5	1.5	2.0	2.0	2.0	2.0	2.0	2.0	2.0	2.0	2.5	2.5	2.5	2.5	2.5	2.5	2.5	2.5	2.5	3.0	3.0	3.0	3.0	3.0	3.0	3.0	3.0	3.0	3.0	3.5	.0144
0.2	1.5	1.5	1.5	2.0	2.0	2.0	2.0	2.5	2.5	2.5	2.5	3.0	3.0	3.0	3.0	3.0	3.0	3.5	3.5	3.5	3.5	3.5	3.5	4.0	4.0	4.0	4.0	4.0	4.0	4.0	4.0	4.5	4.5	4.5	4.5	.0288
0.3	1.5	1.5	2.0	2.0	2.5	2.5	2.5	3.0	3.0	3.0	3.0	3.5	3.5	3.5	3.5	4.0	4.0	4.0	4.0	4.0	4.5	4.5	4.5	4.5	4.5	4.5	5.0	5.0	5.0	5.0	5.0	5.0	5.5	5.5	5.5	.0433
0.4	1.5	2.0	2.0	2.5	2.5	3.0	3.0	3.0	3.5	3.5	3.5	4.0	4.0	4.0	4.0	4.5	4.5	4.5	4.5	5.0	5.0	5.0	5.0	5.0	5.5	5.5	5.5	5.5	5.5	6.0	6.0	6.0	6.0	6.0	6.0	.0577
0.5	2.0	2.0	2.5	2.5	3.0	3.0	3.5	3.5	3.5	4.0	4.0	4.0	4.5	4.5	4.5	4.5	5.0	5.0	5.0	5.5	5.5	5.5	5.5	6.0	6.0	6.0	6.0	6.0	6.5	6.5	6.5	6.5	6.5	7.0	7.0	.0721
0.6	2.0	2.5	2.5	3.0	3.0	3.5	3.5	4.0	4.0	4.0	4.5	4.5	4.5	5.0	5.0	5.0	5.5	5.5	5.5	5.5	6.0	6.0	6.0	6.5	6.5	6.5	6.5	7.0	7.0	7.0	7.0	7.0	7.5	7.5	7.5	.0865
0.7	2.0	2.5	2.5	3.0	3.5	3.5	4.0	4.0	4.0	4.5	4.5	5.0	5.0	5.0	5.5	5.5	5.5	6.0	6.0	6.0	6.5	6.5	6.5	6.5	7.0	7.0	7.0	7.5	7.5	7.5	8.0	8.0	8.0	8.0	8.0	.1009
0.8	2.0	2.5	3.0	3.0	3.5	4.0	4.0	4,5	4.5	4.5	5.0	5.0	5.5	5.5	5.5	6.0	6.0	6.0	6.5	6.5	6.5	7.0	7.0	7.0	7.5	7.5	8.0	8.0	8.0	8.0	8.0	8.5	8.5	8.5	8.5	.1154
0.9	2.0	2.5	3.0	3.5	3.5	4.0	4.0	4.5	4.5	5.0	5.0	5.5	5.5	6.0	6.0	6.0	6.5	6.5	7.0	7.0	7.0	7.5	7.5	8.0	8.0	8.0	8.0	8.0	8.5	8.5	8.5	9.0	9.0	9.0	9.0	.1298
1.0	2.5	2.5	3.0	3.5	4.0	4.0	4.5	4.5	5.0	5.0	5.5	5.5	6.0	6.0	6.5	6.5	6.5	7.0	7.0	7.5	7.5	8.0	8.0	8.0	8.0	8.5	8.5	8.5	9.0	9.0	9.0	9.0	9.5	9.5	9.5	.1442
1.1	2.5	3.0	3.0	3.5	4.0	4.5	4.5	5.0	5.0	5.5	5.5	6.0	6.0	6.5	6.5	7.0	7.0	7.0	7.5	8.0	8.0	8.0	8.0	8.5	8.5	8.5	9.0	9.0	9.0	9.5	9.5	9.5	10.0	10.0	10.0	.1586
1.2	2.5	3.0	3.5	3.5	4.0	4.5	5.0	5.0	5.5	5.5	6.0	6.0	6.5	6.5	7.0	7.0	7.5	7.5	8.0	8.0	8.0	8.5	8.5	8.5	9.0	9.0	9.0	9.5	9.5	9.5	10.0	10.0	10.0	10.5	10.5	.1730
1.3	2.5	3.0	3.5	4.0	4.0	4.5	5.0	5.0	5.5	6.0	6.0	6.5	6.5	7.0	7.0	7.5	8.0	8.0	8.0	8.0	8.5	8.5	9.0	9.0	9.0	9.5	9.5	9.5	10.0	10.0	10.5	10.5	10.5	11.0	11.0	.1875
1.4	2.5	3.0	3.5	4.0	4.5	4.5	5.0	5.5	5.5	6.0	6.5	6.5	7.0	7.0	7.5	8.0	8.0	8.0	8.5	8.5	9.0	9.0	9.0	9.5	9.5	9.5	10.0	10.0	10.5	10.5	11.0	11.0	11.0	11.5	11.5	.2019
1.5	2.5	3.0	3.5	4.0	4.5	5.0	5.0	5.5	6.0	6.0	6.5	7.0	7.0	7.5	8.0	8.0	8.0	8.5	8.5	9.0	9.0	9.0	9.5	9.5	10.0	10.0	10.5	10.5	11.0	11.0	11.5	11.5	11.5	12.0	12.0	.2163
k	90	126	162	198	234	270	306	342	378	414	450	486	522	558	594	630	666	702	738	774	810	846	882	918	954	990	1026	1062	1098	1134	1170	1206	1242	1278	1314	km

Δt Fahrenheit

D = 0.0120

Δt Celsius °C or Kelvin °K

CONDUCTIVITY Btu, in./sq ft, hr °F — W/mK

k	50	70	90	110	130	150	170	190	210	230	250	270	290	310	330	350	370	390	410	430	450	470	490	510	530	550	570	590	610	630	650	670	690	710	730	km
0.1	1.5	1.5	1.5	1.5	1.5	1.5	2.0	2.0	2.0	2.0	2.0	2.0	2.5	2.5	2.5	2.5	2.5	2.5	2.5	3.0	3.0	3.0	3.0	3.0	3.0	3.0	3.0	3.0	3.5	3.5	3.5	3.5	3.5	3.5	3.5	.0144
0.2	1.5	1.5	2.0	2.0	2.0	2.5	2.5	2.5	2.5	3.0	3.0	3.0	3.0	3.0	3.5	3.5	3.5	3.5	3.5	4.0	4.0	4.0	4.0	4.0	4.0	4.5	4.5	4.5	4.5	4.5	4.5	4.5	5.0	5.0	5.0	.0288
0.3	1.5	2.0	2.0	2.5	2.5	2.5	3.0	3.0	3.0	3.5	3.5	3.5	4.0	4.0	4.0	4.0	4.0	4.5	4.5	4.5	4.5	5.0	5.0	5.0	5.0	5.0	5.0	5.5	5.5	5.5	5.5	5.5	6.0	6.0	6.0	.0433
0.4	2.0	2.0	2.5	2.5	3.0	3.0	3.5	3.5	3.5	4.0	4.0	4.0	4.5	4.5	4.5	4.5	5.0	5.0	5.0	5.0	5.5	5.5	5.5	5.5	6.0	6.0	6.0	6.0	6.0	6.5	6.5	6.5	6.5	6.5	7.0	.0577
0.5	2.0	2.5	2.5	3.0	3.0	3.5	3.5	4.0	4.0	4.0	4.5	4.5	4.5	5.0	5.0	5.0	5.5	5.5	5.5	6.0	6.0	6.0	6.0	6.5	6.5	6.5	6.5	7.0	7.0	7.0	7.0	7.5	7.5	7.5	8.0	.0721
0.6	2.0	2.5	3.0	3.0	3.5	3.5	4.0	4.0	4.5	4.5	5.0	5.0	5.0	5.5	5.5	5.5	6.0	6.0	6.0	6.5	6.5	6.5	7.0	7.0	7.0	7.0	7.5	7.5	8.0	8.0	8.0	8.0	8.0	8.0	8.5	.0865
0.7	2.0	2.5	3.0	3.5	3.5	4.0	4.0	4.5	4.5	5.0	5.0	5.5	5.5	5.5	6.0	6.0	6.5	6.5	6.5	7.0	7.0	7.0	7.5	7.5	8.0	8.0	8.0	8.0	8.0	8.5	8.5	8.5	8.5	9.0	9.0	.1009
0.8	2.5	3.0	3.0	3.5	4.0	4.0	4.5	4.5	5.0	5.0	5.5	5.5	6.0	6.0	6.5	6.5	6.5	7.0	7.0	7.0	7.5	8.0	8.0	8.0	8.0	8.0	8.5	8.5	8.5	9.0	9.0	9.0	9.5	9.5	9.5	.1154
0.9	2.5	3.0	3.5	3.5	4.0	4.5	4.5	5.0	5.0	5.5	5.5	6.0	6.0	6.5	6.5	7.0	7.0	7.0	7.5	8.0	8.0	8.0	8.0	8.5	8.5	8.5	9.0	9.0	9.0	9.5	9.5	9.5	10.0	10.0	10.0	.1298
1.0	2.5	3.0	3.5	4.0	4.0	4.5	5.0	5.0	5.5	5.5	6.0	6.0	6.5	6.5	7.0	7.0	7.5	8.0	8.0	8.0	8.0	8.5	8.5	9.0	9.0	9.0	9.5	9.5	9.5	10.0	10.0	10.0	10.5	10.5	10.5	.1442
1.1	2.5	3.0	3.5	4.0	4.5	4.5	5.0	5.5	5.5	6.0	6.5	6.5	7.0	7.0	7.5	7.5	8.0	8.0	8.0	8.5	8.5	9.0	9.0	9.0	9.5	9.5	9.5	10.0	10.0	10.5	10.5	10.5	11.0	11.0	11.0	.1586
1.2	2.5	3.0	3.5	4.0	4.5	5.0	5.5	5.5	6.0	6.0	6.5	7.0	7.0	7.5	8.0	8.0	8.0	8.5	8.5	9.0	9.0	9.0	9.5	9.5	9.5	10.0	10.0	10.5	10.5	11.0	11.0	11.0	11.5	11.5	11.5	.1730
1.3	2.5	3.5	4.0	4.5	4.5	5.0	5.5	6.0	6.0	6.5	6.5	7.0	7.5	8.0	8.0	8.0	8.5	8.5	9.0	9.0	9.5	9.5	9.5	10.0	10.0	10.5	10.5	11.0	11.0	11.5	11.5	11.5	12.0	12.0	12.0	.1875
1.4	3.0	3.5	4.0	4.5	5.0	5.0	5.5	6.0	6.5	6.5	7.0	7.5	8.0	8.0	8.0	8.5	8.5	9.0	9.0	9.5	9.5	10.0	10.0	10.5	10.5	11.0	11.0	11.5	11.5	12.0	12.0	12.0	•	•	•	.2019
1.5	3.0	3.5	4.0	4.5	5.0	5.5	6.0	6.0	6.5	7.0	7.0	7.5	8.0	8.0	8.5	8.5	9.0	9.0	9.5	9.5	10.0	10.0	10.5	11.0	11.0	11.5	11.5	12.0	12.0	•	•	•	•	•	•	.2163
k	90	126	162	198	234	270	306	342	378	414	450	486	522	558	594	630	666	702	738	774	810	846	882	918	954	990	1026	1062	1098	1134	1170	1206	1242	1278	1314	km

Δt Fahrenheit

D = 0.0150

Δt Celsius °C or Kelvin °K

CONDUCTIVITY Btu, in./sq ft, hr °F — W/mK

k	50	70	90	110	130	150	170	190	210	230	250	270	290	310	330	350	370	390	410	430	450	470	490	510	530	550	570	590	610	630	650	670	690	710	730	km
0.1	1.5	1.5	1.5	1.5	2.0	2.0	2.0	2.0	2.0	2.5	2.5	2.5	2.5	2.5	2.5	3.0	3.0	3.0	3.0	3.0	3.0	3.0	3.5	3.5	3.5	3.5	3.5	3.5	3.5	3.5	3.5	4.0	4.0	4.0	4.0	.0144
0.2	1.5	2.0	2.0	2.0	2.5	2.5	2.5	3.0	3.0	3.0	3.0	3.5	3.5	3.5	3.5	4.0	4.0	4.0	4.0	4.0	4.5	4.5	4.5	4.5	4.5	5.0	5.0	5.0	5.0	5.0	5.0	5.0	5.5	5.5	5.5	.0288
0.3	2.0	2.0	2.5	2.5	3.0	3.0	3.0	3.5	3.5	3.5	4.0	4.0	4.0	4.5	4.5	4.5	4.5	5.0	5.0	5.0	5.0	5.5	5.5	5.5	5.5	6.0	6.0	6.0	6.0	6.0	6.5	6.5	6.5	6.5	6.5	.0433
0.4	2.0	2.5	2.5	3.0	3.0	3.5	3.5	4.0	4.0	4.5	4.5	4.5	5.0	5.0	5.0	5.5	5.5	5.5	5.5	6.0	6.0	6.0	6.0	6.5	6.5	6.5	6.5	7.0	7.0	7.0	7.0	7.5	7.5	7.5	8.0	.0577
0.5	2.0	2.5	3.0	3.5	3.5	4.0	4.0	4.5	4.5	4.5	5.0	5.0	5.5	5.5	5.5	6.0	6.0	6.0	6.5	6.5	6.5	7.0	7.0	7.0	7.0	7.5	7.5	8.0	8.0	8.0	8.0	8.0	8.5	8.5	8.5	.0721
0.6	2.5	3.0	3.0	3.5	4.0	4.0	4.5	4.5	5.0	5.0	5.5	5.5	6.0	6.0	6.0	6.5	6.5	6.5	7.0	7.0	7.5	7.5	8.0	8.0	8.0	8.0	8.0	8.5	8.5	8.5	9.0	9.0	9.0	9.0	9.5	.0865
0.7	2.5	3.0	3.5	3.5	4.0	4.5	4.5	5.0	5.0	5.5	5.5	6.0	6.0	6.5	6.5	7.0	7.0	7.0	7.5	8.0	8.0	8.0	8.0	8.5	8.5	8.5	9.0	9.0	9.0	9.5	9.5	9.5	9.5	10.0	10.0	.1009
0.8	2.5	3.0	3.5	4.0	4.5	4.5	5.0	5.5	5.5	6.0	6.0	6.5	6.5	7.0	7.0	7.5	7.5	8.0	8.0	8.0	8.5	8.5	8.5	9.0	9.0	9.5	9.5	9.5	9.5	10.0	10.0	10.5	10.5	10.5	11.0	.1154
0.9	2.5	3.5	3.5	4.0	4.5	5.0	5.0	5.5	6.0	6.0	6.5	6.5	7.0	7.0	7.5	8.0	8.0	8.0	8.5	8.5	9.0	9.0	9.0	9.5	9.5	10.0	10.0	10.0	10.5	10.5	10.5	11.0	11.0	11.0	11.5	.1298
1.0	3.0	3.5	4.0	4.5	5.0	5.0	5.5	6.0	6.0	6.5	7.0	7.0	7.5	8.0	8.0	8.0	8.5	8.5	9.0	9.0	9.5	9.5	9.5	10.0	10.0	10.5	10.5	10.5	11.0	11.0	11.0	11.5	11.5	11.5	12.0	.1442
1.1	3.0	3.5	4.0	4.5	5.0	5.5	5.5	6.0	6.5	7.0	7.0	7.5	8.0	8.0	8.0	8.5	9.0	9.0	9.0	9.5	9.5	10.0	10.0	10.5	10.5	11.0	11.0	11.0	11.5	11.5	11.5	12.0	12.0	12.0	•	.1586
1.2	3.0	3.5	4.0	4.5	5.0	5.5	6.0	6.5	6.5	7.0	7.5	8.0	8.0	8.5	8.5	9.0	9.0	9.5	9.5	10.0	10.0	10.5	10.5	11.0	11.0	11.5	11.5	11.5	12.0	12.0	12.0	•	•	•	•	.1730
1.3	3.0	4.0	4.5	5.0	5.5	6.0	6.0	6.5	7.0	7.5	8.0	8.0	8.5	8.5	9.0	9.0	9.5	9.5	10.0	10.0	10.5	11.0	11.0	11.5	11.5	12.0	12.0	12.0	•	•	•	•	•	•	•	.1875
1.4	3.0	4.0	4.5	5.0	5.5	6.0	6.5	7.0	7.0	7.5	8.0	8.0	8.5	9.0	9.0	9.5	9.5	10.0	10.5	10.5	11.0	11.5	11.5	12.0	12.0	•	•	•	•	•	•	•	•	•	•	.2019
1.5	3.5	4.0	4.5	5.0	5.5	6.0	6.5	7.0	7.5	8.0	8.0	8.5	9.0	9.0	9.5	10.0	10.0	10.5	10.5	11.0	11.5	12.0	12.0	•	•	•	•	•	•	•	•	•	•	•	•	.2163
k	90	126	162	198	234	270	306	342	378	414	450	486	522	558	594	630	666	702	738	774	810	846	882	918	954	990	1026	1062	1098	1134	1170	1206	1242	1278	1314	km

Δt Fahrenheit

TEMPERATURE DIFFERENCE

TABLE 2 (Sheet 84 of 128)

TABLE 2 (Continued)

ECONOMICAL INSULATION THICKNESS TABLE

IN INCHES
(nominal)

PIPE SIZE: 14'' NPS (Tube Size 14-1/2'' OD)
355.6 mm

At the intersection of the ''Δt'' column with the ''k'' row read the economical thickness.
(*•—exceeds 12'' thickness*)

D = 0.0200

Δt Celsius °C or Kelvin °K

k: Btu, in./sq ft, hr °F; km: W/mK

k	50	70	90	110	130	150	170	190	210	230	250	270	290	310	330	350	370	390	410	430	450	470	490	510	530	550	570	590	610	630	650	670	690	710	730	km
0.1	1.5	1.5	1.5	2.0	2.0	2.0	2.5	2.5	2.5	2.5	2.5	3.0	3.0	3.0	3.0	3.0	3.5	3.5	3.5	3.5	3.5	3.5	3.5	4.0	4.0	4.0	4.0	4.0	4.0	4.0	4.5	4.5	4.5	4.5	4.5	.0144
0.2	1.5	2.0	2.5	2.5	2.5	3.0	3.0	3.5	3.5	3.5	3.5	4.0	4.0	4.0	4.5	4.5	4.5	4.5	4.5	5.0	5.0	5.0	5.0	5.5	5.5	5.5	5.5	5.5	6.0	6.0	6.0	6.0	6.0	6.0	6.5	.0288
0.3	2.0	2.5	2.5	3.0	3.5	3.5	3.5	4.0	4.0	4.5	4.5	4.5	5.0	5.0	5.0	5.5	5.5	5.5	6.0	6.0	6.0	6.0	6.5	6.5	6.5	6.5	7.0	7.0	7.0	7.0	7.5	7.5	7.5	8.0	8.0	.0433
0.4	2.5	2.5	3.0	3.5	3.5	4.0	4.0	4.5	4.5	5.0	5.0	5.5	5.5	5.5	6.0	6.0	6.5	6.5	6.5	7.0	7.0	7.0	7.0	7.5	7.5	8.0	8.0	8.0	8.0	8.0	8.5	8.5	8.5	9.0	9.0	.0577
0.5	2.5	3.0	3.5	3.5	4.0	4.5	4.5	5.0	5.0	5.5	5.5	6.0	6.0	6.5	6.5	7.0	7.0	7.0	7.5	7.5	8.0	8.0	8.0	8.0	8.5	8.5	9.0	9.0	9.0	9.0	9.5	9.5	9.5	9.5	10.0	.0721
0.6	2.5	3.0	3.5	4.0	4.5	5.0	5.0	5.5	5.5	6.0	6.0	6.5	6.5	7.0	7.0	7.5	8.0	8.0	8.0	8.0	8.5	8.5	9.0	9.0	9.0	9.5	9.5	9.5	10.0	10.0	10.0	10.5	10.5	10.5	11.0	.0865
0.7	3.0	3.5	4.0	4.5	4.5	5.0	5.5	6.0	6.0	6.5	6.5	7.0	7.0	7.5	8.0	8.0	8.0	8.5	8.5	9.0	9.0	9.5	9.5	9.5	10.0	10.0	10.5	10.5	10.5	11.0	11.0	11.0	11.5	11.5	11.5	.1009
0.8	3.0	3.5	4.0	4.5	5.0	5.5	6.0	6.0	6.5	7.0	7.0	7.5	8.0	8.0	8.0	8.5	9.0	9.0	9.0	9.5	9.5	10.0	10.0	10.5	10.5	10.5	11.0	11.0	11.0	11.5	11.5	11.5	12.0	12.0	12.0	.1154
0.9	3.0	4.0	4.5	5.0	5.5	5.5	6.0	6.5	7.0	7.0	7.5	8.0	8.0	8.5	8.5	9.0	9.0	9.5	9.5	10.0	10.5	10.5	10.5	11.0	11.0	11.0	11.5	11.5	11.5	12.0	12.0	12.0	•	•	•	.1298
1.0	3.5	4.0	4.5	5.0	5.5	6.0	6.5	7.0	7.0	7.5	8.0	8.0	8.5	9.0	9.0	9.5	9.5	10.0	10.5	10.5	11.0	11.0	11.0	11.5	11.5	11.5	12.0	12.0	12.0	•	•	•	•	•	•	.1442
1.1	3.5	4.0	4.5	5.5	6.0	6.5	6.5	7.0	7.5	8.0	8.0	8.5	9.0	9.5	9.5	10.0	10.0	10.5	11.0	11.0	11.5	11.5	11.5	12.0	12.0	12.0	•	•	•	•	•	•	•	•	•	.1586
1.2	3.5	4.5	5.0	5.5	6.0	6.5	7.0	7.5	8.0	8.0	8.5	9.0	9.5	9.5	10.0	10.5	10.5	11.0	11.5	11.5	12.0	12.0	12.0	•	•	•	•	•	•	•	•	•	•	•	•	.1730
1.3	3.5	4.5	5.0	5.5	6.0	6.5	7.0	8.0	8.0	8.5	9.0	9.5	9.5	10.0	10.5	11.0	11.0	11.5	12.0	12.0	•	•	•	•	•	•	•	•	•	•	•	•	•	•	•	.1875
1.4	4.0	4.5	5.0	6.0	6.5	7.0	7.5	8.0	8.5	9.0	9.0	9.5	10.0	10.5	11.0	11.5	12.0	12.0	•	•	•	•	•	•	•	•	•	•	•	•	•	•	•	•	•	.2019
1.5	4.0	4.5	5.5	6.0	6.5	7.0	8.0	8.0	8.5	9.0	9.5	10.0	10.5	11.0	11.5	12.0	•	•	•	•	•	•	•	•	•	•	•	•	•	•	•	•	•	•	•	.2163
k	90	126	162	198	234	270	306	342	378	414	450	486	522	558	594	630	666	702	738	774	810	846	882	918	954	990	1026	1062	1098	1134	1170	1206	1242	1278	1314	km

Δt Fahrenheit

D = 0.0300

Δt Celsius °C or Kelvin °K

CONDUCTIVITY — k: Btu, in./sq ft, hr °F; km: W/mK

k	50	70	90	110	130	150	170	190	210	230	250	270	290	310	330	350	370	390	410	430	450	470	490	510	530	550	570	590	610	630	650	670	690	710	730	km
0.1	2.0	2.0	2.0	2.0	2.5	2.5	3.0	3.0	3.0	3.0	3.5	3.5	3.5	3.5	4.0	4.0	4.5	4.5	4.5	4.5	4.5	5.0	5.0	5.0	5.0	5.5	5.5	5.5	5.5	5.5	6.0	6.0	6.0	6.0	6.0	.0144
0.2	2.0	2.5	2.5	2.5	3.0	3.5	3.5	3.5	4.0	4.0	4.5	4.5	4.5	4.5	5.0	5.0	5.5	5.5	5.5	5.5	6.0	6.0	6.0	6.0	6.5	6.5	6.5	6.5	6.5	7.0	7.0	7.0	7.0	7.5	7.5	.0288
0.3	2.0	3.0	3.0	3.0	3.5	4.0	4.5	4.5	4.5	5.0	5.0	5.5	5.5	5.5	6.0	6.0	6.5	6.5	6.5	7.0	7.0	7.5	7.5	7.5	7.5	8.0	8.0	8.0	8.5	8.5	8.5	9.0	9.0	9.0	9.0	.0433
0.4	2.5	3.0	3.5	4.0	4.0	4.5	5.0	5.0	5.5	5.5	6.0	6.5	6.5	6.5	7.0	7.0	7.5	7.5	8.0	8.0	8.0	8.5	8.5	8.5	9.0	9.0	9.5	9.5	9.5	10.0	10.0	10.0	10.0	10.5	10.5	.0577
0.5	3.0	3.5	4.0	4.0	4.5	5.0	5.5	6.0	6.0	6.5	6.5	7.0	7.0	7.5	7.5	8.0	8.5	8.5	8.5	9.0	9.0	9.5	9.5	10.0	10.0	10.0	10.5	10.5	10.5	11.0	11.0	11.5	11.5	11.5	12.0	.0721
0.6	3.0	4.0	4.0	4.5	5.0	5.5	6.0	6.0	6.5	7.0	7.5	7.5	7.5	8.0	8.5	9.0	9.0	9.0	9.5	9.5	10.0	10.5	10.5	10.5	11.0	11.0	11.5	11.5	12.0	12.0	•	•	•	•	•	.0865
0.7	3.0	4.0	4.0	4.5	5.5	6.0	6.5	6.5	7.0	7.5	8.0	8.5	8.5	9.0	9.0	9.5	10.0	10.0	10.0	10.5	11.0	11.0	11.5	11.5	12.0	12.0	12.0	•	•	•	•	•	•	•	•	.1009
0.8	3.5	4.5	4.5	5.0	5.5	6.5	7.5	7.5	8.0	8.0	8.5	9.0	9.0	9.5	9.5	10.0	10.5	10.5	11.0	11.5	11.5	12.0	12.0	•	•	•	•	•	•	•	•	•	•	•	•	.1154
0.9	3.5	4.5	5.0	5.5	6.0	6.5	7.5	7.5	8.0	8.5	9.0	9.5	9.5	10.0	10.5	10.5	11.0	11.0	11.5	12.0	12.0	•	•	•	•	•	•	•	•	•	•	•	•	•	•	.1298
1.0	3.5	4.5	5.0	5.5	6.5	7.0	7.5	8.0	8.5	9.0	9.5	10.0	10.0	10.5	11.0	11.5	11.5	12.0	12.0	•	•	•	•	•	•	•	•	•	•	•	•	•	•	•	•	.1442
1.1	4.0	4.5	5.0	6.0	7.0	7.5	8.0	8.5	9.0	9.5	9.5	10.0	10.0	10.5	11.0	11.5	12.0	•	•	•	•	•	•	•	•	•	•	•	•	•	•	•	•	•	•	.1586
1.2	4.0	4.5	5.0	6.0	7.0	7.5	8.0	8.5	9.0	9.5	10.0	10.5	10.5	11.0	11.5	12.0	•	•	•	•	•	•	•	•	•	•	•	•	•	•	•	•	•	•	•	.1730
1.3	4.5	4.5	5.0	6.0	7.0	7.5	8.0	8.5	9.0	9.5	10.5	11.0	11.5	12.0	12.0	•	•	•	•	•	•	•	•	•	•	•	•	•	•	•	•	•	•	•	•	.1875
1.4	4.5	4.5	5.5	6.5	7.5	8.0	8.5	9.0	9.5	10.0	10.5	11.0	11.5	12.0	•	•	•	•	•	•	•	•	•	•	•	•	•	•	•	•	•	•	•	•	•	.2019
1.5	5.0	5.5	6.0	7.0	7.5	8.0	8.5	9.0	9.5	10.0	10.5	11.5	11.5	12.0	•	•	•	•	•	•	•	•	•	•	•	•	•	•	•	•	•	•	•	•	•	.2163
k	90	126	162	198	234	270	306	342	378	414	450	486	522	558	594	630	666	702	738	774	810	846	882	918	954	990	1026	1062	1098	1134	1170	1206	1242	1278	1314	km

Δt Fahrenheit

D = 0.0500

Δt Celsius °C or Kelvin °K

k: Btu, in./sq ft, hr °F; km: W/mK

k	50	70	90	110	130	150	170	190	210	230	250	270	290	310	330	350	370	390	410	430	450	470	490	510	530	550	570	590	610	630	650	670	690	710	730	km
0.1	2.0	2.5	2.5	2.5	3.0	3.0	3.5	3.5	4.0	4.5	4.5	5.0	5.0	5.0	5.5	5.5	5.5	6.0	6.0	6.0	6.0	6.5	6.5	6.5	6.5	7.0	7.0	7.0	7.5	7.5	7.5	8.0	8.0	8.0	8.0	.0144
0.2	2.0	2.5	3.0	3.5	4.0	4.5	5.0	5.0	5.0	5.5	5.5	6.0	6.0	6.0	6.5	6.5	7.0	7.0	7.0	7.5	7.5	8.0	8.0	8.0	8.0	8.5	8.5	8.5	9.0	9.0	9.0	9.5	9.5	9.5	9.5	.0288
0.3	3.0	3.5	3.5	4.0	4.5	5.0	5.5	5.5	6.0	6.5	7.0	7.0	7.0	7.5	8.0	8.0	8.5	8.5	8.5	9.0	9.5	9.5	10.0	10.0	10.0	10.5	10.5	10.5	11.0	11.0	11.5	11.5	12.0	12.0	12.0	.0433
0.4	3.5	4.0	4.5	5.0	5.5	6.0	6.5	6.5	7.0	7.5	8.0	8.5	8.5	9.0	9.0	9.5	10.0	10.0	10.5	10.5	11.0	11.0	11.0	11.5	11.5	12.0	12.0	12.0	12.0	•	•	•	•	•	•	.0577
0.5	3.5	4.5	5.0	5.5	6.0	6.5	7.0	7.5	8.0	8.5	9.0	9.5	9.5	10.0	10.0	10.5	11.0	11.0	11.5	11.5	12.0	12.0	12.0	12.0	•	•	•	•	•	•	•	•	•	•	•	.0721
0.6	4.0	5.0	5.5	6.0	6.5	7.5	8.0	8.5	9.0	9.0	9.5	10.0	10.0	10.5	11.0	11.5	12.0	12.0	12.0	•	•	•	•	•	•	•	•	•	•	•	•	•	•	•	•	.0865
0.7	4.5	5.5	6.0	6.5	7.0	8.0	8.5	8.5	9.0	9.5	10.0	10.5	11.0	11.5	12.0	•	•	•	•	•	•	•	•	•	•	•	•	•	•	•	•	•	•	•	•	.1009
0.8	4.5	5.5	6.0	6.5	7.5	8.5	9.0	9.5	10.0	10.5	11.0	11.5	12.0	•	•	•	•	•	•	•	•	•	•	•	•	•	•	•	•	•	•	•	•	•	•	.1154
0.9	5.0	6.0	6.5	7.0	8.0	9.0	9.5	10.0	10.5	11.0	12.0	12.0	•	•	•	•	•	•	•	•	•	•	•	•	•	•	•	•	•	•	•	•	•	•	•	.1298
1.0	5.0	6.5	7.0	7.5	8.5	9.5	10.0	10.5	11.0	12.0	•	•	•	•	•	•	•	•	•	•	•	•	•	•	•	•	•	•	•	•	•	•	•	•	•	.1442
1.1	5.5	7.0	7.5	8.0	9.0	10.0	10.5	11.0	12.0	•	•	•	•	•	•	•	•	•	•	•	•	•	•	•	•	•	•	•	•	•	•	•	•	•	•	.1586
1.2	5.5	7.5	7.5	8.5	9.5	10.5	11.0	12.0	•	•	•	•	•	•	•	•	•	•	•	•	•	•	•	•	•	•	•	•	•	•	•	•	•	•	•	.1730
1.3	6.0	7.5	8.0	9.0	10.0	11.0	12.0	•	•	•	•	•	•	•	•	•	•	•	•	•	•	•	•	•	•	•	•	•	•	•	•	•	•	•	•	.1875
1.4	6.0	8.0	8.5	9.5	10.5	12.0	•	•	•	•	•	•	•	•	•	•	•	•	•	•	•	•	•	•	•	•	•	•	•	•	•	•	•	•	•	.2019
1.5	7.0	8.0	9.0	10.0	11.0	12.0	•	•	•	•	•	•	•	•	•	•	•	•	•	•	•	•	•	•	•	•	•	•	•	•	•	•	•	•	•	.2163
k	90	126	162	198	234	270	306	342	378	414	450	486	522	558	594	630	666	702	738	774	810	846	882	918	954	990	1026	1062	1098	1134	1170	1206	1242	1278	1314	km

Δt Fahrenheit

TABLE 2 (Sheet 85 of 128)

TEMPERATURE DIFFERENCE

ECONOMICAL INSULATION THICKNESS TABLE

IN INCHES
(nominal)

PIPE SIZE: 16'' NPS (Tube Size 16-1/2'' OD)
406.4 mm

At the intersection of the ''Δt'' column with the ''k'' row read the economical thickness.
(•—*exceeds 12'' thickness*)

D = 0.0015

Δt Celsius °C or Kelvin °K

k	50	70	90	110	130	150	170	190	210	230	250	270	290	310	330	350	370	390	410	430	450	470	490	510	530	550	570	590	610	630	650	670	690	710	730	km
0.1	1.5	1.5	1.5	1.5	1.5	1.5	1.5	1.5	1.5	1.5	1.5	1.5	1.5	1.5	1.5	1.5	1.5	1.5	1.5	1.5	1.5	1.5	1.5	1.5	1.5	1.5	1.5	1.5	1.5	1.5	1.5	1.5	1.5	1.5	1.5	.0144
0.2	1.5	1.5	1.5	1.5	1.5	1.5	1.5	1.5	1.5	1.5	1.5	1.5	1.5	1.5	1.5	1.5	1.5	1.5	1.5	1.5	1.5	1.5	1.5	1.5	1.5	1.5	1.5	2.0	2.0	2.0	2.0	2.0	2.0	2.0	2.0	.0288
0.3	1.5	1.5	1.5	1.5	1.5	1.5	1.5	1.5	1.5	1.5	1.5	1.5	1.5	1.5	1.5	1.5	1.5	1.5	1.5	2.0	2.0	2.0	2.0	2.0	2.0	2.0	2.0	2.0	2.0	2.0	2.0	2.0	2.0	2.5	2.5	.0433
0.4	1.5	1.5	1.5	1.5	1.5	1.5	1.5	1.5	1.5	1.5	1.5	1.5	1.5	1.5	1.5	2.0	2.0	2.0	2.0	2.0	2.0	2.0	2.0	2.0	2.0	2.0	2.5	2.5	2.5	2.5	2.5	2.5	2.5	2.5	2.5	.0577
0.5	1.5	1.5	1.5	1.5	1.5	1.5	1.5	1.5	1.5	1.5	1.5	1.5	2.0	2.0	2.0	2.0	2.0	2.0	2.0	2.0	2.0	2.5	2.5	2.5	2.5	2.5	2.5	2.5	2.5	2.5	2.5	2.5	2.5	3.0	3.0	.0721
0.6	1.5	1.5	1.5	1.5	1.5	1.5	1.5	1.5	1.5	1.5	2.0	2.0	2.0	2.0	2.0	2.0	2.0	2.0	2.5	2.5	2.5	2.5	2.5	2.5	2.5	2.5	2.5	2.5	3.0	3.0	3.0	3.0	3.0	3.0	3.0	.0865
0.7	1.5	1.5	1.5	1.5	1.5	1.5	1.5	1.5	1.5	2.0	2.0	2.0	2.0	2.0	2.0	2.0	2.5	2.5	2.5	2.5	2.5	2.5	2.5	2.5	2.5	3.0	3.0	3.0	3.0	3.0	3.0	3.0	3.0	3.0	3.0	.1009
0.8	1.5	1.5	1.5	1.5	1.5	1.5	1.5	1.5	2.0	2.0	2.0	2.0	2.0	2.0	2.0	2.5	2.5	2.5	2.5	2.5	2.5	2.5	3.0	3.0	3.0	3.0	3.0	3.0	3.0	3.0	3.0	3.5	3.5	3.5	3.5	.1154
0.9	1.5	1.5	1.5	1.5	1.5	1.5	1.5	1.5	2.0	2.0	2.0	2.0	2.0	2.5	2.5	2.5	2.5	2.5	2.5	2.5	3.0	3.0	3.0	3.0	3.0	3.0	3.0	3.0	3.5	3.5	3.5	3.5	3.5	3.5	3.5	.1298
1.0	1.5	1.5	1.5	1.5	1.5	1.5	1.5	2.0	2.0	2.0	2.0	2.0	2.5	2.5	2.5	2.5	2.5	2.5	2.5	3.0	3.0	3.0	3.0	3.0	3.0	3.0	3.5	3.5	3.5	3.5	3.5	3.5	3.5	3.5	3.5	.1442
1.1	1.5	1.5	1.5	1.5	1.5	1.5	1.5	2.0	2.0	2.0	2.0	2.0	2.5	2.5	2.5	2.5	2.5	3.0	3.0	3.0	3.0	3.0	3.0	3.0	3.5	3.5	3.5	3.5	3.5	3.5	3.5	3.5	4.0	4.0	4.0	.1586
1.2	1.5	1.5	1.5	1.5	1.5	1.5	1.5	2.0	2.0	2.0	2.0	2.5	2.5	2.5	2.5	2.5	3.0	3.0	3.0	3.0	3.0	3.0	3.0	3.5	3.5	3.5	3.5	3.5	3.5	3.5	4.0	4.0	4.0	4.0	4.0	.1730
1.3	1.5	1.5	1.5	1.5	1.5	1.5	2.0	2.0	2.0	2.0	2.0	2.5	2.5	2.5	2.5	2.5	3.0	3.0	3.0	3.0	3.0	3.0	3.5	3.5	3.5	3.5	3.5	3.5	4.0	4.0	4.0	4.0	4.0	4.0	4.0	.1875
1.4	1.5	1.5	1.5	1.5	1.5	1.5	2.0	2.0	2.0	2.0	2.5	2.5	2.5	2.5	2.5	3.0	3.0	3.0	3.0	3.0	3.0	3.5	3.5	3.5	3.5	3.5	3.5	4.0	4.0	4.0	4.0	4.0	4.0	4.0	4.5	.2019
1.5	1.5	1.5	1.5	1.5	1.5	1.5	2.0	2.0	2.0	2.0	2.5	2.5	2.5	2.5	3.0	3.0	3.0	3.0	3.0	3.0	3.5	3.5	3.5	3.5	3.5	3.5	4.0	4.0	4.0	4.0	4.0	4.0	4.0	4.5	4.5	.2163
k	90	126	162	198	234	270	306	342	378	414	450	486	522	558	594	630	666	702	738	774	810	846	882	918	954	990	1026	1062	1098	1134	1170	1206	1242	1278	1314	km

Δt Fahrenheit

Btu, in./sq ft, hr °F — W/mK

D = 0.0017

Δt Celsius °C or Kelvin °K

k	50	70	90	110	130	150	170	190	210	230	250	270	290	310	330	350	370	390	410	430	450	470	490	510	530	550	570	590	610	630	650	670	690	710	730	km
0.1	1.5	1.5	1.5	1.5	1.5	1.5	1.5	1.5	1.5	1.5	1.5	1.5	1.5	1.5	1.5	1.5	1.5	1.5	1.5	1.5	1.5	1.5	1.5	1.5	1.5	1.5	1.5	1.5	1.5	1.5	1.5	1.5	1.5	1.5	1.5	.0144
0.2	1.5	1.5	1.5	1.5	1.5	1.5	1.5	1.5	1.5	1.5	1.5	1.5	1.5	1.5	1.5	1.5	1.5	1.5	1.5	1.5	1.5	1.5	1.5	1.5	2.0	2.0	2.0	2.0	2.0	2.0	2.0	2.0	2.0	2.0	2.0	.0288
0.3	1.5	1.5	1.5	1.5	1.5	1.5	1.5	1.5	1.5	1.5	1.5	1.5	1.5	1.5	1.5	1.5	2.0	2.0	2.0	2.0	2.0	2.0	2.0	2.0	2.0	2.0	2.0	2.0	2.0	2.5	2.5	2.5	2.5	2.5	2.5	.0433
0.4	1.5	1.5	1.5	1.5	1.5	1.5	1.5	1.5	1.5	1.5	1.5	1.5	1.5	2.0	2.0	2.0	2.0	2.0	2.0	2.0	2.0	2.0	2.0	2.5	2.5	2.5	2.5	2.5	2.5	2.5	2.5	2.5	2.5	2.5	2.5	.0577
0.5	1.5	1.5	1.5	1.5	1.5	1.5	1.5	1.5	1.5	1.5	2.0	2.0	2.0	2.0	2.0	2.0	2.0	2.0	2.0	2.5	2.5	2.5	2.5	2.5	2.5	2.5	2.5	2.5	2.5	3.0	3.0	3.0	3.0	3.0	3.0	.0721
0.6	1.5	1.5	1.5	1.5	1.5	1.5	1.5	1.5	1.5	2.0	2.0	2.0	2.0	2.0	2.0	2.0	2.5	2.5	2.5	2.5	2.5	2.5	2.5	2.5	3.0	3.0	3.0	3.0	3.0	3.0	3.0	3.0	3.0	3.0	3.0	.0865
0.7	1.5	1.5	1.5	1.5	1.5	1.5	1.5	1.5	2.0	2.0	2.0	2.0	2.0	2.0	2.5	2.5	2.5	2.5	2.5	2.5	2.5	3.0	3.0	3.0	3.0	3.0	3.0	3.0	3.0	3.0	3.5	3.5	3.5	3.5	3.5	.1009
0.8	1.5	1.5	1.5	1.5	1.5	1.5	1.5	2.0	2.0	2.0	2.0	2.0	2.0	2.5	2.5	2.5	2.5	2.5	2.5	3.0	3.0	3.0	3.0	3.0	3.0	3.0	3.0	3.5	3.5	3.5	3.5	3.5	3.5	3.5	3.5	.1154
0.9	1.5	1.5	1.5	1.5	1.5	1.5	1.5	2.0	2.0	2.0	2.0	2.0	2.5	2.5	2.5	2.5	2.5	2.5	3.0	3.0	3.0	3.0	3.0	3.0	3.0	3.5	3.5	3.5	3.5	3.5	3.5	3.5	3.5	4.0	4.0	.1298
1.0	1.5	1.5	1.5	1.5	1.5	1.5	2.0	2.0	2.0	2.0	2.0	2.5	2.5	2.5	2.5	2.5	3.0	3.0	3.0	3.0	3.0	3.0	3.0	3.5	3.5	3.5	3.5	3.5	3.5	3.5	4.0	4.0	4.0	4.0	4.0	.1442
1.1	1.5	1.5	1.5	1.5	1.5	1.5	2.0	2.0	2.0	2.0	2.5	2.5	2.5	2.5	2.5	3.0	3.0	3.0	3.0	3.0	3.0	3.5	3.5	3.5	3.5	3.5	3.5	3.5	4.0	4.0	4.0	4.0	4.0	4.0	4.0	.1586
1.2	1.5	1.5	1.5	1.5	1.5	1.5	2.0	2.0	2.0	2.0	2.5	2.5	2.5	2.5	3.0	3.0	3.0	3.0	3.0	3.0	3.5	3.5	3.5	3.5	3.5	3.5	4.0	4.0	4.0	4.0	4.0	4.0	4.0	4.0	4.5	.1730
1.3	1.5	1.5	1.5	1.5	1.5	2.0	2.0	2.0	2.0	2.5	2.5	2.5	2.5	2.5	3.0	3.0	3.0	3.0	3.0	3.5	3.5	3.5	3.5	3.5	3.5	4.0	4.0	4.0	4.0	4.0	4.0	4.0	4.5	4.5	4.5	.1875
1.4	1.5	1.5	1.5	1.5	1.5	2.0	2.0	2.0	2.0	2.5	2.5	2.5	2.5	3.0	3.0	3.0	3.0	3.0	3.5	3.5	3.5	3.5	3.5	3.5	4.0	4.0	4.0	4.0	4.0	4.0	4.5	4.5	4.5	4.5	4.5	.2019
1.5	1.5	1.5	1.5	1.5	1.5	2.0	2.0	2.0	2.5	2.5	2.5	2.5	3.0	3.0	3.0	3.0	3.0	3.5	3.5	3.5	3.5	3.5	4.0	4.0	4.0	4.0	4.0	4.0	4.5	4.5	4.5	4.5	4.5	4.5	4.5	.2163
k	90	126	162	198	234	270	306	342	378	414	450	486	522	558	594	630	666	702	738	774	810	846	882	918	954	990	1026	1062	1098	1134	1170	1206	1242	1278	1314	km

Δt Fahrenheit

CONDUCTIVITY Btu, in./sq ft, hr °F — W/mK

D = 0.0020

Δt Celsius °C or Kelvin °K

k	50	70	90	110	130	150	170	190	210	230	250	270	290	310	330	350	370	390	410	430	450	470	490	510	530	550	570	590	610	630	650	670	690	710	730	km
0.1	1.5	1.5	1.5	1.5	1.5	1.5	1.5	1.5	1.5	1.5	1.5	1.5	1.5	1.5	1.5	1.5	1.5	1.5	1.5	1.5	1.5	1.5	1.5	1.5	1.5	1.5	1.5	1.5	1.5	1.5	1.5	1.5	1.5	1.5	1.5	.0144
0.2	1.5	1.5	1.5	1.5	1.5	1.5	1.5	1.5	1.5	1.5	1.5	1.5	1.5	1.5	1.5	1.5	1.5	1.5	1.5	1.5	2.0	2.0	2.0	2.0	2.0	2.0	2.0	2.0	2.0	2.0	2.0	2.0	2.0	2.0	2.0	.0288
0.3	1.5	1.5	1.5	1.5	1.5	1.5	1.5	1.5	1.5	1.5	1.5	1.5	1.5	1.5	2.0	2.0	2.0	2.0	2.0	2.0	2.0	2.0	2.0	2.0	2.0	2.5	2.5	2.5	2.5	2.5	2.5	2.5	2.5	2.5	2.5	.0433
0.4	1.5	1.5	1.5	1.5	1.5	1.5	1.5	1.5	1.5	1.5	2.0	2.0	2.0	2.0	2.0	2.0	2.0	2.0	2.0	2.5	2.5	2.5	2.5	2.5	2.5	2.5	2.5	2.5	2.5	3.0	3.0	3.0	3.0	3.0	3.0	.0577
0.5	1.5	1.5	1.5	1.5	1.5	1.5	1.5	1.5	1.5	2.0	2.0	2.0	2.0	2.0	2.0	2.5	2.5	2.5	2.5	2.5	2.5	2.5	2.5	2.5	3.0	3.0	3.0	3.0	3.0	3.0	3.0	3.0	3.0	3.0	3.5	.0721
0.6	1.5	1.5	1.5	1.5	1.5	1.5	1.5	2.0	2.0	2.0	2.0	2.0	2.0	2.5	2.5	2.5	2.5	2.5	2.5	2.5	3.0	3.0	3.0	3.0	3.0	3.0	3.0	3.0	3.0	3.5	3.5	3.5	3.5	3.5	3.5	.0865
0.7	1.5	1.5	1.5	1.5	1.5	1.5	2.0	2.0	2.0	2.0	2.0	2.0	2.5	2.5	2.5	2.5	2.5	2.5	3.0	3.0	3.0	3.0	3.0	3.0	3.0	3.5	3.5	3.5	3.5	3.5	3.5	3.5	3.5	3.5	4.0	.1009
0.8	1.5	1.5	1.5	1.5	1.5	1.5	2.0	2.0	2.0	2.0	2.5	2.5	2.5	2.5	2.5	2.5	3.0	3.0	3.0	3.0	3.0	3.0	3.0	3.5	3.5	3.5	3.5	3.5	3.5	3.5	3.5	4.0	4.0	4.0	4.0	.1154
0.9	1.5	1.5	1.5	1.5	1.5	2.0	2.0	2.0	2.0	2.0	2.5	2.5	2.5	2.5	2.5	3.0	3.0	3.0	3.0	3.0	3.0	3.5	3.5	3.5	3.5	3.5	3.5	3.5	4.0	4.0	4.0	4.0	4.0	4.0	4.0	.1298
1.0	1.5	1.5	1.5	1.5	1.5	2.0	2.0	2.0	2.0	2.5	2.5	2.5	2.5	2.5	3.0	3.0	3.0	3.0	3.0	3.5	3.5	3.5	3.5	3.5	3.5	4.0	4.0	4.0	4.0	4.0	4.0	4.0	4.0	4.5	4.5	.1442
1.1	1.5	1.5	1.5	1.5	1.5	2.0	2.0	2.0	2.5	2.5	2.5	2.5	2.5	3.0	3.0	3.0	3.0	3.0	3.5	3.5	3.5	3.5	3.5	3.5	4.0	4.0	4.0	4.0	4.0	4.0	4.5	4.5	4.5	4.5	4.5	.1586
1.2	1.5	1.5	1.5	1.5	2.0	2.0	2.0	2.0	2.5	2.5	2.5	2.5	3.0	3.0	3.0	3.0	3.0	3.5	3.5	3.5	3.5	3.5	4.0	4.0	4.0	4.0	4.0	4.0	4.5	4.5	4.5	4.5	4.5	4.5	4.5	.1730
1.3	1.5	1.5	1.5	1.5	2.0	2.0	2.0	2.5	2.5	2.5	2.5	3.0	3.0	3.0	3.0	3.0	3.5	3.5	3.5	3.5	3.5	4.0	4.0	4.0	4.0	4.0	4.0	4.5	4.5	4.5	4.5	4.5	4.5	5.0	5.0	.1875
1.4	1.5	1.5	1.5	1.5	2.0	2.0	2.0	2.5	2.5	2.5	2.5	3.0	3.0	3.0	3.0	3.5	3.5	3.5	3.5	3.5	4.0	4.0	4.0	4.0	4.0	4.5	4.5	4.5	4.5	4.5	4.5	5.0	5.0	5.0	5.0	.2019
1.5	1.5	1.5	1.5	1.5	2.0	2.0	2.0	2.5	2.5	2.5	3.0	3.0	3.0	3.0	3.5	3.5	3.5	3.5	3.5	4.0	4.0	4.0	4.0	4.0	4.5	4.5	4.5	4.5	4.5	5.0	5.0	5.0	5.0	5.0	5.0	.2163
k	90	126	162	198	234	270	306	342	378	414	450	486	522	558	594	630	666	702	738	774	810	846	882	918	954	990	1026	1062	1098	1134	1170	1206	1242	1278	1314	km

Δt Fahrenheit

Btu, in./sq ft, hr °F — W/mK

TEMPERATURE DIFFERENCE

TABLE 2 (Sheet 86 of 128)

TABLE 2 (Continued)

ECONOMICAL INSULATION THICKNESS TABLE

IN INCHES
(nominal)

PIPE SIZE: 16" NPS (Tube Size 16-1/2" OD)
406.4 mm

At the intersection of the "Δt" column with the "k" row read the economical thickness.
(•—*exceeds 12" thickness*)

CONDUCTIVITY Btu, in./sq ft, hr °F (k) — W/mK (km)

D = 0.0022

Δt Celsius °C or Kelvin °K

k	50	70	90	110	130	150	170	190	210	230	250	270	290	310	330	350	370	390	410	430	450	470	490	510	530	550	570	590	610	630	650	670	690	710	730	km
0.1	1.5	1.5	1.5	1.5	1.5	1.5	1.5	1.5	1.5	1.5	1.5	1.5	1.5	1.5	1.5	1.5	1.5	1.5	1.5	1.5	1.5	1.5	1.5	1.5	1.5	1.5	1.5	1.5	1.5	1.5	1.5	1.5	1.5	1.5	1.5	.0144
0.2	1.5	1.5	1.5	1.5	1.5	1.5	1.5	1.5	1.5	1.5	1.5	1.5	1.5	1.5	1.5	1.5	1.5	1.5	2.0	2.0	2.0	2.0	2.0	2.0	2.0	2.0	2.0	2.0	2.0	2.0	2.0	2.0	2.0	2.5	2.5	.0288
0.3	1.5	1.5	1.5	1.5	1.5	1.5	1.5	1.5	1.5	1.5	1.5	1.5	2.0	2.0	2.0	2.0	2.0	2.0	2.0	2.0	2.0	2.0	2.5	2.5	2.5	2.5	2.5	2.5	2.5	2.5	2.5	2.5	2.5	2.5	2.5	.0433
0.4	1.5	1.5	1.5	1.5	1.5	1.5	1.5	1.5	1.5	2.0	2.0	2.0	2.0	2.0	2.0	2.0	2.0	2.5	2.5	2.5	2.5	2.5	2.5	2.5	2.5	2.5	3.0	3.0	3.0	3.0	3.0	3.0	3.0	3.0	3.0	.0577
0.5	1.5	1.5	1.5	1.5	1.5	1.5	1.5	1.5	2.0	2.0	2.0	2.0	2.0	2.0	2.5	2.5	2.5	2.5	2.5	2.5	2.5	2.5	3.0	3.0	3.0	3.0	3.0	3.0	3.0	3.0	3.0	3.5	3.5	3.5	3.5	.0721
0.6	1.5	1.5	1.5	1.5	1.5	1.5	1.5	2.0	2.0	2.0	2.0	2.0	2.5	2.5	2.5	2.5	2.5	2.5	3.0	3.0	3.0	3.0	3.0	3.0	3.0	3.0	3.5	3.5	3.5	3.5	3.5	3.5	3.5	3.5	3.5	.0865
0.7	1.5	1.5	1.5	1.5	1.5	1.5	2.0	2.0	2.0	2.0	2.5	2.5	2.5	2.5	2.5	2.5	3.0	3.0	3.0	3.0	3.0	3.0	3.0	3.5	3.5	3.5	3.5	3.5	3.5	3.5	3.5	4.0	4.0	4.0	4.0	.1009
0.8	1.5	1.5	1.5	1.5	1.5	2.0	2.0	2.0	2.0	2.5	2.5	2.5	2.5	2.5	3.0	3.0	3.0	3.0	3.0	3.0	3.0	3.5	3.5	3.5	3.5	3.5	3.5	3.5	4.0	4.0	4.0	4.0	4.0	4.0	4.0	.1154
0.9	1.5	1.5	1.5	1.5	1.5	2.0	2.0	2.0	2.0	2.5	2.5	2.5	2.5	3.0	3.0	3.0	3.0	3.0	3.0	3.5	3.5	3.5	3.5	3.5	3.5	4.0	4.0	4.0	4.0	4.0	4.0	4.0	4.5	4.5	4.5	.1298
1.0	1.5	1.5	1.5	1.5	2.0	2.0	2.0	2.0	2.0	2.5	2.5	2.5	2.5	3.0	3.0	3.0	3.0	3.0	3.5	3.5	3.5	3.5	3.5	3.5	4.0	4.0	4.0	4.0	4.0	4.0	4.5	4.5	4.5	4.5	4.5	.1442
1.1	1.5	1.5	1.5	1.5	2.0	2.0	2.0	2.5	2.5	2.5	2.5	3.0	3.0	3.0	3.0	3.0	3.5	3.5	3.5	3.5	3.5	4.0	4.0	4.0	4.0	4.0	4.0	4.5	4.5	4.5	4.5	4.5	4.5	4.5	5.0	.1586
1.2	1.5	1.5	1.5	1.5	2.0	2.0	2.0	2.5	2.5	2.5	2.5	3.0	3.0	3.0	3.0	3.5	3.5	3.5	3.5	3.5	4.0	4.0	4.0	4.0	4.0	4.0	4.5	4.5	4.5	4.5	4.5	4.5	5.0	5.0	5.0	.1730
1.3	1.5	1.5	1.5	1.5	2.0	2.0	2.0	2.5	2.5	2.5	3.0	3.0	3.0	3.0	3.5	3.5	3.5	3.5	3.5	4.0	4.0	4.0	4.0	4.0	4.5	4.5	4.5	4.5	4.5	4.5	5.0	5.0	5.0	5.0	5.0	.1875
1.4	1.5	1.5	1.5	1.5	2.0	2.0	2.5	2.5	2.5	2.5	3.0	3.0	3.0	3.5	3.5	3.5	3.5	3.5	4.0	4.0	4.0	4.0	4.0	4.5	4.5	4.5	4.5	4.5	5.0	5.0	5.0	5.0	5.0	5.0	5.5	.2019
1.5	1.5	1.5	1.5	2.0	2.0	2.0	2.5	2.5	2.5	3.0	3.0	3.0	3.0	3.5	3.5	3.5	3.5	4.0	4.0	4.0	4.0	4.0	4.5	4.5	4.5	4.5	4.5	5.0	5.0	5.0	5.0	5.0	5.5	5.5	5.5	.2163
k	90	126	162	198	234	270	306	342	378	414	450	486	522	558	594	630	666	702	738	774	810	846	882	918	954	990	1026	1062	1098	1134	1170	1206	1242	1278	1314	km

Δt Fahrenheit

D = 0.0025

Δt Celsius °C or Kelvin °K

k	50	70	90	110	130	150	170	190	210	230	250	270	290	310	330	350	370	390	410	430	450	470	490	510	530	550	570	590	610	630	650	670	690	710	730	km
0.1	1.5	1.5	1.5	1.5	1.5	1.5	1.5	1.5	1.5	1.5	1.5	1.5	1.5	1.5	1.5	1.5	1.5	1.5	1.5	1.5	1.5	1.5	1.5	1.5	1.5	1.5	1.5	1.5	1.5	1.5	1.5	2.0	2.0	2.0	2.0	.0144
0.2	1.5	1.5	1.5	1.5	1.5	1.5	1.5	1.5	1.5	1.5	1.5	1.5	1.5	1.5	1.5	1.5	2.0	2.0	2.0	2.0	2.0	2.0	2.0	2.0	2.0	2.0	2.0	2.0	2.5	2.5	2.5	2.5	2.5	2.5	2.5	.0288
0.3	1.5	1.5	1.5	1.5	1.5	1.5	1.5	1.5	1.5	1.5	1.5	2.0	2.0	2.0	2.0	2.0	2.0	2.0	2.0	2.5	2.5	2.5	2.5	2.5	2.5	2.5	2.5	2.5	2.5	2.5	3.0	3.0	3.0	3.0	3.0	.0433
0.4	1.5	1.5	1.5	1.5	1.5	1.5	1.5	1.5	2.0	2.0	2.0	2.0	2.0	2.0	2.0	2.5	2.5	2.5	2.5	2.5	2.5	2.5	2.5	3.0	3.0	3.0	3.0	3.0	3.0	3.0	3.0	3.0	3.0	3.5	3.5	.0577
0.5	1.5	1.5	1.5	1.5	1.5	1.5	2.0	2.0	2.0	2.0	2.0	2.0	2.5	2.5	2.5	2.5	2.5	2.5	2.5	3.0	3.0	3.0	3.0	3.0	3.0	3.0	3.0	3.5	3.5	3.5	3.5	3.5	3.5	3.5	3.5	.0721
0.6	1.5	1.5	1.5	1.5	1.5	2.0	2.0	2.0	2.0	2.0	2.5	2.5	2.5	2.5	2.5	2.5	3.0	3.0	3.0	3.0	3.0	3.0	3.0	3.5	3.5	3.5	3.5	3.5	3.5	3.5	3.5	4.0	4.0	4.0	4.0	.0865
0.7	1.5	1.5	1.5	1.5	1.5	2.0	2.0	2.0	2.0	2.5	2.5	2.5	2.5	2.5	3.0	3.0	3.0	3.0	3.0	3.0	3.5	3.5	3.5	3.5	3.5	3.5	3.5	4.0	4.0	4.0	4.0	4.0	4.0	4.0	4.0	.1009
0.8	1.5	1.5	1.5	1.5	2.0	2.0	2.0	2.0	2.5	2.5	2.5	2.5	2.5	3.0	3.0	3.0	3.0	3.0	3.5	3.5	3.5	3.5	3.5	3.5	4.0	4.0	4.0	4.0	4.0	4.0	4.0	4.5	4.5	4.5	4.5	.1154
0.9	1.5	1.5	1.5	1.5	2.0	2.0	2.0	2.5	2.5	2.5	2.5	3.0	3.0	3.0	3.0	3.0	3.5	3.5	3.5	3.5	3.5	3.5	4.0	4.0	4.0	4.0	4.0	4.0	4.5	4.5	4.5	4.5	4.5	4.5	4.5	.1298
1.0	1.5	1.5	1.5	1.5	2.0	2.0	2.0	2.5	2.5	2.5	3.0	3.0	3.0	3.0	3.0	3.5	3.5	3.5	3.5	3.5	4.0	4.0	4.0	4.0	4.0	4.0	4.5	4.5	4.5	4.5	4.5	4.5	5.0	5.0	5.0	.1442
1.1	1.5	1.5	1.5	2.0	2.0	2.0	2.5	2.5	2.5	2.5	3.0	3.0	3.0	3.0	3.5	3.5	3.5	3.5	3.5	4.0	4.0	4.0	4.0	4.0	4.5	4.5	4.5	4.5	4.5	4.5	5.0	5.0	5.0	5.0	5.0	.1586
1.2	1.5	1.5	1.5	2.0	2.0	2.0	2.5	2.5	2.5	3.0	3.0	3.0	3.0	3.5	3.5	3.5	3.5	4.0	4.0	4.0	4.0	4.0	4.5	4.5	4.5	4.5	4.5	4.5	5.0	5.0	5.0	5.0	5.0	5.0	5.5	.1730
1.3	1.5	1.5	1.5	2.0	2.0	2.0	2.5	2.5	2.5	3.0	3.0	3.0	3.5	3.5	3.5	3.5	4.0	4.0	4.0	4.0	4.0	4.5	4.5	4.5	4.5	4.5	5.0	5.0	5.0	5.0	5.0	5.5	5.5	5.5	5.5	.1875
1.4	1.5	1.5	1.5	2.0	2.0	2.5	2.5	2.5	3.0	3.0	3.0	3.0	3.5	3.5	3.5	4.0	4.0	4.0	4.0	4.0	4.5	4.5	4.5	4.5	5.0	5.0	5.0	5.0	5.0	5.0	5.5	5.5	5.5	5.5	5.5	.2019
1.5	1.5	1.5	1.5	2.0	2.0	2.5	2.5	2.5	3.0	3.0	3.0	3.5	3.5	3.5	3.5	4.0	4.0	4.0	4.0	4.5	4.5	4.5	4.5	5.0	5.0	5.0	5.0	5.0	5.5	5.5	5.5	5.5	5.5	6.0	6.0	.2163
k	90	126	162	198	234	270	306	342	378	414	450	486	522	558	594	630	666	702	738	774	810	846	882	918	954	990	1026	1062	1098	1134	1170	1206	1242	1278	1314	km

Δt Fahrenheit

D = 0.0030

Δt Celsius °C or Kelvin °K

k	50	70	90	110	130	150	170	190	210	230	250	270	290	310	330	350	370	390	410	430	450	470	490	510	530	550	570	590	610	630	650	670	690	710	730	km
0.1	1.5	1.5	1.5	1.5	1.5	1.5	1.5	1.5	1.5	1.5	1.5	1.5	1.5	1.5	1.5	1.5	1.5	1.5	1.5	1.5	1.5	1.5	1.5	1.5	1.5	1.5	2.0	2.0	2.0	2.0	2.0	2.0	2.0	2.0	2.0	.0144
0.2	1.5	1.5	1.5	1.5	1.5	1.5	1.5	1.5	1.5	1.5	1.5	1.5	1.5	2.0	2.0	2.0	2.0	2.0	2.0	2.0	2.0	2.0	2.0	2.5	2.5	2.5	2.5	2.5	2.5	2.5	2.5	2.5	2.5	2.5	2.5	.0288
0.3	1.5	1.5	1.5	1.5	1.5	1.5	1.5	1.5	2.0	2.0	2.0	2.0	2.0	2.0	2.0	2.0	2.5	2.5	2.5	2.5	2.5	2.5	2.5	2.5	2.5	3.0	3.0	3.0	3.0	3.0	3.0	3.0	3.0	3.0	3.0	.0433
0.4	1.5	1.5	1.5	1.5	1.5	1.5	2.0	2.0	2.0	2.0	2.0	2.0	2.5	2.5	2.5	2.5	2.5	2.5	2.5	3.0	3.0	3.0	3.0	3.0	3.0	3.0	3.0	3.5	3.5	3.5	3.5	3.5	3.5	3.5	3.5	.0577
0.5	1.5	1.5	1.5	1.5	1.5	2.0	2.0	2.0	2.0	2.0	2.5	2.5	2.5	2.5	2.5	3.0	3.0	3.0	3.0	3.0	3.0	3.0	3.5	3.5	3.5	3.5	3.5	3.5	3.5	3.5	4.0	4.0	4.0	4.0	4.0	.0721
0.6	1.5	1.5	1.5	1.5	2.0	2.0	2.0	2.0	2.5	2.5	2.5	2.5	2.5	3.0	3.0	3.0	3.0	3.0	3.0	3.5	3.5	3.5	3.5	3.5	3.5	3.5	4.0	4.0	4.0	4.0	4.0	4.0	4.0	4.5	4.5	.0865
0.7	1.5	1.5	1.5	1.5	2.0	2.0	2.0	2.5	2.5	2.5	2.5	3.0	3.0	3.0	3.0	3.0	3.5	3.5	3.5	3.5	3.5	3.5	4.0	4.0	4.0	4.0	4.0	4.0	4.0	4.5	4.5	4.5	4.5	4.5	4.5	.1009
0.8	1.5	1.5	1.5	2.0	2.0	2.0	2.5	2.5	2.5	2.5	3.0	3.0	3.0	3.0	3.0	3.5	3.5	3.5	3.5	3.5	4.0	4.0	4.0	4.0	4.0	4.0	4.5	4.5	4.5	4.5	4.5	4.5	5.0	5.0	5.0	.1154
0.9	1.5	1.5	1.5	2.0	2.0	2.0	2.5	2.5	2.5	3.0	3.0	3.0	3.0	3.5	3.5	3.5	3.5	3.5	4.0	4.0	4.0	4.0	4.0	4.5	4.5	4.5	4.5	4.5	4.5	5.0	5.0	5.0	5.0	5.0	5.0	.1298
1.0	1.5	1.5	1.5	2.0	2.0	2.5	2.5	2.5	3.0	3.0	3.0	3.0	3.5	3.5	3.5	3.5	4.0	4.0	4.0	4.0	4.0	4.5	4.5	4.5	4.5	4.5	5.0	5.0	5.0	5.0	5.0	5.0	5.5	5.5	5.5	.1442
1.1	1.5	1.5	2.0	2.0	2.0	2.5	2.5	2.5	3.0	3.0	3.0	3.5	3.5	3.5	3.5	4.0	4.0	4.0	4.0	4.0	4.5	4.5	4.5	4.5	5.0	5.0	5.0	5.0	5.0	5.0	5.5	5.5	5.5	5.5	5.5	.1586
1.2	1.5	1.5	2.0	2.0	2.0	2.5	2.5	3.0	3.0	3.0	3.5	3.5	3.5	3.5	4.0	4.0	4.0	4.0	4.5	4.5	4.5	4.5	4.5	5.0	5.0	5.0	5.0	5.0	5.5	5.5	5.5	5.5	5.5	6.0	6.0	.1730
1.3	1.5	1.5	2.0	2.0	2.5	2.5	2.5	3.0	3.0	3.0	3.5	3.5	3.5	4.0	4.0	4.0	4.0	4.5	4.5	4.5	4.5	5.0	5.0	5.0	5.0	5.0	5.5	5.5	5.5	5.5	5.5	6.0	6.0	6.0	6.0	.1875
1.4	1.5	1.5	2.0	2.0	2.5	2.5	3.0	3.0	3.0	3.5	3.5	3.5	3.5	4.0	4.0	4.0	4.5	4.5	4.5	4.5	5.0	5.0	5.0	5.0	5.5	5.5	5.5	5.5	5.5	6.0	6.0	6.0	6.0	6.0	6.5	.2019
1.5	1.5	1.5	2.0	2.0	2.5	2.5	3.0	3.0	3.0	3.5	3.5	3.5	4.0	4.0	4.0	4.5	4.5	4.5	4.5	5.0	5.0	5.0	5.0	5.5	5.5	5.5	5.5	6.0	6.0	6.0	6.0	6.0	6.5	6.5	6.5	.2163
k	90	126	162	198	234	270	306	342	378	414	450	486	522	558	594	630	666	702	738	774	810	846	882	918	954	990	1026	1062	1098	1134	1170	1206	1242	1278	1314	km

Δt Fahrenheit

TABLE 2 (Sheet 87 of 128)

TEMPERATURE DIFFERENCE

ECONOMICAL INSULATION THICKNESS TABLE

IN INCHES
(nominal)

PIPE SIZE: 16'' NPS (Tube Size 16-1/2'' OD)
406.4 mm

At the intersection of the ''Δt'' column with the ''k'' row read the economical thickness.
(•—*exceeds 12'' thickness*)

D = 0.0035

Δt Celsius °C or Kelvin °K

CONDUCTIVITY Btu, in./sq ft, hr °F (k) — W/mK (km)

k	50	70	90	110	130	150	170	190	210	230	250	270	290	310	330	350	370	390	410	430	450	470	490	510	530	550	570	590	610	630	650	670	690	710	730	km
0.1	1.5	1.5	1.5	1.5	1.5	1.5	1.5	1.5	1.5	1.5	1.5	1.5	1.5	1.5	1.5	1.5	1.5	1.5	1.5	1.5	1.5	1.5	2.0	2.0	2.0	2.0	2.0	2.0	2.0	2.0	2.0	2.0	2.0	2.0	2.0	.0144
0.2	1.5	1.5	1.5	1.5	1.5	1.5	1.5	1.5	1.5	1.5	1.5	2.0	2.0	2.0	2.0	2.0	2.0	2.0	2.0	2.0	2.5	2.5	2.5	2.5	2.5	2.5	2.5	2.5	2.5	2.5	2.5	3.0	3.0	3.0	3.0	.0288
0.3	1.5	1.5	1.5	1.5	1.5	1.5	1.5	2.0	2.0	2.0	2.0	2.0	2.0	2.5	2.5	2.5	2.5	2.5	2.5	2.5	2.5	3.0	3.0	3.0	3.0	3.0	3.0	3.0	3.0	3.0	3.5	3.5	3.5	3.5	3.5	.0433
0.4	1.5	1.5	1.5	1.5	1.5	2.0	2.0	2.0	2.0	2.0	2.5	2.5	2.5	2.5	2.5	2.5	3.0	3.0	3.0	3.0	3.0	3.0	3.0	3.5	3.5	3.5	3.5	3.5	3.5	3.5	3.5	4.0	4.0	4.0	4.0	.0577
0.5	1.5	1.5	1.5	1.5	2.0	2.0	2.0	2.0	2.5	2.5	2.5	2.5	2.5	3.0	3.0	3.0	3.0	3.0	3.0	3.5	3.5	3.5	3.5	3.5	3.5	3.5	4.0	4.0	4.0	4.0	4.0	4.0	4.0	4.5	4.5	.0721
0.6	1.5	1.5	1.5	2.0	2.0	2.0	2.0	2.5	2.5	2.5	2.5	3.0	3.0	3.0	3.0	3.0	3.5	3.5	3.5	3.5	3.5	3.5	4.0	4.0	4.0	4.0	4.0	4.0	4.5	4.5	4.5	4.5	4.5	4.5	4.5	.0865
0.7	1.5	1.5	1.5	2.0	2.0	2.0	2.5	2.5	2.5	3.0	3.0	3.0	3.0	3.0	3.5	3.5	3.5	3.5	3.5	4.0	4.0	4.0	4.0	4.0	4.5	4.5	4.5	4.5	4.5	4.5	4.5	5.0	5.0	5.0	5.0	.1009
0.8	1.5	1.5	2.0	2.0	2.0	2.5	2.5	2.5	3.0	3.0	3.0	3.0	3.5	3.5	3.5	3.5	3.5	4.0	4.0	4.0	4.0	4.0	4.5	4.5	4.5	4.5	4.5	5.0	5.0	5.0	5.0	5.0	5.0	5.5	5.5	.1154
0.9	1.5	1.5	2.0	2.0	2.0	2.5	2.5	2.5	3.0	3.0	3.0	3.5	3.5	3.5	3.5	4.0	4.0	4.0	4.0	4.5	4.5	4.5	4.5	4.5	5.0	5.0	5.0	5.0	5.0	5.0	5.5	5.5	5.5	5.5	5.5	.1298
1.0	1.5	1.5	2.0	2.0	2.5	2.5	2.5	3.0	3.0	3.0	3.5	3.5	3.5	3.5	4.0	4.0	4.0	4.0	4.5	4.5	4.5	4.5	5.0	5.0	5.0	5.0	5.0	5.5	5.5	5.5	5.5	5.5	5.5	6.0	6.0	.1442
1.1	1.5	1.5	2.0	2.0	2.5	2.5	3.0	3.0	3.0	3.5	3.5	3.5	3.5	4.0	4.0	4.0	4.5	4.5	4.5	4.5	4.5	5.0	5.0	5.0	5.0	5.5	5.5	5.5	5.5	5.5	6.0	6.0	6.0	6.0	6.0	.1586
1.2	1.5	1.5	2.0	2.0	2.5	2.5	3.0	3.0	3.0	3.5	3.5	3.5	4.0	4.0	4.0	4.5	4.5	4.5	4.5	5.0	5.0	5.0	5.0	5.5	5.5	5.5	5.5	5.5	6.0	6.0	6.0	6.0	6.0	6.5	6.5	.1730
1.3	1.5	1.5	2.0	2.5	2.5	2.5	3.0	3.0	3.5	3.5	3.5	4.0	4.0	4.0	4.5	4.5	4.5	4.5	5.0	5.0	5.0	5.0	5.5	5.5	5.5	5.5	6.0	6.0	6.0	6.0	6.0	6.5	6.5	6.5	6.5	.1875
1.4	1.5	2.0	2.0	2.5	2.5	3.0	3.0	3.0	3.5	3.5	4.0	4.0	4.0	4.0	4.5	4.5	4.5	5.0	5.0	5.0	5.0	5.5	5.5	5.5	5.5	6.0	6.0	6.0	6.0	6.5	6.5	6.5	6.5	6.5	7.0	.2019
1.5	1.5	2.0	2.0	2.5	2.5	3.0	3.0	3.5	3.5	3.5	4.0	4.0	4.0	4.5	4.5	4.5	5.0	5.0	5.0	5.0	5.5	5.5	5.5	6.0	6.0	6.0	6.0	6.5	6.5	6.5	6.5	6.5	7.0	7.0	7.0	.2163
k	90	126	162	198	234	270	306	342	378	414	450	486	522	558	594	630	666	702	738	774	810	846	882	918	954	990	1026	1062	1098	1134	1170	1206	1242	1278	1314	km

Δt Fahrenheit

D = 0.0040

Δt Celsius °C or Kelvin °K

CONDUCTIVITY Btu, in./sq ft, hr °F (k) — W/mK (km)

k	50	70	90	110	130	150	170	190	210	230	250	270	290	310	330	350	370	390	410	430	450	470	490	510	530	550	570	590	610	630	650	670	690	710	730	km
0.1	1.5	1.5	1.5	1.5	1.5	1.5	1.5	1.5	1.5	1.5	1.5	1.5	1.5	1.5	1.5	1.5	1.5	1.5	1.5	2.0	2.0	2.0	2.0	2.0	2.0	2.0	2.0	2.0	2.0	2.0	2.0	2.0	2.0	2.0	2.0	.0144
0.2	1.5	1.5	1.5	1.5	1.5	1.5	1.5	1.5	1.5	2.0	2.0	2.0	2.0	2.0	2.0	2.0	2.0	2.5	2.5	2.5	2.5	2.5	2.5	2.5	2.5	2.5	2.5	3.0	3.0	3.0	3.0	3.0	3.0	3.0	3.0	.0288
0.3	1.5	1.5	1.5	1.5	1.5	1.5	2.0	2.0	2.0	2.0	2.0	2.5	2.5	2.5	2.5	2.5	2.5	2.5	3.0	3.0	3.0	3.0	3.0	3.0	3.0	3.0	3.5	3.5	3.5	3.5	3.5	3.5	3.5	3.5	3.5	.0433
0.4	1.5	1.5	1.5	1.5	2.0	2.0	2.0	2.0	2.5	2.5	2.5	2.5	2.5	2.5	3.0	3.0	3.0	3.0	3.0	3.0	3.5	3.5	3.5	3.5	3.5	3.5	3.5	4.0	4.0	4.0	4.0	4.0	4.0	4.0	4.0	.0577
0.5	1.5	1.5	1.5	2.0	2.0	2.0	2.0	2.5	2.5	2.5	2.5	3.0	3.0	3.0	3.0	3.0	3.5	3.5	3.5	3.5	3.5	3.5	4.0	4.0	4.0	4.0	4.0	4.0	4.0	4.5	4.5	4.5	4.5	4.5	4.5	.0721
0.6	1.5	1.5	1.5	2.0	2.0	2.0	2.5	2.5	2.5	3.0	3.0	3.0	3.0	3.0	3.5	3.5	3.5	3.5	3.5	4.0	4.0	4.0	4.0	4.0	4.5	4.5	4.5	4.5	4.5	4.5	4.5	5.0	5.0	5.0	5.0	.0865
0.7	1.5	1.5	2.0	2.0	2.0	2.5	2.5	2.5	3.0	3.0	3.0	3.0	3.5	3.5	3.5	3.5	4.0	4.0	4.0	4.0	4.0	4.5	4.5	4.5	4.5	4.5	4.5	5.0	5.0	5.0	5.0	5.0	5.0	5.5	5.5	.1009
0.8	1.5	1.5	2.0	2.0	2.5	2.5	2.5	3.0	3.0	3.0	3.5	3.5	3.5	3.5	4.0	4.0	4.0	4.0	4.0	4.5	4.5	4.5	4.5	4.5	5.0	5.0	5.0	5.0	5.0	5.5	5.5	5.5	5.5	5.5	5.5	.1154
0.9	1.5	1.5	2.0	2.0	2.5	2.5	3.0	3.0	3.0	3.5	3.5	3.5	3.5	4.0	4.0	4.0	4.0	4.5	4.5	4.5	4.5	5.0	5.0	5.0	5.0	5.0	5.5	5.5	5.5	5.5	5.5	6.0	6.0	6.0	6.0	.1298
1.0	1.5	2.0	2.0	2.5	2.5	2.5	3.0	3.0	3.0	3.5	3.5	3.5	4.0	4.0	4.0	4.5	4.5	4.5	4.5	5.0	5.0	5.0	5.0	5.0	5.5	5.5	5.5	5.5	6.0	6.0	6.0	6.0	6.0	6.0	6.5	.1442
1.1	1.5	2.0	2.0	2.5	2.5	3.0	3.0	3.0	3.5	3.5	3.5	4.0	4.0	4.0	4.5	4.5	4.5	4.5	5.0	5.0	5.0	5.0	5.5	5.5	5.5	5.5	6.0	6.0	6.0	6.0	6.0	6.5	6.5	6.5	6.5	.1586
1.2	1.5	2.0	2.0	2.5	2.5	3.0	3.0	3.5	3.5	3.5	4.0	4.0	4.0	4.5	4.5	4.5	5.0	5.0	5.0	5.0	5.5	5.5	5.5	5.5	6.0	6.0	6.0	6.0	6.0	6.5	6.5	6.5	6.5	7.0	7.0	.1730
1.3	1.5	2.0	2.0	2.5	2.5	3.0	3.0	3.5	3.5	4.0	4.0	4.0	4.5	4.5	4.5	5.0	5.0	5.0	5.0	5.5	5.5	5.5	5.5	6.0	6.0	6.0	6.0	6.5	6.5	6.5	6.5	7.0	7.0	7.0	7.0	.1875
1.4	1.5	2.0	2.0	2.5	3.0	3.0	3.5	3.5	3.5	4.0	4.0	4.0	4.5	4.5	5.0	5.0	5.0	5.0	5.5	5.5	5.5	6.0	6.0	6.0	6.0	6.5	6.5	6.5	6.5	7.0	7.0	7.0	7.0	7.5	7.5	.2019
1.5	1.5	2.0	2.5	2.5	3.0	3.0	3.5	3.5	4.0	4.0	4.0	4.5	4.5	4.5	5.0	5.0	5.0	5.5	5.5	5.5	6.0	6.0	6.0	6.0	6.5	6.5	6.5	6.5	7.0	7.0	7.0	7.0	7.5	7.5	7.5	.2163
k	90	126	162	198	234	270	306	342	378	414	450	486	522	558	594	630	666	702	738	774	810	846	882	918	954	990	1026	1062	1098	1134	1170	1206	1242	1278	1314	km

Δt Fahrenheit

D = 0.0045

Δt Celsius °C or Kelvin °K

CONDUCTIVITY Btu, in./sq ft, hr °F (k) — W/mK (km)

k	50	70	90	110	130	150	170	190	210	230	250	270	290	310	330	350	370	390	410	430	450	470	490	510	530	550	570	590	610	630	650	670	690	710	730	km
0.1	1.5	1.5	1.5	1.5	1.5	1.5	1.5	1.5	1.5	1.5	1.5	1.5	1.5	1.5	1.5	1.5	2.0	2.0	2.0	2.0	2.0	2.0	2.0	2.0	2.0	2.0	2.0	2.0	2.0	2.0	2.5	2.5	2.5	2.5	2.5	.0144
0.2	1.5	1.5	1.5	1.5	1.5	1.5	1.5	1.5	2.0	2.0	2.0	2.0	2.0	2.0	2.0	2.5	2.5	2.5	2.5	2.5	2.5	2.5	2.5	2.5	3.0	3.0	3.0	3.0	3.0	3.0	3.0	3.0	3.0	3.0	3.0	.0288
0.3	1.5	1.5	1.5	1.5	1.5	2.0	2.0	2.0	2.0	2.0	2.5	2.5	2.5	2.5	2.5	2.5	3.0	3.0	3.0	3.0	3.0	3.0	3.0	3.5	3.5	3.5	3.5	3.5	3.5	3.5	3.5	3.5	4.0	4.0	4.0	.0433
0.4	1.5	1.5	1.5	1.5	2.0	2.0	2.0	2.5	2.5	2.5	2.5	2.5	3.0	3.0	3.0	3.0	3.0	3.0	3.5	3.5	3.5	3.5	3.5	3.5	4.0	4.0	4.0	4.0	4.0	4.0	4.0	4.5	4.5	4.5	4.5	.0577
0.5	1.5	1.5	1.5	2.0	2.0	2.0	2.5	2.5	2.5	2.5	3.0	3.0	3.0	3.0	3.5	3.5	3.5	3.5	3.5	4.0	4.0	4.0	4.0	4.0	4.0	4.5	4.5	4.5	4.5	4.5	4.5	4.5	5.0	5.0	5.0	.0721
0.6	1.5	1.5	2.0	2.0	2.0	2.5	2.5	2.5	3.0	3.0	3.0	3.0	3.5	3.5	3.5	3.5	4.0	4.0	4.0	4.0	4.0	4.5	4.5	4.5	4.5	4.5	4.5	5.0	5.0	5.0	5.0	5.0	5.0	5.5	5.5	.0865
0.7	1.5	1.5	2.0	2.0	2.5	2.5	2.5	3.0	3.0	3.0	3.5	3.5	3.5	3.5	4.0	4.0	4.0	4.0	4.0	4.5	4.5	4.5	4.5	5.0	5.0	5.0	5.0	5.0	5.0	5.5	5.5	5.5	5.5	5.5	5.5	.1009
0.8	1.5	2.0	2.0	2.0	2.5	2.5	3.0	3.0	3.0	3.5	3.5	3.5	4.0	4.0	4.0	4.0	4.5	4.5	4.5	4.5	4.5	5.0	5.0	5.0	5.0	5.0	5.5	5.5	5.5	5.5	5.5	6.0	6.0	6.0	6.0	.1154
0.9	1.5	2.0	2.0	2.5	2.5	3.0	3.0	3.0	3.5	3.5	3.5	4.0	4.0	4.0	4.0	4.5	4.5	4.5	4.5	5.0	5.0	5.0	5.0	5.5	5.5	5.5	5.5	5.5	6.0	6.0	6.0	6.0	6.0	6.5	6.5	.1298
1.0	1.5	2.0	2.0	2.5	2.5	3.0	3.0	3.5	3.5	3.5	4.0	4.0	4.0	4.5	4.5	4.5	4.5	5.0	5.0	5.0	5.0	5.5	5.5	5.5	5.5	6.0	6.0	6.0	6.0	6.0	6.5	6.5	6.5	6.5	6.5	.1442
1.1	1.5	2.0	2.0	2.5	3.0	3.0	3.0	3.5	3.5	4.0	4.0	4.0	4.5	4.5	4.5	4.5	5.0	5.0	5.0	5.5	5.5	5.5	5.5	6.0	6.0	6.0	6.0	6.5	6.5	6.5	6.5	6.5	7.0	7.0	7.0	.1586
1.2	1.5	2.0	2.5	2.5	3.0	3.0	3.5	3.5	3.5	4.0	4.0	4.5	4.5	4.5	5.0	5.0	5.0	5.0	5.5	5.5	5.5	6.0	6.0	6.0	6.0	6.5	6.5	6.5	7.0	7.0	7.0	7.0	7.0	7.0	7.5	.1730
1.3	1.5	2.0	2.5	2.5	3.0	3.0	3.5	3.5	4.0	4.0	4.0	4.5	4.5	5.0	5.0	5.0	5.0	5.5	5.5	5.5	6.0	6.0	6.0	6.0	6.5	6.5	6.5	7.0	7.0	7.0	7.0	7.5	7.5	7.5	7.5	.1875
1.4	1.5	2.0	2.5	2.5	3.0	3.0	3.5	3.5	4.0	4.0	4.5	4.5	4.5	5.0	5.0	5.0	5.5	5.5	5.5	6.0	6.0	6.0	6.5	6.5	6.5	6.5	7.0	7.0	7.0	7.0	7.5	7.5	7.5	7.5	8.0	.2019
1.5	1.5	2.0	2.5	3.0	3.0	3.5	3.5	4.0	4.0	4.0	4.5	4.5	5.0	5.0	5.0	5.5	5.5	5.5	6.0	6.0	6.0	6.5	6.5	6.5	7.0	7.0	7.0	7.0	7.5	7.5	7.5	7.5	8.0	8.0	8.0	.2163
k	90	126	162	198	234	270	306	342	378	414	450	486	522	558	594	630	666	702	738	774	810	846	882	918	954	990	1026	1062	1098	1134	1170	1206	1242	1278	1314	km

Δt Fahrenheit

TEMPERATURE DIFFERENCE

TABLE 2 (Sheet 88 of 128)

TABLE 2 (Continued)

ECONOMICAL INSULATION THICKNESS TABLE

IN INCHES
(nominal)

PIPE SIZE: 16" NPS (Tube Size 16-1/2" OD)
406.4 mm

At the intersection of the "Δt" column with the "k" row read the economical thickness.
(•—*exceeds 12" thickness*)

D = 0.0050

CONDUCTIVITY k: Btu, in./sq ft, hr °F — km: W/mK

Δt Celsius °C or Kelvin °K (top header row); Δt Fahrenheit (bottom row)

k	50	70	90	110	130	150	170	190	210	230	250	270	290	310	330	350	370	390	410	430	450	470	490	510	530	550	570	590	610	630	650	670	690	710	730	km
0.1	1.5	1.5	1.5	1.5	1.5	1.5	1.5	1.5	1.5	1.5	1.5	1.5	1.5	1.5	1.5	2.0	2.0	2.0	2.0	2.0	2.0	2.0	2.0	2.0	2.0	2.0	2.0	2.5	2.5	2.5	2.5	2.5	2.5	2.5	2.5	.0144
0.2	1.5	1.5	1.5	1.5	1.5	1.5	1.5	2.0	2.0	2.0	2.0	2.0	2.0	2.5	2.5	2.5	2.5	2.5	2.5	2.5	2.5	3.0	3.0	3.0	3.0	3.0	3.0	3.0	3.0	3.0	3.0	3.5	3.5	3.5	3.5	.0288
0.3	1.5	1.5	1.5	1.5	2.0	2.0	2.0	2.0	2.0	2.5	2.5	2.5	2.5	2.5	3.0	3.0	3.0	3.0	3.0	3.0	3.0	3.5	3.5	3.5	3.5	3.5	3.5	3.5	4.0	4.0	4.0	4.0	4.0	4.0	4.0	.0433
0.4	1.5	1.5	1.5	2.0	2.0	2.0	2.5	2.5	2.5	2.5	2.5	3.0	3.0	3.0	3.0	3.0	3.5	3.5	3.5	3.5	3.5	4.0	4.0	4.0	4.0	4.0	4.0	4.0	4.5	4.5	4.5	4.5	4.5	4.5	4.5	.0577
0.5	1.5	1.5	2.0	2.0	2.0	2.5	2.5	2.5	3.0	3.0	3.0	3.0	3.5	3.5	3.5	3.5	3.5	4.0	4.0	4.0	4.0	4.0	4.0	4.5	4.5	4.5	4.5	4.5	4.5	5.0	5.0	5.0	5.0	5.0	5.0	.0721
0.6	1.5	1.5	2.0	2.0	2.5	2.5	2.5	3.0	3.0	3.0	3.5	3.5	3.5	3.5	3.5	4.0	4.0	4.0	4.0	4.5	4.5	4.5	4.5	4.5	5.0	5.0	5.0	5.0	5.0	5.0	5.5	5.5	5.5	5.5	5.5	.0865
0.7	1.5	2.0	2.0	2.5	2.5	2.5	3.0	3.0	3.0	3.5	3.5	3.5	4.0	4.0	4.0	4.0	4.5	4.5	4.5	4.5	4.5	5.0	5.0	5.0	5.0	5.0	5.5	5.5	5.5	5.5	5.5	6.0	6.0	6.0	6.0	.1009
0.8	1.5	2.0	2.0	2.5	2.5	3.0	3.0	3.0	3.5	3.5	3.5	4.0	4.0	4.0	4.0	4.5	4.5	4.5	5.0	5.0	5.0	5.0	5.0	5.5	5.5	5.5	5.5	6.0	6.0	6.0	6.0	6.0	6.0	6.5	6.5	.1154
0.9	1.5	2.0	2.0	2.5	2.5	3.0	3.0	3.5	3.5	3.5	4.0	4.0	4.0	4.5	4.5	4.5	4.5	5.0	5.0	5.0	5.5	5.5	5.5	5.5	5.5	6.0	6.0	6.0	6.0	6.5	6.5	6.5	6.5	6.5	7.0	.1298
1.0	1.5	2.0	2.5	2.5	3.0	3.0	3.5	3.5	3.5	4.0	4.0	4.0	4.5	4.5	4.5	5.0	5.0	5.0	5.0	5.5	5.5	5.5	6.0	6.0	6.0	6.0	6.0	6.5	6.5	6.5	6.5	7.0	7.0	7.0	7.0	.1442
1.1	1.5	2.0	2.5	2.5	3.0	3.0	3.5	3.5	4.0	4.0	4.0	4.5	4.5	4.5	5.0	5.0	5.0	5.5	5.5	5.5	5.5	6.0	6.0	6.0	6.5	6.5	6.5	6.5	7.0	7.0	7.0	7.0	7.0	7.5	7.5	.1586
1.2	1.5	2.0	2.5	2.5	3.0	3.5	3.5	3.5	4.0	4.0	4.5	4.5	4.5	5.0	5.0	5.0	5.5	5.5	5.5	6.0	6.0	6.0	6.0	6.5	6.5	6.5	7.0	7.0	7.0	7.0	7.5	7.5	7.5	7.5	8.0	.1730
1.3	1.5	2.0	2.5	3.0	3.0	3.5	3.5	4.0	4.0	4.5	4.5	4.5	5.0	5.0	5.0	5.5	5.5	5.5	6.0	6.0	6.0	6.5	6.5	6.5	7.0	7.0	7.0	7.0	7.5	7.5	7.5	7.5	8.0	8.0	8.0	.1875
1.4	2.0	2.0	2.5	3.0	3.0	3.5	3.5	4.0	4.0	4.5	4.5	5.0	5.0	5.0	5.5	5.5	5.5	6.0	6.0	6.0	6.5	6.5	6.5	7.0	7.0	7.0	7.5	7.5	7.5	7.5	8.0	8.0	8.0	8.0	8.5	.2019
1.5	2.0	2.0	2.5	3.0	3.5	3.5	4.0	4.0	4.5	4.5	4.5	5.0	5.0	5.5	5.5	5.5	6.0	6.0	6.0	6.5	6.5	6.5	7.0	7.0	7.0	7.5	7.5	7.5	8.0	8.0	8.0	8.0	8.5	8.5	8.5	.2163
k	90	126	162	198	234	270	306	342	378	414	450	486	522	558	594	630	666	702	738	774	810	846	882	918	954	990	1026	1062	1098	1134	1170	1206	1242	1278	1314	km

D = 0.0060

CONDUCTIVITY k: Btu, in./sq ft, hr °F — km: W/mK

Δt Celsius °C or Kelvin °K (top header row); Δt Fahrenheit (bottom row)

k	50	70	90	110	130	150	170	190	210	230	250	270	290	310	330	350	370	390	410	430	450	470	490	510	530	550	570	590	610	630	650	670	690	710	730	km
0.1	1.5	1.5	1.5	1.5	1.5	1.5	1.5	1.5	1.5	1.5	1.5	1.5	2.0	2.0	2.0	2.0	2.0	2.0	2.0	2.0	2.0	2.0	2.5	2.5	2.5	2.5	2.5	2.5	2.5	2.5	2.5	2.5	2.5	2.5	2.5	.0144
0.2	1.5	1.5	1.5	1.5	1.5	2.0	2.0	2.0	2.0	2.0	2.0	2.5	2.5	2.5	2.5	2.5	2.5	3.0	3.0	3.0	3.0	3.0	3.0	3.0	3.0	3.5	3.5	3.5	3.5	3.5	3.5	3.5	3.5	3.5	3.5	.0288
0.3	1.5	1.5	1.5	2.0	2.0	2.0	2.0	2.5	2.5	2.5	2.5	3.0	3.0	3.0	3.0	3.0	3.0	3.5	3.5	3.5	3.5	3.5	3.5	4.0	4.0	4.0	4.0	4.0	4.0	4.0	4.0	4.5	4.5	4.5	4.5	.0433
0.4	1.5	1.5	2.0	2.0	2.0	2.5	2.5	2.5	3.0	3.0	3.0	3.0	3.0	3.5	3.5	3.5	3.5	3.5	4.0	4.0	4.0	4.0	4.0	4.5	4.5	4.5	4.5	4.5	4.5	5.0	5.0	5.0	5.0	5.0	5.0	.0577
0.5	1.5	1.5	2.0	2.0	2.5	2.5	2.5	3.0	3.0	3.0	3.5	3.5	3.5	3.5	4.0	4.0	4.0	4.0	4.0	4.5	4.5	4.5	4.5	4.5	5.0	5.0	5.0	5.0	5.0	5.5	5.5	5.5	5.5	5.5	5.5	.0721
0.6	1.5	2.0	2.0	2.5	2.5	3.0	3.0	3.0	3.5	3.5	3.5	3.5	4.0	4.0	4.0	4.0	4.5	4.5	4.5	4.5	5.0	5.0	5.0	5.0	5.0	5.5	5.5	5.5	5.5	5.5	6.0	6.0	6.0	6.0	6.0	.0865
0.7	1.5	2.0	2.0	2.5	2.5	3.0	3.0	3.0	3.5	3.5	4.0	4.0	4.0	4.5	4.5	4.5	4.5	5.0	5.0	5.0	5.0	5.5	5.5	5.5	5.5	5.5	6.0	6.0	6.0	6.0	6.5	6.5	6.5	6.5	6.5	.1009
0.8	1.5	2.0	2.5	2.5	3.0	3.0	3.5	3.5	3.5	4.0	4.0	4.0	4.5	4.5	4.5	5.0	5.0	5.0	5.0	5.5	5.5	5.5	5.5	6.0	6.0	6.0	6.0	6.5	6.5	6.5	6.5	7.0	7.0	7.0	7.0	.1154
0.9	2.0	2.0	2.5	2.5	3.0	3.0	3.5	3.5	4.0	4.0	4.0	4.5	4.5	5.0	5.0	5.0	5.0	5.5	5.5	5.5	6.0	6.0	6.0	6.0	6.5	6.5	6.5	6.5	7.0	7.0	7.0	7.0	7.5	7.5	7.5	.1298
1.0	2.0	2.0	2.5	3.0	3.0	3.5	3.5	4.0	4.0	4.0	4.5	4.5	5.0	5.0	5.0	5.5	5.5	5.5	6.0	6.0	6.0	6.0	6.5	6.5	6.5	7.0	7.0	7.0	7.0	7.5	7.5	7.5	7.5	8.0	8.0	.1442
1.1	2.0	2.5	2.5	3.0	3.0	3.5	3.5	4.0	4.0	4.5	4.5	5.0	5.0	5.0	5.5	5.5	5.5	6.0	6.0	6.0	6.5	6.5	6.5	7.0	7.0	7.0	7.0	7.5	7.5	7.5	7.5	8.0	8.0	8.0	8.0	.1586
1.2	2.0	2.5	2.5	3.0	3.5	3.5	4.0	4.0	4.5	4.5	5.0	5.0	5.0	5.5	5.5	5.5	6.0	6.0	6.5	6.5	6.5	6.5	7.0	7.0	7.0	7.5	7.5	7.5	8.0	8.0	8.0	8.0	8.5	8.5	8.5	.1730
1.3	2.0	2.5	3.0	3.0	3.5	3.5	4.0	4.0	4.5	4.5	5.0	5.0	5.5	5.5	6.0	6.0	6.0	6.5	6.5	6.5	7.0	7.0	7.0	7.5	7.5	7.5	8.0	8.0	8.0	8.0	8.5	8.5	8.5	8.5	9.0	.1875
1.4	2.0	2.5	3.0	3.0	3.5	4.0	4.0	4.5	4.5	5.0	5.0	5.5	5.5	5.5	6.0	6.0	6.5	6.5	6.5	7.0	7.0	7.0	7.5	7.5	7.5	8.0	8.0	8.0	8.5	8.5	8.5	8.5	9.0	9.0	9.0	.2019
1.5	2.0	2.5	3.0	3.5	3.5	4.0	4.0	4.5	5.0	5.0	5.0	5.5	5.5	6.0	6.0	6.5	6.5	6.5	7.0	7.0	7.5	7.5	7.5	8.0	8.0	8.0	8.5	8.5	8.5	9.0	9.0	9.0	9.0	9.5	9.5	.2163
k	90	126	162	198	234	270	306	342	378	414	450	486	522	558	594	630	666	702	738	774	810	846	882	918	954	990	1026	1062	1098	1134	1170	1206	1242	1278	1314	km

D = 0.0070

CONDUCTIVITY k: Btu, in./sq ft, hr °F — km: W/mK

Δt Celsius °C or Kelvin °K (top header row); Δt Fahrenheit (bottom row)

k	50	70	90	110	130	150	170	190	210	230	250	270	290	310	330	350	370	390	410	430	450	470	490	510	530	550	570	590	610	630	650	670	690	710	730	km
0.1	1.5	1.5	1.5	1.5	1.5	1.5	1.5	1.5	1.5	1.5	2.0	2.0	2.0	2.0	2.0	2.0	2.0	2.0	2.0	2.5	2.5	2.5	2.5	2.5	2.5	2.5	2.5	2.5	2.5	2.5	3.0	3.0	3.0	3.0	3.0	.0144
0.2	1.5	1.5	1.5	1.5	2.0	2.0	2.0	2.0	2.0	2.5	2.5	2.5	2.5	2.5	2.5	3.0	3.0	3.0	3.0	3.0	3.0	3.0	3.5	3.5	3.5	3.5	3.5	3.5	3.5	3.5	4.0	4.0	4.0	4.0	4.0	.0288
0.3	1.5	1.5	2.0	2.0	2.0	2.0	2.5	2.5	2.5	3.0	3.0	3.0	3.0	3.0	3.5	3.5	3.5	3.5	3.5	3.5	4.0	4.0	4.0	4.0	4.0	4.0	4.5	4.5	4.5	4.5	4.5	4.5	4.5	5.0	5.0	.0433
0.4	1.5	1.5	2.0	2.0	2.5	2.5	2.5	3.0	3.0	3.0	3.0	3.5	3.5	3.5	3.5	4.0	4.0	4.0	4.0	4.5	4.5	4.5	4.5	4.5	4.5	5.0	5.0	5.0	5.0	5.0	5.0	5.5	5.5	5.5	5.5	.0577
0.5	1.5	2.0	2.0	2.5	2.5	3.0	3.0	3.0	3.5	3.5	3.5	3.5	4.0	4.0	4.0	4.0	4.5	4.5	4.5	4.5	5.0	5.0	5.0	5.0	5.0	5.5	5.5	5.5	5.5	5.5	6.0	6.0	6.0	6.0	6.0	.0721
0.6	1.5	2.0	2.5	2.5	3.0	3.0	3.0	3.5	3.5	3.5	4.0	4.0	4.0	4.5	4.5	4.5	4.5	5.0	5.0	5.0	5.0	5.5	5.5	5.5	5.5	6.0	6.0	6.0	6.0	6.0	6.5	6.5	6.5	6.5	6.5	.0865
0.7	2.0	2.0	2.5	2.5	3.0	3.0	3.5	3.5	4.0	4.0	4.0	4.5	4.5	4.5	5.0	5.0	5.0	5.0	5.5	5.5	5.5	5.5	6.0	6.0	6.0	6.0	6.5	6.5	6.5	6.5	7.0	7.0	7.0	7.0	7.0	.1009
0.8	2.0	2.0	2.5	3.0	3.0	3.5	3.5	4.0	4.0	4.0	4.5	4.5	4.5	5.0	5.0	5.0	5.5	5.5	5.5	6.0	6.0	6.0	6.0	6.5	6.5	6.5	6.5	7.0	7.0	7.0	7.0	7.5	7.5	7.5	7.5	.1154
0.9	2.0	2.5	2.5	3.0	3.0	3.5	4.0	4.0	4.0	4.5	4.5	5.0	5.0	5.0	5.5	5.5	5.5	6.0	6.0	6.0	6.5	6.5	6.5	6.5	7.0	7.0	7.0	7.5	7.5	7.5	7.5	8.0	8.0	8.0	8.0	.1298
1.0	2.0	2.5	3.0	3.0	3.5	3.5	4.0	4.0	4.5	4.5	5.0	5.0	5.0	5.5	5.5	6.0	6.0	6.0	6.5	6.5	6.5	6.5	7.0	7.0	7.0	7.5	7.5	7.5	8.0	8.0	8.0	8.0	8.5	8.5	8.5	.1442
1.1	2.0	2.5	3.0	3.0	3.5	4.0	4.0	4.5	4.5	5.0	5.0	5.0	5.5	5.5	6.0	6.0	6.0	6.5	6.5	6.5	7.0	7.0	7.0	7.5	7.5	7.5	8.0	8.0	8.0	8.0	8.5	8.5	8.5	8.5	9.0	.1586
1.2	2.0	2.5	3.0	3.5	3.5	4.0	4.0	4.5	4.5	5.0	5.0	5.5	5.5	6.0	6.0	6.0	6.5	6.5	7.0	7.0	7.0	7.5	7.5	7.5	8.0	8.0	8.0	8.5	8.5	8.5	8.5	9.0	9.0	9.0	9.5	.1730
1.3	2.0	2.5	3.0	3.5	3.5	4.0	4.5	4.5	5.0	5.0	5.5	5.5	6.0	6.0	6.5	6.5	6.5	7.0	7.0	7.0	7.5	7.5	8.0	8.0	8.0	8.5	8.5	8.5	8.5	9.0	9.0	9.0	9.5	9.5	9.5	.1875
1.4	2.0	2.5	3.0	3.5	4.0	4.0	4.5	5.0	5.0	5.5	5.5	6.0	6.0	6.5	6.5	6.5	7.0	7.0	7.5	7.5	7.5	8.0	8.0	8.0	8.5	8.5	8.5	9.0	9.0	9.0	9.5	9.5	9.5	10.0	10.0	.2019
1.5	2.0	2.5	3.0	3.5	4.0	4.5	4.5	5.0	5.0	5.5	5.5	6.0	6.0	6.5	6.5	7.0	7.0	7.5	7.5	7.5	8.0	8.0	8.5	8.5	8.5	9.0	9.0	9.0	9.5	9.5	9.5	10.0	10.0	10.0	10.5	.2163
k	90	126	162	198	234	270	306	342	378	414	450	486	522	558	594	630	666	702	738	774	810	846	882	918	954	990	1026	1062	1098	1134	1170	1206	1242	1278	1314	km

TABLE 2 (Sheet 89 of 128)

TEMPERATURE DIFFERENCE

TABLE 2 (Continued)

ECONOMICAL INSULATION THICKNESS TABLE

IN INCHES
(nominal)

PIPE SIZE: 16'' NPS (Tube Size 16-1/2'' OD)
406.4 mm

At the intersection of the ''Δt'' column with the ''k'' row read the economical thickness.
(•—*exceeds 12'' thickness*)

D = 0.0080

Δt Celsius °C or Kelvin °K

k: Btu, in./sq ft, hr °F; km: W/mK

k	50	70	90	110	130	150	170	190	210	230	250	270	290	310	330	350	370	390	410	430	450	470	490	510	530	550	570	590	610	630	650	670	690	710	730	km
0.1	1.5	1.5	1.5	1.5	1.5	1.5	1.5	1.5	2.0	2.0	2.0	2.0	2.0	2.0	2.0	2.0	2.5	2.5	2.5	2.5	2.5	2.5	2.5	2.5	2.5	2.5	3.0	3.0	3.0	3.0	3.0	3.0	3.0	3.0	3.0	.0144
0.2	1.5	1.5	1.5	1.5	2.0	2.0	2.0	2.0	2.5	2.5	2.5	2.5	3.0	3.0	3.0	3.0	3.0	3.0	3.0	3.5	3.5	3.5	3.5	3.5	3.5	3.5	4.0	4.0	4.0	4.0	4.0	4.0	4.0	4.0	4.5	.0288
0.3	1.5	1.5	2.0	2.0	2.0	2.5	2.5	2.5	3.0	3.0	3.0	3.0	3.5	3.5	3.5	3.5	3.5	4.0	4.0	4.0	4.0	4.0	4.5	4.5	4.5	4.5	4.5	4.5	4.5	5.0	5.0	5.0	5.0	5.0	5.0	.0433
0.4	1.5	2.0	2.0	2.5	2.5	2.5	3.0	3.0	3.0	3.5	3.5	3.5	3.5	4.0	4.0	4.0	4.0	4.5	4.5	4.5	4.5	5.0	5.0	5.0	5.0	5.0	5.0	5.5	5.5	5.5	5.5	5.5	6.0	6.0	6.0	.0577
0.5	1.5	2.0	2.5	2.5	3.0	3.0	3.0	3.5	3.5	3.5	4.0	4.0	4.0	4.5	4.5	4.5	4.5	5.0	5.0	5.0	5.0	5.5	5.5	5.5	5.5	5.5	6.0	6.0	6.0	6.0	6.0	6.5	6.5	6.5	6.5	.0721
0.6	2.0	2.0	2.5	2.5	3.0	3.0	3.5	3.5	4.0	4.0	4.0	4.5	4.5	4.5	5.0	5.0	5.0	5.0	5.5	5.5	5.5	5.5	6.0	6.0	6.0	6.0	6.5	6.5	6.5	6.5	7.0	7.0	7.0	7.0	7.0	.0865
0.7	2.0	2.5	2.5	3.0	3.0	3.5	3.5	4.0	4.0	4.0	4.5	4.5	5.0	5.0	5.0	5.5	5.5	5.5	5.5	6.0	6.0	6.0	6.5	6.5	6.5	6.5	7.0	7.0	7.0	7.0	7.5	7.5	7.5	7.5	7.5	.1009
0.8	2.0	2.5	2.5	3.0	3.5	3.5	4.0	4.0	4.5	4.5	4.5	5.0	5.0	5.5	5.5	5.5	6.0	6.0	6.0	6.0	6.5	6.5	6.5	7.0	7.0	7.0	7.0	7.5	7.5	7.5	8.0	8.0	8.0	8.0	8.0	.1154
0.9	2.0	2.5	3.0	3.0	3.5	4.0	4.0	4.5	4.5	4.5	5.0	5.0	5.5	5.5	5.5	6.0	6.0	6.0	6.5	6.5	6.5	7.0	7.0	7.0	7.5	7.5	7.5	8.0	8.0	8.0	8.0	8.5	8.5	8.5	8.5	.1298
1.0	2.0	2.5	3.0	3.5	3.5	4.0	4.0	4.5	4.5	5.0	5.0	5.5	5.5	6.0	6.0	6.0	6.5	6.5	6.5	7.0	7.0	7.0	7.5	7.5	7.5	8.0	8.0	8.0	8.5	8.5	8.5	8.5	9.0	9.0	9.0	.1442
1.1	2.0	2.5	3.0	3.5	4.0	4.0	4.5	4.5	5.0	5.0	5.5	5.5	6.0	6.0	6.5	6.5	6.5	7.0	7.0	7.0	7.5	7.5	7.5	8.0	8.0	8.0	8.5	8.5	8.5	9.0	9.0	9.0	9.5	9.5	9.5	.1586
1.2	2.5	3.0	3.0	3.5	4.0	4.0	4.5	5.0	5.0	5.5	5.5	6.0	6.0	6.5	6.5	6.5	7.0	7.0	7.5	7.5	7.5	8.0	8.0	8.0	8.5	8.5	8.5	9.0	9.0	9.0	9.5	9.5	9.5	10.0	10.0	.1730
1.3	2.5	3.0	3.5	3.5	4.0	4.5	4.5	5.0	5.5	5.5	6.0	6.0	6.5	6.5	6.5	7.0	7.0	7.5	7.5	8.0	8.0	8.0	8.5	8.5	8.5	9.0	9.0	9.0	9.5	9.5	10.0	10.0	10.0	10.0	10.5	.1875
1.4	2.5	3.0	3.5	4.0	4.0	4.5	5.0	5.0	5.5	5.5	6.0	6.0	6.5	6.5	7.0	7.0	7.5	7.5	8.0	8.0	8.0	8.5	8.5	9.0	9.0	9.0	9.5	9.5	10.0	10.0	10.0	10.5	10.5	10.5	11.0	.2019
1.5	2.5	3.0	3.5	4.0	4.5	4.5	5.0	5.5	5.5	6.0	6.0	6.5	6.5	7.0	7.0	7.5	7.5	8.0	8.0	8.5	8.5	8.5	9.0	9.0	9.5	9.5	9.5	10.0	10.0	10.0	10.5	11.0	11.0	11.0	11.5	.2163
k	90	126	162	198	234	270	306	342	378	414	450	486	522	558	594	630	666	702	738	774	810	846	882	918	954	990	1026	1062	1098	1134	1170	1206	1242	1278	1314	km

Δt Fahrenheit

D = 0.0100

Δt Celsius °C or Kelvin °K

CONDUCTIVITY k: Btu, in./sq ft, hr °F; km: W/mK

k	50	70	90	110	130	150	170	190	210	230	250	270	290	310	330	350	370	390	410	430	450	470	490	510	530	550	570	590	610	630	650	670	690	710	730	km
0.1	1.5	1.5	1.5	1.5	1.5	1.5	2.0	2.0	2.0	2.0	2.0	2.0	2.5	2.5	2.5	2.5	2.5	2.5	2.5	2.5	3.0	3.0	3.0	3.0	3.0	3.0	3.0	3.0	3.0	3.0	3.5	3.5	3.5	3.5	3.5	.0144
0.2	1.5	1.5	2.0	2.0	2.0	2.0	2.5	2.5	2.5	2.5	3.0	3.0	3.0	3.0	3.5	3.5	3.5	3.5	3.5	3.5	4.0	4.0	4.0	4.0	4.0	4.0	4.0	4.5	4.5	4.5	4.5	4.5	4.5	4.5	5.0	.0288
0.3	1.5	2.0	2.0	2.5	2.5	2.5	3.0	3.0	3.0	3.5	3.5	3.5	3.5	4.0	4.0	4.0	4.0	4.0	4.5	4.5	4.5	4.5	5.0	5.0	5.0	5.0	5.0	5.0	5.5	5.5	5.5	5.5	5.5	5.5	6.0	.0433
0.4	2.0	2.0	2.5	2.5	3.0	3.0	3.0	3.5	3.5	3.5	4.0	4.0	4.0	4.5	4.5	4.5	4.5	5.0	5.0	5.0	5.0	5.5	5.5	5.5	5.5	6.0	6.0	6.0	6.0	6.0	6.5	6.5	6.5	6.5	6.5	.0577
0.5	2.0	2.5	2.5	3.0	3.0	3.5	3.5	3.5	4.0	4.0	4.5	4.5	4.5	5.0	5.0	5.0	5.0	5.5	5.5	5.5	6.0	6.0	6.0	6.0	6.5	6.5	6.5	6.5	6.5	7.0	7.0	7.0	7.0	7.5	7.5	.0721
0.6	2.0	2.5	3.0	3.0	3.5	3.5	4.0	4.0	4.0	4.5	4.5	5.0	5.0	5.0	5.5	5.5	5.5	6.0	6.0	6.0	6.5	6.5	6.5	6.5	7.0	7.0	7.0	7.0	7.5	7.5	7.5	7.5	8.0	8.0	8.0	.0865
0.7	2.0	2.5	3.0	3.5	3.5	4.0	4.0	4.5	4.5	5.0	5.0	5.0	5.5	5.5	5.5	6.0	6.0	6.5	6.5	6.5	6.5	7.0	7.0	7.0	7.5	7.5	7.5	8.0	8.0	8.0	8.0	8.5	8.5	8.5	8.5	.1009
0.8	2.5	2.5	3.0	3.5	3.5	4.0	4.5	4.5	5.0	5.0	5.5	5.5	5.5	6.0	6.0	6.5	6.5	6.5	7.0	7.0	7.0	7.5	7.5	7.5	8.0	8.0	8.0	8.5	8.5	8.5	8.5	9.0	9.0	9.0	9.5	.1154
0.9	2.5	3.0	3.0	3.5	4.0	4.0	4.5	5.0	5.0	5.5	5.5	6.0	6.0	6.0	6.5	6.5	7.0	7.0	7.0	7.5	7.5	8.0	8.0	8.0	8.5	8.5	8.5	8.5	9.0	9.0	9.0	9.5	9.5	9.5	10.0	.1298
1.0	2.5	3.0	3.5	4.0	4.0	4.5	4.5	5.0	5.5	5.5	6.0	6.0	6.5	6.5	7.0	7.0	7.0	7.5	7.5	8.0	8.0	8.0	8.5	8.5	8.5	9.0	9.0	9.0	9.5	9.5	9.5	10.0	10.0	10.0	10.5	.1442
1.1	2.5	3.0	3.5	4.0	4.5	4.5	5.0	5.0	5.5	6.0	6.0	6.5	6.5	7.0	7.0	7.5	7.5	7.5	8.0	8.0	8.5	8.5	8.5	9.0	9.0	9.5	9.5	9.5	10.0	10.0	10.0	10.5	10.5	10.5	11.0	.1586
1.2	2.5	3.0	3.5	4.0	4.5	5.0	5.0	5.5	5.5	6.0	6.5	6.5	7.0	7.0	7.5	7.5	8.0	8.0	8.0	8.5	8.5	9.0	9.0	9.5	9.5	9.5	10.0	10.0	10.0	10.5	10.5	11.0	11.0	11.0	11.5	.1730
1.3	2.5	3.0	3.5	4.0	4.5	5.0	5.5	5.5	6.0	6.5	6.5	7.0	7.0	7.5	7.5	8.0	8.0	8.5	8.5	8.5	9.0	9.0	9.5	9.5	10.0	10.0	10.0	10.5	10.5	11.0	11.0	11.5	11.5	11.5	12.0	.1875
1.4	2.5	3.5	4.0	4.5	4.5	5.0	5.5	6.0	6.0	6.5	7.0	7.0	7.5	7.5	8.0	8.0	8.5	8.5	9.0	9.0	9.5	9.5	10.0	10.0	10.0	10.5	10.5	11.0	11.0	11.5	11.5	12.0	12.0	12.0	•	.2019
1.5	3.0	3.5	4.0	4.5	5.0	5.0	5.5	6.0	6.5	6.5	7.0	7.5	7.5	8.0	8.0	8.5	8.5	9.0	9.0	9.5	9.5	10.0	10.0	10.5	10.5	11.0	11.0	11.5	11.5	12.0	12.0	•	•	•	•	.2163
k	90	126	162	198	234	270	306	342	378	414	450	486	522	558	594	630	666	702	738	774	810	846	882	918	954	990	1026	1062	1098	1134	1170	1206	1242	1278	1314	km

Δt Fahrenheit

D = 0.0120

Δt Celsius °C or Kelvin °K

k: Btu, in./sq ft, hr °F; km: W/mK

k	50	70	90	110	130	150	170	190	210	230	250	270	290	310	330	350	370	390	410	430	450	470	490	510	530	550	570	590	610	630	650	670	690	710	730	km
0.1	1.5	1.5	1.5	1.5	1.5	2.0	2.0	2.0	2.0	2.0	2.5	2.5	2.5	2.5	2.5	2.5	2.5	3.0	3.0	3.0	3.0	3.0	3.0	3.0	3.0	3.5	3.5	3.5	3.5	3.5	3.5	3.5	3.5	3.5	4.0	.0144
0.2	1.5	1.5	2.0	2.0	2.5	2.5	2.5	2.5	3.0	3.0	3.0	3.0	3.5	3.5	3.5	3.5	4.0	4.0	4.0	4.0	4.0	4.0	4.5	4.5	4.5	4.5	4.5	4.5	5.0	5.0	5.0	5.0	5.0	5.0	5.0	.0288
0.3	1.5	2.0	2.5	2.5	2.5	3.0	3.0	3.5	3.5	3.5	3.5	4.0	4.0	4.0	4.5	4.5	4.5	4.5	5.0	5.0	5.0	5.0	5.0	5.5	5.5	5.5	5.5	5.5	6.0	6.0	6.0	6.0	6.0	6.5	6.5	.0433
0.4	2.0	2.5	2.5	3.0	3.0	3.5	3.5	3.5	4.0	4.0	4.0	4.5	4.5	4.5	5.0	5.0	5.0	5.5	5.5	5.5	5.5	6.0	6.0	6.0	6.0	6.5	6.5	6.5	6.5	7.0	7.0	7.0	7.0	7.0	7.5	.0577
0.5	2.0	2.5	3.0	3.0	3.5	3.5	4.0	4.0	4.5	4.5	4.5	5.0	5.0	5.0	5.5	5.5	5.5	6.0	6.0	6.0	6.5	6.5	6.5	6.5	7.0	7.0	7.0	7.5	7.5	7.5	7.5	8.0	8.0	8.0	8.0	.0721
0.6	2.0	2.5	3.0	3.5	3.5	4.0	4.0	4.5	4.5	5.0	5.0	5.5	5.5	5.5	6.0	6.0	6.0	6.5	6.5	6.5	7.0	7.0	7.0	7.5	7.5	7.5	8.0	8.0	8.0	8.0	8.5	8.5	8.5	8.5	9.0	.0865
0.7	2.5	3.0	3.0	3.5	4.0	4.0	4.5	4.5	5.0	5.0	5.5	5.5	6.0	6.0	6.5	6.5	6.5	7.0	7.0	7.0	7.5	7.5	8.0	8.0	8.0	8.0	8.5	8.5	8.5	9.0	9.0	9.0	9.5	9.5	9.5	.1009
0.8	2.5	3.0	3.5	4.0	4.0	4.5	4.5	5.0	5.5	5.5	6.0	6.0	6.5	6.5	6.5	7.0	7.0	7.5	7.5	7.5	8.0	8.0	8.5	8.5	8.5	8.5	9.0	9.0	9.5	9.5	9.5	10.0	10.0	10.0	10.0	.1154
0.9	2.5	3.0	3.5	4.0	4.5	4.5	5.0	5.5	5.5	6.0	6.0	6.5	6.5	7.0	7.0	7.5	7.5	8.0	8.0	8.0	8.5	8.5	8.5	9.0	9.0	9.5	9.5	9.5	10.0	10.0	10.0	10.5	10.5	10.5	11.0	.1298
1.0	2.5	3.0	3.5	4.0	4.5	5.0	5.0	5.5	6.0	6.0	6.5	6.5	7.0	7.0	7.5	7.5	8.0	8.0	8.5	8.5	8.5	9.0	9.0	9.5	9.5	10.0	10.0	10.0	10.5	10.5	10.5	11.0	11.0	11.0	11.0	.1442
1.1	3.0	3.5	4.0	4.5	4.5	5.0	5.5	6.0	6.0	6.5	6.5	7.0	7.5	7.5	8.0	8.0	8.5	8.5	8.5	9.0	9.0	9.5	9.5	10.0	10.0	10.0	10.5	10.5	11.0	11.0	11.0	11.5	11.5	11.5	11.5	.1586
1.2	3.0	3.5	4.0	4.5	5.0	5.5	5.5	6.0	6.5	6.5	7.0	7.5	7.5	8.0	8.0	8.5	8.5	9.0	9.0	9.5	9.5	10.0	10.0	10.0	10.5	10.5	11.0	11.0	11.5	11.5	11.5	12.0	12.0	12.0	12.0	.1730
1.3	3.0	3.5	4.0	4.5	5.0	5.5	6.0	6.0	6.5	7.0	7.0	7.5	8.0	8.0	8.5	8.5	9.0	9.0	9.5	9.5	10.0	10.0	10.5	10.5	11.0	11.0	11.5	11.5	12.0	12.0	12.0	•	•	•	•	.1875
1.4	3.0	3.5	4.0	5.0	5.0	5.5	6.0	6.5	7.0	7.0	7.5	8.0	8.0	8.5	8.5	9.0	9.5	9.5	10.0	10.0	10.5	10.5	11.0	11.0	11.5	11.5	12.0	12.0	•	•	•	•	•	•	•	.2019
1.5	3.0	4.0	4.5	5.0	5.5	6.0	6.0	6.5	7.0	7.5	7.5	8.0	8.5	8.5	9.0	9.5	9.5	10.0	10.0	10.5	11.0	11.0	11.5	11.5	12.0	12.0	•	•	•	•	•	•	•	•	•	.2163
k	90	126	162	198	234	270	306	342	378	414	450	486	522	558	594	630	666	702	738	774	810	846	882	918	954	990	1026	1062	1098	1134	1170	1206	1242	1278	1314	km

Δt Fahrenheit

TEMPERATURE DIFFERENCE

TABLE 2 (Sheet 90 of 128)

TABLE 2 (Continued)

ECONOMICAL INSULATION THICKNESS TABLE

IN INCHES
(nominal)

PIPE SIZE: 16'' NPS (Tube Size 16-1/2'' OD)
406.4 mm

At the intersection of the ''Δt'' column with the ''k'' row read the economical thickness.
(•—*exceeds 12'' thickness*)

CONDUCTIVITY — k: Btu, in./sq ft, hr °F; km: W/mK

D = 0.0150

Δt Celsius °C or Kelvin °K

k	50	70	90	110	130	150	170	190	210	230	250	270	290	310	330	350	370	390	410	430	450	470	490	510	530	550	570	590	610	630	650	670	690	710	730	km
0.1	1.5	1.5	1.5	1.5	2.0	2.0	2.0	2.0	2.5	2.5	2.5	2.5	2.5	3.0	3.0	3.0	3.0	3.0	3.0	3.5	3.5	3.5	3.5	3.5	3.5	3.5	3.5	4.0	4.0	4.0	4.0	4.0	4.0	4.0	4.0	.0144
0.2	1.5	2.0	2.0	2.5	2.5	2.5	3.0	3.0	3.0	3.5	3.5	3.5	3.5	4.0	4.0	4.0	4.0	4.5	4.5	4.5	4.5	4.5	5.0	5.0	5.0	5.0	5.0	5.5	5.5	5.5	5.5	5.5	5.5	6.0	6.0	.0288
0.3	2.0	2.0	2.5	3.0	3.0	3.0	3.5	3.5	4.0	4.0	4.0	4.5	4.5	4.5	5.0	5.0	5.0	5.0	5.5	5.5	5.5	5.5	6.0	6.0	6.0	6.0	6.5	6.5	6.5	6.5	6.5	7.0	7.0	7.0	7.0	.0433
0.4	2.0	2.5	3.0	3.0	3.5	3.5	4.0	4.0	4.5	4.5	4.5	5.0	5.0	5.5	5.5	5.5	6.0	6.0	6.0	6.0	6.5	6.5	6.5	7.0	7.0	7.0	7.0	7.5	7.5	7.5	7.5	8.0	8.0	8.0	8.0	.0577
0.5	2.5	3.0	3.0	3.5	4.0	4.0	4.5	4.5	5.0	5.0	5.5	5.5	5.5	6.0	6.0	6.0	6.5	6.5	7.0	7.0	7.0	7.5	7.5	7.5	7.5	8.0	8.0	8.0	8.5	8.5	8.5	8.5	8.5	9.0	9.0	.0721
0.6	2.5	3.0	3.5	3.5	4.0	4.5	4.5	5.0	5.0	5.5	5.5	6.0	6.0	6.5	6.5	7.0	7.0	7.0	7.5	7.5	8.0	8.0	8.0	8.5	8.5	8.5	8.5	9.0	9.0	9.0	9.5	9.5	9.5	10.0	10.0	.0865
0.7	2.5	3.0	3.5	4.0	4.5	4.5	5.0	5.5	5.5	6.0	6.0	6.5	6.5	7.0	7.0	7.5	7.5	7.5	8.0	8.0	8.5	8.5	8.5	9.0	9.0	9.5	9.5	9.5	10.0	10.0	10.0	10.5	10.5	10.5	10.5	.1009
0.8	3.0	3.5	4.0	4.0	4.5	5.0	5.5	5.5	6.0	6.0	6.5	7.0	7.0	7.5	7.5	8.0	8.0	8.0	8.5	8.5	9.0	9.0	9.5	9.5	9.5	10.0	10.0	10.0	10.5	10.5	10.5	11.0	11.0	11.0	11.0	.1154
0.9	3.0	3.5	4.0	4.5	5.0	5.5	5.5	6.0	6.5	6.5	7.0	7.0	7.5	7.5	8.0	8.0	8.5	8.5	9.0	9.0	9.5	9.5	10.0	10.0	10.5	10.5	10.5	10.5	11.0	11.0	11.0	11.5	11.5	11.5	11.5	.1298
1.0	3.0	3.5	4.0	4.5	5.0	5.5	6.0	6.0	6.5	7.0	7.0	7.5	8.0	8.0	8.5	8.5	9.0	9.0	9.5	9.5	10.0	10.0	10.5	10.5	11.0	11.0	11.0	11.0	11.5	11.5	11.5	12.0	12.0	12.0	12.0	.1442
1.1	3.0	4.0	4.5	5.0	5.5	5.5	6.0	6.5	7.0	7.0	7.5	8.0	8.0	8.5	8.5	9.0	9.5	9.5	10.0	10.0	10.5	10.5	11.0	11.0	11.5	11.5	11.5	11.5	12.0	12.0	12.0	•	•	•	•	.1586
1.2	3.5	4.0	4.5	5.0	5.5	6.0	6.5	7.0	7.0	7.5	8.0	8.0	8.5	8.5	9.0	9.5	9.5	10.0	10.5	10.5	11.0	11.0	11.5	11.5	12.0	12.0	12.0	•	•	•	•	•	•	•	•	.1730
1.3	3.5	4.0	4.5	5.0	5.5	6.0	6.5	7.0	7.5	8.0	8.0	8.5	9.0	9.0	9.5	10.0	10.0	10.5	11.0	11.0	11.5	11.5	12.0	12.0	•	•	•	•	•	•	•	•	•	•	•	.1875
1.4	3.5	4.0	5.0	5.5	6.0	6.5	7.0	7.5	7.5	8.0	8.5	8.5	9.0	9.5	10.0	10.0	10.5	11.0	11.5	11.5	12.0	12.0	•	•	•	•	•	•	•	•	•	•	•	•	•	.2019
1.5	3.5	4.5	5.0	5.5	6.0	6.5	7.0	7.5	8.0	8.5	8.5	9.0	9.5	10.0	10.0	10.5	11.0	11.5	12.0	•	•	•	•	•	•	•	•	•	•	•	•	•	•	•	•	.2163
k	90	126	162	198	234	270	306	342	378	414	450	486	522	558	594	630	666	702	738	774	810	846	882	918	954	990	1026	1062	1098	1134	1170	1206	1242	1278	1314	km

Δt Fahrenheit

D = 0.0200

Δt Celsius °C or Kelvin °K

k	50	70	90	110	130	150	170	190	210	230	250	270	290	310	330	350	370	390	410	430	450	470	490	510	530	550	570	590	610	630	650	670	690	710	730	km
0.1	1.5	1.5	2.0	2.0	2.0	2.5	2.5	2.5	2.5	3.0	3.0	3.0	3.0	3.0	3.5	3.5	3.5	3.5	3.5	3.5	4.0	4.0	4.0	4.0	4.0	4.0	4.5	4.5	4.5	4.5	4.5	4.5	4.5	5.0	5.0	.0144
0.2	2.0	2.0	2.5	2.5	3.0	3.0	3.5	3.5	3.5	4.0	4.0	4.0	4.5	4.5	4.5	4.5	5.0	5.0	5.0	5.0	5.5	5.5	5.5	5.5	5.5	6.0	6.0	6.0	6.0	6.5	6.5	6.5	6.5	6.5	6.5	.0288
0.3	2.0	2.5	3.0	3.0	3.5	3.5	4.0	4.0	4.5	4.5	5.0	5.0	5.0	5.5	5.5	5.5	6.0	6.0	6.0	6.5	6.5	6.5	6.5	7.0	7.0	7.0	7.5	7.5	7.5	7.5	8.0	8.0	8.0	8.0	8.0	.0433
0.4	2.5	3.0	3.5	3.5	4.0	4.0	4.5	5.0	5.0	5.5	5.5	5.5	6.0	6.0	6.5	6.5	6.5	7.0	7.0	7.0	7.5	7.5	7.5	8.0	8.0	8.0	8.5	8.5	8.5	8.5	9.0	9.0	9.0	9.5	9.5	.0577
0.5	2.5	3.0	3.5	4.0	4.5	4.5	5.0	5.5	5.5	6.0	6.0	6.5	6.5	7.0	7.0	7.0	7.5	7.5	8.0	8.0	8.0	8.5	8.5	8.5	9.0	9.0	9.5	9.5	9.5	10.0	10.0	10.0	10.5	10.5	10.5	.0721
0.6	3.0	3.5	4.0	4.5	4.5	5.0	5.5	6.0	6.0	6.5	6.5	7.0	7.0	7.5	7.5	8.0	8.0	8.5	8.5	8.5	9.0	9.0	9.5	9.5	10.0	10.0	10.0	10.0	10.5	10.5	10.5	10.5	11.0	11.0	11.0	.1865
0.7	3.0	3.5	4.0	4.5	5.0	5.5	6.0	6.0	6.5	7.0	7.0	7.5	7.5	8.0	8.0	8.5	8.5	9.0	9.0	9.5	9.5	10.0	10.0	10.5	10.5	10.5	10.5	11.0	11.0	11.0	11.0	11.0	11.5	11.5	11.5	.1009
0.8	3.5	4.0	4.5	5.0	5.5	6.0	6.0	6.5	7.0	7.5	7.5	8.0	8.0	8.5	8.5	9.0	9.5	9.5	10.0	10.0	10.5	10.5	10.5	11.0	11.0	11.0	11.0	11.5	11.5	11.5	11.5	12.0	12.0	12.0	12.0	.1154
0.9	3.5	4.0	4.5	5.0	5.5	6.0	6.5	7.0	7.5	7.5	8.0	8.5	8.5	9.0	9.5	9.5	10.0	10.0	10.5	10.5	11.0	11.0	11.0	11.5	11.5	11.5	11.5	12.0	12.0	12.0	12.0	•	•	•	•	.1298
1.0	3.5	4.5	5.0	5.5	6.0	6.5	7.0	7.5	7.5	8.0	8.5	8.5	9.0	9.5	10.0	10.0	10.5	10.5	11.0	11.0	11.5	11.5	11.5	12.0	12.0	12.0	12.0	•	•	•	•	•	•	•	•	.1442
1.1	3.5	4.5	5.0	5.5	6.0	6.5	7.0	7.5	8.0	8.5	8.5	9.0	9.5	10.0	10.0	10.5	11.0	11.0	11.5	11.5	12.0	12.0	12.0	•	•	•	•	•	•	•	•	•	•	•	•	.1586
1.2	4.0	4.5	5.5	6.0	6.5	7.0	7.5	8.0	8.5	8.5	9.0	9.5	10.0	10.5	10.5	11.0	11.5	11.5	12.0	12.0	•	•	•	•	•	•	•	•	•	•	•	•	•	•	•	.1730
1.3	4.0	5.0	5.5	6.0	6.5	7.0	7.5	8.0	8.5	9.0	9.5	10.0	10.5	11.0	11.0	11.5	12.0	12.0	•	•	•	•	•	•	•	•	•	•	•	•	•	•	•	•	•	.1875
1.4	4.0	5.0	5.5	6.5	7.0	7.5	8.0	8.5	9.0	9.5	10.0	10.5	11.0	11.5	11.5	12.0	•	•	•	•	•	•	•	•	•	•	•	•	•	•	•	•	•	•	•	.2019
1.5	4.0	5.0	6.0	6.5	7.0	7.5	8.0	8.5	9.5	10.0	10.0	10.5	11.0	11.5	11.5	12.0	•	•	•	•	•	•	•	•	•	•	•	•	•	•	•	•	•	•	•	.2163
k	90	126	162	198	234	270	306	342	378	414	450	486	522	558	594	630	666	702	738	774	810	846	882	918	954	990	1026	1062	1098	1134	1170	1206	1242	1278	1314	km

Δt Fahrenheit

D = 0.0300

Δt Celsius °C or Kelvin °K

k	50	70	90	110	130	150	170	190	210	230	250	270	290	310	330	350	370	390	410	430	450	470	490	510	530	550	570	590	610	630	650	670	690	710	730	km
0.1	2.0	2.0	2.0	2.5	2.5	3.0	3.0	3.0	3.0	3.5	3.5	4.0	4.0	4.5	4.5	4.5	4.5	5.0	5.0	5.0	5.0	5.5	5.5	5.5	5.5	6.0	6.0	6.0	6.0	6.5	6.5	6.5	6.5	6.5	6.5	.0144
0.2	2.0	2.5	2.5	3.0	3.0	3.5	4.0	4.0	4.0	4.5	4.5	5.0	5.0	5.0	5.0	5.5	5.5	5.5	6.0	6.0	6.0	6.5	6.5	6.5	6.5	7.0	7.0	7.0	7.0	7.5	7.5	7.5	7.5	8.0	8.0	.0288
0.3	2.5	3.0	3.0	3.5	4.0	4.5	4.5	5.0	5.0	5.5	5.5	6.0	6.0	6.0	6.5	6.5	7.0	7.0	7.0	7.5	7.5	8.0	8.0	8.0	8.0	8.5	8.5	8.5	9.0	9.0	9.0	9.5	9.5	9.5	10.0	.0433
0.4	2.5	3.0	3.5	4.0	4.5	5.0	5.5	5.5	6.0	6.0	6.5	6.5	7.0	7.0	7.5	7.5	8.0	8.0	8.0	8.5	9.0	9.0	9.0	9.5	9.5	10.0	10.0	10.0	10.5	10.5	10.5	11.0	11.0	11.0	11.5	.0577
0.5	3.0	3.5	4.0	4.5	5.0	5.5	6.0	6.0	6.5	7.0	7.0	7.5	7.5	8.0	8.5	8.5	9.0	9.0	9.5	9.5	10.0	10.0	10.5	10.5	10.5	11.0	11.0	11.0	11.5	11.5	12.0	12.0	12.0	•	•	.0721
0.6	3.0	4.0	4.0	4.5	5.5	6.0	6.5	7.0	7.0	7.5	8.0	8.0	8.5	8.5	9.0	9.5	9.5	10.0	10.0	10.5	10.5	11.0	11.0	11.5	11.5	12.0	12.0	•	•	•	•	•	•	•	•	.0865
0.7	3.5	4.5	4.5	5.0	6.0	6.5	7.0	7.5	7.5	8.0	8.5	9.0	9.0	9.5	9.5	10.0	10.5	10.5	11.0	11.0	11.5	12.0	12.0	12.0	•	•	•	•	•	•	•	•	•	•	•	.1009
0.8	3.5	4.5	5.0	5.5	6.5	7.0	7.5	7.5	8.0	8.5	9.0	9.5	9.5	10.0	10.5	11.0	11.0	11.5	11.5	12.0	12.0	•	•	•	•	•	•	•	•	•	•	•	•	•	•	.1154
0.9	4.0	5.0	5.5	6.0	6.5	7.0	7.5	8.0	8.5	9.0	9.5	10.0	10.5	10.5	11.0	11.5	12.0	12.0	•	•	•	•	•	•	•	•	•	•	•	•	•	•	•	•	•	.1298
1.0	4.0	5.0	5.5	6.0	7.0	7.5	8.0	8.5	9.0	9.5	10.0	10.5	11.0	11.5	11.5	12.0	12.0	•	•	•	•	•	•	•	•	•	•	•	•	•	•	•	•	•	•	.1442
1.1	4.5	5.5	6.0	6.5	7.0	8.0	8.5	9.0	9.5	10.0	10.5	11.0	11.5	12.0	•	•	•	•	•	•	•	•	•	•	•	•	•	•	•	•	•	•	•	•	•	.1586
1.2	4.5	5.5	6.5	7.0	7.5	8.0	8.5	9.5	10.0	10.5	11.0	11.5	12.0	•	•	•	•	•	•	•	•	•	•	•	•	•	•	•	•	•	•	•	•	•	•	.1730
1.3	5.0	6.0	6.5	7.5	8.0	8.5	9.0	9.5	10.0	10.5	11.5	12.0	•	•	•	•	•	•	•	•	•	•	•	•	•	•	•	•	•	•	•	•	•	•	•	.1875
1.4	5.0	6.0	7.0	8.0	8.5	9.0	9.5	10.0	10.5	11.0	12.0	•	•	•	•	•	•	•	•	•	•	•	•	•	•	•	•	•	•	•	•	•	•	•	•	.2019
1.5	5.5	6.5	7.5	8.0	9.0	9.5	10.0	10.5	11.0	11.5	12.0	•	•	•	•	•	•	•	•	•	•	•	•	•	•	•	•	•	•	•	•	•	•	•	•	.2163
k	90	126	162	198	234	270	306	342	378	414	450	486	522	558	594	630	666	702	738	774	810	846	882	918	954	990	1026	1062	1098	1134	1170	1206	1242	1278	1314	km

Δt Fahrenheit

TABLE 2 (Sheet 91 of 128)

TEMPERATURE DIFFERENCE

TABLE 2 (Continued)

ECONOMICAL INSULATION THICKNESS TABLE

IN INCHES
(nominal)

PIPE SIZE: 16'' NPS (Tube Size 16-1/2'' OD)
406.4 mm

At the intersection of the ''Δt'' column with the ''k'' row read the economical thickness.
(•—*exceeds 12'' thickness*)

D = 0.0500

CONDUCTIVITY Btu, in./sq ft, hr °F (k) — W/mK (km)

Δt Celsius °C or Kelvin °K

k	50	70	90	110	130	150	170	190	210	230	250	270	290	310	330	350	370	390	410	430	450	470	490	510	530	550	570	590	610	630	650	670	690	710	730	km
0.1	2.5	2.5	2.5	3.0	3.0	3.5	3.5	3.5	4.0	4.0	4.0	4.5	4.5	5.0	5.0	5.0	5.5	5.5	5.5	6.0	6.0	6.5	6.5	6.5	6.5	7.0	7.0	7.0	7.0	7.5	8.0	8.0	8.5	8.5	9.0	.0144
0.2	2.5	3.0	3.0	3.5	4.0	4.5	5.0	5.0	5.5	5.5	6.0	6.5	6.5	7.0	7.0	7.0	7.5	7.5	7.5	8.0	8.0	8.5	8.5	8.5	9.0	9.0	9.5	9.5	9.5	9.5	10.0	10.0	10.0	10.0	10.5	.0288
0.3	3.0	4.0	4.0	4.5	5.0	5.5	6.0	6.0	6.5	7.0	7.5	7.5	8.0	8.0	8.5	8.5	9.0	9.0	9.5	9.5	10.0	10.0	10.5	10.5	11.0	11.0	11.5	11.5	12.0	12.0	12.0	•	•	•	•	.0433
0.4	3.5	4.5	4.5	5.0	6.0	6.5	7.0	7.5	7.5	8.0	8.5	9.0	9.0	9.5	9.5	10.0	10.5	11.0	11.0	11.5	11.5	12.0	12.0	•	•	•	•	•	•	•	•	•	•	•	•	.0577
0.5	4.0	5.0	5.5	6.0	6.5	7.0	8.0	8.0	8.5	9.0	9.5	10.0	10.5	10.5	11.0	11.5	11.5	12.0	12.0	•	•	•	•	•	•	•	•	•	•	•	•	•	•	•	•	.0721
0.6	4.5	5.5	6.0	6.5	7.0	8.0	8.5	9.0	9.5	10.0	10.5	11.0	11.5	11.5	12.0	12.0	•	•	•	•	•	•	•	•	•	•	•	•	•	•	•	•	•	•	•	.0865
0.7	4.5	6.0	6.5	6.5	7.5	8.5	9.0	9.5	10.0	10.5	11.0	11.5	12.0	•	•	•	•	•	•	•	•	•	•	•	•	•	•	•	•	•	•	•	•	•	•	.1009
0.8	5.0	6.0	6.5	7.0	8.0	9.0	10.0	10.5	10.5	11.0	12.0	•	•	•	•	•	•	•	•	•	•	•	•	•	•	•	•	•	•	•	•	•	•	•	•	.1154
0.9	5.0	6.5	7.0	7.5	8.5	9.5	10.5	11.0	11.0	12.0	•	•	•	•	•	•	•	•	•	•	•	•	•	•	•	•	•	•	•	•	•	•	•	•	•	.1298
1.0	5.5	7.0	7.5	8.0	9.0	10.0	11.0	11.5	12.0	•	•	•	•	•	•	•	•	•	•	•	•	•	•	•	•	•	•	•	•	•	•	•	•	•	•	.1442
1.1	6.0	7.5	8.0	8.5	9.5	10.5	11.5	12.0	•	•	•	•	•	•	•	•	•	•	•	•	•	•	•	•	•	•	•	•	•	•	•	•	•	•	•	.1586
1.2	6.5	8.0	8.5	9.0	10.0	11.0	12.0	•	•	•	•	•	•	•	•	•	•	•	•	•	•	•	•	•	•	•	•	•	•	•	•	•	•	•	•	.1730
1.3	7.0	8.5	9.0	9.5	10.5	12.0	•	•	•	•	•	•	•	•	•	•	•	•	•	•	•	•	•	•	•	•	•	•	•	•	•	•	•	•	•	.1875
1.4	7.5	9.0	9.5	10.0	11.0	12.0	•	•	•	•	•	•	•	•	•	•	•	•	•	•	•	•	•	•	•	•	•	•	•	•	•	•	•	•	•	.2019
1.5	8.5	9.5	10.0	11.5	12.0	•	•	•	•	•	•	•	•	•	•	•	•	•	•	•	•	•	•	•	•	•	•	•	•	•	•	•	•	•	•	.2163
k	90	126	162	198	234	270	306	342	378	414	450	486	522	558	594	630	666	702	738	774	810	846	882	918	954	990	1026	1062	1098	1134	1170	1206	1242	1278	1314	km

Δt Fahrenheit

TEMPERATURE DIFFERENCE

TABLE 2 (Sheet 92 of 128)

TABLE 2 (Continued)

ECONOMICAL INSULATION THICKNESS TABLE
IN INCHES
(nominal)

PIPE SIZE: 18'' NPS (Tube Size 18-1/2'' OD)
457.2 mm

At the intersection of the ''Δt'' column with the ''k'' row read the economical thickness.
(*•—exceeds 12'' thickness*)

D = 0.0015

Δt Celsius °C or Kelvin °K

Btu, in./sq ft, hr °F — W/mK

k	50	70	90	11C	130	150	170	190	210	230	250	270	290	310	330	350	370	390	410	430	450	470	490	510	530	550	570	590	610	630	650	670	690	710	730	km
0.1	1.5	1.5	1.5	1.5	1.5	1.5	1.5	1.5	1.5	1.5	1.5	1.5	1.5	1.5	1.5	1.5	1.5	1.5	1.5	1.5	1.5	1.5	1.5	1.5	1.5	1.5	1.5	1.5	1.5	1.5	1.5	1.5	1.5	1.5	1.5	.0144
0.2	1.5	1.5	1.5	1.5	1.5	1.5	1.5	1.5	1.5	1.5	1.5	1.5	1.5	1.5	1.5	1.5	1.5	1.5	1.5	1.5	1.5	1.5	1.5	1.5	2.0	2.0	2.0	2.0	2.0	2.0	2.0	2.0	2.0	2.0	2.0	.0288
0.3	1.5	1.5	1.5	1.5	1.5	1.5	1.5	1.5	1.5	1.5	1.5	1.5	1.5	1.5	1.5	1.5	1.5	2.0	2.0	2.0	2.0	2.0	2.0	2.0	2.0	2.0	2.0	2.0	2.0	2.0	2.5	2.5	2.5	2.5	2.5	.0433
0.4	1.5	1.5	1.5	1.5	1.5	1.5	1.5	1.5	1.5	1.5	1.5	1.5	1.5	2.0	2.0	2.0	2.0	2.0	2.0	2.0	2.0	2.0	2.0	2.5	2.5	2.5	2.5	2.5	2.5	2.5	2.5	2.5	2.5	2.5	2.5	.0577
0.5	1.5	1.5	1.5	1.5	1.5	1.5	1.5	1.5	1.5	1.5	1.5	2.0	2.0	2.0	2.0	2.0	2.0	2.0	2.0	2.5	2.5	2.5	2.5	2.5	2.5	2.5	2.5	2.5	2.5	3.0	3.0	3.0	3.0	3.0	3.0	.0721
0.6	1.5	1.5	1.5	1.5	1.5	1.5	1.5	1.5	1.5	2.0	2.0	2.0	2.0	2.0	2.0	2.0	2.5	2.5	2.5	2.5	2.5	2.5	2.5	2.5	2.5	3.0	3.0	3.0	3.0	3.0	3.0	3.0	3.0	3.0	3.0	.0865
0.7	1.5	1.5	1.5	1.5	1.5	1.5	1.5	1.5	2.0	2.0	2.0	2.0	2.0	2.0	2.5	2.5	2.5	2.5	2.5	2.5	2.5	2.5	3.0	3.0	3.0	3.0	3.0	3.0	3.0	3.0	3.0	3.5	3.5	3.5	3.5	.1009
0.8	1.5	1.5	1.5	1.5	1.5	1.5	1.5	2.0	2.0	2.0	2.0	2.0	2.0	2.5	2.5	2.5	2.5	2.5	2.5	2.5	3.0	3.0	3.0	3.0	3.0	3.0	3.0	3.0	3.5	3.5	3.5	3.5	3.5	3.5	3.5	.1154
0.9	1.5	1.5	1.5	1.5	1.5	1.5	1.5	2.0	2.0	2.0	2.0	2.0	2.5	2.5	2.5	2.5	2.5	2.5	3.0	3.0	3.0	3.0	3.0	3.0	3.0	3.5	3.5	3.5	3.5	3.5	3.5	3.5	3.5	4.0	4.0	.1298
1.0	1.5	1.5	1.5	1.5	1.5	1.5	2.0	2.0	2.0	2.0	2.0	2.5	2.5	2.5	2.5	2.5	2.5	3.0	3.0	3.0	3.0	3.0	3.0	3.5	3.5	3.5	3.5	3.5	3.5	3.5	3.5	4.0	4.0	4.0	4.0	.1442
1.1	1.5	1.5	1.5	1.5	1.5	1.5	2.0	2.0	2.0	2.0	2.5	2.5	2.5	2.5	2.5	3.0	3.0	3.0	3.0	3.0	3.0	3.5	3.5	3.5	3.5	3.5	3.5	3.5	4.0	4.0	4.0	4.0	4.0	4.0	4.0	.1586
1.2	1.5	1.5	1.5	1.5	1.5	1.5	2.0	2.0	2.0	2.0	2.5	2.5	2.5	2.5	2.5	3.0	3.0	3.0	3.0	3.0	3.5	3.5	3.5	3.5	3.5	3.5	3.5	4.0	4.0	4.0	4.0	4.0	4.0	4.0	4.5	.1730
1.3	1.5	1.5	1.5	1.5	1.5	2.0	2.0	2.0	2.0	2.5	2.5	2.5	2.5	2.5	3.0	3.0	3.0	3.0	3.0	3.5	3.5	3.5	3.5	3.5	3.5	4.0	4.0	4.0	4.0	4.0	4.0	4.0	4.5	4.5	4.5	.1875
1.4	1.5	1.5	1.5	1.5	1.5	2.0	2.0	2.0	2.0	2.5	2.5	2.5	2.5	3.0	3.0	3.0	3.0	3.0	3.5	3.5	3.5	3.5	3.5	3.5	4.0	4.0	4.0	4.0	4.0	4.0	4.5	4.5	4.5	4.5	4.5	.2019
1.5	1.5	1.5	1.5	1.5	1.5	2.0	2.0	2.0	2.0	2.5	2.5	2.5	2.5	3.0	3.0	3.0	3.0	3.5	3.5	3.5	3.5	3.5	3.5	4.0	4.0	4.0	4.0	4.0	4.0	4.5	4.5	4.5	4.5	4.5	4.5	.2163
k	90	126	162	198	234	270	306	342	378	414	450	486	522	558	594	630	666	702	738	774	810	846	882	918	954	990	1026	1062	1098	1134	1170	1206	1242	1278	1314	km

Δt Fahrenheit

D = 0.0017

Δt Celsius °C or Kelvin °K

CONDUCTIVITY Btu, in./sq ft, hr °F — W/mK

k	50	70	90	110	130	150	170	190	210	230	250	270	290	310	330	350	370	390	410	430	450	470	490	510	530	550	570	590	610	630	650	670	690	710	730	km
0.1	1.5	1.5	1.5	1.5	1.5	1.5	1.5	1.5	1.5	1.5	1.5	1.5	1.5	1.5	1.5	1.5	1.5	1.5	1.5	1.5	1.5	1.5	1.5	1.5	1.5	1.5	1.5	1.5	1.5	1.5	1.5	1.5	1.5	1.5	1.5	.0144
0.2	1.5	1.5	1.5	1.5	1.5	1.5	1.5	1.5	1.5	1.5	1.5	1.5	1.5	1.5	1.5	1.5	1.5	1.5	1.5	1.5	1.5	2.0	2.0	2.0	2.0	2.0	2.0	2.0	2.0	2.0	2.0	2.0	2.0	2.0	2.0	.0288
0.3	1.5	1.5	1.5	1.5	1.5	1.5	1.5	1.5	1.5	1.5	1.5	1.5	1.5	1.5	2.0	2.0	2.0	2.0	2.0	2.0	2.0	2.0	2.0	2.0	2.0	2.0	2.5	2.5	2.5	2.5	2.5	2.5	2.5	2.5	2.5	.0433
0.4	1.5	1.5	1.5	1.5	1.5	1.5	1.5	1.5	1.5	1.5	1.5	2.0	2.0	2.0	2.0	2.0	2.0	2.0	2.0	2.0	2.5	2.5	2.5	2.5	2.5	2.5	2.5	2.5	2.5	2.5	2.5	3.0	3.0	3.0	3.0	.0577
0.5	1.5	1.5	1.5	1.5	1.5	1.5	1.5	1.5	1.5	2.0	2.0	2.0	2.0	2.0	2.0	2.0	2.5	2.5	2.5	2.5	2.5	2.5	2.5	2.5	2.5	3.0	3.0	3.0	3.0	3.0	3.0	3.0	3.0	3.0	3.0	.0721
0.6	1.5	1.5	1.5	1.5	1.5	1.5	1.5	1.5	2.0	2.0	2.0	2.0	2.0	2.0	2.5	2.5	2.5	2.5	2.5	2.5	2.5	2.5	3.0	3.0	3.0	3.0	3.0	3.0	3.0	3.0	3.0	3.5	3.5	3.5	3.5	.0865
0.7	1.5	1.5	1.5	1.5	1.5	1.5	1.5	2.0	2.0	2.0	2.0	2.0	2.5	2.5	2.5	2.5	2.5	2.5	2.5	3.0	3.0	3.0	3.0	3.0	3.0	3.0	3.0	3.5	3.5	3.5	3.5	3.5	3.5	3.5	3.5	.1009
0.8	1.5	1.5	1.5	1.5	1.5	1.5	2.0	2.0	2.0	2.0	2.0	2.5	2.5	2.5	2.5	2.5	2.5	3.0	3.0	3.0	3.0	3.0	3.0	3.0	3.5	3.5	3.5	3.5	3.5	3.5	3.5	3.5	4.0	4.0	4.0	.1154
0.9	1.5	1.5	1.5	1.5	1.5	1.5	2.0	2.0	2.0	2.0	2.5	2.5	2.5	2.5	2.5	2.5	3.0	3.0	3.0	3.0	3.0	3.0	3.5	3.5	3.5	3.5	3.5	3.5	3.5	4.0	4.0	4.0	4.0	4.0	4.0	.1298
1.0	1.5	1.5	1.5	1.5	1.5	2.0	2.0	2.0	2.0	2.5	2.5	2.5	2.5	2.5	3.0	3.0	3.0	3.0	3.0	3.0	3.5	3.5	3.5	3.5	3.5	3.5	3.5	4.0	4.0	4.0	4.0	4.0	4.0	4.0	4.5	.1442
1.1	1.5	1.5	1.5	1.5	1.5	2.0	2.0	2.0	2.0	2.5	2.5	2.5	2.5	3.0	3.0	3.0	3.0	3.0	3.0	3.5	3.5	3.5	3.5	3.5	3.5	4.0	4.0	4.0	4.0	4.0	4.0	4.0	4.5	4.5	4.5	.1586
1.2	1.5	1.5	1.5	1.5	1.5	2.0	2.0	2.0	2.5	2.5	2.5	2.5	2.5	3.0	3.0	3.0	3.0	3.0	3.5	3.5	3.5	3.5	3.5	4.0	4.0	4.0	4.0	4.0	4.0	4.0	4.5	4.5	4.5	4.5	4.5	.1730
1.3	1.5	1.5	1.5	1.5	1.5	2.0	2.0	2.0	2.5	2.5	2.5	2.5	3.0	3.0	3.0	3.0	3.0	3.5	3.5	3.5	3.5	3.5	4.0	4.0	4.0	4.0	4.0	4.0	4.5	4.5	4.5	4.5	4.5	4.5	4.5	.1875
1.4	1.5	1.5	1.5	1.5	2.0	2.0	2.0	2.0	2.5	2.5	2.5	3.0	3.0	3.0	3.0	3.0	3.5	3.5	3.5	3.5	3.5	4.0	4.0	4.0	4.0	4.0	4.5	4.5	4.5	4.5	4.5	4.5	4.5	5.0	5.0	.2019
1.5	1.5	1.5	1.5	1.5	2.0	2.0	2.0	2.5	2.5	2.5	2.5	3.0	3.0	3.0	3.0	3.5	3.5	3.5	3.5	3.5	4.0	4.0	4.0	4.0	4.0	4.5	4.5	4.5	4.5	4.5	4.5	5.0	5.0	5.0	5.0	.2163
k	90	126	162	198	234	270	306	342	378	414	450	486	522	558	594	630	666	702	738	774	810	846	882	918	954	990	1026	1062	1098	1134	1170	1206	1242	1278	1314	km

Δt Fahrenheit

D = 0.0020

Δt Celsius °C or Kelvin °K

Btu, in./sq ft, hr °F — W/mK

k	50	70	90	110	130	150	170	190	210	230	250	270	290	310	330	350	370	390	410	430	450	470	490	510	530	550	570	590	610	630	650	670	690	710	730	km
0.1	1.5	1.5	1.5	1.5	1.5	1.5	1.5	1.5	1.5	1.5	1.5	1.5	1.5	1.5	1.5	1.5	1.5	1.5	1.5	1.5	1.5	1.5	1.5	1.5	1.5	1.5	1.5	1.5	1.5	1.5	1.5	1.5	1.5	1.5	1.5	.0144
0.2	1.5	1.5	1.5	1.5	1.5	1.5	1.5	1.5	1.5	1.5	1.5	1.5	1.5	1.5	1.5	1.5	1.5	1.5	2.0	2.0	2.0	2.0	2.0	2.0	2.0	2.0	2.0	2.0	2.0	2.0	2.0	2.0	2.5	2.5	2.5	.0288
0.3	1.5	1.5	1.5	1.5	1.5	1.5	1.5	1.5	1.5	1.5	1.5	1.5	2.0	2.0	2.0	2.0	2.0	2.0	2.0	2.0	2.0	2.0	2.5	2.5	2.5	2.5	2.5	2.5	2.5	2.5	2.5	2.5	2.5	2.5	3.0	.0433
0.4	1.5	1.5	1.5	1.5	1.5	1.5	1.5	1.5	1.5	2.0	2.0	2.0	2.0	2.0	2.0	2.0	2.0	2.5	2.5	2.5	2.5	2.5	2.5	2.5	2.5	2.5	3.0	3.0	3.0	3.0	3.0	3.0	3.0	3.0	3.0	.0577
0.5	1.5	1.5	1.5	1.5	1.5	1.5	1.5	2.0	2.0	2.0	2.0	2.0	2.0	2.0	2.5	2.5	2.5	2.5	2.5	2.5	2.5	3.0	3.0	3.0	3.0	3.0	3.0	3.0	3.0	3.0	3.5	3.5	3.5	3.5	3.5	.0721
0.6	1.5	1.5	1.5	1.5	1.5	1.5	2.0	2.0	2.0	2.0	2.0	2.0	2.5	2.5	2.5	2.5	2.5	2.5	3.0	3.0	3.0	3.0	3.0	3.0	3.0	3.0	3.5	3.5	3.5	3.5	3.5	3.5	3.5	3.5	3.5	.0865
0.7	1.5	1.5	1.5	1.5	1.5	1.5	2.0	2.0	2.0	2.0	2.5	2.5	2.5	2.5	2.5	2.5	3.0	3.0	3.0	3.0	3.0	3.0	3.0	3.5	3.5	3.5	3.5	3.5	3.5	3.5	4.0	4.0	4.0	4.0	4.0	.1009
0.8	1.5	1.5	1.5	1.5	1.5	2.0	2.0	2.0	2.0	2.5	2.5	2.5	2.5	2.5	3.0	3.0	3.0	3.0	3.0	3.0	3.5	3.5	3.5	3.5	3.5	3.5	3.5	4.0	4.0	4.0	4.0	4.0	4.0	4.0	4.0	.1154
0.9	1.5	1.5	1.5	1.5	1.5	2.0	2.0	2.0	2.5	2.5	2.5	2.5	2.5	3.0	3.0	3.0	3.0	3.0	3.5	3.5	3.5	3.5	3.5	3.5	4.0	4.0	4.0	4.0	4.0	4.0	4.0	4.0	4.5	4.5	4.5	.1298
1.0	1.5	1.5	1.5	1.5	2.0	2.0	2.0	2.0	2.5	2.5	2.5	2.5	3.0	3.0	3.0	3.0	3.0	3.5	3.5	3.5	3.5	3.5	3.5	4.0	4.0	4.0	4.0	4.0	4.0	4.5	4.5	4.5	4.5	4.5	4.5	.1442
1.1	1.5	1.5	1.5	1.5	2.0	2.0	2.0	2.5	2.5	2.5	2.5	3.0	3.0	3.0	3.0	3.0	3.5	3.5	3.5	3.5	3.5	4.0	4.0	4.0	4.0	4.0	4.0	4.5	4.5	4.5	4.5	4.5	4.5	5.0	5.0	.1586
1.2	1.5	1.5	1.5	1.5	2.0	2.0	2.0	2.5	2.5	2.5	3.0	3.0	3.0	3.0	3.0	3.5	3.5	3.5	3.5	4.0	4.0	4.0	4.0	4.0	4.0	4.5	4.5	4.5	4.5	4.5	4.5	5.0	5.0	5.0	5.0	.1730
1.3	1.5	1.5	1.5	1.5	2.0	2.0	2.5	2.5	2.5	2.5	3.0	3.0	3.0	3.0	3.5	3.5	3.5	3.5	4.0	4.0	4.0	4.0	4.0	4.5	4.5	4.5	4.5	4.5	4.5	5.0	5.0	5.0	5.0	5.0	5.0	.1875
1.4	1.5	1.5	1.5	2.0	2.0	2.0	2.5	2.5	2.5	3.0	3.0	3.0	3.0	3.5	3.5	3.5	3.5	4.0	4.0	4.0	4.0	4.0	4.5	4.5	4.5	4.5	4.5	5.0	5.0	5.0	5.0	5.0	5.0	5.5	5.5	.2019
1.5	1.5	1.5	1.5	2.0	2.0	2.0	2.5	2.5	2.5	3.0	3.0	3.0	3.5	3.5	3.5	3.5	4.0	4.0	4.0	4.0	4.0	4.5	4.5	4.5	4.5	4.5	5.0	5.0	5.0	5.0	5.0	5.0	5.5	5.5	5.5	.2163
k	90	126	162	198	234	270	306	342	378	414	450	486	522	558	594	630	666	702	738	774	810	846	882	918	954	990	1026	1062	1098	1134	1170	1206	1242	1278	1314	km

Δt Fahrenheit

TABLE 2 (Sheet 93 of 128)

TEMPERATURE DIFFERENCE

ECONOMICAL INSULATION THICKNESS TABLE

IN INCHES
(nominal)

PIPE SIZE: 18'' NPS (Tube Size 18-1/2'' OD)
457.2 mm

At the intersection of the ''Δt'' column with the ''k'' row read the economical thickness.
(•—*exceeds 12'' thickness*)

D = 0.0022

Δt Celsius °C or Kelvin °K

k: Btu, in./sq ft, hr °F — km: W/mK

k	50	70	90	110	130	150	170	190	210	230	250	270	290	310	330	350	370	390	410	430	450	470	490	510	530	550	570	590	610	630	650	670	690	710	730	km
0.1	1.5	1.5	1.5	1.5	1.5	1.5	1.5	1.5	1.5	1.5	1.5	1.5	1.5	1.5	1.5	1.5	1.5	1.5	1.5	1.5	1.5	1.5	1.5	1.5	1.5	1.5	1.5	1.5	1.5	1.5	1.5	1.5	2.0	2.0	2.0	.0144
0.2	1.5	1.5	1.5	1.5	1.5	1.5	1.5	1.5	1.5	1.5	1.5	1.5	1.5	1.5	1.5	1.5	2.0	2.0	2.0	2.0	2.0	2.0	2.0	2.0	2.0	2.0	2.0	2.0	2.0	2.5	2.5	2.5	2.5	2.5	2.5	.0288
0.3	1.5	1.5	1.5	1.5	1.5	1.5	1.5	1.5	1.5	1.5	1.5	2.0	2.0	2.0	2.0	2.0	2.0	2.0	2.0	2.0	2.5	2.5	2.5	2.5	2.5	2.5	2.5	2.5	2.5	2.5	2.5	3.0	3.0	3.0	3.0	.0433
0.4	1.5	1.5	1.5	1.5	1.5	1.5	1.5	1.5	2.0	2.0	2.0	2.0	2.0	2.0	2.0	2.5	2.5	2.5	2.5	2.5	2.5	2.5	2.5	3.0	3.0	3.0	3.0	3.0	3.0	3.0	3.0	3.0	3.0	3.0	3.5	.0577
0.5	1.5	1.5	1.5	1.5	1.5	1.5	1.5	2.0	2.0	2.0	2.0	2.0	2.5	2.5	2.5	2.5	2.5	2.5	2.5	3.0	3.0	3.0	3.0	3.0	3.0	3.0	3.0	3.5	3.5	3.5	3.5	3.5	3.5	3.5	3.5	.0721
0.6	1.5	1.5	1.5	1.5	1.5	1.5	2.0	2.0	2.0	2.0	2.5	2.5	2.5	2.5	2.5	2.5	3.0	3.0	3.0	3.0	3.0	3.0	3.0	3.5	3.5	3.5	3.5	3.5	3.5	3.5	3.5	4.0	4.0	4.0	4.0	.0865
0.7	1.5	1.5	1.5	1.5	1.5	2.0	2.0	2.0	2.0	2.5	2.5	2.5	2.5	2.5	3.0	3.0	3.0	3.0	3.0	3.0	3.5	3.5	3.5	3.5	3.5	3.5	3.5	4.0	4.0	4.0	4.0	4.0	4.0	4.0	4.0	.1009
0.8	1.5	1.5	1.5	1.5	2.0	2.0	2.0	2.0	2.5	2.5	2.5	2.5	2.5	3.0	3.0	3.0	3.0	3.0	3.5	3.5	3.5	3.5	3.5	3.5	4.0	4.0	4.0	4.0	4.0	4.0	4.0	4.0	4.5	4.5	4.5	.1154
0.9	1.5	1.5	1.5	1.5	2.0	2.0	2.0	2.5	2.5	2.5	2.5	2.5	3.0	3.0	3.0	3.0	3.5	3.5	3.5	3.5	3.5	3.5	4.0	4.0	4.0	4.0	4.0	4.0	4.0	4.5	4.5	4.5	4.5	4.5	4.5	.1298
1.0	1.5	1.5	1.5	1.5	2.0	2.0	2.0	2.5	2.5	2.5	2.5	3.0	3.0	3.0	3.0	3.5	3.5	3.5	3.5	3.5	4.0	4.0	4.0	4.0	4.0	4.0	4.5	4.5	4.5	4.5	4.5	4.5	4.5	5.0	5.0	.1442
1.1	1.5	1.5	1.5	2.0	2.0	2.0	2.5	2.5	2.5	2.5	3.0	3.0	3.0	3.0	3.5	3.5	3.5	3.5	3.5	4.0	4.0	4.0	4.0	4.0	4.5	4.5	4.5	4.5	4.5	4.5	5.0	5.0	5.0	5.0	5.0	.1586
1.2	1.5	1.5	1.5	2.0	2.0	2.0	2.5	2.5	2.5	3.0	3.0	3.0	3.0	3.5	3.5	3.5	3.5	3.5	4.0	4.0	4.0	4.0	4.0	4.5	4.5	4.5	4.5	4.5	5.0	5.0	5.0	5.0	5.0	5.0	5.5	.1730
1.3	1.5	1.5	1.5	2.0	2.0	2.0	2.5	2.5	2.5	3.0	3.0	3.0	3.5	3.5	3.5	3.5	3.5	4.0	4.0	4.0	4.0	4.5	4.5	4.5	4.5	4.5	5.0	5.0	5.0	5.0	5.0	5.0	5.5	5.5	5.5	.1875
1.4	1.5	1.5	1.5	2.0	2.0	2.5	2.5	2.5	3.0	3.0	3.0	3.0	3.5	3.5	3.5	3.5	4.0	4.0	4.0	4.0	4.5	4.5	4.5	4.5	4.5	5.0	5.0	5.0	5.0	5.0	5.5	5.5	5.5	5.5	5.5	.2019
1.5	1.5	1.5	1.5	2.0	2.0	2.5	2.5	2.5	3.0	3.0	3.0	3.5	3.5	3.5	3.5	4.0	4.0	4.0	4.0	4.5	4.5	4.5	4.5	5.0	5.0	5.0	5.0	5.0	5.0	5.5	5.5	5.5	5.5	5.5	6.0	.2163
k	90	126	162	198	234	270	306	342	378	414	450	486	522	558	594	630	666	702	738	774	810	846	882	918	954	990	1026	1062	1098	1134	1170	1206	1242	1278	1314	km

Δt Fahrenheit

D = 0.0025

Δt Celsius °C or Kelvin °K

k: Btu, in./sq ft, hr °F — km: W/mK

k	50	70	90	110	130	150	170	190	210	230	250	270	290	310	330	350	370	390	410	430	450	470	490	510	530	550	570	590	610	630	650	670	690	710	730	km
0.1	1.5	1.5	1.5	1.5	1.5	1.5	1.5	1.5	1.5	1.5	1.5	1.5	1.5	1.5	1.5	1.5	1.5	1.5	1.5	1.5	1.5	1.5	1.5	1.5	1.5	1.5	1.5	1.5	2.0	2.0	2.0	2.0	2.0	2.0	2.0	.0144
0.2	1.5	1.5	1.5	1.5	1.5	1.5	1.5	1.5	1.5	1.5	1.5	1.5	1.5	1.5	2.0	2.0	2.0	2.0	2.0	2.0	2.0	2.0	2.0	2.0	2.0	2.5	2.5	2.5	2.5	2.5	2.5	2.5	2.5	2.5	2.5	.0288
0.3	1.5	1.5	1.5	1.5	1.5	1.5	1.5	1.5	1.5	2.0	2.0	2.0	2.0	2.0	2.0	2.0	2.0	2.5	2.5	2.5	2.5	2.5	2.5	2.5	2.5	2.5	2.5	3.0	3.0	3.0	3.0	3.0	3.0	3.0	3.0	.0433
0.4	1.5	1.5	1.5	1.5	1.5	1.5	1.5	2.0	2.0	2.0	2.0	2.0	2.0	2.5	2.5	2.5	2.5	2.5	2.5	2.5	3.0	3.0	3.0	3.0	3.0	3.0	3.0	3.0	3.0	3.5	3.5	3.5	3.5	3.5	3.5	.0577
0.5	1.5	1.5	1.5	1.5	1.5	1.5	2.0	2.0	2.0	2.0	2.5	2.5	2.5	2.5	2.5	2.5	2.5	3.0	3.0	3.0	3.0	3.0	3.0	3.0	3.5	3.5	3.5	3.5	3.5	3.5	3.5	3.5	4.0	4.0	4.0	.0721
0.6	1.5	1.5	1.5	1.5	1.5	2.0	2.0	2.0	2.0	2.5	2.5	2.5	2.5	2.5	3.0	3.0	3.0	3.0	3.0	3.0	3.5	3.5	3.5	3.5	3.5	3.5	3.5	4.0	4.0	4.0	4.0	4.0	4.0	4.0	4.0	.0865
0.7	1.5	1.5	1.5	1.5	2.0	2.0	2.0	2.0	2.5	2.5	2.5	2.5	3.0	3.0	3.0	3.0	3.0	3.0	3.5	3.5	3.5	3.5	3.5	3.5	4.0	4.0	4.0	4.0	4.0	4.0	4.0	4.5	4.5	4.5	4.5	.1009
0.8	1.5	1.5	1.5	1.5	2.0	2.0	2.0	2.5	2.5	2.5	2.5	3.0	3.0	3.0	3.0	3.0	3.5	3.5	3.5	3.5	3.5	4.0	4.0	4.0	4.0	4.0	4.0	4.0	4.5	4.5	4.5	4.5	4.5	4.5	5.0	.1154
0.9	1.5	1.5	1.5	2.0	2.0	2.0	2.5	2.5	2.5	2.5	3.0	3.0	3.0	3.0	3.5	3.5	3.5	3.5	3.5	4.0	4.0	4.0	4.0	4.0	4.0	4.5	4.5	4.5	4.5	4.5	4.5	5.0	5.0	5.0	5.0	.1298
1.0	1.5	1.5	1.5	2.0	2.0	2.0	2.5	2.5	2.5	3.0	3.0	3.0	3.0	3.5	3.5	3.5	3.5	3.5	4.0	4.0	4.0	4.0	4.0	4.5	4.5	4.5	4.5	4.5	5.0	5.0	5.0	5.0	5.0	5.0	5.0	.1442
1.1	1.5	1.5	1.5	2.0	2.0	2.5	2.5	2.5	3.0	3.0	3.0	3.0	3.5	3.5	3.5	3.5	4.0	4.0	4.0	4.0	4.0	4.5	4.5	4.5	4.5	4.5	5.0	5.0	5.0	5.0	5.0	5.0	5.5	5.5	5.5	.1586
1.2	1.5	1.5	1.5	2.0	2.0	2.5	2.5	2.5	3.0	3.0	3.0	3.5	3.5	3.5	3.5	4.0	4.0	4.0	4.0	4.0	4.5	4.5	4.5	4.5	5.0	5.0	5.0	5.0	5.0	5.0	5.5	5.5	5.5	5.5	5.5	.1730
1.3	1.5	1.5	2.0	2.0	2.0	2.5	2.5	3.0	3.0	3.0	3.0	3.5	3.5	3.5	4.0	4.0	4.0	4.0	4.5	4.5	4.5	4.5	4.5	5.0	5.0	5.0	5.0	5.0	5.5	5.5	5.5	5.5	5.5	6.0	6.0	.1875
1.4	1.5	1.5	2.0	2.0	2.0	2.5	2.5	3.0	3.0	3.0	3.5	3.5	3.5	4.0	4.0	4.0	4.0	4.5	4.5	4.5	4.5	4.5	5.0	5.0	5.0	5.0	5.5	5.5	5.5	5.5	5.5	6.0	6.0	6.0	6.0	.2019
1.5	1.5	1.5	2.0	2.0	2.5	2.5	2.5	3.0	3.0	3.0	3.5	3.5	3.5	4.0	4.0	4.0	4.5	4.5	4.5	4.5	5.0	5.0	5.0	5.0	5.0	5.5	5.5	5.5	5.5	5.5	6.0	6.0	6.0	6.0	6.0	.2163
k	90	126	162	198	234	270	306	342	378	414	450	486	522	558	594	630	666	702	738	774	810	846	882	918	954	990	1026	1062	1098	1134	1170	1206	1242	1278	1314	km

Δt Fahrenheit

D = 0.0030

Δt Celsius °C or Kelvin °K

k: Btu, in./sq ft, hr °F — km: W/mK

k	50	70	90	110	130	150	170	190	210	230	250	270	290	310	330	350	370	390	410	430	450	470	490	510	530	550	570	590	610	630	650	670	690	710	730	km
0.1	1.5	1.5	1.5	1.5	1.5	1.5	1.5	1.5	1.5	1.5	1.5	1.5	1.5	1.5	1.5	1.5	1.5	1.5	1.5	1.5	1.5	1.5	1.5	2.0	2.0	2.0	2.0	2.0	2.0	2.0	2.0	2.0	2.0	2.0	2.0	.0144
0.2	1.5	1.5	1.5	1.5	1.5	1.5	1.5	1.5	1.5	1.5	1.5	2.0	2.0	2.0	2.0	2.0	2.0	2.0	2.0	2.0	2.0	2.5	2.5	2.5	2.5	2.5	2.5	2.5	2.5	2.5	2.5	2.5	2.5	3.0	3.0	.0288
0.3	1.5	1.5	1.5	1.5	1.5	1.5	1.5	2.0	2.0	2.0	2.0	2.0	2.0	2.0	2.5	2.5	2.5	2.5	2.5	2.5	2.5	2.5	3.0	3.0	3.0	3.0	3.0	3.0	3.0	3.0	3.0	3.0	3.5	3.5	3.5	.0433
0.4	1.5	1.5	1.5	1.5	1.5	2.0	2.0	2.0	2.0	2.0	2.5	2.5	2.5	2.5	2.5	2.5	2.5	3.0	3.0	3.0	3.0	3.0	3.0	3.0	3.5	3.5	3.5	3.5	3.5	3.5	3.5	3.5	3.5	4.0	4.0	.0577
0.5	1.5	1.5	1.5	1.5	2.0	2.0	2.0	2.0	2.5	2.5	2.5	2.5	2.5	3.0	3.0	3.0	3.0	3.0	3.0	3.0	3.5	3.5	3.5	3.5	3.5	3.5	3.5	4.0	4.0	4.0	4.0	4.0	4.0	4.0	4.0	.0721
0.6	1.5	1.5	1.5	1.5	2.0	2.0	2.0	2.5	2.5	2.5	2.5	3.0	3.0	3.0	3.0	3.0	3.5	3.5	3.5	3.5	3.5	3.5	4.0	4.0	4.0	4.0	4.0	4.0	4.0	4.5	4.5	4.5	4.5	4.5	4.5	.0865
0.7	1.5	1.5	1.5	2.0	2.0	2.0	2.5	2.5	2.5	2.5	3.0	3.0	3.0	3.0	3.5	3.5	3.5	3.5	3.5	4.0	4.0	4.0	4.0	4.0	4.0	4.5	4.5	4.5	4.5	4.5	4.5	4.5	5.0	5.0	5.0	.1009
0.8	1.5	1.5	1.5	2.0	2.0	2.5	2.5	2.5	2.5	3.0	3.0	3.0	3.0	3.5	3.5	3.5	3.5	4.0	4.0	4.0	4.0	4.0	4.0	4.5	4.5	4.5	4.5	4.5	5.0	5.0	5.0	5.0	5.0	5.0	5.0	.1154
0.9	1.5	1.5	2.0	2.0	2.0	2.5	2.5	2.5	3.0	3.0	3.0	3.0	3.5	3.5	3.5	3.5	4.0	4.0	4.0	4.0	4.5	4.5	4.5	4.5	4.5	4.5	5.0	5.0	5.0	5.0	5.0	5.5	5.5	5.5	5.5	.1298
1.0	1.5	1.5	2.0	2.0	2.5	2.5	2.5	3.0	3.0	3.0	3.0	3.5	3.5	3.5	4.0	4.0	4.0	4.0	4.0	4.5	4.5	4.5	4.5	5.0	5.0	5.0	5.0	5.0	5.0	5.5	5.5	5.5	5.5	5.5	6.0	.1442
1.1	1.5	1.5	2.0	2.0	2.5	2.5	2.5	3.0	3.0	3.0	3.5	3.5	3.5	4.0	4.0	4.0	4.0	4.5	4.5	4.5	4.5	4.5	5.0	5.0	5.0	5.0	5.5	5.5	5.5	5.5	5.5	5.5	6.0	6.0	6.0	.1586
1.2	1.5	1.5	2.0	2.0	2.5	2.5	3.0	3.0	3.0	3.5	3.5	3.5	4.0	4.0	4.0	4.0	4.5	4.5	4.5	4.5	5.0	5.0	5.0	5.0	5.0	5.5	5.5	5.5	5.5	6.0	6.0	6.0	6.0	6.0	6.0	.1730
1.3	1.5	1.5	2.0	2.0	2.5	2.5	3.0	3.0	3.0	3.5	3.5	3.5	4.0	4.0	4.0	4.5	4.5	4.5	4.5	5.0	5.0	5.0	5.0	5.5	5.5	5.5	5.5	6.0	6.0	6.0	6.0	6.0	6.5	6.5	6.5	.1875
1.4	1.5	1.5	2.0	2.5	2.5	2.5	3.0	3.0	3.5	3.5	3.5	4.0	4.0	4.0	4.5	4.5	4.5	4.5	5.0	5.0	5.0	5.0	5.5	5.5	5.5	5.5	6.0	6.0	6.0	6.0	6.5	6.5	6.5	6.5	6.5	.2019
1.5	1.5	1.5	2.0	2.5	2.5	3.0	3.0	3.0	3.5	3.5	4.0	4.0	4.0	4.5	4.5	4.5	4.5	5.0	5.0	5.0	5.5	5.5	5.5	5.5	6.0	6.0	6.0	6.0	6.0	6.5	6.5	6.5	6.5	7.0	7.0	.2163
k	90	126	162	198	234	270	306	342	378	414	450	486	522	558	594	630	666	702	738	774	810	846	882	918	954	990	1026	1062	1098	1134	1170	1206	1242	1278	1314	km

Δt Fahrenheit

TEMPERATURE DIFFERENCE

TABLE 2 (Continued)

ECONOMICAL INSULATION THICKNESS TABLE
IN INCHES
(nominal)

PIPE SIZE: 18" NPS (Tube Size 18-1/2" OD)
457.2 mm

At the intersection of the "Δt" column with the "k" row read the economical thickness.
(*•—exceeds 12" thickness*)

D = 0.0035

Δt Celsius °C or Kelvin °K

k (CONDUCTIVITY Btu, in./sq ft, hr °F)	50	70	90	110	130	150	170	190	210	230	250	270	290	310	330	350	370	390	410	430	450	470	490	510	530	550	570	590	610	630	650	670	690	710	730	km (W/mK)
0.1	1.5	1.5	1.5	1.5	1.5	1.5	1.5	1.5	1.5	1.5	1.5	1.5	1.5	1.5	1.5	1.5	1.5	1.5	1.5	2.0	2.0	2.0	2.0	2.0	2.0	2.0	2.0	2.0	2.0	2.0	2.0	2.0	2.0	2.0	2.0	.0144
0.2	1.5	1.5	1.5	1.5	1.5	1.5	1.5	1.5	1.5	2.0	2.0	2.0	2.0	2.0	2.0	2.0	2.0	2.5	2.5	2.5	2.5	2.5	2.5	2.5	2.5	2.5	2.5	2.5	3.0	3.0	3.0	3.0	3.0	3.0	3.0	.0288
0.3	1.5	1.5	1.5	1.5	1.5	1.5	2.0	2.0	2.0	2.0	2.0	2.0	2.5	2.5	2.5	2.5	2.5	2.5	2.5	3.0	3.0	3.0	3.0	3.0	3.0	3.0	3.0	3.5	3.5	3.5	3.5	3.5	3.5	3.5	3.5	.0433
0.4	1.5	1.5	1.5	1.5	2.0	2.0	2.0	2.0	2.0	2.5	2.5	2.5	2.5	2.5	3.0	3.0	3.0	3.0	3.0	3.0	3.5	3.5	3.5	3.5	3.5	3.5	3.5	3.5	4.0	4.0	4.0	4.0	4.0	4.0	4.0	.0577
0.5	1.5	1.5	1.5	2.0	2.0	2.0	2.0	2.5	2.5	2.5	2.5	3.0	3.0	3.0	3.0	3.0	3.5	3.5	3.5	3.5	3.5	3.5	3.5	4.0	4.0	4.0	4.0	4.0	4.0	4.0	4.5	4.5	4.5	4.5	4.5	.0721
0.6	1.5	1.5	1.5	2.0	2.0	2.0	2.5	2.5	2.5	3.0	3.0	3.0	3.0	3.0	3.5	3.5	3.5	3.5	3.5	4.0	4.0	4.0	4.0	4.0	4.0	4.5	4.5	4.5	4.5	4.5	4.5	5.0	5.0	5.0	5.0	.0865
0.7	1.5	1.5	2.0	2.0	2.5	2.5	2.5	3.0	3.0	3.0	3.0	3.5	3.5	3.5	3.5	4.0	4.0	4.0	4.0	4.5	4.5	4.5	4.5	4.5	5.0	5.0	5.0	5.0	5.0	5.0	5.5	5.5	5.5	5.5	5.5	.1009
0.8	1.5	1.5	2.0	2.0	2.5	2.5	2.5	3.0	3.0	3.0	3.0	3.5	3.5	3.5	3.5	4.0	4.0	4.0	4.0	4.5	4.5	4.5	4.5	4.5	5.0	5.0	5.0	5.0	5.0	5.0	5.5	5.5	5.5	5.5	5.5	.1154
0.9	1.5	1.5	2.0	2.0	2.5	2.5	2.5	3.0	3.0	3.0	3.5	3.5	3.5	4.0	4.0	4.0	4.0	4.5	4.5	4.5	4.5	4.5	5.0	5.0	5.0	5.0	5.0	5.5	5.5	5.5	5.5	5.5	6.0	6.0	6.0	.1298
1.0	1.5	1.5	2.0	2.0	2.5	2.5	3.0	3.0	3.0	3.5	3.5	3.5	4.0	4.0	4.0	4.0	4.5	4.5	4.5	4.5	5.0	5.0	5.0	5.0	5.5	5.5	5.5	5.5	5.5	6.0	6.0	6.0	6.0	6.0	6.5	.1442
1.1	1.5	2.0	2.0	2.5	2.5	3.0	3.0	3.0	3.5	3.5	3.5	4.0	4.0	4.0	4.5	4.5	4.5	4.5	5.0	5.0	5.0	5.0	5.5	5.5	5.5	5.5	5.5	6.0	6.0	6.0	6.0	6.0	6.5	6.5	6.5	.1586
1.2	1.5	2.0	2.0	2.5	2.5	3.0	3.0	3.5	3.5	3.5	4.0	4.0	4.0	4.5	4.5	4.5	4.5	5.0	5.0	5.0	5.0	5.5	5.5	5.5	5.5	6.0	6.0	6.0	6.0	6.5	6.5	6.5	6.5	6.5	7.0	.1730
1.3	1.5	2.0	2.0	2.5	2.5	3.0	3.0	3.5	3.5	3.5	4.0	4.0	4.0	4.5	4.5	4.5	5.0	5.0	5.0	5.5	5.5	5.5	5.5	6.0	6.0	6.0	6.0	6.5	6.5	6.5	6.5	6.5	7.0	7.0	7.0	.1875
1.4	1.5	2.0	2.0	2.5	3.0	3.0	3.0	3.5	3.5	4.0	4.0	4.0	4.5	4.5	4.5	5.0	5.0	5.0	5.5	5.5	5.5	5.5	6.0	6.0	6.0	6.0	6.5	6.5	6.5	6.5	7.0	7.0	7.0	7.0	7.5	.2019
1.5	1.5	2.0	2.0	2.5	3.0	3.0	3.5	3.5	3.5	4.0	4.0	4.5	4.5	4.5	5.0	5.0	5.0	5.5	5.5	5.5	5.5	6.0	6.0	6.0	6.5	6.5	6.5	6.5	7.0	7.0	7.0	7.0	7.5	7.5	7.5	.2163
k	90	126	162	198	234	270	306	342	378	414	450	486	522	558	594	630	666	702	738	774	810	846	882	918	954	990	1026	1062	1098	1134	1170	1206	1242	1278	1314	km

Δt Fahrenheit

D = 0.0040

Δt Celsius °C or Kelvin °K

k (CONDUCTIVITY Btu, in./sq ft, hr °F)	50	70	90	110	130	150	170	190	210	230	250	270	290	310	330	350	370	390	410	430	450	470	490	510	530	550	570	590	610	630	650	670	690	710	730	km (W/mK)
0.1	1.5	1.5	1.5	1.5	1.5	1.5	1.5	1.5	1.5	1.5	1.5	1.5	1.5	1.5	1.5	1.5	2.0	2.0	2.0	2.0	2.0	2.0	2.0	2.0	2.0	2.0	2.0	2.0	2.0	2.0	2.5	2.5	2.5	2.5	2.5	.0144
0.2	1.5	1.5	1.5	1.5	1.5	1.5	1.5	1.5	2.0	2.0	2.0	2.0	2.0	2.0	2.0	2.5	2.5	2.5	2.5	2.5	2.5	2.5	2.5	2.5	3.0	3.0	3.0	3.0	3.0	3.0	3.0	3.0	3.0	3.0	3.0	.0288
0.3	1.5	1.5	1.5	1.5	1.5	2.0	2.0	2.0	2.0	2.0	2.5	2.5	2.5	2.5	2.5	2.5	3.0	3.0	3.0	3.0	3.0	3.0	3.0	3.5	3.5	3.5	3.5	3.5	3.5	3.5	3.5	3.5	4.0	4.0	4.0	.0433
0.4	1.5	1.5	1.5	1.5	2.0	2.0	2.0	2.5	2.5	2.5	2.5	2.5	3.0	3.0	3.0	3.0	3.0	3.0	3.5	3.5	3.5	3.5	3.5	3.5	4.0	4.0	4.0	4.0	4.0	4.0	4.0	4.0	4.5	4.5	4.5	.0577
0.5	1.5	1.5	1.5	2.0	2.0	2.0	2.5	2.5	2.5	2.5	3.0	3.0	3.0	3.0	3.5	3.5	3.5	3.5	3.5	4.0	4.0	4.0	4.0	4.0	4.0	4.0	4.5	4.5	4.5	4.5	4.5	4.5	5.0	5.0	5.0	.0721
0.6	1.5	1.5	2.0	2.0	2.0	2.5	2.5	2.5	3.0	3.0	3.0	3.0	3.5	3.5	3.5	3.5	4.0	4.0	4.0	4.0	4.0	4.5	4.5	4.5	4.5	4.5	4.5	5.0	5.0	5.0	5.0	5.0	5.0	5.5	5.5	.0865
0.7	1.5	1.5	2.0	2.0	2.5	2.5	2.5	3.0	3.0	3.0	3.5	3.5	3.5	3.5	4.0	4.0	4.0	4.0	4.0	4.5	4.5	4.5	4.5	4.5	5.0	5.0	5.0	5.0	5.0	5.5	5.5	5.5	5.5	5.5	5.5	.1009
0.8	1.5	2.0	2.0	2.0	2.5	2.5	3.0	3.0	3.0	3.5	3.5	3.5	3.5	4.0	4.0	4.0	4.5	4.5	4.5	4.5	4.5	5.0	5.0	5.0	5.0	5.0	5.5	5.5	5.5	5.5	5.5	6.0	6.0	6.0	6.0	.1154
0.9	1.5	2.0	2.0	2.5	2.5	3.0	3.0	3.0	3.5	3.5	3.5	4.0	4.0	4.0	4.0	4.5	4.5	4.5	4.5	5.0	5.0	5.0	5.0	5.5	5.5	5.5	5.5	5.5	6.0	6.0	6.0	6.0	6.0	6.5	6.5	.1298
1.0	1.5	2.0	2.0	2.5	2.5	3.0	3.0	3.5	3.5	3.5	4.0	4.0	4.0	4.5	4.5	4.5	4.5	5.0	5.0	5.0	5.0	5.5	5.5	5.5	5.5	6.0	6.0	6.0	6.0	6.0	6.5	6.5	6.5	6.5	6.5	.1442
1.1	1.5	2.0	2.0	2.5	2.5	3.0	3.0	3.5	3.5	4.0	4.0	4.0	4.5	4.5	4.5	4.5	5.0	5.0	5.0	5.5	5.5	5.5	5.5	6.0	6.0	6.0	6.0	6.5	6.5	6.5	6.5	6.5	7.0	7.0	7.0	.1586
1.2	1.5	2.0	2.5	2.5	3.0	3.0	3.5	3.5	3.5	4.0	4.0	4.0	4.5	4.5	4.5	5.0	5.0	5.0	5.5	5.5	5.5	6.0	6.0	6.0	6.0	6.5	6.5	6.5	6.5	6.5	7.0	7.0	7.0	7.0	7.0	.1730
1.3	1.5	2.0	2.5	2.5	3.0	3.0	3.5	3.5	4.0	4.0	4.0	4.5	4.5	4.5	5.0	5.0	5.0	5.5	5.5	5.5	6.0	6.0	6.0	6.0	6.5	6.5	6.5	6.5	7.0	7.0	7.0	7.0	7.5	7.5	7.5	.1875
1.4	1.5	2.0	2.5	2.5	3.0	3.0	3.5	3.5	4.0	4.0	4.5	4.5	4.5	5.0	5.0	5.0	5.5	5.5	5.5	6.0	6.0	6.0	6.5	6.5	6.5	6.5	7.0	7.0	7.0	7.0	7.5	7.5	7.5	8.0	8.0	.2019
1.5	1.5	2.0	2.5	3.0	3.0	3.5	3.5	4.0	4.0	4.0	4.5	4.5	5.0	5.0	5.0	5.5	5.5	5.5	6.0	6.0	6.0	6.5	6.5	6.5	7.0	7.0	7.0	7.0	7.5	7.5	7.5	8.0	8.0	8.0	8.0	.2163
k	90	126	162	198	234	270	306	342	378	414	450	486	522	558	594	630	666	702	738	774	810	846	882	918	954	990	1026	1062	1098	1134	1170	1206	1242	1278	1314	km

Δt Fahrenheit

D = 0.0045

Δt Celsius °C or Kelvin °K

k (Btu, in./sq ft, hr °F)	50	70	90	110	130	150	170	190	210	230	250	270	290	310	330	350	370	390	410	430	450	470	490	510	530	550	570	590	610	630	650	670	690	710	730	km (W/mK)
0.1	1.5	1.5	1.5	1.5	1.5	1.5	1.5	1.5	1.5	1.5	1.5	1.5	1.5	1.5	2.0	2.0	2.0	2.0	2.0	2.0	2.0	2.0	2.0	2.0	2.0	2.0	2.0	2.5	2.5	2.5	2.5	2.5	2.5	2.5	2.5	.0144
0.2	1.5	1.5	1.5	1.5	1.5	1.5	1.5	2.0	2.0	2.0	2.0	2.0	2.0	2.5	2.5	2.5	2.5	2.5	2.5	2.5	2.5	3.0	3.0	3.0	3.0	3.0	3.0	3.0	3.0	3.0	3.0	3.5	3.5	3.5	3.5	.0288
0.3	1.5	1.5	1.5	1.5	2.0	2.0	2.0	2.0	2.0	2.5	2.5	2.5	2.5	2.5	3.0	3.0	3.0	3.0	3.0	3.0	3.0	3.5	3.5	3.5	3.5	3.5	3.5	3.5	4.0	4.0	4.0	4.0	4.0	4.0	4.0	.0433
0.4	1.5	1.5	1.5	2.0	2.0	2.0	2.5	2.5	2.5	2.5	3.0	3.0	3.0	3.0	3.0	3.5	3.5	3.5	3.5	3.5	3.5	4.0	4.0	4.0	4.0	4.0	4.0	4.0	4.5	4.5	4.5	4.5	4.5	4.5	4.5	.0577
0.5	1.5	1.5	2.0	2.0	2.0	2.5	2.5	2.5	3.0	3.0	3.0	3.0	3.5	3.5	3.5	3.5	3.5	4.0	4.0	4.0	4.0	4.0	4.0	4.5	4.5	4.5	4.5	4.5	5.0	5.0	5.0	5.0	5.0	5.0	5.0	.0721
0.6	1.5	1.5	2.0	2.0	2.5	2.5	2.5	3.0	3.0	3.0	3.5	3.5	3.5	3.5	4.0	4.0	4.0	4.0	4.0	4.5	4.5	4.5	4.5	4.5	5.0	5.0	5.0	5.0	5.0	5.0	5.5	5.5	5.5	5.5	5.5	.0865
0.7	1.5	2.0	2.0	2.5	2.5	2.5	3.0	3.0	3.0	3.5	3.5	3.5	4.0	4.0	4.0	4.0	4.5	4.5	4.5	4.5	4.5	5.0	5.0	5.0	5.0	5.0	5.5	5.5	5.5	5.5	5.5	6.0	6.0	6.0	6.0	.1009
0.8	1.5	2.0	2.0	2.5	2.5	3.0	3.0	3.0	3.5	3.5	3.5	4.0	4.0	4.0	4.5	4.5	4.5	4.5	5.0	5.0	5.0	5.0	5.0	5.5	5.5	5.5	5.5	6.0	6.0	6.0	6.0	6.0	6.5	6.5	6.5	.1154
0.9	1.5	2.0	2.0	2.5	2.5	3.0	3.0	3.5	3.5	3.5	4.0	4.0	4.0	4.5	4.5	4.5	4.5	5.0	5.0	5.0	5.5	5.5	5.5	5.5	6.0	6.0	6.0	6.0	6.0	6.5	6.5	6.5	6.5	6.5	7.0	.1298
1.0	1.5	2.0	2.5	2.5	3.0	3.0	3.5	3.5	3.5	4.0	4.0	4.0	4.5	4.5	4.5	5.0	5.0	5.0	5.5	5.5	5.5	5.5	6.0	6.0	6.0	6.0	6.5	6.5	6.5	6.5	6.5	7.0	7.0	7.0	7.0	.1442
1.1	1.5	2.0	2.5	2.5	3.0	3.0	3.5	3.5	4.0	4.0	4.0	4.5	4.5	4.5	5.0	5.0	5.0	5.5	5.5	5.5	6.0	6.0	6.0	6.0	6.5	6.5	6.5	6.5	7.0	7.0	7.0	7.0	7.0	7.5	7.5	.1586
1.2	1.5	2.0	2.5	2.5	3.0	3.5	3.5	3.5	4.0	4.0	4.5	4.5	4.5	5.0	5.0	5.0	5.5	5.5	5.5	6.0	6.0	6.0	6.5	6.5	6.5	6.5	7.0	7.0	7.0	7.0	7.5	7.5	7.5	7.5	8.0	.1730
1.3	2.0	2.0	2.5	3.0	3.0	3.5	3.5	4.0	4.0	4.5	4.5	4.5	5.0	5.0	5.0	5.5	5.5	5.5	6.0	6.0	6.0	6.5	6.5	6.5	7.0	7.0	7.0	7.0	7.5	7.5	7.5	8.0	8.0	8.0	8.0	.1875
1.4	2.0	2.0	2.5	3.0	3.0	3.5	3.5	4.0	4.0	4.5	4.5	5.0	5.0	5.0	5.5	5.5	6.0	6.0	6.0	6.0	6.5	6.5	6.5	7.0	7.0	7.0	7.5	7.5	7.5	8.0	8.0	8.0	8.0	8.0	8.5	.2019
1.5	2.0	2.0	2.5	3.0	3.5	3.5	4.0	4.0	4.5	4.5	5.0	5.0	5.0	5.5	5.5	5.5	6.0	6.0	6.5	6.5	6.5	7.0	7.0	7.0	7.0	7.5	7.5	7.5	8.0	8.0	8.0	8.0	8.5	8.5	8.5	.2163
k	90	126	162	198	234	270	306	342	378	414	450	486	522	558	594	630	666	702	738	774	810	846	882	918	954	990	1026	1062	1098	1134	1170	1206	1242	1278	1314	km

Δt Fahrenheit

TABLE 2 (Sheet 95 of 128)

TEMPERATURE DIFFERENCE

ECONOMICAL INSULATION THICKNESS TABLE

IN INCHES
(nominal)

PIPE SIZE: 18'' NPS (Tube Size 18-1/2'' OD)
457.2 mm

At the intersection of the ''Δt'' column with the ''k'' row read the economical thickness.
(•—*exceeds 12'' thickness*)

D = 0.0050

Δt Celsius °C or Kelvin °K

CONDUCTIVITY — k in Btu, in./sq ft, hr °F; km in W/mK

k	50	70	90	110	130	150	170	190	210	230	250	270	290	310	330	350	370	390	410	430	450	470	490	510	530	550	570	590	610	630	650	670	690	710	730	km
0.1	1.5	1.5	1.5	1.5	1.5	1.5	1.5	1.5	1.5	1.5	1.5	1.5	1.5	2.0	2.0	2.0	2.0	2.0	2.0	2.0	2.0	2.0	2.0	2.0	2.5	2.5	2.5	2.5	2.5	2.5	2.5	2.5	2.5	2.5	2.5	.0144
0.2	1.5	1.5	1.5	1.5	1.5	1.5	2.0	2.0	2.0	2.0	2.0	2.0	2.5	2.5	2.5	2.5	2.5	2.5	2.5	3.0	3.0	3.0	3.0	3.0	3.0	3.0	3.0	3.5	3.5	3.5	3.5	3.5	3.5	3.5	3.5	.0288
0.3	1.5	1.5	1.5	1.5	2.0	2.0	2.0	2.5	2.5	2.5	2.5	2.5	3.0	3.0	3.0	3.0	3.0	3.0	3.5	3.5	3.5	3.5	3.5	3.5	3.5	4.0	4.0	4.0	4.0	4.0	4.0	4.0	4.0	4.5	4.5	.0433
0.4	1.5	1.5	2.0	2.0	2.0	2.5	2.5	2.5	2.5	3.0	3.0	3.0	3.0	3.0	3.5	3.5	3.5	3.5	3.5	4.0	4.0	4.0	4.0	4.0	4.0	4.5	4.5	4.5	4.5	4.5	4.5	4.5	5.0	5.0	5.0	.0577
0.5	1.5	1.5	2.0	2.0	2.5	2.5	2.5	3.0	3.0	3.0	3.0	3.5	3.5	3.5	3.5	4.0	4.0	4.0	4.0	4.0	4.5	4.5	4.5	4.5	4.5	5.0	5.0	5.0	5.0	5.0	5.0	5.5	5.5	5.5	5.5	.0721
0.6	1.5	2.0	2.0	2.5	2.5	2.5	3.0	3.0	3.0	3.5	3.5	3.5	3.5	4.0	4.0	4.0	4.0	4.5	4.5	4.5	4.5	5.0	5.0	5.0	5.0	5.0	5.5	5.5	5.5	5.5	5.5	5.5	6.0	6.0	6.0	.0865
0.7	1.5	2.0	2.0	2.5	2.5	3.0	3.0	3.0	3.5	3.5	3.5	4.0	4.0	4.0	4.5	4.5	4.5	4.5	5.0	5.0	5.0	5.0	5.0	5.5	5.5	5.5	5.5	6.0	6.0	6.0	6.0	6.0	6.0	6.5	6.5	.1009
0.8	1.5	2.0	2.5	2.5	3.0	3.0	3.0	3.5	3.5	3.5	4.0	4.0	4.0	4.5	4.5	4.5	5.0	5.0	5.0	5.0	5.5	5.5	5.5	5.5	6.0	6.0	6.0	6.0	6.0	6.5	6.5	6.5	6.5	6.5	7.0	.1154
0.9	1.5	2.0	2.5	2.5	3.0	3.0	3.5	3.5	3.5	4.0	4.0	4.5	4.5	4.5	4.5	5.0	5.0	5.0	5.5	5.5	5.5	5.5	6.0	6.0	6.0	6.0	6.5	6.5	6.5	6.5	7.0	7.0	7.0	7.0	7.0	.1298
1.0	2.0	2.0	2.5	2.5	3.0	3.0	3.5	3.5	4.0	4.0	4.5	4.5	4.5	5.0	5.0	5.0	5.5	5.5	5.5	5.5	6.0	6.0	6.0	6.5	6.5	6.5	6.5	7.0	7.0	7.0	7.0	7.0	7.5	7.5	7.5	.1442
1.1	2.0	2.0	2.5	3.0	3.0	3.5	3.5	4.0	4.0	4.5	4.5	4.5	5.0	5.0	5.0	5.5	5.5	5.5	6.0	6.0	6.0	6.0	6.5	6.5	6.5	7.0	7.0	7.0	7.0	7.5	7.5	7.5	7.5	8.0	8.0	.1586
1.2	2.0	2.0	2.5	3.0	3.0	3.5	3.5	4.0	4.0	4.5	4.5	5.0	5.0	5.0	5.5	5.5	5.5	6.0	6.0	6.0	6.5	6.5	6.5	7.0	7.0	7.0	7.0	7.5	7.5	7.5	8.0	8.0	8.0	8.0	8.0	.1730
1.3	2.0	2.5	2.5	3.0	3.5	3.5	4.0	4.0	4.5	4.5	5.0	5.0	5.0	5.5	5.5	5.5	6.0	6.0	6.0	6.5	6.5	6.5	7.0	7.0	7.0	7.5	7.5	7.5	8.0	8.0	8.0	8.0	8.5	8.5	8.5	.1875
1.4	2.0	2.5	2.5	3.0	3.5	3.5	4.0	4.0	4.5	4.5	5.0	5.0	5.5	5.5	5.5	6.0	6.0	6.5	6.5	6.5	7.0	7.0	7.0	7.5	7.5	7.5	8.0	8.0	8.0	8.0	8.5	8.5	8.5	9.0	9.0	.2019
1.5	2.0	2.5	3.0	3.0	3.5	4.0	4.0	4.5	4.5	5.0	5.0	5.5	5.5	5.5	6.0	6.0	6.5	6.5	6.5	7.0	7.0	7.0	7.5	7.5	7.5	8.0	8.0	8.0	8.5	8.5	8.5	9.0	9.0	9.0	9.0	.2163
k	90	126	162	198	234	270	306	342	378	414	450	486	522	558	594	630	666	702	738	774	810	846	882	918	954	990	1026	1062	1098	1134	1170	1206	1242	1278	1314	km

Δt Fahrenheit

D = 0.0060

Δt Celsius °C or Kelvin °K

CONDUCTIVITY — k in Btu, in./sq ft, hr °F; km in W/mK

k	50	70	90	110	130	150	170	190	210	230	250	270	290	310	330	350	370	390	410	430	450	470	490	510	530	550	570	590	610	630	650	670	690	710	730	km
0.1	1.5	1.5	1.5	1.5	1.5	1.5	1.5	1.5	1.5	1.5	2.0	2.0	2.0	2.0	2.0	2.0	2.0	2.0	2.0	2.0	2.5	2.5	2.5	2.5	2.5	2.5	2.5	2.5	2.5	2.5	2.5	3.0	3.0	3.0	3.0	.0144
0.2	1.5	1.5	1.5	1.5	1.5	2.0	2.0	2.0	2.0	2.5	2.5	2.5	2.5	2.5	2.5	3.0	3.0	3.0	3.0	3.0	3.0	3.0	3.5	3.5	3.5	3.5	3.5	3.5	3.5	3.5	3.5	4.0	4.0	4.0	4.0	.0288
0.3	1.5	1.5	1.5	2.0	2.0	2.0	2.5	2.5	2.5	2.5	3.0	3.0	3.0	3.0	3.0	3.5	3.5	3.5	3.5	3.5	3.5	4.0	4.0	4.0	4.0	4.0	4.0	4.5	4.5	4.5	4.5	4.5	4.5	4.5	4.5	.0433
0.4	1.5	1.5	2.0	2.0	2.5	2.5	2.5	3.0	3.0	3.0	3.0	3.5	3.5	3.5	3.5	4.0	4.0	4.0	4.0	4.0	4.5	4.5	4.5	4.5	4.5	4.5	5.0	5.0	5.0	5.0	5.0	5.0	5.5	5.5	5.5	.0577
0.5	1.5	2.0	2.0	2.5	2.5	2.5	3.0	3.0	3.0	3.5	3.5	3.5	4.0	4.0	4.0	4.0	4.5	4.5	4.5	4.5	4.5	5.0	5.0	5.0	5.0	5.0	5.5	5.5	5.5	5.5	5.5	6.0	6.0	6.0	6.0	.0721
0.6	1.5	2.0	2.0	2.5	2.5	3.0	3.0	3.5	3.5	3.5	4.0	4.0	4.0	4.0	4.5	4.5	4.5	5.0	5.0	5.0	5.0	5.0	5.5	5.5	5.5	5.5	6.0	6.0	6.0	6.0	6.0	6.5	6.5	6.5	6.5	.0865
0.7	1.5	2.0	2.5	2.5	3.0	3.0	3.5	3.5	3.5	4.0	4.0	4.0	4.5	4.5	4.5	5.0	5.0	5.0	5.0	5.5	5.5	5.5	5.5	6.0	6.0	6.0	6.0	6.5	6.5	6.5	6.5	6.5	7.0	7.0	7.0	.1009
0.8	2.0	2.0	2.5	3.0	3.0	3.5	3.5	3.5	4.0	4.0	4.5	4.5	4.5	5.0	5.0	5.0	5.5	5.5	5.5	5.5	6.0	6.0	6.0	6.0	6.5	6.5	6.5	6.5	7.0	7.0	7.0	7.0	7.5	7.5	7.5	.1154
0.9	2.0	2.5	2.5	3.0	3.0	3.5	3.5	4.0	4.0	4.5	4.5	4.5	5.0	5.0	5.0	5.5	5.5	5.5	6.0	6.0	6.0	6.5	6.5	6.5	6.5	7.0	7.0	7.0	7.0	7.5	7.5	7.5	8.0	8.0	8.0	.1298
1.0	2.0	2.5	2.5	3.0	3.5	3.5	4.0	4.0	4.5	4.5	4.5	5.0	5.0	5.5	5.5	5.5	6.0	6.0	6.0	6.5	6.5	6.5	6.5	7.0	7.0	7.0	7.5	7.5	7.5	8.0	8.0	8.0	8.0	8.0	8.5	.1442
1.1	2.0	2.5	3.0	3.0	3.5	3.5	4.0	4.0	4.5	4.5	5.0	5.0	5.5	5.5	5.5	6.0	6.0	6.0	6.5	6.5	6.5	7.0	7.0	7.0	7.5	7.5	7.5	8.0	8.0	8.0	8.0	8.5	8.5	8.5	9.0	.1586
1.2	2.0	2.5	3.0	3.0	3.5	4.0	4.0	4.5	4.5	5.0	5.0	5.5	5.5	5.5	6.0	6.0	6.5	6.5	6.5	7.0	7.0	7.0	7.5	7.5	7.5	8.0	8.0	8.0	8.0	8.5	8.5	8.5	9.0	9.0	9.0	.1730
1.3	2.0	2.5	3.0	3.5	3.5	4.0	4.5	4.5	5.0	5.0	5.5	5.5	5.5	6.0	6.0	6.5	6.5	6.5	7.0	7.0	7.0	7.5	7.5	8.0	8.0	8.0	8.0	8.5	8.5	9.0	9.0	9.0	9.0	9.5	9.5	.1875
1.4	2.0	2.5	3.0	3.5	4.0	4.0	4.5	4.5	5.0	5.0	5.5	5.5	6.0	6.0	6.5	6.5	6.5	7.0	7.0	7.5	7.5	8.0	8.0	8.0	8.0	8.5	8.5	9.0	9.0	9.0	9.0	9.5	9.5	9.5	10.0	.2019
1.5	2.0	2.5	3.0	3.5	4.0	4.0	4.5	5.0	5.0	5.5	5.5	6.0	6.0	6.5	6.5	6.5	7.0	7.0	7.5	7.5	8.0	8.0	8.0	8.5	8.5	8.5	9.0	9.0	9.0	9.5	9.5	9.5	10.0	10.0	10.0	.2163
k	90	126	162	198	234	270	306	342	378	414	450	486	522	558	594	630	666	702	738	774	810	846	882	918	954	990	1026	1062	1098	1134	1170	1206	1242	1278	1314	km

Δt Fahrenheit

D = 0.0070

Δt Celsius °C or Kelvin °K

CONDUCTIVITY — k in Btu, in./sq ft, hr °F; km in W/mK

k	50	70	90	110	130	150	170	190	210	230	250	270	290	310	330	350	370	390	410	430	450	470	490	510	530	550	570	590	610	630	650	670	690	710	730	km
0.1	1.5	1.5	1.5	1.5	1.5	1.5	1.5	1.5	1.5	2.0	2.0	2.0	2.0	2.0	2.0	2.0	2.5	2.5	2.5	2.5	2.5	2.5	2.5	2.5	2.5	2.5	3.0	3.0	3.0	3.0	3.0	3.0	3.0	3.0	3.0	.0144
0.2	1.5	1.5	1.5	1.5	2.0	2.0	2.0	2.0	2.5	2.5	2.5	2.5	2.5	3.0	3.0	3.0	3.0	3.0	3.0	3.5	3.5	3.5	3.5	3.5	3.5	3.5	4.0	4.0	4.0	4.0	4.0	4.0	4.0	4.0	4.0	.0288
0.3	1.5	1.5	2.0	2.0	2.0	2.5	2.5	2.5	3.0	3.0	3.0	3.0	3.5	3.5	3.5	3.5	3.5	4.0	4.0	4.0	4.0	4.0	4.0	4.5	4.5	4.5	4.5	4.5	4.5	5.0	5.0	5.0	5.0	5.0	5.0	.0433
0.4	1.5	2.0	2.0	2.5	2.5	2.5	3.0	3.0	3.0	3.5	3.5	3.5	3.5	4.0	4.0	4.0	4.0	4.5	4.5	4.5	4.5	4.5	5.0	5.0	5.0	5.0	5.0	5.5	5.5	5.5	5.5	5.5	5.5	6.0	6.0	.0577
0.5	1.5	2.0	2.5	2.5	2.5	3.0	3.0	3.5	3.5	3.5	4.0	4.0	4.0	4.0	4.5	4.5	4.5	4.5	5.0	5.0	5.0	5.0	5.5	5.5	5.5	5.5	5.5	6.0	6.0	6.0	6.0	6.0	6.5	6.5	6.5	.0721
0.6	2.0	2.0	2.5	2.5	3.0	3.0	3.5	3.5	4.0	4.0	4.0	4.5	4.5	4.5	4.5	5.0	5.0	5.0	5.5	5.5	5.5	5.5	6.0	6.0	6.0	6.0	6.5	6.5	6.5	6.5	6.5	7.0	7.0	7.0	7.0	.0865
0.7	2.0	2.5	2.5	3.0	3.0	3.5	3.5	4.0	4.0	4.0	4.5	4.5	4.5	5.0	5.0	5.0	5.5	5.5	5.5	6.0	6.0	6.0	6.0	6.5	6.5	6.5	6.5	7.0	7.0	7.0	7.0	7.5	7.5	7.5	7.5	.1009
0.8	2.0	2.5	2.5	3.0	3.5	3.5	4.0	4.0	4.0	4.5	4.5	5.0	5.0	5.0	5.5	5.5	5.5	6.0	6.0	6.0	6.5	6.5	6.5	6.5	7.0	7.0	7.0	7.5	7.5	7.5	7.5	8.0	8.0	8.0	8.0	.1154
0.9	2.0	2.5	3.0	3.0	3.5	3.5	4.0	4.0	4.5	4.5	5.0	5.0	5.5	5.5	5.5	6.0	6.0	6.0	6.5	6.5	6.5	7.0	7.0	7.0	7.5	7.5	7.5	8.0	8.0	8.0	8.0	8.0	8.5	8.5	8.5	.1298
1.0	2.0	2.5	3.0	3.5	3.5	4.0	4.0	4.5	4.5	5.0	5.0	5.0	5.5	5.5	6.0	6.0	6.5	6.5	6.5	7.0	7.0	7.0	7.5	7.5	7.5	8.0	8.0	8.0	8.0	8.5	8.5	8.5	9.0	9.0	9.0	.1442
1.1	2.0	2.5	3.0	3.5	3.5	4.0	4.5	4.5	5.0	5.0	5.5	5.5	6.0	6.0	6.0	6.5	6.5	7.0	7.0	7.0	7.5	7.5	7.5	8.0	8.0	8.0	8.5	8.5	8.5	9.0	9.0	9.0	9.0	9.5	9.5	.1586
1.2	2.0	2.5	3.0	3.5	4.0	4.0	4.5	5.0	5.0	5.5	5.5	6.0	6.0	6.0	6.5	6.5	7.0	7.0	7.0	7.5	7.5	8.0	8.0	8.0	8.5	8.5	8.5	9.0	9.0	9.0	9.5	9.5	9.5	9.5	10.0	.1730
1.3	2.5	3.0	3.0	3.5	4.0	4.5	4.5	5.0	5.0	5.5	5.5	6.0	6.0	6.5	6.5	7.0	7.0	7.5	7.5	8.0	8.0	8.0	8.5	8.5	8.5	9.0	9.0	9.0	9.5	9.5	9.5	10.0	10.0	10.0	10.0	.1875
1.4	2.5	3.0	3.5	3.5	4.0	4.5	5.0	5.0	5.5	5.5	6.0	6.0	6.5	6.5	7.0	7.0	7.5	7.5	8.0	8.0	8.0	8.5	8.5	9.0	9.0	9.0	9.5	9.5	9.5	10.0	10.0	10.0	10.5	10.5	10.5	.2019
1.5	2.5	3.0	3.5	4.0	4.0	4.5	5.0	5.0	5.5	6.0	6.0	6.5	6.5	7.0	7.0	7.5	7.5	8.0	8.0	8.0	8.5	8.5	9.0	9.0	9.0	9.5	9.5	10.0	10.0	10.0	10.5	10.5	11.0	11.0	11.0	.2163
k	90	126	162	198	234	270	306	342	378	414	450	486	522	558	594	630	666	702	738	774	810	846	882	918	954	990	1026	1062	1098	1134	1170	1206	1242	1278	1314	km

Δt Fahrenheit

TEMPERATURE DIFFERENCE

TABLE 2 (Continued)

ECONOMICAL INSULATION THICKNESS TABLE

IN INCHES
(nominal)

PIPE SIZE: 18'' NPS (Tube Size 18-1/2'' OD)
457.2 mm

At the intersection of the "Δt" column with the "k" row read the economical thickness.
(•—*exceeds 12'' thickness*)

CONDUCTIVITY k: Btu, in./sq ft, hr °F; km: W/mK

D = 0.0080

Δt Celsius °C or Kelvin °K

k	50	70	90	110	130	150	170	190	210	230	250	270	290	310	330	350	370	390	410	430	450	470	490	510	530	550	570	590	610	630	650	670	690	710	730	km
0.1	1.5	1.5	1.5	1.5	1.5	1.5	1.5	2.0	2.0	2.0	2.0	2.0	2.0	2.0	2.5	2.5	2.5	2.5	2.5	2.5	2.5	2.5	2.5	3.0	3.0	3.0	3.0	3.0	3.0	3.0	3.0	3.0	3.0	3.0	3.5	.0144
0.2	1.5	1.5	1.5	2.0	2.0	2.0	2.5	2.5	2.5	2.5	2.5	3.0	3.0	3.0	3.0	3.0	3.5	3.5	3.5	3.5	3.5	3.5	3.5	4.0	4.0	4.0	4.0	4.0	4.0	4.0	4.5	4.5	4.5	4.5	4.5	.0288
0.3	1.5	2.0	2.0	2.0	2.5	2.5	2.5	3.0	3.0	3.0	3.0	3.5	3.5	3.5	3.5	4.0	4.0	4.0	4.0	4.0	4.5	4.5	4.5	4.5	4.5	5.0	5.0	5.0	5.0	5.0	5.0	5.0	5.5	5.5	5.5	.0433
0.4	1.5	2.0	2.0	2.5	2.5	3.0	3.0	3.0	3.5	3.5	3.5	4.0	4.0	4.0	4.0	4.5	4.5	4.5	4.5	5.0	5.0	5.0	5.0	5.0	5.5	5.5	5.5	5.5	5.5	6.0	6.0	6.0	6.0	6.0	6.5	.0577
0.5	2.0	2.0	2.5	2.5	3.0	3.0	3.5	3.5	3.5	4.0	4.0	4.0	4.5	4.5	4.5	5.0	5.0	5.0	5.0	5.5	5.5	5.5	5.5	6.0	6.0	6.0	6.0	6.5	6.5	6.5	6.5	6.5	7.0	7.0	7.0	.0721
0.6	2.0	2.5	2.5	3.0	3.0	3.5	3.5	4.0	4.0	4.0	4.5	4.5	4.5	5.0	5.0	5.0	5.5	5.5	5.5	6.0	6.0	6.0	6.0	6.5	6.5	6.5	6.5	7.0	7.0	7.0	7.0	7.5	7.5	7.5	7.5	.0865
0.7	2.0	2.5	3.0	3.0	3.5	3.5	4.0	4.0	4.5	4.5	4.5	5.0	5.0	5.0	5.5	5.5	6.0	6.0	6.0	6.0	6.5	6.5	6.5	7.0	7.0	7.0	7.0	7.5	7.5	7.5	8.0	8.0	8.0	8.0	8.0	.1009
0.8	2.0	2.5	3.0	3.0	3.5	4.0	4.0	4.5	4.5	5.0	5.0	5.0	5.5	5.5	6.0	6.0	6.0	6.5	6.5	6.5	7.0	7.0	7.0	7.0	7.5	7.5	7.5	8.0	8.0	8.0	8.0	8.5	8.5	8.5	9.0	.1154
0.9	2.0	2.5	3.0	3.5	3.5	4.0	4.5	4.5	5.0	5.0	5.0	5.5	5.5	6.0	6.0	6.5	6.5	6.5	7.0	7.0	7.0	7.5	7.5	7.5	8.0	8.0	8.0	8.0	8.5	8.5	9.0	9.0	9.0	9.0	9.0	.1298
1.0	2.5	3.0	3.0	3.5	4.0	4.0	4.5	5.0	5.0	5.0	5.5	5.5	6.0	6.0	6.5	6.5	7.0	7.0	7.0	7.5	7.5	8.0	8.0	8.0	8.0	8.5	8.5	8.5	9.0	9.0	9.0	9.5	9.5	9.5	9.5	.1442
1.1	2.5	3.0	3.5	3.5	4.0	4.5	4.5	5.0	5.0	5.5	5.5	6.0	6.0	6.5	6.5	7.0	7.0	7.5	7.5	7.5	8.0	8.0	8.0	8.5	8.5	9.0	9.0	9.0	9.0	9.5	9.5	9.5	10.0	10.0	10.0	.1586
1.2	2.5	3.0	3.5	4.0	4.0	4.5	5.0	5.0	5.5	5.5	6.0	6.0	6.5	6.5	7.0	7.0	7.5	7.5	8.0	8.0	8.0	8.5	8.5	9.0	9.0	9.0	9.5	9.5	9.5	10.0	10.0	10.0	10.5	10.5	10.5	.1730
1.3	2.5	3.0	3.5	4.0	4.5	4.5	5.0	5.5	5.5	6.0	6.0	6.5	6.5	7.0	7.0	7.5	7.5	8.0	8.0	8.5	8.5	9.0	9.0	9.0	9.0	9.5	9.5	10.0	10.0	10.0	10.5	10.5	11.0	11.0	11.0	.1875
1.4	2.5	3.0	3.5	4.0	4.5	5.0	5.0	5.5	6.0	6.0	6.5	6.5	7.0	7.0	7.5	7.5	8.0	8.0	8.5	8.5	9.0	9.0	9.0	9.5	9.5	10.0	10.0	10.0	10.5	10.5	11.0	11.0	11.5	11.5	11.5	.2019
1.5	2.5	3.0	3.5	4.0	4.5	5.0	5.5	5.5	6.0	6.5	6.5	7.0	7.0	7.5	7.5	8.0	8.0	8.5	8.5	9.0	9.0	9.5	9.5	9.5	10.0	10.0	10.5	10.5	11.0	11.0	11.5	11.5	12.0	12.0	12.0	.2163
k	90	126	162	198	234	270	306	342	378	414	450	486	522	558	594	630	666	702	738	774	810	846	882	918	954	990	1026	1062	1098	1134	1170	1206	1242	1278	1314	km

Δt Fahrenheit

D = 0.0100

Δt Celsius °C or Kelvin °K

k	50	70	90	110	130	150	170	190	210	230	250	270	290	310	330	350	370	390	410	430	450	470	490	510	530	550	570	590	610	630	650	670	690	710	730	km
0.1	1.5	1.5	1.5	1.5	1.5	2.0	2.0	2.0	2.0	2.0	2.0	2.5	2.5	2.5	2.5	2.5	2.5	2.5	3.0	3.0	3.0	3.0	3.0	3.0	3.0	3.0	3.5	3.5	3.5	3.5	3.5	3.5	3.5	3.5	3.5	.0144
0.2	1.5	1.5	2.0	2.0	2.0	2.5	2.5	2.5	3.0	3.0	3.0	3.0	3.0	3.5	3.5	3.5	3.5	3.5	4.0	4.0	4.0	4.0	4.0	4.0	4.5	4.5	4.5	4.5	4.5	4.5	5.0	5.0	5.0	5.0	5.0	.0288
0.3	1.5	2.0	2.0	2.5	2.5	3.0	3.0	3.0	3.5	3.5	3.5	3.5	4.0	4.0	4.0	4.5	4.5	4.5	4.5	4.5	5.0	5.0	5.0	5.0	5.0	5.5	5.5	5.5	5.5	5.5	6.0	6.0	6.0	6.0	6.0	.0433
0.4	2.0	2.0	2.5	2.5	3.0	3.0	3.5	3.5	4.0	4.0	4.0	4.5	4.5	4.5	4.5	5.0	5.0	5.0	5.0	5.5	5.5	5.5	5.5	6.0	6.0	6.0	6.0	6.5	6.5	6.5	6.5	6.5	7.0	7.0	7.0	.0577
0.5	2.0	2.5	2.5	3.0	3.5	3.5	3.5	4.0	4.0	4.5	4.5	4.5	5.0	5.0	5.0	5.5	5.5	5.5	6.0	6.0	6.0	6.0	6.5	6.5	6.5	7.0	7.0	7.0	7.0	7.0	7.5	7.5	7.5	8.0	8.0	.0721
0.6	2.0	2.5	3.0	3.0	3.5	4.0	4.0	4.5	4.5	4.5	5.0	5.0	5.5	5.5	5.5	6.0	6.0	6.0	6.5	6.5	6.5	7.0	7.0	7.0	7.0	7.5	7.5	7.5	8.0	8.0	8.0	8.0	8.5	8.5	8.5	.0865
0.7	2.5	2.5	3.0	3.5	4.0	4.0	4.5	4.5	5.0	5.0	5.5	5.5	5.5	6.0	6.0	6.5	6.5	6.5	7.0	7.0	7.0	7.5	7.5	7.5	8.0	8.0	8.0	8.0	8.5	8.5	8.5	9.0	9.0	9.0	9.0	.1009
0.8	2.5	3.0	3.5	3.5	4.0	4.5	4.5	5.0	5.0	5.5	5.5	6.0	6.0	6.5	6.5	6.5	7.0	7.0	7.0	7.5	7.5	8.0	8.0	8.0	8.5	8.5	8.5	9.0	9.0	9.0	9.0	9.5	9.5	9.5	10.0	.1154
0.9	2.5	3.0	3.5	4.0	4.0	4.5	5.0	5.0	5.5	5.5	6.0	6.0	6.5	6.5	7.0	7.0	7.0	7.5	7.5	8.0	8.0	8.0	8.5	8.5	9.0	9.0	9.0	9.5	9.5	9.5	10.0	10.0	10.0	10.0	10.5	.1298
1.0	2.5	3.0	3.5	4.0	4.5	4.5	5.0	5.5	5.5	6.0	6.0	6.5	6.5	7.0	7.0	7.5	7.5	8.0	8.0	8.0	8.5	8.5	9.0	9.0	9.0	9.5	9.5	10.0	10.0	10.0	10.5	10.5	10.5	10.5	11.0	.1442
1.1	2.5	3.0	3.5	4.0	4.5	5.0	5.0	5.5	6.0	6.0	6.5	6.5	7.0	7.0	7.5	8.0	8.0	8.0	8.5	8.5	9.0	9.0	9.0	9.5	9.5	10.0	10.0	10.0	10.5	10.5	11.0	11.0	11.0	11.0	11.5	.1586
1.2	3.0	3.5	4.0	4.5	4.5	5.0	5.5	6.0	6.0	6.5	6.5	7.0	7.5	7.5	8.0	8.0	8.5	8.5	9.0	9.0	9.0	9.5	9.5	10.0	10.0	10.5	10.5	10.5	11.0	11.0	11.5	11.5	11.5	11.5	12.0	.1730
1.3	3.0	3.5	4.0	4.5	5.0	5.5	5.5	6.0	6.5	6.5	7.0	7.0	7.5	8.0	8.0	8.5	8.5	9.0	9.0	9.5	9.5	10.0	10.0	10.0	10.5	11.0	11.0	11.0	11.5	11.5	12.0	12.0	12.0	12.0	•	.1875
1.4	3.0	3.5	4.0	4.5	5.0	5.5	6.0	6.0	6.5	7.0	7.0	7.5	8.0	8.0	8.5	8.5	9.0	9.0	9.5	9.5	10.0	10.0	10.5	10.5	11.0	11.5	11.5	11.5	12.0	12.0	•	•	•	•	•	.2019
1.5	3.0	3.5	4.0	4.5	5.0	5.5	6.0	6.5	6.5	7.0	7.5	8.0	8.0	8.5	8.5	9.0	9.0	9.5	9.5	10.0	10.0	10.5	11.0	11.0	11.5	12.0	12.0	12.0	•	•	•	•	•	•	•	.2163
k	90	126	162	198	234	270	306	342	378	414	450	486	522	558	594	630	666	702	738	774	810	846	882	918	954	990	1026	1062	1098	1134	1170	1206	1242	1278	1314	km

Δt Fahrenheit

D = 0.0120

Δt Celsius °C or Kelvin °K

k	50	70	90	110	130	150	170	190	210	230	250	270	290	310	330	350	370	390	410	430	450	470	490	510	530	550	570	590	610	630	650	670	690	710	730	km
0.1	1.5	1.5	1.5	1.5	2.0	2.0	2.0	2.0	2.0	2.5	2.5	2.5	2.5	2.5	2.5	3.0	3.0	3.0	3.0	3.0	3.0	3.0	3.5	3.5	3.5	3.5	3.5	3.5	3.5	3.5	4.0	4.0	4.0	4.0	4.0	.0144
0.2	1.5	2.0	2.0	2.0	2.5	2.5	2.5	3.0	3.0	3.0	3.5	3.5	3.5	3.5	4.0	4.0	4.0	4.0	4.0	4.5	4.5	4.5	4.5	4.5	4.5	5.0	5.0	5.0	5.0	5.0	5.0	5.5	5.5	5.5	5.5	.0288
0.3	2.0	2.0	2.5	2.5	3.0	3.0	3.5	3.5	3.5	4.0	4.0	4.0	4.0	4.5	4.5	4.5	5.0	5.0	5.0	5.0	5.5	5.5	5.5	5.5	5.5	6.0	6.0	6.0	6.0	6.0	6.5	6.5	6.5	6.5	6.5	.0433
0.4	2.0	2.5	2.5	3.0	3.0	3.5	3.5	4.0	4.0	4.5	4.5	4.5	5.0	5.0	5.0	5.5	5.5	5.5	6.0	6.0	6.0	6.0	6.5	6.5	6.5	6.5	7.0	7.0	7.0	7.0	7.5	7.5	7.5	7.5	8.0	.0577
0.5	2.0	2.5	3.0	3.5	3.5	4.0	4.0	4.5	4.5	5.0	5.0	5.0	5.5	5.5	5.5	6.0	6.0	6.0	6.5	6.5	6.5	7.0	7.0	7.0	7.5	7.5	7.5	8.0	8.0	8.0	8.0	8.0	8.5	8.5	8.5	.0721
0.6	2.5	3.0	3.0	3.5	4.0	4.0	4.5	4.5	5.0	5.0	5.5	5.5	6.0	6.0	6.0	6.5	6.5	7.0	7.0	7.0	7.5	7.5	7.5	8.0	8.0	8.0	8.5	8.5	8.5	9.0	9.0	9.0	9.0	9.0	9.5	.0865
0.7	2.5	3.0	3.5	4.0	4.0	4.5	4.5	5.0	5.5	5.5	6.0	6.0	6.5	6.5	6.5	7.0	7.0	7.5	7.5	8.0	8.0	8.0	8.0	8.5	8.5	9.0	9.0	9.0	9.0	9.5	9.5	9.5	10.0	10.0	10.0	.1009
0.8	2.5	3.0	3.5	4.0	4.5	4.5	5.0	5.5	5.5	6.0	6.0	6.5	6.5	7.0	7.0	7.5	7.5	8.0	8.0	8.0	8.5	8.5	9.0	9.0	9.0	9.5	9.5	9.5	10.0	10.0	10.0	10.5	10.5	10.5	10.5	.1154
0.9	3.0	3.5	4.0	4.0	4.5	5.0	5.5	5.5	6.0	6.0	6.5	7.0	7.0	7.5	7.5	8.0	8.0	8.0	8.5	8.5	9.0	9.0	9.5	9.5	9.5	10.0	10.0	10.0	10.5	10.5	10.5	11.0	11.0	11.0	11.0	.1298
1.0	3.0	3.5	4.0	4.5	5.0	5.0	5.5	6.0	6.0	6.5	7.0	7.0	7.5	7.5	8.0	8.0	8.5	8.5	9.0	9.0	9.5	9.5	9.5	10.0	10.0	10.5	10.5	10.5	11.0	11.0	11.0	11.5	11.5	11.5	11.5	.1442
1.1	3.0	3.5	4.0	4.5	5.0	5.5	6.0	6.0	6.5	7.0	7.0	7.5	8.0	8.0	8.5	8.5	9.0	9.0	9.5	9.5	9.5	10.0	10.0	10.5	10.5	11.0	11.0	11.0	11.5	11.5	11.5	12.0	12.0	12.0	12.0	.1586
1.2	3.0	3.5	4.0	4.5	5.0	5.5	6.0	6.5	6.5	7.0	7.5	8.0	8.0	8.5	8.5	9.0	9.0	9.5	9.5	10.0	10.0	10.5	10.5	11.0	11.0	11.5	11.5	11.5	12.0	12.0	12.0	•	•	•	•	.1730
1.3	3.0	4.0	4.5	5.0	5.5	6.0	6.0	6.5	7.0	7.5	8.0	8.0	8.5	8.5	9.0	9.0	9.5	10.0	10.0	10.5	10.5	11.0	11.0	11.5	11.5	12.0	12.0	12.0	•	•	•	•	•	•	•	.1875
1.4	3.0	4.0	4.5	5.0	5.5	6.0	6.5	7.0	7.0	7.5	8.0	8.5	8.5	9.0	9.0	9.5	10.0	10.0	10.5	11.0	11.0	11.5	11.5	12.0	12.0	•	•	•	•	•	•	•	•	•	•	.2019
1.5	3.5	4.0	4.5	5.0	5.5	6.0	6.5	7.0	7.5	8.0	8.0	8.5	9.0	9.0	9.5	10.0	10.0	10.5	11.0	11.5	12.0	12.0	12.0	•	•	•	•	•	•	•	•	•	•	•	•	.2163
k	90	126	162	198	234	270	306	342	378	414	450	486	522	558	594	630	666	702	738	774	810	846	882	918	954	990	1026	1062	1098	1134	1170	1206	1242	1278	1314	km

Δt Fahrenheit

TABLE 2 (Sheet 97 of 128)

TEMPERATURE DIFFERENCE

ECONOMICAL INSULATION THICKNESS TABLE

IN INCHES
(nominal)

PIPE SIZE: 18'' NPS (Tube Size 18-1/2'' OD)
457.2 mm

At the intersection of the ''Δt'' column with the ''k'' row read the economical thickness.
(*•—exceeds 12'' thickness*)

D = 0.0150

Δt Celsius °C or Kelvin °K

k: CONDUCTIVITY, Btu, in./sq ft, hr °F; km: W/mK

k	50	70	90	110	130	150	170	190	210	230	250	270	290	310	330	350	370	390	410	430	450	470	490	510	530	550	570	590	610	630	650	670	690	710	730	km
0.1	1.5	1.5	1.5	2.0	2.0	2.0	2.0	2.5	2.5	2.5	2.5	3.0	3.0	3.0	3.0	3.0	3.0	3.5	3.5	3.5	3.5	3.5	3.5	3.5	4.0	4.0	4.0	4.0	4.0	4.0	4.0	4.5	4.5	4.5	4.5	.0144
0.2	1.5	2.0	2.0	2.5	2.5	3.0	3.0	3.0	3.5	3.5	3.5	4.0	4.0	4.0	4.0	4.5	4.5	4.5	4.5	5.0	5.0	5.0	5.0	5.0	5.5	5.5	5.5	5.5	5.5	5.5	6.0	6.0	6.0	6.0	6.0	.0288
0.3	2.0	2.5	2.5	3.0	3.0	3.5	3.5	4.0	4.0	4.0	4.5	4.5	4.5	5.0	5.0	5.0	5.5	5.5	5.5	6.0	6.0	6.0	6.0	6.5	6.5	6.5	6.5	7.0	7.0	7.0	7.0	7.0	7.5	7.5	7.5	.0433
0.4	2.5	2.5	3.0	3.5	3.5	4.0	4.0	4.5	4.5	5.0	5.0	5.0	5.5	5.5	6.0	6.0	6.0	6.5	6.5	6.5	7.0	7.0	7.0	7.0	7.5	7.5	7.5	8.0	8.0	8.0	8.0	8.5	8.5	8.5	8.5	.0577
0.5	2.5	3.0	3.5	3.5	4.0	4.5	4.5	5.0	5.0	5.5	5.5	6.0	6.0	6.0	6.5	6.5	7.0	7.0	7.0	7.5	7.5	8.0	8.0	8.0	8.0	8.5	8.5	8.5	9.0	9.0	9.0	9.0	9.5	9.5	9.5	.0721
0.6	2.5	3.0	3.5	4.0	4.5	4.5	5.0	5.5	5.5	6.0	6.0	6.5	6.5	7.0	7.0	7.0	7.5	7.5	8.0	8.0	8.0	8.5	8.5	9.0	9.0	9.0	9.5	9.5	9.5	10.0	10.0	10.0	10.0	10.5	10.5	.0865
0.7	3.0	3.5	4.0	4.5	4.5	5.0	5.5	5.5	6.0	6.0	6.5	7.0	7.0	7.5	7.5	8.0	8.0	8.0	8.5	8.5	9.0	9.0	9.0	9.5	9.5	10.0	10.0	10.0	10.5	10.5	10.5	10.5	11.0	11.0	11.0	.1009
0.8	3.0	3.5	4.0	4.5	5.0	5.5	5.5	6.0	6.5	6.5	7.0	7.0	7.5	8.0	8.0	8.0	8.5	9.0	9.0	9.0	9.5	9.5	10.0	10.0	10.5	10.5	10.5	10.5	11.0	11.0	11.0	11.0	11.5	11.5	11.5	.1154
0.9	3.0	3.5	4.5	4.5	5.0	5.5	6.0	6.5	6.5	7.0	7.5	7.5	8.0	8.0	8.5	9.0	9.0	9.0	9.5	9.5	10.0	10.0	10.5	10.5	11.0	11.0	11.0	11.0	11.5	11.5	11.5	11.5	12.0	12.0	12.0	.1298
1.0	3.0	4.0	4.5	5.0	5.5	6.0	6.5	6.5	7.0	7.5	7.5	8.0	8.5	8.5	9.0	9.0	9.5	9.5	10.0	10.0	10.5	10.5	11.0	11.0	11.5	11.5	11.5	11.5	12.0	12.0	12.0	12.0	•	•	•	.1442
1.1	3.5	4.0	4.5	5.0	5.5	6.0	6.5	7.0	7.5	7.5	8.0	8.5	9.0	9.0	9.5	9.5	10.0	10.0	10.5	10.5	11.0	11.0	11.5	11.5	12.0	12.0	12.0	12.0	•	•	•	•	•	•	•	.1586
1.2	3.5	4.0	5.0	5.5	6.0	6.5	7.0	7.0	7.5	8.0	8.5	9.0	9.0	9.5	9.5	10.0	10.5	10.5	11.0	11.0	11.5	11.5	12.0	12.0	•	•	•	•	•	•	•	•	•	•	•	.1730
1.3	3.5	4.5	5.0	5.5	6.0	6.5	7.0	7.5	8.0	8.5	8.5	9.0	9.5	9.5	10.0	10.5	10.5	11.0	11.5	11.5	12.0	12.0	•	•	•	•	•	•	•	•	•	•	•	•	•	.1875
1.4	3.5	4.5	5.0	5.5	6.5	7.0	7.5	8.0	8.0	8.5	9.0	9.5	9.5	10.0	10.5	11.0	11.0	11.5	12.0	12.0	•	•	•	•	•	•	•	•	•	•	•	•	•	•	•	.2019
1.5	4.0	4.5	5.5	6.0	6.5	7.0	7.5	8.0	8.5	9.0	9.0	9.5	10.0	10.5	11.0	11.5	11.5	12.0	•	•	•	•	•	•	•	•	•	•	•	•	•	•	•	•	•	.2163
k	90	126	162	198	234	270	306	342	378	414	450	486	522	558	594	630	666	702	738	774	810	846	882	918	954	990	1026	1062	1098	1134	1170	1206	1242	1278	1314	km

Δt Fahrenheit

D = 0.0200

Δt Celsius °C or Kelvin °K

k: CONDUCTIVITY, Btu, in./sq ft, hr °F; km: W/mK

k	50	70	90	110	130	150	170	190	210	230	250	270	290	310	330	350	370	390	410	430	450	470	490	510	530	550	570	590	610	630	650	670	690	710	730	km
0.1	1.5	1.5	2.0	2.0	2.5	2.5	2.5	2.5	3.0	3.0	3.0	3.0	3.5	3.5	3.5	3.5	3.5	4.0	4.0	4.0	4.0	4.0	4.0	4.5	4.5	4.5	4.5	4.5	4.5	5.0	5.0	5.0	5.0	5.0	5.0	.0144
0.2	2.0	2.5	2.5	3.0	3.0	3.5	3.5	3.5	4.0	4.0	4.0	4.5	4.5	4.5	5.0	5.0	5.0	5.0	5.5	5.5	5.5	5.5	6.0	6.0	6.0	6.0	6.5	6.5	6.5	6.5	6.5	7.0	7.0	7.0	7.0	.0288
0.3	2.5	2.5	3.0	3.5	3.5	4.0	4.0	4.5	4.5	5.0	5.0	5.5	5.5	5.5	6.0	6.0	6.0	6.5	6.5	6.5	7.0	7.0	7.0	7.0	7.5	7.5	7.5	8.0	8.0	8.0	8.0	8.5	8.5	8.5	9.0	.0433
0.4	2.5	3.0	3.5	4.0	4.0	4.5	5.0	5.0	5.5	5.5	6.0	6.0	6.5	6.5	6.5	7.0	7.0	7.5	7.5	7.5	8.0	8.0	8.0	8.5	8.5	8.5	9.0	9.0	9.0	9.5	9.5	9.5	9.5	10.0	10.0	.0577
0.5	3.0	3.5	4.0	4.0	4.5	5.0	5.5	5.5	6.0	6.0	6.5	6.5	7.0	7.0	7.5	7.5	8.0	8.0	8.5	8.5	9.0	9.0	9.0	9.5	9.5	9.5	10.0	10.0	10.0	10.5	10.5	10.5	10.5	10.5	11.0	.0721
0.6	3.0	3.5	4.0	4.5	5.0	5.5	6.0	6.0	6.5	6.5	7.0	7.5	7.5	8.0	8.0	8.5	8.5	9.0	9.0	9.5	9.5	9.5	10.0	10.0	10.5	10.5	10.5	10.5	11.0	11.0	11.0	11.0	11.5	11.5	11.5	.0865
0.7	3.5	4.0	4.5	5.0	5.5	6.0	6.0	6.5	7.0	7.0	7.5	8.0	8.0	8.5	9.0	9.0	9.5	9.5	10.0	10.0	10.5	10.5	11.0	11.0	11.5	11.5	11.5	11.5	12.0	12.0	12.0	12.0	•	•	•	.1009
0.8	3.5	4.0	4.5	5.0	5.5	6.0	6.5	7.0	7.5	8.0	8.0	8.5	9.0	9.0	9.5	9.5	10.0	10.0	10.5	10.5	11.0	11.0	11.5	11.5	12.0	12.0	12.0	•	•	•	•	•	•	•	•	.1154
0.9	3.5	4.5	5.0	5.5	6.0	6.5	7.0	7.5	8.0	8.0	8.5	9.0	9.0	9.5	10.0	10.0	10.5	10.5	11.0	11.0	11.5	11.5	12.0	12.0	•	•	•	•	•	•	•	•	•	•	•	.1298
1.0	4.0	4.5	5.0	6.0	6.5	7.0	7.5	8.0	8.0	8.5	9.0	9.5	9.5	10.0	10.5	10.5	11.0	11.0	11.5	11.5	12.0	12.0	•	•	•	•	•	•	•	•	•	•	•	•	•	.1442
1.1	4.0	4.5	5.5	6.0	6.5	7.0	7.5	8.0	8.5	9.0	9.5	9.5	10.0	10.5	11.0	11.0	11.5	11.5	12.0	12.0	•	•	•	•	•	•	•	•	•	•	•	•	•	•	•	.1586
1.2	4.0	5.0	5.5	6.5	7.0	7.5	8.0	8.5	9.0	9.5	9.5	10.0	10.5	11.0	11.5	11.5	12.0	12.0	•	•	•	•	•	•	•	•	•	•	•	•	•	•	•	•	•	.1730
1.3	4.0	5.0	6.0	6.5	7.0	8.0	8.0	9.0	9.0	9.5	10.0	10.5	11.0	11.5	12.0	12.0	•	•	•	•	•	•	•	•	•	•	•	•	•	•	•	•	•	•	•	.1875
1.4	4.5	5.0	6.0	6.5	7.5	8.0	8.5	9.0	9.5	10.0	10.5	11.0	11.5	12.0	•	•	•	•	•	•	•	•	•	•	•	•	•	•	•	•	•	•	•	•	•	.2019
1.5	4.5	5.5	6.0	7.0	7.5	8.0	9.0	9.5	10.0	10.5	11.0	11.5	12.0	•	•	•	•	•	•	•	•	•	•	•	•	•	•	•	•	•	•	•	•	•	•	.2163
k	90	126	162	198	234	270	306	342	378	414	450	486	522	558	594	630	666	702	738	774	810	846	882	918	954	990	1026	1062	1098	1134	1170	1206	1242	1278	1314	km

Δt Fahrenheit

D = 0.0300

Δt Celsius °C or Kelvin °K

k: Btu, in./sq ft, hr °F; km: W/mK

k	50	70	90	110	130	150	170	190	210	230	250	270	290	310	330	350	370	390	410	430	450	470	490	510	530	550	570	590	610	630	650	670	690	710	730	km
0.1	2.0	2.0	2.0	2.5	3.0	3.0	3.0	3.0	3.5	3.5	4.0	4.0	4.0	4.5	4.5	4.5	5.0	5.0	5.0	5.0	5.5	5.5	5.5	5.5	6.0	6.0	6.0	6.0	6.0	6.5	6.5	6.5	6.5	6.5	7.0	.0144
0.2	2.0	2.5	2.5	3.0	3.5	3.5	4.0	4.0	4.5	4.5	5.0	5.0	5.0	5.5	5.5	6.0	6.0	6.0	6.0	6.5	6.5	7.0	7.0	7.0	7.0	7.5	7.5	7.5	7.5	8.0	8.0	8.0	8.0	8.5	8.5	.0288
0.3	2.5	3.0	3.0	3.5	4.0	4.5	5.0	5.0	5.5	5.5	6.0	6.0	6.5	6.5	7.0	7.0	7.5	7.5	8.0	8.0	8.0	8.5	8.5	8.5	9.0	9.0	9.0	9.0	9.5	9.5	10.0	10.0	10.0	10.0	10.5	.0433
0.4	3.0	3.5	4.0	4.0	4.5	5.0	5.5	6.0	6.0	6.5	7.0	7.5	7.5	8.0	8.0	8.0	8.5	8.5	8.5	9.0	9.5	9.5	9.5	10.0	10.0	10.5	10.5	10.5	11.0	11.0	11.5	11.5	11.5	12.0	12.0	.0577
0.5	3.0	4.0	4.0	4.5	5.0	6.0	6.5	6.5	6.5	7.0	7.5	8.0	8.0	8.5	8.5	9.0	9.5	9.5	10.0	10.0	10.5	10.5	11.0	11.0	11.5	11.5	12.0	12.0	12.0	•	•	•	•	•	•	.0721
0.6	3.5	4.5	4.5	5.0	5.5	6.5	7.0	7.0	7.5	8.0	8.5	8.5	9.0	9.0	9.5	10.0	10.0	10.5	10.5	11.0	11.5	11.5	12.0	12.0	12.0	•	•	•	•	•	•	•	•	•	•	.0865
0.7	3.5	4.5	5.0	5.5	6.0	7.0	7.5	7.5	8.0	8.5	9.0	9.5	9.5	10.0	10.5	10.5	11.0	11.0	11.5	12.0	12.0	•	•	•	•	•	•	•	•	•	•	•	•	•	•	.1009
0.8	4.0	5.0	5.5	6.0	7.0	7.5	8.0	8.5	9.0	9.5	10.0	10.5	10.5	11.0	11.5	12.0	12.0	•	•	•	•	•	•	•	•	•	•	•	•	•	•	•	•	•	•	.1154
0.9	4.0	5.0	5.5	6.0	7.0	7.5	8.0	8.5	9.0	9.5	10.0	10.5	11.0	11.5	12.0	•	•	•	•	•	•	•	•	•	•	•	•	•	•	•	•	•	•	•	•	.1298
1.0	4.5	5.5	6.0	6.5	7.0	8.0	8.5	9.0	9.5	10.0	10.5	11.0	12.0	12.0	•	•	•	•	•	•	•	•	•	•	•	•	•	•	•	•	•	•	•	•	•	.1442
1.1	4.5	5.5	6.0	7.0	7.5	8.5	9.0	9.5	10.0	10.5	11.0	12.0	•	•	•	•	•	•	•	•	•	•	•	•	•	•	•	•	•	•	•	•	•	•	•	.1586
1.2	5.0	5.5	6.5	7.0	8.0	9.0	9.5	10.0	10.5	11.0	12.0	•	•	•	•	•	•	•	•	•	•	•	•	•	•	•	•	•	•	•	•	•	•	•	•	.1730
1.3	5.0	6.0	6.5	7.5	8.5	9.0	10.0	10.5	11.0	12.0	•	•	•	•	•	•	•	•	•	•	•	•	•	•	•	•	•	•	•	•	•	•	•	•	•	.1875
1.4	5.5	6.5	7.0	7.5	8.5	9.0	10.5	11.0	12.0	•	•	•	•	•	•	•	•	•	•	•	•	•	•	•	•	•	•	•	•	•	•	•	•	•	•	.2019
1.5	6.0	7.0	7.5	8.0	8.5	9.5	10.0	11.0	12.0	•	•	•	•	•	•	•	•	•	•	•	•	•	•	•	•	•	•	•	•	•	•	•	•	•	•	.2163
k	90	126	162	198	234	270	306	342	378	414	450	486	522	558	594	630	666	702	738	774	810	846	882	918	954	990	1026	1062	1098	1134	1170	1206	1242	1278	1314	km

Δt Fahrenheit

TEMPERATURE DIFFERENCE

TABLE 2 (Continued)

ECONOMICAL INSULATION THICKNESS TABLE
IN INCHES
(nominal)

PIPE SIZE: 18'' NPS (Tube Size 18-1/2'' OD)
457.2 mm

At the intersection of the ''Δt'' column with the ''k'' row read the economical thickness.
(•—*exceeds 12'' thickness*)

D = 0.0500

Δt Celsius °C or Kelvin °K

CONDUCTIVITY Btu, in./sq ft, hr °F

k	50	70	90	110	130	150	170	190	210	230	250	270	290	310	330
0.1	2.5	2.5	2.5	3.0	3.0	3.5	3.5	4.0	4.0	4.5	5.0	5.0	5.0	5.5	5.5
0.2	3.0	3.5	3.5	4.0	4.5	5.0	5.5	5.5	5.5	6.0	6.5	6.5	7.0	7.0	7.0
0.3	3.5	4.0	4.5	5.0	5.5	6.0	6.5	6.5	7.0	7.5	7.5	8.0	8.0	8.5	9.0
0.4	4.0	4.5	4.5	5.5	6.0	7.0	7.5	7.5	8.0	8.5	9.0	9.5	9.5	10.0	10.0
0.5	4.0	5.0	5.5	6.0	7.0	7.5	8.0	8.5	9.0	9.5	10.0	10.5	10.5	11.0	11.5
0.6	4.5	5.5	6.0	6.5	7.5	8.5	9.0	9.5	10.0	10.5	11.0	11.5	12.0	12.0	•
0.7	5.0	6.0	6.5	7.0	8.0	9.0	9.5	10.0	10.5	11.0	12.0	12.0	•	•	•
0.8	5.0	6.5	7.0	7.5	8.5	9.5	10.0	10.5	11.0	12.0	•	•	•	•	•
0.9	5.5	7.0	7.5	8.0	9.0	10.0	11.0	11.5	12.0	•	•	•	•	•	•
1.0	6.0	7.0	8.0	8.5	9.5	10.5	11.5	12.0	•	•	•	•	•	•	•
1.1	6.5	7.5	8.5	9.0	10.0	11.0	12.0	•	•	•	•	•	•	•	•
1.2	7.0	8.0	9.0	10.0	11.0	12.0	•	•	•	•	•	•	•	•	•
1.3	7.5	8.5	9.5	11.0	12.0	•	•	•	•	•	•	•	•	•	•
1.4	8.0	9.0	10.0	12.0	•	•	•	•	•	•	•	•	•	•	•
1.5	9.0	10.0	11.0	12.0	•	•	•	•	•	•	•	•	•	•	•
k	90	126	162	198	234	270	306	342	378	414	450	486	522	558	594

k	350	370	390	410	430	450	470	490	510	530	550	570	590	610	630	650	670	690	710	730	km
0.1	6.0	6.0	6.5	6.5	6.5	7.0	7.0	7.0	7.0	7.5	7.5	7.5	7.5	8.0	8.0	8.0	8.0	8.0	8.0	8.0	.0144
0.2	7.5	8.0	8.0	8.0	8.5	8.5	9.0	9.0	9.0	9.5	9.5	9.5	9.5	10.0	10.0	10.5	10.5	10.5	11.0	11.0	.0288
0.3	9.0	9.5	9.5	10.0	10.0	10.5	11.0	11.0	11.0	11.5	11.5	12.0	12.0	•	•	•	•	•	•	•	.0433
0.4	10.5	11.0	11.0	11.5	12.0	12.0	•	•	•	•	•	•	•	•	•	•	•	•	•	•	.0577
0.5	12.0	12.0	•	•	•	•	•	•	•	•	•	•	•	•	•	•	•	•	•	•	.0721
0.6	•	•	•	•	•	•	•	•	•	•	•	•	•	•	•	•	•	•	•	•	.0865
0.7	•	•	•	•	•	•	•	•	•	•	•	•	•	•	•	•	•	•	•	•	.1009
0.8	•	•	•	•	•	•	•	•	•	•	•	•	•	•	•	•	•	•	•	•	.1154
0.9	•	•	•	•	•	•	•	•	•	•	•	•	•	•	•	•	•	•	•	•	.1298
1.0	•	•	•	•	•	•	•	•	•	•	•	•	•	•	•	•	•	•	•	•	.1442
1.1	•	•	•	•	•	•	•	•	•	•	•	•	•	•	•	•	•	•	•	•	.1586
1.2	•	•	•	•	•	•	•	•	•	•	•	•	•	•	•	•	•	•	•	•	.1730
1.3	•	•	•	•	•	•	•	•	•	•	•	•	•	•	•	•	•	•	•	•	.1875
1.4	•	•	•	•	•	•	•	•	•	•	•	•	•	•	•	•	•	•	•	•	.2019
1.5	•	•	•	•	•	•	•	•	•	•	•	•	•	•	•	•	•	•	•	•	.2163
k	630	666	702	738	774	810	846	882	918	954	990	1026	1062	1098	1134	1170	1206	1242	1278	1314	km

W/m K

Δt Fahrenheit

TABLE 2 (Sheet 99 of 128)

TEMPERATURE DIFFERENCE

ECONOMICAL INSULATION THICKNESS TABLE

IN INCHES
(nominal)

PIPE SIZE: 20" NPS (Tube Size 20-1/2" OD)
508 mm

At the intersection of the "Δt" column with the "k" row read the economical thickness.
(•—*exceeds 12" thickness*)

D = 0.0014

k: Btu, in./sq ft, hr °F; km: W/mK; Δt Celsius °C or Kelvin °K (top row); Δt Fahrenheit (bottom row)

k	50	70	90	110	130	150	170	190	210	230	250	270	290	310	330	350	370	390	410	430	450	470	490	510	530	550	570	590	610	630	650	670	690	710	730	km
0.1	1.5	1.5	1.5	1.5	1.5	1.5	1.5	1.5	1.5	1.5	1.5	1.5	1.5	1.5	1.5	1.5	1.5	1.5	1.5	1.5	1.5	1.5	1.5	1.5	1.5	1.5	1.5	1.5	1.5	1.5	1.5	1.5	1.5	1.5	1.5	.0144
0.2	1.5	1.5	1.5	1.5	1.5	1.5	1.5	1.5	1.5	1.5	1.5	1.5	1.5	1.5	1.5	1.5	1.5	1.5	1.5	1.5	1.5	1.5	1.5	2.0	2.0	2.0	2.0	2.0	2.0	2.0	2.0	2.0	2.0	2.0	2.0	.0288
0.3	1.5	1.5	1.5	1.5	1.5	1.5	1.5	1.5	1.5	1.5	1.5	1.5	1.5	1.5	1.5	1.5	2.0	2.0	2.0	2.0	2.0	2.0	2.0	2.0	2.0	2.0	2.0	2.0	2.0	2.5	2.5	2.5	2.5	2.5	2.5	.0433
0.4	1.5	1.5	1.5	1.5	1.5	1.5	1.5	1.5	1.5	1.5	1.5	1.5	2.0	2.0	2.0	2.0	2.0	2.0	2.0	2.0	2.0	2.0	2.5	2.5	2.5	2.5	2.5	2.5	2.5	2.5	2.5	2.5	2.5	2.5	3.0	.0577
0.5	1.5	1.5	1.5	1.5	1.5	1.5	1.5	1.5	1.5	1.5	2.0	2.0	2.0	2.0	2.0	2.0	2.0	2.0	2.5	2.5	2.5	2.5	2.5	2.5	2.5	2.5	2.5	2.5	3.0	3.0	3.0	3.0	3.0	3.0	3.0	.0721
0.6	1.5	1.5	1.5	1.5	1.5	1.5	1.5	1.5	1.5	2.0	2.0	2.0	2.0	2.0	2.0	2.5	2.5	2.5	2.5	2.5	2.5	2.5	2.5	2.5	3.0	3.0	3.0	3.0	3.0	3.0	3.0	3.0	3.0	3.0	3.5	.0865
0.7	1.5	1.5	1.5	1.5	1.5	1.5	1.5	1.5	2.0	2.0	2.0	2.0	2.0	2.0	2.5	2.5	2.5	2.5	2.5	2.5	2.5	3.0	3.0	3.0	3.0	3.0	3.0	3.0	3.0	3.0	3.5	3.5	3.5	3.5	3.5	.1009
0.8	1.5	1.5	1.5	1.5	1.5	1.5	1.5	2.0	2.0	2.0	2.0	2.0	2.5	2.5	2.5	2.5	2.5	2.5	2.5	3.0	3.0	3.0	3.0	3.0	3.0	3.0	3.0	3.5	3.5	3.5	3.5	3.5	3.5	3.5	3.5	.1154
0.9	1.5	1.5	1.5	1.5	1.5	1.5	2.0	2.0	2.0	2.0	2.0	2.5	2.5	2.5	2.5	2.5	2.5	3.0	3.0	3.0	3.0	3.0	3.0	3.0	3.5	3.5	3.5	3.5	3.5	3.5	3.5	3.5	4.0	4.0	4.0	.1298
1.0	1.5	1.5	1.5	1.5	1.5	1.5	2.0	2.0	2.0	2.0	2.5	2.5	2.5	2.5	2.5	2.5	3.0	3.0	3.0	3.0	3.0	3.0	3.5	3.5	3.5	3.5	3.5	3.5	3.5	3.5	4.0	4.0	4.0	4.0	4.0	.1442
1.1	1.5	1.5	1.5	1.5	1.5	1.5	2.0	2.0	2.0	2.0	2.5	2.5	2.5	2.5	2.5	3.0	3.0	3.0	3.0	3.0	3.0	3.5	3.5	3.5	3.5	3.5	3.5	4.0	4.0	4.0	4.0	4.0	4.0	4.0	4.0	.1586
1.2	1.5	1.5	1.5	1.5	1.5	2.0	2.0	2.0	2.0	2.5	2.5	2.5	2.5	2.5	3.0	3.0	3.0	3.0	3.0	3.5	3.5	3.5	3.5	3.5	3.5	3.5	4.0	4.0	4.0	4.0	4.0	4.0	4.0	4.5	4.5	.1730
1.3	1.5	1.5	1.5	1.5	1.5	2.0	2.0	2.0	2.0	2.5	2.5	2.5	2.5	3.0	3.0	3.0	3.0	3.0	3.5	3.5	3.5	3.5	3.5	3.5	4.0	4.0	4.0	4.0	4.0	4.0	4.0	4.5	4.5	4.5	4.5	.1875
1.4	1.5	1.5	1.5	1.5	1.5	2.0	2.0	2.0	2.5	2.5	2.5	2.5	2.5	3.0	3.0	3.0	3.0	3.5	3.5	3.5	3.5	3.5	3.5	4.0	4.0	4.0	4.0	4.0	4.0	4.5	4.5	4.5	4.5	4.5	4.5	.2019
1.5	1.5	1.5	1.5	1.5	1.5	2.0	2.0	2.0	2.5	2.5	2.5	2.5	3.0	3.0	3.0	3.0	3.0	3.5	3.5	3.5	3.5	3.5	4.0	4.0	4.0	4.0	4.0	4.0	4.5	4.5	4.5	4.5	4.5	4.5	4.5	.2163
k	90	126	162	198	234	270	306	342	378	414	450	486	522	558	594	630	666	702	738	774	810	846	882	918	954	990	1026	1062	1098	1134	1170	1206	1242	1278	1314	km

Δt Fahrenheit

D = 0.0015

k: Btu, in./sq ft, hr °F; km: W/mK; Δt Celsius °C or Kelvin °K (top row); Δt Fahrenheit (bottom row)

k	50	70	90	110	130	150	170	190	210	230	250	270	290	310	330	350	370	390	410	430	450	470	490	510	530	550	570	590	610	630	650	670	690	710	730	km
0.1	1.5	1.5	1.5	1.5	1.5	1.5	1.5	1.5	1.5	1.5	1.5	1.5	1.5	1.5	1.5	1.5	1.5	1.5	1.5	1.5	1.5	1.5	1.5	1.5	1.5	1.5	1.5	1.5	1.5	1.5	1.5	1.5	1.5	1.5	1.5	.0144
0.2	1.5	1.5	1.5	1.5	1.5	1.5	1.5	1.5	1.5	1.5	1.5	1.5	1.5	1.5	1.5	1.5	1.5	1.5	1.5	1.5	1.5	1.5	2.0	2.0	2.0	2.0	2.0	2.0	2.0	2.0	2.0	2.0	2.0	2.0	2.0	.0288
0.3	1.5	1.5	1.5	1.5	1.5	1.5	1.5	1.5	1.5	1.5	1.5	1.5	1.5	1.5	1.5	2.0	2.0	2.0	2.0	2.0	2.0	2.0	2.0	2.0	2.0	2.0	2.5	2.5	2.5	2.5	2.5	2.5	2.5	2.5	2.5	.0433
0.4	1.5	1.5	1.5	1.5	1.5	1.5	1.5	1.5	1.5	1.5	1.5	2.0	2.0	2.0	2.0	2.0	2.0	2.0	2.0	2.0	2.5	2.5	2.5	2.5	2.5	2.5	2.5	2.5	2.5	2.5	2.5	2.5	3.0	3.0	3.0	.0577
0.5	1.5	1.5	1.5	1.5	1.5	1.5	1.5	1.5	1.5	2.0	2.0	2.0	2.0	2.0	2.0	2.0	2.0	2.5	2.5	2.5	2.5	2.5	2.5	2.5	2.5	2.5	3.0	3.0	3.0	3.0	3.0	3.0	3.0	3.0	3.0	.0721
0.6	1.5	1.5	1.5	1.5	1.5	1.5	1.5	1.5	2.0	2.0	2.0	2.0	2.0	2.0	2.5	2.5	2.5	2.5	2.5	2.5	2.5	2.5	3.0	3.0	3.0	3.0	3.0	3.0	3.0	3.0	3.0	3.5	3.5	3.5	3.5	.0865
0.7	1.5	1.5	1.5	1.5	1.5	1.5	1.5	2.0	2.0	2.0	2.0	2.0	2.0	2.5	2.5	2.5	2.5	2.5	2.5	2.5	3.0	3.0	3.0	3.0	3.0	3.0	3.0	3.5	3.5	3.5	3.5	3.5	3.5	3.5	3.5	.1009
0.8	1.5	1.5	1.5	1.5	1.5	1.5	2.0	2.0	2.0	2.0	2.0	2.5	2.5	2.5	2.5	2.5	2.5	2.5	3.0	3.0	3.0	3.0	3.0	3.0	3.0	3.5	3.5	3.5	3.5	3.5	3.5	3.5	3.5	4.0	4.0	.1154
0.9	1.5	1.5	1.5	1.5	1.5	1.5	2.0	2.0	2.0	2.0	2.5	2.5	2.5	2.5	2.5	2.5	3.0	3.0	3.0	3.0	3.0	3.0	3.5	3.5	3.5	3.5	3.5	3.5	3.5	3.5	4.0	4.0	4.0	4.0	4.0	.1298
1.0	1.5	1.5	1.5	1.5	1.5	2.0	2.0	2.0	2.0	2.0	2.5	2.5	2.5	2.5	2.5	3.0	3.0	3.0	3.0	3.0	3.0	3.5	3.5	3.5	3.5	3.5	3.5	3.5	4.0	4.0	4.0	4.0	4.0	4.0	4.0	.1442
1.1	1.5	1.5	1.5	1.5	1.5	2.0	2.0	2.0	2.0	2.5	2.5	2.5	2.5	2.5	3.0	3.0	3.0	3.0	3.0	3.5	3.5	3.5	3.5	3.5	3.5	3.5	4.0	4.0	4.0	4.0	4.0	4.0	4.0	4.5	4.5	.1586
1.2	1.5	1.5	1.5	1.5	1.5	2.0	2.0	2.0	2.0	2.5	2.5	2.5	2.5	3.0	3.0	3.0	3.0	3.0	3.5	3.5	3.5	3.5	3.5	3.5	4.0	4.0	4.0	4.0	4.0	4.0	4.5	4.5	4.5	4.5	4.5	.1730
1.3	1.5	1.5	1.5	1.5	1.5	2.0	2.0	2.0	2.5	2.5	2.5	2.5	3.0	3.0	3.0	3.0	3.0	3.5	3.5	3.5	3.5	3.5	4.0	4.0	4.0	4.0	4.0	4.0	4.0	4.5	4.5	4.5	4.5	4.5	4.5	.1875
1.4	1.5	1.5	1.5	1.5	1.5	2.0	2.0	2.0	2.5	2.5	2.5	2.5	3.0	3.0	3.0	3.0	3.5	3.5	3.5	3.5	3.5	4.0	4.0	4.0	4.0	4.0	4.0	4.5	4.5	4.5	4.5	4.5	4.5	4.5	5.0	.2019
1.5	1.5	1.5	1.5	1.5	2.0	2.0	2.0	2.5	2.5	2.5	2.5	3.0	3.0	3.0	3.0	3.5	3.5	3.5	3.5	3.5	4.0	4.0	4.0	4.0	4.0	4.0	4.5	4.5	4.5	4.5	4.5	4.5	5.0	5.0	5.0	.2163
k	90	126	162	198	234	270	306	342	378	414	450	486	522	558	594	630	666	702	738	774	810	846	882	918	954	990	1026	1062	1098	1134	1170	1206	1242	1278	1314	km

Δt Fahrenheit

D = 0.0017

k: Btu, in./sq ft, hr °F; km: W/mK; Δt Celsius °C or Kelvin °K (top row); Δt Fahrenheit (bottom row)

k	50	70	90	110	130	150	170	190	210	230	250	270	290	310	330	350	370	390	410	430	450	470	490	510	530	550	570	590	610	630	650	670	690	710	730	km
0.1	1.5	1.5	1.5	1.5	1.5	1.5	1.5	1.5	1.5	1.5	1.5	1.5	1.5	1.5	1.5	1.5	1.5	1.5	1.5	1.5	1.5	1.5	1.5	1.5	1.5	1.5	1.5	1.5	1.5	1.5	1.5	1.5	1.5	1.5	1.5	.0144
0.2	1.5	1.5	1.5	1.5	1.5	1.5	1.5	1.5	1.5	1.5	1.5	1.5	1.5	1.5	1.5	1.5	1.5	1.5	1.5	2.0	2.0	2.0	2.0	2.0	2.0	2.0	2.0	2.0	2.0	2.0	2.0	2.0	2.0	2.0	2.5	.0288
0.3	1.5	1.5	1.5	1.5	1.5	1.5	1.5	1.5	1.5	1.5	1.5	1.5	1.5	2.0	2.0	2.0	2.0	2.0	2.0	2.0	2.0	2.0	2.0	2.5	2.5	2.5	2.5	2.5	2.5	2.5	2.5	2.5	2.5	2.5	2.5	.0433
0.4	1.5	1.5	1.5	1.5	1.5	1.5	1.5	1.5	1.5	1.5	2.0	2.0	2.0	2.0	2.0	2.0	2.0	2.0	2.5	2.5	2.5	2.5	2.5	2.5	2.5	2.5	2.5	2.5	3.0	3.0	3.0	3.0	3.0	3.0	3.0	.0577
0.5	1.5	1.5	1.5	1.5	1.5	1.5	1.5	1.5	2.0	2.0	2.0	2.0	2.0	2.0	2.0	2.5	2.5	2.5	2.5	2.5	2.5	2.5	2.5	3.0	3.0	3.0	3.0	3.0	3.0	3.0	3.0	3.0	3.5	3.5	3.5	.0721
0.6	1.5	1.5	1.5	1.5	1.5	1.5	1.5	2.0	2.0	2.0	2.0	2.0	2.5	2.5	2.5	2.5	2.5	2.5	2.5	3.0	3.0	3.0	3.0	3.0	3.0	3.0	3.0	3.0	3.5	3.5	3.5	3.5	3.5	3.5	3.5	.0865
0.7	1.5	1.5	1.5	1.5	1.5	1.5	2.0	2.0	2.0	2.0	2.0	2.5	2.5	2.5	2.5	2.5	2.5	3.0	3.0	3.0	3.0	3.0	3.0	3.0	3.5	3.5	3.5	3.5	3.5	3.5	3.5	3.5	4.0	4.0	4.0	.1009
0.8	1.5	1.5	1.5	1.5	1.5	2.0	2.0	2.0	2.0	2.0	2.5	2.5	2.5	2.5	2.5	3.0	3.0	3.0	3.0	3.0	3.0	3.0	3.5	3.5	3.5	3.5	3.5	3.5	3.5	4.0	4.0	4.0	4.0	4.0	4.0	.1154
0.9	1.5	1.5	1.5	1.5	1.5	2.0	2.0	2.0	2.0	2.5	2.5	2.5	2.5	2.5	3.0	3.0	3.0	3.0	3.0	3.0	3.5	3.5	3.5	3.5	3.5	3.5	4.0	4.0	4.0	4.0	4.0	4.0	4.0	4.0	4.5	.1298
1.0	1.5	1.5	1.5	1.5	1.5	2.0	2.0	2.0	2.5	2.5	2.5	2.5	2.5	3.0	3.0	3.0	3.0	3.0	3.5	3.5	3.5	3.5	3.5	3.5	4.0	4.0	4.0	4.0	4.0	4.0	4.0	4.5	4.5	4.5	4.5	.1442
1.1	1.5	1.5	1.5	1.5	2.0	2.0	2.0	2.0	2.5	2.5	2.5	2.5	3.0	3.0	3.0	3.0	3.0	3.5	3.5	3.5	3.5	3.5	4.0	4.0	4.0	4.0	4.0	4.0	4.0	4.5	4.5	4.5	4.5	4.5	4.5	.1586
1.2	1.5	1.5	1.5	1.5	2.0	2.0	2.0	2.5	2.5	2.5	2.5	3.0	3.0	3.0	3.0	3.0	3.5	3.5	3.5	3.5	3.5	4.0	4.0	4.0	4.0	4.0	4.0	4.5	4.5	4.5	4.5	4.5	4.5	4.5	5.0	.1730
1.3	1.5	1.5	1.5	1.5	2.0	2.0	2.0	2.5	2.5	2.5	2.5	3.0	3.0	3.0	3.0	3.5	3.5	3.5	3.5	3.5	4.0	4.0	4.0	4.0	4.0	4.5	4.5	4.5	4.5	4.5	4.5	4.5	5.0	5.0	5.0	.1875
1.4	1.5	1.5	1.5	1.5	2.0	2.0	2.0	2.5	2.5	2.5	3.0	3.0	3.0	3.0	3.5	3.5	3.5	3.5	4.0	4.0	4.0	4.0	4.0	4.0	4.5	4.5	4.5	4.5	4.5	4.5	5.0	5.0	5.0	5.0	5.0	.2019
1.5	1.5	1.5	1.5	1.5	2.0	2.0	2.5	2.5	2.5	2.5	3.0	3.0	3.0	3.5	3.5	3.5	3.5	3.5	4.0	4.0	4.0	4.0	4.5	4.5	4.5	4.5	4.5	4.5	5.0	5.0	5.0	5.0	5.0	5.0	5.5	.2163
k	90	126	162	198	234	270	306	342	378	414	450	486	522	558	594	630	666	702	738	774	810	846	882	918	954	990	1026	1062	1098	1134	1170	1206	1242	1278	1314	km

Δt Fahrenheit

TEMPERATURE DIFFERENCE

TABLE 2 (Sheet 100 of 128)

TABLE 2 (Continued)

ECONOMICAL INSULATION THICKNESS TABLE

IN INCHES
(nominal)

PIPE SIZE: 20'' NPS (Tube Size 20-1/2'' OD)
508 mm

At the intersection of the ''Δt'' column with the ''k'' row read the economical thickness.
(•—*exceeds 12'' thickness*)

D = 0.0020

Δt Celsius °C or Kelvin °K

CONDUCTIVITY Btu, in./sq ft, hr °F — W/mK

k	50	70	90	110	130	150	170	190	210	230	250	270	290	310	330	350	370	390	410	430	450	470	490	510	530	550	570	590	610	630	650	670	690	710	730	km
0.1	1.5	1.5	1.5	1.5	1.5	1.5	1.5	1.5	1.5	1.5	1.5	1.5	1.5	1.5	1.5	1.5	1.5	1.5	1.5	1.5	1.5	1.5	1.5	1.5	1.5	1.5	1.5	1.5	1.5	1.5	1.5	2.0	2.0	2.0	2.0	.0144
0.2	1.5	1.5	1.5	1.5	1.5	1.5	1.5	1.5	1.5	1.5	1.5	1.5	1.5	1.5	1.5	1.5	2.0	2.0	2.0	2.0	2.0	2.0	2.0	2.0	2.0	2.0	2.0	2.0	2.0	2.5	2.5	2.5	2.5	2.5	2.5	.0288
0.3	1.5	1.5	1.5	1.5	1.5	1.5	1.5	1.5	1.5	1.5	1.5	2.0	2.0	2.0	2.0	2.0	2.0	2.0	2.0	2.5	2.5	2.5	2.5	2.5	2.5	2.5	2.5	2.5	2.5	2.5	2.5	3.0	3.0	3.0	3.0	.0433
0.4	1.5	1.5	1.5	1.5	1.5	1.5	1.5	1.5	2.0	2.0	2.0	2.0	2.0	2.0	2.0	2.5	2.5	2.5	2.5	2.5	2.5	2.5	2.5	3.0	3.0	3.0	3.0	3.0	3.0	3.0	3.0	3.0	3.0	3.5	3.5	.0577
0.5	1.5	1.5	1.5	1.5	1.5	1.5	1.5	2.0	2.0	2.0	2.0	2.0	2.5	2.5	2.5	2.5	2.5	2.5	2.5	3.0	3.0	3.0	3.0	3.0	3.0	3.0	3.0	3.5	3.5	3.5	3.5	3.5	3.5	3.5	3.5	.0721
0.6	1.5	1.5	1.5	1.5	1.5	1.5	2.0	2.0	2.0	2.0	2.5	2.5	2.5	2.5	2.5	2.5	3.0	3.0	3.0	3.0	3.0	3.0	3.0	3.5	3.5	3.5	3.5	3.5	3.5	3.5	3.5	4.0	4.0	4.0	4.0	.0865
0.7	1.5	1.5	1.5	1.5	1.5	2.0	2.0	2.0	2.0	2.5	2.5	2.5	2.5	2.5	3.0	3.0	3.0	3.0	3.0	3.0	3.5	3.5	3.5	3.5	3.5	3.5	3.5	4.0	4.0	4.0	4.0	4.0	4.0	4.0	4.0	.1009
0.8	1.5	1.5	1.5	1.5	2.0	2.0	2.0	2.0	2.5	2.5	2.5	2.5	2.5	3.0	3.0	3.0	3.0	3.0	3.5	3.5	3.5	3.5	3.5	3.5	4.0	4.0	4.0	4.0	4.0	4.0	4.0	4.5	4.5	4.5	4.5	.1154
0.9	1.5	1.5	1.5	1.5	2.0	2.0	2.0	2.5	2.5	2.5	2.5	2.5	3.0	3.0	3.0	3.0	3.5	3.5	3.5	3.5	3.5	3.5	4.0	4.0	4.0	4.0	4.0	4.0	4.5	4.5	4.5	4.5	4.5	4.5	4.5	.1298
1.0	1.5	1.5	1.5	1.5	2.0	2.0	2.0	2.5	2.5	2.5	2.5	3.0	3.0	3.0	3.0	3.5	3.5	3.5	3.5	3.5	4.0	4.0	4.0	4.0	4.0	4.0	4.5	4.5	4.5	4.5	4.5	4.5	4.5	5.0	5.0	.1442
1.1	1.5	1.5	1.5	2.0	2.0	2.0	2.5	2.5	2.5	2.5	3.0	3.0	3.0	3.0	3.5	3.5	3.5	3.5	3.5	4.0	4.0	4.0	4.0	4.0	4.5	4.5	4.5	4.5	4.5	4.5	5.0	5.0	5.0	5.0	5.0	.1586
1.2	1.5	1.5	1.5	2.0	2.0	2.0	2.5	2.5	2.5	3.0	3.0	3.0	3.0	3.5	3.5	3.5	3.5	4.0	4.0	4.0	4.0	4.0	4.5	4.5	4.5	4.5	4.5	4.5	5.0	5.0	5.0	5.0	5.0	5.0	5.5	.1730
1.3	1.5	1.5	1.5	2.0	2.0	2.0	2.5	2.5	2.5	3.0	3.0	3.0	3.5	3.5	3.5	3.5	4.0	4.0	4.0	4.0	4.0	4.5	4.5	4.5	4.5	4.5	4.5	5.0	5.0	5.0	5.0	5.0	5.5	5.5	5.5	.1875
1.4	1.5	1.5	1.5	2.0	2.0	2.5	2.5	2.5	3.0	3.0	3.0	3.0	3.5	3.5	3.5	4.0	4.0	4.0	4.0	4.0	4.5	4.5	4.5	4.5	4.5	5.0	5.0	5.0	5.0	5.0	5.5	5.5	5.5	5.5	5.5	.2019
1.5	1.5	1.5	1.5	2.0	2.0	2.5	2.5	2.5	3.0	3.0	3.0	3.5	3.5	3.5	3.5	4.0	4.0	4.0	4.0	4.5	4.5	4.5	4.5	4.5	5.0	5.0	5.0	5.0	5.5	5.5	5.5	5.5	5.5	5.5	6.0	.2163
k	90	126	162	198	234	270	306	342	378	414	450	486	522	558	594	630	666	702	738	774	810	846	882	918	954	990	1026	1062	1098	1134	1170	1206	1242	1278	1314	km

Δt Fahrenheit

D = 0.0022

Δt Celsius °C or Kelvin °K

CONDUCTIVITY Btu, in./sq ft, hr °F — W/mK

k	50	70	90	110	130	150	170	190	210	230	250	270	290	310	330	350	370	390	410	430	450	470	490	510	530	550	570	590	610	630	650	670	690	710	730	km
0.1	1.5	1.5	1.5	1.5	1.5	1.5	1.5	1.5	1.5	1.5	1.5	1.5	1.5	1.5	1.5	1.5	1.5	1.5	1.5	1.5	1.5	1.5	1.5	1.5	1.5	1.5	1.5	1.5	2.0	2.0	2.0	2.0	2.0	2.0	2.0	.0144
0.2	1.5	1.5	1.5	1.5	1.5	1.5	1.5	1.5	1.5	1.5	1.5	1.5	1.5	1.5	2.0	2.0	2.0	2.0	2.0	2.0	2.0	2.0	2.0	2.0	2.0	2.0	2.5	2.5	2.5	2.5	2.5	2.5	2.5	2.5	2.5	.0288
0.3	1.5	1.5	1.5	1.5	1.5	1.5	1.5	1.5	1.5	2.0	2.0	2.0	2.0	2.0	2.0	2.0	2.0	2.5	2.5	2.5	2.5	2.5	2.5	2.5	2.5	2.5	2.5	2.5	3.0	3.0	3.0	3.0	3.0	3.0	3.0	.0433
0.4	1.5	1.5	1.5	1.5	1.5	1.5	1.5	2.0	2.0	2.0	2.0	2.0	2.0	2.5	2.5	2.5	2.5	2.5	2.5	2.5	2.5	3.0	3.0	3.0	3.0	3.0	3.0	3.0	3.0	3.0	3.5	3.5	3.5	3.5	3.5	.0577
0.5	1.5	1.5	1.5	1.5	1.5	1.5	2.0	2.0	2.0	2.0	2.0	2.5	2.5	2.5	2.5	2.5	2.5	3.0	3.0	3.0	3.0	3.0	3.0	3.0	3.5	3.5	3.5	3.5	3.5	3.5	3.5	3.5	3.5	4.0	4.0	.0721
0.6	1.5	1.5	1.5	1.5	1.5	2.0	2.0	2.0	2.0	2.5	2.5	2.5	2.5	2.5	2.5	3.0	3.0	3.0	3.0	3.0	3.0	3.5	3.5	3.5	3.5	3.5	3.5	3.5	4.0	4.0	4.0	4.0	4.0	4.0	4.0	.0865
0.7	1.5	1.5	1.5	1.5	2.0	2.0	2.0	2.0	2.5	2.5	2.5	2.5	2.5	3.0	3.0	3.0	3.0	3.0	3.5	3.5	3.5	3.5	3.5	3.5	3.5	4.0	4.0	4.0	4.0	4.0	4.0	4.0	4.5	4.5	4.5	.1009
0.8	1.5	1.5	1.5	1.5	2.0	2.0	2.0	2.5	2.5	2.5	2.5	3.0	3.0	3.0	3.0	3.0	3.5	3.5	3.5	3.5	3.5	3.5	4.0	4.0	4.0	4.0	4.0	4.0	4.5	4.5	4.5	4.5	4.5	4.5	4.5	.1154
0.9	1.5	1.5	1.5	2.0	2.0	2.0	2.5	2.5	2.5	2.5	3.0	3.0	3.0	3.0	3.0	3.5	3.5	3.5	3.5	3.5	4.0	4.0	4.0	4.0	4.0	4.0	4.5	4.5	4.5	4.5	4.5	4.5	4.5	5.0	5.0	.1298
1.1	1.5	1.5	1.5	2.0	2.0	2.0	2.5	2.5	2.5	3.0	3.0	3.0	3.0	3.5	3.5	3.5	3.5	3.5	4.0	4.0	4.0	4.0	4.0	4.5	4.5	4.5	4.5	4.5	4.5	4.5	5.0	5.0	5.0	5.0	5.0	.1442
1.1	1.5	1.5	1.5	2.0	2.0	2.0	2.5	2.5	2.5	3.0	3.0	3.0	3.5	3.5	3.5	3.5	3.5	4.0	4.0	4.0	4.0	4.0	4.5	4.5	4.5	4.5	4.5	5.0	5.0	5.0	5.0	5.0	5.0	5.5	5.5	.1586
1.2	1.5	1.5	1.5	2.0	2.0	2.5	2.5	2.5	3.0	3.0	3.0	3.0	3.5	3.5	3.5	3.5	4.0	4.0	4.0	4.0	4.5	4.5	4.5	4.5	4.5	4.5	5.0	5.0	5.0	5.0	5.0	5.5	5.5	5.5	5.5	.1730
1.3	1.5	1.5	1.5	2.0	2.0	2.5	2.5	2.5	3.0	3.0	3.0	3.5	3.5	3.5	3.5	4.0	4.0	4.0	4.0	4.5	4.5	4.5	4.5	4.5	5.0	5.0	5.0	5.0	5.0	5.5	5.5	5.5	5.5	5.5	6.0	.1875
1.4	1.5	1.5	2.0	2.0	2.0	2.5	2.5	3.0	3.0	3.0	3.5	3.5	3.5	3.5	4.0	4.0	4.0	4.0	4.5	4.5	4.5	4.5	4.5	5.0	5.0	5.0	5.0	5.5	5.5	5.5	5.5	5.5	6.0	6.0	6.0	.2019
1.5	1.5	1.5	2.0	2.0	2.0	2.5	2.5	3.0	3.0	3.0	3.5	3.5	3.5	4.0	4.0	4.0	4.0	4.5	4.5	4.5	4.5	5.0	5.0	5.0	5.0	5.5	5.5	5.5	5.5	5.5	6.0	6.0	6.0	6.0	6.0	.2163
k	90	126	162	198	234	270	306	342	378	414	450	486	522	558	594	630	666	702	738	774	810	846	882	918	954	990	1026	1062	1098	1134	1170	1206	1242	1278	1314	km

Δt Fahrenheit

D = 0.0025

Δt Celsius °C or Kelvin °K

Btu, in./sq ft, hr °F — W/mK

k	50	70	90	110	130	150	170	190	210	230	250	270	290	310	330	350	370	390	410	430	450	470	490	510	530	550	570	590	610	630	650	670	690	710	730	km
0.1	1.5	1.5	1.5	1.5	1.5	1.5	1.5	1.5	1.5	1.5	1.5	1.5	1.5	1.5	1.5	1.5	1.5	1.5	1.5	1.5	1.5	1.5	1.5	1.5	1.5	2.0	2.0	2.0	2.0	2.0	2.0	2.0	2.0	2.0	2.0	.0144
0.2	1.5	1.5	1.5	1.5	1.5	1.5	1.5	1.5	1.5	1.5	1.5	1.5	2.0	2.0	2.0	2.0	2.0	2.0	2.0	2.0	2.0	2.0	2.5	2.5	2.5	2.5	2.5	2.5	2.5	2.5	2.5	2.5	2.5	2.5	2.5	.0288
0.3	1.5	1.5	1.5	1.5	1.5	1.5	1.5	1.5	2.0	2.0	2.0	2.0	2.0	2.0	2.0	2.5	2.5	2.5	2.5	2.5	2.5	2.5	2.5	2.5	3.0	3.0	3.0	3.0	3.0	3.0	3.0	3.0	3.0	3.0	3.5	.0433
0.4	1.5	1.5	1.5	1.5	1.5	1.5	2.0	2.0	2.0	2.0	2.0	2.5	2.5	2.5	2.5	2.5	2.5	2.5	3.0	3.0	3.0	3.0	3.0	3.0	3.0	3.0	3.5	3.5	3.5	3.5	3.5	3.5	3.5	3.5	3.5	.0577
0.5	1.5	1.5	1.5	1.5	1.5	2.0	2.0	2.0	2.0	2.5	2.5	2.5	2.5	2.5	2.5	3.0	3.0	3.0	3.0	3.0	3.0	3.5	3.5	3.5	3.5	3.5	3.5	3.5	3.5	4.0	4.0	4.0	4.0	4.0	4.0	.0721
0.6	1.5	1.5	1.5	1.5	2.0	2.0	2.0	2.0	2.5	2.5	2.5	2.5	2.5	3.0	3.0	3.0	3.0	3.0	3.5	3.5	3.5	3.5	3.5	3.5	3.5	4.0	4.0	4.0	4.0	4.0	4.0	4.0	4.5	4.5	4.5	.0865
0.7	1.5	1.5	1.5	2.0	2.0	2.0	2.0	2.5	2.5	2.5	2.5	3.0	3.0	3.0	3.0	3.0	3.5	3.5	3.5	3.5	3.5	4.0	4.0	4.0	4.0	4.0	4.0	4.0	4.5	4.5	4.5	4.5	4.5	4.5	4.5	.1009
0.8	1.5	1.5	1.5	2.0	2.0	2.0	2.5	2.5	2.5	2.5	3.0	3.0	3.0	3.0	3.5	3.5	3.5	3.5	3.5	4.0	4.0	4.0	4.0	4.0	4.0	4.5	4.5	4.5	4.5	4.5	4.5	4.5	5.0	5.0	5.0	.1154
0.9	1.5	1.5	1.5	2.0	2.0	2.5	2.5	2.5	2.5	3.0	3.0	3.0	3.0	3.5	3.5	3.5	3.5	4.0	4.0	4.0	4.0	4.0	4.5	4.5	4.5	4.5	4.5	4.5	5.0	5.0	5.0	5.0	5.0	5.0	5.5	.1298
1.0	1.5	1.5	2.0	2.0	2.0	2.5	2.5	2.5	3.0	3.0	3.0	3.0	3.5	3.5	3.5	3.5	4.0	4.0	4.0	4.0	4.5	4.5	4.5	4.5	4.5	4.5	5.0	5.0	5.0	5.0	5.0	5.5	5.5	5.5	5.5	.1442
1.1	1.5	1.5	2.0	2.0	2.0	2.5	2.5	3.0	3.0	3.0	3.0	3.5	3.5	3.5	3.5	4.0	4.0	4.0	4.0	4.5	4.5	4.5	4.5	4.5	5.0	5.0	5.0	5.0	5.0	5.5	5.5	5.5	5.5	5.5	6.0	.1586
1.2	1.5	1.5	2.0	2.0	2.5	2.5	2.5	3.0	3.0	3.0	3.5	3.5	3.5	3.5	4.0	4.0	4.0	4.5	4.5	4.5	4.5	4.5	5.0	5.0	5.0	5.0	5.0	5.5	5.5	5.5	5.5	5.5	6.0	6.0	6.0	.1730
1.3	1.5	1.5	2.0	2.0	2.5	2.5	2.5	3.0	3.0	3.5	3.5	3.5	3.5	4.0	4.0	4.0	4.5	4.5	4.5	4.5	4.5	5.0	5.0	5.0	5.0	5.5	5.5	5.5	5.5	5.5	6.0	6.0	6.0	6.0	6.0	.1875
1.4	1.5	1.5	2.0	2.0	2.5	2.5	3.0	3.0	3.0	3.5	3.5	3.5	4.0	4.0	4.0	4.5	4.5	4.5	4.5	4.5	5.0	5.0	5.0	5.0	5.5	5.5	5.5	5.5	6.0	6.0	6.0	6.0	6.0	6.5	6.5	.2019
1.5	1.5	1.5	2.0	2.0	2.5	2.5	3.0	3.0	3.5	3.5	3.5	4.0	4.0	4.0	4.0	4.5	4.5	4.5	4.5	5.0	5.0	5.0	5.5	5.5	5.5	5.5	5.5	6.0	6.0	6.0	6.0	6.5	6.5	6.5	6.5	.2163
k	90	126	162	198	234	270	306	342	378	414	450	486	522	558	594	630	666	702	738	774	810	846	882	918	954	990	1026	1062	1098	1134	1170	1206	1242	1278	1314	km

Δt Fahrenheit

TABLE 2 (Sheet 101 of 128)

TEMPERATURE DIFFERENCE

ECONOMICAL INSULATION THICKNESS TABLE

IN INCHES
(nominal)

PIPE SIZE: 20'' NPS (Tube Size 20-1/2'' OD)
508 mm

At the intersection of the ''Δt'' column with the ''k'' row read the economical thickness.
(•—*exceeds 12'' thickness*)

D = 0.0030

CONDUCTIVITY Btu, in./sq ft, hr °F (rows k); W/mK (km)

Δt Celsius °C or Kelvin °K																																				
k	50	70	90	110	130	150	170	190	210	230	250	270	290	310	330	350	370	390	410	430	450	470	490	510	530	550	570	590	610	630	650	670	690	710	730	km
0.1	1.5	1.5	1.5	1.5	1.5	1.5	1.5	1.5	1.5	1.5	1.5	1.5	1.5	1.5	1.5	1.5	1.5	1.5	1.5	1.5	2.0	2.0	2.0	2.0	2.0	2.0	2.0	2.0	2.0	2.0	2.0	2.0	2.0	2.0	2.0	.0144
0.2	1.5	1.5	1.5	1.5	1.5	1.5	1.5	1.5	1.5	1.5	2.0	2.0	2.0	2.0	2.0	2.0	2.0	2.0	2.5	2.5	2.5	2.5	2.5	2.5	2.5	2.5	2.5	2.5	2.5	3.0	3.0	3.0	3.0	3.0	3.0	.0288
0.3	1.5	1.5	1.5	1.5	1.5	1.5	2.0	2.0	2.0	2.0	2.0	2.0	2.5	2.5	2.5	2.5	2.5	2.5	2.5	2.5	3.0	3.0	3.0	3.0	3.0	3.0	3.0	3.0	3.5	3.5	3.5	3.5	3.5	3.5	3.5	.0433
0.4	1.5	1.5	1.5	1.5	1.5	2.0	2.0	2.0	2.0	2.5	2.5	2.5	2.5	2.5	2.5	3.0	3.0	3.0	3.0	3.0	3.0	3.5	3.5	3.5	3.5	3.5	3.5	3.5	3.5	4.0	4.0	4.0	4.0	4.0	4.0	.0577
0.5	1.5	1.5	1.5	1.5	2.0	2.0	2.0	2.5	2.5	2.5	2.5	2.5	3.0	3.0	3.0	3.0	3.0	3.5	3.5	3.5	3.5	3.5	3.5	3.5	4.0	4.0	4.0	4.0	4.0	4.0	4.0	4.5	4.5	4.5	4.5	.0721
0.6	1.5	1.5	1.5	2.0	2.0	2.0	2.5	2.5	2.5	2.5	3.0	3.0	3.0	3.0	3.0	3.5	3.5	3.5	3.5	3.5	4.0	4.0	4.0	4.0	4.0	4.0	4.5	4.5	4.5	4.5	4.5	4.5	4.5	4.5	5.0	.0865
0.7	1.5	1.5	1.5	2.0	2.0	2.5	2.5	2.5	2.5	3.0	3.0	3.0	3.0	3.5	3.5	3.5	3.5	3.5	4.0	4.0	4.0	4.0	4.0	4.5	4.5	4.5	4.5	4.5	4.5	5.0	5.0	5.0	5.0	5.0	5.0	.1009
0.8	1.5	1.5	2.0	2.0	2.0	2.5	2.5	2.5	3.0	3.0	3.0	3.5	3.5	3.5	3.5	4.0	4.0	4.0	4.0	4.0	4.5	4.5	4.5	4.5	4.5	4.5	5.0	5.0	5.0	5.0	5.0	5.5	5.5	5.5	5.5	.1154
0.9	1.5	1.5	2.0	2.0	2.5	2.5	2.5	3.0	3.0	3.0	3.5	3.5	3.5	3.5	4.0	4.0	4.0	4.0	4.5	4.5	4.5	4.5	4.5	5.0	5.0	5.0	5.0	5.0	5.5	5.5	5.5	5.5	5.5	5.5	6.0	.1298
1.0	1.5	1.5	2.0	2.0	2.5	2.5	3.0	3.0	3.0	3.5	3.5	3.5	3.5	4.0	4.0	4.0	4.0	4.5	4.5	4.5	4.5	5.0	5.0	5.0	5.0	5.0	5.5	5.5	5.5	5.5	5.5	6.0	6.0	6.0	6.0	.1442
1.1	1.5	1.5	2.0	2.0	2.5	2.5	3.0	3.0	3.0	3.5	3.5	3.5	4.0	4.0	4.0	4.5	4.5	4.5	4.5	4.5	5.0	5.0	5.0	5.0	5.5	5.5	5.5	5.5	6.0	6.0	6.0	6.0	6.0	6.5	6.5	.1586
1.2	1.5	2.0	2.0	2.5	2.5	3.0	3.0	3.0	3.5	3.5	3.5	4.0	4.0	4.0	4.5	4.5	4.5	4.5	5.0	5.0	5.0	5.0	5.5	5.5	5.5	5.5	6.0	6.0	6.0	6.0	6.0	6.5	6.5	6.5	6.5	.1730
1.3	1.5	2.0	2.0	2.5	2.5	3.0	3.0	3.0	3.5	3.5	4.0	4.0	4.0	4.5	4.5	4.5	4.5	5.0	5.0	5.0	5.5	5.5	5.5	5.5	5.5	6.0	6.0	6.0	6.0	6.5	6.5	6.5	6.5	7.0	7.0	.1875
1.4	1.5	2.0	2.0	2.5	2.5	3.0	3.0	3.5	3.5	3.5	4.0	4.0	4.0	4.5	4.5	4.5	5.0	5.0	5.0	5.5	5.5	5.5	5.5	6.0	6.0	6.0	6.0	6.5	6.5	6.5	6.5	7.0	7.0	7.0	7.0	.2019
1.5	1.5	2.0	2.0	2.5	2.5	3.0	3.0	3.5	3.5	4.0	4.0	4.0	4.5	4.5	4.5	5.0	5.0	5.0	5.5	5.5	5.5	5.5	6.0	6.0	6.0	6.0	6.5	6.5	6.5	7.0	7.0	7.0	7.0	7.0	7.5	.2163
k	90	126	162	198	234	270	306	342	378	414	450	486	522	558	594	630	666	702	738	774	810	846	882	918	954	990	1026	1062	1098	1134	1170	1206	1242	1278	1314	km
Δt Fahrenheit																																				

D = 0.0035

CONDUCTIVITY Btu, in./sq ft, hr °F (rows k); W/mK (km)

Δt Celsius °C or Kelvin °K																																				
k	50	70	90	110	130	150	170	190	210	230	250	270	290	310	330	350	370	390	410	430	450	470	490	510	530	550	570	590	610	630	650	670	690	710	730	km
0.1	1.5	1.5	1.5	1.5	1.5	1.5	1.5	1.5	1.5	1.5	1.5	1.5	1.5	1.5	1.5	1.5	1.5	2.0	2.0	2.0	2.0	2.0	2.0	2.0	2.0	2.0	2.0	2.0	2.0	2.0	2.0	2.5	2.5	2.5	2.5	.0144
0.2	1.5	1.5	1.5	1.5	1.5	1.5	1.5	1.5	2.0	2.0	2.0	2.0	2.0	2.0	2.0	2.5	2.5	2.5	2.5	2.5	2.5	2.5	2.5	2.5	2.5	3.0	3.0	3.0	3.0	3.0	3.0	3.0	3.0	3.0	3.0	.0288
0.3	1.5	1.5	1.5	1.5	1.5	2.0	2.0	2.0	2.0	2.0	2.5	2.5	2.5	2.5	2.5	2.5	2.5	3.0	3.0	3.0	3.0	3.0	3.0	3.0	3.5	3.5	3.5	3.5	3.5	3.5	3.5	3.5	3.5	4.0	4.0	.0433
0.4	1.5	1.5	1.5	1.5	2.0	2.0	2.0	2.0	2.5	2.5	2.5	2.5	3.0	3.0	3.0	3.0	3.0	3.0	3.5	3.5	3.5	3.5	3.5	3.5	3.5	4.0	4.0	4.0	4.0	4.0	4.0	4.0	4.0	4.5	4.5	.0577
0.5	1.5	1.5	1.5	2.0	2.0	2.0	2.5	2.5	2.5	2.5	3.0	3.0	3.0	3.0	3.0	3.5	3.5	3.5	3.5	3.5	4.0	4.0	4.0	4.0	4.0	4.0	4.5	4.5	4.5	4.5	4.5	4.5	4.5	4.5	5.0	.0721
0.6	1.5	1.5	2.0	2.0	2.0	2.5	2.5	2.5	3.0	3.0	3.0	3.0	3.5	3.5	3.5	3.5	3.5	4.0	4.0	4.0	4.0	4.0	4.5	4.5	4.5	4.5	4.5	4.5	4.5	5.0	5.0	5.0	5.0	5.0	5.0	.0865
0.7	1.5	1.5	2.0	2.0	2.5	2.5	2.5	3.0	3.0	3.0	3.0	3.5	3.5	3.5	3.5	4.0	4.0	4.0	4.0	4.0	4.5	4.5	4.5	4.5	4.5	5.0	5.0	5.0	5.0	5.0	5.5	5.5	5.5	5.5	5.5	.1009
0.8	1.5	1.5	2.0	2.0	2.5	2.5	3.0	3.0	3.0	3.5	3.5	3.5	3.5	4.0	4.0	4.0	4.0	4.5	4.5	4.5	4.5	4.5	5.0	5.0	5.0	5.0	5.0	5.5	5.5	5.5	5.5	5.5	6.0	6.0	6.0	.1154
0.9	1.5	2.0	2.0	2.5	2.5	2.5	3.0	3.0	3.5	3.5	3.5	3.5	4.0	4.0	4.0	4.5	4.5	4.5	4.5	4.5	5.0	5.0	5.0	5.0	5.5	5.5	5.5	5.5	5.5	6.0	6.0	6.0	6.0	6.0	6.5	.1298
1.0	1.5	2.0	2.0	2.5	2.5	3.0	3.0	3.0	3.5	3.5	3.5	4.0	4.0	4.0	4.5	4.5	4.5	4.5	5.0	5.0	5.0	5.0	5.5	5.5	5.5	5.5	6.0	6.0	6.0	6.0	6.0	6.5	6.5	6.5	6.5	.1442
1.1	1.5	2.0	2.0	2.5	2.5	3.0	3.0	3.5	3.5	3.5	4.0	4.0	4.0	4.5	4.5	4.5	4.5	5.0	5.0	5.0	5.5	5.5	5.5	5.5	6.0	6.0	6.0	6.0	6.5	6.5	6.5	6.5	7.0	7.0	7.0	.1586
1.2	1.5	2.0	2.0	2.5	3.0	3.0	3.0	3.5	3.5	4.0	4.0	4.0	4.5	4.5	4.5	5.0	5.0	5.0	5.5	5.5	5.5	5.5	6.0	6.0	6.0	6.0	6.5	6.5	6.5	6.5	7.0	7.0	7.0	7.0	7.0	.1730
1.3	1.5	2.0	2.5	2.5	3.0	3.0	3.5	3.5	4.0	4.0	4.0	4.5	4.5	4.5	5.0	5.0	5.0	5.5	5.5	5.5	5.5	6.0	6.0	6.0	6.0	6.5	6.5	6.5	7.0	7.0	7.0	7.0	7.0	7.5	7.5	.1875
1.4	1.5	2.0	2.5	2.5	3.0	3.0	3.5	3.5	4.0	4.0	4.5	4.5	4.5	5.0	5.0	5.0	5.5	5.5	5.5	5.5	6.0	6.0	6.0	6.5	6.5	6.5	7.0	7.0	7.0	7.0	7.0	7.5	7.5	7.5	7.5	.2019
1.5	1.5	2.0	2.5	2.5	3.0	3.5	3.5	3.5	4.0	4.0	4.5	4.5	4.5	5.0	5.0	5.5	5.5	5.5	6.0	6.0	6.0	6.0	6.5	6.5	6.5	7.0	7.0	7.0	7.0	7.5	7.5	7.5	7.5	8.0	8.0	.2163
k	90	126	162	198	234	270	306	342	378	414	450	486	522	558	594	630	666	702	738	774	810	846	882	918	954	990	1026	1062	1098	1134	1170	1206	1242	1278	1314	km
Δt Fahrenheit																																				

D = 0.0040

CONDUCTIVITY Btu, in./sq ft, hr °F (rows k); W/mK (km)

Δt Celsius °C or Kelvin °K																																				
k	50	70	90	110	130	150	170	190	210	230	250	270	290	310	330	350	370	390	410	430	450	470	490	510	530	550	570	590	610	630	650	670	690	710	730	km
0.1	1.5	1.5	1.5	1.5	1.5	1.5	1.5	1.5	1.5	1.5	1.5	1.5	1.5	1.5	1.5	2.0	2.0	2.0	2.0	2.0	2.0	2.0	2.0	2.0	2.0	2.0	2.0	2.5	2.5	2.5	2.5	2.5	2.5	2.5	2.5	.0144
0.2	1.5	1.5	1.5	1.5	1.5	1.5	1.5	2.0	2.0	2.0	2.0	2.0	2.0	2.5	2.5	2.5	2.5	2.5	2.5	2.5	2.5	2.5	3.0	3.0	3.0	3.0	3.0	3.0	3.0	3.0	3.0	3.5	3.5	3.5	3.5	.0288
0.3	1.5	1.5	1.5	1.5	2.0	2.0	2.0	2.0	2.0	2.5	2.5	2.5	2.5	2.5	3.0	3.0	3.0	3.0	3.0	3.0	3.0	3.5	3.5	3.5	3.5	3.5	3.5	3.5	4.0	4.0	4.0	4.0	4.0	4.0	4.0	.0433
0.4	1.5	1.5	1.5	2.0	2.0	2.0	2.5	2.5	2.5	2.5	2.5	3.0	3.0	3.0	3.0	3.0	3.5	3.5	3.5	3.5	3.5	3.5	4.0	4.0	4.0	4.0	4.0	4.0	4.5	4.5	4.5	4.5	4.5	4.5	4.5	.0577
0.5	1.5	1.5	2.0	2.0	2.0	2.5	2.5	2.5	2.5	3.0	3.0	3.0	3.0	3.5	3.5	3.5	3.5	4.0	4.0	4.0	4.0	4.0	4.0	4.5	4.5	4.5	4.5	4.5	4.5	5.0	5.0	5.0	5.0	5.0	5.0	.0721
0.6	1.5	1.5	2.0	2.0	2.5	2.5	2.5	3.0	3.0	3.0	3.0	3.5	3.5	3.5	3.5	4.0	4.0	4.0	4.0	4.5	4.5	4.5	4.5	4.5	4.5	5.0	5.0	5.0	5.0	5.0	5.5	5.5	5.5	5.5	5.5	.0865
0.7	1.5	2.0	2.0	2.5	2.5	2.5	3.0	3.0	3.0	3.5	3.5	3.5	3.5	4.0	4.0	4.0	4.0	4.5	4.5	4.5	4.5	5.0	5.0	5.0	5.0	5.0	5.5	5.5	5.5	5.5	5.5	6.0	6.0	6.0	6.0	.1009
0.8	1.5	2.0	2.0	2.5	2.5	3.0	3.0	3.0	3.5	3.5	3.5	4.0	4.0	4.0	4.0	4.5	4.5	4.5	4.5	5.0	5.0	5.0	5.0	5.5	5.5	5.5	5.5	5.5	6.0	6.0	6.0	6.0	6.0	6.5	6.5	.1154
0.9	1.5	2.0	2.0	2.5	2.5	3.0	3.0	3.5	3.5	3.5	4.0	4.0	4.0	4.5	4.5	4.5	4.5	5.0	5.0	5.0	5.0	5.5	5.5	5.5	5.5	6.0	6.0	6.0	6.0	6.5	6.5	6.5	6.5	6.5	7.0	.1298
1.0	1.5	2.0	2.5	2.5	3.0	3.0	3.0	3.5	3.5	4.0	4.0	4.0	4.5	4.5	4.5	5.0	5.0	5.0	5.5	5.5	5.5	5.5	5.5	6.0	6.0	6.0	6.0	6.5	6.5	6.5	6.5	7.0	7.0	7.0	7.0	.1442
1.1	1.5	2.0	2.5	2.5	3.0	3.0	3.5	3.5	4.0	4.0	4.0	4.5	4.5	4.5	5.0	5.0	5.0	5.5	5.5	5.5	5.5	6.0	6.0	6.0	6.0	6.5	6.5	6.5	7.0	7.0	7.0	7.0	7.0	7.5	7.5	.1586
1.2	1.5	2.0	2.5	2.5	3.0	3.5	3.5	3.5	4.0	4.0	4.5	4.5	4.5	5.0	5.0	5.0	5.5	5.5	5.5	6.0	6.0	6.0	6.0	6.5	6.5	6.5	7.0	7.0	7.0	7.0	7.0	7.5	7.5	7.5	7.5	.1730
1.3	1.5	2.0	2.5	3.0	3.0	3.5	3.5	4.0	4.0	4.5	4.5	4.5	5.0	5.0	5.0	5.5	5.5	5.5	6.0	6.0	6.0	6.5	6.5	6.5	7.0	7.0	7.0	7.0	7.0	7.5	7.5	7.5	7.5	8.0	8.0	.1875
1.4	2.0	2.0	2.5	3.0	3.0	3.5	3.5	4.0	4.0	4.5	4.5	4.5	5.0	5.0	5.5	5.5	5.5	6.0	6.0	6.0	6.5	6.5	6.5	7.0	7.0	7.0	7.0	7.5	7.5	7.5	7.5	8.0	8.0	8.0	8.5	.2019
1.5	2.0	2.0	2.5	3.0	3.0	3.5	4.0	4.0	4.5	4.5	4.5	5.0	5.0	5.5	5.5	5.5	6.0	6.0	6.0	6.5	6.5	7.0	7.0	7.0	7.0	7.5	7.5	7.5	7.5	8.0	8.0	8.0	8.5	8.5	8.5	.2163
k	90	126	162	198	234	270	306	342	378	414	450	486	522	558	594	630	666	702	738	774	810	846	882	918	954	990	1026	1062	1098	1134	1170	1206	1242	1278	1314	km
Δt Fahrenheit																																				

TEMPERATURE DIFFERENCE

TABLE 2 (Continued)

ECONOMICAL INSULATION THICKNESS TABLE

IN INCHES
(nominal)

PIPE SIZE: 20'' NPS (Tube Size 20-1/2'' OD)
508 mm

At the intersection of the ''Δt'' column with the ''k'' row read the economical thickness.
(•—*exceeds 12'' thickness*)

D = 0.0045

Δt Celsius °C or Kelvin °K

CONDUCTIVITY Btu, in./sq ft, hr °F

k	50	70	90	110	130	150	170	190	210	230	250	270	290	310	330	350	370	390	410	430	450	470	490	510	530	550	570	590	610	630	650	670	690	710	730	km (W/mK)
0.1	1.5	1.5	1.5	1.5	1.5	1.5	1.5	1.5	1.5	1.5	1.5	1.5	1.5	2.0	2.0	2.0	2.0	2.0	2.0	2.0	2.0	2.0	2.0	2.0	2.5	2.5	2.5	2.5	2.5	2.5	2.5	2.5	2.5	2.5	2.5	.0144
0.2	1.5	1.5	1.5	1.5	1.5	1.5	2.0	2.0	2.0	2.0	2.0	2.0	2.5	2.5	2.5	2.5	2.5	2.5	2.5	3.0	3.0	3.0	3.0	3.0	3.0	3.0	3.0	3.5	3.5	3.5	3.5	3.5	3.5	3.5	3.5	.0288
0.3	1.5	1.5	1.5	1.5	2.0	2.0	2.0	2.5	2.5	2.5	2.5	2.5	3.0	3.0	3.0	3.0	3.0	3.0	3.5	3.5	3.5	3.5	3.5	3.5	3.5	4.0	4.0	4.0	4.0	4.0	4.0	4.0	4.0	4.5	4.5	.0433
0.4	1.5	1.5	2.0	2.0	2.0	2.5	2.5	2.5	2.5	3.0	3.0	3.0	3.0	3.0	3.5	3.5	3.5	3.5	3.5	4.0	4.0	4.0	4.0	4.0	4.0	4.5	4.5	4.5	4.5	4.5	4.5	4.5	5.0	5.0	5.0	.0577
0.5	1.5	1.5	2.0	2.0	2.5	2.5	2.5	3.0	3.0	3.0	3.0	3.5	3.5	3.5	3.5	4.0	4.0	4.0	4.0	4.0	4.5	4.5	4.5	4.5	4.5	4.5	5.0	5.0	5.0	5.0	5.0	5.0	5.5	5.5	5.5	.0721
0.6	1.5	2.0	2.0	2.5	2.5	2.5	3.0	3.0	3.0	3.5	3.5	3.5	3.5	4.0	4.0	4.0	4.0	4.5	4.5	4.5	4.5	4.5	5.0	5.0	5.0	5.0	5.5	5.5	5.5	5.5	5.5	5.5	6.0	6.0	6.0	.0865
0.7	1.5	2.0	2.0	2.5	2.5	3.0	3.0	3.0	3.5	3.5	3.5	4.0	4.0	4.0	4.0	4.5	4.5	4.5	4.5	5.0	5.0	5.0	5.0	5.5	5.5	5.5	5.5	5.5	6.0	6.0	6.0	6.0	6.0	6.5	6.5	.1009
0.8	1.5	2.0	2.5	2.5	2.5	3.0	3.0	3.5	3.5	3.5	4.0	4.0	4.0	4.5	4.5	4.5	4.5	5.0	5.0	5.0	5.5	5.5	5.5	5.5	6.0	6.0	6.0	6.0	6.0	6.5	6.5	6.5	6.5	7.0	7.0	.1154
0.9	1.5	2.0	2.5	2.5	3.0	3.0	3.5	3.5	3.5	4.0	4.0	4.5	4.5	4.5	4.5	5.0	5.0	5.0	5.5	5.5	5.5	5.5	6.0	6.0	6.0	6.0	6.5	6.5	6.5	6.5	7.0	7.0	7.0	7.0	7.0	.1298
1.0	2.0	2.0	2.5	2.5	3.0	3.0	3.5	3.5	4.0	4.0	4.5	4.5	4.5	4.5	5.0	5.0	5.5	5.5	5.5	5.5	6.0	6.0	6.0	6.0	6.5	6.5	6.5	7.0	7.0	7.0	7.0	7.0	7.5	7.5	7.5	.1442
1.1	2.0	2.0	2.5	3.0	3.0	3.5	3.5	4.0	4.0	4.0	4.5	4.5	5.0	5.0	5.0	5.5	5.5	5.5	6.0	6.0	6.0	6.0	6.5	6.5	6.5	7.0	7.0	7.0	7.0	7.5	7.5	7.5	7.5	8.0	8.0	.1586
1.2	2.0	2.0	2.5	3.0	3.0	3.5	3.5	4.0	4.0	4.5	4.5	4.5	5.0	5.0	5.5	5.5	5.5	6.0	6.0	6.0	6.5	6.5	6.5	7.0	7.0	7.0	7.0	7.5	7.5	7.5	7.5	8.0	8.0	8.0	8.0	.1730
1.3	2.0	2.5	2.5	3.0	3.5	3.5	4.0	4.0	4.5	4.5	4.5	5.0	5.0	5.5	5.5	5.5	6.0	6.0	6.0	6.5	6.5	7.0	7.0	7.0	7.0	7.5	7.5	7.5	7.5	8.0	8.0	8.0	8.5	8.5	8.5	.1875
1.4	2.0	2.5	2.5	3.0	3.5	3.5	4.0	4.0	4.5	4.5	5.0	5.0	5.5	5.5	5.5	6.0	6.0	6.5	6.5	6.5	7.0	7.0	7.0	7.0	7.5	7.5	7.5	8.0	8.0	8.0	8.5	8.5	8.5	8.5	8.5	.2019
1.5	2.0	2.5	3.0	3.0	3.5	4.0	4.0	4.5	4.5	5.0	5.0	5.5	5.5	5.5	6.0	6.0	6.5	6.5	6.5	7.0	7.0	7.0	7.5	7.5	7.5	8.0	8.0	8.0	8.0	8.5	8.5	8.5	8.5	9.0	9.0	.2163
k	90	126	162	198	234	270	306	342	378	414	450	486	522	558	594	630	666	702	738	774	810	846	882	918	954	990	1026	1062	1098	1134	1170	1206	1242	1278	1314	km

Δt Fahrenheit

D = 0.0050

Δt Celsius °C or Kelvin °K

CONDUCTIVITY Btu, in./sq ft, hr °F

k	50	70	90	110	130	150	170	190	210	230	250	270	290	310	330	350	370	390	410	430	450	470	490	510	530	550	570	590	610	630	650	670	690	710	730	km (W/mK)
0.1	1.5	1.5	1.5	1.5	1.5	1.5	1.5	1.5	1.5	1.5	1.5	2.0	2.0	2.0	2.0	2.0	2.0	2.0	2.0	2.0	2.0	2.5	2.5	2.5	2.5	2.5	2.5	2.5	2.5	2.5	2.5	2.5	2.5	2.5	3.0	.0144
0.2	1.5	1.5	1.5	1.5	1.5	2.0	2.0	2.0	2.0	2.0	2.5	2.5	2.5	2.5	2.5	2.5	2.5	3.0	3.0	3.0	3.0	3.0	3.0	3.0	3.5	3.5	3.5	3.5	3.5	3.5	3.5	3.5	3.5	3.5	4.0	.0288
0.3	1.5	1.5	1.5	2.0	2.0	2.0	2.0	2.5	2.5	2.5	2.5	3.0	3.0	3.0	3.0	3.0	3.5	3.5	3.5	3.5	3.5	3.5	4.0	4.0	4.0	4.0	4.0	4.0	4.0	4.0	4.5	4.5	4.5	4.5	4.5	.0433
0.4	1.5	1.5	2.0	2.0	2.0	2.5	2.5	2.5	3.0	3.0	3.0	3.0	3.5	3.5	3.5	3.5	3.5	4.0	4.0	4.0	4.0	4.0	4.5	4.5	4.5	4.5	4.5	4.5	4.5	5.0	5.0	5.0	5.0	5.0	5.0	.0577
0.5	1.5	2.0	2.0	2.0	2.5	2.5	3.0	3.0	3.0	3.0	3.5	3.5	3.5	4.0	4.0	4.0	4.0	4.0	4.5	4.5	4.5	4.5	4.5	5.0	5.0	5.0	5.0	5.0	5.5	5.5	5.5	5.5	5.5	5.5	6.0	.0721
0.6	1.5	2.0	2.0	2.5	2.5	3.0	3.0	3.0	3.5	3.5	3.5	4.0	4.0	4.0	4.0	4.5	4.5	4.5	4.5	5.0	5.0	5.0	5.0	5.0	5.5	5.5	5.5	5.5	5.5	6.0	6.0	6.0	6.0	6.0	6.5	.0865
0.7	1.5	2.0	2.5	2.5	3.0	3.0	3.0	3.5	3.5	3.5	4.0	4.0	4.0	4.5	4.5	4.5	4.5	5.0	5.0	5.0	5.5	5.5	5.5	5.5	5.5	6.0	6.0	6.0	6.0	6.5	6.5	6.5	6.5	6.5	7.0	.1009
0.8	1.5	2.0	2.5	2.5	3.0	3.0	3.5	3.5	4.0	4.0	4.0	4.5	4.5	4.5	4.5	5.0	5.0	5.0	5.5	5.5	5.5	5.5	6.0	6.0	6.0	6.0	6.5	6.5	6.5	6.5	7.0	7.0	7.0	7.0	7.0	.1154
0.9	2.0	2.0	2.5	3.0	3.0	3.5	3.5	3.5	4.0	4.0	4.5	4.5	4.5	5.0	5.0	5.0	5.5	5.5	5.5	5.5	6.0	6.0	6.0	6.5	6.5	6.5	7.0	7.0	7.0	7.0	7.0	7.5	7.5	7.5	7.5	.1298
1.0	2.0	2.5	2.5	3.0	3.0	3.5	3.5	4.0	4.0	4.5	4.5	4.5	5.0	5.0	5.0	5.5	5.5	5.5	6.0	6.0	6.0	6.5	6.5	6.5	7.0	7.0	7.0	7.0	7.5	7.5	7.5	7.5	7.5	8.0	8.0	.1442
1.1	2.0	2.5	2.5	3.0	3.5	3.5	4.0	4.0	4.5	4.5	4.5	5.0	5.0	5.5	5.5	5.5	6.0	6.0	6.0	6.5	6.5	6.5	7.0	7.0	7.0	7.0	7.5	7.5	7.5	7.5	8.0	8.0	8.0	8.0	8.5	.1586
1.2	2.0	2.5	3.0	3.0	3.5	3.5	4.0	4.0	4.5	4.5	5.0	5.0	5.0	5.5	5.5	6.0	6.0	6.0	6.5	6.5	7.0	7.0	7.0	7.0	7.5	7.5	7.5	7.5	8.0	8.0	8.0	8.5	8.5	8.5	8.5	.1730
1.3	2.0	2.5	3.0	3.0	3.5	4.0	4.0	4.5	4.5	5.0	5.0	5.5	5.5	5.5	6.0	6.0	6.0	6.5	6.5	7.0	7.0	7.0	7.5	7.5	7.5	7.5	8.0	8.0	8.0	8.5	8.5	8.5	8.5	9.0	9.0	.1875
1.4	2.0	2.5	3.0	3.5	3.5	4.0	4.0	4.5	4.5	5.0	5.0	5.5	5.5	6.0	6.0	6.0	6.5	6.5	7.0	7.0	7.0	7.5	7.5	7.5	8.0	8.0	8.0	8.5	8.5	8.5	8.5	9.0	9.0	9.0	9.5	.2019
1.5	2.0	2.5	3.0	3.5	3.5	4.0	4.5	4.5	5.0	5.0	5.5	5.5	6.0	6.0	6.0	6.5	6.5	7.0	7.0	7.0	7.5	7.5	7.5	8.0	8.0	8.0	8.5	8.5	8.5	9.0	9.0	9.0	9.5	9.5	9.5	.2163
k	90	126	162	198	234	270	306	342	378	414	450	486	522	558	594	630	666	702	738	774	810	846	882	918	954	990	1026	1062	1098	1134	1170	1206	1242	1278	1314	km

Δt Fahrenheit

D = 0.0060

Δt Celsius °C or Kelvin °K

CONDUCTIVITY Btu, in./sq ft, hr °F

k	50	70	90	110	130	150	170	190	210	230	250	270	290	310	330	350	370	390	410	430	450	470	490	510	530	550	570	590	610	630	650	670	690	710	730	km (W/mK)
0.1	1.5	1.5	1.5	1.5	1.5	1.5	1.5	1.5	1.5	2.0	2.0	2.0	2.0	2.0	2.0	2.0	2.0	2.5	2.5	2.5	2.5	2.5	2.5	2.5	2.5	2.5	2.5	2.5	3.0	3.0	3.0	3.0	3.0	3.0	3.0	.0144
0.2	1.5	1.5	1.5	1.5	2.0	2.0	2.0	2.0	2.5	2.5	2.5	2.5	2.5	2.5	3.0	3.0	3.0	3.0	3.0	3.0	3.5	3.5	3.5	3.5	3.5	3.5	3.5	3.5	4.0	4.0	4.0	4.0	4.0	4.0	4.0	.0288
0.3	1.5	1.5	2.0	2.0	2.0	2.5	2.5	2.5	2.5	3.0	3.0	3.0	3.0	3.5	3.5	3.5	3.5	3.5	4.0	4.0	4.0	4.0	4.0	4.0	4.5	4.5	4.5	4.5	4.5	4.5	4.5	4.5	5.0	5.0	5.0	.0433
0.4	1.5	2.0	2.0	2.0	2.5	2.5	3.0	3.0	3.0	3.0	3.5	3.5	3.5	3.5	4.0	4.0	4.0	4.0	4.5	4.5	4.5	4.5	4.5	4.5	5.0	5.0	5.0	5.0	5.0	5.5	5.5	5.5	5.5	5.5	5.5	.0577
0.5	1.5	2.0	2.0	2.5	2.5	3.0	3.0	3.0	3.5	3.5	3.5	4.0	4.0	4.0	4.0	4.5	4.5	4.5	4.5	5.0	5.0	5.0	5.0	5.5	5.5	5.5	5.5	5.5	6.0	6.0	6.0	6.0	6.0	6.5	6.5	.0721
0.6	1.5	2.0	2.5	2.5	3.0	3.0	3.5	3.5	3.5	4.0	4.0	4.0	4.5	4.5	4.5	4.5	5.0	5.0	5.0	5.5	5.5	5.5	5.5	5.5	6.0	6.0	6.0	6.0	6.5	6.5	6.5	6.5	7.0	7.0	7.0	.0865
0.7	2.0	2.0	2.5	3.0	3.0	3.5	3.5	3.5	4.0	4.0	4.5	4.5	4.5	4.5	5.0	5.0	5.0	5.5	5.5	5.5	6.0	6.0	6.0	6.0	6.5	6.5	6.5	6.5	7.0	7.0	7.0	7.0	7.0	7.5	7.5	.1009
0.8	2.0	2.5	2.5	3.0	3.0	3.5	3.5	4.0	4.0	4.5	4.5	4.5	5.0	5.0	5.0	5.5	5.5	5.5	6.0	6.0	6.0	6.5	6.5	6.5	7.0	7.0	7.0	7.0	7.0	7.5	7.5	7.5	7.5	8.0	8.0	.1154
0.9	2.0	2.5	2.5	3.0	3.5	3.5	4.0	4.0	4.5	4.5	4.5	5.0	5.0	5.5	5.5	5.5	6.0	6.0	6.0	6.5	6.5	6.5	7.0	7.0	7.0	7.0	7.5	7.5	7.5	7.5	8.0	8.0	8.0	8.0	8.5	.1298
1.0	2.0	2.5	3.0	3.0	3.5	4.0	4.0	4.5	4.5	4.5	5.0	5.0	5.5	5.5	6.0	6.0	6.0	6.5	6.5	6.5	7.0	7.0	7.0	7.5	7.5	7.5	7.5	8.0	8.0	8.0	8.5	8.5	8.5	8.5	8.5	.1442
1.1	2.0	2.5	3.0	3.5	3.5	4.0	4.0	4.5	4.5	5.0	5.0	5.5	5.5	6.0	6.0	6.0	6.5	6.5	7.0	7.0	7.0	7.5	7.5	7.5	7.5	8.0	8.0	8.0	8.5	8.5	8.5	8.5	9.0	9.0	9.0	.1586
1.2	2.0	2.5	3.0	3.5	4.0	4.0	4.5	4.5	5.0	5.0	5.5	5.5	6.0	6.0	6.5	6.5	6.5	7.0	7.0	7.0	7.5	7.5	7.5	8.0	8.0	8.0	8.5	8.5	8.5	9.0	9.0	9.0	9.5	9.5	9.5	.1730
1.3	2.0	2.5	3.0	3.5	4.0	4.0	4.5	4.5	5.0	5.5	5.5	6.0	6.0	6.5	6.5	7.0	7.0	7.0	7.5	7.5	7.5	8.0	8.0	8.0	8.5	8.5	8.5	9.0	9.0	9.0	9.5	9.5	9.5	10.0	10.0	.1875
1.4	2.5	3.0	3.0	3.5	4.0	4.5	4.5	5.0	5.0	5.5	5.5	6.0	6.0	6.5	7.0	7.0	7.0	7.5	7.5	7.5	8.0	8.0	8.5	8.5	8.5	9.0	9.0	9.0	9.5	9.5	9.5	10.0	10.0	10.0	10.5	.2019
1.5	2.5	3.0	3.5	3.5	4.0	4.5	4.5	5.0	5.5	5.5	6.0	6.0	6.5	6.5	7.0	7.0	7.5	7.5	8.0	8.0	8.0	8.5	8.5	8.5	9.0	9.0	9.5	9.5	9.5	10.0	10.0	10.0	10.5	10.5	10.5	.2163
k	90	126	162	198	234	270	306	342	378	414	450	486	522	558	594	630	666	702	738	774	810	846	882	918	954	990	1026	1062	1098	1134	1170	1206	1242	1278	1314	km

Δt Fahrenheit

TABLE 2 (Sheet 103 of 128)

TEMPERATURE DIFFERENCE

ECONOMICAL INSULATION THICKNESS TABLE

IN INCHES
(nominal)

PIPE SIZE: 20'' NPS (Tube Size 20-1/2'' OD)
508 mm

At the intersection of the ''Δt'' column with the ''k'' row read the economical thickness.
(*•—exceeds 12'' thickness*)

D = 0.0070

Δt Celsius °C or Kelvin °K

k	50	70	90	110	130	150	170	190	210	230	250	270	290	310	330	350	370	390	410	430	450	470	490	510	530	550	570	590	610	630	650	670	690	710	730	km
0.1	1.5	1.5	1.5	1.5	1.5	1.5	1.5	1.5	2.0	2.0	2.0	2.0	2.0	2.0	2.0	2.5	2.5	2.5	2.5	2.5	2.5	2.5	2.5	2.5	3.0	3.0	3.0	3.0	3.0	3.0	3.0	3.0	3.0	3.0	3.0	.0144
0.2	1.5	1.5	1.5	2.0	2.0	2.0	2.0	2.5	2.5	2.5	2.5	3.0	3.0	3.0	3.0	3.0	3.0	3.5	3.5	3.5	3.5	3.5	3.5	4.0	4.0	4.0	4.0	4.0	4.0	4.0	4.0	4.5	4.5	4.5	4.5	.0288
0.3	1.5	1.5	2.0	2.0	2.5	2.5	2.5	3.0	3.0	3.0	3.0	3.5	3.5	3.5	3.5	4.0	4.0	4.0	4.0	4.0	4.0	4.5	4.5	4.5	4.5	4.5	4.5	5.0	5.0	5.0	5.0	5.0	5.0	5.5	5.5	.0433
0.4	1.5	2.0	2.0	2.5	2.5	3.0	3.0	3.0	3.5	3.5	3.5	4.0	4.0	4.0	4.0	4.5	4.5	4.5	4.5	4.5	5.0	5.0	5.0	5.0	5.5	5.5	5.5	5.5	5.5	5.5	6.0	6.0	6.0	6.0	6.0	.0577
0.5	2.0	2.0	2.5	2.5	3.0	3.0	3.5	3.5	3.5	4.0	4.0	4.0	4.5	4.5	4.5	4.5	5.0	5.0	5.0	5.0	5.5	5.5	5.5	5.5	6.0	6.0	6.0	6.0	6.5	6.5	6.5	6.5	7.0	7.0	7.0	.0721
0.6	2.0	2.5	2.5	3.0	3.0	3.5	3.5	4.0	4.0	4.0	4.5	4.5	4.5	5.0	5.0	5.0	5.5	5.5	5.5	5.5	6.0	6.0	6.0	6.0	6.5	6.5	6.5	7.0	7.0	7.0	7.0	7.0	7.5	7.5	7.5	.0865
0.7	2.0	2.5	2.5	3.0	3.5	3.5	4.0	4.0	4.0	4.5	4.5	5.0	5.0	5.0	5.5	5.5	5.5	6.0	6.0	6.0	6.5	6.5	6.5	7.0	7.0	7.0	7.0	7.0	7.5	7.5	7.5	7.5	8.0	8.0	8.0	.1009
0.8	2.0	2.5	3.0	3.0	3.5	4.0	4.0	4.5	4.5	4.5	5.0	5.0	5.5	5.5	5.5	6.0	6.0	6.0	6.5	6.5	6.5	7.0	7.0	7.0	7.5	7.5	7.5	7.5	8.0	8.0	8.0	8.0	8.5	8.5	8.5	.1154
0.9	2.0	2.5	3.0	3.5	3.5	4.0	4.0	4.5	4.5	5.0	5.0	5.5	5.5	6.0	6.0	6.0	6.5	6.5	7.0	7.0	7.0	7.0	7.5	7.5	7.5	8.0	8.0	8.0	8.0	8.5	8.5	8.5	8.5	9.0	9.0	.1298
1.0	2.5	2.5	3.0	3.5	4.0	4.0	4.5	4.5	5.0	5.0	5.5	5.5	6.0	6.0	6.5	6.5	6.5	7.0	7.0	7.0	7.5	7.5	7.5	8.0	8.0	8.0	8.5	8.5	8.5	8.5	9.0	9.0	9.0	9.5	9.5	.1442
1.1	2.5	3.0	3.0	3.5	4.0	4.5	4.5	5.0	5.0	5.5	5.5	6.0	6.0	6.5	6.5	7.0	7.0	7.0	7.5	7.5	7.5	8.0	8.0	8.0	8.5	8.5	8.5	9.0	9.0	9.0	9.5	9.5	9.5	10.0	10.0	.1586
1.2	2.5	3.0	3.5	3.5	4.0	4.5	4.5	5.0	5.5	5.5	6.0	6.0	6.5	6.5	7.0	7.0	7.0	7.5	7.5	8.0	8.0	8.0	8.5	8.5	8.5	9.0	9.0	9.5	9.5	9.5	9.5	10.0	10.0	10.0	10.5	.1730
1.3	2.5	3.0	3.5	4.0	4.0	4.5	5.0	5.0	5.5	6.0	6.0	6.5	6.5	7.0	7.0	7.5	7.5	7.5	8.0	8.0	8.5	8.5	8.5	9.0	9.0	9.5	9.5	9.5	10.0	10.0	10.0	10.5	10.5	10.5	11.0	.1875
1.4	2.5	3.0	3.5	4.0	4.5	4.5	5.0	5.5	5.5	6.0	6.0	6.5	7.0	7.0	7.5	7.5	7.5	8.0	8.0	8.5	8.5	8.5	9.0	9.0	9.5	9.5	9.5	10.0	10.0	10.5	10.5	11.0	11.0	11.0	11.5	.2019
1.5	2.5	3.0	3.5	4.0	4.5	5.0	5.0	5.5	6.0	6.0	6.5	6.5	7.0	7.0	7.5	7.5	8.0	8.0	8.5	8.5	9.0	9.0	9.5	9.5	9.5	10.0	10.0	10.5	10.5	11.0	11.0	11.5	11.5	11.5	12.0	.2163
k	90	126	162	198	234	270	306	342	378	414	450	486	522	558	594	630	666	702	738	774	810	846	882	918	954	990	1026	1062	1098	1134	1170	1206	1242	1278	1314	km

Δt Fahrenheit

W/mK

D = 0.0080

Δt Celsius °C or Kelvin °K

k	50	70	90	110	130	150	170	190	210	230	250	270	290	310	330	350	370	390	410	430	450	470	490	510	530	550	570	590	610	630	650	670	690	710	730	km
0.1	1.5	1.5	1.5	1.5	1.5	1.5	2.0	2.0	2.0	2.0	2.0	2.0	2.0	2.5	2.5	2.5	2.5	2.5	2.5	2.5	2.5	3.0	3.0	3.0	3.0	3.0	3.0	3.0	3.0	3.0	3.5	3.5	3.5	3.5	3.5	.0144
0.2	1.5	1.5	2.0	2.0	2.0	2.0	2.5	2.5	2.5	2.5	3.0	3.0	3.0	3.0	3.0	3.5	3.5	3.5	3.5	3.5	4.0	4.0	4.0	4.0	4.0	4.0	4.0	4.5	4.5	4.5	4.5	4.5	4.5	4.5	4.5	.0288
0.3	1.5	2.0	2.0	2.5	2.5	2.5	3.0	3.0	3.0	3.5	3.5	3.5	3.5	4.0	4.0	4.0	4.0	4.0	4.5	4.5	4.5	4.5	4.5	5.0	5.0	5.0	5.0	5.0	5.5	5.5	5.5	5.5	5.5	5.5	6.0	.0433
0.4	1.5	2.0	2.5	2.5	3.0	3.0	3.0	3.5	3.5	3.5	4.0	4.0	4.0	4.5	4.5	4.5	4.5	5.0	5.0	5.0	5.0	5.5	5.5	5.5	5.5	5.5	6.0	6.0	6.0	6.0	6.0	6.5	6.5	6.5	6.5	.0577
0.5	2.0	2.0	2.5	3.0	3.0	3.5	3.5	3.5	4.0	4.0	4.5	4.5	4.5	4.5	5.0	5.0	5.0	5.5	5.5	5.5	5.5	6.0	6.0	6.0	6.0	6.5	6.5	6.5	7.0	7.0	7.0	7.0	7.0	7.0	7.5	.0721
0.6	2.0	2.5	2.5	3.0	3.5	3.5	4.0	4.0	4.0	4.5	4.5	5.0	5.0	5.0	5.5	5.5	5.5	6.0	6.0	6.0	6.0	6.5	6.5	6.5	7.0	7.0	7.0	7.0	7.5	7.5	7.5	7.5	8.0	8.0	8.0	.0865
0.7	2.0	2.5	3.0	3.0	3.5	4.0	4.0	4.5	4.5	4.5	5.0	5.0	5.5	5.5	5.5	6.0	6.0	6.0	6.5	6.5	7.0	7.0	7.0	7.0	7.5	7.5	7.5	7.5	8.0	8.0	8.0	8.0	8.5	8.5	8.5	.1009
0.8	2.0	2.5	3.0	3.5	3.5	4.0	4.5	4.5	5.0	5.0	5.5	5.5	5.5	6.0	6.0	6.5	6.5	6.5	7.0	7.0	7.0	7.5	7.5	7.5	8.0	8.0	8.0	8.0	8.5	8.5	8.5	8.5	9.0	9.0	9.0	.1154
0.9	2.5	3.0	3.0	3.5	4.0	4.0	4.5	4.5	5.0	5.5	5.5	6.0	6.0	6.0	6.5	6.5	7.0	7.0	7.0	7.5	7.5	7.5	8.0	8.0	8.0	8.5	8.5	8.5	9.0	9.0	9.0	9.5	9.5	9.5	9.5	.1298
1.0	2.5	3.0	3.5	3.5	4.0	4.5	4.5	5.0	5.5	5.5	6.0	6.0	6.5	6.5	7.0	7.0	7.0	7.5	7.5	7.5	8.0	8.0	8.5	8.5	8.5	8.5	9.0	9.0	9.5	9.5	9.5	9.5	10.0	10.0	10.0	.1442
1.1	2.5	3.0	3.5	4.0	4.5	4.5	5.0	5.0	5.5	6.0	6.0	6.5	6.5	7.0	7.0	7.0	7.5	7.5	8.0	8.0	8.5	8.5	8.5	9.0	9.0	9.0	9.5	9.5	9.5	10.0	10.0	10.0	10.5	10.5	10.5	.1586
1.2	2.5	3.0	3.5	4.0	4.5	4.5	5.0	5.5	5.5	6.0	6.5	6.5	7.0	7.0	7.5	7.5	7.5	8.0	8.0	8.5	8.5	8.5	9.0	9.0	9.5	9.5	9.5	10.0	10.0	10.5	10.5	10.5	11.0	11.0	11.0	.1730
1.3	2.5	3.0	3.5	4.0	4.5	5.0	5.5	5.5	6.0	6.0	6.5	7.0	7.0	7.5	7.5	8.0	8.0	8.5	8.5	8.5	9.0	9.0	9.5	9.5	9.5	10.0	10.0	10.5	10.5	11.0	11.0	11.0	11.5	11.5	11.5	.1875
1.4	2.5	3.0	4.0	4.5	4.5	5.0	5.5	6.0	6.0	6.5	7.0	7.0	7.5	7.5	8.0	8.0	8.5	8.5	8.5	9.0	9.0	9.5	9.5	10.0	10.0	10.5	10.5	11.0	11.0	11.5	11.5	11.5	12.0	12.0	12.0	.2019
1.5	3.0	3.5	4.0	4.5	5.0	5.0	5.5	6.0	6.5	6.5	7.0	7.0	7.5	8.0	8.0	8.5	8.5	9.0	9.0	9.5	9.5	9.5	10.0	10.0	10.5	11.0	11.0	11.5	11.5	12.0	12.0	12.0	•	•	•	.2163
k	90	126	162	198	234	270	306	342	378	414	450	486	522	558	594	630	666	702	738	774	810	846	882	918	954	990	1026	1062	1098	1134	1170	1206	1242	1278	1314	km

Δt Fahrenheit

W/mK

D = 0.0100

Δt Celsius °C or Kelvin °K

k	50	70	90	110	130	150	170	190	210	230	250	270	290	310	330	350	370	390	410	430	450	470	490	510	530	550	570	590	610	630	650	670	690	710	730	km
0.1	1.5	1.5	1.5	1.5	1.5	2.0	2.0	2.0	2.0	2.0	2.5	2.5	2.5	2.5	2.5	2.5	3.0	3.0	3.0	3.0	3.0	3.0	3.0	3.0	3.5	3.5	3.5	3.5	3.5	3.5	3.5	3.5	3.5	4.0	4.0	.0144
0.2	1.5	1.5	2.0	2.0	2.5	2.5	2.5	3.0	3.0	3.0	3.0	3.5	3.5	3.5	3.5	3.5	4.0	4.0	4.0	4.0	4.0	4.5	4.5	4.5	4.5	4.5	4.5	4.5	5.0	5.0	5.0	5.0	5.0	5.5	5.5	.0288
0.3	1.5	2.0	2.5	2.5	2.5	3.0	3.0	3.5	3.5	3.5	4.0	4.0	4.0	4.0	4.5	4.5	4.5	4.5	5.0	5.0	5.0	5.0	5.5	5.5	5.5	5.5	5.5	6.0	6.0	6.0	6.0	6.0	6.5	6.5	6.5	.0433
0.4	2.0	2.5	2.5	3.0	3.0	3.5	3.5	4.0	4.0	4.0	4.5	4.5	4.5	5.0	5.0	5.0	5.0	5.5	5.5	5.5	6.0	6.0	6.0	6.0	6.5	6.5	6.5	6.5	7.0	7.0	7.0	7.0	7.0	7.5	7.5	.0577
0.5	2.0	2.5	3.0	3.0	3.5	3.5	4.0	4.0	4.5	4.5	4.5	5.0	5.0	5.5	5.5	5.5	6.0	6.0	6.0	6.5	6.5	6.5	7.0	7.0	7.0	7.0	7.5	7.5	7.5	7.5	8.0	8.0	8.0	8.0	8.0	.0721
0.6	2.5	2.5	3.0	3.5	3.5	4.0	4.5	4.5	4.5	5.0	5.0	5.5	5.5	6.0	6.0	6.0	6.5	6.5	7.0	7.0	7.0	7.0	7.5	7.5	7.5	8.0	8.0	8.0	8.0	8.5	8.5	8.5	8.5	9.0	9.0	.0865
0.7	2.5	3.0	3.5	3.5	4.0	4.5	4.5	5.0	5.0	5.5	5.5	6.0	6.0	6.0	6.5	6.5	7.0	7.0	7.0	7.5	7.5	7.5	8.0	8.0	8.0	8.5	8.5	8.5	9.0	9.0	9.0	9.5	9.5	9.5	9.5	.1009
0.8	2.5	3.0	3.5	4.0	4.0	4.5	5.0	5.0	5.5	5.5	6.0	6.0	6.5	6.5	7.0	7.0	7.0	7.5	7.5	8.0	8.0	8.0	8.5	8.5	8.5	9.0	9.0	9.0	9.5	9.5	9.5	10.0	10.0	10.0	10.5	.1154
0.9	2.5	3.0	3.5	4.0	4.5	4.5	5.0	5.5	5.5	6.0	6.0	6.5	7.0	7.0	7.0	7.5	7.5	8.0	8.0	8.5	8.5	8.5	9.0	9.0	9.0	9.5	9.5	9.5	10.0	10.0	10.5	10.5	10.5	10.5	11.0	.1298
1.0	2.5	3.5	4.0	4.0	4.5	5.0	5.5	5.5	6.0	6.0	6.5	7.0	7.0	7.5	7.5	8.0	8.0	8.5	8.5	8.5	9.0	9.0	9.5	9.5	9.5	10.0	10.0	10.5	10.5	10.5	11.0	11.0	11.0	11.0	11.5	.1442
1.1	3.0	3.5	4.0	4.5	5.0	5.0	5.5	6.0	6.0	6.5	7.0	7.0	7.5	7.5	8.0	8.0	8.5	8.5	9.0	9.0	9.5	9.5	9.5	10.0	10.0	10.5	10.5	11.0	11.0	11.0	11.5	11.5	11.5	11.5	12.0	.1586
1.2	3.0	3.5	4.0	4.5	5.0	5.5	5.5	6.0	6.5	7.0	7.0	7.5	7.5	8.0	8.0	8.5	8.5	9.0	9.0	9.5	9.5	10.0	10.0	10.5	10.5	11.0	11.0	11.5	11.5	11.5	12.0	12.0	12.0	12.0	•	.1730
1.3	3.0	3.5	4.0	4.5	5.0	5.5	6.0	6.5	7.0	7.0	7.5	7.5	8.0	8.0	8.5	8.5	9.0	9.5	9.5	10.0	10.0	10.5	10.5	11.0	11.0	11.5	11.5	12.0	12.0	12.0	•	•	•	•	•	.1875
1.4	3.0	4.0	4.5	5.0	5.5	5.5	6.0	6.5	7.0	7.5	7.5	8.0	8.0	8.5	9.0	9.0	9.5	9.5	10.0	10.0	10.5	11.0	11.0	11.5	11.5	12.0	12.0	•	•	•	•	•	•	•	•	.2019
1.5	3.0	4.0	4.5	5.0	5.5	6.0	6.5	7.0	7.0	7.5	8.0	8.0	8.5	8.5	9.0	9.5	9.5	10.0	10.0	10.5	11.0	11.5	11.5	12.0	12.0	•	•	•	•	•	•	•	•	•	•	.2163
k	90	126	162	198	234	270	306	342	378	414	450	486	522	558	594	630	666	702	738	774	810	846	882	918	954	990	1026	1062	1098	1134	1170	1206	1242	1278	1314	km

Δt Fahrenheit

W/mK

TEMPERATURE DIFFERENCE

TABLE 2 (Continued)

ECONOMICAL INSULATION THICKNESS TABLE

IN INCHES
(nominal)

PIPE SIZE: 20'' NPS (Tube Size 20-1/2'' OD)
508 mm

At the intersection of the ''Δt'' column with the ''k'' row read the economical thickness.
(•—*exceeds 12'' thickness*)

CONDUCTIVITY Btu, in./sq ft, hr °F

D = 0.0120

Δt Celsius °C or Kelvin °K

k	50	70	90	110	130	150	170	190	210	230	250	270	290	310	330	350	370	390	410	430	450	470	490	510	530	550	570	590	610	630	650	670	690	710	730	km
0.1	1.5	1.5	1.5	1.5	2.0	2.0	2.0	2.0	2.5	2.5	2.5	2.5	2.5	3.0	3.0	3.0	3.0	3.0	3.0	3.5	3.5	3.5	3.5	3.5	3.5	3.5	3.5	4.0	4.0	4.0	4.0	4.0	4.0	4.0	4.0	.0144
0.2	1.5	2.0	2.0	2.5	2.5	2.5	3.0	3.0	3.0	3.5	3.5	3.5	3.5	4.0	4.0	4.0	4.0	4.5	4.5	4.5	4.5	4.5	4.5	5.0	5.0	5.0	5.0	5.0	5.5	5.5	5.5	5.5	5.5	5.5	6.0	.0288
0.3	2.0	2.0	2.5	3.0	3.0	3.0	3.5	3.5	4.0	4.0	4.0	4.5	4.5	4.5	4.5	5.0	5.0	5.0	5.5	5.5	5.5	5.5	6.0	6.0	6.0	6.0	6.0	6.5	6.5	6.5	6.5	7.0	7.0	7.0	7.0	.0433
0.4	2.0	2.5	3.0	3.0	3.5	3.5	4.0	4.0	4.5	4.5	4.5	5.0	5.0	5.5	5.5	5.5	6.0	6.0	6.0	6.0	6.5	6.5	6.5	7.0	7.0	7.0	7.0	7.5	7.5	7.5	7.5	8.0	8.0	8.0	8.0	.0577
0.5	2.5	2.5	3.0	3.5	4.0	4.0	4.5	4.5	5.0	5.0	5.0	5.5	5.5	6.0	6.0	6.0	6.5	6.5	7.0	7.0	7.0	7.0	7.5	7.5	7.5	8.0	8.0	8.0	8.0	8.5	8.5	8.5	8.5	9.0	9.0	.0721
0.6	2.5	3.0	3.5	3.5	4.0	4.5	4.5	5.0	5.0	5.5	5.5	6.0	6.0	6.5	6.5	7.0	7.0	7.0	7.5	7.5	7.5	8.0	8.0	8.0	8.5	8.5	8.5	9.0	9.0	9.0	9.5	9.5	9.5	9.5	10.0	.0865
0.7	2.5	3.0	3.5	4.0	4.5	4.5	5.0	5.5	5.5	6.0	6.0	6.5	6.5	7.0	7.0	7.5	7.5	7.5	8.0	8.0	8.5	8.5	8.5	9.0	9.0	9.0	9.5	9.5	9.5	10.0	10.0	10.0	10.5	10.5	10.5	.1009
0.8	3.0	3.5	4.0	4.0	4.5	5.0	5.5	5.5	6.0	6.0	6.5	7.0	7.0	7.5	7.5	7.5	8.0	8.0	8.5	8.5	9.0	9.0	9.0	9.5	9.5	10.0	10.0	10.0	10.5	10.5	10.5	10.5	11.0	11.0	11.0	.1154
0.9	3.0	3.5	4.0	4.5	5.0	5.0	5.5	6.0	6.5	6.5	7.0	7.0	7.5	7.5	8.0	8.0	8.5	8.5	9.0	9.0	9.5	9.5	9.5	10.0	10.0	10.5	10.5	10.5	11.0	11.0	11.0	11.0	11.5	11.5	11.5	.1298
1.0	3.0	3.5	4.0	4.5	5.0	5.5	6.0	6.0	6.5	7.0	7.0	7.5	8.0	8.0	8.5	8.5	9.0	9.0	9.5	9.5	10.0	10.0	10.5	10.5	10.5	11.0	11.0	11.0	11.5	11.5	11.5	11.5	12.0	12.0	12.0	.1442
1.1	3.0	4.0	4.5	5.0	5.5	5.5	6.0	6.5	7.0	7.0	7.5	8.0	8.0	8.5	8.5	9.0	9.0	9.5	9.5	10.0	10.5	10.5	11.0	11.0	11.0	11.5	11.5	11.5	12.0	12.0	12.0	12.0	•	•	•	.1586
1.2	3.5	4.0	4.5	5.0	5.5	6.0	6.5	7.0	7.0	7.5	8.0	8.0	8.5	8.5	9.0	9.5	9.5	10.0	10.0	10.5	11.0	11.0	11.5	11.5	11.5	12.0	12.0	12.0	•	•	•	•	•	•	•	.1730
1.3	3.5	4.0	4.5	5.0	5.5	6.0	6.5	7.0	7.5	7.5	8.0	8.5	8.5	9.0	9.5	9.5	10.0	10.5	10.5	11.0	11.5	11.5	12.0	12.0	12.0	•	•	•	•	•	•	•	•	•	•	.1875
1.4	3.5	4.0	4.5	5.5	6.0	6.5	7.0	7.0	7.5	8.0	8.5	8.5	9.0	9.5	9.5	10.0	10.5	11.0	11.0	11.5	12.0	12.0	•	•	•	•	•	•	•	•	•	•	•	•	•	.2019
1.5	3.5	4.5	5.0	5.5	6.0	6.5	7.0	7.5	8.0	8.5	8.5	9.0	9.5	9.5	10.0	10.5	11.0	11.5	11.5	12.0	•	•	•	•	•	•	•	•	•	•	•	•	•	•	•	.2163
k	90	126	162	198	234	270	306	342	378	414	450	486	522	558	594	630	666	702	738	774	810	846	882	918	954	990	1026	1062	1098	1134	1170	1206	1242	1278	1314	km

Δt Fahrenheit

D = 0.0150

Δt Celsius °C or Kelvin °K

k	50	70	90	110	130	150	170	190	210	230	250	270	290	310	330	350	370	390	410	430	450	470	490	510	530	550	570	590	610	630	650	670	690	710	730	km
0.1	1.5	1.5	2.0	2.0	2.0	2.0	2.5	2.5	2.5	2.5	3.0	3.0	3.0	3.0	3.0	3.5	3.5	3.5	3.5	3.5	3.5	4.0	4.0	4.0	4.0	4.0	4.0	4.0	4.5	4.5	4.5	4.5	4.5	4.5	4.5	.0144
0.2	2.0	2.0	2.5	2.5	3.0	3.0	3.0	3.5	3.5	3.5	4.0	4.0	4.0	4.5	4.5	4.5	4.5	4.5	5.0	5.0	5.0	5.0	5.5	5.5	5.5	5.5	5.5	6.0	6.0	6.0	6.0	6.0	6.5	6.5	6.5	.0288
0.3	2.0	2.5	3.0	3.0	3.5	3.5	4.0	4.0	4.0	4.5	4.5	5.0	5.0	5.0	5.5	5.5	5.5	6.0	6.0	6.0	6.0	6.5	6.5	6.5	7.0	7.0	7.0	7.0	7.0	7.5	7.5	7.5	7.5	8.0	8.0	.0433
0.4	2.5	3.0	3.0	3.5	4.0	4.0	4.5	4.5	5.0	5.0	5.5	5.5	5.5	6.0	6.0	6.5	6.5	6.5	7.0	7.0	7.0	7.5	7.5	7.5	7.5	8.0	8.0	8.0	8.5	8.5	8.5	8.5	9.0	9.0	9.0	.0577
0.5	2.5	3.0	3.5	4.0	4.0	4.5	5.0	5.0	5.5	5.5	6.0	6.0	6.5	6.5	7.0	7.0	7.0	7.5	7.5	7.5	8.0	8.0	8.5	8.5	8.5	8.5	9.0	9.0	9.0	9.5	9.5	9.5	10.0	10.0	10.0	.0721
0.6	3.0	3.5	4.0	4.0	4.5	5.0	5.0	5.5	6.0	6.0	6.5	6.5	7.0	7.0	7.5	7.5	8.0	8.0	8.0	8.5	8.5	9.0	9.0	9.0	9.5	9.5	9.5	10.0	10.0	10.5	10.5	10.5	10.5	11.0	11.0	.0865
0.7	3.0	3.5	4.0	4.5	5.0	5.5	5.5	6.0	6.5	6.5	7.0	7.0	7.5	7.5	8.0	8.0	8.5	8.5	9.0	9.0	9.5	9.5	9.5	10.0	10.0	10.5	10.5	10.5	11.0	11.0	11.0	11.0	12.0	12.0	12.0	.1009
0.8	3.0	4.0	4.5	4.5	5.0	5.5	6.0	6.5	6.5	7.0	7.5	7.5	8.0	8.0	8.5	8.5	9.0	9.0	9.5	9.5	10.0	10.0	10.5	10.5	10.5	11.0	11.0	11.0	11.5	11.5	12.0	12.0	•	•	•	.1154
0.9	3.5	4.0	4.5	5.0	5.5	6.0	6.5	7.0	7.0	7.5	7.5	8.0	8.5	8.5	9.0	9.0	9.5	9.5	10.0	10.0	10.5	10.5	10.5	10.5	11.0	11.0	11.5	11.5	12.0	12.0	•	•	•	•	•	.1298
1.0	3.5	4.0	4.5	5.0	5.5	6.0	6.5	7.0	7.5	7.5	8.0	8.5	8.5	9.0	9.5	9.5	10.0	10.0	10.5	10.5	11.0	11.0	11.0	11.0	11.5	11.5	12.0	12.0	•	•	•	•	•	•	•	.1442
1.1	3.5	4.5	5.0	5.5	6.0	6.5	7.0	7.5	7.5	8.0	8.5	8.5	9.0	9.5	10.0	10.0	10.5	10.5	11.0	11.0	11.5	11.5	11.5	11.5	12.0	12.0	•	•	•	•	•	•	•	•	•	.1586
1.2	3.5	4.5	5.0	5.5	6.0	7.0	7.0	7.5	8.0	8.5	8.5	9.0	9.5	10.0	10.0	10.5	11.0	11.0	11.5	11.5	12.0	12.0	12.0	12.0	•	•	•	•	•	•	•	•	•	•	•	.1730
1.3	4.0	4.5	5.5	6.0	6.5	7.0	7.5	8.0	8.5	8.5	9.0	9.5	10.0	10.5	10.5	11.0	11.5	11.5	12.0	12.0	•	•	•	•	•	•	•	•	•	•	•	•	•	•	•	.1875
1.4	4.0	4.5	5.5	6.0	6.5	7.0	7.5	8.0	8.5	9.0	9.5	10.0	10.0	11.0	11.0	11.5	12.0	12.0	•	•	•	•	•	•	•	•	•	•	•	•	•	•	•	•	•	.2019
1.5	4.0	5.0	5.5	6.0	7.0	7.5	8.0	8.5	9.0	9.5	9.5	10.0	10.5	11.5	11.5	12.0	•	•	•	•	•	•	•	•	•	•	•	•	•	•	•	•	•	•	•	.2163
k	90	126	162	198	234	270	306	342	378	414	450	486	522	558	594	630	666	702	738	774	810	846	882	918	954	990	1026	1062	1098	1134	1170	1206	1242	1278	1314	km

Δt Fahrenheit

D = 0.0200

Δt Celsius °C or Kelvin °K

k	50	70	90	110	130	150	170	190	210	230	250	270	290	310	330	350	370	390	410	430	450	470	490	510	530	550	570	590	610	630	650	670	690	710	730	km
0.1	1.5	2.0	2.0	2.0	2.5	2.5	2.5	3.0	3.0	3.0	3.0	3.5	3.5	3.5	3.5	4.0	4.0	4.0	4.0	4.0	4.0	4.5	4.5	4.5	4.5	4.5	4.5	5.0	5.0	5.0	5.0	5.0	5.0	5.5	5.5	.0144
0.2	2.0	2.5	2.5	3.0	3.0	3.5	3.5	4.0	4.0	4.0	4.5	4.5	4.5	5.0	5.0	5.0	5.5	5.5	5.5	6.0	6.0	6.0	6.0	6.5	6.5	6.5	6.5	7.0	7.0	7.0	7.0	7.0	7.5	7.5	7.5	.0288
0.3	2.5	3.0	3.0	3.5	4.0	4.0	4.5	4.5	5.0	5.0	5.5	5.5	5.5	6.0	6.0	6.5	6.5	6.5	7.0	7.0	7.0	7.5	7.5	7.5	8.0	8.0	8.0	8.0	8.5	8.5	8.5	8.5	9.0	9.0	9.0	.0433
0.4	2.5	3.0	3.5	4.0	4.5	4.5	5.0	5.5	5.5	6.0	6.0	6.5	6.5	7.0	7.0	7.0	7.5	7.5	8.0	8.0	8.0	8.5	8.5	8.5	9.0	9.0	9.5	9.5	9.5	9.5	10.0	10.0	10.0	10.0	10.5	.0577
0.5	3.0	3.5	4.0	4.5	5.0	5.0	5.5	6.0	6.0	6.5	7.0	7.0	7.5	7.5	8.0	8.0	8.5	8.5	8.5	9.0	9.0	9.5	9.5	9.5	10.0	10.0	10.0	10.0	10.5	10.5	10.5	11.0	11.0	11.0	11.5	.0721
0.6	3.0	4.0	4.5	5.0	5.5	5.5	6.0	6.5	7.0	7.0	7.5	7.5	8.0	8.5	8.5	8.5	9.0	9.5	9.5	10.0	10.0	10.0	10.0	10.5	10.5	11.0	11.0	11.0	11.5	11.5	12.0	12.0	12.0	12.0	•	.0865
0.7	3.5	4.0	4.5	5.0	5.5	6.0	6.5	7.0	7.5	7.5	8.0	8.5	8.5	9.0	9.0	9.5	9.5	10.0	10.0	10.0	10.5	10.5	10.5	11.0	11.5	11.5	12.0	12.0	12.0	12.0	•	•	•	•	•	.1009
0.8	3.5	4.5	5.0	5.5	6.0	6.5	7.0	7.5	7.5	8.0	8.5	9.0	9.0	9.5	10.0	10.0	10.0	10.5	10.5	11.0	11.0	11.5	12.0	12.0	12.0	12.0	•	•	•	•	•	•	•	•	•	.1154
0.9	4.0	4.5	5.0	6.0	6.5	7.0	7.5	8.0	8.0	8.5	9.0	9.5	9.5	10.0	10.0	10.5	10.5	11.0	11.0	11.5	12.0	12.0	•	•	•	•	•	•	•	•	•	•	•	•	•	.1298
1.0	4.0	5.0	5.5	6.0	6.5	7.0	7.5	8.0	8.5	9.0	9.5	10.0	10.0	10.0	10.5	11.0	11.0	11.0	11.5	12.0	•	•	•	•	•	•	•	•	•	•	•	•	•	•	•	.1442
1.1	4.0	5.0	5.5	6.5	7.0	7.5	8.0	8.5	9.0	9.5	10.0	10.5	10.5	10.5	11.0	11.5	11.5	11.5	12.0	•	•	•	•	•	•	•	•	•	•	•	•	•	•	•	•	.1586
1.2	4.5	5.0	6.0	6.5	7.0	8.0	8.5	9.0	9.5	10.0	10.5	11.0	11.0	11.0	11.5	12.0	12.0	•	•	•	•	•	•	•	•	•	•	•	•	•	•	•	•	•	•	.1730
1.3	4.5	5.5	6.0	7.0	7.5	8.0	8.5	9.0	9.5	10.0	10.5	11.0	11.5	11.5	12.0	•	•	•	•	•	•	•	•	•	•	•	•	•	•	•	•	•	•	•	•	.1875
1.4	4.5	5.5	6.5	7.0	7.5	8.5	9.0	9.5	10.0	10.5	11.0	11.5	12.0	•	•	•	•	•	•	•	•	•	•	•	•	•	•	•	•	•	•	•	•	•	•	.2019
1.5	4.5	5.5	6.5	7.5	8.0	8.5	9.5	10.0	10.5	11.0	11.5	12.0	•	•	•	•	•	•	•	•	•	•	•	•	•	•	•	•	•	•	•	•	•	•	•	.2163
k	90	126	162	198	234	270	306	342	378	414	450	486	522	558	594	630	666	702	738	774	810	846	882	918	954	990	1026	1062	1098	1134	1170	1206	1242	1278	1314	km

Δt Fahrenheit

TABLE 2 (Sheet 105 of 128)

TEMPERATURE DIFFERENCE

TABLE 2 (Continued)

ECONOMICAL INSULATION THICKNESS TABLE

IN INCHES
(nominal)

PIPE SIZE: 20'' NPS (Tube Size 20-1/2'' OD)
508 mm

At the intersection of the ''Δt'' column with the ''k'' row read the economical thickness.
(•—*exceeds 12'' thickness*)

CONDUCTIVITY — k in Btu, in./sq ft, hr °F; km in W/mK

D = 0.0300

Δt Celsius °C or Kelvin °K

k	50	70	90	110	130	150	170	190	210	230	250	270	290	310	330	350	370	390	410	430	450	470	490	510	530	550	570	590	610	630	650	670	690	710	730	km
0.1	2.0	2.0	2.0	2.5	2.5	3.5	3.5	3.5	3.5	4.0	4.0	4.0	4.0	4.5	4.5	4.5	5.0	5.0	5.0	5.0	5.5	5.5	5.5	5.5	5.5	6.0	6.0	6.0	6.0	6.5	6.5	6.5	6.5	6.5	6.5	.0144
0.2	2.0	2.5	3.0	3.0	3.5	4.0	4.5	4.5	4.5	5.0	5.0	5.5	5.5	5.5	6.0	6.0	6.5	6.5	7.0	7.0	7.0	7.0	7.0	7.5	7.5	7.5	8.0	8.0	8.0	8.0	8.5	8.5	8.5	8.5	9.0	.0288
0.3	2.5	3.5	3.5	4.0	4.5	5.0	5.0	5.5	5.5	6.0	6.0	6.5	6.5	7.0	7.0	7.5	7.5	8.0	8.0	8.0	8.5	8.5	8.5	9.0	9.0	9.5	9.5	9.5	10.0	10.0	10.5	10.5	10.5	10.5	11.0	.0433
0.4	3.0	4.0	4.0	4.5	5.0	5.5	6.0	6.0	6.5	7.0	7.0	7.5	7.5	8.0	8.0	8.5	9.0	9.0	9.0	9.5	10.0	10.0	10.5	10.5	10.5	11.0	11.0	11.0	11.5	11.5	12.0	12.0	•	•	•	.0577
0.5	3.5	4.0	4.5	5.0	5.5	6.0	6.5	6.5	7.0	7.5	8.0	8.5	9.0	9.0	9.0	9.5	10.0	10.0	10.5	10.5	11.0	11.0	11.5	11.5	12.0	12.0	•	•	•	•	•	•	•	•	•	.0721
0.6	3.5	4.5	5.0	5.5	6.0	6.5	7.0	7.5	8.0	8.5	9.0	9.0	9.5	9.5	10.0	10.5	11.0	11.0	11.5	11.5	12.0	•	•	•	•	•	•	•	•	•	•	•	•	•	•	.1586
0.7	4.0	5.0	5.0	5.5	6.5	7.0	8.0	8.0	8.5	9.0	9.5	10.0	10.0	10.5	11.0	11.5	11.5	12.0	12.0	•	•	•	•	•	•	•	•	•	•	•	•	•	•	•	•	.1009
0.8	4.0	5.0	5.5	6.0	7.0	7.5	8.0	8.5	9.0	9.5	10.0	10.5	10.5	11.0	11.5	12.0	•	•	•	•	•	•	•	•	•	•	•	•	•	•	•	•	•	•	•	.1154
0.9	4.5	5.5	6.0	6.5	7.5	8.0	9.0	9.0	9.5	10.0	10.5	11.0	12.0	12.0	•	•	•	•	•	•	•	•	•	•	•	•	•	•	•	•	•	•	•	•	•	.1298
1.0	4.5	5.5	6.5	7.5	8.5	9.0	9.5	10.0	10.5	10.5	11.0	11.5	•	•	•	•	•	•	•	•	•	•	•	•	•	•	•	•	•	•	•	•	•	•	•	.1442
1.1	5.0	5.5	7.0	7.5	8.5	9.5	10.0	10.5	11.0	11.0	12.0	•	•	•	•	•	•	•	•	•	•	•	•	•	•	•	•	•	•	•	•	•	•	•	•	.1586
1.2	5.0	6.0	7.0	8.0	8.5	9.5	10.5	11.0	11.5	12.0	•	•	•	•	•	•	•	•	•	•	•	•	•	•	•	•	•	•	•	•	•	•	•	•	•	.1730
1.3	5.5	6.0	7.5	8.5	9.0	10.0	10.5	11.5	12.0	•	•	•	•	•	•	•	•	•	•	•	•	•	•	•	•	•	•	•	•	•	•	•	•	•	•	.1875
1.4	5.5	6.5	7.5	8.5	9.0	10.0	11.5	12.0	•	•	•	•	•	•	•	•	•	•	•	•	•	•	•	•	•	•	•	•	•	•	•	•	•	•	•	.2019
1.5	6.0	6.5	7.5	8.0	8.5	10.5	11.5	12.0	•	•	•	•	•	•	•	•	•	•	•	•	•	•	•	•	•	•	•	•	•	•	•	•	•	•	•	.2163
k	90	126	162	198	234	270	306	342	378	414	450	486	522	558	594	630	666	702	738	774	810	846	882	918	954	990	1026	1062	1098	1134	1170	1206	1242	1278	1314	km

Δt Fahrenheit

D = 0.0500

Δt Celsius °C or Kelvin °K

k	50	70	90	110	130	150	170	190	210	230	250	270	290	310	330	350	370	390	410	430	450	470	490	510	530	550	570	590	610	630	650	670	690	710	730	km
0.1	3.0	3.5	4.0	4.5	5.0	5.0	5.5	6.0	6.0	6.5	7.0	7.0	7.5	7.5	8.0	8.0	8.0	8.0	8.5	8.5	8.5	8.5	9.0	9.0	9.0	9.5	9.5	9.5	9.5	9.5	9.5	10.0	10.0	10.0	10.5	.0144
0.2	3.0	4.0	4.0	4.5	5.0	5.5	6.0	6.0	6.5	7.0	7.5	7.5	8.0	8.0	8.5	8.5	9.0	9.0	9.5	9.5	10.0	10.0	10.5	10.5	10.5	11.0	11.0	11.0	11.5	11.5	12.0	12.0	12.0	•	•	.0288
0.3	4.0	5.0	5.0	5.5	6.0	7.0	7.5	7.5	8.0	8.5	9.0	9.5	9.5	10.0	10.0	10.5	11.0	11.0	11.5	12.0	12.0	•	•	•	•	•	•	•	•	•	•	•	•	•	•	.0433
0.4	4.0	5.0	5.5	6.0	6.5	7.0	7.5	8.0	8.5	9.0	9.5	10.0	10.0	10.5	11.0	11.0	11.5	12.0	12.0	•	•	•	•	•	•	•	•	•	•	•	•	•	•	•	•	.0577
0.5	4.5	5.5	6.0	6.5	7.5	8.0	8.5	9.0	9.5	10.0	10.5	11.0	11.5	11.5	12.0	•	•	•	•	•	•	•	•	•	•	•	•	•	•	•	•	•	•	•	•	.0721
0.6	5.0	6.0	6.5	7.0	8.0	9.0	9.5	10.0	10.5	11.0	11.5	12.0	•	•	•	•	•	•	•	•	•	•	•	•	•	•	•	•	•	•	•	•	•	•	•	.0865
0.7	5.0	6.5	7.0	7.5	8.5	9.5	10.5	10.5	11.0	12.0	•	•	•	•	•	•	•	•	•	•	•	•	•	•	•	•	•	•	•	•	•	•	•	•	•	.1009
0.8	5.5	7.0	7.5	8.0	9.0	10.0	11.0	12.0	•	•	•	•	•	•	•	•	•	•	•	•	•	•	•	•	•	•	•	•	•	•	•	•	•	•	•	.1154
0.9	6.0	7.5	8.0	8.5	9.5	10.5	11.5	•	•	•	•	•	•	•	•	•	•	•	•	•	•	•	•	•	•	•	•	•	•	•	•	•	•	•	•	.1298
1.0	6.0	7.5	8.5	9.0	10.0	11.0	12.0	•	•	•	•	•	•	•	•	•	•	•	•	•	•	•	•	•	•	•	•	•	•	•	•	•	•	•	•	.1442
1.1	6.5	8.0	9.0	9.5	10.5	12.0	•	•	•	•	•	•	•	•	•	•	•	•	•	•	•	•	•	•	•	•	•	•	•	•	•	•	•	•	•	.1586
1.2	6.5	8.0	9.0	9.5	11.0	12.0	•	•	•	•	•	•	•	•	•	•	•	•	•	•	•	•	•	•	•	•	•	•	•	•	•	•	•	•	•	.1730
1.3	7.0	8.5	9.5	10.0	12.0	•	•	•	•	•	•	•	•	•	•	•	•	•	•	•	•	•	•	•	•	•	•	•	•	•	•	•	•	•	•	.1875
1.4	7.0	8.5	9.5	10.5	12.0	•	•	•	•	•	•	•	•	•	•	•	•	•	•	•	•	•	•	•	•	•	•	•	•	•	•	•	•	•	•	.2019
1.5	7.5	8.5	10.0	11.0	12.0	•	•	•	•	•	•	•	•	•	•	•	•	•	•	•	•	•	•	•	•	•	•	•	•	•	•	•	•	•	•	.2163
k	90	126	162	198	234	270	306	342	378	414	450	486	522	558	594	630	666	702	738	774	810	846	882	918	954	990	1026	1062	1098	1134	1170	1206	1242	1278	1314	km

Δt Fahrenheit

TEMPERATURE DIFFERENCE

TABLE 2 (Sheet 106 of 128)

TABLE 2 (Continued)

ECONOMICAL INSULATION THICKNESS TABLE

IN INCHES
(nominal)

PIPE SIZE: 24'' NPS (Tube Size 24-1/2'' OD)
600.5 mm

At the intersection of the ''Δt'' column with the ''k'' row read the economical thickness.
(•—*exceeds 12'' thickness*)

CONDUCTIVITY k: Btu, in./sq ft, hr °F (left) — W/mK (km, right)

D = 0.0012

Δt Celsius °C or Kelvin °K

k	50	70	90	110	130	150	170	190	210	230	250	270	290	310	330	350	370	390	410	430	450	470	490	510	530	550	570	590	610	630	650	670	690	710	730	km
0.1	1.5	1.5	1.5	1.5	1.5	1.5	1.5	1.5	1.5	1.5	1.5	1.5	1.5	1.5	1.5	1.5	1.5	1.5	1.5	1.5	1.5	1.5	1.5	1.5	1.5	1.5	1.5	1.5	1.5	1.5	1.5	1.5	1.5	1.5	1.5	.0144
0.2	1.5	1.5	1.5	1.5	1.5	1.5	1.5	1.5	1.5	1.5	1.5	1.5	1.5	1.5	1.5	1.5	1.5	1.5	1.5	1.5	1.5	1.5	1.5	2.0	2.0	2.0	2.0	2.0	2.0	2.0	2.0	2.0	2.0	2.0	2.0	.0288
0.3	1.5	1.5	1.5	1.5	1.5	1.5	1.5	1.5	1.5	1.5	1.5	1.5	1.5	1.5	1.5	2.0	2.0	2.0	2.0	2.0	2.0	2.0	2.0	2.0	2.0	2.0	2.0	2.0	2.5	2.5	2.5	2.5	2.5	2.5	2.5	.0433
0.4	1.5	1.5	1.5	1.5	1.5	1.5	1.5	1.5	1.5	1.5	1.5	1.5	2.0	2.0	2.0	2.0	2.0	2.0	2.0	2.0	2.0	2.5	2.5	2.5	2.5	2.5	2.5	2.5	2.5	2.5	2.5	2.5	2.5	3.0	3.0	.0433
0.5	1.5	1.5	1.5	1.5	1.5	1.5	1.5	1.5	1.5	1.5	2.0	2.0	2.0	2.0	2.0	2.0	2.0	2.0	2.5	2.5	2.5	2.5	2.5	2.5	2.5	2.5	2.5	3.0	3.0	3.0	3.0	3.0	3.0	3.0	3.0	.0721
0.6	1.5	1.5	1.5	1.5	1.5	1.5	1.5	1.5	2.0	2.0	2.0	2.0	2.0	2.0	2.0	2.5	2.5	2.5	2.5	2.5	2.5	2.5	2.5	3.0	3.0	3.0	3.0	3.0	3.0	3.0	3.0	3.0	3.0	3.5	3.5	.0865
0.7	1.5	1.5	1.5	1.5	1.5	1.5	1.5	2.0	2.0	2.0	2.0	2.0	2.0	2.5	2.5	2.5	2.5	2.5	2.5	2.5	3.0	3.0	3.0	3.0	3.0	3.0	3.0	3.0	3.0	3.5	3.5	3.5	3.5	3.5	3.5	.1009
0.8	1.5	1.5	1.5	1.5	1.5	1.5	1.5	2.0	2.0	2.0	2.0	2.0	2.5	2.5	2.5	2.5	2.5	2.5	3.0	3.0	3.0	3.0	3.0	3.0	3.0	3.0	3.5	3.5	3.5	3.5	3.5	3.5	3.5	3.5	4.0	.1154
0.9	1.5	1.5	1.5	1.5	1.5	1.5	2.0	2.0	2.0	2.0	2.0	2.5	2.5	2.5	2.5	2.5	2.5	3.0	3.0	3.0	3.0	3.0	3.0	3.5	3.5	3.5	3.5	3.5	3.5	3.5	3.5	4.0	4.0	4.0	4.0	.1298
1.0	1.5	1.5	1.5	1.5	1.5	1.5	2.0	2.0	2.0	2.0	2.5	2.5	2.5	2.5	2.5	3.0	3.0	3.0	3.0	3.0	3.0	3.0	3.5	3.5	3.5	3.5	3.5	3.5	3.5	4.0	4.0	4.0	4.0	4.0	4.0	.1442
1.1	1.5	1.5	1.5	1.5	1.5	2.0	2.0	2.0	2.0	2.5	2.5	2.5	2.5	2.5	3.0	3.0	3.0	3.0	3.0	3.0	3.5	3.5	3.5	3.5	3.5	3.5	3.5	4.0	4.0	4.0	4.0	4.0	4.0	4.0	4.5	.1586
1.2	1.5	1.5	1.5	1.5	1.5	2.0	2.0	2.0	2.0	2.5	2.5	2.5	2.5	3.0	3.0	3.0	3.0	3.0	3.0	3.5	3.5	3.5	3.5	3.5	3.5	4.0	4.0	4.0	4.0	4.0	4.0	4.0	4.0	4.5	4.5	.1730
1.3	1.5	1.5	1.5	1.5	1.5	2.0	2.0	2.0	2.0	2.5	2.5	2.5	2.5	3.0	3.0	3.0	3.0	3.0	3.5	3.5	3.5	3.5	3.5	4.0	4.0	4.0	4.0	4.0	4.0	4.0	4.5	4.5	4.5	4.5	4.5	.1875
1.4	1.5	1.5	1.5	1.5	1.5	2.0	2.0	2.0	2.5	2.5	2.5	2.5	3.0	3.0	3.0	3.0	3.0	3.5	3.5	3.5	3.5	3.5	4.0	4.0	4.0	4.0	4.0	4.0	4.5	4.5	4.5	4.5	4.5	4.5	4.5	.2019
1.5	1.5	1.5	1.5	1.5	1.5	2.0	2.0	2.0	2.5	2.5	2.5	2.5	3.0	3.0	3.0	3.0	3.5	3.5	3.5	3.5	3.5	4.0	4.0	4.0	4.0	4.0	4.0	4.5	4.5	4.5	4.5	4.5	4.5	5.0	5.0	.2163
k	90	126	162	198	234	270	306	342	378	414	450	486	522	558	594	630	666	702	738	774	810	846	882	918	954	990	1026	1062	1098	1134	1170	1206	1242	1278	1314	km

Δt Fahrenheit

D = 0.0014

Δt Celsius °C or Kelvin °K

k	50	70	90	110	130	150	170	190	210	230	250	270	290	310	330	350	370	390	410	430	450	470	490	510	530	550	570	590	610	630	650	670	690	710	730	km
0.1	1.5	1.5	1.5	1.5	1.5	1.5	1.5	1.5	1.5	1.5	1.5	1.5	1.5	1.5	1.5	1.5	1.5	1.5	1.5	1.5	1.5	1.5	1.5	1.5	1.5	1.5	1.5	1.5	1.5	1.5	1.5	1.5	1.5	1.5	1.5	.0144
0.2	1.5	1.5	1.5	1.5	1.5	1.5	1.5	1.5	1.5	1.5	1.5	1.5	1.5	1.5	1.5	1.5	1.5	1.5	1.5	2.0	2.0	2.0	2.0	2.0	2.0	2.0	2.0	2.0	2.0	2.0	2.0	2.0	2.0	2.0	2.5	.0288
0.3	1.5	1.5	1.5	1.5	1.5	1.5	1.5	1.5	1.5	1.5	1.5	1.5	1.5	2.0	2.0	2.0	2.0	2.0	2.0	2.0	2.0	2.0	2.0	2.5	2.5	2.5	2.5	2.5	2.5	2.5	2.5	2.5	2.5	2.5	2.5	.0433
0.4	1.5	1.5	1.5	1.5	1.5	1.5	1.5	1.5	1.5	1.5	2.0	2.0	2.0	2.0	2.0	2.0	2.0	2.0	2.5	2.5	2.5	2.5	2.5	2.5	2.5	2.5	2.5	2.5	3.0	3.0	3.0	3.0	3.0	3.0	3.0	.0577
0.5	1.5	1.5	1.5	1.5	1.5	1.5	1.5	1.5	2.0	2.0	2.0	2.0	2.0	2.0	2.0	2.5	2.5	2.5	2.5	2.5	2.5	2.5	2.5	3.0	3.0	3.0	3.0	3.0	3.0	3.0	3.0	3.0	3.0	3.5	3.5	.0721
0.6	1.5	1.5	1.5	1.5	1.5	1.5	1.5	2.0	2.0	2.0	2.0	2.0	2.0	2.5	2.5	2.5	2.5	2.5	2.5	3.0	3.0	3.0	3.0	3.0	3.0	3.0	3.0	3.0	3.5	3.5	3.5	3.5	3.5	3.5	3.5	.0865
0.7	1.5	1.5	1.5	1.5	1.5	1.5	2.0	2.0	2.0	2.0	2.0	2.5	2.5	2.5	2.5	2.5	2.5	3.0	3.0	3.0	3.0	3.0	3.0	3.0	3.5	3.5	3.5	3.5	3.5	3.5	3.5	3.5	3.5	4.0	4.0	.1009
0.8	1.5	1.5	1.5	1.5	1.5	2.0	2.0	2.0	2.0	2.0	2.5	2.5	2.5	2.5	2.5	3.0	3.0	3.0	3.0	3.0	3.0	3.0	3.5	3.5	3.5	3.5	3.5	3.5	3.5	4.0	4.0	4.0	4.0	4.0	4.0	.1154
0.9	1.5	1.5	1.5	1.5	1.5	2.0	2.0	2.0	2.0	2.5	2.5	2.5	2.5	2.5	3.0	3.0	3.0	3.0	3.0	3.0	3.5	3.5	3.5	3.5	3.5	3.5	3.5	4.0	4.0	4.0	4.0	4.0	4.0	4.0	4.5	.1298
1.0	1.5	1.5	1.5	1.5	1.5	2.0	2.0	2.0	2.5	2.5	2.5	2.5	2.5	3.0	3.0	3.0	3.0	3.0	3.5	3.5	3.5	3.5	3.5	3.5	4.0	4.0	4.0	4.0	4.0	4.0	4.0	4.5	4.5	4.5	4.5	.1442
1.1	1.5	1.5	1.5	1.5	2.0	2.0	2.0	2.0	2.5	2.5	2.5	2.5	3.0	3.0	3.0	3.0	3.0	3.5	3.5	3.5	3.5	3.5	4.0	4.0	4.0	4.0	4.0	4.0	4.0	4.5	4.5	4.5	4.5	4.5	4.5	.1586
1.2	1.5	1.5	1.5	1.5	2.0	2.0	2.0	2.5	2.5	2.5	2.5	3.0	3.0	3.0	3.0	3.0	3.5	3.5	3.5	3.5	3.5	4.0	4.0	4.0	4.0	4.0	4.0	4.5	4.5	4.5	4.5	4.5	4.5	5.0	5.0	.1730
1.3	1.5	1.5	1.5	1.5	2.0	2.0	2.0	2.5	2.5	2.5	2.5	3.0	3.0	3.0	3.0	3.5	3.5	3.5	3.5	3.5	4.0	4.0	4.0	4.0	4.0	4.5	4.5	4.5	4.5	4.5	4.5	4.5	5.0	5.0	5.0	.1875
1.4	1.5	1.5	1.5	1.5	2.0	2.0	2.0	2.5	2.5	2.5	3.0	3.0	3.0	3.0	3.5	3.5	3.5	3.5	3.5	4.0	4.0	4.0	4.0	4.0	4.5	4.5	4.5	4.5	4.5	4.5	5.0	5.0	5.0	5.0	5.0	.2019
1.5	1.5	1.5	1.5	1.5	2.0	2.0	2.5	2.5	2.5	2.5	3.0	3.0	3.0	3.0	3.5	3.5	3.5	3.5	4.0	4.0	4.0	4.0	4.0	4.5	4.5	4.5	4.5	4.5	5.0	5.0	5.0	5.0	5.0	5.0	5.5	.2163
k	90	126	162	198	234	270	306	342	378	414	450	486	522	558	594	630	666	702	738	774	810	846	882	918	954	990	1026	1062	1098	1134	1170	1206	1242	1278	1314	km

Δt Fahrenheit

D = 0.0015

Δt Celsius °C or Kelvin °K

k	50	70	90	110	130	150	170	190	210	230	250	270	290	310	330	350	370	390	410	430	450	470	490	510	530	550	570	590	610	630	650	670	690	710	730	km
0.1	1.5	1.5	1.5	1.5	1.5	1.5	1.5	1.5	1.5	1.5	1.5	1.5	1.5	1.5	1.5	1.5	1.5	1.5	1.5	1.5	1.5	1.5	1.5	1.5	1.5	1.5	1.5	1.5	1.5	1.5	1.5	1.5	1.5	1.5	1.5	.0144
0.2	1.5	1.5	1.5	1.5	1.5	1.5	1.5	1.5	1.5	1.5	1.5	1.5	1.5	1.5	1.5	1.5	1.5	1.5	2.0	2.0	2.0	2.0	2.0	2.0	2.0	2.0	2.0	2.0	2.0	2.0	2.0	2.0	2.5	2.5	2.5	.0288
0.3	1.5	1.5	1.5	1.5	1.5	1.5	1.5	1.5	1.5	1.5	1.5	1.5	2.0	2.0	2.0	2.0	2.0	2.0	2.0	2.0	2.0	2.0	2.5	2.5	2.5	2.5	2.5	2.5	2.5	2.5	2.5	2.5	2.5	2.5	3.0	.0433
0.4	1.5	1.5	1.5	1.5	1.5	1.5	1.5	1.5	1.5	2.0	2.0	2.0	2.0	2.0	2.0	2.0	2.0	2.5	2.5	2.5	2.5	2.5	2.5	2.5	2.5	2.5	3.0	3.0	3.0	3.0	3.0	3.0	3.0	3.0	3.0	.0577
0.5	1.5	1.5	1.5	1.5	1.5	1.5	1.5	2.0	2.0	2.0	2.0	2.0	2.0	2.0	2.5	2.5	2.5	2.5	2.5	2.5	2.5	3.0	3.0	3.0	3.0	3.0	3.0	3.0	3.0	3.0	3.5	3.5	3.5	3.5	3.5	.0721
0.6	1.5	1.5	1.5	1.5	1.5	1.5	2.0	2.0	2.0	2.0	2.0	2.0	2.5	2.5	2.5	2.5	2.5	2.5	3.0	3.0	3.0	3.0	3.0	3.0	3.0	3.0	3.5	3.5	3.5	3.5	3.5	3.5	3.5	3.5	3.5	.0865
0.7	1.5	1.5	1.5	1.5	1.5	1.5	2.0	2.0	2.0	2.0	2.5	2.5	2.5	2.5	2.5	2.5	3.0	3.0	3.0	3.0	3.0	3.0	3.0	3.5	3.5	3.5	3.5	3.5	3.5	3.5	4.0	4.0	4.0	4.0	4.0	.1009
0.8	1.5	1.5	1.5	1.5	1.5	2.0	2.0	2.0	2.0	2.5	2.5	2.5	2.5	2.5	3.0	3.0	3.0	3.0	3.0	3.0	3.5	3.5	3.5	3.5	3.5	3.5	3.5	4.0	4.0	4.0	4.0	4.0	4.0	4.0	4.0	.1154
0.9	1.5	1.5	1.5	1.5	1.5	2.0	2.0	2.0	2.5	2.5	2.5	2.5	2.5	3.0	3.0	3.0	3.0	3.0	3.5	3.5	3.5	3.5	3.5	3.5	3.5	4.0	4.0	4.0	4.0	4.0	4.0	4.0	4.5	4.5	4.5	.1298
1.0	1.5	1.5	1.5	1.5	2.0	2.0	2.0	2.0	2.5	2.5	2.5	2.5	3.0	3.0	3.0	3.0	3.0	3.5	3.5	3.5	3.5	3.5	3.5	4.0	4.0	4.0	4.0	4.0	4.0	4.5	4.5	4.5	4.5	4.5	4.5	.1442
1.1	1.5	1.5	1.5	1.5	2.0	2.0	2.0	2.5	2.5	2.5	2.5	3.0	3.0	3.0	3.0	3.0	3.5	3.5	3.5	3.5	3.5	4.0	4.0	4.0	4.0	4.0	4.0	4.5	4.5	4.5	4.5	4.5	4.5	5.0	5.0	.1586
1.2	1.5	1.5	1.5	1.5	2.0	2.0	2.0	2.5	2.5	2.5	3.0	3.0	3.0	3.0	3.0	3.5	3.5	3.5	3.5	3.5	4.0	4.0	4.0	4.0	4.0	4.5	4.5	4.5	4.5	4.5	4.5	5.0	5.0	5.0	5.0	.1730
1.3	1.5	1.5	1.5	1.5	2.0	2.0	2.5	2.5	2.5	2.5	3.0	3.0	3.0	3.0	3.5	3.5	3.5	3.5	4.0	4.0	4.0	4.0	4.0	4.0	4.5	4.5	4.5	4.5	4.5	5.0	5.0	5.0	5.0	5.0	5.0	.1875
1.4	1.5	1.5	1.5	2.0	2.0	2.0	2.5	2.5	2.5	3.0	3.0	3.0	3.0	3.5	3.5	3.5	3.5	4.0	4.0	4.0	4.0	4.0	4.5	4.5	4.5	4.5	4.5	4.5	5.0	5.0	5.0	5.0	5.0	5.0	5.5	.2019
1.5	1.5	1.5	1.5	2.0	2.0	2.0	2.5	2.5	2.5	3.0	3.0	3.0	3.0	3.5	3.5	3.5	3.5	4.0	4.0	4.0	4.0	4.5	4.5	4.5	4.5	4.5	5.0	5.0	5.0	5.0	5.0	5.0	5.5	5.5	5.5	.2163
k	90	126	162	198	234	270	306	342	378	414	450	486	522	558	594	630	666	702	738	774	810	846	882	918	954	990	1026	1062	1098	1134	1170	1206	1242	1278	1314	km

Δt Fahrenheit

TABLE 2 (Sheet 107 of 128)

TEMPERATURE DIFFERENCE

TABLE 2 (Continued)

ECONOMICAL INSULATION THICKNESS TABLE

IN INCHES
(nominal)

PIPE SIZE: 24'' NPS (Tube Size 24-1/2'' OD)
600.5 mm

At the intersection of the ''Δt'' column with the ''k'' row read the economical thickness.
(•—*exceeds 12'' thickness*)

D = 0.0017

Δt Celsius °C or Kelvin °K; k: Btu, in./sq ft, hr °F; km: W/mK

k	50	70	90	110	130	150	170	190	210	230	250	270	290	310	330	350	370	390	410	430	450	470	490	510	530	550	570	590	610	630	650	670	690	710	730	km
0.1	1.5	1.5	1.5	1.5	1.5	1.5	1.5	1.5	1.5	1.5	1.5	1.5	1.5	1.5	1.5	1.5	1.5	1.5	1.5	1.5	1.5	1.5	1.5	1.5	1.5	1.5	1.5	1.5	1.5	1.5	1.5	2.0	2.0	2.0	2.0	.0144
0.2	1.5	1.5	1.5	1.5	1.5	1.5	1.5	1.5	1.5	1.5	1.5	1.5	1.5	1.5	1.5	2.0	2.0	2.0	2.0	2.0	2.0	2.0	2.0	2.0	2.0	2.0	2.0	2.0	2.5	2.5	2.5	2.5	2.5	2.5	2.5	.0288
0.3	1.5	1.5	1.5	1.5	1.5	1.5	1.5	1.5	1.5	1.5	2.0	2.0	2.0	2.0	2.0	2.0	2.0	2.0	2.0	2.5	2.5	2.5	2.5	2.5	2.5	2.5	2.5	2.5	2.5	2.5	3.0	3.0	3.0	3.0	3.0	.0433
0.4	1.5	1.5	1.5	1.5	1.5	1.5	1.5	1.5	2.0	2.0	2.0	2.0	2.0	2.0	2.5	2.5	2.5	2.5	2.5	2.5	2.5	2.5	2.5	3.0	3.0	3.0	3.0	3.0	3.0	3.0	3.0	3.0	3.0	3.5	3.5	.0577
0.5	1.5	1.5	1.5	1.5	1.5	1.5	2.0	2.0	2.0	2.0	2.0	2.0	2.5	2.5	2.5	2.5	2.5	2.5	3.0	3.0	3.0	3.0	3.0	3.0	3.0	3.0	3.0	3.5	3.5	3.5	3.5	3.5	3.5	3.5	3.5	.0721
0.6	1.5	1.5	1.5	1.5	1.5	2.0	2.0	2.0	2.0	2.0	2.5	2.5	2.5	2.5	2.5	2.5	3.0	3.0	3.0	3.0	3.0	3.0	3.0	3.5	3.5	3.5	3.5	3.5	3.5	3.5	3.5	4.0	4.0	4.0	4.0	.0865
0.7	1.5	1.5	1.5	1.5	1.5	2.0	2.0	2.0	2.0	2.5	2.5	2.5	2.5	2.5	3.0	3.0	3.0	3.0	3.0	3.0	3.5	3.5	3.5	3.5	3.5	3.5	3.5	4.0	4.0	4.0	4.0	4.0	4.0	4.0	4.0	.1009
0.8	1.5	1.5	1.5	1.5	2.0	2.0	2.0	2.0	2.5	2.5	2.5	2.5	3.0	3.0	3.0	3.0	3.0	3.0	3.5	3.5	3.5	3.5	3.5	3.5	4.0	4.0	4.0	4.0	4.0	4.0	4.0	4.5	4.5	4.5	4.5	.1154
0.9	1.5	1.5	1.5	1.5	2.0	2.0	2.0	2.5	2.5	2.5	2.5	3.0	3.0	3.0	3.0	3.0	3.5	3.5	3.5	3.5	3.5	3.5	4.0	4.0	4.0	4.0	4.0	4.0	4.5	4.5	4.5	4.5	4.5	4.5	4.5	.1298
1.0	1.5	1.5	1.5	2.0	2.0	2.0	2.0	2.5	2.5	2.5	3.0	3.0	3.0	3.0	3.0	3.5	3.5	3.5	3.5	3.5	4.0	4.0	4.0	4.0	4.0	4.5	4.5	4.5	4.5	4.5	4.5	4.5	5.0	5.0	5.0	.1442
1.1	1.5	1.5	1.5	2.0	2.0	2.0	2.5	2.5	2.5	2.5	3.0	3.0	3.0	3.0	3.5	3.5	3.5	3.5	4.0	4.0	4.0	4.0	4.0	4.5	4.5	4.5	4.5	4.5	4.5	5.0	5.0	5.0	5.0	5.0	5.0	.1586
1.2	1.5	1.5	1.5	2.0	2.0	2.0	2.5	2.5	2.5	3.0	3.0	3.0	3.0	3.5	3.5	3.5	3.5	4.0	4.0	4.0	4.0	4.0	4.5	4.5	4.5	4.5	4.5	5.0	5.0	5.0	5.0	5.0	5.0	5.5	5.5	.1730
1.3	1.5	1.5	1.5	2.0	2.0	2.5	2.5	2.5	3.0	3.0	3.0	3.0	3.5	3.5	3.5	3.5	4.0	4.0	4.0	4.0	4.0	4.5	4.5	4.5	4.5	4.5	5.0	5.0	5.0	5.0	5.0	5.5	5.5	5.5	5.5	.1875
1.4	1.5	1.5	1.5	2.0	2.0	2.5	2.5	2.5	3.0	3.0	3.0	3.5	3.5	3.5	3.5	4.0	4.0	4.0	4.0	4.5	4.5	4.5	4.5	4.5	5.0	5.0	5.0	5.0	5.0	5.5	5.5	5.5	5.5	5.5	6.0	.2019
1.5	1.5	1.5	1.5	2.0	2.0	2.5	2.5	2.5	3.0	3.0	3.0	3.5	3.5	3.5	4.0	4.0	4.0	4.0	4.5	4.5	4.5	4.5	4.5	5.0	5.0	5.0	5.0	5.0	5.5	5.5	5.5	5.5	6.0	6.0	6.0	.2163
k	90	126	162	198	234	270	306	342	378	414	450	486	522	558	594	630	666	702	738	774	810	846	882	918	954	990	1026	1062	1098	1134	1170	1206	1242	1278	1314	km

Δt Fahrenheit

D = 0.0020

Δt Celsius °C or Kelvin °K; CONDUCTIVITY k: Btu, in./sq ft, hr °F; km: W/mK

k	50	70	90	110	130	150	170	190	210	230	250	270	290	310	330	350	370	390	410	430	450	470	490	510	530	550	570	590	610	630	650	670	690	710	730	km
0.1	1.5	1.5	1.5	1.5	1.5	1.5	1.5	1.5	1.5	1.5	1.5	1.5	1.5	1.5	1.5	1.5	1.5	1.5	1.5	1.5	1.5	1.5	1.5	1.5	1.5	1.5	2.0	2.0	2.0	2.0	2.0	2.0	2.0	2.0	2.0	.0144
0.2	1.5	1.5	1.5	1.5	1.5	1.5	1.5	1.5	1.5	1.5	1.5	1.5	1.5	2.0	2.0	2.0	2.0	2.0	2.0	2.0	2.0	2.0	2.0	2.5	2.5	2.5	2.5	2.5	2.5	2.5	2.5	2.5	2.5	2.5	2.5	.0288
0.3	1.5	1.5	1.5	1.5	1.5	1.5	1.5	1.5	2.0	2.0	2.0	2.0	2.0	2.0	2.0	2.0	2.5	2.5	2.5	2.5	2.5	2.5	2.5	2.5	2.5	3.0	3.0	3.0	3.0	3.0	3.0	3.0	3.0	3.0	3.0	.0433
0.4	1.5	1.5	1.5	1.5	1.5	1.5	2.0	2.0	2.0	2.0	2.0	2.0	2.5	2.5	2.5	2.5	2.5	2.5	2.5	3.0	3.0	3.0	3.0	3.0	3.0	3.0	3.0	3.0	3.5	3.5	3.5	3.5	3.5	3.5	3.5	.0577
0.5	1.5	1.5	1.5	1.5	1.5	2.0	2.0	2.0	2.0	2.0	2.5	2.5	2.5	2.5	2.5	3.0	3.0	3.0	3.0	3.0	3.0	3.0	3.5	3.5	3.5	3.5	3.5	3.5	3.5	3.5	4.0	4.0	4.0	4.0	4.0	.0721
0.6	1.5	1.5	1.5	1.5	2.0	2.0	2.0	2.0	2.5	2.5	2.5	2.5	2.5	3.0	3.0	3.0	3.0	3.0	3.0	3.5	3.5	3.5	3.5	3.5	3.5	3.5	4.0	4.0	4.0	4.0	4.0	4.0	4.0	4.5	4.5	.0865
0.7	1.5	1.5	1.5	1.5	2.0	2.0	2.0	2.5	2.5	2.5	2.5	3.0	3.0	3.0	3.0	3.0	3.0	3.5	3.5	3.5	3.5	3.5	4.0	4.0	4.0	4.0	4.0	4.0	4.0	4.5	4.5	4.5	4.5	4.5	4.5	.1009
0.8	1.5	1.5	1.5	2.0	2.0	2.0	2.5	2.5	2.5	2.5	3.0	3.0	3.0	3.0	3.0	3.5	3.5	3.5	3.5	3.5	4.0	4.0	4.0	4.0	4.0	4.0	4.5	4.5	4.5	4.5	4.5	4.5	5.0	5.0	5.0	.1154
0.9	1.5	1.5	1.5	2.0	2.0	2.0	2.5	2.5	2.5	3.0	3.0	3.0	3.0	3.5	3.5	3.5	3.5	3.5	4.0	4.0	4.0	4.0	4.0	4.5	4.5	4.5	4.5	4.5	4.5	5.0	5.0	5.0	5.0	5.0	5.0	.1298
1.0	1.5	1.5	1.5	2.0	2.0	2.5	2.5	2.5	3.0	3.0	3.0	3.0	3.5	3.5	3.5	3.5	4.0	4.0	4.0	4.0	4.0	4.5	4.5	4.5	4.5	4.5	4.5	5.0	5.0	5.0	5.0	5.0	5.0	5.5	5.5	.1442
1.1	1.5	1.5	2.0	2.0	2.0	2.5	2.5	2.5	3.0	3.0	3.0	3.5	3.5	3.5	3.5	4.0	4.0	4.0	4.0	4.0	4.5	4.5	4.5	4.5	4.5	5.0	5.0	5.0	5.0	5.0	5.5	5.5	5.5	5.5	5.5	.1586
1.2	1.5	1.5	2.0	2.0	2.0	2.5	2.5	3.0	3.0	3.0	3.0	3.5	3.5	3.5	4.0	4.0	4.0	4.0	4.5	4.5	4.5	4.5	4.5	5.0	5.0	5.0	5.0	5.5	5.5	5.5	5.5	5.5	5.5	6.0	6.0	.1730
1.3	1.5	1.5	2.0	2.0	2.5	2.5	2.5	3.0	3.0	3.0	3.5	3.5	3.5	4.0	4.0	4.0	4.0	4.5	4.5	4.5	4.5	5.0	5.0	5.0	5.0	5.0	5.5	5.5	5.5	5.5	5.5	6.0	6.0	6.0	6.0	.1875
1.4	1.5	1.5	2.0	2.0	2.5	2.5	3.0	3.0	3.5	3.5	3.5	3.5	4.0	4.0	4.0	4.5	4.5	4.5	4.5	5.0	5.0	5.0	5.0	5.0	5.5	5.5	5.5	5.5	6.0	6.0	6.0	6.0	6.0	6.0	6.5	.2019
1.5	1.5	1.5	2.0	2.0	2.5	2.5	3.0	3.0	3.0	3.5	3.5	3.5	4.0	4.0	4.0	4.5	4.5	4.5	4.5	5.0	5.0	5.0	5.0	5.5	5.5	5.5	5.5	6.0	6.0	6.0	6.0	6.0	6.5	6.5	6.5	.2163
k	90	126	162	198	234	270	306	342	378	414	450	486	522	558	594	630	666	702	738	774	810	846	882	918	954	990	1026	1062	1098	1134	1170	1206	1242	1278	1314	km

Δt Fahrenheit

D = 0.0022

Δt Celsius °C or Kelvin °K; k: Btu, in./sq ft, hr °F; km: W/mK

k	50	70	90	110	130	150	170	190	210	230	250	270	290	310	330	350	370	390	410	430	450	470	490	510	530	550	570	590	610	630	650	670	690	710	730	km
0.1	1.5	1.5	1.5	1.5	1.5	1.5	1.5	1.5	1.5	1.5	1.5	1.5	1.5	1.5	1.5	1.5	1.5	1.5	1.5	1.5	1.5	1.5	1.5	2.0	2.0	2.0	2.0	2.0	2.0	2.0	2.0	2.0	2.0	2.0	2.0	.0144
0.2	1.5	1.5	1.5	1.5	1.5	1.5	1.5	1.5	1.5	1.5	1.5	2.0	2.0	2.0	2.0	2.0	2.0	2.0	2.0	2.0	2.0	2.5	2.5	2.5	2.5	2.5	2.5	2.5	2.5	2.5	2.5	2.5	2.5	3.0	3.0	.0288
0.3	1.5	1.5	1.5	1.5	1.5	1.5	1.5	1.5	2.0	2.0	2.0	2.0	2.0	2.0	2.5	2.5	2.5	2.5	2.5	2.5	2.5	2.5	3.0	3.0	3.0	3.0	3.0	3.0	3.0	3.0	3.0	3.0	3.0	3.5	3.5	.0433
0.4	1.5	1.5	1.5	1.5	1.5	1.5	2.0	2.0	2.0	2.0	2.0	2.5	2.5	2.5	2.5	2.5	2.5	3.0	3.0	3.0	3.0	3.0	3.0	3.0	3.0	3.5	3.5	3.5	3.5	3.5	3.5	3.5	3.5	3.5	4.0	.0577
0.5	1.5	1.5	1.5	1.5	2.0	2.0	2.0	2.0	2.0	2.5	2.5	2.5	2.5	2.5	3.0	3.0	3.0	3.0	3.0	3.0	3.5	3.5	3.5	3.5	3.5	3.5	3.5	4.0	4.0	4.0	4.0	4.0	4.0	4.0	4.0	.0721
0.6	1.5	1.5	1.5	1.5	2.0	2.0	2.0	2.5	2.5	2.5	2.5	2.5	3.0	3.0	3.0	3.0	3.0	3.5	3.5	3.5	3.5	3.5	3.5	4.0	4.0	4.0	4.0	4.0	4.0	4.0	4.5	4.5	4.5	4.5	4.5	.0865
0.7	1.5	1.5	1.5	2.0	2.0	2.0	2.5	2.5	2.5	2.5	3.0	3.0	3.0	3.0	3.0	3.5	3.5	3.5	3.5	3.5	4.0	4.0	4.0	4.0	4.0	4.0	4.5	4.5	4.5	4.5	4.5	4.5	4.5	5.0	5.0	.1009
0.8	1.5	1.5	1.5	2.0	2.0	2.0	2.5	2.5	2.5	3.0	3.0	3.0	3.0	3.5	3.5	3.5	3.5	3.5	4.0	4.0	4.0	4.0	4.0	4.5	4.5	4.5	4.5	4.5	4.5	5.0	5.0	5.0	5.0	5.0	5.0	.1154
0.9	1.5	1.5	2.0	2.0	2.0	2.5	2.5	2.5	3.0	3.0	3.0	3.0	3.5	3.5	3.5	3.5	4.0	4.0	4.0	4.0	4.0	4.5	4.5	4.5	4.5	4.5	5.0	5.0	5.0	5.0	5.0	5.0	5.5	5.5	5.5	.1298
1.0	1.5	1.5	2.0	2.0	2.0	2.5	2.5	3.0	3.0	3.0	3.0	3.5	3.5	3.5	3.5	4.0	4.0	4.0	4.0	4.5	4.5	4.5	4.5	4.5	5.0	5.0	5.0	5.0	5.0	5.0	5.5	5.5	5.5	5.5	5.5	.1442
1.1	1.5	1.5	2.0	2.0	2.5	2.5	2.5	3.0	3.0	3.0	3.5	3.5	3.5	3.5	4.0	4.0	4.0	4.0	4.5	4.5	4.5	4.5	5.0	5.0	5.0	5.0	5.0	5.5	5.5	5.5	5.5	5.5	6.0	6.0	6.0	.1586
1.2	1.5	1.5	2.0	2.0	2.5	2.5	3.0	3.0	3.0	3.5	3.5	3.5	3.5	4.0	4.0	4.0	4.5	4.5	4.5	4.5	4.5	5.0	5.0	5.0	5.0	5.5	5.5	5.5	5.5	5.5	6.0	6.0	6.0	6.0	6.0	.1730
1.3	1.5	1.5	2.0	2.0	2.5	2.5	3.0	3.0	3.0	3.5	3.5	3.5	4.0	4.0	4.0	4.5	4.5	4.5	4.5	5.0	5.0	5.0	5.0	5.0	5.5	5.5	5.5	5.5	6.0	6.0	6.0	6.0	6.5	6.5	6.5	.1875
1.4	1.5	1.5	2.0	2.0	2.5	2.5	3.0	3.0	3.5	3.5	3.5	4.0	4.0	4.0	4.0	4.5	4.5	4.5	5.0	5.0	5.0	5.0	5.5	5.5	5.5	5.5	6.0	6.0	6.0	6.0	6.0	6.5	6.5	6.5	6.5	.2019
1.5	1.5	1.5	2.0	2.5	2.5	3.0	3.0	3.0	3.5	3.5	3.5	4.0	4.0	4.0	4.5	4.5	4.5	5.0	5.0	5.0	5.0	5.5	5.5	5.5	5.5	6.0	6.0	6.0	6.0	6.5	6.5	6.5	6.5	6.5	7.0	.2163
k	90	126	162	198	234	270	306	342	378	414	450	486	522	558	594	630	666	702	738	774	810	846	882	918	954	990	1026	1062	1098	1134	1170	1206	1242	1278	1314	km

Δt Fahrenheit

TEMPERATURE DIFFERENCE

TABLE 2 (Sheet 108 of 128)

TABLE 2 (Continued)

ECONOMICAL INSULATION THICKNESS TABLE

IN INCHES
(nominal)

PIPE SIZE: 24'' NPS (Tube Size 24-1/2'' OD)
600.5 mm

At the intersection of the ''Δt'' column with the ''k'' row read the economical thickness.
(•—*exceeds 12'' thickness*)

D = 0.0025

Δt Celsius °C or Kelvin °K

CONDUCTIVITY k: Btu, in./sq ft, hr °F; km: W/mK

k	50	70	90	110	130	150	170	190	210	230	250	270	290	310	330	350	370	390	410	430	450	470	490	510	530	550	570	590	610	630	650	670	690	710	730	km
0.1	1.5	1.5	1.5	1.5	1.5	1.5	1.5	1.5	1.5	1.5	1.5	1.5	1.5	1.5	1.5	1.5	1.5	1.5	1.5	1.5	2.0	2.0	2.0	2.0	2.0	2.0	2.0	2.0	2.0	2.0	2.0	2.0	2.0	2.0	2.0	.0144
0.2	1.5	1.5	1.5	1.5	1.5	1.5	1.5	1.5	1.5	1.5	2.0	2.0	2.0	2.0	2.0	2.0	2.0	2.0	2.5	2.5	2.5	2.5	2.5	2.5	2.5	2.5	2.5	2.5	2.5	3.0	3.0	3.0	3.0	3.0	3.0	.0288
0.3	1.5	1.5	1.5	1.5	1.5	1.5	2.0	2.0	2.0	2.0	2.0	2.0	2.5	2.5	2.5	2.5	2.5	2.5	2.5	2.5	3.0	3.0	3.0	3.0	3.0	3.0	3.0	3.0	3.0	3.5	3.5	3.5	3.5	3.5	3.5	.0433
0.4	1.5	1.5	1.5	1.5	1.5	2.0	2.0	2.0	2.0	2.5	2.5	2.5	2.5	2.5	2.5	3.0	3.0	3.0	3.0	3.0	3.0	3.0	3.5	3.5	3.5	3.5	3.5	3.5	3.5	4.0	4.0	4.0	4.0	4.0	4.0	.0577
0.5	1.5	1.5	1.5	1.5	2.0	2.0	2.0	2.5	2.5	2.5	2.5	2.5	3.0	3.0	3.0	3.0	3.0	3.5	3.5	3.5	3.5	3.5	3.5	3.5	4.0	4.0	4.0	4.0	4.0	4.0	4.0	4.5	4.5	4.5	4.5	.0721
0.6	1.5	1.5	1.5	2.0	2.0	2.0	2.5	2.5	2.5	2.5	3.0	3.0	3.0	3.0	3.0	3.5	3.5	3.5	3.5	3.5	4.0	4.0	4.0	4.0	4.0	4.0	4.5	4.5	4.5	4.5	4.5	4.5	4.5	5.0	5.0	.0865
0.7	1.5	1.5	1.5	2.0	2.0	2.5	2.5	2.5	2.5	3.0	3.0	3.0	3.0	3.5	3.5	3.5	3.5	4.0	4.0	4.0	4.0	4.0	4.0	4.5	4.5	4.5	4.5	4.5	4.5	5.0	5.0	5.0	5.0	5.0	5.0	.1009
0.8	1.5	1.5	2.0	2.0	2.0	2.5	2.5	2.5	3.0	3.0	3.0	3.5	3.5	3.5	3.5	4.0	4.0	4.0	4.0	4.0	4.5	4.5	4.5	4.5	4.5	4.5	5.0	5.0	5.0	5.0	5.0	5.5	5.5	5.5	5.5	.1154
0.9	1.5	1.5	2.0	2.0	2.5	2.5	2.5	3.0	3.0	3.0	3.5	3.5	3.5	3.5	4.0	4.0	4.0	4.0	4.5	4.5	4.5	4.5	4.5	5.0	5.0	5.0	5.0	5.0	5.5	5.5	5.5	5.5	5.5	6.0	6.0	.1298
1.0	1.5	1.5	2.0	2.0	2.5	2.5	3.0	3.0	3.0	3.5	3.5	3.5	3.5	4.0	4.0	4.0	4.0	4.5	4.5	4.5	4.5	5.0	5.0	5.0	5.0	5.0	5.5	5.5	5.5	5.5	6.0	6.0	6.0	6.0	6.0	.1442
1.1	1.5	1.5	2.0	2.0	2.5	2.5	3.0	3.0	3.0	3.5	3.5	3.5	4.0	4.0	4.0	4.5	4.5	4.5	4.5	5.0	5.0	5.0	5.0	5.0	5.5	5.5	5.5	5.5	6.0	6.0	6.0	6.0	6.0	6.5	6.5	.1586
1.2	1.5	2.0	2.0	2.5	2.5	3.0	3.0	3.0	3.5	3.5	3.5	4.0	4.0	4.0	4.5	4.5	4.5	4.5	5.0	5.0	5.0	5.0	5.5	5.5	5.5	5.5	6.0	6.0	6.0	6.0	6.5	6.5	6.5	6.5	6.5	.1730
1.3	1.5	2.0	2.0	2.5	2.5	3.0	3.0	3.0	3.5	3.5	4.0	4.0	4.0	4.5	4.5	4.5	4.5	5.0	5.0	5.0	5.0	5.5	5.5	5.5	6.0	6.0	6.0	6.0	6.5	6.5	6.5	6.5	6.5	6.5	7.0	.1875
1.4	1.5	2.0	2.0	2.5	2.5	3.0	3.0	3.5	3.5	3.5	4.0	4.0	4.0	4.5	4.5	4.5	5.0	5.0	5.0	5.5	5.5	5.5	5.5	6.0	6.0	6.0	6.0	6.5	6.5	6.5	6.5	6.5	7.0	7.0	7.0	.2019
1.5	1.5	2.0	2.0	2.5	2.5	3.0	3.0	3.5	3.5	4.0	4.0	4.0	4.5	4.5	4.5	5.0	5.0	5.0	5.5	5.5	5.5	6.0	6.0	6.0	6.0	6.5	6.5	6.5	6.5	6.5	7.0	7.0	7.0	7.0	7.5	.2163
k	90	126	162	198	234	270	306	342	378	414	450	486	522	558	594	630	666	702	738	774	810	846	882	918	954	990	1026	1062	1098	1134	1170	1206	1242	1278	1314	km

Δt Fahrenheit

D = 0.0030

Δt Celsius °C or Kelvin °K

CONDUCTIVITY k: Btu, in./sq ft, hr °F; km: W/mK

k	50	70	90	110	130	150	170	190	210	230	250	270	290	310	330	350	370	390	410	430	450	470	490	510	530	550	570	590	610	630	650	670	690	710	730	km
0.1	1.5	1.5	1.5	1.5	1.5	1.5	1.5	1.5	1.5	1.5	1.5	1.5	1.5	1.5	1.5	1.5	2.0	2.0	2.0	2.0	2.0	2.0	2.0	2.0	2.0	2.0	2.0	2.0	2.0	2.0	2.5	2.5	2.5	2.5	2.5	.0144
0.2	1.5	1.5	1.5	1.5	1.5	1.5	1.5	1.5	2.0	2.0	2.0	2.0	2.0	2.0	2.0	2.5	2.5	2.5	2.5	2.5	2.5	2.5	2.5	2.5	3.0	3.0	3.0	3.0	3.0	3.0	3.0	3.0	3.0	3.0	3.0	.0288
0.3	1.5	1.5	1.5	1.5	1.5	2.0	2.0	2.0	2.0	2.0	2.5	2.5	2.5	2.5	2.5	2.5	3.0	3.0	3.0	3.0	3.0	3.0	3.0	3.5	3.5	3.5	3.5	3.5	3.5	3.5	3.5	3.5	4.0	4.0	4.0	.0433
0.4	1.5	1.5	1.5	1.5	2.0	2.0	2.0	2.5	2.5	2.5	2.5	2.5	3.0	3.0	3.0	3.0	3.0	3.0	3.5	3.5	3.5	3.5	3.5	3.5	4.0	4.0	4.0	4.0	4.0	4.0	4.0	4.0	4.5	4.5	4.5	.0577
0.5	1.5	1.5	1.5	2.0	2.0	2.0	2.5	2.5	2.5	2.5	3.0	3.0	3.0	3.0	3.5	3.5	3.5	3.5	3.5	3.5	4.0	4.0	4.0	4.0	4.0	4.0	4.5	4.5	4.5	4.5	4.5	4.5	5.0	5.0	5.0	.0721
0.6	1.5	1.5	2.0	2.0	2.0	2.5	2.5	2.5	3.0	3.0	3.0	3.0	3.5	3.5	3.5	3.5	4.0	4.0	4.0	4.0	4.0	4.0	4.5	4.5	4.5	4.5	4.5	5.0	5.0	5.0	5.0	5.0	5.0	5.0	5.5	.0865
0.7	1.5	1.5	2.0	2.0	2.5	2.5	2.5	3.0	3.0	3.0	3.5	3.5	3.5	3.5	4.0	4.0	4.0	4.0	4.0	4.5	4.5	4.5	4.5	4.5	5.0	5.0	5.0	5.0	5.0	5.5	5.5	5.5	5.5	5.5	6.0	.1009
0.8	1.5	2.0	2.0	2.0	2.5	2.5	3.0	3.0	3.0	3.5	3.5	3.5	3.5	4.0	4.0	4.0	4.0	4.5	4.5	4.5	4.5	5.0	5.0	5.0	5.0	5.0	5.5	5.5	5.5	5.5	6.0	6.0	6.0	6.0	6.0	.1154
0.9	1.5	2.0	2.0	2.5	2.5	3.0	3.0	3.0	3.5	3.5	3.5	4.0	4.0	4.0	4.0	4.5	4.5	4.5	4.5	5.0	5.0	5.0	5.0	5.5	5.5	5.5	5.5	6.0	6.0	6.0	6.0	6.0	6.5	6.5	6.5	.1298
1.0	1.5	2.0	2.0	2.5	2.5	3.0	3.0	3.5	3.5	3.5	4.0	4.0	4.0	4.0	4.5	4.5	4.5	5.0	5.0	5.0	5.0	5.5	5.5	5.5	5.5	6.0	6.0	6.0	6.0	6.5	6.5	6.5	6.5	6.5	6.5	.1442
1.1	1.5	2.0	2.0	2.5	2.5	3.0	3.0	3.5	3.5	4.0	4.0	4.0	4.5	4.5	4.5	4.5	5.0	5.0	5.0	5.5	5.5	5.5	5.5	6.0	6.0	6.0	6.0	6.5	6.5	6.5	6.5	6.5	7.0	7.0	7.0	.1586
1.2	1.5	2.0	2.5	2.5	3.0	3.0	3.5	3.5	3.5	4.0	4.0	4.0	4.5	4.5	4.5	5.0	5.0	5.0	5.5	5.5	5.5	6.0	6.0	6.0	6.0	6.5	6.5	6.5	6.5	6.5	7.0	7.0	7.0	7.0	7.5	.1730
1.3	1.5	2.0	2.5	2.5	3.0	3.0	3.5	3.5	4.0	4.0	4.0	4.5	4.5	4.5	5.0	5.0	5.0	5.5	5.5	5.5	6.0	6.0	6.0	6.5	6.5	6.5	6.5	6.5	7.0	7.0	7.0	7.0	7.5	7.5	7.5	.1875
1.4	1.5	2.0	2.5	2.5	3.0	3.0	3.5	3.5	4.0	4.0	4.5	4.5	4.5	5.0	5.0	5.0	5.5	5.5	6.0	6.0	6.0	6.0	6.5	6.5	6.5	6.5	7.0	7.0	7.0	7.0	7.5	7.5	7.5	7.5	7.5	.2019
1.5	1.5	2.0	2.5	3.0	3.0	3.5	3.5	4.0	4.0	4.0	4.5	4.5	5.0	5.0	5.0	5.5	5.5	6.0	6.0	6.0	6.0	6.5	6.5	6.5	6.5	7.0	7.0	7.0	7.5	7.5	7.5	7.5	7.5	8.0	8.0	.2163
k	90	126	162	198	234	270	306	342	378	414	450	486	522	558	594	630	666	702	738	774	810	846	882	918	954	990	1026	1062	1098	1134	1170	1206	1242	1278	1314	km

Δt Fahrenheit

D = 0.0035

Δt Celsius °C or Kelvin °K

CONDUCTIVITY k: Btu, in./sq ft, hr °F; km: W/mK

k	50	70	90	110	130	150	170	190	210	230	250	270	290	310	330	350	370	390	410	430	450	470	490	510	530	550	570	590	610	630	650	670	690	710	730	km
0.1	1.5	1.5	1.5	1.5	1.5	1.5	1.5	1.5	1.5	1.5	1.5	1.5	1.5	1.5	2.0	2.0	2.0	2.0	2.0	2.0	2.0	2.0	2.0	2.0	2.0	2.0	2.5	2.5	2.5	2.5	2.5	2.5	2.5	2.5	2.5	.0144
0.2	1.5	1.5	1.5	1.5	1.5	1.5	2.0	2.0	2.0	2.0	2.0	2.0	2.0	2.5	2.5	2.5	2.5	2.5	2.5	2.5	3.0	3.0	3.0	3.0	3.0	3.0	3.0	3.0	3.0	3.0	3.5	3.5	3.5	3.5	3.5	.0288
0.3	1.5	1.5	1.5	1.5	2.0	2.0	2.0	2.0	2.5	2.5	2.5	2.5	2.5	3.0	3.0	3.0	3.0	3.0	3.0	3.0	3.5	3.5	3.5	3.5	3.5	3.5	3.5	4.0	4.0	4.0	4.0	4.0	4.0	4.0	4.0	.0433
0.4	1.5	1.5	1.5	2.0	2.0	2.0	2.5	2.5	2.5	2.5	3.0	3.0	3.0	3.0	3.0	3.5	3.5	3.5	3.5	3.5	4.0	4.0	4.0	4.0	4.0	4.0	4.0	4.5	4.5	4.5	4.5	4.5	4.5	4.5	5.0	.0577
0.5	1.5	1.5	2.0	2.0	2.0	2.5	2.5	2.5	3.0	3.0	3.0	3.0	3.5	3.5	3.5	3.5	4.0	4.0	4.0	4.0	4.0	4.0	4.5	4.5	4.5	4.5	4.5	5.0	5.0	5.0	5.0	5.0	5.0	5.0	5.5	.0721
0.6	1.5	1.5	2.0	2.0	2.5	2.5	2.5	3.0	3.0	3.0	3.5	3.5	3.5	3.5	4.0	4.0	4.0	4.0	4.5	4.5	4.5	4.5	4.5	5.0	5.0	5.0	5.0	5.0	5.0	5.5	5.5	5.5	5.5	5.5	6.0	.0865
0.7	1.5	2.0	2.0	2.5	2.5	2.5	3.0	3.0	3.0	3.5	3.5	3.5	4.0	4.0	4.0	4.0	4.5	4.5	4.5	4.5	5.0	5.0	5.0	5.0	5.0	5.5	5.5	5.5	5.5	6.0	6.0	6.0	6.0	6.0	6.0	.1009
0.8	1.5	2.0	2.0	2.5	2.5	3.0	3.0	3.0	3.5	3.5	4.0	4.0	4.0	4.0	4.5	4.5	4.5	4.5	5.0	5.0	5.0	5.0	5.5	5.5	5.5	5.5	6.0	6.0	6.0	6.0	6.5	6.5	6.5	6.5	6.5	.1154
0.9	1.5	2.0	2.5	2.5	3.0	3.0	3.0	3.5	3.5	4.0	4.0	4.0	4.5	4.5	4.5	4.5	5.0	5.0	5.0	5.0	5.5	5.5	5.5	6.0	6.0	6.0	6.0	6.5	6.5	6.5	6.5	6.5	6.5	7.0	7.0	.1298
1.0	1.5	2.0	2.5	2.5	3.0	3.0	3.5	3.5	3.5	4.0	4.0	4.5	4.5	4.5	5.0	5.0	5.0	5.0	5.5	5.5	5.5	6.0	6.0	6.0	6.0	6.5	6.5	6.5	6.5	6.5	7.0	7.0	7.0	7.0	7.0	.1442
1.1	1.5	2.0	2.5	2.5	3.0	3.0	3.5	3.5	4.0	4.0	4.5	4.5	4.5	5.0	5.0	5.0	5.5	5.5	5.5	6.0	6.0	6.0	6.0	6.5	6.5	6.5	6.5	7.0	7.0	7.0	7.0	7.0	7.5	7.5	7.5	.1586
1.2	2.0	2.0	2.5	3.0	3.0	3.5	3.5	4.0	4.0	4.0	4.5	4.5	5.0	5.0	5.0	5.5	5.5	5.5	6.0	6.0	6.0	6.5	6.5	6.5	6.5	7.0	7.0	7.0	7.0	7.5	7.5	7.5	7.5	7.5	8.0	.1730
1.3	2.0	2.0	2.5	3.0	3.0	3.5	3.5	4.0	4.0	4.5	4.5	5.0	5.0	5.0	5.5	5.5	5.5	6.0	6.0	6.0	6.5	6.5	6.5	7.0	7.0	7.0	7.0	7.5	7.5	7.5	7.5	7.5	8.0	8.0	8.0	.1875
1.4	2.0	2.5	2.5	3.0	3.5	3.5	4.0	4.0	4.5	4.5	4.5	5.0	5.0	5.5	5.5	5.5	6.0	6.0	6.5	6.5	6.5	6.5	7.0	7.0	7.0	7.0	7.5	7.5	7.5	7.5	8.0	8.0	8.0	8.5	8.5	.2019
1.5	2.0	2.5	2.5	3.0	3.5	3.5	4.0	4.0	4.5	4.5	5.0	5.0	5.5	5.5	5.5	6.0	6.0	6.5	6.5	6.5	6.5	7.0	7.0	7.0	7.5	7.5	7.5	7.5	8.0	8.0	8.0	8.5	8.5	8.5	8.5	.2163
k	90	126	162	198	234	270	306	342	378	414	450	486	522	558	594	630	666	702	738	774	810	846	882	918	954	990	1026	1062	1098	1134	1170	1206	1242	1278	1314	km

Δt Fahrenheit

TABLE 2 (Sheet 109 of 128)

TEMPERATURE DIFFERENCE

ECONOMICAL INSULATION THICKNESS TABLE

IN INCHES
(nominal)

PIPE SIZE: 24'' NPS (Tube Size 24-1/2'' OD)
600.5 mm

At the intersection of the ''Δt'' column with the ''k'' row read the economical thickness.
(•—*exceeds 12'' thickness*)

CONDUCTIVITY — k: Btu, in./sq ft, hr °F; km: W/mK

D = 0.0040

Δt Celsius °C or Kelvin °K

k	50	70	90	110	130	150	170	190	210	230	250	270	290	310	330	350	370	390	410	430	450	470	490	510	530	550	570	590	610	630	650	670	690	710	730	km
0.1	1.5	1.5	1.5	1.5	1.5	1.5	1.5	1.5	1.5	1.5	1.5	1.5	2.0	2.0	2.0	2.0	2.0	2.0	2.0	2.0	2.0	2.0	2.5	2.5	2.5	2.5	2.5	2.5	2.5	2.5	2.5	2.5	2.5	2.5	2.5	.0144
0.2	1.5	1.5	1.5	1.5	1.5	2.0	2.0	2.0	2.0	2.0	2.0	2.5	2.5	2.5	2.5	2.5	2.5	3.0	3.0	3.0	3.0	3.0	3.0	3.0	3.0	3.0	3.5	3.5	3.5	3.5	3.5	3.5	3.5	3.5	3.5	.0288
0.3	1.5	1.5	1.5	2.0	2.0	2.0	2.0	2.5	2.5	2.5	2.5	3.0	3.0	3.0	3.0	3.0	3.0	3.5	3.5	3.5	3.5	3.5	3.5	4.0	4.0	4.0	4.0	4.0	4.0	4.0	4.0	4.5	4.5	4.5	4.5	.0433
0.4	1.5	1.5	2.0	2.0	2.0	2.5	2.5	2.5	3.0	3.0	3.0	3.0	3.0	3.5	3.5	3.5	3.5	3.5	4.0	4.0	4.0	4.0	4.0	4.5	4.5	4.5	4.5	4.5	4.5	4.5	5.0	5.0	5.0	5.0	5.0	.0577
0.5	1.5	1.5	2.0	2.0	2.5	2.5	2.5	3.0	3.0	3.0	3.5	3.5	3.5	3.5	4.0	4.0	4.0	4.0	4.0	4.5	4.5	4.5	4.5	4.5	5.0	5.0	5.0	5.0	5.0	5.0	5.5	5.5	5.5	5.5	5.5	.0721
0.6	1.5	2.0	2.0	2.5	2.5	2.5	3.0	3.0	3.5	3.5	3.5	3.5	4.0	4.0	4.0	4.0	4.5	4.5	4.5	4.5	5.0	5.0	5.0	5.0	5.0	5.5	5.5	5.5	5.5	6.0	6.0	6.0	6.0	6.0	6.0	.0865
0.7	1.5	2.0	2.0	2.5	2.5	3.0	3.0	3.5	3.5	3.5	4.0	4.0	4.0	4.0	4.5	4.5	4.5	5.0	5.0	5.0	5.0	5.5	5.5	5.5	5.5	6.0	6.0	6.0	6.0	6.0	6.5	6.5	6.5	6.5	6.5	.1009
0.8	1.5	2.0	2.5	2.5	3.0	3.0	3.5	3.5	3.5	4.0	4.0	4.0	4.5	4.5	4.5	5.0	5.0	5.0	5.0	5.5	5.5	5.5	6.0	6.0	6.0	6.0	6.5	6.5	6.5	6.5	6.5	6.5	7.0	7.0	7.0	.1154
0.9	2.0	2.0	2.5	2.5	3.0	3.0	3.5	3.5	4.0	4.0	4.0	4.5	4.5	4.5	5.0	5.0	5.0	5.5	5.5	5.5	6.0	6.0	6.0	6.0	6.5	6.5	6.5	6.5	7.0	7.0	7.0	7.0	7.0	7.5	7.5	.1298
1.0	2.0	2.0	2.5	3.0	3.0	3.5	3.5	4.0	4.0	4.0	4.5	4.5	5.0	5.0	5.0	5.5	5.5	5.5	6.0	6.0	6.0	6.0	6.5	6.5	6.5	6.5	7.0	7.0	7.0	7.0	7.5	7.5	7.5	7.5	7.5	.1442
1.1	2.0	2.5	2.5	3.0	3.0	3.5	3.5	4.0	4.0	4.5	4.5	5.0	5.0	5.0	5.5	5.5	5.5	6.0	6.0	6.0	6.5	6.5	6.5	6.5	7.0	7.0	7.0	7.0	7.5	7.5	7.5	7.5	8.0	8.0	8.0	.1586
1.2	2.0	2.5	2.5	3.0	3.5	3.5	4.0	4.0	4.5	4.5	5.0	5.0	5.0	5.5	5.5	6.0	6.0	6.0	6.5	6.5	6.5	6.5	7.0	7.0	7.0	7.5	7.5	7.5	7.5	7.5	8.0	8.0	8.0	8.5	8.5	.1730
1.3	2.0	2.5	3.0	3.0	3.5	3.5	4.0	4.0	4.5	4.5	5.0	5.0	5.5	5.5	6.0	6.0	6.0	6.5	6.5	6.5	7.0	7.0	7.0	7.0	7.5	7.5	7.5	7.5	8.0	8.0	8.0	8.5	8.5	8.5	8.5	.1875
1.4	2.0	2.5	3.0	3.0	3.5	4.0	4.0	4.5	4.5	5.0	5.0	5.5	5.5	6.0	6.0	6.0	6.5	6.5	6.5	7.0	7.0	7.0	7.5	7.5	7.5	7.5	8.0	8.0	8.0	8.5	8.5	8.5	8.5	9.0	9.0	.2019
1.5	2.0	2.5	3.0	3.5	3.5	4.0	4.0	4.5	4.5	5.0	5.0	5.5	5.5	6.0	6.0	6.5	6.5	6.5	7.0	7.0	7.0	7.5	7.5	7.5	8.0	8.0	8.0	8.5	8.5	8.5	8.5	9.0	9.0	9.0	9.5	.2163
k	90	126	162	198	234	270	306	342	378	414	450	486	522	558	594	630	666	702	738	774	810	846	882	918	954	990	1026	1062	1098	1134	1170	1206	1242	1278	1314	km

Δt Fahrenheit

D = 0.0045

Δt Celsius °C or Kelvin °K

k	50	70	90	110	130	150	170	190	210	230	250	270	290	310	330	350	370	390	410	430	450	470	490	510	530	550	570	590	610	630	650	670	690	710	730	km
0.1	1.5	1.5	1.5	1.5	1.5	1.5	1.5	1.5	1.5	1.5	2.0	2.0	2.0	2.0	2.0	2.0	2.0	2.0	2.0	2.0	2.5	2.5	2.5	2.5	2.5	2.5	2.5	2.5	2.5	2.5	2.5	3.0	3.0	3.0	3.0	.0144
0.2	1.5	1.5	1.5	1.5	1.5	2.0	2.0	2.0	2.0	2.5	2.5	2.5	2.5	2.5	2.5	3.0	3.0	3.0	3.0	3.0	3.0	3.0	3.0	3.5	3.5	3.5	3.5	3.5	3.5	3.5	3.5	4.0	4.0	4.0	4.0	.0288
0.3	1.5	1.5	1.5	2.0	2.0	2.0	2.5	2.5	2.5	2.5	3.0	3.0	3.0	3.0	3.0	3.5	3.5	3.5	3.5	3.5	3.5	4.0	4.0	4.0	4.0	4.0	4.0	4.5	4.5	4.5	4.5	4.5	4.5	4.5	4.5	.0433
0.4	1.5	1.5	2.0	2.0	2.5	2.5	2.5	3.0	3.0	3.0	3.0	3.5	3.5	3.5	3.5	4.0	4.0	4.0	4.0	4.0	4.5	4.5	4.5	4.5	4.5	4.5	5.0	5.0	5.0	5.0	5.0	5.0	5.5	5.5	5.5	.0577
0.5	1.5	2.0	2.0	2.5	2.5	2.5	3.0	3.0	3.0	3.5	3.5	3.5	4.0	4.0	4.0	4.0	4.5	4.5	4.5	4.5	4.5	5.0	5.0	5.0	5.0	5.0	5.5	5.5	5.5	5.5	5.5	6.0	6.0	6.0	6.0	.0721
0.6	1.5	2.0	2.0	2.5	2.5	3.0	3.0	3.5	3.5	3.5	4.0	4.0	4.0	4.0	4.5	4.5	4.5	5.0	5.0	5.0	5.0	5.0	5.5	5.5	5.5	5.5	6.0	6.0	6.0	6.0	6.0	6.5	6.5	6.5	6.5	.0865
0.7	1.5	2.0	2.5	2.5	3.0	3.0	3.5	3.5	3.5	4.0	4.0	4.0	4.5	4.5	4.5	5.0	5.0	5.0	5.0	5.5	5.5	5.5	6.0	6.0	6.0	6.0	6.5	6.5	6.5	6.5	6.5	6.5	7.0	7.0	7.0	.1009
0.8	2.0	2.0	2.5	3.0	3.0	3.5	3.5	3.5	4.0	4.0	4.5	4.5	4.5	5.0	5.0	5.0	5.0	5.5	5.5	5.5	6.0	6.0	6.0	6.5	6.5	6.5	6.5	6.5	7.0	7.0	7.0	7.0	7.0	7.5	7.5	.1154
0.9	2.0	2.5	2.5	3.0	3.0	3.5	3.5	4.0	4.0	4.5	4.5	4.5	5.0	5.0	5.0	5.5	5.5	5.5	6.0	6.0	6.0	6.5	6.5	6.5	6.5	7.0	7.0	7.0	7.0	7.5	7.5	7.5	7.5	7.5	8.0	.1298
1.0	2.0	2.5	2.5	3.0	3.5	3.5	4.0	4.0	4.5	4.5	4.5	5.0	5.0	5.5	5.5	5.5	6.0	6.0	6.0	6.5	6.5	6.5	6.5	7.0	7.0	7.0	7.5	7.5	7.5	7.5	7.5	8.0	8.0	8.0	8.5	.1442
1.1	2.0	2.5	3.0	3.0	3.5	3.5	4.0	4.0	4.5	4.5	5.0	5.0	5.5	5.5	5.5	6.0	6.0	6.5	6.5	6.5	6.5	7.0	7.0	7.0	7.5	7.5	7.5	7.5	8.0	8.0	8.0	8.5	8.5	8.5	8.5	.1586
1.2	2.0	2.5	3.0	3.0	3.5	4.0	4.0	4.5	4.5	5.0	5.0	5.5	5.5	6.0	6.0	6.0	6.5	6.5	6.5	7.0	7.0	7.0	7.5	7.5	7.5	7.5	8.0	8.0	8.0	8.5	8.5	8.5	8.5	9.0	9.0	.1730
1.3	2.0	2.5	3.0	3.5	3.5	4.0	4.0	4.5	5.0	5.0	5.0	5.5	6.0	6.0	6.0	6.5	6.5	6.5	7.0	7.0	7.0	7.5	7.5	7.5	8.0	8.0	8.0	8.5	8.5	8.5	8.5	9.0	9.0	9.0	9.5	.1875
1.4	2.0	2.5	3.0	3.5	4.0	4.0	4.5	4.5	5.0	5.0	5.5	5.5	6.0	6.0	6.5	6.5	6.5	7.0	7.0	7.5	7.5	7.5	7.5	8.0	8.0	8.5	8.5	8.5	8.5	9.0	9.0	9.0	9.5	9.5	9.5	.2019
1.5	2.0	2.5	3.0	3.5	4.0	4.0	4.5	5.0	5.0	5.5	5.5	6.0	6.0	6.5	6.5	6.5	7.0	7.0	7.5	7.5	7.5	8.0	8.0	8.0	8.5	8.5	8.5	9.0	9.0	9.0	9.5	9.5	9.5	10.0	10.0	.2163
k	90	126	162	198	234	270	306	342	378	414	450	486	522	558	594	630	666	702	738	774	810	846	882	918	954	990	1026	1062	1098	1134	1170	1206	1242	1278	1314	km

Δt Fahrenheit

D = 0.0050

Δt Celsius °C or Kelvin °K

k	50	70	90	110	130	150	170	190	210	230	250	270	290	310	330	350	370	390	410	430	450	470	490	510	530	550	570	590	610	630	650	670	690	710	730	km
0.1	1.5	1.5	1.5	1.5	1.5	1.5	1.5	1.5	1.5	2.0	2.0	2.0	2.0	2.0	2.0	2.0	2.0	2.5	2.5	2.5	2.5	2.5	2.5	2.5	2.5	2.5	2.5	2.5	3.0	3.0	3.0	3.0	3.0	3.0	3.0	.0144
0.2	1.5	1.5	1.5	1.5	2.0	2.0	2.0	2.0	2.5	2.5	2.5	2.5	2.5	2.5	3.0	3.0	3.0	3.0	3.0	3.0	3.5	3.5	3.5	3.5	3.5	3.5	3.5	3.5	4.0	4.0	4.0	4.0	4.0	4.0	4.0	.0288
0.3	1.5	1.5	2.0	2.0	2.0	2.5	2.5	2.5	2.5	3.0	3.0	3.0	3.0	3.5	3.5	3.5	3.5	3.5	4.0	4.0	4.0	4.0	4.0	4.0	4.5	4.5	4.5	4.5	4.5	4.5	4.5	5.0	5.0	5.0	5.0	.0433
0.4	1.5	2.0	2.0	2.0	2.5	2.5	3.0	3.0	3.0	3.0	3.5	3.5	3.5	3.5	4.0	4.0	4.0	4.0	4.5	4.5	4.5	4.5	4.5	5.0	5.0	5.0	5.0	5.0	5.0	5.5	5.5	5.5	5.5	5.5	6.0	.0577
0.5	1.5	2.0	2.0	2.5	2.5	3.0	3.0	3.0	3.5	3.5	3.5	4.0	4.0	4.0	4.0	4.5	4.5	4.5	4.5	5.0	5.0	5.0	5.0	5.5	5.5	5.5	5.5	6.0	6.0	6.0	6.0	6.0	6.0	6.5	6.5	.0721
0.6	1.5	2.0	2.5	2.5	3.0	3.0	3.5	3.5	3.5	4.0	4.0	4.0	4.5	4.5	4.5	4.5	5.0	5.0	5.0	5.5	5.5	5.5	5.5	6.0	6.0	6.0	6.0	6.5	6.5	6.5	6.5	6.5	6.5	7.0	7.0	.0865
0.7	2.0	2.0	2.5	3.0	3.0	3.5	3.5	3.5	4.0	4.0	4.5	4.5	4.5	5.0	5.0	5.0	5.0	5.5	5.5	5.5	6.0	6.0	6.0	6.0	6.5	6.5	6.5	6.5	7.0	7.0	7.0	7.0	7.0	7.5	7.5	.1009
0.8	2.0	2.5	2.5	3.0	3.0	3.5	3.5	4.0	4.0	4.5	4.5	4.5	5.0	5.0	5.0	5.5	5.5	6.0	6.0	6.0	6.0	6.5	6.5	6.5	6.5	7.0	7.0	7.0	7.0	7.5	7.5	7.5	7.5	7.5	8.0	.1154
0.9	2.0	2.5	3.0	3.0	3.5	3.5	4.0	4.0	4.5	4.5	5.0	5.0	5.0	5.5	5.5	5.5	6.0	6.0	6.0	6.5	6.5	6.5	7.0	7.0	7.0	7.0	7.5	7.5	7.5	7.5	8.0	8.0	8.0	8.0	8.5	.1298
1.0	2.0	2.5	3.0	3.0	3.5	4.0	4.0	4.5	4.5	5.0	5.0	5.0	5.5	5.5	6.0	6.0	6.0	6.5	6.5	6.5	7.0	7.0	7.0	7.0	7.5	7.5	7.5	7.5	8.0	8.0	8.0	8.5	8.5	8.5	8.5	.1442
1.1	2.0	2.5	3.0	3.5	3.5	4.0	4.0	4.5	4.5	5.0	5.0	5.5	5.5	6.0	6.0	6.5	6.5	6.5	7.0	7.0	7.0	7.0	7.5	7.5	7.5	8.0	8.0	8.0	8.5	8.5	8.5	8.5	9.0	9.0	9.0	.1586
1.2	2.0	2.5	3.0	3.5	4.0	4.0	4.5	4.5	5.0	5.0	5.5	5.5	6.0	6.0	6.5	6.5	6.5	7.0	7.0	7.0	7.5	7.5	7.5	8.0	8.0	8.0	8.5	8.5	8.5	8.5	9.0	9.0	9.0	9.5	9.5	.1730
1.3	2.0	2.5	3.0	3.5	4.0	4.0	4.5	5.0	5.0	5.5	5.5	6.0	6.0	6.5	6.5	6.5	7.0	7.0	7.5	7.5	7.5	7.5	8.0	8.0	8.5	8.5	8.5	8.5	9.0	9.0	9.5	9.5	9.5	10.0	10.0	.1875
1.4	2.5	3.0	3.0	3.5	4.0	4.5	4.5	5.0	5.0	5.5	6.0	6.0	6.5	6.5	6.5	7.0	7.0	7.5	7.5	7.5	8.0	8.0	8.0	8.5	8.5	8.5	9.0	9.0	9.5	9.5	9.5	10.0	10.0	10.0	10.5	.2019
1.5	2.5	3.0	3.5	3.5	4.0	4.5	5.0	5.0	5.5	5.5	6.0	6.0	6.5	6.5	7.0	7.0	7.5	7.5	7.5	8.0	8.0	8.5	8.5	8.5	9.0	9.0	9.5	9.5	9.5	10.0	10.0	10.0	10.5	10.5	11.0	.2163
k	90	126	162	198	234	270	306	342	378	414	450	486	522	558	594	630	666	702	738	774	810	846	882	918	954	990	1026	1062	1098	1134	1170	1206	1242	1278	1314	km

Δt Fahrenheit

TEMPERATURE DIFFERENCE

TABLE 2 (Sheet 110 of 128)

TABLE 2 (Continued)

ECONOMICAL INSULATION THICKNESS TABLE

IN INCHES
(nominal)

PIPE SIZE: 24'' NPS (Tube Size 24-1/2'' OD)
600.5 mm

At the intersection of the ''Δt'' column with the ''k'' row read the economical thickness.
(•—*exceeds 12'' thickness*)

CONDUCTIVITY k: Btu, in./sq ft, hr °F; km: W/mK

D = 0.0060

Δt Celsius °C or Kelvin °K

k	50	70	90	110	130	150	170	190	210	230	250	270	290	310	330	350	370	390	410	430	450	470	490	510	530	550	570	590	610	630	650	670	690	710	730	km
0.1	1.5	1.5	1.5	1.5	1.5	1.5	1.5	2.0	2.0	2.0	2.0	2.0	2.0	2.0	2.5	2.5	2.5	2.5	2.5	2.5	2.5	2.5	2.5	3.0	3.0	3.0	3.0	3.0	3.0	3.0	3.0	3.0	3.0	3.0	3.5	.0144
0.2	1.5	1.5	1.5	2.0	2.0	2.0	2.5	2.5	2.5	2.5	2.5	3.0	3.0	3.0	3.0	3.0	3.5	3.5	3.5	3.5	3.5	3.5	3.5	4.0	4.0	4.0	4.0	4.0	4.0	4.0	4.5	4.5	4.5	4.5	4.5	.0288
0.3	1.5	2.0	2.0	2.0	2.5	2.5	2.5	3.0	3.0	3.0	3.0	3.5	3.5	3.5	3.5	4.0	4.0	4.0	4.0	4.0	4.5	4.5	4.5	4.5	4.5	4.5	5.0	5.0	5.0	5.0	5.0	5.0	5.5	5.5	5.5	.0433
0.4	1.5	2.0	2.0	2.5	2.5	3.0	3.0	3.0	3.5	3.5	3.5	4.0	4.0	4.0	4.0	4.5	4.5	4.5	4.5	5.0	5.0	5.0	5.0	5.0	5.5	5.5	5.5	5.5	6.0	6.0	6.0	6.0	6.0	6.0	6.5	.0577
0.5	2.0	2.0	2.5	2.5	3.0	3.0	3.5	3.5	3.5	4.0	4.0	4.0	4.5	4.5	4.5	5.0	5.0	5.0	5.0	5.5	5.5	5.5	5.5	6.0	6.0	6.0	6.0	6.5	6.5	6.5	6.5	6.5	7.0	7.0	7.0	.0721
0.6	2.0	2.5	2.5	3.0	3.0	3.5	3.5	4.0	4.0	4.0	4.5	4.5	4.5	5.0	5.0	5.0	5.5	5.5	5.5	6.0	6.0	6.0	6.5	6.5	6.5	6.5	6.5	7.0	7.0	7.0	7.0	7.0	7.5	7.5	7.5	.0865
0.7	2.0	2.5	3.0	3.0	3.5	3.5	4.0	4.0	4.5	4.5	4.5	5.0	5.0	5.0	5.5	5.5	6.0	6.0	6.0	6.5	6.5	6.5	6.5	7.0	7.0	7.0	7.0	7.5	7.5	7.5	7.5	7.5	8.0	8.0	8.0	.1009
0.8	2.0	2.5	3.0	3.0	3.5	4.0	4.0	4.5	4.5	5.0	5.0	5.0	5.5	5.5	6.0	6.0	6.0	6.5	6.5	6.5	7.0	7.0	7.0	7.0	7.5	7.5	7.5	7.5	8.0	8.0	8.0	8.5	8.5	8.5	8.5	.1154
0.9	2.0	2.5	3.0	3.5	3.5	4.0	4.5	4.5	5.0	5.0	5.0	5.5	5.5	6.0	6.0	6.5	6.5	6.5	7.0	7.0	7.0	7.5	7.5	7.5	7.5	8.0	8.0	8.0	8.5	8.5	8.5	8.5	9.0	9.0	9.0	.1298
1.0	2.5	3.0	3.0	3.5	4.0	4.0	4.5	4.5	5.0	5.0	5.5	6.0	6.0	6.0	6.5	6.5	6.5	7.0	7.0	7.5	7.5	7.5	7.5	8.0	8.0	8.5	8.5	8.5	8.5	9.0	9.0	9.0	9.5	9.5	9.5	.1442
1.1	2.5	3.0	3.5	3.5	4.0	4.5	4.5	5.0	5.0	5.5	6.0	6.0	6.5	6.5	6.5	7.0	7.0	7.0	7.5	7.5	7.5	8.0	8.0	8.5	8.5	8.5	9.0	9.0	9.0	9.5	9.5	9.5	10.0	10.0	10.0	.1586
1.2	2.5	3.0	3.5	4.0	4.0	4.5	5.0	5.0	5.5	5.5	6.0	6.5	6.5	6.5	7.0	7.0	7.5	7.5	7.5	8.0	8.0	8.5	8.5	8.5	9.0	9.0	9.0	9.5	9.5	9.5	10.0	10.0	10.0	10.5	10.5	.1730
1.3	2.5	3.0	3.5	4.0	4.5	4.5	5.0	5.5	5.5	6.0	6.0	6.5	6.5	7.0	7.0	7.5	7.5	7.5	8.0	8.0	8.5	8.5	8.5	9.0	9.0	9.5	9.5	10.0	10.0	10.0	10.5	10.5	10.5	11.0	11.0	.1875
1.4	2.5	3.0	3.5	4.0	4.5	5.0	5.0	5.5	6.0	6.0	6.5	6.5	7.0	7.0	7.5	7.5	7.5	8.0	8.5	8.5	8.5	9.0	9.0	9.5	9.5	9.5	10.0	10.0	10.5	10.5	11.0	11.0	11.0	11.5	11.5	.2019
1.5	2.5	3.0	3.5	4.0	4.5	5.0	5.5	5.5	6.0	6.5	6.5	7.0	7.0	7.5	7.5	8.0	8.0	8.5	8.5	8.5	9.0	9.0	9.5	9.5	10.0	10.0	10.5	10.5	11.0	11.0	11.5	11.5	11.5	12.0	12.0	.2163
k	90	126	162	198	234	270	306	342	378	414	450	486	522	558	594	630	666	702	738	774	810	846	882	918	954	990	1026	1062	1098	1134	1170	1206	1242	1278	1314	km

Δt Fahrenheit

D = 0.0070

Δt Celsius °C or Kelvin °K

k	50	70	90	110	130	150	170	190	210	230	250	270	290	310	330	350	370	390	410	430	450	470	490	510	530	550	570	590	610	630	650	670	690	710	730	km
0.1	1.5	1.5	1.5	1.5	1.5	1.5	2.0	2.0	2.0	2.0	2.0	2.0	2.5	2.5	2.5	2.5	2.5	2.5	2.5	3.0	3.0	3.0	3.0	3.0	3.0	3.0	3.0	3.0	3.0	3.5	3.5	3.5	3.5	3.5	3.5	.0144
0.2	1.5	1.5	2.0	2.0	2.0	2.5	2.5	2.5	2.5	3.0	3.0	3.0	3.0	3.0	3.5	3.5	3.5	3.5	3.5	4.0	4.0	4.0	4.0	4.0	4.0	4.5	4.5	4.5	4.5	4.5	4.5	4.5	4.5	5.0	5.0	.0288
0.3	1.5	2.0	2.0	2.5	2.5	2.5	3.0	3.0	3.0	3.5	3.5	3.5	4.0	4.0	4.0	4.0	4.0	4.5	4.5	4.5	4.5	4.5	5.0	5.0	5.0	5.0	5.0	5.5	5.5	5.5	5.5	5.5	6.0	6.0	6.0	.0433
0.4	2.0	2.0	2.5	2.5	3.0	3.0	3.5	3.5	3.5	4.0	4.0	4.0	4.5	4.5	4.5	4.5	5.0	5.0	5.0	5.0	5.5	5.5	5.5	5.5	6.0	6.0	6.0	6.0	6.0	6.5	6.5	6.5	6.5	6.5	7.0	.0577
0.5	2.0	2.5	2.5	3.0	3.0	3.5	3.5	4.0	4.0	4.0	4.5	4.5	4.5	5.0	5.0	5.0	5.5	5.5	5.5	6.0	6.0	6.0	6.0	6.5	6.5	6.5	6.5	7.0	7.0	7.0	7.0	7.0	7.5	7.5	7.5	.0721
0.6	2.0	2.5	3.0	3.0	3.5	3.5	4.0	4.0	4.5	4.5	4.5	5.0	5.0	5.5	5.5	5.5	6.0	6.0	6.0	6.5	6.5	6.5	6.5	7.0	7.0	7.0	7.0	7.5	7.5	7.5	7.5	8.0	8.0	8.0	8.0	.0865
0.7	2.0	2.5	3.0	3.5	3.5	4.0	4.0	4.5	4.5	5.0	5.0	5.5	5.5	5.5	6.0	6.0	6.5	6.5	6.5	6.5	7.0	7.0	7.0	7.5	7.5	7.5	7.5	8.0	8.0	8.0	8.5	8.5	8.5	8.5	8.5	.1009
0.8	2.5	3.0	3.0	3.5	4.0	4.0	4.5	4.5	5.0	5.0	5.5	5.5	6.0	6.0	6.5	6.5	6.5	7.0	7.0	7.0	7.5	7.5	7.5	7.5	8.0	8.0	8.5	8.5	8.5	8.5	9.0	9.0	9.0	9.5	9.5	.1154
0.9	2.5	3.0	3.5	3.5	4.0	4.5	4.5	5.0	5.0	5.5	5.5	6.0	6.0	6.5	6.5	7.0	7.0	7.0	7.5	7.5	7.5	8.0	8.0	8.0	8.5	8.5	8.5	9.0	9.0	9.0	9.5	9.5	9.5	10.0	10.0	.1298
1.0	2.5	3.0	3.5	4.0	4.0	4.5	5.0	5.0	5.5	6.0	6.0	6.5	6.5	6.5	7.0	7.0	7.5	7.5	7.5	8.0	8.0	8.5	8.5	8.5	8.5	9.0	9.0	9.5	9.5	9.5	10.0	10.0	10.0	10.5	10.5	.1442
1.1	2.5	3.0	3.5	4.0	4.5	4.5	5.0	5.5	5.5	6.0	6.5	6.5	6.5	7.0	7.0	7.5	7.5	8.0	8.0	8.5	8.5	8.5	9.0	9.0	9.0	9.5	9.5	10.0	10.0	10.0	10.5	10.5	10.5	11.0	11.0	.1586
1.2	2.5	3.0	3.5	4.0	4.5	5.0	5.0	5.5	6.0	6.0	6.5	6.5	7.0	7.0	7.5	7.5	8.0	8.0	8.5	8.5	8.5	9.0	9.0	9.5	9.5	10.0	10.0	10.0	10.5	10.5	11.0	11.0	11.0	11.5	11.5	.1730
1.3	2.5	3.5	4.0	4.5	4.5	5.0	5.5	6.0	6.0	6.5	6.5	7.0	7.0	7.5	7.5	8.0	8.0	8.5	8.5	9.0	9.0	9.5	9.5	10.0	10.0	10.0	10.5	10.5	11.0	11.0	11.5	11.5	11.5	12.0	12.0	.1875
1.4	3.0	3.5	4.0	4.5	5.0	5.0	5.5	6.0	6.5	6.5	7.0	7.0	7.5	7.5	8.0	8.0	8.5	8.5	9.0	9.0	9.5	9.5	10.0	10.0	10.5	10.5	11.0	11.0	11.5	11.5	12.0	12.0	12.0	•	•	.2019
1.5	3.0	3.5	4.0	4.5	5.0	5.5	6.0	6.0	6.5	7.0	7.0	7.5	7.5	8.0	8.0	8.5	8.5	9.0	9.5	9.5	10.0	10.0	10.0	10.5	10.5	11.0	11.5	11.5	12.0	12.0	•	•	•	•	•	.2163
k	90	126	162	198	234	270	306	342	378	414	450	486	522	558	594	630	666	702	738	774	810	846	882	918	954	990	1026	1062	1098	1134	1170	1206	1242	1278	1314	km

Δt Fahrenheit

D = 0.0080

Δt Celsius °C or Kelvin °K

k	50	70	90	110	130	150	170	190	210	230	250	270	290	310	330	350	370	390	410	430	450	470	490	510	530	550	570	590	610	630	650	670	690	710	730	km
0.1	1.5	1.5	1.5	1.5	1.5	2.0	2.0	2.0	2.0	2.0	2.5	2.5	2.5	2.5	2.5	2.5	2.5	3.0	3.0	3.0	3.0	3.0	3.0	3.0	3.0	3.5	3.5	3.5	3.5	3.5	3.5	3.5	3.5	3.5	4.0	.0144
0.2	1.5	1.5	2.0	2.0	2.5	2.5	2.5	2.5	3.0	3.0	3.0	3.0	3.5	3.5	3.5	3.5	4.0	4.0	4.0	4.0	4.0	4.0	4.5	4.5	4.5	4.5	4.5	4.5	5.0	5.0	5.0	5.0	5.0	5.0	5.0	.0288
0.3	1.5	2.0	2.5	2.5	2.5	3.0	3.0	3.0	3.5	3.5	3.5	4.0	4.0	4.0	4.5	4.5	4.5	4.5	4.5	5.0	5.0	5.0	5.0	5.5	5.5	5.5	5.5	5.5	6.0	6.0	6.0	6.0	6.0	6.5	6.5	.0433
0.4	2.0	2.5	2.5	3.0	3.0	3.5	3.5	3.5	4.0	4.0	4.0	4.5	4.5	4.5	5.0	5.0	5.0	5.5	5.5	5.5	5.5	6.0	6.0	6.0	6.0	6.5	6.5	6.5	6.5	6.5	7.0	7.0	7.0	7.0	7.0	.0577
0.5	2.0	2.5	3.0	3.0	3.5	3.5	4.0	4.0	4.5	4.5	4.5	5.0	5.0	5.0	5.5	5.5	6.0	6.0	6.0	6.0	6.5	6.5	6.5	6.5	7.0	7.0	7.0	7.0	7.5	7.5	7.5	7.5	7.5	8.0	8.0	.0721
0.6	2.0	2.5	3.0	3.5	3.5	4.0	4.0	4.5	4.5	5.0	5.0	5.5	5.5	5.5	6.0	6.0	6.5	6.5	6.5	6.5	7.0	7.0	7.0	7.5	7.5	7.5	7.5	8.0	8.0	8.0	8.5	8.5	8.5	8.5	8.5	.0865
0.7	2.5	3.0	3.0	3.5	4.0	4.0	4.5	4.5	5.0	5.0	5.5	5.5	6.0	6.0	6.5	6.5	6.5	7.0	7.0	7.0	7.5	7.5	7.5	8.0	8.0	8.0	8.5	8.5	8.5	8.5	9.0	9.0	9.0	9.5	9.5	.1009
0.8	2.5	3.0	3.5	4.0	4.0	4.5	4.5	5.0	5.5	5.5	6.0	6.0	6.5	6.5	6.5	7.0	7.0	7.5	7.5	7.5	7.5	8.0	8.0	8.5	8.5	8.5	9.0	9.0	9.0	9.5	9.5	9.5	10.0	10.0	10.0	.1154
0.9	2.5	3.0	3.5	4.0	4.5	4.5	5.0	5.5	5.5	6.0	6.0	6.5	6.5	7.0	7.0	7.5	7.5	7.5	8.0	8.0	8.5	8.5	8.5	8.5	9.0	9.0	9.5	9.5	9.5	10.0	10.0	10.0	10.5	10.5	10.5	.1298
1.0	2.5	3.0	3.5	4.0	4.5	5.0	5.0	5.5	6.0	6.0	6.5	6.5	7.0	7.0	7.5	7.5	8.0	8.0	8.5	8.5	8.5	9.0	9.0	9.5	9.5	9.5	10.0	10.0	10.0	10.5	10.5	10.5	11.0	11.0	11.0	.1442
1.1	3.0	3.5	4.0	4.5	4.5	5.0	5.5	6.0	6.0	6.5	6.5	7.0	7.0	7.5	7.5	8.0	8.0	8.5	8.5	9.0	9.0	9.5	9.5	9.5	10.0	10.0	10.5	10.5	10.5	11.0	11.0	11.0	11.5	11.5	11.5	.1586
1.2	3.0	3.5	4.0	4.5	5.0	5.5	5.5	6.0	6.5	6.5	7.0	7.0	7.5	7.5	8.0	8.5	8.5	8.5	9.0	9.0	9.5	9.5	10.0	10.0	10.5	10.5	11.0	11.0	11.0	11.5	11.5	11.5	12.0	12.0	12.0	.1730
1.3	3.0	3.5	4.0	4.5	5.0	5.5	6.0	6.5	6.5	7.0	7.0	7.5	7.5	8.0	8.5	8.5	9.0	9.0	9.5	9.5	10.0	10.0	10.5	10.5	11.0	11.0	11.5	11.5	11.5	12.0	12.0	12.0	•	•	•	.1875
1.4	3.0	3.5	4.0	4.5	5.0	5.5	6.0	6.5	6.5	7.0	7.5	7.5	8.0	8.5	8.5	9.0	9.0	9.5	9.5	10.0	10.0	10.5	11.0	11.0	11.5	11.5	12.0	12.0	12.0	•	•	•	•	•	•	.2019
1.5	3.0	4.0	4.5	5.0	5.5	6.0	6.5	6.5	7.0	7.5	7.5	8.0	8.5	8.5	9.0	9.0	9.5	10.0	10.0	10.5	10.5	11.0	11.5	11.5	12.0	12.0	•	•	•	•	•	•	•	•	•	.2163
k	90	126	162	198	234	270	306	342	378	414	450	486	522	558	594	630	666	702	738	774	810	846	882	918	954	990	1026	1062	1098	1134	1170	1206	1242	1278	1314	km

Δt Fahrenheit

TABLE 2 (Sheet 111 of 128)

TEMPERATURE DIFFERENCE

ECONOMICAL INSULATION THICKNESS TABLE

IN INCHES
(nominal)

PIPE SIZE: 24'' NPS (Tube Size 24-1/2'' OD)
600.5 mm

At the intersection of the ''Δt'' column with the ''k'' row read the economical thickness.
(•—*exceeds 12'' thickness*)

D = 0.0100

Δt Celsius °C or Kelvin °K

CONDUCTIVITY k: Btu, in./sq ft, hr °F; km: W/mK

k	50	70	90	110	130	150	170	190	210	230	250	270	290	310	330	350	370	390	410	430	450	470	490	510	530	550	570	590	610	630	650	670	690	710	730	km
0.1	1.5	1.5	1.5	1.5	2.0	2.0	2.0	2.0	2.5	2.5	2.5	2.5	2.5	3.0	3.0	3.0	3.0	3.0	3.0	3.5	3.5	3.5	3.5	3.5	3.5	3.5	3.5	4.0	4.0	4.0	4.0	4.0	4.0	4.0	4.0	.0144
0.2	1.5	2.0	2.0	2.5	2.5	2.5	3.0	3.0	3.0	3.5	3.5	3.5	3.5	4.0	4.0	4.0	4.0	4.5	4.5	4.5	4.5	4.5	5.0	5.0	5.0	5.0	5.0	5.0	5.5	5.5	5.5	5.5	5.5	6.0	6.0	.0288
0.3	2.0	2.0	2.5	3.0	3.0	3.0	3.5	3.5	4.0	4.0	4.0	4.5	4.5	4.5	4.5	5.0	5.0	5.0	5.5	5.5	5.5	5.5	6.0	6.0	6.0	6.0	6.5	6.5	6.5	6.5	6.5	7.0	7.0	7.0	7.0	.0433
0.4	2.0	2.5	3.0	3.0	3.5	3.5	4.0	4.0	4.5	4.5	4.5	5.0	5.0	5.5	5.5	5.5	6.0	6.0	6.0	6.5	6.5	6.5	6.5	7.0	7.0	7.0	7.0	7.5	7.5	7.5	7.5	7.5	8.0	8.0	8.0	.0577
0.5	2.5	3.0	3.0	3.5	4.0	4.0	4.5	4.5	5.0	5.0	5.0	5.5	5.5	6.0	6.0	6.5	6.5	6.5	6.5	7.0	7.0	7.0	7.5	7.5	7.5	7.5	8.0	8.0	8.0	8.5	8.5	8.5	8.5	9.0	9.0	.0721
0.6	2.5	3.0	3.5	3.5	4.0	4.5	4.5	5.0	5.0	5.5	5.5	6.0	6.0	6.5	6.5	7.0	7.0	7.0	7.5	7.5	7.5	8.0	8.0	8.0	8.5	8.5	8.5	8.5	9.0	9.0	9.5	9.5	9.5	9.5	10.0	.0865
0.7	2.5	3.0	3.5	4.0	4.5	4.5	5.0	5.5	5.5	6.0	6.0	6.5	6.5	7.0	7.0	7.0	7.5	7.5	8.0	8.0	8.0	8.5	8.5	8.5	9.0	9.0	9.5	9.5	9.5	10.0	10.0	10.0	10.5	10.5	10.5	.1009
0.8	3.0	3.5	4.0	4.0	4.5	5.0	5.5	5.5	6.0	6.5	6.5	7.0	7.0	7.0	7.5	7.5	8.0	8.0	8.5	8.5	8.5	9.0	9.0	9.5	9.5	10.0	10.0	10.0	10.0	10.0	10.5	10.5	11.0	11.0	11.0	.1154
0.9	3.0	3.5	4.0	4.5	5.0	5.0	5.5	6.0	6.5	6.5	7.0	7.0	7.5	7.5	8.0	8.0	8.5	8.5	9.0	9.0	9.5	9.5	10.0	10.0	10.0	10.5	10.5	10.5	10.5	10.5	11.0	11.0	11.0	11.5	11.5	.1298
1.0	3.0	3.5	4.0	4.5	5.0	5.5	6.0	6.5	6.5	7.0	7.0	7.5	7.5	8.0	8.5	8.5	8.5	9.0	9.5	9.5	10.0	10.0	10.0	10.5	10.5	10.5	10.5	10.5	11.0	11.0	11.5	11.5	11.5	12.0	12.0	.1442
1.1	3.0	4.0	4.5	5.0	5.5	6.0	6.0	6.5	7.0	7.0	7.5	7.5	8.0	8.5	8.5	9.0	9.0	9.5	10.0	10.0	10.0	10.5	10.5	11.0	11.0	11.0	11.0	11.0	11.5	11.5	12.0	12.0	12.0	•	•	.1586
1.2	3.0	4.0	4.5	5.0	5.5	6.0	6.5	6.5	7.0	7.5	7.5	8.0	8.5	8.5	9.0	9.5	9.5	10.0	10.0	10.5	10.5	11.0	11.0	11.5	11.5	11.5	11.5	11.5	12.0	12.0	•	•	•	•	•	.1730
1.3	3.5	4.0	4.5	5.0	5.5	6.0	6.5	7.0	7.5	7.5	8.0	8.5	8.5	9.0	9.5	9.5	10.0	10.5	10.5	11.0	11.0	11.5	11.5	12.0	12.0	12.0	12.0	•	•	•	•	•	•	•	•	.1875
1.4	3.5	4.0	5.0	5.5	6.0	6.5	7.0	7.0	7.5	8.0	8.5	8.5	9.0	9.5	9.5	10.0	10.5	11.0	11.0	11.5	11.5	12.0	12.0	•	•	•	•	•	•	•	•	•	•	•	•	.2019
1.5	3.5	4.5	5.0	5.5	6.0	6.5	7.0	7.5	8.0	8.0	8.5	9.0	9.5	9.5	10.0	10.5	11.0	11.5	11.5	12.0	12.0	•	•	•	•	•	•	•	•	•	•	•	•	•	•	.2163
k	90	126	162	198	234	270	306	342	378	414	450	486	522	558	594	630	666	702	738	774	810	846	882	918	954	990	1026	1062	1098	1134	1170	1206	1242	1278	1314	km

Δt Fahrenheit

D = 0.0120

Δt Celsius °C or Kelvin °K

CONDUCTIVITY k: Btu, in./sq ft, hr °F; km: W/mK

k	50	70	90	110	130	150	170	190	210	230	250	270	290	310	330	350	370	390	410	430	450	470	490	510	530	550	570	590	610	630	650	670	690	710	730	km
0.1	1.5	1.5	1.5	2.0	2.0	2.0	2.5	2.5	2.5	2.5	3.0	3.0	3.0	3.0	3.0	3.0	3.5	3.5	3.5	3.5	3.5	3.5	4.0	4.0	4.0	4.0	4.0	4.0	4.0	4.5	4.5	4.5	4.5	4.5	4.5	.0144
0.2	2.0	2.0	2.5	2.5	3.0	3.0	3.0	3.5	3.5	3.5	4.0	4.0	4.0	4.0	4.5	4.5	4.5	4.5	5.0	5.0	5.0	5.0	5.0	5.5	5.5	5.5	5.5	6.0	6.0	6.0	6.0	6.0	6.5	6.5	6.5	.0288
0.3	2.0	2.5	3.0	3.0	3.5	3.5	4.0	4.0	4.0	4.5	4.5	4.5	5.0	5.0	5.0	5.5	5.5	5.5	6.0	6.0	6.0	6.5	6.5	6.5	6.5	6.5	7.0	7.0	7.0	7.0	7.5	7.5	7.5	7.5	7.5	.0433
0.4	2.5	3.0	3.0	3.5	3.5	4.0	4.5	4.5	4.5	5.0	5.0	5.5	5.5	6.0	6.0	6.0	6.5	6.5	6.5	7.0	7.0	7.0	7.0	7.5	7.5	7.5	7.5	8.0	8.0	8.0	8.5	8.5	8.5	8.5	9.0	.0577
0.5	2.5	3.0	3.5	4.0	4.0	4.5	4.5	5.0	5.0	5.5	6.0	6.0	6.5	6.5	6.5	7.0	7.0	7.0	7.5	7.5	7.5	8.0	8.0	8.0	8.5	8.5	8.5	9.0	9.0	9.0	9.5	9.5	9.5	10.0	10.0	.0721
0.6	2.5	3.5	3.5	4.0	4.5	5.0	5.0	5.5	6.0	6.0	6.5	6.5	6.5	7.0	7.0	7.5	7.5	7.5	8.0	8.0	8.5	8.5	8.5	9.0	9.0	9.5	9.5	9.5	10.0	10.0	10.0	10.0	10.0	10.5	10.5	.0865
0.7	3.0	3.5	4.0	4.5	5.0	5.0	5.5	6.0	6.0	6.5	6.5	7.0	7.0	7.5	7.5	8.0	8.0	8.5	8.5	9.0	9.0	9.5	9.5	9.5	10.0	10.0	10.0	10.0	10.5	10.5	10.5	11.0	11.0	11.0	11.0	.1009
0.8	3.0	3.5	4.0	4.5	5.0	5.5	6.0	6.5	6.5	7.0	7.0	7.5	7.5	8.0	8.0	8.5	8.5	9.0	9.0	9.5	9.5	10.0	10.0	10.0	10.5	10.5	10.5	10.5	11.0	11.0	11.0	11.5	11.5	11.5	11.5	.1154
0.9	3.0	4.0	4.5	5.0	5.5	6.0	6.0	6.5	7.0	7.0	7.5	7.5	8.0	8.5	8.5	9.0	9.0	9.5	10.0	10.0	10.0	10.5	10.5	10.5	11.0	11.0	11.0	11.0	11.5	11.5	12.0	12.0	12.0	•	•	.1298
1.0	3.5	4.0	4.5	5.0	5.5	6.0	6.5	7.0	7.0	7.5	8.0	8.0	8.5	9.0	9.0	9.5	9.5	10.0	10.5	10.5	10.5	11.0	11.0	11.0	11.5	11.5	12.0	12.0	12.0	•	•	•	•	•	•	.1442
1.1	3.5	4.0	5.0	5.5	6.0	6.5	6.5	7.0	7.5	8.0	8.0	8.5	9.0	9.0	9.5	10.0	10.0	10.5	11.0	11.0	11.0	11.5	11.5	11.5	12.0	12.0	•	•	•	•	•	•	•	•	•	.1586
1.2	3.5	4.5	5.0	5.5	6.0	6.5	7.0	7.5	7.5	8.0	8.5	9.0	9.5	9.5	10.0	10.5	10.5	11.0	11.5	11.5	11.5	12.0	12.0	12.0	•	•	•	•	•	•	•	•	•	•	•	.1730
1.3	3.5	4.5	5.0	6.0	6.5	7.0	7.0	7.5	8.0	8.5	9.0	9.5	9.5	10.0	10.5	11.0	11.0	11.5	12.0	12.0	12.0	•	•	•	•	•	•	•	•	•	•	•	•	•	•	.1875
1.4	4.0	4.5	5.5	6.0	6.5	7.0	7.5	8.0	8.5	8.5	9.0	9.5	10.0	10.5	11.0	11.5	11.5	12.0	•	•	•	•	•	•	•	•	•	•	•	•	•	•	•	•	•	.2019
1.5	4.0	4.5	5.5	6.0	6.5	7.0	7.5	8.0	8.5	9.0	9.5	10.0	10.5	11.0	11.5	12.0	12.0	•	•	•	•	•	•	•	•	•	•	•	•	•	•	•	•	•	•	.2163
k	90	126	162	198	234	270	306	342	378	414	450	486	522	558	594	630	666	702	738	774	810	846	882	918	954	990	1026	1062	1098	1134	1170	1206	1242	1278	1314	km

Δt Fahrenheit

D = 0.0150

Δt Celsius °C or Kelvin °K

CONDUCTIVITY k: Btu, in./sq ft, hr °F; km: W/mK

k	50	70	90	110	130	150	170	190	210	230	250	270	290	310	330	350	370	390	410	430	450	470	490	510	530	550	570	590	610	630	650	670	690	710	730	km
0.1	1.5	1.5	2.0	2.0	2.5	2.5	2.5	2.5	3.0	3.0	3.0	3.0	3.5	3.5	3.5	3.5	3.5	4.0	4.0	4.0	4.0	4.0	4.0	4.5	4.5	4.5	4.5	4.5	4.5	4.5	5.0	5.0	5.0	5.0	5.0	.0144
0.2	2.0	2.5	2.5	3.0	3.0	3.5	3.5	3.5	4.0	4.0	4.0	4.5	4.5	4.5	5.0	5.0	5.0	5.0	5.5	5.5	5.5	6.0	6.0	6.0	6.0	6.0	6.5	6.5	6.5	6.5	6.5	7.0	7.0	7.0	7.0	.0288
0.3	2.5	2.5	3.0	3.5	3.5	4.0	4.0	4.5	4.5	5.0	5.0	5.5	5.5	5.5	6.0	6.0	6.0	6.5	6.5	6.5	7.0	7.0	7.0	7.0	7.5	7.5	7.5	7.5	8.0	8.0	8.0	8.5	8.5	8.5	8.5	.0433
0.4	2.5	3.0	3.5	4.0	4.0	4.5	5.0	5.0	5.5	5.5	6.0	6.0	6.5	6.5	6.5	7.0	7.0	7.0	7.5	7.5	7.5	8.0	8.0	8.5	8.5	8.5	8.5	9.0	9.0	9.0	9.5	9.5	9.5	10.0	10.0	.0577
0.5	3.0	3.5	4.0	4.0	4.5	5.0	5.5	5.5	6.0	6.0	6.5	6.5	7.0	7.0	7.5	7.5	8.0	8.0	8.0	8.5	8.5	9.0	9.0	9.0	9.5	9.5	10.0	10.0	10.0	10.0	10.0	10.5	10.5	10.5	10.5	.0721
0.6	3.0	3.5	4.0	4.5	5.0	5.5	6.0	6.0	6.5	6.5	7.0	7.5	7.5	7.5	8.0	8.5	8.5	8.5	9.0	9.0	9.5	9.5	10.0	10.0	10.0	10.0	10.5	10.5	10.5	10.5	10.5	11.0	11.0	11.0	11.0	.0865
0.7	3.5	4.0	4.5	5.0	5.5	6.0	6.0	6.5	7.0	7.0	7.5	7.5	8.0	8.5	8.5	9.0	9.0	9.5	9.5	10.0	10.0	10.0	10.5	10.5	10.5	10.5	11.0	11.0	11.5	11.5	12.0	12.0	12.0	•	•	.1009
0.8	3.5	4.0	4.5	5.0	6.0	6.0	6.5	7.0	7.5	7.5	8.0	8.5	8.5	9.0	9.0	9.5	10.0	10.0	10.0	10.5	10.5	11.0	11.0	11.0	11.5	11.5	12.0	12.0	•	•	•	•	•	•	•	.1154
0.9	3.5	4.5	5.0	5.5	6.0	6.5	7.0	7.5	7.5	8.0	8.5	8.5	9.0	9.5	10.0	10.0	10.5	10.5	10.5	10.5	11.0	11.5	11.5	11.5	12.0	•	•	•	•	•	•	•	•	•	•	.1298
1.0	4.0	4.5	5.0	6.0	6.5	7.0	7.0	7.5	8.0	8.5	9.0	9.0	9.5	10.0	10.5	10.5	10.5	10.5	11.0	11.5	11.5	12.0	12.0	•	•	•	•	•	•	•	•	•	•	•	•	.1442
1.1	4.0	4.5	5.5	6.0	6.5	7.0	7.5	8.0	8.5	9.0	9.5	9.5	10.0	10.5	11.0	11.0	11.0	11.0	11.5	12.0	12.0	•	•	•	•	•	•	•	•	•	•	•	•	•	•	.1586
1.2	4.0	5.0	5.5	6.5	7.0	7.5	8.0	8.5	8.5	9.0	9.5	10.0	10.5	11.0	11.5	11.5	11.5	12.0	12.0	•	•	•	•	•	•	•	•	•	•	•	•	•	•	•	•	.1730
1.3	4.0	5.0	6.0	6.5	7.0	7.5	8.0	8.5	9.0	9.5	10.0	10.5	11.0	11.5	12.0	12.0	•	•	•	•	•	•	•	•	•	•	•	•	•	•	•	•	•	•	•	.1875
1.4	4.5	5.0	6.0	6.5	7.5	8.0	8.5	9.0	9.5	10.0	10.5	11.0	11.5	12.0	•	•	•	•	•	•	•	•	•	•	•	•	•	•	•	•	•	•	•	•	•	.2019
1.5	4.5	5.5	6.0	7.0	7.5	8.0	8.5	9.5	10.0	10.5	11.0	11.5	12.0	•	•	•	•	•	•	•	•	•	•	•	•	•	•	•	•	•	•	•	•	•	•	.2163
k	90	125	162	198	234	270	306	342	378	414	450	486	522	558	594	630	666	702	738	774	810	846	882	918	954	990	1026	1062	1098	1134	1170	1206	1242	1278	1314	km

Δt Fahrenheit

TEMPERATURE DIFFERENCE

TABLE 2 (Sheet 112 of 128)

TABLE 2 (Continued)

ECONOMICAL INSULATION THICKNESS TABLE

IN INCHES
(nominal)

PIPE SIZE: 30'' NPS (Tube Size 30-1/2'' OD)
762 mm

At the intersection of the ''Δt'' column with the ''k'' row read the economical thickness.
(•—*exceeds 12'' thickness*)

D = 0.0010

Δt Celsius °C or Kelvin °K

CONDUCTIVITY Btu, in./sq ft, hr °F — W/mK

k	50	70	90	110	130	150	170	190	210	230	250	270	290	310	330	350	370	390	410	430	450	470	490	510	530	550	570	590	610	630	650	670	690	710	730	km
0.1	1.5	1.5	1.5	1.5	1.5	1.5	1.5	1.5	1.5	1.5	1.5	1.5	1.5	1.5	1.5	1.5	1.5	1.5	1.5	1.5	1.5	1.5	1.5	1.5	1.5	1.5	1.5	1.5	1.5	1.5	1.5	1.5	1.5	1.5	1.5	.0144
0.2	1.5	1.5	1.5	1.5	1.5	1.5	1.5	1.5	1.5	1.5	1.5	1.5	1.5	1.5	1.5	1.5	1.5	1.5	1.5	1.5	1.5	1.5	2.0	2.0	2.0	2.0	2.0	2.0	2.0	2.0	2.0	2.0	2.0	2.0	2.0	.0288
0.3	1.5	1.5	1.5	1.5	1.5	1.5	1.5	1.5	1.5	1.5	1.5	1.5	1.5	1.5	1.5	2.0	2.0	2.0	2.0	2.0	2.0	2.0	2.0	2.0	2.0	2.0	2.0	2.5	2.5	2.5	2.5	2.5	2.5	2.5	2.5	.0433
0.4	1.5	1.5	1.5	1.5	1.5	1.5	1.5	1.5	1.5	1.5	1.5	2.0	2.0	2.0	2.0	2.0	2.0	2.0	2.0	2.0	2.5	2.5	2.5	2.5	2.5	2.5	2.5	2.5	2.5	2.5	2.5	2.5	3.0	3.0	3.0	.0577
0.5	1.5	1.5	1.5	1.5	1.5	1.5	1.5	1.5	1.5	2.0	2.0	2.0	2.0	2.0	2.0	2.0	2.0	2.5	2.5	2.5	2.5	2.5	2.5	2.5	2.5	2.5	3.0	3.0	3.0	3.0	3.0	3.0	3.0	3.0	3.0	.0721
0.6	1.5	1.5	1.5	1.5	1.5	1.5	1.5	1.5	2.0	2.0	2.0	2.0	2.0	2.0	2.5	2.5	2.5	2.5	2.5	2.5	2.5	2.5	3.0	3.0	3.0	3.0	3.0	3.0	3.0	3.0	3.0	3.0	3.5	3.5	3.5	.0865
0.7	1.5	1.5	1.5	1.5	1.5	1.5	1.5	2.0	2.0	2.0	2.0	2.0	2.0	2.5	2.5	2.5	2.5	2.5	2.5	3.0	3.0	3.0	3.0	3.0	3.0	3.0	3.0	3.0	3.5	3.5	3.5	3.5	3.5	3.5	3.5	.1009
0.8	1.5	1.5	1.5	1.5	1.5	1.5	2.0	2.0	2.0	2.0	2.0	2.5	2.5	2.5	2.5	2.5	2.5	3.0	3.0	3.0	3.0	3.0	3.0	3.0	3.0	3.5	3.5	3.5	3.5	3.5	3.5	3.5	4.0	4.0	4.0	.1154
0.9	1.5	1.5	1.5	1.5	1.5	1.5	2.0	2.0	2.0	2.0	2.5	2.5	2.5	2.5	2.5	2.5	3.0	3.0	3.0	3.0	3.0	3.0	3.0	3.5	3.5	3.5	3.5	3.5	3.5	4.0	4.0	4.0	4.0	4.0	4.0	.1298
1.0	1.5	1.5	1.5	1.5	1.5	2.0	2.0	2.0	2.0	2.0	2.5	2.5	2.5	2.5	2.5	3.0	3.0	3.0	3.0	3.0	3.0	3.5	3.5	3.5	3.5	3.5	3.5	4.0	4.0	4.0	4.0	4.0	4.0	4.5	4.5	.1442
1.1	1.5	1.5	1.5	1.5	1.5	2.0	2.0	2.0	2.0	2.5	2.5	2.5	2.5	2.5	3.0	3.0	3.0	3.0	3.0	3.5	3.5	3.5	3.5	3.5	3.5	4.0	4.0	4.0	4.0	4.0	4.0	4.0	4.0	4.5	4.5	.1586
1.2	1.5	1.5	1.5	1.5	1.5	2.0	2.0	2.0	2.0	2.5	2.5	2.5	2.5	3.0	3.0	3.0	3.0	3.0	3.5	3.5	3.5	3.5	3.5	3.5	4.0	4.0	4.0	4.0	4.0	4.0	4.0	4.5	4.5	4.5	4.5	.1730
1.3	1.5	1.5	1.5	1.5	1.5	2.0	2.0	2.0	2.5	2.5	2.5	2.5	3.0	3.0	3.0	3.0	3.0	3.5	3.5	3.5	3.5	3.5	4.0	4.0	4.0	4.0	4.0	4.0	4.0	4.5	4.5	4.5	4.5	4.5	4.5	.1730
1.4	1.5	1.5	1.5	1.5	2.0	2.0	2.0	2.0	2.5	2.5	2.5	2.5	3.0	3.0	3.0	3.0	3.5	3.5	3.5	3.5	3.5	4.0	4.0	4.0	4.0	4.0	4.0	4.5	4.5	4.5	4.5	4.5	4.5	4.5	5.0	.2019
1.5	1.5	1.5	1.5	1.5	2.0	2.0	2.0	2.5	2.5	2.5	2.5	3.0	3.0	3.0	3.0	3.0	3.5	3.5	3.5	3.5	4.0	4.0	4.0	4.0	4.0	4.0	4.5	4.5	4.5	4.5	4.5	4.5	5.0	5.0	5.0	.2163
k	90	126	162	198	234	270	306	342	378	414	450	486	522	558	594	630	666	702	738	774	810	846	882	918	954	990	1026	1062	1098	1134	1170	1206	1242	1278	1314	km

Δt Fahrenheit

D = 0.0012

Δt Celsius °C or Kelvin °K

CONDUCTIVITY Btu, in./sq ft, hr °F — W/mK

k	50	70	90	110	130	150	170	190	210	230	250	270	290	310	330	350	370	390	410	430	450	470	490	510	530	550	570	590	610	630	650	670	690	710	730	km
0.1	1.5	1.5	1.5	1.5	1.5	1.5	1.5	1.5	1.5	1.5	1.5	1.5	1.5	1.5	1.5	1.5	1.5	1.5	1.5	1.5	1.5	1.5	1.5	1.5	1.5	1.5	1.5	1.5	1.5	1.5	1.5	1.5	1.5	1.5	1.5	.0144
0.2	1.5	1.5	1.5	1.5	1.5	1.5	1.5	1.5	1.5	1.5	1.5	1.5	1.5	1.5	1.5	1.5	1.5	1.5	2.0	2.0	2.0	2.0	2.0	2.0	2.0	2.0	2.0	2.0	2.0	2.0	2.0	2.0	2.5	2.5	2.5	.0288
0.3	1.5	1.5	1.5	1.5	1.5	1.5	1.5	1.5	1.5	1.5	1.5	1.5	2.0	2.0	2.0	2.0	2.0	2.0	2.0	2.0	2.0	2.0	2.5	2.5	2.5	2.5	2.5	2.5	2.5	2.5	2.5	2.5	2.5	2.5	3.0	.0433
0.4	1.5	1.5	1.5	1.5	1.5	1.5	1.5	1.5	1.5	2.0	2.0	2.0	2.0	2.0	2.0	2.0	2.0	2.5	2.5	2.5	2.5	2.5	2.5	2.5	2.5	2.5	3.0	3.0	3.0	3.0	3.0	3.0	3.0	3.0	3.0	.0577
0.5	1.5	1.5	1.5	1.5	1.5	1.5	1.5	2.0	2.0	2.0	2.0	2.0	2.0	2.0	2.5	2.5	2.5	2.5	2.5	2.5	2.5	3.0	3.0	3.0	3.0	3.0	3.0	3.0	3.0	3.0	3.0	3.5	3.5	3.5	3.5	.0721
0.6	1.5	1.5	1.5	1.5	1.5	1.5	2.0	2.0	2.0	2.0	2.0	2.0	2.5	2.5	2.5	2.5	2.5	2.5	3.0	3.0	3.0	3.0	3.0	3.0	3.0	3.0	3.5	3.5	3.5	3.5	3.5	3.5	3.5	3.5	4.0	.0865
0.7	1.5	1.5	1.5	1.5	1.5	1.5	2.0	2.0	2.0	2.0	2.5	2.5	2.5	2.5	2.5	2.5	3.0	3.0	3.0	3.0	3.0	3.0	3.0	3.5	3.5	3.5	3.5	3.5	3.5	3.5	4.0	4.0	4.0	4.0	4.0	.1009
0.8	1.5	1.5	1.5	1.5	1.5	2.0	2.0	2.0	2.0	2.5	2.5	2.5	2.5	2.5	3.0	3.0	3.0	3.0	3.0	3.0	3.5	3.5	3.5	3.5	3.5	3.5	3.5	4.0	4.0	4.0	4.0	4.0	4.0	4.0	4.0	.1154
0.9	1.5	1.5	1.5	1.5	1.5	2.0	2.0	2.0	2.5	2.5	2.5	2.5	2.5	3.0	3.0	3.0	3.0	3.0	3.5	3.5	3.5	3.5	3.5	3.5	4.0	4.0	4.0	4.0	4.0	4.0	4.0	4.0	4.5	4.5	4.5	.1298
1.0	1.5	1.5	1.5	1.5	2.0	2.0	2.0	2.0	2.5	2.5	2.5	2.5	3.0	3.0	3.0	3.0	3.0	3.5	3.5	3.5	3.5	3.5	4.0	4.0	4.0	4.0	4.0	4.0	4.0	4.5	4.5	4.5	4.5	4.5	4.5	.1442
1.1	1.5	1.5	1.5	1.5	2.0	2.0	2.0	2.5	2.5	2.5	2.5	3.0	3.0	3.0	3.0	3.0	3.5	3.5	3.5	3.5	3.5	4.0	4.0	4.0	4.0	4.0	4.0	4.5	4.5	4.5	4.5	4.5	4.5	4.5	5.0	.1586
1.2	1.5	1.5	1.5	1.5	2.0	2.0	2.0	2.5	2.5	2.5	3.0	3.0	3.0	3.0	3.0	3.5	3.5	3.5	3.5	4.0	4.0	4.0	4.0	4.0	4.0	4.5	4.5	4.5	4.5	4.5	4.5	5.0	5.0	5.0	5.0	.1730
1.3	1.5	1.5	1.5	1.5	2.0	2.0	2.5	2.5	2.5	2.5	3.0	3.0	3.0	3.0	3.5	3.5	3.5	3.5	4.0	4.0	4.0	4.0	4.0	4.0	4.5	4.5	4.5	4.5	4.5	5.0	5.0	5.0	5.0	5.0	5.0	.1875
1.4	1.5	1.5	1.5	2.0	2.0	2.0	2.5	2.5	2.5	3.0	3.0	3.0	3.0	3.5	3.5	3.5	3.5	4.0	4.0	4.0	4.0	4.0	4.5	4.5	4.5	4.5	4.5	4.5	5.0	5.0	5.0	5.0	5.0	5.5	5.5	.2019
1.5	1.5	1.5	1.5	2.0	2.0	2.0	2.5	2.5	2.5	3.0	3.0	3.0	3.0	3.5	3.5	3.5	4.0	4.0	4.0	4.0	4.0	4.5	4.5	4.5	4.5	4.5	5.0	5.0	5.0	5.0	5.0	5.0	5.5	5.5	5.5	.2163
k	90	126	162	198	234	270	306	342	378	414	450	486	522	558	594	630	666	702	738	774	810	846	882	918	954	990	1026	1062	1098	1134	1170	1206	1242	1278	1314	km

Δt Fahrenheit

D = 0.0014

Δt Celsius °C or Kelvin °K

Btu, in./sq ft, hr °F — W/mK

k	50	70	90	110	130	150	170	190	210	230	250	270	290	310	330	350	370	390	410	430	450	470	490	510	530	550	570	590	610	630	650	670	690	710	730	km
0.1	1.5	1.5	1.5	1.5	1.5	1.5	1.5	1.5	1.5	1.5	1.5	1.5	1.5	1.5	1.5	1.5	1.5	1.5	1.5	1.5	1.5	1.5	1.5	1.5	1.5	1.5	1.5	1.5	1.5	1.5	2.0	2.0	2.0	2.0	2.0	.0144
0.2	1.5	1.5	1.5	1.5	1.5	1.5	1.5	1.5	1.5	1.5	1.5	1.5	1.5	1.5	1.5	2.0	2.0	2.0	2.0	2.0	2.0	2.0	2.0	2.0	2.0	2.0	2.0	2.5	2.5	2.5	2.5	2.5	2.5	2.5	2.5	.0288
0.3	1.5	1.5	1.5	1.5	1.5	1.5	1.5	1.5	1.5	1.5	2.0	2.0	2.0	2.0	2.0	2.0	2.0	2.0	2.5	2.5	2.5	2.5	2.5	2.5	2.5	2.5	2.5	2.5	2.5	3.0	3.0	3.0	3.0	3.0	3.0	.0433
0.4	1.5	1.5	1.5	1.5	1.5	1.5	1.5	1.5	2.0	2.0	2.0	2.0	2.0	2.0	2.5	2.5	2.5	2.5	2.5	2.5	2.5	2.5	3.0	3.0	3.0	3.0	3.0	3.0	3.0	3.0	3.0	3.0	3.5	3.5	3.5	.0577
0.5	1.5	1.5	1.5	1.5	1.5	1.5	2.0	2.0	2.0	2.0	2.0	2.5	2.5	2.5	2.5	2.5	2.5	2.5	3.0	3.0	3.0	3.0	3.0	3.0	3.0	3.0	3.5	3.5	3.5	3.5	3.5	3.5	3.5	3.5	4.0	.0721
0.6	1.5	1.5	1.5	1.5	1.5	2.0	2.0	2.0	2.0	2.0	2.5	2.5	2.5	2.5	2.5	3.0	3.0	3.0	3.0	3.0	3.0	3.0	3.5	3.5	3.5	3.5	3.5	3.5	3.5	4.0	4.0	4.0	4.0	4.0	4.0	.0865
0.7	1.5	1.5	1.5	1.5	2.0	2.0	2.0	2.0	2.5	2.5	2.5	2.5	2.5	3.0	3.0	3.0	3.0	3.0	3.0	3.5	3.5	3.5	3.5	3.5	3.5	4.0	4.0	4.0	4.0	4.0	4.0	4.0	4.0	4.0	4.5	.1009
0.8	1.5	1.5	1.5	1.5	2.0	2.0	2.0	2.0	2.5	2.5	2.5	2.5	3.0	3.0	3.0	3.0	3.0	3.5	3.5	3.5	3.5	3.5	3.5	4.0	4.0	4.0	4.0	4.0	4.0	4.0	4.5	4.5	4.5	4.5	4.5	.1154
0.9	1.5	1.5	1.5	1.5	2.0	2.0	2.0	2.5	2.5	2.5	2.5	3.0	3.0	3.0	3.0	3.0	3.5	3.5	3.5	3.5	4.0	4.0	4.0	4.0	4.0	4.0	4.0	4.5	4.5	4.5	4.5	4.5	4.5	4.5	5.0	.1298
1.0	1.5	1.5	1.5	2.0	2.0	2.0	2.5	2.5	2.5	2.5	3.0	3.0	3.0	3.0	3.5	3.5	3.5	3.5	3.5	4.0	4.0	4.0	4.0	4.0	4.0	4.5	4.5	4.5	4.5	4.5	4.5	5.0	5.0	5.0	5.0	.1442
1.1	1.5	1.5	1.5	2.0	2.0	2.0	2.5	2.5	2.5	3.0	3.0	3.0	3.0	3.5	3.5	3.5	3.5	4.0	4.0	4.0	4.0	4.0	4.0	4.5	4.5	4.5	4.5	4.5	4.5	5.0	5.0	5.0	5.0	5.0	5.5	.1586
1.2	1.5	1.5	1.5	2.0	2.0	2.0	2.5	2.5	2.5	3.0	3.0	3.0	3.5	3.5	3.5	3.5	4.0	4.0	4.0	4.0	4.0	4.5	4.5	4.5	4.5	4.5	4.5	5.0	5.0	5.0	5.0	5.0	5.5	5.5	5.5	.1730
1.3	1.5	1.5	1.5	2.0	2.0	2.5	2.5	2.5	3.0	3.0	3.0	3.0	3.5	3.5	3.5	4.0	4.0	4.0	4.0	4.0	4.5	4.5	4.5	4.5	4.5	5.0	5.0	5.0	5.0	5.0	5.5	5.5	5.5	5.5	5.5	.1875
1.4	1.5	1.5	1.5	2.0	2.0	2.5	2.5	2.5	3.0	3.0	3.0	3.5	3.5	3.5	4.0	4.0	4.0	4.0	4.0	4.5	4.5	4.5	4.5	5.0	5.0	5.0	5.0	5.0	5.5	5.5	5.5	5.5	5.5	6.0	6.0	.2019
1.5	1.5	1.5	1.5	2.0	2.0	2.5	2.5	3.0	3.0	3.0	3.0	3.5	3.5	3.5	4.0	4.0	4.0	4.0	4.5	4.5	4.5	4.5	5.0	5.0	5.0	5.0	5.0	5.5	5.5	5.5	5.5	6.0	6.0	6.0	6.0	.2163
k	90	126	162	198	234	270	306	342	378	414	450	486	522	558	594	630	666	702	738	774	810	846	882	918	954	990	1026	1062	1098	1134	1170	1206	1242	1278	1314	km

Δt Fahrenheit

TABLE 2 (Sheet 113 of 128)

TEMPERATURE DIFFERENCE

TABLE 2 (Continued)

ECONOMICAL INSULATION THICKNESS TABLE

IN INCHES
(nominal)

PIPE SIZE: 24" NPS (Tube Size 24-1/2" OD)
600.5 mm

At the intersection of the "Δt" column with the "k" row read the economical thickness.
(•—*exceeds 12" thickness*)

D = 0.0200

CONDUCTIVITY k: Btu, in./sq ft, hr °F; km: W/mK

k	Δt Celsius °C or Kelvin °K: 50	70	90	110	130	150	170	190	210	230	250	270	290	310	330	350	370	390	410	430	450	470	490	510	530	550	570	590	610	630	650	670	690	710	730	km
0.1	2.0	2.0	2.0	2.5	2.5	2.5	3.0	3.0	3.5	3.5	3.5	3.5	4.0	4.0	4.0	4.5	4.5	4.5	5.0	5.0	5.0	5.0	5.0	5.0	5.0	5.5	5.5	5.5	5.5	6.0	6.0	6.0	6.0	6.0	6.0	.0144
0.2	2.0	2.5	2.5	3.0	3.0	3.5	4.0	4.0	4.0	4.5	4.5	5.0	5.0	5.0	5.0	5.5	5.5	5.5	6.0	6.0	6.0	6.5	6.5	6.5	6.5	7.0	7.0	7.0	7.0	7.5	7.5	7.5	7.5	7.5	8.0	.0288
0.3	2.5	3.0	3.0	3.5	4.0	4.0	4.5	4.5	5.0	5.0	5.5	6.0	6.0	6.0	6.5	6.5	7.0	7.0	7.0	7.5	7.5	7.5	7.5	8.0	8.0	8.5	8.5	8.5	8.5	9.0	9.0	9.5	9.5	9.5	10.0	.0433
0.4	2.5	3.5	3.5	4.0	4.5	5.0	5.5	5.5	6.0	6.0	6.5	6.5	7.0	7.0	7.5	7.5	8.0	8.0	8.0	8.5	8.5	9.0	9.0	9.0	9.5	9.5	10.0	10.0	10.0	10.5	11.0	11.0	11.0	11.0	11.0	.0577
0.5	3.0	3.5	4.0	4.5	5.0	5.5	6.0	6.0	6.5	6.5	7.0	7.5	7.5	8.0	8.0	9.0	9.0	9.0	9.5	9.5	9.5	10.0	10.0	10.0	10.5	11.0	11.0	11.0	11.5	11.5	12.0	12.0	12.0	12.0	•	.0721
0.6	3.0	4.0	4.0	4.5	5.5	6.0	6.5	6.5	7.0	7.5	7.5	8.0	8.0	8.5	9.0	9.5	9.5	10.0	10.0	10.5	10.5	11.0	11.0	11.0	11.5	12.0	12.0	12.0	•	•	•	•	•	•	•	.0865
0.7	3.5	4.5	4.5	5.0	5.5	6.5	7.0	7.0	7.5	8.0	8.5	9.0	9.0	9.0	9.5	10.0	10.5	10.5	10.5	11.0	11.5	12.0	12.0	12.0	•	•	•	•	•	•	•	•	•	•	•	.1009
0.8	3.5	4.5	5.0	5.5	6.0	6.5	7.0	7.5	8.0	8.5	9.0	9.5	9.5	10.0	10.0	10.5	11.0	11.0	11.5	12.0	12.0	•	•	•	•	•	•	•	•	•	•	•	•	•	•	.1154
0.9	4.0	5.0	5.0	5.5	6.5	7.0	7.5	8.0	8.5	9.0	9.5	10.0	10.5	11.0	11.5	11.5	12.0	12.0	•	•	•	•	•	•	•	•	•	•	•	•	•	•	•	•	•	.1298
1.0	4.0	5.0	5.5	6.0	6.5	7.5	8.0	8.5	9.0	9.5	10.0	10.5	11.0	11.0	11.5	12.0	•	•	•	•	•	•	•	•	•	•	•	•	•	•	•	•	•	•	•	.1442
1.1	4.5	5.5	6.0	6.5	7.0	7.5	8.0	8.5	9.0	9.5	10.0	10.5	11.0	11.5	12.0	•	•	•	•	•	•	•	•	•	•	•	•	•	•	•	•	•	•	•	•	.1586
1.2	4.5	5.5	6.0	6.5	7.0	7.5	8.5	9.0	9.0	9.5	10.5	11.0	11.5	12.0	•	•	•	•	•	•	•	•	•	•	•	•	•	•	•	•	•	•	•	•	•	.1730
1.3	5.0	6.0	6.5	7.0	7.5	8.0	8.5	9.0	9.5	10.0	10.5	11.0	12.0	•	•	•	•	•	•	•	•	•	•	•	•	•	•	•	•	•	•	•	•	•	•	.1875
1.4	5.0	6.5	7.0	7.0	7.5	8.0	9.0	9.5	9.5	10.0	11.0	12.0	•	•	•	•	•	•	•	•	•	•	•	•	•	•	•	•	•	•	•	•	•	•	•	.2019
1.5	5.5	6.5	7.0	7.5	8.0	8.5	9.0	9.5	10.0	10.5	11.0	12.0	•	•	•	•	•	•	•	•	•	•	•	•	•	•	•	•	•	•	•	•	•	•	•	.2163
k	Δt Fahrenheit: 90	126	162	198	234	270	306	342	378	414	450	486	522	558	594	630	666	702	738	774	810	846	882	918	954	990	1026	1062	1098	1134	1170	1206	1242	1278	1314	km

D = 0.0300

CONDUCTIVITY k: Btu, in./sq ft, hr °F; km: W/mK

k	Δt Celsius °C or Kelvin °K: 50	70	90	110	130	150	170	190	210	230	250	270	290	310	330	350	370	390	410	430	450	470	490	510	530	550	570	590	610	630	650	670	690	710	730	km
0.1	2.5	2.5	2.5	3.0	3.0	3.0	3.5	3.5	4.0	4.0	4.0	4.5	4.5	4.5	5.0	5.0	5.5	5.5	5.5	5.5	5.5	6.0	6.0	6.0	6.0	6.5	6.5	6.5	7.0	7.0	7.0	7.0	7.0	7.0	7.5	.0144
0.2	2.5	3.0	3.5	3.5	4.0	4.5	4.5	5.0	5.0	5.5	5.5	6.0	6.0	6.0	6.5	6.5	7.0	7.0	7.0	7.5	7.5	8.0	8.0	8.0	8.0	8.5	8.5	8.5	9.0	9.0	9.0	9.5	9.5	9.5	9.5	.0288
0.3	3.0	3.5	4.0	4.0	5.0	5.0	5.5	5.5	6.0	6.5	7.0	7.0	7.0	7.5	8.0	8.0	8.5	8.5	8.5	9.0	9.5	9.5	9.5	10.0	10.0	10.5	10.5	10.5	11.0	11.0	11.5	11.5	11.5	11.5	12.0	.0433
0.4	3.5	4.0	4.5	5.0	5.5	6.0	6.5	6.5	7.0	7.5	8.0	8.5	8.5	9.0	9.0	9.5	9.5	10.0	10.0	10.5	10.5	11.0	11.0	11.5	11.5	12.0	12.0	•	•	•	•	•	•	•	•	.0577
0.5	3.5	4.0	4.5	5.5	6.0	6.5	7.5	7.5	8.0	8.5	9.0	9.0	9.5	9.5	10.0	10.5	11.0	11.0	11.5	11.5	12.0	12.0	•	•	•	•	•	•	•	•	•	•	•	•	•	.0721
0.6	4.0	5.0	5.5	6.0	6.5	7.5	8.0	8.0	8.5	9.0	9.5	10.0	10.0	11.5	11.5	11.5	12.0	12.0	•	•	•	•	•	•	•	•	•	•	•	•	•	•	•	•	•	.0865
0.7	4.5	5.5	6.0	6.5	7.0	8.0	8.5	9.0	9.5	10.0	11.0	11.5	11.5	12.0	12.0	•	•	•	•	•	•	•	•	•	•	•	•	•	•	•	•	•	•	•	•	.1009
0.8	4.5	5.5	6.0	6.5	7.5	8.5	9.0	9.5	10.0	10.5	11.0	11.5	12.0	•	•	•	•	•	•	•	•	•	•	•	•	•	•	•	•	•	•	•	•	•	•	.1154
0.9	5.0	6.0	6.5	7.0	8.0	9.0	9.5	10.0	10.5	11.0	11.5	12.0	•	•	•	•	•	•	•	•	•	•	•	•	•	•	•	•	•	•	•	•	•	•	•	.1298
1.0	5.0	6.5	7.0	7.5	8.5	9.5	10.0	10.5	11.0	11.5	12.0	•	•	•	•	•	•	•	•	•	•	•	•	•	•	•	•	•	•	•	•	•	•	•	•	.1442
1.1	5.5	7.0	7.5	8.0	9.0	10.0	10.5	11.0	11.5	12.0	•	•	•	•	•	•	•	•	•	•	•	•	•	•	•	•	•	•	•	•	•	•	•	•	•	.1586
1.2	5.5	7.0	7.5	8.0	9.0	10.0	11.0	11.5	12.0	•	•	•	•	•	•	•	•	•	•	•	•	•	•	•	•	•	•	•	•	•	•	•	•	•	•	.1730
1.3	6.0	7.5	8.0	8.5	9.5	10.5	11.5	12.0	•	•	•	•	•	•	•	•	•	•	•	•	•	•	•	•	•	•	•	•	•	•	•	•	•	•	•	.1875
1.4	6.0	7.5	8.0	8.5	9.5	10.5	12.0	•	•	•	•	•	•	•	•	•	•	•	•	•	•	•	•	•	•	•	•	•	•	•	•	•	•	•	•	.2019
1.5	6.5	8.0	8.5	9.0	10.0	11.0	12.0	•	•	•	•	•	•	•	•	•	•	•	•	•	•	•	•	•	•	•	•	•	•	•	•	•	•	•	•	.2163
k	Δt Fahrenheit: 90	126	162	198	234	270	306	342	378	414	450	486	522	558	594	630	666	702	738	774	810	846	882	918	954	990	1026	1062	1098	1134	1170	1206	1242	1278	1314	km

D = 0.0500

CONDUCTIVITY k: Btu, in./sq ft, hr °F; km: W/mK

k	Δt Celsius °C or Kelvin °K: 50	70	90	110	130	150	170	190	210	230	250	270	290	310	330	350	370	390	410	430	450	470	490	510	530	550	570	590	610	630	650	670	690	710	730	km
0.1	3.0	3.0	3.5	3.5	3.5	4.0	4.0	4.0	4.5	5.0	5.5	5.5	6.0	6.0	6.5	6.5	7.0	7.0	7.5	7.5	8.0	8.0	8.0	8.0	8.5	8.5	8.5	9.0	9.0	9.0	9.5	10.0	10.0	10.5	10.5	.0144
0.2	3.0	4.0	4.5	4.5	5.0	5.5	6.0	6.0	6.5	7.0	7.5	7.5	8.0	8.0	8.5	8.5	9.0	9.0	9.5	9.5	10.0	10.0	10.5	10.5	11.0	11.0	11.0	11.5	11.5	11.5	12.0	12.0	12.0	•	•	.0288
0.3	4.0	5.0	5.0	5.5	6.0	7.0	7.5	7.5	8.0	8.5	9.0	9.5	9.5	10.0	10.0	10.5	11.0	11.0	11.5	12.0	12.0	12.0	•	•	•	•	•	•	•	•	•	•	•	•	•	.0433
0.4	4.5	5.5	6.0	6.5	7.0	8.0	8.5	8.5	9.0	9.5	10.5	11.0	11.0	11.5	12.0	12.0	•	•	•	•	•	•	•	•	•	•	•	•	•	•	•	•	•	•	•	.0577
0.5	5.0	6.0	6.5	7.0	8.0	9.0	9.5	10.0	10.5	11.0	11.5	12.0	•	•	•	•	•	•	•	•	•	•	•	•	•	•	•	•	•	•	•	•	•	•	•	.0721
0.6	5.5	6.5	7.0	7.5	8.5	9.5	10.5	11.0	11.5	12.0	•	•	•	•	•	•	•	•	•	•	•	•	•	•	•	•	•	•	•	•	•	•	•	•	•	.0865
0.7	5.5	7.0	7.5	8.5	9.5	10.5	11.5	12.0	•	•	•	•	•	•	•	•	•	•	•	•	•	•	•	•	•	•	•	•	•	•	•	•	•	•	•	.1009
0.8	6.0	7.5	8.0	9.0	10.0	11.0	12.0	•	•	•	•	•	•	•	•	•	•	•	•	•	•	•	•	•	•	•	•	•	•	•	•	•	•	•	•	.1154
0.9	6.5	8.0	9.0	9.5	11.5	•	•	•	•	•	•	•	•	•	•	•	•	•	•	•	•	•	•	•	•	•	•	•	•	•	•	•	•	•	•	.1298
1.0	6.5	8.5	9.5	10.0	11.0	•	•	•	•	•	•	•	•	•	•	•	•	•	•	•	•	•	•	•	•	•	•	•	•	•	•	•	•	•	•	.1442
1.1	7.0	9.0	10.0	12.0	•	•	•	•	•	•	•	•	•	•	•	•	•	•	•	•	•	•	•	•	•	•	•	•	•	•	•	•	•	•	•	.1586
1.2	8.0	10.0	12.0	•	•	•	•	•	•	•	•	•	•	•	•	•	•	•	•	•	•	•	•	•	•	•	•	•	•	•	•	•	•	•	•	.1730
1.3	9.0	12.0	•	•	•	•	•	•	•	•	•	•	•	•	•	•	•	•	•	•	•	•	•	•	•	•	•	•	•	•	•	•	•	•	•	.1875
1.4	10.0	•	•	•	•	•	•	•	•	•	•	•	•	•	•	•	•	•	•	•	•	•	•	•	•	•	•	•	•	•	•	•	•	•	•	.2019
1.5	10.5	•	•	•	•	•	•	•	•	•	•	•	•	•	•	•	•	•	•	•	•	•	•	•	•	•	•	•	•	•	•	•	•	•	•	.2163
k	Δt Fahrenheit: 90	126	162	198	234	270	306	342	378	414	450	486	522	558	594	630	666	702	738	774	810	846	882	918	954	990	1026	1062	1098	1134	1170	1206	1242	1278	1314	km

TEMPERATURE DIFFERENCE

TABLE 2 (Sheet 114 of 128)

TABLE 2 (Continued)

ECONOMICAL INSULATION THICKNESS TABLE

IN INCHES
(nominal)

PIPE SIZE: 30'' NPS (Tube Size 30-1/2'' OD)
762 mm

At the intersection of the ''Δt'' column with the ''k'' row read the economical thickness.
(•—*exceeds 12'' thickness*)

CONDUCTIVITY: k in Btu, in./sq ft, hr °F; km in W/mK

D = 0.0015

Δt Celsius °C or Kelvin °K

k	50	70	90	110	130	150	170	190	210	230	250	270	290	310	330	350	370	390	410	430	450	470	490	510	530	550	570	590	610	630	650	670	690	710	730	km
0.1	1.5	1.5	1.5	1.5	1.5	1.5	1.5	1.5	1.5	1.5	1.5	1.5	1.5	1.5	1.5	1.5	1.5	1.5	1.5	1.5	1.5	1.5	1.5	1.5	1.5	1.5	1.5	1.5	2.0	2.0	2.0	2.0	2.0	2.0	2.0	.0144
0.2	1.5	1.5	1.5	1.5	1.5	1.5	1.5	1.5	1.5	1.5	1.5	1.5	1.5	1.5	2.0	2.0	2.0	2.0	2.0	2.0	2.0	2.0	2.0	2.0	2.0	2.5	2.5	2.5	2.5	2.5	2.5	2.5	2.5	2.5	2.5	.0288
0.3	1.5	1.5	1.5	1.5	1.5	1.5	1.5	1.5	1.5	2.0	2.0	2.0	2.0	2.0	2.0	2.0	2.0	2.5	2.5	2.5	2.5	2.5	2.5	2.5	2.5	2.5	2.5	3.0	3.0	3.0	3.0	3.0	3.0	3.0	3.0	.0433
0.4	1.5	1.5	1.5	1.5	1.5	1.5	1.5	2.0	2.0	2.0	2.0	2.0	2.0	2.5	2.5	2.5	2.5	2.5	2.5	2.5	3.0	3.0	3.0	3.0	3.0	3.0	3.0	3.0	3.0	3.0	3.5	3.5	3.5	3.5	3.5	.0577
0.5	1.5	1.5	1.5	1.5	1.5	1.5	2.0	2.0	2.0	2.0	2.0	2.5	2.5	2.5	2.5	2.5	2.5	3.0	3.0	3.0	3.0	3.0	3.0	3.0	3.5	3.5	3.5	3.5	3.5	3.5	3.5	3.5	4.0	4.0	4.0	.0721
0.6	1.5	1.5	1.5	1.5	1.5	2.0	2.0	2.0	2.0	2.5	2.5	2.5	2.5	2.5	3.0	3.0	3.0	3.0	3.0	3.0	3.5	3.5	3.5	3.5	3.5	3.5	3.5	4.0	4.0	4.0	4.0	4.0	4.0	4.0	4.0	.0865
0.7	1.5	1.5	1.5	1.5	2.0	2.0	2.0	2.0	2.5	2.5	2.5	2.5	3.0	3.0	3.0	3.0	3.0	3.0	3.5	3.5	3.5	3.5	3.5	3.5	4.0	4.0	4.0	4.0	4.0	4.0	4.0	4.5	4.5	4.5	4.5	.1009
0.8	1.5	1.5	1.5	1.5	2.0	2.0	2.0	2.5	2.5	2.5	2.5	3.0	3.0	3.0	3.0	3.0	3.5	3.5	3.5	3.5	3.5	4.0	4.0	4.0	4.0	4.0	4.0	4.0	4.5	4.5	4.5	4.5	4.5	4.5	4.5	.1154
0.9	1.5	1.5	1.5	2.0	2.0	2.0	2.5	2.5	2.5	2.5	3.0	3.0	3.0	3.0	3.5	3.5	3.5	3.5	3.5	4.0	4.0	4.0	4.0	4.0	4.0	4.5	4.5	4.5	4.5	4.5	4.5	5.0	5.0	5.0	5.0	.1298
1.0	1.5	1.5	1.5	2.0	2.0	2.0	2.5	2.5	2.5	3.0	3.0	3.0	3.0	3.5	3.5	3.5	3.5	4.0	4.0	4.0	4.0	4.0	4.0	4.5	4.5	4.5	4.5	4.5	4.5	5.0	5.0	5.0	5.0	5.0	5.0	.1442
1.1	1.5	1.5	1.5	2.0	2.0	2.5	2.5	2.5	3.0	3.0	3.0	3.0	3.5	3.5	3.5	3.5	4.0	4.0	4.0	4.0	4.0	4.5	4.5	4.5	4.5	4.5	4.5	5.0	5.0	5.0	5.0	5.0	5.5	5.5	5.5	.1586
1.2	1.5	1.5	1.5	2.0	2.0	2.5	2.5	2.5	3.0	3.0	3.0	3.5	3.5	3.5	3.5	4.0	4.0	4.0	4.0	4.0	4.5	4.5	4.5	4.5	4.5	5.0	5.0	5.0	5.0	5.0	5.5	5.5	5.5	5.5	5.5	.1730
1.3	1.5	1.5	2.0	2.0	2.0	2.5	2.5	3.0	3.0	3.0	3.0	3.5	3.5	3.5	4.0	4.0	4.0	4.0	4.0	4.5	4.5	4.5	4.5	5.0	5.0	5.0	5.0	5.0	5.5	5.5	5.5	5.5	5.5	6.0	6.0	.1875
1.4	1.5	1.5	2.0	2.0	2.5	2.5	2.5	3.0	3.0	3.0	3.5	3.5	3.5	4.0	4.0	4.0	4.0	4.0	4.5	4.5	4.5	4.5	5.0	5.0	5.0	5.0	5.5	5.5	5.5	5.5	5.5	6.0	6.0	6.0	6.0	.2019
1.5	1.5	1.5	2.0	2.0	2.5	2.5	2.5	3.0	3.0	3.0	3.5	3.5	3.5	4.0	4.0	4.0	4.0	4.5	4.5	4.5	4.5	5.0	5.0	5.0	5.0	5.5	5.5	5.5	5.5	6.0	6.0	6.0	6.0	6.0	6.0	.2163
k	90	126	162	198	234	270	306	342	378	414	450	486	522	558	594	630	666	702	738	774	810	846	882	918	954	990	1026	1062	1098	1134	1170	1206	1242	1278	1314	km

Δt Fahrenheit

D = 0.0017

Δt Celsius °C or Kelvin °K

k	50	70	90	110	130	150	170	190	210	230	250	270	290	310	330	350	370	390	410	430	450	470	490	510	530	550	570	590	610	630	650	670	690	710	730	km
0.1	1.5	1.5	1.5	1.5	1.5	1.5	1.5	1.5	1.5	1.5	1.5	1.5	1.5	1.5	1.5	1.5	1.5	1.5	1.5	1.5	1.5	1.5	1.5	1.5	2.0	2.0	2.0	2.0	2.0	2.0	2.0	2.0	2.0	2.0	2.0	.0144
0.2	1.5	1.5	1.5	1.5	1.5	1.5	1.5	1.5	1.5	1.5	1.5	1.5	2.0	2.0	2.0	2.0	2.0	2.0	2.0	2.0	2.0	2.0	2.5	2.5	2.5	2.5	2.5	2.5	2.5	2.5	2.5	2.5	2.5	2.5	2.5	.0288
0.3	1.5	1.5	1.5	1.5	1.5	1.5	1.5	1.5	2.0	2.0	2.0	2.0	2.0	2.0	2.0	2.5	2.5	2.5	2.5	2.5	2.5	2.5	2.5	3.0	3.0	3.0	3.0	3.0	3.0	3.0	3.0	3.0	3.0	3.0	3.5	.0433
0.4	1.5	1.5	1.5	1.5	1.5	1.5	2.0	2.0	2.0	2.0	2.0	2.5	2.5	2.5	2.5	2.5	2.5	2.5	3.0	3.0	3.0	3.0	3.0	3.0	3.0	3.0	3.5	3.5	3.5	3.5	3.5	3.5	3.5	3.5	4.0	.0577
0.5	1.5	1.5	1.5	1.5	1.5	2.0	2.0	2.0	2.0	2.5	2.5	2.5	2.5	2.5	3.0	3.0	3.0	3.0	3.0	3.0	3.0	3.5	3.5	3.5	3.5	3.5	3.5	3.5	4.0	4.0	4.0	4.0	4.0	4.0	4.0	.0721
0.6	1.5	1.5	1.5	1.5	2.0	2.0	2.0	2.0	2.5	2.5	2.5	2.5	3.0	3.0	3.0	3.0	3.0	3.0	3.5	3.5	3.5	3.5	3.5	3.5	4.0	4.0	4.0	4.0	4.0	4.0	4.0	4.0	4.5	4.5	4.5	.0865
0.7	1.5	1.5	1.5	2.0	2.0	2.0	2.0	2.5	2.5	2.5	2.5	3.0	3.0	3.0	3.0	3.0	3.5	3.5	3.5	3.5	3.5	4.0	4.0	4.0	4.0	4.0	4.0	4.5	4.5	4.5	4.5	4.5	4.5	4.5	4.5	.1009
0.8	1.5	1.5	1.5	2.0	2.0	2.0	2.5	2.5	2.5	3.0	3.0	3.0	3.0	3.0	3.5	3.5	3.5	3.5	4.0	4.0	4.0	4.0	4.0	4.0	4.5	4.5	4.5	4.5	4.5	4.5	4.5	5.0	5.0	5.0	5.0	.1154
0.9	1.5	1.5	1.5	2.0	2.0	2.5	2.5	2.5	2.5	3.0	3.0	3.0	3.5	3.5	3.5	3.5	4.0	4.0	4.0	4.0	4.0	4.0	4.5	4.5	4.5	4.5	4.5	4.5	5.0	5.0	5.0	5.0	5.0	5.5	5.5	.1298
1.0	1.5	1.5	2.0	2.0	2.0	2.5	2.5	2.5	3.0	3.0	3.0	3.5	3.5	3.5	3.5	4.0	4.0	4.0	4.0	4.0	4.5	4.5	4.5	4.5	4.5	5.0	5.0	5.0	5.0	5.0	5.5	5.5	5.5	5.5	5.5	.1442
1.1	1.5	1.5	2.0	2.0	2.5	2.5	2.5	3.0	3.0	3.0	3.0	3.5	3.5	3.5	4.0	4.0	4.0	4.0	4.0	4.5	4.5	4.5	4.5	5.0	5.0	5.0	5.0	5.0	5.5	5.5	5.5	5.5	5.5	6.0	6.0	.1586
1.2	1.5	1.5	2.0	2.0	2.5	2.5	2.5	3.0	3.0	3.0	3.5	3.5	3.5	4.0	4.0	4.0	4.0	4.5	4.5	4.5	4.5	5.0	5.0	5.0	5.0	5.0	5.5	5.5	5.5	5.5	5.5	6.0	6.0	6.0	6.0	.1730
1.3	1.5	1.5	2.0	2.0	2.5	2.5	3.0	3.0	3.0	3.5	3.5	3.5	4.0	4.0	4.0	4.0	4.5	4.5	4.5	4.5	5.0	5.0	5.0	5.0	5.5	5.5	5.5	5.5	5.5	6.0	6.0	6.0	6.0	6.0	6.0	.1875
1.4	1.5	1.5	2.0	2.0	2.5	2.5	3.0	3.0	3.0	3.5	3.5	4.0	4.0	4.0	4.0	4.5	4.5	4.5	4.5	5.0	5.0	5.0	5.0	5.5	5.5	5.5	5.5	6.0	6.0	6.0	6.0	6.0	6.5	6.5	6.5	.2019
1.5	1.5	1.5	2.0	2.0	2.5	2.5	3.0	3.0	3.5	3.5	3.5	4.0	4.0	4.0	4.5	4.5	4.5	4.5	5.0	5.0	5.0	5.0	5.5	5.5	5.5	5.5	6.0	6.0	6.0	6.0	6.0	6.5	6.5	6.5	6.5	.2163
k	90	126	162	198	234	270	306	342	378	414	450	486	522	558	594	630	666	702	738	774	810	846	882	918	954	990	1026	1062	1098	1134	1170	1206	1242	1278	1314	km

Δt Fahrenheit

D = 0.0020

Δt Celsius °C or Kelvin °K

k	50	70	90	110	130	150	170	190	210	230	250	270	290	310	330	350	370	390	410	430	450	470	490	510	530	550	570	590	610	630	650	670	690	710	730	km
0.1	1.5	1.5	1.5	1.5	1.5	1.5	1.5	1.5	1.5	1.5	1.5	1.5	1.5	1.5	1.5	1.5	1.5	1.5	1.5	1.5	2.0	2.0	2.0	2.0	2.0	2.0	2.0	2.0	2.0	2.0	2.0	2.0	2.0	2.0	2.0	.0144
0.2	1.5	1.5	1.5	1.5	1.5	1.5	1.5	1.5	1.5	1.5	2.0	2.0	2.0	2.0	2.0	2.0	2.0	2.0	2.5	2.5	2.5	2.5	2.5	2.5	2.5	2.5	2.5	2.5	2.5	3.0	3.0	3.0	3.0	3.0	3.0	.0288
0.3	1.5	1.5	1.5	1.5	1.5	1.5	2.0	2.0	2.0	2.0	2.0	2.0	2.5	2.5	2.5	2.5	2.5	2.5	2.5	2.5	3.0	3.0	3.0	3.0	3.0	3.0	3.0	3.0	3.0	3.5	3.5	3.5	3.5	3.5	3.5	.0433
0.4	1.5	1.5	1.5	1.5	1.5	2.0	2.0	2.0	2.0	2.5	2.5	2.5	2.5	2.5	2.5	3.0	3.0	3.0	3.0	3.0	3.0	3.0	3.5	3.5	3.5	3.5	3.5	3.5	3.5	4.0	4.0	4.0	4.0	4.0	4.0	.0577
0.5	1.5	1.5	1.5	1.5	2.0	2.0	2.0	2.5	2.5	2.5	2.5	2.5	3.0	3.0	3.0	3.0	3.0	3.0	3.5	3.5	3.5	3.5	3.5	4.0	4.0	4.0	4.0	4.0	4.0	4.0	4.0	4.5	4.5	4.5	4.5	.0721
0.6	1.5	1.5	1.5	2.0	2.0	2.0	2.5	2.5	2.5	2.5	3.0	3.0	3.0	3.0	3.0	3.5	3.5	3.5	3.5	3.5	4.0	4.0	4.0	4.0	4.0	4.0	4.0	4.5	4.5	4.5	4.5	4.5	4.5	5.0	5.0	.0865
0.7	1.5	1.5	1.5	2.0	2.0	2.5	2.5	2.5	2.5	3.0	3.0	3.0	3.0	3.5	3.5	3.5	3.5	4.0	4.0	4.0	4.0	4.0	4.0	4.5	4.5	4.5	4.5	4.5	4.5	5.0	5.0	5.0	5.0	5.0	5.0	.1009
0.8	1.5	1.5	2.0	2.0	2.0	2.5	2.5	2.5	3.0	3.0	3.0	3.5	3.5	3.5	3.5	4.0	4.0	4.0	4.0	4.0	4.5	4.5	4.5	4.5	4.5	4.5	5.0	5.0	5.0	5.0	5.0	5.5	5.5	5.5	5.5	.1154
0.9	1.5	1.5	2.0	2.0	2.5	2.5	2.5	3.0	3.0	3.0	3.5	3.5	3.5	3.5	4.0	4.0	4.0	4.0	4.5	4.5	4.5	4.5	4.5	5.0	5.0	5.0	5.0	5.0	5.5	5.5	5.5	5.5	5.5	6.0	6.0	.1298
1.0	1.5	1.5	2.0	2.0	2.5	2.5	3.0	3.0	3.0	3.5	3.5	3.5	3.5	4.0	4.0	4.0	4.0	4.5	4.5	4.5	4.5	5.0	5.0	5.0	5.0	5.0	5.5	5.5	5.5	5.5	6.0	6.0	6.0	6.0	6.0	.1442
1.1	1.5	1.5	2.0	2.0	2.5	2.5	3.0	3.0	3.0	3.5	3.5	3.5	4.0	4.0	4.0	4.5	4.5	4.5	4.5	5.0	5.0	5.0	5.0	5.5	5.5	5.5	5.5	5.5	6.0	6.0	6.0	6.0	6.0	6.0	6.5	.1586
1.2	1.5	2.0	2.0	2.5	2.5	3.0	3.0	3.0	3.5	3.5	3.5	4.0	4.0	4.0	4.5	4.5	4.5	4.5	5.0	5.0	5.0	5.0	5.5	5.5	5.5	5.5	6.0	6.0	6.0	6.0	6.0	6.5	6.5	6.5	6.5	.1730
1.3	1.5	2.0	2.0	2.5	2.5	3.0	3.0	3.0	3.5	3.5	4.0	4.0	4.0	4.5	4.5	4.5	4.5	5.0	5.0	5.0	5.5	5.5	5.5	5.5	6.0	6.0	6.0	6.0	6.0	6.5	6.5	6.5	6.5	6.5	7.0	.1875
1.4	1.5	2.0	2.0	2.5	2.5	3.0	3.0	3.5	3.5	4.0	4.0	4.0	4.0	4.5	4.5	4.5	5.0	5.0	5.0	5.5	5.5	5.5	5.5	6.0	6.0	6.0	6.0	6.5	6.5	6.5	6.5	6.5	7.0	7.0	7.0	.2019
1.5	1.5	2.0	2.0	2.5	2.5	3.0	3.0	3.5	3.5	4.0	4.0	4.0	4.5	4.5	4.5	5.0	5.0	5.0	5.5	5.5	5.5	6.0	6.0	6.0	6.0	6.0	6.5	6.5	6.5	6.5	7.0	7.0	7.0	7.0	7.5	.2163
k	90	126	162	198	234	270	306	342	378	414	450	486	522	558	594	630	666	702	738	774	810	846	882	918	954	990	1026	1062	1098	1134	1170	1206	1242	1278	1314	km

Δt Fahrenheit

TABLE 2 (Sheet 115 of 128)

TEMPERATURE DIFFERENCE

ECONOMICAL INSULATION THICKNESS TABLE

IN INCHES
(nominal)

PIPE SIZE: 30'' NPS (Tube Size 30-1/2'' OD)
762 mm

At the intersection of the ''Δt'' column with the ''k'' row read the economical thickness.
(•—*exceeds 12'' thickness*)

D = 0.0022

CONDUCTIVITY k: Btu, in./sq ft, hr °F; km: W/mK

k	Δt Celsius °C or Kelvin °K: 50	70	90	110	130	150	170	190	210	230	250	270	290	310	330	350	370	390	410	430	450	470	490	510	530	550	570	590	610	630	650	670	690	710	730	km
0.1	1.5	1.5	1.5	1.5	1.5	1.5	1.5	1.5	1.5	1.5	1.5	1.5	1.5	1.5	1.5	1.5	1.5	1.5	2.0	2.0	2.0	2.0	2.0	2.0	2.0	2.0	2.0	2.0	2.0	2.0	2.0	2.0	2.0	2.5	2.5	.0144
0.2	1.5	1.5	1.5	1.5	1.5	1.5	1.5	1.5	1.5	2.0	2.0	2.0	2.0	2.0	2.0	2.0	2.0	2.5	2.5	2.5	2.5	2.5	2.5	2.5	2.5	2.5	3.0	3.0	3.0	3.0	3.0	3.0	3.0	3.0	3.0	.0288
0.3	1.5	1.5	1.5	1.5	1.5	1.5	2.0	2.0	2.0	2.0	2.0	2.5	2.5	2.5	2.5	2.5	2.5	2.5	3.0	3.0	3.0	3.0	3.0	3.0	3.0	3.0	3.5	3.5	3.5	3.5	3.5	3.5	3.5	3.5	4.0	.0433
0.4	1.5	1.5	1.5	1.5	2.0	2.0	2.0	2.0	2.5	2.5	2.5	2.5	2.5	3.0	3.0	3.0	3.0	3.0	3.0	3.0	3.5	3.5	3.5	3.5	3.5	3.5	4.0	4.0	4.0	4.0	4.0	4.0	4.0	4.0	4.0	.0577
0.5	1.5	1.5	1.5	2.0	2.0	2.0	2.0	2.5	2.5	2.5	2.5	3.0	3.0	3.0	3.0	3.0	3.5	3.5	3.5	3.5	3.5	4.0	4.0	4.0	4.0	4.0	4.0	4.0	4.5	4.5	4.5	4.5	4.5	4.5	4.5	.0721
0.6	1.5	1.5	1.5	2.0	2.0	2.5	2.5	2.5	2.5	3.0	3.0	3.0	3.0	3.5	3.5	3.5	3.5	3.5	4.0	4.0	4.0	4.0	4.0	4.0	4.5	4.5	4.5	4.5	4.5	4.5	5.0	5.0	5.0	5.0	5.0	.0865
0.7	1.5	1.5	2.0	2.0	2.0	2.5	2.5	2.5	3.0	3.0	3.0	3.0	3.5	3.5	3.5	4.0	4.0	4.0	4.0	4.0	4.0	4.5	4.5	4.5	4.5	4.5	5.0	5.0	5.0	5.0	5.0	5.0	5.5	5.5	5.5	.1009
0.8	1.5	1.5	2.0	2.0	2.5	2.5	2.5	8.0	3.0	3.0	3.5	3.5	3.5	3.5	4.0	4.0	4.0	4.0	4.5	4.5	4.5	4.5	4.5	5.0	5.0	5.0	5.0	5.0	5.5	5.5	5.5	5.5	5.5	6.0	6.0	.1154
0.9	1.5	1.5	2.0	2.0	2.5	2.5	3.0	3.0	3.0	3.5	3.5	3.5	4.0	4.0	4.0	4.0	4.5	4.5	4.5	4.5	4.5	5.0	5.0	5.0	5.0	5.5	5.5	5.5	5.5	5.5	6.0	6.0	6.0	6.0	6.0	.1298
1.0	1.5	2.0	2.0	2.5	2.5	2.5	3.0	3.0	3.5	3.5	3.5	4.0	4.0	4.0	4.0	4.5	4.5	4.5	4.5	5.0	5.0	5.0	5.0	5.5	5.5	5.5	5.5	6.0	6.0	6.0	6.0	6.0	6.0	6.5	6.5	.1442
1.1	1.5	2.0	2.0	2.5	2.5	3.0	3.0	3.0	3.5	3.5	4.0	4.0	4.0	4.0	4.5	4.5	4.5	5.0	5.0	5.0	5.0	5.5	5.5	5.5	5.5	6.0	6.0	6.0	6.0	6.0	6.5	6.5	6.5	6.5	6.5	.1586
1.2	1.5	2.0	2.0	2.5	2.5	3.0	3.0	3.5	3.5	3.5	4.0	4.0	4.0	4.5	4.5	4.5	5.0	5.0	5.0	5.0	5.5	5.5	5.5	6.0	6.0	6.0	6.0	6.0	6.5	6.5	6.5	6.5	6.5	7.0	7.0	.1730
1.3	1.5	2.0	2.0	2.5	3.0	3.0	3.0	3.5	3.5	4.0	4.0	4.0	4.5	4.5	4.5	5.0	5.0	5.0	5.5	5.5	5.5	5.5	6.0	6.0	6.0	6.0	6.5	6.5	6.5	6.5	6.5	7.0	7.0	7.0	7.0	.1875
1.4	1.5	2.0	2.5	2.5	3.0	3.0	3.5	3.5	4.0	4.0	4.0	4.5	4.5	4.5	5.0	5.0	5.0	5.5	5.5	5.5	6.0	6.0	6.0	6.0	6.0	6.5	6.5	6.5	6.5	7.0	7.0	7.0	7.5	7.5	7.5	.2019
1.5	1.5	2.0	2.5	2.5	3.0	3.0	3.5	3.5	4.0	4.0	4.0	4.5	4.5	5.0	5.0	5.0	5.5	5.5	5.5	6.0	6.0	6.0	6.0	6.5	6.5	6.5	6.5	7.0	7.0	7.0	7.0	7.5	7.5	7.5	7.5	.2163
k	Δt Fahrenheit: 90	126	162	198	234	270	306	342	378	414	450	486	522	558	594	630	666	702	738	774	810	846	882	918	954	990	1026	1062	1098	1134	1170	1206	1242	1278	1314	km

D = 0.0025

CONDUCTIVITY k: Btu, in./sq ft, hr °F; km: W/mK

k	Δt Celsius °C or Kelvin °K: 50	70	90	110	130	150	170	190	210	230	250	270	290	310	330	350	370	390	410	430	450	470	490	510	530	550	570	590	610	630	650	670	690	710	730	km
0.1	1.5	1.5	1.5	1.5	1.5	1.5	1.5	1.5	1.5	1.5	1.5	1.5	1.5	1.5	1.5	1.5	2.0	2.0	2.0	2.0	2.0	2.0	2.0	2.0	2.0	2.0	2.0	2.0	2.0	2.5	2.5	2.5	2.5	2.5	2.5	.0144
0.2	1.5	1.5	1.5	1.5	1.5	1.5	1.5	2.0	2.0	2.0	2.0	2.0	2.0	2.0	2.5	2.5	2.5	2.5	2.5	2.5	2.5	2.5	2.5	3.0	3.0	3.0	3.0	3.0	3.0	3.0	3.0	3.0	3.0	3.0	3.5	.0288
0.3	1.5	1.5	1.5	1.5	1.5	2.0	2.0	2.0	2.0	2.5	2.5	2.5	2.5	2.5	2.5	3.0	3.0	3.0	3.0	3.0	3.0	3.0	3.0	3.5	3.5	3.5	3.5	3.5	3.5	3.5	4.0	4.0	4.0	4.0	4.0	.0433
0.4	1.5	1.5	1.5	2.0	2.0	2.0	2.0	2.5	2.5	2.5	2.5	3.0	3.0	3.0	3.0	3.0	3.0	3.5	3.5	3.5	3.5	3.5	3.5	4.0	4.0	4.0	4.0	4.0	4.0	4.0	4.0	4.5	4.5	4.5	4.5	.0577
0.5	1.5	1.5	1.5	2.0	2.0	2.0	2.5	2.5	2.5	3.0	3.0	3.0	3.0	3.0	3.5	3.5	3.5	3.5	4.0	4.0	4.0	4.0	4.0	4.0	4.0	4.5	4.5	4.5	4.5	4.5	4.5	5.0	5.0	5.0	5.0	.0721
0.6	1.5	1.5	2.0	2.0	2.0	2.5	2.5	2.5	3.0	3.0	3.0	3.5	3.5	3.5	3.5	4.0	4.0	4.0	4.0	4.0	4.0	4.5	4.5	4.5	4.5	4.5	5.0	5.0	5.0	5.0	5.0	5.0	5.5	5.5	5.5	.0865
0.7	1.5	1.5	2.0	2.0	2.5	2.5	2.5	3.0	3.0	3.0	3.5	3.5	3.5	4.0	4.0	4.0	4.0	4.0	4.5	4.5	4.5	4.5	4.5	5.0	5.0	5.0	5.0	5.0	5.5	5.5	5.5	5.5	5.5	6.0	6.0	.1009
0.8	1.5	2.0	2.0	2.5	2.5	2.5	3.0	3.0	3.0	3.5	3.5	3.5	4.0	4.0	4.0	4.0	4.5	4.5	4.5	4.5	5.0	5.0	5.0	5.0	5.5	5.5	5.5	5.5	5.5	6.0	6.0	6.0	6.0	6.0	6.0	.1154
0.9	1.5	2.0	2.0	2.5	2.5	3.0	3.0	3.0	3.5	3.5	3.5	4.0	4.0	4.0	4.5	4.5	4.5	4.5	5.0	5.0	5.0	5.0	5.5	5.5	5.5	5.5	6.0	6.0	6.0	6.0	6.0	6.0	6.5	6.5	6.5	.1298
1.0	1.5	2.0	2.0	2.5	2.5	3.0	3.0	3.5	3.5	3.5	4.0	4.0	4.0	4.5	4.5	4.5	5.0	5.0	5.0	5.0	5.5	5.5	5.5	5.5	6.0	6.0	6.0	6.0	6.0	6.5	6.5	6.5	6.5	6.5	7.0	.1442
1.1	1.5	2.0	2.5	2.5	3.0	3.0	3.0	3.5	3.5	4.0	4.0	4.0	4.5	4.5	4.5	5.0	5.0	5.0	5.5	5.5	5.5	5.5	6.0	6.0	6.0	6.0	6.0	6.5	6.5	6.5	6.5	7.0	7.0	7.0	7.0	.1586
1.2	1.5	2.0	2.5	2.5	3.0	3.0	3.5	3.5	4.0	4.0	4.0	4.5	4.5	4.5	5.0	5.0	5.0	5.5	5.5	5.5	6.0	6.0	6.0	6.0	6.0	6.5	6.5	6.5	6.5	7.0	7.0	7.0	7.5	7.5	7.5	.1730
1.3	1.5	2.0	2.5	2.5	3.0	3.0	3.5	3.5	4.0	4.0	4.5	4.5	4.5	5.0	5.0	5.0	5.5	5.5	5.5	6.0	6.0	6.0	6.0	6.5	6.5	6.5	6.5	7.0	7.0	7.0	7.5	7.5	7.5	7.5	7.5	.1875
1.4	1.5	2.0	2.5	3.0	3.0	3.5	3.5	4.0	4.0	4.0	4.5	4.5	5.0	5.0	5.0	5.5	5.5	5.5	6.0	6.0	6.0	6.5	6.5	6.5	6.5	7.0	7.0	7.0	7.5	7.5	7.5	7.5	7.5	8.0	8.0	.2019
1.5	1.5	2.0	2.5	3.0	3.0	3.5	3.5	4.0	4.0	4.5	4.5	4.5	5.0	5.0	5.5	5.5	5.5	6.0	6.0	6.0	6.5	6.5	6.5	6.5	7.0	7.0	7.0	7.5	7.5	7.5	7.5	8.0	8.0	8.0	8.0	.2163
k	Δt Fahrenheit: 90	126	162	198	234	270	306	342	378	414	450	486	522	558	594	630	666	702	738	774	810	846	882	918	954	990	1026	1062	1098	1134	1170	1206	1242	1278	1314	km

D = 0.0030

CONDUCTIVITY k: Btu, in./sq ft, hr °F; km: W/mK

k	Δt Celsius °C or Kelvin °K: 50	70	90	110	130	150	170	190	210	230	250	270	290	310	330	350	370	390	410	430	450	470	490	510	530	550	570	590	610	630	650	670	690	710	730	km
0.1	1.5	1.5	1.5	1.5	1.5	1.5	1.5	1.5	1.5	1.5	1.5	1.5	1.5	2.0	2.0	2.0	2.0	2.0	2.0	2.0	2.0	2.0	2.0	2.0	2.5	2.5	2.5	2.5	2.5	2.5	2.5	2.5	2.5	2.5	2.5	.0144
0.2	1.5	1.5	1.5	1.5	1.5	1.5	2.0	2.0	2.0	2.0	2.0	2.0	2.5	2.5	2.5	2.5	2.5	2.5	2.5	3.0	3.0	3.0	3.0	3.0	3.0	3.0	3.0	3.0	3.5	3.5	3.5	3.5	3.5	3.5	3.5	.0288
0.3	1.5	1.5	1.5	1.5	2.0	2.0	2.0	2.0	2.5	2.5	2.5	2.5	3.0	3.0	3.0	3.0	3.0	3.0	3.5	3.5	3.5	3.5	3.5	3.5	3.5	4.0	4.0	4.0	4.0	4.0	4.0	4.0	4.0	4.5	4.5	.0433
0.4	1.5	1.5	2.0	2.0	2.0	2.5	2.5	2.5	2.5	3.0	3.0	3.0	3.0	3.0	3.5	3.5	3.5	3.5	3.5	4.0	4.0	4.0	4.0	4.0	4.0	4.5	4.5	4.5	4.5	4.5	4.5	4.5	5.0	5.0	5.0	.0577
0.5	1.5	1.5	2.0	2.0	2.5	2.5	2.5	3.0	3.0	3.0	3.0	3.5	3.5	3.5	3.5	4.0	4.0	4.0	4.0	4.0	4.5	4.5	4.5	4.5	4.5	4.5	5.0	5.0	5.0	5.0	5.0	5.5	5.5	5.5	5.5	.0721
0.6	1.5	2.0	2.0	2.5	2.5	2.5	3.0	3.0	3.0	3.5	3.5	3.5	3.5	4.0	4.0	4.0	4.0	4.5	4.5	4.5	4.5	4.5	5.0	5.0	5.0	5.0	5.5	5.5	5.5	5.5	5.5	6.0	6.0	6.0	6.0	.0865
0.7	1.5	2.0	2.0	2.5	2.5	3.0	3.0	3.0	3.5	3.5	3.5	4.0	4.0	4.0	4.0	4.5	4.5	4.5	4.5	5.0	5.0	5.0	5.0	5.5	5.5	5.5	5.5	6.0	6.0	6.0	6.0	6.0	6.0	6.5	6.5	.1009
0.8	1.5	2.0	2.5	2.5	3.0	3.0	3.0	3.5	3.5	4.0	4.0	4.0	4.0	4.5	4.5	4.5	5.0	5.0	5.0	5.0	5.5	5.5	5.5	5.5	6.0	6.0	6.0	6.0	6.0	6.5	6.5	6.5	6.5	6.5	7.0	.1154
0.9	1.5	2.0	2.5	2.5	3.0	3.0	3.5	3.5	4.0	4.0	4.0	4.0	4.5	4.5	4.5	5.0	5.0	5.0	5.5	5.5	5.5	5.5	6.0	6.0	6.0	6.0	6.5	6.5	6.5	6.5	6.5	7.0	7.0	7.0	7.0	.1298
1.0	2.0	2.0	2.5	2.5	3.0	3.0	3.5	3.5	4.0	4.0	4.5	4.5	4.5	5.0	5.0	5.0	5.5	5.5	5.5	5.5	6.0	6.0	6.0	6.0	6.5	6.5	6.5	6.5	7.0	7.0	7.0	7.0	7.5	7.5	7.5	.1442
1.1	2.0	2.0	2.5	3.0	3.0	3.5	3.5	4.0	4.0	4.0	4.5	4.5	5.0	5.0	5.0	5.5	5.5	5.5	6.0	6.0	6.0	6.0	6.5	6.5	6.5	7.0	7.0	7.0	7.0	7.5	7.5	7.5	7.5	8.0	8.0	.1586
1.2	2.0	2.0	2.5	3.0	3.0	3.5	3.5	4.0	4.0	4.5	4.5	5.0	5.0	5.0	5.5	5.5	5.5	6.0	6.0	6.0	6.5	6.5	6.5	6.5	7.0	7.0	7.0	7.5	7.5	7.5	7.5	8.0	8.0	8.0	8.0	.1730
1.3	2.0	2.5	2.5	3.0	3.5	3.5	4.0	4.0	4.5	4.5	4.5	5.0	5.0	5.5	5.5	6.0	6.0	6.0	6.0	6.5	6.5	6.5	7.0	7.0	7.0	7.5	7.5	7.5	7.5	8.0	8.0	8.0	8.0	8.5	8.5	.1875
1.4	2.0	2.5	2.5	3.0	3.5	3.5	4.0	4.0	4.5	4.5	5.0	5.0	5.5	5.5	6.0	6.0	6.0	6.0	6.5	6.5	6.5	7.0	7.0	7.5	7.5	7.5	7.5	8.0	8.0	8.0	8.0	8.5	8.5	8.5	9.0	.2019
1.5	2.0	2.5	3.0	3.0	3.5	4.0	4.0	4.5	4.5	5.0	5.0	5.5	5.5	5.5	6.0	6.0	6.0	6.5	6.5	7.0	7.0	7.0	7.5	7.5	7.5	8.0	8.0	8.0	8.0	8.5	8.5	8.5	9.0	9.0	9.0	.2163
k	Δt Fahrenheit: 90	126	162	198	234	270	306	342	378	414	450	486	522	558	594	630	666	702	738	774	810	846	882	918	954	990	1026	1062	1098	1134	1170	1206	1242	1278	1314	km

TEMPERATURE DIFFERENCE

TABLE 2 (Continued)

ECONOMICAL INSULATION THICKNESS TABLE

IN INCHES
(nominal)

PIPE SIZE: 30'' NPS (Tube Size 30-1/2'' OD)
762 mm

At the intersection of the ''Δt'' column with the ''k'' row read the economical thickness.
(•—*exceeds 12'' thickness*)

D = 0.0035

Δt Celsius °C or Kelvin °K

CONDUCTIVITY Btu, in./sq ft, hr °F (k) — W/mK (km)

k	50	70	90	110	130	150	170	190	210	230	250	270	290	310	330	350	370	390	410	430	450	470	490	510	530	550	570	590	610	630	650	670	690	710	730	km
0.1	1.5	1.5	1.5	1.5	1.5	1.5	1.5	1.5	1.5	1.5	1.5	2.0	2.0	2.0	2.0	2.0	2.0	2.0	2.0	2.0	2.5	2.5	2.5	2.5	2.5	2.5	2.5	2.5	2.5	2.5	2.5	2.5	3.0	3.0	3.0	.0144
0.2	1.5	1.5	1.5	1.5	1.5	2.0	2.0	2.0	2.0	2.0	2.5	2.5	2.5	2.5	2.5	2.5	3.0	3.0	3.0	3.0	3.0	3.0	3.0	3.5	3.5	3.5	3.5	3.5	3.5	3.5	3.5	4.0	4.0	4.0	4.0	.0288
0.3	1.5	1.5	1.5	2.0	2.0	2.0	2.5	2.5	2.5	2.5	3.0	3.0	3.0	3.0	3.0	3.0	3.5	3.5	3.5	3.5	3.5	4.0	4.0	4.0	4.0	4.0	4.0	4.0	4.5	4.5	4.5	4.5	4.5	4.5	4.5	.0433
0.4	1.5	1.5	2.0	2.0	2.5	2.5	2.5	2.5	3.0	3.0	3.0	3.0	3.5	3.5	3.5	3.5	4.0	4.0	4.0	4.0	4.0	4.5	4.5	4.5	4.5	4.5	4.5	5.0	5.0	5.0	5.0	5.0	5.0	5.5	5.5	.0577
0.5	1.5	2.0	2.0	2.5	2.5	2.5	3.0	3.0	3.0	3.5	3.5	3.5	3.5	4.0	4.0	4.0	4.0	4.5	4.5	4.5	4.5	4.5	5.0	5.0	5.0	5.0	5.0	5.5	5.5	5.5	5.5	5.5	6.0	6.0	6.0	.0721
0.6	1.5	2.0	2.0	2.5	2.5	3.0	3.0	3.0	3.5	3.5	4.0	4.0	4.0	4.0	4.5	4.5	4.5	4.5	5.0	5.0	5.0	5.0	5.5	5.5	5.5	5.5	5.5	6.0	6.0	6.0	6.0	6.0	6.5	6.5	6.5	.0865
0.7	1.5	2.0	2.5	2.5	3.0	3.0	3.0	3.5	3.5	4.0	4.0	4.0	4.5	4.5	4.5	4.5	5.0	5.0	5.0	5.5	5.5	5.5	5.5	6.0	6.0	6.0	6.0	6.0	6.5	6.5	6.5	6.5	6.5	7.0	7.0	.1009
0.8	2.0	2.0	2.5	2.5	3.0	3.0	3.5	3.5	4.0	4.0	4.0	4.5	4.5	4.5	5.0	5.0	5.0	5.5	5.5	5.5	6.0	6.0	6.0	6.0	6.0	6.5	6.5	6.5	6.5	7.0	7.0	7.0	7.0	7.5	7.5	.1154
0.9	2.0	2.0	2.5	3.0	3.0	3.5	3.5	4.0	4.0	4.0	4.5	4.5	5.0	5.0	5.0	5.5	5.5	5.5	6.0	6.0	6.0	6.0	6.5	6.5	6.5	6.5	7.0	7.0	7.0	7.0	7.5	7.5	7.5	7.5	8.0	.1298
1.0	2.0	2.5	2.5	3.0	3.0	3.5	4.0	4.0	4.0	4.5	4.5	5.0	5.0	5.0	5.5	5.5	6.0	6.0	6.0	6.0	6.5	6.5	6.5	6.5	7.0	7.0	7.0	7.5	7.5	7.5	7.5	8.0	8.0	8.0	8.0	.1442
1.1	2.0	2.5	3.0	3.0	3.5	3.5	4.0	4.0	4.5	4.5	5.0	5.0	5.0	5.5	5.5	6.0	6.0	6.0	6.5	6.5	6.5	6.5	7.0	7.0	7.0	7.5	7.5	7.5	8.0	8.0	8.0	8.0	8.5	8.5	8.5	.1586
1.2	2.0	2.5	3.0	3.0	3.5	4.0	4.0	4.5	4.5	5.0	5.0	5.0	5.5	5.5	6.0	6.0	6.0	6.5	6.5	6.5	7.0	7.0	7.0	7.5	7.5	7.5	8.0	8.0	8.0	8.0	8.5	8.5	8.5	9.0	9.0	.1730
1.3	2.0	2.5	3.0	3.5	3.5	4.0	4.0	4.5	4.5	5.0	5.0	5.5	5.5	6.0	6.0	6.0	6.5	6.5	7.0	7.0	7.0	7.5	7.5	7.5	8.0	8.0	8.0	8.0	8.5	8.5	8.5	9.0	9.0	9.0	9.0	.1875
1.4	2.0	2.5	3.0	3.5	3.5	4.0	4.5	4.5	5.0	5.0	5.5	5.5	6.0	6.0	6.0	6.5	6.5	7.0	7.0	7.0	7.5	7.5	7.5	8.0	8.0	8.0	8.5	8.5	8.5	9.0	9.0	9.0	9.0	9.5	9.5	.2019
1.5	2.0	2.5	3.0	3.5	4.0	4.0	4.5	4.5	5.0	5.0	5.5	6.0	6.0	6.0	6.5	6.5	7.0	7.0	7.0	7.5	7.5	8.0	8.0	8.0	8.5	8.5	8.5	9.0	9.0	9.0	9.0	9.5	9.5	9.5	10.0	.2163
k	90	126	162	198	234	270	306	342	378	414	450	486	522	558	594	630	666	702	738	774	810	846	882	918	954	990	1026	1062	1098	1134	1170	1206	1242	1278	1314	km

Δt Fahrenheit

D = 0.0040

Δt Celsius °C or Kelvin °K

CONDUCTIVITY Btu, in./sq ft, hr °F (k) — W/mK (km)

k	50	70	90	110	130	150	170	190	210	230	250	270	290	310	330	350	370	390	410	430	450	470	490	510	530	550	570	590	610	630	650	670	690	710	730	km
0.1	1.5	1.5	1.5	1.5	1.5	1.5	1.5	1.5	1.5	2.0	2.0	2.0	2.0	2.0	2.0	2.0	2.0	2.5	2.5	2.5	2.5	2.5	2.5	2.5	2.5	2.5	2.5	2.5	3.0	3.0	3.0	3.0	3.0	3.0	3.0	.0144
0.2	1.5	1.5	1.5	1.5	2.0	2.0	2.0	2.0	2.5	2.5	2.5	2.5	2.5	2.5	3.0	3.0	3.0	3.0	3.0	3.0	3.5	3.5	3.5	3.5	3.5	3.5	3.5	4.0	4.0	4.0	4.0	4.0	4.0	4.0	4.0	.0288
0.3	1.5	1.5	2.0	2.0	2.0	2.5	2.5	2.5	2.5	3.0	3.0	3.0	3.0	3.5	3.5	3.5	3.5	3.5	4.0	4.0	4.0	4.0	4.0	4.0	4.0	4.5	4.5	4.5	4.5	4.5	4.5	5.0	5.0	5.0	5.0	.0433
0.4	1.5	2.0	2.0	2.0	2.5	2.5	3.0	3.0	3.0	3.0	3.5	3.5	3.5	4.0	4.0	4.0	4.0	4.0	4.5	4.5	4.5	4.5	4.5	5.0	5.0	5.0	5.0	5.0	5.0	5.5	5.5	5.5	5.5	5.5	6.0	.0577
0.5	1.5	2.0	2.0	2.5	2.5	3.0	3.0	3.0	3.5	3.5	3.5	4.0	4.0	4.0	4.0	4.5	4.5	4.5	4.5	5.0	5.0	5.0	5.0	5.5	5.5	5.5	5.5	5.5	6.0	6.0	6.0	6.0	6.0	6.0	6.5	.0721
0.6	2.0	2.0	2.5	2.5	3.0	3.0	3.5	3.5	3.5	4.0	4.0	4.0	4.5	4.5	4.5	4.5	5.0	5.0	5.0	5.5	5.5	5.5	5.5	6.0	6.0	6.0	6.0	6.0	6.5	6.5	6.5	6.5	6.5	7.0	7.0	.0865
0.7	2.0	2.0	2.5	3.0	3.0	3.5	3.5	3.5	4.0	4.0	4.5	4.5	4.5	4.5	5.0	5.0	5.0	5.5	5.5	5.5	6.0	6.0	6.0	6.0	6.5	6.5	6.5	6.5	6.5	7.0	7.0	7.0	7.5	7.5	7.5	.1009
0.8	2.0	2.5	2.5	3.0	3.0	3.5	3.5	4.0	4.0	4.5	4.5	4.5	5.0	5.0	5.0	5.5	5.5	6.0	6.0	6.0	6.0	6.5	6.5	6.5	6.5	7.0	7.0	7.0	7.0	7.5	7.5	7.5	7.5	8.0	8.0	.1154
0.9	2.0	2.5	3.0	3.0	3.5	3.5	4.0	4.0	4.5	4.5	4.5	5.0	5.0	5.5	5.5	5.5	6.0	6.0	6.0	6.5	6.5	6.5	7.0	7.0	7.0	7.0	7.5	7.5	7.5	7.5	8.0	8.0	8.0	8.0	8.5	.1298
1.0	2.0	2.5	3.0	3.0	3.5	4.0	4.0	4.5	4.5	4.5	5.0	5.0	5.5	5.5	6.0	6.0	6.0	6.5	6.5	6.5	7.0	7.0	7.0	7.5	7.5	7.5	7.5	8.0	8.0	8.0	8.0	8.5	8.5	8.5	9.0	.1442
1.1	2.0	2.5	3.0	3.5	3.5	4.0	4.0	4.5	4.5	5.0	5.0	5.5	5.5	6.0	6.0	6.0	6.5	6.5	6.5	7.0	7.0	7.5	7.5	7.5	7.5	8.0	8.0	8.0	8.5	8.5	8.5	9.0	9.0	9.0	9.0	.1586
1.2	2.0	2.5	3.0	3.5	4.0	4.0	4.5	4.5	5.0	5.0	5.5	5.5	6.0	6.0	6.0	6.5	6.5	7.0	7.0	7.0	7.5	7.5	7.5	8.0	8.0	8.0	8.5	8.5	8.5	9.0	9.0	9.0	9.0	9.5	9.5	.1730
1.3	2.0	2.5	3.0	3.5	4.0	4.0	4.5	5.0	5.0	5.5	5.5	6.0	6.0	6.0	6.5	6.5	7.0	7.0	7.5	7.5	7.5	8.0	8.0	8.0	8.5	8.5	8.5	9.0	9.0	9.0	9.5	9.5	9.5	9.5	10.0	.1875
1.4	2.5	3.0	3.0	3.5	4.0	4.5	4.5	5.0	5.0	5.5	6.0	6.0	6.0	6.5	6.5	7.0	7.0	7.5	7.5	7.5	8.0	8.0	8.5	8.5	8.5	9.0	9.0	9.0	9.5	9.5	9.5	9.5	10.0	10.0	10.0	.2019
1.5	2.5	3.0	3.5	4.0	4.0	4.5	5.0	5.0	5.5	5.5	6.0	6.0	6.5	6.5	7.0	7.0	7.5	7.5	8.0	8.0	8.0	8.5	8.5	9.0	9.0	9.0	9.0	9.5	9.5	9.5	10.0	10.0	10.5	10.5	10.5	.2163
k	90	126	162	198	234	270	306	342	378	414	450	486	522	558	594	630	666	702	738	774	810	846	882	918	954	990	1026	1062	1098	1134	1170	1206	1242	1278	1314	km

Δt Fahrenheit

D = 0.0045

Δt Celsius °C or Kelvin °K

CONDUCTIVITY Btu, in./sq ft, hr °F (k) — W/mK (km)

k	50	70	90	110	130	150	170	190	210	230	250	270	290	310	330	350	370	390	410	430	450	470	490	510	530	550	570	590	610	630	650	670	690	710	730	km
0.1	1.5	1.5	1.5	1.5	1.5	1.5	1.5	1.5	2.0	2.0	2.0	2.0	2.0	2.0	2.0	2.5	2.5	2.5	2.5	2.5	2.5	2.5	2.5	2.5	2.5	3.0	3.0	3.0	3.0	3.0	3.0	3.0	3.0	3.0	3.0	.0144
0.2	1.5	1.5	1.5	2.0	2.0	2.0	2.0	2.5	2.5	2.5	2.5	2.5	3.0	3.0	3.0	3.0	3.0	3.0	3.5	3.5	3.5	3.5	3.5	3.5	4.0	4.0	4.0	4.0	4.0	4.0	4.0	4.0	4.5	4.5	4.5	.0288
0.3	1.5	1.5	2.0	2.0	2.5	2.5	2.5	2.5	3.0	3.0	3.0	3.0	3.5	3.5	3.5	3.5	4.0	4.0	4.0	4.0	4.0	4.0	4.5	4.5	4.5	4.5	4.5	4.5	5.0	5.0	5.0	5.0	5.0	5.0	5.5	.0433
0.4	1.5	2.0	2.0	2.5	2.5	3.0	3.0	3.0	3.0	3.5	3.5	3.5	4.0	4.0	4.0	4.0	4.5	4.5	4.5	4.5	4.5	5.0	5.0	5.0	5.0	5.5	5.5	5.5	5.5	5.5	6.0	6.0	6.0	6.0	6.0	.0577
0.5	1.5	2.0	2.5	2.5	3.0	3.0	3.0	3.5	3.5	4.0	4.0	4.0	4.0	4.5	4.5	4.5	5.0	5.0	5.0	5.0	5.5	5.5	5.5	5.5	6.0	6.0	6.0	6.0	6.0	6.0	6.5	6.5	6.5	6.5	6.5	.0721
0.6	2.0	2.0	2.5	3.0	3.0	3.5	3.5	3.5	4.0	4.0	4.0	4.5	4.5	4.5	5.0	5.0	5.0	5.5	5.5	5.5	6.0	6.0	6.0	6.0	6.0	6.5	6.5	6.5	6.5	7.0	7.0	7.0	7.0	7.5	7.5	.0865
0.7	2.0	2.5	2.5	3.0	3.0	3.5	3.5	4.0	4.0	4.5	4.5	4.5	5.0	5.0	5.0	5.5	5.5	6.0	6.0	6.0	6.0	6.5	6.5	6.5	6.5	7.0	7.0	7.0	7.0	7.5	7.5	7.5	7.5	8.0	8.0	.1009
0.8	2.0	2.5	3.0	3.0	3.5	3.5	4.0	4.0	4.5	4.5	5.0	5.0	5.0	5.5	5.5	6.0	6.0	6.0	6.0	6.5	6.5	6.5	7.0	7.0	7.0	7.5	7.5	7.5	7.5	8.0	8.0	8.0	8.0	8.5	8.5	.1154
0.9	2.0	2.5	3.0	3.5	3.5	4.0	4.0	4.5	4.5	5.0	5.0	5.5	5.5	5.5	6.0	6.0	6.0	6.5	6.5	6.5	7.0	7.0	7.0	7.5	7.5	7.5	8.0	8.0	8.0	8.0	8.5	8.5	8.5	9.0	9.0	.1298
1.0	2.0	2.5	3.0	3.5	4.0	4.0	4.5	4.5	5.0	5.0	5.5	5.5	6.0	6.0	6.0	6.5	6.5	6.5	7.0	7.0	7.5	7.5	7.5	7.5	8.0	8.0	8.0	8.5	8.5	8.5	9.0	9.0	9.0	9.0	9.5	.1442
1.1	2.5	3.0	3.0	3.5	4.0	4.0	4.5	4.5	5.0	5.5	5.5	6.0	6.0	6.0	6.5	6.5	7.0	7.0	7.0	7.5	7.5	7.5	8.0	8.0	8.0	8.5	8.5	8.5	9.0	9.0	9.0	9.5	9.5	9.5	9.5	.1586
1.2	2.5	3.0	3.5	3.5	4.0	4.5	4.5	5.0	5.0	5.5	6.0	6.0	6.0	6.5	6.5	7.0	7.0	7.5	7.5	7.5	8.0	8.0	8.0	8.5	8.5	9.0	9.0	9.0	9.0	9.5	9.5	9.5	10.0	10.0	10.0	.1730
1.3	2.5	3.0	3.5	4.0	4.0	4.5	5.0	5.0	5.5	5.5	6.0	6.0	6.5	6.5	7.0	7.0	7.5	7.5	8.0	8.0	8.0	8.5	8.5	8.5	9.0	9.0	9.0	9.5	9.5	9.5	10.0	10.0	10.0	10.5	10.5	.1875
1.4	2.5	3.0	3.5	4.0	4.0	4.5	5.0	5.5	5.5	6.0	6.0	6.5	6.5	7.0	7.0	7.5	7.5	8.0	8.0	8.0	8.5	8.5	9.0	9.0	9.0	9.5	9.5	9.5	10.0	10.0	10.5	10.5	10.5	11.0	11.0	.2019
1.5	2.5	3.0	3.5	4.0	4.5	4.5	5.0	5.5	6.0	6.0	6.5	6.5	7.0	7.0	7.5	7.5	8.0	8.0	8.0	8.5	8.5	9.0	9.0	9.5	9.5	9.5	10.0	10.0	10.0	10.5	11.0	11.0	11.0	11.5	11.5	.2163
k	90	126	162	198	234	270	306	342	378	414	450	486	522	558	594	630	666	702	738	774	810	846	882	918	954	990	1026	1062	1098	1134	1170	1206	1242	1278	1314	km

Δt Fahrenheit

TABLE 2 (Sheet 117 of 128)

TEMPERATURE DIFFERENCE

TABLE 2 (Continued)

ECONOMICAL INSULATION THICKNESS TABLE

IN INCHES
(nominal)

PIPE SIZE: 30'' NPS (Tube Size 30-1/2'' OD)
762 mm

At the intersection of the ''Δt'' column with the ''k'' row read the economical thickness.
(*•—exceeds 12'' thickness*)

CONDUCTIVITY: k in Btu, in./sq ft, hr °F; km in W/mK

D = 0.0050

Δt Celsius °C or Kelvin °K

k	50	70	90	110	130	150	170	190	210	230	250	270	290	310	330	350	370	390	410	430	450	470	490	510	530	550	570	590	610	630	650	670	690	710	730	km
0.1	1.5	1.5	1.5	1.5	1.5	1.5	1.5	2.0	2.0	2.0	2.0	2.0	2.0	2.0	2.5	2.5	2.5	2.5	2.5	2.5	2.5	2.5	3.0	3.0	3.0	3.0	3.0	3.0	3.0	3.0	3.0	3.0	3.5	3.5	3.5	.0144
0.2	1.5	1.5	1.5	2.0	2.0	2.0	2.5	2.5	2.5	2.5	2.5	3.0	3.0	3.0	3.0	3.0	3.5	3.5	3.5	3.5	3.5	4.0	4.0	4.0	4.0	4.0	4.0	4.0	4.0	4.5	4.5	4.5	4.5	4.5	4.5	.0288
0.3	1.5	2.0	2.0	2.0	2.5	2.5	2.5	3.0	3.0	3.0	3.5	3.5	3.5	3.5	4.0	4.0	4.0	4.0	4.0	4.5	4.5	4.5	4.5	4.5	4.5	5.0	5.0	5.0	5.0	5.0	5.5	5.5	5.5	5.5	5.5	.0433
0.4	1.5	2.0	2.5	2.5	2.5	3.0	3.0	3.5	3.5	3.5	4.0	4.0	4.0	4.0	4.5	4.5	4.5	4.5	5.0	5.0	5.0	5.0	5.0	5.5	5.5	5.5	5.5	6.0	6.0	6.0	6.0	6.0	6.0	6.5	6.5	.0577
0.5	2.0	2.0	2.5	2.5	3.0	3.0	3.5	3.5	4.0	4.0	4.0	4.5	4.5	4.5	4.5	5.0	5.0	5.0	5.5	5.5	5.5	5.5	6.0	6.0	6.0	6.0	6.5	6.5	6.5	6.5	6.5	7.0	7.0	7.0	7.0	.0721
0.6	2.0	2.5	2.5	3.0	3.0	3.5	3.5	4.0	4.0	4.5	4.5	4.5	5.0	5.0	5.0	5.5	5.5	5.5	6.0	6.0	6.0	6.0	6.5	6.5	6.5	6.5	7.0	7.0	7.0	7.0	7.5	7.5	7.5	7.5	7.5	.0865
0.7	2.0	2.5	3.0	3.0	3.5	3.5	4.0	4.0	4.5	4.5	5.0	5.0	5.0	5.5	5.5	6.0	6.0	6.0	6.0	6.5	6.5	6.5	7.0	7.0	7.0	7.0	7.5	7.5	7.5	7.5	8.0	8.0	8.0	8.0	8.5	.1009
0.8	2.0	2.5	3.0	3.5	3.5	4.0	4.0	4.5	4.5	5.0	5.0	5.5	5.5	5.5	6.0	6.0	6.0	6.5	6.5	6.5	7.0	7.0	7.5	7.5	7.5	7.5	8.0	8.0	8.0	8.0	8.5	8.5	8.5	9.0	9.0	.1154
0.9	2.5	2.5	3.0	3.5	4.0	4.0	4.5	4.5	5.0	5.0	5.5	5.5	6.0	6.0	6.0	6.5	6.5	6.5	7.0	7.0	7.5	7.5	7.5	8.0	8.0	8.0	8.0	8.5	8.5	8.5	9.0	9.0	9.0	9.0	9.5	.1298
1.0	2.5	3.0	3.0	3.5	4.0	4.5	4.5	5.0	5.0	5.5	5.5	6.0	6.0	6.5	6.5	6.5	7.0	7.0	7.5	7.5	7.5	8.0	8.0	8.0	8.5	8.5	8.5	9.0	9.0	9.0	9.0	9.5	9.5	9.5	10.0	.1442
1.1	2.5	3.0	3.5	4.0	4.0	4.5	4.5	5.0	5.5	5.5	6.0	6.0	6.5	6.5	7.0	7.0	7.0	7.5	7.5	8.0	8.0	8.0	8.5	8.5	8.5	9.0	9.0	9.0	9.5	9.5	9.5	10.0	10.0	10.0	10.5	.1586
1.2	2.5	3.0	3.5	4.0	4.0	4.5	5.0	5.0	5.5	6.0	6.0	6.5	6.5	7.0	7.0	7.5	7.5	7.5	8.0	8.0	8.5	8.5	8.5	9.0	9.0	9.0	9.5	9.5	9.5	10.0	10.0	10.5	10.5	10.5	11.0	.1730
1.3	2.5	3.0	3.5	4.0	4.5	4.5	5.0	5.5	6.0	6.0	6.5	6.5	7.0	7.0	7.5	7.5	8.0	8.0	8.0	8.5	8.5	9.0	9.0	9.0	9.5	9.5	9.5	10.0	10.0	10.5	10.5	11.0	11.0	11.0	11.5	.1875
1.4	2.5	3.0	3.5	4.0	4.5	5.0	5.5	5.5	6.0	6.0	6.5	6.5	7.0	7.5	7.5	8.0	8.0	8.0	8.5	8.5	9.0	9.0	9.5	9.5	9.5	10.0	10.0	10.5	10.5	11.0	11.0	11.5	11.5	11.5	12.0	.2019
1.5	2.5	3.0	4.0	4.0	4.5	5.0	5.5	6.0	6.0	6.5	6.5	7.0	7.5	7.5	8.0	8.0	8.5	8.5	9.0	9.0	9.0	9.5	9.5	10.0	10.0	10.0	10.5	11.0	11.0	11.5	11.5	12.0	12.0	12.0	•	.2163
k	90	126	162	198	234	270	306	342	378	414	450	486	522	558	594	630	666	702	738	774	810	846	882	918	954	990	1026	1062	1098	1134	1170	1206	1242	1278	1314	km

Δt Fahrenheit

D = 0.0060

Δt Celsius °C or Kelvin °K

k	50	70	90	110	130	150	170	190	210	230	250	270	290	310	330	350	370	390	410	430	450	470	490	510	530	550	570	590	610	630	650	670	690	710	730	km
0.1	1.5	1.5	1.5	1.5	1.5	2.0	2.0	2.0	2.0	2.0	2.0	2.5	2.5	2.5	2.5	2.5	2.5	2.5	3.0	3.0	3.0	3.0	3.0	3.0	3.0	3.0	3.0	3.5	3.5	3.5	3.5	3.5	3.5	3.5	3.5	.0144
0.2	1.5	1.5	2.0	2.0	2.0	2.5	2.5	2.5	3.0	3.0	3.0	3.0	3.0	3.5	3.5	3.5	3.5	3.5	4.0	4.0	4.0	4.0	4.0	4.0	4.5	4.5	4.5	4.5	4.5	4.5	4.5	5.0	5.0	5.0	5.0	.0288
0.3	1.5	2.0	2.0	2.5	2.5	3.0	3.0	3.0	3.5	3.5	3.5	4.0	4.0	4.0	4.0	4.0	4.5	4.5	4.5	4.5	5.0	5.0	5.0	5.0	5.0	5.5	5.5	5.5	5.5	5.5	6.0	6.0	6.0	6.0	6.0	.0433
0.4	2.0	2.0	2.5	2.5	3.0	3.0	3.5	3.5	4.0	4.0	4.0	4.0	4.5	4.5	4.5	5.0	5.0	5.0	5.5	5.5	5.5	5.5	6.0	6.0	6.0	6.0	6.0	6.5	6.5	6.5	6.5	6.5	7.0	7.0	7.0	.0577
0.5	2.0	2.5	2.5	3.0	3.0	3.5	4.0	4.0	4.0	4.5	4.5	4.5	5.0	5.0	5.0	5.5	5.5	5.5	6.0	6.0	6.0	6.0	6.5	6.5	6.5	6.5	7.0	7.0	7.0	7.5	7.5	7.5	7.5	7.5	8.0	.0721
0.6	2.0	2.5	3.0	3.0	3.5	4.0	4.0	4.0	4.5	4.5	5.0	5.0	5.5	5.5	5.5	6.0	6.0	6.0	6.5	6.5	6.5	7.0	7.0	7.0	7.5	7.5	7.5	7.5	7.5	8.0	8.0	8.0	8.0	8.5	8.5	.0865
0.7	2.5	2.5	3.0	3.5	4.0	4.0	4.5	4.5	5.0	5.0	5.5	5.5	5.5	6.0	6.0	6.5	6.5	6.5	7.0	7.0	7.0	7.5	7.5	7.5	8.0	8.0	8.0	8.0	8.5	8.5	8.5	9.0	9.0	9.0	9.0	.1009
0.8	2.5	3.0	3.5	3.5	4.0	4.5	4.5	5.0	5.0	5.5	5.5	6.0	6.0	6.0	6.5	6.5	7.0	7.0	7.5	7.5	7.5	8.0	8.0	8.0	8.0	8.5	8.5	9.0	9.0	9.0	9.0	9.5	9.5	9.5	9.5	.1154
0.9	2.5	3.0	3.5	4.0	4.0	4.5	5.0	5.0	5.5	5.5	6.0	6.0	6.5	6.5	7.0	7.0	7.5	7.5	7.5	8.0	8.0	8.0	8.5	8.5	9.0	9.0	9.0	9.0	9.5	9.5	9.5	10.0	10.0	10.0	10.5	.1298
1.0	2.5	3.0	3.5	4.0	4.5	4.5	5.0	5.5	5.5	6.0	6.0	6.5	6.5	7.0	7.0	7.5	7.5	8.0	8.0	8.0	8.5	8.5	9.0	9.0	9.0	9.5	9.5	9.5	10.0	10.0	10.0	10.5	10.5	10.5	11.0	.1442
1.1	2.5	3.0	3.5	4.0	4.5	5.0	5.5	5.5	6.0	6.0	6.5	6.5	7.0	7.5	7.5	7.5	8.0	8.0	8.5	8.5	9.0	9.0	9.0	9.5	9.5	9.5	10.0	10.0	10.5	10.5	10.5	11.0	11.0	11.0	11.5	.1586
1.2	3.0	3.5	4.0	4.5	4.5	5.0	5.5	6.0	6.0	6.5	6.5	7.0	7.5	7.5	8.0	8.0	8.0	8.5	8.5	9.0	9.0	9.5	9.5	9.5	10.0	10.0	10.5	10.5	11.0	11.0	11.0	11.5	11.5	11.5	12.0	.1730
1.3	3.0	3.5	4.0	4.5	5.0	5.5	5.5	6.0	6.5	6.5	7.0	7.5	7.5	8.0	8.0	8.5	8.5	9.0	9.0	9.5	9.5	9.5	10.0	10.0	10.5	10.5	11.0	11.0	11.5	11.5	11.5	12.0	12.0	12.0	•	.1875
1.4	3.0	3.5	4.0	4.5	5.0	5.5	6.0	6.0	6.5	7.0	7.0	7.5	8.0	8.0	8.5	8.5	9.0	9.0	9.5	9.5	10.0	10.0	10.5	10.5	11.0	11.0	11.5	11.5	12.0	12.0	12.0	•	•	•	•	.2019
1.5	3.0	3.5	4.0	4.5	5.0	5.5	6.0	6.5	6.5	7.0	7.5	7.5	8.0	8.5	8.5	9.0	9.0	9.5	9.5	10.0	10.0	10.5	11.0	11.0	11.5	11.5	12.0	12.0	•	•	•	•	•	•	•	.2163
k	90	126	162	198	234	270	306	342	378	414	450	486	522	558	594	630	666	702	738	774	810	846	882	918	954	990	1026	1062	1098	1134	1170	1206	1242	1278	1314	km

Δt Fahrenheit

D = 0.0070

Δt Celsius °C or Kelvin °K

k	50	70	90	110	130	150	170	190	210	230	250	270	290	310	330	350	370	390	410	430	450	470	490	510	530	550	570	590	610	630	650	670	690	710	730	km
0.1	1.5	1.5	1.5	1.5	2.0	2.0	2.0	2.0	2.0	2.5	2.5	2.5	2.5	2.5	2.5	3.0	3.0	3.0	3.0	3.0	3.0	3.0	3.0	3.5	3.5	3.5	3.5	3.5	3.5	3.5	3.5	4.0	4.0	4.0	4.0	.0144
0.2	1.5	2.0	2.0	2.0	2.5	2.5	2.5	3.0	3.0	3.0	3.0	3.5	3.5	3.5	3.5	4.0	4.0	4.0	4.0	4.0	4.5	4.5	4.5	4.5	4.5	4.5	5.0	5.0	5.0	5.0	5.0	5.0	5.5	5.5	5.5	.0288
0.3	2.0	2.0	2.5	2.5	3.0	3.0	3.0	3.5	3.5	4.0	4.0	4.0	4.0	4.5	4.5	4.5	4.5	5.0	5.0	5.0	5.0	5.5	5.5	5.5	5.5	6.0	6.0	6.0	6.0	6.0	6.0	6.5	6.5	6.5	6.5	.0433
0.4	2.0	2.5	2.5	3.0	3.0	3.5	3.5	4.0	4.0	4.0	4.5	4.5	4.5	5.0	5.0	5.0	5.5	5.5	5.5	6.0	6.0	6.0	6.0	6.5	6.5	6.5	6.5	7.0	7.0	7.0	7.0	7.5	7.5	7.5	7.5	.0577
0.5	2.0	2.5	3.0	3.0	3.5	4.0	4.0	4.0	4.5	4.5	5.0	5.0	5.5	5.5	5.5	6.0	6.0	6.0	6.5	6.5	6.5	6.5	7.0	7.0	7.0	7.5	7.5	7.5	7.5	8.0	8.0	8.0	8.0	8.5	8.5	.0721
0.6	2.5	3.0	3.0	3.5	4.0	4.0	4.5	4.5	5.0	5.0	5.5	5.5	6.0	6.0	6.0	6.5	6.5	6.5	7.0	7.0	7.0	7.5	7.5	7.5	8.0	8.0	8.0	8.0	8.5	8.5	8.5	9.0	9.0	9.0	9.0	.0865
0.7	2.5	3.0	3.5	4.0	4.0	4.5	4.5	5.0	5.0	5.5	6.0	6.0	6.0	6.5	6.5	7.0	7.0	7.0	7.5	7.5	7.5	8.0	8.0	8.0	8.5	8.5	8.5	9.0	9.0	9.0	9.5	9.5	9.5	9.5	10.0	.1009
0.8	2.5	3.0	3.5	4.0	4.5	4.5	5.0	5.5	5.5	6.0	6.0	6.5	6.5	6.5	7.0	7.5	7.5	7.5	8.0	8.0	8.0	8.5	8.5	9.0	9.0	9.0	9.5	9.5	9.5	9.5	10.0	10.0	10.5	10.5	10.5	.1154
0.9	2.5	3.0	4.0	4.0	4.5	5.0	5.0	5.5	6.0	6.0	6.5	6.5	7.0	7.0	7.5	7.5	8.0	8.0	8.5	8.5	8.5	9.0	9.0	9.0	9.5	9.5	10.0	10.0	10.0	10.5	10.5	10.5	11.0	11.0	11.0	.1298
1.0	3.0	3.5	4.0	4.5	4.5	5.0	5.5	6.0	6.0	6.5	6.5	7.0	7.5	7.5	8.0	8.0	8.0	8.5	8.5	9.0	9.0	9.5	9.5	9.5	10.0	10.0	10.5	10.5	10.5	11.0	11.0	11.0	11.5	11.5	11.5	.1442
1.1	3.0	3.5	4.0	4.5	5.0	5.5	5.5	6.0	6.5	6.5	7.0	7.5	7.5	8.0	8.0	8.5	8.5	9.0	9.0	9.5	9.5	9.5	10.0	10.0	10.5	10.5	11.0	11.0	11.0	11.5	11.5	11.5	12.0	12.0	12.0	.1586
1.2	3.0	3.5	4.0	4.5	5.0	5.5	6.0	6.5	6.5	7.0	7.5	7.5	8.0	8.0	8.5	8.5	9.0	9.0	9.5	9.5	10.0	10.0	10.5	10.5	11.0	11.0	11.5	11.5	11.5	12.0	12.0	12.0	•	•	•	.1730
1.3	3.0	4.0	4.5	5.0	5.5	6.0	6.0	6.5	7.0	7.0	7.5	8.0	8.0	8.5	9.0	9.0	9.5	9.5	10.0	10.0	10.5	10.5	11.0	11.0	11.5	11.5	12.0	12.0	12.0	•	•	•	•	•	•	.1875
1.4	3.0	4.0	4.5	5.0	5.5	6.0	6.5	6.5	7.0	7.5	8.0	8.0	8.5	9.0	9.0	9.5	9.5	10.0	10.0	10.5	11.0	11.0	11.5	11.5	12.0	12.0	•	•	•	•	•	•	•	•	•	.2019
1.5	3.0	4.0	4.5	5.0	5.5	6.0	6.5	7.0	7.5	7.5	8.0	8.5	8.5	9.0	9.5	9.5	10.0	10.0	10.5	11.0	11.5	11.5	12.0	12.0	•	•	•	•	•	•	•	•	•	•	•	.2163
k	90	126	162	198	234	270	306	342	378	414	450	486	522	558	594	630	666	702	738	774	810	846	882	918	954	990	1026	1062	1098	1134	1170	1206	1242	1278	1314	km

Δt Fahrenheit

TEMPERATURE DIFFERENCE

TABLE 2 (Sheet 118 of 128)

TABLE 2 (Continued)

ECONOMICAL INSULATION THICKNESS TABLE

IN INCHES
(nominal)

PIPE SIZE: 30" NPS (Tube Size 30-1/2" OD)
762 mm

At the intersection of the "Δt" column with the "k" row read the economical thickness.
(*•—exceeds 12" thickness*)

D = 0.0080

Δt Celsius °C or Kelvin °K

k (CONDUCTIVITY Btu, in./sq ft, hr °F)	50	70	90	110	130	150	170	190	210	230	250	270	290	310	330	350	370	390	410	430	450	470	490	510	530	550	570	590	610	630	650	670	690	710	730	km (W/mK)
0.1	1.5	1.5	1.5	1.5	2.0	2.0	2.0	2.0	2.5	2.5	2.5	2.5	2.5	3.0	3.0	3.0	3.0	3.0	3.0	3.0	3.5	3.5	3.5	3.5	3.5	3.5	4.0	4.0	4.0	4.0	4.0	4.0	4.0	4.0	4.0	.0144
0.2	1.5	2.0	2.0	2.5	2.5	2.5	3.0	3.0	3.0	3.5	3.5	3.5	3.5	4.0	4.0	4.0	4.0	4.5	4.5	4.5	4.5	4.5	5.0	5.0	5.0	5.0	5.0	5.0	5.5	5.5	5.5	5.5	5.5	6.0	6.0	.0288
0.3	2.0	2.0	2.5	3.0	3.0	3.0	3.5	3.5	4.0	4.0	4.0	4.5	4.5	4.5	4.5	5.0	5.0	5.0	5.5	5.5	5.5	5.5	6.0	6.0	6.0	6.0	6.0	6.5	6.5	6.5	6.5	6.5	7.0	7.0	7.0	.0433
0.4	2.0	2.5	3.0	3.0	3.5	3.5	4.0	4.0	4.5	4.5	4.5	5.0	5.0	5.5	5.5	5.5	6.0	6.0	6.0	6.0	6.5	6.5	6.5	6.5	7.0	7.0	7.0	7.5	7.5	7.5	7.5	8.0	8.0	8.0	8.0	.0577
0.5	2.5	3.0	3.0	3.5	4.0	4.0	4.5	4.5	5.0	5.0	5.0	5.5	5.5	6.0	6.0	6.0	6.5	6.5	6.5	7.0	7.0	7.0	7.5	7.5	7.5	8.0	8.0	8.0	8.0	8.5	8.5	8.5	9.0	9.0	9.0	.0721
0.6	2.5	3.0	3.5	4.0	4.0	4.5	4.5	5.0	5.0	5.5	5.5	6.0	6.0	6.5	6.5	6.5	7.0	7.0	7.5	7.5	7.5	8.0	8.0	8.0	8.5	8.5	8.5	9.0	9.0	9.0	9.5	9.5	9.5	9.5	10.0	.0865
0.7	2.5	3.0	3.5	4.0	4.5	4.5	5.0	5.5	5.5	6.0	6.0	6.5	6.5	7.0	7.0	7.5	7.5	7.5	8.0	8.0	8.5	8.5	8.5	9.0	9.0	9.0	9.5	9.5	9.5	10.0	10.0	10.0	10.5	10.5	10.5	.1009
0.8	3.0	3.5	4.0	4.0	4.5	5.0	5.5	5.5	6.0	6.0	6.5	6.5	7.0	7.5	7.5	7.5	8.0	8.0	8.5	8.5	9.0	9.0	9.0	9.5	9.5	9.5	10.0	10.0	10.5	10.5	10.5	10.5	11.0	11.0	11.0	.1154
0.9	3.0	3.5	4.0	4.5	5.0	5.0	5.5	6.0	6.0	6.5	7.0	7.0	7.5	7.5	8.0	8.0	8.5	8.5	9.0	9.0	9.5	9.5	9.5	10.0	10.0	10.0	10.5	10.5	11.0	11.0	11.0	11.0	11.5	11.5	11.5	.1298
1.0	3.0	3.5	4.0	4.5	5.0	5.5	6.0	6.0	6.5	7.0	7.0	7.5	8.0	8.0	8.5	8.5	9.0	9.0	9.5	9.5	9.5	10.0	10.0	10.5	10.5	10.5	11.0	11.0	11.5	11.5	11.5	11.5	12.0	12.0	12.0	.1442
1.1	3.0	4.0	4.5	5.0	5.5	6.0	6.0	6.5	7.0	7.0	7.5	8.0	8.0	8.5	8.5	9.0	9.0	9.5	9.5	10.0	10.0	10.5	10.5	11.0	11.0	11.0	11.5	11.5	12.0	12.0	12.0	12.0	•	•	•	.1586
1.2	3.0	4.0	4.5	5.0	5.5	6.0	6.5	6.5	7.0	7.5	8.0	8.0	8.5	9.0	9.0	9.5	9.5	10.0	10.0	10.5	10.5	11.0	11.0	11.5	11.5	11.5	12.0	12.0	•	•	•	•	•	•	•	.1730
1.3	3.5	4.0	4.5	5.0	5.5	6.0	6.5	7.0	7.5	7.5	8.0	8.5	9.0	9.0	9.5	9.5	10.0	10.5	10.5	11.0	11.0	11.5	11.5	12.0	12.0	12.0	•	•	•	•	•	•	•	•	•	.1875
1.4	3.5	4.0	5.0	5.5	6.0	6.5	7.0	7.5	7.5	8.0	8.5	8.5	9.0	9.5	9.5	10.5	10.5	11.0	11.0	11.5	11.5	12.0	12.0	•	•	•	•	•	•	•	•	•	•	•	•	.2019
1.5	3.5	4.5	5.0	5.5	6.0	6.5	7.0	7.5	8.0	8.0	8.5	9.0	9.5	9.5	10.0	10.5	11.0	11.5	11.5	12.0	12.0	•	•	•	•	•	•	•	•	•	•	•	•	•	•	.2163
k	90	126	162	198	234	270	306	342	378	414	450	486	522	558	594	630	666	702	738	774	810	846	882	918	954	990	1026	1062	1098	1134	1170	1206	1242	1278	1314	km

Δt Fahrenheit

D = 0.0100

Δt Celsius °C or Kelvin °K

k (CONDUCTIVITY Btu, in./sq ft, hr °F)	50	70	90	110	130	150	170	190	210	230	250	270	290	310	330	350	370	390	410	430	450	470	490	510	530	550	570	590	610	630	650	670	690	710	730	km (W/mK)
0.1	1.5	1.5	2.0	2.0	2.0	2.0	2.5	2.5	2.5	2.5	3.0	3.0	3.0	3.0	3.0	3.5	3.5	3.5	3.5	3.5	3.5	4.0	4.0	4.0	4.0	4.0	4.0	4.0	4.5	4.5	4.5	4.5	4.5	4.5	4.5	.0144
0.2	2.0	2.0	2.5	2.5	3.0	3.0	3.0	3.5	3.5	3.5	4.0	4.0	4.0	4.5	4.5	4.5	4.5	4.5	5.0	5.0	5.0	5.0	5.5	5.5	5.5	5.5	6.0	6.0	6.0	6.0	6.0	6.0	6.5	6.5	6.5	.0288
0.3	2.0	2.5	3.0	3.0	3.5	3.5	4.0	4.0	4.0	4.5	4.5	5.0	5.0	5.0	5.5	5.5	5.5	6.0	6.0	6.0	6.0	6.5	6.5	6.5	6.5	7.0	7.0	7.0	7.5	7.5	7.5	7.5	7.5	8.0	8.0	.0433
0.4	2.5	3.0	3.0	3.5	4.0	4.0	4.5	4.5	5.0	5.0	5.5	5.5	5.5	6.0	6.0	6.0	6.5	6.5	7.0	7.0	7.0	7.5	7.5	7.5	7.5	8.0	8.0	8.0	8.5	8.5	8.5	8.5	9.0	9.0	9.0	.0577
0.5	2.5	3.0	3.5	4.0	4.0	4.5	5.0	5.0	5.5	5.5	6.0	6.0	6.5	6.5	6.5	7.0	7.0	7.5	7.5	7.5	8.0	8.0	8.0	8.5	8.5	9.0	9.0	9.0	9.0	9.5	9.5	9.5	10.0	10.0	10.0	.0721
0.6	3.0	3.5	4.0	4.0	4.5	5.0	5.5	5.5	6.0	6.0	6.5	6.5	7.0	7.0	7.5	7.5	8.0	8.0	8.0	8.5	8.5	9.0	9.0	9.0	9.5	9.5	9.5	10.0	10.0	10.0	10.0	10.0	10.5	10.5	10.5	.0865
0.7	3.0	3.5	4.0	4.5	5.0	5.5	5.5	6.0	6.5	6.5	7.0	7.0	7.5	7.5	8.0	8.0	8.5	8.5	9.0	9.0	9.5	9.5	9.5	10.0	10.0	10.0	10.0	10.5	10.5	10.5	11.0	11.0	11.0	11.0	11.0	.1009
0.8	3.0	4.0	4.5	4.5	5.0	5.5	6.0	6.5	6.5	7.0	7.5	7.5	8.0	8.0	8.5	8.5	9.0	9.0	9.5	9.5	10.0	10.0	10.0	10.5	10.5	10.5	10.5	11.0	11.0	11.0	11.5	11.5	11.5	11.5	11.5	.1154
0.9	3.5	4.0	4.5	5.0	5.5	6.0	6.5	6.5	7.0	7.5	7.5	8.0	8.5	8.5	9.0	9.0	9.5	9.5	10.0	10.0	10.5	10.5	10.5	11.0	11.0	11.0	11.0	11.5	11.5	11.5	12.0	12.0	12.0	12.0	12.0	.1298
1.0	3.5	4.0	4.5	5.0	6.0	6.0	6.5	7.0	7.5	7.5	8.0	8.5	9.0	9.0	9.5	9.5	10.0	10.0	10.5	10.5	11.0	11.0	11.0	11.5	11.5	11.5	11.5	12.0	12.0	12.0	•	•	•	•	•	.1442
1.1	3.5	4.5	5.0	5.5	6.0	6.5	7.0	7.5	7.5	8.0	8.5	9.0	9.0	9.5	9.5	10.0	10.5	10.5	11.0	11.0	11.5	11.5	11.5	12.0	12.0	12.0	12.0	•	•	•	•	•	•	•	•	.1586
1.2	3.5	4.5	5.0	5.5	6.0	6.5	7.0	7.5	8.0	8.5	9.0	9.0	9.5	10.0	10.0	10.5	11.0	11.0	11.5	11.5	12.0	12.0	12.0	•	•	•	•	•	•	•	•	•	•	•	•	.1730
1.3	4.0	4.5	5.5	6.0	6.5	7.0	7.5	8.0	8.5	8.5	9.0	9.5	10.0	10.0	10.5	11.0	11.5	11.5	12.0	12.0	•	•	•	•	•	•	•	•	•	•	•	•	•	•	•	.1875
1.4	4.0	4.5	5.5	6.0	6.5	7.0	7.5	8.0	8.5	9.0	9.5	10.0	10.0	10.5	11.0	11.5	12.0	12.0	•	•	•	•	•	•	•	•	•	•	•	•	•	•	•	•	•	.2019
1.5	4.0	5.0	5.5	6.0	7.0	7.5	8.0	8.5	9.0	9.5	9.5	10.0	10.5	10.5	11.0	11.5	12.0	•	•	•	•	•	•	•	•	•	•	•	•	•	•	•	•	•	•	.2163
k	90	126	162	198	234	270	306	342	378	414	450	486	522	558	594	630	666	702	738	774	810	846	882	918	954	990	1026	1062	1098	1134	1170	1206	1242	1278	1314	km

Δt Fahrenheit

D = 0.0120

Δt Celsius °C or Kelvin °K

k (Btu, in./sq ft, hr °F)	50	70	90	110	130	150	170	190	210	230	250	270	290	310	330	350	370	390	410	430	450	470	490	510	530	550	570	590	610	630	650	670	690	710	730	km (W/mK)
0.1	1.5	1.5	2.0	2.0	2.5	2.5	2.5	2.5	3.0	3.0	3.0	3.0	3.5	3.5	3.5	3.5	3.5	4.0	4.0	4.0	4.0	4.0	4.0	4.5	4.5	4.5	4.5	4.5	4.5	4.5	5.0	5.0	5.0	5.0	5.0	.0144
0.2	2.0	2.5	2.5	3.0	3.0	3.5	3.5	3.5	4.0	4.0	4.0	4.5	4.5	4.5	5.0	5.0	5.0	5.0	5.5	5.5	5.5	6.0	6.0	6.0	6.0	6.0	6.5	6.5	6.5	6.5	6.5	7.0	7.0	7.0	7.0	.0288
0.3	2.5	2.5	3.0	3.5	3.5	4.0	4.0	4.5	4.5	5.0	5.0	5.5	5.5	5.5	6.0	6.0	6.0	6.5	6.5	6.5	7.0	7.0	7.0	7.5	7.5	7.5	7.5	8.0	8.0	8.0	8.0	8.5	8.5	8.5	8.5	.0433
0.4	2.5	3.0	3.5	4.0	4.0	4.5	5.0	5.0	5.5	5.5	6.0	6.0	6.0	6.5	6.5	7.0	7.0	7.5	7.5	7.5	8.0	8.0	8.0	8.5	8.5	8.5	9.0	9.0	9.0	9.0	9.5	9.5	9.5	10.0	10.0	.0577
0.5	3.0	3.5	4.0	4.0	4.5	5.0	5.5	5.5	6.0	6.0	6.5	6.5	7.0	7.0	7.5	7.5	8.0	8.0	8.5	8.5	8.5	9.0	9.0	9.0	9.5	9.5	9.5	10.0	10.0	10.0	10.0	10.5	10.5	10.5	10.5	.0721
0.6	3.0	3.5	4.0	4.5	5.0	5.5	6.0	6.0	6.5	6.5	7.0	7.5	7.5	8.0	8.0	8.5	8.5	9.0	9.0	9.0	9.5	9.5	10.0	10.0	10.0	10.0	10.5	10.5	10.5	11.0	11.0	11.0	11.0	11.5	11.5	.0865
0.7	3.5	4.0	4.5	5.0	5.5	6.0	6.0	6.5	7.0	7.5	7.5	8.0	8.0	8.5	8.5	9.0	9.0	9.5	9.5	10.0	10.0	10.0	10.5	10.5	10.5	10.5	11.0	11.0	11.0	11.5	11.5	11.5	11.5	12.0	12.0	.1009
0.8	3.5	4.0	4.5	5.0	6.0	6.0	6.5	7.0	7.5	7.5	8.0	8.5	8.5	9.0	9.0	9.5	10.0	10.0	10.0	10.5	10.5	10.5	11.0	11.0	11.0	11.0	11.5	11.5	11.5	12.0	12.0	12.0	12.0	•	•	.1154
0.9	3.5	4.5	5.0	5.5	6.0	6.5	7.0	7.5	7.5	8.0	8.5	9.0	9.0	9.5	9.5	10.0	10.5	10.5	10.5	11.0	11.0	11.0	11.5	11.5	11.5	11.5	12.0	12.0	12.0	•	•	•	•	•	•	.1298
1.0	4.0	4.5	5.0	6.0	6.5	7.0	7.5	7.5	8.0	8.5	9.0	9.0	9.5	10.0	10.0	10.5	11.0	11.0	11.0	11.5	11.5	11.5	12.0	12.0	12.0	12.0	•	•	•	•	•	•	•	•	•	.1442
1.1	4.0	4.5	5.5	6.0	6.5	7.0	7.5	8.0	8.5	9.0	9.5	9.5	10.0	10.5	10.5	11.0	11.5	11.5	11.5	12.0	12.0	12.0	•	•	•	•	•	•	•	•	•	•	•	•	•	.1586
1.2	4.0	5.0	5.5	6.0	7.0	7.5	8.0	8.5	9.0	9.0	9.5	10.0	10.5	11.0	11.0	11.5	12.0	12.0	12.0	•	•	•	•	•	•	•	•	•	•	•	•	•	•	•	•	.1730
1.3	4.0	5.0	6.0	6.5	7.0	7.5	8.0	8.5	9.0	9.5	10.0	10.5	11.0	11.5	11.5	12.0	•	•	•	•	•	•	•	•	•	•	•	•	•	•	•	•	•	•	•	.1875
1.4	4.5	5.0	6.0	6.5	7.5	8.0	8.5	9.0	9.5	10.0	10.5	11.0	11.5	12.0	12.0	•	•	•	•	•	•	•	•	•	•	•	•	•	•	•	•	•	•	•	•	.2019
1.5	4.5	5.5	6.0	7.0	7.5	8.0	9.0	9.0	9.5	10.5	11.0	11.5	12.0	•	•	•	•	•	•	•	•	•	•	•	•	•	•	•	•	•	•	•	•	•	•	.2163
k	90	126	162	198	234	270	306	342	378	414	450	486	522	558	594	630	666	702	738	774	810	846	882	918	954	990	1026	1062	1098	1134	1170	1206	1242	1278	1314	km

Δt Fahrenheit

TABLE 2 (Sheet 119 of 128)

TEMPERATURE DIFFERENCE

ECONOMICAL INSULATION THICKNESS TABLE

IN INCHES
(nominal)

PIPE SIZE: 30'' NPS (Tube Size 30-1/2'' OD)
762 mm

At the intersection of the ''Δt'' column with the ''k'' row read the economical thickness.
(•—*exceeds 12'' thickness*)

D = 0.0150

Δt Celsius °C or Kelvin °K

k	50	70	90	110	130	150	170	190	210	230	250	270	290	310	330	350	370	390	410	430	450	470	490	510	530	550	570	590	610	630	650	670	690	710	730	km
0.1	1.5	2.0	2.0	2.5	2.5	2.5	3.0	3.0	3.0	3.5	3.5	3.5	3.5	4.0	4.0	4.0	4.0	4.0	4.5	4.5	4.5	4.5	4.5	5.0	5.0	5.0	5.0	5.0	5.0	5.5	5.5	5.5	5.5	5.5	5.5	.0144
0.2	2.0	2.5	3.0	3.0	3.5	3.5	4.0	4.0	4.5	4.5	4.5	5.0	5.0	5.0	5.5	5.5	5.5	6.0	6.0	6.0	6.0	6.5	6.5	6.5	7.0	7.0	7.0	7.0	7.5	7.5	7.5	7.5	7.5	8.0	8.0	.0288
0.3	2.5	3.0	3.5	4.0	4.0	4.5	4.5	5.0	5.0	5.5	5.5	6.0	6.0	6.5	6.5	6.5	7.0	7.0	7.5	7.5	7.5	8.0	8.0	8.0	8.0	8.5	8.5	8.5	9.0	9.0	9.0	9.5	9.5	9.5	9.5	.0433
0.4	3.0	3.5	4.0	4.5	4.5	5.0	5.5	5.5	6.0	6.0	6.5	6.5	7.0	7.5	7.5	7.5	8.0	8.0	8.5	8.5	8.5	9.0	9.0	9.5	9.5	9.5	10.0	10.0	10.0	10.5	10.5	10.5	10.5	10.5	11.0	.0577
0.5	3.0	4.0	4.5	4.5	5.0	5.5	6.0	6.5	6.5	7.0	7.0	7.5	8.0	8.0	8.5	8.5	9.0	9.0	9.0	9.5	9.5	10.0	10.0	10.0	10.5	10.5	10.5	10.5	11.0	11.0	11.5	11.5	11.5	11.5	12.0	.0721
0.6	3.5	4.0	4.5	5.0	5.5	6.0	6.5	7.0	7.0	7.5	8.0	8.0	8.5	9.0	9.0	9.5	9.5	10.0	10.0	10.0	10.0	10.5	10.5	11.0	11.0	11.5	11.5	11.5	12.0	12.0	•	•	•	•	•	.0865
0.7	3.5	4.5	5.0	5.5	6.0	6.5	7.0	7.5	7.5	8.0	8.5	9.0	9.0	9.5	9.5	10.0	10.0	10.5	10.5	10.5	11.0	11.5	11.5	11.5	12.0	12.0	12.0	•	•	•	•	•	•	•	•	.1009
0.8	4.0	4.5	5.5	6.0	6.5	7.0	7.5	8.0	8.0	8.5	9.0	9.5	9.5	10.0	10.0	10.5	10.5	11.0	11.0	11.5	11.5	12.0	12.0	•	•	•	•	•	•	•	•	•	•	•	•	.1154
0.9	4.0	5.0	5.5	6.0	6.5	7.5	8.0	8.0	8.5	9.0	9.5	10.0	10.0	10.5	10.5	11.0	11.0	11.5	11.5	12.0	12.0	•	•	•	•	•	•	•	•	•	•	•	•	•	•	.1298
1.0	4.5	5.0	6.0	6.5	7.0	7.5	8.0	8.5	9.0	9.5	10.0	10.0	10.0	10.5	11.0	11.5	12.0	•	•	•	•	•	•	•	•	•	•	•	•	•	•	•	•	•	•	.1442
1.1	4.5	5.5	6.0	7.0	7.5	8.0	8.5	9.0	9.5	10.0	10.5	10.5	11.0	11.5	12.0	12.0	•	•	•	•	•	•	•	•	•	•	•	•	•	•	•	•	•	•	•	.1586
1.2	4.5	5.5	6.5	7.0	7.5	8.5	9.0	9.5	10.0	10.5	11.0	11.5	12.0	12.0	•	•	•	•	•	•	•	•	•	•	•	•	•	•	•	•	•	•	•	•	•	.1730
1.3	4.5	6.0	6.5	7.5	8.0	8.5	9.0	9.5	10.0	10.5	11.5	12.0	•	•	•	•	•	•	•	•	•	•	•	•	•	•	•	•	•	•	•	•	•	•	•	.1875
1.4	5.0	6.0	6.5	7.5	8.0	9.0	9.5	10.0	10.5	11.0	12.0	•	•	•	•	•	•	•	•	•	•	•	•	•	•	•	•	•	•	•	•	•	•	•	•	.2019
1.5	5.0	6.0	7.0	8.0	8.5	9.0	10.0	10.5	11.0	11.5	12.0	•	•	•	•	•	•	•	•	•	•	•	•	•	•	•	•	•	•	•	•	•	•	•	•	.2163
k	90	126	162	198	234	270	306	342	378	414	450	486	522	558	594	630	666	702	738	774	810	846	882	918	954	990	1026	1062	1098	1134	1170	1206	1242	1278	1314	km

Δt Fahrenheit

k: Btu, in./sq ft, hr °F; km: W/mK

D = 0.0200

Δt Celsius °C or Kelvin °K

k	50	70	90	110	130	150	170	190	210	230	250	270	290	310	330	350	370	390	410	430	450	470	490	510	530	550	570	590	610	630	650	670	690	710	730	km
0.1	2.0	2.0	2.0	2.5	3.0	3.0	3.5	3.5	3.5	4.0	4.0	4.5	4.5	4.5	5.0	5.0	5.0	5.0	5.5	5.5	5.5	6.0	6.0	6.0	6.0	6.0	6.5	6.5	6.5	6.5	7.0	7.0	7.0	7.0	7.5	.0144
0.2	2.0	2.5	3.0	3.0	3.5	4.0	4.0	4.0	4.5	5.0	5.0	5.5	5.5	5.5	6.0	6.5	6.5	6.5	6.5	6.5	7.0	7.0	7.0	7.5	7.5	7.5	8.0	8.0	8.0	8.0	8.5	8.5	8.5	8.5	9.0	.0288
0.3	2.5	3.5	3.5	4.0	4.5	5.0	5.0	5.5	5.5	6.0	6.0	6.5	6.5	7.0	7.0	7.5	7.5	7.5	8.0	8.0	8.5	8.5	8.5	9.0	9.0	9.5	9.5	9.5	10.0	10.0	10.0	10.5	10.5	10.5	11.0	.0433
0.4	3.0	4.0	4.0	4.5	5.0	5.5	5.5	6.0	6.5	7.0	7.0	7.5	7.5	8.0	8.0	8.5	8.5	9.0	9.0	9.5	9.5	10.0	10.0	10.5	10.5	11.0	11.0	11.0	11.5	11.5	12.0	12.0	12.0	12.0	•	.0577
0.5	3.5	4.0	4.5	5.0	5.5	6.0	6.5	6.5	7.0	7.5	8.0	8.5	8.5	9.0	9.0	9.5	10.0	10.0	10.5	10.5	11.0	11.0	11.0	11.5	11.5	12.0	12.0	•	•	•	•	•	•	•	•	.0721
0.6	3.5	4.5	5.0	5.5	6.0	6.5	6.5	7.0	7.5	8.0	8.5	9.0	9.0	9.5	10.0	10.5	11.0	11.0	11.5	11.5	12.0	12.0	•	•	•	•	•	•	•	•	•	•	•	•	•	.0865
0.7	4.0	5.0	5.0	5.5	6.5	7.0	7.5	8.0	8.5	9.0	9.5	10.0	10.5	11.0	11.0	11.5	11.5	12.0	12.0	•	•	•	•	•	•	•	•	•	•	•	•	•	•	•	•	.1009
0.8	4.0	5.0	5.5	6.0	6.5	7.5	8.0	8.5	9.0	9.5	10.0	10.5	11.0	11.0	11.5	12.0	•	•	•	•	•	•	•	•	•	•	•	•	•	•	•	•	•	•	•	.1154
0.9	4.5	5.5	6.0	6.5	7.0	8.0	8.5	9.0	9.5	10.0	10.5	11.0	11.5	11.5	12.0	•	•	•	•	•	•	•	•	•	•	•	•	•	•	•	•	•	•	•	•	.1298
1.0	4.5	5.5	6.0	6.5	7.5	8.5	9.0	9.5	10.0	10.5	11.5	12.0	12.0	•	•	•	•	•	•	•	•	•	•	•	•	•	•	•	•	•	•	•	•	•	•	.1442
1.1	5.0	6.0	6.5	7.0	8.0	9.0	9.5	10.0	10.5	11.0	12.0	•	•	•	•	•	•	•	•	•	•	•	•	•	•	•	•	•	•	•	•	•	•	•	•	.1586
1.2	5.0	6.0	7.0	7.5	8.5	9.5	10.0	10.5	11.0	12.0	•	•	•	•	•	•	•	•	•	•	•	•	•	•	•	•	•	•	•	•	•	•	•	•	•	.1730
1.3	5.5	6.5	7.5	8.0	8.5	10.0	10.5	11.0	12.0	•	•	•	•	•	•	•	•	•	•	•	•	•	•	•	•	•	•	•	•	•	•	•	•	•	•	.1875
1.4	5.5	6.5	7.5	8.0	9.0	10.0	11.0	12.0	•	•	•	•	•	•	•	•	•	•	•	•	•	•	•	•	•	•	•	•	•	•	•	•	•	•	•	.2019
1.5	6.0	7.0	8.0	9.0	9.5	10.5	11.0	12.0	•	•	•	•	•	•	•	•	•	•	•	•	•	•	•	•	•	•	•	•	•	•	•	•	•	•	•	.2163
k	90	126	162	198	234	270	306	342	378	414	450	486	522	558	594	630	666	702	738	774	810	846	882	918	954	990	1026	1062	1098	1134	1170	1206	1242	1278	1314	km

Δt Fahrenheit

k: CONDUCTIVITY Btu, in./sq ft, hr °F; km: W/mK

D = 0.0300

Δt Celsius °C or Kelvin °K

k	50	70	90	110	130	150	170	190	210	230	250	270	290	310	330	350	370	390	410	430	450	470	490	510	530	550	570	590	610	630	650	670	690	710	730	km
0.1	2.0	2.5	2.5	3.0	3.5	4.0	4.5	4.5	4.5	5.0	5.0	5.5	5.5	5.5	6.0	6.0	6.5	6.5	6.5	6.5	7.0	7.0	7.0	7.5	7.5	7.5	8.0	8.0	8.0	8.0	8.5	8.5	8.5	8.5	9.0	.0144
0.2	2.5	3.5	3.5	4.0	4.5	5.0	5.0	5.0	5.5	6.0	6.5	6.5	7.0	7.0	7.0	7.5	7.5	8.0	8.0	8.0	8.5	8.5	8.5	9.0	9.0	9.5	9.5	9.5	10.0	10.0	10.5	10.5	10.5	10.5	11.0	.0288
0.3	3.5	4.0	4.5	5.0	5.5	6.0	6.5	6.5	7.0	7.5	7.5	8.0	8.0	8.5	9.0	9.0	9.5	9.5	10.0	10.0	10.5	10.5	11.0	11.0	11.5	11.5	12.0	12.0	12.0	•	•	•	•	•	•	.0433
0.4	4.0	4.5	5.0	5.5	6.0	7.0	7.5	7.5	8.0	8.5	9.0	9.5	9.5	9.5	10.0	10.5	11.0	11.0	11.5	11.5	12.0	12.0	•	•	•	•	•	•	•	•	•	•	•	•	•	.0577
0.5	4.0	5.0	5.5	6.0	7.0	7.5	8.0	8.5	9.0	9.5	10.0	10.5	10.5	11.0	11.5	11.5	12.0	12.0	•	•	•	•	•	•	•	•	•	•	•	•	•	•	•	•	•	.0721
0.6	4.5	5.5	6.0	6.5	7.5	8.0	8.5	9.0	9.5	10.0	11.0	11.5	11.5	12.0	•	•	•	•	•	•	•	•	•	•	•	•	•	•	•	•	•	•	•	•	•	.0865
0.7	5.0	6.0	6.5	7.0	8.0	9.0	9.5	10.0	10.5	11.0	11.5	12.0	•	•	•	•	•	•	•	•	•	•	•	•	•	•	•	•	•	•	•	•	•	•	•	.1009
0.8	5.0	6.5	7.0	7.5	8.5	9.5	10.0	10.5	11.0	11.5	•	•	•	•	•	•	•	•	•	•	•	•	•	•	•	•	•	•	•	•	•	•	•	•	•	.1154
0.9	5.5	7.0	7.5	8.0	9.0	10.0	11.0	12.0	•	•	•	•	•	•	•	•	•	•	•	•	•	•	•	•	•	•	•	•	•	•	•	•	•	•	•	.1298
1.0	5.5	7.0	8.0	8.5	9.5	10.5	11.5	•	•	•	•	•	•	•	•	•	•	•	•	•	•	•	•	•	•	•	•	•	•	•	•	•	•	•	•	.1442
1.1	6.0	7.5	8.5	9.0	10.5	12.0	•	•	•	•	•	•	•	•	•	•	•	•	•	•	•	•	•	•	•	•	•	•	•	•	•	•	•	•	•	.1586
1.2	6.5	8.0	9.0	12.0	12.0	•	•	•	•	•	•	•	•	•	•	•	•	•	•	•	•	•	•	•	•	•	•	•	•	•	•	•	•	•	•	.1730
1.3	7.0	8.5	9.5	11.0	12.0	•	•	•	•	•	•	•	•	•	•	•	•	•	•	•	•	•	•	•	•	•	•	•	•	•	•	•	•	•	•	.1875
1.4	7.5	8.5	10.0	12.0	•	•	•	•	•	•	•	•	•	•	•	•	•	•	•	•	•	•	•	•	•	•	•	•	•	•	•	•	•	•	•	.2019
1.5	8.5	9.0	10.5	12.0	•	•	•	•	•	•	•	•	•	•	•	•	•	•	•	•	•	•	•	•	•	•	•	•	•	•	•	•	•	•	•	.2163
k	90	126	162	198	234	270	306	342	378	414	450	486	522	558	594	630	666	702	738	774	810	846	882	918	954	990	1026	1062	1098	1134	1170	1206	1242	1278	1314	km

Δt Fahrenheit

k: Btu, in./sq ft, hr °F; km: W/mK

TEMPERATURE DIFFERENCE

TABLE 2 (Sheet 120 of 128)

TABLE 2 (Continued)

ECONOMICAL INSULATION THICKNESS TABLE

IN INCHES
(nominal)

PIPE SIZE: 36'' NPS (Tube Size 36-1/2'' OD)
914.4 mm

At the intersection of the ''Δt'' column with the ''k'' row read the economical thickness.
(•—*exceeds 12'' thickness*)

D = 0.0009

Δt Celsius °C or Kelvin °K

Conductivity k: Btu, in./sq ft, hr °F; km: W/mK

k	50	70	90	110	130	150	170	190	210	230	250	270	290	310	330	350	370	390	410	430	450	470	490	510	530	550	570	590	610	630	650	670	690	710	730	km
0.1	1.5	1.5	1.5	1.5	1.5	1.5	1.5	1.5	1.5	1.5	1.5	1.5	1.5	1.5	1.5	1.5	1.5	1.5	1.5	1.5	1.5	1.5	1.5	1.5	1.5	1.5	1.5	1.5	1.5	1.5	1.5	1.5	1.5	1.5	1.5	.0144
0.2	1.5	1.5	1.5	1.5	1.5	1.5	1.5	1.5	1.5	1.5	1.5	1.5	1.5	1.5	1.5	1.5	1.5	1.5	1.5	1.5	2.0	2.0	2.0	2.0	2.0	2.0	2.0	2.0	2.0	2.0	2.0	2.0	2.0	2.0	2.0	.0288
0.3	1.5	1.5	1.5	1.5	1.5	1.5	1.5	1.5	1.5	1.5	1.5	1.5	1.5	1.5	2.0	2.0	2.0	2.0	2.0	2.0	2.0	2.0	2.0	2.0	2.5	2.5	2.5	2.5	2.5	2.5	2.5	2.5	2.5	2.5	2.5	.0433
0.4	1.5	1.5	1.5	1.5	1.5	1.5	1.5	1.5	1.5	1.5	2.0	2.0	2.0	2.0	2.0	2.0	2.0	2.0	2.0	2.5	2.5	2.5	2.5	2.5	2.5	2.5	2.5	2.5	2.5	3.0	3.0	3.0	3.0	3.0	3.5	.0577
0.5	1.5	1.5	1.5	1.5	1.5	1.5	1.5	1.5	2.0	2.0	2.0	2.0	2.0	2.0	2.0	2.5	2.5	2.5	2.5	2.5	2.5	2.5	2.5	2.5	3.0	3.0	3.0	3.0	3.0	3.0	3.0	3.0	3.0	3.0	3.5	.0721
0.6	1.5	1.5	1.5	1.5	1.5	1.5	1.5	2.0	2.0	2.0	2.0	2.0	2.0	2.5	2.5	2.5	2.5	2.5	2.5	2.5	3.0	3.0	3.0	3.0	3.0	3.0	3.0	3.0	3.0	3.5	3.5	3.5	3.5	3.5	3.5	.0865
0.7	1.5	1.5	1.5	1.5	1.5	1.5	2.0	2.0	2.0	2.0	2.0	2.0	2.5	2.5	2.5	2.5	2.5	2.5	3.0	3.0	3.0	3.0	3.0	3.0	3.0	3.5	3.5	3.5	3.5	3.5	3.5	3.5	3.5	3.5	4.0	.1009
0.8	1.5	1.5	1.5	1.5	1.5	1.5	2.0	2.0	2.0	2.0	2.5	2.5	2.5	2.5	2.5	2.5	3.0	3.0	3.0	3.0	3.0	3.0	3.0	3.5	3.5	3.5	3.5	3.5	3.5	3.5	4.0	4.0	4.0	4.0	4.0	.1154
0.9	1.5	1.5	1.5	1.5	1.5	2.0	2.0	2.0	2.0	2.5	2.5	2.5	2.5	2.5	2.5	3.0	3.0	3.0	3.0	3.0	3.0	3.5	3.5	3.5	3.5	3.5	3.5	3.5	4.0	4.0	4.0	4.0	4.0	4.0	4.0	.1298
1.0	1.5	1.5	1.5	1.5	1.5	2.0	2.0	2.0	2.0	2.5	2.5	2.5	2.5	3.0	3.0	3.0	3.0	3.0	3.0	3.5	3.5	3.5	3.5	3.5	3.5	4.0	4.0	4.0	4.0	4.0	4.0	4.0	4.0	4.5	4.5	.1442
1.1	1.5	1.5	1.5	1.5	1.5	2.0	2.0	2.0	2.5	2.5	2.5	2.5	3.0	3.0	3.0	3.0	3.0	3.0	3.5	3.5	3.5	3.5	3.5	4.0	4.0	4.0	4.0	4.0	4.0	4.0	4.5	4.5	4.5	4.5	4.5	.1586
1.2	1.5	1.5	1.5	1.5	2.0	2.0	2.0	2.0	2.5	2.5	2.5	2.5	3.0	3.0	3.0	3.0	3.0	3.5	3.5	3.5	3.5	3.5	4.0	4.0	4.0	4.0	4.0	4.0	4.5	4.5	4.5	4.5	4.5	4.5	4.5	.1730
1.3	1.5	1.5	1.5	1.5	2.0	2.0	2.0	2.5	2.5	2.5	2.5	3.0	3.0	3.0	3.0	3.0	3.5	3.5	3.5	3.5	3.5	4.0	4.0	4.0	4.0	4.0	4.5	4.5	4.5	4.5	4.5	4.5	4.5	5.0	5.0	.1875
1.4	1.5	1.5	1.5	1.5	2.0	2.0	2.0	2.5	2.5	2.5	2.5	3.0	3.0	3.0	3.0	3.5	3.5	3.5	3.5	3.5	4.0	4.0	4.0	4.0	4.0	4.5	4.5	4.5	4.5	4.5	4.5	5.0	5.0	5.0	5.0	.2019
1.5	1.5	1.5	1.5	1.5	2.0	2.0	2.0	2.5	2.5	2.5	3.0	3.0	3.0	3.0	3.5	3.5	3.5	3.5	3.5	4.0	4.0	4.0	4.0	4.0	4.5	4.5	4.5	4.5	4.5	5.0	5.0	5.0	5.0	5.0	5.0	.2163
k	90	126	162	198	234	270	306	342	378	414	450	486	522	558	594	630	666	702	738	774	810	846	882	918	954	990	1026	1062	1098	1134	1170	1206	1242	1278	1314	km

Δt Fahrenheit

D = 0.0010

Δt Celsius °C or Kelvin °K

CONDUCTIVITY k: Btu, in./sq ft, hr °F; km: W/mK

k	50	70	90	110	130	150	170	190	210	230	250	270	290	310	330	350	370	390	410	430	450	470	490	510	530	550	570	590	610	630	650	670	690	710	730	km
0.1	1.5	1.5	1.5	1.5	1.5	1.5	1.5	1.5	1.5	1.5	1.5	1.5	1.5	1.5	1.5	1.5	1.5	1.5	1.5	1.5	1.5	1.5	1.5	1.5	1.5	1.5	1.5	1.5	1.5	1.5	1.5	1.5	1.5	1.5	1.5	.0144
0.2	1.5	1.5	1.5	1.5	1.5	1.5	1.5	1.5	1.5	1.5	1.5	1.5	1.5	1.5	1.5	1.5	1.5	1.5	2.0	2.0	2.0	2.0	2.0	2.0	2.0	2.0	2.0	2.0	2.0	2.0	2.0	2.0	2.5	2.5	2.5	.0288
0.3	1.5	1.5	1.5	1.5	1.5	1.5	1.5	1.5	1.5	1.5	1.5	1.5	2.0	2.0	2.0	2.0	2.0	2.0	2.0	2.0	2.0	2.0	2.5	2.5	2.5	2.5	2.5	2.5	2.5	2.5	2.5	2.5	2.5	2.5	3.0	.0433
0.4	1.5	1.5	1.5	1.5	1.5	1.5	1.5	1.5	1.5	2.0	2.0	2.0	2.0	2.0	2.0	2.0	2.0	2.5	2.5	2.5	2.5	2.5	2.5	2.5	2.5	2.5	3.0	3.0	3.0	3.0	3.0	3.0	3.0	3.0	3.0	.0577
0.5	1.5	1.5	1.5	1.5	1.5	1.5	1.5	2.0	2.0	2.0	2.0	2.0	2.0	2.0	2.5	2.5	2.5	2.5	2.5	2.5	2.5	3.0	3.0	3.0	3.0	3.0	3.0	3.0	3.0	3.0	3.0	3.5	3.5	3.5	3.5	.0721
0.6	1.5	1.5	1.5	1.5	1.5	1.5	2.0	2.0	2.0	2.0	2.0	2.0	2.5	2.5	2.5	2.5	2.5	2.5	3.0	3.0	3.0	3.0	3.0	3.0	3.0	3.0	3.5	3.5	3.5	3.5	3.5	3.5	3.5	3.5	3.5	.0865
0.7	1.5	1.5	1.5	1.5	1.5	1.5	2.0	2.0	2.0	2.0	2.5	2.5	2.5	2.5	2.5	2.5	3.0	3.0	3.0	3.0	3.0	3.0	3.0	3.5	3.5	3.5	3.5	3.5	3.5	3.5	4.0	4.0	4.0	4.0	4.0	.1009
0.8	1.5	1.5	1.5	1.5	1.5	2.0	2.0	2.0	2.0	2.5	2.5	2.5	2.5	2.5	3.0	3.0	3.0	3.0	3.0	3.0	3.5	3.5	3.5	3.5	3.5	3.5	3.5	4.0	4.0	4.0	4.0	4.0	4.0	4.0	4.0	.1154
0.9	1.5	1.5	1.5	1.5	1.5	2.0	2.0	2.0	2.5	2.5	2.5	2.5	2.5	3.0	3.0	3.0	3.0	3.0	3.5	3.5	3.5	3.5	3.5	3.5	3.5	4.0	4.0	4.0	4.0	4.0	4.0	4.0	4.5	4.5	4.5	.1298
1.0	1.5	1.5	1.5	1.5	2.0	2.0	2.0	2.0	2.5	2.5	2.5	2.5	3.0	3.0	3.0	3.0	3.0	3.5	3.5	3.5	3.5	3.5	3.5	4.0	4.0	4.0	4.0	4.0	4.0	4.5	4.5	4.5	4.5	4.5	4.5	.1442
1.1	1.5	1.5	1.5	1.5	2.0	2.0	2.0	2.5	2.5	2.5	2.5	3.0	3.0	3.0	3.0	3.0	3.5	3.5	3.5	3.5	3.5	4.0	4.0	4.0	4.0	4.0	4.0	4.5	4.5	4.5	4.5	4.5	4.5	4.5	5.0	.1586
1.2	1.5	1.5	1.5	1.5	2.0	2.0	2.0	2.5	2.5	2.5	3.0	3.0	3.0	3.0	3.0	3.5	3.5	3.5	3.5	3.5	4.0	4.0	4.0	4.0	4.0	4.5	4.5	4.5	4.5	4.5	4.5	5.0	5.0	5.0	5.0	.1730
1.3	1.5	1.5	1.5	1.5	2.0	2.0	2.5	2.5	2.5	2.5	3.0	3.0	3.0	3.0	3.5	3.5	3.5	3.5	4.0	4.0	4.0	4.0	4.0	4.0	4.5	4.5	4.5	4.5	4.5	5.0	5.0	5.0	5.0	5.0	5.0	.1875
1.4	1.5	1.5	1.5	2.0	2.0	2.0	2.5	2.5	2.5	3.0	3.0	3.0	3.0	3.5	3.5	3.5	3.5	4.0	4.0	4.0	4.0	4.0	4.5	4.5	4.5	4.5	4.5	4.5	5.0	5.0	5.0	5.0	5.0	5.0	5.5	.2019
1.5	1.5	1.5	1.5	2.0	2.0	2.0	2.5	2.5	2.5	3.0	3.0	3.0	3.0	3.5	3.5	3.5	3.5	4.0	4.0	4.0	4.0	4.5	4.5	4.5	4.5	4.5	5.0	5.0	5.0	5.0	5.0	5.0	5.5	5.5	5.5	.2163
k	90	126	162	198	234	270	306	342	378	414	450	486	522	558	594	630	666	702	738	774	810	846	882	918	954	990	1026	1062	1098	1134	1170	1206	1242	1278	1314	km

Δt Fahrenheit

D = 0.0012

Δt Celsius °C or Kelvin °K

Conductivity k: Btu, in./sq ft, hr °F; km: W/mK

k	50	70	90	110	130	150	170	190	210	230	250	270	290	310	330	350	370	390	410	430	450	470	490	510	530	550	570	590	610	630	650	670	690	710	730	km
0.1	1.5	1.5	1.5	1.5	1.5	1.5	1.5	1.5	1.5	1.5	1.5	1.5	1.5	1.5	1.5	1.5	1.5	1.5	1.5	1.5	1.5	1.5	1.5	1.5	1.5	1.5	1.5	1.5	1.5	2.0	2.0	2.0	2.0	2.0	2.0	.0144
0.2	1.5	1.5	1.5	1.5	1.5	1.5	1.5	1.5	1.5	1.5	1.5	1.5	1.5	1.5	2.0	2.0	2.0	2.0	2.0	2.0	2.0	2.0	2.0	2.0	2.0	2.0	2.5	2.5	2.5	2.5	2.5	2.5	2.5	2.5	2.5	.0288
0.3	1.5	1.5	1.5	1.5	1.5	1.5	1.5	1.5	1.5	1.5	2.0	2.0	2.0	2.0	2.0	2.0	2.0	2.0	2.5	2.5	2.5	2.5	2.5	2.5	2.5	2.5	2.5	2.5	3.0	3.0	3.0	3.0	3.0	3.0	3.0	.0433
0.4	1.5	1.5	1.5	1.5	1.5	1.5	1.5	2.0	2.0	2.0	2.0	2.0	2.0	2.0	2.5	2.5	2.5	2.5	2.5	2.5	2.5	3.0	3.0	3.0	3.0	3.0	3.0	3.0	3.0	3.0	3.0	3.5	3.5	3.5	3.5	.0577
0.5	1.5	1.5	1.5	1.5	1.5	1.5	2.0	2.0	2.0	2.0	2.0	2.5	2.5	2.5	2.5	2.5	2.5	3.0	3.0	3.0	3.0	3.0	3.0	3.0	3.0	3.5	3.5	3.5	3.5	3.5	3.5	3.5	3.5	3.5	4.0	.0721
0.6	1.5	1.5	1.5	1.5	1.5	2.0	2.0	2.0	2.0	2.5	2.5	2.5	2.5	2.5	2.5	3.0	3.0	3.0	3.0	3.0	3.0	3.5	3.5	3.5	3.5	3.5	3.5	3.5	3.5	4.0	4.0	4.0	4.0	4.0	4.0	.0865
0.7	1.5	1.5	1.5	1.5	2.0	2.0	2.0	2.0	2.5	2.5	2.5	2.5	2.5	3.0	3.0	3.0	3.0	3.0	3.0	3.5	3.5	3.5	3.5	3.5	3.5	4.0	4.0	4.0	4.0	4.0	4.0	4.0	4.0	4.5	4.5	.1009
0.8	1.5	1.5	1.5	1.5	2.0	2.0	2.0	2.5	2.5	2.5	2.5	3.0	3.0	3.0	3.0	3.0	3.0	3.5	3.5	3.5	3.5	3.5	4.0	4.0	4.0	4.0	4.0	4.0	4.0	4.5	4.5	4.5	4.5	4.5	4.5	.1154
0.9	1.5	1.5	1.5	2.0	2.0	2.0	2.0	2.5	2.5	2.5	3.0	3.0	3.0	3.0	3.0	3.5	3.5	3.5	3.5	3.5	4.0	4.0	4.0	4.0	4.0	4.0	4.5	4.5	4.5	4.5	4.5	4.5	4.5	5.0	5.0	.1298
1.0	1.5	1.5	1.5	2.0	2.0	2.0	2.5	2.5	2.5	2.5	3.0	3.0	3.0	3.0	3.5	3.5	3.5	3.5	4.0	4.0	4.0	4.0	4.0	4.0	4.5	4.5	4.5	4.5	4.5	4.5	5.0	5.0	5.0	5.0	5.0	.1442
1.1	1.5	1.5	1.5	2.0	2.0	2.0	2.5	2.5	2.5	3.0	3.0	3.0	3.0	3.5	3.5	3.5	3.5	4.0	4.0	4.0	4.0	4.0	4.5	4.5	4.5	4.5	4.5	4.5	5.0	5.0	5.0	5.0	5.0	5.0	5.5	.1586
1.2	1.5	1.5	1.5	2.0	2.0	2.5	2.5	2.5	3.0	3.0	3.0	3.0	3.5	3.5	3.5	3.5	4.0	4.0	4.0	4.0	4.0	4.5	4.5	4.5	4.5	4.5	5.0	5.0	5.0	5.0	5.0	5.5	5.5	5.5	5.5	.1730
1.3	1.5	1.5	1.5	2.0	2.0	2.5	2.5	2.5	3.0	3.0	3.0	3.5	3.5	3.5	3.5	4.0	4.0	4.0	4.0	4.5	4.5	4.5	4.5	4.5	5.0	5.0	5.0	5.0	5.0	5.5	5.5	5.5	5.5	5.5	5.5	.1875
1.4	1.5	1.5	2.0	2.0	2.0	2.5	2.5	3.0	3.0	3.0	3.0	3.5	3.5	3.5	4.0	4.0	4.0	4.0	4.5	4.5	4.5	4.5	4.5	5.0	5.0	5.0	5.0	5.0	5.5	5.5	5.5	5.5	5.5	6.0	6.0	.2019
1.5	1.5	1.5	2.0	2.0	2.0	2.5	2.5	3.0	3.0	3.0	3.5	3.5	3.5	3.5	4.0	4.0	4.0	4.5	4.5	4.5	4.5	4.5	5.0	5.0	5.0	5.0	5.5	5.5	5.5	5.5	5.5	6.0	6.0	6.0	6.0	.2163
k	90	126	162	198	234	270	306	342	378	414	450	486	522	558	594	630	666	702	738	774	810	846	882	918	954	990	1026	1062	1098	1134	1170	1206	1242	1278	1314	km

Δt Fahrenheit

TABLE 2 (Sheet 121 of 128)

TEMPERATURE DIFFERENCE

TABLE 2 (Continued)

ECONOMICAL INSULATION THICKNESS TABLE

IN INCHES
(nominal)

PIPE SIZE: 36'' NPS (Tube Size 36-1/2'' OD)
914.4 mm

At the intersection of the ''Δt'' column with the ''k'' row read the economical thickness.
(•—*exceeds 12'' thickness*)

D = 0.0014

Δt Celsius °C or Kelvin °K

CONDUCTIVITY Btu, in./sq ft, hr °F — W/mK

k	50	70	90	110	130	150	170	190	210	230	250	270	290	310	330	350	370	390	410	430	450	470	490	510	530	550	570	590	610	630	650	670	690	710	730	km
0.1	1.5	1.5	1.5	1.5	1.5	1.5	1.5	1.5	1.5	1.5	1.5	1.5	1.5	1.5	1.5	1.5	1.5	1.5	1.5	1.5	1.5	1.5	1.5	1.5	2.0	2.0	2.0	2.0	2.0	2.0	2.0	2.0	2.0	2.0	2.0	.0144
0.2	1.5	1.5	1.5	1.5	1.5	1.5	1.5	1.5	1.5	1.5	1.5	1.5	2.0	2.0	2.0	2.0	2.0	2.0	2.0	2.0	2.0	2.0	2.5	2.5	2.5	2.5	2.5	2.5	2.5	2.5	2.5	2.5	2.5	2.5	2.5	.0288
0.3	1.5	1.5	1.5	1.5	1.5	1.5	1.5	1.5	2.0	2.0	2.0	2.0	2.0	2.0	2.0	2.5	2.5	2.5	2.5	2.5	2.5	2.5	2.5	3.0	3.0	3.0	3.0	3.0	3.0	3.0	3.0	3.0	3.0	3.0	3.5	.0433
0.4	1.5	1.5	1.5	1.5	1.5	1.5	2.0	2.0	2.0	2.0	2.0	2.5	2.5	2.5	2.5	2.5	2.5	2.5	3.0	3.0	3.0	3.0	3.0	3.0	3.0	3.0	3.5	3.5	3.5	3.5	3.5	3.5	3.5	3.5	3.5	.0577
0.5	1.5	1.5	1.5	1.5	1.5	2.0	2.0	2.0	2.0	2.5	2.5	2.5	2.5	2.5	2.5	3.0	3.0	3.0	3.0	3.0	3.0	3.5	3.5	3.5	3.5	3.5	3.5	3.5	3.5	4.0	4.0	4.0	4.0	4.0	4.0	.0721
0.6	1.5	1.5	1.5	1.5	2.0	2.0	2.0	2.0	2.5	2.5	2.5	2.5	3.0	3.0	3.0	3.0	3.0	3.0	3.5	3.5	3.5	3.5	3.5	3.5	4.0	4.0	4.0	4.0	4.0	4.0	4.0	4.0	4.5	4.5	4.5	.0865
0.7	1.5	1.5	1.5	2.0	2.0	2.0	2.0	2.5	2.5	2.5	2.5	3.0	3.0	3.0	3.0	3.0	3.5	3.5	3.5	3.5	3.5	4.0	4.0	4.0	4.0	4.0	4.0	4.0	4.5	4.5	4.5	4.5	4.5	4.5	4.5	.1009
0.8	1.5	1.5	1.5	2.0	2.0	2.0	2.5	2.5	2.5	2.5	3.0	3.0	3.0	3.0	3.0	3.5	3.5	3.5	3.5	4.0	4.0	4.0	4.0	4.0	4.0	4.5	4.5	4.5	4.5	4.5	4.5	5.0	5.0	5.0	5.0	.1154
0.9	1.5	1.5	1.5	2.0	2.0	2.5	2.5	2.5	2.5	3.0	3.0	3.0	3.0	3.5	3.5	3.5	3.5	4.0	4.0	4.0	4.0	4.0	4.5	4.5	4.5	4.5	4.5	4.5	5.0	5.0	5.0	5.0	5.0	5.0	5.5	.1298
1.0	1.5	1.5	2.0	2.0	2.0	2.5	2.5	2.5	3.0	3.0	3.0	3.0	3.5	3.5	3.5	3.5	4.0	4.0	4.0	4.0	4.5	4.5	4.5	4.5	4.5	5.0	5.0	5.0	5.0	5.0	5.0	5.5	5.5	5.5	5.5	.1442
1.1	1.5	1.5	2.0	2.0	2.0	2.5	2.5	3.0	3.0	3.0	3.0	3.5	3.5	3.5	4.0	4.0	4.0	4.0	4.0	4.5	4.5	4.5	4.5	4.5	5.0	5.0	5.0	5.0	5.0	5.5	5.5	5.5	5.5	5.5	6.0	.1586
1.2	1.5	1.5	2.0	2.0	2.5	2.5	2.5	3.0	3.0	3.0	3.5	3.5	3.5	4.0	4.0	4.0	4.0	4.5	4.5	4.5	4.5	4.5	5.0	5.0	5.0	5.0	5.0	5.5	5.5	5.5	5.5	5.5	6.0	6.0	6.0	.1730
1.3	1.5	1.5	2.0	2.0	2.5	2.5	3.0	3.0	3.0	3.5	3.5	3.5	3.5	4.0	4.0	4.0	4.5	4.5	4.5	4.5	5.0	5.0	5.0	5.0	5.0	5.5	5.5	5.5	5.5	5.5	6.0	6.0	6.0	6.0	6.0	.1875
1.4	1.5	1.5	2.0	2.0	2.5	2.5	3.0	3.0	3.0	3.5	3.5	3.5	4.0	4.0	4.0	4.5	4.5	4.5	4.5	5.0	5.0	5.0	5.0	5.5	5.5	5.5	5.5	5.5	6.0	6.0	6.0	6.0	6.0	6.5	6.5	.2019
1.5	1.5	1.5	2.0	2.0	2.5	2.5	3.0	3.0	3.5	3.5	3.5	4.0	4.0	4.0	4.0	4.5	4.5	4.5	5.0	5.0	5.0	5.0	5.5	5.5	5.5	5.5	5.5	6.0	6.0	6.0	6.0	6.5	6.5	6.5	6.5	.2163
k	90	126	162	198	234	270	306	342	378	414	450	486	522	558	594	630	666	702	738	774	810	846	882	918	954	990	1026	1062	1098	1134	1170	1206	1242	1278	1314	km

Δt Fahrenheit

D = 0.0015

Δt Celsius °C or Kelvin °K

CONDUCTIVITY Btu, in./sq ft, hr °F — W/mK

k	50	70	90	110	130	150	170	190	210	230	250	270	290	310	330	350	370	390	410	430	450	470	490	510	530	550	570	590	610	630	650	670	690	710	730	km
0.1	1.5	1.5	1.5	1.5	1.5	1.5	1.5	1.5	1.5	1.5	1.5	1.5	1.5	1.5	1.5	1.5	1.5	1.5	1.5	1.5	1.5	1.5	1.5	2.0	2.0	2.0	2.0	2.0	2.0	2.0	2.0	2.0	2.0	2.0	2.0	.0144
0.2	1.5	1.5	1.5	1.5	1.5	1.5	1.5	1.5	1.5	1.5	1.5	2.0	2.0	2.0	2.0	2.0	2.0	2.0	2.0	2.0	2.0	2.5	2.5	2.5	2.5	2.5	2.5	2.5	2.5	2.5	2.5	2.5	2.5	3.0	3.0	.0288
0.3	1.5	1.5	1.5	1.5	1.5	1.5	1.5	2.0	2.0	2.0	2.0	2.0	2.0	2.0	2.5	2.5	2.5	2.5	2.5	2.5	2.5	2.5	3.0	3.0	3.0	3.0	3.0	3.0	3.0	3.0	3.0	3.0	3.5	3.5	3.5	.0433
0.4	1.5	1.5	1.5	1.5	1.5	2.0	2.0	2.0	2.0	2.0	2.5	2.5	2.5	2.5	2.5	2.5	2.5	3.0	3.0	3.0	3.0	3.0	3.0	3.0	3.5	3.5	3.5	3.5	3.5	3.5	3.5	3.5	3.5	4.0	4.0	.0577
0.5	1.5	1.5	1.5	1.5	2.0	2.0	2.0	2.0	2.5	2.5	2.5	2.5	2.5	3.0	3.0	3.0	3.0	3.0	3.0	3.0	3.5	3.5	3.5	3.5	3.5	3.5	3.5	4.0	4.0	4.0	4.0	4.0	4.0	4.0	4.0	.0721
0.6	1.5	1.5	1.5	1.5	2.0	2.0	2.0	2.5	2.5	2.5	2.5	3.0	3.0	3.0	3.0	3.0	3.0	3.5	3.5	3.5	3.5	3.5	3.5	4.0	4.0	4.0	4.0	4.0	4.0	4.0	4.5	4.5	4.5	4.5	4.5	.0865
0.7	1.5	1.5	1.5	2.0	2.0	2.0	2.5	2.5	2.5	2.5	3.0	3.0	3.0	3.0	3.0	3.5	3.5	3.5	3.5	3.5	4.0	4.0	4.0	4.0	4.0	4.0	4.5	4.5	4.5	4.5	4.5	4.5	4.5	5.0	5.0	.1009
0.8	1.5	1.5	1.5	2.0	2.0	2.5	2.5	2.5	2.5	3.0	3.0	3.0	3.0	3.5	3.5	3.5	3.5	4.0	4.0	4.0	4.0	4.0	4.0	4.5	4.5	4.5	4.5	4.5	4.5	5.0	5.0	5.0	5.0	5.0	5.0	.1154
0.9	1.5	1.5	2.0	2.0	2.0	2.5	2.5	2.5	3.0	3.0	3.0	3.0	3.5	3.5	3.5	3.5	4.0	4.0	4.0	4.0	4.0	4.5	4.5	4.5	4.5	4.5	5.0	5.0	5.0	5.0	5.0	5.0	5.5	5.5	5.5	.1298
1.0	1.5	1.5	2.0	2.0	2.5	2.5	2.5	3.0	3.0	3.0	3.0	3.5	3.5	3.5	4.0	4.0	4.0	4.0	4.0	4.5	4.5	4.5	4.5	4.5	5.0	5.0	5.0	5.0	5.0	5.5	5.5	5.5	5.5	5.5	5.5	.1442
1.1	1.5	1.5	2.0	2.0	2.5	2.5	2.5	3.0	3.0	3.0	3.5	3.5	3.5	4.0	4.0	4.0	4.0	4.5	4.5	4.5	4.5	4.5	5.0	5.0	5.0	5.0	5.0	5.5	5.5	5.5	5.5	5.5	6.0	6.0	6.0	.1586
1.2	1.5	1.5	2.0	2.0	2.5	2.5	3.0	3.0	3.0	3.5	3.5	3.5	4.0	4.0	4.0	4.0	4.5	4.5	4.5	4.5	5.0	5.0	5.0	5.0	5.0	5.5	5.5	5.5	5.5	5.5	6.0	6.0	6.0	6.0	6.0	.1730
1.3	1.5	1.5	2.0	2.0	2.5	2.5	3.0	3.0	3.0	3.5	3.5	3.5	4.0	4.0	4.0	4.5	4.5	4.5	4.5	5.0	5.0	5.0	5.0	5.5	5.5	5.5	5.5	5.5	6.0	6.0	6.0	6.0	6.0	6.5	6.5	.1875
1.4	1.5	1.5	2.0	2.5	2.5	2.5	3.0	3.0	3.5	3.5	3.5	4.0	4.0	4.0	4.5	4.5	4.5	4.5	5.0	5.0	5.0	5.0	5.5	5.5	5.5	5.5	6.0	6.0	6.0	6.0	6.0	6.5	6.5	6.5	6.5	.2019
1.5	1.5	1.5	2.0	2.5	2.5	3.0	3.0	3.0	3.5	3.5	4.0	4.0	4.0	4.5	4.5	4.5	4.5	5.0	5.0	5.0	5.0	5.5	5.5	5.5	5.5	6.0	6.0	6.0	6.0	6.5	6.5	6.5	6.5	6.5	7.0	.2163
k	90	126	162	198	234	270	306	342	378	414	450	486	522	558	594	630	666	702	738	774	810	846	882	918	954	990	1026	1062	1098	1134	1170	1206	1242	1278	1314	km

Δt Fahrenheit

D = 0.0017

Δt Celsius °C or Kelvin °K

CONDUCTIVITY Btu, in./sq ft, hr °F — W/mK

k	50	70	90	110	130	150	170	190	210	230	250	270	290	310	330	350	370	390	410	430	450	470	490	510	530	550	570	590	610	630	650	670	690	710	730	km
0.1	1.5	1.5	1.5	1.5	1.5	1.5	1.5	1.5	1.5	1.5	1.5	1.5	1.5	1.5	1.5	1.5	1.5	1.5	1.5	1.5	2.0	2.0	2.0	2.0	2.0	2.0	2.0	2.0	2.0	2.0	2.0	2.0	2.0	2.0	2.0	.0144
0.2	1.5	1.5	1.5	1.5	1.5	1.5	1.5	1.5	1.5	1.5	2.0	2.0	2.0	2.0	2.0	2.0	2.0	2.0	2.5	2.5	2.5	2.5	2.5	2.5	2.5	2.5	2.5	2.5	3.0	3.0	3.0	3.0	3.0	3.0	3.0	.0288
0.3	1.5	1.5	1.5	1.5	1.5	1.5	2.0	2.0	2.0	2.0	2.0	2.0	2.5	2.5	2.5	2.5	2.5	2.5	2.5	3.0	3.0	3.0	3.0	3.0	3.0	3.0	3.0	3.0	3.5	3.5	3.5	3.5	3.5	3.5	3.5	.0433
0.4	1.5	1.5	1.5	1.5	1.5	2.0	2.0	2.0	2.0	2.5	2.5	2.5	2.5	2.5	3.0	3.0	3.0	3.0	3.0	3.0	3.0	3.5	3.5	3.5	3.5	3.5	3.5	3.5	3.5	4.0	4.0	4.0	4.0	4.0	4.0	.0577
0.5	1.5	1.5	1.5	1.5	2.0	2.0	2.0	2.5	2.5	2.5	2.5	2.5	3.0	3.0	3.0	3.0	3.0	3.5	3.5	3.5	3.5	3.5	3.5	4.0	4.0	4.0	4.0	4.0	4.0	4.0	4.0	4.5	4.5	4.5	4.5	.0721
0.6	1.5	1.5	1.5	2.0	2.0	2.0	2.5	2.5	2.5	2.5	3.0	3.0	3.0	3.0	3.5	3.5	3.5	3.5	3.5	3.5	4.0	4.0	4.0	4.0	4.0	4.0	4.5	4.5	4.5	4.5	4.5	4.5	4.5	5.0	5.0	.0865
0.7	1.5	1.5	2.0	2.0	2.0	2.5	2.5	2.5	3.0	3.0	3.0	3.0	3.0	3.5	3.5	3.5	3.5	4.0	4.0	4.0	4.0	4.0	4.5	4.5	4.5	4.5	4.5	4.5	5.0	5.0	5.0	5.0	5.0	5.0	5.0	.1009
0.8	1.5	1.5	2.0	2.0	2.0	2.5	2.5	2.5	3.0	3.0	3.0	3.5	3.5	3.5	3.5	4.0	4.0	4.0	4.0	4.0	4.5	4.5	4.5	4.5	4.5	5.0	5.0	5.0	5.0	5.0	5.0	5.5	5.5	5.5	5.5	.1154
0.9	1.5	1.5	2.0	2.0	2.5	2.5	2.5	3.0	3.0	3.0	3.5	3.5	3.5	3.5	4.0	4.0	4.0	4.0	4.5	4.5	4.5	4.5	4.5	5.0	5.0	5.0	5.0	5.0	5.5	5.5	5.5	5.5	6.0	6.0	6.0	.1298
1.0	1.5	1.5	2.0	2.0	2.5	2.5	3.0	3.0	3.0	3.5	3.5	3.5	4.0	4.0	4.0	4.0	4.5	4.5	4.5	4.5	4.5	5.0	5.0	5.0	5.0	5.5	5.5	5.5	5.5	5.5	6.0	6.0	6.0	6.0	6.0	.1442
1.1	1.5	2.0	2.0	2.5	2.5	2.5	3.0	3.0	3.5	3.5	3.5	4.0	4.0	4.0	4.0	4.5	4.5	4.5	4.5	5.0	5.0	5.0	5.0	5.5	5.5	5.5	5.5	5.5	6.0	6.0	6.0	6.0	6.0	6.5	6.5	.1586
1.2	1.5	2.0	2.0	2.5	2.5	3.0	3.0	3.0	3.5	3.5	3.5	4.0	4.0	4.0	4.5	4.5	4.5	4.5	5.0	5.0	5.0	5.0	5.5	5.5	5.5	5.5	6.0	6.0	6.0	6.0	6.0	6.5	6.5	6.5	6.5	.1730
1.3	1.5	2.0	2.0	2.5	2.5	3.0	3.0	3.5	3.5	3.5	4.0	4.0	4.0	4.5	4.5	4.5	5.0	5.0	5.0	5.0	5.5	5.5	5.5	5.5	6.0	6.0	6.0	6.0	6.0	6.5	6.5	6.5	6.5	7.0	7.0	.1875
1.4	1.5	2.0	2.0	2.5	2.5	3.0	3.0	3.5	3.5	4.0	4.0	4.0	4.5	4.5	4.5	5.0	5.0	5.0	5.0	5.5	5.5	5.5	5.5	6.0	6.0	6.0	6.0	6.5	6.5	6.5	6.5	7.0	7.0	7.0	7.0	.2019
1.5	1.5	2.0	2.0	2.5	3.0	3.0	3.0	3.5	3.5	4.0	4.0	4.0	4.5	4.5	4.5	5.0	5.0	5.0	5.5	5.5	5.5	6.0	6.0	6.0	6.0	6.5	6.5	6.5	6.5	7.0	7.0	7.0	7.0	7.5	7.5	.2163
k	90	126	162	198	234	270	306	342	378	414	450	486	522	558	594	630	666	702	738	774	810	846	882	918	954	990	1026	1062	1098	1134	1170	1206	1242	1278	1314	km

Δt Fahrenheit

TEMPERATURE DIFFERENCE

TABLE 2 (Sheet 122 of 128)

TABLE 2 (Continued)

ECONOMICAL INSULATION THICKNESS TABLE

IN INCHES
(nominal)

PIPE SIZE: 36" NPS (Tube Size 36-1/2" OD)
914.4 mm

At the intersection of the "Δt" column with the "k" row read the economical thickness.
(•—*exceeds 12" thickness*)

CONDUCTIVITY k: Btu, in./sq ft, hr °F; km: W/mK

D = 0.0020

Δt Celsius °C or Kelvin °K

k	50	70	90	110	130	150	170	190	210	230	250	270	290	310	330	350	370	390	410	430
0.1	1.5	1.5	1.5	1.5	1.5	1.5	1.5	1.5	1.5	1.5	1.5	1.5	1.5	1.5	1.5	1.5	2.0	2.0	2.0	2.0
0.2	1.5	1.5	1.5	1.5	1.5	1.5	1.5	1.5	2.0	2.0	2.0	2.0	2.0	2.0	2.0	2.5	2.5	2.5	2.5	2.5
0.3	1.5	1.5	1.5	1.5	1.5	2.0	2.0	2.0	2.0	2.0	2.5	2.5	2.5	2.5	2.5	2.5	3.0	3.0	3.0	3.0
0.4	1.5	1.5	1.5	1.5	2.0	2.0	2.0	2.5	2.5	2.5	2.5	2.5	3.0	3.0	3.0	3.0	3.0	3.0	3.5	3.5
0.5	1.5	1.5	1.5	2.0	2.0	2.0	2.5	2.5	2.5	2.5	3.0	3.0	3.0	3.0	3.5	3.5	3.5	3.5	3.5	3.5
0.6	1.5	1.5	2.0	2.0	2.0	2.5	2.5	2.5	3.0	3.0	3.0	3.0	3.5	3.5	3.5	3.5	4.0	4.0	4.0	4.0
0.7	1.5	1.5	2.0	2.0	2.5	2.5	2.5	3.0	3.0	3.0	3.5	3.5	3.5	3.5	4.0	4.0	4.0	4.0	4.0	4.5
0.8	1.5	2.0	2.0	2.0	2.5	2.5	3.0	3.0	3.0	3.5	3.5	3.5	3.5	4.0	4.0	4.0	4.0	4.5	4.5	4.5
0.9	1.5	2.0	2.0	2.5	2.5	3.0	3.0	3.0	3.5	3.5	3.5	4.0	4.0	4.0	4.0	4.5	4.5	4.5	4.5	5.0
1.0	1.5	2.0	2.0	2.5	2.5	3.0	3.0	3.5	3.5	3.5	4.0	4.0	4.0	4.0	4.5	4.5	4.5	5.0	5.0	5.0
1.1	1.5	2.0	2.0	2.5	2.5	3.0	3.0	3.5	3.5	4.0	4.0	4.0	4.5	4.5	4.5	4.5	5.0	5.0	5.0	5.5
1.2	1.5	2.0	2.5	2.5	3.0	3.0	3.5	3.5	3.5	4.0	4.0	4.0	4.5	4.5	4.5	5.0	5.0	5.0	5.5	5.5
1.3	1.5	2.0	2.5	2.5	3.0	3.0	3.5	3.5	4.0	4.0	4.0	4.5	4.5	4.5	5.0	5.0	5.0	5.5	5.5	5.5
1.4	1.5	2.0	2.5	2.5	3.0	3.0	3.5	3.5	4.0	4.0	4.5	4.5	4.5	5.0	5.0	5.0	5.5	5.5	5.5	6.0
1.5	1.5	2.0	2.5	3.0	3.0	3.5	3.5	4.0	4.0	4.0	4.5	4.5	5.0	5.0	5.0	5.5	5.5	5.5	6.0	6.0
k	90	126	162	198	234	270	306	342	378	414	450	486	522	558	594	630	666	702	738	774

k	450	470	490	510	530	550	570	590	610	630	650	670	690	710	730	km
0.1	2.0	2.0	2.0	2.0	2.0	2.0	2.0	2.0	2.0	2.0	2.5	2.5	2.5	2.5	2.5	.0144
0.2	2.5	2.5	2.5	2.5	3.0	3.0	3.0	3.0	3.0	3.0	3.0	3.0	3.0	3.0	3.0	.0288
0.3	3.0	3.0	3.0	3.5	3.5	3.5	3.5	3.5	3.5	3.5	3.5	3.5	4.0	4.0	4.0	.0433
0.4	3.5	3.5	3.5	3.5	4.0	4.0	4.0	4.0	4.0	4.0	4.0	4.0	4.5	4.5	4.5	.0577
0.5	4.0	4.0	4.0	4.0	4.0	4.0	4.5	4.5	4.5	4.5	4.5	4.5	4.5	5.0	5.0	.0721
0.6	4.0	4.0	4.5	4.5	4.5	4.5	4.5	4.5	5.0	5.0	5.0	5.0	5.0	5.0	5.5	.0865
0.7	4.5	4.5	4.5	4.5	5.0	5.0	5.0	5.0	5.0	5.5	5.5	5.5	5.5	5.5	5.5	.1009
0.8	4.5	5.0	5.0	5.0	5.0	5.0	5.5	5.5	5.5	5.5	5.5	6.0	6.0	6.0	6.0	.1154
0.9	5.0	5.0	5.0	5.5	5.5	5.5	5.5	5.5	6.0	6.0	6.0	6.0	6.0	6.5	6.5	.1298
1.0	5.0	5.5	5.5	5.5	5.5	6.0	6.0	6.0	6.0	6.0	6.5	6.5	6.5	6.5	6.5	.1442
1.1	5.5	5.5	5.5	6.0	6.0	6.0	6.0	6.0	6.5	6.5	6.5	6.5	7.0	7.0	7.0	.1586
1.2	5.5	5.5	6.0	6.0	6.0	6.0	6.5	6.5	6.5	6.5	7.0	7.0	7.0	7.0	7.5	.1730
1.3	6.0	6.0	6.0	6.0	6.5	6.5	6.5	6.5	7.0	7.0	7.0	7.0	7.5	7.5	7.5	.1875
1.4	6.0	6.0	6.0	6.5	6.5	6.5	7.0	7.0	7.0	7.0	7.5	7.5	7.5	7.5	7.5	.2019
1.5	6.0	6.5	6.5	6.5	6.5	7.0	7.0	7.0	7.5	7.5	7.5	7.5	7.5	8.0	8.0	.2163
k	810	846	882	918	954	990	1026	1062	1098	1134	1170	1206	1242	1278	1314	km

Δt Fahrenheit

D = 0.0022

Δt Celsius °C or Kelvin °K

k	50	70	90	110	130	150	170	190	210	230	250	270	290	310	330	350	370	390	410	430
0.1	1.5	1.5	1.5	1.5	1.5	1.5	1.5	1.5	1.5	1.5	1.5	1.5	1.5	1.5	1.5	2.0	2.0	2.0	2.0	2.0
0.2	1.5	1.5	1.5	1.5	1.5	1.5	1.5	2.0	2.0	2.0	2.0	2.0	2.0	2.5	2.5	2.5	2.5	2.5	2.5	2.5
0.3	1.5	1.5	1.5	1.5	2.0	2.0	2.0	2.0	2.0	2.5	2.5	2.5	2.5	2.5	3.0	3.0	3.0	3.0	3.0	3.0
0.4	1.5	1.5	1.5	2.0	2.0	2.0	2.5	2.5	2.5	2.5	2.5	3.0	3.0	3.0	3.0	3.0	3.5	3.5	3.5	3.5
0.5	1.5	1.5	2.0	2.0	2.0	2.5	2.5	2.5	2.5	3.0	3.0	3.0	3.0	3.5	3.5	3.5	3.5	3.5	4.0	4.0
0.6	1.5	1.5	2.0	2.0	2.5	2.5	2.5	3.0	3.0	3.0	3.0	3.5	3.5	3.5	3.5	4.0	4.0	4.0	4.0	4.0
0.7	1.5	2.0	2.0	2.0	2.5	2.5	3.0	3.0	3.0	3.5	3.5	3.5	3.5	4.0	4.0	4.0	4.0	4.5	4.5	4.5
0.8	1.5	2.0	2.0	2.5	2.5	3.0	3.0	3.0	3.5	3.5	3.5	4.0	4.0	4.0	4.0	4.5	4.5	4.5	4.5	5.0
0.9	1.5	2.0	2.0	2.5	2.5	3.0	3.0	3.5	3.5	3.5	4.0	4.0	4.0	4.5	4.5	4.5	4.5	5.0	5.0	5.0
1.0	1.5	2.0	2.5	2.5	3.0	3.0	3.0	3.5	3.5	4.0	4.0	4.0	4.5	4.5	4.5	5.0	5.0	5.0	5.0	5.5
1.1	1.5	2.0	2.5	2.5	3.0	3.0	3.5	3.5	4.0	4.0	4.0	4.5	4.5	4.5	5.0	5.0	5.0	5.5	5.5	5.5
1.2	1.5	2.0	2.5	2.5	3.0	3.0	3.5	3.5	4.0	4.0	4.5	4.5	4.5	5.0	5.0	5.0	5.5	5.5	5.5	5.5
1.3	1.5	2.0	2.5	3.0	3.0	3.5	3.5	4.0	4.0	4.0	4.5	4.5	5.0	5.0	5.0	5.5	5.5	5.5	6.0	6.0
1.4	2.0	2.0	2.5	3.0	3.0	3.5	3.5	4.0	4.0	4.5	4.5	5.0	5.0	5.0	5.5	5.5	5.5	6.0	6.0	6.0
1.5	2.0	2.0	2.5	3.0	3.0	3.5	4.0	4.0	4.0	4.5	4.5	5.0	5.0	5.5	5.5	5.5	6.0	6.0	6.0	6.5
k	90	126	162	198	234	270	306	342	378	414	450	486	522	558	594	630	666	702	738	774

k	450	470	490	510	530	550	570	590	610	630	650	670	690	710	730	km
0.1	2.0	2.0	2.0	2.0	2.0	2.0	2.0	2.5	2.5	2.5	2.5	2.5	2.5	2.5	2.5	.0144
0.2	2.5	2.5	3.0	3.0	3.0	3.0	3.0	3.0	3.0	3.0	3.0	3.0	3.5	3.5	3.5	.0288
0.3	3.0	3.5	3.5	3.5	3.5	3.5	3.5	3.5	3.5	4.0	4.0	4.0	4.0	4.0	4.0	.0433
0.4	3.5	3.5	4.0	4.0	4.0	4.0	4.0	4.0	4.0	4.5	4.5	4.5	4.5	4.5	4.5	.0577
0.5	4.0	4.0	4.0	4.5	4.5	4.5	4.5	4.5	4.5	5.0	5.0	5.0	5.0	5.0	5.0	.0721
0.6	4.5	4.5	4.5	4.5	4.5	5.0	5.0	5.0	5.0	5.0	5.0	5.5	5.5	5.5	5.5	.0865
0.7	4.5	4.5	5.0	5.0	5.0	5.0	5.5	5.5	5.5	5.5	5.5	5.5	6.0	6.0	6.0	.1009
0.8	5.0	5.0	5.0	5.5	5.5	5.5	5.5	5.5	6.0	6.0	6.0	6.0	6.0	6.5	6.5	.1154
0.9	5.0	5.5	5.5	5.5	5.5	6.0	6.0	6.0	6.0	6.0	6.5	6.5	6.5	6.5	6.5	.1298
1.0	5.5	5.5	5.5	6.0	6.0	6.0	6.0	6.5	6.5	6.5	6.5	6.5	7.0	7.0	7.0	.1442
1.1	5.5	6.0	6.0	6.0	6.0	6.5	6.5	6.5	6.5	7.0	7.0	7.0	7.0	7.5	7.5	.1586
1.2	6.0	6.0	6.0	6.5	6.5	6.5	6.5	7.0	7.0	7.0	7.0	7.5	7.5	7.5	7.5	.1730
1.3	6.0	6.0	6.5	6.5	6.5	7.0	7.0	7.0	7.0	7.5	7.5	7.5	7.5	7.5	8.0	.1875
1.4	6.5	6.5	6.5	6.5	7.0	7.0	7.0	7.5	7.5	7.5	7.5	7.5	8.0	8.0	8.0	.2019
1.5	6.5	6.5	7.0	7.0	7.0	7.5	7.5	7.5	7.5	7.5	8.0	8.0	8.0	8.5	8.5	.2163
k	810	846	882	918	954	990	1026	1062	1098	1134	1170	1206	1242	1278	1314	km

Δt Fahrenheit

D = 0.0025

Δt Celsius °C or Kelvin °K

k	50	70	90	110	130	150	170	190	210	230	250	270	290	310	330	350	370	390	410	430
0.1	1.5	1.5	1.5	1.5	1.5	1.5	1.5	1.5	1.5	1.5	1.5	1.5	1.5	2.0	2.0	2.0	2.0	2.0	2.0	2.0
0.2	1.5	1.5	1.5	1.5	1.5	1.5	2.0	2.0	2.0	2.0	2.0	2.0	2.5	2.5	2.5	2.5	2.5	2.5	2.5	3.0
0.3	1.5	1.5	1.5	1.5	2.0	2.0	2.0	2.0	2.5	2.5	2.5	2.5	3.0	3.0	3.0	3.0	3.0	3.0	3.5	3.5
0.4	1.5	1.5	2.0	2.0	2.0	2.5	2.5	2.5	2.5	3.0	3.0	3.0	3.0	3.0	3.5	3.5	3.5	3.5	3.5	4.0
0.5	1.5	1.5	2.0	2.0	2.5	2.5	2.5	3.0	3.0	3.0	3.0	3.5	3.5	3.5	3.5	4.0	4.0	4.0	4.0	4.0
0.6	1.5	2.0	2.0	2.5	2.5	2.5	3.0	3.0	3.0	3.5	3.5	3.5	3.5	4.0	4.0	4.0	4.0	4.5	4.5	4.5
0.7	1.5	2.0	2.0	2.5	2.5	3.0	3.0	3.0	3.5	3.5	3.5	4.0	4.0	4.0	4.0	4.5	4.5	4.5	4.5	5.0
0.8	1.5	2.0	2.5	2.5	3.0	3.0	3.0	3.5	3.5	3.5	4.0	4.0	4.0	4.5	4.5	4.5	5.0	5.0	5.0	5.0
0.9	1.5	2.0	2.5	2.5	3.0	3.0	3.5	3.5	3.5	4.0	4.0	4.0	4.5	4.5	4.5	5.0	5.0	5.0	5.5	5.5
1.0	2.0	2.0	2.5	2.5	3.0	3.0	3.5	3.5	4.0	4.0	4.5	4.5	4.5	5.0	5.0	5.0	5.5	5.5	5.5	5.5
1.1	2.0	2.0	2.5	3.0	3.0	3.5	3.5	4.0	4.0	4.0	4.5	4.5	5.0	5.0	5.0	5.5	5.5	5.5	6.0	6.0
1.2	2.0	2.0	2.5	3.0	3.0	3.5	3.5	4.0	4.0	4.5	4.5	5.0	5.0	5.0	5.5	5.5	5.5	6.0	6.0	6.0
1.3	2.0	2.5	2.5	3.0	3.5	3.5	4.0	4.0	4.5	4.5	4.5	5.0	5.0	5.5	5.5	5.5	6.0	6.0	6.0	6.5
1.4	2.0	2.5	2.5	3.0	3.5	3.5	4.0	4.0	4.5	4.5	5.0	5.0	5.5	5.5	5.5	6.0	6.0	6.0	6.5	6.5
1.5	2.0	2.5	3.0	3.0	3.5	4.0	4.0	4.5	4.5	5.0	5.0	5.0	5.5	5.5	6.0	6.0	6.0	6.5	6.5	7.0
k	90	126	162	198	234	270	306	342	378	414	450	486	522	558	594	630	666	702	738	774

k	450	470	490	510	530	550	570	590	610	630	650	670	690	710	730	km
0.1	2.0	2.0	2.0	2.0	2.5	2.5	2.5	2.5	2.5	2.5	2.5	2.5	2.5	2.5	2.5	.0144
0.2	3.0	3.0	3.0	3.0	3.0	3.0	3.0	3.0	3.5	3.5	3.5	3.5	3.5	3.5	3.5	.0288
0.3	3.5	3.5	3.5	3.5	3.5	4.0	4.0	4.0	4.0	4.0	4.0	4.0	4.0	4.5	4.5	.0433
0.4	4.0	4.0	4.0	4.0	4.0	4.5	4.5	4.5	4.5	4.5	4.5	4.5	5.0	5.0	5.0	.0577
0.5	4.5	4.5	4.5	4.5	4.5	4.5	5.0	5.0	5.0	5.0	5.0	5.0	5.5	5.5	5.5	.0721
0.6	4.5	4.5	5.0	5.0	5.0	5.0	5.0	5.5	5.5	5.5	5.5	5.5	6.0	6.0	6.0	.0865
0.7	5.0	5.0	5.0	5.5	5.5	5.5	5.5	5.5	6.0	6.0	6.0	6.0	6.0	6.5	6.5	.1009
0.8	5.5	5.5	5.5	5.5	5.5	6.0	6.0	6.0	6.0	6.5	6.5	6.5	6.5	6.5	7.0	.1154
0.9	5.5	5.5	6.0	6.0	6.0	6.0	6.5	6.5	6.5	6.5	6.5	7.0	7.0	7.0	7.0	.1298
1.0	6.0	6.0	6.0	6.0	6.5	6.5	6.5	6.5	7.0	7.0	7.0	7.0	7.5	7.5	7.5	.1442
1.1	6.0	6.0	6.5	6.5	6.5	6.5	7.0	7.0	7.0	7.5	7.5	7.5	7.5	7.5	8.0	.1586
1.2	6.5	6.5	6.5	6.5	7.0	7.0	7.0	7.5	7.5	7.5	7.5	7.5	8.0	8.0	8.0	.1730
1.3	6.5	6.5	7.0	7.0	7.0	7.5	7.5	7.5	7.5	8.0	8.0	8.0	8.0	8.5	8.5	.1875
1.4	6.5	7.0	7.0	7.5	7.5	7.5	7.5	7.5	8.0	8.0	8.0	8.5	8.5	8.5	8.5	.2019
1.5	7.0	7.0	7.5	7.5	7.5	7.5	8.0	8.0	8.0	8.5	8.5	8.5	8.5	9.0	9.0	.2163
k	810	846	882	918	954	990	1026	1062	1098	1134	1170	1206	1242	1278	1314	km

Δt Fahrenheit

TABLE 2 (Sheet 123 of 128)

TEMPERATURE DIFFERENCE

TABLE 2 (Continued)

ECONOMICAL INSULATION THICKNESS TABLE

IN INCHES
(nominal)

PIPE SIZE: 36'' NPS (Tube Size 36-1/2'' OD)
914.4 mm

At the intersection of the ''Δt'' column with the ''k'' row read the economical thickness.
(•—*exceeds 12'' thickness*)

D = 0.0030

Δt Celsius °C or Kelvin °K

CONDUCTIVITY Btu, in./sq ft, hr °F

k	50	70	90	110	130	150	170	190	210	230	250	270	290	310	330	350	370	390	410	430	450	470	490	510	530	550	570	590	610	630	650	670	690	710	730	km
0.1	1.5	1.5	1.5	1.5	1.5	1.5	1.5	1.5	1.5	1.5	2.0	2.0	2.0	2.0	2.0	2.0	2.0	2.0	2.0	2.0	2.5	2.5	2.5	2.5	2.5	2.5	2.5	2.5	2.5	2.5	2.5	3.0	3.0	3.0	3.0	.0144
0.2	1.5	1.5	1.5	1.5	1.5	2.0	2.0	2.0	2.0	2.5	2.5	2.5	2.5	2.5	2.5	3.0	3.0	3.0	3.0	3.0	3.0	3.0	3.0	3.5	3.5	3.5	3.5	3.5	3.5	3.5	3.5	4.0	4.0	4.0	4.0	.0288
0.3	1.5	1.5	1.5	2.0	2.0	2.0	2.5	2.5	2.5	2.5	3.0	3.0	3.0	3.0	3.0	3.5	3.5	3.5	3.5	3.5	3.5	4.0	4.0	4.0	4.0	4.0	4.0	4.5	4.5	4.5	4.5	4.5	4.5	4.5	4.5	.0433
0.4	1.5	1.5	2.0	2.0	2.5	2.5	2.5	3.0	3.0	3.0	3.0	3.5	3.5	3.5	3.5	4.0	4.0	4.0	4.0	4.0	4.0	4.5	4.5	4.5	4.5	4.5	5.0	5.0	5.0	5.0	5.0	5.0	5.5	5.5	5.5	.0577
0.5	1.5	2.0	2.0	2.5	2.5	2.5	3.0	3.0	3.0	3.5	3.5	3.5	4.0	4.0	4.0	4.0	4.5	4.5	4.5	4.5	4.5	5.0	5.0	5.0	5.0	5.0	5.5	5.5	5.5	5.5	5.5	5.5	6.0	6.0	6.0	.0721
0.6	1.5	2.0	2.0	2.5	2.5	3.0	3.0	3.5	3.5	3.5	4.0	4.0	4.0	4.0	4.5	4.5	4.5	4.5	5.0	5.0	5.0	5.0	5.5	5.5	5.5	5.5	6.0	6.0	6.0	6.0	6.0	6.0	6.5	6.5	6.5	.0865
0.7	1.5	2.0	2.5	2.5	3.0	3.0	3.5	3.5	3.5	4.0	4.0	4.0	4.5	4.5	4.5	5.0	5.0	5.0	5.0	5.5	5.5	5.5	5.5	6.0	6.0	6.0	6.0	6.5	6.5	6.5	6.5	6.5	7.0	7.0	7.0	.1009
0.8	2.0	2.0	2.5	3.0	3.0	3.5	3.5	3.5	4.0	4.0	4.5	4.5	4.5	5.0	5.0	5.0	5.0	5.5	5.5	5.5	6.0	6.0	6.0	6.0	6.5	6.5	6.5	6.5	7.0	7.0	7.0	7.0	7.5	7.5	7.5	.1154
0.9	2.0	2.5	2.5	3.0	3.0	3.5	3.5	4.0	4.0	4.5	4.5	4.5	5.0	5.0	5.0	5.5	5.5	5.5	6.0	6.0	6.0	6.0	6.5	6.5	6.5	7.0	7.0	7.0	7.0	7.5	7.5	7.5	7.5	7.5	8.0	.1298
1.0	2.0	2.5	2.5	3.0	3.5	3.5	4.0	4.0	4.5	4.5	4.5	5.0	5.0	5.5	5.5	5.5	6.0	6.0	6.0	6.0	6.5	6.5	6.5	7.0	7.0	7.0	7.5	7.5	7.5	7.5	7.5	8.0	8.0	8.0	8.0	.1442
1.1	2.0	2.5	3.0	3.0	3.5	3.5	4.0	4.0	4.5	4.5	5.0	5.0	5.5	5.5	5.5	6.0	6.0	6.0	6.5	6.5	6.5	7.0	7.0	7.0	7.5	7.5	7.5	7.5	8.0	8.0	8.0	8.0	8.5	8.5	8.5	.1586
1.2	2.0	2.5	3.0	3.0	3.5	4.0	4.0	4.5	4.5	5.0	5.0	5.5	5.5	5.5	6.0	6.0	6.0	6.5	6.5	7.0	7.0	7.0	7.5	7.5	7.5	7.5	8.0	8.0	8.0	8.5	8.5	8.5	8.5	8.5	9.0	.1730
1.3	2.0	2.5	3.0	3.5	3.5	4.0	4.0	4.5	5.0	5.0	5.0	5.5	5.5	6.0	6.0	6.5	6.5	6.5	7.0	7.0	7.5	7.5	7.5	7.5	8.0	8.0	8.0	8.5	8.5	8.5	8.5	9.0	9.0	9.0	9.5	.1875
1.4	2.0	2.5	3.0	3.5	4.0	4.0	4.5	4.5	5.0	5.0	5.5	5.5	6.0	6.0	6.5	6.5	6.5	7.0	7.0	7.5	7.5	7.5	7.5	8.0	8.0	8.5	8.5	8.5	8.5	9.0	9.0	9.0	9.5	9.5	9.5	.2019
1.5	2.0	2.5	3.0	3.5	4.0	4.0	4.5	5.0	5.0	5.5	5.5	6.0	6.0	6.0	6.5	6.5	7.0	7.0	7.5	7.5	7.5	8.0	8.0	8.0	8.5	8.5	8.5	9.0	9.0	9.0	9.5	9.5	9.5	9.5	9.5	.2163
k	90	126	162	198	234	270	306	342	378	414	450	486	522	558	594	630	666	702	738	774	810	846	882	918	954	990	1026	1062	1098	1134	1170	1206	1242	1278	1314	km

Δt Fahrenheit

W/mK

D = 0.0035

Δt Celsius °C or Kelvin °K

CONDUCTIVITY Btu, in./sq ft, hr °F

k	50	70	90	110	130	150	170	190	210	230	250	270	290	310	330	350	370	390	410	430	450	470	490	510	530	550	570	590	610	630	650	670	690	710	730	km
0.1	1.5	1.5	1.5	1.5	1.5	1.5	1.5	1.5	1.5	2.0	2.0	2.0	2.0	2.0	2.0	2.0	2.0	2.5	2.5	2.5	2.5	2.5	2.5	2.5	2.5	2.5	3.0	3.0	3.0	3.0	3.0	3.0	3.0	3.0	3.0	.0144
0.2	1.5	1.5	1.5	1.5	2.0	2.0	2.0	2.0	2.5	2.5	2.5	2.5	2.5	3.0	3.0	3.0	3.0	3.0	3.0	3.5	3.5	3.5	3.5	3.5	3.5	3.5	4.0	4.0	4.0	4.0	4.0	4.0	4.0	4.0	4.0	.0288
0.3	1.5	1.5	2.0	2.0	2.0	2.5	2.5	2.5	3.0	3.0	3.0	3.0	3.0	3.5	3.5	3.5	3.5	4.0	4.0	4.0	4.0	4.0	4.0	4.5	4.5	4.5	4.5	4.5	4.5	4.5	5.0	5.0	5.0	5.0	5.0	.0433
0.4	1.5	2.0	2.0	2.5	2.5	2.5	3.0	3.0	3.0	3.5	3.5	3.5	3.5	4.0	4.0	4.0	4.0	4.5	4.5	4.5	4.5	4.5	5.0	5.0	5.0	5.0	5.0	5.5	5.5	5.5	5.5	5.5	5.5	6.0	6.0	.0577
0.5	1.5	2.0	2.5	2.5	2.5	3.0	3.0	3.5	3.5	3.5	4.0	4.0	4.0	4.0	4.5	4.5	4.5	4.5	5.0	5.0	5.0	5.0	5.5	5.5	5.5	5.5	5.5	6.0	6.0	6.0	6.0	6.0	6.5	6.5	6.5	.0721
0.6	2.0	2.0	2.5	2.5	3.0	3.0	3.5	3.5	3.5	4.0	4.0	4.0	4.5	4.5	4.5	5.0	5.0	5.0	5.5	5.5	5.5	5.5	6.0	6.0	6.0	6.0	6.0	6.5	6.5	6.5	6.5	6.5	7.0	7.0	7.0	.0865
0.7	2.0	2.5	2.5	3.0	3.0	3.5	3.5	4.0	4.0	4.0	4.5	4.5	4.5	5.0	5.0	5.0	5.5	5.5	5.5	6.0	6.0	6.0	6.0	6.5	6.5	6.5	6.5	7.0	7.0	7.0	7.0	7.5	7.5	7.5	7.5	.1009
0.8	2.0	2.5	2.5	3.0	3.5	3.5	4.0	4.0	4.0	4.5	4.5	5.0	5.0	5.0	5.5	5.5	5.5	6.0	6.0	6.0	6.5	6.5	6.5	6.5	7.0	7.0	7.0	7.5	7.5	7.5	7.5	7.5	8.0	8.0	8.0	.1154
0.9	2.0	2.5	3.0	3.0	3.5	3.5	4.0	4.0	4.5	4.5	5.0	5.0	5.5	5.5	5.5	6.0	6.0	6.0	6.5	6.5	6.5	7.0	7.0	7.0	7.5	7.5	7.5	7.5	7.5	8.0	8.0	8.0	8.0	8.5	8.5	.1298
1.0	2.0	2.5	3.0	3.5	3.5	4.0	4.0	4.5	4.5	5.0	5.0	5.5	5.5	5.5	6.0	6.0	6.5	6.5	6.5	7.0	7.0	7.0	7.5	7.5	7.5	7.5	8.0	8.0	8.0	8.5	8.5	8.5	8.5	8.5	9.0	.1442
1.1	2.0	2.5	3.0	3.5	3.5	4.0	4.5	4.5	5.0	5.0	5.5	5.5	5.5	6.0	6.0	6.5	6.5	6.5	7.0	7.0	7.5	7.5	7.5	7.5	8.0	8.0	8.0	8.5	8.5	8.5	8.5	9.0	9.0	9.0	9.5	.1586
1.2	2.0	2.5	3.0	3.5	4.0	4.0	4.5	4.5	5.0	5.5	5.5	5.5	6.0	6.0	6.5	6.5	7.0	7.0	7.0	7.5	7.5	7.5	8.0	8.0	8.0	8.5	8.5	8.5	8.5	9.0	9.0	9.5	9.5	9.5	9.5	.1730
1.3	2.5	3.0	3.0	3.5	4.0	4.5	4.5	5.0	5.0	5.5	5.5	6.0	6.0	6.5	6.5	7.0	7.0	7.5	7.5	7.5	8.0	8.0	8.0	8.5	8.5	8.5	9.0	9.0	9.0	9.5	9.5	9.5	9.5	10.0	10.0	.1875
1.4	2.5	3.0	3.5	3.5	4.0	4.5	5.0	5.0	5.5	5.5	6.0	6.0	6.5	6.5	7.0	7.0	7.5	7.5	7.5	8.0	8.0	8.0	8.5	8.5	8.5	9.0	9.0	9.5	9.5	9.5	9.5	10.0	10.0	10.5	10.5	.2019
1.5	2.5	3.0	3.5	4.0	4.0	4.5	5.0	5.0	5.5	6.0	6.0	6.5	6.5	7.0	7.0	7.5	7.5	7.5	8.0	8.0	8.5	8.5	8.5	9.0	9.0	9.0	9.5	9.5	9.5	10.0	10.0	10.5	10.5	11.0	11.0	.2163
k	90	126	162	198	234	270	306	342	378	414	450	486	522	558	594	630	666	702	738	774	810	846	882	918	954	990	1026	1062	1098	1134	1170	1206	1242	1278	1314	km

Δt Fahrenheit

W/mK

D = 0.0040

Δt Celsius °C or Kelvin °K

CONDUCTIVITY Btu, in./sq ft, hr °F

k	50	70	90	110	130	150	170	190	210	230	250	270	290	310	330	350	370	390	410	430	450	470	490	510	530	550	570	590	610	630	650	670	690	710	730	km
0.1	1.5	1.5	1.5	1.5	1.5	1.5	1.5	2.0	2.0	2.0	2.0	2.0	2.0	2.0	2.5	2.5	2.5	2.5	2.5	2.5	2.5	2.5	2.5	3.0	3.0	3.0	3.0	3.0	3.0	3.0	3.0	3.0	3.0	3.0	3.5	.0144
0.2	1.5	1.5	1.5	2.0	2.0	2.0	2.0	2.5	2.5	2.5	2.5	3.0	3.0	3.0	3.0	3.0	3.0	3.5	3.5	3.5	3.5	3.5	3.5	4.0	4.0	4.0	4.0	4.0	4.0	4.0	4.5	4.5	4.5	4.5	4.5	.0288
0.3	1.5	2.0	2.0	2.0	2.5	2.5	2.5	3.0	3.0	3.0	3.0	3.5	3.5	3.5	3.5	4.0	4.0	4.0	4.0	4.0	4.5	4.5	4.5	4.5	4.5	4.5	5.0	5.0	5.0	5.0	5.0	5.0	5.5	5.5	5.5	.0433
0.4	1.5	2.0	2.0	2.5	2.5	3.0	3.0	3.0	3.5	3.5	3.5	4.0	4.0	4.0	4.0	4.5	4.5	4.5	4.5	5.0	5.0	5.0	5.0	5.0	5.5	5.5	5.5	5.5	5.5	6.0	6.0	6.0	6.0	6.0	6.0	.0577
0.5	2.0	2.0	2.5	2.5	3.0	3.0	3.5	3.5	3.5	4.0	4.0	4.0	4.5	4.5	4.5	5.0	5.0	5.0	5.0	5.5	5.5	5.5	5.5	6.0	6.0	6.0	6.0	6.0	6.5	6.5	6.5	6.5	6.5	7.0	7.0	.0721
0.6	2.0	2.5	2.5	3.0	3.0	3.5	3.5	4.0	4.0	4.0	4.5	4.5	4.5	5.0	5.0	5.0	5.5	5.5	5.5	6.0	6.0	6.0	6.0	6.5	6.5	6.5	6.5	7.0	7.0	7.0	7.0	7.5	7.5	7.5	7.5	.0865
0.7	2.0	2.5	3.0	3.0	3.5	3.5	4.0	4.0	4.5	4.5	4.5	5.0	5.0	5.0	5.5	5.5	5.5	6.0	6.0	6.0	6.5	6.5	6.5	7.0	7.0	7.0	7.0	7.5	7.5	7.5	7.5	7.5	8.0	8.0	8.0	.1009
0.8	2.0	2.5	3.0	3.0	3.5	4.0	4.0	4.5	4.5	4.5	5.0	5.0	5.5	5.5	5.5	6.0	6.0	6.0	6.5	6.5	6.5	7.0	7.0	7.0	7.5	7.5	7.5	7.5	8.0	8.0	8.0	8.0	8.5	8.5	8.5	.1154
0.9	2.0	2.5	3.0	3.5	3.5	4.0	4.5	4.5	5.0	5.0	5.0	5.5	5.5	6.0	6.0	6.0	6.5	6.5	7.0	7.0	7.0	7.5	7.5	7.5	7.5	8.0	8.0	8.0	8.5	8.5	8.5	8.5	9.0	9.0	9.0	.1298
1.0	2.5	3.0	3.0	3.5	4.0	4.0	4.5	4.5	5.0	5.0	5.5	5.5	6.0	6.0	6.5	6.5	6.5	7.0	7.0	7.5	7.5	7.5	7.5	8.0	8.0	8.0	8.5	8.5	8.5	9.0	9.0	9.0	9.5	9.5	9.5	.1442
1.1	2.5	3.0	3.5	3.5	4.0	4.5	4.5	5.0	5.0	5.5	5.5	6.0	6.0	6.5	6.5	7.0	7.0	7.5	7.5	7.5	7.5	8.0	8.0	8.5	8.5	8.5	8.5	9.0	9.0	9.5	9.5	9.5	9.5	9.5	10.0	.1586
1.2	2.5	3.0	3.5	4.0	4.0	4.5	5.0	5.0	5.5	5.5	6.0	6.0	6.5	6.5	7.0	7.0	7.5	7.5	7.5	8.0	8.0	8.0	8.5	8.5	8.5	9.0	9.0	9.5	9.5	9.5	9.5	10.0	10.0	10.0	10.5	.1730
1.3	2.5	3.0	3.5	4.0	4.5	4.5	5.0	5.5	5.5	6.0	6.0	6.5	6.5	7.0	7.0	7.5	7.5	7.5	8.0	8.0	8.5	8.5	8.5	9.0	9.0	9.5	9.5	9.5	9.5	10.0	10.0	10.5	10.5	10.5	11.0	.1875
1.4	2.5	3.0	3.5	4.0	4.5	5.0	5.0	5.5	6.0	6.0	6.5	6.5	7.0	7.0	7.5	7.5	8.0	8.0	8.0	8.5	8.5	9.0	9.0	9.0	9.5	9.5	9.5	10.0	10.0	10.5	10.5	11.0	11.0	11.0	11.5	.2019
1.5	2.5	3.0	3.5	4.0	4.5	5.0	5.5	5.5	6.0	6.0	6.5	7.0	7.0	7.5	7.5	8.0	8.0	8.5	8.5	8.5	9.0	9.0	9.5	9.5	9.5	10.0	10.0	10.5	10.5	11.0	11.0	11.5	11.5	11.5	12.0	.2163
k	90	126	162	198	234	270	306	342	378	414	450	486	522	558	594	630	666	702	738	774	810	846	882	918	954	990	1026	1062	1098	1134	1170	1206	1242	1278	1314	km

Δt Fahrenheit

W/mK

TEMPERATURE DIFFERENCE

TABLE 2 (Sheet 124 of 128)

TABLE 2 (Continued)

ECONOMICAL INSULATION THICKNESS TABLE

IN INCHES
(nominal)

PIPE SIZE: 36'' NPS (Tube Size 36-1/2'' OD)
914.4 mm

At the intersection of the "Δt" column with the "k" row read the economical thickness.
(•—*exceeds 12'' thickness*)

D = 0.0045

CONDUCTIVITY: k in Btu, in./sq ft, hr °F; km in W/mK

k	Δt Celsius °C or Kelvin °K: 50	70	90	110	130	150	170	190	210	230	250	270	290	310	330	350	370	390	410	430	450	470	490	510	530	550	570	590	610	630	650	670	690	710	730	km
0.1	1.5	1.5	1.5	1.5	1.5	1.5	2.0	2.0	2.0	2.0	2.0	2.0	2.5	2.5	2.5	2.5	2.5	2.5	2.5	2.5	3.0	3.0	3.0	3.0	3.0	3.0	3.0	3.0	3.0	3.0	3.5	3.5	3.5	3.5	3.5	.0144
0.2	1.5	1.5	2.0	2.0	2.0	2.0	2.5	2.5	2.5	2.5	3.0	3.0	3.0	3.0	3.5	3.5	3.5	3.5	3.5	3.5	4.0	4.0	4.0	4.0	4.0	4.0	4.0	4.5	4.5	4.5	4.5	4.5	4.5	4.5	5.0	.0288
0.3	1.5	2.0	2.0	2.5	2.5	2.5	3.0	3.0	3.0	3.5	3.5	3.5	3.5	4.0	4.0	4.0	4.0	4.0	4.5	4.5	4.5	4.5	4.5	5.0	5.0	5.0	5.0	5.0	5.5	5.5	5.5	5.5	5.5	5.5	6.0	.0433
0.4	2.0	2.0	2.5	2.5	3.0	3.0	3.0	3.5	3.5	3.5	4.0	4.0	4.0	4.5	4.5	4.5	4.5	5.0	5.0	5.0	5.0	5.5	5.5	5.5	5.5	5.5	6.0	6.0	6.0	6.0	6.0	6.5	6.5	6.5	6.5	.0577
0.5	2.0	2.5	2.5	3.0	3.0	3.5	3.5	3.5	4.0	4.0	4.5	4.5	4.5	5.0	5.0	5.0	5.0	5.5	5.5	5.5	6.0	6.0	6.0	6.0	6.0	6.5	6.5	6.5	6.5	7.0	7.0	7.0	7.0	7.5	7.5	.0721
0.6	2.0	2.5	3.0	3.0	3.5	3.5	4.0	4.0	4.0	4.5	4.5	5.0	5.0	5.0	5.5	5.5	5.5	6.0	6.0	6.0	6.5	6.5	6.5	6.5	7.0	7.0	7.0	7.5	7.5	7.5	7.5	7.5	7.5	8.0	8.0	.0865
0.7	2.0	2.5	3.0	3.5	3.5	4.0	4.0	4.5	4.5	4.5	5.0	5.0	5.5	5.5	5.5	6.0	6.0	6.0	6.5	6.5	6.5	7.0	7.0	7.0	7.5	7.5	7.5	7.5	8.0	8.0	8.0	8.0	8.5	8.5	8.5	.1009
0.8	2.5	2.5	3.0	3.5	4.0	4.0	4.5	4.5	5.0	5.0	5.5	5.5	5.5	6.0	6.0	6.5	6.5	6.5	7.0	7.0	7.0	7.5	7.5	7.5	7.5	8.0	8.0	8.0	8.5	8.5	8.5	8.5	9.0	9.0	9.0	.1154
0.9	2.5	3.0	3.0	3.5	4.0	4.0	4.5	5.0	5.0	5.5	5.5	6.0	6.0	6.0	6.5	6.5	7.0	7.0	7.5	7.5	7.5	7.5	8.0	8.0	8.0	8.5	8.5	8.5	8.5	9.0	9.0	9.0	9.5	9.5	9.5	.1298
1.0	2.5	3.0	3.5	4.0	4.0	4.5	4.5	5.0	5.5	5.5	6.0	6.0	6.5	6.5	6.5	7.0	7.0	7.5	7.5	7.5	8.0	8.0	8.5	8.5	8.5	8.5	9.0	9.0	9.5	9.5	9.5	9.5	9.5	10.0	10.0	.1442
1.1	2.5	3.0	3.5	4.0	4.5	4.5	5.0	5.0	5.5	6.0	6.0	6.5	6.5	7.0	7.0	7.5	7.5	7.5	8.0	8.0	8.0	8.5	8.5	8.5	9.0	9.0	9.5	9.5	9.5	9.5	10.0	10.0	10.5	10.5	10.5	.1586
1.2	2.5	3.0	3.5	4.0	4.5	5.0	5.0	5.5	5.5	6.0	6.5	6.5	7.0	7.0	7.5	7.5	7.5	8.0	8.0	8.5	8.5	8.5	9.0	9.0	9.5	9.5	9.5	9.5	10.0	10.0	10.5	10.5	11.0	11.0	11.0	.1730
1.3	2.5	3.0	3.5	4.0	4.5	5.0	5.5	5.5	6.0	6.0	6.5	7.0	7.0	7.5	7.5	8.0	8.0	8.5	8.5	8.5	9.0	9.0	9.5	9.5	9.5	9.5	10.0	10.0	10.5	10.5	11.0	11.0	11.5	11.5	11.5	.1875
1.4	2.5	3.5	4.0	4.5	4.5	5.0	5.5	6.0	6.0	6.5	6.5	7.0	7.5	7.5	8.0	8.0	8.5	8.5	8.5	9.0	9.0	9.5	9.5	9.5	10.0	10.0	10.5	10.5	11.0	11.0	11.5	11.5	12.0	12.0	12.0	.2019
1.5	3.0	3.5	4.0	4.5	5.0	5.0	5.5	6.0	6.5	6.5	7.0	7.5	7.5	7.5	8.0	8.5	8.5	8.5	9.0	9.5	9.5	9.5	10.0	10.0	10.5	10.5	11.0	11.0	11.5	11.5	12.0	12.0	•	•	•	.2163
k	90	126	162	198	234	270	306	342	378	414	450	486	522	558	594	630	666	702	738	774	810	846	882	918	954	990	1026	1062	1098	1134	1170	1206	1242	1278	1314	km

Δt Fahrenheit

D = 0.0050

k	Δt Celsius °C or Kelvin °K: 50	70	90	110	130	150	170	190	210	230	250	270	290	310	330	350	370	390	410	430	450	470	490	510	530	550	570	590	610	630	650	670	690	710	730	km
0.1	1.5	1.5	1.5	1.5	1.5	2.0	2.0	2.0	2.0	2.0	2.0	2.5	2.5	2.5	2.5	2.5	2.5	2.5	3.0	3.0	3.0	3.0	3.0	3.0	3.0	3.0	3.0	3.5	3.5	3.5	3.5	3.5	3.5	3.5	3.5	.0144
0.2	1.5	1.5	2.0	2.0	2.0	2.5	2.5	2.5	3.0	3.0	3.0	3.0	3.0	3.5	3.5	3.5	3.5	3.5	4.0	4.0	4.0	4.0	4.0	4.0	4.5	4.5	4.5	4.5	4.5	4.5	5.0	5.0	5.0	5.0	5.0	.0288
0.3	1.5	2.0	2.0	2.5	2.5	3.0	3.0	3.0	3.5	3.5	3.5	3.5	4.0	4.0	4.0	4.0	4.5	4.5	4.5	4.5	5.0	5.0	5.0	5.0	5.0	5.5	5.5	5.5	5.5	5.5	6.0	6.0	6.0	6.0	6.0	.0433
0.4	2.0	2.0	2.5	2.5	3.0	3.0	3.5	3.5	4.0	4.0	4.0	4.0	4.5	4.5	4.5	5.0	5.0	5.0	5.0	5.5	5.5	5.5	5.5	6.0	6.0	6.0	6.0	6.5	6.5	6.5	6.5	6.5	7.0	7.0	7.0	.0577
0.5	2.0	2.5	2.5	3.0	3.0	3.5	3.5	4.0	4.0	4.5	4.5	4.5	5.0	5.0	5.0	5.5	5.5	5.5	6.0	6.0	6.0	6.0	6.5	6.5	6.5	6.5	7.0	7.0	7.0	7.5	7.5	7.5	7.5	7.5	7.5	.0721
0.6	2.0	2.5	3.0	3.0	3.5	4.0	4.0	4.5	4.5	4.5	5.0	5.0	5.5	5.5	5.5	6.0	6.0	6.0	6.5	6.5	6.5	7.0	7.0	7.0	7.0	7.5	7.5	7.5	7.5	8.0	8.0	8.0	8.0	8.5	8.5	.0865
0.7	2.5	2.5	3.0	3.5	4.0	4.0	4.5	4.5	5.0	5.0	5.5	5.5	5.5	6.0	6.0	6.0	6.5	6.5	7.0	7.0	7.0	7.5	7.5	7.5	7.5	8.0	8.0	8.0	8.5	8.5	8.5	8.5	8.5	9.0	9.0	.1009
0.8	2.5	3.0	3.5	3.5	4.0	4.5	4.5	5.0	5.0	5.5	5.5	6.0	6.0	6.0	6.5	6.5	7.0	7.0	7.5	7.5	7.5	7.5	8.0	8.0	8.0	8.5	8.5	8.5	8.5	9.0	9.0	9.0	9.5	9.5	9.5	.1154
0.9	2.5	3.0	3.5	4.0	4.0	4.5	5.0	5.0	5.5	5.5	6.0	6.0	6.5	6.5	7.0	7.0	7.5	7.5	7.5	7.5	8.0	8.0	8.5	8.5	8.5	8.5	9.0	9.0	9.5	9.5	9.5	9.5	10.0	10.0	10.0	.1298
1.0	2.5	3.0	3.5	4.0	4.5	4.5	5.0	5.5	5.5	6.0	6.0	6.5	6.5	7.0	7.0	7.5	7.5	7.5	8.0	8.0	8.5	8.5	8.5	9.0	9.0	9.5	9.5	9.5	9.5	10.0	10.0	10.5	10.5	10.5	10.5	.1442
1.1	2.5	3.0	3.5	4.0	4.5	5.0	5.0	5.5	6.0	6.0	6.5	6.5	7.0	7.5	7.5	7.5	8.0	8.0	8.5	8.5	8.5	9.0	9.0	9.5	9.5	9.5	9.5	10.0	10.0	10.5	10.5	11.0	11.0	11.0	11.0	1586
1.2	3.0	3.5	4.0	4.5	4.5	5.0	5.5	6.0	6.0	6.5	6.5	7.0	7.5	7.5	7.5	8.0	8.0	8.5	8.5	9.0	9.0	9.5	9.5	9.5	9.5	10.0	10.5	10.5	10.5	11.0	11.0	11.5	11.5	11.5	11.5	.1730
1.3	3.0	3.5	4.0	4.5	5.0	5.0	5.5	6.0	6.5	6.5	7.0	7.5	7.5	7.5	8.0	8.0	8.5	8.5	9.0	9.0	9.5	9.5	9.5	10.0	10.5	10.5	11.0	11.0	11.0	11.5	11.5	12.0	12.0	12.0	12.0	.1875
1.4	3.0	3.5	4.0	4.5	5.0	5.5	6.0	6.0	6.5	7.0	7.0	7.5	7.5	8.0	8.5	8.5	8.5	9.0	9.5	9.5	9.5	10.0	10.0	10.5	11.0	11.0	11.5	11.5	11.5	12.0	12.0	•	•	•	•	.2019
1.5	3.0	3.5	4.0	4.5	5.0	5.5	6.0	6.5	6.5	7.0	7.5	7.5	8.0	8.0	8.5	8.5	9.0	9.5	9.5	9.5	10.0	10.5	10.5	11.0	11.5	11.5	12.0	12.0	12.0	•	•	•	•	•	•	.2163
k	90	126	162	198	234	270	306	342	378	414	450	486	522	558	594	630	666	702	738	774	810	846	882	918	954	990	1026	1062	1098	1134	1170	1206	1242	1278	1314	km

Δt Fahrenheit

D = 0.0060

k	Δt Celsius °C or Kelvin °K: 50	70	90	110	130	150	170	190	210	230	250	270	290	310	330	350	370	390	410	430	450	470	490	510	530	550	570	590	610	630	650	670	690	710	730	km
0.1	1.5	1.5	1.5	1.5	2.0	2.0	2.0	2.0	2.0	2.5	2.5	2.5	2.5	2.5	2.5	3.0	3.0	3.0	3.0	3.0	3.0	3.0	3.5	3.5	3.5	3.5	3.5	3.5	3.5	3.5	4.0	4.0	4.0	4.0	4.0	.0144
0.2	1.5	2.0	2.0	2.0	2.5	2.5	2.5	3.0	3.0	3.0	3.5	3.5	3.5	3.5	3.5	4.0	4.0	4.0	4.0	4.5	4.5	4.5	4.5	4.5	4.5	5.0	5.0	5.0	5.0	5.0	5.0	5.5	5.5	5.5	5.5	.0288
0.3	2.0	2.0	2.5	2.5	3.0	3.0	3.5	3.5	3.5	4.0	4.0	4.0	4.0	4.5	4.5	4.5	5.0	5.0	5.0	5.0	5.0	5.5	5.5	5.5	5.5	6.0	6.0	6.0	6.0	6.0	6.5	6.5	6.5	6.5	6.5	.0433
0.4	2.0	2.5	2.5	3.0	3.0	3.5	3.5	4.0	4.0	4.5	4.5	4.5	5.0	5.0	5.0	5.5	5.5	5.5	5.5	6.0	6.0	6.0	6.5	6.5	6.5	6.5	7.0	7.0	7.0	7.0	7.5	7.5	7.5	7.5	7.5	.0577
0.5	2.0	2.5	3.0	3.5	3.5	4.0	4.0	4.5	4.5	4.5	5.0	5.0	5.5	5.5	5.5	6.0	6.0	6.0	6.5	6.5	6.5	7.0	7.0	7.0	7.5	7.5	7.5	7.5	7.5	8.0	8.0	8.0	8.0	8.5	8.5	.0721
0.6	2.5	3.0	3.0	3.5	4.0	4.0	4.5	4.5	5.0	5.0	5.5	5.5	6.0	6.0	6.0	6.5	6.5	6.5	7.0	7.0	7.5	7.5	7.5	7.5	8.0	8.0	8.0	8.5	8.5	8.5	8.5	9.0	9.0	9.0	9.5	.0865
0.7	2.5	3.0	3.5	4.0	4.0	4.5	4.5	5.0	5.5	5.5	6.0	6.0	6.0	6.5	6.5	7.0	7.0	7.5	7.5	7.5	7.5	8.0	8.0	8.5	8.5	8.5	8.5	9.0	9.0	9.0	9.5	9.5	9.5	9.5	10.0	.1009
0.8	2.5	3.0	3.5	4.0	4.5	4.5	5.0	5.5	5.5	6.0	6.0	6.5	6.5	7.0	7.0	7.5	7.5	7.5	8.0	8.0	8.5	8.5	8.5	8.5	9.0	9.0	9.5	9.5	9.5	9.5	10.0	10.0	10.0	10.0	10.0	.1154
0.9	3.0	3.5	4.0	4.0	4.5	5.0	5.5	5.5	6.0	6.0	6.5	6.5	7.0	7.5	7.5	7.5	8.0	8.0	8.5	8.5	8.5	9.0	9.0	9.5	9.5	9.5	9.5	10.0	10.0	10.0	10.5	10.5	10.5	10.5	10.5	.1298
1.0	3.0	3.5	4.0	4.5	5.0	5.0	5.5	6.0	6.0	6.5	7.0	7.0	7.5	7.5	8.0	8.0	8.5	8.5	8.5	9.0	9.0	9.5	9.5	9.5	10.0	10.0	10.0	10.5	10.5	10.5	11.0	11.0	11.0	11.0	11.0	.1442
1.1	3.0	3.5	4.0	4.5	5.0	5.5	6.0	6.0	6.5	7.0	7.0	7.5	7.5	8.0	8.0	8.5	8.5	9.0	9.0	9.5	9.5	9.5	10.0	10.0	10.0	10.5	10.5	11.0	11.0	11.0	11.5	11.5	11.5	11.5	11.5	.1586
1.2	3.0	3.5	4.0	4.5	5.0	5.5	6.0	6.5	6.5	7.0	7.5	7.5	8.0	8.0	8.5	8.5	9.0	9.5	9.5	9.5	10.0	10.0	10.5	10.5	10.5	11.0	11.0	11.5	11.5	11.5	12.0	12.0	12.0	12.0	12.0	.1730
1.3	3.0	4.0	4.5	5.0	5.5	6.0	6.0	6.5	7.0	7.5	7.5	8.0	8.0	8.5	8.5	9.0	9.5	9.5	9.5	10.0	10.5	10.5	11.0	11.0	11.0	11.5	11.5	12.0	12.0	12.0	•	•	•	•	•	.1875
1.4	3.0	4.0	4.5	5.0	5.5	6.0	6.5	7.0	7.0	7.5	8.0	8.0	8.5	8.5	9.0	9.5	9.5	10.0	10.0	10.5	11.0	11.0	11.5	11.5	11.5	12.0	12.0	•	•	•	•	•	•	•	•	.2019
1.5	3.5	4.0	4.5	5.0	5.5	6.0	6.5	7.0	7.5	7.5	8.0	8.5	8.5	9.0	9.5	9.5	10.0	10.5	10.5	11.0	11.5	11.5	12.0	12.0	12.0	•	•	•	•	•	•	•	•	•	•	.2163
k	90	126	162	198	234	270	306	342	378	414	450	486	522	558	594	630	666	702	738	774	810	846	882	918	954	990	1026	1062	1098	1134	1170	1206	1242	1278	1314	km

Δt Fahrenheit

TABLE 2 (Sheet 125 of 128)

TEMPERATURE DIFFERENCE

ECONOMICAL INSULATION THICKNESS TABLE

IN INCHES
(nominal)

PIPE SIZE: 36'' NPS (Tube Size 36-1/2'' OD)
914.4 mm

At the intersection of the ''Δt'' column with the ''k'' row read the economical thickness.
(•—*exceeds 12'' thickness*)

D = 0.0070

Δt Celsius °C or Kelvin °K

CONDUCTIVITY Btu, in./sq ft, hr °F — W/mK

k	50	70	90	110	130	150	170	190	210	230	250	270	290	310	330	350	370	390	410	430	450	470	490	510	530	550	570	590	610	630	650	670	690	710	730	km
0.1	1.5	1.5	1.5	2.0	2.0	2.0	2.0	2.5	2.5	2.5	2.5	2.5	3.0	3.0	3.0	3.0	3.0	3.0	3.5	3.5	3.5	3.5	3.5	3.5	3.5	3.5	4.0	4.0	4.0	4.0	4.0	4.0	4.0	4.0	4.5	.0144
0.2	1.5	2.0	2.0	2.5	2.5	3.0	3.0	3.0	3.0	3.5	3.5	3.5	4.0	4.0	4.0	4.0	4.5	4.5	4.5	4.5	4.5	5.0	5.0	5.0	5.0	5.0	5.5	5.5	5.5	5.5	5.5	5.5	6.0	6.0	6.0	.0288
0.3	2.0	2.5	2.5	3.0	3.0	3.5	3.5	3.5	4.0	4.0	4.0	4.5	4.5	4.5	4.5	5.0	5.0	5.5	5.5	5.5	5.5	6.0	6.0	6.0	6.0	6.0	6.5	6.5	6.5	6.5	7.0	7.0	7.0	7.0	7.5	.0433
0.4	2.0	2.5	3.0	3.0	3.5	4.0	4.0	4.0	4.5	4.5	5.0	5.0	5.0	5.5	5.5	5.5	6.0	6.0	6.0	6.5	6.5	6.5	7.0	7.0	7.0	7.0	7.5	7.5	7.5	7.5	7.5	8.0	8.0	8.0	8.0	.0577
0.5	2.5	3.0	3.0	3.5	4.0	4.0	4.5	4.5	5.0	5.0	5.5	5.5	6.0	6.0	6.0	6.5	6.5	6.5	7.0	7.0	7.5	7.5	7.5	7.5	8.0	8.0	8.0	8.0	8.5	8.5	8.5	8.5	9.0	9.0	9.0	.0721
0.6	2.5	3.0	3.5	4.0	4.0	4.5	5.0	5.0	5.5	5.5	6.0	6.0	6.5	6.5	6.5	7.0	7.0	7.5	7.5	7.5	8.0	8.0	8.0	8.5	8.5	8.5	8.5	9.0	9.0	9.5	9.5	9.5	9.5	9.5	10.0	.0865
0.7	2.5	3.0	3.5	4.0	4.5	5.0	5.0	5.5	5.5	6.0	6.0	6.5	6.5	7.0	7.5	7.5	7.5	8.0	8.0	8.0	8.5	8.5	8.5	9.0	9.0	9.5	9.5	9.5	9.5	10.0	10.0	10.0	10.0	10.0	10.5	.1009
0.8	3.0	3.5	4.0	4.5	4.5	5.0	5.5	6.0	6.0	6.5	6.5	7.0	7.0	7.5	7.5	8.0	8.0	8.5	8.5	8.5	9.0	9.0	9.5	9.5	9.5	10.0	10.0	10.0	10.0	10.5	10.5	10.5	10.5	11.0	11.0	.1154
0.9	3.0	3.5	4.0	4.5	5.0	5.5	5.5	6.0	6.5	6.5	7.0	7.5	7.5	8.0	8.0	8.5	8.5	8.5	9.0	9.0	9.5	9.5	9.5	10.0	10.0	10.5	10.5	10.5	10.5	11.0	11.0	11.5	11.5	11.5	11.5	.1298
1.0	3.0	3.5	4.5	5.0	5.0	5.5	6.0	6.5	6.5	7.0	7.5	7.5	8.0	8.0	8.5	8.5	9.0	9.0	9.5	9.5	10.0	10.0	10.0	10.5	10.5	11.0	11.0	11.0	11.0	11.5	11.5	12.0	12.0	12.0	12.0	.1442
1.1	3.0	4.0	4.5	5.0	5.5	6.0	6.0	6.5	7.0	7.5	7.5	8.0	8.5	8.5	9.0	9.0	9.5	9.5	9.5	10.0	10.5	10.5	10.5	11.0	11.0	11.5	11.5	11.5	11.5	12.0	12.0	•	•	•	•	.1586
1.2	3.5	4.0	4.5	5.0	5.5	6.0	6.5	7.0	7.5	7.5	8.0	8.5	8.5	9.0	9.0	9.5	9.5	10.0	10.5	10.5	11.0	11.0	11.0	11.5	11.5	12.0	12.0	12.0	12.0	•	•	•	•	•	•	.1730
1.3	3.5	4.0	5.0	5.5	6.0	6.5	6.5	7.0	7.5	8.0	8.0	8.5	9.0	9.0	9.5	9.5	10.0	10.5	11.0	11.0	11.5	11.5	11.5	12.0	12.0	•	•	•	•	•	•	•	•	•	•	.1875
1.4	3.5	4.5	5.0	5.5	6.0	6.5	7.0	7.5	7.5	8.0	8.5	9.0	9.0	9.5	9.5	10.0	10.5	11.0	11.5	11.5	12.0	12.0	12.0	•	•	•	•	•	•	•	•	•	•	•	•	.2019
1.5	3.5	4.5	5.0	5.5	6.0	6.5	7.0	7.5	8.0	8.5	8.5	9.0	9.5	9.5	10.0	10.5	11.0	11.5	12.0	12.0	•	•	•	•	•	•	•	•	•	•	•	•	•	•	•	.2163
k	90	126	162	198	234	270	306	342	378	414	450	486	522	558	594	630	666	702	738	774	810	846	882	918	954	990	1026	1062	1098	1134	1170	1206	1242	1278	1314	km

Δt Fahrenheit

D = 0.0080

Δt Celsius °C or Kelvin °K

CONDUCTIVITY Btu, in./sq ft, hr °F — W/mK

k	50	70	90	110	130	150	170	190	210	230	250	270	290	310	330	350	370	390	410	430	450	470	490	510	530	550	570	590	610	630	650	670	690	710	730	km
0.1	1.5	1.5	1.5	2.0	2.0	2.0	2.5	2.5	2.5	2.5	3.0	3.0	3.0	3.0	3.0	3.0	3.5	3.5	3.5	3.5	3.5	3.5	4.0	4.0	4.0	4.0	4.0	4.0	4.0	4.5	4.5	4.5	4.5	4.5	4.5	.0144
0.2	2.0	2.0	2.5	2.5	3.0	3.0	3.0	3.5	3.5	3.5	4.0	4.0	4.0	4.0	4.5	4.5	4.5	4.5	5.0	5.0	5.0	5.0	5.0	5.5	5.5	5.5	5.5	5.5	6.0	6.0	6.0	6.0	6.0	6.0	6.5	.0288
0.3	2.0	2.5	3.0	3.0	3.5	3.5	4.0	4.0	4.0	4.5	4.5	4.5	5.0	5.0	5.0	5.5	5.5	5.5	6.0	6.0	6.0	6.0	6.5	6.5	6.5	6.5	7.0	7.0	7.0	7.0	7.5	7.5	7.5	7.5	7.5	.0433
0.4	2.5	3.0	3.0	3.5	3.5	4.0	4.5	4.5	4.5	5.0	5.0	5.5	5.5	6.0	6.0	6.0	6.5	6.5	6.5	7.0	7.0	7.0	7.5	7.5	7.5	7.5	7.5	8.0	8.0	8.0	8.5	8.5	8.5	8.5	8.5	.0577
0.5	2.5	3.0	3.5	4.0	4.0	4.5	4.5	5.0	5.0	5.5	5.5	6.0	6.0	6.5	6.5	7.0	7.0	7.0	7.5	7.5	7.5	8.0	8.0	8.0	8.5	8.5	8.5	8.5	9.0	9.0	9.5	9.5	9.5	9.5	9.5	.0721
0.6	2.5	3.0	3.5	4.0	4.5	5.0	5.0	5.5	5.5	6.0	6.0	6.5	6.5	7.0	7.0	7.5	7.5	7.5	8.0	8.0	8.5	8.5	8.5	9.0	9.0	9.5	9.5	9.5	9.5	10.0	10.0	10.0	10.0	10.0	10.5	.0865
0.7	3.0	3.5	4.0	4.5	5.0	5.0	5.5	6.0	6.0	6.5	6.5	7.0	7.5	7.5	7.5	8.0	8.0	8.5	8.5	8.5	9.0	9.0	9.5	9.5	9.5	10.0	10.0	10.0	10.0	10.5	10.5	10.5	10.5	11.0	11.0	.1009
0.8	3.0	3.5	4.0	4.5	5.0	5.5	6.0	6.0	6.5	7.0	7.0	7.5	7.5	8.0	8.0	8.5	8.5	9.0	9.0	9.5	9.5	9.5	10.0	10.0	10.0	10.5	10.5	10.5	10.5	11.0	11.0	11.5	11.5	11.5	12.0	.1154
0.9	3.0	4.0	4.5	5.0	5.5	5.5	6.0	6.5	7.0	7.0	7.5	7.5	8.0	8.5	8.5	9.0	9.0	9.5	9.5	9.5	10.0	10.0	10.5	10.5	10.5	11.0	11.0	11.0	11.5	11.5	12.0	12.0	•	•	•	.1298
1.0	3.5	4.0	4.5	5.0	5.5	6.0	6.5	7.0	7.0	7.5	8.0	8.0	8.5	8.5	9.0	9.5	9.5	9.5	10.0	10.0	10.5	10.5	11.0	11.0	11.0	11.5	11.5	11.5	12.0	12.0	•	•	•	•	•	.1442
1.1	3.5	4.0	5.0	5.5	6.0	6.5	6.5	7.0	7.5	8.0	8.0	8.5	9.0	9.0	9.5	9.5	10.0	10.0	10.5	10.5	11.0	11.0	11.5	11.5	11.5	12.0	12.0	12.0	•	•	•	•	•	•	•	.1586
1.2	3.5	4.5	5.0	5.5	6.0	6.5	7.0	7.5	7.5	8.0	8.5	9.0	9.0	9.5	9.5	10.0	10.5	10.5	11.0	11.0	11.5	11.5	12.0	12.0	12.0	•	•	•	•	•	•	•	•	•	•	.1730
1.3	3.5	4.5	5.0	5.5	6.0	7.0	7.5	7.5	8.0	8.5	9.0	9.0	9.5	10.0	10.0	10.5	11.0	11.0	11.5	11.5	12.0	12.0	•	•	•	•	•	•	•	•	•	•	•	•	•	.1875
1.4	4.0	4.5	5.5	6.0	6.5	7.0	7.5	8.0	8.5	8.5	9.0	9.5	9.5	10.0	10.5	11.0	11.5	11.5	12.0	12.0	•	•	•	•	•	•	•	•	•	•	•	•	•	•	•	.2019
1.5	4.0	4.5	5.5	6.0	6.5	7.5	7.5	8.0	8.5	9.0	9.5	9.5	10.0	10.5	11.0	11.5	12.0	12.0	•	•	•	•	•	•	•	•	•	•	•	•	•	•	•	•	•	.2163
k	90	126	162	198	234	270	306	342	378	414	450	486	522	558	594	630	666	702	738	774	810	846	882	918	954	990	1026	1062	1098	1134	1170	1206	1242	1278	1314	km

Δt Fahrenheit

D = 0.0100

Δt Celsius °C or Kelvin °K

Btu, in./sq ft, hr °F — W/mK

k	50	70	90	110	130	150	170	190	210	230	250	270	290	310	330	350	370	390	410	430	450	470	490	510	530	550	570	590	610	630	650	670	690	710	730	km
0.1	1.5	1.5	2.0	2.0	2.5	2.5	2.5	2.5	3.0	3.0	3.0	3.0	3.5	3.5	3.5	3.5	3.5	4.0	4.0	4.0	4.0	4.0	4.0	4.5	4.5	4.5	4.5	4.5	4.5	4.5	5.0	5.0	5.0	5.0	5.0	.0144
0.2	2.0	2.5	2.5	3.0	3.0	3.5	3.5	3.5	4.0	4.0	4.0	4.5	4.5	4.5	5.0	5.0	5.0	5.0	5.5	5.5	5.5	5.5	6.0	6.0	6.0	6.0	6.5	6.5	6.5	6.5	6.5	7.0	7.0	7.0	7.0	.0288
0.3	2.5	2.5	3.0	3.5	3.5	4.0	4.0	4.5	4.5	5.0	5.0	5.0	5.5	5.5	6.0	6.0	6.0	6.5	6.5	6.5	7.0	7.0	7.0	7.5	7.5	7.5	7.5	7.5	8.0	8.0	8.0	8.0	8.5	8.5	8.5	.0433
0.4	2.5	3.0	3.5	4.0	4.0	4.5	5.0	5.0	5.5	5.5	6.0	6.0	6.0	6.5	6.5	7.0	7.0	7.5	7.5	7.5	7.5	8.0	8.0	8.0	8.5	8.5	8.5	9.0	9.0	9.0	9.5	9.5	9.5	9.5	9.5	.0577
0.5	3.0	3.5	4.0	4.0	4.5	5.0	5.5	5.5	6.0	6.0	6.5	6.5	7.0	7.0	7.5	7.5	8.0	8.0	8.0	8.5	8.5	8.5	9.0	9.0	9.5	9.5	9.5	9.5	10.0	10.0	10.0	10.0	10.0	10.5	10.5	.0721
0.6	3.0	3.5	4.0	4.5	5.0	5.5	5.5	6.0	6.5	6.5	7.0	7.5	7.5	7.5	8.0	8.5	8.5	8.5	9.0	9.0	9.5	9.5	9.5	10.0	10.0	10.0	10.5	10.5	10.5	10.5	11.0	11.0	11.0	11.5	11.5	.0865
0.7	3.5	4.0	4.5	5.0	5.5	6.0	6.0	6.5	7.0	7.0	7.5	7.5	8.0	8.5	8.5	9.0	9.0	9.5	9.5	9.5	10.0	10.0	10.0	10.5	10.5	11.0	11.0	11.0	11.5	11.5	12.0	12.0	12.0	•	•	.1009
0.8	3.5	4.0	4.5	5.0	5.5	6.0	6.5	7.0	7.5	7.5	8.0	8.5	8.5	9.0	9.0	9.5	9.5	10.0	10.0	10.0	10.5	10.5	10.5	11.0	11.0	11.5	12.0	12.0	12.0	12.0	•	•	•	•	•	.1154
0.9	3.5	4.5	5.0	5.5	6.0	6.5	7.0	7.5	7.5	8.0	8.5	8.5	9.0	9.5	9.5	10.0	10.0	10.5	10.5	10.5	11.0	11.5	11.5	11.5	12.0	12.0	•	•	•	•	•	•	•	•	•	.1298
1.0	4.0	4.5	5.0	6.0	6.5	7.0	7.5	7.5	8.0	8.5	8.5	9.0	9.5	9.5	10.0	10.5	10.5	10.5	11.0	11.0	11.5	12.0	12.0	12.0	•	•	•	•	•	•	•	•	•	•	•	.1442
1.1	4.0	4.5	5.5	6.0	6.5	7.0	7.5	8.0	8.5	8.5	9.0	9.5	10.0	10.0	10.5	11.0	11.0	11.0	11.5	11.5	12.0	•	•	•	•	•	•	•	•	•	•	•	•	•	•	.1586
1.2	4.0	5.0	5.5	6.0	7.0	7.5	8.0	8.5	8.5	9.0	9.5	10.0	10.5	10.5	11.0	11.5	11.5	11.5	11.5	12.0	•	•	•	•	•	•	•	•	•	•	•	•	•	•	•	.1730
1.3	4.0	5.0	6.0	6.5	7.0	7.5	8.0	8.5	9.0	9.5	10.0	10.0	10.5	11.0	11.5	12.0	12.0	12.0	•	•	•	•	•	•	•	•	•	•	•	•	•	•	•	•	•	.1875
1.4	4.5	5.0	6.0	6.5	7.5	8.0	8.5	9.0	9.5	9.5	10.0	10.5	11.0	11.5	12.0	•	•	•	•	•	•	•	•	•	•	•	•	•	•	•	•	•	•	•	•	.2019
1.5	4.5	5.5	6.0	7.0	7.5	8.0	8.5	9.0	9.5	10.0	10.0	10.5	11.0	12.0	•	•	•	•	•	•	•	•	•	•	•	•	•	•	•	•	•	•	•	•	•	.2163
k	90	126	162	198	234	270	306	342	378	414	450	486	522	558	594	630	666	702	738	774	810	846	882	918	954	990	1026	1062	1098	1134	1170	1206	1242	1278	1314	km

Δt Fahrenheit

TEMPERATURE DIFFERENCE

TABLE 2 (Continued)

ECONOMICAL INSULATION THICKNESS TABLE
IN INCHES
(nominal)

PIPE SIZE: 36" NPS (Tube Size 36-1/2" OD)
914.4 mm

At the intersection of the "Δt" column with the "k" row read the economical thickness.
(•—*exceeds 12" thickness*)

D = 0.0120

Δt Celsius °C or Kelvin °K

CONDUCTIVITY Btu, in./sq ft, hr °F

k	50	70	90	110	130	150	170	190	210	230	250	270	290	310	330	350	370	390	410	430	450	470	490	510	530	550	570	590	610	630	650	670	690	710	730	km
0.1	1.5	2.0	2.0	2.5	2.5	2.5	3.0	3.0	3.0	3.0	3.5	3.5	3.5	3.5	4.0	4.0	4.0	4.0	4.0	4.5	4.5	4.5	4.5	4.5	4.5	5.0	5.0	5.0	5.0	5.0	5.0	5.5	5.5	5.5	5.5	.0144
0.2	2.0	2.5	3.0	3.0	3.5	3.5	4.0	4.0	4.0	4.5	4.5	5.0	5.0	5.0	5.0	5.5	5.5	5.5	6.0	6.0	6.0	6.0	6.5	6.5	6.5	6.5	7.0	7.0	7.0	7.5	7.5	7.5	7.5	7.5	7.5	.0288
0.3	2.5	3.0	3.5	3.5	4.0	4.5	4.5	5.0	5.0	5.5	5.5	5.5	6.0	6.0	6.5	6.5	6.5	7.0	7.0	7.5	7.5	7.5	7.5	8 0	8.0	8.0	8.5	8.5	8.5	8.5	9.0	9.0	9.0	9.5	9.5	.0433
0.4	3.0	3.5	4.0	4.0	4.5	5.0	5.0	5.5	6.0	6.0	6.5	6.5	7.0	7.0	7.5	7.5	7.5	8.0	8.0	8.5	8.5	8.5	9.0	9.0	9.0	9.5	9.5	9.5	9.5	10.0	10.0	10.0	10.0	10.5	10.5	.0577
0.5	3.0	3.5	4.0	4.5	5.0	5.5	6.0	6.0	6.5	6.5	7.0	7.5	7.5	8.0	8.0	8.5	8.5	8.5	9.0	9.0	9.5	9.5	9.5	10.0	10.0	10.0	10.5	10.5	10.5	11.0	11.0	11.0	11.0	11.5	11.5	.0721
0.6	3.5	4.0	4.5	5.0	5.5	6.0	6.5	6.5	7.0	7.5	7.5	8.0	8.0	8.5	8.5	9.0	9.5	9.5	9.5	10.0	10.0	10.0	10.5	10.5	11.0	11.0	11.5	11.5	11.5	12.0	12.0	12.0	•	•	•	.0865
0.7	3.5	4.5	5.0	5.5	6.0	6.5	7.0	7.0	7.5	8.0	8.0	8.5	9.0	9.0	9.5	9.5	10.0	10.0	10.5	10.5	10.5	11.0	11.0	11.5	11.5	12.0	12.0	12.0	•	•	•	•	•	•	•	.1009
0.8	4.0	4.5	5.0	5.5	6.0	6.5	7.0	7.5	8.0	8.5	8.5	9.0	9.5	9.5	10.0	10.0	10.5	10.5	10.5	11.0	11.5	12.0	12.0	12.0	•	•	•	•	•	•	•	•	•	•	•	.1154
0.9	4.0	5.0	5.5	6.0	6.5	7.0	7.5	8.0	8.5	9.0	9.0	9.5	10.0	10.0	10.5	10.5	11.0	11.0	11.5	11.5	12.0	•	•	•	•	•	•	•	•	•	•	•	•	•	•	.1298
1.0	4.0	5.0	5.5	6.5	7.0	7.5	8.0	8.5	9.0	9.5	9.5	10.0	10.0	10.5	10.5	11.0	11.5	11.5	12.0	12.0	•	•	•	•	•	•	•	•	•	•	•	•	•	•	•	.1442
1.1	4.5	5.0	6.0	6.5	7.5	7.5	8.5	8.5	9.5	9.5	10.0	10.5	10.5	11.0	11.0	11.5	12.0	12.0	•	•	•	•	•	•	•	•	•	•	•	•	•	•	•	•	•	.1586
1.2	4.5	5.5	6.0	7.0	7.5	8.0	8.5	9.0	9.5	10.0	10.0	10.5	11.0	11.5	12.0	12.0	•	•	•	•	•	•	•	•	•	•	•	•	•	•	•	•	•	•	•	.1730
1.3	4.5	5.5	6.5	7.0	7.5	8.5	9.0	9.5	10.0	10.0	10.5	11.0	11.5	12.0	•	•	•	•	•	•	•	•	•	•	•	•	•	•	•	•	•	•	•	•	•	.1875
1.4	5.0	6.0	6.5	7.5	8.0	8.5	9.0	9.5	10.0	10.5	11.0	11.5	12.0	•	•	•	•	•	•	•	•	•	•	•	•	•	•	•	•	•	•	•	•	•	•	.2019
1.5	5.0	6.0	7.0	7.5	8.5	9.0	9.5	10.0	10.5	11.0	11.5	11.5	12.0	•	•	•	•	•	•	•	•	•	•	•	•	•	•	•	•	•	•	•	•	•	•	.2163
k	90	126	162	198	234	270	306	342	378	414	450	486	522	558	594	630	666	702	738	774	810	846	882	918	954	990	1026	1062	1098	1134	1170	1206	1242	1278	1314	km

Δt Fahrenheit

W/mK

D = 0.0150

Δt Celsius °C or Kelvin °K

CONDUCTIVITY Btu, in./sq ft, hr °F

k	50	70	90	110	130	150	170	190	210	230	250	270	290	310	330	350	370	390	410	430	450	470	490	510	530	550	570	590	610	630	650	670	690	710	730	km
0.1	2.0	2.5	3.0	3.0	3.5	3.5	4.0	4.0	4.0	4.5	4.5	5.0	5.0	5.0	5.0	5.5	5.5	5.5	6.0	6.0	6.0	6.0	6.5	6.5	6.5	6.5	7.0	7.0	7.0	7.0	7.5	7.5	7.5	7.5	7.5	.0144
0.2	2.0	2.5	2.5	3.0	3.5	3.5	4.0	4.0	4.5	4.5	5.0	5.0	5.0	5.5	5.5	5.5	6.0	6.0	6.0	6.5	6.5	6.5	6.5	7.0	7.0	7.0	7.5	7.5	7.5	7.5	8.0	8.0	8.0	8.0	8.5	.0288
0.3	2.5	3.0	3.0	3.5	4.0	4.5	4.5	4.5	5.0	5.5	6.0	6.0	6.0	6.5	6.5	7.0	7.0	7.0	7.5	7.5	8.0	8.0	8.5	8.5	8.5	9.0	9.0	9.0	9.0	9.5	9.5	10.0	10.0	10.0	10.0	.0433
0.4	2.5	3.5	3.5	4.0	4.5	5.0	5.5	5.5	6.0	6.5	6.5	7.0	7.5	7.5	7.5	8.0	8.5	8.5	8.5	9.0	9.0	9.5	9.5	9.5	10.0	10.0	10.5	10.5	10.5	11.0	11.0	11.0	11.5	11.5	11.5	.0577
0.5	3.0	4.0	4.0	4.5	5.0	5.5	6.0	6.0	6.5	7.0	7.5	8.0	8.0	8.5	8.5	9.0	9.5	9.5	10.0	10.0	10.0	10.5	10.5	11.0	11.0	11.5	11.5	12.0	12.0	12.0	12.0	•	•	•	•	.0721
0.6	3.5	4.5	4.5	5.0	5.5	6.0	7.0	7.0	7.5	7.5	8.0	8.5	8.5	9.0	9.5	10.0	10.0	10.5	10.5	11.0	11.0	11.5	11.5	12.0	12.0	12.0	•	•	•	•	•	•	•	•	•	.0865
0.7	3.5	4.5	5.0	5.5	6.0	6.5	7.5	7.5	8.0	8.5	9.0	9.5	9.5	9.5	10.0	10.5	11.0	11.5	11.5	11.5	12.0	12.0	•	•	•	•	•	•	•	•	•	•	•	•	•	.1009
0.8	4.0	5.0	5.0	5.5	6.5	7.0	8.0	8.0	8.5	9.0	9.5	10.0	10.0	10.5	11.0	11.0	11.5	12.0	12.0	•	•	•	•	•	•	•	•	•	•	•	•	•	•	•	•	.1154
0.9	4.0	5.0	5.5	6.0	7.0	7.5	8.0	8.5	9.0	9.5	10.0	10.5	11.0	11.0	11.5	12.0	•	•	•	•	•	•	•	•	•	•	•	•	•	•	•	•	•	•	•	.1298
1.0	4.5	5.5	6.0	6.5	7.0	8.0	8.5	9.0	9.5	10.0	10.5	11.0	11.5	11.5	12.0	•	•	•	•	•	•	•	•	•	•	•	•	•	•	•	•	•	•	•	•	.1442
1.1	4.5	5.5	6.0	6.5	7.0	8.0	9.0	9.5	10.0	10.5	11.0	11.0	11.5	12.0	•	•	•	•	•	•	•	•	•	•	•	•	•	•	•	•	•	•	•	•	•	.1586
1.2	5.0	6.0	6.5	6.5	7.5	8.5	9.0	9.5	10.0	10.5	11.0	11.5	12.0	•	•	•	•	•	•	•	•	•	•	•	•	•	•	•	•	•	•	•	•	•	•	.1730
1.3	5.5	6.0	6.5	7.0	7.5	8.5	9.5	10.0	10.5	11.0	11.5	12.0	•	•	•	•	•	•	•	•	•	•	•	•	•	•	•	•	•	•	•	•	•	•	•	.1875
1.4	5.5	6.5	7.0	7.5	8.0	9.0	9.5	10.0	10.5	11.5	12.0	•	•	•	•	•	•	•	•	•	•	•	•	•	•	•	•	•	•	•	•	•	•	•	•	.2019
1.5	6.0	6.5	7.0	7.5	8.0	9.0	10.0	11.0	11.5	12.0	•	•	•	•	•	•	•	•	•	•	•	•	•	•	•	•	•	•	•	•	•	•	•	•	•	.2163
k	90	126	162	198	234	270	306	342	378	414	450	486	522	558	594	630	666	702	738	774	810	846	882	918	954	990	1026	1062	1098	1134	1170	1206	1242	1278	1314	km

Δt Fahrenheit

W/mK

D = 0.0200

Δt Celsius °C or Kelvin °K

Btu, in./sq ft, hr °F

k	50	70	90	110	130	150	170	190	210	230	250	270	290	310	330	350	370	390	410	430	450	470	490	510	530	550	570	590	610	630	650	670	690	710	730	km
0.1	2.0	2.5	2.5	3.0	3.5	3.5	4.0	4.0	4.0	4.5	5.0	5.0	5.0	5.5	5.5	5.5	6.0	6.0	6.5	6.5	6.5	6.5	7.0	7.0	7.0	7.5	7.5	7.5	7.5	8.0	8.0	8.0	8.0	8.5	8.5	.0144
0.2	2.5	3.0	3.0	3.5	4.0	4.5	4.5	5.0	5.0	5.5	5.5	6.0	6.0	6.5	6.5	6.5	7.0	7.0	7.0	7.5	7.5	8.0	8.0	8.0	8.0	8.5	8.5	8.5	9.0	9.0	9.0	9.5	9.5	9.5	9.5	.0288
0.3	3.0	3.5	3.5	4.0	5.0	5.0	5.5	6.0	6.0	6.5	7.0	7.0	7.0	7.5	8.0	8.0	8.5	8.5	8.5	9.0	9.0	9.5	9.5	9.5	10.0	10.0	10.5	10.5	10.5	11.0	11.0	11.5	11.5	11.5	12.0	.0433
0.4	3.5	4.0	4.5	5.0	5.5	6.0	6.5	6.5	7.0	7.5	8.0	8.0	8.0	8.5	9.0	9.5	9.5	9.5	10.0	10.5	10.5	11.0	11.0	11.0	11.5	12.0	12.0	12.0	•	•	•	•	•	•	•	.0577
0.5	3.5	4.5	5.0	5.5	6.0	6.5	7.0	7.5	8.0	8.5	8.5	9.0	9.0	9.5	10.0	10.5	11.0	11.0	11.0	11.5	12.0	12.0	•	•	•	•	•	•	•	•	•	•	•	•	•	.0721
0.6	4.0	5.0	5.5	6.0	6.5	7.5	8.0	8.0	8.5	9.0	9.5	10.0	10.0	10.5	11.0	11.5	12.0	12.0	12.0	•	•	•	•	•	•	•	•	•	•	•	•	•	•	•	•	.0865
0.7	4.5	5.5	6.0	6.5	7.0	8.0	8.5	8.5	9.0	9.5	10.5	11.0	11.0	11.5	12.0	•	•	•	•	•	•	•	•	•	•	•	•	•	•	•	•	•	•	•	•	.1009
0.8	4.5	5.5	6.0	6.5	7.5	8.5	9.0	9.5	9.5	10.5	11.0	11.5	12.0	•	•	•	•	•	•	•	•	•	•	•	•	•	•	•	•	•	•	•	•	•	•	.1154
0.9	5.0	6.0	6.5	7.0	8.0	9.0	9.5	10.0	10.5	11.0	11.5	12.0	•	•	•	•	•	•	•	•	•	•	•	•	•	•	•	•	•	•	•	•	•	•	•	.1298
1.0	5.0	6.5	7.0	7.5	8.5	9.5	10.0	10.5	11.0	11.5	12.0	•	•	•	•	•	•	•	•	•	•	•	•	•	•	•	•	•	•	•	•	•	•	•	•	.1442
1.1	5.5	7.0	7.5	8.0	9.0	10.0	10.5	11.0	11.5	12.0	•	•	•	•	•	•	•	•	•	•	•	•	•	•	•	•	•	•	•	•	•	•	•	•	•	.1586
1.2	5.5	7.0	8.0	8.5	9.5	10.5	11.0	11.5	12.0	•	•	•	•	•	•	•	•	•	•	•	•	•	•	•	•	•	•	•	•	•	•	•	•	•	•	.1730
1.3	6.0	7.5	8.0	9.0	10.0	11.0	11.5	12.0	•	•	•	•	•	•	•	•	•	•	•	•	•	•	•	•	•	•	•	•	•	•	•	•	•	•	•	.1875
1.4	6.5	7.5	8.5	9.5	10.5	11.5	12.0	•	•	•	•	•	•	•	•	•	•	•	•	•	•	•	•	•	•	•	•	•	•	•	•	•	•	•	•	.2019
1.5	7.0	8.0	9.0	10.0	11.0	12.0	•	•	•	•	•	•	•	•	•	•	•	•	•	•	•	•	•	•	•	•	•	•	•	•	•	•	•	•	•	.2163
k	90	126	162	198	234	270	306	342	378	414	450	486	522	558	594	630	666	702	738	774	810	846	882	918	954	990	1026	1062	1098	1134	1170	1206	1242	1278	1314	km

Δt Fahrenheit

W/mK

TABLE 2 (Sheet 127 of 128)

TEMPERATURE DIFFERENCE

ECONOMICAL INSULATION THICKNESS TABLE

IN INCHES
(nominal)

PIPE SIZE: 36'' NPS (Tube Size 36-1/2'' OD)
914.4 mm

At the intersection of the ''Δt'' column with the ''k'' row read the economical thickness.
(•—*exceeds 12'' thickness*)

D = 0.0300

Δt Celsius °C or Kelvin °K

CONDUCTIVITY Btu, in./sq ft, hr °F

k	50	70	90	110	130	150	170	190	210	230	250	270	290	310	330	350	370	390	410	430	450	470	490	510	530	550	570	590	610	630	650	670	690	710	730	km
0.1	2.5	3.0	3.0	3.5	4.0	4.5	4.5	5.0	5.0	5.5	5.5	6.0	6.0	6.5	6.5	6.5	7.0	7.0	7.0	7.0	7.5	8.0	8.0	8.0	8.0	8.5	8.5	8.5	9.0	9.0	9.0	9.5	9.5	9.5	9.5	.0144
0.2	3.0	3.5	4.0	4.5	5.0	5.5	5.5	6.0	6.5	6.5	7.0	7.0	7.0	7.5	8.0	8.0	8.5	9.0	9.0	9.0	9.5	9.5	9.5	10.0	10.0	10.5	10.5	10.5	11.0	11.0	11.0	11.5	11.5	11.5	12.0	.0288
0.3	3.5	4.5	4.5	5.5	6.0	6.0	6.5	7.0	7.5	8.0	8.5	9.0	9.0	9.0	9.5	10.0	10.5	10.5	10.5	11.0	11.5	11.5	12.0	12.0	•	•	•	•	•	•	•	•	•	•	•	.0433
0.4	4.0	5.0	5.5	6.0	6.5	7.5	8.0	8.0	8.5	9.0	9.5	10.0	10.0	10.5	11.0	11.5	12.0	•	•	•	•	•	•	•	•	•	•	•	•	•	•	•	•	•	•	.0577
0.5	4.5	5.5	6.0	6.5	7.5	8.5	9.0	9.5	10.0	10.5	11.0	11.5	12.0	12.0	•	•	•	•	•	•	•	•	•	•	•	•	•	•	•	•	•	•	•	•	•	.0721
0.6	5.0	6.0	7.0	7.5	8.0	9.0	10.0	10.5	11.0	11.5	12.0	•	•	•	•	•	•	•	•	•	•	•	•	•	•	•	•	•	•	•	•	•	•	•	•	.0865
0.7	5.5	6.5	7.5	8.0	9.0	9.5	10.5	11.0	11.5	12.0	•	•	•	•	•	•	•	•	•	•	•	•	•	•	•	•	•	•	•	•	•	•	•	•	•	.1009
0.8	5.5	7.0	8.0	8.5	9.5	10.5	11.0	11.5	12.0	•	•	•	•	•	•	•	•	•	•	•	•	•	•	•	•	•	•	•	•	•	•	•	•	•	•	.1154
0.9	6.0	7.5	8.5	9.0	10.0	11.0	12.0	•	•	•	•	•	•	•	•	•	•	•	•	•	•	•	•	•	•	•	•	•	•	•	•	•	•	•	•	.1298
1.0	6.5	8.0	9.0	9.5	10.5	11.5	•	•	•	•	•	•	•	•	•	•	•	•	•	•	•	•	•	•	•	•	•	•	•	•	•	•	•	•	•	.1442
1.1	7.0	8.0	10.5	11.0	12.0	•	•	•	•	•	•	•	•	•	•	•	•	•	•	•	•	•	•	•	•	•	•	•	•	•	•	•	•	•	•	.1586
1.2	8.0	9.0	11.0	•	•	•	•	•	•	•	•	•	•	•	•	•	•	•	•	•	•	•	•	•	•	•	•	•	•	•	•	•	•	•	•	.1730
1.3	9.0	10.0	12.0	•	•	•	•	•	•	•	•	•	•	•	•	•	•	•	•	•	•	•	•	•	•	•	•	•	•	•	•	•	•	•	•	.1875
1.4	10.0	12.0	•	•	•	•	•	•	•	•	•	•	•	•	•	•	•	•	•	•	•	•	•	•	•	•	•	•	•	•	•	•	•	•	•	.2019
1.5	11.0	•	•	•	•	•	•	•	•	•	•	•	•	•	•	•	•	•	•	•	•	•	•	•	•	•	•	•	•	•	•	•	•	•	•	.2163
k	90	126	162	198	234	270	306	342	378	414	450	486	522	558	594	630	666	702	738	774	810	846	882	918	954	990	1026	1062	1098	1134	1170	1206	1242	1278	1314	km

Δt Fahrenheit

W/mK

TEMPERATURE DIFFERENCE

TABLE 2 (Sheet 128 of 128)

TABLE 3

ECONOMICAL INSULATION THICKNESS TABLE

IN INCHES
(nominal)

FLAT SURFACE: and Curved greater than 36" dia.
and Curved greater than 915 mm dia.

At the intersection of the "Δt" column with the "k" row read the economical thickness.
(•—*exceeds 12" thickness*)

D = 0.0200

Δt Celsius °C or Kelvin °K

Conductivity: Btu, in./sq ft, hr °F (k) — W/mK (km)

k	50	70	90	110	130	150	170	190	210	230	250	270	290	310	330	350	370	390	410	430	450	470	490	510	530	550	570	590	610	630	650	670	690	710	730	km
0.1	0.5	0.5	1.0	1.0	1.0	1.0	1.0	1.0	1.0	1.0	1.0	1.0	1.0	1.5	1.5	1.5	1.5	1.5	1.5	1.5	1.5	1.5	1.5	1.5	1.5	1.5	1.5	1.5	1.5	1.5	1.5	2.0	2.0	2.0	2.0	.0144
0.2	1.0	1.0	1.0	1.0	1.0	1.0	1.5	1.5	1.5	1.5	1.5	1.5	1.5	1.5	1.5	1.5	2.0	2.0	2.0	2.0	2.0	2.0	2.0	2.0	2.0	2.0	2.0	2.0	2.0	2.5	2.5	2.5	2.5	2.5	2.5	.0288
0.3	1.0	1.0	1.0	1.0	1.5	1.5	1.5	1.5	1.5	1.5	1.5	2.0	2.0	2.0	2.0	2.0	2.0	2.0	2.0	2.5	2.5	2.5	2.5	2.5	2.5	2.5	2.5	2.5	2.5	2.5	2.5	3.0	3.0	3.0	3.0	.0433
0.4	1.0	1.0	1.0	1.5	1.5	1.5	1.5	1.5	2.0	2.0	2.0	2.0	2.0	2.0	2.0	2.5	2.5	2.5	2.5	2.5	2.5	2.5	2.5	3.0	3.0	3.0	3.0	3.0	3.0	3.0	3.0	3.0	3.0	3.0	3.5	.0577
0.5	1.0	1.0	1.5	1.5	1.5	1.5	1.5	2.0	2.0	2.0	2.0	2.0	2.5	2.5	2.5	2.5	2.5	2.5	2.5	3.0	3.0	3.0	3.0	3.0	3.0	3.0	3.0	3.5	3.5	3.5	3.5	3.5	3.5	3.5	3.5	.0721
0.6	1.0	1.0	1.5	1.5	1.5	2.0	2.0	2.0	2.0	2.0	2.5	2.5	2.5	2.5	2.5	2.5	3.0	3.0	3.0	3.0	3.0	3.0	3.0	3.5	3.5	3.5	3.5	3.5	3.5	3.5	3.5	4.0	4.0	4.0	4.0	.0865
0.7	1.0	1.0	1.5	1.5	1.5	2.0	2.0	2.0	2.0	2.5	2.5	2.5	2.5	2.5	3.0	3.0	3.0	3.0	3.0	3.0	3.5	3.5	3.5	3.5	3.5	3.5	3.5	4.0	4.0	4.0	4.0	4.0	4.0	4.0	4.0	.1009
0.8	1.0	1.5	1.5	1.5	2.0	2.0	2.0	2.0	2.5	2.5	2.5	2.5	2.5	3.0	3.0	3.0	3.0	3.0	3.5	3.5	3.5	3.5	3.5	3.5	4.0	4.0	4.0	4.0	4.0	4.0	4.0	4.0	4.5	4.5	4.5	.1154
0.9	1.0	1.5	1.5	1.5	2.0	2.0	2.0	2.5	2.5	2.5	2.5	3.0	3.0	3.0	3.0	3.0	3.5	3.5	3.5	3.5	3.5	3.5	4.0	4.0	4.0	4.0	4.0	4.0	4.0	4.5	4.5	4.5	4.5	4.5	4.5	.1298
1.0	1.0	1.5	1.5	1.5	2.0	2.0	2.0	2.5	2.5	2.5	3.0	3.0	3.0	3.0	3.0	3.5	3.5	3.5	3.5	3.5	4.0	4.0	4.0	4.0	4.0	4.0	4.5	4.5	4.5	4.5	4.5	4.5	4.5	5.0	5.0	.1442
1.1	1.0	1.5	1.5	2.0	2.0	2.0	2.5	2.5	2.5	2.5	3.0	3.0	3.0	3.0	3.5	3.5	3.5	3.5	3.5	4.0	4.0	4.0	4.0	4.0	4.5	4.5	4.5	4.5	4.5	4.5	5.0	5.0	5.0	5.0	5.0	.1586
1.2	1.0	1.5	1.5	2.0	2.0	2.0	2.5	2.5	2.5	3.0	3.0	3.0	3.0	3.5	3.5	3.5	3.5	4.0	4.0	4.0	4.0	4.0	4.5	4.5	4.5	4.5	4.5	4.5	5.0	5.0	5.0	5.0	5.0	5.0	5.5	.1730
1.3	1.0	1.5	1.5	2.0	2.0	2.0	2.5	2.5	2.5	3.0	3.0	3.0	3.5	3.5	3.5	3.5	4.0	4.0	4.0	4.0	4.0	4.5	4.5	4.5	4.5	4.5	5.0	5.0	5.0	5.0	5.0	5.0	5.5	5.5	5.5	.1875
1.4	1.0	1.5	1.5	2.0	2.0	2.5	2.5	2.5	3.0	3.0	3.0	3.0	3.5	3.5	3.5	4.0	4.0	4.0	4.0	4.0	4.5	4.5	4.5	4.5	4.5	5.0	5.0	5.0	5.0	5.0	5.5	5.5	5.5	5.5	5.5	.2019
1.5	1.0	1.5	1.5	2.0	2.0	2.5	2.5	2.5	3.0	3.0	3.0	3.5	3.5	3.5	3.5	4.0	4.0	4.0	4.0	4.5	4.5	4.5	4.5	4.5	5.0	5.0	5.0	5.0	5.0	5.5	5.5	5.5	5.5	5.5	6.0	.2163
k	90	126	162	198	234	270	306	342	378	414	450	486	522	558	594	630	666	702	738	774	810	846	882	918	954	990	1026	1062	1098	1134	1170	1206	1242	1278	1314	km

Δt Fahrenheit

D = 0.0250

Δt Celsius °C or Kelvin °K

CONDUCTIVITY Btu, in./sq ft, hr °F (k) — W/mK (km)

k	50	70	90	110	130	150	170	190	210	230	250	270	290	310	330	350	370	390	410	430	450	470	490	510	530	550	570	590	610	630	650	670	690	710	730	km
0.1	0.5	1.0	1.0	1.0	1.0	1.0	1.0	1.0	1.0	1.0	1.5	1.5	1.5	1.5	1.5	1.5	1.5	1.5	1.5	1.5	1.5	1.5	1.5	1.5	1.5	2.0	2.0	2.0	2.0	2.0	2.0	2.0	2.0	2.0	2.0	.0144
0.2	1.0	1.0	1.0	1.0	1.0	1.5	1.5	1.5	1.5	1.5	1.5	1.5	2.0	2.0	2.0	2.0	2.0	2.0	2.0	2.0	2.0	2.0	2.5	2.5	2.5	2.5	2.5	2.5	2.5	2.5	2.5	2.5	2.5	2.5	2.5	.0288
0.3	1.0	1.0	1.0	1.5	1.5	1.5	1.5	1.5	2.0	2.0	2.0	2.0	2.0	2.0	2.0	2.5	2.5	2.5	2.5	2.5	2.5	2.5	2.5	2.5	3.0	3.0	3.0	3.0	3.0	3.0	3.0	3.0	3.0	3.0	3.0	.0433
0.4	1.0	1.0	1.5	1.5	1.5	1.5	2.0	2.0	2.0	2.0	2.0	2.5	2.5	2.5	2.5	2.5	2.5	2.5	3.0	3.0	3.0	3.0	3.0	3.0	3.0	3.0	3.5	3.5	3.5	3.5	3.5	3.5	3.5	3.5	3.5	.0577
0.5	1.0	1.5	1.5	1.5	1.5	2.0	2.0	2.0	2.0	2.5	2.5	2.5	2.5	2.5	2.5	3.0	3.0	3.0	3.0	3.0	3.0	3.5	3.5	3.5	3.5	3.5	3.5	3.5	3.5	4.0	4.0	4.0	4.0	4.0	4.0	.0721
0.6	1.0	1.5	1.5	1.5	2.0	2.0	2.0	2.0	2.5	2.5	2.5	2.5	2.5	3.0	3.0	3.0	3.0	3.0	3.5	3.5	3.5	3.5	3.5	3.5	3.5	4.0	4.0	4.0	4.0	4.0	4.0	4.0	4.5	4.5	4.5	.0865
0.7	1.0	1.5	1.5	2.0	2.0	2.0	2.0	2.5	2.5	2.5	2.5	3.0	3.0	3.0	3.0	3.0	3.5	3.5	3.5	3.5	3.5	3.5	4.0	4.0	4.0	4.0	4.0	4.0	4.5	4.5	4.5	4.5	4.5	4.5	4.5	.1009
0.8	1.0	1.5	1.5	2.0	2.0	2.0	2.5	2.5	2.5	2.5	3.0	3.0	3.0	3.0	3.5	3.5	3.5	3.5	3.5	4.0	4.0	4.0	4.0	4.0	4.0	4.5	4.5	4.5	4.5	4.5	4.5	5.0	5.0	5.0	5.0	.1154
0.9	1.0	1.5	1.5	2.0	2.0	2.5	2.5	2.5	2.5	3.0	3.0	3.0	3.0	3.5	3.5	3.5	3.5	4.0	4.0	4.0	4.0	4.0	4.5	4.5	4.5	4.5	4.5	4.5	5.0	5.0	5.0	5.0	5.0	5.0	5.0	.1298
1.0	1.5	1.5	2.0	2.0	2.0	2.5	2.5	2.5	3.0	3.0	3.0	3.0	3.5	3.5	3.5	3.5	4.0	4.0	4.0	4.0	4.5	4.5	4.5	4.5	4.5	4.5	5.0	5.0	5.0	5.0	5.0	5.0	5.5	5.5	5.5	.1442
1.1	1.5	1.5	2.0	2.0	2.0	2.5	2.5	3.0	3.0	3.0	3.0	3.5	3.5	3.5	3.5	4.0	4.0	4.0	4.0	4.5	4.5	4.5	4.5	4.5	5.0	5.0	5.0	5.0	5.0	5.5	5.5	5.5	5.5	5.5	5.5	.1586
1.2	1.5	1.5	2.0	2.0	2.5	2.5	2.5	3.0	3.0	3.0	3.5	3.5	3.5	3.5	4.0	4.0	4.0	4.0	4.5	4.5	4.5	4.5	5.0	5.0	5.0	5.0	5.0	5.5	5.5	5.5	5.5	5.5	6.0	6.0	6.0	.1730
1.3	1.5	1.5	2.0	2.0	2.5	2.5	3.0	3.0	3.0	3.5	3.5	3.5	3.5	4.0	4.0	4.0	4.5	4.5	4.5	4.5	4.5	5.0	5.0	5.0	5.0	5.5	5.5	5.5	5.5	5.5	6.0	6.0	6.0	6.0	6.0	.1875
1.4	1.5	1.5	2.0	2.0	2.5	2.5	3.0	3.0	3.0	3.5	3.5	3.5	4.0	4.0	4.0	4.0	4.5	4.5	4.5	5.0	5.0	5.0	5.0	5.0	5.5	5.5	5.5	5.5	5.5	6.0	6.0	6.0	6.0	6.0	6.5	.2019
1.5	1.5	1.5	2.0	2.0	2.5	2.5	3.0	3.0	3.5	3.5	3.5	4.0	4.0	4.0	4.0	4.5	4.5	4.5	5.0	5.0	5.0	5.0	5.5	5.5	5.5	5.5	5.5	6.0	6.0	6.0	6.0	6.0	6.5	6.5	6.5	.2163
k	90	126	162	198	234	270	306	342	378	414	450	486	522	558	594	630	666	702	738	774	810	846	882	918	954	990	1026	1062	1098	1134	1170	1206	1242	1278	1314	km

Δt Fahrenheit

D = 0.0300

Δt Celsius °C or Kelvin °K

Btu, in./sq ft, hr °F (k) — W/mK (km)

k	50	70	90	110	130	150	170	190	210	230	250	270	290	310	330	350	370	390	410	430	450	470	490	510	530	550	570	590	610	630	650	670	690	710	730	km
0.1	0.5	1.0	1.0	1.0	1.0	1.0	1.0	1.0	1.5	1.5	1.5	1.5	1.5	1.5	1.5	1.5	1.5	1.5	1.5	1.5	2.0	2.0	2.0	2.0	2.0	2.0	2.0	2.0	2.0	2.0	2.0	2.0	2.0	2.0	2.0	.0144
0.2	1.0	1.0	1.0	1.0	1.5	1.5	1.5	1.5	1.5	1.5	2.0	2.0	2.0	2.0	2.0	2.0	2.0	2.0	2.5	2.5	2.5	2.5	2.5	2.5	2.5	2.5	2.5	2.5	2.5	3.0	3.0	3.0	3.0	3.0	3.0	.0288
0.3	1.0	1.0	1.5	1.5	1.5	1.5	2.0	2.0	2.0	2.0	2.0	2.0	2.5	2.5	2.5	2.5	2.5	2.5	2.5	2.5	3.0	3.0	3.0	3.0	3.0	3.0	3.0	3.0	3.0	3.5	3.5	3.5	3.5	3.5	3.5	.0433
0.4	1.0	1.5	1.5	1.5	1.5	2.0	2.0	2.0	2.0	2.5	2.5	2.5	2.5	2.5	2.5	3.0	3.0	3.0	3.0	3.0	3.0	3.0	3.5	3.5	3.5	3.5	3.5	3.5	3.5	3.5	4.0	4.0	4.0	4.0	4.0	.0577
0.5	1.0	1.5	1.5	1.5	2.0	2.0	2.0	2.5	2.5	2.5	2.5	2.5	3.0	3.0	3.0	3.0	3.0	3.0	3.5	3.5	3.5	3.5	3.5	3.5	4.0	4.0	4.0	4.0	4.0	4.0	4.0	4.5	4.5	4.5	4.5	.0721
0.6	1.0	1.5	1.5	2.0	2.0	2.0	2.5	2.5	2.5	2.5	3.0	3.0	3.0	3.0	3.0	3.5	3.5	3.5	3.5	3.5	4.0	4.0	4.0	4.0	4.0	4.0	4.0	4.5	4.5	4.5	4.5	4.5	4.5	4.5	5.0	.0865
0.7	1.5	1.5	1.5	2.0	2.0	2.5	2.5	2.5	2.5	3.0	3.0	3.0	3.0	3.5	3.5	3.5	3.5	3.5	4.0	4.0	4.0	4.0	4.0	4.5	4.5	4.5	4.5	4.5	4.5	5.0	5.0	5.0	5.0	5.0	5.0	.1009
0.8	1.5	1.5	2.0	2.0	2.0	2.5	2.5	2.5	3.0	3.0	3.0	3.5	3.5	3.5	3.5	3.5	4.0	4.0	4.0	4.0	4.5	4.5	4.5	4.5	4.5	4.5	5.0	5.0	5.0	5.0	5.0	5.0	5.5	5.5	5.5	.1154
0.9	1.5	1.5	2.0	2.0	2.5	2.5	2.5	3.0	3.0	3.0	3.5	3.5	3.5	3.5	4.0	4.0	4.0	4.0	4.5	4.5	4.5	4.5	4.5	5.0	5.0	5.0	5.0	5.0	5.0	5.5	5.5	5.5	5.5	5.5	6.0	.1298
1.0	1.5	1.5	2.0	2.0	2.5	2.5	3.0	3.0	3.0	3.5	3.5	3.5	3.5	4.0	4.0	4.0	4.0	4.5	4.5	4.5	4.5	5.0	5.0	5.0	5.0	5.0	5.5	5.5	5.5	5.5	5.5	6.0	6.0	6.0	6.0	.1442
1.1	1.5	1.5	2.0	2.5	2.5	2.5	3.0	3.0	3.0	3.5	3.5	3.5	4.0	4.0	4.0	4.5	4.5	4.5	4.5	5.0	5.0	5.0	5.0	5.0	5.5	5.5	5.5	5.5	5.5	6.0	6.0	6.0	6.0	6.0	6.5	.1586
1.2	1.5	2.0	2.0	2.5	2.5	3.0	3.0	3.0	3.5	3.5	3.5	4.0	4.0	4.0	4.5	4.5	4.5	4.5	5.0	5.0	5.0	5.0	5.5	5.5	5.5	5.5	5.5	6.0	6.0	6.0	6.0	6.0	6.5	6.5	6.5	.1730
1.3	1.5	2.0	2.0	2.5	2.5	3.0	3.0	3.5	3.5	3.5	4.0	4.0	4.0	4.5	4.5	4.5	4.5	5.0	5.0	5.0	5.0	5.5	5.5	5.5	5.5	6.0	6.0	6.0	6.0	6.5	6.5	6.5	6.5	6.5	7.0	.1875
1.4	1.5	2.0	2.0	2.5	2.5	3.0	3.0	3.5	3.5	3.5	4.0	4.0	4.0	4.5	4.5	4.5	5.0	5.0	5.0	5.5	5.5	5.5	5.5	6.0	6.0	6.0	6.0	6.0	6.5	6.5	6.5	6.5	7.0	7.0	7.0	.2019
1.5	1.5	2.0	2.0	2.5	2.5	3.0	3.0	3.5	3.5	4.0	4.0	4.0	4.5	4.5	4.5	5.0	5.0	5.0	5.5	5.5	5.5	5.5	6.0	6.0	6.0	6.0	6.5	6.5	6.5	6.5	7.0	7.0	7.0	7.0	7.0	.2163
k	90	126	162	198	234	270	306	342	378	414	450	486	522	558	594	630	666	702	738	774	810	846	882	918	954	990	1026	1062	1098	1134	1170	1206	1242	1278	1314	km

Δt Fahrenheit

TABLE 3 (Sheet 1 of 7)

TEMPERATURE DIFFERENCE

TABLE 3 (Continued)

ECONOMICAL INSULATION THICKNESS TABLE

IN INCHES
(nominal)

FLAT SURFACE: and Curved greater than 36" dia.
and Curved greater than 915 mm dia.

At the intersection of the "Δt" column with the "k" row read the economical thickness.
(•—*exceeds 12" thickness*)

D = 0.0350

Δt Celsius °C or Kelvin °K

k (Btu, in./sq ft, hr °F)	50	70	90	110	130	150	170	190	210	230	250	270	290	310	330	350	370	390	410	430	450	470	490	510	530	550	570	590	610	630	650	670	690	710	730	km (W/mK)
0.1	1.0	1.0	1.0	1.0	1.0	1.0	1.0	1.5	1.5	1.5	1.5	1.5	1.5	1.5	1.5	1.5	1.5	2.0	2.0	2.0	2.0	2.0	2.0	2.0	2.0	2.0	2.0	2.0	2.0	2.0	2.0	2.5	2.5	2.5	2.5	.0144
0.2	1.0	1.0	1.0	1.5	1.5	1.5	1.5	1.5	2.0	2.0	2.0	2.0	2.0	2.0	2.0	2.5	2.5	2.5	2.5	2.5	2.5	2.5	2.5	2.5	2.5	3.0	3.0	3.0	3.0	3.0	3.0	3.0	3.0	3.0	3.0	.0288
0.3	1.0	1.5	1.5	1.5	1.5	2.0	2.0	2.0	2.0	2.0	2.5	2.5	2.5	2.5	2.5	2.5	2.5	3.0	3.0	3.0	3.0	3.0	3.0	3.0	3.5	3.5	3.5	3.5	3.5	3.5	3.5	3.5	3.5	4.0	4.0	.0433
0.4	1.0	1.5	1.5	1.5	2.0	2.0	2.0	2.0	2.5	2.5	2.5	2.5	3.0	3.0	3.0	3.0	3.0	3.0	3.5	3.5	3.5	3.5	3.5	3.5	3.5	4.0	4.0	4.0	4.0	4.0	4.0	4.0	4.0	4.5	4.5	.0577
0.5	1.5	1.5	1.5	2.0	2.0	2.0	2.5	2.5	2.5	2.5	3.0	3.0	3.0	3.0	3.0	3.5	3.5	3.5	3.5	3.5	4.0	4.0	4.0	4.0	4.0	4.0	4.0	4.5	4.5	4.5	4.5	4.5	4.5	4.5	5.0	.0721
0.6	1.5	1.5	2.0	2.0	2.0	2.5	2.5	2.5	3.0	3.0	3.0	3.0	3.5	3.5	3.5	3.5	3.5	4.0	4.0	4.0	4.0	4.0	4.5	4.5	4.5	4.5	4.5	4.5	5.0	5.0	5.0	5.0	5.0	5.0	5.0	.0865
0.7	1.5	1.5	2.0	2.0	2.5	2.5	2.5	3.0	3.0	3.0	3.0	3.5	3.5	3.5	3.5	4.0	4.0	4.0	4.0	4.5	4.5	4.5	4.5	4.5	4.5	5.0	5.0	5.0	5.0	5.0	5.5	5.5	5.5	5.5	5.5	.1009
0.8	1.5	1.5	2.0	2.0	2.5	2.5	3.0	3.0	3.0	3.5	3.5	3.5	3.5	4.0	4.0	4.0	4.0	4.5	4.5	4.5	4.5	4.5	5.0	5.0	5.0	5.0	5.0	5.5	5.5	5.5	5.5	5.5	5.5	6.0	6.0	.1154
0.9	1.5	2.0	2.0	2.5	2.5	2.5	3.0	3.0	3.5	3.5	3.5	3.5	4.0	4.0	4.0	4.5	4.5	4.5	4.5	4.5	5.0	5.0	5.0	5.0	5.5	5.5	5.5	5.5	5.5	6.0	6.0	6.0	6.0	6.0	6.0	.1298
1.0	1.5	2.0	2.0	2.5	2.5	3.0	3.0	3.0	3.5	3.5	3.5	4.0	4.0	4.0	4.5	4.5	4.5	4.5	5.0	5.0	5.0	5.0	5.5	5.5	5.5	5.5	5.5	6.0	6.0	6.0	6.0	6.0	6.5	6.5	6.5	.1442
1.1	1.5	2.0	2.0	2.5	2.5	3.0	3.0	3.5	3.5	3.5	4.0	4.0	4.0	4.5	4.5	4.5	5.0	5.0	5.0	5.0	5.5	5.5	5.5	5.5	6.0	6.0	6.0	6.0	6.0	6.5	6.5	6.5	6.5	6.5	7.0	.1586
1.2	1.5	2.0	2.5	2.5	3.0	3.0	3.0	3.5	3.5	4.0	4.0	4.0	4.5	4.5	4.5	5.0	5.0	5.0	5.0	5.5	5.5	5.5	5.5	6.0	6.0	6.0	6.0	6.5	6.5	6.5	6.5	7.0	7.0	7.0	7.0	.1730
1.3	1.5	2.0	2.5	2.5	3.0	3.0	3.5	3.5	3.5	4.0	4.0	4.5	4.5	4.5	5.0	5.0	5.0	5.5	5.5	5.5	5.5	6.0	6.0	6.0	6.0	6.5	6.5	6.5	6.5	7.0	7.0	7.0	7.0	7.0	7.5	.1875
1.4	1.5	2.0	2.5	2.5	3.0	3.0	3.5	3.5	4.0	4.0	4.0	4.5	4.5	5.0	5.0	5.0	5.5	5.5	5.5	5.5	6.0	6.0	6.0	6.5	6.5	6.5	6.5	7.0	7.0	7.0	7.0	7.0	7.5	7.5	7.5	.2019
1.5	1.5	2.0	2.5	2.5	3.0	3.5	3.5	3.5	4.0	4.0	4.5	4.5	4.5	5.0	5.0	5.5	5.5	5.5	5.5	6.0	6.0	6.0	6.5	6.5	6.5	6.5	7.0	7.0	7.0	7.0	7.5	7.5	7.5	7.5	8.0	.2163
k	90	126	162	198	234	270	306	342	378	414	450	486	522	558	594	630	666	702	738	774	810	846	882	918	954	990	1026	1062	1098	1134	1170	1206	1242	1278	1314	km

Δt Fahrenheit

D = 0.0400

Δt Celsius °C or Kelvin °K

k (Btu, in./sq ft, hr °F)	50	70	90	110	130	150	170	190	210	230	250	270	290	310	330	350	370	390	410	430	450	470	490	510	530	550	570	590	610	630	650	670	690	710	730	km (W/mK)
0.1	1.0	1.0	1.0	1.0	1.0	1.0	1.5	1.5	1.5	1.5	1.5	1.5	1.5	1.5	1.5	2.0	2.0	2.0	2.0	2.0	2.0	2.0	2.0	2.0	2.0	2.0	2.0	2.5	2.5	2.5	2.5	2.5	2.5	2.5	2.5	.0144
0.2	1.0	1.0	1.5	1.5	1.5	1.5	1.5	2.0	2.0	2.0	2.0	2.0	2.0	2.5	2.5	2.5	2.5	2.5	2.5	2.5	2.5	3.0	3.0	3.0	3.0	3.0	3.0	3.0	3.0	3.0	3.0	3.5	3.5	3.5	3.5	.0288
0.3	1.0	1.5	1.5	1.5	2.0	2.0	2.0	2.0	2.0	2.5	2.5	2.5	2.5	2.5	3.0	3.0	3.0	3.0	3.0	3.0	3.0	3.5	3.5	3.5	3.5	3.5	3.5	3.5	3.5	4.0	4.0	4.0	4.0	4.0	4.0	.0433
0.4	1.5	1.5	1.5	2.0	2.0	2.0	2.5	2.5	2.5	2.5	2.5	3.0	3.0	3.0	3.0	3.0	3.5	3.5	3.5	3.5	3.5	3.5	4.0	4.0	4.0	4.0	4.0	4.0	4.0	4.5	4.5	4.5	4.5	4.5	4.5	.0577
0.5	1.5	1.5	2.0	2.0	2.0	2.5	2.5	2.5	2.5	3.0	3.0	3.0	3.0	3.5	3.5	3.5	3.5	3.5	4.0	4.0	4.0	4.0	4.0	4.5	4.5	4.5	4.5	4.5	4.5	5.0	5.0	5.0	5.0	5.0	5.0	.0721
0.6	1.5	1.5	2.0	2.0	2.5	2.5	2.5	3.0	3.0	3.0	3.0	3.5	3.5	3.5	3.5	4.0	4.0	4.0	4.0	4.5	4.5	4.5	4.5	4.5	4.5	5.0	5.0	5.0	5.0	5.0	5.0	5.5	5.5	5.5	5.5	.0865
0.7	1.5	2.0	2.0	2.5	2.5	2.5	3.0	3.0	3.0	3.5	3.5	3.5	3.5	4.0	4.0	4.0	4.0	4.5	4.5	4.5	4.5	5.0	5.0	5.0	5.0	5.0	5.5	5.5	5.5	5.5	5.5	5.5	6.0	6.0	6.0	.1009
0.8	1.5	2.0	2.0	2.5	2.5	3.0	3.0	3.0	3.5	3.5	3.5	4.0	4.0	4.0	4.0	4.5	4.5	4.5	4.5	5.0	5.0	5.0	5.0	5.5	5.5	5.5	5.5	5.5	6.0	6.0	6.0	6.0	6.0	6.0	6.5	.1154
0.9	1.5	2.0	2.0	2.5	2.5	3.0	3.0	3.5	3.5	3.5	4.0	4.0	4.0	4.5	4.5	4.5	4.5	5.0	5.0	5.0	5.0	5.5	5.5	5.5	5.5	6.0	6.0	6.0	6.0	6.0	6.5	6.5	6.5	6.5	6.5	.1298
1.0	1.5	2.0	2.5	2.5	3.0	3.0	3.0	3.5	3.5	4.0	4.0	4.0	4.5	4.5	4.5	5.0	5.0	5.0	5.0	5.5	5.5	5.5	5.5	6.0	6.0	6.0	6.0	6.5	6.5	6.5	6.5	6.5	7.0	7.0	7.0	.1442
1.1	1.5	2.0	2.5	2.5	3.0	3.0	3.5	3.5	4.0	4.0	4.0	4.5	4.5	4.5	5.0	5.0	5.0	5.5	5.5	5.5	5.5	6.0	6.0	6.0	6.0	6.5	6.5	6.5	6.5	7.0	7.0	7.0	7.0	7.0	7.5	.1586
1.2	1.5	2.0	2.5	2.5	3.0	3.5	3.5	3.5	4.0	4.0	4.5	4.5	4.5	5.0	5.0	5.0	5.5	5.5	5.5	5.5	6.0	6.0	6.0	6.5	6.5	6.5	6.5	7.0	7.0	7.0	7.0	7.5	7.5	7.5	7.5	.1730
1.3	2.0	2.0	2.5	3.0	3.0	3.5	3.5	4.0	4.0	4.0	4.5	4.5	5.0	5.0	5.0	5.5	5.5	5.5	6.0	6.0	6.0	6.0	6.5	6.5	6.5	7.0	7.0	7.0	7.0	7.5	7.5	7.5	7.5	8.0	8.0	.1875
1.4	2.0	2.0	2.5	3.0	3.0	3.5	3.5	4.0	4.0	4.5	4.5	5.0	5.0	5.0	5.5	5.5	5.5	6.0	6.0	6.0	6.5	6.5	6.5	6.5	7.0	7.0	7.0	7.5	7.5	7.5	7.5	8.0	8.0	8.0	8.0	.2019
1.5	2.0	2.0	2.5	3.0	3.0	3.5	4.0	4.0	4.5	4.5	4.5	5.0	5.0	5.5	5.5	5.5	6.0	6.0	6.0	6.5	6.5	6.5	7.0	7.0	7.0	7.0	7.5	7.5	7.5	7.5	8.0	8.0	8.0	8.5	8.5	.2163
k	90	126	162	198	234	270	306	342	378	414	450	486	522	558	594	630	666	702	738	774	810	846	882	918	954	990	1026	1062	1098	1134	1170	1206	1242	1278	1314	km

Δt Fahrenheit

D = 0.0450

Δt Celsius °C or Kelvin °K

k (Btu, in./sq ft, hr °F)	50	70	90	110	130	150	170	190	210	230	250	270	290	310	330	350	370	390	410	430	450	470	490	510	530	550	570	590	610	630	650	670	690	710	730	km (W/mK)
0.1	1.0	1.0	1.0	1.0	1.0	1.5	1.5	1.5	1.5	1.5	1.5	1.5	1.5	2.0	2.0	2.0	2.0	2.0	2.0	2.0	2.0	2.0	2.0	2.0	2.5	2.5	2.5	2.5	2.5	2.5	2.5	2.5	2.5	2.5	2.5	.0144
0.2	1.0	1.0	1.5	1.5	1.5	1.5	2.0	2.0	2.0	2.0	2.0	2.0	2.5	2.5	2.5	2.5	2.5	2.5	2.5	3.0	3.0	3.0	3.0	3.0	3.0	3.0	3.0	3.0	3.5	3.5	3.5	3.5	3.5	3.5	3.5	.0288
0.3	1.0	1.5	1.5	1.5	2.0	2.0	2.0	2.0	2.5	2.5	2.5	2.5	3.0	3.0	3.0	3.0	3.0	3.0	3.5	3.5	3.5	3.5	3.5	3.5	3.5	4.0	4.0	4.0	4.0	4.0	4.0	4.0	4.0	4.5	4.5	.0433
0.4	1.5	1.5	2.0	2.0	2.0	2.5	2.5	2.5	3.0	3.0	3.0	3.0	3.0	3.5	3.5	3.5	3.5	3.5	3.5	4.0	4.0	4.0	4.0	4.0	4.0	4.5	4.5	4.5	4.5	4.5	4.5	4.5	5.0	5.0	5.0	.0577
0.5	1.5	1.5	2.0	2.0	2.5	2.5	2.5	3.0	3.0	3.0	3.0	3.5	3.5	3.5	3.5	4.0	4.0	4.0	4.0	4.0	4.5	4.5	4.5	4.5	4.5	4.5	5.0	5.0	5.0	5.0	5.0	5.0	5.5	5.5	5.5	.0721
0.6	1.5	2.0	2.0	2.5	2.5	2.5	3.0	3.0	3.0	3.5	3.5	3.5	3.5	4.0	4.0	4.0	4.0	4.5	4.5	4.5	4.5	4.5	5.0	5.0	5.0	5.0	5.0	5.5	5.5	5.5	5.5	5.5	5.5	6.0	6.0	.0865
0.7	1.5	2.0	2.0	2.5	2.5	3.0	3.0	3.0	3.5	3.5	3.5	4.0	4.0	4.0	4.0	4.5	4.5	4.5	4.5	5.0	5.0	5.0	5.0	5.5	5.5	5.5	5.5	5.5	6.0	6.0	6.0	6.0	6.0	6.0	6.5	.1009
0.8	1.5	2.0	2.5	2.5	3.0	3.0	3.0	3.5	3.5	3.5	4.0	4.0	4.0	4.5	4.5	4.5	4.5	5.0	5.0	5.0	5.5	5.5	5.5	5.5	5.5	6.0	6.0	6.0	6.0	6.0	6.5	6.5	6.5	6.5	6.5	.1154
0.9	1.5	2.0	2.5	2.5	3.0	3.0	3.5	3.5	3.5	4.0	4.0	4.0	4.5	4.5	4.5	5.0	5.0	5.0	5.5	5.5	5.5	5.5	6.0	6.0	6.0	6.0	6.0	6.5	6.5	6.5	6.5	7.0	7.0	7.0	7.0	.1298
1.0	2.0	2.0	2.5	2.5	3.0	3.0	3.5	3.5	4.0	4.0	4.5	4.5	4.5	5.0	5.0	5.0	5.0	5.5	5.5	5.5	6.0	6.0	6.0	6.0	6.5	6.5	6.5	6.5	7.0	7.0	7.0	7.0	7.0	7.5	7.5	.1442
1.1	2.0	2.0	2.5	3.0	3.0	3.5	3.5	4.0	4.0	4.0	4.5	4.5	5.0	5.0	5.0	5.5	5.5	5.5	5.5	6.0	6.0	6.0	6.5	6.5	6.5	6.5	7.0	7.0	7.0	7.0	7.5	7.5	7.5	7.5	8.0	.1586
1.2	2.0	2.5	2.5	3.0	3.0	3.5	3.5	4.0	4.0	4.5	4.5	5.0	5.0	5.0	5.5	5.5	5.5	6.0	6.0	6.0	6.5	6.5	6.5	6.5	7.0	7.0	7.0	7.0	7.5	7.5	7.5	7.5	8.0	8.0	8.0	.1730
1.3	2.0	2.5	2.5	3.0	3.5	3.5	4.0	4.0	4.5	4.5	4.5	5.0	5.0	5.5	5.5	5.5	6.0	6.0	6.0	6.5	6.5	6.5	7.0	7.0	7.0	7.0	7.5	7.5	7.5	7.5	8.0	8.0	8.0	8.0	8.5	.1875
1.4	2.0	2.5	2.5	3.0	3.5	3.5	4.0	4.0	4.5	4.5	5.0	5.0	5.5	5.5	5.5	6.0	6.0	6.0	6.5	6.5	6.5	7.0	7.0	7.0	7.5	7.5	7.5	7.5	8.0	8.0	8.0	8.5	8.5	8.5	8.5	.2019
1.5	2.0	2.5	3.0	3.0	3.5	4.0	4.0	4.5	4.5	5.0	5.0	5.0	5.5	5.5	6.0	6.0	6.0	6.5	6.5	6.5	7.0	7.0	7.0	7.5	7.5	7.5	8.0	8.0	8.0	8.0	8.5	8.5	8.5	9.0	9.0	.2163
k	90	126	162	198	234	270	306	342	378	414	450	486	522	558	594	630	666	702	738	774	810	846	882	918	954	990	1026	1062	1098	1134	1170	1206	1242	1278	1314	km

Δt Fahrenheit

TEMPERATURE DIFFERENCE

TABLE 3 (Sheet 2 of 7)

TABLE 3 (Continued)

ECONOMICAL INSULATION THICKNESS TABLE
IN INCHES
(nominal)

FLAT SURFACE: and Curved greater than 36" dia.
and Curved greater than 915 mm dia.

At the intersection of the "Δt" column with the "k" row read the economical thickness.
(•—*exceeds 12" thickness*)

D = 0.0500

CONDUCTIVITY k: Btu, in./sq ft, hr °F (rows) — km: W/mK. Columns: Δt Celsius °C or Kelvin °K (top), Δt Fahrenheit (bottom row).

k	50	70	90	110	130	150	170	190	210	230	250	270	290	310	330	350	370	390	410	430	450	470	490	510	530	550	570	590	610	630	650	670	690	710	730	km
0.1	1.0	1.0	1.0	1.0	1.5	1.5	1.5	1.5	1.5	1.5	1.5	2.0	2.0	2.0	2.0	2.0	2.0	2.0	2.0	2.0	2.0	2.5	2.5	2.5	2.5	2.5	2.5	2.5	2.5	2.5	2.5	2.5	2.5	2.5	3.0	.0144
0.2	1.0	1.5	1.5	1.5	1.5	2.0	2.0	2.0	2.0	2.0	2.5	2.5	2.5	2.5	2.5	2.5	2.5	3.0	3.0	3.0	3.0	3.0	3.0	3.0	3.0	3.5	3.5	3.5	3.5	3.5	3.5	3.5	3.5	3.5	4.0	.0288
0.3	1.5	1.5	1.5	2.0	2.0	2.0	2.0	2.5	2.5	2.5	2.5	3.0	3.0	3.0	3.0	3.0	3.5	3.5	3.5	3.5	3.5	3.5	3.5	4.0	4.0	4.0	4.0	4.0	4.0	4.0	4.5	4.5	4.5	4.5	4.5	.0433
0.4	1.5	1.5	2.0	2.0	2.0	2.5	2.5	2.5	3.0	3.0	3.0	3.0	3.5	3.5	3.5	3.5	3.5	4.0	4.0	4.0	4.0	4.0	4.5	4.5	4.5	4.5	4.5	4.5	4.5	5.0	5.0	5.0	5.0	5.0	5.0	.0577
0.5	1.5	2.0	2.0	2.0	2.5	2.5	3.0	3.0	3.0	3.0	3.5	3.5	3.5	3.5	4.0	4.0	4.0	4.0	4.5	4.5	4.5	4.5	4.5	5.0	5.0	5.0	5.0	5.0	5.0	5.5	5.5	5.5	5.5	5.5	5.5	.0721
0.6	1.5	2.0	2.0	2.5	2.5	3.0	3.0	3.0	3.5	3.5	3.5	4.0	4.0	4.0	4.0	4.5	4.5	4.5	4.5	5.0	5.0	5.0	5.0	5.0	5.5	5.5	5.5	5.5	5.5	6.0	6.0	6.0	6.0	6.0	6.0	.0865
0.7	1.5	2.0	2.5	2.5	3.0	3.0	3.0	3.5	3.5	3.5	4.0	4.0	4.0	4.5	4.5	4.5	4.5	5.0	5.0	5.0	5.0	5.5	5.5	5.5	5.5	6.0	6.0	6.0	6.0	6.0	6.5	6.5	6.5	6.5	6.5	.1009
0.8	1.5	2.0	2.5	2.5	3.0	3.0	3.5	3.5	3.5	4.0	4.0	4.5	4.5	4.5	4.5	5.0	5.0	5.0	5.5	5.5	5.5	5.5	6.0	6.0	6.0	6.0	6.5	6.5	6.5	6.5	6.5	7.0	7.0	7.0	7.0	.1154
0.9	2.0	2.0	2.5	3.0	3.0	3.5	3.5	3.5	4.0	4.0	4.5	4.5	4.5	5.0	5.0	5.0	5.5	5.5	5.5	5.5	6.0	6.0	6.0	6.0	6.5	6.5	6.5	6.5	7.0	7.0	7.0	7.0	7.5	7.5	7.5	.1298
1.0	2.0	2.5	2.5	3.0	3.0	3.5	3.5	4.0	4.0	4.5	4.5	4.5	5.0	5.0	5.0	5.5	5.5	5.5	6.0	6.0	6.0	6.5	6.5	6.5	6.5	7.0	7.0	7.0	7.0	7.5	7.5	7.5	7.5	7.5	8.0	.1442
1.1	2.0	2.5	2.5	3.0	3.5	3.5	4.0	4.0	4.5	4.5	4.5	5.0	5.0	5.0	5.5	5.5	6.0	6.0	6.0	6.0	6.5	6.5	6.5	7.0	7.0	7.0	7.0	7.5	7.5	7.5	7.5	8.0	8.0	8.0	8.0	.1586
1.2	2.0	2.5	3.0	3.0	3.5	3.5	4.0	4.0	4.5	4.5	5.0	5.0	5.0	5.5	5.5	6.0	6.0	6.0	6.5	6.5	6.5	7.0	7.0	7.0	7.0	7.5	7.5	7.5	8.0	8.0	8.0	8.0	8.5	8.5	8.5	.1730
1.3	2.0	2.5	3.0	3.0	3.5	4.0	4.0	4.5	4.5	5.0	5.0	5.0	5.5	5.5	6.0	6.0	6.0	6.5	6.5	6.5	7.0	7.0	7.0	7.5	7.5	7.5	8.0	8.0	8.0	8.0	8.5	8.5	8.5	8.5	9.0	.1875
1.4	2.0	2.5	3.0	3.5	3.5	4.0	4.0	4.5	4.5	5.0	5.0	5.5	5.5	6.0	6.0	6.0	6.5	6.5	6.5	7.0	7.0	7.0	7.5	7.5	7.5	8.0	8.0	8.0	8.5	8.5	8.5	8.5	9.0	9.0	9.0	.2019
1.5	2.0	2.5	3.0	3.5	3.5	4.0	4.5	4.5	5.0	5.0	5.5	5.5	6.0	6.0	6.0	6.5	6.5	7.0	7.0	7.0	7.5	7.5	7.5	8.0	8.0	8.0	8.5	8.5	8.5	8.5	9.0	9.0	9.0	9.5	9.5	.2163
k	90	126	162	198	234	270	306	342	378	414	450	486	522	558	594	630	666	702	738	774	810	846	882	918	954	990	1026	1062	1098	1134	1170	1206	1242	1278	1314	km

D = 0.0550

CONDUCTIVITY k: Btu, in./sq ft, hr °F (rows) — km: W/mK. Columns: Δt Celsius °C or Kelvin °K (top), Δt Fahrenheit (bottom row).

k	50	70	90	110	130	150	170	190	210	230	250	270	290	310	330	350	370	390	410	430	450	470	490	510	530	550	570	590	610	630	650	670	690	710	730	km
0.1	1.0	1.0	1.0	1.0	1.5	1.5	1.5	1.5	1.5	1.5	2.0	2.0	2.0	2.0	2.0	2.0	2.0	2.0	2.0	2.5	2.5	2.5	2.5	2.5	2.5	2.5	2.5	2.5	2.5	2.5	2.5	3.0	3.0	3.0	3.0	.0144
0.2	1.0	1.5	1.5	1.5	2.0	2.0	2.0	2.0	2.0	2.5	2.5	2.5	2.5	2.5	2.5	3.0	3.0	3.0	3.0	3.0	3.0	3.0	3.5	3.5	3.5	3.5	3.5	3.5	3.5	3.5	3.5	4.0	4.0	4.0	4.0	.0288
0.3	1.5	1.5	1.5	2.0	2.0	2.0	2.5	2.5	2.5	2.5	3.0	3.0	3.0	3.0	3.0	3.5	3.5	3.5	3.5	3.5	4.0	4.0	4.0	4.0	4.0	4.0	4.0	4.5	4.5	4.5	4.5	4.5	4.5	4.5	5.0	.0433
0.4	1.5	1.5	2.0	2.0	2.5	2.5	2.5	3.0	3.0	3.0	3.0	3.5	3.5	3.5	3.5	4.0	4.0	4.0	4.0	4.0	4.5	4.5	4.5	4.5	4.5	4.5	5.0	5.0	5.0	5.0	5.0	5.0	5.5	5.5	5.5	.0577
0.5	1.5	2.0	2.0	2.5	2.5	2.5	3.0	3.0	3.0	3.5	3.5	3.5	4.0	4.0	4.0	4.0	4.5	4.5	4.5	4.5	4.5	5.0	5.0	5.0	5.0	5.0	5.5	5.5	5.5	5.5	5.5	6.0	6.0	6.0	6.0	.0721
0.6	1.5	2.0	2.5	2.5	2.5	3.0	3.0	3.5	3.5	3.5	4.0	4.0	4.0	4.0	4.5	4.5	4.5	5.0	5.0	5.0	5.0	5.0	5.5	5.5	5.5	5.5	6.0	6.0	6.0	6.0	6.0	6.5	6.5	6.5	6.5	.0865
0.7	2.0	2.0	2.5	2.5	3.0	3.0	3.5	3.5	3.5	4.0	4.0	4.0	4.5	4.5	4.5	5.0	5.0	5.0	5.0	5.5	5.5	5.5	5.5	6.0	6.0	6.0	6.0	6.5	6.5	6.5	6.5	6.5	7.0	7.0	7.0	.1009
0.8	2.0	2.0	2.5	3.0	3.0	3.5	3.5	3.5	4.0	4.0	4.5	4.5	4.5	5.0	5.0	5.0	5.5	5.5	5.5	5.5	6.0	6.0	6.0	6.0	6.5	6.5	6.5	6.5	7.0	7.0	7.0	7.0	7.0	7.5	7.5	.1154
0.9	2.0	2.5	2.5	3.0	3.0	3.5	3.5	4.0	4.0	4.5	4.5	4.5	5.0	5.0	5.0	5.5	5.5	5.5	6.0	6.0	6.0	6.5	6.5	6.5	6.5	7.0	7.0	7.0	7.0	7.5	7.5	7.5	7.5	8.0	8.0	.1298
1.0	2.0	2.5	2.5	3.0	3.5	3.5	4.0	4.0	4.5	4.5	4.5	5.0	5.0	5.5	5.5	5.5	6.0	6.0	6.0	6.5	6.5	6.5	6.5	7.0	7.0	7.0	7.5	7.5	7.5	7.5	8.0	8.0	8.0	8.0	8.5	.1442
1.1	2.0	2.5	3.0	3.0	3.5	3.5	4.0	4.0	4.5	4.5	5.0	5.0	5.5	5.5	5.5	6.0	6.0	6.0	6.5	6.5	6.5	7.0	7.0	7.0	7.5	7.5	7.5	7.5	8.0	8.0	8.0	8.0	8.5	8.5	8.5	.1586
1.2	2.0	2.5	3.0	3.5	3.5	4.0	4.0	4.5	4.5	5.0	5.0	5.5	5.5	5.5	6.0	6.0	6.5	6.5	6.5	7.0	7.0	7.0	7.5	7.5	7.5	7.5	8.0	8.0	8.0	8.5	8.5	8.5	8.5	9.0	9.0	.1730
1.3	2.0	2.5	3.0	3.5	3.5	4.0	4.5	4.5	5.0	5.0	5.5	5.5	5.5	6.0	6.0	6.5	6.5	6.5	7.0	7.0	7.0	7.5	7.5	7.5	8.0	8.0	8.0	8.5	8.5	8.5	8.5	9.0	9.0	9.0	9.5	.1875
1.4	2.0	2.5	3.0	3.5	4.0	4.0	4.5	4.5	5.0	5.0	5.5	5.5	6.0	6.0	6.5	6.5	6.5	7.0	7.0	7.5	7.5	7.5	8.0	8.0	8.0	8.5	8.5	8.5	8.5	9.0	9.0	9.0	9.5	9.5	9.5	.2019
1.5	2.0	2.5	3.0	3.5	4.0	4.0	4.5	5.0	5.0	5.5	5.5	6.0	6.0	6.5	6.5	6.5	7.0	7.0	7.5	7.5	7.5	8.0	8.0	8.0	8.5	8.5	8.5	9.0	9.0	9.0	9.5	9.5	9.5	10.0	10.0	.2163
k	90	126	162	198	234	270	306	342	378	414	450	486	522	558	594	630	666	702	738	774	810	846	882	918	954	990	1026	1062	1098	1134	1170	1206	1242	1278	1314	km

D = 0.0600

CONDUCTIVITY k: Btu, in./sq ft, hr °F (rows) — km: W/mK. Columns: Δt Celsius °C or Kelvin °K (top), Δt Fahrenheit (bottom row).

k	50	70	90	110	130	150	170	190	210	230	250	270	290	310	330	350	370	390	410	430	450	470	490	510	530	550	570	590	610	630	650	670	690	710	730	km
0.1	1.0	1.0	1.0	1.5	1.5	1.5	1.5	1.5	1.5	2.0	2.0	2.0	2.0	2.0	2.0	2.0	2.0	2.5	2.5	2.5	2.5	2.5	2.5	2.5	2.5	2.5	2.5	2.5	3.0	3.0	3.0	3.0	3.0	3.0	3.0	.0144
0.2	1.0	1.5	1.5	1.5	2.0	2.0	2.0	2.0	2.5	2.5	2.5	2.5	2.5	2.5	3.0	3.0	3.0	3.0	3.0	3.0	3.5	3.5	3.5	3.5	3.5	3.5	3.5	3.5	4.0	4.0	4.0	4.0	4.0	4.0	4.0	.0288
0.3	1.5	1.5	2.0	2.0	2.0	2.5	2.5	2.5	2.5	3.0	3.0	3.0	3.0	3.5	3.5	3.5	3.5	3.5	3.5	4.0	4.0	4.0	4.0	4.0	4.0	4.5	4.5	4.5	4.5	4.5	4.5	5.0	5.0	5.0	5.0	.0433
0.4	1.5	2.0	2.0	2.0	2.5	2.5	3.0	3.0	3.0	3.0	3.5	3.5	3.5	3.5	4.0	4.0	4.0	4.0	4.5	4.5	4.5	4.5	4.5	4.5	5.0	5.0	5.0	5.0	5.0	5.5	5.5	5.5	5.5	5.5	5.5	.0577
0.5	1.5	2.0	2.0	2.5	2.5	3.0	3.0	3.0	3.5	3.5	3.5	4.0	4.0	4.0	4.0	4.5	4.5	4.5	4.5	5.0	5.0	5.0	5.0	5.0	5.5	5.5	5.5	5.5	5.5	6.0	6.0	6.0	6.0	6.0	6.5	.0721
0.6	2.0	2.0	2.5	2.5	3.0	3.0	3.5	3.5	3.5	4.0	4.0	4.0	4.5	4.5	4.5	4.5	5.0	5.0	5.0	5.0	5.5	5.5	5.5	5.5	6.0	6.0	6.0	6.0	6.0	6.5	6.5	6.5	6.5	6.5	7.0	.0865
0.7	2.0	2.0	2.5	3.0	3.0	3.5	3.5	3.5	4.0	4.0	4.0	4.5	4.5	4.5	5.0	5.0	5.0	5.5	5.5	5.5	5.5	6.0	6.0	6.0	6.0	6.5	6.5	6.5	6.5	7.0	7.0	7.0	7.0	7.0	7.5	.1009
0.8	2.0	2.5	2.5	3.0	3.0	3.5	3.5	4.0	4.0	4.5	4.5	4.5	5.0	5.0	5.0	5.5	5.5	5.5	6.0	6.0	6.0	6.0	6.5	6.5	6.5	6.5	7.0	7.0	7.0	7.0	7.5	7.5	7.5	7.5	8.0	.1154
0.9	2.0	2.5	3.0	3.0	3.5	3.5	4.0	4.0	4.5	4.5	4.5	5.0	5.0	5.5	5.5	5.5	6.0	6.0	6.0	6.5	6.5	6.5	6.5	7.0	7.0	7.0	7.0	7.5	7.5	7.5	7.5	8.0	8.0	8.0	8.0	.1298
1.0	2.0	2.5	3.0	3.0	3.5	4.0	4.0	4.5	4.5	4.5	5.0	5.0	5.5	5.5	5.5	6.0	6.0	6.0	6.5	6.5	6.5	7.0	7.0	7.0	7.5	7.5	7.5	7.5	8.0	8.0	8.0	8.5	8.5	8.5	8.5	.1442
1.1	2.0	2.5	3.0	3.5	3.5	4.0	4.0	4.5	4.5	5.0	5.0	5.5	5.5	6.0	6.0	6.0	6.5	6.5	6.5	7.0	7.0	7.0	7.5	7.5	7.5	8.0	8.0	8.0	8.0	8.5	8.5	8.5	9.0	9.0	9.0	.1586
1.2	2.0	2.5	3.0	3.5	4.0	4.0	4.5	4.5	5.0	5.0	5.5	5.5	6.0	6.0	6.0	6.5	6.5	7.0	7.0	7.0	7.5	7.5	7.5	8.0	8.0	8.0	8.0	8.5	8.5	8.5	9.0	9.0	9.0	9.0	9.5	.1730
1.3	2.0	2.5	3.0	3.5	4.0	4.0	4.5	5.0	5.0	5.5	5.5	6.0	6.0	6.0	6.5	6.5	7.0	7.0	7.0	7.5	7.5	7.5	8.0	8.0	8.0	8.5	8.5	8.5	9.0	9.0	9.0	9.5	9.5	9.5	9.5	.1875
1.4	2.5	3.0	3.0	3.5	4.0	4.5	4.5	5.0	5.0	5.5	5.5	6.0	6.0	6.5	6.5	7.0	7.0	7.0	7.5	7.5	8.0	8.0	8.0	8.5	8.5	8.5	9.0	9.0	9.0	9.5	9.5	9.5	10.0	10.0	10.0	.2019
1.5	2.5	3.0	3.5	3.5	4.0	4.5	4.5	5.0	5.5	5.5	6.0	6.0	6.5	6.5	7.0	7.0	7.0	7.5	7.5	8.0	8.0	8.0	8.5	8.5	9.0	9.0	9.0	9.5	9.5	9.5	10.0	10.0	10.0	10.0	10.0	.2163
k	90	126	162	198	234	270	306	342	378	414	450	486	522	558	594	630	666	702	738	774	810	846	882	918	954	990	1026	1062	1098	1134	1170	1206	1242	1278	1314	km

TABLE 3 (Sheet 3 of 7)

TEMPERATURE DIFFERENCE

ECONOMICAL INSULATION THICKNESS TABLE

IN INCHES
(nominal)

FLAT SURFACE: and Curved greater than 36" dia.
and Curved greater than 915 mm dia.

At the intersection of the "Δt" column with the "k" row read the economical thickness.
(•—*exceeds 12" thickness*)

CONDUCTIVITY k: Btu, in./sq ft, hr °F; km: W/mK

D = 0.0700

Δt Celsius °C or Kelvin °K

k	50	70	90	110	130	150	170	190	210	230	250	270	290	310	330	350	370	390	410	430	450	470	490	510	530	550	570	590	610	630	650	670	690	710	730	km
0.1	1.0	1.0	1.5	1.5	1.5	1.5	1.5	1.5	2.0	2.0	2.0	2.0	2.0	2.0	2.0	2.5	2.5	2.5	2.5	2.5	2.5	2.5	2.5	2.5	3.0	3.0	3.0	3.0	3.0	3.0	3.0	3.0	3.0	3.0	3.0	.0144
0.2	1.5	1.5	1.5	2.0	2.0	2.0	2.0	2.5	2.5	2.5	2.5	3.0	3.0	3.0	3.0	3.0	3.0	3.5	3.5	3.5	3.5	3.5	3.5	3.5	4.0	4.0	4.0	4.0	4.0	4.0	4.0	4.5	4.5	4.5	4.5	.0288
0.3	1.5	1.5	2.0	2.0	2.5	2.5	2.5	3.0	3.0	3.0	3.0	3.5	3.5	3.5	3.5	3.5	4.0	4.0	4.0	4.0	4.0	4.5	4.5	4.5	4.5	4.5	4.5	5.0	5.0	5.0	5.0	5.0	5.0	5.5	5.5	.0433
0.4	1.5	2.0	2.0	2.5	2.5	3.0	3.0	3.0	3.5	3.5	3.5	3.5	4.0	4.0	4.0	4.5	4.5	4.5	4.5	4.5	5.0	5.0	5.0	5.0	5.0	5.5	5.5	5.5	5.5	5.5	6.0	6.0	6.0	6.0	6.0	.0577
0.5	2.0	2.0	2.5	2.5	3.0	3.0	3.5	3.5	3.5	4.0	4.0	4.0	4.5	4.5	4.5	4.5	5.0	5.0	5.0	5.0	5.5	5.5	5.5	5.5	6.0	6.0	6.0	6.0	6.0	6.5	6.5	6.5	6.5	6.5	7.0	.0721
0.6	2.0	2.5	2.5	3.0	3.0	3.5	3.5	3.5	4.0	4.0	4.5	4.5	4.5	5.0	5.0	5.0	5.0	5.5	5.5	5.5	6.0	6.0	6.0	6.0	6.5	6.5	6.5	6.5	6.5	7.0	7.0	7.0	7.0	7.5	7.5	.0865
0.7	2.0	2.5	2.5	3.0	3.5	3.5	4.0	4.0	4.0	4.5	4.5	5.0	5.0	5.0	5.5	5.5	5.5	6.0	6.0	6.0	6.0	6.5	6.5	6.5	6.5	7.0	7.0	7.0	7.0	7.5	7.5	7.5	7.5	8.0	8.0	.1009
0.8	2.0	2.5	3.0	3.0	3.5	3.5	4.0	4.0	4.5	4.5	5.0	5.0	5.5	5.5	5.5	6.0	6.0	6.0	6.5	6.5	6.5	6.5	7.0	7.0	7.0	7.5	7.5	7.5	7.5	8.0	8.0	8.0	8.0	8.5	8.5	.1154
0.9	2.0	2.5	3.0	3.5	3.5	4.0	4.0	4.5	4.5	5.0	5.0	5.5	5.5	5.5	6.0	6.0	6.5	6.5	6.5	7.0	7.0	7.0	7.5	7.5	7.5	7.5	8.0	8.0	8.0	8.5	8.5	8.5	8.5	9.0	9.0	.1298
1.0	2.5	2.5	3.0	3.5	4.0	4.0	4.5	4.5	5.0	5.0	5.5	5.5	6.0	6.0	6.0	6.5	6.5	7.0	7.0	7.0	7.5	7.5	7.5	8.0	8.0	8.0	8.0	8.5	8.5	8.5	9.0	9.0	9.0	9.0	9.5	.1442
1.1	2.5	3.0	3.0	3.5	4.0	4.5	4.5	5.0	5.0	5.5	5.5	6.0	6.0	6.5	6.5	6.5	7.0	7.0	7.0	7.5	7.5	8.0	8.0	8.0	8.5	8.5	8.5	8.5	9.0	9.0	9.0	9.5	9.5	9.5	10.0	.1586
1.2	2.5	3.0	3.5	3.5	4.0	4.5	4.5	5.0	5.5	5.5	6.0	6.0	6.5	6.5	6.5	7.0	7.0	7.5	7.5	7.5	8.0	8.0	8.5	8.5	8.5	9.0	9.0	9.0	9.5	9.5	9.5	9.5	10.0	10.0	10.0	.1730
1.3	2.5	3.0	3.5	4.0	4.0	4.5	5.0	5.0	5.5	5.5	6.0	6.5	6.5	6.5	7.0	7.0	7.5	7.5	8.0	8.0	8.0	8.5	8.5	8.5	9.0	9.0	9.5	9.5	9.5	10.0	10.0	10.0	10.0	10.5	10.5	.1875
1.4	2.5	3.0	3.5	4.0	4.5	4.5	5.0	5.5	5.5	6.0	6.0	6.5	6.5	7.0	7.0	7.5	7.5	8.0	8.0	8.5	8.5	8.5	9.0	9.0	9.0	9.5	9.5	10.0	10.0	10.0	10.5	10.5	10.5	11.0	11.0	.2019
1.5	2.5	3.0	3.5	4.0	4.5	5.0	5.0	5.5	6.0	6.0	6.5	6.5	7.0	7.0	7.5	7.5	8.0	8.0	8.5	8.5	8.5	9.0	9.0	9.5	9.5	9.5	10.0	10.0	10.0	10.5	11.0	11.0	11.0	11.5	11.5	.2163
k	90	126	162	198	234	270	306	342	378	414	450	486	522	558	594	630	666	702	738	774	810	846	882	918	954	990	1026	1062	1098	1134	1170	1206	1242	1278	1314	km

Δt Fahrenheit

D = 0.0800

Δt Celsius °C or Kelvin °K

k	50	70	90	110	130	150	170	190	210	230	250	270	290	310	330	350	370	390	410	430	450	470	490	510	530	550	570	590	610	630	650	670	690	710	730	km
0.1	1.0	1.0	1.5	1.5	1.5	1.5	2.0	2.0	2.0	2.0	2.0	2.0	2.0	2.5	2.5	2.5	2.5	2.5	2.5	2.5	2.5	3.0	3.0	3.0	3.0	3.0	3.0	3.0	3.0	3.0	3.5	3.5	3.5	3.5	3.5	.0144
0.2	1.5	1.5	2.0	2.0	2.0	2.0	2.5	2.5	2.5	2.5	3.0	3.0	3.0	3.0	3.0	3.5	3.5	3.5	3.5	3.5	4.0	4.0	4.0	4.0	4.0	4.0	4.0	4.5	4.5	4.5	4.5	4.5	4.5	4.5	4.5	.0288
0.3	1.5	2.0	2.0	2.5	2.5	2.5	3.0	3.0	3.0	3.5	3.5	3.5	3.5	4.0	4.0	4.0	4.0	4.0	4.5	4.5	4.5	4.5	4.5	5.0	5.0	5.0	5.0	5.0	5.0	5.5	5.5	5.5	5.5	5.5	5.5	.0433
0.4	1.5	2.0	2.5	2.5	3.0	3.0	3.0	3.5	3.5	3.5	4.0	4.0	4.0	4.5	4.5	4.5	4.5	5.0	5.0	5.0	5.0	5.5	5.5	5.5	5.5	5.5	6.0	6.0	6.0	6.0	6.0	6.5	6.5	6.5	6.5	.0577
0.5	2.0	2.0	2.5	3.0	3.0	3.5	3.5	3.5	4.0	4.0	4.0	4.5	4.5	4.5	5.0	5.0	5.0	5.5	5.5	5.5	5.5	6.0	6.0	6.0	6.0	6.5	6.5	6.5	6.5	6.5	7.0	7.0	7.0	7.0	7.0	.0721
0.6	2.0	2.5	2.5	3.0	3.5	3.5	4.0	4.0	4.0	4.5	4.5	5.0	5.0	5.0	5.5	5.5	5.5	6.0	6.0	6.0	6.0	6.5	6.5	6.5	6.5	7.0	7.0	7.0	7.0	7.5	7.5	7.5	7.5	8.0	8.0	.0865
0.7	2.0	2.5	3.0	3.0	3.5	4.0	4.0	4.5	4.5	4.5	5.0	5.0	5.5	5.5	5.5	6.0	6.0	6.0	6.5	6.5	6.5	7.0	7.0	7.0	7.0	7.5	7.5	7.5	7.5	8.0	8.0	8.0	8.0	8.5	8.5	.1009
0.8	2.5	2.5	3.0	3.5	3.5	4.0	4.5	4.5	5.0	5.0	5.0	5.5	5.5	6.0	6.0	6.0	6.5	6.5	6.5	7.0	7.0	7.0	7.5	7.5	7.5	8.0	8.0	8.0	8.0	8.5	8.5	8.5	9.0	9.0	9.0	.1154
0.9	2.5	3.0	3.0	3.5	4.0	4.0	4.5	5.0	5.0	5.5	5.5	5.5	6.0	6.0	6.5	6.5	6.5	7.0	7.0	7.5	7.5	7.5	8.0	8.0	8.0	8.0	8.5	8.5	8.5	9.0	9.0	9.0	9.5	9.5	9.5	.1298
1.0	2.5	3.0	3.5	3.5	4.0	4.5	4.5	5.0	5.0	5.5	6.0	6.0	6.0	6.5	6.5	7.0	7.0	7.0	7.5	7.5	8.0	8.0	8.0	8.5	8.5	8.5	9.0	9.0	9.0	9.5	9.5	9.5	9.5	10.0	10.0	.1442
1.1	2.5	3.0	3.5	4.0	4.0	4.5	5.0	5.0	5.5	5.5	6.0	6.0	6.5	6.5	7.0	7.0	7.5	7.5	8.0	8.0	8.0	8.5	8.5	8.5	9.0	9.0	9.0	9.5	9.5	9.5	10.0	10.0	10.0	10.5	10.5	.1586
1.2	2.5	3.0	3.5	4.0	4.5	4.5	5.0	5.5	5.5	6.0	6.0	6.5	6.5	7.0	7.0	7.5	7.5	8.0	8.0	8.5	8.5	8.5	9.0	9.0	9.0	9.5	9.5	9.5	10.0	10.0	10.0	10.5	10.5	11.0	11.0	.1730
1.3	2.5	3.0	3.5	4.0	4.5	5.0	5.0	5.5	6.0	6.0	6.5	6.5	7.0	7.0	7.5	7.5	8.0	8.0	8.5	8.5	9.0	9.0	9.0	9.5	9.5	9.5	10.0	10.0	10.5	10.5	10.5	11.0	11.0	11.5	11.5	.1875
1.4	2.5	3.5	4.0	4.5	4.5	5.0	5.5	5.5	6.0	6.5	6.5	7.0	7.0	7.5	7.5	8.0	8.0	8.5	8.5	9.0	9.0	9.5	9.5	9.5	10.0	10.0	10.5	10.5	11.0	11.0	11.0	11.5	11.5	12.0	12.0	.2019
1.5	3.0	3.5	4.0	4.5	5.0	5.0	5.5	6.0	6.0	6.5	7.0	7.0	7.5	7.5	8.0	8.0	8.5	8.5	9.0	9.0	9.5	9.5	10.0	10.0	10.0	10.5	11.0	11.0	11.5	11.5	11.5	12.0	12.0	•	•	.2163
k	90	126	162	198	234	270	306	342	378	414	450	486	522	558	594	630	666	702	738	774	810	846	882	918	954	990	1026	1062	1098	1134	1170	1206	1242	1278	1314	km

Δt Fahrenheit

D = 0.0900

Δt Celsius °C or Kelvin °K

k	50	70	90	110	130	150	170	190	210	230	250	270	290	310	330	350	370	390	410	430	450	470	490	510	530	550	570	590	610	630	650	670	690	710	730	km
0.1	1.0	1.5	1.5	1.5	1.5	2.0	2.0	2.0	2.0	2.0	2.0	2.5	2.5	2.5	2.5	2.5	2.5	2.5	3.0	3.0	3.0	3.0	3.0	3.0	3.0	3.0	3.0	3.5	3.5	3.5	3.5	3.5	3.5	3.5	3.5	.0144
0.2	1.5	1.5	2.0	2.0	2.0	2.5	2.5	2.5	3.0	3.0	3.0	3.0	3.0	3.5	3.5	3.5	3.5	3.5	4.0	4.0	4.0	4.0	4.0	4.0	4.5	4.5	4.5	4.5	4.5	4.5	4.5	5.0	5.0	5.0	5.0	.0288
0.3	1.5	2.0	2.0	2.5	2.5	3.0	3.0	3.0	3.5	3.5	3.5	3.5	4.0	4.0	4.0	4.0	4.5	4.5	4.5	4.5	5.0	5.0	5.0	5.0	5.0	5.5	5.5	5.5	5.5	5.5	5.5	6.0	6.0	6.0	6.0	.0433
0.4	2.0	2.0	2.5	2.5	3.0	3.0	3.5	3.5	3.5	4.0	4.0	4.0	4.5	4.5	4.5	5.0	5.0	5.0	5.0	5.5	5.5	5.5	5.5	6.0	6.0	6.0	6.0	6.0	6.5	6.5	6.5	6.5	6.5	7.0	7.0	.0577
0.5	2.0	2.5	2.5	3.0	3.0	3.5	3.5	4.0	4.0	4.5	4.5	4.5	5.0	5.0	5.0	5.5	5.5	5.5	6.0	6.0	6.0	6.0	6.5	6.5	6.5	6.5	7.0	7.0	7.0	7.0	7.5	7.5	7.5	7.5	7.5	.0721
0.6	2.0	2.5	3.0	3.0	3.5	4.0	4.0	4.0	4.5	4.5	5.0	5.0	5.5	5.5	5.5	6.0	6.0	6.0	6.5	6.5	6.5	6.5	7.0	7.0	7.0	7.5	7.5	7.5	7.5	8.0	8.0	8.0	8.0	8.5	8.5	.0865
0.7	2.5	2.5	3.0	3.5	3.5	4.0	4.5	4.5	5.0	5.0	5.0	5.5	5.5	6.0	6.0	6.0	6.5	6.5	6.5	7.0	7.0	7.0	7.5	7.5	7.5	8.0	8.0	8.0	8.0	8.5	8.5	8.5	8.5	9.0	9.0	.1009
0.8	2.5	3.0	3.5	3.5	4.0	4.5	4.5	5.0	5.0	5.5	5.5	6.0	6.0	6.0	6.5	6.5	7.0	7.0	7.0	7.5	7.5	7.5	8.0	8.0	8.0	8.5	8.5	8.5	8.5	9.0	9.0	9.0	9.5	9.5	9.5	.1154
0.9	2.5	3.0	3.5	4.0	4.0	4.5	5.0	5.0	5.5	5.5	6.0	6.0	6.5	6.5	6.5	7.0	7.0	7.5	7.5	7.5	8.0	8.0	8.5	8.5	8.5	9.0	9.0	9.0	9.0	9.5	9.5	9.5	10.0	10.0	10.0	.1298
1.0	2.5	3.0	3.5	4.0	4.5	4.5	5.0	5.5	5.5	6.0	6.0	6.5	6.5	7.0	7.0	7.5	7.5	7.5	8.0	8.0	8.5	8.5	8.5	9.0	9.0	9.0	9.5	9.5	9.5	10.0	10.0	10.0	10.5	10.5	10.5	.1442
1.1	2.5	3.0	3.5	4.0	4.5	5.0	5.0	5.5	6.0	6.0	6.5	6.5	7.0	7.0	7.5	7.5	8.0	8.0	8.0	8.5	8.5	9.0	9.0	9.0	9.5	9.5	10.0	10.0	10.0	10.5	10.5	10.5	11.0	11.0	11.0	.1586
1.2	3.0	3.5	4.0	4.5	4.5	5.0	5.5	5.5	6.0	6.5	6.5	7.0	7.0	7.5	7.5	8.0	8.0	8.5	8.5	9.0	9.0	9.0	9.5	9.5	10.0	10.0	10.0	10.5	10.5	11.0	11.0	11.0	11.5	11.5	11.5	.1730
1.3	3.0	3.5	4.0	4.5	5.0	5.0	5.5	6.0	6.5	6.5	7.0	7.0	7.5	7.5	8.0	8.0	8.5	8.5	9.0	9.0	9.5	9.5	10.0	10.0	10.0	10.5	10.5	11.0	11.0	11.5	11.5	11.5	12.0	12.0	12.0	.1875
1.4	3.0	3.5	4.0	4.5	5.0	5.5	6.0	6.0	6.5	7.0	7.0	7.5	7.5	8.0	8.0	8.5	8.5	9.0	9.0	9.5	9.5	10.0	10.0	10.5	10.5	11.0	11.0	11.5	11.5	12.0	12.0	12.0	•	•	•	.2019
1.5	3.0	3.5	4.0	4.5	5.0	5.5	6.0	6.5	6.5	7.0	7.5	7.5	8.0	8.0	8.5	8.5	9.0	9.0	9.5	9.5	10.0	10.5	10.5	11.0	11.0	11.5	11.5	12.0	12.0	•	•	•	•	•	•	.2163
k	90	126	162	198	234	270	306	342	378	414	450	486	522	558	594	630	666	702	738	774	810	846	882	918	954	990	1026	1062	1098	1134	1170	1206	1242	1278	1314	km

Δt Fahrenheit

TEMPERATURE DIFFERENCE

TABLE 3 (Sheet 4 of 7)

TABLE 3 (Continued)

ECONOMICAL INSULATION THICKNESS TABLE
IN INCHES
(nominal)

FLAT SURFACE: and Curved greater than 36'' dia.
and Curved greater than 915 mm dia.

At the intersection of the ''Δt'' column with the ''k'' row read the economical thickness.
(•—*exceeds 12'' thickness*)

D = 0.1000

Δt Celsius °C or Kelvin °K

k	50	70	90	110	130	150	170	190	210	230	250	270	290	310	330	350	370	390	410	430	450	470	490	510	530	550	570	590	610	630	650	670	690	710	730	km
0.1	1.0	1.5	1.5	1.5	1.5	2.0	2.0	2.0	2.0	2.0	2.5	2.5	2.5	2.5	2.5	2.5	3.0	3.0	3.0	3.0	3.0	3.0	3.0	3.0	3.5	3.5	3.5	3.5	3.5	3.5	3.5	3.5	3.5	4.0	4.0	.0144
0.2	1.5	1.5	2.0	2.0	2.5	2.5	2.5	3.0	3.0	3.0	3.0	3.5	3.5	3.5	3.5	3.5	4.0	4.0	4.0	4.0	4.0	4.5	4.5	4.5	4.5	4.5	4.5	5.0	5.0	5.0	5.0	5.0	5.0	5.0	5.5	.0288
0.3	1.5	2.0	2.5	2.5	2.5	3.0	3.0	3.5	3.5	3.5	4.0	4.0	4.0	4.0	4.5	4.5	4.5	4.5	5.0	5.0	5.0	5.0	5.0	5.5	5.5	5.5	5.5	5.5	6.0	6.0	6.0	6.0	6.0	6.5	6.5	.0433
0.4	2.0	2.5	2.5	3.0	3.0	3.5	3.5	3.5	4.0	4.0	4.5	4.5	4.5	5.0	5.0	5.0	5.0	5.5	5.5	5.5	5.5	6.0	6.0	6.0	6.0	6.5	6.5	6.5	6.5	7.0	7.0	7.0	7.0	7.0	7.5	.0577
0.5	2.0	2.5	3.0	3.0	3.5	3.5	4.0	4.0	4.5	4.5	4.5	5.0	5.0	5.5	5.5	5.5	6.0	6.0	6.0	6.0	6.5	6.5	6.5	7.0	7.0	7.0	7.0	7.5	7.5	7.5	7.5	8.0	8.0	8.0	8.0	.0721
0.6	2.5	2.5	3.0	3.5	3.5	4.0	4.0	4.5	4.5	5.0	5.0	5.5	5.5	5.5	6.0	6.0	6.5	6.5	6.5	7.0	7.0	7.0	7.0	7.5	7.5	7.5	8.0	8.0	8.0	8.0	8.5	8.5	8.5	8.5	9.0	.0865
0.7	2.5	3.0	3.5	3.5	4.0	4.0	4.5	5.0	5.0	5.5	5.5	5.5	6.0	6.0	6.5	6.5	6.5	7.0	7.0	7.5	7.5	7.5	8.0	8.0	8.0	8.0	8.5	8.5	8.5	9.0	9.0	9.0	9.0	9.5	9.5	.1009
0.8	2.5	3.0	3.5	4.0	4.0	4.5	5.0	5.0	5.5	5.5	6.0	6.0	6.5	6.5	6.5	7.0	7.0	7.5	7.5	7.5	8.0	8.0	8.5	8.5	8.5	8.5	9.0	9.0	9.0	9.5	9.5	9.5	10.0	10.0	10.0	.1154
0.9	2.5	3.0	3.5	4.0	4.5	4.5	5.0	5.5	5.5	6.0	6.0	6.5	6.5	7.0	7.0	7.5	7.5	7.5	8.0	8.0	8.5	8.5	8.5	9.0	9.0	9.0	9.5	9.5	9.5	10.0	10.0	10.0	10.5	10.5	10.5	.1298
1.0	3.0	3.5	4.0	4.0	4.5	5.0	5.5	5.5	6.0	6.0	6.5	6.5	7.0	7.0	7.5	7.5	8.0	8.0	8.5	8.5	9.0	9.0	9.0	9.5	9.5	9.5	10.0	10.0	10.0	10.5	10.5	10.5	11.0	11.0	11.0	.1442
1.1	3.0	3.5	4.0	4.5	5.0	5.0	5.5	6.0	6.0	6.5	6.5	7.0	7.5	7.5	8.0	8.0	8.5	8.5	8.5	9.0	9.0	9.5	9.5	9.5	10.0	10.0	10.5	10.5	10.5	11.0	11.0	11.0	11.5	11.5	•	.1586
1.2	3.0	3.5	4.0	4.5	5.0	5.5	5.5	6.0	6.5	6.5	7.0	7.5	7.5	8.0	8.0	8.5	8.5	9.0	9.0	9.5	9.5	9.5	10.0	10.0	10.5	10.5	11.0	11.0	11.0	11.5	11.5	11.5	12.0	•	•	.1730
1.3	3.0	3.5	4.0	4.5	5.0	5.5	6.0	6.5	6.5	7.0	7.0	7.5	8.0	8.0	8.5	8.5	9.0	9.0	9.5	9.5	10.0	10.0	10.5	10.5	11.0	11.0	11.5	11.5	11.5	12.0	12.0	12.0	•	•	•	.1875
1.4	3.0	4.0	4.5	5.0	5.5	5.5	6.0	6.5	7.0	7.0	7.5	8.0	8.0	8.5	8.5	9.0	9.0	9.5	9.5	10.0	10.0	10.5	11.0	11.0	11.5	11.5	12.0	12.0	12.0	•	•	•	•	•	•	.2019
1.5	3.0	4.0	4.5	5.0	5.5	6.0	6.5	6.5	7.0	7.5	7.5	8.0	8.5	8.5	9.0	9.0	9.5	10.0	10.0	10.5	10.5	11.0	11.5	11.5	12.0	12.0	•	•	•	•	•	•	•	•	•	.2163
k	90	126	162	198	234	270	306	342	378	414	450	486	522	558	594	630	666	702	738	774	810	846	882	918	954	990	1026	1062	1098	1134	1170	1206	1242	1278	1314	km

Δt Fahrenheit

k: Btu, in./sq ft, hr °F — km: W/mK

D = 0.1200

Δt Celsius °C or Kelvin °K

k	50	70	90	110	130	150	170	190	210	230	250	270	290	310	330	350	370	390	410	430	450	470	490	510	530	550	570	590	610	630	650	670	690	710	730	km
0.1	1.0	1.5	1.5	1.5	2.0	2.0	2.0	2.0	2.5	2.5	2.5	2.5	2.5	3.0	3.0	3.0	3.0	3.0	3.0	3.0	3.5	3.5	3.5	3.5	3.5	3.5	3.5	4.0	4.0	4.0	4.0	4.0	4.0	4.0	4.0	.0144
0.2	1.5	2.0	2.0	2.5	2.5	2.5	3.0	3.0	3.0	3.5	3.5	3.5	3.5	4.0	4.0	4.0	4.0	4.5	4.5	4.5	4.5	4.5	5.0	5.0	5.0	5.0	5.0	5.0	5.5	5.5	5.5	5.5	5.5	5.5	6.0	.0288
0.3	2.0	2.0	2.5	3.0	3.0	3.0	3.5	3.5	4.0	4.0	4.0	4.5	4.5	4.5	4.5	5.0	5.0	5.0	5.5	5.5	5.5	5.5	5.5	6.0	6.0	6.0	6.0	6.5	6.5	6.5	6.5	6.5	7.0	7.0	7.0	.0433
0.4	2.0	2.5	3.0	3.0	3.5	3.5	4.0	4.0	4.5	4.5	4.5	5.0	5.0	5.0	5.5	5.5	5.5	6.0	6.0	6.0	6.5	6.5	6.5	6.5	7.0	7.0	7.0	7.0	7.5	7.5	7.5	7.5	8.0	8.0	8.0	.0577
0.5	2.5	2.5	3.0	3.5	3.5	4.0	4.5	4.5	5.0	5.0	5.0	5.5	5.5	6.0	6.0	6.0	6.5	6.5	6.5	7.0	7.0	7.0	7.5	7.5	7.5	7.5	8.0	8.0	8.0	8.0	8.5	8.5	8.5	9.0	9.0	.0721
0.6	2.5	3.0	3.5	3.5	4.0	4.5	4.5	5.0	5.0	5.5	5.5	6.0	6.0	6.5	6.5	6.5	7.0	7.0	7.0	7.5	7.5	8.0	8.0	8.0	8.0	8.5	8.5	8.5	9.0	9.0	9.0	9.5	9.5	9.5	9.5	.0865
0.7	2.5	3.0	3.5	4.0	4.5	4.5	5.0	5.5	5.5	6.0	6.0	6.5	6.5	6.5	7.0	7.0	7.5	7.5	8.0	8.0	8.0	8.5	8.5	8.5	9.0	9.0	9.0	9.5	9.5	9.5	10.0	10.0	10.0	10.0	10.0	.1009
0.8	3.0	3.5	4.0	4.0	4.5	5.0	5.5	5.5	6.0	6.0	6.5	6.5	7.0	7.0	7.5	7.5	8.0	8.0	8.5	8.5	8.5	9.0	9.0	9.0	9.5	9.5	10.0	10.0	10.0	10.0	10.5	10.5	10.5	10.5	10.5	.1154
0.9	3.0	3.5	4.0	4.5	5.0	5.0	5.5	6.0	6.0	6.5	7.0	7.0	7.5	7.5	8.0	8.0	8.5	8.5	8.5	9.0	9.0	9.5	9.5	10.0	10.0	10.0	10.5	10.5	10.5	10.5	11.0	11.0	11.0	11.0	11.5	.1298
1.0	3.0	3.5	4.0	4.5	5.0	5.5	6.0	6.0	6.5	7.0	7.0	7.5	7.5	8.0	8.0	8.5	8.5	9.0	9.0	9.5	9.5	10.0	10.0	10.0	10.5	10.5	11.0	11.0	11.0	11.0	11.5	11.5	11.5	11.5	12.0	.1442
1.1	3.0	4.0	4.5	5.0	5.5	5.5	6.0	6.5	7.0	7.0	7.5	7.5	8.0	8.5	8.5	9.0	9.0	9.5	9.5	10.0	10.0	10.5	10.5	10.5	11.0	11.0	11.5	11.5	11.5	11.5	12.0	12.0	12.0	12.0	•	.1586
1.2	3.5	4.0	4.5	5.0	5.5	6.0	6.5	6.5	7.0	7.5	7.5	8.0	8.5	8.5	9.0	9.0	9.5	9.5	10.0	10.0	10.5	11.0	11.0	11.0	11.5	11.5	12.0	12.0	12.0	12.0	•	•	•	•	•	.1730
1.3	3.5	4.0	4.5	5.0	5.5	6.0	6.5	7.0	7.5	7.5	8.0	8.5	8.5	9.0	9.0	9.5	10.0	10.0	10.5	10.5	11.0	11.5	11.5	11.5	12.0	12.0	•	•	•	•	•	•	•	•	•	.1875
1.4	3.5	4.0	5.0	5.5	6.0	6.5	6.5	7.0	7.5	8.0	8.0	8.5	9.0	9.0	9.5	10.0	10.0	10.5	11.0	11.0	11.5	12.0	12.0	12.0	•	•	•	•	•	•	•	•	•	•	•	.2019
1.5	3.5	4.5	5.0	5.5	6.0	6.5	7.0	7.5	7.5	8.0	8.5	9.0	9.0	9.5	10.0	10.0	10.5	11.0	11.5	11.5	12.0	•	•	•	•	•	•	•	•	•	•	•	•	•	•	.2163
k	90	126	162	198	234	270	306	342	378	414	450	486	522	558	594	630	666	702	738	774	810	846	882	918	954	990	1026	1062	1098	1134	1170	1206	1242	1278	1314	km

Δt Fahrenheit

CONDUCTIVITY k: Btu, in./sq ft, hr °F — km: W/mK

D = 0.1400

Δt Celsius °C or Kelvin °K

k	50	70	90	110	130	150	170	190	210	230	250	270	290	310	330	350	370	390	410	430	450	470	490	510	530	550	570	590	610	630	650	670	690	710	730	km
0.1	1.5	1.5	1.5	2.0	2.0	2.0	2.5	2.5	2.5	2.5	2.5	3.0	3.0	3.0	3.0	3.0	3.5	3.5	3.5	3.5	3.5	3.5	3.5	4.0	4.0	4.0	4.0	4.0	4.0	4.0	4.0	4.5	4.5	4.5	4.5	.0144
0.2	1.5	2.0	2.5	2.5	2.5	3.0	3.0	3.0	3.5	3.5	3.5	4.0	4.0	4.0	4.0	4.5	4.5	4.5	4.5	5.0	5.0	5.0	5.0	5.0	5.5	5.5	5.5	5.5	5.5	6.0	6.0	6.0	6.0	6.0	6.0	.0288
0.3	2.0	2.5	2.5	3.0	3.0	3.5	3.5	4.0	4.0	4.5	4.5	4.5	5.0	5.0	5.0	5.0	5.5	5.5	5.5	6.0	6.0	6.0	6.0	6.5	6.5	6.5	6.5	7.0	7.0	7.0	7.0	7.0	7.5	7.5	7.5	.0433
0.4	2.5	2.5	3.0	3.5	3.5	4.0	4.0	4.5	4.5	5.0	5.0	5.5	5.5	5.5	6.0	6.0	6.0	6.5	6.5	6.5	7.0	7.0	7.0	7.0	7.5	7.5	7.5	8.0	8.0	8.0	8.0	8.5	8.5	8.5	8.5	.0577
0.5	2.5	3.0	3.5	3.5	4.0	4.5	4.5	5.0	5.0	5.5	5.5	6.0	6.0	6.0	6.5	6.5	7.0	7.0	7.0	7.5	7.5	7.5	8.0	8.0	8.0	8.5	8.5	8.5	9.0	9.0	9.0	9.0	9.5	9.5	9.5	.0721
0.6	2.5	3.0	3.5	4.0	4.5	4.5	5.0	5.5	5.5	6.0	6.0	6.5	6.5	7.0	7.0	7.0	7.5	7.5	8.0	8.0	8.0	8.5	8.5	8.5	9.0	9.0	9.0	9.5	9.5	9.5	10.0	10.0	10.0	10.0	10.0	.0865
0.7	3.0	3.5	4.0	4.5	4.5	5.0	5.5	5.5	6.0	6.5	6.5	7.0	7.0	7.5	7.5	8.0	8.0	8.0	8.5	8.5	9.0	9.0	9.0	9.5	9.5	9.5	10.0	10.0	10.0	10.0	10.5	10.5	10.5	10.5	10.5	.1009
0.8	3.0	3.5	4.0	4.5	5.0	5.5	5.5	6.0	6.5	6.5	7.0	7.0	7.5	8.0	8.0	8.5	8.5	8.5	9.0	9.0	9.5	9.5	10.0	10.0	10.0	10.0	10.5	10.5	10.5	10.5	11.0	11.0	11.0	11.5	11.5	.1154
0.9	3.0	4.0	4.5	5.0	5.0	5.5	6.0	6.5	6.5	7.0	7.5	7.5	8.0	8.0	8.5	8.5	9.0	9.0	9.5	9.5	10.0	10.0	10.5	10.5	10.5	10.5	11.0	11.0	11.0	11.5	11.5	11.5	11.5	12.0	12.0	.1298
1.0	3.5	4.0	4.5	5.0	5.5	6.0	6.5	6.5	7.0	7.5	7.5	8.0	8.5	8.5	9.0	9.0	9.5	9.5	10.0	10.0	10.5	10.5	11.0	11.0	11.0	11.0	11.5	11.5	11.5	12.0	12.0	12.0	•	•	•	.1442
1.1	3.5	4.0	4.5	5.0	5.5	6.0	6.5	7.0	7.5	7.5	8.0	8.5	8.5	9.0	9.5	9.5	10.0	10.0	10.5	10.5	11.0	11.0	11.5	11.5	11.5	11.5	12.0	12.0	12.0	•	•	•	•	•	•	.1586
1.2	3.5	4.5	5.0	5.5	6.0	6.5	7.0	7.0	7.5	8.0	8.5	8.5	9.0	9.5	9.5	10.0	10.0	10.5	11.0	11.0	11.5	11.5	12.0	12.0	12.0	12.0	•	•	•	•	•	•	•	•	•	.1730
1.3	3.5	4.5	5.0	5.5	6.0	6.5	7.0	7.5	8.0	8.5	8.5	9.0	9.5	9.5	10.0	10.5	10.5	11.0	11.5	11.5	12.0	12.0	•	•	•	•	•	•	•	•	•	•	•	•	•	.1875
1.4	4.0	4.5	5.0	6.0	6.5	7.0	7.5	7.5	8.0	8.5	9.0	9.5	9.5	10.0	10.5	11.0	11.0	11.5	12.0	12.0	•	•	•	•	•	•	•	•	•	•	•	•	•	•	•	.2019
1.5	4.0	4.5	5.5	6.0	6.5	7.0	7.5	8.0	8.5	9.0	9.0	9.5	10.0	10.5	11.0	11.5	11.5	12.0	•	•	•	•	•	•	•	•	•	•	•	•	•	•	•	•	•	.2163
k	90	126	162	198	234	270	306	342	378	414	450	486	522	558	594	630	666	702	738	774	810	846	882	918	954	990	1026	1062	1098	1134	1170	1206	1242	1278	1314	km

Δt Fahrenheit

k: Btu, in./sq ft, hr °F — km: W/mK

TABLE 3 (Sheet 5 of 7)

TEMPERATURE DIFFERENCE

TABLE 3 (Continued)

ECONOMICAL INSULATION THICKNESS TABLE
IN INCHES
(nominal)

FLAT SURFACE: and Curved greater than 36'' dia.
and Curved greater than 915 mm dia.

At the intersection of the ''Δt'' column with the ''k'' row read the economical thickness.
(•—*exceeds 12'' thickness*)

D = 0.1600

CONDUCTIVITY Btu, in./sq ft, hr °F (k) — W/mK (km)

Δt Celsius °C or Kelvin °K

k	50	70	90	110	130	150	170	190	210	230	250	270	290	310	330	350	370	390	410	430	450	470	490	510	530	550	570	590	610	630	650	670	690	710	730	km
0.1	1.5	1.5	2.0	2.0	2.0	2.5	2.5	2.5	2.5	3.0	3.0	3.0	3.0	3.0	3.5	3.5	3.5	3.5	3.5	3.5	4.0	4.0	4.0	4.0	4.0	4.0	4.5	4.5	4.5	4.5	4.5	4.5	4.5	4.5	5.0	.0144
0.2	2.0	2.0	2.5	2.5	3.0	3.0	3.5	3.5	3.5	4.0	4.0	4.0	4.0	4.5	4.5	4.5	5.0	5.0	5.0	5.0	5.0	5.5	5.5	5.5	5.5	6.0	6.0	6.0	6.0	6.0	6.5	6.5	6.5	6.5	6.5	.0288
0.3	2.0	2.5	3.0	3.0	3.5	3.5	4.0	4.0	4.5	4.5	4.5	5.0	5.0	5.5	5.5	5.5	6.0	6.0	6.0	6.0	6.5	6.5	6.5	6.5	7.0	7.0	7.0	7.0	7.5	7.5	7.5	7.5	8.0	8.0	8.0	.0433
0.4	2.5	3.0	3.5	3.5	4.0	4.0	4.5	4.5	5.0	5.0	5.5	5.5	6.0	6.0	6.0	6.5	6.5	7.0	7.0	7.0	7.5	7.5	7.5	7.5	8.0	8.0	8.0	8.5	8.5	8.5	8.5	9.0	9.0	9.0	9.0	.0577
0.5	2.5	3.0	3.5	4.0	4.5	4.5	5.0	5.0	5.5	6.0	6.0	6.0	6.5	6.5	7.0	7.0	7.5	7.5	7.5	8.0	8.0	8.0	8.5	8.5	8.5	9.0	9.0	9.0	9.5	9.5	9.5	10.0	10.0	10.0	10.5	.0721
0.6	3.0	3.5	4.0	4.5	4.5	5.0	5.5	5.5	6.0	6.5	6.5	7.0	7.0	7.5	7.5	7.5	8.0	8.0	8.5	8.5	9.0	9.0	9.0	9.5	9.5	9.5	10.0	10.0	10.0	10.0	10.5	10.5	10.5	10.5	11.0	.0865
0.7	3.0	3.5	4.0	4.5	5.0	5.5	6.0	6.0	6.5	6.5	7.0	7.5	7.5	8.0	8.0	8.5	8.5	9.0	9.0	9.0	9.5	9.5	10.0	10.0	10.0	10.0	10.5	10.5	10.5	10.5	11.0	11.0	11.0	11.5	11.5	.1009
0.8	3.0	4.0	4.5	5.0	5.5	5.5	6.0	6.5	7.0	7.0	7.5	7.5	8.0	8.5	8.5	9.0	9.0	9.5	9.5	10.0	10.0	10.0	10.5	10.5	10.5	10.5	11.0	11.0	11.0	11.5	11.5	12.0	12.0	12.0	•	.1154
0.9	3.5	4.0	4.5	5.0	5.5	6.0	6.5	7.0	7.0	7.5	8.0	8.0	8.5	9.0	9.0	9.5	9.5	10.0	10.0	10.0	10.5	10.5	10.5	11.0	11.0	11.5	11.5	11.5	12.0	12.0	•	•	•	•	•	.1298
1.0	3.5	4.0	5.0	5.5	6.0	6.5	6.5	7.0	7.5	8.0	8.0	8.5	9.0	9.0	9.5	10.0	10.0	10.5	10.5	10.5	10.5	11.0	11.0	11.5	11.5	12.0	12.0	•	•	•	•	•	•	•	•	.1442
1.1	3.5	4.5	5.0	5.5	6.0	6.5	7.0	7.5	8.0	8.0	8.5	9.0	9.5	9.5	10.0	10.5	10.5	11.0	11.0	11.0	11.0	11.5	11.5	12.0	12.0	•	•	•	•	•	•	•	•	•	•	.1586
1.2	4.0	4.5	5.0	6.0	6.5	7.0	7.5	8.0	8.0	8.5	9.0	9.5	9.5	10.0	10.5	11.0	11.0	11.5	11.5	11.5	11.5	12.0	12.0	•	•	•	•	•	•	•	•	•	•	•	•	.1730
1.3	4.0	4.5	5.5	6.0	6.5	7.0	7.5	8.0	8.5	9.0	9.5	9.5	10.0	10.5	11.0	11.5	11.5	12.0	12.0	12.0	•	•	•	•	•	•	•	•	•	•	•	•	•	•	•	.1875
1.4	4.0	5.0	5.5	6.0	7.0	7.5	8.0	8.5	9.0	9.0	9.5	10.0	10.5	11.0	11.5	12.0	12.0	•	•	•	•	•	•	•	•	•	•	•	•	•	•	•	•	•	•	.2019
1.5	4.0	5.0	5.5	6.5	7.0	7.5	8.0	8.5	9.0	9.5	10.0	10.5	11.0	11.5	12.0	•	•	•	•	•	•	•	•	•	•	•	•	•	•	•	•	•	•	•	•	.2163
k	90	126	162	198	234	270	306	342	378	414	450	486	522	558	594	630	666	702	738	774	810	846	882	918	954	990	1026	1062	1098	1134	1170	1206	1242	1278	1314	km

Δt Fahrenheit

D = 0.2000

CONDUCTIVITY Btu, in./sq ft, hr °F (k) — W/mK (km)

Δt Celsius °C or Kelvin °K

k	50	70	90	110	130	150	170	190	210	230	250	270	290	310	330	350	370	390	410	430	450	470	490	510	530	550	570	590	610	630	650	670	690	710	730	km
0.1	1.5	2.0	2.0	2.0	2.5	2.5	2.5	3.0	3.0	3.0	3.0	3.5	3.5	3.5	3.5	3.5	4.0	4.0	4.0	4.0	4.0	4.5	4.5	4.5	4.5	4.5	4.5	5.0	5.0	5.0	5.0	5.0	5.0	5.5	5.5	.0144
0.2	2.0	2.5	2.5	3.0	3.0	3.5	3.5	4.0	4.0	4.0	4.5	4.5	4.5	5.0	5.0	5.0	5.5	5.5	5.5	5.5	6.0	6.0	6.0	6.0	6.5	6.5	6.5	6.5	7.0	7.0	7.0	7.0	7.0	7.5	7.5	.0288
0.3	2.5	3.0	3.0	3.5	4.0	4.0	4.5	4.5	5.0	5.0	5.5	5.5	5.5	6.0	6.0	6.0	6.5	6.5	7.0	7.0	7.0	7.0	7.5	7.5	7.5	8.0	8.0	8.0	8.0	8.5	8.5	8.5	8.5	9.0	9.0	.0433
0.4	2.5	3.0	3.5	4.0	4.5	4.5	5.0	5.5	5.5	6.0	6.0	6.5	6.5	6.5	7.0	7.0	7.5	7.5	7.5	8.0	8.0	8.5	8.5	8.5	9.0	9.0	9.0	9.5	9.5	9.5	9.5	10.0	10.0	10.0	10.5	.0577
0.5	3.0	3.5	4.0	4.5	5.0	5.0	5.5	6.0	6.0	6.5	6.5	7.0	7.0	7.5	7.5	8.0	8.0	8.5	8.5	9.0	9.0	9.0	9.5	9.5	10.0	10.0	10.0	10.0	10.5	10.5	10.5	10.5	10.5	11.0	11.0	.0721
0.6	3.0	4.0	4.5	5.0	5.0	5.5	6.0	6.5	6.5	7.0	7.5	7.5	8.0	8.0	8.5	8.5	9.0	9.0	9.5	9.5	10.0	10.0	10.0	10.0	10.5	10.5	10.5	10.5	11.0	11.0	11.5	11.5	11.5	12.0	12.0	.0865
0.7	3.5	4.0	4.5	5.0	5.5	6.0	6.5	7.0	7.0	7.5	8.0	8.0	8.5	8.5	9.0	9.5	9.5	10.0	10.0	10.0	10.5	10.5	10.5	11.0	11.0	11.5	11.5	11.5	12.0	12.0	•	•	•	•	•	.1009
0.8	3.5	4.5	5.0	5.5	6.0	6.5	7.0	7.0	7.5	8.0	8.5	8.5	9.0	9.5	9.5	10.0	10.0	10.5	10.5	10.5	11.0	11.0	11.0	11.5	12.0	12.0	12.0	•	•	•	•	•	•	•	•	.1154
0.9	4.0	4.5	5.0	6.0	6.5	7.0	7.0	7.5	8.0	8.5	9.0	9.0	9.5	10.0	10.0	10.5	10.5	11.0	11.0	11.0	11.5	12.0	12.0	•	•	•	•	•	•	•	•	•	•	•	•	.1298
1.0	4.0	5.0	5.5	6.0	6.5	7.0	7.5	8.0	8.5	9.0	9.0	9.5	10.0	10.5	10.5	11.0	11.0	11.5	11.5	11.5	12.0	•	•	•	•	•	•	•	•	•	•	•	•	•	•	.1442
1.1	4.0	5.0	5.5	6.5	7.0	7.5	8.0	8.5	9.0	9.0	9.5	10.0	10.5	11.0	11.0	11.5	11.5	12.0	12.0	•	•	•	•	•	•	•	•	•	•	•	•	•	•	•	•	.1586
1.2	4.5	5.0	6.0	6.5	7.0	7.5	8.0	8.5	9.0	9.5	10.0	10.5	11.0	11.5	11.5	12.0	12.0	•	•	•	•	•	•	•	•	•	•	•	•	•	•	•	•	•	•	.1730
1.3	4.5	5.5	6.0	7.0	7.5	8.0	8.5	9.0	9.5	10.0	10.5	11.0	11.5	12.0	12.0	•	•	•	•	•	•	•	•	•	•	•	•	•	•	•	•	•	•	•	•	.1875
1.4	4.5	5.5	6.5	7.0	7.5	8.0	9.0	9.5	10.0	10.5	11.0	11.5	12.0	•	•	•	•	•	•	•	•	•	•	•	•	•	•	•	•	•	•	•	•	•	•	.2019
1.5	4.5	5.5	6.5	7.0	8.0	8.5	9.0	9.5	10.0	10.5	11.0	12.0	•	•	•	•	•	•	•	•	•	•	•	•	•	•	•	•	•	•	•	•	•	•	•	.2163
k	90	126	162	198	234	270	306	342	378	414	450	486	522	558	594	630	666	702	738	774	810	846	882	918	954	990	1026	1062	1098	1134	1170	1206	1242	1278	1314	km

Δt Fahrenheit

D = 0.3000

CONDUCTIVITY Btu, in./sq ft, hr °F (k) — W/mK (km)

Δt Celsius °C or Kelvin °K

k	50	70	90	110	130	150	170	190	210	230	250	270	290	310	330	350	370	390	410	430	450	470	490	510	530	550	570	590	610	630	650	670	690	710	730	km
0.1	2.0	2.0	2.5	2.5	3.0	3.0	3.0	3.5	3.5	3.5	4.0	4.0	4.0	4.5	4.5	4.5	4.5	5.0	5.0	5.0	5.0	5.0	5.5	5.5	5.5	5.5	5.5	6.0	6.0	6.0	6.0	6.0	6.5	6.5	6.5	.0144
0.2	2.5	3.0	3.5	3.5	4.0	4.0	4.5	4.5	5.0	5.0	5.5	5.5	5.5	6.0	6.0	6.5	6.5	6.5	7.0	7.0	7.0	7.5	7.5	7.5	7.5	8.0	8.0	8.0	8.5	8.5	8.5	8.5	9.0	9.0	9.0	.0288
0.3	3.0	3.5	4.0	4.5	4.5	5.0	5.5	5.5	6.0	6.0	6.5	6.5	7.0	7.0	7.5	7.5	8.0	8.0	8.0	8.5	8.5	9.0	9.0	9.0	9.5	9.5	9.5	10.0	10.0	10.0	10.5	10.5	11.0	11.0	11.5	.0433
0.4	3.5	4.0	4.5	5.0	5.5	5.5	6.0	6.5	7.0	7.0	7.5	7.5	8.0	8.0	8.5	8.5	9.0	9.0	9.5	9.5	10.0	10.0	10.0	10.0	10.5	10.5	11.0	11.0	11.0	11.5	11.5	12.0	12.0	12.0	12.0	.0577
0.5	3.5	4.5	5.0	5.5	6.0	6.5	7.0	7.0	7.5	8.0	8.0	8.5	9.0	9.0	9.5	9.5	10.0	10.0	10.0	10.5	10.5	11.0	11.0	11.5	11.5	12.0	12.0	12.0	•	•	•	•	•	•	•	.0721
0.6	4.0	4.5	5.5	6.0	6.5	7.0	7.5	8.0	8.0	8.5	9.0	9.5	9.5	10.0	10.0	10.0	10.5	10.5	11.0	11.5	11.5	12.0	12.0	•	•	•	•	•	•	•	•	•	•	•	•	.0865
0.7	4.0	5.0	5.5	6.5	7.0	7.5	8.0	8.5	9.0	9.0	9.5	10.0	10.0	10.0	10.5	11.0	11.5	11.5	12.0	12.0	•	•	•	•	•	•	•	•	•	•	•	•	•	•	•	.1009
0.8	4.5	5.5	6.0	6.5	7.5	8.0	8.5	9.0	9.5	10.0	10.0	10.5	10.5	11.0	11.5	12.0	12.0	•	•	•	•	•	•	•	•	•	•	•	•	•	•	•	•	•	•	.1154
0.9	4.5	5.5	6.5	7.0	7.5	8.5	9.0	9.5	10.0	10.0	10.5	11.0	11.0	11.5	12.0	•	•	•	•	•	•	•	•	•	•	•	•	•	•	•	•	•	•	•	•	.1298
1.0	5.0	6.0	6.5	7.5	8.0	9.0	9.5	10.0	10.0	10.5	11.0	11.5	11.5	12.0	•	•	•	•	•	•	•	•	•	•	•	•	•	•	•	•	•	•	•	•	•	.1442
1.1	5.0	6.0	7.0	8.0	8.5	9.0	9.5	10.0	10.5	11.0	11.0	11.5	12.0	•	•	•	•	•	•	•	•	•	•	•	•	•	•	•	•	•	•	•	•	•	•	.1586
1.2	5.5	6.5	7.5	8.0	9.0	9.5	10.0	10.5	11.0	11.5	11.5	12.0	•	•	•	•	•	•	•	•	•	•	•	•	•	•	•	•	•	•	•	•	•	•	•	.1730
1.3	5.5	6.5	7.5	8.5	9.0	10.0	10.5	11.0	11.5	11.5	12.0	•	•	•	•	•	•	•	•	•	•	•	•	•	•	•	•	•	•	•	•	•	•	•	•	.1875
1.4	5.5	7.0	8.0	8.5	9.5	10.0	10.5	11.0	11.5	12.0	•	•	•	•	•	•	•	•	•	•	•	•	•	•	•	•	•	•	•	•	•	•	•	•	•	.2019
1.5	6.0	7.0	8.0	9.0	10.0	10.5	10.5	11.0	11.5	12.0	•	•	•	•	•	•	•	•	•	•	•	•	•	•	•	•	•	•	•	•	•	•	•	•	•	.2163
k	90	126	162	198	234	270	306	342	378	414	450	486	522	558	594	630	666	702	738	774	810	846	882	918	954	990	1026	1062	1098	1134	1170	1206	1242	1278	1314	km

Δt Fahrenheit

TEMPERATURE DIFFERENCE

TABLE 3 (Sheet 6 of 7)

TABLE 3 (Continued)

ECONOMICAL INSULATION THICKNESS TABLE

IN INCHES
(nominal)

FLAT SURFACE: and Curved greater than 36" dia.
and Curved greater than 915 mm dia.

At the intersection of the "Δt" column with the "k" row read the economical thickness.
(•—*exceeds 12" thickness*)

CONDUCTIVITY Btu, in./sq ft, hr °F (k) — W/mK (km)

D = 0.400

Δt Celsius °C or Kelvin °K

k	50	70	90	110	130	150	170	190	210	230	250	270	290	310	330	350	370	390	410	430	450	470	490	510	530	550	570	590	610	630	650	670	690	710	730	km
0.1	2.5	2.5	2.5	3.0	3.5	3.5	4.0	4.0	4.5	5.0	5.0	5.5	5.5	5.5	6.0	6.0	6.0	6.5	6.5	6.5	7.0	7.0	7.0	7.5	7.5	7.5	8.0	8.0	8.0	8.0	8.5	8.5	8.5	8.5	8.5	.0144
0.2	2.5	3.0	3.0	3.5	4.0	4.5	5.0	5.0	5.0	5.5	6.0	6.0	6.0	6.5	6.5	7.0	7.0	7.5	7.5	7.5	8.0	8.0	8.0	8.5	8.5	9.0	9.0	9.0	9.0	9.5	9.5	9.5	9.5	10.0	10.0	.0288
0.3	3.0	4.0	4.5	4.5	5.0	5.5	6.0	6.0	6.5	7.0	7.0	7.5	7.5	8.0	8.0	8.5	9.0	9.0	9.5	9.5	10.0	10.0	10.0	10.0	10.5	11.0	11.0	11.0	11.0	11.5	11.5	12.0	12.0	12.0	•	.0433
0.4	3.5	4.5	5.0	5.0	5.5	6.5	7.0	7.0	7.5	8.0	8.0	8.5	8.5	9.0	9.5	10.0	10.0	10.0	10.5	11.0	11.0	11.5	11.5	11.5	12.0	12.0	•	•	•	•	•	•	•	•	•	.0577
0.5	4.0	5.0	5.0	5.5	6.5	7.0	7.5	7.5	8.0	8.5	9.0	9.5	9.5	10.0	10.5	11.0	11.5	11.5	11.5	12.0	12.0	•	•	•	•	•	•	•	•	•	•	•	•	•	•	.0721
0.6	4.5	5.5	5.5	6.0	7.0	7.5	8.0	8.5	9.0	9.5	10.0	10.5	10.5	11.0	11.5	12.0	12.0	•	•	•	•	•	•	•	•	•	•	•	•	•	•	•	•	•	•	.0865
0.7	4.5	5.5	6.0	6.5	7.5	8.0	9.0	9.0	9.5	10.0	11.0	11.5	12.0	12.0	•	•	•	•	•	•	•	•	•	•	•	•	•	•	•	•	•	•	•	•	•	.1009
0.8	5.0	6.0	6.5	7.0	8.0	9.0	9.5	10.0	10.5	11.0	11.5	12.0	•	•	•	•	•	•	•	•	•	•	•	•	•	•	•	•	•	•	•	•	•	•	•	.1154
0.9	5.5	6.5	7.0	7.5	8.5	9.5	10.0	10.5	11.0	11.5	12.0	•	•	•	•	•	•	•	•	•	•	•	•	•	•	•	•	•	•	•	•	•	•	•	•	.1298
1.0	5.5	6.5	7.5	8.0	9.0	9.5	10.5	11.0	11.5	12.0	•	•	•	•	•	•	•	•	•	•	•	•	•	•	•	•	•	•	•	•	•	•	•	•	•	.1442
1.1	6.0	7.5	8.5	9.5	10.0	11.0	11.5	12.0	•	•	•	•	•	•	•	•	•	•	•	•	•	•	•	•	•	•	•	•	•	•	•	•	•	•	•	.1586
1.2	6.5	8.0	9.0	10.0	10.5	11.0	12.0	•	•	•	•	•	•	•	•	•	•	•	•	•	•	•	•	•	•	•	•	•	•	•	•	•	•	•	•	.1730
1.3	7.0	8.5	9.5	10.5	11.5	12.0	•	•	•	•	•	•	•	•	•	•	•	•	•	•	•	•	•	•	•	•	•	•	•	•	•	•	•	•	•	.1875
1.4	7.5	8.5	10.0	11.5	12.0	•	•	•	•	•	•	•	•	•	•	•	•	•	•	•	•	•	•	•	•	•	•	•	•	•	•	•	•	•	•	.2019
1.5	8.0	9.0	10.5	12.0	•	•	•	•	•	•	•	•	•	•	•	•	•	•	•	•	•	•	•	•	•	•	•	•	•	•	•	•	•	•	•	.2163
k	90	126	162	198	234	270	306	342	378	414	450	486	522	558	594	630	666	702	738	774	810	846	882	918	954	990	1026	1062	1098	1134	1170	1206	1242	1278	1314	km

Δt Fahrenheit

D = 0.600

Δt Celsius °C or Kelvin °K

k	50	70	90	110	130	150	170	190	210	230	250	270	290	310	330	350	370	390	410	430	450	470	490	510	530	550	570	590	610	630	650	670	690	710	730	km
0.1	2.5	3.0	3.0	3.5	4.0	4.5	5.0	5.0	5.0	5.5	6.0	6.0	6.0	6.5	6.5	7.0	7.0	7.5	7.5	7.5	8.0	8.0	8.0	8.5	8.5	9.0	9.0	9.0	9.0	9.5	9.5	9.5	9.5	10.0	10.0	.0144
0.2	3.0	4.0	4.0	4.5	5.0	5.5	6.0	6.0	6.5	7.0	7.0	7.5	7.5	8.0	8.5	8.5	9.0	9.0	9.5	9.5	10.0	10.0	10.0	10.5	10.5	11.0	11.0	11.5	11.5	11.5	12.0	12.0	12.0	•	•	.0288
0.3	4.0	5.0	5.0	5.5	6.0	7.0	7.5	7.5	8.0	8.5	9.0	9.0	9.0	9.5	10.0	10.5	11.0	11.0	11.5	11.5	12.0	12.0	•	•	•	•	•	•	•	•	•	•	•	•	•	.0433
0.4	4.5	5.5	6.0	6.5	7.0	8.0	8.5	8.5	9.0	9.5	10.0	10.5	11.0	11.0	11.5	12.0	12.0	•	•	•	•	•	•	•	•	•	•	•	•	•	•	•	•	•	•	.0577
0.5	5.0	6.0	6.5	7.0	8.0	8.5	9.5	9.5	10.0	10.5	11.5	12.0	•	•	•	•	•	•	•	•	•	•	•	•	•	•	•	•	•	•	•	•	•	•	•	.0721
0.6	5.5	6.5	7.0	7.5	8.5	9.5	10.0	10.5	11.0	11.5	•	•	•	•	•	•	•	•	•	•	•	•	•	•	•	•	•	•	•	•	•	•	•	•	•	.0865
0.7	5.5	7.0	7.5	8.0	9.5	10.0	11.0	11.5	12.0	•	•	•	•	•	•	•	•	•	•	•	•	•	•	•	•	•	•	•	•	•	•	•	•	•	•	.1009
0.8	6.0	7.5	8.0	9.0	10.0	11.0	12.0	•	•	•	•	•	•	•	•	•	•	•	•	•	•	•	•	•	•	•	•	•	•	•	•	•	•	•	•	.1154
0.9	6.5	8.0	8.5	9.5	10.5	11.5	•	•	•	•	•	•	•	•	•	•	•	•	•	•	•	•	•	•	•	•	•	•	•	•	•	•	•	•	•	.1298
1.0	6.5	8.5	9.0	9.5	11.0	12.0	•	•	•	•	•	•	•	•	•	•	•	•	•	•	•	•	•	•	•	•	•	•	•	•	•	•	•	•	•	.1442
1.1	7.0	9.0	10.0	11.0	12.0	•	•	•	•	•	•	•	•	•	•	•	•	•	•	•	•	•	•	•	•	•	•	•	•	•	•	•	•	•	•	.1586
1.2	7.5	9.5	10.5	11.5	•	•	•	•	•	•	•	•	•	•	•	•	•	•	•	•	•	•	•	•	•	•	•	•	•	•	•	•	•	•	•	.1730
1.3	7.5	10.0	11.0	•	•	•	•	•	•	•	•	•	•	•	•	•	•	•	•	•	•	•	•	•	•	•	•	•	•	•	•	•	•	•	•	.1875
1.4	8.0	10.0	12.0	•	•	•	•	•	•	•	•	•	•	•	•	•	•	•	•	•	•	•	•	•	•	•	•	•	•	•	•	•	•	•	•	.2019
1.5	9.0	10.5	12.0	•	•	•	•	•	•	•	•	•	•	•	•	•	•	•	•	•	•	•	•	•	•	•	•	•	•	•	•	•	•	•	•	.2163
k	90	126	162	198	234	270	306	342	378	414	450	486	522	558	594	630	666	702	738	774	810	846	882	918	954	990	1026	1062	1098	1134	1170	1206	1242	1278	1314	km

Δt Fahrenheit

D = 0.800

Δt Celsius °C or Kelvin °K

k	50	70	90	110	130	150	170	190	210	230	250	270	290	310	330	350	370	390	410	430	450	470	490	510	530	550	570	590	610	630	650	670	690	710	730	km
0.1	3.0	4.0	4.0	4.5	5.0	5.5	6.0	6.0	6.5	7.0	7.0	7.5	7.5	8.0	8.5	8.5	9.0	9.0	9.0	9.5	9.5	10.0	10.0	10.5	10.5	11.0	11.0	11.5	11.5	11.5	11.5	12.0	12.0	•	•	.0144
0.2	3.5	4.5	4.5	5.0	6.0	6.5	7.0	7.0	7.5	8.0	8.5	9.0	9.0	9.0	9.5	10.0	10.5	10.5	10.5	11.0	11.5	11.5	12.0	12.0	•	•	•	•	•	•	•	•	•	•	•	.0288
0.3	4.5	5.5	6.0	6.5	7.0	8.0	8.5	8.5	9.0	9.5	10.0	10.5	11.0	11.5	11.5	12.0	12.0	•	•	•	•	•	•	•	•	•	•	•	•	•	•	•	•	•	•	.0433
0.4	5.0	6.5	7.0	7.5	8.0	9.0	10.0	10.5	10.5	11.0	11.5	•	•	•	•	•	•	•	•	•	•	•	•	•	•	•	•	•	•	•	•	•	•	•	•	.0577
0.5	5.5	7.0	7.5	8.0	9.0	10.0	11.0	11.5	•	•	•	•	•	•	•	•	•	•	•	•	•	•	•	•	•	•	•	•	•	•	•	•	•	•	•	.0721
0.6	6.0	7.5	8.0	9.0	10.0	11.0	12.0	•	•	•	•	•	•	•	•	•	•	•	•	•	•	•	•	•	•	•	•	•	•	•	•	•	•	•	•	.0865
0.7	6.5	8.0	9.0	9.5	11.0	12.0	•	•	•	•	•	•	•	•	•	•	•	•	•	•	•	•	•	•	•	•	•	•	•	•	•	•	•	•	•	.1009
0.8	7.0	9.0	9.5	10.0	11.5	•	•	•	•	•	•	•	•	•	•	•	•	•	•	•	•	•	•	•	•	•	•	•	•	•	•	•	•	•	•	.1154
0.9	7.5	9.5	10.0	11.0	12.0	•	•	•	•	•	•	•	•	•	•	•	•	•	•	•	•	•	•	•	•	•	•	•	•	•	•	•	•	•	•	.1298
1.0	8.0	9.5	10.5	11.5	•	•	•	•	•	•	•	•	•	•	•	•	•	•	•	•	•	•	•	•	•	•	•	•	•	•	•	•	•	•	•	.1442
1.1	8.0	10.0	11.0	12.0	•	•	•	•	•	•	•	•	•	•	•	•	•	•	•	•	•	•	•	•	•	•	•	•	•	•	•	•	•	•	•	.1586
1.2	9.0	10.5	12.0	•	•	•	•	•	•	•	•	•	•	•	•	•	•	•	•	•	•	•	•	•	•	•	•	•	•	•	•	•	•	•	•	.1730
1.3	9.5	11.0	11.5	•	•	•	•	•	•	•	•	•	•	•	•	•	•	•	•	•	•	•	•	•	•	•	•	•	•	•	•	•	•	•	•	.1875
1.4	10.0	12.0	•	•	•	•	•	•	•	•	•	•	•	•	•	•	•	•	•	•	•	•	•	•	•	•	•	•	•	•	•	•	•	•	•	.2019
1.5	12.0	•	•	•	•	•	•	•	•	•	•	•	•	•	•	•	•	•	•	•	•	•	•	•	•	•	•	•	•	•	•	•	•	•	•	.2163
k	90	126	162	198	234	270	306	342	378	414	450	486	522	558	594	630	666	702	738	774	810	846	882	918	954	990	1026	1062	1098	1134	1170	1206	1242	1278	1314	km

Δt Fahrenheit

TABLE 3 (Sheet 7 of 7)

TEMPERATURE DIFFERENCE

IV

Examples Illustrating Use of Manual to Determine Economic Thickness of Insulation

Insulation of Piping and Tubing

Each of the following examples is presented in English and Metric units to illustrate the use of the Tables and Figures to arrive at the economic thickness of thermal insulation. Examples I, II, III are problems related to NPS pipe insulation and Example IV deals with flat surfaces (and diameter over 36").

Example I (English Units)

COST DATA

Installed cost of one inch insulation on a one inch NPS pipe (c) is \$3.20 per linear foot.
Expected life of insulation (N_n) is 15 years.
Capital investment to produce steam (f) is \$20.00 per lb per hour.
Depreciation period of plant (N_h) is 20 years.
Total cost of steam production (S) is \$2.50 per 1000 lbs of steam.

OPERATING DATA

Operating temperature of 120 psi saturated steam (t_o) is 350 °F.
Average outdoor temperature over the year (t_{av}) is 45 °F.
Time of operation 8760 hours per year.
Type of insulation is calcium silicate.

To find economic thickness for insulation for 1/2", 1", 2" and 6" NPS pipes—

SOLUTION:

Step 1. Table 1 (Sheet 4 of 6) $C_m = 3.20$ $N_n = 15$ years
B values 1/2" NPS Pipe = 0.96
1" NPS Pipe = 1.10
2" NPS Pipe = 1.44
6" NPS Pipe = 1.88

Step 2. Figure 7 (Sheet 4 of 5) plant depreciation $N_n = 20$ years
Reading vertically from steam cost "S" of \$2.50 per M lbs steam up to capital investment per lb of steam "F" = \$20.00. Then from that, intersection horizontally to $YM \times 10^{-6} = 0.023$.

Step 3. Knowing value of $YM \times 10^{-6}$ and "B" for various pipe sizes, "D" values for each pipe size can be obtained from Figure 8 (Sheet 1 or 2). For 1/2" pipe, reading vertically up to horizontal value of

$YM \times 10^{-6} = 0.023$	D = 0.024	Use 0.030
1" pipe	D = 0.022	" 0.030
2" pipe	D = 0.018	" 0.020
6" pipe	D = 0.012	" 0.012

Step 4. The mean temperature "t_m" $= \frac{t_o + t_{av}}{2} = \frac{350 + 45}{2} = 197.5\ ^\circ F$.

The conductivity of calcium cilicate from Figure 9 gives conductivity as as approx. 0.42 Btu, in / sq ft hr, °F (use .5)

Step 5. From Table 2, using table with "D" factors equal to or higher than calculated, for 0.024 use 0.030, for 0.22 use 0.030, for 0.018 use 0.020, for 0.012 use 0.012.

1/2 NPS pipe with $\Delta t = 350 - 45 = 305$ and conductivity of 0.5 the economic thickness is *1.5 inches*

For 1" NPS pipe economic thickness is *2.0 inches*
2" NPS pipe economic thickness is *2.0 inches*
6" NPS pipe economic thickness is *2.5 inches*

Example I (Metric Units)

COST DATA

Installed cost of 25.4 mm of insulation on a 33.4 mm pipe (3.34 cm) is $10.50 per linear metre of pipe (C_m). Expected life of insulation (N_n) is 15 years.
Capital investment to product steam (F) is $54,200 per million watt-hours.
Total cost of steam production is $6.80 per million watts (S).

OPERATING DATA

Operating temperature 120 psi saturated steam (t_o) is 177 °C.
Average outdoor temperature over the year (t_{av}) is 7 °C.
Time of operation is 8760 hours per year.
Type of insulation is calcium silicate.

To find economic thickness of insulation of 21.3, 33.4, 60.33 and 168.3 mm pipe –

SOLUTION:

Step 1. Table 1 (Sheet 4 of 6) C_m = $10.50 N_n = 15 years

B values of
21.3 mm pipe = 0.96
33.4 mm pipe = 1.10
60.3 mm pipe = 1.44
168.3 mm pipe = 1.88

Step 2. Figure 7 (Sheet 4 of 5) Plant depreciation N_h = 20 years
Cost of energy "S" = $6.80 / million watts
Capital investment = $54,200 / million watt-hrs

Reading down from $6.80 to capital investment of $54,200 then horizontally to $YM \times 10^{-6}$, which is 0.023.

Step 3. Figure 8 (Sheets 1 and 2) for $YM \times 10^{-6} = 0.23$

For pipe 21.3 mm D = 0.024

33.4 mm D = 0.022

60.3 mm D = 0.018

160.3 mm D = 0.012

Step 4. Figure 8, the mean temperature $t_m = \dfrac{177 + 7}{2} = \dfrac{184}{2} = 92\ ^\circ C.$

The conductivity of calcium silicate, based on this mean temperature, = 0.061 W/mK (use 0.0721 for calculations).

Step 5. From Table 2, using tables with "D" factors equal to or just higher than those calculated, for 0.024 use 0.030 m for 0.022 use 0.030, for 0.018 use 0.020 and for 0.012 use 0.012. t = 177 − 7 = 170 C

Table 2, for 21.3 mm pipe, D = 0.030

Δt = 170 C economic thickness 1.5 X 25.4 = *38.1 mm*

For 33.4 mm pipe, D = 0.030 economic thickness = 2.0 X 25.4 = *50.8 mm*

For 30.4 mm pipe, D = 0.020 economic thickness = 2.0 X 25.4 = *50.8 mm*

For 163.3 mm pipe, D = 0.012 economic thickness = 2.5 X 25.4 = *63.5 mm*

Example II (English Units)

As previously mentioned, the "D" values remain constant for a particular pipe size as long as there is no change in cost factors. For practical design, either a new plant or existing plant, the "D" values are most frequently set for all sizes of pipes, then all that is necessary is to know the temperature at which the pipes are to be used and the economic thickness can be determined directly from the tables with no calculations required.

COST DATA

Insulation is cellular glass, installed cost = \$2.60 for 1" thickness on 1" NPS pipe, per linear foot (C).

Expected life of insulation = 30 years (N_n).

Capital investment to produce one lb of steam/hr — \$30.00 (F).

Depreciation period of plant — 30 years (N_h).

Total cost of steam production = \$2.20 per M lbs (S).

Step 1. Determine "B" values for all pipe sizes from Table 1 for pipe sizes listed.

NPS Size	"B"	NPS Size	"B"	NPS Size	"B"	NPS Size	"B"
1/2	0.64	2	0.98	6	1.30	16	1.92
3/4	0.68	2 1/2	1.20	8	1.46	18	2.00
1	0.76	3	1.10	10	1.67	20	2.14
1 1/4	0.88	3 1/3	1.14	12	1.76	24	2.88
1 1/2	0.70	4	1.16	14	1.78	30	2.66
						36	3.12

Step 2. Figure 7 (Sheet 5 of 5) 30 yrs depreciation (N_h).
(S) = 2.20/M lbs, hr.
Capital investment (F) = 30.00.
$YMX10^{-6} = 0.028.$

Step 3. The "D" values can be obtained from Figure 8.

However, "D" $-\dfrac{YMX10^{-6}}{B}$

In this case, the "D" values will be determined by dividing $YMX10^{-6}$ by B.

Pipe Size	"D"	Pipe Size	"D"	Pipe Size	"D"	Pipe Size	"D"
1/2	0.0437	2	0.0286	6	0.0215	16	0.0146
3/4	0.0412	2 1/2	0.0233	8	0.0192	18	0.0140
1	0.0368	3	0.0254	10	0.0175	20	0.0131
1 1/4	0.0318	3 1/2	0.0245	12	0.0159	24	0.0118
1 1/2	0.0400	4	0.0241	14	0.0157	30	0.0105
						36	0.0089

Use:

Pipe Sizes	
1/2, 3/4	D = 0.0500
1, 1 1/4, 1 1/2	D = 0.0400
2, 2 1/2, 3, 3 1/2, 4, 6	D = 0.0300
8, 10, 12, 14	D = 0.0200
16, 18, 20	D = 0.0150
24, 30	D = 0.0120
36	D = 0.0100

OPERATING DATA

Step 4. The insulation is used for numerous purposes. These are:
200 steam, approximately 50 °F super heat $t_o = 430°F$
Process piping $t_{op} = 250°F$
Traced oil piping $t_{ot} = 130°F$
Ambient air average is 90°F $t_{av} = 40°F$

The mean temperatures $= \dfrac{430+40}{2} = 235°F, \dfrac{250+40}{2} = \dfrac{290}{2} = 145°F$

and $\dfrac{130+40}{2} = \dfrac{170}{2} = 85°F$

k of cellular glass, from Figure 9 in Btu, in./sq ft, hr = 0.47, 0.42, and 0.40

Thus in Table 2 use 0.5 Btu in./sq ft, hr, °F, when insulation is used on steam or process piping. When used on traced pipe insulation use value of 0.4 Btu, in./sq ft, hr.

Step 5. From Table 2

Find economic thickness for following list of insulated piping

Traced Piping = $\Delta t = 180 - 40 = 140°F$ (k = 0.4)

Pipe Size (NPS)	"D"	Economic Thickness (Nominal)	(from Table 2)
1/2	0.0500	1.5"	
1	0.0400	1.5"	
2	0.0300	1.5"	
6	0.0300	2.5"	

Process Piping = $\Delta t = 250 - 40 = 210°F$ (k = 0.5)

Pipe Size	"D"	Economic Thickness
2	0.0300	2.0"
4	0.0300	2.5"
10	0.0200	3.5"
24	0.0120	4.0"

Steam Piping = $\Delta t = 430 - 40 = 390°F$ (k = 0.5)

Pipe Size	"D"	Economic Thickness
1/2	0.0500	2.5"
3/4	0.0500	2.5"
1	0.0400	2.5"
2	0.0300	3.0"
4	0.0300	3.5"
6	0.0300	4.5"
16	0.0150	5.0"

The thicknesses given as economic thickness are nominal, if approximate wall thicknesses are needed, these are given in Table A-8.

Example II (Metric Units)

COST DATA

Insulation is cellular glass, installed cost C_m is $8.53 on 33.4 mm pipe, 25 mm in thickness (nominal), one linear metre.

Expected life of insulation is 30 years (N_n).

Capital investment to produce 1 million Watt/hr = $81,370.00.

Depreciation period of plant (N_h) = 30 years.

Total cost of energy production (S) is $6.01/million watts.

Step 1. Determine "B" values for all pipe sizes from Table1.

Pipe, mm	"B" Value	Pipe, mm	"B" Value	Pipe, mm	"B" Value	Pipe, mm	"B" Value
21.3	0.64	73.0	1.20	273.0	1.60	600.5	2.38
26.7	0.68	88.9	1.10	323.8	1.76	762.0	2.66
33.4	0.76	101.6	1.14	355.6	1.78	914.4	3.12
42.2	0.88	114.3	1.16	406.4	1.92		
48.3	0.70	168.3	1.30	957.2	2.00		
60.3	0.98	219.1	1.46	508.0	2.14		

Step 2. Figure 7 (Sheet 5 of 5) 30 years depreciation (N_h).
Cost of energy (S) is $6.01/million watts.
Capital investment in energy production equipment (F) is $81,300/million watt/hr $YMX10^{-6} = 0.028$.

Step 3. From Figure 8 "D" values (with $YMX10^{-6} = 0.023$)

Using "B" values from Step 1 –

Pipe, mm	"D" Value	Pipe, mm	"D" Value	Pipe, mm	"D" Value	Pipe, mm	"D" Value
21.3	0.045	73.0	0.0235	273.0	0.0170	600.5	0.0118
26.7	0.041	88.9	0.0255	323.8	0.0160	762.0	0.0116
33.4	0.337	101.6	0.0250	355.6	0.0160	914.4	0.0090
42.2	0.032	114.3	0.0248	406.4	0.0155		
48.3	0.040	168.3	0.0230	457.2	0.0140		
60.3	0.029	219.1	0.0180	508.0	0.0130		

Note: The slight differences in the "D" values as listed in the Metric system as compared to those listed in the English system is due to the estimating of values from a line chart. These differences have no effect on final results.

OPERATING DATA

Step 4. Steam (super heated) – temperature 221°C = t_o (Pipe Sizes 21.3, 26.7, 33.4, 60.3 114.3, 169.3, 406.4)

Process piping, operating temperature 121°C = t_{op} (60.3, 114.3, 273, 600.5)

Traced piping, operating temperature 82°C = t_{ot} (21.3, 33.4, 60.3, 168.3)

Ambient air temperature, average 4°C = t_{av}

Mean temperature Steam $= \frac{221 + 4}{2} = 112.5°C$

Process $= \frac{121 + 4}{2} = 62.5°C$

Traced $= \frac{82 + 4}{2} = 43°C$

From Figure 9 k for cellular glass at 112.5°C is 0.07 W/mK
k for cellular glass at 62.5°C is 0.06 W/mK
k for cellular glass at 43°C is 0.057 W/mK

Step 5. From Table 2

Find Economic Thickness

Traced Piping $\Delta t = 82 - 4 = 78°C$, use k = 0.057.7 W/mk

mm Size	"D" Value (from Step 3)	Economic Thickness (inches)	mm
21.3	0.0500	1.5	38
33.4	0.0400	1.5	38
60.3	0.0300	1.5	38
168.3	0.0300	2.5	64

Step 5. (Continued)

Process Piping $\Delta t = 121 - 4 = 117^{\circ}C$, use k = 0.06 W/mK

mm Size	"D" Value (from Step 3)	Economic Thickness (inches)	mm
60.3	0.0300	2.0	51
114.3	0.0300	2.0	51
273.0	0.0200	3.5	89
600.5	0.0120	4.0	102

Steam Piping $\Delta t = 221 - 4 = 217^{\circ}C$, use k = 0.07 W/mK

mm Size	"D" Value	Economic Thickness (inches)	mm
21.3	0.0500	2.5	64
26.2	0.0500	2.5	64
33.4	0.0400	2.5	64
60.3	0.0300	3.0	76
114.5	0.0300	3.5	89
168.3	0.0300	4.5	115
406.4	0.0150	5.0	124

Example III (Metric Units)

In this problem the metric units will be given first.

COST DATA

Insulation is expanded silica, installed cost is \$13.00 for 1 metre length of 33.4 mm pipe with 25 mm nominal thickness insulation (C_m).
Expected life of insulation and unit is 20 years (N_n & N_h).
Capital investment to produce energy is \$50,000.00/million watt/hr (F).
Total cost of energy production is \$7.00/million watts (S).

OPERATING DATA

Operating temperature of process transfer line is 300°C (t_o).
Design temperature, ambient air, is 0°C (t_{av}).
Time of operation 6000 hrs per year.
Type of insulation is expanded silica.
Size of pipe is 273 mm.

SOLUTION:

Step 1. Table 1 C_m = \$13.12 (on table) N_n = 20 years 273 mm pipe = 10" NPS Value of B is 2.45.

Step 2. From Figure 7-4—Plant depreciation period 20 years. Reading down from cost of energy at \$7.00 per million watts to "F" capital investment of \$50,000 per million watts/hr. Then reading horizontally $YM \times 10^{-6}$ = 0.024. Operation 6000 hrs/yr. Then $YM \times 10^{-6} = 0.024 \times \frac{6000}{8760} = 0.024 \times .685 = 0.0164$.

Step 3. From Figure 8 with $YM \times 10^{-6} = 0.0164$ and $B = 2.46$.

$D = 0.0063$ (by division $\frac{0.0164}{2.46} = 0.0067$) use 0.007.

Step 4. The mean temperature is $\frac{300 + 0}{2} = 150\ ^\circ C\ t_m$.

from Figure 9 $k = 0.072$ W/mK

Step 5. In table 2 using k = as 0.0721 and Δt as $300 - 0 = 300\ ^\circ C$ the economic thickness listed is 3.5″ converting to mm, $3.5 \times 24.5 =$ *89 mm* is economic thickness.

Note: If operation was full time, economic thickness would have been 139.7 mm.

Example III (English Units)

COST DATA

Insulation is expanded silica, installed cost is \$4.00 for one linear foot of 1″ thick insulation installed on 1″ NPS pipe (C).
Expected life of insulation and unit is 20 years (N_n & N_h).
Capital investment to produce energy is \$13,000.00 per million Btu/hr (F).
Total cost of energy production is \$2.00 per million Btu's (S).

OPERATING DATA

Operating temperature of process transfer line is 508 °F (t_o).
Design ambient air temperature is 32 °F (t_{av}).
Time of operation is 6000 hrs per year.
Size of pipe is 10″ NPS.

SOLUTION:

Step 1. Table 1 $C = \$4.00$, $N_n = 20$ years, 10″ NPS pipe.
Value of B is 2.46

Step 2. From Figure 7-4—Plant depreciation period is 20 years (N_h).
Reading up from cost of energy at \$2.00 per MM Btu's to (F) capital investment of \$13,000.00 per MM Btu/hr, then horizontally to $YM \times 10^{-6} = 0.024$.

However unit operates 6000 hrs per year $0.024 \times \frac{6000}{8760} = 0.0164$.

Step 3. From Figure 8 with $YM \times 10^{-6} = 0.0164$ and $B = 2.46$.
$D = 0.0063$ For Table 2 use $D = 0.0070$.

Step 4. The mean temperature of the insulation is $\frac{572 + 32}{2} = 302\ ^\circ F\ t_o$.
From Figure 9 $k = 0.498$ use $k = 0.5$ for Table 2.

Step 5. $\Delta t = 572 - 32 = 540\ ^\circ F$, $D = 0.007$, $k = 0.5$.
Table 2 lists economic thickness as *3.5″*.

Example IV (English Units)

COST DATA

Installed cost of insulation one inch thick per sq ft is \$4.00 (Bs) on 10'0" dia vessel—insulation, mineral fiber.

Capital investment to produce steam (F) is \$30 per lb/hr.

Depreciation period of plant and expected life of insulation is 20 years (N_n & N_h).

Total steam production cost (S) is \$3.00 per 1000 lbs of steam.

OPERATING DATA

Operating temperature of vessel is 320 °F (t_o).

Average outdoor temperature is 40 °F (t_{av}).

Time of operation is 8760 hours per year.

Type of insulation is mineral fiber—heavy density.

To find economic thickness—

SOLUTION:

Step 1. Table 1a C = 4.00, N_n is 20 years
B value = 0.09

Step 2. From Figure 7-4—Dollar cost of steam = \$3.00 M lbs (S).
Capital investment is \$30.00 per lb steam/hr (F).
Read up from cost (S) to capital investment (F) and horizontally to $YM \times 10^{-6}$.
The value is 0.027.

Step 3. From Figure 8 at $YM \times 10^{-6} = 0.027$ and B = 0.09 D = 0.3000.

Step 4. The mean temperature of the insulation is $\frac{320 + 40}{2} = 180$ °F.
From Figure 9 k = 0.4 Btu, in/sq ft, hr °F.

Step 5. $\Delta t = 320 - 40 = 280$ °F.
From Table 3—Economic thickness = *5.5 inches.*

Example IV (Metric Units)

COST DATA

Installed cost of insulation 25.4 mm thick per square metre is \$43.00.

Insulation is heavy density mineral fiber.

Capital investment to produce energy is \$81,300.00 per million watt hours.

Depreciation period of plant and insulation system is 20 years (N_n & N_h).

Total cost of energy production is \$8.20 per million watts.

OPERATING DATA

Operating temperature of vessel is 160 °C (t_o).
Average outdoor temperature is 4 °C.
Time of operation is 8760 hrs per year.

To find economic thickness—

Step 1. *Table 1a Cm* = \$43.00, N = 20 years, "B" value = 0.09.

Step 2. Figure 7-4—Reading down from cost at \$8.20 per MM watts, to capital investment of \$81,300.00 per million watt/hr, then horizontally to $YM \times 10^{-6} = 0.026$.

Step 3. From Figure 8 with $YM \times 10^{-6} = 0.026$ and B = 0.09, D = 0.3000.

Step 4. The mean temperature is $\frac{160 + 4}{2} = 82\ °C$.

From Figure 9 $k = 0.0577\ W/m^2 K$.

Step 5. $\Delta t = 160 - 4 = 154\ °C$.
From Table 3—Economic thickness = 5.5 inches.
5.5 X 25.4 = 139.7 mm.

Insulation of Fittings

Over the years, a mistaken practice has developed of not insulating fittings of pipe and vessels. This has always been a costly practice, and now that energy cost has risen it is even more wasteful.

The economics that dictate the thickness of insulation for pipes hold true for welded and screwed pipe fittings. When screwed elbows and connectors are used, it may be desirable to reduce the insulation thickness slightly so as to maintain the outside diameter of the insulation the same as that of the pipe. This is illustrated in Figure 11.

Welded fittings should be insulated with the same economic thickness of insulation as determined for the pipe. This is illustrated in Figure 12.

Flanged couplings, because of the diameter of flange, requires special consideration especially when the economic thickness of the insulation is greater than 4" (102 mm). This is because the area of the flange which extends beyond the adjacent pipe is relatively small compared to insulation required to retard the energy loss. Because of this factor, the practice of not insulating flanged couplings, or the flanges on flanged fittings, or valves, is quite common.

One reason given for not insulating flanges was that if a leak occurred it could be seen. Also, it was stated that the leaks would ruin the insulation cover, thus causing added expense.

There is no question that hot flanges exposed to outdoor weather did require relatively frequent repairs. One of the major factors causing this condition was that the flanges were exposed to the elements.

When a hot flange is left bare (not insulated) rain or snow coming down on the top of the flange causes the top part to be reduced in temperature, with resulting thermal contraction. The bottom half remains at a more constant temperature, with the result

INSULATION INSTALLED ON SCREWED FITTINGS

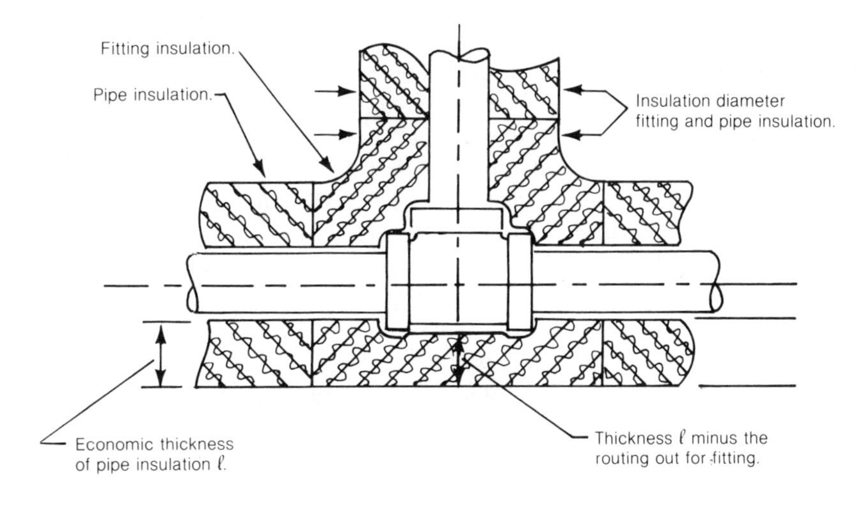

Note: Pipe insulation thickness must be 1½'' (38mm) or thicker.
Similar installation of insulation shall be used for other screwed fittings.

FIGURE 11

INSULATION INSTALLED ON WELDED FITTINGS

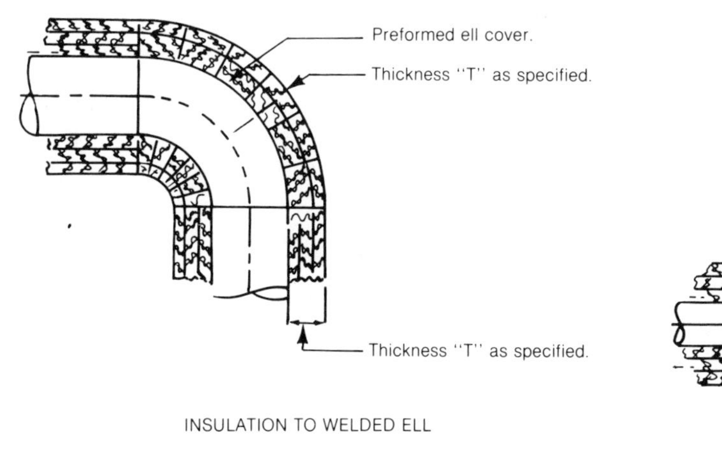

INSULATION TO WELDED ELL

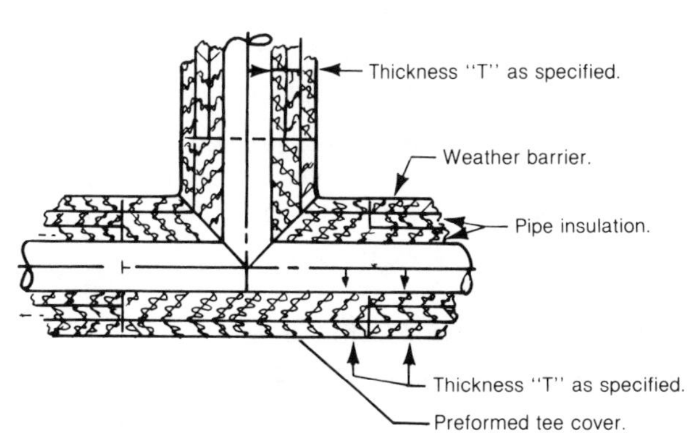

INSULATION TO WELDED TEE

FIGURE 12

that dimensional distortion occurs. This dimensional change then causes movement between the flange faces and the gasket. The result is differential movement and high stress with resultant leaks. The same flange protected by thermal insulation stays at a relatively constant temperature with no dimensional change.

Where flanges are on lines containing combustable gases, or liquids and there is fear of collection of dangerous products within the flange cover, these fittings should be equipped with leak detectors. Leak detectors should be installed as a sheet, around the cylindrical edges of the pair of flanges, with a tube leading outside the insulation.

Another reason given for not insulating flanges, flanged tees, and ells, and flanged valves is the high cost of insulating these types of pipe fittings. Although they are relatively expensive to insulate, as compared to straight pipe, it is much more expensive not to insulate them. It is seldom considered that steam or energy production equipment capital investment is required for lost energy as much as for used energy.

Table 4 supplies the investment cost for equipment to produce steam (or energy) to supply the bare heat loss of one pair of standard flanged connections for NPS pipes up to 12".

Example V (English and Metric Units)

Find the investment cost of equipment to supply the heat loss of pairs of flanges. (Both in English and Metric units.)

COST DATA

Capital investment of steam producing equipment is:

$30/lb steam per hour, or $81.30 per thousand watts per hr.

OPERATING DATA

Flange size:	4" NPS Pipe	(114.3 mm)
	6" NPS Pipe	(168.3 mm)
	12" NPS Pipe	(323.8 mm)

Insulation: None

Temperature: 300 °F, 149 °C

From Table 4—Capital investment required to supply loss for

4" (114 mm) pair of flanges is $66.09
6" (160 mm) pair of flanges is $96.60
12" (323.8 mm) pair of flanges is $214.83

A flanged elbow has approximately 3 times the area to lose heat as one pair of flanges. A flanged tee has approximately 4 times the area and a flanged valve approximately 5 times the area of one pair of flanges.

Example VI (English and Metric Units)

Find the approximate cost for equipment to supply the loss of 6" and 12" (168.3 and 323.8 mm) flanged valves operating at 500 °F (260 °C). Based on 5 times the area of one pair of flanges:

From Table 4—The capital cost per one pair of flanges:

6" valve $219.69 X 5 = $1098.45 for 6" flanged valve
12" valve $489.03 X 5 = $2445.15 for 12" flanged valve

From this, it is evident that for most cases it is much more costly in capital investment to not insulate fittings than it is to insulate them.

Other than capital investment, the energy lost from bare flanges is worth the dollars it cost to produce. Table 5 is a listing of dollar cost of energy lost per year from bare uninsulated flanges.

Example VII (English and Metric Units)

What is cost of steam (or energy) loss per year from bare flanges as listed in Example V, if heat cost is $4.00 per 100 lbs of steam ($10.92 per million watts) and operating time was 8760 hrs/year?

From Table 5—Operating temperature 300 °F, 149 °C, (as given in Example V) the cost of energy per year is:

Bare Fittings

Flange Size - Pipe Nom	$ per year cost of loss energy (from Table 5)	$ Investment cost (from Example V)
4" (114.3 mm)	$72.80	$66.09
4" (168.3 mm)	$106.40	$96.60
12" (323.8 mm)	$236.60	$214.83

Example VIII (English and Metric Units)

What is cost of steam (or energy) loss per year from bare flanged valve listed in Example VI, if heat cost is $3.00 per 1000 lbs of steam ($8.19 per million watts) and operating time was 8760 hrs per year?

From Table 5—Operating temperature 500 °F, 260 °C, (as given in Example VI) the cost of energy per year is:

Bare Flanged Valves = Bare Flanges X 5

Flange Size - Pipe Nom	$ per year cost of loss energy ($ per year Table 5 X 5) = valve loss	$ Investment cost (from Example VI)
6" (168.3 mm)	($185.01 X 5) = $925.05	$1098.45
12" (323.8 mm)	($411.81 X 5) = $2059.05	$2445.15

From these figures it is apparent that the costs in money and energy lost from flanges, flanged fittings and flanged values are enormous. For this reason these fittings must be insulated. However, one of the reasons that they were not insulated in the past was space and size. The thicker insulation now required on piping, to obtain economic thickness, makes the size and space problem acute.

In pipe insulation (or any cylindrical insulation) the difference in inner and outer areas must be considered in the determination of insulation thickness. This consideration appears in the fundamental formula $r_2 \log_e \frac{r_2}{r_1}$. The resultant dimension is named "equivalent thickness". This "equivalent thickness" of pipe and tube insulation is used frequently in heat and temperature problems. To assist in these determinations, values of equivalent thickness for NPS pipe, and tubing in both inches and metres are provided in Tables 7, 8, 9 and 10.

Due to configuration of flanges and flanged fittings, the area of the bare flange or fitting compared to the outside area of insulation over these fittings are different than for pipes. The outside area of flanged insulation covers have a higher ratio to the bare area than is true of pipe, welded or screwed fittings. For this reason a lesser thickness of insulation is justified. For this reason it is necessary to calculate an equivalent thickness of insulation specifically for the insulation which is over the flange. The need for this consideration is shown in Figure 13. The thickness to be determined is ℓ_e. These equivalent thicknesses are given in the English and Metric units in Tables 11 and 12.

The nominal thickness T_f to be used should be the thickness in which ℓ_e equals the equivalent thickness of pipe or tubing of the size and nominal thickness being considered.

It should be noted that this difference between the thickness of insulation to be used on pipe and on the flanges of that same size pipe varies greatly on the smaller size pipes.

Example IX (English Units)

First determine the economic thickness for various sizes of pipe operating at 600 °F. Then determine the thickness of insulation for the covering over flanged fittings.

COST DATA

Insulation is calcium silicate, installed cost \$3.00 per linear foot for 1" thickness on 1" NPS pipe (C).
Expected life of insulation = 20 years (N_n).
Capital investment to produce one lb of steam = \$25.00 (F).
Depreciation period of plant = 30 years (N_h).
Total cost of production of steam = \$2.50 per M/lbs (S).

Step 1. (The economic thickness of insulation must be determined first.)

Determine "B" value for all pipe sizes (from Table 1).

NPS	"B"	NPS	"B"
1	.92	6	1.54
2	1.18	12	2.10
4	1.40		

Step 2. From Figure 7—30 yrs depreciation (N_h) (S) = 300/M lbs hr.

Capital investment = \$25.00 (F) $YMX10^{-6}$ = 0.037

Step 3. The "D" value is obtained from Figure 8.

Pipe Size	"D" Value	(Use)
1	0.0350	0.040
2	0.0330	0.040
4	0.0280	0.030
6	0.0250	0.030
12	0.0180	0.020

Step 4. OPERATING DATA

Pipe at 600 °F operating temperature.
Ambient air temperature — design — temp = 40 °F.
Operation time 8760 hrs per year.

$$\text{The mean temperature} = \frac{600 + 40}{2} = 320\ ^\circ\text{F}.$$

k of insulation (from Figure 9) = 0.5.

INSULATION INSTALLED ON FLANGED FITTINGS

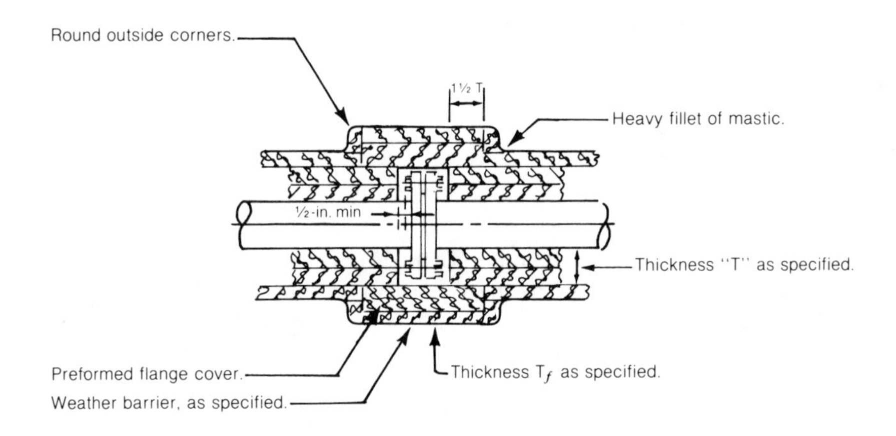

INSULATION TO LINE FLANGE

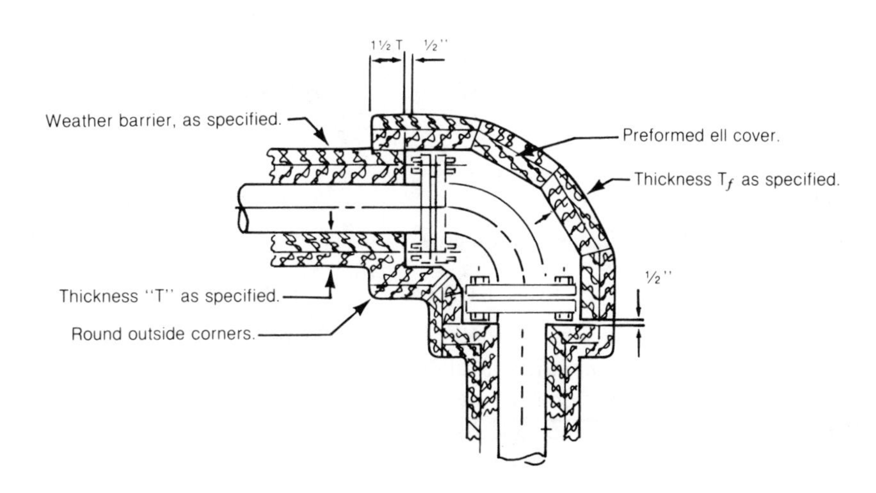

INSULATION TO FLANGED ELL

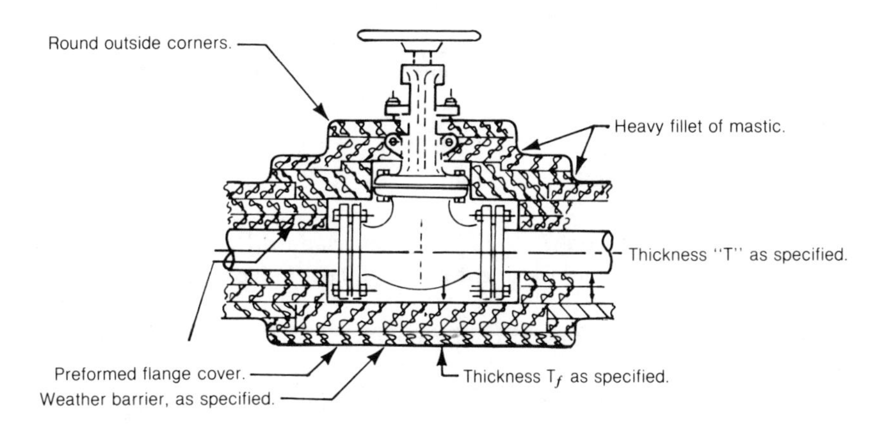

INSULATION TO FLANGED VALVE

FIGURE 13

Step 5. Economic thickness of pipe $\Delta t = 600\ ^{\circ}F - 40\ ^{\circ}F = 560\ ^{\circ}F$ (from Table 2).

Pipe Size	Economic Thickness (Inches)
1	3
2	4
4	4 1/2
6	5 1/2
12	6

Step 6. Determine equivalent thickness of flange insulation (Table 11). Then on Table 7, move horizontally from pipe size to the equivalent thickness closest to for flange equivalent thickness in Table 11, and use the nominal thickness for the flange as is listed for the NPS pipe.

Pipe Size	Nom Thk	Equiv Thk (from Table 7)	(approx)	Equiv Thk (from Table 11)	Nom Thk (Pipe)	Flange Cover Nom Thk
1	3	6.29	=	7.04	2 1/2	2 1/2
2	4	7.62	=	7.23	3	3
4	4 1/2	7.42	=	7.34	3 1/2	3 1/2
6	5 1/2	8.64	=	9.67	4 1/2	4 1/2
12	6	8.26	=	3.75	5	5

Example X (Metric Units)

Determine thickness of flanged fitting covers.

COST DATA

Insulation is calcium silicate, installed cost is $9.84 per linear metre of 3.34 cm pipe with 25 mm thick insulation.
Expected life of the insulation is 20 years (N_n).
Capital investment to product one thousand watts (per hour) = $81.30.
Depreciation of plant = 30 years (N_h).
Total cost of production of energy is $8.19/Million watts.

Step 1. (The economic thickness of the pipe insulation must be determined first.)

The "B" values for the listed sizes of pipes (from Table 1).

NPS	"B" Value	NPS	"B" Value
1	.92	6	1.54
2	1.18	12	2.10
4	1.40		

Step 2. From Figure 7 −30 years depreciation (N_n) S = $8.19 per million watts and capital investment is $67,750 per million watts/hr $YM \times 10^{-6} = 0.037$.

Step 3. The "D" values (from Figure 8).

Pipe Size	"D" Value	(Use)
1	0.0350	0.040
2	0.0330	0.040
4	0.0280	0.030
6	0.0250	0.030
12	0.018	0.020

Step 4. OPERATING DATA

316 °C.

Ambient air temperature — design — 4 °C.

The operating time is 8760 hrs per year.

The mean insulation temperature $= \frac{310 + 4}{2} = 158°C$.

k of the insulation (from Figure 9) = 0.0721 W/mK.

Step 5. Economic thickness of pipe $\Delta t = 316\,°C - 4\,°C = 312\,°C$ (from Table 2).

Pipe Size	Economic Thickness (in.)	Economic Thickness (mm)
1	3	76
2	4	102
4	4 1/2	114
6	5 1/2	140
12	6	152

Step 6. Determine flange equivalent thickness (Table 11). On Table 7, move horizontally from pipe size to the equivalent thickness closest to the NPS pipe equivalent thickness given in Table 11, and use the nominal thickness for that pipe size for the flange cover nominal thickness.

Pipe Size	Nom Thk (mm)	Equiv Thk (metres) (from Table 7)	(approx)	Equiv Thk (metres) (from Table 11)	Nom Thk (mm)Pipe	Flange Cover Nom Thk
1	76	0.160	=	0.179	64	66
2	102	0.194	=	0.184	76	76
4	114	0.188	=	0.186	89	89
6	140	0.219	=	0.246	114	114
12	152	0.210	=	0.222	127	127

TABLES FOR USE IN SOLUTION OF PROBLEMS OF ECONOMICS OF HEAT LOSS BY PIPING TUBING AND EQUIPMENT

Insulated vs. Uninsulated

CAPITAL INVESTMENT TO PRODUCE STEAM (OR OTHER HEAT) TO SUPPLY ENERGY LOSS OF BARE HOT FLANGES

CAPITAL INVESTMENT
(English) $10.00 lb Steam/Hr, $7.94 Thousand Btu/hr
(Metric) $27.10 per Thousand Watts/hr

Flg Size NPS Nom Inch	OPERATING TEMPERATURE 212° F/100° C	300° F/149° C	400° F/204° C	500° F/260° C	600° F/316° C
1	$ 2.70	$ 5.08	$ 8.13	$ 11.55	$ 16.14
1-1/4	3.24	6.19	9.96	14.13	19.67
1-1/2	4.04	7.80	12.36	17.62	24.51
2	5.58	10.68	17.09	24.36	33.85
2-1/2	7.27	13.90	22.16	31.59	43.93
3	8.44	16.02	25.56	36.32	50.56
3-1/2	9.88	18.81	30.04	42.73	59.67
4	12.69	22.03	35.19	50.12	69.75
5	14.48	27.46	43.82	62.51	87.21
6	16.98	32.20	51.45	73.23	102.13
8	22.43	42.54	67.88	96.76	134.51
10	30.52	57.88	94.60	131.75	183.44
12	37.56	71.61	114.52	163.01	227.05

CAPITAL INVESTMENT
(English) $20.00 lb Steam/Hr, $15.88 Thousand Btu/hr
(Metric) $54.20 per Thousand Watts/hr

Flg Size NPS Nom Inch	OPERATING TEMPERATURE 212° F/100° C	300° F/149° C	400° F/204° C	500° F/260° C	600° F/316° C
1	$ 5.40	$ 10.16	$ 16.26	$ 23.10	$ 32.28
1-1/4	6.48	12.38	19.92	28.26	39.34
1-1/2	8.08	15.60	24.72	35.24	49.02
2	11.16	21.36	34.18	48.72	67.70
2-1/2	14.54	27.80	44.32	63.18	87.86
3	16.88	32.04	51.12	72.64	101.32
3-1/2	19.76	37.62	60.08	85.46	119.34
4	23.38	44.06	70.38	100.24	139.50
5	28.96	54.92	87.64	125.02	174.42
6	33.96	64.40	102.90	146.26	204.26
8	44.86	85.08	135.76	193.52	269.02
10	61.04	115.76	189.20	263.50	366.88
12	75.12	143.22	229.04	326.02	454.10

CAPITAL INVESTMENT
(English) $30.00 lb Steam/Hr, $23.82 Thousand Btu/hr
(Metric) $81.30 per Thousand Watts/hr

Flg Size NPS Nom Inch	OPERATING TEMPERATURE 212° F/100° C	300° F/149° C	400° F/204° C	500° F/260° C	600° F/316° C
1	$ 8.10	$ 15.24	$ 24.39	$ 34.65	$ 48.42
1-1/4	9.72	18.57	29.88	42.39	59.01
1-1/2	12.12	23.40	37.08	52.86	73.53
2	16.74	32.04	51.27	73.08	101.55
2-1/2	21.81	41.70	66.48	94.77	131.79
3	25.32	48.06	76.68	108.96	151.98
3-1/2	29.64	56.43	90.12	128.19	179.01
4	35.07	66.09	105.57	150.36	209.25
5	43.44	82.38	131.46	187.53	261.63
6	50.94	96.60	154.35	219.69	306.39
8	67.29	127.62	203.64	290.28	403.53
10	91.56	173.64	283.80	395.25	550.32
12	112.68	214.83	343.56	489.03	681.15

CAPITAL INVESTMENT
(English) $40.00 lb Steam/Hr, $31.76 Thousand Btu/hr
(Metric) $108.40 per Thousand Watts/hr

Flg Size NPS Nom Inch	OPERATING TEMPERATURE 212° F/100° C	300° F/149° C	400° F/204° C	500° F/260° C	600° F/316° C
1	$ 10.80	$ 20.32	$ 32.52	$ 46.20	$ 64.56
1-1/4	12.96	24.76	39.84	56.52	78.68
1-1/2	16.16	31.20	49.44	70.48	98.04
2	22.32	42.72	68.36	97.44	135.40
2-1/2	29.08	55.60	88.64	126.36	175.72
3	33.76	64.88	102.24	145.28	202.64
3-1/2	39.52	75.24	120.16	170.92	238.68
4	46.66	88.12	140.76	200.48	279.00
5	57.92	109.84	175.28	250.04	348.84
6	67.92	128.80	205.80	292.52	408.52
8	89.72	170.16	271.52	387.04	538.04
10	122.08	231.52	378.40	527.00	733.76
12	150.24	286.44	458.08	652.04	908.20

CAPITAL INVESTMENT
(English) $50.00 lb Steam/Hr, $39.70 Thousand Btu/hr
(Metric) $135.50 per Thousand Watts/hr

Flg Size NPS Nom Inch	OPERATING TEMPERATURE 212° F/100° C	300° F/149° C	400° F/204° C	500° F/260° C	600° F/316° C
1	$ 13.50	$ 25.40	$ 40.65	$ 57.20	$ 60.70
1-1/4	16.20	30.95	49.80	70.65	98.35
1-1/2	20.20	39.40	61.80	88.10	122.55
2	27.90	53.40	85.45	121.80	169.25
2-1/2	36.35	69.50	100.80	157.95	219.65
3	41.20	80.10	127.80	181.60	253.30
3-1/2	49.40	94.05	150.20	213.65	298.35
4	58.45	110.15	175.95	250.60	348.75
5	72.40	137.30	219.10	312.55	436.05
6	84.90	151.00	257.25	366.15	510.65
8	112.15	212.70	339.40	483.80	672.55
10	152.60	289.40	473.00	658.75	917.20
12	187.90	358.05	572.60	815.05	1135.20

CAPITAL INVESTMENT
(English) $60.00 lb Steam/Hr, $47.64 Thousand Btu/hr
(Metric) $162.60 per Thousand Watts/hr

Flg Size NPS Nom Inch	OPERATING TEMPERATURE 212° F/100° C	300° F/149° C	400° F/204° C	500° F/260° C	600° F/316° C
1	$ 16.20	$ 30.48	$ 48.78	$ 69.30	$ 96.84
1-1/4	19.44	37.04	59.76	84.78	118.02
1-1/2	24.24	46.80	74.16	105.72	147.06
2	33.48	64.08	102.54	146.16	203.10
2-1/2	43.62	83.40	132.96	189.54	263.58
3	50.64	96.12	153.36	217.92	303.96
3-1/2	59.28	112.86	180.24	256.38	358.02
4	70.14	132.18	211.14	300.72	418.50
5	86.88	164.76	262.92	375.06	523.26
6	101.88	193.20	308.70	439.38	612.78
8	135.58	255.24	407.28	580.56	807.06
10	183.12	347.28	567.60	790.50	1100.64
12	225.36	429.66	687.12	978.10	1363.50

Heat loss calculated on 70° F (21° C) ambient temperature, natural convection.
Insulation conductivity based on dry calcium silicate or expanded silica insulation (approximate same conductivity).
Surface emittance taken as 0.9, based on Btu/lb of saturated steam.

TABLE 4

TABLE 5

DOLLAR COST OF ENERGY LOSS PER YEAR (BASED ON 8760 HRS/YR) OF BARE (UNINSULATED) FLANGES

HEAT COST (Total Production Cost)
(English) $1.00 per 1000 lbs Steam, $0.80 per Million Btu
(Metric) $2.73 per Million Watts

Flg Size NPS Nom Inch	OPERATING TEMPERATURE 212° F/100° C	300° F/149° C	400° F/204° C	500° F/260° C	600° F/316° C
1	$ 2.17	$ 4.20	$ 6.86	$ 9.73	$ 13.79
1-1/4	2.61	5.11	8.40	11.90	16.80
1-1/2	3.25	6.44	10.43	14.84	20.93
2	4.49	8.82	14.42	20.51	28.91
2-1/2	5.85	11.48	18.69	26.60	37.52
3	6.80	13.23	21.56	30.59	43.26
3-1/2	7.95	15.54	25.34	35.98	50.96
4	9.41	18.20	29.68	42.21	59.57
5	11.66	22.68	36.96	52.64	74.48
6	13.67	26.60	43.40	61.67	87.22
8	18.06	35.14	57.26	81.48	114.87
10	24.57	47.81	79.80	110.95	156.66
12	30.24	59.15	96.60	137.27	193.90

HEAT COST (Total Production Cost)
(English) $2.00 per 1000 lbs Steam, $1.60 per Million Btu
(Metric) $5.46 per Million Watts

Flg Size NPS Nom Inch	OPERATING TEMPERATURE 212° F/100° C	300° F/149° C	400° F/204° C	500° F/260° C	600° F/316° C
1	$ 4.34	$ 8.40	$ 13.72	$ 19.46	$ 27.58
1-1/4	5.22	10.22	16.80	23.80	33.60
1-1/2	7.50	12.88	20.86	29.68	41.86
2	8.98	17.64	28.84	41.02	57.82
2-1/2	11.70	22.96	37.38	53.20	75.04
3	13.60	26.26	43.12	61.18	86.52
3-1/2	15.90	31.08	50.68	71.96	101.92
4	18.82	36.40	59.36	84.42	119.14
5	23.32	45.36	73.92	105.28	148.96
6	27.34	53.20	86.80	123.34	174.44
8	36.12	70.28	114.52	162.96	229.74
10	49.14	95.62	159.60	221.90	313.32
12	60.48	118.30	193.20	275.54	387.80

HEAT COST (Total Production Cost)
(English) $3.00 per 1000 lbs Steam, $2.40 per Million Btu
(Metric) $8.19 per Million Watts

Flg Size NPS Nom Inch	OPERATING TEMPERATURE 212° F/100° C	300° F/149° C	400° F/204° C	500° F/260° C	600° F/316° C
1	$ 6.51	$ 12.60	$ 20.58	$ 28.19	$ 41.37
1-1/4	7.83	15.33	25.20	35.70	50.40
1-1/2	9.75	19.32	31.29	44.52	62.79
2	13.47	26.46	43.26	61.53	86.73
2-1/2	17.55	34.44	56.07	79.80	112.56
3	20.40	39.69	64.68	91.77	129.78
3-1/2	23.85	46.62	76.02	107.94	152.88
4	28.23	54.60	89.04	126.63	178.71
5	34.98	68.04	110.88	157.92	223.44
6	41.01	79.80	130.20	185.01	261.66
8	54.18	105.42	171.78	244.44	344.61
10	73.71	143.43	239.40	332.85	469.98
12	90.72	177.45	289.80	411.81	581.70

HEAT COST (Total Production Cost)
(English) $4.00 per 1000 lbs Steam, $3.20 per Million Btu
(Metric) $10.92 per Million Watts

Flg Size NPS Nom Inch	OPERATING TEMPERATURE 212° F/100° C	300° F/149° C	400° F/204° C	500° F/260° C	600° F/316° C
1	$ 8.68	$ 16.80	$ 27.44	$ 38.92	$ 55.16
1-1/4	10.44	20.44	33.60	47.60	67.20
1-1/2	15.00	25.76	41.72	59.36	83.72
2	17.96	35.28	57.68	82.04	115.64
2-1/2	23.40	45.92	74.76	106.40	150.08
3	27.20	52.52	86.24	122.36	173.04
3-1/2	31.80	62.16	101.36	143.92	203.84
4	37.64	72.80	118.72	168.84	238.28
5	46.64	90.72	147.84	210.56	297.92
6	54.68	106.40	173.60	246.68	348.88
8	72.24	140.56	229.04	325.92	459.48
10	98.28	191.24	319.20	443.80	626.64
12	120.96	236.60	386.40	551.08	775.60

HEAT COST (Total Production Cost)
(English) $5.00 per 1000 lbs Steam, $4.00 per Million Btu
(Metric) $13.65 per Million Watts

Flg Size NPS Nom Inch	OPERATING TEMPERATURE 212° F/100° C	300° F/149° C	400° F/204° C	500° F/260° C	600° F/316° C
1	$ 10.85	$ 21.00	$ 34.30	$ 48.65	$ 68.95
1-1/4	13.05	25.55	42.00	59.50	84.00
1-1/2	17.25	32.20	52.15	74.20	104.65
2	22.45	44.10	72.10	102.55	144.55
2-1/2	29.25	57.40	93.45	133.30	187.60
3	34.00	66.15	107.80	152.95	216.30
2-1/2	39.75	77.70	126.70	179.90	254.80
4	47.05	91.00	148.40	211.05	297.85
5	58.30	113.40	194.80	263.20	372.40
6	68.35	133.00	217.00	308.35	436.10
8	90.30	175.70	286.30	407.40	574.35
10	122.75	239.05	399.00	554.75	783.30
12	151.20	295.75	483.30	686.35	969.50

HEAT COST (Total Production Cost)
(English) $6.00 per 1000 lbs Steam, $4.80 per Million Btu
(Metric) $16.38 per Million Watts

Flg Size NPS Nom Inch	OPERATING TEMPERATURE 212° F/100° C	300° F/149° C	400° F/204° C	500° F/260° C	600° F/316° C
1	$ 13.02	$ 25.20	$ 41.16	$ 56.38	$ 82.74
1-1/4	15.66	30.66	50.40	71.40	100.80
1-1/2	19.50	38.64	62.58	89.04	125.58
2	26.94	52.92	86.52	123.06	173.46
2-1/2	35.10	68.88	112.14	159.60	225.12
3	40.80	79.38	129.36	183.54	259.56
2-1/2	47.70	93.24	152.04	215.88	305.76
4	56.46	109.20	178.08	253.26	357.42
5	69.96	136.08	221.76	315.84	446.88
6	82.02	159.60	260.40	370.02	523.32
8	108.36	210.84	343.56	488.88	689.22
10	147.42	286.86	478.80	665.70	939.96
12	181.44	354.90	579.60	823.62	1062.40

Based on heat loss calculated with ambient temperature of 70° F (21° C).
Natural convection, and $\epsilon = 0.9$.

TABLE 5

TABLE 6

NPS PIPE FLANGES — HEAT LOSS

HEAT LOSS PER HOUR PER FLANGE

Bare

Flg Size NPS Nom Inch	212° F/ 100° C		300° F/ 149° C		400° F/ 204° C		500° F/ 260° C		600° F/ 316° C	
	Btu/hr	W	Btu/hr	W	Btu/hr	W	Btu/hr	W	Btu/hr	W
1	310	90	600	176	980	287	1390	470	1970	577
1-1/4	373	109	730	214	1200	352	1700	498	2400	703
1-1/2	467	136	920	270	1490	437	2120	621	2990	876
2	642	188	1260	369	2060	604	2930	859	4130	1210
2-1/2	836	245	1640	481	2670	783	3800	1114	5360	1571
3	971	285	1890	554	3080	903	4370	1281	6180	1811
3-1/2	1136	333	2220	651	3620	1061	5140	1507	7280	2133
4	1344	394	2600	762	4240	1243	6030	1767	8510	2494
5	1665	488	3240	950	5280	1548	7520	2204	10640	3119
6	1953	572	3800	1114	6200	1817	8810	2582	12460	3652
8	2580	756	5020	1471	8180	2398	11640	3412	16410	4810
10	3510	1029	6830	2001	11400	3341	15850	4646	22380	6560
12	4320	1266	8450	2477	13800	4045	19610	5748	27700	8119

1-1/2″ (38 mm) Nominal Thick Insulation

Flg Size NPS Nom Inch	212° F/ 100° C		300° F/ 149° C		400° F/ 204° C		500° F/ 260° C		600° F/ 316° C	
	Btu/hr	W	Btu/hr	W	Btu/hr	W	Btu/hr	W	Btu/hr	W
1	35	10.3	49	14.4	73	21.4	99	29.0	113	33.1
1-1/4	37	10.8	56	16.4	82	24.0	110	32.2	139	40.7
1-1/2	37	10.8	56	16.4	82	24.0	110	32.2	139	40.7
2	47	13.8	74	21.7	111	32.5	142	41.6	185	54.2
2-1/2	57	16.7	92	27.0	139	40.7	175	51.2	228	66.8
3	57	16.7	92	27.0	139	40.7	175	51.2	228	66.8
3-1/2	73	21.4	105	30.7	145	42.5	186	54.4	255	74.7
4	81	23.7	112	32.8	155	45.4	210	61.5	275	80.5
5	95	27.8	141	41.3	214	62.7	289	84.6	323	94.6
6	105	30.7	186	54.5	226	66.2	323	94.6	419	122.8
8	126	36.9	211	61.8	266	77.9	363	106.3	476	139.4
10	156	45.7	263	77.1	327	95.8	444	130.0	579	169.6
12	166	48.6	296	86.7	363	106.3	491	143.9	642	188.1

HEAT LOSS PER HOUR PER FLANGE

2″ (51 mm) Nominal Thick Insulation

Flg Size NPS Nom Inch	212° F/ 100° C		300° F/ 149° C		400° F/ 204° C		500° F/ 260° C		600° F/ 316° C	
	Btu/hr	W	Btu/hr	W	Btu/hr	W	Btu/hr	W	Btu/hr	W
1	27	7.9	38	11.1	57	16.7	76	22.3	93	27.2
1-1/4	29	7.9	43	12.6	63	18.5	85	24.9	115	33.7
1-1/2	29	7.9	43	12.6	63	18.5	85	24.9	115	33.7
2	37	10.8	57	16.7	85	24.9	117	34.3	153	44.8
2-1/2	45	13.2	71	20.8	107	31.3	145	42.5	189	55.4
3	45	13.2	71	20.8	107	31.3	145	42.5	189	55.4
3-1/2	57	16.7	81	23.7	120	35.2	154	45.1	211	61.8
4	62	18.2	86	25.2	128	37.5	174	51.0	228	66.8
5	73	21.4	92	27.0	177	51.9	240	70.3	324	94.9
6	87	25.5	140	40.0	187	54..8	253	74.1	338	99.0
8	104	30.5	175	51.2	220	64.5	284	83.2	372	109.0
10	129	37.7	218	63.9	256	75.0	347	101.7	453	132.7
12	137	40.1	245	71.8	284	83.2	384	112.5	502	147.1

2-1/2″ (64 mm) Nominal Thick Insulation

Flg Size NPS Nom Inch	212° F/ 100° C		300° F/ 149° C		400° F/ 204° C		500° F/ 260° C		600° F/ 316° C	
	Btu/hr	W	Btu/hr	W	Btu/hr	W	Btu/hr	W	Btu/hr	W
1	24	7.0	33	9.7	50	14.7	69	20.2	81	23.7
1-1/4	26	7.6	38	11.1	55	16.1	75	22.0	101	29.6
1-1/2	26	7.6	38	11.1	55	16.1	75	22.0	101	29.6
2	33	9.7	50	14.7	75	22.0	103	30.2	134	39.3
2-1/2	40	11.7	62	18.2	94	27.5	128	37.5	166	48.6
3	40	11.7	62	18.2	94	27.5	128	37.5	166	48.6
3-1/2	50	14.7	71	20.8	105	30.7	135	39.6	186	54.5
4	55	16.1	76	22.3	113	33.1	153	44.8	200	58.6
5	64	18.8	81	23.7	156	45.7	211	61.8	275	80.5
6	77	22.6	136	39.8	164	48.1	223	65.3	288	84.4
8	91	26.7	154	45.1	193	56.5	249	72.9	327	95.8
10	114	33.4	192	56.2	225	65.9	305	89.3	399	116.9
12	121	35.4	216	63.2	250	73.2	337	98.7	442	129.5

HEAT LOSS PER HOUR PER FLANGE

3″ (76 mm) Nominal Thick Insulation

Flg Size NPS Nom Inch	212° F/ 100° C		300° F/ 149° C		400° F/ 204° C		500° F/ 260° C		600° F/ 316° C	
	Btu/hr	W	Btu/hr	W	Btu/hr	W	Btu/hr	W	Btu/hr	W
1	19	5.6	27	7.9	40	11.7	54	15.8	62	18.2
1-1/4	20	5.9	31	9.1	45	13.2	61	17.9	76	22.3
1-1/2	20	5.9	31	9.1	45	13.2	61	17.9	76	22.3
2	28	8.2	41	12.0	61	17.9	78	22.9	101	29.5
2-1/2	34	10.0	50	14.7	76	22.3	96	28.1	125	36.6
3	34	10.0	50	14.7	76	22.3	96	28.1	125	36.6
3-1/2	40	11.7	57	16.7	80	23.4	102	29.9	140	41.0
4	46	13.5	62	18.2	85	24.9	115	33.7	151	44.2
5	52	15.2	76	22.3	117	34.3	159	46.6	177	51.9
6	57	16.7	102	29.9	124	39.3	178	52.2	230	67.4
8	69	20.2	116	34.0	146	42.8	200	58.6	262	76.8
10	86	25.2	144	42.2	180	52.7	244	71.5	318	93.2
12	91	26.7	163	47.8	199	58.3	270	79.1	353	103.4

3-1/2″ (89 mm) Nominal Thick Insulation

Flg Size NPS Nom Inch	212° F/ 100° C		300° F/ 149° C		400° F/ 204° C		500° F/ 260° C		600° F/ 316° C	
	Btu/hr	W	Btu/hr	W	Btu/hr	W	Btu/hr	W	Btu/hr	W
1	17	5.0	24	7.0	36	10.6	48	14.1	60	17.6
1-1/4	18	5.3	27	7.9	40	11.7	54	15.8	72	21.1
1-1/2	18	5.3	27	7.9	40	11.7	54	15.8	72	21.1
2	23	6.7	36	10.6	54	15.8	74	21.7	96	28.1
2-1/2	28	8.2	45	13.2	67	19.6	91	26.7	119	34.9
3	28	8.2	45	13.2	67	19.6	91	26.7	119	34.9
3-1/2	36	10.6	51	14.9	76	22.3	97	28.4	132	38.7
4	39	11.4	56	16.4	81	23.7	110	32.2	144	42.2
5	46	13.5	58	17.0	111	32.5	151	44.2	204	59.8
6	55	16.1	88	25.8	118	34.8	157	46.6	212	62.1
8	66	17.6	110	32.2	139	40.7	178	52.2	234	68.6
10	81	23.7	137	40.1	161	47.2	219	64.2	285	63.5
12	86	25.2	154	45.1	179	52.4	242	70.9	316	92.6

Heat loss calculated 70° F (21° C) ambient temperature, natural convection.

Insulation conductivity based on dry calcium silicate insulation, or expanded silicate insulation (approx. same conductivity for the two materials).

Surface emittance taken as 0.9, outside area of insulated pair of flanges as given in Table 6.

TABLE 6 (Sheet 1 of 3)

TABLE 6 (Continued)

NPS PIPE FLANGES — HEAT LOSS

HEAT LOSS PER HOUR PER FLANGE

4" (102 mm) Nominal Thick Insulation — OPERATING TEMPERATURE

Flg Size NPS Nom Inch	212° F/ 100° C		300° F/ 149° C		400° F/ 204° C		500° F/ 260° C		600° F/ 316° C	
	Btu/hr	W	Btu/hr	W	Btu/hr	W	Btu/hr	W	Btu/hr	W
1	15	4.4	21	6.1	31	9.1	42	12.3	51	14.9
1-1/4	16	4.7	24	7.0	35	10.3	47	13.8	63	18.5
1-1/2	16	4.7	24	7.0	35	10.3	47	13.8	63	18.5
2	21	6.1	31	9.1	47	13.8	64	18.8	84	24.6
2-1/2	25	7.3	39	11.4	59	17.3	80	23.4	103	30.2
3	25	7.3	39	11.4	59	17.3	80	23.4	103	30.2
3-1/2	31	9.1	45	13.2	66	19.3	85	24.9	116	34.0
4	34	10.0	47	13.8	70	20.5	96	28.1	123	36.0
5	40	11.7	51	14.9	97	28.4	132	38.7	178	52.2
6	48	14.1	77	22.6	102	29.9	139	40.7	186	54.4
8	57	16.7	96	28.1	121	35.5	156	45.7	205	60.1
10	71	20.8	120	35.2	141	41.3	191	56.0	249	73.0
12	75	22.0	135	39.6	156	45.7	211	61.8	276	80.9

4-1/2" (115 mm) Nominal Thick Insulation — OPERATING TEMPERATURE

Flg Size NPS Nom Inch	212° F/ 100° C		300° F/ 149° C		400° F/ 204° C		500° F/ 260° C		600° F/ 316° C	
	Btu/hr	W	Btu/hr	W	Btu/hr	W	Btu/hr	W	Btu/hr	W
1	13	3.8	19	5.6	28	8.2	38	11.1	43	12.6
1-1/4	14	4.1	22	6.4	32	9.4	43	12.6	53	15.5
1-1/2	14	4.1	22	6.4	32	9.4	43	12.6	53	15.5
2	20	5.9	29	8.5	43	12.6	55	16.1	71	20.8
2-1/2	24	7.0	35	10.3	53	15.5	67	19.6	88	25.8
3	24	7.0	35	10.3	53	15.5	67	19.6	88	25.8
3-1/2	28	8.2	40	11.7	56	16.4	71	20.8	98	28.7
4	32	9.4	43	12.6	59	17.3	81	23.7	106	31.1
5	36	10.6	53	15.5	82	24.0	107	31.3	124	36.3
6	40	11.7	71	20.8	87	25.5	124	36.3	161	47.2
8	48	14.1	88	25.8	102	29.9	140	41.0	183	53.6
10	60	17.6	101	29.6	126	36.9	171	50.1	222	65.0
12	64	18.8	114	33.4	139	40.7	189	55.4	247	72.4

HEAT LOSS PER HOUR PER FLANGE

5" (124 mm) Nominal Thick Insulation — OPERATING TEMPERATURE

Flg Size NPS Nom Inch	212° F/ 100° C		300° F/ 149° C		400° F/ 204° C		500° F/ 260° C		600° F/ 316° C	
	Btu/hr	W	Btu/hr	W	Btu/hr	W	Btu/hr	W	Btu/hr	W
1	12	3.5	17	5.0	25	7.3	33	9.7	41	12.0
1-1/4	13	3.8	19	5.6	28	8.2	37	10.8	51	14.9
1-1/2	13	3.8	19	5.6	28	8.2	37	10.8	51	14.9
2	16	4.7	25	7.3	37	10.8	51	14.9	67	19.6
2-1/2	20	5.9	31	9.1	47	13.8	64	18.8	80	23.4
3	20	5.9	31	9.1	47	13.8	64	18.8	80	23.4
3-1/2	25	7.3	36	10.6	53	15.5	67	19.6	93	27.2
4	27	7.9	37	10.8	56	16.4	76	22.3	100	29.3
5	32	9.4	40	11.7	78	22.9	105	30.7	143	41.9
6	38	11.1	64	18.8	82	24.0	111	32.5	149	43.7
8	46	13.5	77	22.6	97	28.4	124	36.3	164	48.1
10	57	16.7	96	28.1	112	32.8	152	44.5	199	58.3
12	60	17.6	108	31.6	126	36.9	168	49.2	220	64.5

5-1/2" (140 mm) Nominal Thick Insulation — OPERATING TEMPERATURE

Flg Size NPS Nom Inch	212° F/ 100° C		300° F/ 149° C		400° F/ 204° C		500° F/ 260° C		600° F/ 316° C	
	Btu/hr	W	Btu/hr	W	Btu/hr	W	Btu/hr	W	Btu/hr	W
1	11	3.2	16	4.7	24	7.0	32	9.4	38	11.1
1-1/4	12	3.5	18	5.3	26	7.6	35	10.3	47	13.8
1-1/2	12	3.5	18	5.3	26	7.6	35	10.3	47	13.8
2	15	4.4	23	6.7	35	10.3	48	14.1	63	18.5
2-1/2	19	5.6	29	8.5	44	12.9	60	17.6	78	22.9
3	19	5.6	29	8.5	44	12.9	60	17.6	78	22.9
3-1/2	24	7.0	33	9.7	49	14.4	63	18.5	87	25.5
4	26	7.6	36	10.6	53	15.5	72	21.1	94	27.5
5	31	9.1	38	11.1	73	21.4	99	29.0	133	39.0
6	37	10.8	63	18.5	77	22.6	104	30.5	135	39.6
8	44	12.9	73	21.4	91	26.7	117	34.3	154	45.1
10	55	16.1	81	26.7	105	30.8	143	41.9	187	54.8
12	58	17.0	102	29.9	117	34.3	158	46.3	207	60.7

HEAT LOSS PER HOUR PER FLANGE

6" (152 mm) Nominal Thick Insulation — OPERATING TEMPERATURE

Flg Size NPS Nom Inch	212° F/ 100° C		300° F/ 149° C		400° F/ 204° C		500° F/ 260° C		600° F/ 316° C	
	Btu/hr	W	Btu/hr	W	Btu/hr	W	Btu/hr	W	Btu/hr	W
1	10	2.9	15	4.4	22	6.4	30	8.8	34	10.0
1-1/4	11	3.2	17	5.0	25	7.3	33	9.7	42	12.3
1-1/2	11	3.2	17	5.0	25	7.3	33	9.7	42	12.3
2	15	4.4	22	6.4	34	10.0	43	12.6	55	16.1
2-1/2	18	5.3	27	7.9	42	12.3	54	15.8	68	19.9
3	18	5.3	27	7.9	42	12.3	54	15.8	68	19.9
3-1/2	22	6.4	31	9.1	44	12.9	56	16.4	75	22.0
4	25	7.3	34	10.0	47	13.8	63	18.5	83	24.3
5	29	7.9	42	12.3	64	18.8	84	24.6	124	36.3
6	32	9.4	57	16.7	68	19.9	98	28.7	127	37.2
8	38	11.1	64	18.8	80	23.4	110	32.2	144	42.2
10	47	13.8	79	23.3	99	29.0	134	39.3	175	51.3
12	50	14.7	90	26.4	105	30.8	148	43.4	194	56.8

6-1/2" (165 mm) Nominal Thick Insulation — OPERATING TEMPERATURE

Flg Size NPS Nom Inch	212° F/ 100° C		300° F/ 149° C		400° F/ 204° C		500° F/ 260° C		600° F/ 316° C	
	Btu/hr	W	Btu/hr	W	Btu/hr	W	Btu/hr	W	Btu/hr	W
1	9	2.6	13	3.8	19	5.6	26	7.6	32	9.4
1-1/4	10	2.9	15	4.4	22	6.4	29	8.5	40	11.7
1-1/2	10	2.9	15	4.4	22	6.4	29	8.5	40	11.7
2	13	3.8	19	5.6	29	8.5	40	11.7	53	15.5
2-1/2	16	4.7	24	7.0	37	10.8	51	14.9	63	18.5
3	16	4.7	24	7.0	37	10.8	51	14.9	63	18.5
3-1/2	20	5.9	28	8.2	42	12.3	53	15.5	73	21.4
4	21	6.1	29	8.5	44	12.9	60	17.6	79	23.2
5	25	7.3	38	11.1	61	17.9	81	23.7	112	32.8
6	30	8.8	51	14.9	65	19.0	87	25.5	117	34.3
8	36	10.6	60	17.6	77	22.6	97	28.4	129	37.8
10	45	13.5	76	22.3	88	25.8	120	35.2	157	46.0
12	47	13.8	85	24.9	99	28.7	133	39.0	174	51.0

Heat loss calculated 70° F (21° C) ambient temperature, natural convection.
Insulation conductivity based on dry calcium silicate insulation, or expanded silicate insulation (approx. same conductivity for the two materials).
Surface emittance taken as 0.9, outside area of insulated pair of flanges as given in Table 6.

TABLE 6 (Sheet 2 of 3)

TABLE 6 (Continued)

NPS PIPE FLANGES — HEAT LOSS

HEAT LOSS PER HOUR PER FLANGE

7″ (178 mm) Nominal Thick Insulation — OPERATING TEMPERATURE

Flg Size NPS Nom Inch	212° F/ 100° C		300° F/ 149° C		400° F/ 204° C		500° F/ 260° C		600° F/ 316° C	
	Btu/hr	W	Btu/hr	W	Btu/hr	W	Btu/hr	W	Btu/hr	W
1	9	2.6	13	3.8	19	5.6	25	7.3	30	8.8
1-1/4	10	2.9	14	4.1	21	6.1	28	8.2	38	11.1
1-1/2	10	2.9	14	4.1	21	6.1	28	8.2	38	11.1
2	12	3.5	18	5.3	28	8.2	38	11.1	50	14.7
2-1/2	15	4.4	23	6.7	35	10.3	48	14.1	62	18.2
3	15	4.4	23	6.7	35	10.3	48	14.1	62	18.2
3-1/2	19	5.6	26	7.6	39	11.4	50	14.7	69	20.2
4	21	6.1	28	8.2	42	12.3	58	17.0	75	22.0
5	25	7.3	36	10.6	58	17.0	79	23.2	106	31.1
6	30	8.8	50	14.7	62	18.2	83	24.3	108	31.6
8	34	10.0	58	17.0	73	21.4	94	27.5	123	36.0
10	44	12.9	73	21.4	84	24.6	114	33.4	149	43.7
12	46	13.5	82	24.0	94	27.5	126	36.9	167	48.9

7-1/2″ (190 mm) Nominal Thick Insulation — OPERATING TEMPERATURE

Flg Size NPS Nom Inch	212° F/ 100° C		300° F/ 149° C		400° F/ 204° C		500° F/ 260° C		600° F/ 316° C	
	Btu/hr	W	Btu/hr	W	Btu/hr	W	Btu/hr	W	Btu/hr	W
1	8	2.3	13	3.8	18	5.3	25	7.3	29	8.5
1-1/4	9	2.6	14	4.1	21	6.1	27	7.9	35	10.3
1-1/2	9	2.6	14	4.1	21	6.1	27	7.9	35	10.3
2	12	3.5	18	5.3	28	8.2	36	10.6	46	13.5
2-1/2	15	4.4	23	6.7	34	10.0	45	13.5	57	16.7
3	15	4.4	23	6.7	34	10.0	45	13.5	57	16.7
3-1/2	18	5.3	26	7.6	37	10.8	47	13.8	64	18.8
4	21	6.1	28	8.2	39	11.4	53	15.5	72	21.1
5	24	7.0	35	10.3	54	15.8	74	21.7	104	30.5
6	27	7.9	48	14.1	57	16.7	81	23.7	107	31.4
8	32	9.4	54	15.8	67	19.6	92	27.0	121	35.5
10	40	11.7	66	19.3	83	24.3	112	32.8	147	43.1
12	42	12.3	76	22.3	88	25.8	124	36.3	162	47.5

Heat loss calculated 70° F (21° C) ambient temperature, natural convection.

Insulation conductivity based on dry calcium silicate insulation, or expanded silicate insulation (approx. same conductivity for the two materials).

Surface emittance taken as 0.9, outside area of insulated pair of flanges as given in Table 6.

TABLE 6 (Sheet 3 of 3)

TABLE 7

NPS PIPE

EQUIVALENT THICKNESS — INCHES

(English Units)

PIPE NPS	Dia in.	½"	1"	1½"	2"	2½"	3"	3½"	4"	4½"	5"	5½"	6"	6½"	7"	7½"	8"	8½"	9"	9½"	10"	10½"	11"	11½"	12"	mm
		NOMINAL INSULATION THICKNESS — INCHES•																								
1/4	**0.540**	0.81	1.98	3.32	4.84	6.45	8.13	9.95	11.70	13.70	15.55	17.66	19.69	21.80	23.92	26.11	28.28	30.52	32.82	35.07	37.38	40.77	43.14	45.53	47.94	**13.7**
3/8	**0.675**	0.76	1.84	3.12	4.53	6.04	7.64	9.32	11.06	12.87	14.74	16.64	18.57	20.65	22.60	24.69	26.76	28.90	31.00	33.15	33.33	38.34	40.60	42.87	45.17	**17.2**
1/2	**0.840**	0.72	1.73	2.92	4.23	5.66	7.18	8.74	10.39	12.10	13.82	15.69	17.53	19.38	21.30	23.28	25.26	27.29	29.29	31.35	33.02	35.91	38.06	40.23	42.42	**21.3**
3/4	**1.030**	0.69	1.63	2.73	3.96	5.29	6.73	8.21	9.73	11.36	12.98	14.64	16.44	18.19	20.02	21.91	23.78	25.63	27.62	29.57	31.57	33.68	35.72	37.78	39.87	**26.7**
1	**1.315**	0.66	1.52	2.57	3.72	4.96	6.29	7.65	9.12	10.62	12.16	13.79	15.44	17.11	18.76	20.56	22.33	24.08	25.98	27.83	29.73	32.92	34.86	36.82	38.80	**33.4**
1-1/4	**1.660**	0.63	1.45	2.40	3.45	4.63	5.86	7.14	8.50	9.91	11.37	12.85	14.41	15.90	17.54	19.24	20.93	22.58	24.28	26.03	27.83	30.23	32.05	33.90	35.77	**42.2**
1-1/2	**1.900**	0.62	1.40	2.30	3.33	4.45	5.65	6.85	8.17	9.54	10.89	12.38	13.83	15.35	16.85	18.42	20.05	21.74	23.38	25.08	26.83	28.68	30.93	32.21	34.01	**48.3**
2	**2.375**	0.59	1.33	2.21	3.16	4.17	5.28	6.47	7.62	8.88	10.21	11.50	12.93	14.39	15.80	17.24	18.83	20.34	21.90	23.51	25.03	27.76	29.43	31.11	32.82	**60.3**
2-1/2	**2.875**	0.58	1.27	2.09	2.99	3.95	4.98	6.07	7.23	8.42	9.66	10.96	12.20	13.57	14.93	16.35	17.74	19.18	20.66	22.20	23.16	25.47	27.04	28.63	30.24	**73.0**
3	**3.500**	0.56	1.24	2.02	2.85	3.78	4.75	5.78	6.84	7.94	9.11	10.30	11.54	12.79	14.09	15.36	16.77	18.14	19.46	20.93	22.33	29.58	26.07	27.58	29.11	**88.9**
3-1/2	**4.000**	0.53	1.22	1.96	2.76	3.64	4.60	5.56	6.60	7.67	8.75	9.90	11.12	12.32	13.50	14.82	16.10	17.43	18.70	20.15	21.48	22.91	29.33	25.78	27.24	**101.6**
4	**4.500**	0.53	1.19	1.91	2.71	3.56	4.46	5.41	6.38	7.42	8.47	9.61	10.73	11.90	13.04	14.53	15.58	16.77	18.11	19.39	20.70	22.80	29.19	25.53	27.02	**114.3**
4-1/2	**5.000**	0.54	1.18	1.88	2.66	3.45	4.35	5.28	6.24	7.21	8.25	9.28	10.37	11.52	12.73	13.90	15.12	16.28	17.60	18.84	20.13	21.93	22.77	24.12	25.98	**127.0**
5	**5.563**	0.54	1.17	1.84	2.58	3.38	4.28	5.15	6.03	6.99	8.01	9.03	10.10	11.14	12.32	13.47	14.55	15.79	16.96	18.30	19.43	21.33	22.63	23.94	25.28	**141.3**
6	**6.625**	0.53	1.13	1.78	2.50	3.25	4.10	4.91	5.78	6.72	7.65	8.64	9.59	10.70	11.65	12.76	13.91	15.00	16.12	17.30	18.50	20.18	21.41	22.66	23.92	**168.3**
7	**7.625**	0.53	1.12	1.75	2.44	3.22	3.95	4.75	5.62	6.48	7.40	8.24	9.22	10.31	11.24	12.33	13.35	14.41	15.50	16.64	17.82	19.37	20.55	21.74	22.95	**193.7**
8	**8.625**	0.53	1.11	1.74	2.40	3.13	3.88	4.61	5.94	6.26	7.17	8.05	8.97	9.95	10.86	11.93	12.93	13.97	15.04	16.02	17.17	18.70	19.83	20.98	22.14	**219.1**
9	**9.625**	0.53	1.10	1.70	2.38	3.07	3.75	4.57	5.29	6.15	6.97	7.84	8.76	9.62	10.63	11.66	12.56	13.58	14.50	15.60	16.59	18.14	19.22	20.33	21.46	**244.5**
10	**10.750**	0.52	1.09	1.69	2.34	3.05	3.66	4.50	5.22	6.09	6.81	7.69	8.61	9.22	10.35	11.28	12.25	13.13	14.18	15.12	16.24	17.45	18.51	19.57	20.66	**273.0**
12	**12.750**	0.52	1.08	1.68	2.33	3.00	3.63	4.32	5.06	5.85	6.57	7.50	8.26	8.98	9.99	10.78	11.75	12.60	13.49	14.56	15.50	16.67	17.61	18.68	19.71	**328.4**
14	**14.000**	0.52	1.07	1.65	2.26	2.90	3.56	4.26	4.97	5.71	6.47	7.25	8.05	8.86	9.70	10.30	11.43	12.25	13.22	14.19	15.07	17.00	17.98	18.97	19.98	**356.6**
16	**16.000**	0.52	1.06	1.63	2.23	2.85	3.50	4.17	4.86	5.57	6.31	7.06	7.83	8.62	9.42	10.23	11.09	12.05	12.81	13.65	14.59	15.51	16.43	17.38	18.33	**406.4**
18	**18.000**	0.51	1.05	1.62	2.21	2.82	3.45	4.10	4.78	5.47	6.19	6.91	7.66	8.42	9.21	9.90	10.81	11.55	12.48	13.32	14.19	15.08	15.97	16.89	17.79	**450.2**
20	**20.000**	0.51	1.05	1.61	2.19	2.80	3.41	4.05	4.71	5.44	6.08	6.80	7.52	8.16	9.02	9.80	10.58	11.47	12.20	13.06	13.86	14.71	15.58	16.46	17.35	**508.0**
24	**24.000**	0.51	1.05	1.59	2.16	2.74	3.35	3.96	4.60	5.25	5.92	6.58	7.30	7.99	8.73	9.56	10.22	11.07	11.74	12.47	13.29	14.15	14.96	15.79	16.64	**609.6**
28	**28.000**	0.51	1.03	1.58	2.14	2.71	3.30	3.91	4.52	5.15	5.80	6.46	7.12	7.82	8.51	9.25	9.94	10.80	11.32	12.22	12.93	13.71	14.50	15.29	16.10	**711.2**
32	**32.000**	0.51	1.03	1.57	2.12	2.68	3.27	3.85	4.46	5.07	5.71	6.34	7.01	7.66	8.35	9.17	9.73	10.54	11.15	11.98	12.62	13.37	14.13	14.89	15.67	**816.8**
36	**36.000**	0.51	1.03	1.56	2.11	2.66	3.24	3.81	4.41	5.02	5.63	6.25	6.90	7.53	8.11	8.92	9.56	10.34	10.94	11.83	12.37	13.10	13.83	14.57	15.32	**914.4**
40	**40.000**	0.51	1.02	1.55	2.10	2.65	3.21	3.79	4.37	4.97	5.58	6.20	6.82	7.46	8.10	8.80	9.42	10.26	10.78	11.80	12.16	12.87	13.59	14.31	15.04	**1016.0**
48	**48.000**	0.50	1.02	1.55	2.08	2.62	3.18	3.74	4.31	4.89	5.48	6.08	6.69	7.30	7.92	8.51	9.20	9.75	10.54	11.06	11.84	12.52	13.21	13.90	14.70	**1219.2**
		12.7	**25.4**	**38.1**	**50.8**	**63.5**	**76.2**	**88.9**	**101.6**	**114.3**	**127.0**	**139.7**	**152.4**	**165.1**	**177.8**	**190.5**	**203.2**	**215.9**	**228.6**	**241.3**	**254.0**	**266.7**	**279.4**	**292.1**	**304.8**	
		NOMINAL INSULATION THICKNESS — MILLIMETERS																								

Note: Tabular values are those of the Equivalent Thickness $L = r_2 \log e \frac{r_2}{r_1}$ for the Nominal Insulation Thicknesses given.

r_1 = Inside Radius of insulation r_2 = Outside Radius of Insulation $r_2 - r_1$ = Actual Thickness (ℓ)   L = Equivalent Thickness

The above equivalent thicknesses are in English Units — Inches. To convert to Metric Units so as to obtain equivalent thickness in metres multiply by 0.0254.

•Based on "Recommended Practice for Inner and Outer Diameters of Rigid Thermal Insulation for Nominal Sizes of Pipe and Tubing (NPS System)" ASTM C-585-76.

TABLE 7

TABLE 8

NPS PIPE
EQUIVALENT THICKNESS — METRES
(Metric Units)

Approx Dia mm	12.7	25.4	38.1	50.8	63.5	76.2	88.9	101.6	114.3	127.0	139.7	152.4	165.1	177.8	191.5	203.2	215.9	228.6	241.3	254.0	266.7	279.4	292.1	304.8	NPS Pipe Size Inch
13.72	0.021	0.050	0.084	0.123	0.164	0.207	0.252	0.297	0.349	0.394	0.449	0.500	0.554	0.608	0.661	0.718	0.775	0.834	0.890	0.949	1.036	1.096	1.156	1.218	1/4
17.15	0.019	0.047	0.079	0.115	0.153	0.194	0.237	0.281	0.327	0.374	0.423	0.472	0.525	0.574	0.627	0.680	0.734	0.787	0.842	0.847	0.974	1.031	1.088	1.147	3/8
21.3	0.018	0.044	0.074	0.107	0.144	0.182	0.222	0.264	0.307	0.351	0.399	0.445	0.492	0.541	0.591	0.642	0.693	0.744	0.796	0.839	0.912	0.967	1.021	1.077	1/2
26.7	0.016	0.041	0.069	0.101	0.134	0.171	0.209	0.247	0.289	0.330	0.372	0.418	0.462	0.508	0.557	0.604	0.651	0.702	0.751	0.802	0.855	0.907	0.956	1.013	3/4
33.4	0.016	0.039	0.065	0.094	0.126	0.160	0.194	0.232	0.270	0.309	0.350	0.392	0.435	0.477	0.522	0.567	0.612	0.660	0.707	0.755	0.836	0.885	0.935	0.985	1
42.2	0.016	0.037	0.061	0.088	0.118	0.149	0.181	0.216	0.252	0.289	0.326	0.366	0.404	0.446	0.489	0.532	0.573	0.617	0.661	0.707	0.768	0.814	0.861	0.908	1-1/4
48.3	0.016	0.036	0.058	0.085	0.113	0.144	0.174	0.208	0.242	0.277	0.314	0.351	0.390	0.428	0.468	0.509	0.552	0.594	0.637	0.681	0.728	0.773	0.818	0.864	1-1/2
60.3	0.015	0.034	0.056	0.080	0.106	0.134	0.164	0.194	0.226	0.259	0.292	0.328	0.366	0.401	0.438	0.478	0.517	0.556	0.597	0.636	0.705	0.748	0.790	0.834	2
73.0	0.015	0.032	0.053	0.076	0.100	0.126	0.154	0.184	0.214	0.245	0.278	0.310	0.345	0.379	0.415	0.451	0.487	0.525	0.564	0.588	0.647	0.687	0.727	0.768	2-1/2
88.9	0.014	0.031	0.051	0.072	0.096	0.121	0.147	0.174	0.202	0.231	0.262	0.293	0.325	0.358	0.390	0.426	0.461	0.494	0.532	0.567	0.624	0.662	0.700	0.739	3
101.6	0.013	0.031	0.050	0.070	0.092	0.117	0.141	0.168	0.195	0.222	0.251	0.282	0.313	0.343	0.376	0.409	0.443	0.475	0.512	0.546	0.582	0.618	0.655	0.692	3-1/2
114.3	0.013	0.030	0.049	0.069	0.090	0.113	0.137	0.162	0.188	0.215	0.244	0.273	0.302	0.331	0.369	0.396	0.426	0.460	0.492	0.526	0.579	0.614	0.650	0.686	4
127.0	0.013	0.030	0.048	0.068	0.088	0.110	0.134	0.158	0.183	0.209	0.236	0.263	0.293	0.323	0.353	0.384	0.414	0.447	0.478	0.511	0.544	0.578	0.613	0.647	4-1/2
141.3	0.013	0.030	0.047	0.066	0.086	0.109	0.131	0.153	0.176	0.203	0.229	0.257	0.283	0.313	0.342	0.370	0.401	0.431	0.465	0.494	0.542	0.574	0.608	0.642	5
168.3	0.013	0.029	0.045	0.064	0.083	0.104	0.125	0.147	0.171	0.194	0.219	0.244	0.272	0.296	0.324	0.353	0.381	0.409	0.439	0.470	0.513	0.544	0.576	0.608	6
193.7	0.013	0.028	0.044	0.062	0.082	0.100	0.121	0.143	0.165	0.188	0.211	0.234	0.262	0.285	0.313	0.339	0.366	0.394	0.423	0.453	0.492	0.522	0.552	0.583	7
219.1	0.013	0.028	0.044	0.061	0.080	0.099	0.117	0.139	0.159	0.182	0.204	0.228	0.253	0.276	0.303	0.328	0.355	0.382	0.407	0.436	0.475	0.504	0.533	0.562	8
244.5	0.013	0.028	0.043	0.060	0.078	0.095	0.116	0.134	0.156	0.177	0.199	0.223	0.244	0.270	0.296	0.319	0.345	0.368	0.396	0.421	0.461	0.488	0.516	0.545	9
273.0	0.013	0.028	0.043	0.059	0.077	0.093	0.114	0.133	0.155	0.173	0.195	0.219	0.234	0.263	0.286	0.312	0.334	0.360	0.384	0.412	0.443	0.470	0.497	0.525	10
328.4	0.013	0.027	0.043	0.059	0.076	0.092	0.110	0.129	0.150	0.167	0.191	0.210	0.228	0.254	0.274	0.298	0.320	0.343	0.370	0.394	0.432	0.447	0.474	0.500	12
356.6	0.013	0.027	0.042	0.057	0.074	0.090	0.108	0.126	0.145	0.164	0.184	0.204	0.225	0.246	0.262	0.290	0.311	0.336	0.360	0.383	0.431	0.456	0.481	0.507	14
406.4	0.013	0.027	0.041	0.057	0.072	0.039	0.106	0.123	0.141	0.160	0.179	0.199	0.219	0.239	0.259	0.282	0.306	0.325	0.347	0.370	0.393	0.417	0.441	0.466	16
450.2	0.013	0.027	0.041	0.056	0.072	0.088	0.104	0.120	0.139	0.157	0.175	0.195	0.214	0.234	0.251	0.275	0.293	0.317	0.338	0.360	0.383	0.406	0.429	0.452	18
508.0	0.013	0.027	0.041	0.056	0.071	0.087	0.103	0.119	0.138	0.154	0.173	0.191	0.207	0.229	0.249	0.263	0.291	0.310	0.331	0.352	0.374	0.396	0.418	0.441	20
609.6	0.013	0.026	0.040	0.055	0.070	0.085	0.101	0.117	0.133	0.150	0.167	0.185	0.203	0.222	0.242	0.260	0.281	0.298	0.316	0.338	0.359	0.380	0.401	0.423	24
711.2	0.013	0.026	0.040	0.054	0.069	0.084	0.099	0.115	0.131	0.147	0.164	0.181	0.199	0.216	0.234	0.252	0.274	0.288	0.310	0.328	0.348	0.368	0.388	0.408	28
812.8	0.013	0.026	0.040	0.054	0.068	0.083	0.098	0.113	0.129	0.145	0.161	0.178	0.195	0.212	0.232	0.247	0.268	0.283	0.304	0.320	0.340	0.359	0.378	0.398	32
914.4	0.013	0.026	0.040	0.054	0.067	0.082	0.097	0.112	0.128	0.143	0.159	0.175	0.191	0.205	0.227	0.243	0.263	0.278	0.300	0.314	0.333	0.351	0.370	0.389	38
1016.0	0.013	0.026	0.039	0.053	0.067	0.082	0.096	0.111	0.126	0.142	0.157	0.173	0.189	0.205	0.224	0.239	0.261	0.274	0.299	0.308	0.327	0.345	0.363	0.382	40
1219.2	0.013	0.026	0.039	0.053	0.067	0.081	0.095	0.109	0.124	0.139	0.154	0.170	0.185	0.201	0.216	0.234	0.248	0.268	0.280	0.301	0.318	0.336	0.353	0.370	48
Nominal thickness in inches•	½	1	1½	2	2½	3	3½	4	4½	5	5½	6	6½	7	7½	8	8½	9	9½	10	10½	11	11½	12	

NOMINAL THICKNESS — MILLIMETRES (column headings above); NOMINAL THICKNESS IN INCHES• (bottom row)

The above equivalent thicknesses are in Metric Units — Metres. To convert to English Units so as to obtain equivalent thickness in inches multiply by 39.37.

•Nominal thickness in accordance with ASTM C-585-76.

TABLE 9

TUBE SIZES

EQUIVALENT THICKNESS — INCHES

(English Units)

TUBE		NOMINAL INSULATION THICKNESS — INCHES•																								
Nom	Dia in.	½"	1"	1½"	2"	2½"	3"	3½"	4"	4½"	5"	5½"	6"	6½"	7"	7½"	8"	8½"	9"	9½"	10"	10½"	11"	11½"	12"	mm
1/4	**0.375**	1.24	2.18	3.91	5.60	7.86	9.52	11.49	13.53	15.63	18.05	20.25	22.27	25.35	27.69	30.05	32.44	34.86	37.32	39.79	42.29	44.82	47.37	49.94	52.53	**9.5**
3/8	**0.500**	0.99	1.84	3.41	4.94	7.02	8.56	10.38	12.27	14.23	16.49	18.55	20.43	23.33	35.51	27.73	29.97	32.25	34.56	36.89	39.25	41.63	44.03	46.45	48.90	**12.7**
1/2	**0.625**	0.81	2.18	3.01	5.20	6.38	7.82	9.54	11.32	13.16	15.30	17.25	19.03	21.77	23.85	25.95	28.09	30.26	32.45	34.67	36.92	39.19	41.48	43.80	46.13	**15.9**
5/8	**0.750**	0.75	2.07	3.56	5.00	6.16	7.57	9.24	10.99	12.79	14.89	16.79	18.55	21.23	23.27	25.34	27.44	29.56	31.72	33.90	36.11	38.34	40.60	42.87	45.17	**19.1**
3/4	**0.875**	0.74	1.72	3.06	4.38	5.44	6.75	8.30	9.92	11.60	13.55	15.33	16.98	19.50	21.41	23.35	25.32	27.33	29.36	31.42	33.50	35.61	37.74	39.87	42.06	**22.2**
1	**1.125**	0.87	1.34	2.53	4.45	5.87	7.30	8.79	10.33	12.14	13.79	15.31	17.66	19.43	21.24	23.09	24.96	26.86	28.79	30.74	32.72	34.71	36.73	38.77	40.84	**28.6**
1-1/4	**1.375**	0.64	1.64	2.66	3.89	5.20	6.53	7.92	9.37	11.06	12.61	14.04	16.25	17.93	19.64	21.38	23.15	24.95	26.78	28.63	30.31	32.50	34.32	36.26	38.22	**34.9**
1-1/2	**1.625**	0.81	1.34	2.29	3.43	4.69	5.89	7.19	8.56	10.16	11.63	12.98	15.08	16.67	18.30	19.96	21.65	23.37	25.11	26.88	28.67	30.48	32.32	34.17	36.05	**41.3**
2	**2.125**	0.87	1.26	2.14	3.77	4.87	6.04	7.27	8.72	10.05	11.29	13.20	14.66	16.15	17.68	19.23	20.82	22.42	24.06	25.72	27.40	29.10	30.82	32.56	34.32	**54.0**
2-1/2	**2.625**	0.84	1.21	2.09	3.06	4.06	5.13	6.25	8.57	8.81	9.95	11.72	13.08	14.46	15.88	17.33	18.81	20.31	21.84	23.39	24.96	26.56	28.18	29.81	31.47	**66.7**
3	**3.125**	0.50	1.17	2.48	3.40	4.37	5.41	6.64	7.78	8.84	10.50	11.76	13.07	14.40	15.76	17.15	18.57	20.00	21.97	22.96	24.47	26.00	27.55	29.12	30.70	**79.4**
3-1/2	**3.625**	0.80	1.31	1.99	2.83	3.74	4.69	5.84	6.91	7.90	9.46	10.65	11.86	13.14	14.42	15.74	17.08	18.44	19.84	21.25	22.68	24.14	25.62	27.11	28.62	**92.1**
4	**4.125**	0.48	1.57	2.34	3.18	4.07	5.14	6.15	7.08	8.56	9.68	10.85	12.04	13.26	14.51	15.79	17.09	18.42	19.76	21.13	22.53	23.94	25.36	26.81	28.28	**104.8**
5	**5.125**	0.85	1.51	2.24	3.03	3.98	4.87	5.71	6.28	7.03	8.06	9.11	10.19	11.31	12.45	13.61	14.81	16.03	17.27	18.53	19.81	21.11	22.44	23.78	25.13	**130.2**
6	**6.125**	0.83	1.47	2.32	2.94	3.83	4.58	5.10	5.78	6.72	7.68	8.68	9.70	10.76	11.83	12.04	14.06	15.22	16.39	17.58	18.80	20.02	21.28	22.55	23.83	**155.6**
7	**7.000**	0.53	1.13	1.78	2.49	3.23	4.02	4.85	5.72	6.61	7.54	8.50	9.49	10.50	11.54	12.54	13.68	14.76	15.91	17.03	18.22	19.41	20.61	21.83	23.06	**177.8**
8	**8.000**	0.53	1.12	1.75	2.43	3.16	3.92	4.73	5.55	6.41	7.30	8.22	9.16	10.13	11.13	12.08	13.18	14.25	15.32	16.47	17.54	18.67	19.83	20.99	22.18	**203.2**
9	**9.000**	0.53	1.10	1.72	2.39	3.10	3.83	4.60	5.40	6.24	7.09	7.99	8.90	9.83	10.79	11.76	12.77	13.78	14.83	15.82	16.97	18.06	19.17	20.30	21.44	**228.6**
10	**10.000**	0.52	1.09	1.70	2.35	3.04	3.76	4.51	5.29	6.10	6.93	7.79	8.67	9.58	10.51	11.50	12.42	13.37	14.41	15.37	16.47	17.54	18.61	19.70	20.80	**254.0**
12	**12.000**	0.52	1.08	1.67	2.30	2.95	3.65	4.36	5.11	5.98	6.65	7.48	8.32	9.17	10.05	10.93	11.86	12.76	13.74	14.73	16.18	17.01	17.70	18.73	19.77	**304.8**
14	**14.000**	0.52	1.07	1.65	2.26	2.90	3.56	4.26	4.97	5.71	6.47	7.25	8.05	8.86	9.70	10.55	11.43	12.25	13.22	14.19	15.07	16.03	17.00	17.97	18.97	**355.6**
16	**16.000**	0.52	1.06	1.63	2.23	2.85	3.50	4.17	4.86	5.57	6.31	7.06	7.83	8.62	9.42	10.23	11.09	12.05	12.81	13.65	14.59	15.51	16.43	17.38	18.33	**406.4**
18	**18.000**	0.51	1.05	1.62	2.21	2.82	3.45	4.10	4.78	5.47	6.19	6.91	7.66	8.42	9.21	9.90	10.81	11.65	12.48	13.32	14.19	15.08	15.97	16.89	17.79	**457.2**
20	**20.000**	0.51	1.05	1.61	2.19	2.80	3.41	4.05	4.71	5.44	6.08	6.80	7.52	8.16	9.02	9.80	10.58	11.47	12.20	13.06	13.86	14.71	15.58	16.96	17.35	**508.0**
24	**24.000**	0.51	1.04	1.59	2.16	2.74	3.35	3.96	4.60	5.25	5.92	6.59	7.30	7.99	8.73	9.56	10.22	11.07	11.75	12.47	13.29	14.15	14.96	15.79	16.64	**609.6**
28	**28.000**	0.51	1.03	1.58	2.14	2.71	3.30	3.91	4.52	5.15	5.80	6.45	7.12	7.82	8.51	9.25	9.94	10.80	11.32	12.22	12.93	13.71	14.50	15.29	16.10	**711.2**
32	**32.000**	0.51	1.03	1.57	2.12	2.68	3.27	3.85	4.46	5.07	5.71	6.34	7.01	7.66	8.35	9.17	9.73	10.54	11.15	11.98	12.62	13.37	14.13	14.89	15.67	**812.8**
36	**36.000**	0.51	1.03	1.56	2.11	2.66	3.24	3.81	4.41	5.02	5.63	6.25	6.90	7.53	8.21	8.92	9.56	10.34	10.94	11.83	12.37	13.10	13.83	14.57	15.32	**914.4**
40	**40.000**	0.51	1.02	1.55	2.10	2.65	3.21	3.79	4.37	4.97	5.58	6.20	6.82	7.46	8.10	8.80	9.42	10.26	10.78	11.80	12.16	12.87	13.59	14.31	15.40	**1016.0**
48	**48.000**	0.51	1.02	1.55	2.08	2.62	3.18	3.74	4.31	4.90	5.48	6½08	6.69	7.30	7.92	8.51	9.20	9.75	10.51	11.06	11.84	12.52	13.21	13.90	14.60	**1219.2**
56	**56.000**	0.50	1.02	1.54	2.06	2.60	3.15	3.71	4.27	4.82	5.42	5.99	6.60	7.18	7.81	8.42	9.05	9.67	10.31	10.88	11.60	12.26	12.92	13.59	14.27	**1422.4**
64	**64.000**	0.50	1.02	1.54	2.04	2.59	3.14	3.67	4.24	4.78	5.36	5.95	6.51	7.11	7.72	8.30	8.92	9.57	10.15	10.79	11.40	12.06	12.70	13.36	14.01	**1625.6**
72	**72.000**	0.50	1.02	1.53	2.03	2.56	3.11	3.65	4.21	4.76	5.33	5.91	6.48	7.07	7.62	8.22	8.82	9.43	10.04	10.65	11.28	11.90	12.52	13.17	13.80	**1828.8**
		12.7	**25.4**	**38.1**	**50.8**	**63.5**	**76.2**	**88.9**	**101.6**	**114.3**	**127.0**	**139.7**	**152.4**	**165.1**	**177.8**	**190.5**	**203.2**	**215.9**	**228.6**	**241.3**	**254.0**	**266.7**	**279.4**	**292.1**	**304.8**	
		NOMINAL INSULATION THICKNESS — MILLIMETERS																								

Note: Tabular values are those of the Equivalent Thickness $L = r_2 \log e \frac{r_2}{r_1}$ for the Nominal Insulation Thicknesses given.

r_1 = Inside Radius of insulation r_2 = Outside Radius of Insulation $r_2 - r_1$ = Actual Thickness (ℓ) L = Equivalent Thickness

The above equivalent thicknesses are in English Units — Inches. To convert to Metric Units so as to obtain equivalent thickness in metres multiply by 0.0254.

•Based on "Recommended Practice for Inner and Outer Diameters of Rigid Thermal Insulation for Nominal Sizes of Pipe and Tubing (NPS System)" ASTM C-585-76.

TABLE 9

TUBING
EQUIVALENT THICKNESS — METRES
(Metric Units)

Approx Dia mm	NOMINAL THICKNESS — MILLIMETRES																								Tube Size Nom Inch
	12.7	25.4	38.1	50.8	63.5	76.2	88.9	101.6	114.3	127.0	139.7	152.4	165.1	177.8	190.5	203.2	215.9	228.6	241.3	254.0	266.7	279.4	292.1	304.8	
9.5	0.031	0.063	0.099	0.142	0.200	0.241	0.291	0.343	0.397	0.458	0.514	0.566	0.644	0.703	0.763	0.824	0.885	0.947	1.010	1.074	1.138	1.203	1.268	1.334	1/4
12.7	0.025	0.057	0.087	0.125	0.178	0.217	0.264	0.312	0.361	0.419	0.471	0.519	0.593	0.648	0.704	0.761	0.819	0.878	0.937	0.997	1.057	1.118	1.180	1.242	3/8
15.9	0.021	0.055	0.086	0.132	0.162	0.199	0.242	0.288	0.334	0.389	0.438	0.983	0.553	0.606	0.659	0.713	0.769	0.824	0.881	0.938	0.995	1.053	1.113	1.172	1/2
19.1	0.019	0.053	0.090	0.127	0.156	0.192	0.235	0.279	0.325	0.378	0.426	0.471	0.539	0.591	0.644	0.697	0.751	0.806	0.861	0.917	0.974	1.031	1.089	1.147	5/8
22.2	0.019	0.044	0.078	0.111	0.138	0.171	0.210	0.252	0.295	0.345	0.390	0.431	0.495	0.544	0.593	0.643	0.694	0.746	0.798	0.850	0.904	0.959	1.013	1.068	3/4
28.6	0.022	0.034	0.054	0.113	0.149	0.185	0.223	0.262	0.308	0.350	0.394	0.449	0.494	0.539	0.586	0.634	0.682	0.731	0.774	0.831	0.882	0.933	0.985	1.037	1
34.9	0.016	0.042	0.068	0.098	0.132	0.165	0.201	0.238	0.281	0.320	0.357	0.413	0.455	0.499	0.543	0.588	0.634	0.680	0.727	0.774	0.826	0.872	0.921	0.971	1-1/4
41.3	0.021	0.034	0.954	0.087	0.119	0.150	0.183	0.217	0.258	0.295	0.330	0.383	0.423	0.464	0.507	0.550	0.594	0.638	0.683	0.728	0½782	0.820	0.870	0.916	1-1/2
54.0	0.022	0.034	0.054	0.096	0.124	0.153	0.185	0.221	0.255	0.287	0.335	0.372	0.410	0.449	0.488	0.529	0.569	0.611	0.653	0.696	0.739	0.782	0.827	0.872	2
66.7	0.021	0.031	0.053	0.078	0.103	0.130	0.159	0.192	0.224	0.253	0.298	0.332	0.367	0.403	0.440	0.478	0.516	0.555	0.594	0.634	0.675	0.716	0.757	0.799	2-1/2
79.4	0.013	0.030	0.053	0.086	0.110	0.137	0.169	0.198	0.225	0.267	0.299	0.332	0.366	0.400	0.436	0.471	0.508	0.545	0.583	0.621	0.680	0.700	0.740	0.780	3
92.1	0.020	0.033	0.051	0.072	0.095	0.119	0.148	0.176	0.201	0.240	0.271	0.301	0.334	0.366	0.400	0.433	0.468	0.504	0.540	0.576	0.613	0.651	0.689	0.727	3-1/2
104.8	0.012	0.039	0.059	0.081	0.104	0.130	0.156	0.180	0.217	0.246	0.276	0.306	0.336	0.369	0.401	0.434	0.468	0.502	0.537	0.572	0.608	0.644	0.681	0.718	4
130.2	0.021	0.083	0.056	0.076	0.101	0.124	0.145	0.159	0.179	0.205	0.231	0.259	0.294	0.316	0.346	0.376	0.407	0.439	0.470	0.503	0.536	0.570	0.604	0.638	5
155.6	0.021	0.037	0.059	0.075	0.097	0.116	0.129	0.147	0.171	0.195	0.220	0.254	0.273	0.300	0.326	0.357	0.387	0.416	0.447	0.477	0.509	0.541	0.573	0.605	6
177.8	0.013	0.029	0.045	0.063	0.082	0.102	0.123	0.145	0.168	0.192	0.216	0.241	0.267	0.293	0.319	0.347	0.376	0.404	0.433	0.463	0.493	0.523	0.554	0.586	7
203.2	0.013	0.028	0.044	0.062	0.080	0.100	0.120	0.141	0.163	0.185	0.209	0.232	0.257	0.283	0.307	0.335	0.368	0.389	0.418	0.446	0.474	0.504	0.533	0.563	8
229.6	0.013	0.028	0.044	0.061	0.079	0.097	0.117	0.137	0.158	0.180	0.203	0.226	0.249	0.274	0.299	0.324	0.350	0.377	0.401	0.431	0.459	0.486	0.516	0.545	9
254.0	0.013	0.027	0.043	0.060	0.077	0.096	0.115	0.134	0.155	0.176	0.198	0.220	0.243	0.267	0.292	0.315	0.340	0.366	0.390	0.418	0.446	0.473	0.500	0.528	10
304.8	0.013	0.027	0.042	0.058	0.075	0.093	0.111	0.130	0.152	0.169	0.190	0.211	0.233	0.255	0.278	0.307	0.324	0.348	0.374	0.411	0.432	0.450	0.476	0.502	12
355.6	0.013	0.027	0.042	0.057	0.074	0.090	0.108	0.126	0.145	0.164	0.184	0.204	0.225	0.246	0.268	0.290	0.311	0.336	0.360	0.383	0.407	0.431	0.456	0.482	14
406.4	0.013	0.017	0.041	0.057	0.072	0.089	0.106	0.123	0.141	0.160	0.179	0.199	0.218	0.239	0.260	0.282	0.306	0.325	0.347	0.371	0.394	0.417	0.441	0.466	16
457.2	0.013	0.027	0.041	0.056	0.072	0.088	0.104	0.121	0.139	0.157	0.176	0.194	0.214	0.234	0.251	0.275	0.296	0.317	0.338	0.360	0.383	0.406	0.429	0.452	18
508.0	0.013	0.027	0.041	0.056	0.071	0.087	0.103	0.120	0.138	0.154	0.173	0.191	0.207	0.229	0.249	0.269	0.291	0.310	0.332	0.352	0.374	0.396	0.418	0.441	20
609.6	0.013	0.026	0.040	0.055	0.070	0.085	0.101	0.117	0.133	0.150	0.167	0.185	0.202	0.222	0.242	0.260	0.281	0.298	0.317	0.338	0.359	0.380	0.401	0.423	24
711.2	0.013	0.026	0.040	0.054	0.069	0.084	0.099	0.115	0.131	0.147	0.164	0.181	0.199	0.216	0.235	0.252	0.274	0.288	0.310	0.328	0.348	0.368	0.388	0.409	28
812.8	0.013	0.026	0.040	0.054	0.068	0.083	0.098	0.113	0.129	0.145	0.161	0.178	0.195	0.212	0.233	0.247	0.268	0.283	0.304	0.321	0.340	0.359	0.378	0.398	32
914.4	0.013	0.026	0.040	0.054	0.068	0.082	0.097	0.112	0.128	0.143	0.159	0.175	0.191	0.209	0.227	0.243	0.263	0.278	0.300	0.314	0.333	0.351	0.369	0.389	36
1016.0	0.013	0.026	0.040	0.053	0.067	0.082	0.096	0.111	0.126	0.142	0.157	0.173	0.189	0.206	0.224	0.239	0.261	0.274	0.300	0.309	0.327	0.345	0.363	0.382	40
1219.2	0.013	0.026	0.040	0.053	0.067	0.081	0.094	0.109	0.124	0.139	0.154	0.170	0.185	0.201	0.216	0.234	0.248	0.267	0.281	0.301	0.318	0.336	0.353	0.371	48
1422.4	0.013	0.026	0.039	0.052	0.066	0.080	0.094	0.108	0.122	0.138	0.152	0.168	0.182	0.198	0.214	0.230	0.246	0.262	0.276	0.295	0.311	0.328	0.345	0.362	56
1625.6	0.013	0.026	0.039	0.052	0.066	0.080	0.093	0.108	0.121	0.136	0.151	0.165	0.180	0.196	0.211	0.227	0.243	0.258	0.274	0.290	0.306	0.323	0.339	0.356	64
1828.8	0.013	0.026	0.039	0.052	0.066	0.079	0.093	0.107	0.121	0.136	0.150	0.165	0.180	0.194	0.209	0.224	0.240	0.255	0.271	0.287	0.302	0.318	0.335	0.351	72
	½	1	1½	2	2½	3	3½	4	4½	5	5½	6	6½	7	7½	8	8½	9	9½	10	10½	11	11½	12	
	NOMINAL THICKNESS IN INCHES•																								

The above equivalent thicknesses are in Metric Units — Metres. To convert to English Units so as to obtain equivalent thickness in inches multiply by 39.37.

•Nominal thickness in accordance with ASTM C-585-76.

TABLE 11 & TABLE 12

EQUIVALENT THICKNESS, IN INCHES, OF FLANGE INSULATION BASED ON DIFFERENCE BETWEEN BARE AREA AND INSULATED AREA

(ENGLISH UNITS)

Flanged Coupling

EQUIVALENT THICKNESSES ℓ_e BASED ON DIFFERENCE OF SURFACE AREAS

Nominal Insulation Thickness "T"

Nominal Size Inch	Nominal Size mm	Bare Area Sq Ft	1" 25 mm	1-1/2" 38 mm	2" 51 mm	2-1/2" 64 mm	3" 76 mm	3-1/2" 89 mm	4" 102 mm	4-1/2" 114 mm	5" 127 mm	5-1/2" 140 mm	6" 152 mm	6-1/2" 165 mm	7" 178 mm	7-1/2" 194 mm
1	33.4	.32	1.93	3.55	5.47	7.04	8.87	11.23	13.96	17.06	20.35	23.82	27.45	31.47	35.86	40.21
1-1/4	42.2	.38	2.05	3.53	5.33	7.02	8.84	11.21	13.92	16.80	19.87	23.26	26.66	30.38	34.44	38.67
1-1/2	48.3	.48	1.82	3.13	4.74	6.25	7.87	9.97	12.38	14.95	17.67	20.70	23.71	27.03	30.65	34.40
2	60.3	.67	1.68	2.95	4.30	6.03	7.23	9.07	11.03	13.24	15.69	18.15	20.99	23.96	27.04	30.25
2-1/2	73.0	.84		2.83	4.08	5.52	7.17	8.45	10.32	12.32	14.43	16.76	19.31	21.97	24.75	27.75
3	88.9	.95		2.66	3.89	5.44	6.74	7.94	9.71	11.68	13.66	15.96	18.26	20.77	23.49	26.20
3-1/2	101.6	1.12		2.57	3.73	4.90	6.46	7.61	9.26	11.01	12.93	14.97	17.20	19.52	22.04	24.65
4	114.3	1.34		2.53	3.66	4.73	6.24	7.34	8.94	10.65	12.44	14.41	16.47	18.71	21.03	23.54
5	141.3	1.62		2.44	3.51	4.52	5.86	6.96	8.37	10.00	11.65	13.52	15.42	17.47	19.67	21.97
6	168.3	1.82		2.38	3.41	4.38	5.75	6.71	8.11	9.67	11.30	13.02	14..88	16.83	18.92	21.09
8	219.1	2.41		2.24	3.18	4.07	5.29	6.21	7.46	8.83	10.28	11.64	13.27	15.03	16.87	18.77
10	273.0	3.43		2.01	2.85	3.64	4.69	5.51	6.66	7.84	9.11	10.50	11.95	13.45	15.02	16.70
12	323.8	4.41		1.98	2.79	3.57	4.37	5.42	6.40	7.54	8.75	10.00	11.32	12.72	14.22	15.77

Based on following equation for equivalent thickness $\ell_e = T\sqrt{\frac{A_i}{A_b}}$

When ℓ_e = equivalent thickness of outer cylindrical insulation over over flange.

A_i = insulation outside area (150 psi fitting cover).

A_b = bare surface area of flange coupling (150 psi line flange).

TABLE 11

NOTE: T is determined by ℓ_e for flange cover to be approximately the same as ℓ_e for pipe.

(METRIC UNITS)

Flanged Coupling

EQUIVALENT THICKNESSES ℓ_e (IN METRES) BASED ON DIFFERENCE OF SURFACE AREAS

Nominal Insulation Thickness "T"

Nominal Size mm	Nominal Size Inch	Bare Area m²	25 mm 1"	38 mm 1-1/2"	51 mm 2"	64 mm 2-1/2"	76 mm 3"	89 mm 3-1/2"	102 mm 4"	114 mm 4-1/2"	127 mm 5"	140 mm 5-1/2"	152 mm 6"	165 mm 6-1/2"	178 mm 7"	194 mm 7-1/2"
33.4	1	0.029	0.049	0.090	0.139	0.179	0.225	0.285	0.355	0.433	0.517	0.605	0.697	0.799	0.911	1.021
42.3	1-1/4	0.035	0.052	0.089	0.135	0.178	0.225	0.285	0.354	0.427	0.505	0.590	0.677	0.772	0.875	0.982
48.3	1-1/2	0.045	0.046	0.079	0.120	0.159	0.200	0.253	0.314	0.380	0.449	0.526	0.602	0.689	0.779	0.874
60.3	2	0.062	0.042	0.075	0.109	0.153	0.184	0.230	0.280	0.336	0.399	0.461	0.533	0.609	0.687	0.768
78.0	2-1/2	0.078		0.072	0.104	0.140	0.182	0.215	0.262	0.313	0.367	0.426	0.490	0.558	0.629	0.705
88.9	3	0.088		0.068	0.099	0.138	0.171	0.202	0.247	0.297	0.347	0.405	0.464	0.527	0.597	0.665
101.6	3-1/2	0.104		0.065	0.095	0.124	0.164	0.193	0.235	0.280	0.328	0.380	0.437	0.496	0.560	0.626
114.3	4	0.124		0.064	0.093	0.120	0.158	0.186	0.227	0.271	0.316	0.366	0.418	0.480	0.534	0.598
141.3	5	0.150		0.062	0.089	0.115	0.149	0.177	0.212	0.254	0.296	0.343	0.392	0.443	0.500	0.558
168.3	6	0.169		0.060	0.087	0.111	0.146	0.170	0.206	0.246	0.287	0.331	0.366	0.415	0.480	0.536
219.1	8	0.224		0.057	0.081	0.103	0.134	0.158	0.189	0.224	0.261	0.296	0.337	0.382	0.428	0.477
273.0	10	0.319		0.051	0.072	0.092	0.119	0.140	0.169	0.199	0.231	0.267	0.281	0.342	0.382	0.424
323.8	12	0.410		0.050	0.071	0.091	0.111	0.137	0.162	0.191	0.222	0.254	0.288	0.323	0.361	0.401

Based on following equation for equivalent thickness $\ell_e = T\sqrt{\frac{A_i}{A_b}}$

When ℓ_e = equivalent thickness of outer cylindrical insulation over over flange.

A_i = insulation outside area (150 psi fitting cover).

A_b = bare surface area of flange coupling (150 psi line flange).

TABLE 12

NOTE: T is determined by ℓ_e for flange cover to be approximately the same as ℓ_e for pipe.

V

Energy Loss of Bare and Insulated Vessels and Piping

BARE LOSSES

For one to determine the relative dollar loss difference between bare vessels and piping as compared to them after being thermally insulated it is first necessary to determine the energy heat losses.

The basic law of the flow of energy is defined as follows:

A steady flow of energy through any medium is directly proportional to the force causing the flow and inversely proportional to the resistance to that force.

Heat is energy in transient form.
Force driving the flow is the temperature difference between the two bodies.
Resistance is the thermal resistance to transfer of energy from one body to the other.

Mathematically, in simple terms, if Q = heat energy, Δt = temperature difference between two bodies and r = total thermal resistance, then

$$Q = \frac{\Delta t}{r}$$

Heat is transferred, or moved, from one body to another by radiation, conduction and convection. In the case of a hot surface exposed to ambient air and surrounding bodies at air temperature, it is necessary to expand on the simple equation above.

The bases of heat transfer from surfaces were developed by the work of Langmuir and Stefan-Boltzman. The equation for calculating the heat transfer from a surface to the surrounding bodies and air, at natural air convection is as follows:

In English Units:

When, Q_t = the total heat flow from surface in Btu/sq ft, hr.
t_s = the temperature of surface, °F
t_{av} = the temperature of the ambient air, °F
ϵ = the surface emittance of the body, in ratio to perfect black body

$$\text{Then, } Q_t = 0.174\epsilon\left[\left(\frac{t_s + 459.6}{100}\right)^4 - \left(\frac{t_a + 459.6}{100}\right)^4\right] + 0.296\,(t_s - t_o)^{5/4}$$

In Metric Units:

When, Q_{tm} = the total heat flow from surface in W/m^2
T_{ms} = the temperature of surface, °
T_{ma} = the temperature of the ambient air °K
ϵ = the surface emittance of the body in ratio to perfect black body

Note: °K = °C + 273.2

$$\text{Then, } Q_{tm} = 0.595\epsilon\left[\left(\frac{T_{ms}}{55.55}\right)^4 - \left(\frac{T_{ma}}{55.55}\right)^4\right] + 1.957\,(T_m - T_{ma})^{5/4}$$

If these surfaces have a forced air movement across them, such as when a wind is blowing, the formulas must be modified as follows:

When, V = is velocity of air in feet per minute then:

In English Units:

$$Q_t = 0.174\epsilon\left[\left(\frac{t_s + 459.6}{100}\right)^4 - \left(\frac{t_a + 459.6}{100}\right)^4\right] + 0.296\,(t_s - t_a)^{5/4}\sqrt{\frac{V + 68.9}{68.9}}$$

When, V_m = velocity of air is in metres per second

In Metric Units:

$$Q_t = 0.548\epsilon\left[\left(\frac{T_{ms}}{55.55}\right)^4 - \left(\frac{T_{ma}}{55.55}\right)^4\right] + 1.957\,(T_{ms} - T_{ma})^{5/4}\sqrt{\frac{196.85\,V_m + 68.9}{68.9}}$$

Although these basic formulas must also be modified for relative position of heat flow, direction and diameter in most instances, for most conditions, they will give results which will approximate within 15% of those obtained when these other factors are considered. As the tables developed from these basic formulas are presented to provide comparison between bare and insulated piping and vessels they are sufficiently accurate for this purpose. The tables presented are based on bare flat surfaces (these are used for diameters greater than 36" and 915 mm), NPS pipe and tubes. Calculations were used on surface emittance (ϵ) of flat surfaces and pipes being 0.9 and of tubes being 0.7. The tubes are presented in both English and Metric units. For convenience losses are presented in Btu/sq ft hr or Btu/lin ft hr and W/m^2, or W/lin m for even divisions of temperature in both Fahrenheit and Celsius. All tables were calculated based on ambient air at 70°F (21°C).

BARE VESSELS

Example XI (English Units)

What is the heat loss of a bare vessel operating at 300°F, when ambient air temperature is 70°F?

Heat Loss From Bare Flat Surfaces

Step 1. From Table 13, the heat loss is 654 Bts/sq ft hr.

Example XI (Metric Units)

What is the heat loss of a bare vessel operating at 149°C, when ambient air temperature is 21°C?

Heat Loss From Bare Flat Surfaces

Step 1. From Table 13, the heat loss is 2062 W/m^2.
Check 2062 × 0.3172 = 654 Btu/sq ft hr.

Where the operating temperature is not one of these listed, approximate loss may be obtained by interpolation. However, as these heat losses are of a curve, rather than a straight line, answers may be off a few percent. Due to this, as the division of even increments of degrees Fahrenheit and Celsius are not on the same temperature level, slight differences will show up when interpolation to same temperature level is attempted between the two scales.

Example XII (English Units)

The temperature of equipment is 450°F. At 70° ambient and 0 miles per hour wind, what is the heat loss per square foot?

Step 1. From Table 13—Heat loss from bare flat surfaces:
At 400°F the heat loss is 1145 Btu/sq ft hr.
At 500°F the heat loss is 1806 Btu/sq ft hr.
Difference = 661

Step 2. 1/2 of difference = 330.
At 450°F approximate loss = 1145 + 330 = 1475 Btu/sq ft hr.

Example XII (Metric Units)

The temperature of the equipment is 232°C. Ambient air is 21°C.

Step 1. From Table 13—Heat loss from bare flat surfaces:

At 200°C the heat loss is 3499 W/m².
At 250°C the heat loss is 5454 W/m².

Difference = 1955

The difference between the table divisions is 50°. The difference between 200° and 232° is 32° or 64% of the 50° tabular difference.

Then, .64 × 1955 = 1251

Step 2. 232°C = 3499 + 1251 = 4750 W/m².
Check 4750 W/m² × 0.3172 = 1506 Btu/sq ft hr.

BARE PIPING

The tables giving the heat loss of bare NPS pipe and tubing was calculated from the formulas previously presented. All are based on still air conditions, however long vertical runs of pipe (also vessels) do have greater natural convection currents due to "stack" effects. For this reason, piping and vessels in vertical position over 10 feet (3 meters) in height do have approximately 15% to 20% greater heat loss than the same surfaces in horizontal position. This is also true of insulated surfaces. Thus as these tables were basically developed for economic comparisons, they remain relatively constant.

The heat loss tables for bare NPS pipe and tubing are presented on 6 tables so as to provide convenience for the user. These six tables are as follows:

Table 14. "Heat Loss from Bare NPS Pipe"
Losses in English Units (Btu/lin ft hr). Even divisions of temperature °F.

Table 15. "Heat Loss from Bare NPS Pipe"
Losses in English Units (Btu/lin ft hr). Even divisions of temperature °C.

Table 16. "Heat Loss from Bare NPS Pipe"
Losses in Metric Units (W/lin m). Even divisions of temperature °C.

Table 17. "Heat Loss from Bare NPS Pipe"
Losses in Metric Units (W/lin m). Even divisions of temperature °F.

Table 18. "Heat Loss from Bare Copper Tubing"
Losses in English Units (Btu/lin ft hr). Even division of temperature °F and °C.

Table 19. "Heat Loss from Bare Copper Tubing"
Losses in Metric Units (W/lin m). Even divisions of temperature °F and °C.

Example XIII (English Units)

What is the heat loss in Btu/lin ft hr of bare NPS pipes of 1", 2", 6", 10" and 12" operating at 600°F with ambient air temperature of 70°F, no wind?

Step 1. From Table 14, the heat loss of these pipes are:

1" is 989° Btu/lin ft, hr loss
2" is 1732 Btu/lin ft, hr loss
6" is 4604 Btu/lin ft, hr loss
10" is 7312 Btu/lin ft, hr loss
12" is 8627 Btu/lin ft, hr loss

Example XIII (Metric Units)

What is the heat loss in W/lin m of bare NPS pipes, 33.4 mm, 60.3, 168.3, 273.0 and 323.8 mm in diameter, operating at 315°C with ambient air temperature 21°C, no wind?

Step 1. From Table 15, the Btu heat loss values determined above shall be multiplied by 0.8933 to obtain W/lin m loss for the pipes as listed.

33.4 mm (1" NPS) = 989 × 0.8933 = 883 W/lin m
60.3 mm (2" NPS) = 1732 × 0.8933 = 1547 W/lin m
168.3 mm (6" NPS) = 4604 × 0.8933 = 4112 W/lin m
273.0 mm (10" NPS) = 7312 × 0.8933 = 6532 W/lin m
323.8 mm (12" NPS) = 8627 × 0.8933 = 7706 W/lin m

Example XIV (Metric Units)

What is the heat loss in W/lin m of bare NPS pipes 273 mm and 609.6 mm operating at 450°C, with ambient air temperature of 21°C, no wind?

Step 1. From Table 16, the heat loss of these pipes are:

273 mm (10" NPS) is 14387 W/lin m (per hour) loss
609.6 mm (24" NPS) is 31443 W/lin m (per hour) loss

Example XIV (English Units)

What is the heat loss in Btu/lin ft, hr of bare NPS pipes sizes 10" and 24" operating at 842°F with ambient air temperature of 70°F (21°C), no wind?

Step 1. From Table 16—The W/lin m values determined above shall be multiplied by 1.119 to obtain Btu/lin ft, hr loss for the pipes as listed:

10" NPS (273 mm) pipe loss = 14387 × 1.119 = 16099 Btu/lin ft, hr.
24" NPS (609.6 mm) pipes loss = 31443 × 1.119 = 35185 Btu/lin ft, hr.

Check from Table 14: At 842 °F, 10" is given as 16099 Btu/lin ft, hr and 24" is given as 35190 Btu/lin ft, hr.

Example XV (Metric Units)

Copper tubing 15.9 mm and 34.9 mm in diameter is operating at 200°C. What is their loss per linear metre at 21°C ambient air temperature, 0 kilometer wind velocity.

Step 1. From Table 19, the W/lin m loss is:

15.9 mm tube loss is 143 W/lin m
34.9 mm tube loss is 280 W/lin m

Example XV (English Units)

Step 1. From Table 18—The Btu/lin ft, hr loss of a 1/2" (5/8" OD, 15.9 mm OD) tube at 70°F, 0 mph wind, is 160 Btu/lin ft, hr and 1 1/4" tube (1 3/8" OD, 34.9 mm OD) is 313 Btu/lin ft, hr.

Check: 160 × 0.8933 = 142.9 W/lin m
313 × 0.8933 = 279.6 W/lin m

INSULATED LOSSES

The heat transfer from a hot flat surface, through the thermal insulation to the ambient air, can be expressed in simple terms, which include a number of variables, as follows:

When: Q_t = total heat transfer per unit area, per hour.
R_1 = resistance of the insulation.
R_s = resistance, surface to air heat transfer.
t_o = operating temperature.
t_a = ambient air temperature.

$$Q_t = \frac{t_o - t_a}{R_1 - R_s}$$

If t_s was surface temperature of the insulation, the equation could be modified to read:

$$Q_t = \frac{t_o - t_s}{R_1} = \frac{t_s - t_a}{R_s}$$

If the insulation's thermal conductivity is k and thickness of insulation is ℓ, then:

$$Q_t = \frac{t_o - t_s}{\frac{\ell}{k}} = \frac{t_s - t_a}{R_s}$$

The equation for heat transfer from any surface at a temperature t_s was established for bare surfaces. For natural convection, the formula for flat insulated surfaces then becomes:

(English Units)

When ϵ = the surface emittance of the body in ratio to perfect black body

$$Q_t = \frac{t_o - t_s}{\frac{\ell}{k}} = 0.174\,\epsilon \left(\frac{t_s - 459.6}{100}\right)^4 - \left(\frac{t_a + 459.6}{100}\right)^4 + 0.296\,(t_s - t_a)^{5/4}$$

Solution to problems of heat transfer would be simple if the surface temperature t_s were known. Unfortunately for ease of calculating, t_s is most frequently unknown and is in both sides of the equation.

The equation can be solved by reintegration or by graph. However, these are time consuming and charts have been developed to read R_s directly. In Figure 14 these R_s values are given in both English and Metric Units, for various values of t_a, t_o and ϵ.

The resistance of the insulation is calculated for various thicknesses and conductivities, and is given in Tables 20, 21, 22, and 23.

Thus with precalculated tables and charts it is possible to rapidly obtain heat loss from an insulated vessel for various conditions.

Example XVI (English Units)

If a 10′ 0″ diameter vessel insulated with 5.5″ mineral wool, operates at 320°F, what is the heat loss at 70°F. and 0 miles per hour wind?

Step 1. From conductivity chart, Figure 9, k = 0.5 Btu in/sq ft, hr °F.

Step 2. From Table 20, Flat surface, 5.5″ thick, R = 11.00.

Step 3. From Figure 14, for R = 11.0, 70°F, 0 mph, $\Delta t = 200°F$, $R_s = 0.66$.

$$\text{Then } Q = \frac{320 - 70}{11.0 + 0.66} = \frac{250}{11.66} = 21.44 \text{ Btu/sq ft, hr}$$

Example XVI (Metric Units)

If a 3.048 metre diameter vessel operates at 160°C with 139.77 mm of mineral wool, reinforced blanket insulation, ambient air temperature is 21°C, no wind, what is heat loss?

Step 1. From conductivity chart, Figure 10, conductivity 0.072 W/mK (use 0.07).

Step 2. From Table 21, flat surfaces, for 139.7 mm thickness, R = 1.991.

Step 3. From Figure 14, for R = 1.991, 21°C, 0 k/hr, $\Delta t = 139$, $R_s = 0.1$.

$$\text{Then } Q = \frac{160 - 21}{1.991 + 0.100} = \frac{139}{2.091} = 66.5 \text{ W/m}^2$$

Check: $21.3 \times 3.1524 = 67 \text{ W/m}^2$

Example XVII (English Units)

It is desired to determine the heat loss from this same vessel if it is operating in atmospheric air temperature of 0° with a 5.0 mph wind. What is heat loss in Btu/sq ft, hr?

Step 1. From conductivity chart, Figure 10, k = 0.5 Btu in/sq ft, hr °F.

Step 2. From Table 19, Flat surfaces, 5.5″, k = 0.5, R = 11.0.

Step 3. From Figure 14, For R = 11.0, 0 mph, $\Delta t = 320°F$, $R_s = 0.43$

$$\text{Then } Q = \frac{320 - 0}{11.0 + 0.43} = \frac{320}{11.43} = 28.0 \text{ Btu/sq ft, hr.}$$

Example XVII (Metric Units)

It is desired to determine the heat loss from the same vessel operating at −18°C, with an 8 kms per hour wind. What is loss in W/m²?

Step 1. From conductivity chart (Figure 10 conductivity for mineral wool is 0.0721 W/mK.

Step 2. From Table 21, Flat surfaces with thickness 139.77 mm insulation, R = 1.991.

Step 3. From Figure 14, (sheet 1 of 4) for R = 1.991, −18°C, 8 kms/hr wind, $\Delta t = 160 - (-18) = 178°C$, $R_s = 0.08$.

$$\text{Then } \frac{178}{1.991 + .08} = \frac{178}{2.071} = 86 \text{ W/m}^2$$

Check: $27.9 \times 3.1524 = 87 \text{ W/m}^2$

PIPING AND TUBING

The formula for calculating heat transfer from insulated surfaces must be modified when used for calculation of pipes and tubes, to take into consideration the difference of areas on the inside and outside of the insulation.

(English Units)

When: Q_t = the total heat flow from surface, in Btu/sq ft, hr.
t_s = the temperature of the outer surface of insulation, °F.
t_a = the temperature of the ambient air, °F.
ϵ = the surface emittance of the outer surface in ratio to a perfect black body
t_o = operating temperature of pipe or tube, °F.
r_1 = inner radius of insulation.
r_2 = outer radius of insulation.
k = conductivity of insulation, in Btu in/sq ft, hr, °F.

Then, for still air conditions, in English Units

$$Q_t = \frac{t_o - t_s}{\dfrac{r_2 \log_e \frac{r_2}{r_1}}{k}} = 0.176\,\epsilon \left[\left(\frac{t_s + 459.6}{100}\right)^4 - \left(\frac{t_a + 459.6}{100}\right)^4\right] + 0.296\,(t_s - t_a)^{5/4}$$

in Btu/sq ft, hr (outer insulation surface)

(In Metric Units)

When: Q_t = the total heat flow from surface in W/m^2.
t_s = the temperature of outer surface of insulation, °C.
t_a = the temperature of ambient air, °C.
t_o = the operating temperature of pipes and tubes, °C.
ϵ = the surface emittance of the outer surface in ratio to a perfect black body.
r_1 = inner radius of insulation in m.
r_2 = outer radius of insulation mm.
k = conductivity in W/m^2

Then, for still air conditions, in Metric Units.

$$Q_t = \frac{t_o - t_s}{\dfrac{r_2 \log_e \frac{r_2}{r_1}}{k}} = 0.548\,\epsilon \left[\left(\frac{t_s + 273.2}{55.55}\right)^4 - \left(\frac{t_a + 273.2}{55.55}\right)^4\right] + 1.957\,(t_s - t_a)^{5/4}$$

in W/m^2 (outer surface of insulation)

Under wind conditions these formulas are:

(English Units)

When V = feet per minute wind, the

$$Q_t = \frac{t_o - t_s}{\frac{r_2 \log_e \frac{r_2}{r_1}}{k}} = 0.176\,\epsilon \left[\left(\frac{t_s + 459.6}{100}\right)^4 - \left(\frac{t_a + 459.6}{100}\right)^4\right] + 0.296\,(t_s - t_a)^{5/4} \times \sqrt{\frac{V + 68.9}{68.9}} \quad \text{Btu/s.f., hr.}$$

(In Metric Units)

When V = metres per second

$$Q_t = \frac{t_o - t_s}{\frac{r_2 \log_e \frac{r_2}{r_1}}{k}} = 0.548\,\epsilon \left[\left(\frac{t_s + 273.2}{55.55}\right)^4 - \left(\frac{t_a + 273.2}{55.55}\right)^4\right] + 1.957\,(t_s - t_a)^{5/4} \sqrt{\frac{196.85V + 68.9}{68.9}} \quad \text{W/m}^2$$

The heat transfer from insulated cylindrical surfaces (pipes, tubes, small diameter vessels) can be written as follows:

$$Q_t = \frac{t_o - t_a}{\frac{r_2 \log_e \frac{r_2}{r_1}}{k} + \frac{1}{f}} \quad \text{or} \quad \frac{t_o - t_s}{\frac{r_2 \log_e \frac{r_2}{r_1}}{k}} = \frac{t_s - t_a}{\frac{1}{f}} = \frac{t_s - t_a}{R_s}$$

The $r_2 \log_e \frac{r_2}{r_1}$ part of the equation is called equivalent thickness. Knowing r_1 and r_2 of the insulation, this part of equation can be precalculated and tabulated. Unfortunately, r_1 and r_2 are not even numbers nor are they in regular even increments of differences. The r_1 must be determined for each pipe and tube size and r_2 is the outer diameter of insulation in accordance with dimensions set in ASTM Standard C-585, or combinations of sizes, in this Standard.

Basic dimensions of rigid thermal insulation for pipes and tubing, outer diameters and tables for multiple layers are included in the Appendix.

The calculated values for $r_2 \log_e \frac{r_2}{r_1}$ (Equivalent Thickness) for standard sizes and thickness for both NPS, and tubing, in English and Metric units are given in Tables 7, 8, 9 and 10. It is also possible to precalculate values of $\frac{r_2 \log_e \frac{r_2}{r_1}}{k}$ for various values of k. These are Tables 20, 21, 22, and 23.

As $\frac{1}{f}$ equals the right hand side of the fundamental equation, values of $\frac{1}{f}$, or R_s, are those shown in Figure 14.

Using these precalculated graphs and tables it is possible to rapidly determine the heat loss of pipe and tubing for various operating and ambient conditions. Of course after the heat loss has been determined, it is then possible, knowing the cost of energy, to convert to dollars loss.

Example XVIII (English and Metric Units)

Find the capital cost to produce energy to supply bare tube and pipe heat loss as compared to those insulated by economic thickness. Also, find the cost to supply energy loss per year uninsulated as compared to insulated pipe and tube. The cost and technical information needed for the tube and pipes in question is given below:

COST DATA: *Installed insulation* = $3.40/lin ft of 1" nominal thickness insulation on 1" NPS pipe, or $11.15/lin metre, 25 mm insulation on 33.4 mm pipe.

Capital investment = $25.00 per 1000 Btu/hr or $85.00 per 1000 W per hour.

Cost of energy = $3.00 M/lbs steam, $2.40/million Btu, or $8.19 per million W.

Depreciation periods = Insulation 20 years, Plant 20 years.

TECHNICAL DATA: Insulation is expanded silica rigid insulation

Tube & Pipe Sizes	Ambient Air Temperature	Wind Velocity	Operating Temperature	Temperature Difference
1" Tube (use 3/4 NPS)	32°F, 0°C	5	400°F, 204°C	368°F, 204°C
3" Tube (use 2 1/2 NPS)	32°F, 0°C	5	400°F, 204°C	368°F, 294°C
6" NPS	32°F, 0°C	5	810°F, 432°C	778°F, 432°C
6" NPS	32°F, 0°C	5	1000°F, 538°C	968°F, 538°C
10" NPS	32°F, 0°C	5	810°F, 432°C	778°F, 432°C
10" NPS	32°F, 0°C	5	1000°F, 538°C	968°F, 538°C
12" NPS	32°F, 0°C	5	810°F, 432°C	778°F, 432°C
12" NPS	32°F, 0°C	5	1000°F, 538°C	968°F, 538°C
24" NPS	32°F, 0°C	5	810°F, 432°C	778°F, 432°C
24" NPS	32°F, 0°C	5	1000°F, 538°C	968°F, 538°C

Step 1. From Table 1, 3.60/lin ft 1" insulation, 1" NPS pipe, N_n = 20 years.

	"B" Value
1" Tube	0.98
3" Tube	1.70
6" NPS pipe	1.86
10" NPS pipe	2.30
12" NPS pipe	2.52
24" NPS pipe	3.48

Step 2. From Figure 7 (sheet 4 of 5) 20 year depreciation, $3.00/M lbs steam and "F" capital investment, $YM \times 10^{-6} = 0.027$.

Step 3. From Figure 8 (sheets 1 & 2 of 2) with $YM \times 10^{-6} = 0.027$, and insulation cost factors as determined in Step 1 for:

	"D" Values from Chart	Use in Table 2
1" Tube	0.028	0.030
3" Tube	0.018	0.020
6" NPS Pipe	0.016	0.020
10" NPS Pipe	0.012	0.012
12" NPS Pipe	0.011	0.012
24" NPS Pipe	0.008	0.010

Step 4. From Figure 9, mean temp tubes = 216°F, k = 0.45, use 0.5.

Step 5. ECONOMIC THICKNESS from Table 2.

Pipe or Tube Size	"D"	k: $\frac{\text{Btu, in}}{\text{sq ft, hr }^\circ\text{F}}$	k: $\frac{\text{w}}{\text{mk}}$	Temperature Differences (English)	Temperature Differences (Metric)	Economic Thickness (English)	Economic Thickness (Metric)
1" Tube (use 3/4" NPS)	0.030	0.5	0.0721	368°F	204°C	2"	51 mm
3" Tube (use 2 1/2" NPS)	0.020	0.5	0.721	368°F	204°C	2 1/2"	64 mm
6" NPS	0.020	0.6	0.0865	778°F	432°C	6"	152 mm
6" NPS	0.020	0.6	0.0865	968°F	538°C	6 1/2"	165 mm
10" NPS	0.012	0.6	0.0865	778°F	432°C	5 1/2"	140 mm
10" NPS	0.012	0.6	0.0865	968°F	538°C	6"	152 mm
12" NPS	0.012	0.6	0.0865	778°F	432°C	6"	152 mm
12" NPS	0.012	0.6	0.0865	968°F	538°C	7"	177 mm
24" NPS	0.010	0.6	0.0865	778°F	432°C	7 1/2"	191 mm
24" NPS	0.010	0.6	0.0865	968°F	538°C	8 1/2"	215 mm

Step 6. Determine the thermal resistance of the insulation R and surface resistance R_s, divide temperature difference by sum of the two resistances to obtain heat loss per square foot of outer insulation surface.

Pipe or Tube Size	Economic Thickness (English) in.	Economic Thickness (Metric) mm	Insulation Resistance R (Tables 22 & 20) English	Insulation Resistance R (Tables 23 & 21) Metric	Surface Resistance R_s (From Figure 14) English	Surface Resistance R_s (From Figure 14) Metric
1" Tube	2	51	8.90	1.61	0.41	0.071
3" Tube	2 1/2	64	8.75	1.5	0.41	0.071
6" NPS	6	152	15.98	2.81	0.38	0.068
6" NPS	6 1/2	165	17.83	3.14	0.38	0.068
10" NPS	5 1/2	140	12.82	2.25	0.37	0.067
10" NPS	6	152	14.35	2.527	0.36	0.064
12" NPS	6	152	13.77	2.42	0.37	0.067
12" NPS	7	177	16.67	2.93	0.36	0.064
24" NPS	7 1/2	191	15.93	2.80	0.37	0.068
24" NPS	8 1/2	215	18.45	3.24	0.37	0.067

Step 6. (Continued)

ENGLISH UNITS				METRIC UNITS			
Pipe or Tube Size Inches	Total Resistance $R + R_s$ (from above)	Temperature Difference $\Delta t\ ^\circ F$	Heat Loss $\Delta t/R + R_s = Q$ Btu/sq ft, hr	Pipe or Tube Size mm	Total Resistance $R + R_s$ (from above)	Temperature Difference $\Delta t\ ^\circ C$	Heat Loss $\Delta t/R + R_s = Q$ W/m^2
1" Tube	9.31	368	39.5	28.6	1.681	204	121.4
3" Tube	9.16	368	40.2	79.4	1.641	204	124.3
6" NPS	16.36	778	47.6	168.3	2.882	432	150.0
6" NPS	18.21	968	53.2	168.3	3.206	538	167.8
10" NPS	13.19	778	59.0	273.0	2.325	432	185.8
10" NPS	14.71	968	65.8	273.0	2.591	538	207.6
12" NPS	14.12	778	55.1	323.8	2.472	432	174.8
12" NPS	17.02	968	56.9	323.8	3.000	538	179.3
24" NPS	16.30	778	47.7	609.6	2.873	432	150.4
24" NPS	18.82	968	51.4	609.6	3.317	538	162.2

Note: To check results in English as compared to Metric multiply the English units Btu/sq ft, hr by 3.15248 to obtain W/m^2.

To convert heat loss in sq ft to heat loss per linear foot of NPS pipe multiply the above "Q" by surface areas for particular NPS or tube size and insulation thickness. These surface areas are given in Tables 24, 25, 26 and 27.

Step 7. Bare heat loss for these pipes and tubes are based on ambient air temperature of 70°F (21°C) at 0 mph (0 kmh) wind velocity, even though the problem stated the insulation was to be based on ambient air at 32°F (0°C), with wind velocity at 5 mph (8 kmh). The reason being that the only tables in this text are for air at 70°F (21°C); 0 mph (0 kmh) wind velocity. From Tables 14, 17 and 18 heat loss and cost are:

ENGLISH UNITS

Pipe or Tube Size	Oper Temp °F	Heat Loss Btu./lin ft, hr (from Tables 14 & 18)	Capital Invest* $/lin foot	Cost Per Year $/lin foot (from Table 29)
1" Tube	400	249	$ 6.22	$ 5.23
3" Tube	400	619	15.47	13.01
6" NPS	810	9,149	228.72	192.35
6" NPS	1000	15,366	384.15	323.14
10" NPS	810	14,613	365.32	307.16
10" NPS	1000	24,621	615.52	517.61
12" NPS	810	17,273	431.82	363.09
12" NPS	1000	29,133	728.83	612.43
24" NPS	810	31,863	796.58	669.82
24" NPS	1000	53,958	1,348.95	1,132.40

*These costs are calculated as follows: (Btu/hr) ÷ 1000 X cost of equipment per 1000 Btu/hr. In this example cost of production equipment was given as $25.00 M Btu/hr.

Step 7. (Continued)

METRIC UNITS

Pipe or Tube Size	Oper Temp °C	Heat Loss W/lin m (from Tables 16 & 19)	Capital Invest** $/lin metre	Cost Per Year $/lin metre (from Table 29)
28.6	204	230	$ 19.55	$ 16.50
79.4	204	575	48.75	41.30
168.3	432	8,173	690.70	584.50
168.3	533	13,726	1,160.70	985.50
273.0	432	13,053	1,109.50	934.05
273.0	538	21,993	1,869.40	1,579.75
323.8	432	15,430	1,311.55	1,104.20
323.8	538	26,024	2,212.05	1,868.10
609.6	432	28,463	2,079.35	2,043.60
609.6	538	48,200	4,970.00	3,458.00

**Costs are calculated based on production equipment investment in this example is $85.00 per 1000 watts.

Although the problem was stated to be a comparison based on 32°F (0°C) ambient air temperature with 5 mph (8 kmh) wind, the bare losses above and the following cost factors are based on 70°F (21°C) ambient air temperature with no wind, as this is the only table available. As it is impractical to attempt to provide bare heat loss tables for all possible ambient conditions, a most moderate ambient condition was selected. This was done to show that under the most favorable conditions the loss of capital investment and yearly heat cost are terrific.

Step 8. The insulated pipe losses—calculated at the given 32° (0°C) temperature with 5 mph (8 kmh) wind is given below:

ENGLISH UNITS							METRIC UNITS						
Pipe or Tube Size	Insul Thk Inch	Oper Temp °F	Heat Loss Btu/(sq ft, hr) (from Step 6) ×	Outside Insul Area sq ft/lin ft (Table 24) =	Heat Loss Btu/lin ft		Pipe or Tube Size	Insul Thk mm	Oper Temp °C	Heat Loss W/m^2 (from Step 6) ×	Outside Insul Area m^2/lin m (Table 25) =	Heat Loss W/lin m
1"Tube	2	400	39.5	1.31	51.7		28.6	51	204	121.4	0.399	48.4
3"Tube	2 1/2	400	40.2	2.26	90.9		79.4	64	204	124.3	0.689	85.6
6" NPS	6	810	47.6	4.97	236.6		168.3	152	432	150.0	1.515	225.2
6" NPS	6 1/2	1000	53.2	5.24	278.8		168.3	165	538	167.8	1.597	268.0
10" NPS	5 1/2	810	59.0	5.76	339.8		273.0	140	432	185.8	1.756	326.3
10" NPS	6	1000	65.8	6.02	396.1		273.0	152	538	207.6	1.835	380.9
12" NPS	6	810	55.1	6.54	359.7		328.8	152	432	174.8	1.993	348.4
12" NPS	7	1000	56.9	7.07	401.6		328.8	177	538	179.3	2.155	386.4
24" NPS	7 1/2	810	47.7	10.21	487.0		609.6	191	432	150.4	3.112	468.0
24" NPS	8 1/2	1000	51.4	10.73	551.5		609.6	215	538	162.2	3.271	530.6

Step 8. (Continued)

COST FIGURES
(English Units – Linear Foot)

Bare				Insulated by Economic Thickness			
Pipe	Oper Temp	* $Cap. Inv. to supply loss/lin ft	** $Per Yr/ lin ft Cost of Energy	Insulated Thickness Inches	* $Cap. Inv. to supply loss/lin ft	** $Per Yr/ lin ft Cost of Energy	$Savings lin ft/yr in Energy Cost
1" Tube	400	$ 6.22	$ 5.23	2	$ 1.29	$ 1.07	$ 4.16
3" Tube	400	15.47	13.01	2 1/2	2.27	1.86	11.15
6" NPS	810	228.72	192.35	5	5.91	4.96	187.39
6" NPS	1000	384.15	323.14	5 1/2	6.97	5.86	317.28
10" NPS	810	365.32	307.16	5 1/2	8.50	7.15	300.01
10" NPS	1000	615.52	517.61	6	9.90	8.32	509.29
12" NPS	810	431.82	363.09	6	8.99	7.57	355.52
12" NPS	1000	728.83	612.43	7	10.04	8.45	603.98
24" NPS	810	796.58	669.82	7 1/2	12.18	10.24	659.58
24" NPS	1000	1348.95	1134.42	8 1/2	13.78	11.58	1120.83

Note: Bare cost was based on 70°F Ambient

Insulated cost was based on 32°F Ambient

* $\$25.00 \times \frac{\text{heat loss per lin ft}}{1000}$ (heat loss per lin ft – Step 6)

** From Tables 14 and 18 with heat loss for English Units. Converted to dollars by Table 30, and entered above.

COST FIGURES
(Metric Unit – Linear Metre)

Bare				Insulated by Economic Thickness			
Pipe or Tube Size	Oper Temp °C	* $Cap. Inv. per lin m to supply loss	** $Per Yr./ lin m Cost of Energy ($8.19 Million W)	Insulated Thickness mm	* $Cap. Inv. per/lin m to supply loss	** $Per Yr/ lin m Cost of Energy ($8.19 Million W)	$Savings lin m/yr in Energy Cost
28.6	204	$ 19.55	$ 16.50	51	$ 4.11	$ 3.48	$ 13.02
79.4	204	48.87	41.32	64	7.27	6.14	35.18
168.3	432	694.87	584.47	128	19.14	16.03	568.44
168.3	538	1166.71	985.16	140	22.78	19.26	965.90
273.0	432	1109.51	934.05	140	27.73	23.36	910.79
273.0	538	1869.41	1579.75	152	32.38	27.33	1552.41
328.8	432	1311.55	1104.20	152	29.61	24.70	1079.50
328.8	538	2212.04	1868.10	177	32.84	28.03	1840.07
609.6	432	2419.36	2043.60	191	39.87	33.00	2010.60
609.6	538	4097.00	3458.00	215	45.10	38.21	3419.79

* $\$85.00 \times \frac{\text{Heat loss per lin m}}{1000}$ (Heat loss per lin m – Step 4)

** From Tables 17 and 19 giving heat loss in Metric Units. Converted to dollars by Table 30 and entered above.

Example XIX (English and Metric Units)

Find the capital cost to produce energy to supply the bare loss of vessel as compared to the economic thickness insulated vessel. Also, determine the cost to supply these two losses per year. The cost data and technical information is given below:

COST DATA: Installed cost of insulation = \$2.80/sq ft, 1" thick or \$30.14/m^2, 25 mm thick.
Capital investment = \$31.76 per 1000 Btu/hr or \$108.40 per 1000 W/per hr.
Cost of energy = \$2.40 per million Btu or \$7.56 per million watts.
Depreciation period = Insulation and plant, 15 years.

TECHNICAL DATA: Insulation is cellular glass.
Operating temperature is 500 °F.
Ambient Air Temperature is 70°F, 21°C, wind 0 velocity

Step 1. From Table 1a, at \$2.80/ft^2, 1" thk (\$30.14/m^2 25 mm thk) "B" = 0.07.

Step 2. From Figure 7 (Sheet 3 of 5), at \$2.40/million Btu (\$8.M/million W) and "F" capital investment of \$31.76/M Btu/hr (\$11.72 per 1000 W/hr.) $YM \times 10^{-6} = 0.031$.

Step 3. From Figure 8 B = 0.07, $YM \times 10^{-6} = 0.031$, "D" = 0.3000

Step 4. From Figure 9, at mean temperature $= \dfrac{500 + 70}{2} = 285°F$. or

$$\frac{260 - 21}{2} = 140°C.$$

k of cellular glass = 0.5 Btu, in/sq ft, hr °F, or 0.0721 W/mK

Step 5. Economic Thickness from Table 3, with "D" – 0.300
At 500°F – 70°F = 430°F temperature difference (260 – 21 = 239°C)
Economic Thickness = 8.00 inches or 203 mm

Step 6. From Table 20 (Sheet 3 of 4), and Table 21 (Sheet 4 of 6), determine the thermal resistance. The insulation resistance is:

In English Units: R = 16.0
In Metric Units: R = 2.91

Determine the surface resistance from Figure 14 (Sheet 4 of 4).

R_s in English Units = 0.62
R_1 in Metric Units = 0.11

Total Resistance:

English Units = 16.00 + 0.6 = 16.6
Metric Units = 2.91 – 0.11 = 3.02

The heat loss of insulated vessels is:

$$\text{English Units } \frac{430}{6.6} = 65 \text{ Btu/sq ft, hr}$$

$$\text{Metric Units } \frac{230}{3.02} = 76 \text{ W/m}^2$$

Step 7. From Table 13. The bare loss of the vessel operating at 500°F with 70°F ambient air temperature, or 260°C operating with 21°C ambient air temperature:

English Units is 1806 Btu/sq ft, hr
Metric Units is 5693 W/m^2

Step 8. COST FACTORS

ENGLISH UNITS:

BARE VESSEL			INSULATED WITH 8" CELLULAR GLASS			
Loss(Bare) Btu/s.f.,hr	**$Invest to Supply Loss/sq ft (from Table 29)**	**$Cost Per Year to Supply Loss/sq ft (from Table 30)**	**Loss(Insul.) Btu/s.f.,hr**	**$Invest to Supply Loss/sq ft (from Table 29)**	**$Cost Per Year to Supply Loss/sq ft (from Table 30)**	**$/Year Save Energy Cost-ft^2**
1806	$58.00	$38.00	26	$0.75	$0.55	$37.45

METRIC UNITS:

W/m^2	m^2	m^2	W/m^2	m^2	m^2	m^2
5693	$540.00	$409.00	79	$6.95	$5.65	$403.35

TABLES AND FIGURE FOR DETERMINATION OF HEAT LOSSES AND CONVERSION TO DOLLAR COST

Q HEAT LOSS FROM BARE FLAT SURFACES

(OR CYLINDRICAL OVER 36″ DIAMETER)

AMBIENT AIR TEMPERATURE 70° F (21° C)

NATURAL CONVECTION

Loss in Btu/sq ft, hr (English Units)

	SURFACE TEMPERATURE °F (English Units)											
	100	200	300	400	500	600	700	800	900	1000	1100	1200
Loss →	50	295	654	1145	1806	2666	3765	5126	6799	8885	11400	14394
	38	93	149	205	260	315	371	423	482	539	593	649
	SURFACE TEMPERATURE °C (Metric Units)											

	SURFACE TEMPERATURE °C (Metric Units)												
	50	100	150	200	250	300	350	400	450	500	550	600	650
Loss →	86	321	659	1110	1730	2525	3538	4788	6324	8235	10536	13273	14419
	122	212	302	392	482	572	662	752	842	932	1022	1112	1202
	SURFACE TEMPERATURE °F (English Units)												

Multiply Btu/sq ft, hr by 3.1524 to obtain W/m²

Loss in W/m² (Metric Units)

	SURFACE TEMPERATURE °C (Metric Units)												
	50	100	150	200	250	300	350	400	450	500	550	600	650
Loss →	273	1011	2077	3499	5454	7960	11152	15093	19936	25961	33213	41842	45455
	122	212	302	392	492	572	662	752	842	932	1022	1112	1202
	SURFACE TEMPERATURE °F (English Units)												

	SURFACE TEMPERATURE °F (English Units)											
	100	200	300	400	500	600	700	800	900	1000	1100	1200
Loss →	157	929	2062	3609	5693	8404	11868	16159	21433	28009	35937	45376
	38	93	149	205	260	315	371	423	482	539	593	649
	SURFACE TEMPERATURE °C (Metric Units)											

Multiply W/m² by 0.3172 to obtain Btu/sq ft, hr.

TABLE 14 & TABLE 15

"Q" HEAT LOSS FROM BARE NPS PIPE
Btu/lin ft, hr (English Units)

AMBIENT AIR TEMPERATURE 70° F (21° C), NATURAL CONVECTION

PIPE TEMPERATURE °F (English Units)

NPS Pipe	100	200	300	400	500	600	700	800	900	1000	1100	1200	Pipe dia. mm
1/2	13	75	165	287	444	649	901	1218	1602	2075	2644	3317	21.3
3/4	16	93	204	353	547	801	1113	1508	1984	2576	3282	4122	26.7
1	20	114	250	433	674	989	1379	1865	2462	3194	4080	5123	33.4
1-1/4	24	141	312	541	843	1237	1728	2342	3091	4010	5123	6433	42.2
1-1/2	27	159	352	613	955	1403	1960	2661	3514	4568	5841	7345	48.2
2	33	196	432	753	1176	1732	2423	3295	4355	5665	7251	9133	60.3
2-1/2	40	233	516	899	1408	2077	2907	3956	5235	6817	8732	11005	73.0
3	48	280	620	1083	1695	2505	3511	4784	6337	8259	10582	13344	88.9
3-1/2	55	317	701	1226	1922	2841	3987	5434	7201	9390	12039	15189	101.6
4	61	354	784	1370	2149	3179	4467	6094	8079	10545	13513	17049	114.3
6	87	503	1122	1976	3105	4604	6479	8858	11769	15366	19740	24909	168.3
8	111	644	1436	2530	3988	5927	8356	11433	15211	19895	25568	32293	219.1
10	136	791	1769	3114	4918	7312	10325	14147	18812	24621	31679	40051	273.0
12	159	930	2076	3664	5809	8627	12194	16721	22248	29133	37501	47429	323.3
14	174	1009	2258	3989	6316	9404	13301	18236	24279	31844	40965	51856	355.6
16	197	1142	2560	4529	7160	10697	15124	20769	27663	36257	46689	59089	406.4
18	221	1282	2873	5074	8032	12010	16992	23346	31109	40788	52539	66456	457.2
20	244	1416	3168	5618	8897	13270	18777	25810	34432	45147	58159	73691	500.8
24	289	1683	3772	6679	10595	15825	22375	30836	41112	53958	69536	88221	609.6
30	351	2042	4642	8242	13103	19606	27758	38299	51107	67125	86558	109872	762.0
36	421	2450	5570	9890	15724	23527	33309	45959	61328	80550	103860	131846	914.4
	38	**93**	**149**	**205**	**260**	**315**	**371**	**423**	**482**	**539**	**593**	**649**	

PIPE TEMPERATURE °C (Metric Units)

TABLE 14

NOTE: Multiply Btu/lin ft hr by 0.8933 to obtain W/lin m (per hour)

AMBIENT AIR TEMPERATURE 21° C (70° F), NATURAL CONVECTION

PIPE TEMPERATURE °C (Metric Units)

Pipe dia. mm	50	100	150	200	250	300	350	400	450	500	550	600	650	NPS Pipe"
21.3	26	86	167	277	416	589	805	1066	1379	1753	2200	2710	3330	1/2
26.7	33	106	206	340	510	727	989	1312	1698	2164	2710	3367	4139	3/4
33.4	41	130	254	418	629	898	1225	1623	2107	2682	3370	4185	5144	1
42.2	50	162	316	522	787	1126	1530	2038	2646	3368	4232	5260	6464	1-1/4
49.2	56	182	356	592	892	1274	1741	2325	3019	3851	4824	6000	7375	1-1/2
60.3	68	225	438	727	1098	1573	2153	2867	3728	4759	5989	7462	9171	2
73.0	83	267	523	868	1315	1886	2583	3442	4482	5726	7213	8991	11051	2-1/2
88.9	99	321	628	1045	1583	2275	3119	4162	5426	6937	8770	10902	13400	3
101.6	113	363	711	1184	1797	2580	3552	4728	6165	7901	9944	12417	15253	3-1/2
114.3	125	407	795	1323	2007	2887	3968	5301	6917	8858	11162	13929	17120	4
168.3	179	577	1137	1908	2900	4180	5756	7706	10076	12907	16305	20351	25013	6
219.1	228	740	1536	2443	3724	5384	7423	9947	13023	16712	21119	26383	32428	8
273.0	281	908	1793	3007	4593	6639	9172	12308	16099	20681	26167	32721	40219	10
323.3	327	1068	2105	3538	5425	7833	10833	14547	19048	24471	30976	38749	47628	12
355.6	358	1159	2289	3851	5899	8539	11817	15865	20787	26749	33837	42366	52073	14
406.4	406	1312	2596	4373	6687	9713	13436	18069	23684	30456	38552	48276	59336	16
457.2	454	1473	2915	4900	7500	10905	15098	20311	26635	34206	43397	54280	66734	18
500.8	503	1626	3212	5425	8310	12049	16681	22455	29480	37920	48039	60205	74000	20
609.6	596	1933	3824	6450	9896	14369	19878	26775	35190	45324	57436	72076	88550	24
762.0	723	2346	4706	7958	12238	17786	24660	33320	43756	56385	71497	89765	110332	30
914.4	868	2815	5656	9550	14686	21362	29592	39984	52507	67662	85678	107718	132398	36
	122	**212**	**302**	**392**	**482**	**572**	**662**	**752**	**842**	**932**	**1022**	**1112**	**1202**	**Nom Size**

PIPE TEMPERATURE °F (English Units)

TABLE 15

NOTE: Multiply Btu/lin ft, hr by 0.8933 to obtain W/lin m (per hour)

"Q" HEAT LOSS FROM BARE NPS PIPE in W/lin m (Metric Units)

AMBIENT AIR TEMPERATURE 21° C (70° F), NATURAL CONVECTION

Pipe dia. mm	PIPE TEMPERATURE °C (Metric Units)													NPS Pipe"
	50	100	150	200	250	300	350	400	450	500	550	600	650	
21.3	23	77	149	247	372	526	719	950	1232	1566	1965	2474	2974	1/2
26.7	29	94	184	303	456	649	883	1170	1517	1933	2420	3008	3697	3/4
33.4	37	116	226	373	562	802	1094	1450	1882	2396	3010	3738	4595	1
42.2	45	144	282	466	703	1006	1367	1816	2364	3009	3780	4699	5774	1-1/4
49.2	50	162	318	529	797	1138	1555	2077	2697	3440	4309	5360	6588	1-1/2
60.3	61	201	391	649	981	1405	1923	2561	3330	4251	5350	6666	8192	2
73.0	74	239	468	775	172	1685	2307	3075	4003	5115	6443	8031	9872	2-1/2
88.9	88	287	560	933	1414	2032	2786	3718	4856	6197	7834	9739	11970	3
101.6	101	324	635	1058	1605	2305	3173	4223	5507	7057	8883	11092	13625	3-1/2
114.3	111	363	710	1182	1793	2579	3545	4735	6179	7913	9971	12434	15293	4
168.3	159	515	1015	1704	2591	3734	5142	6883	9001	11530	14565	18180	22344	6
219.1	204	661	1372	2182	3327	4988	6631	8885	11638	14929	18865	23523	28968	8
273.0	251	811	1601	2686	4103	5930	8193	10994	14387	18474	23374	29230	35928	10
323.3	292	954	1880	3160	4846	6997	9677	12995	17015	21859	27670	34614	42546	12
355.6	320	1032	2045	3440	5269	7628	10556	14172	18569	23894	30226	37846	46517	14
406.4	362	1172	2318	3906	5973	8676	12002	16141	21154	27205	34438	43125	53005	16
457.2	405	1316	2603	4377	6700	9741	13487	18143	23793	30556	38766	48497	59613	18
500.8	449	1452	2871	4846	7423	10763	14901	20059	26334	33873	42912	53781	66104	20
609.6	532	1727	3416	5762	8840	12830	17757	23918	31443	40487	51306	64385	79102	24
762.0	645	2096	4203	7109	10932	15888	21975	29764	39086	50368	63867	80187	98560	30
914.4	775	2515	5052	8530	13119	19082	26434	35717	46903	60441	76534	95867	118271	36
	122	212	302	392	482	572	662	752	842	932	1022	1112	1202	Nom Size
	PIPE TEMPERATURE °F (English Units)													

NOTE: Multiply W/lin meter, hr by 1.119 to obtain Btu/lin ft, hr

TABLE 16

AMBIENT AIR TEMPERATURE 70° F (21° C), NATURAL CONVECTION

NPS Pipe	PIPE TEMPERATURE °F (English Units)												Pipe dia. mm
	100	200	300	400	500	600	700	800	900	1000	1100	1200	
1/2	12	67	147	256	397	580	804	1088	1431	1854	2361	2963	21.3
3/4	14	83	182	315	489	716	994	1347	1772	2301	2931	3682	26.7
1	18	102	223	387	602	883	1232	1666	2199	2853	3645	4576	33.4
1-1/4	21	125	279	483	753	1105	1544	2092	2761	3582	4576	5751	42.2
1-1/2	24	142	314	547	853	1253	1751	2377	3139	4080	5218	6561	48.2
2	29	175	385	672	1050	1547	2164	2943	3890	5060	6477	8158	60.3
2-1/2	36	208	460	803	1258	1855	2597	3534	4676	6089	7800	9831	73.0
3	43	250	553	967	1514	2238	3136	4273	5661	7378	9452	11920	88.9
3-1/2	49	283	626	1095	1716	2537	3561	4854	6433	8299	10754	13568	101.6
4	54	316	700	1224	1919	2840	3990	5444	7217	9420	12070	15230	114.3
6	78	449	1002	1765	2774	4113	5787	7913	10513	13726	17633	22251	168.3
8	99	575	1283	2260	3562	5294	7464	10213	13588	17771	22839	28847	219.1
10	121	707	1580	2782	4393	6532	9223	12637	16804	21993	28298	35777	273.0
12	142	830	1857	3273	5189	7703	10893	14937	19869	26024	33499	42367	323.3
14	155	901	2017	3563	5642	8400	11881	16290	21688	28446	36593	46322	355.6
16	175	1020	2287	4046	6396	9555	13510	18553	24710	32388	41706	52783	406.4
18	197	1145	2568	4532	7175	10728	15179	20855	27788	36345	46932	59364	457.2
20	217	1265	2830	5018	7948	11854	16773	23056	30757	40328	51952	65827	500.8
24	258	1503	3369	5966	9464	14163	19987	27545	36725	48200	62116	78806	609.6
30	313	1824	4147	7362	11705	17508	24796	34212	45653	59961	77320	98147	762.0
36	376	2189	4976	8834	14045	21016	29754	41054	54783	71953	92776	117775	914.4
	38	93	149	205	260	315	371	423	482	539	593	649	
	PIPE TEMPERATURE °C (Metric Units)												

NOTE: Multiply W/lin m, hr by 1.119 to obtain Btu/lin ft, hr.

TABLE 17

TABLE 18 & TABLE 19

"Q" HEAT LOSS FROM BARE COPPER TUBING

AMBIENT AIR TEMPERATURE 70° F (21° C), NATURAL CONVECTION

Loss in Btu/lin ft, hr (English Units)

Tube Size Inches	TUBE TEMPERATURE °F					
	100	**200**	**300**	**400**	**500**	**600**
3/8	5	30	62	102	153	211
1/2	7	44	94	154	234	328
3/4	9	58	121	206	310	433
1	11	74	152	249	373	518
1-1/4	14	82	176	301	456	669
1-1/2	16	93	203	350	543	798
2	22	124	254	441	662	873
2-1/2	25	146	311	527	795	1075
3	30	172	373	619	930	1293
3-1/2	34	197	423	705	1063	1477
4	39	222	473	807	1218	1693
5	47	270	585	967	1460	2029
6	56	315	684	1142	1724	2396
	38	**93**	**149**	**205**	**260**	**315**
	TUBE TEMPERATURE °C					

Tube Size mm	TUBE TEMPERATURE °C					
	50	**100**	**150**	**200**	**250**	**300**
12.7	11	33	63	106	142	194
15.9	16	49	95	160	218	300
22.2	21	65	122	214	289	396
28.6	28	83	154	258	347	474
34.9	30	91	178	313	425	612
41.3	35	103	205	364	506	731
54.0	47	138	256	459	617	800
66.7	55	162	314	548	741	985
79.4	65	191	376	644	867	1184
92.1	74	220	427	733	991	1353
107.8	83	247	478	840	1135	1551
130.2	101	301	591	1005	1361	1859
155.6	118	351	691	1188	1607	2195
	122	**212**	**302**	**392**	**482**	**572**
	TUBE TEMPERATURE °F					

Based on surface emittance $\epsilon = 0.7$ (oxidized surface).

NOTE: Multiply Btu/lin ft, hr by 0.8933 to obtain W/lin m (per hour).
Rapid oxidation of copper occurs at temperatures above 400° F.
Above this temperature pressure capacity is reduced.

TABLE 18

AMBIENT AIR TEMPERATURE 21° C (70° F), NATURAL CONVECTION

Loss in W/lin m (per hour) (Metric Units)

Tube Dia. mm	TUBE TEMPERATURE °C					
	50	**100**	**150**	**200**	**250**	**300**
12.7	10	29	56	95	127	173
15.9	14	44	85	143	194	268
22.2	19	58	109	191	258	354
28.6	25	74	138	230	310	423
34.9	27	81	159	280	380	546
41.3	31	92	183	325	452	653
54.0	42	123	229	410	551	714
66.7	49	145	280	490	661	880
79.4	58	171	336	575	774	1058
92.1	66	197	381	654	885	1208
107.8	74	221	426	750	1013	1385
130.2	90	269	527	898	1216	1660
155.6	105	313	617	1061	1435	1961
	122	**212**	**302**	**392**	**482**	**572**
	TUBE TEMPERATURE °F					

Tube Size Nom″	TUBE TEMPERATURE °F					
	100	**200**	**300**	**400**	**500**	**600**
3/8	4	27	55	91	137	188
1/2	6	39	84	138	209	293
3/4	8	52	108	184	280	387
1	10	66	136	222	333	462
1-1/4	13	73	157	268	407	597
1-1/2	14	83	181	313	485	712
2	20	111	227	393	591	780
2-1/2	22	130	278	470	710	960
3	27	154	333	553	830	1155
3-1/2	30	176	378	630	949	1319
4	35	198	423	721	1088	1512
5	42	241	522	864	1304	1813
6	50	281	611	1020	1540	2140
	38	**93**	**149**	**205**	**260**	**315**
	TUBE TEMPERATURE °C					

Based on surface emittance $\epsilon = 0.7$ (oxidized surface).

NOTE: Multiply W/lin m by 1.119 to obtain Btu/lin ft, hr.
Rapid oxidation of copper occurs at temperatures above 205° C.
Above this temperature pressure capacity is reduced.

TABLE 19

NPS PIPE
VALUES OF "R" THERMAL RESISTANCE (English Units)
OF INSULATION

Pipe insulation $R = \dfrac{r_2 \log_e \frac{r_2}{r_1}}{k}$ (r_1 and r_2 in inches). Flat insulation $R = \dfrac{\ell}{k}$ (ℓ = thickness).

r_1 = inside radius of insulation, r_2 = outside radius of insulation. Nominal thickness = $r_2 - r_1$.

1" NOMINAL THICKNESS (25.4 mm) — Values of k in Btu, in./sq ft, in., °F

NPS PIPE SIZE (in.)	0.3	0.4	0.5	0.6	0.7	0.8	0.9	1.0
1/4	5.77	4.32	3.46	2.89	2.47	2.16	1.92	1.73
3/4	5.93	4.08	3.26	2.72	2.32	2.04	1.81	1.63
1	5.07	3.80	3.04	2.54	2.17	1.90	1.69	1.52
1-1/4	4.83	3.63	2.90	2.42	2.07	1.81	1.61	1.45
1-1/2	4.67	3.50	2.80	2.34	2.00	1.75	1.56	1.40
2	4.43	3.32	2.66	2.22	1.90	1.66	1.44	1.33
2-1/2	4.23	3.17	2.57	2.12	1.81	1.59	1.41	1.27
3	4.13	3.10	2.48	2.07	1.77	1.55	1.38	1.24
3-1/2	4.07	3.05	2.44	2.04	1.74	1.53	1.36	1.22
4	3.97	2.98	2.38	1.99	1.70	1.49	1.32	1.19
6	3.77	2.83	2.26	1.89	1.61	1.41	1.29	1.13
8	3.70	2.78	2.22	1.65	1.59	1.39	1.27	1.11
10	3.63	2.78	2.18	1.82	1.56	1.36	1.21	1.09
12	3.60	2.70	2.16	1.80	1.54	1.35	1.20	1.08
14	3.57	2.68	2.14	1.79	1.53	1.34	1.19	1.07
16	3.58	2.65	2.12	1.77	1.51	1.33	1.18	1.06
18	3.50	2.63	2.10	1.75	1.50	1.31	1.17	1.05
20	3.50	2.63	2.10	1.75	1.50	1.31	1.17	1.05
24	3.47	2.60	2.08	1.74	1.49	1.30	1.16	1.04
30	3.43	2.58	2.06	1.72	1.47	1.30	1.14	1.03
36	3.43	2.58	2.06	1.72	1.47	1.30	1.14	1.03
FLAT	**3.33**	**2.50**	**2.00**	**1.67**	**1.42**	**1.25**	**1.11**	**1.00**
Values of k in W/m•k	.043	.057	.072	.086	.101	.115	.130	.144

1-1/2" NOMINAL THICKNESS (38.1 mm) — Values of k in Btu, in./sq ft, hr, °F

NPS PIPE SIZE (in.)	0.3	0.4	0.5	0.6	0.7	0.8	0.9	1.0
1/4	9.73	7.30	5.84	4.87	4.17	3.65	3.24	2.92
3/4	9.09	6.83	5.46	4.55	3.90	3.42	3.03	2.73
1	8.57	6.42	5.14	4.28	3.67	3.21	2.86	2.57
1-1/4	8.00	6.00	4.80	4.00	3.42	3.00	2.66	2.40
1-1/2	7.65	5.75	4.60	3.83	3.28	2.87	2.56	2.30
2	7.37	5.56	4.42	3.46	3.16	2.78	2.46	2.21
2-1/2	6.07	5.22	4.18	3.49	2.98	2.61	2.33	2.09
3	6.73	5.05	4.04	3.34	2.89	2.52	2.24	2.02
3-1/2	6.53	4.90	3.92	3.26	2.80	2.45	2.18	1.96
4	6.36	4.78	3.82	3.18	2.73	2.39	2.12	1.91
6	5.93	4.45	3.56	2.96	2.54	2.22	1.98	1.78
8	5.80	4.35	3.48	2.90	2.49	2.17	1.93	1.74
10	5.63	4.22	3.38	2.81	2.41	2.11	1.88	1.69
12	5.60	4.20	3.36	2.80	2.40	2.10	1.87	1.68
14	5.50	4.12	3.30	2.75	2.38	2.06	1.83	1.65
16	5.43	4.08	3.26	2.72	2.33	2.04	1.81	1.63
18	5.40	4.05	3.24	2.70	2.31	2.03	1.80	1.62
20	5.37	4.03	3.22	2.69	2.30	2.02	1.79	1.61
24	5.30	3.98	3.18	2.65	2.27	1.99	1.77	1.59
30	5.23	3.93	3.14	2.61	2.24	1.97	1.74	1.57
36	5.20	3.90	3.12	2.60	2.23	1.95	1.73	1.56
FLAT	**5.00**	**3.75**	**3.00**	**2.50**	**2.14**	**1.87**	**1.66**	**1.50**
Values of k in W/m•k	.043	.057	.072	.086	.101	.115	.130	.144

2" NOMINAL THICKNESS (50.8 mm) — Values of k in Btu, in./sq ft, hr, °F

NPS PIPE SIZE (in.)	0.3	0.4	0.5	0.6	0.7	0.8	0.9	1.0
1/4	14.10	10.58	8.46	7.05	6.04	5.29	4.70	4.23
3/4	13.20	9.90	7.92	6.60	5.66	4.95	4.40	3.96
1	12.40	9.30	7.44	6.20	5.31	4.65	4.13	3.72
1-1/4	11.50	8.63	6.90	5.75	4.92	4.31	3.83	3.45
1-1/2	11.10	8.33	6.66	5.55	4.75	4.17	3.70	3.33
2	10.53	7.90	6.32	5.27	4.51	3.95	3.51	3.16
2-1/2	9.97	7.48	5.98	4.99	4.27	3.74	3.32	2.99
3	9.50	7.13	5.70	4.75	4.07	3.56	3.17	2.85
3-1/2	9.20	6.90	5.52	4.60	3.94	3.45	3.07	2.76
4	9.03	6.78	5.42	4.51	3.87	3.39	3.01	2.71
6	8.33	6.25	5.00	4.17	3.57	3.13	2.78	2.50
8	8.00	6.00	4.80	4.00	3.42	3.00	2.67	2.40
10	7.80	5.85	4.68	3.90	3.34	2.93	2.63	2.34
12	7.77	5.82	4.66	3.88	3.32	2.91	2.59	2.33
14	7.53	5.65	4.52	3.77	3.22	2.83	2.51	2.26
16	7.43	5.58	4.46	3.72	3.18	2.79	2.48	2.23
18	7.37	5.52	4.42	3.69	3.15	2.76	2.46	2.21
20	7.30	5.48	4.38	3.65	3.13	2.74	2.43	2.19
24	7.20	5.40	4.32	3.60	3.09	2.70	2.40	2.16
30	7.10	5.33	4.26	3.55	3.04	2.66	2.27	2.13
36	7.03	5.28	4.22	3.52	3.01	2.64	2.34	2.11
FLAT	**6.66**	**5.00**	**4.00**	**3.33**	**2.86**	**2.50**	**2.22**	**2.00**
Values of k in W/m•k	.043	.057	.072	.086	.101	.115	.130	.144

2-1/2" NOMINAL THICKNESS (63.5 mm) — Values of k in Btu, in./sq ft, in., °F

NPS PIPE SIZE (in.)	0.3	0.4	0.5	0.6	0.7	0.8	0.9	1.0
1/4	18.89	14.15	11.32	9.44	8.09	7.08	6.29	5.66
3/4	17.61	13.24	10.58	8.82	7.56	6.62	5.88	5.29
1	16.52	12.40	9.92	8.26	7.09	6.20	5.51	4.96
1-1/4	15.42	11.58	9.26	7.71	6.61	5.78	5.14	4.63
1-1/2	14.83	11.12	8.90	7.41	6.36	5.56	4.94	4.45
2	13.90	10.42	8.34	6.95	5.96	5.21	4.63	4.17
2-1/2	13.17	9.88	7.90	6.58	5.64	4.94	4.39	3.95
3	12.60	9.45	7.56	6.30	5.40	4.72	4.20	3.78
3-1/2	12.13	9.10	7.28	6.56	5.20	4.55	4.04	3.64
4	11.87	8.90	7.12	5.93	5.09	4.45	3.96	3.56
6	10.83	8.13	6.50	5.41	4.75	4.07	3.61	3.25
8	10.42	7.83	6.26	5.21	4.47	3.92	3.48	3.13
10	10.16	7.63	6.10	5.08	4.36	3.82	3.39	3.05
12	10.00	7.50	6.00	5.00	4.29	3.75	3.33	3.00
14	9.65	7.25	5.80	4.83	4.14	3.63	3.22	2.90
16	9.50	7.13	5.70	4.75	4.07	3.56	3.17	2.85
18	9.40	7.05	5.64	4.70	4.03	3.53	3.13	2.82
20	9.33	7.00	5.60	4.67	4.00	3.50	3.11	2.80
24	9.01	6.85	5.48	4.57	3.91	3.42	3.04	2.74
30	9.00	6.75	5.40	4.50	3.86	3.38	3.00	2.70
36	8.87	6.65	5.32	4.43	3.80	3.32	2.96	2.66
FLAT	**3.33**	**2.50**	**2.00**	**1.67**	**1.42**	**1.25**	**1.11**	**1.00**
Values of k in W/m•k	.043	.057	.072	.086	.101	.115	.130	.144

3" NOMINAL THICKNESS (76.2 mm) — Values of k in Btu, in./sq ft, hr, °F

NPS PIPE SIZE (in.)	0.3	0.4	0.5	0.6	0.7	0.8	0.9	1.0
1/4	23.93	17.95	14.36	11.97	10.26	8.98	7.98	7.18
3/4	22.43	16.83	13.46	11.22	9.61	8.41	7.48	6.73
1	20.97	15.73	12.58	10.48	8.99	7.86	7.37	6.29
1-1/4	19.53	14.65	11.72	9.77	8.37	7.33	6.51	5.86
1-1/2	18.83	14.13	11.30	9.42	8.07	7.06	6.28	5.65
2	17.60	13.20	10.56	9.03	7.54	6.60	5.87	5.28
2-1/2	16.60	12.45	9.96	8.30	7.11	6.23	5.53	4.98
3	15.83	11.88	9.50	7.92	6.79	5.94	5.28	4.75
3-1/2	15.33	11.50	9.20	7.67	6.57	5.75	5.11	4.60
4	14.87	11.15	8.92	7.43	6.37	5.58	4.96	4.46
6	13.67	10.25	8.20	6.83	5.86	5.13	4.56	4.10
8	12.93	9.70	7.76	6.47	5.54	4.85	4.31	3.88
10	12.20	9.15	7.32	6.10	5.23	4.58	4.07	3.66
12	12.10	9.08	7.26	6.05	5.19	4.54	4.03	3.63
14	11.87	8.90	7.12	5.93	5.09	4.45	3.96	3.56
16	11.67	8.75	7.00	5.83	5.00	4.38	3.89	3.50
18	11.50	8.63	6.90	5.75	4.93	4.31	3.83	3.45
20	11.37	8.53	6.82	5.68	4.87	4.26	3.79	3.41
24	11.17	8.38	6.70	5.58	4.79	4.19	3.72	3.35
30	10.93	8.20	6.56	5.47	4.69	4.10	3.64	3.28
36	10.80	8.10	6.48	5.40	4.63	4.05	3.60	3.24
FLAT	**5.00**	**3.75**	**3.00**	**2.50**	**2.14**	**1.87**	**1.66**	**1.50**
Values of k in W/m•k	.043	.057	.072	.086	.101	.115	.130	.144

3-1/2" NOMINAL THICKNESS (88.9 mm) — Values of k in Btu, in./sq ft, hr, °F

NPS PIPE SIZE (in.)	0.3	0.4	0.5	0.6	0.7	0.8	0.9	1.0
1/4	29.13	21.85	17.48	14.57	12.49	10.93	9.71	8.74
3/4	27.37	20.50	16.42	13.68	11.73	10.25	9.12	8.21
1	25.50	19.13	15.30	13.75	10.93	9.56	8.50	7.65
1-1/4	23.80	17.85	14.28	12.90	10.20	8.92	7.93	7.14
1-1/2	22.83	17.13	13.70	11.42	9.79	8.56	7.61	6.85
2	21.57	16.18	12.94	10.78	9.24	8.09	7.19	6.47
2-1/2	20.23	15.18	12.14	10.12	8.67	7.59	6.74	6.07
3	19.27	14.45	11.56	9.63	8.26	7.23	6.42	5.78
3-1/2	18.53	13.90	11.12	9.27	7.94	6.95	6.18	5.56
4	18.03	13.53	10.82	9.02	7.73	6.77	6.01	5.41
6	16.37	12.28	9.82	8.19	7.01	6.14	5.79	4.91
8	15.37	11.53	9.22	7.68	6.59	5.77	5.12	4.61
10	15.00	11.25	9.00	7.50	6.43	5.63	5.00	4.50
12	14.40	10.80	8.64	7.20	6.17	5.40	4.80	4.32
14	14.20	10.65	8.52	7.10	6.09	5.33	4.73	4.26
16	13.90	10.43	8.34	6.95	5.96	5.22	4.63	4.17
18	13.67	10.25	8.20	6.83	5.86	5.13	4.56	4.10
20	13.50	10.13	8.10	6.75	5.79	5.07	4.50	4.05
24	13.20	9.90	7.92	6.60	5.66	4.95	4.40	3.96
30	12.93	9.70	7.76	6.47	5.54	4.85	4.31	3.88
36	12.70	9.53	7.62	6.35	5.44	4.77	4.23	3.81
FLAT	**6.66**	**5.00**	**4.00**	**3.33**	**2.86**	**2.50**	**2.22**	**2.00**
Values of k in W/m•k	.043	.057	.072	.086	.101	.115	.130	.144

The values of R are in English Units. To convert to Metric Units multiply by 0.1761.

TABLE 20 (Sheet 1 of 4)

TABLE 20 (Continued)

NPS PIPE
VALUES OF "R" THERMAL RESISTANCE (English Units) OF INSULATION

Pipe insulation $R = \dfrac{r_2 \log e \dfrac{r_2}{r_1}}{k}$ (r_1 and r_2 in inches). Flat insulation $R = \dfrac{\ell}{k}$ (ℓ = thickness).

r_1 = inside radius of insulation, r_2 = outside radius of insulation. Nominal thickness = $r_2 - r_1$.

NPS PIPE SIZE	4" NOMINAL THICKNESS (101.6 mm) Values of k in Btu, in./sq ft, in., °F							
(in.)	0.3	0.4	0.5	0.6	0.7	0.8	0.9	1.0
1/2	34.63	25.98	20.78	17.31	14.82	12.99	11.54	10.39
3/4	32.43	24.33	19.46	16.21	13.96	12.16	10.81	9.73
1	30.40	22.80	18.24	15.20	13.03	11.40	10.13	9.12
1-1/4	28.33	21.25	17.00	14.17	12.15	10.63	9.44	8.50
1-1/2	27.23	20.43	16.34	13.62	11.67	10.21	11.67	8.17
2	25.40	19.05	15.24	12.70	10.89	9.53	11.11	7.62
2-1/2	24.10	18.08	14.26	12.05	10.33	9.04	8.03	7.23
3	22.80	17.10	13.68	11.40	9.77	8.55	7.60	6.84
3-1/2	22.00	16.50	13.20	11.00	9.43	8.25	7.33	6.60
4	21.27	15.95	12.76	10.63	9.11	7.98	7.09	6.38
6	19.27	14.45	11.56	9.63	8.26	7.22	6.42	5.78
8	18.30	13.73	10.98	9.15	7.84	6.86	6.10	5.49
10	17.40	13.05	10.44	8.70	7.46	6.53	5.80	5.22
12	16.87	12.65	10.12	8.43	7.23	6.33	5.62	5.06
14	16.57	12.43	9.94	8.29	7.10	6.21	5.52	4.97
16	16.20	12.15	9.72	8.10	6.94	6.08	5.40	4.86
18	15.93	11.95	9.56	7.96	6.83	5.98	5.31	4.78
20	15.70	11.78	9.42	7.85	6.73	5.89	5.23	4.71
24	15.33	11.50	9.20	7.66	6.57	5.75	5.11	4.60
30	14.97	11.23	8.98	7.49	6.41	5.61	4.99	4.49
36	14.70	11.03	8.82	7.35	6.30	5.53	4.90	4.41
FLAT	**13.33**	**10.00**	**8.00**	**6.67**	**5.71**	**5.00**	**4.44**	**4.00**
	.043	.057	.072	.086	.101	.115	.130	.144
	Values of k in W/m•k							

NPS PIPE SIZE	4-1/2" NOMINAL THICKNESS (114.3 mm) Values of k in Btu, in./sq ft, hr, °F							
(in.)	0.3	0.4	0.5	0.6	0.7	0.8	0.9	1.0
1/2	40.33	30.25	24.20	20.17	17.28	15.13	13.44	12.10
3/4	37.87	28.40	22.72	18.93	16.23	14.20	12.62	11.36
1	35.40	26.55	21.24	17.70	15.17	13.28	11.80	10.62
1-1/4	33.03	24.78	19.82	16.52	14.16	12.39	11.01	9.91
1-1/2	31.80	23.85	19.08	15.90	13.63	11.93	10.60	9.54
2	29.60	22.20	17.76	14.80	12.69	11.10	9.87	8.88
2-1/2	28.07	21.05	16.84	14.03	12.03	10.53	9.36	8.42
3	26.47	19.85	15.88	13.23	11.34	9.93	8.82	7.94
3-1/2	25.57	19.18	15.34	12.78	10.96	9.59	8.52	7.67
4	24.73	18.55	14.84	12.37	10.60	9.28	8.24	7.42
6	22.40	16.80	13.44	11.20	9.60	8.40	7.47	6.72
8	20.87	15.65	12.52	10.43	8.94	7.83	6.96	6.26
10	20.30	15.23	12.18	10.15	8.70	7.62	6.77	6.09
12	19.50	14.63	11.70	9.75	8.36	7.81	6.50	5.85
14	19.03	14.28	11.42	9.52	8.16	7.14	6.34	5.71
16	18.57	13.93	11.14	9.28	7.96	6.96	6.19	5.57
18	18.23	13.68	10.94	9.12	7.81	6.84	6.08	5.47
20	18.13	13.60	10.88	9.07	7.77	6.80	6.04	5.44
24	17.50	13.13	10.50	8.75	7.50	6.56	5.83	5.25
30	17.03	12.78	10.22	8.52	7.30	6.39	5.68	5.11
36	16.73	12.50	10.04	8.37	7.17	6.25	5.58	5.02
FLAT	**15.00**	**11.25**	**9.00**	**7.50**	**6.43**	**5.63**	**5.00**	**4.50**
	.043	.057	.072	.086	.101	.115	.130	.144
	Values of k in W/m•k							

NPS PIPE SIZE	5" NOMINAL THICKNESS (127.0 mm) Values of k in Btu, in./sq ft, hr, °F							
(in.)	0.3	0.4	0.5	0.6	0.7	0.8	0.9	1.0
1/2	46.07	34.55	27.64	23.03	19.74	17.28	15.36	13.82
3/4	43.27	32.45	25.96	21.63	18.54	16.23	14.42	12.98
1	40.53	30.40	24.32	20.27	17.37	15.20	13.51	12.16
1-1/4	37.90	28.42	22.74	18.95	16.24	14.21	12.63	11.37
1-1/2	36.30	27.23	21.78	18.15	15.56	13.61	12.10	10.89
2	34.03	25.53	20.42	17.02	14.59	12.76	11.34	10.21
2-1/2	32.20	24.15	19.32	16.10	13.80	12.08	10.73	9.66
3	30.37	22.78	18.22	15.18	13.01	11.39	10.12	9.11
3-1/2	29.17	21.88	17.50	14.58	12.50	10.94	9.72	8.75
4	28.23	21.18	16.94	14.12	12.10	10.59	9.41	8.47
6	25.50	19.13	15.30	12.75	10.93	9.56	8.50	7.65
8	23.90	17.93	14.34	11.95	10.24	8.96	7.97	7.17
10	22.70	17.03	13.62	11.35	9.73	8.51	7.57	6.81
12	21.90	16.43	13.14	10.95	9.39	8.21	7.30	6.57
14	21.57	16.18	12.94	10.78	9.24	8.09	7.19	6.47
16	21.03	15.78	12.62	10.52	9.01	7.89	7.01	6.31
18	20.63	15.48	12.38	10.32	8.84	7.74	6.88	6.19
20	20.27	15.15	12.16	10.13	8.69	7.58	6.76	6.08
24	19.73	14.80	11.84	9.87	8.46	7.40	6.58	5.92
30	19.20	14.40	11.52	9.60	8.23	7.20	6.40	5.76
36	18.77	14.08	11.26	9.38	8.04	7.04	6.26	5.63
FLAT	**16.67**	**12.50**	**10.00**	**8.33**	**7.14**	**6.25**	**5.56**	**5.00**
	.043	.057	.072	.086	.101	.115	.130	.144
	Values of k in W/m•k							

NPS PIPE SIZE	5-1/2" NOMINAL THICKNESS (139.7 mm) Values of k in Btu, in./sq ft, in., °F							
(in.)	0.3	0.4	0.5	0.6	0.7	0.8	0.9	1.0
1/4	52.30	39.23	31.38	26.15	22.41	19.61	17.43	15.69
3/4	48.80	36.60	29.28	24.40	20.91	18.30	16.27	14.64
1	45.97	34.48	27.58	22.98	19.70	17.24	15.32	13.79
1-1/4	42.83	32.13	25.70	21.42	18.36	16.06	14.28	12.85
1-1/2	41.27	30.95	24.76	20.63	17.69	15.48	13.76	12.38
2	38.33	28.75	23.00	19.17	16.43	14.38	12.78	11.50
2-1/2	36.53	27.40	21.92	18.27	15.66	13.70	12.18	10.96
3	34.33	25.75	20.60	17.17	14.71	12.88	11.44	10.30
3-1/2	33.00	24.75	19.80	16.50	14.14	12.38	11.00	9.90
4	32.03	24.03	19.52	16.02	13.73	12.01	10.68	9.61
6	28.80	21.60	17.28	14.40	12.34	10.80	9.60	8.64
8	26.83	20.13	16.10	13.42	11.50	10.06	8.94	8.05
10	25.63	19.23	15.40	12.82	10.93	9.61	8.54	7.69
12	25.00	18.75	15.00	12.50	10.71	9.38	8.33	7.50
14	24.17	18.13	14.50	12.08	10.36	9.06	8.06	7.25
16	23.53	17.65	14.12	11.77	10.09	8.83	7.84	7.06
18	23.03	17.28	13.82	11.52	9.87	8.64	7.68	6.91
20	22.67	17.00	13.60	11.33	9.71	8.50	7.56	6.80
24	21.93	16.45	13.16	10.97	9.40	8.23	7.31	6.58
30	21.33	16.00	12.80	10.67	9.14	8.00	7.11	6.40
36	20.83	15.63	12.50	10.42	8.93	7.81	6.94	6.25
FLAT	**18.33**	**13.75**	**11.00**	**9.17**	**7.86**	**6.88**	**6.11**	**5.50**
	.043	.057	.072	.086	.101	.115	.130	.144
	Values of k in W/m•k							

NPS PIPE SIZE	6" NOMINAL THICKNESS (152.4 mm) Values of k in Btu, in./sq ft, hr, °F							
(in.)	0.3	0.4	0.5	0.6	0.7	0.8	0.9	1.0
1/4	58.43	43.82	35.06	29.22	25.04	21.91	19.48	17.53
3/4	54.80	41.10	32.88	27.40	23.49	20.55	18.27	16.44
1	51.47	38.60	30.88	25.73	22.06	19.30	17.16	15.44
1-1/4	48.03	36.02	28.82	24.02	20.59	18.01	16.01	14.41
1-1/2	46.10	34.57	27.66	23.05	19.76	17.29	15.37	13.83
2	43.10	32.32	25.86	21.55	18.47	16.16	14.37	12.93
2-1/2	40.67	30.50	24.40	20.33	17.43	15.25	13.56	12.20
3	38.47	28.85	23.08	19.23	16.49	14.43	12.82	11.54
3-1/2	37.07	27.80	22.24	18.53	15.89	13.90	12.36	11.12
4	35.77	26.82	21.46	17.88	15.33	13.41	11.92	10.73
6	31.97	23.98	19.18	15.98	13.70	11.99	10.66	9.59
8	29.90	22.43	17.94	14.95	12.81	11.21	9.97	8.97
10	28.70	21.53	17.22	14.35	12.30	10.76	9.57	8.61
12	27.53	20.65	16.52	13.77	11.80	10.33	9.18	8.26
14	26.83	20.13	16.10	13.42	11.50	10.06	8.94	8.05
16	26.10	19.58	15.66	13.05	11.19	9.79	8.70	7.83
18	25.53	19.15	15.32	12.77	10.94	9.58	8.51	7.66
20	25.07	18.80	15.04	12.53	10.74	9.40	8.36	7.52
24	24.33	18.25	14.60	12.17	10.43	9.13	8.11	7.30
30	23.53	17.65	14.12	11.77	10.09	8.83	7.84	7.06
36	23.00	17.25	13.80	11.50	9.86	8.63	7.67	6.90
FLAT	**20.00**	**15.00**	**12.00**	**10.00**	**8.57**	**7.50**	**6.67**	**6.00**
	.043	.057	.072	.086	.101	.115	.130	.144
	Values of k in W/m•k							

NPS PIPE SIZE	6-1/2" NOMINAL THICKNESS (88.9 mm) Values of k in Btu, in./sq ft, hr, °F							
(in.)	0.3	0.4	0.5	0.6	0.7	0.8	0.9	1.0
1/4	64.50	48.45	38.76	32.30	27.69	24.23	21.53	19.38
3/4	60.63	45.47	36.38	30.32	25.99	22.74	20.21	18.19
1	57.03	42.77	34.22	28.52	24.44	21.39	19.01	17.11
1-1/4	53.00	39.75	31.80	26.50	22.71	19.88	17.67	15.90
1-1/2	51.17	38.38	30.70	25.58	21.93	19.19	17.06	15.35
2	47.96	35.97	28.78	23.98	20.56	17.99	15.99	14.39
2-1/2	45.23	33.92	27.14	22.62	19.39	16.96	15.08	13.57
3	42.63	31.97	25.58	21.32	18.27	15.99	14.21	12.79
3-1/2	41.06	30.80	24.64	20.53	17.60	15.40	13.69	12.32
4	38.96	29.75	23.80	19.48	17.00	14.88	12.99	11.90
6	35.66	26.75	21.40	17.83	15.29	13.38	11.89	10.70
8	33.17	24.88	19.90	16.58	14.21	12.44	11.06	9.95
10	30.73	23.05	18.44	15.37	13.17	11.53	10.24	9.22
12	29.93	22.45	17.96	14.97	12.83	11.23	9.97	8.98
14	29.53	22.15	17.72	14.77	12.66	11.08	9.84	8.86
16	28.73	21.55	17.24	14.37	12.31	10.78	9.58	8.62
18	28.07	21.05	16.84	14.03	12.03	10.53	9.36	8.42
20	27.20	20.40	16.32	13.60	11.66	10.20	9.07	8.16
24	26.63	19.98	15.98	13.32	11.49	9.99	8.88	7.99
30	25.80	19.35	15.44	12.90	11.06	9.68	8.60	7.74
36	25.10	18.83	15.06	12.55	10.76	9.41	8.37	7.53
FLAT	**21.67**	**16.25**	**13.00**	**10.83**	**9.29**	**8.13**	**7.22**	**6.50**
	.043	.057	.072	.086	.101	.115	.130	.144
	Values of k in W/m•k							

The values of R are in English Units. To convert to Metric Units multiply by 0.1761.

TABLE 20 (Sheet 2 of 4)

NPS PIPE
VALUES OF "R" THERMAL RESISTANCE (English Units) OF INSULATION

Pipe insulation $R = \dfrac{r_2 \log_e \frac{r_2}{r_1}}{k}$ (r_1 and r_2 in inches). Flat insulation $R = \dfrac{\ell}{k}$ (ℓ = thickness).

r_1 = inside radius of insulation, r_2 = outside radius of insulation. Nominal thickness = $r_2 - r_1$.

7" NOMINAL THICKNESS (177.8 mm)

NPS PIPE SIZE (in.)	Values of k in Btu, in./sq ft, in., °F							
	0.3	0.4	0.5	0.6	0.7	0.8	0.9	1.0
1/4	71.00	53.25	42.60	35.50	30.43	26.63	23.67	21.30
3/4	66.73	50.05	40.04	33.37	28.60	25.03	22.24	20.02
1	62.53	46.90	37.55	31.27	26.80	23.45	20.84	18.76
1-1/4	58.46	43.85	35.08	29.23	25.06	21.93	19.49	17.54
1-1/2	56.17	42.12	33.70	28.08	24.07	21.06	18.72	16.85
2	52.67	39.50	31.60	26.33	22.57	19.75	17.56	15.80
2-1/2	49.76	37.32	29.86	24.88	21.33	18.66	16.59	14.93
3	46.97	35.22	28.18	23.48	20.13	17.61	15.66	14.09
3-1/2	45.00	33.75	27.00	22.50	19.29	16.88	15.00	13.50
4	43.46	32.60	26.04	21.73	18.63	16.30	14.49	13.04
6	38.83	29.12	23.12	19.42	16.64	14.56	12.94	11.65
8	36.20	27.15	21.72	18.10	15.51	13.58	12.07	10.86
10	34.50	25.87	20.70	17.25	14.79	12.94	11.50	10.35
12	33.33	24.98	19.98	16.67	14.27	12.49	11.11	9.99
14	32.33	24.25	19.40	16.17	13.86	12.13	10.78	9.70
16	31.40	23.55	18.84	15.70	13.46	11.78	10.47	9.42
18	30.70	23.03	18.42	15.35	13.16	11.51	10.23	9.21
20	30.07	22.55	18.04	15.03	12.86	11.28	10.02	9.02
24	29.10	21.83	17.46	14.55	12.47	10.91	9.70	8.73
30	28.10	21.08	16.86	14.05	12.04	10.54	9.37	8.43
36	27.03	20.28	16.22	13.52	11.59	10.14	9.01	8.11
FLAT	**23.33**	**17.50**	**14.00**	**11.67**	**10.00**	**8.75**	**7.78**	**7.00**
Values of k in W/m•k	.043	.057	.072	.086	.101	.115	.130	.144

7-1/2" NOMINAL THICKNESS (190.5 mm)

NPS PIPE SIZE (in.)	Values of k in Btu, in./sq ft, hr, °F							
	0.3	0.4	0.5	0.6	0.7	0.8	0.9	1.0
1/4	77.60	58.20	46.56	38.80	33.26	29.10	25.87	23.28
3/4	73.03	54.77	42.38	36.52	31.30	27.39	24.34	21.91
1	68.53	51.40	41.12	34.27	29.37	25.70	22.84	20.56
1-1/4	64.13	48.10	38.48	32.07	27.49	24.05	21.38	19.24
1-1/2	61.40	46.05	36.84	30.70	26.31	23.03	20.47	18.42
2	57.47	43.10	34.48	28.73	24.63	21.55	19.16	17.24
2-1/2	54.50	40.88	32.70	27.25	23.36	20.44	18.17	16.35
3	51.20	38.40	30.72	25.60	21.94	19.20	17.07	15.36
3-1/2	49.40	37.05	29.64	24.70	21.17	18.53	16.47	14.82
4	48.43	36.32	29.06	24.22	20.76	18.16	16.14	14.53
6	42.53	31.90	25.52	21.27	18.23	15.95	14.18	12.76
8	39.77	29.82	23.86	19.88	17.04	14.91	13.26	11.93
10	37.60	28.20	22.56	18.80	16.11	14.10	12.53	11.28
12	35.93	26.95	21.56	17.97	15.40	13.48	11.98	10.78
14	34.33	25.75	20.60	17.17	14.71	12.88	11.44	10.30
16	34.10	25.57	20.46	17.05	14.61	12.79	11.37	10.23
18	33.00	24.75	19.80	16.50	14.14	12.38	11.00	9.90
20	32.67	24.50	19.60	16.33	14.00	12.25	10.89	9.80
24	31.87	23.90	19.12	15.93	13.66	11.95	10.62	9.56
30	30.70	23.03	18.42	15.35	13.16	11.51	10.23	9.21
36	29.73	27.30	17.84	14.87	12.74	11.15	9.91	8.92
FLAT	**25.00**	**18.75**	**15.00**	**12.50**	**10.71**	**9.38**	**8.33**	**7.50**
Values of k in W/m•k	.043	.057	.072	.086	.101	.115	.130	.144

8" NOMINAL THICKNESS (203.2 mm)

NPS PIPE SIZE (in.)	Values of k in Btu, in./sq ft, hr, °F							
	0.3	0.4	0.5	0.6	0.7	0.8	0.9	1.0
1/4	84.20	63.15	50.52	42.10	36.09	31.58	28.07	25.26
3/4	79.27	59.45	47.56	39.63	33.97	29.73	26.42	23.78
1	74.43	55.82	44.66	37.22	31.90	27.91	24.11	22.33
1-1/4	69.77	52.32	41.86	34.88	29.90	26.16	23.26	20.93
1-1/2	66.83	50.12	40.10	33.42	28.64	25.06	22.28	20.05
2	62.77	47.07	37.66	31.38	26.90	23.54	20.92	18.83
2-1/2	59.13	44.35	35.48	29.57	25.34	22.18	19.71	17.74
3	55.90	41.92	33.54	27.95	23.96	20.96	18.63	16.77
3-1/2	53.66	40.25	37.70	26.83	23.00	20.13	17.89	16.10
4	51.93	38.95	31.16	25.97	22.26	19.48	17.31	15.58
6	46.37	34.77	27.82	23.18	19.87	17.39	15.46	13.91
8	43.10	32.32	25.86	21.55	18.47	16.16	14.37	12.93
10	40.83	30.62	24.50	20.42	17.50	15.31	13.61	12.25
12	39.17	29.37	23.50	19.58	16.79	14.69	13.06	11.75
14	38.10	28.57	22.86	19.05	16.33	14.29	12.70	11.43
16	36.97	27.72	22.18	18.48	15.84	13.86	12.32	11.09
18	36.03	27.02	21.62	18.02	15.44	13.51	12.01	10.81
20	35.27	26.45	21.16	17.63	15.11	13.23	11.76	10.58
24	34.07	25.55	20.44	17.03	14.60	12.78	11.36	10.22
30	32.80	24.60	19.68	16.40	14.06	12.30	10.93	9.84
36	31.87	23.90	19.12	15.93	13.66	11.95	10.62	9.56
FLAT	**26.67**	**20.00**	**16.00**	**13.33**	**11.43**	**10.00**	**8.89**	**8.00**
Values of k in W/m•k	.043	.057	.072	.086	.101	.115	.130	.144

8-1/2" NOMINAL THICKNESS (215.9 mm)

NPS PIPE SIZE (in.)	Values of k in Btu, in./sq ft, in., °F							
	0.3	0.4	0.5	0.6	0.7	0.8	0.9	1.0
1/4	90.97	68.22	54.58	45.48	38.99	34.11	30.32	27.29
3/4	85.43	64.07	51.26	42.72	36.61	32.04	28.48	25.63
1	80.27	60.20	48.16	40.13	34.40	30.10	26.76	24.08
1-1/4	75.26	56.45	45.16	37.63	32.26	28.23	25.09	22.58
1-1/2	72.47	54.35	43.48	36.23	31.06	27.18	24.16	21.74
2	67.80	50.85	40.68	33.90	29.05	25.43	22.60	20.34
2-1/2	63.93	47.95	38.36	31.97	27.40	23.98	21.31	19.18
3	60.47	45.35	36.28	30.23	25.91	22.68	20.16	18.14
3-1/2	58.11	43.57	34.86	29.05	24.90	21.79	19.37	17.43
4	55.90	41.92	33.54	27.95	23.96	20.96	18.63	16.77
6	50.00	37.50	30.00	25.00	21.43	18.75	16.66	15.00
8	46.57	34.92	27.94	23.28	19.96	17.46	15.52	13.97
10	43.76	32.82	26.26	21.88	18.76	16.41	14.59	13.13
12	42.00	31.50	25.20	21.00	18.00	15.75	14.00	12.60
14	40.83	30.62	24.50	20.42	17.50	15.31	13.61	12.25
16	40.16	30.12	24.10	20.08	17.21	15.06	13.39	12.05
18	38.40	28.87	23.10	19.25	16.50	14.44	12.83	11.55
20	38.23	28.67	22.94	19.12	16.39	14.34	12.74	11.47
24	36.90	27.67	22.14	18.45	15.81	13.84	12.30	11.07
30	35.57	26.67	21.34	17.78	15.24	13.34	11.86	10.67
36	34.47	25.85	20.68	17.23	14.77	12.93	11.49	10.34
FLAT	**28.33**	**21.25**	**17.00**	**14.17**	**12.14**	**10.63**	**9.44**	**8.50**
Values of k in W/m•k	.043	.057	.072	.086	.101	.115	.130	.144

9" NOMINAL THICKNESS (238.6 mm)

NPS PIPE SIZE (in.)	Values of k in Btu, in./sq ft, hr, °F							
	0.3	0.4	0.5	0.6	0.7	0.8	0.9	1.0
1/4	97.63	73.22	58.58	48.82	41.84	36.61	32.54	29.29
3/4	92.07	69.05	55.24	46.03	39.46	34.53	30.68	27.62
1	86.60	64.95	51.96	43.30	37.11	32.48	28.87	25.98
1-1/4	80.93	60.70	48.56	40.47	34.69	30.35	26.98	24.28
1-1/2	77.93	58.45	46.76	38.97	33.40	29.23	25.98	23.38
2	73.00	54.75	43.80	36.50	31.29	27.38	24.33	21.90
2-1/2	68.87	51.65	41.32	34.43	29.51	25.83	22.96	20.66
3	64.87	48.65	38.92	32.43	27.80	24.33	21.62	19.46
3-1/2	62.33	46.75	37.40	31.17	26.71	23.38	20.78	18.70
4	60.37	45.27	36.22	30.18	25.87	22.64	20.12	18.11
6	53.73	40.30	32.24	26.87	23.03	20.15	17.91	16.12
8	50.13	37.60	30.08	25.07	21.49	18.80	16.71	15.04
10	47.27	35.45	28.36	23.63	20.26	17.73	15.76	14.18
12	44.97	33.72	26.98	22.48	19.27	16.86	14.99	13.49
14	44.07	33.05	26.44	22.03	18.89	16.53	14.69	13.22
16	42.70	32.02	25.62	21.35	18.30	16.01	14.23	12.81
18	41.60	31.20	24.96	20.80	17.83	15.60	13.87	12.48
20	40.67	30.50	24.40	20.33	17.43	15.25	13.56	12.20
24	39.13	29.35	23.48	19.57	16.77	14.68	13.04	11.74
30	37.50	28.10	22.48	18.73	16.06	14.05	12.49	11.24
36	36.47	27.35	21.88	18.23	15.63	13.68	12.16	10.94
FLAT	**30.00**	**22.50**	**18.00**	**15.00**	**12.86**	**11.25**	**10.00**	**9.00**
Values of k in W/m•k	.043	.057	.072	.086	.101	.115	.130	.144

9-1/2" NOMINAL THICKNESS (241.3 mm)

NPS PIPE SIZE (in.)	Values of k in Btu, in./sq ft, hr, °F							
	0.3	0.4	0.5	0.6	0.7	0.8	0.9	1.0
1/4	104.50	78.37	62.70	52.25	44.70	39.19	34.83	31.35
3/4	98.57	73.92	59.14	49.28	42.74	36.96	32.86	29.57
1	92.87	69.57	55.66	46.43	39.76	34.79	30.96	27.83
1-1/4	86.77	65.07	52.06	43.38	37.19	32.54	28.92	26.03
1-1/2	83.60	62.70	50.16	41.80	35.83	31.35	27.87	25.08
2	78.37	58.77	47.02	39.18	33.59	29.39	26.12	23.51
2-1/2	74.00	55.50	44.40	37.00	31.71	27.75	24.67	22.20
3	69.77	52.32	41.86	34.89	29.90	26.16	23.26	20.93
3-1/2	67.16	50.37	40.30	33.58	28.79	25.19	22.39	20.15
4	64.63	48.47	38.62	32.32	27.70	24.24	21.54	19.39
6	57.67	43.25	34.60	28.83	24.71	21.63	19.22	17.30
8	53.40	40.05	32.04	26.70	22.89	20.03	17.80	16.02
10	50.40	37.80	30.24	25.20	21.60	18.90	16.80	15.12
12	48.53	36.40	29.12	24.27	20.80	18.20	16.18	14.56
14	47.30	35.48	28.38	23.65	20.27	17.74	15.77	14.19
16	45.50	34.12	27.30	22.75	19.50	17.06	15.17	13.65
18	44.40	33.30	26.64	22.20	19.03	16.65	14.80	13.32
20	43.53	32.65	26.12	21.77	18.66	16.33	14.51	13.06
24	41.57	31.17	24.94	20.78	17.81	15.59	13.86	12.47
30	40.33	30.25	24.20	20.17	17.29	15.13	13.44	12.10
36	39.43	29.57	23.66	19.72	16.90	14.79	13.14	11.83
FLAT	**31.67**	**23.75**	**19.00**	**15.83**	**13.57**	**11.88**	**10.55**	**9.50**
Values of k in W/m•k	.043	.057	.072	.086	.101	.115	.130	.144

The values of R are in English Units. To convert to Metric Units multiply by 0.1761.

TABLE 20 (Sheet 3 of 4)

TABLE 20 (Continued)

NPS PIPE
VALUES OF "R" THERMAL RESISTANCE (English Units) OF INSULATION

Pipe insulation $R = \dfrac{r_2 \log e \frac{r_2}{r_1}}{k}$ (r_1 and r_2 in inches). Flat insulation $R = \frac{\ell}{k}$ (ℓ = thickness).

r_1 = inside radius of insulation, r_2 = outside radius of insulation. Nominal thickness = $r_2 - r_1$.

NPS PIPE SIZE (in.)	10" NOMINAL THICKNESS (254.0 mm) Values of k in Btu, in./sq ft, in., °F							
	0.3	0.4	0.5	0.6	0.7	0,8	0.9	1.0
1/4	110.10	82.55	66.04	55.03	47.17	41.28	36.69	33.02
3/4	105.20	78.92	63.14	52.62	45.10	39.46	35.08	31.57
1	99.10	74.32	59.46	49.55	42.47	37.16	33.03	29.73
1-1/4	92.77	69.57	55.66	46.38	39.76	34.79	30.92	27.83
1-1/2	89.43	67.07	53.66	44.72	38.33	33.54	29.81	26.83
2	83.43	62.57	50.06	41.72	35.76	31.29	27.81	25.03
2-1/2	77.20	57.90	46.32	38.60	33.09	28.95	25.73	23.16
3	74.43	55.83	44.66	37.22	31.90	27.91	24.81	22.33
3-1/2	71.60	53.07	42.96	35.80	30.69	26.85	23.87	21.48
4	69.00	51.75	41.40	34.50	29.57	25.88	23.00	20.70
6	61.67	46.25	37.00	30.83	26.43	23.13	20.56	18.50
8	57.23	42.92	34.34	28.62	24.53	21.46	19.08	17.17
10	54.13	40.60	32.48	27.07	23.20	20.30	18.04	16.24
12	51.67	38.75	31.00	25.83	22.14	19.38	17.22	15.50
14	50.23	37.68	30.14	25.12	21.53	18.84	16.74	15.07
16	48.63	36.47	29.18	24.32	20.84	18.24	16.21	14.59
18	47.30	35.47	28.38	23.65	20.27	17.74	15.77	14.19
20	46.20	34.65	27.72	23.10	19.80	17.33	15.40	13.86
24	44.30	33.22	26.58	22.15	18.99	16.61	14.77	13.29
30	42.60	31.95	25.56	21.30	18.26	15.98	14.20	12.78
36	41.23	30.92	24.74	20.62	17.67	15.46	13.74	12.37
FLAT	**33.33**	**25.00**	**20.00**	**16.67**	**14.29**	**12.50**	**11.11**	**10.00**
	.043	.057	.072	.086	.101	.115	.130	.144
	Values of k in W/m•k							

NPS PIPE SIZE (in.)	10-1/2" NOMINAL THICKNESS (266.7 mm) Values of k in Btu, in./sq ft, hr, °F							
	0.3	0.4	0.5	0.6	0.7	0.8	0.9	1.0
1/4	119.70	89.77	71.82	59.85	51.30	44.89	39.90	35.91
3/4	112.30	84.20	67.36	56.13	48.11	42.10	37.42	33.68
1	109.70	82.30	65.84	54.87	47.03	41.15	36.58	32.92
1-1/4	100.80	75.57	60.46	50.38	43.19	37.79	33.59	30.23
1-1/2	95.60	71.70	57.36	47.80	40.97	35.85	31.87	28.68
2	92.53	69.50	55.52	46.27	39.66	34.70	30.84	27.76
2-1/2	84.90	63.67	50.94	42.45	36.39	31.84	28.30	25.47
3	81.93	61.45	49.16	40.97	35.11	30.73	27.31	24.58
3-1/2	76.37	57.27	45.82	38.18	32.73	28.64	25.45	22.91
4	76.00	57.00	45.60	38.00	32.57	28.50	25.33	22.80
6	67.27	50.45	40.36	33.63	28.83	25.23	22.42	20.18
8	62.33	46.75	37.40	31.17	26.71	23.38	20.78	18.70
10	58.16	43.62	34.90	29.08	24.93	21.81	19.39	17.45
12	55.57	41.67	33.34	27.78	23.81	20.84	18.52	16.67
14	56.67	42.50	34.00	28.33	24.29	21.25	18.89	17.00
16	51.70	38.77	31.02	25.85	22.16	19.39	17.23	15.51
18	50.27	37.70	30.16	25.13	21.54	18.85	16.76	15.08
20	49.03	36.77	29.42	24.52	21.01	18.39	16.34	14.71
24	47.17	35.37	28.30	23.58	20.21	17.69	15.70	14.15
30	45.13	33.85	27.08	22.57	19.34	16.93	15.04	13.54
36	43.67	32.75	26.20	21.83	18.71	16.38	14.56	13.10
FLAT	**35.00**	**25.25**	**21.00**	**17.50**	**15.00**	**13.13**	**11.67**	**10.50**
	.043	.057	.072	.086	.101	.115	.130	.144
	Values of k in W/m•k							

NPS PIPE SIZE (in.)	11" NOMINAL THICKNESS (279.4 mm) Values of k in Btu, in./sq ft, hr, °F							
	0.3	0.4	0.5	0.6	0.7	0.8	0.9	1.0
1/4	126.90	95.15	76.12	63.43	54.37	47.58	42.29	38.06
3/4	119.10	89.30	71.44	59.53	51.03	44.65	39.69	35.72
1	116.20	87.15	69.72	58.10	49.80	43.58	38.73	34.86
1-1/4	106.80	80.12	64.10	53.42	45.79	40.06	35.61	32.05
1-1/2	101.40	76.07	60.86	50.72	43.47	38.04	33.81	30.43
2	98.06	73.55	58.84	49.03	42.03	36.78	32.69	29.42
2-1/2	90.13	67.60	54.08	45.07	38.63	33.80	30.04	27.04
3	86.90	65.17	52.14	43.45	37.24	32.59	28.97	26.07
3-1/2	81.10	60.82	48.66	40.55	34.76	30.41	27.03	24.33
4	80.63	60.47	48.38	40.32	34.56	30.24	26.88	24.19
6	71.36	53.52	42.82	35.68	30.59	26.76	23.79	21.41
8	66.10	49.57	39.66	33.05	28.33	24.79	22.03	19.83
10	61.70	46.27	37.02	30.85	26.44	23.14	20.57	18.51
12	58.70	44.02	35.22	29.35	25.16	22.01	19.57	17.61
14	59.93	44.95	35.96	29.97	25.69	22.48	19.98	17.98
16	54.77	41.07	32.86	27.38	23.47	20.54	18.26	16.43
18	53.23	39.92	31.94	26.62	22.81	19.96	17.74	15.97
20	51.73	38.95	31.16	25.87	22.26	19.48	17.24	15.58
24	49.87	37.40	29.92	24.93	21.37	18.70	16.62	14.96
30	47.73	35.60	28.64	23.87	20.46	17.90	15.91	14.32
36	46.10	34.57	27.66	23.05	19.76	17.29	15.37	13.83
FLAT	**36.67**	**27.50**	**22.00**	**18.33**	**15.71**	**13.75**	**12.22**	**11.00**
	.043	.057	.072	.086	.101	.115	.130	.144
	Values of k in W/m•k							

NPS PIPE SIZE (in.)	11-1/2" NOMINAL THICKNESS (292.1 mm) Values of k in Btu, in./sq ft, in., °F							
	0.3	0.4	0.5	0.6	0.7	0.8	0.9	1.0
1/4	134.10	100.60	80.46	67.05	57.47	50.28	44.70	40.23
3/4	125.90	94.45	75.56	62.97	53.97	47.23	41.98	37.78
1	122.70	92.05	73.64	61.37	52.60	46.03	40.91	36.82
1-1/4	113.00	84.75	67.80	56.50	48.43	42.38	37.67	33.90
1-1/2	107.40	80.52	64.42	53.68	46.01	40.26	35.79	32.21
2	103.70	77.77	62.22	51.85	44.44	38.89	34.57	31.11
2-1/2	95.43	71.57	57.26	47.72	40.90	35.79	31.81	28.63
3	91.93	68.95	55.16	45.97	39.40	34.48	30.64	27.58
3-1/2	85.93	64.45	51.56	42.97	36.83	32.23	28.64	25.78
4	85.10	63.82	51.06	42.55	36.47	31.91	28.37	25.53
6	75.53	56.65	45.32	37.77	32.37	28.33	25.18	22.66
8	69.93	52.45	41.96	34.97	29.97	26.23	23.31	20.98
10	65.23	48.92	39.14	32.62	27.96	24.46	21.74	19.57
12	62.27	46.70	37.36	31.13	26.69	23.35	20.76	18.68
14	63.23	47.42	37.94	31.62	27.10	23.71	21.08	18.97
16	57.93	43.45	34.76	28.97	24.83	21.73	19.31	17.38
18	56.27	42.20	33.76	28.13	24.11	21.10	18.76	16.88
20	54.87	41.15	32.92	27.43	23.51	20.58	18.29	16.46
24	52.63	39.47	31.58	26.32	22.56	19.74	17.54	15.79
30	51.97	38.97	31.18	25.98	22.27	19.49	17.32	15.59
36	48.57	36.42	29.14	24.28	20.81	18.21	16.19	14.57
FLAT	**38.33**	**28.75**	**23.00**	**19.17**	**16.43**	**14.38**	**12.78**	**11.50**
	.043	.057	.072	.086	.101	.115	.130	.144
	Values of k in W/m•k							

NPS PIPE SIZE (in.)	12" NOMINAL THICKNESS (304.8 mm) Values of k in Btu, in./sq ft, hr, °F							
	0.3	0.4	0.5	0.6	0.7	0.8	0.9	1.0
1/4	141.40	106.10	84.84	70.70	60.60	53.03	47.13	42.42
3/4	132.90	99.67	79.74	66.45	56.96	49.84	44.30	39.87
1	129.30	97.00	77.60	64.67	55.43	48.50	43.11	38.80
1-1/4	119.20	89.42	71.54	59.62	51.10	44.71	39.74	35.77
1-1/2	113.40	85.02	68.02	56.68	48.59	42.51	37.79	34.01
2	109.40	82.05	65.64	54.70	46.89	41.03	36.47	32.82
2-1/2	100.80	75.60	60.48	50.40	43.20	37.80	33.60	30.24
3	97.03	72.78	58.22	48.52	41.59	36.39	32.34	29.11
3-1/2	90.80	68.10	54.48	45.40	38.91	34.05	30.27	27.24
4	90.07	67.55	54.04	45.03	38.60	33.78	30.02	27.02
6	79.73	59.80	47.84	39.87	34.17	29.90	26.58	23.92
8	73.80	55.35	44.28	36.90	31.63	27.68	24.60	22.14
10	68.87	51.65	45.92	34.43	29.51	25.83	22.96	20.66
12	65.70	49.28	43.80	32.85	28.16	24.64	21.90	19.71
14	66.60	49.95	39.96	33.30	28.54	24.98	22.20	19.98
16	61.10	45.82	36.66	30.55	26.19	22.91	20.37	18.33
18	59.30	44.47	35.58	29.65	25.14	22.24	19.77	17.79
20	57.83	43.37	34.70	28.92	24.79	21.69	19.28	17.35
24	55.46	41.60	33.28	27.73	23.77	20.80	18.49	16.64
30	52.97	39.72	31.78	26.48	22.70	19.86	17.66	15.89
36	51.07	38.30	30.64	25.53	21.89	19.15	17.02	15.32
FLAT	**40.00**	**30.00**	**24.00**	**20.00**	**17.14**	**15.00**	**13.33**	**12.00**
	.043	.057	.072	.086	.101	.115	.130	.144
	Values of k in W/m•k							

NPS PIPE SIZE (in.)	" NOMINAL THICKNESS (mm) Values of k in Btu, in./sq ft, hr, °F							
	0.3	0.4	0.5	0.6	0.7	0.8	0.9	1.0
	.043	.057	.072	.086	.101	.115	.130	.144
	Values of k in W/m•k							

The values of R are in English Units. To convert to Metric Units multiply by 0.1761

TABLE 20 (Sheet 4 of 4)

TABLE 21

NPS PIPE

VALUES OF "R" THERMAL RESISTANCE (Metric Units) OF INSULATION

Pipe insulation $R = \dfrac{r_2 \log_e \dfrac{r_2}{r_1}}{k}$. Flat insulation $R = \dfrac{\ell}{k}$ (r_1, r_2, ℓ in metres or mm).

r_1 = inside radius of insulation, r_2 = outside radius of insulation, ℓ = thickness of insulation (flat).

APPROX. 12.7 MM THICKNESS (nom. thick. 1/2 ")

APPROX. PIPE DIA. (metres)	Values of k in W/m•k											NPS PIPE SIZE (in.)
	.04	.05	.06	.07	.08	.09	.10	.11	.12	.13	.14	
.021	0.450	0.360	0.300	0.257	0.225	0.200	0.180	0.164	0.150	0.138	0.129	1/2
.027	0.400	0.320	0.267	0.229	0.200	0.178	0.160	0.145	0.133	0.123	0.114	3/4
.033	0.400	0.320	0.267	0.229	0.200	0.178	0.160	0.145	0.133	0.123	0.114	1
.042	0.400	0.320	0.267	0.229	0.200	0.178	0.160	0.145	0.133	0.123	0.114	1-1/4
.048	0.400	0.320	0.267	0.229	0.200	0.178	0.160	0.145	0.133	0.123	0.114	1-1/2
.060	0.375	0.300	0.250	0.214	0.188	0.167	0.150	0.136	0.125	0.115	0.107	2
.073	0.375	0.300	0.250	0.214	0.188	0.167	0.150	0.136	0.125	0.115	0.107	2-1/2
.089	0.350	0.280	0.233	0.200	0.175	0.156	0.140	0.127	0.117	0.108	0.100	3
.102	0.325	0.260	0.217	0.186	0.163	0.144	0.130	0.118	0.108	0.100	0.093	3-1/2
.114	0.325	0.260	0.217	0.186	0.163	0.144	0.130	0.118	0.108	0.100	0.093	4
.168	0.325	0.260	0.217	0.186	0.163	0.144	0.130	0.118	0.108	0.100	0.093	6
.219	0.325	0.260	0.217	0.186	0.163	0.144	0.130	0.118	0.108	0.100	0.093	8
.273	0.325	0.260	0.217	0.186	0.163	0.144	0.130	0.118	0.108	0.100	0.093	10
.324	0.325	0.260	0.217	0.186	0.163	0.144	0.130	0.118	0.108	0.100	0.093	12
.356	0.325	0.260	0.217	0.186	0.163	0.144	0.130	0.118	0.108	0.100	0.093	14
.406	0.325	0.260	0.217	0.186	0.163	0.144	0.130	0.118	0.108	0.100	0.093	16
.457	0.325	0.260	0.217	0.186	0.163	0.144	0.130	0.118	0.108	0.100	0.093	18
.508	0.325	0.260	0.217	0.186	0.163	0.144	0.130	0.118	0.108	0.100	0.093	20
.610	0.325	0.260	0.217	0.186	0.163	0.144	0.130	0.118	0.108	0.100	0.093	24
.764	0.325	0.260	0.217	0.186	0.163	0.144	0.130	0.118	0.108	0.100	0.093	30
.914	0.325	0.260	0.217	0.186	0.163	0.144	0.130	0.118	0.108	0.100	0.093	36
FLAT	**0.318**	**0.254**	**0.215**	**0.181**	**0.159**	**0.143**	**0.127**	**0.115**	**0.106**	**0.098**	**0.091**	FLAT
	0.28	0.35	0.42	0.49	0.55	0.62	0.69	0.76	0.83	0.90	0.97	
	Values of k in Btu, in./sq ft, hr, °F											

APPROX. 25.4 MM THICKNESS (nom. thick. 1 ")

APPROX. PIPE DIA. (metres)	Values of k in W/m•k											NPS PIPE SIZE (in.)
	.04	.05	.06	.07	.08	.09	.10	.11	.12	.13	.14	
.021	1.100	0.880	0.733	0.629	0.550	0.489	0.440	0.400	0.367	0.338	0.314	1/2
.027	1.025	0.820	0.683	0.586	0.513	0.456	0.410	0.373	0.342	0.315	0.293	3/4
.033	0.975	0.780	0.650	0.557	0.488	0.433	0.390	0.355	0.325	0.300	0.279	1
.042	0.925	0.740	0.617	0.529	0.463	0.411	0.370	0.336	0.308	0.285	0.264	1-1/4
.048	0.900	0.720	0.600	0.514	0.450	0.400	0.360	0.327	0.300	0.277	0.257	1-1/2
.060	0.850	0.680	0.574	0.477	0.425	0.383	0.340	0.309	0.283	0.262	0.243	2
.073	0.800	0.640	0.533	0.457	0.400	0.356	0.320	0.291	0.267	0.246	0.229	2-1/2
.089	0.775	0.620	0.517	0.443	0.388	0.344	0.310	0.282	0.259	0.238	0.221	3
.102	0.775	0.620	0.517	0.443	0.388	0.344	0.310	0.282	0.259	0.238	0.221	3-1/2
.114	0.750	0.600	0.500	0.429	0.375	0.333	0.300	0.273	0.250	0.231	0.214	4
.168	0.725	0.580	0.483	0.414	0.363	0.322	0.290	0.264	0.242	0.223	0.207	6
.219	0.700	0.560	0.467	0.400	0.350	0.311	0.280	0.255	0.233	0.215	0.200	8
.273	0.700	0.560	0.467	0.400	0.350	0.311	0.280	0.255	0.233	0.215	0.200	10
.324	0.675	0.540	0.450	0.386	0.338	0.300	0.270	0.245	0.225	0.208	0.193	12
.356	0.675	0.540	0.450	0.386	0.338	0.300	0.270	0.245	0.225	0.208	0.193	14
.406	0.675	0.540	0.450	0.386	0.338	0.300	0.270	0.245	0.225	0.208	0.193	16
.457	0.675	0.540	0.450	0.386	0.338	0.300	0.270	0.245	0.225	0.208	0.193	18
.508	0.675	0.540	0.450	0.386	0.338	0.300	0.270	0.245	0.225	0.208	0.193	20
.610	0.650	0.520	0.433	0.380	0.325	0.289	0.260	0.236	0.217	0.200	0.186	24
.764	0.650	0.520	0.433	0.380	0.325	0.289	0.260	0.236	0.217	0.200	0.186	30
.914	0.650	0.520	0.433	0.380	0.325	0.289	0.260	0.236	0.217	0.200	0.186	36
FLAT	**0.635**	**0.508**	**0.423**	**0.363**	**0.318**	**0.282**	**0.254**	**0.231**	**0.212**	**0.195**	**0.181**	FLAT
	0.28	0.35	0.42	0.49	0.55	0.62	0.69	0.76	0.83	0.90	0.97	
	Values of k in Btu, in./sq ft, hr, °F											

APPROX. 38.1 MM THICKNESS (nom. thick. 1-1/2 ")

APPROX. PIPE DIA. (metres)	Values of k in W/m•k											NPS PIPE SIZE (in.)
	.04	.05	.06	.07	.08	.09	.10	.11	.12	.13	.14	
.021	1.850	1.480	1.233	1.057	0.925	0.822	0.740	0.673	0.617	0.569	0.529	1/2
.027	1.725	1.380	1.150	0.986	0.863	0.767	0.690	0.627	0.575	0.531	0.493	3/4
.032	1.625	1.300	1.083	0.929	0.813	0.722	0.650	0.591	0.542	0.500	0.464	1
.042	1.525	1.220	1.017	0.871	0.763	0.678	0.610	0.555	0.508	0.469	0.436	1-1/4
.048	1.450	1.160	0.967	0.829	0.725	0.644	0.580	0.527	0.483	0.446	0.414	1-1/2
.060	1.400	1.120	0.933	0.800	0.700	0.622	0.560	0.509	0.467	0.431	0.400	2
.073	1.325	1.060	0.883	0.757	0.663	0.589	0.530	0.482	0.442	0.408	0.379	2-1/2
.089	1.275	1.020	0.850	0.729	0.638	0.567	0.510	0.464	0.425	0.392	0.364	3
.102	1.250	1.000	0.833	0.714	0.625	0.556	0.500	0.455	0.417	0.385	0.357	3-1/2
.114	1.225	0.980	0.817	0.700	0.613	0.544	0.490	0.445	0.408	0.377	0.350	4
.168	1.125	0.900	0.750	0.643	0.563	0.500	0.450	0.409	0.375	0.346	0.321	6
.219	1.100	0.880	0.733	0.629	0.550	0.489	0.440	0.400	0.367	0.338	0.314	8
.273	1.075	0.860	0.717	0.614	0.538	0.478	0.430	0.391	0.358	0.331	0.307	10
.324	1.075	0.860	0.717	0.614	0.538	0.478	0.430	0.391	0.358	0.331	0.307	12
.356	1.050	0.840	0.700	0.600	0.525	0.467	0.420	0.382	0.350	0.323	0.300	14
.406	1.025	0.820	0.683	0.586	0.513	0.456	0.410	0.373	0.342	0.315	0.293	16
.457	1.025	0.820	0.683	0.586	0.513	0.456	0.410	0.373	0.342	0.315	0.293	18
.508	1.025	0.820	0.683	0.586	0.513	0.456	0.410	0.373	0.342	0.315	0.293	20
.610	1.000	0.800	0.667	0.571	0.500	0.444	0.400	0.364	0.333	0.308	0.286	24
.764	1.000	0.800	0.667	0.571	0.500	0.444	0.400	0.364	0.333	0.308	0.286	30
.914	1.000	0.800	0.667	0.571	0.500	0.444	0.400	0.364	0.333	0.308	0.286	36
FLAT	**0.953**	**0.762**	**0.635**	**0.544**	**0.476**	**0.423**	**0.381**	**0.346**	**0.318**	**0.293**	**0.171**	FLAT
	0.28	0.35	0.42	0.49	0.55	0.62	0.69	0.76	0.83	0.90	0.97	
	Values of k in Btu, in./sq ft, hr, °F											

APPROX. 50.8 MM THICKNESS (nom. thick. 2 ")

APPROX. PIPE DIA. (metres)	Values of k in W/m•k											NPS PIPE SIZE (in.)
	.04	.05	.06	.07	.08	.09	.10	.11	.12	.13	.14	
.021	2.675	2.140	1.783	1.529	1.338	1.189	1.070	0.973	0.892	0.823	0.764	1/2
.027	2.525	2.020	1.683	1.443	1.263	1.122	1.010	0.918	0.842	0.777	0.721	3/4
.032	2.350	1.888	1.567	1.343	1.175	1.044	0.940	0.855	0.783	0.723	0.671	1
.042	2.200	1.760	1.467	1.257	1.100	0.978	0.880	0.800	0.733	0.677	0.629	1-1/4
.048	2.125	1.700	1.417	1.214	1.063	0.944	0.850	0.773	0.708	0.654	0.607	1-1/2
.060	2.000	1.600	1.333	1.143	1.000	0.889	0.800	0.727	0.667	0.615	0.571	2
.073	1.900	1.520	1.267	1.086	0.950	0.884	0.760	0.691	0.633	0.585	0.543	2-1/2
.089	1.800	1.440	1.200	1.029	0.900	0.800	0.720	0.655	0.600	0.554	0.514	3
.102	1.750	1.400	1.167	1.000	0.875	0.778	0.700	0.636	0.583	0.538	0.500	3-1/2
.114	1.725	1.380	1.150	0.986	0.863	0.767	0.690	0.627	0.575	0.531	0.493	4
.168	1.600	1.280	1.067	0.914	0.800	0.711	0.640	0.582	0.533	0.492	0.457	6
.219	1.525	1.220	1.017	0.871	0.762	0.677	0.610	0.555	0.508	0.469	0.435	8
.273	1.475	1.180	0.983	0.843	0.737	0.656	0.590	0.536	0.497	0.454	0.422	10
.324	1.475	1.180	0.983	0.843	0.737	0.656	0.590	0.536	0.497	0.454	0.422	12
.356	1.425	1.140	0.950	0.814	0.712	0.633	0.570	0.518	0.475	0.438	0.407	14
.406	1.425	1.140	0.950	0.814	0.712	0.633	0.570	0.518	0.475	0.438	0.407	16
.457	1.400	1.120	0.933	0.800	0.700	0.622	0.560	0.509	0.466	0.431	0.400	18
.508	1.400	1.120	0.933	0.800	0.700	0.622	0.560	0.509	0.466	0.431	0.400	20
.610	1.375	1.100	0.917	0.786	0.687	0.611	0.550	0.500	0.458	0.423	0.393	24
.764	1.350	1.080	0.900	0.771	0.675	0.600	0.540	0.490	0.450	0.415	0.386	30
.914	1.350	1.080	0.900	0.771	0.675	0.600	0.540	0.490	0.450	0.415	0.386	36
FLAT	**1.270**	**1.016**	**0.847**	**0.727**	**0.635**	**0.564**	**0.508**	**0.462**	**0.423**	**0.391**	**0.364**	FLAT
	0.28	0.35	0.42	0.49	0.55	0.62	0.69	0.76	0.83	0.90	0.97	
	Values of k in Btu, in./sq ft, hr, °F											

The above values of R are in Metric Units. To convert to English Units multiply by 5.6786.

TABLE 21 (Sheet 1 of 6)

TABLE 21 (Continued)

NPS PIPE
VALUES OF "R" THERMAL RESISTANCE (Metric Units) OF INSULATION

Pipe insulation $R = \dfrac{r_2 \log_e \dfrac{r_2}{r_1}}{k}$ Flat insulation $R = \dfrac{\ell}{k}$ (r_1, r_2, ℓ in metres or mm).

r_1 = inside radius of insulation, r_2 = outside radius of insulation, ℓ = thickness of insulation (flat).

APPROX. 63.5 MM THICKNESS (nom. thick. 2-1/2 ") — Values of k in W/m•k

APPROX. PIPE DIA. (metres)	.04	.05	.06	.07	.08	.09	.10	.11	.12	.13	.14	NPS PIPE SIZE (in.)
.021	3.600	2.880	2.400	2.057	1.800	1.600	1.440	1.309	1.200	1.107	1.028	1/2
.027	3.350	2.680	2.233	1.914	1.675	1.489	1.340	1.218	1.117	1.031	0.957	3/4
.033	3.150	2.520	2.100	1.800	1.575	1.400	1.260	1.145	1.050	0.969	0.900	1
.042	2.950	2.360	1.967	1.686	1.475	1.311	1.180	1.072	0.983	0.908	0.843	1-1/4
.048	2.825	2.260	1.883	1.614	1.412	1.255	1.130	1.027	0.942	0.869	0.807	1-1/2
.060	2.650	2.120	1.766	1.514	1.325	1.178	1.060	0.964	0.883	0.815	0.757	2
.073	2.500	2.000	1.666	1.428	1.250	1.111	1.000	0.909	0.833	0.769	0.714	2-1/2
.089	2.400	1.920	1.600	1.371	1.200	1.067	0.960	0.873	0.800	0.738	0.686	3
.102	2.300.	1.840	1.533	1.314	1.150	1.022	0.920	0.836	0.767	0.708	0.657	3-1/2
.114	2.250	1.800	1.500	1.286	1.125	0.999	0.900	0.818	0.750	0.692	0.643	4
.168	2.075	1.660	1.380	1.186	1.033	0.922	0.830	0.755	0.690	0.638	0.593	6
.219	2.000	1.600	1.333	1.142	1.000	0.883	0.800	0.727	0.667	0.615	0.571	8
.273	1.925	1.540	1.283	1.100	0.962	0.856	0.770	0.700	0.642	0.592	0.550	10
.324	1.900	1.520	1.266	1.086	0.950	0.844	0.760	0.691	0.633	0.584	0.543	12
.356	1.850	1.480	1.233	1.057	0.925	0.822	0.740	0.673	0.617	0.569	0.524	14
.406	1.800	1.440	1.200	1.028	0.900	0.800	0.720	0.655	0.600	0.554	0.514	16
.457	1.800	1.440	1.200	1.028	0.900	0.800	0.720	0.655	0.600	0.554	0.514	18
.508	1.775	1.420	1.183	1.014	0.888	0.790	0.710	0.645	0.592	0.546	0.507	20
.610	1.750	1.400	1.167	1.000	0.875	0.777	0.700	0.636	0.589	0.538	0.500	24
.764	1.713	1.370	1.141	0.978	0.857	0.761	0.685	0.622	0.570	0.527	0.489	30
.914	1.675	1.340	1.112	0.957	0.838	0.744	0.670	0.609	0.556	0.516	0.479	36
FLAT	**1.588**	**1.270**	**1.058**	**0.907**	**0.799**	**0.701**	**0.635**	**0.577**	**0.529**	**0.488**	**0.454**	FLAT
Values of k in Btu, in./sq ft, hr, °F	0.28	0.35	0.42	0.49	0.55	0.62	0.69	0.76	0.83	0.90	0.97	

APPROX. 76.2 MM THICKNESS (nom. thick. 3 ") — Values of k in W/m•k

APPROX. PIPE DIA. (metres)	.04	.05	.06	.07	.08	.09	.10	.11	.12	.13	.14	NPS PIPE SIZE (in.)
.021	4.550	3.640	3.033	2.600	2.275	2.022	1.820	1.654	1.517	1.400	1.300	1/2
.027	4.275	3.420	2.850	2.443	2.138	1.900	1.710	1.555	1.425	1.316	1.221	3/4
.033	4.000	3.200	2.667	2.286	2.000	1.778	1.600	1.455	1.333	1.231	1.143	1
.042	3.725	2.980	2.483	2.129	1.863	1.656	1.490	1.354	1.282	1.146	1.064	1-1/4
.048	3.600	2.880	2.400	2.057	1.800	1.600	1.440	1.300	1.200	1.108	1.028	1-1/2
.060	3.350	2.680	2.230	1.914	1.675	1.489	1.340	1.218	1.115	1.031	0.957	2
.073	3.150	2.520	2.100	1.800	1.575	1.400	1.260	1.145	1.050	0.969	0.900	2-1/2
.089	3.025	2.420	2.017	1.728	1.513	1.344	1.210	1.100	1.008	0.930	0.864	3
.102	2.925	2.340	1.950	1.671	1.463	1.300	1.170	1.064	0.975	0.900	0.836	3-1/2
.114	2.825	2.260	1.883	1.614	1.413	1.256	1.130	1.027	0.947	0.869	0.807	4
.168	2.600	2.080	1.733	1.486	1.300	1.156	1.040	0.945	0.867	0.800	0.743	6
.219	2.475	1.980	1.650	1.414	1.238	1.100	0.990	0.900	0.825	0.762	0.707	8
.273	2.325	1.860	1.550	1.328	1.163	1.033	0.930	0.845	0.775	0.715	0.664	10
.324	2.300	1.840	1.533	1.314	1.150	1.022	0.920	0.836	0.767	0.708	0.657	12
.356	2.250	1.800	1.500	1.286	1.125	0.999	0.900	0.818	0.750	0.692	0.643	14
.406	2.225	1.780	1.483	1.271	1.113	0.989	0.890	0.809	0.742	0.685	0.636	16
.457	2.200	1.760	1.466	1.257	1.100	0.978	0.880	0.800	0.733	0.677	0.628	18
.508	2.175	1.740	1.450	1.242	1.088	0.967	0.870	0.791	0.725	0.669	0.621	20
.610	2.125	1.700	1.416	1.214	1.063	0.944	0.850	0.773	0.708	0.654	0.607	24
.764	2.088	1.670	1.392	1.193	1.044	0.928	0.835	0.759	0.696	0.642	0.597	30
.914	2.050	1.640	1.367	1.171	1.025	0.911	0.820	0.745	0.688	0.630	0.586	36
FLAT	**1.905**	**1.524**	**1.270**	**1.088**	**0.953**	**0.847**	**0.762**	**0.693**	**0.635**	**0.586**	**0.544**	**FLAT**
Values of k in Btu, in./sq ft, hr, °F	0.28	0.35	0.42	0.49	0.55	0.62	0.69	0.76	0.83	0.90	0.97	

APPROX. 88.9 MM THICKNESS (nom. thick. 3-1/2 ") — Values of k in W/m•k

APPROX. PIPE DIA. (metres)	.04	.05	.06	.07	.08	.09	.10	.11	.12	.13	.14	NPS PIPE SIZE (in.)
.021	5.550	4.440	3.700	3.171	2.775	2.466	2.220	2.013	1.850	1.707	1.585	1/2
.027	5.225	4.180	3.483	2.986	2.613	2.322	2.090	1.900	1.742	1.608	1.493	3/4
.032	4.850	3.880	3.233	2.771	2.425	2.155	1.940	1.764	1.617	1.492	1.386	1
.042	4.525	3.620	3.017	2.586	2.263	2.011	1.810	1.645	1.507	1.392	1.293	1-1/4
.048	4.350	3.480	2.900	2.486	2.175	1.933	1.740	1.582	1.450	1.338	1.243	1-1/2
.060	4.100	3.280	2.733	2.343	2.050	1.822	1.640	1.491	1.367	1.261	1.172	2
.073	3.850	3.080	2.567	2.200	1.925	1.711	1.540	1.400	1.283	1.185	1.100	2-1/2
.089	3.675	2.940	2.450	2.100	1.838	1.633	1.470	1.336	1.225	1.131	1.050	3
.102	3.525	2.820	2.350	2.014	1.763	1.566	1.410	1.280	1.175	1.085	1.007	3-1/2
.114	3.425	2.740	2.283	1.957	1.713	1.522	1.370	1.245	1.142	1.053	0.979	4
.168	3.125	2.500	2.083	1.786	1.563	1.389	1.250	1.136	1.042	0.962	0.893	6
.219	2.925	2.340	1.950	1.671	1.463	1.300	1.170	1.064	0.947	0.869	0.807	8
.273	2.850	2.280	1.900	1.628	1.425	1.260	1.140	1.036	0.950	0.877	0.814	10
.324	2.750	2.200	1.833	1.571	1.375	1.222	1.100	1.000	0.917	0.846	0.786	12
.356	2.700	2.160	1.800	1.543	1.350	1.200	1.080	0.981	0.900	0.831	0.776	14
.406	2.650	2.120	1.767	1.514	1.325	1.178	1.060	0.964	0.884	0.815	0.767	16
.457	2.600	2.080	1.733	1.486	1.300	1.156	1.040	0.945	0.867	0.800	0.743	18
.508	2.575	2.060	1.717	1.471	1.287	1.144	1.030	0.936	0.859	0.792	0.735	20
.610	2.525	2.020	1.683	1.443	1.263	1.122	1.010	0.918	0.842	0.776	0.722	24
.762	2.463	1.970	1.642	1.407	1.232	1.094	0.985	0.895	0.821	0.758	0.704	30
.914	2.425	1.940	1.617	1.386	1.213	1.077	0.970	0.881	0.809	0.746	0.698	36
FLAT	**2.222**	**1.778**	**1.482**	**1.270**	**1.111**	**0.988**	**0.889**	**0.808**	**0.741**	**0.683**	**0.635**	FLAT
Values of k in Btu, in./sq ft, hr, °F	0.28	0.35	0.42	0.49	0.55	0.62	0.69	0.76	0.83	0.90	0.97	

APPROX. 101.6 MM THICKNESS (nom. thick. 4 ") — Values of k in W/m•k

APPROX. PIPE DIA. (metres)	.04	.05	.06	.07	.08	.09	.10	.11	.12	.13	.14	NPS PIPE SIZE (in.)
.021	6.600	5.280	4.400	3.771	3.300	2.933	2.640	2.400	2.200	2.031	1.886	1/2
.027	6.175	4.940	4.117	3.528	3.087	2.744	2.470	2.245	2.058	1.900	1.764	3/4
.032	5.800	4.640	3.867	3.314	2.900	2.578	2.320	2.103	1.933	1.785	1.657	1
.042	5.400	4.320	3.600	3.086	2.700	2.400	2.160	1.963	1.800	1.661	1.543	1-1/4
.048	5.200	4.160	3.467	2.971	2.600	2.311	2.080	1.890	1.733	1.600	1.486	1-1/2
.060	4.850	3.880	3.233	2.771	2.425	2.155	1.940	1.764	1.617	1.492	1.386	2
.073	4.600	3.680	3.067	2.628	2.300	2.044	1.840	1.673	1.533	1.415	1.414	2-1/2
.089	4.350	3.480	2.900	2.486	2.175	1.933	1.740	1.582	1.450	1.338	1.243	3
.102	4.200	3.360	2.800	2.400	2.100	1.867	1.680	1.527	1.400	1.292	1.200	3-1/2
.114	4.050	3.240	2.700	2.314	2.025	1.800	1.620	1.473	1.350	1.246	1.157	4
.168	3.675	2.940	2.450	2.100	1.838	1.633	1.470	1.336	1.225	1.131	1.050	6
.219	3.475	2.780	2.317	1.986	1.738	1.544	1.390	1.263	1.159	1.069	0.993	8
.273	3.325	2.660	2.217	1.900	1.663	1.477	1.330	1.203	1.108	1.023	0.950	10
.324	3.225	2.580	2.150	1.842	1.613	1.433	1.290	1.173	1.075	0.992	0.921	12
.356	3.150	2.520	2.100	1.800	1.575	1.400	1.260	1.145	1.050	0.969	0.900	14
.406	3.075	2.460	2.050	1.757	1.533	1.360	1.230	1.118	1.025	0.946	0.879	16
.457	3.000	2.400	2.000	1.714	1.500	1.333	1.200	1.090	1.000	0.923	0.857	18
.508	2.975	2.380	1.983	1.700	1.488	1.322	1.190	1.082	0.991	0.915	0.850	20
.610	2.925	2.340	1.950	1.671	1.463	1.300	1.170	1.027	0.975	0.869	0.807	24
.762	2.850	2.280	1.900	1.628	1.425	1.260	1.140	1.036	0.950	0.877	0.814	30
.914	2.800	2.240	1.870	1.600	1.400	1.240	1.120	1.018	0.935	0.862	0.800	36
FLAT	**2.540**	**2.032**	**1.693**	**1.451**	**1.270**	**1.129**	**1.016**	**0.923**	**0.847**	**0.782**	**0.726**	**FLAT**
Values of k in Btu, in./sq ft, hr, °F	0.28	0.35	0.42	0.49	0.55	0.62	0.69	0.76	0.83	0.90	0.97	

The above values of R are in Metric Units. To convert to English Units multiply by 5.6786.

TABLE 21 (Sheet 2 of 6)

NPS PIPE
VALUES OF "R" THERMAL RESISTANCE (Metric Units) OF INSULATION

Pipe insulation $R = \dfrac{r_2 \log_e \dfrac{r_2}{r_1}}{k}$ Flat insulation $R = \dfrac{\ell}{k}$ (r_1, r_2, ℓ in metres or mm).

r_1 = inside radius of insulation, r_2 = outside radius of insulation, ℓ = thickness of insulation (flat).

APPROX. 114.3 MM THICKNESS (nom. thick. 4-1/2 ")

APPROX. PIPE DIA. (metres)	Values of k in W/m•k										
	.04	.05	.06	.07	.08	.09	.10	.11	.12	.13	.14
.021	7.675	6.140	5.117	4.386	3.838	3.411	3.070	2.791	2.558	2.362	2.193
.027	7.225	5.780	4.817	4.128	3.613	3.210	2.890	2.627	2.408	2.223	2.064
.032	6.750	5.400	4.500	3.857	3.375	3.000	2.700	2.454	2.250	2.077	1.929
.042	6.300	5.040	4.200	3.600	3.150	2.800	2.520	2.291	2.100	1.938	1.800
.048	6.050	4.840	4.033	3.457	3.025	2.684	2.420	2.200	2.017	1.862	1.728
.060	5.650	4.520	3.767	3.220	2.825	2.511	2.260	2.055	1.884	1.738	1.614
.073	5.350	4.280	3.567	3.057	2.685	2.378	2.140	1.945	1.784	1.646	1.528
.089	5.050	4.040	3.367	2.886	2.525	2.244	2.020	1.836	1.684	1.554	1.443
.102	4.875	3.900	3.250	2.786	2.438	2.167	1.950	1.773	1.625	1.500	1.393
.114	4.700	3.760	3.133	2.686	2.350	2.089	1.880	1.709	1.567	1.446	1.343
.168	4.275	3.420	2.850	2.442	2.138	1.900	1.710	1.555	1.425	1.315	1.221
.219	3.975	3.180	2.650	2.271	1.988	1.767	1.590	1.445	1.325	1.223	1.136
.273	3.875	3.110	2.583	2.214	1.938	1.722	1.550	1.409	1.291	1.192	1.107
.324	3.750	3.000	2.500	2.143	1.875	1.667	1.500	1.364	1.250	1.154	1.072
.356	3.625	2.900	2.416	2.071	1.813	1.611	1.450	1.318	1.208	1.115	1.036
.406	3.525	2.820	2.350	2.014	1.763	1.567	1.410	1.282	1.175	1.085	1.007
.457	3.475	2.780	2.317	1.986	1.738	1.544	1.390	1.263	1.159	1.069	0.993
.508	3.450	2.760	2.300	1.971	1.725	1.533	1.380	1.255	1.150	1.062	0.986
.610	3.325	2.660	2.217	1.900	1.663	1.478	1.330	1.209	1.108	1.023	0.950
.764	3.250	2.600	2.167	1.857	1.625	1.444	1.300	1.182	1.084	1.000	0.928
.914	3.200	2.560	2.133	1.828	1.600	1.422	1.280	1.164	1.067	0.985	0.914
FLAT	**2.858**	**2.286**	**1.905**	**1.632**	**1.429**	**1.270**	**1.143**	**1.039**	**0.953**	**0.879**	**0.816**
	0.28	**0.35**	**0.42**	**0.49**	**0.55**	**0.62**	**0.69**	**0.76**	**0.83**	**0.90**	**0.97**

Values of k in Btu, in./sq ft, hr, °F

APPROX. 127.0 MM THICKNESS (nom. thick. 5 ")

Values of k in W/m•k											NPS PIPE SIZE (in.)
.04	.05	.06	.07	.08	.09	.10	.11	.12	.13	.14	
8.775	7.020	5.850	5.014	4.388	3.900	3.510	3.191	2.925	2.700	2.507	1/2
8.250	6.600	5.500	4.714	4.125	3.666	3.300	3.000	2.750	2.588	2.357	3/4
7.725	6.180	5.150	4.414	3.863	3.433	3.090	2.803	2.575	2.377	2.207	1
7.225	5.780	4.817	4.128	3.613	3.210	2.890	2.627	2.408	2.223	2.064	1-1/4
6.925	5.540	4.616	3.957	3.463	3.077	2.770	2.513	2.308	2.131	1.979	1-1/2
6.475	5.180	4.317	3.700	3.238	2.877	2.590	2.354	2.158	1.992	1.850	2
6.125	4.900	4.083	3.500	3.063	2.722	2.450	2.227	2.042	1.884	1.750	2-1/2
5.775	4.620	3.850	3.300	2.388	2.567	2.310	2.100	1.925	1.777	1.650	3
5.550	4.440	3.700	3.171	2.775	2.466	2.220	2.013	1.850	1.707	1.585	3-1/2
5.375	4.300	3.583	3.071	2.688	2.389	2.150	1.955	1.792	1.654	1.537	4
4.850	3.880	3.233	2.771	2.425	2.155	1.940	1.764	1.733	1.492	1.386	6
4.550	3.640	3.033	2.600	2.275	2.022	1.820	1.654	1.517	1.400	1.300	8
4.325	3.460	2.883	2.421	2.163	1.922	1.730	1.573	1.442	1.331	1.236	10
4.175	3.340	2.783	2.386	2.088	1.856	1.670	1.518	1.392	1.285	1.193	12
4.100	3.280	2.733	2.342	2.050	1.822	1.640	1.491	1.367	1.262	1.171	14
4.000	3.200	2.666	2.286	2.000	1.777	1.600	1.455	1.333	1.231	1.143	16
3.925	3.140	2.616	2.243	1.963	1.744	1.570	1.427	1.308	1.208	1.121	18
3.850	3.080	2.567	2.200	1.925	1.711	1.540	1.400	1.283	1.185	1.100	20
3.750	3.000	2.500	2.143	1.875	1.667	1.500	1.364	1.250	1.154	1.072	24
3.650	2.920	2.430	2.086	1.825	1.622	1.460	1.327	1.215	1.123	1.043	30
3.575	2.860	2.383	2.043	1.788	1.589	1.430	1.300	1.192	1.100	1.021	36
3.175	**2.540**	**2.117**	**1.814**	**1.588**	**1.411**	**1.270**	**1.155**	**1.058**	**0.977**	**0.907**	**FLAT**
0.28	**0.35**	**0.42**	**0.49**	**0.55**	**0.62**	**0.69**	**0.76**	**0.83**	**0.90**	**0.97**	

Values of k in Btu, in./sq ft, hr, °F

APPROX. 139.7 MM THICKNESS (nom. thick. 5-1/2 ")

APPROX. PIPE DIA. (metres)	Values of k in W/m•k										
	.04	.05	.06	.07	.08	.09	.10	.11	.12	.13	.14
.021	9.975	7.980	6.650	5.700	4.988	4.433	3.990	3.627	3.325	3.063	2.850
.027	9.300	7.440	6.200	5.314	3.650	4.133	3.720	3.382	3.100	2.862	2.657
.033	8.750	7.000	5.833	5.000	4.375	3.889	3.500	3.182	2.917	2.692	2.500
.042	8.150	6.520	5.433	4.657	4.075	3.622	3.260	2.964	2.716	2.508	2.328
.048	7.850	6.280	5.233	4.486	3.925	3.489	3.140	2.855	2.616	2.415	2.243
.060	7.300	5.840	4.867	4.171	3.650	3.244	2.920	2.653	2.433	2.245	2.085
.073	6.950	5.560	4.633	3.971	3.475	3.089	2.780	2.527	2.316	2.138	1.985
.089	6.550	5.240	4.367	3.743	3.275	2.911	2.620	2.382	2.188	2.015	1.871
.102	6.275	5.020	4.183	3.586	3.138	2.789	2.510	2.282	2.091	1.931	1.793
.114	6.100	4.880	4.067	3.986	3.050	2.711	2.440	2.213	2.033	1.877	1.743
.168	5.975	4.380	3.650	3.123	2.738	2.433	2.190	1.991	1.825	1.685	1.561
.219	5.100	4.080	3.400	2.914	2.550	2.267	2.040	1.855	1.700	1.569	1.457
.273	4.875	3.900	3.250	2.786	2.438	2.167	1.950	1.773	1.625	1.500	1.393
.324	4.775	3.820	3.180	2.724	2.388	2.122	1.910	1.736	1.590	1.469	1.362
.356	4.600	3.680	3.067	2.628	2.300	2.044	1.840	1.673	1.533	1.415	1.414
.406	4.475	3.580	2.983	2.557	2.238	1.989	1.790	1.627	1.491	1.377	1.273
.457	4.375	3.500	2.917	2.500	2.188	1.944	1.750	1.591	1.457	1.346	1.250
.508	4.325	3.460	2.883	2.471	2.163	1.922	1.730	1.573	1.442	1.331	1.236
.610	4.175	3.340	2.783	2.386	2.088	1.856	1.670	1.518	1.392	1.285	1.193
.762	4.063	3.250	2.703	2.321	2.031	1.806	1.625	1.477	1.351	1.250	1.160
.914	3.975	3.180	2.650	2.271	1.988	1.767	1.590	1.445	1.325	1.223	1.136
FLAT	**3.493**	**2.794**	**2.323**	**1.996**	**1.747**	**1.552**	**1.397**	**1.270**	**1.161**	**1.075**	**0.998**
	0.28	**0.35**	**0.42**	**0.49**	**0.55**	**0.62**	**0.69**	**0.76**	**0.83**	**0.90**	**0.97**

Values of k in Btu, in./sq ft, hr, °F

APPROX. 152.4 MM THICKNESS (nom. thick. 6 ")

Values of k in W/m•k											NPS PIPE SIZE (in.)
.04	.05	.06	.07	.08	.09	.10	.11	.12	.13	.14	
11.125	8.900	7.416	6.357	5.563	4.944	4.450	4.045	3.708	3.423	3.178	1/2
10.450	8.360	6.967	5.971	5.225	4.644	4.180	3.800	3.484	3.215	2.986	3/4
9.800	7.840	6.533	5.600	4.900	4.356	3.920	3.563	3.267	3.016	2.800	1
9.150	7.320	6.100	5.229	4.575	4.066	3.660	3.327	3.050	2.815	2.614	1-1/4
8.775	7.020	5.850	5.014	4.388	3.889	3.510	3.191	2.925	2.700	2.507	1-1/2
8.200	6.560	5.467	4.686	4.100	3.644	3.280	2.982	2.733	2.523	2.343	2
7.750	6.200	5.167	4.428	3.875	3.444	3.100	2.813	2.583	2.385	2.214	2-1/2
7.325	5.860	4.883	4.186	3.663	3.255	2.930	2.664	2.441	2.254	2.093	3
7.050	5.640	4.700	4.024	3.525	3.133	2.820	2.564	2.350	2.169	2.012	3-1/2
6.825	5.460	4.550	3.900	3.413	3.033	2.730	2.482	2.275	2.100	1.950	4
6.100	4.880	4.067	3.486	3.050	2.711	2.440	2.213	2.033	1.877	1.743	6
5.700	4.560	3.800	3.257	2.850	2.533	2.280	2.073	1.900	1.754	1.623	8
5.475	4.380	3.650	3.123	2.738	2.433	2.190	1.991	1.825	1.685	1.561	10
5.250	4.200	3.500	3.000	2.625	2.333	3.100	1.903	1.750	1.615	1.500	12
5.100	4.080	3.400	2.914	2.550	2.267	2.040	1.855	1.700	1.569	1.457	14
4.975	3.980	3.317	2.843	2.488	2.211	1.990	1.803	1.658	1.531	1.421	16
4.875	3.900	3.250	2.786	2.438	2.167	1.950	1.773	1.625	1.500	1.393	18
4.775	3.820	3.180	2.724	2.388	2.122	1.910	1.736	1.590	1.469	1.362	20
4.625	3.700	3.080	2.643	2.313	2.055	1.850	1.682	1.540	1.423	1.321	24
4.488	3.590	2.992	2.564	2.244	1.994	1.795	1.632	1.496	1.381	1.282	30
4.375	3.500	2.917	2.500	2.188	1.944	1.750	1.591	1.457	1.346	1.250	36
3.810	**3.048**	**2.540**	**2.177**	**1.905**	**1.693**	**1.524**	**1.385**	**1.270**	**1.172**	**1.088**	**FLAT**
0.28	**0.35**	**0.42**	**0.49**	**0.55**	**0.62**	**0.69**	**0.76**	**0.83**	**0.90**	**0.97**	

Values of k in Btu, in./sq ft, hr, °F

The above values of R are in Metric Units. To convert to English Units multiply by 5.6786.

TABLE 21 (Sheet 3 of 6)

NPS PIPE
VALUES OF "R" THERMAL RESISTANCE (Metric Units) OF INSULATION

Pipe insulation $R = \dfrac{r_2 \log_e \frac{r_2}{r_1}}{k}$. Flat insulation $R = \frac{\ell}{k}$ (r_1, r_2, ℓ in metres or mm).

r_1 = inside radius of insulation, r_2 = outside radius of insulation, ℓ = thickness of insulation (flat).

APPROX. 165.1 MM THICKNESS (nom. thick. 6-1/2 ")

APPROX. PIPE DIA. (metres)	Values of k in W/m•k											NPS PIPE SIZE (in.)
	.04	.05	.06	.07	.08	.09	.10	.11	.12	.13	.14	
.021	12.300	9.840	8.200	7.028	6.150	5.466	4.920	4.473	4.100	3.785	3.514	1/2
.027	11.550	9.240	7.700	6.600	5.775	5.133	4.620	4.200	3.850	3.554	3.300	3/4
.032	10.875	8.700	7.250	6.214	5.438	4.833	4.350	3.955	3.625	3.346	3.107	1
.042	10.100	8.080	6.733	5.771	5.050	4.489	4.040	3.673	3.367	3.108	2.886	1-1/4
.048	9.750	7.800	6.500	5.570	4.875	4.333	3.900	3.540	3.250	3.000	2.785	1-1/2
.060	9.150	7.320	6.100	5.228	4.575	4.067	3.660	3.327	3.050	2.810	2.614	2
.073	8.625	6.900	5.750	4.929	4.313	3.833	3.450	3.136	2.875	2.654	2.464	2-1/2
.089	8.125	6.500	5.417	4.643	4.063	3.611	3.250	2.955	2.708	2.500	2.321	3
.102	7.825	6.260	5.217	4.471	3.913	3.478	3.130	2.845	2.608	2.408	2.235	3-1/2
.114	7.550	6.040	5.033	4.314	3.775	3.356	3.020	2.745	2.517	2.323	2.157	4
.168	6.800	5.440	4.533	3.886	3.400	3.022	2.720	2.473	2.267	2.092	1.943	6
.219	6.325	5.060	4.217	3.614	3.163	2.811	2.530	2.300	2.108	1.946	1.807	8
.273	5.850	4.680	3.900	3.343	2.925	2.600	2.340	2.127	1.950	1.800	1.671	10
.324	5.700	4.560	3.800	3.257	2.850	2.533	2.280	2.073	1.900	1.754	1.628	12
.356	5.625	4.500	3.750	3.214	2.813	2.500	2.250	2.045	1.875	1.731	1.607	14
.406	5.475	4.380	3.650	3.128	2.738	2.433	2.190	1.991	1.825	1.685	1.564	16
.457	5.350	4.280	3.567	3.057	2.675	2.378	2.140	1.945	1.784	1.646	1.528	18
.508	5.175	4.140	3.450	2.957	2.583	2.300	2.070	1.882	1.725	1.592	1.479	20
.610	5.075	4.060	3.383	2.900	2.533	2.256	2.030	1.845	1.692	1.562	1.450	24
.764	4.925	3.940	3.283	2.814	2.463	2.189	1.970	1.791	1.642	1.515	1.407	30
.914	4.775	3.820	3.183	2.728	2.388	2.122	1.910	1.736	1.592	1.469	1.364	36
FLAT	**4.128**	**3.302**	**2.752**	**2.358**	**2.064**	**1.833**	**1.651**	**1.501**	**1.376**	**1.270**	**1.179**	FLAT
Values of k in Btu, in./sq ft, hr, °F	**0.28**	**0.35**	**0.42**	**0.49**	**0.55**	**0.62**	**0.69**	**0.76**	**0.83**	**0.90**	**0.97**	

APPROX. 177.8 MM THICKNESS (nom. thick. 7 ")

APPROX. PIPE DIA. (metres)	Values of k in W/m•k											NPS PIPE SIZE (in.)
	.04	.05	.06	.07	.08	.09	.10	.11	.12	.13	.14	
.021	13.525	10.920	9.017	7.728	6.763	6.011	5.410	4.918	4.509	4.162	3.864	1/2
.027	12.700	10.160	8.467	7.257	6.350	5.644	5.080	4.618	4.234	3.908	3.628	3/4
.032	11.925	9.540	7.950	6.810	5.963	5.300	4.770	4.336	3.975	3.669	3.405	1
.042	11.150	8.920	7.933	6.371	5.575	4.956	4.460	4.055	3.717	3.430	3.186	1-1/4
.048	10.700	8.560	7.133	6.114	5.350	4.756	4.280	3.891	3.567	3.292	3.057	1-1/2
.060	10.025	8.020	6.683	5.728	5.013	4.456	4.010	3.645	3.342	3.085	2.864	2
.073	9.475	7.580	6.317	5.414	4.733	4.211	3.790	3.445	3.158	2.915	2.707	2-1/2
.089	8.950	7.160	5.966	5.144	4.475	3.978	3.580	3.255	2.983	2.754	2.557	3
.102	8.575	6.860	5.717	4.900	4.287	3.811	3.430	3.118	2.858	2.638	2.450	3-1/2
.114	8.275	6.620	5.517	4.729	4.138	3.678	3.310	3.009	2.758	2.546	2.364	4
.168	7.400	5.920	4.923	4.228	3.700	3.289	2.960	2.691	2.467	2.277	2.114	6
.219	6.900	5.520	4.600	3.943	3.450	3.067	2.760	2.509	2.300	2.123	1.971	8
.273	6.575	5.260	4.383	3.757	3.288	2.922	2.630	2.390	2.192	2.063	1.878	10
.324	6.350	5.080	4.235	3.628	3.175	2.822	2.540	2.309	2.117	1.954	1.814	12
.356	6.150	4.920	4.100	3.514	3.075	2.733	2.460	2.236	2.050	1.892	1.757	14
.406	5.975	4.780	3.983	3.414	2.988	2.656	2.390	2.173	1.992	1.838	1.707	16
.457	5.850	4.680	3.900	3.343	2.925	2.600	2.340	2.127	1.950	1.800	1.671	18
.508	5.725	4.580	3.817	3.271	2.863	2.544	2.290	2.081	1.908	1.761	1.635	20
.610	5.550	4.440	3.700	3.170	2.775	2.467	2.220	2.018	1.850	1.708	1.585	24
.764	5.350	4.230	3.567	3.057	2.675	2.378	2.140	1.945	1.784	1.646	1.528	30
.914	5.125	4.100	3.917	2.929	2.563	2.278	2.050	1.864	1.708	1.577	1.464	36
FLAT	**4.445**	**3.556**	**2.963**	**2.540**	**2.222**	**1.976**	**1.778**	**1.616**	**1.482**	**1.368**	**1.270**	FLAT
Values of k in Btu, in./sq ft, hr, °F	**0.28**	**0.35**	**0.42**	**0.49**	**0.55**	**0.62**	**0.69**	**0.76**	**0.83**	**0.90**	**0.97**	

APPROX. 190.5 MM THICKNESS (nom. thick. 7-1/2 ")

APPROX. PIPE DIA. (metres)	Values of k in W/m•k											NPS PIPE SIZE (in.)
	.04	.05	.06	.07	.08	.09	.10	.11	.12	.13	.14	
.021	14.775	11.820	9.850	8.442	7.388	6.567	5.910	5.373	4.925	4.546	4.221	1/2
.027	13.925	11.140	9.283	7.957	6.963	6.189	5.570	5.064	4.641	4.285	3.978	3/4
.032	13.050	10.440	8.700	7.457	6.525	5.800	5.220	4.745	4.350	4.015	3.778	1
.042	12.250	9.780	8.150	6.986	6.125	5.433	4.890	4.445	4.075	3.762	3.493	1-1/4
.048	11.700	9.360	7.800	6.686	5.850	5.200	4.680	4.254	3.900	3.600	3.343	1-1/2
.060	10.950	8.760	7.300	6.257	5.475	4.867	4.380	3.982	3.650	3.369	3.128	2
.073	10.375	8.300	6.917	5.929	5.188	4.611	4.150	3.772	3.458	3.192	2.964	2-1/2
.089	9.750	7.800	6.500	5.571	4.875	4.333	3.900	3.545	3.250	3.000	2.785	3
.102	9.400	7.520	6.260	5.371	4.700	4.178	3.760	3.418	3.130	2.892	2.635	3-1/2
.114	9.225	7.380	6.150	5.271	4.613	4.100	3.690	3.355	3.075	2.838	2.635	4
.168	8.100	6.480	5.400	4.629	4.050	3.600	3.240	2.945	2.700	2.492	2.314	6
.219	7.575	6.060	5.050	4.328	3.788	3.367	3.030	2.754	2.525	2.331	2.164	8
.273	7.150	5.720	4.767	4.036	3.575	3.178	2.860	2.600	2.383	2.200	2.043	10
.324	6.350	5.480	4.567	3.914	3.425	3.044	2.740	2.491	2.283	2.108	1.957	12
.356	6.525	5.220	4.350	3.729	3.263	2.900	2.610	2.373	2.175	2.008	1.864	14
.406	6.475	5.180	4.317	3.700	3.238	2.878	2.590	2.355	2.138	1.992	1.850	16
.457	6.275	5.020	4.183	3.586	3.138	2.789	2.510	2.282	2.091	1.931	1.793	18
.508	6.225	4.980	4.150	3.557	3.113	2.767	2.490	2.264	2.075	1.915	1.778	20
.610	6.050	4.840	4.033	3.457	3.025	2.689	2.420	2.200	2.017	1.862	1.728	24
.762	5.815	4.660	3.883	3.329	2.913	2.589	2.330	2.118	1.941	1.792	1.664	30
.914	5.675	4.540	3.783	3.243	2.838	2.522	2.270	2.064	1.891	1.746	1.621	36
FLAT	**4.762**	**3.810**	**3.175**	**2.721**	**2.381**	**2.117**	**1.905**	**1.732**	**1.588**	**1.465**	**1.360**	FLAT
Values of k in Btu, in./sq ft, hr, °F	**0.28**	**0.35**	**0.42**	**0.49**	**0.55**	**0.62**	**0.69**	**0.76**	**0.83**	**0.90**	**0.97**	

APPROX. 203.2 MM THICKNESS (nom. thick. 8 ")

APPROX. PIPE DIA. (metres)	Values of k in W/m•k											NPS PIPE SIZE (in.)
	.04	.05	.06	.07	.08	.09	.10	.11	.12	.13	.14	
.021	16.050	12.840	10.700	9.171	8.025	7.133	6.420	5.836	5.350	4.938	4.585	1/2
.027	15.100	12.080	10.067	8.628	7.550	6.711	6.040	5.490	5.033	4.646	4.314	3/4
.032	14.175	11.340	9.450	8.100	7.088	6.300	5.670	5.155	4.725	4.362	4.050	1
.042	13.300	10.640	8.867	7.600	6.650	5.911	5.320	4.836	4.433	4.092	3.800	1-1/4
.048	12.725	10.180	8.483	7.270	6.363	5.656	5.090	4.627	4.241	3.915	3.635	1-1/2
.060	11.950	9.560	7.967	6.828	5.975	5.311	4.780	4.345	3.983	3.676	3.414	2
.073	11.275	9.020	7.517	6.443	5.633	5.011	4.510	4.100	3.758	3.469	3.221	2-1/2
.089	10.650	8.520	7.100	6.086	5.325	4.733	4.260	3.873	3.550	3.277	3.043	3
.102	10.225	8.180	6.817	5.843	5.113	4.544	4.090	3.718	3.408	3.146	2.921	3-1/2
.114	9.900	7.920	6.600	5.657	4.950	4.400	3.960	3.600	3.300	3.046	2.823	4
.168	8.825	7.060	5.883	5.043	4.413	3.920	3.530	3.309	2.941	2.715	2.521	6
.219	8.200	6.560	5.467	4.686	4.100	3.644	3.280	2.982	2.733	2.523	2.343	8
.273	7.800	6.240	5.200	4.457	3.900	3.467	3.120	2.886	2.600	2.400	2.228	10
.324	7.450	5.960	4.967	4.257	3.725	3.311	2.980	2.709	2.483	2.292	2.128	12
.356	7.250	5.800	4.833	4.143	3.625	3.222	2.900	2.636	2.417	2.231	2.071	14
.406	7.050	5.640	4.700	4.028	3.525	3.133	2.820	2.564	2.350	2.169	2.014	16
.457	6.875	5.500	4.583	3.929	3.433	3.056	2.750	2.500	2.291	2.115	1.964	18
.508	6.725	5.380	4.483	3.843	3.363	2.989	2.690	2.445	2.241	2.069	1.921	20
.610	6.500	5.200	4.333	3.714	3.250	2.889	2.600	2.364	2.166	2.000	1.857	24
.762	6.238	4.990	4.158	3.564	3.119	2.772	2.495	2.268	2.079	1.919	1.782	30
.914	6.075	4.860	4.050	3.471	3.038	2.700	2.430	2.209	2.025	1.869	1.735	36
FLAT	**5.080**	**4.064**	**3.387**	**2.903**	**2.540**	**2.257**	**2.032**	**1.847**	**1.016**	**1.563**	**1.451**	FLAT
Values of k in Btu, in./sq ft, hr, °F	**0.28**	**0.35**	**0.42**	**0.49**	**0.55**	**0.62**	**0.69**	**0.76**	**0.83**	**0.90**	**0.97**	

The above values of R are in Metric Units. To convert to English Units multiply by 5.6786.

TABLE 21 (Sheet 4 of 6)

NPS PIPE
VALUES OF "R" THERMAL RESISTANCE (Metric Units) OF INSULATION

Pipe insulation $R = \dfrac{r_2 \log_e \frac{r_2}{r_1}}{k}$. Flat insulation $R = \dfrac{\ell}{k}$ (r_1, r_2, ℓ in metres or mm).

r_1 = inside radius of insulation, r_2 = outside radius of insulation, ℓ = thickness of insulation (flat).

APPROX. 215.9 MM THICKNESS (nom. thick. 8-1/2 ")

APPROX. PIPE DIA. (metres)	Values of k in W/m•k: .04	.05	.06	.07	.08	.09	.10	.11	.12	.13	.14
.021	17.325	13.860	11.550	9.900	8.663	7.700	6.930	6.300	5.775	5.331	4.950
.027	16.275	13.020	10.850	9.300	8.133	7.233	6.510	5.918	5.425	5.008	4.650
.032	15.300	12.240	10.200	8.743	7.650	6.800	6.120	5.564	5.100	4.708	4.371
.042	14.325	11.460	9.550	8.186	7.163	6.367	5.730	5.209	4.775	4.408	4.093
.048	13.800	11.040	9.200	7.886	6.900	6.133	5.520	5.018	4.600	4.246	3.943
.060	12.925	10.340	8.617	7.386	6.463	5.744	5.170	4.700	4.309	3.977	3.693
.073	12.175	9.740	8.117	6.957	6.088	5.411	4.870	4.422	4.053	3.746	3.478
.089	11.525	9.220	7.683	6.586	5.763	5.122	4.610	4.191	3.841	4.546	3.293
.102	11.075	8.860	7.383	6.328	5.533	4.920	4.430	4.027	3.691	3.408	3.164
.114	10.650	8.520	7.100	6.086	5.325	4.733	4.260	3.873	3.550	3.277	3.043
.168	9.525	7.620	6.350	5.443	4.763	4.233	3.810	3.464	3.175	2.931	2.721
.219	8.875	7.100	5.916	5.071	4.437	3.944	3.550	3.227	2.958	2.731	2.535
.273	8.350	6.680	5.567	4.771	4.175	3.711	3.340	3.036	2.283	2.569	2.385
.324	8.000	6.400	5.333	4.471	4.000	3.556	3.200	2.909	2.666	2.462	2.281
.356	7.775	6.220	5.183	4.443	3.888	3.456	3.110	2.827	2.091	2.392	2.221
.406	7.650	6.120	5.100	4.371	3.825	3.400	3.060	2.782	2.050	2.354	2.185
.457	7.325	5.860	4.883	4.186	3.663	3.250	2.930	2.664	2.441	2.254	2.093
.508	7.275	5.820	4.850	4.157	3.633	3.230	2.910	2.645	2.425	2.238	2.078
.610	7.025	5.620	4.683	4.014	3.513	3.122	2.810	2.555	2.341	2.162	2.001
.762	6.775	5.420	4.517	3.871	3.388	3.011	2.710	2.464	2.257	2.085	1.935
.914	6.575	5.260	4.383	3.759	3.288	2.922	2.630	2.391	2.191	2.023	1.878
FLAT	**5.398**	**4.318**	**3.598**	**3.084**	**2.699**	**2.399**	**2.159**	**1.963**	**1.799**	**1.661**	**1.542**
Values of k in Btu, in./sq ft, hr, °F	0.28	0.35	0.42	0.49	0.55	0.62	0.69	0.76	0.83	0.90	0.97

APPROX. 228.6 MM THICKNESS (nom. thick. 9 ")

APPROX. PIPE DIA. (metres)	Values of k in W/m•k: .04	.05	.06	.07	.08	.09	.10	.11	.12	.13	.14	NPS PIPE SIZE (in.)
.021	18.600	14.880	12.400	10.628	9.300	8.267	7.440	6.764	6.200	5.723	5.314	1/2
.027	17.550	14.040	11.700	10.028	8.775	7.800	7.020	6.382	5.850	5.400	5.014	3/4
.032	16.500	13.200	11.000	9.429	8.250	7.333	6.600	6.000	5.500	5.077	4.714	1
.042	15.425	12.340	10.283	8.814	7.713	6.856	6.170	5.609	5.141	4.746	4.407	1-1/4
.048	14.850	11.880	9.900	8.486	7.425	6.600	5.940	5.400	4.950	4.569	4.243	1-1/2
.060	13.900	11.120	9.267	7.943	6.950	6.178	5.560	5.054	4.633	4.277	3.971	2
.073	13.125	10.500	8.750	7.500	6.563	5.833	5.250	4.773	4.375	4.038	3.750	2-1/2
.089	12.350	9.880	8.233	7.057	6.175	5.489	4.940	4.491	4.116	3.800	3.528	3
.102	11.875	9.500	7.916	6.786	5.938	5.278	4.750	4.318	3.958	3.654	3.393	3-1/2
.114	11.500	9.200	7.667	6.571	5.750	5.111	4.600	4.182	3.833	3.538	3.285	4
.168	10.225	8.180	6.817	5.843	5.113	4.544	4.090	3.718	3.408	3.146	2.921	6
.219	9.550	7.640	6.367	5.457	4.775	4.244	3.820	3.473	3.183	2.938	2.728	8
.273	9.000	7.200	6.000	5.143	4.500	4.000	3.600	3.273	3.000	2.769	2.571	10
.324	8.575	6.860	5.717	4.900	4.288	3.811	3.430	3.118	2.858	2.638	2.450	12
.356	8.400	6.720	5.600	4.800	4.200	3.733	3.360	3.055	2.800	2.585	2.400	14
.406	8.125	6.500	5.417	4.643	4.063	3.611	3.250	2.955	2.708	2.500	2.321	16
.457	7.925	6.340	5.283	4.529	3.963	3.522	3.170	2.882	2.641	2.438	2.264	18
.508	7.750	6.200	5.167	4.428	3.875	3.444	3.100	2.818	2.583	2.385	2.214	20
.610	7.450	5.960	4.967	4.257	3.725	3.311	2.980	2.709	2.483	2.296	2.128	24
.762	7.138	5.710	4.758	4.079	3.569	3.172	2.855	2.595	2.379	2.196	2.039	30
.914	6.950	5.560	4.633	3.971	3.475	3.089	2.780	2.527	2.316	2.138	1.985	36
FLAT	**5.715**	**4.572**	**3.810**	**3.266**	**2.858**	**2.540**	**2.286**	**2.078**	**1.905**	**1.759**	**1.633**	FLAT
Values of k in Btu, in./sq ft, hr, °F	0.28	0.35	0.42	0.49	0.55	0.62	0.69	0.76	0.83	0.90	0.97	

APPROX. 241.3 MM THICKNESS (nom. thick. 9-1/2 ")

APPROX. PIPE DIA. (metres)	Values of k in W/m•k: .04	.05	.06	.07	.08	.09	.10	.11	.12	.13	.14
.021	19.900	15.920	13.267	11.371	9.950	8.844	7.960	7.236	6.633	6.123	5.685
.027	18.775	15.020	12.517	10.229	9.388	8.344	7.510	6.827	6.253	5.777	5.364
.033	17.675	14.140	11.783	10.100	8.838	7.856	7.070	6.427	5.891	5.438	5.050
.042	16.522	13.220	11.017	9.443	8.261	7.344	6.610	6.009	5.508	5.085	4.721
.048	15.925	12.740	10.617	9.100	7.963	7.077	6.370	5.791	5.308	4.900	4.550
.060	14.925	11.940	9.950	8.528	7.463	6.633	5.970	5.427	4.975	4.592	4.264
.073	14.100	11.280	9.400	8.057	7.500	6.267	5.640	5.127	4.700	4.338	4.028
.089	13.300	10.640	8.867	7.600	6.650	5.911	5.320	4.836	4.433	4.092	3.800
.102	12.800	10.240	8.533	7.314	6.400	5.667	5.120	4.634	4.266	3.938	3.657
.114	12.300	9.840	8.200	7.029	6.150	5.467	4.920	4.413	4.100	3.785	3.514
.168	10.975	8.780	7.317	6.271	5.488	4.878	4.390	3.991	3.658	3.377	3.135
.219	10.175	8.140	6.783	5.814	5.088	4.522	4.070	3.700	3.391	3.131	2.907
.273	9.600	7.680	6.400	5.486	4.800	4.266	3.840	3.491	3.200	2.954	2.743
.324	9.250	7.400	6.167	5.286	4.625	4.111	3.700	3.364	3.083	2.846	2.643
.356	9.000	7.200	6.000	5.143	4.500	4.000	3.600	3.273	3.000	2.769	2.571
.406	8.675	6.940	5.783	4.957	4.338	3.856	3.470	3.155	2.891	2.669	2.478
.457	8.450	6.760	5.633	4.829	4.225	3.756	3.380	3.073	2.816	2.600	2.414
.508	8.275	6.620	5.517	4.729	4.137	3.678	3.310	3.009	2.758	2.546	2.364
.610	7.900	6.320	5.267	4.514	3.950	3.511	3.160	2.873	2.633	2.431	2.257
.762	7.675	6.140	5.117	4.386	3.838	3.411	3.070	2.791	2.553	2.362	2.193
.914	7.500	6.000	5.000	4.286	3.750	3.333	3.000	2.727	2.500	2.307	2.143
FLAT	**6.033**	**4.826**	**4.022**	**3.447**	**3.016**	**2.661**	**2.413**	**2.194**	**2.011**	**1.856**	**1.723**
Values of k in Btu, in./sq ft, hr, °F	0.28	0.35	0.42	0.49	0.55	0.62	0.69	0.76	0.83	0.90	0.97

APPROX. 254.0 MM THICKNESS (nom. thick. 10 ")

APPROX. PIPE DIA. (metres)	Values of k in W/m•k: .04	.05	.06	.07	.08	.09	.10	.11	.12	.13	.14	NPS PIPE SIZE (in.)
.021	20.975	16.780	13.983	11.986	10.488	9.322	8.390	7.627	6.991	6.454	5.993	1/2
.027	20.050	16.040	13.367	11.457	10.025	8.911	8.020	7.291	6.683	6.169	5.723	3/4
.033	18.875	15.100	12.583	10.786	9.438	8.388	7.550	6.864	6.291	5.807	5.393	1
.042	17.675	14.140	11.783	10.100	8.838	7.856	7.070	6.427	5.891	5.438	5.050	1-1/4
.048	17.025	13.620	11.350	9.729	8.512	7.567	6.810	6.191	5.675	5.238	4.863	1-1/2
.060	15.900	12.720	10.600	9.086	7.950	7.067	6.360	5.782	5.300	4.892	4.543	2
.073	14.700	11.760	9.800	8.400	7.350	6.533	5.880	5.345	4.900	4.523	4.200	2-1/2
.089	14.175	11.340	9.450	8.100	7.088	6.300	5.670	5.155	4.725	4.362	4.050	3
.102	13.650	10.920	9.100	7.800	6.875	6.067	5.460	4.964	4.550	4.200	3.900	3-1/2
.114	13.150	10.520	8.767	7.514	6.575	5.844	5.260	4.782	4.383	4.046	3.757	4
.168	11.750	9.400	7.833	6.714	5.875	5.222	4.700	4.273	3.916	3.615	3.352	6
.219	10.900	8.720	7.267	6.228	5.450	4.844	4.360	3.964	3.633	3.354	3.114	8
.273	10.300	8.240	6.867	5.886	5.150	4.578	4.120	3.745	3.433	3.169	2.943	10
.324	9.850	7.880	6.567	5.629	4.925	4.378	3.940	3.582	3.283	3.031	2.814	12
.356	9.575	7.660	6.383	5.471	4.788	4.256	3.830	3.482	3.191	2.946	2.735	14
.406	9.250	7.400	6.167	5.286	4.625	4.111	3.700	3.364	3.083	2.846	2.643	16
.457	9.000	7.200	6.000	5.143	4.500	4.000	3.600	3.273	3.000	2.769	2.571	18
.508	8.800	7.040	5.867	5.028	4.400	3.911	3.520	3.200	2.933	2.708	2.514	20
.610	8.450	6.760	5.633	4.829	4.250	3.756	3.380	3.073	2.816	2.600	2.414	24
.762	8.140	6.480	5.400	4.628	4.050	3.600	3.240	2.945	2.700	2.492	2.314	30
.914	7.850	6.280	5.233	4.486	3.925	3.489	3.140	2.855	2.616	2.415	2.243	36
FLAT	**6.350**	**5.080**	**4.230**	**3.628**	**3.175**	**2.822**	**2.540**	**2.309**	**2.115**	**1.954**	**1.814**	FLAT
Values of k in Btu, in./sq ft, hr, °F	0.28	0.35	0.42	0.49	0.55	0.62	0.69	0.76	0.83	0.90	0.97	

The above values of R are in Metric Units. To convert to English Units multiply by 5.6786.

TABLE 21 (Continued)

NPS PIPE
VALUES OF "R" THERMAL RESISTANCE (Metric Units) OF INSULATION

Pipe insulation $R = \dfrac{r_2 \log_e \frac{r_2}{r_1}}{k}$. Flat insulation $R = \frac{\ell}{k}$ (r_1, r_2, ℓ in metres or mm).

r_1 = inside radius of insulation, r_2 = outside radius of insulation, ℓ = thickness of insulation (flat).

APPROX. PIPE DIA. (metres)	APPROX. 266.7 MM THICKNESS (nom. thick. 10-1/2 ") Values of k in W/m•k											APPROX. 279.4 MM THICKNESS (nom. thick. 11 ") Values of k in W/m•k											NPS PIPE SIZE (in.)
	.04	.05	.06	.07	.08	.09	.10	.11	.12	.13	.14	.04	.05	.06	.07	.08	.09	.10	.11	.12	.13	.14	
.021	22.800	18.240	15.200	13.029	11.400	10.133	9.120	8.291	7.600	7.015	6.513	24.175	19.340	16.111	13.814	12.088	10.744	9.670	8.791	8.055	7.438	6.907	1/2
.027	21.375	17.100	14.250	12.214	10.688	9.500	8.550	7.773	7.125	6.576	6.107	22.675	18.140	15.116	12.957	11.338	10.078	9.070	8.245	7.558	6.977	6.478	3/4
.032	20.900	16.980	13.933	11.943	10.450	9.289	8.360	7.600	6.966	6.431	5.971	22.125	17.700	14.750	12.643	11.067	9.833	8.850	8.045	7.375	6.808	6.321	1
.042	19.200	15.360	12.800	10.971	9.600	8.533	7.680	6.982	6.400	5.908	5.480	20.350	16.280	13.567	11.628	10.175	9.044	8.140	7.400	6.783	6.262	5.814	1-1/4
.048	18.200	14.560	12.133	10.400	9.100	8.089	7.280	6.618	6.066	5.600	5.200	19.320	15.460	12.833	11.043	9.660	8.589	7.730	7.027	6.441	5.946	5.521	1-1/2
.060	17.625	14.100	11.750	10.071	8.813	7.833	7.050	6.409	5.875	5.423	5.035	18.700	14.960	12.467	10.686	9.350	8.311	7.480	6.800	6.233	5.754	5.343	2
.073	16.175	12.940	10.783	9.243	8.082	7.189	6.470	5.882	5.391	4.977	4.621	17.175	13.740	11.450	9.814	8.588	7.633	6.870	6.245	5.725	5.285	4.907	2-1/2
.089	15.600	12.480	10.400	8.914	7.800	6.933	6.240	5.673	5.200	4.800	4.457	16.550	13.240	11.033	9.457	8.275	7.356	6.620	6.018	5.516	5.092	4.723	3
.102	14.550	11.640	9.700	8.314	7.275	6.467	5.820	5.291	4.850	4.477	4.157	15.450	12.360	10.300	8.879	7.725	6.867	6.180	5.618	5.150	4.754	4.414	3-1/2
.114	14.475	11.580	9.650	8.271	7.233	6.433	5.790	5.284	4.825	4.454	4.135	15.350	12.280	10.233	8.771	7.675	6.822	6.140	5.582	5.116	4.723	4.385	4
.168	12.825	10.260	8.550	7.328	6.412	5.700	5.130	4.664	4.275	3.946	3.664	13.660	10.880	9.067	7.771	6.830	6.044	5.440	4.945	4.533	4.185	3.885	6
.219	11.875	9.500	7.917	6.786	5.937	5.278	4.750	4.318	3.958	3.654	3.393	12.600	10.080	8.040	7.200	6.300	5.600	5.040	4.582	4.020	3.877	3.600	8
.273	11.075	8.860	7.383	6.329	5.533	4.922	4.430	4.027	3.691	3.408	3.164	11.750	9.400	7.833	6.714	5.875	5.222	4.700	4.273	3.916	3.615	3.357	10
.324	10.800	8.640	7.200	6.171	5.400	4.800	4.320	3.927	3.600	3.323	3.085	11.175	8.940	7.450	6.386	5.588	4.967	4.470	4.064	3.725	3.438	3.193	12
.356	10.715	8.620	7.183	6.157	6.388	4.789	4.310	3.918	3.591	3.315	3.078	11.400	9.020	7.600	6.514	5.700	5.067	4.560	4.145	3.800	3.508	3.257	14
.406	9.825	7.860	6.550	5.614	4.913	4.367	3.930	3.573	3.275	3.023	2.807	10.275	8.220	6.850	5.871	5.133	4.567	4.110	3.736	3.425	3.162	2.930	16
.457	9.575	7.660	6.383	5.471	4.788	4.256	3.830	3.482	3.191	2.946	2.735	10.150	8.120	6.767	5.800	5.075	4.511	4.060	3.691	3.383	3.123	2.900	18
.508	9.350	7.480	6.233	5.343	4.675	4.156	3.740	3.400	3.116	2.877	2.671	9.900	7.920	6.600	5.657	4.950	4.400	3.960	3.600	3.300	3.046	2.828	20
.610	8.975	7.180	5.983	5.129	4.488	3.989	3.590	3.264	2.991	2.762	2.563	9.500	7.600	6.333	5.429	4.750	4.222	3.800	3.455	3.166	2.923	2.714	24
.762	8.600	6.880	5.783	4.914	4.300	3.822	3.440	3.127	2.866	2.646	2.457	9.088	7.270	6.058	5.193	4.544	4.039	3.635	3.305	3.026	2.796	2.596	30
.914	8.325	6.660	5.550	4.757	4.162	3.700	3.330	3.027	2.725	2.561	2.378	8.775	7.020	5.850	5.014	4.388	3.900	3.510	3.191	2.925	2.700	2.507	36
FLAT	**6.668**	**5.334**	**4.445**	**3.239**	**3.334**	**2.963**	**2.667**	**2.425**	**2.222**	**2.052**	**1.619**	**6.985**	**5.588**	**4.657**	**3.991**	**3.492**	**3.104**	**2.794**	**2.540**	**2.328**	**2.149**	**1.995**	**FLAT**
	0.28	**0.35**	**0.42**	**0.49**	**0.55**	**0.62**	**0.69**	**0.76**	**0.83**	**0.90**	**0.97**	**0.28**	**0.35**	**0.42**	**0.49**	**0.55**	**0.62**	**0.69**	**0.76**	**0.83**	**0.90**	**0.97**	
	Values of k in Btu, in./sq ft, hr, °F											Values of k in Btu, in./sq ft, hr, °F											

APPROX. PIPE DIA. (metres)	APPROX. 292.1 MM THICKNESS (nom. thick. 11-1/2 ") Values of k in W/m•k											APPROX. 304.8 MM THICKNESS (nom. thick. 12 ") Values of k in W/m•k											NPS PIPE SIZE (in.)
	.04	.05	.06	.07	.08	.09	.10	.11	.12	.13	.14	.04	.05	.06	.07	.08	.09	.10	.11	.12	.13	.14	
.021	25.525	20.420	17.017	14.586	12.762	11.344	10.210	9.282	8.508	7.853	7.293	26.925	21.540	17.950	15.386	13.462	11.967	10.770	9.790	8.975	8.285	7.693	1/2
.027	23.900	19.180	15.933	13.657	11.950	10.622	9.560	8.691	7.966	7.354	6.828	25.325	20.260	16.883	14.471	12.662	11.256	10.130	9.209	8.441	7.792	7.235	3/4
.032	23.375	18.700	15.583	13.357	11.688	10.389	9.350	8.500	7.791	7.192	6.678	24.625	19.700	16.417	14.071	12.312	10.944	9.850	8.955	8.208	7.577	7.035	1
.042	21.525	17.220	14.350	12.300	10.763	9.567	8.610	7.827	7.175	6.623	6.150	22.700	18.160	15.133	12.971	11.350	10.090	9.080	8.255	7.566	6.985	6.485	1-1/4
.048	20.450	16.360	13.633	11.686	10.225	9.089	8.180	7.436	6.816	6.292	5.843	21.600	17.280	14.400	12.343	10.800	9.600	8.640	7.855	7.200	6.646	6.171	1-1/2
.060	19.750	15.800	13.167	11.286	9.875	8.778	7.900	7.182	6.583	6.077	5.643	20.850	16.680	13.900	11.914	10.415	9.267	8.340	7.582	6.950	6.415	5.957	2
.073	18.175	14.540	12.117	10.386	9.087	8.078	7.270	6.609	6.053	5.592	5.193	19.200	15.360	12.800	10.971	9.600	8.533	7.680	6.982	6.400	5.908	5.435	2-1/2
.089	17.500	14.000	11.667	10.000	8.750	7.778	7.000	6.364	5.833	5.385	5.000	18.475	14.780	12.317	10.557	9.287	8.211	7.390	6.718	6.158	5.685	5.278	3
.102	16.375	13.100	10.917	9.357	8.187	7.278	6.550	5.954	5.458	5.038	4.678	17.300	13.840	11.533	9.886	8.650	7.689	6.920	6.291	5.766	5.323	4.943	3-1/2
.114	16.250	13.000	10.833	9.286	8.125	7.222	6.500	5.909	5.416	5.000	4.643	17.150	13.720	11.433	9.800	8.575	7.622	6.860	6.236	5.716	5.277	4.900	4
.168	14.400	11.520	9.600	8.229	7.200	6.400	5.760	5.236	4.800	4.431	4.114	15.200	12.160	10.133	8.686	7.600	6.756	6.080	5.527	5.061	4.677	4.343	6
.219	13.325	10.660	8.883	7.614	6.663	5.922	5.330	4.845	4.441	4.100	3.807	14.050	11.240	9.367	8.029	7.025	6.244	5.620	5.109	4.683	4.323	4.014	8
.273	12.425	9.940	8.283	7.100	6.212	5.522	4.970	4.518	4.141	3.823	3.500	13.125	10.500	8.750	7.500	6.562	5.833	5.250	4.773	4.375	4.038	3.750	10
.324	11.850	9.480	7.900	6.771	5.925	5.267	4.740	4.309	4.950	3.646	3.385	12.500	10.000	8.333	7.143	6.250	5.556	5.000	4.545	4.166	3.846	3.571	12
.356	12.025	9.620	8.017	6.871	6.012	5.344	4.810	4.373	4.008	3.700	3.435	12.675	10.140	8.450	7.243	6.337	5.633	5.070	4.609	4.250	3.900	3.621	14
.406	11.025	8.820	7.350	6.300	5.512	4.900	4.410	4.009	3.675	3.392	3.150	11.650	9.320	7.767	6.657	5.825	5.178	4.660	4.236	3.883	3.585	3.328	16
.457	10.725	8.580	7.150	6.129	5.362	4.767	4.290	3.900	3.575	3.300	3.064	11.300	9.040	7.533	6.457	5.650	5.022	4.520	4.109	3.766	3.477	3.228	18
.508	10.450	8.360	6.967	5.971	5.225	4.644	4.180	3.800	3.483	3.215	2.985	11.025	8.820	7.350	6.300	5.512	4.900	4.410	4.009	3.675	3.392	3.150	20
.610	10.025	8.020	6.683	5.728	5.012	4.456	4.010	3.645	3.341	3.085	2.864	10.575	8.460	7.050	6.043	5.287	4.700	4.230	3.845	3.525	3.254	3.021	24
.762	9.575	7.660	6.383	5.471	4.787	4.256	3.830	3.482	3.191	2.946	2.730	10.075	8.060	6.717	5.757	5.037	4.478	4.030	3.664	3.358	3.100	2.878	30
.914	9.250	7.400	6.167	5.286	4.625	4.111	3.700	3.364	3.133	2.846	2.643	9.725	7.780	6.483	5.557	4.862	4.322	3.890	3.536	3.241	2.992	2.778	36
FLAT	**7.303**	**5.842**	**4.868**	**4.173**	**3.651**	**3.246**	**2.921**	**2.655**	**2.434**	**2.247**	**2.086**	**7.620**	**6.096**	**5.080**	**4.354**	**3.810**	**3.387**	**3.048**	**2.771**	**2.540**	**2.345**	**2.177**	**FLAT**
	0.28	**0.35**	**0.42**	**0.49**	**0.55**	**0.62**	**0.69**	**0.76**	**0.83**	**0.90**	**0.97**	**0.28**	**0.35**	**0.42**	**0.49**	**0.55**	**0.62**	**0.69**	**0.76**	**0.83**	**0.90**	**0.97**	
	Values of k in Btu, in./sq ft, hr, °F											Values of k in Btu, in./sq ft, hr, °F											

The above values of R are in Metric Units. To convert to English Units multiply by 5.6786.

TABLE 21 (Sheet 6 of 6)

TABLE 22

TUBING
VALUES OF "R" THERMAL RESISTANCE (English Units)
OF INSULATION

$$\text{Tube insulation } R = \frac{r_2 \log e \frac{r_2}{r_1}}{k}$$, r_1, r_2 and ℓ in inches.

r_1 = inside radius of insulation, r_2 = outside radius of insulation, ℓ = thickness of insulation.

1" NOMINAL THICKNESS (25.4 mm)

TUBE SIZE (in.)	Values of k in Btu, in./sq ft, in., °F							
	0.3	0.4	0.5	0.6	0.7	0.8	0.9	1.0
3/8	6.13	4.60	3.68	3.06	2.63	2.30	2.04	1.84
1/2	7.26	5.45	4.36	3.63	3.11	2.72	2.42	2.18
3/4	5.73	4.30	3.44	2.87	2.46	2.15	1.91	1.72
1	4.46	3.35	2.68	2.23	1.91	1.68	1.37	1.34
1-1/4	5.46	4.10	3.28	2.73	2.34	2.05	1.82	1.64
1-1/2	4.46	3.35	2.68	2.87	1.91	1.67	1.37	1.34
2	4.20	3.15	2.52	2.10	1.80	1.57	1.40	1.26
2-1/2	4.03	3.02	2.42	2.02	1.73	1.51	1.34	1.21
3	3.90	2.93	2.34	1.95	1.67	1.47	1.30	1.17
3-1/2	4.36	3.28	2.62	2.18	1.87	1.64	1.45	1.31
4	5.23	3.93	3.14	2.62	2.24	1.96	1.74	1.57
5	5.03	3.78	3.02	2.52	2.16	1.89	1.68	1.51
6	4.90	3.68	2.94	2.45	2.10	1.84	1.63	1.47
Values of k in W/m·k	.043	.057	.072	.086	.101	.115	.130	.144

1-1/2" NOMINAL THICKNESS (38.1 mm)

TUBE SIZE (in.)	Values of k in Btu, in./sq ft, hr, °F							
	0.3	0.4	0.5	0.6	0.7	0.8	0.9	1.0
3/8	11.36	8.53	6.82	5.68	4.87	4.27	3.77	3.41
1/2	10.03	7.53	6.02	5.02	4.30	3.76	3.34	3.01
3/4	10.20	7.65	6.12	5.10	4.37	3.82	3.40	3.06
1	8.43	6.33	5.06	4.22	3.61	3.17	2.81	2.53
1-1/4	8.86	6.65	5.32	4.43	3.80	3.32	2.95	2.66
1-1/2	7.63	5.73	4.58	3.82	3.27	2.87	2.54	2.29
2	7.13	5.35	4.28	3.57	3.05	2.67	2.38	2.14
2-1/2	6.97	5.22	4.18	3.48	2.98	2.61	2.32	2.09
3	8.26	6.20	4.96	4.13	3.54	3.10	2.75	2.48
3-1/2	6.63	4.98	3.98	3.32	2.84	2.49	2.21	1.99
4	7.79	5.85	4.68	3.89	3.34	2.92	2.59	2.34
5	7.47	5.60	4.48	3.73	3.20	2.80	2.49	2.24
6	7.13	5.80	4.64	2.87	3.31	2.60	2.58	2.32
Values of k in W/m·k	.043	.057	.072	.086	.101	.115	.130	.144

2" NOMINAL THICKNESS (50.8 mm)

TUBE SIZE (in.)	Values of k in Btu, in./sq ft, hr, °F							
	0.3	0.4	0.5	0.6	0.7	0.8	0.9	1.0
3/8	16.46	12.35	9.88	8.23	7.06	6.17	5.47	4.94
1/2	17.33	13.00	10.40	8.77	7.42	6.50	5.78	5.20
3/4	14.60	12.18	8.76	7.30	6.26	6.09	4.87	4.38
1	14.83	11.12	8.90	7.42	6.36	5.56	4.61	4.45
1-1/4	12.97	10.80	7.78	6.48	5.55	5.40	4.32	3.89
1-1/2	11.43	8.58	6.86	5.72	4.90	4.29	3.81	3.43
2	12.56	9.42	7.50	6.28	5.39	4.71	4.18	3.77
2-1/2	10.20	7.65	6.12	5.10	4.37	3.82	3.40	3.06
3	11.33	8.50	6.80	5.66	4.85	4.25	3.77	3.40
3-1/2	9.43	7.08	5.66	4.72	4.04	3.54	3.14	2.83
4	10.60	7.95	6.36	5.30	4.54	3.97	3.53	3.18
5	10.10	7.58	6.06	5.05	4.32	3.79	3.37	3.03
6	8.80	7.35	5.88	4.40	4.20	3.67	2.73	2.94
Values of k in W/m·k	.043	.057	.072	.086	.101	.115	.130	.144

2-1/2" NOMINAL THICKNESS (63.5 mm)

TUBE SIZE (in.)	Values of k in Btu, in./sq ft, in., °F							
	0.3	0.4	0.5	0.6	0.7	0.8	0.9	1.0
3/8	23.40	17.55	14.04	11.70	10.03	8.77	7.80	7.02
1/2	21.93	16.45	13.16	10.97	9.40	8.22	7.31	6.58
3/4	18.13	13.60	10.88	9.07	7.77	6.80	6.04	5.44
1	19.57	14.68	11.74	9.78	8.38	7.34	6.52	5.87
1-1/4	17.33	13.00	10.40	8.67	7.42	6.50	5.74	5.20
1-1/2	15.63	11.72	9.38	7.81	6.70	5.86	5.21	4.69
2	16.23	12.17	9.74	8.11	6.96	6.08	5.41	4.87
2-1/2	13.53	10.15	8.12	6.77	5.80	5.07	4.51	4.06
3	14.57	10.92	8.74	7.28	6.24	5.46	4.86	4.37
3-1/2	12.47	9.35	7.44	6.23	5.34	4.67	4.16	3.74
4	13.57	10.18	8.14	6.78	5.81	5.09	4.52	4.07
5	13.27	9.95	7.96	6.63	5.69	4.97	4.42	3.98
6	12.77	9.58	7.66	6.38	5.47	4.79	4.26	3.83
Values of k in W/m·k	.043	.057	.072	.086	.101	.115	.130	.144

3" NOMINAL THICKNESS (76.2 mm)

TUBE SIZE (in.)	Values of k in Btu, in./sq ft, hr, °F							
	0.3	0.4	0.5	0.6	0.7	0.8	0.9	1.0
3/8	28.53	21.40	17.12	14.27	12.22	10.70	9.51	8.56
1/2	26.06	19.55	15.64	13.03	11.17	9.77	8.67	7.82
3/4	22.50	16.88	13.50	11.25	9.64	8.44	7.50	6.75
1	24.33	18.25	14.60	12.17	10.43	9.12	8.11	7.30
1-1/4	21.76	16.32	13.06	10.88	9.32	8.16	7.25	6.53
1-1/2	19.63	14.72	11.78	9.82	8.41	7.36	6.54	5.89
2	20.13	15.10	13.08	10.07	8.63	7.60	6.71	6.04
2-1/2	17.10	12.82	10.26	8.55	7.32	6.41	5.70	5.13
3	18.03	13.52	10.81	9.02	7.73	6.76	6.01	5.41
3-1/2	15.63	11.68	9.38	7.82	6.70	5.84	5.21	4.69
4	17.13	12.85	10.28	8.57	7.34	6.42	5.71	5.14
5	16.23	12.18	9.74	8.12	6.96	6.09	5.41	4.87
6	15.26	11.45	9.16	7.63	6.54	5.72	5.08	4.58
Values of k in W/m·k	.043	.057	.072	.086	.101	.115	.130	.144

3-1/2" NOMINAL THICKNESS (88.9 mm)

TUBE SIZE (in.)	Values of k in Btu, in./sq ft, hr, °F							
	0.3	0.4	0.5	0.6	0.7	0.8	0.9	1.0
3/8	34.60	25.95	20.76	17.30	14.82	12.97	11.53	10.38
1/2	31.80	23.85	19.08	15.90	13.62	11.92	10.60	9.54
3/4	27.67	20.75	16.30	13.83	11.86	10.37	9.22	8.30
1	29.30	21.98	17.58	14.65	12.56	10.99	9.77	8.79
1-1/4	26.40	19.80	15.84	13.20	11.31	9.90	8.80	7.92
1-1/2	23.97	17.98	14.38	11.99	10.27	8.99	7.99	7.19
2	24.23	18.18	14.54	12.12	10.38	9.09	8.08	7.27
2-1/2	20.83	15.62	12.50	10.42	8.93	7.81	6.97	6.25
3	22.13	16.60	13.28	11.07	9.49	8.30	7.38	6.64
3-1/2	19.47	14.60	11.68	9.74	8.34	7.30	6.48	5.84
4	20.50	15.38	12.30	10.25	8.78	7.69	6.86	6.15
5	19.03	14.28	11.42	9.52	8.15	7.14	6.34	5.71
6	17.00	12.75	10.20	8.50	7.29	6.37	5.66	5.10
Values of k in W/m·k	.043	.057	.072	.086	.101	.115	.130	.144

4" NOMINAL THICKNESS (101.6 mm)

TUBE SIZE (in.)	Values of k in Btu, in./sq ft, in., °F							
	0.3	0.4	0.5	0.6	0.7	0.8	0.9	1.0
3/8	40.90	30.68	24.54	20.45	17.53	15.34	13.63	12.27
1/2	37.73	28.30	22.64	18.86	16.17	24.15	12.58	11.32
3/4	33.07	24.80	19.84	16.53	14.17	12.40	11.02	9.92
1	34.43	25.82	20.66	17.21	14.76	12.91	11.48	10.33
1-1/4	31.23	23.42	18.74	15.61	13.38	11.71	10.41	9.37
1-1/2	28.53	21.40	17.12	14.26	12.22	10.70	9.51	8.56
2	29.07	21.80	17.44	14.53	12.46	10.90	9.69	8.72
2-1/2	28.57	21.42	17.14	14.28	12.24	10.71	9.52	8.57
3	25.93	19.45	15.56	12.97	11.11	9.72	8.64	7.78
3-1/2	23.03	17.27	13.82	11.51	9.87	8.63	7.67	6.91
4	23.60	17.70	14.16	11.80	10.11	8.85	7.86	7.08
5	20.93	15.70	12.56	10.46	8.97	7.85	6.98	6.28
6	19.27	14.45	11.56	9.63	8.26	7.22	6.42	5.78
Values of k in W/m·k	.043	.057	.072	.086	.101	.115	.130	.144

4-1/2" NOMINAL THICKNESS (114.3 mm)

TUBE SIZE (in.)	Values of k in Btu, in./sq ft, hr, °F							
	0.3	0.4	0.5	0.6	0.7	0.8	0.9	1.0
3/8	47.43	35.58	28.46	23.71	20.33	17.79	15.81	14.23
1/2	43.87	32.90	26.32	21.93	18.80	16.45	14.62	13.16
3/4	38.67	29.00	23.20	19.33	16.57	14.50	12.89	11.60
1	40.47	30.35	24.28	20.23	17.34	15.17	13.49	12.14
1-1/4	36.67	27.65	22.12	18.33	15.80	13.82	12.22	11.06
1-1/2	33.87	25.40	20.32	16.93	14.51	12.70	11.29	10.16
2	33.50	25.12	20.10	16.75	14.36	12.56	11.16	10.05
2-1/2	29.37	22.02	17.62	14.68	12.59	11.01	9.79	8.81
3	29.47	22.18	17.68	14.73	12.63	11.09	9.82	8.84
3-1/2	26.33	19.75	15.80	13.16	11.28	9.87	8.77	7.90
4	28.53	21.40	17.12	14.26	12.22	10.70	9.84	8.56
5	23.43	17.58	14.06	13.71	10.04	8.74	7.81	7.03
6	22.40	16.80	13.44	11.20	9.60	8.40	7.70	6.72
Values of k in W/m·k	.043	.057	.072	.086	.101	.115	.130	.144

5" NOMINAL THICKNESS (127.0 mm)

TUBE SIZE (in.)	Values of k in Btu, in./sq ft, hr, °F							
	0.3	0.4	0.5	0.6	0.7	0.8	0.9	1.0
3/8	54.97	41.22	32.98	27.48	23.56	20.61	18.32	16.49
1/2	51.00	38.25	30.60	25.50	21.86	19.12	17.00	15.30
3/4	45.17	33.88	27.10	22.58	19.36	16.94	15.06	13.55
1	45.97	34.48	27.58	22.99	19.70	17.24	15.32	13.79
1-1/4	42.03	31.52	25.22	21.01	18.01	15.76	14.01	12.61
1-1/2	38.77	29.08	23.26	19.38	16.61	14.54	12.92	11.63
2	37.63	28.22	22.58	18.81	16.13	14.11	12.81	11.29
2-1/2	33.17	24.88	19.90	16.58	14.21	12.44	11.06	9.95
3	35.00	26.25	21.00	17.50	15.00	13.12	11.67	10.50
3-1/2	31.53	23.65	18.92	15.76	13.51	11.82	10.51	9.46
4	32.27	24.20	19.36	16.13	13.83	12.10	10.76	9.68
5	26.87	20.15	16.12	13.43	11.51	10.07	8.96	8.06
6	25.60	19.20	15.36	12.80	10.97	9.60	8.53	7.68
Values of k in W/m·k	.043	.057	.072	.086	.101	.115	.130	.144

The above values of R are in English Units. To convert to Metric Units multiply by 0.1761.

TABLE 22 (Sheet 1 of 3)

TABLE 22 (Continued)

TUBING
VALUES OF "R" THERMAL RESISTANCE (English Units) OF INSULATION

$$\text{Tube insulation } R = \frac{r_2 \log_e \frac{r_2}{r_1}}{k}, \quad r_1, r_2 \text{ and } \ell \text{ in inches.}$$

r_1 = inside radius of insulation, r_2 = outside radius of insulation, ℓ = thickness of insulation.

5-1/2" NOMINAL THICKNESS (139.7 mm) — Values of k in Btu, in./sq ft, in., °F

TUBE SIZE (in.)	0.3	0.4	0.5	0.6	0.7	0.8	0.9	1.0
3/8	61.83	46.38	37.10	30.91	26.50	23.19	20.61	18.55
1/2	57.50	43.12	34.50	28.75	24.64	21.56	19.16	17.25
3/4	51.10	38.32	30.66	25.55	21.90	19:16	17.03	15.33
1	51.03	38.28	30.62	25.51	21.87	19.14	17.01	15.31
1-1/4	46.68	35.10	28.08	23.34	20.05	17.55	15.56	14.04
1-1/2	43.27	32.45	25.96	21.63	18.50	16.22	14.42	12.98
2	44.00	33.00	26.40	22.00	18.86	16.50	14.66	13.20
2-1/2	39.07	29.30	23.44	19.53	16.74	14.65	13.02	11.72
3	39.02	29.40	23.52	19.51	16.80	14.70	13.01	11.76
3-1/2	35.50	26.62	21.30	17.75	15.21	13.31	11.50	10.65
4	36.17	27.12	21.70	18.09	15.50	13.56	12.06	10.85
5	30.37	22.78	18.22	15.19	13.01	11.39	10.12	9.11
6	28.93	21.70	17.36	14.46	12.40	10.85	9.64	8.68
Values of k in W/m•k	.043	.057	.072	.086	.101	.115	.130	.144

6" NOMINAL THICKNESS (152.4 mm) — Values of k in Btu, in./sq ft, hr, °F

TUBE SIZE (in.)	0.3	0.4	0.5	0.6	0.7	0.8	0.9	1.0
3/8	68.10	51.08	40.86	34.05	29.18	25.54	22.70	20.43
1/2	63.43	47.58	38.06	31.71	27.18	23.79	21.14	19.03
3/4	56.60	42.45	33.96	28.30	28.54	21.22	18.86	16.98
1	58.87	44.15	35.32	29.43	25.22	22.07	19.62	17.66
1-1/4	54.17	40.62	32.50	27.08	23.21	20.31	18.05	16.25
1-1/2	50.27	37.70	30.16	25.13	21.54	18.85	16.76	15.08
2	48.87	36.65	29.32	24.43	20.94	18.32	16.29	14.66
2-1/2	43.60	32.70	26.16	21.80	18.69	16.35	14.53	13.08
3	43.57	32.68	26.14	21.78	18.67	16.34	14.52	13.07
3-1/2	39.53	29.65	23.72	19.77	16.94	14.82	13.18	11.86
4	40.13	30.10	24.08	20.07	17.20	15.05	13.38	12.04
5	33.97	25.48	20.38	16.99	14.56	12.74	11.32	10.19
6	32.33	24.25	19.40	16.17	13.86	12.12	10.78	9.70
Values of k in W/m•k	.043	.057	.072	.086	.101	.115	.130	.144

6-1/2" NOMINAL THICKNESS (165.1 mm) — Values of k in Btu, in./sq ft, hr, °F

TUBE SIZE (in.)	0.3	0.4	0.5	0.6	0.7	0.8	0.9	1.0
3/8	77.77	58.32	46.66	38.89	33.33	29.16	25.92	23.33
1/2	72.57	54.42	23.54	36.28	31.10	27.21	24.19	21.77
3/4	65.00	48.75	39.00	32.50	27.85	24.37	21.67	19.50
1	64.77	48.58	38.86	32.33	27.75	24.29	21.59	19.43
1-1/4	58.10	43.58	34.86	28.05	24.90	21.79	19.70	17.43
1-1/2	55.57	41.68	33.34	27.78	23.81	20.84	18.52	16.67
2	53.88	40.38	32.30	26.91	23.07	20.19	17.94	16.15
2-1/2	48.20	36.15	28.92	24.10	20.66	18.07	16.07	14.46
3	48.00	36.00	28.80	24.00	20.57	18.00	19.33	14.40
3-1/2	43.80	32.85	26.28	21.90	18.77	16.42	14.60	13.14
4	44.20	33.15	26.52	22.10	18.94	15.57	14.77	13.26
5	37.70	28.28	22.62	18.85	16.15	14.14	12.57	11.31
6	36.87	26.90	21.52	17.93	15.37	13.45	11.96	10.76
Values of k in W/m•k	.043	.057	.072	.086	.101	.115	.130	.144

7" NOMINAL THICKNESS (117.8 mm) — Values of k in Btu, in./sq ft, in., °F

TUBE SIZE (in.)	0.3	0.4	0.5	0.6	0.7	0.8	0.9	1.0
3/8	85.03	63.78	51.02	42.51	36.44	31.39	28.34	25.51
1/2	79.50	59.62	47.70	39.75	34.07	29.81	26.50	23.85
3/4	71.36	53.52	42.82	35.68	30.59	26.76	23.79	21.41
1	70.80	53.10	42.48	35.40	30.34	26.55	23.60	21.24
1-1/4	65.47	49.10	39.28	32.73	28.06	24.55	21.82	19.64
1-1/2	61.00	45.75	36.60	30.50	26.14	22.87	20.33	18.30
2	58.33	44.20	35.36	29.16	25.25	22.10	19.11	17.68
2-1/2	52.93	39.70	31.76	26.41	22.69	19.85	17.64	15.88
3	52.53	39.40	31.52	26.26	22.51	19.70	17.51	15.76
3-1/2	46.07	36.05	28.84	23.03	20.60	18.02	15.36	14.42
4	48.37	36.28	29.02	24.14	20.73	18.14	16.12	14.51
5	41.50	31.12	24.90	20.75	17.78	15.56	13.83	12.45
6	39.43	29.58	23.66	19.71	16.90	14.79	13.14	11.83
Values of k in W/m•k	.043	.057	.072	.086	.101	.115	.130	.144

7-1/2" NOMINAL THICKNESS (190.5 mm) — Values of k in Btu, in./sq ft, hr, °F

TUBE SIZE (in.)	0.3	0.4	0.5	0.6	0.7	0.8	0.9	1.0
3/8	92.43	69.32	55.46	46.21	39.61	34.66	30.81	27.73
1/2	86.49	64.87	51.90	43.24	37.07	32.43	28.83	25.95
3/4	77.83	58.38	46.70	38.91	33.35	29.19	25.91	23.35
1	76.67	57.72	46.18	38.33	32.98	28.86	25.55	23.09
1-1/4	71.27	53.45	42.76	35.63	30.54	26.72	23.76	21.38
1-1/2	66.53	49.90	39.92	33.27	28.51	24.95	22.18	19.96
2	64.10	48.08	38.46	32.05	27.47	24.04	21.36	19.23
2-1/2	57.77	43.32	34.66	28.88	24.76	21.66	19.26	17.33
3	57.17	42.88	34.30	28.58	24.50	21.44	19.06	17.15
3-1/2	52.47	39.35	31.48	26.24	22.49	19.67	17.23	15.74
4	52.63	39.48	31.58	26.31	22.56	19.74	17.54	15.79
5	45.36	34.02	27.22	22.68	19.44	17.01	15.12	13.61
6	43.13	32.35	25.88	21.57	18.48	16.17	14.38	12.94
Values of k in W/m•k	.043	.057	.072	.086	.101	.115	.130	.144

8" NOMINAL THICKNESS (203.2 mm) — Values of k in Btu, in./sq ft, hr, °F

TUBE SIZE (in.)	0.3	0.4	0.5	0.6	0.7	0.8	0.9	1.0
3/8	99.90	74.92	59.94	49.95	42.81	37.46	33.30	29.97
1/2	93.63	70.22	56.18	46.81	40.13	35.11	31.21	28.09
3/4	84.40	63.30	50.64	42.20	36.17	31.65	28.13	25.32
1	83.20	62.40	49.92	41.60	35.66	31.20	27.73	24.96
1-1/4	77.17	57.88	46.30	38.58	33.07	28.94	25.72	23.15
1-1/2	72.17	54.12	43.30	36.08	30.93	27.06	24.06	21.65
2	69.40	52.05	41.64	34.70	29.74	26.02	23.13	20.82
2-1/2	62.70	47.02	37.62	31.35	26.87	23.51	20.90	18.81
3	61.90	46.42	37.14	30.95	26.53	23.21	20.63	18.57
3-1/2	56.93	42.70	34.16	28.47	24.40	21.35	18.98	17.08
4	56.97	42.72	34.18	28.49	24.41	21.46	18.99	17.09
5	49.37	37.02	29.62	24.69	21.16	18.51	16.46	14.81
6	46.87	35.15	28.12	23.43	20.08	17.57	15.62	14.06
Values of k in W/m•k	.043	.057	.072	.086	.101	.115	.130	.144

8-1/2" NOMINAL THICKNESS (215.9 mm) — Values of k in Btu, in./sq ft, in., °F

TUBE SIZE (in.)	0.3	0.4	0.5	0.6	0.7	0.8	0.9	1.0
3/8	107.50	80.62	64.50	53.75	46.07	40.31	35.87	32.25
1/2	100.87	75.65	60.52	50.44	43.23	37.82	33.62	30.26
3/4	91.10	68.32	43.66	45.55	39.04	34.16	30.26	27.33
1	89.53	67.15	53.72	44.76	38.37	33.57	29.84	26.86
1-1/4	83.17	62.37	49.90	41.58	35.64	31.18	27.72	24.95
1-1/2	77.90	58.42	46.73	38.95	33.38	29.21	25.96	23.37
2	74.73	56.05	44.84	37.31	32.03	28.02	24.91	22.42
2-1/2	67.70	50.77	40.62	33.85	29.01	25.38	22.56	20.31
3	66.67	50.00	40.00	33.33	28.57	25.00	22.22	20.00
3-1/2	61.47	46.10	36.88	30.73	26.34	26.05	20.49	18.44
4	61.40	46.05	36.84	30.70	26.31	26.02	20.47	18.42
5	53.43	40.08	32.06	26.71	22.90	20.04	17.81	16.03
6	50.73	38.05	30.44	25.36	21.74	19.02	16.91	15.22
Values of k in W/m•k	.043	.057	.072	.086	.101	.115	.130	.144

9" NOMINAL THICKNESS (228.6 mm) — Values of k in Btu, in./sq ft, hr, °F

TUBE SIZE (in.)	0.3	0.4	0.5	0.6	0.7	0.8	0.9	1.0
3/8	115.20	86.40	69.12	57.60	49.37	43.20	38.40	34.56
1/2	108.17	81.12	64.90	54.08	46.36	40.56	36.06	32.45
3/4	97.87	73.40	58.72	48.93	41.94	36.70	32.62	29.36
1	95.97	71.98	57.58	47.98	41.13	35.99	31.99	28.79
1-1/4	89.27	66.95	53.56	44.63	38.26	33.47	29.76	26.78
1-1/2	83.70	62.77	50.22	41.85	35.87	31.37	27.90	25.11
2	80.20	60.15	48.12	40.10	34.37	30.07	26.76	24.06
2-1/2	72.80	54.60	43.68	36.40	31.20	27.30	24.26	21.84
3	71.57	53.68	42.94	35.78	30.67	26.84	23.86	21.47
3-1/2	66.13	49.60	39.68	33.07	28.34	24.80	22.04	19.84
4	65.87	49.40	39.52	32.93	28.22	24.70	21.96	19.76
5	57.57	43.17	34.54	28.78	24.67	21.57	19.19	17.27
6	54.63	40.98	43.78	27.31	23.41	20.48	18.21	16.39
Values of k in W/m•k	.043	.057	.072	.086	.101	.115	.130	.144

9-1/2" NOMINAL THICKNESS (241.3 mm) — Values of k in Btu, in./sq ft, hr, °F

TUBE SIZE (in.)	0.3	0.4	0.5	0.6	0.7	0.8	0.9	1.0
3/8	122.97	92.22	73.78	61.48	52.70	46.11	40.99	36.89
1/2	115.57	86.68	69.34	57.78	49.53	43.34	38.52	34.67
3/4	104.73	78.55	62.84	52.36	44.88	39.27	34.91	31.42
1	102.47	76.85	61.48	51.24	43.91	38.42	34.16	30.74
1-1/4	95.43	71.58	57.26	47.71	40.51	35.79	31.81	28.63
1-1/2	89.60	67.20	53.76	44.80	38.40	33.60	29.87	26.88
2	85.73	64.30	51.44	42.87	36.74	32.15	28.91	25.72
2-1/2	77.97	58.47	46.78	38.98	33.41	29.23	25.99	23.39
3	76.53	57.40	45.92	38.26	32.80	28.70	25.51	22.96
3-1/2	70.83	53.12	42.50	35.41	30.36	26.56	23.61	21.25
4	70.43	52.82	42.26	35.21	30.19	26.41	23.48	21.13
5	61.77	46.32	37.06	30.88	26.47	23.16	20.59	18.53
6	58.60	43.95	35.16	29.30	25.11	21.97	19.87	17.58
Values of k in W/m•k	.043	'.057	.072	.086	.101	.115	.130	.144

The above values of R are in English Units. To convert to Metric Units multiply by 0.1761.

TABLE 22 (Sheet 2 of 3)

TUBING
VALUES OF "R" THERMAL RESISTANCE (English Units)
OF INSULATION

Tube insulation $R = \dfrac{r_2 \log_e \frac{r_2}{r_1}}{k}$, r_1, r_2 and ℓ in inches.

r_1 = inside radius of insulation, r_2 = outside radius of insulation, ℓ = thickness of insulation.

10" NOMINAL THICKNESS (254.0 mm)

TUBE SIZE (in.)	Values of k in Btu, in./sq ft, in., °F							
	0.3	0.4	0.5	0.6	0.7	0.8	0.9	1.0
3/8	130.83	98.12	78.50	65.41	56.07	49.06	43.61	39.25
1/2	123.07	92.30	73.84	61.53	52.74	46.15	41.02	36.92
3/4	120.37	90.27	72.22	60.18	51.58	45.13	40.12	36.11
1	109.07	81.80	65.44	54.53	46.74	40.90	36.36	32.72
1-1/4	101.70	76.27	61.02	50.85	43.59	38.13	33.90	30.51
1-1/2	95.57	71.68	57.34	47.78	40.96	35.84	31.86	28.67
2	91.33	68.50	54.80	45.66	39.14	34.25	30.44	27.40
2-1/2	83.20	62.40	49.92	41.60	35.66	31.20	27.73	24.96
3	82.27	61.70	49.36	41.13	35.25	30.85	27.43	24.68
3-1/2	75.60	56.70	45.36	37.80	32.40	28.35	25.20	22.68
4	75.10	56.32	45.06	37.55	32.18	28.16	25.03	22.53
5	66.03	49.52	39.82	33.01	28.30	24.76	22.01	19.81
6	62.67	47.00	37.60	31.33	26.85	23.50	20.89	18.80
	.043	.057	.072	.086	.101	.115	.130	.144
	Values of k in W/m•k							

10-1/2" NOMINAL THICKNESS (266.7 mm)

TUBE SIZE (in.)	Values of k in Btu, in./sq ft, hr, °F							
	0.3	0.4	0.5	0.6	0.7	0.8	0.9	1.0
3/8	138.77	104.08	83.26	69.38	59.47	52.04	46.36	41.63
1/2	131.30	97.97	78.38	65.65	55.99	48.98	43.77	39.19
3/4	118.70	89.02	71.22	59.35	50.87	44.51	39.56	35.61
1	115.70	86.77	69.42	57.85	49.58	43.38	38.90	34.71
1-1/4	108.33	81.25	65.00	54.17	46.43	40.62	36.11	32.50
1-1/2	101.60	76.20	60.96	50.80	43.54	38.10	33.87	30.48
2	97.00	72.75	58.20	48.50	41.57	36.37	32.33	29.10
2-1/2	88.53	66.40	53.12	44.26	37.94	33.20	29.51	26.56
3	86.67	65.00	52.00	43.33	37.14	32.50	28.89	26.00
3-1/2	80.47	60.35	48.28	40.23	34.49	30.17	26.82	24.14
4	79.80	59.85	47.88	39.90	34.20	29.97	26.93	23.94
5	70.37	52.77	42.26	35.18	30.16	26.38	23.46	21.11
6	66.73	50.05	40.04	33.36	28.60	25.02	22.24	20.02
	.043	.057	.072	.086	.101	.115	.130	.144
	Values of k in W/m•k							

11" NOMINAL THICKNESS (279.4 mm)

TUBE SIZE (in.)	Values of k in Btu, in./sq ft, hr, °F							
	0.3	0.4	0.5	0.6	0.7	0.8	0.9	1.0
3/8	146.77	110.08	88.06	73.38	62.90	55.04	48.93	44.03
1/2	138.27	103.70	82.96	69.14	59.26	51.85	46.09	41.48
3/4	125.80	94.35	75.48	62.90	53.91	47.17	41.93	37.74
1	122.43	91.82	73.46	61.21	52.47	45.91	40.81	36.73
1-1/4	114.40	85.80	68.64	57.20	49.03	42.90	38.13	34.32
1-1/2	107.73	80.80	64.64	53.87	46.17	40.40	35.57	32.32
2	102.73	77.05	61.64	51.36	44.03	38.52	34.24	30.82
2-1/2	93.93	70.45	56.38	46.97	40.26	35.22	31.31	28.18
3	91.83	68.87	55.10	45.91	39.36	34.43	30.61	27.55
3-1/2	85.40	64.05	51.24	42.70	36.60	32.02	28.80	25.62
4	84.53	63.40	50.72	43.26	36.23	31.70	28.14	25.36
5	74.80	56.10	44.88	37.40	32.06	28.05	24.93	22.44
6	70.93	53.20	42.56	35.46	30.40	26.60	23.64	21.28
	.043	.057	.072	.086	.101	.115	.130	.144
	Values of k in W/m•k							

11-1/2" NOMINAL THICKNESS (291.1 mm)

TUBE SIZE (in.)	Values of k in Btu, in./sq ft, in., °F							
	0.3	0.4	0.5	0.6	0.7	0.8	0.9	1.0
3/8	154.83	116.12	92.90	77.41	66.36	58.06	51.61	46.45
1/2	146.00	109.50	87.60	73.00	62.57	54.75	48.66	43.80
3/4	132.90	99.68	79.94	66.45	56.96	49.84	44.30	39.87
1	129.23	96.92	77.54	64.61	55.39	48.46	43.08	38.77
1-1/4	120.87	90.65	72.52	60.43	51.80	45.32	40.29	36.26
1-1/2	113.90	85.42	68.34	56.95	48.81	42.71	37.90	34.17
2	108.53	81.40	65.12	54.26	46.51	40.70	36.14	32.56
2-1/2	99.37	74.52	59.62	49.68	42.59	37.26	33.12	29.81
3	97.07	72.80	58.24	48.53	41.60	36.40	32.36	29.12
3-1/2	90.37	67.77	54.22	45.19	38.73	33.88	30.12	27.11
4	89.37	67.02	53.62	44.68	38.30	33.51	29.79	26.81
5	79.27	59.45	47.56	39.63	33.97	29.72	26.42	23.78
6	75.17	56.38	45.10	37.58	32.21	28.19	25.06	22.55
	.043	.057	.072	.086	.101	.115	.130	.144
	Values of k in W/m•k							

12" NOMINAL THICKNESS (504.8 mm)

TUBE SIZE (in.)	Values of k in Btu, in./sq ft, hr, °F							
	0.3	0.4	0.5	0.6	0.7	0.8	0.9	1.0
3/8	163.00	122.25	97.80	81.50	69.86	61.12	54.33	48.90
1/2	153.77	115.32	92.26	76.89	65.90	57.66	51.26	46.13
3/4	140.20	105.15	84.12	70.10	60.09	52.57	46.73	42.06
1	136.13	102.10	81.68	68.07	58.34	51.05	45.38	40.84
1-1/4	127.40	95.55	76.44	63.70	54.60	47.77	42.46	38.22
1-1/2	120.17	90.12	72.10	60.09	51.50	45.06	40.06	36.05
2	114.40	85.80	68.64	57.20	49.03	42.90	38.13	34.32
2-1/2	104.90	78.68	62.94	52.45	44.96	39.34	34.96	31.47
3	102.33	76.75	61.40	51.17	43.86	38.37	34.11	30.70
3-1/2	95.40	71.55	57.24	47.70	40.89	30.77	31.80	28.62
4	94.27	70.70	56.56	47.13	40.40	35.35	31.43	28.28
5	83.77	62.82	50.26	41.88	35.90	31.42	27.92	25.13
6	79.43	59.58	47.66	39.71	34.04	29.79	26.48	23.83
	.043	.057	.072	.086	.101	.115	.130	.144
	Values of k in W/m•k							

" NOMINAL THICKNESS (mm)

TUBE SIZE (in.)	Values of k in Btu, in./sq ft, hr, °F							
	0.3	0.4	0.5	0.6	0.7	0.8	0.9	1.0
	.043	.057	.072	.086	.101	.115	.130	.144
	Values of k in W/m•k							

The above values of R are in English Units. To convert to Metric Units multiply by 0.1761.

TABLE 22 (Sheet 3 of 3)

TABLE 23

TUBING
VALUES OF "R" THERMAL RESISTANCE (Metric Units) OF INSULATION

$$\text{Tube insulation } R = \frac{r_2 \log_e \frac{r_2}{r_1}}{k}, \quad r_1, r_2 \text{ and } \ell \text{ in metres or mm.}$$

r_1 = inside radius of insulation, r_2 = outside radius of insulation, ℓ = thickness of insulation.

APPROX. 25.4 MM THICKNESS (nom. thick. 1") — Values of k in W/m•k

APPROX. TUBE DIA. (metres)	.04	.05	.06	.07	.08	.09	.10	.11	.12	.13	.14
0.0127	1.43	1.14	0.95	0.81	0.71	0.63	0.57	0.52	0.48	0.44	0.41
0.0150	1.38	1.10	0.92	0.79	0.69	0.61	0.55	0.50	0.46	0.42	0.39
0.0222	1.10	0.88	0.73	0.63	0.55	0.49	0.44	0.40	0.37	0.34	0.31
0.0286	0.85	0.68	0.57	0.49	0.43	0.38	0.34	0.31	0.28	0.26	0.24
0.0349	1.05	0.84	0.70	0.60	0.53	0.47	0.42	0.38	0.35	0.32	0.30
0.0413	0.85	0.68	0.57	0.49	0.43	0.38	0.34	0.31	0.28	0.26	0.24
0.0540	0.85	0.68	0.57	0.49	0.43	0.38	0.34	0.31	0.28	0.26	0.24
0.0667	0.78	0.62	0.52	0.44	0.39	0.34	0.31	0.28	0.26	0.24	0.22
0.0794	0.75	0.60	0.50	0.43	0.38	0.33	0.30	0.27	0.25	0.23	0.21
0.0921	0.83	0.66	0.55	0.47	0.41	0.37	0.33	0.30	0.28	0.25	0.24
0.1048	0.98	0.78	0.65	0.56	0.49	0.43	0.39	0.35	0.33	0.30	0.28
0.1302	0.95	0.76	0.63	0.54	0.48	0.42	0.38	0.35	0.32	0.29	0.27
0.1556	0.92	0.74	0.62	0.53	0.46	0.41	0.37	0.34	0.30	0.28	0.26
Values of k in Btu, in./sq ft, hr, °F	**0.28**	**0.35**	**0.42**	**0.49**	**0.55**	**0.62**	**0.69**	**0.76**	**0.83**	**0.90**	**0.97**

APPROX. 38.1 MM THICKNESS (nom. thick. 1-1/2") — Values of k in W/m•k

.04	.05	.06	.07	.08	.09	.10	.11	.12	.13	.14	TUBE NOM. SIZE (in.)
2.18	1.74	1.45	1.24	1.09	0.97	0.87	0.79	0.73	0.67	0.62	3/8
2.15	1.72	1.43	1.22	1.08	0.96	0.86	0.78	0.72	0.66	0.61	1/2
1.95	1.56	1.30	1.11	0.98	0.87	0.78	0.71	0.65	0.60	0.56	3/4
1.35	1.08	0.90	0.77	0.68	0.60	0.54	0.49	0.45	0.42	0.39	1
1.70	1.36	1.13	0.97	0.85	0.76	0.68	0.62	0.57	0.52	0.48	1-1/4
1.35	1.08	0.90	0.77	0.68	0.60	0.54	0.49	0.45	0.42	0.48	1-1/2
1.35	1.08	0.90	0.77	0.68	0.60	0.54	0.49	0.45	0.42	0.48	2
1.33	1.06	0.88	0.76	0.66	0.59	0.53	0.48	0.44	0.41	0.38	2-1/2
1.33	1.06	0.88	0.76	0.66	0.59	0.53	0.48	0.44	0.41	0.38	3
1.28	1.02	0.85	0.73	0.64	0.57	0.51	0.46	0.43	0.39	0.36	3-1/2
1.48	1.18	0.98	0.84	0.74	0.66	0.59	0.54	0.49	0.45	0.42	4
1.43	1.14	0.95	0.81	0.71	0.63	0.57	0.52	0.48	0.44	0.41	5
1.48	1.18	0.98	0.84	0.74	0.66	0.59	0.54	0.49	0.45	0.42	6
0.28	**0.35**	**0.42**	**0.49**	**0.55**	**0.62**	**0.69**	**0.76**	**0.83**	**0.90**	**0.97**	Values of k in Btu, in./sq ft, hr, °F

APPROX. 50.8 MM THICKNESS (nom. thick. 2") — Values of k in W/m•k

APPROX. TUBE DIA. (metres)	.04	.05	.06	.07	.08	.09	.10	.11	.12	.13	.14
0.0127	3.13	2.50	2.08	1.79	1.56	1.39	1.25	1.14	1.04	0.96	0.89
0.0150	3.30	2.64	2.20	1.89	1.65	1.47	1.32	1.20	1.10	1.02	0.94
0.0222	2.78	2.22	1.85	1.59	1.39	1.23	1.11	1.01	0.92	0.85	0.79
0.0286	2.80	2.26	1.88	1.61	1.41	1.26	1.13	1.03	0.94	0.87	0.81
0.0349	2.45	1.96	1.63	1.40	1.23	1.09	0.98	0.89	0.82	0.75	0.70
0.0413	2.18	1.74	1.45	1.24	1.09	0.97	0.87	0.79	0.73	0.67	0.62
0.0540	2.40	1.92	1.60	1.37	1.20	1.07	0.96	0.87	0.80	0.74	0.69
0.0667	1.95	1.56	1.30	1.11	0.98	0.87	0.78	0.71	0.65	0.60	0.56
0.0794	2.15	1.72	1.43	1.23	1.08	0.96	0.86	0.78	0.72	0.66	0.61
0.0921	1.80	1.44	1.20	1.03	0.90	0.80	0.72	0.65	0.60	0.55	0.51
0.1048	2.03	1.62	1.35	1.16	1.01	0.90	0.81	0.74	0.68	0.62	0.58
0.1302	1.90	1.52	1.27	1.09	0.95	0.84	0.76	0.69	0.63	0.58	0.54
0.1556	1.88	1.50	1.25	1.07	0.94	0.83	0.75	0.68	0.63	0.58	0.54
Values of k in Btu, in./sq ft, hr, °F	**0.28**	**0.35**	**0.42**	**0.49**	**0.55**	**0.62**	**0.69**	**0.76**	**0.83**	**0.90**	**0.97**

APPROX. 63.5 MM THICKNESS (nom. thick. 2-1/2") — Values of k in W/m•k

.04	.05	.06	.07	.08	.09	.10	.11	.12	.13	.14	TUBE NOM. SIZE (in.)
4.45	3.96	2.97	2.54	2.23	1.98	1.78	1.62	1.48	1.37	1.27	3/8
4.05	3.60	2.70	2.31	2.03	1.88	1.62	1.47	1.35	1.25	1.16	1/2
3.45	3.06	2.30	1.97	1.73	1.53	1.38	1.25	1.15	1.06	0.99	3/4
3.73	2.98	2.48	2.13	1.86	1.66	1.49	1.35	1.24	1.15	1.06	1
3.30	2.64	2.20	1.89	1.65	1.47	1.32	1.20	1.10	1.02	0.94	1-1/4
2.98	2.38	1.98	1.70	1.49	1.32	1.19	1.08	0.99	0.92	0.85	1-1/2
3.10	2.48	2.07	1.77	1.55	1.38	1.24	1.13	1.03	0.95	0.89	2
3.25	2.60	2.16	1.86	1.63	1.44	1.30	1.18	1.08	1.00	0.93	2-1/2
2.75	2.20	1.83	1.57	1.38	1.22	1.10	1.00	0.92	0.85	0.79	3
2.16	1.90	1.58	1.36	1.08	1.06	0.95	0.86	0.79	0.73	0.68	3-1/2
2.60	2.08	1.73	1.49	1.30	1.16	1.04	0.95	0.87	0.80	0.74	4
2.53	2.02	1.68	1.44	1.26	1.12	1.01	0.92	0.84	0.78	0.72	5
2.43	1.94	1.67	1.39	1.21	1.08	0.97	0.88	0.81	0.75	0.69	6
0.28	**0.35**	**0.42**	**0.49**	**0.55**	**0.62**	**0.69**	**0.76**	**0.83**	**0.90**	**0.97**	Values of k in Btu, in./sq ft, hr, °F

APPROX. 63.5 MM THICKNESS (nom. thick. 3") — Values of k in W/m•k

APPROX. TUBE DIA. (metres)	.04	.05	.06	.07	.08	.09	.10	.11	.12	.13	.14
0.0127	5.43	4.34	3.62	3.10	2.71	2.41	2.17	1.97	1.81	1.67	1.55
0.0150	4.98	3.98	3.32	2.84	2.49	2.21	1.99	1.81	1.66	1.53	1.43
0.0222	4.28	3.42	2.85	2.44	2.14	1.90	1.71	1.55	1.43	1.32	1.22
0.0286	4.63	3.70	3.08	2.64	2.31	2.06	1.85	1.68	1.54	1.42	1.32
0.0349	4.13	3.30	2.75	2.36	2.06	1.83	1.65	1.50	1.38	1.27	1.18
0.0413	3.75	3.00	2.50	2.14	1.88	1.67	1.50	1.36	1.25	1.15	1.07
0.0540	3.83	3.06	2.55	2.19	1.91	1.70	1.53	1.39	1.28	1.18	1.09
0.0667	3.25	2.60	2.17	1.86	1.63	1.44	1.30	1.18	1.08	1.00	0.93
0.0794	3.43	2.74	2.28	1.96	1.71	1.52	1.37	1.25	1.14	1.05	0.98
0.0921	2.98	2.38	1.98	1.70	1.49	1.32	1.19	1.08	0.99	0.92	0.85
0.1048	3.25	2.60	2.17	1.86	1.63	1.44	1.30	1.18	1.08	1.00	0.93
0.1302	3.10	2.48	2.07	1.77	1.55	1.38	1.24	1.13	1.03	0.95	0.89
0.1556	2.90	2.32	1.93	1.66	1.45	1.29	1.16	1.05	0.97	0.89	0.83
Values of k in Btu, in./sq ft, hr, °F	**0.28**	**0.35**	**0.42**	**0.49**	**0.55**	**0.62**	**0.69**	**0.76**	**0.83**	**0.90**	**0.97**

APPROX. 76.2 MM THICKNESS (nom. thick. 3-1/2") — Values of k in W/m•k

.04	.05	.06	.07	.08	.09	.10	.11	.12	.13	.14	TUBE NOM. SIZE (in.)
6.60	5.28	4.40	3.77	3.30	2.93	2.64	2.40	2.20	2.03	1.89	3/8
6.05	4.84	4.03	3.46	3.03	2.69	2.42	2.20	2.02	1.86	1.73	1/2
5.25	4.20	3.50	3.00	2.63	1.89	2.10	1.91	1.75	1.61	1.51	3/4
5.58	4.46	3.72	3.19	2.79	2.48	2.23	2.03	1.86	1.72	1.59	1
5.25	4.02	3.35	2.87	2.63	2.23	2.01	1.83	1.68	1.55	1.44	1-1/4
4.58	3.66	3.05	2.61	2.29	2.03	1.83	1.66	1.53	1.41	1.31	1-1/2
4.63	3.70	3.08	2.64	2.31	2.06	1.85	1.68	1.54	1.42	1.32	2
3.98	3.18	2.65	2.27	1.99	1.77	1.59	1.45	1.33	1.22	1.14	2-1/2
4.23	3.38	2.82	2.41	2.11	1.88	1.69	1.54	1.41	1.30	1.21	3
3.70	2.96	2.47	2.11	1.85	1.64	1.48	1.35	1.23	1.14	1.06	3-1/2
3.90	3.12	2.60	2.23	1.95	1.73	1.56	1.42	1.30	1.20	1.11	4
3.63	2.90	2.42	2.07	1.81	1.61	1.45	1.32	1.21	1.12	1.04	5
3.23	2.58	2.15	1.84	1.61	1.43	1.29	1.17	1.08	0.99	0.92	6
0.28	**0.35**	**0.42**	**0.49**	**0.55**	**0.62**	**0.69**	**0.76**	**0.83**	**0.90**	**0.97**	Values of k in Btu, in./sq ft, hr, °F

The above values of R are in Metric Units. To convert to English Units multiply by 5.6786.

TABLE 23 (Sheet 1 of 4)

TABLE 23 (Continued)

TUBING
VALUES OF "R" THERMAL RESISTANCE (Metric Units) OF INSULATION

Tube insulation $R = \dfrac{r_2 \log_e \frac{r_2}{r_1}}{k}$, r_1, r_2 and ℓ in metres or mm.

r_1 = inside radius of insulation, r_2 = outside radius of insulation, ℓ = thickness of insulation.

APPROX. 101.6 MM THICKNESS (nom. thick. 4")

APPROX. TUBE DIA. (metres)	Values of k in W/m•k: .04	.05	.06	.07	.08	.09	.10	.11	.12	.13	.14	TUBE NOM. SIZE (in.)
0.0127	7.80	6.24	5.20	4.40	3.90	3.47	3.12	2.84	2.60	2.40	2.23	3/8
0.0150	7.20	5.76	4.80	4.11	3.60	3.20	2.88	2.68	2.40	2.22	2.06	1/2
0.0222	6.30	5.04	4.20	3.60	3.15	2.80	2.52	2.29	2.10	1.94	1.80	3/4
0.0286	6.55	5.24	4.37	3.74	3.28	2.91	2.62	2.38	2.18	2.02	1.87	1
0.0349	5.95	4.76	3.97	3.40	2.98	2.64	2.38	2.16	1.98	1.83	1.74	1-1/4
0.0413	5.43	4.34	3.62	3.10	2.71	2.41	2.17	1.97	1.81	1.67	1.55	1-1/2
0.0540	5.53	4.42	3.68	3.16	2.76	2.46	2.21	2.01	1.84	1.70	1.58	2
0.0667	4.80	3.84	3.20	2.74	2.40	2.13	1.92	1.75	1.61	1.48	1.37	2-1/2
0.0794	4.95	3.96	3.30	2.83	2.48	2.20	1.98	1.80	1.65	1.52	1.41	3
0.0921	4.40	3.52	2.93	2.51	2.20	1.96	1.76	1.60	1.47	1.35	1.26	3-1/2
0.1048	4.50	3.60	3.00	2.57	2.25	2.00	1.80	1.64	1.50	1.38	1.29	4
0.1302	3.98	3.18	2.65	2.27	1.99	1.77	1.59	1.45	1.33	1.22	1.14	5
0.1556	3.68	2.94	2.45	2.10	1.84	1.63	1.47	1.34	1.23	1.13	1.05	6
Values of k in Btu, in./sq ft, hr, °F	0.28	0.35	0.42	0.49	0.55	0.62	0.69	0.76	0.83	0.90	0.97	

APPROX. 114.3 MM THICKNESS (nom. thick. 4-1/2")

APPROX. TUBE DIA. (metres)	Values of k in W/m•k: .04	.05	.06	.07	.08	.09	.10	.11	.12	.13	.14	TUBE NOM. SIZE (in.)
0.0127	9.03	7.22	6.02	5.16	4.51	4.01	3.61	3.28	3.01	2.78	2.58	3/8
0.0150	8.35	6.68	5.57	4.77	4.18	3.77	3.34	3.04	2.78	2.57	2.39	1/2
0.0222	7.38	5.90	7.92	4.21	3.69	3.27	2.95	2.68	2.46	2.27	2.11	3/4
0.0286	7.70	6.16	5.13	4.40	3.85	3.42	3.08	2.80	2.57	2.37	2.20	1
0.0349	7.03	5.62	4.68	4.01	3.51	3.12	2.81	2.55	2.34	2.16	2.01	1-1/4
0.0413	6.45	5.16	4.30	3.68	3.23	2.87	2.58	2.35	2.15	1.98	1.84	1-1/2
0.0540	6.38	5.10	4.25	3.64	3.19	2.83	2.55	2.32	2.13	1.96	1.82	2
0.0667	5.60	4.48	3.73	3.20	2.80	2.49	2.24	2.04	1.87	1.72	1.60	2-1/2
0.0794	5.63	4.50	3.75	3.21	2.81	2.50	2.25	2.05	1.88	1.73	1.61	3
0.0921	5.03	4.02	3.35	2.87	2.51	2.23	2.01	1.83	1.68	1.55	1.44	3-1/2
0.1048	5.43	4.34	3.62	3.10	2.71	2.41	2.17	1.97	1.81	1.67	1.55	4
0.1302	4.48	3.58	2.98	2.56	2.24	1.99	1.79	1.63	1.49	1.38	1.29	5
0.1556	4.28	3.42	2.85	2.44	2.14	1.90	1.71	1.55	1.43	1.32	1.22	6
Values of k in Btu, in./sq ft, hr, °F	0.28	0.35	0.42	0.49	0.55	0.62	0.69	0.76	0.83	0.90	0.97	

APPROX. 127.0 MM THICKNESS (nom. thick. 5")

APPROX. TUBE DIA. (metres)	Values of k in W/m•k: .04	.05	.06	.07	.08	.09	.10	.11	.12	.13	.14	TUBE NOM. SIZE (in.)
0.0127	10.48	8.38	6.98	5.96	5.24	4.66	4.19	3.81	3.49	3.22	2.99	3/8
0.0150	9.73	7.78	6.48	5.56	4.86	4.37	3.89	3.54	3.24	2.99	2.78	1/2
0.0222	8.63	6.90	5.75	4.93	4.31	3.83	3.45	3.14	3.75	2.65	2.46	3/4
0.0286	8.75	7.00	5.83	5.00	4.38	3.89	3.50	3.81	2.92	2.69	2.50	1
0.0349	8.00	6.40	5.33	4.57	4.00	3.56	3.20	2.91	2.67	2.46	2.29	1-1/4
0.0413	7.38	5.90	4.92	4.21	3.69	3.28	2.95	2.68	2.46	2.27	2.11	1-1/2
0.0540	7.18	5.74	4.78	4.10	3.59	3.19	2.87	2.61	2.39	2.21	2.05	2
0.0667	6.33	5.06	4.27	3.61	3.16	2.81	2.53	2.30	2.11	1.95	1.81	2-1/2
0.0794	6.68	5.34	4.45	3.81	3.34	2.97	2.67	2.43	2.23	2.05	1.91	3
0.0921	6.00	4.80	4.00	2.41	3.00	2.67	2.40	2.18	2.00	1.85	1.71	3-1/2
0.1048	6.15	4.92	5.10	3.51	3.08	2.73	2.46	2.24	2.05	1.89	1.76	4
0.1302	5.13	4.10	3.42	2.93	2.56	2.28	2.05	1.86	1.71	1.58	1.46	5
0.1556	4.88	3.90	3.25	2.79	2.44	2.17	1.95	1.77	1.63	1.50	1.39	6
Values of k in Btu, in./sq ft, hr, °F	0.28	0.35	0.42	0.49	0.55	0.62	0.69	0.76	0.83	0.90	0.97	

APPROX. 139.7 MM THICKNESS (nom. thick. 5-1/2")

APPROX. TUBE DIA. (metres)	Values of k in W/m•k: .04	.05	.06	.07	.08	.09	.10	.11	.12	.13	.14	TUBE NOM. SIZE (in.)
0.0127	11.78	9.42	7.85	6.73	5.89	5.23	4.71	4.28	3.93	3.62	3.36	3/8
0.0150	10.95	8.76	7.30	6.26	5.48	4.87	4.38	3.98	3.65	3.37	3.13	1/2
0.0222	9.75	7.80	6.50	5.57	4.88	4.33	3.90	3.55	3.25	3.00	2.79	3/4
0.0286	9.85	7.88	6.57	5.63	4.93	4.38	3.94	3.58	3.28	3.03	2.81	1
0.0349	8.93	7.14	5.95	5.10	4.46	3.97	3.57	3.25	2.98	2.75	2.55	1-1/4
0.0413	8.25	6.60	5.50	4.71	4.13	3.67	3.30	3.00	2.75	2.54	2.36	1-1/2
0.0540	8.38	6.70	5.58	4.79	4.19	3.72	3.35	3.05	2.79	2.58	2.39	2
0.0667	7.45	5.96	4.97	4.26	3.73	3.31	2.98	2.71	2.46	2.29	2.13	2-1/2
0.0794	7.48	5.98	4.98	4.27	3.74	3.32	2.99	2.72	2.49	2.30	2.14	3
0.0921	6.78	5.42	4.52	3.87	3.39	3.01	2.71	2.46	2.26	2.08	1.94	3-1/2
0.1048	6.90	5.52	4.60	3.94	3.45	3.07	2.76	2.51	2.30	2.12	1.97	4
0.1302	5.78	4.62	3.85	3.30	2.89	2.57	2.31	2.10	1.93	1.78	1.65	5
0.1556	5.50	4.40	3.67	3.14	2.75	2.44	2.20	2.00	1.83	1.69	1.57	6
Values of k in Btu, in./sq ft, hr, °F	0.28	0.35	0.42	0.49	0.55	0.62	0.69	0.76	0.83	0.90	0.97	

APPROX. 152.4 MM THICKNESS (nom. thick. 6")

APPROX. TUBE DIA. (metres)	Values of k in W/m•k: .04	.05	.06	.07	.08	.09	.10	.11	.12	.13	.14	TUBE NOM. SIZE (in.)
0.0127	12.98	10.38	8.65	7.41	6.49	5.77	5.19	4.77	4.33	3.99	3.71	3/8
0.0150	12.08	9.66	8.05	6.90	6.04	5.37	4.83	4.39	4.03	3.72	3.45	1/2
0.0222	10.78	8.62	7.18	6.16	5.39	4.79	4.31	3.97	3.59	3.32	3.08	3/4
0.0286	11.23	8.98	7.48	6.41	5.61	4.99	4.49	4.08	3.74	3.45	3.21	1
0.0349	10.33	8.26	6.88	5.90	5.16	4.59	4.13	3.75	3.44	3.18	2.95	1-1/4
0.0413	9.58	7.66	6.38	5.47	4.79	4.26	3.83	3.48	3.19	2.95	2.74	1-1/2
0.0540	9.30	7.44	6.20	5.31	4.65	4.13	3.72	3.38	3.10	2.85	2.66	2
0.0667	8.30	6.64	5.53	4.74	4.15	3.69	3.32	3.02	2.77	2.55	2.37	2-1/2
0.0794	8.30	6.64	5.53	4.74	4.15	3.69	3.32	3.02	2.77	2.55	2.37	3
0.0921	7.53	6.02	5.02	4.30	3.76	3.34	3.01	2.74	2.51	2.32	2.15	3-1/2
0.1048	7.65	6.12	5.10	4.37	3.83	3.40	3.06	2.78	2.55	2.35	2.19	4
0.1302	6.48	5.18	4.32	3.70	3.24	2.88	2.59	2.35	2.16	1.99	1.85	5
0.1556	6.35	5.08	4.23	3.63	3.18	2.82	2.54	2.31	2.12	1.95	1.81	6
Values of k in Btu, in./sq ft, hr, °F	0.28	0.35	0.42	0.49	0.55	0.62	0.69	0.76	0.83	0.90	0.97	

APPROX. 165.1 MM THICKNESS (nom. thick. 6-1/2")

APPROX. TUBE DIA. (metres)	Values of k in W/m•k: .04	.05	.06	.07	.08	.09	.10	.11	.12	.13	.14	TUBE NOM. SIZE (in.)
0.0127	14.83	11.86	9.88	8.47	7.41	6.59	5.93	5.39	4.94	4.56	4.24	3/8
0.0150	13.83	11.06	9.22	7.90	6.91	6.14	5.53	5.03	4.61	4.25	3.95	1/2
0.0222	12.38	9.90	8.25	7.07	6.19	5.50	4.95	4.50	4.13	3.81	3.54	3/4
0.0286	12.35	9.88	8.23	7.06	6.18	5.49	4.94	4.49	4.12	3.80	3.53	1
0.0349	11.38	9.10	7.58	6.50	5.69	5.06	4.55	4.14	3.79	3.50	3.25	1-1/4
0.0413	10.58	8.46	7.05	6.04	5.29	4.70	4.23	3.84	3.53	3.25	3.02	1-1/2
0.0540	10.25	8.20	6.83	5.86	5.13	4.56	4.10	3.73	3.42	3.15	2.93	2
0.0667	9.18	7.34	6.12	5.24	4.59	4.08	3.67	3.34	3.06	2.82	2.62	2-1/2
0.0794	9.18	7.34	6.12	5.24	4.59	4.08	3.67	3.34	3.06	2.82	2.62	3
0.0921	8.35	6.68	5.57	4.77	4.18	3.71	3.34	3.04	2.78	2.57	2.39	3-1/2
0.1048	8.40	6.72	5.60	4.80	4.20	3.73	3.36	3.05	2.80	2.58	2.40	4
0.1302	7.35	5.88	4.96	4.20	3.68	3.27	2.94	2.67	2.45	2.26	2.10	5
0.1556	6.83	5.46	4.55	3.90	3.41	3.03	2.73	2.48	2.28	2.10	1.95	6
Values of k in Btu, in./sq ft, hr, °F	0.28	0.35	0.42	0.49	0.55	0.62	0.69	0.76	0.83	0.90	0.97	

The above values of R are in Metric Units. To convert to English Units multiply by 5.6786.

TABLE 23 (Sheet 2 of 4)

TABLE 23 (Continued)

TUBING
VALUES OF "R" THERMAL RESISTANCE (Metric Units) OF INSULATION

Tube insulation $R = \dfrac{r_2 \log_e \dfrac{r_2}{r_1}}{k}$, r_1, r_2 and ℓ in metres or mm.

r_1 = inside radius of insulation, r_2 = outside radius of insulation, ℓ = thickness of insulation.

APPROX. TUBE DIA. (metres)	APPROX. 177.8 MM THICKNESS (nom. thick. 7") Values of k in W/m•k											APPROX. 190.5 MM THICKNESS (nom. thick. 7-1/2") Values of k in W/m•k											TUBE NOM. SIZE (in.)
	.04	.05	.06	.07	.08	.09	.10	.11	.12	.13	.14	.04	.05	.06	.07	.08	.09	.10	.11	.12	.13	.14	
0.0127	16.20	12.96	10.80	9.26	8.10	7.20	6.48	5.89	5.40	4.98	4.63	17.60	14.08	11.73	10.06	8.80	7.82	7.04	6.40	5.87	5.42	5.03	3/8
0.0150	15.15	12.12	10.10	8.66	7.58	6.73	6.06	5.51	5.05	4.66	4.33	16.48	13.18	10.98	9.41	8.24	7.32	6.59	5.99	5.49	5.07	4.71	1/2
0.0222	13.60	10.88	9.07	7.77	6.80	6.04	5.44	4.95	4.53	4.18	3.89	14.83	11.86	9.88	8.47	7.41	6.59	5.93	5.39	4.94	4.56	4.24	3/4
0.0286	13.48	10.78	8.98	7.70	6.74	5.99	5.39	4.90	4.49	4.15	3.85	14.65	11.72	9.77	8.37	7.33	6.51	5.80	5.33	4.88	4.51	4.19	1
0.0349	12.48	9.98	8.32	7.13	6.24	5.54	4.99	4.54	4.16	3.84	3.56	13.58	10.86	9.05	7.76	6.79	6.03	5.43	4.94	4.53	4.18	3.88	1-1/4
0.0413	11.60	9.28	7.73	6.63	5.80	5.16	4.64	4.22	3.87	3.57	3.31	12.68	10.14	8.45	7.24	6.34	5.63	5.07	4.61	4.23	3.90	3.62	1-1/2
0.0540	11.23	8.98	7.48	6.41	5.61	4.99	4.49	4.08	3.74	3.45	3.21	12.22	9.76	8.13	6.97	6.10	5.42	4.88	4.44	4.07	3.75	3.49	2
0.0667	10.08	8.06	6.72	5.76	5.04	4.48	4.03	3.66	3.36	3.10	2.88	11.00	8.80	7.33	6.29	5.50	4.89	4.40	4.00	3.67	3.38	3.14	2-1/2
0.0794	10.00	8.00	6.67	5.71	5.00	4.44	4.00	3.64	3.33	3.08	2.86	10.90	8.72	7.27	6.23	5.45	4.84	4.36	3.96	3.63	3.35	3.11	3
0.0921	9.15	7.32	6.10	5.23	4.58	4.07	3.66	3.33	3.05	2.82	2.61	10.00	8.00	6.67	5.71	5.00	4.44	4.00	3.64	3.33	3.08	2.86	3-1/2
0.1048	9.23	7.38	6.15	5.27	4.61	4.10	3.69	3.35	3.08	2.84	2.64	10.03	8.02	6.68	5.73	5.01	4.46	4.01	3.65	3.34	3.08	2.86	4
0.1302	7.90	6.32	5.27	4.51	3.95	3.51	3.16	2.87	2.63	2.43	2.26	9.90	7.92	6.60	5.66	4.95	4.40	3.96	3.60	3.30	3.05	2.83	5
0.1556	7.50	6.00	5.00	4.29	3.75	3.33	3.00	2.73	2.50	2.31	2.14	8.16	6.52	5.43	4.66	4.08	3.62	3.26	2.96	2.72	2.51	2.33	6
Values of k in Btu, in./sq ft, hr, °F	0.28	0.35	0.42	0.49	0.55	0.62	0.69	0.76	0.83	0.90	0.97	0.28	0.35	0.42	0.49	0.55	0.62	0.69	0.76	0.83	0.90	0.97	

APPROX. TUBE DIA. (metres)	APPROX. 203.2 MM THICKNESS (nom. thick. 8") Values of k in W/m•k											APPROX. 215.9 MM THICKNESS (nom. thick. 8-1/2") Values of k in W/m•k											TUBE NOM. SIZE (in.)
	.04	.05	.06	.07	.08	.09	.10	.11	.12	.13	.14	.04	.05	.06	.07	.08	.09	.10	.11	.12	.13	.14	
0.0127	19.03	15.22	12.68	10.87	9.51	8.46	7.61	6.92	6.34	5.85	5.44	20.48	16.38	13.65	11.70	10.24	9.10	8.19	7.45	6.83	6.30	5.85	3/8
0.0150	17.83	14.26	11.88	10.19	8.91	7.92	7.13	6.48	5.94	5.48	5.09	19.23	15.38	12.82	10.99	9.61	8.54	7.69	6.99	6.41	5.92	5.49	1/2
0.0222	16.08	12.86	10.72	9.19	8.04	7.14	6.43	5.85	5.36	4.95	4.59	17.35	13.88	11.57	9.91	8.68	7.71	6.94	6.31	5.78	5.34	4.96	3/4
0.0286	15.85	12.68	10.57	9.06	7.93	7.04	6.34	5.76	5.28	4.88	4.53	17.05	13.64	11.37	9.74	8.53	7.58	6.82	6.20	5.68	5.25	4.87	1
0.0349	14.70	11.76	9.80	8.40	7.35	6.53	5.88	5.35	4.90	4.52	4.20	15.85	12.68	10.57	9.06	7.93	7.01	6.34	5.76	5.28	4.88	4.53	1-1/4
0.0413	13.75	11.00	9.17	7.86	6.88	6.11	5.50	5.00	4.58	4.23	3.93	14.85	11.88	9.90	8.49	7.43	6.60	5.94	5.40	4.95	4.57	4.24	1-1/2
0.0540	13.23	10.58	8.82	7.56	6.61	5.88	5.29	4.81	4.41	4.07	3.78	14.23	11.38	9.48	8.13	7.11	6.32	5.69	5.17	4.74	4.38	4.06	2
0.0667	11.95	9.56	7.97	6.83	5.98	5.31	4.78	4.35	3.98	3.68	3.41	12.90	10.32	8.60	7.37	6.45	5.73	5.16	4.69	4.30	3.97	3.69	2-1/2
0.0794	11.78	9.42	7.85	6.73	5.89	5.23	4.71	4.28	3.93	3.62	3.36	12.70	10.16	8.47	7.26	6.35	5.64	5.08	4.62	4.23	3.91	3.63	3
0.0921	10.83	8.66	7.22	6.19	5.41	4.81	4.33	3.94	3.61	3.33	3.09	11.70	9.36	7.80	6.69	5.85	5.20	4.68	4.25	3.90	3.60	3.34	3-1/2
0.1048	10.85	8.68	7.23	6.20	5.43	4.82	4.34	3.95	3.62	3.34	3.10	11.70	9.36	7.80	6.69	5.85	5.20	4.68	4.25	3.90	3.60	3.34	4
0.1302	9.40	7.52	6.26	6.71	4.70	4.18	3.76	3.42	3.13	2.89	2.69	10.18	8.14	6.78	5.81	5.09	4.52	4.07	3.70	3.39	3.13	2.91	5
0.1556	8.93	7.14	5.95	5.10	4.46	3.97	3.57	3.25	2.98	2.75	2.55	8.80	7.74	6.45	5.53	4.84	4.30	3.87	3.52	3.23	2.98	2.76	6
Values of k in Btu, in./sq ft, hr, °F	0.28	0.35	0.42	0.49	0.55	0.62	0.69	0.76	0.83	0.90	0.97	0.28	0.35	0.42	0.49	0.55	0.62	0.69	0.76	0.83	0.90	0.97	

APPROX. TUBE DIA. (metres)	APPROX. 228.6 MM THICKNESS (nom. thick. 9") Values of k in W/m•k											APPROX. 241.3 MM THICKNESS (nom. thick. 9-1/2") Values of k in W/m•k											TUBE NOM. SIZE (in.)
	.04	.05	.06	.07	.08	.09	.10	.11	.12	.13	.14	.04	.05	.06	.07	.08	.09	.10	.11	.12	.13	.14	
0.0127	21.95	17.56	14.63	12.54	10.98	9.76	8.78	7.98	7.32	6.75	6.27	23.43	18.74	15.62	13.39	11.71	10.41	9.37	8.52	7.81	7.21	6.69	3/8
0.0150	20.60	16.48	13.73	11.77	10.30	9.16	8.24	7.49	6.87	6.34	5.89	22.03	17.62	14.68	12.59	11.01	9.79	8.81	8.01	7.34	6.78	6.29	1/2
0.0222	18.65	14.92	12.43	10.66	9.33	8.29	7.46	6.78	6.22	5.74	5.33	19.95	15.96	13.30	11.40	9.98	8.87	7.98	7.25	6.65	6.14	5.74	3/4
0.0286	18.28	14.62	12.18	10.44	9.14	8.12	7.31	6.65	6.09	5.62	5.22	19.35	15.48	12.90	11.06	9.68	8.60	7.74	7.04	6.45	5.95	5.53	1
0.0349	17.00	13.60	11.33	9.71	8.50	7.56	6.80	5.18	5.67	5.23	4.86	18.18	14.54	12.12	10.39	9.09	8.08	7.27	6.61	6.06	5.59	5.19	1-1/4
0.0413	15.95	12.76	10.63	9.11	7.98	7.09	6.38	5.80	5.32	4.91	4.56	17.08	13.66	11.38	9.76	8.54	7.59	6.83	6.21	5.69	5.25	4.88	1-1/2
0.0540	15.28	12.22	10.18	8.73	7.64	6.79	6.11	5.55	5.09	4.70	4.36	16.33	13.06	10.88	9.33	8.16	7.26	6.53	5.94	5.44	5.02	4.66	2
0.0667	13.88	11.10	9.25	7.93	6.94	6.17	5.55	5.05	4.63	4.27	3.96	14.85	11.88	9.90	8.49	7.43	6.60	5.94	5.40	4.95	4.57	4.24	2-1/2
0.0794	13.63	10.90	9.08	7.08	6.82	6.06	5.45	4.95	4.54	4.19	3.89	14.83	11.86	9.88	8.47	7.41	6.59	5.83	5.39	4.94	4.56	4.24	3
0.0921	12.60	10.08	8.40	7.20	6.30	5.60	5.04	4.58	4.20	3.88	3.60	13.50	10.80	9.00	7.71	6.75	6.00	5.40	4.91	4.50	4.15	3.86	3-1/2
0.1048	12.55	10.04	8.37	7.17	6.28	5.58	5.02	4.56	4.18	3.86	3.59	13.43	10.74	8.95	7.67	6.71	5.97	5.37	4.88	4.48	4.13	3.84	4
0.1302	10.98	8.78	7.32	6.27	5.49	4.88	4.39	3.99	3.66	3.38	3.14	11.75	9.40	7.83	6.71	5.88	5.22	4.70	4.27	3.92	3.62	3.36	5
0.1556	10.40	8.32	6.93	5.94	5.20	4.62	4.16	3.78	3.47	3.20	2.97	11.18	8.94	7.45	6.39	5.59	4.97	4.47	4.06	3.73	3.44	3.19	6
Values of k in Btu, in./sq ft, hr, °F	0.28	0.35	0.42	0.49	0.55	0.62	0.69	0.76	0.83	0.90	0.97	0.28	0.35	0.42	0.49	0.55	0.62	0.69	0.76	0.83	0.90	0.97	

The above values of R are in Metric Units. To convert to English Units multiply by 5.6786.

TABLE 23 (Sheet 3 of 4)

TUBING
VALUES OF "R" THERMAL RESISTANCE (Metric Units) OF INSULATION

$$\text{Tube insulation } R = \frac{r_2 \log_e \frac{r_2}{r_1}}{k}$$, r_1, r_2 and ℓ in metres or mm.

r_1 = inside radius of insulation, r_2 = outside radius of insulation, ℓ = thickness of insulation.

APPROX. 254.0 MM THICKNESS (nom. thick. 10")

APPROX. TUBE DIA. (metres)	Values of k in W/m•k											TUBE NOM. SIZE (in.)
	.04	.05	.06	.07	.08	.09	.10	.11	.12	.13	.14	
0.0127	24.93	19.94	16.62	14.24	12.46	11.08	9.97	9.06	8.31	7.67	7.12	3/8
0.0150	23.45	18.76	15.63	13.40	11.73	10.42	9.38	8.58	7.82	7.22	6.70	1/2
0.0222	21.25	17.00	14.17	12.14	10.63	9.44	8.50	7.73	7.08	6.54	6.07	3/4
0.0286	20.75	16.60	13.83	11.86	10.38	9.22	8.30	7.55	6.92	6.38	5.93	1
0.0349	19.35	15.48	12.90	11.06	9.68	8.60	7.74	7.04	6.45	5.95	5.53	1-1/4
0.0413	18.20	14.56	12.13	10.40	9.10	8.09	7.28	6.62	6.07	5.60	5.20	1-1/2
0.0540	17.40	13.92	11.60	9.94	8.70	7.73	6.96	6.33	5.80	5.35	4.97	2
0.0667	15.85	12.68	10.57	9.06	7.93	7.04	6.34	5.76	5.28	4.88	4.53	2-1/2
0.0794	15.53	12.42	10.35	8.87	7.76	6.90	6.21	5.65	5.18	4.78	4.44	3
0.0921	14.40	11.52	9.60	8.23	7.20	6.40	5.76	5.24	4.80	4.43	4.11	3-1/2
0.1048	14.30	11.44	9.53	8.17	7.15	6.36	5.72	5.20	4.77	4.40	4.09	4
0.1302	12.58	10.06	8.38	7.19	6.29	5.59	5.03	4.57	4.19	3.87	3.59	5
0.1556	11.93	9.54	7.95	6.81	5.96	5.30	4.77	4.34	3.98	3.67	3.41	6
	0.28	0.35	0.42	0.49	0.55	0.62	0.69	0.76	0.83	0.90	0.97	
	Values of k in Btu, in./sq ft, hr, °F											

APPROX. 266.7 MM THICKNESS (nom. thick. 10-1/2")

APPROX. TUBE DIA. (metres)	Values of k in W/m•k											TUBE NOM. SIZE (in.)
	.04	.05	.06	.07	.08	.09	.10	.11	.12	.13	.14	
0.0127	26.43	21.14	17.62	15.10	13.21	11.74	10.57	9.61	8.81	8.13	7.55	3/8
0.0150	24.88	19.90	16.58	14.21	12.44	11.06	9.95	9.05	8.29	7.65	7.11	1/2
0.0222	22.60	18.08	15.07	12.91	11.30	10.04	9.04	8.22	7.53	6.95	6.46	3/4
0.0286	22.05	17.64	14.70	12.60	11.03	9.80	8.82	8.02	7.35	6.78	6.30	1
0.0349	20.65	16.52	13.77	11.80	10.33	9.18	8.26	7.51	6.88	6.35	5.90	1-1/4
0.0413	19.55	15.64	13.03	11.17	9.78	8.69	7.82	7.11	6.52	6.02	5.59	1-1/2
0.0540	18.48	14.78	12.32	10.56	9.24	8.21	7.39	6.72	6.16	5.68	5.28	2
0.0667	16.88	13.50	11.25	9.64	8.44	7.50	6.75	6.14	5.63	5.19	4.82	2-1/2
0.0794	17.00	13.60	11.33	9.71	8.50	7.56	6.80	6.18	5.67	5.23	4.86	3
0.0921	15.33	12.26	10.22	8.76	7.66	6.81	6.13	5.57	5.11	4.72	4.38	3-1/2
0.1048	15.20	12.16	10.13	8.69	7.60	6.76	6.08	5.53	5.07	4.68	4.34	4
0.1302	13.40	10.72	8.93	7.66	6.70	5.96	5.36	4.87	4.47	4.12	3.83	5
0.1556	12.73	10.18	8.48	7.27	6.36	5.66	5.09	4.63	4.24	3.92	2.80	6
	0.28	0.35	0.42	0.49	0.55	0.62	0.69	0.76	0.83	0.90	0.97	
	Values of k in Btu, in./sq ft, hr, °F											

APPROX. 279.4 MM THICKNESS (nom. thick. 11")

APPROX. TUBE DIA. (metres)	Values of k in W/m•k											TUBE NOM. SIZE (in.)
	.04	.05	.06	.07	.08	.09	.10	.11	.12	.13	.14	
0.0127	27.95	22.36	18.63	15.97	13.98	12.42	11.18	10.16	9.32	8.60	7.99	3/8
0.0150	26.33	21.06	17.55	15.04	13.16	11.70	10.53	9.57	8.78	8.10	7.52	1/2
0.0222	23.98	19.18	15.98	13.70	11.99	10.66	9.59	8.72	7.99	7.38	6.85	3/4
0.0286	23.33	18.66	15.55	13.33	11.66	10.37	9.33	8.48	7.78	7.18	6.66	1
0.0349	21.80	17.44	14.53	12.46	10.90	9.69	8.72	7.93	7.27	6.71	6.23	1-1/4
0.0413	20.50	16.40	13.67	11.71	10.25	9.11	8.20	7.45	6.83	6.31	5.86	1-1/2
0.0540	19.55	15.64	13.03	11.17	9.78	8.69	7.82	7.11	6.52	6.02	5.59	2
0.0667	17.90	14.32	11.93	10.23	8.95	7.96	7.16	6.51	5.97	5.51	5.51	2-1/2
0.0794	17.50	14.00	11.67	10.00	8.75	7.78	7.00	6.36	5.83	5.38	5.00	3
0.0921	16.38	13.02	10.85	9.30	8.14	7.23	6.51	5.92	5.43	5.01	4.65	3-1/2
0.1048	17.35	13.88	11.57	9.91	8.68	7.71	6.94	6.31	5.79	5.34	4.96	4
0.1302	14.25	11.40	9.50	8.14	7.13	6.33	5.70	5.18	4.75	4.38	4.07	5
0.1556	13.53	10.82	9.02	7.73	6.76	6.01	5.41	4.92	4.51	4.16	3.86	6
	0.28	0.35	0.42	0.49	0.55	0.62	0.69	0.76	0.83	0.90	0.97	
	Values of k in Btu, in./sq ft, hr, °F											

APPROX. 292.1 MM THICKNESS (nom. thick. 11-1/2")

APPROX. TUBE DIA. (metres)	Values of k in W/m•k											TUBE NOM. SIZE (in.)
	.04	.05	.06	.07	.08	.09	.10	.11	.12	.13	.14	
0.0127	29.50	23.60	19.67	16.86	14.75	13.11	11.80	10.72	9.83	9.08	8.43	3/8
0.0150	27.83	22.26	18.55	15.90	13.91	12.37	11.13	10.12	9.28	8.56	7.95	1/2
0.0222	25.33	20.26	16.88	14.47	12.66	11.26	10.13	9.21	8.44	7.79	7.24	3/4
0.0286	24.63	19.70	16.42	14.07	12.31	10.94	9.85	8.95	8.21	7.58	7.04	1
0.0349	23.03	18.42	15.35	13.16	11.51	10.23	9.21	8.37	7.68	7.08	6.58	1-1/4
0.0413	21.75	17.40	14.50	12.43	10.88	9.67	8.70	7.91	7.25	6.69	6.21	1-1/2
0.0540	20.68	16.54	13.78	11.81	10.34	9.19	8.27	7.52	6.89	6.36	5.91	2
0.0667	18.93	15.14	12.62	10.81	9.46	8.11	7.57	6.88	6.31	5.82	5.41	2-1/2
0.0794	18.50	14.80	12.33	10.57	9.25	8.22	7.40	6.73	6.17	5.69	5.29	3
0.0921	17.23	13.78	11.48	9.81	8.61	7.66	6.89	6.26	5.74	5.30	4.92	3-1/2
0.1048	15.78	12.62	10.52	9.01	7.89	7.01	6.31	5.74	5.26	4.85	4.51	4
0.1302	15.10	12.08	10.07	8.63	7.51	6.71	6.04	5.48	5.03	4.65	4.31	5
0.1556	14.33	11.46	9.55	8.19	7.16	6.37	5.73	5.21	4.78	4.41	4.09	6
	0.28	0.35	0.42	0.49	0.55	0.62	0.69	0.76	0.83	0.90	0.97	
	Values of k in Btu, in./sq ft, hr, °F											

APPROX. 304.8 MM THICKNESS (nom. thick. 12")

APPROX. TUBE DIA. (metres)	Values of k in W/m•k											TUBE NOM. SIZE (in.)
	.04	.05	.06	.07	.08	.09	.10	.11	.12	.13	.14	
0.0127	31.05	24.84	20.70	17.74	15.53	13.80	12.42	11.29	10.35	9.55	8.87	3/8
0.0150	29.30	23.44	19.53	16.74	14.65	13.02	11.72	10.65	9.77	9.02	8.37	1/2
0.0222	26.70	21.36	17.80	15.26	13.35	11.87	10.68	9.71	8.90	8.22	7.63	3/4
0.0286	25.93	20.74	17.28	14.81	12.96	11.52	10.37	9.43	8.64	7.98	7.41	1
0.0349	24.28	19.42	16.18	13.87	12.14	10.79	9.71	8.83	8.09	7.47	6.94	1-1/4
0.0413	27.90	18.32	15.27	13.09	11.45	10.18	9.16	8.33	7.63	7.05	6.54	1-1/2
0.0540	21.80	17.44	14.53	12.46	10.90	9.69	8.72	7.93	7.27	6.71	6.23	2
0.0667	19.98	15.98	13.32	11.41	9.99	8.88	7.99	7.26	6.66	6.15	5.71	2-1/2
0.0794	19.50	15.60	13.00	11.14	9.75	8.67	7.80	7.09	6.50	6.00	5.57	3
0.0921	18.18	14.54	12.12	10.39	9.09	8.08	7.27	6.61	6.06	5.59	5.19	3-1/2
0.1048	17.95	14.36	11.97	10.26	8.98	7.98	7.18	6.53	5.98	5.52	5.13	4
0.1302	15.95	12.76	10.63	9.11	7.98	7.09	6.38	5.80	5.32	4.91	4.56	5
0.1556	15.13	12.10	10.08	8.64	7.56	6.72	6.05	5.50	5.04	4.65	4.32	6
	0.28	0.35	0.42	0.49	0.55	0.62	0.69	0.76	0.83	0.90	0.97	
	Values of k in Btu, in./sq ft, hr, °F											

APPROX. MM THICKNESS (nom. thick. ")

APPROX. TUBE DIA. (metres)	Values of k in W/m•k											TUBE NOM. SIZE (in.)
	.04	.05	.06	.07	.08	.09	.10	.11	.12	.13	.14	
												3/8
												1/2
												3/4
												1
												1-1/4
												1-1/2
												2
												2-1/2
												3
												3-1/2
												4
												5
												6
	0.28	0.35	0.42	0.49	0.55	0.62	0.69	0.76	0.83	0.90	0.97	
	Values of k in Btu, in./sq ft, hr, °F											

The above values of R are in Metric Units. To convert to English Units multiply by 5.6786.

TABLE 23 (Sheet 4 of 4)

FIGURE 14

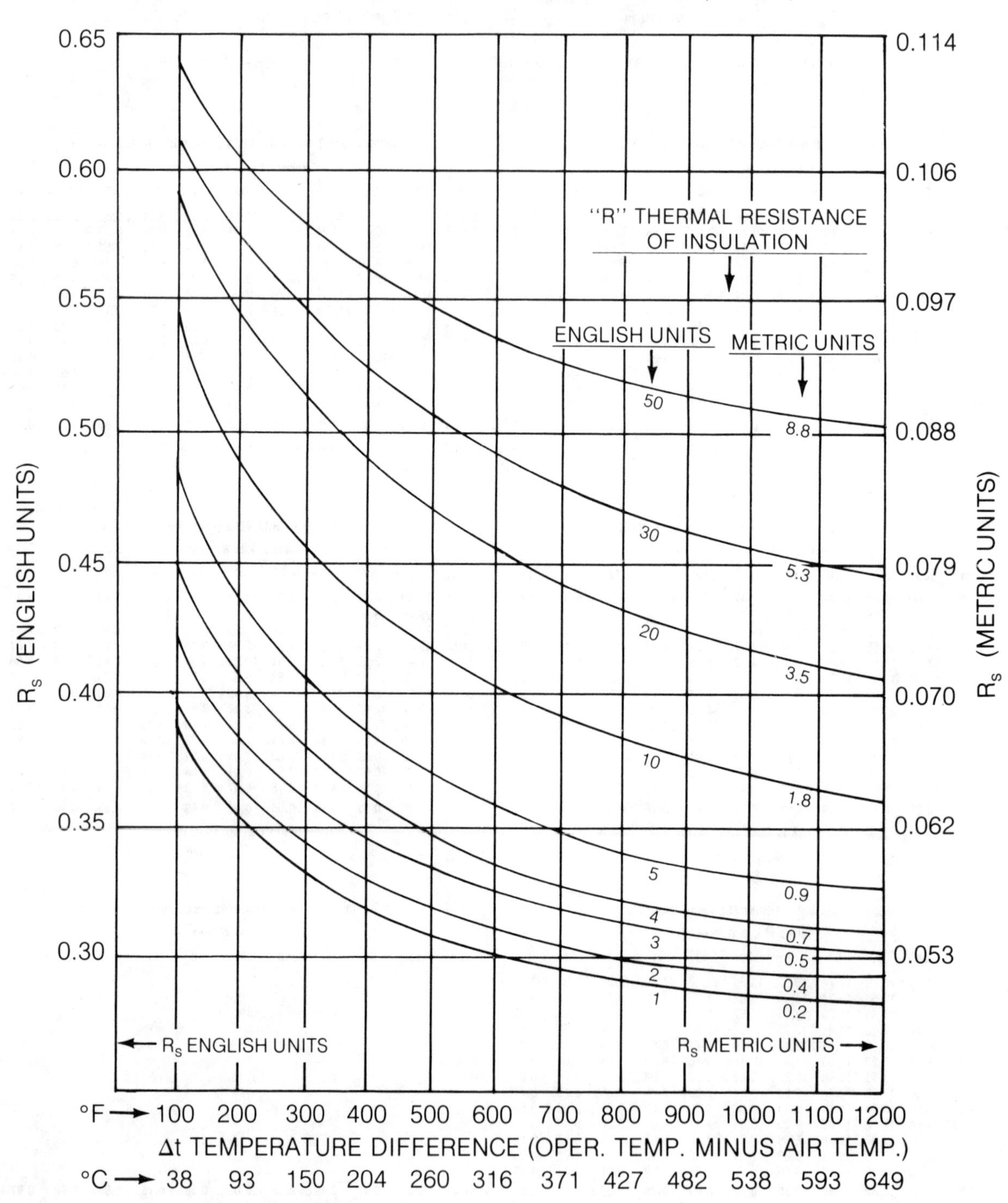

FIGURE 14 (Sheet 1 of 4)

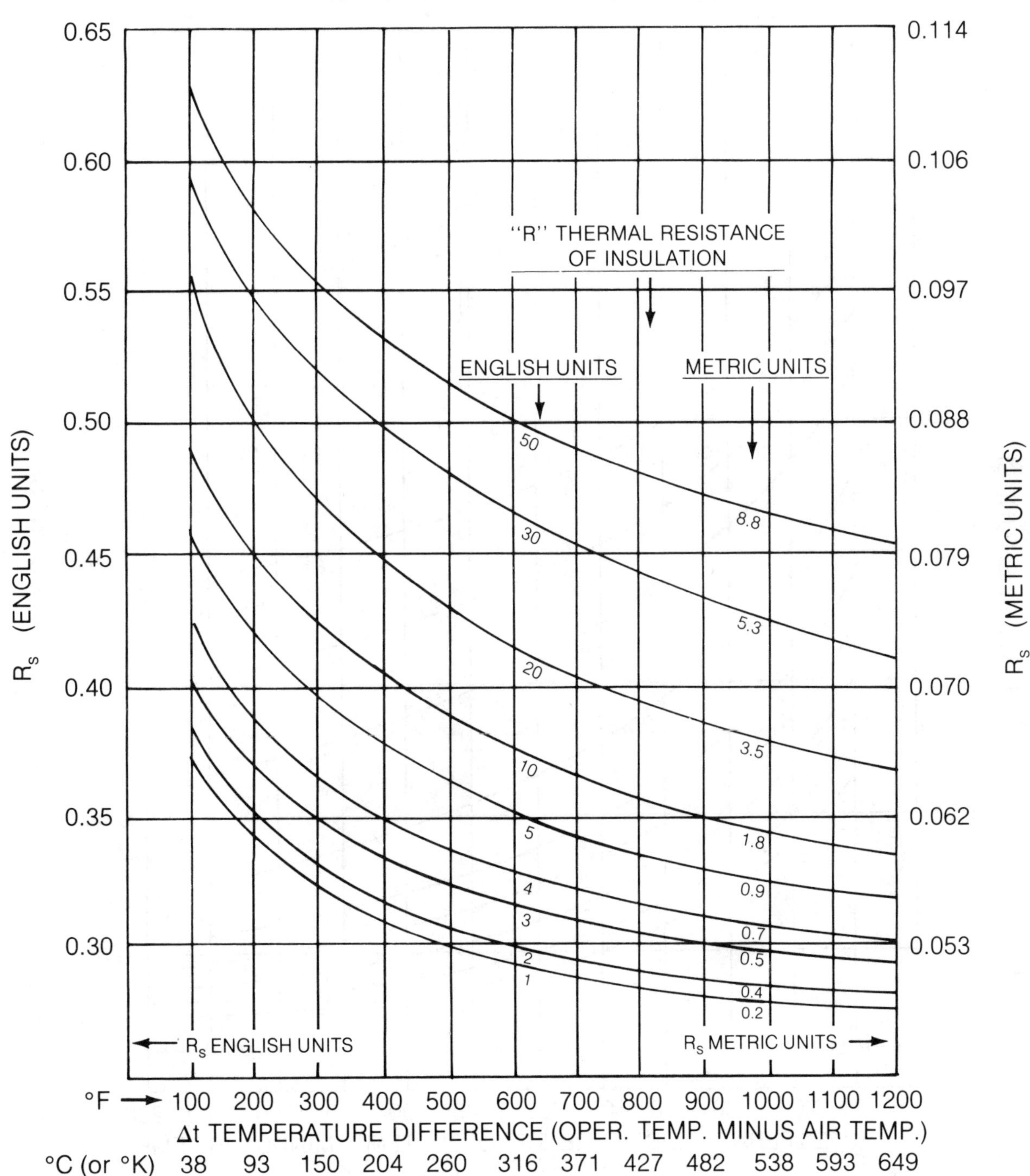

FIGURE 14 (Sheet 2 of 4)

FIGURE 14 (Continued)

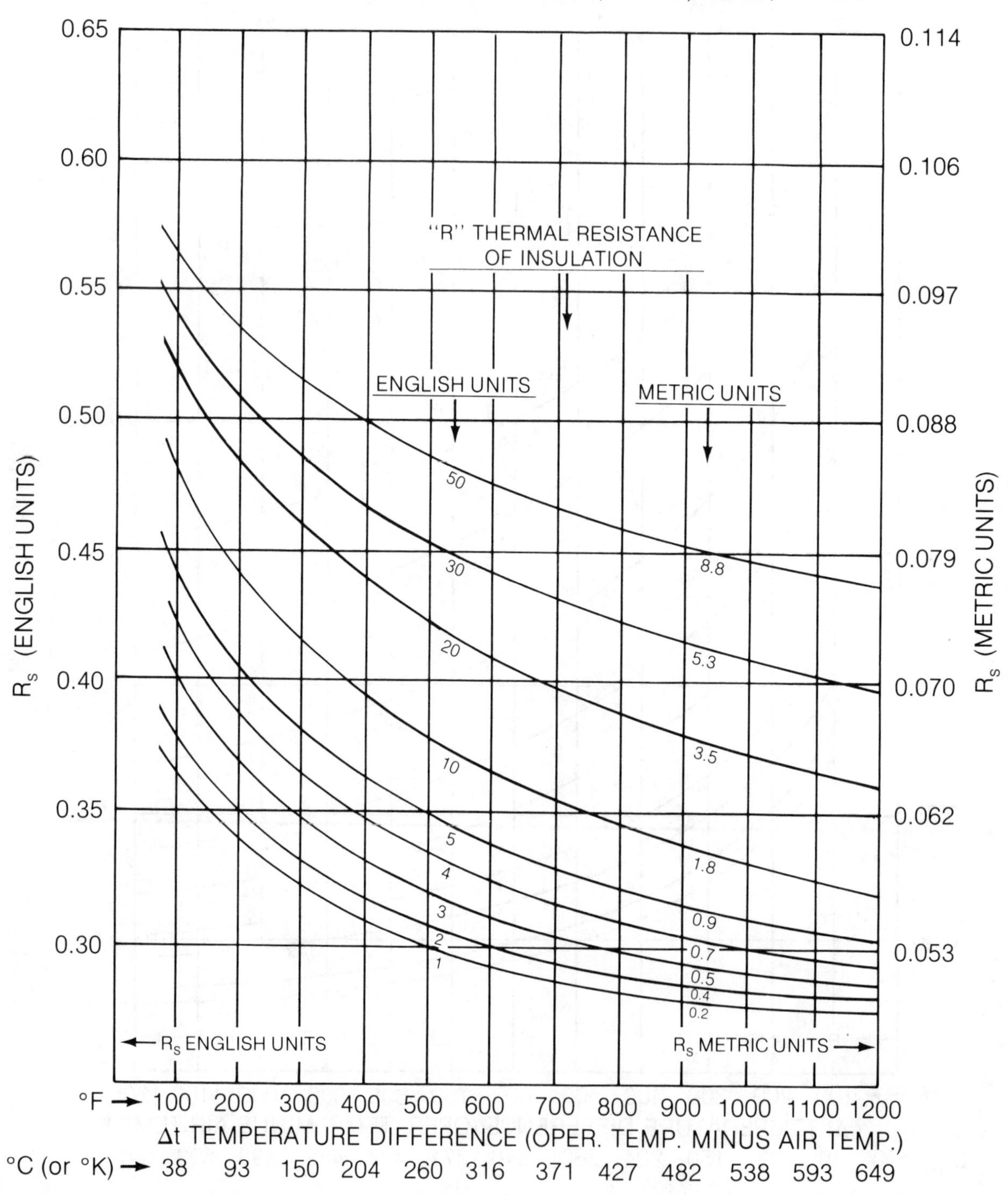

FIGURE 14 (Sheet 3 of 4)

FIGURE 14 (Continued)

APPROXIMATE SURFACE RESISTANCE "R_S"

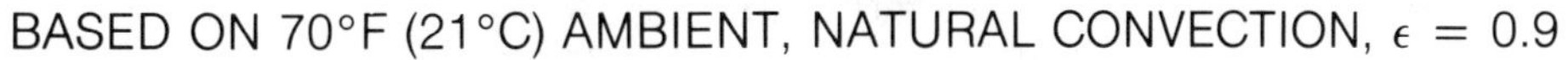

BASED ON 70°F (21°C) AMBIENT, NATURAL CONVECTION, $\epsilon = 0.9$

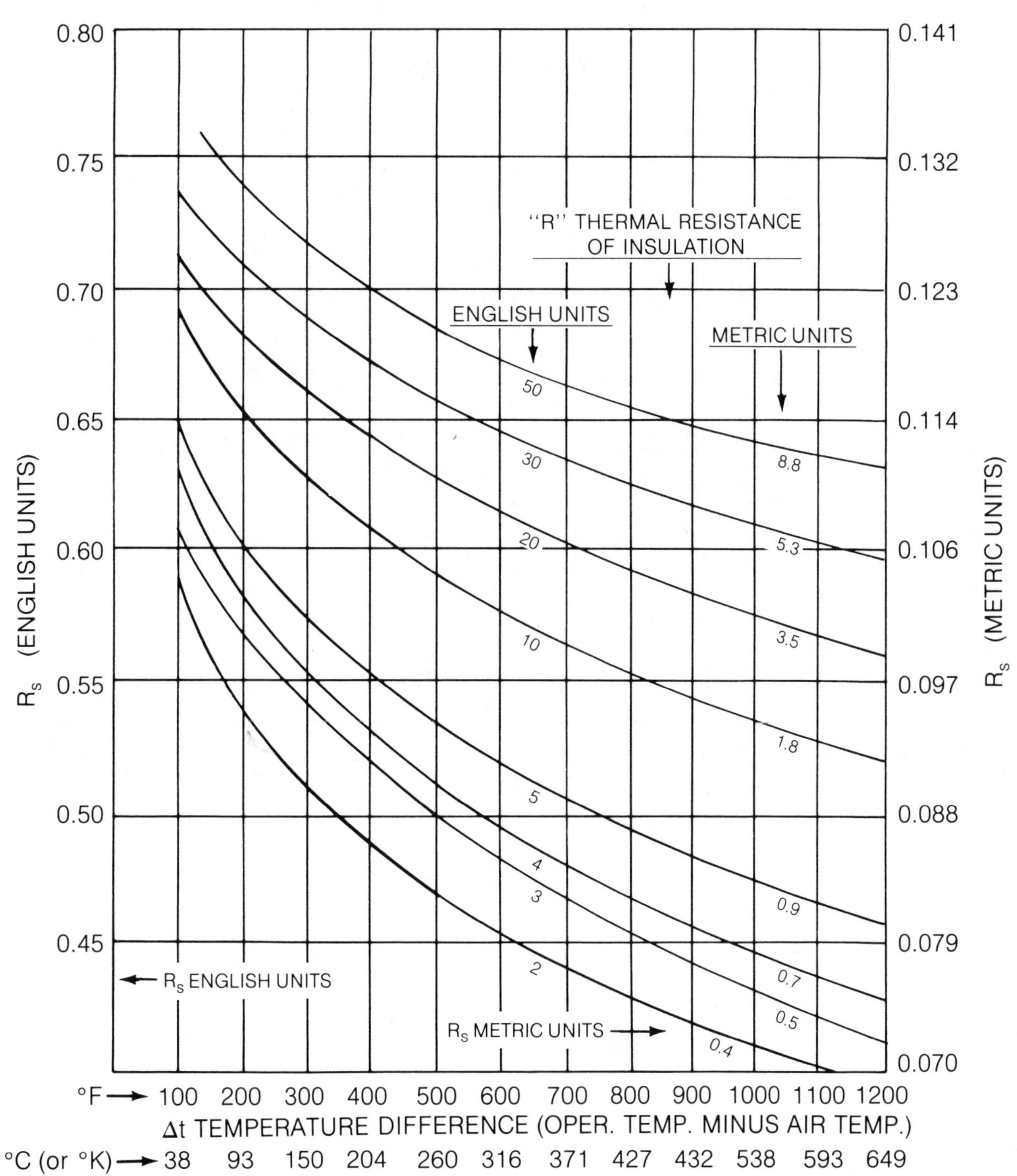

FIGURE 14 (Sheet 4 of 4)

TABLE 24

OUTSIDE SURFACE AREAS OF NPS PIPE INSULATION (English Units)

BASED ON NOMINAL PIPE INSULATION — ASTM STANDARD C-585-76 — SQUARE FEET PER LINEAR FOOT

PIPE SIZE Nom. in.	Dia. in.	BARE	NOMINAL INSULATION THICKNESS in. 1 / mm. 25	1½ / 38	2 / 51	2½ / 64	3 / 76	3½ / 89	4 / 102	4½ / 114	5 / 127	5½ / 140	6 / 152	6½ / 165	7 / 178	7½ / 194	8 / 208	8½ / 216	9 / 229	9½ / 241	10 / 254	10½ / 267	11 / 279	11½ / 292	12 / 305
1/8	0.40	0.106	0.62	0.92	1.18	1.46	1.73	2.00	2.26	2.52	2.81	3.08	3.34	3.67	3.93	4.19	4.45	4.71	4.97	5.24	5.50	5.76	6.02	6.28	6.54
1/4	0.54	0.141	0.75	1.05	1.31	1.46	1.73	2.00	2.26	2.52	2.81	3.08	3.34	3.67	3.93	4.19	4.45	4.71	4.97	5.24	5.50	5.76	6.02	6.28	6.54
3/8	0.67	0.177	0.75	1.05	1.31	1.46	1.73	2.00	2.26	2.52	2.81	3.08	3.34	3.67	3.93	4.19	4.45	4.71	4.97	5.24	5.50	5.76	6.02	6.28	6.54
1/2	0.84	0.220	0.75	1.05	1.31	1.73	2.00	2.26	2.52	2.81	3.08	3.34	3.67	3.93	4.19	4.45	4.71	4.97	5.24	5.50	5.76	6.02	6.28	6.54	6.81
3/4	1.05	0.275	0.75	1.05	1.31	1.73	2.00	2.22	2.52	2.81	3.08	3.34	3.67	3.93	4.19	4.45	4.71	4.97	5.24	5.50	5.76	6.02	6.28	6.54	6.81
1	1.32	0.344	0.92	1.18	1.46	1.73	2.00	2.26	2.52	2.81	3.08	3.34	3.67	3.93	4.19	4.45	4.71	4.97	5.29	5.50	5.76	6.02	6.28	6.54	6.81
1-1/4	1.66	0.435	0.92	1.31	1.46	1.73	2.00	2.26	2.52	2.81	3.08	3.34	3.67	3.93	4.19	4.45	4.71	4.97	5.24	5.50	5.76	6.02	6.28	6.54	6.81
1-1/2	1.90	0.498	1.05	1.31	1.73	2.00	2.26	2.52	2.81	3.08	3.34	3.67	3.93	4.19	4.45	4.71	4.97	5.24	5.50	5.76	6.02	6.28	6.54	6.81	7.07
2	2.38	0.622	1.18	1.46	1.73	2.00	2.26	2.52	2.81	3.08	3.34	3.67	3.93	4.19	4.45	4.71	4.97	5.24	5.50	5.76	6.02	6.28	6.54	6.81	7.07
2-1/2	2.89	0.753	1.31	1.73	2.00	2.26	2.52	2.81	3.08	3.34	3.67	3.93	4.19	4.45	4.71	4.97	5.24	5.50	5.76	6.02	6.28	6.54	6.81	7.07	7.33
3	3.50	0.917	1.46	1.73	2.00	2.26	2.52	2.81	3.08	3.34	3.67	3.93	4.19	4.45	4.71	4.97	5.24	5.50	5.76	6.02	6.28	6.54	6.81	7.07	7.31
3-1/2	4.00	1.047	1.73	2.00	2.26	2.52	2.81	3.08	3.34	3.67	3.93	4.19	4.45	4.71	4.97	5.24	5.50	5.76	6.02	6.28	6.54	6.81	7.07	7.33	7.59
4	4.50	1.178	1.73	2.00	2.26	2.52	2.81	3.08	3.34	3.67	3.93	4.19	4.45	4.71	4.97	5.24	5.50	5.76	6.02	6.28	6.54	6.81	7.07	7.33	7.59
4-1/2	5.00	1.309	2.00	2.26	2.52	2.81	3.08	3.34	3.67	3.67	3.93	4.19	4.45	4.71	4.97	5.24	5.50	5.76	6.02	6.28	6.54	6.81	7.07	7.33	7.59
5	5.56	1.456	2.00	2.26	2.52	2.81	3.08	3.34	3.67	3.93	4.19	4.45	4.71	4.97	5.24	5.50	5.76	6.02	6.28	6.54	6.81	7.07	7.33	7.59	7.85
6	6.62	1.734	2.26	2.52	2.81	3.08	3.34	3.67	3.93	4.19	4.45	4.71	4.97	5.24	5.50	5.76	6.02	6.26	6.54	6.81	7.07	7.33	7.59	7.85	8.12
7	7.62	1.996	2.52	2.81	3.08	3.34	3.67	3.93	4.19	4.45	4.71	4.97	5.24	5.50	5.76	6.02	6.28	6.54	6.81	7.07	7.33	7.59	7.85	8.12	8.37
8	8.62	2.258	2.81	3.08	3.34	3.67	3.93	4.19	4.45	4.71	4.97	5.24	5.50	5.76	6.02	6.28	6.54	6.81	7.07	7.33	7.59	7.85	8.12	8.39	8.64
9	9.62	2.320	3.08	3.34	3.67	3.93	4.19	4.45	4.71	4.97	5.24	5.50	5.76	6.02	6.28	6.54	6.81	7.07	7.33	7.59	7.85	8.12	8.37	8.64	8.90
10	10.25	2.814	3.34	3.67	3.93	4.19	4.45	4.71	4.97	5.24	5.50	5.76	6.02	6.28	6.54	6.81	7.07	7.33	7.59	7.85	8.12	8.37	8.64	8.90	9.16
11	11.75	3.076	3.67	3.98	4.19	4.45	4.71	4.97	5.24	5.50	5.76	6.02	6.28	6.54	6.81	7.07	7.33	7.59	7.85	8.12	8.37	8.64	8.70	9.16	9.42
12	12.75	3.338	3.93	4.19	4.45	4.71	4.97	5.24	5.50	5.76	6.02	6.28	6.54	6.81	7.07	7.33	7.59	7.85	8.12	8.37	8.64	8.90	9.16	9.42	9.68
14	14.00	3.665	4.19	4.45	4.71	4.97	5.24	5.50	5.76	6.02	6.28	6.54	6.81	7.07	7.33	7.59	7.85	8.12	8.37	8.64	8.90	9.16	9.42	9.68	9.95
16	16.00	4.189	4.71	4.97	5.24	5.50	5.76	6.02	6.28	6.54	6.81	7.07	7.33	7.59	7.85	8.12	8.37	8.64	8.90	9.16	9.42	9.69	9.95	10.21	10.47
18	18.00	4.712	4.97	5.50	5.76	6.02	6.28	6.54	6.81	7.07	7.33	7.59	7.85	8.12	8.37	8.64	8.90	9.16	9.42	9.69	9.95	10.21	10.47	10.73	11.00
20	20.00	5.236	5.76	6.02	6.28	6.54	6.81	7.07	7.33	7.59	7.85	8.12	8.38	8.64	8.90	9.16	9.42	9.69	9.95	10.21	10.49	10.73	11.00	11.25	11.52
22	22.00	5.759	6.54	6.54	6.81	7.07	7.33	7.59	7.85	8.12	8.38	8.64	8.90	9.16	9.42	9.69	9.95	10.21	10.47	10.78	11.00	11.25	11.52	11.78	12.04
24	24.00	6.283	6.81	7.07	7.33	7.59	7.85	8.12	8.38	8.64	8.90	9.16	9.42	9.69	9.95	10.21	10.47	10.73	11.00	11.25	11.52	11.78	12.04	12.30	12.57
26	26.00	6.807	7.07	7.59	7.85	8.12	8.38	8.64	8.90	9.16	9.42	9.69	9.95	10.21	10.47	10.73	11.00	11.25	11.52	11.78	12.04	12.30	12.57	12.83	13.07
28	28.00	7.331	7.85	8.12	8.38	8.64	8.90	9.16	9.42	9.69	9.95	10.21	10.47	10.73	11.00	11.25	11.52	11.78	12.04	12.30	12.57	12.83	13.07	13.35	13.61
30	30.00	7.854	8.38	8.64	8.90	9.16	9.42	9.69	9.95	10.21	10.47	10.73	11.00	11.25	11.52	11.78	12.04	12.30	12.57	12.83	13.07	13.35	13.61	13.87	14.14
36	36.00	9.425	9.95	10.21	10.47	10.73	11.00	11.25	11.52	11.78	12.04	12.30	12.57	12.83	13.07	13.35	13.61	13.87	14.14	14.40	14.66	14.92	15.18	15.45	15.70
1st Layer (nom. in.) →			1	1½	2	2½	3	3½	4	2	2½	2½	3	3	3½	3½	4	2½	3	3	3	3½	3½	3½	4
2nd Layer (nom. in.) →										2½	2½	3	3	3½	3½	4	4	3	3	3	3½	3½	3½	4	4
3rd Layer (nom. in.) →																		3	3	3½	3½	3½	4	4	4

TABLE 24

TABLE 25

OUTSIDE SURFACE AREAS OF NPS PIPE INSULATION (Metric Units)

BASED ON NOMINAL PIPE INSULATION — ASTM STANDARD C-585-76 — SQUARE METRES PER LINEAR METRE

PIPE SIZE			NOMINAL INSULATION THICKNESS																						
Nom. in.	Dia. in.	BARE	in. 1	1½	2	2½	3	3½	4	4½	5	5½	6	6½	7	7½	8	8½	9	9½	10	10½	11	11½	12
			mm. 25	38	51	64	76	89	102	114	127	140	152	165	178	194	208	216	229	241	254	267	279	292	305
1/8	**10.3**	**0.032**	0.188	0.280	0.359	0.445	0.527	0.610	0.689	0.768	0.856	0.939	1.018	1.119	1.198	1.277	1.356	1.436	1.5155	1.597	1.676	1.756	1.835	1.914	1.997
1/4	**13.7**	**0.043**	0.228	0.320	0.399	0.445	0.527	0.610	0.689	0.768	0.856	0.939	1.018	1.119	1.198	1.277	1.356	1.436	1.515	1.597	1.676	1.756	1.835	1.914	1.993
3/8	**17.1**	**0.054**	0.228	0.320	0.399	0.445	0.527	0.610	0.689	0.768	0.856	0.939	1.018	1.119	1.198	1.277	1.345	1.436	1.515	1.597	1.676	1.756	1.835	1.914	1.993
1/2	**21.3**	**0.067**	0.228	0.320	0.399	0.527	0.610	0.689	0.768	0.856	0.939	1.018	1.119	1.198	1.277	1.356	1.436	1.515	1.597	1.676	1.752	1.835	1.914	1.993	2.076
3/4	**26.7**	**0.084**	0.228	0.320	0.399	0.527	0.610	0.689	0.768	0.856	0.939	1.018	1.119	1.198	1.277	1.356	1.436	1.515	1.597	1.676	1.756	1.835	1.914	1.993	2.076
1	**33.4**	**0.105**	0.280	0.359	0.445	0.527	0.610	0.689	0.768	0.856	0.939	1.018	1.119	1.198	1.277	1.356	1.436	1.515	1.597	1.676	1.756	.1.835	1.914	1.993	2.076
1-1/4	**42.2**	**0.133**	0.280	0.399	0.445	0.527	0.610	0.689	0.768	0.856	0.939	1.018	1.119	1.198	1.277	1.356	1.436	1.515	1.597	1.676	1.756	1.835	1.914	1.993	2.076
1-1/2	**48.3**	**0.152**	0.320	0.399	0.527	0.610	0.689	0.768	0.856	0.939	1.018	1.19	1.198	1.277	1.356	1.436	1.515	1.597	1.676	1.756	1.835	1.914	1.993	2.076	2.155
2	**60.3**	**0.189**	0.359	0.445	0.527	0.610	0.689	0.768	0.856	0.939	1.018	1.119	1.198	1.277	1.356	1.436	1.515	1.597	1.676	1.756	1.835	1.914	1.993	2.076	2.155
2-1/2	**73.0**	**0.230**	0.399	0.527	0.610	0.689	0.768	0.856	0.930	1.018	1.119	1.198	1.277	1.356	1.436	1.515	1.597	1.676	1.756	1.835	1.914	1.993	2.076	2.155	2.234
3	**88.9**	**0.280**	0.445	0.527	0.610	0.689	0.768	0.856	0.939	1.018	1.119	1.198	1.277	1.356	1.436	1.515	1.597	1.676	1.756	1.835	1.914	1.993	2.076	2.155	2.234
3-1/2	**101.6**	**0.319**	0.527	0.610	0.689	0.768	0.856	0.939	1.018	1.119	1.198	1.277	1.356	1.436	1.515	1.597	1.676	1.756	1.835	1.914	1.993	2.076	2.155	2.234	2.313
4	**114.3**	**0.359**	0.527	0.610	0.689	0.768	0.856	0.939	1.018	1.119	1.198	1.277	1.356	1.436	1.515	1.597	1.676	1.756	1.835	1.914	1.993	2.076	2.155	2.234	2.313
4-1/2	**127.0**	**0.399**	0.610	0.689	0.768	0.856	0.939	1.018	1.119	1.198	1.277	1.356	1.436	1.515	1.597	1.676	1.756	1.835	1.914	1.993	2.076	2.155	2.234	2.313	2.393
5	**141.3**	**0.444**	0.610	0.689	0.768	0.856	0.939	1.018	1.119	1.198	1.277	1.356	1.436	1.515	1.597	1.676	1.756	1.835	1.914	1.993	2.076	2.155	2.234	2.313	2.393
6	**168.3**	**0.529**	0.689	0.768	0.856	0.939	1.018	1.119	1.198	1.277	1.356	1.436	1.515	1.597	1.676	1.756	1.835	1.914	1.993	2.076	2.155	2.234	2.313	2.393	2.475
7	**193.7**	**0.608**	0.768	0.856	0.939	1.018	1.119	1.198	1.277	1.356	1.436	1.515	1.597	1.676	1.756	1.835	1.914	1.993	2.076	2.155	2.234	2.313	2.393	2.475	2.554
8	**219.1**	**0.688**	0.856	0.939	1.018	1.119	1.198	1.277	1.356	1.436	1.515	1.597	1.676	1.756	1.835	1.914	1.993	2.076	2.155	2.234	2.313	2.393	2.475	2.554	2.630
9	**244.5**	**0.768**	0.939	1.018	1.119	1.198	1.277	1.356	1.436	1.515	1.597	1.676	1.756	1.835	1.914	1.993	2.076	2.155	2.234	2.313	2.393	2.475	2.554	2.630	2.713
10	**273.0**	**0.858**	1.018	1.119	1.198	1.277	1.356	1.436	1.515	1.597	1.676	1.756	1.835	1.914	1.993	2.076	2.155	2.234	2.313	2.393	2.475	2.554	2.630	2.713	2.792
11	**298.4**	**0.938**	1.119	1.198	1.277	1.356	1.436	1.515	1.597	1.676	1.756	1.835	1.914	1.993	2.076	2.155	2.234	2.313	2.393	2.475	2.554	2.630	2.713	2.792	2.871
12	**323.8**	**1.017**	1.198	1.217	1.356	1.436	1.515	1.597	1.676	1.756	1.835	1.914	1.993	2.076	2.155	2.234	2.313	2.393	2.475	2.554	2.630	2.713	2.792	2.870	2.954
14	**355.6**	**1.117**	1.277	1.356	1.436	1.515	1.597	1.676	1.756	1.835	1.914	1.993	2.076	2.155	2.234	2.313	2.393	2.475	2.554	2.630	2.713	2.792	2.871	2.954	3.033
16	**406.4**	**1.277**	1.436	1.515	1.597	1.676	1.756	1.835	1.914	1.993	2.076	2.155	2.234	2.313	2.393	2.475	2.554	2.630	2.713	2.792	2.871	2.954	3.033	3.112	3.191
18	**457.2**	**1.436**	1.515	1.676	1.756	1.835	1.914	1.993	2.076	2.155	2.234	2.313	2.393	2.475	2.554	2.630	2.713	2.792	2.871	2.954	3.033	3.112	3.191	3.271	3.353
20	**508.0**	**1.596**	1.756	1.835	1.914	1.993	2.076	2.155	2.234	2.313	2.393	2.475	2.554	2.630	2.713	2.792	2.871	2.954	3.033	3.112	3.191	3.271	3.353	3.423	3.511
22	**558.8**	**1.758**	1.993	1.993	2.076	2.155	2.234	2.313	2.393	2.475	2.554	2.630	2.713	2.792	2.871	2.954	3.033	3.112	3.191	3.291	3.353	3.425	3.511	3.591	3.670
24	**609.6**	**1.915**	2.076	2.155	2.234	2.313	2.393	2.475	2.554	2.630	2.713	2.792	2.871	2.954	3.033	3.112	3.191	3.271	3.353	3.423	3.511	3.591	3.670	3.749	3.831
26	**660.4**	**2.076**	2.155	2.313	2.393	2.475	2.554	2.630	2.713	2.792	2.871	2.954	3.033	3.112	3.191	3.271	3.353	3.423	3.511	3.591	3.670	3.749	3.831	3.911	3.984
28	**711.2**	**2.234**	2.393	2.475	2.554	2.630	2.713	2.792	2.871	2.954	3.033	3.112	3.191	3.271	3.353	3.423	3.511	3.591	3.670	3.749	3.831	3.911	3.984	4.069	4.148
30	**762.0**	**2.394**	2.554	2.630	2.713	2.792	2.871	2.954	3.033	3.112	3.194	3.271	3.353	3.423	3.511	3.591	3.670	3.749	3.831	3.911	3.984	4.069	4.148	4.218	4.310
36	**914.4**	**2.872**	3.033	3.112	3.191	3.271	3.353	3.423	3.511	3.591	3.670	3.749	3.831	3.911	3.984	4.069	4.148	4.228	4.310	4.389	4.468	4.548	4.627	4.709	4.785
1st Layer (nom. mm.) →			**25**	**38**	**51**	**64**	**76**	**89**	**102**	**51**	**64**	**64**	**76**	**76**	**89**	**89**	**102**	**64**	**76**	**76**	**76**	**89**	**89**	**89**	**102**
2nd Layer (nom. mm.) →										**64**	**64**	**76**	**76**	**89**	**89**	**102**	**102**	**76**	**76**	**76**	**89**	**89**	**89**	**102**	**102**
3rd Layer (nom. mm.) →																		**76**	**76**	**89**	**89**	**89**	**102**	**102**	**102**

TABLE 25

TABLE 26 & TABLE 27

OUTSIDE SURFACE AREAS OF TUBING INSULATION (English Units)

BASED ON NOMINAL TUBE INSULATION — ASTM STANDARD C-585-76 — SQUARE FOOT PER LINEAR FOOT

NOMINAL INSULATION THICKNESS

TUBE SIZE NOM. in.	mm.	BARE ft²/ft	in. 1 mm. 25	1½ 38	2 51	2½ 64	3 76	3½ 89	4 102	4½ 115	5 124	5½ 140	6 152	6½ 165	7 177	7½ 191	8 203	8½ 215	9 229	9½ 241	10 254	10½ 267	11 279	11½ 292	12 305
3/8	12.7	0.13	0.62	0.92	1.18	1.46	1.73	2.00	2.26	2.52	2.81	3.08	3.34	3.67	3.93	4.19	4.45	4.71	4.97	5.24	5.50	5.76	6.02	6.28	6.54
1/2	15.9	0.16	0.75	0.92	1.18	1.46	1.73	2.00	2.26	2.52	2.81	3.08	3.34	3.67	3.93	4.19	4.45	4.71	4.97	5.24	5.50	5.76	6.02	6.28	6.54
3/4	22.2	0.23	0.75	1.05	1.31	1.73	2.00	2.26	2.52	2.81	3.08	3.34	3.67	3.93	4.19	4.45	4.71	4.97	5.24	5.50	5.76	6.02	6.28	6.54	6.81
1	28.6	0.29	0.75	1.05	1.31	1.73	2.00	2.26	2.52	2.81	3.08	3.34	3.67	3.93	4.19	4.45	4.71	4.97	5.24	5.50	5.76	6.02	6.28	6.54	6.81
1-1/4	34.9	0.36	0.92	1.18	1.46	1.73	2.00	2.26	2.52	2.81	3.08	3.34	3.67	3.93	4.19	4.45	4.71	4.97	5.24	5.50	5.76	6.02	6.28	6.54	6.81
1-1/2	41.3	0.43	0.92	1.18	1.46	1.73	2.00	2.26	2.52	2.81	3.08	3.34	3.67	3.93	4.19	4.45	4.71	4.97	5.24	5.50	5.76	6.02	6.28	6.54	6.81
2	54.0	0.56	1.05	1.31	1.73	2.00	2.26	2.52	2.81	3.08	3.34	3.67	3.93	4.19	4.45	4.71	4.97	5.24	5.50	5.76	6.02	6.28	6.54	6.81	7.07
2-1/2	66.7	0.69	1.18	1.46	1.73	2.00	2.26	2.52	2.81	3.08	3.34	3.67	3.93	4.19	4.45	4.71	4.97	5.24	5.50	5.76	6.02	6.28	6.54	6.81	7.07
3	79.4	0.82	1.31	1.73	2.00	2.26	2.52	2.81	3.08	3.34	3.67	3.93	4.19	4.45	4.71	4.97	5.24	5.50	5.76	6.02	6.28	6.54	6.81	7.07	7.33
3-1/2	92.1	0.95	1.46	1.73	2.00	2.26	2.56	2.81	3.08	3.34	3.67	3.93	4.19	4.45	4.71	4.97	5.24	5.50	5.76	6.02	6.28	6.54	6.81	7.07	7.33
4	104.8	1.08	1.73	2.00	2.26	2.52	2.81	3.08	3.34	3.67	3.93	4.19	4.45	4.71	4.97	5.24	5.50	5.76	6.02	6.28	6.54	6.81	7.07	7.33	7.59
5	130.2	1.34	2.00	2.26	2.52	2.81	3.08	3.34	3.67	3.93	4.19	4.45	4.71	4.97	5.24	5.50	5.76	6.02	6.28	6.54	6.81	7.07	7.33	7.59	7.85
6	155.6	1.60	2.26	2.52	2.81	3.08	3.34	3.67	3.93	4.19	4.45	4.71	4.97	5.24	5.50	5.76	6.02	6.28	6.54	6.81	7.07	7.33	7.59	7.85	8.12
1st Layer (nom. in.) →			1	1½	2	2½	3	3½	4	2	2½	2½	3	3	3½	3½	4	2½	3	3	3	3½	3½	3½	4
2nd Layer (nom. in.) →										2½	2½	3	3	3½	3½	4	4	3	3	3	3½	3½	3½	4	4
3rd Layer (nom. in.) →																		3	3	3½	3½	3½	4	4	4

Based on layers as indicated.

1st layer tubing size insulation, 2nd or 2nd and 3rd layer NPS size insulation.

TABLE 26

OUTSIDE SURFACE AREAS OF TUBING INSULATION (Metric Units)

BASED ON NOMINAL TUBE INSULATION — ASTM STANDARD C-585-76 — SQUARE METRE PER LINEAR METRE

NOMINAL INSULATION THICKNESS

TUBE SIZE NOM. in.	mm.	BARE ft²/ft	in. 1 mm. 25	1½ 38	2 51	2½ 64	3 76	3½ 89	4 102	4½ 115	5 124	5½ 140	6 152	6½ 165	7 177	7½ 191	8 203	8½ 215	9 229	9½ 241	10 254	10½ 267	11 279	11½ 292	12 305
3/8	12.7	0.040	0.188	0.280	0.359	0.445	0.527	0.610	0.689	0.768	0.856	0.939	1.018	1.119	1.198	1.277	1.356	1.486	1.515	1.597	1.676	1.756	1.835	1.914	1.993
1/2	15.9	0.049	0.228	0.280	0.359	0.445	0.527	0.610	0.689	0.768	0.856	0.939	1.018	1.119	1.198	1.277	1.356	1.436	1.515	1.597	1.676	1.756	1.835	1.914	1.993
3/4	22.2	0.070	0.228	0.320	0.399	0.527	0.610	0.689	0.768	0.856	0.939	1.018	1.119	1.198	1.277	1.356	1.436	1.515	1.597	1.676	1.756	1.835	1.914	1.993	2.076
1	28.6	0.088	0.228	0.320	0.399	0.527	0.610	0.689	0.768	0.856	0.939	1.018	1.119	1.198	1.277	1.356	1.436	1.515	1.597	1.676	1.756	1.835	1.914	1.993	2.076
1-1/4	34.9	0.110	0.280	0.359	0.445	0.527	0.610	0.689	0.768	0.856	0.939	1.018	1.119	1.198	1.277	1.358	1.436	1.515	1.597	1.676	1.756	1.835	1.914	1.993	2.076
1-1/2	41.3	0.131	0.280	0.359	0.445	0.527	0.610	0.689	0.768	0.856	0.939	1.018	1.119	1.198	1.277	1.356	1.436	1.515	1.597	1.676	1.756	1.835	1.914	1.993	2.076
2	54.1	0.171	0.320	0.399	0.527	0.610	0.689	0.768	0.856	0.939	1.018	1.119	1.198	1.277	1.356	1.436	1.515	1.597	1.676	1.756	1.835	1.914	1.993	2.076	2.155
2-1/2	66.7	0.210	0.359	0.445	0.527	0.610	0.689	0.768	0.856	0.939	1.018	1.119	1.198	1.277	1.356	1.436	1.515	1.597	1.676	1.756	1.835	1.914	1.993	2.076	2.155
3	79.4	0.250	0.399	0.527	0.610	0.689	0.768	0.856	0.939	1.018	1.119	1.198	1.277	1.356	1.436	1.515	1.597	1.676	1.756	1.835	1.914	1.993	2.076	2.155	2.234
3-1/2	92.1	0.290	0.445	0.527	0.610	0.689	0.768	0.856	0.939	1.018	1.119	1.198	1.277	1.356	1.436	1.515	1.597	1.676	1.756	1.835	1.914	1.993	2.076	2.155	2.234
4	104.8	0.329	0.527	0.610	0.689	0.768	0.856	0.939	1.018	1.119	1.198	1.277	1.356	1.436	1.515	1.597	1.676	1.756	1.835	1.914	1.993	2.076	2.155	2.234	2.313
5	130.2	0.408	0.610	0.689	0.768	0.856	0.939	1.018	1.119	1.198	1.277	1.356	1.436	1.515	1.597	1.676	1.756	1.835	1.914	1.993	2.076	2.155	2.234	2.313	2.393
6	155.6	0.988	0.689	0.768	0.856	0.939	1.018	1.119	1.198	1.277	1.356	1.436	1.515	1.597	1.676	1.756	1.835	1.914	1.993	2.076	2.155	2.234	2.313	2.393	2.475
1st Layer (nom. mm.) →			25	38	51	64	76	89	102	51	64	64	76	76	89	89	102	64	76	76	76	89	89	89	102
2nd Layer (nom. mm.) →										64	64	76	76	89	89	102	102	76	76	76	89	89	89	102	102
3rd Layer (nom. mm.) →																		76	76	89	89	89	102	102	102

Based on layers as indicated.

1st layer tubing size insulation, 2nd or 2nd and 3rd layers NPS size insulation.

TABLE 27

HEAT LOSS "Q" $\left(Q = \frac{\Delta t}{R + R_s}\right)$

Q in Btu, sq ft, hr when $R + R_s$ is in English Units and Δt is °F.
Q in Wm² when $R + R_s$ is in Metric Units and Δt is °C or °K.

VALUE $R + R_s$	Δt TEMPERATURE DIFFERENCE (Pipe or Equipment Surface Temperature Minus Ambient Air Temperature)											
	100	200	300	400	500	600	700	800	900	1000	1100	1200
.1	1000	2000	3000	4000	5000	6000	7000	8000	9000	10000	11000	12000
.2	500	1000	1500	2000	2500	3000	3500	4000	4500	5000	5500	6000
.3	333	667	1000	1333	1667	2000	2333	2667	3000	3333	3667	4000
.4	250	500	750	1000	1250	1500	1750	2000	2250	2500	2750	3000
.5	200	400	600	800	1000	1200	1400	1600	1800	2000	2200	2400
.6	166	333	500	666	833	1000	1166	1333	1500	1666	1833	2000
.7	143	286	428	571	714	857	1000	1142	1285	1428	1571	1714
.8	125	250	375	500	625	750	875	1000	1125	1250	1375	1500
.9	111	222	333	444	556	667	778	889	1000	1111	1222	1333
1.0	100	200	300	400	500	600	700	800	900	1000	1100	1200
1.1	91	182	273	364	455	545	636	727	818	909	1000	1090
1.2	83	166	249	332	415	500	583	666	750	833	917	1000
1.3	77	154	231	308	383	461	588	615	692	769	846	923
1.4	71	142	213	284	355	426	500	571	642	714	785	857
1.5	66	133	200	266	333	400	467	533	600	666	733	800
1.6	63	125	188	250	313	375	438	500	563	625	687	750
1.7	59	118	176	235	294	353	412	470	529	588	697	706
1.8	56	111	166	222	277	333	388	444	500	555	611	666
1.9	53	105	157	210	263	315	368	421	473	526	578	631
2.0	50	100	150	200	250	300	350	400	450	500	550	600
2.1	48	95	142	190	238	286	333	380	428	476	524	571
2.2	45	91	136	182	227	272	318	364	409	454	500	545
2.3	43	87	130	174	217	261	304	347	391	434	478	522
2.4	42	83	125	166	208	250	291	333	375	416	458	500
2.5	40	80	120	160	200	240	280	320	360	400	440	480
2.6	38	77	115	154	192	231	269	308	346	384	423	462
2.7	37	74	111	148	185	222	259	296	333	370	407	444
2.8	35	71	107	142	178	214	250	285	321	357	392	428
2.9	34	69	103	137	172	206	241	275	310	344	379	413
3.0	33	67	100	133	167	200	233	267	300	333	367	400
3.1	32	65	97	129	161	193	225	258	290	322	354	387
3.2	31	62	94	125	156	187	218	250	281	312	343	375
3.3	30	61	91	121	151	181	212	242	272	303	333	363
3.4	29	59	88	118	147	176	205	235	264	294	323	352
3.5	29	57	86	114	143	171	200	228	257	285	314	343
3.6	28	55	83	111	138	167	194	222	250	278	306	333
3.7	27	54	81	108	135	162	189	216	243	270	297	324
3.8	26	53	79	105	131	157	184	210	236	263	289	315
3.9	26	51	77	102	128	153	179	205	230	256	282	307
4.0	25	50	75	100	125	150	175	200	225	250	275	300
4.1	24	48	73	98	121	146	171	195	219	243	268	293
4.2	24	47	71	95	119	142	166	190	214	238	261	285
4.3	23	46	70	93	116	139	162	186	209	232	256	279
4.4	23	45	68	91	114	136	159	182	204	227	250	272
4.5	22	44	66	89	111	133	156	178	200	222	244	267
4.6	22	43	65	87	109	130	152	174	196	217	239	260
4.7	21	43	64	85	106	127	149	170	191	213	234	255
4.8	21	42	62	83	104	125	146	167	188	208	229	250
4.9	20	41	61	81	102	122	142	163	184	204	224	245
5.0	20	40	60	80	100	120	140	160	180	200	220	240
5.1	20	39	59	78	98	118	137	157	176	196	216	235
5.2	19	38	58	77	96	115	134	154	173	192	211	231
5.3	19	38	57	75	94	113	132	150	170	189	207	226
5.4	19	37	56	74	93	111	130	148	167	185	203	222
5.5	18	36	55	73	91	109	127	145	164	181	200	218
5.6	18	36	54	71	89	107	125	142	160	179	196	214
5.7	18	35	53	70	88	105	122	140	158	175	192	210
5.8	17	34	52	69	86	103	120	138	155	172	188	207
5.9	17	34	51	68	85	102	119	136	153	169	186	203
6.0	17	33	50	67	83	100	117	133	150	167	183	200
6.1	16	33	49	66	82	98	115	131	148	164	180	197
6.2	16	32	48	65	81	97	113	129	145	161	177	193
6.3	16	32	48	63	79	95	111	127	142	159	174	190
6.4	16	31	47	63	78	94	109	125	140	156	172	187
6.5	15	31	46	62	77	92	108	123	138	154	169	185
6.6	15	30	45	61	76	91	106	121	136	152	167	182
6.7	15	30	45	60	75	90	104	119	134	150	164	179
6.8	15	29	44	59	74	88	102	118	132	147	162	176
6.9	14	29	43	58	72	87	101	116	130	145	159	174
7.0	14	29	43	57	71	86	100	114	129	143	157	171

VALUE $R + R_s$	Δt TEMPERATURE DIFFERENCE (Pipe or Equipment Surface Temperature Minus Ambient Air Temperature)											
	100	200	300	400	500	600	700	800	900	1000	1100	1200
7.1	14.0	28.2	42.2	56.3	70.4	84.5	98.6	112.7	126.8	140.8	154.9	169.0
7.2	13.9	27.7	41.6	55.5	69.4	83.3	97.2	111.1	125.0	138.8	152.8	166.6
7.3	13.7	27.4	41.1	54.8	68.5	82.2	95.9	109.6	123.3	137.0	150.7	164.4
7.4	13.5	27.0	40.5	54.1	67.6	81.1	94.6	108.1	121.6	135.1	148.6	162.2
7.5	13.3	26.6	39.9	53.3	66.7	80.0	93.3	106.6	120.0	133.3	146.6	160.0
7.6	13.2	26.3	39.4	52.6	65.8	78.9	92.1	105.2	118.4	131.6	144.7	157.9
7.7	13.0	26.0	39.0	51.9	64.9	77.9	90.9	104.0	116.9	129.9	142.9	155.8
7.8	12.8	25.6	38.5	51.3	64.1	76.9	89.7	102.6	115.4	128.2	141.0	153.8
7.9	12.7	25.3	38.0	50.6	63.3	75.9	88.6	101.3	118.9	126.6	139.2	151.9
8.0	12.5	25.0	37.5	50.0	62.5	75.0	87.5	100.0	112.5	125.5	137.5	150.0
8.1	12.3	24.7	37.0	49.4	61.7	74.1	86.4	98.8	111.1	123.5	135.8	148.1
8.2	12.2	24.4	36.6	48.8	60.9	73.2	85.4	97.6	109.8	123.0	134.1	146.3
8.3	12.0	24.1	36.1	48.1	60.2	72.3	84.3	96.3	108.4	120.5	132.5	144.6
8.4	11.9	23.8	35.7	47.6	59.5	71.4	83.3	95.2	107.1	119.0	131.1	142.9
8.5	11.8	23.5	35.3	47.0	58.8	70.9	82.3	94.1	105.8	117.6	129.4	141.2
8.6	11.6	23.3	34.9	46.5	58.1	69.8	82.0	93.0	104.7	116.3	127.9	139.5
8.7	11.5	23.0	34.5	46.0	57.5	69.0	80.5	92.0	103.4	114.9	126.4	137.9
8.8	11.4	22.7	34.1	45.5	56.8	68.2	79.5	90.9	102.2	113.6	125.0	136.4
8.9	11.2	22.4	33.7	44.9	56.2	67.4	78.7	89.9	101.1	112.4	123.6	134.8
9.0	11.1	22.2	33.3	44.4	55.5	66.7	77.8	88.9	100.0	111.1	122.2	133.3
9.1	11.0	22.0	33.0	44.0	55.0	66.0	77.0	88.0	99.0	110.0	120.9	131.9
9.2	10.9	21.7	32.6	43.4	54.3	65.2	76.1	87.0	97.8	108.7	119.6	130.4
9.3	10.8	21.5	32.3	43.0	53.8	64.5	75.3	86.0	96.8	107.5	118.3	129.0
9.4	10.6	21.3	31.9	42.6	53.2	63.8	74.5	85.1	95.7	106.4	117.0	127.7
9.5	10.5	21.0	31.6	42.1	52.6	63.2	73.7	84.2	94.7	105.3	115.8	126.3
9.6	10.4	20.8	31.3	41.7	52.1	62.5	72.9	83.3	93.8	104.2	114.6	125.0
9.7	10.3	20.6	30.9	41.2	51.5	61.9	72.2	82.5	92.8	103.1	113.4	123.7
9.8	10.2	20.4	30.6	40.8	51.0	61.2	71.4	81.6	91.8	102.0	112.2	122.4
9.9	10.1	20.2	30.3	40.4	50.5	60.6	70.7	80.8	90.9	101.0	111.1	121.2
10.0	10.0	20.0	30.0	40.0	50.0	60.0	70.0	80.0	90.0	100.0	110.0	120.0
10.2	9.8	19.6	29.4	39.2	49.0	58.8	66.6	78.4	88.2	98.0	107.8	117.6
10.4	9.6	19.2	28.8	38.5	48.1	57.7	67.3	76.9	86.5	96.2	105.8	115.4
10.6	9.4	18.9	28.3	37.7	47.2	56.6	66.0	75.5	84.9	94.3	103.8	113.2
10.8	9.2	18.5	27.8	37.0	46.3	55.6	64.8	74.1	83.3	92.6	101.9	111.1
11.0	9.1	18.2	27.3	36.4	45.5	54.5	63.6	72.7	81.8	90.9	100.0	109.0
11.2	8.9	17.9	26.8	35.7	44.6	53.6	62.5	71.4	80.4	89.3	98.2	107.1
11.4	8.8	17.5	26.3	35.0	43.9	52.6	61.4	70.2	78.9	87.7	96.5	105.3
11.6	8.6	17.2	25.9	34.5	43.1	51.7	60.3	69.0	77.6	86.2	94.8	108.4
11.8	8.5	16.9	25.4	33.9	42.4	50.8	59.3	67.8	76.3	84.7	93.2	101.7
12.0	8.3	16.6	24.9	33.2	41.5	50.0	58.3	66.6	75.0	83.3	91.7	100.0
12.2	8.2	16.4	24.6	32.8	41.0	49.2	57.4	65.6	73.8	81.7	90.2	98.4
12.4	8.1	16.1	24.2	32.3	40.3	48.4	56.5	64.5	72.6	80.6	88.7	96.8
12.6	7.9	15.9	23.8	31.7	39.7	47.6	55.6	63.5	71.4	79.4	87.3	95.2
12.8	7.8	15.6	23.4	31.3	39.1	46.9	54.7	62.5	70.3	78.1	85.9	93.8
13.0	7.7	15.4	23.1	30.8	38.5	46.1	53.8	61.5	69.2	76.9	84.6	92.3
13.2	7.6	15.2	22.7	30.3	37.9	45.5	53.0	60.6	68.2	75.8	83.3	90.9
13.4	7.5	14.9	22.4	29.9	37.3	44.8	52.2	59.7	67.2	74.6	82.1	89.6
13.6	7.4	14.7	22.0	29.4	36.8	44.1	51.5	58.8	66.2	73.5	80.1	88.2
13.8	7.2	14.5	21.7	29.0	36.2	43.4	50.7	58.0	65.2	72.5	79.7	87.0
14.0	7.1	14.2	21.3	28.4	35.5	42.6	50.0	57.1	64.2	71.4	78.5	85.7
14.2	7.0	14.1	21.1	28.2	35.2	42.2	49.3	53.3	63.4	70.4	77.5	84.5
14.4	6.9	13.9	20.8	27.8	34.7	41.7	48.6	55.6	62.5	69.4	76.4	83.3
14.6	6.8	13.7	20.5	27.4	34.2	41.0	47.9	54.8	61.6	68.5	75.3	82.2
14.8	6.7	13.5	20.3	27.0	33.8	40.5	47.3	54.1	60.8	67.6	74.3	81.1
15.0	6.6	13.3	20.0	26.6	33.3	40.0	46.7	53.3	60.0	66.6	73.3	80.0
15.2	6.6	13.2	19.7	26.3	32.8	39.5	46.1	52.6	59.2	65.7	72.4	78.9
15.4	6.5	13.0	19.5	25.9	32.5	39.0	45.4	51.9	58.4	64.9	71.4	77.9
15.6	6.4	12.8	19.2	25.6	32.0	38.5	44.9	51.3	57.7	64.1	70.5	76.9
15.8	6.3	12.7	19.0	25.3	31.6	38.0	44.3	50.6	57.0	63.2	69.6	75.9
16.0	6.3	12.5	18.8	25.0	31.3	37.5	43.8	50.0	56.3	62.5	68.7	75.0
16.2	6.2	12.3	18.5	24.7	30.9	37.0	43.2	49.4	55.6	61.7	67.9	74.1
16.4	6.1	12.2	18.3	24.3	30.5	36.6	42.7	48.8	54.9	61.0	67.0	73.1
16.6	6.0	12.0	18.0	24.1	30.1	36.1	42.2	48.2	54.2	60.2	66.3	72.3
16.8	6.0	11.9	17.8	23.8	29.8	35.7	41.7	47.6	53.6	59.5	65.5	71.4
17.0	5.9	11.8	17.6	23.5	29.4	35.3	41.2	47.0	52.9	58.8	64.7	70.6
17.2	5.8	11.6	17.4	23.3	29.0	34.9	40.6	46.5	52.3	58.1	64.0	69.8
17.4	5.7	11.5	17.2	23.0	28.7	34.5	40.2	46.0	51.7	57.5	63.2	69.0
17.6	5.7	11.4	17.0	22.7	28.4	34.1	40.0	45.5	51.1	56.8	62.5	68.2
17.8	5.6	11.2	16.8	22.5	28.0	33.7	39.3	44.9	50.6	56.2	61.8	67.4
18.0	5.6	11.1	16.6	22.2	27.7	33.3	38.8	44.4	50.0	55.5	61.1	66.6

TABLE 28 (Sheet 1 of 2)

TABLE 28 (Continued)

HEAT LOSS "Q" ($Q = \frac{\Delta t}{R + R_s}$)

Q in Btu, sq ft, hr when $R + R_s$ is in English Units and Δt is °F.
Q in Wm² when $R + R_s$ is in Metric Units and Δt is °C or °K.

VALUE	Δt TEMPERATURE DIFFERENCE (Pipe or Equipment Surface Temperature Minus Ambient Air Temperature)											
$R + R_s$	100	200	300	400	500	600	700	800	900	1000	1100	1200
18.2	5.5	11.0	16.5	22.0	27.5	33.0	38.5	44.0	49.5	54.9	60.4	65.9
18.4	5.4	10.9	16.3	21.7	27.2	32.6	38.0	43.5	48.9	54.3	60.0	65.2
18.6	5.4	10.8	16.1	21.5	26.9	32.3	37.6	43.0	48.4	53.8	59.1	64.5
18.8	5.3	10.6	15.9	21.2	26.6	31.9	37.2	42.6	47.9	53.2	58.5	63.8
19.0	5.3	10.5	15.7	21.0	26.3	31.5	36.8	42.1	47.3	52.6	57.3	62.5
19.2	5.2	10.4	15.6	20.8	26.0	31.3	36.5	41.7	46.9	52.1	57.3	62.5
19.4	5.1	10.3	15.5	20.6	25.8	30.9	36.1	41.2	46.4	51.5	56.7	61.8
19.6	5.1	10.2	15.3	20.4	25.5	30.6	35.7	40.8	45.9	51.0	56.1	61.2
19.8	5.1	10.1	15.2	20.2	25.3	30.3	35.4	40.4	45.5	50.5	55.6	60.6
20.0	5.0	10.0	15.0	20.0	25.0	30.0	35.0	40.0	45.0	50.0	55.0	60.0
20.5	4.9	9.8	14.6	19.5	24.4	29.3	34.1	39.0	43.9	48.8	53.7	58.5
21.0	4.8	9.5	14.2	19.0	23.8	28.6	33.3	38.0	42.8	47.6	52.4	57.1
21.5	4.7	9.3	13.9	18.6	23.3	27.9	32.6	37.2	41.8	46.5	51.2	55.8
22.0	4.5	9.1	13.6	18.2	22.7	27.2	31.8	36.4	40.9	45.4	50.0	54.5
22.5	4.4	8.8	13.3	17.8	22.2	26.7	31.1	35.6	40.0	44.4	48.9	53.3
23.0	4.3	8.7	13.0	17.4	21.7	26.1	30.4	34.7	39.1	43.4	47.8	52.2
23.5	4.3	8.5	12.8	17.0	21.2	25.5	29.8	34.0	38.3	42.6	46.8	51.1
24.0	4.2	8.3	12.5	16.6	20.8	25.0	29.1	33.3	37.5	41.6	45.0	50.0
24.5	4.1	8.2	12.2	16.3	20.4	24.5	28.6	32.7	36.7	40.8	44.9	49.0
25.0	4.0	8.0	12.0	16.0	20.0	24.0	28.0	32.0	36.0	40.0	44.0	48.0
26	3.8	7.7	11.5	15.4	19.2	23.1	26.9	30.8	34.6	38.4	42.3	46.2
27	3.7	7.4	11.1	14.8	18.5	22.2	25.9	29.6	33.3	37.0	40.7	44.4
28	3.5	7.1	10.7	14.2	17.8	21.4	25.0	28.5	32.1	35.7	39.2	42.8
29	3.4	6.9	10.3	13.7	17.2	20.6	24.1	27.5	31.0	34.4	37.9	41.3
30	3.3	6.7	10.0	13.3	16.7	20.0	23.3	26.7	30.0	33.3	36.7	40.0
31	3.2	6.5	9.7	12.9	16.1	19.3	22.5	25.8	29.0	32.2	35.4	38.7
32	3.1	6.2	9.4	12.3	15.6	18.7	21.8	25.0	28.1	31.2	34.3	37.5
33	3.0	6.1	9.1	12.1	15.1	18.1	21.2	24.2	27.2	30.3	33.3	36.3
34	2.9	5.9	8.8	11.8	14.7	17.6	20.5	23.5	26.4	29.4	32.3	35.2
35	2.9	5.7	8.6	11.4	14.3	17.1	20.0	22.8	25.7	28.5	31.4	34.3
36	2.8	5.5	8.3	11.1	13.8	16.7	19.4	22.2	25.0	27.8	30.6	33.3
37	2.7	5.4	8.1	10.8	13.5	16.2	18.9	21.6	24.3	27.0	29.7	32.4
38	2.6	5.3	7.9	10.5	13.1	15.7	18.4	21.0	23.6	26.3	28.9	31.5
39	2.6	5.1	7.7	10.2	12.8	15.3	17.9	20.5	23.0	25.6	28.2	30.7
40	2.5	5.0	7.5	10.0	12.5	15.0	17.5	20.0	22.5	25.0	27.5	30.0
41	2.4	4.8	7.3	9.8	12.1	14.6	17.1	19.5	21.9	24.3	26.8	29.3
42	2.4	4.7	7.1	9.5	11.9	14.2	16.6	19.0	21.4	23.8	26.1	28.5
43	2.3	4.6	7.0	9.3	11.6	13.9	16.2	18.6	20.9	23.2	25.6	27.6
44	2.3	4.5	6.8	9.1	11.4	13.6	15.9	18.2	20.4	22.7	25.0	27.2
45	2.2	4.4	6.6	8.9	11.1	13.3	15.6	17.8	20.0	22.2	24.4	26.7
46	2.2	4.3	6.5	8.7	10.9	13.0	15.2	17.4	19.6	21.7	23.9	26.0
47	2.1	4.3	6.4	8.5	10.6	12.7	14.9	17.0	19.1	21.3	23.4	25.5
48	2.1	4.2	6.2	8.3	10.4	12.5	14.6	16.7	18.8	20.8	22.9	25.0
49	2.0	4.1	6.1	8.1	10.2	12.2	14.2	16.3	18.4	20.4	22.4	24.5
50	2.0	4.0	6.0	8.0	10.0	12.0	14.0	16.0	18.0	20.0	22.0	24.0
51	2.0	3.9	5.9	7.8	9.8	11.8	13.7	15.7	17.6	19.6	21.6	23.5
52	1.9	3.8	5.8	7.7	9.6	11.5	13.4	15.4	17.3	19.2	21.1	23.1
53	1.9	3.8	5.7	7.5	9.4	11.3	13.2	15.0	17.0	18.9	20.7	22.6
54	1.9	3.7	5.6	7.4	9.3	11.1	13.0	14.8	16.7	18.5	20.3	22.2
55	1.8	3.6	5.5	7.3	9.1	10.9	12.7	14.5	16.4	18.1	20.0	21.8
56	1.8	3.6	5.4	7.1	8.9	10.7	12.5	14.2	16.0	17.9	19.6	21.4
57	1.8	3.5	5.3	7.0	8.8	10.5	12.2	14.0	15.8	17.5	19.2	21.0
58	1.7	3.4	5.2	6.9	8.6	10.3	12.0	13.8	15.5	17.2	18.8	20.7
59	1.7	3.4	5.1	6.8	8.5	10.2	11.9	13.6	15.3	16.9	18.6	20.3
60	1.7	3.3	5.0	6.7	8.3	10.0	11.7	13.3	15.0	16.7	18.3	20.0
61	1.6	3.3	4.9	6.6	8.2	9.8	11.5	13.1	14.8	16.4	18.0	19.7
62	1.6	3.2	4.8	6.5	8.1	9.7	11.3	12.9	14.5	16.1	17.7	19.3
63	1.6	3.2	4.8	6.3	7.9	9.5	11.1	12.7	14.2	15.9	17.4	19.0
64	1.6	3.1	4.7	6.3	7.8	9.4	10.9	12.5	14.0	15.6	17.2	18.7
65	1.5	3.1	4.6	6.2	7.7	9.2	10.8	12.3	13.8	15.4	16.9	18.5
66	1.5	3.0	4.5	6.1	7.6	9.1	10.6	12.1	13.6	115.2	16.7	18.2
67	1.5	3.0	4.5	6.0	7.5	9.0	10.4	11.9	13.4	15.0	16.4	17.9
68	1.5	2.9	4.4	5.9	7.4	8.8	10.2	11.8	13.2	14.7	16.2	17.6
69	1.4	2.9	4.3	5.8	7.2	8.7	10.1	1.6	13.0	14.5	15.9	17.3
70	1.4	2.9	4.3	5.7	7.1	8.6	10.0	11.4	12.9	14.3	15.7	17.1

VALUE	Δt TEMPERATURE DIFFERENCE (Pipe or Equipment Surface Temperature Minus Ambient Air Temperature)											
$R + R_s$	100	200	300	400	500	600	700	800	900	1000	1100	1200
71	1.40	2.82	4.22	5.63	7.04	8.45	9.86	11.27	12.68	14.08	15.49	16.90
72	1.39	2.77	4.16	5.55	6.94	8.33	9.72	11.11	12.50	13.88	15.28	16.66
73	1.37	2.74	4.11	5.48	6.85	8.22	9.59	10.96	12.33	13.70	15.07	16.44
74	1.35	2.70	4.05	5.41	6.76	8.11	9.46	10.81	12.16	13.51	14.86	16.22
75	1.33	2.66	3.99	5.33	6.67	8.00	9.33	10.66	12.00	13.33	14.66	16.00
76	1.32	2.63	3.94	5.26	6.58	7.89	9.21	10.52	11.84	13.16	14.47	15.79
77	1.30	2.60	3.90	5.19	6.49	7.79	9.09	10.40	11.69	12.99	14.29	15.58
78	1.28	2.56	3.85	5.13	6.41	7.69	8.97	10.26	11.54	12.82	14.10	15.38
79	1.27	2.53	3.80	5.06	6.33	7.59	8.86	10.13	11.39	12.66	13.92	15.19
80	1.25	2.50	3.75	5.00	6.25	7.50	8.75	10.00	11.25	12.55	13.75	15.00
82	1.22	2.44	3.66	4.88	6.09	7.32	8.54	9.76	10.98	12.20	13.41	14.63
84	1.19	2.38	3.57	4.76	5.95	7.14	8.33	9.52	10.71	11.90	13.11	14.29
86	1.16	2.33	3.49	4.65	5.81	6.98	8.20	9.30	10.47	11.63	12.79	13.95
88	1.14	2.27	3.41	4.55	5.68	6.82	7.95	9.09	10.22	11.36	12.50	13.64
90	1.11	2.22	3.33	4.44	5.56	6.67	7.78	8.89	10.00	11.11	12.22	13.33
92	1.09	2.17	3.26	4.34	5.43	6.52	7.61	8.70	9.78	10.87	11.96	13.04
94	1.06	2.13	3.19	4.26	5.32	6.38	7.45	8.51	9.57	10.64	11.70	12.77
96	1.04	2.08	3.13	4.17	5.21	6.25	7.29	8.33	9.38	10.42	11.46	12.50
98	1.02	2.04	3.06	4.08	5.10	6.12	7.14	8.16	9.18	10.20	11.22	12.24
100	1.00	2.00	3.00	4.00	5.00	6.00	7.00	8.00	9.00	10.00	11.00	12.00

TABLE 28 (Sheet 2 of 2)

CAPITAL INVESTMENT FOR EQUIPMENT TO PRODUCE HEAT (OR STEAM)

Dollar Investment in Equipment to Produce Heat (or Steam) to Point of Use

Btu/hr ↓	W (per hr) ↓	$ per 1000 Btu/hr → 10.00 $ per 1 lb steam/hr → 12.50 $ per 1000 W(hr) → 34.12	15.00 18.75 51.18	20.00 25.00 64.24	25.00 31.25 85.30	30.00 37.50 102.36	35.00 43.75 119.42	40.00 50.00 136.48	45.00 56.25 153.55	50.00 62.50 170.61	55.00 68.75 187.67	60.00 75.00 204.73
10	2.93	$0.10	$0.15	$0.20	$0.25	$0.30	$0.35	$0.40	$0.45	$0.50	$0.55	$0.60
20	5.86	0.20	0.30	0.40	0.50	0.60	0.70	0.80	0.90	1.00	1.10	1.20
30	8.79	0.30	0.45	0.60	0.75	0.90	1.05	1.20	1.35	1.50	1.65	1.80
40	11.72	0.40	0.60	0.80	1.00	1.20	1.40	1.60	1.80	2.00	2.20	2.40
50	14.65	0.50	0.75	1.00	1.25	1.50	1.75	2.00	2.25	2.50	2.75	3.00
60	17.58	0.60	0.90	1.20	1.50	1.80	2.10	2.40	2.70	3.00	3.30	3.60
70	20.51	0.70	1.05	1.40	1.75	2.10	2.45	2.80	3.15	3.50	3.85	4.20
80	23.45	0.80	1.20	1.60	2.00	2.40	2.80	3.20	3.60	4.00	4.40	4.80
90	26.37	0.90	1.35	1.80	2.25	2.70	3.15	3.60	4.05	4.50	4.95	5.40
100	29.30	1.00	1.50	2.00	2.50	3.00	3.50	4.00	4.50	5.00	5.50	6.00
110	32.24	1.10	1.65	2.20	2.75	3.30	3.85	4.40	4.95	5.50	6.05	6.60
120	35.16	1.20	1.80	2.40	3.00	3.60	4.20	4.80	5.40	6.00	6.60	7.20
130	38.10	1.30	1.95	2.60	3.25	3.90	4.55	5.20	5.85	6.50	7.15	7.80
140	41.02	1.40	2.10	2.80	3.50	4.20	4.90	5.60	6.30	7.00	7.70	8.40
150	43.90	1.50	2.25	3.00	3.75	4.50	5.25	6.00	6.75	7.50	8.25	9.00
160	46.89	1.60	2.40	3.20	4.00	4.80	5.60	6.40	7.20	8.00	8.80	9.60
170	49.82	1.70	2.55	3.40	4.25	5.10	5.95	6.80	7.65	8.50	9.35	10.20
180	52.75	1.80	2.70	3.60	4.50	5.40	6.30	7.20	8.10	9.00	9.90	10.80
190	55.66	1.90	2.85	3.80	4.75	5.70	6.65	7.60	8.55	9.50	10.45	11.40
200	58.61	2.00	3.00	4.00	5.00	6.00	7.00	8.00	9.00	10.00	11.00	12.00
210	61.54	2.10	3.15	4.20	5.25	6.30	7.35	8.40	9.45	10.50	11.55	12.60
220	64.47	2.20	3.30	4.40	5.50	6.60	7.70	8.80	9.90	11.00	12.10	13.20
230	67.41	2.30	3.45	4.60	5.75	6.90	8.05	9.20	10.35	11.50	12.65	13.80
240	70.34	2.40	3.60	4.80	6.00	7.20	8.40	9.60	10.80	12.00	13.20	14.40
250	73.27	2.50	3.75	5.00	6.25	7.50	8.75	10.00	11.25	12.50	13.75	15.00
260	76.20	2.60	3.90	5.20	6.50	7.80	9.10	10.40	11.70	13.00	14.30	15.60
270	79.13	2.70	4.05	5.40	6.75	8.10	9.45	10.80	12.15	13.50	14.85	16.20
280	82.06	2.80	4.20	5.60	7.00	8.40	9.80	11.20	12.60	14.00	15.40	16.80
290	84.99	2.90	4.35	5.80	7.25	8.70	10.15	11.60	13.05	14.50	15.95	17.40
300	87.92	3.00	4.50	6.00	7.50	9.00	10.50	12.00	13.50	15.00	16.50	18.00
310	90.85	3.10	4.65	6.20	7.75	9.30	10.85	12.40	13.95	15.50	17.05	18.60
320	93.78	3.20	4.80	6.40	8.00	9.60	11.20	12.80	14.40	16.00	17.60	19.20
330	96.71	3.30	4.95	6.60	8.25	9.90	11.55	13.20	15.30	17.00	19.70	19.80
340	99.64	3.40	5.10	6.80	8.50	10.20	11.90	13.60	15.30	17.00	19.70	20.40
350	102.57	3.50	5.25	7.00	8.75	10.50	12.25	14.00	15.75	17.50	20.25	21.00
360	105.50	3.60	5.40	7.20	9.00	10.80	12.60	14.40	16.20	18.00	20.80	21.60
370	108.44	3.70	5.55	7.40	9.25	11.10	12.95	14.80	16.65	18.50	21.35	22.20
380	111.37	3.80	5.70	7.60	9.50	11.40	13.30	15.20	17.10	19.00	21.90	22.80
390	114.30	3.90	5.85	7.80	9.75	11.70	13.65	15.60	17.55	19.50	22.45	23.40
400	117.23	4.00	6.00	8.00	10.00	12.00	14.00	16.00	18.00	20.00	22.00	24.00
410	120.16	4.10	6.15	8.20	10.25	12.30	14.35	16.40	18.45	20.50	22.55	24.60
420	123.09	4.20	6.30	8.40	10.50	12.60	14.70	16.80	18.90	21.00	23.10	25.20
430	126.02	4.30	6.45	8.60	10.75	12.90	15.09	17.20	19.35	21.50	23.65	25.80
440	128.95	4.40	6.60	8.80	11.00	13.20	15.40	17.60	19.80	22.00	24.20	26.40
450	131.88	4.50	6.75	9.00	11.25	13.50	15.75	18.00	20.25	22.50	24.75	27.00
460	134.81	4.60	6.90	9.20	11.50	13.80	16.10	18.40	20.70	23.00	25.30	27.60
470	137.74	4.70	7.05	9.40	11.75	14.10	16.45	18.80	21.15	23.50	25.85	28.20
480	140.67	4.80	7.20	9.60	12.00	14.40	16.80	19.20	21.60	24.00	26.40	28.80
490	143.65	4.90	7.35	9.80	12.25	14.70	17.15	19.60	22.05	24.50	26.95	29.40
500	146.53	5.00	7.50	10.00	12.50	15.00	17.50	20.00	22.50	25.00	27.50	30.00
510	149.47	5.10	7.65	10.20	12.75	15.30	17.85	20.40	22.95	25.50	28.05	30.60
520	152.40	5.20	7.80	10.40	13.00	15.60	18.20	20.80	23.40	26.00	28.60	31.20
530	155.33	5.30	7.95	10.60	13.25	15.90	18.55	21.20	23.85	26.50	29.15	31.80
540	158.26	5.40	8.10	10.80	13.50	16.20	18.90	21.60	24.30	27.00	29.70	32.40
550	161.19	5.50	8.25	11.00	13.75	16.50	19.25	22.00	24.75	27.50	30.25	33.00
560	164.12	5.60	8.40	11.20	14.00	16.80	19.60	22.40	25.20	28.00	30.80	33.60
570	167.05	5.70	8.55	11.40	14.25	17.10	19.95	22.80	25.65	28.50	31.35	34.20
580	169.98	5.80	8.70	11.60	14.50	17.40	20.30	23.20	26.10	29.00	31.90	34.80
590	172.91	5.90	8.85	11.80	14.75	17.70	20.65	23.60	26.55	29.50	32.45	35.40
600	175.84	6.00	9.00	12.00	15.00	18.00	21.00	24.00	27.00	30.00	33.00	36.00
610	178.77	6.10	9.15	12.20	15.25	18.30	21.35	24.40	27.45	30.50	33.55	36.60
620	181.70	6.20	9.30	12.40	15.50	18.60	21.70	24.80	27.90	31.00	34.10	37.20
630	184.63	6.30	9.45	12.60	15.75	18.90	22.05	25.20	28.35	31.50	34.65	37.80
640	187.51	6.40	9.60	12.80	16.00	19.20	22.40	25.60	28.80	32.00	35.20	38.40
650	190.50	6.50	9.75	13.00	16.25	19.50	22.75	26.00	29.25	32.50	35.75	39.00
660	193.43	6.60	9.90	13.20	16.50	19.80	23.10	26.40	29.70	33.00	36.30	39.60
670	196.36	6.70	10.05	13.40	16.75	20.10	23.45	26.80	30.15	33.50	36.85	40.20
680	199.29	6.80	10.20	13.60	17.00	20.40	23.80	27.20	30.60	34.00	37.40	40.80
690	202.22	6.90	10.35	13.80	17.25	20.70	24.15	27.60	31.05	34.50	37.95	41.40
700	205.15	7.00	10.50	14.00	17.50	21.00	24.50	28.00	31.50	35.00	38.50	42.00
710	208.08	7.10	10.65	14.20	17.75	21.30	24.85	28.40	31.95	35.50	39.05	42.60
720	211.01	7.20	10.80	14.40	18.00	21.60	25.20	28.80	32.40	36.00	39.60	43.20
730	213.94	7.30	10.95	14.60	18.25	21.90	25.55	29.20	32.85	36.50	40.15	43.80
740	216.87	7.40	11.10	14.80	18.50	22.20	25.90	29.60	33.30	37.00	40.70	44.40
750	219.80	7.50	11.25	15.00	18.75	22.50	26.25	30.00	33.75	37.50	41.25	45.00
760	222.73	7.60	11.40	15.20	19.00	22.80	26.60	30.40	34.20	38.00	41.80	45.60
770	225.66	7.70	11.55	15.40	19.25	23.10	26.95	30.80	34.65	38.50	42.35	46.20
780	228.60	7.80	11.70	15.60	19.50	23.40	27.30	31.20	35.10	39.00	42.90	46.80
790	231.53	7.90	11.85	15.80	19.75	28.50	27.65	31.60	35.55	39.50	43.45	47.40
800	234.46	8.00	12.00	16.00	20.00	24.00	28.00	32.00	36.00	40.00	44.00	48.00

↑Btu Watts↑
Energy Per Hour

Dollar Capital Investment

TABLE 29 (Sheet 1 of 4)

TABLE 29 (Continued)

CAPITAL INVESTMENT FOR EQUIPMENT TO PRODUCE HEAT (OR STEAM)

Dollar Investment in Equipment to Produce Heat (or Steam) to Point of Use

$ per 1000 Btu/hr →		10.00	15.00	20.00	25.00	30.00	35.00	40.00	45.00	50.00	55.00	60.00
$ per 1 lb steam/hr →		12.50	18.75	25.00	31.25	37.50	43.75	50.00	56.25	62.50	68.75	75.00
$ per 1000 W(hr) →		34.12	51.18	64.24	85.30	102.36	119.42	136.48	153.55	170.61	187.67	204.73
↓Btu/hr	W (per hr)↓											
810	237.49	$8.10	$12.15	$16.20	$20.25	$24.30	$28.35	$32.40	$36.45	$40.50	$44.55	$48.60
820	240.31	8.20	12.30	16.40	20.50	24.60	28.70	32.80	36.90	41.00	45.10	49.20
830	243.25	8.30	12.45	16.60	20.75	24.90	29.05	33.20	37.35	41.50	45.65	49.80
840	246.18	8.40	12.60	16.80	21.00	25.20	29.40	33.60	37.80	42.00	46.20	50.40
850	249.11	8.50	12.75	17.00	21.25	25.50	29.75	34.00	38.35	42.50	46.75	51.00
860	252.04	8.60	12.90	17.20	21.50	25.80	30.10	34.40	38.70	43.00	47.30	51.60
870	254.97	8.70	13.05	17.40	21.75	26.10	30.45	34.80	39.15	43.50	47.85	52.20
880	257.90	8.80	13.20	17.60	22.00	26.40	30.80	35.20	39.60	44.00	48.40	52.80
890	260.83	8.90	13.35	17.80	22.25	26.70	31.15	35.60	40.05	44.50	48.95	53.40
900	263.76	9.00	13.50	18.00	22.50	27.00	31.50	36.00	40.50	45.00	49.50	54.00
910	266.69	9.10	13.65	18.20	22.75	27.30	31.85	36.40	40.95	45.50	50.05	54.60
920	269.63	9.20	13.80	18.40	23.00	27.60	32.20	36.80	41.40	46.00	50.60	55.20
930	272.56	9.30	13.95	18.60	23.25	27.90	32.55	37.20	41.85	46.50	51.15	55.80
940	275.49	9.40	14.10	18.80	23.50	28.20	32.90	37.60	42.30	47.00	51.70	56.40
950	278.42	9.50	14.25	19.00	23.75	28.50	33.25	38.00	42.75	47.50	52.25	57.00
960	281.35	9.60	14.40	19.20	24.00	28.80	33.60	38.40	43.20	48.00	52.80	57.60
970	284.28	9.70	14.55	19.40	24.25	29.10	33.95	38.80	43.65	48.50	53.35	58.20
980	287.20	9.80	14.70	19.60	24.50	29.40	34.30	39.20	44.10	49.00	53.90	58.80
990	290.14	9.90	14.85	19.80	24.75	29.40	34.65	39.60	44.55	49.50	54.45	59.40
1000	293.07	10.00	15.00	20.00	25.00	30.00	35.00	40.00	45.00	50.00	55.00	60.00
1100	322.4	11.00	16.50	22.00	27.50	33.00	38.50	44.00	49.50	55.00	60.50	66.00
1200	351.6	12.00	18.00	24.00	30.00	36.00	42.00	48.00	54.00	60.00	66.00	72.00
1300	381.0	13.00	19.50	26.00	32.50	39.00	45.50	52.00	58.50	65.00	71.50	78.00
1400	410.2	14.00	21.00	28.00	35.00	42.00	49.00	56.00	63.00	70.00	77.00	84.00
1500	439.0	15.00	23.50	30.00	37.50	45.00	52.50	60.00	67.50	75.00	82.50	90.00
1600	468.9	16.00	24.00	32.00	40.00	48.00	56.00	64.00	72.00	80.00	88.00	96.00
1700	498.2	17.00	25.50	34.00	42.50	51.00	59.50	68.00	76.50	85.00	93.50	102.00
1800	527.5	18.00	27.00	36.00	45.00	54.00	63.00	72.00	81.00	90.00	99.00	108.00
1900	555.6	19.00	28.50	38.50	47.50	57.00	66.50	76.00	85.50	95.00	104.50	114.00
2000	586.1	20.00	30.00	40.00	50.00	60.00	70.00	80.00	90.00	100.00	110.00	120.00
2100	615.4	21.00	31.50	42.00	52.50	63.00	73.50	84.00	94.50	105.00	115.50	126.00
2200	644.7	22.00	33.00	44.00	55.00	66.00	77.00	88.00	99.00	110.00	121.00	132.00
2300	674.1	23.00	34.50	46.00	57.50	69.00	80.50	92.00	103.50	115.00	126.50	138.00
2400	703.4	24.00	36.00	48.00	60.00	72.00	84.00	96.00	108.00	120.00	132.00	144.00
2500	732.7	25.00	37.50	50.00	62.50	75.00	87.50	100.00	112.50	125.00	137.50	150.00
2600	762.0	26.00	39.00	52.00	65.00	78.00	91.00	104.00	117.00	130.00	143.00	156.00
2700	791.3	27.00	40.50	54.00	67.50	81.00	94.50	108.00	121.50	135.00	148.50	162.00
2800	820.6	28.00	42.00	56.00	70.00	84.00	98.00	112.00	126.00	140.00	154.00	168.00
2900	849.9	29.00	43.50	58.00	72.50	87.00	101.50	116.00	130.50	145.00	159.50	174.00
3000	879.2	30.00	45.00	60.00	75.00	90.00	105.00	120.00	135.00	150.00	165.00	180.00
3100	908.3	31.00	46.50	62.00	77.50	93.00	108.50	124.00	139.50	155.00	170.50	186.00
3200	937.8	32.00	48.00	64.00	80.00	96.00	112.00	128.00	144.00	160.00	176.00	192.00
3300	967.1	33.00	49.50	66.00	82.50	99.00	115.50	132.00	148.50	165.00	181.50	198.00
3400	996.4	34.00	51.00	68.00	85.00	102.00	119.00	136.00	153.00	170.00	197.00	204.00
3500	1025.7	35.00	52.50	70.00	87.50	105.00	122.50	140.00	157.50	175.00	202.50	210.00
3600	1055.0	36.00	54.00	72.00	90.00	108.00	126.00	144.00	162.00	180.00	208.00	216.00
3700	1084.4	37.00	55.55	74.00	92.50	111.00	129.50	148.00	166.50	185.00	213.50	222.00
3800	1113.7	38.00	57.00	76.00	95.00	114.00	133.00	152.00	171.00	190.00	219.00	228.00
3900	1143.0	39.00	58.50	78.00	97.50	117.00	136.50	156.00	175.50	195.00	224.50	234.00
4000	1172.3	40.00	60.00	80.00	100.00	120.00	140.00	160.00	180.00	200.00	220.00	240.00
4100	1201.6	41.00	61.50	82.00	102.50	123.00	143.50	164.00	184.50	205.00	245.50	246.00
4200	1230.9	42.00	63.00	84.00	105.00	126.00	147.00	168.00	189.00	210.00	231.00	252.00
4300	1260.2	43.00	64.50	86.00	107.50	129.00	150.50	172.00	193.50	215.00	236.50	258.00
4400	1289.5	44.00	66.00	88.00	110.00	132.00	154.00	176.00	198.00	220.00	242.00	264.00
4500	1318.8	45.00	67.50	90.00	112.50	135.00	157.50	180.00	202.50	225.00	247.50	270.00
4600	1348.1	46.00	69.00	92.00	115.00	138.00	161.00	184.00	207.00	230.00	253.00	276.00
4700	1377.4	47.00	70.50	94.00	117.50	141.00	164.50	188.00	211.50	235.00	258.50	282.00
4800	1406.7	48.00	72.00	96.00	120.00	144.00	168.00	192.00	216.00	240.00	264.00	288.00
4900	1436.5	49.00	73.50	98.00	122.50	147.00	171.50	196.00	220.50	245.00	269.50	294.00
5000	1465.3	50.00	75.00	100.00	125.00	150.00	175.00	200.00	225.00	250.00	275.00	300.00
5100	1494.7	51.00	76.50	102.00	127.50	153.00	178.50	204.00	229.50	255.00	280.50	306.00
5200	1524.0	52.00	78.00	104.00	130.00	156.00	182.00	208.00	234.00	260.00	286.00	312.00
5300	1553.3	53.00	79.50	106.00	132.50	159.00	185.50	212.00	238.50	265.00	291.50	318.00
5400	1582.6	54.00	81.00	108.00	135.00	162.00	189.00	216.00	243.00	270.00	297.00	324.00
5500	1611.9	55.00	82.50	110.00	137.50	165.00	192.50	220.00	247.50	275.00	302.50	330.00
5600	1641.2	56.00	84.00	112.00	140.00	168.00	196.00	224.00	252.00	280.00	308.00	336.00
5700	1670.5	57.00	85.50	114.00	142.50	171.00	199.50	228.00	256.50	285.00	313.50	342.00
5800	1699.0	58.00	87.00	116.00	145.00	174.00	203.00	232.00	261.00	290.00	319.00	348.00
5900	1729.1	59.00	88.50	118.00	147.50	177.00	206.50	236.00	265.50	295.00	324.50	354.00
6000	1758.4	60.00	90.00	120.00	150.00	180.00	210.00	240.00	270.00	300.00	330.00	360.00
6100	1787.7	61.00	91.50	122.00	152.50	183.00	213.50	244.00	274.50	305.00	335.50	366.00
6200	1817.0	62.00	93.00	124.00	155.00	186.00	217.00	248.00	279.00	310.00	341.00	372.00
6300	1846.3	63.00	94.50	126.00	157.50	189.00	220.50	252.00	283.50	315.00	346.50	378.00
6400	1875.7	64.00	96.00	128.00	160.00	192.00	224.00	256.00	288.00	320.00	352.00	384.00
6500	1905.0	65.00	97.50	130.00	162.50	195.00	227.50	260.00	292.50	325.00	357.50	390.00
6600	1934.3	66.00	99.00	132.00	165.00	198.00	231.00	264.00	297.00	330.00	363.00	396.00
6700	1963.6	67.00	100.50	134.00	167.50	201.00	234.50	268.00	301.50	335.00	368.50	402.00
6800	1992.9	68.00	102.00	136.00	170.00	204.00	238.00	272.00	306.00	340.00	374.00	408.00
6900	2022.2	69.00	103.50	138.00	172.50	207.00	241.50	276.00	310.50	345.50	379.50	414.00
7000	2051.5	70.00	105.00	140.00	175.00	210.00	245.00	280.00	315.00	350.00	385.00	420.00
↑Btu	Watts↑											

Energy Per Hour

Dollar Capital Investment

TABLE 29 (Sheet 2 of 4)

CAPITAL INVESTMENT FOR EQUIPMENT TO PRODUCE HEAT (OR STEAM)

Dollar Investment in Equipment to Produce Heat (or Steam) to Point of Use

$ per 1000 Btu/hr →		10.00	15.00	20.00	25.00	30.00	35.00	40.00	45.00	50.00	55.00	60.00
$ per 1 lb steam/hr →		12.50	18.75	25.00	31.25	37.50	43.75	50.00	56.25	62.50	68.75	75.00
$ per 1000 W(hr) →		34.12	51.18	64.24	85.30	102.36	119.42	136.48	153.55	170.61	187.67	204.73
↓Btu/hr	W (per hr)↓											
7100	2080.8	$71.00	$106.50	$142.00	$177.50	$213.00	$248.50	$284.00	$319.50	$355.00	$390.50	$426.00
7200	2110.1	72.00	108.00	144.00	180.00	216.00	252.00	288.00	324.00	360.00	396.00	432.00
7300	2139.4	73.00	109.50	146.50	182.50	219.00	255.50	292.00	328.50	365.00	401.50	438.00
7400	2168.7	74.00	111.00	148.00	185.00	222.00	259.00	296.00	333.00	370.00	407.00	444.00
7500	2198.0	75.00	112.50	150.00	187.50	225.00	362.50	300.00	337.50	375.00	412.50	450.00
7600	2227.3	76.00	114.00	152.00	190.00	228.00	266.00	304.00	342.00	380.00	418.00	456.00
7700	2256.6	77.00	115.50	154.00	192.50	231.00	269.50	308.00	346.50	385.00	423.50	462.00
7800	2286.0	78.00	117.00	156.00	195.00	234.00	273.00	312.00	351.00	390.00	429.00	468.00
7900	2315.3	79.00	118.50	158.00	197.50	237.00	276.50	316.00	355.50	395.00	434.50	474.00
8000	2344.6	80.00	120.00	160.00	200.00	240.00	280.00	320.00	360.00	400.00	440.00	480.00
8100	2373.9	81.00	121.50	162.00	202.50	243.00	283.50	324.00	364.50	405.00	445.50	486.00
8200	2403.1	82.00	123.00	164.00	205.00	246.00	287.00	328.00	369.00	410.00	451.00	492.00
8300	2432.5	83.00	124.50	166.00	207.50	249.00	290.50	332.00	373.50	415.00	456.50	498.00
8400	2461.8	84.00	126.00	168.00	210.00	252.00	294.00	336.00	378.00	420.00	462.00	504.00
8500	2491.1	85.00	127.50	170.00	212.50	255.00	297.50	340.00	383.50	425.00	467.50	510.00
8600	2520.4	86.00	129.00	172.00	215.00	258.00	301.00	344.00	387.00	430.00	473.00	516.00
8700	2549.7	87.00	130.50	174.00	217.50	261.00	304.50	348.00	391.50	435.00	478.50	522.00
8800	2579.0	88.00	132.00	176.00	220.00	264.00	308.00	352.00	396.00	440.00	484.00	528.00
8900	2608.3	89.00	133.50	178.00	222.50	267.00	311.50	356.00	460.50	445.00	489.50	534.00
9000	2637.6	90.00	135.00	180.00	225.00	270.00	315.00	360.00	405.00	450.00	495.00	540.00
9100	2666.9	91.00	136.50	182.00	227.50	273.00	318.50	364.00	409.50	455.00	500.50	546.00
5200	2696.3	92.00	138.00	184.00	230.00	276.00	322.00	368.00	414.00	460.00	506.00	552.00
9300	2725.6	93.00	139.50	186.00	232.50	279.00	325.50	372.00	418.50	465.00	511.50	558.00
9400	2754.9	94.00	141.00	188.00	235.00	282.00	329.00	376.00	423.00	470.00	517.00	564.00
9500	2784.2	95.00	142.50	190.00	237.50	285.00	332.50	380.00	427.50	475.00	522.50	570.00
9600	2813.5	96.00	144.00	192.00	240.00	288.00	336.00	384.00	432.00	480.00	528.00	576.00
9700	2842.8	97.00	145.50	194.00	242.50	291.00	339.50	388.00	436.50	485.00	533.50	582.00
9800	2872.0	98.00	147.00	196.00	245.00	294.00	343.00	392.00	441.00	490.00	539.00	588.00
9900	2901.4	99.00	148.50	198.00	247.50	297.00	346.50	394.00	445.50	495.00	544.50	594.00
10000	2930.7	100.00	150.00	200.00	250.00	300.00	350.00	400.00	450.00	500.00	550.00	600.00
11000	3224	110.00	165.00	220.00	275.00	330.00	385.00	440.00	495.00	550.00	605.00	660.00
12000	3516	120.00	180.00	240.00	300.00	360.00	420.00	480.00	540.00	600.00	660.00	720.00
13000	3810	130.00	195.00	260.00	325.00	390.00	455.00	520.00	585.00	650.00	715.00	780.00
14000	4102	140.00	210.00	280.00	350.00	420.00	490.00	560.00	630.00	700.00	770.00	840.00
15000	4390	150.00	235.00	300.00	375.00	450.00	525.00	600.00	675.00	750.00	825.00	900.00
16000	4689	160.00	240.00	320.00	400.00	480.00	560.00	640.00	720.00	800.00	880.00	960.00
17000	4982	170.00	255.00	340.00	425.00	510.00	595.00	680.00	765.00	850.00	935.00	1020.00
18000	5275	180.00	270.00	360.00	450.00	540.00	630.00	720.00	810.00	900.00	990.00	1080.00
19000	5556	190.00	285.00	380.00	425.00	570.00	665.00	760.00	855.00	950.00	1045.00	1140.00
20000	5861	200.00	300.00	400.00	500.00	600.00	700.00	800.00	900.00	1000.00	1100.00	1200.00
21000	6154	210.00	315.00	420.00	525.00	630.00	735.00	840.00	945.00	1050.00	1155.00	1260.00
22000	6447	220.00	330.00	440.00	550.00	660.00	770.00	880.00	990.00	1100.00	1210.00	1320.00
23000	6741	230.00	345.00	460.00	575.00	690.00	805.00	920.00	1035.00	1150.00	1265.00	1380.00
24000	7034	240.00	360.00	480.00	600.00	720.00	840.00	960.00	1080.00	1200.00	1320.00	1440.00
25000	7327	250.00	375.00	500.00	625.00	750.00	875.00	1000.00	1125.00	1250.00	1375.00	1500.00
26000	7620	260.00	390.00	520.00	650.00	780.00	910.00	1040.00	1170.00	1300.00	1430.00	1560.00
27000	7913	270.00	405.00	540.00	675.00	810.00	945.00	1080.00	1215.00	1350.00	1485.00	1620.00
28000	8206	280.00	420.00	560.00	700.00	840.00	980.00	1120.00	1260.00	1400.00	1540.00	1680.00
29000	8499	290.00	435.00	580.00	725.00	870.00	1015.00	1160.00	1305.00	1450.00	1595.00	1740.00
30000	8792	300.00	450.00	600.00	750.00	900.00	1050.00	1200.00	1350.00	1500.00	1650.00	1800.00
31000	9083	310.00	465.00	620.00	775.00	930.00	1085.00	1240.00	1395.00	1550.00	1705.00	1860.00
32000	9378	320.00	480.00	640.00	800.00	960.00	1120.00	1280.00	1440.00	1600.00	1760.00	1920.00
33000	9671	330.00	495.00	660.00	825.00	990.00	1155.00	1320.00	1485.00	1650.00	1815.00	1980.00
34000	9964	340.00	510.00	680.00	850.00	1020.00	1190.00	1360.00	1530.00	1700.00	1870.00	2040.00
35000	10257	350.00	525.00	700.00	875.00	1050.00	1225.00	1400.00	1575.00	1750.00	1925.00	2100.00
36000	10550	360.00	540.00	720.00	900.00	1080.00	1260.00	1440.00	1620.00	1800.00	1980.00	2160.00
37000	10844	370.00	555.00	740.00	925.00	1110.00	1295.00	1480.00	1665.00	1850.00	2035.00	2220.00
38000	11137	380.00	570.00	760.00	950.00	1140.00	1330.00	1520.00	1710.00	1900.00	2090.00	2280.00
39000	11430	390.00	585.00	780.00	915.00	1170.00	1365.00	1560.00	1755.00	1950.00	2145.00	2340.00
40000	11723	400.00	600.00	800.00	1000.00	1200.00	1400.00	1600.00	1800.00	2000.00	2200.00	2400.00
41000	12016	410.00	615.00	820.00	1025.00	1230.00	1435.00	1640.00	1845.00	2050.00	2255.00	2460.00
42000	12309	420.00	630.00	840.00	1050.00	1260.00	1470.00	1680.00	1890.00	2100.00	2310.00	2520.00
43000	12602	430.00	645.00	860.00	1075.00	1290.00	1505.00	1720.00	1935.00	2150.00	2365.00	2580.00
44000	12895	440.00	660.00	880.00	1100.00	1320.00	1540.00	1760.00	1980.00	2200.00	2420.00	2640.00
45000	13188	450.00	675.00	900.00	1125.00	1350.00	1575.00	1800.00	2025.00	2250.00	2475.00	2700.00
46000	13481	460.00	690.00	920.00	1150.00	1380.00	1610.00	1840.00	2070.00	2300.00	2530.00	2760.00
47000	13774	470.00	705.00	940.00	1175.00	1410.00	1645.00	1880.00	2115.00	2350.00	2585.00	2820.00
48000	14067	480.00	720.00	960.00	1200.00	1440.00	1680.00	1920.00	2160.00	2400.00	2640.00	2880.00
49000	14365	490.00	735.00	980.00	1235.00	1470.00	1715.00	1960.00	2205.00	2450.00	2695.00	2940.00
50000	14653	500.00	750.00	1000.00	1250.00	1500.00	1750.00	2000.00	2250.00	2500.00	2750.00	3000.00
51000	14947	510.00	765.00	1020.00	1275.00	1530.00	1785.00	2040.00	2295.00	2550.00	2805.00	3060.00
52000	15240	520.00	780.00	1040.00	1300.00	1560.00	1820.00	2080.00	2340.00	2600.00	2860.00	3120.00
53000	15533	530.00	795.00	1060.00	1325.00	1590.00	1855.00	2120.00	2385.00	2650.00	2915.00	3180.00
54000	15826	540.00	810.00	1080.00	1350.00	1620.00	1890.00	2160.00	2430.00	2700.00	2970.00	3240.00
55000	16119	550.00	825.00	1100.00	1375.00	1650.00	1925.00	2200.00	2475.00	2750.00	3025.00	3300.00
56000	16412	560.00	840.00	1120.00	1400.00	1680.00	1960.00	2240.00	2520.00	2800.00	3080.00	3360.00
57000	16705	570.00	855.00	1140.00	1425.00	1710.00	1995.00	2280.00	2565.00	2854.00	3135.00	3420.00
58000	16990	580.00	870.00	1160.00	1450.00	1740.00	2030.00	2320.00	2610.00	2900.00	3190.00	3480.00
59000	17291	590.00	885.00	1180.00	1475.00	1770.00	2065.00	2360.00	2655.00	2950.00	3245.00	3540.00
60000	17584	600.00	900.00	1200.00	1500.00	1800.00	2100.00	2400.00	2700.00	3000.00	3300.00	3600.00
↑Btu	Watts↑											

Energy Per Hour

Dollar Capital Investment

TABLE 29 (Sheet 3 of 4)

TABLE 29 (Continued)

CAPITAL INVESTMENT FOR EQUIPMENT TO PRODUCE HEAT (OR STEAM)

Dollar Investment in Equipment to Produce Heat (or Steam) to Point of Use

$ per 1000 Btu/hr →		10.00	15.00	20.00	25.00	30.00	35.00	40.00	45.00	50.00	55.00	60.00
$ per 1 lb steam/hr →		12.50	18.75	25.00	31.25	37.50	43.75	50.00	56.25	62.50	68.75	75.00
$ per 1000 W(hr) →		34.12	51.18	64.24	85.30	102.36	119.42	136.48	153.55	170.61	187.67	204.73
↓Btu/hr	W (per hr)↓											
61000	17877	$610.00	$915.00	$1220.00	$1525.00	$1830.00	$2135.00	$2440.00	$2745.00	$3050.00	$3355.00	$3660.00
62000	18170	620.00	930.00	1240.00	1550.00	1860.00	2170.00	2480.00	2700.00	3100.00	3410.00	3720.00
63000	18463	630.00	945.00	1260.00	1575.00	1890.00	2205.00	2520.00	2835.00	3150.00	3465.00	3780.00
64000	18757	640.00	960.00	1280.00	1600.00	1920.00	2240.00	2560.00	2880.00	3200.00	3520.00	3840.00
65000	19050	650.00	975.00	1300.00	1625.00	1950.00	2275.00	2600.00	2925.00	3250.00	3575.00	3900.00
66000	19343	660.00	990.00	1320.00	1650.00	1980.00	2310.00	2640.00	2970.00	3300.00	3630.00	3960.00
67000	19636	670.00	1005.00	1340.00	1675.00	2010.00	2345.00	2680.00	3015.00	3350.00	3685.00	4020.00
68000	19929	680.00	1020.00	1360.00	1700.00	2040.00	2380.00	2720.00	3060.00	3400.00	3740.00	4080.00
69000	20222	690.00	1035.00	1380.00	1725.00	2070.00	2410.00	3760.00	3105.00	3450.00	3795.00	4140.00
70000	20515	700.00	1050.00	1400.00	1750.00	2100.00	2450.00	3800.00	3150.00	3500.00	3850.00	4200.00
71000	20808	710.00	1065.00	1420.00	1775.00	2130.00	2485.00	2840.00	3195.00	3550.00	3905.00	4260.00
72000	21101	720.00	1080.00	1440.00	1800.00	2160.00	2520.00	2880.00	3240.00	3600.00	3960.00	4320.00
73000	21394	730.00	1095.00	1460.00	1825.00	2190.00	2555.00	2920.00	3285.00	3650.00	4015.00	4380.00
74000	21687	740.00	1110.00	1480.00	1850.00	2220.00	2590.00	2960.00	3330.00	3700.00	4070.00	4440.00
75000	21980	750.00	1125.00	1500.00	1875.00	2250.00	2625.00	3000.00	3375.00	3750.00	4125.00	4500.00
76000	22273	760.00	1140.00	1520.00	1900.00	2280.00	2660.00	3040.00	3420.00	3800.00	4180.00	4560.00
77000	22566	770.00	1155.00	1540.00	1925.00	2310.00	2695.00	3080.00	3465.00	3850.00	4235.00	4620.00
78000	22860	780.00	1170.00	1560.00	1950.00	2340.00	2730.00	3120.00	3510.00	3900.00	4290.00	4680.00
79000	23153	790.00	1185.00	1580.00	1975.00	2370.00	2765.00	3160.00	3555.00	3950.00	4345.00	4740.00
80000	23446	800.00	1200.00	1600.00	2000.00	2400.00	2800.00	3200.00	3600.00	4000.00	4400.00	4800.00
81000	23739	810.00	1215.00	1620.00	2025.00	2430.00	2835.00	3240.00	3645.00	4050.00	4455.00	4860.00
82000	24031	820.00	1230.00	1640.00	2050.00	2460.00	2870.00	3280.00	3690.00	4100.00	4510.00	4920.00
83000	24325	830.00	1245.00	1660.00	2075.00	2490.00	2905.00	3320.00	3735.00	4150.00	4565.00	4980.00
84000	24618	840.00	1260.00	1680.00	2100.00	2520.00	2940.00	3360.00	3780.00	4200.00	4620.00	5040.00
85000	24911	850.00	1275.00	1700.00	2125.00	2550.00	2975.00	3400.00	3835.00	4250.00	4675.00	5100.00
86000	25204	860.00	1290.00	1720.00	2150.00	2580.00	3010.00	3440.00	3870.00	4300.00	4730.00	5160.00
87000	25497	870.00	1305.00	1740.00	2175.00	2610.00	3045.00	3480.00	3915.00	4350.00	4785.00	5220.00
88000	25790	880.00	1320.00	1760.00	2200.00	2640.00	3080.00	3520.00	3960.00	4400.00	4840.00	5280.00
89000	26083	890.00	1335.00	1780.00	2225.00	2670.00	3115.00	3560.00	4005.00	4450.00	4895.00	5340.00
90000	26376	900.00	1350.00	1800.00	2250.00	2700.00	3150.00	3600.00	4050.00	4500.00	4950.00	5400.00
91000	26669	910.00	1365.00	1820.00	2275.00	2730.00	3185.00	3640.00	4095.00	4550.00	5005.00	5460.00
92000	26963	920.00	1380.00	1840.00	2300.00	2760.00	3220.00	3680.00	4140.00	4600.00	5060.00	5520.00
93000	27256	930.00	1395.00	1860.00	2325.00	2790.00	3255.00	3720.00	4185.00	4650.00	5115.00	5580.00
94000	27549	940.00	1410.00	1880.00	2350.00	2820.00	3290.00	3760.00	4230.00	4700.00	5170.00	5640.00
95000	27842	950.00	1425.00	1900.00	2375.00	2850.00	3325.00	3800.00	4275.00	4750.00	5225.00	5700.00
96000	28135	960.00	1440.00	1920.00	2400.00	2880.00	3360.00	3840.00	4320.00	4800.00	5280.00	5760.00
97000	28428	970.00	1455.00	1940.00	2425.00	2910.00	3395.00	3880.00	4365.00	4850.00	5335.00	5820.00
98000	28720	980.00	1470.00	1960.00	2450.00	2940.00	3430.00	3920.00	4410.00	4900.00	5390.00	5880.00
99000	29014	990.00	1485.00	1980.00	2475.00	2970.00	3465.00	3960.00	4455.00	4950.00	5445.00	5940.00
100000	29307	1000.00	1500.00	2000.00	2500.00	3000.00	3500.00	4000.00	4500.00	5000.00	5500.00	6000.00
↑Btu	Watts↑											
Energy Per Hour												

Dollar Capital Investment

TABLE 29 (Sheet 4 of 4)

TABLE 30

DOLLAR COST OF ENERGY PER YEAR

BASED ON 8760 HRS/YR

$ Per Million Btu	$ Per M lbs Steam	HEAT LOSS IN WATTS PER HOUR										$ Per Million Watts
		2.9	5.0	8.8	11.7	14.7	17.6	20.5	23.4	26.3	29.3	
0.16	0.20	$0.01	$0.02	$0.04	$0.06	$0.07	$0.08	$0.10	$0.11	$0.13	$0.14	0.57
0.32	0.40	0.03	0.06	0.08	0.11	0.14	0.17	0.20	0.22	0.25	0.28	1.09
0.48	0.60	0.04	0.07	0.13	0.17	0.21	0.25	0.29	0.33	0.38	0.42	1.64
0.64	0.80	0.06	0.11	0.17	0.22	0.28	0.34	0.39	0.45	0.50	0.56	2.18
0.80	1.00	0.07	0.14	0.21	0.28	0.35	0.42	0.49	0.56	0.63	0.70	2.73
0.96	1.20	0.08	0.17	0.25	0.34	0.42	0.50	0.59	0.67	0.76	0.84	3.27
1.12	1.40	0.10	0.20	0.29	0.39	0.49	0.59	0.69	0.78	0.88	0.98	3.82
1.28	1.60	0.11	0.22	0.34	0.45	0.56	0.67	0.78	0.90	1.09	1.12	4.37
1.44	1.80	0.13	0.24	0.38	0.50	0.63	0.76	0.88	1.01	1.14	1.26	4.91
1.60	2.00	0.14	0.28	0.42	0.56	0.70	0.84	0.98	1.12	1.26	1.40	5.46
1.76	2.20	0.15	0.31	0.46	0.62	0.77	0.93	1.08	1.23	1.39	1.54	6.01
1.92	2.40	0.17	0.33	0.50	0.67	0.84	1.01	1.18	1.35	1.51	1.68	6.55
2.08	2.60	0.18	0.36	0.55	0.73	0.91	1.09	1.28	1.46	1.64	1.82	7.09
2.24	2.80	0.20	0.39	0.59	0.78	0.98	1.17	1.37	1.57	1.76	1.96	7.64
2.40	3.00	0.21	0.42	0.63	0.84	1.05	1.26	1.47	1.68	1.90	2.10	8.19
2.56	3.20	0.22	0.45	0.67	0.90	1.12	1.34	1.57	1.80	2.02	2.24	8.73
2.72	3.40	0.24	0.48	0.70	0.95	1.19	1.41	1.67	1.91	2.14	2.38	9.28
2.88	3.60	0.25	0.50	0.76	1.01	1.26	1.51	1.77	2.01	2.27	2.52	9.82
3.04	3.80	0.27	0.53	0.80	1.07	1.33	1.60	1.86	2.13	2.40	2.66	10.37
3.20	4.00	0.28	0.56	0.84	1.12	1.40	1.68	1.96	2.24	2.52	2.80	10.92
3.36	4.20	0.29	0.59	0.88	1.18	1.47	1.77	2.06	2.35	2.65	2.94	11.45
3.52	4.40	0.31	0.61	0.92	1.23	1.54	1.85	2.16	2.47	2.77	3.08	12.01
3.68	4.60	0.32	0.64	0.97	1.29	1.61	1.93	2.26	2.58	2.90	3.22	12.56
3.84	4.80	0.34	0.67	1.01	1.35	1.68	2.02	2.35	2.70	3.03	3.36	13.10
4.00	5.00	0.35	0.70	1.05	1.40	1.75	2.10	2.45	2.80	3.15	3.50	13.65
4.16	5.20	0.36	0.73	1.09	1.46	1.82	2.19	2.55	2.92	3.28	3.64	14.20
4.32	5.40	0.38	0.76	1.14	1.51	1.89	2.27	2.65	3.03	3.40	3.78	14.74
4.48	5.60	0.39	0.78	1.18	1.57	1.96	2.35	2.75	3.14	3.53	3.92	15.29
4.64	5.80	0.41	0.82	1.22	1.63	2.03	2.44	2.85	3.25	3.66	4.06	15.84
4.80	6.00	0.42	0.84	1.26	1.68	2.10	2.52	2.94	3.36	3.78	4.20	16.38
4.96	6.20	0.43	0.87	1.30	1.74	2.17	2.61	3.04	3.48	3.91	4.34	16.92
5.12	6.40	0.45	0.90	1.35	1.80	2.24	2.69	3.14	3.60	4.04	4.48	17.47
5.28	6.60	0.46	0.92	1.39	1.85	2.31	2.77	3.24	3.70	4.16	4.62	18.02
5.44	6.80	0.48	0.95	1.41	1.91	2.38	2.82	3.34	3.81	4.29	4.76	18.57
5.60	7.00	0.49	0.98	1.47	1.96	2.45	2.94	3.44	3.92	4.42	4.90	19.11
		10	20	30	40	50	60	70	80	90	100	
		HEAT LOSS IN Btu PER HOUR										

TABLE 30 (Sheet 1 of 28)

TABLE 30 (Continued)

DOLLAR COST OF ENERGY PER YEAR

BASED ON 8760 HRS/YR

$ Per Million Btu	$ Per M lbs Steam	HEAT LOSS IN WATTS PER HOUR										$ Per Million Watts
		32.2	35.2	38.1	41.0	44.0	46.9	49.8	52.7	55.7	58.6	
0.16	0.20	$0.15	$0.17	$0.18	$0.19	$0.21	$0.22	$0.24	$0.25	$0.27	$0.28	0.57
0.32	0.40	0.31	0.34	0.36	0.39	0.42	0.45	0.48	0.50	0.53	0.56	1.09
0.48	0.60	0.46	0.50	0.55	0.59	0.63	0.68	0.71	0.76	0.80	0.84	1.64
0.64	0.80	0.62	0.67	0.73	0.78	0.84	0.90	0.95	1.00	1.06	1.12	2.18
0.80	1.00	0.77	0.84	0.91	0.98	1.05	1.12	1.19	1.26	1.33	1.40	2.73
0.96	1.20	0.93	1.01	1.09	1.17	1.26	1.36	1.43	1.51	1.60	1.68	3.27
1.12	1.40	1.08	1.18	1.28	1.37	1.47	1.57	1.67	1.77	1.86	1.96	3.82
1.28	1.60	1.22	1.34	1.46	1.57	1.68	1.79	1.91	2.02	2.13	2.24	4.37
1.44	1.80	1.37	1.51	1.64	1.77	1.89	2.02	2.14	2.27	2.40	2.52	4.91
1.60	2.00	1.54	1.68	1.82	1.96	2.10	2.24	2.38	2.52	2.67	2.80	5.46
1.76	2.20	1.70	1.85	2.00	2.16	2.31	2.47	2.62	2.78	2.92	3.08	6.01
1.92	2.40	1.85	2.01	2.18	2.35	2.52	2.71	2.86	3.03	3.20	3.36	6.55
2.08	2.60	2.00	2.18	2.37	2.55	2.73	2.92	3.10	3.28	3.46	3.64	7.09
2.24	2.80	2.15	2.35	2.55	2.75	2.94	3.14	3.34	3.53	3.73	3.92	7.64
2.40	3.00	2.31	2.52	2.73	2.94	3.15	3.36	3.57	3.78	3.99	4.20	8.19
2.56	3.20	2.45	2.69	2.91	3.14	3.36	3.58	3.81	4.04	4.26	4.50	8.73
2.72	3.40	2.62	2.86	3.10	3.34	3.57	3.81	4.05	4.28	4.53	4.77	9.28
2.88	3.60	2.73	3.03	3.28	3.53	3.78	4.04	4.29	4.54	4.79	5.05	9.82
3.04	3.80	2.93	3.20	3.46	3.73	3.99	4.26	4.53	4.79	5.06	5.33	10.37
3.20	4.00	3.08	3.36	3.64	3.92	4.20	4.49	4.77	5.05	5.33	5.61	10.92
3.36	4.20	3.24	3.553	3.82	4.12	4.42	4.70	5.00	5.29	5.59	5.89	11.45
3.52	4.40	3.39	3.70	4.01	4.32	4.63	4.93	5.24	5.55	5.86	6.17	12.01
3.68	4.60	3.54	3.87	4.19	4.51	4.83	5.16	5.48	5.80	6.12	6.45	12.56
3.84	4.80	3.70	4.03	4.37	4.71	5.05	5.42	5.72	6.06	6.32	6.74	13.10
4.00	5.00	3.85	4.20	4.56	4.91	5.26	5.61	5.96	6.31	6.66	7.01	13.65
4.16	5.20	4.01	4.37	4.74	5.10	5.47	5.83	6.20	6.56	6.92	7.29	14.20
4.32	5.40	4.16	4.54	4.92	5.30	5.68	6.05	6.43	6.81	7.19	7.57	14.74
4.48	5.60	4.32	4.71	5.10	5.49	5.89	6.28	6.67	7.06	7.46	7.85	15.29
4.64	5.80	4.47	4.88	5.28	5.69	6.10	6.50	6.91	7.32	7.72	8.13	15.84
4.80	6.00	4.62	5.05	5.47	5.89	6.31	6.73	7.15	7.57	7.99	8.41	16.38
4.96	6.20	4.78	5.21	5.65	6.08	6.52	6.95	7.39	7.82	8.26	8.69	16.92
5.12	6.40	4.89	5.38	5.83	6.28	6.74	7.17	7.62	8.07	8.52	8.99	17.47
5.28	6.60	5.09	5.55	6.01	6.48	6.94	7.40	7.86	8.33	8.78	9.25	18.02
5.44	6.80	5.24	5.71	6.20	6.67	7.05	7.62	8.10	8.58	9.05	9.53	18.57
5.60	7.00	5.40	5.89	6.38	6.87	7.36	7.85	8.34	8.83	9.32	9.81	19.11
		110	120	130	140	150	160	170	180	190	200	
		HEAT LOSS IN Btu PER HOUR										

TABLE 30 (Sheet 2 of 28)

TABLE 30 (Continued)

DOLLAR COST OF ENERGY PER YEAR

BASED ON 8760 HRS/YR

$ Per Million Btu	$ Per M lbs Steam	HEAT LOSS IN WATTS PER HOUR										$ Per Million Watts
		61.5	64.5	67.4	70.3	73.3	76.2	79.1	82.0	85.0	87.9	
0.16	**0.20**	$0.30	$0.31	$0.32	$0.34	$0.35	$0.36	$0.38	$0.39	$0.41	$0.42	**0.57**
0.32	**0.40**	0.59	0.62	0.64	0.67	0.70	0.73	0.76	0.78	0.81	0.84	**1.09**
0.48	**0.60**	0.89	0.93	0.97	1.01	1.05	1.09	1.14	1.18	1.22	1.26	**1.64**
0.64	**0.80**	1.18	1.22	1.29	1.35	1.40	1.46	1.51	1.57	1.63	1.68	**2.18**
0.80	**1.00**	1.48	1.54	1.61	1.68	1.75	1.82	1.89	1.96	2.03	2.10	**2.73**
0.96	**1.20**	1.77	1.85	1.93	2.02	2.10	2.19	2.27	2.35	2.44	2.52	**3.27**
1.12	**1.40**	2.07	2.15	2.26	2.35	2.45	2.55	2.65	2.75	2.85	2.94	**3.82**
1.28	**1.60**	2.36	2.47	2.58	2.69	2.80	2.92	3.03	3.14	3.23	3.36	**4.37**
1.44	**1.80**	2.66	2.78	2.90	3.03	3.15	3.28	3.41	3.53	3.66	3.78	**4.91**
1.60	**2.00**	2.96	3.08	3.22	3.36	3.50	3.64	3.78	3.92	4.06	4.20	**5.46**
1.76	**2.20**	3.23	3.39	3.54	3.70	3.85	4.01	4.16	4.32	4.47	4.63	**6.01**
1.92	**2.40**	3.54	3.70	3.87	4.04	4.20	4.37	4.54	4.71	4.88	5.05	**6.55**
2.08	**2.60**	3.84	4.01	4.19	4.37	4.56	4.74	4.92	5.10	5.28	5.47	**7.09**
2.24	**2.80**	4.14	4.31	4.51	4.70	4.91	5.10	5.36	5.49	5.69	5.89	**7.64**
2.40	**3.00**	4.43	4.63	4.84	5.05	5.26	5.47	5.68	5.89	6.10	6.31	**8.19**
2.56	**3.20**	4.73	4.89	5.16	5.38	5.61	5.83	6.05	6.28	6.50	6.73	**8.73**
2.72	**3.40**	5.03	5.24	5.48	5.72	5.96	6.20	6.43	6.67	6.91	7.04	**9.28**
2.88	**3.60**	5.32	5.46	5.80	6.04	6.31	6.56	6.81	7.06	7.32	7.57	**9.82**
3.04	**3.80**	5.62	5.86	6.13	6.39	6.66	6.92	7.19	7.46	7.72	7.99	**10.37**
3.20	**4.00**	5.91	6.17	6.45	6.73	7.01	7.29	7.57	7.85	8.13	8.41	**10.42**
3.36	**4.20**	6.21	6.48	6.77	7.06	7.36	7.65	7.95	8.24	8.54	8.83	**11.45**
3.52	**4.40**	6.47	6.78	7.09	7.20	7.71	8.02	8.33	8.63	8.94	9.25	**12.01**
3.68	**4.60**	6.80	7.08	7.41	7.73	8.06	8.38	8.70	9.03	9.35	9.67	**12.56**
3.84	**4.80**	7.10	7.40	7.74	8.07	8.41	8.75	9.08	9.42	9.75	10.09	**13.10**
4.00	**5.00**	7.39	7.71	8.06	8.41	8.76	9.11	9.46	9.81	10.16	10.51	**13.65**
4.16	**5.20**	7.68	8.02	8.38	8.74	9.11	9.47	9.84	10.20	10.57	10.93	**14.20**
4.32	**5.40**	7.98	8.33	8.70	9.08	9.46	9.84	10.22	10.60	10.97	11.35	**14.74**
4.48	**5.60**	8.28	8.63	9.03	9.41	9.81	10.20	10.59	10.99	11.38	11.77	**15.29**
4.64	**5.80**	8.57	8.94	9.35	9.76	10.16	10.57	10.97	11.38	11.79	12.19	**15.84**
4.80	**6.00**	8.87	9.25	9.67	10.09	10.51	10.92	11.35	11.77	12.19	12.61	**16.38**
4.96	**6.20**	9.17	9.56	9.99	10.44	10.86	11.30	11.73	12.16	12.60	13.03	**16.92**
5.12	**6.40**	9.46	9.79	10.31	10.76	11.21	11.66	12.10	12.55	13.00	13.45	**17.47**
5.28	**6.60**	9.75	10.17	10.64	11.10	11.56	12.03	12.49	12.95	13.41	13.88	**18.02**
5.44	**6.80**	10.05	10.48	10.96	11.44	11.91	12.39	12.90	13.34	13.82	14.10	**18.57**
5.60	**7.00**	10.35	10.79	11.28	11.77	12.26	12.75	13.25	13.74	14.23	14.72	**19.11**
		210	**220**	**230**	**240**	**250**	**260**	**270**	**280**	**290**	**300**	
		HEAT LOSS IN Btu PER HOUR										

TABLE 30 (Sheet 3 of 28)

TABLE 30 (Continued)

DOLLAR COST OF ENERGY PER YEAR

BASED ON 8760 HRS/YR

$ Per Million Btu	$ Per M lbs Steam	HEAT LOSS IN WATTS PER HOUR										$ Per Million Watts
		90.8	93.8	96.7	99.6	102.6	105.5	108.4	111.3	114.3	117.2	
0.16	**0.20**	$0.43	$0.45	$0.46	$0.48	$0.49	$0.50	$0.52	$0.53	$0.55	$0.56	**0.57**
0.32	**0.40**	0.87	0.90	0.93	0.95	0.98	1.01	1.04	1.07	1.09	1.12	**1.09**
0.48	**0.60**	1.30	1.36	1.39	1.43	1.47	1.51	1.56	1.60	1.64	1.68	**1.64**
0.64	**0.80**	1.74	1.79	1.85	1.91	1.96	2.02	2.07	2.13	2.19	2.24	**2.18**
0.80	**1.00**	2.17	2.24	2.31	2.38	2.45	2.52	2.59	2.66	2.73	2.80	**2.73**
0.96	**1.20**	2.61	2.71	2.77	2.86	2.94	3.03	3.11	3.20	3.27	3.36	**3.27**
1.12	**1.40**	3.04	3.14	3.24	3.34	3.43	3.53	3.63	3.73	3.83	3.92	**3.82**
1.28	**1.60**	3.48	3.58	3.70	3.81	3.92	4.04	4.15	4.26	4.37	4.50	**4.37**
1.44	**1.80**	3.91	4.04	4.16	4.29	4.42	4.54	4.67	4.79	4.92	5.05	**4.91**
1.60	**2.00**	4.35	4.49	4.63	4.77	4.91	5.05	5.19	5.33	5.47	5.61	**5.46**
1.76	**2.20**	4.78	4.93	5.09	5.24	5.40	5.55	5.70	5.86	6.01	6.17	**6.01**
1.92	**2.40**	5.21	5.42	5.55	5.71	5.89	6.06	6.22	6.39	6.55	6.74	**6.55**
2.08	**2.60**	5.65	5.83	6.01	6.20	6.38	6.56	6.74	6.92	7.11	7.28	**7.09**
2.24	**2.80**	6.08	6.28	6.48	6.67	6.87	7.06	7.26	7.46	7.65	7.85	**7.64**
2.40	**3.00**	6.51	6.72	6.94	7.15	7.36	7.57	7.78	7.99	8.20	8.41	**8.19**
2.56	**3.20**	6.95	7.17	7.40	7.62	7.85	8.07	8.30	8.52	8.75	8.99	**8.73**
2.72	**3.40**	7.39	7.62	7.86	8.10	8.34	8.58	8.82	9.05	9.29	9.53	**9.28**
2.88	**3.60**	7.82	8.07	8.32	8.57	8.83	9.08	9.33	9.59	9.84	10.09	**9.82**
3.04	**3.80**	8.25	8.52	8.79	9.05	9.32	9.59	9.85	10.12	10.39	10.65	**10.37**
3.20	**4.00**	8.69	8.97	9.25	9.52	9.81	10.09	10.37	10.65	10.93	11.21	**10.92**
3.36	**4.20**	9.12	9.40	9.71	10.01	10.30	10.59	10.89	11.18	11.48	11.77	**11.45**
3.52	**4.40**	9.56	9.86	10.08	10.43	10.79	11.10	11.41	11.72	12.03	12.33	**12.01**
3.68	**4.60**	9.99	10.31	10.64	10.96	11.28	11.61	11.93	12.25	12.57	12.89	**12.56**
3.84	**4.80**	10.43	10.84	11.10	11.44	11.77	12.11	12.95	12.78	13.09	13.47	**13.10**
4.00	**5.00**	10.86	11.21	11.56	11.91	12.26	12.61	12.96	13.32	13.67	14.01	**13.65**
4.16	**5.20**	11.30	11.66	12.03	12.39	12.75	13.12	13.48	13.75	14.21	14.57	**14.20**
4.32	**5.40**	11.73	12.11	12.49	12.87	13.25	13.62	14.00	14.38	14.76	15.14	**14.74**
4.48	**5.60**	12.17	12.56	12.95	13.34	13.74	14.13	14.52	14.91	15.31	15.70	**15.29**
4.64	**5.80**	12.60	13.01	13.30	13.82	14.23	14.63	15.04	15.45	15.85	16.26	**15.84**
4.80	**6.00**	13.03	13.45	13.87	14.30	14.71	15.14	15.56	15.98	16.40	16.82	**16.38**
4.96	**6.20**	13.47	13.90	14.34	14.77	15.21	15.64	16.08	16.51	16.95	17.38	**16.92**
5.12	**6.40**	13.90	14.34	14.80	15.25	15.70	16.15	16.60	17.04	17.49	17.98	**17.47**
5.28	**6.60**	14.34	14.80	15.26	15.73	16.19	16.65	17.11	17.58	18.03	18.50	**18.02**
5.44	**6.80**	14.77	15.25	15.73	16.20	16.68	17.16	17.63	18.10	18.59	19.06	**18.57**
5.60	**7.00**	15.20	15.70	16.19	16.68	17.17	17.66	18.15	18.64	19.13	19.62	**19.11**
		310	**320**	**330**	**340**	**350**	**360**	**370**	**380**	**390**	**400**	
		HEAT LOSS IN Btu PER HOUR										

TABLE 30 (Sheet 4 of 28)

DOLLAR COST OF ENERGY PER YEAR

BASED ON 8760 HRS/YR

$ Per Million Btu	$ Per M lbs Steam	HEAT LOSS IN WATTS PER HOUR										$ Per Million Watts
		120.1	**123.1**	**125.9**	**128.9**	**131.9**	**134.8**	**137.7**	**140.6**	**143.6**	**146.5**	
0.16	**0.20**	$0.57	$0.59	$0.60	$0.62	$0.63	$0.64	$0.66	$0.67	$0.69	$0.70	**0.57**
0.32	**0.40**	1.15	1.18	1.21	1.22	1.26	1.29	1.32	1.35	1.38	1.40	**1.09**
0.48	**0.60**	1.72	1.77	1.81	1.85	1.89	1.93	1.97	2.02	2.06	2.10	**1.64**
0.64	**0.80**	2.30	2.37	2.41	2.45	2.52	2.58	2.64	2.69	2.75	2.80	**2.18**
0.80	**$.00**	2.87	2.96	3.01	3.08	3.15	3.22	3.29	3.36	3.43	3.50	**2.73**
0.96	**1.20**	3.45	3.55	3.61	3.70	3.78	3.87	3.95	4.03	4.12	4.20	**3.27**
1.12	**1.40**	4.02	4.14	4.21	4.31	4.42	4.51	4.61	4.71	4.81	4.91	**3.82**
1.28	**1.60**	4.60	4.73	4.82	4.93	5.05	5.16	5.27	5.38	5.49	5.61	**4.37**
1.44	**1.80**	5.17	5.32	5.42	5.55	5.68	5.80	5.93	6.05	6.18	6.31	**4.91**
1.60	**2.00**	5.75	5.91	6.03	6.16	6.30	6.45	6.59	6.73	6.87	7.01	**5.46**
1.76	**2.20**	6.32	6.46	6.63	6.79	6.94	7.09	7.25	7.40	7.55	7.71	**6.01**
1.92	**2.40**	6.90	7.10	7.22	7.40	7.57	7.74	7.91	8.07	8.24	8.41	**6.55**
2.08	**2.60**	7.47	7.69	7.83	8.01	8.20	8.38	8.56	8.75	8.93	9.11	**7.09**
2.24	**2.80**	8.05	8.28	8.44	8.63	8.82	9.03	9.22	9.41	9.62	9.81	**7.64**
2.40	**3.00**	8.61	8.87	9.04	9.25	9.46	9.67	9.88	10.09	10.30	10.51	**8.19**
2.56	**3.20**	9.19	9.46	9.64	9.79	10.09	10.32	10.54	10.76	10.99	11.21	**8.73**
2.72	**3.40**	9.76	10.06	10.25	10.48	10.72	10.96	11.20	11.44	11.68	11.91	**9.28**
2.88	**3.60**	10.34	10.65	10.85	11.10	11.35	11.61	11.84	12.12	12.36	12.61	**9.82**
3.04	**3.80**	10.92	11.24	11.45	11.72	11.98	12.25	12.52	12.78	13.05	13.32	**10.37**
3.20	**4.00**	11.49	11.83	12.05	12.33	12.60	12.89	13.17	13.46	13.73	14.02	**10.92**
3.36	**4.20**	12.07	12.42	12.66	12.95	13.25	13.54	13.83	14.13	14.42	14.72	**11.45**
3.52	**4.40**	12.64	12.93	13.26	13.57	13.87	14.18	14.49	14.80	15.10	15.42	**12.01**
3.68	**4.60**	13.21	13.60	13.86	14.16	14.51	14.83	15.15	15.47	15.80	16.12	**12.56**
3.84	**4.80**	13.79	14.20	14.44	14.80	15.14	15.47	15.81	16.15	16.48	16.82	**13.65**
4.00	**5.00**	14.36	14.79	15.07	15.42	15.77	16.12	16.47	16.82	17.16	17.52	**13.65**
41.6	**5.20**	14.94	15.38	15.67	16.03	16.40	16.76	17.13	17.49	17.86	18.22	**14.20**
4.32	**5.40**	15.52	15.97	16.28	16.65	17.03	17.41	17.79	18.16	18.54	18.92	**14.74**
4.48	**5.60**	16.09	16.56	16.88	17.27	17.64	18.05	18.45	18.84	19.23	19.62	**15.29**
4.64	**5.80**	16.67	17.15	17.48	17.88	18.29	18.70	19.10	19.51	19.92	20.32	**15.84**
4.80	**6.00**	17.24	17.74	18.08	18.50	18.92	19.34	19.76	20.18	20.60	21.02	**16.38**
4.96	**6.20**	17.81	18.33	18.68	19.12	19.55	19.99	20.42	20.85	21.29	21.72	**16.92**
5.12	**6.40**	18.38	18.92	19.28	19.58	20.18	20.63	21.08	21.53	21.98	22.43	**17.47**
5.28	**6.60**	18.96	19.52	19.89	20.35	20.81	21.28	21.74	22.20	22.66	23.13	**18.02**
5.44	**6.80**	19.53	20.11	20.49	20.96	21.44	21.92	22.40	22.86	23.35	23.83	**18.57**
5.60	**7.00**	20.11	20.70	21.09	21.58	22.08	22.57	23.06	23.55	24.04	24.53	**19.11**
		410	**420**	**430**	**440**	**450**	**460**	**470**	**480**	**490**	**500**	
		HEAT LOSS IN Btu PER HOUR										

TABLE 30 (Sheet 5 of 28)

TABLE 30 (Continued)

DOLLAR COST OF ENERGY PER YEAR

BASED ON 8760 HRS/YR

$ Per Million Btu	$ Per M lbs Steam	HEAT LOSS IN WATTS PER HOUR										$ Per Million Watts
		149.4	152.4	155.3	158.2	161.2	164.1	167.0	167.9	172.9	175.8	
0.16	0.20	$0.71	$0.73	$0.74	$0.76	$0.77	$0.78	$0.80	$0.81	$0.83	$0.84	0.57
0.32	0.40	1.43	1.46	1.49	1.51	1.54	1.57	1.60	1.62	1.65	1.68	1.09
0.48	0.60	2.14	2.19	2.23	2.27	2.31	2.35	2.40	2.44	2.48	2.53	1.64
0.64	0.80	2.86	2.92	2.97	3.03	3.08	3.14	3.20	3.23	3.31	3.36	2.18
0.80	1.00	3.57	3.64	3.71	3.98	3.85	3.92	3.99	4.06	4.13	4.20	2.73
0.96	1.20	4.28	4.37	4.46	4.54	4.63	4.71	4.79	4.88	4.96	5.05	3.27
1.12	1.40	5.00	5.10	5.20	5.30	5.40	5.49	5.59	5.69	5.79	5.89	3.82
1.28	1.60	5.71	5.83	5.94	6.05	6.17	6.28	6.39	6.46	6.61	6.73	4.37
1.44	1.80	6.43	6.56	6.69	6.81	6.94	7.06	7.19	7.32	7.44	7.57	4.91
1.60	2.00	7.14	7.29	7.43	7.57	7.71	7.85	7.99	8.13	8.27	8.41	5.46
1.76	2.20	7.86	8.02	8.17	8.33	8.48	8.63	8.79	8.94	9.10	9.25	6.01
1.92	2.40	8.58	8.75	8.91	9.08	9.25	9.42	9.59	9.75	9.92	10.09	6.55
2.08	2.60	9.29	9.47	9.66	9.84	10.02	10.20	10.39	10.57	10.75	10.93	7.09
2.24	2.80	10.01	10.20	10.40	10.60	10.79	10.99	11.18	11.38	11.57	11.77	7.64
2.40	3.00	10.72	10.92	11.14	11.35	11.56	11.77	11.98	12.19	12.40	12.61	8.19
2.56	3.20	11.42	11.66	11.89	12.11	12.33	12.55	12.78	13.01	13.23	13.46	8.73
2.72	3.40	12.06	12.39	12.63	12.90	13.11	13.34	13.58	13.82	14.06	14.30	9.28
2.82	3.60	12.87	13.12	13.37	13.62	13.88	14.13	14.38	14.63	14.88	15.14	9.82
3.04	3.80	13.58	13.85	14.11	14.38	14.65	14.91	15.18	15.45	15.71	15.98	10.37
3.20	4.00	14.30	14.58	14.86	15.13	15.42	15.70	15.98	16.26	16.54	16.82	10.92
3.36	4.20	15.01	15.31	15.60	15.89	16.18	16.48	16.77	17.07	17.37	17.66	11.45
3.52	4.40	15.73	16.03	16.34	16.65	16.96	17.27	17.58	17.88	18.19	18.50	12.01
3.68	4.60	16.44	16.76	17.09	17.41	17.73	18.03	18.38	18.70	19.02	19.34	12.56
3.84	4.80	17.15	17.49	17.83	18.16	18.50	18.83	19.17	19.51	19.85	20.18	13.10
4.00	5.00	17.87	18.22	18.57	18.92	19.27	19.62	19.97	20.32	20.67	21.01	13.65
4.16	5.20	18.58	18.95	19.31	19.78	20.04	20.41	20.77	21.13	21.50	21.87	14.20
4.32	5.40	19.30	19.68	20.06	20.44	20.81	21.19	21.57	21.95	22.33	22.71	14.74
4.48	5.60	20.01	20.41	20.80	21.18	21.58	21.98	22.37	22.76	23.15	23.55	15.29
4.64	5.80	20.73	21.14	21.54	21.95	22.36	22.76	23.16	23.58	23.98	24.39	15.84
4.80	6.00	21.44	21.84	22.29	22.71	23.13	23.55	23.97	24.39	24.81	25.23	16.38
4.96	6.20	22.16	22.59	23.03	23.46	23.90	24.33	24.77	25.20	25.64	26.07	16.92
5.12	6.40	22.83	23.32	23.77	24.22	24.67	25.11	25.56	25.86	26.46	26.91	17.42
5.28	6.60	23.59	24.05	24.51	24.98	25.44	25.80	26.36	26.82	27.29	27.75	18.02
5.44	6.80	24.30	24.78	25.26	25.80	26.21	26.69	27.16	27.64	18.12	28.19	18.57
5.60	7.00	25.02	25.51	26.00	26.49	26.98	27.47	27.96	28.45	28.94	29.43	19.11
		510	520	530	540	550	560	570	580	590	600	
		HEAT LOSS IN Btu PER HOUR										

TABLE 30 (Sheet 6 of 28)

TABLE 30 (Continued)

DOLLAR COST OF ENERGY PER YEAR

BASED ON 8760 HRS/YR

$ Per Million Btu	$ Per M lbs Steam	HEAT LOSS IN WATTS PER HOUR										$ Per Million Watts
		178.7	**181.7**	**184.6**	**187.5**	**190.5**	**193.4**	**196.3**	**199.2**	**202.2**	**205.1**	
0.16	**0.20**	$0.86	$0.87	$0.88	$0.90	$0.91	$0.93	$0.94	$0.95	$0.97	$0.98	**0.57**
0.32	**0.40**	1.71	1.74	1.77	1.79	1.82	1.85	1.88	1.91	1.93	1.96	**1.09**
0.48	**0.60**	2.56	2.61	2.65	2.71	2.73	2.78	2.82	2.86	2.90	2.94	**1.64**
0.64	**0.80**	3.42	3.48	3.53	3.58	3.64	3.70	3.76	3.81	3.90	3.92	**2.18**
0.80	**1.00**	4.27	4.35	4.42	4.49	4.56	4.63	4.70	4.77	4.84	4.91	**2.73**
0.96	**1.20**	5.13	5.21	5.30	5.42	5.47	5.55	5.63	5.72	5.80	5.89	**3.27**
1.12	**1.40**	5.98	6.08	6.18	6.28	6.38	6.48	6.57	6.67	6.77	6.87	**3.82**
1.28	**1.60**	6.84	6.95	7.06	7.17	7.29	7.40	7.51	7.62	7.74	7.85	**4.37**
1.44	**1.80**	7.69	7.82	7.95	8.07	8.20	8.33	8.45	8.58	8.70	8.83	**4.91**
1.60	**2.00**	8.55	8.69	8.83	8.97	9.11	9.25	9.39	9.52	9.67	9.81	**5.46**
1.76	**2.20**	9.40	9.56	9.71	9.87	10.02	10.18	10.33	10.48	10.64	10.79	**6.01**
1.92	**2.40**	10.26	10.43	10.60	10.84	10.93	11.10	11.27	11.43	11.60	11.77	**6.55**
2.08	**2.60**	11.11	11.30	11.48	11.60	11.84	12.02	12.21	12.39	12.57	12.75	**7.09**
2.24	**2.80**	11.97	12.17	12.36	12.55	12.75	12.95	13.15	13.34	13.54	13.74	**7.64**
2.40	**3.00**	12.82	13.03	13.24	13.45	13.66	13.88	14.09	14.30	14.51	14.72	**8.19**
2.56	**3.20**	13.68	13.90	14.13	14.34	14.58	14.80	15.03	15.25	15.47	15.70	**8.73**
2.72	**3.40**	14.53	14.77	15.01	15.25	15.49	15.73	15.96	16.20	16.44	16.68	**9.28**
2.82	**3.60**	15.39	15.64	15.89	16.15	16.40	16.65	16.90	17.16	17.41	17.66	**9.82**
3.04	**3.80**	16.24	16.51	16.78	17.04	17.31	17.58	17.84	18.11	18.38	18.64	**10.37**
3.20	**4.00**	17.10	17.38	17.66	17.94	18.22	18.50	18.78	19.04	19.34	19.62	**10.92**
3.36	**4.20**	17.95	18.24	18.54	18.80	19.13	19.43	19.72	20.01	20.31	20.60	**11.45**
3.52	**4.40**	18.81	19.12	19.43	19.74	20.04	20.16	20.66	20.97	21.28	21.58	**12.01**
3.68	**4.60**	19.66	19.99	20.31	20.62	20.95	21.28	21.60	21.92	22.24	22.56	**12.56**
3.84	**4.80**	20.52	20.86	21.19	21.69	21.87	22.20	22.54	22.87	23.21	23.54	**13.10**
4.00	**5.00**	21.37	21.72	22.07	22.42	22.78	23.13	23.47	23.83	24.18	24.53	**13.65**
4.16	**5.20**	22.23	22.59	22.96	23.32	23.69	24.05	24.42	24.78	25.14	25.50	**14.20**
4.32	**5.40**	23.08	23.46	23.84	24.22	24.60	24.98	25.35	25.73	26.11	26.48	**14.74**
4.48	**5.60**	23.94	24.33	24.72	25.12	25.51	25.90	26.29	26.69	27.08	27.47	**15.29**
4.64	**5.80**	24.79	25.20	25.61	26.01	26.42	26.59	26.83	27.23	27.64	28.45	**15.83**
4.80	**6.00**	25.65	26.06	26.49	26.91	27.33	27.75	28.17	28.59	29.01	29.43	**16.38**
4.96	**6.20**	26.50	26.94	27.37	27.81	28.24	28.68	29.11	29.55	29.98	30.40	**16.92**
5.12	**6.40**	27.36	27.81	28.26	28.67	29.15	29.60	30.05	30.49	30.95	31.40	**17.42**
5.28	**6.60**	28.21	28.68	29.14	29.60	30.06	30.53	30.99	31.45	31.91	32.38	**18.02**
5.44	**6.80**	29.06	29.54	30.02	30.49	30.98	31.45	31.92	32.40	32.88	33.36	**18.57**
5.60	**7.00**	29.92	30.41	30.91	31.40	31.89	32.38	32.87	33.36	33.85	34.34	**19.11**
		610	**620**	**630**	**640**	**650**	**660**	**670**	**680**	**690**	**700**	
		HEAT LOSS IN Btu PER HOUR										

TABLE 30 (Sheet 7 of 28)

TABLE 30 (Continued)

DOLLAR COST OF ENERGY PER YEAR

BASED ON 8760 HRS/YR

$ Per Million Btu	$ Per M lbs Steam	HEAT LOSS IN WATTS PER HOUR										$ Per Million Watts
		208.0	211.0	213.9	216.8	219.8	222.7	225.6	228.5	231.5	234.4	
0.16	0.20	$1.00	$1.01	$1.02	$1.04	$1.05	$1.07	$1.08	$1.09	$1.11	$1.12	0.57
0.32	0.40	1.99	2.02	2.05	2.07	2.10	2.13	2.16	2.19	2.21	2.24	1.09
0.48	0.60	2.99	3.03	3.07	3.11	3.15	3.20	3.24	3.28	3.32	3.36	1.64
0.64	0.80	3.98	4.04	4.09	4.15	4.20	4.26	4.32	4.37	4.43	4.50	2.18
0.80	1.00	4.98	5.05	5.12	5.19	5.26	5.33	5.40	5.47	5.54	5.61	2.73
0.96	1.20	5.97	6.06	6.14	6.22	6.31	6.39	6.47	6.55	6.64	6.74	3.27
1.12	1.40	6.97	7.06	7.16	7.26	7.35	7.47	7.55	7.65	7.75	7.85	3.82
1.28	1.60	7.96	8.07	8.18	8.30	8.41	8.52	8.63	8.75	8.86	8.99	4.37
1.44	1.80	8.96	9.08	9.21	9.33	9.46	9.59	9.71	9.84	9.97	10.09	4.91
1.60	2.00	9.95	10.09	10.23	10.37	10.51	10.65	10.79	10.93	11.07	11.21	5.46
1.76	2.20	10.95	11.10	11.25	11.41	11.56	11.72	11.87	12.03	12.18	12.33	6.01
1.92	2.40	11.94	12.11	12.28	12.45	12.61	12.78	12.95	13.09	13.29	13.48	6.55
2.08	2.60	12.94	13.12	13.30	13.48	13.67	13.85	14.03	14.21	14.39	14.58	7.09
2.24	2.80	13.93	14.12	14.32	14.52	14.72	14.91	15.11	15.31	15.50	15.70	7.64
2.40	3.00	14.73	15.14	15.35	15.56	15.77	15.98	16.19	16.40	16.61	16.82	8.19
2.56	3.20	15.92	16.14	16.37	16.59	16.82	17.04	17.26	17.49	17.72	17.98	8.73
2.72	3.40	16.92	17.16	17.40	17.63	17.87	18.11	18.35	18.59	18.82	19.06	9.28
2.82	3.60	17.91	18.16	18.42	18.67	18.92	19.17	19.43	19.68	19.93	20.18	9.82
3.04	3.80	18.91	19.17	19.44	19.71	19.97	20.24	20.51	20.77	21.03	21.30	10.37
3.20	4.00	19.90	20.18	20.46	20.74	21.02	21.30	21.58	21.86	22.15	22.42	10.92
3.36	4.20	20.90	21.07	21.49	21.78	22.08	22.37	22.66	22.96	23.25	23.55	11.45
3.52	4.40	21.89	22.20	22.51	22.82	23.13	23.43	23.74	24.05	24.36	24.67	12.01
3.68	4.60	22.89	23.21	23.53	23.86	24.18	24.50	24.82	25.14	24.47	25.79	12.56
3.84	4.80	23.88	24.22	24.56	24.89	25.23	25.56	25.90	26.18	26.57	26.95	13.10
4.00	5.00	24.88	25.23	25.58	25.93	26.28	26.63	26.98	27.33	27.68	28.03	13.65
4.16	5.20	25.87	26.23	26.60	26.97	27.33	27.70	28.06	28.42	28.79	29.15	14.20
4.32	5.40	26.87	27.25	27.63	28.00	28.33	28.76	29.13	29.52	29.90	30.27	14.74
4.48	5.60	27.86	28.26	28.65	29.04	29.43	29.83	30.22	30.61	31.00	31.40	15.29
4.64	5.80	28.86	29.27	29.67	30.08	30.48	30.89	31.30	31.70	32.11	32.52	15.84
4.80	6.00	29.85	30.27	30.70	31.12	31.53	31.96	32.38	32.80	33.22	33.64	16.38
4.96	6.20	30.85	31.28	31.72	32.15	32.59	33.02	33.46	33.89	34.33	34.76	16.92
5.12	6.40	31.84	32.30	32.74	33.19	33.63	34.09	34.54	34.98	35.43	35.96	17.42
5.28	6.60	32.84	33.30	33.76	34.23	34.69	35.15	35.61	36.07	36.54	37.00	18.02
5.44	6.80	33.83	34.31	34.79	35.26	35.74	36.21	36.69	37.17	37.65	38.12	18.57
5.60	7.00	34.83	35.32	35.81	36.30	36.79	37.24	37.77	38.26	38.75	39.24	19.11
		710	720	730	740	750	760	770	780	790	800	
		HEAT LOSS IN Btu PER HOUR										

TABLE 30 (Sheet 8 of 28)

TABLE 30 (Continued)

DOLLAR COST OF ENERGY PER YEAR

BASED ON 8760 HRS/YR

$ Per Million Btu	$ Per M lbs Steam	HEAT LOSS IN WATTS PER HOUR										$ Per Million Watts
		237.3	240.3	243.2	246.1	249.0	252.0	254.9	257.8	260.8	263.7	
0.16	0.20	$1.14	$1.15	$1.16	$1.18	$1.19	$1.21	$1.22	$1.23	$1.24	$1.26	0.57
0.32	0.40	2.27	2.30	2.33	2.35	2.38	2.41	2.44	2.45	2.49	2.52	1.09
0.48	0.60	3.41	3.45	3.49	3.55	3.57	3.62	3.65	3.70	3.74	3.78	1.64
0.64	0.80	4.54	4.60	4.65	4.73	4.76	4.82	4.88	4.93	4.99	5.05	2.18
0.80	1.00	5.68	5.75	5.81	5.91	5.96	6.03	6.10	6.16	6.24	6.31	2.73
0.96	1.20	6.81	6.90	6.99	7.06	7.15	7.22	7.32	7.40	7.48	7.57	3.27
1.12	1.40	7.95	8.04	8.14	8.24	8.34	8.44	8.54	8.63	7.73	8.82	3.82
1.28	1.60	9.08	9.19	9.31	9.41	9.53	9.64	9.75	9.86	9.97	10.09	4.37
1.44	1.80	10.21	10.34	10.47	10.64	10.72	10.84	10.97	11.10	11.23	11.35	4.91
1.60	2.00	11.35	11.49	11.63	11.82	11.91	12.05	12.19	12.33	12.47	12.60	5.46
1.76	2.20	12.49	12.64	12.80	12.93	13.11	13.26	13.41	13.57	13.72	13.87	6.01
1.92	2.40	13.62	13.79	13.96	14.13	14.29	14.44	14.63	14.80	14.96	15.14	6.55
2.08	2.60	14.76	14.94	15.12	15.30	15.49	15.67	15.85	16.03	16.22	16.40	7.09
2.24	2.80	15.89	16.09	16.28	16.48	16.68	16.88	17.07	17.27	17.46	17.64	7.64
2.40	3.00	17.02	17.23	17.45	17.66	17.87	18.08	18.29	18.50	18.71	18.92	8.19
2.56	3.20	18.16	18.38	18.61	18.92	19.06	19.29	19.51	19.73	19.96	20.18	8.73
2.72	3.40	19.30	19.53	19.77	20.01	20.25	20.49	20.73	20.97	21.21	21.44	9.28
2.88	3.60	20.44	20.69	20.93	21.29	21.44	21.70	21.94	22.20	22.45	22.71	9.82
3.04	3.80	21.57	21.83	22.10	22.47	22.64	22.90	23.17	23.43	23.70	23.97	10.37
3.20	4.00	22.70	22.99	23.27	23.65	23.82	24.11	24.39	24.67	24.95	25.20	10.92
3.36	4.20	23.84	24.13	24.42	24.84	25.02	25.31	25.60	25.90	26.20	26.49	11.45
3.52	4.40	24.98	25.28	25.59	25.86	26.22	26.52	26.83	27.14	27.44	27.73	12.01
3.68	4.60	26.11	26.43	26.76	27.08	27.40	27.72	28.05	28.33	28.69	29.00	12.56
3.84	4.80	27.25	27.58	27.92	28.26	28.59	28.89	29.27	29.60	29.94	30.38	13.10
4.00	5.00	28.38	28.73	29.08	29.59	29.78	30.13	30.48	30.83	31.19	31.54	13.65
4.16	5.20	29.52	29.88	30.25	30.61	30.98	31.34	31.70	32.07	32.43	32.80	14.20
4.32	5.40	30.65	31.03	31.40	31.79	32.17	32.55	32.92	33.30	33.68	34.05	14.74
4.48	5.60	31.78	32.18	32.57	32.97	33.35	33.75	34.14	34.53	34.93	35.28	15.29
4.64	5.80	32.92	33.33	33.74	34.30	34.14	34.55	34.96	35.36	35.17	36.58	15.84
4.80	6.00	34.05	34.47	34.90	35.32	35.74	36.16	36.58	37.00	37.42	37.84	16.38
4.96	6.20	35.19	35.63	36.06	36.50	36.93	37.37	37.80	38.23	38.67	39.10	16.92
5.12	6.40	36.33	36.77	37.22	37.67	38.12	38.57	39.02	39.46	39.92	40.36	17.45
5.28	6.60	37.46	37.93	38.39	38.85	39.31	39.78	40.24	40.70	41.76	41.63	18.02
5.44	6.80	38.60	39.08	39.55	40.03	40.51	40.98	41.46	41.93	42.41	42.89	18.57
5.60	7.00	39.73	40.23	40.71	41.20	41.70	42.19	42.68	43.16	43.65	44.15	19.11
		810	820	830	840	850	860	870	880	890	900	
		HEAT LOSS IN Btu PER HOUR										

TABLE 30 (Sheet 9 of 28)

TABLE 30 (Continued)

DOLLAR COST OF ENERGY PER YEAR

BASED ON 8760 HRS/YR

$ Per Million Btu	$ Per M lbs Steam	HEAT LOSS IN WATTS PER HOUR 266.6	269.6	272.5	275.4	278.4	281.3	284.2	287.1	290.1	293.0	$ Per Million Watts
0.16	0.20	$1.28	$1.29	$1.30	$1.32	$1.33	$1.35	$1.36	$1.37	$1.39	$1.40	0.57
0.32	0.40	2.55	2.58	2.61	2.64	2.66	2.69	2.72	2.75	2.78	2.80	1.09
0.48	0.60	3.83	3.87	3.91	3.95	3.99	4.04	4.08	4.12	4.16	4.21	1.64
0.64	0.80	5.10	5.16	5.21	5.27	5.32	5.38	5.44	5.49	5.55	5.61	2.18
0.80	1.00	6.38	6.45	6.51	6.58	6.66	6.73	6.80	6.87	6.94	7.01	2.73
0.96	1.20	7.65	7.74	7.82	7.91	7.99	8.08	8.16	8.24	8.33	8.41	3.27
1.12	1.40	8.93	9.03	9.12	9.22	9.32	9.42	9.52	9.62	9.71	9.81	3.82
1.28	1.60	10.20	10.32	10.43	10.54	10.65	10.76	10.88	10.99	11.10	11.21	4.37
1.44	1.80	11.48	11.61	117.3	11.84	11.98	12.12	12.24	12.36	12.49	12.61	4.91
1.60	2.00	12.75	12.89	13.03	13.18	13.32	13.46	13.60	13.73	13.88	14.02	5.46
1.76	2.20	14.03	14.18	14.34	14.49	14.65	14.80	14.95	15.11	15.26	15.42	6.01
1.92	2.40	15.31	15.47	15.64	15.81	15.98	16.15	16.31	16.48	16.65	16.82	6.55
2.08	2.60	16.58	16.76	16.95	17.13	17.31	17.49	17.67	17.86	18.04	18.22	7.09
2.24	2.80	17.86	18.05	18.24	18.45	18.64	18.84	19.03	19.23	19.42	19.62	7.64
2.40	3.00	19.13	19.34	19.55	19.76	19.97	20.18	20.39	20.60	20.81	21.02	8.19
2.56	3.20	20.41	20.63	20.86	21.08	21.30	21.53	21.75	21.98	22.20	22.43	8.73
2.72	3.40	21.68	21.92	22.16	22.40	22.64	22.86	23.11	23.35	23.59	23.83	9.28
2.88	3.60	22.96	23.21	23.46	23.68	23.97	24.24	24.47	24.72	24.98	25.23	9.82
3.04	3.80	24.23	24.50	24.77	25.03	25.29	25.57	25.83	26.09	26.36	26.63	10.37
3.20	4.00	25.51	25.79	26.07	26.35	26.63	26.90	27.19	27.47	27.75	28.03	10.92
3.36	4.20	26.78	27.08	27.37	27.67	27.96	28.26	28.55	28.85	29.14	29.43	11.45
3.52	4.40	28.06	28.37	28.68	28.99	29.29	29.60	29.91	30.22	30.52	30.84	12.01
3.68	4.60	29.34	29.66	29.98	30.30	30.62	30.95	31.27	31.59	31.99	32.24	12.56
3.84	4.80	30.61	30.95	31.28	31.62	31.95	32.29	32.63	32.97	33.30	33.64	13.10
4.00	5.00	31.88	32.24	32.59	32.94	33.29	33.63	33.99	34.34	34.69	35.04	13.65
4.16	5.20	33.16	33.53	33.89	34.25	34.62	34.98	35.35	35.71	36.08	36.44	14.20
4.32	5.40	34.44	34.81	35.19	35.57	35.95	36.33	36.71	37.08	37.46	37.84	14.74
4.48	5.60	35.71	36.10	36.50	36.89	37.28	37.67	38.07	38.26	38.85	39.24	15.29
4.64	5.80	36.98	37.39	37.80	38.21	38.61	39.02	39.43	39.83	40.24	40.65	15.84
4.80	6.00	38.26	38.68	39.10	39.53	39.95	40.37	40.79	41.20	41.62	42.05	16.38
4.96	6.20	39.53	39.97	40.41	40.84	41.28	41.71	42.14	42.58	43.02	43.45	16.92
5.12	6.40	40.81	41.27	41.71	42.16	42.61	43.06	43.50	43.95	44.40	44.95	17.47
5.28	6.60	42.09	42.55	43.02	43.48	43.94	44.40	44.87	45.33	45.79	46.25	18.02
5.44	6.80	43.37	43.84	44.32	44.80	45.27	45.73	46.22	46.70	47.18	47.65	18.57
5.60	7.00	44.64	45.13	45.62	46.11	46.60	47.09	47.58	48.07	48.56	49.06	19.11
		910	920	930	940	950	960	970	980	990	1000	
		HEAT LOSS IN Btu PER HOUR										

TABLE 30 (Sheet 10 of 28)

TABLE 30 (Continued)

DOLLAR COST OF ENERGY PER YEAR

BASED ON 8760 HRS/YR

$ Per Million Btu	$ Per M lbs Steam	HEAT LOSS IN WATTS PER HOUR										$ Per Million Watts
		293.0	322.3	351.6	380.9	410.2	439.5	468.8	498.1	527.4	556.7	
0.16	0.20	$1.40	$1.54	$1.68	$1.82	$1.96	$2.10	$2.24	$2.38	$2.52	$2.66	0.57
0.32	0.40	2.80	3.08	3.36	3.64	3.92	4.21	4.49	4.77	5.05	5.33	1.09
0.48	0.60	4.21	4.63	5.05	5.47	5.89	6.31	6.78	7.15	7.57	7.99	1.64
0.64	0.80	5.61	6.17	6.73	7.29	7.85	8.41	8.96	9.53	10.09	10.65	2.18
0.80	1.00	7.01	7.71	8.41	9.11	9.81	10.51	11.21	11.91	12.61	13.32	2.73
0.96	1.20	8.41	9.25	10.09	10.93	11.77	12.61	13.55	14.30	15.14	15.98	3.27
1.12	1.40	9.81	10.79	11.77	12.76	13.74	14.72	15.70	16.68	17.66	18.64	3.82
1.28	1.60	11.21	12.23	13.46	14.58	15.70	16.82	17.92	19.06	20.18	21.30	4.37
1.44	1.80	12.61	13.68	15.14	16.40	17.66	18.92	20.18	21.44	22.71	23.97	4.91
1.60	2.00	14.02	15.42	16.82	18.22	19.62	21.02	22.43	23.83	25.23	26.63	5.46
1.76	2.20	15.42	16.96	18.50	20.04	21.59	23.13	24.67	26.21	27.75	29.29	6.01
1.92	2.40	16.82	18.50	20.18	21.87	23.55	25.23	27.11	28.59	30.28	31.96	6.55
2.08	2.60	18.22	20.04	21.87	23.69	25.51	27.33	29.15	30.98	32.80	34.62	7.09
2.24	2.80	19.62	21.58	23.55	25.51	27.47	29.43	31.40	33.36	35.32	37.28	7.64
2.40	3.00	21.02	23.13	25.23	27.33	29.43	31.54	33.64	35.74	38.84	39.95	8.19
2.56	3.20	22.43	24.47	26.92	29.15	31.39	33.64	35.84	38.12	40.37	42.61	8.73
2.72	3.40	23.83	26.21	28.59	30.98	33.36	35.74	38.12	40.51	42.89	45.27	9.28
2.88	3.60	25.23	27.35	30.27	32.80	35.32	37.84	40.37	42.89	45.41	47.93	9.82
3.04	3.80	26.63	29.29	31.96	34.62	37.28	39.95	42.61	45.27	47.93	50.60	10.37
3.20	4.00	28.03	30.84	33.64	36.44	39.24	42.05	44.85	47.65	50.46	53.26	10.92
3.36	4.20	29.43	32.38	35.32	38.26	41.21	44.15	47.01	50.04	52.98	55.92	11.45
3.52	4.40	30.84	33.92	37.00	40.08	43.17	46.25	49.34	52.42	55.50	58.59	12.01
3.68	4.60	32.24	35.46	38.68	41.91	45.13	48.36	51.56	54.80	58.03	61.25	12.56
3.84	4.80	33.64	37.00	40.36	43.73	47.10	50.46	54.22	57.18	60.55	63.90	13.10
4.00	5.00	35.04	38.54	42.05	45.55	49.06	52.56	56.06	59.57	63.07	66.58	13.65
4.16	5.20	36.44	40.09	43.73	47.37	51.02	54.66	58.31	61.95	65.60	69.24	14.20
4.32	5.40	37.84	41.63	45.41	49.19	52.98	56.77	60.55	64.33	68.12	71.90	14.74
4.48	5.60	39.24	43.17	47.09	51.02	54.94	58.87	62.79	66.72	70.64	74.56	15.29
4.64	5.80	40.65	44.71	48.78	52.84	56.91	60.97	65.03	69.10	73.16	77.23	15.84
4.80	6.00	42.05	46.25	50.46	54.66	58.87	63.07	67.27	71.48	75.69	79.89	16.38
4.96	6.20	43.45	47.80	52.14	56.48	60.83	65.17	69.52	73.86	78.21	82.55	16.92
5.12	6.40	44.95	48.94	53.82	58.31	62.78	67.28	71.68	76.24	80.74	85.22	17.47
5.28	6.60	46.25	50.88	55.50	60.13	64.75	69.38	74.01	78.63	83.26	87.88	18.02
5.44	6.80	47.65	52.40	51.19	61.95	66.72	70.48	76.25	81.01	85.78	90.54	18.57
5.60	7.00	49.06	53.96	58.87	63.77	68.68	73.58	78.49	83.40	88.30	93.21	19.11
		1000	1100	1200	1300	1400	1500	1600	1700	1800	1900	
		HEAT LOSS IN Btu PER HOUR										

TABLE 30 (Sheet 11 of 28)

TABLE 30 (Continued)

DOLLAR COST OF ENERGY PER YEAR

BASED ON 8760 HRS/YR

$ Per Million Btu	$ Per M lbs Steam	HEAT LOSS IN WATTS PER HOUR										$ Per Million Watts
		586.0	615.3	644.6	673.9	703.2	732.5	761.8	791.1	820.4	849.7	
0.16	0.20	$2.80	$2.96	$3.08	$3.22	$3.36	$3.50	$3.64	$3.78	$3.92	$4.07	0.57
0.32	0.40	5.61	5.91	6.17	6.45	6.73	7.01	7.29	7.57	7.85	8.13	1.09
0.48	0.60	8.41	8.87	9.92	9.67	10.09	10.51	10.93	11.35	11.77	12.19	1.64
0.64	0.80	11.12	11.83	12.23	12.90	13.46	14.02	14.58	15.14	15.70	16.26	2.18
0.80	1.00	14.02	14.79	15.42	16.12	16.82	17.52	18.22	18.92	19.62	20.32	2.73
0.96	1.20	16.82	17.74	18.50	19.34	20.18	21.02	21.87	22.71	23.55	24.39	3.27
1.12	1.40	19.62	20.70	21.58	22.57	23.54	24.53	25.51	26.49	27.47	28.45	3.82
1.28	1.60	22.43	23.66	24.67	25.79	26.92	28.03	29.15	30.27	31.39	32.32	4.37
1.44	1.80	25.23	26.62	27.75	29.01	30.27	31.54	32.80	34.06	35.32	36.58	4.91
1.60	2.00	28.03	29.57	30.84	32.24	33.64	35.04	36.44	37.84	39.24	40.65	5.46
1.76	2.20	30.84	32.33	33.92	35.46	37.02	38.54	40.08	41.63	43.17	44.71	6.01
1.92	2.40	33.64	35.49	37.00	38.68	40.36	42.05	43.73	45.41	47.10	48.78	6.55
2.08	2.60	36.44	38.45	40.09	41.91	43.73	45.55	47.37	49.20	51.02	52.84	7.09
2.24	2.80	39.24	41.40	43.17	45.13	47.09	49.06	51.02	53.58	54.94	56.91	7.64
2.40	3.00	42.05	44.36	46.25	48.36	50.46	52.56	54.66	56.77	58.87	60.97	8.19
2.56	3.20	44.95	47.31	48.94	51.58	53.82	56.06	58.31	60.55	62.78	65.03	8.73
2.72	3.40	47.65	50.28	52.42	54.80	57.19	59.57	61.95	64.33	66.72	69.10	9.28
2.88	3.60	50.46	53.23	54.60	58.26	60.45	60.07	65.60	68.12	70.64	73.16	9.82
3.04	3.80	53.26	56.19	58.59	61.25	63.91	66.58	69.24	71.90	74.57	77.23	10.37
3.20	4.00	56.06	59.15	61.67	60.47	67.28	70.08	72.88	75.69	78.49	81.29	10.92
3.36	4.20	58.87	62.11	64.75	67.70	70.64	73.58	76.53	79.47	82.41	85.36	11.45
3.52	4.40	61.67	64.66	67.84	70.92	72.00	77.09	80.17	83.26	86.34	89.42	12.01
3.68	4.60	64.47	68.02	70.81	74.15	77.37	80.59	83.82	87.04	90.26	93.49	12.56
3.84	4.80	67.38	70.98	74.00	77.37	80.83	84.10	87.46	90.82	94.19	97.54	13.10
4.00	5.00	70.08	73.93	77.09	80.59	84.10	87.60	91.10	94.61	98.11	100.16	13.65
4.16	5.20	72.88	76.89	80.17	83.82	87.46	91.10	94.75	98.39	102.04	105.68	14.20
4.32	5.40	75.69	79.85	83.25	87.04	90.82	94.61	98.39	102.18	105.96	109.75	14.74
4.48	5.60	78.49	82.81	86.34	90.26	94.08	98.11	102.04	105.96	109.89	113.81	15.29
4.64	5.80	81.29	85.76	89.42	93.49	97.55	101.62	105.68	109.75	113.81	117.86	15.84
4.80	6.00	84.10	88.72	92.50	96.71	100.92	105.12	109.22	113.53	117.73	121.94	16.38
4.96	6.20	86.90	91.70	95.59	99.93	104.38	108.62	112.97	117.31	121.66	126.00	16.92
5.12	6.40	89.90	94.62	97.88	103.17	107.65	112.13	116.61	121.09	125.57	130.07	17.47
5.28	6.60	92.51	97.59	101.76	106.38	111.07	115.63	120.26	124.88	129.50	134.13	18.02
5.44	6.80	95.31	100.55	104.84	109.61	114.37	119.14	123.90	129.00	133.43	138.20	18.57
5.60	7.00	98.11	103.51	107.92	112.83	117.73	122.64	127.55	132.45	137.36	142.26	19.11
		2000	2100	2200	2300	2400	2500	2600	2700	2800	2900	
		HEAT LOSS IN Btu PER HOUR										

TABLE 30 (Sheet 12 of 28)

DOLLAR COST OF ENERGY PER YEAR

BASED ON 8760 HRS/YR

$ Per Million Btu	$ Per M lbs Steam	HEAT LOSS IN WATTS PER HOUR										$ Per Million Watts
		879.0	908.3	937.6	966.9	996.2	1025.5	1054.8	1084.1	1113.4	1142.7	
0.16	0.20	$4.20	$4.35	$4.49	$4.63	$4.77	$4.91	$5.05	$5.19	$5.33	$5.47	0.57
0.32	0.40	8.41	8.69	8.96	9.25	9.53	9.81	10.09	10.37	10.65	10.93	1.09
0.48	0.60	12.61	13.04	13.55	13.88	14.30	14.72	15.14	15.56	15.98	16.40	1.64
0.64	0.80	16.82	17.38	17.92	18.50	19.06	19.62	20.18	20.74	21.30	21.86	2.18
0.80	1.00	21.02	21.73	22.43	23.13	23.83	24.53	25.23	25.93	26.63	27.33	2.73
0.96	1.20	25.23	26.07	27.11	27.75	28.59	29.43	30.28	31.12	31.96	33.73	3.27
1.12	1.40	29.43	30.42	31.40	32.38	33.36	34.34	35.32	36.30	37.28	38.26	3.82
1.28	1.60	33.64	34.76	35.84	37.00	38.20	39.24	40.36	41.49	42.61	43.73	4.37
1.44	1.80	37.84	39.11	40.37	41.63	42.89	44.15	45.41	46.67	47.93	49.20	4.91
1.60	2.00	42.05	43.45	44.85	46.25	47.65	49.06	50.46	51.86	53.26	54.66	5.46
1.76	2.20	46.25	47.80	49.34	50.88	52.42	53.96	55.50	57.05	58.59	60.13	6.01
1.92	2.40	50.46	52.14	54.21	55.50	57.18	58.87	60.55	62.23	63.90	65.46	6.55
2.08	2.60	54.66	56.48	58.31	60.13	61.95	63.77	65.60	67.42	69.24	71.06	7.09
2.24	2.80	58.87	60.83	62.79	64.76	66.72	68.68	70.64	72.60	74.56	76.53	7.64
2.40	3.00	63.07	65.17	67.27	69.38	71.48	73.58	75.69	77.79	79.89	81.99	8.19
2.56	3.20	67.28	69.52	71.68	74.00	76.24	78.49	80.74	82.98	85.22	87.46	8.83
2.72	3.40	70.48	73.86	76.25	78.63	81.01	83.95	85.78	88.16	90.54	92.93	9.28
2.88	3.60	75.68	78.21	80.73	83.26	85.78	88.30	90.82	93.35	95.87	98.39	9.82
3.04	3.80	79.89	82.55	85.22	87.88	90.54	93.21	95.87	98.53	101.20	103.86	10.37
3.20	4.00	84.10	86.90	89.70	92.50	95.21	98.11	100.91	103.72	106.52	109.32	10.92
3.36	4.20	88.30	91.24	94.02	97.13	100.07	103.02	105.86	108.00	111.85	114.79	11.45
3.52	4.40	92.51	95.59	98.67	100.76	104.84	107.92	111.01	114.09	117.16	120.26	12.01
3.68	4.60	96.71	99.93	103.12	106.38	109.61	112.83	116.05	119.28	122.50	125.72	12.56
3.84	4.80	100.91	104.28	108.43	111.00	114.37	117.74	121.10	124.46	127.80	130.91	13.10
4.00	5.00	105.06	108.62	112.13	115.63	119.14	122.64	126.14	129.65	133.16	136.66	13.65
4.16	5.20	109.32	112.97	116.61	120.26	123.90	127.55	131.19	134.03	138.48	142.12	14.20
4.32	5.40	113.53	117.31	121.10	124.88	128.67	132.45	136.24	140.02	143.80	147.59	14.74
4.48	5.60	117.74	121.66	125.58	129.51	133.43	137.36	141.28	145.20	149.13	153.06	15.29
4.64	5.80	121.94	126.00	130.07	132.98	138.20	142.26	146.33	150.39	154.46	158.52	15.84
4.80	6.00	126.14	130.35	134.53	138.76	142.96	147.17	151.37	155.58	159.79	163.99	16.38
4.96	6.20	130.35	134.69	139.04	143.38	147.74	152.07	156.52	160.76	165.11	169.45	16.92
5.12	6.40	134.56	139.04	143.36	148.00	152.48	156.98	161.47	165.95	170.43	174.91	17.47
5.28	6.60	138.76	143.38	148.01	152.63	157.26	161.89	166.51	171.14	175.76	180.39	18.02
5.44	6.80	140.96	147.74	152.49	157.26	162.02	166.79	171.56	176.32	181.09	185.85	18.57
5.60	7.00	147.17	152.07	156.98	161.89	166.79	171.70	176.60	181.51	186.42	191.32	19.11
		3000	3100	3200	3300	3400	3500	3600	3700	3800	3900	
		HEAT LOSS IN Btu PER HOUR										

TABLE 30 (Sheet 13 of 28)

TABLE 30 (Continued)

DOLLAR COST OF ENERGY PER YEAR

BASED ON 8760 HRS/YR

$ Per Million Btu	$ Per M lbs Steam	HEAT LOSS IN WATTS PER HOUR										$ Per Million Watts
		1172.0	1201.3	1230.6	1259.9	1289.2	1318.5	1347.8	1377.1	1406.4	1435.7	
0.16	0.20	$5.61	$5.75	$5.91	$6.03	$6.17	$6.31	$6.45	$6.59	$6.73	$6.87	0.57
0.32	0.40	11.21	11.49	11.83	12.05	12.23	12.61	12.90	13.18	13.46	13.74	1.09
0.48	0.60	16.82	17.40	17.74	18.08	18.50	18.92	19.34	19.76	20.18	20.60	1.64
0.64	0.80	22.42	22.98	23.66	24.11	24.47	25.23	25.79	26.35	26.91	27.45	2.18
0.80	1.00	28.03	28.73	29.57	30.13	30.84	31.54	32.23	32.94	33.64	34.34	2.73
0.96	1.20	33.64	34.48	35.49	36.11	37.00	37.84	38.68	39.53	40.36	41.21	3.27
1.12	1.40	39.24	40.22	41.40	42.19	43.17	44.15	45.13	46.11	47.09	48.08	3.82
1.28	1.60	44.95	45.97	47.31	48.22	49.34	50.46	51.58	52.70	53.82	54.94	4.37
1.44	1.80	50.46	51.72	53.23	54.24	55.50	56.77	58.03	59.29	60.55	61.81	4.91
1.60	2.00	56.06	57.47	59.15	60.27	61.61	63.02	64.47	65.88	67.28	68.67	5.46
1.76	2.20	61.67	63.21	64.66	66.30	67.85	69.38	70.92	72.46	74.01	75.55	6.01
1.92	2.40	67.38	68.96	70.98	72.22	74.00	75.68	77.37	79.05	80.73	82.41	6.55
2.08	2.60	72.88	74.71	76.89	78.35	80.17	81.99	83.82	85.64	87.46	89.28	7.09
2.24	2.80	78.49	80.45	82.81	84.38	86.34	88.20	90.26	92.23	94.19	96.15	7.64
2.40	3.00	84.10	86.20	88.72	90.40	92.50	94.61	96.71	98.81	100.92	103.02	8.19
2.56	3.20	89.90	91.94	94.62	96.43	97.88	100.91	103.17	105.40	107.65	109.88	8.73
2.72	3.40	95.31	97.69	100.55	102.46	104.84	107.22	109.61	111.99	114.37	116.75	9.28
2.88	3.60	100.92	103.44	106.46	108.48	111.01	113.53	116.05	118.38	121.19	123.62	9.82
3.04	3.80	106.52	109.18	112.38	114.51	117.17	119.84	122.50	125.16	127.83	130.49	10.37
3.20	4.00	112.13	114.93	118.30	120.54	123.34	126.03	128.94	131.75	134.56	137.34	10.92
3.36	4.20	117.73	120.68	124.21	126.56	129.51	132.45	135.39	138.34	141.28	144.23	11.45
3.52	4.40	123.34	126.42	129.32	132.59	135.68	138.66	141.84	144.93	148.01	151.09	12.01
3.68	4.60	128.95	132.17	136.04	138.62	141.64	145.07	148.30	151.51	154.74	157.96	12.56
3.84	4.80	134.75	137.92	141.95	144.45	148.00	151.36	154.74	158.10	161.46	164.83	13.10
4.00	5.00	140.16	143.66	147.87	150.67	154.18	157.68	161.18	164.69	168.19	171.70	13.65
4.16	5.20	145.76	149.41	153.78	156.70	160.34	163.99	167.63	171.25	174.92	178.56	14.20
4.32	5.40	151.37	155.16	159.70	162.76	166.51	170.29	174.08	177.86	181.65	185.43	14.74
4.48	5.60	156.95	160.90	165.61	168.72	172.67	176.40	180.52	184.45	188.37	192.30	15.29
4.64	5.80	162.59	166.65	171.52	174.78	178.84	182.91	186.97	191.04	195.10	199.17	15.84
4.80	6.00	168.19	172.40	177.45	180.81	185.01	189.22	193.42	197.64	201.83	206.04	16.38
4.96	6.20	173.80	178.14	183.36	186.83	191.18	195.52	199.87	204.21	208.56	212.90	16.92
5.12	6.40	179.81	183.87	189.25	192.86	195.76	201.82	206.34	210.80	215.30	219.76	17.47
5.28	6.60	185.01	189.64	195.19	198.89	203.51	208.14	212.76	217.39	222.01	226.64	18.02
5.44	6.80	190.06	195.38	201.10	204.91	209.68	214.44	219.21	223.98	228.64	233.51	18.57
5.60	7.00	196.22	201.13	207.02	210.94	215.84	220.75	225.66	230.56	235.47	240.37	19.11
		4000	4100	4200	4300	4400	4500	4600	4700	4800	4900	
		HEAT LOSS IN Btu PER HOUR										

TABLE 30 (Sheet 14 of 28)

DOLLAR COST OF ENERGY PER YEAR

BASED ON 8760 HRS/YR

$ Per Million Btu	$ Per M lbs Steam	HEAT LOSS IN WATTS PER HOUR										$ Per Million Watts
		1465.0	1494.3	1523.6	1552.9	1582.2	1611.5	1640.8	1670.1	1699.4	1728.7	
0.16	0.20	$7.01	$7.15	$7.29	$7.43	$7.57	$7.71	$7.85	$7.99	$8.13	$8.27	0.57
0.32	0.40	14.02	14.30	14.58	14.86	15.14	15.41	15.70	15.98	16.26	16.54	1.09
0.48	0.60	21.02	21.44	21.87	22.29	22.71	23.13	23.55	23.91	24.39	24.81	1.64
0.64	0.80	28.03	28.59	29.15	29.71	30.27	30.84	31.39	31.96	32.32	33.08	2.18
0.80	1.00	35.04	35.74	36.44	37.14	39.84	38.54	39.24	39.95	40.65	41.35	2.73
0.96	1.20	42.05	42.89	43.73	44.57	45.41	46.25	47.10	47.93	48.78	49.62	3.27
1.12	1.40	49.06	50.04	51.02	52.00	52.98	53.96	54.94	55.92	56.91	57.89	3.82
1.28	1.60	56.06	57.08	58.31	59.43	60.55	61.67	62.78	63.91	64.64	66.16	4.37
1.44	1.80	63.07	64.33	65.60	66.86	68.19	69.38	70.64	71.90	73.16	74.43	4.91
1.60	2.00	70.08	71.48	72.88	74.29	75.69	77.09	78.49	79.89	81.29	82.69	5.46
1.76	2.20	77.09	78.63	80.17	81.71	83.26	84.80	86.34	87.88	89.42	90.96	6.01
1.92	2.40	84.10	85.78	87.46	89.14	90.82	92.51	94.19	95.87	97.54	99.23	6.55
2.08	2.60	91.10	92.93	94.75	96.57	98.39	100.21	102.04	103.86	105.68	107.50	7.09
2.24	2.80	98.11	100.07	102.04	104.00	105.96	107.92	109.89	111.85	113.81	115.77	7.64
2.40	3.00	105.12	107.22	109.22	111.43	113.53	115.63	117.73	119.84	121.94	124.04	8.19
2.56	3.20	112.13	114.17	116.61	118.86	121.10	123.34	125.57	127.83	130.07	132.31	8.73
2.72	3.40	119.14	120.63	123.90	126.28	129.00	131.05	133.43	135.82	138.20	140.58	9.28
2.88	3.60	126.14	128.67	131.19	133.71	136.24	138.76	141.28	143.80	146.33	148.85	9.82
3.04	3.80	133.15	135.82	138.48	141.14	143.80	146.47	149.13	151.79	154.46	157.20	10.37
3.20	4.00	140.16	142.96	145.76	148.57	151.37	154.18	156.98	159.78	162.58	165.39	10.92
3.36	4.20	147.17	150.11	153.05	156.00	158.94	161.88	164.83	167.77	170.72	173.66	11.45
3.52	4.40	154.18	157.26	160.33	163.43	166.51	169.59	172.68	175.76	178.84	181.93	12.01
3.68	4.60	161.18	164.41	167.63	170.86	174.08	177.30	180.33	183.75	186.97	190.20	12.56
3.84	4.80	168.19	171.55	174.92	178.28	181.65	185.01	188.38	191.74	195.08	198.47	13.10
4.00	5.00	175.20	178.70	182.21	185.71	189.22	192.72	196.22	199.73	203.23	206.74	13.65
4.16	5.20	182.21	185.85	189.50	193.14	197.78	200.43	204.07	207.72	211.36	215.01	14.20
4.32	5.40	189.22	193.00	196.78	200.57	204.35	208.14	211.92	215.71	219.49	223.27	14.74
4.48	5.60	196.22	200.15	204.07	208.00	211.82	215.85	219.77	223.70	227.62	231.54	15.29
4.64	5.80	203.23	207.30	211.36	215.43	219.49	223.56	227.62	231.68	235.75	239.81	15.84
4.80	6.00	210.24	214.45	218.45	222.85	227.06	231.26	235.47	239.67	243.88	248.08	16.38
4.96	6.20	217.25	221.59	225.94	230.28	234.62	238.97	243.32	247.66	252.01	256.35	16.92
5.12	6.40	224.26	228.34	233.22	237.71	242.19	246.82	251.14	255.65	258.56	264.62	17.47
5.28	6.60	231.26	235.89	240.51	245.14	249.77	254.39	258.02	263.64	268.27	272.89	18.02
5.44	6.80	238.27	243.04	247.80	252.57	258.00	262.10	266.86	271.63	276.40	281.16	18.57
5.60	7.00	245.28	250.19	255.09	260.00	264.90	269.81	274.71	279.62	284.52	289.43	19.11
		5000	5100	5200	5300	5400	5500	5600	5700	5800	5900	
		HEAT LOSS IN Btu PER HOUR										

TABLE 30 (Sheet 15 of 28)

TABLE 30 (Continued)

DOLLAR COST OF ENERGY PER YEAR

BASED ON 8760 HRS/YR

$ Per Million Btu	$ Per M lbs Steam	HEAT LOSS IN WATTS PER HOUR										$ Per Million Watts
		1758.0	1787.3	1816.6	1845.9	1875.2	1904.5	1933.8	1963.1	1992.4	2021.7	
0.16	0.20	$8.41	$8.55	$8.69	$8.83	$8.96	$9.11	$9.25	$9.39	$9.53	$9.67	0.57
0.32	0.40	16.82	17.10	17.38	17.66	17.92	18.21	18.50	18.78	19.06	19.34	1.09
0.48	0.60	25.23	25.65	26.07	26.49	27.11	27.33	27.75	28.17	28.59	29.01	1.64
0.64	0.80	33.64	34.20	34.76	35.32	35.84	36.44	37.00	37.56	38.12	38.98	2.18
0.80	1.00	42.05	42.75	43.45	44.15	44.85	45.55	46.25	46.95	47.65	48.36	2.73
0.96	1.20	50.46	51.30	52.14	52.98	54.21	54.66	55.50	56.34	57.18	58.03	3.27
1.12	1.40	58.87	59.85	60.83	61.81	62.79	63.77	64.76	65.74	66.72	67.70	3.82
1.28	1.60	67.28	68.40	69.52	70.64	71.68	72.88	74.00	75.13	76.24	77.37	4.37
1.44	1.80	75.68	76.95	78.21	79.47	80.73	81.99	83.25	84.52	85.78	87.04	4.91
1.60	2.00	84.10	85.50	86.90	88.30	89.70	91.10	92.50	93.91	95.21	96.71	5.46
1.76	2.20	92.51	94.05	95.59	97.13	98.67	100.21	101.76	103.30	103.30	106.38	6.01
1.92	2.40	100.91	102.60	104.28	105.96	108.43	109.33	111.00	112.69	112.69	116.05	6.55
2.08	2.60	109.32	111.15	112.97	114.79	116.01	118.44	120.26	122.08	122.08	125.72	7.09
2.24	2.80	117.74	119.70	121.66	123.62	125.58	127.55	129.51	131.47	131.47	135.39	7.64
2.40	3.00	126.14	128.25	130.35	132.45	134.53	136.66	138.76	140.86	140.86	145.07	8.19
2.56	3.20	134.56	136.80	139.04	141.28	143.36	145.77	148.00	150.25	150.25	154.74	8.73
2.72	3.40	142.96	145.35	147.73	150.11	152.49	154.88	157.26	159.64	159.64	164.41	9.28
2.88	3.60	151.36	153.90	156.42	158.94	161.46	163.99	166.51	169.03	169.03	174.08	9.82
3.04	3.80	159.78	162.45	165.11	167.77	170.43	173.10	175.76	178.42	178.42	183.75	10.37
3.20	4.00	168.19	171.00	173.80	176.60	179.41	182.21	185.01	187.81	187.81	193.42	10.92
3.36	4.20	176.60	179.55	182.49	185.43	188.04	191.32	194.26	197.21	197.21	203.09	11.45
3.52	4.40	185.01	188.09	191.18	194.26	197.34	200.43	201.51	206.60	206.60	212.76	12.01
3.68	4.60	193.42	196.64	199.87	203.09	206.24	209.54	212.76	215.99	216.00	222.43	12.56
3.84	4.80	201.82	205.19	208.56	211.92	216.86	218.65	222.01	225.38	225.38	232.11	13.10
4.00	5.00	210.12	213.74	217.25	220.75	224.26	227.76	231.26	234.77	234.77	241.78	13.65
4.16	5.20	218.65	222.29	225.94	229.58	233.22	236.87	240.51	244.16	247.80	251.45	14.20
4.32	5.40	227.06	230.89	234.63	238.42	242.20	245.98	249.77	253.55	257.33	261.12	14.74
4.48	5.60	235.47	239.39	243.32	247.24	251.17	255.09	259.02	262.94	266.86	270.80	15.29
4.64	5.80	243.88	247.94	252.01	256.07	260.14	264.20	268.27	272.33	276.40	280.46	15.84
4.80	6.00	252.29	256.49	260.70	264.90	269.07	273.31	277.52	281.72	285.93	290.13	16.38
4.96	6.20	260.70	265.04	269.39	273.73	278.08	282.42	286.77	291.11	295.46	299.80	16.92
5.12	6.40	269.12	273.59	278.08	282.56	286.72	291.53	296.00	300.50	304.96	309.47	17.47
5.28	6.60	277.52	282.14	186.77	291.39	296.02	300.64	305.26	309.89	314.52	319.14	18.02
5.44	6.80	281.93	290.69	295.46	300.22	304.99	309.75	314.52	319.28	324.05	328.82	18.57
5.60	7.00	294.34	299.24	304.15	309.05	313.96	318.86	323.77	328.68	333.58	338.49	19.11
		6000	6100	6200	6300	6400	6500	6600	6700	6800	6900	
		HEAT LOSS IN Btu PER HOUR										

TABLE 30 (Sheet 16 of 28)

TABLE 30 (Continued)

DOLLAR COST OF ENERGY PER YEAR

BASED ON 8760 HRS/YR

$ Per Million Btu	$ Per M lbs Steam	HEAT LOSS IN WATTS PER HOUR										$ Per Million Watts
		2051.0	2080.3	2109.6	2138.9	2168.2	2197.5	2226.8	2256.1	2285.4	2314.7	
0.16	0.20	$9.81	$9.95	$10.09	$10.23	$10.37	$10.51	$10.65	$10.79	$10.93	$11.07	0.57
0.32	0.40	19.62	19.90	20.18	20.46	20.74	21.02	21.30	21.59	21.86	22.15	1.09
0.48	0.60	29.43	29.85	30.28	30.70	31.12	31.54	31.96	32.38	32.80	33.22	1.64
0.64	0.80	39.24	39.81	40.37	40.93	41.49	42.05	42.61	43.17	43.73	44.29	2.18
0.80	1.00	49.06	49.76	50.46	51.16	51.86	52.56	53.26	53.96	54.66	55.36	2.73
0.96	1.20	58.87	59.71	60.55	61.39	62.23	63.07	63.90	64.75	65.46	66.44	3.27
1.12	1.40	68.68	69.66	70.64	71.62	72.60	73.58	74.56	75.55	76.53	77.51	3.82
1.28	1.60	78.49	79.61	80.74	81.85	82.98	84.10	85.22	86.34	87.46	88.58	4.37
1.44	1.80	88.30	89.56	90.82	92.09	93.35	94.61	95.86	97.13	98.39	99.64	4.91
1.60	2.00	98.11	99.51	100.92	102.32	103.72	105.12	106.52	107.92	109.32	110.73	5.46
1.76	2.20	107.92	109.47	111.01	112.55	114.09	115.63	117.16	118.72	120.26	121.80	6.01
1.92	2.40	117.36	119.42	121.10	122.78	124.46	126.14	127.80	129.51	130.91	132.87	6.55
2.08	2.60	127.55	129.37	131.19	133.01	134.83	136.66	138.48	140.30	142.12	143.94	7.09
2.24	2.80	137.36	139.32	141.28	143.24	145.20	147.17	149.13	151.09	153.06	155.02	7.64
2.40	3.00	147.17	149.27	151.37	153.47	155.58	157.68	159.79	161.89	163.99	166.09	8.19
2.56	3.20	156.98	159.22	161.47	163.71	165.95	168.19	170.43	172.58	174.91	177.16	8.73
2.72	3.40	166.79	169.17	171.56	173.94	176.32	178.70	181.09	183.47	185.85	188.24	9.28
2.88	3.60	176.60	179.12	181.64	184.17	186.69	189.22	191.74	194.26	196.78	199.31	9.82
3.04	3.80	186.41	189.08	191.74	194.40	197.07	199.73	202.39	205.05	207.72	210.33	10.37
3.20	4.00	196.22	199.03	201.83	204.63	207.44	210.24	213.04	215.85	218.65	221.45	10.92
3.36	4.20	206.04	208.98	211.72	214.87	217.81	220.75	223.70	226.64	229.58	232.53	11.45
3.52	4.40	215.85	218.93	222.02	225.10	228.18	231.26	234.33	237.43	240.51	243.60	12.01
3.68	4.60	225.66	228.88	232.10	235.33	238.55	241.78	245.00	248.22	251.45	254.67	12.56
3.84	4.80	235.47	238.83	242.21	245.56	248.93	252.29	255.61	259.02	261.81	265.74	13.10
4.00	5.00	245.28	248.78	252.29	255.79	259.30	262.80	266.32	269.81	273.31	276.92	13.65
4.16	5.20	255.09	258.74	262.38	266.02	269.67	273.31	276.95	280.60	284.24	287.88	14.20
4.32	5.40	264.80	268.69	272.47	276.26	280.04	283.22	287.61	291.39	295.18	298.96	14.74
4.48	5.60	274.71	278.64	282.56	286.49	290.41	294.34	298.26	302.19	306.11	310.03	15.29
4.64	5.80	284.53	288.59	292.65	296.72	300.78	304.85	308.91	312.58	317.04	321.11	15.84
4.80	6.00	294.34	298.54	302.74	306.95	311.15	315.36	319.57	323.77	327.97	332.18	16.38
4.96	6.20	304.05	308.49	312.83	317.18	321.53	325.87	330.22	334.56	338.91	343.25	16.92
5.12	6.40	313.95	318.44	322.95	327.41	331.90	336.38	340.86	345.35	349.82	354.32	17.47
5.28	6.60	323.77	328.40	333.02	337.64	342.27	346.90	351.52	356.15	360.77	365.40	18.02
5.44	6.80	333.58	338.35	343.11	347.88	352.64	357.41	362.17	366.94	371.70	376.47	18.57
5.60	7.00	343.39	348.30	353.20	358.11	363.01	367.92	372.42	377.73	382.64	387.54	19.11
		7000	7100	7200	7300	7400	7500	7600	7700	7800	7900	
		HEAT LOSS IN Btu PER HOUR										

TABLE 30 (Sheet 17 of 28)

TABLE 30 (Continued)

DOLLAR COST OF ENERGY PER YEAR

BASED ON 8760 HRS/YR

$ Per Million Btu	$ Per M lbs Steam	HEAT LOSS IN WATTS PER HOUR										$ Per Million Watts
		2344.0	2373.3	2402.6	2431.9	2461.2	2490.5	2519.8	2549.1	2578.4	2607.7	
0.16	0.20	$11.21	$11.35	$11.49	$11.63	$11.83	$11.91	$12.05	$12.19	$12.34	$12.47	0.57
0.32	0.40	22.42	22.71	22.98	23.27	23.55	23.83	24.11	24.39	24.67	24.95	1.09
0.48	0.60	33.64	34.06	34.48	34.90	35.49	35.74	36.16	36.45	37.00	37.42	1.64
0.64	0.80	44.95	45.41	45.97	46.53	47.31	47.65	48.22	48.78	49.33	49.90	2.18
0.80	1.00	56.06	56.77	57.47	58.17	59.15	59.57	60.27	60.97	61.61	62.37	2.73
0.96	1.20	67.38	68.12	68.96	69.90	70.64	71.48	72.22	73.16	74.00	74.85	3.27
1.12	1.40	78.49	79.47	80.45	81.43	82.41	83.40	84.38	85.36	86.36	87.32	3.82
1.28	1.60	89.90	90.82	91.94	93.07	94.12	95.31	96.43	97.55	98.65	99.79	4.37
1.44	1.80	100.92	102.18	103.44	104.70	106.46	107.22	108.48	109.75	111.01	112.27	4.91
1.60	2.00	112.13	113.53	114.93	116.33	118.30	119.14	120.54	121.94	123.34	124.74	5.46
1.76	2.20	123.34	124.88	126.42	127.97	129.32	131.10	132.59	134.13	135.68	137.22	6.01
1.92	2.40	134.75	136.24	137.92	139.60	141.28	142.96	144.45	146.33	148.00	149.69	6.55
2.08	2.60	145.76	147.59	149.41	151.23	153.06	154.88	156.70	158.52	160.34	162.17	7.09
2.24	2.80	156.98	156.94	160.90	168.87	164.83	166.79	168.75	170.72	172.67	174.64	8.19
2.40	3.00	168.19	170.29	172.40	174.50	176.60	178.70	180.81	182.91	185.01	187.11	8.19
2.56	3.20	179.81	181.65	183.87	186.13	188.38	190.62	192.86	195.10	197.30	199.59	8.73
2.72	3.40	190.62	193.00	195.38	197.77	200.15	202.53	204.91	207.30	209.68	212.06	9.28
2.88	3.60	201.83	204.35	206.88	209.40	212.93	214.45	229.02	231.68	234.34	224.54	9.82
3.04	3.80	213.04	215.71	218.37	221.03	224.76	226.36	229.02	231.68	234.34	237.01	10.37
3.20	4.00	224.26	227.06	229.86	232.67	236.59	238.27	241.08	243.88	246.69	249.49	10.92
3.36	4.20	235.47	238.41	241.36	244.30	248.42	250.18	253.13	256.07	259.02	262.00	11.45
3.52	4.40	246.68	249.77	252.84	255.93	258.65	262.19	265.18	268.27	271.35	274.43	12.01
3.68	4.60	257.90	261.12	264.34	267.57	270.80	274.01	277.24	280.47	283.28	286.91	12.56
3.84	4.80	269.50	272.47	275.84	279.20	282.56	285.93	288.90	292.65	296.00	299.38	13.10
4.00	5.00	280.32	283.82	287.33	290.83	295.94	297.84	301.34	304.85	308.35	311.86	13.65
4.16	5.20	291.53	295.18	298.82	302.47	306.11	309.75	313.40	317.04	320.69	324.33	14.20
4.32	5.40	302.74	306.53	310.31	314.10	317.88	321.67	325.52	329.24	333.02	336.80	14.74
4.48	5.60	313.95	317.88	321.80	325.73	329.76	333.58	337.50	341.43	345.34	349.28	15.29
4.64	5.80	325.17	329.24	333.30	337.37	341.43	345.49	349.56	353.62	357.69	361.75	15.84
4.80	6.00	336.38	340.59	344.79	349.00	353.20	357.41	361.61	365.82	370.02	374.23	16.38
4.96	6.20	347.60	351.94	356.29	360.63	364.98	369.32	373.67	378.01	382.36	386.70	16.92
5.12	6.40	359.62	363.30	367.74	372.27	376.75	381.24	385.73	390.21	394.69	399.18	17.47
5.28	6.60	370.02	374.65	379.27	383.90	388.52	393.15	397.77	402.40	407.02	411.65	18.02
5.44	6.80	381.23	386.00	390.77	395.53	400.29	405.06	409.83	414.60	419.36	424.12	18.57
5.60	7.00	392.45	397.35	402.26	407.17	412.72	416.98	421.88	426.79	431.69	436.60	19.11
		8000	8100	8200	8300	8400	8500	8600	8700	8800	8900	
		HEAT LOSS IN Btu PER HOUR										

TABLE 30 (Sheet 18 of 28)

TABLE 30 (Continued)

DOLLAR COST OF ENERGY PER YEAR

BASED ON 8760 HRS/YR

$ Per Million Btu	$ Per M lbs Steam	HEAT LOSS IN WATTS PER HOUR										$ Per Million Watts
		2637.0	2666.3	2695.6	2724.8	2754.2	2783.5	2812.8	2842.1	2871.4	2900.7	
0.16	0.20	$12.61	$12.76	$12.90	$13.04	$13.18	$13.32	$13.46	$13.60	$13.74	$13.88	0.57
0.32	0.40	25.23	25.51	25.79	26.07	26.35	26.63	26.91	27.19	27.47	27.75	1.09
0.48	0.60	37.84	38.26	38.68	39.11	39.53	39.95	40.34	40.79	41.21	41.63	1.64
0.64	0.80	50.46	51.02	51.58	52.14	52.70	53.26	53.82	54.38	54.94	55.50	2.18
0.80	1.00	63.07	63.77	64.97	65.17	65.88	66.58	67.28	67.98	68.67	69.40	2.73
0.96	1.20	75.68	76.53	77.37	78.21	79.05	79.89	80.76	81.57	82.41	83.26	3.27
1.12	1.40	88.20	89.28	90.26	91.24	92.23	93.21	94.18	95.17	96.15	97.13	3.82
1.28	1.60	100.91	102.04	103.17	104.28	105.40	106.52	107.65	108.76	109.88	111.01	4.37
1.44	1.80	113.53	114.79	116.05	117.31	118.38	119.84	121.20	122.36	123.62	124.88	4.91
1.60	2.00	126.03	127.55	128.94	130.35	131.75	133.15	134.56	135.96	137.34	138.76	5.46
1.76	2.20	138.66	140.03	141.84	143.38	144.93	146.47	148.09	149.55	151.09	152.63	6.01
1.92	2.40	151.36	153.06	154.74	156.42	158.10	159.78	161.46	163.15	164.83	166.51	6.55
2.08	2.60	163.99	165.81	167.63	169.45	171.28	173.10	174.92	176.74	178.58	180.39	7.09
2.24	2.80	176.40	178.56	180.52	182.48	184.45	186.41	188.37	190.34	192.30	194.26	7.64
2.40	3.00	189.22	191.32	193.42	195.52	197.64	198.73	201.83	203.93	206.03	208.14	8.19
2.56	3.20	201.82	204.07	206.34	208.56	210.80	213.04	215.30	217.53	219.76	222.01	8.73
2.72	3.40	214.44	216.83	219.21	221.59	223.98	226.36	228.64	231.12	233.51	235.89	9.28
2.88	3.60	227.06	229.58	232.10	234.63	236.75	239.67	242.38	244.72	247.24	249.77	9.82
3.04	3.80	239.67	242.34	245.00	247.66	250.33	252.99	255.65	258.32	260.98	263.64	10.37
3.20	4.00	252.07	255.09	257.88	260.70	263.50	266.30	269.02	271.91	274.67	277.52	10.92
3.36	4.20	264.90	267.85	270.79	273.73	276.68	279.62	282.56	285.51	288.45	291.39	11.45
3.52	4.40	277.32	280.60	283.68	286.77	289.85	292.93	296.02	299.10	302.18	305.27	12.01
3.68	4.60	290.02	293.36	296.58	299.80	303.03	306.25	309.47	312.70	315.92	319.14	12.56
3.84	4.80	302.73	306.11	309.47	312.84	316.20	319.57	322.93	326.29	329.66	333.02	13.10
4.00	5.00	315.36	318.86	322.37	325.87	329.38	332.88	336.38	339.89	343.39	346.90	13.65
4.16	5.20	327.97	331.62	335.26	338.91	342.50	346.20	349.84	353.48	357.13	360.77	14.20
4.32	5.40	340.49	343.37	348.16	351.94	355.73	359.51	363.30	367.08	370.86	374.65	14.74
4.48	5.60	352.80	357.13	361.05	364.98	368.90	372.83	376.74	380.67	382.60	388.52	15.29
4.64	5.80	365.82	369.88	373.95	378.01	382.08	386.14	390.21	394.27	398.33	402.40	15.84
4.80	6.00	378.43	382.64	386.84	391.05	395.27	399.46	403.66	407.87	412.07	416.28	16.38
4.96	6.20	391.05	395.39	399.74	404.08	408.43	412.77	417.12	421.46	425.81	430.15	16.92
5.12	6.40	403.65	408.15	412.67	417.12	421.60	426.09	430.59	435.06	439.52	444.03	17.47
5.28	6.60	416.28	420.90	425.52	430.15	434.78	439.40	444.03	448.62	453.28	457.90	18.02
5.44	6.80	428.89	433.66	438.42	443.86	447.95	452.72	457.28	462.25	467.01	471.78	18.57
5.60	7.00	441.50	446.41	451.32	456.21	461.13	466.03	470.94	475.94	480.75	485.65	19.11
		9000	9100	9200	9300	9400	9500	9600	9700	9800	9900	
		HEAT LOSS IN Btu PER HOUR										

TABLE 30 (Sheet 19 of 28)

TABLE 30 (Continued)

DOLLAR COST OF ENERGY PER YEAR

BASED ON 8760 HRS/YR

$ Per Million Btu	$ Per M lbs Steam	HEAT LOSS IN WATTS PER HOUR										$ Per Million Watts
		2930	3223	3516	3809	4102	4395	4688	4981	5274	5567	
0.16	0.20	$14.02	$15.42	$16.81	$18.22	$19.62	$21.02	$22.43	$23.83	$25.23	$26.63	0.57
0.32	0.40	28.03	30.84	33.64	36.44	39.24	42.05	44.85	48.65	50.46	53.26	1.09
0.48	0.60	42.05	46.25	50.46	54.66	58.87	63.07	67.77	71.48	75.69	79.89	1.64
0.64	0.80	56.06	61.67	67.28	72.88	78.48	84.10	89.60	95.30	100.92	106.52	2.18
0.80	1.00	70.08	77.09	84.10	91.10	98.11	105.12	112.13	119.14	126.14	133.15	2.73
0.96	1.20	84.10	92.50	100.91	109.32	117.74	126.14	135.54	142.96	151.38	159.78	3.27
1.12	1.40	98.11	107.92	117.73	127.55	137.36	147.17	156.98	166.79	176.60	186.41	3.82
1.28	1.60	112.13	122.34	134.56	145.76	156.96	168.20	179.20	190.60	201.84	213.04	4.37
1.44	1.80	126.14	136.76	151.37	163.99	176.60	189.22	201.83	214.44	227.05	239.67	4.91
1.60	2.00	140.16	154.18	168.20	182.20	196.22	210.24	224.26	238.2	252.29	266.30	5.46
1.76	2.20	154.18	169.59	185.01	200.43	215.85	231.26	246.68	262.10	277.52	292.93	6.01
1.92	2.40	168.19	185.00	201.82	218.65	235.48	252.28	271.08	285.92	302.76	319.56	6.55
2.08	2.60	182.21	200.43	218.65	236.87	255.09	273.31	291.53	309.75	327.97	346.19	7.09
2.24	2.80	196.22	215.84	235.46	255.09	274.72	294.34	313.96	333.58	353.20	372.82	7.64
2.40	3.00	210.24	231.26	252.29	273.31	294.34	315.36	336.38	357.41	378.43	399.46	8.19
2.56	3.20	224.26	244.68	269.12	291.53	313.92	336.40	358.40	381.20	403.68	426.08	8.73
2.72	3.40	238.27	262.10	285.93	309.75	333.58	357.41	381.23	405.06	428.89	452.72	9.28
2.88	3.60	252.29	273.52	302.74	327.98	353.20	378.41	403.66	428.89	454.10	479.34	9.82
3.04	3.80	266.30	292.93	319.56	346.20	372.83	399.46	426.09	452.72	479.35	505.98	10.37
3.20	4.00	280.32	308.36	336.40	364.40	392.44	420.48	448.52	476.54	504.58	532.60	10.92
3.36	4.20	294.33	323.77	353.20	382.64	412.07	441.50	470.09	500.37	529.80	559.24	11.45
3.52	4.40	308.35	339.19	370.02	400.83	431.69	462.53	493.36	524.20	555.04	585.87	12.01
3.68	4.60	322.37	354.60	386.84	419.08	451.31	382.55	515.59	548.03	580.26	612.50	12.56
3.84	4.80	336.38	370.00	403.64	437.30	470.96	504.56	542.16	571.84	605.52	639.02	13.10
4.00	5.00	350.40	385.44	420.48	455.52	490.56	525.60	560.64	595.68	630.72	665.76	13.65
4.16	5.20	364.42	400.86	437.30	4733.74	510.18	546.62	583.06	619.50	655.95	692.38	14.20
4.32	5.40	378.43	416.27	454.12	491.96	529.80	567.65	605.49	643.33	681.18	719.02	14.74
4.48	5.60	392.44	431.68	470.92	510.18	549.44	588.68	627.92	667.16	706.40	745.64	15.29
4.64	5.80	406.46	447.11	487.76	528.40	569.05	609.70	650.34	690.99	731.63	772.28	15.84
4.80	6.00	420.48	462.52	504.58	546.62	588.67	630.72	672.67	714.82	756.86	798.93	16.38
4.96	6.20	434.50	477.95	521.39	564.84	608.29	651.74	695.19	738.64	782.09	825.54	16.92
5.12	6.40	449.52	489.39	538.24	583.06	627.84	672.80	716.80	762.40	807.36	852.16	17.47
5.28	6.60	462.53	508.78	555.03	601.28	647.54	693.79	740.05	786.30	832.55	878.80	18.02
5.44	6.80	476.54	524.20	571.85	619.51	667.16	704.82	762.47	810.12	857.78	905.43	18.57
5.60	7.00	490.56	539.61	588.67	637.73	686.78	735.84	784.90	833.95	883.00	932.06	19.11
		10000	11000	12000	13000	14000	15000	16000	17000	18000	19000	
		HEAT LOSS IN Btu PER HOUR										

TABLE 30 (Sheet 20 of 28)

DOLLAR COST OF ENERGY PER YEAR

BASED ON 8760 HRS/YR

$ Per Million Btu	$ Per M lbs Steam	HEAT LOSS IN WATTS PER HOUR										$ Per Million Watts
		5860	6153	6446	6739	7032	7325	7618	7911	8204	8497	
0.16	0.20	$28.03	$29.57	$30.84	$32.24	$33.62	$35.04	$36.44	$37.84	$39.24	$40.65	0.57
0.32	0.40	56.06	59.14	61.67	64.48	67.28	70.08	72.88	75.68	78.48	81.30	1.09
0.48	0.60	84.10	88.72	92.50	96.71	100.91	105.12	109.32	113.53	117.74	121.94	1.64
0.64	0.80	112.12	118.28	122.34	128.96	134.56	140.16	145.76	151.36	156.96	162.60	2.18
0.80	1.00	140.16	147.87	154.18	161.18	168.20	175.20	182.20	189.22	196.22	203.23	2.73
0.96	1.20	168.20	177.44	185.00	193.42	201.82	210.24	218.65	227.06	235.48	243.88	3.27
1.12	1.40	196.22	207.02	215.84	225.66	235.46	245.28	255.09	264.90	274.72	284.52	3.82
1.28	1.60	224.26	236.56	246.68	257.92	269.12	280.32	291.53	302.74	313.92	323.20	4.37
1.44	1.80	252.29	266.16	277.52	290.13	302.74	315.36	327.98	340.59	353.20	365.82	4.91
1.60	2.00	280.32	295.74	308.36	322.36	336.40	350.40	364.40	378.43	392.44	406.46	5.46
1.76	2.20	308.35	323.31	339.19	354.60	370.02	385.44	400.83	416.28	431.69	447.11	6.01
1.92	2.40	336.38	354.88	370.00	386.84	403.64	420.48	437.30	454.12	470.96	487.76	6.55
2.08	2.60	364.42	384.46	400.86	419.08	437.30	455.52	473.74	491.96	510.18	528.40	7.09
2.24	2.80	392.44	414.03	431.68	451.31	470.92	490.56	510.18	535.80	549.44	569.05	7.64
2.40	3.00	420.48	443.61	462.52	483.55	504.58	525.60	546.62	567.65	588.67	609.70	8.19
2.56	3.20	449.52	473.12	489.39	515.84	538.24	560.64	583.06	605.48	627.84	650.34	8.73
2.72	3.40	476.54	502.75	524.20	548.03	571.85	595.68	619.51	643.33	667.16	690.99	9.28
2.88	3.60	504.58	532.32	546.04	580.26	604.48	630.72	655.96	681.18	706.40	731.64	9.82
3.04	3.80	532.60	561.90	585.86	612.50	639.13	665.76	692.39	719.02	745.65	772.28	10.37
3.20	4.00	560.64	591.48	616.72	644.72	672.80	700.80	728.80	756.86	784.88	812.92	10.92
3.36	4.20	588.67	621.05	647.54	676.96	706.40	735.84	765.27	794.70	824.14	853.57	11.45
3.52	4.40	616.70	646.62	678.38	704.20	720.04	770.88	801.66	832.55	863.38	894.22	12.01
3.68	4.60	644.74	680.20	708.21	741.45	773.68	805.92	838.16	870.39	902.63	934.87	12.56
3.83	4.80	673.76	709.76	740.00	773.68	807.28	840.96	874.60	908.24	941.92	975.42	13.10
4.00	5.00	700.80	739.34	770.88	805.92	840.96	876.00	911.04	946.08	981.12	1016.16	13.65
4.16	5.20	728.82	768.92	801.72	838.16	874.60	911.04	947.48	983.92	1020.36	1056.80	14.20
4.32	5.40	756.86	798.49	832.54	870.39	908.24	946.08	983.92	1021.77	1059.61	1097.45	14.74
4.48	5.60	784.88	828.06	863.36	902.62	940.84	981.12	1020.36	1059.60	1098.88	1138.10	15.29
4.64	5.80	812.93	857.64	894.22	934.87	975.52	1016.16	1056.81	1098.45	1138.10	1178.75	15.84
4.80	6.00	840.96	887.23	925.04	967.10	1009.16	1051.20	1092.24	1135.30	1177.34	1219.39	16.38
4.96	6.20	868.99	916.79	955.90	999.34	1043.78	1086.24	1129.69	1173.10	1216.58	1260.04	16.92
5.12	6.40	899.04	946.24	978.78	1031.68	1076.48	1121.28	1166.12	1210.94	1255.68	1300.68	17.45
5.28	6.60	925.06	975.93	1017.56	1063.81	1110.06	1156.32	1202.56	1248.83	1295.08	1341.33	18.02
5.44	6.80	953.08	1005.50	1048.40	1096.05	1143.70	1191.36	1239.02	1289.99	1334.32	1381.98	18.57
5.60	7.00	981.12	1035.08	1079.22	1128.29	1177.34	1226.40	1275.46	1324.51	1373.57	1422.62	19.11
		20000	21000	22000	23000	24000	25000	26000	27000	28000	29000	
		HEAT LOSS IN Btu PER HOUR										

TABLE 30 (Sheet 21 of 28)

TABLE 30 (Continued)

DOLLAR COST OF ENERGY PER YEAR

BASED ON 8760 HRS/YR

$ Per Million Btu	$ Per M lbs Steam	HEAT LOSS IN WATTS PER HOUR										$ Per Million Watts
		8790	9083	9376	9669	9962	10255	10548	10841	11134	11427	
0.16	0.20	$42.02	$43.45	$44.85	$46.25	$47.65	$49.06	$50.46	$51.86	$53.26	$54.66	0.57
0.32	0.40	84.10	86.90	89.60	92.50	95.30	98.11	100.92	103.72	106.52	109.32	1.09
0.48	0.60	126.14	130.35	135.54	138.76	142.96	147.17	151.38	155.58	159.78	163.99	1.64
0.64	0.80	168.20	173.80	179.20	185.00	190.60	196.22	201.84	207.44	213.04	218.64	2.18
0.80	1.00	210.24	217.25	224.26	231.26	238.27	245.28	252.29	259.30	266.30	273.31	2.73
0.96	1.20	252.28	260.70	271.08	277.51	285.92	294.34	302.76	311.16	319.56	327.28	3.27
1.12	1.40	294.34	304.15	313.96	323.78	333.58	343.39	353.20	363.01	372.82	382.64	3.82
1.28	1.60	336.40	347.60	358.40	370.00	371.20	392.44	403.68	414.88	426.08	437.38	4.37
1.44	1.80	378.41	391.05	403.66	416.28	428.89	441.50	454.10	466.73	479.34	491.96	4.91
1.60	2.00	420.48	434.50	448.52	462.52	476.54	490.56	504.58	518.59	532.60	546.62	5.46
1.76	2.20	462.53	477.95	493.36	508.78	524.20	539.62	555.04	570.45	585.87	601.28	6.01
1.92	2.40	504.56	521.40	542.16	555.02	571.84	588.68	605.52	622.32	639.02	654.56	6.55
2.08	2.60	546.62	564.84	583.06	601.29	619.50	637.73	655.95	674.17	692.38	710.61	7.09
2.24	2.80	588.68	608.30	627.92	647.56	667.16	686.78	706.40	726.02	745.64	765.28	7.64
2.40	3.00	630.72	651.74	672.67	693.79	714.82	735.84	756.86	777.88	798.93	819.94	8.19
2.56	3.20	672.80	695.19	716.80	740.00	762.40	784.88	807.36	829.76	852.16	874.56	8.73
2.72	3.40	704.82	738.64	762.47	786.30	810.12	833.95	857.78	881.60	905.43	929.26	9.28
2.88	3.60	756.82	782.10	807.32	832.55	857.78	883.01	908.20	833.46	958.68	983.92	9.82
3.04	3.80	798.91	825.54	852.17	878.80	905.43	932.06	958.70	985.32	1011.96	1038.59	10.37
3.20	4.00	840.96	869.00	897.04	925.04	952.08	981.12	1009.16	1037.18	1065.20	1093.24	10.92
3.36	4.20	883.00	912.44	940.18	971.30	1000.74	1030.18	1058.61	1089.04	1118.48	1147.91	11.45
3.52	4.40	925.06	955.89	986.72	1007.56	1048.40	1079.23	1110.08	1140.90	1171.64	1202.56	12.01
3.68	4.60	967.10	999.34	1031.18	1063.81	1096.05	1128.29	1160.52	1192.76	1225.00	1257.23	12.56
3.84	4.80	1009.12	1042.80	1084.32	1110.04	1143.68	1177.36	1211.04	1244.64	1278.04	1309.12	13.10
4.00	5.00	1050.60	1086.24	1121.28	1156.32	1191.36	1226.40	1261.44	1296.48	1331.58	1366.56	13.65
4.16	5.20	1093.24	1129.69	1166.12	1202.57	1239.00	1275.46	1311.90	1348.34	1384.76	1421.22	14.20
4.32	5.40	1135.30	1173.14	1210.98	1248.83	1286.66	1324.51	1362.36	1400.20	1438.04	1475.88	14.74
4.48	5.60	1177.36	1216.60	1255.84	1295.12	1334.32	1373.56	1412.80	1452.04	1491.28	1530.56	15.29
4.64	5.80	1219.40	1260.04	1300.68	1329.77	1381.98	1422.62	1463.27	1503.92	1544.56	1585.21	15.84
4.80	6.00	1261.44	1303.49	1345.34	1387.58	1429.64	1471.68	1513.72	1555.76	1597.86	1639.87	16.38
4.96	6.20	1303.49	1346.94	1390.38	1433.84	1477.28	1520.74	1564.18	1607.64	1651.08	1694.53	16.92
5.12	6.40	1345.60	1390.39	1433.60	1480.00	1524.80	1569.76	1614.72	1659.52	1704.32	1749.12	17.47
5.28	6.60	1387.58	1433.84	1480.10	1526.34	1572.59	1618.85	1665.10	1711.35	1757.60	1803.86	18.02
5.44	6.80	1409.64	1477.28	1524.94	1572.60	1620.24	1667.90	1715.56	1763.20	1810.86	1858.52	18.57
5.60	7.00	1471.68	1520.74	1569.79	1618.85	1667.90	1716.96	1766.01	1815.07	1864.12	1913.18	19.11
		30000	31000	32000	33000	34000	35000	36000	37000	38000	39000	
		HEAT LOSS IN Btu PER HOUR										

TABLE 30 (Sheet 22 of 28)

DOLLAR COST OF ENERGY PER YEAR

BASED ON 8760 HRS/YR

$ Per Million Btu	$ Per M lbs Steam	HEAT LOSS IN WATTS PER HOUR										$ Per Million Watts
		11720	12013	12306	12599	12892	13185	13478	13771	14064	14357	
0.16	0.20	$56.06	$57.46	$59.14	$60.27	$61.67	$63.07	$64.48	$65.88	$67.28	$68.68	0.57
0.32	0.40	112.12	114.92	118.28	120.54	122.34	126.14	128.96	131.75	134.56	137.35	1.09
0.48	0.60	168.20	172.40	177.44	180.81	185.00	189.22	193.42	197.63	201.81	206.04	1.64
0.64	0.80	224.24	229.84	236.56	241.08	244.68	252.28	257.92	263.50	269.12	274.70	2.18
0.80	1.00	280.32	287.33	295.74	301.34	308.36	315.36	322.36	329.38	336.40	343.34	2.73
0.96	1.20	336.38	344.80	354.88	361.12	370.00	378.41	386.84	395.25	403.64	412.07	3.27
1.12	1.40	392.44	402.25	414.03	421.88	431.68	441.50	451.31	461.13	470.92	480.75	3.82
1.28	1.60	449.52	459.68	473.12	482.16	493.36	504.56	515.84	527.00	538.24	549.40	4.37
1.44	1.80	504.58	517.19	532.32	542.41	555.03	567.65	580.26	592.88	605.49	618.11	4.91
1.60	2.00	560.64	574.66	591.48	602.68	616.12	630.17	644.72	658.75	672.80	686.68	5.46
1.76	2.20	616.70	632.12	648.62	662.96	678.54	693.79	709.20	724.63	740.05	755.46	6.01
1.92	2.40	673.76	689.60	709.76	722.24	740.00	756.82	773.68	790.50	807.32	824.14	6.55
2.08	2.60	728.82	747.05	768.92	783.49	801.72	819.94	838.16	856.38	874.60	892.82	7.09
2.24	2.80	784.88	804.50	828.06	843.76	863.36	882.01	902.62	922.25	941.86	961.50	7.64
2.40	3.00	840.96	861.98	887.23	904.03	925.04	946.08	967.10	988.13	1009.16	1030.18	8.19
2.56	3.20	899.04	919.36	946.24	964.32	978.78	1009.12	1031.68	1054.00	1076.48	1098.80	8.73
2.72	3.40	953.08	976.92	1005.50	1024.57	1048.40	1072.22	1096.05	1119.88	1143.70	1167.53	9.28
2.88	3.60	1009.16	1034.38	1064.64	1084.82	1110.06	1135.30	1160.52	1183.75	1211.92	1236.21	9.82
3.04	3.80	1065.20	1091.84	1123.80	1145.11	1171.72	1198.37	1225.00	1251.63	1278.25	1304.89	10.37
3.20	4.00	1121.28	1149.32	1182.96	1205.39	1233.44	1260.34	1289.44	1317.50	1345.60	1373.36	10.92
3.36	4.20	1177.34	1206.78	1242.10	1265.64	1295.08	1324.51	1353.94	1383.38	1412.81	1442.25	11.45
3.52	4.40	1233.40	1264.24	1293.24	1325.91	1356.76	1386.58	1418.40	1449.25	1480.09	1510.92	12.01
3.68	4.60	1289.48	1321.71	1360.39	1386.18	1416.42	1450.66	1482.89	1515.13	1547.37	1579.60	12.56
3.84	4.80	1347.52	1379.20	1419.52	1444.48	1480.00	1513.64	1547.36	1581.00	1614.64	1648.28	13.10
4.00	5.00	1401.60	1436.64	1478.69	1506.72	1541.76	1576.80	1611.84	1646.88	1681.92	1716.96	13.65
4.16	5.20	1457.64	1494.10	1537.84	1566.99	1603.44	1639.87	1676.32	1712.50	1749.20	1785.64	14.20
4.32	5.40	1513.72	1551.57	1596.98	1627.58	1665.08	1702.94	1740.79	1778.63	1816.47	1854.32	14.74
4.48	5.60	1569.76	1609.00	1656.12	1687.52	1726.72	1764.02	1805.24	1844.50	1883.72	1923.00	15.29
4.64	5.80	1625.86	1666.50	1715.28	1747.79	1788.44	1829.09	1869.74	1910.38	1951.03	1991.67	15.84
4.80	6.00	1681.92	1723.97	1774.46	1808.06	1850.08	1892.16	1934.20	1976.35	2018.32	2060.35	16.38
4.96	6.20	1737.98	1781.43	1833.57	1868.33	1911.80	1955.23	1998.68	2042.13	2085.58	2129.03	16.92
5.12	6.40	1798.08	1838.72	1892.48	1928.64	1957.56	2018.24	2063.36	2108.00	2152.96	2197.60	17.45
5.28	6.60	1850.12	1896.36	1951.86	1988.87	2035.12	2081.38	2127.62	2173.88	2220.13	2266.39	18.02
5.44	6.80	1906.16	1953.83	2011.00	2049.14	2096.80	2144.44	2192.10	2239.75	2286.40	2335.06	18.57
5.60	7.00	1962.24	2011.30	2070.16	2109.41	2158.44	2207.52	2256.58	2305.63	2354.69	2403.74	19.11
		40000	41000	42000	43000	44000	45000	46000	47000	48000	49000	
		HEAT LOSS IN Btu PER HOUR										

TABLE 30 (Sheet 23 of 28)

TABLE 30 (Continued)

DOLLAR COST OF ENERGY PER YEAR

BASED ON 8760 HRS/YR

$ Per Million Btu	$ Per M lbs Steam	HEAT LOSS IN WATTS PER HOUR										$ Per Million Watts
		14650	14943	15236	15529	15822	16115	16408	16701	16994	17287	
0.16	0.20	$70.08	$71.48	$72.88	$74.29	$75.68	$77.09	$78.48	$79.89	$81.30	$82.69	0.57
0.32	0.40	140.16	142.96	145.76	148.60	151.36	154.18	156.96	159.78	162.60	165.39	1.09
0.48	0.60	210.24	214.44	218.65	222.85	227.06	231.26	235.48	239.67	243.88	248.08	1.64
0.64	0.80	280.32	285.92	291.53	297.13	302.72	308.35	313.92	319.56	323.20	330.78	2.18
0.80	1.00	350.40	357.41	364.40	371.42	398.43	385.44	392.44	399.46	406.46	413.47	2.73
0.96	1.20	420.48	428.88	437.30	445.70	454.12	462.53	470.96	479.34	487.76	496.17	3.27
1.12	1.40	490.56	500.37	510.18	519.99	529.80	539.62	549.44	559.23	569.05	578.86	3.82
1.28	1.60	560.64	570.84	583.06	594.28	605.48	616.70	627.84	639.13	646.40	661.55	4.37
1.44	1.80	630.72	643.34	655.96	668.56	681.18	693.79	706.40	719.02	731.64	744.25	4.91
1.60	2.00	700.80	714.82	728.80	742.85	756.86	770.88	784.88	798.91	812.92	826.94	5.46
1.76	2.20	770.88	786.30	801.66	817.13	832.55	847.97	863.38	878.80	894.22	909.64	6.01
1.92	2.40	840.96	857.76	874.60	891.42	908.24	925.06	941.92	958.69	975.42	992.33	6.55
2.08	2.60	911.04	929.26	947.48	965.70	983.92	1002.13	1020.36	1038.58	1056.80	1075.03	7.09
2.24	2.80	981.12	1000.74	1020.36	1039.98	1059.60	1079.23	1098.88	1118.48	1138.10	1157.72	7.64
2.40	3.00	1051.20	1072.22	1092.24	1114.27	1135.30	1156.32	1177.34	1198.37	1219.39	1240.42	8.19
2.56	3.20	1121.28	1141.68	1166.12	1188.56	1210.96	1233.40	1255.68	1278.26	1300.68	1323.11	8.73
2.72	3.40	1191.36	1206.25	1239.02	1262.84	1289.99	1310.50	1334.32	1358.15	1381.98	1405.80	9.28
2.88	3.60	1261.44	1286.68	1311.92	1337.13	1362.36	1387.58	1412.89	1438.04	1463.28	1488.49	9.82
3.04	3.80	1331.52	1358.15	1384.78	1411.41	1438.04	1464.67	1491.30	1517.93	1544.56	1571.19	10.37
3.20	4.00	1401.60	1429.64	1457.60	1485.69	1513.72	1541.76	1569.76	1597.82	1625.84	1653.89	10.92
3.36	4.20	1471.68	1501.11	1530.54	1559.98	1589.40	1618.84	1648.28	1677.71	1707.15	1736.58	11.45
3.52	4.40	1541.76	1572.59	1603.32	1634.26	1665.10	1695.94	1726.76	1757.61	1788.44	1819.27	12.01
3.68	4.60	1611.84	1644.07	1676.32	1708.55	1740.78	1773.02	1803.26	1837.50	1869.74	1901.97	12.56
3.84	4.80	1681.92	1715.55	1749.20	1782.83	1816.48	1850.11	1883.84	1917.39	1950.84	1984.67	13.10
4.00	5.00	1752.00	1787.04	1822.08	1857.12	1892.16	1927.20	1962.24	1997.28	2030.32	2067.36	13.65
4.16	5.20	1822.08	1858.52	1894.96	1931.40	1977.84	2004.29	2040.72	2077.17	2113.60	2150.05	14.20
4.32	5.40	1892.16	1930.00	1967.84	2005.68	2043.59	2081.38	2119.22	2157.06	2194.90	2232.74	14.74
4.48	5.60	1962.24	2001.48	2040.72	2079.97	2118.20	2158.46	2197.76	2236.95	2276.20	2315.44	15.29
4.64	5.80	2032.32	2072.96	2113.60	2154.26	2194.90	2235.55	2276.20	2316.83	2357.50	2398.14	15.84
4.80	6.00	2102.40	2144.45	2184.48	2228.54	2270.60	2312.64	2354.68	2396.74	2438.78	2480.83	16.38
4.96	6.20	2172.48	2215.92	2259.38	2302.83	2346.20	2389.72	2433.16	2476.63	2520.08	2563.52	16.92
5.12	6.40	2242.56	2283.36	2332.24	2377.11	2421.88	2466.82	2511.36	2556.51	2585.60	2646.22	17.47
5.28	6.60	2312.64	2358.89	2405.12	2451.39	2497.65	2543.90	2580.16	2636.41	2682.66	2728.91	18.02
5.44	6.80	2382.72	2430.37	2478.04	2525.68	2579.98	2620.99	2668.64	2716.30	2763.96	2811.61	18.57
5.60	7.00	2452.80	2501.86	2550.92	2599.97	2649.02	2698.08	2747.14	2796.19	2845.24	2894.30	19.11
		50000	51000	52000	53000	54000	55000	56000	57000	58000	59000	
		HEAT LOSS IN Btu PER HOUR										

TABLE 30 (Sheet 24 of 28)

DOLLAR COST OF ENERGY PER YEAR

BASED ON 8760 HRS/YR

$ Per Million Btu	$ Per M lbs Steam	HEAT LOSS IN WATTS PER HOUR										$ Per Million Watts
		17580	17873	18166	18459	18752	19045	19338	19631	19924	20217	
0.16	0.20	$84.10	$85.50	$86.90	$88.30	$89.60	$91.10	$92.50	$93.91	$95.30	$96.71	0.57
0.32	0.40	168.20	170.99	173.80	176.80	179.20	182.21	185.00	187.81	190.60	193.42	1.09
0.48	0.60	252.28	256.49	260.70	264.90	271.08	273.31	277.51	281.72	285.92	290.13	1.64
0.64	0.80	336.40	341.99	347.60	353.20	358.40	364.42	370.00	375.63	381.20	389.84	2.18
0.80	1.00	420.48	427.48	434.50	441.50	448.52	455.52	462.52	469.54	476.54	483.55	2.73
0.96	1.20	504.56	512.99	521.40	529.80	542.16	546.62	555.02	563.44	571.84	580.26	3.27
1.12	1.40	588.68	598.48	608.30	618.11	627.92	637.73	647.56	657.35	667.16	676.97	3.82
1.28	1.60	672.80	683.98	695.19	706.41	716.80	728.83	740.00	751.26	762.40	773.68	4.37
1.44	1.80	756.82	769.48	782.10	794.71	807.32	819.94	832.55	845.16	857.78	870.39	4.91
1.60	2.00	840.96	854.98	869.00	883.01	897.04	911.04	925.04	939.07	952.08	967.10	5.46
1.76	2.20	925.06	940.47	955.89	971.31	986.72	1002.14	1017.56	1032.98	1048.40	1063.81	6.01
1.92	2.40	1009.12	1025.97	1042.80	1059.60	1084.32	1093.25	1110.04	1126.89	1143.68	1160.52	6.55
2.08	2.60	1093.24	1111.47	1129.69	1147.91	1160.12	1184.35	1202.57	1220.79	1239.00	1257.23	7.09
2.24	2.80	1177.36	1196.97	1216.60	1236.21	1255.84	1275.46	1295.12	1314.70	1334.32	1353.94	7.64
2.40	3.00	1261.44	1282.46	1303.49	1324.51	1345.34	1366.56	1387.58	1408.61	1429.64	1450.66	8.19
2.56	3.20	1345.60	1367.96	1390.39	1412.81	1433.60	1457.66	1480.00	1502.52	1524.80	1547.37	8.73
2.72	3.40	1429.64	1453.45	1477.28	1501.11	1524.94	1548.77	1572.60	1596.42	1620.24	1644.07	9.28
2.88	3.60	1513.64	1538.96	1564.20	1589.41	1614.64	1639.87	1665.10	1690.32	1715.56	1740.78	9.82
3.04	3.80	1597.82	1624.45	1651.08	1677.72	1704.34	1730.98	1757.60	1784.24	1810.86	1837.50	10.37
3.20	4.00	1681.92	1709.95	1738.00	1766.02	1794.08	1822.08	1850.08	1878.14	1904.16	1934.21	10.92
3.36	4.20	1766.00	1795.45	1824.88	1854.32	1880.36	1913.18	1942.60	1972.05	2001.48	2030.92	11.45
3.52	4.40	1850.12	1880.94	1911.78	1942.62	1973.44	2004.29	2015.12	2065.95	2096.80	2127.63	12.01
3.68	4.60	1934.20	1966.44	1998.68	2030.92	2062.36	2095.39	2127.63	2159.89	2192.10	2224.34	12.56
3.84	4.80	2018.24	2051.94	2085.60	2119.23	2168.64	2186.50	2220.08	2253.77	2287.36	2321.05	13.10
4.00	5.00	2101.20	2137.44	2172.48	2207.52	2242.56	2277.60	2312.64	2347.68	2382.72	2417.76	13.65
4.16	5.20	2186.48	2222.94	2259.38	2295.82	2332.24	2368.70	2405.14	2441.59	2478.00	2514.47	14.20
4.32	5.40	2270.60	2308.43	2346.28	2384.12	2421.96	2459.81	2497.65	2535.49	2573.32	2611.18	14.74
4.48	5.60	2354.72	2393.93	2433.20	2472.42	2511.68	2550.91	2590.24	2629.40	2668.64	2707.89	15.29
4.64	5.80	2438.80	2479.43	2520.08	2560.72	2601.36	2642.02	2682.66	2723.31	2763.96	2804.60	15.84
4.80	6.00	2522.88	2564.93	2606.98	2649.02	2690.68	2733.12	2775.16	2817.22	2859.28	2901.31	16.38
4.96	6.20	2606.98	2650.43	2693.88	2737.32	3780.76	2824.22	2867.67	2911.12	2954.56	2998.02	16.92
5.12	6.40	2691.20	2735.92	2780.78	2825.62	2867.20	2915.33	2960.00	3005.03	3049.60	3094.73	17.45
5.28	6.60	2775.16	2821.42	2867.67	2913.93	2960.20	3006.43	3052.64	3098.94	3145.18	3191.44	18.02
5.44	6.80	2819.28	2906.92	2954.56	3002.23	3049.88	3097.54	3145.20	3192.84	3240.48	3288.15	18.57
5.60	7.00	2943.36	2992.42	3041.47	3090.52	3139.58	3188.64	3237.70	3286.75	3335.80	3384.86	19.11
		60000	61000	62000	63000	64000	65000	66000	67000	68000	69000	
		HEAT LOSS IN Btu PER HOUR										

TABLE 30 (Sheet 25 of 28)

TABLE 30 (Continued)

DOLLAR COST OF ENERGY PER YEAR

BASED ON 8760 HRS/YR

$ Per Million Btu	$ Per M lbs Steam	HEAT LOSS IN WATTS PER HOUR										$ Per Million Watts
		20510	20803	21096	21389	21682	21975	22268	22561	22854	23147	
0.16	0.20	$98.11	$99.51	$100.92	$102.32	$103.72	$105.12	$106.52	$107.92	$109.32	$110.73	0.57
0.32	0.40	196.22	199.03	201.84	204.64	207.44	210.24	213.04	215.85	219.64	221.45	1.09
0.48	0.60	294.34	298.54	302.76	306.95	311.16	315.36	319.56	323.77	327.98	332.18	1.64
0.64	0.80	392.44	398.05	403.68	409.27	414.88	420.48	426.08	431.69	437.28	442.91	2.18
0.80	1.00	490.56	497.57	504.58	511.58	518.59	525.60	532.60	539.62	546.62	553.63	2.73
0.96	1.20	588.68	597.08	605.52	613.90	622.32	630.72	639.02	647.54	654.56	664.36	3.27
1.12	1.40	686.78	696.60	706.40	716.22	726.02	735.84	745.64	755.46	765.28	775.08	3.82
1.28	1.60	784.88	796.11	807.36	818.53	829.76	840.96	852.16	863.39	874.56	885.81	4.37
1.44	1.80	883.01	895.62	908.20	920.85	933.46	946.08	958.60	971.31	983.92	996.54	4.91
1.60	2.00	981.12	995.14	1009.16	1023.17	1037.18	1051.20	1065.20	1079.23	1093.24	1107.26	5.46
1.76	2.20	1079.23	1094.65	1110.08	1125.48	1140.90	1156.32	1171.64	1187.16	1202.56	1217.99	6.01
1.92	2.40	1177.36	1194.16	1211.04	1227.80	1244.64	1261.44	1278.04	1295.08	1309.12	1328.72	6.55
2.08	2.60	1275.46	1293.68	1311.90	1330.12	1348.34	1366.56	1384.76	1403.00	1421.22	1439.44	7.09
2.24	2.80	1373.56	1393.19	1412.80	1432.43	1452.04	1471.68	1491.28	1510.92	1530.56	1550.17	7.64
2.40	3.00	1471.68	1492.70	1513.72	1534.72	1555.76	1576.80	1597.86	1618.85	1639.87	1660.90	8.19
2.56	3.20	1569.76	1592.22	1614.72	1637.07	1659.52	1681.92	1704.32	1725.77	1749.12	1771.62	8.73
2.72	3.40	1667.90	1691.73	1715.56	1739.39	1763.20	1787.04	1810.86	1834.69	1858.52	1882.35	9.28
2.88	3.60	1766.02	1791.24	1816.40	1841.70	1866.92	1892.16	1917.36	1942.62	1967.84	1993.08	9.82
3.04	3.80	1864.12	1890.76	1917.40	1944.02	1970.65	1997.28	2023.92	2050.54	2077.17	2103.80	10.37
3.20	4.00	1962.24	1990.27	2018.32	2046.34	2074.36	2102.40	2130.40	2158.46	2186.48	2214.53	10.92
3.36	4.20	2060.36	2089.79	2117.22	2148.65	2178.08	2207.52	2236.96	2266.39	2295.82	2325.25	11.45
3.52	4.40	2158.46	2189.30	2220.16	2250.97	2281.80	2312.64	2343.28	2374.31	2405.12	2435.98	12.01
3.68	4.60	2256.58	2288.81	2321.04	2353.29	2385.52	2417.76	2450.00	2482.23	2514.47	2546.70	12.56
3.84	4.80	2354.72	2388.32	2422.08	2455.60	2489.28	2522.88	2556.08	2590.16	2618.24	2657.43	13.10
4.00	5.00	2452.80	2487.84	2522.88	2557.92	2592.96	2628.00	2663.16	2698.08	2733.12	2768.16	13.65
4.16	5.20	2550.92	2587.35	2623.80	2660.24	2696.68	2733.12	2769.52	2806.00	2842.44	2878.88	14.20
4.32	5.40	2648.02	2686.87	2724.72	2762.55	2800.40	2832.24	2876.08	2913.93	2951.77	2989.61	14.74
4.48	5.60	2747.12	2786.38	2825.60	2864.87	2904.08	2943.36	2982.56	3021.85	3061.12	3100.34	15.29
4.64	5.80	2845.25	2885.89	2926.54	2967.19	3007.84	3048.48	3089.12	3129.77	3170.42	3211.06	15.84
4.80	6.00	2943.36	2985.41	3027.44	3069.50	3111.52	3153.60	3195.72	3237.70	3279.74	3321.79	16.38
4.96	6.20	3040.47	3083.92	3128.36	3171.82	3215.27	3258.72	3302.16	3345.62	3389.07	3432.52	16.92
5.12	6.40	3139.52	3184.43	3229.52	3274.14	3319.04	3363.84	3408.64	3453.54	3498.24	3543.24	17.47
5.28	6.60	3237.70	3283.95	3330.20	3376.45	3422.70	3468.96	3515.20	3561.47	3607.72	3653.97	18.02
5.44	6.80	3335.80	3383.46	3431.12	3478.77	3526.40	3574.08	3621.72	3669.39	3717.04	3764.70	18.57
5.60	7.00	3433.92	3482.98	3532.02	3581.09	3630.14	3679.20	3724.24	3777.31	3826.37	3875.42	19.11
		70000	71000	72000	73000	74000	75000	76000	77000	78000	79000	
		HEAT LOSS IN Btu PER HOUR										

TABLE 30 (Sheet 26 of 28)

DOLLAR COST OF ENERGY PER YEAR

BASED ON 8760 HRS/YR

$ Per Million Btu	$ Per M lbs Steam	HEAT LOSS IN WATTS PER HOUR										$ Per Million Watts
		23440	23733	24026	24319	24612	24905	25198	25491	25784	26077	
0.16	0.20	$112.12	$113.53	$114.92	$116.33	$118.28	$119.14	$120.54	$121.94	$123.34	$124.74	0.57
0.32	0.40	224.24	227.06	229.84	232.67	235.47	238.27	241.08	243.87	246.68	249.48	1.09
0.48	0.60	336.38	340.59	344.80	349.00	354.88	357.41	361.63	364.50	370.00	374.23	1.64
0.64	0.80	449.52	454.12	459.68	465.33	473.12	476.54	482.16	487.76	493.26	498.97	2.18
0.80	1.00	560.64	567.65	574.66	581.66	591.48	595.68	602.68	609.70	616.12	623.71	2.73
0.96	1.20	673.76	681.18	689.60	698.00	706.40	714.82	722.24	731.64	740.00	748.45	3.27
1.12	1.40	784.88	794.71	804.50	814.33	824.14	833.95	843.76	853.57	863.36	873.20	3.82
1.28	1.60	899.04	908.24	919.36	930.66	940.24	953.09	964.32	975.51	986.52	997.94	4.37
1.44	1.80	1009.16	1021.77	1034.38	1047.00	1064.64	1072.22	1084.82	1097.45	1110.07	1122.68	4.91
1.60	2.00	1121.28	1135.30	1149.32	1163.33	1182.96	1191.36	1205.39	1219.39	1233.44	1247.42	5.46
1.76	2.20	1233.40	1248.83	1264.24	1279.66	1293.24	1310.96	1325.91	1341.33	1356.76	1372.16	6.01
1.92	2.40	1347.52	1362.35	1379.20	1395.99	1412.87	1429.63	1444.48	1463.27	1480.00	1496.91	6.55
2.08	2.60	1457.64	1475.88	1494.10	1512.32	1530.55	1548.77	1566.99	1585.21	1603.44	1621.65	7.09
2.24	2.80	1569.76	1589.41	1609.00	1628.66	1648.28	16667.90	1687.52	1707.15	1726.72	1746.39	7.64
2.40	3.00	1681.92	1702.94	1723.97	1744.99	1766.02	1787.04	1808.06	1829.09	1850.08	1871.14	8.19
2.56	3.20	1798.08	1816.47	1838.72	1861.32	1883.75	1906.18	1928.64	1951.03	1973.04	1995.88	8.73
2.72	3.40	1906.16	1930.00	1953.83	1977.66	2001.49	2025.31	2049.14	2072.97	2096.80	2120.62	9.28
2.88	3.60	2018.32	2043.53	2068.76	2093.99	2129.28	2144.45	2169.64	2194.91	2220.13	2245.36	9.82
3.04	3.80	2130.40	2157.06	2183.68	2210.32	2247.60	2263.58	2290.22	2316.84	2343.44	2370.11	10.37
3.20	4.00	2242.56	2270.59	2298.64	2326.66	2365.92	2382.72	2410.78	2438.78	2466.88	2494.85	10.92
3.36	4.20	2354.68	2384.12	2413.56	2442.99	2484.20	2501.86	2531.29	2560.72	2590.16	2619.59	11.45
3.52	4.40	2466.80	2497.65	2528.48	2559.32	2586.48	2621.92	2651.82	2682.66	2713.52	2744.33	12.01
3.68	4.60	2578.96	2611.18	2643.42	2675.65	2707.89	2740.13	2772.36	2804.60	2832.84	2869.07	12.56
3.84	4.80	2695.04	2724.71	2758.40	2791.99	2825.62	2859.26	2888.96	2926.54	2960.00	2993.82	13.10
4.00	5.00	2803.20	2838.24	2873.28	2908.32	2959.38	2978.40	3013.44	3048.48	3083.52	3118.56	13.65
4.16	5.20	2915.28	1951.77	2988.20	3024.65	3061.10	3097.53	3133.98	3170.42	3206.88	3243.30	14.20
4.32	5.40	3027.44	3065.30	3103.14	3140.98	3178.83	3216.67	3255.15	3292.36	3330.16	3368.04	14.74
4.48	5.60	3139.52	3178.83	3218.00	3257.32	3297.56	3335.81	3375.04	3414.30	3453.44	3492.79	15.29
4.64	5.80	3251.72	3292.35	3333.00	3373.65	3414.30	3454.94	3495.59	3536.24	3576.88	3617.53	15.84
4.80	6.00	3363.84	3405.89	3447.94	3489.98	3532.03	3574.08	3616.12	3658.18	3700.16	3742.27	16.38
4.96	6.20	3475.96	3519.42	3562.87	3606.32	3649.77	3693.22	3736.66	3780.12	3823.60	3867.01	16.92
5.12	6.40	3596.16	3632.95	3677.44	3722.65	3767.50	3812.35	3857.28	3902.05	3946.90	3991.76	17.45
5.28	6.60	3700.24	3746.47	3792.73	3838.98	3885.24	3931.49	3977.74	4023.99	4070.24	4116.50	18.02
5.44	6.80	3812.32	3860.00	3907.66	3955.32	4002.97	4050.62	4098.28	4145.93	4193.60	4241.24	18.57
5.60	7.00	3924.48	3973.54	4022.59	4071.65	4120.70	4169.76	4218.82	4267.87	4316.88	4365.98	19.11
		80000	81000	82000	83000	84000	85000	86000	87000	88000	89000	
		HEAT LOSS IN Btu PER HOUR										

TABLE 30 (Sheet 27 of 28)

TABLE 30 (Continued)

DOLLAR COST OF ENERGY PER YEAR

BASED ON 8760 HRS/YR

$ Per Million Btu	$ Per M lbs Steam	HEAT LOSS IN WATTS PER HOUR										$ Per Million Watts
		26370	26663	26956	27248	27542	27835	28128	28421	28714	29007	
0.16	0.20	$126.14	$127.55	$128.96	$130.35	$131.75	$133.15	$134.56	$135.96	$137.35	$138.76	0.57
0.32	0.40	252.28	255.09	257.92	260.70	263.50	266.30	269.12	271.91	274.70	277.52	1.09
0.48	0.60	378.41	382.64	386.84	391.05	395.25	399.46	403.64	407.87	412.07	416.28	1.64
0.64	0.80	504.56	510.18	515.84	521.39	527.00	532.61	538.24	543.82	549.40	555.03	2.18
0.80	1.00	630.72	637.73	644.72	651.74	658.75	665.76	672.80	679.78	686.68	693.79	2.73
0.96	1.20	756.82	765.27	773.68	782.09	790.50	798.91	807.60	815.73	824.14	832.55	3.27
1.12	1.40	882.01	892.82	902.62	912.44	922.25	932.06	941.84	951.68	961.50	971.30	3.82
1.28	1.60	1009.12	1020.37	1031.68	1042.79	1054.00	1065.22	1076.48	1087.64	1098.80	1110.07	4.37
1.44	1.80	1135.30	1147.91	1160.52	1173.14	1183.75	1198.37	1211.98	1223.60	1236.21	1248.83	4.91
1.60	2.00	1260.34	1275.46	1289.44	1303.49	1317.50	1331.52	1345.60	1359.55	1373.36	1387.58	5.46
1.76	2.20	1386.58	1403.00	1418.40	1433.84	1449.25	1464.67	1480.09	1495.51	1510.92	1526.34	6.01
1.92	2.40	1513.64	1530.55	1547.36	1564.19	1581.00	1597.82	1614.64	1631.46	1648.28	1665.10	6.55
2.08	2.60	1639.87	1658.09	1676.32	1694.53	1712.75	1730.97	1749.20	1767.42	1785.64	1803.86	7.09
2.24	2.80	1764.02	1785.64	1805.24	1824.88	1844.50	1864.13	1883.72	1903.37	1923.00	1942.62	7.64
2.40	3.00	1892.16	1913.18	1934.20	1955.23	1976.35	1997.28	2008.32	2039.33	2060.35	2081.38	8.19
2.56	3.20	2018.24	2040.73	2063.36	2085.58	2108.00	2130.43	2152.96	2175.28	2197.60	2220.13	8.73
2.72	3.40	2144.44	2168.27	2192.10	2215.92	2239.75	2263.58	2286.40	2311.24	2335.06	2358.89	9.28
2.88	3.60	2270.60	2295.82	2321.04	2346.28	2367.50	2396.74	2423.84	2447.19	2472.42	2497.65	9.82
3.04	3.80	2396.74	2423.37	2450.00	2476.63	2503.26	2529.89	2556.50	2583.15	2609.78	2636.40	10.37
3.20	4.00	2520.68	2550.91	2578.88	2606.98	2635.00	2663.04	2690.20	2719.10	2746.72	2775.16	10.92
3.36	4.20	2649.02	2678.46	2707.88	2737.32	2766.76	2796.19	2825.62	2855.06	2884.50	2913.92	11.45
3.52	4.40	2773.16	2806.00	2836.80	2867.67	2898.50	2929.34	2960.18	2991.01	3021.84	3052.68	12.01
3.68	4.60	2900.21	2933.55	2965.78	2998.02	3030.26	3062.49	3094.74	3126.96	3159.20	3191.44	12.56
3.84	4.80	3027.28	3061.09	3094.72	3128.37	3162.00	3195.65	3229.28	3262.92	3296.56	3330.20	13.10
4.00	5.00	3153.60	3188.64	3223.68	3258.72	3293.76	3328.80	3363.84	3398.88	3433.92	3468.96	13.65
4.16	5.20	3279.74	3316.19	3352.64	3389.07	3425.00	3461.95	3498.40	3534.84	3571.28	3607.72	14.20
4.32	5.40	3404.89	3443.73	3481.58	3519.42	3557.26	3595.10	3632.95	3670.79	3708.64	3746.48	14.74
4.48	5.60	3528.04	3571.28	3610.48	3649.77	3689.00	3728.26	3767.44	3806.74	3826.00	3885.24	15.29
4.64	5.80	3658.18	3698.82	3739.48	3780.11	3820.76	3861.41	3902.06	3942.70	3983.34	4023.99	15.84
4.80	6.00	3784.32	3826.37	3868.40	3910.46	3952.70	3994.56	4036.64	4078.66	4120.70	4162.75	16.38
4.96	6.20	3910.46	3953.91	3997.36	4040.81	4084.26	4127.71	4171.16	4214.61	4258.06	4301.51	16.92
5.12	6.40	4036.48	4081.46	4126.72	4171.16	4216.00	4260.86	4305.92	4350.56	4395.20	4440.27	17.47
5.28	6.60	4162.75	4209.00	4255.24	4301.51	4347.76	4394.02	4440.26	4486.52	4532.78	4579.03	18.02
5.44	6.80	4288.88	4336.55	4384.20	4431.86	4479.50	4527.17	4572.80	4622.47	4670.12	4717.78	18.57
5.60	7.00	4415.04	4464.10	4513.16	4562.21	4611.26	4660.32	4709.38	4758.43	4807.49	4856.54	19.11
		90000	91000	92000	93000	94000	95000	96000	97000	98000	99000	
		HEAT LOSS IN Btu PER HOUR										

TABLE 30 (Sheet 28 of 28)

VI
Energy Loss of Heat Traced Piping

GENERAL

Heat tracing is the term used to indicate that heat is added to or subtracted from a process pipe in order to maintain the temperature of the process gas or liquid within the pipe. For example, when a liquid of high freezing point is pumped from one point to another it may require that heat be added to make up for energy loss from the insulated pipe system. When there is no flow in the process pipe it is necessary to keep the material at proper viscosity or prevent it from freezing.

METHODS OF HEAT TRACING PIPE

Addition of heat to pipe has been done by a number of methods. These are (1) Electrical Induction Heating (2) Electric Strip or Tape Heating (3) External Pipe Jacket (4) Internal Tracer (5) External-Air Convection and (6) External Tracer Bonded with Cement. These methods are illustrated in Figure 15.

The first four methods illustrated have the insulation installed in a manner similar to that for ordinary pipe. For that reason the economic thickness of insulation is determined in same manner as previously stated.

The methods (5) and (6) involve the use of an external tracer to add heat to the process pipe. The tracer may be tubing or a cylindrical conduit containing a mineral insulated wire. The tracing is installed parallel to the process pipe.

FIGURE 15

METHODS FOR HEATING PROCESS PIPE

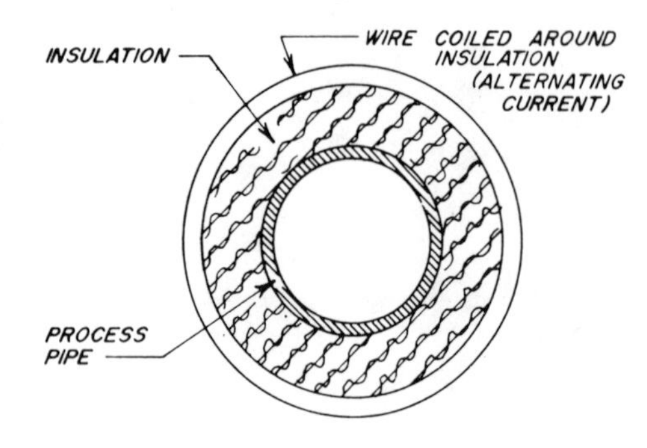

1. *Electrical Induction Heated*

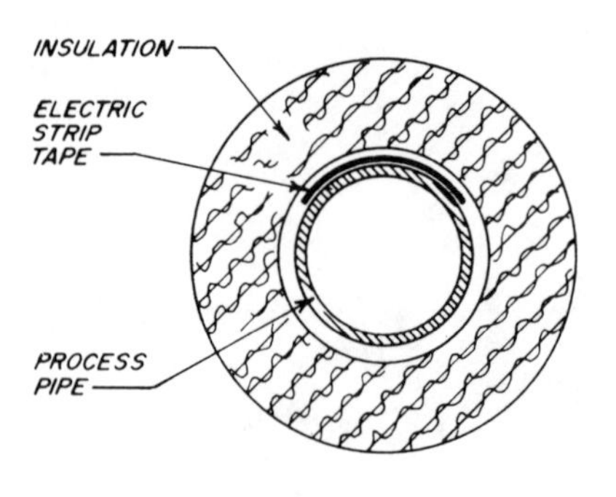

2. *Electric Strip Tape Tracer*

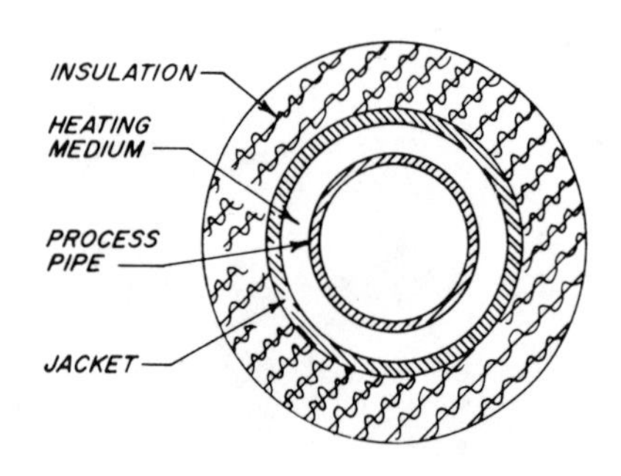

3. *External Pipe Jacket*

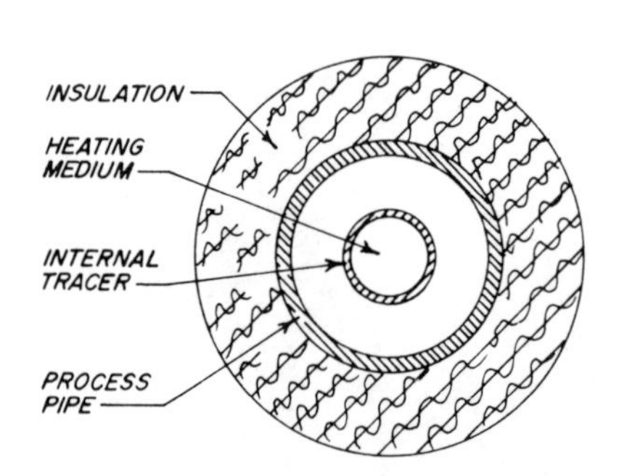

4. *Internal Tracer*

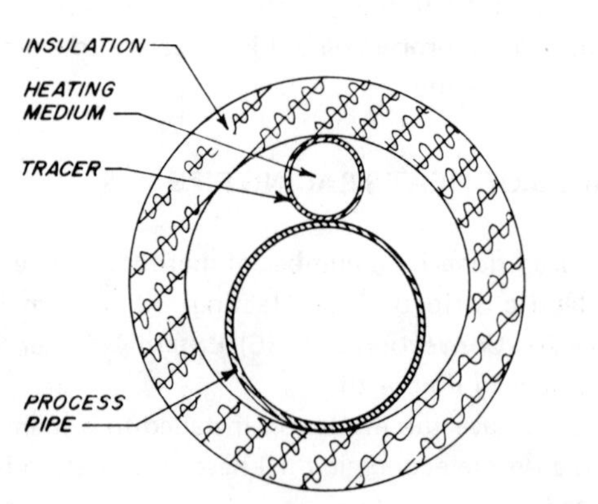

INSULATION
HEAT TRANSFER CEMENT
HEATING MEDIUM
TRACER
PROCESS PIPE

NOTE: TRACER MAY USE STEAM, HOT WATER, OR OTHER LIQUIDS AS HEAT MEDIUM, OR IT MAY BE ELECTRIC CABLE

5. *External– Air Convection–Tracer*

6. *External Tracer Bonded With Cement*

FIGURE 15

The use of tracers spirally wrapped around a pipe was not illustrated as it is an uneconomical method of installation. In addition to using approximately 5 times more tubing, the additional pressure drop caused by the loops and condensate pocket at the bottom of each loop will require that the system be trapped very frequently if steam is used as the heating medium.

The parallel tracer which depends upon air convection to heat the process pipe is illustrated in Figure 16. The parallel tracer which is thermally bonded to the process pipe is illustrated in Figure 17. Because the heat flow in the air convection system is from the tracer to the air space, then to the process pipe, its tracer temperature T_{st} must be higher than T_{st} of the thermally bonded system to maintain the same process temperature t_m.

The correct procedure for designing traced pipe or equipment is to first determine the economic thickness of insulation, based on the cost and operating conditions involved. After this is accomplished then the tracer system shall be designed for the proper design insulation thickness. However typical installation on pipe and filling are shown in Figure 18.

Design of the tracer system depends upon tracer, method of application, number of tracers, heating medium, type of heat transfer cement, flow, length etc. For this reason the design of tracer systems maintaining specific operating temperatures will not be presented in this manual.

For example, in the design of electric tracer systems to calculate heat flow the temperatures must be assumed then the heat loss determined by reiteration until balance is obtained. It should also be pointed out that when tracing is electrically heated it is difficult to have a large design safety factor. Thus the insulation must be kept dry. For this reason cellular glass or water repellent expanded silica insulation, are frequently used in this service.

As indicated, and illustrated in Figures 16 and 17 thermally bonding tracers to pipes affects the heat loss and thus the economics. To illustrate this fact a set of tables are included listing heat losses of air convection tracer system and thermally bonded systems. These tables are:

Table 31 —Heat loss in Btu/hr-lin ft, and steam consumption in lb/hr-ft, tracer thermally bonded to pipe.

Table 32—Heat loss in w/lin m, and steam consumption in gm/sec-m, tracer thermally bonded to pipe.

Table 33—Heat loss in Btu/hr-lin ft, and steam consumption in lb/hr-ft, parallel tracer-air convection heat transfer.

Table 34—Heat loss in w/lin m and steam consumption in gm/sec-m, parallel tracer-air convection heat transfer.

These tables are based on the thermal conductivity of cellular glass and were calculated for this publication by the Thermon Manufacturing Company, San Marcos, Texas.

We also wish to acknowledge the assistance of Mr. Ray Barth of the Thermon Manufacturing Company in the preparation of this entire chapter.

Using these tables to determine heat transfer, the savings in heat loss can be converted to dollars.

Example XX (English and Metric Units)

Find the economic thickness of insulation, the heat loss for pipes which must be traced to maintain process temperature at 200°F (93°C) when atmospheric temperature is 0°F (−18°C) with a 25 mph (40 kmh) wind. Also determine the heat loss per linear foot (linear metre) for these pipes when tracer is parallel and depends on air convection for heat transfer to maintain the process pipe temperature as compared to when tracers are

FIGURE 16 & FIGURE 17

SCHEMATIC DIAGRAM
HEAT FLOW
AIR CONVECTION HEAT TRANSFER
TRACER TO PROCESS PIPE

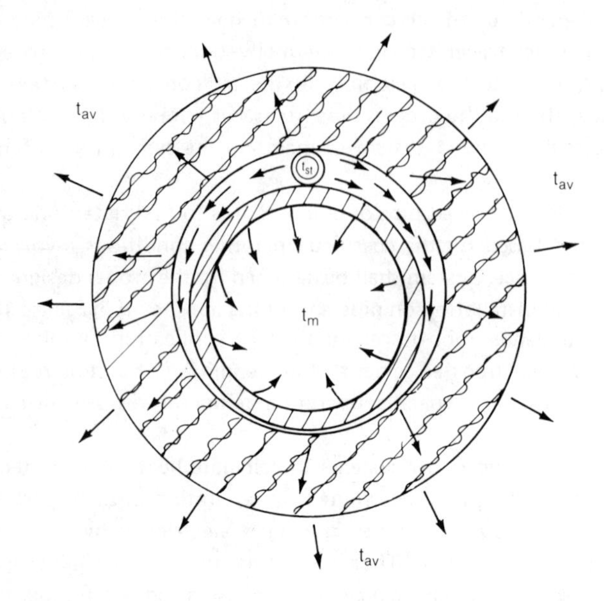

FIGURE 16

SCHEMATIC DIAGRAM
HEAT FLOW
TRACER BONDED TO PROCESS PIPE
WITH HIGHLY CONDUCTIVE CEMENT

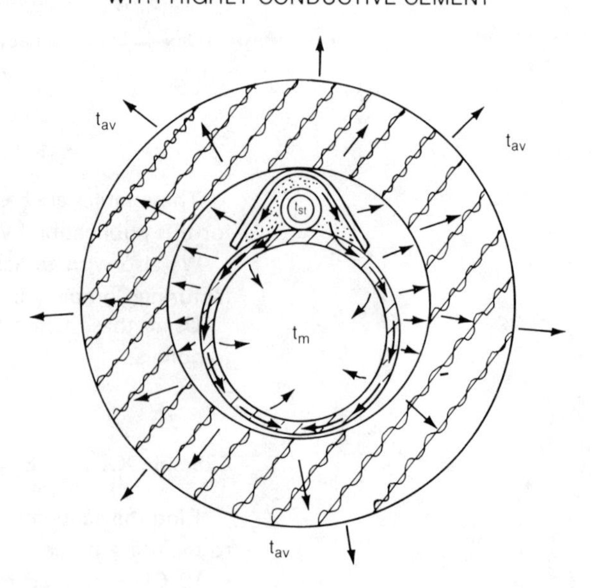

FIGURE 17

INSTALLATION OF TRACERS ON FITTINGS AND VALVES

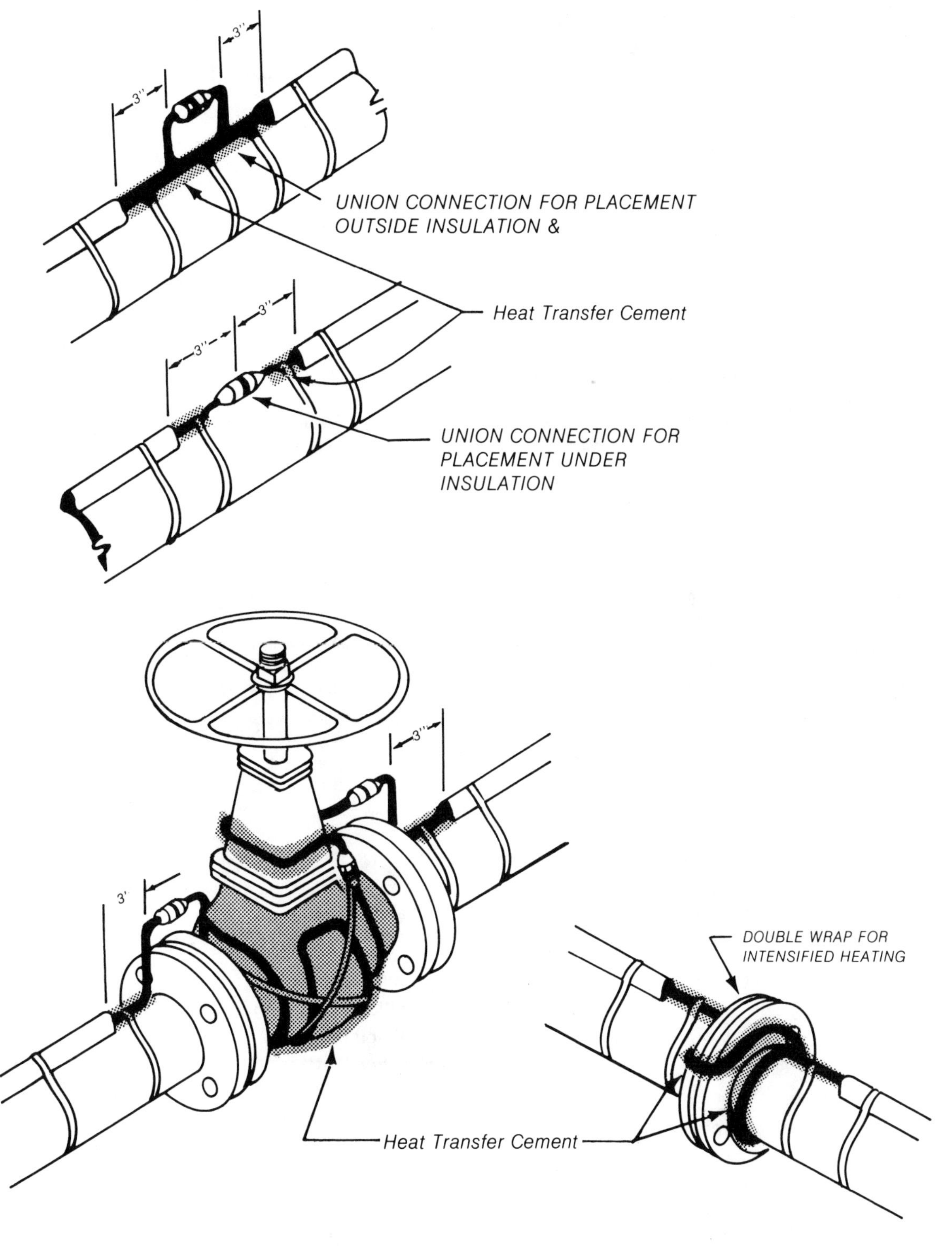

FIGURE 18

thermally bonded to pipe with heat transfer cement. Convert heat savings into savings (in dollars) of required heat production equipment and savings (in dollars) of energy cost per year.

COST DATA: Insulation is cellular glass, installed cost is $3.00 per linear foot, for 1" nominal thickness on 1" NPS pipe (26 mm thickness on 34 mm diameter pipe).

The plant depreciation period is estimated at 20 years.

The life expectancy of the insulation is 20 years.

The capital investment cost of the heat production equipment is $25.00 per 1000 Btu per hour, ($92.25 per 1000 watts per hour).

Total cost of energy for process and tracer system is $1.60 per million Btu's ($5.46 per million watts).

Determine economic thickness for standard NPS pipe sizes 1 1/2" (48 mm) to 30" (762 mm).

Step 1. From Table 1 determine the "B" values for the insulation sizes required to fit over the traced piping.

Using the cost factors given:

Pipe Size		Insulation Size		"B" Value**
Inches	mm	Inches	mm	(from Table 1)
1 1/2	48	2 1/2	73	1.42
2	60	2 1/2	73	1.42
3	89	3 1/2	102	1.34
4	114	4 1/2	127	1.40
6	168	7	194	1.74
8	219	9	244	1.92
10	273	11	298	2.10
12	324	14	356	2.12
14	356	15	381	2.20
16	406	17	431	2.30
18	457	19	482	2.50
20	508	21	533	2.60
24	610	25	635	2.90
30	762	31	787	3.10

** Where sizes are not listed, interpolate.

Step 2. Determine $YM \times 10^{-6}$ from Figure 7.

From this Figure 7, sheet 4 of 5, for 20 year depreciation.

When:

"F" Capital investment = $25,000.00 per million Btu per hr
= $92,250.00 per million Watts per hr

Dollar cost of energy = $ 1.60 per million Btu's
= $ 5.46 per million Watts

Then:

$$YM \times 10^{-6} = 0.023$$

Step 3. Calculate "D" Values: $D = \dfrac{YM \times 10^{-6}}{B}$

$YM \times 10^{-6} = 0.023$ (Step 2) B as listed in Step 1

Step 3. (Continued)

Pipe Size Inches	mm	Insulation Size Inches	mm	"B" Values (from Step 1)	"D" Value $YM \times 10^{-6} \div B$	Use in "D" in Table 2
1 1/2	48	2 1/2	73	1.42	0.016	0.020
2	60	2 1/2	73	1.42	0.016	0.020
3	89	3 1/2	102	1.34	0.017	0.020
4	114	4 1/2	127	1.40	0.016	0.020
6	168	7	194	1.74	0.013	0.015
8	219	9	244	1.92	0.012	0.012
10	273	11	298	2.10	0.011	0.012
12	324	14	356	2.12	0.011	0.012
14	356	15	381	2.20	0.010	0.010
16	406	17	431	2.30	0.010	0.010
18	457	19	482	2.50	0.009	0.010
20	508	21	533	2.60	0.009	0.010
24	610	25	635	2.90	0.009	0.008
30	762	31	787	3.10	0.007	0.008

OPERATING DATA: The pipes are traced to maintain t_m (operating temperature of process) 200°F (93°C), when exposed to an ambient temperature of 0°F (−18°C).;

Step 4. Determine the conductivity of the cellular glass at mean temperature.

$$\frac{200^\circ F + 0^\circ F}{2} = 100^\circ F \text{ and } \frac{93^\circ C + (-18^\circ C)}{2} = 38^\circ C, \text{ from Figure 9.}$$

$k = 0.4$ Btu in/sq ft, °F, hr

$k_m = 0.0577$ W/mK

Step 5. Determine the economic thickness of cellular glass insulation based on "D" values determined in Step 3, conductivity as determined in Step 4, for temperature difference of 200°F − 0°F = 200°F, 93°C − (−18°C) = 111°C for each of the pipe insulation sizes (inside diameter) required to fit over traced pipe. From Table 2, economic thickness is:

Pipe Size Inches	mm	Insulation Size Inches	mm	"D" Values (from Step 3)	Conductivity Btu, in/sq ft, hr°F	w/mk	Economic Thickness * Inches	mm
1 1/2	48	2 1/2	73	0.020	0.4	0.0577	1 1/2	38
2	60	2 1/2	73	0.020	0.4	0.0577	1 1/2	38
3	89	3 1/2	102	0.020	0.4	0.0577	2	51
4	114	4 1/2	127	0.020	0.4	0.0577	2	51
6	168	7	194	0.015	0.4	0.0577	2 1/2	64
8	219	9	244	0.012	0.4	0.0577	2 1/2	64
10	273	11	298	0.012	0.4	0.0577	2 1/2	64
12	324	14	356	0.012	0.4	0.0577	2 1/2	64
14	356	15	381	0.010	0.4	0.0577	2 1/2	64
16	406	17	431	0.010	0.4	0.0577	2	64
18	457	19	482	0.010	0.4	0.0577	3	76
20	508	21	533	0.010	0.4	0.0577	3	76
24	610	25	635	0.008	0.4	0.0577	3	76
30	762	31	787	0.008	0.4	0.0577	3	76

* Insulation sizes not listed in Table 2 such as 7, 11, 15, 17 use table of next larger size.

Step 6. It is necessary to determine what temperature of steam is necessary to provide the operating pipe temperature under the most severe conditions. In this example, the system is designed to provide sufficient heat to the process pipe to maintain it at 200°F (93°C) when the ambient air temperature is 0°F (−17.8°C) with wind at 25 mph (40 km/h). This information is obtained from Tables 31, 32, 33, and 34.

After determining necessary steam temperature and using this steam temperature as criteria for the pipes under consideration it is then possible to determine the various ambient conditions, the amount of steam condensed and the heat loss per linear foot (or metre) per hour. All this information is determined from Tables 31, 32, 33, and 34 (Note: these tables were calculated on the thermal conductivity of cellular glass insulation).

The heat losses in English Units, Metric Units, Winter Conditions, Summer Conditions and Average Conditions are as listed.

Step 7. From the information obtained it is now possible to compare cost. First capital investment cost is determined from tables of ambient conditions at 0°F (−17.8°C).

Step 8. The savings per year is determined by the heat loss for linear foot (or metre) as determined from Table 31, 32, 33, 34, 35 and 36. In this condition the loss per year must be based on average temperature conditions.

These determined results follow:

ENGLISH

0°F Ambient Air Temperature, 25 mph Wind, 200°F Maintained in Pipe

WINTER

		AIR CONVECTION SYSTEM				THERMALLY BONDED SYSTEM			
Pipe Size OD	Insulation Thickness (in.)	Steam Temp. °F Required	Number of Tracers	Steam Used lbs/1f-hr Cond.	Heat Loss Btu/1f-hr	Steam Temp. °F Required	Number of Tracers	Steam Used lbs/1f-hr Cond.	Heat Loss Btu/1f-hr
1 1/2	1 1/2	388	1	0.068	56.9	250	1	0.058	55.1
2	1 1/2	425	1	0.089	71.9	250	1	0.073	68.8
3	2	406	1	0.084	68.7	250	1	0.072	68.4
4	2	450	1	0.107	83.5	250	1	0.083	78.6
6	2 1/2	450	1	0.112	87.0	250	1	0.088	83.5
8	2 1/2	475	1	0.132	99.0	250	1	0.098	93.0
10	2 1/2	366	2	0.140	120.2	250	1	0.116	110.7
12	2 1/2	388	2	0.162	136.3	274	1	0.135	126.3
14	2 1/2	406	2	0.184	151.8	298	1	0.156	142.1
16	2 1/2	425	2	0.209	168.5	338	1	0.180	159.0
18	3	425	2	0.202	163.1	338	1	0.174	154.0
20	3	450	2	0.233	181.5	366	1	0.204	175.6
24	3	475	2	0.270	202.4	366	1	0.218	187.7
30	3	525	2	0.351	241.7	406	1	0.280	230.6

Step 8. (Continued)

ENGLISH

100°F Ambient Air Temperature, 0 mph Wind, 200°F Maintained in Pipe

SUMMER

		AIR CONVECTION SYSTEM (From Table 33)				THERMALLY BONDED SYSTEM (From Table 31)			
Pipe Size (in.)	Insulation Thickness (in.)	Steam Temp. °F Required	Number of Tracers	Steam Used lbs/1f-Hr Cond.	Heat Loss Btu/1f-hr	Steam Temp. °F Required	Number of Tracers	Steam Used lbs/1f-hr Cond.	Heat Loss Btu/1f-hr
1 1/2	1 1/2	388	1	0.050	42.1	250	1	0.033	31.6
2	1 1/2	425	1	0.067	54.2	250	1	0.041	38.7
3	2	406	1	0.063	51.7	250	1	0.042	39.2
4	2	450	1	0.083	64.6	250	1	0.047	44.8
6	2 1/2	450	1	0.088	68.5	250	1	0.051	48.3
8	2 1/2	475	1	0.105	78.7	250	1	0.057	53.9
10	2 1/2	366	2	0.105	86.7	250	1	0.068	64.1
12	2 1/2	388	2	0.119	103.0	274	1	0.083	77.9
14	2 1/2	406	2	0.138	113.5	298	1	0.101	92.5
16	2 1/2	425	2	0.159	127.8	338	1	0.125	110.3
18	3	425	2	0.154	124.4	338	1	0.122	107.9
20	3	450	2	0.182	141.7	366	1	0.147	127.0
24	3	475	2	0.214	160.5	366	1	0.157	135.6
30	3	525	2	0.285	196.7	406	1	0.210	173.6

METRIC

Average Temperature and Wind Conditions

SUMMER

		AIR CONVECTION SYSTEM				THERMALLY BONDED SYSTEM			
Pipe Size mm	Insulation Thickness mm	Steam Temp. °C Required	Number of Tracers	Steam Used g/sec. m Cond.	Heat Loss W/m	Steam Temp. °C Required	Number of Tracers	Steam Used g/sec. m Cond.	Heat Loss W/m
48	38	198	1	.025	47.6	121	1	.019	41.7
60	38	218	1	.033	60.6	121	1	.024	52.7
89	51	208	1	.031	57.9	121	1	.024	51.7
114	51	218	1	.037	66.3	121	1	.027	59.3
168	64	232	1	.041	74.8	121	1	.029	63.3
219	64	246	1	.048	85.4	121	1	.033	70.6
273	64	186	2	.050	99.4	134	1	.038	84.0
324	64	198	2	.058	113.6	148	1	.046	98.2
356	64	208	2	.063	127.5	160	1	.053	112.8
406	64	218	2	.076	142.4	186	1	.063	129.4
457	76	218	2	.074	138.2	170	1	.061	125.9
508	76	232	2	.086	155.3	186	1	.073	145.5
610	76	246	2	.100	174.5	186	1	.078	153.4
732	76	274	2	.132	210.7	208	1	.102	195.2

Step 8. (Continued)

ENGLISH

Average Temperature and Wind Conditions

		AIR CONVECTION SYSTEM				THERMALLY BONDED SYSTEM			
Pipe Size (in.)	Insulation Thickness (in.)	Steam Temp. °F Required	Number of Tracers	Steam Used lbs/1f-hr Cond.	Heat Loss Btu/1f-hr	Steam Temp. °F Required	Number of Tracers	Steam Used lbs/1f-hr Cond.	Heat Loss Btu/1f-hr
1 1/2	1 1/2	388	1	.059	49.5	250	1	.046	43.4
2	1 1/2	425	1	.078	63.1	250	1	.057	53.8
3	2	406	1	.074	60.2	250	1	.057	53.8
4	2	450	1	.095	74.1	250	1	.065	61.7
6	2 1/2	450	1	.100	77.8	250	1	.070	60.9
8	2 1/2	475	1	.119	88.9	250	1	.078	73.5
10	2 1/2	366	2	.123	103.5	274	1	.092	87.4
12	2 1/2	388	2	.141	119.7	298	1	.109	102.1
14	2 1/2	406	2	.161	132.7	320	1	.129	117.3
16	2 1/2	425	2	.184	148.2	366	1	.153	134.7
18	3	425	2	.178	143.8	338	1	.148	131.0
20	3	450	2	.208	161.6	366	1	.176	151.3
24	3	475	2	.242	181.5	366	1	.188	161.7
30	3	525	2	.318	219.2	406	1	.245	202.1

METRIC

37.8°C Ambient Air Temperature, 0 kmh Wind, 98°C Maintained in Pipe

SUMMER

		AIR CONVECTION SYSTEM				THERMALLY BONDED SYSTEM			
Pipe Size mm	Insulation Thickness mm	Steam Temp. °C Required	Number of Tracers	Steam Used g/sec. m Cond.	Heat Loss W/m	Steam Temp. °C Required	Number of Tracers	Steam Used g/sec. m Cond.	Heat Loss W/m
48	38	198	1	0.021	40.5	121	1	0.014	30.4
60	38	218	1	0.028	52.1	121	1	0.017	37.2
89	51	208	1	0.026	49.7	121	1	0.018	37.6
114	51	218	1	0.031	57.2	121	1	0.019	43.1
168	64	232	1	0.036	65.9	121	1	0.021	46.4
219	64	246	1	0.042	75.7	121	1	0.024	51.8
273	64	186	2	0.042	83.3	121	1	0.028	61.6
324	64	198	2	0.049	96.3	134	1	0.035	74.9
356	64	208	2	0.057	109.0	148	1	0.042	88.9
406	64	218	2	0.066	122.9	170	1	0.052	106.0
457	76	218	2	0.064	119.5	170	1	0.050	103.7
508	76	232	2	0.075	136.1	186	1	0.061	122.1
610	76	246	2	0.088	154.3	186	1	0.065	130.3
732	76	274	2	0.118	189.1	208	1	0.087	166.8

Step 8. (Continued)

METRIC

—17.8°C Ambient Air Temperature, 40 kmh Wind, 98°C Maintained In Pipe

WINTER

		AIR CONVECTION SYSTEM				THERMALLY BONDED SYSTEM			
Piper Size mm	Insulation Thickness mm	Steam Temp. °C Required	Number of Tracers	Steam Used g/sec. m Cond.	Heat Loss W/m	Steam Temp. °C Required	Number of Tracers	Steam Used g/sec. m Cond.	Heat Loss W/m
48	38	198	1	0.028	54.7	121	1	0.024	52.9
60	38	218	1	0.037	69.1	121	1	0.030	68.1
89	51	208	1	.0.035	66.1	121	1	0.030	65.8
114	51	218	1	0.042	75.4	121	1	0.034	75.5
168	64	232	1	0.046	83.6	121	1	0.036	80.2
219	64	246	1	0.055	95.1	121	1	0.041	89.4
273	64	186	2	0.058	115.5	121	1	0.048	106.3
324	64	198	2	0.067	130.9	134	1	0.056	121.4
356	64	208	2	0.076	145.9	148	1	0.064	136.6
406	64	218	2	0.086	161.9	170	1	0.074	152.8
457	76	218	2	0.084	156.8	170	1	0.072	148.0
508	76	232	2	0.096	174.4	186	1	0.084	168.8
610	76	246	2	0.111	194.6	186	1	0.090	180.4
732	76	274	2	0.145	232.3	208	1	0.116	221.6

ENGLISH UNITS

Investment in Steam Production Equipment Required for One Linear Foot of Pipe

		AIR CONVECTION SYSTEM		THERMALLY BONDED SYSTEM		
Pipe Size (in.)	Insulation Thickness (in.)	Btu/lin ft, hr	Investment* Cost $/lin ft (From Table 29)	Btu/lin ft, hr	Investment* Cost $/lin ft (From Table 29)	Savings $/lin ft
1 1/2	1 1/2	56.9	$ 1.39	55.1	$ 1.36	$ .03
2	1 1/2	71.9	1.76	68.8	1.72	.04
3	2	68.7	1.73	68.0	1.70	.03
4	2	83.5	2.08	78.6	1.96	.12
6	2 1/2	87.0	2.21	83.5	2.08	.13
8	2 1/2	99.0	2.49	93.0	2.31	.18
10	2 1/2	120.2	3.00	110.7	2.76	.24
12	2 1/2	136.3	3.39	126.3	3.14	.23
14	2 1/2	151.8	3.73	142.1	3.52	.21
16	2 1/2	168.8	4.23	159.0	3.99	.24
18	3	163.1	4.06	154	3.87	.19
20	3	181.5	4.51	175.6	4.32	.19
24	3	202.4	5.06	187.7	4.87	.19
30	3	241.7	6.02	230.6	5.76	.26

* Based on $25.00 per 1000 Btu/hr.

Step 8. (Continued)

METRIC UNIT

Investment in Steam Production Equipment Required for One Metre of Pipe

		AIR CONVECTION SYSTEM		THERMALLY BONDED SYSTEM		
Pipe Size m	Insulation Size mm	Heat Loss W/m	Investment* Cost $/lin m (From Table 29)	Heat Loss W/m	Investment* Cost $/lin m (From Table 29)	Savings* $/lin m
48	38	54.7	$ 4.61	52.9	$ 4.51	$ .10
60	38	69.1	5.95	68.1	5.80	.15
89	51	66.1	5.70	65.8	5.57	.13
114	51	75.4	6.37	75.3	6.24	.13
168	64	83.6	7.10	80.2	6.81	.29
219	64	95.1	8.11	89.4	7.71	.30
273	64	115.5	9.83	106.3	9.10	.73
324	64	130.9	11.18	121.4	10.35	.83
356	64	145.9	12.40	136.6	10.62	.78
406	64	161.9	13.75	152.8	13.00	.75
457	76	156.8	13.37	148.0	12.63	.74
508	76	174.4	14.93	168.8	14.30	.63
610	76	194.6	16.62	180.4	15.60	1.02
732	76	232.3	19.80	221.6	18.85	.95

* Based on $85.30 per 1000 watts per hour.

ENGLISH UNITS

Energy Cost Per Linear Foot of Pipe Per Year

		AIR CONVECTION SYSTEM		THERMALLY BONDED SYSTEM		
Pipe Size (in.)	Insulation Thickness (in.)	Heat Loss Btu/lin ft hr	Dollar* Cost Per Year (From Table 30)	Heat Loss Btu/lin ft hr	Dollar* Cost Per Year (From Table 30)	Savings $/lin ft
1 1/2	1 1/2	49.5	$ 0.69	43.4	$ 0.60	$ 0.09
2	1 1/2	63.1	0.88	53.8	0.75	0.13
3	2	60.2	0.84	53.8	0.75	0.09
4	2	74.1	1.04	61.7	0.86	0.18
6	2 1/2	77.8	1.09	60.9	0.85	0.24
8	2 1/2	88.9	1.24	73.5	1.03	0.21
10	2 1/2	103.5	1.45	87.4	1.22	0.23
12	2 1/2	119.7	1.68	102.1	1.43	0.25
14	2 1/2	132.7	1.86	117.3	1.64	0.22
16	2 1/2	148.2	2.08	134.7	1.88	0.20
18	3	143.8	2.01	131.0	1.83	0.18
20	3	161.6	2.26	151.3	2.12	0.14
24	3	181.5	2.54	161.7	2.26	0.28
30	3	219.2	3.07	202.1	2.83	0.24

* Based on $1.60 per million Btu.

Step 8. (Continued)

METRIC UNITS

Energy Cost Per Linear Metre of Pipe Per Year

		AIR CONVECTION SYSTEM		THERMALLY BONDED SYSTEM		
Pipe Size (mm)	Insulation Thickness (mm)	Heat Loss W/lin m	Dollar* Cost Per Year/lin m (From Table 30)	Heat Loss W/lin m	Dollar* Cost Per Year/lin m (From Table 30)	Savings $/lin m
48	38	47.6	$ 1.72	41.7	$ 1.56	0.16
60	38	60.6	2.27	52.7	1.98	0.29
89	51	57.9	2.21	51.7	1.91	0.30
114	51	66.3	2.43	59.3	2.14	0.29
168	64	74.8	2.81	63.3	2.37	0.43
219	64	85.4	3.28	70.6	2.78	0.50
273	64	99.4	3.75	84.0	3.30	0.45
324	64	113.6	4.23	98.2	3.62	0.59
356	64	127.5	4.78	112.8	4.19	0.59
406	64	142.4	5.41	129.4	4.91	0.50
457	76	138.2	5.31	125.5	4.81	0.51
508	76	155.3	5.98	145.5	5.41	0.57
610	76	174.5	6.72	153.4	5.93	0.79
762	76	210.7	8.30	195.2	7.54	0.76

* Based on $5.46 per million watts.

TABLES FOR DETERMINATION OF HEAT LOSSES OF AIR CONVECTION AND THERMAL BONDED TRACED PIPE

TABLE 31

ENGLISH UNITS

LBS/HR OF STEAM CONDENSED AND Btu/HR HEAT LOSS/FT OF TRACER

Air Convection Tracer — One 1/2'' OD Tracer

Air Temperature 0 °F Wind 25 MPH

INSULATION THICKNESS

NPS	1.5'' Nominal			Heat Loss Btu/lin ft, hr	2.0'' Nominal		Heat Loss Btu/lin ft, hr	2.5'' Nominal		Heat Loss Btu/lin ft, hr	3.0'' Nominal		Heat Loss Btu/lin ft, hr
	°F Steam	°F Pipe	Condensate		°F Pipe	Condensate		°F Pipe	Condensate		°F Pipe	Condensate	
	TS	TP	#/HR-FT	Q3	TP	#/HR-FT	Q3	TP	#/HR-FT	Q3	TP	#/HR-FT	Q3
1.5''	366	195.1	.06193	53.3	207.2	.05713	49.2	216.4	.05362	46.1	223.8	.05671	43.7
	388	206.0	.06775	56.9	218.8	.06256	52.6	228.6	.05865	49.3	236.4	.05561	46.7
	406	214.7	.07274	59.9	228.1	.06727	55.4	238.4	.06310	52.0	246.5	.05979	49.2
	425	223.6	.07821	63.0	237.6	.07235	58.3	248.3	.06789	54.7	256.8	.06429	51.8
	450	235.5	.08616	67.2	250.3	.07977	62.2	261.6	.07490	58.4	270.7	.07107	55.4
	475	247.2	.09501	71.4	262.7	.08803	66.1	274.6	.08270	62.1	284.2	.07841	58.9
	500	258.5	.10473	75.6	274.8	.09702	70.0	287.3	.09119	65.8	297.3	.08655	62.5
	525	269.6	.11556	79.7	286.6	.10712	73.9	299.7	.10073	69.5	310.2	.09564	66.0
2.0''	366	177.8	.07089	61.0	193.1	.06460	55.6	204.8	.06013	51.7	213.8	.05648	48.6
	388	187.7	.07739	65.1	203.9	.07066	59.4	216.4	.06583	55.3	225.9	.06185	52.0
	406	195.7	.08305	68.5	212.6	.07577	62.5	225.5	.07067	58.2	235.5	.06651	54.8
	425	203.7	.08928	71.9	221.4	.08153	65.7	234.9	.07601	61.2	245.3	.07155	57.6
	450	214.6	.09835	76.6	233.4	.09008	70.2	247.5	.08378	65.3	258.5	.07895	61.5
	475	225.1	.10824	81.3	245.0	.09916	74.6	259.8	.09239	69.4	271.4	.08708	65.4
	500	235.5	.11907	86.0	256.2	.10933	78.9	271.7	.10188	73.5	283.9	.09599	69.3
	525	245.6	.13126	90.6	267.2	.12060	83.2	283.4	.11245	77.6	296.2	.10600	73.2
3.0''	366	168.9	.07779	67.0	185.0	.07118	61.2	197.1	.06606	56.8	207.9	.06180	53.2
	388	178.4	.08508	71.5	195.4	.07770	65.4	208.2	.07225	60.7	219.6	.06763	56.8
	406	185.9	.09122	75.1	203.7	.08349	68.7	217.1	.07747	63.9	229.0	.07262	59.8
	425	193.4	.09758	78.7	212.1	.08965	72.2	226.1	.08335	67.1	238.6	.07808	62.9
	450	203.8	.10758	83.8	223.5	.09877	77.0	238.2	.09187	71.6	251.4	.08603	67.1
	475	213.9	.11836	88.9	234.5	.10872	81.7	250.1	.10113	76.0	263.9	.09488	71.3
	500	223.7	.13027	94.0	245.4	.11960	86.4	261.6	.11148	80.4	276.1	.10461	75.5
	525	233.4	.14356	99.0	255.9	.13184	91.0	272.9	.12297	84.8	288.1	.11544	79.6
4''	366	157.7	.08506	73.3	174.2	.07730	66.6	188.5	.07138	61.4	198.5	.06711	57.7
	388	166.5	.09298	78.1	184.0	.08455	71.1	199.1	.07793	65.6	209.7	.07342	61.7
	406	173.6	.09953	82.1	191.8	.09060	74.7	207.6	.08374	69.0	218.6	.07870	64.9
	425	180.8	.10700	86.2	199.8	.09725	78.4	216.2	.08992	72.4	227.7	.08465	68.2
	450	190.3	.11737	91.5	210.5	.10721	83.5	227.8	.09907	77.2	239.9	.09331	72.7
	475	199.7	.12903	96.9	220.7	.11765	88.4	239.1	.10906	81.9	251.9	.10277	77.2
	500	208.9	.14175	102.4	230.9	.12951	93.4	250.2	.11997	86.6	263.5	.11321	81.7
	525	217.9	.15606	107.7	240.9	.14274	98.5	261.0	.13226	91.3	274.9	.12486	86.1
6''	366	140.6	.09479	81.7	158.1	.08716	75.1	171.4	.08050	69.3	184.8	.07485	64.4
	388	148.7	.10338	87.0	167.0	.09520	80.0	181.1	.08809	74.0	195.2	.08180	68.8
	406	155.0	.11088	91.3	174.1	.10202	84.0	188.9	.09444	77.9	203.6	.08766	72.3
	425	161.5	.11877	95.7	181.3	.10948	88.2	196.6	.10122	81.6	212.0	.09424	75.9
	450	170.1	.13061	101.8	191.1	.12041	93.8	207.2	.11162	87.0	223.4	.10382	80.9
	475	178.5	.14347	107.8	200.5	.13237	99.4	218.0	.12340	92.7	234.6	.11422	85.8
	500	186.8	.15761	113.7	209.8	.14550	105.0	228.1	.13589	98.0	245.4	.12568	90.7
	525	194.6	.17287	119.2	218.6	.15977	110.2	237.9	.14951	103.1	256.0	.13853	95.6
8''	366	127.5	.10196	87.7	148.8	.09263	79.7	162.0	.08702	74.9	172.2	.08130	70.0
	388	134.6	.11097	93.4	157.2	.10100	84.9	170.9	.09477	79.7	181.9	.08883	74.7
	406	140.4	.11892	97.9	163.9	.10817	89.1	178.2	.10156	83.7	189.9	.09552	78.8
	425	146.5	.12727	102.6	170.17	.11588	93.5	185.6	.10899	87.8	198.1	.10298	83.0
	450	154.3	.13982	109.1	179.8	.12752	99.4	195.5	.11986	93.4	208.8	.11352	88.5
	475	162.0	.15360	115.4	188.7	.14009	105.2	205.3	.13179	99.0	219.1	.12468	93.7
	500	169.5	.16866	121.7	197.4	.15394	111.1	214.8	.14487	104.5	229.3	.13721	99.1
	525	176.8	.18543	127.9	206.0	.16936	116.8	224.0	.15950	110.0	239.0	.15082	104.1
10''	366	112.5	.10975	94.5	127.7	.10284	88.5	141.6	.09678	88.4	153.1	.09200	79.1
	388	118.9	.11952	100.6	134.8	.11191	94.2	149.6	.10549	88.8	161.5	.09995	84.0
	406	124.0	.12802	105.4	140.6	.11992	98.8	155.9	.11313	93.2	168.3	.10708	88.2
	425	129.1	.13714	110.5	146.7	.12850	103.5	162.4	.12117	97.7	175.3	.11471	92.5
	450	136.1	.15033	117.3	154.6	.14101	110.0	171.1	.13312	103.8	184.7	.12625	98.4
	475	142.9	.16507	124.0	162.2	.15489	116.4	179.6	.14633	109.9	193.9	.13872	104.2
	500	149.7	.18117	130.7	169.7	.17007	122.7	187.7	.16026	115.6	202.9	.15244	110.0
	525	156.0	.19838	136.8	177.1	.18695	128.9	195.8	.17626	121.6	211.6	.16774	115.7

Calculations Courtesy of: Therman Mfg. Co.

TABLE 31 (Sheet 1 of 4)

TABLE 31 (Continued)

ENGLISH UNITS

LBS/HR OF STEAM CONDENSED AND Btu/HR HEAT LOSS/FT OF TRACER

Air Convection Tracer — One 1/2'' OD Tracer

Air Temperature 0 °F Wind 25 MPH

INSULATION THICKNESS

NPS	1.5'' Nominal			Heat Loss Btu/lin ft, hr	2.0'' Nominal		Heat Loss Btu/lin ft, hr	2.5'' Nominal		Heat Loss Btu/lin ft, hr	3.0'' Nominal		Heat Loss Btu/lin ft, hr
	°F Steam TS	°F Pipe TP	Condensate #/HR-FT	Q3	°F Pipe TP	Condensate #/HR-FT	Q3	°F Pipe TP	Condensate #/HR-FT	Q3	°F Pipe TP	Condensate #/HR-FT	Q3
12''	366	101.5	.11569	99.7	118.7	.10754	92.6	132.8	.10096	87.0	145.0	.09580	82.5
	388	107.0	.12556	105.5	125.4	.11712	98.5	140.5	.11003	92.6	153.1	.10446	87,9
	406	111.6	.13402	110.6	130.8	.12547	103.3	146.5	.11792	97.1	159.7	.11201	92.3
	425	116.3	.14376	115.8	136.2	.13440	108.3	152.6	.12624	101.8	166.3	.12001	96.8
	450	122.5	.15768	122.9	143.8	.14753	115.0	160.8	.13870	108.2	175.2	.13183	102.8
	475	128.7	.17269	129.9	151.0	.16186	121.6	168.8	.15239	114.5	183.9	.14497	103.9
	500	134.7	.18968	136.8	157.9	.17766	128.2	176.6	.16732	120.7	192.4	.15924	114.9
	525	140.5	.20834	143.7	164.8	.19525	134.7	184.2	.18392	126.9	200.5	.17467	120.5
14''	366	93.1	.11927	102.8	110.1	.11187	96.4	124.0	.10554	90.7	136.0	.10045	86.4
	388	98.4	.12975	109.2	116.4	.12202	102.5	131.0	.11478	96.6	143.9	.10929	92.0
	406	102.7	.13882	114.5	121.3	.13048	107.5	136.6	.12296	101.3	149.8	.11672	96.1
	425	107.0	.14885	119.9	126.4	.13973	112.5	142.6	.13174	106.1	156.0	.12495	100.8
	450	112.7	.16309	127.2	133.2	.15339	119.5	150.2	.14470	112.7	164.4	.13728	107.1
	475	118.4	.17871	134.4	139.6	.16754	125.9	157.7	.15873	119.2	172.6	.15086	113.3
	500	123.9	.19622	141.6	146.4	.18386	132.6	165.0	.17423	125.7	180.6	.16566	119.5
	525	129.3	.21544	148.6	152.8	.20197	139.3	172.1	.19152	132.1	188.3	.18217	125.6
16''	366	86.9	.12262	105.7	103.4	.11549	99.5	116.9	.10908	94.0	128.5	.10382	89.3
	388	91.8	.13371	112.3	109.2	.12598	105.9	123.6	.11882	100.0	135.8	.11292	95.0
	406	95.8	.14276	117.7	113.7	.13390	110.5	128.8	.12725	104.8	141.8	.12103	99.7
	425	99.8	.15303	123.3	118.5	.14360	115.7	134.2	.13632	109.8	147.7	.12968	104.5
	450	105.2	.16761	130.8	124.8	.15755	122.8	141.7	.14962	116.6	155.7	.14230	111.0
	475	110.5	.18370	138.1	131.1	.17249	129.7	148.8	.16413	123.3	163.4	.15629	117.4
	500	115.7	.20159	145.4	137.2	.18949	136.7	155.7	.18012	129.9	171.0	.17159	123.8
	525	120.7	.22136	152.7	143.4	.20811	143.5	162.4	.19794	136.5	178.4	.18861	130.1
18''	366	81.5	.12565	108.3	97.2	.11810	101.8	10.7	.11239	96.8	122.0	.10703	92.2
	388	86.1	.13679	115.1	102.7	.12877	108.2	116.9	.12260	103.0	128.9	.11658	98.1
	406	89.8	.14616	120.5	107.1	.13752	113.4	121.9	.13108	108.0	134.4	.12488	102.9
	425	93.6	.15666	126.2	111.6	.14744	118.8	127.0	.14039	113.1	140.3	.13380	107.8
	450	98.7	.17153	133.8	117.7	.16158	126.0	133.9	.15386	120.0	147.9	.14689	114.4
	475	103.7	.18807	141.4	123.6	.17708	133.2	140.8	.16893	126.9	155.2	.16114	121.1
	500	108.5	.20632	148.9	129.3	.19443	140.3	147.2	.18464	133.2	162.4	.17689	127.6
	525	113.3	.22642	156.2	135.0	.21351	147.3	153.5	.20290	139.9	169.5	.19440	134.1
20''	366	76.7	.12830	110.6	91.9	.12092	104.2	105.0	.11531	99.3	116.2	.11004	94.8
	388	81.1	.13984	117.5	97.1	.13166	110.8	111.0	.12580	105.7	122.8	.11986	100.8
	406	84.5	.14928	123.1	101.3	.14074	116.1	115.7	.13427	110.8	128.0	.12836	105.7
	425	88.1	.15985	128.8	105.5	.15089	121.5	120.3	.14342	115.5	133.4	.13751	110.8
	450	92.9	.17522	136.5	111.2	.16525	128.9	126.9	.15729	122.6	140.8	.15073	177.6
	475	97.6	.19206	144.3	116.8	.18116	136.2	133.2	.17249	129.6	147.8	.16553	124.4
	500	102.2	.21047	151.9	122.3	.19886	143.5	139.7	.18922	136.5	154.7	.18166	131.0
	525	106.7	.23103	159.4	127.7	.21832	150.6	145.7	.20788	143.4	161.4	.19959	137.6
24''	366	71.3	.13132	113.2	85.2	.12455	107.3	97.2	.11882	102.4	107.9	.11439	98.5
	388	75.4	.14327	120.3	90.0	.13559	114.1	102.7	.12933	108.9	114.0	.12477	104.8
	406	78.7	.15286	126.0	93.9	.14493	119.5	107.1	.13831	114.1	118.9	.13320	109.9
	425	82.0	.16374	131.9	97.9	.15534	125.1	111.6	.14832	119.5	123.9	.14285	115.1
	450	86.5	.17936	139.8	103.2	.17002	132.7	117.7	.16250	126.7	130.3	.15594	121.6
	475	90.9	.19646	147.6	108.4	.18646	140.2	123.6	.17813	134.0	137.1	.17115	128.6
	500	94.9	.21421	154.6	113.5	.20459	147.6	129.4	.19553	141.1	143.5	.18779	135.5
	525	99.1	.23511	162.2	118.5	.22456	154.9	135.0	.21476	148.1	149.8	.20629	142.3
30''	366	61.6	.13672	117.8	74.4	.13027	112.3	85.5	.12481	107.6	95.4	.12008	103.5
	388	65.1	.14879	125.2	78.7	.14198	119.3	90.4	.13601	114.3	100.9	.13070	110.0
	406	67.7	.15803	130.1	82.1	.15152	124.9	94.3	.14524	119.8	105.2	.13978	115.3
	425	70.8	.16909	136.2	85.5	.16233	130.8	98.3	.15561	125.3	109.7	.14984	120.7
	450	74.7	.18519	144.3	90.2	.17784	138.6	103.7	.17042	133.0	115.6	.16417	128.1
	475	78.5	.20283	152.4	94.8	.19488	146.4	108.9	.18675	140.4	121.4	.17994	135.3
	500	82.3	.22199	160.3	99.3	.21357	154.1	114.0	.20497	147.9	127.1	.19747	142.5
	525	85.9	.24358	168.2	103.6	.23442	161.7	119.0	.22495	155.2	132.7	.21689	149.6

Calculations Courtesy of: Therman Mfg. Co.

TABLE 31 (Sheet 2 of 4)

TABLE 31 (Continued)

ENGLISH UNITS

LBS/HR OF STEAM CONDENSED AND Btu/HR HEAT LOSS/FT OF TRACER

Air Convection Tracer — One 1/2'' OD Tracer | Air Temperature 100 °F | Wind 0 MPH

INSULATION THICKNESS

NPS		1.5'' Nominal		Heat Loss Btu/lin ft, hr	2.0'' Nominal		Heat Loss Btu/lin ft, hr	2.5'' Nominal		Heat Loss Btu/lin ft, hr	3.0'' Nominal		Heat Loss Btu/lin ft, hr
	°F Steam	°F Pipe	Condensate		°F Pipe	Condensate		°F Pipe	Condensate		°F Pipe	Condensate	
	TS	TP	#/HR-FT	Q3	TP	#/HR-FT	Q3	TP	#/HR-FT	Q3	TP	#/HR-FT	Q3
1.5''	366	240.7	.04477	38.5	248.4	.04186	36.0	254.3	.03956	34.0	259.1	.03770	32.4
	388	252.1	.05009	42.1	260.2	.04682	39.4	266.6	.04423	37.2	271.9	.04217	35.5
	406	260.9	.05464	45.0	269.6	.05108	42.1	276.4	.04829	39.8	282.0	.04602	37.9
	425	270.0	.05960	48.0	279.2	.05572	44.9	286.4	.05275	42.5	292.3	.05032	40.5
	450	282.2	.06687	52.1	292.1	.06261	48.8	299.9	.05919	46.2	306.2	.05651	44.0
	475	294.0	.07477	56.2	304.6	.07003	52.6	313.0	.06629	49.8	319.8	.06329	47.5
	500	305.6	.08352	60.3	316.9	.07827	56.5	325.8	.07413	53.5	333.1	.07074	51.0
	525	316.9	.09321	64.3	328.9	.08741	60.3	338.3	.08281	57.1	346.0	.07904	54.6
2.0''	366	229.6	.05057	43.5	238.8	.04683	40.3	246.5	.04406	37.9	252.3	.04175	35.9
	388	239.8	.05658	47.6	250.1	.05239	44.0	258.2	.04930	41.4	264.5	.04673	39.3
	406	248.2	.06170	50.8	258.9	.05710	47.0	267.5	.05377	44.3	274.2	.05094	42.0
	425	256.5	.06724	54.2	267.9	.06223	50.2	277.0	.05863	47.2	284.1	.05558	44.8
	450	267.7	.07538	58.8	280.2	.07005	54.6	289.7	.06583	51.3	297.3	.06245	48.7
	475	278.6	.08429	63.3	291.9	.07830	58.9	302.1	.07360	55.3	310.3	.06986	52.5
	500	289.2	.09401	67.9	303.4	.08743	63.1	314.2	.08221	59.4	323.0	.07808	56.3
	525	299.6	.10487	72.4	314.6	.09755	67.3	326.1	.09178	63.3	335.3	.08720	60.1
3.0''	366	223.4	.05549	47.8	233.3	.05152	44.3	241.1	.04829	41.5	248.0	.04541	39.1
	388	233.2	.06199	52.2	244.2	.05753	48.4	252.4	.05396	45.4	259.8	.05080	42.7
	406	241.3	.06764	55.7	252.6	.06273	51.7	261.3	.05886	48.5	269.4	.05557	45.8
	425	249.2	.07366	59.3	261.2	.06837	55.1	270.5	.06409	51.7	279.0	.06063	48.8
	450	259.9	.08255	64.3	272.8	.07660	59.7	282.7	.07197	56.1	291.9	.06801	53.0
	475	270.3	.09224	69.3	284.0	.08569	64.4	294.7	.08047	60.5	304.6	.07602	57.1
	500	280.3	.10261	74.0	295.1	.09552	69.0	306.4	.08977	64.8	316.9	.08489	61.3
	525	290.2	.11444	78.9	305.8	.10655	73.5	317.8	.10019	69.1	328.9	.09477	65.4
4''	366	216.1	.06096	52.4	225.6	.05563	47.9	234.8	.05210	44.9	241.4	.04937	42.5
	388	225.2	.06790	57.1	235.8	.06240	52.5	245.8	.05823	48.9	252.7	.05520	46.4
	406	232.6	.07402	61.0	244.0	.06801	56.0	254.4	.06349	52.3	261.7	.06016	49.6
	425	240.1	.08041	64.8	251.9	.07388	59.5	263.1	.06917	55.7	270.9	.06556	52.8
	450	250.1	.09009	70.2	262.8	.08285	64.6	274.8	.07756	60.4	283.2	.07349	57.3
	475	259.9	.10058	75.6	273.5	.09251	69.5	286.3	.08664	65.1	295.3	.08221	61.8
	500	269.2	.11186	80.7	283.9	.10327	74.5	297.4	.09664	69.8	307.0	.09171	66.2
	525	278.5	.12465	86.0	294.1	.11514	79.4	308.4	.10776	74.4	318.5	.10234	70.6
6''	366	204.2	.06778	58.3	214.8	.06328	54.4	222.7	.05853	50.4	231.4	.05499	47.4
	388	212.4	.07558	63.6	223.7	.07034	59.1	232.6	.06561	55.1	242.2	.06137	51.6
	406	218.9	.08227	67.8	230.9	.07653	63.1	240.6	.07137	58.8	250.5	.06696	55.2
	425	225.6	.08960	72.2	238.6	.08339	67.2	248.8	.07809	62.9	259.1	.07294	58.8
	450	234.6	.10025	78.1	248.5	.09336	72.8	259.9	.08794	68.5	270.5	.08169	63.7
	475	243.3	.11131	83.7	258.2	.10422	78.3	270.3	.09806	73.7	281.7	.09130	68.6
	500	251.9	.12392	89.5	267.7	.11611	83.8	280.4	.10924	78.8	292.6	.10189	73.5
	525	260.2	.13795	95.2	276.7	.12894	88.9	290.5	.12184	84.0	303.3	.11358	78.3
8''	366	194.9	.07292	62.7	207.7	.06709	57.7	216.1	.06367	54.8	223.0	.06032	51.9
	388	202.3	.08120	68.3	216.2	.07476	62.9	225.1	.07071	59.5	232.7	.06733	56.6
	406	208.3	.08829	72.8	223.0	.08137	67.1	232.4	.07696	63.5	240.9	.07349	60.5
	425	214.4	.09609	77.4	230.0	.08858	71.4	240.2	.08385	67.5	248.7	.07979	64.3
	450	222.5	.10741	83.7	239.6	.09912	77.2	250.3	.09388	73.2	259.5	.08946	69.7
	475	230.4	.11983	90.0	248.7	.11049	83.1	260.1	.10478	78.7	269.8	.09950	74.8
	500	238.5	.13311	96.1	257.5	.12306	88.9	269.5	.11635	84.0	280.0	.11106	80.1
	525	245.9	.14767	101.9	266.0	.13652	94.2	278.8	.12957	89.4	290.0	.12377	85.4
10''	366	184.1	.07884	67.9	193.2	.07426	63.9	201.8	.07062	60.8	208.9	.06715	57.8
	388	190.5	.08737	73.4	200.6	.08284	69.6	209.8	.07868	66.2	217.5	.07486	63.0
	406	195.7	.09491	78.2	206.4	.09000	74.2	216.3	.08567	70.6	224.5	.08144	67.1
	425	201.1	.10312	83.1	212.4	.09789	78.9	222.6	.09279	74.7	231.5	.08865	71.4
	450	208.3	.11534	89.9	220.4	.10953	85.3	231.4	.10378	80.9	241.2	.09920	77.3
	475	215.3	.12858	96.6	228.3	.12206	91.7	240.2	.11561	86.9	250.4	.11057	83.1
	500	222.2	.14297	103.2	236.2	.13583	98.0	248.6	.12874	92.9	259.5	.12308	88.9
	525	228.9	.15899	109.7	243.7	.15086	104.1	256.8	.14327	98.8	268.3	.13708	94.6

Calculations Courtesy of: Therman Mfg. Co.

TABLE 31 (Sheet 3 of 4)

TABLE 31 (Continued)

ENGLISH UNITS

LBS/HR OF STEAM CONDENSED AND Btu/HR HEAT LOSS/FT OF TRACER

Air Convection Tracer — One 1/2'' OD Tracer

Air Temperature 100 °F Wind 0 MPH

INSULATION THICKNESS

NPS	1.5'' Nominal			Heat Loss Btu/lin ft, hr	2.0'' Nominal		Heat Loss Btu/lin ft, hr	2.5'' Nominal		Heat Loss Btu/lin ft, hr	3.0'' Nominal		Heat Loss Btu/lin ft, hr
	°F Steam	°F Pipe	Condensate		°F Pipe	Condensate		°F Pipe	Condensate		°F Pipe	Condensate	
	TS	TP	#/HR-FT	Q3	TP	#/HR-FT	Q3	TP	#/HR-FT	Q3	TP	#/HR-FT	Q3
12''	366	176.8	.08235	70.9	187.3	.07762	66.9	196.0	.07345	63.2	203.6	.07018	60.4
	388	182.8	.09183	77.2	194.2	.08663	72.8	203.5	.08190	68.8	211.8	.07821	65.8
	406	187.6	.09973	82.2	199.7	.09408	77.6	209.6	.08904	73.3	218.3	.08516	70.1
	425	192.5	.10843	87.3	205.0	.10178	82.1	215.7	.09677	78.0	225.0	.09262	74.6
	450	199.1	.12114	94.4	212.5	.11382	88.7	224.1	.10825	84.3	233.7	.10320	80.4
	475	205.3	.13417	100.8	219.9	.12680	95.3	232.2	.12061	90.6	242.8	.11495	86.4
	500	211.9	.14986	108.1	227.0	.14091	101.8	240.3	.13416	96.9	251.3	.12804	92.4
	525	217.7	.16600	114.5	234.3	.15684	108.2	248.1	.14923	102.9	259.6	.14250	98.3
14''	366	171.0	.08538	73.5	181.3	.08087	69.7	189.7	.07661	66.0	197.1	.07311	62.9
	388	176.6	.09515	80.0	187.4	.08966	75.4	196.9	.08539	71.6	204.8	.08151	68.5
	406	181.1	.10354	85.3	192.5	.09731	80.2	202.5	.09295	76.5	211.0	.08854	73.0
	425	185.3	.11178	90.1	197.7	.10584	85.3	208.3	.10087	81.3	217.3	.09619	77.6
	450	191.4	.12486	97.3	204.7	.11821	92.1	216.0	.11290	88.0	225.6	.10775	84.0
	475	197.4	.13902	104.4	211.5	.13172	99.0	223.4	.12517	94.0	233.9	.12002	90.2
	500	203.1	.15459	111.5	218.2	.14643	105.7	230.8	.13913	100.5	242.2	.13353	96.4
	525	208.8	.17180	118.5	224.7	.16283	112.3	238.3	.15474	106.8	250.0	.14851	102.4
16''	366	166.6	.08825	76.0	176.2	.08309	71.6	184.7	.07940	68.4	192.0	.07575	65.3
	388	171.5	.09759	82.0	182.2	.09265	77.9	191.5	.08846	74.4	199.3	.08455	71.1
	406	175.7	.10588	87.2	187.0	.10046	82.9	196.6	.09563	78.8	205.2	.09189	75.7
	425	179.9	.11515	92.7	191.9	.10939	88.1	202.1	.10391	83.8	211.1	.09979	80.5
	450	185.6	.12853	100.2	198.5	.12201	95.1	209.3	.11623	90.6	219.0	.11166	87.0
	475	191.2	.14295	107.4	204.9	.13599	102.2	216.5	.12939	97.2	226.9	.12428	93.4
	500	196.7	.15891	114.6	211.2	.15114	109.0	223.5	.14387	103.8	234.7	.13817	99.8
	525	201.9	.17670	121.9	217.1	.16728	115.4	230.3	.16000	110.4	241.9	.15318	105.7
18''	366	162.2	.08988	77.3	171.9	.08548	73.6	180.1	.08135	70.1	187.4	.07825	67.3
	388	167.3	.10000	84.0	177.7	.09506	79.9	186.4	.09072	76.2	194.3	.08732	73.4
	406	171.2	.10864	89.5	182.2	.10342	85.2	191.5	.09842	81.2	199.8	.09479	78.1
	425	175.2	.11810	95.1	186.8	.11235	90.6	196.6	.10718	86.3	205.5	.10303	83.1
	450	180.6	.13132	102.4	193.1	.12540	97.7	203.6	.11959	93.2	212.8	.11471	89.4
	475	185.8	.14651	110.1	198.8	.13899	104.4	210.3	.13325	100.1	220.5	.12822	96.3
	500	190.9	.16291	117.5	205.1	.15510	111.9	217.0	.14805	106.8	227.4	.14196	102.5
	525	196.0	.18091	124.8	210.5	.17166	118.4	223.4	.16460	113.5	234.7	.15794	109.0
20''	366	158.6	.09201	79.1	168.1	.08767	75.5	176.0	.08354	72.0	183.2	.08052	69.4
	388	163.3	.10214	85.9	173.5	.09752	82.0	182.0	.09313	78.3	189.8	.08982	75.5
	406	167.3	.11104	91.5	177.8	.10603	87.3	186.8	.10098	83.3	195.1	.09746	80.4
	425	171.0	.12055	97.2	182.2	.11498	92.6	191.7	.10996	88.6	200.1	.10544	85.0
	450	176.1	.13450	104.9	187.8	.12776	99.6	198.3	.12267	95.6	207.4	.11781	91.8
	475	181.0	.14947	112.3	193.5	.14227	106.9	204.7	.13667	102.7	214.4	.13119	98.6
	500	185.9	.16635	120.0	199.2	.15796	114.0	211.1	.15183	109.5	221.3	.14588	105.3
	525	190.3	.18382	126.8	204.6	.17566	121.1	217.2	.16867	116.3	228.0	.16211	111.8
24''	366	154.3	.09440	81.2	162.7	.09067	78.0	170.3	.08669	74.6	177.1	.08385	72.2
	388	158.5	.10502	88.4	167.7	.10014	84.2	175.8	.09660	81.2	183.0	.09288	78.1
	406	162.0	.11409	94.0	172.0	.10937	90.1	180.3	.10487	86.4	187.8	.10083	83.2
	425	165.7	.12380	99.8	175.7	.11815	95.1	184.9	.11375	91.6	192.8	.10967	88.3
	450	170.4	.13819	107.8	181.1	.13170	102.7	191.0	.12712	99.1	199.5	.12231	95.3
	475	175.1	.15350	115.3	186.5	.14652	110.1	196.9	.14160	106.4	206.0	.13632	102.4
	500	179.3	.16965	122.4	191.7	.16297	117.6	202.8	.15727	113.5	212.4	.15145	109.3
	525	183.6	.18851	130.0	196.8	.18081	124.7	208.2	.17388	119.9	218.6	.16825	116.0
30''	366	147.3	.09878	85.0	154.8	.09415	81.0	161.7	.09118	78.4	168.1	.08791	75.7
	388	151.0	.10933	92.0	159.0	.10476	88.2	166.8	.10166	85.4	173.5	.09793	82.3
	406	153.7	.11817	97.3	162.6	.11383	93.8	170.8	.11034	90.9	177.8	.10649	87.7
	425	156.8	.12797	103.2	166.3	.12352	99.6	174.8	.11952	96.4	182.3	.11550	93.1
	450	160.8	.14277	111.3	171.1	.13784	107.5	179.9	.13259	103.4	188.2	.12907	100.6
	475	165.1	.15903	119.5	175.8	.15336	115.2	185.2	.14777	111.0	194.0	.14356	107.8
	500	168.9	.17663	127.4	180.3	.17042	122.9	190.4	.16408	118.4	199.6	.15962	115.2
	525	172.8	.19571	135.0	184.8	.18906	130.4	195.3	.18235	125.8	205.0	.17637	121.6

Calculations Courtesy of: Therman Mfg. Co.

TABLE 31 (Sheet 4 of 4)

TABLE 32

METRIC UNITS

GMS/SEC STEAM CONDENSED AND WATTS HEAT LOSS/METER OF TRACER

Air Convection Tracer — One Tracer 12.7 mm OD

Air Temperature −17.8 °C Wind 40 KMH

INSULATION THICKNESS

PIPE SIZE	°C Steam	38 MM Nominal		Heat Loss W/lin m, hr	51 MM Nominal		Heat Loss W/lin m, hr	64 MM Nominal		Heat Loss W/lin m, hr	76 MM Nominal		Heat Loss W/lin m, hr
		°C Pipe	Condensate		°C Pipe	Condensate		°C Pipe	Condensate		°C Pipe	Condensate	
	TS	TP	GM/SEC-M	Q3	TP	GM/SEC-M	Q3	TP	GM/SEC-M	Q3	TP	GM/SEC-M	Q3
48 MM	186	90.6	.02562	51.2	97.3	.02363	47.3	102.4	.02218	44.3	106.5	.02098	42.0
	198	96.7	.02803	54.7	103.6	.02588	50.6	109.2	.02426	47.4	113.6	.02300	44.9
	208	101.5	.03009	57.6	108.9	.02783	53.2	114.6	.02610	49.9	119.2	.02473	47.3
	218	106.5	.03235	60.5	114.2	.02993	56.0	120.2	.02808	52.6	124.9	.02659	49.8
	232	113.1	.03564	64.6	121.3	.03300	59.8	127.6	.03098	56.1	132.6	.02940	53.2
	246	119.5	.03930	68.6	128.2	.03641	63.6	134.8	.03421	59.7	140.1	.03243	56.6
	260	125.8	.04332	72.6	134.9	.04013	67.3	141.8	.03772	63.3	147.4	.03580	60.0
	274	132.0	.04780	76.6	141.4	.04431	71.1	148.7	.04167	66.8	154.6	.03956	63.4
60 MM	186	81.0	.02932	58.6	89.5	.02672	53.4	96.0	.02487	49.7	101.0	.02336	46.7
	198	86.5	.03201	62.6	95.5	.02923	57.1	102.4	.02723	53.2	107.7	.02558	50.0
	208	90.9	.03435	65.8	100.3	.03134	60.0	107.5	.02923	55.9	113.1	.02751	52.7
	218	95.4	.03693	69.1	105.2	.03373	63.1	112.7	.03144	58.8	118.5	.02960	55.4
	232	101.4	.04068	73.6	111.9	.03726	67.5	119.7	.03466	62.8	125.8	.03266	59.1
	246	107.3	.04477	78.2	118.3	.04102	71.6	126.5	.03822	66.7	133.0	.03602	62.9
	260	113.0	.04925	82.6	124.6	.04522	75.8	133.2	.04214	70.6	140.0	.03971	66.6
	274	118.6	.05430	87.1	130.7	.04989	79.9	139.7	.04651	74.5	146.8	.04384	70.3
89 MM	186	76.0	.03218	64.4	85.0	.02944	58.8	91.7	.02733	54.6	97.7	.02556	51.1
	198	81.3	.03519	68.7	90.8	.03214	62.8	97.9	.02988	58.4	104.2	.02798	54.6
	208	85.5	.03773	72.2	95.4	.03454	66.1	102.8	.03204	61.4	109.5	.03004	57.5
	218	89.7	.04036	75.6	100.1	.03708	69.4	107.8	.03448	64.5	114.8	.03230	60.4
	232	95.4	.04450	80.6	106.4	.04086	74.0	114.6	.03800	68.8	121.9	.03559	64.5
	246	101.0	.04896	85.5	112.5	.04497	78.5	121.2	.04183	73.1	128.8	.03925	68.5
	260	106.5	.05389	90.3	118.5	.04947	83.0	127.6	.04611	77.3	135.6	.04327	72.5
	274	111.9	.05938	95.2	124.4	.05454	87.5	133.8	.05087	81.5	142.3	.04775	76.5
114 MM	186	69.8	.03519	70.4	79.0	.03198	64.0	87.0	.02953	59.0	92.5	.02776	55.5
	198	74.7	.03846	75.1	84.4	.03497	68.3	92.9	.03224	63.0	98.7	.03037	59.3
	208	78.7	.04117	78.9	88.8	.03748	71.8	97.6	.03464	66.3	103.7	.03255	62.4
	218	82.7	.04426	82.8	93.2	.04023	75.4	102.4	.03720	69.6	108.7	.03502	65.5
	232	87.9	.04855	87.9	99.1	.04435	80.3	108.8	.04098	74.2	115.5	.03860	69.9
	246	93.2	.05337	93.2	104.8	.04867	85.0	115.1	.04511	78.7	122.2	.04251	74.2
	260	98.3	.05863	98.4	110.5	.05357	89.8	121.2	.04963	83.3	128.6	.04683	78.5
	274	103.3	.06455	103.5	116.0	.05904	94.6	127.2	.05471	87.7	135.0	.05165	82.8
168 MM	186	60.3	.03921	78.5	70.1	.03605	72.1	77.4	.03330	66.6	84.9	.03096	61.9
	198	64.8	.04276	83.6	75.0	.03938	76.9	82.9	.03644	71.2	90.7	.03384	66.1
	208	68.4	.04586	87.8	79.0	.04220	80.8	87.2	.03906	74.8	95.3	.03626	69.5
	218	71.9	.04913	92.0	83.0	.04528	84.7	91.5	.04187	78.4	100.0	.03898	73.0
	232	76.7	.05403	97.8	88.4	.04981	90.2	97.4	.04617	83.6	106.4	.04294	77.7
	246	81.4	.05935	103.6	93.6	.05475	95.6	103.3	.05105	89.1	112.5	.04725	82.5
	260	86.0	.06520	109.3	98.8	.06018	100.9	109.0	.05621	94.2	118.6	.05199	87.2
	274	90.3	.07151	114.6	103.7	.06609	105.9	114.4	.06184	99.1	124.5	.05730	91.9
219 MM	186	53.0	.04217	84.3	64.9	.03832	76.6	72.2	.03599	72.0	77.9	.03363	67.3
	198	57.0	.04590	89.7	69.5	.04178	81.6	77.2	.03920	76.5	83.3	.03675	71.8
	208	60.2	.04919	94.1	73.3	.04474	85.6	81.2	.04201	80.4	87.7	.03951	75.7
	218	63.6	.05264	98.6	77.0	.04793	89.8	85.3	.04508	84.4	92.3	.04260	79.8
	232	67.9	.05784	104.8	82.1	.05275	95.5	90.9	.04958	89.6	98.2	.04696	85.0
	246	72.2	.06354	110.9	87.1	.05795	101.1	96.3	.05451	95.1	103.9	.05157	90.0
	260	76.4	.06976	116.9	91.9	.06368	106.7	101.5	.05992	100.5	109.6	.05675	95.2
	274	80.4	.07670	122.9	96.6	.07006	112.3	106.7	.06598	105.7	115.0	.06239	100.0
273 MM	186	44.7	.04540	90.8	53.1	.04254	85.0	60.9	.04003	80.1	67.3	.03806	76.0
	198	48.3	.04944	96.6	57.1	.04629	90.5	65.3	.04364	85.3	71.9	.04134	80.7
	208	51.1	.05296	101.3	60.3	.04961	94.9	68.8	.04680	89.6	75.7	.04430	84.8
	218	54.0	.05673	106.2	63.7	.05315	99.5	72.5	.05012	93.9	79.6	.04745	88.9
	232	57.8	.06218	112.7	68.1	.05833	105.7	77.3	.05507	99.8	84.8	.05222	94.6
	246	61.6	.06828	119.2	72.4	.06407	111.8	82.0	.06053	105.6	89.9	.05738	100.1
	260	65.4	.07494	125.6	76.5	.07035	117.9	86.5	.06629	111.1	94.9	.06306	105.7
	274	68.9	.08206	131.5	80.6	.07733	123.9	91.0	.07291	116.8	99.8	.06938	111.2

Calculations Courtesy of: Therman Mfg. Co.

TABLE 32 (Sheet 1 of 4)

TABLE 32 (Continued)

METRIC UNITS

GMS/SEC STEAM CONDENSED AND WATTS HEAT LOSS/METER OF TRACER

Air Convection Tracer — One Tracer 12.7 mm OD

Air Temperature – 17.8 °C Wind 40 KMH

INSULATION THICKNESS

PIPE SIZE	°C Steam TS	38 MM Nominal °C Pipe TP	38 MM Nominal Condensate GM/SEC-M	Heat Loss W/lin m, hr Q3	51 MM Nominal °C Pipe TP	51 MM Nominal Condensate GM/SEC-M	Heat Loss W/lin m, hr Q3	64 MM Nominal °C Pipe TP	64 MM Nominal Condensate GM/SEC-M	Heat Loss W/lin m, hr Q3	76 MM Nominal °C Pipe TP	76 MM Nominal Condensate GM/SEC-M	Heat Loss W/lin m, hr Q3
324 MM	186	38.6	.04785	95.8	48.2	.04448	89.0	56.0	.04176	83.6	62.8	.03963	79.3
	198	41.7	.05194	101.4	51.9	.04844	94.7	60.3	.04551	89.0	67.3	.04321	84.5
	208	44.2	.05544	106.2	54.9	.05190	99.3	63.6	.04878	93.3	70.9	.04633	88.7
	218	46.8	.05947	111.3	57.9	.05560	104.0	67.0	.05222	97.8	74.6	.04964	93.0
	232	50.3	.06523	118.1	62.1	.06103	110.5	71.5	.05737	104.0	79.6	.05453	98.8
	246	53.7	.07143	124.8	66.1	.06695	116.9	76.0	.06304	110.0	84.4	.05996	104.7
	260	57.0	.07846	131.5	70.0	.07349	123.2	60.3	.06921	116.0	89.1	.06587	110.4
	274	60.3	.08618	138.1	73.8	.08077	129.4	84.6	.07611	121.9	93.6	.07225	115.8
356 MM	186	34.0	.04934	98.8	43.4	.04628	92.6	51.1	.04365	87.2	57.8	.04155	83.0
	198	36.9	.05367	105.0	46.9	.05047	98.5	55.0	.04748	92.8	62.2	.04521	88.4
	208	39.3	.05742	110.0	49.6	.05397	103.3	58.1	.05086	97.3	65.4	.04828	92.4
	218	41.6	.06157	115.2	52.5	.05780	108.2	61.4	.05449	102.0	68.9	.05168	96.8
	232	44.8	.06746	122.2	56.2	.06345	114.8	65.7	.05985	108.3	73.5	.05678	102.9
	246	48.0	.07392	129.2	59.8	.06930	121.0	69.8	.06566	114.6	78.1	.06240	108.9
	260	51.1	.08116	136.0	63.6	.07605	127.5	73.9	.07207	120.8	82.5	.06852	114.8
	274	54.1	.08911	142.8	67.1	.08354	133.9	77.9	.07922	126.9	86.9	.07535	120.7
406 MM	186	30.5	.05072	101.5	39.7	.04777	95.6	47.2	.04512	90.3	53.6	.04295	85.8
	198	33.2	.05531	108.0	42.9	.05211	101.7	50.9	.04915	96.1	57.7	.04671	91.3
	208	35.4	.05905	113.1	45.4	.05539	106.2	53.8	.05264	100.7	61.0	.05007	95.8
	218	37.7	.06330	118.5	48.0	.05940	111.2	56.8	.05639	105.5	64.3	.05364	100.4
	232	40.7	.06933	125.7	51.6	.06517	118.0	60.9	.06189	112.1	68.7	.05886	106.6
	246	43.6	.07599	132.7	55.1	.07135	124.7	64.9	.06789	118.5	73.0	.06465	112.8
	260	46.5	.08338	139.8	58.4	.07838	131.4	68.7	.07451	124.9	77.2	.07098	119.0
	274	49.3	.09156	146.7	61.9	.08609	137.9	72.5	.08188	131.2	81.3	.07802	125.0
457 MM	186	27.5	.05198	104.1	36.2	.04885	97.8	43.7	.04649	93.0	50.0	.04427	88.6
	198	30.1	.05658	110.6	39.3	.05326	104.0	47.2	.05071	99.0	53.9	.04822	94.3
	208	32.1	.06046	115.8	41.7	.05688	109.0	50.0	.05422	103.8	56.9	.05166	98.8
	218	34.2	.06480	121.3	44.2	.06099	114.1	52.8	.05807	108.7	60.2	.05535	103.6
	232	37.0	.07095	128.6	47.6	.06684	121.1	56.6	.06364	115.4	64.4	.06076	110.0
	246	39.8	.07779	135.9	50.9	.07325	128.0	60.5	.06988	122.0	68.5	.06665	116.3
	260	42.5	.08534	143.1	54.1	.08042	134.8	64.0	.07637	128.0	72.5	.07317	122.6
	274	45.2	.09366	150.1	57.2	.08832	141.5	67.5	.08393	134.5	76.4	.08041	128.8
508 MM	186	24.8	.05307	106.3	33.3	.05002	100.1	40.6	.04770	95.5	46.8	.04552	91.1
	198	27.3	.05784	112.9	36.2	.05446	106.5	43.9	.05204	101.6	50.4	.04958	96.9
	208	29.2	.06175	118.3	38.5	.05821	111.5	46.5	.05554	106.4	53.3	.05309	101.6
	218	31.2	.06612	123.7	40.8	.06241	116.8	49.1	.05932	111.0	56.3	.05688	106.4
	232	33.8	.07248	131.2	44.0	.06836	123.9	52.7	.06506	117.8	60.4	.06235	113.0
	246	36.5	.07945	138.6	47.1	.07494	130.9	56.2	.07135	124.6	64.3	.06847	119.5
	260	39.0	.08706	145.9	50.2	.08226	137.9	59.8	.07827	131.2	68.2	.07514	125.9
	274	41.5	.09556	153.1	53.1	.09031	144.7	63.2	.08599	137.8	71.9	.08256	132.3
610 MM	186	21.8	.05432	108.8	29.5	.05152	103.1	36.2	.04915	98.4	42.2	.04731	94.7
	198	24.1	.05926	115.6	32.2	.05609	109.6	39.3	.05350	104.6	45.6	.05161	100.7
	208	25.9	.06323	121.1	34.4	.05995	114.9	41.7	.05721	109.6	48.3	.05510	105.6
	218	27.8	.06773	126.7	36.6	.06426	120.2	44.2	.06135	114.8	51.0	.05909	110.6
	232	30.3	.07419	134.3	39.5	.07033	127.5	47.6	.06722	121.8	54.6	.06451	116.9
	246	32.7	.08127	141.9	42.4	.07713	134.7	50.9	.07368	128.7	58.4	.07079	123.6
	260	35.0	.08861	148.5	45.3	.08463	141.9	54.1	.08088	135.6	62.0	.07768	130.2
	274	37.3	.09725	155.9	48.0	.09289	148.9	57.2	.08883	142.3	65.4	.08533	136.7
762 MM	186	16.4	.05655	113.2	23.6	.05389	107.9	29.7	.05163	103.4	35.2	.04967	99.4
	198	18.4	.06155	120.3	25.9	.05873	114.6	32.5	.05626	109.8	38.3	.05406	105.7
	208	19.8	.06537	125.0	27.8	.06268	120.1	34.6	.06008	115.1	40.7	.05782	110.8
	218	21.6	.06994	130.9	29.7	.06715	125.7	36.8	.06437	120.5	43.1	.06198	116.0
	232	23.7	.07660	138.7	32.3	.07356	133.2	39.8	.07049	127.8	46.4	.06791	123.1
	246	25.8	.08390	146.5	34.9	.08061	140.7	42.7	.07725	134.9	49.7	.07443	130.0
	260	27.9	.09183	154.1	37.4	.08834	148.1	45.6	.08478	142.1	52.8	.08168	136.9
	274	30.0	.10075	161.6	39.8	.09697	155.4	48.4	.09305	149.1	55.9	.08972	143.8

Calculations Courtesy of: Therman Mfg. Co.

TABLE 32 (Sheet 2 of 4)

METRIC UNITS

GMS/SEC STEAM CONDENSED AND WATTS HEAT LOSS/METER OF TRACER

Air Convection Tracer — One Tracer 12.7 mm OD

Air Temperature 37.8 °C Wind 0 KMH

INSULATION THICKNESS

PIPE SIZE	38 MM Nominal			Heat Loss W/lin m, hr	51 MM Nominal		Heat Loss W/lin m, hr	64 MM Nominal		Heat Loss W/lin m, hr	76 MM Nominal		Heat Loss W/lin m, hr
	°C Steam	°C Pipe	Condensate		°C Pipe	Condensate		°C Pipe	Condensate		°C Pipe	Condensate	
	TS	TP	GM/SEC-M	Q3	TP	GM/SEC-M	Q3	TP	GM/SEC-M	Q3	TP	GM/SEC-M	Q3
48 MM	186	115.9	.01852	37.0	120.2	.01732	34.6	123.5	.01636	32.7	126.2	.01566	31.2
	198	122.3	.02072	40.5	126.8	.01937	37.8	130.4	.01829	35.8	133.3	.01744	34.1
	208	127.2	.02260	43.3	132.0	.02113	40.5	135.8	.01998	38.3	138.9	.01904	36.5
	218	132.2	.02465	46.1	137.3	.02305	43.2	141.4	.02182	40.8	144.6	.02081	39.0
	232	139.0	.02766	50.1	144.5	.02590	46.9	148.8	.02449	44.4	152.4	.02338	42.3
	246	145.6	.03093	54.0	151.4	.02897	50.6	156.1	.02742	47.9	159.9	.02518	45.7
	260	152.0	.03455	57.9	158.3	.03238	54.3	163.2	.03066	51.4	167.3	.02926	49.1
	274	158.3	.03856	61.8	164.9	.03616	57.9	170.2	.03426	54.9	174.5	.03270	52.4
60 MM	186	109.8	.02092	41.9	114.9	.01937	38.7	119.2	.01823	36.4	122.4	.01727	34.5
	198	115.5	.02340	45.7	121.2	.02167	42.3	125.7	.02039	39.8	129.2	.01933	37.8
	208	120.1	.02552	48.8	126.1	.02362	45.2	130.8	.02224	42.6	134.6	.02107	40.4
	218	124.7	.02781	52.1	131.1	.02574	48.2	136.1	.02425	45.4	140.0	.02299	43.1
	232	130.9	.03118	56.5	137.9	.02898	52.5	143.2	.02723	49.3	147.4	.02583	46.8
	246	137.0	.03487	60.9	144.4	.03239	56.6	150.1	.03044	53.2	154.6	.02890	50.5
	260	142.9	.03888	65.2	150.8	.03616	60.7	156.8	.03401	57.0	161.6	.03230	54.1
	274	148.7	.04338	69.6	157.0	.04035	64.7	163.4	.03796	60.9	168.5	.03607	57.8
89 MM	186	106.4	.02295	45.9	111.8	.02131	42.6	116.2	.01997	39.9	120.0	.01878	37.5
	198	111.8	.02564	50.1	117.9	.02380	46.5	122.4	.02232	43.6	126.5	.02101	41.0
	208	116.3	.02798	53.5	122.5	.02595	49.7	127.4	.02435	46.6	131.9	.02299	44.0
	218	120.7	.03047	57.0	127.3	.02828	52.9	132.5	.02651	49.7	137.2	.02508	46.9
	232	126.6	.03415	61.8	133.8	.03168	57.4	139.3	.02977	53.9	144.4	.02813	50.9
	246	132.4	.03815	66.6	140.0	.03544	61.9	146.0	.03329	58.1	151.4	.03144	54.9
	260	137.9	.04245	71.1	146.1	.03951	66.3	152.5	.03713	62.3	158.3	.03512	58.9
	274	143.4	.04734	75.9	152.1	.04408	70.7	158.8	.04144	66.4	164.9	.03920	62.9
114 MM	186	102.3	.02522	50.4	107.5	.02301	46.0	112.7	.02155	43.1	116.4	.02042	40.8
	198	107.3	.02809	54.8	113.2	.02581	50.4	118.8	.02408	47.0	122.6	.02283	44.6
	208	111.4	.03062	58.6	117.8	.02813	53.8	123.5	.02626	50.3	127.6	.02489	47.6
	218	115.6	.03326	62.2	122.2	.03056	57.2	128.4	.02861	53.5	132.7	.02712	50.8
	232	121.2	.03726	67.5	128.2	.03427	62.0	134.9	.03208	58.1	139.6	.03040	55.1
	246	126.6	.04160	72.7	134.2	.03827	66.8	141.3	.03584	62.6	146.3	.03400	59.4
	260	131.8	.04627	77.6	139.9	.04272	71.6	147.5	.03997	67.0	152.8	.03793	63.6
	274	136.9	.05156	82.6	145.6	.04763	76.3	153.5	.04457	71.5	159.2	.04233	67.9
168 MM	186	95.7	.02804	56.0	101.6	.02618	52.3	105.9	.02421	48.4	110.8	.02275	45.5
	198	100.2	.03126	61.1	106.5	.02910	56.8	111.4	.02714	53.0	116.8	.02539	49.6
	208	103.9	.03403	65.2	110.5	.03166	60.6	115.9	.02952	56.5	121.4	.02770	53.0
	218	107.6	.03706	69.4	114.8	.03449	64.5	120.4	.03230	60.4	126.1	.03017	56.5
	232	112.5	.04147	75.1	120.3	.03862	69.9	126.6	.03638	65.9	132.5	.03379	61.2
	246	117.4	.04604	80.4	125.7	.04311	75.3	132.4	.04056	70.9	138.7	.03777	65.9
	260	122.2	.05126	86.0	130.9	.04803	80.5	138.0	.04519	75.8	144.8	.04215	70.6
	274	126.8	.05706	91.5	135.9	.05334	85.5	143.6	.05040	80.8	150.7	.04698	75.3
219 MM	186	90.5	.03016	60.3	97.6	.02775	55.5	102.3	.02633	52.6	106.1	.02495	49.9
	198	94.6	.03359	65.6	102.4	.03092	60.4	107.3	.02925	57.1	111.5	.02785	54.4
	208	98.0	.03652	70.0	106.1	.03366	64.5	111.3	.03184	61.0	116.1	.03040	58.2
	218	101.3	.03975	74.4	110.0	.03664	68.6	115.7	.03468	64.9	120.4	.03301	61.8
	232	105.8	.04443	80.4	115.3	.04100	74.2	121.3	.03883	70.3	126.4	.03700	67.0
	246	110.2	.04957	86.5	120.4	.04570	79.8	126.7	.04334	75.7	132.1	.04116	71.9
	260	114.7	.05506	92.4	125.3	.05090	85.4	131.9	.04813	80.7	137.8	.04594	77.0
	274	118.8	.06108	98.0	130.0	.05647	90.6	137.1	.05359	85.9	143.3	.05120	82.0
273 MM	186	84.5	.03261	65.3	89.6	.03072	61.4	94.3	.02921	58.4	98.3	.02778	55.5
	198	88.0	.03614	70.6	93.7	.03427	66.9	98.8	.03255	63.6	103.1	.03097	60.5
	208	91.0	.03926	75.2	96.9	.03723	71.3	102.4	.03544	67.8	106.9	.03369	64.5
	218	93.9	.04266	79.9	100.2	.04049	75.9	105.9	.03838	71.8	110.8	.03667	68.6
	232	98.0	.04771	86.4	104.7	.04531	82.0	110.8	.04293	77.7	116.2	.04103	74.3
	246	101.8	.05318	92.8	109.1	.05049	88.1	115.7	.04782	83.5	121.3	.04574	79.9
	260	105.7	.05914	99.1	113.4	.05618	94.2	120.3	.05325	89.3	126.4	.05091	85.4
	274	109.4	.06577	105.4	117.6	.06240	100.1	124.9	.05926	95.0	131.3	.05670	90.9

Calculations Courtesy of: Therman Mfg. Co.

TABLE 32 (Continued)

METRIC UNITS

GMS/SEC STEAM CONDENSED AND WATTS HEAT LOSS/METER OF TRACER

Air Convection Tracer — One Tracer 12.7 mm OD

Air Temperature 37.8 °C Wind 0 KMH

INSULATION THICKNESS

PIPE SIZE	°C Steam TS	38 MM Nominal °C Pipe TP	38 MM Nominal Condensate GM/SEC-M	Heat Loss W/lin m, hr Q3	51 MM Nominal °C Pipe TP	51 MM Nominal Condensate GM/SEC-M	Heat Loss W/lin m, hr Q3	64 MM Nominal °C Pipe TP	64 MM Nominal Condensate GM/SEC-M	Heat Loss W/lin m, hr Q3	76 MM Nominal °C Pipe TP	76 MM Nominal Condensate GM/SEC-M	Heat Loss W/lin m, hr Q3
324 MM	186	80.4	.03406	68.2	86.3	.03211	64.3	91.1	.03038	60.7	95.3	.02903	58.0
	198	83.8	.03799	74.2	90.1	.03584	70.0	95.3	.03388	66.2	99.9	.03235	63.2
	208	86.4	.04125	79.0	93.1	.03892	74.5	98.7	.03683	70.5	103.5	.03522	67.4
	218	89.2	.04485	83.9	96.1	.04210	78.9	102.1	.04003	75.0	107.2	.03831	71.7
	232	92.8	.05011	90.7	100.3	.04708	85.2	106.7	.04478	81.1	112.1	.04269	77.3
	246	96.3	.05550	96.9	104.4	.05245	91.5	111.2	.04989	87.1	117.1	.04755	83.0
	260	99.9	.06199	103.9	108.3	.05829	97.8	115.7	.05549	93.1	121.8	.05296	88.8
	274	103.2	.06866	110.0	112.4	.06488	104.9	120.0	.06173	98.9	126.5	.05894	94.5
356 MM	186	77.2	.03532	70.7	82.9	.03345	66.9	87.6	.03169	63.4	91.7	.03024	60.4
	198	80.3	.03936	76.9	86.3	.03709	72.4	91.6	.03532	68.0	96.0	.03371	65.8
	208	82.8	.04283	82.0	89.2	.04025	77.1	94.7	.03845	73.6	99.4	.03662	70.1
	218	85.2	.04624	86.6	92.1	.04378	82.0	98.0	.04173	78.2	102.9	.03979	74.6
	232	88.6	.05165	93.5	95.9	.04890	88.5	102.2	.04670	84.5	107.6	.04457	80.7
	246	91.9	.05751	100.4	99.7	.05449	95.1	106.4	.05178	90.4	112.2	.04964	86.7
	260	95.1	.06395	107.2	103.4	.06057	101.5	110.4	.05755	96.5	116.8	.05523	92.6
	274	98.2	.07107	113.9	107.1	.06736	107.9	114.6	.06401	102.7	121.1	.06143	98.5
406 MM	186	74.8	.03650	73.0	80.1	.03437	68.8	84.9	.03284	65.7	88.9	.03133	62.7
	198	77.5	.04037	78.8	83.4	.03832	74.8	88.6	.03659	71.5	92.9	.03497	68.3
	208	79.8	.04380	83.8	86.1	.04155	79.6	91.4	.03956	75.8	96.2	.03801	72.7
	218	82.2	.04763	89.1	88.8	.04525	84.7	94.5	.04298	80.5	99.5	.04128	77.3
	232	85.3	.05317	96.3	92.5	.05047	91.4	98.5	.04808	87.0	103.9	.04619	83.6
	246	88.4	.05913	103.2	96.1	.05625	98.2	102.5	.05352	93.4	108.3	.05141	89.7
	260	91.5	.06573	110.2	99.5	.06252	104.8	106.4	.05951	99.8	112.6	.05715	95.9
	274	94.4	.07309	117.1	102.8	.06919	110.9	110.2	.06618	106.1	116.6	.06336	101.6
457 MM	186	72.3	.03718	74.3	77.7	.03536	70.7	82.3	.03365	67.3	86.3	.03237	64.8
	198	75.2	.04136	80.8	80.9	.03932	76.8	85.8	.03753	73.3	90.2	.03612	70.5
	208	77.3	.04494	86.0	83.4	.04278	81.9	88.6	.04071	78.0	93.2	.03921	75.1
	218	79.5	.04885	91.4	86.0	.04647	87.1	91.4	.04433	82.9	96.4	.04262	79.8
	232	82.6	.05432	98.5	89.5	.05187	93.9	95.3	.04947	89.6	100.4	.04745	85.9
	246	85.5	.06060	105.8	92.7	.05749	100.3	99.1	.05512	96.2	104.7	.05304	92.6
	260	88.3	.06739	112.9	96.2	.06415	107.5	102.8	.06124	102.7	108.5	.05872	98.5
	274	91.1	.07483	119.9	99.2	.07101	113.8	106.3	.06809	109.1	112.6	.06533	104.7
508 MM	186	70.4	.03806	76.0	75.6	.03626	72.6	80.0	.03456	69.1	84.0	.03331	66.7
	198	73.0	.04225	82.5	78.6	.04034	78.8	83.3	.03852	75.2	87.7	.03715	72.6
	208	75.2	.04593	87.9	81.0	.04386	83.9	86.0	.04177	80.0	90.6	.04081	77.2
	218	77.2	.04987	93.4	83.4	.04756	89.0	88.7	.04548	85.1	93.4	.04362	81.7
	232	80.0	.05564	100.8	86.6	.05285	95.7	92.4	.05074	91.9	97.4	.04873	88.2
	246	82.8	.06163	107.9	89.7	.05885	102.7	96.0	.05653	98.7	101.3	.05427	94.7
	260	85.5	.06881	115.3	92.9	.06534	109.5	99.5	.06280	105.3	105.2	.06034	101.2
	274	88.0	.07603	121.8	95.9	.07266	116.4	102.9	.06977	111.8	108.9	.06706	107.5
610 MM	186	68.0	.03905	78.0	72.6	.03750	74.9	76.8	.03586	71.7	80.3	.03468	69.4
	198	70.3	.04344	85.0	75.4	.04142	80.9	79.9	.03996	78.0	83.9	.03842	75.0
	208	72.2	.04719	90.3	77.8	.04524	86.6	82.4	.04338	83.0	86.5	.04171	79.9
	218	74.3	.05121	95.9	79.9	.04887	91.4	84.9	.04705	88.0	89.3	.04536	84.9
	232	76.9	.05716	103.6	82.9	.05448	98.7	88.3	.05258	95.2	93.1	.05059	91.6
	246	79.5	.06350	110.8	85.8	.06061	105.8	91.6	.05857	102.2	96.7	.05639	93.4
	260	81.8	.07018	117.6	88.7	.06741	113.0	94.9	.06505	109.0	100.2	.06264	105.0
	274	84.2	.07798	124.9	91.6	.07479	119.8	97.9	.07192	115.2	103.7	.06960	111.5
762 MM	186	64.0	.04086	81.7	68.2	.03895	77.8	72.1	.03772	75.4	75.6	.03636	72.7
	198	66.1	.04523	88.4	70.6	.04333	84.7	74.9	.04205	82.1	78.6	.04051	79.1
	208	67.6	.04888	93.5	72.5	.04709	90.1	77.1	.04564	87.3	81.0	.04405	84.3
	218	69.3	.05293	99.2	74.6	.05109	95.7	79.3	.04944	92.6	83.5	.04778	89.5
	232	71.6	.05905	107.0	77.3	.05702	103.3	82.2	.05484	99.4	86.8	.05339	96.7
	246	73.9	.06578	114.8	79.9	.06344	110.7	85.1	.06113	106.7	90.0	.05938	103.6
	260	76.1	.07306	122.5	82.4	.07049	118.1	88.0	.06787	113.8	93.1	.06602	110.7
	274	78.2	.08096	129.7	84.9	.07821	125.3	90.7	.07543	120.9	96.1	.07296	116.9

Calculations Courtesy of: Therman Mfg. Co.

TABLE 32 (Sheet 4 of 4)

ENGLISH UNITS

LBS/HR OF STEAM CONDENSED AND Btu/HR HEAT LOSS/FT OF TRACER

Air Convection Tracer — Two 1/2'' OD Tracers

Air Temperature 0 °F Wind 25 MPH

INSULATION THICKNESS

NPS		1.5'' Nominal		Heat Loss Btu/lin ft, hr	2.0'' Nominal		Heat Loss Btu/lin ft, hr	2.5'' Nominal		Heat Loss Btu/lin ft, hr	3.0'' Nominal		Heat Loss Btu/lin ft, hr
	°F Steam	°F Pipe	Condensate		°F Pipe	Condensate		°F Pipe	Condensate		°F Pipe	Condensate	
	TS	TP	#/HR-FT	Q3	TP	#/HR-FT	Q3	TP	#/HR-FT	Q3	TP	#/HR-FT	Q3
1.5''	366	238.9	.04657	80.1	252.1	.04159	71.6	261.5	.03795	65.3	268.5	.03520	60.6
	388	252.8	.05114	86.0	266.6	.04557	76.7	276.6	.04162	70.0	284.1	.04866	65.0
	406	263.7	.05499	90.6	278.2	.04904	80.9	288.6	.04483	73.9	296.8	.04162	68.6
	425	274.9	.05916	95.4	290.0	.05287	85.2	301.2	.04833	77.9	309.5	.04486	72.3
	450	289.9	.06540	101.9	306.2	.05846	91.1	317.8	.05347	83.3	326.6	.04968	77.4
	475	304.5	.07215	108.5	321.7	.06459	97.0	334.0	.05910	88.8	343.3	.05495	82.6
	500	319.1	.07970	115.0	337.0	.07132	103.0	349.9	.06531	94.3	359.7	.06076	87.7
	525	333.1	.08809	121.5	351.8	.07889	108.9	365.4	.07229	99.8	375.7	.06728	92.9
2.0''	366	234.6	.04657	80.1	248.2	.04159	71.6	257.8	.03795	65.3	265.1	.03520	60.6
	388	248.2	.05114	86.0	262.4	.04557	76.7	272.6	.04162	70.0	280.4	.03866	65.0
	406	258.9	.05499	90.6	273.7	.04904	80.9	284.5	.04483	73.9	292.6	.04162	68.6
	425	269.8	.05916	95.4	285.3	.05287	85.2	296.6	.04833	77.9	305.3	.04486	72.3
	450	284.4	.06540	101.9	300.9	.05846	91.1	313.1	.05347	83.3	322.2	.04968	77.4
	475	298.8	.07215	108.5	316.4	.06459	97.0	329.0	.05910	88.8	338.6	.05495	82.6
	500	312.8	.07970	115.0	331.3	.07132	103.0	344.6	.06531	94.3	354.7	.06076	87.7
	525	326.7	.08809	121.5	345.9	.07889	108.9	359.8	.07229	99.8	370.5	.06728	92.9
3.0''	366	218.8	.05863	101.0	234.2	.05217	89.8	246.6	.04701	80.9	255.2	.04362	75.1
	388	231.3	.06419	108.0	247.6	.05719	96.1	260.8	.05154	86.6	269.9	.04783	80.4
	406	241.2	.06899	113.6	258.3	.06147	101.3	272.1	.05542	91.3	282.0	.05142	84.8
	425	251.4	.07418	119.5	269.3	.06613	106.5	284.2	.05978	96.3	294.0	.05539	89.3
	450	265.0	.08176	127.5	283.9	.07296	113.8	299.7	.06607	103.0	310.1	.06129	95.5
	475	278.3	.09017	135.5	298.5	.08056	121.0	314.9	.07290	109.6	325.9	.06766	101.7
	500	291.6	.09935	143.4	312.6	.08883	128.3	329.8	.08050	116.2	341.4	.07478	107.9
	525	304.4	.10965	151.3	326.3	.09812	135.4	344.4	.08899	122.8	356.5	.08271	114.1
4''	366	215.3	.05863	101.0	231.1	.05217	89.8	243.7	.04701	80.9	252.5	.04362	75.1
	388	227.6	.06419	108.0	244.3	.05719	96.1	257.7	.05154	86.6	267.0	.04783	80.4
	406	237.3	.06899	113.6	254.8	.06147	101.3	268.9	.05542	91.3	278.6	.05142	84.6
	425	247.3	.07418	119.5	265.5	.06613	106.5	280.5	.05978	96.3	290.7	.05539	89.3
	450	260.7	.08176	127.5	280.0	.07296	113.8	296.1	.06607	103.0	306.7	.06129	95.5
	475	273.7	.09017	135.5	294.1	.08056	121.0	311.1	.07290	109.6	322.3	.06766	101.7
	500	268.5	.09935	143.4	308.1	.08883	128.3	325.7	.08050	116.2	337.5	.07478	107.9
	525	299.0	.10965	151.3	321.6	.09812	135.4	340.1	.08899	122.8	352.4	.08271	114.1
6''	366	192.3	.07178	123.5	210.0	.06402	110.2	226.1	.05725	98.6	235.7	.05318	91.5
	388	203.2	.07835	131.9	222.1	.07021	118.0	239.0	.06269	105.5	249.2	.05824	97.9
	406	211.9	.08418	138.6	231.7	.07528	124.2	249.3	.06740	111.0	260.0	.06260	103.1
	425	220.8	.09037	145.6	241.4	.08101	130.5	259.8	.07250	116.8	271.0	.06735	108.5
	450	232.7	.09956	155.1	254.5	.08929	139.2	273.9	.07993	124.7	286.0	.07431	115.9
	475	244.3	.10948	164.6	267.2	.09830	147.8	288.0	.08820	132.5	300.5	.08205	123.3
	500	255.7	.12051	174.0	279.7	.10838	156.4	301.5	.09721	140.4	314.6	.09048	130.6
	525	266.8	.13282	183.4	292.2	.11956	164.9	314.7	.10732	148.1	328.5	.09995	138.0
8''	366	181.2	.07755	133.6	198.7	.07004	120.5	212.4	.06393	110.0	222.2	.05990	103.1
	388	191.5	.08483	142.6	210.0	.07648	128.7	224.7	.07013	117.9	234.9	.06559	110.2
	406	199.7	.09087	149.9	219.0	.08208	135.3	234.4	.07518	124.0	245.0	.07041	116.0
	425	208.1	.09755	157.3	228.1	.08825	142.2	244.2	.08091	130.3	255.3	.07572	122.0
	450	219.1	.10726	167.1	240.5	.09723	151.5	257.5	.08919	139.0	269.2	.08348	130.2
	475	230.1	.11801	177.3	252.5	.10700	160.8	270.4	.09819	147.7	283.0	.09206	138.3
	500	240.8	.12988	187.4	264.3	.11784	170.1	283.3	.10828	156.2	296.3	.10152	146.5
	525	251.3	.14314	197.5	275.8	.12992	179.3	295.7	.11945	164.8	309.2	.11205	154.6
10''	366	170.5	.08376	144.3	186.6	.07586	130.7	200.7	.06983	120.2	211.9	.06482	111.5
	388	180.3	.09163	154.0	197.2	.08300	139.5	212.1	.07627	128.3	224.0	.07089	119.2
	406	188.0	.09817	161.9	205.6	.08905	146.7	221.2	.08185	134.9	233.7	.07602	125.4
	425	195.7	.10512	169.5	214.2	.09559	154.0	230.5	.08801	141.8	243.5	.08182	131.8
	450	206.2	.11579	180.5	225.8	.10529	164.1	243.0	.09698	151.1	256.7	.09019	140.6
	475	216.6	.12735	191.3	237.1	.11582	174.1	255.2	.10667	160.4	269.6	.09929	149.3
	500	226.7	.13996	202.1	248.2	.12751	184.0	267.1	.11755	169.7	282.7	.10971	158.3
	525	236.3	.15375	212.3	259.0	.14052	193.8	279.0	.12961	178.8	295.0	.12103	167.0

Condensate loads are given per tracer.

Calculations Courtesy of: Therman Mfg. Co.

TABLE 33 (Sheet 1 of 4)

TABLE 33 (Continued)

ENGLISH UNITS

LBS/HR OF STEAM CONDENSED AND Btu/HR HEAT LOSS/FT OF TRACER

Air Convection Tracer — Two 1/2'' OD Tracers

Air Temperature 0 °F Wind 25 MPH

INSULATION THICKNESS

NPS		1.5'' Nominal		Heat Loss Btu/lin ft, hr	2.0'' Nominal		Heat Loss Btu/lin ft, hr	2.5'' Nominal		Heat Loss Btu/lin ft, hr	3.0'' Nominal		Heat Loss Btu/lin ft, hr
	°F Steam	°F Pipe	Condensate		°F Pipe	Condensate		°F Pipe	Condensate		°F Pipe	Condensate	
	TS	TP	#/HR-FT	Q3	TP	#/HR-FT	Q3	TP	#/HR-FT	Q3	TP	#/HR-FT	Q3
12''	366	157.5	.09054	155.7	176.5	.08083	139.3	191.6	.07417	127.6	203.8	.06892	118.6
	388	166.4	.09875	166.0	186.5	.08846	148.7	202.4	.08105	136.3	215.4	.07528	126.7
	406	173.2	.10544	173.7	194.4	.09462	156.0	211.1	.08694	143.2	224.7	.08080	133.2
	425	180.5	.11299	182.2	202.5	.10146	163.6	220.0	.09337	150.4	234.1	.08689	140.0
	450	190.2	.12431	193.7	213.8	.11239	175.1	231.9	.10286	160.3	246.8	.09575	149.2
	475	199.7	.13660	205.2	224.7	.12382	186.0	243.5	.11309	170.1	259.1	.10534	158.4
	500	209.0	.15010	216.6	235.1	.13613	196.4	254.9	.12453	179.8	271.2	.11610	167.6
	525	218.1	.16516	227.8	245.4	.15009	207.0	266.0	.13726	189.5	283.3	.12803	176.6
14''	366	147.4	.09503	163.8	167.2	.08627	148.6	182.0	.07853	135.3	194.7	.07330	126.1
	388	155.7	.10363	174.5	176.7	.09427	158.5	192.4	.08591	144.4	205.7	.07999	134.6
	406	162.3	.11114	183.1	184.1	.10060	165.9	200.6	.09215	151.8	214.5	.08593	141.6
	425	169.1	.11907	192.0	191.7	.10811	174.1	209.0	.09885	159.4	223.5	.09228	148.7
	450	178.2	.13080	204.1	202.1	.11889	185.3	220.3	.10898	169.8	235.6	.10165	158.4
	475	187.1	.14382	216.1	212.2	.13071	196.4	231.4	.11991	180.2	247.2	.11152	167.7
	500	195.6	.15753	227.3	222.0	.14369	207.4	242.0	.13158	190.0	258.7	.12278	177.3
	525	204.1	.17325	239.0	231.7	.15821	218.3	252.6	.14510	200.3	270.0	.13535	186.9
16''	366	139.4	.09927	171.0	159.1	.09045	155.5	174.7	.08330	143.5	186.7	.07694	132.6
	388	147.0	.10778	181.4	168.1	.09863	165.8	184.5	.09099	153.0	197.3	.08416	141.5
	406	153.3	.11554	190.3	175.0	.10534	173.5	192.3	.09726	160.4	205.8	.09029	148.7
	425	159.7	.12371	199.5	182.3	.11288	182.0	200.4	.10448	168.5	214.4	.09682	156.2
	450	168.3	.13590	212.0	192.2	.12421	193.6	211.0	.11486	179.0	226.0	.10674	166.3
	475	176.7	.14934	224.4	201.7	.13649	205.1	221.6	.12632	189.8	237.3	.11743	176.5
	500	185.0	.16400	236.6	211.1	.14997	216.4	231.9	.13889	200.6	248.1	.12896	186.1
	525	193.0	.18034	248.7	220.3	.16506	227.7	242.0	.15300	211.2	259.0	.14214	196.1
18''	366	131.8	.10267	176.6	151.6	.09387	161.5	167.3	.08694	149.7	179.3	.08027	138.3
	388	139.5	.11173	188.0	160.2	.10236	172.1	176.6	.09468	159.2	189.5	.08784	147.7
	406	145.5	.11973	197.2	167.0	.10963	180.6	184.1	.10146	167.2	197.7	.09417	155.3
	425	151.5	.12813	206.7	174.0	.11755	189.3	191.8	.10889	175.4	206.0	.10115	163.1
	450	159.7	.14077	219.6	183.4	.12918	201.3	202.2	.11977	186.7	217.1	.11141	173.6
	475	167.7	.15462	232.3	192.5	.14192	213.2	212.3	.13166	197.8	228.2	.12281	184.5
	500	175.5	.16976	244.9	201.4	.15592	225.0	222.1	.14474	208.9	239.1	.13541	195.4
	525	183.1	.18663	257.4	210.2	.17153	236.6	231.8	.15935	219.8	249.4	.14911	205.7
20''	366	125.4	.10603	182.3	145.0	.09715	167.3	160.5	.09027	155.2	173.3	.08428	145.2
	388	132.5	.11527	194.0	153.2	.10590	178.3	169.6	.09844	165.5	183.2	.09221	155.0
	406	138.4	.12350	203.4	159.7	.11354	187.0	176.9	.10549	173.8	190.8	.09844	162.4
	425	144.2	.13233	213.2	166.4	.12161	196.1	184.0	.11269	181.7	198.8	.10572	170.5
	450	151.9	.14531	226.3	175.1	.13317	207.8	193.9	.12401	193.3	209.6	.11645	181.5
	475	159.6	.15939	239.5	183.8	.14640	219.9	203.6	.13629	204.8	220.1	.12809	192.5
	500	167.0	.17496	252.4	192.4	.16080	232.0	213.1	.14976	216.1	230.1	.14039	202.6
	525	174.2	.19230	265.2	200.7	.17684	243.9	222.3	.16482	227.4	240.1	.15460	213.5
24''	366	117.9	.10975	189.1	130.1	.10123	174.4	151.0	.09475	163.0	163.5	.08918	153.3
	388	124.6	.11958	201.2	143.8	.11035	185.7	159.5	.10332	173.7	172.8	.09726	163.5
	406	129.9	.12803	210.9	149.9	.11828	194.8	166.4	.11065	182.3	180.1	.10422	171.7
	425	135.6	.13715	220.9	156.2	.12660	204.2	173.3	.11870	191.1	187.7	.11168	180.1
	450	143.0	.15036	234.6	164.6	.13909	217.0	182.6	.13039	203.2	197.6	.12296	191.6
	475	150.1	.16510	248.1	172.8	.15281	229.6	191.8	.14322	215.2	207.4	.13475	202.4
	500	156.9	.18055	260.5	180.9	.16778	242.1	200.7	.15735	227.0	217.1	.14807	213.7
	525	163.7	.19838	273.6	188.7	.18448	254.4	209.4	.17309	238.8	226.5	.16300	224.9
30''	366	104.2	.11606	200.0	121.6	.10840	186.7	136.2	.10156	175.0	148.6	.09615	165.7
	388	110.2	.12656	212.7	128.5	.11809	198.7	143.9	.11073	186.4	157.0	.10483	176.5
	406	114.9	.13514	222.9	134.2	.12645	208.3	150.0	.11868	195.5	163.7	.11242	185.2
	425	119.7	.14490	233.4	139.8	.13550	218.3	156.3	.12703	204.9	170.5	.12043	194.2
	450	126.2	.15900	247.7	147.4	.14873	231.8	164.7	.13956	217.7	179.7	.13231	206.4
	475	132.5	.17409	261.9	154.8	.16315	245.1	173.0	.15332	230.4	188.7	.14546	218.5
	500	139.0	.19117	275.8	162.0	.17903	258.3	181.0	.16836	242.9	197.2	.15933	229.9
	525	145.1	.20997	289.6	169.0	.19674	271.4	188.9	.18509	255.3	205.8	.17525	241.7

Condensate loads are given per tracer.

Calculations Courtesy of: Therman Mfg. Co.

TABLE 33 (Sheet 2 of 4)

ENGLISH UNITS

LBS/HR OF STEAM CONDENSED AND Btu/HR HEAT LOSS/FT OF TRACER

Air Convection Tracer — Two 1/2'' OD Tracers

Air Temperature 100 °F Wind 0 MPH

INSULATION THICKNESS

NPS	1.5'' Nominal			Heat Loss Btu/lin ft, hr	2.0'' Nominal		Heat Loss Btu/lin ft, hr	2.5'' Nominal		Heat Loss Btu/lin ft, hr	3.0'' Nominal		Heat Loss Btu/lin ft, hr
	°F Steam	°F Pipe	Condensate		°F Pipe	Condensate		°F Pipe	Condensate		°F Pipe	Condensate	
	TS	TP	#/HR-FT	Q3	TP	#/HR-FT	Q3	TP	#/HR-FT	Q3	TP	#/HR-FT	Q3
	366	274.5	.03293	56.7	282.6	.02996	51.6	288.5	.02768	47.6	293.1	.02590	44.6
	388	288.8	.03700	62.2	297.4	.03360	56.5	303.8	.03106	52.2	308.8	.02905	48.9
	406	300.0	.04045	66.6	309.1	.03673	60.5	316.0	.03394	55.9	321.3	.03180	52.4
1.5''	425	311.4	.04417	71.2	321.2	.04011	64.7	328.5	.03710	59.8	334.1	.03475	56.0
	450	326.8	.04969	77.5	337.4	.04514	70.4	345.2	.04179	65.1	351.4	.03915	61.0
	475	341.9	.05571	83.7	353.2	.05067	76.1	361.6	.04687	70.5	368.3	.04394	66.1
	500	356.6	.06229	89.9	368.7	.05669	81.8	377.7	.05249	75.8	385.0	.04922	71.1
	525	371.0	.06970	96.2	384.1	.06343	87.5	393.7	.05876	81.1	401.2	.05512	76.1
	366	271.4	.03293	56.7	279.7	.02996	51.6	285.8	.02768	47.6	290.5	.02590	44.6
	388	285.3	.03700	62.2	294.2	.03360	56.5	300.8	.03106	52.2	306.0	.02905	48.9
	406	296.3	.04045	66.6	305.8	.03673	60.5	312.8	.03394	55.9	318.3	.03180	52.4
2.0''	425	307.5	.04417	71.2	317.6	.04011	64.7	325.1	.03710	59.8	330.9	.03475	56.0
	450	322.6	.04969	77.5	333.4	.04514	70.4	341.5	.04179	65.1	347.9	.03915	61.0
	475	337.4	.05571	83.7	349.0	.05067	76.1	357.7	.04687	70.5	364.5	.04394	66.1
	500	351.8	.06229	89.9	364.2	.05669	81.8	373.5	.05249	75.8	380.8	.04922	71.1
	525	365.8	.06970	96.2	379.0	.06343	87.5	388.9	.05876	81.1	396.9	.05512	76.1
	366	260.7	.04133	71.1	270.1	.03742	64.4	277.9	.03415	58.8	283.4	.03188	54.9
	388	273.6	.04626	77.8	283.8	.04185	70.4	292.3	.03825	64.3	298.2	.03574	60.1
	406	283.8	.05047	83.2	294.7	.04571	75.4	303.8	.04180	68.9	310.4	.03914	64.5
3.0''	425	294.3	.05510	88.8	305.9	.04994	80.5	315.5	.04563	73.5	322.5	.04276	68.9
	450	308.4	.06189	96.4	320.9	.05614	87.5	331.5	.05145	80.2	338.8	.04809	75.0
	475	322.2	.06923	104.1	335.6	.06286	94.5	347.0	.05765	86.6	354.8	.05395	81.1
	500	335.7	.07740	111.7	350.1	.07041	101.7	362.1	.06449	93.1	370.4	.06034	87.1
	525	348.8	.08646	119.3	364.2	.07869	108.6	377.1	.07210	99.5	385.9	.06752	93.2
	366	258.2	.04133	71.1	267.8	.03742	64.4	275.8	.03415	58.8	281.4	.03188	54.9
	388	270.9	.04626	77.8	281.3	.04185	70.4	290.0	.03825	64.3	296.0	.03574	60.1
	406	281.0	.05047	83.2	292.1	.04571	75.4	301.3	.04180	68.9	308.0	.03914	64.5
4''	425	291.3	.05510	88.8	303.0	.04994	80.5	312.9	.04563	73.5	320.0	.04276	68.9
	450	305.1	.06189	96.4	317.8	.05614	87.5	328.7	.05145	80.2	336.1	.04809	75.0
	475	318.6	.06923	104.1	332.2	.06286	94.5	343.9	.05765	86.6	351.8	.05395	81.1
	500	331.8	.07740	111.7	346.6	.07041	101.7	358.8	.06449	93.1	367.3	.06034	87.1
	525	344.7	.08646	119.3	360.4	.07869	108.6	373.3	.07210	99.5	382.6	.06752	93.2
	366	242.1	.05041	86.8	253.1	.04590	79.0	263.2	.04154	71.5	269.4	.03888	66.9
	388	253.4	.05641	94.8	265.4	.05135	86.3	276.3	.04650	78.2	283.1	.04348	73.2
	406	262.4	.06152	101.3	275.1	.05601	92.3	286.8	.05072	83.6	294.0	.04747	78.3
6''	425	271.6	.06705	108.0	285.1	.06108	98.4	297.4	.05539	89.2	305.1	.05187	83.6
	450	284.0	.07515	117.2	298.5	.06852	106.8	311.8	.06221	96.9	320.1	.05825	90.8
	475	296.1	.08406	126.3	311.6	.07660	115.2	325.8	.06958	104.6	334.7	.06520	98.0
	500	307.9	.09378	135.4	324.4	.08555	123.5	339.6	.07778	112.2	349.0	.07289	105.3
	525	319.5	.10458	144.4	336.9	.09550	131.8	353.0	.08680	119.8	363.0	.08148	112.4
	366	233.9	.05467	94.1	244.7	.05002	86.2	253.4	.04622	79.5	259.8	.04368	75.2
	388	244.6	.06107	102.8	256.3	.05599	94.1	265.7	.05171	86.9	272.7	.04884	82.1
	406	253.1	.06663	109.8	265.5	.06106	100.6	275.8	.05656	93.2	282.9	.05331	87.8
8''	425	261.8	.07265	117.0	275.0	.06653	107.2	285.8	.06167	99.4	293.4	.05814	93.7
	450	273.5	.08134	126.9	287.6	.07458	116.3	299.3	.06920	107.9	307.5	.06526	101.7
	475	284.9	.09092	136.6	299.9	.08347	125.4	312.4	.07739	116.4	321.2	.07299	109.7
	500	296.0	.10147	146.4	312.0	.09306	134.4	325.3	.08639	124.7	334.7	.08152	117.7
	525	306.9	.11316	156.1	323.8	.10383	143.3	337.9	.09641	133.1	347.8	.09104	125.7
	366	225.8	.05858	100.9	236.2	.05419	93.3	245.2	.05035	86.7	252.4	.04718	81.2
	388	236.0	.06553	110.1	247.1	.06055	101.9	256.8	.05635	94.7	264.7	.05274	88.7
	406	244.2	.07166	118.1	255.8	.06607	108.8	266.1	.06145	101.2	274.4	.05753	94.8
10''	425	252.7	.07837	126.2	264.6	.07204	116.1	275.6	.06696	107.9	284.4	.06267	101.0
	450	263.8	.08794	137.1	276.5	.08070	125.8	288.2	.07505	117.1	297.8	.07038	109.7
	475	274.5	.09805	147.4	288.1	.09018	135.5	300.7	.08394	126.1	311.1	.07886	118.6
	500	285.1	.10956	158.1	299.5	.10056	145.2	312.8	.09365	135.2	323.9	.08806	127.1
	525	295.2	.12182	168.1	310.6	.11222	154.8	324.7	.10445	144.2	336.4	.09828	135.7

Condensate loads are given per tracer.

Calculations Courtesy of: Therman Mfg. Co.

TABLE 33 (Sheet 3 of 4)

TABLE 33 (Continued)

ENGLISH UNITS

LBS/HR OF STEAM CONDENSED AND Btu/HR HEAT LOSS/FT OF TRACER

Air Convection Tracer — Two 1/2'' OD Tracers

Air Temperature 100 °F Wind 0 MPH

INSULATION THICKNESS

NPS	°F Steam	1.5'' Nominal		Heat Loss Btu/lin ft, hr	2.0'' Nominal		Heat Loss Btu/lin ft, hr	2.5'' Nominal		Heat Loss Btu/lin ft, hr	3.0'' Nominal		Heat Loss Btu/lin ft, hr
		°F Pipe	Condensate		°F Pipe	Condensate		°F Pipe	Condensate		°F Pipe	Condensate	
	TS	TP	#/HR-FT	Q3	TP	#/HR-FT	Q3	TP	#/HR-FT	Q3	TP	#/HR-FT	Q3
12''	366	217.9	.06365	109.5	229.3	.05761	99.2	238.9	.05337	91.8	246.8	.05003	86.1
	388	227.3	.07105	119.4	239.6	.06422	108.0	259,9	.05957	100.3	258.6	.05593	94.0
	406	235.0	.07728	127.4	247.9	.07003	115.4	258.8	.06502	107.1	267.9	.06100	100.5
	425	242.6	.08425	135.7	256.3	.07638	123.0	267.9	.07083	114.1	277.5	.06647	107.1
	450	252.9	.09432	147.0	267.7	.08561	133.5	280.0	.07941	123.8	290.4	.07451	116.2
	475	262.6	.10481	157.6	278.6	.09556	143.7	291.9	.08878	133.4	303.0	.08334	125.2
	500	272.3	.11690	168.7	289.5	.10678	154.1	303.5	.09897	142.9	315.3	.09296	134.2
	525	281.8	.13023	179.7	300.5	.11961	165.0	314.9	.11039	152.4	327.3	.10372	143.2
14''	366	210.9	.06706	115.4	223.0	.06172	108.2	232.1	.05648	97.3	240.1	.05301	91.2
	388	219.6	.07478	125.8	232.8	.06861	115.5	242.6	.06317	106.3	251.3	.05918	99.6
	406	226.6	.08139	134.2	240.6	.07483	123.3	251.1	.06887	113.5	260.2	.06459	106.4
	425	234.0	.08867	142.9	248.6	.08158	131.4	259.7	.07508	120.9	269.3	.07037	113.4
	450	243.6	.09921	154.6	259.1	.09108	142.0	271.2	.08411	131.2	281.6	.07890	123.0
	475	252.7	.11020	165.7	269.5	.10164	152.8	282.5	.09400	141.3	293.6	.08815	132.5
	500	261.9	.12273	177.2	279.7	.11328	163.5	293.3	.10463	151.0	305.3	.09834	142.0
	525	270.8	.13667	188.7	289.7	.12630	174.2	304.2	.11673	161.0	316.8	.10965	151.4
16''	366	205.2	.07023	120.8	217.1	.06455	111.1	226.4	.05977	102.9	234.6	.05585	96.2
	388	213.3	.07781	131.0	226.4	.07204	121.1	237.1	.06710	112.8	245.3	.06240	105.0
	406	219.9	.08479	139.6	234.1	.07836	129.2	245.1	.07303	120.3	253.9	.06803	112.1
	425	226.7	.09222	148.6	241.6	.08542	137.6	253.2	.07936	127.8	262.4	.07390	119.1
	450	236.0	.10313	160.7	251.5	.09526	148.5	264.4	.08902	138.8	274.2	.08287	129.2
	475	244.9	.11493	172.7	261.4	.10631	159.7	275.0	.09914	149.1	285.7	.09255	139.1
	500	253.5	.12801	184.7	271.1	.11838	170.9	285.6	.11059	159.6	297.0	.10329	149.0
	525	262.0	.14252	196.6	280.6	.13176	181.9	295.9	.12334	170.2	308.0	.11519	158.9
18''	366	199.9	.07254	124.8	211.7	.06704	115.4	221.5	.06275	108.0	229.0	.05831	100.4
	388	207.9	.08084	135.9	220.6	.07473	125.7	231.4	.07013	117.9	239.4	.06498	109.3
	406	214.1	.08793	145.0	227.6	.08142	134.2	239.0	.07595	125.3	247.7	.07100	117.0
	425	220.5	.09572	154.2	235.2	.08863	142.8	246.8	.08282	133.4	256.1	.07721	124.4
	450	229.4	.10703	166.8	244.9	.09916	154.5	257.4	.09273	144.5	267.7	.08695	135.5
	475	237.9	.11927	179.2	254.3	.11056	166.2	267.8	.10347	155.5	279.2	.09759	146.8
	500	245.8	.13218	190.9	263.3	.12272	177.2	277.9	.11534	166.5	290.0	.10881	157.0
	525	253.9	.14717	203.0	272.3	.13666	188.7	287.8	.12843	177.2	300.4	.12104	167.0
20''	366	195.3	.07495	129.1	206.9	.06968	119.9	216.6	.06511	112.0	224.7	.06142	105.7
	388	202.9	.08367	140.7	215.5	.07751	130.4	225.9	.07275	122.3	235.0	.06856	115.4
	406	208.9	.09078	149.7	222.0	.08420	138.7	233.6	.07903	130.3	242.8	.07444	122.6
	425	214.7	.09837	158.7	229.1	.09189	148.0	241.1	.08614	138.8	250.9	.08114	130.7
	450	222.9	.11006	171.5	238.3	.10245	159.6	251.0	.09607	149.7	261.8	.09089	141.7
	475	231.2	.12264	184.3	247.4	.11399	171.4	260.9	.10718	161.1	272.3	.10109	152.0
	500	239.0	.13645	196.9	256.3	.12703	183.4	270.5	.11932	172.3	282.6	.11276	162.7
	525	246.7	.15168	209.4	264.9	.14151	195.2	280.0	.13285	183.4	292.8	.12562	173.3
24''	366	189.1	.07775	134.0	200.1	.07281	125.3	209.5	.06857	118.0	217.5	.06492	111.7
	388	196.2	.08676	145.8	208.1	.08115	136.4	218.2	.07645	128.6	226.8	.07253	121.9
	406	201.8	.09420	155.3	214.4	.08815	145.4	225.1	.08313	137.0	234.6	.07884	130.0
	425	207.5	.10243	165.2	220.9	.09601	154.7	232.4	.09063	146.0	242.2	.08592	138.4
	450	215.1	.11461	178.6	229.8	.10734	167.3	242.0	.10134	157.9	252.2	.09581	149.3
	475	222.7	.12766	191.8	238.3	.11965	179.8	251.0	.11249	169.2	262.2	.10677	160.5
	500	230.3	.14187	204.9	246.6	.13305	192.2	260.1	.12529	180.9	271.9	.11903	171.8
	525	237.4	.15791	217.9	254.6	.14818	204.4	269.0	.13943	192.5	281.5	.13242	182.8
30''	366	179.2	.08296	142.9	189.8	.07817	134.7	198.6	.07379	127.0	206.6	.07029	120.9
	388	185.5	.09252	155.5	196.9	.08709	146.4	206.6	.08216	138.1	215.2	.07818	131.6
	406	190.4	.10034	165.5	202.3	.09420	155.3	212.7	.08942	147.3	221.9	.08527	140.5
	425	195.6	.10923	176.0	208.1	.10232	165.0	219.2	.09709	156.6	228.8	.09271	149.4
	450	202.4	.12202	190.2	215.8	.11450	178.4	227.7	.10861	169.2	238.1	.10326	160.9
	475	209.0	.13579	204.0	223.4	.12754	191.6	236.4	.12110	182.0	247.1	.11511	173.0
	500	215.3	.15025	216.8	231.1	.14172	204.7	244.5	.13474	194.5	256.0	.12812	184.9
	525	221.7	.16699	230.4	238.3	.15775	217.6	252.5	.14998	206.9	264.6	.14259	196.7

Condensate loads are given per tracer.

Calculations Courtesy of: Therman Mfg. Co.

TABLE 33 (Sheet 4 of 4)

TABLE 34

METRIC UNITS

GMS/SEC STEAM CONDENSED AND WATTS HEAT LOSS/METER OF TRACER

Air Convection Tracers — Two Tracers 12.7 mm OD

Air Temperature 37.8 °C Wind 0 KMH

INSULATION THICKNESS

PIPE SIZE		38 MM Nominal		Heat Loss W/lin m, hr	51 MM Nominal		Heat Loss W/lin m, hr	64 MM Nominal		Heat Loss W/lin m, hr	76 MM Nominal		Heat Loss W/lin m, hr
	°C Steam	°C Pipe	Condensate		°C Pipe	Condensate		°C Pipe	Condensate		°C Pipe	Condensate	
	TS	TP	GM/SEC-M	Q3	TP	GM/SEC-M	Q3	TP	GM/SEC-M	Q3	TP	GM/SEC-M	Q3
48 MM	186	133.0	.01362	54.5	137.6	.01239	49.5	141.0	.01145	45.8	143.6	.01071	42.8
	198	140.7	.01530	59.8	145.7	.01390	54.3	149.3	.01285	50.2	152.2	.01202	47.0
	208	146.9	.01673	64.0	152.1	.01519	58.2	156.0	.01404	53.7	159.9	.01315	50.3
	218	153.1	.01827	68.4	158.7	.01659	62.1	162.8	.01535	57.5	166.1	.01437	53.8
	232	161.5	.02055	74.4	167.5	.01867	67.7	172.0	.01729	62.6	175.5	.01619	58.6
	246	169.6	.02304	80.5	176.1	.02096	73.2	180.9	.01939	67.7	184.7	.01817	63.5
	260	177.7	.02577	86.4	184.5	.02345	78.7	189.7	.02171	72.8	193.8	.02036	68.3
	274	185.5	.02883	92.4	192.8	.02624	84.1	198.3	.02431	77.9	202.7	.02280	73.1
60 MM	186	134.7	.01362	54.5	139.2	.01239	49.5	142.5	.01145	45.8	145.0	.01071	42.8
	198	142.6	.01530	59.8	147.4	.01390	54.3	151.0	.01285	50.2	153.8	.01202	47.0
	208	148.9	.01673	64.0	154.0	.01519	58.2	157.8	.01404	53.7	160.7	.01315	50.3
	218	155.2	.01827	68.4	160.7	.01659	62.1	164.7	.01535	57.5	167.8	.01437	53.8
	232	163.8	.02055	74.4	169.6	.01867	67.7	174.0	.01729	62.6	177.4	.01619	58.6
	246	172.2	.02304	80.5	178.4	.02096	73.2	183.1	.01939	67.7	186.8	.01817	63.5
	260	180.3	.02577	86.4	187.0	.02345	78.7	192.1	.02171	72.8	196.1	.02036	68.3
	274	188.3	.02883	92.4	195.6	.02624	84.1	201.0	.02431	77.9	205.1	.02280	73.1
89 MM	186	127.1	.01709	68.3	132.3	.01548	61.9	136.6	.01412	56.5	139.6	.01319	52.7
	198	134.2	.01913	74.7	139.9	.01731	67.7	144.6	.01582	61.8	147.9	.01478	57.7
	208	139.9	.02088	80.0	146.0	.01891	72.4	151.0	.01729	66.2	154.6	.01619	62.0
	218	145.7	.02279	85.3	152.2	.02066	77.3	157.5	.01887	70.7	161.4	.01769	66.2
	232	153.6	.02560	92.7	160.5	.02322	84.1	166.4	.02128	77.1	170.4	.01989	72.1
	246	161.2	.02864	100.0	168.6	.02600	90.8	175.0	.02385	83.3	179.3	.02231	77.9
	260	168.7	.03202	107.3	176.7	.02912	97.7	183.4	.02667	89.5	188.0	.02496	83.7
	274	176.0	.03577	114.6	184.5	.03255	104.4	191.7	.02982	95.6	196.6	.02793	89.6
114 MM	186	125.7	.01709	68.3	131.0	.01548	61.9	135.4	.01412	56.5	138.5	.01319	52.7
	198	132.7	.01913	74.7	138.5	.01731	67.7	143.3	.01582	61.8	146.7	.01478	57.7
	208	138.3	.02088	80.0	144.5	.01891	72.4	149.6	.01729	66.2	153.3	.01619	62.0
	218	144.0	.02279	85.3	150.6	.02066	77.3	156.0	.01887	70.7	160.0	.01769	66.2
	232	151.7	.02560	92.7	158.8	.02322	84.1	164.8	.02128	77.1	168.9	.01989	72.1
	246	159.2	.02864	100.0	166.8	.02600	90.8	173.3	.02385	83.3	177.7	.02231	77.9
	260	166.6	.03202	107.3	174.8	.02912	97.7	181.5	.02667	89.5	186.3	.02496	83.7
	274	173.7	.03577	114.6	182.4	.03255	104.4	189.6	.02982	95.6	194.8	.02793	89.6
168 MM	186	116.7	.02085	83.4	122.8	.01898	75.9	128.4	.01718	68.7	131.9	.01608	64.3
	198	123.0	.02333	91.1	129.6	.02124	82.9	135.7	.01923	75.1	139.5	.01798	70.3
	208	128.0	.02545	97.4	135.1	.02317	88.7	141.5	.02098	80.4	145.6	.01963	75.2
	218	133.1	.02773	103.8	140.6	.02526	94.6	147.5	.02291	85.8	151.7	.02145	80.3
	232	140.0	.03109	112.6	148.1	.02834	102.6	155.5	.02573	93.2	160.1	.02409	87.2
	246	146.7	.03477	121.4	155.3	.03169	110.7	163.2	.02878	100.5	168.2	.02697	94.2
	260	153.3	.03879	130.1	162.4	.03539	118.7	170.9	.03217	107.9	176.1	.03015	101.2
	274	159.7	.04326	138.7	169.4	.03950	126.7	178.3	.03593	115.2	183.9	.03370	108.0
219 MM	186	112.2	.02261	90.5	118.2	.02069	82.8	123.0	.01912	76.4	126.6	.01807	72.2
	198	118.1	.02526	98.8	124.6	.02316	90.5	129.8	.02139	83.5	133.7	.02020	78.9
	208	122.8	.02756	105.5	129.7	.02526	96.7	135.5	.02340	89.5	139.4	.02205	84.4
	218	127.7	.03005	112.5	135.0	.02752	103.0	141.0	.02551	95.5	145.2	.02405	90.0
	232	134.1	.03364	121.9	142.0	.03085	111.8	148.5	.02862	103.7	153.0	.02700	97.8
	246	140.5	.03761	131.3	148.8	.03453	120.5	155.8	.03201	111.8	160.7	.03019	105.5
	260	146.7	.04197	140.7	155.6	.03849	129.1	163.0	.03573	119.9	168.1	.03372	113.1
	274	152.7	.04681	150.0	162.1	.04295	137.7	170.0	.03988	127.9	175.4	.03766	120.8
273 MM	186	107.7	.02423	97.0	113.5	.02242	89.7	118.5	.02083	83.3	122.5	.01952	78.0
	198	113.3	.02711	105.8	119.5	.02504	97.9	124.9	.02331	91.0	129.3	.02181	85.2
	208	117.9	.02964	113.5	124.3	.02733	104.6	130.1	.02542	97.3	134.7	.02380	91.1
	218	122.6	.03242	121.3	129.2	.02980	111.5	135.3	.02770	103.7	140.2	.02592	97.1
	232	128.8	.03637	131.7	135.8	.03338	120.9	142.4	.03105	112.5	147.6	.02911	105.4
	246	134.7	.04056	141.7	142.3	.03730	130.2	149.3	.03472	121.2	155.1	.03262	113.9
	260	140.6	.04532	151.9	148.6	.04160	139.5	156.0	.03874	129.9	162.2	.03642	122.2
	274	146.2	.05039	161.5	154.8	.04642	148.8	162.6	.04321	138.6	169.1	.04065	130.4

Condensate loads are given per tracer.

Calculations Courtesy of: Therman Mfg. Co.

TABLE 34 (Sheet 1 of 4)

TABLE 34 (Continued)

METRIC UNITS

GMS/SEC STEAM CONDENSED AND WATTS HEAT LOSS/METER OF TRACER

Air Convection Tracers — Two Tracers 12.7 mm OD

Air Temperature 37.8 °C Wind 0 KMH

INSULATION THICKNESS

PIPE SIZE		38 MM Nominal		Heat Loss W/lin m, hr	51 MM Nominal		Heat Loss W/lin m, hr	64 MM Nominal		Heat Loss W/lin m, hr	76 MM Nominal		Heat Loss W/lin m, hr
	°C Steam TS	°C Pipe TP	Condensate GM/SEC-M	Q3	°C Pipe TP	Condensate GM/SEC-M	Q3	°C Pipe TP	Condensate GM/SEC-M	Q3	°C Pipe TP	Condensate GM/SEC-M	Q3
324 MM	186	103.3	.02633	105.2	109.6	.02383	95.4	114.9	.02208	88.2	119.3	.02069	82.7
	198	108.5	.02939	114.8	115.3	.02656	103.8	121.1	.02464	96.3	125.9	.02314	90.4
	208	112.8	.03197	122.5	120.0	.02897	110.9	126.0	.02690	102.9	131.1	.02523	96.6
	218	117.0	.03485	130.4	124.6	.03160	118.3	131.1	.02930	109.7	136.4	.02749	102.9
	232	122.7	.03902	141.3	130.9	.03541	128.3	137.8	.03285	119.0	143.5	.03082	111.7
	246	128.1	.04336	151.5	137.0	.03953	138.1	144.4	.03672	128.2	150.5	.03447	120.3
	260	133.5	.04835	162.1	143.1	.04417	148.1	150.8	.04094	137.3	157.4	.03845	129.0
	274	138.8	.05387	172.7	149.2	.04947	158.6	157.1	.04566	146.4	164.0	.04290	137.6
356 MM	186	99.4	.02774	110.9	106.1	.02553	102.1	111.2	.02336	93.5	115.6	.02193	87.6
	198	104.2	.03093	120.9	111.6	.02838	111.0	117.0	.02613	102.1	121.8	.02448	95.7
	208	108.1	.03367	129.0	115.9	.03095	118.5	121.7	.02849	109.0	126.8	.02672	102.3
	218	112.2	.03668	137.3	120.3	.03374	126.3	126.5	.03106	116.2	131.9	.02911	109.0
	232	117.6	.04104	148.6	126.2	.03767	136.4	132.9	.03479	126.1	138.7	.03264	118.2
	246	122.6	.04558	159.2	132.0	.04204	146.9	139.2	.03888	135.8	145.3	.03646	127.3
	260	127.7	.05077	170.3	137.6	.04686	157.1	145.2	.04328	145.1	158.2	.04536	145.5
	274	132.6	.05653	181.3	143.2	.05224	167.5	151.2	.04829	154.8	158.2	.04536	145.5
406 MM	186	96.2	.02905	116.1	102.8	.02670	106.7	108.0	.02473	98.8	112.5	.02310	92.4
	198	100.7	.03219	125.9	108.0	.02980	116.4	114.0	.02775	108.4	118.5	.02581	100.9
	208	104.4	.03507	134.2	112.3	.03241	124.2	118.4	.03021	115.6	123.3	.02814	107.7
	218	108.2	.03815	142.8	116.5	.03534	132.3	122.9	.03282	122.9	128.0	.03057	114.4
	232	113.3	.04266	154.5	122.0	.03940	142.7	129.1	.03682	133.3	134.5	.03428	124.1
	246	118.3	.04754	166.0	127.5	.04398	153.5	135.0	.04101	143.3	140.9	.03828	133.7
	260	123.1	.05295	177.5	132.9	.04897	164.2	140.9	.04574	153.4	147.2	.04272	143.2
	274	127.8	.05895	188.9	138.1	.05450	174.8	146.6	.05102	163.5	153.3	.04765	152.7
457 MM	186	93.3	.03001	120.0	99.9	.02773	110.9	105.3	.02596	103.8	109.4	.02412	96.5
	198	97.7	.03344	130.6	104.8	.03091	120.8	110.8	.02901	113.3	115.2	.02688	105.1
	208	101.2	.03637	139.4	108.7	.03368	129.0	115.0	.03142	120.4	119.9	.02937	112.4
	218	104.7	.03960	148.2	112.9	.03666	137.2	119.4	.03426	128.2	124.5	.03194	119.5
	232	109.7	.04427	160.3	118.3	.04102	148.5	125.2	.03836	138.9	131.0	.03597	130.3
	246	114.4	.04934	172.2	123.5	.04573	159.8	131.0	.04280	149.4	137.3	.04037	141.0
	260	118.8	.05467	183.4	128.5	.05076	170.3	136.6	.04771	160.0	143.3	.04501	150.9
	274	123.3	.06088	195.1	133.5	.05653	181.3	142.1	.05312	170.3	149.1	.05007	160.5
508 MM	186	90.7	.03100	124.1	97.2	.02882	115.2	102.6	.02693	107.7	107.1	.02540	101.6
	198	94.9	.03461	135.2	101.9	.03206	125.4	107.7	.03009	117.5	112.8	.02836	110.9
	208	98.3	.03755	143.9	105.5	.03483	133.3	112.0	.03269	125.2	117.1	.03079	117.9
	218	10.5	.04069	152.5	109.5	.03801	142.3	116.2	.03563	133.4	121.6	.03356	125.6
	232	106.1	.04553	164.8	114.6	.04238	153.4	121.7	.03974	143.9	127.7	.03760	136.1
	246	110.7	.05073	177.1	119.7	.04715	164.8	127.2	.04433	154.8	133.5	.04181	146.1
	260	115.0	.05644	189.2	124.6	.05254	176.3	132.5	.04936	165.6	139.2	.04664	156.4
	274	119.3	.06274	201.2	129.4	.05854	187.6	137.8	.05495	176.3	144.9	.05196	166.6
610 MM	186	87.3	.03216	128.7	93.4	.03012	120.4	98.6	.02836	113.4	103.0	.02685	107.3
	198	91.2	.03589	140.2	97.8	.03357	131.1	103.4	.03162	123.6	108.2	.03000	117.2
	208	94.3	.03897	149.3	101.3	.03646	139.7	107.3	.03439	131.7	112.5	.03261	124.9
	218	97.5	.04237	158.7	104.9	.03971	148.7	111.3	.03749	140.3	116.8	.03554	133.0
	232	101.7	.04741	171.7	109.9	.04440	160.7	116.7	.04192	151.8	122.3	.03963	143.5
	246	105.9	.05281	184.3	114.6	.04949	172.8	121.7	.04653	162.6	127.9	.04416	154.3
	260	110.1	.05868	196.9	119.2	.05503	184.7	126.7	.05183	173.9	133.3	.04924	165.1
	274	114.1	.06532	209.4	123.7	.06129	196.5	131.7	.05767	185.0	138.6	.05477	175.7
762 MM	186	81.8	.03432	137.3	87.6	.03234	129.4	92.6	.03052	122.0	97.0	.02907	116.2
	198	85.3	.03827	149.5	91.6	.03603	140.7	97.0	.03398	132.7	101.8	.03234	126.4
	208	88.0	.04150	159.1	94.6	.03896	149.3	100.4	.03699	141.6	105.5	.03527	135.0
	218	90.9	.04518	169.1	97.9	.04232	158.6	104.0	.04016	150.5	109.3	.03835	143.5
	232	94.6	.05047	182.8	102.1	.04736	171.5	108.7	.04492	162.7	114.5	.04271	154.6
	246	98.4	.05617	196.1	106.3	.05275	184.2	113.6	.05009	174.9	119.5	.04761	166.2
	260	101.8	.06215	208.4	110.6	.05862	196.7	118.1	.05574	186.9	124.5	.05300	177.7
	274	105.4	.06907	221.4	114.6	.06525	209.2	122.5	.06204	198.8	129.2	.05898	189.1

Condensate loads are given per tracer.

Calculations Courtesy of: Therman Mfg. Co.

TABLE 34 (Sheet 2 of 4)

TABLE 34 (Continued)

METRIC UNITS

GMS/SEC STEAM CONDENSED AND WATTS HEAT LOSS/METER OF TRACER

Air Convection Tracers — Two Tracers 12.7 mm OD

Air Temperature – 17.8 °C   Wind 40 KMH

INSULATION THICKNESS

PIPE SIZE	°C Steam	38 MM Nominal		Heat Loss W/lin m, hr	51 MM Nominal		Heat Loss W/lin m, hr	64 MM Nominal		Heat Loss W/lin m, hr	76 MM Nominal		Heat Loss W/lin m, hr
		°C Pipe	Condensate		°C Pipe	Condensate		°C Pipe	Condensate		°C Pipe	Condensate	
	TS	TP	GM/SEC-M	Q3	TP	GM/SEC-M	Q3	TP	GM/SEC-M	Q3	TP	GM/SEC-M	Q3
48 MM	186	115.0	.01926	77.0	122.3	.01720	68.8	127.5	.01570	62.8	131.4	.01456	56.2
	198	122.7	.02115	82.6	130.4	.01885	73.7	135.9	.01722	67.3	140.1	.01599	62.5
	208	128.7	.02275	87.1	136.8	.02028	77.7	142.6	.01854	71.0	147.1	.01722	65.9
	218	134.9	.02447	91.7	143.3	.02187	81.9	149.5	.01999	74.8	154.2	.01856	69.5
	232	143.3	.02705	98.0	152.3	.02418	87.6	158.8	.02212	80.1	163.7	.02055	74.4
	246	151.4	.02985	104.3	161.0	.02672	93.3	167.8	.02445	85.4	173.0	.02273	79.4
	260	159.5	.03297	110.5	169.4	.02950	99.0	176.6	.02702	90.6	182.1	.02513	84.3
	274	167.3	.03644	116.8	177.7	.03263	104.6	185.2	.02990	95.9	191.0	.02783	89.2
60 MM	186	112.5	.01926	77.0	120.1	.01720	68.8	125.4	.01570	62.8	129.5	.01456	58.2
	198	120.1	.02115	82.6	128.0	.01885	73.7	133.7	.01722	67.3	138.0	.01599	62.5
	208	126.0	.02275	87.1	134.3	.02028	77.7	140.3	.01854	71.0	144.8	.01722	65.9
	218	132.1	.02447	91.7	140.7	.02187	81.9	147.0	.01999	74.8	151.9	.01856	69.5
	232	140.2	.02705	98.0	149.4	.02418	87.6	156.2	.02212	80.1	161.2	.02055	74.4
	246	148.2	.02985	104.3	158.0	.02672	93.3	165.0	.02445	85.4	170.3	.02273	79.4
	260	156.0	.03297	110.5	166.3	.02950	99.0	173.7	.02702	90.6	179.3	.02513	84.3
	274	163.7	.03644	116.8	174.4	.03263	104.6	182.1	.02990	95.9	188.0	.02783	89.2
89 MM	186	103.8	.02425	97.1	112.4	.02158	86.3	119.2	.01945	77.7	124.0	.01804	72.1
	198	110.7	.02655	103.8	119.8	.02365	92.4	127.1	.02132	83.3	132.2	.01979	77.3
	208	116.2	.02854	109.2	125.7	.02543	97.3	133.4	.02292	87.7	138.9	.02127	81.5
	218	121.9	.03069	114.9	131.8	.02735	102.4	140.1	.02473	92.6	145.5	.02291	85.8
	232	129.4	.03382	122.6	140.0	.03018	109.4	148.7	.02733	99.0	154.5	.02535	91.8
	246	136.9	.03730	130.2	148.1	.03332	116.3	157.2	.03016	105.3	163.3	.02799	97.8
	260	144.2	.04110	137.9	155.9	.03674	123.3	165.5	.03330	111.7	171.9	.03093	103.7
	274	151.3	.04535	145.4	163.5	.04059	130.2	173.5	.03681	118.0	180.3	.03421	109.7
114 MM	186	101.8	.02425	97.1	110.6	.02158	86.3	117.6	.01945	77.7	122.5	.01804	72.1
	198	108.6	.02655	103.8	117.9	.02365	92.4	125.4	.02132	83.3	130.6	.01979	77.3
	208	114.1	.02854	109.2	123.8	.02543	97.3	131.6	.02292	87.7	137.0	.02127	81.5
	218	119.6	.03069	114.9	129.7	.02735	102.4	138.0	.02473	92.6	143.7	.02291	85.8
	232	127.0	.03382	122.6	137.8	.03018	109.4	146.7	.02733	99.0	152.6	.02535	91.8
	246	134.3	.03730	130.2	145.6	.03332	116.3	155.0	.03016	105.3	161.3	.02799	97.8
	260	141.4	.04110	137.9	153.4	.03674	123.3	163.2	.03330	111.7	169.7	.03093	103.7
	274	148.3	.04535	145.4	160.9	.04059	130.2	171.1	.03681	118.0	178.0	.03421	109.7
168 MM	186	89.1	.02969	118.7	98.9	.02648	105.9	107.8	.02368	94.8	113.2	.02200	87.9
	198	95.1	.03241	126.7	105.6	.02904	113.4	115.0	.02593	101.4	120.7	.02409	94.1
	208	99.9	.03482	133.2	110.9	.03114	119.3	120.7	.02788	106.7	126.7	.02589	99.1
	218	104.9	.03738	139.9	116.3	.03351	125.4	126.6	.02999	112.2	132.8	.02786	104.3
	232	111.5	.04118	149.1	123.6	.03694	133.8	134.4	.03306	119.8	141.1	.03074	111.4
	246	118.0	.04529	158.2	130.7	.04066	142.1	142.2	.03648	127.4	149.2	.03394	118.5
	260	124.3	.04985	167.3	137.6	.04483	150.3	149.7	.04021	134.9	157.0	.03743	125.5
	274	130.5	.05494	176.2	144.5	.04945	158.5	157.1	.04439	142.4	164.7	.04134	132.6
219 MM	186	82.9	.03208	128.4	92.6	.02897	115.8	100.2	.02644	105.7	105.7	.02478	99.1
	198	88.6	.03509	137.0	98.9	.03164	123.7	107.1	.02901	113.3	112.7	.02713	105.9
	208	93.2	.03759	144.0	103.9	.03395	130.0	112.4	.03110	119.2	118.3	.02913	111.5
	218	97.8	.04035	151.2	109.0	.03650	136.6	117.9	.03347	125.3	124.1	.03132	117.2
	232	103.9	.04437	160.6	115.8	.04022	145.6	125.3	.03689	133.6	131.8	.03453	125.1
	246	110.0	.04881	170.4	122.5	.04426	154.6	132.4	.04062	141.9	139.4	.03808	133.0
	260	116.0	.05373	180.1	129.0	.04874	163.4	139.6	.04479	150.2	146.8	.04199	140.8
	274	121.8	.05921	189.8	135.4	.05374	172.3	146.5	.04941	158.4	154.0	.04635	148.5
273 MM	186	77.0	.03465	138.7	85.9	.03138	125.6	93.7	.02889	115.5	100.0	.02681	107.2
	198	82.4	.03790	148.0	91.8	.03433	134.1	100.1	.03155	123.3	106.7	.02932	114.5
	208	86.7	.04061	155.6	96.5	.03684	140.9	105.1	.03386	129.7	112.0	.03144	120.5
	218	90.9	.04348	162.9	101.2	.03954	148.0	110.3	.03640	136.3	117.5	.03384	126.7
	232	96.8	.04790	173.4	107.7	.04355	157.7	117.2	.04011	145.2	124.8	.03730	135.1
	246	102.5	.05268	183.9	114.0	.04791	167.3	124.0	.04412	154.2	132.0	.04107	143.5
	260	108.2	.05789	194.3	120.1	.05274	176.8	130.6	.04862	163.0	139.3	.04538	152.1
	274	113.5	.06360	204.0	126.1	.05813	186.3	137.2	.05361	171.9	146.1	.05006	160.5

Condensate loads are given per tracer.

Calculations Courtesy of: Therman Mfg. Co.

TABLE 34 (Sheet 3 of 4)

TABLE 34 (Continued)

METRIC UNITS

GMS/SEC STEAM CONDENSED AND WATTS HEAT LOSS/METER OF TRACER

Air Convection Tracers — Two Tracers 12.7 mm OD — Air Temperature −17.8 °C — Wind 40 KMH

INSULATION THICKNESS

PIPE SIZE	38 MM Nominal			Heat Loss W/lin m, hr	51 MM Nominal		Heat Loss W/lin m, hr	64 MM Nominal		Heat Loss W/lin m, hr	76 MM Nominal		Heat Loss W/lin m, hr
	°C Steam TS	°C Pipe TP	Condensate GM/SEC-M	Q3	°C Pipe TP	Condensate GM/SEC-M	Q3	°C Pipe TP	Condensate GM/SEC-M	Q3	°C Pipe TP	Condensate GM/SEC-M	Q3
324 MM	186	69.7	.03745	149.6	80.3	.03344	133.8	88.6	.03068	122.6	95.4	.02851	114.0
	198	74.7	.04085	159.5	85.9	.03659	142.9	94.7	.03353	130.9	101.9	.03114	121.7
	208	78.5	.04362	166.9	90.2	.03914	149.9	99.5	.03596	137.6	107.0	.03342	128.0
	218	82.5	.04674	175.1	94.7	.04197	157.2	104.4	.03862	144.6	112.3	.03594	134.5
	232	87.9	.05142	186.2	101.0	.04649	168.3	111.0	.04255	154.0	119.3	.03960	143.4
	246	93.2	.05650	197.2	107.1	.05122	178.8	117.5	.04678	163.5	126.2	.04357	152.2
	260	98.3	.06209	208.2	112.8	.05631	188.8	123.8	.05151	172.8	132.9	.04802	161.0
	274	103.4	.06832	219.0	118.6	.06208	198.9	130.0	.05678	182.1	139.6	.05296	169.8
356 MM	186	64.1	.03931	157.4	75.1	.03568	142.8	83.3	.03248	130.0	90.4	.03032	121.2
	198	68.7	.04287	167.7	80.4	.03899	152.3	89.1	.03554	138.8	96.5	.03309	129.4
	208	72.4	.04597	176.0	84.5	.04161	159.5	93.7	.03812	145.9	101.4	.03554	136.0
	218	76.2	.04925	184.5	88.7	.04472	167.4	98.3	.04089	153.2	106.4	.03817	142.9
	232	81.2	.05410	196.1	94.5	.04918	178.1	104.6	.04508	163.2	113.1	.04205	152.2
	246	86.2	.05949	207.7	100.1	.05407	188.7	110.8	.04960	173.2	119.5	.04613	161.2
	260	90.9	.06516	218.4	105.6	.05944	199.3	116.7	.05443	182.6	126.0	.05079	170.4
	274	95.6	.07167	229.7	110.9	.06544	209.8	122.6	.06022	192.5	132.2	.05599	179.6
406 MM	186	59.7	.04106	164.3	70.6	.03741	149.5	79.3	.03446	137.9	85.9	.03183	127.4
	198	63.9	.04458	174.4	75.6	.04080	159.3	84.7	.03764	147.0	91.8	.03481	136.0
	208	67.4	.04779	182.9	79.5	.04357	166.8	89.0	.04023	154.1	96.5	.03735	142.9
	218	71.0	.05117	191.7	83.5	.04669	174.9	93.5	.04322	161.9	101.3	.04005	150.1
	232	75.7	.05621	203.7	89.0	.05138	186.0	99.4	.04751	172.0	107.8	.04415	159.9
	246	80.4	.06177	215.6	94.3	.05646	197.1	105.3	.05225	182.4	114.0	.04858	169.6
	260	85.0	.06784	227.4	99.5	.06204	208.0	111.1	.05745	192.8	120.1	.05334	178.8
	274	89.4	.07460	239.1	104.6	.06828	218.8	116.7	.06329	203.0	126.1	.05880	188.4
457 MM	186	55.4	.04247	169.7	66.4	.03883	155.2	75.2	.03596	143.9	81.8	.03320	132.9
	198	59.7	.04622	180.7	71.2	.04234	165.4	80.3	.03917	153.0	87.5	.03633	141.9
	208	63.0	.04953	189.5	75.0	.04535	173.6	84.5	.04197	160.6	92.1	.03895	149.2
	218	66.4	.05300	198.6	78.9	.04863	182.0	88.8	.04504	168.6	96.7	.04184	156.8
	232	70.9	.05823	211.0	84.1	.05344	193.5	94.5	.04954	179.4	102.9	.04608	166.9
	246	75.4	.06396	223.3	89.2	.05870	204.9	100.2	.05446	190.1	109.0	.05080	177.3
	260	79.7	.07022	235.4	94.1	.06450	216.2	105.6	.05987	200.7	115.0	.05601	187.8
	274	84.0	.07720	247.4	99.0	.07095	227.4	111.0	.06592	211.3	120.8	.06168	197.7
508 MM	186	51.9	.04386	175.2	62.8	.04019	160.8	71.4	.03734	149.2	78.5	.03486	139.5
	198	55.8	.04768	186.4	67.3	.04380	171.3	76.4	.04072	159.0	84.0	.03814	149.0
	208	59.1	.05108	195.5	71.0	.04697	179.7	80.5	.04363	167.0	88.2	.04072	156.0
	218	62.3	.05474	204.9	74.7	.05030	188.5	84.4	.04661	174.6	92.7	.04373	163.8
	232	66.6	.06011	217.6	79.5	.05509	199.7	90.0	.05130	185.7	98.7	.04817	174.4
	246	70.9	.06593	230.1	84.4	.06056	211.4	95.3	.05637	196.8	104.5	.05299	185.0
	260	75.0	.07237	242.6	89.1	.06651	223.0	100.6	.06195	207.7	110.1	.05807	194.9
	274	79.0	.07954	254.9	93.7	.07315	234.4	105.7	.06818	218.5	115.6	.06395	205.1
610 MM	186	47.7	.04540	181.7	57.8	.04188	167.6	66.1	.03919	156.7	73.1	.03689	147.4
	198	51.4	.04946	193.3	62.1	.04564	178.5	70.9	.04274	166.9	78.2	.04023	157.1
	208	54.4	.05296	202.7	65.5	.04892	187.2	74.7	.04577	175.2	82.3	.04311	165.0
	218	57.6	.05673	212.3	69.0	.05237	196.3	78.5	.04910	183.7	86.5	.04620	173.1
	232	61.6	.06219	225.5	73.7	.05753	208.5	83.7	.05393	195.3	92.1	.05086	184.2
	246	65.6	.06829	238.4	78.2	.06321	220.6	88.8	.05924	206.8	97.5	.05574	194.6
	260	69.4	.07468	250.3	82.7	.06940	232.6	93.7	.06509	218.2	102.8	.06125	205.4
	274	73.2	.08206	263.0	87.1	.07631	244.5	98.5	.07160	229.5	108.0	.06742	216.1
762 MM	186	40.1	.04801	192.2	49.8	.04484	179.4	57.9	.04201	168.2	64.8	.03977	159.2
	198	43.4	.05235	204.4	53.6	.04885	191.0	62.2	.04580	179.1	69.4	.04336	169.6
	208	46.0	.05590	214.3	56.8	.05231	200.2	65.6	.04909	187.9	73.2	.04650	178.0
	218	48.7	.05994	224.3	59.9	.05605	209.8	69.0	.05255	196.9	77.0	.04981	186.6
	232	52.3	.06577	238.1	64.1	.06152	222.8	73.7	.05773	209.2	82.1	.05473	198.4
	246	55.9	.07201	251.7	68.2	.06749	235.6	78.3	.06342	221.4	87.1	.06017	210.0
	260	59.5	.07908	265.1	72.2	.07406	248.2	82.8	.06964	233.4	91.8	.06591	220.9
	274	62.8	.08685	278.3	76.1	.08138	260.8	87.1	.07656	245.3	96.6	.07249	232.3

Condensate loads are given per tracer.

Calculations Courtesy of: Therman Mfg. Co.

TABLE 34 (Sheet 4 of 4)

TABLE 35

ENGLISH UNITS

LBS/HR OF STEAM CONDENSED AND Btu/HR HEAT LOSS/FT OF TRACER

Thermally Bonded To Pipe — One 1/2'' OD Tracer | Air Temperature 0 °F Wind 25 MPH

INSULATION THICKNESS

NPS	°F Steam	1.5'' Nominal °F Pipe	1.5'' Nominal Condensate	Heat Loss Btu/lin ft, hr	2.0'' Nominal °F Pipe	2.0'' Nominal Condensate	Heat Loss Btu/lin ft, hr	2.5'' Nominal °F Pipe	2.5'' Nominal Condensate	Heat Loss Btu/lin ft, hr	3.0'' Nominal °F Pipe	3.0'' Nominal Condensate	Heat Loss Btu/lin ft, hr
	TS	TP	#/HR-FT	Q3	TP	#/HR-FT	Q3	TP	#/HR-FT	Q3	TP	#/HR-FT	Q3
1.5''	250	232.0	.05814	55.1	233.4	.05126	48.6	234.4	.04623	44.0	235.1	.04261	40.6
	274	255.5	.06639	61.8	257.1	.05865	54.6	258.1	.05297	49.4	259.0	.04885	45.6
	298	279.9	.07548	69.0	281.6	.06676	61.0	283.0	.06052	55.4	283.9	.05595	51.1
	320	301.4	.08450	75.7	303.3	.07451	66.9	304.6	.06753	60.6	305.6	.06231	55.9
	338	317.7	.09140	80.8	319.7	.08077	71.4	321.1	.07326	64.7	322.2	.06772	59.7
	366	342.6	.10321	88.8	344.8	.09125	78.5	346.4	.08265	71.2	347.5	.07626	65.7
	388	363.5	.11363	95.6	365.8	.10061	84.6	367.5	.09129	76.7	368.7	.08428	70.8
	406	380.2	.12290	101.2	382.7	.10873	89.6	384.4	.09856	81.3	385.7	.09100	75.0
2.0''	250	227.9	.07261	68.8	230.2	.06223	58.9	231.7	.05523	52.3	232.8	.05014	47.5
	274	250.9	.08267	77.2	253.5	.07078	66.2	255.2	.06311	58.7	256.4	.05739	53.4
	298	274.8	.09414	86.1	277.6	.08074	73.9	279.5	.07194	65.6	280.8	.06519	59.6
	320	295.6	.10518	94.1	298.9	.09020	81.0	301.0	.08037	72.0	302.5	.07291	65.4
	338	311.8	.11410	100.6	315.1	.09778	86.4	317.3	.08690	76.8	318.9	.07905	69.9
	366	336.2	.12819	110.5	339.7	.11019	94.9	342.1	.09818	84.4	343.9	.08934	76.8
	388	356.5	.14153	118.9	360.3	.12170	102.2	362.9	.10806	90.9	364.8	.09848	82.8
	406	372.8	.15258	125.8	376.9	.13137	108.2	379.6	.11693	96.3	381.6	.10643	87.7
3.0''	250	222.3	.08435	80.3	225.4	.07223	68.4	227.5	.06383	60.5	229.2	.05712	54.1
	274	244.6	.09674	90.0	248.1	.08258	76.8	250.5	.07263	67.8	252.4	.06523	60.7
	298	267.7	.10994	100.3	271.6	.09363	85.6	274.3	.08278	75.7	276.4	.07414	67.8
	320	287.9	.12208	109.6	292.2	.10459	93.6	295.1	.09250	82.8	297.6	.08302	74.3
	338	303.4	.13243	116.8	307.9	.11324	99.9	311.2	.10022	88.6	313.7	.08978	79.4
	366	327.2	.14902	128.4	332.2	.12745	109.8	335.5	.11289	97.3	338.2	.10120	87.2
	388	346.9	.16402	138.1	352.2	.14070	118.2	355.8	.12465	104.7	358.7	.11160	93.9
	406	362.7	.17732	146.0	368.3	.15169	125.1	372.1	.13437	110.8	375.1	.12072	99.4
4''	250	216.3	.09795	92.7	220.5	.08253	78.6	223.6	.07193	68.2	225.5	.06496	61.5
	274	238.0	.11166	103.8	242.6	.09468	88.1	246.1	.08218	76.4	248.3	.07391	69.0
	298	260.4	.12678	115.6	265.5	.10764	98.2	269.3	.09322	85.3	271.8	.08421	77.0
	320	279.9	.14062	126.2	285.5	.11952	107.3	289.7	.10411	93.2	292.3	.09383	84.1
	338	294.9	.15216	134.5	300.8	.12942	114.4	305.2	.11273	99.4	308.0	.10171	89.9
	366	317.6	.17143	147.4	324.1	.14560	125.4	329.2	.12686	109.3	332.3	.11477	98.9
	388	336.7	.18812	158.4	343.8	.16059	135.2	349.0	.14003	117.7	352.3	.12669	106.5
	406	352.2	.20324	167.7	359.5	.17337	143.0	364.9	.15097	124.5	368.4	.13658	112.7
6''	250	205.5	.11884	112.6	211.4	.10068	95.4	215.4	.08772	83.5	218.9	.07712	73.1
	274	226.0	.13529	125.9	232.4	.11483	106.8	236.9	.10051	93.5	240.9	.08801	81.9
	298	247.1	.15355	140.0	254.2	.12990	118.9	259.2	.11412	104.2	263.5	.10019	91.4
	320	265.5	.17041	152.6	273.2	.14453	129.7	278.6	.12669	113.7	283.4	.11122	99.8
	338	279.5	.18381	162.5	287.7	.15632	138.2	293.5	.13748	121.2	298.5	.12038	106.4
	366	300.9	.20681	177.8	309.9	.17601	151.3	316.1	.15423	132.9	321.6	.13547	116.7
	388	318.7	.22731	190.8	328.3	.19315	162.6	335.0	.16966	142.8	340.9	.14923	125.6
	406	333.0	.24420	201.5	343.1	.20823	171.8	350.1	.18314	151.0	356.6	.16157	133.1
8''	250	195.3	.13558	128.4	204.0	.11041	105.3	208.6	.09818	93.0	212.1	.08806	83.8
	274	214.6	.15331	143.4	224.3	.12657	117.7	229.4	.11198	104.1	233.3	.10084	93.8
	298	234.5	.17477	159.2	245.2	.14349	130.9	250.8	.12707	115.9	255.1	.11444	104.5
	320	251.8	.19384	173.4	263.4	.15950	142.8	269.5	.14087	126.4	274.2	.12702	114.0
	338	265.1	.20932	184.4	277.3	.17194	152.0	283.8	.15238	134.7	288.8	.13782	121.5
	366	285.2	.23390	201.5	298.5	.19351	166.3	305.6	.17158	147.5	311.0	.15455	133.1
	388	302.0	.25740	216.1	316.1	.21217	178.6	323.7	.18822	158.5	329.5	.16996	143.1
	406	315.4	.27647	228.0	330.3	.22850	188.5	338.2	.20292	167.4	344.3	.18342	151.2
10''	250	179.2	.15065	143.9	187.5	.13233	125.3	194.0	.11592	110.7	199.2	.10501	100.0
	274	196.8	.17246	160.4	205.9	.14944	139.8	213.4	.13323	124.0	218.9	.12015	111.7
	298	214.9	.19523	177.9	225.2	.17080	155.6	233.2	.15099	137.7	239.2	.13570	124.2
	320	230.6	.21609	193.4	241.8	.18921	169.4	250.4	.16750	150.0	256.9	.15131	135.4
	338	242.6	.23212	205.5	254.4	.20439	180.1	263.5	.18050	159.5	270.4	.16299	144.1
	366	261.1	.26069	224.7	273.6	.22823	196.6	283.5	.20282	174.4	291.0	.18283	157.6
	388	276.3	.28661	240.6	289.6	.25033	210.8	300.1	.22232	187.1	308.1	.20093	169.1
	406	288.4	.30788	253.5	302.4	.26944	222.2	313.4	.23922	197.4	321.8	.21639	178.5

Calculations Courtesy of: Therman Mfg. Co.

TABLE 35 (Sheet 1 of 4)

TABLE 35 (Continued)

ENGLISH UNITS

LBS/HR OF STEAM CONDENSED AND Btu/HR HEAT LOSS/FT OF TRACER

Thermally Bonded To Pipe — One 1/2'' OD Tracer

Air Temperature 0 °F Wind 25 MPH

INSULATION THICKNESS

NPS		1.5'' Nominal		Heat Loss Btu/lin ft, hr	2.0'' Nominal		Heat Loss Btu/lin ft, hr	2.5'' Nominal		Heat Loss Btu/lin ft, hr	3.0'' Nominal		Heat Loss Btu/lin ft, hr
	°F Steam TS	°F Pipe TP	Condensate #/HR-FT	Q3	°F Pipe TP	Condensate #/HR-FT	Q3	°F Pipe TP	Condensate #/HR-FT	Q3	°F Pipe TP	Condensate #/HR-FT	Q3
12''	250	158.9	.15529	148.3	170.4	.13506	127.9	178.8	.11957	113.3	185.0	.10730	102.2
	274	174.3	.17647	164.9	187.1	.15231	142.5	196.3	.13572	126.3	203.2	.12264	114.0
	298	190.2	.20019	182.4	204.2	.17318	157.8	214.3	.15358	140.0	221.9	.13818	126.6
	320	204.0	.22126	198.0	219.1	.19073	171.4	230.0	.17003	152.3	238.4	.15434	138.1
	338	214.5	.23738	210.0	230.4	.20659	182.0	241.9	.18304	161.8	250.9	.16607	146.8
	366	230.5	.26530	228.6	247.6	.23025	198.4	260.0	.20535	176.5	269.8	.18607	160.3
	388	243.8	.29039	244.4	262.0	.25223	212.3	275.4	.22573	189.5	285.5	.20409	171.8
	406	254.4	.31154	257.1	273.4	.27111	223.6	287.5	.24204	199.7	298.0	.21954	181.1
14''	250	141.6	.15436	147.4	154.3	.13587	128.7	163.9	.12177	115.3	171.2	.10991	104.8
	274	155.3	.17504	163.8	169.3	.15297	143.1	179.9	.13797	128.4	187.9	.12550	116.7
	298	169.4	.19846	180.8	184.9	.17419	158.7	196.3	.15590	142.1	205.0	.14170	129.3
	320	181.6	.21898	196.0	198.3	.19170	172.2	210.5	.17167	154.4	220.0	.15705	140.5
	338	190.9	.23467	207.7	208.5	.20729	182.6	221.4	.18532	163.8	231.4	.16883	149.2
	366	205.0	.26194	225.7	223.9	.23065	187.7	237.8	.20761	178.4	248.0	.18935	162.7
	388	216.8	.28715	241.0	236.8	.25235	212.4	251.6	.22733	190.9	263.0	.20692	174.3
	406	226.2	.30772	253.4	247.1	.27094	223.5	262.5	.24355	200.9	274.5	.22233	183.5
16''	250	123.1	.14790	140.1	136.5	.13126	124.3	146.8	.11886	112.6	154.8	.10821	103.1
	274	134.9	.16718	155.3	149.7	.14746	138.0	161.0	.13450	125.1	169.8	.12330	114.7
	298	147.5	.18908	172.3	163.2	.16725	152.4	175.6	.15165	138.3	185.2	.13845	126.8
	320	158.5	.20932	187.4	175.0	.18396	165.1	188.3	.16746	150.0	198.9	.15428	138.1
	338	166.5	.22480	198.2	184.0	.19869	175.0	198.0	.17988	159.0	209.1	.16569	146.5
	366	178.6	.24925	214.8	197.6	.22074	190.2	212.6	.20109	172.9	224.6	.18497	159.4
	388	188.9	.27299	229.3	208.9	.24165	203.0	224.8	.21952	184.7	237.5	.20241	170.4
	406	196.9	.29203	240.3	217.9	.25868	213.4	234.5	.23549	194.3	247.8	.21727	179.3
18''	250	118.1	.15506	148.1	131.2	.13818	130.9	141.7	.12540	118.8	149.9	.11417	109.0
	274	129.5	.17557	164.2	143.9	.15534	145.2	155.4	.14170	131.9	164.4	.13019	121.1
	298	141.2	.19868	181.0	156.9	.17591	160.3	169.4	.15984	145.7	179.3	.14677	133.9
	320	151.4	.21897	196.0	168.2	.19398	173.6	181.7	.17573	157.9	192.3	.16223	145.2
	338	158.8	.23358	206.7	176.8	.20874	183.9	191.0	.18938	167.4	202.1	.17424	154.0
	366	170.5	.26029	224.3	189.9	.23185	199.8	205.1	.21180	182.0	217.1	.19435	167.6
	388	180.3	.28489	239.1	200.5	.25256	212.6	216.8	.23137	194.3	229.5	.21275	179.1
	406	188.0	.30504	251.1	209.1	.27094	223.5	226.1	.24763	204.3	239.5	.22837	188.3
20''	250	113.0	.16147	154.1	126.2	.14430	136.7	136.7	.13099	124.0	145.3	.12077	114.4
	274	123.9	.18226	170.8	138.2	.16166	151.0	149.9	.14713	137.7	159.4	.13662	127.1
	298	135.1	.20643	188.1	150.8	.18309	166.8	163.5	.16690	152.1	173.8	.15408	140.5
	320	144.8	.22750	203.5	161.7	.20128	180.8	175.3	.18359	164.8	186.4	.17007	152.3
	338	152.2	.24359	215.4	170.0	.21738	191.6	184.3	.19831	174.7	195.9	.18268	161.5
	366	163.2	.27007	232.7	182.4	.24095	207.6	197.9	.22034	189.8	210.4	.20425	175.6
	388	172.4	.29476	248.1	192.9	.26422	222.0	209.2	.24124	202.7	222.4	.22290	187.6
	406	179.8	.31560	260.4	201.3	.28292	233.3	218.2	.25825	213.0	232.0	.23909	197.3
24''	250	107.0	.16998	162.0	120.0	.15273	145.9	129.7	.13935	132.0	138.2	.12906	122.2
	274	117.1	.19097	178.5	131.6	.17284	161.9	142.3	.15667	146.5	151.6	.14497	135.7
	298	127.6	.21561	196.6	143.3	.19536	178.0	155.1	.17750	161.7	165.3	.16448	149.9
	320	136.8	.23766	212.5	153.6	.21527	192.7	166.3	.19509	175.2	177.2	.18090	162.5
	338	143.8	.25493	224.8	161.5	.23136	204.0	174.9	.21067	185.6	186.5	.19544	172.7
	366	154.3	.28277	243.7	173.4	.25702	221.5	187.8	.23405	201.7	200.3	.21790	187.7
	388	163.1	.30839	259.6	183.1	.28046	235.5	198.5	.25642	215.3	211.7	.23857	200.4
	406	170.1	.33036	272.4	190.9	.30049	247.3	207.1	.27435	226.3	220.8	.25537	210.7
30''	250	96.0	.18472	174.8	109.0	.16704	159.3	119.5	.15359	146.7	127.6	.14240	134.9
	274	105.2	.20639	193.4	119.5	.18887	176.5	131.1	.17393	162.8	139.9	.16018	149.7.
	298	114.7	.23333	212.8	130.1	.21229	193.5	142.7	.19632	178.9	152.6	.18133	165.2
	320	122.7	.25603	228.9	139.4	.23399	209.3	153.0	.21631	193.6	163.6	.19933	179.0
	338	129.0	.27337	242.0	146.5	.25130	221.4	160.8	.23163	205.1	171.9	.21509	189.6
	366	138.5	.30525	262.1	157.3	.27848	240.0	172.6	.25824	222.6	184.4	.23833	205.4
	388	146.3	.33133	279.0	166.2	.30376	255.7	182.2	.28175	236.6	195.0	.26050	219.3
	406	152.6	.35564	292.6	173.3	.32611	268.4	190.0	.30184	248.5	203.4	.27965	230.6

Calculations Courtesy of: Therman Mfg. Co.

TABLE 35 (Sheet 2 of 4)

TABLE 35 (Continued)

ENGLISH UNITS

LBS/HR OF STEAM CONDENSED AND Btu/HR HEAT LOSS/FT OF TRACER

Thermally Bonded To Pipe — One 1/2'' OD Tracer

Air Temperature 100 °F Wind 0 MPH

INSULATION THICKNESS

NPS	1.5'' Nominal			Heat Loss Btu/lin ft, hr	2.0'' Nominal		Heat Loss Btu/lin ft, hr	2.5'' Nominal		Heat Loss Btu/lin ft, hr	3.0'' Nominal		Heat Loss Btu/lin ft, hr
	°F Steam	°F Pipe	Condensate		°F Pipe	Condensate		°F Pipe	Condensate		°F Pipe	Condensate	
	TS	TP	#/HR-FT	Q3	TP	#/HR-FT	Q3	TP	#/HR-FT	Q3	TP	#/HR-FT	Q3
1.5''	250	237.1	.03341	31.6	237.8	.03008	28.5	238.3	.02753	26.2	238.7	.02564	24.4
	274	260.8	.04067	37.9	261.6	.03661	34.1	262.2	.03354	31.3	262.6	.03125	29.2
	298	285.2	.04873	44.6	286.2	.04382	40.1	286.9	.04031	36.8	287.4	.03748	34.3
	320	306.6	.05637	50.6	307.7	.05081	45.5	308.5	.04658	41.8	309.1	.04337	38.9
	338	323.0	.06259	55.3	324.2	.05634	49.8	325.0	.05170	45.7	325.7	.04817	42.6
	366	348.0	.07287	62.7	349.3	.06559	56.4	350.3	.06021	51.8	351.1	.05603	48.3
	388	368.9	.08216	69.1	370.3	.07390	62.2	371.5	.06791	57.1	372.3	.06321	53.2
	406	386.0	.09037	74.4	387.5	.08128	67.0	388.7	.07470	61.5	389.6	.06960	57.3
2.0''	250	235.0	.04071	38.7	236.1	.03591	34.0	236.8	.03244	30.7	237.4	.02984	28.3
	274	258.2	.04961	46.3	259.5	.04375	40.7	260.4	.03951	36.8	261.0	.03635	33.8
	298	282.2	.05951	54.5	283.7	.05246	47.9	284.8	.04729	43.2	285.6	.04350	39.8
	320	303.2	.06884	61.8	304.9	.06052	54.3	306.1	.05468	49.1	307.0	.05038	45.1
	338	319.2	.07640	67.5	321.1	.06730	59.4	322.4	.06080	53.6	323.4	.05587	49.4
	366	343.7	.08900	76.5	345.9	.07811	67.3	347.4	.07068	60.8	348.5	.06504	56.0
	388	364.2	.10021	84.2	366.6	.08817	74.1	368.2	.07959	67.0	369.4	.07333	61.6
	406	380.9	.11014	90.7	383.4	.09687	79.9	385.2	.08754	72.2	386.5	.08059	66.4
3.0''	250	231.6	.04702	44.8	233.1	.04137	39.2	234.2	.03718	35.2	235.0	.03376	32.0
	274	254.4	.05778	53.7	256.2	.05041	47.0	257.5	.03535	42.3	258.5	.04122	38.4
	298	277.8	.06922	63.2	279.9	.06047	55.3	281.4	.05448	49.7	282.6	.04934	45.1
	320	298.2	.07999	71.6	300.6	.06987	62.7	302.3	.06284	56.4	303.7	.05705	51.2
	338	313.8	.08853	78.3	316.4	.07752	68.5	318.3	.06976	61.6	319.8	.06332	55.9
	366	337.6	.10302	88.6	340.6	.09027	77.6	342.6	.08107	69.8	344.4	.07370	63.4
	388	357.5	.11585	97.5	360.7	.10160	85.4	363.0	.09143	76.8	364.9	.08304	69.8
	406	373.4	.12718	104.8	376.9	.11146	91.8	379.4	.10020	82.6	381.4	.09098	75.0
4''	250	228.3	.05431	51.4	230.3	.04705	44.8	231.9	.04182	39.6	232.9	.03810	36.3
	274	250.5	.06627	61.7	252.9	.05780	53.8	254.7	.05096	47.6	255.9	.04661	63.5
	298	273.2	.07921	72.5	276.0	.06916	63.1	278.2	.06107	55.9	279.6	.05596	51.1
	320	293.1	.09152	82.1	296.2	.07995	71.6	298.6	.07057	63.3	300.2	.06455	57.9
	338	308.2	.10151	89.7	311.6	.08843	78.2	314.3	.07832	69.2	316.0	.07162	63.3
	366	331.3	.11778	101.5	335.1	.10289	88.5	338.2	.09109	78.3	340.1	.08324	71.7
	388	350.6	.13260	111.6	354.8	.11569	97.3	358.1	.10255	86.2	360.3	.09384	78.9
	406	366.0	.14531	119.8	370.5	.12693	104.5	374.1	.11248	92.6	376.4	.10290	84.8
6''	250	222.4	.06581	62.3	225.2	.05722	54.2	227.2	.05098	48.3	229.0	.04521	43.0
	274	243.2	.07995	74.3	246.7	.06972	64.9	249.2	.06218	57.9	251.3	.05520	51.5
	298	264.9	.09567	87.5	268.8	.08330	76.2	271.6	.07428	67.9	274.2	.06602	60.4
	320	283.7	.11044	99.1	288.1	.09614	86.3	291.2	.08586	76.9	294.1	.07634	68.5
	338	298.0	.12232	108.1	302.8	.10657	94.1	306.2	.09500	84.0	309.3	.08465	74.8
	366	319.8	.14173	122.1	325.2	.12348	106.4	329.1	.11028	95.0	332.6	.09839	84.7
	388	338.0	.15938	134.2	343.9	.13919	117.0	348.1	.12424	104.4	352.0	.11058	93.1
	406	352.6	.17453	144.0	358.8	.15226	125.5	363.4	.13591	112.1	367.5	.12139	100.0
8''	250	216.7	.07499	71.1	220.9	.06338	60.0	223.2	.05693	53.9	225.0	.051186	49.1
	274	236.4	.09107	84.8	241.4	.07695	71.6	244.2	.06908	64.3	246.3	.06302	58.7
	298	257.0	.10916	99.6	262.9	.09207	84.2	266.1	.08272	75.7	268.6	.07546	69.0
	320	274.8	.12548	112.6	281.4	.10647	95.3	285.0	.09563	85.6	287.9	.08722	78.1
	338	288.4	.13924	122.7	295.5	.11781	103.9	299.4	.10580	93.5	302.6	.09645	85.2
	366	309.0	.16085	138.5	317.0	.13625	117.4	321.4	.12255	105.6	324.9	.11188	96.4
	388	326.1	.18059	152.0	334.9	.15317	128.9	339.8	.13780	116.0	343.6	.12600	105.9
	406	339.9	.19763	163.0	349.2	.16775	138.3	354.5	.15096	124.5	358.6	.13782	113.7
10''	250	207.7	.08434	80.3	211.7	.07529	71.4	215.0	.06766	64.1	217.5	.06166	58.4
	274	225.8	.10285	95.6	230.5	.09132	85.0	234.4	.08204	76.3	237.4	.07452	69.6
	298	244.4	.12213	111.8	249.9	.10896	99.4	254.5	.09790	89.3	258.0	.08909	81.5
	320	260.6	.14059	126.2	266.8	.12507	112.3	272.2	.11285	101.3	276.1	.10326	92.4
	338	273.0	.15544	137.4	280.0	.13923	122.7	285.5	.12503	110.3	289.8	.11420	100.7
	366	292.0	.18055	155.3	299.6	.16061	138.3	305.8	.14426	124.4	310.6	.13193	113.7
	388	307.6	.20215	170.2	315.9	.18018	151.7	322.7	.16218	136.5	328.0	.14820	124.7
	406	320.1	.22086	182.2	329.0	.19699	162.5	336.2	.17701	146.3	341.8	.16247	133.8

Calculations Courtesy of: Therman Mfg. Co.

TABLE 35 (Sheet 3 of 4)

TABLE 35 (Continued)

ENGLISH UNITS

LBS/HR OF STEAM CONDENSED AND Btu/HR HEAT LOSS/FT OF TRACER

Thermally Bonded To Pipe — One 1/2'' OD Tracer

Air Temperature 100 °F Wind 0 MPH

INSULATION THICKNESS

NPS		1.5'' Nominal		Heat Loss Btu/lin ft, hr	2.0'' Nominal		Heat Loss Btu/lin ft, hr	2.5'' Nominal		Heat Loss Btu/lin ft, hr	3.0'' Nominal		Heat Loss Btu/lin ft, hr
	°F Steam	°F Pipe	Condensate		°F Pipe	Condensate		°F Pipe	Condensate		°F Pipe	Condensate	
	TS	TP	#/HR-FT	Q3	TP	#/HR-FT	Q3	TP	#/HR-FT	Q3	TP	#/HR-FT	Q3
12''	250	196.2	.08631	82.1	202.0	.07680	72.8	206.1	.08041	65.6	209.4	.06318	59.8
	274	212.5	.10542	98.0	219.1	.09291	86.5	224.0	.09750	77.9	227.8	.07652	71.2
	298	229.0	.12550	114.4	236.6	.11069	101.0	242.4	.11635	91.0	246.8	.09095	83.2
	320	243.4	.14348	128.8	251.9	.12683	113.9	258.3	.13411	102.6	263.3	.10492	93.9
	338	254.3	.15856	140.2	263.6	.14056	123.9	270.5	.14859	111.7	275.9	.11594	102.3
	366	270.9	.18270	157.5	281.2	.16189	139.4	289.0	.17148	125.8	295.1	.13374	115.2
	388	284.7	.20464	172.2	296.0	.18123	152.6	304.4	.19274	137.8	311.3	.15044	126.6
	406	295.7	.22334	184.3	307.7	.19805	163.4	317.0	.21037	148.0	324.0	.16447	135.7
14''	250	186.4	.08659	82.4	192.5	.07701	73.4	197.2	.07024	66.5	200.9	.06453	61.1
	274	200.8	.10501	97.6	208.0	.09352	87.0	213.8	.08489	79.3	218.2	.07834	73.0
	298	215.5	.12432	113.7	223.8	.11112	101.4	230.5	.10147	92.5	235.6	.09308	85.1
	320	228.3	.14261	128.0	237.9	.12780	114.7	245.1	.11625	104.3	250.8	.10695	96.0
	338	238.0	.15727	139.0	248.4	.14148	124.7	256.2	.12853	113.3	262.4	.11804	104.4
	366	252.7	.18105	156.1	264.3	.16272	140.1	273.0	14788	127.4	279.9	.13618	117.4
	388	265.0	.20270	170.6	277.5	.18198	153.2	287.0	.16558	139.4	294.5	.15264	128.5
	406	274.8	.22087	182.2	288.1	.19860	163.8	298.1	18124	149.2	306.2	.16672	137.5
16''	250	175.6	.08272	78.8	182.0	.07509	71.2	187.4	.06902	65.4	191.4	.06395	60.6
	274	188.1	.10035	93.3	195.7	.09047	84.2	201.9	.08308	77.6	206.7	.07715	71.8
	298	200.7	.11809	108.1	209.7	.10748	98.1	216.8	.09904	90.3	222.4	.09142	83.6
	320	211.9	.13554	121.7	221.8	.12288	110.3	229.8	.11315	101.6	236.1	.10506	94.0
	338	220.4	.14951	132.1	231.3	.13639	120.3	239.6	.12507	110.3	246.4	.11594	102.3
	366	233.3	.17256	148.3	245.3	.15667	135.0	254.6	.14366	123.8	262.2	.13331	114.9
	388	244.1	.19249	162.1	257.0	.17501	147.3	267.0	.16066	135.2	275.5	.14962	125.9
	406	252.4	.20918	172.6	266.3	.19090	157.4	277.0	.17555	144.6	285.9	.16347	134.6
18''	250	172.4	.08664	82.4	179.0	.07866	75.0	184.1	.07245	68.6	188.5	.06758	64.0
	274	184.6	.10571	98.3	192.2	.09532	88.7	198.4	.08774	81.7	203.3	.08145	75.8
	298	197.3	.12635	115.2	205.6	.11316	103.3	212.8	.10422	95.1	218.5	.09683	88.3
	320	208.0	.14423	129.4	217.3	.12941	116.2	225.3	.11914	106.9	231.7	.11066	99.3
	338	216.3	.15914	140.7	226.2	.14293	125.9	234.8	.13129	116.1	241.7	.12207	107.9
	366	228.5	.18241	157.2	239.7	.16443	141.3	249.2	.15120	130.3	256.9	.14055	121.1
	388	238.5	.20333	171.1	250.9	.18319	154.2	261.2	.16916	142.4	269.5	.15722	132.3
	406	246.7	.22150	182.8	259.8	.19971	164.7	270.8	.18437	152.0	279.6	.17167	141.4
20''	250	170.2	.09248	87.5	176.1	.08217	78.3	181.4	.07603	72.1	185.6	.07052	66.8
	274	181.8	.11186	104.0	188.7	.09953	92.6	194.9	.09163	85.3	200.2	.08515	79.6
	298	193.4	.13142	120.1	201.6	.11771	107.8	208.8	.10881	99.3	214.9	.10158	92.6
	320	203.7	.15075	134.9	212.9	.13504	121.2	220.9	.12429	111.6	227.6	.11613	104.2
	338	211.6	.16570	146.5	221.5	.14890	131.6	230.0	.13749	121.2	237.3	.12824	113.1
	366	223.1	.19000	163.3	234.5	.17159	147.5	243.9	.15781	135.9	252.0	.14741	127.0
	388	232.9	.21175	178.2	245.0	.19075	160.6	255.5	.17629	148.4	264.3	.16469	138.6
	406	240.7	.23051	190.2	253.7	.20786	171.5	264.7	.19228	158.6	274.0	.18001	148.2
24''	250	166.4	.09818	93.0	172.1	.08802	83.7	177.1	.08070	76.9	181.6	.07584	71.9
	274	177.0	.11737	109.1	184.4	.10709	99.6	189.9	.09777	90.9	195.1	.09154	85.2
	298	188.2	.13809	126.5	196.7	.12715	116.0	203.0	.11562	105.9	209.0	.10861	99.1
	320	197.8	.15902	142.3	207.5	.14608	130.7	214.5	.13264	119.1	221.2	.12397	111.3
	338	205.0	.17335	153.2	215.4	.15970	141.2	223.2	.14618	129.2	230.3	.13713	120.9
	366	216.0	.19919	171.7	227.8	.18366	158.3	236.4	.16853	144.8	244.3	.15742	135.6
	388	225.3	.22234	187.1	237.8	.20450	172.1	247.4	.18782	158.1	255.9	.17585	148.1
	406	232.6	.24208	199.7	246.0	.22257	183.6	256.1	.20475	168.9	265.2	.19167	158.1
30''	250	159.6	.10546	100.4	166.2	.09766	93.1	171.3	.09111	86.2	175.0	.08300	79.0
	274	169.4	.12741	118.5	176.8	.11748	109.2	183.2	.10984	102.1	187.5	.10056	93.5
	298	179.4	.15076	137.5	188.0	.13833	126.7	195.2	.12889	118.1	200.4	.11883	108.8
	320	187.9	.17104	153.2	197.7	.15891	142.2	205.7	.14841	132.8	211.6	.13638	122.4
	338	194.4	.18783	166.0	204.8	.17363	153.5	213.5	.16208	143.3	220.1	.15046	133.0
	366	204.4	.21549	185.6	215.9	.19925	171.8	225.6	.18629	160.5	233.0	.17343	149.1
	388	212.7	.24051	202.0	225.2	.22227	187.0	235.6	.20819	175.2	243.9	.19272	162.2
	406	219.4	.26114	215.4	232.5	.24200	199.7	243.4	.22564	186.2	252.1	.21036	173.6

Calculations Courtesy of: Therman Mfg. Co.

TABLE 35 (Sheet 4 of 4)

METRIC UNITS

GMS/SEC STEAM CONDENSED AND WATTS HEAT LOSS/METER OF TRACER

Thermally Bonded Tracer — One Tracer 12.7 mm OD

Air Temperature −17.8 °C Wind 40 KMH

INSULATION THICKNESS

PIPE SIZE		38 MM Nominal		Heat Loss W/lin m, hr	51 MM Nominal		Heat Loss W/lin m, hr	64 MM Nominal		Heat Loss W/lin m, hr	76 MM Nominal		Heat Loss W/lin m, hr
	°C Steam	°C Pipe	Condensate		°C Pipe	Condensate		°C Pipe	Condensate		°C Pipe	Condensate	
	TS	TP	GM/SEC-M	Q3	TP	GM/SEC-M	Q3	TP	GM/SEC-M	Q3	TP	GM/SEC-M	Q3
48 MM	121	111.1	.02405	52.9	111.9	.02120	46.7	112.4	.01912	42.3	112.6	.01763	39.0
	134	124.2	.02746	59.4	125.0	.02426	52.4	125.6	.02191	47.5	126.1	.02021	43.8
	148	137.7	.03122	66.3	138.7	.02762	58.6	139.5	.02503	53.2	140.0	.02314	49.1
	160	149.7	.03495	72.7	150.7	.03082	64.3	151.5	.02793	58.3	152.0	.02577	53.8
	170	158.7	.03781	77.6	159.9	.03341	68.6	160.6	.03030	62.2	161.2	.02801	57.4
	186	172.6	.04269	85.3	173.8	.03775	75.4	174.7	.03419	68.4	175.3	.03155	63.1
	198	184.2	.04700	91.9	185.5	.04162	81.3	186.4	.03776	73.7	187.1	.03486	68.1
	208	193.4	.05083	97.3	194.8	.04498	86.1	195.8	.04077	78.1	196.5	.03764	72.1
60 MM	121	108.8	.03004	66.1	110.1	.02574	56.6	110.9	.02284	50.3	111.6	.02074	45.7
	134	121.6	.03420	74.2	123.0	.02928	63.6	124.0	.02611	56.5	124.7	.02374	51.3
	148	134.9	.03894	82.8	136.4	.03340	71.0	137.5	.02976	63.1	138.2	.02696	57.3
	160	146.5	.04351	90.5	148.3	.03731	77.8	149.4	.03324	69.2	150.3	.03016	62.9
	170	155.5	.04720	96.7	157.3	.04045	83.0	158.5	.03595	73.8	159.4	.03270	67.1
	186	169.0	.05302	106.2	171.0	.04558	91.2	172.3	.04061	81.1	173.3	.03695	73.8
	198	180.3	.05854	114.3	182.4	.05034	98.2	183.8	.04470	87.4	184.9	.04074	79.5
	208	189.4	.06311	120.9	191.6	.05434	104.0	193.1	.04837	92.6	194.2	.04403	84.3
89 MM	121	105.7	.03489	77.2	107.5	.02988	65.8	108.6	.02640	58.1	109.6	.02363	52.0
	134	118.1	.04002	86.5	120.1	.03416	73.8	121.4	.03004	65.2	122.5	.02698	58.4
	148	131.0	.04548	96.4	133.1	.03873	82.3	134.6	.03424	72.8	135.8	.03067	65.2
	160	142.2	.05050	105.3	144.6	.04326	90.0	146.2	.03826	79.6	147.6	.03434	71.5
	170	150.8	.05478	112.3	153.3	.04684	96.0	155.1	.04145	85.1	156.5	.03714	76.3
	186	164.0	.06164	123.4	166.8	.05272	105.5	168.6	.04670	93.5	170.1	.04186	83.8
	198	174.9	.06785	132.7	177.9	.05820	113.6	179.9	.05156	100.6	181.5	.04616	90.3
	208	183.7	.07335	140.3	186.8	.06275	120.2	188.9	.05558	106.5	190.6	.04993	95.6
114 MM	121	102.4	.04052	89.1	104.7	.03414	75.5	106.4	.02975	65.5	107.5	.02687	59.1
	134	114.4	.04619	99.8	117.0	.03916	84.7	118.9	.03399	73.5	120.1	.03057	66.3
	148	126.9	.05244	111.1	129.7	.04453	94.4	131.9	.03856	81.9	133.2	.03483	74.0
	160	137.7	.05816	121.3	140.8	.04944	103.1	143.2	.04307	89.6	144.6	.03881	81.0
	170	146.0	.06294	129.2	149.3	.05353	109.9	151.8	.04663	95.5	153.4	.04207	86.4
	186	158.7	.07091	141.6	162.3	.06023	120.6	165.1	.05248	105.1	166.8	.04748	95.0
	198	169.3	.07781	152.2	173.2	.06643	129.9	176.1	.05792	113.1	178.0	.05240	102.3
	208	177.9	.08407	161.1	181.9	.07172	137.4	185.0	.06245	119.6	186.9	.05650	108.3
168 MM	121	96.4	.04916	108.2	99.6	.04165	91.7	101.9	.03629	80.2	103.8	.03190	70.3
	134	107.8	.05596	121.0	111.4	.04750	102.6	113.9	.04158	89.8	116.0	.03640	78.8
	148	119.5	.06351	134.5	123.5	.05373	114.2	126.2	.04720	100.1	128.6	.04144	87.8
	160	129.7	.07049	146.7	134.0	.05978	124.7	137.0	.05241	109.3	139.6	.04600	95.9
	170	137.5	.07603	156.1	142.1	.06466	132.8	145.3	.05687	116.5	146.1	.04979	102.3
	186	149.4	.08555	170.8	154.4	.07281	145.4	157.8	.06380	127.7	160.9	.05604	112.2
	198	159.3	.09402	183.4	164.6	.07990	156.3	168.3	.07018	137.3	171.6	.06173	120.7
	208	167.2	.10101	193.6	172.8	.08613	165.1	176.7	.07575	145.1	180.3	.06683	127.9
219 MM	121	90.7	.05608	123.4	95.6	.04567	101.2	98.1	.04061	89.4	100.1	.03642	80.5
	134	101.4	.06341	137.8	106.8	.05235	113.1	109.7	.04632	100.1	111.8	.04171	90.1
	148	112.5	.07229	153.0	118.4	.05935	125.8	121.6	.05256	111.4	124.0	.04734	100.4
	160	122.1	.08018	166.7	128.5	.06597	137.2	132.0	.05827	121.5	134.6	.05254	109.6
	170	129.5	.08659	177.2	136.3	.07112	146.1	139.9	.06303	129.4	142.7	.05701	116.8
	186	140.7	.09675	193.7	148.0	.08004	159.8	152.0	.07097	141.7	155.0	.06393	127.9
	198	150.0	.10647	207.7	157.8	.08776	171.6	162.1	.07785	152.3	165.3	.07080	137.5
	208	157.4	.11436	219.1	165.7	.09452	181.2	170.1	.08394	160.9	173.5	.07587	145.3
273 MM	121	81.8	.06232	138.3	86.4	.05474	120.4	90.0	.04795	106.3	92.9	.04344	96.1
	134	91.6	.07134	154.2	96.6	.06182	134.4	100.8	.05511	119.1	103.8	.04970	107.4
	148	101.6	.08076	171.0	107.3	.07065	149.6	111.8	.06246	132.3	115.1	.05613	119.4
	160	110.3	.08939	185.9	116.5	.07827	162.8	121.3	.06928	144.1	124.9	.06259	130.1
	170	117.0	.09602	197.5	123.6	.08455	173.0	128.6	.07466	153.3	132.5	.06742	138.5
	186	127.3	.10783	215.9	134.2	.09441	189.0	139.7	.08389	167.6	143.9	.07563	151.4
	198	135.7	.11856	231.2	143.1	.10355	202.5	149.0	.09196	179.8	153.4	.08311	162.5
	208	142.5	.12735	243.6	150.2	.11145	213.6	156.3	.09895	189.7	161.0	.08951	171.6

Calculations Courtesy of: Therman Mfg. Co.

TABLE 36 (Continued)

METRIC UNITS

GMS/SEC STEAM CONDENSED AND WATTS HEAT LOSS/METER OF TRACER

Thermally Bonded Tracer — One Tracer 12.7 mm OD

Air Temperature – 17.8 °C Wind 40 KMH

INSULATION THICKNESS

PIPE SIZE	°C Steam TS	38 MM Nominal °C Pipe TP	38 MM Nominal Condensate GM/SEC-M	Heat Loss W/lin m, hr Q3	51 MM Nominal °C Pipe TP	51 MM Nominal Condensate GM/SEC-M	Heat Loss W/lin m, hr Q3	64 MM Nominal °C Pipe TP	64 MM Nominal Condensate GM/SEC-M	Heat Loss W/lin m, hr Q3	76 MM Nominal °C Pipe TP	76 MM Nominal Condensate GM/SEC-M	Heat Loss W/lin m, hr Q3
324 MM	121	70.5	.06424	142.5	76.9	.05587	122.9	81.5	.04946	108.9	85.0	.04438	98.2
	134	79.1	.07300	158.5	86.1	.06300	136.9	91.3	.05614	121.4	95.1	.05073	109.6
	148	87.9	.08281	175.3	95.7	.07164	151.6	101.3	.06353	134.6	105.5	.05716	121.6
	160	95.6	.09152	190.3	103.9	.07889	164.8	110.0	.07033	146.3	114.7	.06384	132.7
	170	101.4	.09819	201.8	110.2	.08546	174.9	116.6	.07571	155.5	121.6	.06869	141.1
	186	110.3	.10974	219.7	119.8	.09524	190.7	126.7	.08494	169.7	132.1	.07696	154.1
	198	117.6	.12012	234.9	127.8	.10433	204.0	135.2	.09337	182.1	140.8	.08442	165.1
	208	123.5	.12887	247.1	134.1	.11215	214.9	141.9	.10012	191.9	147.8	.09081	174.1
356 MM	121	60.9	.06385	141.7	67.9	.05620	123.6	73.3	.05037	110.8	77.3	.04546	100.7
	134	68.5	.07240	157.4	76.3	.06328	137.5	82.1	.05707	123.4	86.6	.05191	112.2
	148	76.3	.08209	173.8	84.9	.07205	152.5	91.3	.06449	136.6	96.1	.05861	124.3
	160	83.1	.09058	188.3	92.4	.07929	165.5	99.2	.07101	148.3	104.4	.06496	135.1
	170	88.3	.09707	199.6	98.0	.08574	175.5	105.2	.07666	157.4	110.8	.06984	143.4
	186	96.1	.10835	216.9	106.6	.09541	191.0	114.4	.08588	171.5	120.4	.07832	156.4
	198	102.7	.11878	231.6	113.8	.10439	204.1	122.0	.09403	183.4	128.3	.08559	167.4
	208	107.9	.12729	243.5	119.5	.11207	214.8	128.0	.10074	193.1	134.7	.09197	176.3
406 MM	121	50.6	.06118	134.6	58.0	.05430	119.5	63.8	.04916	108.2	68.2	.04476	99.1
	134	57.2	.06915	149.2	65.4	.06099	132.6	71.7	.05563	120.3	76.6	.05100	110.2
	148	64.2	.07821	165.6	72.9	.06918	146.5	79.8	.06273	132.9	85.1	.05727	121.9
	160	70.3	.08658	180.1	79.4	.07609	158.7	86.8	.06927	144.1	92.7	.06382	132.7
	170	74.7	.09299	190.5	84.4	.08219	168.2	92.2	.07441	152.8	98.4	.06854	140.8
	186	81.5	.10310	206.4	92.0	.09131	182.8	100.3	.08318	166.2	107.0	.07651	153.2
	198	87.2	.11292	220.4	98.3	.09996	195.1	107.1	.09080	177.5	114.2	.08373	163.7
	208	91.6	.12079	230.9	103.3	.10700	205.1	112.5	.09741	186.7	119.9	.08987	172.3
457 MM	121	47.8	.06414	142.3	55.1	.05716	125.8	60.9	.05187	114.1	65.5	.04723	104.7
	134	54.2	.07262	157.8	62.2	.06426	139.6	68.5	.05861	126.7	73.6	.05385	116.4
	148	60.7	.08218	174.0	69.4	.07277	154.0	76.4	.06612	140.0	81.8	.06071	128.7
	160	66.3	.09057	188.3	75.7	.08024	166.9	83.1	.07269	151.8	89.0	.06710	139.6
	170	70.5	.09662	198.7	80.4	.08634	176.7	88.3	.07834	160.9	94.5	.07207	148.0
	186	77.0	.10767	215.6	87.7	.09590	192.0	96.1	.08761	174.9	102.8	.08039	161.0
	198	82.4	.11784	229.8	93.6	.10447	204.3	102.7	.09571	186.7	109.7	.08800	172.1
	208	86.7	.12618	241.3	98.4	.11207	214.8	107.8	.10243	196.3	115.3	.09442	181.0
508 MM	121	45.0	.06679	148.1	52.4	.05969	131.3	58.2	.05418	119.2	63.0	.04996	110.0
	134	51.1	.07539	164.1	59.0	.06687	145.1	65.5	.06086	132.3	70.8	.05651	122.2
	148	57.3	.08539	180.8	66.0	.07573	160.3	73.1	.06904	146.2	78.8	.06373	135.0
	160	62.7	.09410	195.6	72.0	.08326	173.8	79.6	.07594	158.4	85.8	.07035	146.4
	170	66.8	.10076	207.0	76.7	.08992	184.1	84.6	.08203	167.8	91.1	.07556	155.2
	186	72.9	.11171	223.7	83.5	.09967	199.5	92.1	.09114	182.4	99.1	.08449	168.8
	198	78.0	.12193	238.4	89.4	.10929	213.3	98.4	.09979	194.8	105.8	.09220	180.3
	208	82.1	.13055	250.3	94.0	.11703	224.2	103.4	.10682	204.7	111.1	.09890	189.6
610 MM	121	41.7	.07031	155.7	48.9	.06317	140.2	54.3	.05764	126.8	59.0	.05338	117.5
	134	47.3	.07899	171.5	55.3	.07150	155.6	61.3	.06481	140.8	66.4	.05997	130.4
	148	53.1	.08919	188.9	61.8	.08081	171.1	68.4	.07342	155.4	74.0	.06804	144.0
	160	58.2	.09831	204.2	67.6	.08904	185.2	74.6	.08070	168.4	80.7	.07483	156.1
	170	62.1	.10545	216.0	71.9	.09570	196.1	79.4	.08714	178.4	85.8	.08084	166.0
	186	68.0	.11696	234.2	78.6	.10632	212.9	86.5	.09682	193.8	93.5	.09013	180.4
	198	72.8	.12756	249.5	83.9	.11601	226.3	92.5	.10606	206.9	99.8	.09868	192.6
	208	76.7	.13665	261.8	88.3	.12430	237.7	97.3	.11348	217.4	104.9	.10563	202.5
762 MM	121	35.6	.07641	168.0	42.8	.06909	153.1	48.6	.06353	141.0	53.1	.05890	129.6
	134	40.7	.08537	185.9	48.6	.07812	169.6	55.0	.07195	156.5	59.9	.06626	143.8
	148	46.0	.09651	204.5	54.5	.08781	186.0	61.5	.08121	171.9	67.0	.07501	158.8
	160	50.4	.10590	219.9	59.7	.09679	201.1	67.2	.08948	186.1	73.1	.08245	172.0
	170	53.9	.11308	232.5	63.6	.10395	212.8	71.5	.09581	197.1	77.7	.08897	182.2
	186	59.1	.12627	251.9	69.6	.11519	230.6	78.1	.10682	213.9	84.7	.09859	197.4
	198	63.5	.13705	268.1	74.6	.12565	245.7	83.5	.11654	227.3	90.6	.10775	210.8
	208	67.0	.14711	281.2	78.5	.13489	257.9	87.8	.12485	238.8	95.2	.11567	221.6

Calculations Courtesy of: Therman Mfg. Co.

TABLE 36 (Sheet 2 of 4)

TABLE 36 (Continued)

METRIC UNITS

GMS/SEC STEAM CONDENSED AND WATTS HEAT LOSS/METER OF TRACER

Thermally Bonded Tracer — One Tracer 12.7 mm OD

Air Temperature 37.8 °C Wind 0 KMH

INSULATION THICKNESS

PIPE SIZE		38 MM Nominal		Heat Loss W/lin m, hr	51 MM Nominal		Heat Loss W/lin m, hr	64 MM Nominal		Heat Loss W/lin m, hr	76 MM Nominal		Heat Loss W/lin m, hr
	°C Steam TS	°C Pipe TP	Condensate GM/SEC-M	Q3	°C Pipe TP	Condensate GM/SEC-M	Q3	°C Pipe TP	Condensate GM/SEC-M	Q3	°C Pipe TP	Condensate GM/SEC-M	Q3
48 MM	121	114.0	.01382	30.4	114.3	.01244	27.4	114.6	.01139	25.1	114.8	.01661	23.4
	134	127.1	.01682	36.2	127.5	.01515	32.8	127.9	.01387	30.1	128.1	.01292	28.0
	148	140.7	.02016	42.6	141.2	.08183	38.5	141.6	.01668	35.4	141.9	.01350	33.0
	160	152.6	.02332	48.6	153.2	.02102	43.7	153.6	.01927	40.2	153.9	.01794	37.4
	170	161.7	.02589	53.2	162.3	.02330	47.8	162.8	.02139	43.9	163.2	.01992	40.9
	186	175.6	.03014	60.3	176.3	.02713	54.2	176.8	.02491	49.8	177.3	.02318	46.4
	198	187.2	.03398	66.4	188.0	.03057	59.7	188.6	.02809	54.9	189.1	.02615	51.1
	208	196.6	.03738	71.5	197.5	.03362	64.4	198.2	.03090	59.1	198.7	.02879	55.1
60 MM	121	112.8	.01684	37.2	113.4	.01485	32.7	113.8	.01342	29.5	114.1	.01234	27.2
	134	125.7	.02052	44.5	126.4	.01810	39.1	126.9	.01634	35.4	127.2	.01504	32.5
	148	139.0	.02462	52.3	139.8	.02170	46.0	140.4	.01956	41.6	140.9	.01800	38.1
	160	159.6	.02847	59.4	151.6	.02503	52.2	152.3	.02262	47.2	152.8	.02084	43.4
	170	159.6	.03160	64.9	160.6	.02784	57.1	161.4	.02515	51.6	161.9	.02311	47.4
	186	173.2	.03681	73.5	174.4	.03231	64.7	175.2	.02924	58.4	175.8	.02690	53.8
	198	184.6	.04145	80.9	185.9	.03647	71.2	186.8	.03292	64.4	187.5	.03033	59.2
	208	193.9	.04556	87.2	195.2	.04007	76.8	196.2	.03621	69.4	197.0	.03333	63.8
89 MM	121	110.9	.01945	43.0	111.7	.01711	37.6	112.3	.01538	33.9	112.8	.01397	30.7
	134	123.6	.02390	51.7	124.6	.02085	45.2	125.3	.01876	40.7	125.9	.01705	36.9
	148	136.5	.02863	60.7	137.7	.02501	53.2	138.5	.02254	47.8	139.2	.02041	43.4
	160	147.9	.03309	68.8	149.2	.02890	60.3	150.2	.02600	54.2	150.9	.02360	49.2
	170	156.6	.03662	75.2	158.0	.03207	65.8	159.0	.02885	59.2	159.9	.02619	53.8
	186	169.8	.04261	85.2	171.4	.03734	74.6	172.6	.03353	67.1	173.5	.03049	60.9
	198	180.8	.04792	93.7	182.6	.04203	82.1	183.9	.03782	73.9	185.0	.03435	67.1
	208	189.7	.05261	100.7	191.6	.04611	88.2	193.0	.04145	79.4	194.1	.03763	72.1
114 MM	121	109.1	.02246	49.4	110.2	.01946	43.1	111.0	.01730	38.1	111.6	.01576	34.8
	134	121.4	.02741	59.3	122.7	.02391	51.7	123.7	.02108	45.7	124.4	.01928	41.8
	148	134.0	.03276	69.6	135.6	.02861	60.7	136.8	.02526	53.7	137.5	.02315	49.1
	160	145.0	.03786	78.9	146.8	.03307	68.8	148.1	.02919	60.9	149.0	.02670	55.7
	170	153.4	.04199	86.2	155.3	.03658	75.1	156.8	.03240	66.5	157.8	.02963	60.8
	186	166.3	.04872	97.5	168.4	.04256	85.0	170.1	.03768	75.3	171.2	.03443	68.9
	198	177.0	.05485	107.2	179.3	.04785	93.5	181.2	.04242	82.6	182.4	.03662	75.8
	208	185.6	.06011	115.2	188.1	.05250	100.5	190.0	.04653	89.0	191.3	.04256	81.5
168 MM	121	105.8	.02722	59.9	107.3	.02367	52.1	108.4	.02109	46.4	109.4	.01870	41.3
	134	117.3	.03307	71.4	119.3	.02884	62.4	120.6	.02572	55.6	121.8	.02283	49.5
	148	129.4	.03958	84.1	131.6	.03446	73.2	133.1	.03073	65.3	134.5	.02731	58.1
	160	139.8	.04568	95.3	142.3	.03977	82.9	144.0	.03552	73.9	145.6	.03156	65.6
	170	147.8	.05060	103.9	150.4	.04408	90.5	152.4	.03930	80.7	154.1	.03502	71.9
	186	159.9	.05862	117.4	162.9	.05108	102.3	165.0	.04562	91.3	167.0	.04070	81.3
	198	170.0	.06593	128.9	173.3	.05758	112.4	175.6	.05139	100.3	177.8	.05021	96.1
	208	178.1	.07219	138.4	181.6	.06298	120.6	184.1	.05622	107.7	186.4	.05021	96.1
219 MM	121	102.6	.03102	68.3	104.9	.02622	57.7	106.2	.02355	51.8	107.2	.02145	47.2
	134	113.6	.03767	81.5	116.3	.03183	68.8	117.9	.02858	61.8	119.1	.02607	56.4
	148	125.0	.04515	95.7	128.3	.03808	80.9	130.1	.03422	72.7	131.5	.03121	66.4
	160	134.9	.05190	108.2	138.5	.04404	91.6	140.6	.03956	82.3	142.1	.03608	75.1
	170	142.4	.05759	117.9	146.4	.04873	99.9	148.6	.04376	89.8	150.3	.03990	81.9
	186	153.9	.06653	133.1	158.3	.05636	112.8	160.8	.05069	101.5	162.7	.04628	92.6
	198	163.4	.07470	146.1	168.3	.06336	123.9	171.0	.05700	111.5	173.1	.05212	101.7
	208	171.0	.08175	156.7	176.2	.06939	132.9	179.2	.06244	119.6	181.4	.05701	109.2
273 MM	121	97.6	.03489	77.2	99.8	.03114	68.6	101.7	.02799	61.6	103.1	.02556	56.1
	134	107.6	.04255	91.9	110.3	.03777	81.7	112.5	.03394	73.3	114.1	.03083	66.9
	148	118.0	.05052	107.4	121.1	.04507	95.5	123.6	.04050	85.8	125.5	.03685	78.3
	160	127.0	.05815	121.3	130.5	.05173	107.9	133.4	.04668	97.3	135.6	.04271	88.8
	170	133.9	.06430	132.0	137.8	.05759	117.9	140.8	.05174	106.0	143.2	.04724	96.8
	186	144.4	.07468	149.2	148.7	.06644	132.9	152.1	.05974	119.6	154.8	.05457	109.3
	198	153.1	.08362	163.5	157.7	.07453	145.8	161.5	.06709	131.2	164.4	.06130	119.8
	208	160.1	.09136	175.1	165.0	.08148	156.2	169.0	.07351	140.6	172.1	.06721	128.6

Calculations Courtesy of: Therman Mfg. Co.

TABLE 36 (Sheet 3 of 4)

TABLE 36 (Continued)

METRIC UNITS

GMS/SEC STEAM CONDENSED AND WATTS HEAT LOSS/METER OF TRACER

Thermally Bonded Tracer — One Tracer 12.7 mm OD

Air Temperature 37.8 °C   Wind 0 KMH

INSULATION THICKNESS

PIPE SIZE	38 MM Nominal			Heat Loss W/lin m, hr	51 MM Nominal		Heat Loss W/lin m, hr	64 MM Nominal		Heat Loss W/lin m, hr	76 MM Nominal		Heat Loss W/lin m, hr
	°C Steam TS	°C Pipe TP	Condensate GM/SEC-M	Q3	°C Pipe TP	Condensate GM/SEC-M	Q3	°C Pipe TP	Condensate GM/SEC-M	Q3	°C Pipe TP	Condensate GM/SEC-M	Q3
324 MM	121	91.2	.03570	78.9	94.4	.03177	70.0	96.7	.02864	63.0	98.0	.02613	57.5
	134	100.3	.04361	94.2	103.9	.03843	83.1	106.7	.03452	74.9	108.8	.03165	68.4
	148	109.4	.05191	109.9	113.7	.04579	97.1	116.9	.04127	87.4	119.3	.03762	80.0
	160	117.4	.05935	123.8	122.2	.05246	109.4	125.7	.04730	98.6	128.5	.04340	90.2
	170	123.5	.06559	134.7	128.6	.05814	119.0	132.5	.05229	107.4	135.5	.04796	98.3
	186	132.7	.07557	151.3	138.5	.06696	134.0	142.8	.06040	120.9	146.1	.05532	110.8
	198	140.4	.08465	165.5	146.6	.07497	146.6	151.3	.06773	132.5	155.2	.06223	121.7
	208	146.5	.09238	177.1	153.2	.08192	157.0	158.3	.07438	142.2	162.2	.06803	130.4
356 MM	121	85.8	.03582	79.2	89.2	.03188	70.6	91.8	.02905	64.0	93.9	.02669	58.7
	134	93.8	.04344	93.6	97.8	.03868	83.6	101.0	.03512	76.3	103.4	.03241	70.1
	148	101.9	.05143	109.3	106.6	.04596	97.5	110.3	.04197	88.9	113.1	.03850	81.6
	160	109.0	.05899	123.0	114.4	.05286	110.3	118.4	.04809	100.3	121.6	.04424	92.2
	170	114.4	.06505	133.6	120.2	.05852	119.8	124.5	.05316	108.9	128.0	.04883	100.3
	186	122.6	.07489	150.0	129.0	.06731	134.7	133.9	.06117	122.4	137.7	.05633	112.8
	198	129.5	.08384	164.0	136.4	.07528	147.2	141.7	.06849	134.0	145.8	.06314	123.5
	208	134.9	.09136	175.1	142.3	.08215	157.4	147.9	.07497	143.4	152.3	.06896	132.1
406 MM	121	79.8	.03422	75.7	83.4	.03106	68.4	86.3	.02855	62.8	88.6	.02645	58.2
	134	86.7	.04151	89.7	90.9	.03742	80.9	94.4	.03436	74.6	97.1	.03191	69.0
	148	93.7	.04885	103.9	98.7	.04446	94.2	102.7	.04097	86.8	105.8	.03782	80.4
	160	99.9	.05606	116.9	105.5	.05083	106.0	109.9	.04680	97.6	113.4	.04346	90.4
	170	104.7	.06184	127.0	110.7	.05642	115.6	115.4	.05173	106.0	119.1	.04796	98.3
	186	111.8	.07138	142.6	118.5	.06480	129.7	123.7	.05942	119.0	127.9	.05514	110.4
	198	117.8	.07962	155.7	125.0	.07239	141.6	130.6	.06646	130.0	135.3	.06189	121.0
	208	122.4	.08653	165.9	130.2	.07896	151.3	136.1	.07262	139.0	141.1	.06762	129.4
457 MM	121	78.0	.03584	79.2	81.7	.03254	72.1	84.5	.02997	66.0	87.0	.02795	61.5
	134	84.8	.04373	94.5	89.0	.03943	85.2	92.4	.03629	78.5	95.2	.03369	72.9
	148	91.8	.05226	110.7	96.4	.04681	99.3	100.4	.04311	91.4	103.6	.04006	84.8
	160	97.8	.05966	124.4	102.9	.05353	111.6	107.4	.04928	102.8	110.9	.04577	95.4
	170	102.4	.06583	135.2	107.9	.05912	121.0	112.7	.05431	111.6	116.5	.05049	103.7
	186	109.1	.07545	151.1	115.4	.06802	135.8	120.7	.06254	125.2	124.9	.05814	116.4
	198	114.7	.08411	164.2	121.6	.07578	148.2	127.3	.06997	136.9	132.0	.06503	127.2
	208	119.3	.09162	175.6	126.5	.08261	158.3	132.6	.07626	146.1	137.6	.07101	135.9
508 MM	121	76.8	.03825	84.1	80.0	.03399	75.2	83.0	.03145	69.3	85.3	.02917	64.2
	134	83.2	.04627	100.0	87.1	.04117	89.0	90.5	.03790	82.0	93.4	.03522	76.5
	148	89.7	.05436	115.4	94.2	.04869	103.6	98.2	.04501	95.4	101.6	.04202	89.0
	160	95.4	.06236	129.6	100.5	.05586	116.5	104.9	.05141	107.2	108.7	.04804	100.2
	170	99.8	.06854	140.8	105.3	.06159	126.5	110.0	.05687	116.5	114.1	.05304	108.7
	186	106.2	.07859	156.9	112.5	.07098	141.8	117.7	.06528	130.6	122.2	.06095	122.1
	198	111.6	.08759	171.3	118.3	.07890	154.3	124.2	.07292	142.6	129.0	.06812	133.2
	208	116.0	.09535	182.8	123.1	.08598	164.8	129.3	.07954	152.4	134.4	.07416	142.4
610 MM	121	74.7	.04061	89.4	77.9	.03641	80.5	80.6	.03338	73.9	83.1	.03137	69.1
	134	80.6	.04855	104.9	84.7	.04430	95.7	87.7	.04044	87.4	90.6	.03786	81.9
	148	86.8	.05712	121.6	91.5	.05259	111.5	95.0	.04783	101.8	98.3	.04493	95.2
	160	92.1	.06578	136.8	97.5	.06043	125.6	101.4	.05486	114.4	105.1	.05128	107.0
	170	96.1	.07170	147.3	101.9	.06606	135.7	106.2	.06047	124.1	110.2	.05672	116.2
	186	102.2	.08239	165.0	108.8	.07597	152.1	113.6	.06971	139.2	117.9	.06512	130.5
	198	107.4	.09197	179.8	114.3	.08459	165.4	119.6	.07769	152.0	124.4	.07274	142.3
	208	111.5	.10014	192.0	118.9	.09206	176.5	124.5	.08469	162.3	129.5	.07928	151.9
762 MM	121	70.9	.04362	96.5	74.6	.04040	89.5	77.4	.03769	82.8	79.5	.03433	76.0
	134	76.4	.05270	113.9	80.4	.04859	105.0	84.0	.04544	98.2	86.4	.04160	89.9
	148	81.9	.06236	132.1	86.7	.05722	121.8	90.6	.05331	113.5	93.6	.04915	104.6
	160	86.6	.07075	147.2	92.1	.06573	136.7	96.5	.06139	127.6	99.8	.05641	117.6
	170	90.2	.07769	159.5	96.0	.07182	147.5	100.8	.06704	137.7	104.5	.06224	127.8
	186	95.8	.08914	178.4	102.1	.08242	165.1	107.6	.07706	154.2	111.7	.07174	143.3
	198	100.4	.09948	194.2	107.3	.09194	179.7	113.1	.08612	168.4	117.5	.07972	155.9
	208	104.1	.10802	207.0	111.4	.10010	191.9	117.5	.09333	178.9	122.3	.08701	166.8

Calculations Courtesy of: Therman Mfg. Co.

TABLE 36 (Sheet 4 of 4)

VII

Economic Considerations in Design of Thermal Insulation Systems

GENERAL

The information contained in this book is mainly the relation of heat loss to dollar loss and the use of thermal insulation to minimize these losses. To fulfill its function in energy (and money) conservation, the insulation system must also fulfill the requirements imposed upon it. The determination of the correct thickness of thermal insulation is only one part of the system design. The surroundings and usage must be evaluated so as to design a satisfactory system. This book is not a mechanical design manual for insulation systems, but the important requirements are listed to aid in good engineering design. The fundamental factors listed below will be discussed to indicate how they affect insulation system design. The basic divisions of installation criteria are as follows:

I. Application Requirements
II. Thermal Requirements
III. Moisture Requirements
IV. Physical Requirements
V. Chemical Requirements
VI. Fire Protection Requirements
VII. Personnel Protection Requirements

Other than the basic insulation, the other components of the system must also conform to the installation criteria. A major failure of any set of requirements, in most instances, will cause the system to be of little or no value in conservation of money or energy.

I. Application Requirements

Before an insulation can perform its task of conserving energy and money, it must be installed on the pipe, tube, piece of equipment, vessel, or duct, requiring its thermal resistance. The application requirement must be considered before economic thickness determination. This is because location, size, shape, etc. will decide which insulations and accessories can best be used.

In most installations it is more economical to pre-fabricate insulation before it is field applied. For this reason, the cutting, forming and fitting characteristics may be the most demanding of requirements. The size blocks and pipe insulation which may be fabricated with the least waste and labor should be considered. The handle-ability of the fabricated part determines, to a large extent, its usability.

For convenience, the basic sizes of pipes and tubes are tabulated and are Tables A-4 and A-11 in the Appendix. Also included are Multi-Layer Insulation for NPS Pipes and Tubes: Tables A-5 and A-12, Approximate Wall Thicknesses for NPS Pipe Insulation (also tube insulation) Tables A-8 and A-13. These are presented in both English and Metric Units. All are based on ASTM Standard C-585; "Inner and Outer Diameter of Rigid Thermal Insulation for Nominal Sizes of Pipe and Tubing" (NPS System).

Dimensions for fabrication of rigid thermal insulation for use on valves, ells, tees, flanges, and vessels in the pressure range from 150 to 1500 psi (1.03 to 103 million Pa) are available in a manual of tables published by ASTM. The tables are: "ASTM Recommended Dimensional Standards for Prefabrication and Field Fabrication of Thermal Insulation Fitting Covers", part of ASTM Recommended Practice C-450.

In some applications it is necessary to have a flexible insulation between the rigid insulation and the vessel or equipment to which it is applied. In other applications the shape or contour may make it necessary to use a flexible insulation which can be wrapped in place. This type of material should be flexible, but with sufficient compressive strength to enable it to be wired, or pulled into position by netting.

As bare, uninsulated, hot surfaces lose great quantities of heat, it is essential that all hot surfaces be insulated. Where it is necessary to remove and replace insulation, due to operational practice, the insulation required may be tailor-made blankets, factory-made reflective insulation or prefabricated units.

II. Thermal Requirements

The properties of insulation which influence its effectiveness as a retarder of heat movement are: (1) Conductivity, (2) Diffusivity, (3) Emissivity, (4) Specific Heat, and (5) Density. Of course, the one of major importance is conductivity. However, thermal insulation of mass type is made up of solids arranged to form finely divided spaces of air or gas. An enlarged section of typical mass insulation is shown in Figure 19. As shown in the Figure, when a temperature difference exists between the two surfaces of the material, the heat will use all means to get from the hotter surface to the colder surface. The four basic mechanisms of heat flow are:

1. k_s, solid conduction through the material forming the insulation.
2. k_c, gas conduction within the voids.
3. k_r, radiation transfer from solid to solid across the voids.
4. k_{cv}, convection of air or gas within the voids.

As it is impractical to separate each of the quantities of heat in regard to its mode of transfer, the total amount of heat is stated to pass through the insulation by conduction.

Because of differences in the modes of heat transfer from one surface of insulation to another, the results obtained by laboratory tests can be misleading. To illustrate, on light weight fibrous, or lightweight, organic foam insulations, the heat transfer by radiation will be a large portion of the total heat transfered from one surface to another. By testing these materials with very little temperature difference, as permitted in ASTM test procedures, the radiation transfered heat can be minimized, thus presenting low overall thermal conductivity for the material, which is not true in practice.* Because information of overall heat transfer for these materials with temperature differences as encountered in actual use was not obtainable from the manufacturers, they were not shown on the "Conductivity, k or k_m, Design Values" chart. When overall thermal conductivity for a particular material is needed, the manufacturer should be requested to furnish the conductivity at the various mean temperatures obtained by testing at the temperature differential to which the material is to be subjected.

*Part 5 Assessment of Heat Transmission Information for Thermal Insulation in "Industrial Thermal Insulation—An Assessment" by Oak Ridge National Laboratory. ORNL/TM—5283

SCHEMATIC ILLUSTRATION OF HEAT TRANSFER THROUGH MASS INSULATION

FUNCTION

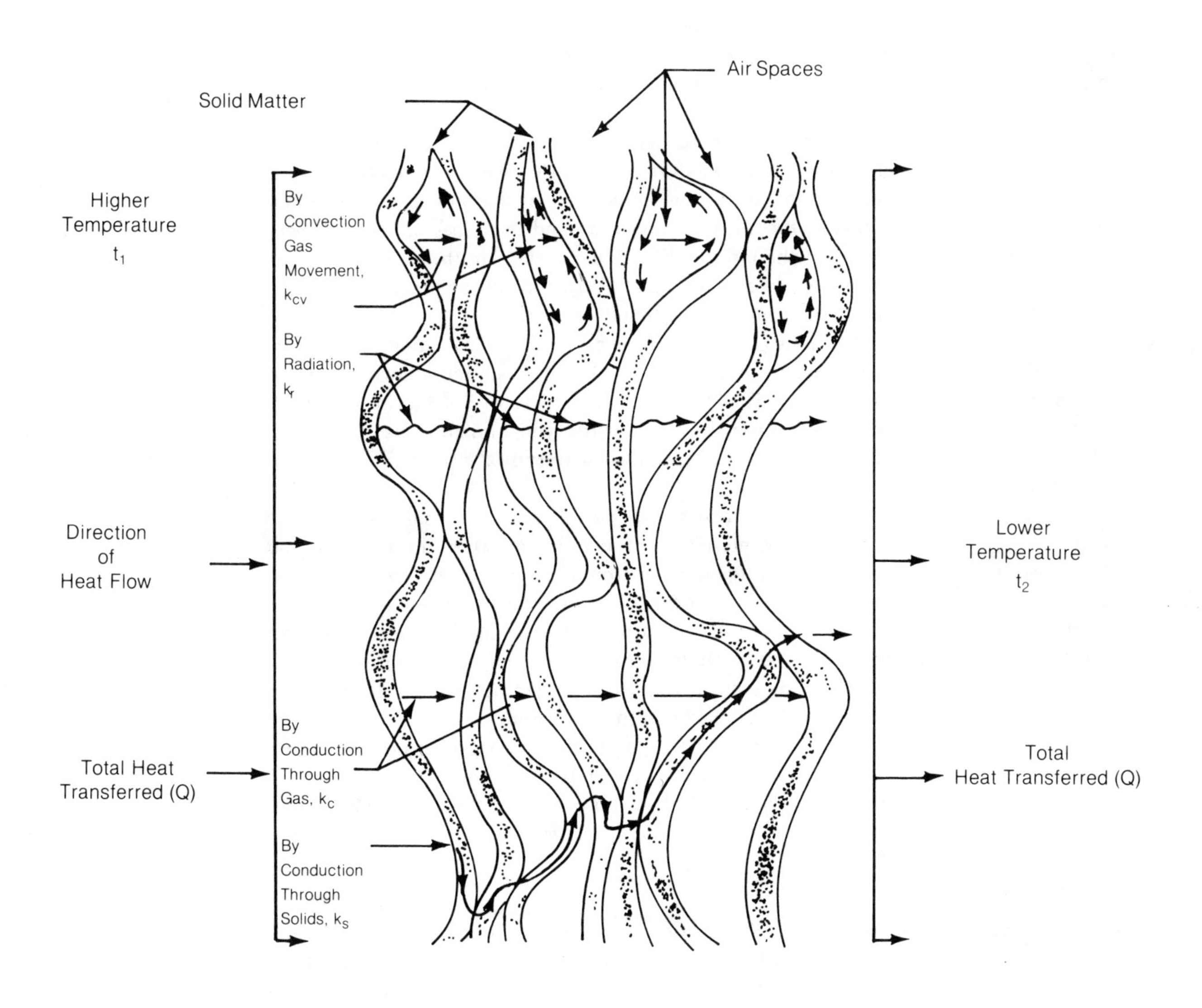

FIGURE 19

A similar problem exists in regard to the probability that some of the gaseous or air spaces are fully or partly filled with moisture. Liquid has a conductivity approximately 25 times that of air. It is almost impossible to keep highly absorptive insulations dry, yet the test procedures state "that material shall be dried to constant weight at 215°F to 250°F (102°C to 120°C) before testing for conductivity." For this reason the conductivities as measured are not realistic representations of the conditions expected in practice. The curves presented for conductivity of insulation materials are for practically dry material rather than laboratory dried insulations.

The thermal diffusivity must be selected to fulfill the installation requirement. If a process is a cyclic one and change of temperature is to be rapid, then a material with high thermal diffusivity, low mass and low specific heat, is desirable. However, should the temperature change be desired to be slow, then low diffusivity, high mass, and high specific heat is needed.

III. Moisture Requirements

The moisture resistance requirements are for both the liquid and vapor states. The properties of the insulation material, and accessories which relate to moisture requirements, are (1) Absorptivity, (2) Adsorptivity, (3) Hygroscopicity, (4) Capillarity, and (5) Vapor Permeability.

In the past, the properties of adsorptivity and vapor permeability would not be of major concern to insulation for high temperature systems. However, when thermal insulation is up to 12 inches (304.8 mm) thick, the temperature at the outer area is such that it varies very little from that of the outside ambient air and thus does not provide very high vapor pressure to drive out the moisture if any has been permitted to leak in. However, the lower the absorptivity, adsorptivity, and hygroscopicity of the insulation, the less likely it is to gather moisture from vapor or liquid leaks.

As previously stated, when water replaces the air or gas in the insulation, the thermal conductivity becomes much greater. A dry mass insulation which has a conductivity of approximately 0.4 Btu in./s.f., hr. °F will have a conductivity of 5.6 Btu in./s.f. hr. °F when completely saturated with water. In other words, wet insulation has 8% of the efficiency of dry insulation. This is why the weather barrier over insulation outdoors is so important.

For these reasons, the ideal weather barrier over high temperature insulation outdoors would be one that has high vapor permeability—so as to let vaporized moisture out and be a perfect water barrier to prevent liquid water from entering into the system. Unfortunately for the industry, one of the most commonly used weather barriers is completely wrong. When corrugated metal jackets are used with the corrugations in a horizontal position, the corrugations funnel water into the insulation system, and being an excellent vapor barrier, the metal retards the system from getting dried out. This is illustrated in Figure 20. Proper method of installing jacketing is shown in Figure 21.

The use of corrugated metal with the corrugations in the horizontal position, other unsealed metal jackets, or poor quality mastic weater barriers which are inefficient in keeping liquid water from getting to absorbent, hygroscopic high temperature insulation is a complete waste of money and profligate in energy waste.

IV. Physical Requirements

The major physical requirements most often overlooked in the design of insulation systems, are stress and strain exerted by the forces of expansion and contraction of the pipe or equipment to which the insulation is applied. All metal has a coefficient of expansion. Most insulations shrink when heated.* A typical high temperature insulation,

*Cellular glass has a coefficient of expansion of 0.0000046.

CORRUGATED WEATHER-BARRIER JACKETING

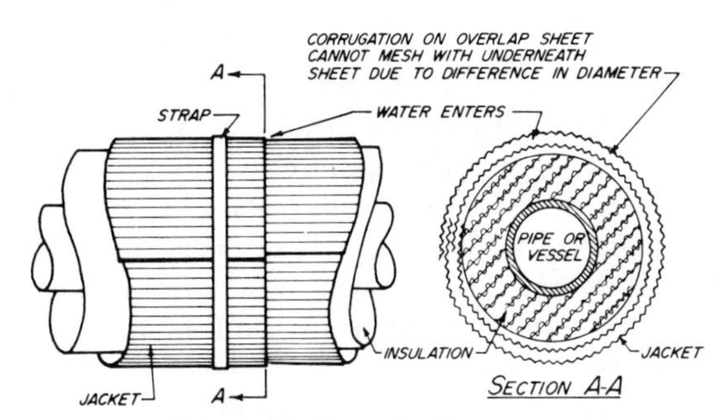
CORRUGATION ON OVERLAP SHEET CANNOT MESH WITH UNDERNEATH SHEET DUE TO DIFFERENCE IN DIAMETER
A
STRAP
WATER ENTERS
PIPE OR VESSEL
INSULATION
JACKET
JACKET
A
SECTION A-A
HORIZONTAL PIPE OR EQUIPMENT
THIS TYPE OF APPLICATION OF CORRUGATED METAL IS A COVERING, BUT IT IS NOT A WEATHER-BARRIER

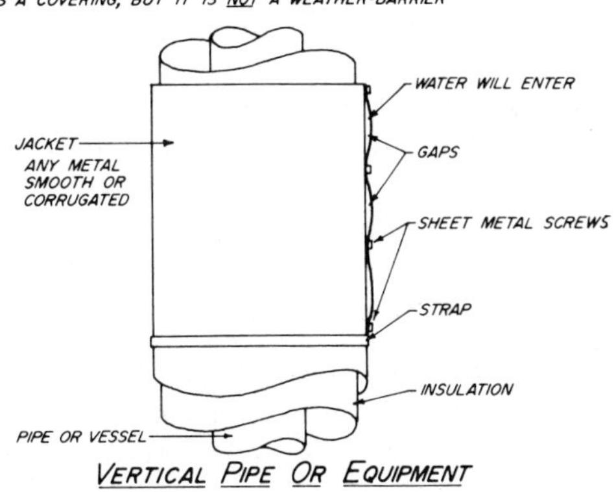
WATER WILL ENTER
JACKET
ANY METAL SMOOTH OR CORRUGATED
GAPS
SHEET METAL SCREWS
STRAP
INSULATION
PIPE OR VESSEL
VERTICAL PIPE OR EQUIPMENT
THIS APPLICATION IS A COVERING, BUT IT IS NOT A WEATHER-BARRIER

FIGURE 20

JACKET EXPANSION JOINT

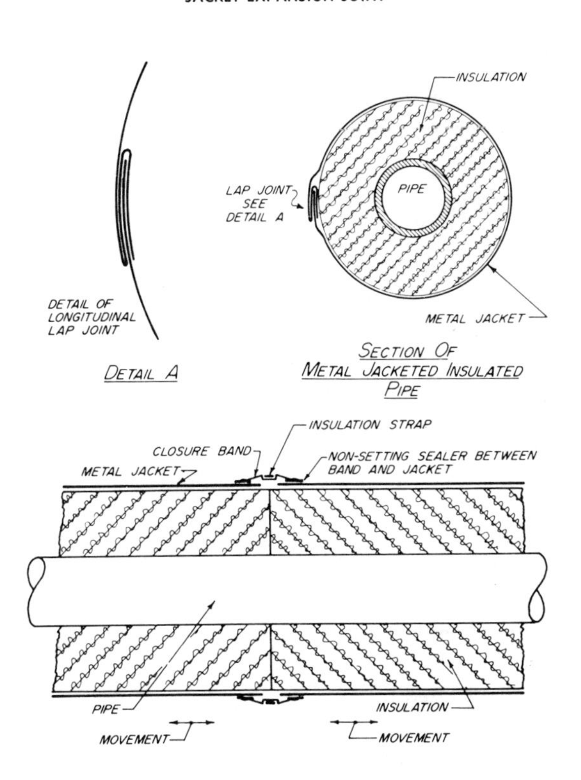
INSULATION
LAP JOINT SEE DETAIL A
PIPE
DETAIL OF LONGITUDINAL LAP JOINT
METAL JACKET
DETAIL A
SECTION OF METAL JACKETED INSULATED PIPE
INSULATION STRAP
CLOSURE BAND
METAL JACKET
NON-SETTING SEALER BETWEEN BAND AND JACKET
PIPE
INSULATION
MOVEMENT
MOVEMENT

FIGURE 21

when heated from an ambient temperature of 70°F (21°C) to 500°F (260°C), will shrink approximately 0.5%. The steel pipe to which it might be installed would expand approximately 3.4" (86.3 mm) per 100' (30.48 m) when heated to 500°F (260°C). Thus, for every 100' (30.48 m), at the temperature listed, 9.4" (238.8 mm) of compensation must be provided in expansion-contraction joints, or that amount of openings will be formed in the insulation system by tearing caused by the differential expansion.

A similar problem exists with metal and other weather barriers. The temperature to which these are subjected is different than the pipe or vessel to which the insulation system is applied. Metal jacketing must be designed and installed with suitable expansion-contraction joints. The reinforcing cloth in mastic weather barriers must be extensible, otherwise tearing will occur.

The insulation must have sufficient compressive, tensile and shear strengths to withstand the physical abuses to which it may be subjected. It may be required to bridge gaps, or be self-supporting.

In many installations, it is subjected to vibration and abrasion. In such instances, cushion blankets may be used to separate rigid insulation from metal surfaces to eliminate abrasion between the two and make up any difference in dimensional change.

Outdoors, the system will have to withstand rain, sleet, snow, wind, sun and other physical abuses. Indoors, the insulation will still have physical abuses and in some instances may require weather proofing because of possible spillage or wash downs.

V. Chemical Requirements

The chemical composition of insulation and accessories must also be considered in regard to their use and the environment.

The insulation and all materials should be such that they do not react with any spilled or leaked product.

Where the product is hazardous, then leak detectors should be installed on all flanges.

The insulation must be selected so as to not contribute to the corrosion or rusting problem of the pipe or equipment. Alkaline insulations should not be used on aluminum substrates; acidic insulations should not be used on steel substrates. Insulations containing flourides or chlorides should not be used on stainless steel substrates.

If insulation gets wet, the system should be so designed that galvanic action will not cause corrosion of pipe or equipment to which the insulation is applied, or to any metal weather barriers used as its protection.

VI. Fire Protection Requirements

This book is not a treatise on the Design of Thermal Insulation from the standpoint of the saving of heat energy, but instead is a treatment of the subject from the standpoint of economics so the subject of safety will be treated from the standpoint of the cost necessary to make the installation safe in all respects. There are many properties possessed by insulation materials which affect their safety. The most important of them are listed below.

Flammability

Flash point, flame point, melting point, tendency to spread flame and its speed thereof, production of heat during burning and the time rate of such production, production of smoke during burning and its rate of production of that and other noxious and maybe lethal gases, auto-ignition temperature, spontaneous combustion, its tendency to "punk" after burning and thus offering the possibility of causing new ignition, and leaks into the insulation. This may happen in a number of ways. It may be caused by penetration of the insulation from the outside by liquid water through perforations in the insulation, or by water vapor forced through the insulation by an exterior vapor pressure greater than that of the interior. In either case, the moisture will soak the insulation, reduce its resistance to heat flow and eventually rot it. Also leaks in the pipe or its joints may allow the pipe contents to leak into the insulation with the result previously described. In the case of flammable contents however, an extremely dangerous situation may develop. That is, the insulation upon becoming soaked, becomes a flammable wick which itself will burn briskly, but will also act as a means of spreading the fire. Another factor which must be checked is whether the combination of certain chemicals with the insulation will cause spontaneous combustion. The tendency of oxygen to have such a reaction with some insulations is well known.

All properties listed above add to the possibility of fire and therefore will require expenditures for sprinkler systems, extinguishers, and other fire-fighting equipment. Sprinkler systems are especially expensive. The cost per head, including all piping and accessories will run approximately $140.00. At an average spacing of 10'0" each way, the square foot cost in a building will be approximately $1.40 and this cost will mount up very fast when you have to consider the entire area of each floor. However, if proper consideration is given to choosing an insulation material whose properties so given above are low or zero, the insulation so installed will add safety for pipes and vessels, make for lower expenditure for fire protection equipment and in general, contribute to making a safe job more economical.

Insulations tend to follow the expansion or contraction of whatever they are applied to; as well as either contracting or expanding within themselves. Here is where the cost enters. Unless proper provision is made for such movement, said movement will in short so damage the insulation that it will have to be replaced. And when, on the only occasional time that it happens, the insulation has a negative coefficient of expansion and it tends to contract while the equipment or pipe expands; the problem is exacerbated.

VII. Personnel Protection Requirements

When considering the requirements of an insulation installation, the last, but by no means the least, is that of protection of the personnel who will be in the vicinity of the cutting of dust producing insulation. Neglect of this may result in costly health hazards and is something which definitely enters into the economics of the installation.

The first consideration is, of course, the dust encountered in fabrication of insulation fittings and half section pipe covering. This dust is extremely dangerous to the health when breathed, and exhaust systems and face masks are necessary. The same considerations prevail in handling the dust which comes as an unavoidable corollary in the installation of the fabricated pieces of the insulation.

The next consideration is the release of toxic or lethal fumes from solvents used in fabrication. The same exhaust systems and face masks again are required here. An even worse condition is the release of toxic or lethal fumes from foamed insulation as it is foamed in place. The necessary precautions to protect personnel from these deadly fumes are again expensive and affect the economics of the installation.

Certain features of the actual installation, such as allowing the projection of sharp corners of metal jacketing, are hazardous. These hazards should be considered, both in making the design to avoid them, or eliminating them later if overlooked in the design.

Another feature which must receive consideration in the design is the surface temperature of the jacketing. The choice of the type of jacket will greatly affect this factor and must be considered in the design. Also, such items as easy access or location will affect the choice of a jacket to prevent personnel burns. This whole process, as well as the relative costs of the different jackets will affect the economics of the installation. Where the installation is of easy access, the surface temperature must be kept below 140°F.

Where pipes are at temperatures up to 140°F, but are left bare for some good reason, they should have a nominal thickness of insulation where it is possible for personnel to come into contact with them. This nominal thickness shall be on horizontal pipes up to 6'0" from the floor and on vertical pipes to a height of 6'0" from the floor.

appendix

CONVERSION FACTORS

As this book is written in both English and Metric units, conversion factors used between the two systems are given for reference.

Because of the number of symbols used in this book it is impossible to assign separate units for all measurements in the English system and for all measurements in the Metric system.

ℓ = length
t = common temperature
T = absolute temperature
R = thermal resistance
Q = heat transfer

For easy reference to separate English and Metric systems in the following conversions, the letter m will be added as a subscript to those units in the Metric system. This is not common practice and is not recommended for ordinary calculations when only one system of measurement is used.

ENGLISH SYSTEM		CONVERSION FACTORS			METRIC SYSTEM	
Symbol	**Units**	**English to Metric →**		**← Metric to English**	**Symbol**	**Units**
ℓ''	inches	0.0254 ℓ''	→		ℓ_mm	meters
ℓ''	inches		←	39.37 ℓ_mm	ℓ_mm	meters
ℓ'	feet	0.3048 ℓ'	→		ℓ_mm	meters
ℓ'	feet		←	3.281 ℓ_mm	ℓ_mm	meters
ft^2	sq feet	0.0929 ft^2	→		m^2	sq meters
ft^2	sq feet		←	10.76 m^2	m^2	sq meters
Btu/hr	Btu's per hr	0.2930711 Btu/hr	→		W	watts/hr
Btu/hr	Btu's per hr		←	3.4121 W	W	watts/hr
k	Btu, in./ft^2, hr °F	0.1442 k	→		k_m	w/m^2 k
k	Btu, in./fr^2, hr °F		←	6.933 k_m	k_m	w/m^2 k
f_t	Btu/ft^2, hr °F	5.6782 ft	→		$f_m t$	w/m^2 k
f_t	Btu/ft^2, hr °F		←	0.1761 $f_m t$	$f_m t$	w/m^2 k
Q	Btu/ft^2, hr	3.15248 Q	→		Q_m	w/m^2
Q	Btu/ft^2, hr		←	0.31721 Q_m	Q_m	w/m^2
$Q_{\ell f}$	Btu/lin ft, hr	0.96156 $Q_{\ell f}$	→		$Q_{m\ell m}$	w/lin m
$Q_{\ell f}$	Btu/lin ft, hr		←	1.03997 $Q_{m\ell m}$	$Q_{m\ell m}$	w/lin m
V	ft per min	0.005084 V	→		V_m	m/s
V	ft per min		←	196.85 V_m	V_m	m/s
R	ℓ''/k	0.1761 R	→		R_m	ℓ_mm/k_m
R	ℓ''/k		←	5.6786 R_m	R_m	ℓ_mm/k_m

TABLE A-1

TABLE A-2

There are four scales for measuring temperature, 2 in the English system and 2 in the Metric system. Thus one must know which scale of the systems to which other scale conversion is required. The names of these systems are:

English system — Fahrenheit and Rankine
Metric system — Celsius and Kelvin.

Relationship of English scales are: t^{o} (common scale) T^{o} (absolute scale)

$$t\ ^{o}F \text{ (Fahrenheit)} = T\ ^{o}R \text{ (Rankine)} — 459.6$$

Relationship of Metric scales are: $t_m{}^{o}$ (common scale) $T_m{}^{o}$ (absolute scale)

$$t_m{}^{o}C \text{ (Celsius)} = T\ ^{o}K \text{ (Kelvin)} — 273.16$$

ENGLISH SYSTEM		CONVERSION FACTORS				METRIC SYSTEM	
Symbol	**Units**	**English to Metric**	→	←	**Metric to English**	**Symbol**	**Units**
$t\ ^{o}F$	Fahrenheit	$(t\ ^{o}F — 32) \div 1.8$	→			$t_m{}^{o}C$	Celsius
$t\ ^{o}F$	Fahrenheit			←	$(t_m{}^{o}C \times 1.8) + 32$	$t_m{}^{o}C$	Celsius
$t\ ^{o}F$	Fahrenheit	$(t\ ^{o}F + 459.67) \div 1.8$	→			$T_m{}^{o}K$	Kelvin
$t\ ^{o}F$	Fahrenheit			←	$(T_m{}^{o}K \times 1.8) — 459.67$	$T_m{}^{o}K$	Kelvin
$T\ ^{o}R$	Rankine	$T\ ^{o}R \div 1.8$	→			$T_m{}^{o}K$	Kelvin
$T\ ^{o}R$	Rankine			←	$T_m{}^{o}K \times 1.8$	$T_m{}^{o}K$	Kelvin
$T\ ^{o}R$	Rankine	$(T\ ^{o}R \div 1.8) — 273.16$	→			$t\ ^{o}C$	Celsius
$T\ ^{o}R$	Rankine			←	$(t\ ^{o}C \times 1.8) + 491.67$	$t\ ^{o}C$	Celsius

TABLE A-2

NOTE: A tabulated temperature table follows.

TABLE A-3

TEMPERATURE TABLES

°K, °C, °F, °R

KELVIN K	CELSIUS CENTI-GRADE C	FAHREN-HEIT F	RANKINE R
0	—273.2	—459.7	0
0.4	—272.8	—459	0.7
1.0	—272.2	—458	1.7
1.5	—271.7	—457	2.7
2.1	—271.1	—456	3.7
2.6	—270.6	—455	4.7
3.2	—270.0	—454	5.7
3.8	—269.4	—453	6.7
4.3	—268.9	—452	7.7
4.9	—268.3	—451	8.7
5.4	—267.8	—450	9.7
6.0	—267.2	—449	10.7
6.5	—266.7	—448	11.7
7.1	—266.1	—447	12.7
7.6	—265.6	—446	13.7
8.2	—265.0	—445	14.7
8.8	—264.4	—444	15.7
9.3	—263.9	—443	16.7
9.9	—263.3	—442	17.7
10.4	—262.8	—441	18.7
11.0	—262.2	—440	19.7
11.5	—261.7	—439	20.7
12.1	—261.1	—438	21.7
12.6	—260.6	—437	22.7
13.2	—260.0	—436	23.7
13.8	—259.4	—435	24.7
14.3	—258.9	—434	25.7
14.9	—258.3	—433	26.7
15.4	—257.8	—432	27.7
16.0	—257.2	—431	28.7
16.5	—256.7	—430	29.7
17.1	—256.1	—429	30.7
17.6	—255.6	—428	31.7
18.2	—255.0	—427	32.7
18.8	—254.4	—426	33.7
19.3	—253.9	—425	34.7
19.9	—253.3	—424	35.7
20.4	—252.8	—423	36.7
21.0	—252.2	—422	37.7
21.5	—251.7	—421	38.7
22.1	—251.1	—420	39.7
22.6	—250.6	—419	40.7
23.2	—250.0	—418	41.7
23.8	—249.4	—417	42.7
24.3	—248.9	—416	43.7
24.9	—248.3	—415	44.7
25.4	—247.8	—414	45.7
26.0	—247.2	—413	46.7
26.5	—246.7	—412	47.7
27.1	—246.1	—411	48.7
27.6	—245.6	—410	49.7
28.2	—245.0	—409	50.7
28.8	—244.4	—408	51.7
29.3	—243.9	—407	52.7
29.9	—243.3	—406	53.7
30.4	—242.8	—405	54.7
31.0	—242.2	—404	55.7
31.5	—241.7	—403	56.7
32.1	—241.1	—402	57.7
32.6	—240.6	—401	58.7
33.2	—240.0	—400	59.7
33.8	—239.4	—399	60.7
34.3	—238.9	—398	61.7
34.9	—238.3	—397	62.7
35.4	—237.8	—396	63.7
36.0	—237.2	—395	64.7
36.5	—236.7	—394	65.7
37.1	—236.1	—393	66.7
37.6	—235.6	—392	67.7
38.2	—235.0	—391	68.7

KELVIN K	CELSIUS CENTI-GRADE C	FAHREN-HEIT F	RANKINE R
38.6	—234.4	—390	69.7
39.3	—233.9	—389	70.7
39.9	—233.3	—388	71.7
40.4	—232.8	—387	72.7
41.0	—232.2	—386	73.7
41.5	—231.7	—385	74.7
42.1	—231.1	—384	75.7
42.6	—230.6	—383	76.7
43.2	—230.0	—382	77.7
43.8	—229.4	—381	78.7
44.3	—228.9	—380	79.7
44.9	—228.3	—379	80.7
45.4	—227.8	—378	81.7
46.0	—227.2	—377	82.7
46.5	—226.7	—376	83.7
47.1	—226.1	—375	84.7
47.6	—225.6	—374	85.7
48.2	—225.0	—373	86.7
48.8	—224.4	—372	87.7
49.3	—223.9	—371	88.7
49.9	—223.3	—370	89.7
50.4	—222.6	—369	90.7
51.0	—222.2	—368	91.7
51.5	—221.7	—367	92.7
52.1	—221.1	—366	93.7
52.6	—220.6	—265	94.7
53.2	—220.0	—364	95.7
53.8	—219.4	—363	96.7
54.3	—218.9	—362	97.7
54.9	—218.3	—361	98.7
55.4	—217.8	—360	99.7
56.0	—217.2	—359	100.7
56.5	—216.7	—358	101.7
57.1	—216.1	—357	102.7
57.6	—215.6	—356	103.7
58.2	—215.0	—355	104.7
58.8	—214.4	—354	105.7
59.3	—213.9	—353	106.7
59.9	—213.3	—352	107.7
60.4	—212.8	—351	108.7
61.0	—212.2	—350	109.7
61.5	—211.7	—349	110.7
62.1	—211.1	—348	111.7
62.6	—210.6	—347	112.7
63.2	—210.0	—346	113.7
63.8	—209.4	—345	114.7
64.3	—208.9	—344	115.7
64.9	—208.3	—343	116.7
65.4	—207.8	—342	117.7
66.0	—207.2	—341	118.7
66.5	—206.4	—340	119.7
67.1	—206.1	—339	120.7
67.6	—205.6	—338	121.7
68.2	—205.0	—337	122.7
68.8	—204.4	—336	123.7
69.3	—203.9	—335	124.7
69.9	—203.3	—334	125.7
70.4	—202.8	—333	126.7
71.0	—202.2	—332	127.7
71.5	—201.7	—331	128.7
72.1	—201.1	—330	129.7
72.6	—200.6	—329	130.7
73.2	—200.0	—328	131.7
73.8	—199.4	—327	132.7
74.3	—198.9	—326	133.7
74.9	—198.3	—325	134.7
75.4	—197.8	—324	135.7
76.0	—197.2	—323	136.7
76.5	—196.7	—322	137.7
77.1	—196.1	—321	138.7

KELVIN K	CELSIUS CENTI-GRADE C	FAHREN-HEIT F	RANKINE R
77.6	—195.6	—320	139.7
78.2	—195.0	—319	140.7
78.8	—194.4	—318	141.7
79.3	—193.9	—317	142.7
79.9	—193.3	—316	143.7
80.4	—192.8	—315	144.7
81.0	—192.2	—314	145.7
81.5	—191.7	—313	146.7
82.1	—191.1	—312	147.7
82.6	—190.6	—311	148.7
83.2	—190.0	—310	149.7
83.8	—189.4	—309	150.7
84.3	—188.9	—308	151.7
84.9	—188.3	—307	152.7
85.4	—187.8	—306	153.7
86.0	—187.2	—305	154.7
86.5	—186.7	—304	155.7
87.1	—186.1	—303	156.7
87.6	—185.6	—302	157.7
88.2	—185.0	—301	158.7
88.8	—184.4	—300	159.7
89.3	—183.9	—299	160.7
89.9	—183.3	—298	161.7
90.4	—182.8	—297	162.7
91.0	—182.2	—296	163.7
91.5	—181.7	—295	164.7
92.1	—181.1	—294	165.7
92.6	—180.6	—293	166.7
93.2	—180.0	—292	167.7
93.8	—179.4	—291	168.7
94.3	—178.9	—290	169.7
94.9	—178.3	—289	170.7
95.4	—177.8	—288	171.7
96.0	—177.2	—287	172.7
96.5	—176.7	—286	173.7
97.1	—176.1	—185	174.7
97.6	—175.6	—284	175.7
98.2	—175.0	—283	176.7
98.8	—174.4	—282	177.7
99.3	—173.9	—281	178.7
99.9	—173.3	—280	179.7
100.4	—172.8	—279	180.7
101.0	—172.2	—278	181.7
101.5	—171.7	—277	182.7
102.1	—171.1	—276	183.7
102.6	—170.6	—275	184.7
103.2	—170.0	—274	185.7
103.8	—169.4	—273	186.7
104.3	—168.9	—272	187.7
104.9	—168.3	—271	188.7
105.4	—167.8	—270	189.7
106.0	—167.2	—269	190.7
106.5	—166.7	—268	191.7
107.1	—166.1	—267	192.7
107.6	—165.6	—266	193.7
108.2	—165.0	—265	194.7
108.8	—164.4	—264	195.7
109.3	—163.9	—263	196.7
109.9	—163.3	—262	197.7
110.4	—162.8	—261	198.7
111.0	—162.2	—260	199.7
111.5	—161.7	—259	200.7
112.1	—161.1	—258	201.7
112.6	—160.6	—257	202.7
113.2	—160.0	—256	203.7
113.8	—159.4	—255	204.7
114.3	—158.9	—254	205.7
114.9	—158.3	—253	206.7
115.4	—157.8	—252	207.7
116.0	—157.2	—251	208.7

TABLE A-3 (Sheet 1 of 4)

TABLE A-3 (Continued)

TEMPERATURE TABLES

°K, °C, °F, °R

KELVIN K	CELSIUS CENTI-GRADE C	FAHREN-HEIT F	RANKINE R
116.5	—156.7	—250	209.7
117.1	—156.1	—249	210.7
117.6	—155.6	—248	211.7
118.2	—155.0	—247	212.7
118.8	—154.4	—246	213.7
119.3	—153.9	—245	214.7
119.9	—153.3	—244	215.7
120.4	—152.8	—243	216.7
121.0	—152.2	—242	217.7
121.5	—151.7	—241	218.7
122.1	—151.1	—240	219.7
122.6	—150.6	—239	220.7
123.2	—150.0	—238	221.7
123.8	—149.4	—237	222.7
124.3	—148.9	—236	223.7
124.9	—148.3	—235	224.7
125.4	—147.8	—234	225.7
126.0	—147.2	—233	226.7
126.5	—146.7	—232	227.7
127.1	—146.1	—231	228.7
127.6	—145.6	—230	229.7
128.2	—145.0	—229	230.7
128.8	—144.4	—228	231.7
129.3	—143.9	—227	232.7
129.9	—143.3	—226	233.7
130.4	—142.8	—225	234.7
131.0	—142.2	—224	235.7
131.5	—141.7	—223	236.7
132.1	—141.1	—222	237.7
132.6	—140.6	—221	238.7
133.2	—140.0	—220	239.7
133.8	—139.4	—219	240.7
134.3	—138.9	—218	241.7
134.9	—138.3	—217	242.7
135.4	—137.8	—216	243.7
136.0	—137.2	—215	244.7
136.5	—136.7	—214	245.7
137.1	—136.1	—213	246.7
137.6	—135.6	—212	247.7
138.2	—135.0	—211	248.7
138.8	—134.4	—210	249.7
139.3	—133.9	—209	250.7
139.9	—133.3	—208	251.7
140.4	—132.8	—207	252.7
141.0	—132.2	—206	253.7
141.5	—131.7	—205	254.7
142.1	—131.1	—204	255.7
142.6	—130.6	—203	256.7
143.2	—130.0	—202	257.7
143.8	—129.4	—201	258.7
144.3	—128.9	—200	259.7
144.9	—128.3	—199	260.7
145.4	—127.8	—198	261.7
146.0	—127.2	—197	262.7
146.5	—126.7	—196	263.7
147.1	—126.1	—195	264.7
147.6	—125.6	—194	265.7
148.2	—125.0	—193	266.7
148.8	—124.4	—192	267.7
149.3	—123.9	—191	268.7
149.9	—123.3	—190	269.7
150.4	—122.8	—189	270.7
151.0	—122.2	—188	271.7
151.5	—121.7	—187	272.7
152.1	—121.1	—186	273.7
152.6	—120.6	—185	274.7
153.2	—120.0	—184	275.7
153.8	—119.4	—183	276.7
154.3	—118.9	—182	277.7
154.9	—118.3	—181	278.7
155.4	—117.8	—180	279.7
156.0	—117.2	—179	280.7

KELVIN K	CELSIUS CENTI-GRADE C	FAHREN-HEIT F	RANKINE R
156.5	—116.7	—178	281.7
157.1	—116.1	—177	282.7
157.6	—115.6	—176	283.7
158.2	—115.0	—175	284.7
158.8	—114.4	—174	285.7
159.3	—113.9	—173	286.7
159.9	—113.3	—172	287.7
160.4	—112.8	—171	288.7
161.0	—112.2	—170	289.7
161.5	—111.7	—169	290.7
162.1	—111.1	—168	291.7
162.6	—110.6	—167	292.7
163.2	—110.0	—166	293.7
163.8	—109.4	—165	294.7
164.3	—108.9	—164	295.7
164.9	—108.2	—163	296.7
165.4	—107.8	—162	297.7
166.0	—107.2	—161	298.7
166.5	—106.7	—160	299.7
167.1	—106.1	—159	300.7
167.6	—105.6	—158	301.7
168.2	—105.0	—157	302.7
168.8	—104.4	—156	303.7
169.3	—103.9	—155	304.7
169.9	—103.3	—154	305.7
170.4	—102.8	—153	306.7
171.0	—102.2	—152	307.7
171.5	—101.7	—151	308.7
172.1	—101.1	—150	309.7
172.6	—100.6	—149	310.7
173.2	—100.0	—148	311.7
173.8	— 99.4	—147	312.7
174.3	— 98.9	—146	313.7
174.9	— 98.3	—145	314.7
175.4	— 97.8	—144	315.7
176.0	— 97.2	—143	316.7
176.5	— 96.7	—142	317.7
177.1	— 96.1	—141	318.7
177.6	— 95.6	—140	319.7
178.2	— 95.0	—139	320.7
178.8	— 94.4	—138	321.7
179.3	— 93.9	—137	322.7
179.9	— 93.3	—136	323.7
180.4	— 92.8	—135	324.7
181.0	— 92.2	—134	325.7
181.5	— 91.7	—133	326.7
182.1	— 91.1	—132	327.7
182.6	— 90.6	—131	328.7
183.2	— 90.0	—130	329.7
183.8	— 89.4	—129	330.7
184.3	— 88.9	—128	331.7
184.9	— 88.3	—127	332.7
185.4	— 87.8	—126	333.7
186.0	— 87.2	—125	334.7
186.5	— 86.7	—124	335.7
187.1	— 86.1	—123	336.7
187.6	— 85.6	—122	337.7
188.2	— 85.0	—121	338.7
188.8	— 84.4	—120	339.7
189.3	— 83.9	—119	340.7
189.9	— 83.3	—118	341.7
190.4	— 82.8	—117	342.7
191.0	— 82.2	—116	343.7
191.5	— 81.7	—115	344.7
192.1	— 81.1	—114	345.7
192.6	— 80.6	—113	346.7
193.2	— 80.0	—112	347.7
193.8	— 79.4	—111	348.7
194.3	— 78.9	—110	349.7
194.9	— 78.3	—109	350.7
195.4	— 77.8	—108	351.7
196.0	— 77.2	—107	352.7

KELVIN K	CELSIUS CENTI-GRADE C	FAHREN-HEIT F	RANKINE R
196.5	—76.7	—106	353.7
197.1	—76.1	—105	354.7
197.6	—75.6	—104	355.7
198.2	—75.0	—103	356.7
198.8	—74.4	—102	357.7
199.3	—73.9	—101	358.7
199.9	—73.3	—100	359.7
200.4	—72.8	— 99	360.7
201.0	—72.2	— 98	361.7
201.5	—71.7	— 97	362.7
202.1	—71.1	— 96	363.7
202.6	—70.6	— 95	364.7
203.2	—70.0	— 94	365.7
203.8	—69.4	— 93	366.7
204.3	—68.9	— 92	367.7
204.9	—68.3	— 91	368.7
205.4	—67.8	— 90	369.7
206.0	—67.2	— 89	370.7
206.5	—66.7	— 88	371.7
207.1	—66.1	— 87	372.7
207.6	—65.6	— 86	373.7
208.2	—65.0	— 85	374.7
208.8	—64.4	— 84	375.7
209.3	—63.9	— 83	376.7
209.9	—63.3	— 82	377.7
210.4	—62.8	— 81	378.7
211.0	—62.2	— 80	379.7
211.5	—61.7	— 79	380.7
212.1	—61.1	— 78	381.7
212.6	—60.6	— 77	382.7
213.2	—60.0	— 76	383.7
213.8	—59.4	— 75	384.7
214.3	—58.9	— 74	385.7
214.9	—58.3	— 73	386.7
215.4	—57.8	— 72	387.7
216.0	—57.2	— 71	388.7
216.5	—56.7	— 70	389.7
217.1	—56.1	— 69	390.7
217.6	—55.6	— 68	391.7
218.2	—55.0	— 67	392.7
218.8	—54.4	— 66	393.7
219.3	—53.9	— 65	394.7
219.9	—53.3	— 64	395.7
220.4	—52.8	— 63	396.7
221.0	—52.2	— 62	397.7
221.5	—51.7	— 61	398.7
222.1	—51.1	— 60	399.7
222.6	—50.6	— 59	400.7
223.2	—50.0	— 58	401.7
223.8	—49.4	— 57	402.7
224.3	—48.9	— 56	403.7
224.9	—48.3	— 55	404.7
225.4	—47.8	— 54	405.7
226.0	—47.2	— 53	406.7
226.5	—46.7	— 52	407.7
227.1	—46.1	— 51	408.7
227.6	—45.6	— 50	409.7
228.2	—45.0	— 49	410.7
228.8	—44.4	— 48	411.7
229.3	—43.9	— 47	412.7
229.9	—43.3	— 46	413.7
230.4	—42.8	— 45	414.7
231.0	—42.2	— 44	415.7
231.5	—41.7	— 43	416.7
232.1	—41.1	— 42	417.7
232.6	—40.6	— 41	418.7
233.2	—40.0	— 40	419.7
233.8	—39.4	— 39	420.7
234.3	—38.9	— 38	421.7
234.9	—38.3	— 37	422.7
235.4	—37.8	— 36	423.7
236.0	—37.2	— 35	424.7

TABLE A-3 (Sheet 2 of 4)

TEMPERATURE TABLES

°K, °C, °F, °R

KELVIN K	CELSIUS CENTI-GRADE C	FAHREN-HEIT F	RANKINE R
236.5	—36.7	—34	425.7
237.1	—36.1	—33	426.7
237.6	—35.6	—32	427.7
238.2	—35.0	—31	428.7
238.8	—34.4	—30	429.7
239.3	—33.9	—29	430.7
239.9	—33.3	—28	431.7
240.4	—32.8	—27	432.7
241.0	—32.2	—26	433.7
241.5	—31.7	—25	434.7
242.1	—31.1	—24	435.7
242.6	—30.6	—23	436.7
243.2	—30.0	—22	437.7
243.8	—29.4	—21	438.7
244.3	—28.9	—20	439.7
244.9	—28.3	—19	440.7
245.4	—27.8	—18	441.7
246.0	—27.2	—17	442.7
246.5	—26.7	—16	443.7
247.1	—26.1	—15	444.7
247.6	—25.6	—14	445.7
248.2	—25.0	—13	446.7
248.8	—24.4	—12	447.7
249.3	—23.9	—11	448.7
249.9	—23.3	—10	449.7
250.4	—22.8	— 9	450.7
251.0	—22.2	— 8	451.7
251.5	—21.7	— 7	452.7
252.1	—21.1	— 6	453.7
252.6	—20.6	— 5	454.7
253.2	—20.0	— 4	455.7
253.8	—19.4	— 3	456.7
254.3	—18.9	— 2	457.7
254.9	—18.3	— 1	458.7
255.4	—17.8	0	459.7
256.0	—17.2	1	460.7
256.5	—16.7	2	461.7
257.1	—16.1	3	462.7
257.6	—15.6	4	463.7
258.2	—15.0	5	464.7
258.8	—14.4	6	465.7
259.3	—13.9	7	466.7
259.9	—13.3	8	467.7
260.4	—12.8	9	468.7
261.0	—12.2	10	469.7
261.5	—11.7	11	470.7
262.1	—11.1	12	471.7
262.6	—10.6	13	472.7
263.2	—10.0	14	473.7
263.9	— 9.4	15	474.7
264.3	— 8.9	16	475.7
264.9	— 8.3	17	476.7
265.4	— 7.8	18	477.7
266.0	— 7.2	19	478.7
266.5	— 6.7	20	479.7
267.1	— 6.1	21	480.7
267.6	— 5.6	22	481.7
268.2	— 5.0	23	482.7
268.8	— 4.4	24	483.7
269.3	— 3.9	25	484.7
269.9	— 3.3	26	485.7
270.4	— 2.8	27	486.7
271.0	— 2.2	28	487.7
271.5	— 1.7	29	488.7
272.1	— 1.1	30	489.7
272.6	— 0.6	31	490.7
273.2	0	32	491.7
273.8	0.6	33	492.7
274.3	1.1	34	493.7
274.9	1.7	35	494.7
275.4	2.2	36	495.7
276.0	2.8	37	496.7

KELVIN K	CELSIUS CENTI-GRADE C	FAHREN-HEIT F	RANKINE R
276.5	3.3	38	497.7
277.1	3.9	39	498.7
277.6	4.4	40	499.7
278.2	5.0	41	500.7
278.8	5.6	42	501.7
279.3	6.1	43	502.7
279.9	6.7	44	503.7
280.4	7.2	45	504.7
281.0	7.8	46	505.7
281.5	8.3	47	506.7
282.1	8.9	48	507.7
282.6	9.4	49	508.7
283.2	10.0	50	509.7
283.8	10.6	51	510.7
284.3	11.1	52	511.7
284.9	11.7	53	512.7
285.4	12.2	54	513.7
286.0	12.8	55	514.7
286.5	13.3	56	515.7
287.1	13.9	57	516.7
287.6	14.4	58	517.7
288.2	15.0	59	518.7
288.8	15.6	60	519.7
289.3	16.1	61	520.7
289.9	16.7	62	521.7
290.4	17.2	63	522.7
291.0	17.8	64	523.7
291.5	18.3	65	524.7
292.1	18.9	66	525.7
292.6	19.4	67	526.7
293.2	20.0	68	527.7
293.8	20.6	69	528.7
294.3	21.1	70	529.7
294.9	21.7	71	530.7
295.4	22.2	72	531.7
296.0	22.8	73	532.7
296.5	23.3	74	533.7
297.1	23.9	75	534.7
297.6	24.4	76	535.7
298.2	25.0	77	536.7
298.8	25.6	78	537.7
299.3	26.1	79	538.7
299.9	26.7	80	539.7
300.4	27.2	81	540.7
301.0	27.8	82	541.7
301.5	28.3	83	542.7
302.1	28.9	84	543.7
302.6	29.4	85	544.7
303.2	30.0	86	545.7
303.8	30.6	87	546.7
304.3	31.1	88	547.7
304.9	31.7	89	548.7
305.4	32.2	90	549.7
306.0	32.8	91	550.7
306.5	33.3	92	551.7
307.1	33.9	93	552.7
307.6	34.4	94	553.7
308.2	35.0	95	554.7
308.8	35.6	96	555.7
309.3	36.1	97	556.7
309.9	36.7	98	557.7
310.4	37.2	99	558.7
311.0	37.8	100	559.7
311.5	38.3	101	560.7
312.1	38.9	102	561.7
312.6	39.4	103	562.7
313.2	40.0	104	563.7
313.8	40.6	105	564.7
314.3	41.1	106	565.7
314.9	41.7	107	566.7
315.4	42.2	108	567.7
316.0	42.8	109	568.7

KELVIN K	CELSIUS CENTI-GRADE C	FAHREN-HEIT F	RANKINE R
316.5	43.3	110	569.7
317.1	43.9	111	570.7
317.6	44.4	112	571.7
318.2	45.0	113	572.7
318.8	45.6	114	573.7
319.3	46.1	115	574.7
319.9	46.7	116	575.7
320.4	47.2	117	576.7
321.0	47.8	118	577.7
321.5	48.3	119	578.7
322.1	48.9	120	579.7
322.6	49.4	121	580.7
323.2	50.0	122	581.7
323.8	50.6	123	582.7
324.3	51.1	124	583.7
324.9	51.7	125	584.7
325.4	52.2	126	585.7
326.0	52.8	127	586.7
326.5	53.3	128	587.7
327.1	53.9	129	588.7
327.6	54.4	130	589.7
328.2	55.0	131	590.7
328.8	55.6	132	591.7
329.3	56.1	133	592.7
329.9	56.7	134	593.7
330.4	57.2	135	594.7
331.0	57.8	136	595.7
331.5	58.3	137	596.7
332.1	58.9	138	597.7
332.6	59.4	139	598.7
333.2	60.0	140	599.7
333.8	60.6	141	600.7
334.3	61.1	142	601.7
334.9	61.7	143	602.7
335.4	62.2	144	603.7
336.0	62.8	145	604.7
336.5	63.3	146	605.7
337.1	63.9	147	606.7
337.6	64.4	148	607.7
338.2	65.0	149	608.7
338.8	65.6	150	609.7
339.3	66.1	151	610.7
339.9	66.7	152	611.7
340.4	67.2	153	612.7
341.0	67.8	154	613.7
341.5	68.3	155	614.7
342.1	68.9	156	615.7
342.6	69.4	157	616.7
343.2	70.0	158	617.7
343.8	70.6	159	618.7
344.3	71.1	160	619.7
344.9	71.7	161	620.7
345.4	72.2	162	621.7
346.0	72.8	163	622.7
346.5	73.3	164	623.7
347.1	73.9	165	624.7
347.6	74.4	166	625.7
348.2	75.0	167	626.7
348.8	75.6	168	627.7
349.3	76.1	169	628.7
349.9	76.7	170	629.7
350.4	77.2	171	630.7
351.0	77.8	172	631.7
351.5	78.3	173	632.7
352.1	78.9	174	633.7
352.6	79.4	175	634.7
353.2	80.0	176	635.7
353.8	80.6	177	636.7
354.3	81.1	178	637.7
354.9	81.7	179	638.7
355.4	82.2	180	639.7
356.0	82.8	181	640.7

TABLE A-3 (Sheet 3 of 4)

TABLE A-3 (Continued)

TEMPERATURE TABLES

°K, °C, °F, °R

KELVIN K	CELSIUS CENTI-GRADE C	FAHREN-HEIT F	RANKINE R
356.5	83.3	182	641.7
357.1	83.9	183	642.7
357.6	84.4	184	643.7
358.2	85.0	185	644.7
358.8	85.6	186	645.7
359.3	86.1	187	646.7
359.9	86.7	188	647.7
360.4	87.2	189	648.7
361.0	87.8	190	649.7
361.5	88.3	191	650.7
362.1	88.9	192	651.7
362.6	89.4	193	652.7
363.2	90.0	194	653.7
363.8	90.6	195	654.7
364.3	91.1	196	655.7
364.9	91.7	197	656.7
365.4	92.2	198	657.7
366.0	82.8	199	658.7
366.5	93.3	200	659.7
367.1	93.9	201	660.7
367.6	94.4	202	661.7
368.2	95.0	203	662.7
368.8	95.6	204	663.7
369.3	96.1	205	664.7
369.9	96.7	206	665.7
370.4	97.2	207	666.7
371.0	97.8	208	667.7
371.5	98.3	209	668.7
372.1	98.9	210	669.7
372.6	99.4	211	670.7
373.2	100.0	212	671.7
377	104	220	680
383	110	230	690
389	116	240	700
394	121	250	710
400	127	260	720
405	132	270	730
411	138	280	740
416	143	290	750
422	149	300	760
427	154	310	770
433	160	320	780
439	166	330	790
444	171	340	800
450	177	350	810
455	182	360	820
461	188	370	830
466	193	380	840
472	199	390	850
477	204	400	860
483	210	410	870
489	216	420	880
494	221	430	890
500	227	440	900
505	232	450	910
511	238	460	920
516	243	470	930
522	249	480	940
527	254	490	950
533	260	500	960
539	266	510	970
544	271	520	980
550	277	530	990
555	282	540	1000
561	288	550	1010
566	293	560	1020
572	299	570	1030
577	304	580	1040
583	310	590	1050
589	316	600	1060
594	321	610	1070
600	327	620	1080
605	332	630	1090
611	338	640	1100
616	343	650	1110
622	349	660	1120
627	354	670	1130
633	360	680	1140
639	366	690	1150
644	371	700	1160
650	377	710	1170
655	382	720	1180
661	388	730	1190
666	393	740	1200
672	399	750	1210
677	404	760	1220
683	410	770	1230
689	416	780	1240
694	421	790	1250
700	427	800	1260
705	432	810	1270
711	438	820	1280
716	443	830	1290
722	449	840	1300
727	454	850	1310
733	460	860	1320
739	466	870	1330
744	471	880	1340
750	477	890	1350
755	482	900	1360
761	488	910	1370
766	493	920	1380
772	499	930	1390
777	504	940	1400
783	510	950	1410
789	516	960	1420
794	521	970	1430
800	527	980	1440
805	532	990	1450
811	538	1000	1460
816	543	1010	1470
822	549	1020	1480
827	554	1030	1490
833	560	1040	1500
839	566	1050	1510
844	571	1060	1520
850	577	1070	1530
855	582	1080	1540
861	588	1090	1550
866	593	1100	1560
872	599	1110	1570
877	604	1120	1580
883	610	1130	1590
889	616	1140	1600
894	621	1150	1610
900	627	1160	1620
905	632	1170	1630
911	638	1180	1640
916	643	1190	1650
922	649	1200	1660
927	654	1210	1670
933	660	1220	1680
939	666	1230	1690
944	671	1240	1700
950	677	1250	1710
955	682	1260	1720
961	688	1270	1730
966	693	1280	1740
972	699	1290	1750
977	704	1300	1760
983	710	1310	1770
989	716	1320	1780
994	721	1330	1790
1000	727	1340	1800
1005	732	1350	1810
1011	738	1360	1820
1016	743	1370	1830
1022	749	1380	1840
1027	754	1390	1850
1033	760	1400	1860
1039	766	1410	1870
1044	771	1420	1880
1050	777	1430	1890
1055	782	1440	1900
1061	788	1450	1910
1066	793	1460	1920
1072	799	1470	1930
1077	804	1480	1940
1083	810	1490	1950
1089	816	1500	1960
1094	821	1510	1970
1100	827	1520	1980
1105	832	1530	1990
1111	838	1540	2000
1116	843	1550	2010
1122	849	1560	2020
1127	854	1570	2030
1133	860	1580	2040
1139	866	1590	2050
1144	871	1600	2060
1150	877	1610	2070
1155	882	1620	2080
1161	888	1630	2090
1166	893	1640	2100
1172	899	1650	2110
1177	904	1660	2120
1183	910	1670	2130
1189	916	1680	2140
1194	921	1690	2150
1200	927	1700	2160
1205	932	1710	2170
1211	938	1720	2180
1216	943	1730	2190
1222	949	1740	2200
1227	954	1750	2210
1233	960	1760	2220
1239	966	1770	2230
1244	971	1780	2240
1250	977	1790	2250
1255	982	1800	2260
1261	988	1810	2270
1266	993	1820	2280
1272	999	1830	2290
1277	1004	1840	2300
1283	1010	1850	2310
1289	1016	1860	2320
1294	1021	1870	2330
1300	1027	1880	2340
1305	1032	1890	2350
1311	1038	1900	2360
1316	1043	1910	2370
1322	1049	1920	2380
1327	1054	1930	2390
1333	1060	1940	2400
1339	1066	1950	2410
1344	1071	1960	2420
1350	1077	1970	2430
1355	1082	1980	2440
1361	1088	1990	2450
1366	1093	2000	2460

TABLE A-3 (Sheet 4 of 4)

APPROXIMATE WALL THICKNESSES OF INSULATION FOR NPS PIPE

Based on ASTM Standard C-585-76

NPS PIPE			INSULATION NOMINAL THICKNESS																					
Nom Size	Diameter		in. 1 mm 25		1-1/2 38		2 51		2-1/2 64		3 76		3-1/2 89		4 102		4-1/2 115		5 128		5-1/2 140		6 152	
Inch	Inch	mm	in.	mm	in.	mm	in.	mm	in.	mm	in.	mm	in.	mm	in.	mm	in.	mm	in.	mm	in.	mm	in.	mm
1/2	0.84	21	1.01	26	1.57	40	2.07	53	2.88	73	3.38	86	3.88	99	4.38	111	4.93	125	5.40	137	5.90	150	6.51	165
3/4	1.05	27	0.90	23	1.46	37	1.96	50	2.78	71	3.28	83	3.78	96	4.38	109	4.82	122	5.30	135	5.80	147	6.33	160
1	1.32	33	1.08	27	1.58	40	2.12	54	2.64	67	3.14	80	3.64	92	4.14	105	468	118	5.16	131	5.64	143	6.29	160
1-1/4	1.66	42	0.91	23	1.66	42	1.94	49	2.47	63	2.97	75	3.47	88	3.97	101	4.50	114	4.99	127	5.49	139	6.12	155
1-1/2	1.90	48	1.04	26	1.54	39	2.35	60	2.85	72	3.35	85	3.85	98	4.42	112	4.87	124	5.37	136	6.00	152	6.50	165
2	2.38	60	1.04	26	1.58	40	2.10	53	2.60	66	3.10	79	3.60	91	4.17	106	4.62	117	5.12	130	5.62	142	6.25	159
2-1/2	2.88	73	1.04	26	1.86	47	2.36	60	2.86	73	3.36	85	3.92	100	4.42	112	4.88	124	5.51	140	6.01	152	6.51	165
3	3.50	89	1.02	26	1.54	39	2.04	52	2.54	65	3.04	77	3.61	92	4.11	104	4.56	116	5.19	132	5.69	144	6.19	157
3-1/2	4.00	102	1.30	33	1.80	46	2.30	58	2.80	71	3.36	85	3.86	98	4.36	111	4.95	126	5.45	138	5.95	151	6.44	164
4	4.50	114	1.04	26	1.54	39	2.04	52	2.54	65	3.11	79	3.61	92	4.11	104	4.65	118	5.19	132	5.69	144	6.19	157
4-1/2	5.00	127	1.30	33	1.80	46	2.30	58	2.86	73	3.36	85	3.86	98	4.48	114	4.95	126	5.44	138	5.94	151	6.44	157
5	5.56	141	0.99	25	1.49	38	1.99	51	2.56	65	3.06	78	3.56	90	4.18	106	4.64	118	5.14	131	5.64	143	6.14	156
6	6.62	168	0.96	24	1.46	37	2.02	51	2.52	64	3.02	77	3.65	93	4.15	105	4.60	116	5.10	129	5.60	142	6.10	155
7	7.62	194			1.52	39	2.02	51	2.52	64	3.15	80	3.65	93	4.15	105	4.60	116	5.10	129	5.60	142	6.09	155
8	8.62	219			1.52	39	2.02	51	2.65	67	3.15	80	3.65	93	4.15	105	4.60	116	5.11	129	5.61	142	6.09	155
9	9.62	244			1.52	39	2.15	55	2.65	67	3.15	80	3.65	93	4.15	105	4.61	116	5.11	129	5.61	142	6.09	155
10	10.75	273			1.58	40	2.08	53	2.58	66	3.08	78	3.58	91	4.08	104	4.54	115	5.04	128	5.54	140	6.04	153
11	11.75	298			1.58	40	2.08	53	2.58	66	3.08	78	3.58	91	4.08	104	4.54	115	5.04	128	5.54	140	6.04	153
12	12.74	324			1.58	40	2.08	53	2.58	66	3.08	78	3.58	91	4.08	104	4.54	115	5.04	128	5.54	140	6.04	153
14*	14.00	356			*1.46	37	1.96	50	2.46	62	2.96	75	3.46	88	3.96	101	4.42	112	4.92	124	5.42	137	5.92	150
															Multi Layers		2 + 2½"		2½ + 2½		2½ + 3		3 + 3	

NPS PIPE			INSULATION NOMINAL THICKNESS																							
Nom Size	Diameter		in. 6-1/2 mm 165		7 177		7-1/2 191		8 203		8-1/2 215		9 229		9-1/2 241		10 254		10-1/2 267		11 279		11-1/2 292		12 305	
Inch	Inch	mm	in.	mm	in.	mm	in.	mm	in.	mm	in.	mm	in.	mm	in.	mm	in.	mm	in.	mm	in.	mm	in.	mm	in.	mm
1/2	0.84	21	7.03	179	7.53	191	7.99	203	8.53	217	8.98	228	9.47	241	9.97	253	10.49	266	10.99	279	11.49	292	11.94	303	12.49	317
3/4	1.05	27	6.93	176	7.43	189	7.87	199	8.43	214	8.88	226	9.29	236	9.79	249	10.39	264	10.89	277	11.39	289	11.83	300	12.39	315
1	1.32	33	6.79	172	7.29	185	7.93	196	8.29	210	8.72	221	9.25	235	9.75	248	10.25	260	10.75	273	11.25	286	11.69	297	12.25	311
1-1/4	1.66	42	6.62	168	7.12	180	7.58	193	8.12	206	8.57	217	9.08	231	9.58	243	10.08	256	10.58	269	11.08	281	11.54	293	12.08	307
1-1/2	1.90	48	7.00	177	7.50	191	8.00	203	8.50	215	8.96	227	9.46	240	9.96	253	10.46	266	10.96	278	11.46	291	11.96	303	12.46	316
2	2.38	60	6.75	171	7.25	184	7.75	197	8.25	209	8.58	217	9.21	234	9.71	247	10.21	259	10.71	272	11.21	284	11.71	297	12.21	310
2-1/2	2.88	73	7.01	178	7.50	191	7.94	202	8.50	215	8.97	227	9.47	241	9.97	253	10.46	266	10.96	278	11.46	291	11.91	302	12.46	316
3	3.50	89	6.69	170	7.19	182	7.69	195	8.19	208	8.55	217	9.15	232	9.65	245	10.15	257	10.65	270	11.15	283	11.65	296	12.15	308
3-1/2	4.00	102	6.94	176	7.44	189	7.94	202	8.44	214	8.91	226	9.40	239	9.90	251	10.40	264	10.90	277	11.40	290	11.90	302	12.40	315
4	4.50	114	6.69	170	7.14	181	7.69	195	8.19	208	8.55	217	9.15	232	9.65	245	10.15	257	10.60	269	11.10	282	11.65	296	12.15	308
4-1/2	5.00	127	6.94	176	7.42	189	7.94	202	8.44	214	8.90	266	9.40	239	9.90	251	10.40	264	10.88	276	11.38	289	11.90	302	12.40	315
5	5.56	141	6.66	169	7.11	181	7.64	194	8.14	206	8.60	218	9.10	231	9.60	243	10.12	257	10.57	268	11.07	281	11.60	295	12.10	307
6	6.62	168	6.60	168	7.11	181	7.61	193	8.13	206	8.56	217	9.06	230	9.56	243	10.06	256	10.57	268	11.07	281	11.57	294	12.09	307
7	7.62	194	6.61	168	7.11	181	7.61	193	8.13	206	8.56	217	9.05	230	9.55	243	10.07	256	10.57	268	11.07	281	11.57	294	12.09	307
8	8.62	219	6.61	168	7.11	181	7.61	193	8.13	206	8.56	217	9.05	230	9.55	243	10.07	256	10.57	268	11.07	281	11.57	294	12.09	307
9	9.62	244	6.61	168	7.11	181	7.61	193	8.13	206	8.56	217	9.05	230	9.55	243	10.07	256	10.57	268	11.07	281	11.57	294	12.09	307
10	10.75	273	6.54	166	7.06	179	7.54	191	8.04	204	8.50	215	9.05	230	9.55	243	10.00	254	10.52	267	11.02	280	11.50	292	12.00	305
11	11.75	298	6.54	166	7.06	179	7.54	191	8.04	204	8.50	215	9.05	230	9.55	243	10.00	254	10.52	267	11.02	280	11.50	292	12.04	305
12	12.74	324	6.54	166	7.06	179	7.54	191	8.04	204	8.50	215	9.05	230	9.55	243	10.00	254	10.52	267	11.02	280	11.50	292	12.00	305
14*	14.00	356	6.42	163	6.92	176	7.46	189	7.92	201	8.38	213	8.88	226	9.38	238	9.88	251	10.38	264	10.88	276	11.42	290	11.88	302
Multi Layers			3" + 3½		3½ + 3½		3½ + 4		4 + 4		2½ + 3 + 3		3 + 3 + 3		3 + 3 + 3½		3 + 3½ + 3½		3½ + 3½ + 3½		3½ + 3½ + 4		3½ + 4 + 4		4 + 4 + 4	

*Larger sizes through 36 inches, same as for 14 inch.

TABLE A-5

MULTIPLE LAYERS — SIZES AND THICKNESSES — NPS PIPE

NPS PIPE SIZE x NOMINAL THICKNESS INCHES

NPS Pipe Size"	INSULATION NOMINAL THICKNESS in. 4½ mm 115 2 Layers	5 128 2 Layers	5½ 140 2 Layers	6 152 2 Layers	6½ 165 2 Layers	7 177 2 Layers	7½ 191 2 Layers	8 203 2 Layers	8½ 215 3 Layers	Pipe Diameter mm	Pipe Diameter Inches
1/2	½ x 2 4½ x 2½	½ x 2½ 6 x 2½	½ x 2½ 6 x 3	½ x 3 7 x 3	½ x 3 7 x 3½	½ x 3½ 8 x 3½	½ x 3½ 8 x 4	½ x 4 9 x 4	½ x 2½, 6 x 3 12 x 3	21.3	0.840
3/4	¾ x 2 4½ x 2½	¾ x 2½ 6 x 2½	¾ x 2½ 6 x 3	¾ x 3 7 x 3	¾ x 3 7 x 3½	¾ x 3½ 8 x 3½	¾ x 3½ 8 x 4	¾ x 4 9 x 4	¾ x 2½, 6 x 3 12 x 3	26.7	1.050
1	1 x 2 5 x 2½	1 x 2½ 6 x 2½	1 x 2½ 6 x 3	1 x 3 7 x 3	1 x 3 7 x 3½	1 x 3½ 8 x 3½	1 x 3½ 8 x 4	1 x 4 9 x 4	1 x 2½, 6 x 3 12 x 3	33.4	1.315
1-1/4	1¼ x 2 5 x 2½	1¼ x 2½ 6 x 2½	1¼ x 2½ 6 x 3	1¼ x 3 7 x 3	1¼ x 3 7 x 3½	1¼ x 3½ 8 x 3½	1¼ x 3½ 8 x 4	1¼ x 4 9 x 4	1¼ x 2½, 6 x 3 12 x 3	42.2	1.660
1-1/2	1½ x 2 6 x 2½	1½ x 2½ 7 x 2½	1½ x 2½ 7 x 3	1½ x 3 8 x 3	1½ x 3 8 x 3½	1½ x 3½ 9 x 3½	1½ x 3½ 9 x 4	1½ x 4 10 x 4	1½ x 2½, 7 x 3 14 x 3	48.3	1.900
2	2 x 2 6 x 2½	2 x 2½ 7 x 2½	2 x 2½ 7 x 3	2 x 3 8 x 3	2 x 3 8 x 3½	2 x 3½ 9 x 3½	2 x 3½ 9 x 4	2 x 4 10 x 4	2 x 2½, 7 x 3 14 x 3	60.3	2.375
2-1/2	2½ x 2 7 x 2½	2½ x 2½ 8 x 2½	2½ x 2½ 8 x 3	2½ x 3 9 x 3	2½ x 3 9 x 3½	2½ x 3½ 10 x 3½	2½ x 3½ 10 x 4	2½ x 4 11 x 4	2½ x 2½, 8 x 3 15 x 3	73.0	2.875
3	3 x 2 7 x 2½	3 x 2½ 8 x 2½	3 x 2½ 8 x 3	3 x 3 9 x 3	3 x 3 9 x 3½	3 x 3½ 10 x 3½	3 x 3½ 10 x 4	3 x 4 11 x 4	3 x 2½, 8 x 3 15 x 3	88.9	3.500
3-1/2	3½ x 2 8 x 2½	3½ x 2½ 9 x 2½	3½ x 2½ 9 x 3	3½ x 3 10 x 3	3½ x 3 10 x 3½	3½ x 3½ 11 x 3½	3½ x 3½ 11 x 4	3½ x 4 12 x 4	3½ x 2½, 9 x 3 16 x 3	101.6	4.000
4	4 x 2 8 x 2½	4 x 2½ 9 x 2½	4 x 2½ 9 x 3	4 x 3 10 x 3	4 x 3 10 x 3½	4 x 3½ 11 x 3½	4 x 3½ 11 x 4	4 x 4 12 x 4	4 x 2½, 9 x 3 16 x 3	114.3	4.500
4-1/2	4½ x 2 9 x 2½	4½ x 2½ 10 x2½	4½ x 2½ 10 x 3	4½ x 3 11 x 3	4½ x 3 11 x 3½	4½ x 3½ 12 x 3½	4½ x 3½ 12 x 4	4½ x 4 14 x 4	4½ x2½, 10x3 17 x 3	127.0	5.000
5	5 x 2 9 x 2½	5 x 2½ 10 x 2½	5 x 2½ 10 x 3	5 x 3 11 x 3	5 x 3 11 x 3½	5 x 3½ 12 x 3½	5 x 3½ 12 x 4	5 x 4 14 x 4	5 x 2½, 10 x 3 17 x 3	141.3	5.563
6	6 x 2 10 x 2½	6 x 2½ 11 x 2½	6 x 2½ 11 x 3	6 x 3 12 x 3	6 x 3 12 x 3½	6 x 3½ 14 x 3½	6 x 3½ 14 x 4	6 x 4 15 x 4	6 x 2½, 11 x 3 18 x 3	168.3	6.625
7	7 x 2 11 x 2½	7 x 2½ 12 x 2½	7 x 2½ 12 x 3	7 x 3 14 x 3	7 x 3 14 x 3½	7 x 3½ 15 x 3½	7 x 3½ 15 x 4	7 x 4 16 x 4	7 x 2½, 12 x 3 19 x 3	193.7	7.625
8	8 x 2 12 x 2½	8 x 2½ 14 x 2½	8 x 2½ 14 x 3	8 x 3 15 x 3	8 x 3 15 x 3½	8 x 3½ 16 x 3½	8 x 3½ 16 x 4	8 x 4 17 x 4	8 x 2½, 14 x 3 20 x 3	219.1	8.625
9	9 x 2 14 x 2½	9 x 2½ 15 x 2½	9 x 2½ 15 x 3	9 x 3 16 x 3	9 x 3 16 x 3½	9 x 3½ 17 x 3½	9 x 3½ 17 x 4	3 x 4 18 x 4	9 x 2½, 15 x 3 21 x 3	224.5	9.625
10	10 x 2 15 x 2½	10 x 2½ 16 x 2½	10 x 2½ 16 x 3	10 x 3 17 x 3	10 x 3 17 x 3½	10 x 3½ 18 x 3½	10 x 3½ 18 x 4	10 x 4 19 x 4	10 x 2½, 15 x 3 22 x 3	273.0	10.750
11	11 x 2 16 x 2½	11 x 2½ 17 x 2½	11 x 2½ 17 x 3	11 x 3 18 x 3	11 x 3 18 x 3½	11 x 3½ 19 x 3½	11 x 3½ 19 x 4	11 x 4 20 x 4	11 x 2½, 17 x 3 23 x 3	298.4	11.750
12	12 x 2 17 x 2½	12 x 2½ 18 x 2½	12 x 2½ 18 x 3	12 x 3 19 x 3	12 x 3 19 x 3½	12 x 3½ 20 x 3½	12 x 3½ 20 x 4	12 x 4 21 x 4	12 x 2½, 18 x 3 24 x 3	323.8	12.750
14	14 x 2 18 x 2½	14 x 2½ 19 x 2½	14 x 2½ 19 x 3	14 x 3 20 x 3	14 x 3 20 x 3½	14 x 3½ 21 x 3½	14 x 3½ 21 x 4	14 x 4 22 x 4	14 x 2½, 18 x 3 25 x 3	355.6	14.000

Based on ASTM Standard C-585-76

TABLE A-5 (Sheet 1 of 2)

MULTIPLE LAYERS — SIZES AND THICKNESSES — NPS PIPE

NPS PIPE SIZE x NOMINAL THICKNESS INCHES

NPS Pipe Size"	INSULATION NOMINAL THICKNESS in. 9 mm 229 3 Layers	9½ 241 3 Layers	10 254 3 Layers	10½ 267 3 Layers	11 279 3 Layers	11½ 292 3 Layers	12 395 3 Layers	Pipe Diameter mm	Inches
1/2	½ x 3, 7 x 3, 14 x 3	½ x 3, 7 x 3, 14 x 3½	½ x 3, 7 x 3½, 15 x 3½	½ x 3½, 8 x 3½, 16 x 3½	½ x 3½, 8 x 3½, 16 x 4	½ x 3½, 8 x 4, 17 x 4	½ x 4, 9 x 4, 18 x 4	21.3	0.840
3/4	¾ x 3, 7 x 3, 14 x 3	¾ x 3, 7 x 3, 14 x 3½	¾ x 3, 7 x 3½, 15 x 3½	¾ x 3½, 8 x 3½, 16 x 3½	¾ x 3½, 8 x 3½, 16 x 4	¾ x 3½, 8 x 4, 17 x 4	¾ x 4, 9 x 4, 18 x 4	26.7	1.050
1	1 x 3, 7 x 3, 14 x 3	1 x 3, 7 x 3, 14 x 3½	1 x 3, 7 x 3½, 15 x 3½	1 x 3½, 8 x 3½, 16 x 3½	1 x 3½, 8 x 3½, 16 x 4	1 x 3½, 8 x 4, 17 x 4	1 x 4, 9 x 4, 18 x 4	33.4	1.315
1-1/4	1¼ x 3, 7 x 3, 14 x 3	1¼ x 3, 7 x 3, 14 x 3½	1¼ x 3, 7 x 3½, 15 x 3½	1¼ x 3½, 8 x 3½, 16 x 3½	1¼ x 3½, 8 x 3½, 16 x 4	1¼ x 3½, 8 x 4, 17 x 4	1¼ x 4, 9 x 4, 18 x 4	42.2	1.660
1-1/2	1½ x 3, 8 x 3, 15 x 3	1½ x 3, 8 x 3, 15 x 3½	1½ x 3, 8 x 3½, 16 x 3½	1½ x 3½, 9 x 3½, 17 x 3½	1½ x 3½, 9 x 3½, 17 x 4	1½ x 3½, 9 x 4, 18 x 4	1½ x 4, 10 x 4, 19 x 4	48.3	1.900
2	2 x 3, 8 x 3, 15 x 3	2 x 3, 8 x 3, 15 x 3½	2 x 3, 8 x 3½, 16 x 3½	2 x 3½, 9 x 3½, 17 x 3½	2 x 3½, 9 x 3½, 17 x 4	2 x 3½, 3 x 4, 18 x 4	2 x 4, 10 x 4, 19 x 4	60.3	2.375
2-1/2	2½ x 3, 9 x 3, 16 x 3	2½ x 3, 9 x 3, 16 x 3½	2½ x 3, 9 x 3½, 17 x 3½	2½ x 3½, 10 x 3½, 18 x 3½	2½ x 3½, 10 x 3½, 18 x 4	2½ x 3½, 10 x 4, 19 x 4	2½ x 4, 11 x 4 20 x 4	73.0	2.875
3	3 x 3, 9 x 3, 16 x 3	3 x 3, 9 x 3, 16 x 3½	3 x 3, 9 x 3½, 17 x 3½	3 x 3½, 10 x 3½, 18 x 3½	3 x 3½, 10 x 3½, 18 x 4	3 x 3½, 10 x 4, 19 x 4	3 x 4, 11 x 4, 20 x 4	88.9	3.500
3-1/2	3½ x 3, 10 x 3, 17 x 3	3½ x 3, 10 x 3, 17 x 3½	3½ x 3, 10 x 3½, 18 x 3½	3½ x 3½, 11 x 3½, 19 x 3½	3½ x 3½, 11 x 3½, 19 x 4	3½ x 3½, 11 x 4, 20 x 4	3½ x 4, 12 x 4, 21 x 4	107.6	4.000
4	4 x 3, 10 x 3, 17 x 3	4 x 3, 10 x 3, 17 x 3½	4 x 3, 10 x 3½, 18 x 3½	4 x 3½, 11 x 3½, 19 x 3½	4 x 3½, 11 x 3½, 19 x 4	4 x 3½, 11 x 4, 20 x 4	4 x 4, 12 x 4, 21 x 4	114.3	4.500
4-1/2	4½ x 3, 11 x 3, 18 x 3	4½ x 3, 11 x 3, 18 x 3½	4½ x 3, 11 x 3½, 19 x 3½	4½ x 3½, 12 x 3½, 20 x 3½	4½ x 3½, 12 x 3½, 20 x 4	4½ x 3½, 12 x 4, 21 x 4	4½ x 4, 14 x 4, 22 x 4	127.0	5.000
5	5 x 3, 11 x 3, 18 x 3	5 x 3, 11 x 3, 18 x 3½	5 x 3, 11 x 3½, 19 x 3½	5 x 3½, 12 x 3½, 20 x 3½	5 x 3½, 12 x 3½, 20 x 4	5 x 3½, 12 x 4, 21 x 4	5 x 4, 14 x 4, 22 x 4	141.3	5.563
6	6 x 3, 12 x 3 19 x 3	6 x 3, 12 x 3, 19 x 3½	6 x 3, 12 x 3½, 20 x 3½	6 x 3½, 14 x 3½, 21 x 3½	6 x 3½, 14 x 3½, 21 x 4	6 x 3½, 14 x 4, 22 x 4	6 x 4, 15 x 4, 23 x 4	168.9	6.625
7	7 x 3, 14 x 3, 20 x 3	7 x 3, 14 x 3, 20 x 3½	7 x 3, 14 x 3½, 21 x 3½	7 x 3½, 15 x 3½, 22 x 3½	7 x 3½, 15 x 3½, 22 x 4	7 x 3½, 15 x 4, 23 x 4	7 x 4, 16 x 4, 24 x 4	193.7	7.625
8	8 x 3, 15 x 3, 21 x 3	8 x 3, 15 x 3, 21 x 3½	8 x 3, 15 x 3½, 22 x 3½	8 x 3½, 16 x 3½, 23 x 3½	8 x 3½, 16 x 3½, 23 x 4	8 x 3½, 16 x 4, 24 x 4	8 x 4, 17 x 4, 25 x 4	219.1	8.625
9	9 x 3, 16 x 3, 22 x 3	9 x 3, 16 x 3, 22 x 3½	9 x 3, 16 x 3½, 23 x 3½	9 x 3½, 17 x 3½, 24 x 3½	9 x 3½, 17 x 3½, 24 x 4	9 x 3½, 17 x 4, 25 x 4	9 x 4, 18 x 4, 26 x 4	246.5	9.625
10	10 x 3, 17 x 3, 23 x 3	10 x 3, 17 x 3, 23 x 3½	10 x 3, 17 x 3½, 24 x 3½	10 x 3½, 18 x 3½, 25 x 3½	10 x 3½, 18 x 3½, 25 x 4	10 x 3½, 18 x 4, 26 x 4	10 x 4, 19 x 4, 27 x 4	273.0	10.750
11	11 x 3, 18 x 3, 24 x 3	11 x 3, 18 x 3, 24 x 3½	11 x 3, 18 x 3½, 25 x 3½	11 x 3½, 10 x 3½, 26 x 3½	11 x 3½, 19 x 3½, 26 x 4	11 x 3½, 19 x 4 27 x 4	11 x 4, 20 x 4, 28 x 4	298.4	11.750
12	12 x 3, 19 x 3, 25 x 3	12 x 3, 19 x 3, 25 x 3½	12 x 3, 19 x 3½, 26 x 3½	12 x 3½, 20 x 3½, 27 x 3½	12 x 3½, 20 x 3½, 27 x 4	12 x 3½, 20 x 4 28 x 4	12 x 4, 21 x 4, 29 x 4	323.8	12.750
14	14 x 3, 20 x 3, 26 x 3	14 x 3, 20 x 3, 25 x 3½	14 x 3, 20 x 3½, 27 x 3½	14 x 3½, 21 x 3½, 28 x 3½	14 x 3½, 21 x 3½, 28 x 4	14 x 3½, 21 x 4, 29 x 4	14 x 4, 22 x 4, 30 x 4	355.6	14.000

Based on ASTM Standard C-585-76

TABLE A-5 (Sheet 2 of 2)

TABLE A-6

OUTER DIAMETER OF MULTI-LAYERED INSULATION FOR NPS PIPE

(ENGLISH UNITS)

NPS PIPE			NOMINAL INSULATION THICKNESS															
Nom. Size Inch	Outer Diameter Inch	Outer Diameter mm	in. 4-1/2 mm 114	5 127	5-1/2 140	6 152	6-1/2 165	7 178	7-1/2 194	8 203	8-1/2 216	9 229	9-1/2 241	10 254	10-1/2 267	11 279	11-1/2 292	12 305
1/8	0.40	10.3	9.62	10.75	11.75	12.75	14 00	15.00	16.00	17.00	18.00	19.00	20.00	21.00	22.00	23.00	24.00	25.00
1/4	0.54	13.7	10.75	10.75	11.75	12.75	14.00	15.00	16.00	17.00	18.00	19.00	20.00	21.00	22.00	23.00	24.00	25.00
3/8	0.67	17.1	10.75	10.75	11.75	12.75	14.00	15.00	16.00	17.00	18.00	19.00	20.00	21.00	22.00	23.00	24.00	25.00
1/2	0.84	21.3	10.75	11.75	12.75	14.00	15.00	16.00	17.00	18.00	19.00	20.00	21.00	22.00	23.00	24.00	25.00	26.00
3/4	1.05	26.7	10.75	11.75	12.75	14.00	15.00	16.00	17.00	18.00	19.00	20.00	21.00	22.00	23.00	24.00	25.00	26.00
1	1.32	33.4	10.75	11.75	12.75	14.00	15.00	16.00	17.00	18.00	19.00	20.00	21.00	22.00	23.00	24.00	25.00	26.00
1-1/4	1.66	42.2	10.75	11.75	12.75	14.00	15.00	16.00	17.00	18.00	19.00	20.00	21.00	22.00	23.00	24.00	25.00	26.00
1-1/2	1.90	48.3	11.75	12.75	14.00	15.00	16.00	17.00	18.00	19.00	20.00	21.00	22.00	23.00	24.00	25.00	26.00	27.00
2	2.38	60.3	11.75	12.75	14.00	15.00	16.00	17.00	18.00	19.00	20.00	21.00	22.00	23.00	24.00	25.00	26.00	27.00
2-1/2	2.88	73.0	12.75	14.00	15.00	16.00	17.00	18.00	19.00	20.00	21.00	22.00	23.00	24.00	25.00	26.00	27.00	28.00
3	3.50	88.9	12.75	14.00	15.00	16.00	17.00	18.00	19.00	20.00	21.00	22.00	23.00	24.00	25.00	26.00	27.00	28.00
3-1/2	4.00	101.6	14.00	15.00	16.00	17.00	18.00	19.00	20.00	21.00	22.00	23.00	24.00	25.00	26.00	27.00	28.00	29.00
4	4.50	114.3	14.00	15.00	16.00	17.00	18.00	19.00	20.00	21.00	22.00	23.00	24.00	25.00	26.00	27.00	28.00	29.00
4-1/2	5.00	127.0	15.00	16.00	17.00	18.00	19.00	20.00	21.00	22.00	23.00	24.00	25.00	26.00	27.00	28.00	29.00	30.00
5	5.56	141.3	15.00	16.00	17.00	18.00	19.00	20.00	21.00	22.00	23.00	24.00	25.00	26.00	27.00	28.00	29.00	30.00
6	6.62	168.3	16.00	17.00	18.00	19.00	20.00	21.00	22.00	23.00	24.00	25.00	26.00	27.00	28.00	29.00	30.00	31.00
7	7.62	193.7	17.00	18.00	19.00	20.00	21.00	22.00	23.00	24.00	25.00	26.00	27.00	28.00	29.00	30.00	31.00	32.00
8	8.62	219.1	18.00	19.00	20.00	21.00	22.00	23.00	24.00	25.00	26.00	27.00	28.00	29.00	30.00	31.00	32.00	33.00
9	9.62	244.5	19.00	20.00	21.00	22.00	23.00	24.00	25.00	26.00	27.00	28.00	29.00	30.00	31.00	32.00	33.00	34.00
10	10.75	273.0	20.00	21.00	22.00	23.00	24.00	25.00	26.00	27.00	28.00	29.00	30.00	31.00	32.00	33.00	34.00	35.00
11	11.75	298.4	21.00	22.00	23.00	24.00	25.00	26.00	27.00	28.00	29.00	30.00	31.00	32.00	33.00	34.00	35.00	36.00
12	12.75	323.8	22.00	23.00	24.00	25.00	26.00	27.00	28.00	29.00	30.00	31.00	32.00	33.00	34.00	35.00	36.00	37.00
14	14.00	355.6	23.00	24.00	25.00	26.00	27.00	28.00	29.00	30.00	31.00	32.00	33.00	34.00	35.00	36.00	37.00	38.00
16	16.00	408.4	25.00	26.00	27.00	28.00	29.00	30.00	31.00	32.00	33.00	34.00	35.00	36.00	37.00	38.00	39.00	40.00
18	18.00	457.2	27.00	28.00	29.00	30.00	31.00	32.00	33.00	34.00	35.00	36.00	37.00	38.00	39.00	40.00	41.00	42.00
20	20.00	508.0	29.00	30.00	31.00	32.00	33.00	34.00	35.00	36.00	37.00	38.00	39.00	40.00	41.00	42.00	43.00	44.00
22	22.00	558.8	31.00	32.00	33.00	34.00	35.00	36.00	37.00	38.00	39.00	40.00	41.00	42.00	43.00	44.00	45.00	46.00
24	24.00	609.6	33.00	34.00	35.00	36.00	37.00	38.00	39.00	40.00	41.00	42.00	43.00	44.00	45.00	46.00	47.00	48.00
26	26.00	660.4	35.00	36.00	37.00	38.00	39.00	40.00	41.00	42.00	43.00	44.00	45.00	46.00	47.00	48.00	49.00	50.00
28	28.00	711.2	37.00	38.00	39.00	40.00	41.00	42.00	43.00	44.00	45.00	46.00	47.00	48.00	49.00	50.00	51.00	52.00
30	30.00	762.0	39.00	40.00	41.00	42.00	43.00	44.00	45.00	46.00	47.00	48.00	49.00	50.00	51.00	52.00	53.00	54.00
36	36.00	914.4	45.00	46.00	47.00	48.00	59.00	50.00	51.00	52.00	53.00	54.00	55.00	56.00	57.00	58.00	59.00	60.00
1st Layer →			2	2-1/2	2-1/2	3	3	3-1/2	3-1/2	4	2-1/2	3	3	3	3-1/2	3-1/2	3-1/2	4
2nd Layer →			2-1/2	2-1/2	3	3	3-1/2	3-1/2	4	4	3	3	3	3-1/2	3-1/2	3-1/2	4	4
(Nominal Inches)										3rd Layer →	3	3	3-1/2	3-1/2	3-1/2	4	4	4

TABLE A-6

TABLE A-7

OUTER DIAMETER OF MULTI-LAYERED INSULATION FOR NPS PIPE

(METRIC UNITS)

NPS PIPE			NOMINAL INSULATION THICKNESS															
Nom. Size Inch	Outer Diameter Inch	mm	in. 4-1/2 mm 114	5 127	5-1/2 140	6 152	6-1/2 165	7 178	7-1/2 194	8 203	8-1/2 216	9 229	9-1/2 241	10 254	10-1/2 267	11 279	11-1/2 292	12 305
1/8	**0.40**	**10.3**	0.244	0.273	0.298	0.323	0.356	0.381	0.406	0.432	0.457	0.483	0.508	0.533	0.559	0.584	0.610	0.635
1/4	**0.54**	**13.7**	0.273	0.273	0.298	0.323	0.356	0.381	0.406	0.432	0.457	0.483	0.508	0.533	0.559	0.584	0.610	0.635
3/8	**0.67**	**17.1**	0.273	0.273	0.298	0.3233	0.356	0.381	0.406	0.432	0.457	0.483	0.508	0.533	0.559	0.584	0.610	0.635
1/2	**0.84**	**21.3**	0.273	0.298	0.323	0.356	0.381	0.406	0.432	0.457	0.483	0.508	0.553	0.559	0.584	0.610	0.635	0.660
3/4	**1.05**	**26.7**	0.273	0.298	0.323	0.356	0.381	0.406	0.432	0.457	0.483	0.508	0.553	0.559	0.584	0.610	0.635	0.660
1	**1.32**	**33.4**	0.273	0.298	0.323	0.356	0.381	0.406	0.432	0.457	0.483	0.508	0.533	0.559	0.584	0.610	0.635	0.660
1-1/4	**1.66**	**42.2**	0.273	0.298	0.328	0.356	0.381	0.406	0.432	0.457	0.483	0.508	0.533	0.559	0.584	0.610	0.635	0.660
1-1/2	**1.90**	**48.3**	0.298	0.323	0.356	0.381	0.406	0.432	0.457	0.483	0.508	0.533	0.559	0.584	0.610	0.635	0.660	0.686
2	**2.38**	**60.3**	0.298	0.323	0.356	0.381	0.406	0.432	0.457	0.483	0.508	0.533	0.559	0.584	0.610	0.635	0.660	0.686
2-1/2	**2.88**	**73.0**	0.323	0.356	0.381	0.406	0.432	0.451	0.483	0.508	0.533	0.559	0.584	0.610	0.635	0.660	0.686	0.711
3	**3.50**	**88.9**	0.323	0.356	0.381	0.406	0.432	0.457	0.483	0.508	0.533	0.559	0.584	0.610	0.635	0.660	0.686	0.711
3-1/2	**4.00**	**101.6**	0.356	0.381	0.406	0.432	0.457	0.483	0.508	0.533	0.559	0.584	0.610	0.635	0.660	0.686	0.711	0.737
4	**4.50**	**114.3**	0.356	0.381	0.406	0.432	0.457	0.483	0.508	0.533	0.559	0.584	0.610	0.635	0.660	0.686	0.711	0.737
4-1/2	**5.00**	**127.0**	0.381	0.406	0.432	0.457	0.483	0.508	0.533	0.559	0.584	0.610	0.635	0.660	0.686	0.711	0.737	0.762
5	**5.56**	**141.3**	0.381	0.406	0.432	0.457	0.483	0.508	0.533	0.559	0.584	0.610	0.635	0.660	0.686	0.711	0.737	0.762
6	**6.62**	**168.3**	0.406	0.432	0.457	0.483	0.508	0.533	0.559	0.584	0.610	0.635	0.660	0.686	0.711	0.737	0.762	0.787
7	**7.62**	**193.7**	0.432	0.457	0.483	0.508	0.533	0.559	0.584	0.610	0.635	0.660	0.686	0.711	0.737	0.762	0.787	0.813
8	**8.62**	**219.1**	0.457	0.483	0.508	0.533	0.559	0.584	0.610	0.635	0.660	0.686	0.711	0.737	0.762	0.787	0.813	0.838
9	**9.62**	**244.5**	0.483	0.508	0.533	0.559	0.584	0.610	0.635	0.660	0.686	0.711	0.737	0.762	0.787	0.813	0.838	0.864
10	**10.75**	**273.0**	0.508	0.533	0.559	0.584	0.610	0.635	0.660	0.686	0.711	0.737	0.762	0.787	0.813	0.838	0.864	0.889
11	**11.75**	**298.4**	0.533	0.559	0.584	0.610	0.635	0.660	0.686	0.711	0.737	0.762	0.787	0.813	0.838	0.864	0.889	0.914
12	**12.75**	**323.8**	0.559	0.584	0.610	0.635	0.660	0.686	0.711	0.737	0.762	0.787	0.813	0.838	0.864	0.889	0.914	0.940
14	**14.00**	**355.6**	0.584	0.610	0.635	0.660	0.686	0.711	0.737	0.762	0.787	0.813	0.838	0.864	0.889	0.914	0.940	0.962
16	**16.00**	**408.4**	0.635	0.660	0.686	0.711	0.737	0.762	0.787	0.813	0.838	0.864	0.889	0.914	0.940	0.962	0.991	1.016
18	**18.00**	**457.2**	0.686	0.711	0.737	0.762	0.787	0.813	0.838	0.864	0.889	0.914	0.940	0.962	0.991	1.016	1.041	1.066
20	**20.00**	**508.0**	0.737	0.762	0.787	0.813	0.838	0.864	0.889	0.914	0.940	0.962	0.991	1.016	1.041	1.066	1.092	1.118
22	**22.00**	**558.8**	0.787	0.813	0.838	0.864	0.889	0.914	0.940	0.962	0.991	1.016	1.041	1.066	1.092	1.118	1.143	1.168
24	**24.00**	**609.6**	0.838	0.864	0.889	0.914	0.940	0.962	0.991	1.016	1.041	1.066	1.092	1.118	1.143	1.168	1.194	1.219
26	**26.00**	**660.4**	0.889	0.914	0.940	0.962	0.991	1.016	1.041	1.066	1.092	1.118	1.143	1.168	1.194	1.219	1.245	1.270
28	**28.00**	**711.2**	0.940	0.962	0.991	1.016	1.041	1.066	1.092	1.118	1.143	1.168	1.194	1.219	1.245	1.270	1.295	1.321
30	**30.00**	**762.0**	0.991	1.016	1.041	1.066	1.092	1.118	1.143	1.168	1.194	1.219	1.245	1.270	1.295	1.321	1.346	1.372
36	**36.00**	**914.4**	1.143	1.168	1.194	1.219	1.245	1.270	1.293	1.321	1.346	1.372	1.397	1.442	1.448	1.473	1.499	1.524
	1st Layer →		**51**	**64**	**64**	**76**	**76**	**89**	**89**	**102**	**64**	**76**	**76**	**76**	**89**	**89**	**89**	**102**
	2nd Layer →		**64**	**64**	**76**	**76**	**89**	**89**	**102**	**102**	**76**	**76**	**76**	**89**	**89**	**89**	**102**	**102**
	(Nominal mm)								**3rd Layer →**		**76**	**76**	**89**	**89**	**89**	**102**	**102**	**102**

TABLE A-8 & TABLE A-9

BASIC DIMENSIONS OF RIGID THERMAL INSULATION FOR NPS PIPES

(ENGLISH AND METRIC UNITS)
Based on ASTM Standard C-585-76

NPS PIPE			INNER DIAMETER						OUTER DIAMETER OF INSULATION (NPS PIPE)													
Nom			Base		Tolerance				Nominal Thickness													
Size	Outer Dia.		Dimension		Minus		Plus		1″ (25 mm)		1½″ (38 mm)		2″ (51 mm)		2½″ (64 mm)		3″ (76 mm)		3½″ (89 mm)		4″ (102 mm)	
Inch	in.	mm	in.	mm	in.	mm	in.	mm	in.	mm	in.	mm	in.	mm	in.	mm	in.	mm	in.	mm	in.	mm
1/2	0.840	21.3	0.86	22	0	0	1/16	1.6	2.88	73.0	4.00	101.6	5.00	127.0	6.62	168.3	7.62	193.7	8.62	219.1	9.62	244.5
3/4	1.050	26.7	1.07	27	0	0	1/16	1.6	2.88	73.0	4.00	101.6	5.00	127.0	6.62	168.3	7.62	193.7	8.62	219.1	9.62	244.5
1	1.315	33.4	1.33	34	0	0	1/16	1.6	3.50	88.9	4.50	114.3	5.56	141.3	6.62	168.3	7.62	193.7	8.62	219.1	9.62	244.5
1-1/4	1.660	42.2	1.68	43	0	0	1/16	1.6	3.50	88.9	5.00	127.0	5.56	141.3	6.62	168.3	7.62	193.7	8.62	219.1	9.62	244.5
1-1/2	1.900	48.3	1.92	49	0	0	1/16	1.6	4.00	101.6	5.00	127.0	6.62	168.3	7.62	193.7	8.62	219.1	9.62	244.5	10.75	273.0
2	2.375	60.3	2.41	61	0	0	3/32	2.4	4.50	114.3	5.56	141.3	6.62	168.3	7.62	193.7	8.62	219.1	9.62	244.5	10.75	273.0
2-1/2	2.875	73.0	2.91	74	0	0	3/32	2.4	5.00	127.0	6.62	168.3	7.62	193.7	8.62	219.1	9.62	244.5	10.75	273.0	11.75	298.4
3	3.500	88.9	3.53	90	0	0	3/32	2.4	5.56	141.3	6.62	168.3	7.62	193.7	8.62	219.1	9.62	244.5	10.75	273.0	11.75	298.4
3-1/2	4.000	101.6	4.03	102	1/32	0.8	3/32	2.4	6.62	168.3	7.62	193.7	8.62	219.1	9.62	244.5	10.75	273.0	11.75	298.4	12.75	323.8
4	4.500	114.3	4.53	115	1/32	0.8	3/32	2.4	6.62	168.3	7.62	193.7	8.62	219.1	9.62	244.5	10.75	213.0	11.75	298.4	12.75	323.8
4-1/2	5.000	127.0	5.03	128	1/32	0.8	3/32	2.4	7.62	193.7	8.62	219.1	9.62	244.5	10.75	273.0	11.75	298.4	12.75	323.8	14.00	355.6
5	5.563	141.3	5.64	143	1/32	0.8	3/32	2.4	7.62	193.7	8.62	219.1	9.62	244.5	10.75	273.0	11.75	298.4	12.75	323.8	14.00	355.6
6	6.625	168.3	6.70	170	1/32	0.8	3/32	2.4	8.62	219.1	9.62	244.5	10.75	273.0	11.75	298.4	12.75	323.8	14.00	355.6	15.00	381.0
7	7.625	193.7	7.70	196	1/32	0.8	3/32	2.4			10.75	273.0	11.75	298.4	12.75	323.8	14.00	355.6	15.00	381.0	16.00	406.4
8	8.625	219.1	8.70	221	1/32	0.8	3/32	2.4			11.75	298.4	12.75	323.8	14.00	355.6	15.00	381.0	16.00	406.4	17.00	431.8
9	9.625	244.5	9.70	246	1/32	0.8	3/32	2.4			12.75	323.8	14.00	355.6	15.00	381.0	16.00	406.4	17.00	431.8	18.00	457.2
10	10.750	273.0	10.83	275	1/32	0.8	3/32	2.4			14.00	355.6	15.00	381.0	16.00	406.4	17.00	431.8	18.00	457.2	19.00	482.5
11	11.750	298.4	11.83	300	1/32	0.8	3/32	2.4			15.00	381.0	16.00	406.4	17.00	431.8	18.00	457.2	19.00	482.5	20.00	508.0
12	12.750	323.8	12.84	326	1/16	1.6	3/32	2.4			16.00	406.4	17.00	431.8	18.00	457.2	19.00	482.5	20.00	508.0	21.00	583.4
14*	14.000	355.6	14.09	358	1/16	1.6	5/32	4.0			17.00	431.8	18.00	457.2	19.00	482.5	20.00	508.0	21.00	533.4	22.00	558.8

TABLE A-8

*Larger sizes through 36 inches in 1 inch (25.4 mm) increments.

BASIC DIMENSIONS OF RIGID THERMAL INSULATION FOR TUBES

(ENGLISH AND METRIC UNITS) Based on ASTM Standard C-585-76

TUBE			INNER DIAMETER						OUTER DIAMETER OF INSULATION (TUBE)													
Nom			Base		Tolerance				Nominal Thickness													
Size	Outer Dia.		Diameter		Minus		Plus		1″ (25 mm)		1½″ (38 mm)		2″ (51 mm)		2½″ (64 mm)		3″ (76 mm)		3½″ (89 mm)		4″ (102 mm)	
Inch	in.	mm	in.	mm	in.	mm	in.	mm	in.	mm	in.	mm	in.	mm	in.	mm	in.	mm	in.	mm	in.	mm
3/8	0.500	12.7	0.52	13	0	0	1/16	1.6	2.38	60.3	3.50	88.9	4.50	114.3	5.56	141.3	6.62	168.3	7.62	193.7	8.62	219.1
1/2	0.625	15.9	0.64	16	0	0	1/16	1.6	2.88	73.0	3.50	88.9	4.50	114.3	5.56	141.3	6.62	168.3	7.62	193.7	8.62	219.1
3/4	0.875	22.2	0.89	23	0	0	1/16	1.6	2.88	73.0	4.00	101.6	5.00	127.0	6.62	168.3	7.62	193.7	8.62	219.1	9.62	244.5
1	1.125	28.6	1.14	29	0	0	1/16	1.6	2.88	73.0	4.00	101.6	5.00	127.0	6.62	168.3	7.62	193.7	8.62	219.1	9.62	244.5
1-1/4	1.375	34.9	1.39	35	0	0	1/16	1.6	3.50	88.9	4.50	114.3	5.56	141.3	6.62	168.3	7.62	193.7	8.62	219.1	9.62	244.5
1-1/2	1.625	41.3	1.64	42	0	0	1/16	1.6	3.50	88.9	4.50	114.3	5.56	141.3	6.62	168.3	7.62	193.7	8.62	219.1	9.62	244.5
2	2.125	54.0	2.16	55	0	0	1/16	1.6	4.00	101.6	5.00	127.0	6.62	168.3	7.62	193.7	8.62	219.1	9.62	244.5	10.75	273.0
2-1/2	2.625	66.7	2.66	68	0	0	1/16	1.6	4.50	114.3	5.56	141.3	6.62	168.3	7.62	193.7	8.62	219.1	9.62	244.5	10.75	273.0
3	3.125	79.4	3.16	80	0	0	1/16	1.6	5.00	127.0	6.62	168.3	7.62	193.7	8.62	219.1	9.62	244.5	10.75	273.0	11.75	298.4
3-1/2	3.625	92.1	3.66	98	0	0	1/16	1.6	5.56	141.3	6.62	168.3	7.62	193.7	8.62	219.1	9.62	244.5	10.75	273.0	11.75	298.4
4	4.125	104.8	4.16	106	1/32	0.8	3/32	2.4	6.62	168.3	7.62	193.7	8.62	219.1	9.62	244.5	10.75	273.0	11.75	298.4	12.75	323.8
5	5.125	130.2	5.16	131	1/32	0.8	3/32	2.4	7.62	193.7	8.62	219.1	9.62	244.5	10.75	273.0	11.75	298.4	12.75	323.8	14.00	355.6
6	6.125	155.6	6.20	157	1/32	0.8	3/32	2.4	8.62	219.1	9.62	244.5	10.75	273.0	11.75	298.4	12.75	323.8	14.00	355.6	15.00	381.0

TABLE A-9

MULTIPLE LAYERS
SIZES AND THICKNESSES FOR TUBING

First (inner) Layer—Tube Size
Tube Size × Nominal Thickness—Inches

Second Layer—NPS Size
NPS Pipe Size × Nominal Thickness—Inches

Tube Size Nom. Inch	INSULATION NOMINAL THICKNESS in. 4½ mm 115 2 Layers	5 128 2 Layers	5½ 140 2 Layers	6 152 2 Layers	6½ 165 2 Layers	7 177 2 Layers	7½ 191 2 Layers	8 203 2 Layers	Tube Diameter mm	inches
3/8	3/8 x 2 (Tube) 4 x 2½ (NPS)	3/8 x 2½ (Tube) 5 x 2½ (NPS)	3/8 x 2½ (Tube) 5 x 3 (NPS)	3/8 x 3 (Tube) 6 x 3 (NPS)	3/8 x 3 (Tube) 6 x 3½ (NPS)	3/8 x 3½ (Tube) 7 x 3½ (NPS)	3/8 x 3½ (Tube) 7 x 4 (NPS)	3/8 x 4 (Tube) 8 x 4 (NPS)	12.7	0.500
1/2	½ x 2 (Tube) 4 x 2½ (NPS)	½ x 2½ (Tube) 5 x 2½ (NPS)	½ x 2½ (Tube) 5 x 3 (NPS)	½ x 3 (Tube) 6 x 3 (NPS)	½ x 3 (Tube) 6 x 3½ (NPS)	½ x 3½ (Tube) 7 x 3½ (NPS)	½ x 3½ (Tube) 7 x 4 (NPS)	½ x 4 (Tube) 8 x 4 (NPS)	15.9	0.625
3/4	¾ x 2 (Tube) 4½ x 2½ (NPS)	¾ x 2½ (Tube) 6 x 2½ (NPS)	¾ x 2½ (Tube) 6 x 3 (NPS)	¾ x 3 (Tube) 7 x 3 (NPS)	¾ x 3 (Tube) 7 x 3½ (NPS)	¾ x 3½ (Tube) 8 x 3½ (NPS)	¾ x 3½ (Tube) 8 x 4 (NPS)	¾ x 4 (Tube) 9 x 4 (NPS)	22.2	0.875
1	1 x 2 (Tube) 4½ x 2½ (NPS)	1 x 2½ (Tube) 6 x 2½ (NPS)	1 x 2½ (Tube) 6 x 3 (NPS)	1 x 3 (Tube) 7 x 3 (NPS)	1 x 3 (Tube) 7 x 3½ (NPS)	1 x 3½ (Tube) 8 x 3½ (NPS)	1 x 3½ (Tube) 8 x 4 (NPS)	1 x 4 (Tube) 9 x 4 (NPS)	28.6	1.125
1-1/4	1¼ x 2 (Tube) 5 x 2½ (NPS)	1¼ x 2½ (Tube) 6 x 2½ (NPS)	1¼ x 2½ (Tube) 6 x 3 (NPS)	1¼ x 3 (Tube) 7 x 3 (NPS)	1¼ x 3 (Tube) 7 x 3½ (NPS)	1¼ x 3½ (Tube) 8 x 3½ (NPS)	1¼ x 3½ (Tube) 8 x 4 (NPS)	1½ x 4 (Tube) 9 x 4 (NPS)	34.9	1.375
1-1/2	1½ x 2 (Tube) 5 x 2½ (NPS)	1½ x 2½ (Tube) 6 x 2½ (NPS)	1½ x 2½ (Tube) 6 x 3 (NPS)	1½ x 3 (Tube) 7 x 3 (NPS)	1½ x 3 (Tube) 7 x 3½ (NPS)	1½ x 3½ (Tube) 8 x 3½ (NPS)	1½ x 3½ (Tube) 8 x 4 (NPS)	1½ x 4 (Tube) 9 x 4 (NPS)	41.3	1.625
2	2 x 2 (Tube) 6 x 2½ (NPS)	2 x 2½ (Tube) 7 x 2½ (NPS)	2 x 2½ (Tube) 7 x 3 (NPS)	2 x 3 (Tube) 8 x 3 (NPS)	2 x 3 (Tube) 8 x 3½ (NPS)	2 x 3½ (Tube) 9 x 3½ (NPS)	2 x 3½ (Tube) 9 x 4 (NPS)	2 x 4 (Tube) 10 x 4 (NPS)	54.0	2.125
2-2/2	2½ x 2 (Tube) 6 x 2½ (NPS)	2½ x 2½ (Tube) 7 x 2½ (NPS)	2½ x 2½ (Tube) 7 x 3 (NPS)	2½ x 3 (Tube) 8 x 3 (NPS)	2½ x 3 (Tube) 8 x 3½ (NPS)	2½ x 3½ (Tube) 9 x 3½ (NPS)	2½ x 3½ (Tube) 9 x 4 (NPS)	2½ x 4 (Tube) 10 x 4 (NPS)	66.7	2.625
3	3 x 2 (Tube) 7 x 2½ (NPS)	3 x 2½ (Tube) 8 x 2½ (NPS)	3 x 2½ (Tube) 8 x 3 (NPS)	3 x 3 (Tube) 9 x 3 (NPS)	3 x 4 (Tube) 9 x 3½ (NPS)	3 x 3½ (Tube) 10 x 3½ (NPS)	3 x 3½ (Tube) 10 x 4 (NPS)	3 x 4 (Tube) 11 x 4 (NPS)	79.4	3.125
3-1/2	3½ x 2 (Tube) 7 x 2½ (NPS)	3½ x 2½ (Tube) 8 x 2½ (NPS)	3½ x 2½ (Tube) 8 x 3 (NPS)	3½ x 3 (Tube) 9 x 3 (NPS)	3½ x 3 (Tube) 9 x 3½ (NPS)	3½ x 3½ (Tube) 10 x 3½ (NPS)	3½ x 3½ (Tube) 10 x 4 (NPS)	3½ x 4 (Tube) 11 x 4 (NPS)	92.1	3.625
4	4 x 2 (Tube) 8 x 2½ (NPS)	4 x 2½ (Tube) 9 x 2½ (NPS)	4 x 2½ (Tube) 9 x 3 (NPS)	4 x 3 (Tube) 10 x 3 (NPS)	4 x 3 (Tube) 10 x 3½ (NPS)	4 x 3½ (Tube) 11 x 3½ (NPS)	4 x 3½ (Tube) 11 x 4 (NPS)	4 x 4 (Tube) 12 x 4 (NPS)	104.8	4.125
5	5 x 2 (Tube) 9 x 2½ (NPS)	5 x 2½ (Tube) 10 x 2½ (NPS)	5 x 2½ (Tube) 10 x 3 (NPS)	5 x 3 (Tube) 11 x 3 (NPS)	5 x 3 (Tube) 11 x 3½ (NPS)	5 x 3½ (Tube) 12 x 3½ (NPS)	5 x 3½ (Tube) 12 x 4 (NPS)	5 x 4 (Tube) 14 x 4 (NPS)	130.2	5.125
6	6 x 2 (Tube) 10 x 2½ (NPS)	6 x 2½ (Tube) 11 x 2½ (NPS)	6 x 2½ (Tube) 11 x 3 (NPS)	6 x 3 (Tube) 12 x 3 (NPS)	6 x 3 (Tube) 12 x 3½ (NPS)	6 x 3½ (Tube) 14 x 3½ (NPS)	6 x 3½ (Tube) 14 x 4 (NPS)	6 x 4 (Tube) 15 x 4 (NPS)	155.6	6.125

Based on ASTM Standard C-585-76

TABLE A-10 (Sheet 1 of 2)

TABLE A-10 (Continued)

MULTIPLE LAYERS
SIZES AND THICKNESSES FOR TUBING

First (inner) Layer—Tube Size
Tube Size × Nominal Thickness—Inches

Second Layer—NPS Size
NPS Pipe Size × Nominal Thickness—Inches

Tube Size Nom. Inch	INSULATION NOMINAL THICKNESS								Tube Diameter	
	in. 8½ mm 215 3 Layers	9 229 3 Layers	9½ 241 3 Layers	10 254 3 Layers	10½ 267 3 Layers	11 279 3 Layers	11½ 292 3 Layers	12 305 3 Layers	mm	inches
	3/8 x 2½ (Tube)	3/8 x 3 (Tube)	3/8 x 3 (Tube)	3/8 x 3 (Tube)	3/8 x 3½ (Tube)	3/8 x 3½ (Tube)	3/8 x 3½ (Tube)	3/8 x 4 (Tube)		
3/8	5 x 8 (NPS)	6 x 3 (NPS)	6 x 3 (NPS)	6 x 3½ (NPS)	7 x 3½ (NPS)	7 x 3½ (NPS)	7 x 4 (NPS)	8 x 4 (NPS)	12.7	0.500
	11 x 3 (NPS)	12 x 3 (NPS)	12 x 3½ (NPS)	14 x 3½ (NPS)	15 x 3½ (NPS)	15 x 4 (NPS)	16 x 4 (NPS)	17 x 4 (NPS)		
	½ x 2½ (Tube)	½ x 3 (Tube)	½ x 3 (Tube)	½ x 3 (Tube)	½ x 3½ (Tube)	½ x 3½ (Tube)	½ x 3½ (Tube)	½ x 4 (Tube)		
1/2	5 x 3 (NPS)	6 x 3 (NPS)	6 x 3 (NPS)	6 x 3½ (NPS	7 x 3½ (NPS)	7 x 3½ (NPS)	7 x 4 (NPS)	8 x 4 (NPS)	15.9	0.625
	11 x 3 (NPS)	12 x 3 (NPS)	12 x 3½ (NPS)	14 x 3½ (NPS)	15 x 3½ (NPS)	15 x 4 (NPS)	16 x 4 (NPS)	17 x 4 (NPS)		
	¾ x 2½ (Tube)	¾ x 3 (Tube)	¾ x 3 (Tube)	¾ x 3 (Tube)	¾ x 3½ (Tube)	¾ x 3½ (Tube)	¾ x 3½ (Tube)	¾ x 4 (Tube)		
3/4	6 x 3 (NPS)	7 x 3 (NPS)	7 x 3 (NPS)	7 x 3½ (NPS)	8 x 3½ (NPS)	8 x 3½ (NPS)	8 x 4 (NPS)	9 x 4 (NPS)	22.2	0.875
	12 x 3 (NPS)	14 x 3 (NPS)	14 x 3½ (NPS)	15 x 3½ (NPS)	16 x 3½ (NPS)	16 x 4 (NPS)	17 x 4 (NPS)	18 x 4 (NPS)		
	1 x 2½ (Tube)	1 x 3 (Tube)	1 x 3 (Tube)	1 x 3 (Tube)	1 x 3½ (Tube)	1 x 3½ (Tube)	1 x 3½ (Tube)	1 x 4 (Tube)		
1	6 x 3 (NPS)	7 x 3 (NPS)	7 x 3 (NPS)	7 x 3½ (NPS)	8 x 3½ (NPS)	8 x 3½ (NPS)	8 x 4 (NPS)	9 x 4 (NPS)	28.6	1.125
	12 x 3 (NPS)	14 x 3 (NPS)	14 x 3½ (NPS)	15 x 3½ (NPS)	16 x 3½ (NPS)	16 x 4 (NPS)	17 x 4 (NPS)	18 x 4 (NPS)		
	1¼ x 2½ (Tube)	1¼ x 3 (Tube)	1¼ x 3 (Tube)	1¼ x 3 (Tube)	1¼ x 3½ (Tube)	1¼ x 3½ (Tube)	1¼ x 3½ (Tube)	1¼ x 4 (Tube)		
1-1/4	6 x 3 (NPS)	7 x 3 (NPS)	7 x 3 (NPS)	7 x 3½ (NPS)	8 x 3½ (NPS)	8 x 3½ (NPS)	8 x 4 (NPS)	9 x 4 (NPS)	34.9	1.375
	12 x 3 (NPS)	14 x 3 (NPS)	14 x 3½ (NPS)	15 x 3½ (NPS)	16 x 3½ (NPS)	16 x 4 (NPS)	17 x 4 (NPS)	18 x 4 (NPS)		
	1½ x 2½ (Tube)	1½ x 3 (Tube)	1½ x 3 (Tube)	1½ x 3 (Tube)	1½ x 3½ (Tube)	1½ x 3½ (Tube)	1½ x 3½ (Tube)	1½ x 4 (Tube)		
1-1/2	6 x 3 (NPS)	7 x 3 (NPS)	7 x 3 (NPS)	7 x 3½ (NPS)	8 x 3½ (NPS)	8 x 3½ (NPS)	8 x 4 (NPS)	9 x 4 (NPS)	41.3	1.625
	12 x 3 (NPS)	14 x 3 (NPS)	14 x 3½ (NPS)	15 x 3½ (NPS)	16 x 3½ (NPS)	16 x 4 (NPS)	17 x 4 (NPS)	18 x 4 (NPS)		
	2 x 2½ (Tube)	2 x 3 (Tube)	2 x 3 (Tube)	2 x 3 (Tube)	2 x 3½ (Tube)	2 x 3½ (Tube)	2 x 3½ (Tube)	2 x 4 (Tube)		
2	7 x 3 (NPS)	8 x 3 (NPS)	8 x 3 (NPS)	8 x 3½ (NPS)	9 x 3½ (NPS)	9 x 3½ (NPS)	9 x 4 (NPS)	10 x 4 (NPS)	54.0	2.125
	14 x 3 (NPS)	15 x 3 (NPS)	15 x 3½ (NPS)	16 x 3½ (NPS)	17 x 3½ (NPS)	17 x 4 (NPS)	18 x 4 (NPS)	19 x 4 (NPS)		
	2½ x 2½ (Tube)	2½ x 3 (Tube)	2½ x 3 (Tube)	2½ x 3 (Tube)	2½ x 3½ (Tube)	2½ x 3½ (Tube)	2½ x 3½ (Tube)	2½ x 4 (Tube)		
2-1/2	7 x 3 (NPS)	8 x 3 (NPS)	8 x 3 (NPS)	8 x 3½ (NPS)	9 x 3½ (NPS)	9 x 3½ (NPS)	9 x 4 (NPS)	10 x 4 (NPS)	66.7	2.625
	14 x 3 (NPS)	15 x 3 (NPS)	15 x 3½ (NPS)	16 x 3½ (NPS)	17 x 3½ (NPS)	17 x 4 (NPS)	18 x 4 (NPS)	19 x 4 (NPS)		
	3 x 3½ (Tube)	3 x 3 (Tube)	3 x 3 (Tube)	3 x 3 (Tube)	3 x 3½ (Tube)	3 x 3½ (Tube)	3 x 3½ (Tube)	3 x 4 (Tube)		
3	8 x 3 (NPS)	9 x 3 (NPS)	9 x 3 (NPS)	9 x 3½ (NPS)	10 x 3½ (NPS)	10 x 3½ (NPS)	10 x 4 (NPS)	11 x 4 (NPS)	79.4	3.125
	15 x 3 (NPS)	16 x 3 (NPS)	16 x 3½ (NPS)	17 x 3½ (NPS)	18 x 3½ (NPS)	18 x 4 (NPS)	19 x 4 (NPS)	20 x 4 (NPS)		
	3½ x 2½ (Tube)	3½ x 3 (Tube)	3½ x 3 (Tube)	3½ x 3 (Tube)	3½ x 3½ (Tube)	3½ x 3½ (Tube)	3½ x 3½ (Tube)	3½ x 4 (Tube)		
3-1/2	8 x 3 (NPS)	9 x 3 (NPS)	9 x 3 (NPS)	9 x 3½ (NPS)	10 x 3½ (NPS)	10 x 3½ (NPS)	10 x 4 (NPS)	11 x 4 (NPS)	92.1	3.625
	15 x 3 (NPS)	16 x 3 (NPS)	16 x 3½ (NPS)	17 x 3½ (NPS)	18 x 3½ (NPS)	18 x 4 (NPS)	19 x 4 (NPS)	20 x 4 (NPS)		
	4 x 2½ (Tube)	4 x 3 (Tube)	4 x 3 (Tube)	4 x 3 (Tube)	4 x 3½ (Tube)	4 x 3½ (Tube)	4 x 3½ (Tube)	4 x 4 (Tube)		
4	9 x 3 (NPS)	10 x 3 (NPS)	10 x 3 (NPS)	10 x 3½ (NPS)	11 x 3½ (NPS)	11 x 3½ (NPS)	11 x 4 (NPS)	12 x 4 (NPS)	104.8	4.125
	16 x 3 (NPS)	17 x 3 (NPS)	17 x 3½ (NPS)	18 x 3½ (NPS)	19 x 3½ (NPS)	19 x 4 (NPS)	20 x 4 (NPS)	21 x 4 (NPS)		
	5 x 2½ (Tube)	5 x 3 (Tube)	5 x 3 (Tube)	5 x 3 (Tube)	5 x 3½ (Tube)	5 x 3½ (Tube)	5 x 3½ (Tube)	5 x 4 (Tube)		
5	10 x 3 (NPS)	11 x 3 (NPS)	11 x 3 (NPS)	11 x 3½ (NPS)	12 x 3½ (NPS)	12 x 3½ (NPS)	12 x 4 (NPS)	14 x 4 (NPS)	130.2	5.125
	17 x 3 (NPS)	18 x 3 (NPS)	18 x 3½ (NPS)	19 x 3½ (NPS)	20 x 3½ (NPS)	20 x 4 (NPS)	21 x 4 (NPS)	22 x 4 (NPS)		
	6 x 2½ (Tube)	6 x 3 (Tube)	6 x 3 (Tube)	6 x 3 (Tube)	6 x 3½ (Tube)	6 x 3½ (Tube)	6 x 3½ (Tube)	6 x 4 (Tube)		
6	11 x 3 (NPS)	12 x 3 (NPS)	12 x 3 (NPS)	12 x 3½ (NPS)	12 x 3½ (NPS)	12 x 3½ (NPS)	12 x 4 (NPS)	14 x 4 (NPS)	155.6	6.125
	18 x 3 (NPS)	19 x 3 (NPS)	19 x 3½ (NPS)	20 x 3½ (NPS)	21 x 3½ (NPS)	21 x 4 (NPS)	22 x 4 (NPS)	23 x 4 (NPS)		

Based on ASTM Standard C-585-76

TABLE A-10 (Sheet 2 of 2)

OUTER DIAMETER OF MULTI-LAYERED INSULATION FOR TUBING

(ENGLISH UNITS) — Inches

TUBE			NOMINAL INSULATION THICKNESS															
Nom. Size Inch	Outer Diameter Inch	mm	in. 4-1/2 mm 114	5 127	5-1/2 140	6 152	6-1/2 165	7 178	7-1/2 194	8 203	8-1/2 216	9 229	9-1/2 241	10 254	10-1/2 267	11 279	11-1/2 292	12 305
1/4	0.375	9.5	8.62	10.75	11.75	12.75	14.00	15.00	16.00	17.00	18.00	19.00	20.00	21.00	22.00	23.00	24.00	25.00
3/8	0.500	12.7	8.62	10.75	11.75	12.75	14.00	15.00	16.00	17.00	18.00	19.00	20.00	21.00	22.00	23.00	24.00	25.00
1/2	0.625	15.9	9.62	10.75	11.75	12.75	14.00	15.00	16.00	17.00	18.00	19.00	20.00	21.00	22.00	23.00	24.00	25.00
5/8	0.750	19.1	9.62	11.75	12.75	14.00	15.00	16.00	17.00	18.00	19.00	20.00	21.00	22.00	23.00	24.00	25.00	26.00
3/4	0.875	22.2	9.62	11.75	12.75	14.00	15.00	16.00	17.00	18.00	19.00	20.00	21.00	22.00	23.00	24.00	25.00	26.00
1	1.125	28.6	9.62	11.75	12.75	14.00	15.00	16.00	17.00	18.00	19.00	20.00	21.00	22.00	23.00	24.00	25.00	26.00
1-1/4	1.375	34.9	10.75	11.75	12.75	14.00	15.00	16.00	17.00	18.00	19.00	20.00	21.00	22.00	23.00	24.00	25.00	26.00
1-1/2	1.625	41.3	10.75	11.75	12.75	14.00	15.00	16.00	17.00	18.00	19.00	20.00	21.00	22.00	23.00	24.00	25.00	26.00
2	2.125	54.0	11.75	12.75	14.00	15.00	16.00	17.00	18.00	19.00	20.00	21.00	22.00	23.00	24.00	25.00	26.00	27.00
2-1/2	2.625	66.7	11.75	12.75	14.00	15.00	16.00	17.00	18.00	19.00	20.00	21.00	22.00	23.00	24.00	25.00	26.00	27.00
3	3.125	79.4	12.75	14.00	15.00	16.00	17.00	18.00	19.00	20.00	21.00	22.00	23.00	24.00	25.00	26.00	27.00	28.00
3-1/2	3.625	92.1	12.75	14.00	15.00	16.00	17.00	18.00	19.00	20.00	21.00	22.00	23.00	24.00	25.00	26.00	27.00	28.00
4	4.125	104.8	14.00	15.00	16.00	17.00	18.00	19.00	20.00	21.00	22.00	23.00	24.00	25.00	26.00	27.00	28.00	29.00
5	5.125	130.2	15.00	16.00	17.00	18.00	19.00	20.00	21.00	22.00	23.00	24.00	25.00	26.00	27.00	28.00	29.00	30.00
6	6.125	155.6	16.00	17.00	18.00	19.00	20.00	21.00	22.00	23.00	24.00	25.00	26.00	27.00	28.00	29.00	30.00	31.00
	1st Layer →		2	2-1/2	2-1/2	3	3	3-1/2	3-1/2	4	2-1/2	3	3	3	3-1/2	3-1/2	3-1/2	4
	2nd Layer →		2-1/2	2-1/2	3	3	3-1/2	3-1/2	4	4	3	3	3	3-1/2	3-1/2	3-1/2	4	4
	(Nominal Inches)									3rd Layer →	3	3	3-1/2	3-1/2	3-1/2	4	4	4

BASED ON ASTM STANDARD C-585-76

TABLE A-11

OUTER DIAMETER OF MULTI-LAYERED INSULATION FOR TUBING

(METRIC UNITS) — Metres

TUBE			NOMINAL INSULATION THICKNESS															
Nom. Size Inch	Outer Diameter Inch	mm	in. 4-1/2 mm 114	5 127	5-1/2 140	6 152	6-1/2 165	7 178	7-1/2 194	8 203	8-1/2 216	9 229	9-1/2 241	10 254	10-1/2 267	11 279	11-1/2 292	12 305
1/4	0.375	9.5	0.220	0.273	0.298	0.323	0.356	0.381	0.406	0.432	0.457	0.483	0.508	0.533	0.559	0.584	0.610	0.635
3/8	0.500	12.7	0.220	0.273	0.298	0.323	0.356	0.381	0.406	0.432	0.457	0.483	0.508	0.533	0.559	0.584	0.610	0.635
1/2	0.625	15.9	0.244	0.273	0.298	0.323	0.356	0.381	0.406	0.432	0.457	0.483	0.508	0.533	0.559	0.584	0.610	0.635
5/8	0.750	19.1	0.244	0.298	0.323	0.356	0.381	0.406	0.432	0.457	0.483	0.508	0.533	0.559	0.584	0.610	0.635	0.660
3/4	0.875	22.2	0.244	0.298	0.323	0.356	0.381	0.406	0.432	0.457	0.483	0.508	0.533	0.559	0.584	0.610	0.635	0.660
1	1.125	28.6	0.244	0.298	0.323	0.356	0.381	0.406	0.432	0.457	0.483	0.508	0.533	0.559	0.584	0.610	0.635	0.660
1-1/4	1.375	34.9	0.273	0.298	0.323	0.356	0.381	0.406	0.432	0.457	0.483	0.508	0.533	0.559	0.584	0.610	0.635	0.660
1-1/2	1.625	41.3	0.273	0.298	0.323	0.356	0.381	0.406	0.432	0.457	0.483	0.508	0.533	0.559	0.584	0.610	0.635	0.660
2	2.125	54.0	0.298	0.323	0.356	0.381	0.406	0.432	0.457	0.483	0.508	0.533	0.559	0.584	0.610	0.635	0.660	0.686
2-1/2	2.625	66.7	0.298	0.323	0.356	0.381	0.406	0.432	0.457	0.483	0.508	0.533	0.559	0.584	0.610	0.635	0.660	0.686
3	3.125	79.4	0.323	0.356	0.381	0.406	0.432	0.457	0.483	0.508	0.533	0.559	0.584	0.610	0.635	0.660	0.686	0.711
3-1/2	3.625	92.1	0.323	0.356	0.381	0.406	0.432	0.457	0.483	0.508	0.533	0.559	0.584	0.610	0.635	0.660	0.686	0.711
4	4.125	104.8	0.356	0.381	0.406	0.432	0.457	0.483	0.508	0.533	0.559	0.584	0.610	0.635	0.660	0.686	0.711	0.737
5	5.125	130.2	0.381	0.406	0.432	0.457	0.483	0.508	0.533	0.559	0.584	0.610	0.635	0.660	0.686	0.711	0.737	0.762
6	6.125	155.6	0.406	0.432	0.457	0.483	0.508	0.533	0.559	0.584	0.610	0.635	0.660	0.686	0.711	0.737	0.762	0.787
	1st Layer →		51	64	64	76	76	89	89	102	64	76	76	76	89	89	89	102
	2nd Layer →		64	64	76	76	89	89	102	102	76	76	76	89	89	89	102	102
	(Nominal mm)									3rd Layer →	76	76	89	89	89	102	102	102

TABLE A-12

TABLE A-13

APPROXIMATE WALL THICKNESS OF INSULATION FOR TUBES

(ENGLISH AND METRIC UNITS)

Based on ASTM Standard C-585-76

TUBE			INSULATION NOMINAL THICKNESS																					
Nom Size	Diameter		in. 1		1-1/2		2		2-1/2		3		3-1/2		4		4-1/2		5		5-1/2		6	
			mm 25		38		51		64		76		89		102		115		128		140		152	
Inch	Inch	mm	in.	mm	in.	mm	in.	mm	in.	mm	in.	mm	in.	mm	in.	mm	in.	mm	in.	mm	in.	mm	in.	mm
3/8	0.500	12.7	0.93	24	1.49	38	1.99	51	2.52	64	3.05	77	3.55	90	4.05	103	4.53	116	5.08	129	5.54	141	6.07	154
1/2	0.625	15.9	1.12	28	1.43	36	1.93	49	2.46	62	2.99	76	3.49	89	3.99	102	4.47	114	5.02	127	5.48	139	6.01	153
3/4	0.875	22.2	1.00	25	1.56	40	2.06	52	2.86	73	3.36	85	3.87	98	4.37	111	4.92	125	5.38	136	6.00	152	6.51	165
1	1.125	28.6	0.87	22	1.43	36	1.93	49	2.74	70	3.24	82	3.74	95	4.24	108	4.79	122	5.26	134	5.89	150	6.39	167
1-1/4	1.375	34.9	1.06	27	1.56	40	2.08	53	2.62	67	3.12	79	3.62	92	4.12	105	4.64	118	5.14	131	5.77	147	6.27	159
1-1/2	1.625	41.3	0.93	24	1.43	36	1.96	50	2.49	63	2.99	76	3.49	89	3.99	101	4.52	115	5.01	127	5.64	143	6.14	156
2	2.125	54.0	0.92	23	1.42	36	2.23	57	2.73	69	3.23	82	3.73	95	4.30	109	4.75	121	5.25	133	5.88	150	6.38	162
2-1/2	2.625	66.7	0.92	23	1.45	37	1.98	50	2.48	63	2.98	76	3.48	88	4.04	103	4.50	114	5.00	127	5.62	143	6.13	155
3	3.125	79.4	0.92	23	1.73	44	2.23	57	2.73	69	3.23	82	3.80	97	4.30	109	4.75	121	5.38	136	5.88	150	6.38	162
3-1/2	3.625	92.1	0.95	24	1.48	38	1.98	50	2.48	63	2.98	76	3.54	90	4.04	103	4.50	114	5.13	130	5.62	143	6.13	155
4	4.125	104.8	1.23	31	1.73	44	2.23	57	2.73	69	3.30	84	3.80	97	4.30	109	4.88	123	5.38	136	5.81	147	6.38	162
5	5.125	130.2	1.23	31	1.73	44	2.23	57	2.80	71	3.30	84	3.80	97	4.42	112	4.88	123	5.46	138	5.88	150	6.38	162
6	6.125	155.6	1.21	31	1.71	43	2.28	58	2.78	71	3.28	83	3.90	99	4.40	112	4.86	123	5.36	136	5.86	148	6.36	161
	1st Layer		1" (Tube)		1½" (Tube)		2" (Tube)		2½" (Tube)		3" (Tube)		3½" (Tube)		4" (Tube)		2" (Tube)		2½" (Tube)		2½" (Tube)		3" (Tube)	
															2nd Layer		2½" (NPS)		2½" (NPS)		3" (NPS)		3" (NPS)	

TUBE			INSULATION NOMINAL THICKNESS																							
Nom Size	Diameter		in. 6-1/2		7		7-1/2		8		8-1/2		9		9-1/2		10		10-1/2		11		11-1/2		12	
			mm 165		177		191		203		215		229		241		254		267		279		292		305	
Inch	Inch	mm	in.	mm	in.	mm	in.	mm	in.	mm	in.	mm	in.	mm	in.	mm	in.	mm	in.	mm	in.	mm	in.	mm	in.	mm
3/8	0.500	12.7	6.70	170	7.20	182	7.70	195	8.20	208	8.66	219	9.03	229	9.65	245	10.16	258	10.66	270	11.16	283	11.66	296	12.16	308
1/2	0.625	15.9	6.64	168	7.14	181	7.64	194	8.14	206	8.60	218	8.97	227	9.09	230	10.10	256	10.60	269	11.10	281	11.60	294	12.10	307
3/4	0.875	22.2	7.01	178	7.52	191	8.02	203	8.52	216	8.96	227	9.46	240	9.98	253	10.47	265	10.98	279	11.48	291	11.98	304	12.48	317
1	1.125	28.6	6.89	175	7.39	187	7.89	200	8.39	213	8.84	224	9.35	237	9.85	250	10.35	262	10.85	275	11.35	288	11.85	300	12.35	313
1-1/4	1.375	34.9	6.77	171	7.27	184	7.77	197	8.27	210	8.72	221	9.23	234	9.73	247	10.23	259	10.72	272	11.23	285	11.73	297	12.23	310
1-1/2	1.625	41.3	6.64	168	7.14	181	7.64	194	8.14	206	8.59	218	9.10	231	9.60	243	10.10	256	10.60	269	11.10	281	11.60	294	12.10	307
2	2.125	54.0	6.88	174	7.38	187	7.88	200	8.38	213	8.84	224	9.33	237	9.84	250	10.33	262	10.83	275	11.34	288	11.84	300	12.34	313
2-1/2	2.625	66.7	6.63	168	7.13	181	7.63	194	8.12	206	8.59	218	9.09	231	9.59	243	10.09	256	10.59	269	11.09	281	11.59	294	12.08	307
3	3.125	79.4	6.88	174	7.38	187	7.88	200	8.38	213	8.84	224	9.33	237	9.83	250	10.33	262	10.84	275	11.34	288	11.84	300	12.34	313
3-1/2	3.625	92.1	6.63	168	7.12	181	7.62	194	8.12	206	8.59	218	9.09	231	9.65	245	10.09	256	10.58	269	11.08	281	11.58	294	12.08	307
4	4.125	104.8	6.88	174	7.38	187	7.88	200	8.38	213	8.83	224	9.34	237	9.84	250	10.34	262	10.84	275	11.34	288	11.84	300	12.34	313
5	5.125	130.2	6.88	174	7.38	187	7.88	200	8.38	213	8.84	224	9.34	237	9.84	250	10.34	262	10.84	275	11.34	288	11.84	300	12.34	313
6	6.125	155.6	6.86	174	7.36	187	7.84	199	8.36	212	8.82	224	9.32	237	9.94	252	10.32	262	10.94	277	11.44	290	11.94	303	12.32	312
	1st Layer		3" (Tube)		3½" (Tube)		3½" (Tube)		4" (Tube)		2½" (Tube)		3" (Tube)		3" (Tube)		3" (Tube)		3½" (Tube)		3½" (Tube)		3½" (Tube)		4" (Tube)	
	2nd Layer		3½" (NPS)		3½" (NPS)		4" (NPS)		4" (NPS)		3" (NPS)		3" (NPS)		3" (NPS)		3½" (NPS)		3½" (NPS)		3½" (NPS)		4" (NPS)		4" (NPS)	
									3rd Layer		3" (NPS)		3" (NPS)		3½" (NPS)		3½" (NPS)		3½" (NPS)		4" (NPS)		4" (NPS)		4" (NPS)	

TABLE A-13

THERMAL EXPANSION OF PIPES IN INCHES PER 100 LINEAR FEET

Temperature Degrees Fahrenheit	Cast Iron Pipe	Steel Pipe	Wrought Iron Pipe	Copper Pipe
-20	0	0	0	0
0	0.127	0.145	0.152	0.204
20	0.255	0.293	0.306	0.442
40	0.390	0.430	0.465	0.655
60	0.518	0.593	0.620	0.888
80	0.649	0.725	0.780	1.100
100	0.787	0.898	0.939	1.338
120	0.926	1.055	1.110	1.570
140	1.051	1.209	1.265	1.794
160	1.200	1.368	1.427	2.008
180	1.345	1.528	1.597	2.255
200	1.495	1.691	1.778	2.500
220	1.634	1.852	1.936	2.720
240	1.780	2.020	2.110	2.960
260	1.931	2.183	2.279	3.189
280	2.085	2.350	2.465	3.422
300	2.233	2.519	2.630	3.665
320	2.395	2.690	2.800	3.900
340	2.543	2.862	2.988	4.145
360	2.700	3.029	3.175	4.380
380	2.859	3.211	3.350	4.628
400	3.008	3.375	3.521	4.870
420	3.182	3.566	3.720	5.118
440	3.345	3.740	3.900	5.358
460	3.511	3.929	4.096	5.612
480	3.683	4.100	4.280	5.855
500	3.847	4.296	4.477	6.110
520	4.020	4.487	4.677	6.352
540	4.190	4.670	4.866	6.614
560	4.365	4.860	5.057	6.850
580	4.541	5.051	5.268	7.123
600	4.725	5.247	5.455	7.388
620	4.896	5.437	5.660	7.636
640	5.082	5.627	5.850	7.893
660	5.260	5.831	6.067	8.153
680	5.442	6.020	6.260	8.400
700	5.629	6.229	6.481	8.676
720	5.808	6.425	6.673	8.912
740	6.006	6.635	6.899	9.203
760	6.200	6.833	7.100	9.460
780	6.389	7.046	7.314	9.736
800	6.587	7.250	7.508	9.992
820	6.779	7.464	7.757	10.272
840	6.970	7.662	7.952	10.512
860	7.176	7.888	8.195	10.814
880	7.375	8.098	8.400	11.175
900	7.579	8.313	8.639	11.360
920	7.795	8.545	8.867	11.625
940	7.989	8.755	9.089	11.911
960	8.200	8.975	9.300	12.180
980	8.406	9.196	9.547	12.473
1000	8.617	9.421	9.776	12.747

To obtain the amount of expansion between any two temperatures, take the proportionate difference between the values given for these temperatures.

TABLE A-14

COEFFICIENTS OF EXPANSION FOR 100° F

Material	Linear Expansion
Aluminum, Wrought	.00128
Brass	.00104
Bronze	.00101
Copper	.00093
Iron, Cast, Gray	.00059
Iron, Wrought	.00067
Iron, Wire	.00069
Lead	.00159
Magnesium, Various Alloys	.00160
Nickel	.00070
Steel, Cast	.00061
Steel, Hard	.00073
Steel, Medium	.00067
Steel, Soft	.00061
Steel, Stainless, 18-8	.00099
Zinc, Rolled	.00173

To calculate linear expansion for any temperature change, multiply length of subject in feet by coefficient for that material times the increase in temperature and divide result by 100. The linear expansion will be expressed in feet and this result added to the original length will give the expanded length.

EXAMPLE

A piece of iron wire is 80' long at 70° F. What will be its length at 200°F?

$$\text{Change of length} = \frac{80 \times .00069 \times 130}{100} = .07176$$

New Length = 80.07176'.

TABLE A-15

TABLE A-16 & TABLE A-17

RADIATING AREA OF FLANGED FITTINGS

Including accompanying flanges in square feet
and in equivalent length of same size pipe standard weight fittings.

Pipe size in.	Flanged Couplings		90° ells		Long radius ells		Tees		Crosses	
	Area, sq. ft.	Pipe length, ft.	Area, sq. ft.	Pipe length, ft.	Area, sq. ft.	Pipe length, ft.	Area, sq. ft.	Pipe length, ft.	Area, sq. ft.	Pipe length, ft.
1	.32	.93	.79	2.31	.89	2.59	1.25	3.59	1.62	4.72
1-1/4	.38	.88	.96	2.20	1.08	2.49	1.48	3.40	1.94	4.47
1-1/2	.48	.95	1.19	2.35	1.34	2.68	1.82	3.64	2.38	4.78
2	.67	1.08	1.65	2.65	1.84	2.96	2.54	4.08	3.32	5.34
2-1/2	.84	1.12	2.09	2.78	2.32	3.08	3.21	4.26	4.19	5.56
3	.95	1.03	2.38	2.60	2.68	2.93	3.66	3.99	4.77	5.70
3-1/2	1.12	1.07	2.98	2.85	3.28	3.13	4.48	4.28	5.83	5.56
4	1.34	1.14	3.53	2.90	3.96	3.36	5.41	4.59	7.03	5.97
4-1/2	1.47	1.13	3.95	3.01	4.43	3.38	6.07	4.63	7.87	6.01
5	1.62	1.11	4.44	3.05	5.00	3.43	6.81	4.67	8.82	6.06
6	1.82	1.05	5.13	2.95	5.99	3.45	7.84	4.53	10.08	5.81
7	2.17	1.05	6.17	3.09	7.38	3.70	9.37	4.69	12.00	6.01
8	2.41	1.07	6.98	3.09	8.56	3.79	10.55	4.67	13.44	5.96
9	3.00	1.19	8.71	3.46	10.57	4.20	13.18	5.23	16.78	6.66
10	3.43	1.22	10.18	3.61	12.35	4.38	15.41	5.47	19.58	6.95
12	4.41	1.32	13.08	3.92	16.35	4.90	19.67	5.89	24.87	7.45
14	5.39	1.47	16.38	4.47	20.17	5.47	24.81	6.78	31.48	8.60
16	6.69	1.60	20.17	4.82	25.41	6.07	30.32	7.23	38.34	9.15

TABLE A-16

AREAS OF STANDARD WEIGHT FLANGED FITTINGS

Area—square feet per fitting (including single flanges)
150# steel fittings

Pipe Size	Flanged Coupling	90 Degree Ell	Long Radius Ell	Tee	Cross
1	.320	.795	.892	1.235	1.622
1-1/4	.383	.957	1.084	1.481	1.943
1-1/2	.477	1.174	1.337	1.815	2.38
2	672	1.65	1.84	2.54	3.32
2-1/2	.841	2.09	2.32	3.21	4.19
3	.945	2.38	2.68	3.66	4.77
3-1/2	1.122	2.98	3.28	4.48	5.83
4	1.344	3.53	3.96	5.41	7.03
4-1/2	1.474	3.95	4.43	6.07	7.87
5	1.622	4.44	5.00	6.81	8.82
6	1.82	5.13	5.99	7.84	10.08
7	2.17	6.17	7.38	9.37	12.00
8	2.41	6.98	8.56	10.55	13.44
9	3.00	8.71	10.57	12.18	16.78
10	3.43	10.18	12.35	15.41	19.58
12	4.41	13.08	16.35	19.67	24.87
14	5.30	16.38	20.17	24.81	31.48
15	6.18	18.50	22.92	27.91	35.48
16	6.69	20.17	25.41	30.32	38.34

TABLE A-17

TEMPERATURE AND PRESSURE OF SATURATED STEAM

Abs press lbs/sq in.	Ga press lbs/sq in.	Temperature °F	Total heat Btu/lb
1		101.74	1106
2		126.08	1116
3		141.48	1123
4		152.97	1127
5		162.24	1131
6		170.06	1134
7		176.85	1137
8		182.86	1139
9		188.28	1141
10		193.21	1143
12		201.96	1147
14		209.56	1150
14.7	0	212.00	1150.4
15	.3	213.03	1151
20	5.3	227.96	1156
25	10.3	240.07	1161
30	15.3	250.33	1164
35	20.3	259.28	1167
40	25.3	267.25	1170
45	30.3	274.44	1172
50	35.3	281.01	1174
55	40.3	287.07	1176
60	45.3	292.71	1178
65	50.3	297.97	1179
70	55.3	302.92	1181
75	60.3	307.60	1182
80	65.3	312.03	1183
85	70.3	316.25	1184
90	75.3	320.27	1185
95	80.3	324.12	1186
100	85.3	327.81	1187
105	90.3	331.36	1188
110	95.3	334.77	1189
115	100.3	338.07	1190
120	105.3	341.25	1190
125	110.3	344.33	1191
130	115.3	347.32	1192
135	120.3	350.21	1192
140	125.3	353.02	1193
145	130.3	355.76	1194
150	135.3	358.42	1194
160	145.3	363.53	1195
170	155.3	368.41	1196
180	165.3	373.06	1197
190	175.3	377.51	1198
200	185.3	381.79	1198
210	195.3	385.90	1199
220	205.3	389.86	1200
230	215.3	393.68	1200
240	225.3	397.37	1201
250	235.3	400.95	1201
260	245.3	404.42	1202
270	255.3	407.78	1202
280	265.3	411.05	1202
290	275.3	414.23	1203
300	285.3	417.33	1203
320	305.3	423.29	1203
340	325.3	428.97	1204
360	345.3	434.40	1204
380	365.3	439.60	1204
400	385.3	444.59	1205
420	405.3	449.39	1205
440	425.3	454.02	1205
460	445.3	458.50	1205
480	465.3	462.82	1205
500	485.3	467.01	1204
600	585.3	486.21	1203
700	685.3	503.10	1201
800	785.3	518.23	1199
900	885.3	531.98	1195
1000	985.3	544.61	1192
1100	1085.3	556.31	1188
1200	1185.3	567.22	1183
1300	1285.3	577.46	1179
1400	1385.3	587.10	1173
1500	1485.3	596.23	1168
1600	1585.3	604.90	1162
1700	1685.3	613.15	1156
1800	1785.3	621.03	1149
1900	1885.3	628.58	1142
2000	1985.3	635.82	1135
2200	2185.3	649.46	1119
2400	2385.3	662.12	1101
2600	2585.3	673.94	1080
2800	2785.3	684.99	1055
3000	2985.3	695.36	1020
3200	3185.3	705.11	934
3206.2	3191.5	705.40	903

TABLE A-18

indexes

Figures

Tables

Appendix Tables

General

Figures

Tables

Table 20 *NPS Pipe Values of "R" Thermal Resistance (English Units) of Insulation* 235

Appendix Tables

General Index